H. - G. Niebeling, Einführung in die Elektroenzephalographie

Einführung in die Elektroenzephalographie

Von

Prof. Dr. sc. med. H.-G. NIEBELING

Direktor der Neurochirurgischen Klinik des
Bereiches Medizin der Karl-Marx-Universität Leipzig

unter Mitarbeit zahlreicher Autoren

2., wesentlich erweiterte Auflage

Mit 445 Abbildungen und 4 Tabellen

Springer-Verlag Berlin Heidelberg New York 1980

Autorenverzeichnis

Dr. med. I. FLEMMING, Assistenzärztin der Abteilung für Anästhesie und Intensivtherapie des Bereiches Medizin (Charité) der Humboldt-Universität zu Berlin

Dr. sc. med. W.-E. GOLDHAHN, Oberarzt an der Neurochirurgischen Klinik des Bereiches Medizin der Karl-Marx-Universität Leipzig

Prof. Dr. sc. med. A. HERBST, Direktor der Psychiatrischen Abteilung der Nervenklinik des Bereiches Medizin der Wilhelm-Pieck-Universität Rostock

Dr. sc. techn. K. KILLUS, Zentrale Biomedizintechnische Abteilung des Bereiches Medizin der Karl-Marx-Universität Leipzig

OMR Prof. Dr. sc. med. J. KÜLZ, Direktor der Kinderklinik des Bereiches Medizin der Wilhelm-Pieck-Universität Rostock

Dr. med. H.-J. LAUX, Oberassistent der Forschungsaußenstelle der Neurochirurgischen Klinik des Bereiches Medizin der Karl-Marx-Universität Leipzig

Dr. med. habil. W. LEHNERT, Chefarzt der Augenklinik des Bezirkskrankenhauses Dresden-Friedrichstadt

Doz. Dr. sc. med. D. MÜLLER, Oberarzt und Leiter der Abteilung für Neuro-Elektrodiagnostik mit Anfallsambulanz der Neurologisch-Psychiatrischen Klinik der Medizinischen Akademie »Carl Gustav Carus« Dresden

Prof. Dr. sc. med. H.-G. NIEBELING, Direktor der Neurochirurgischen Klinik des Bereiches Medizin der Karl-Marx-Universität Leipzig

OMR Prof. Dr. sc. med. G. RABENDING, Direktor der Nervenklinik des Bereiches Medizin der Ernst-Moritz-Arndt-Universität Greifswald

Prof. Dr. sc. med. M. SCHÄDLICH, Direktor der Abteilung Anästhesie und Intensivtherapie des Bereiches Medizin (Charité) der Humboldt-Universität zu Berlin

W. THIEME, Technischer Leiter der Abteilung Physikalische Diagnostik der Neurochirurgischen Klinik des Bereiches Medizin der Karl-Marx-Universität Leipzig

Dr. med. H.-G. TRZOPEK, Oberarzt der Neurologisch-Psychiatrischen Klinik des Zentralen Lazaretts der NVA Bad Saarow

Dr. med. habil. R. WERNER, Leiter der EEG-Abteilung der Gesundheitseinrichtungen Apolda

1. Auflage 1968

Die Originalausgabe erscheint im Verlag Johann Ambrosius Barth, Leipzig
Vertrieb ausschließlich für die DDR und die sozialistischen Länder
Lizenzausgabe für alle übrigen Länder im Springer-Verlag Berlin Heidelberg New York

ISBN-13: 978-3-642-67549-2   e-ISBN-13: 978-3-642-67548-5
DOI: 10.1007/978-3-642-67548-5

Alle Rechte vorbehalten · Copyright 1980 by Johann Ambrosius Barth, Leipzig ·
Verlagslizenz Nr. 285-125/18/1979
Softcover reprint of the hardcover 2nd edition 1980
Gesamtherstellung: Graphischer Großbetrieb INTERDRUCK, Leipzig – III/18/97

Dem Entdecker der Elektroenzephalographie

Professor Hans Berger

und allen Förderern dieser Untersuchungsmethode gewidmet

Geleitwort zur 1. Auflage

Das Bestreben der Leipziger Neurochirurgischen Universitätsklinik geht seit Jahren darauf hinaus, alle diagnostischen und operativen Methoden der Neurochirurgie in Form von Beiträgen, Monographien und Lehrbüchern im einzelnen abzuhandeln.

Doz. Dr. med. habil. H.-G. NIEBELING hat es unternommen, zusammen mit Mitarbeitern aus Dresden, Jena, Leipzig und Rostock die Elektroenzephalographie darzustellen und für alle Anwendungsbereiche in der Medizin übersichtlich zu gestalten.

Das große Verdienst des Verfassers und seiner Mitarbeiter ist es, nach jahrelangen umfangreichen Vorbesprechungen die Nomenklatur, die Beurteilung und die Schlußfolgerungen aus den Elektroenzephalographiekurven zusammenzustellen. Mit großem Fleiß und peinlicher Genauigkeit wurden aus 120000 Kurvenbildern die didaktisch wertvollsten herausgesucht und in hervorragender technischer Produktion dem Lehrbuch mitgegeben.

Dadurch ist es allen Ärzten, die am Elektroenzephalographen arbeiten, aber in vielem auch den technischen Assistentinnen möglich, unter einheitlichen Richtlinien die gesamte Problematik zu betrachten und sinngemäß in der Praxis anzuwenden.

Es ist noch zu betonen, daß durch eine neuartige Manuskriptgestaltung eine ausgezeichnete Koordination zwischen Bild und Text erreicht wurde. Das so lästige Umblättern, um Text und Bild beim Lesen gleichzeitig vorliegen zu haben, kommt bis auf wenige nicht vermeidbare Ausnahmen bei dem vorliegenden Buch in Wegfall.

Durch die jahrelangen Bemühungen und gemeinsamen Besprechungen der Experten liegt ein geschlossenes und einheitlich abgehandeltes Lehrbuch trotz verschiedener Bearbeiter vor. Die Gemeinsamkeit der Elektroenzephalographiebeurteilung verleiht dem Werk einen hervorragenden didaktischen Wert.

So ist ein Werk entstanden, das nicht nur eine Einführung in die Elektroenzephalographie darstellt, sondern das jeder gern zur Hand nehmen wird, um einen Überblick über dieses Forschungsgebiet zu gewinnen und sich im einzelnen über die Möglichkeiten der Diagnostik zu orientieren.

Es ist somit gewiß, daß dieses Buch viele Fachleute, wie Neurologen, Neurochirurgen, Pädiater, Chirurgen, Internisten, Physiologen ansprechen wird.

Man ist erfreut über die Klarheit der Darstellung sowie die große Sorgfalt, die – und dies sollte abschließend nochmals betont werden – auf die Reproduktion der Kurven verwendet wurde.

Leipzig, Dezember 1967 GEORG MERREM

Vorwort

Als die Verfasser knapp ein Jahr nach Erscheinen des Buches vom Verlag bereits die Mitteilung erhielten, daß die Auflage vergriffen sei, waren alle Zweifel, daß das Buch nicht voll und ganz das gesteckte Ziel erfüllen könnte, naturgemäß zerstreut.

Trotz einer daraus resultierenden Befriedigung waren die uns von den Rezensenten gegebenen Hinweise und Vorschläge von unschätzbarem Wert. Wir danken sehr für die Ratschläge und haben uns bemüht, alle vorgeschlagenen Änderungen zu verwirklichen. Darüber hinaus wurden einige Kapitel völlig neu aufgenommen, wie z. B. die Telemetrischen Übertragungsmethoden, Analysemethoden, die Anwendungsgebiete des Eeg bei stereotaktischen Hirneingriffen sowie in der Anästhesiologie und Reanimation einschließlich Problemen der Todeszeitbestimmung. Auch für die Begutachtung sowie die Probleme der Dokumentation wurden spezielle Kapitel geschaffen. Ein informatives Kapitel über die Elektromyographie ist eine weitere wichtige Ergänzung. Außer einer Überarbeitung sämtlicher Kapitel wurden folgende Abschnitte erheblich verlängert: Geschichtlicher Überblick, die Bemerkungen zu den physiologischen Problemen der Elektroenzephalographie, das Schlafelektroenzephalogramm des Erwachsenen und die Provokationsmethoden im Eeg.

Der technische Überblick wurde teilweise erheblich gestrafft.

Eine Bemerkung sei noch erlaubt. Trotz eingehender Abstimmung aller Mitautoren sind vereinzelte Wiederholungen nicht zu vermeiden, z. T. sogar aus didaktischen Gründen unumgänglich.

Ein ganz herzliches Dankeswort möchte ich allen Mitautoren und ihren Technischen EEG-Assistentinnen sagen. Die sehr gute gegenseitige Abstimmung und das Verständnis für die teilweise notwendig werdenden Vorgaben haben entscheidend dazu beigetragen, daß das vorliegende Buch nicht eine Aneinanderreihung einzelner Kapitel darstellt, sondern ein wirkliches Gemeinschaftswerk geworden ist. Herr WERNER THOMAS hat dankenswerterweise wieder die Bearbeitung der zahlreichen neu hinzugekommenen Abbildungen in erstklassiger Qualität übernommen. Für das Entgegenkommen, die ständige Unterstützung und die wiederum hervorragende Ausstattung des Buches sei dem Verlag wärmstens gedankt.

Abschließend hoffen die Autoren, daß die wesentlich erweiterte und überarbeitete zweite Auflage, deren Erscheinen durch Terminschwierigkeiten der Verfasser leider stark verzögert wurde, den Zuspruch eines ebenso großen Leserkreises erhalten möge wie die erste Auflage.

Leipzig, im Sommer 1978   H.-G. NIEBELING

Aus dem Vorwort zur 1. Auflage

Ultra posse nemo obligatur.
Dieses geflügelte lateinische Wort ist die Umformung des Rechtssatzes des jüngeren Celsus (um 100 u. Z.):
impossibilium nulla obligatio est
»Unmöglichkeiten gegenüber gibt es keine Verbindlichkeit«.
Wenn diese Zeilen an den Anfang des Buches gestellt wurden, so könnte es den Anschein erwecken, daß mancher Leser darin einen Versuch der Verfasser sieht, sich von vornherein ein Reservat einzuräumen, falls dieses oder jenes zu besprechende Kapitel nicht vorstellungsgemäß behandelt wurde; dem ist selbstverständlich nicht so. Trotzdem standen die Verfasser vor einer schwer lösbaren Aufgabe, da das Buch einem so weiten Leserkreis die Elektroenzephalographie näherbringen soll, daß zwangsläufig die Skala von der orientierenden Information der Methode und ihrer Anwendung bis zu einer nur dem Spezialisten verständlichen Erörterung von Fragen reicht.

Das vorliegende Buch soll einerseits dem Neurologen und Psychiater, Neurochirurgen, Pädiater, Otologen, Ophthalmologen, Internisten, Chirurgen, Physiologen, Pharmakologen, kurz, fast allen in den medizinischen Fachdisziplinen arbeitenden Ärzten, andererseits aber auch den praktisch tätigen Ärzten einen möglichst umfassenden Einblick in das Gebiet der Elektroenzephalographie geben und die Möglichkeiten, aber auch Grenzen dieser Untersuchungsmethode aufzeigen. – Weiterhin soll das Buch dem bereits in der Elektroenzephalographie erfahrenen Spezialisten eine Hilfe für vor allem nomenklatorische und auswerttechnische Fragen sein sowie als Nachschlagewerk dienen. – Nicht zuletzt ist dem Buch die Aufgabe gestellt, denen, die die Elektroenzephalographie erlernen wollen, als Lehrbuch zu dienen, wobei insbesondere daran gedacht wurde, das Buch als Grundlage der jährlich durchzuführenden Ausbildungskurse für Elektroenzephalographie zu benutzen.

Ein Leitfaden, der alle diese Punkte berücksichtigt, ist bisher auf dem medizinischen Büchermarkt in dieser Art noch nicht vertreten. Monographien bzw. Handbuchartikel, die das Gebiet der Elektroenzephalographie zum Inhalt haben, gibt es nur eine geringe Zahl. Der im Jahre 1953 erschienene hervorragende Beitrag von JUNG im Handbuch der Inneren Medizin ist eine der wenigen z. Z. vorhandenen, alle Fragen der Elektroenzephalographie berührenden Publikationen und dürfte als das Standardwerk anzusehen sein. Die im Jahre 1963 erschienene »Einführung in die Elektroenzephalographie in Klinik und Praxis« von KUGLER gibt in gedrängter Form ebenfalls einen ausgezeichneten Überblick dieses Fachgebietes. Der Atlas von GIBBS und GIBBS sowie andere Atlanten bzw. Bücher beschäftigen sich meist immer nur mit Teilgebieten dieser medizinischen Fachrichtung.

Aufgrund der bisherigen Ausführungen bliebe die Frage zu klären, ob die Elektroenzephalographie überhaupt ein so wichtiges medizinisches Spezialgebiet ist, das ein so umfangreiches Buch wie das vorliegende rechtfertigt. Hierauf gibt es eine sehr kurze Antwort. Wer den Entwicklungsgang der Elektroenzephalographie seit der ersten Veröffentlichung durch den Entdecker Prof. Hans BERGER im Jahre 1929 verfolgt hat, wird feststellen müssen, daß es wohl kaum eine zweite medizinische Fachdisziplin gibt, die einen solch kometenhaften Aufschwung erlebt hat wie die Elektroenzephalographie. Die ständig rasche Erweiterung der Anwendungsgebiete deutet darauf hin, daß über kurz oder lang die Elektroenzephalographie sogar Eingang in den Lehrplan der medizinischen Fakultäten erhalten wird. Man kann heute der Elektroenzephalographie mit ihren Grenzgebieten bereits den gleichen Platz einräumen wie z. B. der Röntgenologie.

Wenn einleitend auf den großen Kreis der mit diesem Buch Anzusprechenden hingewiesen wurde und andererseits die Vielfalt, Kompliziertheit und unbedingt notwendige langjährige Erfahrung der Methode in Rechnung gestellt wird, so müßte ins Auge gefaßt werden, diesem Buch Atlanten folgen zu lassen, welche die hier besprochenen Kapitel mit noch ausführlicherem Bildmaterial behandeln. Gerade die Elektroenzephalographie benötigt ein sehr großes Anschauungsmaterial, wie sich bei den bisher durchgeführten Ausbildungskursen, an denen weit über 500 Ärzte und Assistentinnen teilnahmen, gezeigt hat.

Daß das eingangs zitierte Wort keine Anwendung finden möge und alle Leser nach dem Studium dieses Buches dasselbe zufrieden und in dem Bewußtsein, ihr Wissen erweitert zu haben, aus der Hand legen, ist letztlich der Wunsch der Verfasser.

Leipzig, im Januar 1968   H.-G. NIEBELING

Inhaltsverzeichnis

	Geleitwort zur 1. Auflage	7
	Vorwort zur 2. Auflage	9
	Aus dem Vorwort zur 1. Auflage	10
1.	**Geschichtlicher Überblick.** H.-G. Niebeling	15
2.	**Die physiologischen Grundlagen des Elektroenzephalogramms.** G. Rabending	22
3.	**Technisch-methodischer Überblick** H.-G. Niebeling, K. Killus, H.-G. Trzopek und H.-J. Laux	25
3.1.	Einführung. H.-G. Niebeling	25
3.2.	Elektrodenarten und ihre Befestigung. H.-G. Niebeling	25
3.3.	Zahl und Lage der Ableitungspunkte. H.-G. Niebeling	30
3.4.	Ableitungsschemata. H.-G. Niebeling	33
3.5.	Bemerkungen zur Verstärkung und Registrierung von Hirnpotentialen. K. Killus	37
3.6.	Zusatzmethoden in der Elektroenzephalographie. H.-G. Niebeling und K. Killus	41
3.6.1.	Telemetrische Übertragungsmethoden	41
3.6.1.1.	Drahtgebundene Telemetrie	41
3.6.1.1.1.	Drahtgebundene Telemetrie über größere Distanzen (Kabeltelemetrie)	41
3.6.1.1.2.	Drahtgebundene Telemetrie über kurze Distanzen	42
3.6.1.2.	Drahtlose Telemetrie	42
3.6.1.3.	Telefongebundene Telemetrie	45
3.6.1.4.	Elektrodentechnik	46
3.6.2.	Analysemethoden	47
3.7.	Technischer Ablauf einer elektroenzephalographischen Untersuchung. H.-G. Niebeling	57
3.8.	Probleme der Befunddokumentation. H.-G. Trzopek und H.-J. Laux	61
3.8.1.	Definition und Aufgabenstellung	61
3.8.2.	Derzeitiger Stand (konventionelle EEG-Befunddokumentation)	61
3.8.3.	Möglichkeiten der Verbesserung der konventionellen EEG-Befunddokumentation (statistische Hilfsmittel)	62
3.8.4.	Entwicklungstendenzen	67
3.9.	Allgemeine Regeln für die Einrichtung und die personelle Besetzung einer elektroenzephalographischen Abteilung. H.-G. Niebeling	68
4.	**Die Graphoelemente im Eeg und ihre Nomenklatur.** H.-G. Niebeling	72
4.1.	Einleitung	72
4.2.	Elemente des Eeg	73
4.2.1.	Alphawellen	73
4.2.2.	Betawellen	97
4.2.3.	Thetawellen	102
4.2.4.	Deltawellen	107
4.2.5.	Sigmawellen	113
4.2.6.	Spitzenpotentiale	113
4.3.	Formen des Eeg (Kombination der Elemente)	116
4.3.1.	Hintergrundaktivität	116
4.3.2.	Grundaktivität (Grundrhythmus)	116
4.3.3.	Eeg-Typen	116
4.3.4.	Allgemeinveränderungen	120
4.3.5.	Paroxysmen	124
4.3.6.	Foci	128
5.	**Verschiedene Arten des Eeg.** H.-G. Niebeling, R. Werner und J. Külz	132
5.1.	Das passive und aktive Elektroenzephalogramm. H.-G. Niebeling	132
5.2.	Das physiologische Elektroenzephalogramm und seine Varianten. H.-G. Niebeling	132
5.3.	Das pathologische Elektroenzephalogramm und seine Veränderungen. H.-G. Niebeling	137
5.3.1.	Nichtlokalisierte Veränderungen	138
5.3.2.	Lokalisierte Veränderungen	138
5.4.	Schlaf-Elektroenzephalogramm des Erwachsenen. R. Werner	139
5.4.1.	Vorbemerkungen	139
5.4.2.	Die Schlafstadien	141
5.4.2.1.	A-Stadium: Schläfrigkeit	141
5.4.2.2.	B-Stadium: Einschlafen	141
5.4.2.3.	C-Stadium: Leichter Schlaf	142
5.4.2.4.	D-Stadium: Mitteltiefer Schlaf	143
5.4.2.5.	E-Stadium: Tiefer Schlaf	143
5.4.2.6.	Paradoxe Schlafphase	145
5.4.3.	Die Schlafzyklen	145
5.4.4.	Ergänzende Bemerkungen	147
5.5.	Elektroenzephalogramm im Kindesalter. J. Külz	147
5.5.1.	Besonderheiten der Ableitungstechnik im Kindesalter	147
5.5.2.	Beurteilung von Enzephalogrammen im Kindesalter	148
5.5.3.	Reifungsbedingte Veränderungen der bioelektrischen Aktivität im Kindesalter	149
5.5.3.1.	Bedeutung der Elektroenzephalographie für die moderne Geburtshilfe	149
5.5.3.2.	Ableitung von Elektroenzephalogrammen bei Frühgeborenen	150
5.5.3.3.	Elektroenzephalogramm der Frühgeborenen	150
5.5.3.4.	Elektroenzephalogramm der Neugeborenen	150
5.5.3.5.	Elektroenzephalogramm des geschädigten Neugeborenen	151
5.5.3.6.	Elektroenzephalogramm im Säuglingsalter	151

5.5.3.7.	Elektroenzephalogramm des Klein- und Vorschulkindes 152	9.1.1.4.2.	Petit mal-Epilepsien 246
5.5.3.8.	Elektroenzephalogramm der Schulkinder ... 157	9.1.1.4.3.	Psychomotorische Epilepsie 249
5.5.4.	Schlaf-Elektroenzephalogramm im Kindesalter 157	9.1.1.5.	Klinisch-ätiologische Anfallsgruppen und EEG-Befunde 253
5.5.4.1.	Schläfrigkeit (A-Stadium) 158	9.1.1.5.1.	Idiopathische und genuine Epilepsien 254
5.5.4.2.	Einschlafphase (B-Stadium) 159	9.1.1.5.2.	Pyknolepsie 255
5.5.4.3.	Leichter Schlaf (C-Stadium) 159	9.1.1.5.3.	Symptomatische Epilepsien 256
5.5.4.4.	Mäßig tiefer Schlaf (D-Stadium) 161	9.1.1.5.4.	Residualepilepsie 256
5.5.4.5.	Tiefer Schlaf (E-Stadium) 161	9.1.1.5.5.	Übrige symptomatische Epilepsien 258
5.5.4.6.	Paradoxe Schlafphase 162	9.1.1.6.	Hirnaktivität und Lebensalter 260
5.5.4.7.	Aufwachvorgang im elektroenzephalographischen Bild 162	9.1.1.7.	Epileptische Äquivalente 262
5.5.5.	Provokationsmethoden und ihre Besonderheiten im Elektroenzephalogramm von Kindern 163	9.1.1.8.	Latente Epilepsie 262
		9.1.1.9.	Provokationsmethoden 262
5.5.5.1.	Hyperventilation 163	9.1.1.10.	Epilepsietherapie und Eeg 266
5.5.5.2.	Schlafprovokation im Kindesalter 167	9.1.1.11.	Andere Anfallserkrankungen 266
5.5.6.	Bedeutung der Elektroenzephalographie für die allgemeine Pädiatrie 167	9.2.	Eeg bei intrakraniellen raumbeengenden Prozessen. H.-G. NIEBELING 269
5.5.7.	Besonderheiten bei der Bewertung von Elektroenzephalogrammen im Kindesalter 168	9.2.1.	Begriffsbestimmung 269
		9.2.2.	Topographische Einteilung 269
6.	**Die Provokationsmethode im Eeg.** D. MÜLLER 169	9.2.3.	Eeg und Tumordiagnostik 271
		9.2.4.	Statistische Erhebungen 277
6.1.	Allgemeines 169	9.3.	Eeg bei Schädel-Hirn-Traumen. R. WERNER . 304
6.2.	BERGER-Effekt 170	9.3.1.	Vorbemerkungen 304
6.3.	Hyperventilation 172	9.3.2.	Gedeckte Schädel-Hirn-Traumen 305
		9.3.2.1.	Commotio cerebri 305
6.4.	Photostimulation (Flacker-, Flicker- oder Flimmerlichtreizung) 178	9.3.2.2.	Contusio cerebri 305
		9.3.3.	Offene Schädel-Hirn-Traumen 313
6.5.	Schlafentzug und Schlaf 181	9.3.4.	Subdurale, epidurale und intrazerebrale Hämatome 313
6.6.	Methodologische Betrachtungen 185	9.3.5.	Posttraumatische Epilepsie 313
7.	**Die Störungen im Eeg.** H.-G. NIEBELING 187	9.3.6.	Schlußbemerkungen 315
8.	**Die Auswertung des Eeg.** H.-G. NIEBELING .. 206	9.4.	Eeg bei zerebralen vaskulären Erkrankungen. D. MÜLLER 316
8.1.	Allgemeine Begriffe 206	9.4.1.	Vorbemerkung 316
8.2.	Allgemeine Richtlinien zum Auswerten einer Hirnpotentialkurve 207	9.4.2.	Experimentelle Beobachtungen 316
		9.4.3.	Umschriebene Gefäßstörungen 316
8.3.	Befundabfassung 221	9.4.3.1.	Sub- und epidurale Blutungen 316
8.4.	Befundbeispiele 223	9.4.3.2.	Subarachnoidalblutungen 318
9.	**Die Anwendungsgebiete des Eeg.** R. WERNER, H.-G. NIEBELING, D. MÜLLER, A. HERBST, I. FLEMMING, M. SCHÄDLICH und W.-E. GOLDHAHN 227	9.4.3.3.	Intrazerebrale Blutungen und Erweichungen . 318
		9.4.3.4.	Karotisligatur und -thrombose 322
		9.4.3.5.	Sinus- und Venenthrombosen 322
		9.4.3.6.	Aneurysmen und Angiome 322
		9.4.4.	Diffuse Gefäßstörungen 326
9.1.	Eeg bei Epilepsien und anderen Anfallskrankheiten. R. WERNER 227	9.4.4.1.	Diffuse Gefäßstörungen organischer Art ... 326
		9.4.4.2.	Diffuse Gefäßstörungen funktioneller Art .. 329
9.1.1.	Die Epilepsien 227	9.4.4.3.	Spezielle Provokationsmaßnahmen 330
9.1.1.1.	Vorbemerkungen 227	9.5.	Eeg bei zerebralen entzündlichen Erkrankungen. A. HERBST 334
9.1.1.2.	Hirnelektrische Vorgänge und Potentialformen 229	9.6.	Eeg bei sonstigen Erkrankungen. A. HERBST . 353
		9.6.1.	Einleitung 353
9.1.1.3.	Anfallstyp und EEG-Kurvenbild 234	9.6.2.	Syphilitische Erkrankungen des Zentralnervensystems 353
9.1.1.3.1.	Grand mal (großer epileptischer Anfall) 234	9.6.3.	Multiple Sklerose 354
9.1.1.3.2.	Petit maux (kleine epileptische Anfälle) 235	9.6.4.	Stoffwechselerkrankungen einschließlicher komatöser Zustände 355
9.1.1.3.3.	Dämmerzustände 238		
9.1.1.3.4.	Halbseitenanfälle 239	9.6.5.	Psychosen 359
9.1.1.3.5.	Psychomotorische Anfälle 241	9.6.6.	Arzneimitteleinwirkung und Intoxikationen . 363
9.1.1.4.	Intervall-Eeg 245	9.7.	Eeg in der Anästhesie und Reanimation. I. FLEMMING und M. SCHÄDLICH 369
9.1.1.4.1.	Grand mal-Epilepsien 245	9.7.1.	Rolle der Elektroenzephalographie in der Anästhesie 369
		9.7.2.	Eeg nach der Reanimation 373

9.8.	Eeg in der stereotaktischen Neurochirurgie. W.-E. Goldhahn 376	12.1.2.7.	Mechanoelektrischer Wandler 402
		12.1.3.	Die motorische Einheit und ihr Aktionspotential 403
10.	Eeg in der Begutachtung. D. Müller 380	12.2.	Elektromyographische Untersuchung 403
10.1	Allgemeines 380	12.2.1.	Vorgehen bei der elektromyographischen Untersuchung 403
10.2.	Organisatorisches 381	12.2.2.	Spontanaktivität im gesunden Muskel 404
10.3.	Anwendungsgebiete 383	12.2.3.	Parameter der Potentiale einzelner motorischer Einheiten 404
10.3.1.	Versicherungsbegutachtungen 383		
10.3.2.	Gerichtsbegutachtungen 385	12.2.4.	Willkürinnervation, Innervationsrate und Rekrutierung 405
10.3.3.	Fahrtauglichkeitsbegutachtungen 386		
11.	Spezielle Ableitungsformen des Eeg. H.-G. Niebeling, W. Lehnert und W. Thieme 387	12.3.	Elektroneurographie 406
		12.3.1.	Motorische Erregungsleitung 406
		12.3.2.	Sensible Erregungsleitung 408
11.1.	Elektrokortikographie. H.-G. Niebeling 387	12.4.	Myopathien 409
11.2.	Elektroretinographie. W. Lehnert und W. Thieme 388	12.4.1.	Spontanaktivität 409
		12.4.2.	Willkürinnervation 410
11.2.1.	Vorbemerkungen 388	12.4.3.	Befunde bei verschiedenen Myopathien 410
11.2.2.	Normales Elektroretinogramm 388	12.4.4.	Okuläre Myopathien 411
11.2.3.	Ableittechnik 390	12.4.5.	Myotonien 411
11.2.3.1.	Einleitung 390	12.5.	Befunde bei neurogenen Störungen 411
11.2.3.2.	Reizlicht 390	12.5.1.	Spontanaktivität 411
11.2.3.3.	Elektroden und Ableitpunkte 391	12.5.1.1.	Myogene Spontanaktivität 411
11.2.3.4.	Verstärker 391	12.5.1.2.	Neurogene Spontanaktivität 412
11.2.3.5.	Registrierung 391	12.5.2.	Willküraktivität 412
11.2.3.6.	Datenverarbeitungsanlagen als Hilfsmittel . . 392	12.5.3.	Befunde bei verschiedenen neurogenen Störungen 413
11.2.3.7.	Störungen 392		
11.2.4.	Ablauf einer elektroretinographischen Untersuchung 392	12.5.3.1.	Nukleäre Störungen 413
		12.5.3.2.	Polyneuritiden und Polyneuropathien 413
11.2.5.	Auswertung des Elektroretinogramms 392	12.5.3.3.	Umschriebene Störungen an peripheren Nerven und Wurzeln 414
11.2.6.	Pathologisches Elektroretinogramm 393		
11.2.7.	Anwendungsgebiete 394	12.5.3.3.1.	Mikrotraumen, Nervenkompression und Engpaßsyndrome 414
11.2.8.	Elektroretinogramm und Elektroenzephalogramm 395		
		12.5.3.3.2.	Wurzelkompressionssyndrome 415
11.3.	Elektrookulographie. W. Lehnert und W. Thieme 395	12.5.3.3.3.	Fazialisparesen, -synkinesien, -dyskinesien . . 416
		12.5.3.3.4.	Traumatische Nervenläsionen, traumatische Armplexusparesen 417
11.3.1.	Vorbemerkungen 395		
11.3.2.	Untersuchungstechnik 396	12.6.	Myasthenische Syndrome 418
11.3.3.	Auswertung und klinische Anwendung 397	12.6.1.	Myasthenia gravis pseudoparalytica 418
		12.6.2.	Lambert-Eaton-Syndrom 419
11.4.	Elektronystagmographie. W. Lehnert und W. Thieme 398	12.7.	Grundlagen der Elektromyographie der Reflexe und zentral bedingter Störungen der Motorik 419
11.4.1.	Vorbemerkungen 398		
11.4.2.	Ableitungstechnik 398		
11.4.3.	Auswertung und klinische Anwendung 398	12.7.1.	Vorbemerkungen 419
12.	Andere der Elektroenzephalographie verwandte neuroelektrodiagnostische Methoden. G. Rabending 400	12.7.2.	Adäquat ausgelöste Eigenreflexe (propriozeptive Reflexe) 419
		12.7.3.	H-Reflexe und F-Wellen 421
		12.7.4.	Fremdreflexe 423
12.1.	Elektromyographie 400	12.7.5.	Elektromyographische Symptome bei Spastizität und bei Parkinsonismus 425
12.1.1.	Grundlagen 400		
12.1.2.	Gerätetechnische Voraussetzungen 400		
12.1.2.1.	Elektroden 400	13.	Begriffe und ihre Synonyma. H.-G. Niebeling und H.-J. Laux 426
12.1.2.2.	Verstärker 401		
12.1.2.3.	Registriereinrichtungen 401	14.	Stichwortverzeichnis der Begriffe und Synonyma im englischen Sprachgebrauch 461
12.1.2.4.	Auswerthilfen 401		
12.1.2.5.	Elektronische Reizgeräte 402		Literatur 463
12.1.2.6.	Eingangstransformator und Mittelwertbildner 402		Sachverzeichnis 523

Abkürzungen

Eeg = Elektroenzephalogramm
Eeg. = Elektroenzephalogramme
Ee   = Elektroenzephalograph

Ee. = Elektroenzephalographen
EEG = Elektroenzephalographie bzw. elektroenze-
       phalographisch

Anmerkung zur Schreibweise physikalischer Maßeinheiten

Durch die Übernahme von Abbildungen aus der 1. Auflage wurde für die physikalische Einheit Sekunde die nach dem Internationalen Einheitensystem (SI) geforderte Abkürzung s nicht verwendet, sondern in Text und Abbildungen die alte Schreibweise sec. überwiegend beibehalten.

1. Geschichtlicher Überblick

H.-G. NIEBELING

Obwohl bereits 1849 du BOIS-REYMOND Stromschwankungen vom Froschhirn ableiten konnte, so ist doch der Engländer CATON als der Entdecker der elektrischen Hirnströme beim Säugetier anzusehen. Er führte bereits im Jahre 1874 Versuche mit unpolarisierbaren Elektroden an der Oberfläche beider Großhirnhemisphären von Kaninchen und Affen durch. Es war ihm möglich, durch ein empfindliches Galvanometer ständige Stromschwankungen nachzuweisen, die bei Belichtung der Augen der Versuchstiere sich verstärkten. BECK konnte 1890 ähnliche Beobachtungen an Hunden feststellen. Einen Monat nach der Veröffentlichung BECKS wurde eine Niederschrift von FLEISCHL V. MARXOW, die er bereits am 6. 11. 1883 bei der Kaiserlichen Wiener Akademie der Wissenschaften deponiert hatte, veröffentlicht. Auch er hatte erhöhte zerebrale Stromschwankungen bei der Belichtung von tierischen Augen gefunden. 1890 glaubten dann GOTCH und HORSLEY nachweisen zu können, daß spezielle Areale der Hirnrinde eine elektrische Antwort auf einen peripheren Reiz geben. Weitere Veröffentlichungen, die sich mit dieser Frage beschäftigten, kamen von DANILEWSKY (1891), LARIONOW (1899) und TRIWUS (1900).

Auch der Jenaer Professor Hans BERGER, der *Entdecker des Elektroenzephalogramms beim Menschen*, hatte im Jahre 1902 Versuche aufgenommen, um bei Hunden und Katzen zentrale Stromschwankungen bei Reizung peripherer Sinnesorgane nachzuweisen. Wie den Voruntersuchern gelang es BERGER, zerebrale Stromschwankungen mit Hilfe des Kapillarelektrometers und Tontiefelelektroden abzuleiten, er konnte aber die von CATON, BECK u. a. beobachtete erhöhte Spannungsproduktion bei Reizung peripherer Sinnesorgane – vornehmlich des Auges – in keinem seiner Versuche bestätigen. 1910 unternahm BERGER eine erneute Versuchsreihe, aber auch hier blieb die Verstärkung der zerebralen Stromschwankungen bei peripheren Sinnesreizen aus.

1912 konnte dann KAUFMANN den physiologischen Ursprung der zerebralen elektrischen Erscheinungen feststellen und damit die Ansicht von TSCHIRJEW widerlegen, der 1904 behauptet hatte, die zentralen Stromschwankungen seien durch Bewegungen des Blutes in den Hirngefäßen – also mechanisch – hervorgerufen. KAUFMANN konnte an einem Material von 24 Hunden – wie es bereits 1883 FLEISCHL V. MARXOW an einem kleineren Material gelang – die Stromschwankungen auch vom Schädelknochen ableiten, wodurch die mechanische Komponente, auch die z. B. der Atmung, mit Sicherheit auszuschalten war. Eine weitere Bestätigung der Ansicht KAUFMANNS wurde 1925 von PRAWDICZ NEMINSKI erbracht. Er leitete mittels unpolarisierbarer Tonelektroden zu dem großen EDELMANNschen Saitengalvanometer nicht nur das »Elektrocerebrogramm« ab, sondern es wurden außerdem noch der Gehirnpuls und der Blutdruck geschrieben. Auch er bezeichnete die Ansicht TSCHIRJEWS als unzutreffend. PRAWDICZ NEMINSKI konnte bei seinem »Elektrocerebrogramm« bereits *Wellen erster und zweiter Ordnung* beschreiben. Die *Wellen der ersten Ordnung* lagen bei 10–15/sec., die der *zweiten Ordnung* bei 20–30/sec.

Auch BERGER hatte, bevor er seine erste Untersuchung am Menschen vornahm, viele Experimente durchgeführt. Insbesondere beschäftigte ihn die Frage, ob die ständigen Stromschwankungen, welche von der Hirnoberfläche abzuleiten waren, nicht doch vielleicht nur durch Hirnbewegungen hervorgerufen würden.

Er führte deshalb bei einer 4jährigen Hündin eine Halsmarkdurchschneidung durch. Die Atmung setzte aus, und nach kurzer Zeit schlug auch das Herz nur noch in großen Pausen.

Abbildung 1 zeigt oben die Hirnpotentialkurve, in der Mitte das Ekg und in der untersten Kurve die Zeit in $^1/_{10}$ sec. Man sieht, daß trotz Aussetzens des Herzschlags auf der Kurve A noch Stromschwankungen nachweisbar sind, so daß nunmehr auch der sehr kritische und nach jeglichen Fehlerquellen suchende BERGER davon überzeugt war, daß die Ströme nicht durch mechanische Einwirkungen entstanden, sondern

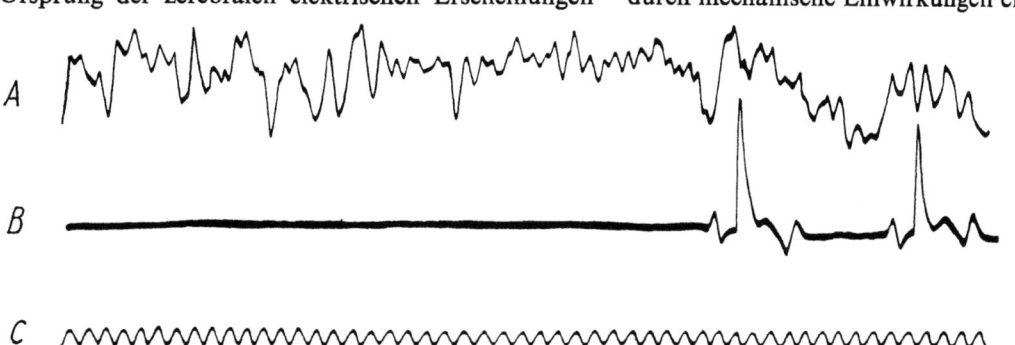

Abb. 1
Eeg und Ekg bei einer 4jährigen Hündin nach Halsmarkdurchschneidung (nach BERGER)
A Eeg,
B Ekg,
C Zeitmarkierung in $^1/_{10}$ sec.

durch den Tätigkeitszustand des Zentralnervensystems hervorgerufen sein mußten.

BERGER bestätigte im wesentlichen auch die von PRAWDICZ NEMINSKI gemachten Mitteilungen über Wellen erster und zweiter Ordnung und nannte sie in seinen weiteren Mitteilungen *Alpha- und Betawellen*.

Nach all diesen unermüdlichen Untersuchungen und zahllosen Tierexperimenten führte BERGER dann am 6. Juli 1924 die ersten Untersuchungen an einem Menschen durch.

Bei einem 17jährigen Mann, der von GULEKE wegen Tumorverdachts über der linken Großhirnhemisphäre palliativ trepaniert worden war, gelang es BERGER, bei epidural angelegten unpolarisierbaren Tonstiefelelektroden elektrische Potentialschwankungen abzuleiten.

Nach diesem gelungenen Start traten selbstverständlich noch so manche Fehlschläge ein. Aber mit fortschreitender Entwicklung der Technik konnte BERGER seine Beobachtungen und Messungen immer fester untermauern und genauer ausführen. Vom kleinen Saitengalvanometer angefangen, über das große Saitengalvanometer, weiter über das Doppelspulengalvanometer von Siemens & Halske bis zum mit Röhrenverstärkern gekoppelten Oszillographen führte der Weg bis zu den heutigen modernsten Geräten.

Aber nicht allein die technischen Errungenschaften setzte BERGER ein, sondern er experimentierte auch mit den mannigfachsten Elektroden, angefangen von Tonstiefelelektroden über Pinselelektroden und Nadelelektroden bis zu Folienelektroden.

Weiterhin schenkte er den Störmöglichkeiten große Beachtung. So war BERGER bestrebt, alle erkennbaren Fehlerquellen – wie unerwünschte Sinnesreize, Muskelaktionsströme, Lidschläge und Wackelkontakte – auszuschließen.

In seinen 14 Mitteilungen »Über das Elektrenkephalogramm des Menschen« sowie weiteren 5 Arbeiten in den Jahren von 1929–1938 beschrieb BERGER fast alle wesentlichen physiologischen und pathologischen Veränderungen des Elektroenzephalogramms und zeigte auch die weiteren Entwicklungsmöglichkeiten auf.

Mit der Entwicklung des Elektroenzephalogramms (anfangs Elektrenkephalogramm genannt) war eines der wichtigsten diagnostischen Hilfsmittel für die Diagnose von Hirnerkrankungen und Hirnfunktionsänderungen entwickelt worden.

Trotz des großen diagnostischen Wertes zeigte das Eeg zunächst jedoch bei den Klinikern keine wesentliche Resonanz. Erst als der Nobelpreisträger und bekannte englische Elektrophysiologe Lord ADRIAN zusammen mit MATTHEWS 1934 (BERGER hatte zu diesem Zeitpunkt 8 Arbeiten über das Elektrenzephalogramm des Menschen veröffentlicht) die Ergebnisse von BERGER in den technisch gut ausgerüsteten Laboratorien der Cambridge-Universität nachprüfte und bestätigte, setzte allerorts eine intensive Forschung ein. Noch im gleichen Jahr führte TÖNNIES, der in den Jahren 1932/33 mit M. H. FISCHER und KORNMÜLLER experimentelle Hirnstromuntersuchungen in Berlin-Buch am VOIGTschen Institut durchgeführt und dabei erstmalig ein Tintenschreibgerät eingesetzt hatte, die *unipolare Ableitungsart* von der Schädelkonvexität gegen das Ohr ein. Ein Jahr später veröffentlichten ADRIAN und YAMAGIWA (1935) die *bipolare Ableitungstechnik*. FOERSTER und ALTENBURGER (1935) konnten im gleichen Jahr feststellen, daß langsame Schwankungen, die beim Vorliegen eines Hirntumors auftraten, nicht von diesem selbst, sondern aus dessen Umgebung kommen mußten. Sie wiesen nach, daß der *Hirntumor elektrisch inaktiv* ist. 1936 konnte dann WALTER den sogenannten Deltafokus, d. h. das herdförmige Auftreten von langsamen Wellen, als wichtigstes Symptom beim Hirntumor feststellen. Eine *wesentliche Verbesserung* der Verstärkungstechnik wurde *durch die Einführung des Differentialverstärkers* von TÖNNIES im Jahre 1938 erzielt. Dadurch konnten weitere Störmöglichkeiten ausgeschaltet werden, vor allem jedoch war die Abnahme durch beliebig viele Elektrodenpaare möglich.

Auch in Amerika entfaltete sich nach der Bestätigung der BERGERschen Arbeiten durch ADRIAN eine intensive Forschungstätigkeit. 1934 begannen in Boston an der Harvard-Universität H. DAVIS und in Providence/Rhode Island H. JASPER unabhängig voneinander mit der Untersuchung von Hirnpotentialen. Es folgten dann insbesondere von DAVIS, GIBBS, LENNOX und PENFIELD eingehende Studien über die pathologischen Veränderungen der Hirnpotentialtätigkeit bei der Epilepsie. Späterhin widmeten GIBBS und Mitarb. diesem Gebiet ihre besondere Aufmerksamkeit, und es konnten zahlreiche neue Erkenntnisse erarbeitet werden.

Während des zweiten Weltkriegs war in Deutschland bis auf die Arbeit weniger Pioniere eine gewisse Stagnation auf dem Gebiet der Elektroenzephalographie zu verzeichnen. In den USA kam es zu einer bedeutenden technischen Weiterentwicklung der Methode. Zahlreiche Veröffentlichungen erschienen während dieser Zeit: DAVIS (1939); WILLIAMS und GIBBS (1939); WILLIAMS (1941); WILLIAMS und DENNY-BROWN (1941); JASPER und PENFIELD (1943); DOW, ULETT und RAAF (1944/45); JASPER, KERSHMAN und ELVIDGE (1945); LAUFER und PERKINS (1945).

Nach Beendigung des Krieges waren die USA auf dem Gebiet der elektroenzephalographischen Technik, besonders was die industrielle Herstellung von Apparaturen betraf, führend. Sie verfügten außerdem über große Erfahrungen in der klinischen Elektroenzephalographie. Die europäischen Länder konnten dann jedoch in sehr kurzer Zeit den Rückstand aufholen.

Die Literatur wuchs nach 1945 mehr und mehr an, und sie ist heute fast unübersehbar geworden. Allein in der »Bibliography of Electroencephalography« wurden von Mary BRAZIER bis zum Jahre 1948 über 2600 Veröffentlichungen zusammengestellt.

Nachdem in Deutschland wieder eine geregelte Forschungstätigkeit aufgenommen werden konnte, waren es vor allem DUENSING, GARSCHE, GÖTZE, JANZEN, JUNG, KORNMÜLLER, TÖNNIES und deren Schulen sowie GÄNSHIRT, RUF, STEINMANN und TÖNNIS, die wesentlichen Anteil daran hatten, daß der verlorengegangene Anschluß an den Entwicklungsstand anderer Länder erreicht wurde.

Im Jahre 1948 wurden dann von der Firma Schwarzer industriemäßig hergestellte Elektroenzephalographen auf den Markt gebracht, wobei besonders das von SCHWARZER entwickelte Trockendurchschreibeverfahren einen weiteren wesentlichen Vorteil in bezug auf die Kurvenaufzeichnung erbrachte. In den letzten Jahren wurden besonders die Probleme der Analyse und der drahtlosen sowie auch drahtgebundenen Übertragung des Eeg intensiv erforscht.

Im folgenden sei über die Entwicklung der Elektroenzephalographie in der Deutschen Demokratischen Republik berichtet. Im Jahre 1950 wurde an der Nervenklinik der Charité, Berlin, unter dem Direktorat von THIELE der erste 4-Kanal-Elektroenzephalograph in Betrieb genommen. In der Anfangszeit waren es LADES und SIEKE, später SIEKE allein, die damals die ersten elektroenzephalographischen Untersuchungen in der DDR vornahmen. Mitte des Jahres 1952 wurde dann ein zweites Gerät eingesetzt, ein wesentlich modernisierter 8-Kanal-Schreiber, der in der Neurochirurgischen Universitätsklinik Leipzig unter dem Direktorat von MERREM von NIEBELING betreut wurde. Auf Vorschlag von MERREM und NIEBELING wurde am 4. 12. 1953 in Leipzig die Arbeitsgemeinschaft für Elektroenzephalographie in der Deutschen Demokratischen Republik mit dem Vorsitzenden THIELE gegründet. Dank der Initiative dieser Arbeitsgemeinschaft konnte ein systematischer koordinierter und gut organisierter Aufbau der Elektroenzephalographie in der DDR vollzogen werden. In kurzer Zeit wurden 15 Geräte in Betrieb genommen. Das erforderliche Personal wurde in 6wöchigen Ausbildungskursen für Ärzte und Assistentinnen ausgebildet. Am 18. 9. 1956 erfolgte dann die Gründung des Arbeitskreises für Elektroenzephalographie beim Ministerium für Gesundheitswesen der Regierung der Deutschen Demokratischen Republik unter dem Vorsitz von LEMKE. Nach dem tragischen Tod von LEMKE am 27. 10. 1957 wurde MERREM am 17. 12. 1957 zum neuen Ersten Vorsitzenden gewählt, gleichzeitig wurde der Arbeitskreis dem Forschungsrat der DDR unterstellt. Im Rahmen einer Reorganisation wurden im Oktober 1966 die medizinischen Arbeitskreise beim Forschungsrat der DDR in Problemkommissionen beim Ministerium für Gesundheitswesen umgewandelt; wegen der immer stärkeren Durchdringung der Elektroenzephalographie mit technischen Problemen und der Anwendung in praktisch allen medizinischen Disziplinen erfolgte bei der Problemkommission Medizinische Datenverarbeitung die Gründung der Arbeitsgruppe Klinische Elektroenzephalographie und Grenzgebiete. Dieser Arbeitsgruppe oblag die Weiterführung der Arbeit des bisherigen Arbeitskreises, bis schließlich im Jahre 1968 die Gründung der Gesellschaft für Neuro-Elektrodiagnostik der DDR vollzogen wurde; heute zählt die Gesellschaft, der selbstverständlich auch Technische EEG-Assistentinnen angehören, weit über 500 Mitglieder. In 9 verschiedenen, der Gesellschaft unterstellten Arbeitsgemeinschaften werden spezielle Probleme der Neuroelektrodiagnostik bearbeitet. Am 1. 3. 1974 wurde die Gesellschaft *Mitglied der International Federation of Societies for Electroencephalography and Clinical Neurophysiology.*

Die elektroenzphalographische Arbeit konnte dank der Eigenentwicklung eines Elektroenzephalographen im Jahre 1956 auf immer breiterer Grundlage erfolgen, und so gelang es, bereits bis Ende 1962 fast 100 Apparaturen aufzustellen, heute ist es das Vielfache.

Bis 1957 wurde vor allem Wert darauf gelegt, die klinische Elektroenzephalographie weiter zu entwickeln, während ab Beginn des Jahres 1958 die Forschungsarbeiten über grundlegende elektroenzephalographische Probleme in Angriff genommen wurden.

Insgesamt betrachtet, kann man sagen, daß seit Anfang des Jahres 1954 eine stürmische Aufwärtsentwicklung der Elektroenzephalographie in der Deutschen Demokratischen Republik zu verzeichnen ist, so daß jetzt an allen entsprechenden Universitätskliniken und Instituten sowie den großen und kleinen Krankenhäusern und auch in den Polikliniken eine geregelte und fruchtbringende elektroenzephalographische Arbeit sowohl klinisch als auch forschungsmäßig geleistet wird.

Der hier wiedergegebene geschichtliche Überblick wäre unvollkommen, würden wir nicht den Lebensweg des Mannes etwas ausführlicher aufzeichnen, der der Medizin die Entdeckung einer so wichtigen diagnostischen Methode, wie es das Elektroenzephalogramm ist, schenkte.

BERGERS Entwicklung als Mensch und Forscher wird durch die Möglichkeit der Benutzung von drei in ungewöhnlicher Vollständigkeit vorliegenden Quellen erleichtert: seine wissenschaftlichen Publikationen, seine sorgfältig geführten Tagebücher und seine über alle Experimente seit 1924 angefertigten Protokolle.

Hans BERGER, am 21. 5. 1873 am Rande Coburgs als Sohn eines Medizinalrats und Enkel des Dichters Friedrich Rückert geboren, stammt aus einer Familie, welche schon 300 Jahre lang Bader und Ärzte gestellt hatte.

Am 2. 12. 1891, also mit 18 Jahren, fanden sich folgende Aufzeichnungen in seinem Jugendtagebuch: »Was willst Du in Deinem Leben erreichen? Was willst Du werden? Sobald ich das Gymnasium verlasse, will ich mich mit all meinem Eifer und allen Kräften dem Studium der Mathematik und Naturwissenschaften zuwenden mit der Erwartung vielleicht doch, obwohl so viele dies bezweifeln, mein hohes Ziel, wie sie es nennen, zu erreichen und als Astronom an irgendeiner Sternwarte Anstellung zu finden. Doch will ich dabei nie die schönen Wissenschaften vernachlässigen und ein verknöcherter Philister werden. Nein, davor möge mich das Andenken an meinen großen Ahn und die Beschäftigung mit der geliebten Philosophie abhalten. Doch ich fühle die Kraft in mir, in der Mathematik mein Haupttätigkeitsfeld zu erwählen, denn ich glaube, daß ich da mehr als in irgend einem anderen Fach leisten kann.« Soweit die Worte BERGERS.

1892 bestand er sein Abitur am Gymnasium in Coburg mit Sehr gut. Da er seinen Vorstellungen und Absichten treu blieb, folgte zielstrebig die Aufnahme des Studiums der Astronomie in Berlin. In seinen Tagebuchaufzeichnungen gab er aber seiner Enttäuschung Ausdruck über die zu große Stadt Berlin und über die wenig koordinierten Vorlesungen. Hier bereits zeigte sich einer der wesentlichen Charakterzüge BERGERS, Geradlinigkeit und Exaktheit. Er brach das Astronomiestudium ab und entschloß sich, das Medizinstudium aufzunehmen, was selbstverständlicherweise auch dem Wunsch seines Vaters entgegenkam.

Am 15. 10. 1893 liest man die Tagebucheintragung: »... also Mediziner. Naturwissenschaften kann ich immer dabei treiben.« Die Studienorte waren Würzburg, Berlin, München, Kiel und Jena. Als ihm nach Beendigung des Studiums vom Direktor der Psychiatrischen und Nervenklinik der Universität Jena, dem weltberühmten Geheimrat BINSWANGER, nach vorangegangener Famulatur eine Assistentenstelle angeboten wurde, die er am 7. 7. 1897 antrat, war der wohl richtungsweisende Schritt im Leben BERGERS getan. Von 1897 bis zu seiner Emeritierung blieb er dieser Klinik treu, mit Ausnahme einer 4jährigen Unterbrechung, die durch die Einberufung während des ersten Weltkriegs bedingt war.

Hier in Jena wurde er Oberarzt, Privatdozent, außerordentlicher Professor und als Nachfolger BINSWANGERS Ordinarius und Direktor der Klinik. In den Jahren 1927/28 bekleidete er das Amt des Rektors der Universität.

Bevor wir uns nach diesen skizzenhaften Aufzeichnungen der wichtigsten Lebensdaten dem wissenschaftlichen Werk BERGERS zuwenden, sollen einige mit seiner klinischen Tätigkeit zusammenhängende Aspekte beleuchtet werden.

BERGER zeichnete sich durch absolute Ehrlichkeit, durch ein unbeirrbares Verfolgen eines Zieles aus, wobei jedoch eine gewisse Selbstunsicherheit und ein ständiges Zweifeln ihn so lange beherrschten, bis er von der absoluten Gewißheit und Richtigkeit seines Handelns überzeugt war. In seinem Leben gab es nichts Ungewöhnliches, nichts Stürmisches oder gar Abenteuerliches. Alles ging zielstrebig und folgerichtig voran.

So ist auch zu vermuten, daß es BERGER zunächst nicht ganz leicht geworden ist, bei der Übernahme der Klinik im Jahre 1919 die Nachfolge des temperamentvollen, spritzig-geistvollen Otto BINSWANGERS anzutreten, bedenkt man insbesondere dabei, daß ihm zu dieser Zeit die große Entdeckung des Elektroenzephalogramms noch nicht gelungen war.

Mit der gleichen Genauigkeit, mit der BERGER die Klinik leitete, wurden auch die Visiten und Untersuchungen durchgeführt. Diese Ordnungsprinzipien, diese Exaktheit und Gründlichkeit verlangte er auch von seinen Assistenten. Bei SCHULTE ist interessant zu lesen, daß unter dem harten Reglement mancher Mitarbeiter geseufzt hat. Verfolgt man aber deren Schicksal weiter, so sind für manchen diese BERGERSchen Prinzipien zur Richtlinie für deren weiteres klinisches Wirken geworden. Eine besondere Vorliebe hatte BERGER für die Erkennung und Lokaldiagnostik von Hirngeschwülsten. Schüler BERGERS haben in späteren Zeiten berichtet, daß mit den damals zur Verfügung stehenden diagnostischen Mitteln eine so große Vollkommenheit erreicht wurde, daß der große Vorkämpfer der Neurochirurgie und Meister seines Faches, NIKOLAI GULEKE, sich von den gestellten Diagnosen bei seinen Hirnoperationen absolut leiten ließ. SCHULTE behauptet, daß die damalige Treffsicherheit der Diagnosen, die BERGER erreichte, bis heute nicht wesentlich überschritten wurde, und dies ohne Angiographie, Elektroenzephalographie, Echoenzephalographie und all die anderen modernen diagnostischen Hilfsmittel.

BERGERS Interesse war darauf gerichtet, den organischen Ursachen seelischer Störungen und Abartigkeiten nachzugehen. So ist es vorstellbar, daß er für die Psychopathologie und psychoanalytische Bemühungen kein geneigtes Ohr zeigte. Er vermochte es aber vortrefflich, besonders bei Schwerkranken, durch die Gründlichkeit seiner Untersuchungen, die Unbestechlichkeit seines Urteils und die Warmherzigkeit seiner Zuwendung, ein echtes Vertrauensverhältnis zwischen Patient und Arzt zu schaffen.

BERGER führte ein glückliches, harmonisches Familienleben, er liebte die Natur, erfreute sich an Blumen, an Steinen, Versteinerungen und nicht zuletzt an den Sternen, deren Stand und Bahnen er mit einem Fernrohr auf seinem Haus verfolgte. Die Musik war ihm fremd, Gedichte aber packten ihn. Er konnte nicht verhehlen, daß er ein Enkel Friedrich Rückerts war.

BERGERS wissenschaftliches Werk ist von seltener Geschlossenheit. Durch seine Aufzeichnungen von 1910–1941 zieht sich als roter Faden eine Idee: die Konzeption »der psychischen Energie«, die das Hauptmotiv sowohl für seine hirnelektrischen Forschungen als auch psychophysiologischen Untersuchungen wurde. Eine gerade Linie führt von den ersten Buchveröffentlichungen »Über die Blutzirkulation in der Schädelhöhle des Menschen« (1901) zu den »Experimentellen Untersuchungen über die körperlichen Äußerungen psychischer Zustände« (1904 und 1907) und den »Untersuchungen über die Temperatur des Gehirns« (1910), schließlich zu den Arbeiten, welche seine Entdeckung des Elektroenzephalogramms beim Menschen betreffen.

Am 15. 7. 1902 machte BERGER seinen ersten Tierversuch zur Ableitung von Hirnströmen; er erhielt aber keine klaren Ergebnisse. Mit verbesserten Geräten nahm er 1910 – also 8 Jahre später – diese Versuche wieder auf. Aber auch diesmal blieben die meisten Ergebnisse der Versuche ungewiß. Die Tagebucheintragung vom 30. 10. 1910 lautete: »Von 9 Versuchen 1 Erfolg und der noch gerade zweifelhaft.« Am 3. 12. 1910 kann man die Aufzeichnung lesen: »Ich gedenke definitiv mit Versuchen an der Hirnrinde der Hunde abzuschließen – Beobachtungen am Menschen.«

Mit den drei letzten Worten seiner Eintragung ist bereits das 14 Jahre später durchgeführte Programm, solche Ableitungen beim Menschen durchzuführen, vorgezeichnet.

Während des ersten Weltkriegs durchschritt BERGER eine Periode vorwiegend klinisch-neurologischer Tätigkeit, die auch durch die Übernahme der Klinik vorläufig fortgesetzt wurde. Der Entschluß, die motorischen Reizeffekte elektromyographisch mit dem Saitengalvanometer zu registrieren, führte gleichzeitig zu dem Gedanken, hirnelektrische Ableitungen beim Menschen wieder aufzunehmen. Auf einem Protokollzettel am 2. 6. 1924 mit einer für BERGER ungewöhnlichen Flüchtigkeit und Formlosigkeit halbstenografisch notiert, findet sich der Vermerk: »Der Idee nachzusehen nach Rindenströmen bei den palliativ trepanierten Menschen.« Ein seitlich angebrachter dicker schwarzer Strich untermauerte das Vorhaben. Am 14. 6. 1924, also 12 Tage nach dieser Protokollnotiz, liest man in seinem Tagebuch den Eintrag: »Es kam mir die Idee, die Untersuchungen über Rindenströme bei den Leuten mit Schädeldefekten nochmals zu versuchen. Ich bereite alle Apparate dafür vor.«

Der Idee folgte sofort die Tat. Am 6. 7. 1924 – also 1 Monat später – wurde von der Trepanationsstelle des Patienten Zedel am kleinen EDELMANNschen Saitengalvanometer abgeleitet und ein Zittern der Saite festgestellt, welches durch Hirnströme verursacht sein konnte. Obwohl er in seiner Tagebucheintragung Zweifel aufkommen ließ, so war doch dieser Tag die Geburtsstunde des menschlichen Eeg, des Elektrophalogramms, wie BERGER es bereits 1924 bezeichnete.

Es folgten nun unzählige weitere Versuche. Die Tagebucheintragungen waren zunächst sehr positiv; am 13. 5. 1926 heißt es: »Ich habe die Elektrenkephalogramme in schönen Kurven niedergelegt und vermessen.« Im November des gleichen Jahres schreibt er jedoch: »Mit den Elektrenkephalogramm bin ich nicht weiter gekommen, es fehlt mir an geeigneten Fällen.«

Zwischen dem 2. 11. 1926 und dem 2. 1. 1928 finden sich keine Tagebucheintragungen über das Eeg. BERGER war damals zum Rektor der Universität gewählt und hatte 1927/28 neben seinen Klinikverpflichtungen sehr viele Verwaltungsaufgaben zu erledigen. Am 3. 1. 1928 notiert er jedoch in sein Tagebuch, daß er die Untersuchungen über das Elektrenkephalogramm zu einem Abschluß bringen will.

Wie bereits betont, war BERGER zwar unbeirrbar im Verfolgen eines Zieles, jedoch brachte es seine überdurchschnittliche Exaktheit mit sich, daß er sich mit dem ein- oder mehrmaligen positiven Ergebnis nicht zufrieden gab, sondern alle möglichen Fehlerquellen ausschalten wollte, um absolut sicher zu gehen. Daraus resultierte bis zum vielfach gesicherten positiven Abschluß ein ständiges Zweifeln. Diese Zweifel wurden 1928 wieder so stark, daß er überlegte, die Hirnstromuntersuchungen völlig aufzugeben und auf andere Arbeiten überzugehen. Auf einem Protokollblatt vom 11. 7. 1928 heißt es: »Pläne! Ich habe das Bedürfnis nach schöpferisch-wissenschaftlichen Arbeiten. Ich habe mehrere Jahre vergeblich an dem vermeintlichen EEG gearbeitet. Was nun? EEG aufgeben!« Es folgten detaillierte Angaben über neue Pläne. Erst im Januar 1929 finden sich wieder regelmäßige Tagebucheintragungen über das Eeg.

16. 1. 29: »Ich habe fleißig an der Sache mit dem EEG gearbeitet und habe nun endlich sichere Ergebnisse gewonnen.« 3. 4. 29: »Soeben glänzende Elektrenkephalogramme mit chlorierten Silbernadeln aufgenommen!« 6. 4. 29: »Habe gestern bei einem Wärter Kurven mit Silbernadeln aufgenommen: schlechte Kurven, Nadeln nicht tief genug eingeführt – halbe Sache! – unnötiger Zeitverlust und unnötige Beschwerden! – Nadeln mit Marken versehen! – – Man lernt immer wieder dazu!« 17. 4. 29: »Ich habe mich entschlossen, ehe ich zu der Untersuchung pathologischer Vorgänge übergehe, erst das normale EEG noch genauer zu untersuchen.« 1. 5. 29: »Immer mal wieder kleinliche Zweifel an der Bedeutung des EEG.«

Diesen Aufzeichnungen ist deutlich das Ringen um absolute Gewißheit und nochmalige Untermauerung der Ergebnisse abzulesen.

In dieser Zeit schloß BERGER aber dann doch die 1. Mitteilung über das Eeg ab, und so wurde der wissenschaftlichen Welt durch seine Veröffentlichung über das Elektrenkephalogramm des Menschen im Archiv für Psychiatrie Band 87 im Jahre 1929 die Entdeckung des Elektroenzephalogramms bekannt, 5 volle Jahre nach dem ersten geglückten Versuch.

Studiert man diese seine erste Veröffentlichung über das Eeg, so kann man es nicht ohne innere Bewegung tun. Nach einer fast pedantischen Aufzählung all dessen, was über bioelektrische Ströme beim Tier bekannt war, nach Auseinandersetzungen mit allen erdenklichen Zweifeln, um, wie er sagt, eigenen vielen Bedenken Genüge zu tun, finden sich dann die Sätze: »Ich glaube in der Tat, daß die von mir hier ausführlich geschilderte cerebrale Kurve im Gehirn entsteht und dem Elektrocerebrogramm der Säugetiere von Neminski entspricht. Da ich aus sprachlichen Gründen das Wort Elektrocerebrogramm, das sich aus griechischen und lateinischen Bestandteilen zusammensetzt, für barbarisch halte, möchte ich für diese von mir hier zum ersten Mal beim Menschen nachgewiesene Kurve in Anlehnung an den Namen Elektrokardiogramm den Namen Elektrenkephalogramm vorschlagen. Ich glaube also in der Tat, das Elektrenkephalogramm des Menschen gefunden und hier zum ersten Male veröffentlicht zu haben.«

Der Gedanke wäre nun naheliegend, daß die Mitteilung, in der diese Entdeckung, untermauert durch Ausschaltung aller möglichen und unmöglichen Fehlerquellen, durch gründliche Aussiebung aller Täuschungsmöglichkeiten, publiziert wurde, die wissenschaftliche Welt hätte aufhorchen lassen und einen Anerkennungsstrom ausgelöst hätte. Das Gegenteil war der Fall, so gut wie niemand glaubte ihm. Dies hat BERGER aber nicht gehindert, in den dann folgenden Jahren 14 Mitteilungen unter dem immer gleichlautenden Titel über das Elektrenkephalogramm des Menschen zu veröffentlichen und so Baustein auf Baustein zu fügen.

Zieht man das Resümee des Inhalts dieser 14 Arbeiten unter dem Blickwinkel des heutigen Wissensstandes über das Elektroenzephalogramm, so kann man sagen: *Bergers Verdienst besteht nicht nur darin, daß er das Eeg objektivierte, sondern gleichermaßen darin, daß er sowohl alle Formen und Varianten des physiologischen als auch pathologischen Eeg mit weiteren Arbeitsrichtungen sowie auch das experimentelle Eeg einschließlich der Analyse beschrieben hat.* Der Nachwelt blieb die Aufgabe einer Ausarbeitung der in den initialen BERGERschen Standardwerken vorgezeichneten Ergebnisse und in der technischen Weiterentwicklung der Methode.

Auf der ganzen Erde haben sich viele Forscher des Gebiets angenommen, und die Veröffentlichungen sind kaum noch zu überblicken. Trotz der unermeßlichen Arbeit so vieler ist man heute jedoch nicht wesentlich über das hinausgekommen, was schon BERGER erkannt und bedacht hatte. Nach dem intensiven Studium seiner Arbeiten bekommt man noch einmal eine besondere Ehrfurcht vor dem, was hier ein einzelner ganz in der Stille und noch dazu ohne für ihn fühlbare Resonanz unbeirrt geschafft hat.

Erst nach fast 10jähriger einsamer Arbeit in Jena

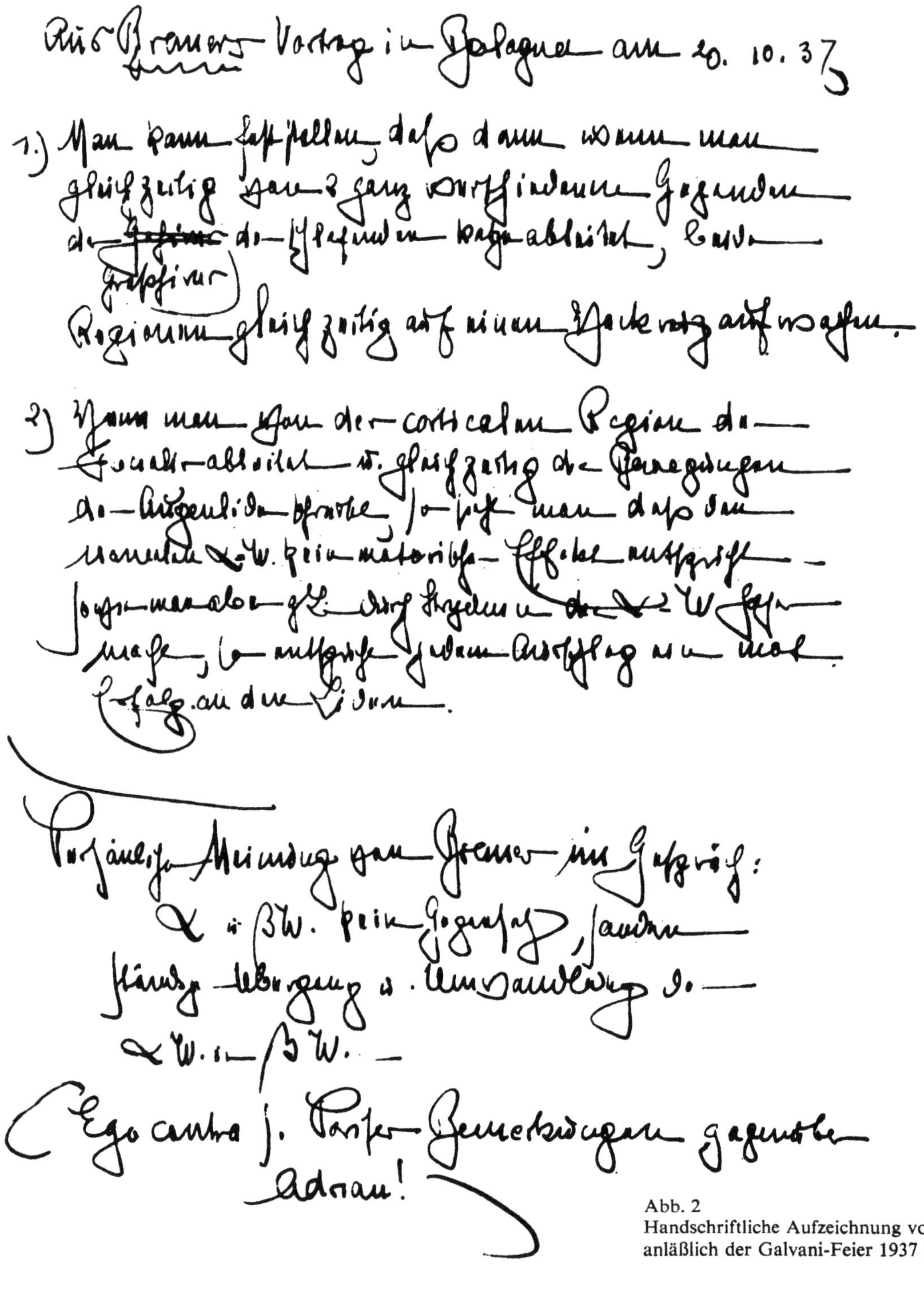

Abb. 2
Handschriftliche Aufzeichnung von Hans BERGER anläßlich der Galvani-Feier 1937 in Bologna

waren der Bann gebrochen und die Verbindungen mit der internationalen Forschung hergestellt.

Zwei Tagebuchnotizen sind in diesem Zusammenhang vielleicht erwähnenswert. Am 2. 12. 1934 schrieb BERGER: »Am Montag war ein Chicagoer Professor bei mir, der aus Buch kam und mein EEG anzweifelte! Ich Affe wäre fast kleinmütig geworden.« Und am 9. 12. 1934 liest man die Eintragung: »Aus Cambridge einen prächtigen Brief von ADRIAN, in dem er sich entschuldigt, daß er fälschlich in den englischen Tageszeitungen als Entdecker meines EEG dieser »klassischen« Untersuchungen gefeiert wurde, er verspricht Berichtigungen: Ich habe ihm gedankt. Ich finde überall Bestätigung meiner Entdeckung: EEG auf dem Wege!«

Diese Zeilen widerspiegeln einmal mehr den Menschen BERGER. Einem Angriff ausgesetzt, schon wieder geringe Zweifel aufkommen, bricht sich dann aber doch der berechtigte Stolz über seine Entdeckung Bahn.

1937 sprach er auf Einladung über das Eeg auf dem Internationalen Psychologen-Kongreß in Paris. Er fand uneingeschränkte Anerkennung und Bewunderung, die ihm in der Heimat noch fehlte. Als ADRIAN sein Eeg als die bedeutendste moderne Entdeckung bezeichnete, die den Nobel-Preis verdiene, sagte BERGER: »In Deutschland bin ich nicht so berühmt.« Zweimal hatte man BERGER für den Nobel-Preis ausersehen, das erste Mal 1936, da verboten die faschistischen Machthaber die Annahme; die zweite Nachricht traf erst nach seinem Tode ein.

Ebenfalls 1937 nahm BERGER an der GALVANI-Feier in Bologna teil, die nur einen kleinen Kreis von Elektrophysiologen vereinigte, und erhielt die GALVANI-Medaille (Abb. 2).

Einer Einladung zu einer Vortragsreise in die USA im August 1939 konnte er durch den Kriegsbeginn nicht Folge leisten. Seine Bescheidenheit hielt ihn, außer den eben genannten Kongressen, vom öffentlichen Auftreten fern. Er versuchte, allen offiziellen Einladungen auszuweichen. Diese Bescheidenheit zeigte sich auch in der Ablehnung der von ADRIAN vorgeschlagenen Bezeichnung »BERGER-Rhythmen«.

Am 30. September 1938 erhielt BERGER während einer Visite telefonisch den Bescheid, daß er wegen Erreichung der Altersgrenze am nächsten Tag, dem 1. Oktober 1938, Klinik und Laboratorien an einen Nachfolger abgeben müsse. BERGER wurde damit innerhalb von nicht einmal 24 Stunden, ohne jegliche vorherige Ankündigung, vom faschistischen Regime aller Arbeitsmöglichkeiten beraubt. Welche Gedanken, welche Überlegungen in ihm damals vorgegangen sein mögen, läßt sich unschwer erraten. Im Frühjahr 1939 war er an einem Sanatorium in Blankenburg tätig. Im September wurde dieses Sanatorium in ein Lazarett umgewandelt. Da sein Kliniknachfolger zum Militär eingezogen wurde, konnte er noch einmal zum Wintersemester 1939/40 an seine alte Arbeitsstätte zurückkehren und Vorlesungen halten.

Die Folgezeit charakterisiert JUNG in dem Satz: »Neben seinen philosophischen und parapsychologischen Studien betätigte er sich körperlich, ging regelmäßig zum Schwimmen und Turnen und machte noch mit 67 Jahren die Riesenwelle am Reck, botanisierte und freute sich wie früher an der schönen Natur des Thüringer Waldes.«

Im Mai 1941 erkrankte BERGER an einer Grippe mit Herzbeschwerden und einer nachfolgenden Depression. Seine letzte Tagebucheintragung am 20. 5. 1941 lautet auszugsweise: »Ich versuche immer mal außer Bett zu gehen, nachdem ich über 8 Wochen liege. Ich habe Tage der Verzweiflung hinter mir, an denen ich mein baldiges Ende sehnlichst herbeiwünschte. Ich habe schlaflose Nächte, die ich ebenso wie die Tage durchgrübele und mich mit Selbstanklagen herumschlage. Ich komme zu keiner geordneten Lektüre oder Arbeit, doch will ich mich dazu zwingen, denn so ist es ja nicht erträglich. Alle Lieben schreiben mir so freundlich und senden mir gute Wünsche.«

10 Tage später gab er sich in seinem Krankenzimmer am 1. 6. 1941 während einer plötzlich verstärkten depressiven Verzweiflung den Tod.

2. Die physiologischen Grundlagen des Elektroenzephalogramms

G. RABENDING

Die gegenwärtigen Vorstellungen von den Potentialquellen des Eeg und über seine physiologischen Grundlagen stammen überwiegend aus Untersuchungen an Tieren und aus verständlichen Gründen nur z. T. aus Untersuchungen am Menschen. Im letzteren Fall beziehen sich die Ergebnisse auf pathologische Bedingungen. Die Deutung tierexperimentell gewonnener Ergebnisse geht von der Annahme aus, daß sich die physiologischen Grundlagen der kortikalen Elektrogenese und der Genese des Eeg beim Menschen und zum wenigsten bei Primaten, vor allem bei Antropoiden und vielleicht auch bei anderen Mammaliern, entsprechen.

Die ersten Vermutungen über den Ort der Entstehung des Elektroenzephalogramms gehen auf BERGER zurück. BERGER äußerte in seinen ersten Arbeiten über das Elektroenzephalogramm des Menschen, daß die Potentialschwankungen – im engeren Sinne die Alphawellen – in der Großhirnrinde entstehen (BERGER 1931, 1938). Er stützte sich dabei auf eigene Beobachtungen. Bei einem wegen eines Hirntumors palliativ trepanierten Patienten konnte er ein Elektroenzephalogramm an der intakten, nicht tumorinfiltrierten Oberfläche des Gehirns, nicht aber mit Nadelelektroden aus dem Marklager ableiten. Ähnliche Untersuchungen an anderen Patienten führten zu gleichen Ergebnissen. BERGER vermutete auch, daß die Spannungsschwankungen des Eeg ihre Entstehung den Ganglienzellen verdanken. Diese Auffassung ist bis heute im wesentlichen unwidersprochen geblieben. Die Behauptung, daß der Alpharhythmus durch rhythmische Veränderungen des Vektors des korneoretinalen Potentials infolge Tremors der äußeren Augenmuskeln entstehe (LIPPOLD 1970), ist experimentell nicht belegt.

Zunächst versuchte man, das Elektroenzephalogramm auf die Aktionspotentiale der Ganglienzellsomata (Spikes) zurückzuführen (ADRIAN und MATTHEWS 1934). Das Eeg wurde als Hüllkurve der Aktionspotentiale angesehen. Je nach dem Synchronisationsgrad der Ganglienzellen sollten Spikes oder Wellen im Eeg entstehen. Um langsame Wellen zu erzeugen, müßten nach dieser Auffassung große Zellpopulationen definierte Synchronisationszustände in bestimmter zeitlicher Aufeinanderfolge annehmen, da die zellulären Spikes im Verhältnis zu den Eeg-Potentialen außerordentlich kurz sind und nur 0,5–2 msec. dauern.

Spätere Untersuchungen mit extrazellulären Mikroelektroden zeigten tatsächlich Phasenbeziehungen zwischen zellulären Aktionspotentialen und dem Eeg. In den gleichen Untersuchungen wurde jedoch nachgewiesen, daß in der Narkose Spitzenpotentiale verschwanden, während das Elektroenzephalogramm noch vorhanden war (LI und JASPER 1953). Die Beteiligung von Spikes aus den Zellsomata an der Entstehung des Eeg war damit nicht wahrscheinlich. Die wesentlichen Potentialquellen des Eeg sind exzitatorische und inhibitorische postsynaptische Potentiale. Der Zusammenhang wurde von ECCLES (1951) vermutet und später bewiesen (PURPURA 1959; CREUTZFELDT und Mitarb. 1964, 1966; JASPER und STEPHANIS 1965). Mittels intrazellulärer Ableitung konnten außer den Aktionspotentialen (Spikes) auch die wellenartigen postsynaptischen Potentiale erfaßt werden, die Zeitkonstanten von 5–10 msec. (exzitatorische postsynaptische Potentiale) und von 30–80 msec. (inhibitorische postsynaptische Potentiale) aufweisen und damit bedeutend länger dauern als die eigentlichen Aktionspotentiale. Das Elektroenzephalogramm entsteht im wesentlichen durch zeitliche Summation postsynaptischer Potentiale. Die Amplituden und Phasenbeziehungen zwischen dem Eeg der Hirnoberfläche und den postsynaptischen Potentialen wurden durch Kreuzkorrelation oder durch Superposition beider Phänomene nachgewiesen. Form und Dauer postsynaptischer Potentiale entsprechen der Form und der Dauer von EEG-Wellen, wie sich ebenfalls durch gleichzeitige Ableitung zeigen läßt. Diese Deutung gilt nur für die Wellen des Eeg. Paroxysmale Aktivität entsteht durch plötzliche Membrandepolarisation oder durch Oszillationen des Membranpotentials.

Die evozierten Potentiale haben ihren Ursprung ebenfalls in postsynaptischen Potentialen. Pharmakologisch bedingte Veränderungen des Elektroenzephalogramms sind möglicherweise z. T. durch differentielle Wirkungen auf inhibitorische und exzitatorische Synapsen zurückzuführen.

Die afferenten Fasern im Kortex verzweigen sich präsynaptisch und gehen Kontakte mit mehreren postsynaptischen kortikalen Neuronen ein. Ein solcher Synapsenverband mit verschiedenen Ganglienzellen wird als funktionelle synaptische Einheit (ELUL 1972) bezeichnet und als elementarer Generator der Wellenaktivitäten im Eeg angesehen. Jede Ganglienzelle geht ihrerseits synaptische Verbindungen mit zahlreichen exzitatorischen und inhibitorischen präsynaptischen Fasern ein. Damit repräsentiert die Aktivität jeder Ganglienzelle die Aktivitäten vieler elementarer Generatoren des Eeg.

Es ist nicht immer möglich, den Zusammenhang von zellulären Depolarisations- und Hyperpolarisationsvorgängen mit dem Oberflächen-Eeg zu erkennen. ELUL (1968, 1972) hat zeigen können, daß eine signifikante Phasenkorrelation nur während kurzer Intervalle besteht. Da die synchronisierte Aktivität eines

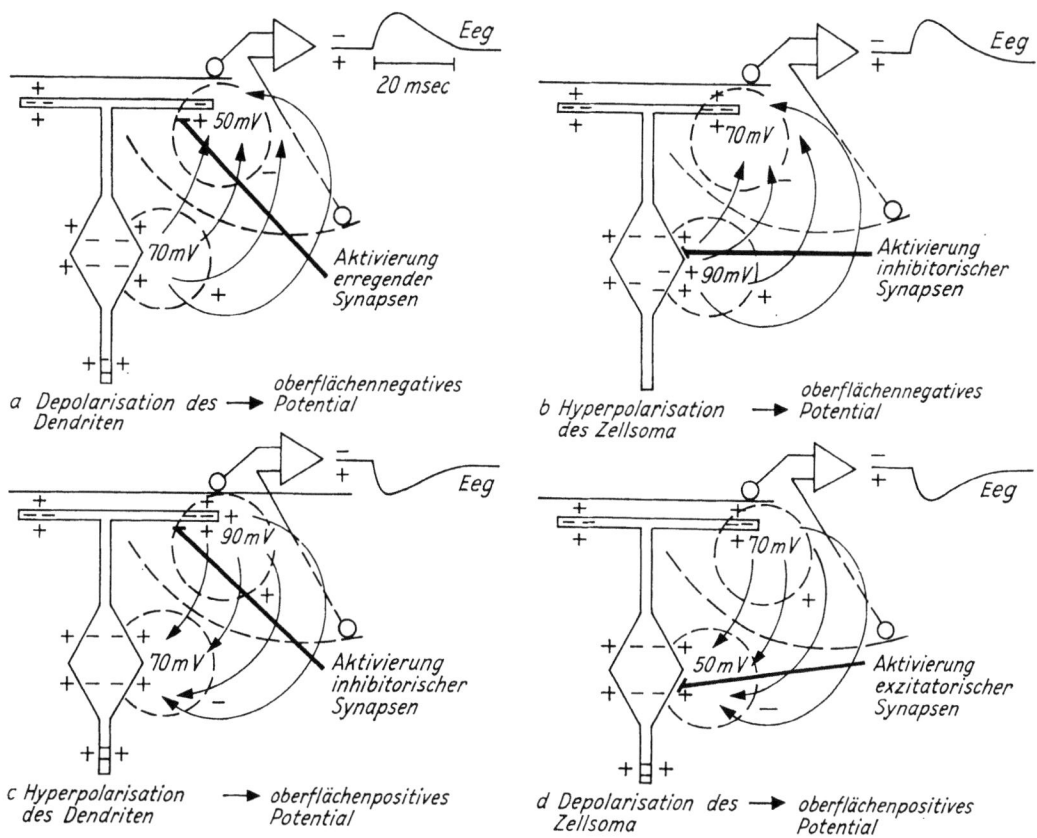

Abb. 3 Entstehung des Potentialfeldes um die Pyramidenzellen durch Erregung inhibitorischer bzw. exzitatorischer Synapsen des Zellsomas oder der apikalen Dendriten. Erläuterung im Text (aus FROST, J. D., Handbook of Electroencephalography and Clinical Neurophysiology, Band 6 Teil A)

relativ kleinen und zudem variablen Teils der kortikalen Neuronenpopulation ausreicht, um das Eeg zu erzeugen, hängt es von der Lage der intrazellulären Elektrode und dem funktionellen Verhalten der untersuchten Ganglienzellen ab, ob eine Phasenkorrelation besteht oder nicht. Die neuronalen Generatoren wechseln sich offenbar in der Erzeugung des Eeg eines umschriebenen Areals unter der Hirnoberfläche ab.

Die wesentlichen Potentialquellen des Eeg sind die Pyramidenzellen, die gleichförmig vertikal zur Oberfläche des Gehirns angeordnet sind. Mit Mikroelektrodenuntersuchungen des elektrischen Feldes in verschiedener Tiefe von der Hirnoberfläche wurde die Existenz vertikal angeordneter Dipole nachgewiesen (LI und JASPER 1953; SPENCER und BROOKHART 1961), deren elektrisches Feld sich ausbreitet. Messungen mit Mikroelektroden in verschiedener Tiefe von der Hirnoberfläche ließen z. T. eine Potentialumkehr in einer Tiefe von 800–1 200 μm erkennen. Neuere Untersuchungen mit chronisch implantierten Mikroelektroden am Hund zeigten die Potentialumkehr in 1 000–1 200 μm Tiefe entsprechend der 4. bis 5. Schicht (LOPES DA SILVA und Mitarb. 1977). Das Eeg entsteht, indem die Dipole einzelner Zellen durch Synchronisation ganzer Zellpopulationen größere elektrische Felder bilden.

Abbildung 3 erläutert die gegenwärtigen Vorstellungen von der Entstehung des Eeg aus der Projektion des die Pyramidenzellen umgebenden elektrischen Feldes auf die Hirnoberfläche. Im Modell ist die kortikale Elektrogenese auf eine Pyramidenzelle in einer Schicht und jeweils eine präsynaptische Faser reduziert. Die Erregung der exzitatorischen Synapsen des Dendriten einer Pyramidenzelle führt zu lokaler Reduzierung des Membranpotentials (Depolarisation). Zwischen Zellsoma und Dendrit bildet sich ein Spannungsgefälle mit relativer Negativität im oberflächennahen Dendriten aus, das zu einer negativen Potentialschwankung im Eeg an der Kortexoberfläche führt (Abb. 3a). Der gleiche Effekt in bezug auf das Elektroenzephalogramm wird erreicht, wenn das Zellsoma durch Erregung inhibitorischer Synapsen hyperpolarisiert wird (Abb. 3b). Das Membranpotential des Zellsomas wird lokal erhöht. Zwischen dem relativ positiven Zellsoma und dem relativ negativen oberflächennahen Dendriten entsteht wiederum ein Spannungsgefälle mit Negativität im Eeg. Oberflächenpositive Wellen im Eeg (Abb. 3c, 3d) können entsprechend mit Hyperpolarisation des Dendriten oder mit Depolarisation des Zellsomas erklärt werden.

Diese Modellvorstellung veranschaulicht die Entstehung des Eeg in stark vereinfachter Form. Da die verschiedenen afferenten Fasersysteme an verschiedenen Stellen mit neuronalen Generatoren des Eeg synaptische Verbindungen eingehen, hängen Form und Polarität des Eeg davon ab, welche Systeme erregt sind.

Untersuchungen an isolierten, noch vaskularisierten Kortexinseln haben gezeigt, daß die Hirnrinde allein nur bedingt ein organisiertes Elektroenzephalogramm hervorzubringen vermag (KRISTIANSEN und COURTOIS

1949). Obwohl die Hirnrinde die Fähigkeit zur funktionellen Kopplung von Neuronen besitzt, ist sie für die Erzeugung der Barbituratspindeln und wahrscheinlich auch des normalen Eeg auf synchronisierende afferente Impulse angewiesen. DEMPSEY und MORISON (1942) erzeugten mittels elektrischer 5–10/sec.-Stimulation des medialen Thalamus (vor allem der intralaminären Kerne) ausgebreitete spindelartige rhythmische Potentialfolgen, die sogenannte recruiting response. Wegen ihrer formalen Ähnlichkeit mit dem Alpharhythmus wurde angenommen, daß der Alpharhythmus ebenfalls vom Thalamus ausgelöst wird. Stimulation der lateralen Thalamuskerne führte zu einer anderen kortikalen Antwort (primäre Potentiale, MORISON und DEMPSEY 1943). Diese Beobachtungen veranlaßten MORISON und Mitarb. zu der Annahme, daß der Schrittmacher des Eeg im medialen Thalamus zu suchen sei. Die Bedeutung des Thalamus für die Entstehung des Eeg wurde dadurch bekräftigt, daß durch die Entfernung eines Thalamus die kortikale Aktivität wesentlich verändert wurde (KRISTIANSEN und COURTOIS 1949 u. a.). Aus späteren Untersuchungen von ANDERSEN und Mitarb. (1967) ging hervor, daß der mediale Thalamus für die Entstehung der Spindeln nicht erforderlich ist. Mit Multielektroden konnte nachgewiesen werden, daß Barbituratspindeln in verschiedenen Regionen des Thalamus gestartet werden und sich auf weite Teile des Thalamus ausbreiten können (ANDERSEN und ANDERSSON 1968; ANDERSSON und MANSON 1971). Diese Beobachtungen führten ANDERSEN und ANDERSSON (1968) zu der Annahme, daß der Schrittmacher der Aktivität im Thalamus wechseln kann und daß alle Thalamuskerne zur Produktion rhythmischer Aktivität fähig sind. Die intrathalamische Synchronisation erfolgt möglicherweise über die sogenannten Verteilerneurone (SCHEIBEL und SCHEIBEL 1966). Über die spezifischen thalamokortikalen Projektionssysteme wird die rhythmische Aktivität zum Kortex geleitet. Die Synchronisation des Alpharhythmus über weite Bezirke des Kortex ist wahrscheinlich bereits im Thalamus realisiert.

Eine mögliche Erklärung für das Entstehen der rhythmischen Aktivität im Thalamus (Abb. 4) gaben ANDERSEN und SEARS (1964). Die Abbildung zeigt 5 thalamische Neurone (a–e) in 5 zeitlich aufeinanderfolgenden Zuständen (1–5). In 1 entlädt die Zelle b aufgrund des synaptischen Einstroms afferenter Impulse. Über die rückläufige Kollaterale wird ein Interneuron erregt, das die thalamischen Zellen a–c hyperpolarisiert bzw. hemmt (Zeile 2). Nach der Rückbildung der Hyperpolarisation werden diese Zellen übererregbar und entladen entweder spontan oder aufgrund des Einstroms afferente Impulse (Zeile 3). Diese Entladung führt zur Erregung zweier Interneurone und zur Hemmung der thalamischen Zellen a–e (Zeile 4). Wenn die Hemmung bzw. Polarisation abklingt, entladen alle 5 thalamischen Neurone entweder spontan oder aufgrund synaptischen Einstroms (Zeile 5) usw. Die so hervorgerufene Entladungsfolge wird durch Desynchronisation der Zellentladungen wieder beendet.

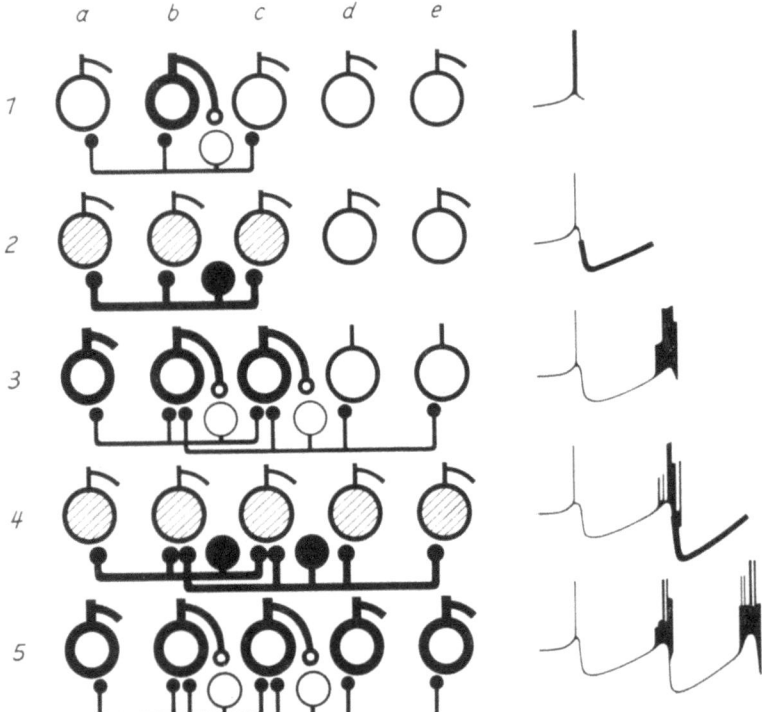

Abb. 4
Mögliche Entstehung der rhythmischen Aktivität im Thalamus (größere Kreise = thalamische Neurone mit rückläufigen Kollateralen; stark ausgezogen im Zustand der Entladung, schraffiert im Zustand der Hemmung; kleine Kreise = inhibitorische Interneurone, stark ausgezogen im Zustand der Entladung).
Auf der rechten Seite die extrazelluläre Aktivität vom Start der Spindel bis zum jeweiligen Zeitpunkt (aus ANDERSEN, P., und S. A. ANDERSSON, Handbook of Electroencephalography and Clinical Neurophysiology, Band 2 Teil C)

3. Technisch-methodischer Überblick

H.-G. NIEBELING, K. KILLUS, H.-G. TRZOPEK und H.-J. LAUX

3.1. Einführung

Der technische Aufwand, der zur Registrierung eines Elektroenzephalogramms heutzutage notwendig ist, kann als sehr umfangreich bezeichnet werden und steht z. B. dem der Untersuchung mit Röntgenstrahlen in keiner Weise nach. Es könnte dadurch der Eindruck entstehen, daß auch die Gefährlichkeit der Methode sehr groß ist; das Gegenteil ist jedoch der Fall. Der wesentliche Unterschied zwischen der elektroenzephalographischen Untersuchung und anderen neurologisch-neurochirurgischen Untersuchungsverfahren – wie z. B. der Pneumenzephalographie und zerebralen Angiographie – liegt gerade in der *absoluten Ungefährlichkeit* der Elektroenzephalographie. Man kann weiterhin sagen, daß eine elektroenzephalographische Untersuchung den Patienten in keiner Weise belastet, wodurch die *Möglichkeit einer unbegrenzten Wiederholung* gegeben ist.

Wenn oben gesagt wurde, daß die Durchführung einer elektroenzephalographischen Untersuchung einen sehr großen technischen Aufwand erforderlich macht, so bedingt dies wiederum die Besprechung einer Vielzahl von technischen Problemen und Einzelheiten, wobei die Schwierigkeit in einer folgemäßigen Ordnung der Besprechung dieser Thematik liegt. Wir glauben, die einzelnen technischen Probleme am geeignetsten so abzuhandeln, wie sie annähernd im Verlauf einer Routineuntersuchung hintereinander auftreten. Eine besondere Beachtung soll dabei der Darstellungsweise insofern geschenkt werden, als die mit einem komplizierten Uhrwerk zu vergleichenden, in sich verzahnten Einzelheiten der elektroenzephalographischen Technik auch dem technisch nicht so Eingeweihten in einer klaren und leicht verständlichen Sprache aufgezeichnet werden. Es wird dabei unumgänglich sein, allseits bekannte Dinge stichwortartig zu wiederholen.

3.2. Elektrodenarten und ihre Befestigung

H.-G. NIEBELING

Die Elektroden sind gewissermaßen als »Auffangort« der Hirnpotentiale anzusehen.

Zunächst müssen wir grundsätzlich zwischen zwei Arten dieser »Auffangmöglichkeiten« unterscheiden: Einerseits können die *Potentiale direkt von der Gehirnoberfläche*, andererseits *von der Schädeloberfläche, d. h. von der Kopfschwarte* aus, abgenommen werden. Mit der letzteren Möglichkeit wollen wir uns jetzt befassen.

In den Anfängen der Elektroenzephalographie wurden *Nadelelektroden* verwandt, die unter die Kopfhaut eingeführt und auf dem Schädelknochen zu liegen kamen. Diese Elektrodenart wird heute selten benutzt, da man bei Erzielung der gleichen Ergebnisse nur von der intakten Kopfhaut ableitet. Durch das Einstechen von Nadelelektroden besäße die Elektroenzephalographie vor allem nicht mehr den vollen Wert eines schmerzlosen, ungefährlichen diagnostischen Hilfsmittels.

Die Verwendung und Einführung der sogenannten *Oberflächenelektroden* wurde besonders von GIBBS 1935 propagiert. Seit dieser Zeit sind sehr viele Modelle beschrieben und verwandt worden. Als Material für die Elektroden dienen verzinntes Kupfer, V2A-Stahl, Feinsilber oder chloriertes Silber. Aus der Vielzahl der zur Ableitung von der Kopfhaut verwandten Elektrodenformen seien einige in den Abbildungen 5–7 wiedergegeben.

Mit Ausnahme der Klebeelektroden werden zwischen den Elektrodenkopf und die Kopfhaut zur besseren Leitfähigkeit in physiologischer Kochsalzlösung getränkte Gaze- oder Moltonläppchen eingelegt. Bei einigen Elektrodenarten empfiehlt es sich, den Elektrodenkopf mit einer der vorgenannten Stoffarten zu überziehen. Außer der erwähnten physiologischen Kochsalzlösung können auch andere leitende Flüssigkeiten benutzt werden, jedoch ist darauf zu achten, daß die Entstehung von Salzkrusten auf der Elektrodenableitfläche und damit das Auftreten einer erheblichen Störquelle vermieden wird. Insbesondere aus diesem Grunde verwenden wir physiologische Kochsalzlösung und können sagen, daß wir Salzkrusten praktisch noch nicht festgestellt haben.

Die Form und Art der Elektroden richtet sich im wesentlichen nach den Befestigungsmethoden.

Die Klebeelektroden werden – wie es der Name schon sagt – mittels leitender Spezialpasten (Bentonite-Paste) auf der Kopfhaut aufgeklebt. Dieses von DAVIS 1936 angegebene Verfahren wird besonders bei langdauernden Registrierungen angewandt.

Bevor auf die weiteren Befestigungsmöglichkeiten der Elektroden näher eingegangen wird, sollen kurz noch einige *Spezialelektroden* beschrieben werden. Für Ableitungen von der Hirnbasis sind Elektroden verschiedener Art in Gebrauch. Hier seien besonders die *Nasenelektroden* genannt, die einseitig oder doppelseitig angelegt werden können und bei denen die Ableitung von der hinteren Rachenwand aus vorgenommen wird (GRINKER und SEROTA; MCLEAN;

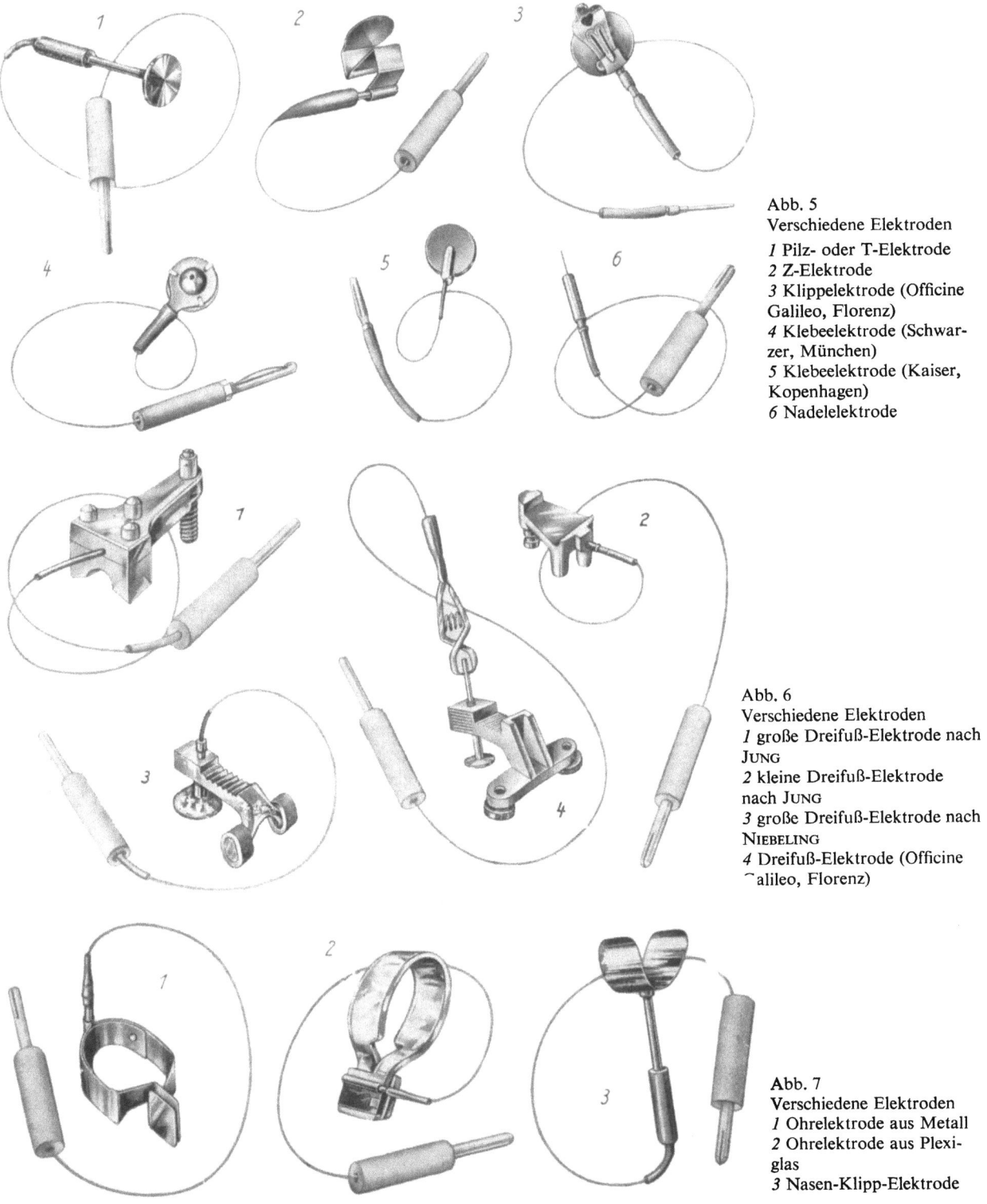

Abb. 5
Verschiedene Elektroden
1 Pilz- oder T-Elektrode
2 Z-Elektrode
3 Klippelektrode (Officine Galileo, Florenz)
4 Klebeelektrode (Schwarzer, München)
5 Klebeelektrode (Kaiser, Kopenhagen)
6 Nadelelektrode

Abb. 6
Verschiedene Elektroden
1 große Dreifuß-Elektrode nach JUNG
2 kleine Dreifuß-Elektrode nach JUNG
3 große Dreifuß-Elektrode nach NIEBELING
4 Dreifuß-Elektrode (Officine Galileo, Florenz)

Abb. 7
Verschiedene Elektroden
1 Ohrelektrode aus Metall
2 Ohrelektrode aus Plexiglas
3 Nasen-Klipp-Elektrode

NOWIKOWA und RUSINOW). Über *Trommelfellelektroden* wurde von ARELLANO berichtet. 1955 schlugen PITMAN und WHITESIDE eine Klippelektrode vor, die mit Hilfe einer kleinen sogenannten Krokodilklemme, welche an den Haaransätzen befestigt wird, und zweier Federn arbeitet. Für Säuglinge wurden 1957 von COOPER und WALTER *Saugelektroden* angegeben.

Die Reihe von Berichten über Elektrodensorten könnte noch beliebig fortgesetzt werden, woraus ersichtlich wird, daß man immer neue Wege sucht, um einen besseren Abgriff der Hirnpotentiale zu erreichen. Der Grund hierfür liegt in den Forderungen, die sowohl an die Elektroden als auch an die Elektrodenbefestigungen gestellt werden.

Bringt man diese Forderungen auf eine Grundformel, so kann man sagen: *Die Ableitung und Registrierung der Hirnpotentiale wird um so besser und störungsfreier vor sich gehen, je weniger der Patient durch die Elektroden und deren Befestigungen belästigt wird.*

JUNG bringt eine noch kürzere Formulierung, indem er sagt: »Je einfacher die Ableitungsmethodik ist, desto besser sind die Resultate.«

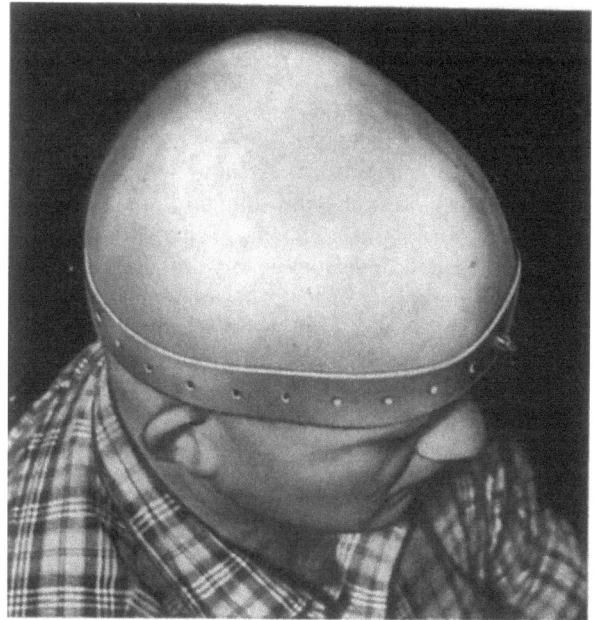

Abb. 8 Gummibandhaube. Das Grundband ist angelegt

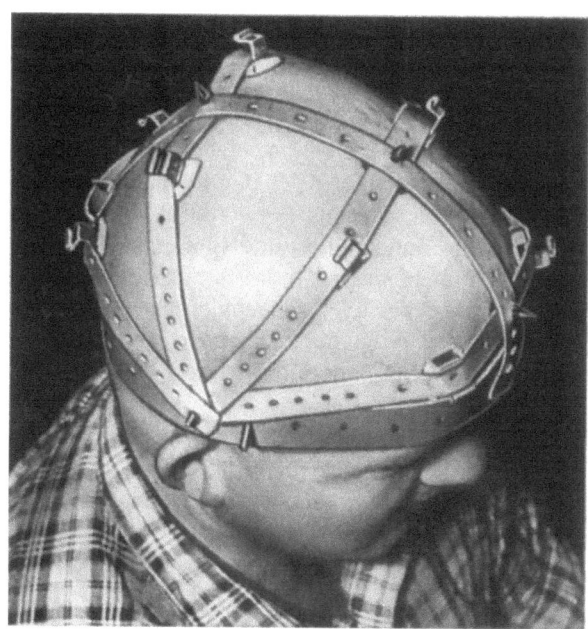

Abb. 10 Gummibandhaube. Das Grundband, die Längs- und Querbänder sowie die Elektroden sind angelegt

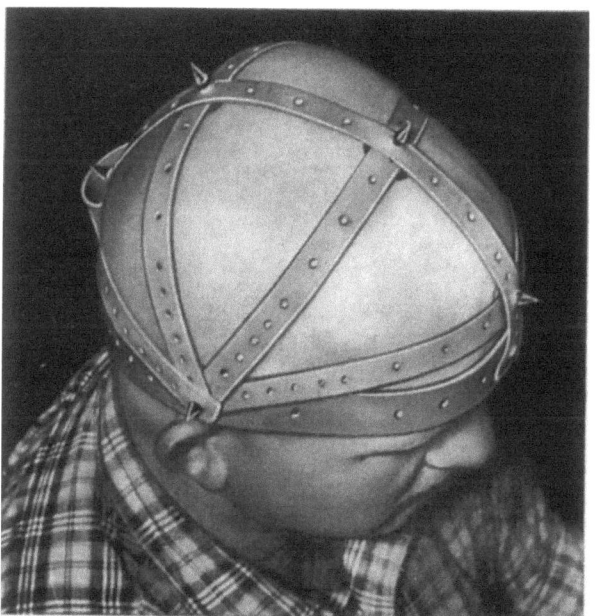

Abb. 9 Gummibandhaube. Das Grundband, die Längs- und Querbänder sind angelegt

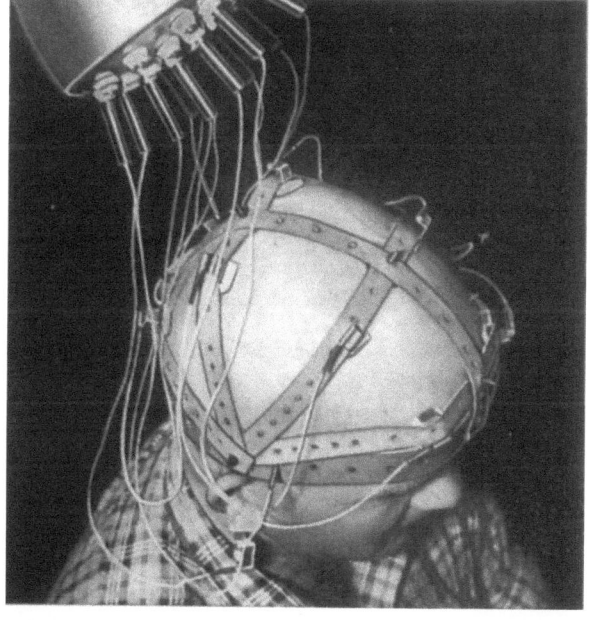

Abb. 11 Gummibandhaube fertig angelegt mit Anschlußschnüren, Ohrelektroden und Buchsenkopf

Anhand der sogenannten *Gummibandhaube* und der *Kornmüller-Kopfhaube* sei dies kurz erläutert.

Wie aus Abbildung 8 ersichtlich ist, wird zunächst das Grundband, welches aus etwa 3 cm breitem und 2,5 mm starkem Gummi besteht, angelegt. An diesem Grundband, in welches Löcher in einem bestimmten Abstand eingestanzt sind, werden mittels Knöpfen kleinere Gummibänder in einer bestimmten Anordnung befestigt (Abb. 9). Schließlich werden die Elektroden an ihren jeweiligen Bestimmungspunkten angebracht (Abb. 10). Abbildung 11 zeigt die komplette Gummibandhaube mit Anschlußschnüren sowie den Buchsenkopf, der auf dem Ableitungsstativ befestigt ist.

Der *Vorteil* besteht in der schnellen Erlernbarkeit des Aufsetzens der Haube, in der Möglichkeit, eine beliebige Anzahl von Elektroden zu befestigen, und in der guten Anpassung der Haube an die Kopfform.

Nachteile sind: Verschieblichkeit der Elektroden (dadurch Artefakte), Schwitzen der Patienten durch die räumlich große Bedeckung der Schädeloberfläche mit einem nicht luftdurchlässigen Material (dadurch Artefakte infolge von Hautpotentialen) und bei etwas längerer Ableitung stärkere Kopfschmerzen. Diese Nachteile können dadurch eingeschränkt werden, daß insbesondere für das Grundband, aber auch für die Längs- und Querbänder noch elastischerer und vor allem sehr schmaler Gummi Verwendung findet. Wir konnten beobachten, daß insbesondere mit der Verschmälerung des Grundbandes eine wesentliche Erleichterung für den Patienten bei gleicher Sicherheit des Haubensitzes möglich ist.

Bei der *Kornmüller-Kopfhaube* wird zunächst an die Stelle des Grundbandes der Gummibandhaube ein Schwammgummiband angelegt (Abb. 12), dann wird die komplette Haube mit Grundband und Elektrodenhalterungen angebracht (Abb. 13). Schließlich werden an den Enden der Elektrodenhalterungen die Elektroden eingesteckt und durch einen Hebelmechanismus plan auf die Kopfhaut aufgedrückt (Abb. 14). Abbildung 15 zeigt die komplette KORNMÜLLER-Kopfhaube mit den Anschlußschnüren, die – wie auch bei der Gummibandhaube – besonders leicht sein sollen und im vorliegenden Fall aus Perlongewebe gearbeitet wurden.

Der *Vorteil* dieser Technik besteht in der Hauptsache darin, daß nur ein durch Schwammgummi geschütztes Grundband (aus Kunststoff) der Schädelkalotte anliegt. Die Schädelkonvexität ist bis auf die Kontaktstellen der Elektroden der umgebenden Luft frei zugängig; dadurch wiederum wird ein Schwitzen der Patienten meist vermieden, und es kommt auch bei

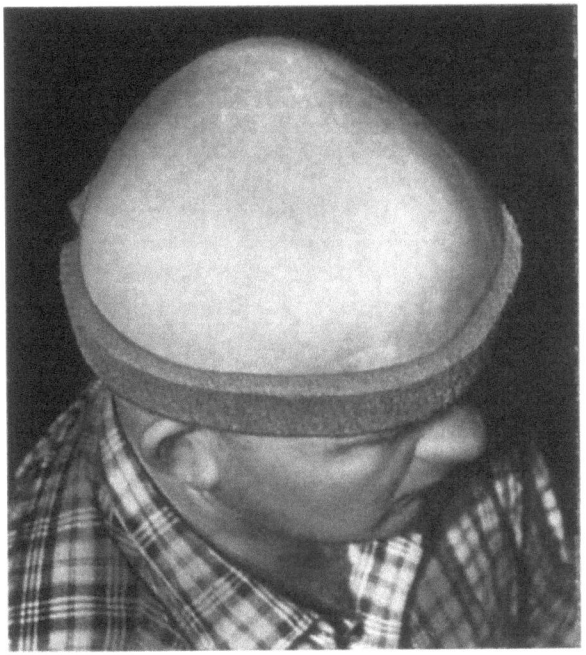

Abb. 12 KORNMÜLLER-Kopfhaube. Das Schwammgummiband ist angelegt

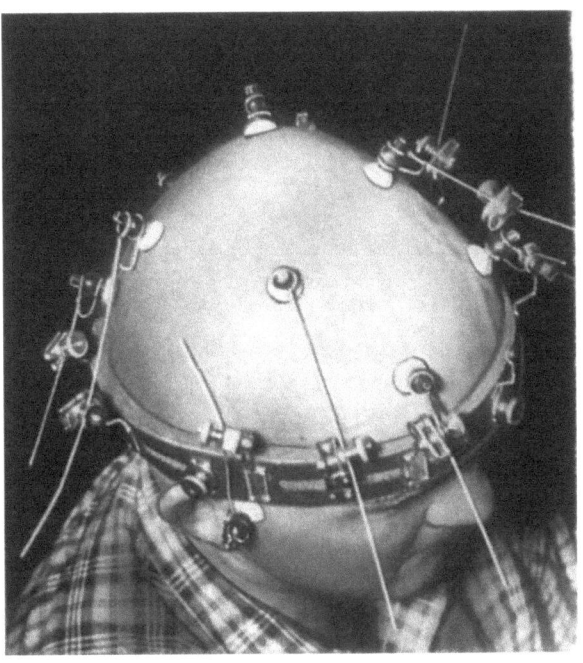

Abb. 14 KORNMÜLLER-Kopfhaube. Das Schwammgummiband, die Haube und die Elektroden sind angelegt

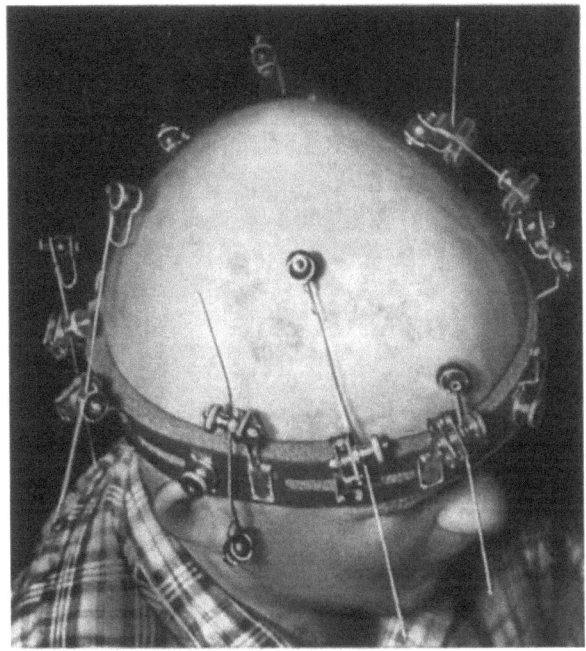

Abb. 13 KORNMÜLLER-Kopfhaube. Das Schwammgummiband und die Haube mit voreingestellten Elektrodenhalterungen sind angelegt

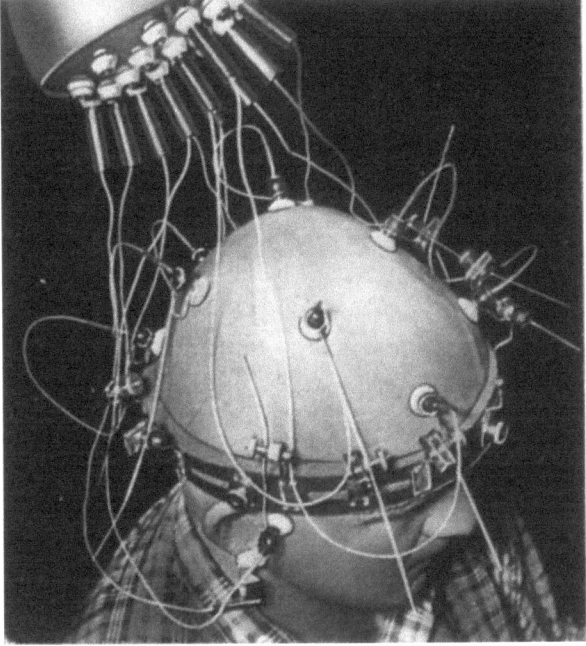

Abb. 15 KORNMÜLLER-Kopfhaube fertig angelegt mit Anschlußschnüren, Ohrelektroden und Buchsenkopf

sehr langer Ableitungsdauer nur selten zum Auftreten von Kopfschmerzen. Weiterhin ist der Sitz der Elektroden durch den Hebelmechanismus absolut sicher und fest, eine Verschieblichkeit der Elektroden ist somit nicht gegeben.

Die *Nachteile* dieser Haube sind, daß nur eine begrenzte Zahl von Elektrodenhalterungen und eine dementsprechende Zahl von Elektroden auf die Kopfhaut aufgebracht werden kann. Ein weiterer, aber nur indirekter Nachteil ist die Kompliziertheit des Aufsetzens der Haube. Bei genügender Übung besteht zwischen der Gummiband- und der KORNMÜLLER-Haube in bezug auf die Schnelligkeit des Aufsetzens kein zeitlicher Unterschied mehr.

Anhand dieser beiden Beispiele ist deutlich ersichtlich, daß die »ideale Haube« bzw. die »ideale Befestigungsmöglichkeit von Elektroden« ein sehr großes Problem darstellt. Dabei muß noch berücksichtigt werden, daß in vorliegenden Beispielen Patienten mit rasiertem Schädel zur Verfügung standen. Dies geschah, um dem Leser eine bessere Übersicht zu geben. Die Schwierigkeit der Behaarung ist also bei den üblichen täglichen Ableitungen noch hinzuzurechnen. Weiterhin muß dem Faktor einer Erhöhung der Elektrodenzahl und somit der Ableitungspunkte Rechnung getragen werden.

Es ist nur zu gut zu verstehen, daß in den elektroenzephalographischen Laboratorien und Abteilungen fast der ganzen Welt nach neuen Möglichkeiten gesucht wurde, um eine absolut allseits befriedigende Lösung der Elektrodenbefestigungsfrage zu erreichen; eine wirklich ideale Haube ist jedoch bis heute noch nicht geschaffen worden. Die besten Ergebnisse wurden bisher mit Klebeelektroden erzielt, die jedoch einen größeren Zeitaufwand erfordern und deshalb in der heutigen gehetzten Zeit sich nicht durchgesetzt haben.

3.3. Zahl und Lage der Ableitungspunkte

H.-G. NIEBELING

Wir führten schon aus, daß als »Auffangort« der Hirnwellen die Elektroden anzusehen sind. Es wird somit über die Zahl und Lage der Elektroden bzw. Ableitungspunkte sowie über die möglichen Ableitungskombinationen berichtet werden müssen. Zunächst seien einige allgemeine Bemerkungen vorweggenommen.

Die *Anzahl* der auf der Kopfhaut zu befestigenden *Elektroden könnte theoretisch unbegrenzt sein*, d. h., es wäre möglich, die gesamte Schädeloberfläche dicht mit Elektroden zu besetzen. Praktisch ist dies jedoch nicht durchführbar, da im Eeg Potentialdifferenzen gemessen werden und bei zu engem Setzen der Elektroden eine solche Potentialdifferenz zwar vorhanden, aber mit den üblichen Verstärkereinrichtungen nicht mehr meßbar wäre. Dieser Schluß trifft jedoch nur auf die sogenannte bipolare Ableitungstechnik zu, d. h., daß zwei mit Spannungspotentialen versehene Punkte miteinander verbunden werden. Bei der sogenannten unipolaren Ableitungstechnik, bei der nur ein Ableitungspunkt spannungsgeladen, der andere spannungsinaktiv oder spannungsneutral sein soll, wäre eine solche Ableitungstechnik denkbar (über die uni- und bipolare Ableitungstechnik wird noch ausführlicher berichtet werden). Die Schwierigkeit bestände jedoch erstens in der *mechanischen Komponente*, eine solch große Zahl von Elektroden störungsfrei auf der Schädeloberfläche zu befestigen, und zweitens steht uns eine beschränkte *Anzahl von Verstärkerkanälen* zur Verfügung. Zum dritten schließlich müssen die vorzunehmenden Untersuchungen noch praktisch und vor allem auch zeitlich zu verwirklichen sein.

Diese Gedanken wurden deshalb etwas näher beleuchtet, um zur Klärung der von Außenstehenden oft vertretenen Ansicht beizutragen, daß das Anbringen sehr vieler Elektroden eine bedeutend genauere Lokalisation möglich mache.

Im folgenden sollen nun die in der elektroenzephalographischen Technik *gebräuchlichsten Ableitungspunkteschemata* wiedergegeben werden, wobei jedoch erwähnt sei, daß das *oberste Gebot einer Elektrodenanordnung die Symmetrie* ist. Sämtliche elektroenzephalographischen Befunde basieren zunächst auf dem Links-Rechts-Vergleich der Potentiale, d. h., bei der Auswertung werden die Potentiale der linken oder rechten Hemisphäre jeweils zur Gegenseite abgewogen, wie dies auch in bezug auf die einzelnen Hirnregionen gilt. Dementsprechend müssen die Elektroden immer den gleichen Abstand von der Mittellinie und von Fixpunkten im Bereich des vorderen und hinteren Anteils des Kopfes haben. Ferner muß beachtet werden, daß die Anzahl und Lage der Elektroden und die dazugehörigen Schaltschemata auf die Anzahl der verfügbaren Verstärkerkanäle in der Apparatur bezogen werden. Die am meisten verbreiteten Geräte sind 8-Kanal-Schreiber, dann folgen die 12- und 16-Kanal-Elektroenzephalographen.

Das wiedergegebene *Ableitungspunkteschema von Jasper* (Abb. 16) wurde zum Standardschema (ten-twenty-System) der International Federation of Societies for EEG and Clinical Neurophysiology gewählt und soll deshalb auch ausführlicher dargelegt werden; es sei jedoch vermerkt, daß nach eigenen Informationen dieses Schema zumindest in seiner Gesamtheit bei uns nur eine beschränkte Anwendung findet.

Die *sagittale Elektrodenposition* wird bestimmt, indem man den Abstand vom Nasion zum Inion über die Scheitelmitte mißt. Ein Zehntel dieser Strecke aufwärts vom Nasion ergibt die frontopolare, ein Zehntel aufwärts vom Inion die okzipitale Elektrodenlage. Die Strecke zwischen diesen beiden Punkten wird in 4 gleiche Teile geteilt, und man erhält so die Position der frontalen, zentralen und parietalen Elektrode.

Die *quere Elektrodenposition* wird ermittelt, indem man den linken und rechten Punkt vor den Ohren über

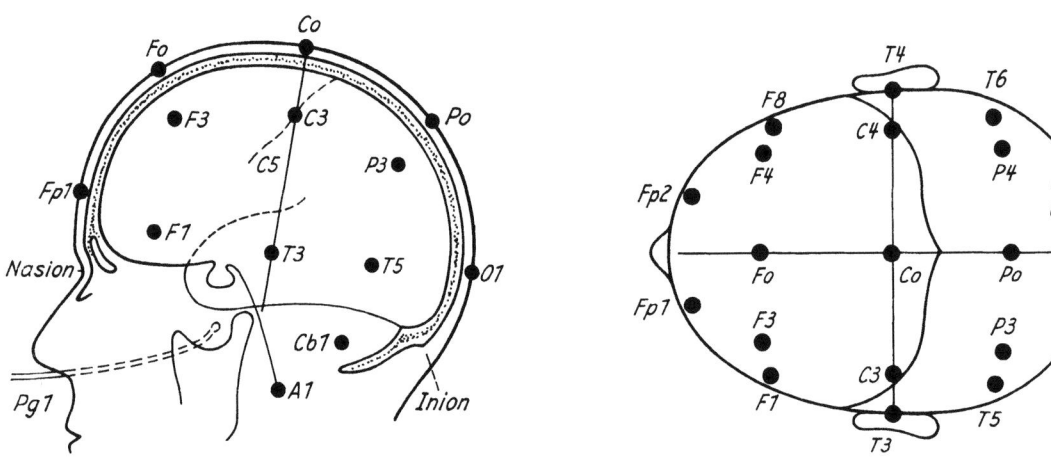

Abb. 16 Ableitungspunkteschema nach JASPER

Fp frontopolare Elektrode
F frontale Elektrode
C zentrale Elektrode
P parietale Elektrode
O okzipitale Elektrode
T temporale Elektrode
A Ohrelektrode
Cb zerebellare Elektrode
Pg pharyngeale Elektrode

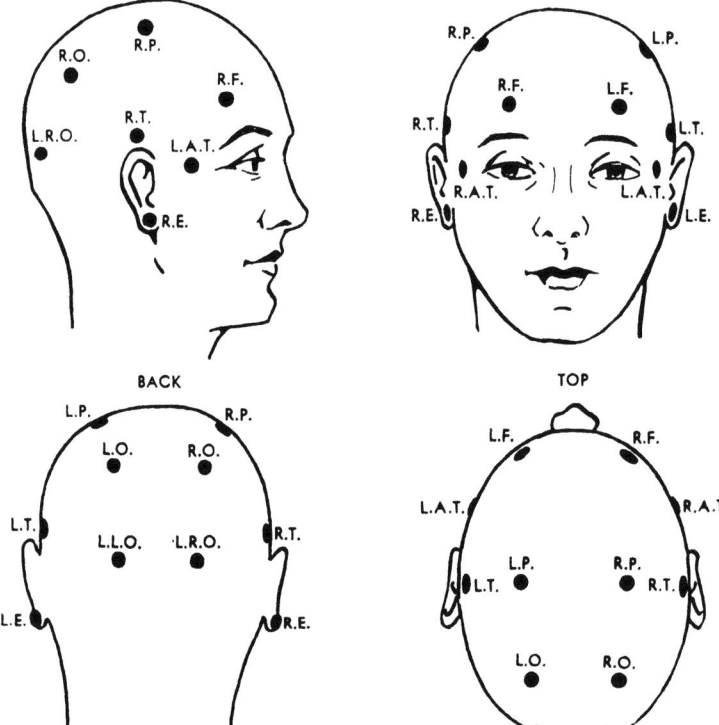

Abb. 17
Ableitungspunkteschema nach GIBBS

LF, RF li./re. frontale Elektrode
LP, RP li./re. parietale Elektrode
LO, RO li./re. okzipitale Elektrode
LLO, LRO li./re. basale okzipitale Elektrode
LAT, RAT li./re. vordere temporale Elektrode
LT, RT li./re. temporale Elektrode
LE, RE li./re. Ohrelektrode

Als Fixpunkte werden das Auge und der äußere Gehörgang angegeben

die mediane Zentralelektrode verbindet. Bei einem Zehntel der Gesamtstrecke jeweils oberhalb der Endpunkte kommen die temporalen Elektroden (T 3, T 4), bei einem Fünftel die seitlichen zentralen Elektroden (C 3, C 4) zu liegen.

Die *seitliche Elektrodenposition* wird dadurch gefunden, daß man die medianen Fixpunkte jeweils ein Zehntel oberhalb des Nasions sowie Inions über die Temporalelektrode (T 3) verbindet. Ein Zehntel der Gesamtstrecke von den Fixpunkten nach den Seiten ergibt die Elektrodenlage Fp 1, Fp 2 und O 1 und O 2. Die Elektroden werden über dem Bereich der linken Hemisphäre mit ungeraden Ziffern, über dem Bereich der rechten Hemisphäre mit geraden Ziffern bezeichnet.

Einige weitere international bekannte Ableitungspunkteschemata sind in den Abbildungen 17–20 wiedergegeben.

Zum Abschluß sei *das in der DDR verwandte Ableitungspunkteschema* für Routineableitungen (Abb. 21) demonstriert, welches sich besonders bei der Diagnostik der Epilepsie und der intrakraniellen raumbeengenden Prozesse ausgezeichnet bewährt hat.

Das Ableitungspunkteschema kann sowohl für Erwachsene als auch für Neugeborene und Kinder Anwendung finden.

Die Bezifferung der Elektroden erfolgte unter Berücksichtigung des 8-Kanal-Elektroenzephalographen nach dem Prinzip: linke Hirnhälfte = ungerade, rechte Hirnhälfte = gerade Zahlen.

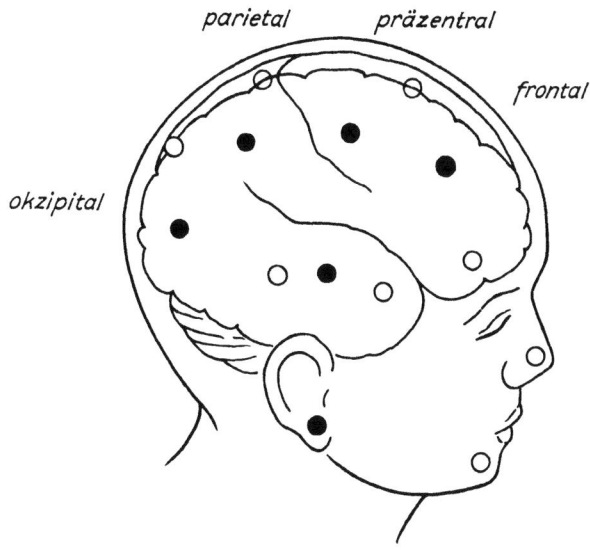

Abb. 18 Ableitungspunkteschema nach JUNG
● Ableitungspunkte, die bei einer Standardableitung auf jeden Fall erfaßt werden müssen
○ Ableitungspunkte für erweiterte Ableitungen

Muskels ist durch Hochziehen der Stirn sehr leicht und sehr genau zu bestimmen.

2. *Okzipitale Elektroden* (O). Aufsatzpunkt: 1–2 cm oberhalb der Protuberantia occipitalis.

3. *Alle Konvexitätselektroden* haben gleichmäßigen Abstand in der Sagittallinie; die Ortsbestimmung der präzentralen und parietalen Elektroden ist somit zwangsläufig gegeben (Teilung der Strecke fronto-okzipital in drei gleiche Teile). Der Abstand der Konvexitätselektroden beträgt je nach Schädelgröße etwa 4–7 cm.

4. *Alle Konvexitätselektroden* (außer den sagittalen Elektroden) liegen je nach Schädelgröße 3–4 cm von der Sagittallinie entfernt.

5. *Die sagittalen Elektroden* (vS, mS, hS) liegen in der Sagittallinie: die vordere Sagittale in der Mitte zwischen den frontalen und präzentralen Elektroden, die mittlere Sagittale in der Mitte zwischen den präzentralen und parietalen Elektroden, die hintere Sagittale in der Mitte zwischen den parietalen und okzipitalen Elektroden.

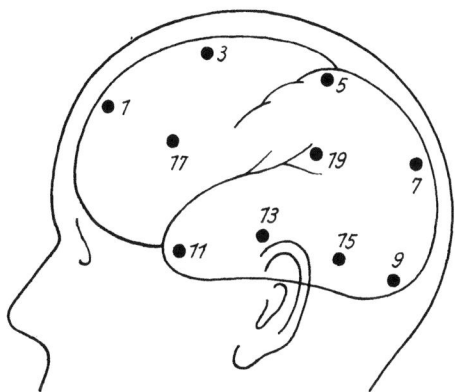

Abb. 19 Ableitungspunkteschema nach KORNMÜLLER

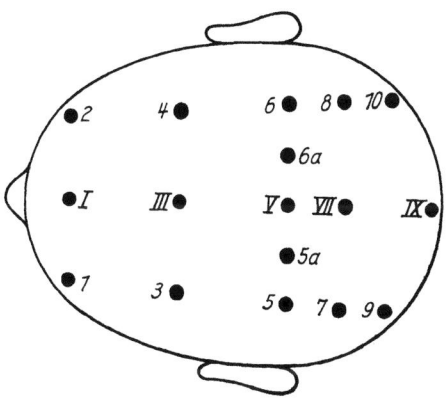

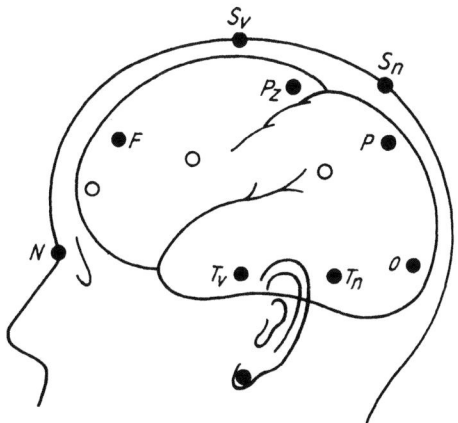

Abb. 20 Ableitungspunkteschema nach BOCHNIK

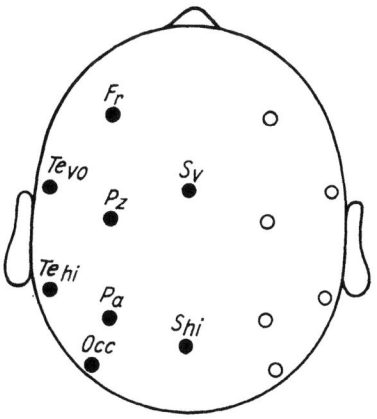

Folgende *Richtlinien* wurden *für das Aufsetzen der Elektroden* ausgearbeitet:

1. *Frontale Elektroden* (F). Aufsatzpunkt: 1 cm oberhalb des Ursprungs des M. frontalis. Diese Festlegung entspricht etwa der Stirnhaargrenze, jedoch halten wir den Muskelursprung für sicherer, da die Stirnhaargrenze bekanntlich stark variiert. Der Ursprung des

6. *Die temporalen Elektroden* (vT, hT) liegen 1 cm oberhalb des Ohrmuschelansatzes, die vordere (vT) 2 cm vor, die hintere (hT) 2 cm hinter dem Ansatz.

7. *Die Ohrelektroden* (19/20) werden am Zipfel des Ohrläppchens befestigt. Es ist darauf zu achten, daß die Elektroden plan sitzen, d. h., daß kein Ohrknorpel sich zwischen den Elektrodenflächen befindet.

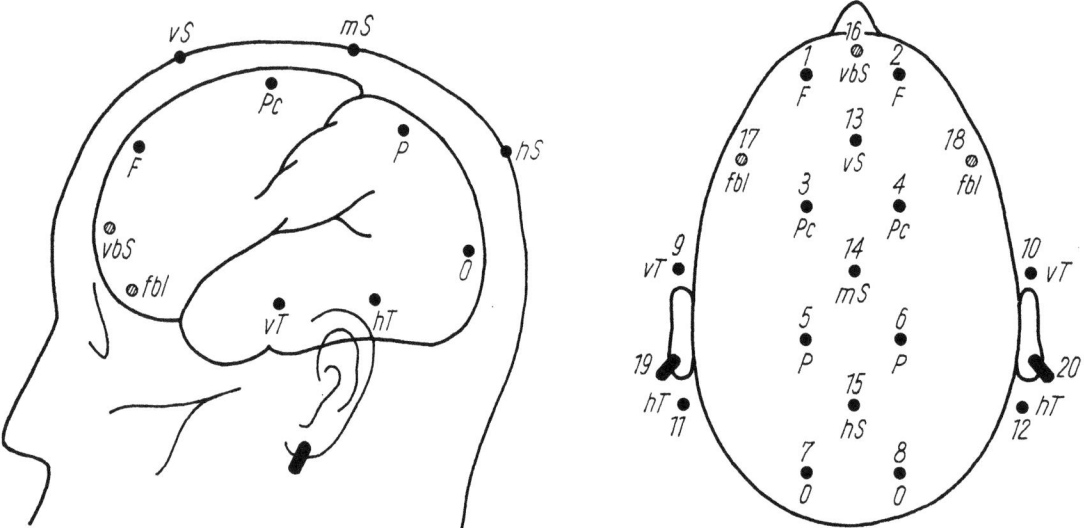

Abb. 21 Ableitungspunkteschema für Erwachsene, Kinder und Neugeborene, welches in der DDR für Routineableitungen verwendet wird

F	frontale Elektrode	hT	hintere temporale Elektrode	hS	hintere sagittale Elektrode
Pc	präzentrale Elektrode	vS	vordere sagittale Elektrode	vbS	vordere basale sagittale Elektrode
P	parietale Elektrode				
O	okzipitale Elektrode	mS	mittlere sagittale Elektrode	fbl	frontobasolaterale Elektrode
vT	vordere temporale Elektrode				

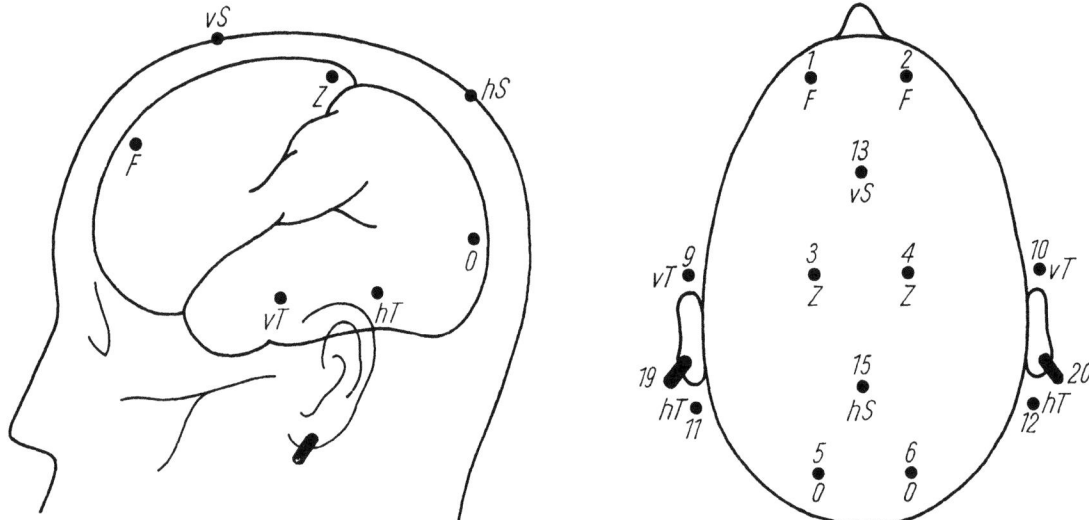

Abb. 22 Ableitungspunkteschema für kleine Säuglinge und Frühgeburten, welches in der DDR für Routineableitungen verwendet wird

19/20	Ohrelektrode	vT	vordere temporale Elektrode	vS	vordere sagittale Elektrode
F	frontale Elektrode				
Z	zentrale Elektrode	hT	hintere temporale Elektrode	hS	hintere sagittale Elektrode
O	okzipitale Elektrode				

8. *Basale Elektroden* werden nur für die basale Ringschaltung verwendet; routinemäßig erfolgt also keine Anlegung. Die vordere basale sagittale Elektrode (vbS) liegt in der Sagittallinie, 3–4 cm oberhalb der Nasenwurzel. Die frontobasolaterale Elektrode (fbl) liegt 3 cm oberhalb des äußeren Augenwinkels.

Bei kleinen Säuglingen, Frühgeburten sowie Mikrozephalen (Abb. 22) muß eine Beschränkung auf 6 Konvexitäts- und 2 sagittale Elektroden erfolgen, da durch die sonst eintretenden kleinen Elektrodenabstände zu niedrige bzw. nicht mehr auswertbare Potentiale entstehen würden. Außerdem muß auch die Platzfrage für die Elektroden in Rechnung gestellt werden. Die Ortsbestimmung der Ableitungspunkte kann in entsprechender Form nach den vorn angegebenen Richtlinien erfolgen.

3.4. Ableitungsschemata

H.-G. NIEBELING

An die Besprechung der verschiedenen Varianten von Ableitungspunkteschemata muß sich zwangsläufig die Betrachtung über die möglichen Ableitungsschemata anschließen. Mit anderen Worten gesagt, müssen wir uns jetzt mit den einzelnen Verbindungsmöglichkeiten von Ableitungspunkten und deren Besonderheiten beschäftigen.

Zunächst sei festgestellt, daß es *zwei Arten von Verbindungen* gibt:

Erstens, indem man das *Potential zweier mit Spannung geladener Punkte* wiedergibt (bipolare Ableitungsart),

zweitens, indem man die Verbindung *zwischen einem mit Spannung versehenen Punkt und einem spannungsmäßig inaktiven Punkt* herstellt (unipolare Ableitungsart).

Beginnen wir mit der von TÖNNIES 1934 angegebenen *unipolaren Ableitungsart* von der Schädelkonvexität gegen das Ohr. Es muß hier eine Unkorrektheit erwähnt werden, die aber – wie so manche Dinge im Leben – bisher als allgemein gültig anerkannt wurde. Wenn wir »unipolare Ableitungsart« sagen, so müßte der eine Punkt elektrisch inaktiv, elektrisch neutral sein, d. h., er dürfte kein Spannungspotential tragen. Als inaktive Punkte werden zumeist die Ohren, die Nasenspitze oder evtl. auch das Kinn verwendet. *Alle Punkte sind aber genaugenommen nicht elektrisch inaktiv*, sondern haben ein zwar kleines, aber registrierbares Spannungspotential aufzuweisen. Die Größenordnung, in der sich dieses Spannungspotential bewegt, ist im allgemeinen so klein, daß es sich auf die Auswertung der Hirnpotentialkurve praktisch nicht auswirkt, weshalb man auch bisher in fast allen EEG-Laboratorien der Welt von unipolarer Ableitungstechnik gesprochen hat. Von dem EEG-Terminologie-Komitee der International Federation of Societies for EEG and Clinical Neurophysiology wurde 1974 jedoch empfohlen, das Wort unipolare Schaltung nicht mehr zu gebrauchen, und diese Ableitungstechnik mit Referenzschaltung neu definiert; man blieb jedoch bei der Bezeichnung bipolare Schaltung. Nach Meinung einer großen Reihe von Experten hätte man bei Wegfall des Wortes unipolar auch zwangsläufig das Wort bipolar streichen müssen.

Wir glauben, daß auch in der nächsten Zeit die seit nunmehr 40 Jahren bestehenden Bezeichnungen in den meisten Laboratorien der Welt noch weiter sprachlich gebraucht werden, weshalb wir bei dieser Auflage auch noch an den beiden Begriffen uni- und bipolar festhalten werden. Selbstverständlich schließt dies ja nicht aus, nach und nach den Begriff Referenzschaltung für unipolare Schaltung einzuführen; man müßte dann jedoch aber gleichzeitig auch nicht mehr von bipolarer, sondern von Reihenschaltung oder einem anderen, ebenfalls willkürlich festgelegten Begriff sprechen.

Damit wäre im grundsätzlichen diese Ableitungsart erklärt. Nachzutragen blieben lediglich noch Sinn und Zweck dieser Ableitungsart. Es ist leicht verständlich, daß man durch eine Ableittechnik, bei der alle Punkte, die auf der Schädelkonvexität fixiert sind und mit einer Bezugselektrode verbunden werden, ein *gutes Übersichtsbild* des gesamten, auf der Schädelkonvexität herrschenden Potentialbildes erhält. *Größe, Form und Polungsrichtung der Potentiale können gut erfaßt werden.*

Die zweite Ableitungsart ist die von ADRIAN 1935 eingeführte *bipolare Reihenschaltung* d., h., es wird von zwei mit Spannung versehenen Ableitungspunkten abgeleitet. Man erhält somit im Kurvenbild die Differenz zweier spannungstragender Punkte. Diese Ableitungsart ist *besonders zur Eingrenzung von herdförmigen Störungen* als unerläßlich anzusehen.

Über die Vor- und Nachteile beider Ableitungsarten ist viel diskutiert worden. In England findet fast ausschließlich die bipolare Ableitungstechnik Anwendung, während in den USA teils die uni-, teils die bipolare, teils beide Techniken verwandt werden. Die beste Lösung ist nach unserer Ansicht die Verwendung beider Techniken mit jeweils mehr oder weniger großer Variationsbreite.

Diese beiden Techniken sind die Basis für die mannigfachen Ableitungsschemata. Es versteht sich von selbst, daß unzählige Kombinationen zwischen den einzelnen Ableitungspunkten möglich sind. Jede elektroenzephalographische Abteilung hat versucht, die nach ihrer Ansicht vorteilhaftesten Kombinationen zu erarbeiten. Allen gemeinsam ist das Ziel einer größtmöglichen Ausbeute für die klinische Auswertung der Potentiale.

Im folgenden seien die 6 Standardableitungsarten aufgezeichnet, die bei jeder elektroenzephalographischen Routineuntersuchung von uns durchgeführt werden (Abb. 23).

Zunächst sei hervorgehoben, daß alle Routine- und Sonderableitungsarten (ausgenommen der basale Ring) ohne Versetzen von Elektroden geschaltet werden können, was einen erheblichen Vorteil in sich birgt.

Die Routineschaltungen werden mit den römischen Zahlen I–VI bezeichnet. Alle von den jeweiligen Routineschaltungen abgeleiteten Sonderschaltungen werden mit den fortlaufenden Buchstaben des kleinen Alphabets als Zusatz zur römischen Zahl der jeweiligen Routineschaltung kenntlich gemacht.

Bei allen Schaltungen wird das Links-Rechts-Wechselprinzip angewendet, d. h., daß der jeweilige Ableitungsbereich der einen Hemisphäre sofort mit dem der anderen vergleichbar ist. Bei sehr starkem Wechsel der Potentiale empfiehlt es sich, zusätzlich zum Links-Rechts-Wechselprinzip zunächst alle linksseitigen und dann alle rechtsseitigen Schaltungskombinationen vorzunehmen, wie dies bei der Sonderableitungsart IVa (Abb. 25) bereits standardmäßig festgelegt ist.

Um Seitendifferenzen im Kurvenbild besser objektivieren zu können, werden bei allen Ableitungsarten prinzipiell die Verstärkerkanäle gewechselt. Wir be-

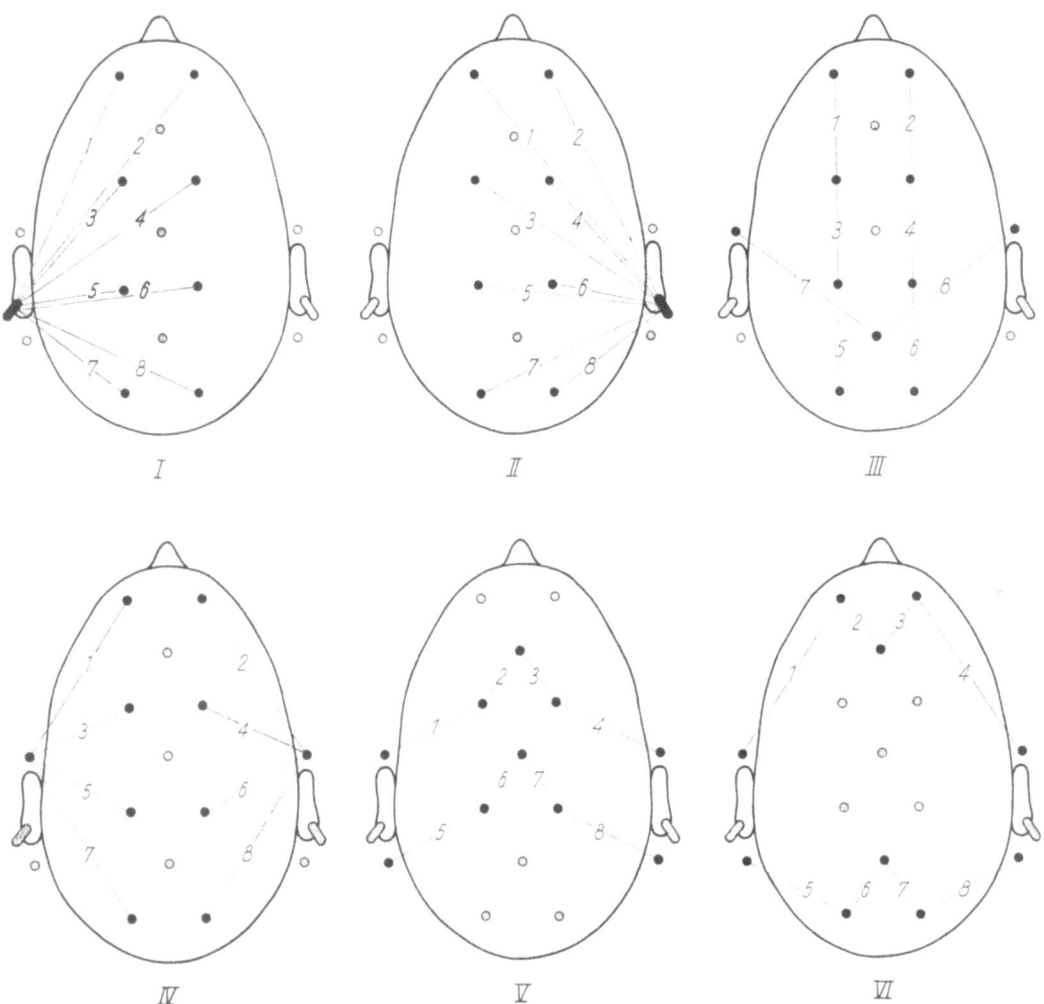

Abb. 23 Ableitungsschema für Routineableitungen (Erwachsene, Kinder und Säuglinge)
Ableitungsarten   I: Unipolare Schaltung zum linken Ohr
Ableitungsarten II: Unipolare Schaltung zum rechten Ohr
Ableitungsarten III: Bipolare Längsschaltung
Ableitungsarten IV: Bipolare temporale Schaltung
Ableitungsarten V: Querreihe I (mittlere Querreihenschaltung)
Ableitungsarten VI: Querreihe II (vordere und hintere Querreihenschaltung)

Die Zahlen 1–8 geben die Schaltungsfolge an

zeichnen diese Ableitungsarten als gewechselt oder gekreuzt. Sie werden durch ein hinter der römischen Zahl stehendes × gekennzeichnet (Abb. 24).

Durch diese angewandte Kombinationsschaltung ist es möglich, zunächst durch die *unipolaren Ableitungsarten I und II* eine Übersicht über die Gesamtpotentialverhältnisse zu erhalten. Bei intrakraniellen raumbeengenden Prozessen, die im Temporalgebiet lokalisiert sind, geben diese Ableitungsarten durch Einstreuen der Potentiale in die jeweilige Ohrelektrode bereits einen ersten orientierenden Hinweis.

Die bipolare Ableitungsart III, auch als bipolare Längsreihe bezeichnet, hat den Zweck, die Schädeloberfläche genauer abzutasten, wobei die Schaltung von der linken vorderen temporalen über die hintere sagittale zur rechten vorderen temporalen Elektrode besonders für epileptische Krankheitsbilder gedacht ist, um eine genaue Differenzierung von herdförmigen und generalisierten Potentialbildern, vor allem bei wechselnder Intensität, in einer Schaltung zu ermöglichen.

Die bipolare Ableitungsart IV, auch als bipolare temporale Ableitungsart bezeichnet, soll besonders die Beziehung der Konvexitätselektroden zu den temporalen Elektroden beleuchten.

Die bipolaren Querreihenschaltungen V und VI bewähren sich besonders bei der Lokalisation von mittelliniennahen oder die Mittellinie überschreitenden Prozessen.

Als *standardisierte Sonderableitungsarten*, die ohne Versetzen von Elektroden durchführbar sind, kommen die Ableitungsarten IIIa, IVa und VIa zur Anwendung (Abb. 25).

Die Ableitungsart IIIa wird sich bei allgemein sehr niedriger Spannungshöhe notwendig machen.

Sind z. B. herdförmige Potentiale in einer der Schaltungen der bipolaren Längsreihe nur angedeutet vorhanden, so werden diese durch die frontookzipitale Schaltung durch den größeren Abstand der Elektroden besser sichtbar gemacht und können somit zur Bestimmung der Seitenlokalisation wesentlich beitragen.

Die Ableitungsart IVa wird bei zu starkem Seitenwechsel der Potentiale vorgenommen.

Die Ableitungsart VIa soll besondere Aufschlüsse

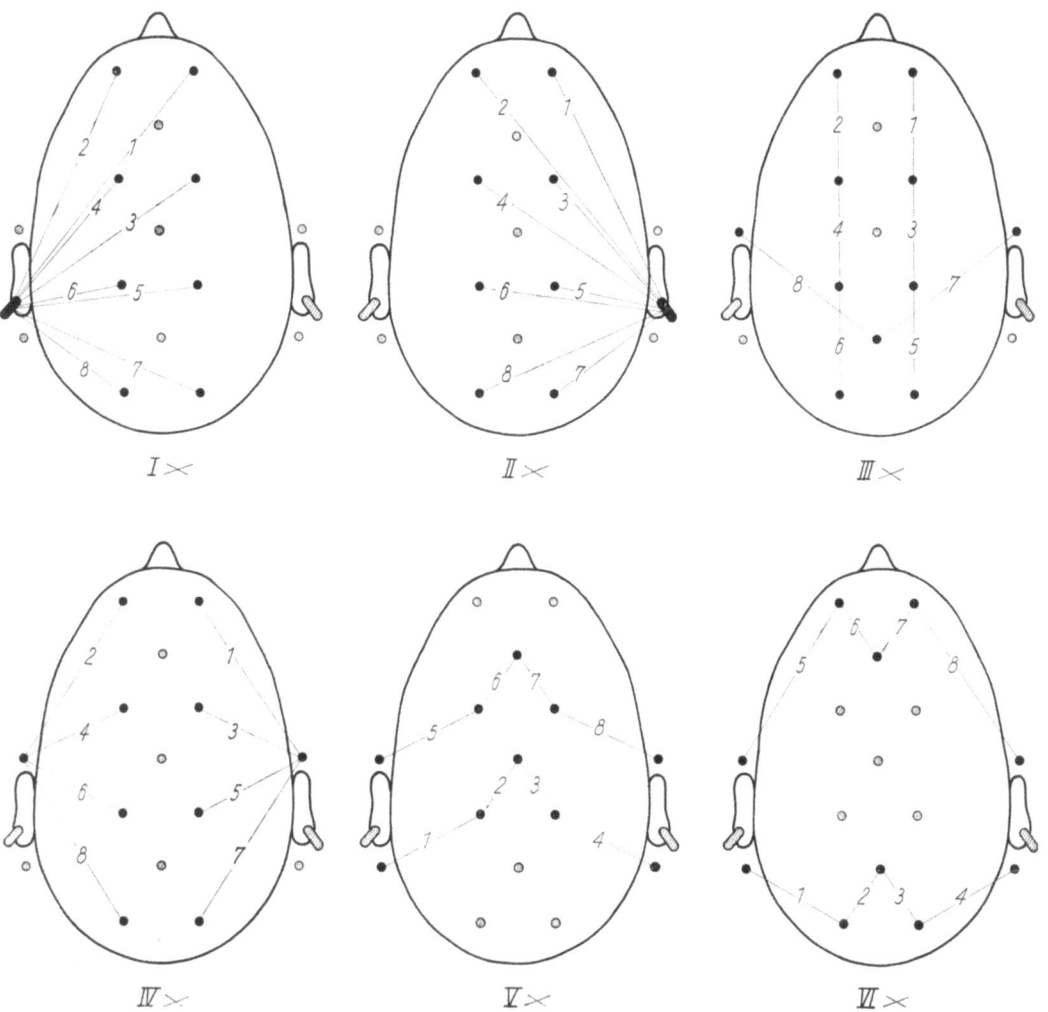

Abb. 24 Ableitungsschema für Routineableitung bei Erwachsenen, Kindern und Säuglingen, entsprechend Abb. 23, jedoch alle Ableitungsarten gekreuzt
Die Zahlen 1–8 geben die Schaltungsfolge an

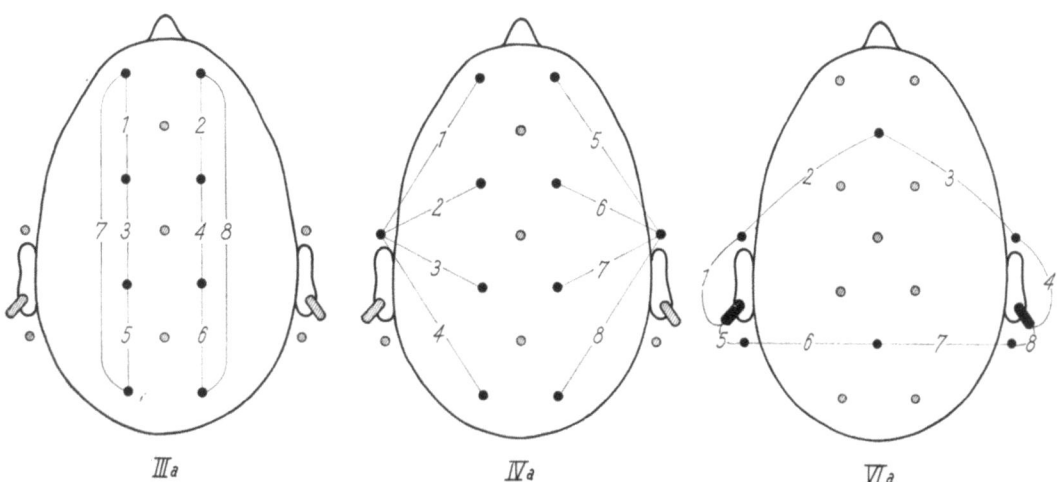

Abb. 25 Ableitungsschema für standardisierte Sonderableitungsarten (Erwachsene, Kinder und Säuglinge)
Ableitungsart IIIa: Entspricht der bipolaren Längsschaltung, jedoch wird hier die Schaltung: linke vordere temporale-hintere sagittale-rechte vordere temporale Elektrode ersetzt durch eine anterior-posteriore Längsreihe
Ableitungsart IVa: Entspricht der bipolaren temporalen Schaltung, jedoch wird hier nicht nach dem Links-Rechts Wechselprinzip verfahren, sondern es werden erst alle links-, dann alle rechtsseitigen Ableitungsbereiche geschaltet
Ableitungsart VIa: Entspricht der Querreihe II, jedoch wird hier in die vordere und hintere Querreihenschaltung die linke und rechte Ohrelektrode eingefügt
Die Zahlen 1–8 geben die Schaltungsfolge an

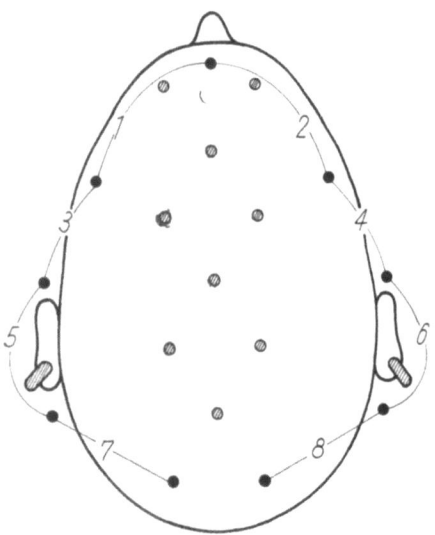

Abb. 26 Ableitungsschema für die basale Ringschaltung
Bei dieser Ableitungsart macht sich die zusätzliche Anbringung der vorderen basalen sagittalen und der linken und rechten frontobasolateralen Elektroden erforderlich
Die Zahlen 1–8 geben die Schaltungsfolge an

bei Vorliegen einer psychomotorischen Epilepsie erbringen.

Es wäre schließlich noch die für basale Prozesse anzuwendende *basale Ringschaltung* (Abb. 26) zu nennen, die jedoch das Versetzen bzw. die zusätzliche Anbringung von drei Elektroden, und zwar der vorderen basalen sagittalen und der linken und rechten frontobasolateralen Elektrode notwendig macht. Bei dieser Schaltung können wir – wie dies vorn bereits angegeben wurde – auch erst alle links- und anschließend alle rechtsseitigen Ableitungskombinationen schalten.

Kommen wir nun noch zu den Ableitungsarten, die wir bei kleinen Säuglingen, Frühgeburten und Mikrozephalen vornehmen (Abb. 27).

Aufgrund der reduzierten Ableitungspunkte werden bei den Ableitungsarten I–IV jeweils 2 Verstärkerkanäle frei, und bei den Ableitungsarten V und VI macht sich eine geringe Umstellung notwendig.

Prinzipiell gingen wir davon aus, auch bei diesem Ableitungsschema an den Schaltungen, wie wir sie bei Erwachsenen durchführen, festzuhalten. Dies geschah

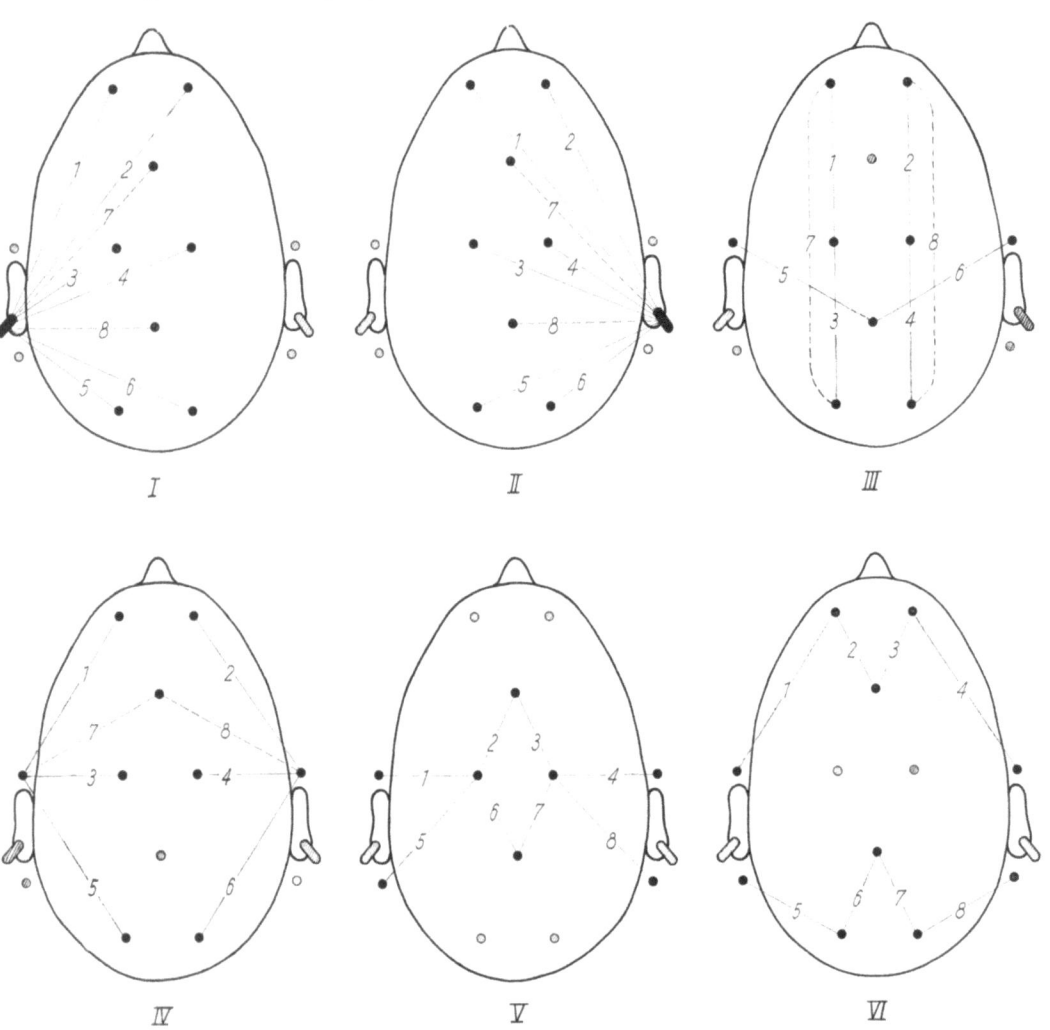

Abb. 27 Ableitungsschema für Routineableitungen (kleine Säuglinge und Frühgeburten)
Ableitungsart I: Unipolare Schaltung zum linken Ohr,
Ableitungsart II: Unipolare Schaltung zum rechten Ohr,
Ableitungsart III: Bipolare Längsschaltung

Ableitungsart IV: Bipolare temporale Schaltung
Ableitungsart V: Querreihe I (mittlere Querreihenschaltung)
Ableitungsart VI: Querreihe II (vordere und hintere Querreihenschaltung)

Die Zahlen 1–8 geben die Schaltungsfolge an

einerseits, um Vergleichsmöglichkeiten für spätere Untersuchungen zu haben, und andererseits, um für alle in der Elektroenzephalographie tätigen Auswerter gleiche Schaltungsbilder zu ermöglichen. Das Freiwerden von 2 Kanälen wird, zumal es sich zahlenmäßig um ein relativ sehr kleines Patientengut handelt, der Vergleichbarkeit untergeordnet. Je nach Wunsch des auswertenden Arztes ist es jedoch ohne weiteres möglich, die freiwerdenden Kanäle mit den Schaltungen zu besetzen. Eine weitere Besprechung dürfte sich erübrigen, da sich alle evtl. auftretenden Fragen aus den oben wiedergegebenen Ausführungen klären lassen.

3.5. Bemerkungen zur Verstärkung und Registrierung von Hirnpotentialen

K. KILLUS

Die von der Schädeloberfläche ableitbaren elektrischen Potentialschwankungen haben im Durchschnitt eine Spannungshöhe in der Größenordnung von etwa 50 μV. Solch geringe Spannungen können von üblichen Registriergeräten nicht direkt nachgewiesen werden. Um die bei den Elektroenzephalographen verwendeten Registriersysteme wie Kohleschreiber, Tintenschreiber oder Düsenschreiber auszulenken, benötigen dieselben einige Watt Leistung. Die Leistung, die man von der Schädeloberfläche über 2 Elektroden entnehmen kann, liegt in der Größenordnung von 10^{-13} W. Die zum Betrieb der Schreibsysteme notwendige Leistung muß von Leistungsverstärkern geliefert werden, die in etwa den Leistungsverstärkern elektroakustischer Anlagen vergleichbar sind. Diese Leistungsverstärker ihrerseits benötigen nun wieder zur Funktion eine Signalspannung, die in der Größenordnung von 1 V liegt. Daraus ergibt sich die Notwendigkeit, daß zwischen Ableitungselektroden und Leistungsverstärkereingang ein Spannungsverstärker zwischengeschaltet werden muß, der den EEG-Signalpegel von etwa 50 μV auf 1 V anhebt oder verstärkt.

Jeder EEG-Kanal in einem Elektroenzephalographen hat also prinzipiell zwei Aufgaben:
1. *Spannungsverstärkung des EEG-Signalpegels,*
2. *Leistungsverstärkung zum Betrieb der Schreibsysteme.*

Die besondere *Problematik* der Elektroenzephalographen liegt in der *Spannungsverstärkung des Elektroenzephalogramms*, und dies aus folgenden Gründen.

Die von der Schädeloberfläche abzuleitenden Potentiale werden immer als Differenz von zwei Ableitpunkten verstärkt. Einen eigentlich potentialfreien und damit neutralen Bezugspunkt gibt es nicht.

Bei der Verstärkung von Hirnpotentialen ist es leider unumgänglich, daß Leitungen mit Wechselspannungen zum Gerät, in der Wand oder sonst in der Umgebung vorhanden sind. Im Körper des Patienten werden durch diese gegen Erde Spannung führenden Leitungen und Geräte Wechselspannungen induziert, die viel größer sein können und es auch in der Regel sind als das eigentlich interessierende Elektroenzephalogramm. Zudem liegt die Frequenz der Wechselspannungen mit 50 Hz etwa im Bereich der sehr schnellen Frequenzen des Eeg. Zwar wird der Körper des Patienten geerdet und damit ein Teil dieser Wechselspannung wieder abgeleitet, aber durch den großen Übergangswiderstand zwischen Ableitelektrode und Haut ist diese

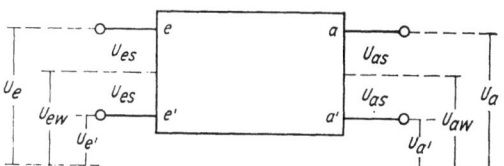

Abb. 28 Schematische Darstellung der Signalverhältnisse am Verstärkereingang und -ausgang

Erdung nur unvollkommen durchführbar. Selbst die sorgfältige Fernhaltung von Leitungen, deren Abschirmung und schließlich der *Faradaysche Käfig* bilden zusammen *keinen vollkommenen Schutz gegen* diesen »einstreuenden« Wechselstrom.

Die *Lösung dieser Probleme, die Verstärkung von Spannungsdifferenzen und die elektronische Unterdrückung von Wechselspannung ermöglicht der Differenzverstärker*, der von TÖNNIES 1938 in die Elektroenzephalographie eingeführt wurde und die Voraussetzung für die Verbreitung der Elektroenzephalographie war.

Entsprechend der zentralen Bedeutung dieses Verstärkers für den EEG-Arzt und seine Arbeit sollen im folgenden seine wesentlichen Eigenschaften differenzierter beschrieben werden.

Ein schon äußerliches Charakteristikum des Differenzverstärkers sind seine zwei unabhängigen Eingänge, am Elektroenzephalographen sichtbar durch einen jedem Eingang zugeordneten Elektrodenwahlschalter. Ebenso besitzt er zwei Ausgänge, die zum Leistungsverstärker führen.

Zur Klärung der Signalverhältnisse am Verstärker wird dieser zunächst im folgenden durch ein Blockschaltbild symbolisiert (Abb. 28). An die Eingänge des Verstärkers gelangen zwei Signalarten, die abgeleiteten EEG-Signale, aber auch die Wechselspannungssignale; beide liegen gleichzeitig an beiden Eingängen.

Die Eingangsspannung U_e an der Klemme e und die Eingangsspannung $U_{e'}$ an der Klemme e' setzen sich zusammen aus einer auf beide Eingänge gleichzeitig wirkenden und störenden Wechselspannung U_{ew} und den Signalspannungen U_{es} und $U_{es'}$.

Während die Wechselspannung gleichphasig auf die Eingänge wirkt, sind die Signalspannungen symmetrisch gegen Erde und wirken dadurch gegenphasig auf die Eingänge.

Bei einem ideal symmetrischen Differenzverstärker würden am Ausgang die entsprechenden Komponenten U_a und $U_{a'}$ auftreten, die sich aus U_{aw} und U_{as} bzw. $U_{as'}$ zusammensetzen. *Diese saubere Trennung von störendem Phasensignal und gegenphasig anliegendem Nutzsignal ist in der Praxis nicht zu realisieren.* In der Realität ist nicht zu vermeiden, daß das ursprünglich reine Phasensignal am Ausgang außer der Phasenkomponente auch noch eine Gegenphasenkomponente enthält. Ebenso besteht das rein gegenphasig anliegende Signal am Ausgang zusätzlich noch aus einer Phasenkomponente.

Führen wir dem Eingang des Differenzverstärkers eine Spannung zu, die aus der gleichphasigen Wechselspannungskomponente U_{ew} und der Nutzsignalkomponente U_{es} besteht, so lassen sich die Verhältnisse am Ausgang durch folgende Gleichungen beschreiben:

$$U_{as} = AU_{es} + BU_{ew}$$
$$U_{aw} = CU_{ew} + DU_{es},$$

wobei A, B, C und D Faktoren sind, die die Größe der Komponenten angeben.

Inwieweit der Differenzverstärker für den vorgesehenen Einsatz brauchbar ist, läßt sich durch drei Zahlen angeben, die folgendermaßen definiert sind:

Rejektionsfaktor $H = A/W$
Diskriminationsfaktor $F = A/C$
Signalfaktor $G = A/D$.

Der Rejektionsfaktor H ist das Verhältnis von Nutzsignalspannung und Wechselspannung in der Ausgangssignalspannung; anders ausgedrückt bedeutet dies, wievielmal höher die Wechselspannungskomponente sein müßte, um die Größe der Nutzsignalkomponente zu erreichen. Der Rejektionsfaktor ist damit eine Größe, die sozusagen bezüglich der Idealität des Verstärkers Auskunft gibt.

Der Diskriminationsfaktor F bezeichnet dagegen das Verhältnis der Verstärkungen, die ein reines gegenphasiges Nutzsignal und eine reine gleichphasige Wechselspannung erfahren.

Der Signalfaktor G ist das Verhältnis der Gegenphasen- zu den Phasensignalen, die am Ausgang als Folge eines gleich großen Gegenphasensignals am Eingang entstehen. Dadurch, daß D nicht Null ist, hat dies keinen Einfluß auf die Größe des gewünschten Gegenphasensignals am Ausgang. Damit wird klar, daß der Faktor G von wesentlich geringerer Bedeutung für die Beurteilung des Differenzverstärkers ist als die Faktoren H und F.

Bezüglich der Idealität würde $B = 0$ zur Folge haben, daß H unendlich wird. Bei einer Größe der störenden Wechselspannungen von 10 mV, der Signal-EEG-Spannung von 100 μV und der Forderung, daß die Ausgangsspannung nicht mehr als ein Prozent verfälscht wird, beträgt die erforderliche Größe des Rejektionsfaktors 10000.

Für die Elektroenzephalographie sehr *wichtig ist die* Forderung, *daß die störende phasengetreue Wechselspannungskomponente möglichst wenig verstärkt wird. Der Diskriminationsfaktor F muß also einen möglichst hohen Wert besitzen.* Dies ist besonders für die erste Stufe im Verstärker wichtig, denn wenn an der zweiten Verstärkerstufe nur noch eine kleine phasengetreue Wechselspannung anliegt, werden bezüglich der Forderungen des Rejektionsfaktors wesentlich geringere Ansprüche gestellt, was den technischen Gesamtaufwand vereinfacht.

Die Verstärkerkanäle im Elektroenzephalographen bestehen in jedem Falle aus mehreren Stufen, damit der erforderliche Signalausgangspegel erreicht wird. Für die Charakteristik des mehrstufigen Verstärkers genügt schon die Einbeziehung einer zweiten Stufe in die obigen Gleichungen.

Erfolgt die Indizierung mit einer 1 für die erste Stufe, mit einer 2 für die zweite Stufe, erhält man für die Charakteristik der Verhältnisse des Gesamtverstärkers folgende Größen:

Gesamtverstärkung $A_{ges} = A_1 \cdot A_2$
Gesamtrejektionsfaktor $1/H_{ges}$
$= 1/H_1 + 1/F_1 H_2$
Gesamtdiskriminationsfaktor $1/F_{ges}$
$= 1/H_1 (1/G_2 + H_1/F_1 F_2)$

Aus diesen Gleichungen läßt sich ableiten, daß die Gesamtverstärkung das Produkt der Einzelverstärkungen ist. Des weiteren ist für einen hohen Wert des Rejektionsfaktors erforderlich, daß sowohl H_1 als auch F_1 groß sind. Damit wird unterstrichen, wie wichtig die erste Stufe für die Gesamtkonstruktion des Verstärkers ist.

Ebenso wird aus der dritten Gleichung sichtbar, daß, da dieser Klammerausdruck kleiner als eins ist, der Diskriminationsfaktor F_{ges} größer ist als der Rejektionsfaktor H_1 der ersten Stufe, damit aber auch größer als H_{ges}. Die Bedeutung der ersten Stufe wird dadurch noch einmal unterstrichen.

Das technische Prinzip der Realisierung eines einfachen Differenzverstärkers zeigt Abbildung 29, wobei die nachfolgenden Erläuterungen auf Elektronen-

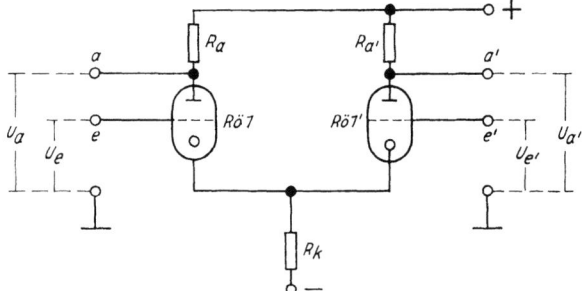

Abb. 29 Prinzipschaltbild eines Differenzverstärkers

röhren beschränkt bleiben sollen, da die Kenntnis von deren Funktionsweise mehr verbreitet ist, als dies von modernen Bauelementen erwartet werden kann.

Die Schaltung des Differenzverstärkers besitzt ebenfalls die Eingänge e, e' sowie die Ausgänge a und a'. Damit besteht der Differenzverstärker bis auf den gemeinsamen Kathodenwiderstand R_k aus zwei getrennten Teilen.

Wenn wir annehmen, daß die beiden Röhren vollkommen gleich sind und wir den an den Gittern liegenden Spannungen U_e und $U_{e'}$ zwei kleine, gleiche, aber entgegengesetzt gerichtete Änderungen überlagern, so wird in dem Strom durch den Katodenwiderstand R_k keine Änderung auftreten. Auf die Verstärkung beider Röhren hat R_k dadurch keinen Einfluß. Haben jedoch die Änderungen von U_e und $U_{e'}$ dasselbe Vorzeichen, also z. B. von gleichphasig anliegendem Wechselstrom, so arbeiten die beiden Röhren, als ob sie parallelgeschaltet wären. Infolge des Katodenwiderstandes wird nun eine Gegenkopplung wirksam, d. h., es tritt eine Verstärkungsverminderung ein. Durch diesen Effekt werden phasisch anliege Signale, also z. B. störende Wechselspannungen, weniger verstärkt als die gegenphasig anliegenden EEG-Signale.

Dies bedeutet, daß der Diskriminationsfaktor F bei einem Differenzverstärker immer größer als eins ist. Die Größe von F läßt sich aus der Schaltung des Verstärkers berechnen.

Zunächst läßt sich die Verstärkung einer Triode mit der bekannten Formel

$$A = \mu R_a/(R_a + R_i)$$

angeben, wobei μ der Verstärkungsfaktor und R_i der innere Widerstand der Röhre sind, beides Kenngrößen der jeweiligen Röhren. R_a ist der Anodenwiderstand der Röhre.

Für den Fall der Wirksamkeit des Katodenwiderstandes R_k berechnet sich die Verstärkung für gleichphasige Größen nach der Formel:

$$C = \mu R_a/R_i + R_a + 2(1 + \mu) R_k.$$

Der Diskriminationsfaktor ergibt sich dann entsprechend aus der Beziehung:

$$F = A/C = 1 + 2(1 + \mu) R_k/R_i + R_a.$$

Diese Formel läßt sich vereinfachen, wenn man bedenkt, daß R_i sehr groß gegenüber R_a ist und $2\mu R_k$ wiederum groß gegenüber R_i ist sowie μ groß gegenüber 1 ist. Dann ist näherungsweise

$$F = 2SR_k,$$

wobei $\mu/R_i = S$, die Steilheit der Röhre ist.

Bei der Berechnung des Rejektionsfaktors ist von einer gewissen Asymmetrie des Verstärkers auszugehen, da sonst H von vornherein unendlich wäre, entsprechend der eingangs formulierten Definition. Es läßt sich zeigen, daß bei einem zulässigen Unterschied der Parameter um den Faktor 0,1 sich der minimale Wert des Rejektionsfaktors berechnet zu

$$H_{min} = 20 SR_k.$$

Aus den bisherigen Überlegungen geht die *zentrale Bedeutung des Kathodenwiderstandes für die Eigenschaften des Differenzverstärkers* hervor. Sowohl der Diskriminationsfaktor als auch der Rejektionsfaktor sind direkt proportional der Größe des Katodenwiderstandes. Deshalb wird dieser Widerstand nicht einfach geerdet, sondern an eine möglichst hohe negative Spannung gelegt, so daß sich bei vorgegebenem Strom durch die Röhren sich dieser Widerstand proportional der negativen Spannung vergrößern läßt. Nun hat dieses Verfahren eine Grenze dadurch, daß die negativen Spannungen nicht beliebig hoch zu machen sind. Damit muß nach einer anderen Methode gesucht werden, um den Katodenwiderstand wirksam zu vergrößern.

Zu diesem Zweck soll noch einmal folgendes rekapituliert werden.

Der durch die Röhren fließende Strom wird durch den gewählten Arbeitspunkt der Röhre eingestellt, d. h. durch den Anodenwiderstand und die negative Gittervorspannung bzw. die Größe des Katodenwiderstandes.

Unabhängig von diesen gleichspannungsmäßigen Bedingungen zur Einstellung des Arbeitspunktes wurde schon festgestellt, daß bei einer bestimmten Spannungsänderung eine Stromänderung im Katodenwiderstand bewirkt wird, die zur gewünschten Funktion des Verstärkers führt. *Daraus ergibt sich, daß nicht der Widerstand für Gleichströme entscheidend ist, sondern der* Differentialwiderstand hoch sein muß, d. h., der *Quotient aus Spannungsänderung und Stromänderung muß einen möglichst hohen Wert besitzen.*

Diese Forderung kann z. B. weitgehend erfüllt werden, indem *in die Katodenleitung statt eines Widerstandes eine Triode oder Pentode geschaltet* wird, wie es die Schaltung der Abbildung 30 zeigt.

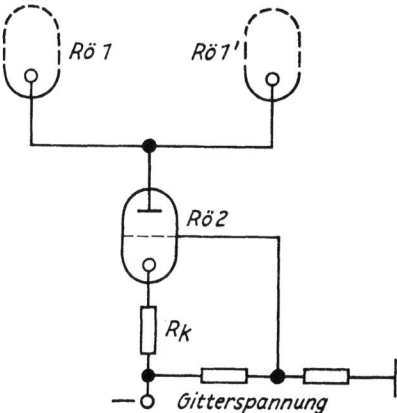

Abb. 30 Prinzipschaltung eines Differenzverstärkers mit einer Triode in der gemeinsamen Kathodenleitung

Bei einer Pentode kann der Differentialwiderstand die Größe des inneren Widerstandes, also die Größenordnung von 1 MΩ erreichen. Bei einer Triode kann dieser Wert in der gleichen Größenordnung liegen.

Jeder moderne Elektroenzephalograph, ob in den Eingangsstufen noch mit Röhren bestückt oder auch voll transistorisiert, ist in seinen wesentlichen Teilen nach diesen geschilderten Prinzipien aufgebaut.

Am Ausgang des Spannungsverstärkers steht ein Signalpegel zur Verfügung, mit dem der nachfolgende *Leistungsverstärker* betrieben wird. In diesem Leistungsverstärker findet, wie eingangs erwähnt, *keine Spannungsverstärkung* mehr statt, sondern nur die *Erzeugung der notwendigen Leistung zum Betrieb der Registriersysteme.*

Da die Registriersysteme für die Arbeit des EEG-Arztes von großer Bedeutung sind, sollen ihre Prinzipien im folgenden näher erläutert werden.

In den allermeisten Fällen wird die Registrierung des Eeg als diagnostisches Dokument benötigt; andererseits erfordert die Methodik der EEG-Auswertung eine Beobachtung längerer Aufzeichnungsstrecken, so daß graphische Registrierverfahren unumgänglich sind.

Die zur Aufzeichnung benötigten Registriersysteme, in der Elektroenzephalographie zumeist als *Schreibsysteme* bezeichnet, müssen das elektronische EEG-Signal in eine mechanische Schreibbewegung umwandeln.

An derartige Schreibsysteme ergibt sich damit die Forderung, daß ihre Aufzeichnungen ein möglichst getreues Abbild der verstärkten Potentiale des Gehirns sind. Dies bedeutet insbesondere, daß erstens die EEG-Wellen von der niedrigsten bis zur höchsten Frequenz mit ihrer tatsächlichen Spannungshöhe registriert werden, oder kurz ausgedrückt, der Frequenzgang der Schreibsysteme sollte für diesen Bereich möglichst linear sein. Zweitens sollte das Schreibwerk bis zu seiner vollen Schreibbreite die EEG-Wellen amplitudengetreu aufzeichnen – der Amplitudengang sollte linear sein. Drittens sollte die Form der EEG-Wellen der Wirklichkeit entsprechend registriert werden, dies bedeutet, daß z. B. im Falle einer Prüfung des Systems Sägezahnimpulse mit linearen Flanken als solche registriert werden und keine irgendwie geartete Verzeichnung erfahren – mit anderen Worten, die Aufzeichnung sollte in rechtwinkligen Koordinaten erfolgen.

Die damit kurz umrissenen Hauptparameter des idealen Schreibsystems haben die Entwickler von Elektroenzephalographen von jeher vor große Probleme gestellt, und in dieser oder jener Hinsicht stellen die Schreibsysteme zumeist einen Kompromiß zwischen tatsächlichen praktischen Erfordernissen und möglichen technischen Lösungen dar. – Auch heute noch sind qualitativ hochwertige Schreibsysteme sehr teure elektromechanische Präzisionsinstrumente, die pfleglicher Behandlung bedürfen, wenn sie über lange Zeit hohen Genauigkeitsansprüchen genügen sollen.

Die in den verschiedensten EEG-Geräten zur Anwendung kommenden Schreibsysteme sind äußerlich recht unterschiedlich. *Das Prinzip ihrer Funktion ist trotz aller Vielfalt mehr oder weniger gleich.*

Die anliegende elektronisch verstärkte EEG-Signalspannung wird in eine mechanische Drehbewegung eines Zeigers umgewandelt. Dazu befindet sich zwischen den Polschuhen eines Elektromagneten ein drehbar gelagertes Drehankersystem. Sobald der Elektromagnet erregt wird, reagiert dieses System durch eine Drehbewegung, wobei der Winkel der Auslenkung der Größe der Erregung proportional ist. Auf der Achse des Drehankersystems befindet sich der eigentliche Schreibzeiger, dessen Spitze mit der Bewegung des Drehankersystems eine bogenförmige Auslenkung erfährt. Einfache Schreibsysteme registrieren die Aufzeichnungen in derartigen Bogenkoordinaten, d. h., geradlinige Verläufe, z. B. Sägezahnimpulse, werden bogenförmig verzerrt oder verfälscht. Die allermeisten sogenannten Tintenschreibsysteme nehmen derartige Verfälschungen in Kauf.

Schon sehr früh mit der Entwicklung der Elektroenzephalographen setzten Bemühungen ein, formgetreue Aufzeichnungen zu erhalten. Das älteste und gleichzeitig bekannteste Verfahren ist in dieser Hinsicht das *Direktschreibverfahren von Schwarzer*.

Bei diesem Schreibverfahren wird die Spitze des Zeigers entlang einer geraden scharfen Kante geführt, um die gleichzeitig Kohlepapier geführt wird. Unter dem Kohlepapier befindet sich das eigentliche Registrierpapier, unter diesem wiederum befinden sich die Schreibzeiger. Der Andruck der Schreibzeiger auf der geraden Schreibkante hinterläßt damit auf dem dazwischenliegenden Registrierpapier eine entsprechende lineare Aufzeichnung (Abb. 31).

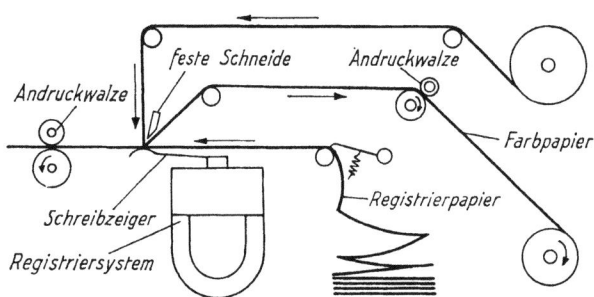

Abb. 31 Vereinfachte Schnittzeichnung des Direktschreibverfahrens von SCHWARZER

Der große Vorteil dieses Verfahrens besteht neben der Registrierung in rechtwinkligen Koordinaten in der trockenen Aufzeichnung; ihr Nachteil besteht in einem höheren technischen Aufwand und der Schwergewichtigkeit der gesamten Schreibeinheit.

Bei den *Tintenschreibsystemen mit Bogenschrift* ist der Zeiger als Kanüle ausgebildet. An der Schreibsystemachse erfolgt die Zuführung der Tintenflüssigkeit. Die Zeigerspitze ist geschliffen und dient der direkten Registrierung.

Es hat auch bei den Tintenschreibsystemen Bemühungen gegeben, Systeme zu entwickeln, die eine Aufzeichnung in rechtwinkeligen Koordinaten gestatten.

Das bekannteste dieser Verfahren ist das nach ELMQUYST benannte *Strahlschreibverfahren*. Der Zeiger ist bei dieser Methode durch einen Flüssigkeits-(Tinten-)Strahl von 0,01 mm Durchmesser und einer Länge bis zu 50 mm ersetzt worden. Die Tinte wird mit hohem Druck (2,6 M Pa) durch eine Glaskapillare gepreßt, die in der Drehachse des Schreibsystems liegt. Dadurch, daß der Strahl senkrecht zur Papierbewegung ausgelenkt wird, erfolgt die Aufzeichnung in linearen Koordinaten.

In den meisten EEG-Gerätetypen sind die Schreibsysteme so angeordnet, daß sie zusammen mit den Leistungsverstärkern leicht auswechselbare Baueinheiten bilden.

Abschließend sei noch bemerkt, daß sich das Bausteinprinzip auch bei den Spannungsverstärkern durchgesetzt hat. Zusammen mit ihren Bedienelementen können sie vom Anwender gegen Verstärker mit anderen Parametern (z. B. Druckmeßverstärker oder EKG-Verstärker) ausgewechselt werden.

3.6. Zusatzmethoden in der Elektroenzephalographie

H.-G. NIEBELING und K. KILLUS

3.6.1. Telemetrische Übertragungsmethoden

Seit Anfang der sechziger Jahre zählen zu den Standardmethoden der Elektroenzephalographie auch telemetrische Ableitungen von Elektroenzephalogrammen.

Zwei Gesichtspunkte waren für die Entwicklung der Telemetrie auf dem Gebiet der Elektroenzephalographie maßgebend.

Im Vordergrund stand der Wunsch der EEG-Ärzte, außer dem »statischen« auch das »*dynamische« Eeg registrieren* zu können, einerseits aus der Vermutung, evtl. diagnostische Ergänzungen bei freibeweglichen Patienten zu erhalten, andererseits aus Erfordernissen des experimentellen Eeg, Probanden unter natürlichen Umweltbedingungen beobachten zu können.

Daneben entstand das Problem, Elektroenzephalogramme *aus Situationen heraus aufzuzeichnen, bei denen der Patient und das Registriergerät lokal getrennt sind.* Diese Notwendigkeit kann sich in einem Klinikum ergeben, wenn es nicht in jedem Falle möglich oder angezeigt ist, den Patienten zum Gerät zu transportieren. Ähnlich kann es erforderlich werden bei Datenverarbeitungsaufgaben, das Elektroenzephalogramm z. B. einem im Klinikum zentral aufgestellten Prozeßrechner zu übertragen.

Trotz einer Fülle von Einsatzaufgaben liegen industrielle Lösungen eigentlich nur für die drahtlose Telemetrie vor. Dabei ist in der drahtlosen Telemetrie für das Elektroenzephalogramm eine Entwicklung zu beobachten gewesen, die anfänglich sowohl von medizinischer als auch von industrieller Seite her einen schnellen Aufschwung nahm. Nach einer gewissen Stagnation hat die drahtlose Telemetrie mit der Entwicklung von Datenverarbeitungssystemen, die für die Elektroenzephalographie brauchbar waren, wieder an Bedeutung gewonnen.

Die Entwicklung spiegelt die Probleme wider, die beim Einsatz dieser Anlagen zu lösen sind und oft bei der Planung unterschätzt werden.

Der technische, finanzielle und zeitliche Aufwand beim Einsatz der drahtlosen Telemetrie kann erheblich sein.
Die übliche personelle Besetzung der EEG-Abteilung ist auf solche Aufgaben nicht vorbereitet. Sollten diese Bedingungen jedoch erfüllt sein, so muß etwas anderes Wesentliches beachtet werden.

Es liegt in der Natur telemetrischer Untersuchungen mit z. B. eingebautem Belastungsprogramm, daß das anfallende Kurvenmaterial einen sehr großen Umfang annimmt und es für den EEG-Arzt sehr schwierig werden kann, erwartete oder tatsächliche signifikante Änderungen im Kurvenbild wirklich nachzuweisen. Solche *Untersuchungen ohne technische Auswertungshilfen oder Analyseverfahren* durchzuführen *sollte sehr genau bedacht werden,* bzw. es muß aus der Erfahrung auf diese Erfordernisse hingewiesen werden.

Schließlich muß noch vermerkt werden, daß bei telemetrischen Experimenten die übliche Ableithaubentechnik versagt; eine gut haftende, gleichzeitig aber möglichst wenig Aufwand erfordernde Elektrodentechnik stellt somit einen wichtigen Aspekt der Telemetrie dar.

War bis hierher und ursprünglich mit dem Begriff der Telemetrie die drahtlose Übertragung von Elektroenzephalogrammen gemeint, hat sich dieses Gebiet um andere Fernmeßverfahren erweitert, die unter diesem Oberbegriff zusammengefaßt werden können und sich wie folgt gliedern lassen:
1. drahtgebundene Telemetrie,
2. drahtlose Telemetrie,
3. telefongebundene Telemetrie.

Die drahtgebundene Telemetrie läßt sich aufgrund der Entwicklung der letzten Jahre nochmals unterteilen in:
1. drahtgebundene Telemetrie über größere Distanzen,
2. drahtgebundene Telemetrie über kurze Distanzen.

Die beiden letztgenannten Gruppen sind übrigens Beispiele für die eingangs erläuterten zwei Zielstellungen der Telemetrie.

3.6.1.1. Drahtgebundene Telemetrie

3.6.1.1.1. Drahtgebundene Telemetrie über größere Distanzen (Kabeltelemetrie)

Der übliche Elektroenzephalograph ist zur Verbindung von Buchsenkopf und Geräteeingang mit einem drei bis fünf Meter langen Ableitkabel ausgerüstet. Interessant ist nun die Frage, wieviel Meter darf ein derartiges Kabel überhaupt lang sein bzw., wodurch wird seine Länge begrenzt. Kundendienste der einschlägigen Gerätehersteller dringen zumeist auf die Verwendung der mit dem Gerät gelieferten Ableitkabel.

Eigene Versuche haben bewiesen, daß *mit abgeschirmten Fernmeldekabeln über eine Entfernung von 1 Kilometer noch einwandfreie Elektroenzephalogramme registriert werden können.* Zu beachten sind dabei im wesentlichen folgende Faktoren:

Störfelder von Transformatoren, Hochfrequenzgeräten und Starkstromanlagen sind bei der Leitungsführung zu meiden. So ist beispielsweise eine Parallelverdrahtung zu Starkstromleitungen nicht zulässig. Der ohmsche Widerstand, der bei der obigen Länge in der Größenordnung von $100\,\Omega$ liegt, kann im Vergleich zu den Elektrodenübergangswiderständen vernachlässigt werden. Eine andere Eigenschaft der Kabel wirkt sich aber auf die Übertragung aus und begrenzt die Länge bei direkter Übertragung. Die im Kabel parallel verlaufenden Adern bilden paarweise gegeneinander Kondensatoren. Zusammen mit den Elektrodenübergangswiderständen wirkt die Übertragungsstrecke wie eine Frequenzblende, die sich z.B. bei $50\,\mathrm{k}\Omega$ Elektrodenübergangswiderstand und obiger

Länge im EEG-Frequenzgebiet bemerkbar machen kann. Durch eine elektronische Eingangsstufe am Kabelanfang kann dieses Problem gelöst werden.

Ein sehr zu beachtender *Faktor* sind *sicherheitstechnische Fragen*, da im Bereich der Biomedizintechnik sehr strenge Vorschriften bestehen. Die Rücksprache mit einem einschlägigen Fachmann schon in der Planungsphase ist unbedingt anzuraten. Ein optoelektronischer Wandler in Verbindung mit der erwähnten Eingangsstufe wäre empfehlenswert.

Beim praktischen Einsatz hat es sich als sehr nützlich erwiesen, zwischen Ableitstelle und EEG-Gerät eine vom Telefon unabhängige *Gegensprechanlage* zu installieren. Des weiteren zeigte sich, daß das »blinde« Setzen der Elektroden, also ohne sofortige Kontrolle durch das Gerät, für die EEG-Assistentinnen eine kleine Umstellung bedeutet, aber in der Praxis zur noch größeren Genauigkeit und Sorgfalt beim Setzen der Elektroden erzieht.

3.6.1.1.2. Drahtgebundene Telemetrie über kurze Distanzen

Bei den Bemühungen um »dynamische« Elektroenzephalogramme genügt oft ein begrenzter Bewegungsraum des Probanden (z. B. Belastung mit Fahrradergometer, Kniebeugen u. ä.). Am Körper des Probanden befestigte batteriegespeiste Miniatureingangsstufen und von diesen z. B. über eine Deckenbefestigung zum EEG-Gerät laufende flexible Drähte ermöglichen eine artefaktfreie Registrierung von Bewegungselektroenzephalogrammen.

Industrielle Lösungen für diese einfache und für viele Zielstellungen ausreichende Art der Telemetrie sind noch nicht bekannt. Sie deuten sich insoweit an, als heute schon EEG-Geräte angeboten werden (z. B. BECKMANN-EEG), die Eingangsstufen in den Ableitkopf eingebaut haben. Von dort bis zu der vorgestellten Telemetrievariante ist offensichtlich nur noch ein kleiner Schritt.

Der besondere Vorteil der bisher vorgestellten Methoden gegenüber den nachfolgenden liegt noch auf einem mehr signaltheoretischen Gebiet mit allerdings praktischen Konsequenzen.

Zwischen dem Ableitort des Eeg – zumeist der intakten Kopfhaut – und dem aufgezeichneten Elektroenzephalogramm befinden sich bekanntlich eine ganze Reihe von elektronischen und elektrischen Baugruppen. Der Weg des EEG-Signals durch diese Baugruppen ist leider nicht absolut linear; die EEG-Wellen erfahren eine mehr oder minder starke Verformung. Der zu verstärkende Frequenzbereich des Eegs ist am Gerät einstellbar. Zusätzlich werden im EEG-Signal unerwünschte Störungen in Form von Rauschen, Fremdstörungen und Wechselstrom aufgepfropft. *Registriertes Eeg und Ursprungs-Eeg sind* also *niemals identisch*. Nur dadurch, daß die Daten der EEG-Geräte etwa gleich sind, sind auch die Kurven vergleichbar; sichtbare Differenzen kann es aber schon zwischen verschiedenen Fabrikaten geben.

Werden in diesen Signalweg zusätzliche und/oder andere Baugruppen eingefügt, treten neue oder zusätzliche Fehler auf. Diese in vertretbaren Grenzen zu halten ist eines der schwierigsten technischen Probleme von telemetrischen Anlagen mit komplizierterem Aufbau.

Übrigens sind die Gerätehersteller bezüglich der Fehlerangaben ihrer Elektroenzephalographen meist sehr zurückhaltend. Da man Einzelfehler nach dem Fehlerfortpflanzungsgesetz addieren kann, können für einzelne Geräteparameter zweistellige Größen ermittelt werden. – Daß diese Fehler, selbst wenn sie noch wesentlich größer wären, dem EEG-Arzt nicht auffallen, liegt daran, daß er normalerweise nicht auf den Gedanken kommt, das gleiche Elektroenzephalogramm parallel von mehreren Geräten gleichzeitig aufzeichnen zu lassen. Andererseits muß zugegeben werden, daß bei der relativ groben visuellen Auswertung übertriebene Forderungen nicht real sind. Bei der Anwendung der Datenverarbeitung in der Elektroenzephalographie werden diese Probleme in Zukunft allerdings eine größere Rolle spielen.

3.6.1.2. Drahtlose Telemetrie

Die drahtlose Telemetrie ist ein Zweig der Telemetrie, deren Entwicklung am engsten mit den Fortschritten der elektronischen Technologie verknüpft ist. Die Erfindung des Transistors war auf diesem Wege die entscheidende Voraussetzung für die Miniaturisierung derartiger Systeme.

Der Gedanke der drahtlosen Übertragung von biomedizinischen Meßwerten ist dabei gar nicht so neu. So berichtet HUTTEN darüber, daß 1921 Herztöne von Schiffen aus an Empfangsstellen auf Land übermittelt wurden. 1940 begann man den Vogelzug mit Miniatursendern zu untersuchen (radiotracking). Über erste drahtlose EEG-Übertragungen wird von BREAKSELL und PARKER 1949 berichtet. Mitte der fünfziger Jahre wurden die verschluckbaren Sender, bekannt als Endoradiosonden, zur Messung von Temperatur, Druck oder pH-Wert bekannt.

Typisch ist heute die Anwendung von Telemetrieanlagen bei der kombinierten Messung von gleichzeitig mehreren Parametern, z. B. Ekg, Eeg, Atmung, Temperatur und Druck. Es ist vielleicht interessant, daß derartige Vorstellungen schon 1949 von BARR zur Streßüberwachung von Piloten entwickelt wurden.

Die *Anwendungsgebiete der drahtlosen Telemetrie* reichen heute von der Raumfahrt über die Erforschung von Geigenvirtuosen bis zur Untersuchung des Hausrindes und anderer Haustiere.

Die Literatur ist dabei unübersehbar geworden. Es sei aber an dieser Stelle an die ausführlichen Arbeiten von BÖRNERT und HUTTEN verwiesen.

Industrielle Telemetrieanlagen sind nach unserer Kenntnis z. B. von folgenden Firmen entwickelt worden und gestatten die Erfassung verschiedener Meßgrößen:

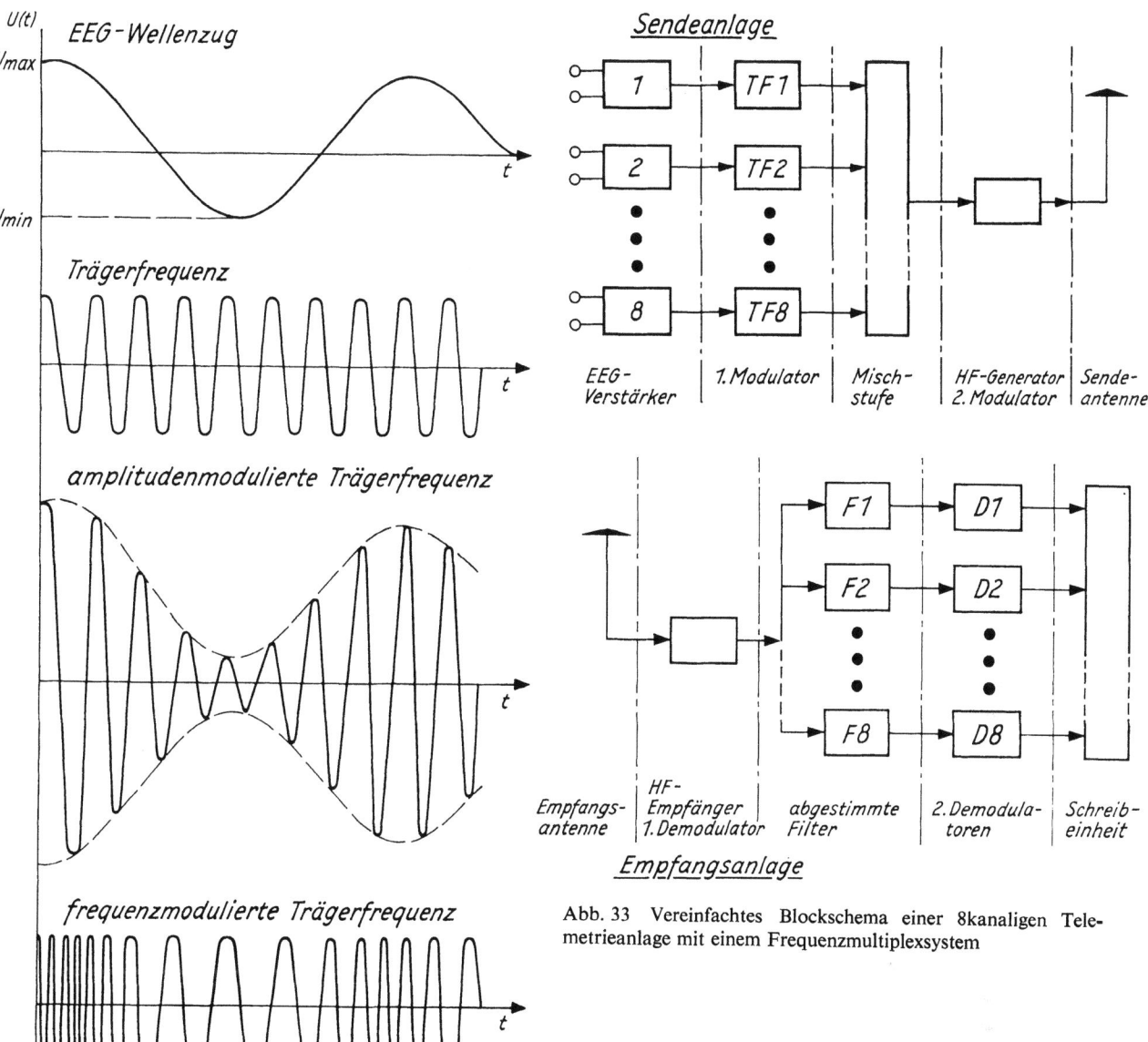

Abb. 33 Vereinfachtes Blockschema einer 8kanaligen Telemetrieanlage mit einem Frequenzmultiplexsystem

Abb. 32 Darstellung der Verfahren der Amplituden- und Frequenzmodulation

1. Schwarzer (4 Signalkanäle – Angaben über Meßgrößen liegen nicht vor),
2. Hellige (3 Signalkanäle – Ekg, Herzfrequenz, Atemfrequenz, Temperatur, Blutdruck),
3. Bölkow (6 Signalkanäle – bekannte Meßgrößen: Ekg, Temperatur, Atemfrequenz),
4. Spacelabs Inc. (7 Signalkanäle – Ekg, Eeg, Emg, Temperatur, Atemfrequenz, Impedanzpneumogramm, psychogalvanischer Reflex, Blutdruck, Sprache),
5. Datel (8 Signalkanäle – Ekg, Eeg, Eog, Temperatur, Blutdruck, Herzfrequenz, Atemfrequenz, psychogalvanischer Reflex),
6. Telemedics (8 Signalkanäle – Ekg, Eeg, Emg, Temperatur, Impedanzpneumogramm, Blutdruck, psychogalvanischer Reflex, Sprache).

In diesem Zusammenhang sei auf die *postalischen Bestimmungen hingewiesen, die* unter anderem *besagen, daß der Erwerb, Besitz und Betrieb von Hochfrequenzanlagen genehmigungspflichtig sind.* Schon in der Planungsphase sind also entsprechende Kontakte zur Deutschen Post unerläßlich.

Der technische Aufbau von Telemetrieanlagen wird von zwei Hauptaufgaben bestimmt:
1. drahtlose Übertragung von EEG-Signalen, zumeist im UKW-Bereich,
2. gleichzeitige Übertragung von mehreren Meßgrößen über einen Hochfrequenzträger.

Entsprechend dem Einsatz der Anlagen kommen noch ergänzende Bedingungen, z. B. Stromversorgung, Gewicht und Reichweite, hinzu. Die Anlagen sollen u. a. so leicht sein und im Volumen so gering, daß der Proband oder Patient in seiner Bewegungsfähigkeit nicht behindert wird. Die Stromversorgung erfolgt aus Batterien oder Akkumulatoren, die meistens einen mehrstündigen Betrieb gewährleisten müssen. Der technologische Aufbau hat so zu erfolgen, daß maximale Betriebssicherheit unter verschiedensten Umweltbedingungen erreicht wird. Schließlich, und dies ist ein noch extra zu behandelndes Problem, ist die einwandfreie Meßwertabnahme zu gewährleisten.

Da das relativ niederfrequente Elektroenzephalogramm zur direkten drahtlosen Übertragung nicht geeignet ist, muß eine zweite, wesentlich höher liegende Frequenz zu Hilfe genommen werden. Die Kopplung beider geschieht durch sogenannte *Modulationsverfahren*, bei denen definierte Kenngrößen der zu modulierenden Schwingungen, also Amplitude, Frequenz oder Nullphasenwinkel, im Takte der modulierenden Meßgröße, im vorliegenden Fall des Eeg, beeinflußt werden.

Was hier so kompliziert klingt, ist aus dem Rundfunk allgemein bekannt, wo das niederfrequente Sprachsignal die hochfrequenten Schwingungen – auch Trägerfrequenzen genannt – des Senders, den wir am Empfänger eingestellt haben, moduliert. Gleichzeitig erhalten wir aus diesem Vergleich zwei wichtige zusätzliche Erkenntnisse.

1. Es gibt unterschiedliche Arten der Modulation, wie wir z. B. aus dem Vergleich von Mittelwellen- und Ultrakurzwellenbereich wissen.

2. Die Anfälligkeit gegen externe Störungen ist bei beiden Bereichen, wie wir ebenfalls aus Erfahrung wissen, unterschiedlich.

Die Unterschiede werden im wesentlichen verursacht durch die *Art der Modulation*. Während im Mittelwellenbereich, historisch bedingt, ausschließlich die *Amplitudenmodulation* verwendet wird, hat sich im UKW-Bereich die *Frequenzmodulation* durchgesetzt. Erstere hat den Nachteil, daß sie relativ störempfindlich ist. In Telemetriesystemen wird deshalb fast ausschließlich die Frequenzmodulation verwendet, bei der dann die hochfrequenten Schwingungen durch die EEG-Potentiale so beeinflußt werden, daß die Frequenz der Trägerschwingungen in einem gewissen Bereich proportional schwankt. – Der Telemetrieempfänger ist also vergleichbar mit einem normalen UKW-Empfänger (Abb. 32).

Wenn wir nur einen EEG-Kanal übertragen wollten, würde die Ausrüstung demnach aus folgenden Baugruppen bestehen:

EEG-Miniaturvorverstärker – Modulator – UKW-Sender – UKW-Empfänger – Demodulator.

Da im Normalfall der Anwendung der Wunsch besteht, mehrere, d. h. 2, 4 oder 8 Kanäle des Elektroenzephalogramms gleichzeitig zu übertragen, aber nur ein Sender zur Verfügung steht, wird die Problematik technisch schwieriger – und leider wesentlich teurer.

Die technische Lösung dieser Aufgabe wird von zwei sogenannten *Multiplexverfahren* übernommen.

Das erste Verfahren – *Frequenzmultiplex* (Abb. 33) genannt – arbeitet nach dem Prinzip, daß jeder zu übertragende EEG-Kanal eine ihm eigens zugeordnete Unterträgerfrequenz moduliert. Bei z. B. 4 EEG-Kanälen müßten vier verschiedene Unterträger vorhanden sein. Die Unterträger werden nachfolgend gemischt und dann auf einer Hochfrequenz zum Emp-

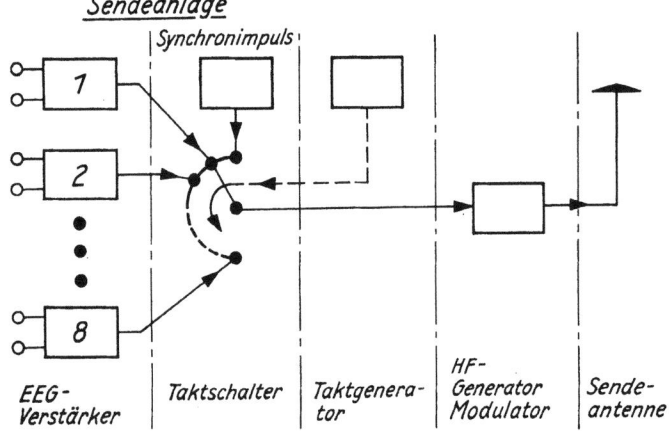

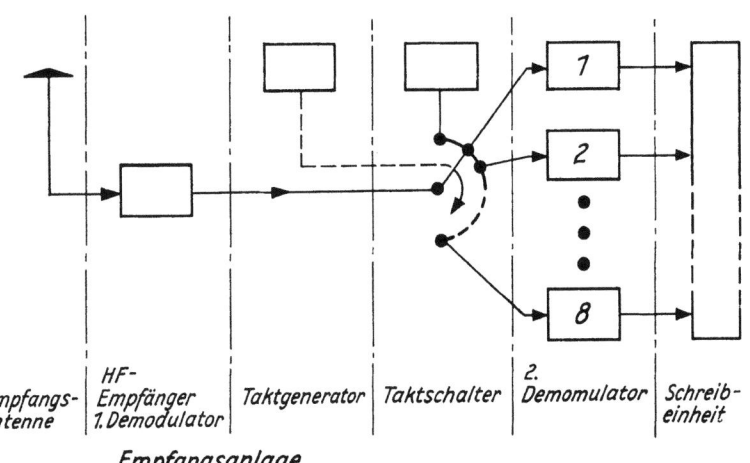

Abb. 34
Vereinfachtes Blockschema einer 8kanaligen Telemetrieanlage mit einem Zeitmultiplexsystem

fänger übertragen. Auf der Empfangsseite erfolgt eine zweifache Demodulation oder Rückverwandlung. Zunächst wird die Hochfrequenz demoduliert, und man erhält das Gemisch der modulierten Unterträger. Das Durcheinander dieses Gemisches wird sortiert, indem jedem Unterträger ein nur für ihn passendes *Filter* zugeordnet wird, so daß nach dem Passieren der Filter die Unterträger in richtiger Reihenfolge vorhanden sind. Nach der Demodulation dieser Unterträger können die jeweiligen EEG-Kanäle auf einem Schreibgerät registriert werden.

Diese doppelte Frequenzmodulation – in technischen Unterlagen oft als FM/FM-Modulation bezeichnet – ist in Telemetrieanlagen sehr verbreitet und hat den Vorteil, daß Kanäle relativ leicht ausgetauscht werden können.

Das zweite Verfahren – *Zeitmultiplex* (Abb. 34) genannt – besteht in einer zeitlichen Staffelung der Meßkanäle nacheinander. Dabei werden immer nur kurze Proben – Größenordnung Millisekunden – der EEG-Kanäle genommen und gemischt. Da diese Probenentnahmen sehr dicht aufeinander folgen, tritt eine Verfälschung der Signale nicht auf. Diese Proben modulieren den Hochfrequenzträger und werden vom Empfänger wieder demoduliert. Damit der Empfänger entscheiden kann, welche modulierte Probe welchem EEG-Kanal zuzuordnen ist, muß bei diesem Verfahren gleichzeitig ein Pilot- oder *Synchronsignal* übertragen werden, an dem der Empfänger sich orientieren kann. Die Vorteile dieses Verfahrens liegen auf einem mehr mechanischem Gebiet. Das Auswechseln verschiedener Signalkanäle ist zumeist nicht ohne weiteres möglich.

3.6.1.3. Telefongebundene Telemetrie

Die Übertragung von Biosignalen, hier speziell des Elektroenzephalogramms, über das Telefon eröffnet zusätzliche Möglichkeiten.

Mit der Telefonübertragung können Elektroenzephalogramme faktisch von jedem Ort aus in jeder Situation, unter der Bedingung des Vorhandenseins eines Telefons, z. B. in ein Auswertungszentrum oder zur Konsultation von Experten, weitergegeben werden.

Eine in der Zukunft sicher sehr bedeutsame Möglichkeit eröffnet sich durch die Telefonübertragung dadurch, daß auch von kleineren klinischen Einrichtungen aus Datenverarbeitungszentren erreichbar sein werden.

Der Gedanke der telefonischen Übertragung hat gleichfalls schon historische Vorläufer. So hat HUTTEN herausgefunden, daß EINTHOVEN 1906 beschrieben hat, welche Probleme sich ergaben bei der Übermittlung der Ekg von Patienten des Universitätshospitals Leiden zum Physiologischen Institut über das städtische Telefonnetz. Wahrscheinlich hat EINTHOVEN hier das Telefon als eine Art Kabeltelemetrie benutzt.

Ein weiterer Bericht liegt von COOPER vor, der u. a. berichtet, daß BROWN um 1910 Herztöne von London aus zur Insel Wight, das ist eine Strecke von etwa 200 km, übertrug. Solche Versuche, berücksichtigend die technischen Möglichkeiten, sind immerhin erstaunlich.

Trotz dieser sicher schon frühen Ansätze ist bemerkenswert, daß sich bis heute in der medizinischen Praxis denkenswerte Lösungsvarianten nicht haben durchsetzen können.

Die Ursachen dafür liegen einerseits in der Organisationsstruktur der Gesundheitseinrichtungen und andererseits daran, daß die elektronische Datenverarbeitung in der Medizin sich sowohl problembezogen als auch technisch in den Anfängen befindet.

Ähnlich wie bei der drahtlosen Telemetrie bestehen diese Anlagen aus jeweils einem Sende- und Empfangssystem. Im Gegensatz zu dieser steht *zur Übertragung nur ein begrenztes Frequenzband zwischen 300 und 3400 Hz zur Verfügung*. Bei der Telefonübertragung muß man allerdings nicht eine Übertragungsfrequenz benutzen, man kann zur Übertragung das gesamte Frequenzband ausnutzen. Dies bedeutet, daß man mehrere Kanäle gleichzeitig übertragen kann.

Durch den allgemeinen Störpegel im Telefonnetz ist eine direkte Übertragung von Meßgrößen nicht anzuraten. Da die untere Grenze des Telefonbandes weit über den EEG-Frequenzen liegt, müssen offenbar auch hier Trägerfrequenzen moduliert werden, deren Frequenz im Telefonband liegt.

Vergleichbar mit dem oben beschriebenen *Frequenzmultiplexverfahren* werden gleichzeitig mehrere Trägerfrequenzen frequenzmoduliert und gemischt über das Telefon gesendet, wobei durch das schmale Telefonband eine *hohe Genauigkeit der Parameter des Systems technisch die größten Schwierigkeiten bereitet*.

Die Ankopplung an das Telefon kann akustisch, induktiv und galvanisch erfolgen. Wegen der unterschiedlichen Telefonkonstruktionen und Qualität der Sprechkapseln hat sich die etwas aufwendigere galvanische Kopplung durchgesetzt. Diese bedeutet einen direkten Anschluß des Übertragungsgeräts an die Telefonleitung.

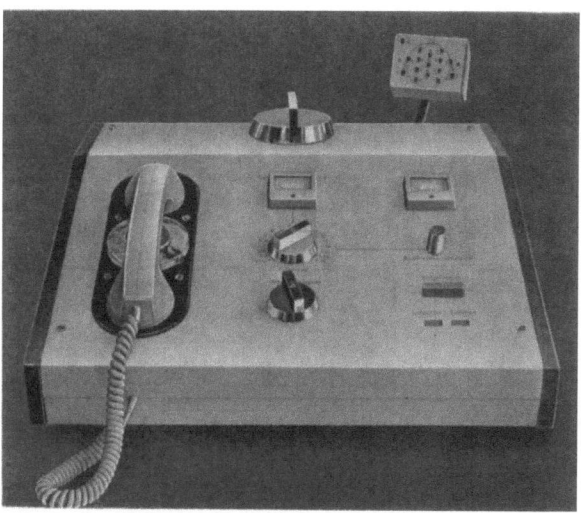

Abb. 35 Sendegerät des Systems zur 8kanaligen telefongebundenen Übertragung von Elektroenzephalogrammen mit angeschlossenem Ableitkopf

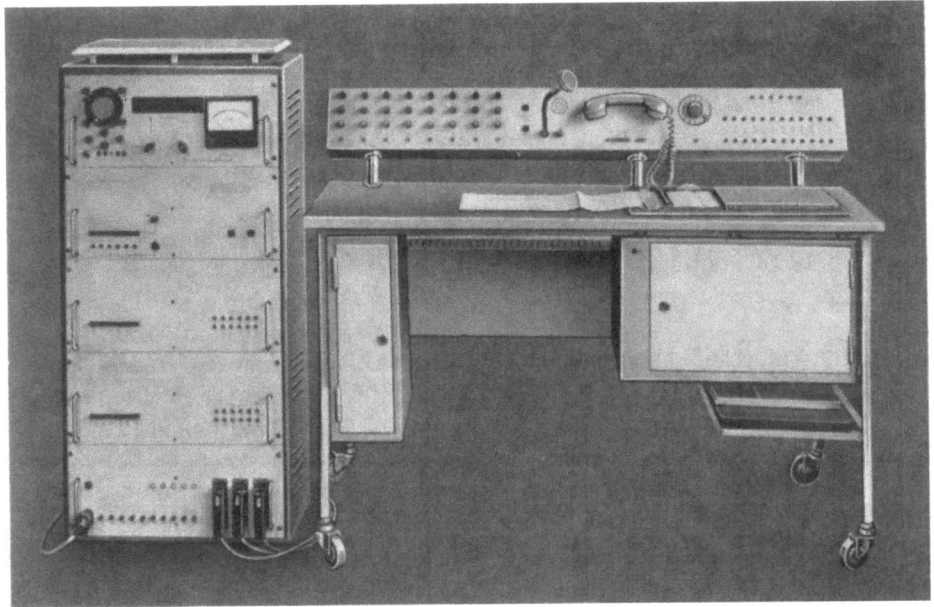

Abb. 36
Empfangszentrale des Systems zur 8 kanaligen telefongebundenen Übertragung von Elektroenzephalogrammen. Links das Empfangsgerät, rechts das Registriergerät

Die Qualität der Übertragung ist direkt proportional der Qualität der Telefonleitung. Durch die technischen Eigenschaften der Frequenzmodulation können sich Störungen mit niedrigem Pegel nicht auswirken. Lautes Knacken und Wählgeräusche können im Registrierstreifen als hochfrequente Ausschläge identifiziert werden. Als Erfahrung hat sich ergeben, daß eine gute Sprachverbindung auch einwandfreie EEG-Übertragungen erwarten läßt.

Die Abbildungen 35 und 36 zeigen eine derartige Anlage zur gleichzeitigen Übertragung von acht EEG-Kanälen. Der Sender ist dabei von der Bedienung und dem Aufwand her möglichst einfach aufgebaut. Durch einen Programmschalter wird die selbsttätige Eichung und werden nacheinander die Programme durchgeschaltet. Zusätzlich zu den EEG-Kanälen können vom Empfänger Kommandos gesendet werden, betreffend Aufforderung zur Sprechverbindung und Aufforderung der Programmschaltung, die im Sendegerät zwei verschiedene Lampen aufleuchten lassen können.

3.6.1.4. Elektrodentechnik

Elektrodenprobleme spielen bei telemetrischen Ableitungen im allgemeinen eine größere Rolle als bei Ableitungen im klinischen Routinebetrieb im FARADAYschen Käfig. Dafür gibt es zwei Gründe:

1. Bei sich bewegenden Probanden während der Registrierung müssen die Elektroden fester und erschütterungsfreier sitzen, als dies mit einer Gummibandhaube zu erreichen ist; Bewegungsartefakte wären sonst die unausbleibliche Folge.

2. Telemetrische Ableitungen finden zumeist außerhalb von FARADAYschen Käfigen statt. Da zwischen Elektrodenübergangswiderständen und einstreuendem Wechselstrom Proportionalität besteht, sind möglichst *niedrige Übergangswiderstände eine Grundvoraussetzung für einwandfreie Ableitungen.*

Wenn hier das Problem der Übergangswiderstände diskutiert wird, dann ist prinzipiell zu unterscheiden zwischen Elektrodenübergangswiderständen, die mit Gleichspannung, und denen, die mit Wechselspannung gemessen werden.

Mit Wechselspannung gemessene Widerstände liegen prinzipiell unter denen, die mit Gleichspannung gemessen wurden. Die Ursache dafür liegt in den elektrischen Eigenschaften der Haut bzw. des Gewebes, die für Wechselstrom einen geringeren Widerstand darstellt.

Bei Normalableitungen liegen die Übergangswiderstände bekanntlich etwa zwischen 20 und 50 kΩ. Muß man diese Werte wesentlich senken, ist besonders der *Vorbereitung der Haut* und dem *Kontaktmittel* zwischen Haut und Elektrode besondere Aufmerksamkeit zu schenken.

Was die Vorbereitung der Haut betrifft, hat sich hier ein Abreiben der Ableitstellen mit Seifenlösung (Seife oder Feinwaschmittel) bestens bewährt. Das berühmte »Abäthern« hat auf die Übergangswiderstände wenig senkende Wirkung.

Als Kontaktmittel zwischen Elektrode und Haut haben sich übliche Elektrodenpasten, wie sie z. B. für EKG-Elektroden verwendet werden, aufgrund der mehr oder minder starken Behaarung der Schädeloberfläche, nicht bewährt.

Weit verbreitet ist die Verwendung von quellfähigen Tonerden (z. B. *Bentonite*) mit Salzbeimischungen zur Erhöhung der Leitfähigkeit. Diese Tonerden besitzen die Fähigkeit, sehr viel Wasser bzw. Elektrolyt aufzunehmen, und haben gleichzeitig die gewünschte klebrige Konsistenz. So befestigte Elektroden wurden in von uns durchgeführten Dauerversuchen über mehr als 48 Stunden getragen. Die Pastenoberfläche wird dabei trocken und fest, während die Verbindungsschicht zwischen Haut und Elektroden durch diese Abkapselung, unterstützt durch die Feuchtigkeitsabsonderung der Haut, leitfähig bleibt und einen gleichbleibenden Übergangswiderstand gewährleistet.

Die *Elektroden* selbst sollten so *leicht wie möglich* und mit einer sehr *dünnen flexiblen Anschlußschnur* versehen sein. Die oft im Zubehör von Elektroenzephalographen gelieferten massiven Silber-Silberchlorid-Elektroden von bis zwei Millimetern Stärke und meist gleichfalls sehr massiven Anschlußschnuren sind unbrauchbar und prädestiniert für Elektrodenwackeleien. Eine Elektrodenstärke von 0,2 mm, bei einem Durchmesser von etwa 7 mm, ist völlig zureichend. Die Haltbarkeit solcher Elektroden ist allerdings begrenzt, und man sollte im Interesse von hochwertigen Ableitungen von derartigem Zubehör nicht eine übermäßige Lebensdauer verlangen.

Bei der geschilderten Verfahrensweise und dem Aufwand sind *routinemäßig Übergangswiderstände zwischen 0,5 und 2 kΩ* – mit Gleichspannung gemessen – üblich.

Schließlich sei ein Nachteil dieses Elektrodensystems für telemetrische Ableitungen nicht verhehlt. Der *zeitliche Aufwand* für das Setzen der Elektroden für eine übliche Ableitung *ist größer* als bei der gewohnten Haubentechnik, den man aber in Anbetracht der meist wesentlich längeren Ableitungszeit als gerechtfertigt ansehen kann.

3.6.2. Analysemethoden

Die Bemühungen, die visuelle empirische Auswertung des Elektroenzephalogramms mit technischen Hilfsmitteln zu unterstützen, reichen zurück bis in die Entdeckungsjahre des Eeg. Es ist historisch vielleicht interessant, daß eine *erste* derartige *Veröffentlichung* aus dem Jahre *1932 von Dietsch* vorliegt, der sich vermutlich *nach Anregung von Berger* mit dieser Problematik beschäftigte. In neuerer Zeit ist neben der klinischen Medizin auch seitens der experimentellen Medizin, z. B. den Bereichen der Arbeits-, Sport- und Luftfahrtmedizin, ein zunehmendes Interesse an diesen Problemen zu beobachten.

Während die Grundlagen der Arbeiten von DIETSCH und in der Folgezeit von z. B. KOOPMAN, LIVANOV, LOOVIN, SLEPYAN und SPILBERG im Prinzip auf der Fourieranalyse beruhen, setzte 1945 mit der *Filteranalyse von Walter* eine Entwicklung ein, die für etwa 20 Jahre die Diskussion dieser Problematik beherrschte, gefördert durch zahlreiche Gerätevarianten der einschlägigen Industrie.

Sowohl die Unzufriedenheit mit den Ergebnissen dieser Analysen als auch die Anwendung der Ergebnisse der Signaltheorie der Nachrichtentechnik führten, und damit eigentlich in konsequenter Fortführung der Arbeiten von DIETSCH, zu ersten Experimenten mit der *Korrelations- und Leistungsspektrumstechnik*. Durch die Entwicklung eines schnellen Algorithmus für die *Fourieranalyse durch Cooley und Tukey* konnten ab etwa 1965 derartige Funktionen mit modernen Rechenautomaten mit wirtschaftlich vertretbarem Aufwand berechnet werden.

Etwa auch um die gleiche Zeit begann eine Entwicklung stärker hervorzutreten, die unter dem Sammelbegriff »*Analyse im Zeitbereich*« allgemein charakterisiert wird. Die Vielzahl der in dieser Entwicklungsrichtung vorliegenden Arbeiten läßt sich in zwei Gruppen unterteilen.

Die erste Gruppe umfaßt Verfahren, die nach der Signaltheorie das Eeg durch zeitliche oder (und) statistische Kenngrößen durch Extraktion adäquater Parameter (z. B. Iterationsverfahren, Musteranalysen) charakterisiert.

Die zweite Gruppe von Verfahren bemüht sich mehr um eine Umwandlung oder, wenn man so will, Transformation der EEG-Funktion in mehrere andere Zeitfunktionen, die es ermöglichen sollen, interessierende Charakteristiken des Elektroenzephalogramms besser herauszufinden. In diese Gruppe wären z. B. Verfahren nach TÖNNIES und HJORTH einzugliedern.

Obwohl in neuerer Zeit die technischen Voraussetzungen und die signaltheoretischen Grundlagen als gegeben bzw. zureichend anzusehen sind, *ist festzustellen, daß eine automatische Analyse des Elektroenzephalogramms im klinischen Routinebetrieb sich noch nicht hat durchsetzen können*.

Auf der Suche nach der Ursache dieser offenbaren Diskrepanz zwischen den nutzbaren Möglichkeiten und der realisierten Wirklichkeit stößt man auf das *Fehlen einigermaßen einheitlicher Vorstellungen* seitens der EEG-Ärzte über das, was die EEG-Analyse zu liefern hätte. Es deutet sich in dem Abriß der historischen Entwicklung an, daß das Ausprobieren von Methoden dafür kein Ersatz sein kann.

Ein anderes Herangehen an die Problematik scheint notwendig, das davon auszugehen hat, daß die automatische EEG-Auswertung eine *typische Aufgabe eines Grenzgebiets mit Beteiligung von Medizin, Technik und Mathematik* darstellt.

Wenn auch die Entstehung des Elektroenzephalogramms immer noch nicht völlig geklärt ist, kann, ausgehend vom Verständnis des Kurvenbildes, definiert werden, daß *das Elektroenzephalogramm von seiner Struktur her eine mathematisch-statistische Zufallsfunktion elektrochemischen Ursprungs ist, in physikalischer Form erscheint und medizinische Bedeutung besitzt*. So trivial wie diese Definition klingen mag, kann sie die Grenzgebietssituation nur unterstreichen.

Der *Begriff der Zufallsfunktion* soll wegen seiner zentralen Bedeutung für das Elektroenzephalogramm und die Problematik der automatischen Analyse im folgenden etwas näher erläutert werden.

Elektroenzephalogramm und Zufallsfunktion

Unter zufällig verstehen wir das zeitliche Eintreten eines Ereignisses, von dem wir annehmen wollen, daß es mit Bestimmtheit eintritt, über dessen zukünftige Spezifität wir aber nichts Sicheres voraussagen können.

So wissen wir zwar mit Sicherheit, daß wir beim

Würfeln eine der Zahlen von eins bis sechs würfeln werden, welche, ist jedoch völlig ungewiß.

Wenn die Körpergröße einer Anzahl Jugendlicher im Alter zwischen 16 und 18 Jahren zu einem bestimmten Zeitpunkt gemessen wird, dann ist dieses Ergebnis über den Bereich von 160–200 cm mit Sicherheit nicht gleichmäßig, sondern es wird im angenommenen Bereich Vorzugswerte geben.

Decken wir über ein Stück des Verlaufs einer achtkanaligen EEG-Kurve ein Blatt Papier und fragen nach dem weiteren Verlauf der EEG-Kurven unter dem Papier, so kann ein erfahrener EEG-Arzt, ausgehend von dem noch sichtbaren Verlauf, die folgenden verdeckten Wellenzüge recht genau hinsichtlich Frequenz und Amplitude angeben. Er wird immer ungenauer in seinen Vorhersagen werden, je weiter er sich von der Trennstelle zwischen bekanntem und unbekanntem Verlauf fortbewegt. Durch Aufdecken des Verlaufs ist die Richtigkeit der Vorhersage sehr einfach nachzuprüfen.

Nun sind wir dem Zufall nicht vollkommen ausgeliefert, wie dies jeder aus Erfahrung weiß. Das *Handwerkszeug, mit dem die Brücke zwischen den zufälligen Erscheinungen und der realen Beurteilungsfähigkeit geschlagen wird, ist die Wahrscheinlichkeitsrechnung.*

Beim Würfelspiel ist die Erscheinungshäufigkeit einer bestimmten Punktezahl im Mittel nie größer als $1/6$, nämlich 16,7%. Man spricht in diesem Zusammenhang von einer *gleichmäßigen Wahrscheinlichkeit*; sie ist die Grundlage für alle echten Glücksspiele.

Im Gegensatz zum Würfelspiel ist die zufällige Größenverteilung der Jugendlichen ungleichmäßig; wenige Ergebnisse werden im Bereich von 160 oder 200 cm liegen. Der überwiegende Teil der Meßergebnisse wird sich um den Bereich von 175 cm scharen. Wir sprechen in diesem Fall von einer *ungleichmäßigen Wahrscheinlichkeit*, für die bei einer genügend großen Zahl von Probanden ebenfalls sehr genaue mathematische Beschreibungen möglich sind und damit z. B. Bedeutung gewinnen können für die Akzelerationsforschung.

Was die Vorhersage der EEG-Wellen betrifft, ist das Auge des erfahrenen EEG-Arztes offenbar imstande, Muster oder, genauer ausgedrückt, Gesetzmäßigkeiten des Kurvenverlaufs zu erkennen und mit diesem Bildeindruck Aussagen über den künftigen Verlauf mit hoher Trefferrate zu machen. Man nennt solche *Zufallsprozesse mit inneren Gesetzmäßigkeiten Markoffsche Prozesse.*

Die »Erlernfähigkeit« des Elektroenzephalogramms beruht sicherlich auf dem Speichern von EEG-Mustern und der Fähigkeit des Vergleichs bei der aktuellen EEG-Kurve. Wenn hier sicherlich gesagt wird, dann deshalb, weil dies momentan eine Hypothese sein muß, da der Entstehungsmechanismus der Wellen nicht geklärt ist. Im folgenden wird auf dieses Problem im Zusammenhang mit den Auswertungsverfahren noch einmal eingegangen.

Ohne weiter diese Gedanken verfolgen zu müssen, wird resümierend an dieser Stelle wohl schon klar, daß das *Problem der Auswertung des Eeg ganz allgemein mit mathematischen Aspekten eng verknüpft ist.* Von daher stellt es auch nichts Besonderes dar, denn viele Vorgänge in der Natur werden durch gleiche oder ähnliche Gesetzmäßigkeiten einer Analyse zugängig. Hier liegen sicher auch schon die Grundschwierigkeiten der automatischen Auswertung, folgt doch die traditionelle Auswertung historisch und empirisch entwickelten Prinzipien, ohne auf deren mathematische Verträglichkeit Rücksicht genommen zu haben.

In Verbindung mit der obigen Hypothese werden die Schwierigkeiten der visuellen Analyse einsehbar. Handelt es sich doch darum, die möglichen zufallsbestimmten Bildvarianten mit einem möglichst kleinen Katalog einfacher Begriffe eindeutig zu charakterisieren. Auch hinsichtlich der automatischen Analyse scheinen nur Teillösungen erreichbar zu sein.

Im *Mittelpunkt der Diskussion* sollten deshalb nicht in erster Linie die Auseinandersetzungen über Verfahren stehen, sondern die Bemühungen, die *Kluft zwischen momentaner praktischer EEG-Auswertung und technischen bzw. mathematischen Möglichkeiten zu überwinden.*

Moderne Verfahren der EEG-Analyse

Wie schon in der Einleitung angedeutet, verläuft die Entwicklung der automatischen Auswertung im wesentlichen auf der Grundlage der *Signaltheorie der Nachrichtentechnik.* Aus der Notwendigkeit der Charakterisierung von Zufallsprozessen sind dort umfangreiche Theorien und Meßmethoden entwickelt worden, deren Anwendung auch in der Elektroenzephalographie versucht wurde und wird. Die Verfahren und ihre Beziehungen untereinander lassen sich durch ein vereinfachtes Schema (Abb. 37) verdeutlichen. Ausgehend von der Zeitfunktion, im vorliegenden Fall des Elektroenzephalogramms, lassen sich *statistische, zeitliche und spektrale Kenngrößen* berechnen. Das Schema ver-

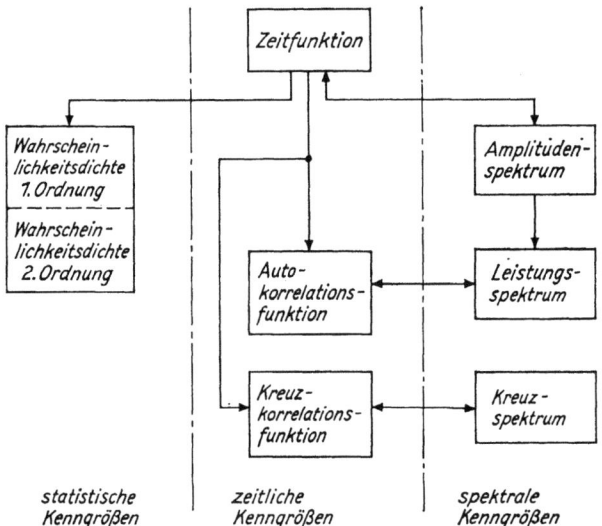

Abb. 37 Vereinfachtes Schema zur Ermittlung von Kenngrößen von Zeitfunktionen

deutlicht vor allem, daß sich zeitliche und spektrale Kenngrößen durch mathematische Transformationen ineinander überführen bzw. sich verschiedene Wege zu ihrer Berechnung begehen lassen. Zu diesem Schema gehört ein umfangreicher mathematischer Apparat, mit dessen Hilfe die jeweiligen Berechnungen und Umrechnungen vorgenommen werden können und der im folgenden nur angedeutet werden soll, soweit es für das Verständnis unbedingt erforderlich ist. Die *zwei wesentlichsten Kenngrößen*, die *in der Analyse des Elektroenzephalogramms* aus der Nachrichtentechnik übernommen wurden, *sind die Auto- bzw. Kreuzkorrelationsfunktion und das Leistungsspektrum.*

Korrelationsfunktion

Der *Begriff der Korrelation* wird oft im täglichen Sprachgebrauch verbal benutzt, wenn man von der Annahme ausgeht, daß zwischen zwei angesprochenen Sachverhalten ein irgendwie gearteter Zusammenhang zu vermuten ist.

Die Korrelation ist allerdings auch ein häufig gebrauchter Begriff der Statistik, wenn das Problem besteht, Meßreihen irgendwelcher Art zu vergleichen, z. B. die Niederschlagsmenge in den Sommermonaten und den Ernteertrag.

Der Korrelationsfaktor stellt ein quantitatives Maß für den Verwandtschaftsgrad (Korrelation) zweier Meßgrößen dar, die vom gleichen Parameter abhängen.

Als brauchbares Maß dieses inneren Zusammenhangs, den wir als Korrelation bezeichnen, hat sich der Mittelwert der Produkte beider Meßreihenschwankungen um ihren Mittelwert ergeben. Durch eine sogenannte Normierung wird erreicht, daß dieser Zahlenwert nur Werte zwischen -1 und $+1$ annehmen kann.

Bei einem Zahlenwert um $+1$ würde dies in dem obigen Beispiel bedeuten, daß Niederschlagsmenge und Ernteertrag hoch korreliert sind, die Meßreihen sind kovariant. Bei Kontravarianz ergibt sich ein Zahlenwert um -1. Zahlenwert 0 bedeutet völlige Unabhängigkeit beider Meßgrößen voneinander, wir hätten nach Zusammenhängen gesucht, die nicht vorhanden sind.

Bisher war nur vom Korrelationsfaktor gesprochen worden. Zum Begriff der Korrelationsfunktion kommen wir durch folgende Überlegung.

Zwei Meßgrößen brauchen nicht immer unmittelbar aufeinander einzuwirken, sondern erst nach einem gewissen Zeitraum; oder es kann sich der Einfluß einer Meßgröße auf eine andere ganz verschieden bemerkbar machen, je nachdem, welcher Zeitabstand gewählt wird.

Bezogen auf unser obiges Beispiel könnte dies bedeuten, daß Niederschlag zur Erntezeit sich sicher negativ auf den Ernteertrag auswirkt (negativer Korrelationsfaktor), während die gleiche Niederschlagsmenge einige Wochen vor der Ernte sich außerordentlich nützlich auswirken kann (positiver Korrelationsfaktor). Andererseits wird nach der Ernte der Niederschlag keine Wirkung zeitigen (Korrelationsfaktor Null).

Der Korrelationsfaktor nimmt also ganz verschiedene Werte an, je nachdem, in welchem Abstand man die aufeinanderfolgenden Meßwerte korreliert.

Im Falle des Elektroenzephalogramms haben wir es nicht mit einer Reihe von Meßwerten, sondern mit einer kontinuierlichen oder stetigen Zeitfunktion zu tun. Die zur Bildung des Mittelwerts erforderliche Summation benötigt bei stetigen Funktionen durch den Übergang zu differentiellen Größen die Einführung der mathematischen Integration.

Zur Feststellung der Korrelation im oben geschilderten Sinne bilden wir die momentanen Produkte $x(t) y(t)$ – z. B. von EEG-Kanal 1, entsprechend $x(t)$ und EEG-Kanal 2, entsprechend $y(t)$ – und mitteln über die Beobachtungszeit T.

Man erhält als Korrelationsmittelwert das Integral

$$\psi = \lim_{T \to \infty} \frac{1}{T2} \int_{-T}^{+T} x(t) y(t) \, dt.$$

Um nun auch die Abhängigkeit der Korrelation vom Meßwertabstand (hier der Zeitdifferenz) zu erhalten, führen wir die Verzögerungsvariable τ ein, die die Speicherzeit eines Funktionswerts darstellt. Damit ergibt sich der Korrelationsfaktor als Funktion des Verzögerungsparameters in der Form der Korrelationsfunktion:

$$\psi(\tau) = \lim_{T \to \infty} \frac{1}{2T} \int_{-T}^{+T} x(t) y(t + \tau) \, dt.$$

Wenn $y(t) \neq x(t)$ ist, spricht man von einer *Kreuzkorrelationsfunktion* – Korrelation von zwei EEG-Kanälen –, wenn $y(t) = x(t)$ ist, spricht man von einer *Autokorrelationsfunktion* – Korrelation innerhalb eines EEG-Kanals.

Abbildung 38 zeigt ein Beispiel der Berechnung derartiger Korrelationsfunktionen.

Gemeinsames Merkmal derartiger Funktionen ist, daß sie, in Anwendung auf das Elektroenzephalogramm, zum Zeitpunkt $\tau = 0$ maximale Korrelation, d. h. maximale innere Beziehungen aufweisen und mit wachsender Verzögerung oder Verschiebung der zu korrelierenden Größen in ihrer Amplitude abnehmen, was sich aus dem Beispiel anschaulich ergibt.

Für den EEG-Arzt wird bei der Beurteilung dieser Funktionen interessant sein, inwieweit solche Korrelationsverläufe für bestimmte diagnostische Sachverhalte relevant sind.

Leistungsspektrum

Ein anderes Abbild der Zeitfunktion ist das *Leistungsspektrum $S(f)$.*

Das Leistungsspektrum oder die spektrale Leistungsdichte ist als mathematische Ableitung der mittleren Leistung des Zeitvorganges nach der Frequenz definiert durch

$$S(f) = \frac{d[\overline{x^2}]}{df}$$

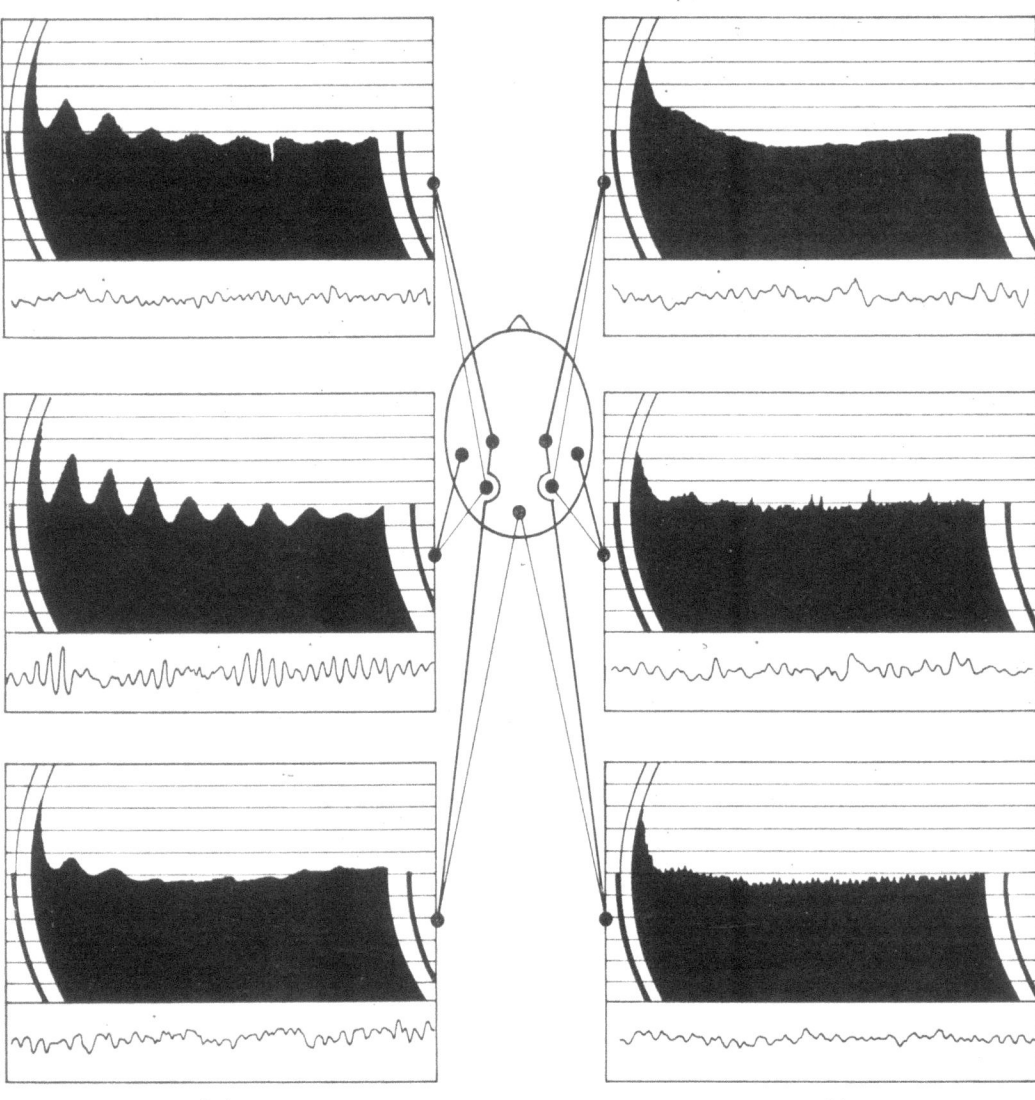

Abb. 38 Beispiel eines Autokorrelogramms

Anders ausgedrückt bedeutet dies die Aufteilung des quadratischen Mittelwerts eines EEG-Kurvenstücks auf verschiedene Frequenzbänder und ist damit *eine Darstellung des quadratischen Mittelwerts als Funktion der Frequenz.*

Bei vielen zufälligen oder stochastischen Vorgängen ist der Begriff der Amplitude nicht zureichend; an deren Stelle tritt als Kennwert der quadratische Mittelwert. Mit dem Wegfall des Amplitudenbegriffs entfällt auch der Begriff der Amplitudendichte. Ein zwangloser Ersatz für diese Kenngröße ergibt sich aus der Überlegung, daß man den Effektivwert in einem beschränkten Frequenzbereich dadurch messen kann, daß man die Zeitfunktion erst durch einen Filter der Durchlaßbreite Δf leitet und alle spektralen Anteile außerhalb dieses Bereichs unterdrückt. Diesen Leistungsanteil je Bandbreiteneinheit nennt man die spektrale Leistungsdichte $S(f)$. Der quadratische Mittelwert (oder das Quadrat des Effektivwerts) ergibt sich dann beim Grenzübergang zu einem differentiell schmalen Frequenzband df und durch die Integration über den gesamten Frequenzbereich.

$$x_{\text{eff}}^2 = \overline{x^2(t)} = \int_{-\infty}^{+\infty} S(f)\,df$$

Das Leistungsspektrum ist dabei ein Maß der Leistung, ist aber nicht mit der Leistung identisch.

Nach dem eingangs eingeführten Schema der Signalkenngrößen ist zu sehen, daß es zwei Möglichkeiten der Berechnung des Leistungsspektrums gibt.

Durch die wechselseitige sogenannte Fouriertransformation – genannt WIENER-CHINTSCHIN-Theorem – sind Autokorrelationsfunktion und Leistungsspektrum gegenseitig umrechenbar. Sie sind deshalb auch äquivalente Darstellungen des gleichen Vorganges.

Andererseits kann das Leistungsspektrum aus dem Amplitudenspektrum berechnet werden, wie aus dem Schema zu entnehmen ist.

Durch die gleiche spezielle mathematische Transformation wie oben kann auch aus der ursprünglichen Zeitfunktion das Amplitudenspektrum berechnet werden oder umgekehrt die Zeitfunktion aus dem

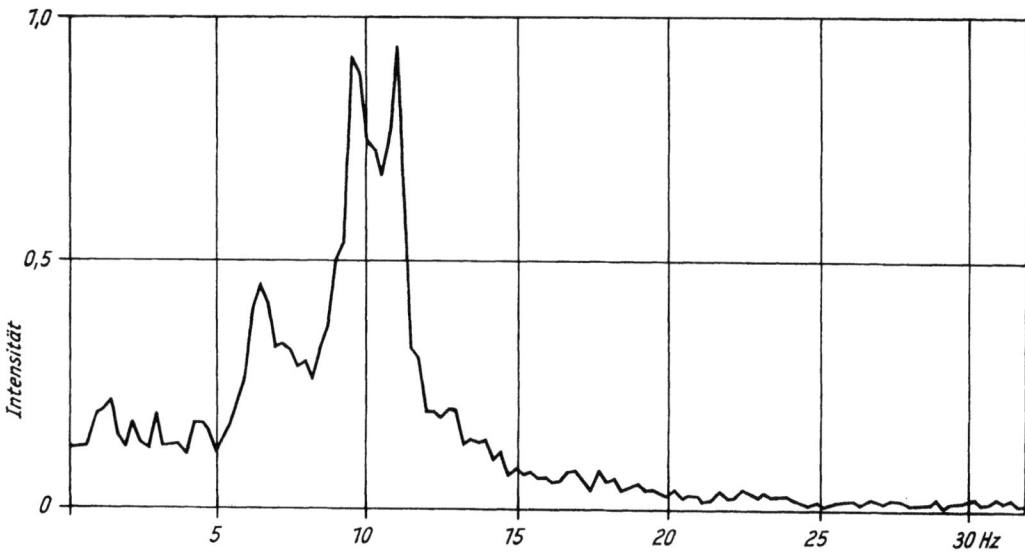

Abb. 39
Beispiel eines Leistungsspektrums

Amplitudenspektrum. Beide Darstellungen sind also gleichwertig. Dieser zweite Weg ist durch die Einführung der schnellen Fouriertransformation von COOLEY und TUKEY (1965) auf Rechenautomaten allgemein üblich geworden.

Man erhält dann auf diesem Wege das Leistungsspektrum, indem das im Frequenzintervall beobachtete spektrale Amplitudenquadrat durch die Beobachtungszeit dividiert wird. Abbildung 39 zeigt ein Beispiel für ein derartiges Spektrum.

Nach diesen mehr theoretischen Überlegungen, die notwendigerweise nur grob angedeutet werden konnten, andererseits aber sicher auch den abstrakten Charakter derartiger Funktionen für den EEG-Arzt widerspiegeln, ergibt sich die Frage nach der praktischen Nutzanwendung.

Ein technisches und aufwandsmäßiges Problem, das übrigens auch die meisten anderen Verfahren betrifft, ist die Notwendigkeit des Vorhandenseins geeigneter Rechenautomaten bzw. deren Erreichbarkeit für den EEG-Arzt. Im allgemeinen ist nur wenigen experimentierenden EEG-Labors ein derartiger Zugang und, was fast noch wichtiger ist, eine ständige Zusammenarbeit mit einschlägigen naturwissenschaftlichen Kräften möglich.

Ein wesentlich *schwierigeres* und die Sache selbst betreffendes *Problem ist die Umsetzung der Ergebnisse in die EEG-Praxis.* Hierauf sind heute die Hauptbemühungen gerichtet, denn einerseits sind die *Ergebnisse der unmittelbaren Erfahrung des EEG-Arztes nicht zugängig,* da sie Ergebnisse relativ abstrakter mathematischer Verfahrensweisen sind, andererseits *beruht die klinische EEG-Auswertung auf rein empirischen Prinzipien.* Die Suche nach Möglichkeiten zur Überwindung dieses Gegensatzes ist der momentane Gegenstand der Forschungen auf diesem Gebiet.

Die Unzufriedenheit sowohl über die bisherigen Ergebnisse als auch die Möglichkeit der Ermittlung anderer Kenngrößen hat zur Entwicklung einer ganzen Reihe von Verfahren geführt, von denen einige der bekanntesten im folgenden vorgestellt werden sollen.

Analyse nach Hjorth

Das Analysemodell geht von der Vorstellung aus, durch eine Analyse von Teilbereichen des Eeg eine sofortige Kontrolle des visuellen Analyseergebnisses zu erhalten und Möglichkeiten zur genaueren Bewertung des Eeg zu schaffen.

Ausgangspunkt des Verfahrens sind drei Begriffe: *Aktivität – Mobilität – Komplexität,* die sich am klinischen Eeg orientieren.

Die Parameter Mobilität und Komplexität werden aus der Standardabweichung der Amplitude des ersten und des zweiten Differentialquotienten abgeleitet (s_a, s_d, s_{dd}). Die Mobilität wird berechnet aus dem Verhältnis

$$M = \frac{S_d}{S_a}.$$

Die Komplexität ergibt sich aus der Beziehung:

$$K = \sqrt{\left(\frac{S_{dd}}{S_d}\right)^2 - \left(\frac{S_d}{S_a}\right)^2}.$$

Die Aktivität ist als Amplitudenvarianz (s_a^2) definiert und beinhaltet den Leistungsinhalt.

Mit diesen drei Parametern zeigen sich bei Änderungen einer Standardwelle (z. B. 60 μV, 10 pro sec.) folgende Tendenzen.

Der Mobilitätsparameter spricht auf Veränderungen der Frequenz der Welle (z. B. auf 12 pro sec.) bei sonst gleicher Amplitude und Form an.

Der Komplexitätsparameter reagiert auf Formänderungen der Wellen, z. B. beim Übergang von Sinusform auf Dreiecksform.

Der Aktivitätsparameter variiert mit Änderungen der Amplitude der Welle, z. B. durch Änderungen auf 80 μV.

Da diese Änderungen von Welle zu Welle in allen drei Bereichen erfolgen, tritt eine fortlaufende Änderung aller drei Parameter ein. Durch fortlaufende Berechnung und Registrierung erhält man drei Kurvenverläufe, wie sie Abbildung 40 für einen EEG-Kurvenabschnitt demonstriert.

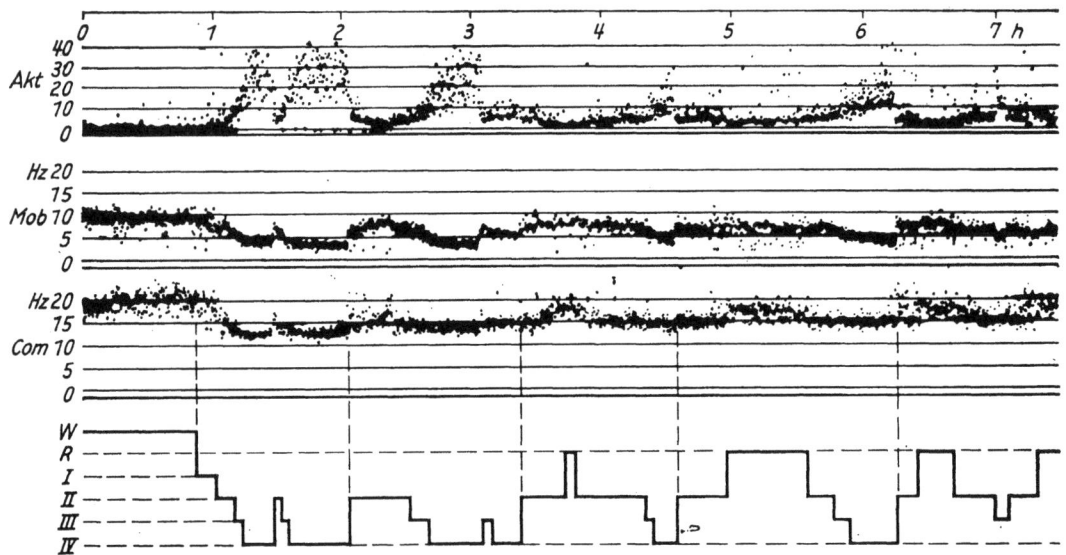

Abb. 40 Beispiel einer Schlafprofilkurve nach der Analysemethode von HJORTH
(nach BERGLUND und HJORTH)

Eisa-Analyse (EEG-Intervall-Spektrum-Analyse)

Bei diesem *Analyseverfahren von Tönnies* wird ein bekanntes Verfahren der Nachrichtentechnik in die Elektroenzephalographie übertragen; *Intervallwerte werden in proportionale Amplitudenwerte umgewandelt.* Dementsprechend entstehen bei aufeinanderfolgenden unterschiedlichen Intervallwerten der EEG-Wellen entsprechend unterschiedliche Amplitudenwerte. Werden jeweils die Extremwerte dieser Amplituden nacheinander auf einem Registrierstreifen aufgezeichnet, erhält man das EISA-Gramm. Bei extrem langsamer Registrierung, z. B. bei Schlafuntersuchungen, erhält man ein gemustertes qualitatives Abbild des jeweiligen Versuchszeitraumes. Einige Stunden Ableitung entsprechen dann einem Registrierstreifen von nur wenigen Dezimetern (Abb. 41).

Da das Auge auf Amplitudenschwankungen empfindlicher reagiert als auf Frequenzschwankungen, ist dies insgesamt eine interessante Variante der EEG-Analyse. Eine Quantifizierung derartiger Bilder hinsichtlich des klinischen Bedeutungsgehalts steht noch aus.

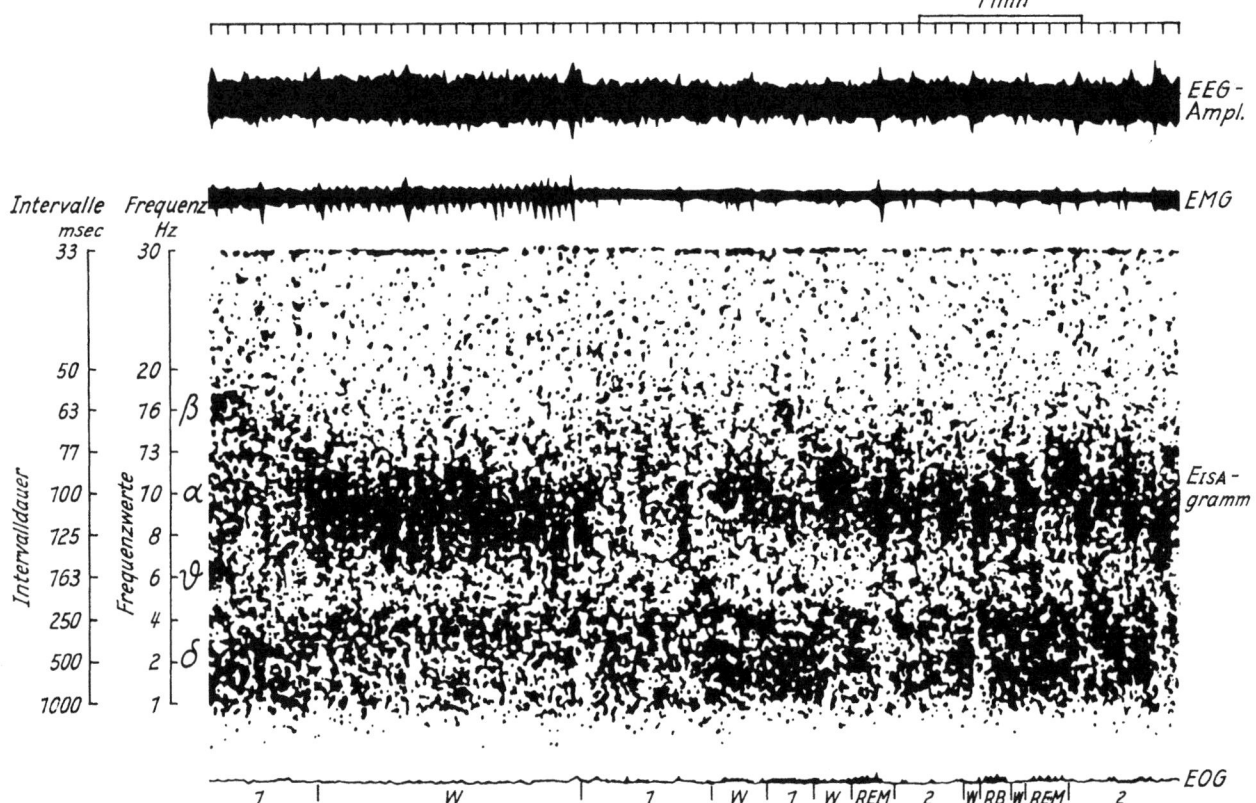

Abb. 41 Ausschnitte aus einem EISA-Gramm (nach K. KENDEL)

Iterative Intervallanalyse

Bei den *Intervallanalyseverfahren* besteht das Problem der Festlegung der Meßpunkte an den EEG-Wellen, eine Grundlage der nachfolgenden Verarbeitung. Diese Punkte werden entweder bestimmt durch die Nulldurchgänge der EEG-Wellen, ausgehend von der Vorstellung, daß man durch den Kurvenverlauf eine gedachte Nullinie ziehen könnte oder, bei modernen Verfahren, der Verfahrensweise der Klinik folgend, durch die Abstände der Maxima oder Minima der EEG-Wellen. Ebenso werden dann die Amplitudenwerte von den Minima zu den Maxima der Einzelwellen gemessen.

Diese Verfahrensweise ist insoweit problematisch, als den Einzelwellen unterlagerte Wellen nicht registriert werden. Im Einzelfall bedeutet dies, daß z. B. eine Deltawelle nicht registriert wird, wohl aber die sie überlagernden Beta- oder Alphawellen. Jedem EEG-Praktiker ist bekannt, daß es Grenzfälle gibt, in denen die Entscheidung, ob das Potentialbild als eine oder zwei Wellen zu bewerten ist, der Auffassung des einzelnen überlassen wird.

Bei der *iterativen Analyse nach Schenk* ist das wesentlichste Anliegen, die unterlagerten langsamen Frequenzen schrittweise (iterativ) zu erfassen. Bei jeder Iteration werden schrittweise jeweils langsamere unterlagerte Aktivitäten erfaßt. Die Ergebnisse werden als Verteilungshäufigkeiten (Histogramme) über der Frequenz aufgetragen, vergleichbar mit den bekannten Strichlisten bei der manuellen Auswertung mit der Schablone. Die Zahl der notwendigen Iterationen gibt einen Anhalt zur Beurteilung der Komplexität der untersuchten EEG-Kurve. Abbildung 42 illustriert das Prinzip dieser Methode.

Musteranalyse des Elektroenzephalogramms

Ein von Niebeling und Mitarb. entwickeltes Verfahren

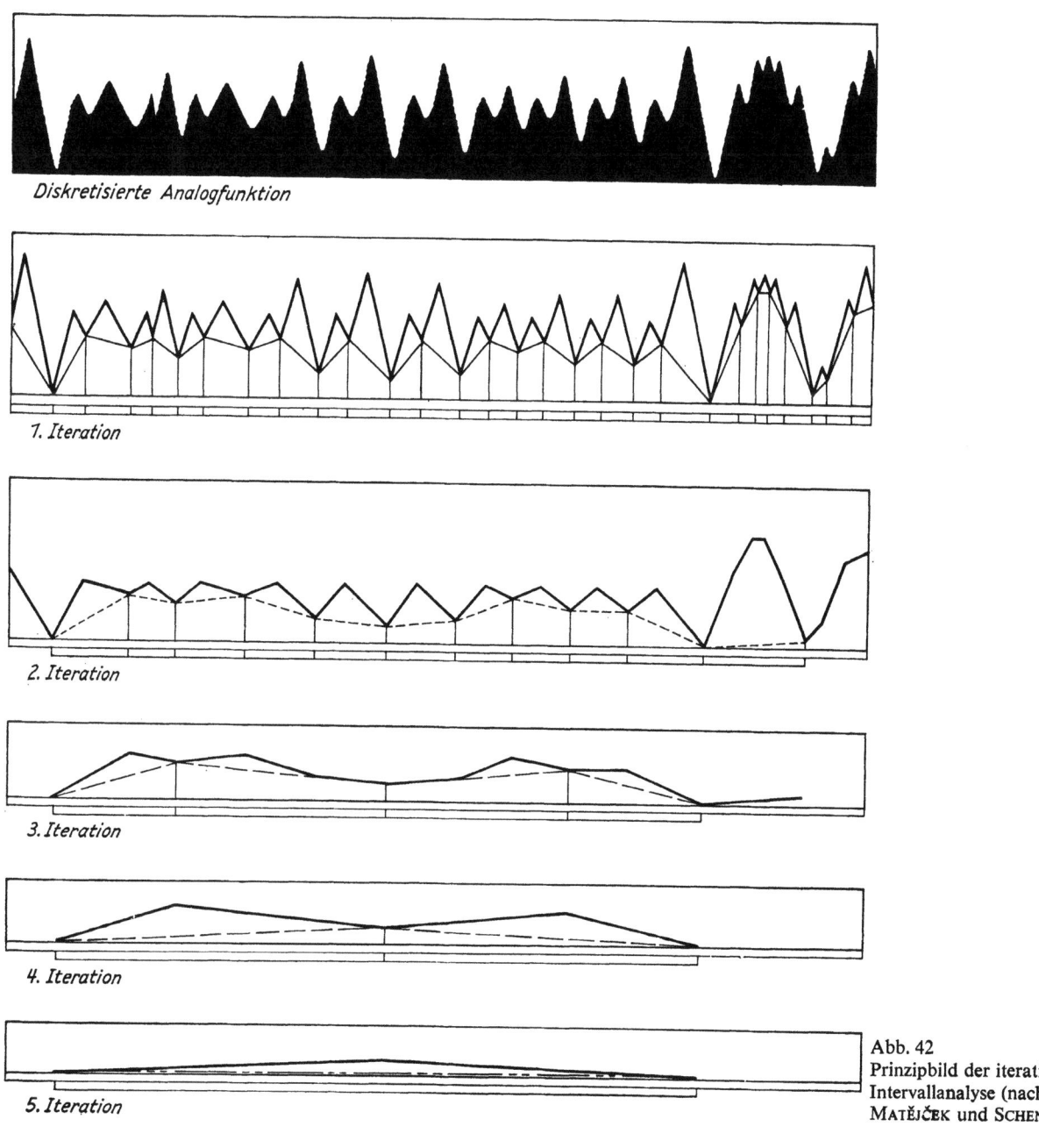

Abb. 42
Prinzipbild der iterativen Intervallanalyse (nach MATĚJČEK und SCHENK)

bzw. eine von ihnen entwickelte Konzeption *geht von den Erfordernissen der klinisch-diagnostischen Routine* und deren Erfahrung sowie von der Feststellung *aus*, daß sich dieses System in der klinischen Diagnostik bewährt hat. Dem System nachzuspüren ist das wesentliche Anliegen dieser Konzeption. Besonderes Interesse verdient dabei die *Umwandlung von Analyseergebnissen in nomenklatorische Begriffe*, die die Kopplungsglieder zwischen Kurvenbild und medizinischer Bewertung darstellen.

Den theoretischen Ausgangspunkt für das Analysekonzept bildet die These, daß das *Elektroenzephalogramm* in mathematischer Hinsicht nicht eine einfache Zufallsfunktion darstellt, wie dies als eine notwendige Bedingung für die Berechnung z. B. der Korrelations- und der Leistungsspektrumsfunktion anzunehmen ist, sondern eine Zufallsfunktion mit inneren Gesetzmäßigkeiten oder *Zufallsfunktion höherer Ordnung* ist. Es wurde eingangs erwähnt, daß man solche Abläufe als MARKOFFsche Prozesse bezeichnet.

Dies bedeutet in der realen Vorstellung, daß die Wellenfolgen des Eeg nicht gleichermaßen zufällig ablaufen wie ein Würfelspiel, sondern, daß es im EEG-Kurvenverlauf jedem EEG-Arzt bekannte, als Muster zu beschreibende Abläufe gibt, z. B. Alphawellenbilder, Betawellenbilder, Wellenparoxysmen und deren Kombinationen. Einem erfahrenen EEG-Arzt gelingt aufgrund der Kenntnis solcher Abläufe relativ genau die Vorhersage eines kommenden Wellenzuges, wenn ihm der vorangegangene bekannt ist, und dies um so sicherer, je länger das bekannte Kurvenstück ist.

Solche Zusammenhänge sind in der Natur durchaus häufig; die von uns Menschen benutzte Sprache bzw. die daraus resultierende Buchstabenfolge besitzt eine derartige Struktur. Für die Buchstabenkombinationen von jeweils zwei oder mehr Buchstaben (z. B. »e« und »i« oder »c« und »z«) läßt sich, durch Zusammenfassung aller möglichen Kombinationen der Buchstaben im Alphabet, eine für jede Sprache typische Wahrscheinlichkeitstabelle oder -matrix bilden.

Entsprechend der Zahl der kombinierten Buchstaben spricht man von einer MARKOFFschen Kette nullter, erster oder *n*-ter Ordnung. Wendet man das gleiche Prinzip auf das Elektroenzephalogramm hinsichtlich seiner Intervallstruktur an, erhält man für Ketten nullter Ordnung Verteilungshäufigkeiten über die Frequenz, wie sie von den Strichlisten her bekannt sind.

Das Realisierungsprinzip der Messung der MARKOFFschen Kette erster Ordnung zeigen die Abbildungen 43 und 44. In Abbildung 43 ist, ausgehend von einem schematisierten Wellenzug, die Bildung der Wellenkombinationen angedeutet. Die jeweils zweite Welle wird erste Welle der zeitlich nachfolgenden nächsten Gruppe.

Abbildung 44 deutet die Bildung der Matrix an. Auf der Ordinate wird die Frequenz der jeweils ersten Welle einer Gruppe vornotiert; auf der Abszisse geschieht das gleiche mit der jeweils zweiten Welle einer Gruppe. Mit dem zeitlichen Abschluß der Wellen-

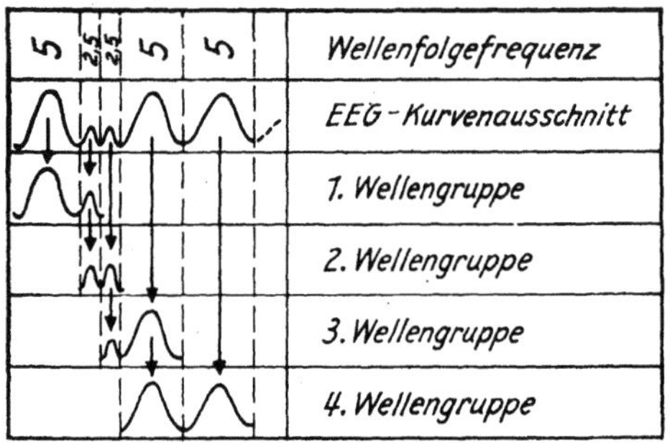

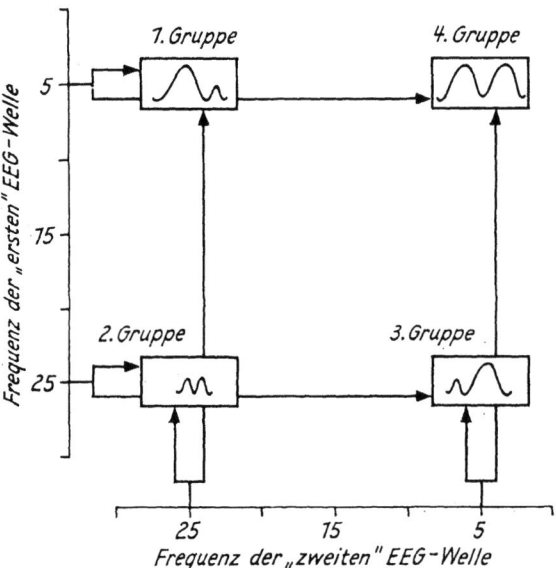

Abb. 43 Realisierungsprinzip der MARKOFF-Analyse 1. Ordnung, Bildung der Wellenkombinationen

Abb. 44 Realisierungsprinzip der MARKOFF-Analyse 1. Ordnung, Bildung der Matrix

gruppe wird das Auftreten dieser Gruppe in einen Zähler eingespeichert, der sich im Schnittpunkt der Koordinaten befindet (in Abb. 44 als Kästchen mit den dazugehörigen Wellenkombinationen dargestellt). Insgesamt müssen 30mal 30, also 900 Zähler vorhanden sein, die in der Praxis durch Speicherelemente der Rechenelektronik realisiert werden. Die Einordnung der vier Wellengruppen in die Matrix erfolgt genau nach diesem Schema, wobei sich durch mehrfaches Auftreten gleicher Kombinationen in einer EEG-Kurve regelrechte »Landschaften« ergeben können.

Die Abbildungen 45 und 46 zeigen Beispiele für derartige EEG-Analysen aus Hypoxieversuchen. Zur besseren Übersicht sind die Absolutzahlen durch Punkte unterschiedlicher Größe ersetzt worden.

Zusätzlich fand ein Transformationsprinzip der Ergebnisse Anwendung, das dem Kurveneindruck bei der visuellen Auswertung entgegenkommt. – Diese Umwandlung besteht darin, daß eine bestimmte Frequenz erst registriert wird, und nur als einmaliges Ereignis, wenn nach ihrem mehrmaligen Erscheinen eine Gesamtzeit von 1 sec. erreicht wird. Dies bedeutet also, daß bei 30/sec.-Wellen 30 Stück ermittelt werden müssen, ehe eine Registrierung erfolgt; andererseits genügen bei 2/sec.-Wellen zwei Stück, um die Zeit von 1 sec. zu erreichen.

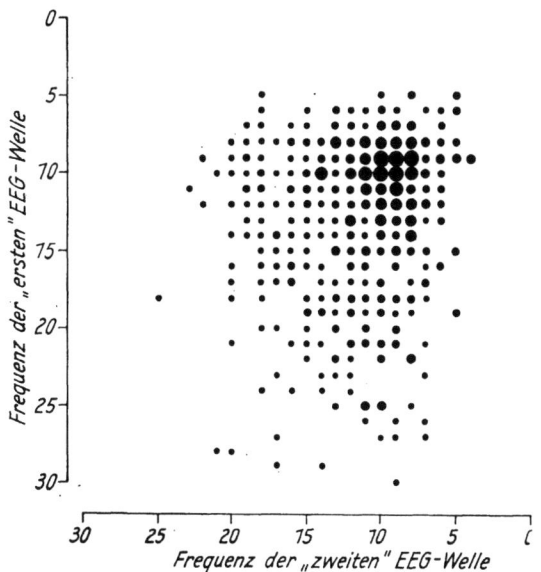

Abb. 45 Ergebnisse der MARKOFF-Analyse eines Elektroenzephalogramms während Hypoxie. 1. Minute des Aufenthalts in 500 m Höhe

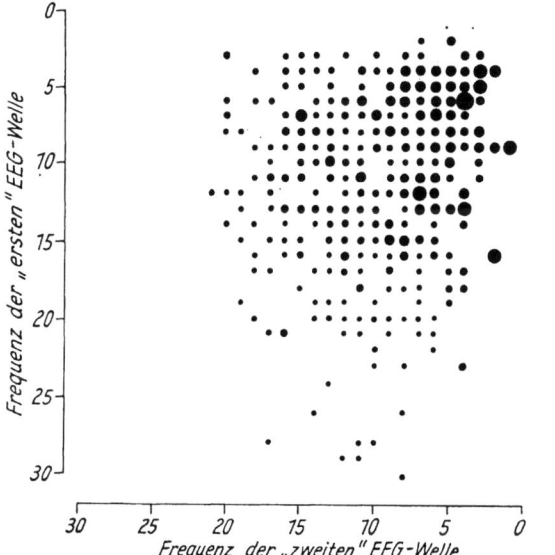

Abb. 46 MARKOFF-Analyse des gleichen Probanden wie in Abb. 45. 5. Minute des Aufenthalts in 7500 m Höhe

In Abbildung 45 zeigt das Elektroenzephalogramm noch eine massive Häufung im 10/sec.-Bereich. Nach längerem Aufenthalt in einer Höhe von 7500 m (Abb. 46) löst sich dieses Muster völlig auf zugunsten partieller Musterungen bei einer offensichtlichen Gesamtverlagerung des Potentialbildes in den Theta- und Deltabereich.

Gleichzeitig *gestatten diese Bilder einen Einblick in die innere Struktur der EEG-Kurve*, wie er anders bisher nicht möglich war. Sie zeigen, daß nicht nur bestimmte Frequenzen im Kurvenbild dominieren, sondern daß dies ganz unterschiedliche Wellenkombinationen sein können. *Solche Kombinationen sind für den visuellen Beobachter der EEG-Kurve nur schwer im stochastischen Ablauf des Wellenbildes zu identifizieren*, sofern sie nicht durch extreme Form und Frequenzgruppierung, wie z. B. bei spikes and waves, besonders auffallen.

Für Ketten höherer Ordnung wird es allerdings

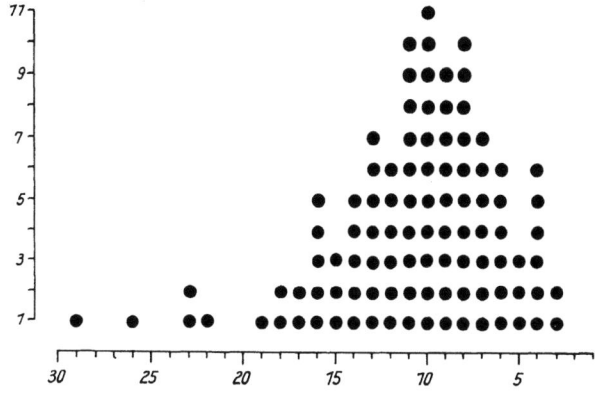

Frequenzen:

1 : 0,1	2 : 0,1	17 : 2,3	18 : 7,6
3 : 1,7	4 : 6,4	19 : 7,3	20 : 0,4
5 : 3,4	6 : 5,6	21 : 0,1	22 : 1,3
7 : 6,5	8 : 9,7	23 : 1,5	24 : 0,0
9 : 9,7	10 : 11,3	25 : 0,1	26 : 0,7
11 : 9,6	12 : 5,9	27 : 0,1	28 : 0,3
13 : 6,9	14 : 4,6	29 : 1,1	30 : 0,3
15 : 3,3	16 : 5,0		

Abb. 47 Intervallhistogramm und Tabellierung der Ausprägungen pro Frequenz, berechnet aus einer MARKOFF-Analyse 1. Ordnung

schwierig, durch die steigende Zahl von Kombinationen noch eine übersichtliche Darstellung zu finden.

Aus Ketten höherer Ordnung lassen sich durch mathematische Operationen Ketten niederer Ordnung erzeugen. Die Reduktion auf eine Kette nullter Ordnung hat im vorliegenden Fall Verteilungskurven zum Ergebnis. Abbildung 47 demonstriert eine derartige Verteilungskurve, die rechentechnisch aus einer Matrix erster Ordnung gewonnen wurde. Auf der Ordinate sind nicht die Absolutzahlen von Wellen aufgetragen, sondern die relativen Häufigkeiten des Auftretens der Wellen in Prozent, wodurch Messungen untereinander vergleichbar werden. Unter der Abbildung sind zur Ergänzung die genaueren Prozentwerte angegeben.

Bei den Bemühungen um eine Verbindung zur EEG-Nomenklatur kann zunächst festgestellt werden, daß die *Nomenklatur ein Beschreibungsvokabular ist*. Es ist interessant zu verfolgen, daß die *Nomenklatur sich bemüht, das Elektroenzephalogramm auf den verschiedenen Stufen der Markoffschen Ketten zu charakterisieren.*

So kann man eine ganze Reihe von Begriffen aus der MARKOFFschen Kette nullter Ordnung, also den Verteilungshäufigkeiten, ableiten, die zudem recht gut definiert sind.

Einer dieser Begriffe ist die Ausprägung. *Die Ausprägung ist definiert als die Dauer des Auftretens von Wellen eines Frequenzbandes* – also Alpha-, Beta-, Theta- oder Deltaband – *in Prozent der Meßstrecke.* Die Dauer ergibt sich aus der Summation der Längen der einzelnen Wellen, die in der Analyse automatisch nacheinander gemessen werden, so daß die Ausprägungen für die einzelnen Frequenzbänder direkt aus dem Analyseergebnis berechnet werden können.

Allerdings zeigt sich hier schon eine Schwierigkeit zwischen statistischer Betrachtungsweise und Nomenklatur, wenn es darum geht, die *Häufigkeitskurven* eindeutig zu charakterisieren, was *mit dem integrativen Begriff der Ausprägung nicht möglich* ist: Eine bestimmte Summe kann durch vielfache Variation der Summanden gebildet werden, jedoch ist der Rückschluß auf den Wert der Summanden nicht möglich.

Neben der obigen Bestimmung der Ausprägung ist gleichfalls eine *Bestimmung der Allgemeinveränderungen* möglich. Abbildung 48 verdeutlicht, daß die Allgemeinveränderungen dabei auf *zweierlei Weise zustande kommen können.* Die erste Art der Entstehung ergibt sich bei etwa gleichbleibendem Erwartungswert im Alphaband *durch zunehmende Streuung der Verteilungskurve,* die zweite Art *durch Gesamtverlagerung der Verteilungen in Richtung des Theta- und Deltabandes.*

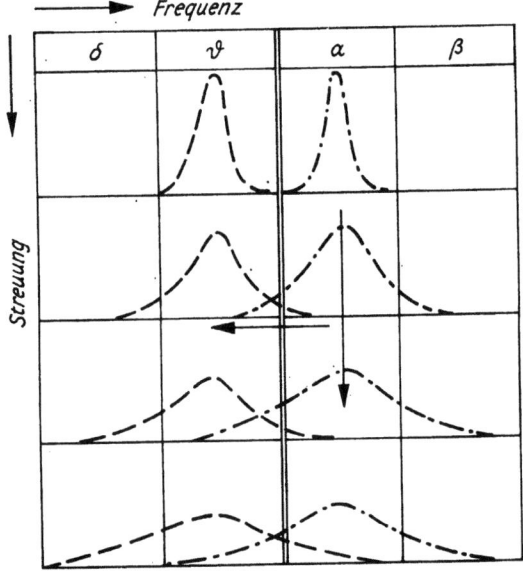

Abb. 48 Prinzip der qualitativen Differenzierung der Allgemeinveränderungen

Schwieriger wird es mit nomenklatorischen Begriffen für die Charakterisierung von MARKOFFSCHEN Ketten erster Ordnung. Solche Begriffe sind z. B. die Frequenzstabilität, die zeitliche Folge oder die Wellenparoxysmen, Begriffe, deren Definition verständlicherweise sehr allgemein ist, denn *Musterbeschreibungen sind formelmäßig nur schwer zu erfassen* und müssen dann oftmals durch einen Kontext begleitet werden.

Die *Ausdehnung derartiger Muster könnte mit dem Begriff der Frequenzstabilität* umschrieben werden. Je enger diese Muster liegen, der größte Teil der Aktivität also innerhalb eines zu bestimmenden Bereichs liegt, um so frequenzstabiler wäre das zugrunde liegende Kurvenbild zu beurteilen. Graduierungen sind damit leicht durchführbar.

Die *Musterung* selbst, und damit die Frequenzwechsel *innerhalb der Matrix,* können mit dem Begriff *der zeitlichen Folge* umschrieben werden. Entsprechend der Häufung der Frequenzwechsel wird die zeitliche Folge mehr oder weniger stabil sein. Andererseits wird die Stabilität von außen (Gruppierungen sehr unterschiedlicher Frequenzen) nach innen (Gruppierungen benachbarter Frequenzen) zunehmen.

Wenn dieser gesamte Komplex auch nicht als gelöst betrachtet werden kann, deutet diese Skizzierung schon an, daß diese etwas unübliche Betrachtungsweise der Analyseproblematik manche Schwierigkeiten der visuellen Auswertung erhellt, aber auch klarmacht, daß eine Patentlösung die den EEG-Arzt ersetzt, nicht in Sicht ist.

Qualitätsprobleme des Kurvenmaterials

Die gewohnte Ableittechnik ist abgestimmt auf die übliche visuell-manuelle Auswertungsmethodik. Die erreichbare Genauigkeit automatischer Auswertungsverfahren bedingt zusätzliche Überlegungen bezüglich der Qualität des registrierten Kurvenmaterials.

Wichtigste Voraussetzung für die Analyse ist der einwandfreie Ablauf der EEG-Ableitung. Sowohl *Artefakte als auch überlagerter Wechselstrom machen die Analyse unmöglich.* Die Sichtkontrolle der Kurve auf Wechselstrom ist bei den meisten Registriersystemen nicht einmal zureichend und muß durch kompliziertere Meßmethoden ergänzt werden, weil die Strichstärken der Schreibsysteme nur ein begrenztes Auflösungsvermögen zulassen.

Sowohl aus Gründen der Reduzierung der Wechselstromstörungen, aber auch wegen der notwendigen Reduzierung der Artefakte ist eine *Ableitungstechnik mit Klebeelektroden besonders angezeigt.* Nur so ist überhaupt ein on-line-Betrieb denkbar, d. h. zeitgleiche Registrierung und Analyse. Im allgemeinen wird der off-line-Betrieb vorzuziehen sein, also eine Zwischenspeicherung der EEG-Kurven auf Magnetband, die verbunden ist mit der Möglichkeit zur Löschung von Artefakten bzw. zur Analyse von ausgewählten Kurvenstücken.

Ebenso wie bei Telemetrieproblemen spielen bei der Analyse die *Fehler der Elektroenzephalographen,* wie z. B. Linearität des Verstärkungsgrades, Nullpunktabweichungen, Verstärkungsabweichungen und Filterbereiche, eine große Rolle.

Während in der üblichen EEG-Praxis solche Probleme von untergeordneter Bedeutung sind, muß man sich klarmachen, daß gerade der Vorteil der Genauigkeit der automatischen Analyse durch Objektivierung der Ergebnisse zum Vergleich und zur Differenzierung verlorengehen kann.

Was schließlich den ökonomischen, zeitlichen und personellen Aufwand betrifft, ist festzustellen, daß diese in jeder Hinsicht mehr Aufwand bedeuten. Solche Mehraufwendungen sind der Preis für qualitativ hochwertige Informationen.

3.7. Technischer Ablauf einer elektroenzephalographischen Untersuchung

H.-G. NIEBELING

Der technische Ablauf einer elektroenzephalographischen Untersuchung beginnt mit der ordnungsgemäßen Ausfüllung des Anmeldeformulares durch den überweisenden bzw. den das Eeg anfordernden Arzt.

Die Abbildungen 49 und 50 zeigen das von uns verwendete Anmeldeformular, wobei darauf hingewiesen sei, daß dasselbe möglichst in Schreibmaschinenschrift ausgefüllt wird, um evtl. Unleserlichkeiten zu vermeiden.

Des öfteren herrscht die Meinung vor, daß diese

Karl-Marx-Universität Leipzig
Neurochirurgische Klinik
Elektroenzephalographische Abteilung
Leipzig C 1, Johannisallee 34 / Ruf 34481 App. 356

Datum:

Bitte nur mit Schreibmaschine ausfüllen!

Anmeldung zur elektroenzephalographischen Untersuchung

Name: geb.:

Wohnort: Straße:

Ausführliche Vorgeschichte:

Bitte wenden!

IV/18/7 266/62

Abb. 49 Anmeldeformular für elektroenzephalographische Untersuchungen (Vorderseite)

Ausführlicher Befund:

Diagnose:

Besondere Fragestellung an das Eeg:

Welche Medikamente wurden bis jetzt gegeben? (Dauer und Dosierung):

Wurde bereits ein Eeg angefertigt? Wann?   wo?

Wird der Befund in einem Gutachten verwertet? Ja / nein.

Kostenträger und Az.:

Anfordernde Abteilung: stat. / amb.

Wir bitten zu beachten: Mindestens 4 Tage vor dem Untersuchungstermin alle Medikamente absetzen (außer bei Behandlungskontrollen von Epileptikern). Am Tage vor der Ableitung eine gründliche Kopfwäsche durchführen!

(Unterschrift und Stempel)

Abb. 50 Anmeldeformular für elektroenzephalographische Untersuchungen (Rückseite)

»formelle Angelegenheit« nur von untergeordneter Bedeutung sei; das Gegenteil ist jedoch der Fall. Eine ordnungsgemäße Ableitung sowie auch Auswertung des Eeg kann nur bei exakter Ausfüllung dieses Formulars gewährleistet werden.

Zunächst muß gesagt werden, daß *bei der Beurteilung des Eeg* die klinischen Belange deshalb mit herangezogen werden müssen, um eine *Korrelation zwischen den klinisch-anamnestischen Untersuchungsergebnissen und den im Eeg gefundenen Veränderungen* in der abschließenden Beurteilung zu erreichen. Außerdem muß der Kliniker dem auswertenden Arzt bekanntgeben, worauf er besonderen Wert legt, d. h., welche besondere Fragestellung er an das Eeg hat, und ferner ist es für den Untersuchungsablauf von sehr großer Wichtigkeit, ob es sich bei dem Patienten z. B. um eine Epilepsie handelt; hier müssen außer den üblichen Maßnahmen besondere Sicherheitsvorkehrungen für den Fall eines großen generalisierten Anfalls getroffen werden. Angaben über den Verlauf, die Seitenbetonung oder Generalisierung des klinisch gesicherten Anfallsleidens müssen in dem Anmeldeformular niedergelegt sein. – Allgemein kann gesagt werden, *daß der einweisende Arzt eine desto genauere Stellungnahme vom Auswerter erhält, je sorgfältiger und auch ausführlicher er das Anmeldeformular ausfüllt.*

Die *Personalien* des Patienten, die auf das Titelblatt der EEG-Kurve geschrieben werden, werden bei uns grundsätzlich *nochmals vom Patienten selbst erfragt*, da es nicht allzu selten vorkommt, daß z. B. der Name oder Geburtstag oder auch andere Angaben falsch auf dem Anmeldeformular notiert sind. Bei Verdacht auf einen zerebralen raumbeengenden Prozeß im Stirnhirnbereich müssen – wenn möglich – während der ganzen Untersuchung die Lider vom Patienten oder besser von einer Untersuchungsperson festgehalten werden, um Lidschlagartefakte und somit einen Stirnhirnprozeß vortäuschende Wellen sicher ausschließen zu können. Es genügt also nicht nur die Diagnose: Tumor cerebri, sondern nach Möglichkeit sollte auch die *klinisch vermutete Lokalisation* mit angegeben werden. Ferner ist auch der *Augenbefund*, besonders die Höhe der etwa vorhandenen *Stauungspapille, von großer Wichtigkeit*, da bei einer Stauungspapille von *über 2 Dioptrien* die *Provokation des Hirnpotentialbildes* in Form einer Hyperventilation (HV) besser *unterbleibt*. Ebenso müssen andere *Anzeichen von erhöhtem Schädelinnendruck* mitgeteilt werden, um – wie beim Vorhandensein einer Stauungspapille – die Provokation einer Hyperventilation zu unterlassen. Auch die *Höhe des Blutdrucks* muß in diesem Zusammenhang genannt werden, da bei einem ausgeprägten Hochdruck eine solche Provokation ebenfalls nicht durchgeführt werden sollte. Schließlich sei noch erwähnt, daß *jegliche Medikation vier Tage vor dem Untersuchungsbeginn abgesetzt* sein muß, um Verfälschungen des Kurvenbildes durch artefiziell-medikamentös hervorgerufene Veränderungen ausschließen zu können. Eine *Ausnahme* wird hier jedoch gemacht, wenn es sich um bereits medikamentös *eingestellte Epilepsiepatienten* handelt, da bei diesem Patientenkreis ein Absetzen von Medikamenten erfahrungsgemäß zu einer Anfallsprovokation bzw. -häufung führen kann; in solchen Fällen ist es jedoch besonders wichtig, die *genaue Dosierung und Dauer der Anwendung unter Angabe des Medikaments mitzuteilen*. Letztlich muß darauf geachtet werden, daß *am Abend vor der Untersuchung* eine *gründliche Kopfwäsche* durchgeführt wird und jegliches Einreiben von Haarölen und dergleichen unterbleibt, um Störeffekte, z. B. durch fettige Haare, ausschalten zu können.

Nach dem Studium eines unter Beachtung dieser Richtlinien ausgefüllten Anmeldeformulares kann die Untersuchung beginnen, wobei zunächst von der Technischen Assistentin das erste Kurvenblatt (Titelblatt) (Abb. 51) ausgefüllt werden muß.

Auf *zwei Dinge dieses Titelblatts* soll kurz *hingewiesen* werden.

Erstens: Die Frage, wann der Patient aufgestanden ist und ob er vor der Untersuchung besondere körperliche Arbeiten geleistet hat, soll in Verbindung mit dem Ableitungsbeginn über den Ermüdungsfaktor etwas aussagen. Muß z. B. ein Patient bereits 4 Uhr früh aufstehen, danach bis zur Bahnstation einen kilometerlangen Marsch absolvieren und hat er dann noch eine mehrstündige Bahnfahrt hinter sich zu bringen, so daß die Ableitung erst gegen Mittag oder sogar erst in den frühen Nachmittagsstunden ausgeführt werden kann, so ist ein anderes Hirnpotentialbild zu erwarten, als wenn derselbe Patient am Untersuchungsort wohnt und somit die geschilderten körperlichen Anstrengungen ein Minimum betragen. Nicht selten haben wir bei näherem Befragen auch feststellen müssen, daß gerade bei weit vom Untersuchungsort wohnenden Patienten vor einer langen Bahnfahrt noch schwere körperliche Arbeit, wie z. B. Holzhacken oder dergleichen, ausgeführt wurde. Es empfiehlt sich aus diesem Grunde, die Technische Assistentin immer wieder darauf hinzuweisen, daß in dieser Hinsicht eine genaue Befragung des Patienten durchgeführt wird. – Man kann selbstverständlich einwenden, daß ein erfahrener Untersucher sehr wohl Ermüdungskurven von echten pathologischen Kurven unterscheiden können muß. Man sollte aber den Wert der Kontrollmöglichkeit nicht unterschätzen, und außerdem treten sehr oft Zweifelsfälle auf, und schließlich sind die Angaben unerläßlich bei noch zu geringer Erfahrung.

Zweitens wäre auf den Stempel bei Besonderheiten hinzuweisen. Hier soll bei veränderter Ableitungstechnik durch Narben, Knochenlücken usw. der abgeänderte Elektrodensitz genau eingetragen werden, wobei die einzelnen Abstände der Elektroden in Zentimetern anzugeben sind. Besonders wichtig ist hierbei, den Abstand von dicht neben Knochenlücken befestigten Elektroden vom Knochenrand aus aufzuzeichnen, um dadurch dem Auswerter Angaben in die Hand zu geben, aus denen er eine spannungsmäßige Änderung der Hirnpotentiale ableiten kann. Außerdem Hinweis, daß bei diesen Spezialschaltungen vor allem die Symmetrie der Ableitungspunkte eingehalten

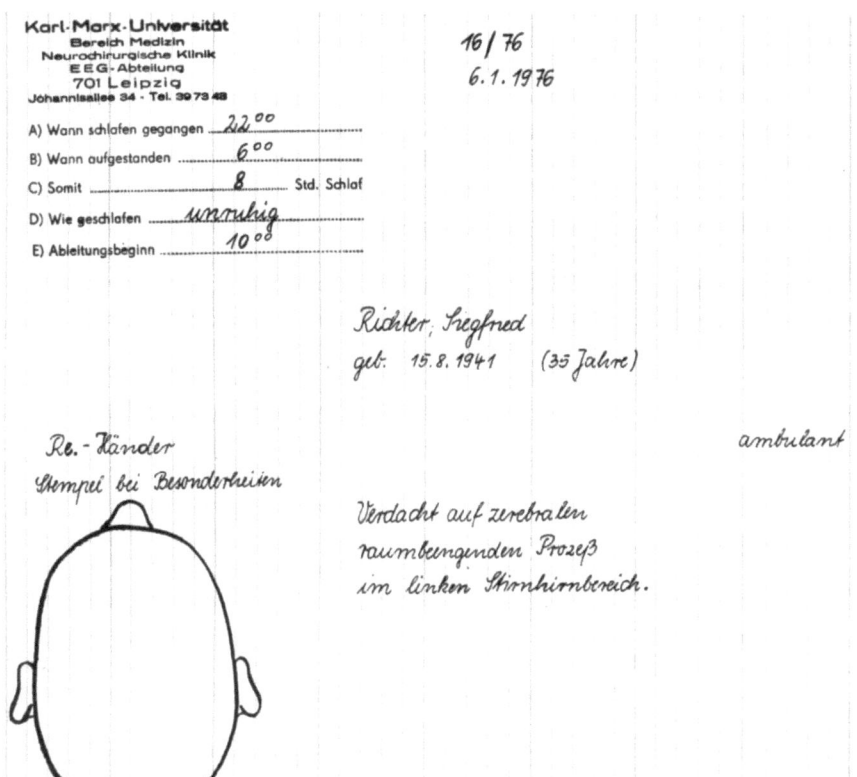

Abb. 51
Ordnungsgemäß ausgefülltes Titelblatt eines Eeg

werden muß, soll noch erwähnt werden, daß der Abstand der Elektroden bei Knochenlücken vom Knochenrand möglichst nicht weniger als 1 cm betragen soll.

Nach Ausfüllen des Kurvenblatts ist es zweckmäßig, die *physikalische Eichung* vorzunehmen. Dabei ist darauf zu achten, daß die Höhe des Eichimpulses gemäß den europäischen Gepflogenheiten bei einer Eichspannung von 50 μV 6 mm beträgt.

Anschließend soll das Gerät bereits für die *sogenannte biologische* Eichung geschaltet werden, d. h., daß alle Kanäle auf zwei wegen der größeren Spannungsintensität möglichst weit entfernte Ableitpunkte eingestellt werden. Durch Vorwegnahme dieser Maßnahme vor dem Aufsetzen der Kopfhaube kann eine gewisse, wenn auch geringe Zeitersparnis in bezug auf die Dauer des Tragens der Kopfhaube erreicht werden. Es sei hier eingeschaltet, daß selbstverständlich immer Wert darauf gelegt werden muß, die *Untersuchung so schnell wie möglich durchzuführen*, um eine weitgehende Schonung des Patienten zu ermöglichen, wobei es sich von selbst versteht, daß die Zeiteinsparung natürlich nicht auf Kosten der Genauigkeit und Sorgfalt der Untersuchung gehen darf. Durch eine gut organisierte Einteilung der Arbeit ist es möglich, ein Minimum an Zeit für die Untersuchung selbst aufzuwenden.

Es ist deshalb zweckmäßig, den Patienten *vor dem Aufsetzen der Elektrodenkopfhaube auf die Ungefährlichkeit der Methode* hinzuweisen, um eine größtmögliche Entspannung zu erreichen. Bei weiblichen Patienten hat es sich z. B. bewährt, das Aufsetzen der Kopfhaube mit den Tätigkeiten bei der Durchführung einer Dauerwelle zu vergleichen und auf die weit angenehmere Form einer elektroenzephalographischen Untersuchung hinzuweisen. Es gelingt dadurch zumeist, dem Patienten die Scheu vor der Untersuchung zu nehmen, was sich dann in einem störungsfreien Hirnpotentialbild widerspiegelt.

Weiterhin müssen *vor Aufsetzen der Haube* dem Patienten *das Festhalten der Lider* sowie auch *die Maßnahmen der Hyperventilation genau erklärt* und mit ihm *geprobt* werden.

Sind all diese Vorbereitungen getroffen, so wäre nunmehr die *Anlegung der Kopfhaube, das Einsetzen der Elektroden, das Kabeln der Verbindungsschnüre* vorzunehmen. Hierbei ist darauf zu achten, daß vor allem die mit Flanell oder Molton überzogenen Elektroden nicht zu feucht aufgesetzt werden. Durch ein nach dem Eintauchen in die physiologische Kochsalzlösung kurzes *einmaliges Abschwenken* wird dies vermieden.

Die Augen bleiben während der gesamten Untersuchung – mit Ausnahme der Prüfung des »BERGER-Effekts« – geschlossen, und die beste Ausgangslage dürfte die eines sogenannten »Dämmerstündchens am Spätnachmittag« sein.

Hat man den Patienten so vorbereitet, kann mit der eigentlichen Untersuchung begonnen werden.

Es erfolgt als erstes die *Überprüfung des ordnungsgemäßen Sitzes der Elektroden durch das Ohmmeter*. Hierauf kann nicht eindringlich genug hingewiesen werden. Kleinste Defekte in den Zuleitungskabeln oder auch eine gering verkantete Elektrode können mitunter den pathologischen Wellenbildern sehr ähnliche Potentiale vortäuschen. Diese Unsicherheit entfällt durch die Messung mit dem Ohmmeter.

Nunmehr ist die *biologische Eichung* vorzunehmen. Bei sehr niedriger Spannung empfiehlt es sich, den

BERGER-Effekt mehrere Male zu wiederholen, wodurch mitunter eine Spannungserhöhung erzielt werden kann. Nach Durchführung der biologischen Eichung werden die einzelnen Ableitungsarten I–VI geschrieben. Bei jeder Ableitungsart sollte zweckmäßigerweise eine sogenannte Kreuzung vorgenommen werden, d. h., daß jeweils zwei Verstärkerkanäle in ihren Schaltungen getauscht werden. Die Schaltung von Kanal 1 wird auf Kanal 2 übertragen, während die Schaltung von Kanal 2 auf Kanal 1 verlegt wird usw. (vgl. Abb. 24). Damit ist es möglich, Störungen von seiten der Verstärkerkanäle bzw. Elektroden sofort zu differenzieren, und außerdem dient die Kreuzung der Kanäle auch dazu, einseitige Spannungsminderungen sicher zu verifizieren.

Auf einige Dinge sei noch hingewiesen. Aus psychologischen Gründen hat es sich sehr bewährt, die *ersten 10 sec. der Ableitungsart I mit offenen Augen* zu schreiben. Weiterhin kann man dadurch bereits einen informatorischen Überblick über die jeweils vorhandene Stärke bzw. Durchschlagskraft von Lidschlägen erhalten.

Die *Länge der einzelnen Ableitungsarten* setzen wir im Minimum mit 60 sec. an, wobei 30 sec. ungekreuzt und 30 sec. gekreuzt geschrieben werden.

Bei *Patienten mit intrakraniellen raumbeengenden Prozessen* wird *vor dem Operationstag* prinzipiell *nochmals abgeleitet*. Hierbei werden zunächst die Ableitungsarten I–VI bzw. etwaige Sonderschaltungen geschrieben. Sodann werden die Ableitungspunkte so verändert, daß sie den bei der Operation evtl. entstehenden Defekt bereits mit einbeziehen, d. h., der Knochendefekt wird als gegeben vorausgesetzt. *Bei postoperativen Kontrollen* hat man *dadurch eine bedeutend bessere Vergleichsmöglichkeit*. Sollte die Art des Tumors genau feststehen und mit Sicherheit der Knochendeckel wieder eingesetzt werden, so kann man auf diese Spezialableitung verzichten, jedoch dürfte die Mehrarbeit sich auch hier lohnen, da unvorhergesehene Komplikationen evtl. doch das Weglassen der Knochenklappe notwendig machen.

Früher empfahlen wir, während des Schreibens der Ableitungsarten I–VI in jeder Ableitungsart mindestens einmal den »BERGER-Effekt«, d. h. das plötzliche Öffnen und Schließen der Augen, durchzuführen. Wir sind von dieser häufigen »Störung« des Patienten abgekommen, um die für die EEG-Ableitung notwendige entspannte Haltung des Patienten nicht ständig zu durchbrechen. Aus diesem Grunde wird bei uns der »BERGER-Effekt« am Anfang 1–2mal und dann nochmals am Ende der Ableitung durchgeführt. Beim »BERGER-Effekt« oder auch on-und-off-Effekt genannt, tritt eine Veränderung der Alphawellen ein. Beim Öffnen der Augen verschwinden diese Wellen, und es treten des öfteren an ihre Stelle die schnelleren, bedeutend spannungsniedrigeren Betawellen. Nach Schließen der Augen müssen die Alphawellen schlagartig wiederkehren. Die Dauer des BERGER-Effekts sollte etwa 3–4 sec. betragen.

Sind die Ableitungsarten I–VI geschrieben, so schließt sich an diese spontanen Ableitungsarten die *Provokationsmethode des Hirnpotentialbildes* an. *In der überwiegenden Anzahl* der Fälle wird sie mittels *Hyperventilation* durchgeführt. Als Ableitungsart wird diejenige gewählt, in der die deutlichsten Veränderungen des Hirnpotentialbildes nachweisbar sind. Liegt eine nicht sicher pathologisch veränderte Spontanaktivität vor, so leiten wir dann routinemäßig in der Ableitungsart III oder IV ab. Vor Durchführung der Provokationsmethode muß dem Patienten die Hyperventilation erklärt werden. Am geeignetsten hat sich in der Praxis der Vergleich mit dem Atemrhythmus nach schnellerem Laufen erwiesen. Es ist wichtig, daß der Patient bei dieser Steigerung der Atemfrequenz nicht die Kiefer- bzw. die Temporalmuskeln verkrampft, weshalb ein leichtes Öffnen des Mundes angeraten wird. Am besten ist es, dem Patienten lediglich zu sagen, daß er durch den offenen Mund schneller als normal (wie nach schnellem Laufen) ein- und ausatmet und dabei den Unterkiefer etwas hängen läßt. Auch diese Erklärungen werden am zweckmäßigsten – wie oben ausgeführt – bei Beginn der Untersuchung gegeben, um die Zeit der Untersuchung mit angelegter Kopfhaube so kurz wie möglich zu halten. Die Hyperventilation wird im allgemeinen über 3 min durchgeführt, wobei alle 30 sec. auf der Kurve die Zeit markiert wird. Das Abklingen der Provokationsmethode beobachtet man über 2 min. Auch hier wird die Zeit alle 30 sec. notiert; um dem Auswerter jedoch sofort anzuzeigen, in welchem Kurvenabschnitt er sich befindet, erfolgt die Zeitmarkierung in Klammern. Eine Verlängerung der Hyperventilation bis zu 5 min unter entsprechender Ausdehnung der Beobachtungszeit des Abklingens der Hyperventilation sollte nur in Ausnahmefällen angewendet werden.

Sehr wichtig zu beachten ist, daß der Patient *während der gesamten Hyperventilationszeit auch wirklich richtig tief ein- und ausatmet*; sehr oft kommt es bereits in der ersten Minute zum Nachlassen der Atemtiefe. Eine genaue Beobachtung durch die Technische Assistentin ist deshalb hier besonders wichtig.

Nach Durchführung der Provokationsmethode werden *nochmals* die *Elektrodenwiderstände mit dem Ohmmeter gemessen* und eine *Kontrolle der biologischen und physikalischen Eichung* durchgeführt. Dann ist die Untersuchung mit dem Absetzen der Kopfhaube beendet.

Zum Schluß sei noch auf einige kleine Dinge hingewiesen, die bei einer elektroenzephalographischen Untersuchung immer beachtet werden sollten.

1. Bei Verwendung eines Regeltransformators mit Handbedienung ist die Spannung genau und vor allem oft zu kontrollieren.

2. Vor Beginn der Untersuchung überzeuge man sich, ob das eingelegte Kohle- und Registrierpapier für die Dauer der Ableitung reicht.

3. Das Durchstreichen von mutmaßlichen Wackeleien oder anderen Artefakten im Kurvenbild ist bei uns grundsätzlich nicht gestattet. Als Hilfe für den Auswerter können kurze Bemerkungen, am besten in

Form von Abkürzungen, angebracht werden. Hierbei sollte man jedoch streng darauf achten, daß alle diese Eintragungen nicht so groß geschrieben werden, daß sie das Potentialbild überdecken. Am besten ist es, zwischen zwei Kurvenlinien, und zwar meistens den beiden oberen, die Vermerke anzubringen. Alle diese Eintragungen müssen mit Bleistift, nicht mit Kopierstift, erfolgen. Wir haben früher auf diese »Kleinigkeit« auch nicht geachtet, und sehr viele Kurven gingen uns dadurch für die Reproduktion bzw. Veröffentlichung verloren. Ein kleines A = Augen auf in Bleistift zwischen die beiden oberen Kurvenlinien geschrieben ist ohne Mühe herauszuradieren, jedoch nicht ein mit Tintenstift geschriebenes A über die ganze Seite.

4. Das Reinigen der Elektroden in destilliertem Wasser durch die Technische Assistentin sollte zum täglichen Arbeitsablauf gehören.

3.8. Probleme der Befunddokumentation

H.-G. TRZOPEK und H.-J. LAUX

3.8.1. Definition und Aufgabenstellung

Die Dokumentation medizinischer Untersuchungsbefunde (Befunddokumentation) stellt einen wichtigen Bestandteil der medizinischen Tätigkeit sowohl für das ärztliche als auch mittlere medizinische Personal dar. Die Befunddokumentation wird definiert als eine nach vorgegebenen Richtlinien auf Formularvordrucke, Schemata u. ä. durchgeführte Erfassung zum Zweck der Speicherung, Auswertung und Verarbeitung von Daten über den Gesundheitszustand des Patienten, die in Form medizinischer Befunde entweder durch unmittelbare Befragung und klinische Untersuchung oder mittelbar durch technische Verfahren (z. B. EEG) erhoben worden sind.

Die Befunddokumentation dient dazu, den Informationsbedarf der Stationen, Ambulanzen und Funktionsabteilungen der Gesundheitseinrichtungen für ärztliche Entscheidungen in Diagnostik, Therapie, Begutachtung und Metaphylaxe zu decken, medizinische Befunde zu Vergleichszwecken oder Nachnutzungen wissenschaftlicher Fragestellungen zu speichern, die diagnostische Ausbeute zu verbessern und Informationsverluste zu vermindern, die Auslastung der Funktionsabteilungen einschließlich der Bedarfsermittlung und der Planung der materiellen Sicherstellung zu optimieren, das medizinische Personal von Schreib-, Such-, Sortier- und Rechenarbeiten zu entlasten sowie Grundlagen für die wissenschaftliche Arbeit und Forschung durch statistische Aufbereitung der medizinischen Daten zu schaffen. Diese allgemeingültigen Aufgabenstellungen treffen in vollem Umfange auch für die EEG-Befunddokumentation zu.

3.8.2. Derzeitiger Stand (konventionelle EEG-Befunddokumentation)

Die derzeit in der Elektroenzephalographie übliche Befunddokumentation (konventionelle EEG-Befunddokumentation) beruht im wesentlichen auf verbalen Eintragungen in Vordrucken, Registern und Karteien, die z. T. handschriftlich vorgenommen werden. Das Einordnen und Heraussuchen der Dokumente erfolgt ebenfalls von Hand.

Der erste Dokumentationsbeleg, der für das Eeg ausgefüllt werden muß, ist die *EEG-Anmeldung*, auf deren Wichtigkeit und Rolle im Abschnitt 3.7. bereits ausführlich eingegangen wurde. Die Zuverlässigkeit der Eintragungen auf der EEG-Anmeldung unterliegt in der Praxis jedoch erheblichen Schwankungen. Diese werden sowohl durch eine Unterschätzung ihrer Bedeutung seitens der Ausfüllenden, die in der Regel keine EEG-Ärzte sind, als auch durch Ungenauigkeiten in der Schilderung der Patientenangaben zum Krankheitsgeschehen bedingt. Auf das, was der eine EEG-Untersuchung anmeldende Arzt beim Ausfüllen des Anmeldeformulars besonders zu berücksichtigen hat, wurde ebenfalls im Abschnitt 3.7. hingewiesen.

Zur richtigen Planung der Arbeit und der Dokumentationsaufgaben in der EEG-Abteilung hat sich die Verwendung eines *Vorbestellkalenders* als zweckmäßig erwiesen. Hier werden alle eingehenden EEG-Anmeldungen eingetragen und die Termine zur Einbestellung der Patienten festgelegt. Dazu stehen außerdem *Begleitzettel zur hirnelektrischen Untersuchung* zur Verfügung.

Die *Aufzeichnung der Hirnpotentialkurve* mittels Registriergerät auf Papier stellt eine direkte Dokumentation der von der Schädeloberfläche abgeleiteten Potentialschwankungen dar. Aus diesen Kurvenverläufen müssen vom Eeg-Auswerter die einzelnen Parameter des abgeleiteten Elektroenzephalogramms erkannt werden, um daraus diagnostische Aussagen treffen zu können. Dieses Erkennen der Parameter läßt sich heute bereits z. T. automatisch-maschinell durchführen. Der technische und ökonomische Aufwand ist gegenwärtig jedoch so erheblich, daß eine automatische Analyse der Hirnpotentialkurven für die alltägliche Praxis noch nicht einsetzbar ist. Die Auswertung der EEG-Kurven erfolgt deshalb noch überwiegend visumanuell mit Hilfe einer Meßschablone.

Das schriftliche Festhalten des in der EEG-Kurve beim Auswertvorgang durch den EEG-Arzt festgestellten Hirnpotentialsachverhalts erfolgt am zweckmäßigsten nach der im Abschnitt 8 angegebenen Verfahrensweise. Nach Beurteilung der Hirnpotentialkurve wird diese als wichtiges Originaldokument archiviert. Dabei ist zu fordern, daß die gelagerten Kurven gut zugänglich und vor schädigenden Umwelteinflüssen geschützt aufbewahrt werden. Die Frist der Aufbewahrung regelt sich nach den allgemein gültigen Rechtsvorschriften für das Aufbewahren von Krankenunterlagen. HANSEN und VETTERLEIN geben eine Frist von 10 Jahren als verbindlich an.

Der *hirnelektrische Befund* fixiert die Ergebnisse der Kurvenauswertung verbal zur Übermittlung der EEG-Informationen an den die EEG-Untersuchung anfordernden Kliniker. Dieser Befund wird in freier Form abgefaßt, so wie es im Abschnitt 8.3. näher beschrieben ist.

Das Original des EEG-Befundberichts wird an den Anforderer gesandt. Eine Durchschrift soll zu Vergleichszwecken der Originalkurve beigefügt und eine weitere in einer *Befundregistratur* (z. B. Aktenordner) abgeheftet werden, um bei Nachfragen einen raschen Zugriff zum gesuchten Befund zu ermöglichen. Des weiteren ist Wert auf das Anlegen einer mehrteiligen Kartei zu legen. Ein Teil davon, die *Befundkartei*, kann alphabetisch entweder jahrgangsweise oder fortlaufend zeitlich unbegrenzt angeordnet werden.

Das Führen eines *alphabetischen Registers* dient dem raschen Auffinden der Befunde und der zugehörigen Kurven bei Kontrollableitungen. Ein *fortlaufendes Register* ist für den Leistungsnachweis der EEG-Abteilung sowie für die Planung der Arbeit und materiellen Sicherstellung notwendig.

Betrachtet man den gesamten Dokumentationsaufwand, der bei den einzelnen Arbeitsschritten anfällt, so macht dieser einen erheblichen Anteil der gesamten EEG-Arbeit aus. Dabei gehört das meiste in den Tätigkeitsbereich der EEG-Assistentin und beansprucht mehrere Stunden ihrer täglichen Arbeitszeit neben der reinen Vorbereitung der Patienten für die EEG-Ableitung. Dieser Arbeitsaufwand ist bei der konventionellen Form der EEG-Befunddokumentation bis auf geringe Detailvarianten erforderlich, um einen geregelten Arbeitsablauf innerhalb der EEG-Abteilung einschließlich der Planung und des erbrachten Nachweises an Leistungen sowie der Archivierung der Kurven und Befunde zu gewährleisten. Wissenschaftliche Auswertungen, die im wesentlichen auf statistischen Erhebungen beruhen, sind damit nicht ohne weiteres oder nur mit erheblichem Mehraufwand möglich. Deshalb empfiehlt es sich, zusätzlich eine *EEG-Diagnosekartei* und eine *Kartei der klinischen Diagnosen* zu führen. Für Zwecke der Ausbildung und Demonstration hat sich außerdem das Anlegen einer *Liste besonderer Fälle oder Kurven* bewährt.

Diese Hilfsmittel erlauben es, eine gewisse Vorauswahl des Materials zu treffen, um damit die weitere statistische Bearbeitung zu erleichtern. Ein unmittelbarer Zugriff zu den einzelnen EEG-Daten ist aber nicht möglich. Sie müssen erst aus den verbalen Befunden herausgezogen, in die entsprechenden Datenträger (Dokumentationsbelege, Tabellen, graphische Darstellungen usw.) eingetragen und dann nach statistisch-mathematischen Verfahren bearbeitet werden, um eine fundierte wissenschaftliche Aussage zu ermöglichen.

3.8.3. Möglichkeiten der Verbesserung der konventionellen EEG-Befunddokumentation (statistische Hilfsmittel)

Bei der vorstehend beschriebenen Form der konventionellen EEG-Befunddokumentation (Abb. 52) machen sich durch die ausschließliche Verwendung verbaler Texte auf Formularen ein nicht beträcht-

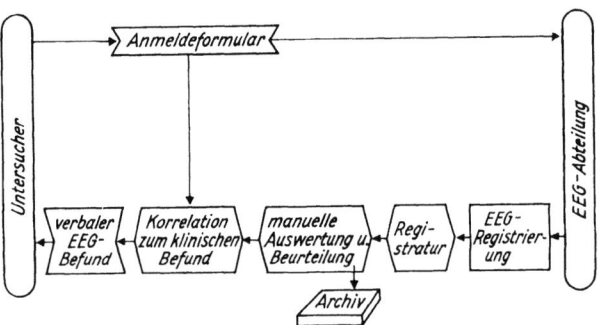

Abb. 52 Schematische Darstellung der konventionellen EEG-Befunddokumentation

licher, wenig effektiver Schreibaufwand und das Fehlen der Mögichkeit einer unmittelbaren statistischen Auswertung negativ bemerkbar. Diese Mängel führten zu mannigfaltigen Versuchen, durch Verwendung verarbeitungsoptimierter Datenträger die EEG-Befunddokumentation zu rationalisieren. Dabei sind zwei Gruppen zu unterscheiden, *nicht maschinenlesbare Datenträger*, die nur manuell ausgewertet werden können und zu denen als Hauptvertreter die Kerb-, Schlitz- und Sichtlochkarten gehören, und *maschinenlesbare Datenträger*, die eine maschinelle bzw. elektronische Datenverarbeitung (EDV) ermöglichen und zu denen vor allem Maschinenlochkarten, Lochstreifen und Markierungsleserbelege sowie die verschiedenen Ausführungen von Magnetspeichern (Magnetband, Magnetkarte, Magnetplatte u. ä.) zählen. Eine Sonderform bilden die sogenannten *Verbunddatenträger* (Maschinenlochkarte, Magnetkontokarte, maschinenlesbarer Klarschriftbeleg und verschiedene Ausführungen von Markierungsleserbelegen), bei denen neben einem maschinenlesbaren Teil ein visuell lesbarer Text oder eine entsprechende graphische Skizze (z. B. von der Schädeloberfläche) aufgetragen werden kann.

Die umfassende Bewältigung der ständig steigenden Informationsbedürfnisse, die Bemühungen um eine Entlastung des medizinischen Personals von Dokumentationsarbeiten und die gewachsenen Möglichkeiten der Nutzung des wissenschaftlich-technischen Fortschritts erfordern die Einführung der EDV in die EEG-Befunddokumentation. Das Endziel ist die Herstellung eines Systems der automatischen Informationsverarbeitung, bei dem von der Ableitung des Hirnpotentialbildes über die automatische Analyse und die EDV bis zum Listenausdruck eines verbalen EEG-Befundes einschließlich der Registraturarbeiten die manuelle Schreibarbeit auf ein Minimum reduziert

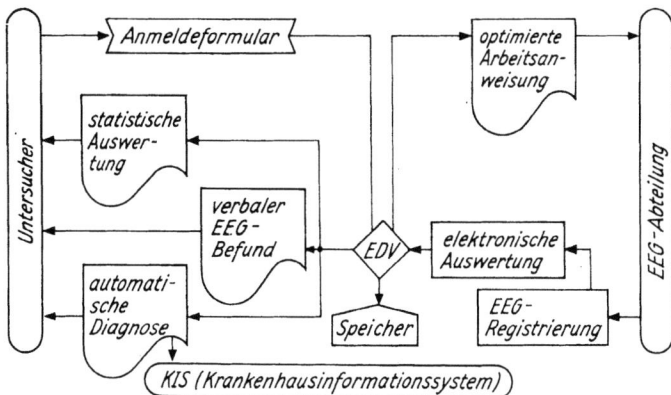

Abb. 53
Schematische Darstellung der EEG-Befunddokumentation im Rahmen eines integrierten automatischen Informationsverarbeitungssystems

Abb. 54 Schematische Darstellung der konventionellen EEG Befunddokumentation unter Einbeziehung von Datenträgern

wird (Abb. 53). Dafür sind aber noch eine Reihe von Voraussetzungen zu schaffen. Wir stehen erst am Anfang dieser Entwicklung. Deshalb kommt es besonders darauf an, die konventionelle EEG-Befunddokumentation durch die schrittweise Einführung der EDV zu ergänzen (Abb. 54).

Wenn auch die Entwicklung der Befunddokumentation damit eindeutig in die Richtung der EDV tendiert, so behalten doch nichtmaschinenlesbare Datenträger für die nächste Zukunft noch ihre Berechtigung. Das trifft nicht nur für den Zeitraum bis zur Einführung eines integrierten automatischen Informationssystems in den Gesundheitseinrichtungen zu, sondern darüber hinaus auch für die Bearbeitung spezieller und zeitlich begrenzter wissenschaftlicher Fragestellungen, bei denen sich der Aufwand für einen EDV-Einsatz nicht lohnen würde. Um einen Überblick über die z. Z. gebräuchlichen Verfahren zu gewinnen, sollen nachfolgend deren wesentliche Charakteristika sowie ihre Vor- und Nachteile abgehandelt werden.

Die *Kerblochkarte* (Abb. 55) stellt einen Datenträger

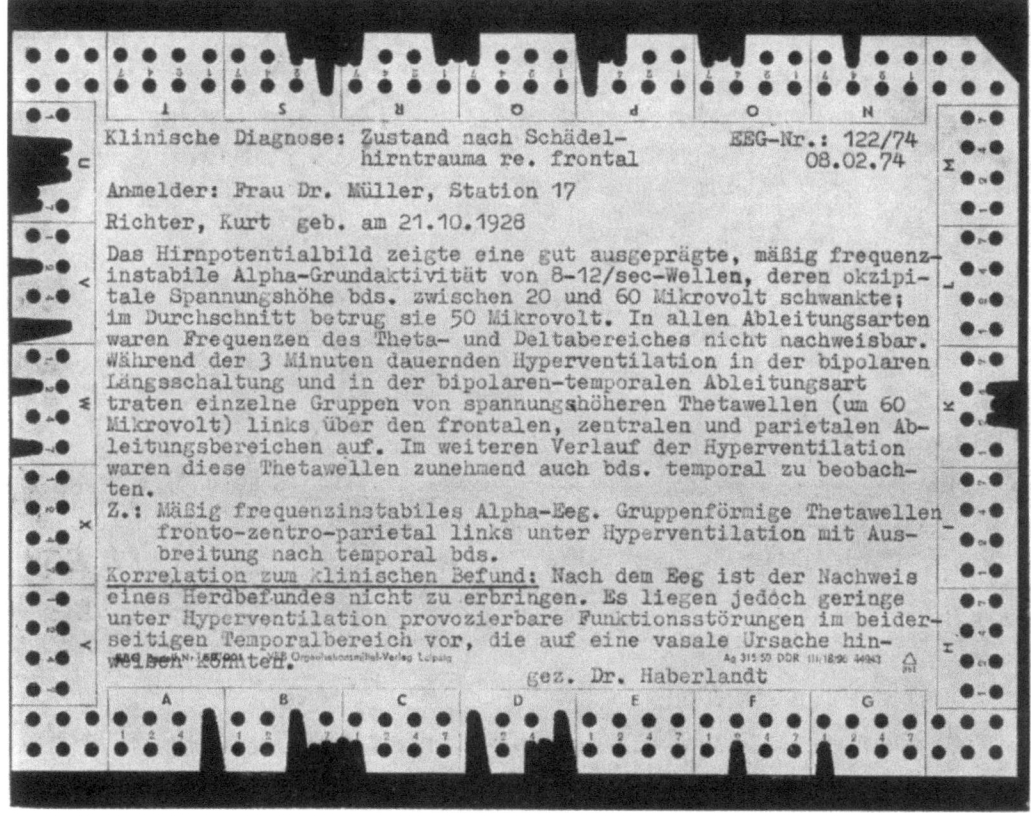

Abb. 55
Kerblochkarte mit dem Text eines EEG-Befundberichts (Originalformat A 5)

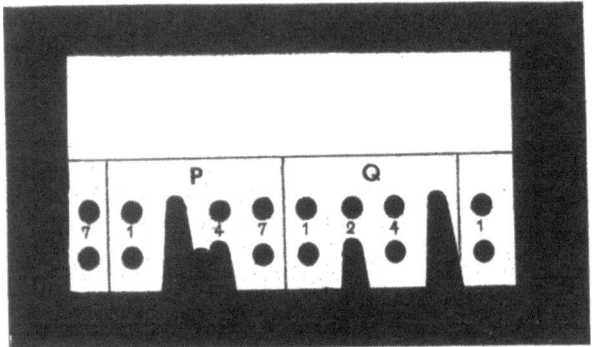

Abb. 56 Beispiel einer Kerbung auf einer Lochkarte nach einem Schlüssel

dar, bei dem am Rand einer Karte angebrachte Lochungen bestimmten Daten zugeordnet sind. Durch Herausstanzen der Stege wird die Markierung vorgenommen. Diese Markierungen müssen nach einem vorher festgelegten und vereinbarten Schlüssel (Abb. 56) erfolgen. Der Innenraum der Karten ist frei und kann sowohl zur Aufnahme der verbalen Angaben als auch des Schlüssels oder von beidem dienen. Jeder Patient oder jede EEG-Kurve erhält eine Karte. Das System ist also *patientenorientiert*. Die *Vorteile* dieser Technik sind darin zu sehen, daß die Karten durch den freien Innenraum zur verbalen Befunddokumentation benutzt werden können und die Sortierung einfach und ohne besondere Hilfsmittel außer einer Stahlnadel möglich ist. Die *Nachteile* bestehen in einem großen Zeitaufwand bei der Verschlüsselung und Sortierung sowie einem relativ umfangreichen Platzbedarf, da je Fall eine solche Karte aus Karton angelegt werden muß.

Außerdem ist der Anschluß an eine maschinelle Datenverarbeitungsanlage nicht möglich.

Die *Sichtlochkarte* ist im Gegensatz zur Kerblochkarte nicht patienten-, sondern *merkmalsorientiert*. Nicht jeder Patient, sondern jedes Merkmal erhält eine Karte zugeordnet. Die Sichtlochkarte weist eine Anzahl von kleinen Lochungsfeldern auf, die fortlaufend numeriert sind. Jedes Feld bedeutet die laufende Nummer eines Patienten oder einer EEG-Kurve (Abb. 57). Trifft das Merkmal, dem die Sichtlochkarte gilt, für einen Patienten zu, so wird die entsprechende Stelle mit einem Loch versehen. Hält man dann die Karte gegen eine Lichtquelle, so scheinen alle diejenigen Patientenziffern durch, die das Merkmal aufweisen und deshalb ausgestanzt sind. Bei einer Kombination verschiedener Merkmale werden die entsprechenden Karten einfach hintereinander gelegt, so daß nur die Felder zu sehen sind, bei denen alle ausgewählten vorhandenen Merkmale zusammentreffen. Die *Vorteile* dieses Systems gegenüber der Kerblochkarte bestehen darin, daß ein Schlüssel entfällt und statt dessen nur eine Merkmalsliste erforderlich ist, wenig Raum benötigt wird und die Kartei variabel aufgebaut werden kann, da sich jederzeit Karten mit neuen oder neu unterteilten Merkmalen hinzufügen lassen. An *Nachteilen* machen sich ein erheblicher zeitlicher Aufwand für das Ablochen, das Fehlen eines Raumes für verbale Aufzeichnungen und die nicht gegebene Möglichkeit zur maschinellen Datenverarbeitung bzw. zum Anschluß an die EDV bemerkbar.

Die *Maschinenlochkarte* (Abb. 58) und der *Loch-*

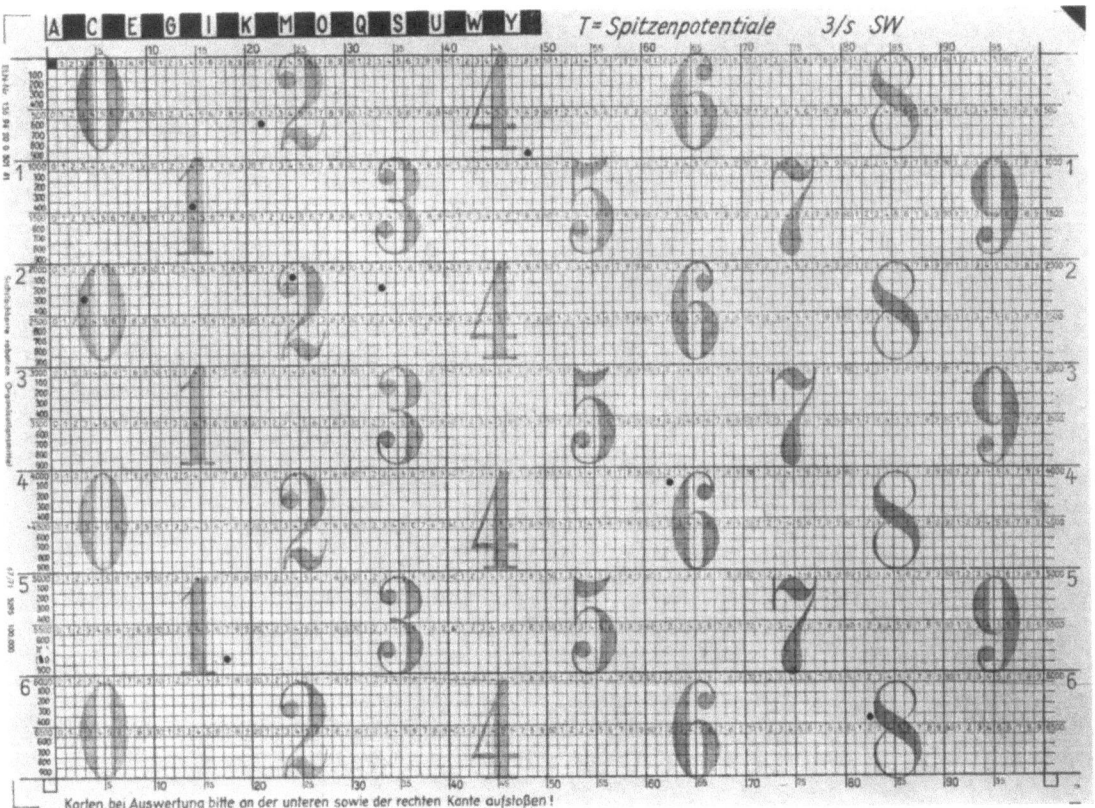

Abb. 57 Sichtlochkarte mit Lochung einer Patientennummer nach DAUTE und KLUST (Originalformat A 4)

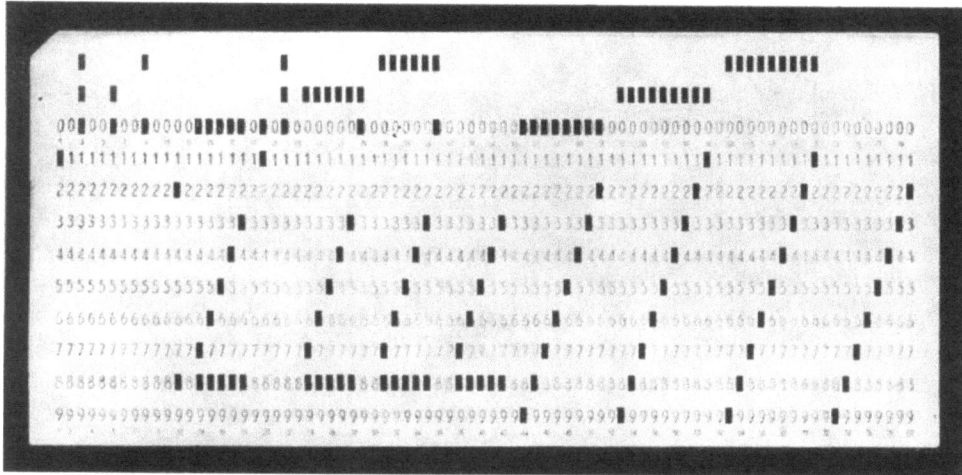

Abb. 58
Genormte Maschinenlochkarte nach TGL 14447 für EDV-Anlagen (Originalformat 187,3 mm × 82,55 mm, 0,17 mm Kartonstärke)

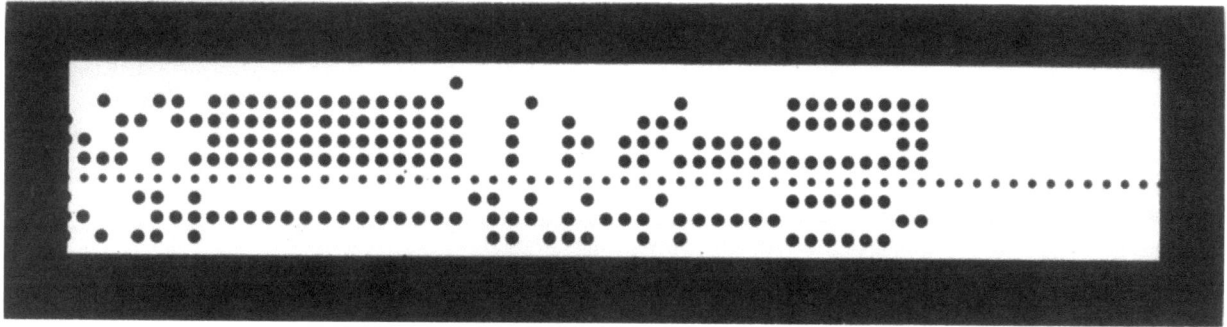

Abb. 59 Maschinenlochstreifen (8kanalig) für EDV-Anlagen

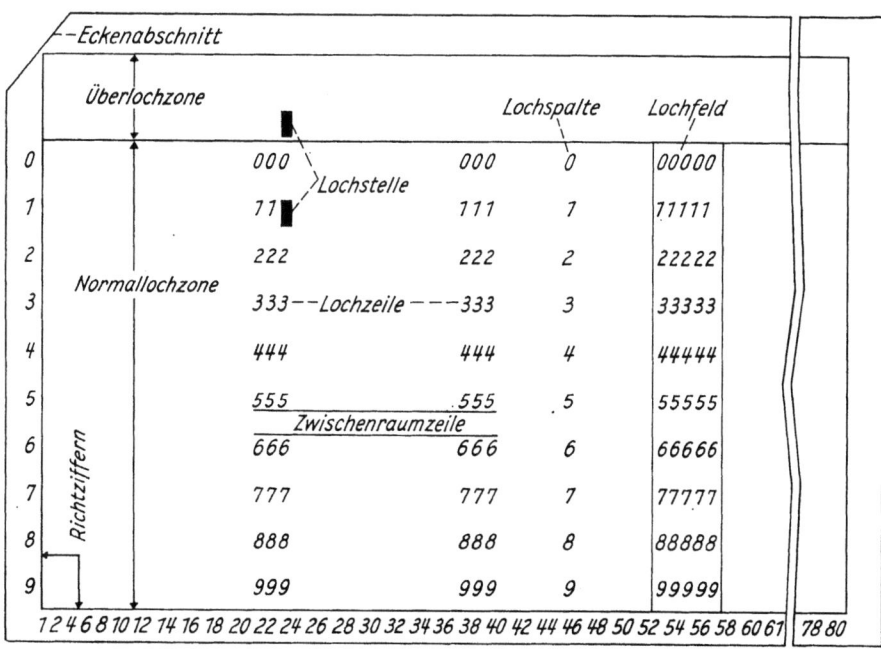

Abb. 60
Beispiel einer Felderfestlegung und Felderanordnung auf einer genormten Maschinenlochkarte zur Aufnahme der Lochkartenbegriffe

streifen (Abb. 59) enthalten die Daten ebenfalls in Form von Lochungen. Über technische Abtastsysteme können dadurch mechanische oder elektronische Relais geschaltet werden, die ihrerseits Impulse auslösen und entsprechende Datenverarbeitungsprozesse steuern. Das Ablochen der Maschinenlochkarten erfolgt in der Regel in der Lochstation eines Rechenzentrums. Als Vorlage dienen Datenträger in Form von Ablochbelegen. Zur Erleichterung der Tätigkeit des Ablochens sind die Belege in ihrer inhaltlichen Anordnung so zu gestalten, daß sie die vereinheitlichten Lochkartenbegriffe mit berücksichtigen (Abb. 60). Dazu gehören in der Hauptsache bei der genormten Maschinenlochkarte die *Felderfestlegung* für die einzelnen Datenarten (z. B. Ordnungs-, Hinweis- und Auswertungsdaten) sowie die *Felderanordnung*. Damit wird die Erarbeitung EDV-gerechter Formulare für die EEG-Untersuchung zu einer entscheidenden Voraussetzung bei der Einführung der maschinellen oder elektronischen Datenverarbeitung in die EEG-Befunddokumentation.

Da es sich bei den EEG-Parametern überwiegend

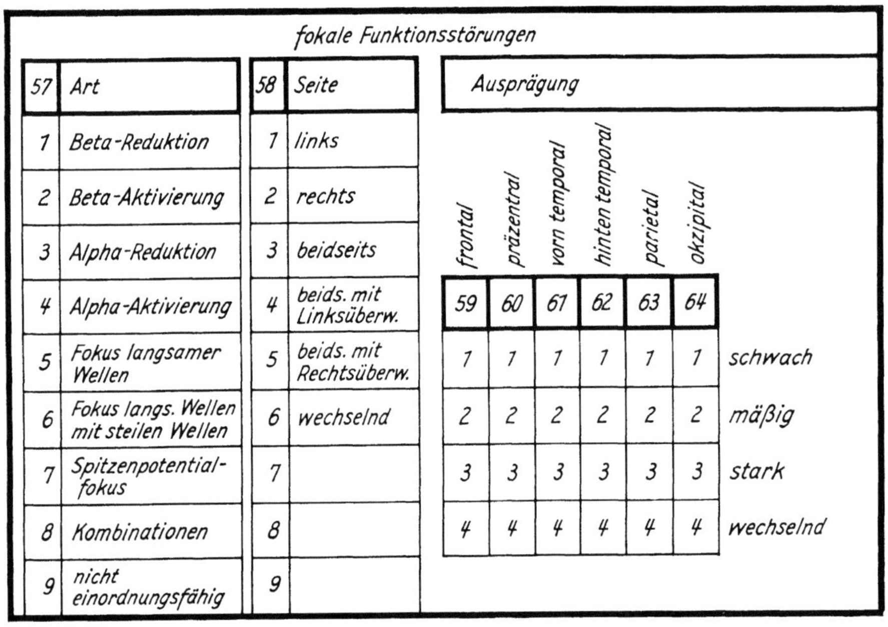
fokale Funktionsstörungen
57 Art
58 Seite
Ausprägung
1 Beta-Reduktion
2 Beta-Aktivierung
3 Alpha-Reduktion
4 Alpha-Aktivierung
5 Fokus langsamer Wellen
6 Fokus langs. Wellen mit steilen Wellen
7 Spitzenpotentialfokus
8 Kombinationen
9 nicht einordnungsfähig
1 links
2 rechts
3 beidseits
4 beids. mit Linksüberw.
5 beids. mit Rechtsüberw.
6 wechselnd
7
8
9
frontal
präzentral
vorn temporal
hinten temporal
parietal
okzipital
59 60 61 62 63 64
1 1 1 1 1 1 schwach
2 2 2 2 2 2 mäßig
3 3 3 3 3 3 stark
4 4 4 4 4 4 wechselnd

Abb. 61
Ausschnitte eines Datenfeldes mit anzukreuzenden Positionen auf einem EDV-gerechten Ablochbeleg für EEG-Befunde zur Ablochung auf Maschinenlochkarten

um nichtnumerische Daten handelt, ist zunächst deren datenverarbeitungstechnische Aufbereitung unter Zuhilfenahme numerischer Schlüsselsysteme erforderlich. Anhand des verwendeten Schlüssels werden alle erfaßbaren Daten auf einem Ablochbeleg eingetragen (Abb. 61). Dieser Ablochbeleg kann mit dem verbalen Befund oder einzelnen nomenklatorischen EEG-Begriffen kombiniert sein, so daß die jeweiligen Lochspaltenstellen direkt auf dem Formular erscheinen. Als günstig hat sich die getrennte Anordnung der gekennzeichneten Daten auf einem abtrennbaren Formularteil (z. B. als Randstreifen oder Duplikat) erwiesen, der zur Ablochung ins Rechenzentrum geschickt werden kann, während das Original oder die Kopie in der EEG-Abteilung verbleibt.

Bei Verwendung von Lochstreifen ist der Datenaufbau einfacher, weil jede Lochposition auf dem Streifen einem Zeichen (Buchstabe, Ziffer, Satzzeichen oder Steuerbefehl) entspricht und somit fortlaufende Texte auf dem Datenträger aufgebracht werden können (Abb. 62). Während man fehlerhafte Maschinenloch-

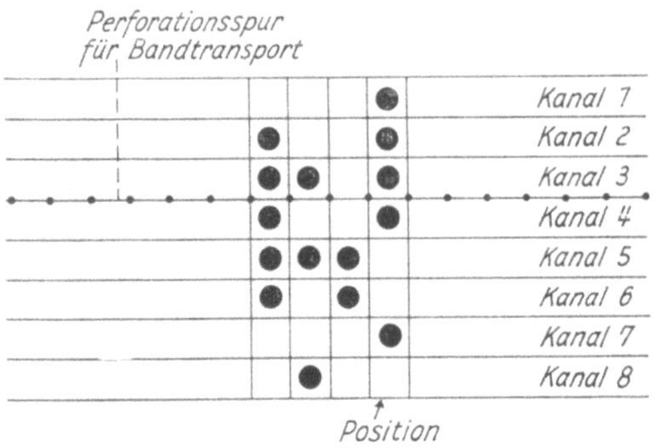
Perforationsspur für Bandtransport
Kanal 1
Kanal 2
Kanal 3
Kanal 4
Kanal 5
Kanal 6
Kanal 7
Kanal 8
Position

Abb. 62 Zeichenaufbau auf einem 8kanaligen Maschinenlochstreifen

karten bei Korrekturen auswechseln kann, muß bei der Verwendung von Lochstreifen für diesen Zweck zusätzlich ein Korrekturstreifen angefertigt werden. Der Lochstreifen bietet den Vorteil, daß sein Inhalt auf einem Schreibautomaten beliebig oft direkt als Text ausgeschrieben oder dupliziert werden kann.

Nach der Speicherung der Daten auf maschinenlesbaren Datenträgern schließen sich die weiteren EDV-Bearbeitungsstufen an. Sie können von einfachen Sortierauswertungen bis zu komplizierten Prozeßberechnungen reichen. Gleichzeitig fällt Material für eine Datenbank an, das bereits EDV-gerecht aufbereitet zur unmittelbaren Weiterverarbeitung zur Verfügung steht.

Noch vorteilhafter als Maschinenlochkarte oder Lochstreifen ist der Einsatz der Markierungslesertechnik für die Befunddokumentation. Die entsprechenden Lesegeräte arbeiten nach fotoelektrischem Prinzip. Als *Markierungsbeleg* dient eine Karte mit aufgedruckten Feldern, die beim Durchlauf durch das Lesegerät systematisch optisch abgerastert werden. Der Beleg ist als Vordruck so gestaltet, daß alle EEG-Begriffe auf ihm enthalten sind. Nach Sichtung der Kurve braucht der Auswerter nur die Felder der zutreffenden Merkmale zu schwärzen. Beim Durchlauf des Belegs durch das Lesegerät reagiert der Markierungsleser auf geschwärzte Felder mit einem entsprechenden Impuls, der zur weiteren elektronischen Verarbeitung genutzt wird. Eine Verschlüsselung im Sinne des Ablochbelegs für Lochkarten entfällt damit. Der Markierungsleserbeleg ist außerdem als Verbunddatenträger sowohl verbal-visuell als auch maschinenlesbar. Er wird zur Abtastung durch das Lesegerät nur einmal benötigt und kann anschließend als Befundbericht an den Anmelder der EEG-Untersuchung gesandt werden. Damit wird auch das Diktat des EEG-Befundberichts hinfällig.

Man kann den EEG-Befund sogar noch instruktiver als den konventionellen Bericht gestalten, da sich die Markierungen als Schema so anordnen lassen, daß beispielsweise ein Herdbefund direkt visuell in der Skizze erkennbar einzuzeichnen geht (Abb. 63). Das besitzt für Vergleichsuntersuchungen und Kontrollableitungen erhebliche Vorteile.

Im Zuge der Weiterentwicklung der Datenerfassungs-

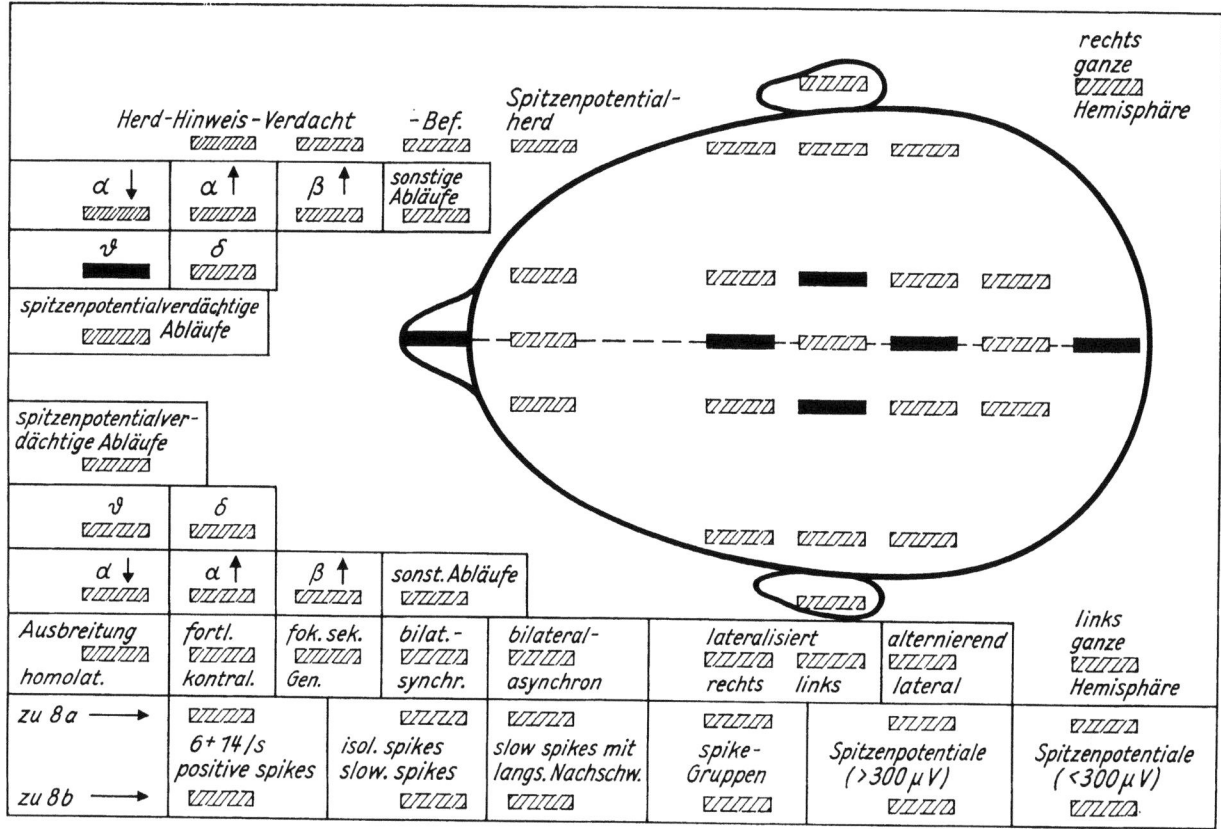

Abb. 63   Ausschnitt aus einem Markierungsleserbeleg zur Markierung von Herdbefunden (nach OBERHOFER)

technik sind bereits visuell und maschinell lesbare *Klarschriftbelege* unter Verwendung standardisierter stilisierter Schriftzeichen (Abb. 64) zur Anwendung gelangt. Sie haben sich aber noch nicht in größerem Umfang in der Medizin durchgesetzt.

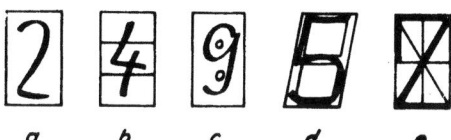

Abb. 64   Verschiedene Formen stilisierter manuell eintragbarer Schriftzeichen für Klarschriftbelegleser

3.8.4. Entwicklungstendenzen

Die Erschließung der EEG-Befunddokumentation für die EDV ist nur dann effektiv, wenn eine möglichst große Zahl von Daten erfaßbar wird. Durch eine weitgehende Übereinstimmung möglichst vieler praktisch tätiger EEG-Abteilungen bezüglich des Ableitungsmodus, der Auswertung der Hirnpotentialbilder, der verwendeten Nomenklatur, der Orientierung nach Leistungseinheiten und überhaupt der gesamten Arbeitsorganisation einschließlich der Verwendung von EDV-gerechten Einrichtungsnummern, einheitlichen Vordrucken für die EEG-Anmeldung und den EEG-Befund bieten sich sehr gute Voraussetzungen an, ein umfangreiches und vor allem nach einheitlichen Kriterien gewonnenes EEG-Material sammeln und verwerten zu können.

Die Einführung der EDV hat sich einerseits an den modernsten Verfahren zu orientieren, andererseits aber auch die realen personellen und ökonomischen Voraussetzungen zu beachten. Von einer entsprechenden Analyse ausgehend ist einzuschätzen, daß z. Z. nur die Maschinenlochkarten- bzw. Lochstreifentechnik für den Einsatz in Frage kommen. Erste Voraussetzung ihrer Anwendung ist die bei uns gegenwärtig im Gange befindliche Erarbeitung und demnächst beabsichtigte umfangreichere Einführung *EDV-gerechter Befundformulare* für die klinisch tätigen EEG-Abteilungen nach wissenschaftlichen Dokumentationskriterien. Somit wird die maschinenlesbare Erfassung der einzelnen EEG-Befunde in größerem Rahmen ermöglicht.

Die EEG-Anmeldung stellt bezüglich der Reliabilität der Daten nach wie vor den schwächsten Punkt in der EEG-Arbeit dar.

Dies beruht zum größten Teil auf mangelnder Information seitens der die EEG-Untersuchung anmeldenden Ärzte. Deshalb ist es notwendig, ein *neues EEG-Anmeldeformular* mit einer ausführlicheren Fragestellung zu entwickeln.

Das Formular für den verbalen EEG-Befund kann im wesentlichen mit geringfügigen Veränderungen und Verbesserungen in alter Form in der äußeren Gestaltung und Vergrößerung des Formats auf A 4 bestehenbleiben. Es erhält aber zusätzlich einen Teil mit Feldern zur Aufnahme verschlüsselter Angaben, in denen, für die Lochstation des Rechenzentrums bestimmt, die zutreffenden nomenklatorischen EEG-Begriffe des jeweiligen Befundes anzukreuzen sind.

Zur Nutzung der EDV-gerecht gespeicherten EEG-Befunde bieten sich organisatorisch drei Möglichkeiten an. *Erstens* bildet eine kontinuierliche statistische Auswertung nach einem festen Programm eine gute Grundlage. Die Ergebnisse können in regelmäßigen Zeitabständen den EEG-Abteilungen zur Verfügung gestellt werden. *Zweitens* wird die Bearbeitung umfassender wissenschaftlicher Fragestellungen über größere Zeiträume anhand des Gesamtmaterials mit dem Ziel ermöglicht, zur Klärung prinzipieller Probleme einen Beitrag zu leisten. Dies erfordert eine gezielte wissenschaftliche Fragestellung. *Drittens* sind Möglichkeiten einer zeitlich und inhaltlich begrenzten Berechnung wissenschaftlicher Untersuchungen seitens einzelner Einrichtungen auf der Basis des Gesamtmaterials nutzbar.

Für die Rückmeldung der im Rechenzentrum verarbeiteten Daten und der dabei gewonnenen Resultate an die jeweiligen EEG-Abteilungen ist ein zeitlicher Turnus genau festzulegen. Er richtet sich nach der Aktualität des Informationsbedarfs. Statistische Informationen über erbrachte Leistungen, über die Zusammensetzung des Krankenguts oder das Einzugsgebiet der Patienten bedürfen einer wesentlich selteneren und gestrafften Rückmeldung, etwa in halbjährlichen oder quartalsmäßigen Abständen. Auch ist dabei zu berücksichtigen, daß das Informationsbedürfnis der einzelnen EEG-Abteilungen im wesentlichen selektiv auf die eigene Einrichtung orientiert bleiben dürfte.

Aktuelle Einzelbefunde von Patienten sollten hingegen so rasch wie möglich, am besten noch am gleichen oder folgenden Tage der EEG-Ableitung an die untersuchende Einrichtung rückübermittelt werden können. Hier werden sich bezüglich der Arbeitsweise der einzelnen EEG-Abteilungen und der beteiligten Rechenzentren noch eine Reihe zu lösender organisatorischer Probleme ergeben.

Eine weitere Frage ist psychologischer Natur. Jede sich an der EDV-gerechten Erfassung der EEG-Befunde beteiligende Einrichtung sollte unbedingt als Gegenleistung den Anreiz erhalten, für ihre eigenen speziellen wissenschaftlichen und planungsorganisatorischen Fragestellungen das vorhandene Gesamtmaterial durch raschen Zugriff nutzen zu können. Dabei sind Prioritätsansprüche einzelner Einrichtungen auf zugelieferte Materialien der Befriedigung eines berechtigten bzw. notwendigen Informationsbedürfnisses in jeder Weise abträglich. Eine vernünftige Einstellung zu diesem hier angesprochenen Fragenkomplex kommt letzten Endes allen, in erster Linie aber den Patienten zugute.

Das wachsende Informationsbedürfnis erfordert auch für die Elektroenzephalographie eine ständige Verbesserung der medizinischen Befunddokumentation. Die durch den gegenwärtigen Entwicklungsstand der EDV gegebenen Bedingungen erlauben es, entsprechende Vorbereitungen für eine verbesserte und den modernen Ansprüchen gerecht werdende EEG-Befunddokumentation in Angriff zu nehmen. Ein wichtiger, damit im Zusammenhang stehender Aspekt sind verbindliche Festlegungen über notwendige Maßnahmen, die geeignet sein sollen, einen wirksamen Datenschutz zu garantieren. Dadurch sollen mißbräuchliche Zugriffe zu gespeicherten medizinischen Informationen in Datenverarbeitungsanlagen ausgeschlossen werden. Hier bleibt noch sehr viel an zu lösenden Aufgaben offen. Alle diese noch nicht restlos geklärten Fragen lassen sich nur in Zusammenarbeit zwischen Medizinern, Juristen und Datenverarbeitungsspezialisten behandeln. Diese Problematik darf deshalb im Zusammenhang mit dem Einsatz der EEG-Befunddokumentation in Verbindung mit der EDV-Technik nicht unerwähnt bleiben.

3.9. Allgemeine Regeln für die Einrichtung und die personelle Besetzung einer elektroenzephalographischen Abteilung

H.-G. NIEBELING

Will man eine elektroenzephalographische Abteilung einrichten, so muß grundsätzlich erst einmal die *Raumfrage* geklärt werden. Des öfteren kommt es vor, daß sich die Aufstellung eines Elektroenzephalographen und somit die Einrichtung der Abteilung in einer Klinik zusätzlich notwendig macht; dabei werden dann je nach den Raumverhältnissen ein oder evtl. sogar zwei Räume für die Abteilung abgezweigt, und es wird oft dabei vergessen, daß eine solch stiefmütterliche Behandlung sich letztendlich auf die gesamte elektroenzephalographische Arbeit nachteilig auswirken muß.

Die Elektroenzephalographie mit ihren Zusatzmethoden und speziellen Ableitungsformen ist sowohl dem Umfang als auch der Wichtigkeit nach heutzutage der Röntgenologie nahezu gleichzusetzen und auch kostenmäßig vergleichbar.

Niemand käme auf den Gedanken, die Räume, die einer elektroenzephalographischen Abteilung mitunter angeboten werden, für den Ausbau einer Röntgenabteilung gutzuheißen. Es wird dies deshalb etwas eingehender besprochen, nicht etwa, um eine Lanze für das Eeg zu brechen, sondern um der Elektroenzephalographie den Platz einzuräumen, der ihr bei dem heutigen Stand der Wissenschaft und Praxis zusteht.

Für eine modern und zweckmäßig eingerichtete Abteilung benötigen wir *mindestens fünf Räume*. Es wären da zu nennen: der Ableitungsraum, der Auswertungsraum, der evtl. gleichzeitig mit dem Raum des Leiters der elektroenzephalographischen Abteilung kombiniert werden kann, das Sekretariat bzw. Schreibzimmer, der bzw. die Archivräume und schließlich noch der Warteraum. Was die Größe der Räume betrifft, so kann diese selbstverständlich variieren, jedoch sei die generelle Regel aufgestellt: *Besser größer als kleiner.*

Beschäftigen wir uns zunächst mit dem *Ableitungsraum*. Die Lage dieses Raumes muß möglichst so sein, daß er nicht gerade in einem elektromagnetischen Störfeld liegt, wie dies bei einer Nachbarschaft von Therapieapparaten (Kurzwelle, Röntgengeräten u. ä.) der Fall ist. Die erste Forderung lautet somit, einen Raum auszusuchen, der *frei von elektromagnetischen Störfeldern* ist. Eine in vielen Fällen ausreichende Maßnahme zur Behebung von leichteren Störeinflüssen ist z. B., alle elektrischen Leitungen des Ableitungsraumes sowie der angrenzenden, darüber und darunter liegenden Räume mit Metallmänteln lückenlos zu erden. Sollte dies nicht genügen, so muß der Raum abgeschirmt, d. h. mit einem FARADAYschen Käfig versehen werden. Von den Technikern, besonders jedoch von den Herstellern der Elektroenzephalographen, wird immer wieder hervorgehoben, daß die Geräte gegen Störungen durch elektromagnetische Felder sehr gut geschützt seien und daß nur im Notfall ein *Faradayscher Käfig* sich notwendig mache. Obwohl dieser Einwand durchaus berechtigt sein mag, so muß jedoch vom klinischen Standpunkt aus gesagt werden, daß die Kosten des Einbaus eines FARADAYschen Käfigs sich auch bei zunächst völlig störungsfreiem Raum immer lohnen. Wie oft kommt es vor, daß durch Verlegung von Abteilungen, durch Aufstellung von neuen Geräten usw. die Störverhältnisse von heute auf morgen verändert werden. Wir halten deshalb die Ausstattung des Ableitungsraumes mit einem FARADAYschen Käfig auch aus der Sicht einer Vorsichtsmaßnahme für unbedingt ratsam und auch ökonomisch vertretbar.

Bei dem Einbau eines FARADAY-Käfigs muß man folgendes beachten: Zunächst wird immer wieder gefragt, ob man einen einwandigen oder einen doppelwandigen Käfig bauen soll. Darauf kann nur geantwortet werden, daß die größte Sicherheit selbstverständlich durch einen doppelwandigen Käfig gewährleistet ist; man kann jedoch meist schon mit einem einwandigen Käfig auskommen. Die für den Käfig benötigte Gaze ist am besten aus Kupfer bzw. einem anderen gut lötbaren Material und soll sehr engmaschig sein (Maschenweite nicht größer als 1–2 mm). Die Nahtstellen der einzelnen Gazestreifen müssen sorgfältig verlötet sein, und außerdem ist für eine gute Erdisolierung zu sorgen. Weiterhin ist eine Streitfrage, ob man nur den Teil des Raumes als FARADAY-Käfig ausbildet, in dem sich der Patient befindet. Auch hier ist wieder zu sagen, daß dies im großen und ganzen ausreichend ist; eine bessere Sicherung ist jedoch vorhanden, wenn der Patient und das im Raum befindliche Gerät sich in dem FARADAY-Käfig befinden, wobei eine nochmalige Trennwand aus Gaze zwischen Patient und Apparat als evtl. weitere Sicherungsmaßnahme angesprochen werden kann. Ein sehr oft gebrachter Einwand, daß das Drahtgitter den Patienten psychisch zu sehr belastet, ist nicht haltbar, da die Gaze entweder mit einem Stoffbezug oder mit einem anderen Material verdeckt werden kann.

Zum Raum selbst wäre noch zu sagen, daß er eine möglichst *blendungsfreie*, jedoch *helle Beleuchtung* erhalten muß, die aber nach Belieben durch verschiedene Wattzahl der Lampen oder durch einen Regeltransformator variiert werden kann, um ein z. T. benötigtes gedämpftes Licht oder sogar völlige Dunkelheit herstellen zu können. Aus diesen Erwägungen heraus läßt sich sofort ableiten, daß auch eine *Verdunklungsanlage* im Ableitungsraum vorhanden sein muß.

Die oft diskutierte Frage einer *Klimaanlage* ist, da sie finanziell sehr hohe Kosten verursacht, ein etwas heikles Problem. Wir möchten dahingehend unsere Meinung vertreten, daß eine Klimaanlage sehr erwünscht ist, z. T. sogar unbedingt erforderlich sein kann. Wer einmal Patienten bei brütender Sonnenhitze abgeleitet hat, weiß, mit welchen Störeffekten er zu kämpfen hatte. Selbstverständlich erfüllen auch zweckmäßig eingebaute, zugluftfreie Ventilatoren diese Aufgabe, aber besser ist auf jeden Fall eine Klimaanlage. Daraus geht zwangsläufig hervor, daß der Ableitungsraum möglichst nach Nordosten gelegen sein sollte.

Ein letztes wäre noch zu der *Raumgestaltung* zu sagen. Es empfiehlt sich, die Eingangstür zu dem Ableitungsraum mit einer schalldichten Doppeltür zu versehen, um größtmögliche Ruhe im Raum zu erzielen. Dabei ist es zweckmäßig, daß die Tür von außen nicht durch eine Klinke geöffnet werden kann, sondern entweder nur durch Druckknopfbedienung elektrisch geöffnet wird oder an der Außenseite einen Knopf erhält, der ein Öffnen der Tür lediglich mit Schlüssel zuläßt. Daß an der Eingangsaußenwand des Ableitungsraumes ein Leuchtschild angebracht wird, welches auf die augenblickliche Untersuchung hinweist, ist selbstverständlich.

Kommen wir zu der *Inneneinrichtung* des Ableitungsraumes, so dürfte es sich aufgrund der vorangegangenen Ausführungen von selbst verstehen, z. B. einen Telefonapparat im Ableitungsraum nicht aufzustellen; hingegen ist eine *Alarmanlage* nach einem ständig besetzten Zimmer unbedingt erforderlich, um bei etwaigen Zwischenfällen sofort Hilfe heranholen zu können.

Die Ausstattung des Ableitungsraumes soll möglichst nur das beinhalten, was wirklich benötigt wird; alles überflüssige Mobiliar sollte aus dem Ableitungsraum verschwinden.

Neben der Apparatur selbst wäre als wichtigstes Möbel der *Ableitungsstuhl* zu nennen. Hier eine bestimmte Stuhlart vorzuschlagen ist praktisch nicht möglich, da es den idealen Ableitungsstuhl nicht gibt. Wichtig ist, daß der Patient bequem sitzt und gegebenenfalls der Nacken durch eine Vorrichtung gestützt werden kann. Ein Zahnarztstuhl, besonders in bezug auf die Nackenstütze, ist als zweckmäßig anzusehen, obwohl hier wieder die Sitzverhältnisse als nicht ausreichend erachtet werden. Jeder Leiter einer elektroenzephalographischen Abteilung wird sich bemühen, den nach seinen Vorstellungen bestmöglichen Stuhl zu entwickeln. Ein wichtiger Hinweis dürfte jedoch sein, daß die Stuhlrichtung bzw.

Ausrichtung des Geräts so ist, daß der Untersucher bei guter Übersicht der durchlaufenden Kurve jederzeit den Patienten sehr genau beobachten kann, um z. B. Lidschläge, Gesichtszuckungen und dergleichen absolut sicher feststellen zu können.

In diesem Zusammenhang sei vermerkt, daß der Raum auch für liegende Patienten eine genügende Größe aufweisen und somit für eine fahrbare Trage, besser sogar für ein Bett, ausreichend Platz vorhanden sein muß. Schließlich wäre in dem Ableitungsraum noch ein kleines *Medikamentenschränkchen* oder besser ein kleiner fahrbarer Medikamentenschrank mit Tischplatte aufzustellen. An Medikamenten müssen Herz- und Kreislaufmittel, Sedativa und die dazugehörigen Spritzen jederzeit griffbereit sein. Ferner ist dafür zu sorgen, daß ein Gummikeil, ein Mundsperrer, eine Zungenzange zum ständigen Instrumentarium gehören. Als letztes, aber nicht weniger wichtiges Ausstattungsstück bliebe noch ein feststehendes oder fahrbares *kombiniertes Tischschränkchen*, in dem die Elektroden, Hauben, Elektrodenschnuren, die physiologische Kochsalzlösung usw. untergebracht werden.

Aus der Vielfalt der genannten Merkmale und Besonderheiten ersieht man, daß dem Ableitungsraum eine außerordentliche Bedeutung zukommt. Je mehr dieser Raum den gestellten Forderungen entspricht, desto bessere Ableitungsergebnisse wird man erzielen.

Der Raum oder besser die Räume, die nun näher beschrieben werden sollen, sind Räume, die meist als untergeordnet angesehen werden, manchmal sogar in der Planung vergessen werden, obwohl sie in Wirklichkeit von ausschlaggebender Bedeutung sind; es sind dies die *Archivräume*. Zunächst sei gesagt, daß die Archivräume nicht unbedingt mit dem elektroenzephalographischen Trakt verbunden sein müssen. Wer aber nur ein wenig organisatorisch denkt, wer zeit- und kräftesparend und ökonomisch arbeiten will, der wird die Archivräume in die Abteilung mit einbeziehen. Wenn man bedenkt, daß mitunter 8–10 und mehr Ableitungen von einem Patienten angefertigt werden, dann wird man ermessen, wie wichtig die Archivierung und auch der Ort des Archivs sind. Zur Erklärung sei hinzugefügt und kurz vorweggenommen, daß bei der Auswertung eines Kontroll-Eeg stets die vorher angefertigte Kurve mit auf dem Tisch des Auswerters liegen muß, denn nur so kann man sich ein genaues Vergleichsbild schaffen. Wie groß ein solches Archiv nun sein muß, hängt zwangsläufig von der täglichen Arbeitsleistung ab. Die Erfahrung hat gelehrt, daß ein Archiv nie zu groß, aber sehr oft viel zu klein sein kann.

In welcher Form die Archivierung vorgenommen wird, richtet sich nach dem verwendeten Gerätetyp, ob 4-, 8-, 16- oder 32fach-Schreiber, und der damit verbundenen Registrierpapierbreite. Ferner ist wichtig, ob man die Kurven auf gefaltetem oder auf Rollenpapier schreibt; letzteres dürfte in einem neuzeitlichen Betrieb keine Verwendung mehr finden, weshalb wir uns in unseren Ausführungen auf die gefalteten Kurven oder sogenannten Bücher beschränken können. Es bleibt selbstverständlich jedem Leiter einer elektroenzephalographischen Abteilung überlassen, wie er seine Kurven einordnet oder sortiert; es sei hier nur so viel gesagt, daß die fortlaufende Numerierung der Kurven jeweils über den Zeitraum eines Jahres sich sehr gut bewährt hat und die Archivierung bei uns so vorgenommen wird, daß die Kurven in festen Tüten, mit ihrer Breitseite aufrecht, in abgeteilte kleine Holzverschläge eingereiht werden. In jedes Holzfach werden der Übersicht halber nur bis 25 Kurven eingeordnet, wobei die Nummer der Kurve in der obersten rechten oder linken Ecke der Tüte aufgeschrieben wird, um beim Suchen einer Kurve auch ohne Herausziehen der Kurventüte sofort die gewünschte Kurve herauszufinden. Eine Beschilderung auf dem jeweiligen Bodenbrett ist selbstverständlich. Die Größe des oder der Archivräume und der aufzustellenden Archivschränke richtet sich – wie bereits erwähnt – nach der täglichen Arbeitsleistung; es möge jedoch erwähnt werden, daß es zweckmäßig erscheint, die Archivräume so zu bemessen, daß Platz für die Kurven von 8–10 Jahren vorhanden ist. Ältere Jahrgänge werden meist in Bündeln zu je 100 Kurvenbüchern in anderen Abstellräumen – wie z. B. auf dem Boden – gelagert, wobei jedoch dafür zu sorgen ist, daß es sich um einen trockenen Lagerungsplatz handelt, da sonst die Kurven außerordentlich leiden.

Nach dem Archivraum müßte nunmehr noch etwas über den *Auswertungsraum*, das *Arztzimmer*, das *Sekretariat* und den *Warteraum* gesagt werden. Hier können wir uns kurz fassen und wollen lediglich hervorheben, daß diese Räume auf die gegenwärtige und auf die evtl. später erweiterte personelle Besetzung sowie auf den täglichen Patientendurchgang abgestimmt sein müssen.

Zum Problem der *personellen Besetzung* soll etwas ausführlicher Stellung genommen werden, da mitunter die Meinung vorherrscht, das Eeg könne so am Rande des klinischen Betriebs von einem Arzt »mitgemacht« werden. Daß dies nicht nur eine völlig falsche, sondern sogar eine Ansicht ist, die sich sehr übel sowohl in bezug auf das Niveau der Klinik als auch auf die untersuchten Patienten auswirken kann, soll anhand der folgenden Ausführungen dargelegt werden.

Zunächst wird häufig der Fehler gemacht, eine elektroenzephalographische Untersuchung mit einer elektrokardiographischen Untersuchung zu vergleichen; dies ist absolut unrichtig. Es sei der Satz von JUNG aus seinem Handbuch wiedergegeben und über dieses Kapitel gestellt: »*Die Ableitung und Auswertung des Eeg ist viel zeitraubender als die des Ekg.*«

Dies ist folgendermaßen zu erklären. Bereits das Anlegen der Elektroden benötigt zeitlich gesehen einen weitaus größeren Raum als beim Ekg. Hinzu kommt, daß die Ableitung selbst durch die mannigfachen Ableitungsschemata, durch die Provokationsmethode und durch evtl. durchzuführende Sonder- und Spezialschaltungen sehr viel Zeit verschlingt. Für eine normale Routineuntersuchung benötigt man eine halbe bis eine Stunde. Werden Sonder- oder sogar Schlafableitungen geschrieben, so kann sich die Untersuchungszeit auf 2 Stunden und darüber erstrecken; darin nicht inbegriffen ist die Auswertung, sondern nur der technische Teil der Untersuchung. Die Zeit der Auswertung des Kurvenmaterials ist sehr variabel. Hat man ein als völlig normal anzusehendes Eeg vor sich, so dauert die Auswertung mit Diktieren des Befundes für den Erfahrenen 20–30 min. Am schwierigsten sind die sogenannten Grenzbefunde. Es kommt vor, daß die Auswertungszeit bis zu mehreren Stunden beträgt. Aus diesen Ausführungen geht zwangsläufig die an einem Tag mögliche und vertretbare Zahl von elektroenzephalographischen Untersuchungen hervor. Als *internationale Richtlinie* werden *sechs bis acht Untersuchungen pro Tag* angegeben. Dies wiederum setzt aber folgende *personelle Besetzung* voraus: *einen hauptamtlichen Arzt* und *eine* hauptamtliche *Technische Assistentin*, die gleichzeitig für das Schreiben der Befunde, für die Führung der Kartei bzw. Registratur usw. verantwortlich ist. Weiterhin ist es vorteilhaft, wenn *mehrere Stunden* in der Woche der Abteilung *ein Techniker* zur Verfügung steht.

Erklärend sei noch hinzugefügt, daß das Auswerten gerade von schwierigem Kurvenmaterial eine erhebliche geistige Belastung darstellt und stark ermüdet. Jeder, der einmal in einer elektroenzephalographischen Abteilung gearbeitet hat, wird bestätigen, daß nach Auswerten von sechs schwierigen Eeg. die Konzentration und die notwendige Aufmerksamkeit so nachlassen, daß es bei den nachfolgenden Auswertungen leicht zum Übersehen von »maßgebenden Kleinigkeiten« kommen kann und so die Auswertung nicht mehr als vollgültig anzusehen ist. Es muß daher immer wieder die Forderung nach einer ausreichenden, qualifizierten und vor allem hauptamtlichen Besetzung einer elektroenzephalographischen Abteilung erhoben werden.

Auf die *Ausbildung eines Arztes* in der Elektroenzephalographie näher einzugehen hieße, den Rahmen des vorliegenden Kapitels zu überschreiten. Es soll nur so viel gesagt werden, daß die erforderlichen Kenntnisse nicht durch gelegentliche Mitarbeit in einer elektroenzephalographischen Abteilung erworben werden können, sondern daß sie einen systematischen Ausbildungsgang erfordern.

In der DDR ist die Absolvierung eines 4wöchigen Ausbildungskursus und einer mindestens 3monatigen Hospitantur an einer mit einem in der Elektroenzephalographie erfahrenen Arzt besetzten Abteilung Pflicht.

Als Abschluß seien noch einige Worte zu dem so umstrittenen Kapitel *Kartei* gesagt.

Auch hier bleibt es dem Leiter der jeweiligen Abteilung völlig überlassen, welchen Karteisystems er sich bedient. Letztlich ist dies ja auch eine personelle Frage. Man sollte jedoch nicht glauben, daß eine einfache Registratur nach Patientennamen genügt. Die Elektroenzephalographen sind zum größten Teil in Universitätsinstituten und -kliniken oder größeren Fachkrankenhäusern aufgestellt. Neben der Versorgung der Patienten ist somit auch eine wissenschaftliche Auswertung des Untersuchungsmaterials gegeben. Um aber einer wissenschaftlichen Kartei gerecht zu werden, bedarf es vieler Überlegungen; diejenige Kartei wird am besten sein, die am universellsten ist, d. h., die schnell und präzis auf jede mögliche Fragestellung Antwort gibt. Wir haben lange Zeit eine Karteiform verwendet, die verhältnismäßig wenig Zeit in Anspruch nimmt und trotzdem eine sehr große Hilfe ist. Sie besteht aus drei verschiedenfarbigen Karteikarten. Die Namenkartei ist rot, die klinische Diagnosekartei gelb und die EEG-Diagnosekartei blau. Die Namenkartei ist alphabetisch geordnet, die klinische sowie auch die EEG-Diagnosekartei sind nach einem bestimmten Diagnoseschema geordnet. Im übrigen sei hier auf den Abschnitt 3.8. hingewiesen.

Ein kleiner Tip sei zum Schluß noch angefügt. Für Vorträge, Tagungen, Diskussionen usw. hat es sich als außerordentlich vorteilhaft erwiesen, ein Buch anzulegen, in welches besonders interessante Kurven mit einigen stichwortartigen Bemerkungen eingeschrieben werden.

4. Die Graphoelemente im Eeg und ihre Nomenklatur

H.-G. NIEBELING

4.1. Einleitung

Es wurde bereits kurz erwähnt, daß die Auswertung des Eeg, solange die Entstehung der Hirnpotentiale noch nicht sicher bekannt ist, aufgrund von Erfahrungswerten erfolgt. Hierin sowie in der verschiedenartigen Zusammensetzung des Patientenmaterials der einzelnen Abteilungen mögen zwei der wesentlichsten Gründe zu suchen sein, die für die Uneinheitlichkeit der elektroenzaphalographischen Begriffe, die Beschreibung der einzelnen Elemente usw. verantwortlich gemacht werden können. Durch die dadurch zwangsläufig entstandene Entwicklung verschiedener Schulen ist sogar in ein und demselben Land nur selten eine einheitliche Nomenklatur vorhanden. Auch durch die sehr zu begrüßenden Arbeiten und Veröffentlichungen des EEG-Terminologie-Komitees der International Federation of Societies for Electroencephalography and Clinical Neurophysiology in den Jahren 1966 und 1974 wurde leider noch kein entscheidender Durchbruch erzielt. Wichtig erscheint zunächst der erste Schritt, die Einigung der EEG-Ärzte eines Landes.

Als im Jahre 1953 der schrittweise Aufbau der Elektroenzephalographie in der Deutschen Demokratischen Republik begann, waren sich die Verantwortlichen gerade dieses Problems bewußt, und es wurde Übereinkunft dahingehend erzielt, daß man sowohl eine standardisierte Begriffsbestimmung als auch eine koordinierte Ausbildung aller am Elektroenzephalographen tätigen Ärzte und Technischen Assistentinnen einführt. Diesem Umstand ist es zu verdanken, daß sowohl die Ärzte als auch die Technischen Assistentinnen eine gleiche Sprache sprechen.

Daß der 1953 beschrittene Weg der richtige war, beweisen die gerade wieder in letzter Zeit – wie oben bereits erwähnt – auch auf internationaler Ebene durchgeführten Versuche, eine Einigung hinsichtlich der Ableitungspunkte, Ableitungsschemata und Nomenklatur zu erzielen.

Wie wichtig eine solche Einigung ist, sei anhand der Arbeit von BLUM kurz demonstriert. Von 10 Personen wurden Eeg. in uni- und bipolarer Schaltung mit Hyperventilation geschrieben und 5 Auswertern vorgelegt, von denen 3 Neurologen, einer Neurologe und Psychiater und einer Neurochirurg waren. Drei der Begutachter verfügten über eine 10-, einer über eine 5- und einer über eine 3jährige Erfahrung. In 40% ergab sich eine Übereinstimmung in bezug auf die Kriterien physiologisch bzw. pathologisch; in 30% stimmte die Lokalisation und in 10% beides überein. Eine der Schlußfolgerungen, die BLUM aus diesem Ergebnis zieht, ist, daß er eine *einheitliche Standardisierung der elektroenzephalographischen Kriterien* fordert. Auch wir glauben, daß derartige Differenzen, wie die eben zitierten, bei Vorliegen einer einheitlichen Nomenklatur und einheitlicher Auswertungskriterien kaum möglich sind.

Bei der Ausarbeitung der bei uns verwandten Nomenklatur gingen wir davon aus, die verschiedenen Elemente – oder auch Graphoelemente genannt – zunächst lediglich beschreibend festzulegen. Wenn sich in einem bestimmten Zeitraum ergab, daß dieser oder jener Begriff nicht den Anforderungen gerecht wurde, so erfolgte eine Streichung und Neufestsetzung. Hierbei war von allergrößtem Wert, daß die jeweilige Änderung dann nicht an einer Abteilung, sondern an allen durchgeführt wurde. Dadurch wiederum mußte der Begriff einer Vielzahl von Kritiken standhalten. In regelmäßigen Sitzungen wurden die Erfahrungswerte ausgetauscht, und es erfolgte dann die Zustimmung oder Ablehnung.

Aus diesen Ausführungen geht hervor, *daß eine Nomenklatur niemals das Werk eines einzelnen, sondern immer nur das Ergebnis einer gemeinschaftlichen Arbeit sein kann.* Es sei deshalb an dieser Stelle den Wissenschaftlern auf das wärmste gedankt, die sich um die Erstellung der Nomenklatur besonders verdient gemacht haben.

Wenn wir uns im folgenden mit den Graphoelementen im Eeg und ihrer Nomenklatur beschäftigen, so sei besonders darauf hingewiesen, daß hier noch keine Auswertungskriterien mit erwähnt werden. Die Besprechung dieses wichtigen Abschnitts erfolgt in nachfolgenden Kapiteln.

Weiterhin sei vermerkt, daß die Verfasser völlig darin übereinstimmen, daß die hier vorliegende Nomenklatur noch nicht als die absolut letzte Fassung anzusehen ist. Sicherlich gibt es hier und da Probleme, die einen Meinungsstreit aufkommen lassen. Wir glauben jedoch sagen zu können, daß die Nomenklatur für die tägliche Praxis als sehr zweckmäßig angesehen werden kann und daß, entsprechend den gegebenen Möglichkeiten, eine weitgehende Objektivierung erreicht wurde. In diesem Zusammenhang sollte auch daran erinnert werden, daß durch die sich nach und nach anbahnende Inbesitznahme der Elektroenzephalographie durch die elektronische Datenverarbeitung eine Objektivierung, Konkretisierung und harte Definition unabdingbare Voraussetzung für die Durchführung irgendwelcher EDV-Maßnahmen ist.

Erwähnt sei noch, daß die Begriffe Hertz (Hz) und Amplitude in der allgemeinen Beschreibung nicht verwendet werden. Wir ersetzen diese Worte durch pro sec.-Welle und Spannungshöhe. Der Grund dieser Änderung liegt darin, daß wir es im Eeg nicht mit Wechselspannungen, sondern mit Schwankungen von Gleichspannungen zu tun haben. Weiterhin wird der Begriff hypersynchron abgelehnt, da dieses Wort einen Pleonasmus darstellt. Wir sprechen von spannungshohen oder sehr spannungshohen synchronen Potentialen.

Die *technischen Einstellungsdaten des Geräts*, auf denen die nun folgende Nomenklatur aufgebaut wurde, sind folgende:
1. Eichung: 6 mm = 50 µV
2. Störblende: 70 Hz; (selten 30 bzw. 15 Hz)
3. Zeitkonstante: 0,3 sec.
4. Papierdurchlaufgeschwindigkeit: 30 mm/sec.

Die *im Eeg registrierten Potentiale* werden unterschieden nach
1. Frequenz (Wellen/sec.)
2. Spannungshöhe
3. Form
4. zeitlicher und räumlicher Kombination

Folgende Potentiale werden abgegrenzt:
1. Alphawellen 8–12 (13)/sec.
2. Betawellen (13) 14–40/sec.
3. Thetawellen 4–7/sec.
4. Deltawellen 0,5–3,5/sec.
5. Sigmawellen
6. Spitzenpotentiale

Kommen wir zunächst zur Besprechung der *Elemente des Eeg* sowie zu den entsprechenden Varianten und anschließend zu den *Formen des Eeg*, worunter wir eine Kombination der Elemente verstehen.

Bei der Darstellungsweise werden wir so verfahren, daß die einzelnen Begriffe telegrammstilartig aufgezeichnet werden, wobei Kurvenbeispiele die Anschaulichkeit unterstützen sollen. Während in allen anderen Kapiteln darauf geachtet wurde, nach Möglichkeit nur Originalkurvenausschnitte wiederzugeben, gingen wir bei der Nomenklaturbesprechung davon ab. Die hier wiedergegebenen Beispiele wurden nach Originalkurven zeichnerisch hergestellt, wobei die für den jeweils zu besprechenden Begriff zur Darstellung gelangenden Kurven mehr oder weniger stilisiert wiedergegeben wurden. Dies geschah, um bei der Vielzahl der Begriffe eine bessere Anschaulichkeit und Übersicht zu gewährleisten. Erklärungen werden jeweils angefügt. Hierbei wurde darauf geachtet, daß die Bezeichnungen der einzelnen Stufen, wie z. B. niedrig, mittelhoch, hoch oder schwach, stark, sehr stark in der jeweiligen sprachlichen Reihe verwandt wurden.

Zum besseren Verständnis sei nochmals darauf hingewiesen, daß im folgenden keine Deutung der einzelnen Elemente gegeben wird, sondern daß lediglich immer wiederkehrende Potentiale in bezug auf die eingangs erwähnten 4 Kriterien: Frequenz, Spannungshöhe, Form sowie zeitliche und räumliche Kombination nomenklatorisch festgelegt werden. Es wird also noch nichts über die Wertigkeit, z. B. physiologisch oder pathologisch, ausgesagt.

4.2. Elemente des Eeg

4.2.1. Alphawellen

Frequenz (Abb. 65)
= Wellen pro sec.
schnell: (13) 12–11/sec.
langsam: 9–8/sec.

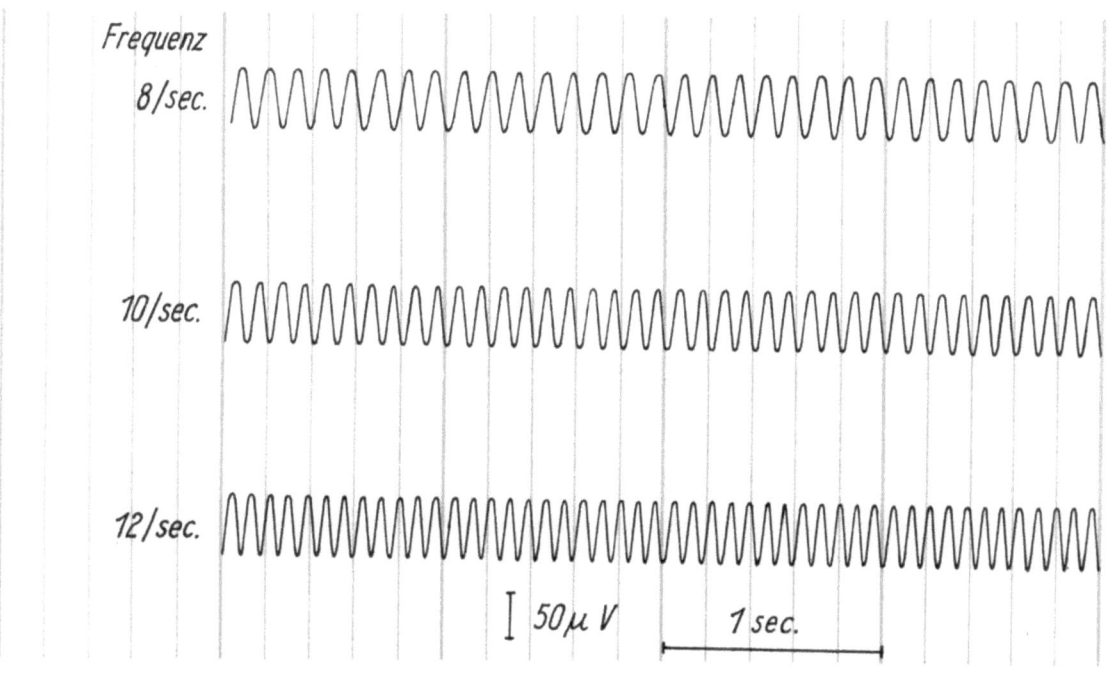

Abb. 65 Alphawellen verschiedener Frequenz

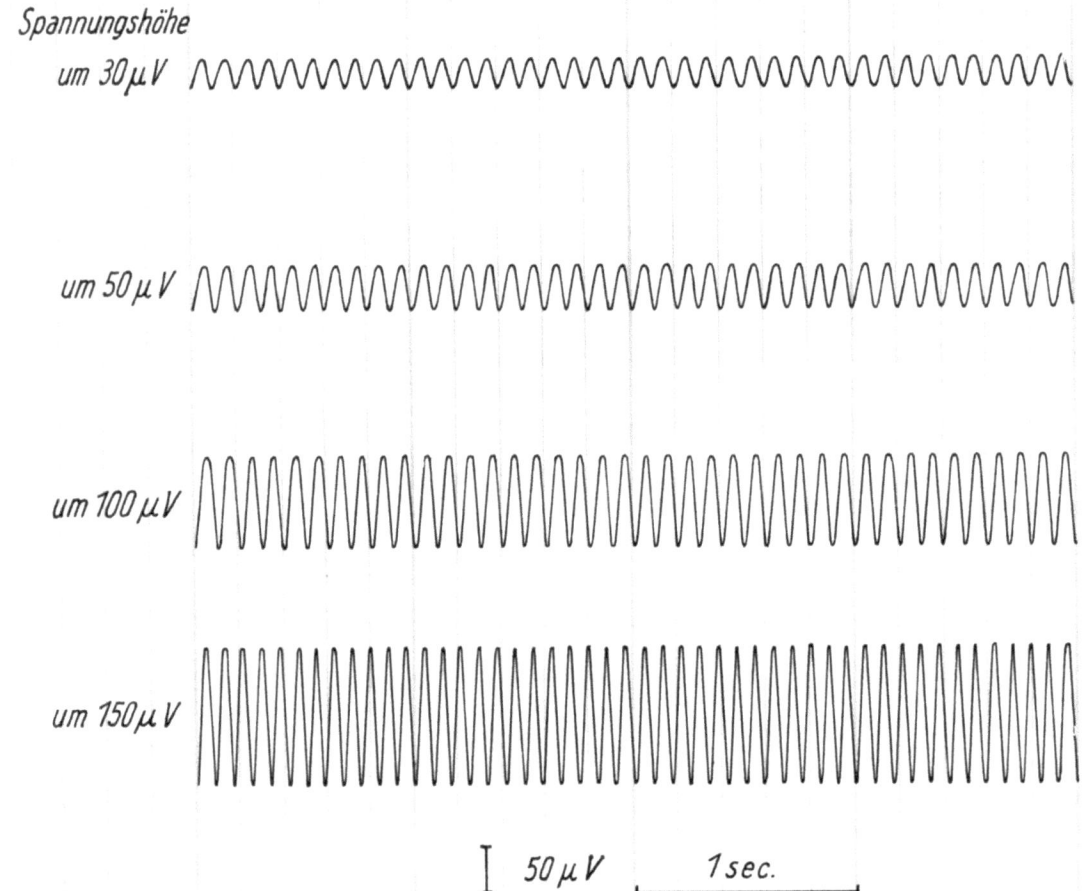

Abb. 66 Alphawellen verschiedener Spannungshöhe

Die in ( ) angegebenen 13/sec.-Wellen bilden den Grenzbereich zu den Betawellen. Ihre Einordnung ist abhängig von dem jeweils vorherrschenden Alpha- oder Betabild.

Die 10/sec.-Wellen sind die am meisten vertretene Frequenz. Sie bilden den Mittelwert und wurden deshalb nicht extra eingeordnet.

Spannungshöhe (Abb. 66)
niedrig: um 30 μV
mittelhoch: um 50 μV
hoch: um 100 μV

Aus den in Abbildung 66 wiedergegebenen Beispielen sieht man, daß mit zunehmender Spannungshöhe die Steilheit der Wellenschenkel größer wird.

Um dem Leser bereits jetzt eine mögliche Verwechslung der sehr spannungshohen und somit sehr steilschenkligen Alphawellen mit den später zu besprechenden Spitzenpotentialen vor Augen zu führen, wurden in der 4. Reihe Alphawellen um 150 μV aufgeführt. Eine Verwechslung mit den Spitzenpotentialen ist besonders dann gegeben, wenn diese spannungshohen Potentiale in ein niedergespanntes Potentialbild eingelagert sind. Die Gefahr der Verwechslung wird mit zunehmender Frequenz größer, da durch die geringere Basis der einzelnen Welle eine noch größere Steilheit der Schenkel entsteht.

Form (Abb. 67)
Annähernd sinusförmig; mitunter ist auch die sogenannte Arkadenform oder Girlandenform anzutreffen.

Ausprägung (Abb. 68)
Dauer des Auftretens in Prozent der Meßstrecke
sehr schwach ausgeprägt: um 10%
schwach ausgeprägt: um 30%
mäßig ausgeprägt: um 50%
stark ausgeprägt: um 80%
sehr stark ausgeprägt: um 100%

Unter *Ausprägung* (Abb. 68) verstehen wir – wie oben aufgeführt – die Dauer des Auftretens der Wellen in Prozent der Meßstrecke. Der Begriff Ausprägung wird in der Literatur sehr verschiedenartig angewandt. Während JUNG unter Ausprägung die Anzahl, die Häufigkeit der einzelnen Wellen versteht, wird von anderen, vornehmlich amerikanischen Autoren, die Häufigkeit mit der Spannungshöhe kombiniert. Wir gingen von diesen nomenklatorischen Festlegungen ab, da uns die oben wiedergegebene Einteilung vor allem für den praktischen Betrieb besser erscheint. Es sei noch darauf hingewiesen, daß die nicht mit Alphawellen belegten Strecken natürlich nicht isoelektrisch sein müssen, sondern daß in diesen Bereichen beliebige Potentiale vertreten sein können.

Elemente des Eeg

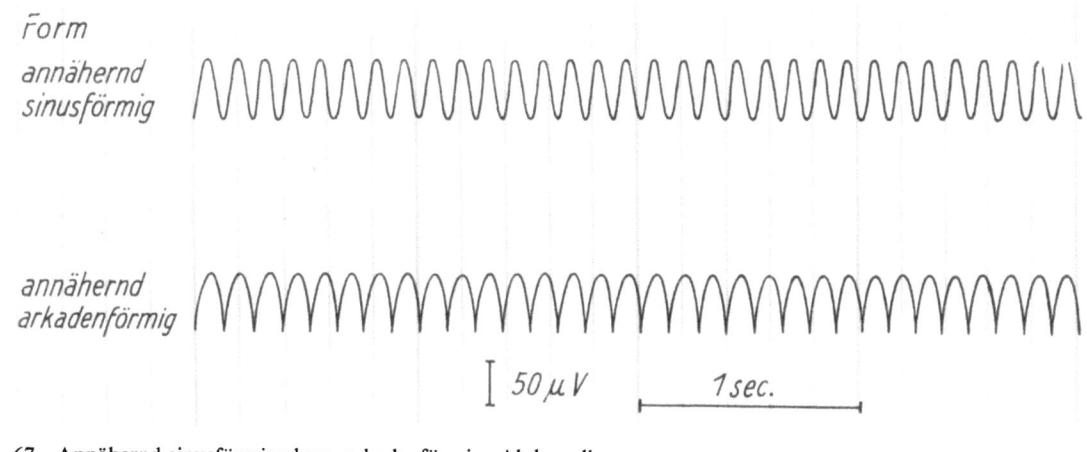

Abb. 67 Annähernd sinusförmige bzw. arkadenförmige Alphawellen

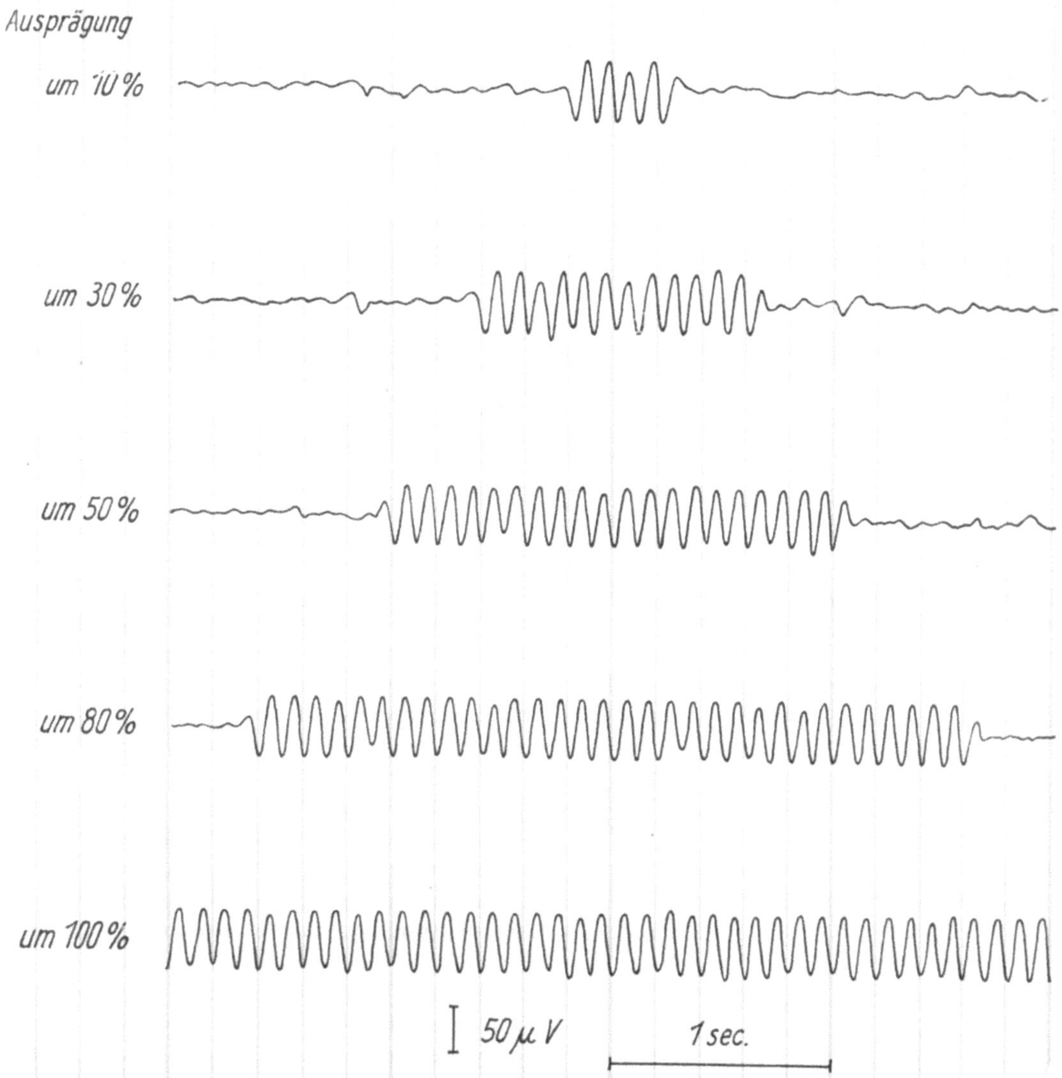

Abb. 68 Alphawellen verschiedener Ausprägungsgrade

Zeitliche Folge (Abb. 69)
kontinuierlich: fortlaufend, ununterbrochen
diskontinuierlich: unterbrochen

Es sei vermerkt, daß eine gewisse Abhängigkeit zwischen »zeitlicher Folge« und »Ausprägung« vorhanden ist. Bei einer starken Ausprägung (um 80%) wird man noch von einer kontinuierlichen Folge sprechen können. Auch bei einer Ausprägung unter 80% wird der Begriff kontinuierlich angewendet werden können, jedoch muß hier dann der Zusatz »über lange oder längere Strecken« erfolgen. Es ist also möglich, daß z. B. auch bei einer mäßigen Ausprägung

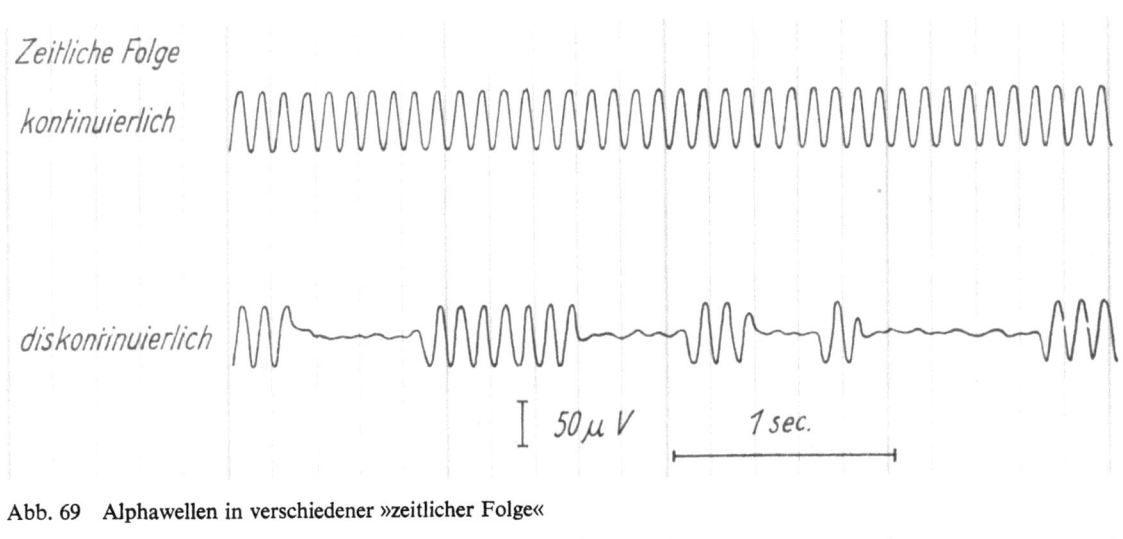

Abb. 69 Alphawellen in verschiedener »zeitlicher Folge«

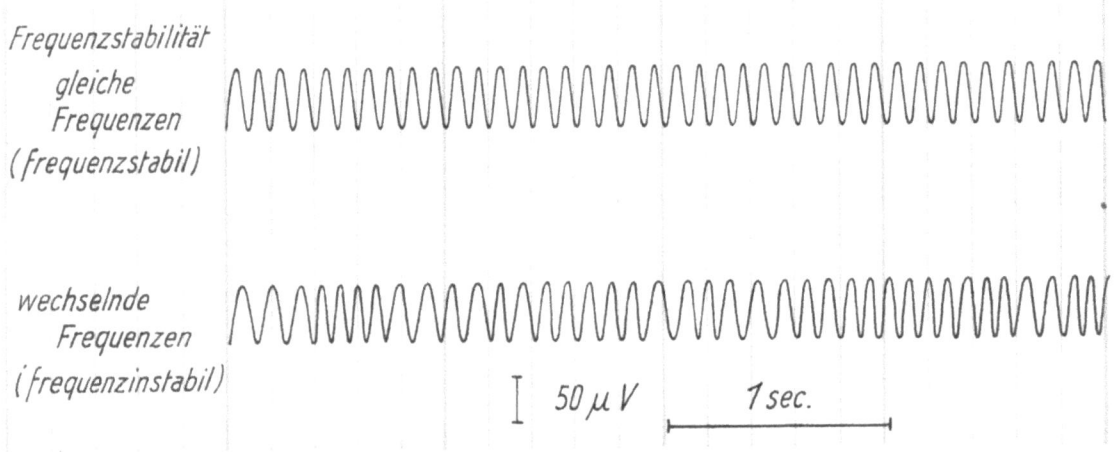

Abb. 70 Alphawellen unterschiedlicher Frequenzstabilität

eine gewisse Kontinuität der Wellen vorhanden ist. Rein theoretisch wäre denkbar, daß bei einer mäßig ausgeprägten Alphagrundaktivität, unter Annahme einer Meßstrecke von 1 m, 50 cm fortlaufend von Alphawellen belegt sind, während die restlichen 50 cm keine Alphawellen zeigen. Es versteht sich von selbst, daß dann von einer gewissen Kontinuität der Alphawellen gesprochen werden müßte.

Frequenzstabilität (Abb. 70)
frequenzstabil: gleiche Frequenzen oder nur geringer Wechsel }
frequenzinstabil: mäßig bis stark wechselnde Frequenzen } 1

1 bei mehrfacher Bestimmung über mindestens 3 sec.

Zunächst sei darauf hingewiesen, daß wir aus sprachlichen Gründen den frequenzstabilen Wellen nicht die frequenzlabilen, sondern die frequenzinstabilen Wellen entgegensetzen. Weiterhin sei vermerkt, daß wir unter Frequenzinstabilität nicht die unterschiedliche Wellenfolge innerhalb eines Wellenbereichs beschreiben, sondern das Breitenspektrum der auftretenden Wellen innerhalb des jeweiligen Frequenzbandes ermitteln.

Hinsichtlich der Bestimmung der Frequenzstabilität bzw. -instabilität wird man in der Praxis am besten so vorgehen, daß ein Wechsel zwischen 2 Frequenzen noch als stabil anzusehen ist. Wenn z. B. 8- und 9/sec.- oder 9- und 10/sec.-Wellen gleichzeitig vorhanden sind, dann wird man noch von frequenzstabil sprechen. Einen Frequenzwechsel zwischen 8 und 10/sec. werden wir als schwach, zwischen 8 und 11/sec. als mäßig und zwischen 8 und 12/sec. als stark frequenzinstabil ansehen. Ist eine Wellenart in dem Gemisch besonders stark vertreten, so werden wir von einem Vorherrschen sprechen, wobei dann allerdings die Schweregrade entsprechend geändert werden müssen.

Die Festlegung der Frequenzstabilität erfordert selbstverständlich das Auszählen und die Frequenzbestimmung der einzelnen Wellen, wobei – wie oben angegeben – die Bestimmung mehrfach und mindestens jeweils über 3 sec. erfolgen soll. Es ist falsch, die Wellen nur auszuzählen, d. h. also, die Anzahl festzulegen und dann daraus, unter Einbeziehung der Länge der Meßstrecke bzw. der verstrichenen Zeit, die Frequenzen zu errechnen. Ein Beispiel möge dies erläutern. Vergegenwärtigen wir uns zunächst, welche Strecke jede einzelne Frequenz bei einer Papierdurchlaufgeschwindigkeit von 30 mm/sec. einnimmt.

Hier die Aufstellung:
Eine 8/sec.-Welle benötigt eine Strecke von 3,75 mm, eine 9/sec.-Welle benötigt eine Strecke von 3,33 mm, eine 10/sec.-Welle benötigt eine Strecke von 3,0 mm,

Elemente des Eeg

eine 11/sec.-Welle benötigt eine Strecke von 2,727 mm,
eine 12/sec.-Welle benötigt eine Strecke von 2,5 mm,
eine 13/sec.-Welle benötigt eine Strecke von 2,307 mm,

Nehmen wir an, wir hätten 10 Wellen innerhalb einer Sekunde, also in einem Bereich von 30 mm, ausgezählt, so können dies 10 Wellen einer Frequenz von 10/sec. sein, aber auch 5 Wellen einer Frequenz von 10/sec., 2 einer Frequenz von 8/sec. und 3 einer Frequenz von 12/sec., also insgesamt wiederum 10 Wellen. Aus diesem Beispiel geht eindeutig hervor, daß jede einzelne Welle in bezug auf ihre Frequenz genau bestimmt werden muß. In der Praxis gibt es dazu Meßschablonen (s. Abb. 251, Abschn. 7), die dem Auswerter die Arbeit wesentlich erleichtern, wobei es sich empfiehlt, die einzelnen gefundenen Wellen auf einem vorbereiteten Zettel zu stricheln.

Bei Anlegung eines solchen Hilfszettels ist man sofort in der Lage, die vorherrschende Frequenz, in unserem Fall (Abb. 71) mit 10/sec., anzugeben und

8/sec	////
9/sec	//// //
10/sec	//// //// //// ////
11/sec	//// //// ////
12/sec	//// ///
13/sec	//

Abb. 71 Hilfszettel zur Feststellung der Frequenzstabilität

eine deutliche starke Streuung nach der frequenzschnelleren Seite hin abzulesen.

Eine Schwierigkeit bei dieser Methode besteht lediglich in der Bestimmung des für die Zählung auszuwählenden Kurvenabschnitts. Hier dürfte dem Anfänger anzuraten sein, besser einen Abschnitt mehr als einen weniger auszuzählen.

Mit zunehmender Erfahrung gewinnt man den Blick dafür, das Kurvenstück, welches dem Gesamtbild am ehesten entspricht, auszuwählen.

Alphafokus (Abb. 72–74)
Ort der größten Spannungshöhe, Ausprägung und Frequenzstabilität unter Verwendung der unipolaren Schaltungen (bei bipolaren Schaltungen Möglichkeit von Interferenzerscheinungen).

Fokusverlagerung
= Ortsveränderung eines Alphafokus
konstante Fokusverlagerung
inkonstante Fokusverlagerung

In der überwiegenden Anzahl der Fälle wird der Alphafokus im okzipitalen Hirnbereich zu finden sein. Eine Fokusverlagerung nach parietal und temporal ist jedoch nicht allzu selten anzutreffen.

Liegt ein *okzipitaler* Alphafokus vor (Abb. 72), so werden wir einen Spannungshöhenabfall der Alphawellen von okzipital nach frontal vorfinden.

Ist der Alphafokus *parietal* gelegen (Abb. 73), so ist ein Spannungsabfall sowohl nach okzipital als auch nach frontal zu verzeichnen.

Handelt es sich um einen *temporalen* Alphafokus

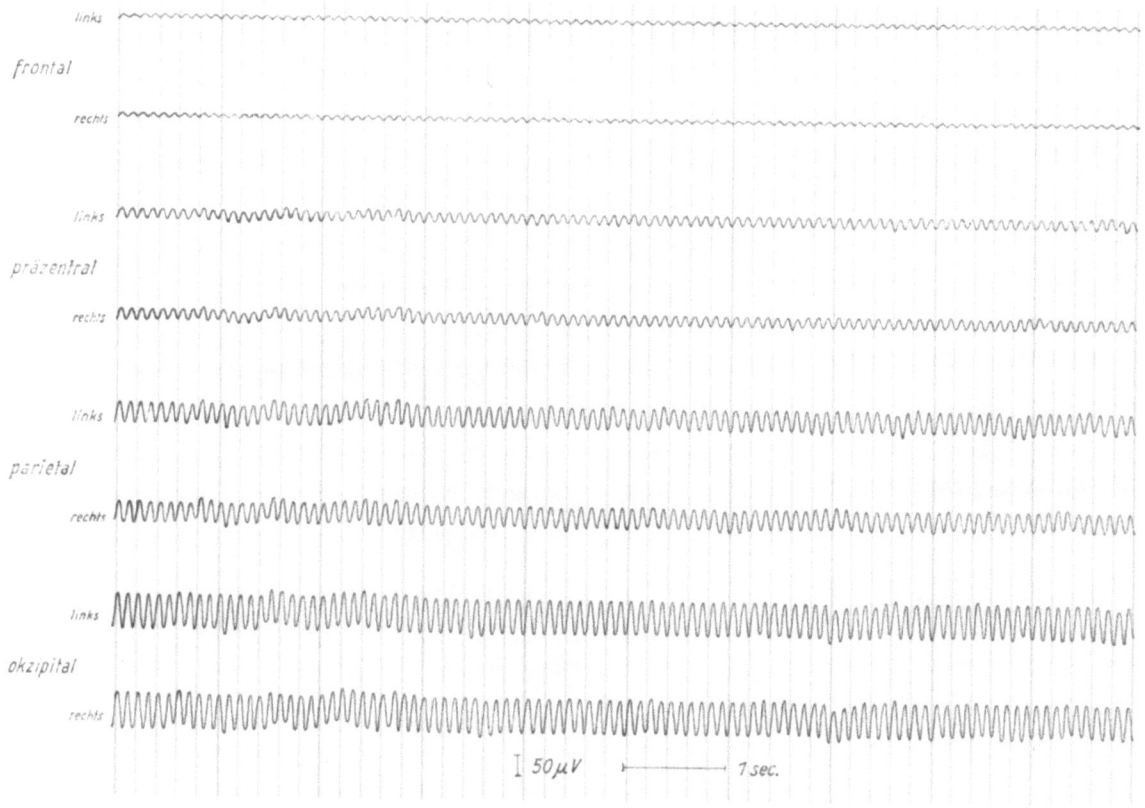

Abb. 72 Ableitungsart I (unipolare Schaltung zum linken Ohr) Alphafokus okzipital

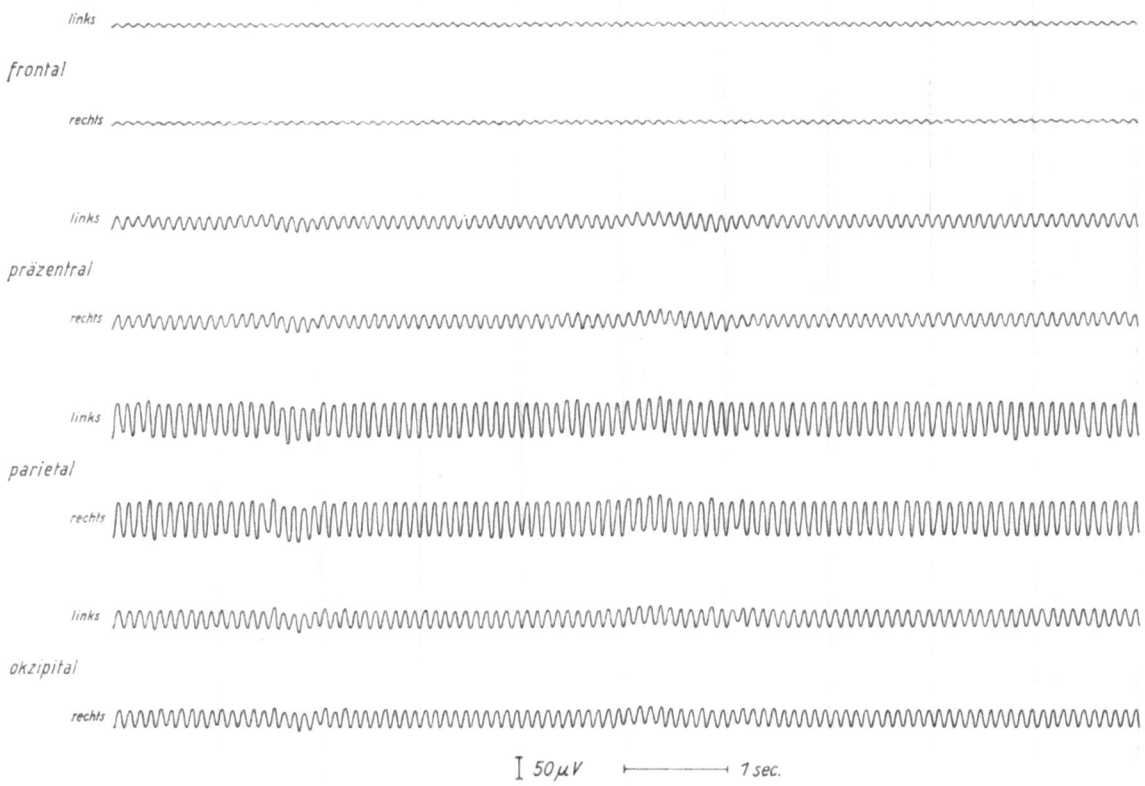

Abb. 73 Ableitungsart I (unipolare Schaltung zum linken Ohr) Alphafokus parietal

Abb. 74), so finden wir bei Vorliegen einer unipolaren Schaltung zum Ohr eine annähernd gleiche Spannungshöhe der Alphawellen auf allen Ableitungsbereichen. Es kommt hier vom Temporalgebiet aus zu einer starken Einstreuung in die Ohrelektrode.

Die konstante bzw. inkonstante Fokusverlagerung kann sowohl während einer Untersuchung als auch zwischen mehreren Untersuchungen auftreten. Mit anderen Worten ist es denkbar, daß ein Alphafokus während einer Untersuchung z. B. *von okzipital nach parietal wandert*. Es liegt dann eine inkonstante Fokusverlagerung vor. Tritt ein solcher Fokuswechsel während mehrerer, zeitlich auseinanderliegender Untersuchungen auf, so ist ebenfalls eine inkonstante Fokusverlagerung anzunehmen. Ist der Alphafokus bei mehreren, zeitlich auseinanderliegenden Untersuchungen z. B. immer parietal zu finden, so sprechen wir von einer konstanten Fokusverlagerung.

Alphareduktion (Abb. 75–81)
Einseitige, meist örtliche, entweder einzeln oder kombiniert auftretende
Verminderung der Spannungshöhe der Alphawellen
bis 30% = leicht
bis 50% = mittelschwer
über 50% = schwer
Verminderung der Ausprägung der Alphawellen
bis 10% = leicht
bis 40% = mittelschwer
über 40% = schwer
Verminderung der Frequenz der Alphawellen.

Wie aus den obenstehenden telegrammstilartigen Ausführungen hervorgeht, gliedern wir die Alphareduktion in *drei Kriterien* auf: *Verminderung der Spannungshöhe, Ausprägung und Frequenz*, wobei die Kriterien einzeln, zu zweit oder zu dritt kombiniert vorhanden sein können. Bei der noch zu besprechenden Auswertung, insbesondere bei den Alphareduktionen z. B. nach Hirntraumen, kommt dieser Systematik eine sehr wichtige Bedeutung zu. Die Alphareduktion wird natürlich dort am besten zu sehen sein, wo die Alphawellen am spannungshöchsten ausgeprägt sind.

Im folgenden seien die theoretisch möglichen Kombinationen aufgeführt. In der Praxis werden selbstverständlich bestimmte Kombinationen besonders häufig auftreten, während andere Kombinationen zu den Seltenheiten gehören.

Einseitig, meist örtlich:
Spannungshöhe der Alphawellen vermindert = SpH↓
Ausprägung der Alphawellen vermindert = A↓
Frequenz der Alphawellen vermindert = Fr↓

Mögliche Kombinationen:

SpH↓	= Alphareduktion
A↓	= Alphareduktion
Fr↓	= Vorläufer d. Alphareduktion bzw. -aktivierung [1]
SpH↓ u. A↓	= Alphareduktion
SpH↓ u. Fr↓	= Alphareduktion
A↓ u. Fr↓	= Alphareduktion
SpH↓ u. A↓ u. Fr↓	= Alphareduktion

[1] unter Berücksichtigung des Gesamtpotentialbildes

Elemente des Eeg

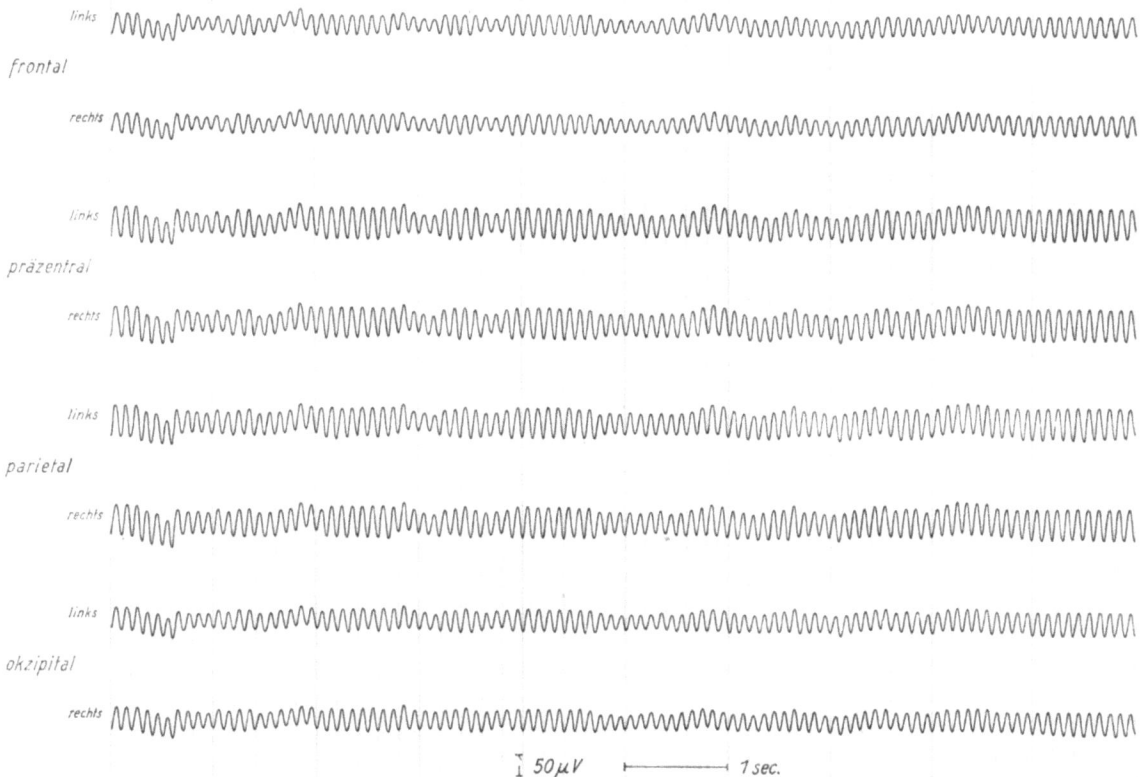

Abb. 74 Ableitungsart I (unipolare Schaltung zum linken Ohr) Alphafokus temporal

In der obigen Aufstellung fällt zunächst auf, daß hinter einigen Kombinationen die Einschränkung »unter Berücksichtigung des Gesamtpotentialbildes« verzeichnet wurde. Hierzu muß ergänzt werden, daß wir unter Berücksichtigung des Gesamtpotentialbildes alle in der jeweiligen Schaltung vorliegenden Ableitungsbereiche verstehen und daß insbesondere die Spannungshöhenabnahme der Alphawellen nach frontal bzw. die allgemeine Ausprägung der Alphawellen beachtet werden muß. *Um Irrtümern vorzubeugen, sei noch hinzugefügt, daß die Beurteilung eines Eeg prinzipiell unter Berücksichtigung des Gesamtpotentialbildes erfolgen muß.* Die vorliegende Differenzierung bzw. Einschränkung wurde lediglich erforderlich, um das Zusammenwirken bzw. die Wertigkeit der einzelnen Kriterien besser zu beleuchten (s. auch Unterschrift zu Abb. 78). Weiterhin wird bei Vorliegen eines Hirnpotentialbildes, bei dem lediglich die Frequenz der Alphawellen einseitig, meist örtlich, vermindert ist, nicht sicher zu entscheiden sein, ob es sich hierbei um den Vorläufer einer Alphareduktion oder Alphaaktivierung handelt. Man wird also nur von einer örtlichen Verlangsamung der Alphawellen sprechen können, wobei den Kontrolluntersuchungen die Klärung vorbehalten bleibt, ob sich aus dieser Verlangsamung der Alphawellen durch Hinzutreten anderer Kriterien eine Alphareduktion oder Alphaaktivierung entwickelt.

Unter einseitig, meist örtlich, wird verstanden, daß die Veränderungen immer einseitig über einem Ableitungsbereich oder mehreren Ableitungsbereichen entstehen. Die Praxis hat gezeigt, daß sehr oft nur ein Ableitungsbereich davon betroffen ist; *dies schließt selbstverständlich die Möglichkeit eines Auftretens auf zwei oder drei Ableitungsbereichen nicht aus.* Sind die Veränderungen über einer gesamten Seite, also auf vier Ableitungsbereichen, vorhanden, so sind genaue Differenzierungen, welche Art der Veränderung vorliegt, mitunter nicht immer sicher möglich. Unter Berücksichtigung des Gesamtpotentialbildes wird jedoch auch bei diesen Sonderfällen eine Klärung meistens erfolgen können. Sehen wir uns nun alle möglichen Kombinationen anhand von Kurvenbeispielen an (Abb. 75–81).

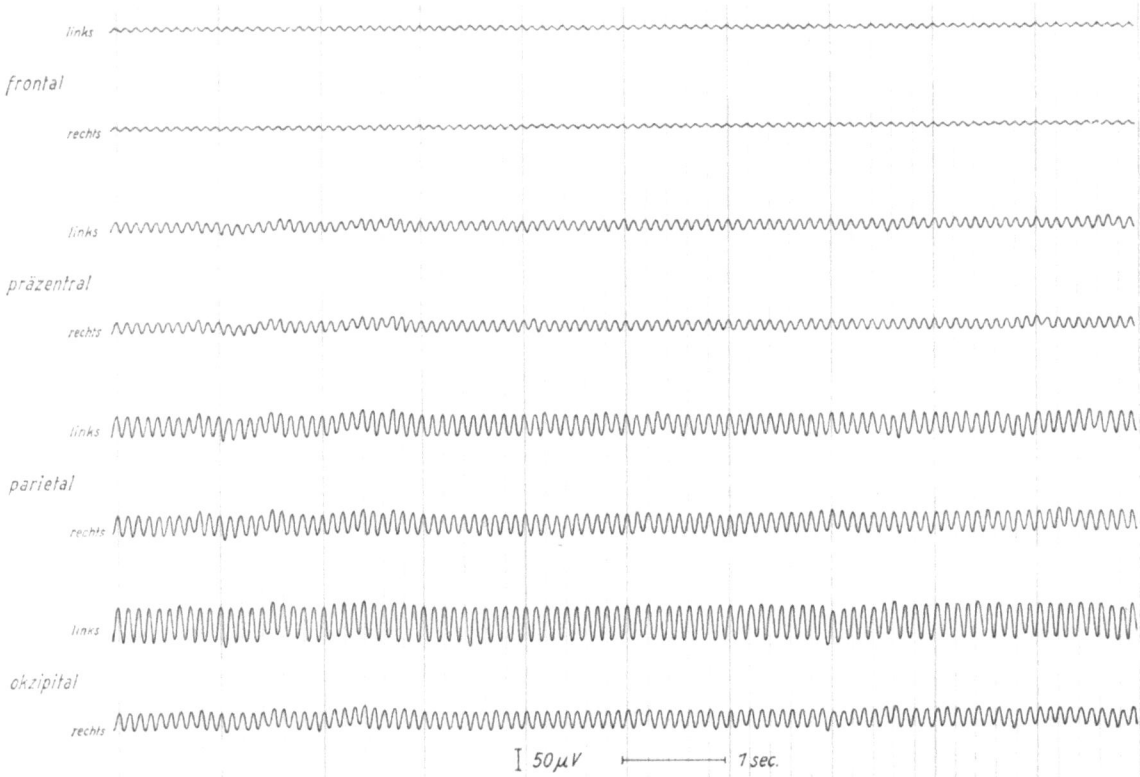

Abb. 75

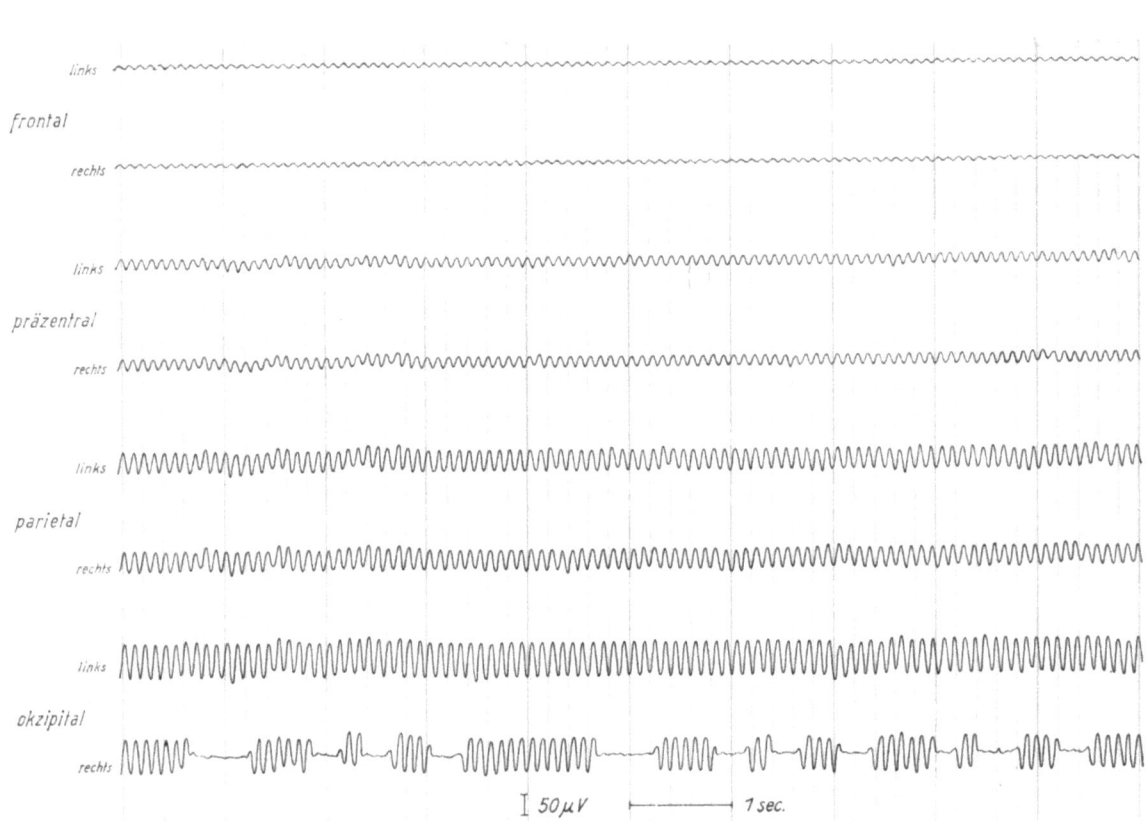

Abb. 76

Elemente des Eeg

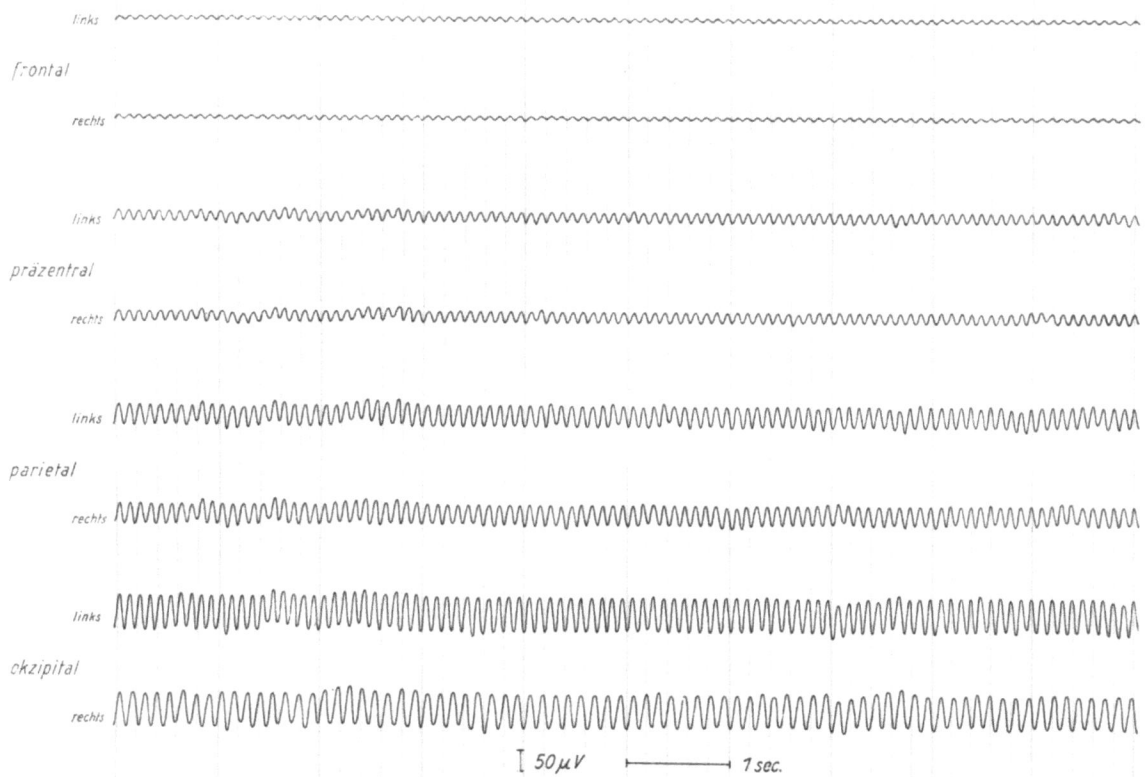

Abb. 77 Ableitungsart I (unipolare Schaltung zum linken Ohr)

Vorläufer der Alphareduktion bzw. Alphaaktivierung rechts okzipital. Einseitige örtliche Verminderung der Frequenz der Alphawellen.

Bei flüchtiger Betrachtung des Kurvenbildes fallen zunächst die sehr stark ausgeprägten Alphawellen auf, die Alphakomponente der Grundaktivität beträgt 100%. Weiterhin ist die Spannungshöhenzunahme der Alphawellen von frontal nach okzipital als durchaus im Bereich der Norm befindlich anzusehen. Bei genauem Studium des Wellenbildes erkennt man jedoch eine Verminderung der Frequenz rechts okzipital. Während wir links Alphawellen einer Frequenz von 10/sec. vorfinden, sind rechts okzipital vorwiegend 8/sec.-Wellen zu registrieren. Die Spannungshöhe und Ausprägung dieser 8/sec.-Wellen zeigt jedoch gegenüber der Gegenseite – also links okzipital – keine unterschiedlichen Werte, so daß es sich nur um eine Verminderung der Frequenz der Alphawellen handelt.

Liegt ein derartiges Kurvenbild vor, so können wir weder von einer Alphareduktion noch von einer Alphaaktivierung sprechen, da ein zweites Kriterium in diesem Fall zur Eingruppierung in eine dieser beiden Gruppen fehlt. Würde sich z. B. eine Spannungserhöhung zu der Verlangsamung der Alphawellen einstellen, so hätten wir es mit einer Alphaaktivierung zu tun; läge eine Spannungsverminderung zusätzlich vor, so müßten wir das Bild als Alphareduktion ansehen. Wir haben es also mit einer gewissen Zwitterstellung zu tun, die daraus resultiert, daß das Kriterium der Verminderung der Frequenz der Alphawellen sowohl bei der Alphareduktion als auch bei der Alphaaktivierung eines der Grundkriterien darstellt

---

Abb. 75 Ableitungsart I (unipolare Schaltung zum linken Ohr)

Alphareduktion rechts okzipital in Form einer schweren Verminderung der Spannungshöhe der Alphawellen.

Im Gesamtpotentialbild sind sehr stark ausgeprägte Alphawellen zu erkennen; die Alphakomponente der Grundaktivität beträgt 100%. Wir müssen somit das Kurvenbild als Eeg vom Alphatyp einordnen. Ebenfalls deutlich sichtbar ist die Spannungshöhenzunahme der Alphawellen von frontal nach okzipital. Okzipital rechts fällt jedoch eine erhebliche Spannungsminderung gegenüber links auf. Vergleicht man die Spannungshöhen der beiden okzipitalen Ableitungsbereiche, so kann man feststellen, daß die Spannungshöhe okzipital rechts gegenüber links um etwa 50% erniedrigt ist. Eine Differenz sowohl der Ausprägung als auch der Frequenz der Alphawellen in bezug auf links und rechts okzipital läßt sich nicht feststellen, so daß wir es – wie oben erwähnt – mit einer Alphareduktion nur in Form einer schweren Verminderung der Spannungshöhe zu tun haben

Abb. 76 Ableitungsart I (unipolare Schaltung zum linken Ohr)

Alphareduktion rechts okzipital in Form einer mittelschweren Verminderung der Ausprägung der Alphawellen.

Unter Berücksichtigung des Gesamtpotentialbildes liegt ein Eeg vom Alphatyp mit nach frontal zu abnehmender Spannungshöhe der Alphawellen vor. Die Ausprägung der Alphawellen ist auf den ersten 7 Kurvenlinien als sehr stark zu bezeichnen. Rechts okzipital ist eine deutliche Verminderung der Ausprägung festzustellen. Vergleicht man die Ausprägung des linken okzipitalen Ableitungsbereichs mit dem rechten, so haben wir links eine Ausprägung von 100%, rechts jedoch nur eine Ausprägung der Alphawellen um 60%, d. h., die Ausprägung ist rechts um 40% gemindert. Da die Spannungshöhe und auch die Frequenz der Alphawellen sowohl links als auch rechts okzipital gleiche Werte aufweisen, liegt somit eine Alphareduktion in Form einer mittelschweren Verminderung der Ausprägung vor.

Bemerkenswert erscheint in diesem Fall noch, daß nach dem rein visuellen Eindruck der Prozentsatz der Verminderung der Ausprägung sicher geringer geschätzt würde, als der tatsächlich durch genaue Messungen gewonnene Wert angibt

82 Die Graphoelemente im Eeg und ihre Nomenklatur

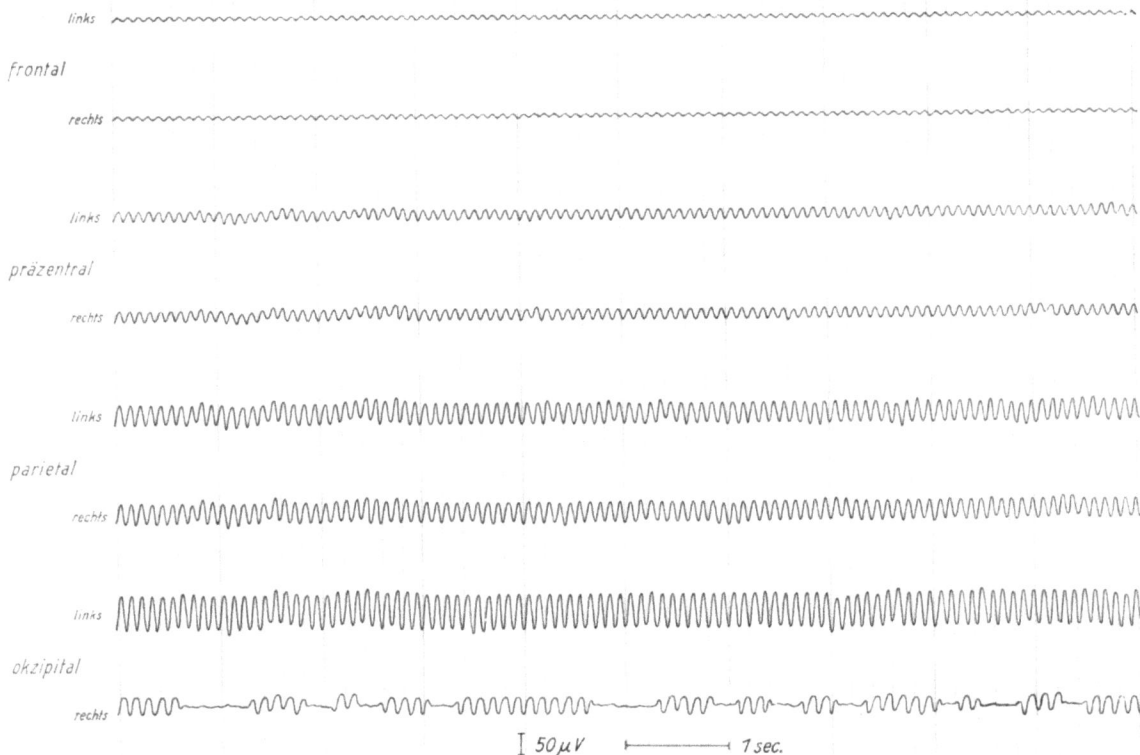

Abb. 78

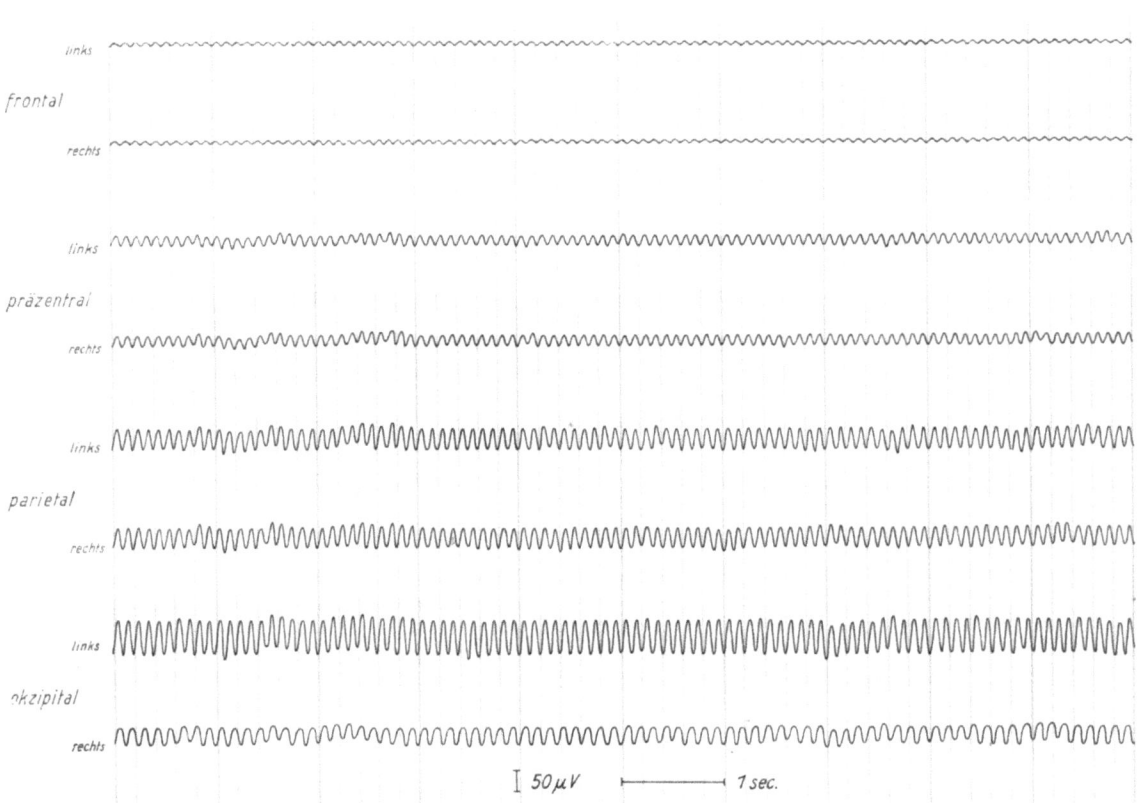

Abb. 79

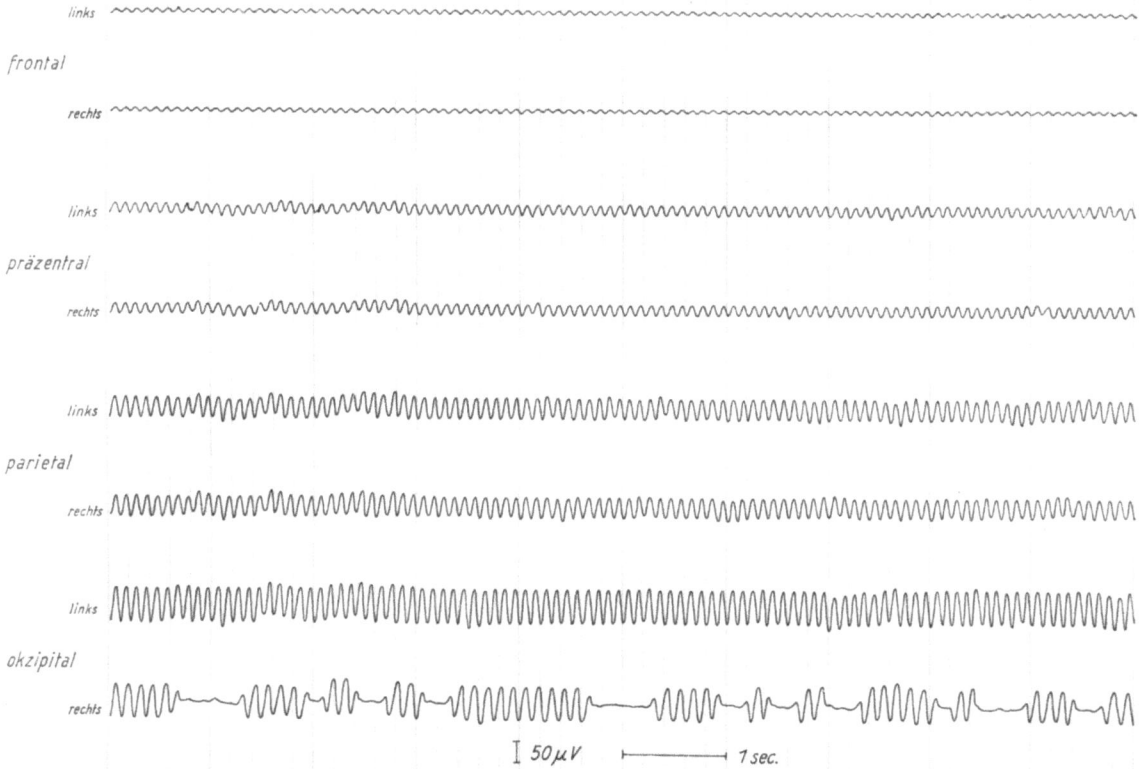

Abb. 80 Ableitungsart I (unipolare Schaltung zum linken Ohr)

Alphareduktion rechts okzipital in Form einer mittelschweren Verminderung der Ausprägung und einer Verminderung der Frequenz der Alphawellen.

Während die Ausprägung der Alphawellen auf den ersten 7 Kurvenlinien als sehr stark bezeichnet werden muß und somit bei 100% liegt, ist okzipital rechts nur eine Ausprägung der Alphawellen von 60% festzustellen. Da die Frequenz der Alphawellen rechts okzipital 8/sec., links jedoch 10/sec. beträgt, ist eine Eingruppierung auch ohne Berücksichtigung des Gesamtpotentialbildes ohne Schwierigkeit vorzunehmen

---

Abb. 78 Ableitungsart I (unipolare Schaltung zum linken Ohr)

Alphareduktion rechts okzipital in Form einer schweren Verminderung der Spannungshöhe sowie mittelschweren Verminderung der Ausprägung der Alphawellen.

Die Eingruppierung auch dieses Kurvenbildes ist nur unter Berücksichtigung des Gesamtpotentialbildes möglich. Es liegt eine Grundaktivität mit einer Alphakomponente von 100% und somit ein Eeg vom Alphatyp vor. Rechts okzipital ist eine Spannungshöhenminderung der Alphawellen um etwa 50% gegenüber links okzipital zu sehen. Weiterhin ist die Ausprägung der Alphawellen different. Während links die Ausprägung 100% beträgt, ist rechts eine Ausprägung von 60% vorhanden. Wir haben es also hier mit einem Zusammentreffen von zwei Kriterien zu tun. Würde man die beiden letzten Kurvenlinien aus dem Gesamtbild herausnehmen und versuchen, nunmehr eine Eingruppierung vorzunehmen, so könnte man nicht sagen, ob es sich um eine Alphareduktion oder um eine Alphaaktivierung handelt. Es wäre durchaus denkbar, daß das Potentialbild, welches wir rechts okzipital vorfinden, in entsprechend spannungsgeminderter Form auf den ersten sechs Kanälen vertreten wäre. In diesem Fall hätten wir dann eine bessere Ausprägung und eine Spannungserhöhung der Alphawellen links okzipital und somit eine Alphaaktivierung vorliegen. Die Berücksichtigung des Gesamtpotentialbildes zur Eingruppierung ist erst entbehrlich, wenn sich das Kriterium der Frequenzverlangsamung mit einem der anderen Kriterien paart. Es sei betont, daß bei der Beurteilung eines Eeg selbstverständlich immer das gesamte Kurvenbild heranzuziehen ist. Es sollte hier lediglich durch die Gegenüberstellung das Zusammenwirken der einzelnen Kriterien gezeigt werden

Abb. 79 Ableitungsart I (unipolare Schaltung zum linken Ohr)

Alphareduktion rechts okzipital in Form einer schweren Verminderung der Spannungshöhe und Verminderung der Frequenz der Alphawellen.

Es liegt wiederum ein Eeg vom Alphatyp vor, wobei die Grundaktivität eine Alphakomponente von 100% zeigt. Die beiden letzten Kurvenlinien weisen jedoch einen deutlichen Unterschied in bezug auf die Spannungshöhe sowie Frequenz der Alphawellen auf. Die Spannungshöhenminderung rechts gegenüber links okzipital bewegt sich um 50%. Während links okzipital Frequenzen von 10/sec. registriert werden, sind rechts okzipital vornehmlich 8/sec.-Wellen vorhanden. Es handelt sich also um ein Zusammentreffen von zwei Kriterien, wobei in diesem Fall die Rubrizierung auch bei Vorliegen nur der beiden letzten Kurvenlinien keine Schwierigkeit darstellen würde, da wir es mit einer Kombination des Kriteriums – Verlangsamung der Frequenz – zu tun haben. Aus diesen beiden Kurven auch bei Nichtberücksichtigung des Gesamtpotentialbildes eine Alphaaktivierung zu diagnostizieren ist also unmöglich

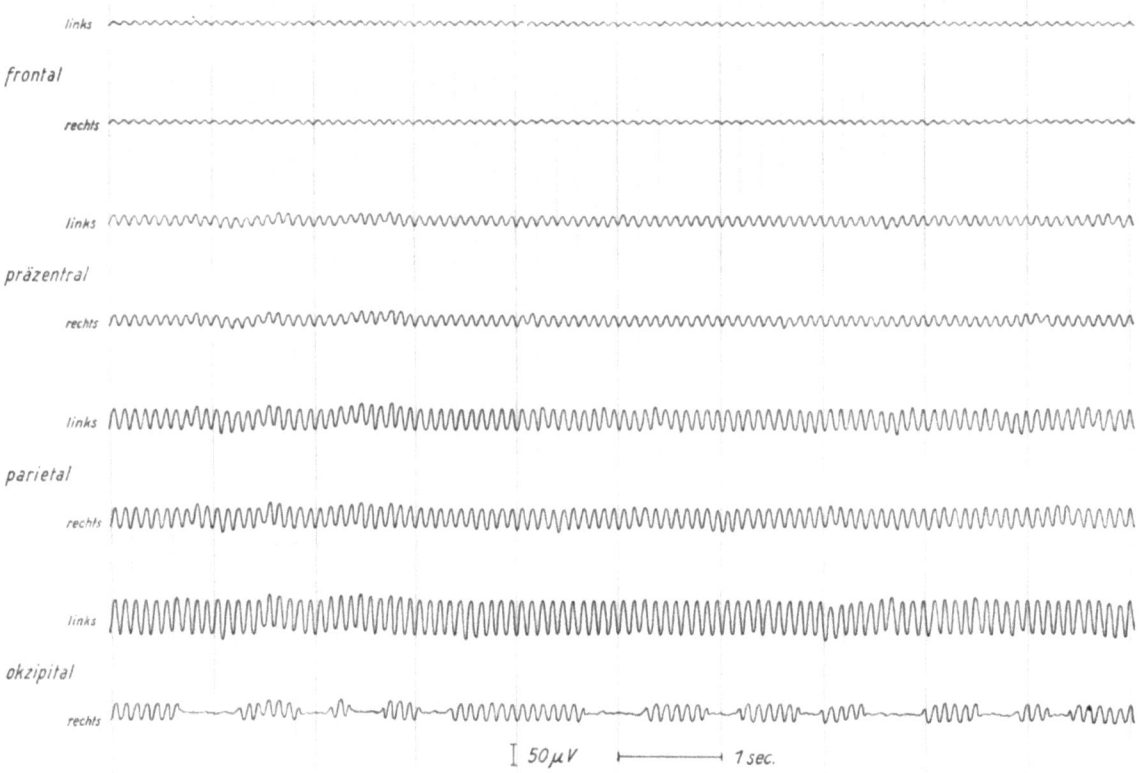

Abb. 81 Ableitungsart I (unipolare Schaltung zum linken Ohr)

Alphareduktion rechts okzipital in Form einer schweren Verminderung der Spannungshöhe, mittelschweren Verminderung der Ausprägung sowie Verminderung der Frequenz der Alphawellen.

Wir haben hier das klassische Bild der Alphareduktion vorliegen. Es sind rechts okzipital alle drei Kriterien der Alphareduktion, die Verminderung der Spannungshöhe, Ausprägung sowie Frequenz der Alphawellen vorhanden. Die Erkennung und Eingruppierung dieses Bildes ist einfach, so daß weitere Erläuterungen sich als nicht notwendig erweisen. Erwähnt sei lediglich noch, daß die vorliegende Form der Alphareduktion nach den bisherigen statistischen Erhebungen den größten Prozentsatz aller Alphareduktionsformen einnimmt, so daß diesem Bild besondere Aufmerksamkeit geschenkt werden muß. Ferner sei darauf hingewiesen, daß der eindeutige visuelle Eindruck der Kombination der Verminderung der Spannungshöhe und Ausprägung den Auswerter nicht dazu verleiten darf, die genaue Auszählung der Frequenzen zu unterlassen

Alphaaktivierung (Abb. 82–101)

Einseitige, meist örtliche, entweder einzeln oder kombiniert auftretende

Verstärkung der Spannungshöhe der Alphawellen,
Verstärkung der Ausprägung der Alphawellen,
Verminderung der Frequenz der Alphawellen,

wobei häufig in diesem Bereich ein negativer bzw. unvollständiger BERGER-Effekt zu finden ist.

Wir haben es – ähnlich wie bei der Alphareduktion – auch hier mit mehreren Kriterien zu tun.

Einseitig, meist örtlich:

Spannungshöhe der Alphawellen verstärkt = SpH ↑
Ausprägung der Alphawellen verstärkt = A ↑
Frequenz der Alphawellen vermindert = Fr ↓
BERGER-Effekt positiv = B +
BERGER-Effekt negativ = B −

Die sich hieraus ergebenden möglichen Kombinationen sind folgende:

SpH ↑ u. B + = Alphaaktivierung ⎫
A ↓ u. B + = Alphaaktivierung ⎬ 1
Fr ↓ u. B + = Vorläufer der Alphaaktivierung bzw. -reduktion ⎭

SpH ↑ u. A ↑ u. B + = Alphaaktivierung
SpH ↑ u. Fr ↓ u. B + = Alphaaktivierung
A ↑ u. Fr ↓ u. B + = Alphaaktivierung
SpH ↑ u. A ↑ u. Fr ↓ u. B + = Alphaaktivierung
SpH ↑ u. B − = Alphaaktivierung
A ↑ u. B − = Alphaaktivierung
Fr ↓ u. B − = Alphaaktivierung
SpH ↑ u. A ↑ u. B − = Alphaaktivierung
SpH ↑ u. Fr ↓ u. B − = Alphaaktivierung
A ↑ u. Fr ↓ u. B − = Alphaaktivierung
SpH ↑ u. A ↑ u. Fr ↓ u. B − = Alphaaktivierung

1 unter Berücksichtigung des Gesamtpotentialbildes

Aus der obigen Aufstellung ist zu ersehen, daß die Eingruppierung z. T. nur unter Berücksichtigung des Gesamtpotentialbildes möglich ist. Es müssen also hier die bereits bei der Alphareduktion beschriebenen Grundsätze ebenfalls beachtet werden. *Als Grundregel kann dienen, daß bei Vorliegen einer Verminderung der*

Frequenz der Alphawellen und einem zweiten Kriterium die Einordnung des Potentialbildes als Alphaaktivierung keine Schwierigkeiten bereitet. Fehlt die Frequenzverminderung, so muß unbedingt das Gesamtpotentialbild in die Beurteilung mit einbezogen werden (s. auch oben). Ist die Verminderung der Frequenz der Alphawellen als einziges Kriterium vorhanden, was nach den bisherigen statistischen Erhebungen sehr selten der Fall ist, so können wir bei positivem Berger-Effekt nicht von einer Alphaaktivierung sprechen, sondern müssen uns der direkten Beschreibung bedienen.

Abschließend sei noch ein Wort zu dem sogenannten *negativen oder unvollständigen Berger-Effekt* gesagt. Liegt ein negativer BERGER-Effekt in dem aktivierten Bereich vor, so ist eine Differenzierung jederzeit mit Sicherheit möglich. Springt dieser negative BERGER-Effekt auf einen angrenzenden Ableitungsbereich über, so ist seine Verwertung nur mit Einschränkung möglich. Hierzu sei erwähnt, daß ein »Durchlaufen der Alphawellen«, vor allem präzentral beiderseits, seltener auch parietal beiderseits, als physiologische Variante mitunter beobachtet werden kann. Ist der BERGER-Effekt in dem aktivierten Bereich als unvollständig zu bezeichnen, so kann die Entscheidung manchmal sehr schwierig sein. Ist er streng auf den aktivierten Bereich lokalisiert, so dürfte er eher für als gegen eine Alphaaktivierung sprechen.

Kommen wir nun wieder zu den Kurvenbeispielen.

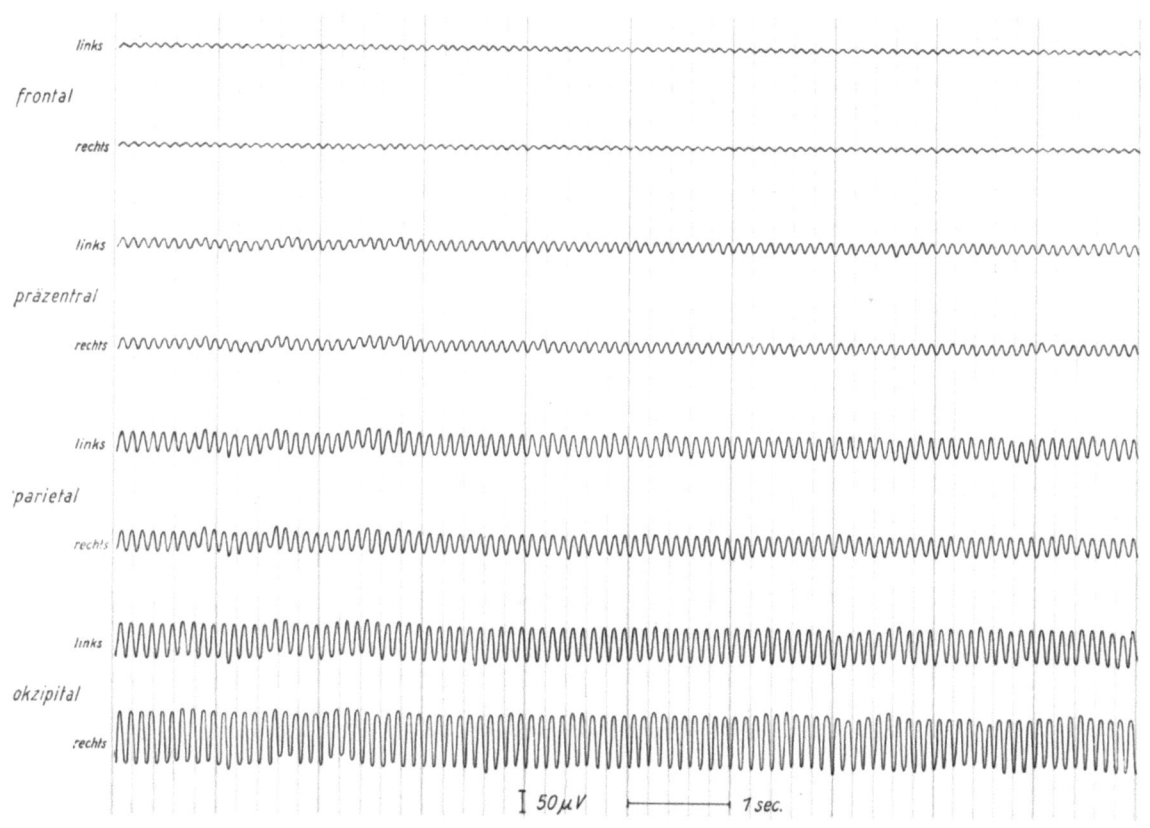

Abb. 82 Ableitungsart I (unipolare Schaltung zum linken Ohr)

Alphaaktivierung rechts okzipital in Form einer Verstärkung der Spannungshöhe bei sehr starker Ausprägung der Alphawellen.
Wir erkennen zunächst eine Grundaktivität mit einer Alphakomponente von 100%. Es liegt somit ein Eeg vom Alphatyp vor. Die Spannungshöhe der Alphawellen nimmt von frontal nach okzipital kontinuierlich zu.
Es kommt sehr deutlich zum Ausdruck, daß in vorliegendem Fall die Eingruppierung nur unter Berücksichtigung des Gesamtpotentialbildes, insbesondere unter Einbeziehung der kontinuierlichen Spannungshöhenzunahme der Alphawellen, möglich ist. Die Eingruppierung der Spannungserhöhung rechts gegenüber links okzipital ist trotzdem nicht einfach, da es denkbar wäre, auch die Spannungshöhe rechts okzipital als Norm anzusehen: Wir hätten es dann mit einer Alphareduktion links okzipital zu tun. Dieser Annahme stände jedoch der starke Sprung der Spannungshöhe von parietal rechts zu okzipital rechts entgegen. Eine solche sprunghafte Erhöhung der Spannung kommt vor, ist jedoch auf keinen Fall die Regel

86 Die Graphoelemente im Eeg und ihre Nomenklatur

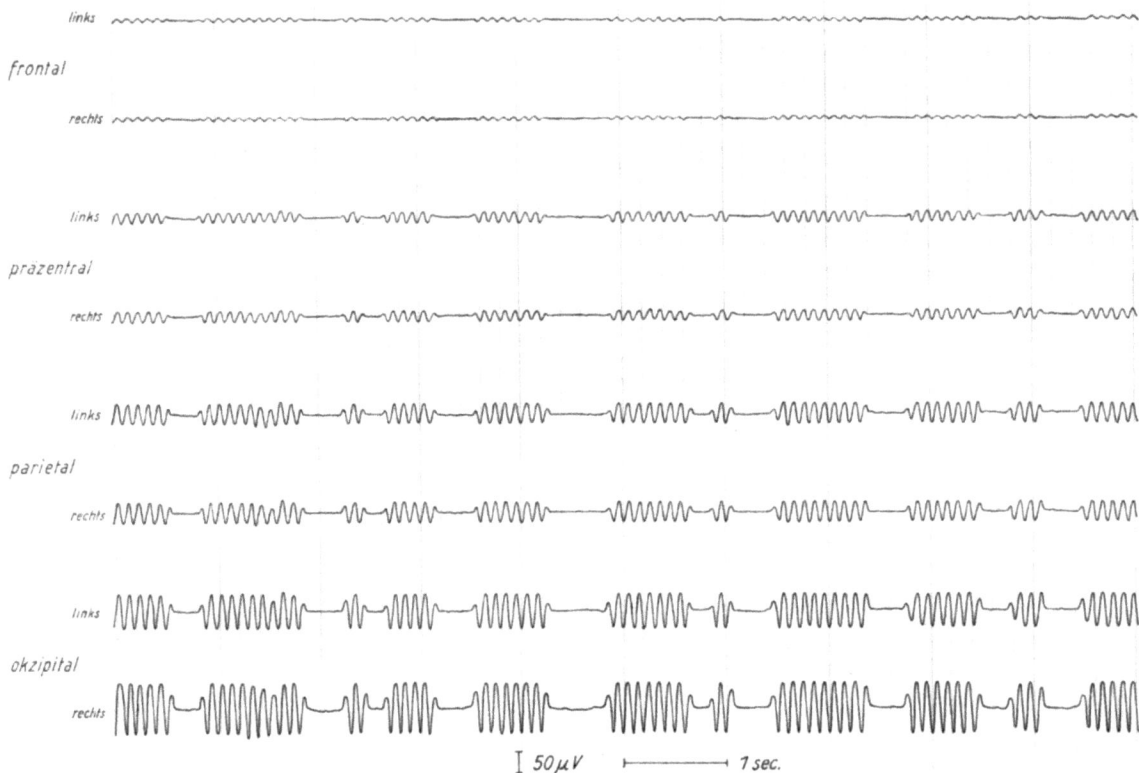

Abb. 83

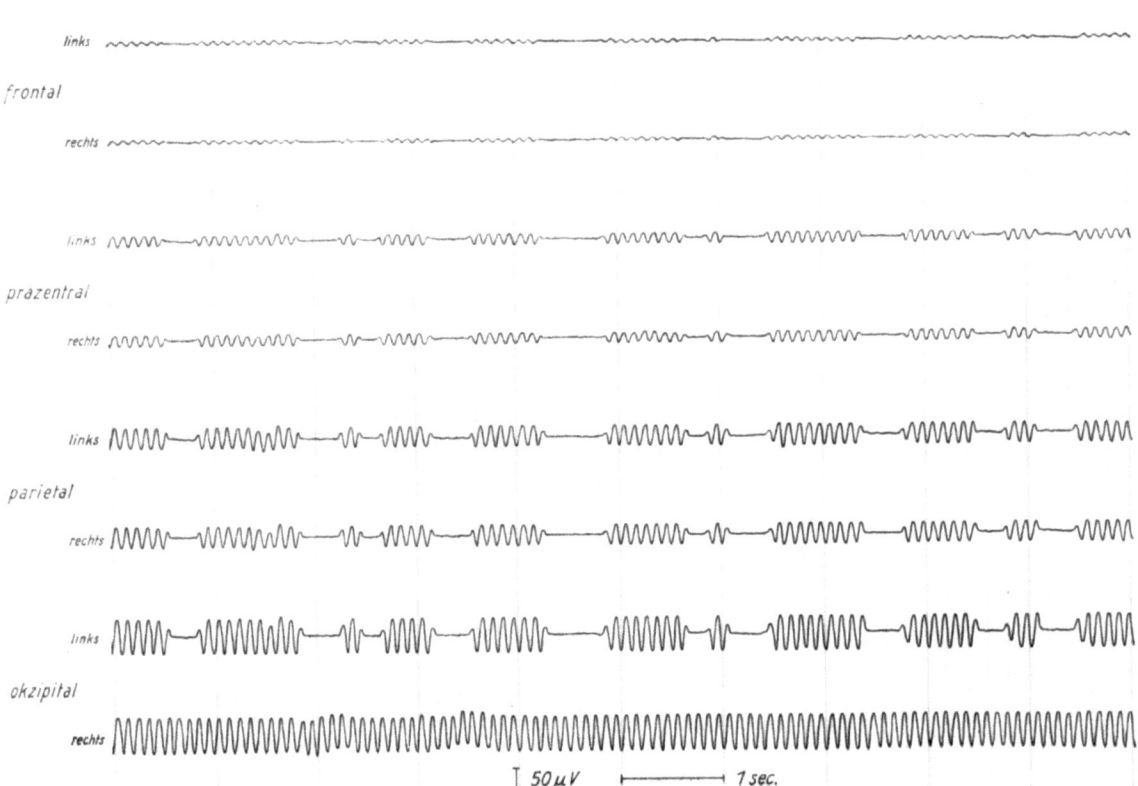

Abb. 84

Elemente des Eeg

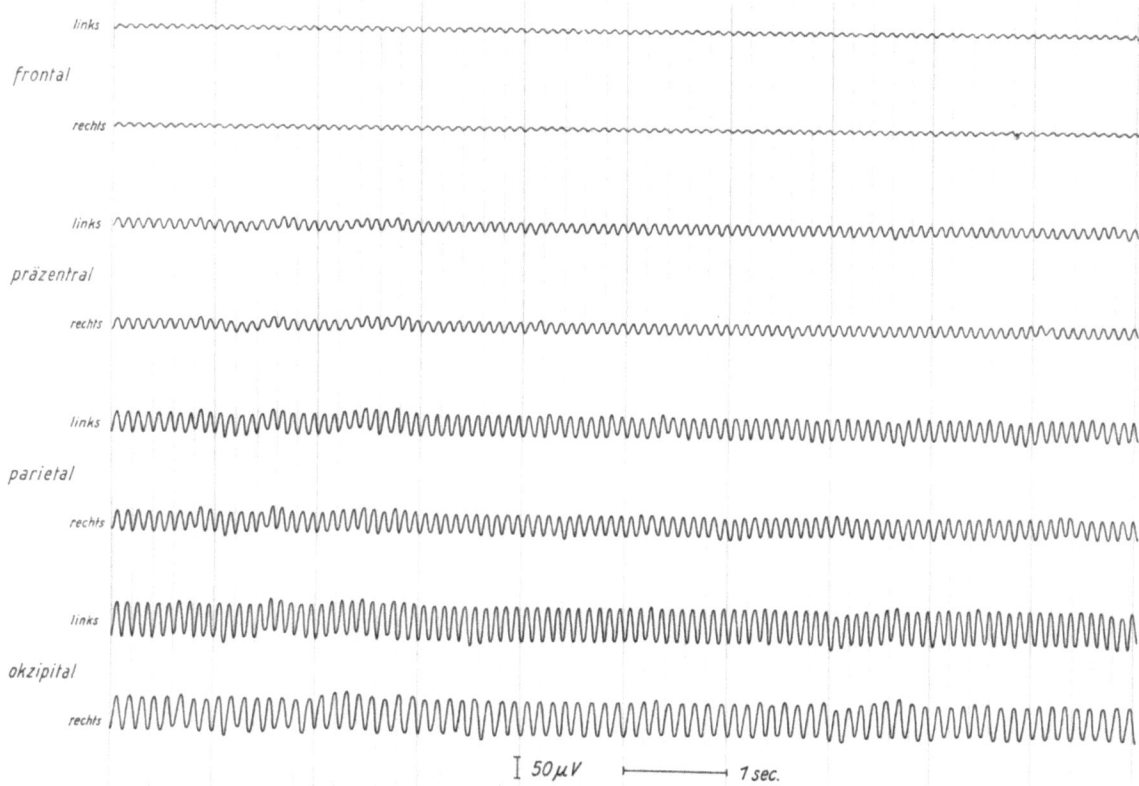

Abb. 85 Ableitungsart I (unipolare Schaltung zum linken Ohr)

Vorläufer der Alphaaktivierung bzw. Alphareduktion rechts okzipital. Einseitige örtliche Verminderung der Frequenz der Alphawellen bei sehr starker Ausprägung der Alphawellen.
Wie bereits in der Unterschrift zu Abb. 77 ausgeführt, handelt es sich bei dem hier vorliegenden Eeg um ein Kurvenbild, welches sich mit Sicherheit weder als Alphaaktivierung noch als Alphareduktion eingruppieren läßt. Erst bei Hinzutreten eines zweiten Kriteriums ist – wie bereits erwähnt – eine Einstufung möglich. Wir werden somit nur von einer einseitigen örtlichen (okzipital rechts) Verminderung der Frequenz der Alphawellen sprechen

---

Abb. 83 Ableitungsart I (unipolare Schaltung zum linken Ohr)

Alphaaktivierung rechts okzipital in Form einer Verstärkung der Spannungshöhe bei mäßiger Ausprägung der Alphawellen.
Wir haben es hier in bezug auf das Kriterium, welches uns die Eingruppierung der Alphaaktivierung gestattet, mit den gleichen Verhältnissen wie in Abb. 82 zu tun; wiederum ist es die Verstärkung der Spannungshöhe. Verändert in diesem Fall ist jedoch die Ausprägung der Alphawellen, die hier als mäßig zu bezeichnen ist; sie beträgt 60%. Beim Vergleich der Abb. 82 mit Abb. 83 wird dem Leser auffallen, daß die Spannungserhöhung der Alphawellen in Abb. 83 auf den ersten Blick hin schwerer erkennbar ist als in Abb. 82, obwohl die gleichen Spannungshöhenunterschiede vorliegen. In bezug auf die Feststellung der Spannungserhöhung gilt hier das gleiche wie in der Unterschrift zu Abb. 82 bereits Erwähnte

Abb. 84 Ableitungsart I (unipolare Schaltung zum linken Ohr)

Alphaaktivierung rechts okzipital in Form einer Verstärkung der Ausprägung der Alphawellen.
Da die Alphawellen links und rechts okzipital sowohl die gleiche Spannungshöhe als auch Frequenz aufweisen, ist die Feststellung, daß es sich hier um eine Alphaaktivierung handelt, wiederum nur unter Berücksichtigung des Gesamtpotentialbildes möglich, wobei von ausschlaggebender Bedeutung in vorliegendem Fall der Grad der Ausprägung der Alphawellen auf den ersten 7 Kanälen ist; sie kann als mäßig bezeichnet werden. Betrachtet man isoliert die beiden letzten Kurven, so wäre ohne weiteres auch die Feststellung einer Alphareduktion links okzipital in Form einer Verminderung der Ausprägung möglich

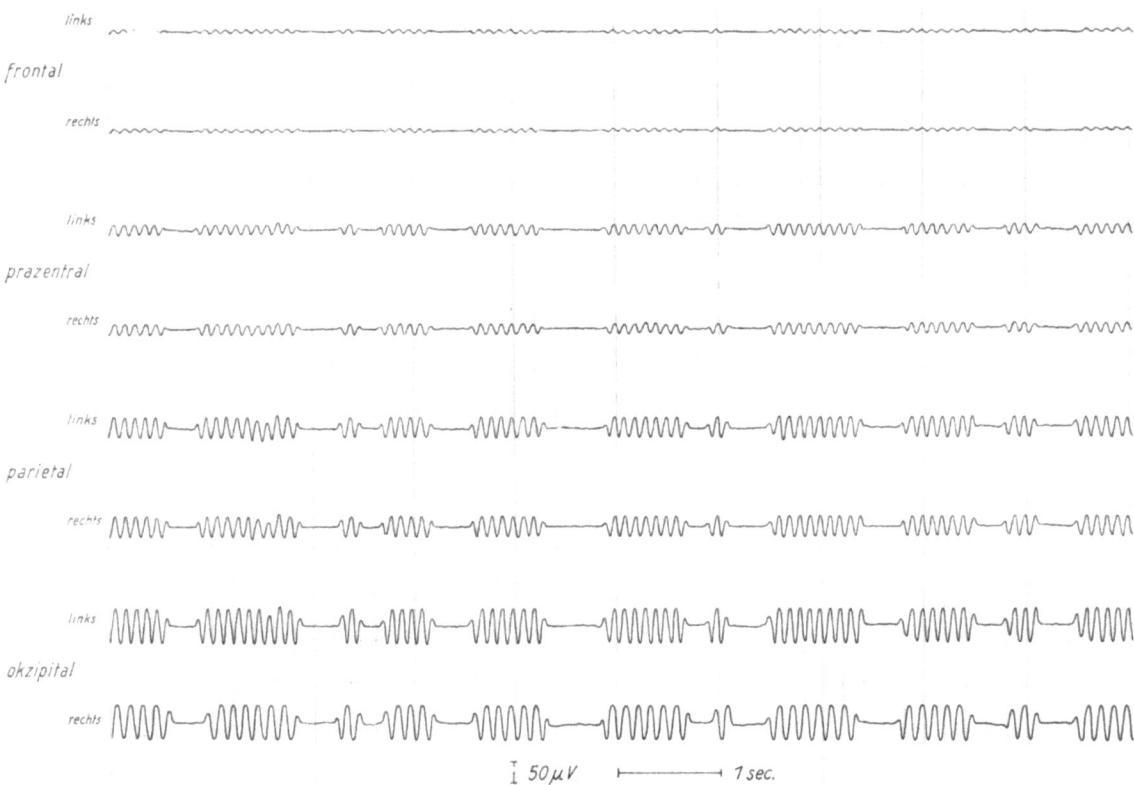

Abb. 86 Ableitungsart I (unipolare Schaltung zum linken Ohr)

Vorläufer der Alphaaktivierung bzw. Alphareduktion rechts okzipital.
Einseitige örtliche Verminderung der Frequenz der Alphawellen bei mäßiger Ausprägung der Alphawellen.
Es liegen hier die gleichen Verhältnisse vor, wie sie bereits bei Abb. 77 geschildert wurden; lediglich die Ausprägung der Alphawellen ist in diesem Bild verändert. Wir haben es mit einem Eeg vom Alphatyp mit mäßiger Ausprägung der Alphawellen zu tun. Bemerkenswert dürfte sein, daß durch die herabgesetzte Ausprägung der Alphawellen die Frequenzminderung der Alphawellen rechts okzipital auf den ersten Blick nicht so deutlich zu erkennen ist

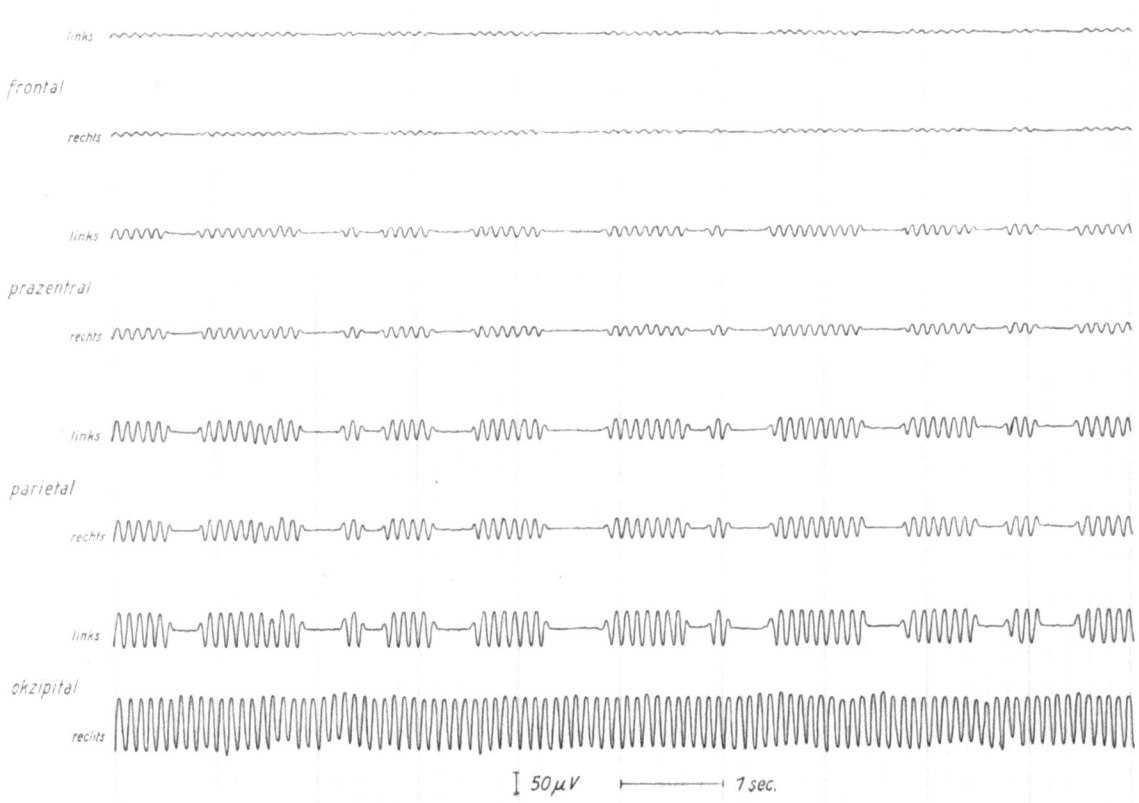

Abb. 87

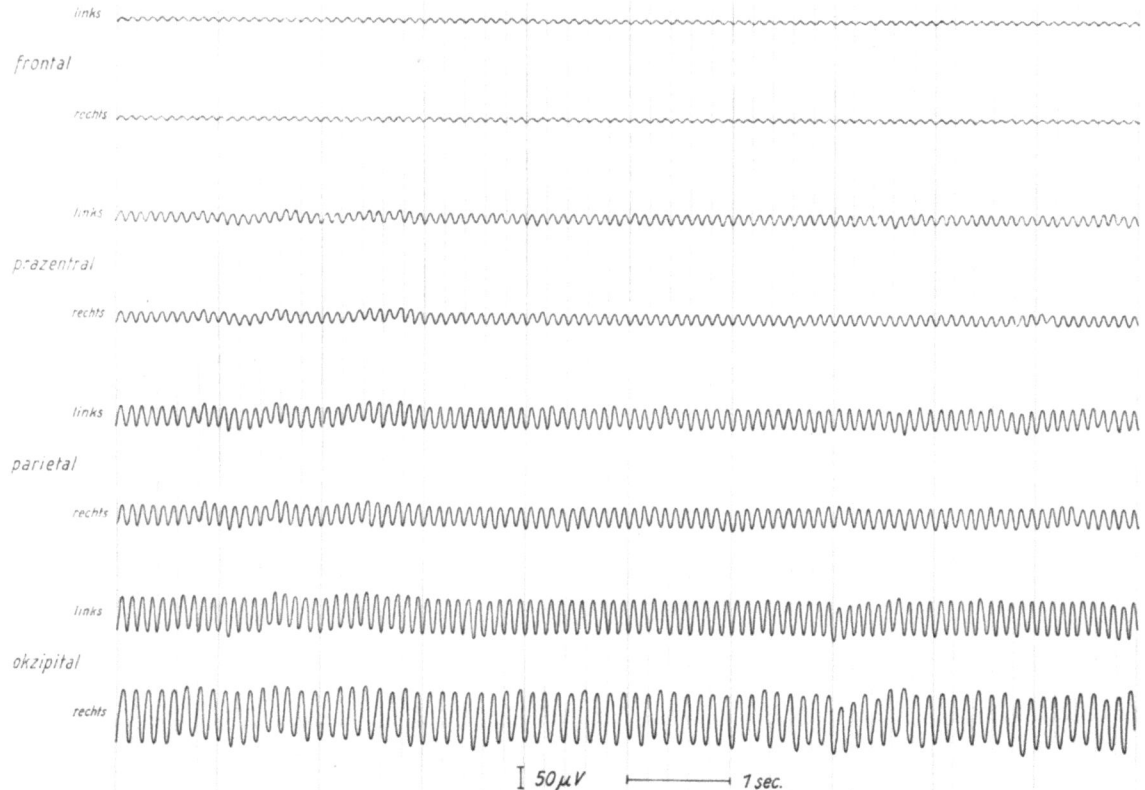

Abb. 88 Ableitungsart I (unipolare Schaltung zum linken Ohr)

Alphaaktivierung rechts okzipital in Form einer Verstärkung der Spannungshöhe und Verminderung der Frequenz der Alphawellen bei sehr starker Ausprägung der Alphawellen.

Bei einer Alphakomponente von 100% haben wir es hier auch bei isolierter Betrachtungsweise der beiden letzten Kurvenlinien mit einer Alphaaktivierung zu tun, die besonders durch die Verminderung der Frequenz der Alphawellen (links okzipital 10/sec., rechts okzipital 8/sec.) gekennzeichnet ist. Als 2. Kriterium finden wir die Verstärkung der Spannungshöhe (links okzipital um 80 Mikrovolt, rechts okzipital um 120 Mikrovolt). Es trifft hier der Satz zu: Ist die Verminderung der Frequenz der Alphawellen mit einem 2. Kriterium gepaart, so wäre die Eingruppierung auch ohne Berücksichtigung des Gesamtpotentialbildes möglich

Abb. 87 Ableitungsart I (unipolare Schaltung zum linken Ohr)

Alphaaktivierung rechts okzipital in Form einer Verstärkung der Spannungshöhe und Ausprägung der Alphawellen.
Bei einer mäßigen Ausprägung der Alphawellen fällt sofort die Spannungserhöhung und auch die verstärkte Ausprägung der Alphawellen rechts okzipital ins Auge. Die Beurteilung dieses Kurvenbildes im Sinne einer Alphaaktivierung ist trotzdem nur unter Berücksichtigung des Gesamtpotentialbildes möglich. Betrachtet man die beiden letzten Kurvenlinien isoliert, so könnte es sich auch um eine Alphareduktion in Form einer Verminderung der Spannungshöhe und Ausprägung handeln. Bemerkenswert ist auch hier wieder eine optische Täuschung; vergleicht man die spannungsniedrigen Alphawellen links okzipital mit den deutlich spannungshöheren Alphawellen rechts okzipital, so entsteht der Eindruck einer Verlangsamung der Frequenz links gegenüber rechts okzipital

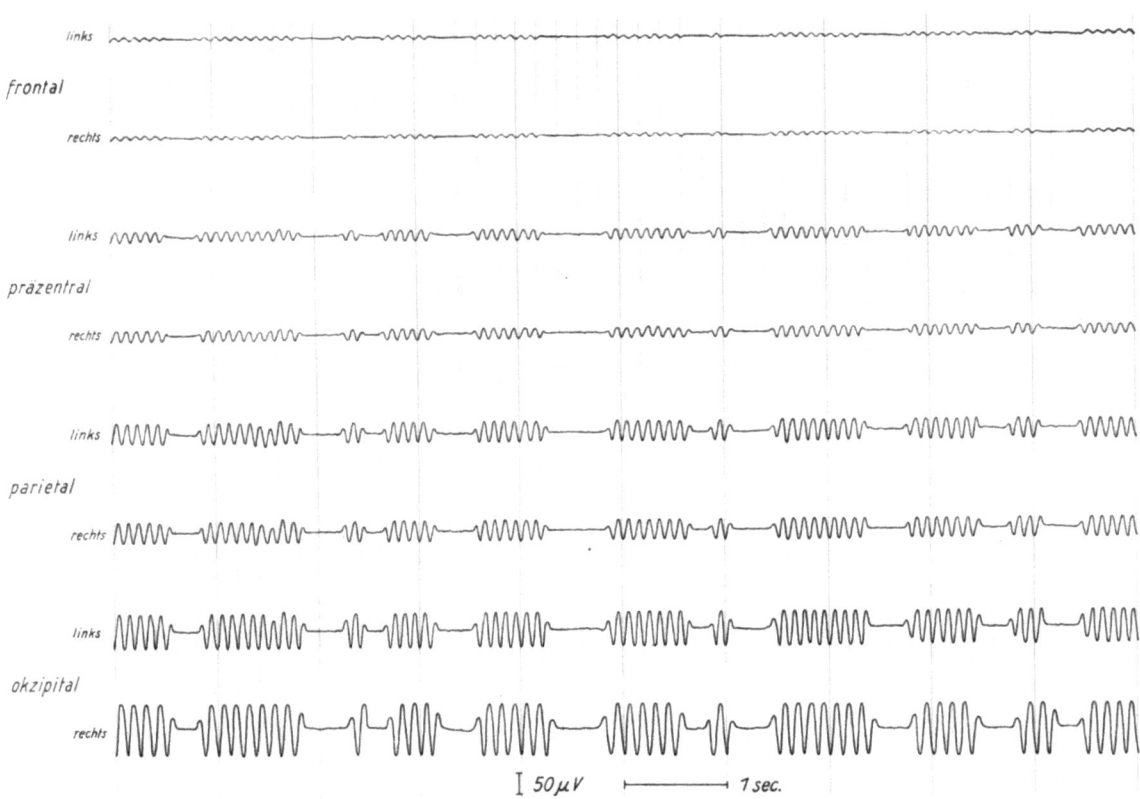

Abb. 89 Ableitungsart I (unipolare Schaltung zum linken Ohr)

Alphaaktivierung rechts okzipital in Form einer Verstärkung der Spannungshöhe und Verminderung der Frequenz der Alphawellen bei mäßiger Ausprägung der Alphawellen.
Es liegen hier die gleichen Verhältnisse wie bei Abb. 88 vor, lediglich mit dem Unterschied der Ausprägung der Alphawellen. Die Grundaktivität zeigt eine Alphakomponente von 60%

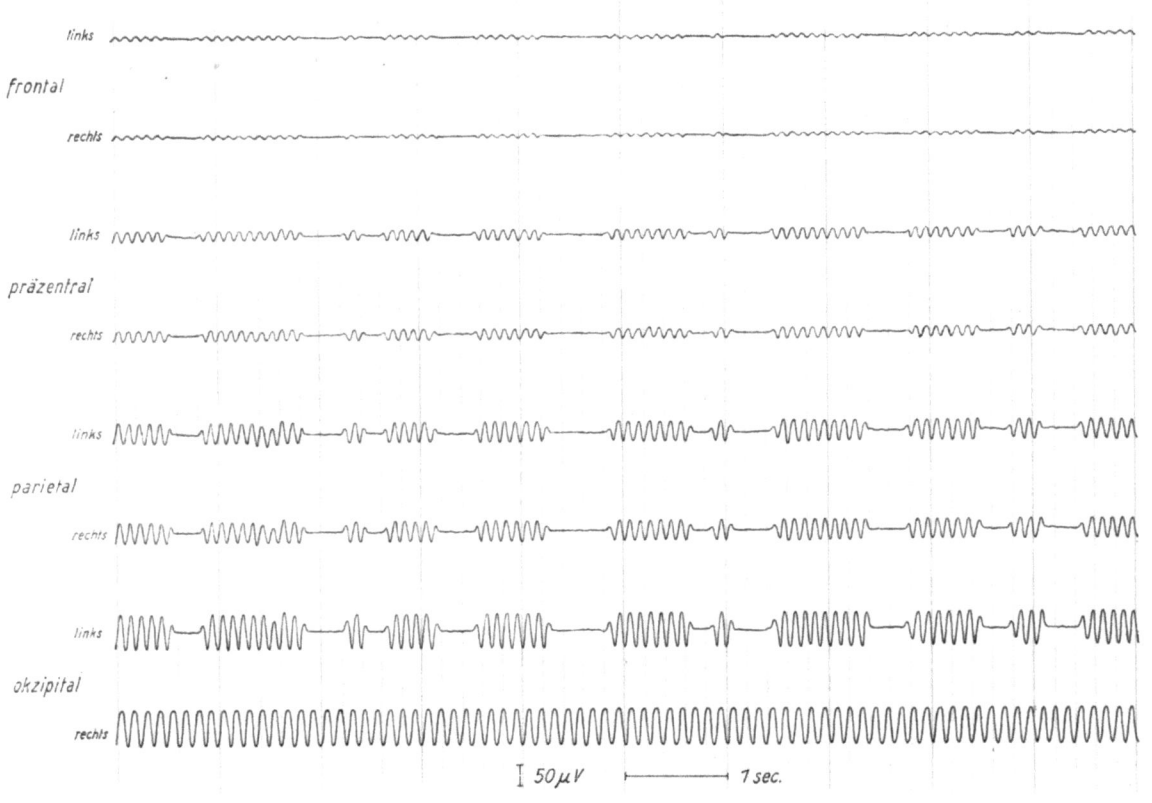

Abb. 90

Elemente des Eeg

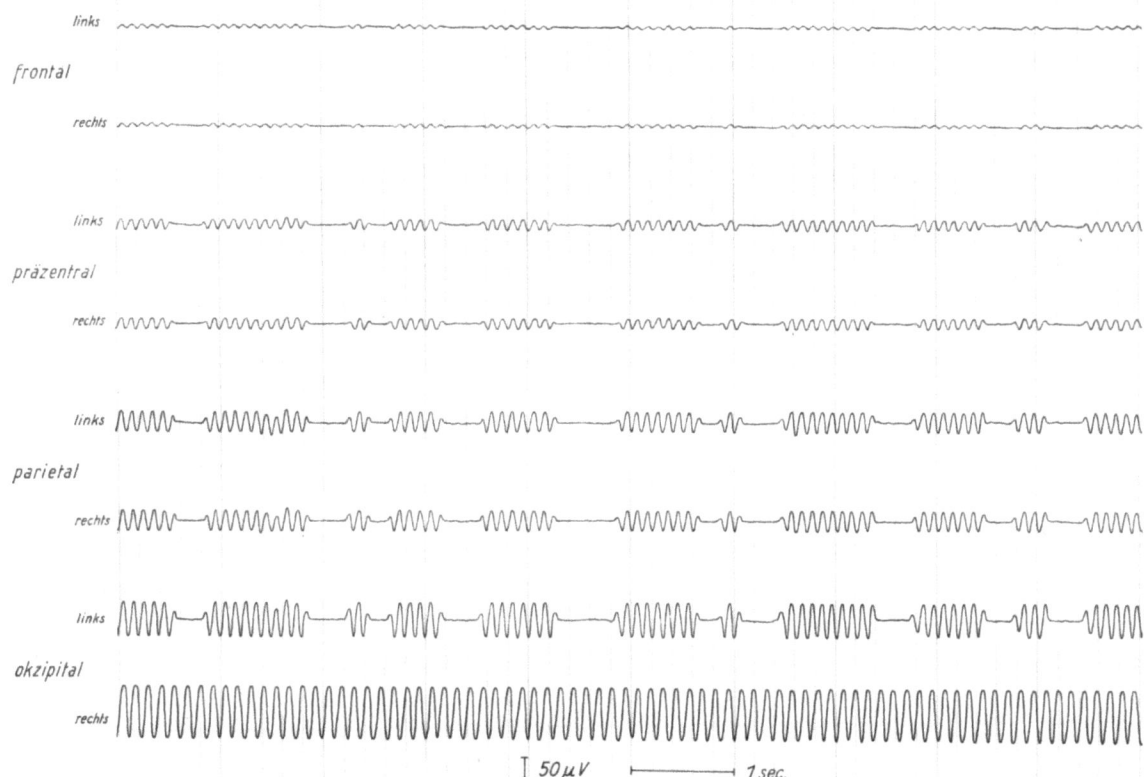

Abb. 91 Ableitungsart I (unipolare Schaltung zum linken Ohr)

Alphaaktivierung rechts okzipital in Form einer Verstärkung der Spannungshöhe und Ausprägung sowie Verminderung der Frequenz der Alphawellen.
Abgesehen von dem fehlenden Augenöffnen und somit der nicht möglichen Beurteilung des BERGER-Effekts haben wir es hier mit dem klassischen Bild der Alphaaktivierung zu tun, da sämtliche drei Kriterien in bezug auf die Alphawellen vorhanden sind (s. auch Abb. 101)

Abb. 90 Ableitungsart I (unipolare Schaltung zum linken Ohr)

Alphaaktivierung rechts okzipital in Form einer Verstärkung der Ausprägung und Verminderung der Frequenz der Alphawellen.
Bei Vorliegen eines Eeg vom Alphatyp, wobei die Grundaktivität durch eine Alphakomponente von 60% gekennzeichnet ist, erkennt man sofort eine Änderung der Potentialverhältnisse auf dem 8. Kanal. Wir haben rechts okzipital eine 100%ige Ausprägung der Alphawellen vorliegen, wobei gleichzeitig die Frequenz auf 8/sec. gegenüber 10/sec. links okzipital gemindert ist. Bemerkenswert ist, daß diese Frequenzminderung infolge der gleichen Spannungsverhältnisse rechts und links okzipital sofort ins Auge fällt

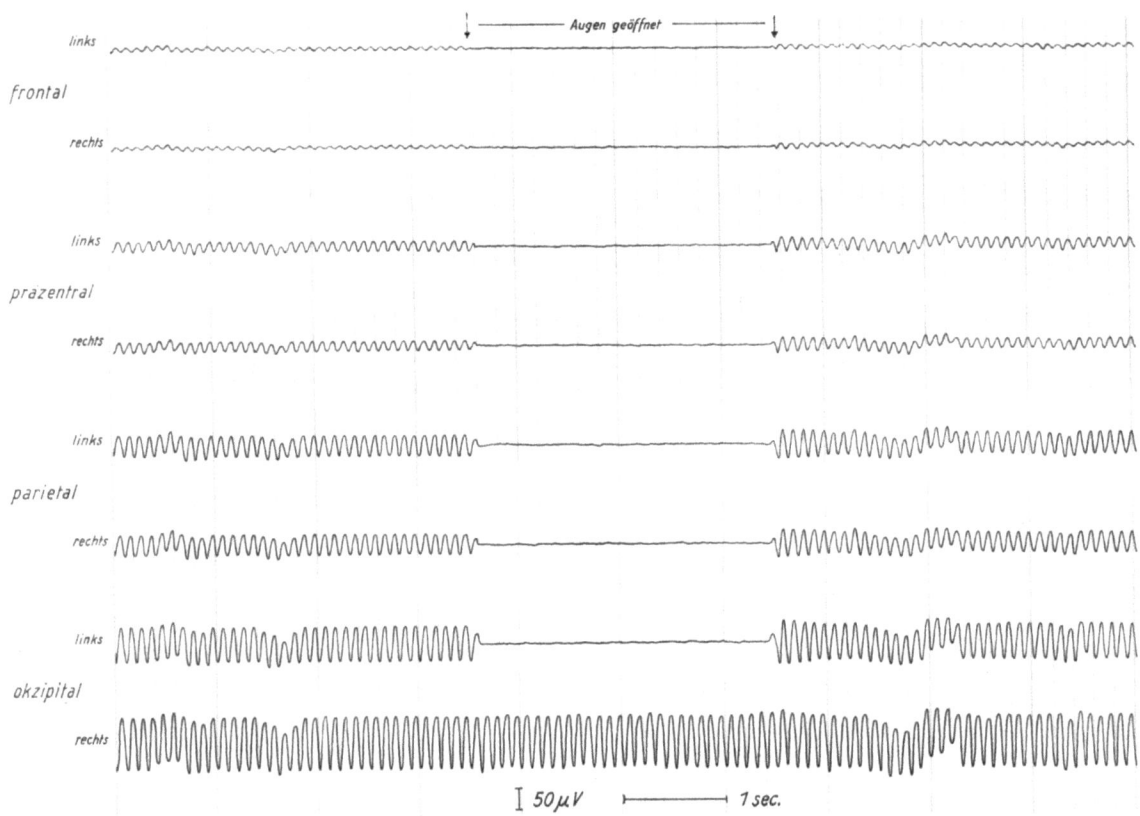

Abb. 92 Ableitungsart I (unipolare Schaltung zum linken Ohr)
Alphaaktivierung rechts okzipital in Form einer Verstärkung der Spannungshöhe der Alphawellen mit negativem BERGER-Effekt bei sehr starker Ausprägung der Alphawellen

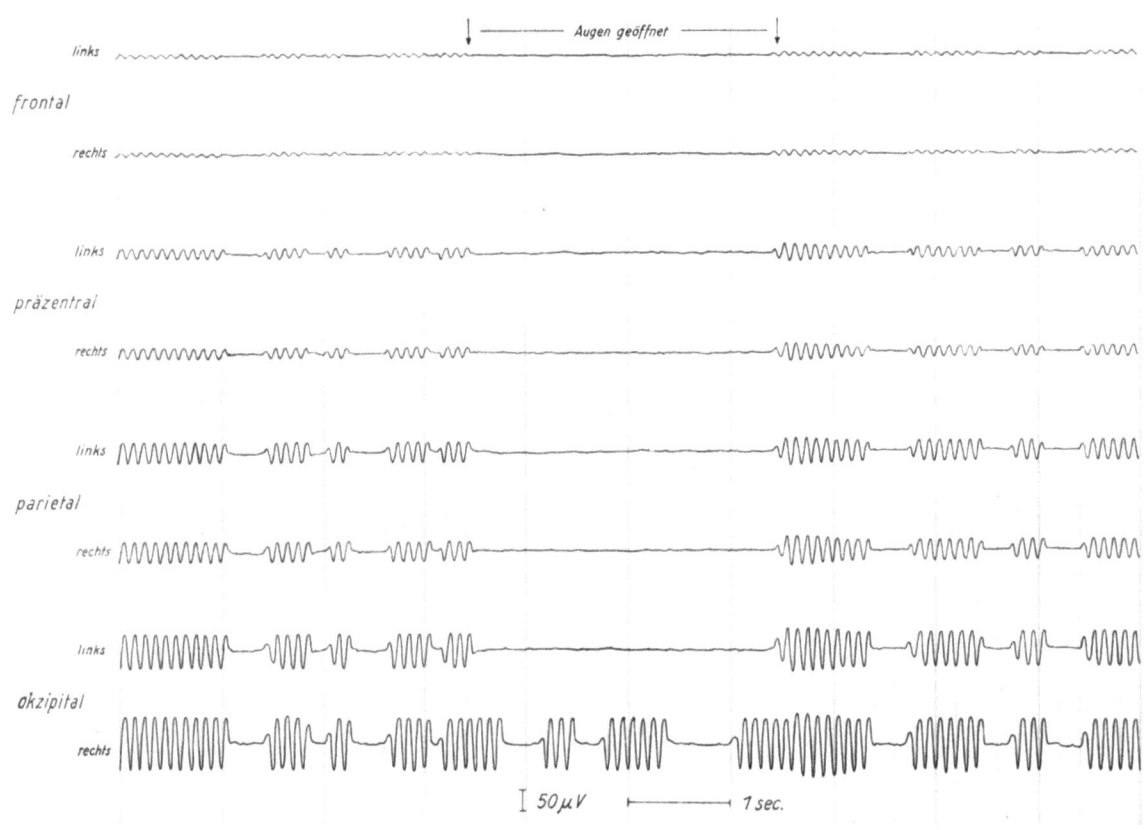

Abb. 93 Ableitungsart I (unipolare Schaltung zum linken Ohr)
Alphaaktivierung rechts okzipital in Form einer Verstärkung der Spannungshöhe der Alphawellen mit negativem BEGER-Effekt bei mäßiger Ausprägung der Alphawellen

Elemente des Eeg

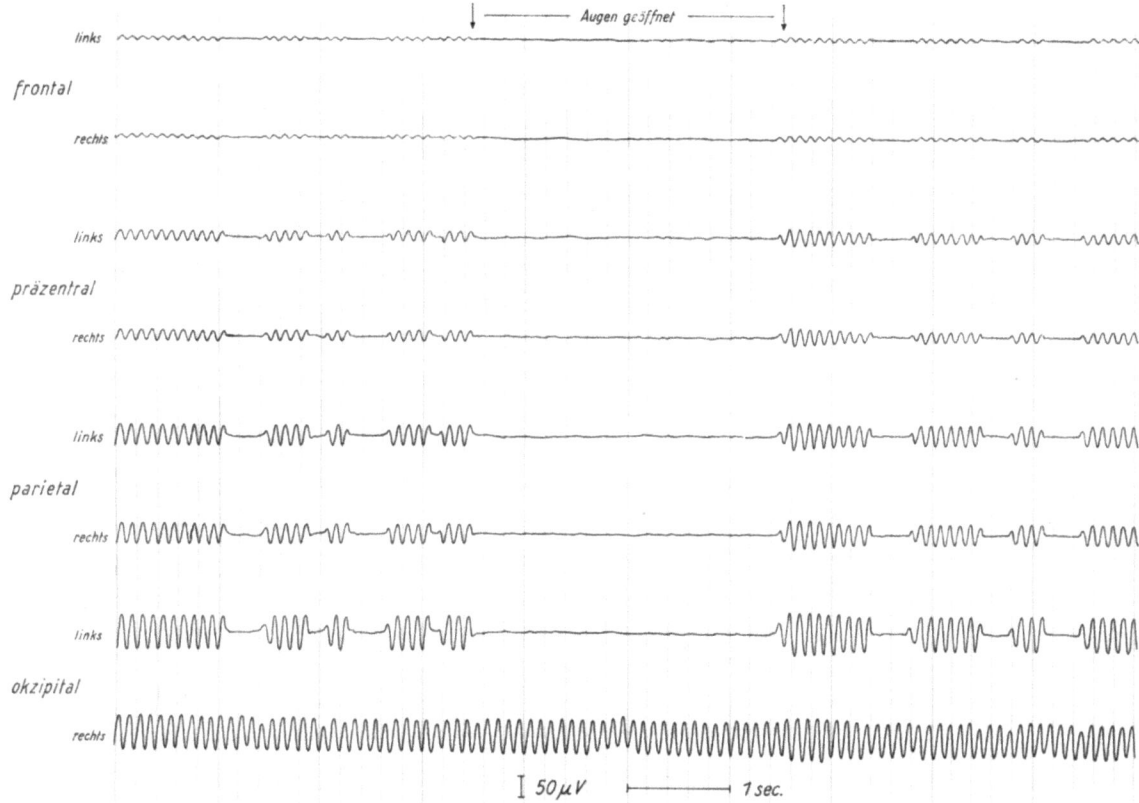

Abb. 94 Ableitungsart I (unipolare Schaltung zum linken Ohr)
Alphaaktivierung rechts okzipital in Form einer Verstärkung der Ausprägung der Alphawellen mit negativem BEGER-Effekt bei mäßiger Ausprägung der Alphawellen

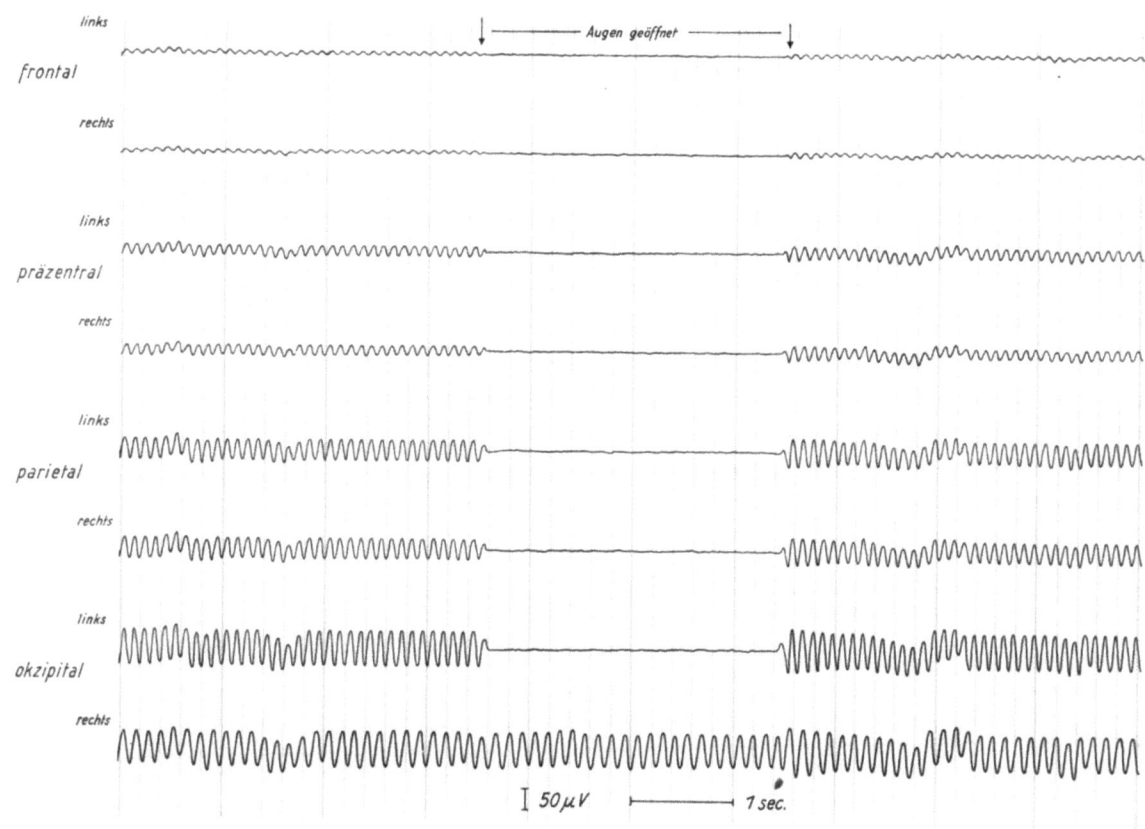

Abb. 95 Ableitungsart I (unipolare Schaltung zum linken Ohr)
Alphaaktivierung rechts okzipital in Form einer Verminderung der Frequenz der Alphawellen mit negativem BERGER-Effekt bei sehr starker Ausprägung der Alphawellen

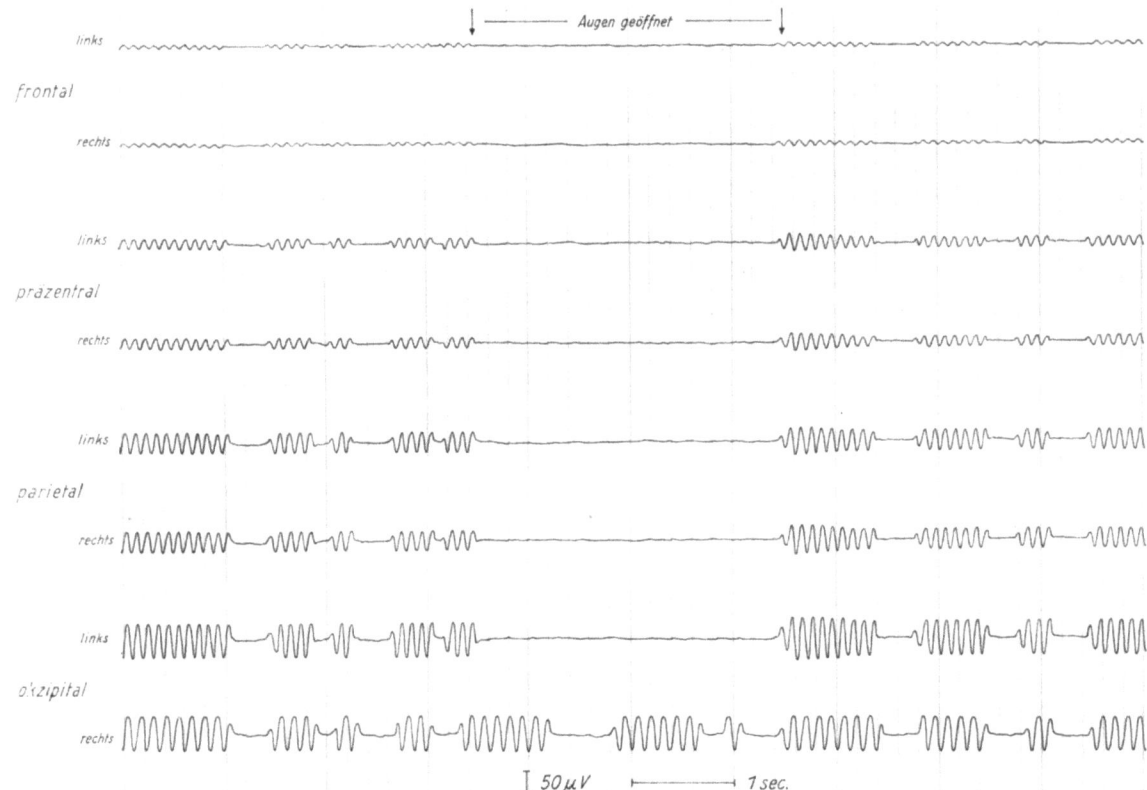

Abb. 96 Ableitungsart I (unipolare Schaltung zum linken Ohr)
Alphaaktivierung rechts okzipital in Form einer Verminderung der Frequenz der Alphawellen mit negativem BERGER-Effekt bei mäßiger Ausprägung der Alphawellen

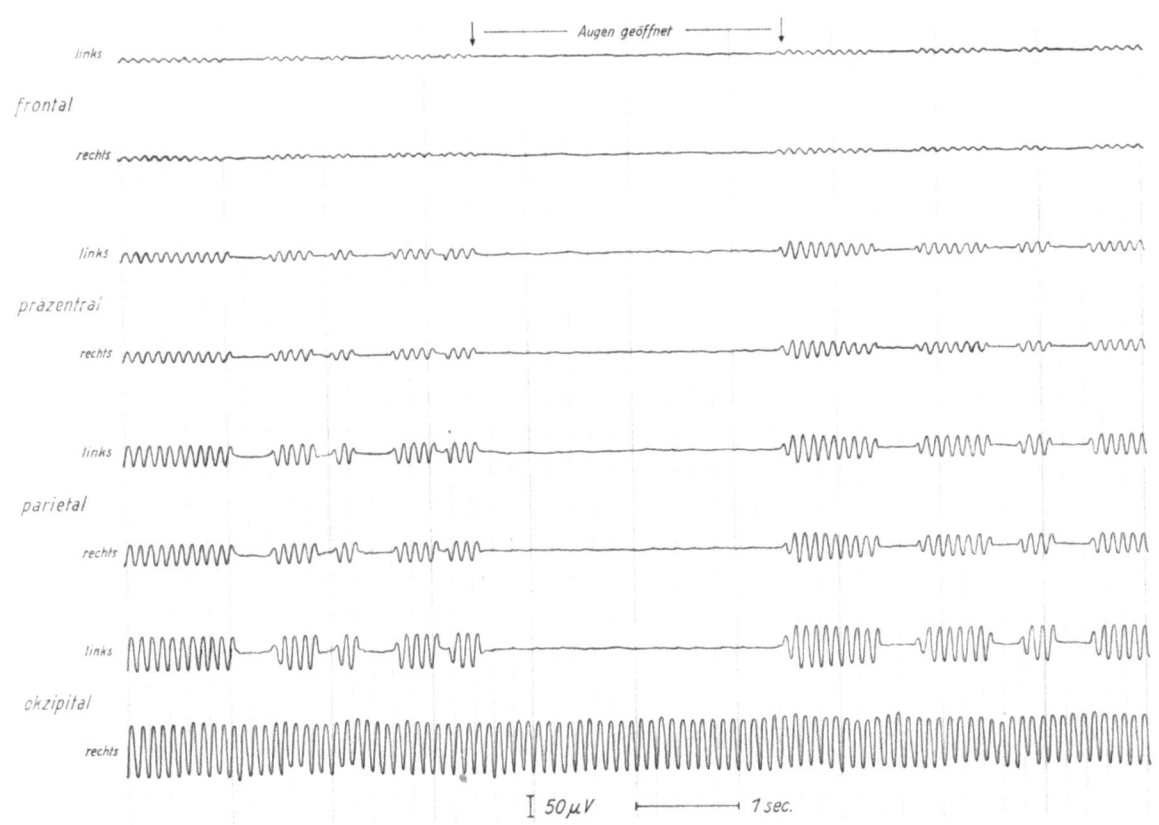

Abb. 97 Ableitungsart I (unipolare Schaltung zum linken Ohr)
Alphaaktivierung rechts okzipital in Form einer Verstärkung der Spannungshöhe und Ausprägung der Alphawellen mit negativem BERGER-Effekt bei mäßiger Ausprägung der Alphawellen

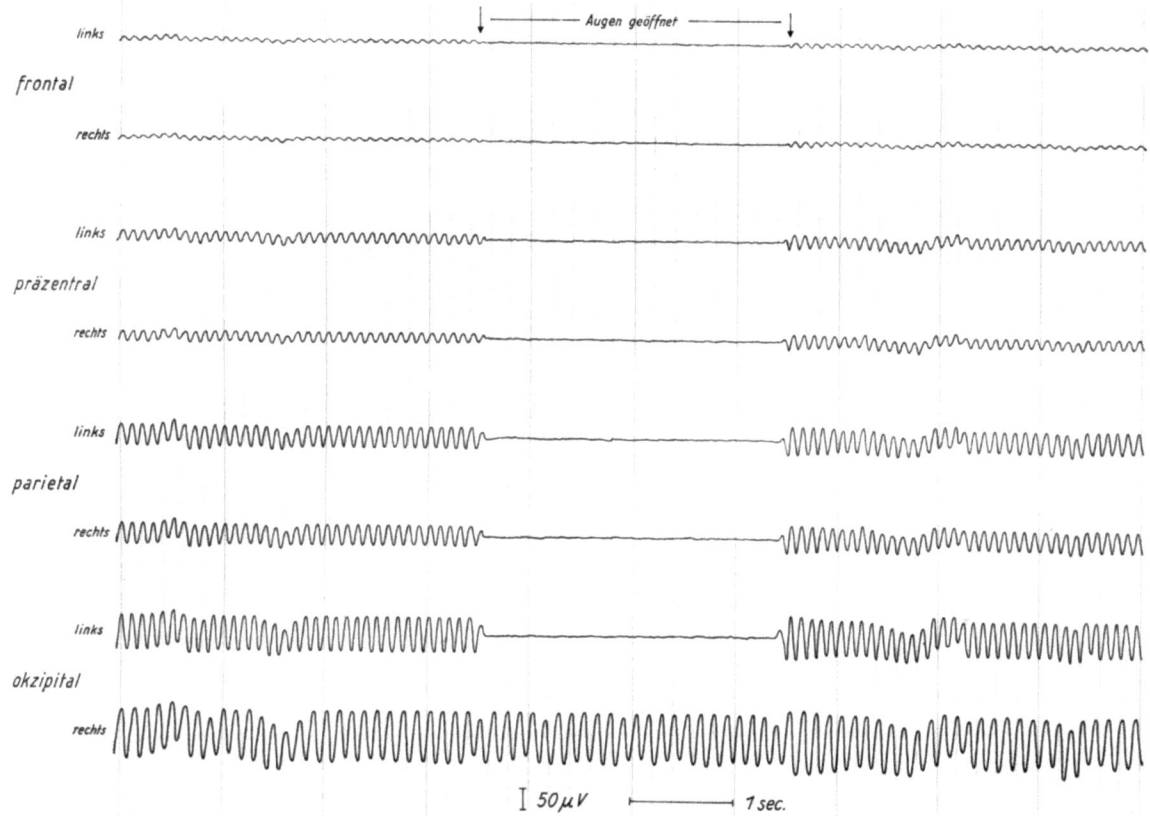

Abb. 98 Ableitungsart I (unipolare Schaltung zum linken Ohr)
Alphaaktivierung rechts okzipital in Form einer Verstärkung der Spannungshöhe und Verminderung der Frequenz der Alphawellen mit negativem BERGER-Effekt bei sehr starker Ausprägung der Alphawellen

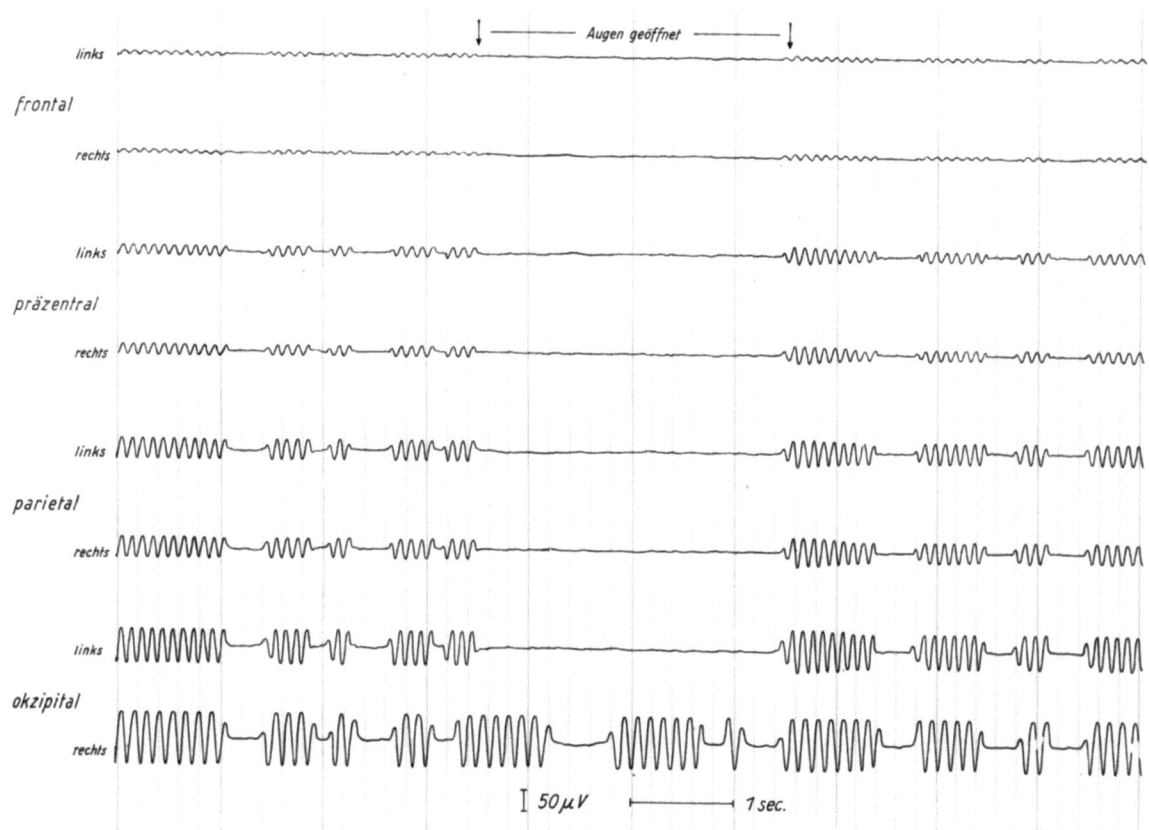

Abb. 99 Ableitungsart I (unipolare Schaltung zum linken Ohr)
Alphaaktivierung rechts okzipital in Form einer Verstärkung der Spannungshöhe und Verminderung der Frequenz der Alphawellen mit negativem BERGER-Effekt bei mäßiger Ausprägung der Alphawellen

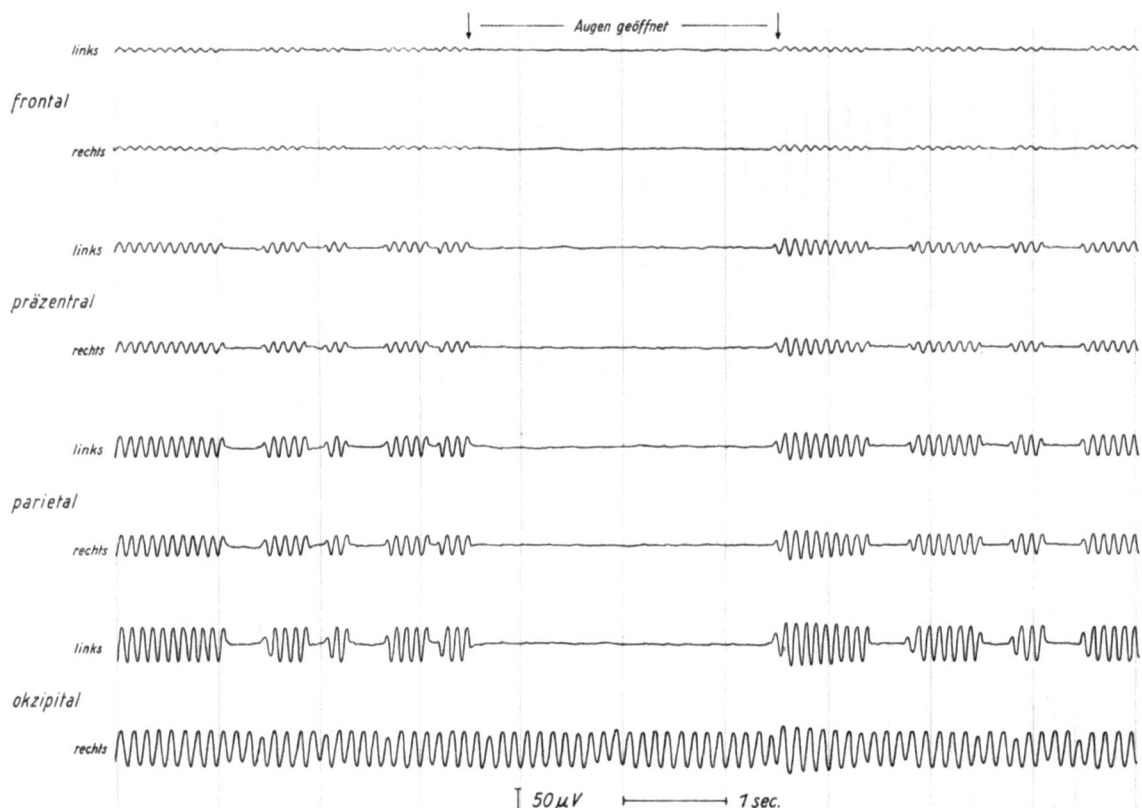

Abb. 100 Ableitungsart I (unipolare Schaltung zum linken Ohr)
Alphaaktivierung rechts okzipital in Form einer Verstärkung der Ausprägung und Verminderung der Frequenz der Alphawellen mit negativem BERGER-Effekt bei mäßiger Ausprägung der Alphawellen

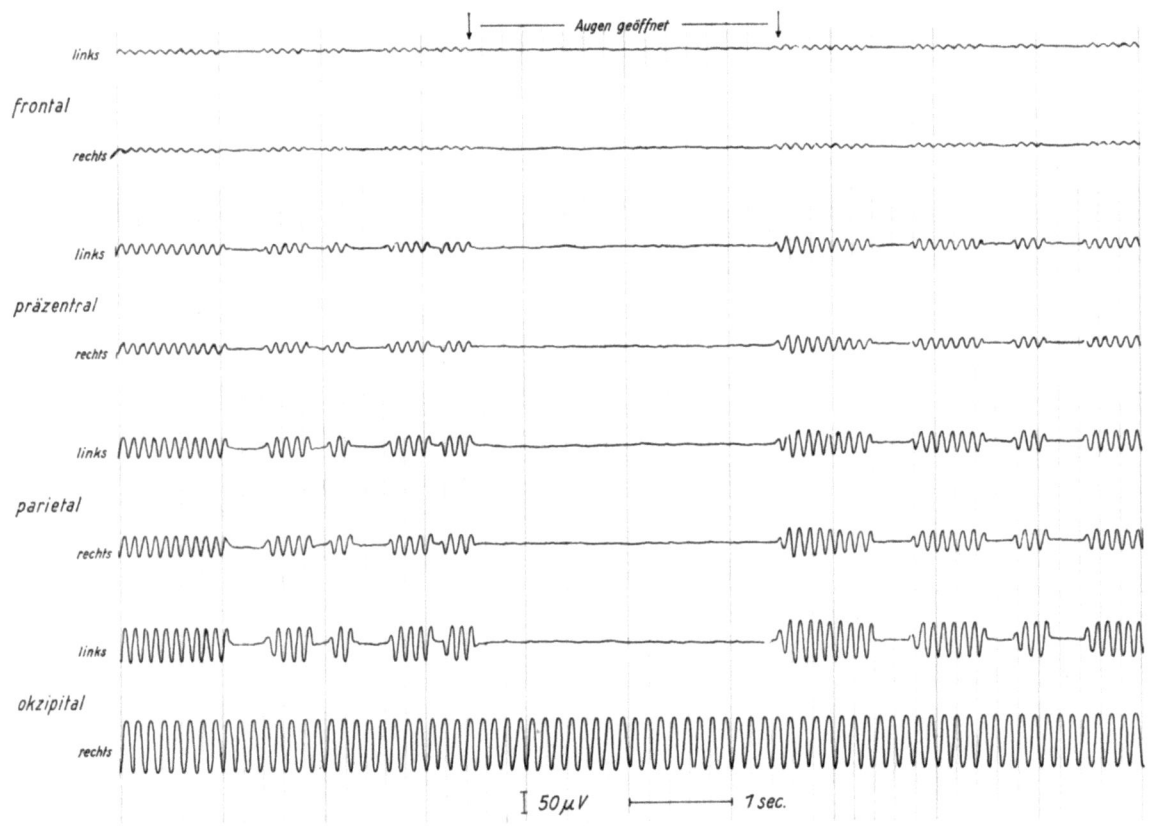

Abb. 101 Ableitungsart I (unipolare Schaltung zum linken Ohr)
Alphaaktivierung rechts okzipital in Form einer Verstärkung der Spannungshöhe und Ausprägung sowie Verminderung der Frequenz der Alphawellen mit negativem BERGER-Effekt bei mäßiger Ausprägung der Alphawellen

4.2.2. Betawellen

Frequenz (Abb. 102)
= Wellen pro sec.
langsam: (13) 14–20/sec.
schnell: 20–40/sec.

Es sei darauf hingewiesen, daß die Auszählung der Betawellen, besonders die der schnelleren, des öfteren Schwierigkeiten bereitet und die *Frequenz mitunter nur geschätzt* werden kann. Falls gewünscht und erforderlich, kann durch Verdoppelung der Papierdurchlaufgeschwindigkeit (60 mm = 1 sec.) auch hier eine exakte Messung erreicht werden.

In Abbildung 102 wurde diese Möglichkeit anhand der 30/sec.-Wellen demonstriert. Es empfiehlt sich also, *bei Auftreten von Betawellen kurze Strecken mit schnellerer Geschwindigkeit zu schreiben.*

Um Verwechslungen der Betawellen mit Wechselstromeinstreuungen sowie Muskelpotentialen vorzubeugen, wurden auf Abbildung 102 diese Potentiale angefügt. Es muß jedoch beachtet werden, daß die hier wiedergegebenen Potentiale schematisiert wurden; im Originalkurvenbild ist ein stärkerer Angleich zu erwarten, jedoch sind auch dann noch Möglichkeiten vorhanden, diese Potentiale auseinanderzuhalten, wie später gezeigt werden wird.

Spannungshöhe (Abb. 103)
niedrig: bis zu 50% der Spannungshöhe der Alphawellen im gleichen Bereich
mittelhoch: bis zur Spannungshöhe der Alphawellen im gleichen Bereich
hoch: die Spannungshöhe der Alphawellen überschreitend im gleichen Bereich.

Es sei besonders auf die Tatsache verwiesen, daß bei der Bestimmung der Spannungshöhe der Betawellen ein Vergleich mit den Alphawellen vorzunehmen ist, wie dies im übrigen auch für die Theta- und Deltawellen zutrifft. Hierbei muß darauf geachtet werden, daß dieser Vergleich im gleichen Ableitungsbereich geschieht. Sind keine Alphawellen vorhanden, so muß der Absolutwert angegeben werden. Es sei bei dieser

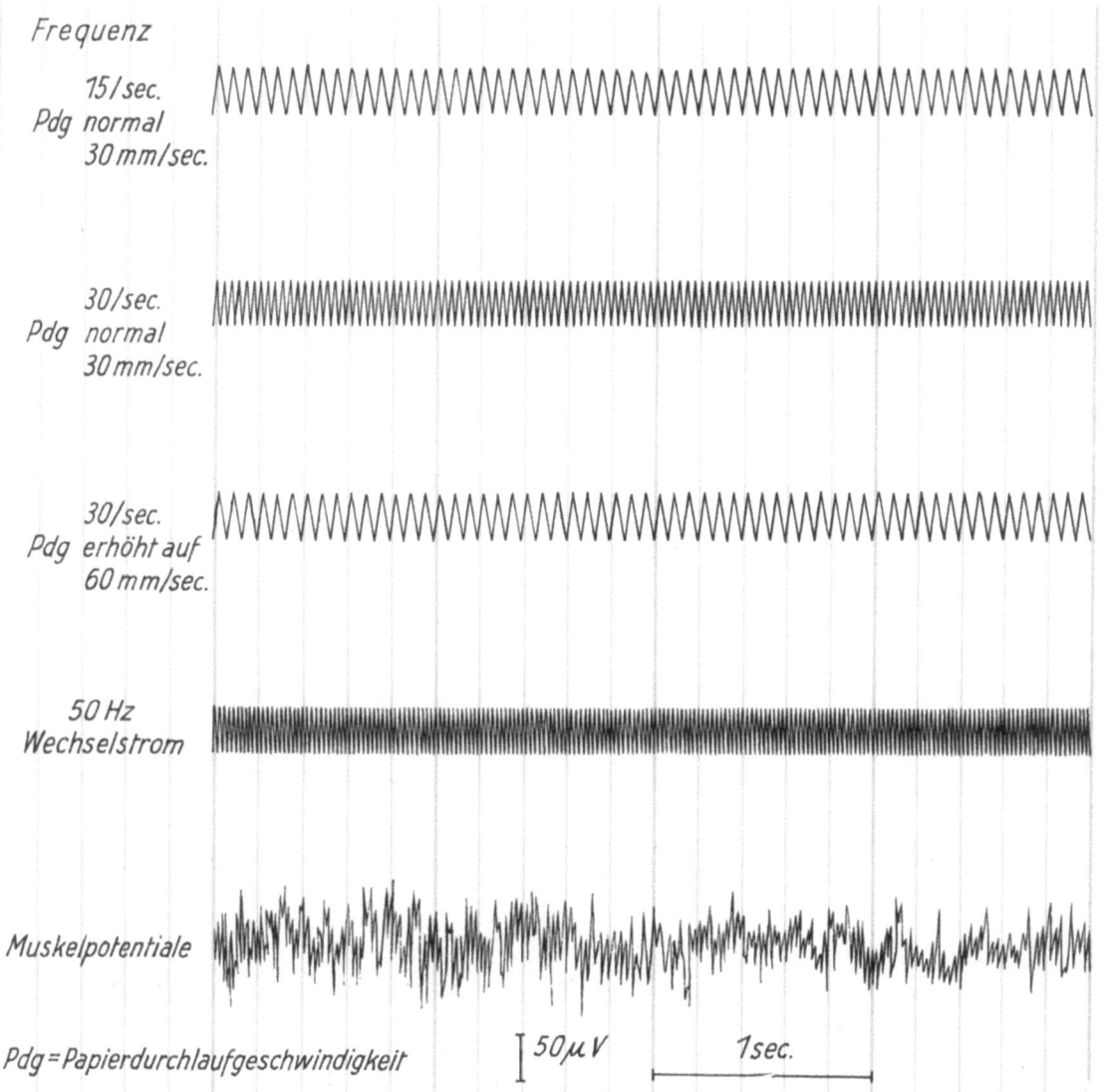

Abb. 102 Betawellen verschiedener Frequenz unter Berücksichtigung der Papierdurchlaufgeschwindigkeit sowie in Gegenüberstellung zu 50 Hz Wechselstrom und Muskelpotentialen

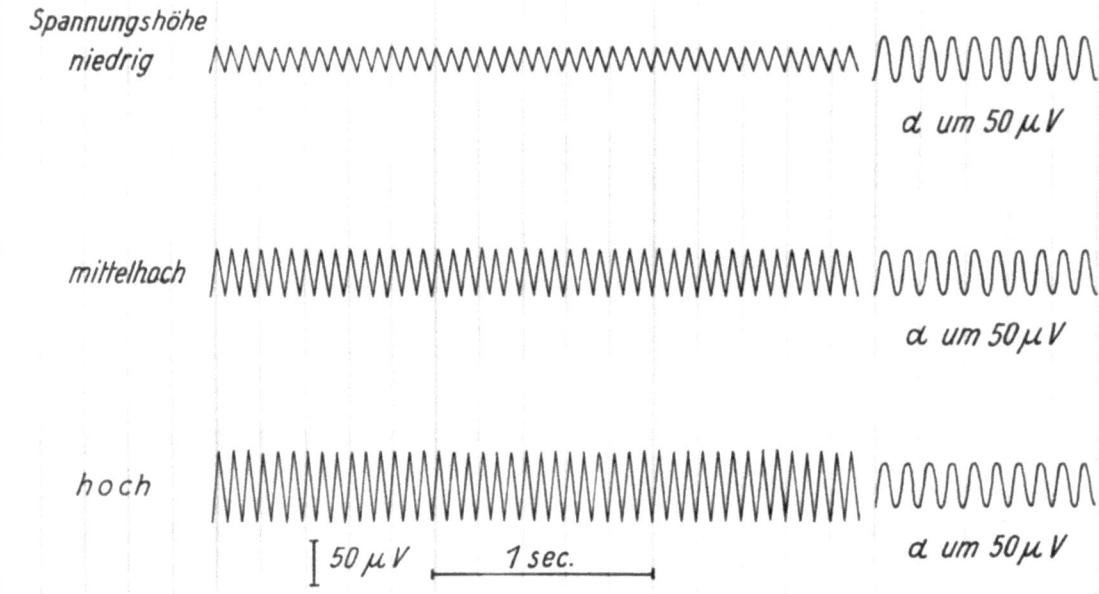

Abb. 103 Betawellen verschiedener Spannungshöhe in Gegenüberstellung zur Spannungshöhe der Alphawellen

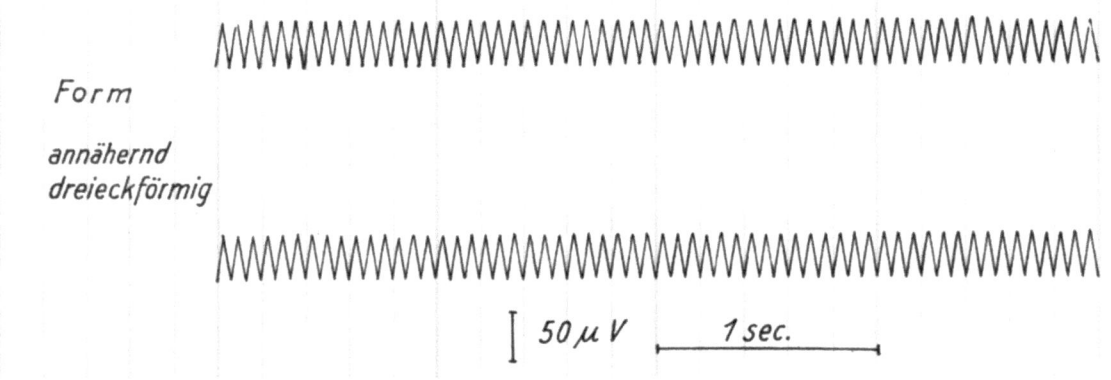

Abb. 104 Annähernd dreieckförmige Betawellen

Gelegenheit eingefügt, daß die Spannungshöhe sowohl der Alpha- als auch Betawellen nur in drei Stufen eingeteilt wurde, während wir bei den Theta- und Deltawellen eine vierte Stufe (sehr hoch) hinzufügten. Diese Gruppierung wurde bewußt vorgenommen, da erfahrungsgemäß die Spannungshöhe der beiden letztgenannten Potentiale einer größeren Schwankungsbreite unterliegt. Es ist jedoch bei der vorliegenden Systematik ohne weiteres möglich, auch bei den Alpha- und Betawellen die Spannungshöhenstufe »sehr hoch« hinzuzufügen.

Form (Abb. 104).
Annähernd dreieckförmig

Ausprägung (Abb. 105)
Dauer des Auftretens in Prozent der Meßstrecke
sehr schwach ausgeprägt: um 10%
schwach ausgeprägt: um 30%
mäßig ausgeprägt: um 50%
stark ausgeprägt: um 80%
sehr stark ausgeprägt: um 100%

Entsprechend der Festlegung bei den Alphawellen wird auch hier unter Ausprägung die Dauer des Auftretens in Prozent der Meßstrecke verstanden. Es sei betont, daß die nicht mit Betawellen belegten Strecken sowohl isoelektrisch als auch mit anderen Potentialen versehen sein können.

Zeitliche Folge (Abb. 106)
kontinuierlich: fortlaufend, ununterbrochen
diskontinuierlich: unterbrochen

Frequenzstabilität (Abb. 107)
frequenzstabil: gleiche Frequenzen oder nur geringer Wechsel
frequenzinstabil: mäßig bis stark wechselnde Frequenzen ⎫ 1

1 bei mehrfacher Bestimmung über mindestens jeweils 1 sec.

Um die Frequenzstabilität bzw. -instabilität der Betawellen festzulegen zu können, wird es sich zum Teil als notwendig erweisen, mit schnellerer Papierdurchlaufgeschwindigkeit zu schreiben, damit

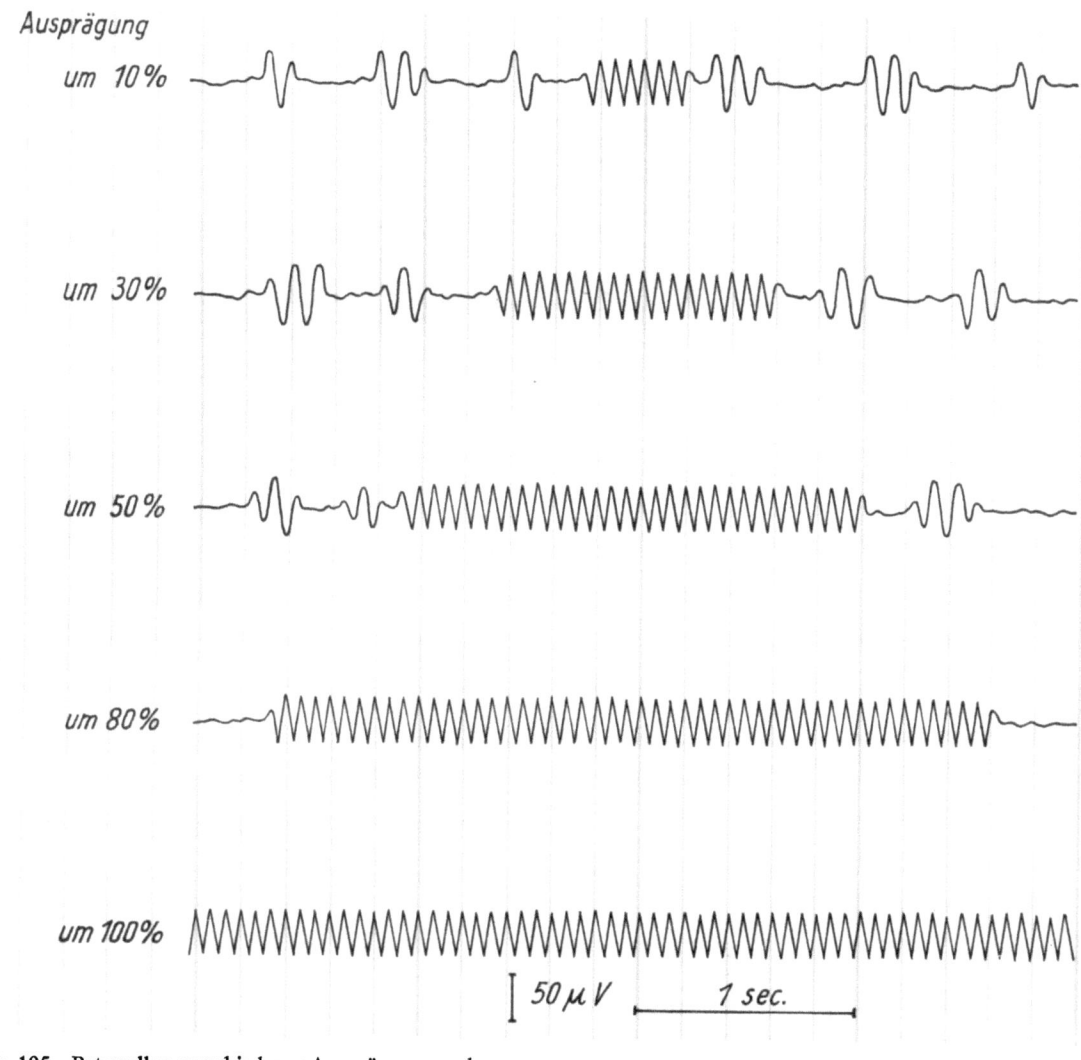

Abb. 105 Betawellen verschiedener Ausprägungsgrade

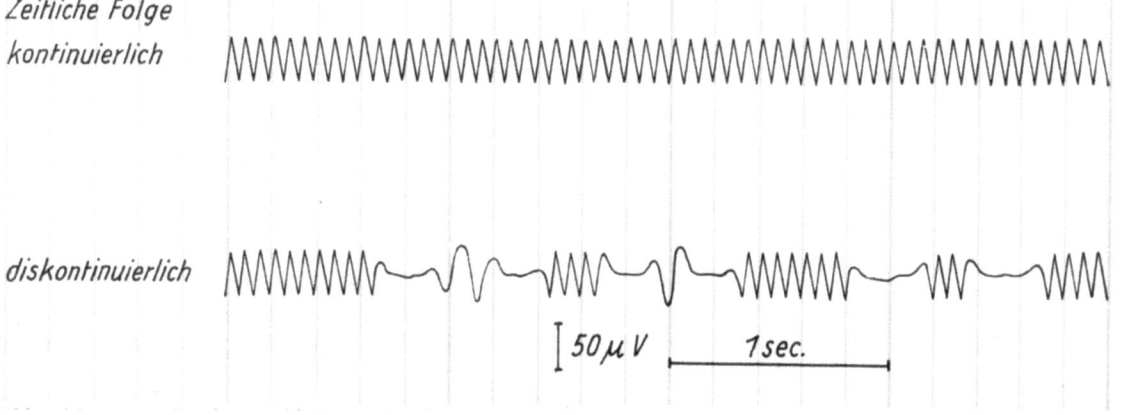

Abb. 106 Betawellen in verschiedener zeitlicher Folge

eine genaue Auszählung der Frequenzen erreicht wird. Einen Wechsel zwischen 3 und 4 Frequenzen wird man hier noch als frequenzstabil ansehen müssen.

Betafokus (Abb. 108)
Ort der größten Spannungshöhe und Ausprägung unter Verwendung der unipolaren Schaltungen.

Der Begriff des Betafokus ist unseres Wissens in der Literatur noch nicht eingeführt, weshalb einige zusätzliche Ausführungen notwendig erscheinen.

Aufgrund kortikographischer Untersuchungen wissen wir, daß die Betawellen ihre größte Spannungshöhe und Ausprägung in der Präzentralregion zeigen. Sowohl in Richtung nach frontal als auch nach okzipital nimmt die Spannungshöhe ab, wobei als Variante die Abnahme nach frontal sehr klein sein kann, während nach parietal bzw. okzipital meistens

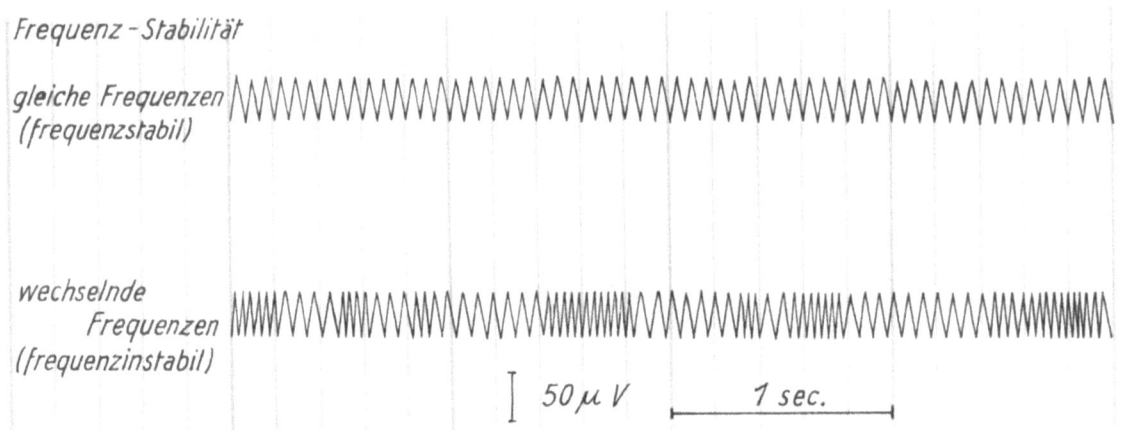

Abb. 107 Betawellen unterschiedlicher Frequenzstabilität

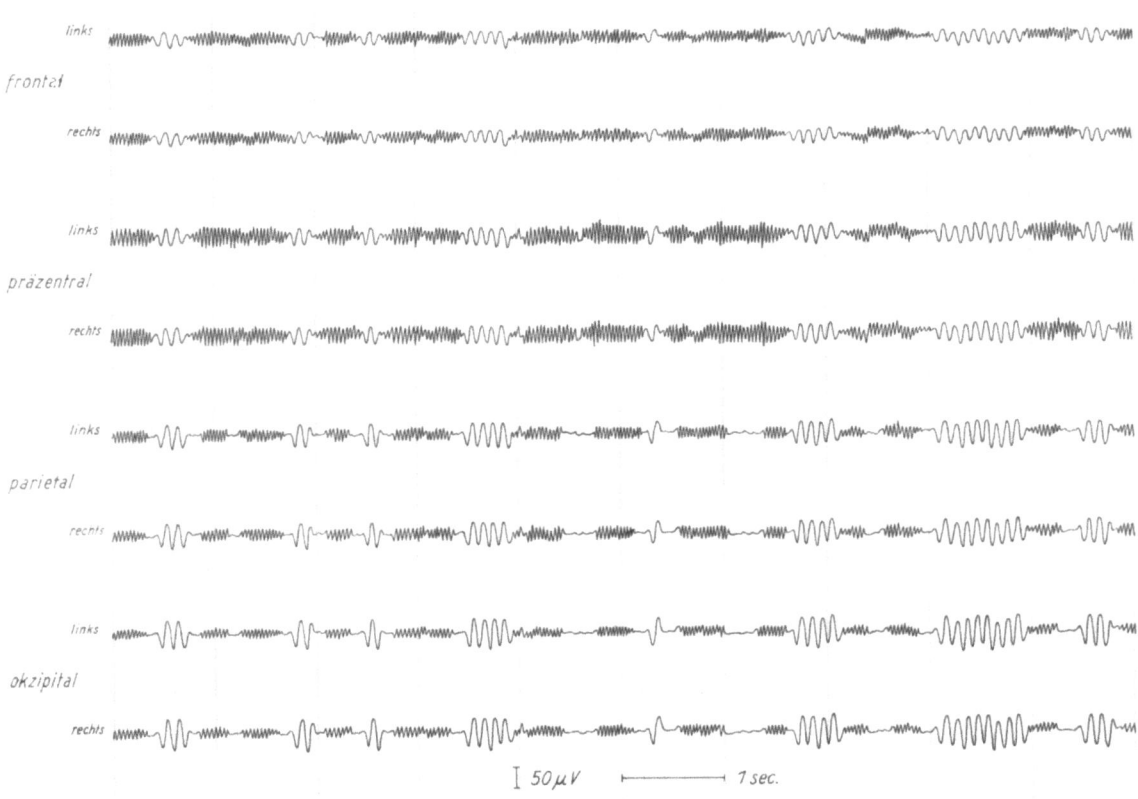

Abb. 108 Ableitungsart I (unipolare Schaltung zum linken Ohr)
Betafokus präzentral

ein deutlicher Spannungsabfall zu verzeichnen ist. Es kommt somit rein visuell betrachtet bei den Betawellen zu einer Spannungshöhenabnahme von vorn nach hinten, während bei den Alphawellen gerade die umgekehrten Verhältnisse im allgemeinen vorliegen. Da diese Eigenart der Betawellen somit sehr stark an das Verhalten der Alphawellen erinnert, entschlossen wir uns, entsprechend dem in der Literatur üblichen Begriff des Alphafokus den des Betafokus entgegenzusetzen. Es sei betont, daß die hier vorgenommene Einteilung nur aufgrund der gesicherten kortikographischen Untersuchungen und der bisherigen Erfahrungswerte vorgenommen worden ist und *keinesfalls daraus eine Identität des Entstehungsmodus der Alpha- und Betawellen resultiert.* Für den täglichen Gebrauch hat sich die Einführung des Betafokus jedoch als sehr brauchbar erwiesen. Insbesondere ist dadurch eine Möglichkeit der genaueren Definition physiologischer und pathologischer Betabilder geschaffen.

Es sei jedoch besonders vermerkt, daß die hier wiedergegebenen Spannungsverhältnisse interessanterweise nur dann zutreffen, wenn es sich um ein Eeg vom Alphatyp handelt. Haben wir ein Eeg vom reinen Betatyp vorliegen, so ist aufgrund von Erfahrungswerten im allgemeinen eine Abnahme der Spannungshöhe der Betawellen von hinten nach vorn, also korrespondierend der Spannungshöhenabnahme des Alpha-Eeg, zu sehen. Auch kann man dann, was ebenfalls beim Auftreten von Betawellen innerhalb eines Alpha-Eeg nicht zu sehen ist, eine gewisse Blockierung der Betawellen durch den BERGER-Effekt

Elemente des Eeg

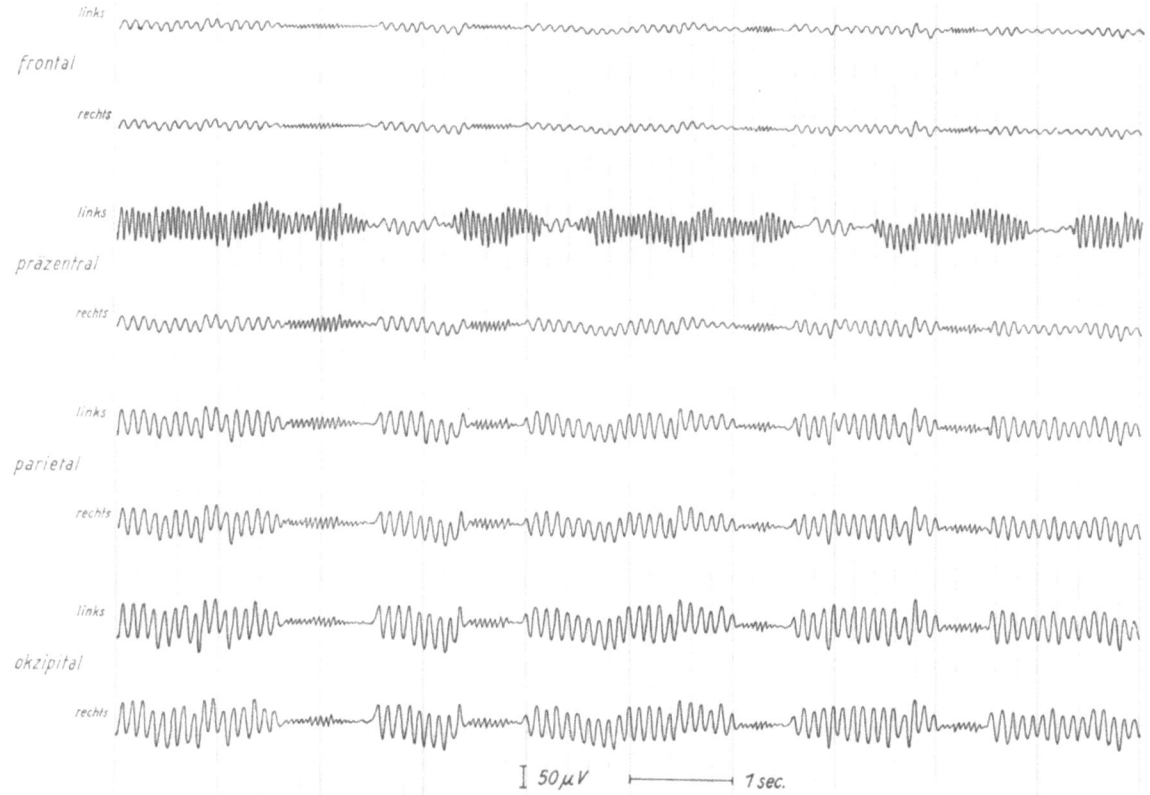

Abb. 109 Ableitungsart I (unipolare Schaltung zum linken Ohr)
Örtliche Betaaktivierung (links präzentral)

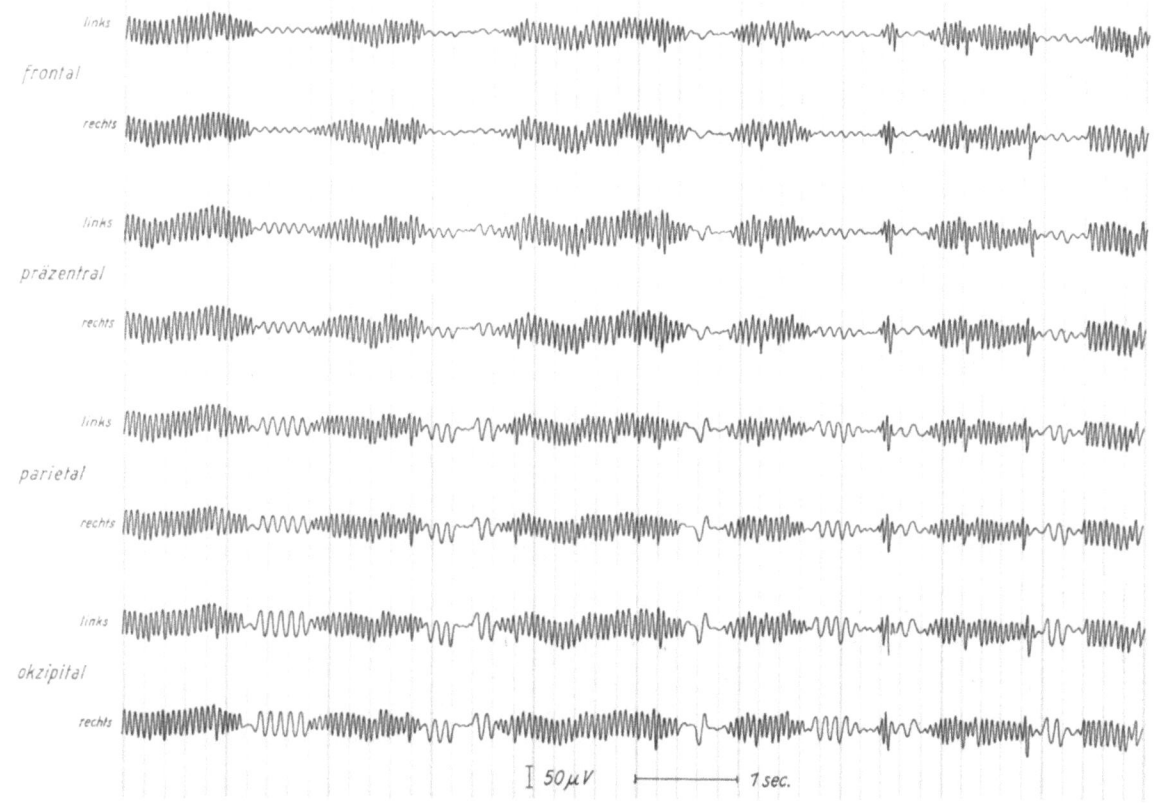

Abb. 110 Ableitungsart I (unipolare Schaltung zum linken Ohr)
Allgemeine Betaaktivierung

beobachten. Eine Erklärung für dieses unterschiedliche Verhalten kann nicht sicher gegeben werden.

Daß die Messung der Spannungshöhe in den unipolaren Ableitungsarten vorgenommen werden muß, um evtl. Interferenzerscheinungen und somit Verfälschungen vorzubeugen, bedarf keiner weiteren Erläuterung.

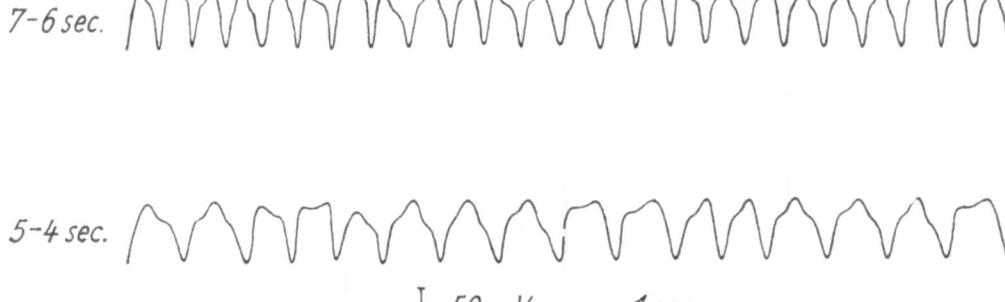

Abb. 111 Thetawellen verschiedener Frequenz

Betaaktivierung

Stärkere Ausprägung und Spannungserhöhung sowie Verlangsamung der Betawellen; oft gruppenweises Auftreten mit Neigung zu größerer Frequenzstabilität.

Auftreten örtlich (Abb. 109),
allgemein (Abb. 110).

Zum ersten Mal wird hier vom sogenannten *gruppenweisen Auftreten mit Neigung zu größerer Frequenzstabilität* gesprochen. Wir werden dieses gruppenweise Auftreten von Potentialen sowohl bei den Theta- als auch Deltawellen unter dem Begriff der zeitlichen Folge wiederfinden. Es sollen deshalb schon hier einige Ausführungen dazu gebracht werden.

Zunächst sei prinzipiell gesagt, daß Betawellen auch außerhalb einer Betaaktivierung in kürzeren oder längeren Gruppen auftreten können. Wenn dieser Begriff bei der zeitlichen Folge nicht aufgeführt wurde, so liegt der Grund lediglich darin, einer zu starken Unterteilung entgegenzutreten; außerdem kommt bei den Theta- und Deltawellen dieser Gruppenbildung eine spezifisch-diagnostische Bedeutung zu, wie später noch gezeigt werden wird. Besonders zu beachten bei diesen Gruppen ist ihre Neigung zur Frequenzstabilität. Dieses Merkmal unterscheidet sie wesentlich von den noch zu besprechenden Paroxysmen. Weiter sei darauf hingewiesen, daß dieses gruppenweise Auftreten von Betawellen innerhalb einer Betaaktivierung zwar sehr häufig zu sehen ist, aber keine absolute Forderung darstellt.

Zu Abbildung 109 sei noch hinzugefügt, daß in dem wiedergegebenen Beispiel mit Absicht die örtliche Betaaktivierung auf links präzentral gelegt wurde, um einer etwaigen Verwechslung mit dem Betafokus vorzubeugen. Bei letzterem handelt es sich bekanntlich um ein beiderseitiges Auftreten von Betawellen, und außerdem spielt – wie noch gezeigt werden wird – die Spannungshöhe eine entscheidende Rolle in der Beurteilung.

4.2.3. Thetawellen

Frequenz (Abb. 111)
= Wellen pro sec.
schnell: 7–6/sec.
langsam: 5–4/sec.

Spannungshöhe (Abb. 112)

niedrig, flach: bis zur Spannungshöhe der Alphawellen im gleichen Bereich
mittelhoch: bis zur doppelten Spannungshöhe der Alphawellen im gleichen Bereich
hoch: die doppelte Spannungshöhe der Alphawellen überschreitend im gleichen Bereich
sehr hoch: die Spannungshöhe der Alphawellen um das Vielfache überschreitend im gleichen Bereich

Auch hier muß die Spannungshöhe, falls Alphawellen nicht vorhanden sind, in Absolutwerten angegeben werden. Es sei noch hinzugefügt, daß die absoluten Spannungshöhen grundsätzlich mit angegeben werden sollten.

Form (Abb. 113)
Annähernd bogen- bis trapezförmig

Ausprägung (Abb. 114)
Dauer des Auftretens in Prozent der Meßstrecke.
sehr schwach ausgeprägt: um 10%
schwach ausgeprägt: um 30%
mäßig ausgeprägt: um 50%
stark ausgeprägt: um 80%
sehr stark ausgeprägt: um 100%

Zeitliche Folge (Abb. 115–117)
kontinuierlich: fortlaufend, ununterbrochen
diskontinuierlich: unterbrochen
gruppenweise (meist frequenzstabil)
lokalisiert (Abb. 116)
bilateral symmetrisch (Abb. 117).

Wie bei der Betaaktivierung bereits kurz erwähnt, kommt dem gruppenweisen Auftreten von Thetawellen besondere Bedeutung zu. Erstens sind Thetawellengruppen im EEG-Potentialbild relativ häufig vertreten, und zweitens kann auswerttechnisch aus ihrem Vorliegen eine Reihe von Schlüssen gezogen werden. Wir weisen deshalb besonders auf die *relative Frequenzstabilität* dieser Potentiale hin. Als weiterer Anhalt für die Potentiale, die in Gruppen auftreten, kann auch die bogenförmige, meist abgerundete Form gelten.

Um bereits jetzt schon einer Verwechslung mit den

Elemente des Eeg

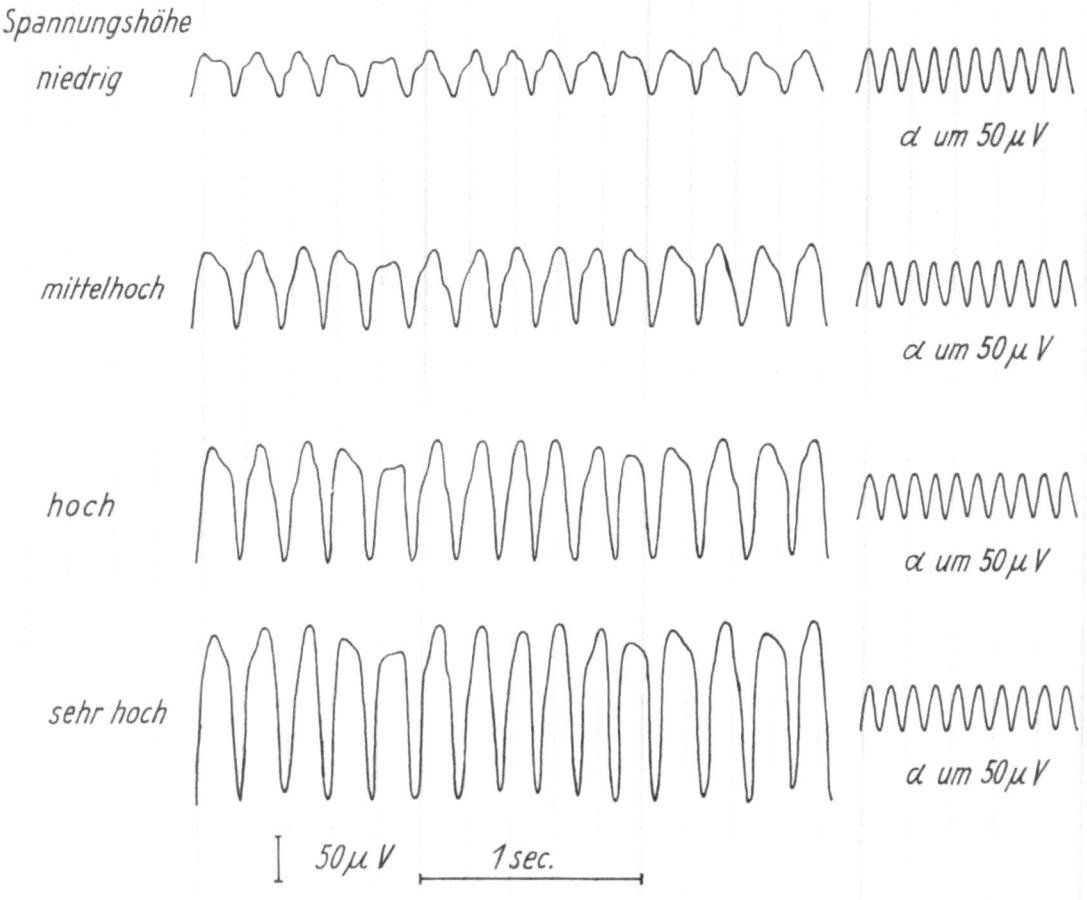

Abb. 112 Thetawellen verschiedener Spannungshöhe

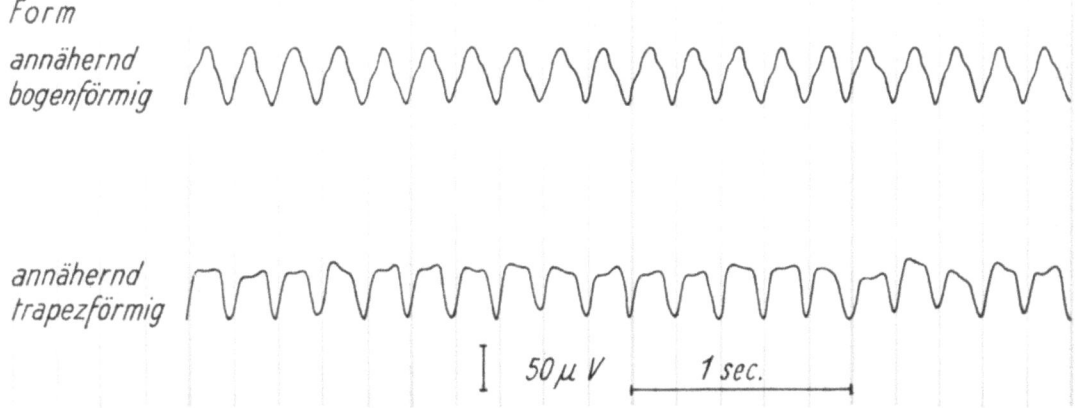

Abb. 113 Annähernd bogen- bzw. trapezförmige Thetawellen

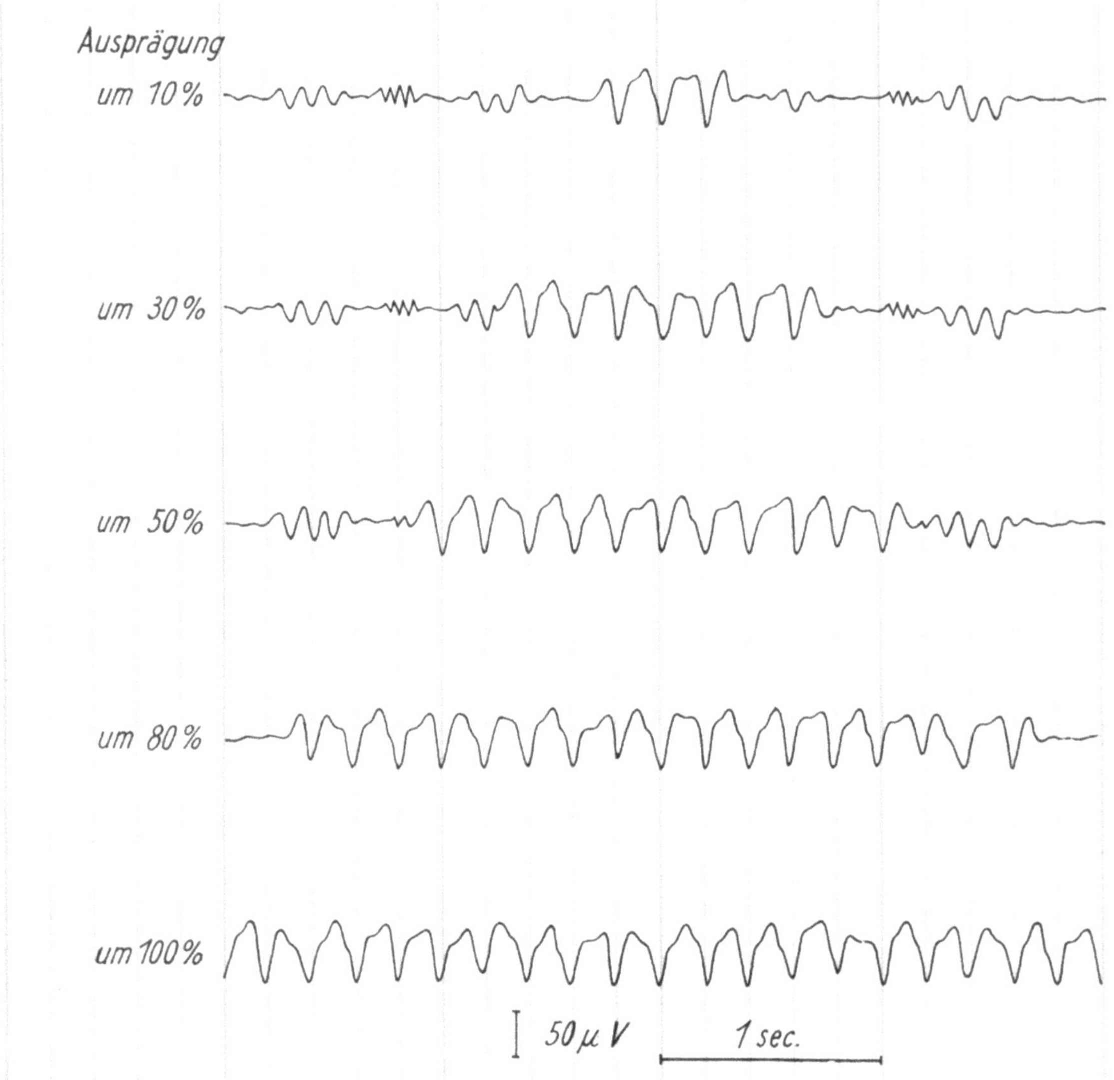

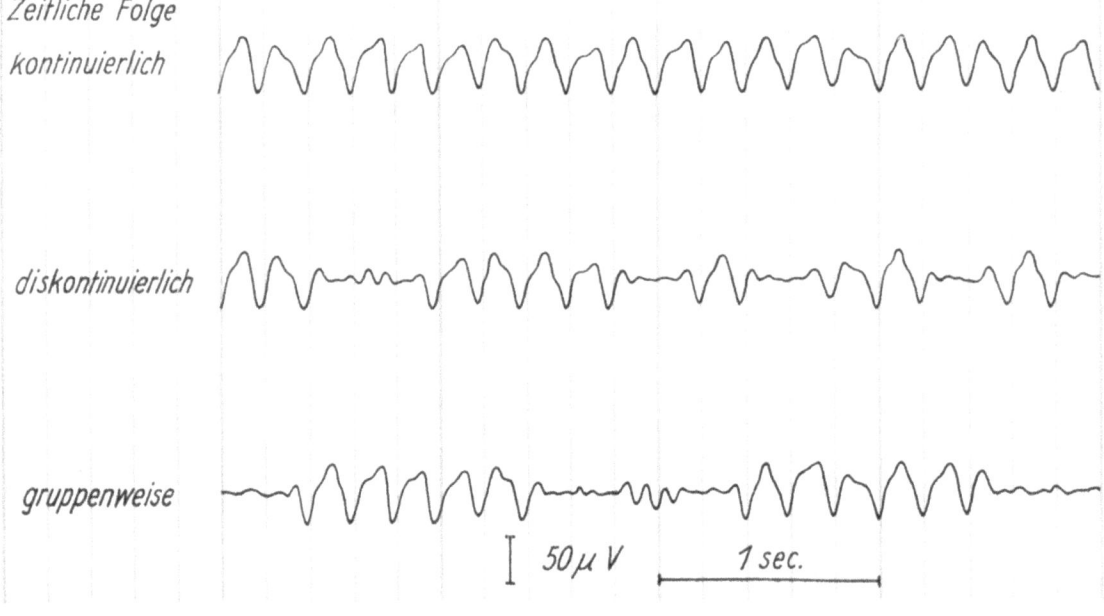

Abb. 114 Thetawellen verschiedener Ausprägungsgrade

Abb. 115 Thetawellen in verschiedener zeitlicher Folge

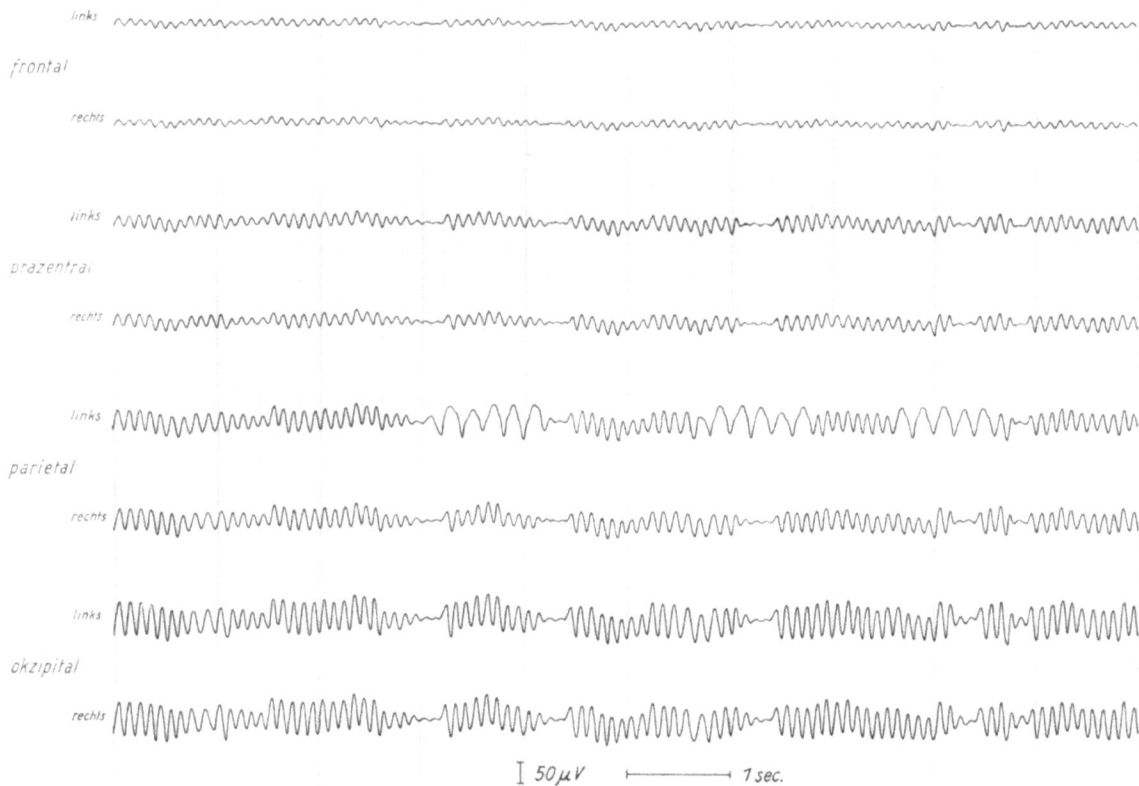

Abb. 116 Ableitungsart I (unipolare Schaltung zum linken Ohr)
Lokalisierte Thetawellengruppen links parietal

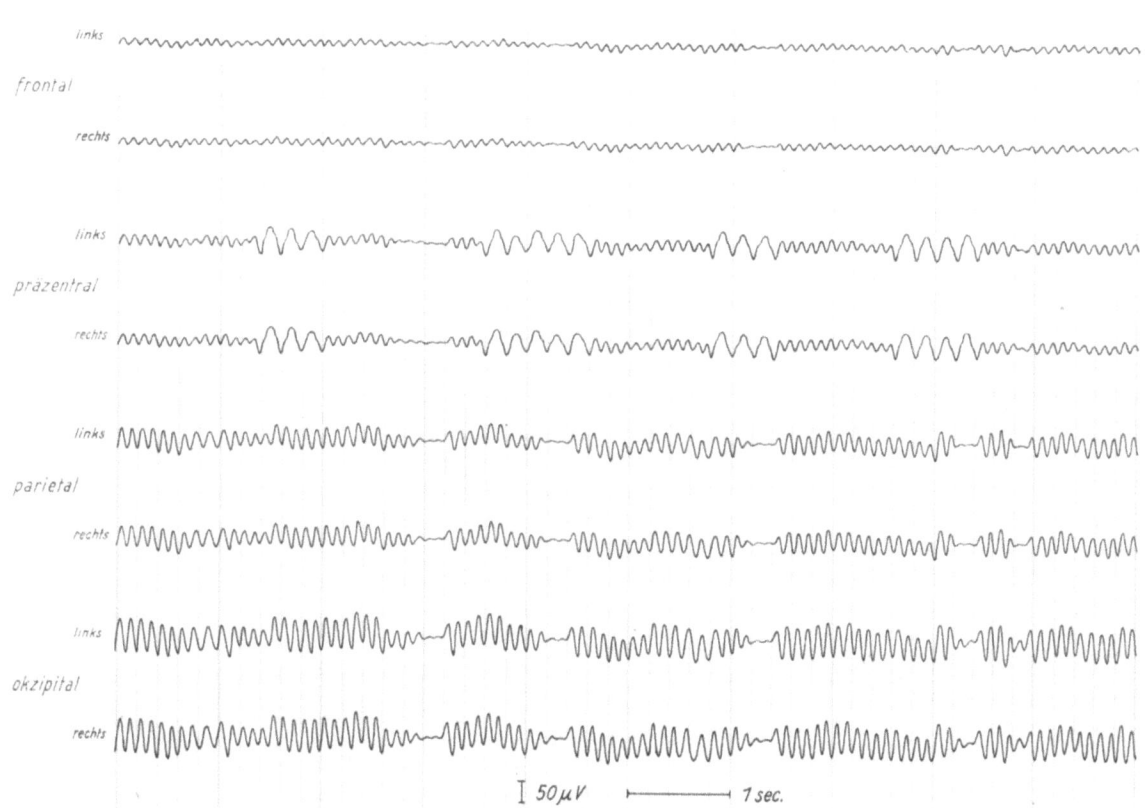

Abb. 117 Ableitungsart I (unipolare Schaltung zum linken Ohr)
Bilateral symmetrische Thetawellengruppen präzentral beiderseits

Paroxysmen vorzubeugen, sei erwähnt, daß es bei diesen Wellenbildern – wie später noch beschrieben wird – zu einer Einlagerung von vorwiegend frequenzinstabilen relativ spannungshohen Potentialen kommt.

Frequenzstabilität (Abb. 118)
frequenzstabil: gleiche Frequenzen oder nur geringer Wechsel
frequenzinstabil: mäßig bis stark wechselnde Frequenzen }1

1 bei mehrfacher Bestimmung über mindestens jeweils 5 sec.

Hinsichtlich der Bestimmung der Frequenzstabilität bzw. -instabilität sollte, da ein Wechsel bei der allgemein üblichen Einteilung nur zwischen 4 Frequenzen (4, 5, 6, 7/sec.) möglich ist, bei einem Wechsel zwischen 2 Frequenzen von einer leichten, bei 3 von einer mäßigen und bei 4 von einer starken Frequenzinstabilität gesprochen werden.

Thetafokus (119 und 120)
Örtliches Auftreten von Thetawellen wechselnder oder gleicher Frequenz.
kontinuierlicher Thetafokus: Thetawellen in ununterbrochener oder fast ununterbrochener Folge (Abb. 119)
diskontinuierlicher Thetafokus: Thetawellen in unterbrochener Folge (Abb. 120).

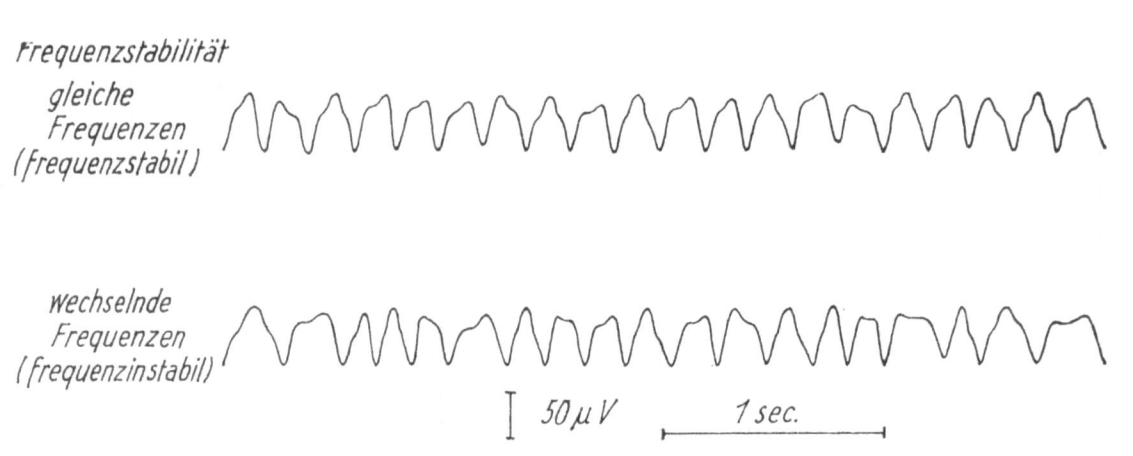

Abb. 118 Thetawellen unterschiedlicher Frequenzstabilität

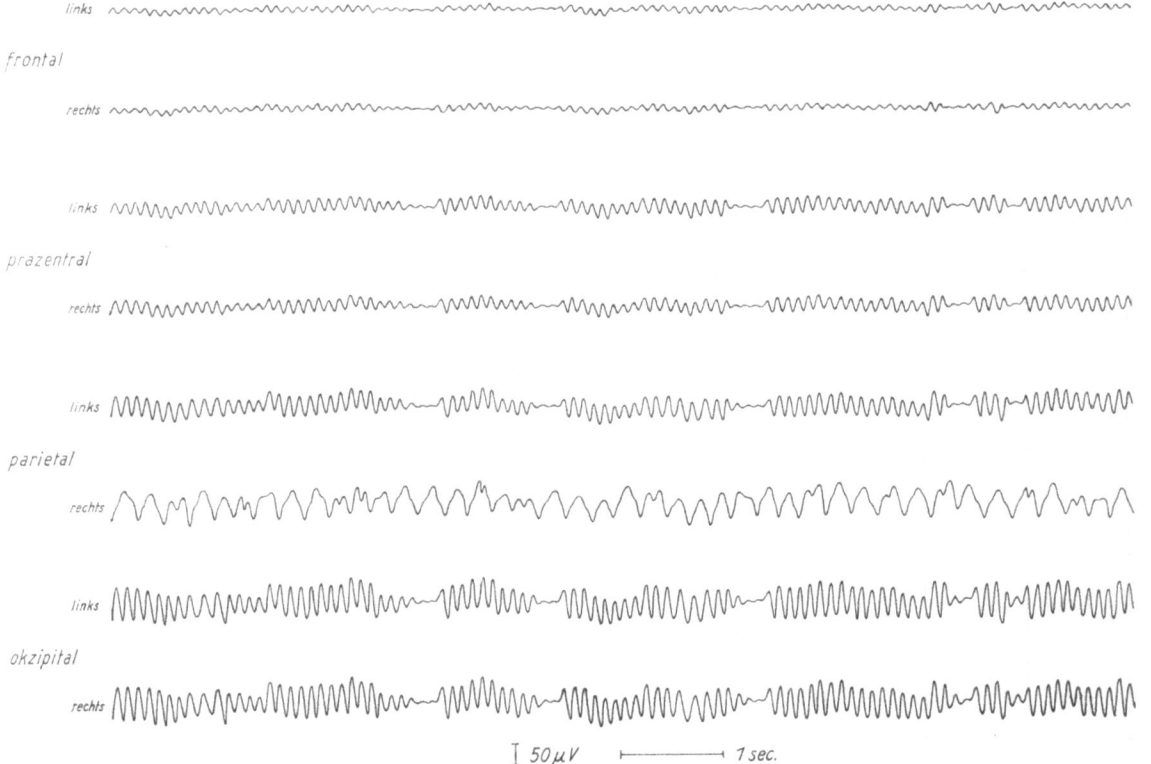

Abb. 119 Ableitungsart I (unipolare Schaltung zum linken Ohr) Kontinuierlicher Thetafokus rechts parietal

Elemente des Eeg

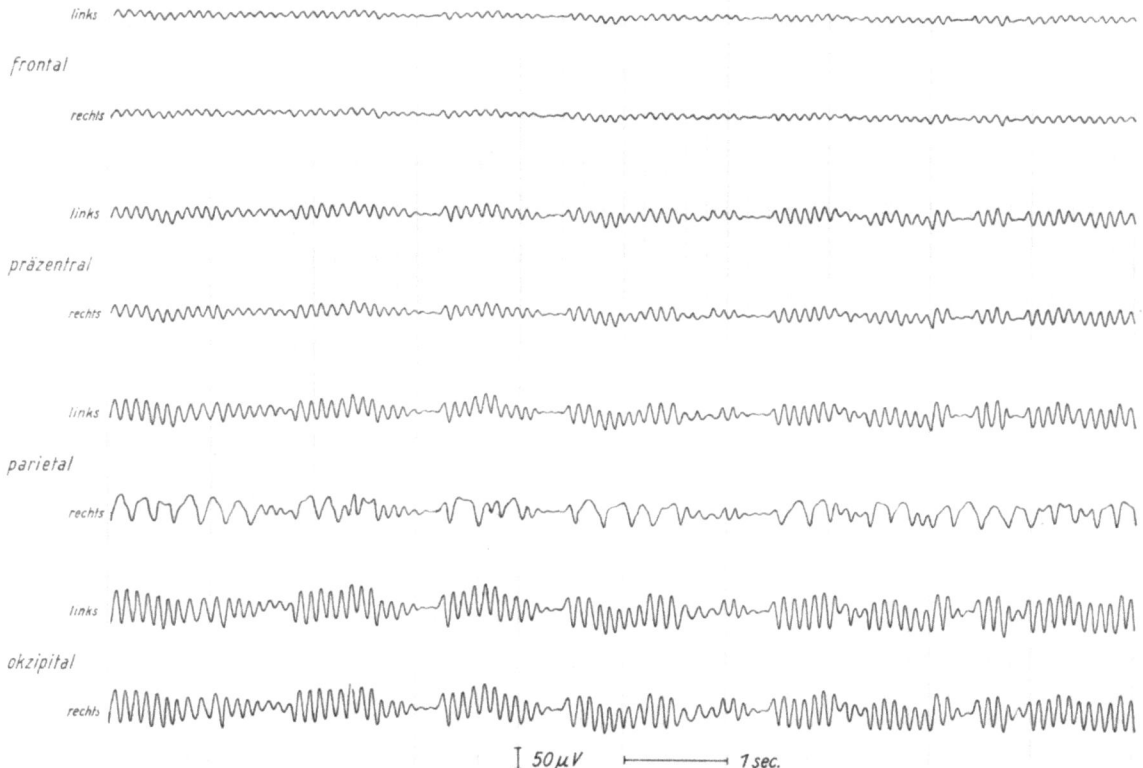

Abb. 120 Ableitungsart I (unipolare Schaltung zum linken Ohr) Diskontinuierlicher Thetafokus rechts parietal

4.2.4. Deltawellen

Frequenz (Abb. 121)
= Wellen pro sec.
schnell: 3,5–2,5/sec.
langsam: 2,0–1,0/sec.
sehr langsam: unter 1,0/sec. (Subdeltawellen)

Dem Leser wird auffallen, daß zum ersten Mal eine Unterteilung der Frequenz in *drei Stufen* vorgenommen wurde. Die sogenannten *Subdeltawellen*, d. h. also Frequenzen unter 1/sec., spielen in der Auswertung eine sehr wichtige Rolle, da sie meist ein schwer pathologisches Bild anzeigen, wie später noch dargestellt werden wird. Wichtig zu wissen ist jedoch, daß

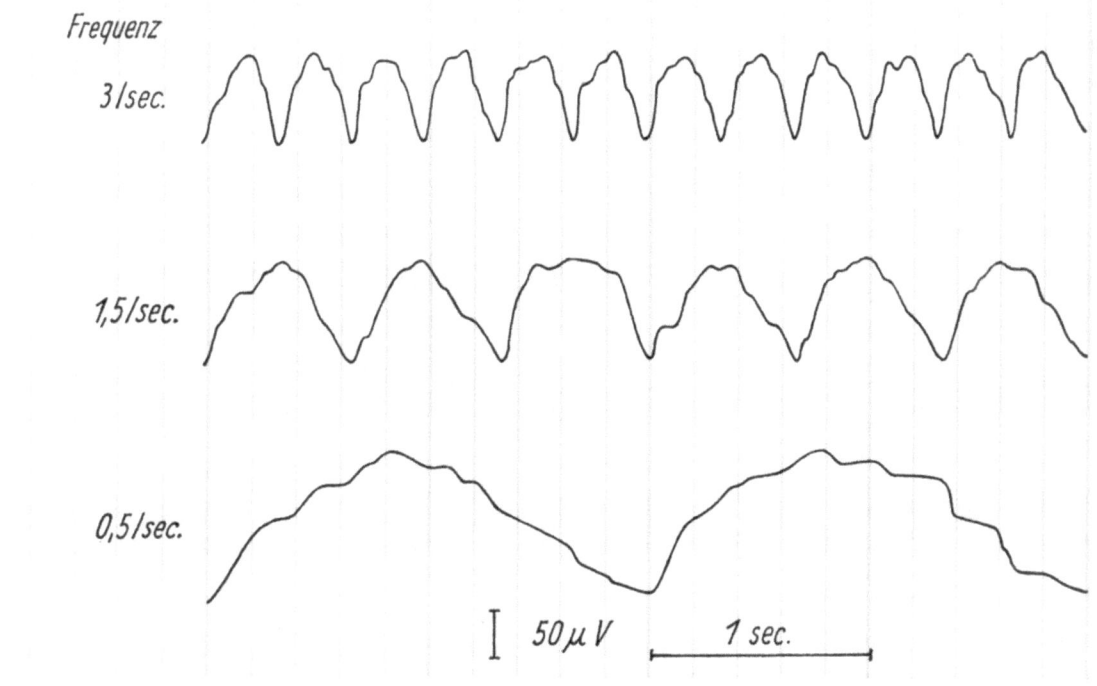

Abb. 121 Deltawellen verschiedener Frequenz

dieselben in Wirklichkeit meist spannungshöher sind, als sie vom Elektroenzephalographen wiedergegeben werden. Hierzu eine kurze Erläuterung. – Allgemein üblich ist die Einstellung der Zeitkonstante auf 0,3. Je größer die Zeitkonstante ist, desto langsamere Frequenzen können registriert werden bzw. desto langsamer erscheinen sie bei der Wiedergabe in ihrer Spannungshöhe und nicht beschnitten. Es empfiehlt sich daher, bei sehr langsamen Wellen um 0,5–0,2/sec. die Zeitkonstante auf den Wert 1,0 umzustellen. Wir erhalten dann annähernd die wirkliche Spannungshöhe der betreffenden Frequenz. Dies routinemäßig vorzunehmen dürfte jedoch nicht anzuraten sein, da bekanntlich bei dieser Zeitkonstante das sogenannte Weglaufen der Schreiber eher eintritt; wir würden dann eine stärkere Grundlinienschwankung, die vornehmlich durch Hautpotentiale bedingt ist, mit in Kauf nehmen müssen.

Spannungshöhe (Abb. 122)

niedrig, flach: bis zur Spannungshöhe der Alphawellen im gleichen Bereich

mittelhoch: bis zur doppelten Spannungshöhe der Alphawellen im gleichen Bereich

hoch: die doppelte Spannungshöhe der Alphawellen überschreitend im gleichen Bereich

sehr hoch: die Spannungshöhe der Alphawellen um das Vielfache überschreitend im gleichen Bereich

Entsprechend den Beta- und Thetawellen werden auch die Deltawellen im Vergleich mit den Alphawellen gemessen. Da erfahrungsgemäß beim Auftreten von Deltawellen nur wenige oder oft überhaupt keine Alphawellen im Potentialbild vorhanden sind, kommt dem Absolutwert besondere Bedeutung zu.

Form (Abb. 123)
Annähernd bogen- bis trapezförmig

Ausprägung (Abb. 124)
Dauer des Auftretens in Prozent der Meßstrecke
sehr schwach ausgeprägt: um 10%
schwach ausgeprägt: um 30%
mäßig ausgeprägt: um 50%
stark ausgeprägt: um 80%
sehr stark ausgeprägt: um 100%

Zeitliche Folge (Abb. 125-127)
kontinuierlich: fortlaufend, ununterbrochen
diskontinuierlich: unterbrochen
gruppenweise (meist frequenzstabil)
lokalisiert (Abb. 126)
bilateral symmetrisch (Abb. 127).

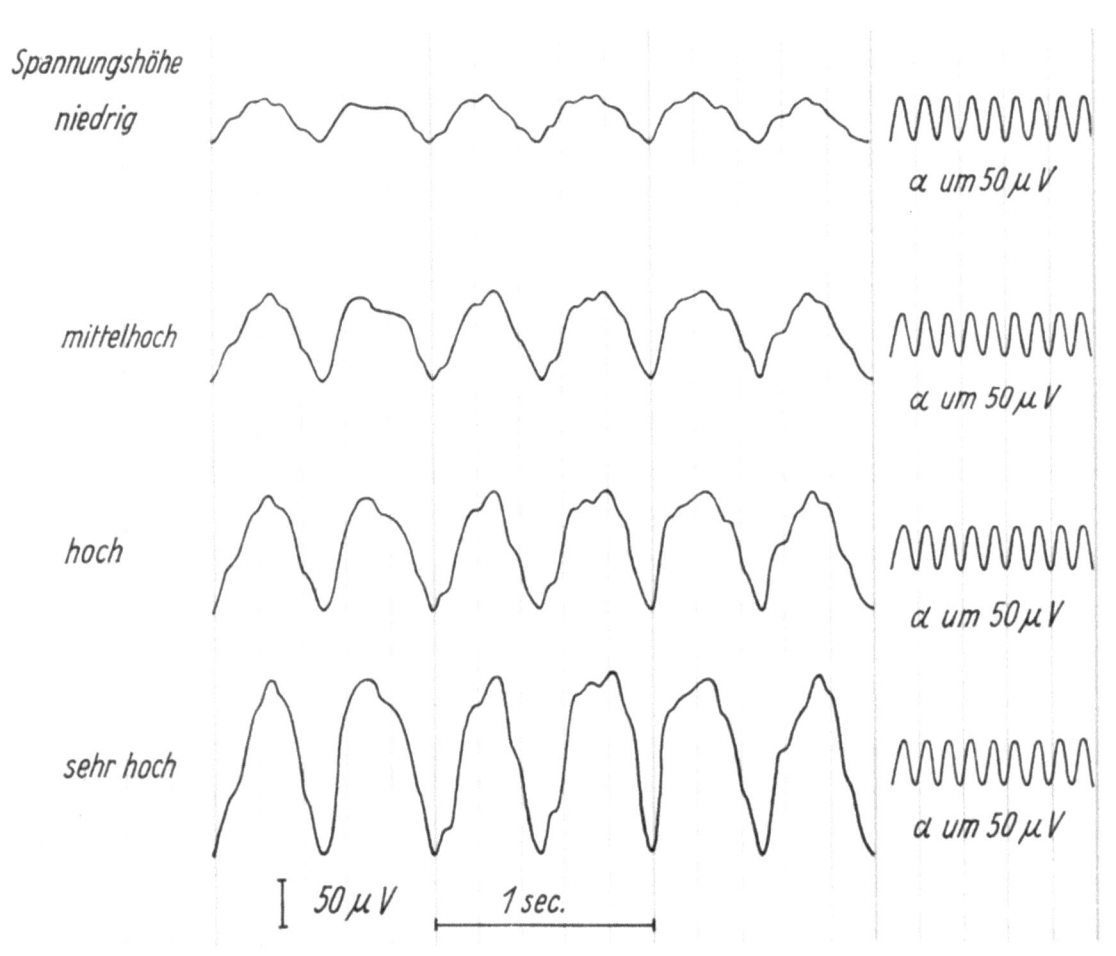

Abb. 122 Deltawellen verschiedener Spannungshöhe

Elemente des Eeg

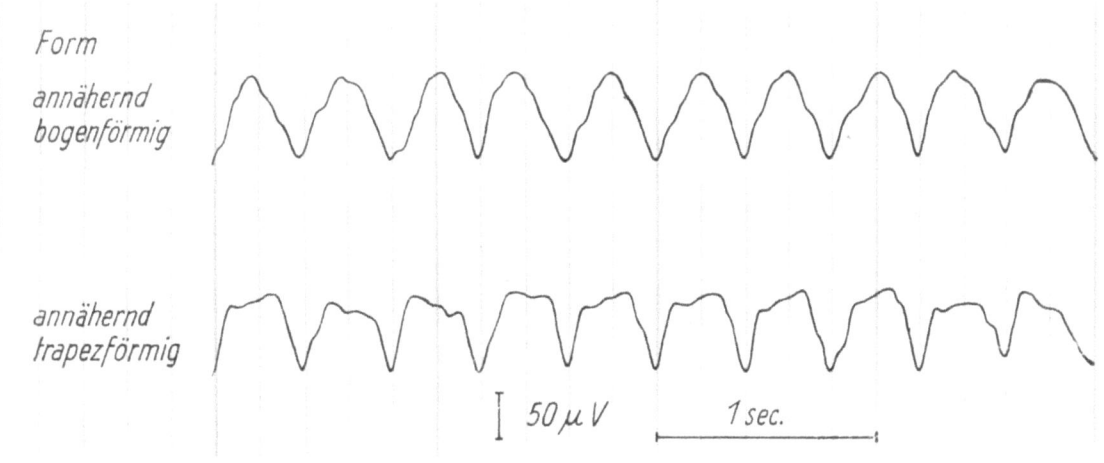

Abb. 123   Annähernd bogen- bzw. trapezförmige Deltawellen

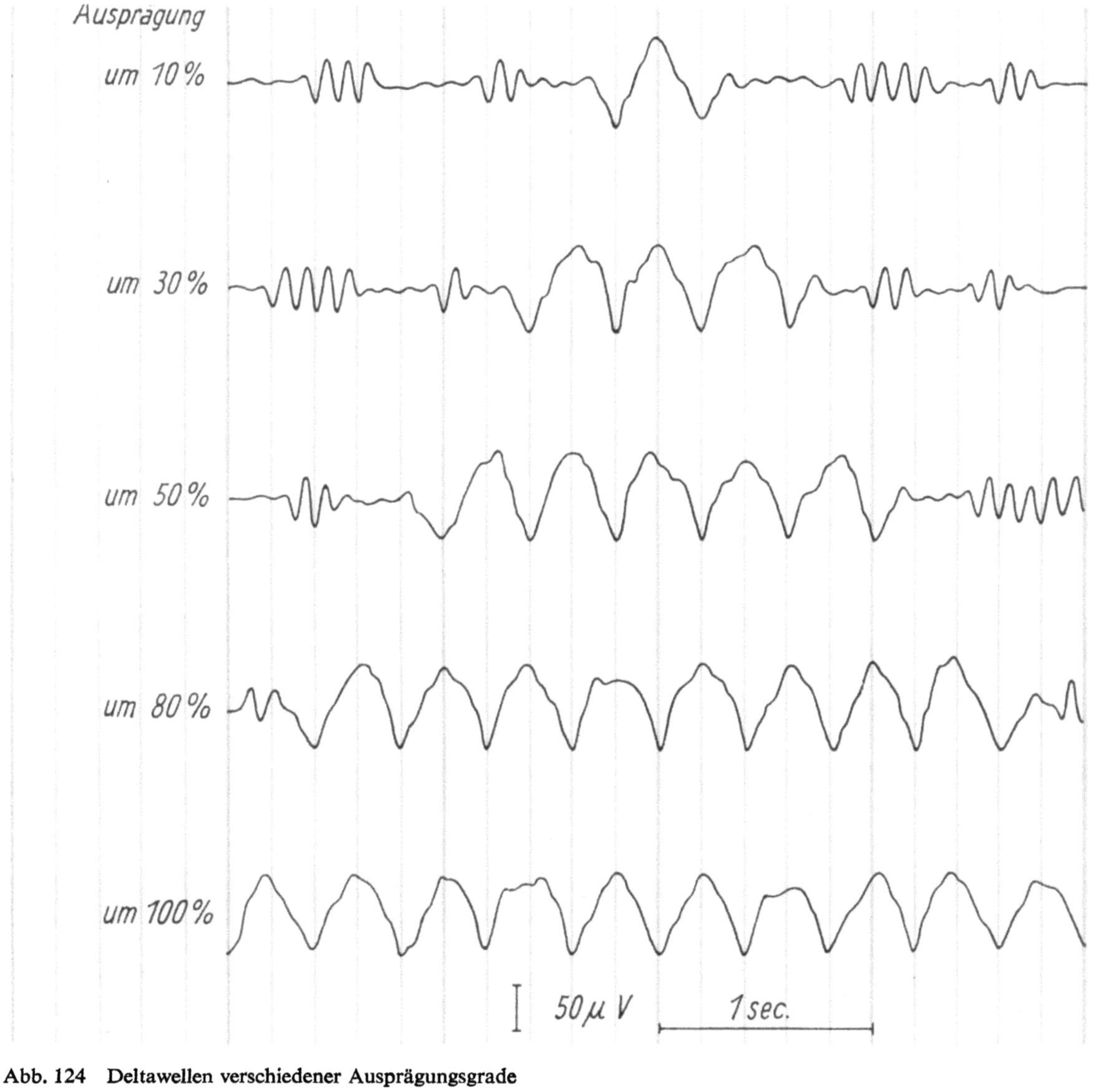

Abb. 124   Deltawellen verschiedener Ausprägungsgrade

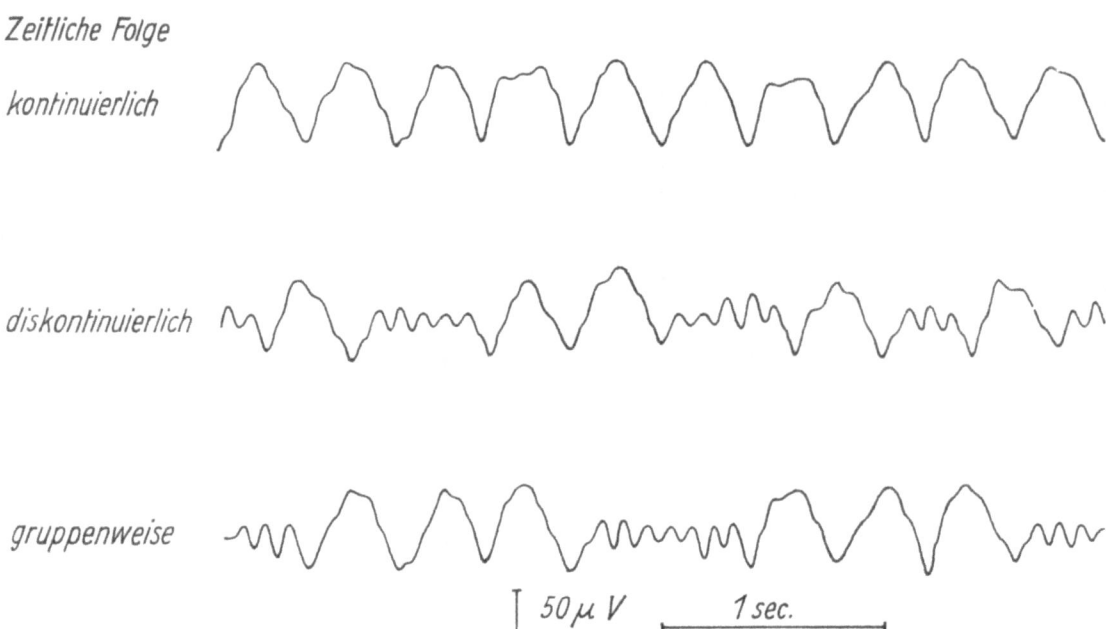

Abb. 125 Deltawellen in verschiedener zeitlicher Folge

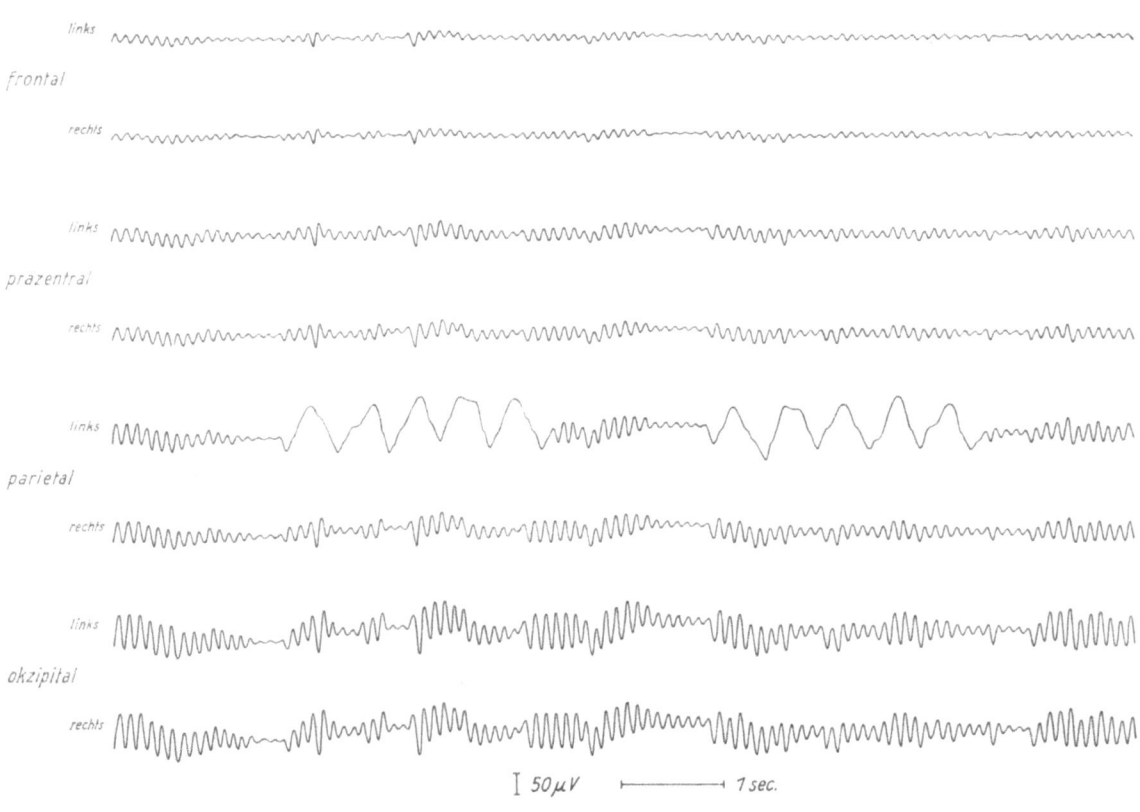

Abb. 126 Ableitungsart I (unipolare Schaltung zum linken Ohr) Lokalisierte Deltawellengruppen links parietal

Im wesentlichen können wir uns hier auf die bei den Thetawellen gemachten Ausführungen beschränken. Es sei hinzugefügt, daß die Erkennung der entweder lokalisiert oder bilateral symmetrisch auftretenden gruppenweisen Deltawellen meist leichter ist als die z. B. der Thetawellen.

Um bei der Beschreibung des Potentialbildes eine möglichst kurze Formulierung anzuwenden, können wir auch einfach von *Deltagruppen sprechen*, wobei dem Leser dann bereits genau bewußt ist, daß es sich hier um vornehmlich bogenförmige, frequenzstabile Potentiale handelt.

Elemente des Eeg

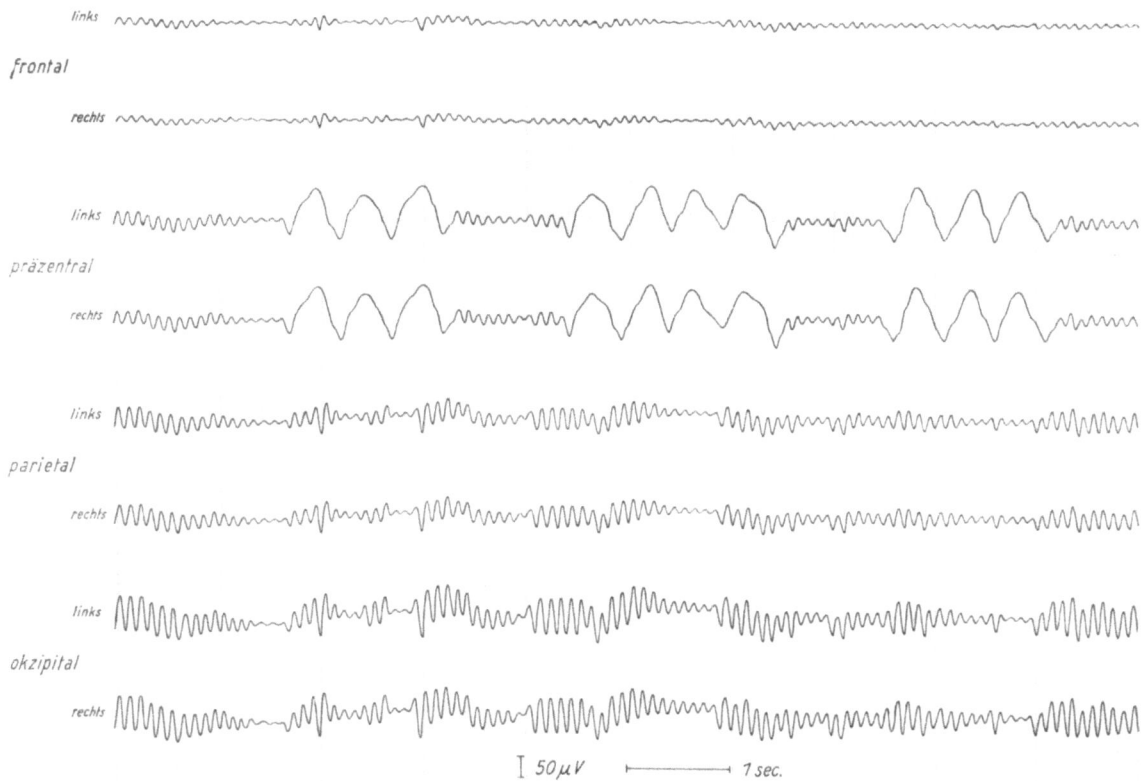

Abb. 127 Ableitungsart I (unipolare Schaltung zum linken Ohr) Bilateral symmetrische Deltawellengruppen präzentral beiderseits

Frequenzstabilität (Abb. 128)
frequenzstabil: gleiche Frequenzen oder nur geringer Wechsel
frequenzinstabil: mäßig bis stark wechselnde Frequenzen ⎫ 1
1 bei mehrfacher Bestimmung über mindestens jeweils 10 sec.

Um hier eine annähernde Richtlinie zu geben, wann man von einer Frequenzstabilität bzw. Frequenzinstabilität der Deltawellen spricht, sollte vorausgeschickt werden, daß es in der täglichen Praxis allgemein üblich ist, die Deltawellen ohne die Subdeltawellen in die Frequenzen 1,0; 1,5; 2,0; 2,5; 3,0; 3,5/sec., also in 6 verschiedene Untergruppen einzuteilen; dementsprechend dürfte unter Zugrundelegung dieser Einteilung ein Wechsel zwischen 1–2 Frequenzen als noch stabil, zwischen 3 als leicht, zwischen 4–5 als mäßig und zwischen 6 Frequenzen als stark frequenzinstabil anzusehen sein.

Deltafokus (Abb. 129 und 130)
Örtliches Auftreten von Deltawellen wechselnder oder gleicher Frequenz
kontinuierlicher Deltafokus: Deltawellen in ununterbrochener oder fast ununterbrochener Folge (Abb. 129)

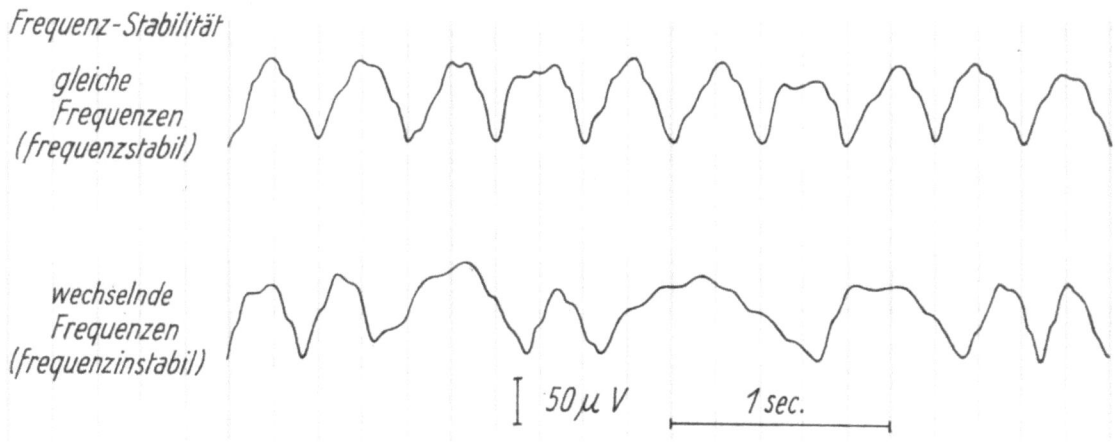

Abb. 128 Deltawellen unterschiedlicher Frequenzstabilität

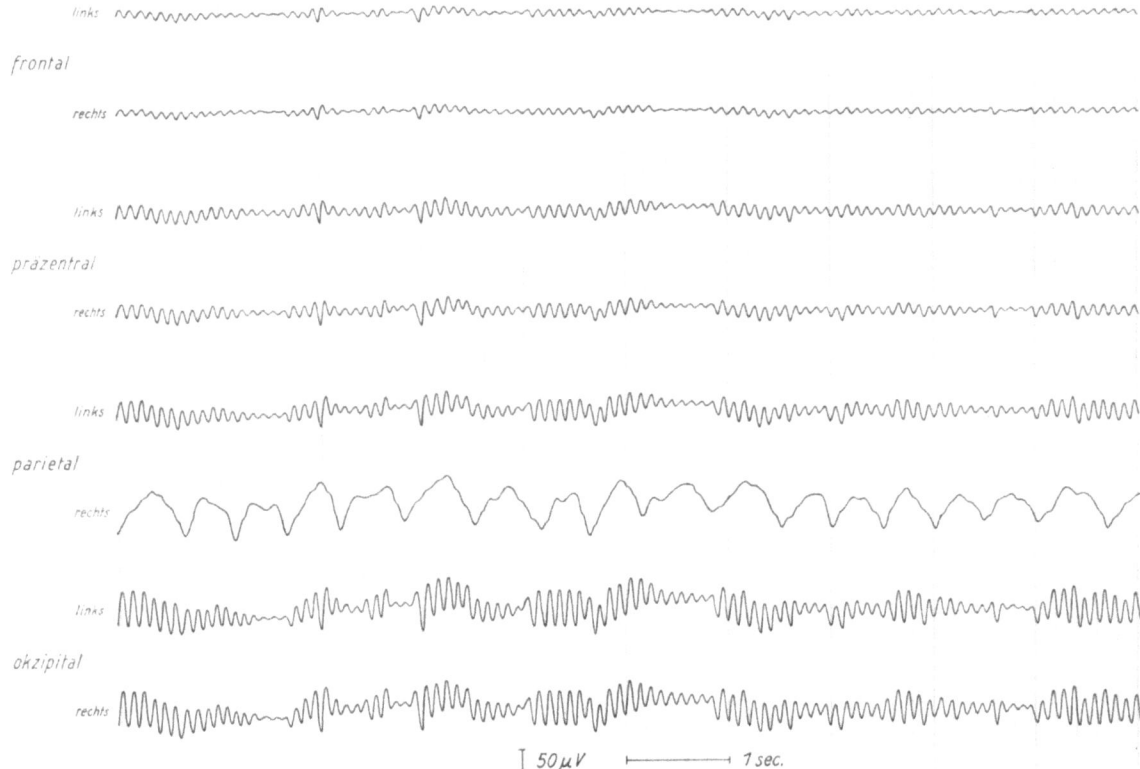

Abb. 129 Ableitungsart I (unipolare Schaltung zum linken Ohr) Kontinuierlicher Deltafokus rechts parietal

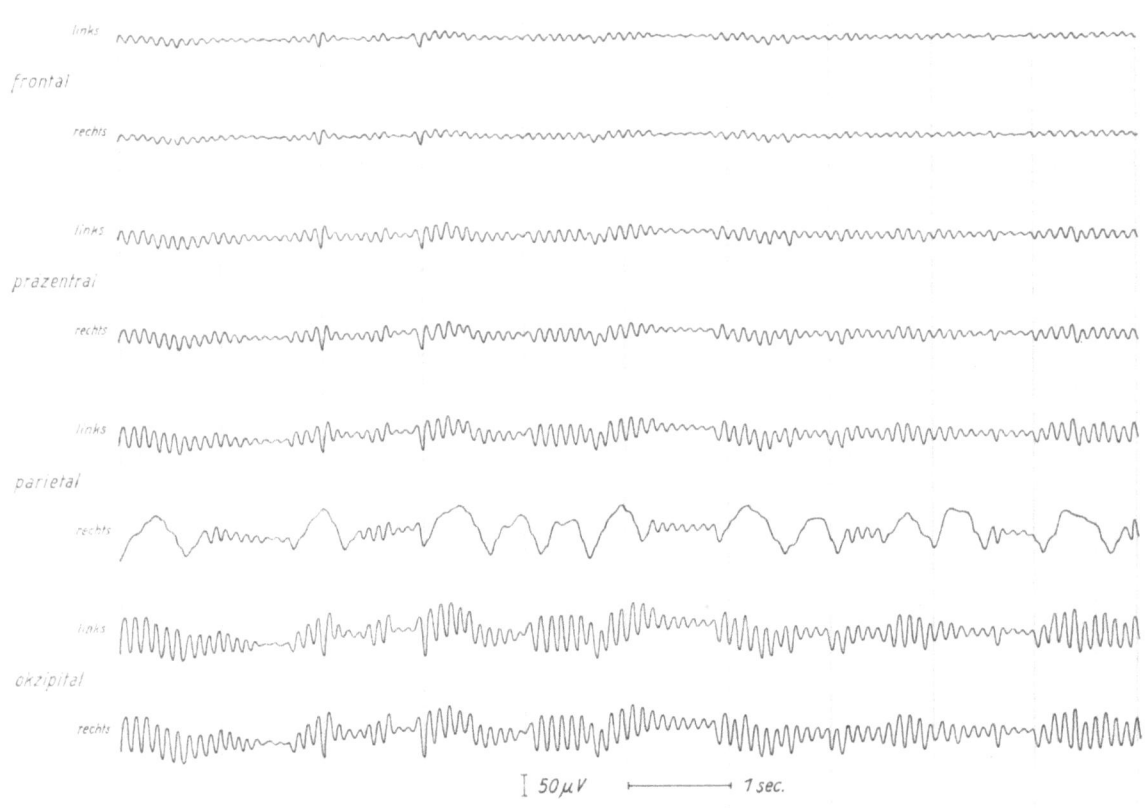

Abb. 130 Ableitungsart I (unipolare Schaltung zum linken Ohr) Diskontinuierlicher Deltafokus rechts parietal

Elemente des Eeg

diskontinuierlicher Deltafokus: Deltawellen in unterbrochener Folge (Abb. 130)

4.2.5. Sigmawellen (Schlafspindeln)

Frequenz (Abb. 131 und 132)
= Wellen pro sec.
(11) 12–14 (15)/sec.
Spannungshöhe: etwa 50–100 μV
Form und zeitliche Folge: spindelförmiges, gruppenweises Auftreten.

4.2.6. Spitzenpotentiale

Gemeinsame Merkmale
Mehr oder weniger schnell und damit steil erscheinender Anstieg mit mehr oder weniger schnell folgendem geradlinigem Abfall.

Das Internationale Terminologie-Komitee empfiehlt (verkürzt wiedergegeben): Ablauf mit deutlicher Spitze und einer Dauer von $^1/_{50}$ bis $^1/_{14}$ Sekunde, meist negativ gerichtet, Spannungshöhe schwankend.

Kleine Spitze bzw. small spike (Abb. 133)
Polungsrichtung: meist negativ bzw. biphasisch, seltener positiv.
Spannungshöhe: größer als bei vorhandenen Betawellen, aber nicht wesentlich größer als bei Alphawellen im gleichen Bereich.

Bemerkung: Treten kleine Spitzen innerhalb einer Betaaktivität auf, so werden sie auch als Betaspitzen (Beta-spikes) bezeichnet.

Große Spitze bzw. big spike (Abb. 134)
Polungsrichtung: meist negativ bzw. biphasisch, seltener positiv.
Spannungshöhe: in jedem Fall größer als die der Alphawellen, sie beträgt im allgemeinen das Doppelte bis Mehrfache.

Bemerkung: Die beschriebenen kleinen bzw. großen Spitzen können einzeln und mehrfach hintereinander als poly- bzw. multi-spike auftreten (Abb. 135).

Steile Welle (sharp wave)
(Abb. 136 und 137)
Polungsrichtung und Charakteristik: Biphasisch und negativ mit leicht abgerundeten Scheitelpunkten und steil abfallendem Schenkel sowie monophasisch positiv, annähernd dreieckförmig mit meist langsamer negativer Nachschwankung (vorwiegend temporal auftretend).

Um eine einfachere Differenzierung der steilen Wellen zu erreichen, wäre es denkbar, wenn man von der biphasischen steilen Welle vom Typ I, von der negativen vom Typ II und von der positiven vom Typ III sprechen würde.
Spannungshöhe: größer als die der Alphawellen im gleichen Bereich.

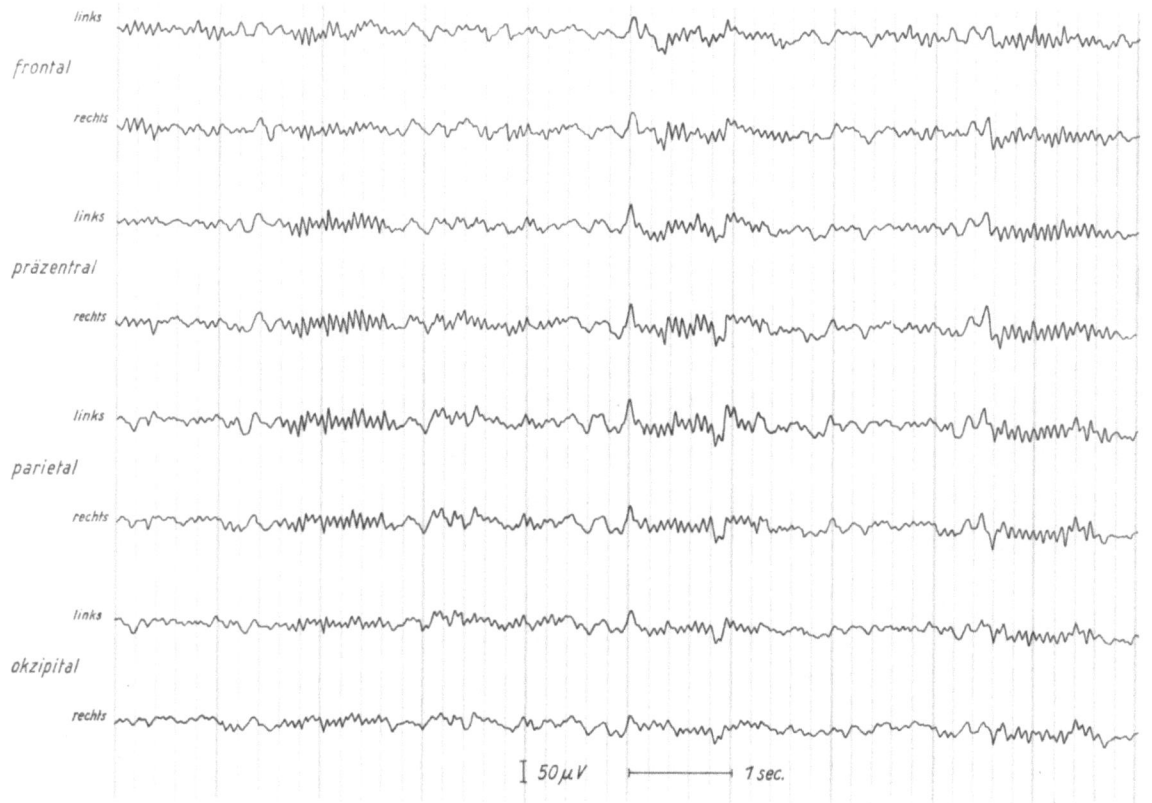

Abb. 131 Ableitungsart I (unipolare Schaltung zum linken Ohr)
14/sec.-Sigmawellen (Schlafspindeln) im Eeg eines Erwachsenen bei leichter Schlaftiefe (sogenanntes C-Stadium)

Die Graphoelemente im Eeg und ihre Nomenklatur

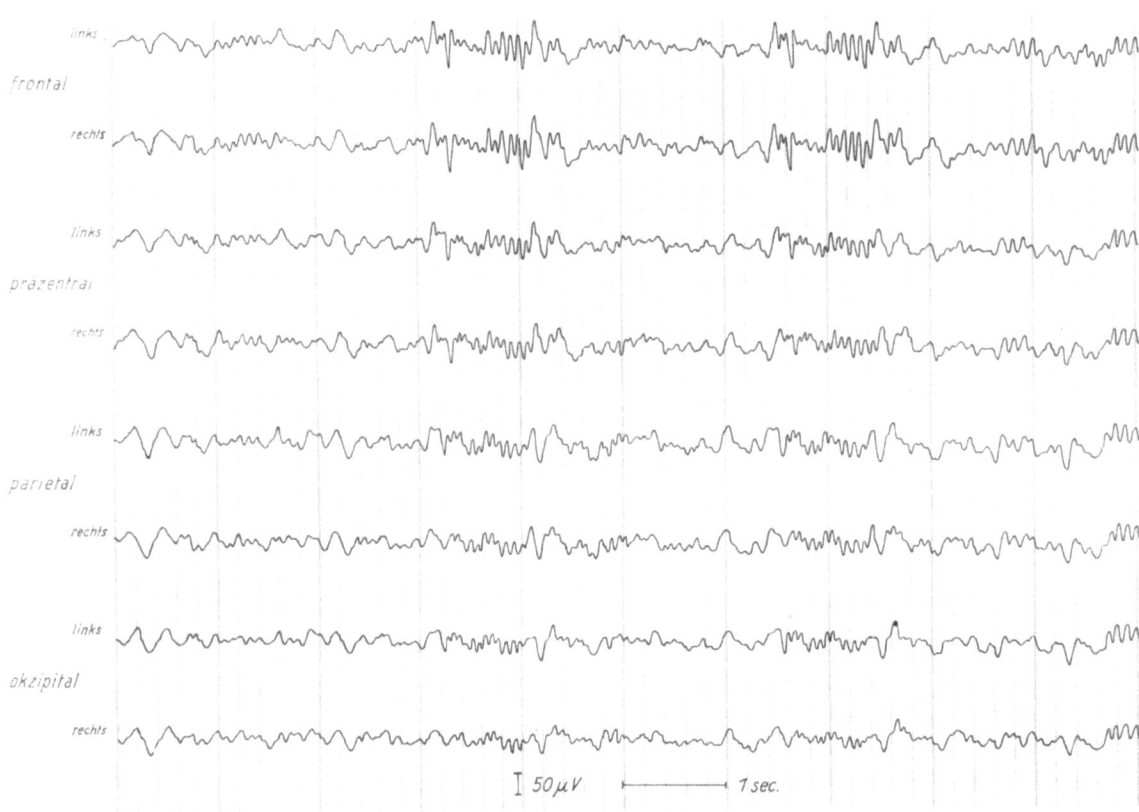

Abb. 132 Ableitungsart I (unipolare Schaltung zum linken Ohr)
12/sec.-Sigmawellen (Schlafspindeln) im Eeg eines Erwachsenen bei mittlerer Schlaftiefe (sogenanntes D-Stadium)

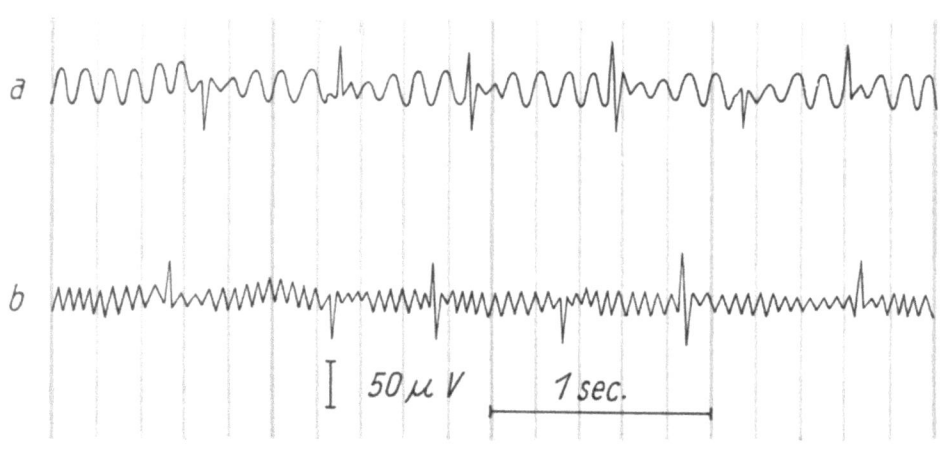

Abb. 133
Kleine Spitzen verschiedener Polungsrichtungen, eingelagert
a in eine Alphagrundaktivität
b in eine Betagrundaktivität

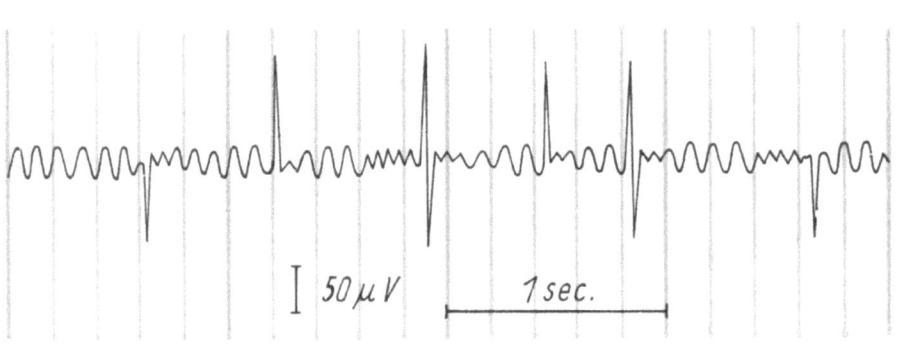

Abb. 134
Große Spitzen verschiedener Polungsrichtungen

Elemente des Eeg

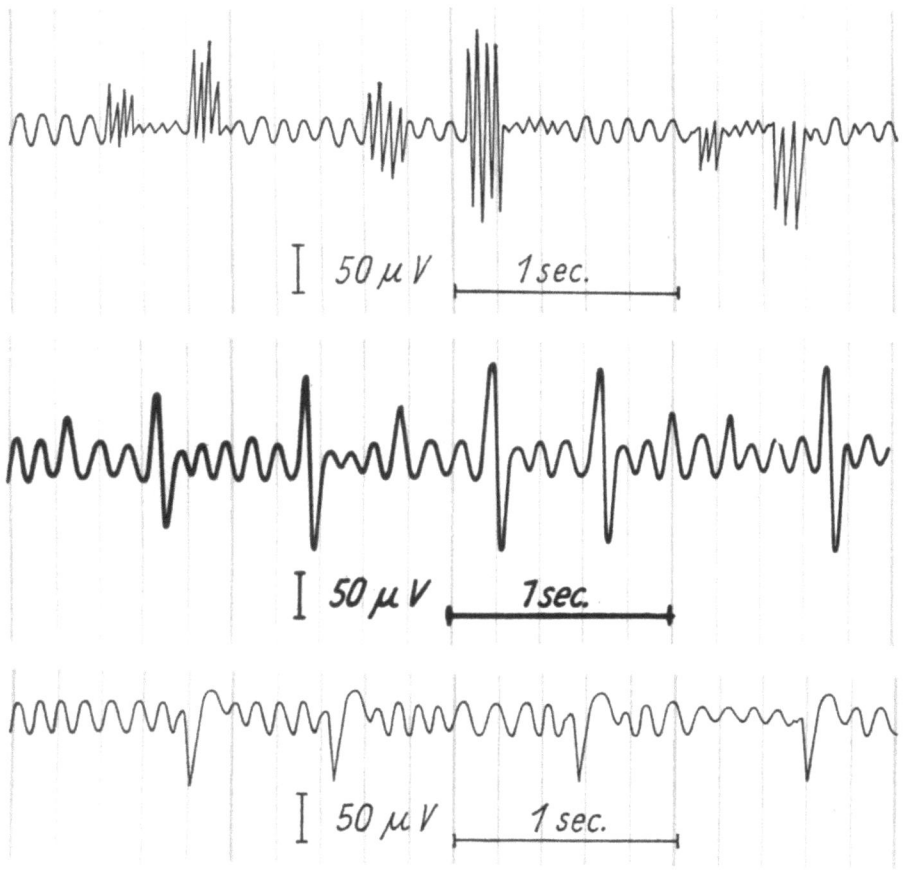

Abb. 135
Große und kleine Spitzen verschiedener Polungsrichtungen, jedoch nicht einzeln, sondern als poly- bzw. multispike auftretend

Abb. 136
Biphasische und negative steile Wellen

Abb. 137
Positive, annähernd dreieckförmige steile Wellen mit meist langsamer negativer Nachschwankung (bisher als sharp waves bezeichnet)

Spike and wave-Komplex (Abb. 138 u. 139)
Polungsrichtung und Charakteristik: negativ gerichtete große, zuweilen auch kleine Spitze mit nachfolgender, sehr spannungshoher, bis etwa 500 μV meßbarer langsamer Welle. Frequenz: 3–6/sec.
Besonderheit: poly- bzw. multi-spike and wave-Komplexe (Abb. 139). Anstelle des Einzel-spike Vorlagerung mehrerer spikes.

Bemerkung: In der täglichen Umgangssprache wird anstatt spike and wave-Komplex des öfteren auch nur von spikes and waves gesprochen, wobei es jedoch hier insofern zu Mißverständnissen kommen kann, als man die Begriffe einzeln versteht und somit von (Einzel-)Spitzen und (Einzel-)Wellen spricht. Gebräuchlich ist auch die Abkürzung s/w-Komplex bzw. auch s/w-Aktivität oder andere sprachliche Kombinationen mit der Abkürzung s/w.

Sharp and slow wave-Komplex (Abb. 140)

Polungsrichtung und Charakteristik: negativ gerichteter, großer, zuweilen auch spike-ähnlicher Ablauf mit nachfolgender, sehr spannungshoher, bis etwa 300 μV meßbarer langsamer Welle. Frequenz: 2,5/sec. und langsamer.

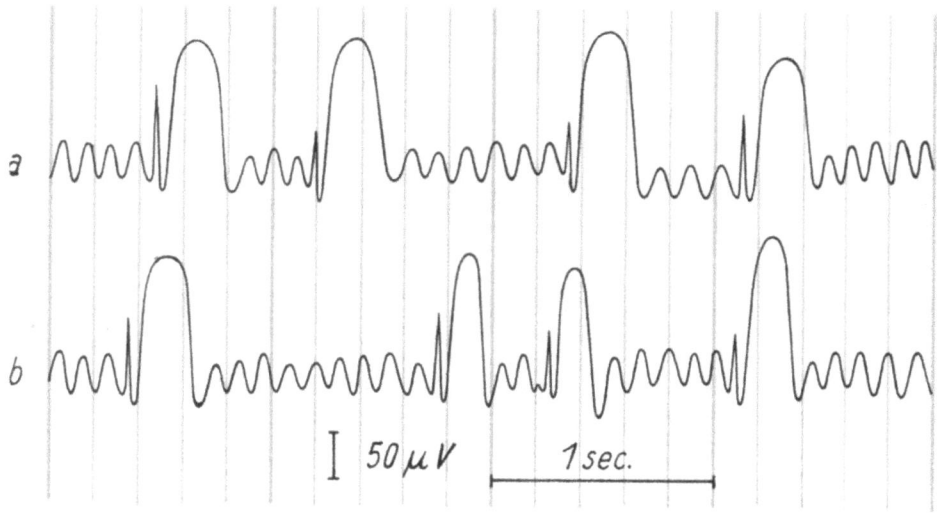

Abb. 138
a Klassische 3/sec. spike and wave-Komplexe
b spike and wave-Komplexe verschiedener Frequenz

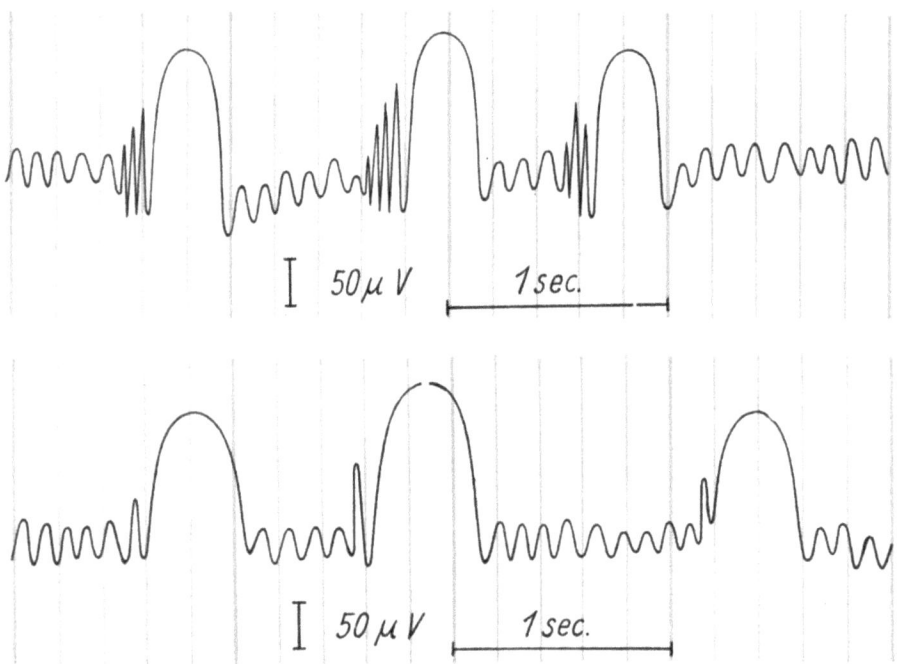

Bemerkung: Auch hier wird entsprechend den spike and wave-Komplexen von sharp and slow waves gesprochen; mitunter trifft man auch die Abkürzung ssw-Komplexe, ssw-Aktivität usw. an.

Spitzenpotentialähnliche Abläufe

Außer den oben beschriebenen echten Spitzenpotentialen gibt es *Übergangsformen* zu den anderen Potentialen mit *großer Variationsbreite.*

4.3. Formen des Eeg (Kombination der Elemente)

4.3.1. Hintergrundaktivität

Dieser Begriff soll als Oberbegriff für Grundaktivität und Allgemeinveränderungen gelten. Unter *Hintergrundaktivität* wird die allgemeine Aktivität im Eeg verstanden, von der sich Herdveränderungen (Foci), Paroxysmen, Wellengruppen und Spitzenpotentiale abheben. Dieser Begriff entbindet den Auswerter jedoch nicht, alle Aktivitäten genau zu beschreiben. Der Begriff soll ähnlich wie der Oberbegriff Spitzenpotentiale lediglich in der Fachsprache zwischen EEG-Ärzten Verwendung finden; im EEG-Befund sollte er, wenn überhaupt, nur in der Zusammenfassung gebraucht werden, wobei jedoch auch hier auf die genaue Wiedergabe und Graduierung der diesem Begriff untergeordneten Grundaktivität bzw. Allgemeinveränderungen nicht verzichtet werden darf.

Das Internationale EEG-Terminologie-Komitee definiert wie folgt: Hintergrundaktivität *ist jede EEG-Aktivität, die einen Zustand zum Ausdruck bringt, in dem bestehende normale oder abnorme Muster erscheinen und von dem sich derartige Muster abheben.*

Ein Kommentar sagt zusätzlich, daß der Begriff nicht synonym gebraucht werden darf für irgendeinen bestimmten Rhythmus (Aktivität), wie z. B. den Alpharhythmus (Alphaaktivität).

4.3.2. Grundaktivität (Grundrhythmus)

Unter *Grundaktivität* verstehen wir die *altersphysiologische Aktivität Gesunder* (Erwachsene und Kinder) im passiven Wachzustand bei geschlossenen Augen. Die Blockierung der nachweisbaren Aktivitäten durch den BERGER-Effekt muß erwartet werden.

Differenzierung der Grundaktivität des Erwachsenen-Eeg (ab 15. Lebensjahr):

Sind Alphawellen im Frequenzbild, so sprechen wir von einer *Alphakomponente* der Grundaktivität.

Sind Betawellen im Frequenzbild, so sprechen wir von einer *Betakomponente* der Grundaktivität.

Für die *Ausprägung der Komponenten* ist die Dauer des Auftretens der Alpha- bzw. Betawellen in Prozent der Meßstrecke maßgebend.

Differenzierung der Grundaktivität des kindlichen Eeg:

Wie beim Erwachsenen-Eeg müßte hier neben der Alpha- und Betakomponente von einer Theta- und Deltakomponente gesprochen werden. Da eine Typisierung im Kindesalter nicht vorgenommen werden soll, dürfte die Beschreibung des jeweiligen Ausprägungsgrades der Theta- und Deltawellen und, wenn schon vorhanden, auch der Alpha- und Betawellen eine exakte Definition des Wellenbildes darstellen.

4.3.3. Eeg-Typen (Abb. 141–146)
(Gültigkeit nur für das Erwachsenenalter)

Für die Typisierung des Eeg ist das *Verhältnis der Aus-*

prägung der nachweisbaren Alpha- oder Betakomponenten der Grundaktivität maßgebend.
1. Eeg vom Alphatyp (sogenanntes reines Alpha-Eeg); Ausprägung der Alphawellen über 80%
2. Eeg vom Betatyp (sogenanntes reines Beta-Eeg); Ausprägung der Betawellen über 80%
3. Eeg vom Alpha-Beta-Typ

a) Eeg mit etwa gleichen Teilen von Alpha- und Betawellen (sogenanntes reines Alpha-Beta-Eeg); Ausprägung der Alpha- bzw. Betawellen 40–60%
b) Eeg mit Vorherrschen der Alphawellen; Ausprägung der Alphawellen 60–80%
c) Eeg mit Vorherrschen der Betawellen; Ausprägung der Betawellen 60–80%

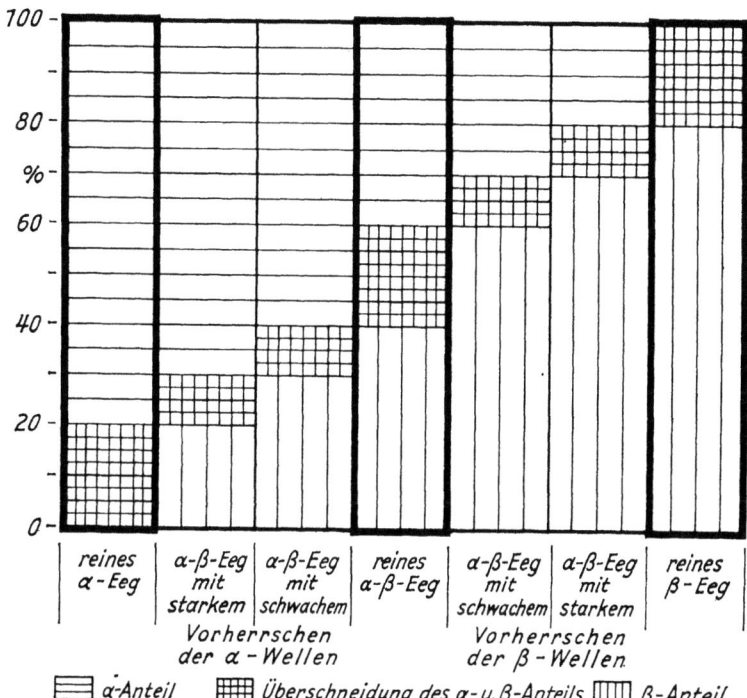

Abb. 141
Die Eeg-Typen und ihre Ausprägung

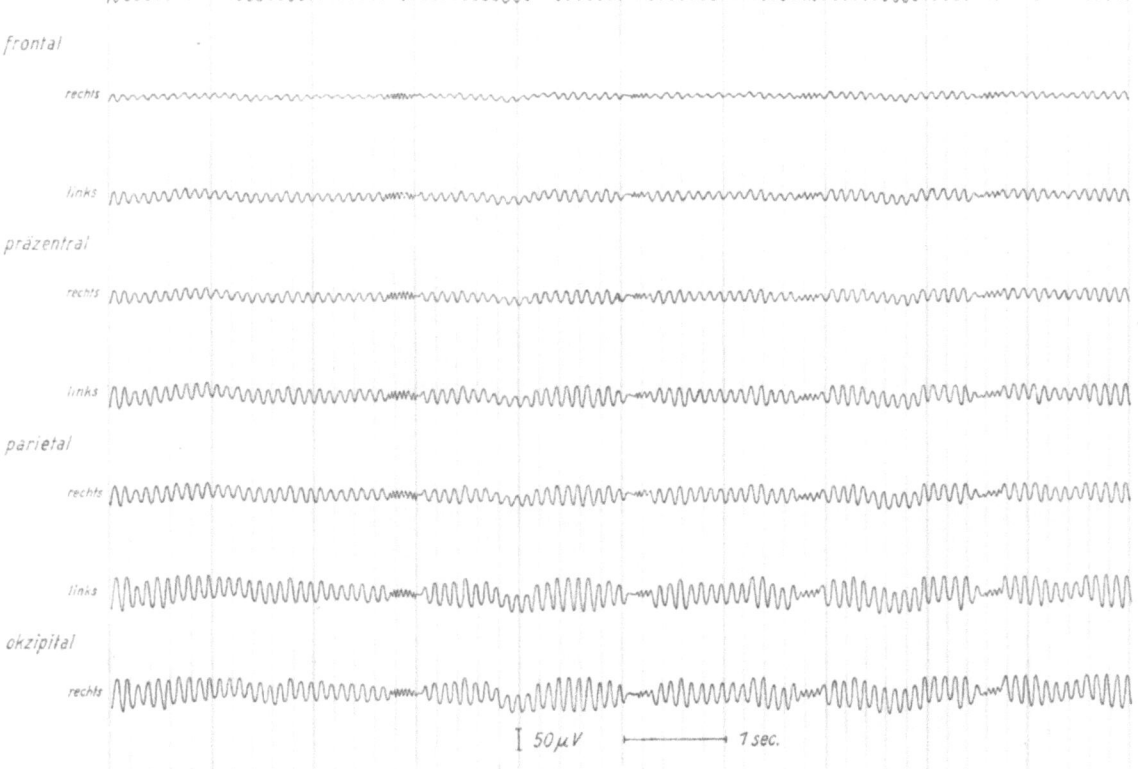

Abb. 142 Ableitungsart I (unipolare Schaltung zum linken Ohr)
Eeg vom Alphatyp (Alphakomponente 90%, Betakomponente 10%)

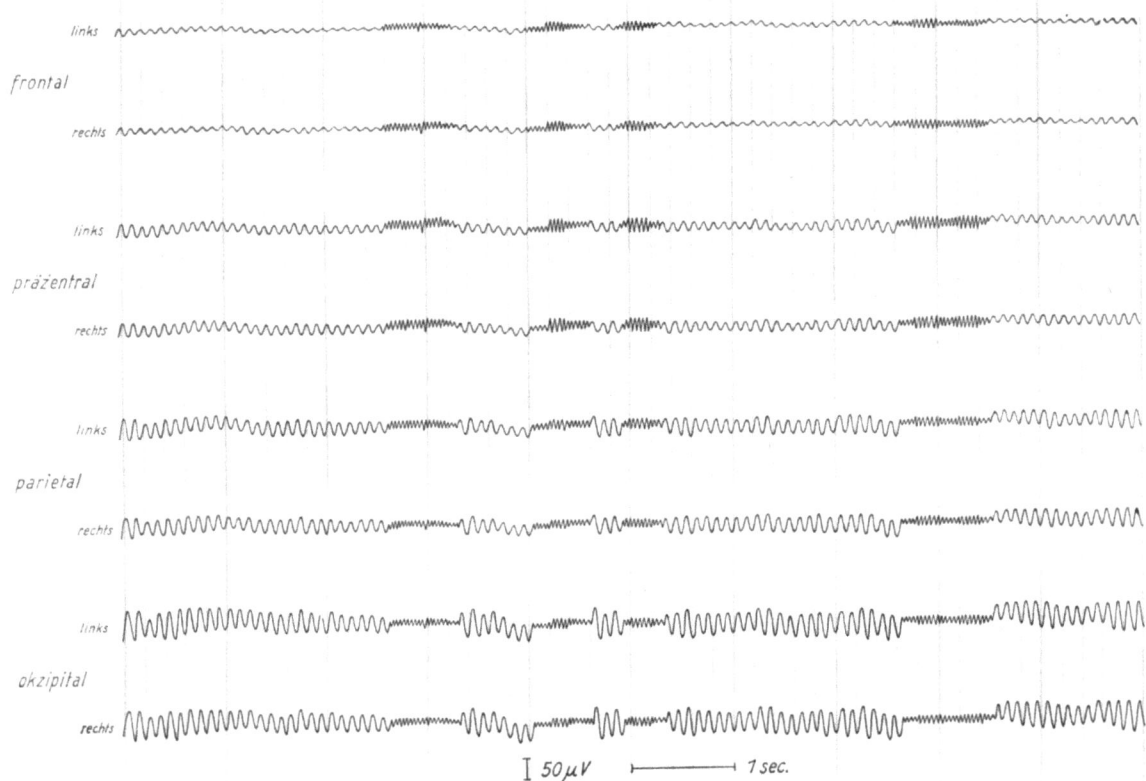

Abb. 143 Ableitungsart I (unipolare Schaltung zum linken Ohr)
Eeg vom Alpha-Beta-Typ (Alpha- und Betakomponente je 25%)

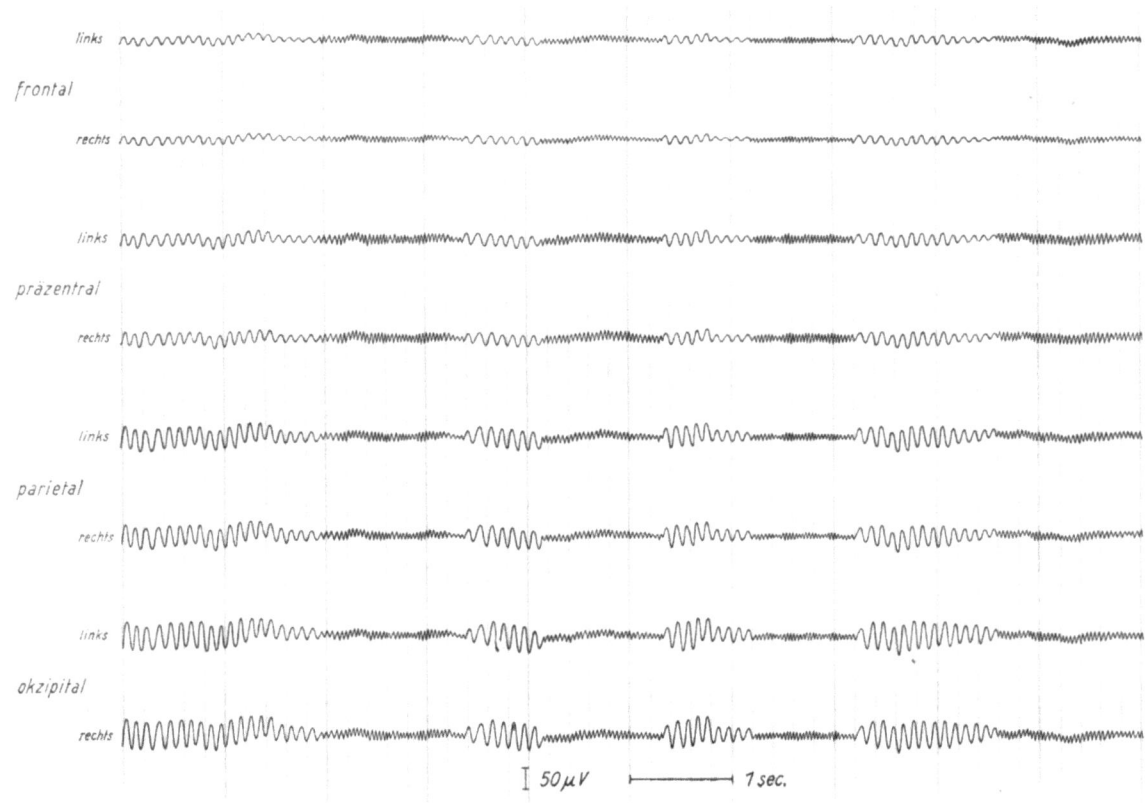

Abb. 144 Ableitungsart I (unipolare Schaltung zum linken Ohr)
Eeg vom Alpha-Beta-Typ (Alpha- und Betakomponente je 50%)

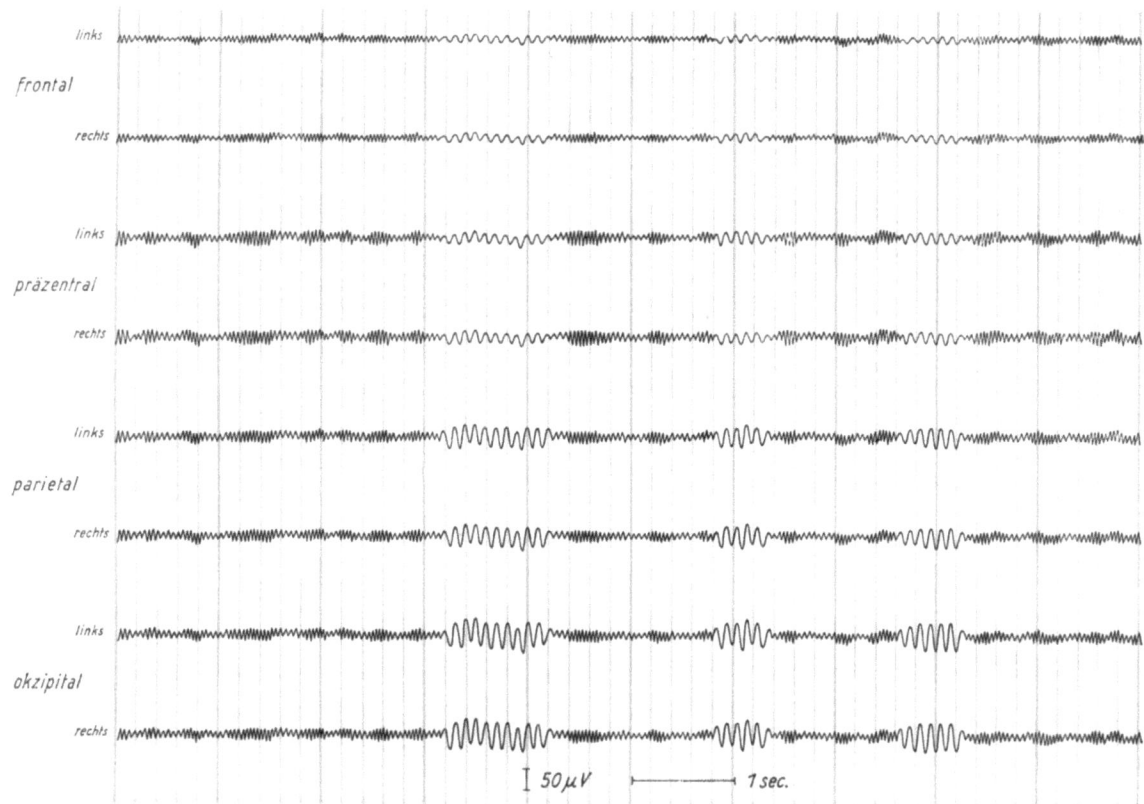

Abb. 145 Ableitungsart I (unipolare Schaltung zum linken Ohr)
Eeg vom Alpha-Beta-Typ (Alphakomponente 25%, Betakomponente 75%)

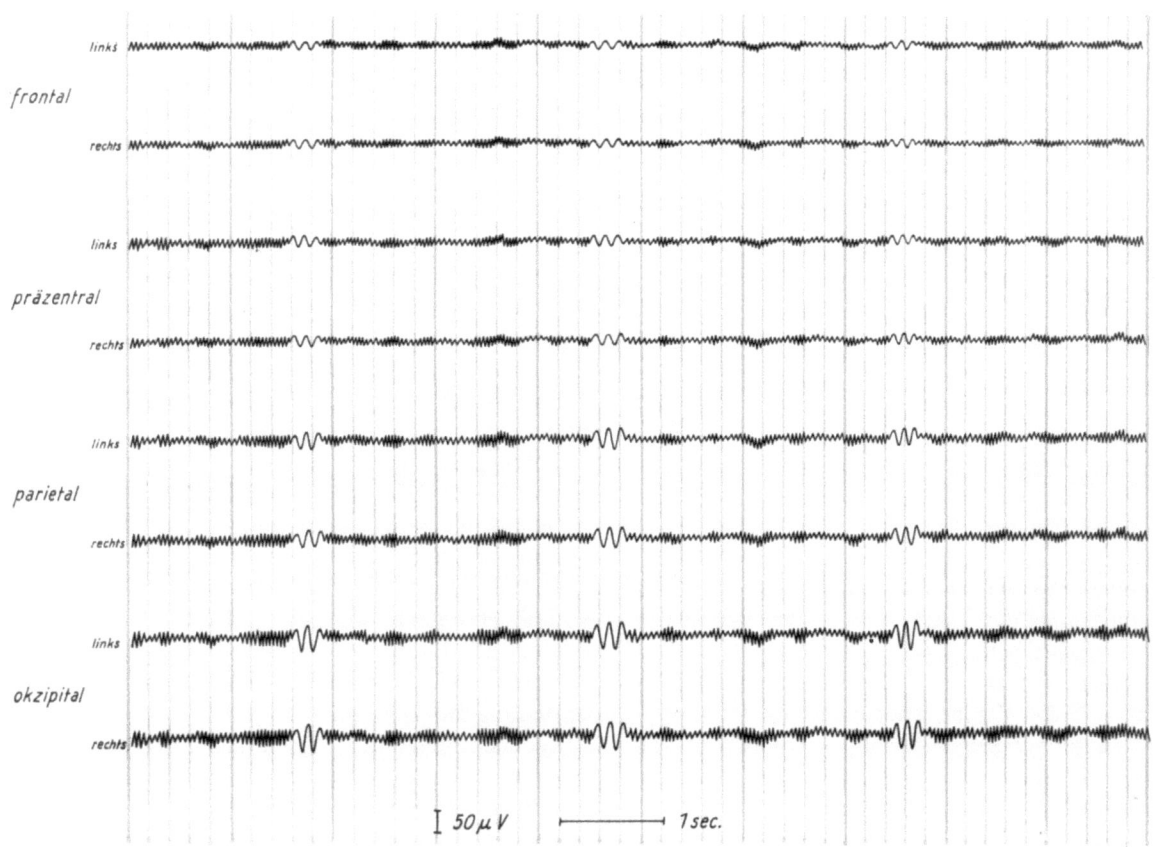

Abb. 146 Ableitungsart I (unipolare Schaltung zum linken Ohr)
Eeg vom Betatyp (Alphakomponente 10%, Betakomponente 90%)

Bemerkung: Eingehende Erläuterungen siehe »Das physiologische Elektroenzephalogramm und seine Varianten« sowie »Allgemeine Richtlinien zur Auswertung einer Hirnpotentialkurve«.

4.3.4. Allgemeinveränderungen (Abb. 147–154)

Sehr leichte Allgemeinveränderungen

Unter sehr leichten Allgemeinveränderungen verstehen wir ein Auftreten von Thetawellen *in sehr schwacher Ausprägung*, wechselnd über allen Ableitungsbereichen.

Leichte Allgemeinveränderungen

Unter leichten Allgemeinveränderungen verstehen wir ein Auftreten von Thetawellen *in schwacher Ausprägung*, wechselnd über allen Ableitungsbereichen.

Mäßige Allgemeinveränderungen

Unter mäßigen Allgemeinveränderungen verstehen wir ein Auftreten von *Thetawellen in mäßiger* und ein Auftreten von *Deltawellen in sehr schwacher Ausprägung*, wechselnd über allen Ableitungsbereichen.

Mäßig schwere Allgemeinveränderungen

Unter mäßig schweren Allgemeinveränderungen verstehen wir ein Auftreten von *Thetawellen in starker* und ein Auftreten von *Deltawellen in schwacher Ausprägung*, wechselnd über allen Ableitungsbereichen.

Schwere Allgemeinveränderungen

Unter schweren Allgemeinveränderungen verstehen wir ein Auftreten von *Thetawellen in mäßiger und* ein Auftreten von *Deltawellen ebenfalls in mäßiger Ausprägung*, wechselnd über allen Ableitungsbereichen.

Sehr schwere Allgemeinveränderungen

Unter sehr schweren Allgemeinveränderungen verstehen wir ein Auftreten von *Deltawellen in starker* und ein Auftreten *von Thetawellen in schwacher Ausprägung*, wechselnd über allen Ableitungsbereichen.

Schwerste Allgemeinveränderungen

Unter schwersten Allgemeinveränderungen verstehen wir ein Auftreten von *Deltawellen in sehr starker und* ein Auftreten *von Thetawellen in sehr schwacher Ausprägung*, wechselnd über allen Ableitungsbereichen.

Bemerkung: Es sei darauf hingewiesen, daß die Ausprägungsgrade der Theta- und Deltawellen in der bereits vorbeschriebenen Nomenklatur nicht absolut starr festgelegt, sondern variabel gestaltet wurden (um 30%, um 50% usw.). Eine Überschreitung der 100%-Grenze, wie es auf den ersten Blick bei den mäßig schweren, bis schwersten Allgemeinveränderungen den Anschein hat, ist also nicht gegeben.

Nach Einführung der 7 Grade von Allgemeinveränderungen ist über die Vor- und Nachteile viel diskutiert und polemisiert worden. Es wurde u. a.

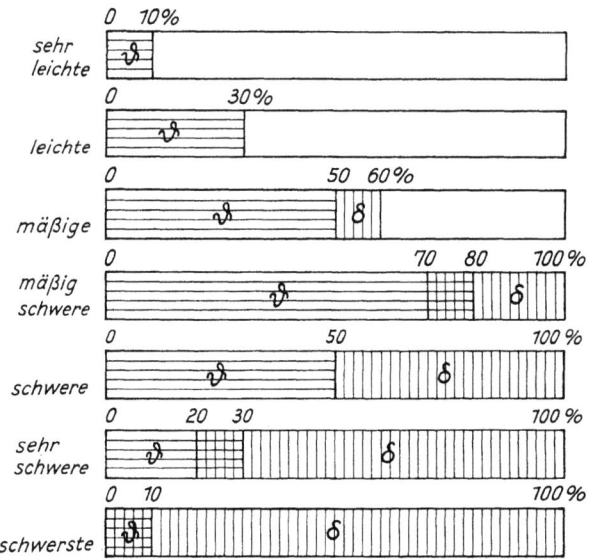

Abb. 147 Schweregrad der Allgemeinveränderungen

gesagt, eine Differenzierung in so viele Grade wäre praktisch nicht möglich und würde auch keinen Nutzen bringen. Als es noch 3 Grade von Allgemeinveränderungen gab, und zwar leichte, mäßige und schwere, waren diese für den Auswerter großzügiger definiert. Unter leichten Allgemeinveränderungen verstand man die geringe diffuse Einlagerung von Thetawellen in das Hirnpotentialbild; bei den mäßigen Allgemeinveränderungen wurde das Eeg von Thetawellen beherrscht, einzelne Deltawellen waren zwischengelagert, und bei den schweren Allgemeinveränderungen wurde das Hirnpotentialbild von Deltawellen beherrscht, und Thetawellen waren zwischengelagert. Unterzieht man die unter diesen angeblich 3 Graduierungen vorgenommenen Beurteilungen einer genauen Analyse, so waren die Begriffe sehr leicht, leicht bis mäßig und mäßig bis schwer sowie sehr schwer sehr oft, ja z. T. öfter als die Graduierungen leicht, mäßig und schwer zu finden. Es gab also de facto schon 7 Grade, nur mit dem Unterschied, daß eine Eingruppierung – vorsichtig ausgedrückt – etwas großzügiger gehandhabt werden konnte, als dies jetzt der Fall ist. Der Verfasser ist sich absolut bewußt, daß es eine Unmöglichkeit ist, die Kurve, nur um die Allgemeinveränderungen zu bestimmen, in toto auszuzählen. Die prozentualen »in etwa«-Vorgaben verlangen jedoch vom Auswerter eine etwas intensivere Beschäftigung mit der Materie.

Fragen wir nach dem Nutzen, so liegt dieser klar auf der Hand. Durch die zumindest versuchte Objektivierung einerseits und die größere Graduierung andererseits dürfte insbesondere für Verlaufsuntersuchungen, welcher Natur sie auch seien, eine genauere Beurteilung möglich sein.

Abschließend sei nicht verschwiegen, daß das wiedergegebene Prozentschema auch nicht als vollkommen bezeichnet werden kann, sondern hier und da noch Lücken aufweist, jedoch sind diese fehlenden Kombinationen im allgemeinen mehr theoretischer als praktischer Natur.

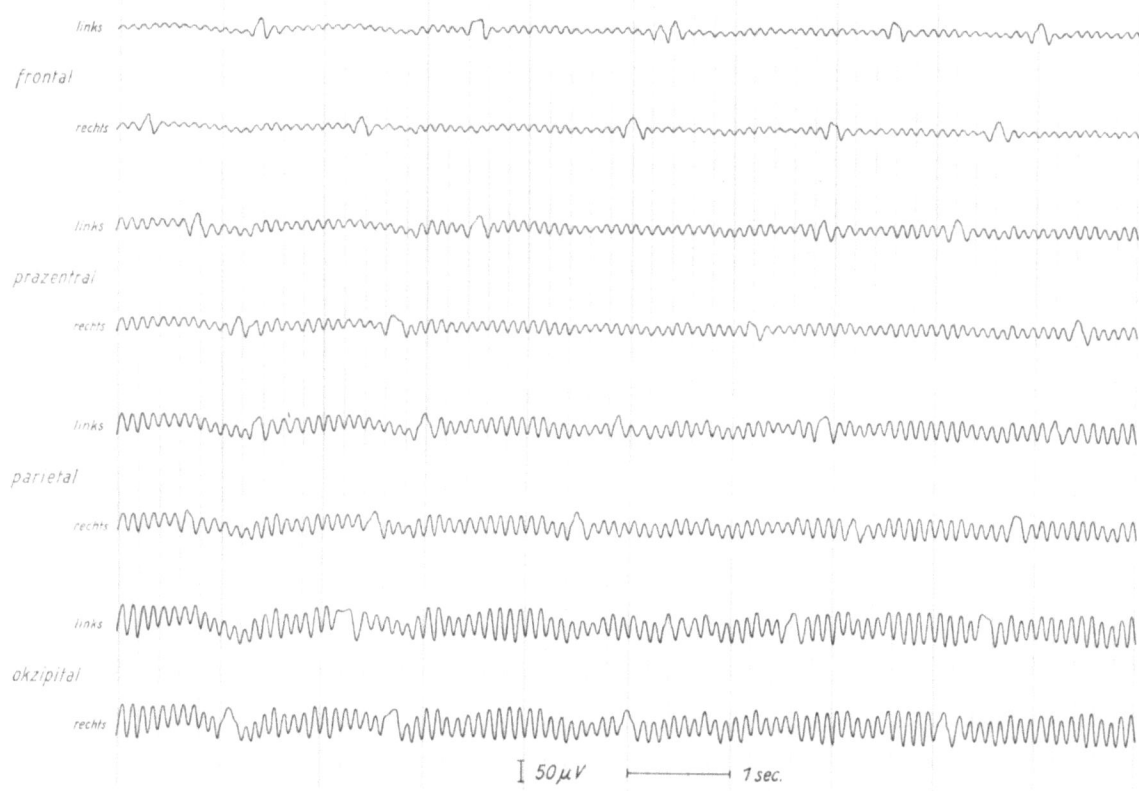

Abb. 148 Ableitungsart I (unipolare Schaltung zum linken Ohr)   Sehr leichte Allgemeinveränderungen

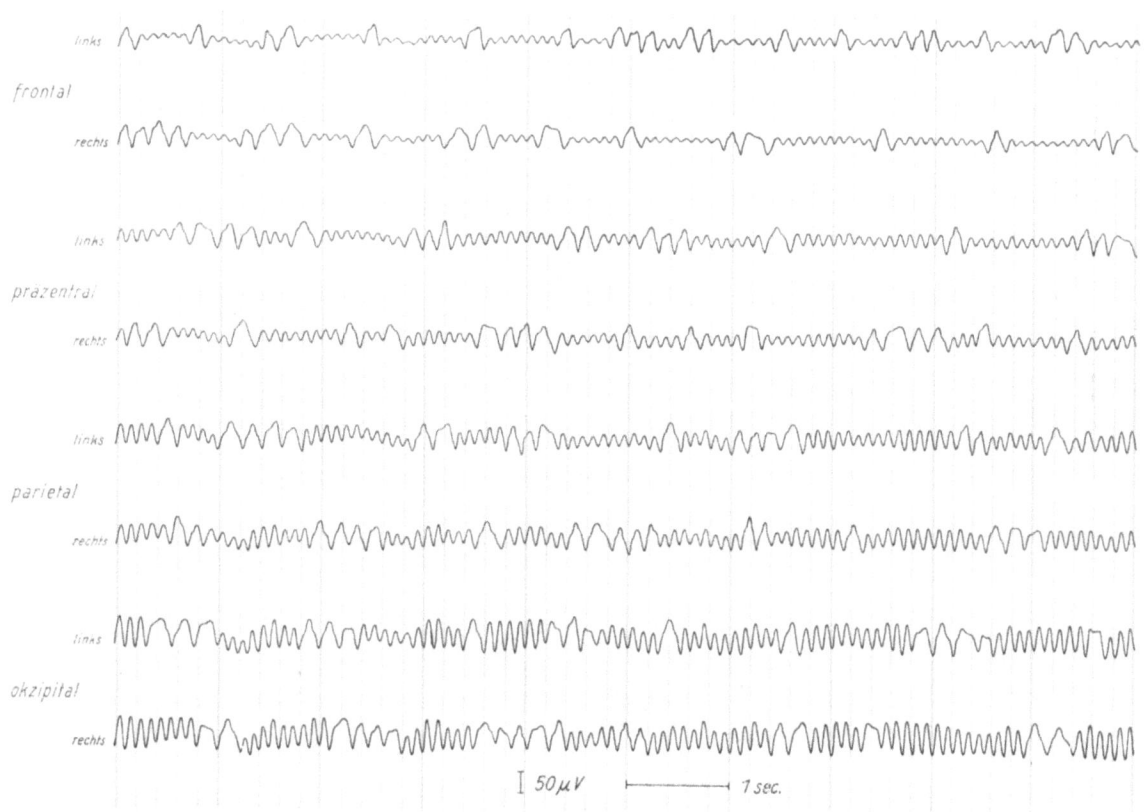

Abb. 149 Ableitungsart I (unipolare Schaltung zum linken Ohr)   Leichte Allgemeinveränderungen

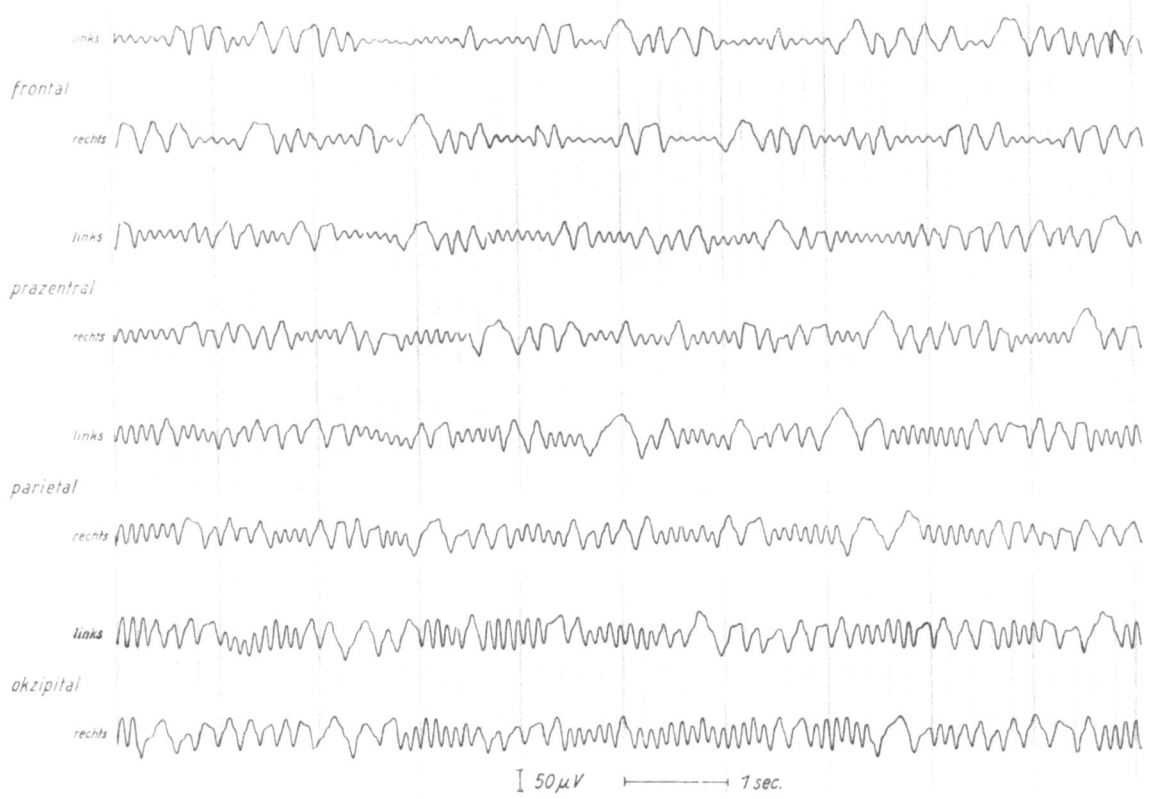

Abb. 150   Ableitungsart I (unipolare Schaltung zum linken Ohr)   Mäßige Allgemeinveränderungen

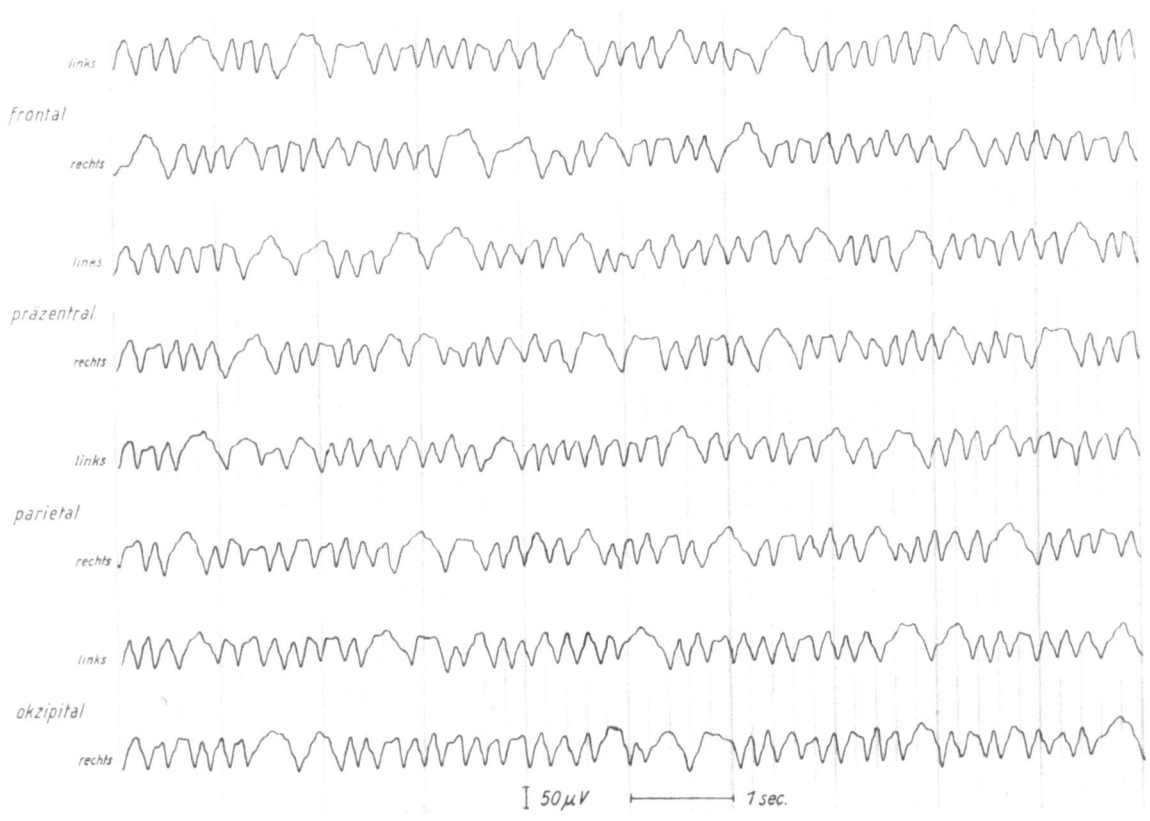

Abb. 151   Ableitungsart I (unipolare Schaltung zum linken Ohr)   Mäßig schwere Allgemeinveränderungen

Formen des Eeg

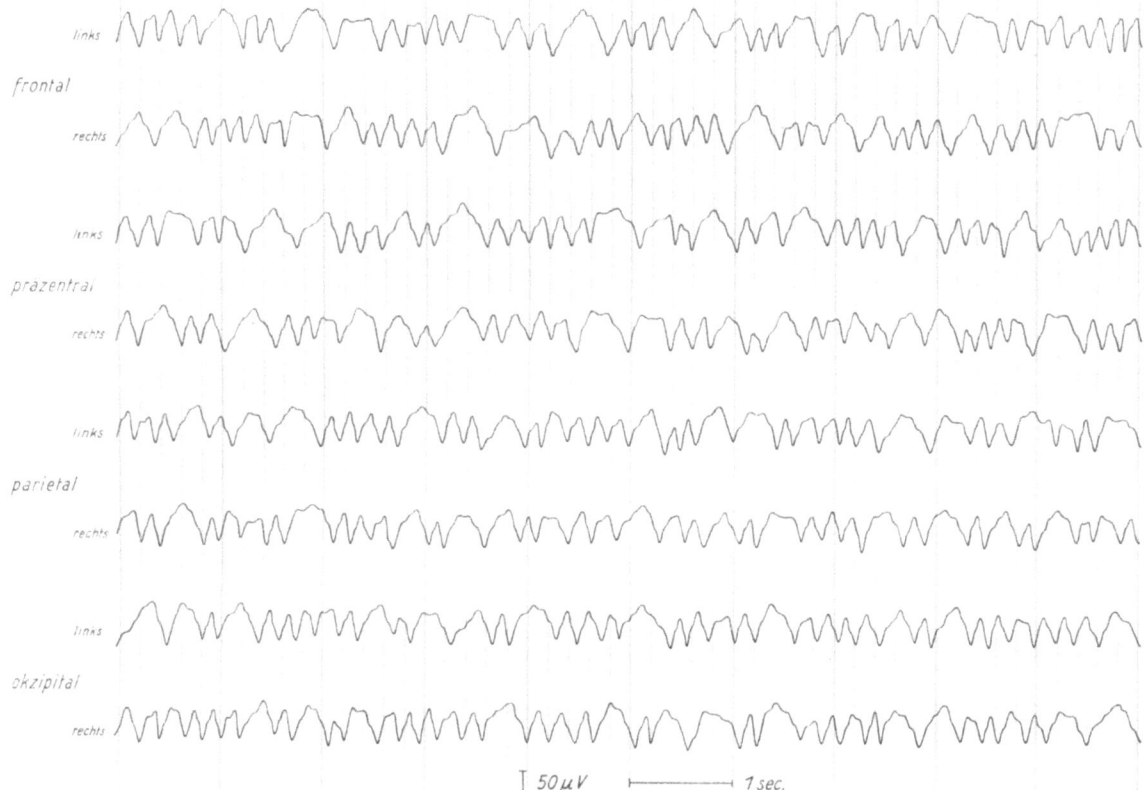

Abb. 152 Ableitungsart I (unipolare Schaltung zum linken Ohr)   Schwere Allgemeinveränderungen

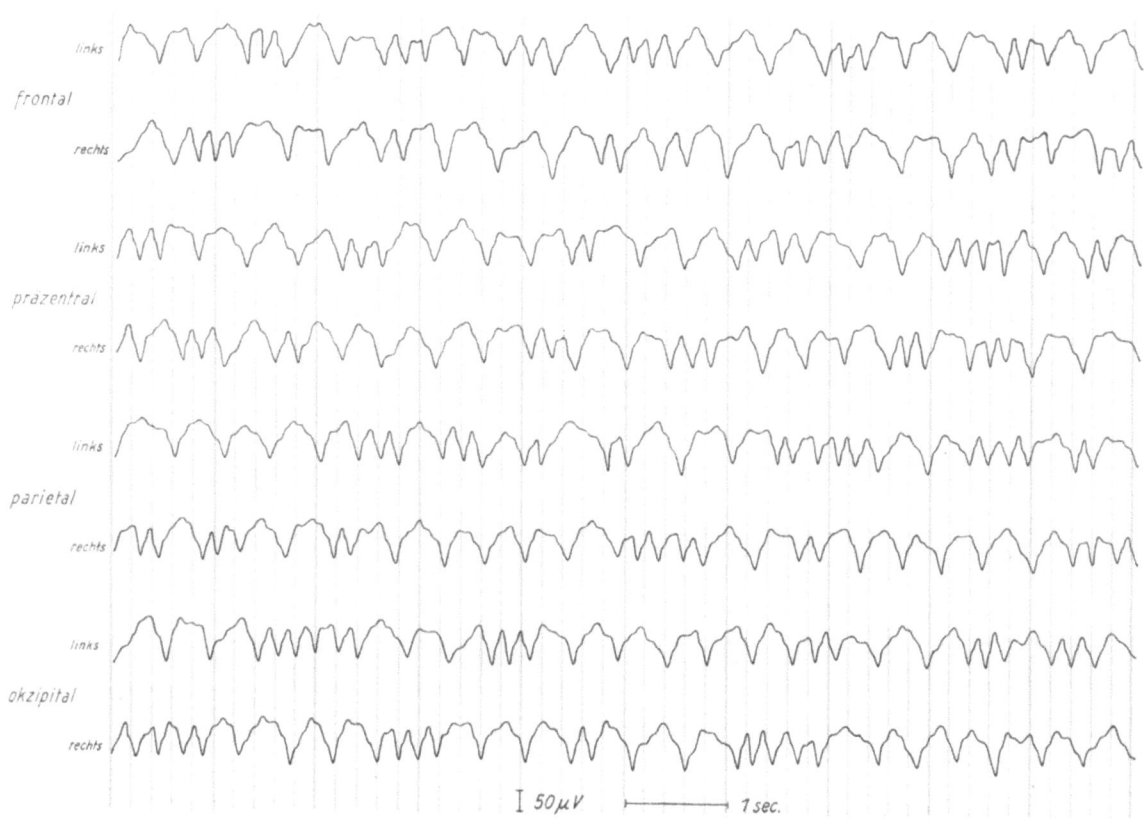

Abb. 153 Ableitungsart I (unipolare Schaltung zum linken Ohr)   Sehr schwere Allgemeinveränderungen

124 Die Graphoelemente im Eeg und ihre Nomenklatur

Abb. 154 Ableitungsart I (unipolare Schaltung zum linken Ohr)   Schwerste Allgemeinveränderungen

4.3.5. Paroxysmen (Abb. 155–161)

Wellenparoxysmus

Plötzliches, entweder generalisiertes oder lokalisiertes, meist einige Sekunden dauerndes Auftreten und Abklingen vorwiegend frequenzinstabiler Alpha-, Beta-, Theta- oder Deltawellen in verschiedener Kombination, in jedem Fall das jeweilig vorherrschende allgemeine Spannungsniveau überschreitend.

Bemerkung: In der Mehrzahl der Fälle werden Wellenparoxysmen vornehmlich aus Theta- und Deltawellen gebildet, weshalb in den nachfolgenden Kurvenbeispielen auch nur diese Kombination wiedergegeben wurde.

Spitzenparoxysmus

Plötzliches, entweder generalisiertes oder lokalisiertes, meist einige Sekunden dauerndes Auftreten und Abklingen von Spitzenpotentialen in verschiedener Kombination, in jedem Fall das jeweilig vorherrschende allgemeine Spannungsniveau überschreitend.

Sonderform: spike and wave-Muster (SW-Muster).
Auftreten von generalisierten Spitzenpotentialen in Form von kontinuierlichen spike and wave-Komplexen über einige oder mehr Sekunden.

Wellen-Spitzen-Paroxysmus

Kombiniertes Auftreten eines Wellen- und Spitzenparoxysmus.

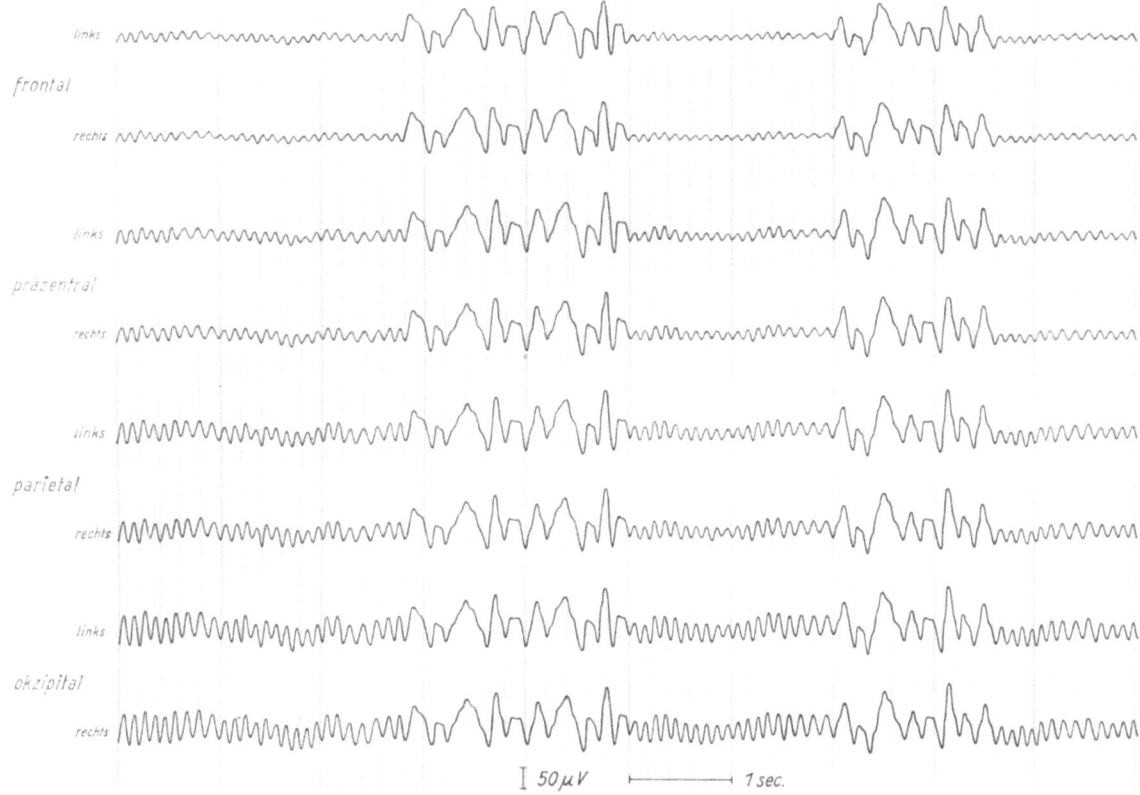

Abb. 155 Ableitungsart I (unipolare Schaltung zum linken Ohr)   Generalisierter Theta-Delta-Wellen-Paroxysmus

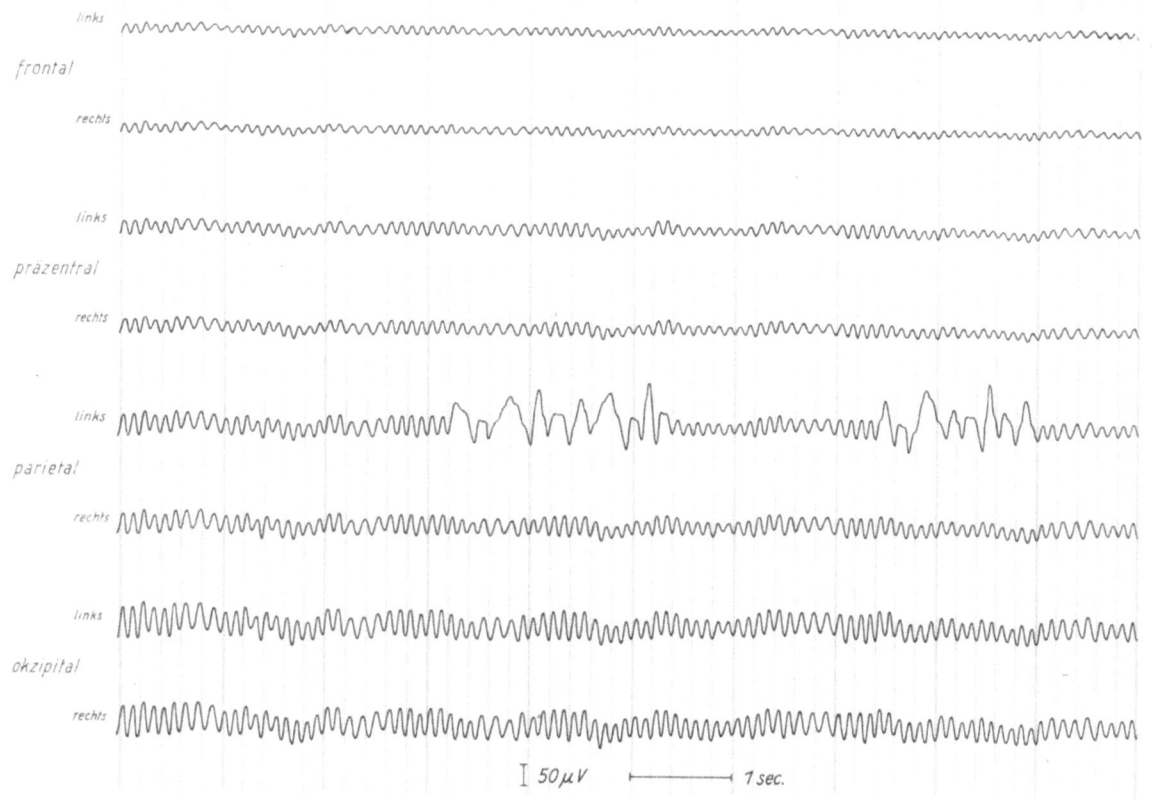

Abb. 156 Ableitungsart I (unipolare Schaltung zum linken Ohr)   Lokalisierter Theta-Delta-Wellen-Paroxysmus links parietal

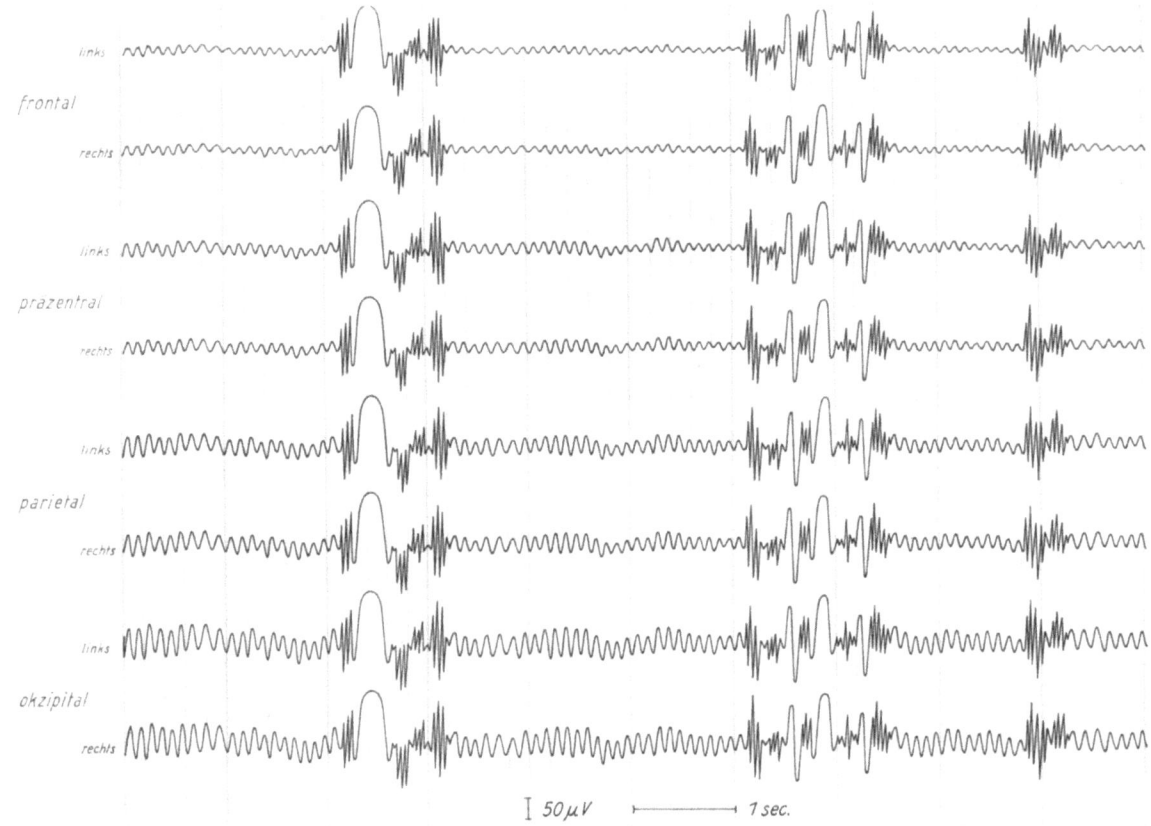

Abb. 157 Ableitungsart I (unipolare Schaltung zum linken Ohr)   Generalisierter Spitzenparoxysmus

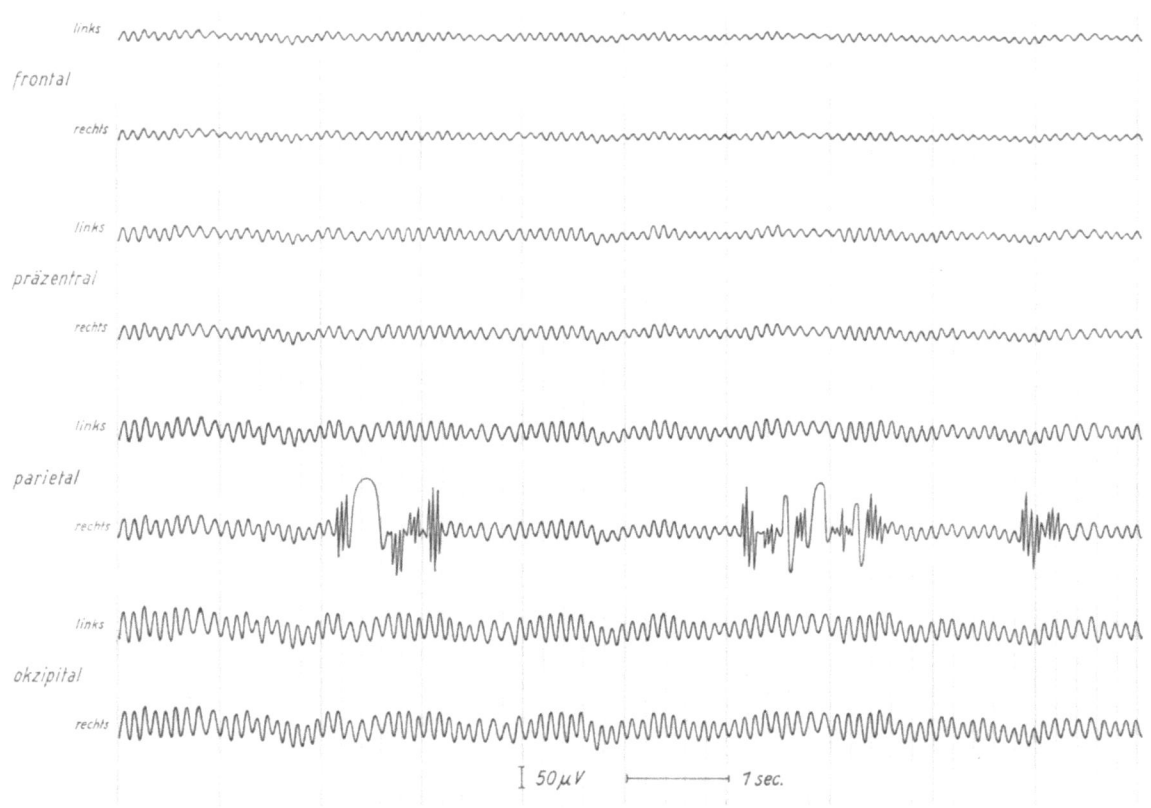

Abb. 158 Ableitungsart I (unipolare Schaltung zum linken Ohr)   Lokalisierter Spitzenparoxysmus rechts parietal

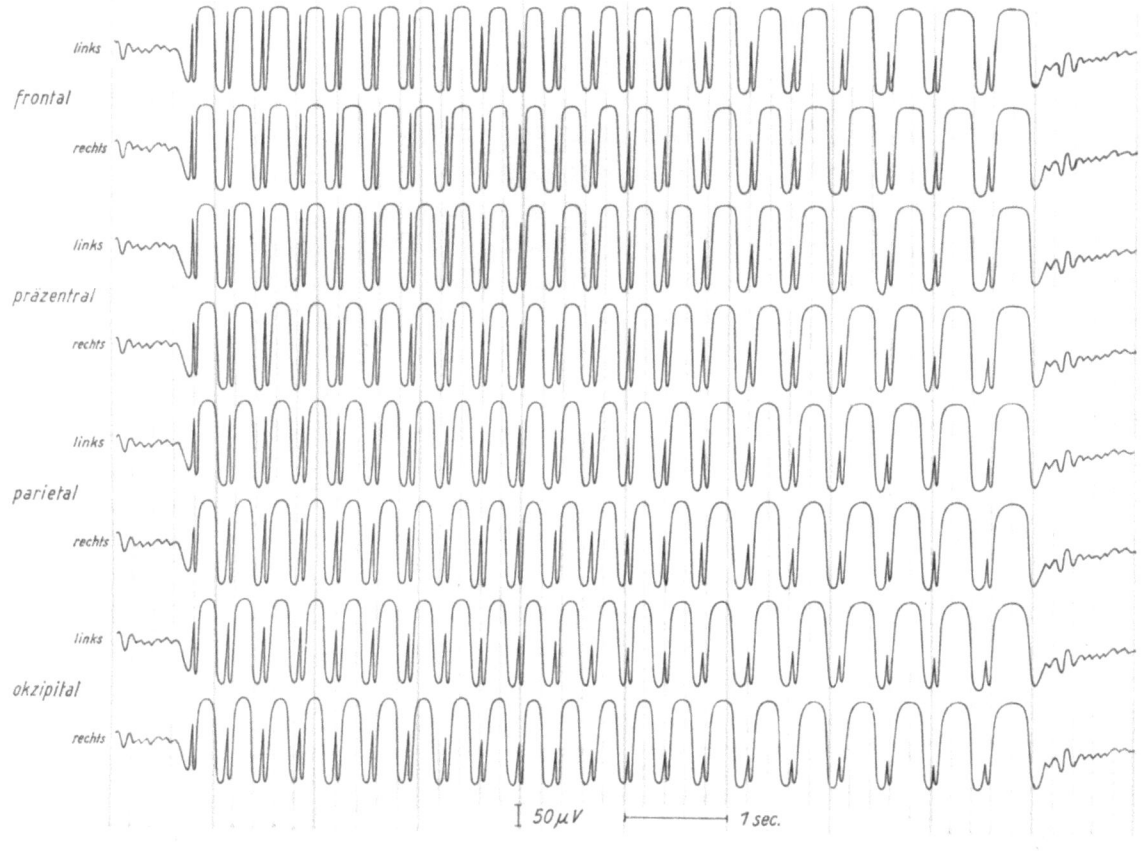

Abb. 159 Ableitungsart I (unipolare Schaltung zum linken Ohr)
Sonderform des generalisierten Spitzenparoxysmus   Spike and wave-Muster (Sw-Muster)

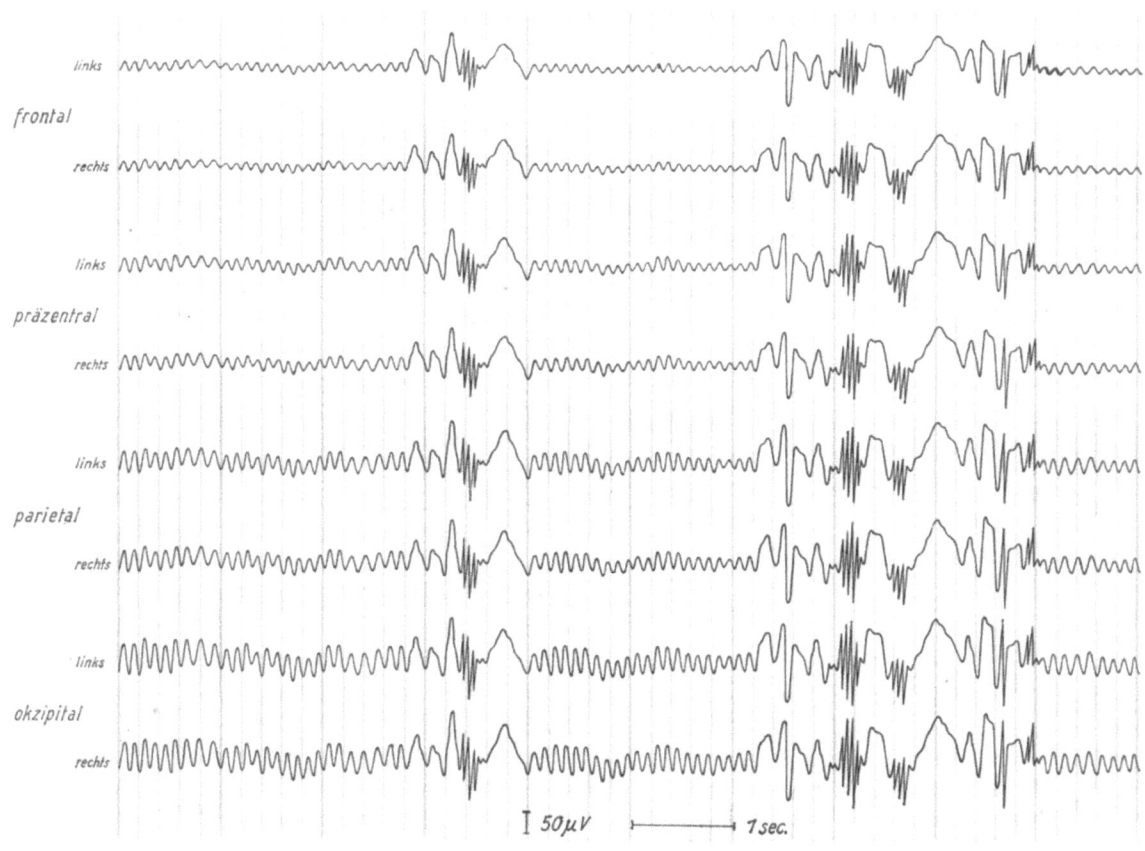

Abb. 160 Ableitungsart I (unipolare Schaltung zum linken Ohr)   Generalisierter Wellen-Spitzen-Paroxysmus

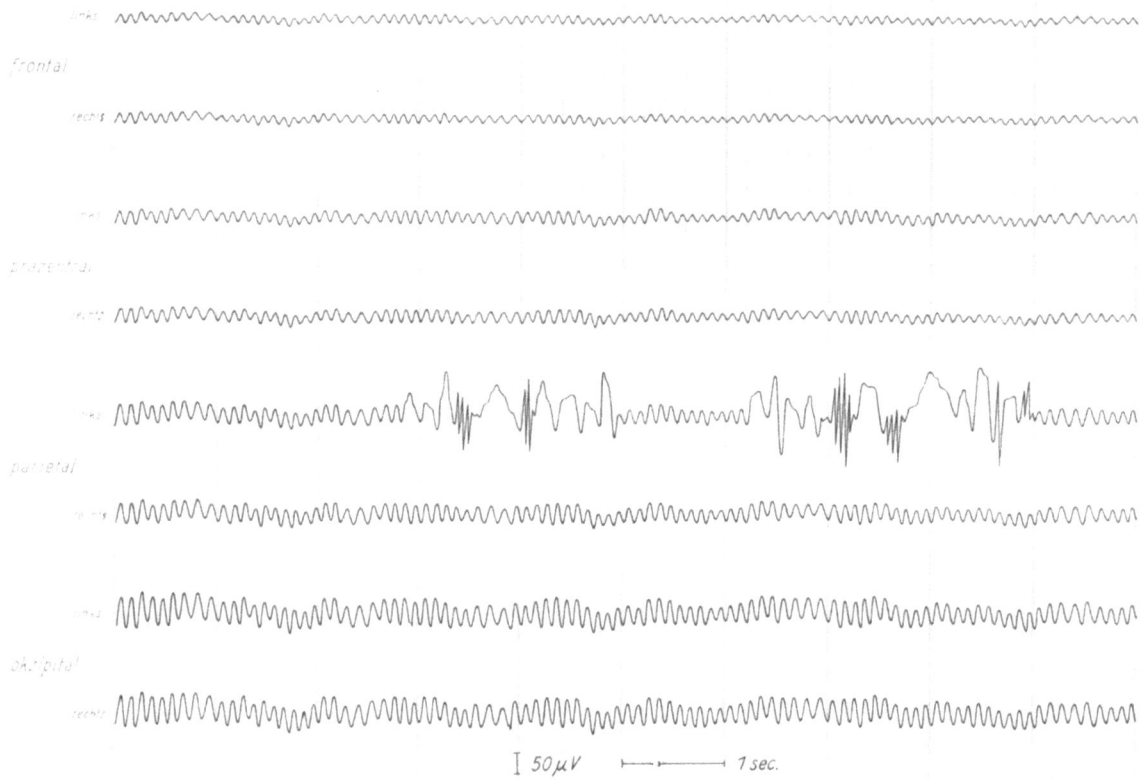

Abb. 161 Ableitungsart I (unipolare Schaltung zum linken Ohr)   Lokalisierter Wellen-Spitzen-Paroxysmus links parietal

4.3.6. Foci (Abb. 162–166)

Wellen-Spitzen-Fokus
Örtliches Auftreten vorwiegend frequenzinstabiler Theta- oder Deltawellen in verschiedener Kombination mit eingelagerten Spitzenpotentialen.

Spitzenfokus
Örtliches Auftreten von Spitzenpotentialen einzeln oder in verschiedener Kombination.

Theta-Delta-Mischfokus
Örtliches Auftreten von Theta- und Deltawellen wechselnder Frequenz.
1. Reiner Theta-Delta-Mischfokus (Theta- zu Deltawellen = 50:50%),
2. Theta-Delta-Mischfokus mit Vorherrschen der Thetawellen,
3. Theta-Delta-Mischfokus mit Vorherrschen der Deltawellen.

Bemerkung: Entsprechend der bei den Theta- und Deltawellenfoci (s. Abschn. 4.2.3. und 4.2.4.) aufgeführten Unterteilung in kontinuierlichen und diskontinuierlichen Fokus könnte der Leser auch hier eine solche Aufgliederung erwarten. Der Grund, weshalb diese Einteilung nicht besonders hervorgehoben wird, sei kurz aufgezeichnet. Sowohl bei dem Theta- als auch Delta- fokus lag jeweils nur ein EEG-Element, und zwar entweder die Theta- oder die Deltawellen, vor. Bei dem Wellen-Spitzen-Fokus und auch bei dem Theta-Delta-Mischfokus haben wir es mit zwei und mehr Elementen zu tun, so daß naturgemäß bereits eine Unterbrechung, eine Diskontinuität, vorliegt.

Diese Erklärung trifft jedoch nur zu, wenn man die Theta- und Deltawellen sowie Spitzenpotentiale als eigenständigen Frequenzbereich, den sie ja auch darstellen, ansieht. Man könnte allerdings auch argumentieren, daß der nomenklatorische Begriff Theta-Delta-Mischfokus sowie auch Wellen-Spitzen-Fokus heißt und man somit zwangsläufig ein Gemisch von Wellen oder von Wellen mit Spitzenpotentialen zu erwarten hat, man geht also von vornherein entsprechend der Begriffsformulierung von einer Einheit aus. Schließt man sich dieser Beweisführung an, so träfe hier bei einer z. B. unterbrochenen Folge eines Theta-Delta-Frequenzgemisches im Sinne eines Theta-Delta-Fokus durch eine andere Frequenz der Begriff der Diskontinuität zu, während bei einer ununterbrochenen oder fast ununterbrochenen Folge des Frequenzgemisches von einer Kontinuität des Theta-Delta-Fokus gesprochen werden müßte.

Bei einem Spitzenfokus liegt nur ein Element vor, jedoch wurde hier aufgrund der Erfahrungswerte eine Aufgliederung unterlassen, da die lokalisierte Folge von Spitzenpotentialen ohne Unterbrechung sehr selten ist.

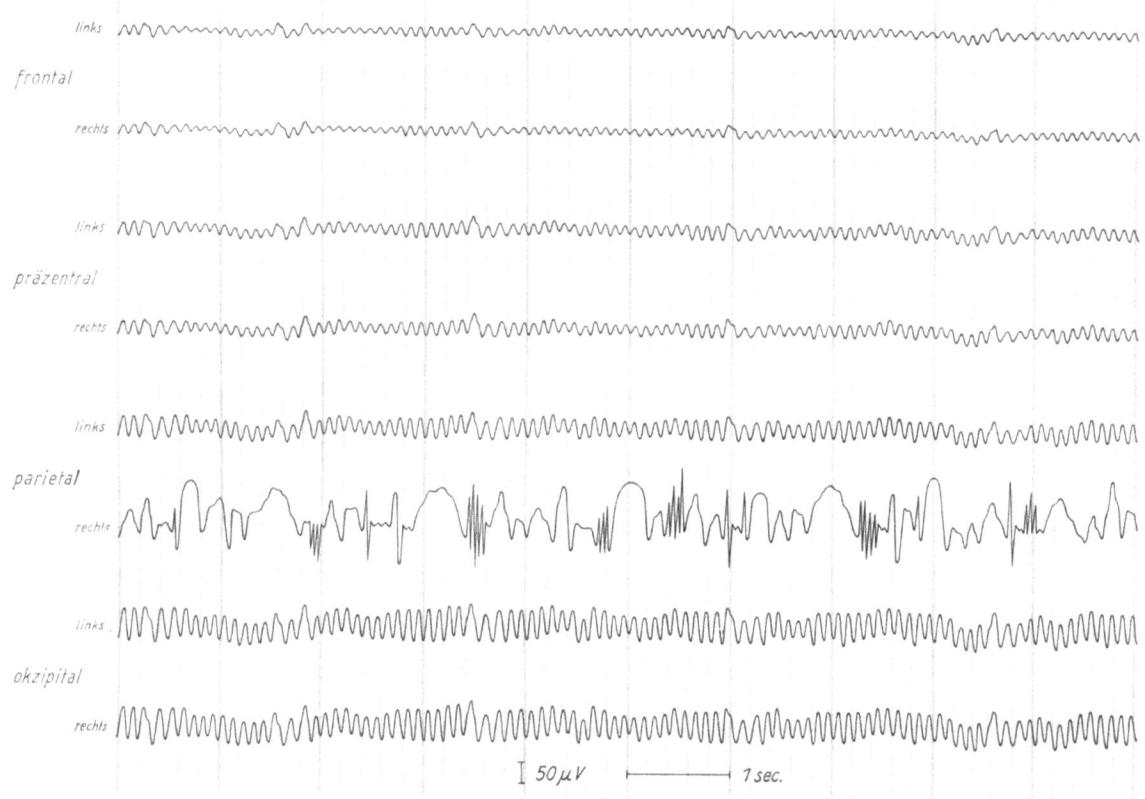

Abb. 162 Ableitungsart I (unipolare Schaltung zum linken Ohr)   Wellen-Spitzen-Fokus rechts parietal

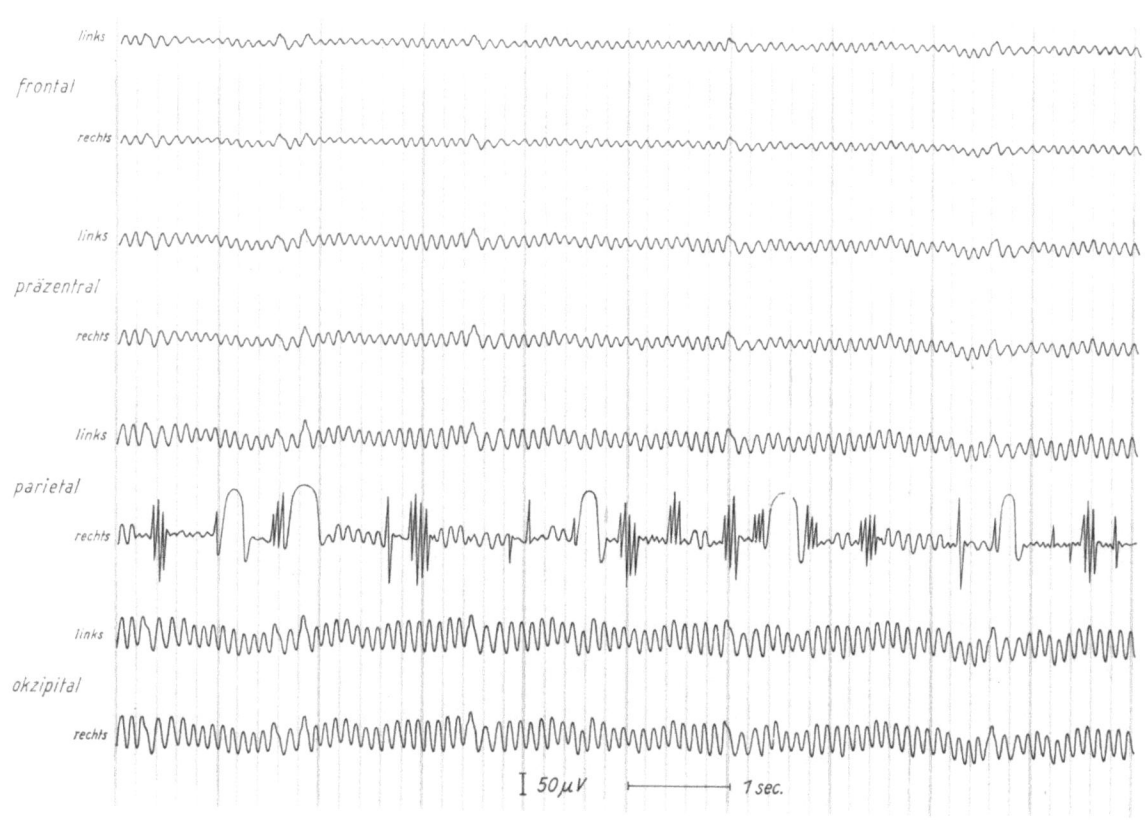

Abb. 163 Ableitungsart I (unipolare Schaltung zum linken Ohr)   Spitzenfokus rechts parietal

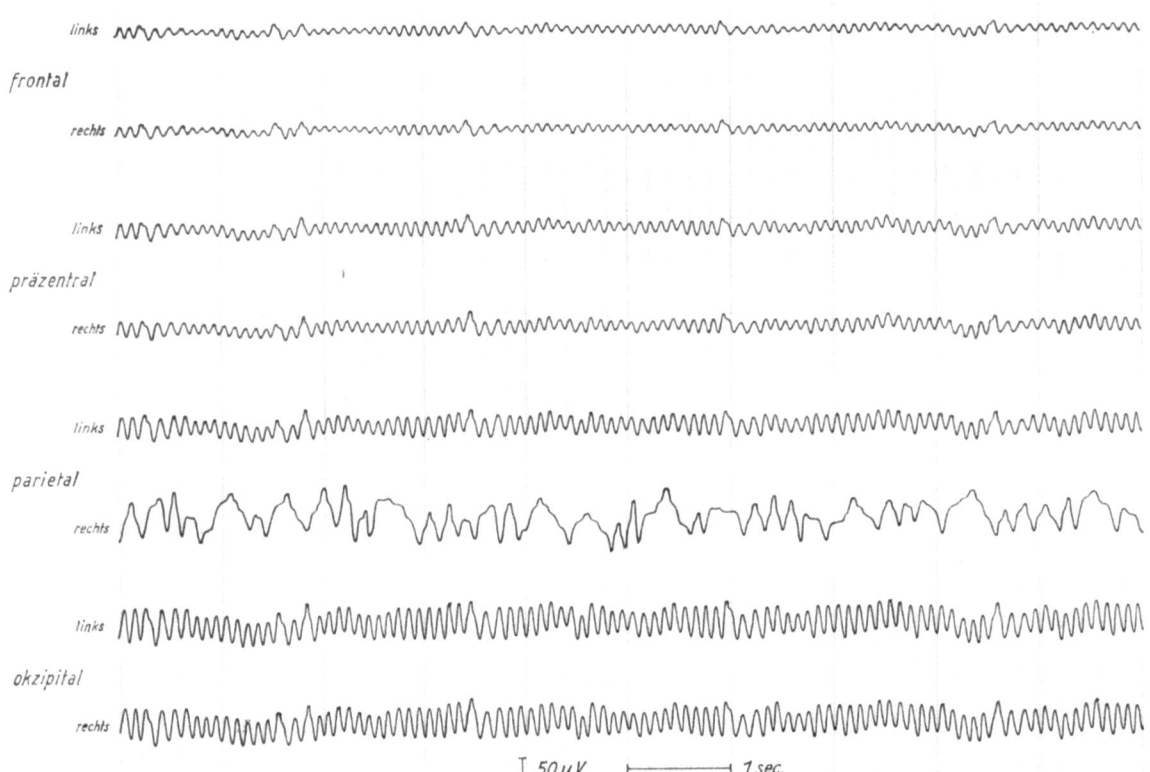

Abb. 164 Ableitungsart I (unipolare Schaltung zum linken Ohr)
Theta-Delta-Mischfokus (Theta- zu Deltawellen = 50 : 50%) rechts parietal

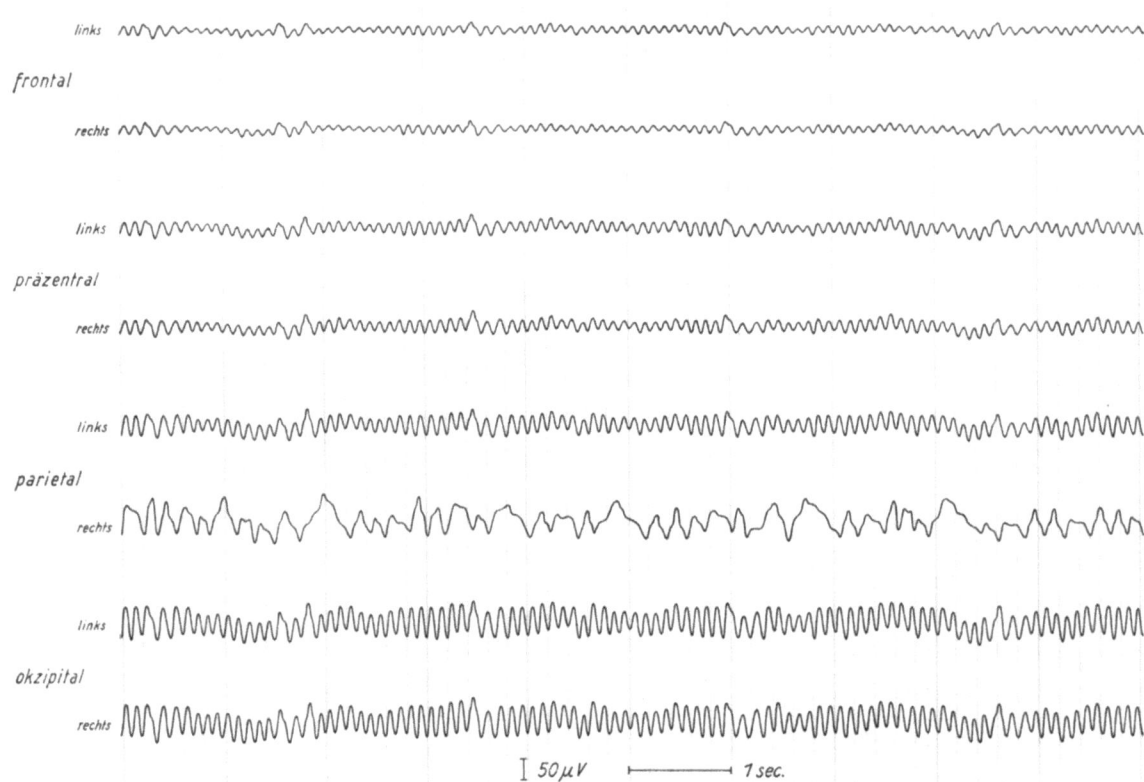

Abb. 165 Ableitungsart I (unipolare Schaltung zum linken Ohr)
Theta-Delta-Mischfokus mit Vorherrschen der Thetawellen (Theta- zu Deltawellen = 70 : 30%) rechts parietal

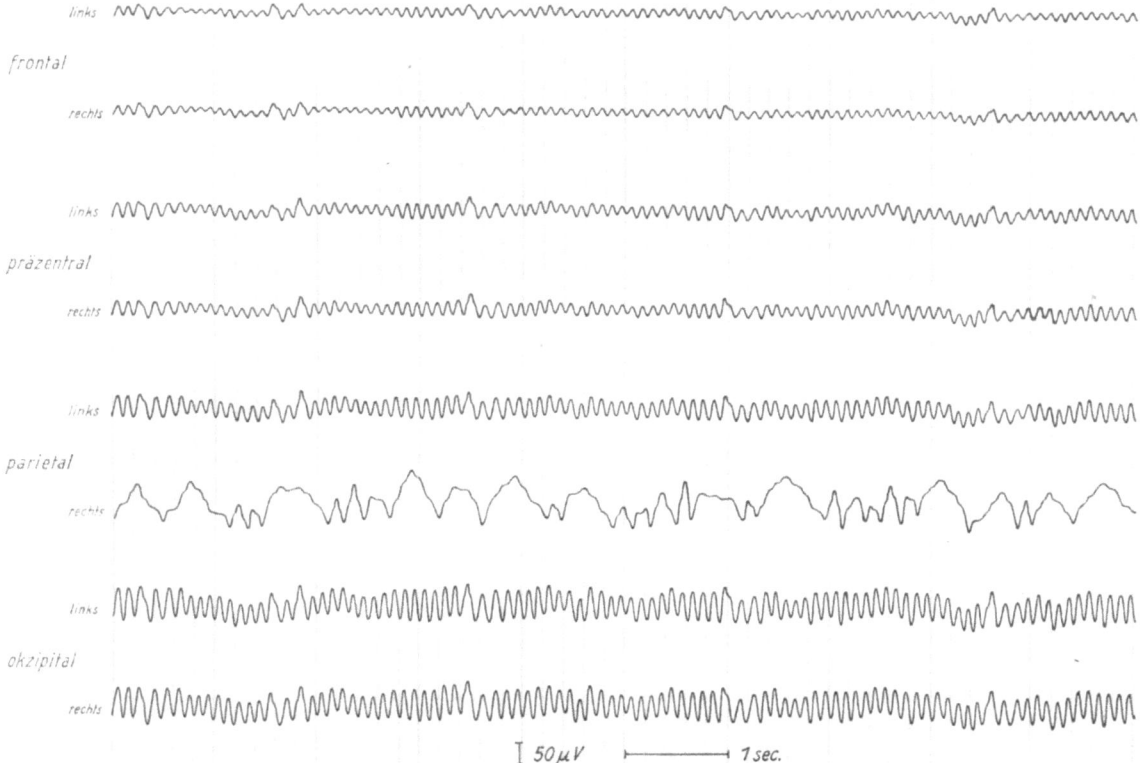

Abb. 166 Ableitungsart I (unipolare Schaltung zum linken Ohr)
Theta-Delta-Mischfokus mit Vorherrschen der Deltawellen (Theta- zu Deltawellen = 30/70%) rechts parietal

5. Verschiedene Arten des Eeg

H.-G. NIEBELING, R. WERNER und J. KÜLZ

In diesem Kapitel sollen die auftretenden elektroenzephalographischen Wellenbilder sowohl bei verschiedenen Ausgangslagen der Patienten behandelt als auch grundlegende Ausführungen über das physiologische und pathologische Hirnpotentialbild dargelegt werden.

5.1. Das passive und aktive Elektroenzephalogramm

H.-G. NIEBELING

Bereits 1929 prägte Hans BERGER die Begriffe »passives und aktives Eeg«. – Die Eingliederung in eine dieser beiden Eeg-Arten ist abhängig von der psychischen Situation des zu Untersuchenden und von den auf ihn einwirkenden äußeren Einflüssen. Aufgrund dieser Ausführungen müßte logischerweise hervorgehen, daß man von einem passiven und auch aktiven Eeg sowohl bei einem Gesunden mit einem physiologischen Hirnpotentialbild als auch bei einem Kranken mit einem schwer pathologischen Eeg sprechen könnte. In der täglichen Arbeit wird dies jedoch nicht so gehandhabt, da z. B. die durch verschiedene äußere Einflüsse hervorgerufenen Änderungen des Potentialbildes zwar sehr gut bei einem normalen Eeg, aber nur schwer, teilweise sogar überhaupt nicht bei einem pathologischen Eeg hervortreten.

Bringen wir die Grundeigenschaften sowohl des passiven als auch des aktiven Eeg auf eine kurze Formulierung, so können wir sagen:

1. Unter dem *passiven Eeg* verstehen wir das Elektroenzephalogramm des ausgeruhten Erwachsenen im Wachzustand bei weitestgehender Entspannung, geschlossenen Augen sowie unter weitgehender Abschirmung gegen äußere Reize.

2. Unter dem *aktiven Eeg* verstehen wir das Elektroenzephalogramm des Erwachsenen im Wachzustand bei erhöhter geistiger Tätigkeit oder bei Einwirkung von äußeren Reizen.

5.2. Das physiologische Elektroenzephalogramm und seine Varianten

H.-G. NIEBELING

Die Schwankungsbreite des physiologischen Eeg sowie inbegriffen der Grenzbereich zwischen physiologischem und pathologischem Hirnpotentialbild waren und sind wegen der ihnen eigenen großen Variation eines der schwierigsten Probleme in der elektroenzephalographischen Beurteilung.

Grundsätzlich müssen wir zunächst zwischen dem physiologischen Eeg des Kindes und dem des Erwachsenen unterscheiden.

Haben wir es mit einem *kindlichen Eeg* zu tun, so sehen wir entsprechend der Alterszunahme ständige Veränderungen der Wellenbilder, wie dies in einem der nachfolgenden Kapitel näher ausgeführt werden wird.

Das *Eeg des Erwachsenen*, d. h. also das Elektroenzephalogramm ab 15. Lebensjahr, bleibt – von wenigen Ausnahmen abgesehen – konstant, wobei jedoch, wie oben betont, die auftretenden Wellenbilder sehr unterschiedlicher Natur sein können. Voraussetzung ist, daß wir es mit einem passiven Eeg, d. h. also mit einem Elektroenzephalogramm zu tun haben, welches im Wachzustand mit geschlossenen Augen unter Ausschaltung äußerer Reizeinflüsse abgeleitet wurde. Ein solche physiologisches passives Eeg eines Erwachsenen ist in einem Originalkurvenausschnitt in Abbildung 167 dargestellt.

Vergegenwärtigen wir uns zunächst einmal die angewandte unipolare Ableitungstechnik. Die erste und zweite Kurvenlinie zeigen den linken und rechten frontalen, die dritte und vierte den linken und rechten präzentralen, die fünfte und sechste den linken und rechten parietalen und die siebente und achte den linken und rechten okzipitalen Ableitungsbereich.

Betrachtet man das Kurvenbild, so fallen ziemlich regelmäßige Wellen auf, die in den beiden okzipitalen Ableitungsbereichen die größte, in den beiden frontalen Ableitungsbereichen eine deutlich geminderte Spannungshöhe aufweisen; bestimmen wir die Frequenz der Wellen, so sind dieselben leicht als Alphawellen zu erkennen, die bereits von BERGER so bezeichnet wurden und deshalb auch mitunter BERGER-Wellen genannt wurden. Aufgrund des absoluten Vorherrschens der Alphawellen würden wir das vorliegende Eeg als *Eeg vom Alphatyp* einordnen.

Da solche Alpha-Eeg entweder aus verschiedenen Frequenzen des Alphabandes von 8–12/sec. zusammengesetzt oder aber auch mit Vorherrschen einer dieser Frequenzen anzutreffen sind, müssen wir noch erwähnen, daß das *sogenannte langsame Alpha-Eeg* (Abb. 168) zwar noch nicht als sicher pathologisch, jedoch bereits als *im physiologisch-pathologischen Grenzbereich* liegend angesehen werden kann. Voraussetzung ist, daß die Alphawellen von 8/sec. absolut vorherrschen. Man wird bei solchen Eeg selbstverständlich von einer deutlichen Alpha-Grund-

Das physiologische Elektroenzephalogramm und seine Varianten

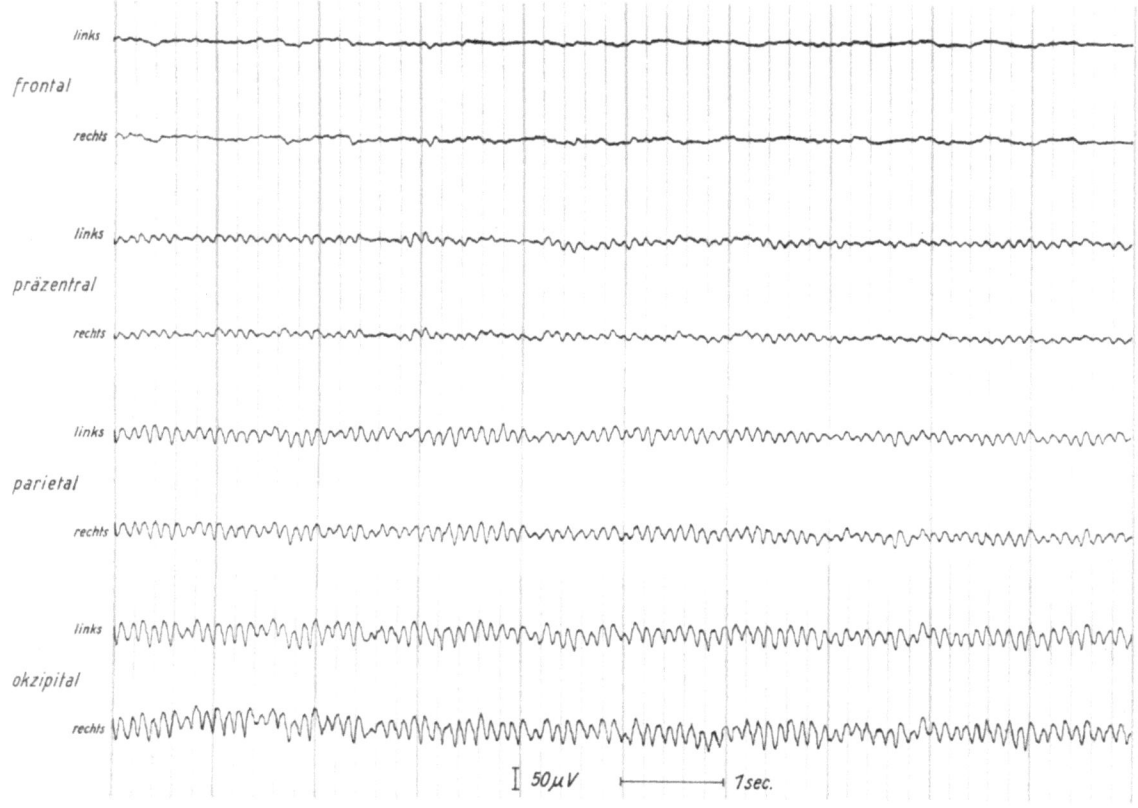

Abb. 167   Ableitungsart I (unipolare Schaltung zum linken Ohr)   Eeg vom Alphatyp (sogenanntes reines Alpha-Eeg)

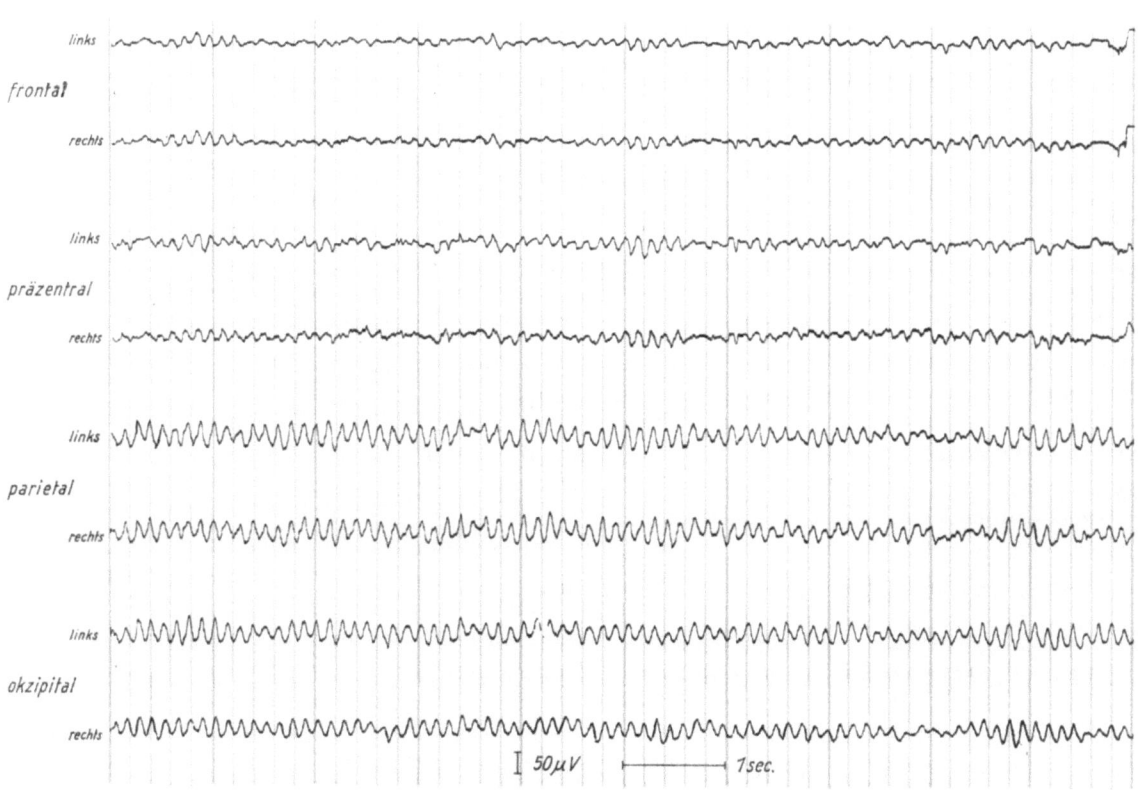

Abb. 168   Ableitungsart I (unipolare Schaltung zum linken Ohr)   Eeg vom Alphatyp mit vorwiegend 8/sec.-Wellen

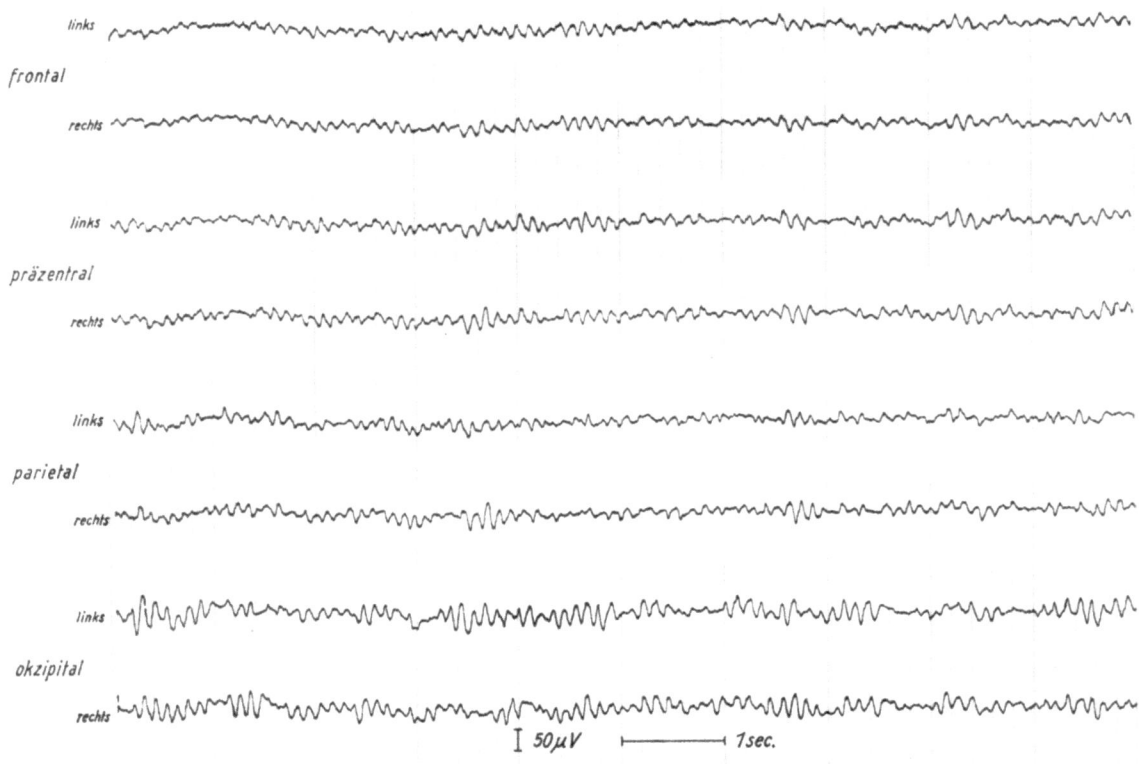

Abb. 169 Ableitungsart I (unipolare Schaltung zum linken Ohr)
Eeg vom Alphatyp mit starker Frequenzinstabilität der Alphawellen

aktivitätsverlangsamung sprechen. Es wäre zu diskutieren, ob wir hier bereits eine Art Vorläufer zu den Allgemeinveränderungen vor uns haben. Diese verlangsamten Alpha-Eeg werden z. B. als Restfolgen von Enzephalitiden sowie als Ausdruck abklingender Hirndruckerscheinungen gefunden. Liegt eine starke Frequenzinstabilität der Alphawellen vor (Abb. 169), so haben wir solche Bilder häufig bei zerebralen vasalen Störungen gesehen.

Der Vollständigkeit halber muß hier noch die als physiologisch anzusehende sogenannte *4–6/sec.-Grundrhythmusvariante* bzw. auch als sogenannter langsamer posteriorer Rhythmus bezeichnet, erwähnt werden. Es handelt sich hierbei um ein mehr oder weniger kontinuierliches Auftreten von 4–6/sec.-Wellen vorwiegend in der parietookzipitotemporalen Region, wobei dieselben wie die Alphawellen durch Augenöffnen blockiert werden, also einen positiven BERGER-Effekt aufweisen. Im Unterschied zur Alphagrundaktivität, die bilateral synchron nachzuweisen ist, zeigt die 4–6/sec.-Variante häufiger einen asymmetrischen Kurvenverlauf.

Während wir bei der Nomenklatur die Kurvenbeispiele in gezeichneter, dem Original sehr angelehnter, jedoch etwas stilisierter Form wiedergaben (s. auch Abschn. 4.1.), gelangen die Hirnpotentialbilder jetzt in Reproduktion von Originalkurven zur Abbildung. Obwohl die Kurvenausschnitte aus einem Material von etwa 140 000 Untersuchungen ausgewählt wurden, wird es doch vorkommen, daß dem Leser geringgradige Abweichungen im Vergleich zu den bei der Nomenklatur wiedergegebenen Kurvenbildern auffallen. Hierzu sei gesagt, daß es nicht in jedem Fall möglich ist, auf einem Ausschnitt von 30 cm das Gesamtbild einer viele Meter langen Originalkurve wiederzugeben; weiterhin muß bedacht werden, daß es unmöglich ist, jedes Wellenbild genau nomenklatorisch zu erfassen.

Im Gegensatz zu dem Eeg vom reinen Alphatyp steht das Eeg vom reinen Betatyp (Abb. 170), welches verhältnismäßig selten anzutreffen ist.

Dieser Eeg-Typ wird vornehmlich von 15–30/sec.-Wellen beherrscht, die meist spannungsniedrig sind und sehr oft nicht kontinuierlich, sondern diskontinuierlich auftreten. Alphawellen können bis zu 20% ausgeprägt sein. Haben wir es mit einem solchen Eeg vom Betatyp zu tun, so müssen wir, um Irrtümern hier vorzubeugen, zwangsläufig noch einmal auf das passive und aktive Eeg zu sprechen kommen. Bei dem soeben beschriebenen Eeg vom Betatyp liegt, wie aus den vorangegangenen Ausführungen hervorgeht, ein sogenanntes passives Eeg vor. Dieses passive Beta-Eeg kann jedoch z. B. einem aktiven Alpha-Beta-Eeg mit geringem Überwiegen der Betawellen stark ähneln, da bekannt ist, daß bei starken äußeren Reizen, die den Patienten treffen, oder bei gedanklichen Vorgängen, wie z. B. dem Lösen einer Rechenaufgabe, die Alphawellen verschwinden und durch die schnelleren und spannungsniedrigeren Betawellen ersetzt werden. Aus diesem Grunde bezeichnete man auch die Alphawellen als sogenannte Ruhewellen oder, wie ADRIAN sich ausdrückte: »*Alphawellen treten dann auf, wenn die Hirnrinde nichts zu tun hat.*«

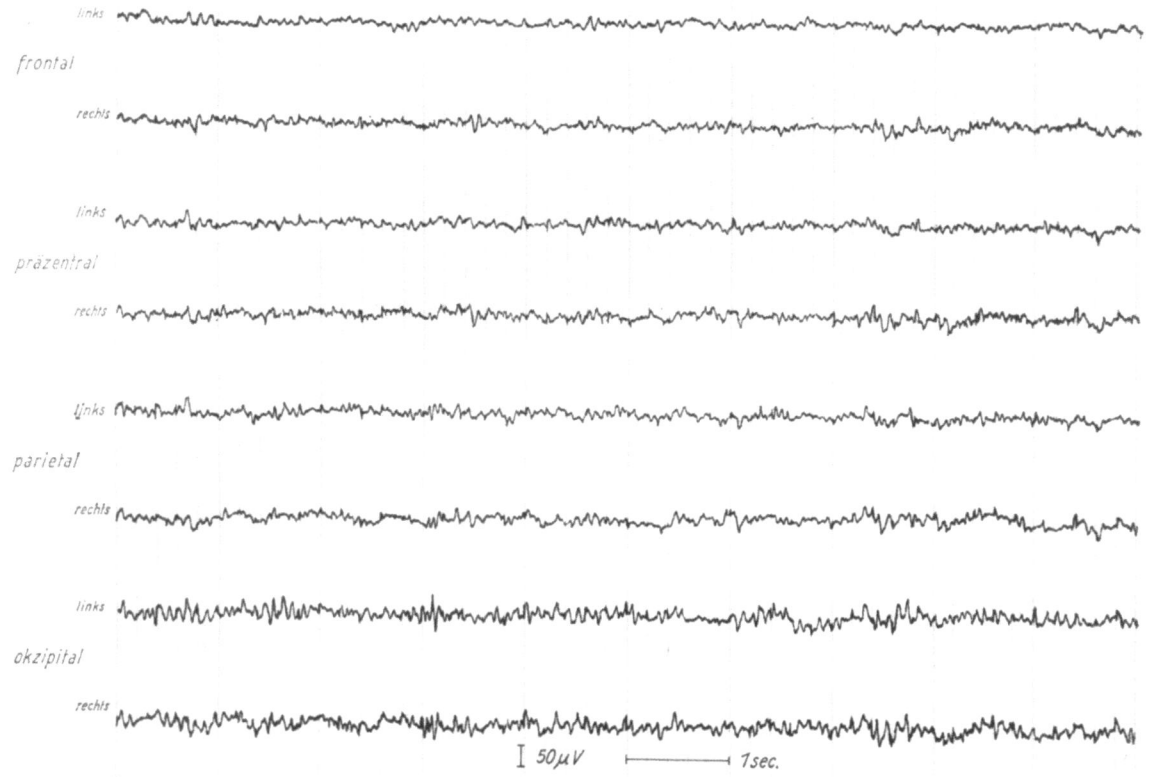

Abb. 170 Ableitungsart I (unipolare Schaltung zum linken Ohr)   Eeg vom Betatyp (sogenanntes reines Beta-Eeg)

Zwischen den beiden sogenannten reinen Eeg-Typen liegen die *Mischtypen* (Abb. 171 und 172), wobei wir ein *Alpha-Beta-Eeg ohne Überwiegen* einer Wellenart *sowie mit Überwiegen der Alpha- oder Betawellen* kennen. Diese Alpha-Beta-Eeg. stellen unter Verwendung der vorliegenden Nomenklatur prozentmäßig sehr häufig anzutreffende Hirnpotentialbilder dar und sind, wenn keine anderen Potentiale zwischengelagert sind, als physiologische Eeg. anzusehen.

Sowohl bei den Eeg. vom reinen Betatyp als auch bei den Alpha-Beta-Mischtypen sollte besonderes Augenmerk den Wechselstrom- und Muskelpotentialein- bzw. -überlagerungen geschenkt werden. Es bedarf mitunter einer sehr sorgfältigen Prüfung, um solche Artefaktpotentiale von echten, schnellen Wellenabläufen zu unterscheiden. In diesem Zusammenhang erinnern wir an die Gegenüberstellung dieser Potentiale in Abbildung 102. Auch treffen gerade für die Alpha-Beta-Eeg. die oben dargelegten Ausführungen bezüglich des Unterschieds zwischen Originalkurvenausschnitten und den gezeichneten Nomenklaturbeispielen zu. Letztlich sei betreffend der Untergliederung der Alpha-Beta-Eeg. an Abbildung 141 erinnert.

Schwieriger wird die Entscheidung, wenn elektroenzephalographische Bilder vorliegen, die sehr spannungsniedrig sind (Abb. 173), wobei sich die Spannungshöhe zwischen 10 und 20 μV bewegen kann.

In diesen *spannungsniedrigen Eeg.*, die von anderen Autoren, vornehmlich von JUNG, als sogenannte flache Eeg. bezeichnet werden, ist eine Auszählung, vor allem der Betawellen, mitunter nicht mehr möglich. Eine Spannungserhöhung der Alphawellen kann durch den später noch zu besprechenden BERGER-Effekt, d. h. durch kurzzeitiges Öffnen und Schließen der Augen, erzielt werden. Nach Schließen der Augen sind mitunter für einige Sekunden die Alphawellen spannungsmäßig aktiviert (s. Abb. 212). *Haben wir ein solch spannungsniedriges Potentialbild vorliegen, so ist die Beantwortung der Frage, ob es sich um ein physiologisches, pathologisches oder im physiologisch-pathologischen Grenzbereich liegendes Eeg handelt, nicht immer eindeutig möglich.*

Nach JUNG werden solche »flachen« Eeg. als Dauerbefund bei etwa 10% der Gesunden beobachtet. Wir können weiterhin diesen Eeg-Typ bei nervösen, ängstlichen oder schlecht entspannenden Patienten finden (Erwartungsspannung nach SCHERZER); es läge somit z. T. ein aktives Eeg vor, von dem wir wissen, daß die Alphawellen z. B. durch eine stärkere Aufmerksamkeitszuwendung unterdrückt werden. Hierbei hätten wir es jedoch ebenfalls mit einem physiologischen Eeg zu tun. Auch an gewisse Vigilanzschwankungen muß gedacht werden. Vorübergehende, z. T. jedoch auch über sehr lange Zeiträume anhaltende, starke allgemeine Spannungserniedrigungen finden wir jedoch sowohl nach eigenen Erfahrungen als auch nach Literaturangaben mitunter als Folge- und Restzustand einer durchgemachten Contusio cerebri. Wir werden somit *bei Vorliegen eines spannungsniedrigen Eeg besonderes Augenmerk auf die anamnestischen Angaben richten müssen.*

In unseren bisherigen Ausführungen haben wir nur

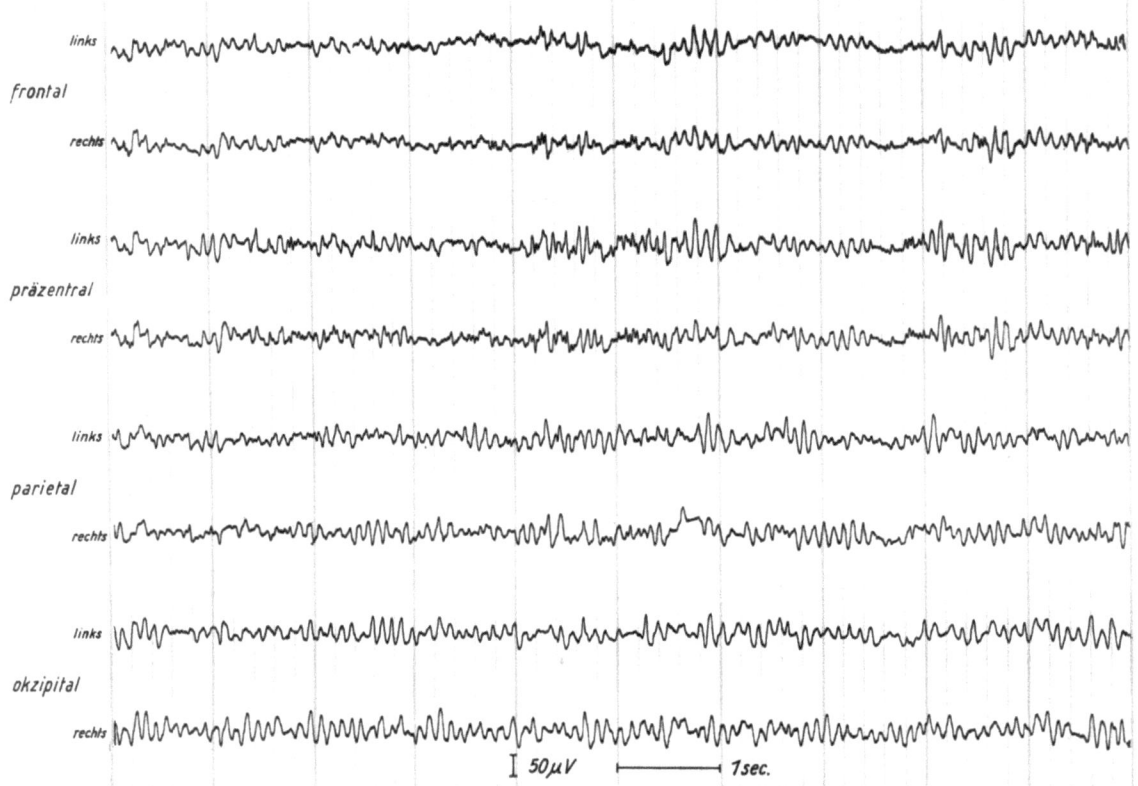

Abb. 171 Ableitungsart II (unipolare Schaltung zum rechten Ohr)   Eeg vom Alpha-Beta-Typ mit Überwiegen der Alphawellen

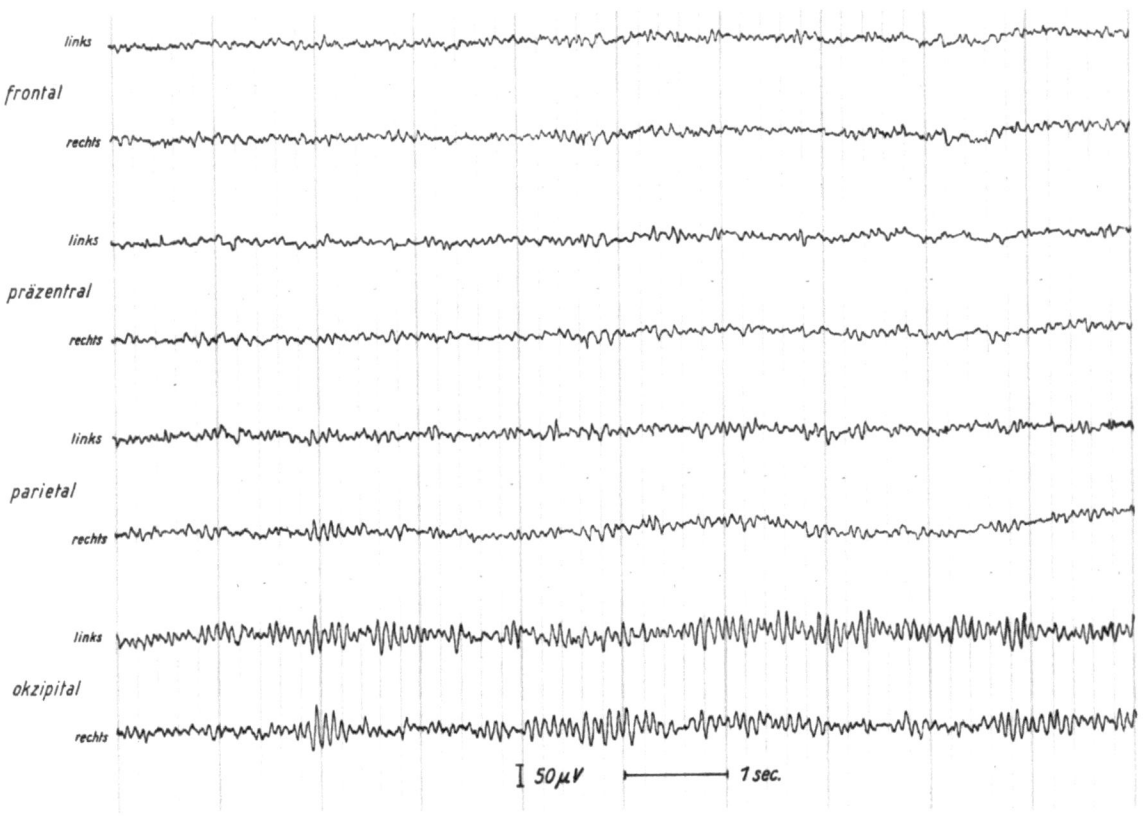

Abb. 172 Ableitungsart II (unipolare Schaltung zum rechten Ohr)   Eeg vom Alpha-Beta-Typ mit Überwiegen der Betawellen

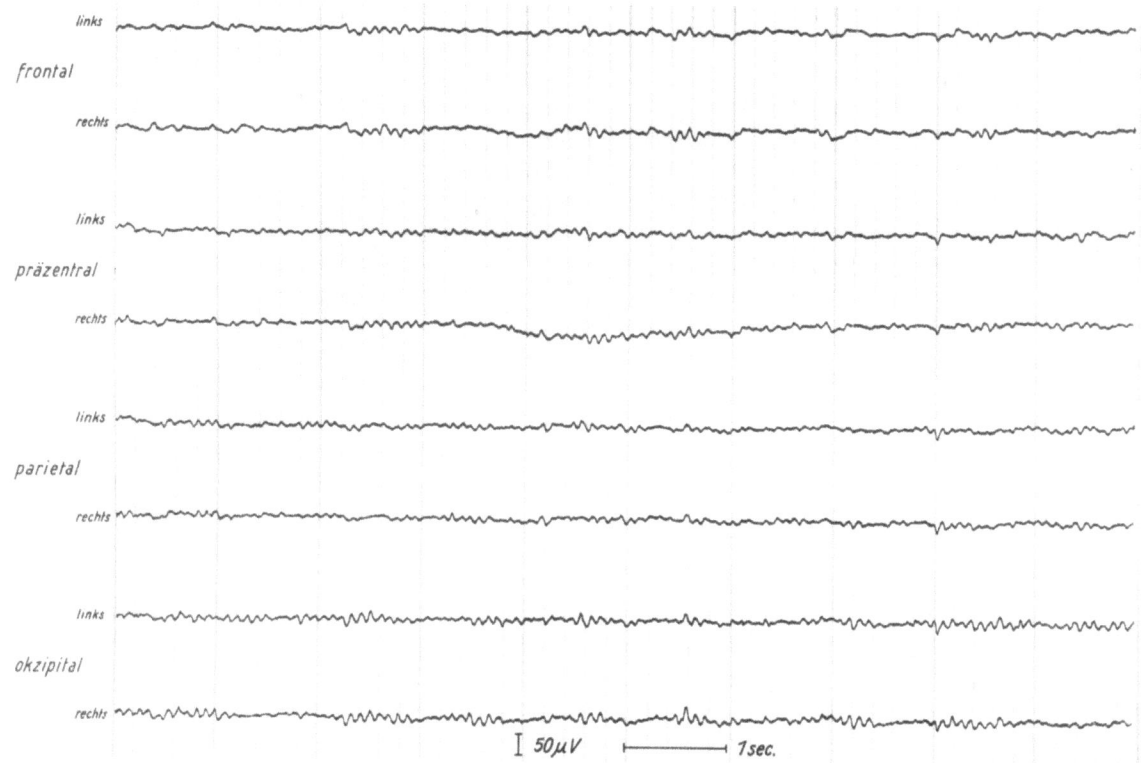

Abb. 173 Ableitungsart II (unipolare Schaltung zum rechten Ohr)   Eeg mit sehr niedriger Spannungshöhe

von Alpha- und Betawellen gesprochen. Die Beurteilung eines physiologischen Eeg kann jedoch durch mehr oder minder starke Einlagerungen von Thetawellen kompliziert werden.

An dieser Stelle sei vermerkt, daß es sich beim Auftreten von Deltawellen und Spitzenpotentialen im Eeg des Erwachsenen im Wachzustand immer um ein pathologisches Potentialbild handelt.

Wie sehen jedoch die *Verhältnisse bei Einlagerungen von Thetawellen* aus? Ausschlaggebend für die Beurteilung ist zunächst die *Ausprägung*. Dieselbe darf *10% nicht überschreiten*; weiterhin ist die *Spannungshöhe von Bedeutung*. Liegen niedrige bzw. flache Thetawellen vor, so werden sie als physiologisch anzusehen sein. Sind mittelhohe Thetawellen vorhanden, so befinden wir uns bereits im physiologisch-pathologischen Grenzbereich. – Ferner spielt der *Ort des Auftretens* eine *wichtige Rolle*. Sind die Thetawellen über den vorderen Hirnregionen eingelagert, so dürfte es sich um ein physiologisches Eeg handeln, sind sie über den hinteren Hirnbereichen vorzugsweise vertreten, so wird dies schon mehr in Richtung physiologisch-pathologischer Grenzbereich zu deuten sein.

Es sei noch erwähnt, daß die Thetawellen sowohl im Alpha- oder Beta- als auch im Alpha-Beta-Eeg auftreten können, jedoch dürfte eine Spezifizierung, besonders in den nicht sehr spannungshohen Beta-Eeg., sehr oft schwierig sein. Thetawelleneinlagerungen, die sogar über das oben beschriebene Maß hinausgehen, können z. B. bei starker Ermüdung des Patienten vorhanden sein. Eine genaue Befragung, welche Arbeitsleistungen vor der Untersuchung durchgeführt wurden,

wie der Nachtschlaf war und andere Details sind daher von großer Wichtigkeit.

Die Begriffe »unregelmäßiges« und »frequenzlabiles« Eeg, wie sie JUNG vorschlägt, verwenden wir nicht. Durch die nomenklatorische Spezifizierung jeder einzelnen Wellenart werden diese Wellenbilder jedoch ebenfalls festgehalten, aber nicht als Eeg-Standardtyp besonders hervorgehoben.

5.3. Das pathologische Elektroenzephalogramm und seine Veränderungen

H.-G. NIEBELING

Einleitend seien diesem Kapitel einige allgemeine Bemerkungen vorangestellt. In den folgenden Ausführungen sollen noch keine Einzelheiten für die Auswertung eines pathologischen Eeg besprochen, sondern nur alle als pathologisch anzusehenden Potentiale allgemein erklärt werden. Wie bei der Besprechung des physiologischen Eeg werden wir auch hier vom Erwachsenen-Eeg im Wachzustand ausgehen.

Es sei bereits jetzt schon erwähnt, daß im Erwachsenen-Eeg außer den immer pathologisch anzusehenden Deltawellen und Spitzenpotentialen die Thetawellen meist und die beim physiologischen Eeg besprochenen Alpha- und Betawellen unter gewissen Bedingungen als pathologisches Kriterium gelten können.

Die Unterteilung des Kapitels in die Abschnitte *nicht lokalisierte* und *lokalisierte* Veränderungen entbehrt nicht einer gewissen Problematik, da gewisse elektroenzephalographische Zeichen sowohl in einer lokalisierten als auch nicht lokalisierten Form auftreten können. Andererseits ist diese Einteilung für die spätere Auswertung von großem Vorteil und entspricht auch der allgemein üblichen Gliederung. Wir wählten für die nicht lokalisierten Veränderungen mit Bedacht nicht den Begriff »allgemeine«, »diffuse« oder »generalisierte« Veränderungen, da es dadurch zu Verwechslungen bzw. Verkopplungen insbesondere mit dem nomenklatorischen Begriff der Allgemeinveränderungen hätte kommen können.

5.3.1. Nichtlokalisierte Veränderungen

Es ist selbstverständlich, daß hier die *Allgemeinveränderungen* den vordersten Platz einnehmen. Wir wissen bereits, daß die Allgemeinveränderungen in sehr leichte, leichte, mäßige, mäßig schwere, schwere, sehr schwere und schwerste Allgemeinveränderungen eingeteilt werden. Sind *leichte bis schwerste Allgemeinveränderungen* vorhanden, so sind sie *immer* – je nach ihrem Schweregrad – als *pathologisch* anzusehen. Sehr leichte Allgemeinveränderungen bilden den Übergang vom Physiologischen zum Pathologischen, d. h., sie bewegen sich im physiologisch-pathologischen Grenzbereich, jedoch mit Neigung zum Pathologischen. Aus dem Kapitel »Formen des Eeg« (Kombination der Elemente) wissen wir, daß bei den sehr leichten Allgemeinveränderungen Thetawellen in sehr schwacher Ausprägung, d. h. also um 10%, auftreten. Bei der Besprechung des physiologischen Eeg hörten wir, daß Thetawellen bis zu 10% Ausprägung in ein physiologisches Eeg eingelagert sein können. Der Unterschied zwischen diesen eingelagerten Thetawellen und denen bei sehr leichten Allgemeinveränderungen ist meist in der Spannungshöhe zu suchen. Die Thetawellen bei den Allgemeinveränderungen werden sehr oft als mittelhoch, mitunter sogar als spannungshoch anzusprechen sein, d. h., sie werden die Spannungshöhe der Alphawellen im gleichen Bereich meist überschreiten. Weiterhin sind die Thetawellen bei sehr leichten Allgemeinveränderungen über allen Hirnbereichen diffus eingelagert. Dies ist ja überhaupt eines der *wesentlichsten Charakteristika* der Allgemeinveränderungen, daß sie, unabhängig von ihrem Schweregrad, *über allen Ableitungsbereichen auftreten*. Eine gewisse Bevorzugung über einigen Hirnregionen ist möglich, jedoch seien diese Probleme, wie auch die Abgrenzung der betonten Allgemeinveränderungen zu den lokalisierten Störungen, bei den lokalisierten Veränderungen bzw. bei der Auswertung besprochen.

Allgemeinveränderungen können wir praktisch bei allen durch das Eeg zu diagnostizierenden Krankheiten finden. Ob es sich um eine Epilepsie, um leichte oder schwere Hirndruckerscheinungen, um zerebrale Entzündungen, um eine Contusio cerebri, um Gefäßleiden oder sonstige hirnorganische Erkrankungen handelt, immer können Allgemeinveränderungen, mehr oder weniger stark, auftreten.

Es sei noch erwähnt, daß physiologischerweise den Allgemeinveränderungen sehr ähnelnde Potentialbilder im Schlaf auftreten.

Kommen wir nun zu anderen nicht lokalisierten Veränderungen.

Die *Betaaktivierung*, d. h. eine stärkere Ausprägung und Spannungserhöhung sowie Verlangsamung der Betawellen, kann – wie wir in der Nomenklaturbesprechung gesehen haben – örtlich, aber auch allgemein auftreten. Wir haben es bei der allgemeinen Betaaktivierung mit einer Potentialveränderung zu tun, die vornehmlich bei Schlafmittelintoxikationen und anderen pharmakotoxischen Zuständen auftritt.

Die *Paroxysmen*, vornehmlich der Wellenparoxysmus, sind als diffuse Veränderungen anzusehen, obwohl sie im Vergleich zu den bisher besprochenen nicht lokalisierten Veränderungen den Unterschied des kurzzeitigen Auftretens aufweisen. – Wellenparoxysmen finden wir mitunter bei zerebralen vasalen Störungen sowie bei Funktionsänderungen in tiefen subkortikalen Strukturen.

Als letzte nicht lokalisierte Veränderung sei das *generalisierte Auftreten von Spitzenpotentialen* genannt. Insbesondere die großen und kleinen Spitzen, steilen Wellen (Typ I und II) sowie die spike and wave-Komplexe sind hierbei zu finden, wobei jedoch gesagt sei, daß diese Spitzenpotentiale auch örtlich auftreten können, jedoch ist dies seltener der Fall. Es sei hinzugefügt, daß, im Gegensatz zu den eben genannten Spitzenpotentialen, die steilen Wellen vom Typ III und auch die sharp and slow-wave-Komplexe sich meist lokalisiert zeigen.

5.3.2. Lokalisierte Veränderungen

Unter den lokalisierten Veränderungen stehen naturgemäß der *Theta-, Delta- und Theta-Delta-Mischfokus* an der Spitze. In der Praxis wird es nun sehr oft vorkommen, daß ein solcher Fokus nicht nur auf einen Ableitungsbereich beschränkt bleibt, sondern er wird in die benachbarten Hirnregionen mehr oder weniger einstreuend, sich ausbreiten. Zunächst sei dazu gesagt, daß der Ort, an dem sich die langsamsten Frequenzen zeigen, als das Zentrum der Störung anzusehen ist. Es bleibt nunmehr aber die Frage offen, über wieviel Hirnregionen eine lokalisierte Veränderung, ein Herd, sich ausbreiten kann bzw. wo die Grenze zu den betonten Allgemeinveränderungen zu ziehen ist. Die Beantwortung dieser Frage ist sehr schwer. Eine Norm aufzustellen ist praktisch unmöglich, zumal die Erfahrung des Untersuchers hier helfend eingreifen muß. Als Richtlinien können folgende Punkte aufgezeigt werden. *Im allgemeinen wird ein Herd zunächst nur in die direkt benachbarten Gebiete streuen*, d. h., im ungünstigsten Fall wird z. B. ein parietaler Herd in die okzipitale, zentrale und temporale Hirnregion streuen und somit nur das frontale Gebiet auslassen. *Wesentlich bei der Eingliederung wird sein, wie die Streuung bzw. Ausbreitung erfolgt*, d. h., *ob die Wellen* in bezug auf ihre Frequenz *sich schnell oder nur langsam in Richtung der schnelleren Frequenz ändern*. Die Streuung eines 2/sec.-Wellenfokus im parietalen Gebiet wird selbstverständlich als nicht so stark anzusehen sein, wenn wir im zentralen oder temporalen Gebiet nur noch 4–5/sec.-Wellen finden, als wenn dort 2–3/sec.-Wellen auftreten würden. Weiterhin ist der Vergleich mit der Gegenseite wichtig. Sind auf der Gegenseite z. B. über allen Ableitungsbereichen mit geringem Abklingen nach frontal 2–3/sec.-Wellen vorhanden, so wird man sich in diesem Fall eher entschließen, von Allgemeinveränderungen mit parietaler Betonung zu sprechen. Anhand dieser kurzen Erläuterungen ist schon zu sehen, daß der Übergang eines stark streuenden Fokus zu den betonten Allgemeinveränderungen nicht leicht abzugrenzen ist. Die vorstehenden Richtlinien werden jedoch eine gewisse Hilfe darstellen. Wir werden zwangsläufig bei der Auswertung auf dieses Problem nochmals zu sprechen kommen.

Welche lokalisierten Veränderungen kennen wir nun noch?

Da wären zunächst der *Wellen-Spitzen-Fokus* und der *Spitzenfokus* zu nennen, bei denen im allgemeinen die Streuung nicht so sehr ins Gewicht fällt, wenngleich auch hier die soeben besprochenen Fragen auftreten können. Beim Spitzenfokus z. B. wird mitunter der Übergang in ein generalisiertes Bild von Spitzenpotentialen nicht immer sofort zu klären sein.

Demgegenüber sind die *Alphareduktion und Alphaaktivierung* lokalisierte Zeichen, die nur selten zu einer Streuung neigen. Es sei jedoch darauf hingewiesen, daß insbesondere die Alphareaktion bei okzipitalem Auftreten nicht immer als lokalisierte Veränderung angesprochen werden kann, auch wenn sie als solche imponiert. Aufgrund der Erfahrungswerte wissen wir, daß eine okzipitale Alphareduktion sowohl bei einer im Bereich des Okziput liegenden Herdstörung, z. B. einem Tumor, aber auch als Restsymptom einer durchgemachten Contusio cerebri sowie weiterhin als Fernsymptom eines zerebellaren Prozesses auftreten kann. Die Abgrenzung ist nicht immer ganz leicht, jedoch werden wir bei der Besprechung der einzelnen Anwendungsgebiete der Elektroenzephalographie hierauf nochmals zurückkommen.

Abschließend bliebe als lokalisierte Veränderung noch die *örtliche Betaaktivierung* zu nennen. Das Auftreten dieses Graphoelements sollte sehr sorgfältig registriert werden, da sich hinter einer solchen Hertzpotentialveränderung auch ein Tumor verbergen kann.

5.4. Schlaf-Elektroenzephalogramm des Erwachsenen

R. WERNER

Die Elektroenzephalographie hat unsere Vorstellungen über die Schlaffunktion wesentlich erweitert und eine Vielzahl wertvoller Erkenntnisse gebracht. Im Schlaf zeigt die Hirnpotentialkurve Veränderungen, die mit der Schlaftiefe eng korrelieren. Erst das Eeg hat eine objektive Untersuchung der Traumvorgänge ermöglicht. EEG-Untersuchungen bei Schlafstörungen, insbesondere der Schlafvorgänge bei Epilepsie, Narkolepsie, bei Neurosen und Psychosen, gewinnen zunehmend an Bedeutung.

Das erste Eeg im Schlaf hat Hans BERGER (1929) gesehen und aufgezeichnet, darüber jedoch erst im Jahre 1931 in seiner III. Mitteilung im Archiv für Psychiatrie berichtet. Bei einem Assistenten der Klinik beobachtete und registrierte er während des über 2stündigen Schlafes die EEG-Kurve (Abb. 174).

5.4.1. Vorbemerkungen

Die bei jedem Gesunden allnächtlich im Schlaf auftretenden Veränderungen im Eeg unterscheiden sich stärker vom normalen Wach-Eeg als das Eeg bei vielen Hirnerkrankungen. Zuerst haben 1935 GIBBS, DAVIS und LENNOX auf die langsamen Deltawellen im Schlaf hingewiesen. Systematisch wurden EEG-Untersuchungen im Schlaf aber erst von LOOMIS und Mitarb. (1936–38) durchgeführt; sie konnten nachweisen, daß der Schlaf mehrere Stufen oder Stadien der Tiefe durchläuft, die mit konstant auftretenden EEG-Phänomenen korrelieren. GIBBS und GIBBS (1950) haben Variationen des Schlaf-Eeg in verschiedenen Altersstufen und die pathologischen Veränderungen bei Hirnerkrankungen und Epilepsie intensiv untersucht. Seit 1958 (DEMENT und KLEITMAN) wissen wir daß der Schlaf kein einheitliches Phänomen ist. Mit polygraphischen Kriterien lassen sich zwei Komponenten differenzieren, die bei normalem Schlafverhalten periodisch ablaufen: der *orthodoxe*, konventionell, synchrone, traumlose Schlaf mit langsamer bioelektrischer Rindenaktivität (slow wave sleep) und der *paradoxe*, desynchrone, dissoziierte Schlaf mit schneller Kortexaktivität (fast wave sleep), raschen Augenbewegungen (rapid eye movements = REM), deshalb auch als *REM-sleep* bezeichnet, und einem Hypotonus der Muskulatur. Die raschen Augenbewegungen blieben lange unbeachtet, bis im Jahre

Abb. 174 35jähriger Arzt. E.E.G. mit Silberfolien von Stirn und Hinterhaupt abgeleitet. Zeit in $^1/_{10}$ sec. Im tiefen Schlaf, $1^1/_2$ *Stunden nach dem Einschlafen (Originaltext von* BERGER)

1953 KLEITMAN ihr Auftreten als charakteristisch für das Traumstadium erkannte und von den langsamen Deviationen im traumlosen Schlaf abgrenzte. Seitdem werden bei neurophysiologischen Schlafuntersuchungen sowohl bei Mensch und Tier stets die Augenbewegungen mitregistriert, weil sie zur Bestimmung der Schlafstadien beitragen und das Erkennen der Traumphasen erleichtern. Diese wichtige Entdeckung hat nicht nur die Schlafforschung ganz wesentlich vorangetrieben, sondern auch Anregungen gegeben, nach weiteren physiologischen Schlafphänomenen zu suchen. So wurde das Eeg mit zusätzlichen Registrierungen wie Elektrokardiogramm (Ekg), Elektromyogramm (Emg), Elektrodermatogramm (Edg), Elektrophallogramm u. a. kombiniert. Diese polygraphischen Registrierungen des Schlafes, die gleichzeitige Aufzeichnung von Hirnaktivität und anderer physiologischer Vorgänge, hat weitere wertvolle Erkenntnisse über das Schlafverhalten erbracht.

FISCHGOLD (1961) konnte bei seinen eingehenden Untersuchungen des gesamten Nachtschlafs feste Korrelationen zwischen den kurzzeitigen Veränderungen des Eeg und ihren Beziehungen zur Schlaftiefe mit spontanen Körperbewegungen, Augendeviationen und Schnarchen nachweisen. Wenn man im tieferen Schlaf die hirnelektrische Kurve verfolgt, ist es erheiternd zu sehen, wie ein Schläfer sich selbst durch lautes Schnarchen, das für ihn als akustischer Reiz wirkt, in ein leichteres Schlafstadium oder manchmal sogar zum Aufwachen bringt (Abb. 175).

Das Hirnstrombild eines Schlafenden zeigt eine Vielzahl verschiedenartiger Wellen und Rhythmen. Nur wenige sind für den Schlaf charakteristisch, die meisten unterscheiden sich von ähnlichen Wellen des Wach-Eeg nur durch ihre Lokalisation und ihre zeitliche Einordnung. Weitgehend an den Schlaf gebunden sind nur die als Reizantworten auftretenden Potentiale, die Vertex sharp waves und die K-Komplexe.

Bei Tieren bestehen große Artunterschiede des bioelektrischen Schlafes. Nur bei Affen zeigt sich ein ähnliches EEG-Bild wie beim Menschen. Im allgemeinen findet man bei Tieren häufiger oberflächliche als tiefe Schlafstadien.

Seit LOOMIS (1936–38) wird das Schlaf-Eeg in 5 verschiedene, voneinander abgrenzbare Stadien (A–E) eingeteilt. Die einzelnen Stadien entsprechen einer bestimmten Schlaftiefe. Im Verlauf eines normalen Nachtschlafs werden mehrmals zyklisch die einzelnen Stadien durchlaufen. Jedoch können die einzelnen Schlafstadien auch unter dem Einfluß äußerer und enterozeptiver Reize innerhalb kurzer Zeit wechseln.

Auch DEMENT und KLEITMAN (1957–63) unterscheiden 5 Schlafstadien, die sie mit den Ziffern I–V bezeichnen. Hierbei entspricht Nr. I dem A- und B-Stadium und II–V den C–E-Stadien von LOOMIS,

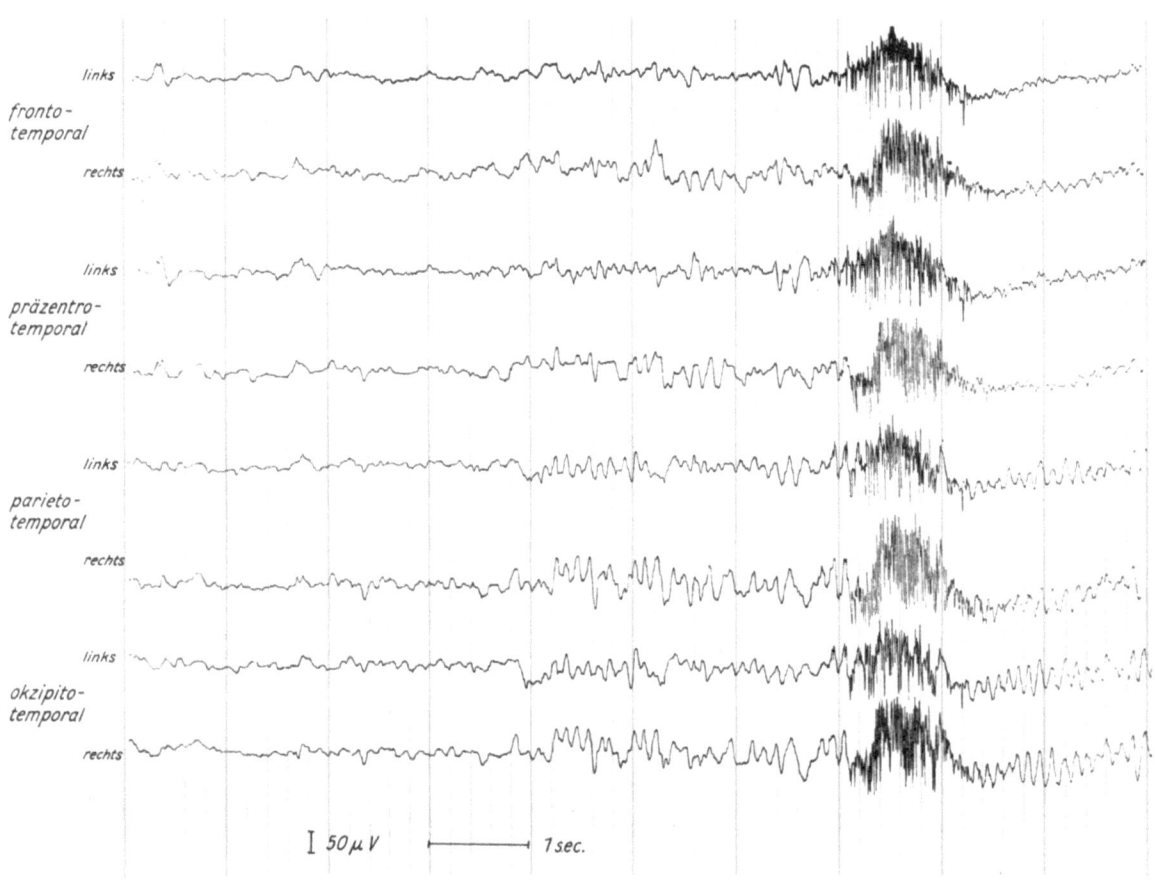

Abb. 175 Ableitungsart IV (bipolare temporale Schaltung)
Andreas W., 56 Jahre, 305/77. Beim Einschlafen durch akustischen Reiz (Schnarchen) geweckt.
Eeg: Dominierende Thetawellen (B-Stadium) wechseln über in Alphaaktivität

während mit I_{REM} die Traumphase mit raschen Augenbewegungen (rapid eye movements) bezeichnet wird.

RECHTSCHAFFEN und KALES (1968) haben federführend einen an DEMENT und KLEITMAN sich anlehnenden Vorschlag einer Arbeitsgruppe der internationalen EEG-Föderation über eine standardisierte Terminologie und Technik sowie ein genormtes Auswertungssystem für die einzelnen Schlafstadien beim Menschen in einem Leitfaden veröffentlicht.

Die Schlafaktivität zeigt eine verhältnismäßig enge Beziehung zur relativen Schlaftiefe. Vom Gesichtspunkt der EEG-Aktivität aus gesehen lassen sich folgende Schlafstadien charakterisieren:

A-Stadium: Schläfrigkeit
B-Stadium: Einschlafen
C-Stadium: leichter Schlaf
D-Stadium: mitteltiefer Schlaf
E-Stadium: tiefer Schlaf
Paradoxe Schlafphase

5.4.2. Die Schlafstadien

5.4.2.1. A-Stadium: Schläfrigkeit

Bei Absinken der Wachheit, bei Ermüdung, die in Schläfrigkeit übergeht, werden die Alphawellen kurzzeitig größer (Ausdruck der Entspannung), dann rasch kleiner, diskontinuierlicher, spärlicher und langsamer (Depression der Alphaaktivität), es finden sich eingestreut flache rasche (6–7/sec.) Thetawellen (Abb. 176); frontal und präzentral können Gruppen von größeren Thetawellen auftreten. Bei Personen mit einer stark ausgeprägten, kontinuierlichen Alphaaktivität kann bereits kurzzeitiges (1–3 Sekunden) Schwinden der Alphawellen oder eine Verlangsamung der Alphafrequenz mit den Zeichen der Ermüdung korrelieren. Die Alphablockierung auf psychosensorielle Reize ist im Stadium der Ermüdung und Schläfrigkeit häufig ungenügend.

5.4.2.2. B-Stadium: Einschlafen

Beim Einschlafen wird die Kurve vorübergehend flach, die Alphawellen verschwinden und werden durch flache 5–7/sec.-Thetawellen ersetzt, die besonders temporal und parietal weitgehend dominieren. Frontopräzentral, meist auch parietal, treten kleine Betawellen hervor. In diesem Stadium zeigt sich eine Umkehr des Effekts von Sinnesreizen. Im Wachzustand führt Augenöffnen zu einer Blockade der Alphawellen, im Einschlafen hingegen zu einer *Reaktivierung der Alphawellen*. Diese paradoxe Weckreaktion, auch als *paradoxer Berger-Effekt* bezeichnet, ist charakteristisch für diese Schlafphase (Abb. 177). Das Einschlafen läuft nicht kontinuierlich ab. Vielmehr hellt sich das Bewußtsein mehrmals kurzzeitig auf. Dieser Wechsel gibt sich deutlich im Eeg durch Auftreten von Perioden kleiner, langsamer und unregelmäßiger Alphawellen zu erkennen. Als Ausdruck dieser wechselnden Be-

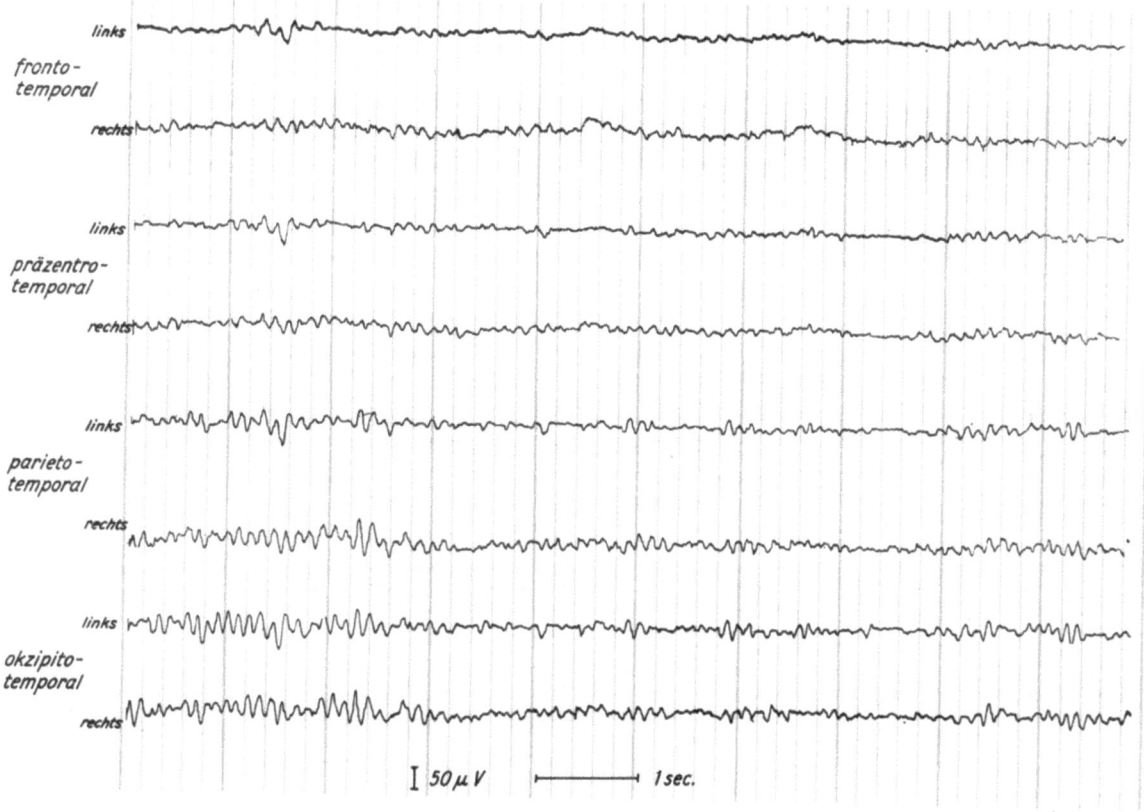

Abb. 176 Ableitungsart IV (bipolare temporale Schaltung)
Andreas W., 56 Jahre, 305/77. Schläfrigkeit (A-Stadium).
Eeg: Depression der Alphaaktivität bei eingestreuten raschen Thetawellen

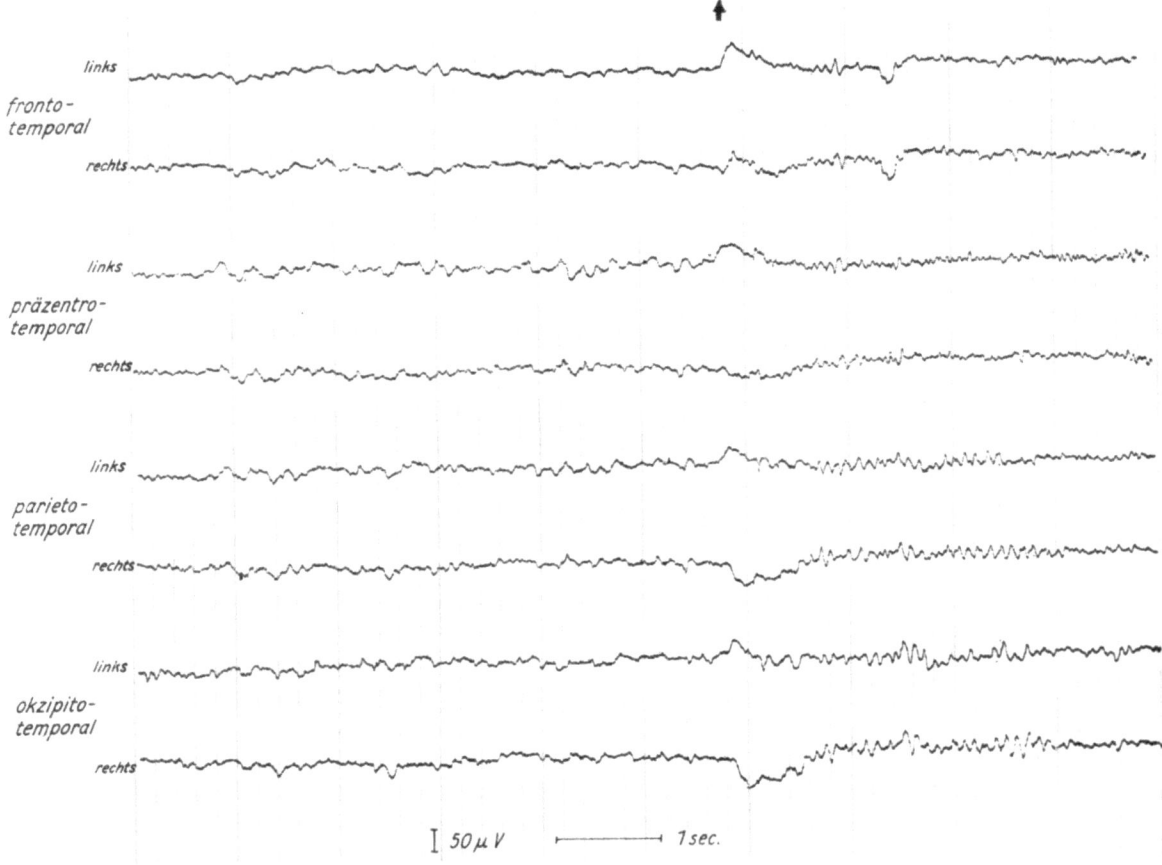

Abb. 177 Ableitungsart IV (bipolare temporale Schaltung)
Horst P., 38 Jahre, 127/65. Einschlafen (B-Stadium).
Eeg: Weitgehende Dominanz von flachen Thetawellen. Im rechten Kurvenabschnitt (↑) paradoxe Weckreaktion (reaktive Aktivierung der Alphawellen)

wußtseinslage ändert sich jeweils der Effekt auf psychosensorielle Reize (»paradoxe Phase«, JOUVET und Mitarb.). Erst nachdem sich dieser Wechsel über ungefähr 10 Minuten mehrmals wiederholt hat, tritt der endgültige Schlaf ein.

Untersuchungen von JOVANOVIC haben ergeben, daß längeres oder kürzeres Verweilen in diesen Stadien bei seinen Versuchspersonen keinen guten Nachtschlaf brachte.

Während der Einschlafphase können hypnagoge Halluzinationen auftreten, die von unwillkürlichen, langsamen, nahezu rhythmischen, horizontalen Pendeldeviationen der Augen begleitet sind und die bei Wiederauftreten von Alphawellen (verminderte Schläfrigkeit) oder Verlangsamung der Thetawellen (leichter Schlaf) verschwinden (KUHLO und LEHMANN).

Kurzes Einschlafen wird sehr oft nicht empfunden. Von vielen Versuchspersonen und Kranken wird es bestritten, obwohl das Eeg den sicheren Nachweis erbringt.

Die Weckschwelle ist beim Einschlafen und während der hypnagogen Halluzinationen niedrig, dagegen im Traumstadium erhöht.

Ein weiteres typisches Merkmal, das im späteren B-Stadium (auch B2-Stadium bezeichnet) und auch im folgenden C-Stadium auftritt, sind die »*Vertex Sharp Waves*« (BRAZIER und Mitarb.), auch »Vertexzacken«

oder von GIBBS »biparietal humps« benannt wegen ihrer symmetrischen Lokalisation über der Parietalregion. Es sind negative steile Wellen mit positiver Nachschwankung mit einem Amplitudenmaximum (50–80 μV) im parasagittalen Bereich. Am deutlichsten finden wir sie im Kindesalter (DUMERMUTH), später werden sie stumpfer und entsprechen morphologisch steilen Wellen. Der Form nach sind die vertex sharp waves identisch mit den durch akustische Reize auslösbaren Potentialen, ungeklärt ist jedoch, ob sie auch die gleiche physiologische Grundlage haben. Die Vertexzacken treten in der Einschlafphase spontan, ohne äußeren Anlaß auf. Es sind physiologische Entladungsabläufe, und sie dürfen nicht mit morphologisch ähnlichen Potentialen, denen epileptische Wertung zukommt, verwechselt werden. Wichtige Kriterien bei der Abgrenzung sind ihre Lokalisation, ihr symmetrisches Auftreten und die fehlende Ausbreitung nach temproal.

5.4.2.3. C-Stadium: Leichter Schlaf

Es zeigt sich eine zunehmende Frequenzverlangsamung und Spannungserhöhung der Thetawellen, ganz vereinzelt können stellenweise auch rasche (3–3,5/sec.) Deltawellen auftreten. Die Alphawellen verschwinden völlig. Größere Thetawellen dominieren im Kurven

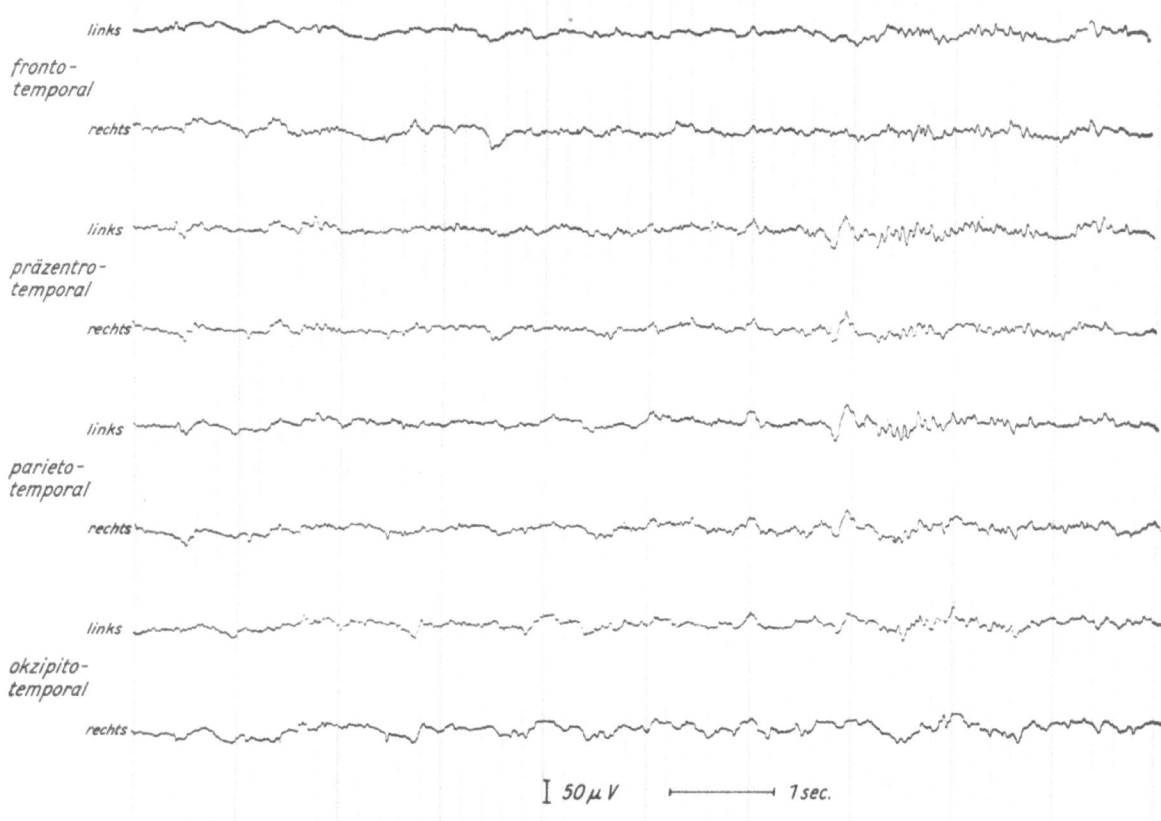

Abb. 178 Ableitungsart IV (bipolare temporale Schaltung)
Karl W., 37 Jahre, 1842/67. Leichter Schlaf (C-Stadium).
Eeg: Langsame Thetawellen dominieren bei eingestreuten Deltawellen. Charakteristisch die 14–16/sec.-Sigmawellen

bild. In Abständen von 10–20 Sekunden treten jetzt in etwa 1–2 Sekunden langen Serien relativ regelmäßige 14–16/sec.-Wellen auf, die nach ihrer Form allgemein als »spindles« (Spindeln), auch Schlafspindeln und nach der internationalen Nomenklatur als *Sigmawellen* bezeichnet werden. Meist bilateral symmetrisch sind sie am ausgeprägtesten präzentral und parietal (Abb. 178). Die Sigmaaktivität des Schlaf-Eeg zeigt an, daß im Schlaf nicht nur eine trophotrope, sondern auch eine ergotrope Beeinflussung des Kortex besteht. Eine vermehrte Spindelaktivität finden wir vor allem bei neurotisch bedingten Schlafstörungen, sie könnte hier Ausdruck stärkerer ergotroper Einflüsse auf den Schlafvorgang sein, die vermutlich den Eintritt in tieferen Schlaf erschweren. So besteht also während des Schlafvorgangs ständig eine Wechselwirkung von Schlaf und Wachheit fördernden Elementen.

Vertex sharp waves treten öfters auch in diesem Schlafstadium auf. Psychosensorielle, vor allem akustische Reize lösen die *K-Komplexe* aus. Dies sind bilaterale, langsame Wellen mit steilem Anstieg, im absteigenden Schenkel von rascheren Wellen, meist Sigmawellen, überlagert. Es können 2–3 solcher Komplexe mit sich verringernder Spannungshöhe hintereinander folgen. Oft schließen sich längere Thetaserien, aber auch aktivierte raschere (14–16/sec.) Sigmawellen an. Die maximale Spannungshöhe erreichen sie präzentroparietal. Die K-Komplexe können auch spontan, ohne erkennbaren Anlaß und wahrscheinlich durch enterozeptive Reize ausgelöst werden. Nach JUNG zeigen sich mit ihrem Auftreten gleichzeitig vegetative Reaktionen in der Körperperipherie. Bei Erwachsenen sind diese als Weckeffekt zu deutenden Entladungsabläufe ausgeprägter als bei Kindern.

5.4.2.4. D-Stadium: Mitteltiefer Schlaf

In diesem Stadium dominieren unregelmäßige, hohe und häufig synchrone Deltawellen um 3/sec., die mit teils gruppierten Thetawellen alternieren. Die Sigmawellen sind im Vergleich zum C-Stadium spärlicher, kleiner und langsamer (12–13/sec.), ihr Maximum liegt jetzt frontopräzentral (Abb. 179).

Akustische und taktile, aber auch enterozeptive Reize lösen im D-Stadium markante K-Komplexe aus. Reizwiederholungen bringen stets prompt die gleiche Reizantwort. Die auftretenden K-Komplexe sind Hinweis dafür, daß der Schlaf recht tief ist und schwer zu stören. Um den Schlafenden in dieser Phase aufzuwecken, sind stärkere und meist wiederholte Reize erforderlich. Dann folgen den K-Komplexen Serien von langsamen Sigmawellen, die in die Alphaaktivität des Wach-Eeg übergehen.

5.4.2.5. E-Stadium: Tiefer Schlaf

Jetzt zeigen sich im Kurvenbild über allen Regionen fast nur noch sehr hohe, teils relativ regelmäßige

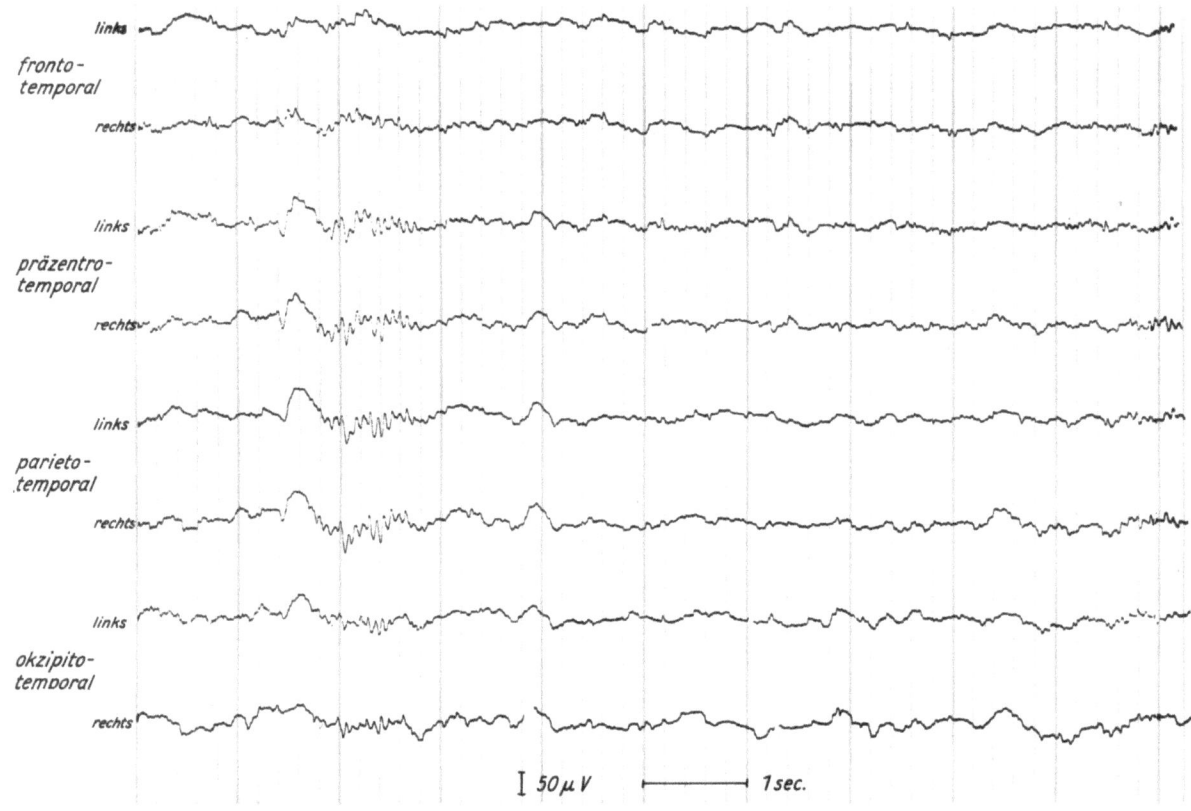

Abb. 179 Ableitungsart IV (bipolare temporale Schaltung), Karl W., 37 Jahre, 1842/67. Mitteltiefer Schlaf (D-Stadium).
Eeg: Dominanz von Deltawellen, langsame Sigmawellen (12–13/sec.)

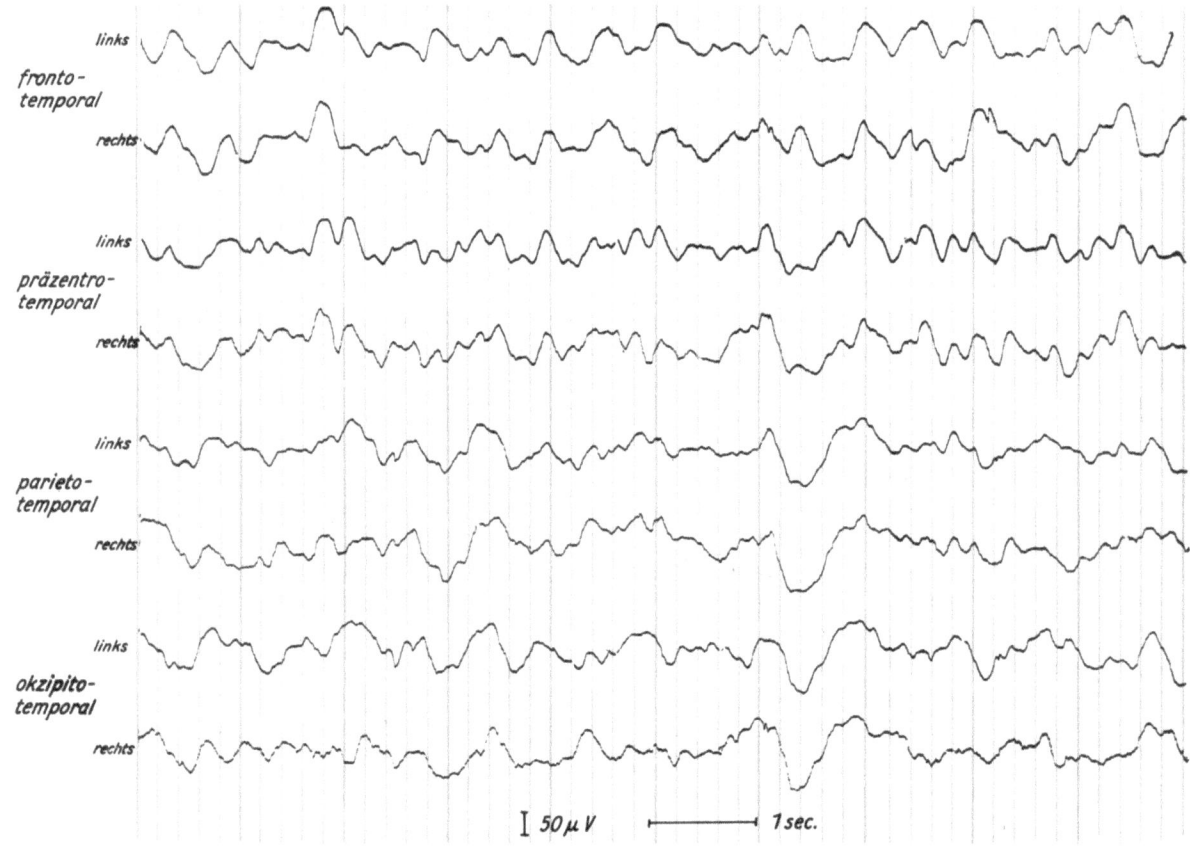

Abb. 180 Ableitungsart IV (bipolare temporale Schaltung), Karl W., 37 Jahre, 1842/67. Tiefer Schlaf (E-Stadium).
Eeg: Dominanz hoher 1–1,5/sec.-Deltawellen, oft bilateral synchron

0,6–1,5/sec.-Deltawellen. Oft treten diese über den frontalen, präzentralen und geringer auch parietalen Bereichen bilateral synchron auf (Abb. 180). Die Deltawellen können immer wieder von flachen Thetawellen oder seltener von langsamen, kleinen Sigmawellen überlagert sein. Akustische Reize vergrößern vorübergehend die hohen Deltawellen.

5.4.2.6. Paradoxe Schlafphase

Die Schlaftiefe ist relativ gering. Die akustische Reizschwelle jedoch ist deutlich erhöht, und K-Komplexe treten nicht auf. Die EEG-Kurve zeigt eine allgemeine Spannungsdepression bei Frequenzen ähnlich denen des B-Stadiums, und zwar niedrige Thetawellen, wechselnd mit spannungsniedrigen langsamen Alphawellen. In den parasagittalen Präzentralgebieten treten meist nur diskret die »Sägezahnwellen« (JOUVET) auf. Während der paradoxen Phase zeigt das Kurvenbild keinen gleichbleibenden Verlauf, vielmehr folgen den Perioden spannungsniedriger, rascher Aktivität immer wieder Strecken langsamer Aktivität, die Ausdruck tieferen Schlafes sind.

Typisch für die Phase – und sogleich ein sicheres Kriterium zur Abgrenzung gegenüber dem Kurvenbild des B-Stadiums – sind die *raschen* (5–10/sec.), nystagmiformen *Augenbewegungen* (REM-Schlaf = rapid eye movements, s. auch Abschn. 5.5.4.6.), die meist horizontal, aber nicht selten auch vertikal gerichtet sind. Diese können mit bitemporalen sowie infra- und supraorbitalen Klebeelektroden abgegriffen und aufgezeichnet werden (Zeitkonstante 0,3). Die Herz- und Atemfrequenz ist unregelmäßig und der Blutdruck schwankend. Der Muskeltonus ist in der Kopf- und Halsmuskulatur stärker als im E-Stadium herabgesetzt. Es treten myoklonieähnliche Zuckungen vorwiegend im Bereich des Gesichts und geringer in den Gliedmaßen auf.

Die hirnelektrischen Untersuchungen des Schlafes beschränken sich beim Menschen fast ausschließlich auf den Isokortex. Subkortikale Hirnpotentiale und Entladungen einzelner Neurone im Schlaf wurden bisher nur bei Tieren abgeleitet.

Der Schlaf bei den elektrophysiologisch am häufigsten untersuchten Katzen, Hunden und Affen ähnelt dem des Menschen. Es konnten außer den verschiedenen Schlafstadien auch die physiologischen Begleiterscheinungen der menschlichen Traumphasen festgestellt werden.

HESS und Mitarb. (1950) haben systematische EEG-Untersuchungen einschließlich subkortikaler Ableitungen bei Katzen im natürlichen wie im Reizschlaf nach Zwischenhirnstimulation durchgeführt. Am Isokortex fanden sie vorwiegend Sigmaaktivität, jedoch kaum große langsame Potentiale, wie sie im Tiefschlaf des Menschen auftreten. DEMENT (1958), GRASTYAN (1959) und JOUVET (1961) untersuchten das »paradoxe« Schlafstadium mit flachem Eeg bei der Katze und verglichen es mit den Traumstadien des Menschen, weil die Tiere ähnliche rasche Augenbewegungen aufweisen. Während dieses flachen Schlaf-Eeg, das als kortikale Desynchronisation gedeutet wird, zeigen das Ammonshorn und andere Allokortexregionen regelmäßige große rhythmische Entladungen um 5/sec. (hippocampal rhythmic waves), die als Synchronisierung aufgefaßt werden. DEMENT (1958) hat bei der Katze die Schlafphase mit flachem Eeg eingehend untersucht und als »activated sleep« und leichtes Schlafstadium bezeichnet. Die Aufdeckung eines Schlaftypus mit vorwiegender Atonie und seine Korrelation mit tieferen pontinen Hirnstammregionen ist das Verdienst von JOUVET (1961).

Bisher gibt es wenig Mitteilungen über Mikroableitungen im Schlaf. Die Untersuchungen bei der schlafenden Katze zeigen eine rasche Entladung der Neuronen, deren Frequenz sich vom Wachzustand nur wenig unterscheidet. VERZEANO und NEGISHI (1961) konnten nachweisen, daß während der Spindelaktivität ein Teil der Neuronen sogar stärker entlädt. Deutliche Unterschiede zeigt das Entladungsmuster der Kortexneuronen: Die im Wachzustand vorwiegend kontinuierlichen Einzelentladungen verändern sich im Schlaf zu periodischen Entladungsmustern.

Diese Befunde mußten zunächst überraschen, weil eigentlich im Schlaf mit einer Dämpfung der Hirnaktivität zu rechnen war. Wenn man jedoch bedenkt, daß Restitutionsvorgänge der biologische Sinn des Schlafes sein müssen, wird die stärkere Hirnaktivität einzelner Neuronensysteme erklärbar.

5.4.3. Die Schlafzyklen

Die Schlafstadien werden im Verlauf der Nacht in mehreren zyklischen Perioden von je 1–2 Stunden Dauer durchlaufen. Der natürliche Schlaf zeigt bis zu 6 Schlafperioden mit je einer Einschlaf- und Aufwachphase, wobei in der letzteren die beschriebenen Schlafstadien in umgekehrter Reihenfolge ablaufen. Die Phase der Ermüdung-Schläfrigkeit dauert etwa 2 bis 10 Minuten und das Einschlafstadium gewöhnlich bis zu 10 Minuten. Nach ungefähr 15–20 Minuten wird in der Regel die leichte Schlafphase erreicht und nach 30–45 Minuten das Stadium E. Rasch Tiefschlafende erreichen dieses letzte Stadium schon wesentlich früher. Der Tiefschlaf wird zunächst 20–30 Minuten beibehalten, dann wechselt in den folgenden 30–40 Minuten die Schlaftiefe in den einzelnen Stadien auf und ab, vor allem zwischen Phase D und E. Im späteren Schlaf (2. Hälfte der Nacht) wird im allgemeinen das erste Tiefenmaximum nicht wieder erreicht, der Schlaf flacht in den Morgenstunden ab, bis zum Erwachen.

Die von einigen Autoren vorgeschlagene feinere Differenzierung innerhalb der Stadien hat sich vorerst als wenig sinnvoll und für die klinische Arbeit wenig fruchtbar erwiesen. Die Hirnaktivität pendelt stark zwischen den einzelnen Unterstadien hin und her, besonders in den leichten Schlafphasen. Die langsame Verschiebung in tiefere Stadien verläuft durch alimähliches Dominieren von vorher nur vereinzelt eingelagerten Potentialen bzw. durch Verlängerung von Wellenperioden, die Ausdruck tieferen Schlafes sind. Es ist weitgehend eine Ermessensfrage, auf welchen Zeitpunkt man den Beginn eines neuen Stadiums festlegt; und dieser Unsicherheitsfaktor wirkt sich um so stärker aus, je feiner man die Stadien unterteilt (HESS). Die einzelnen Schlafstadien sind also in ihren Übergängen nicht scharf voneinander zu trennen; vor allem wenn der Schlaf an Tiefe zunimmt, gehen die einzelnen EEG-Phasen kontinuierlich ineinander über, besonders zwischen D- und E-Stadium. In umgekehrter Richtung, wenn die Schlaftiefe wieder abnimmt, können die Übergänge deutlicher sein.

Die konstante Reihenfolge im Ablauf der einzelnen Schlafstadien beim ungestörten Schlaf zeigt sich fast nur während des ersten Zyklus. Die neu einsetzende Entwicklung in Richtung Tiefschlaf verläuft gewöhnlich schneller und etwas andersartig; die vertex sharp waves sind jetzt nicht so steil, vielmehr etwas abgerundet, und ihre Form zeigt Übergänge zu den K-Komplexen. Diese Varianten ordnen sich zu kurz aufeinanderfolgenden Gruppen mit dazwischengelagerten Deltawellen und leiten relativ rasch wieder in das D- und E-Stadium des tiefen Schlafes über. In späteren Schlafzyklen hingegen folgt der Aufwachreaktion – wenn es nicht zum Aufwachen kommt – eine Periode von allgemein relativ stark hervortretender Alphaaktivität mit eingestreuten Beta- und Thetawellen, in die sich zunächst sporadisch und dann zunehmend häufiger langsame K-Komplexe einlagern, die bald wieder in das D-Stadium überleiten.

Die einzelnen Schlafstadien können spontan und durch Einfluß innerer und äußerer Reize relativ rasch wechseln. Der während des Schlafes auftretende rasche Wandel der Frequenz der Hirnpotentiale läßt sich nur annähernd vergleichen mit der ständig wechselnden Hirnaktivität bei Epilepsiekranken.

Sinnesreize werden im Schlaf verarbeitet und z. T. beantwortet. Im Eeg zeigen sich, je nach dem Schlafstadium, unterschiedliche Phänomene einer Weckreaktion. Die Aktivierung der Alphawellen tritt beim Einschlafen und im leichten Schlaf auf und geht meistens der Alphablockierung des arousal-Eeg voraus. Der von LOOMIS beschriebene K-Komplex erscheint im leichten, mittleren und tiefen Schlaf. Eine kurzzeitige Abflachung der Deltawellen ist im Tiefschlaf zu beobachten.

FISCHGOLD und SCHWARTZ (1961) haben die Reaktionsfähigkeit auf einzelne Sinnesreize in den verschiedenen Schlafstadien untersucht (Lichtblitze sollten mit kurzer motorischer Reaktion beantwortet werden). Im Wachzustand waren die Reaktionen immer richtig. In der Ermüdungsphase reagierten die Versuchspersonen mit einigen fehlenden oder falschen Antworten, im Einschlafstadium mit mehr falschen, aber meistens noch erhaltenen Reaktionen und im leichten Schlaf mit nur noch $1/3$ richtiger Antworten. Im mitteltiefen Schlaf wurden die Reize nicht mehr beantwortet. Trotz fehlender motorischer Reaktionen zeigten sich im leichten, mittleren und tiefen Schlaf auf die verabfolgten Reize fast immer deutliche hirnelektrische Antworten (K-Komplexe oder Aktivierung der Alphawellen).

DEMENT und KLEITMAN (1957) haben bei ihren polygraphischen Untersuchungen einen von LOOMIS wenig beachteten Schlaftypus erkannt, der flache, unregelmäßige und relativ rasche Hirnaktivität zeigt und mit raschen Augenbewegungen einhergeht, die an Traumerleben gebunden sind. Dieses Stadium mit raschen Augenbewegungen (rapid eye movements = REM) tritt nicht wie das hirnelektrisch ähnliche B-Stadium kurz nach dem Einschlafen, sondern periodisch während des tiefen Nachtschlafes auf der Höhe der Zyklen auf (Abb. 181). Diese paradoxen Phasen zeigen sich gewöhnlich in Abständen von 90 Minuten, wechseln wahrscheinlich etwas regelmäßiger als die anderen EEG-Stadien und wiederholen sich 3–6mal während der Nacht. Wenn die Schlafenden in dieser Zeit geweckt werden, berichten die meisten von Träumen. Die Traumphasen dauern jeweils durchschnittlich 20 Minuten; die erste verläuft meist kürzer (10 Minuten), die folgenden werden zunehmend länger (30 Minuten). Die Tiefschlafphasen verhalten sich hierzu umgekehrt: die längsten D- und E-Stadien bestehen im ersten Drittel und die kürzesten im letzten Drittel des Schlafes.

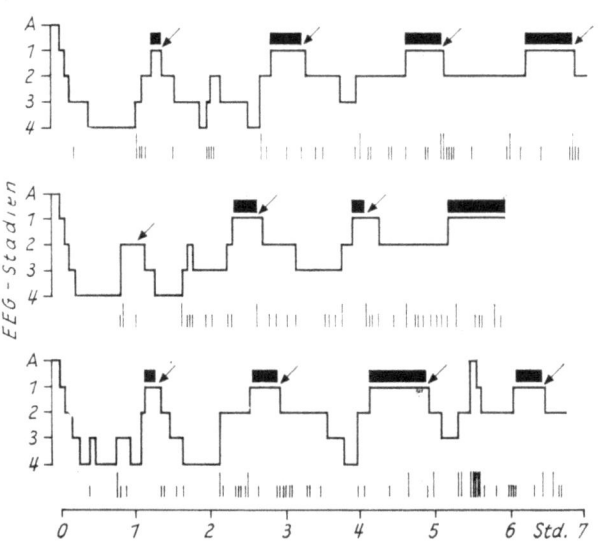

Abb. 181 Schlafzyklen mit Traumphasen (nach DEMENT und KLEITMAN)
Schlafablauf während 3 Nächten beim gleichen Gesunden. Kontinuierliche Kurve = EEG-Stadien nach KLEITMAN (1 = B-Stadium oder REM-Phase). Schwarze Blöcke = rapid eye movements. Senkrechte Striche = Körperbewegungen (langer Strich = Lageänderung, kurzer Strich = geringe Bewegungen)

Die paradoxe Phase ist wahrscheinlich notwendiger Bestandteil des Schlafes, weil sie in jedem Lebensalter auftritt, sowohl beim Menschen als auch beim Tier. Ihr Anteil am Gesamtschlaf beträgt im mittleren Lebensalter etwa 20%, ist beim Säugling größer (40–30%) und im Senium kleiner (15–14%).

Die biologische Bedeutung des paradoxen Schlafes konnte bislang noch nicht hinreichend aufgedeckt werden. Beobachtungen lassen darauf schließen, daß in dieser Phase des Schlafes die Informationsspeicherung erfolgt, die Gedächtnisleistung also von der Dauer der paradoxen Schlafphasen abhängig ist. Wie DEMENT und FISHER (1963) berichtet haben, werden durch Verringerung des REM-Schlafes und damit durch ein Traumdefizit neurotische Erscheinungen, Angstzustände, gereizte Stimmung, Konzentrationsschwierigkeiten oder starke Übermüdung ausgelöst. Einer Verringerung der nächtlichen Traumphasen folgt in den Erholungsnächten eine um 50–80 % verlängerte Traumzeit, wobei die Zahl der paradoxen Phasen bis auf 30 pro Nacht erhöht ist. Hieraus folgern diese Autoren, daß die nächtlichen Träume für das Wohlbefinden des Menschen erforderlich sind.

Träume treten nicht nur während der REM-Phasen auf, sondern auch im ersten Sigmastadium (C). Untersuchungen von KUHLO und LEHMANN haben ergeben, daß Versuchspersonen, die im ersten Leichtschlaf geweckt wurden, über kurze traumähnliche Erlebnisse berichteten. Diese Beobachtungen konnten wir bei Untersuchungen über das Einschlaferleben in mehreren Fällen bestätigen. Wahrscheinlich treten Träume in verschiedenen Schlafstadien auf. Träume mit längeren Szenen und mit Handlungsabläufen stellen sich in den REM-Phasen ein, hingegen kurze Szenen oder Traumfragmente im ersten Leichtschlaf (Sigmastadium).

Mit zunehmendem Alter verkürzen sich Gesamtschlafdauer und Schlaftiefe. Im *Senium* sind Sigmawellen und K-Komplexe seltener. Die Zahl der Zyklen kann sich im Nachtschlaf auf 6–8 erhöhen. Die REM-Phasen setzen früher ein und zeigen eine erniedrigte Weckschwelle. Typisch für den Schlaf im höheren Alter sind die regelmäßig auftretenden Wachperioden, die den Eindruck einer schlaflosen Nacht vortäuschen, weil sie den dazwischen liegenden tatsächlichen Schlaf nicht wahrnehmen lassen (JUNG 1967).

5.4.4. Ergänzende Bemerkungen

Der medikamentös ausgelöste Schlaf unterscheidet sich nur unwesentlich vom spontanen Schlaf, bis auf die anfangs einsetzende erhöhte Betaaktivität und die meist verlängerte Aufwachphase.

Gelegentlich treten Schlafmuster auf, die sich in die bekannten Stadien nicht einordnen lassen. Hierzu zählt ein EEG-Muster mit »Alpha-Delta-Schlaf« (Mischung von 5–20% Deltawellen und hohen 7–10/sec. alphaähnlichen Wellen bei fehlenden Sigmawellen). Diese Kurvenabläufe fanden HAURI und HAWKINS bei psychisch Kranken. Nach ihrer Ansicht ist der Alpha-Delta-Schlaf eine Abwandlung des Deltawellenschlafs (Stadium E) und Ausdruck einer zentralen Funktionsstörung.

KENDEL u. a. führten Untersuchungen des Nachtschlafs mit polygraphischen Registrierungen und Selbstbeurteilung des Schlaferlebens durch. Bei Patienten mit neurasthenischen Schlafstörungen fanden sie eine 4fach verlängerte Einschlafzeit, häufigere und längere Wachperioden, mehr Leichtschlaf und eine leichte Verminderung der REM-Phasen. Diese Störungen waren ausgeprägter bei Männern als bei Frauen.

Schlafaktivität läßt sich mit Sicherheit von den EEG-Veränderungen in hypnotischen Zuständen abgrenzen. Während der *Hypnose* beobachten wir im allgemeinen eine Aktivierung und Spannungserhöhung der Alpha- und Betawellen. In der Literatur werden aber auch recht divergierende EEG-Befunde beschrieben, die sich wahrscheinlich aus der Unmeßbarkeit der jeweiligen Trancetiefe erklären lassen (BAROLIN 1968).

5.5. Elektroenzephalogramm im Kindesalter

J. KÜLZ

Die moderne Pädiatrie, insbesondere die Neuropädiatrie oder Kinderneuropsychiatrie, kann heute auf die Elektroenzephalographie als eine wichtige diagnostische Hilfsmethode im Ensemble mit anderen Untersuchungsverfahren (Pneumenzephalographie, Echoenzephalographie, Angiographie, Szintigraphie u. a.) nicht mehr verzichten. Dies gilt nicht nur für die das Zerebrum spezifisch betreffenden Erkrankungen, sondern auch für die Erkennung, Verlaufsbeobachtung und Therapiekontrolle von zerebralen Mitbeteiligungen bei den verschiedensten inneren Erkrankungen und exogenen Erkrankungsursachen, z. B. bei angeborenen oder erworbenen Stoffwechselanomalien, Endokrinopathien oder für den Sektor der leider zunehmenden Ingestionen und Intoxikationen bei Kindern fast aller Altersstufen. Bei Früh- und Neugeborenen gewinnt die Elektroenzephalographie mit ihren Möglichkeiten im Rahmen der elektronischen Geburtsüberwachung und der intensivtherapeutischen Bemühungen um die sogenannten Risikokinder bei Therapieentscheidungen aktuelle und bezüglich der Langzeitbeobachtung von Risikokindern auch prognostische Bedeutung.

5.5.1. Besonderheiten der Ableitungstechnik im Kindesalter

Besonders im Säuglings-, Kleinkind- und Vorschulalter stellen sich der Ableitung von Elektroenzephalogrammen spezielle, bei Erwachsenen kaum ins Gewicht fallende Schwierigkeiten entgegen, die an die Technischen EEG-Assistentinnen besondere Anforderungen stellen und großes Geschick erfordern. Schon das *Setzen der Ableithaube*, überwiegend in Form der Gummibandhaube, erweist sich um so schwieriger, je jünger das Kind ist. Bei Frühgeborenen und Neugeborenen ist die *Verwendung von Klebeelektroden* ratsam oder erforderlich. Nadelelektroden haben sich nicht bewährt. Neben den am Ableitvorgang unmittelbar beteiligten Technischen EEG-Assistentinnen ist die

Gegenwart einer erfahrenen Säuglingsschwester erforderlich, darüber hinaus sollten Ableitungen in diesen Alters- und Entwicklungsstufen, zumindest also innerhalb des Säuglingsalters, nur nach vorheriger Verabfolgung einer Mahlzeit stattfinden. Bei Kleinkindern und Vorschulkindern kann die Mithilfe oder wenigstens die Nähe der Mutter hilfreich sein, um die allein schon durch die technische Apparatur verängstigten Kinder zu beruhigen.

Im übrigen sollte jede EEG-Abteilung für Kinder über einen genügenden *Vorrat an leicht desinfizierbarem, ansprechendem Spielzeug* verfügen, mit dessen Hilfe die EEG-Assistentinnen oder das begleitende Personal bzw. die Eltern die Kinder während der Ableitung ablenken können. Nach Möglichkeit sollte man auf ein festeres Einbinden der Kinder in Windeln oder gar auf ein Festschnallen während der Ableitung verzichten. Auch Sedativa sollten nur in Ausnahmefällen verwendet werden, da sie in ihrer Mehrzahl das Hirnpotentialbild in störender Weise verändern.

Trotz aller geschilderten Maßnahmen ist es unvermeidlich, daß Elektroenzephalogramme von Säuglingen und Kleinkindern häufig durch *Bewegungs- oder Elektrodenartefakte* in ihrer Qualität beeinträchtigt werden. Da der Auswerter in der Regel nicht jeder Ableitung beiwohnen kann, ist es daher eine unbedingte Pflicht der ableitenden EEG-Assistentin, alle bewegungsbedingten Artefakte sowie Notizen über das jeweilige Verhalten des Kindes während der Ableitung auf der Kurve zu vermerken und bewegungsbedingte Elektrodenartefakte rechtzeitig zu erkennen und zu korrigieren. Besondere Schwierigkeiten bereiten dabei die okzipitalen Elektroden, die häufiger auf ihren exakten Sitz überprüft werden müssen und deren Stabilisierung durch die sinnvolle Anwendung einer Kopf- bzw. Nackenrolle unterstützt werden kann.

Hinsichtlich der *Ableitungsschemata für die Routineableitungen* verweisen wir auf die in Abschnitt 3.4. gemachten Ausführungen. Diese einheitlich in der DDR routinemäßig durchgeführten Schaltungen finden im Prinzip auch im Kindesalter Anwendung, schließen aber natürlich nicht aus, daß in besonders gelagerten Fällen zusätzliche Schaltungen durchgeführt werden, die in erster Linie abhängig von der klinischen Fragestellung und von der Aussage einzusetzen sind, die man von einem bestimmten Hirnpotentialbild im vorliegenden Krankheitsfall erwartet.

Die Gesellschaft für Neuro-Elektrodiagnostik der DDR hat für die einzelnen neuroelektrodiagnostischen Untersuchungsmethoden (Elektroenzephalographie, Elektromyographie, Echoenzephalographie u. a.) *Richtwerte* für den zeitlichen, apparativen und personellen Aufwand bei den jeweiligen Untersuchungen ausgearbeitet. Grundsätzlich ist im Kindesalter davon auszugehen, daß ein größerer Zeitfonds pro Ableitung vorgesehen werden muß, er ist um so aufwendiger, je jünger das abzuleitende Kind ist, und erreicht schließlich bei Spezialuntersuchungen, z. B. bei polygraphischen Langzeituntersuchungen im Neugeborenenalter, weit von der Routinezeit abweichende Werte.

5.5.2. Beurteilung von Enzephalogrammen im Kindesalter

Im klinischen Routinebetrieb erfolgt die Auswertung der Elektroenzephalogramme grundsätzlich *visuell*. Diese Form der Auswertung ist durch automatische Verfahren der Frequenzanalyse nicht zu ersetzen, und sie gestattet dem über elektroenzephalographische Kenntnisse verfügenden Neuropädiater oder Kinderneuropsychiater eine fundiertere Korrelation der elektroenzephalographischen Befunde zum klinischen Bild. Wir vertreten die Auffassung, daß der Auswerter für die Zuarbeit zur klinischen Diagnose auf den Erhalt von Kenntnissen der Anamnese und der klinisch-neurologischen Untersuchungsbefunde nicht verzichten sollte. Lediglich bei spezifischen wissenschaftlichen Aufgabenstellungen und Untersuchungsreihen ist die Blindauswertung von Hirnpotentialbildern auch im Kindesalter der größeren Objektivität der Befunde wegen vorzuziehen oder in Abhängigkeit von der Fragestellung zu fordern.

Wegen der großen Variabilität der Eeg. im Kindesalter, insbesondere im Rahmen der Reifung des Gehirns mit seinen »werdenden Funktionen«, ist die *Kenntnis gewisser Grunddaten* eine unabdingbare Forderung. Auf den exakt auszufüllenden Anmeldeformularen müssen das *Geburtsdatum,* die *Ableitzeit, verabfolgte Medikamente,* speziell Sedativa unmittelbar vor der Ableitung, sowie die *wichtigsten klinischen, neurologischen, psychologischen oder psychiatrischen Befunde* vermerkt sein. Ohne Vorliegen dieser Daten ist eine exakte Korrelation des EEG-Befundes zum klinischen Bild gerade im Kindesalter unmöglich.

Die Beschreibung und Korrelierung von Hirnpotentialbildern im Kindesalter erfordert eine besonders große Erfahrung sowie genaue Kenntnisse über die Ausreifungserscheinungen des Hirnpotentialbildes in den verschiedenen Lebensaltern, die unseres Erachtens nach Auswertung von ca. 3000 Kurven eines speziell pädiatrischen, neuropädiatrischen oder kinderneuropsychiatrischen Krankengutes erreicht wird.

Leider existieren bisher keine auf einem ausreichend großen Probandengut basierenden systematischen Untersuchungen über die Veränderungen des Hirnpotentialbildes in den verschiedenen Lebensabschnitten des Kindesalters. Aber selbst im Erwachsenenalter werden solche exakten Daten nach wie vor weitgehend vermißt. Die Bewertung von Hirnpotentialbildern bei Kindern basiert somit hauptsächlich auf empirischen Werten und den Ergebnissen einzelner Longitudinaluntersuchungen (PAMPIGLIONE; OLOFSSON und Mitarb.; WEINMANN und Mitarb.; HAGNE), insbesondere aber auf den speziellen Erfahrungen des jeweiligen Untersuchers. Die von GARSCHE inaugurierten orientierenden Daten über die Reifung des Hirnpotentialbildes im Kindesalter aufgrund der Dominanz oder Subdominanz bestimmter Frequenzen können mit Einschränkung auch heute noch als Richtwerte angesehen werden (Abb. 182).

Gestaltet sich die Auswertung von Wachelektro-

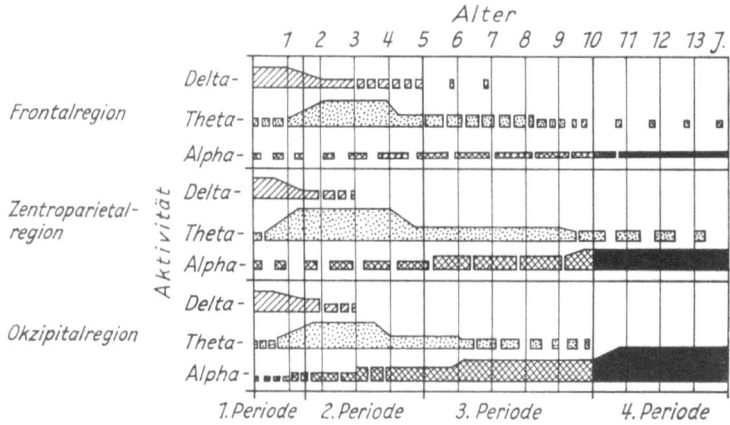

Abb. 182
Einteilung der kindlichen Hirnpotentialbilder verschiedener Lebensalter nach dominierenden Frequenzen (GARSCHE)

enzephalogrammen bei Kindern schon schwierig, so wird die *Beurteilung von Schlafelektroenzephalogrammen* in den verschiedenen Entwicklungsstufen des Kindesalters oder die *Beurteilung von Provokationskurven*, speziell durch Hyperventilation, noch problematischer. Gerade die Beurteilung derartiger Kurvenbilder erfordert eine sehr kritische Einstellung und in vielen Fällen eine zurückhaltende Interpretation bei einmaliger Untersuchung, wobei an dieser Stelle darauf hingewiesen sei, daß im Kindesalter Wiederholungsuntersuchungen, z. T. kurzfristiger Natur, und Longitudinaluntersuchungen über längere Zeiträume hinweg eine ganz besondere Bedeutung besitzen und die Aussagekraft der Befunde wesentlich erhöhen.

Besonders die Elektroenzephalogramme von Säuglingen und Kleinkindern sind, trotz aller Ablenkungs- und Beruhigungsversuche der Untersucher, häufig durch die verschiedensten Artefakte derartig gestört, daß oft nur streckenweise und somit unvollständig Auswertungen möglich sind, die kurzfristige Wiederholungsuntersuchungen erforderlich machen.

5.5.3. Reifungsbedingte Veränderungen der bioelektrischen Aktivität im Kindesalter

Parallel mit den biologischen Reifungsvorgängen des kindlichen Gehirns und mit den Fortschritten in der psychomotorischen Entwicklung gehen bioelektrische Veränderungen einher, die auf der einen Seite selbstverständlich fließender und nicht in starre Perioden einteilbarer Natur sind, auf der anderen Seite hat es sich aber als notwendig und didaktisch erforderlich herausgestellt, bestimmte Altersperioden zusammenzufassen und deren bioelektrische Kriterien innerhalb feststellbarer Normvariationen darzustellen. Dies bezieht sich insbesondere auf die Ausprägung der Grundaktivität und somit auf die Veränderungen in den dominierenden Frequenzbereichen und den Übergang von instabilen zu stabilen Verhältnissen unter Einschluß der Variationen und Entwicklungstendenzen sowie der Spannungshöhen der registrierten Potentiale.

Es verdient hervorgehoben zu werden, daß schon BERGER bei Kindern grundlegende Untersuchungen durchführte, um die Besonderheiten der bioelektrischen Aktivität der verschiedenen Altersstufen zu erfassen. Seinen Bemühungen waren aber verständlicherweise technisch bedingte Grenzen gesetzt. Der Respekt vor den Pionierleistungen derjenigen Wissenschaftler, die sich um die Erforschung des Elektroenzephalogramms bei Kindern besonders verdient gemacht haben, gebietet es, einige Namen zu nennen, die zugleich ein vertiefendes, zusätzliches Literaturstudium dem speziell Interessierten ermöglichen, wobei wir in erster Linie an die Erarbeitung von Normwerten denken (LINDSLEY; SMITH; HENRY; GIBBS; SCHÜTZ; MÜLLER und SCHÖNENBERG; GARSCHE; DREYFUS-BRISAC; SCHULTE u. a.). Auch frequenzanalytische Verfahren wurden bereits sehr frühzeitig angewandt (GIBBS und KNOTT u. a.), sie haben sich aber in der klinischen Routinediagnostik wegen der häufig mitregistrierten und mitbewerteten Artefakte nicht bewährt und somit keine stärkere Verbreitung erfahren.

Zu den bei Kindern registrierbaren Graphoelementen ist grundsätzlich zu sagen, daß sie sich von denjenigen des Erwachsenenalters *nicht* unterscheiden und daß es *keine für eine bestimmte Altersstufe bei Kindern spezifischen Graphoelemente* gibt. Lediglich die Zusammensetzung des Frequenzspektrums, die Spannungshöhen und der Grad der Stabilität der registrierten Potentiale zeigt alters- und reifungsbedingte wesentliche Unterschiede zu den Werten bei Erwachsenen.

5.5.3.1. Bedeutung der Elektroenzephalographie für die moderne Geburtshilfe

Weltweit haben sich die Begriffe »Risikoschwangerschaft – Risikogeburt – Risikokind« eingebürgert. Die bereits *pränatale Überwachung* des Feten und die elektronisch kontrollierte und gesteuerte Geburt bürgert sich, zumindest in den Hochschulkliniken, Bezirkskrankenhäusern und Forschungszentren, immer mehr ein. Im Rahmen dieser Bemühungen spielt auch die Elektroenzephalographie als eines der Parameter für die Beurteilung des Zustandes des Kindes und seiner Gefährdungssituationen neben der Erfassung von blutchemischen und blutgasanalytischen Daten oder von EKG-Befunden (Kardiotokographie) eine besondere Rolle. Die Ableitung der Elektroenzephalogramme erfolgt in diesem Falle im allgemeinen durch Nadelelektroden, die in die Kopfhaut eingeführt werden, die Anzahl der verwendeten Kanäle ist unterschiedlich.

Bei der Beurteilung der gewonnenen Elektroenzephalogramme kann man sich auf Erfahrungen beim Studium fetaler Hirnpotentialbilder sowohl bei Tieren als auch beim Menschen stützen. Dabei sind die Studien unter tierexperimentellen Bedingungen ungleich unkomplizierter als beim Menschen (HOPP und Mitarb.; ROSEN und Mitarb.).

5.5.3.2. Ableitung von Elektroenzephalogrammen bei Frühgeborenen

Die EEG-Registrierung erfolgt am besten mit transportablen, wenig störanfälligen Geräten, die keiner Abschirmung durch einen FARADAYschen Käfig bedürfen. Die modernen Inkubatoren für die Pflege von Frühgeborenen sind im allgemeinen so konstruiert, daß sich EEG-Ableitungen ohne größere Schwierigkeiten bewerkstelligen lassen, jedoch ist zeitweise das Abstellen der die Qualität der gewonnenen Kurvenbilder durch die nachdrücklich beeinträchtigenden Apparaturen erforderlich. Die Arbeit am Frühgeborenen setzt besondere Erfahrungen voraus, und in jedem Falle muß neben einer versierten Technischen EEG-Assistentin auch der EEG-Arzt und in besonderen Fällen ein Neonatologe zugegen sein. Eine routinemäßige EEG-Registrierung bei Frühgeborenen ist vorläufig nicht zu realisieren. Im allgemeinen sollten derartige Untersuchungen den schwerer geschädigten Frühgeborenen, insbesondere mit *Atemnotsyndromen* oder *gehäuften apnoischen Zuständen* bei Verdacht auf *geburtstraumatische Hirnblutung*, vorbehalten bleiben, um verläßliche Ausgangswerte für die bei solchen Patienten unbedingt notwendigen Longitudinaluntersuchungen zu erhalten. Insgesamt existieren auf diesem wichtigen Gebiet noch zu wenig Erfahrungen, die fundierte Aussagen über die Bedeutung verschiedener Frühbefunde in dieser Entwicklungsphase zulassen. In einzelnen Zentren befaßt man sich aber in den letzten Jahren intensiv durch polygraphische Langzeituntersuchungen mit diesen Problemen (MAI und SCHAPER; SAMSON-DOLLFUS; DREYFUS-BRISAC und Mitarb.; SCHULTE und Mitarb.).

5.5.3.3. Elektroenzephalogramm der Frühgeborenen

Grundsätzlich gilt auch für Frühgeborene die Feststellung, daß sich die Auswertung von Elektroenzephalogrammen dadurch kompliziert, daß sich wie bei Neugeborenen und jungen Säuglingen der Vigilanzzustand ohne Anwendung polygraphischer Untersuchungsmethoden im Rahmen einer Routineableitung schwer einschätzen läßt. Dies ist wahrscheinlich ein Grund dafür, daß sich innerhalb bestimmter Grenzen Aussagen verschiedener Autoren nicht decken oder widersprechen.

Von besonderer Aktualität ist die in den letzten Jahren ausgearbeitete Methode, aufgrund bestimmter EEG-Kriterien des Fetalalters das *Konzeptionsalter* bei Frühgeborenen relativ exakt zu bestimmen (ENGEL und BUTLER; FICHSEL; SCHULTE; PAREMELEE und Mitarb.).

Bereits tierexperimentelle Untersuchungen an Feten brachten frühzeitig interessante Erkenntnisse über die Entwicklung der bioelektrischen Aktivität. Untersuchungen wurden unter anderem an Meerschweinchen (JASPER und Mitarb.) und an Hühnerembryonen (GARCIA-AUSTT) durchgeführt.

Bei der Untersuchung menschlicher Feten leisteten u. a. DREYFUS-BRISAC; HUGHES; DAVIS und Mitarb.; LINDSLEY; MAI und SCHAPER; ARESIN; BORKOWSKI und BERNSTINE sowie ROSEN und SCIBETTA Pionierarbeit.

Im 4.–5. Fetalmonat werden bei im Intervall flachen Kurvenverläufen intermittierende, sehr langsame Deltawellen (Subdeltawellen) registriert, eingestreut findet man 5/sec.- oder auch 8–10/sec.-Wellen, die meist zentral oder okzipital lokalisiert sind. Die bioelektrische Aktivität beider Hemisphären zeigt keine Synchronisation.

Bereits im 6. Fetalmonat macht sich eine zunehmende Synchronisation bemerkbar, die Deltawellen treten deutlicher und häufiger in Erscheinung, beiderseits beleben über allen Hirnregionen eingestreute Thetawellen das Bild.

Im 7. Fetalmonat stabilisiert sich die Synchronisationstendenz zwischen beiden Hemisphären deutlich, die spannungshöheren Deltawellen um 1/sec. werden gehäuft durch 14–16/sec.-Wellen in gruppenweiser Anordnung überlagert.

Im 8. Fetalmonat nähert sich das Elektroenzephalogramm den bei reifen Neugeborenen nachweisbaren Befunden, und es wird jetzt möglich, Differenzen zwischen dem Wach- und Schlafzustand zu erkennen. Wichtig ist die Feststellung, daß die reifungsbedingten Wandlungen des Hirnpotentialbildes bei Frühgeborenen nicht durch den Entwicklungsstand und das Geburtsgewicht bzw. das erreichte Gewicht bestimmt werden, sondern einzig und allein von der Schwangerschaftsdauer. Daher besitzt das Hirnpotentialbild für die Bestimmung des Konzeptionsalters die bereits beschriebene besondere Bedeutung.

5.5.3.4. Elektroenzephalogramm der Neugeborenen

Trotz der ab 8. Fetalmonat möglichen besseren Differenzierung zwischen Wach- und Schlafzustand eines Neugeborenen sind in diesem Entwicklungsalter exakte Aussagen nur durch die Anwendung polygraphischer Untersuchungsmethoden möglich. Setzen wir gemäß WHO-Definition für den Begriff »Neugeborenes« den Zeitraum vom 1.–10. Lebenstag an, so zeigen die dabei gewonnenen Hirnpotentialbilder nur unwesentliche entwicklungsbedingte Veränderungen. Die Spannungshöhen liegen zwischen 5 und 50 μV, es ist eine instabile gemischte Aktivität ohne dominierende Frequenz mit annähernd gleichartiger Verteilung über allen Hirnregionen feststellbar, neben Delta-, Theta-

und Alphawellen kommen gelegentlich auch Betawellen zur Darstellung. Intermittierend kommen in den ersten Stunden und Tagen nach der Geburt noch spannungsniedrigere Intervalle vor.

5.5.3.5. Elektroenzephalogramm des geschädigten Neugeborenen

In bestimmten Forschungszentren durchgeführte polygraphische Untersuchungen bei gleichzeitiger Registrierung von Atmung, Ekg, Eeg und Emg haben bei der Kontrolle intensivtherapeutischer Maßnahmen wichtige Erkenntnisse in diagnostischer und therapeutischer Hinsicht erbracht. Insbesondere bei der Klärung von Atemstörungen bei reifen Neugeborenen und bei Frühgeborenen wurde es möglich, die therapeutischen Verfahren zu optimieren, die prognostische Beurteilung von apnoischen Zuständen konnte verbessert werden. Verschlechterungen von EEG-Befunden (Spannungserniedrigung bzw. Erlöschen der bioelektrischen Aktivität) sind häufig nicht Folge der mit der Apnoe verbundenen Anoxie, sondern eines Aktivitätsverlustes in den tonus- und vigilanzregulierenden Neuronenverbänden der Stammhirnretikulärzonen. Apnoezustände können aber auch Folge eines konvulsiven Geschehens sein, das sich nur mit dem Elektroenzephalogramm erfassen und nach Diagnosestellung auch sicherer behandeln läßt. Zur genaueren Todeszeitbestimmung bei sterbenden Neugeborenen oder Frühgeborenen sind aber auch polygraphische Methoden nach bisherigen Erfahrungen nicht geeignet.

Im übrigen hat es sich bewährt, die EEG-Befunde bei Neugeborenen in 6 Typen pathologischer Hirnpotentialbilder einzuteilen, denen z. T. auch nicht unwichtige prognostische Bedeutung zukommt:
1. undifferenziertes Eeg,
2. abnorm rhythmisiertes Eeg,
3. seitendifferentes Eeg,
4. Eeg mit Spitzenpotentialen (Serie),
5. Eeg mit scharf abgesetzten, regelmäßigen Paroxysmen,
6. Nullinien-Eeg.

Die drei letztgenannten Varianten sind als prognostisch besonders ungünstig anzusehen.

Diese Befunde können im Rahmen normaler Routineuntersuchungen ohne Anwendung polygraphischer Methoden erhoben werden. Die sehr zeit- und personalaufwendige polygraphische Untersuchung wird auch in den nächsten Jahren nur in wenigen Zentren möglich sein (JOPPICH und SCHULTE; MONOD und Mitarb.; ROBERTSON; ROSEN und SATRAN; SCHULTE und JÜRGENS).

5.5.3.6. Elektroenzephalogramm im Säuglingsalter

Wesentliches Merkmal der Entwicklung des Hirnpotentialbildes innerhalb des 1. Lebensjahres ist die kontinuierliche Zunahme der Frequenz und der Spannungshöhe. Die Amplituden erreichen 50–100 μV. Aus

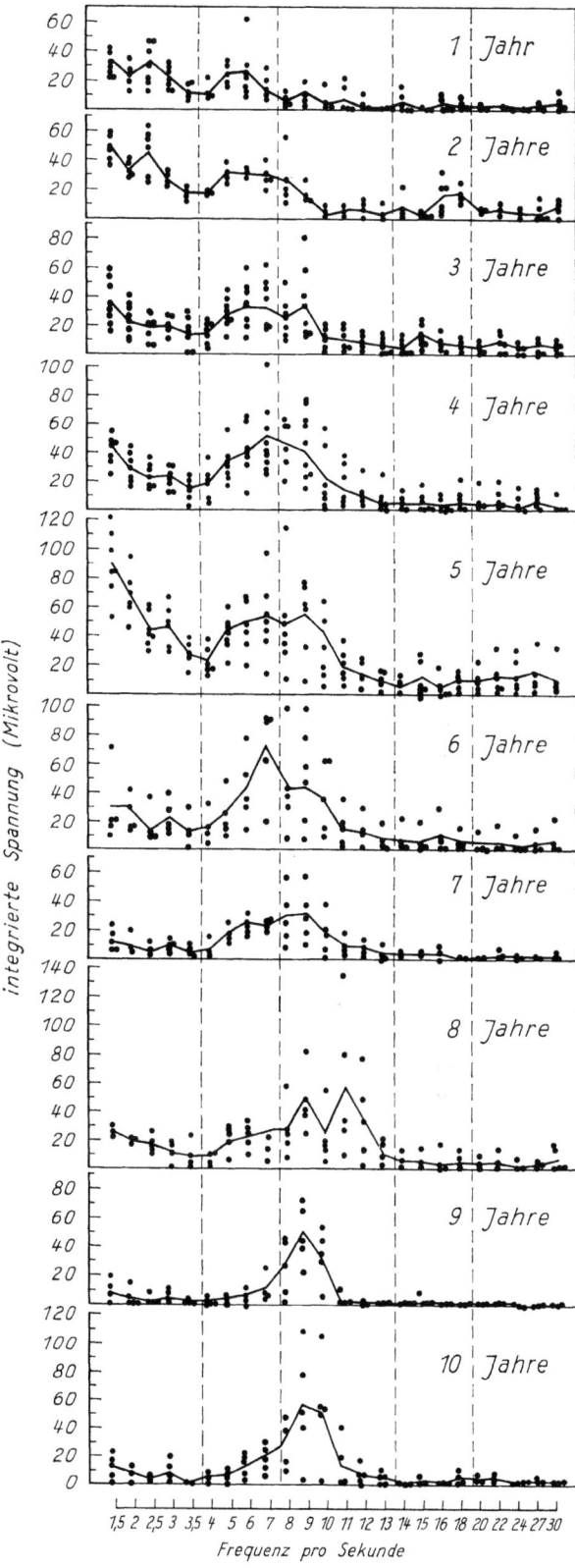

Abb. 183 Graphische Darstellung des Anteils der einzelnen Frequenzen (durchgehende Linie) in verschiedenen Altersstufen (nach H. PENUEL, F. CORBIN und R. G. BICKFORD)

der noch undifferenzierten Mischaktivität bei Neugeborenen tritt die Deltaaktivität stärker in Erscheinung, ein gewisses Maximum ist über den mittleren und hinteren Hirnregionen nachweisbar, subdominant treten diffus eingestreute Thetawellen in

Erscheinung, selten erscheinen parietookzipital spannungsniedrige Alphawellen. Nach dem 1. Lebensmonats verstärkt sich der Trend zur Ausbildung bilateral-synchroner Rhythmen, man findet eine Theta-Delta-Übergangsaktivität. Gegen Ende des Säuglingsalters dominieren 4–5/sec.-Thetawellen im Gesamtbild der Grundaktivität, Deltawellen bleiben über den vorderen Ableitungspunkten am längsten nachweisbar (DREYFUS-BRISAC; FOIS; GARSCHE; GIBBS und GIBBS; KIRCHHOFF und Mitarb.; LINDSLEY; SMITH; SCHÜTZ und Mitarb.; ELLINGSON; ROSEN und Mitarb.) (Abb. 183).

5.5.3.7. Elektroenzephalogramm des Klein- und Vorschulkindes

Zwischen dem 1. und 6. Lebensjahr kommt die zunehmende Dominanz der Thetaaktivität zur Darstellung. Die Grundaktivität wird, ausgehend von einer 4–5/sec.-Aktivität, am Ende der Säuglingszeit durch eine langsame Frequenzzunahme gekennzeichnet, die Deltaaktivität wird stark zurückgedrängt. Parietookzipital sind besonders ab 4.–5. Lebensjahr 7–8/sec.-Wellen, also eine mäßig ausgeprägte Alphaaktivität,

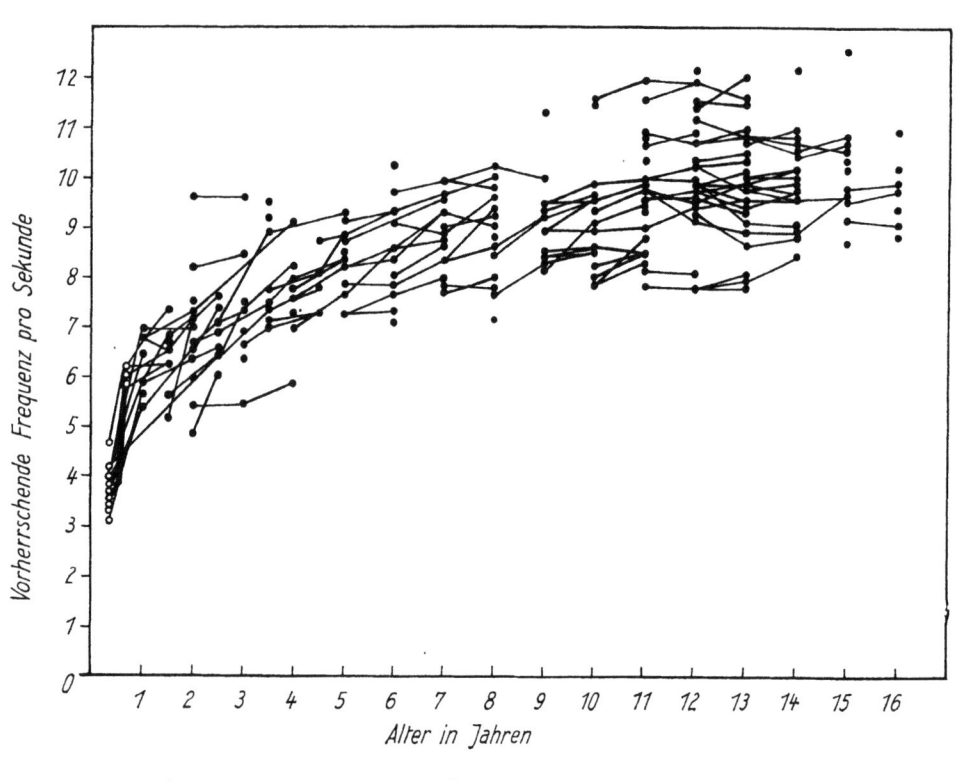

Abb. 184
Wachstum der dominierenden Frequenzen des Okzipitalbereichs in Einzel- bzw. Verlaufsuntersuchungen an 132 Patienten (nach LINDSLEY)

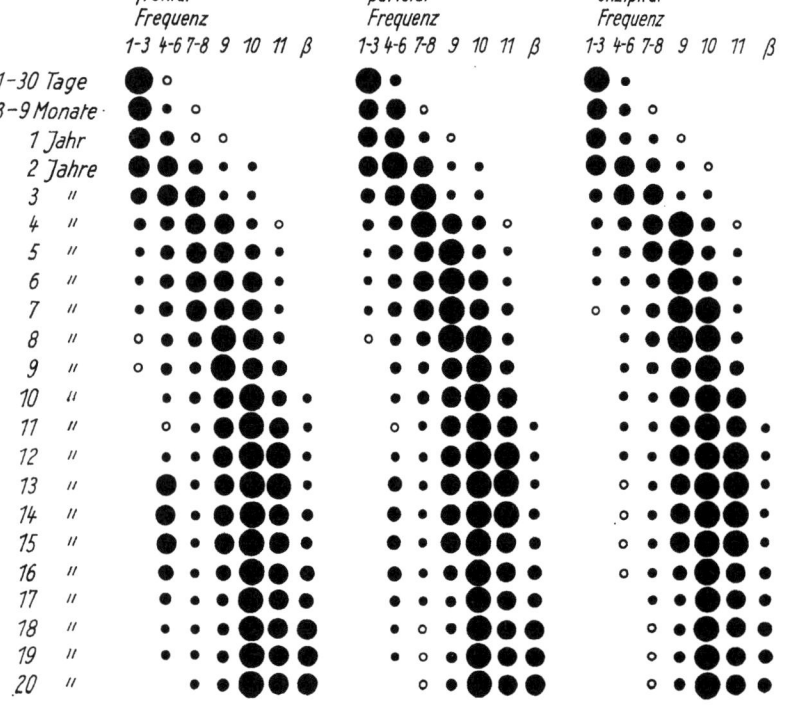

Abb. 185
Entwicklung des Wellenbildes im Kindes- und Jugendalter im Bereich verschiedener Hirnregionen (nach F. A. GIBBS und E. L. GIBBS)

okzipital nachweisbar. In seltenen Fällen kommt es schon im 5. oder 6. Lebensjahr zur Ausprägung eines dominierenden Alpharhythmus mit okzipitalem Maximum. Die Spannungshöhe der Hirnpotentialbilder verringert sich jenseits des 3. Lebensjahres allmählich (LINDSLEY) (Abb. 184–187 und 188–194).

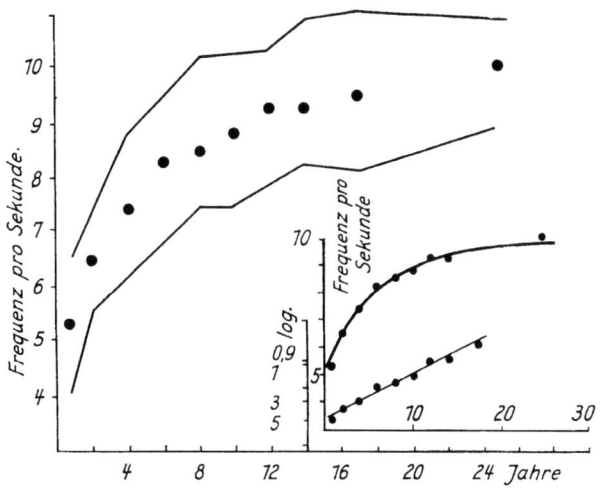

Abb. 186 Entwicklung der Grundaktivität in den einzelnen Altersstufen bis zum 24. Lebensjahr (nach C. G. BERNHARD und C. R. SKOGLUND)

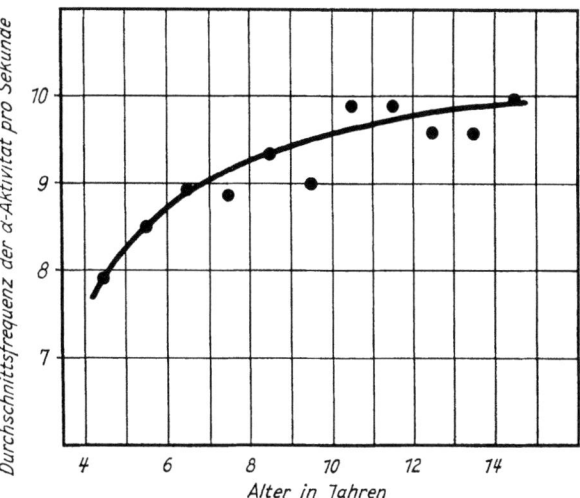

Abb. 187 Altersentsprechendes Frequenzwachstum der Alphaaktivität bei 100 normalen Kindern (nach N. Q. BRILL und H. SEIDEMANN)

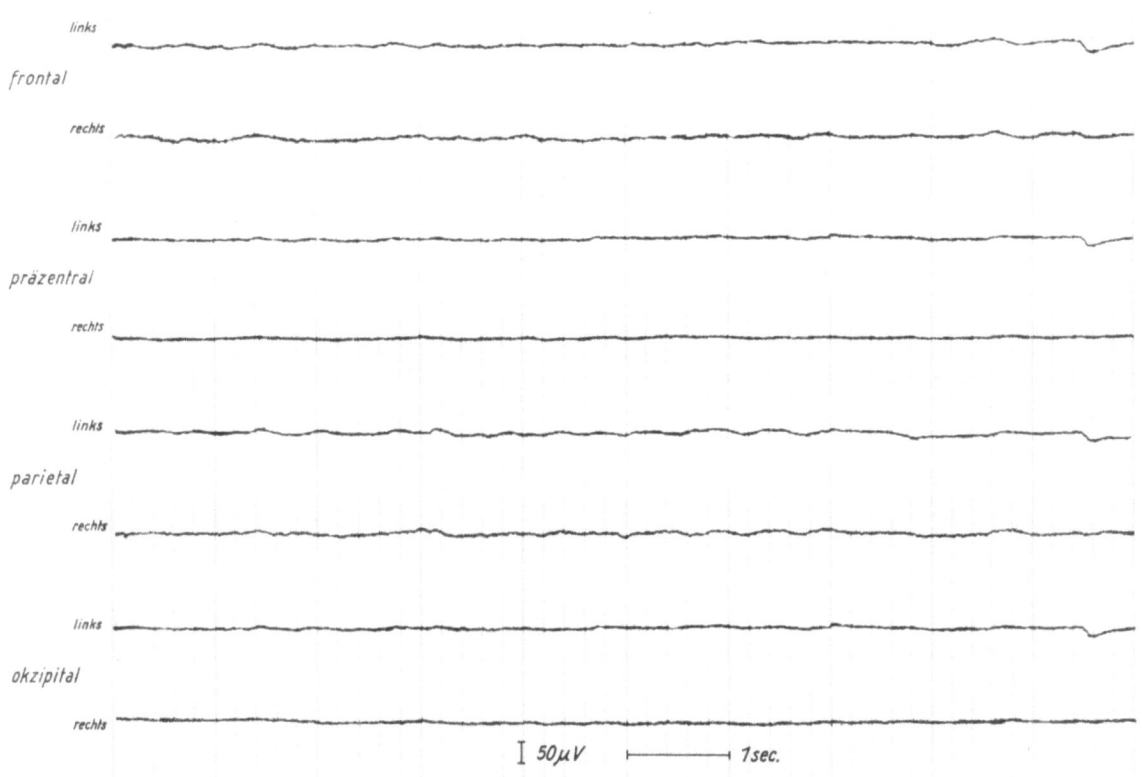

Abb. 188 Ableitungsart I (unipolare Schaltung zum linken Ohr) Eeg eines Neugeborenen

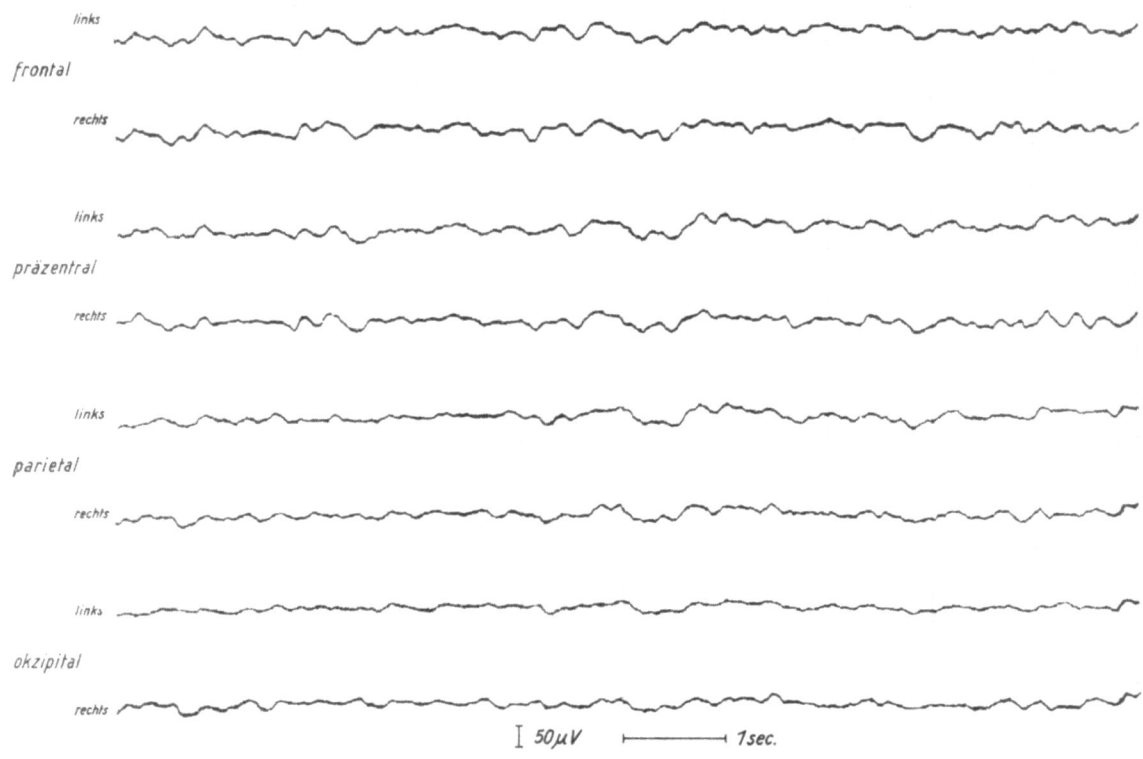

Abb. 189 Ableitungsart I (unipolare Schaltung zum linken Ohr)   Eeg eines 57 Tage alten Säuglings

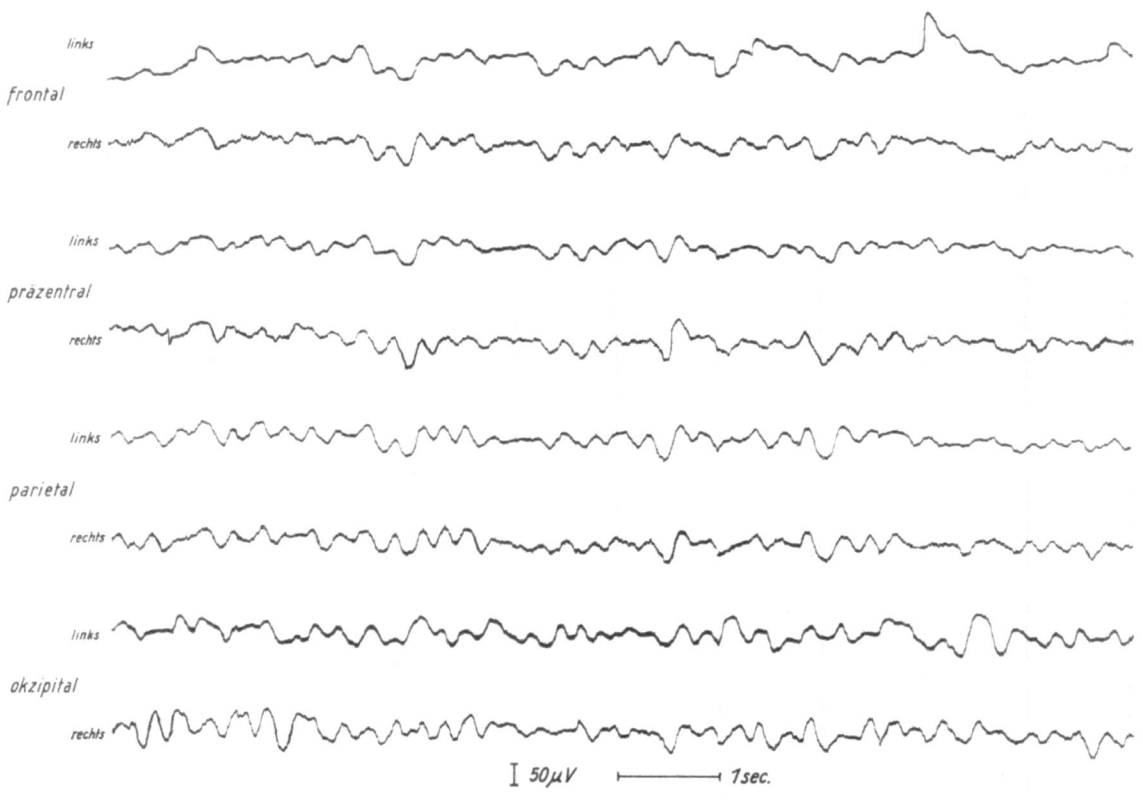

Abb. 190 Ableitungsart I (unipolare Schaltung zum linken Ohr)   Eeg eines 8 Monate alten Säuglings

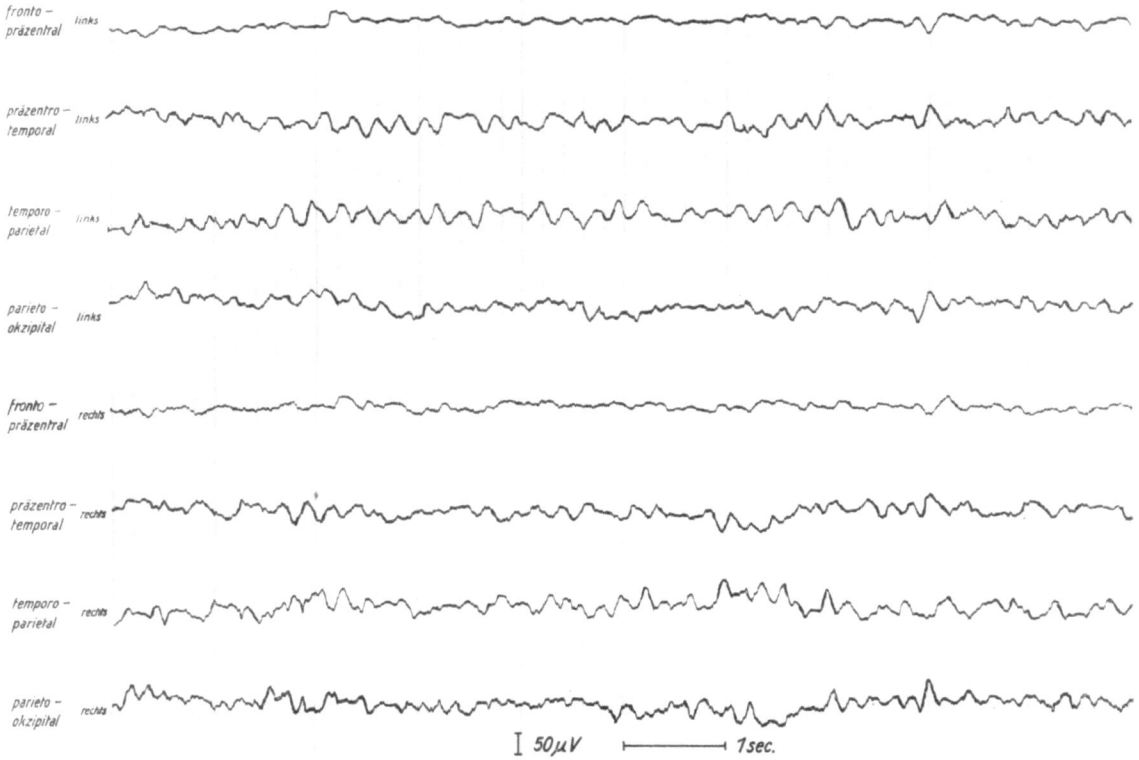

Abb. 191   Ableitungsart II (bipolare Längsschaltung)   Eeg eines 11/12 Jahre alten Kleinkindes

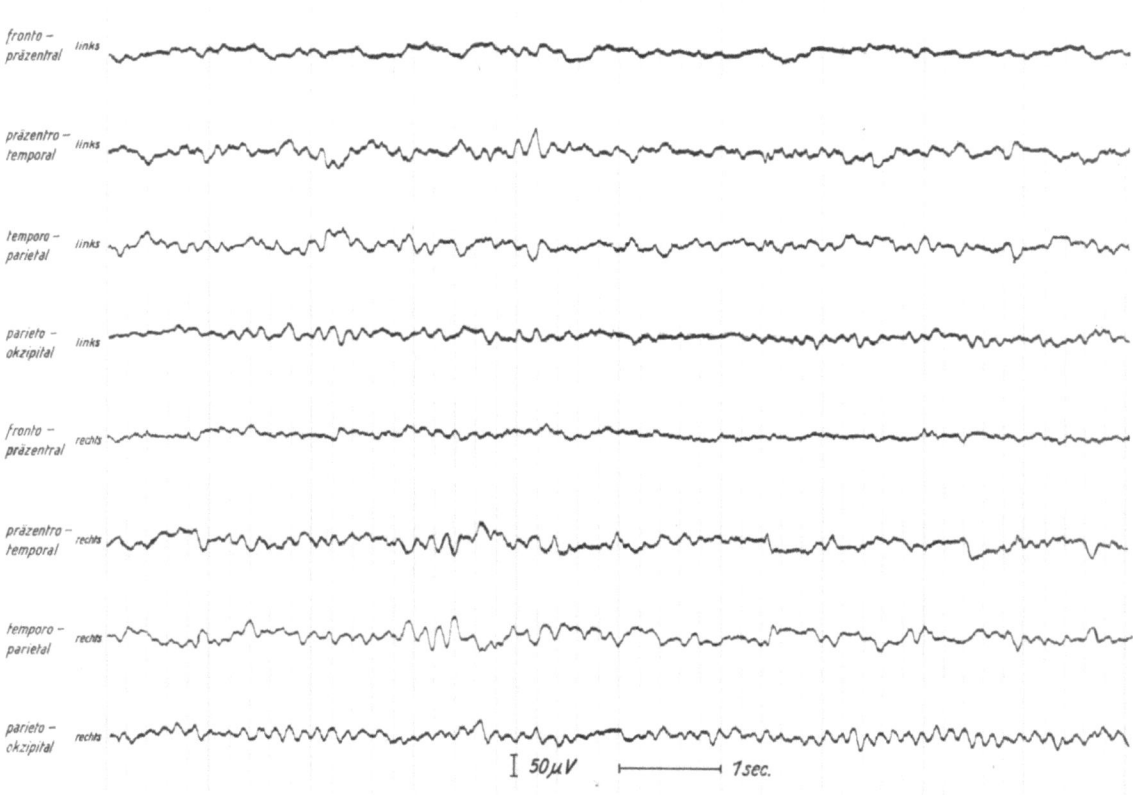

Abb. 192   Ableitungsart II (bipolare Längsschaltung)   Eeg eines $5^{1}/_{12}$ Jahre alten Kleinkindes

156   Verschiedene Arten des Eeg

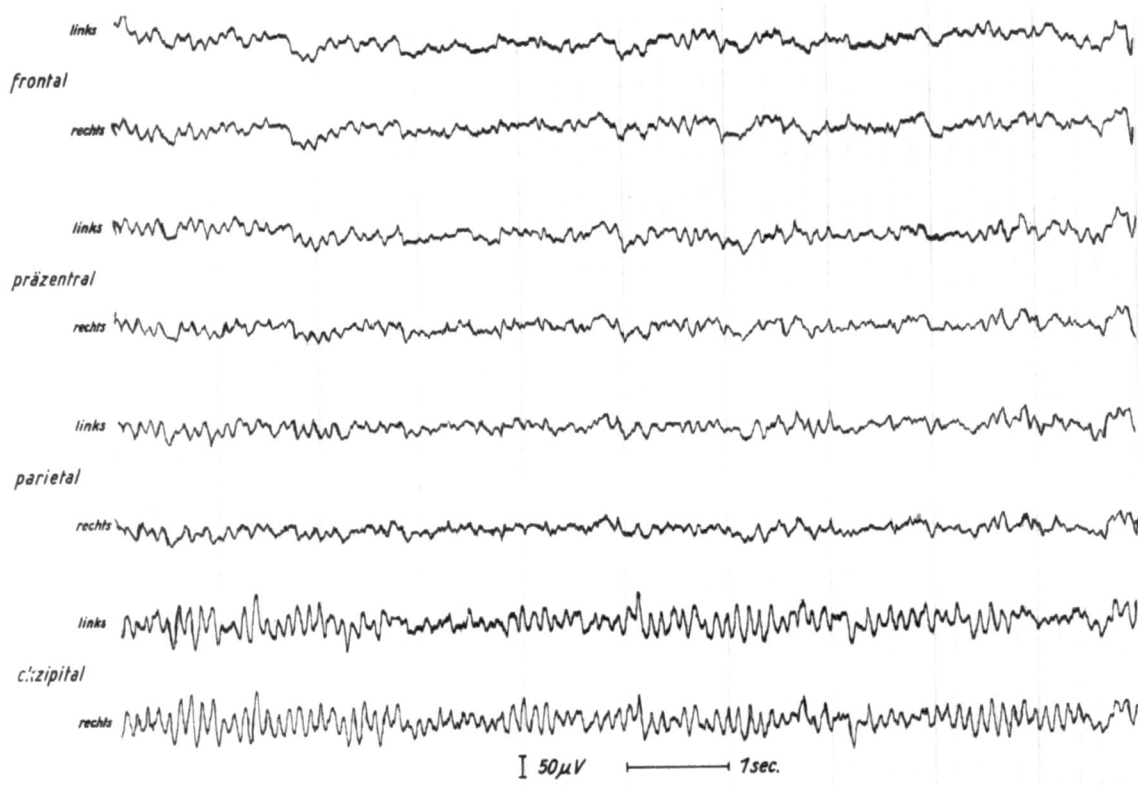

Abb. 193   Ableitungsart I (unipolare Schaltung zum linken Ohr)   Eeg eines $8^{11}/_{12}$ Jahre alten Schulkindes

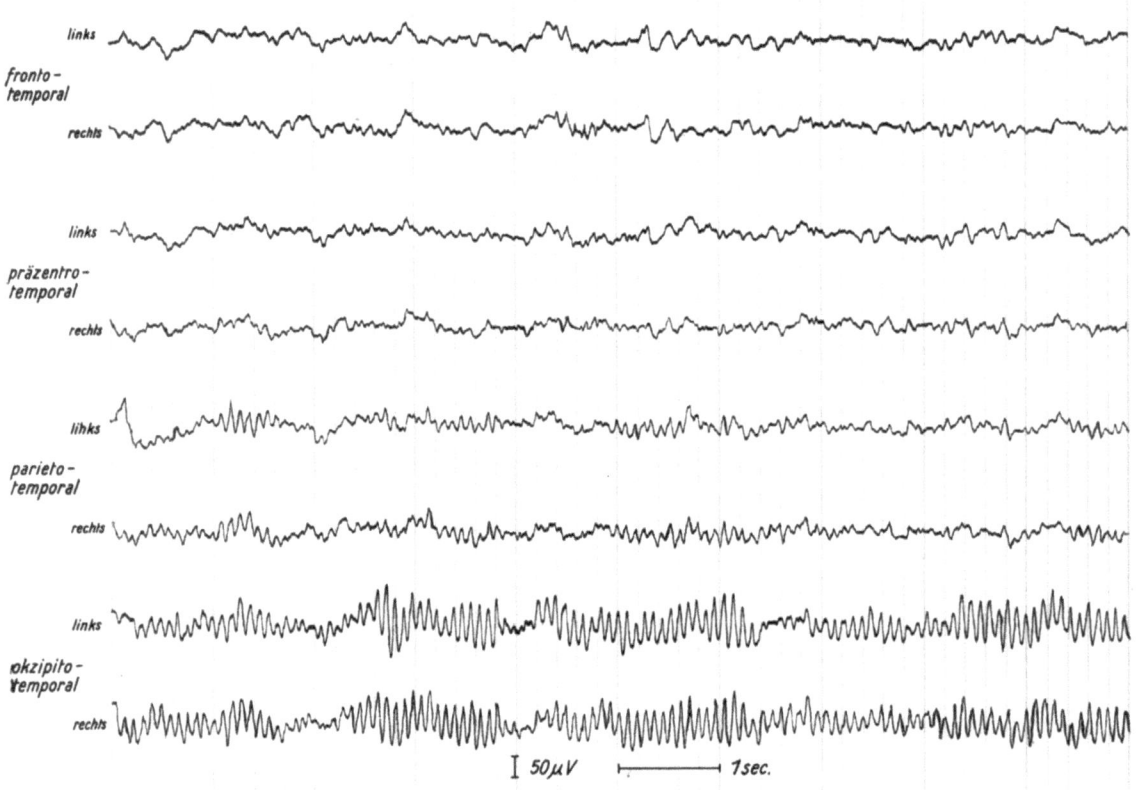

Abb. 194   Ableitungsart IV (bipolare temporale Schaltung)   Eeg eines $11^{9}/_{12}$ Jahre alten Schulkindes

5.5.3.8. Elektroenzephalogramm der Schulkinder

Mit Erreichen der Schulfähigkeit (6.–7. Lebensjahr) gewinnt die Alphaaktivität über den parietookzipitalen Hirnregionen deutlich an Dominanz. Die Frequenzen liegen zwischen 8 und 10/sec., gelegentlich sind rasche Thetawellen eingestreut. Die Alphaaktivität ist noch instabil, über den vorderen und mittleren Hirnregionen treten häufiger rasche Thetawellen in Erscheinung.

Etwa ab 11. Lebensjahr werden Hirnpotentialbilder registriert, die denen der Erwachsenen gleichen. Die Alphaaktivität erweist sich als stabilisiert, die durchschnittliche Frequenz beträgt 10–12/sec., die Spannungshöhen haben weiter abgenommen und bewegen sich durchschnittlich zwischen 30 und 50 μV. Die bisher subdominanten Thetawellen gehen weiter zurück und werden lediglich über den vorderen und mittleren Hirnregionen noch gelegentlich registriert. Über den vorderen Ableitungspunkten können verstärkt Deltawellen in Erscheinung treten. Viel diskutiert, jedoch auch nach eigenen Erfahrungen nicht zu leugnen, ist die Tendenz zur Instabilität des Hirnpotentialbildes in der Pubertät (LESNY), KELLAWAY spricht vom sogenannten puberalen Umsturz.

Insgesamt ist im Vergleich zum Elektroenzephalogramm der Kinder den Elektroenzephalogrammen der Erwachsenen eine stärkere Stabilität eigen; es fehlen wesentliche intraindividuelle Schwankungen, die früher zwar häufig in stärkerem Umfang für das Kindesalter postuliert wurden. Wir wissen heute jedoch, daß auch das Eeg im Kindesalter, zumindest jenseits des Säuglingsalters, eine bemerkenswerte intraindividuelle Konstanz aufweist.

5.5.4. Schlaf-Elektroenzephalogramm im Kindesalter

Wie beim Erwachsenen verändert sich die EEG-Aktivität selbstverständlich auch bei Kindern im Schlaf grundlegend, die Verhältnisse sind aber unter Berücksichtigung entwicklungsbedingter Altersspezifitäten, die wir schon im Wach-Eeg der verschiedenen Lebensalter schilderten, im Schlaf komplizierter und weniger gut zu schematisieren.

Erste intensive wissenschaftliche Untersuchungen über die bioelektrischen Schlafphänomene erfolgten durch LOOMIS und Mitarb. Schon damals wurden verschiedene Schlafstadien aufgrund bioelektrischer Kriterien voneinander unterschieden und folgendermaßen eingeteilt:

A-Stadium: Schläfrigkeit,
B-Stadium: Einschlafphase,
C-Stadium: leichter Schlaf,
D-Stadium: mitteltiefer Schlaf,
E-Stadium: Tiefschlaf.

Bereits 1939 konnte festgestellt werden, daß die Länge und Tiefe der einzelnen Schlafstadien im Verlaufe der Nacht wiederholt wechselt bzw. von einem besonderen Stadium eines oberflächlichen Schlafes abgelöst wird (BLAKE und Mitarb.). Die Erscheinung wurde als »paradoxe Schlafphase« (O-Phase) bezeichnet (s. auch Abschn. 5.4.2.6.).

Das Schlaf-Eeg im Kindesalter war schon immer Gegenstand des speziellen Interesses der klinischen Neurophysiologie. Bereits 1938 machte SMITH darauf aufmerksam, daß auch beim Neugeborenen geringfügige, aber erkennbare Unterschiede zwischen der

Passiver Schlaf

Stadium	Neugeborenes	Säugling	Kleinkind	Schulkind	Erwachsener
A Schläfrigkeit Dösen	(Zuordnung zu den Schlafstadien unsicher)	Frequenzverlangsamung und Amplitudenzunahme	Desorganisation der Grundaktivität und Amplitudenabnahme	Auflösung des Alpharhythmus	
		Einschlafrhythmen			
		kontinuierlich 2–4/sec.	paroxysmal 4–6/sec.	frontal noch Thetagruppen 5–7/sec.	
B Einschlafen	Verlangsamung der Frequenz und Zunahme der Amplituden	Betaaktivität fakultativ bei ⅓ diffuse Theta-Delta-Aktivität		Low Voltage Beta- und Thetaaktivität	
C Leichter Schlaf	polymorphe Deltaaktivität, manchmal mit diskreten 13–15/sec.-Spindeln	*steile bis scharfe Vertexpotentiale*			
		Spindeln in der Zentralregion um 18–14/sec. – K-Komplexe			
		diffuse Theta-Delta-Aktivität paroxysmal betonte Deltaaktivität		diffuse Theta-Delta-Aktivität	
D Mitteltiefer Schlaf	hohe polymorphe Deltaaktivität	polymorphe diffuse Delta-(Theta-)Aktivität			
		Spindeln vermindert und verlangsamt, *breite K-Komplexe*			
		mehr parietal über 4 sec.	zentral, ab 4. LJ frontopräzentral		
E Tiefschlaf		*hohe, ab 2. LJ bilateral synchrone Deltaaktivität* seltene Spindelaktivität von 15–10/sec.			

Abb. 195 Schema der Schlafstadien in verschiedenen Lebensaltern (nach DUMERMUTH, modifiziert nach DAUTE und KLUST)

158 Verschiedene Arten des Eeg

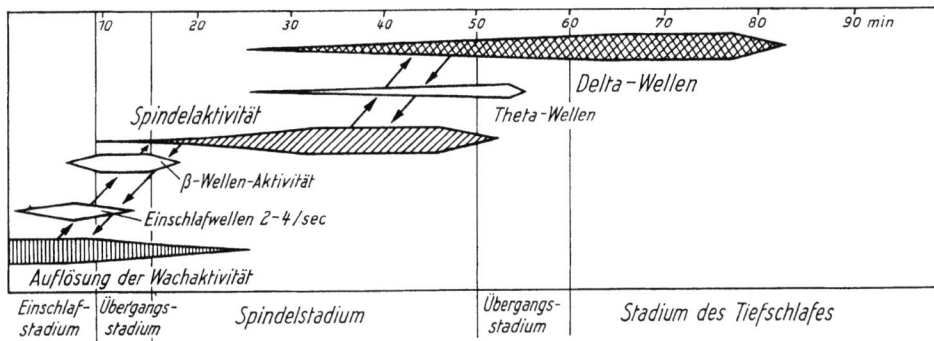

Abb. 196
Schematische Darstellung der Schlafstadien beim Säugling bis zum Erreichen des Tiefschlafs und ihre ungefähre zeitliche Dauer (nach GARSCHE)

Wach- und der Schlafaktivität existieren. Weitere, noch heute bedeutsame Forschungsergebnisse erzielten GIBBS und GIBBS; NEKHOROCHEFF; KELLAWAY und FOX; BRANDT und BRANDT; HUGHES und Mitarb.; JANZEN und Mitarb. SCHAPER; ELLINGSON; SAMSON-DOLLFUS und Mitarb.; DREYFUS-BRISAC und Mitarb.; PARMELEE und Mitarb. sowie METCALF haben sich besonders um die Erforschung des Schlaf-Eeg von Frühgeborenen und Neugeborenen verdient gemacht. Moderne polygraphische Untersuchungsmethoden brachten wesentliche neue Erkenntnisse. Neben der Einteilung der Schlafstadien nach LOOMIS haben sich auch ROTH und Mitarb. um Möglichkeiten der Stadieneinteilung verdient gemacht.

Wir legen in der Schilderung der schlafbedingten Besonderheiten im Elektroenzephalogramm bei Kindern die Stadieneinteilung nach LOOMIS sowie die von GIBBS und GIBBS aufgestellten Kriterien zugrunde und verweisen zusätzlich auf die tabellarische Darstellung nach DUMERMUTH und ihre Modifikation nach DAUTE und KLUST (Abb. 195). Eine Darstellung der Schlafstadien beim Säugling bis zum Erreichen des Tiefschlafs gibt Abbildung 196.

5.5.4.1. Schläfrigkeit (A-Stadium)

Dieses in den Abbildungen 197 und 198 wiedergegebene Stadium ist zunächst durch eine Frequenzverlangsamung der Grundaktivität gekennzeichnet und wird zusätzlich durch das Auftreten sogenannter Einschlafwellen charakterisiert, die zumindest vom 3. Lebensmonat an relativ konstant nachweisbar werden. Die Frequenz liegt bei Säuglingen um 2–4/sec., bei Kleinkindern um 4–6/sec., und bei Schulkindern werden, speziell frontal, Frequenzen von 5–7/sec. erreicht.

Die Spannungshöhen dieser Einschlafwellen zeigen altersabhängig erhebliche Differenzen. Im Säuglingsalter sind sie relativ spannungsniedrig, bei Kleinkindern sehr spannungshoch, und im Schulalter sowie

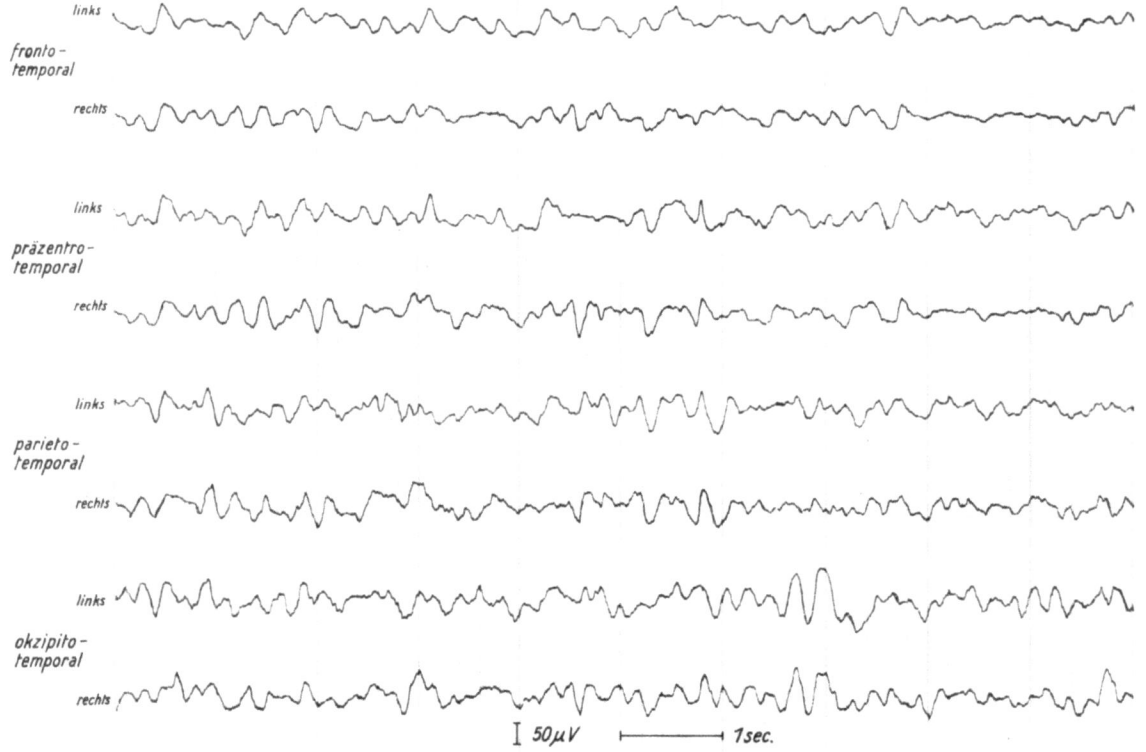

Abb. 197 Ableitungsart IV (bipolare temporale Schaltung)
Schlaf-Eeg eines 9 Monate alten Säuglings. »Auflösung« der Grundaktivität

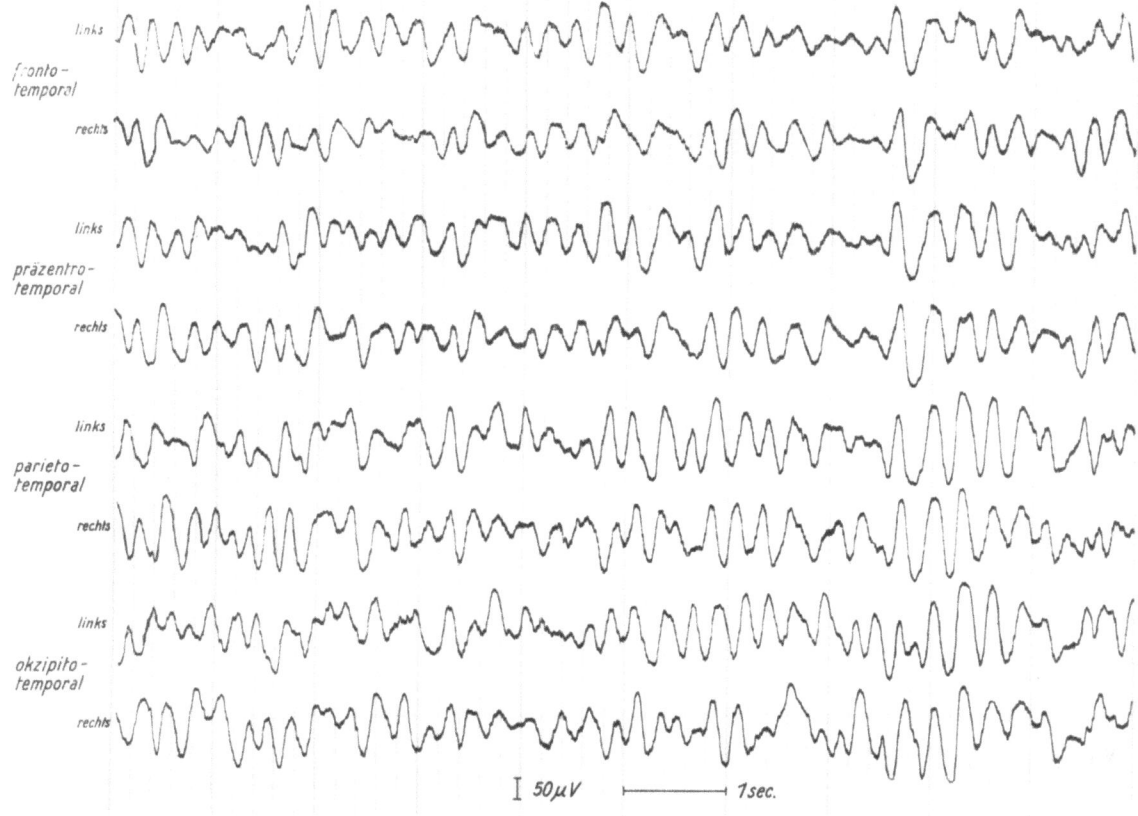

Abb. 198 Ableitungsart IV (bipolare temporale Schaltung) Schlaf-Eeg eines 8 Monate alten Säuglings. Einschlafwellen

später verringern sich die Spannungswerte wieder. Diese Einschlafwellen sind bei Säuglingen kontinuierlich erkennbar, im 2. Lebensjahr mehr intermittierend und im Alter von 3–5 Jahren oft ausgesprochen periodisch. Bei schnellem Erreichen eines tieferen Schlafstadiums sind die Einschlafwellen oft nur kurz oder gar nicht von der übrigen bioelektrischen Aktivität mit der geschilderten Verlangsamungstendenz abtrennbar.

5.5.4.2. Einschlafphase (B-Stadium)

Dieses auch als sehr leichter Schlaf gekennzeichnete Stadium läßt bei Säuglingen und Kleinkindern gelegentlich eine spannungsniedrige, um 20 μV gelegene diffuse Betaaktivität erkennen, die sogar vorübergehend die Grundaktivität dominierend prägt. Diese Erscheinungen nehmen aber mit zunehmendem Alter an Häufigkeit und Ausprägung ab, bei Schulkindern werden sie nur noch selten beobachtet. Schulkinder lassen überhaupt eine Anpassung an die Verhältnisse bei Erwachsenen erkennen, es kommt zu einer Auflösung der Alphagrundaktivität und zum Auftreten einer über allen Hirnregionen nachweisbaren Thetaaktivität von relativ niedriger Spannungshöhe. Beim Säugling herrscht eine Theta-Delta-Mischaktivität vor, die in eine zunehmende Deltaaktivität einmündet.

Ein weiteres Charakteristikum dieser Schlafphase ist, besonders im fortgeschrittenen Stadium, das Auftreten *steiler und gerade im Kindesalter sehr steiler,* spannungshöherer Graphoelemente mit negativer Hauptrichtung und positiver Nachschwankung, gelegentlich auch mit einer gering ausgeprägten positiven Vorphase. Die größte Spannungshöhe (um 50–100 μV) wird über den Zentralregionen erreicht, gelegentlich liegen sie auch mehr präzentral oder parietal. Diese sogenannten *scharfen Vertexpotentiale* werden in der Literatur unterschiedlich bezeichnet (»biparietal humps« nach GIBBS und GIBBS; »central sharp wave transients« nach KELLAWAY; »vertex sharp waves« nach BRAZIER und Mitarb.). Letztere Bezeichnung hat sich in stärkerem Umfang eingebürgert. Die steilen oder scharfen Vertexpotentiale können einzeln oder in Serien auftreten, werden gelegentlich schon im 2. Trimenon des Säuglingsalters registriert, erreichen aber im Vorschul- und Schulalter ihre stärkste Ausprägung. Gegen Ende des Schulalters erhalten sie mehr die Merkmale von steilen Wellen, und es ist von entscheidender Bedeutung, daß diese spitzenpotentialverdächtig wirkenden Abläufe nicht mit Spitzenpotentialen verwechselt werden und somit zu diagnostischen Irrtümern Anlaß geben.

5.5.4.3. Leichter Schlaf (C-Stadium)

Die Abbildungen 199 und 200 widerspiegeln deutlich einen für diese Schlafphase charakteristischen Befund des Auftretens von 14/sec.-Wellen mit präzentraler und parietaler Maximalausprägung, die bei anfänglich niedriger Spannungshöhe bis zur Mitte der Wellen-

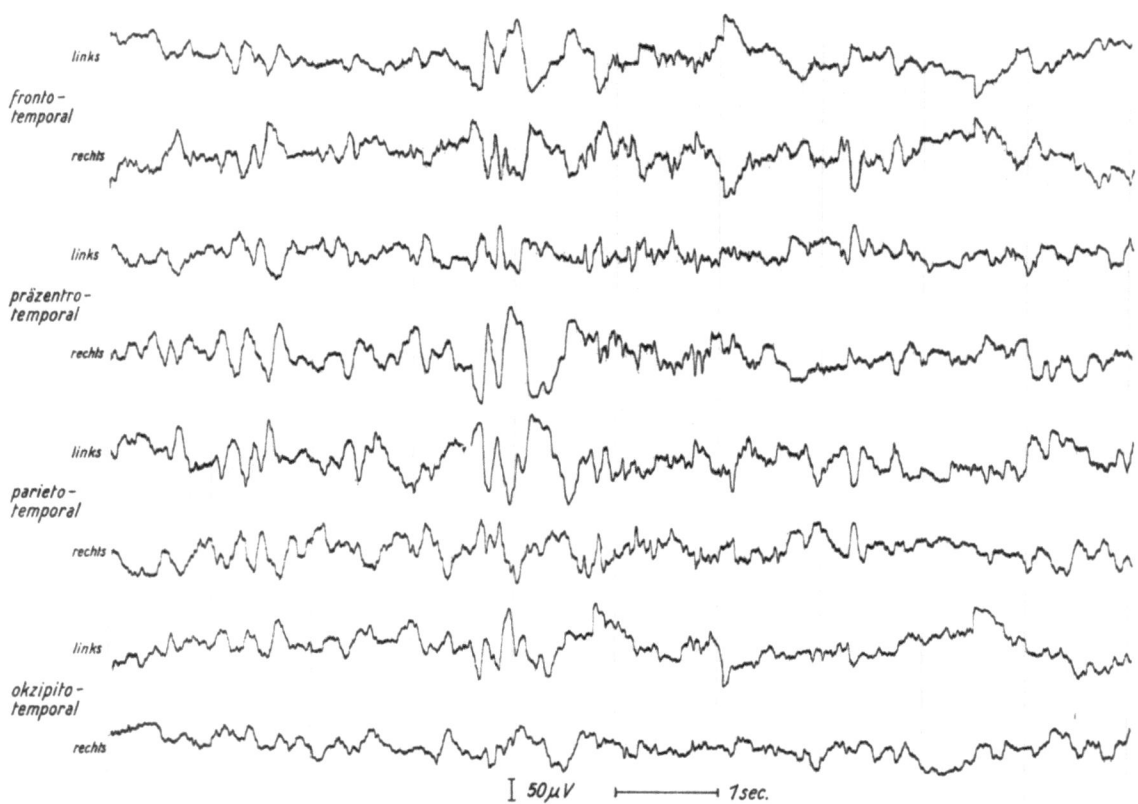

Abb. 199 Ableitungsart IV (bipolare temporale Schaltung)
Schlaf-Eeg eines 11 Monate alten Säuglings mit »humps« und angedeuteter Sigmaaktivität

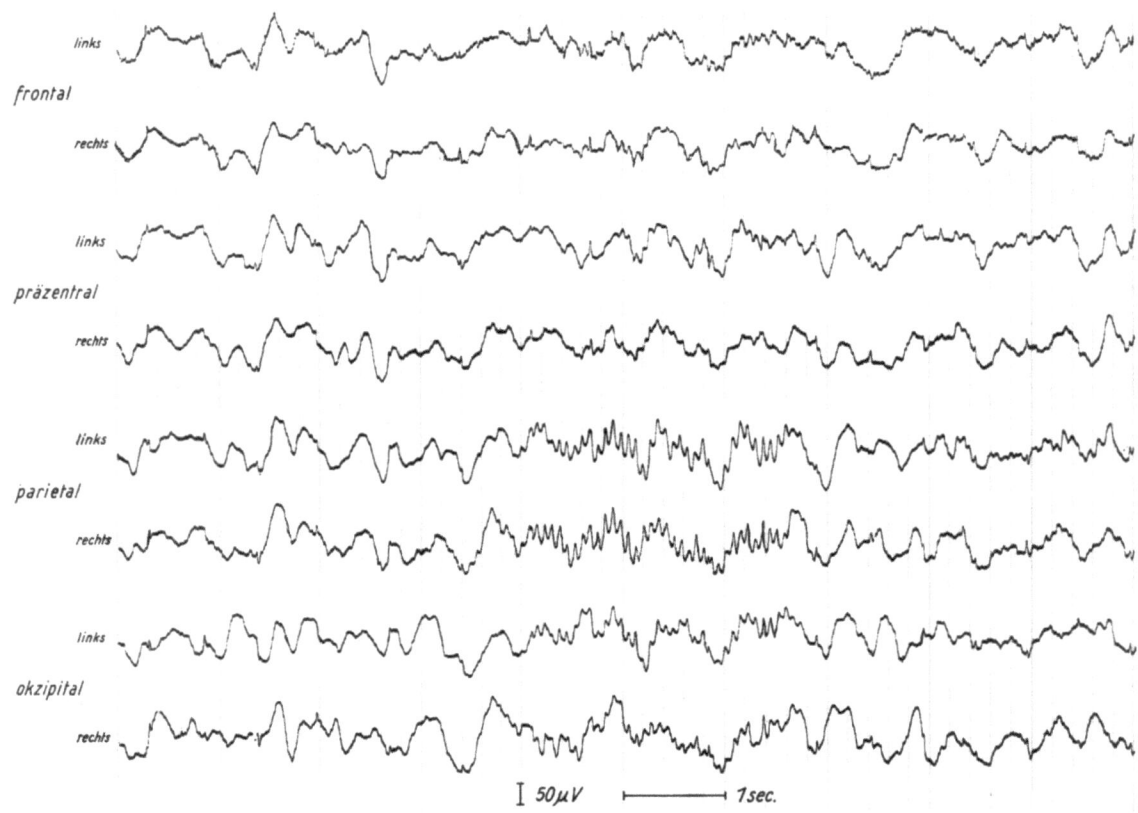

Abb. 200 Ableitungsart I (unipolare Schaltung zum linken Ohr)
Schlaf-Eeg eines 4 Monate alten Säuglings. 14/sec.-Sigmaaktivität (»Schlafspindeln«)

gruppe einen ständigen Zuwachs an Spannungshöhe und nachfolgend wieder einen Abfall derselben erkennen lassen; man hat sie deshalb bisher als »*Schlafspindeln*« bezeichnet (LOOMIS und Mitarb.). In der neueren Literatur werden sie als »Sigmawellen« bezeichnet; dieser Terminus bürgert sich international mehr und mehr ein. Die Sigmawellen erscheinen im 1. Jahr häufig asymmetrisch oder wechselnd einseitig. Sie sind meist erst ab 2. Lebensmonat erkennbar, deuten sich aber gelegentlich schon in der Neugeborenenperiode an und entwickeln sich über alle Lebensalter hinweg zum Charakteristikum dieser Schlafphase. Ihre Frequenz beträgt durchschnittlich 14/sec., besonders im Säuglingsalter sind sie über längere Strecken nachweisbar. Gelegentlich beobachtet man eine Frequenzverlangsamung auf 10–12/sec. Die Spannungshöhe der Sigmawellen schwankt zwischen 20 und 100 μV, eine Frequenzverlangsamung signalisiert meist den Übergang in ein tieferes Schlafstadium. In dieser Schlafphase sind bei Säuglingen und Kleinkindern, speziell frontal und präzentral, vermehrt Theta- und Deltawellen meist im Sinne einer Mischaktivität zu beobachten.

5.5.4.4. Mäßig tiefer Schlaf (D-Stadium)

Die Grundaktivität wird in dieser Schlafphase (Abb. 201 und 202) durch das gleichzeitige Vorhandensein einer, allerdings mit zunehmender Schlaftiefe nachlassenden, Sigmawellenaktivität bei zunehmender Verlangsamung mit vermehrtem Auftreten von Wellen aus dem Deltafrequenzband bestimmt. Es besteht eine deutliche Korrelation zwischen dem Nachlassen der Spindelaktivität und der stärker in Erscheinung tretenden Deltaaktivität, wobei als Übergang eine Periode verstärkter Thetaaktivität um 4–7/sec. mit über dem allgemeinen Spannungsniveau gelegenen Abläufen registriert werden kann. Wiederum ist es mitunter schwierig, bei Kindern, gerade Säuglingen und Kleinkindern, diese Phase elektroenzephalographisch zu erfassen, die Übergänge erfolgen oft sehr rasch, bei Säuglingen besteht bekanntlich auch die Wachaktivität aus einem Gemisch von Theta- und Deltawellen. Eine bilaterale Sigmawellenaktivität ist nach GIBBS und GIBBS nach dem 3. Lebensjahr auch in diesem Stadium bei 10–14% der untersuchten Individuen mit einer Frequenz von 10/sec. zu konstatieren.

5.5.4.5. Tiefer Schlaf (E-Stadium)

Die sich im Tiefschlaf deutlich abzeichnende verstärkte Deltaaktivität wird nunmehr nach dem weitgehenden Schwinden einer Theta- oder Sigmawellenaktivität bei gleichzeitiger Anhebung der Spannungswerte bis 200 μV und darüber absolut dominierend, die Verlangsamung erstreckt sich bis in den Subdeltabereich hinein, wechselt zwischen 0,5 und 2/sec. bei einer mittleren Frequenz von ca. 1/sec. Jenseits des 1. Lebensjahres kommt dabei eine bemerkenswerte Synchronisation über allen Hirnregionen zur Darstellung.

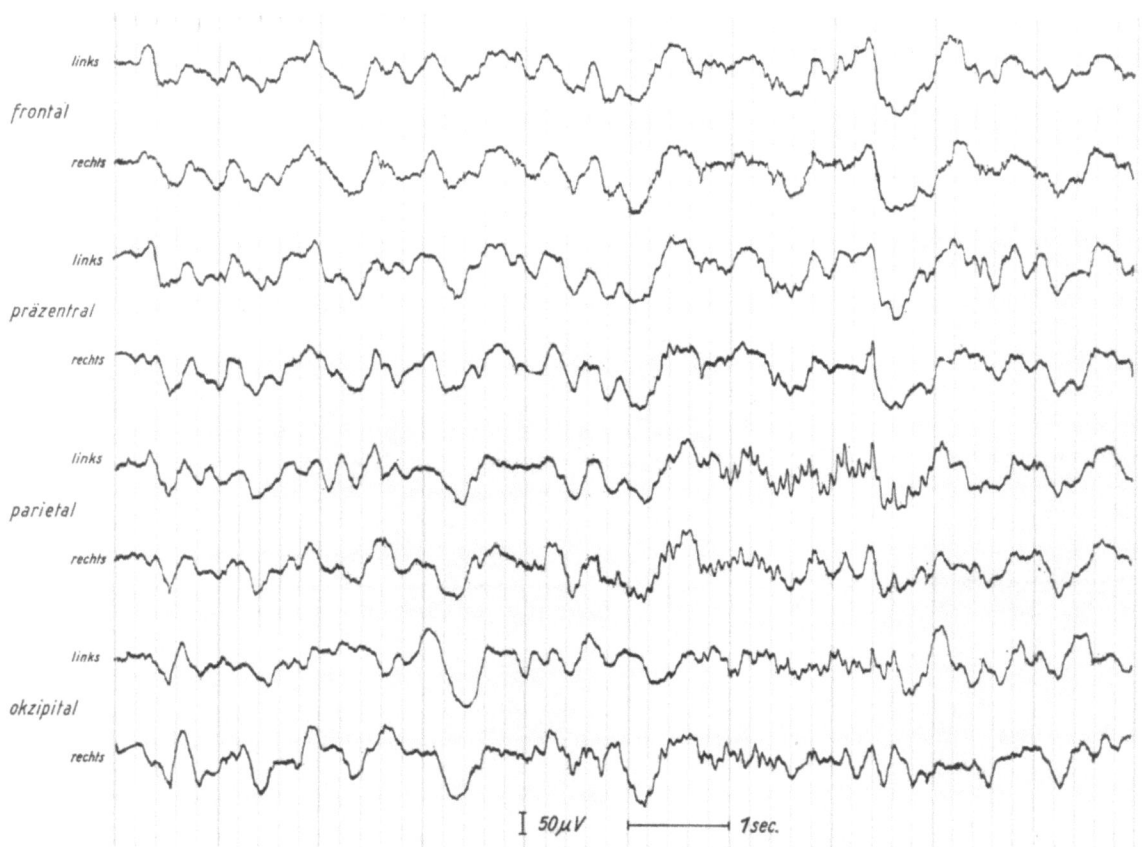

Abb. 201 Ableitungsart I (unipolare Schaltung zum linken Ohr)
Schlaf-Eeg eines 4 Monate alten Säuglings. Auflösung der Sigmaaktivität (»Schlafspindeln«)

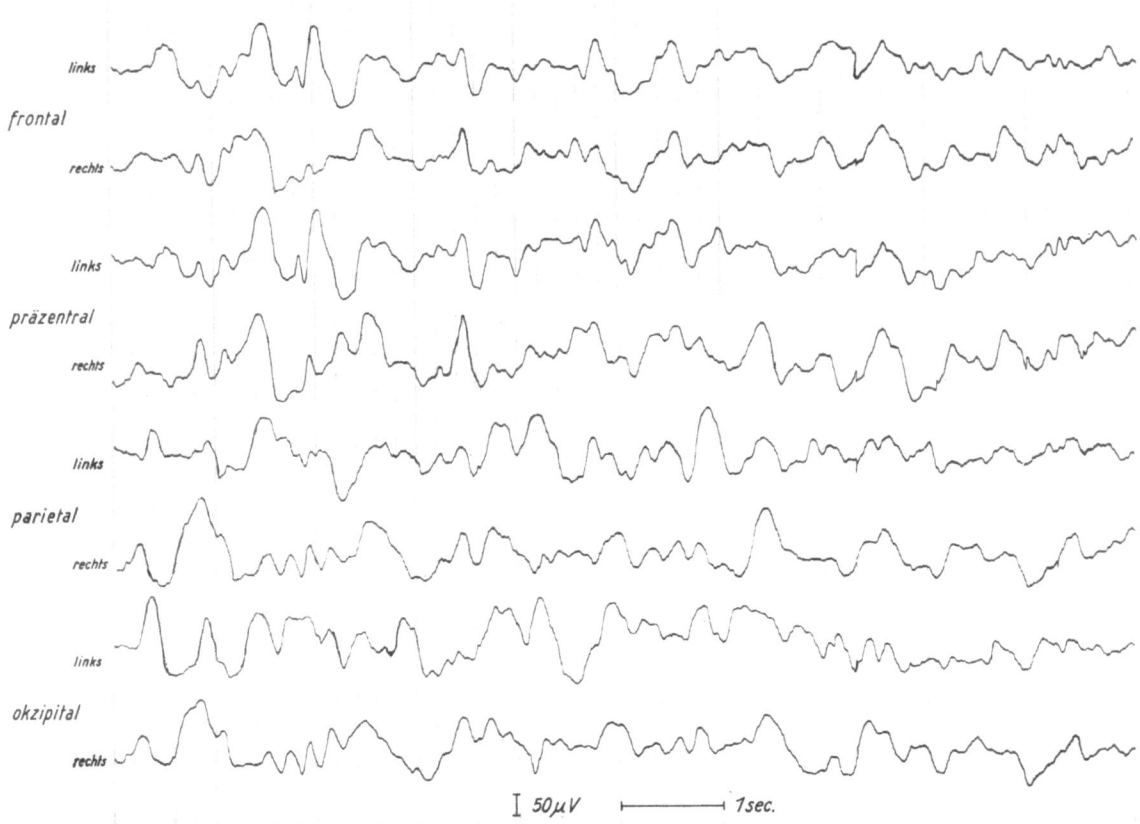

Abb. 202 Ableitungsart I (unipolare Schaltung zum linken Ohr)
Schlaf-Eeg eines 1⁸/₁₂ Jahre alten Kleinkindes. Deltaaktivität mit aufgelagerten Thetawellen

5.5.4.6. Paradoxe Schlafphase

Diese auch als sogenannter REM-Schlaf (*rapid eye movements*) bezeichnete Periode ist rein äußerlich dadurch charakterisiert, daß neben nystagmiformen Augenbewegungen auch Unregelmäßigkeiten in der Atmungs- und Herztätigkeit bei polygraphischen Untersuchungen erkennbar werden. Bemerkenswert ist aber, daß trotz des Eindrucks einer geringeren Schlaftiefe die akustische Reizschwelle erhöht bleibt und bei entsprechenden sensorischen Reizen auch keine sogenannten K-Komplexe ausgelöst werden können. Nach DUMERMUTH sollen derartige Erscheinungen nahezu zyklisch im Verlaufe eines Nachtschlafs im Abstand von 30–60 Minuten auftreten, häufig im Anschluß an das C-Stadium, von dem die REM-Schlafphase nach Ablauf von 20–30 Minuten wieder abgelöst wird. Ähnliche Beobachtungen machten auch WILLIAMS und Mitarb.

Bemerkenswert ist, daß nach DEMENT und KLEITMAN diese paradoxe Schlafphase eindeutig Traumvorgängen zugeordnet werden kann. Für das Kindesalter ist ein solcher Zusammenhang jedoch noch nicht erwiesen.

5.5.4.7. Aufwachvorgang im elektroenzephalographischen Bild

Ähnlich den für das A-Stadium beschriebenen Einschlafwellen kommt es in der Phase des Erwachens zum Auftreten einer durch sinusoidale Wellen charakterisierte und sich über Minuten relativ frequenzstabil und spannungshoch hinziehende Aktivität, die man auch als *Aufwachwellen* bezeichnen kann. Diesen Erscheinungen geht häufig eine allgemeine Abflachung des Hirnpotentialbildes voraus, die Frequenz der Aufwachwellen beträgt wiederum 2–4/sec. Bei Schulkindern und Adoleszenten tritt nachfolgend allmählich wieder eine sich zunehmend stabilisierende Alphaaktivität auf, trotzdem bleibt es schwierig, rein elektroenzephalographisch den Zeitpunkt des Erwachens exakt zu bestimmen. Vor dem 3. Lebensmonat lassen sich diese bioelektrischen Erscheinungen meistens nicht registrieren. Die Dauer der einzelnen Schlafstadien im Säuglingsalter ist Abbildung 196 zu entnehmen.

Die genaue Kenntnis der für die einzelnen Schlafstadien charakteristischen bioelektrischen Kriterien und deren unterschiedliche Ausprägung, Lokalisation und Bedeutung unter besonderer Berücksichtigung der Spezifitäten des Kindesalters ist von großer Bedeutung, um Fehlinterpretationen zu vermeiden und bei ungenügender oder versehentlich unterlassener Registrierung von Zustandsbeschreibungen des abgeleiteten Kindes durch die Technische EEG-Assistentin dem Auswerter trotzdem die Erkennung des Auftretens von Ermüdungs- oder Schlafzeichen zu ermöglichen. Die Beurteilung von Schlaf-Elektroenzephalogrammen im Kindesalter gewinnt unter dem Aspekt der Schlafprovokation, speziell durch Schlafentzug, bei der Beurteilung von Anfallsleiden im Kindesalter unter besonderer Berücksichtigung der sogenannten Schlafepilepsie eine zunehmende Bedeutung (Abb. 197–202).

5.5.5. Provokationsmethoden und ihre Besonderheiten im Elektroenzephalogramm von Kindern

5.5.5.1. Hyperventilation

Unter den Befunde verdeutlichenden oder neue diagnostische Aspekte erbringenden Provokationsmethoden spielt auch bei der Untersuchung von Kindern die Hyperventilation, neben der Schlafprovokation und einigen anderen, seltener angewandten medikamentösen Methoden und der Photostimulation, eine entscheidende Rolle. Die Interpretation hyperventilationsbedingter Veränderungen bereitet aber gerade dem mit dieser Materie nicht ausreichend vertrauten Auswerter erfahrungsgemäß besondere Schwierigkeiten. Grundsätzlich sollte man hyperventilationsbedingten Veränderungen im Eeg von Kindern aufgrund ihrer großen Streubreite, der Stärke ihres Auftretens und ihres zeitlichen Anhaltens kritisch und mit großer Reserve bei diagnostischen Wertungen gegenüberstehen. Hyperventilationsveränderungen sind um so stärker ausgeprägt, je jünger der Proband ist. Aufgrund der ungenügenden Kooperationsbereitschaft der Probanden ist es ohnehin wenig zweckmäßig, Hyperventilationsversuche vor dem 4. Lebensjahr durchzuführen. Gerade bei Kindern kommt während der Ableitung der Technischen EEG-Assistentin eine besondere Verantwortung zu. Durch ständiges Ermahnen, Stimulieren und durch entsprechende Vorübungen bzw. Vorführen der Überatmungstechnik müssen die Kinder zu einer kontinuierlichen und tiefen Ventilation veranlaßt werden. Mangelndes Engagement der EEG-Assistentin und rasches Resignieren können bei mangelhafter Hyperventilation Normalbefunde vortäuschen. Stärkere Hyperventilationsveränderungen können zusätzlich durch Hyperglykämien, Hypoxien, Hyperthermien oder durch Entgleisungen im Säuren-Basen-Haushalt der verschiedensten Genese auftreten.

Die ungleich stärkeren Hyperventilationsveränderungen im Hirnpotentialbild bei Kindern gegenüber den Verhältnissen bei Erwachsenen beruhen auf einer altersspezifischen metabolischen Labilität in dieser Altersstufe und ein dadurch bedingtes verstärktes Reagieren auf eine Abnahme des CO_2-Partialdrucks im Blut und konsekutiv auch im Hirngewebe durch hypokapnisch bedingte Vasokonstriktionen. Tierexperimentelle Untersuchungen (MEYER und Mitarb.) erbrachten entsprechende Ergebnisse. Die Hypoxie macht sich in den Hirnstammstrukturen eher bemerkbar als im Bereich der Hirnrinde. Möglicherweise ist dieser Umstand auch als Erklärung für die Morphologie der hyperventilationsbedingten Veränderungen, die sich besonders in einer Zunahme der Spannungshöhe bei bilateral und meist bei allen Hirnregionen mehr oder weniger stark ausgeprägter Deltaaktivität mit teils kontinuierlichem, teils periodischem oder gelegentlich auch paroxysmalem Charakter niederschlagen, heranzuziehen (Abb. 203 und 204).

Der Einteilung in sogenannte Schweregrade von

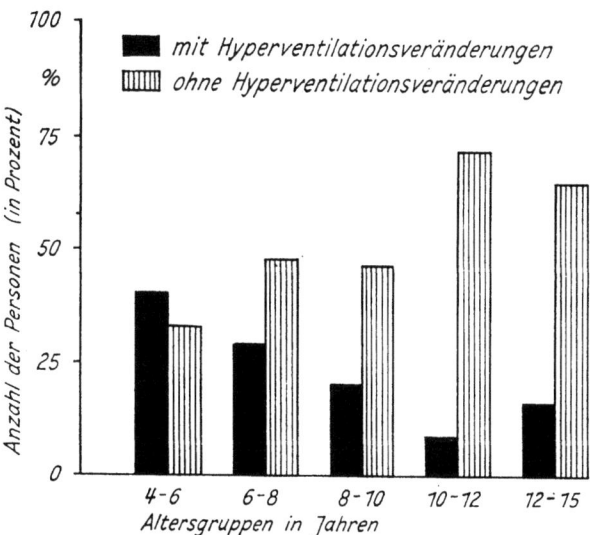

Abb. 203 Hyperventilationseffekt im Kindesalter (nach F. A. GIBBS, E. L. GIBBS und W. G. LENNOX)

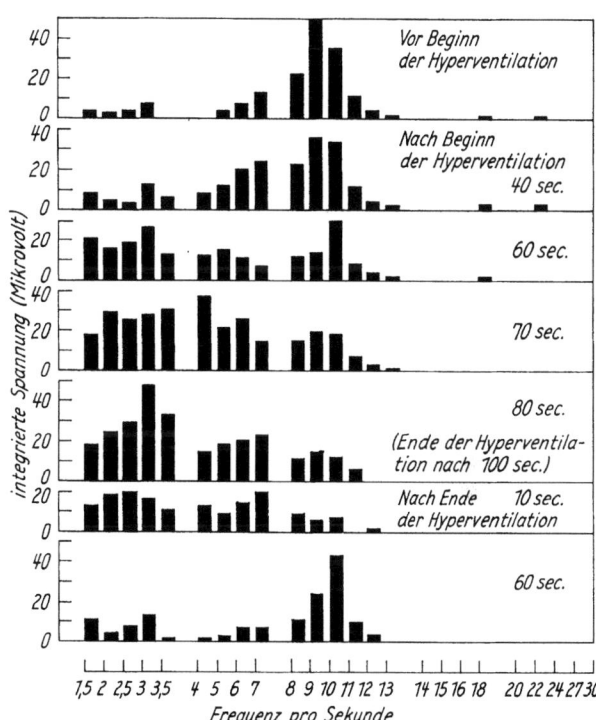

Abb. 204 Hyperventilationseffekt im Kindesalter (nach N. Q. BRILL und H. SEIDEMANN)

Hyperventilationsveränderungen im Eeg von Kindern haftet der Fehler jeder Schematisierung an. Die hyperventilationsbedingten Veränderungen treten meist sehr rasch ein, auch das Abklingen kann rasch erfolgen, häufig halten sie aber länger als bei Erwachsenen an, ohne daß diesem Befund eine pathologische Bedeutung beigemessen werden darf. Strenggenommen ist es nur erlaubt, die Provokation eindeutiger Spitzenpotentiale oder die Verstärkung bzw. das Neuauftreten von Herdbefunden als eindeutig pathologisch zu deklarieren (s. a. K. MÜLLER; SIMKOVA).

GARSCHE empfahl folgende Einteilungskriterien:

1. Grad: Leichte Verlangsamung der Grundaktivität bei gleichzeitiger Zunahme der Spannungswerte und

Einlagerung schneller Thetawellen in eine langsame Alphaaktivität (normalerweise meist im Alter zwischen 10 und 14 Jahren vorkommend),

2. Grad: meist paroxysmales Auftreten spannungshoher Potentiale mit einer Frequenz von 4–6/sec. (häufig zwischen dem 6. und 10. Lebensjahr vorkommend),

3. Grad: Paroxysmen spannungshoher (über 200 μV gelegener) langsamer Potentiale mit einer Frequenz von 3–6/sec. (vorwiegend im Kleinkindalter vorkommend).

In letzter Zeit haben sich im Rahmen der Arbeitsgemeinschaft »Elektroenzephalographie im Kindesalter« der Gesellschaft für Neuro-Elektrodiagnostik der DDR DAUTE und Mitarb. um die Aufklärung hyperventilationsbedingter Veränderungen im Kindesalter bemüht. Die Arbeitsgemeinschaft formulierte für die Durchführung und Bewertung des »unspezifischen« Hyperventilationseffekts Empfehlungen, die sich in der Praxis bewährt haben.

Zum Abschluß der Hyperventilation wird durch die Technische EEG-Assistentin die Atemintensität (Ventilationsleistung) nach 3 Stärkegraden beurteilt und auf der Kurve notiert:
Intensität 1 = schwache Atemleistung,
Intensität 2 = mittlere Atemleistung (normal),
Intensität 3 = starke Atemleistung.

Diese Einteilung hat sich für den klinischen Routinegebrauch als ausreichend erwiesen, die Ergebnisse wurden durch pCO_2-Messungen verglichen, für die Praxis muß auf derartige aufwendige Methoden verzichtet werden.

Die Bewertung der Hyperventilationsveränderungen soll nach einer 7teiligen Rangskala erfolgen:

Stärkegrad 1: Kein Effekt erkennbar,

Stärkegrad 2: leichte Destruktion der Grundaktivität, allenfalls einzelne deformierte Thetawellen mit Spannungshöhen über der durchschnittlichen Spannungshöhe der Grundaktivität,

Stärkegrad 3: leichtes build-up, Thetaaktivität subdominant, einzelne rhythmische Gruppen regional, nur selten über 120 μV, längere freie Intervalle, nur vereinzelte abortive Deltawellen,

Stärkegrad 4: build-up leicht bis mäßig, Übergang von Stärkegrad 3 zu 5,

Stärkegrad 5: mäßiges build-up, Thetadominanz, rhythmische Thetagruppen bis über 160 μV, zumindest regional vorherrschend mit möglicher Generalisierungstendenz, einzelne Deltawellen praktisch obligat,

Stärkegrad 6: build-up mäßig bis erheblich, Übergang von Stärkegrad 5 zu 7,

Stärkegrad 7: erhebliches build-up, qualitativ erscheinen Deltawellen dominant, weitgehend generalisierte und kontinuierliche spannungshohe, steile, langsame Theta-Delta-Aktivität, die in rhythmischen Gruppen die Schreibgrenze von 240 μV überschreitet.

Von wesentlicher Bedeutung sind die Übergangsstufen 2, 4 und 6. Durch sie wird die Abstufung dem stetigen Charakter der Veränderungen angepaßt und die Möglichkeit der genaueren Beschreibung gegeben. Dazu ist die Angabe der regionalen Verteilung (z. B. frontal, okzipitotemporal u. a.) sowie die Gliederung (z. B. paroxysmal, paroxysmal-diskontinuierlich u. a.) erforderlich.

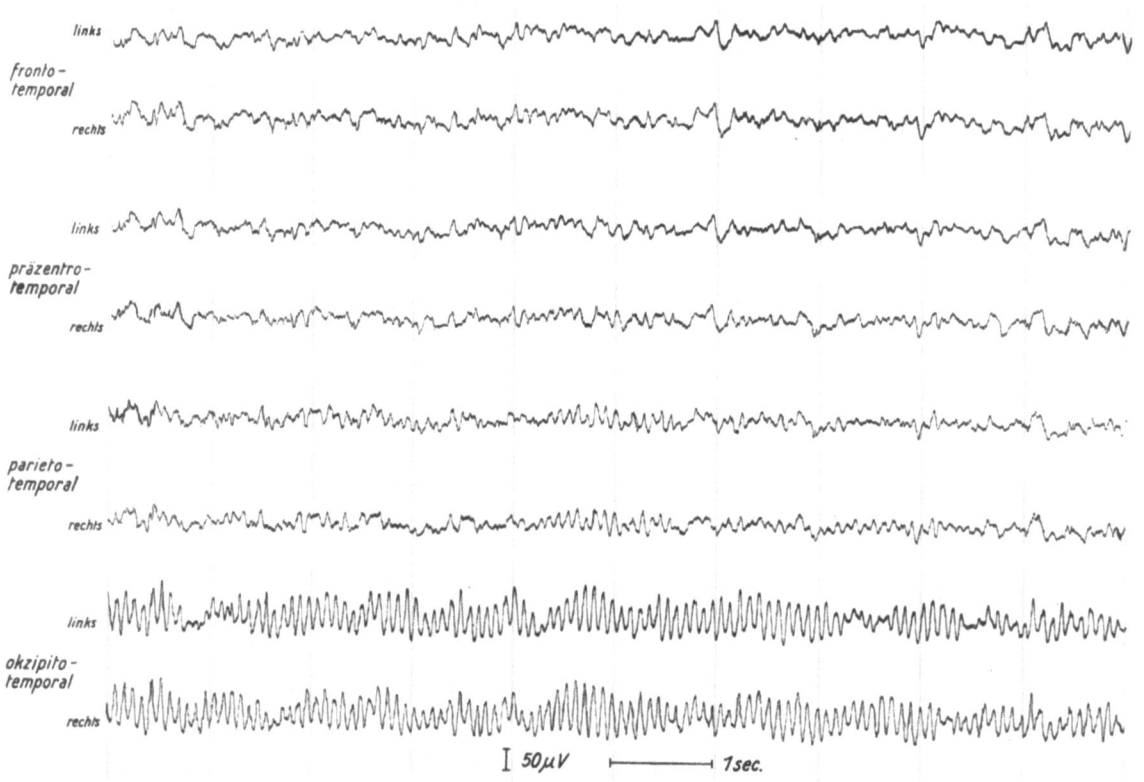

Abb. 205 Ableitungsart IV (bipolare temporale Schaltung)   Eeg eines $11^{9}/_{12}$ Jahre alten Schulkindes vor Hyperventilation

Auf die Schwierigkeiten der Korrelation nachgewiesener Hyperventilationsveränderungen zum klinischen Bild wurde bereits hingewiesen. Starke Hyperventilationseffekte sind allenfalls ein Hinweis auf hirnelektrische (vasovegetative) Labilität. Sie werden gleichermaßen gehäuft bei Epilepsien und bei neuropathisch-vegetativen Funktionsstörungen gefunden (Abb. 205–210).

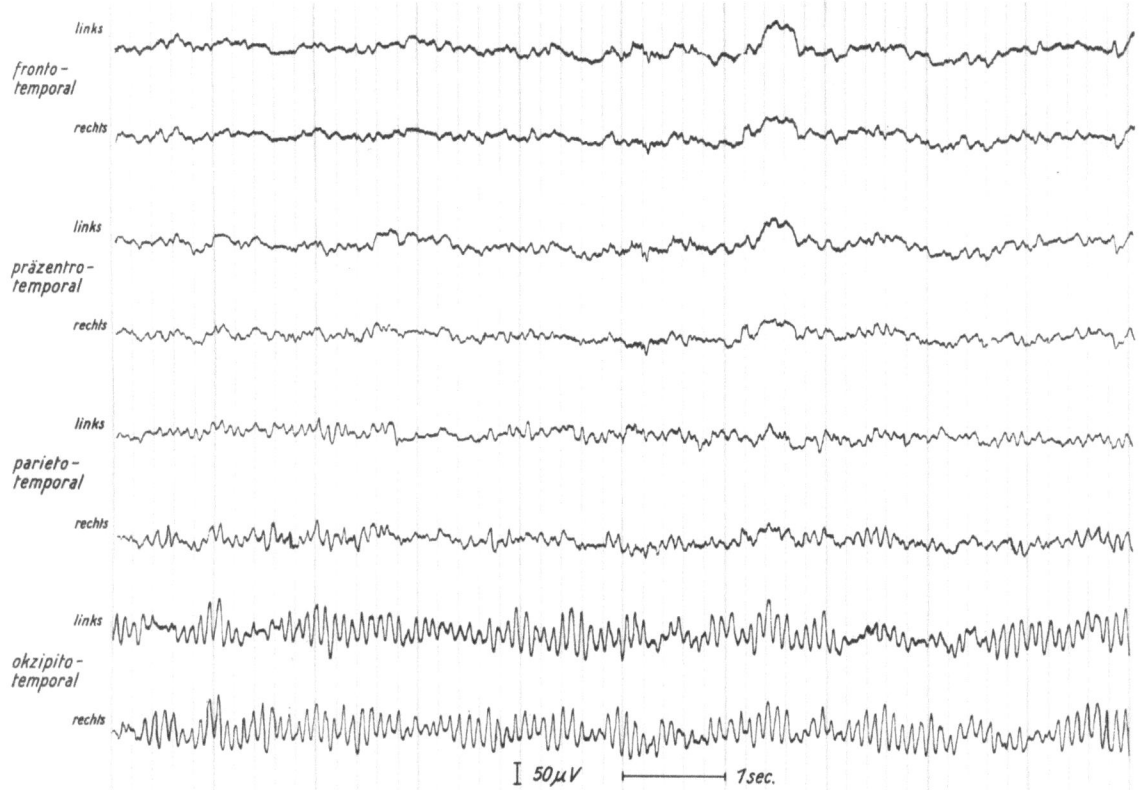

Abb. 206 Ableitungsart IV (bipolare temporale Schaltung) Eeg des Kindes von Abb. 205 während Hyperventilation

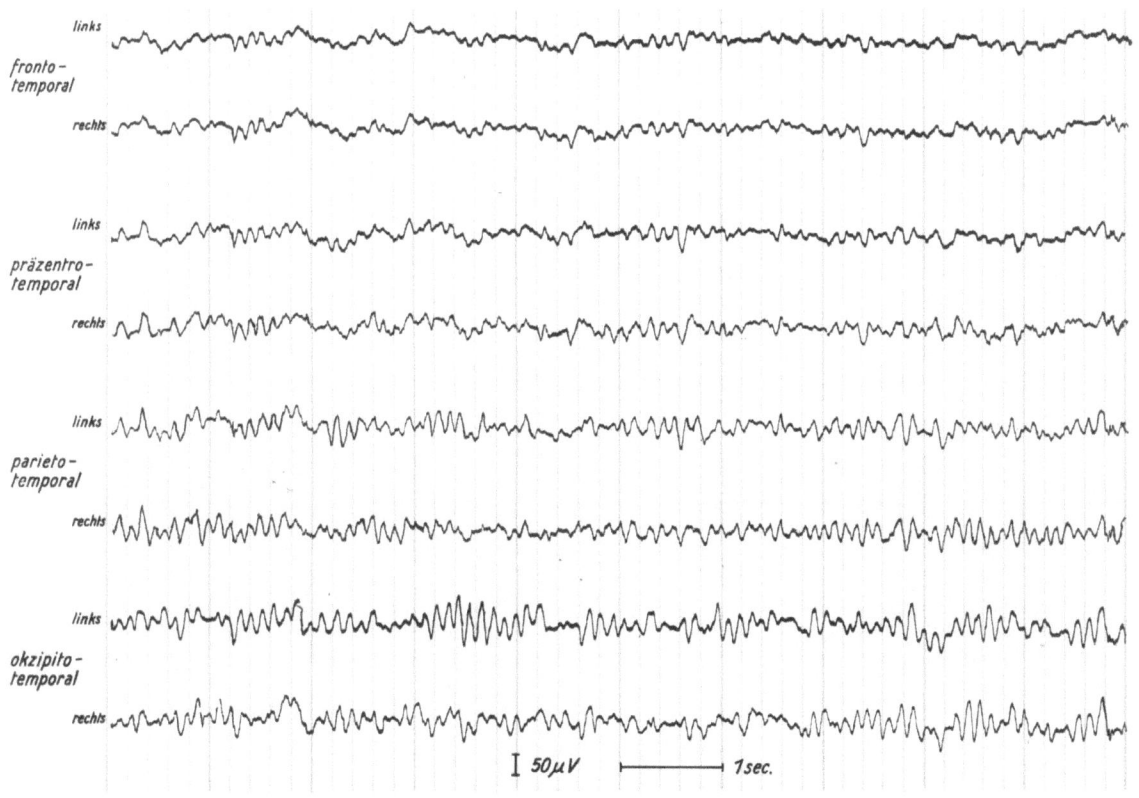

Abb. 207 Ableitungsart IV (bipolare temporale Schaltung) Eeg eines 8⁹/₁₂ Jahre alten Schulkindes vor Hyperventilation

166 Verschiedene Arten des Eeg

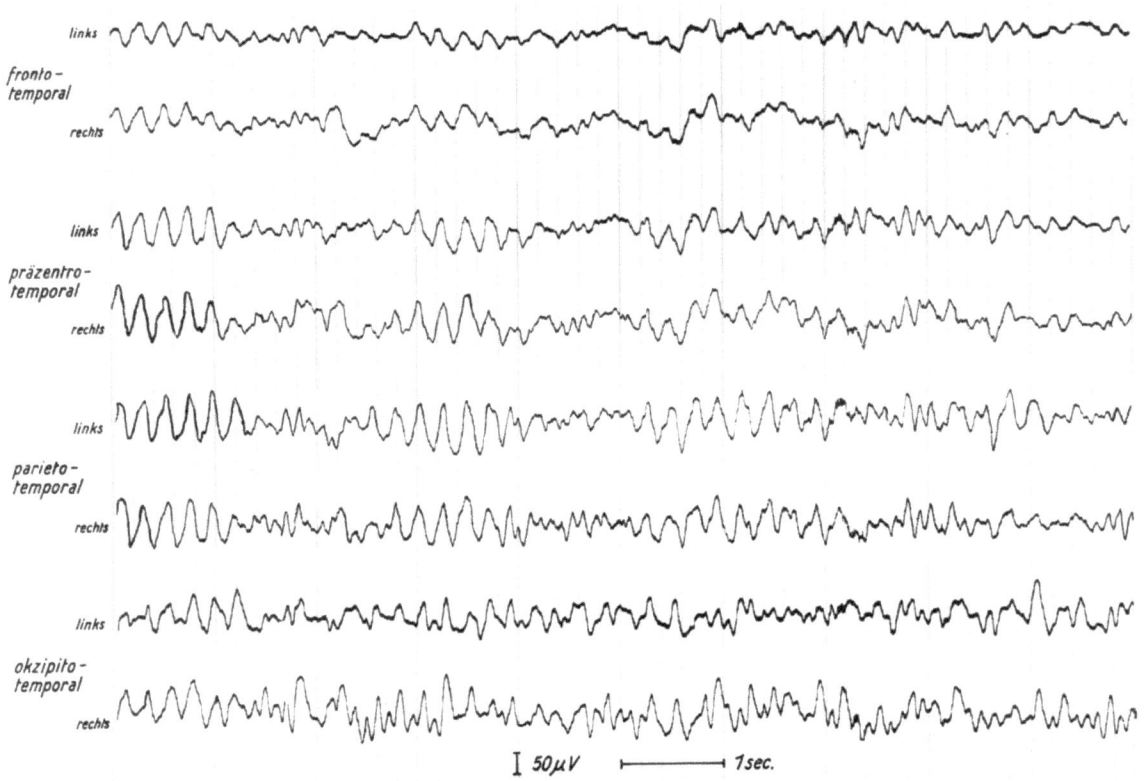

Abb. 208 Ableitungsart IV (bipolare temporale Schaltung)   Eeg des Kindes von Abb. 207 während Hyperventilation

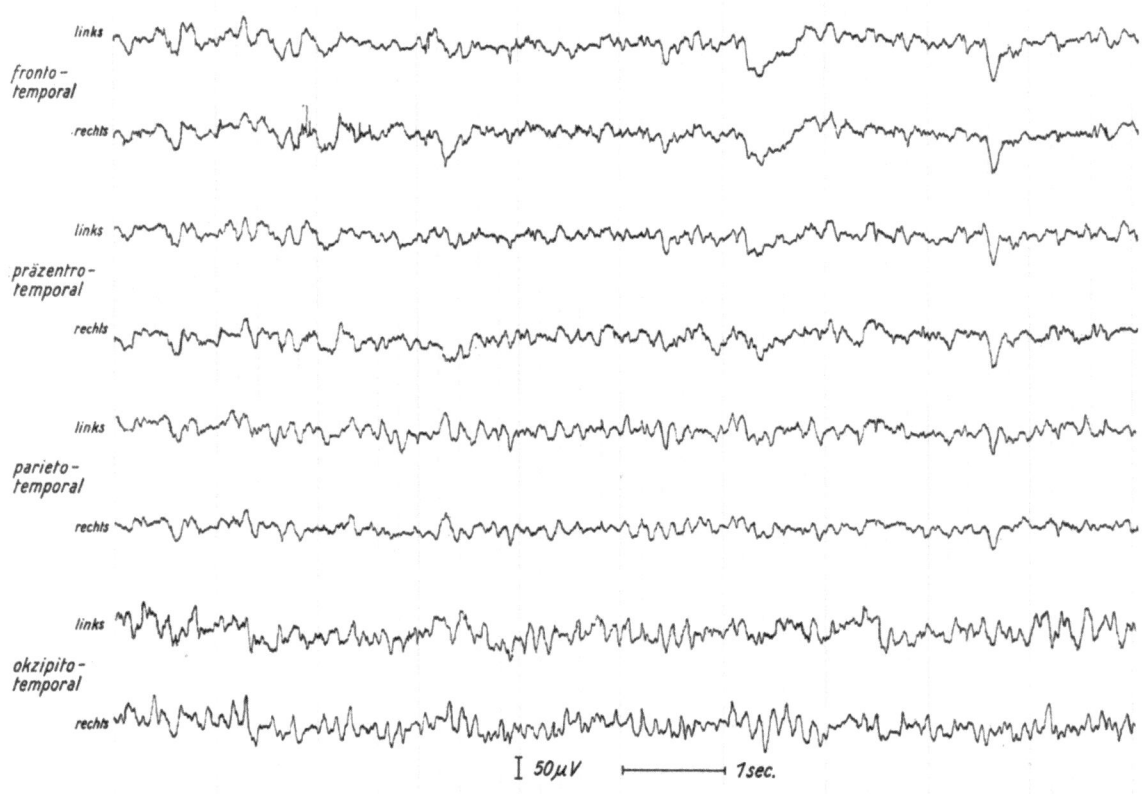

Abb. 209 Ableitungsart IV (bipolare temporale Schaltung)   Eeg eines 5 Jahre alten Kindes vor Hyperventilation

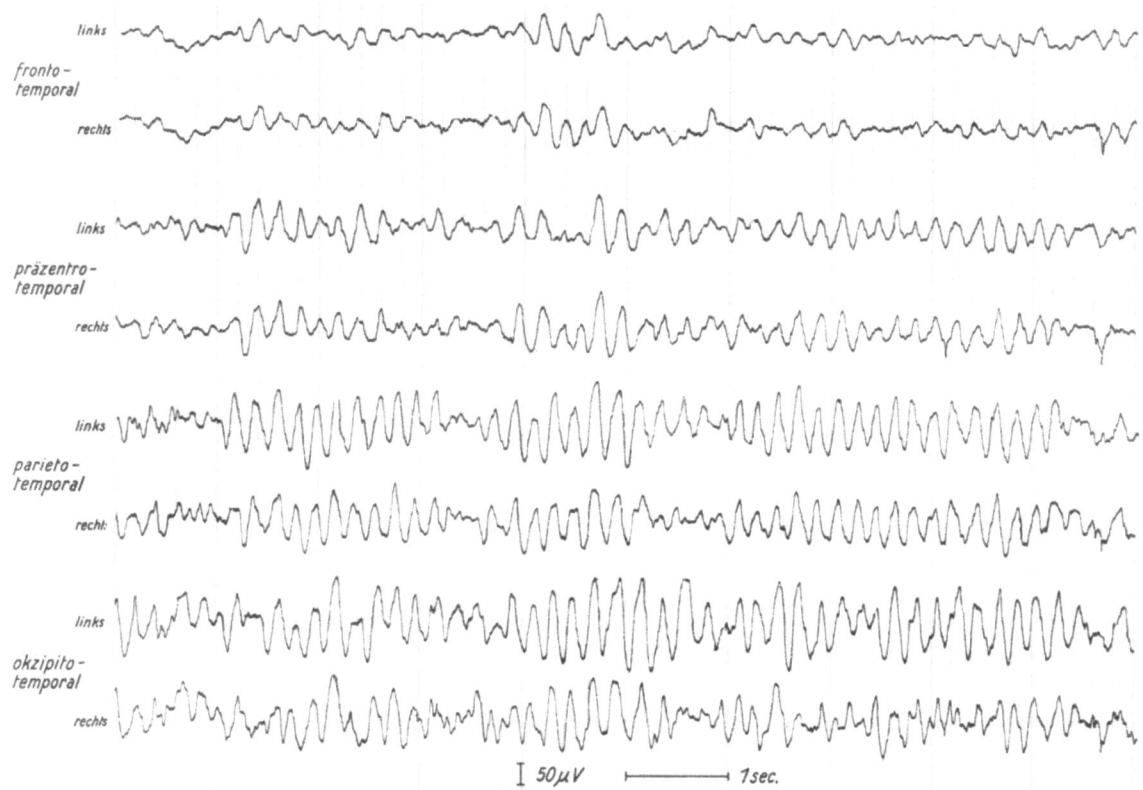

Abb. 210 Ableitungsart IV (bipolare temporale Schaltung) Eeg des Kindes von Abb. 209 während Hyperventilation

5.5.5.2. Schlafprovokation im Kindesalter

Um einen hohen Aussagewert zu erhalten und eine exakte Korrelation herstellen zu können, sind die Ableittechnik, das Registrieren aller Erscheinungen am Kind sowie die absolute Ruhe im Ableitraum von ausschlaggebender Bedeutung. Für die Durchführung eignet sich
1. der natürliche Schlaf ohne Schlafentzug,
2. der natürliche Schlaf nach Schlafentzug,
3. der medikamentöse Schlaf.

Die EEG-Assistentin muß auf der Deckseite der EEG-Kurve neben den üblichen Angaben zusätzlich folgende Daten vermerken:
1. geschlafen von ... bis ...,
2. abgeleitet um ... Uhr,
3. Dauer des Schlafentzugs,
4. Art und Dosierung des Medikaments.

Für das Kindesalter hat sich die Methode der Ausnutzung des natürlichen Schlafs nach Schlafentzug am besten bewährt. Folgende Richtwerte für den Schlafentzug sind empfehlenswert:

2–3 Jahre = 10 Std.   6–9 Jahre = 15 Std.
4–5 Jahre = 12 Std.   10–13 Jahre = 18 Std.

Die strikte Durchführung des Schlafentzugs stellt an das Pflegepersonal hohe Anforderungen. Die Patienten müssen ständig beschäftigt und beobachtet werden. Ältere Kinder können leichte, für den Stationsbetrieb nützliche Hilfsarbeiten versehen.

Vor Beginn der Ableitung müssen alle technischen Systeme auf ihre einwandfreie Funktion geprüft werden, um während der Ableitung am Kind möglichst wenig manipulieren zu müssen. Alle äußeren Reizeinflüsse wie Licht, Lärm u. a. (Telefon!) müssen unbedingt vermieden werden.

Die Dauer einer Ableitung nach Schlafentzug läßt sich nicht von vornherein generell festlegen, entscheidend ist, in welchem Zeitraum der Patient die einzelnen Schlafstadien bis zum Stadium C erreicht. Die Registrierung muß fortlaufend erfolgen, Anrufen des Kindes zwecks Prüfung seiner Schlaftiefe ist zu vermeiden, je nach technischen Möglichkeiten der Abteilungen kann ein Sichtgerät bei Unterbrechung der Papierregistrierung angeschaltet werden. In diesem Falle müssen exakte Zeitangaben auf dem Registrierpapier fixiert werden.

Hat das Kind die tiefste Schlafphase erreicht bzw. wurden vorher bereits eindeutig pathologische Graphoelemente registriert, so wird es durch Anruf geweckt, und im Anschluß daran sollte die Ableitung noch für eine Minute fortgesetzt werden.

Dieses Vorgehen hat sich praktisch bewährt. Die Ableitung nach Schlafentzug hat den Vorteil, daß die Kinder unter physiologischen Bedingungen und ohne medikamentöse Nachhilfe meist rasch einschlafen und der zeitliche Aufwand für eine derartige Untersuchung in Grenzen gehalten werden kann.

5.5.6. Bedeutung der Elektroenzephalographie für die allgemeine Pädiatrie

Abgesehen von den zahlreichen Indikationsstellungen zur elektroenzephalographischen Untersuchung von Kindern mit verschiedenen zentralnervalen Erkrankungen, neuropädiatrischen oder kinderneuropsychiatrischen Fragestellungen (Anfallsleiden, Hirntumoren, Großhirn- und Kleinhirnabszessen, Meningitiden, Enzephalitiden, Schädel-Hirn-Tumoren [KÜLZ; KIENE und KÜLZ], Gefäßprozesse, Hirnblutungen, Mißbildungen, Zerebralparesen, heredodegenerative Erkrankungen, angeborene Stoffwechselanomalien mit zerebraler Beteiligung) bietet die Elektroenzephalographie auf weiteren Teilgebieten der Pädiatrie absolute oder häufig relative Indikationen zur hirnelektrischen Untersuchung.

In erster Linie ist dabei an den unbestreitbaren Wert der Elektroenzephalographie bei der Diagnostik und Verlaufsbeurteilung von Ingestionen und Intoxikationen zu denken (ROHMANN und KÜLZ), zumal Vergiftungen im Kindesalter an Häufigkeit und Bedeutung zunehmen. Des weiteren ist das Elektroenzephalogramm bei der Therapie- und Verlaufskontrolle von Stoffwechselentgleisungen nützlich (verschiedene Komaformen, Störungen im Säuren-Basen- und Elektrolytstoffwechsel, chronische Niereninsuffizienzen mit Urämie- und Dialyseproblematik).

Bei den internen Erkrankungen geht es vor allen Dingen darum, den Grad einer zerebralen Mitbeteiligung am Krankheitsgeschehen zu erfassen; dies gilt insbesondere für angeborene, zyanotische Herzfehler mit der Gefahr der Entstehung von Hirnabszessen. Bei den übrigen internen Erkrankungen kommt dem Eeg in den meisten Fällen nur eine relative Bedeutung zu, z. B. beim Diabetes mellitus (HEYK und Mitarb.), beim rheumatischen Fieber (SCHMIDT und LORENZ), bei Hypothyreosen (TODT), Mukoviszidosen (WÄSSER und Mitarb.), bei Lebererkrankungen (KENNEDY; PETERMANN) oder bei Spasmophilie (DOOSE), um nur einige Beispiele zu nennen. Bei Leukosen mit meningealer bzw. zerebraler Beteiligung (Meningosis leucaemica und leukämische Infiltrate) kann das Eeg zusätzliche Aufschlüsse bringen.

Auch bei genetischen Fragestellungen, nicht nur bei Zwillingsuntersuchungen (DUMERMUTH; DI GRUTTOLA), sondern auch bei genetischen Familienuntersuchungen im Rahmen der ätiologischen Klärung von Anfallsleiden sowie bei Chromosomenaberrationen ergibt das Hirnpotentialbild wesentliche weitere Einsichten.

Es ist im Rahmen dieses Kapitels nicht möglich, im einzelnen auf die z. T. sehr interessanten EEG-Befunde einzugehen, die Darstellung muß spezialisierten Lehrbüchern der Elektroenzephalographie im Kindesalter (DUMERMUTH u. a.) vorbehalten bleiben.

5.5.7. Besonderheiten bei der Bewertung von Elektroenzephalogrammen im Kindesalter

Pathologische EEG-Veränderungen werden in diesem Kapitel nicht beschrieben, sondern in anderen Kapiteln dieses Buches behandelt und gelten in übertragenem Sinne auch für das Kindesalter.

Besondere Schwierigkeiten ergeben sich für den Anfänger bei der Bewertung von Allgemeinveränderungen, aber auch der erfahrene Auswerter kann häufig erst nach Kontrolluntersuchungen sich definitiv zum Schweregrad von Allgemeinveränderungen in kindlichen Elektroenzephalogrammen äußern. Es ist bei Kindern ratsam, nur 3 Schweregrade von Allgemeinveränderungen zu unterscheiden (leichte, mittelschwere, schwere Allgemeinveränderungen). Einer größeren Übung bedarf die Zuordnung dieser Schweregrade zu EEG-Befunden der verschiedenen Altersstufen. Da es zum gegenwärtigen Zeitpunkt keine exakten Bewertungskriterien für die Schwere von Allgemeinveränderungen in kindlichen Eeg. verschiedener Altersstufen gibt, muß man davon ausgehen, daß bei *leichten Allgemeinveränderungen* gegenüber der altersentsprechenden Norm der Grundaktivität ein vermehrtes Auftreten leicht verlangsamter Frequenzen festzustellen ist, die gelegentlich auch normalerweise noch altersadäquat wären. Bei *mittelschweren Allgemeinveränderungen* findet man ein deutlich verstärktes Auftreten verlangsamter Wellen, die normalerweise nicht oder nur vereinzelt zur Darstellung kommen; meist ist jetzt auch eine stärkere Spannungslabilität, gelegentlich auch eine Spannungszunahme festzustellen. Bei *schweren Allgemeinveränderungen* treten eindeutig gehäuft bis dominierend sehr langsame Wellen, also Deltawellen, ebenfalls verbunden mit einer Spannungsinstabilität oder Spannungszunahme, in Erscheinung bzw. sie dominieren überhaupt.

Während für Schulkinder praktisch die Bewertungskriterien des Erwachsenenalters verwendet werden können, wird dies bei Kleinkindern, insbesondere bei einmaliger Ableitung, schon problematischer, im Säuglingsalter nehmen die Schwierigkeiten verständlicherweise aufgrund der an sich schon langsamen Grundaktivität noch zu.

Die Bestimmung des Schweregrades von Allgemeinveränderungen im Elektroenzephalogramm von Kindern ist besonders bei jüngeren Kindern und Säuglingen an die Notwendigkeit von Wiederholungsuntersuchungen gekoppelt. Oft kann man erst retrospektiv den wahren Schweregrad der Allgemeinveränderungen während der akuten Krankheitsphase definieren.

Dem Auswerter von Kinderelektroenzephalogrammen kommt deshalb eine besondere Verantwortung zu, und wir weisen nochmals auf die erforderliche, sehr kritische Einstellung auch bei anderen Fragestellungen im Kindesalter, z. B. bei der Bewertung von Hyperventilationskurven oder Schlafelektroenzephalogrammen, hin.

6. Die Provokationsmethoden im Eeg

D. MÜLLER

6.1. Allgemeines

Der diagnostische Gewinn, den die Elektroenzephalographie dem Kliniker bietet, ist von Fall zu Fall, d. h. bei unterschiedlichen Erkrankungen, in verschiedenen Krankheitsstadien und bei den einzelnen Kranken, recht verschieden. Darin unterscheidet sie sich nicht von vielen anderen – vor allem ebenfalls apparativ-technischen – Untersuchungsverfahren. Der EEG-Befund kann die klinische Überlegung bzw. Diagnose richtungweisend bestimmen, bestätigen, stützen, offenhalten oder ihr entgegenstehen. Es gibt nur vereinzelte Muster, welche als spezifisch oder gar pathognomonisch bezeichnet werden können. Relativ viele EEG-Veränderungen sind für bestimmte klinische Zustände oder Verläufe charakteristisch, wohl ebenso viele aber sind uncharakteristisch. In Abhängigkeit vom Krankengut gibt es schließlich eine mehr oder weniger große Zahl normaler, unveränderter Hirnpotentialbilder. Diese sind diagnostisch stumm, »negativ«, doch schließen sie niemals das Vorliegen einer organischen Hirnaffektion sicher aus.

GÄNSHIRT ist dem in einer entsprechenden Studie am stationär-klinischen Krankengut eines begrenzten Zeitraums nachgegangen und fand, daß der EEG-Befund in 59% der Fälle mit der klinischen Diagnose übereinstimmte, also die klinische Annahme stützte, in 20% maßgeblich am Aufbau der klinischen Diagnose beteiligt war, in 9% diagnostisch wegweisend erschien und in 2% für die Diagnose fehlweisend sein konnte. Diese Prozentsätze entsprechen der eindrucksmäßigen Schätzung eigener Erfahrungen, sind aber natürlich vor allem abhängig von der Art des Krankenguts.

Trotz des nicht unerheblichen Aufwands einer EEG-Untersuchung an sich ist die reine Ableitzeit ziemlich kurz. Zwar kann man eine relative Konstanz der bioelektrischen Erscheinungen annehmen, aber sie ist eben sehr relativ, gerade auch hinsichtlich mancher wichtiger pathologischer Zeichen. Sie sind von einer Reihe von Faktoren abhängig. Deshalb wurde gelegentlich gefordert, die EEG-Untersuchungen vor allem bei Verlaufskontrollen unter möglichst gleichen Bedingungen etwa hinsichtlich der Tageszeit, der Nahrungsaufnahme, des Menstruationszyklus, der körperlichen und seelischen Belastung, der stimmungsmäßigen Verfassung und dergleichen mehr vorzunehmen. Freilich können diese Umstände in der Praxis nur teilweise berücksichtigt werden. Es ist weiterhin auch besonders wichtig, auf medikamentöse Einwirkungen und etwa vorausgegangene Anfallszustände zu achten.

Die Tatsache, daß das Hirnpotentialbild nicht statisch ist, sondern von äußeren und inneren Faktoren beeinflußt wird, ergibt die Grundlage dafür, eine gezielte Beeinflussung zu versuchen und somit eine »dynamische Elektroenzephalographie« (GASTAUT) bzw. »funktionelle Elektroenzephalographie« (LIBERSON) zu betreiben. Es wird angestrebt, durch bestimmte Belastungen und Reize die Hirnfunktion in mehr oder weniger spezieller bzw. spezifischer Weise zu beeinflussen und dadurch auch in ihren bioelektrischen Erscheinungen abzuwandeln. Damit soll die hirnelektrische Aktivität angeregt, stimuliert werden. Womöglich sollen verborgene Potentialmuster mit diagnostischer Wertigkeit hervorgerufen werden. Die *Verstärkung von bereits im Ruhebild vorhandenen Graphoelementen oder Mustern nennt man Aktivierung oder Aktivation. Das Neuauftreten von EEG-Zeichen kann man als Provokation bezeichnen.* Diese Unterscheidung ist sachlogisch und vor allem im Hinblick auf die Effekte der am meisten angewandten Hyperventilation zweckmäßig. Im Schrifttum wird aber diese Unterscheidung kaum getroffen, und es wird die Bezeichnung Aktivation dem Terminus Provokation vorgezogen.

Im Laufe der Jahrzehnte, in denen die Elektroenzephalographie entwickelt wurde und sich in der Klinik weiter entfaltet hat, sind viele Verfahren und Substanzen auf die Stimulationswirksamkeit geprüft worden. Einige wurden von vielen Untersuchern verwendet, über viele andere ist nur gelegentlich berichtet worden. Einzelne sind mehr oder weniger allgemein in die Routine-EEG-Diagnostik eingeführt worden, die meisten haben nur noch historisches Interesse. Die Hauptgründe dafür, daß sich eine Methode nicht bewährt hat, sind ungenügende Effektivität und zu starke Nebenwirkungen. Auf grundsätzliche Gesichtspunkte dazu werden wir noch eingehen. Zunächst möchten wir zur Orientierung eine Übersicht geben, ohne auf die damit verbundene Problematik näher einzugehen.

Übersicht über die EEG-Provokationsmethoden

Physiologisch
Augenschließen/(Augenöffnen)
Mehratmung = Hyperventilation / Atemanhalten = Apnoe
Schlaf / Schlafentzug
Orthostase
Sensible Reize / Vestibuläre Reize
Emotionen

Physikalisch
Optisch = Photostimulation

Akustisch = Phonostimulation
Thermisch
Elektrisch
Vaskulär = Karotisdruckversuch / Vertebralisdrosselungsversuch
Pneumenzephalographisch
Hydratation = Wasserstoß

Chemisch
Analeptika
Narkotika / Hypnotika / Sedativa
Psychopharmaka i. e. S.
Hypoxie
Alkohol
Andere Mittel: Natriumzitrat / Ammoniumchlorid / Phenylalanin / Tryptophan / Glukose / Insulin-Tolbutamid / Thyroxin / Histamin / Eserin / Hydergin / Ergotamintartrat / Bulbokapnin / Chinin / Strychnin / ß-Rezeptorenblocker / INH / Penizillin / Troxidon.

Man kann die verschiedenen Aktivierungsverfahren in 3 Gruppen ordnen, wie die hier gebotene Übersicht zeigt. Allerdings stößt eine systematische Einteilung auf Schwierigkeiten, und es müssen teilweise erhebliche Unschärfen in der Klassifizierung in Kauf genommen werden (K. MÜLLER).

An dieser Stelle sei eingefügt, daß es einige Verfahren gibt, deren Einwirkung auf das Elektroenzephalogramm nicht in einer Anregung, sondern in einer Hemmung bzw. Unterdrückung der Hirnpotentialschwankungen besteht. Man könnte sie als *Inhibitionsverfahren* oder indirekte Provokationsmethoden bezeichnen; für einzelne von ihnen ist die Bezeichnung Deaktivierungstest benutzt worden. Sie sind in der folgenden Übersicht aufgeführt:

Physiologisch
Augenöffnen

Physikalisch
Dehydratation

Chemisch
Diazepam und Abkömmlinge intravenös
Amobarbital intrakarotideal.

Dabei zeigt sich, daß sie im Vergleich zu den bisher verwendeten Provokationsmitteln sehr stark in der Minderzahl sind. Das Verhältnis ist aber nicht so ungünstig, wenn man bedenkt, daß nur ein geringer Teil der Aktivierungsmaßnahmen in Gebrauch geblieben ist.

Wenn man vom Umfang der einschlägigen Literatur ausgeht, so spielt neben Hyperventilation, Photostimulation und Schlaf-Eeg die Barbiturat- und Analeptikaanwendung eine bedeutende Rolle, und auch der Karotisdruckversuch hat einige Beachtung gefunden. Dies kommt auch im Teil »Aktivations- und Provokationsmethoden in der klinischen Neurophysiologie« des Handbuches der Elektroenzephalographie und klinischen Neurophysiologie zum Ausdruck. Die klinische Alltagserfahrung zeigt jedoch, daß hinter der Hyperventilation bereits die Photostimulation deutlich zurücktritt und die anderen Aktivierungsverfahren in der Anwendungspraxis eine ganz untergeordnete Rolle spielen. Dies spiegelt sich im Ergebnis einer Erhebung wider, die wir im Zusammenhang mit dem Probelauf EDV-gerechter EEG-Anmelde- und Befunddokumentationsbögen angestellt haben. Letztere wurden im Rahmen der Arbeitsgemeinschaft Dokumentation und Information der Gesellschaft für Neuro-Elektrodiagnostik der DDR erarbeitet. An dem Probelauf nahmen 17 EEG-Abteilungen teil: 3 neuropsychiatrische Hochschulkliniken, 5 Bezirkskrankenhäuser für Neurologie und Psychiatrie, 3 pädiatrische Hochschulkliniken, 2 Kinderkliniken des Staatlichen Gesundheitswesens, 1 neurochirurgische Hochschulklinik, 1 allgemeines Bezirkskrankenhaus und 2 neuropsychiatrische Poliklinikabteilungen. Es zeigte sich, daß die Hyperventilation bei 75,9% der Untersuchungen ($n = 3729$) vorgenommen wurde, die Photostimulation dagegen nur bei 25,2%, Karotisdruckversuch bei 2,5% und Schlaf-Eeg bei 1,7%. Beachtenswert ist auch, daß bei 22,2% der Untersuchungen keine Provokationsmethode angegeben worden war.

Es würde hier zu weit führen, wenn wir die Gründe für diese Situation im einzelnen analysieren wollten. Einigen grundsätzlichen Gesichtspunkten werden wir später noch nachgehen. Voraussetzung dafür ist die Besinnung auf die *Kriterien, unter denen die Provokationsmethoden für ihre Brauchbarkeit geprüft werden sollten.* Unter methodischen Gesichtspunkten sind leichte Durchführbarkeit, geringe Belästigung des Kranken, fehlende Gefährdung des Kranken und Lebensnähe der Belastung zu nennen. Für die Aussagefähigkeit sind die Objektivität, die Zuverlässigkeit (Reliabilität) und die Gültigkeit (Validität) von Bedeutung. Es soll später noch näher darauf eingegangen werden, aber diese Kriterien sind schon bei der Darstellung einzelner Provokationsmethoden im Sinn zu behalten.

Wenn wir nun einige Aktivierungsverfahren abhandeln, so beschränken wir uns unter Berücksichtigung des Charakters dieses Buches und im Hinblick auf die praktischen Gegebenheiten bewußt auf die am häufigsten angewendeten und am weitesten verbreiteten Methoden. Es sollen nach Möglichkeit jeweils die Methodik, Pathophysiologie, Effekte (d. h. EEG-Veränderungen), klinische Korrelation und damit schließlich die Indikationsstellung besprochen werden.

6.2. Berger-Effekt

Die mehrmalige Durchführung des Augenöffnens und Augenschließens gehört obligatorisch zu jeder elektroenzephalographischen Untersuchung. Sofern das Fehlen

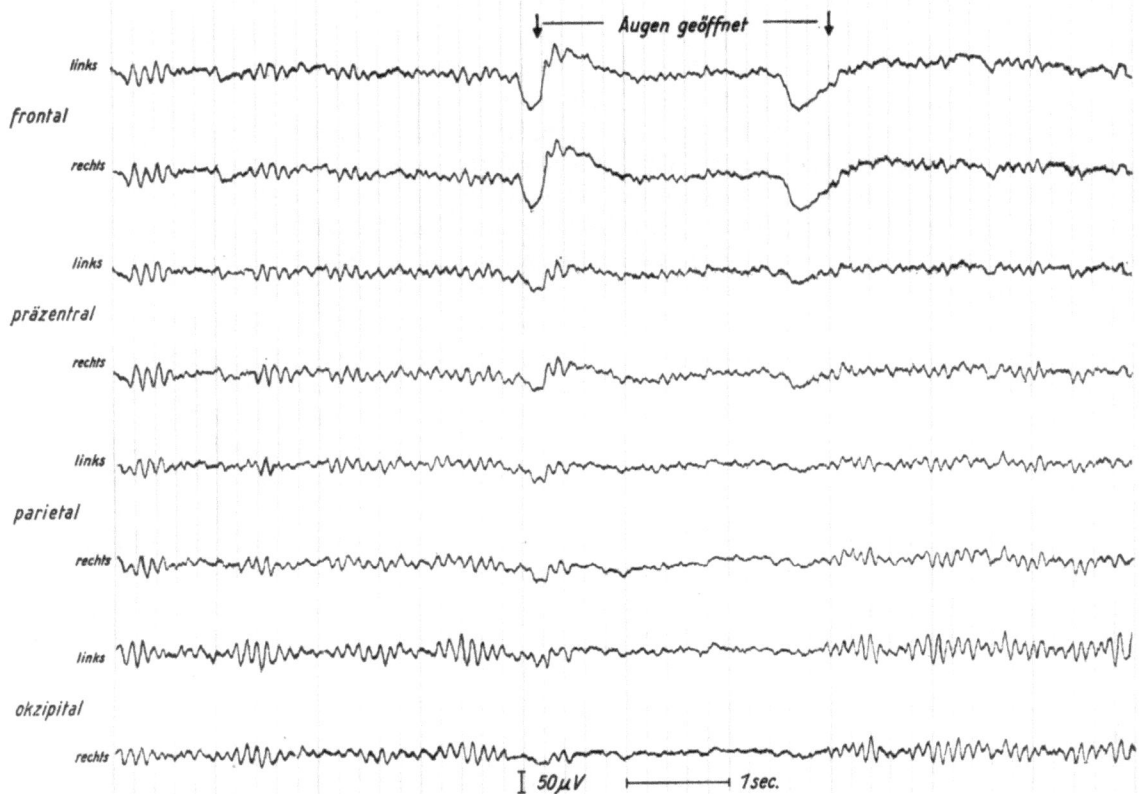

Abb. 211 Ableitungsart I (unipolare Schaltung zum linken Ohr)
Eeg mit positivem BERGER-Effekt bei normaler Spannungshöhe

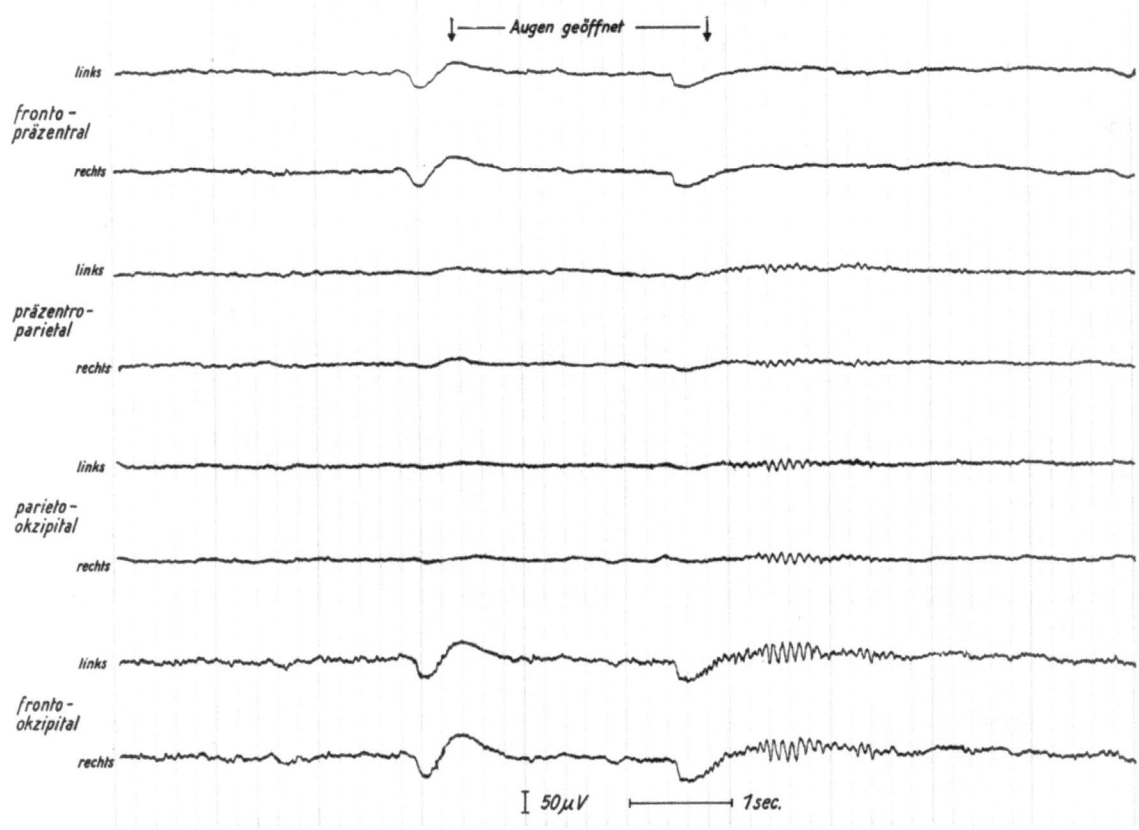

Abb. 212 Sonderableitungsart IIIa (bipolare Längsschaltung)
Eeg mit positivem BERGER-Effekt bei extrem niedriger Spannungshöhe. Nach dem Effekt sieht man deutlich das Auftreten von Alphawellen

der Mitarbeit des Untersuchten es erfordert, z. B. im frühesten Kindesalter und bei Bewußtlosigkeit oder anderen psychischen Störungen, empfiehlt es sich, die Augenlider durch eine Hilfsperson kurzzeitig öffnen und wieder schließen zu lassen. Wenn die Untersuchung ausnahmsweise bei offenen Augen vorgenommen wird, ist es zweckmäßig, die Augenlider zeitweilig durch eine Hilfsperson schließen zu lassen.

Wie bereits kurz erwähnt, verstehen wir unter dem *Berger-Effekt das kurzzeitige Öffnen der Augen* für 3–5 Sekunden (Abb. 211 und 212). Genauer gesagt, entsprechen dem BERGER-Effekt die beim Augenöffnen und Augenschließen eintretenden Veränderungen des Hirnpotentialbildes. Bei Vorhandensein von Alphawellen im Eeg wird beim Öffnen der Augen die Alphaaktivität schlagartig verschwinden und des öfteren durch sehr spannungsniedrige schnelle Potentiale ersetzt werden. Beim Augenschließen tritt die Alphaaktivität schlagartig wieder auf, wobei meist eine Spannungserhöhung und mitunter auch eine Verlangsamung der Alphawellen zu beobachten ist. Auch bei den sehr spannungsniedrigen Eeg. sollte der BERGER-Effekt stets durchgeführt werden, da hier nach Augenschluß die Aktivierung der Alphawellen besonders deutlich in Erscheinung treten kann.

Wir handhaben es so, daß in jeder Ableitungsart mindestens einmal der BERGER-Effekt durchgeführt wird. Bei schlechter Ausprägung der Alphawellen wird diese Zahl noch erhöht.

Tritt beim Augenöffnen eine Blockierung der Alphaaktivität auf, so sprechen wir von einem positiven BERGER-Effekt. Liegt eine nur unvollständige oder sogar fehlende Blockierung der Alphawellen vor, so nennen wir dies den unvollständigen bzw. negativen BERGER-Effekt.

Wichtig für die Durchführung des Effekts zu erwähnen ist, daß der Patient auch wirklich angehalten wird, die Augen weit zu öffnen. Ein nur leichtes Hochziehen der Oberlider kann einen unvollständigen, z. T. sogar negativen BERGER-Effekt vortäuschen. Die richtige und mehrmalige Durchführung des BERGER-Effekts hat für die Auswertung eine große Bedeutung. Wir erinnern in diesem Zusammenhang nur an die Alphaaktivierung, die ja bekanntlich des öfteren mit einem negativen BERGER-Effekt einhergeht. Es sei hier noch hinzugefügt, daß das »*Durchlaufen der Alphawellen*« *im präzentralen Gebiet* beiderseits oder seitendifferent zuweilen auch bei Gesunden zu beobachten ist. Es handelt sich um den *Mü-Rhythmus (rhythm en arceau, Rolandi-Rhythmus)*, eine arkadenförmige Aktivität im Frequenzbereich der Alphaaktivität, welche durch kontralaterale Bewegungen, Bewegungsintention oder taktile Reize blockiert wird.

Es ist auch in Betracht zu ziehen, das Augenöffnen nicht nur über die standardisierte Zeit von 3–4 Sekunden ausführen zu lassen, sondern die Augen zusätzlich über eine längere Dauer, etwa 1–2 Minuten, offenhalten zu lassen. Hierbei kann man mitunter ein differentes Wiedereinschleichen der Alphawellen oder sogar pathologische Zeichen in Form diffuser oder lokalisierter Verlangsamungen oder von Spitzenpotentialen sehen (LANDOLT und Mitarb.).

Abschließend sei noch gesagt, daß pathologische Hirnpotentialbilder durch das Augenöffnen unterschiedlich beeinflußt werden. Daraus werden zuweilen diagnostische Schlüsse gezogen. So sollen Alphaaktivität und Verlangsamungen über der betroffenen Hemisphäre bei intrazerebralen Geschwülsten im Gegensatz zu extrazerebralen Tumoren nicht blockiert werden (SIMONOVA und Mitarb.).

Handelt es sich bei der Blockierung um einen Hemmungs- bzw. Inhibitionsvorgang, so entspricht der Effekt des Augenschließens einer Provokation bzw. Aktivierung. Es kann dabei zuweilen nicht nur die physiologische Aktivität auftreten, sondern zuweilen treten auch Abnormitäten oder pathologische Zeichen, z. B. Spitzenpotentiale (TIEBER), in Erscheinung. Wir sprechen dann von einem *abnormen* bzw. *pathologischen Lidschlußeffekt*. Seine klinische Bedeutung hängt von der Art der EEG-Veränderungen ab. Eine unmittelbare Beziehung zur sogenannten Photosensibilität besteht wohl nicht.

6.3. Hyperventilation

Methodik: Im Vergleich mit anderen relativ weit verbreiteten Provokationsmethoden – z. B. Photostimulation und Karotisdruckversuch – ist die Durchführung der Hyperventilation verhältnismäßig schwer standardisierbar. Dafür spielt die erforderliche Mitwirkung des Untersuchten eine wesentliche Rolle. Um so mehr ist es erforderlich, vor Beginn dieser Maßnahme den Untersuchten möglichst genau zu informieren. Es ist zweckmäßig, ihm nicht nur zu sagen, daß er möglichst kontinuierlich etwas beschleunigt und stark vertieft atmen soll, sondern die angestrebte Mehratmung auch durch die Technische EEG-Assistentin kurz demonstrieren zu lassen. Dabei ist die Notwendigkeit verstärkter Ausatmung besonders zu betonen. Für den Effekt der Mehratmung ist das Atemvolumen von wesentlich größerer Bedeutung als die Atemfrequenz (GEIKLER und NIEBELING). Es ist zweckmäßig, daß die Technische EEG-Assistentin den Untersuchten während der Hyperventilation zu kontinuierlicher Mehratmung auffordert, falls dieser darin nachlassen sollte. Sie soll auch in der 2. Hälfte der Hyperventilation die Atemfrequenz während einer halben Minute zählen und auf der EEG-Kurve notieren. Nach Beendigung der Mehratmung muß sie darauf achten, daß der Untersuchte ohne Verzögerung zur ruhigen Ausgangsatmung zurückkehrt; anderenfalls sind eine etwaige anschließende Apnoe oder der Zeitpunkt einer verspäteten Beendigung der Hyperventilation zu notieren. Es ist auch nützlich, den Untersuchten nach Parästhesien zu befragen und natürlich auf tetanische Manifestationen zu beobachten und entsprechende Phänomene auf der EEG-Kurve festzuhalten. Schließlich ist es angebracht, daß die Technische EEG-Assistentin nach Durchführung des Hyperventilationsversuchs die Intensität der Mehratmung unter besonderer Berücksichtigung der Atemtiefe nach einer Grobschätzung [schlecht (schwach) – mäßig (mittel) – gut (stark)] und bei wechselnder Intensität auch den Verlauf vermerkt. Dies gibt ihr bei jeder Untersuchung Veranlassung, auf diese wichtigen methodischen Fragen zu achten. Es ermöglicht dann auch dem auswertenden EEG-Arzt, eine gewisse Beziehung zwischen der Intensität der Mehratmung und der Änderung des Hirnpotentialbildes herzustellen. Das ist bei EEG-Verlaufskontrollen von besonderer Bedeutung, damit nicht methodisch bedingte Unterschiede zwischen den Hirnpotentialbildern verschiedener Untersuchungen irrtümlich als Besserung oder Verschlechterung etwa vorhandener EEG-Veränderungen gedeutet werden.

Wir haben diese methodischen Hinweise relativ ausführlich gehalten, weil wir überzeugt sind, daß an dieser Stelle auf einfache Weise ein Beitrag zur Verbesserung der klinischen Elektroenzephalographie geleistet werden kann. Das allgemein übliche Vorgehen läßt keine Aussagen über den Wert des Hyperventilationsversuchs als Provokationsmethode zu und ist für Vergleiche unbrauchbar (KÖHLER und Mitarb.). Die Kenntnis der EEG-Praxis und der Erfahrungsaustausch auch im internationalen Rahmen zeigen, daß auf diese Verfahrensfragen bei der allgemein geübten Hyperventilation, welche als *die* Provokationsmethode schlechthin bezeichnet werden könnte, bisher kaum geachtet wird. Auch die einschlägigen Darstellungen in den EEG-Büchern weisen darauf nicht hin. Freilich ist einzuräumen, daß die von uns praktizierte Beurteilung der Intensität der Mehratmung nur ein sehr grobes und teilweise subjektives Verfahren ist. Wir denken aber, daß es jedenfalls besser ist, eine grobe Beurteilung vorzunehmen als eine solche ganz zu unterlassen. Eine objektivere, quantifizierte Erfassung der Mehratmung wäre mit zusätzlichem technischem Aufwand und stärkerer Belästigung des Untersuchten verbunden, was dem Charakter der klinischen Elektroenzephalographie als einfaches, vorwiegend ambulantes Untersuchungsverfahren entgegensteht. Das gilt wohl auch für die verbesserte Methode kontrollierter Hyperventilation nach KÖHLER und Mitarb., welche überdies eine Verminderung der EEG-Aufzeichnung auf 4 Kanäle und einen erheblichen zusätzlichen Dokumentationsaufwand mit sich bringt.

Was nun die *Durchführung* der Mehratmung selbst betrifft, so besteht weitgehende Übereinstimmung darin, daß sie mindestens 3 Minuten dauern soll. Eine längere Dauer ist unnötig und im Interesse der Vergleichbarkeit wohl auch unzweckmäßig. Hinsichtlich der Atemfrequenz gibt es unterschiedliche Empfehlungen von 12–60 Atemzügen pro Minute, also praktisch von der Ruheatmung bis zu einer Hechelatmung. Letztere ist sicher unzweckmäßig, weil sie eine gleichzeitige Vertiefung behindert. Zunahme der Frequenz bei unveränderter oder gar verminderter Tiefe bewirkt eine Zunahme des Totraumes. Damit wird der angestrebte Effekt unmöglich gemacht. Aus pathophysiologischen Gründen kommt es mehr auf die Vertiefung als auf die Beschleunigung der Atmung an. Dabei ist vor allem auf eine verstärkte Ausatmung Wert zu legen. Wir meinen, daß etwa 25–30 Atemzüge pro Minute bei *sehr* tiefer Atmung anzustreben und praktikabel sind. Eine solche Atmungsintensität würden wir als gut bzw. sehr gut bezeichnen. Dem entspricht im Effekt wahrscheinlich auch eine Atmung von 30–40 Atemzügen pro Minute bei *mäßig* tiefer Atmung. Mehr wird auch der während der EEG-Untersuchung bewußtseinsklare und weitgehend beschwerdefreie Untersuchte kaum leisten können, zumal wenn man ein häufiges Auftreten tetanoider bzw. tetanischer Erscheinungen vermeiden will.

Die *EEG-Registrierung* soll schon vor Beginn der Mehratmung erfolgen, also zumindest $^1/_2$ Minute, besser 1 Minute vor der unmittelbaren Aufforderung zur Mehratmung einsetzen und den ganzen Hyperventilationsverlauf möglichst kontinuierlich erfassen. Darüber hinaus muß das Abklingen des Hyperventilationseffekts im Eeg verfolgt werden, weshalb zumindest 1 Minute, besser 2 Minuten nach tatsächlicher Beendigung der Mehratmung weiterregistriert werden soll. Das bedeutet, daß die Ableitzeit entsprechend verlängert wird, falls die Beendigung der Mehratmung nicht mit der Aufforderung, sondern verspätet erfolgt. Als Ableitungsart haben wir zunächst die Schaltung von den Konvexitätsbereichen nach gleichseitig temporal (IV) gewählt, weil dabei die leicht ansprechenden Temporalbereiche besonders deutlich erfaßt werden. Bei starken Hyperventilationseffekten kann man aber die lokalisierten Veränderungen nicht immer ohne weiteres von den diffusen oder generalisierten Störungen trennen. In solchen Fällen soll die Technische EEG-Assistentin vorübergehend auf die Ableitungsart III umschalten, weil hier die Konvexitätsbereiche und die basalen Bereiche besser unterschieden werden können. Im Interesse des Vermeidens eines umschaltungsbedingten Informationsverlustes ist auch in Betracht zu ziehen, die ganze Hyperventilation in der Schaltung III zu registrieren. Im übrigen soll die Technische EEG-Assistentin Beginn und Ende der Mehratmung auf der EEG-Kurve kennzeichnen und während sowie nach Beendigung der Mehratmung alle 30 Sekunden eine Zeitmarkierung vornehmen.

Pathophysiologie: Im Mittelpunkt des durch die Mehratmung bewirkten physiologischen Geschehens steht die vermehrte Abatmung von CO_2. Das erklärt auch, daß für den Hyperventilationseffekt die vertiefte Ausatmung so bedeutsam ist. Die CO_2-Abnahme in der Alveolarluft führt wegen der vorzüglichen Diffusionsfähigkeit auch zur Verminderung des arteriellen CO_2-Partialdrucks (*Hypokapnie*) ohne entsprechenden Anstieg der CO_2-Sättigung. Das führt zu einem pH-Anstieg in Richtung *Alkalose*. Der CO_2-Partialdruck ist der entscheidende Faktor für die Eigenregulierung der Hirndurchblutung, indem seine Zunahme eine Gefäßerweiterung und Durchblutungsverbesserung, sein Abfall dagegen Gefäßverengung und Durchblutungsverminderung bewirkt. So kommt es bei entsprechender Intensität der Hyperventilation zu einer ischämischen Hypoxie; aber auch die verminderte CO_2-Freisetzung im alkalischen Milieu (BOHR-Effekt) spielt eine Rolle. Während man früher annahm, daß die Alkalose auf dem Weg über einen Azetylcholinabbau oder eine Enthemmung synchronisierender Strukturen der mesenzephalen Retikulärformation auf die Elektrogenese einwirkt, gilt heute als gesichert, daß eine ischämische *Hypoxie* von wesentlicher Bedeutung ist. Das schließt nicht aus, daß Hypokapnie und Alkalose außerdem einen direkten Einfluß auf die neuronale Erregbarkeit haben. Unter der Voraussetzung ausreichender Senkung des pCO_2 durch die Mehratmung kann die interindividuelle Variabilität der EEG-Veränderungen durch drei Faktoren erklärt werden: unterschiedliche Reaktion gegenüber Hypokapnie, unterschiedliche Bereitschaft zur Vasokonstriktion und unterschiedliche Empfindlichkeit des Gehirns gegenüber Hypoxie. Diese Faktoren sind altersabhängig, und auf diese Weise erklärt sich ohne weiteres auch die Altersabhängigkeit der Hyperventilationseffekte. Es kommt hinzu, daß auch die Fähigkeit zur CO_2-Abatmung selbst altersabhängig ist. Im übrigen ist der Hyperventilationseffekt auch von einer Reihe anderer Faktoren abhängig, von denen meist der Blutzuckerspiegel hervorgehoben wird. Er wirkt sich aber innerhalb physiologischer Grenzen wohl nicht aus, doch können auch keine verbindlichen Grenzwerte für die Wirksamkeit von Blutzuckerwerten auf das Eeg angegeben werden, weil zugleich die Geschwindigkeit von Blutzuckerschwankungen eine Rolle spielt.

Insgesamt sind die Zusammenhänge zwischen biochemischen Veränderungen, klinischen Erscheinungen und elektroenzephalographischen Befunden noch immer recht unübersichtlich, obwohl sie mit sehr verschiedenartiger Methodik häufig untersucht wurden (K. MÜLLER).

Effekte: Bei entsprechender Intensität der Mehratmung kommt es in der Regel zu einer *allgemeinen Aktivierung* der Hirnpotentialschwankungen, d. h. zu einer besseren Ausprägung der Alphaaktivität, zur Zunahme der Spannungshöhe (Abb. 213), zu größerer Frequenzinstabilität mit Tendenz zur Verlangsamung, auch zur Zunahme etwa vorhandener diffus eingelagerter langsamer Abläufe oder zum Auftreten von Theta- und gelegentlich vereinzelten Deltawellen zunächst über den vorderen, dann über allen Ableitungsbereichen etwa bis zum Grad einer leichten, manchmal schon mäßigen Allgemeinveränderung. Diese Veränderungen der Hirnpotentialbilder können jedenfalls als physiologisch gelten, im Jugendalter wohl auch eine noch etwas stärkere, bis mäßig schwere Allgemeinveränderung. Als besonderes Merkmal, welches relativ oft unter Hyperventilation auftritt und nicht ohne weiteres als pathologisch gelten kann, sind kurze, meist generalisierte und teils okzipital, teils frontal betonte *Wellenparoxysmen* im Delta- oder bzw. und Theta-

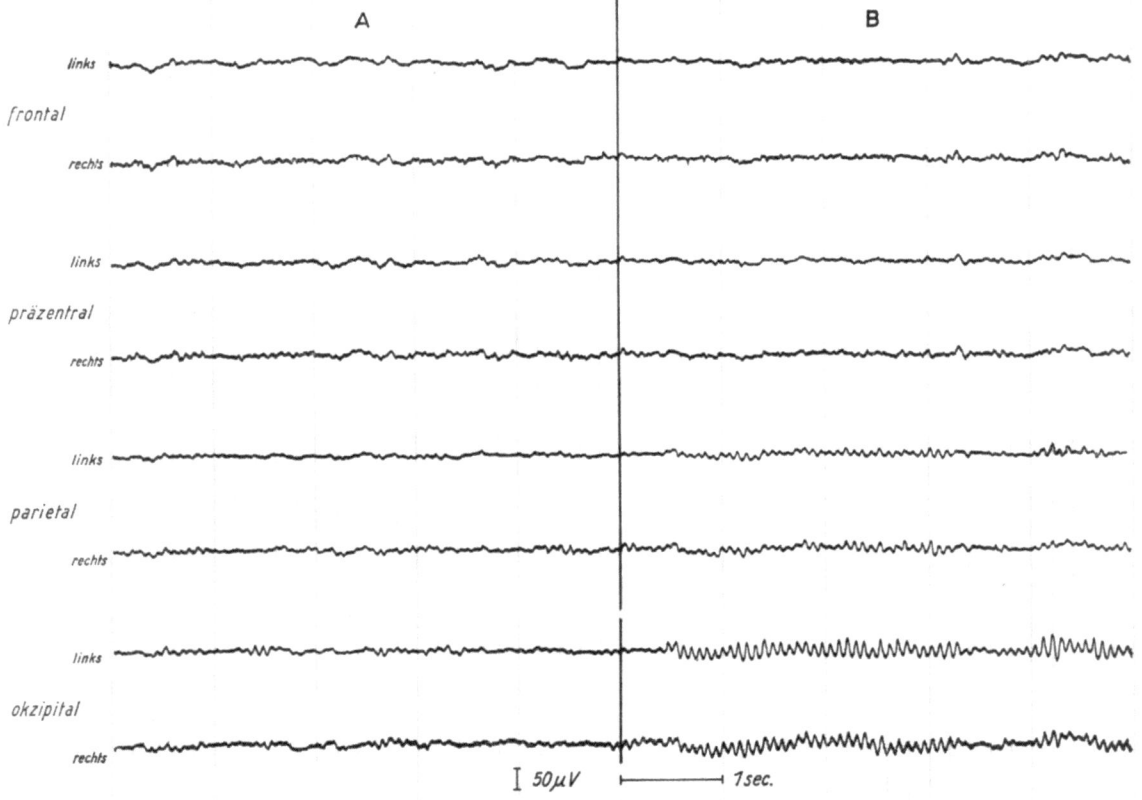

Abb. 213 Ableitungsart I (unipolare Schaltung zum linken Ohr)
Eeg vor und während Hyperventilation
A Vor Hyperventilation: Spannungsniedrige Alphawellen sehr schwacher Ausprägung
B Während Hyperventilation: Deutliche Aktivierung, Spannungserhöhung und deutlich bessere Ausprägung der Alphawellen

bereich (vor allem 3–4/sec.) zu nennen (s. Abb. 300). Diese Veränderungen sind bei Jugendlichen und Erwachsenen je nach ihrer Ausprägung jedenfalls als abnorm bis pathologisch zu bezeichnen. Im Kindesalter entsprechen sie vom Kleinkindalter bis in die ersten Schuljahre dem normalen Hyperventilationseffekt, wohingegen sie in der späteren Kindheit als abnorm aufzufassen sind. Von den kurzen bzw. längeren Wellenparoxysmen muß man im Kindesalter wohl die mehr oder weniger kontinuierliche Entwicklung spannungshoher langsamer Aktivität (ebenfalls vor allem 3–4/sec.) unter Hyperventilation unterscheiden, welche schließlich bilateral symmetrisch oder inkonstant seitenbetont auftretend mit mehr oder weniger deutlicher Rhythmisierung das Bild beherrschen kann. Sie ist unserer Auffassung nach bis in die späte Kindheit hinein als noch normal zu bewerten. Die Frage, ob Theta- bzw. Deltaaktivität nicht nur quantitativ, sondern auch qualitativ unterschiedliche Reaktivitäten darstellen, ist noch nicht entschieden (SCHEFFNER).

Es lassen sich somit für die Bewertung der unspezifischen Abänderungen des Hirnpotentialbildes unter der Hyperventilation nur sehr allgemeine und grobe Richtlinien geben. Vor allem für das Kindesalter ist es sehr schwierig, die Grenze zwischen normalem, altersphysiologischem Hyperventilationseffekt und abnormer Reaktion oder gar pathologischen Veränderungen anzugeben. Dabei müssen das Ausgangs-Eeg, die Intensität der Mehratmung und besonders das Lebensalter berücksichtigt werden (s. auch Abschn. 5.5.5.1.). Für das Erwachsenenalter bestehen diese Schwierigkeiten nicht, weil der Hyperventilationseffekt insgesamt sehr viel weniger stark ist.

Allgemein und grundsätzlich kann man wohl sagen, daß die unspezifischen Hyperventilationseffekte im Sinne der Allgemeinveränderung, d. h. diffuser langsamer Aktivitäten, und subkortikaler Zeichen, d. h. mehr oder weniger generalisierter und verschieden stark rhythmisierter Wellenparoxysmen, auch dann nicht als pathologisch im engeren Sinne, sondern allenfalls als abnorm gelten können, wenn sie in ihrem Auftreten, in ihrer Ausprägung oder durch ein verzögertes Abklingen nicht den fiktiven altersentsprechenden Hyperventilationsreaktionen gesunder Versuchspersonen entsprechen. So bewerten wir mittel- und hochgradige Allgemeinveränderungen im Jugend- und Erwachsenenalter als diffuse Abnormität und deutliche Wellenparoxysmen von der späten Kindheit bis zum Erwachsenenalter als Zeichen einer Irritation bzw. Funktionslabilität von subkortikalen bzw. Hirnstammstrukturen. *Sicher pathologisch sind altersunabhängig Herdveränderungen* (Abb. 214) *und Spitzenpotentiale* (Abb. 215), selbst wenn ihre klinische Zuordnung gelegentlich erhebliche Schwierigkeiten bereiten mag oder überhaupt offenbleiben muß.

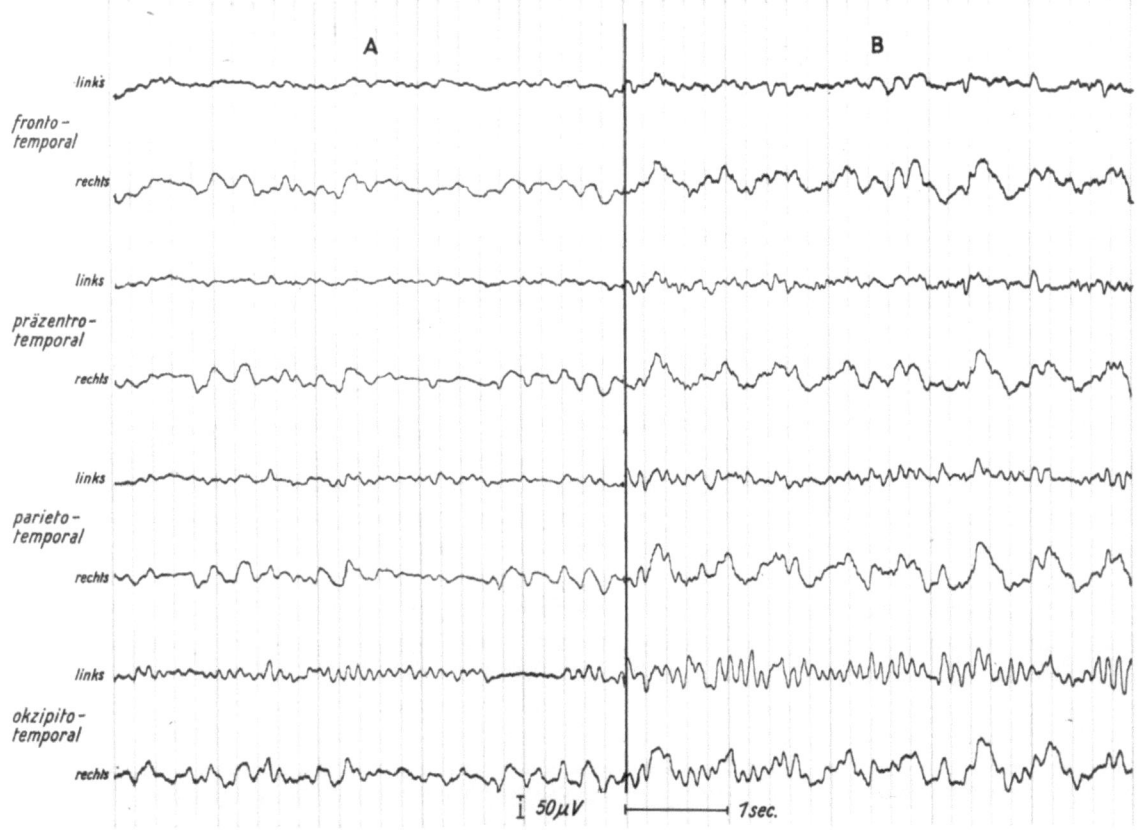

Abb. 214 Ableitungsart IV (bipolare temporale Schaltung)
Eeg vor und während Hyperventilation
A Vor Hyperventilation: Herdförmige Theta-Delta-Wellen rechts temporal
B Während Hyperventilation: Deutliche Aktivierung, Theta-Delta-Fokus mit starkem Überwiegen der Deltawellen rechts temporal

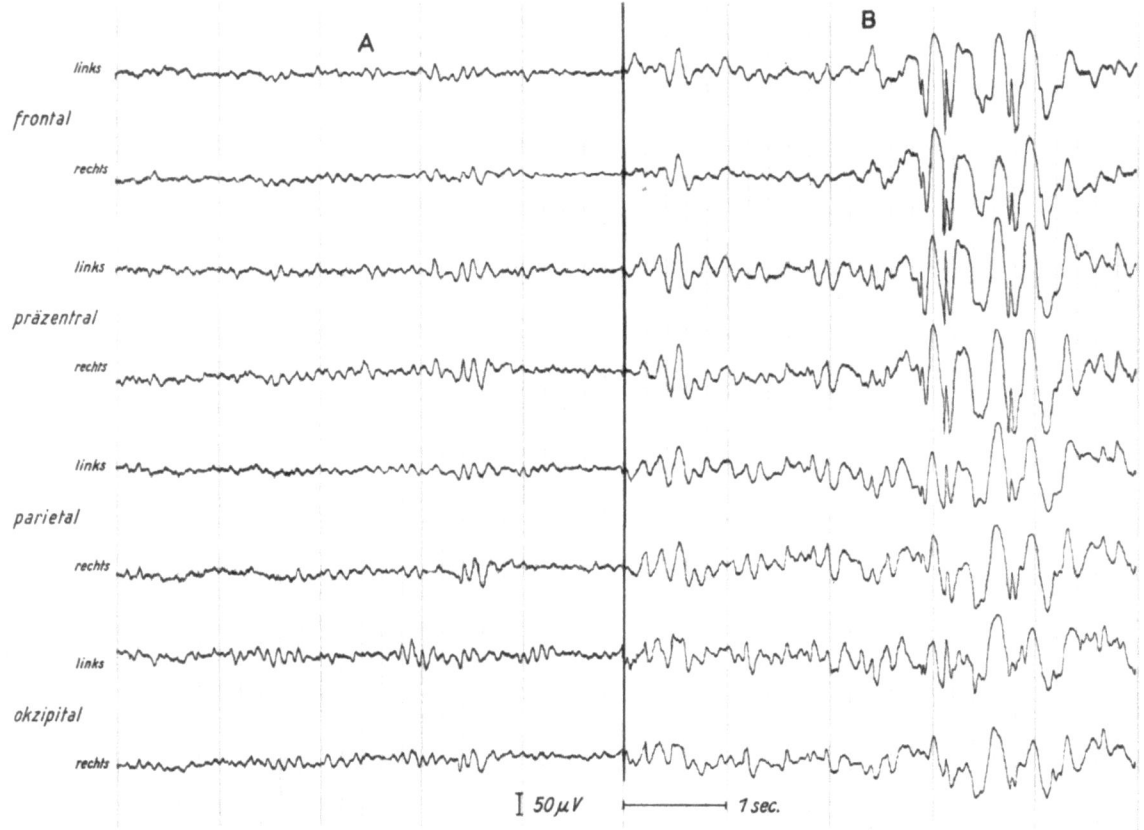

Abb. 215 Ableitungsart I (unipolare Schaltung zum linken Ohr)
Eeg vor und während Hyperventilation
A Vor Hyperventilation: Sehr leichte Allgemeinveränderungen
B Während Hyperventilation: Deutliche Aktivierung der Allgemeinveränderungen, Wellenspitzenparoxysmus

Schließlich sind noch einige Bemerkungen zur *An- und Abklingzeit* zu machen. Das Eeg spricht auf die Hyperventilation im Kindesalter nicht nur stärker, sondern auch schneller an als im Erwachsenenalter. Es können schon in den ersten 30 Sekunden deutliche Veränderungen eintreten, und in der ersten Minute tritt in 90% der Untersuchungen der Effekt ein. Im Erwachsenenalter dagegen sieht man Veränderungen – wenn überhaupt – meist erst in der zweiten bis dritten Minute. Andererseits benötigen die stärkeren Veränderungen im Kindesalter oft etwas längere Zeit zum Abklingen; nach einer Minute sind bei 75% der Untersuchten die Veränderungen abgeklungen. Im Erwachsenenalter kann das Abklingen nach 15–30 Sekunden erwartet werden. Wenn der Hyperventilationseffekt in den angegebenen Zeiten (60–90 Sekunden bei Kindern, 30–60 Sekunden bei Erwachsenen) bei Berücksichtigung des tatsächlichen Endes der Mehratmung nicht abgeklungen ist, spricht man von verzögertem Abklingen des Hyperventilationseffekts.

Klinische Korrelation: Wie wir oben schon ausgeführt haben, bewerten wir eine Reihe von unspezifischen Hyperventilationsreaktionen lediglich als abnorm oder allenfalls als pathologisch in einem weiteren Sinne. Veränderungen im Sinne mittel- bis hochgradiger Allgemeinveränderungen und das nicht altersentsprechende Auftreten von Wellenparoxysmen lassen meist auch bei Berücksichtigung der klinischen Angaben keinen Schluß auf eine bestimmte Hirnaffektion oder auch nur allgemein auf pathologisch-anatomische Veränderungen zu. Wir fassen sie als Zeichen einer *funktionalen Störung* auf und bezeichnen sie deshalb als »Hinweis auf eine Hirnaffektion im weiteren Sinne, d. h. nicht ohne weiteres mit morphologisch faßbarem Substrat«. Dabei denken wir im Kindesalter an eine Reifungsverzögerung, welcher indessen eine sehr blande frühkindliche Hirnschädigung oder andere konstitutionelle Faktoren zugrunde liegen können. Im übrigen kommen vor allem stoffwechselmäßige und durchblutungsbedingte Besonderheiten in Betracht. An letztere muß man wohl besonders im Erwachsenenalter denken und sie speziell sowohl hinsichtlich des verzögerten Abklingens des Hyperventilationseffekts als auch angedeuteter, temporal beiderseits wechselnder Verlangsamungen in Anspruch nehmen. Wellenparoxysmen unter Hyperventilation im Erwachsenenalter, vor allem Deltarhythmen, sind wiederum am ehesten mit einer Hirnstammfunktionslabilität in Verbindung zu bringen und sollen bei vegetativ-labilen, »neurasthenischen« oder auch konstitutionell-neuropathischen Menschen, bei tetanischen Syndromen oder auch bei Migräne relativ häufig vorkommen.

Schließlich sei noch erwähnt, daß im Anschluß an eine intensive Hyperventilation zeitweilig *hirnelektrische Zeichen von Vigilanzschwankungen* bzw. Schläfrigkeit auftreten können oder daß dann derartige

EEG-Besonderheiten an Ausprägung und Deutlichkeit zunehmen, wenn sie schon im Ruhe-Eeg vor der Hyperventilation vorhanden waren. Diese EEG-Veränderungen sind ebenfalls nicht als pathologisch zu bewerten und kommen in einem gewissen Prozentsatz je nach den Untersuchungsbedingungen in der jeweiligen EEG-Abteilung und den Untersuchungsumständen bei dem betreffenden Kranken vor. Wenn sie aber recht deutlich sind und sogar eine Tendenz aufweisen, die Stadien des manifesten Schlafs zu erreichen, können sie als abnorm gelten und einen Hinweis auf eine Störung aus dem narkoleptischen Formenkreis darstellen, sofern nicht ein relativer Schlafentzug vorausgegangen ist.

Wir haben die unspezifischen Veränderungen des Hirnpotentialbildes unter Hyperventilation und die Frage ihrer Bewertung und klinischen Bedeutung relativ ausführlich besprochen, weil sie schwer erfaßbar und nur sehr beschränkt verwertbar sind. Dies hat eine weitverbreitete Unsicherheit zur Folge, zumal die ganze Problematik in den EEG-Büchern und einschlägigen Arbeiten nicht sehr eingehend bzw. entschieden abgehandelt wird. Immerhin ist man sich dahingehend einig, daß der verstärkte oder verzögert abklingende unspezifische Hyperventilationseffekt kaum einigermaßen sichere spezielle diagnostische Zuordnungen erlaubt. Das gilt auch für die Korrelation mit frühkindlichen Hirnschädigungen, Epilepsien oder Gefäßerkrankungen, zu denen noch am ehesten Beziehungen erwogen werden.

Im engeren Sinne unspezifisch sind auch *fokale Verlangsamungen im Sinne von Herdveränderungen*. Sie gelten aber jedenfalls als pathologisch, weil sie bei Gesunden bzw. in der Durchschnittsbevölkerung praktisch nicht provoziert werden. Wir möchten auch bestimmte subkortikale Zeichen in Form von gruppenweise oder auch mehr oder weniger kontinuierlich auftretender schneller Thetaaktivität (6–7/sec.) frontal oder frontopräzentral beiderseits dazurechnen. Freilich sind diese lokalisierten Verlangsamungen nicht für bestimmte Erkrankungen bzw. Ursachen typisch oder gar pathognomonisch, sondern sprechen lediglich für das Vorliegen einer umschriebenen Hirnaffektion. Diese kann neoplastischer, vaskulärer, traumatischer oder entzündlicher Art sein. Auch bei der Hyperventilation muß man dabei zwischen Herdveränderungen im eigentlichen Sinne in Form kontinuierlicher oder diskontinuierlicher Herde langsamer Wellen oder auch einer Alphaaktivierung einerseits und banalen lokalisierten Funktionsstörungen in Form gruppenweiser langsamer Wellen unterscheiden. Die Alltagserfahrung wie die EEG-Literatur lassen erkennen, daß eine solche Unterscheidung oft nicht oder nicht ausreichend getroffen wird; es kann indessen an dieser Stelle nicht näher auf das Problem der schärferen Abgrenzung und genaueren Definition der Herdveränderung im engeren Sinne eingegangen werden. Sie ist aber hier von besonderer Bedeutung, weil unter Hyperventilation nicht ganz selten Theta- (Delta-) Gruppen im Temporalgebiet vor allem bei älteren Menschen auftreten. Solche Auffälligkeiten lassen nicht auf eine umschriebene Hirnaffektion im engeren Sinne oder gar auf ein progredientes Hirngeschehen schließen. Sie sind am ehesten auf klinisch latente vaskuläre Insuffizienzen zu beziehen, zumal sie auch bei klinisch Gesunden vorkommen (KOOI und Mitarb.).

Im übrigen hat die Hyperventilation auch für eine andere Art der lokalisierten Veränderungen eine gewisse Bedeutung, nämlich für die *Alphareduktion*. Diese wird indessen nicht aktiviert, sondern eher »inhibiert«, d. h. in ihrer Ausprägung abgeschwächt. Das kommt durch die gegebenenfalls eintretende Aktivierung der Alphaaktivität zustande, durch welche die Alphareduktion mehr oder weniger überdeckt werden kann. Auf diese Weise leistet die Hyperventilation einen Beitrag zur Unterscheidung von Alphareduktion und Alphaaktivierung. Zugleich trägt sie zur Echtheitsbestimmung der Alphareduktion bei, indem beim Ausbleiben der Abschwächung trotz sonst guten Aktivierungseffekts der Verdacht auf eine Artefaktbedingtheit der Alphareduktion aufkommt.

Die enge Korrelanz von *Spitzenpotentialen* mit epileptischen Erkrankungen gilt auch für die unter Hyperventilation auftretenden oder durch die Hyperventilation aktivierten Spitzen. Wenn die Provokation bzw. Aktivierung von Spitzenpotentialen bei Epileptikern mit etwa 30% angegeben wird, so muß hinzugefügt werden, daß ganz erhebliche Unterschiede zwischen den verschiedenen Epilepsieformen bestehen. Am besten ist der Effekt bei den primär generalisierten Epilepsien und dabei vor allem bei den pyknoleptisch auftretenden Absenzen, für welche der Aktivierungseffekt unter Hyperventilation geradezu als pathognomonisch gelten kann. Relativ gering ist die Provokationswirkung bei partiellen Epilepsien mit Anfällen mit elementarer Symptomatologie, also den neokortikal-fokalen Anfällen. Es kann demnach nicht erwartet werden, daß die Hyperventilation bei allen epileptisch Anfallskranken Spitzenpotentiale zutage fördert; ein negatives Eeg schließt auch hier nichts aus. Andererseits kann es bei anderen Erkrankungen zum Auftreten von Spitzenpotentialen unter Hyperventilation kommen, was immerhin in 3,5–5% der Hirngefäßkranken, Hirntraumatiker, »Neurastheniker« und endogen Psychotischen vorkommen soll (FLÜGEL). Es muß danach bedacht werden, daß auch unter Hyperventilation auftretende Spitzenpotentiale strenggenommen nicht »spezifisch« oder diagnostisch beweiskräftig sind. Trotzdem kann man ihnen eine erhebliche Hinweiskraft zusprechen, welche nicht zuletzt von der Art der Spitzenpotentiale abhängig ist.

Abschließend seien Möglichkeiten und Grenzen der Hyperventilationsprovokation anhand einer Erhebung von FLÜGEL nochmals kurz demonstriert. Der Studie lagen 1000 ambulante oder stationäre Erstuntersuchungen innerhalb etwa eines Jahres in einer neurologisch-psychiatrischen Klinik zugrunde. Eine Aufschlüsselung in diagnostischer Hinsicht wurde nicht gegeben, eine besondere Auswahl aber wohl nicht getroffen. In diesem gemischten Krankengut ergaben sich bei 608 Untersuchungen EEG-Veränderungen unter Hyperventilation. Allerdings waren die meisten Veränderungen belanglos oder allenfalls als Abnormitäten zu bewerten (Tab. 1).

Tabelle 1 Hyperventilationseffekte bei 1000 Erstuntersuchungen (K. A. FLÜGEL)

EEG-Veränderung	Anteil an den Untersuchungen in %	Anteil an den HV-Effekten in %
Aktivierung der Alphaaktivität	22	61
Provokation oder Aktivierung von Theta-/Delta-Aktivität	16,5	27
Provokation oder Aktivierung von »Unregelmäßigkeit mit steileren Graphoelementen«	16,4	26
Provokation oder Aktivierung von »ermüdungsähnlicher Aktivität«	8,2	13,4
Aktivierung von »Krampfpotentialen oder paroxysmal-dysrhythmischen Störungen«	7,7	12,6
Aktivierung von Betawellen	2,7	4,4
Aktivierung von Asymmetrien	3,9	6,4

Sicher pathologische Veränderungen (Merkmalsgruppe 5) lagen nur bei 77 Untersuchungen vor. Dieses Ergebnis erscheint zunächst recht mager und ist geeignet, übertriebene Erwartungen an diese so verbreitete und mit großer Überzeugung an ihren Nutzen geübte Provokationsmethode stark einzuschränken. Zugleich wirft die Studie aber einige Fragen auf, welche für eine verbindliche Beurteilung von Bedeutung sind: nach der diagnostischen Zusammensetzung des Untersuchungsgutes, Intensität der Hyperventilation, dem Verhältnis von Provokationen und Aktivierungen, dem Charakter »krampfwellenähnlicher Komplexe« und der Provokation von Herdveränderungen.

Indikationen: Für die gezielte Anwendung der Hyperventilation als Provokationsmethode in der klinischen Elektroenzephalographie ist bedeutsam, daß als sicher pathologische Effekte das Auftreten von Spitzenpotentialen oder von Herdveränderungen im engeren Sinne zu gelten haben. Demzufolge ist die Hyperventilation in erster Linie bei Anfallszuständen angezeigt, wobei die Klärung von absenzartigen Zuständen vornan steht. Zum anderen dürfte sie für den Nachweis von umschriebenen Hirnaffektionen bzw. Hirngeschehen, vor allem Tumoren, eine besondere Bedeutung haben. Alle anderen Erkrankungen folgen erst mit einigem Abstand, wobei die Hyperventilationsprovokation am ehesten noch zur Erfassung von Hirndurchblutungsstörungen beitragen kann.

Diese Gesichtspunkte für eine gezielte Anwendung stehen aber dem in der Praxis geübten breiten Einsatz nicht entgegen. Wir meinen auch aufgrund entsprechend umfangreicher eigener Erfahrungen, daß es keine entschiedene Kontraindikation der Durchführung der Hyperventilation mit Ausnahme von erheblichen Hirndruckerscheinungen gibt. Kranke, bei denen sie sich am ehesten verbieten könnte (schwerwiegende intrakranielle Drucksteigerung, sehr schlechter Allgemeinzustand), sind meist zu einer zweckentsprechenden Mehratmung nicht in der Lage, so daß sie ohnehin unterbleiben wird.

6.4. Photostimulation (Flacker-, Flicker- oder Flimmerlichtreizung)

Methodik: Obwohl die physikalischen Parameter relativ gut bestimmbar sind, ist bisher auch für die Photostimulation ein einheitliches Vorgehen mit standardisierter Methodik nicht erreicht worden. Für die Lichtintensität sind beispielsweise 0,5–1,2 bzw. 1,5 bis 2,0 Joule angegeben worden. Auch für die Lichtblitzdauer finden sich recht unterschiedliche Werte von höchstens etwa 20, 20–30, 100 und 200–800 μsec. Die Empfehlungen für den Abstand der Lampe vom Untersuchten schwanken zwischen 10 und 50 cm. Bezüglich der Reizfrequenzen liegen die unteren Werte zwischen 0,3 und 3/sec., die oberen Werte zwischen 20 und 30/sec. Desgleichen werden die Abstände der Doppelblitzreizung mit 20–30, 30–100, 70–90 und 100–200 msec. recht verschieden angegeben. Die Uneinheitlichkeit erstreckt sich weiter auf den Modus der Reizanwendung, welche teils von Frequenz zu Frequenz stufenweise, teils allmählich zunehmend oder auch an- und abschwellend erfolgt. In unterschiedlicher Weise werden auch Stimulationspausen eingelegt. So dauert die Stimulierung verschieden lange und beträgt eine halbe bis mehrere Minuten. Einheitlichkeit besteht eigentlich nur insofern, als die Photostimulation in weitgehend abgedunkeltem Raum meist bei geschlossenen Augen des Untersuchten mit wiederholtem Augenöffnen durchgeführt wird.

Das Photostimulationsgerät vom Typ TuR FS 5 ermöglicht eine Blitzintensität von 0,3, 0,6 oder 1,2 Joule; wir empfehlen die Stimulation mit 1,2 Joule. Der Abstand der Lampe vom Untersuchten beträgt etwa 15 cm. Wir schlagen vor, zunächst bei geschlossenen Augen mit wiederholtem, kurzem Augenöffnen innerhalb einer Minute kontinuierlich mit Einzelblitzen allmählich steigender Frequenz von 3–20/sec. zu stimulieren und danach mit Einzelblitzen bei Frequenz 3-5-7-10-12-15-20 jeweils 10 Sekunden lang zu stimulieren und eine Pause von 10 Sekunden einzulegen. Schließlich empfiehlt sich eine Reizung mit Doppelblitzen von etwa 50 msec. Blitzabstand bei Reizfrequenzen 3-5-10-15 für ebenfalls jeweils 10 Sekunden mit 10 Sekunden Pause zwischen jeder Serie. Die EEG-Registrierung erfolgt in Ableitungsart III mit gleichzeitiger Reizmarkierung (Abb. 216).

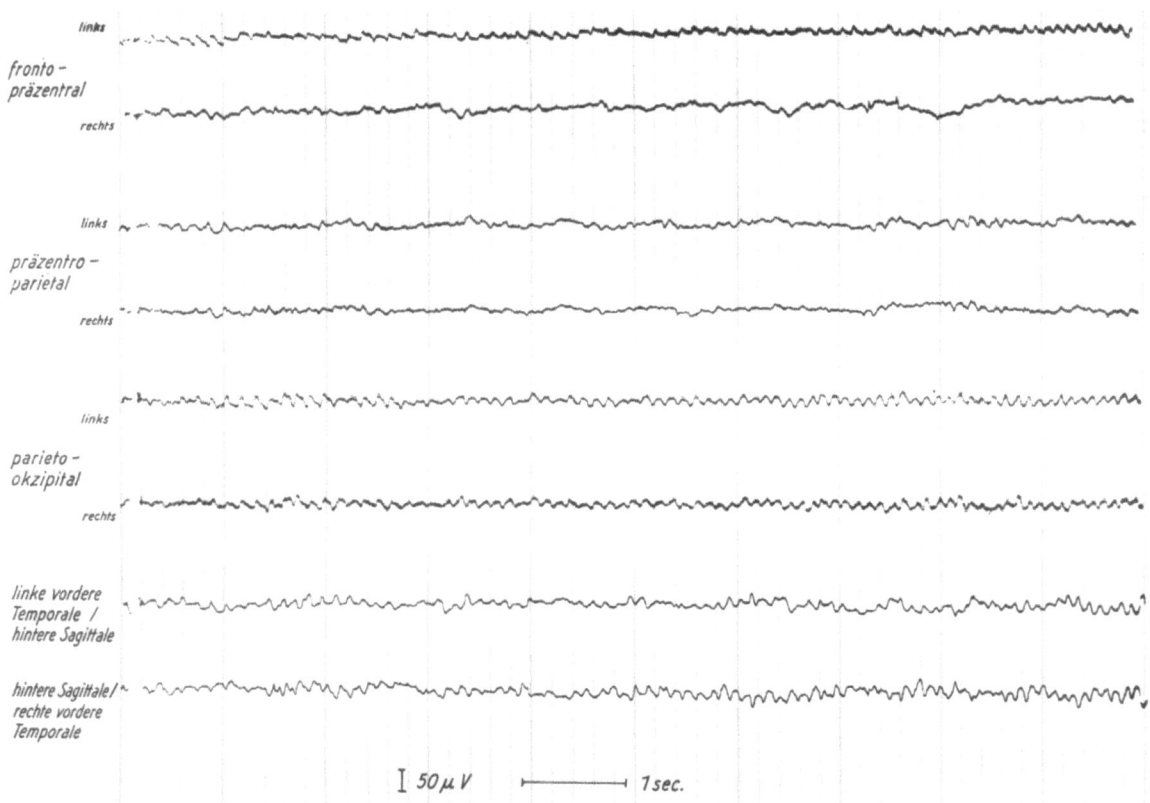

Abb. 216 Ableitungsart III (bipolare Längsschaltung)
Eeg bei Photostimulation
Synchronisierung mit fundamentaler Antwort unter Reizfrequenz 7–10/sec

Pathophysiologie: Die neurophysiologische Grundlage der Photostimulation ist ein kompliziertes Geschehen, welches zweifellos nicht vollständig durchschaubar ist. Die Auswirkungen, welche ein Lichtreiz auf dem Weg von der Netzhaut des Auges zum Sehrindengebiet des Großhirns hat, ist von vielen äußeren und inneren Faktoren abhängig: von der Wellenlänge, Helligkeit und Dauer des Lichtreizes, vom Zustand des optischen Systems, von erregenden und bahnenden sowie hemmenden oder unterdrückenden Einflüssen anderer zerebraler Funktionssysteme. Dabei spielen auch der Reifungsgrad bzw. das Lebensalter und der Wachheitsgrad eine Rolle.

Der Lichtreiz ruft im Okzipitalbereich eine Erregung hervor, welche einer mehrphasigen Potentialschwankung (evoziertes Potential) entspricht. Dieses tritt in den Hirnpotentialschwankungen des Elektroenzephalogramms nicht hervor, sondern kann nur durch die Überlagerungstechnik herausgemittelt werden (averaging). Bei der Anwendung von Reizserien wird die hirnelektrische Aktivität im Okzipitalbereich entsprechend beeinflußt, d. h. angetrieben (driving), bzw. sie folgt den Reizen (following). Mehr beschreibend und damit neutraler kann man die Reizfolgeantworten als Aufreihung (Photoentrainment, KLASS und FISCHER-WILLIAMS) bezeichnen. Jedenfalls handelt es sich hierbei wohl um einen physiologischen Synchronisierungsvorgang der Hirnpotentialschwankungen. Zum anderen gibt es als abnorm zu bewertende Erscheinungen, die unter dem Begriff der Photosensibilität (besser wohl: gesteigerte Photosensibilität) zusammengefaßt werden. Ihr liegen Erregbarkeitssteigerungen bzw. Enthemmungen in bestimmten Funktionsbereichen – vor allem dem thalamokortikalen System – zugrunde.

Effekte: Der physiologische *Synchronisierungseffekt* macht sich durch eine Rhythmisierung und Spannungserhöhung der Hirnpotentialschwankungen hauptsächlich im Okzipitalbereich bemerkbar (Abb. 216). Die Potentialschwankungen weisen dabei eine geringe Latenz gegenüber dem Lichtreiz auf. Dies ermöglicht die Unterscheidung vom BECQUEREL-Effekt, welcher vollkommen reizsynchron ist und sich als besonders scharfe und spitze Potentialschwankung darstellt. Die Reizfolgeantworten sind nicht bei allen Untersuchten zu beobachten und treten auch nicht bei allen Reizfrequenzen deutlich auf. Je nach dem Frequenzverhältnis von Reiz und Antwort wird von *fundamentaler, harmonischer oder subharmonischer Antwort* gesprochen (WALTER). Es handelt sich dabei um diagnostisch belanglose Varianten. Selbst die klinische Bedeutung von Seitendifferenzen ist neuerdings in Frage gestellt worden, jedenfalls wenn sie nicht unter verschiedenen Bedingungen konstant sind (KLASS und FISCHER-WILLIAMS).

Gelegentlich kann man unter Photostimulation eine mehr oder weniger stark ausgeprägte, *diffuse Einlagerung langsamer Abläufe* im Sinne einer Allgemeinveränderung beobachten. Das ist sehr selten und hat auch wohl deshalb bisher kaum Beachtung gefunden.

Im Vordergrund der Betrachtung der Photostimulationseffekte im Rahmen der klinischen Elektroenzephalographie stehen die photomyogene Reaktion und die photoparoxysmale Reaktion (Photomyoklonusreaktion bzw. Photokonvulsivreaktion nach BICKFORD). Sie werden unter der Bezeichnung *Photosensibilität* zusammengefaßt. Wir meinen, daß man von gesteigerter (pathologischer?) Photosensibilität sprechen sollte, da die normalen Reizfolgeantworten und die diffusen unspezifischen Veränderungen in gewissem Sinne bereits eine physiologische bzw. abnorme Photosensibilität darstellen.

Die *photomyogene Reaktion* (Abb. 217) besteht aus Muskelpotentialen (myogenen spikes), welche nur bei geschlossenen Augen massiv bilateral hauptsächlich über den vorderen Ableitungsbereichen auftreten und ausgesprochen stimulationsabhängig sind, d. h., sie sistieren unmittelbar bei Stimulationsende. Klinisch sind sie von rekrutierenden, d. h. allmählich zunehmenden Myoklonien im Sinne eines gesteigerten bzw. enthemmten Blinzelreflexes, weiter des Gesichts und schließlich auf Rumpf und Gliedmaßen generalisierend begleitet. Die photomyogene Reaktion tritt vom 10. Lebensjahr ab hauptsächlich im Erwachsenenalter mit Gipfel im 30. Lebensjahr auf, bei Frauen doppelt so häufig wie bei Männern.

Bei der *photoparoxysmalen Reaktion* (s. Abb. 301) handelt es sich um irreguläre spike and wave-Entladungen oder Theta-Delta-Wellengruppen mit spike-Einlagerung, welche meist bilateral-synchron und generalisiert mit frontopräzentraler Betonung oder seltener nur parietookzipital, gelegentlich auch okzipital einseitig, auftreten. Sie können kürzer ausgeprägt sein, der Lichtreizung entsprechen oder diese überdauern. Hauptsächlich treten sie bei geschlossenen Augen auf, kommen aber auch bei offenen Augen vor. Klinisch gehen sie mit Myoklonien, vegetativen Phänomenen, wie Bradykardie und Änderung des Hautwiderstandes, und vor allem mit Anfällen einher. Dabei kann es sich um bilaterale Myoklonien, Absenzen, tonisch-klonische Anfälle und Anfallsfragmente handeln. Letztere treten als Bewußtseinsstörung, tonische Kopfwendung und Augenbewegung, Heben eines Armes sowie Schmeckbewegung in Erscheinung und können durch Abbrechen der Lichtreizung jederzeit unterbrochen werden; es handelt sich also um ein Reflexgeschehen, nicht eigentlich um einen Anfall (RABENDING). Eine Anfallsgefährdung zeigt sich, wenn bei Fortdauer der Reizung die spike and wave-Aktivität durch Thetaaktivität ersetzt wird. Die photoparoxysmale Reaktion kommt vorwiegend im Kindesalter mit Gipfel in der Schulzeit (6.–15. Lebensjahr) und ebenfalls bei Mädchen häufiger als bei Knaben vor.

Die Häufigkeit der (gesteigerten) *Photosensibilität* wird teilweise recht unterschiedlich angegeben – für

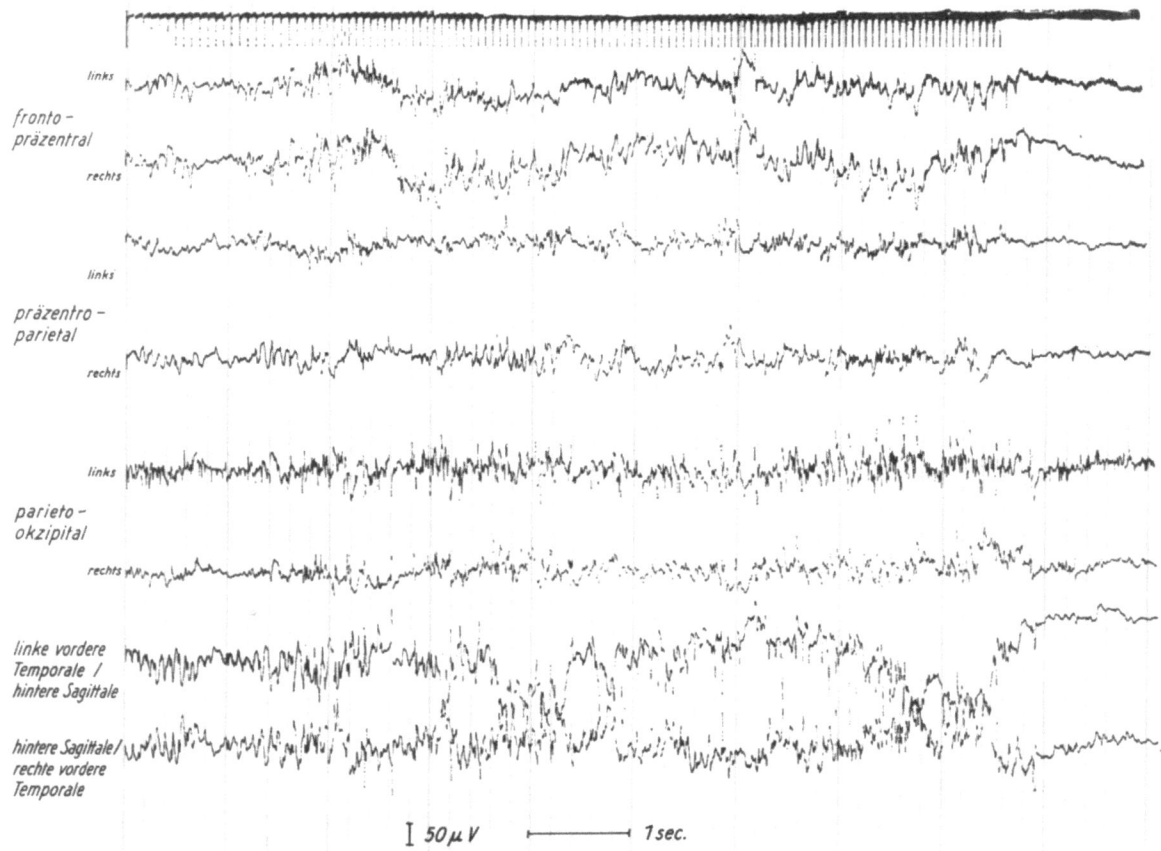

Abb. 217 Ableitungsart III (bipolare Längsreihe)
Eeg bei Photostimulation
Eeg einer 15½jährigen Patientin mit reizabhängigen Muskelpotentialen (photomyogene Reaktion)

Gesunde zwischen 1,4% und 14,2% –, wobei Unterschiede der Kriterien, der Reizcharakteristik und vor allem wohl auch der Alterszusammensetzung in Betracht zu ziehen sind. Für das gemischte Krankengut neuropsychiatrischer Kliniken fanden sich 2% (KLASS und FISCHER-WILLIAMS) bzw. 4,4% (RABENDING): Dabei ergaben sich einerseits 88% photoparoxysmale Reaktionen, 9% photomyogene Reaktionen und in 3% beides, zum anderen dagegen in nur reichlich einem Drittel photoparoxysmale Reaktionen und in knapp zwei Dritteln photomyogene Reaktionen. Von besonderem Interesse ist ferner, daß sich die relativen Häufigkeiten der beiden Reaktionen in Abhängigkeit vom Alter spiegelbildlich gegenläufig verhalten, indem die photoparoxysmale Reaktion von der Kindheit abnimmt, die photomyogene Reaktion dagegen nicht vor dem 10. Lebensjahr auftritt und dann zunimmt. Daraus wird geschlossen, daß es sich um altersabhängige Varianten des gleichen genetischen Merkmals handelt (RABENDING und KLEPEL).

Klinische Korrelation: Es ist vor allem bemerkenswert, daß die (gesteigerte) Photosensibilität bei Epileptikern und ihren Verwandten deutlich gehäuft, nämlich in 10–20%, vorkommt. Auch kamen bei 88% der Kranken mit photoparoxysmaler Reaktion Anfälle vor (KLASS und FISCHER-WILLIAMS). Dabei soll zwischen »verlängerten«, die Lichtreizung überdauernden Reaktionen und sich selbst begrenzenden, vor Stimulationsende sistierenden Reaktionen unterschieden werden, weil die Korrelation zu Krampfleiden entschieden die erstgenannte Reaktion betrifft (REILLY und PETERS). Die *photoparoxysmale Reaktion* korreliert vor allem mit generalisierten Epilepsien, ist aber unabhängig von anderen Zeichen sogenannten zentrenzephalen Typs (spike and wave-Muster, Thetarhythmen). Sie ist in der Epilepsiepathogenese nur ein Teilfaktor, und die Manifestation setzt das Hinzutreten weiterer genetischer und hirnorganischer Faktoren voraus. Dabei kommt es relativ häufig zu besonders bösartigen Verläufen (DOOSE und GERKEN). In diesem Zusammenhang muß noch daran erinnert werden, daß man von photosensibler Epilepsie spricht, wenn bei einem Epilepsiekranken Anfälle sowohl spontan als auch unter entsprechender Lichtreizung auftreten. Die Bezeichnung »photogene Epilepsie« setzt voraus, daß Anfälle nur bei Reizexposition manifest werden. Das Vorkommen einer photoparoxysmalen Reaktion als solcher aber erlaubt nicht ohne weiteres den Schluß auf das Vorliegen einer manifesten Epilepsie; am ehesten ist dieser bei der reizüberdauernden Form erlaubt. Im übrigen soll sie auch relativ häufig bei zerebralen Lipoidosen und bei der spongiosen Enzephalopathie (JACOB-CREUTZFELD) festzustellen sein.

Die *photomyogene Reaktion* hat keine entsprechende Beziehung zum epileptischen Geschehen und wird als weitgehend unspezifisch angesehen. Es spielt ein relativ weites Spektrum klinischer Zustände eine Rolle: depressive Syndrome, Alkoholkranke, Migräne, atrophisierende Hirnprozesse, Medikamentenentzugsphase (RABENDING) bzw. Verdacht auf Systemerkrankungen, Stoffwechsel- oder Elektrolytstörungen, Medikamentenentzug (KLASS und FISCHER-WILLIAMS).

Nicht in allen Studien sind die verschiedenen Formen der Photosensibilität differenziert worden (SCHULZE). Von besonderer Bedeutung ist schließlich noch der Hinweis darauf, daß bei Urämie beide Formen gesteigerter Photosensibilität auftreten und zu schwerwiegenden Komplikationen mit tödlichem Ausgang führen können (FISCHGOLD).

Indikationen: Die Photostimulation ist in erster Linie zur Aufklärung epileptischer Geschehen bedeutsam und diesbezüglich besonders im Kindes- und Jugendalter angebracht. Sie kann mit der photoparoxysmalen Reaktion eine vorwiegend genetisch determinierte Teilkomponente der erhöhten Krampfbereitschaft oder zumindest eine in ihren Äußerungen sehr komplexe konstitutionelle Besonderheit aufdecken. Unter bestimmten Bedingungen kann sie als Hinweis auf ein epileptisches Anfallsleiden gelten und vor allem die Manifestationsbedingungen photosensibler oder photogener Epilepsien aufklären. Darüber hinaus ergibt sich eine sehr breite Indikationsstellung für recht verschiedenartige organische oder funktionelle Hirnaffektionen, wobei mit Vorbehalt die Möglichkeit des gelegentlichen Hinweises auf eine umschriebene Großhirnaffektion, der durch die asymmetrische Ausprägung der einfachen Synchronisierung gegeben sein könnte, für die klinische Praxis im Vordergrund stehen dürfte.

Als Kontraindikation für die Durchführung der Photostimulation muß das Vorliegen urämischer Zustände bezeichnet werden. Im übrigen soll die Lichtreizung abgebrochen werden, sobald Anfallserscheinungen auftreten.

6.5. Schlafentzug und Schlaf

Methodik: Hinsichtlich der Schlaf-Eeg-Provokation sind *Kurzschlafuntersuchungen nach Schlafentzug* und evtl. medikamentöser Unterstützung, *Nachtschlafuntersuchungen* und *Barbituratnarkosen* zu unterscheiden. In der praxisorientierten klinischen Elektroenzephalographie stehen Kurzschlafuntersuchungen aus Gründen der Durchführbarkeit im Vordergrund. Ganznachtschlafuntersuchungen sind recht aufwendig und werden im allgemeinen nur für Forschungszwecke vorgenommen. Barbituratnarkosen werden wohl unzutreffend der Schlaf-Eeg-Provokation zugerechnet und sind ebenfalls aufwendiger als Schlafentzug und Kurzschlaf, auf welche sich unsere Darstellung beschränken soll.

Es ist die Auffassung weit verbreitet, daß sich physiologischer Spontanschlaf unter den Routinebedingungen einer EEG-Abteilung nur schwer oder meist nicht in der erforderlichen Tiefe erreichen lasse. Dies ist einer der Gründe, weshalb intravenöse Barbituratgaben empfohlen wurden, welche letztlich eine Kurznarkose herbeiführen. Andere Untersucher begnügen sich mit der peroralen Gabe von Sedativa oder Hypnotika zur Unterstützung des Einschlafens. Terminologisch besteht keine Einheitlichkeit, wann man von medikamentös ausgelöstem, induziertem, eingeleitetem oder bedingtem Schlaf spricht. Geringe perorale Dosen von Sedativa oder Hypnotika bewirken allenfalls eine vermehrte Betaaktivität und beeinflussen das Eeg sonst nicht, so daß die Kurvenbilder denen des physiologischen Spontanschlafs entsprechen. Wichtig ist jedenfalls, daß der vorausgehende Schlafentzug zweckentsprechend lang ist und auch kontrolliert wird. Ältere Kinder, Jugendliche und Erwachsene kann man am besten eine ganze Nacht wachen lassen und die Untersuchung danach am Morgen vornehmen. Bei Kindern muß man zu ausgedehnten Schlafentzug vermeiden, weil sie sonst übermüdet sind, schwer bis zur Untersuchung wachgehalten werden können und dann zu schnell in sehr tiefen Schlaf gelangen und kaum zur Hyperventilation erweckt werden können. Es genügt, wenn man den Nachtschlaf verkürzt, d. h. sie früher als gewohnt weckt. Im frühen Kindesalter kann man außerdem den Mittagsschlaf weglassen und die Untersuchung nachmittags durchführen. KLUST und DAUTE haben für verschiedene Altersstufen folgende günstige mittlere Schlafentzugszeiten gefunden: 2.–3. Lebensjahr 9–10 Stunden, 4.–5. Lebensjahr 12 Stunden, 6.–9. Lebensjahr 15 Stunden und 10. bis 13. Lebensjahr 18 Stunden. Wir geben in der Regel älteren Kindern eine Tablette, Erwachsenen 2 Tabletten Dormutil (Methaqualon 0,2 g je Tabl.). Dabei haben wir gegenüber dem früher benutzten Hexobarbital kaum eine Überlagerung durch Betaaktivität gesehen. Jedenfalls sollen die Drogen nicht toxisch oder allergisch wirken, leicht einzunehmen und für den Untersuchten nicht unangenehm sein, schnell und kurzdauernd wirken und keine unerwünschten Nachwirkungen haben. Indessen hat sich die vorsorgliche medikamentöse Unterstützung des Einschlafens eigentlich als unnötig erwiesen (KLASS und FISCHER-WILLIAMS).

Die EEG-Untersuchung erfolgt im Liegen in einem weitgehend abgedunkelten Raum mittels der auch sonst üblichen Ableittechnik. Es wird das Standardableitprogramm durchgeführt, und die Untersuchungsdauer richtet sich nach dem Schlafverlauf. Wir streben an, alle Stadien des sogenannten orthodoxen bzw. langsamen Schlafs zu erhalten, vermeiden aber allzu lange Untersuchungen mit Rücksicht auf die anderweitigen Untersuchungsverpflichtungen. So bleiben wir im allgemeinen bei einer Gesamtuntersuchungszeit von einer Stunde, wenn nicht Einschlafschwierigkeiten bisweilen zu längeren Pausen und zusätzlicher Gabe eines tranquilisierenden Mittels führen. Schließlich erwecken wir den Untersuchten und schließen Hyperventilation und Photostimulation an, wobei ganz besonders auf die zweckentsprechende Durchführung der Mehratmung geachtet werden muß. Nach der Untersuchung sollen die Untersuchten zumindest einige Stunden schlafen können, ehe sie gegebenenfalls in den Straßenverkehr entlassen werden.

Pathophysiologie: Im Schlaf tritt eine Erregbarkeitssteigerung durch Zunahme der Frequenz und Anzahl von Neuronenentladungen sowie eine Zunahme der Bahnungsgeschwindigkeit ein. Daneben kommt es aber auch zu Hemmungsvorgängen. Der Schlaf kann ein zerebrales System aktivieren, ein anderes hemmen, aber auch durch Enthemmung wirken. Er ist eher ein variabler Modulator der Krampfaktivität als ein Alles-oder-nichts-Aktivator (KLASS und FISCHER-WILLIAMS). Einige aktivierende Einflüsse wirken sich direkt auf den epileptogenen Fokus aus, andere indirekt durch mannigfaltige metabolische, biochemische und physiologische Veränderungen im Organismus. Im übrigen sind auch Schlaf und Wachsein nicht konträre Zustände und die Einflüsse des Schlaf-Wach-Systems auf den Organismus sehr vielschichtig und kompliziert. Das kommt auch darin zum Ausdruck, daß nicht nur der Schlaf, sondern auch der Schlafentzug eine Aktivierungswirkung hat.

Effekte: Als unspezifische diagnostische Hinweise im Schlaf-Eeg sind *Seitendifferenzen* im hirnelektrischen Schlafmuster zu nennen, wobei vor allem eine Verminderung in der Ausprägung der Sigmaaktivität in Betracht kommt. Sie gilt als Hinweis auf eine umschriebene Hirnaffektion, ist aber wie die Alphareduktion, abgesehen vom Seitenhinweis, nicht topisch-diagnostisch verwertbar. Seitendifferenzen langsamer Wellen sind kaum relevant, aber es können sogar im Wach-Eeg vorhandene Herdveränderungen im Schlaf-Eeg verschwinden.

Als *Abnormitäten* oder allenfalls leicht pathologische EEG-Muster, jedenfalls ohne eindeutige oder gar enge Beziehung zum epileptischen Geschehen, gelten 6/sec.-spikes and waves, 14 und 6/sec. positive spikes, sogenannte small sharp spikes und die sogenannte psychomotor-variant-Aktivität (GIBBS) bzw. rhythmic midtemporal discharges (LIPMAN und HUGHES), also rhythmische temporale Wellenausbrüche. Sie finden sich vorzugsweise bei Müdigkeit oder beim Einschlafen (im Stadium A bis B nach LOOMIS und Mitarb. bzw. W bis 1 nach RECHTSCHAFFEN und KALES).

Von besonderer Bedeutung für die Schlaf-Eeg-Provokation sind verschiedenartige *Spitzenpotentiale* (Abb. 218 und 219). Im allgemeinen wird die Auffassung vertreten, daß sie vorzugsweise in den oberflächlichen Schlafstadien auftreten. Es ist aber auch die Meinung vertreten worden, daß dies für die lokalisierten Entladungen gilt, wohingegen generalisierte Spitzenpotentiale mehr in den tieferen Schlafstadien zu beobachten sind. Es wurde auch festgestellt, daß der Provokationseffekt bei psychomotorischer Epilepsie beim Einschlafen (Stadium B bis C bzw. 1–2), bei Grand-mal-Epilepsie mehr im leichten bis mittleren Schlaf (Stadien C bis D bzw. 2–3) eintritt (RITTER und Mitarb.). Weiterhin fanden sich zwischen Schlaf- und Aufwachepilepsien Unterschiede, indem die Spitzenpotentiale in den Tiefschlaf- bzw. oberflächlichen Schlafstadien (GÄNSHIRT und VETTER) oder in der Einschlaf- bzw. Aufwachphase (JOVANOVIĆ) auftreten sollen. Die Erfahrungen sind also uneinheitlich.

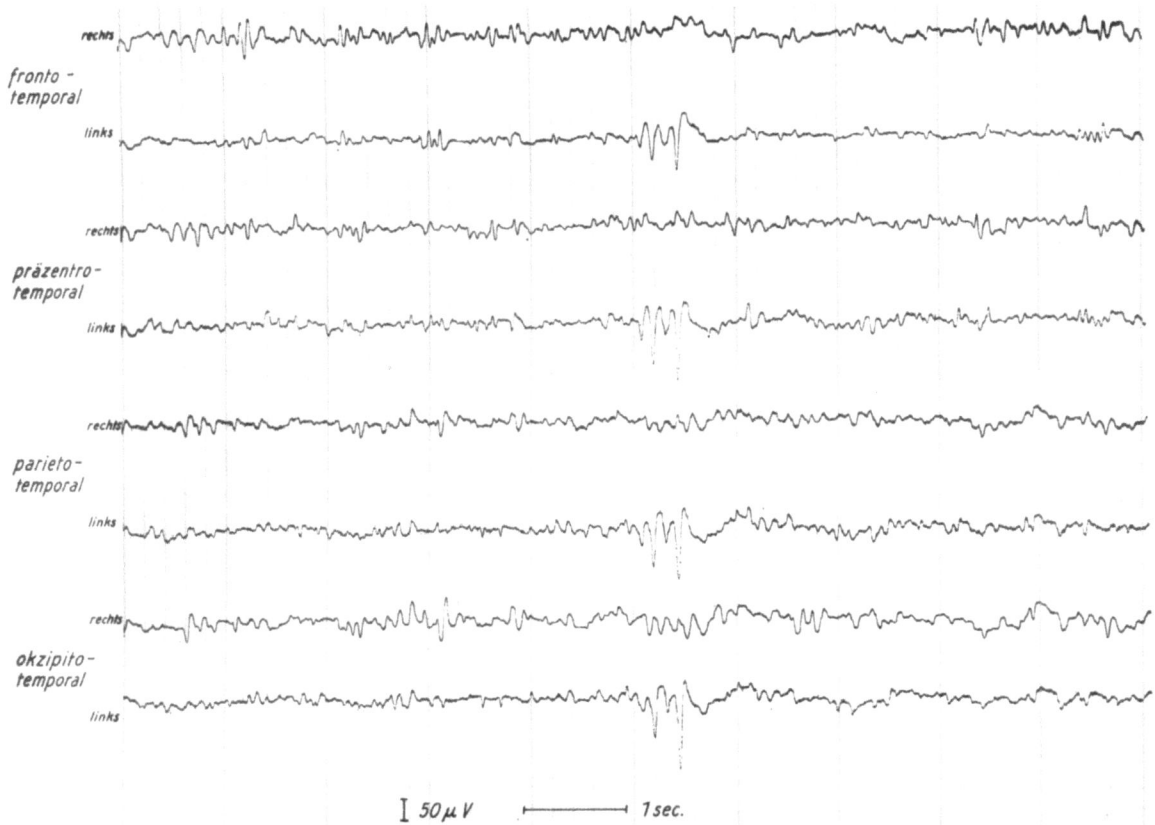

Abb. 218 Ableitungsart IV (bipolare temporale Schaltung gekreuzt)
Eeg nach Schlafentzug
Stadium B bzw. 1: Spitzenparoxysmus temporal links

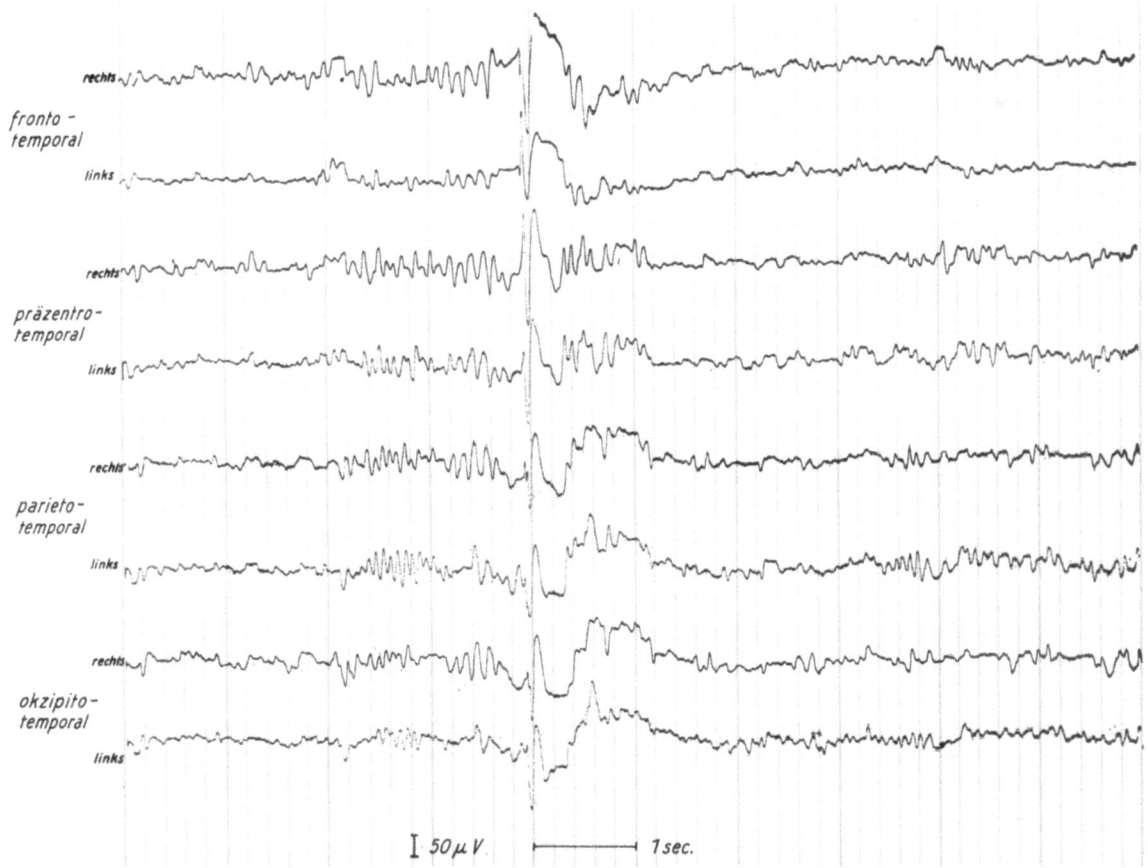

Abb. 219 Ableitungsart IVx (bipolare temporale Schaltung gekreuzt)
Eeg nach Schlafentzug
Stadium C bzw. 2: Generalisierter spike and wave-Komplex

Eine neuere Übersicht (KLASS und FISCHER-WILLIAMS) ergibt, daß fokale sharp waves frontal oder temporal vorn in jedem Stadium des orthodoxen oder langsamen (NREM-)Schlafes vorkommen. Das gleiche gilt für 3/sec.-spikes and waves, welche allerdings nur ausnahmsweise im Schlaf auftreten. Generalisierte oder einseitige bzw. seitenbetonte Spitzenpotentiale (polyspikes and waves, sharp and slow waves, polyspikes) finden sich in den Stadien C und D bzw. 2 und 3 vor allem in Verbindung mit Sigmaaktivität und K-Komplexen. Es muß mit Nachdruck hervorgehoben werden, daß die Feststellung von Spitzenpotentialen im Schlaf-Eeg ebenso sorgfältig und kritisch geschehen muß wie im Wach-Eeg. Vor allem droht eine Verwechslung mit Graphoelementen, welche im Schlaf-Eeg normalerweise vorkommen (z. B. okzipitale positive steile Schlafwellen, steile Vertexwellen, K-Komplexe).

Es sei noch darauf hingewiesen, daß bei Untersuchung nach Schlafentzug eine gewisse Altersabhängigkeit bezüglich der Häufigkeit von Provokationseffekten besteht. Dies ist in der relativ intensiveren Wirkung des Schlafentzuges bei Kindern begründet. Es kann auch als erwiesen gelten (DOMZAL und Mitarb.; BECHINGER und Mitarb.), daß allgemein der Provokationseffekt bei längerer Dauer des Schlafentzuges größer ist. Die zunächst ungeklärte Frage nach der Bedeutung einerseits des Schlafentzuges, andererseits des Schlafes für die Provokationswirkung scheint sich neuerdings zugunsten einer größeren Wirksamkeit des letzteren zu entscheiden (SCOLLO LAVIZZARI und Mitarb. 1977).

Klinische Korrelation: Zunächst sei erwähnt, daß ganz gelegentlich bei Erwachsenen Muster zu beobachten sind, welche im Kindes- und allenfalls noch Jugendalter bei Schläfrigkeit bzw. Einschlafen im Sinne einer Weckreaktion physiologisch sind. Es handelt sich um Delta- bzw. Thetarhythmen oder um Theta-Delta-Paroxysmen bilateral synchron über benachbarten Ableitungsbereichen oder generalisiert. Sie können im Erwachsenenalter als Abnormität bewertet und vielleicht auf eine Funktionslabilität des Hirnstammes bezogen werden. Ob letztere Ausdruck einer Reifungsverzögerung ist, bleibt allerdings hypothetisch.

Zum anderen wurde bereits darauf hingewiesen, daß die einseitige Verminderung der Sigmaaktivität Hinweis auf eine (Großhirn-)Affektion ist, ohne daß über den Seitenhinweis hinaus eine genauere Lokalisation möglich wäre. Auch artdiagnostisch ist keine Aussage möglich; vor allem kommen Traumen, Hämatome oder Neoplasmen in Betracht.

Im Vordergrund steht die Aktivierung von Spitzenpotentialen, wobei beachtet werden muß, daß ihre klinisch-diagnostische Wertigkeit sehr unterschiedlich ist. Es gibt einige im Zustand herabgesetzter Vigilanz bevorzugt auftretende Muster, welche wir schon als Abnormitäten bezeichnet haben. Sie kommen relativ häufig auch bei klinisch Gesunden vor, so daß ihre pathologische Wertigkeit fraglich ist. Im übrigen sollen sie am ehesten mit vegetativ gefärbten anfallartigen Beschwerden oder episodischen Verhaltensstörungen in Verbindung stehen.

Weiterhin können, wie dargelegt, alle Typen von Spitzenpotentialen aktiviert bzw. provoziert werden, besonders aber die lokalisierten Spitzen. Deshalb ist die Bedeutung der Schlaf-Eeg-Provokation besonders groß für die psychomotorische Epilepsie, aber auch die Schlaf-grand-mal-Epilepsie. Am geringsten ist sie für primär generalisierte Epilepsien, vor allem für Absenzen. Das Verhältnis pathologischer Befunde im Wach- und Schlaf-Eeg beträgt bei Schlafepilepsie 1 : 8–10, bei Aufwachepilepsien im Verhältnis 1 : 1,2 bis 1,5 und bei diffusen Epilepsien im Verhältnis 1 : 1,3–1,5. Bemerkenswerterweise ist aber neuerdings im Gegensatz zum Nachtschlaf-Eeg bei Schlaf-Eeg-Untersuchung nach Schlafentzug eine häufigere Provokation bei Aufwachepilepsie im Vergleich zur Schlafepilepsie gefunden worden (DEGEN). Die Ergebnisse sind auch sonst nicht einheitlich, was neben Unterschieden in der Methodik auf Unterschiede im Erreichen der einzelnen Schlafstadien, in der Zusammensetzung des Krankengutes – und damit auch der Fragestellung – sowie schließlich auf unterschiedliche Aktivierungskriterien zurückzuführen ist (KLASS und FISCHER-WILLIAMS). Letzteres bezieht sich sowohl auf die EEG-Merkmale als auch auf die Erfassung von Aktivierungen und Provokationen. Hier erweist sich, daß eine solche Differenzierung doch von praktischem Nutzen wäre.

Indikationen: Die Schlaf-Eeg-Provokation ist von Anfang an ganz vorzugsweise, ja fast ausschließlich bei Epilepsiekranken eingesetzt worden. Naturgemäß erfolgt dabei in der Regel die EEG-Untersuchung aus diagnostischen Gründen vor Einleitung der Behandlung. Es ist aber gelegentlich erwogen worden, die Schlaf-Eeg-Provokation auch im Rahmen der Therapieüberwachung anzuwenden. Die Zweckmäßigkeit eines solchen Vorgehens wird widersprüchlich beurteilt, kann aber unseres Erachtens bei entsprechender Untersuchungskapazität bejaht werden. Die unseres Wissens erste größere Studie über Schlaf-Eeg-Untersuchung während antiepileptischer Behandlung (DEGEN) befaßt sich wieder mit diagnostischen Fragen. Dabei wird übrigens die Vermutung geäußert, daß sich hinsichtlich der Provokationseffekte keine Unterschiede zwischen Krankengruppen mit und ohne antiepileptische Medikation ergeben.

In den letzten Jahren sind auch größere Studien bei einem gemischten Krankengut angestellt worden. Es setzte sich einmal (BECHINGER und Mitarb.) aus mehr als einem Drittel Epilepsiekranken, fast einem Drittel Kranken mit atypischen Anfällen und etwa einem Drittel sonstigen Erkrankungen, zum anderen (RITTER und Mitarb.) aus etwa drei Viertel Epilepsiekranken und einem Viertel sonstigen Erkrankungen zusammen. Wir meinen, daß es durchaus angebracht ist, die Schlaf-Eeg-Untersuchung nicht auf Anfallkranke zu begrenzen. Unserer Ansicht nach liegt aber die Hauptindikation naturgemäß weder bei den klinisch bereits sicheren Epilepsien noch bei den verschiedenartigen

Hirnaffektionen, sondern bei den trotz entsprechend eingehender und differenzierter Anamneseerhebung zunächst unklar bleibenden Anfallzuständen (BROEKER und Mitarb.).

Abschließend möchten wir die Indikationen für die Schlaf-Eeg-Provokationen dahingehend zusammenfassen, daß unklare Anfallzustände vornan stehen, bei klinisch sicheren Epilepsien spezielle Fragestellungen wie die Aufdeckung verborgener Spitzenherde oder evtl. auch die Prüfung des Therapieerfolgs vorliegen sollten und schließlich die Erfassung umschriebener Hirnaffektionen in Betracht zu ziehen ist.

6.6. Methodologische Betrachtungen

Wir haben bereits einleitend darauf hingewiesen, daß es eine Reihe von Kriterien gibt, nach denen die EEG-Provokationen auf ihre Brauchbarkeit geprüft werden sollten: leichte Durchführbarkeit, geringe Belästigung, fehlende Gefährdung, Lebensnähe der Belastung, Objektivität, Zuverlässigkeit und Gültigkeit. Einige Autoren (BÄRTSCHI-ROCHAIX; GÖTZE; HAUSMANOWA-PETRUSEWICZOWA und MAJKOWSKI; SCHWAB; MÜLLER) haben diese Frage berührt, wobei vor allem die leichte Durchführbarkeit und Ungefährlichkeit angesprochen wurden. KLASS und FISCHER-WILLIAMS erwarten von einem idealen Aktivator, daß er sicher, effektiv, zuverlässig, ohne unerwünschte Nebenwirkungen, angemessen, spezifisch und relativ wohlfeil ist. Ähnliche Forderungen wurden für ideale Tests bei Massenuntersuchungen allgemein erhoben (WAGNER). Freilich kann kaum angenommen werden, daß es ein derart ideales Verfahren gibt.

Es ist nun ganz interessant und für die Anwendung der Provokationsmethoden lehrreich, diese unter den genannten Kriterien untereinander zu vergleichen. Die meisten Arbeiten befassen sich jeweils mit einem Aktivierungsverfahren. Nur relativ wenige Autoren berichten über eine Reihe verschiedenartiger Verfahren (z. B. KAUFMAN und Mitarb.; GÖTZE; CINCA und Mitarb.), welche sie aber nicht immer systematisch beim gleichen Krankengut anwenden. So gibt es kaum Arbeiten über eine Abwägung. Lediglich CINCA und Mitarb. meinen, daß man vom Aktivierungsvermögen und der Durchführbarkeit her verschiedene Verfahren hinsichtlich ihrer praktischen Anwendbarkeit wie folgt ordnen könne: Photostimulation – Hyperventilation – Megimide – Barbituratschlaf – physiologischer Schlaf.

Ein solcher Vergleich erscheint uns für die drei im Vordergrund stehenden, auch hier besprochenen Provokationsmethoden am ehesten sinnvoll, weil sie sich in ihrer Indikationsbreite ähneln. Sie kommen besonders zur Klärung von Anfallzuständen in Betracht, für welche die klinische Elektroenzephalographie überhaupt mit Abstand am meisten Bedeutung hat, und sind auch bei vielen anderen Hirnaffektionen angebracht. Es muß natürlich eingeräumt werden, daß solche vergleichenden Betrachtungen beim Fehlen spezieller Studien und auch im Hinblick auf die teilweise erheblich unterschiedlichen Ergebnisse, welche die Arbeiten über jede einzelne Provokationsmethode brachten, recht allgemein und vorläufig bleiben müssen.

Hyperventilation: Hinsichtlich der Durchführbarkeit hat die Mehratmung gegenüber allen anderen Methoden große Vorteile, da man sie ohne zusätzlichen technischen, personellen oder erheblichen zeitlichen Aufwand jederzeit einsetzen kann. Allerdings wird das »jederzeit« begrenzt durch Fähigkeit und Bereitschaft des Untersuchten zur Mitarbeit (Säuglings- und Kleinstkindalter, Bewußtseinslage, psychische Verfassung). Die Belästigung des Untersuchten ist im allgemeinen jedenfalls nicht größer als bei den anderen Verfahren. Bezüglich der Gefährdung sind einerseits Anfälle, andererseits Hirndrucksteigerungen zu erwähnen. Am ehesten werden Absenzen, psychomotorische oder tetanische Anfälle ausgelöst, welche zwar unangenehm, aber nicht ohne weiteres gefährdend sind. Die Gefahr akuter Hirndruckkrisen ist unserer Erfahrung nach nicht nennenswert oder gar beträchtlich, weil die am ehesten gefährdeten Kranken meist gar nicht zu einer geordneten und intensiven Hyperventilation in der Lage sind. Die intensive Mehratmung entspricht natürlichen, lebensnahen Bedingungen nicht durchgehend, denn sie wird sonst wenig angewendet, wenn man von Kindern und Sportlern absieht. Die Objektivität, d. h. die Erkennbarkeit und Bestimmbarkeit von EEG-Veränderungen, ist mit gewissen Unterschieden hinsichtlich der verschiedenen Muster im Durchschnitt mittelgradig. Die Zuverlässigkeit, d. h. die Reproduzierbarkeit der Veränderungen, ist – wie auch bei den anderen Verfahren – kaum geprüft worden. Dies steht mit dem Problem der Standardisierbarkeit der Methode im Zusammenhang. Dem klinischen Eindruck nach kann man aber wohl der Hyperventilation eine gute Zuverlässigkeit zusprechen. Die Gültigkeit, d. h. die Verwertbarkeit und Aussagekraft der Befunde, ist je nach den verschiedenen Effekten recht unterschiedlich; für die hirnelektrischen Absenzäquivalente ist sie ungewöhnlich groß, auf der anderen Seite für nicht mehr altersentsprechende Zunahmen der Allgemeinveränderung äußerst gering.

Photostimulation: Die Durchführbarkeit ist natürlich an das Vorhandensein eines geeigneten Lichtreizgeräts gebunden, aber dafür von der Mitarbeit des Kranken weitgehend unabhängig. Die Belästigung ist – interindividuell sehr wechselnd – in der Regel kaum so groß wie bei intensiver Mehratmung. Jedenfalls ist sie nicht größer, wenn man vom Auftreten einer gesteigerten Photosensibilität absieht. Das Gefährdungsmoment ist durch die Möglichkeit, daß nicht nur Myoklonien, Anfallfragmente oder kleine Anfälle, sondern bisweilen auch tonisch-klonische Anfälle auftreten können, etwas größer. Jedoch sind solche Vorkommnisse bei sachgerechtem Vorgehen selten. Physiologisch, d. h. natürlichen Lebensbedingungen angepaßt, ist die Lichtreizung auch nur in recht begrenztem Maße, vor allem spezielle Situationen im Fahr- und Flugverkehr betreffend. Ihre Objektivität dürfte relativ groß sein. Auch für die Zuverlässigkeit gilt dies wohl, wenn man die Altersabhängigkeit beachtet und auch bedenkt, daß Schlafentzug und Medikamenteneinflüsse eine Änderung in der Auslösbarkeit von Zeichen gesteigerter Photosensibilität bewirken können. Hinsichtlich der Gültigkeit der Photostimulation müssen wieder die verschiedenen Reaktionsmuster berücksichtigt werden.

Schlafentzug / Schlaf: Der Aufwand ist auch bei ambulanter bzw. halbstationärer Durchführung größer als bei den beiden anderen Verfahren. Das mag ein wesentlicher Grund dafür sein, daß diese Provokationsmethode so weitaus weniger angewendet wird als die beiden anderen. Die Untersuchung selbst erscheint uns nicht viel aufwendiger. Der Schlafentzug belästigt den Untersuchten natürlich etwas mehr, aber es hat noch kein Kranker aus diesem Grund die Untersuchung abgelehnt. Sie kann als ungefährlich und auch als weitgehend lebensnah bezeichnet werden. Ihre Objektivität ist größer als diejenige der Hyperventilation und entspricht wohl derjenigen der Photostimulation. Die Zuverlässigkeit läßt sich nur schwer beurteilen, weil Wiederholungsuntersuchungen noch viel weniger als bei den anderen Provokationsmethoden vorgenommen oder gar vergleichend systematisch ausgewertet wurden. Die Gültigkeit ist ähnlich wie bei der Photostimulation recht gut im Sinne des Aufzeigens eines Risikofaktors für die Manifestation eines epileptischen Geschehens, andererseits hinsichtlich der Globalerfassung umschriebener Hirnschädigungen.

Faßt man alle Gesichtspunkte zusammen, so findet man das übliche Vorgehen verständlich. Die Hyperventilation verdient allgemeine Anwendung, weil einerseits Durchführbarkeit, Belästigung und Gefährdung dem nicht entgegenstehen, andererseits bei fast allen Gruppen zerebraler Affektionen und besonders auch bei den Epilepsien vielfältige – wenn auch oft unspezifische – EEG-Erscheinungen auftreten können. Dabei ist im Vergleich zu Photostimulation und Schlaf der große Nutzen zur Aufdeckung von Herdzeichen und zur Erfassung bestimmter epileptischer Anfallformen hervorzuheben. Damit verdient die Hyperventilation ihre Sonderstellung, wenn sie auch keineswegs eine Ideal- oder Universalmethode darstellt. Andererseits sind die anderen hier besprochenen Verfahren unter methodologischen Gesichtspunkten nicht so im Nachteil, daß man ihre weitaus geringere Anwendung – nach MAULSBY und MARKAND (zit. bei KLASS und FISCHER-WILLIAMS) nur in etwa einem Drittel der EEG-Abteilungen routinemäßig – begründbar wäre.

Abschließend sei noch auf die anderen, hier nicht besprochenen Provokationsmethoden mit dem Hinweis zurückgekommen, daß sich einzelne von ihnen in der Praxis ebenfalls bewährt haben. Sie haben keine so relativ breite Indikation, so daß ihr Einsatz wesentlich gezielter erfolgen kann, was unseres Erachtens doch auch ein entschiedener Vorteil ist.

Wir werden darauf am Beispiel des Karotisdruckversuchs zurückkommen, der im Kapitel über die zerebralen vaskulären Erkrankungen besprochen werden soll.

7. Die Störungen im Eeg

H.-G. NIEBELING

Die einwandfreie Auswertung eines Eeg hängt nicht nur allein von der genauen Kenntnis der auftretenden physiologischen oder pathologischen Potentiale ab, sondern in einem großen Maße auch von der *sicheren Erkennung von Artefakten*, d. h. von Störpotentialen, die mitunter den echten Potentialen so ähneln können, daß eine Differenzierung zwischen echt und unecht Schwierigkeiten bereiten kann. Wichtig dabei zu beachten ist, daß *nicht nur eine Reihe sehr oft wiederkehrender Artefakte* erkannt wird, *sondern daß auch an das Vorliegen von seltenen Störpotentialen gedacht wird* und manchmal somit erst eine Erkennung möglich ist. Dies trifft insbesondere für die Störpotentiale zu, die echten Potentialen sehr ähneln.

Die genaue Kenntnis aller möglichen Störungen ist deshalb sehr wichtig. Hierbei ist eine gute Zusammenarbeit zwischen Arzt und Technischer Assistentin von ganz besonderer Bedeutung. In den meisten Fällen wird es ja doch so sein, daß die Assistentin die Untersuchung allein durchführt und nur die Kurve dem Arzt vorgelegt wird. *Selbstverständlich muß ein erfahrener Auswerter alle Störpotentiale auch ohne Kenntnis der Untersuchung, allein aus dem Kurvenbild erkennen, jedoch kann eine gut eingearbeitete Technische Assistentin hierbei wertvolle Dienste leisten*, indem sie nicht bei den allgemein wiederkehrenden Artefakten, sondern bei den problematischen Kurvenverläufen kurze Notizen über das Verhalten des Patienten usw. anbringt. Hierbei sei jedoch eindringlich darauf verwiesen, daß diese Eintragungen nur mit Bleistift so vorgenommen werden, daß sie die Kurvenlinien nicht berühren und somit jederzeit, z. B. für die Vornahme einer Reproduktion, wieder entfernbar sind.

Prinzipiell kann man die Störungen, die bei einer elektroenzephalographischen Untersuchung auftreten, in zwei große Gruppen einteilen: 1. *in Störungen, die von seiten des Patienten* und 2. *in Störungen, die von seiten des Geräts ausgehen*.

Artefakte, die durch den sogenannten Patientenstromkreis ausgelöst werden, dürften in der täglichen Praxis eindeutig als die häufigsten Störungen zu bezeichnen sein. Überlegen wir uns also, wie solche Störungen entstehen können und wie man sie beseitigen kann.

Wir werden versuchen, auch hier eine gewisse Systematik anzuwenden, indem wir den Weg der Potentiale von ihrer Abnahme bis zur Aufzeichnung verfolgen.

Beginnen wir also mit *Störungen, die im Bereich der Kopfhaut* ihren Ausgangspunkt haben.

Bereits auf dem Anmeldeformular ist vermerkt, daß vor der Untersuchung eine gründliche Kopfwäsche durchgeführt werden soll. Diese Maßnahme dient vor allem dazu, daß eine möglichst fettarme Kopfhaut bei der Untersuchung vorliegt. Eine *fettige Kopfhaut* führt zur Erhöhung des Widerstandes zwischen Elektrode und Kopfhaut und somit zu ungenügendem Kontakt; die Gefahr von Wechselstromeinstreuungen wird dadurch stark erhöht. Wurde die Kopfwäsche von dem Patienten vergessen, so kann man sich helfen, indem man die Aufsatzstellen der Elektroden auf der Kopfhaut mit einem in Seifenwasser getauchten Wattestäbchen abreibt; es kann so sehr oft eine einwandfreie Ableitung erzielt werden.

Starkes Schwitzen der Patienten führt zu Änderungen der Hautpotentiale, wodurch Wellen in einem Frequenzbereich zwischen 0,2 und 1/sec. auftreten. Hier empfiehlt sich ebenfalls ein Abreiben der Elektrodenaufsatzstellen mit Seifenwasser sowie eine entsprechende Kühlung, evtl. mit Ventilator. Sind die Artefakte trotz größter Bemühungen nicht zu beseitigen, so ist ein Abbruch der Untersuchung und eine Wiederholung angezeigt. Insbesondere in den heißen Sommermonaten ist mit dem Auftreten dieser Störpotentiale zu rechnen, weshalb wir in dieser Jahreszeit die Untersuchungen in den ersten Tagesstunden vornehmen.

Durch den sogenannten *shunt-Effekt* kann eine Erniedrigung der Spannungshöhe eintreten; im übertragenen Sinn versteht man unter einem shunt-Effekt praktisch einen Kurzschluß zwischen zwei oder mehr Elektroden. Ursache hierfür können z. B. zu stark befeuchtete Elektroden oder auch starkes Schwitzen sein. Befindet sich die *Elektrode genau über einer Arterie*, so kann es zum Auftreten eines kontinuierlichen Deltawellenfokus kommen; befindet sich dieser vorgetäuschte Deltawellenfokus in einem Gebiet, in dem die Alphawellen eine sehr niedrige Spannungshöhe aufweisen, so ist die Erkennung dieses Artefakts als nicht sehr schwierig anzusehen. Handelt es sich bei der betreffenden Elektrode jedoch um eine okzipitale Elektrode, so kann die starke Überlagerung der Deltawellen mit Alphawellen eine Entscheidung schwierig machen. Die Gleichmäßigkeit und ein Vergleich mit der Pulsfrequenz lassen jedoch auch hier eine sichere Verifizierung zu; Voraussetzung ist jedoch, daß zumindest der Verdacht auf einen solchen Artefakt ausgesprochen wurde. Die Beseitigung der Störung ist sehr einfach. Sie besteht in einem Versetzen der Elektrode; hierbei muß jedoch darauf geachtet werden, daß *die korrespondierende Elektrode ebenfalls mit versetzt wird*, um keine Asymmetrie zu erhalten.

Als Übergang zu den Störungen, die durch die Elektroden selbst verursacht werden, seien die *Einstreuungen von EKG-Potentialen (R-Zacke)* genannt.

Sie sind nicht allzu selten. Diese sogenannten EKG-Störpotentiale sind sehr oft negativ gerichtet, können selbstverständlich jedoch auch einen positiven Ausschlag haben. In diesem Fall ist eine *Differenzierung zu den steilen Wellen vom Typ III mitunter schwierig*. Ihre Erkennung und Feststellung ist durch das Auszählen der Pulsfrequenz, ihre Behebung durch Veränderungen des Erdungspunkts oft möglich.

Sind in den beiden letzten Kanälen, also *in den okzipitalen Bereichen, Muskelpotentiale* vorhanden, so gehen diese mit Sicherheit von der Nackenmuskulatur aus. Hier hilft nur ein Versetzen der Elektroden in Richtung frontal, um aus dem Störgebiet der Nackenmuskulatur herauszukommen. Man achte auch hier wieder auf das symmetrische Versetzen der Elektroden, insbesondere wenn die Störung nur einseitig auftritt.

Kommen wir nun zu den sogenannten *Elektrodenartefakten*. *Zu fest oder zu lose sitzende Elektroden, verkantete, nicht plan aufliegende Elektroden verursachen neben Wechselstrom sehr oft bizarre Kurvenformen*, die dem Auswerter sofort ins Auge fallen. – Schwieriger wird es bei den *wackelnden Elektroden*. Hier stehen die Ohr- und Temporalelektroden im Vordergrund. Es können sowohl Herd- als auch Spitzenpotentiale vorgetäuscht werden. Man sollte in diesen Fällen die Elektroden lieber einmal zuviel als zuwenig nachsehen, kontrollieren und korrigieren. Sind *Elektroden ungenügend oder unterschiedlich angefeuchtet oder sogar trocken*, so kommt es durch die starke Verringerung der Leitfähigkeit zu Spannungserniedrigungen, die mitunter einer echten Alphareduktion in Form einer Verminderung der Spannungshöhe auf das Haar gleichen können. Kreuzt man die Kanäle, um festzustellen, ob die Störung von seiten des Patienten oder von seiten des Geräts verursacht wird, so sollte man sich durch die Feststellung, daß die vorliegende Spannungsreduktion von seiten des Patienten herrührt, nicht verleiten lassen, diese somit sofort als echt anzusehen. Wir haben es uns zur Regel gemacht, bei Spannungsdifferenzen nach Wechseln der Kanäle stets die Elektroden auf ihren Sitz und ihre Feuchtigkeit zu überprüfen.

Im Nachgang zu den Elektrodenartefakten sollen die Störungen besprochen werden, die durch die Verbindungskabel Elektrode – Buchsenkopf und durch die Steckverbindungen verursacht werden können.

Wackelt oder schwingt eine Verbindungsschnur, so darf sie normalerweise keine Störungen verursachen. Ist sie jedoch *statisch aufgeladen*, so ist die Vortäuschung praktisch aller Potentialbilder möglich. Ein kurzes Abreiben der Schnur mit einem leicht feuchten Tuch schafft hier schnelle Hilfe. Unangenehmer sind Störungen, die durch Kabelbruch entstehen, wobei man hier wieder zwischen dem sehr seltenen totalen Bruch und dem Defekt einiger weniger Drähte oder sogar nur eines Drahtes zu unterscheiden hat. Eine Verbindungsschnur besteht ja bekanntlich nicht aus einem massiven Kabel, sondern wird aus einer Vielzahl feinster, miteinander spiralenförmig verwirkter Einzeldrähte gebildet. Kommt es nun zum Bruch einiger dieser feinen Drähte, so hilft nur ein *Auswechseln der Schnur*. In diesem Zusammenhang muß erwähnt werden, daß hierbei das Ohmmeter eine wesentliche Rolle spielt, da man beim Überprüfen der Elektroden sehr oft solche Fehler durch einen abnormen Übergangswiderstand oder durch ständiges kurzes ruckartiges Schwanken des Zeigers des Ohmmeters erkennt. Wir haben uns, um diese Artefakte nach Möglichkeit auszuschalten, ein kleines Gerät, beruhend auf dem Prinzip der WHEATSTONEschen Brücke, gebaut und prüfen die im Gebrauch befindlichen Schnuren mindestens einmal in der Woche auf ihren einwandfreien Zustand.

Genauso wie defekte Schnuren Störungen erzeugen, so können durch *schlechte Steckverbindungen* zwischen Elektrode und Verbindungsschnur sowie Buchsenkopf und Verbindungsschnur Artefakte erzeugt werden. Besonders zu achten ist auch auf eine *gute Kontaktverbindung der Erdungsschnur*.

Von großer Bedeutung sind die *Störungen*, die *durch den Patienten selbst ausgelöst* werden. Eine wesentliche Rolle spielen dabei die sogenannten *Lidschlagartefakte*. Durch ein diskontinuierliches, seltener kontinuierliches Auftreten von theta- oder deltawellenähnlichen Potentialen kann es mitunter zu schwerwiegenden Täuschungen kommen. Durch Festhalten der Lider seitens des Patienten, besser seitens des Untersuchers, ist eine Beseitigung dieser Artefaktmöglichkeit schnell zu erreichen. Schwierig wird die Erkennung, wenn es sich um einen sogenannten *isolierten Lidschlag* handelt, da die Störungen dann nicht frontal oder evtl. auch präzentral doppelseitig, sondern nur einseitig auftreten. Man kann daraus den Schluß ziehen, daß bei Auftreten von Theta- oder Deltawellen in den vorderen Hirnbereichen – auch wenn sie noch so echt aussehen – die Lider unbedingt festgehalten werden sollten.

Weitere vom Auge ausgehende Störmöglichkeiten sind *Bulbusbewegungen*. Eine sehr schwierig als Artefakt zu erkennende Potentialänderung tritt dann ein, wenn die Patienten bei geschlossenen Lidern die Augen kreisförmig bewegen. Auch hier gilt das eben Gesagte: *Lider vom Untersucher festhalten lassen; man spürt dann sofort die Bulbusunruhe*.

Wie wichtig die Kenntnis des neurologischen Befundes ist, kann man an den durch Nystagmus oder auch schon durch nystagmiforme Zuckungen auftretenden Artefakten ermessen.

Treten *Muskelpotentiale in den* beiden *vorderen Ableitungsbereichen* auf, so sind diese meist durch zu *starkes Zusammenkneifen der Lider* verursacht. Man sollte also den Patienten bei der Anweisung, die Augen zu schließen, darauf aufmerksam machen, die Augen zwar zuzumachen, jedoch nicht zuzukneifen.

Ein *zu fest geschlossener Mund*, manchmal sogar ein *Aufeinanderbeißen der Zähne*, führt zu starken Muskelpotentialeinstreuungen, wie überhaupt ein insgesamt *verkrampftes Verhalten*, eine Anspannung der Nacken- oder Temporalmuskulatur als erhebliche Störquellen anzusehen sind. Daß *Gähnen, Schlucken, Lachen oder andere Bewegungen der Gesichtsmuskulatur* zu Störungen führen, sei der Vollständigkeit halber erwähnt.

Abschließend sei zu den Störungen, die vom Patienten selbst ausgehen, noch vermerkt, daß eine wesentliche Reduzierung der Artefakte erreicht werden kann, wenn vor der Untersuchung eine eingehende Instruktion des Patienten erfolgt. Man wird ihn also darauf hinweisen, daß er ruhig und entspannt sitzen soll, daß er die Augen geschlossen halten und nicht zusammenkneifen soll, daß er möglichst keine Bulbusbewegungen ausführt, daß er den Mund leicht, jedoch unverkrampft öffnet usw. Weiterhin ist Voraussetzung eine bequeme Sitzgelegenheit für den Patienten und ein zwar festes, aber nicht drückendes, »das Blut abschnürendes« Aufsetzen der Kopfhaube.

Nach den wesentlichen *Störquellen*, die den Patientenstromkreis betreffen, werden wir uns nun noch denjenigen *des Geräts* zuwenden. In der Mehrzahl der Fälle werden es *Schalterstörungen* und *bei älteren Geräten Röhrendefekte* sein. *Fehlende Erdung, Photo-, Schrot- und Mikrofonieeffekt*, Artefakte durch *Erschütterungen des Geräts*, durch *thermische Veränderungen*, *Röhrenrauschen* sowie *Sekundäremission* sind weitere mögliche Störquellen.

Auf eine *Fehlbeurteilung*, die zwar nicht durch eine Störung, sondern *durch einen Schaltfehler* bedingt ist, sei in diesem Zusammenhang besonders hingewiesen. Wird die Störblende auf einem Kanal versehentlich auf 15 Hz eingestellt, während alle anderen Kanäle 70 Hz aufweisen, so kommt es bei den mit der Störblende 15 Hz geschriebenen Kurvenbildern zu einer Abrundung der Potentiale sowie zu einer Beschneidung der schnellen Frequenzen. Bei sehr spannungshohen und frequenzschnellen Eeg. kann dadurch eine Reduktion vorgetäuscht werden. Man sollte also, außer der üblichen Beurteilung der Eichimpulse, von Zeit zu Zeit, auch wenn keine Änderungen in der Geräteeinstellung vorgenommen worden sind, eine Kontrolle aller Werte vornehmen.

Abschließend sei noch auf die *Wechselstromeinstreuungen durch Störgeräte* hingewiesen.

Um dem Leser einen guten Einblick in die möglichen Artefakte zu geben, seien einige Störungen anhand von Abbildung 220–251 (Originalkurvenausschnitten) angefügt.

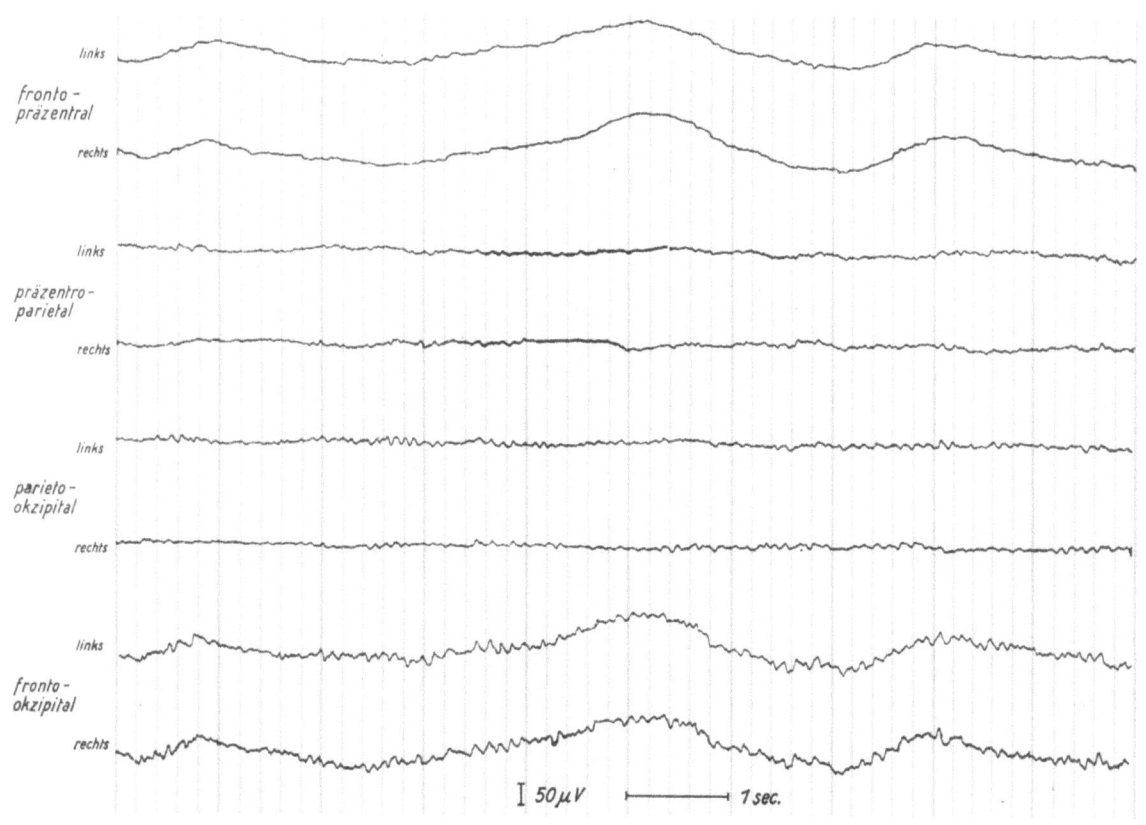

Abb. 220 Sonderableitungsart IIIa (bipolare Längsschaltung)   Hautpotentiale im Bereich der frontalen Elektroden

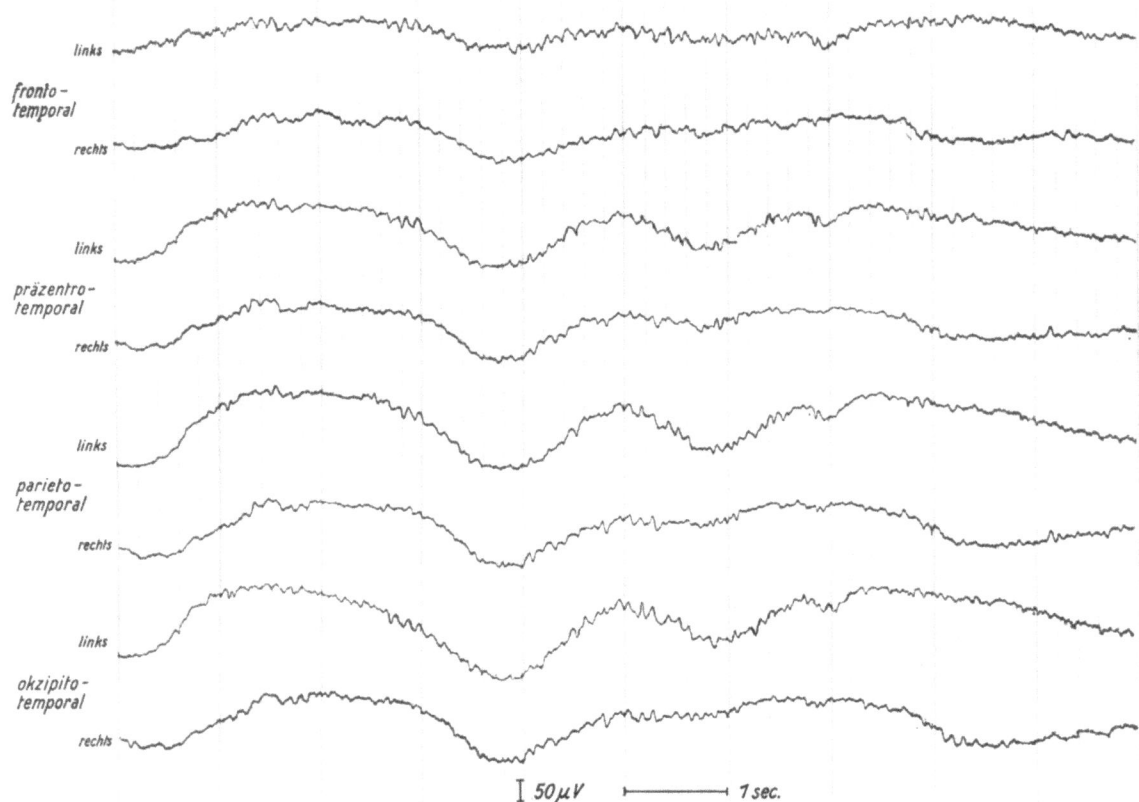

Abb. 221 Ableitungsart IV (bipolare temporale Schaltung)   Hautpotentiale im Bereich der temporalen Elektroden

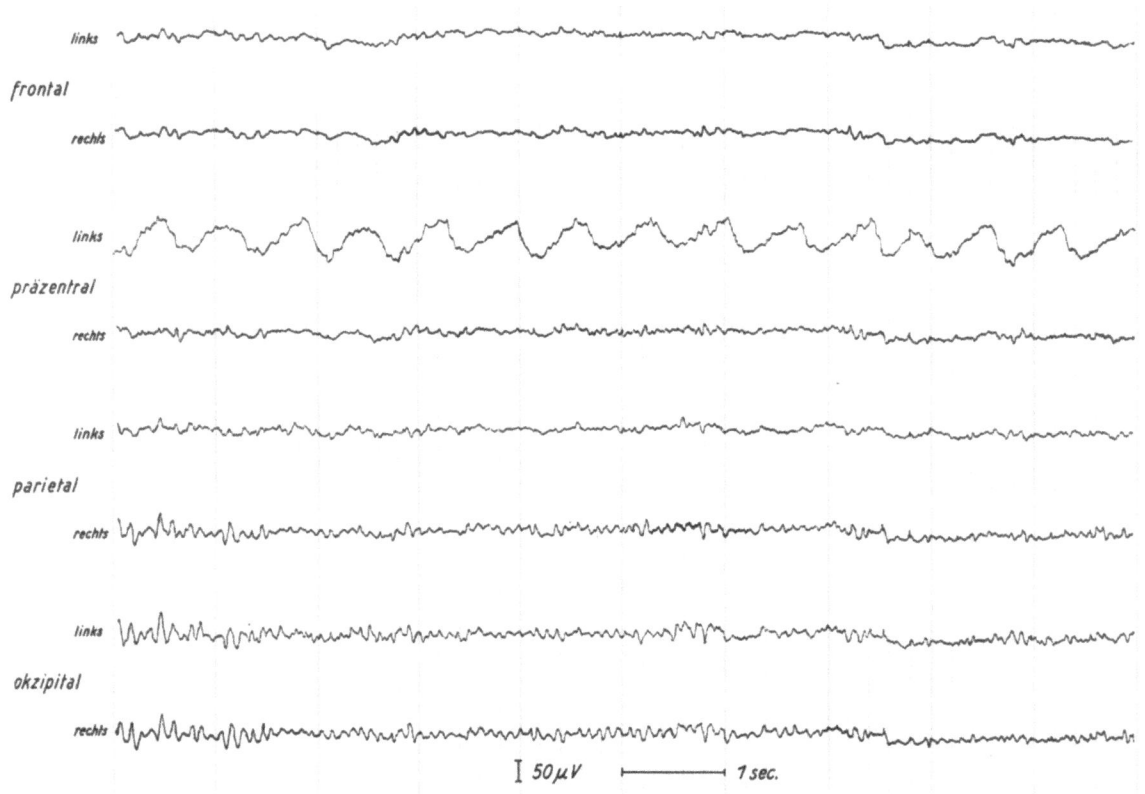

Abb. 222 Ableitungsart I (unipolare Schaltung zum linken Ohr)   Pulsartefakt links präzentral, einen Fokus vortäuschend

Die Störungen im Eeg

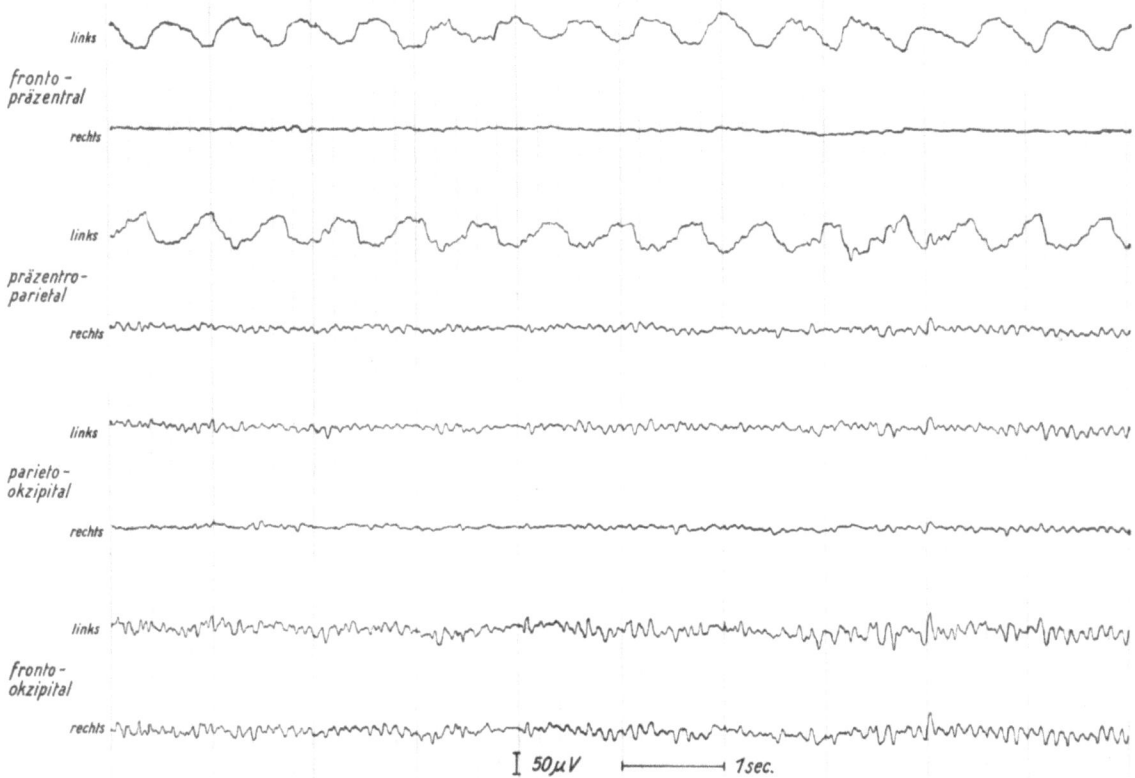

Abb. 223 Sonderableitungsart IIIa (bipolare Längsschaltung)
Pulsartefakt wie in Abb. 220, jedoch in anderer Ableitungsart sowie Störung auf Kanal 6

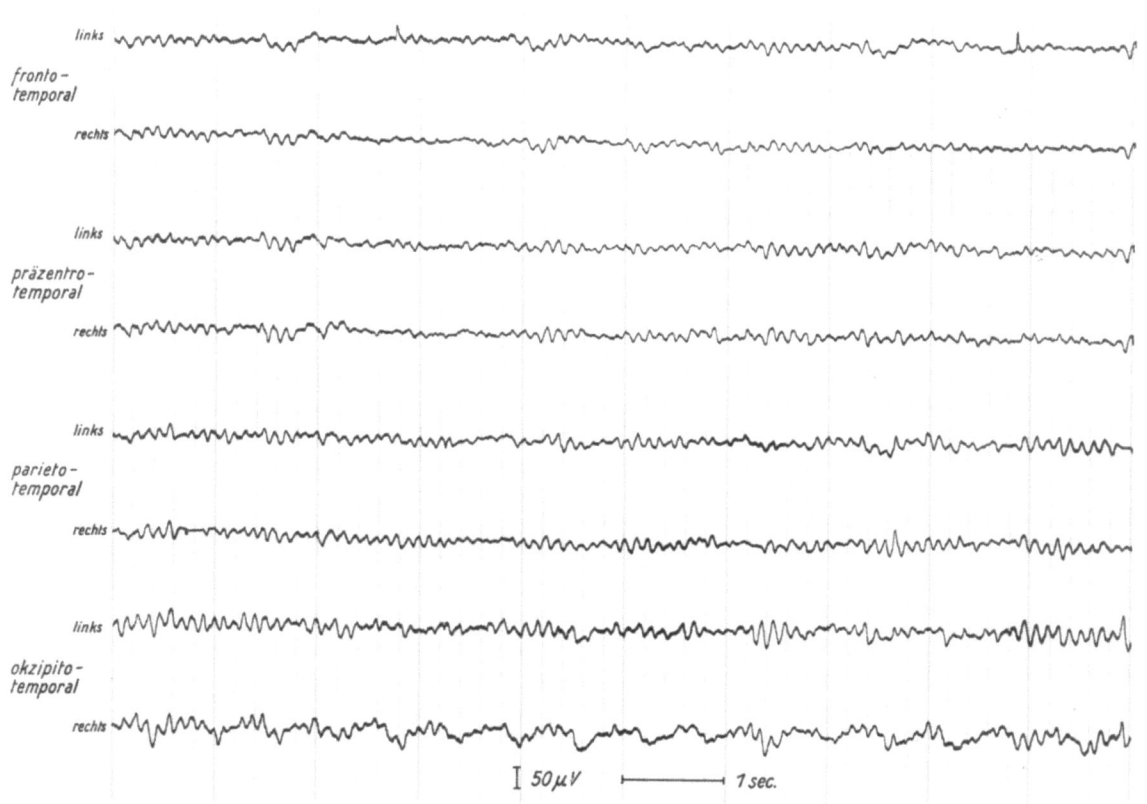

Abb. 224 Ableitungsart IV (bipolare temporale Schaltung) Pulsartefakt rechts okzipital, einen Fokus vortäuschend

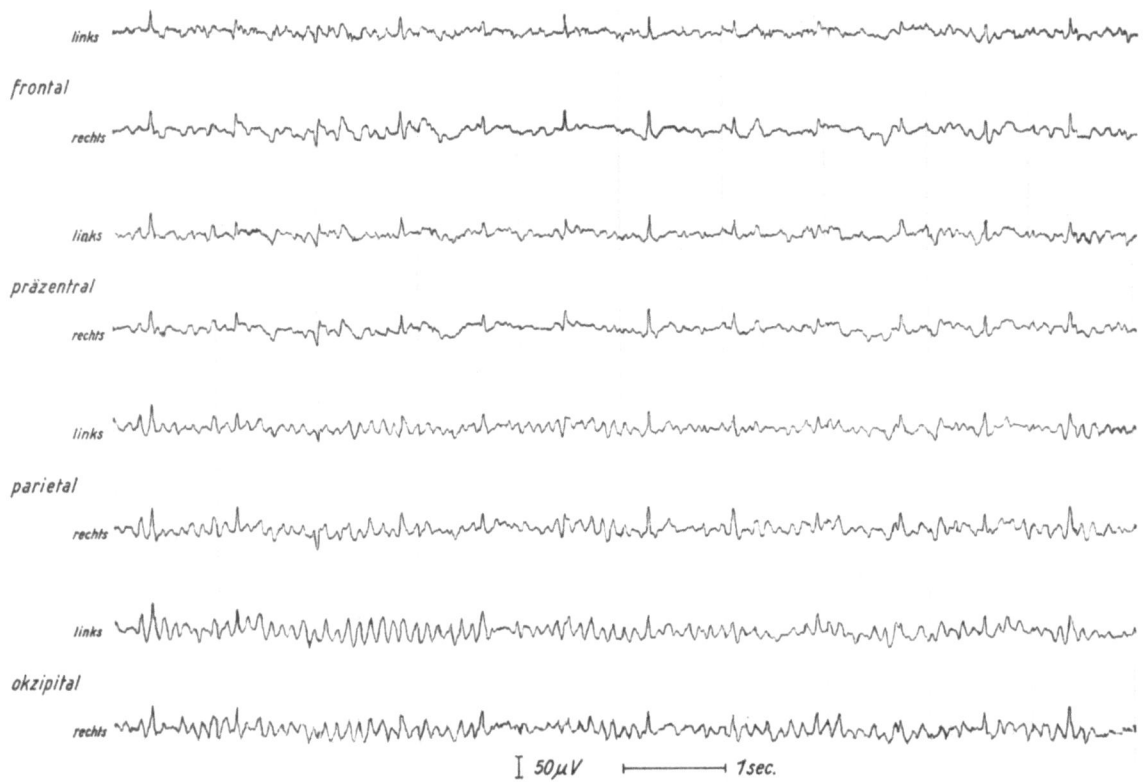

Abb. 225 Ableitungsart I (unipolare Schaltung zum linken Ohr)
Negativ gerichtete Ekg-Zacken bei normaler Spannungshöhe

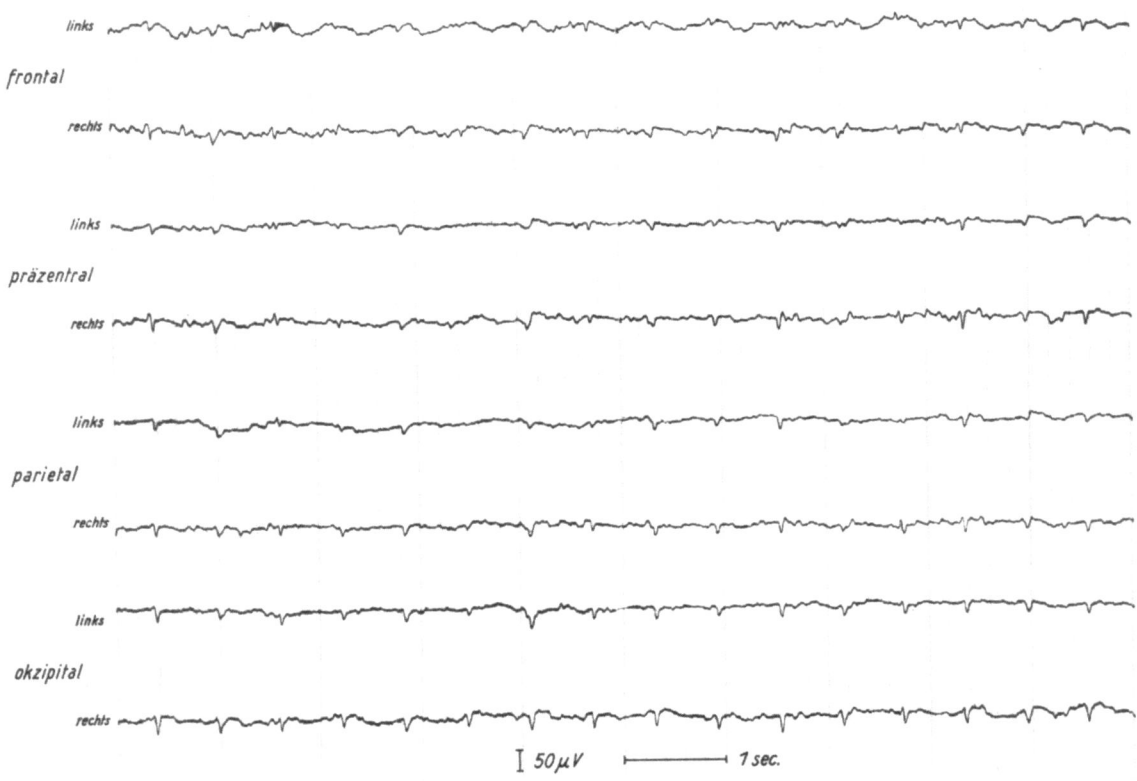

Abb. 226 Ableitungsart I (unipolare Schaltung zum linken Ohr)
Positiv gerichtete Ekg-Zacken bei niedriger Spannungshöhe

Die Störungen im Eeg

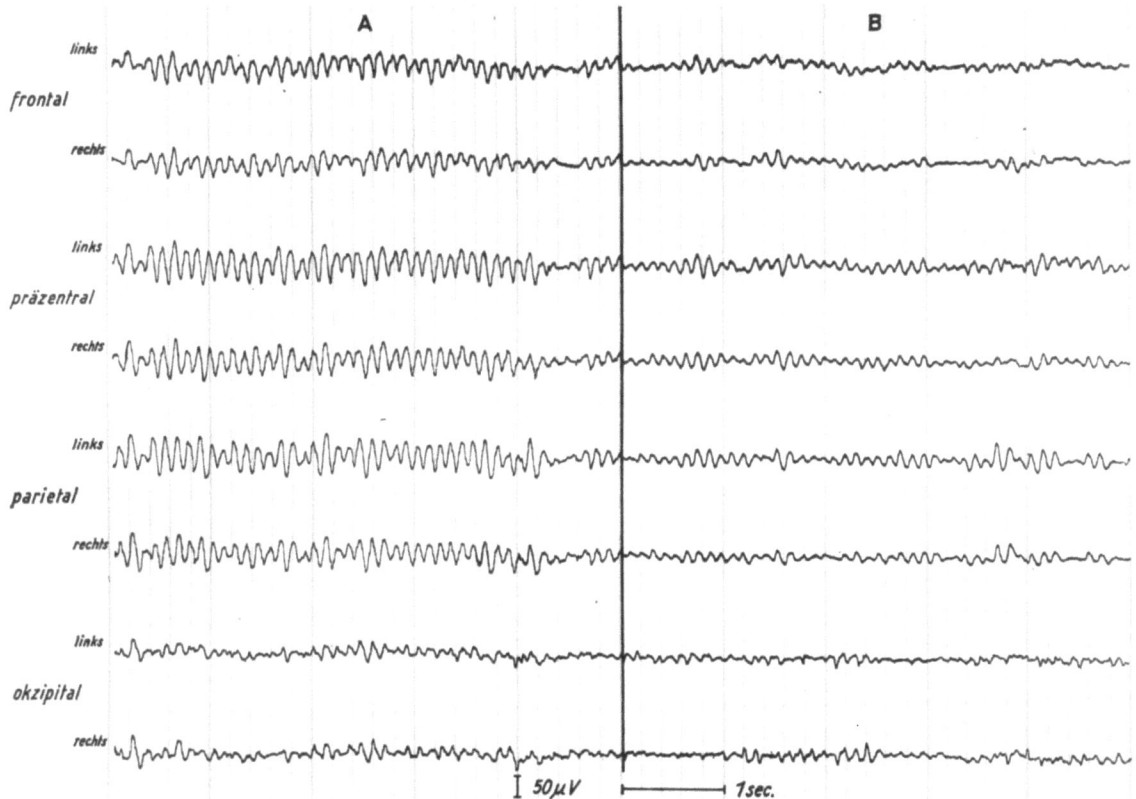

Abb. 227 Ableitungsart II (unipolare Schaltung zum rechten Ohr)
A angefeuchtete Ohrelektrode
B trockene Ohrelektrode. Man sieht den starken Spannungshöhenunterschied; außerdem besteht eine deutliche Verlagerung des Alphafokus nach präzentroparietal

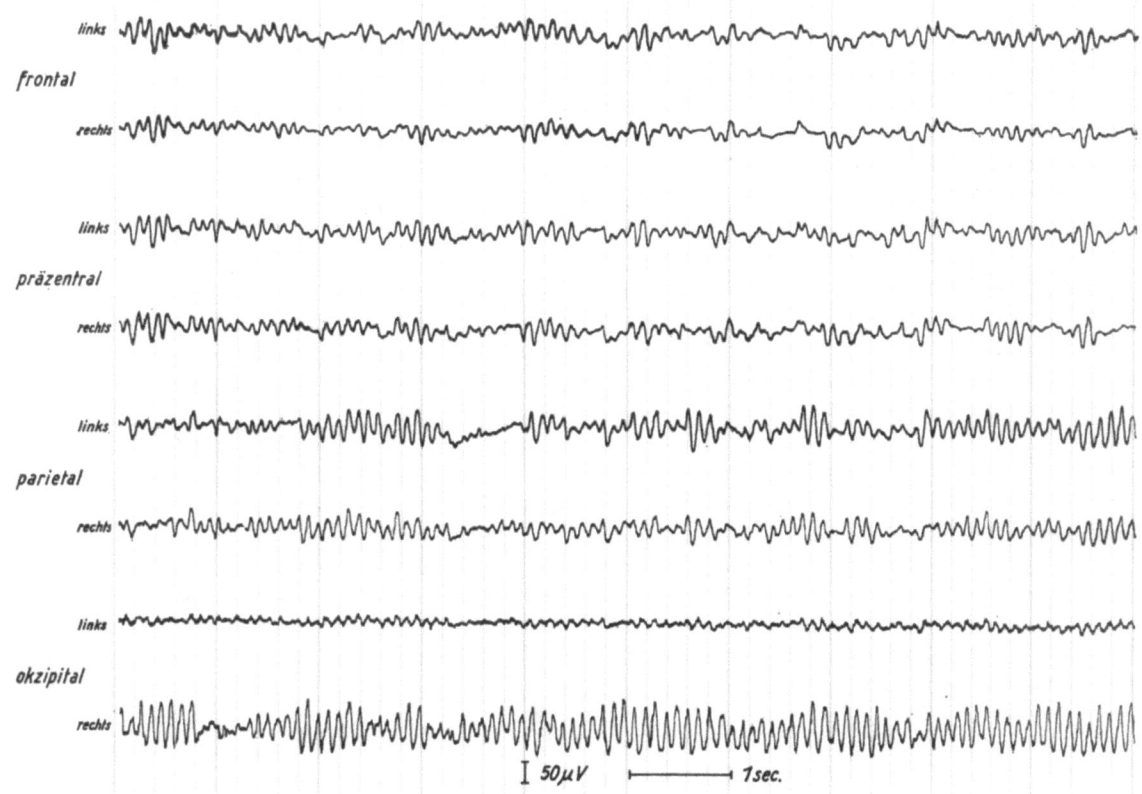

Abb. 228 Ableitungsart II (unipolare Schaltung zum rechten Ohr)
Linke okzipitale Elektrode trocken

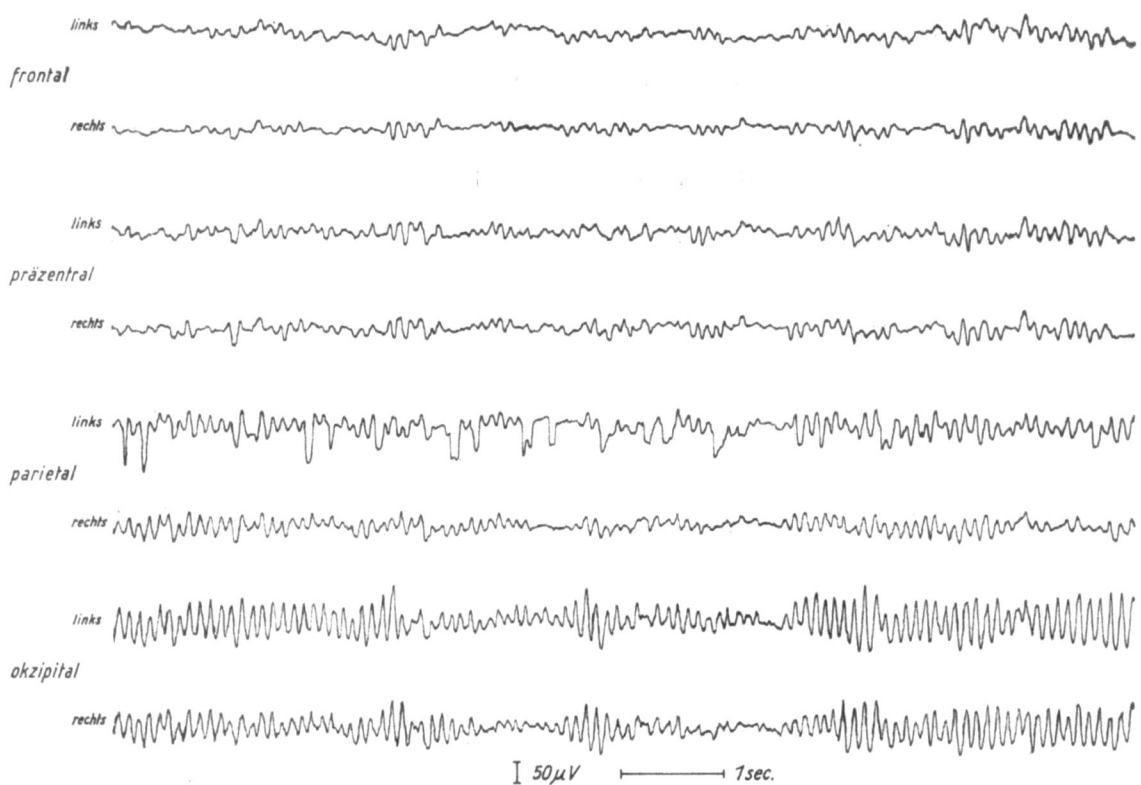

Abb. 229 Ableitungsart II (unipolare Schaltung zum rechten Ohr)
Linke parietale Elektrode wackelt, einen Fokus bzw. steile Wellen vortäuschend

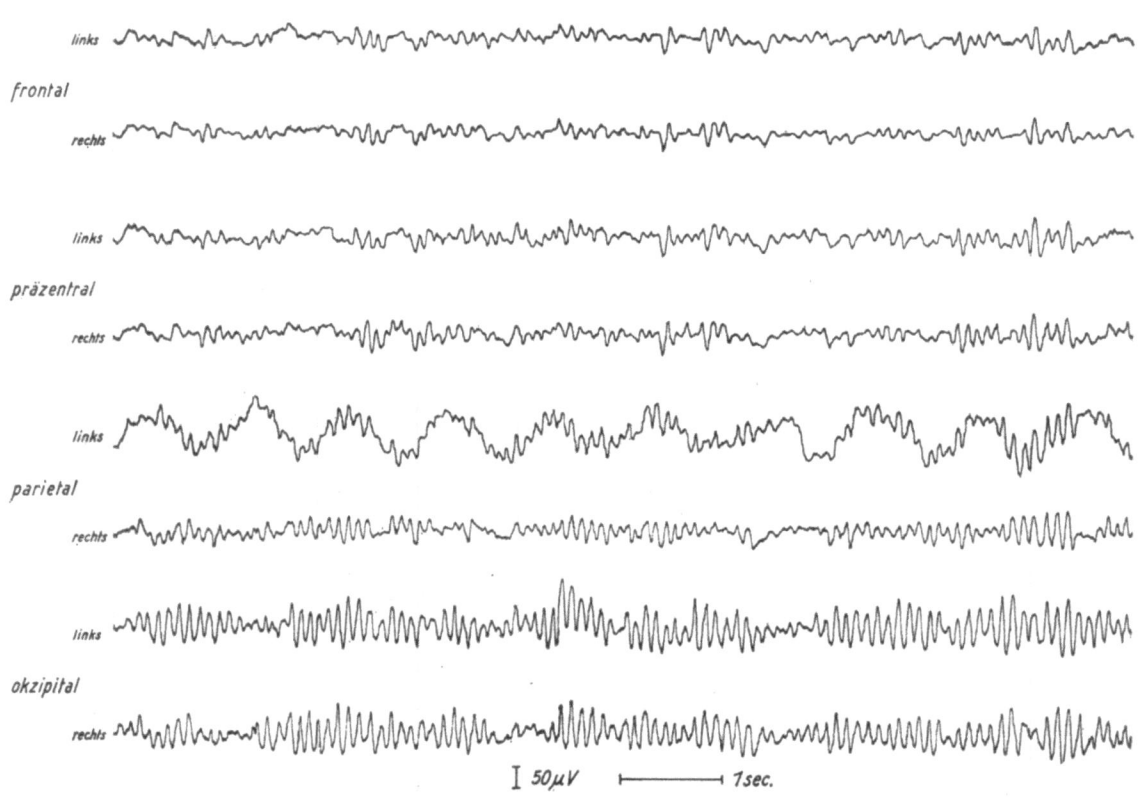

Abb. 230 Ableitungsart II (unipolare Schaltung zum rechten Ohr)
Linke parietale Elektrode wackelt, einen Fokus vortäuschend bzw. pulsähnlich

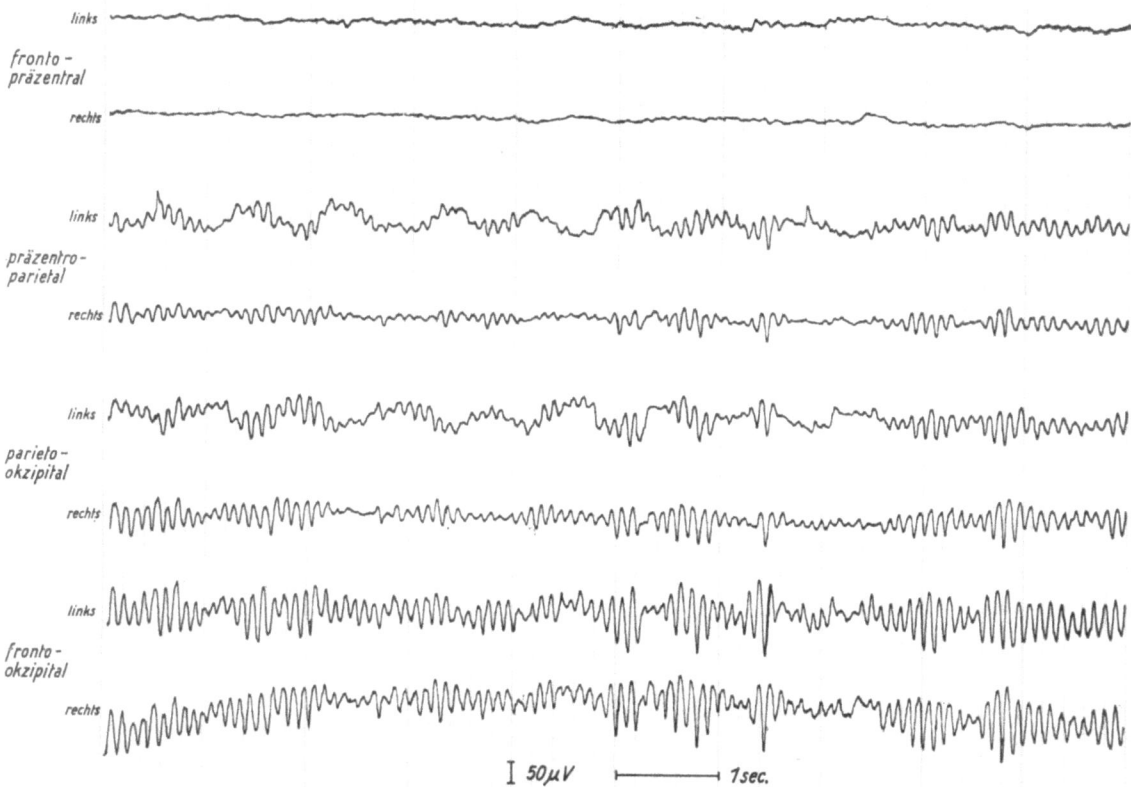

Abb. 231 Sonderableitungsart IIIa (bipolare Längsschaltung)
Linke parietale Elektrode wackelt, einen Fokus vortäuschend

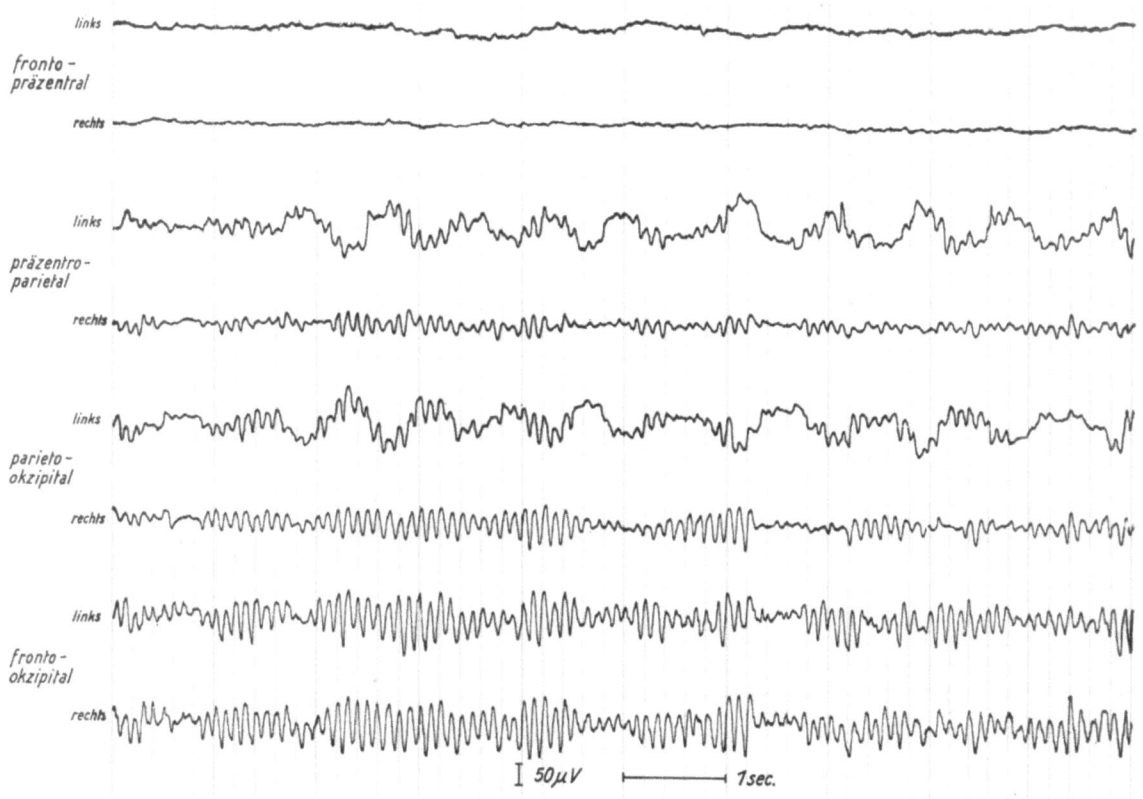

Abb. 232 Sonderableitungsart IIIa (bipolare Längsschaltung)
Linke parietale Elektrode wackelt, einen Fokus vortäuschend bzw. pulsähnlich

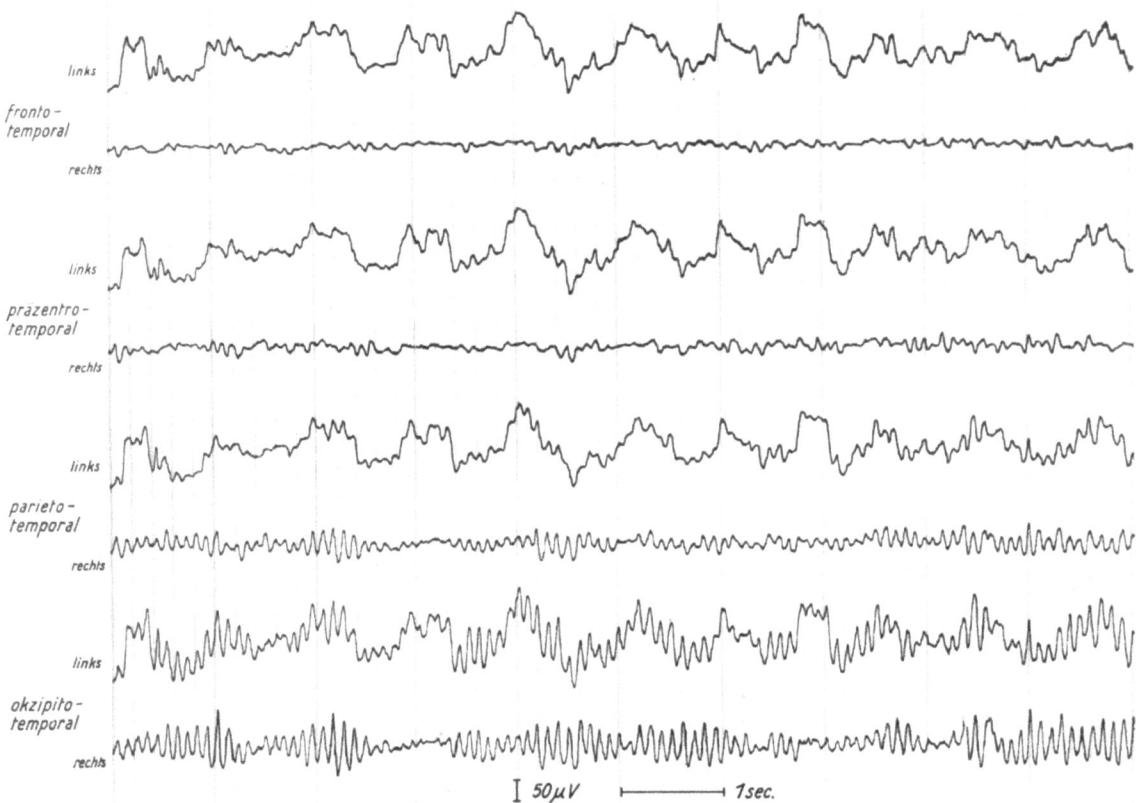

Abb. 233 Ableitungsart IV (bipolare temporale Schaltung)
Linke temporale Elektrode wackelt, einen Fokus vortäuschend

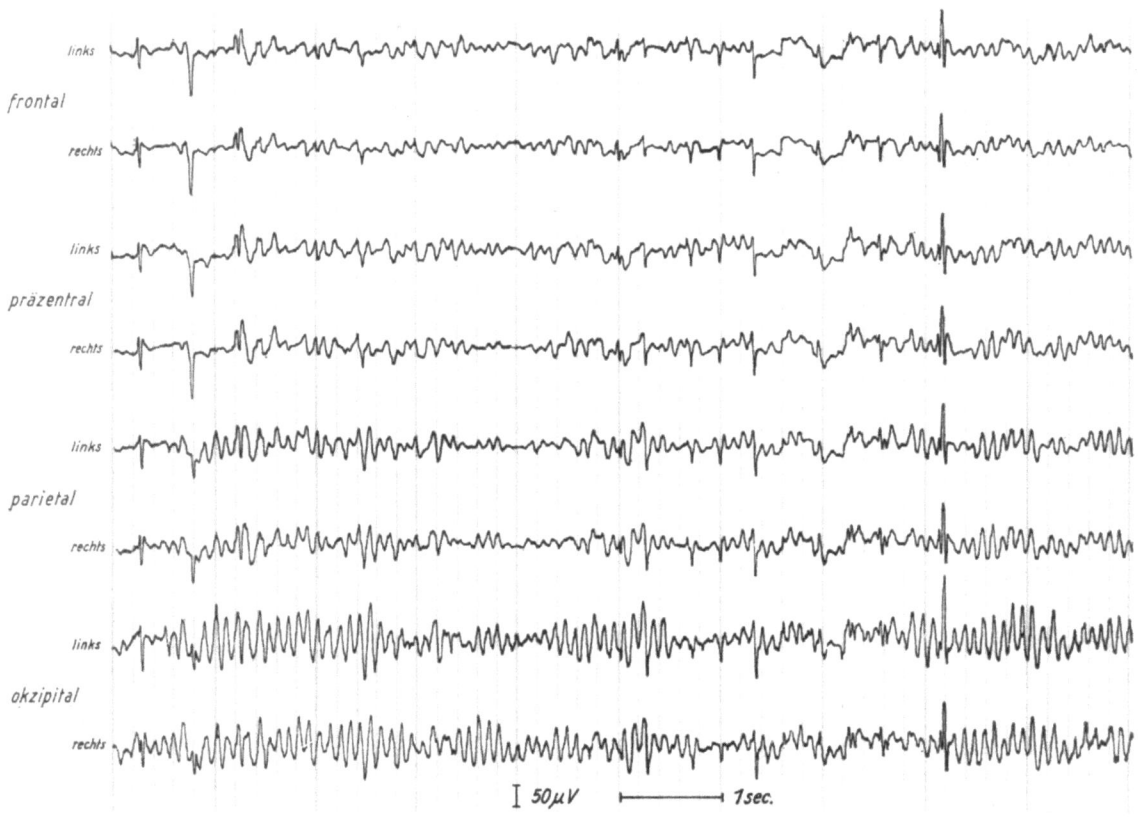

Abb. 234 Ableitungsart II (unipolare Schaltung zum rechten Ohr)
Rechte Ohrelektrode wackelt, Spitzenpotentiale vortäuschend

Die Störungen im Eeg

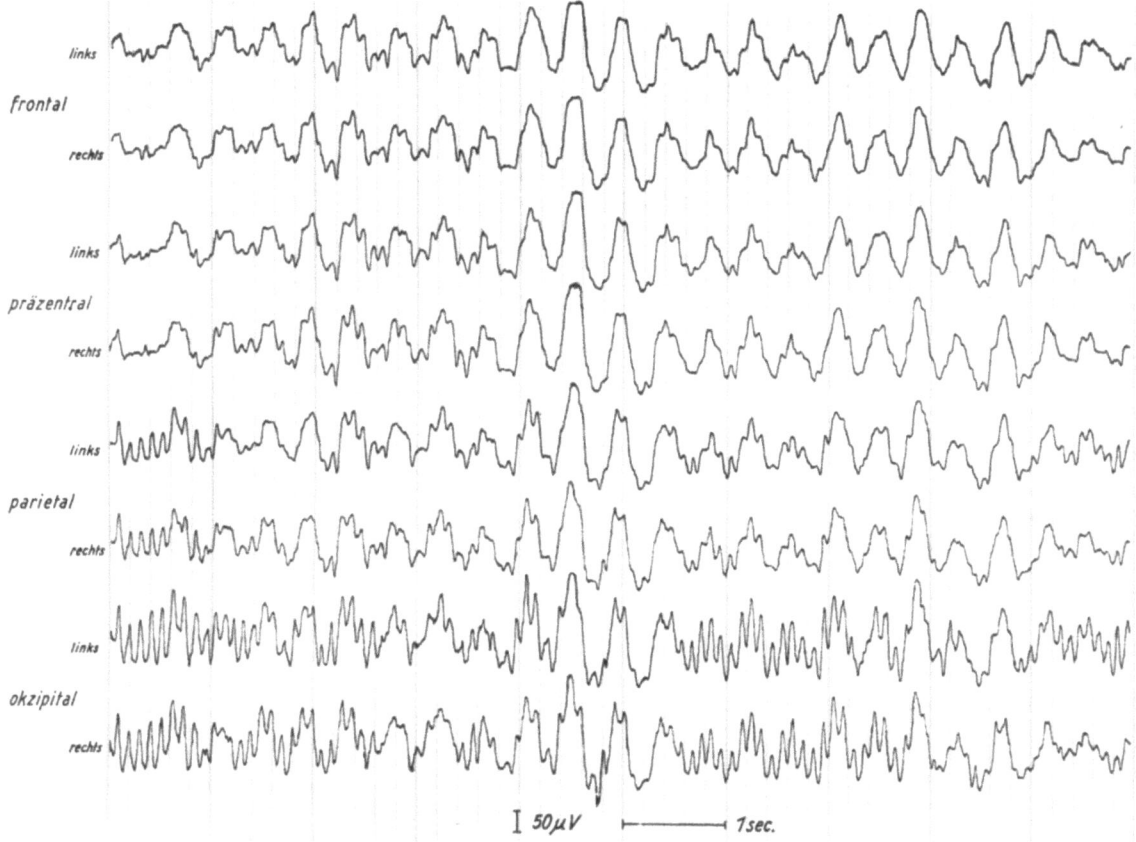

Abb. 235 Ableitungsart II (unipolare Schaltung zum rechten Ohr)
Rechte Ohrelektrode wackelt, Allgemeinveränderungen vortäuschend

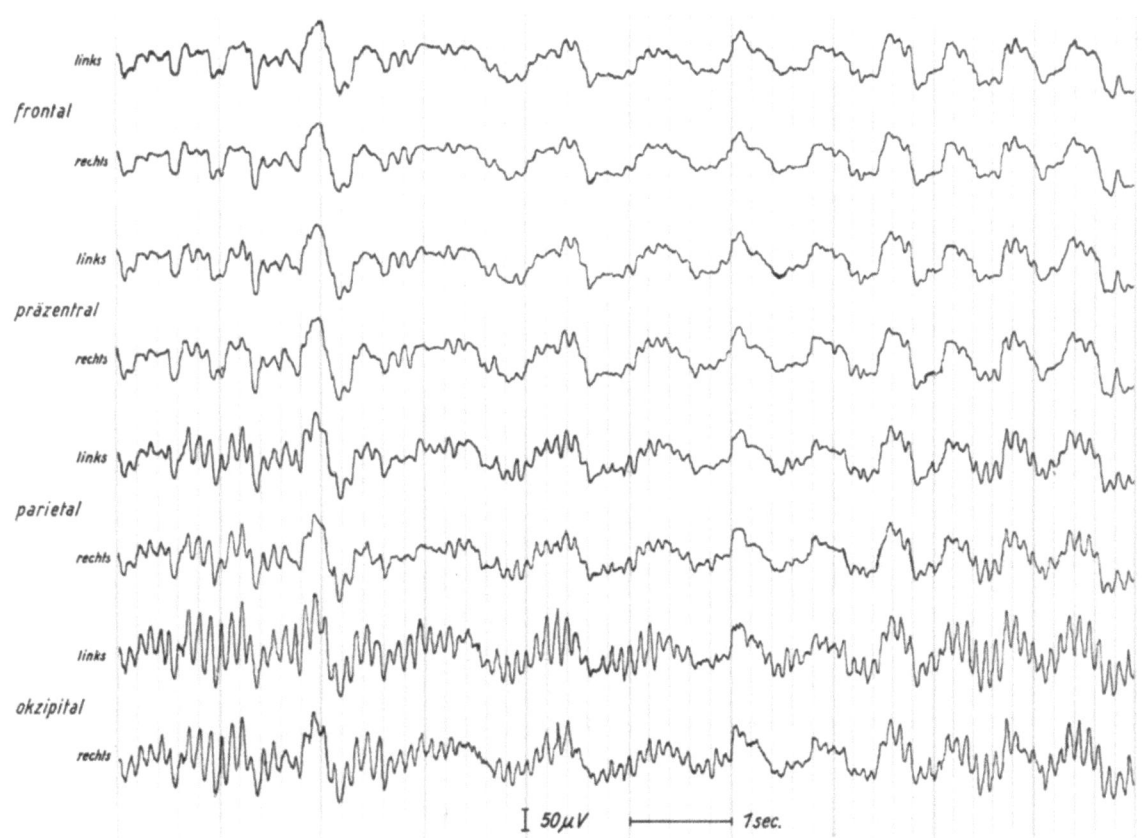

Abb. 236 Ableitungsart II (unipolare Schaltung zum rechten Ohr)
Rechte Ohrelektrode wackelt, Allgemeinveränderungen bzw. Einstreuung eines Herdes von rechts temporal vortäuschend

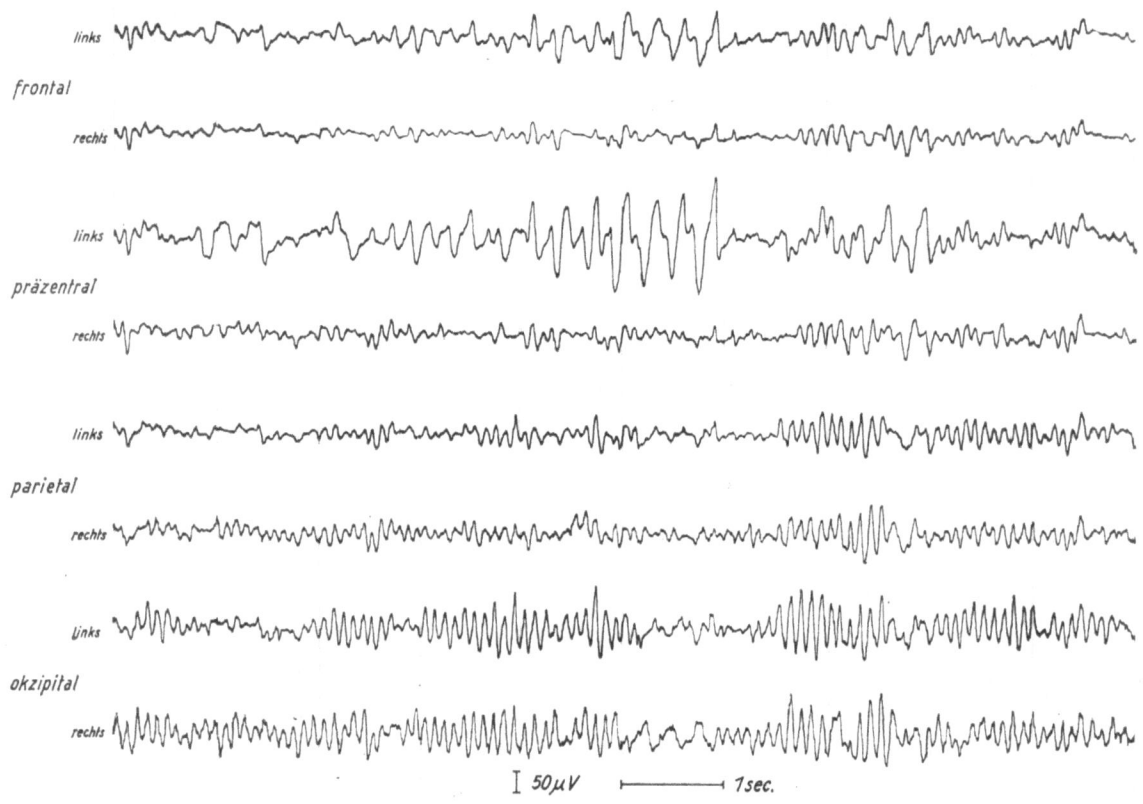

Abb. 237 Ableitungsart II (unipolare Schaltung zum rechten Ohr)
Schnur der rechten Ohrelektrode statisch aufgeladen. Man beachte, daß der Artefakt nicht auf allen Ableitungsbereichen auftritt

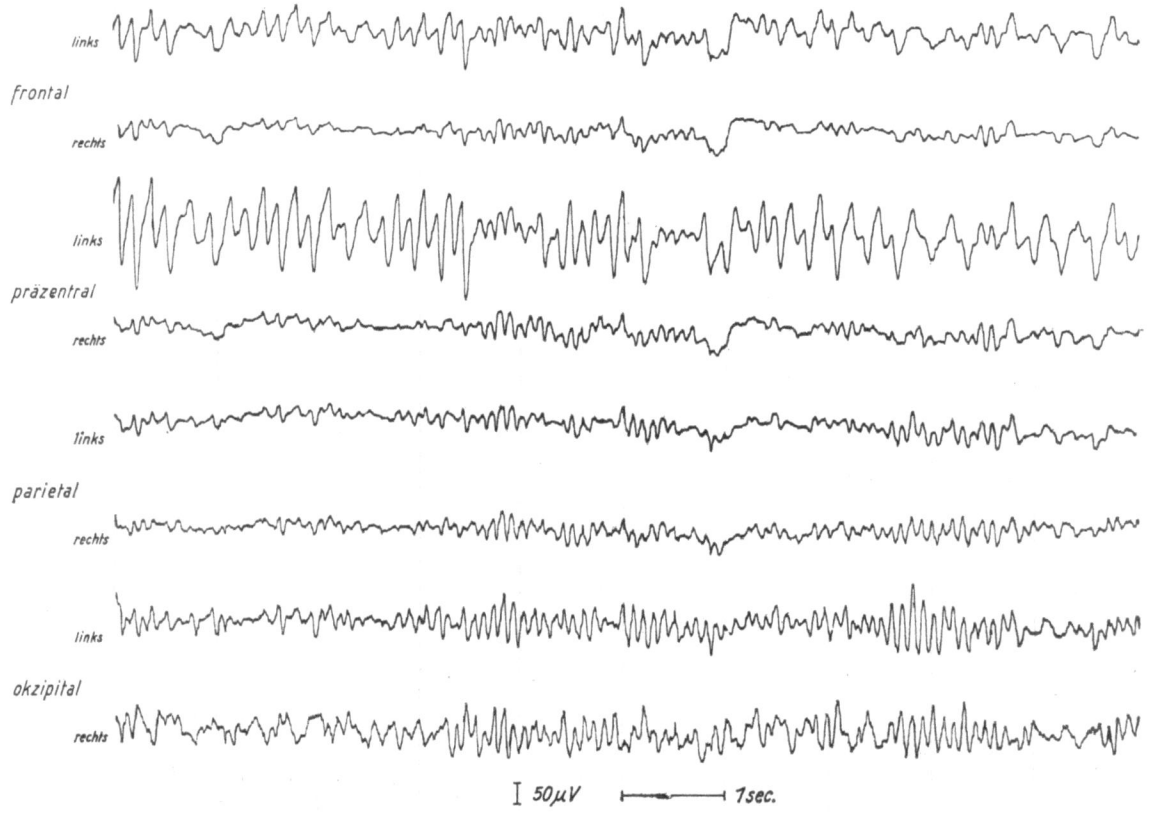

Abb. 238 Ableitungsart II (unipolare Schaltung zum rechten Ohr)
Schnur der rechten Ohrelektrode statisch aufgeladen, wackelt. Man beachte, daß der Artefakt nicht auf allen Ableitungsbereichen auftritt

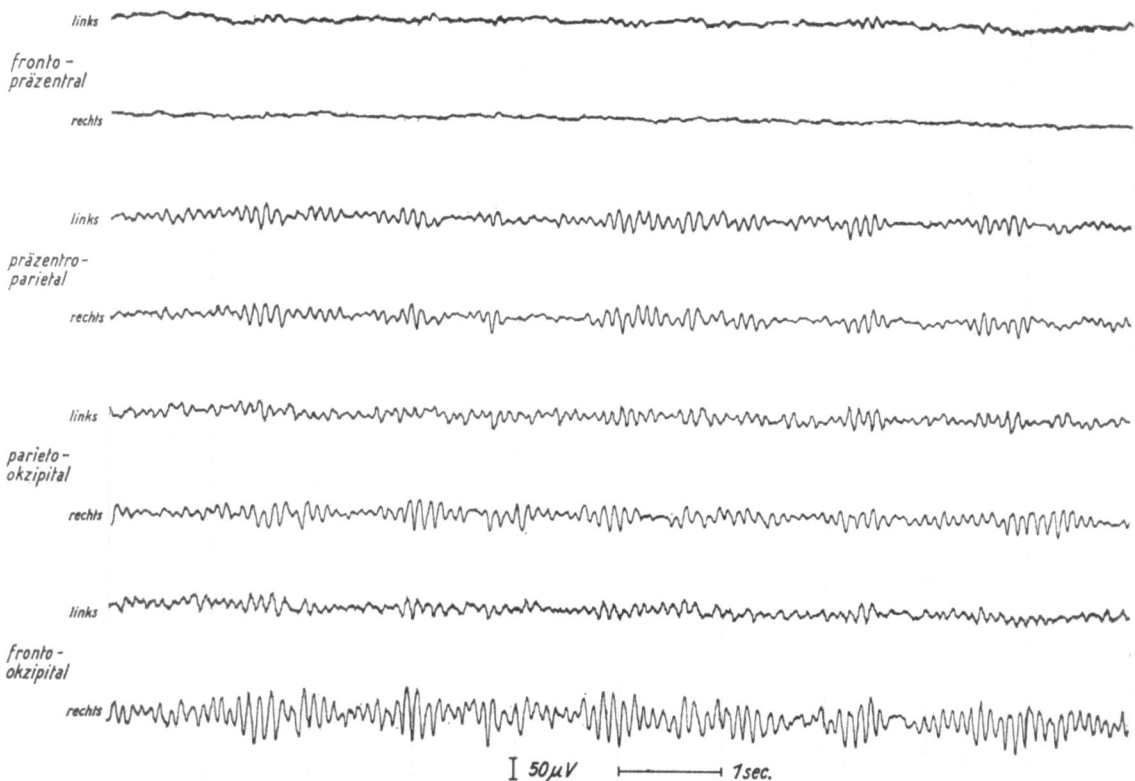

Abb. 239 Sonderableitungsart IIIa (bipolare Längsschaltung)
Schnur der linken okzipitalen Elektrode defekt

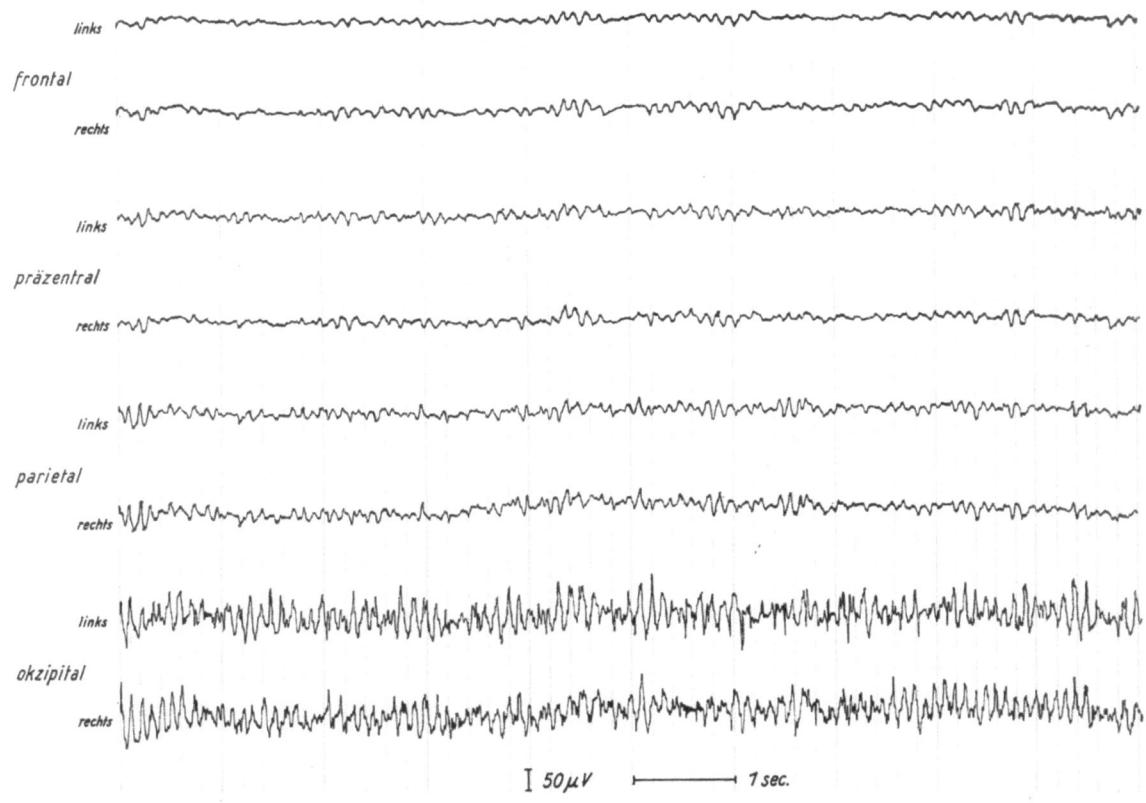

Abb. 240 Ableitungsart I (unipolare Schaltung zum linken Ohr)
Muskelpotentiale beiderseits okzipital infolge zu tief sitzender Elektroden (Nackenmuskulatur)

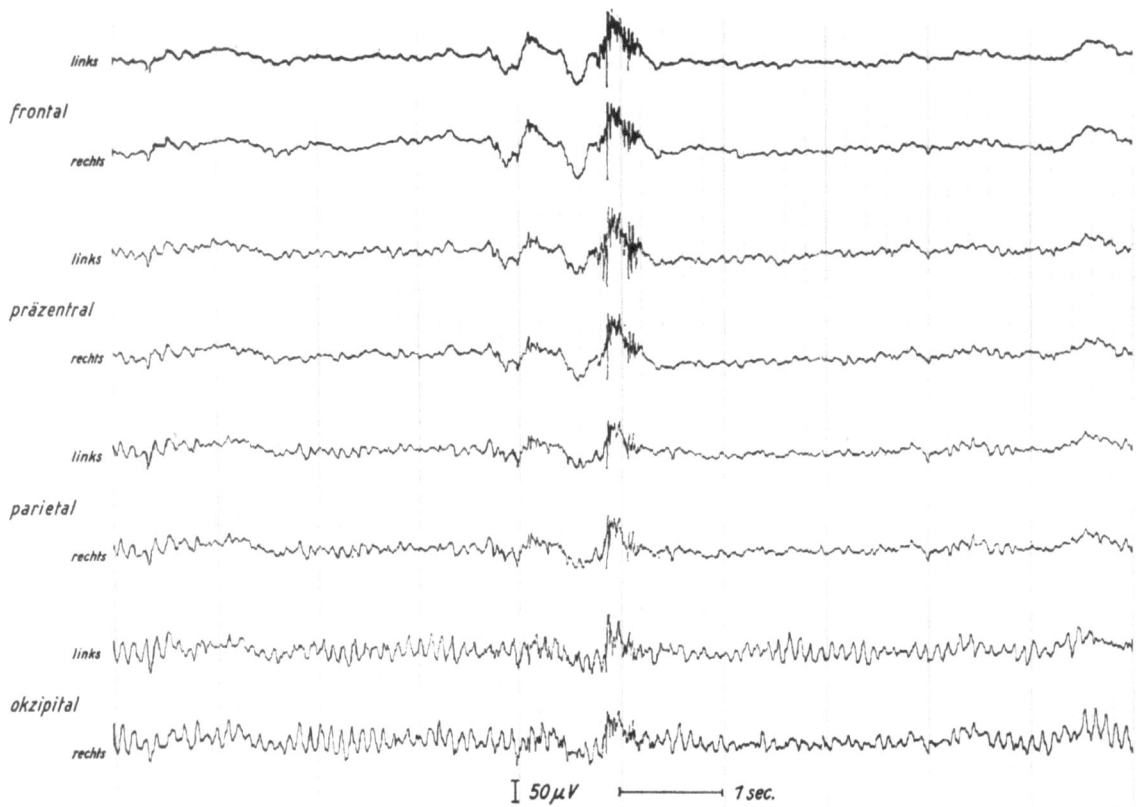

Abb. 241 Ableitungsart I (unipolare Schaltung zum linken Ohr)
Muskelpotentiale durch Schlucken

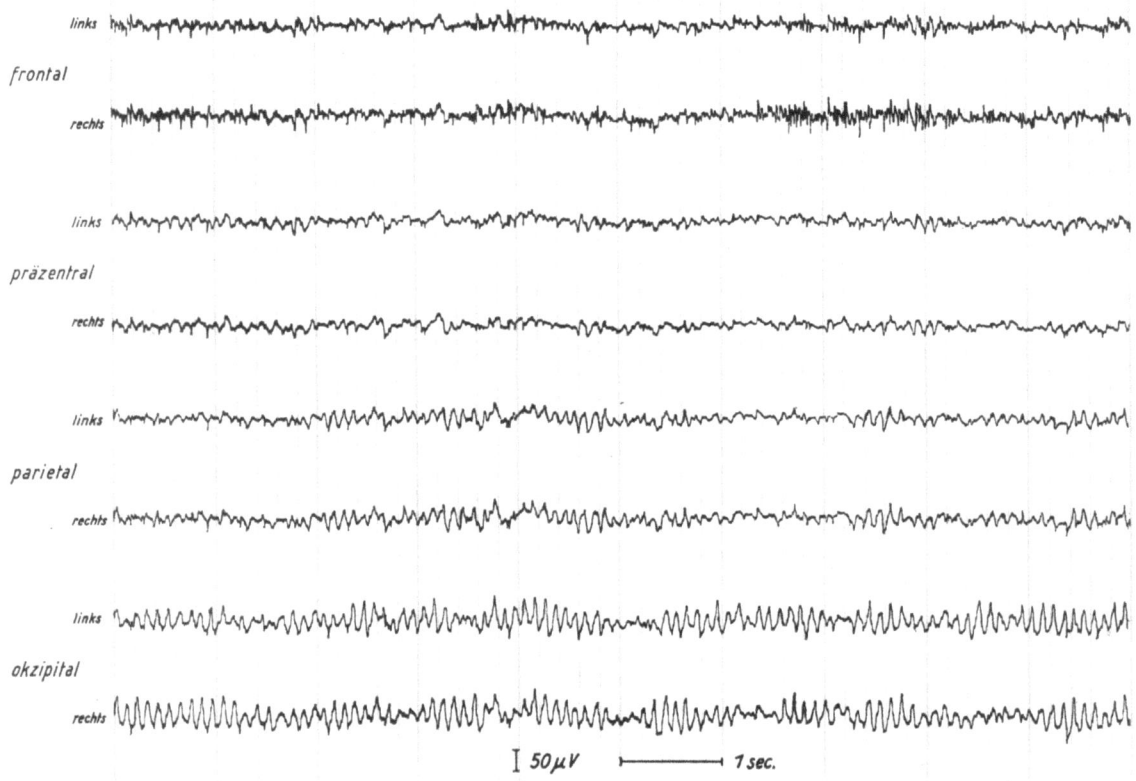

Abb. 242 Ableitungsart I (unipolare Schaltung zum linken Ohr)
Muskelpotentiale, hauptsächlich frontal beiderseits, durch zu starkes Zusammenkneifen der Augen

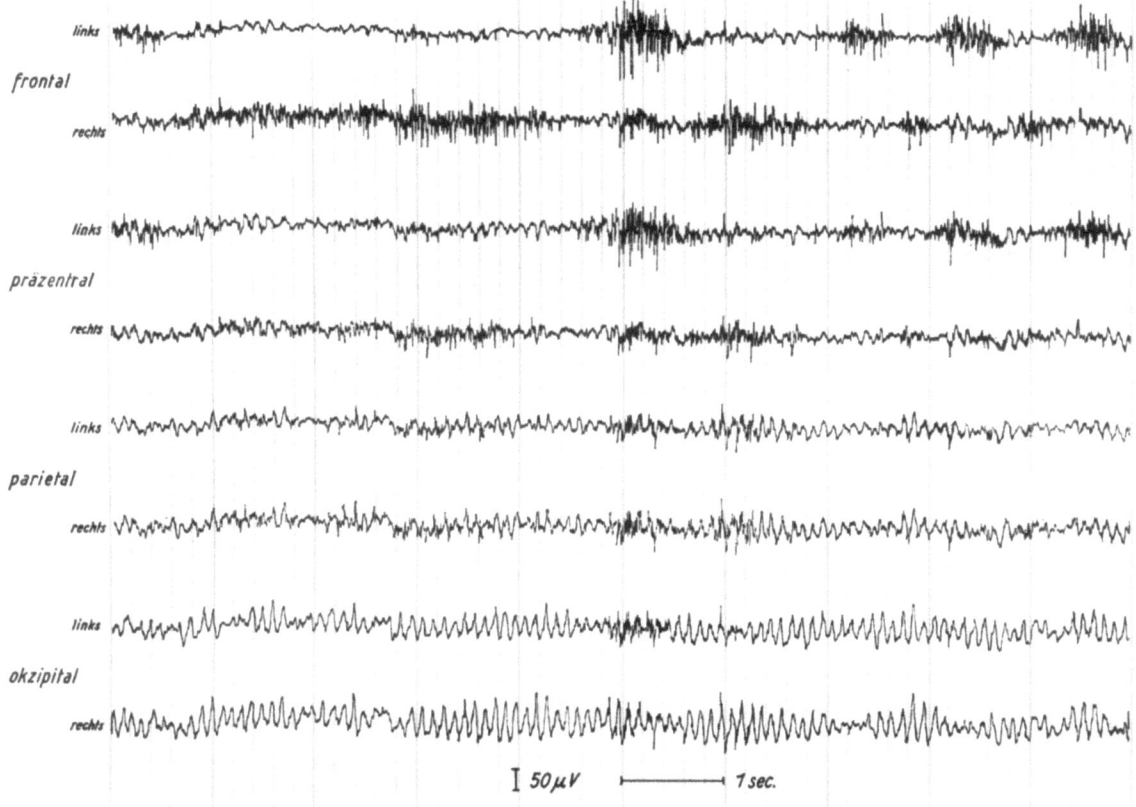

Abb. 243 Ableitungsart I (unipolare Schaltung zum linken Ohr)
Muskelpotentiale durch Zusammenpressen der Zähne, wechselnde Betonung

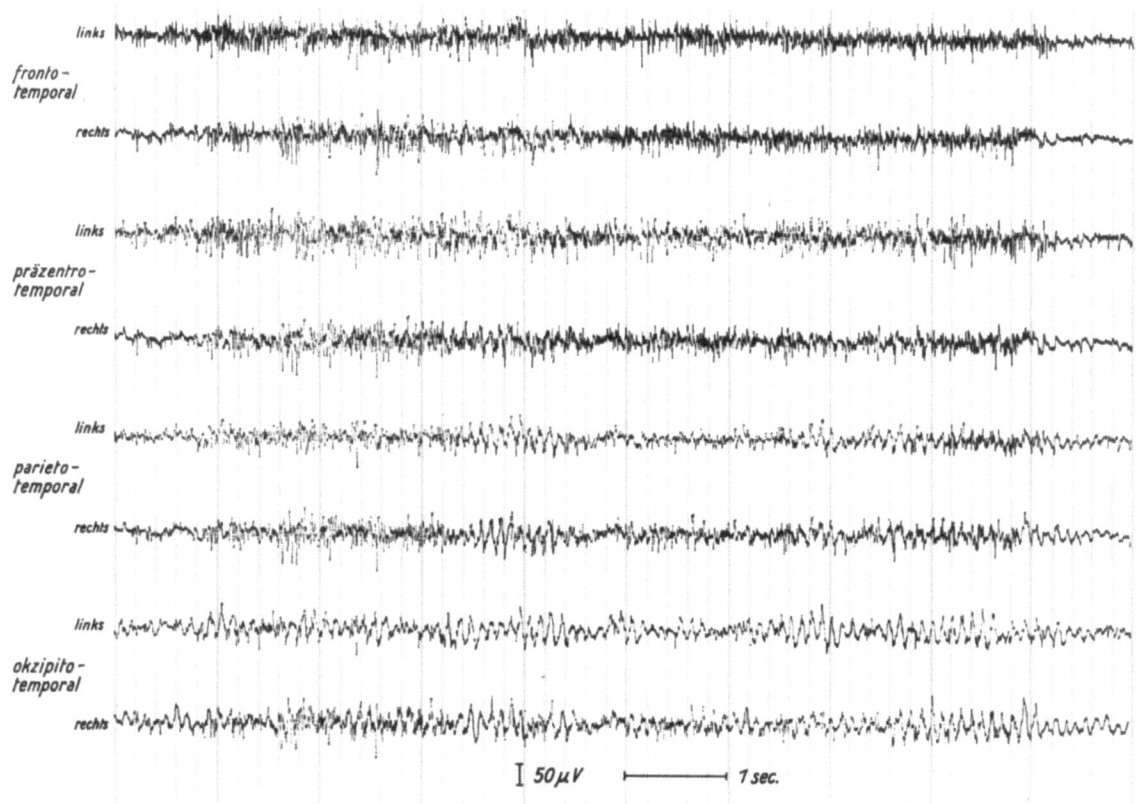

Abb. 244 Ableitungsart IV (bipolare temporale Schaltung)
Muskelpotentiale durch Anspannen der Temporalmuskulatur

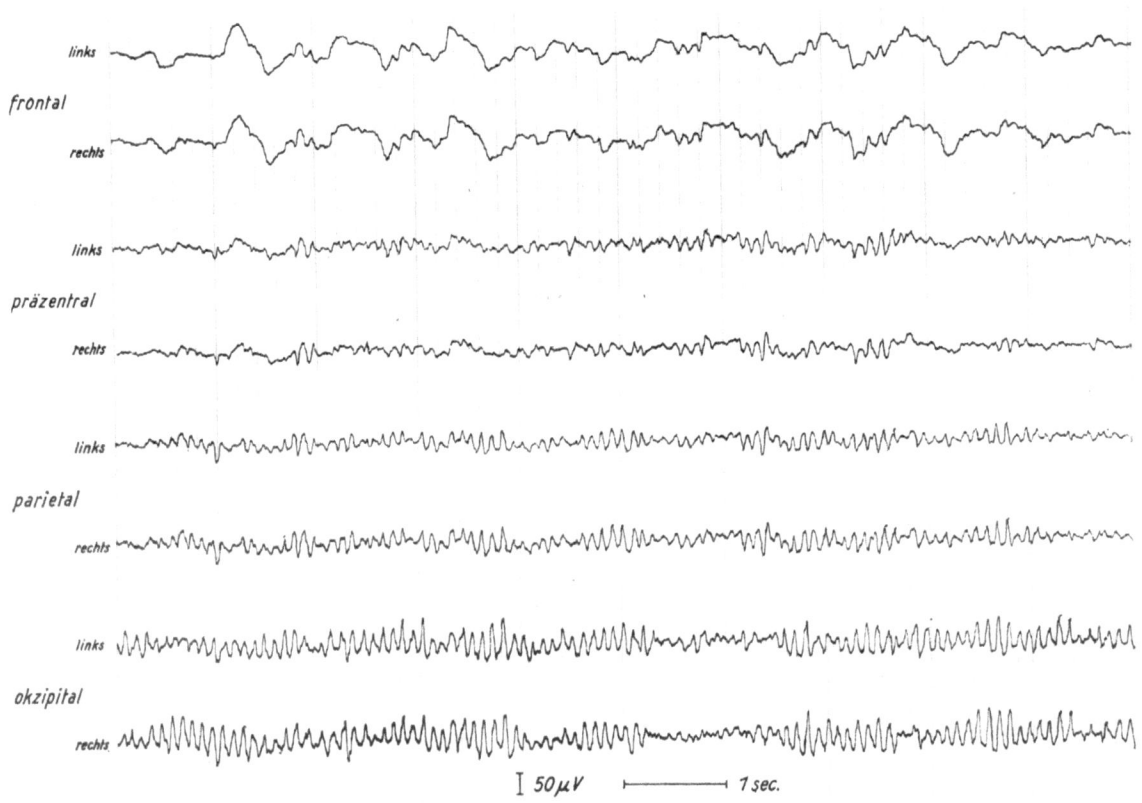

Abb. 245 Ableitungsart I (unipolare Schaltung zum linken Ohr)
Langsame Lidschläge, einen doppelseitigen Herd frontal vortäuschend

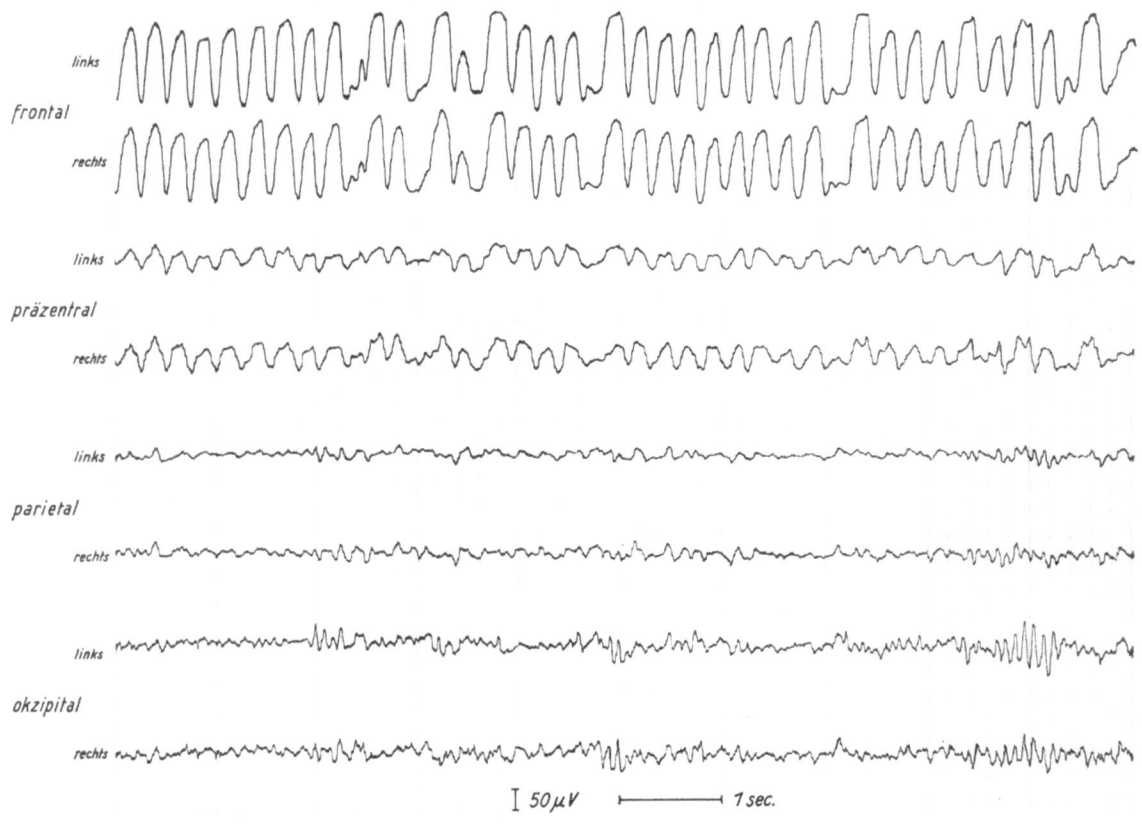

Abb. 246 Ableitungsart II (unipolare Schaltung zum rechten Ohr)
Schnelle Lidschläge

Die Störungen im Eeg 203

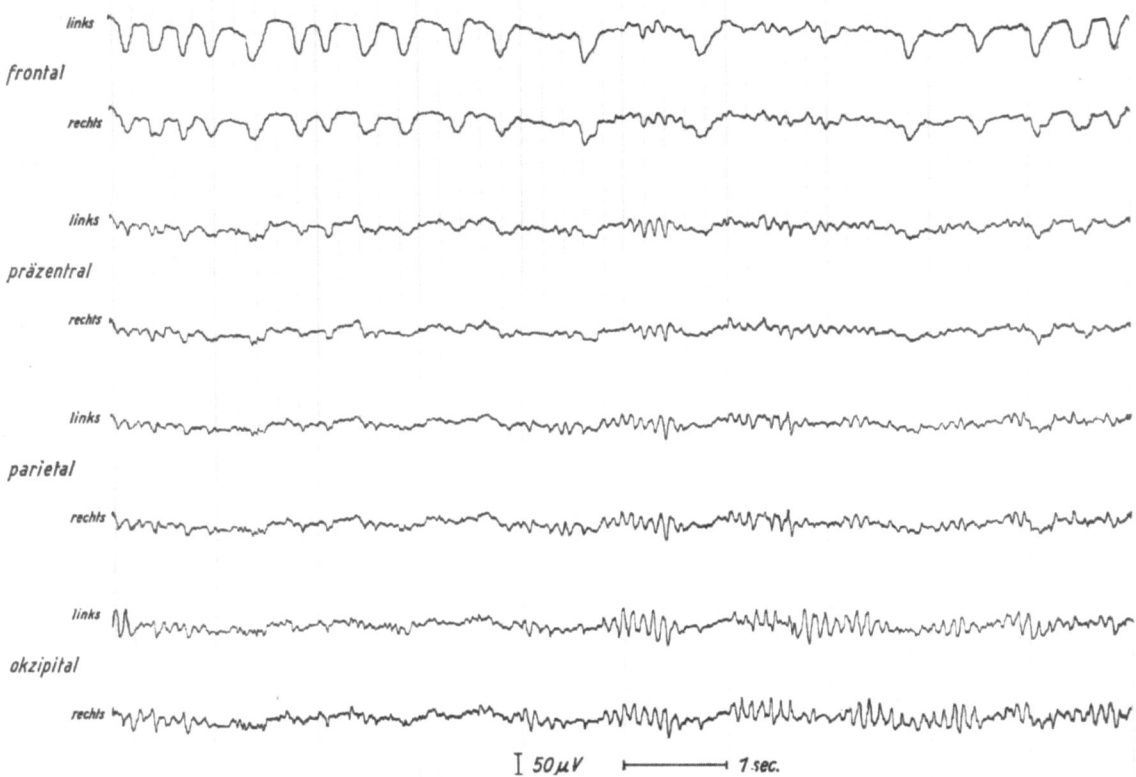

Abb. 247 Ableitungsart I (unipolare Schaltung zum linken Ohr)
Relativ schnelle und langsame Lidschläge

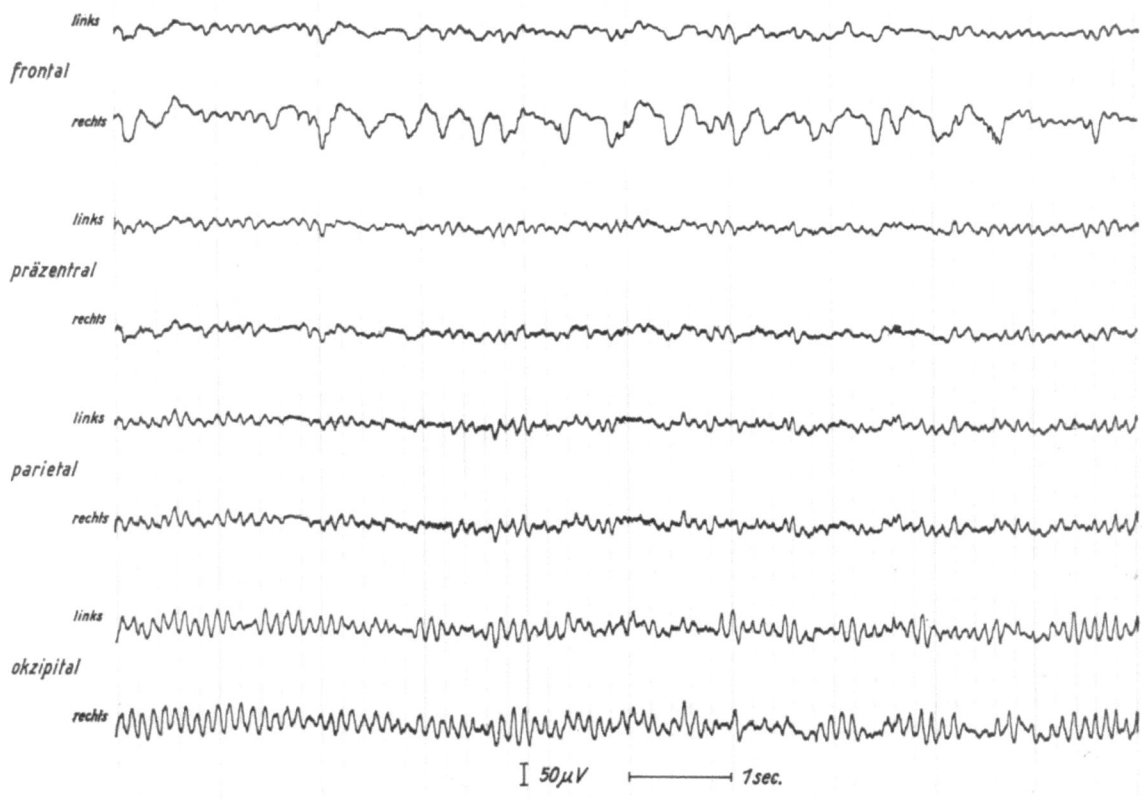

Abb. 248 Ableitungsart I (unipolare Schaltung zum linken Ohr)
Isolierter Lidschlag rechts frontal, einen Fokus vortäuschend

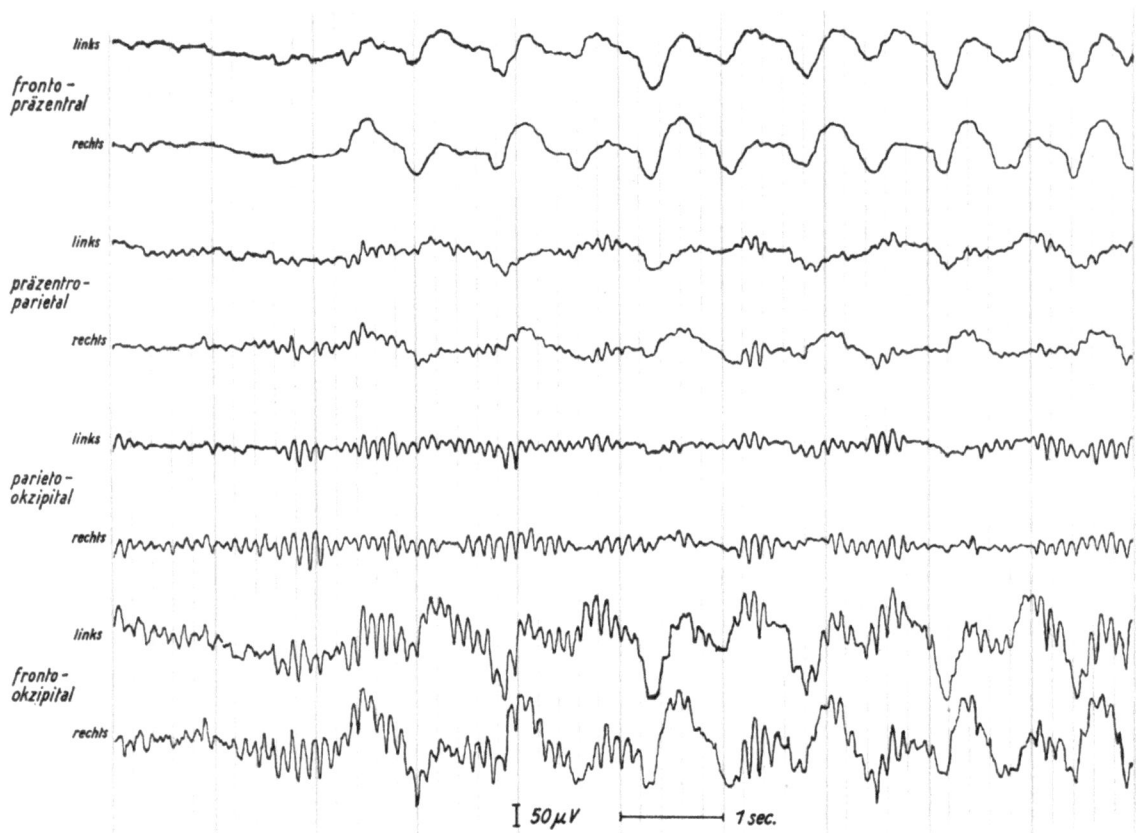

Abb. 249 Sonderableitungsart IIIa (bipolare Längsschaltung)
Waagerechte Bulbusbewegungen bei geschlossenen Augen

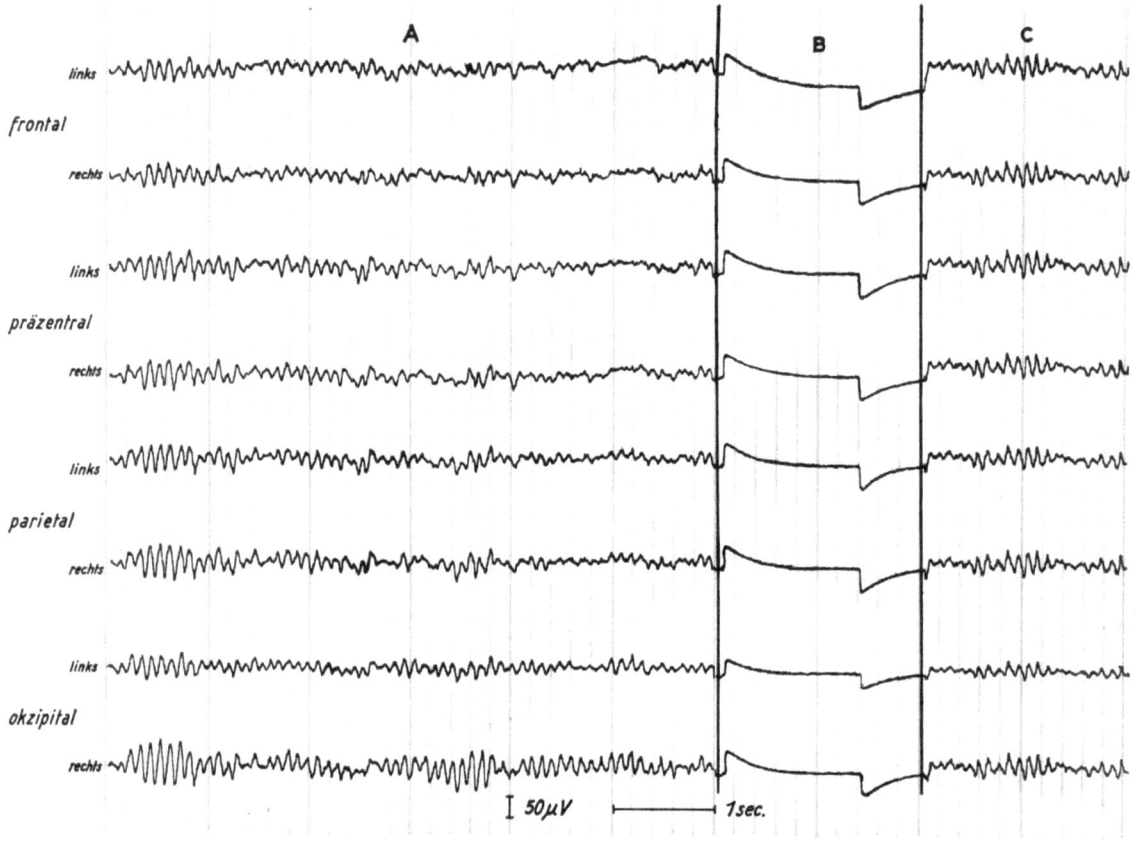

Abb. 250 Ableitungsart I (unipolare Schaltung zum linken Ohr)
Erniedrigung der Potentiale links okzipital durch falsche Eichung
A Potentiale in Ableitungsart I; B physikalische Eichung; C biologische Eichung

Die Störungen im Eeg

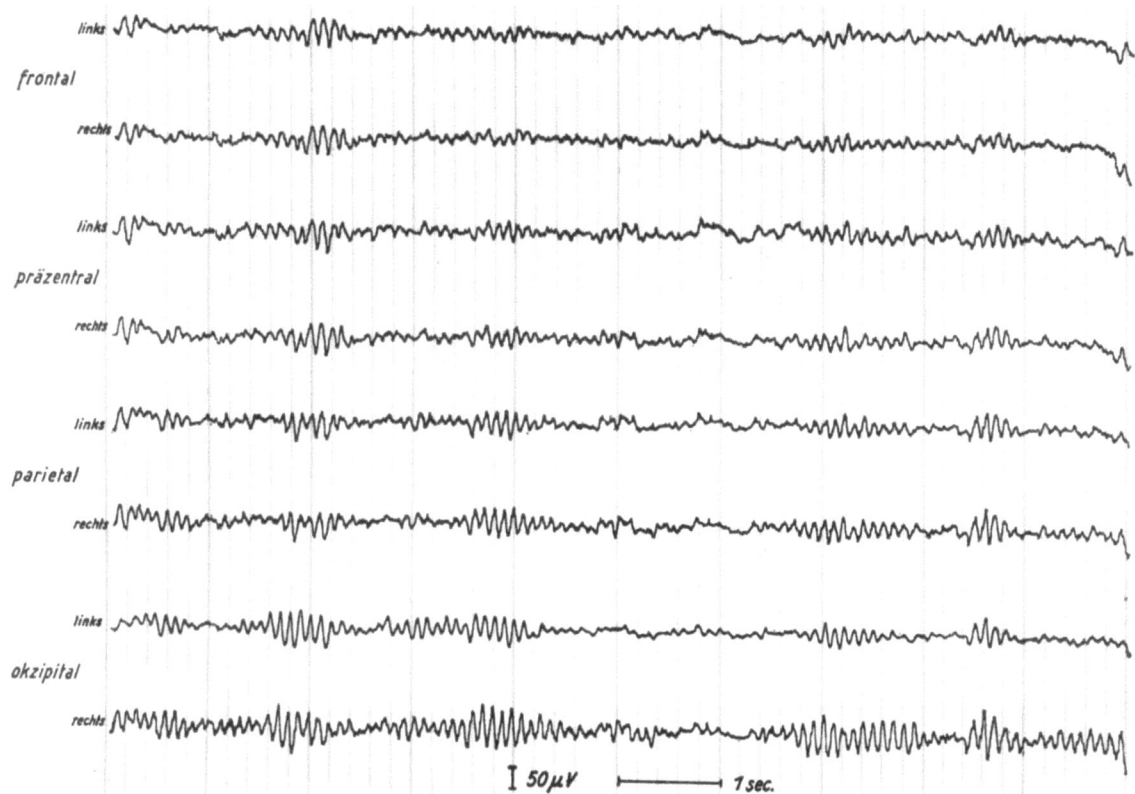

Abb. 251 Ableitungsart II (unipolare Schaltung zum rechten Ohr)
Erniedrigung und Verrundung der Potentiale links okzipital durch falsche Störblende; 7. Kanal Störblende 15 Hz, alle anderen Kanäle 70 Hz

8. Die Auswertung des Eeg

H.-G. NIEBELING

Die Bewertung der in einem Eeg auftretenden Potentialbilder und der entsprechenden nomenklatorischen Begriffe ist eine komplizierte Aufgabe. Um der Vielfalt des hier Darzustellenden eine Richtschnur zu geben, teilen wir das Kapitel in verschiedene Unterkapitel auf. Zunächst werden ständig wiederkehrende, sehr oft benötigte Begriffe erklärt, wobei selbstverständlich die bereits aufgezeichneten nomenklatorischen Begriffe nicht mit einbezogen sind. Sodann werden allgemeine Richtlinien aufgestellt, wie man eine Kurve auswertet, um schließlich anhand von Kurvenbeispielen zu zeigen, wie die Hirnpotentialbilder ausgewertet und beurteilt werden. Dabei wird außerdem auf die Befundabfassung eingegangen.

8.1. Allgemeine Begriffe

Ableitung: Wir verstehen unter Ableitung die *Gesamtuntersuchung;* z. B. sprechen wir davon, daß der Patient abgeleitet wird, richtiger müßte es heißen: elektroenzephalographisch untersucht wird. Mitunter wird hierfür auch der Ausdruck »Eegisiert« verwendet. In der täglichen Praxis fällt dem Wort »Ableitung« jedoch noch eine andere Bedeutung zu, und zwar, wenn wir von einer uni- oder bipolaren Ableitung sprechen oder dieselbe sogar noch spezifizieren, indem wir sagen, wir haben es mit der bipolaren temporalen Ableitung zu tun. Die Doppeldeutigkeit des Wortes ist selbstverständlich nicht als sehr zweckmäßig anzusehen, weshalb man grundsätzlich für eine uni- oder bipolare oder weiter spezifizierte Ableitung stets das Wort »Ableitungsart« setzen sollte. Unter Ableitung sollte man nur die Gesamtuntersuchung verstehen, wobei es sprachlich noch besser wäre, überhaupt nicht von Ableitung, sondern von elektroenzephalographischer Untersuchung zu sprechen.

Ableitungsart: Unter Ableitungsart werden entweder die beiden *Grundableitungsarten* uni- und bipolar verstanden, oder wir bezeichnen hiermit eine *spezielle Schaltungsform,* z. B. die bipolare temporale Ableitungsart. Für das Wort »Ableitungsart« kann selbstverständlich auch der sehr gebräuchliche Ausdruck »Schaltung« eingesetzt werden.

Ableitungspunkt: Unter Ableitungspunkt verstehen wir den *Aufsatzpunkt einer Elektrode.* Wir werden also z. B. vom frontalen oder vorderen temporalen Ableitungspunkt sprechen.

Ableitungsbereich: Mit diesem Wort wird der *durch zwei Elektroden* bei der bipolaren *und durch eine* bei der unipolaren Ableitungsart *erfaßte Bereich* unter Berücksichtigung der physikalischen Streuung der Hirnpotentiale bezeichnet.

Spannungshöhe: Unter diesem Begriff wird die *Höhe der Potentiale* – gemessen *in Mikrovolt* – verstanden. Wie bereits ausgeführt, vermeiden wir *nach Möglichkeit* das Wort »Amplitude«, da wir es im Eeg nicht mit Wechselströmen, sondern mit Gleichspannungspotentialen zu tun haben.

Pro-sec.-Welle: Wie schon der Name sagt, wird hierunter die *Anzahl der in einer Sekunde auftretenden Wellen* – selbstverständlich *bezogen auf die einzelne Welle* – verstanden. In der Praxis wird man abgekürzt also z. B. von einer 4/sec.-Welle sprechen. Auch hier verwenden wir nicht den eingebürgerten Begriff Hertz (Hz), da wir es – wie bereits erwähnt – im Eeg mit Gleichspannungspotentialen zu tun haben.

Frequenz: Auch dieses Wort müßte aus dem obengenannten Grunde durch ein anderes ersetzt werden. Wir verblieben jedoch dabei, da man sonst bei der Befundabfassung oder sonstigen Berichten z. T. sprachliche Kapriolen schlagen müßte. Unter Frequenz wird die *Anzahl der Wellen pro Sekunde* verstanden. Wir werden also z. B. davon sprechen, daß in dem Eeg Frequenzen von 4/sec. auftreten; man kann in diesem Beispiel auch das Wort Welle einsetzen und würde dann von Wellen von 4/sec. sprechen. Es gibt jedoch in der Praxis Formulierungen, die die Anwendung des Wortes »Frequenz« erfordern.

Generalisiert: Für diesen Begriff werden z. T. auch die Wörter »allgemein« oder »diffus« verwendet. Es wird z. B. sehr häufig von generalisierten Spitzenpotentialen, von diffus eingelagerten Thetawellen oder von einer allgemeinen Spannungserniedrigung gesprochen.

Unter »generalisiert« verstehen wir das *annähernd gleichzeitige (synchrone) Auftreten von Potentialen über allen Hirnregionen,* wobei mitunter die Generalisierung auf eine Hemisphäre beschränkt sein kann.

Es muß jedoch hinzugefügt werden, daß das Wort generalisiert in zweifachem Sinn gebraucht wird. Wenn soeben gesagt wurde, daß wir unter generalisiert das Auftreten von Potentialen über allen Hirnregionen verstehen, so bedeutet dies, daß die generalisierten Potentiale, wenn sie vorhanden sind, in allen Ableitungsarten über allen Ableitungsbereichen auftreten. Das Wort *generalisiert* bezieht sich also *im ursprünglichen Sinn auf die Gesamtuntersuchung.*

In der täglichen Praxis wird jedoch auch dann von generalisiert gesprochen, wenn wir annähernd synchrone Potentiale in einer Ableitungsart über allen Ableitungsbereichen registrieren können. Man muß sich also darüber absolut im klaren sein, daß hier das

Wort generalisiert *nur für diesen bestimmten Kurvenabschnitt aussagekräftig* ist und nicht unbedingt das Verhältnis der Gesamtkurve repräsentiert.

Unter »*diffus*« wird das *unregelmäßige (asynchrone) Auftreten von Potentialen über allen Hirnregionen* definiert, wobei jedoch auch hier gelegentlich das Wort »diffus« auf die Hirnbereiche einer Hemisphäre Anwendung finden kann.

Selbstverständlich wird ein genauer Trennungsstrich zwischen diesen beiden Begriffen nicht möglich sein, jedoch geben die genannten Richtlinien einen gewissen Anhaltspunkt für die Verwendung.

Den Begriff »*allgemein*« sollte man, da er bereits in den sehr oft benutzten nomenklatorischen Allgemeinveränderungen vorhanden ist, möglichst vermeiden. Wir sollten also nicht von einer allgemeinen Einlagerung von Theta- oder Deltawellen sprechen, sondern hierfür nur die Begriffe »generalisiert« oder »diffus« verwenden. In vereinzelten Fällen – wie z. B. bei einer gegenüber der Norm auf allen Ableitungsbereichen verminderten Spannungshöhe – kann dafür die »allgemeine Spannungserniedrigung« gesetzt werden. Trotzdem sollte man den Gebrauch *möglichst vermeiden*.

Lokalisiert: Dieser Begriff erscheint zunächst ganz klar, da man darunter das Auftreten von Hirnpotentialen über einer bestimmten Hirnregion versteht. Wir müssen hier jedoch noch ein wenig weiter in die Materie eindringen, denn es könnte die Frage gestellt werden: Ist ein Auftreten von Hirnpotentialen auch dann noch als lokalisiert zu betrachten, wenn die annähernd gleichen Potentiale über zwei oder drei Hirnregionen einer Seite ausgeprägt sind? Strenggenommen haben wir es hier weder mit lokalisierten noch mit diffusen oder generalisierten Veränderungen zu tun. Man wird deshalb das Wort »lokalisiert« nicht auf eine Hirnregion beschränken können, sondern unter lokalisiert ein *örtliches Auftreten von Hirnpotentialen im Bereich von ein bis zwei Hirnregionen* verstehen müssen. Da wir es hier so gut wie immer mit einem Herd- oder herdförmigen (siehe später) Geschehen zu tun haben, könnte auch noch das Wort »Streuung« eine wesentliche Hilfe sein. Wir würden dann also den Ort der langsamen Wellen als Herd, als lokalisiertes Auftreten von entsprechenden Hirnpotentialen bezeichnen, wobei eine Streuung, Ausdehnung, Ausweitung nach verschiedenen Hirnregionen möglich ist.

Betont: Mit diesem Wort wird erfahrungsgemäß sehr viel gearbeitet, und man sollte sich genau darüber klarwerden, was man darunter versteht. Von »betont« sollte dann gesprochen werden, wenn *bei einer diffusen oder generalisierten Potentialverteilung gewisse Hirnbezirke eine Verstärkung dieser Potentiale* zeigen. In diesem Zusammenhang sei gesagt, daß natürlich ein Übergleiten zu den lokalisierten Potentialen mit starker Streuung gegeben ist. In der Praxis wird man jedoch in den meisten Fällen eine Grenze ziehen können.

Paroxysmal: Unter diesem Begriff wird das *plötzliche Auftreten von Hirnpotentialen* verstanden, wobei dieselben das *Spannungsniveau der angrenzenden Wellenbilder deutlich übersteigen*. Die Zeit des paroxysmalen Auftretens – oder auch Paroxysmus genannt – kann unterschiedlich sein, wird sich jedoch im allgemeinen nur um Sekunden bewegen. Ein Paroxysmus kann sowohl über allen Ableitungsbereichen als auch lokalisiert auftreten. Weiterhin muß beachtet werden, daß die in einem Paroxysmus auftretenden Potentiale in bezug auf ihre Frequenz sehr unterschiedlich sein können. Handelt es sich um *völlig gleichmäßige Wellen, so wird man besser von einer Wellengruppe sprechen*.

Synchron: Treten Potentiale hinsichtlich ihrer zeitlichen Zuordnung gleichzeitig auf, so sprechen wir von synchron, d. h. mit anderen Worten: Wir werden *auf zwei oder mehr Ableitungsbereichen das Potential zur gleichen Zeit* antreffen. Um die Synchronität genau festzustellen, wird man ein Lineal senkrecht auf das Kurvenblatt auflegen und überprüfen, ob der Fußpunkt der Frequenz tatsächlich sowohl in den oberen als auch unteren Ableitungsbereichen genau mit der Senkrechten abschneidet. *Ist dies nicht der Fall, so spricht man von de- bzw. asynchron.*

Hypersynchron: Dieses Wort verwenden wir nicht, da es sprachlich einen Pleonasmus darstellt. Im allgemeinen Sprachgebrauch handelt es sich hierbei um sehr spannungshohe synchrone Potentiale.

Kontinuierlich: Hierunter verstehen wir das *fortlaufende, ununterbrochene Auftreten von Potentialen*, wobei jedoch dieser Begriff nicht als absolut aufgefaßt werden sollte. Eine kleine Spannungserniedrigung der betreffenden Potentiale wird noch nicht dazu verleiten, das Potentialbild als diskontinuierlich = unterbrochen festzulegen.

Fokus – Herd – herdförmig: Unter einem Fokus, einem Herd, verstehen wir das *lokalisierte Auftreten von meist frequenzlangsamen Potentialen*. Es sei hierbei an die Möglichkeit der Streuung, d. h. an die Fortleitung von Potentialen vom Maximum aus, erinnert. Hebt sich der Herd nicht genügend plastisch aus dem Gesamtbild heraus, so kann man von herdförmig, einer gewissen Abschwächung des Herdes, sprechen. Wir stehen hierbei jedoch manchmal am Übergang zu den diffusen Veränderungen mit Betonung einer oder mehrerer Hirnregionen.

8.2. Allgemeine Richtlinien zum Auswerten einer Hirnpotentialkurve

Bevor man eine Kurve auswertet, müssen die *notwendigen Materialien* vorhanden sein. Zunächst sind *Zirkel und Lineal* zu nennen. Als Zirkel verwendet man am besten einen solchen mit Feststellschraube (Abb. 252). Diese kleine Hilfe bewährt sich besonders beim Überprüfen der Eichung, da es bei Zirkeln ohne Feststellschraube leicht vorkommen kann, daß durch eine geringe Unachtsamkeit die Zirkelspitzen sich ver-

208 Die Auswertung des Eeg

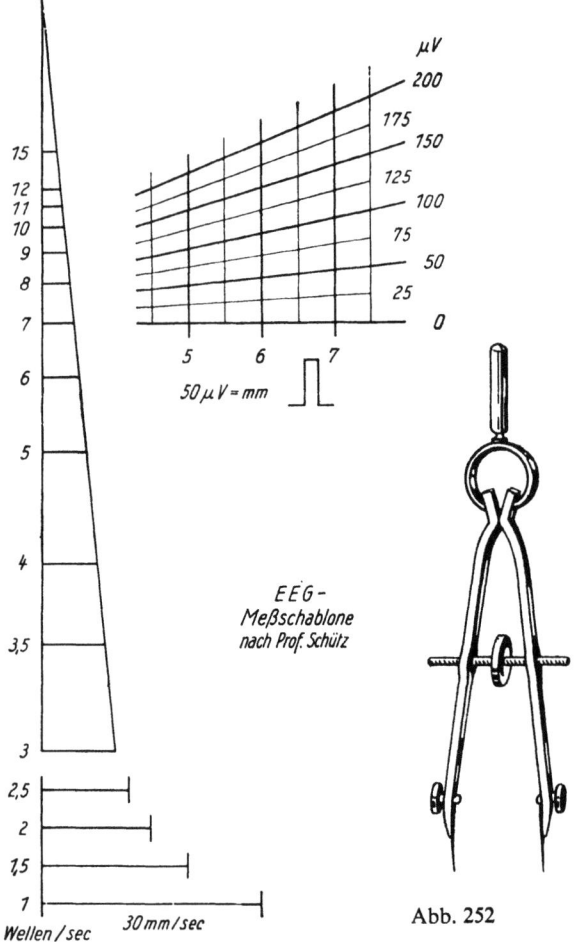

Abb. 252

Abb. 253
EEG-Meßschablone nach Prof. SCHÜTZ (Originalgröße)

ändern. Als Lineal empfiehlt sich ein 30-cm-Lineal, um über mindestens ein Kurvenblatt Messungen leicht vornehmen zu können.

Weiterhin ist es sehr vorteilhaft, eine sogenannte *Auswert- oder Meßschablone* (Abb. 253) zu besitzen, wie sie von fast allen größeren Firmen, die Elektroenzephalographen herstellen, kostenlos geliefert werden. Insbesondere bei der Feststellung der Frequenz, aber auch der Spannungshöhe bringt ein solches Hilfsmittel Vorteile.

Ferner müssen wir einige *Handzettel zum Stricheln der Frequenzen* in bezug auf ihre Frequenzstabilität (s. Abb. 71) vorliegen haben, und letztlich gehören auch sogenannte *Herdschemata* (Abb. 254) zur Ausrüstung. In diese Schemata wird der diagnostizierte Herd eingetragen. Hierbei geht man am besten so vor, daß das Zentrum der Störung mit einem Rotstift markiert wird; die Streuung des Herdes kann entweder durch Pfeile oder durch Schwächerwerden der Farbintensität gekennzeichnet werden.

Hat man sich das notwendige Material bereitgelegt, so kann mit dem Auswerten des Kurvenmaterials begonnen werden. *Wir möchten jedoch gleich anfangs betonen, daß die Auswertung eines Eeg bei starker Abgespanntheit oder Ermüdung nicht vorgenommen werden sollte;* auch ist die Zahl der auszuwertenden Kurven pro Tag beschränkt. Hat man schwierige Kurven auszuwerten, so dürfte die Anzahl von 6 Eeg. pro die als Norm angesetzt werden können. Sind leicht auszuwertende Kurvenbilder vorhanden, so wird sich selbstverständlich diese Zahl erhöhen, jedoch sollte man bedenken, daß auch physiologische und vor allem im physiologisch-pathologischen Grenzbereich liegende Kurven sehr oft ein großes Maß an Erfahrung erfordern und z. T. eine besonders subtile und zeitraubende Auswertung zur Folge haben können. *Letztlich sei noch darauf hingewiesen, daß jeder Auswerter die in der täglichen Praxis des öfteren geforderte »Schnellauswertung«, das kurze »Überblättern, die Schnelldiagnose« nur in Ausnahmefällen durchführen sollte.*

Kommen wir nun zur *Auswertung* selbst.

Zunächst wird der Auswerter das *Anmeldeformular*, insbesondere die *Anamnese* und den *klinischen Befund* sowie die *klinische Diagnose*, genau studieren, um sich ein Bild von den zu erwartenden Potentialverhältnissen zu machen. Auch das Alter des Patienten muß man sich immer vor Augen halten. Weiterhin wird man sich über den *Ermüdungszustand* anhand der auf dem Titelblatt angebrachten Angaben informieren. Ferner ist darauf zu achten, ob in dem auf dem Titelblatt unten links angebrachten Schema *Einzeichnungen über Narben, Knochendefekte usw.* vorhanden sind.

Sodann wird die *physikalische Eichung* (6 mm = 50 μV) überprüft. Hierbei achte man darauf, die Überprüfung am Ende der Eichung vorzunehmen, da die Technische Assistentin ja mehrmals eingeeicht haben kann. Anschließend sollte man die sogenannte *biologische Eichung* genau prüfen, wobei ebenfalls wieder der letzte Abschnitt der Eichungsstrecke anzusehen ist. *Nunmehr wird die am Schluß der Kurve geschriebene physikalische wie auch biologische Kontrolleichung überprüft.* Durch die Kontrolle sowohl der vor als auch nach der Hirnpotentialkurve geschriebenen Eichungen ist man in der Lage, Aussagen darüber zu machen, ob die Kurve unter einwandfreien technischen Daten geschrieben wurde bzw. ob sich während des Schreibens die technischen Daten geändert, insbesondere ob sich Abweichungen in den Verstärkerkanälen eingestellt haben. Es sei noch hinzugefügt, daß bei der physikalischen Eichung auf die Abrundung der Eichimpulse geachtet wird. Hieraus kann man Einstellungsfehler der Störblende feststellen. Wird z. B. ein Kanal mit einer Störblende von 15 Hz und alle anderen mit 70 Hz gefahren, so kann diese falsche Einstellung eine Reduktion vortäuschen. Ebensolche Fehler können selbstverständlich auch bei einer ungenauen Eichung unterlaufen.

Nachdem alle diese Fehlerquellen ausgeschaltet und die Überprüfung der Eichdaten beendet ist, wird die *Kurve zunächst nur einmal durchgeblättert.* Durch diese Maßnahme verschafft man sich einen groben Überblick über die Potentialverhältnisse und spart auf der anderen Seite Zeit, falls sich beim Durchblättern herausstellt, daß die Kurve z. B. infolge starker Artefakte nicht sicher auswert- bzw. beurteilbar ist.

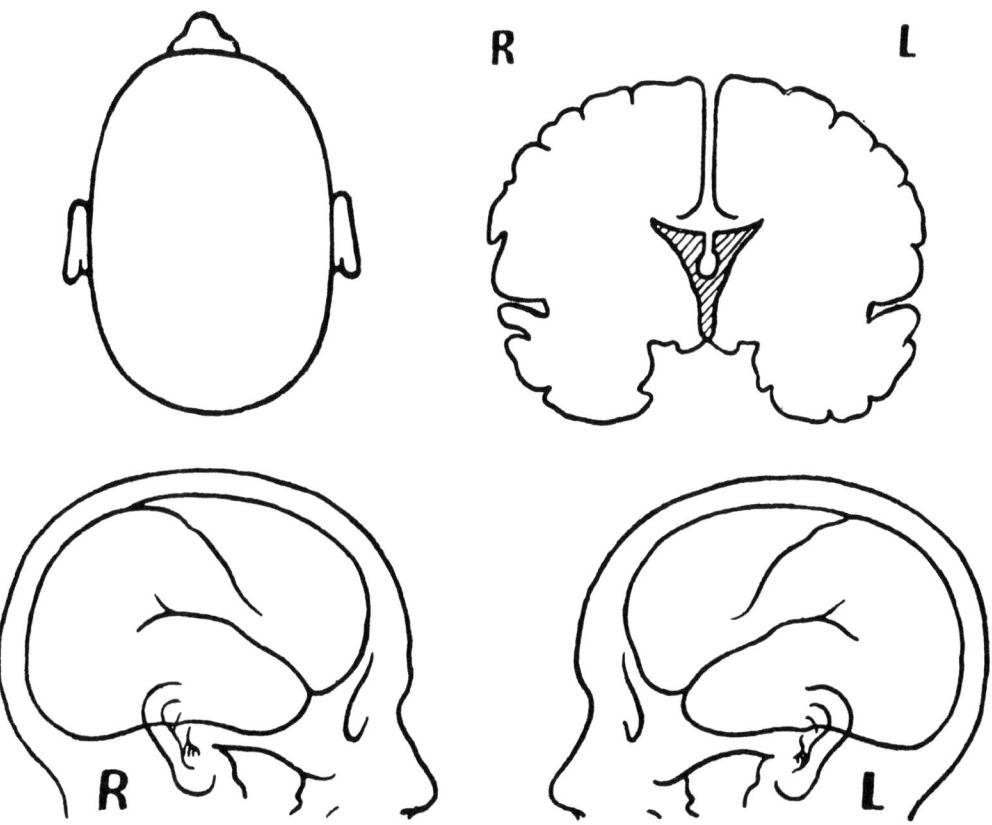

Abb. 254 Herdschemata für elektroenzephalographische Auswertung

Erst nach diesen Vorarbeiten beginnt die subtile Auswertung der Kurve.

Wir stellen als erstes fest, ob es sich um ein im Bereich der physiologischen Schwankungsbreite liegendes *allgemeines Spannungsniveau* oder ob es sich z. B. um ein sehr spannungsniedriges oder -hohes Potentialbild handelt.

Sodann kommen wir zur *Bestimmung der Grundaktivität.*

Wir müssen also die altersphysiologische Aktivität herausfinden. Wir werden zunächst das Erwachsenen-Eeg näher beschreiben. In der Mehrzahl der Fälle wird die Grundaktivität vorwiegend durch Alphawellen repräsentiert sein. Wir bestimmen nun die *Frequenz,* die *durchschnittliche sowie oberste und unterste Spannungshöhe,* die *Form, Ausprägung, zeitliche Folge, Frequenzstabilität* und den *Alphafokus.* Hierbei wird man sich diejenigen Kurvenstücke (jeweils 30 cm) heraussuchen, die dem Gesamtbild am ehesten entsprechen. Selbstverständlich sind diese *Auszählungen und Messungen nur in den unipolaren Ableitungsarten vorzunehmen,* da es in den bipolaren Ableitungsarten zu Interferenzerscheinungen kommen kann. Im einzelnen wird man bei der Ausmessung zweckmäßigerweise wie folgt vorgehen.

Nachdem das geeignete Kurvenstück ausgesucht ist, werden zunächst die *Kontinuität bzw. Diskontinuität* (zeitliche Folge) der Alphawellen bestimmt. Anschließend notiert man sich, *ob der Alphafokus verlagert ist* und ob es zu einer regelrechten Spannungshöhenabnahme nach den vorderen Hirnregionen zu kommt. Sodann wird die *Form der Alphawellen* vermerkt. Nunmehr nimmt man die Meßschablone zur Hand und wird die einzelnen Alphafrequenzen in bezug auf ihre *Frequenzstabilität* hin untersuchen. Dazu benutzt man einen Hilfszettel, auf dem die so bestimmten Wellen nach ihrer Frequenz gestrichelt werden. Mit dieser Messung erhalten wir außer der Bestimmung der Frequenzstabilität bzw. -instabilität gleichzeitig Angaben über das *Vorherrschen einer Frequenz.* Sodann bestimmt man die unterste und oberste Spannungshöhe und ermittelt den Durchschnittswert, der durch Addieren der Spannungshöhe jeder einzelnen Welle und anschließendes Dividieren durch die Anzahl der Wellen gefunden werden kann. Bei einiger Übung kann natürlich durch mehrmaliges Anlegen der Schablone dieser Wert auch geschätzt werden. Schließlich müssen wir die *Ausprägung der Alphawellen* festlegen. Es sei nochmals wiederholt, daß wir darunter die Dauer des Auftretens in Prozent der Meßstrecke verstehen. Diese Messung kann nach verschiedenen Methoden vorgenommen werden. Am besten erscheint uns die Streckenmessung mit dem Zirkel. Man geht dabei so vor, daß alle vorhandenen Alphastrecken, jeweils beginnend vom Fußpunkt des Anstiegs der ersten Welle und endend am Fußpunkt des Abstiegs der letzten Welle, mit einem Zirkel abgemessen und anschließend auf ein Stück Papier aufgetragen werden. Nunmehr mißt man die aufgetragene Strecke in Zentimetern und setzt sie in das

Verhältnis zur Gesamtmeßstrecke. Ist eine sehr starke Ausprägung der Alphawellen vorhanden, so erübrigt sich selbstverständlich diese Methodik.

Sind Betawellen im Potentialbild, so verfährt man in der annähernd gleichen Weise. Folgende Hinweise, die eine gewisse Änderung gegenüber den Verhältnissen bei den Alphawellen darstellen, seien hinzugefügt. Die Diskontinuität bzw. Kontinuität kann auch hier sicher festgestellt werden. Dem Betafokus kommt im Vergleich mit dem Alphafokus eine weit geringere Bedeutung zu. Wie wir bereits wissen, soll der Betafokus in der Präzentralregion liegen. Bei den sehr häufig auftretenden Alpha-Beta-Mischformen, insbesondere jedoch bei dem sogenannten reinen β-Eeg, haben wir jedoch meist folgendes Bild: Einlagerungen von Betawellen über allen Ableitungsbereichen, wobei die Spannungshöhe ähnlich der der Alphawellen nach frontal zu abnimmt; eine leichte Anhebung der Spannungshöhe im Präzentralgebiet ist mitunter zu finden. Wir werden also, auch wenn die Betawellen okzipital geringgradig spannungshöher ausgebildet sind, noch nicht von einer Betaaktivierung sprechen können. Hiervon kann erst dann die Rede sein, wenn die Betawellen die Alphawellen spannungsmäßig erreichen oder sie überragen. Außerdem sei gesagt, daß bei der relativ niedrigen Spannungshöhe der Betawellen Unterschiede zwischen den einzelnen Ableitungsbereichen z. T. nur mühsam erkannt werden können. – *Die Messung der Frequenzstabilität bei den Betawellen ist schwierig.* Trotzdem muß man sich die Mühe machen, auch diese kleinen, meist dreieckförmigen Potentiale auszuzählen; daß dies bei normaler Geschwindigkeit des Papiertransports (30 mm/sec.) selbstverständlich nicht so exakt möglich ist, bedarf keiner Frage. Hier macht es sich wieder einmal bezahlt, wenn man eine sehr zuverlässige und vor allem schnell reagierende Technische Assistentin hat; ein kurzer Griff zum Geschwindigkeitsumschalter oder das nur Sekunden dauernde Auswechseln eines Einlegerades können dem Auswerter die Arbeit wesentlich erleichtern. Schon bei doppelter Geschwindigkeit, also bei 60 mm/sec., ist ein Auszählen der Betafrequenzen sehr gut möglich. Die Spannungshöhe ist wieder genau bestimmbar, wobei nochmals auf den Vergleich zur Spannungshöhe der Alphawellen hingewiesen sei. Auch die Ausprägung kann exakt gemessen werden, wenngleich die hierfür aufgewendete Mühe etwas größer ist als bei den Alphawellen.

Haben wir all diese Messungen vorgenommen, so sind wir in der Lage, die *Grundaktivität* und den *Eeg-Typ festzulegen.*

Hierzu noch einige Worte. Aus der Nomenklatur wissen wir, daß unter Grundaktivität die altersphysiologische Aktivität verstanden wird. Sind Alphawellen im Frequenzbild, so sprechen wir von einer Alphakomponente, sind Betawellen vorhanden, von einer Betakomponente der Grundaktivität. *Für die Ausprägung der Komponenten ist das Verhältnis der Einzelkomponente zur Meßstrecke maßgebend,* d. h. mit anderen Worten: Konnten wir z. B. auf einer Gesamtmeßstrecke von 100 cm in 50 cm Alphawellen nachweisen, so liegt eine Ausprägung von 50 % vor. Wir sprechen dann von einer Alphakomponente 50 %. Liegen in 30 cm auf der gleichen Meßstrecke z. B. Betawellen vor, so wird die Betakomponente mit 30 % angegeben. Hieraus ist zunächst einmal ersichtlich, wie die Ausprägung der Einzelkomponente war. Für die Typisierung des Eeg ist nun das Verhältnis der nachweisbaren Alpha- oder Betakomponente der Grundaktivität maßgebend. Wenn wir bei unserem Beispiel bleiben, so haben wir ein Verhältnis von Alpha : Beta wie 5 : 3. Wir können jedoch selbstverständlich auch das Vorherrschen der Alphawellen in Prozent ausdrücken. Hierzu setzen wir die auf 80 cm der Gesamtstrecke gefundenen Alpha- und Betawellen zunächst einmal gleich 100 %. Von diesen 80 cm waren 50 cm mit Alphawellen bedeckt. Dies würde also 62,5 % entsprechen. Die 30 mit Betawellen versehenen Zentimeter würden somit 37,5 % betragen. Wir haben also ein Eeg vom Alpha-Beta-Typ vorliegen, wobei ein Vorherrschen der Alphawellen nachweisbar ist.

Entsprechend wird man bei einem Vorherrschen der Betawellen verfahren (s. Abb. 141).

Welche Aussagekraft besitzen nun all diese Werte? *Zunächst muß darauf hingewiesen werden, daß aus den Angaben der Grundaktivität und des Eeg-Typs unter Umständen zwei völlig voneinander abweichende Schlußfolgerungen gezogen werden können.* Ein Beispiel möge dies verdeutlichen. Nehmen wir an, die Alphakomponente der Grundaktivität würde 10 % und die Betakomponente 20 % betragen, so kann man daraus schließen, daß 70 % des Meßbereichs mit anderen Frequenzen, z. B. mit einem diskontinuierlichen Deltawellenfokus, belegt sind. Der Eeg-Typ, der jedoch aus diesen beiden Komponenten resultiert, wäre ein sogenannter Alpha-Beta-Typ mit Vorherrschen der Betawellen. Es könnte hierbei die Frage aufgeworfen werden: Nützt uns in diesem Fall die Angabe des Eeg-Typs überhaupt noch etwas? Diese Frage kann mit ja beantwortet werden, da wir durch die Angabe des Eeg-Typs sehr schnell, z. B. bei Verlaufsuntersuchungen Änderungen, Rückbildungsvorgänge usw., erkennen und systematisch beschreiben können. Wir sind z. B. in der Lage, auch bei nur schlecht ausgeprägter Grundaktivität denjenigen Eeg-Typ zu nennen, der nach Abklingen der pathologischen Veränderungen wahrscheinlich zu erwarten ist.

Halten wir also nochmals fest: *Die Alpha- oder Betakomponente der Grundaktivität gibt uns Auskunft über die derzeitige Ausprägung der altersphysiologischen Aktivität oder, anders ausgedrückt, über die nachweisbaren physiologischerweise vorhandenen Aktivitäten. Der Eeg-Typ sagt uns etwas über die für den Patienten spezifische Grundaktivität aus.*

Wir müssen uns nunmehr mit den *anderen im Wellenbild möglichen auftretenden Potentialen* beschäftigen.

Da wir die bisherigen allgemeinen Richtlinien zum Auswerten einer Hirnpotentialkurve unter dem Gesichtswinkel des physiologischen Elektroenzephalogramms aufgezeichnet haben, wären letztlich nur noch die Thetawellen zu nennen, da alle anderen Elemente sowie Kombinationen der Elemente im Eeg des gesunden Erwachsenen im Wachzustand bei geschlossenen Augen als pathologisch anzusehen sind.

Die *Thetawellen nehmen eine gewisse Zwitterstellung ein*, da sie bei entsprechender Ausprägung und Spannungshöhe noch als physiologisch bzw. als im physiologisch-pathologischen Grenzbereich befindlich angesehen werden können; andererseits aber gelten sie – und dies ist weitaus öfter der Fall – bei Vorliegen der entsprechenden Kriterien als absolut pathologisch. Beschäftigen wir uns also zunächst nur mit den »*noch physiologischen Thetawellen*«. Wie bereits im Kapitel »Das physiologische Eeg und seine Varianten« ausgeführt, muß es sich dann um flache oder niedrige Thetawellen handeln. Haben wir mittelhohe Thetawellen vorliegen, überschreitet also die Spannungshöhe bereits die der Alphawellen, so befinden wir uns schon im *physiologisch-pathologischen Grenzbereich*. Weiterhin ist wichtig, daß die Ausprägung nur sehr schwach ist, d. h. also um 10% liegt. Ferner ist zu beachten, daß die Wellen diffus in das Potentialbild eingelagert sind. Letztlich muß man noch feststellen, ob die Thetawellen mehr über den vorderen oder hinteren Hirnregionen auftreten. Eine leichte Betonung der Ausprägung über den vorderen Hirnbereichen wird nicht so ins Gewicht fallen wie eine Betonung über den hinteren Hirnregionen. Zusammenfassend werden wir also auch hier – ähnlich wie wir es bei den Alphawellen handhaben – die *Frequenz, Spannungshöhe, Form, Ausprägung, zeitliche Folge und Frequenzstabilität* bestimmen und vor allem auch auf die räumliche Verteilung achten. Im allgemeinen werden sich die als physiologisch anzusehenden Thetawelleneinlagerungen unter dem Begriff der sehr leichten Allgemeinveränderungen einordnen lassen.

Die vorstehenden Ausführungen beschäftigten sich mit dem Eeg des gesunden Erwachsenen im Wachzustand mit geschlossenen Augen. Obwohl in Kapitel 5.5. bereits auf einige auswerttechnische Probleme eingegangen wurde, sollen hier einige Bemerkungen angefügt sein.

Da wir es *beim Kind* bis zur Erreichung des Erwachsenenalters bzw. des Erwachsenen-Eeg mit – dem fortschreitenden Alter entsprechenden – sich *ständig ändernden Potentialbildern* zu tun haben, wurde u. a. auch auf die Gruppierung in *EEG-Typen verzichtet*. Die *Begriffserklärung für die Grundaktivität ist jedoch* für das Erwachsenen- wie auch für das Kindesalter *voll gültig*, d. h., wir verstehen darunter die altersphysiologische Aktivität. Beim Kind haben wir es jedoch, je nach dem Alter, mit Wellen verschiedener Ausprägung, Spannungshöhe sowie Frequenzstabilität vorwiegend des Delta-, Theta- und Alphabandes zu tun; mit zunehmendem Alter tritt eine Frequenzbeschleunigung und Neigung zur Stabilisierung ein.

Wir werden also beim Kind von einer Delta-, Theta/Delta-, Theta- oder Alpha/Theta-Grundaktivität sprechen müssen, wobei die Angabe der Ausprägungsgrade als deutlicher Hinweis für das jeweilige Alter anzusehen ist.

Bevor wir die Auswertung anhand einiger Beispiele demonstrieren, *müssen noch die als pathologisch anzusehenden Eeg-Elemente* und Kombinationen der Elemente besprochen werden. Beginnen wir wieder mit den Alphawellen, um dann in der Reihenfolge der bei der Nomenklatur aufgeführten Graphoelemente fortzufahren. Diese Ausführungen gelten sowohl für das Erwachsenen- als auch für das Kindesalter.

Wir müssen uns also jetzt mit der *Alphareduktion sowie Alphaaktivierung* beschäftigen. Es sei kurz ins Gedächtnis zurückgerufen, daß wir bei einer Alphareduktion entweder einzeln oder kombiniert, erstens eine Verminderung der Spannungshöhe, zweitens eine Verminderung der Ausprägung und drittens eine Verminderung der Frequenz der Alphawellen sehen. Bei der Alphaaktivierung finden wir ebenfalls einzeln oder kombiniert eine Spannungserhöhung, eine im Vergleich zur Gegenseite verstärkte Ausprägung und eine Verlangsamung der Alphafrequenzen, wobei zusätzlich noch ein negativer oder unvollständiger BERGER-Effekt vorliegen kann. Weiterhin sei daran erinnert, daß die *Beurteilung* einer Alphareduktion oder auch Alphaaktivierung *nur in den unipolaren Ableitungsarten* erfolgen darf, da es in den bipolaren Ableitungsarten zu Interferenzerscheinungen und somit zu vorgetäuschten Seitendifferenzen kommen kann.

Im allgemeinen wird es dem Auswerter relativ leicht sein, diese pathologischen Potentialbilder zu erkennen, vorausgesetzt, daß er den richtigen Weg beschreitet. Haben wir eine *Seitendifferenz in bezug auf die Spannungshöhe der Alphawellen* vorliegen, so ist dies, falls Artefakte ausgeschlossen sind, *das erste*, dem Auswerter sofort *ins Auge fallende Zeichen*. Liegt eine solche Seitendifferenz vor, so darf nicht – wie dies leider sehr oft in praxi getan wird – sofort auf eine Reduktion geschlossen werden, sondern die *nächste Arbeit ist die Feststellung, auf welcher Seite die langsameren Frequenzen vorhanden sind*. Ist dies auf der spannungsniedrigeren Seite der Fall, so liegt eine Alphareduktion, ist dies auf der spannungshöheren Seite der Fall, so liegt eine Alphaaktivierung vor. Nunmehr muß noch die *Ausprägung* der Alphawellen überprüft und eine Eingruppierung der vorhandenen Zeichen in die verschiedenen Schweregrade vorgenommen werden.

Schwieriger wird die Feststellung einer Alphareduktion oder -aktivierung, wenn – was allerdings nicht so häufig der Fall ist – eine gleiche Spannungshöhe vorliegt und nur die Frequenzen auf der einen Seite vermindert oder verlangsamt sind. Wenn in diesem Fall die Differenz der Ausprägung ebenfalls nicht sehr ins Auge fällt, so haben wir es mit einem Potentialbild zu tun, was nicht allzu selten völlig übersehen wird. Anhand dieses Beispiels kann sehr eindrucksvoll bewiesen werden, *wie wichtig die Bestimmung der Frequenzstabilität bei der Eingruppierung der Grundaktivität ist*. Nimmt sich der Auswerter, wie vorn beschrieben, einen Hilfszettel zur Hand und strichelt die sowohl links als auch rechts auftretenden Frequenzen, so wird er – falls vorhanden – sofort einen

Unterschied in der pro-Sekunde-Zahl der Alphawellen feststellen und somit bereits ein Kriterium der Alphareduktion oder Alphaaktivierung finden. Die Überleitung zu den anderen möglicherweise nur sehr schwach ausgeprägten Kriterien ist nur noch ein kleiner Schritt.

Es kann selbstverständlich jetzt der Einwand gebracht werden, daß wir bei der Bestimmung der Grundaktivität die Alphafrequenzen nur okzipital genau überprüfen. Dazu muß gesagt werden, daß die Alphareduktion und auch Alphaaktivierung hauptsächlich in den hinteren Hirnregionen auftreten, wobei für die Erkennbarkeit selbstverständlich die meist große Spannungshöhe im Okzipitalbereich eine wesentliche Rolle spielt. Weiterhin kann man jedoch daraus auch die Lehre ziehen, nicht nur die Alphaaktivität beiderseits am Ort der größten Spannungshöhe genau zu überprüfen, sondern auch parietal und präzentral wenigstens einige kurze Stichproben durchzuführen.

In praxi kommt vor allem der Alphareduktion eine große und auch sehr unterschiedliche Bedeutung zu. Wir werden dies noch ausführlicher bei den einzelnen Anwendungsgebieten der Elektroenzephalographie zu besprechen haben. Jetzt sei lediglich erwähnt, daß eine *Alphareduktion zunächst einmal als eine örtliche Funktionsänderung* aufzufassen ist, die erstens hervorgerufen sein kann durch einen in diesem Bereich liegenden *supratentoriellen raumbeengenden Prozeß* oder durch andere, sich in dieser Region abspielende Vorgänge. Zweitens finden wir sie als *Fernsymptom bei infrantentoriellen Prozessen*, und drittens kann sie sehr oft als *Restzeichen* einer durchgemachten *Contusio cerebri* gesehen werden.

Die Spezifizierung, welchem Geschehen die Alphareduktion zuzuordnen ist, bereitet dem in der Elektroenzephalographie noch nicht so Erfahrenen oft große Schwierigkeiten. Besonders die klinisch-anamnestischen Daten müssen hierbei mit herangezogen werden. Weiterhin ist das allgemeine Potentialbild von großer Wichtigkeit, und schließlich gibt es noch Zeichen, deren Erkennung jedoch einige Erfahrungen voraussetzt. Unter anderem können wir bei einer Alphareduktion, die durch einen infratentoriellen Prozeß verursacht ist, sehr oft eine Mitbeteiligung des seitengleichen Temporalgebiets feststellen, d. h., die Alphareduktion ist meist okzipitotemporal lokalisiert. Liegt ein okzipitaler raumbeengender Prozeß vor, so wird, falls wir bioelektrisch eine Alphareduktion finden, die parietale Hirnregion meist eine, wenn auch nur geringe, Thetawellentätigkeit aufweisen. Es sei hierbei einschränkend hinzugefügt, daß eine *Alphareduktion bei einem okzipitalen raumbeengenden Prozeß ein äußerst seltenes bioelektrisches Zeichen* darstellt. Ist die Alphareduktion Ausdruck einer durchgemachten Contusio cerebri, so wird meist das übrige Potentialbild nur wenig Veränderungen zeigen und die Reduktion sehr häufig auf die okzipitale Region beschränkt bleiben, wenngleich auch parietookzipitale Reduktionen mitunter gesehen werden.

Abschließend sei noch darauf hingewiesen, daß all diese Richtlinien nur als solche angesehen werden können, da bei der Mannigfaltigkeit der möglichen Kurvenbilder selbstverständlich sehr viele Abweichungen eintreten können.

Kommen wir nun zur *Betaaktivierung*. Diese kann, wie wir bereits in der Nomenklaturbesprechung sahen, sowohl örtlich als auch allgemein auftreten. Für den Auswerter bestehen hier keine großen Schwierigkeiten, wenn man beachtet, daß die Betawellen außer den Kriterien stärkere Ausprägung und Verlangsamung die Spannungshöhe der im gleichen Bereich befindlichen Alphawellen erreichen bzw. überschreiten. Betaaktivierungen können *Ausdruck von Narbenveränderungen* sein; weiterhin finden wir sie demzufolge auch *nach Hirnoperationen*, wobei sie dann sehr oft von Beta-spikes durchsetzt sind und somit *Zeichen für eine erhöhte zerebrale Krampfneigung* in dem betreffenden Gebiet sind. Allgemeine Betaaktivierungen werden bei *Schlafmittelvergiftungen* sowie *Intoxikationen anderer Genese* gefunden.

In der Reihenfolge der Nomenklatur wäre jetzt der *Thetafokus* zu besprechen. Wir werden wegen der engen Beziehungen hierbei auch gleichzeitig den *Deltafokus* und den *Theta-Delta-Mischfokus* abhandeln.

Fällt uns in der Kurve ein örtlich begrenztes Auftreten von Theta- oder Deltawellen auf, so werden wir es immer mit einem Fokus zu tun haben. Um einen solchen Fokus genau zu bestimmen, müssen wir zunächst feststellen, ob er nur aus Theta- oder Deltawellen oder aus beiden Wellenarten gebildet wird. Sind *nur Thetawellen* vorhanden, was relativ selten ist, so sprechen wir von einem *reinen Thetawellenfokus*; dementsprechend verfahren wir, *wenn nur Deltawellen vorliegen*. Sehr häufig ist eine Vermischung beider Wellenarten. Je nach Überwiegen der Theta- oder Deltawellen wird von einem *Theta-Delta-Mischfokus* mit Vorherrschen der Theta- oder Deltawellen gesprochen. Sind beide Wellenarten etwa zu gleichen Teilen vertreten, so bezeichnen wir das als den reinen Theta-Delta-Mischfokus. Ähnlich wie bereits bei den Alpha- und Betawellen besprochen, wird das Vorherrschen der einen oder anderen Frequenz nicht aufgrund der Anzahl der vorhandenen Wellen errechnet, sondern nach der in bezug auf den Gesamtmeßbereich eingenommenen Strecke. Sowohl bei dem reinen Theta- als auch Deltafokus müssen die Kontinuität oder Diskontinuität vermerkt werden, wobei hinzugefügt sei, daß der kontinuierliche Theta- oder Deltafokus nicht sehr häufig anzutreffen ist. Beim Theta-Delta-Mischfokus kann die Bezeichnung kontinuierlich bzw. diskontinuierlich ebenfalls verwendet werden.

Außer den bisher erwähnten Kriterien ist es notwendig, die einzelnen Frequenzen in bezug auf ihre pro-Sekunde-Zahl und Spannungshöhe zu überprüfen. Folgende allgemein interessierende Bemerkungen seien noch angeschlossen. Es ist selbstverständlich, daß ein Fokus nicht immer auf einen Ableitungsbereich beschränkt bleiben muß, sondern daß er in die benachbarten Bereiche einstreut. Als Maximum wird jeweils der

Ableitungsbereich angesehen, der die langsamsten Frequenzen beinhaltet. Hierauf kann nicht eindringlich genug hingewiesen werden, da es besonders dem in der Elektroenzephalographie noch nicht so Erfahrenen leicht passieren kann, die Spannungshöhe als das augenfälligere und somit wichtigere Kriterium anzusehen. Als *Faustregel* kann also gelten: *Frequenz geht vor Spannungshöhe.* Bei gleicher Frequenz sind die Wellen mit höherer Spannung vor denen mit niedrigerer einzuordnen.

Wir möchten nicht unerwähnt lassen, daß bei einem herdförmigen Auftreten von sehr langsamen, unter 1/sec. liegenden Deltawellen der Fokus als sogenannter *Subdeltawellenfokus* angesprochen wird. Wie später noch auszuführen sein wird, soll ein solcher Fokus vornehmlich bei Vorliegen eines Hirnabszesses gefunden werden.

Betrachten wir nunmehr die *Spitzenpotentiale*, wobei eingangs darauf hingewiesen sei, daß es wohl kaum Potentiale im Hirnpotentialbild gibt, die so oft zu einer unterschiedlichen Bewertung durch den Auswerter führen, wie gerade diese EEG-Elemente. Dies bedingt, daß wir als Leitsatz über diesen Abschnitt die Worte setzen wollen: *Es ist besser, ein Spitzenpotential einmal nicht zu diagnostizieren, als ein anderes Potential zu einem Spitzenpotential zu erheben.* Hinzugefügt sei, daß es natürlich am besten ist, jedes echte und auch verdächtige Spitzenpotential als solches zu erkennen. Wenn wir diese Auffassung zumindest für die jüngeren EEG-Kolleginnen und -Kollegen vertreten, so bedarf es noch einer weiteren Erklärung. Wie wir wissen, treten Spitzenpotentiale vornehmlich bei der Epilepsie auf. Wie wir weiter wissen, ist das Eeg das einzige diagnostische Verfahren, eine Epilepsie auch im anfallfreien Intervall zu objektivieren. Wird also vom Eeg-Auswerter eine Epilepsie diagnostiziert, so wird diese Diagnose von dem den Patienten überweisenden Arzt mit vollem Recht als absolut sicher angesehen. Hat nun aber der EEG-Arzt verdächtige Potentiale als echte Spitzenpotentiale ausgewertet, so wird der Patient sein ganzes Leben als Epileptiker gestempelt sein, obwohl er vielleicht nie einen epileptischen Anfall gehabt hat bzw. bekommen wird. Aus diesen wenigen, vielleicht etwas betont formulierten Worten ersehen wir, daß hier dem Auswerter eine sehr große Verantwortung zufällt, wobei selbstverständlich das Gesagte nicht dazu angetan sein soll, daß nach dem Lesen dieser Zeilen jeder Auswerter vor der Diagnose einer epileptischen Erkrankung zurückschreckt. Sinn und Zweck sollte lediglich sein, eindringlich darauf hinzuweisen, bei der Beurteilung von Spitzenpotentialen sehr kritisch zu verfahren.

Wie der Name »Spitzenpotential« bereits sagt, werden wir es also mit Potentialen zu tun haben, die entweder nach oben – also negativ – oder nach unten – also positiv – gerichtet mit einer Spitze enden. Nun gibt es jedoch auch einige Spitzenpotentiale, die dieses Kriterium nicht voll erfüllen. Es sind dies die steilen Wellen, insbesondere die des Typs I und II. Diese beiden Potentialarten verlangen vom Auswerter ein großes Maß an Erfahrung, da sie das eigentliche Charakteristikum, die Spitze, nicht aufweisen. Hier muß man besonders auf die Steilheit der Schenkel hinweisen.

Im einzelnen wäre zu den Spitzenpotentialen noch folgendes zu sagen:

Bei den *kleinen Spitzen oder small spikes* werden wir vornehmlich negativ gerichtete und biphasische Potentiale antreffen; die positiven small spikes sind seltener.

Bei den *großen Spitzen oder big spikes* sei an die sehr spannungshohen und vor allem schnellen Alphawellen erinnert, die dem Anfänger bei der Differenzierung zu den Spitzenpotentialen oft erhebliche Schwierigkeiten bereiten können. Besonders dann werden diese Alphawellen fälschlicherweise als Spitzenpotentiale oder spitzenpotentialverdächtige Abläufe angesehen, wenn sie aus einem mittleren Spannungsniveau plötzlich aufschießen. Bei genauer Betrachtung sieht man jedoch, daß sie an ihrem Gipfelpunkt keine Spitze, sondern eine Abrundung zeigen.

Zu den *steilen Wellen vom Typ III* sei gesagt, daß sie des öfteren, insbesondere wenn sie in fast regelmäßigen Abständen auftreten, *mit EKG-Zacken verwechselt* werden. Es sei offen ausgesprochen, daß auch der erfahrene Auswerter hier mitunter getäuscht werden kann. Die genaue Auszählung bzw. die Überprüfung der Regelmäßigkeit im Vergleich mit der Pulszahl gibt jedoch so gut wie immer die Aufklärung. Ganz sarkastische Beobachter meinen jedoch, daß ein Zusammentreffen z. B. mit einer absoluten Arrhythmie zu Fehlschlüssen Anlaß geben kann. Hier sei wieder einmal auf die gute Ausbildung und Zusammenarbeit der Technischen Assistentinnen mit dem Arzt hingewiesen. Liegt ein solch verdächtiges Bild vor, dann dürfte die gute Technische Assistentin den Puls zählen, aufnotieren und auch die Regelmäßigkeit mit vermerken. Ist dies nicht geschehen, so kann man sich mit einer Kontrollableitung helfen, in der dann jedoch das Ekg mitgeschrieben wird; somit wird jede Fehlermöglichkeit ausgeschaltet.

Die *steilen Wellen vom Typ I und II* gehören zweifellos mit zu den Potentialen, die am schwierigsten mit Sicherheit zu diagnostizieren sind.

Der *spike and wave-Komplex* ist im Gegenteil zu den soeben besprochenen Spitzenpotentialen der wohl am sichersten und auch am leichtesten festzulegende bioelektrische Ablauf. Es sei hierbei lediglich darauf hingewiesen, daß die Frequenz des spike and wave-Komplexes vom Fußpunkt des ansteigenden Schenkels der Spitze bis zum abfallenden Schenkel der nachfolgenden langsamen Welle gemessen wird. Die der Welle vorgeschaltete Spitze wird also in bezug auf die Frequenz mit einbezogen.

Der *sharp and slow wave-Komplex* wird, wenn man ihn richtig erkennt, weit häufiger diagnostiziert werden müssen, als man allgemein annimmt.

Die *sogenannten spitzenpotentialähnlichen Abläufe* sind für den, der sich mit der elektroenzephalographischen Materie vertraut machen will, mit eines der schwierigsten Kapitel. Dies müssen die Verfasser bei den durchgeführten Ausbildungskursen immer und immer wieder feststellen. Auch dem Ausbilder ist es nicht möglich, die von den Schülern immer wieder geforderten objektiven Zeichen anzugeben, da es de facto keine gibt. Als Leitsatz möge zunächst jedoch einmal gesagt werden, daß *ein spitzenpotentialähnlicher oder -verdächtiger Ablauf kein echtes Spitzenpotential ist und somit auch keine spezifische Aussagekraft besitzt.* Es wäre also zu fragen: Was nützt uns dann überhaupt dieser Begriff bzw. was können wir mit solchen Potentialen anfangen? Die Antwort ist nicht ganz leicht, obwohl jeder erfahrene Auswerter zugeben muß, daß gerade die spitzenpotentialähnlichen bzw. -verdächtigen Abläufe immer wieder diagnostiziert werden. Es sei vor allem erwähnt, daß wir durch solche Potentiale eine *Information über sich evtl. anbahnende Krampfleiden* erhalten. Somit sind diese Abläufe für Verlaufsuntersuchungen von großer Wichtigkeit, da man sehr oft z. B. aus einem spike and wave-ähnlichen Ablauf einen echten SW-Komplex sich entwickeln sieht. Weiterhin dürften sie aus diesem Grunde für experimentell-physiologische Forschungen, insbesondere frequenzanalytische Verfahren, ein wichtiges Untersuchungsobjekt sein.

In der Reihe der nomenklatorischen Begriffe kommen nun die *Allgemeinveränderungen* zur Besprechung. Ganz allgemein können wir sagen, daß wir es hier mit mehr oder weniger stark ausgeprägten diffusen Einlagerungen von Theta- und Deltawellen zu tun haben.

Hinsichtlich der Unterteilen in 7 Stufen verweisen wir auf die Ausführungen in Abschnitt 4.3.4. *Beim Kind* wird man bei der Unterteilung in *3 Stufen* bleiben, da hier ohnehin schwierigere Verhältnisse durch die andersartige Grundaktivität vorliegen.

Für die Auswertung sei noch hervorgehoben, daß es sich bei der Eingruppierung der Allgemeinveränderungen in die verschiedenen Schweregrade notwendig macht – ähnlich wie bei der Ausprägung der Alphawellen beschrieben –, die Frequenzen nach ihrer eingenommenen Strecke zu verifizieren. Hierbei kann nicht nur ein Ableitungsbereich ausgemessen werden, sondern es müssen alle Regionen einer Prüfung unterzogen werden. Wird diese Messung wie beschrieben vorgenommen, so ist auch eine Bevorzugung oder Betonung in der einen oder anderen Hirnregion oder in mehreren Bereichen sofort erkennbar. Bliebe noch die Frage offen, in welcher Ableitungsart die *Auszählung* vorgenommen werden muß. Hierzu muß gesagt werden, daß *sowohl die uni- als auch bipolaren Ableitungsarten* heranzuziehen sind. Besonders in den unipolaren Ableitungsarten zu den Ohren kann es vorkommen, daß eine temporobasal liegende Herdstörung durch Einstreuungen in die jeweilige Ohrelektrode einseitige Allgemeinveränderungen vortäuscht. Schwierig wird die Angelegenheit bei Vorliegen eines ausgedehnten Herdes, da hier die vom Herd aus abklingenden, aber zur Herdstörung gehörenden Potentiale sich oft mit den meist vorhandenen Allgemeinveränderungen vermischen. Wie wir später noch zu besprechen haben, sind jedoch die Allgemeinveränderungen ein sehr guter Gradmesser für die Gut- oder Bösartigkeit der Hirntumoren. Die oft erheblichen Schwierigkeiten, die Allgemeinveränderungen auf der tumortragenden Hirnseite von fortgeleiteten Herdpotentialen zu trennen, führten zu der folgenden, sich in der Praxis sehr gut bewährten Auswertmethodik. *Bei Vorliegen einer einseitigen Herdstörung wird als ausschlaggebend für die Beurteilung des Schweregrades der Allgemeinveränderungen nur die kontralaterale Hirnhälfte angesehen.* Betonungen von Hirnregionen dieser Seite können gleichzeitig Aufschluß über eine eventuelle Fernwirkung des Herdes geben. Als Beispiel sei ein rechtsseitiger temporaler Tumor mit einem entsprechenden temporalen Deltawellenfokus angeführt. Die Beurteilung des Schweregrades der Allgemeinveränderungen wird somit in der unipolaren Ableitungsart zum rechten Ohr nicht erfolgen. In der unipolaren Ableitungsart zum linken Ohr kommen nur die von den linken Konvexitätselektroden nach dem Ohr geschalteten Bereiche zur Auswertung. Bei der bipolaren Längsschaltung spielen nur die linksseitigen Ableitungsbereiche eine Rolle. Veränderungen in den rechtsseitigen Ableitungsbereichen werden als tumorbedingt angesehen. Bei der bipolaren temporalen Ableitungsart werden nur die mit dem linken Temporalgebiet gekoppelten Bereiche für die Beurteilung der Allgemeinveränderungen herangezogen.

Schwierig wird die Auswertung bei median gelegenen Prozessen mit beiderseitigen Herdzeichen. Hier muß die Hirnhälfte für die Beurteilung der Allgemeinveränderungen als zuständig erklärt werden, in der die geringere Ausprägung des Herdzeichens gesehen wird. Obwohl es bei dieser Auswertmethode ebenfalls noch eine Reihe von Unzulänglichkeiten gibt, glauben wir jedoch, daß mit der von uns vorgeschlagenen Arbeitsweise die Ergebnisse bedeutend besser objektiviert werden können.

Die *Paroxysmen*, plötzlich in das bioelektrische Bild »eingeschossene«, das vorherrschende allgemeine Spannungsniveau überschreitende Potentialbilder, sind auswerttechnisch als keine Besonderheit zu bezeichnen. Trotzdem seien einige, mitunter diskutierte Fragen kurz angeschnitten. Bezüglich des paroxysmalen Auftretens sowohl der Wellen als auch der Spitzenpotentiale bestehen, insbesondere durch das sich augenfällige Herausheben aus dem übrigen Potentialbild, keine Unstimmigkeiten. Diskutiert wird jedoch das lokalisierte bzw. generalisierte Auftreten und die Frage, ob Bevorzugungen oder Betonungen möglich sind. Wie bereits in der Nomenklatur zum Ausdruck gebracht, sind beide Formen – sowohl lokalisiert als auch generalisiert – möglich. Unter generalisiert wird in der Praxis auch der Begriff »über allen Ableitungsbereichen gebraucht. Dies deckt sich mit der von uns eingangs wiedergegebenen Erklärung, daß wir unter generalisiert das annähernd gleichzeitige Auftreten von Potentialen über allen Hirnregionen verstehen. Man muß jedoch auch hier die jeweilige Ableitungsart mit berücksichtigen. In der bipolaren temporalen Ableitungsart kann es z. B. vorkommen, daß ein Paroxysmus über allen Ableitungsbereichen, also sowohl links als auch rechts, auftritt und trotzdem nicht als generalisiert, sondern lokalisiert in den beiden Temporalbereichen anzusehen ist. In diesem Fall gibt über die Generalisierung erst die bipolare Längsschaltung Aufschluß. Eine Betonung bzw. Bevorzugung gewisser Frequenzen in einem Ableitungsbereich ist selbstverständlich möglich. Bei einem lokalisierten Auftreten eines Paroxysmus wäre besonders zu erwähnen, daß es mitunter Paroxysmen gibt, die vornehmlich auf einen Ableitungsbereich beschränkt bleiben und dazu noch sehr gleichförmig ausgebildet sind, also meist nur aus Wellen einer Frequenz bestehen. Diese Potentialbilder werden oft als Wellengruppen bezeichnet. Man kann in diesem Fall selbstverständlich diesen Begriff gebrauchen, aber auch die vorliegende Nomenklatur gibt die Möglichkeit, diese Potentialbilder einzuordnen. Man wird in solchen Fällen von lokalisierten Paroxysmen sprechen, die aus vornehmlich gleichförmigen Frequenzen gebildet werden. In diesem Zusammenhang sei noch erwähnt, daß es von großer Wichtigkeit ist, *die im Paroxysmus auftretenden Wellen in bezug auf ihre Frequenz und Spannungshöhe zu beschreiben.* Über Besonderheiten der *Spitzenparoxysmen* sowie über die Sonderform des SW-Musters wird noch ausführlich in Kapitel 9. zu berichten sein.

Kommen wir nunmehr noch zu den *Foci.* Wir besprachen schon den Theta-, Delta- und Theta-Delta-Mischfokus, so daß hier nur noch einige Worte über den *Wellenspitzenfokus* zu sagen sind, da der *Spitzenfokus* einer näheren Erklärung nicht bedarf.

Die Grundlage eines *Wellenspitzenfokus* kann sowohl ein kontinuierlicher als auch diskontinuierlicher Theta- oder Deltawellenfokus sowie auch ein Theta-Delta-Mischfokus sein. Das besondere Merkmal dieser Herdstörung ist jedoch, daß in diesen Fokus ständig Spitzenpotentiale eingelagert sind. Man wird also nicht von einem solchen Fokus sprechen, wenn die Spitzenpotentiale generalisiert auftreten und somit gleichzeitig in den Wellenfokus mit eingelagert sind. Die genaue nomenklatorische Beschreibung der Wellen sowie auch der Spitzenpotential ist auch hier vorzunehmen.

Abschließend seien den allgemeinen Richtlinien zum Auswerten einer Hirnpotentialkurve weitere Punkte angefügt, die einige noch interessierende Details, wie die Frage der *Inaktivität der Ohrelektrode* und die *Interferenzerscheinungen* in den bipolaren Ableitungsarten, berühren.

Eingangs sei noch kurz erwähnt, daß die Verfasser sich bemühten, bei den nomenklatorischen Begriffen, insbesondere bei den verschiedenen Schweregraden, eine dem Auswerter geläufige Formulierung an die Hand zu geben und dabei gleichzeitig auf die richtige sprachwissenschaftliche Form zu achten. Man findet in der Literatur nicht allzu selten, daß von einer leichten und starken Ausprägung gesprochen wird; richtiger muß es selbstverständlich heißen: von einer leichten und schweren oder von einer schwachen und starken Ausprägung. Wir versuchten nach Möglichkeit, diese sogenannten sprachlichen Reihen immer einzuhalten.

In Kapitel 3.7. deuteten wir schon kurz an, daß *Eintragungen in die Kurve,* wenn sie überhaupt vorgenommen werden, *nur mit Bleistift* und nur in freie Räume, also *auf keinen Fall über irgendwelche Potentialbilder hinweg,* erfolgen sollen. Wir müssen uns hier kurz damit befassen, *welche Eintragungen für den EEG-Arzt bei der Auswertung von Wert sein können und in welche Form sie dann am besten zu bringen sind.* Zunächst ist für den Auswerter wichtig zu wissen, ob die technischen Einstelldaten vor oder während der Untersuchung geändert worden sind. Insbesondere die Empfindlichkeit, Störblende und Papierdurchlaufgeschwindigkeit sind hier zu nennen. Wird die *Empfindlichkeit geändert,* so kann dies z. B. durch die Bezeichnung $^1/_2+$ oder $^1/_2-$ angezeigt werden. Damit weiß der Auswerter sofort, daß aus irgendwelchen Gründen die Empfindlichkeit um die Hälfte erhöht bzw. erniedrigt wurde. Ist eine *andere Störblende* eingestellt worden, so dürfte die Bezeichnung 15 Hz oder 30 Hz genügen. Es sei an dieser Stelle nochmals betont, daß eine Veränderung der Störblende, insbesondere ein Herunterschalten auf 15 Hz, infolge der dadurch unterdrückten schnellen Potentiale und einer gleichzeitigen Abrundung Reduktionserscheinungen vortäuschen kann. Wurde die *Papierdurchlaufgeschwindigkeit geändert,* so genügt unseres Erachtens die Bezeichnung 60 mm/sec. usw., um sofort diese Variante anzuzeigen. Außer diesen technischen Einstellungsdaten müssen wir wissen, *wann die Augen geöffnet wurden und ob irgendwelche Änderungen an den Elektroden bzw. Zuleitungsschnüren vorgenommen wurden.* Der BERGER-Effekt wird fast überall mit einem A bezeichnet. *Elektrodenstörungen* können sehr vielfältig sein. Wir führen aus der Vielzahl nur einige an: Elf = Elektrode war locker, festgesetzt; Ea = Elektrode angefeuchtet; Ekf = Elektrode war verkantet, festgesetzt; Scha = Elektrodenschnur ausgetauscht usw. Schließlich wäre noch der *Hyperventilationsanfang* sowie das *Hyperventilationsende* zu bezeichnen. Die Abkürzungen hierfür lauten: HVA = Hyperventilationsanfang; HVE = Hyperventilationsende. Es gibt noch eine ganze Reihe anderer möglicher Eintragungen in die Kurve, die vom EEG-Arzt beim Auswerten mit herangezogen werden müssen. *Es dürfte anzuraten sein, alle Abkürzungen, die benötigt werden, in ein Buch einzutragen,* damit auch der eventuelle Nachfolger jederzeit die Bedeutung der Abkürzungen ermitteln kann. Wenn ein Herd oder eine andere örtliche Begrenzung in der Auswertung oder im Befund bezeichnet werden soll, sollte man stets die Reihenfolge frontal, präzentral (zentral), parietal, okzipital, temporal einhalten. Wir werden also von einer zentroparietotemporalen Thetaaktivität sprechen; zeigt eine dieser drei Hirnregionen eine Betonung, so werden wir folgendermaßen formulieren: zentroparietotemporale Thetaaktivität mit Betonung parietal. Sehr oft sieht man, daß die zu betonende Region vorn angesetzt wird oder daß überhaupt keine Ordnung in dieser

Hinsicht eingehalten wird. Aus diesem Grunde halten wir die wiedergegebenen Richtlinien für sehr brauchbar und auch nötig.

Kommen wir nun zu den bereits erwähnten Problemen der *elektrischen Inaktivität der Ohrelektrode* und den *Interferenzerscheinungen* in den bipolaren Ableitungsarten.

Der direkte Nachweis, wie groß Potentialeinstreuungen vom Temporalhirn in die Ohrelektrode sein können, ist erst nach Durchführung der Hemisphärektomie, d. h. durch das Entfernen einer Hirnhälfte, möglich geworden. Anhand eines Beispiels seien die Verhältnisse aufgezeichnet.

Es handelt sich um eine jetzt 28jährige Patientin, die an einer Hemiatrophia cerebri links mit streng lokalisierten Halbseitenanfällen litt. Wir führten 1957, also im Alter von 8 Jahren, eine linksseitige Hemisphärektomie durch. Das Mädchen steht das 20. Jahr in Nachbeobachtung und zeigt nur noch geringfügige pathologische Ausfallserscheinungen. Das 2 Monate nach Durchführung der Operation angefertigte Eeg zeigte Ergebnisse, wie sie in den Abbildungen 255–258 dargelegt sind.

In der unipolaren Ableitungsart zum linken Ohr, d. h. also zu der hemisphärektomierten Seite, sieht man lediglich über den Bereichen der rechten Konvexitätselektroden Potentiale; diese Potentiale müssen also mit Sicherheit als von dort stammend angesehen werden. In der unipolaren Ableitungsart zum rechten Ohr sind die Potentiale über den Konvexitätselektroden annähernd spannungsgleich. Bei den Potentialen, die im Bereich der linksseitigen Konvexitätsableitungsbereiche zu sehen sind, kann es sich also nur um vom rechten Temporalgebiet ins rechte Ohr eingestreute Potentiale handeln. Lediglich die Potentialeinstreuung von mittelliniennahen Hirnteilen der rechten Hemisphäre in die linksseitigen Konvexitätselektroden wäre denkbar. Überprüfen wir hierzu die bipolare Längsreihe, so sehen wir nur über den rechtsseitigen Ableitungsbereichen Potentiale. Die gleichen Verhältnisse finden wir in der bipolaren temporalen Ableitungsart. Es sei noch hinzugefügt, daß die in den Kurvenausschnitten beobachtete starke Betaaktivität medikamentös hervorgerufen wurde.

Was bedeuten nun diese Feststellungen für die Auswertung, und wie müssen wir sie verwerten? Zunächst sei gesagt, daß die Einstreuungen bei normalen Potentialverhältnissen als gering zu betrachten sind und aufgrund der bisherigen Erfahrungen zu keinen nennenswerten Fehlschlüssen führten. Bei stärkeren oder starken Veränderungen im Temporalbereich können wir jedoch sehr wichtige Rückschlüsse auf die Medianität bzw. Basalität eines Prozesses ziehen. *Je temporobasaler der Prozeß liegt, desto größer wird die Einstreuung in die gleichseitige Ohrelektrode sein. Bei basalen und medianen temporalen Prozessen kann es außer der Einstreuung in das gleichseitige auch zur Fortleitung in die gegenseitige Ohrelektrode kommen.* Wir sehen, daß die Kenntnis der möglichen Einstreuung von Potentialen zum Ohr dem Auswerter in diagnostischer Hinsicht Vorteile bietet.

Beschäftigen wir uns abschließend noch mit den *Interferenzerscheinungen* der bipolaren Ableitungsarten.

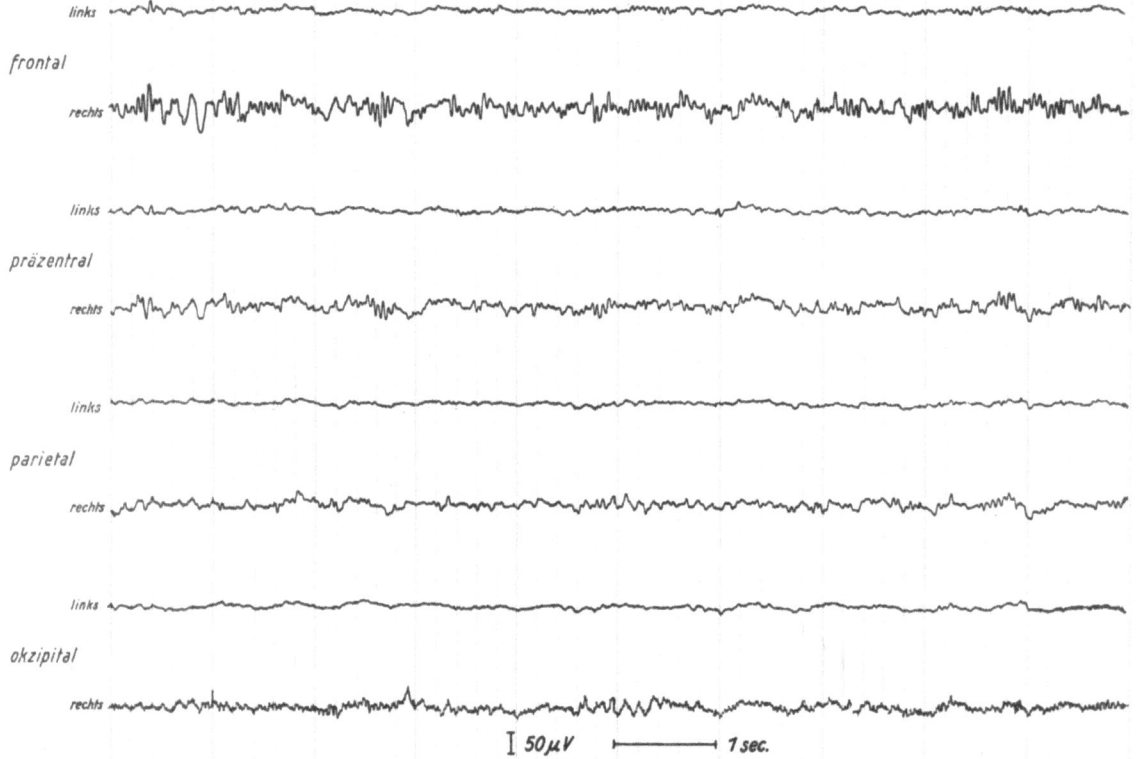

Abb. 255 Ableitungsart I (unipolare Schaltung zum linken Ohr)
Eeg einer linksseitig hemisphärektomierten Patientin. Fast völlige Spannungsruhe über den linksseitigen Ableitungsbereichen

Allgemeine Richtlinien zum Auswerten einer Hirnpotentialkurve

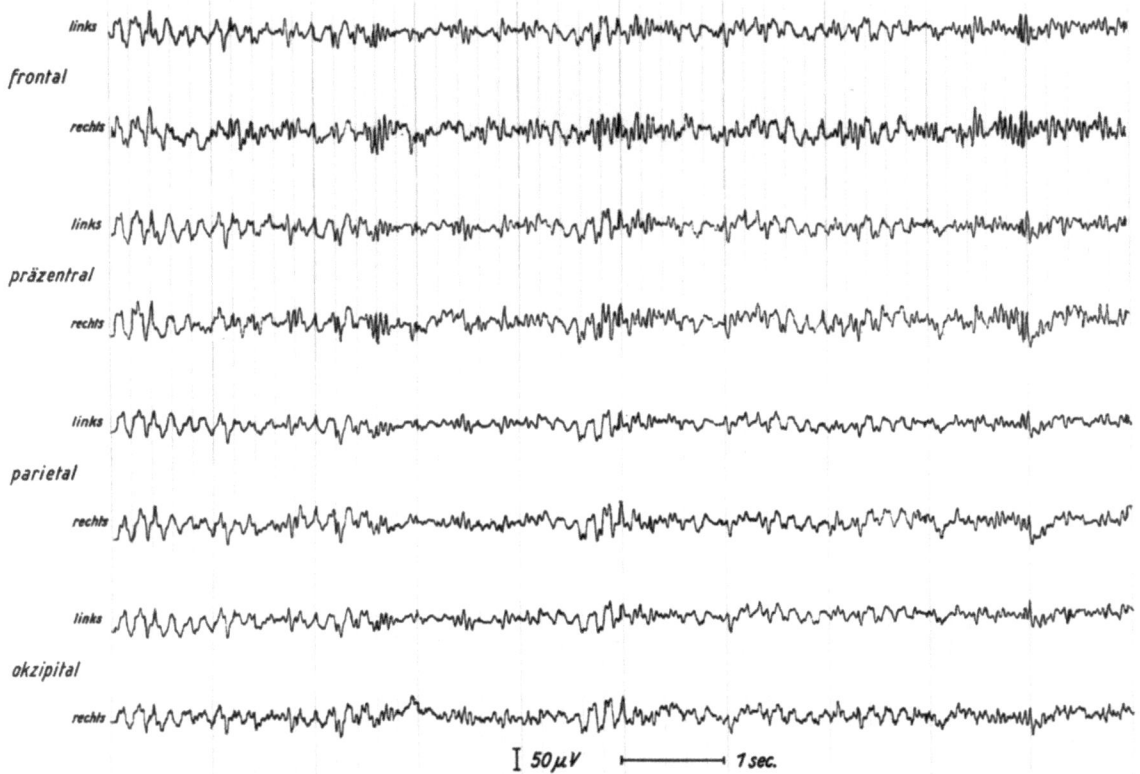

Abb. 256 Ableitungsart II (unipolare Schaltung zum rechten Ohr)
Gleiche Patientin wie von Abb. 255.
Potentialeinstreuung in das rechte Ohr von rechts temporal, deshalb auch über den linksseitigen Ableitungsbereichen spannungshohe Potentiale

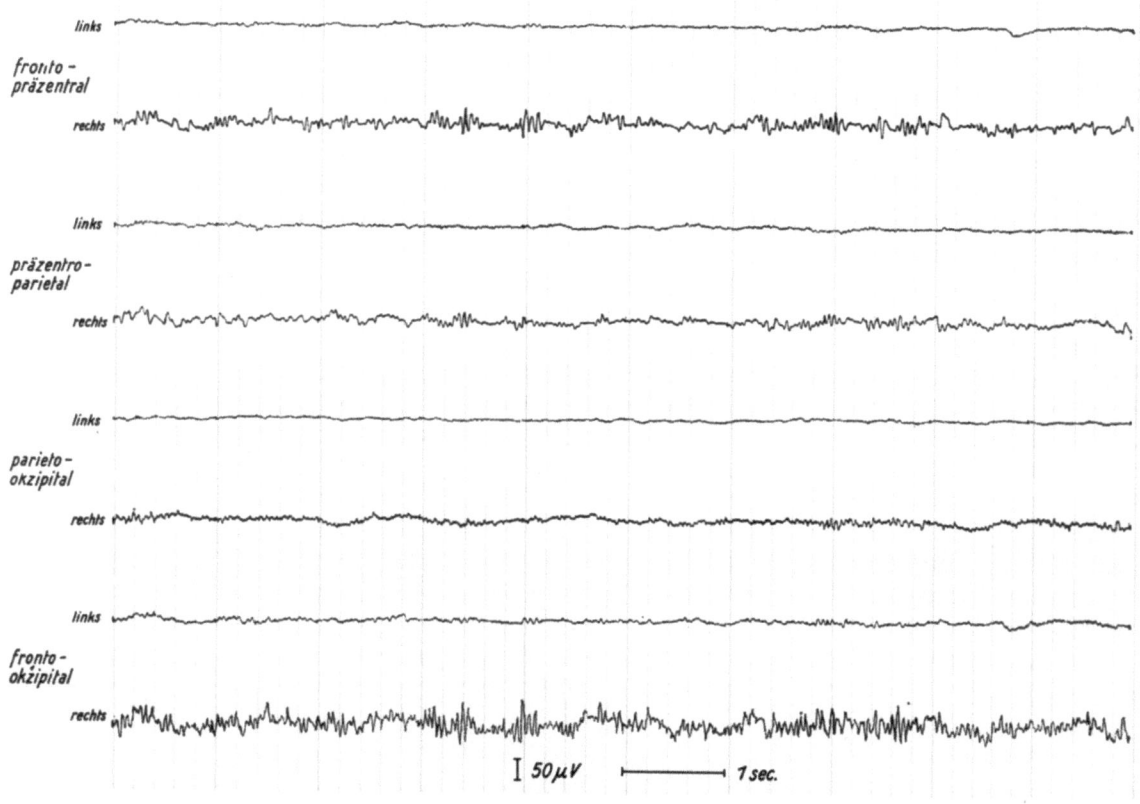

Abb. 257 Sonderableitungsart IIIa (bipolare Längsschaltung)
Gleiche Patientin wie von Abb. 255.
Fast völlige Spannungsruhe über den linksseitigen Ableitungsbereichen

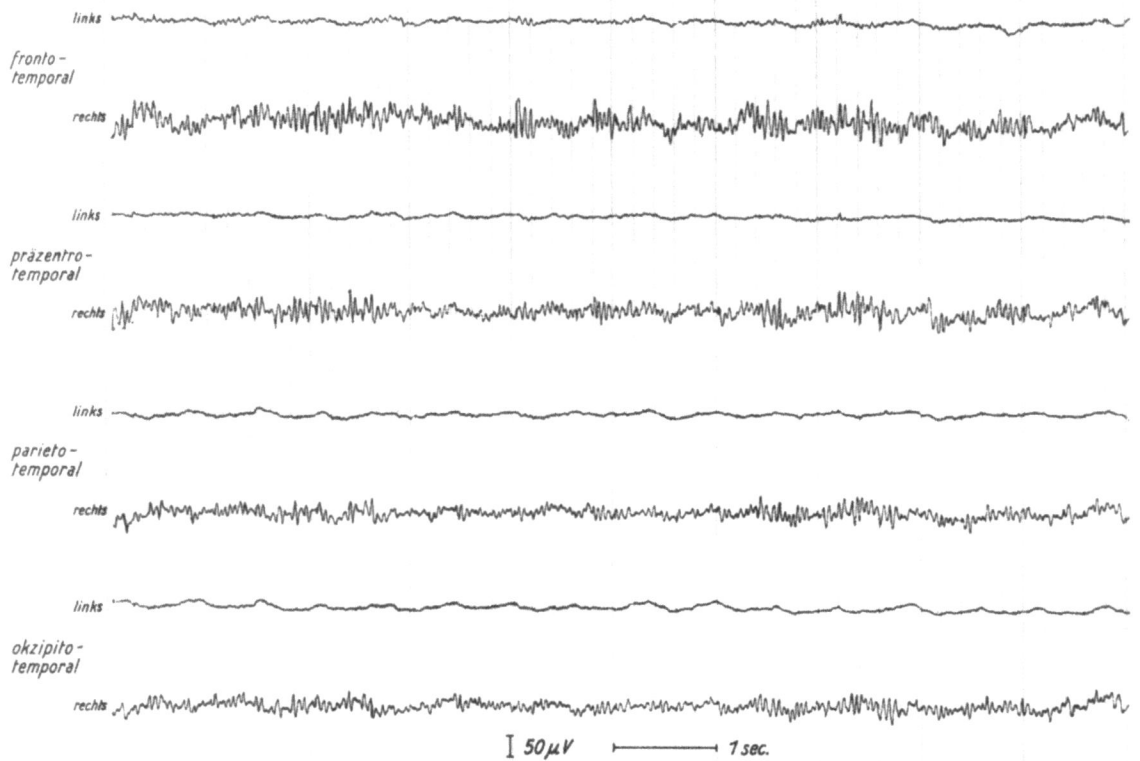

Abb. 258 Ableitungsart IV (bipolare temporale Schaltung)
Gleiche Patientin wie von Abb. 255.
Fast völlige Spannungsruhe über den linksseitigen Ableitungsbereichen

Eingangs sei erwähnt, daß die folgenden Ausführungen sich vornehmlich auf die bipolare Längsreihenschaltung beziehen. *Durch Phasenverschiebungen kann es zur Spannungserniedrigung, ja sogar zum völligen Auslöschen der Spannungshöhe kommen.* Wenn in solchen Potentialbildern dann sogar noch Elektroden- bzw. Schnurartefakte vorhanden sind, kann es zu merkwürdigen und für den nicht mit diesen speziellen Dingen bekannten Eeg-Auswerter zu teilweise kaum erklärbaren Potentialverhältnissen kommen. Wir zeigen im nachstehenden verschiedene Kurvenausschnitte einer 40jährigen Patientin, die uns wegen Verdachts auf ein generalisiertes Krampfleiden zur EEG-Untersuchung überwiesen wurde.

Wir sahen bei der ersten Untersuchung sowohl in der unipolaren Ableitungsart zum linken als auch rechten Ohr (Abb. 259) eine als sehr stark ausgeprägt zu bezeichnende und somit kontinuierliche, leicht frequenzinstabile Alphagrundaktivität; der Alphafokus war nach präzentroparietal verlagert bzw. nach parietal verlagert und nach präzentral erweitert. Es sei nochmals daran erinnert, daß eine Verlagerung über die Parietallinie hinaus als pathologisch anzusehen ist.

In der bipolaren Längsreihenschaltung (Abb. 260) ergaben sich völlig andere Verhältnisse. Hier fanden wir die Alphawellen im präzentroparietalen Ableitungsbereich am spannungsniedrigsten, während sie frontopräzentral und auch parietookzipital bedeutend spannungshöher ausgebildet waren. Diese Spannungserniedrigung dürfte der Ausdruck von Interferenzerscheinungen sein. Durch Phasenverschiebungen muß

es hier zur Überschneidung von Wellenbergen und Wellentälern gekommen sein, und somit wird die Spannungserniedrigung nur vorgetäuscht.

Interessant wird jedoch die Problematik, wenn nunmehr noch zusätzlich ein Artefakt sich einschleicht. Bei einer Kontrolluntersuchung kam es bereits in den unipolaren Ableitungsarten (Abb. 261) zu einer deutlichen Spannungserniedrigung der Alphawellen im rechten präzentralen Ableitungsbereich. Wie später festgestellt wurde, war diese Spannungserniedrigung in einer defekten Schnur begründet. Die bipolare Längsreihenschaltung (Abb. 262) zeigte nun folgendes Bild: In der nicht gekreuzten Schaltung fanden wir links präzentroparietal die Spannungserniedrigung, während die Gegenseite, also rechts, präzentroparietal eine deutliche Spannungserhöhung der Alphawellen ergab. Nach Kanalwechsel ging die Spannungserniedrigung mit, d. h., sie kann nicht kanalbedingt sein. – Die Erklärung für dieses Phänomen ist leicht, wenn man all die aufgeführten Punkte berücksichtigt, jedoch bei Nichtkenntnis oder schon bei Nichtbeachtung praktisch kaum noch möglich.

Halten wir also fest: In den unipolaren Ableitungsarten Verminderung der Spannungshöhe der Alphawellen rechts präzentral. Diese Verminderung ist Ausdruck eines Schnurdefekts, der bei Anwendung des Ohmmeters mit Sicherheit sofort aufgedeckt worden wäre. Wir haben gleichzeitig ein sehr schönes Beispiel, daß die korrekte und subtile Anfertigung der Kurve, die ja meist der Technischen EEG-Assistentin zufällt, eine sehr wichtige und auch äußerst verant-

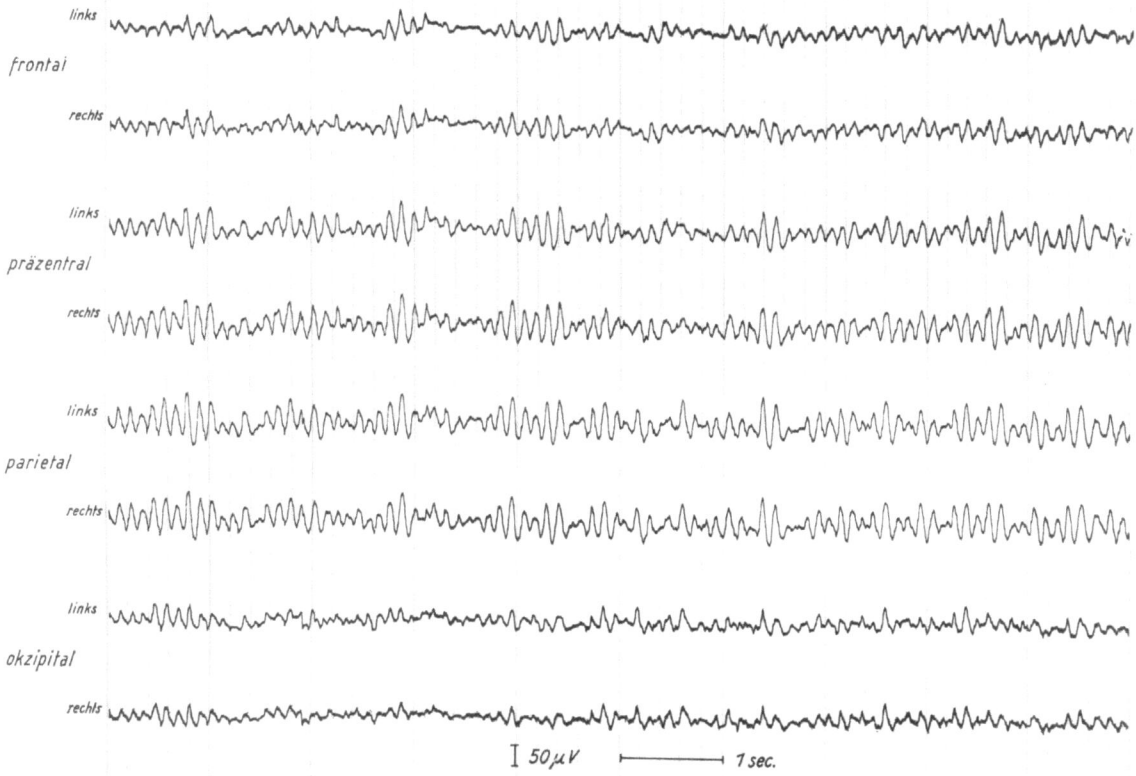

Abb. 259 Ableitungsart I (unipolare Schaltung zum linken Ohr)
Eeg einer 40jährigen Patientin, überwiesen wegen Verdachts auf generalisiertes Krampfleiden.
Sehr stark ausgeprägte, leichte frequenzinstabile Alphagrundaktivität. Alphafokus nach präzentroparietal verlagert; Spannungshöhe der Alphawellen sogar frontal gering höher als okzipital. Die Alphafokusverlagerung ist als pathologisch anzusehen

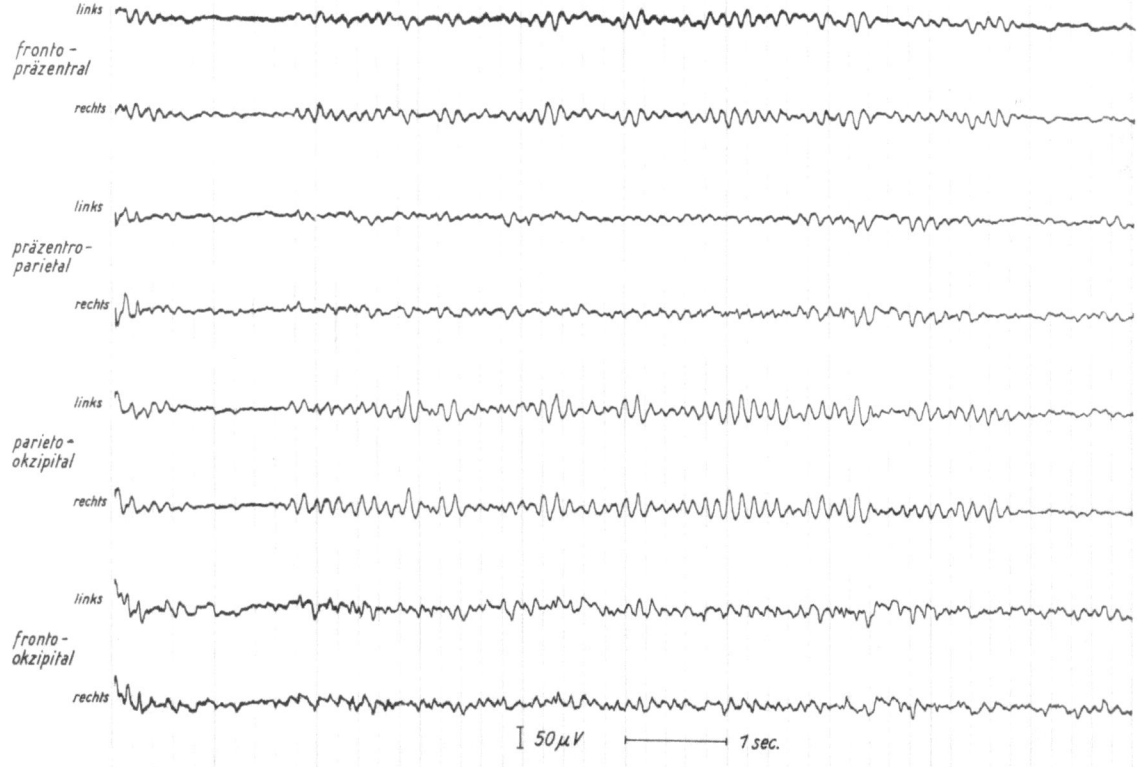

Abb. 260 Sonderableitungsart IIIa (bipolare Längsschaltung)
Eeg der Patientin von Abb. 259, jedoch in bipolarer Längsschaltung.
Es ist deutlich im präzentroparietalen Ableitungsbereich beiderseits eine starke Spannungserniedrigung der Alphawellen erkennbar, obwohl in den unipolaren Ableitungsarten in diesen Ableitungsbereichen die Alphawellen besonders spannungshoch ausgebildet waren. Diese Spannungserniedrigung kommt durch Interferenzerscheinungen, d. h. durch Phasenverschiebungen, zustande. Die Beurteilung von Spannungserniedrigungen oder auch -erhöhungen darf also niemals in der bipolaren, sondern nur in der unipolaren Ableitungsart erfolgen

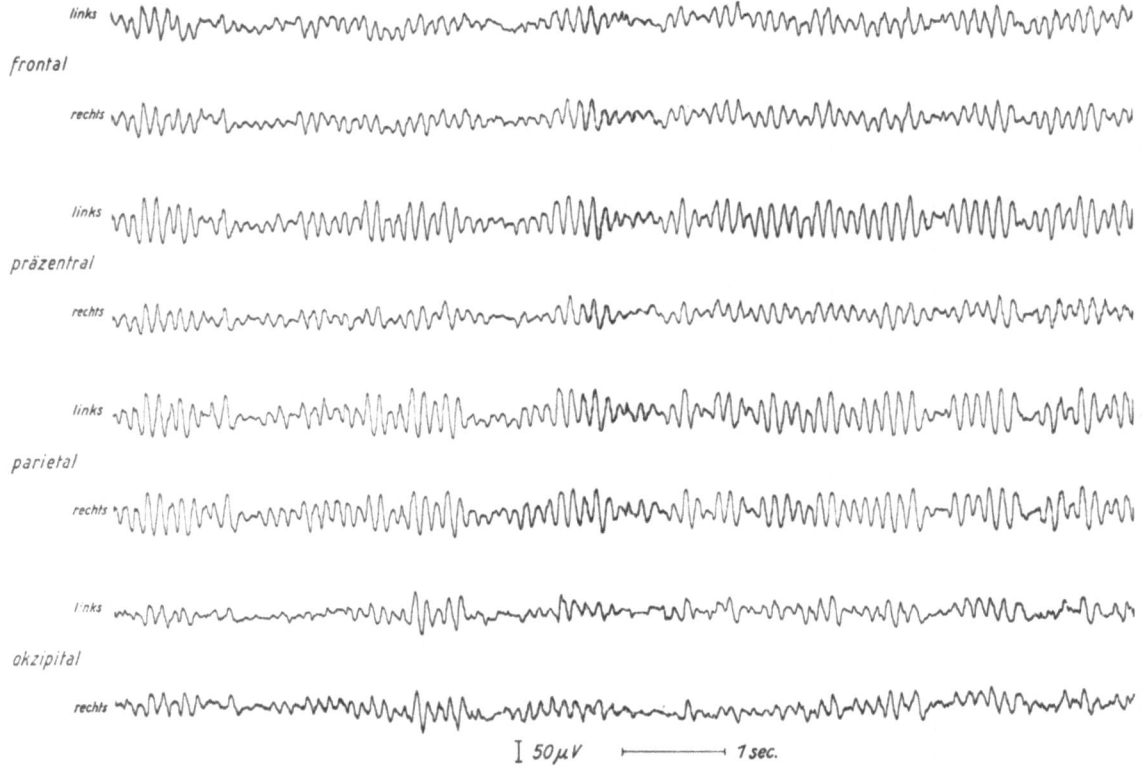

Abb. 261 Ableitungsart I (unipolare Schaltung zum linken Ohr)
Kontroll-Eeg nach 2 Wochen der Patientin von Abb. 259 in unipolarer Schaltung zum linken Ohr.
Es ist wiederum eine stark ausgeprägte, leicht frequenzinstabile Alphagrundaktivität bei nach präzentroparietal verlagertem Alphafokus zu erkennen. Im rechten präzentralen Ableitungsbereich fällt jedoch eine deutliche Spannungserniedrigung der Alphawellen gegenüber dem linken Ableitungsbereich auf; diese Spannungsminderung ist durch eine defekte Zuleitungsschnur vorgetäuscht

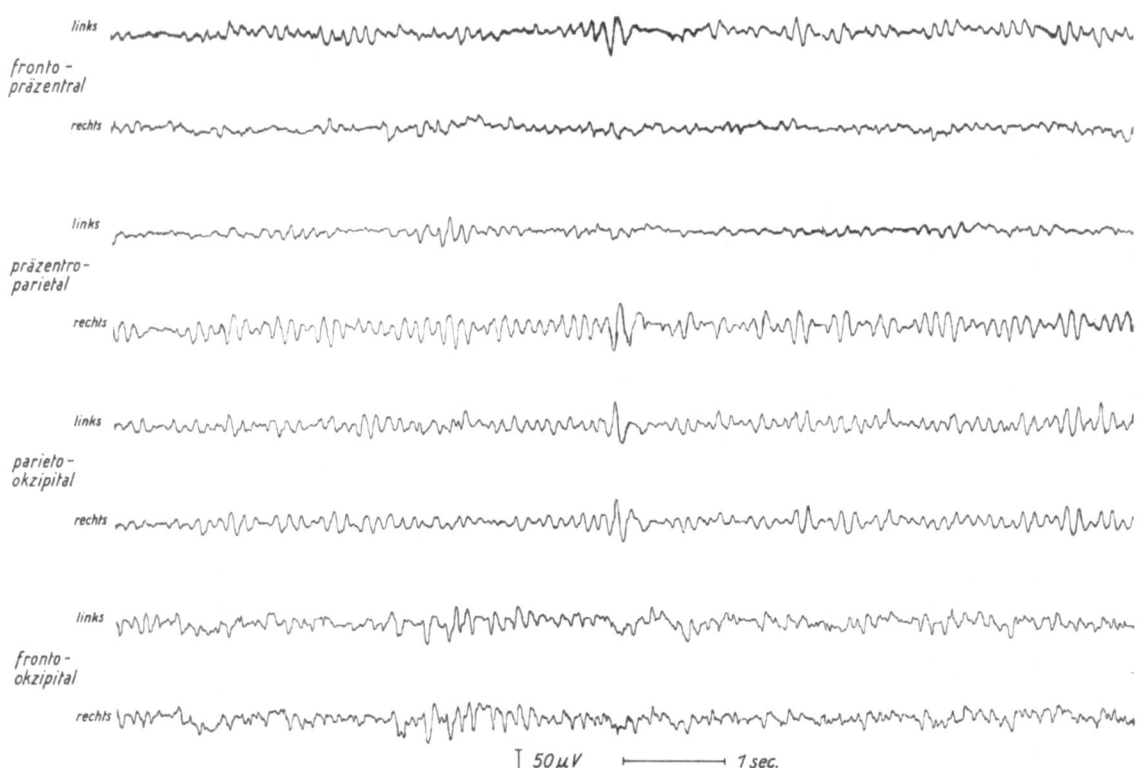

Abb. 262 Sonderableitungsart IIIa (bipolare Längsschaltung)
Kontroll-Eeg nach 2 Wochen der Patientin von Abb. 259 in bipolarer Längsschaltung.
Im rechten frontopräzentralen Ableitungsbereich ist gegenüber links eine leichte Spannungserniedrigung, dagegen im linken präzentroparietalen Ableitungsbereich gegenüber rechts eine starke Spannungserniedrigung zu erkennen. In der unipolaren Schaltung zum linken Ohr war lediglich eine rechtsseitige präzentrale Spannungsminderung zu sehen, d. h., in der frontopräzentralen Schaltung ist die Erniedrigung seitengleich, während sie in der präzentroparietalen Schaltung seitenverkehrt erscheint. Die Erklärung dieses Phänomens zeigt Abb. 263

wortungsvolle Angelegenheit ist. Da die rechtsseitige präzentrale Spannungserniedrigung artefiziell bedingt ist und bei Kanalkreuzung mit wechselt, müßten wir also in der bipolaren Längsreihenschaltung ebenfalls rechts, und zwar frontopräzentral und präzentroparietal eine Spannungserniedrigung erwarten. Wir finden auch in der Tat rechts frontopräzentral eine Spannungsminderung, aber präzentroparietal zeigt sich dieselbe linksseitig. Die Erklärung dieses Phänomens liegt einerseits in der Verlagerung des Alphafokus, andererseits in den Interferenzerscheinungen. Bei der ersten Untersuchung sahen wir in der bipolaren Längsreihenschaltung eine Spannungserniedrigung sowohl links als auch rechts präzentroparietal. Sie kam, wie wir bereits feststellten, durch Phasenverschiebungen des nach präzentroparietal verlagerten Alphafokus zustande. Durch den Schnurdefekt der rechtsseitigen präzentralen Elektrode und durch die dadurch nur geringere Aufnahme von Potentialen konnten die Potentiale der rechtsseitigen parietalen Elektrode voll, also nicht durch Interferenzerscheinungen, unterdrückt, zur Darstellung gelangen (eine schematische Darstellung der Potentialverhältnisse s. Abb. 263).

Wenn auch dieses Beispiel in praxi sicherlich nicht zu den Alltäglichkeiten gehört, so können wir daraus doch *zwei sehr wichtige Schlüsse* für unsere Auswertung ziehen:

1. Es muß unbedingt das Ohmmeter benutzt werden, um mit Sicherheit Elektroden- bzw. Schnurartefakte auszuschließen.

2. Eine Verminderung oder Verstärkung der Spannungshöhe der Alphawellen darf nur in den unipolaren Ableitungsarten beurteilt werden.

8.3. Befundabfassung

Zur Form eines Befundberichts sei grundsätzlich folgendes gesagt. Wir teilen den Befund in 3 Abschnitte ein: *Im ersten Abschnitt wird das Kurvenbild ausführlich beschrieben. Im zweiten Abschnitt erfolgt eine Einordnung der ausführlichen Beschreibung unter die nomenklatorischen Begriffe.* Wir haben es hier also mit einer Zusammenfassung des ersten Abschnitts zu tun. *Der dritte Abschnitt beinhaltet die Korrelation bzw. Stellungnahme zum klinischen Befund*, wobei dem Kliniker in allgemeinverständlichen Worten die Deutung des EEG-Bildes unter Berücksichtigung der klinisch-anamnestischen Daten vorgelegt werden soll. Im einzelnen wäre zu den Abschnitten folgendes zu sagen.

Die *Reihenfolge* der im ersten Abschnitt zu beschreibenden Potentiale sollte je nach Vorliegen annähernd folgende sein:

1. Allgemeine Spannungshöhe

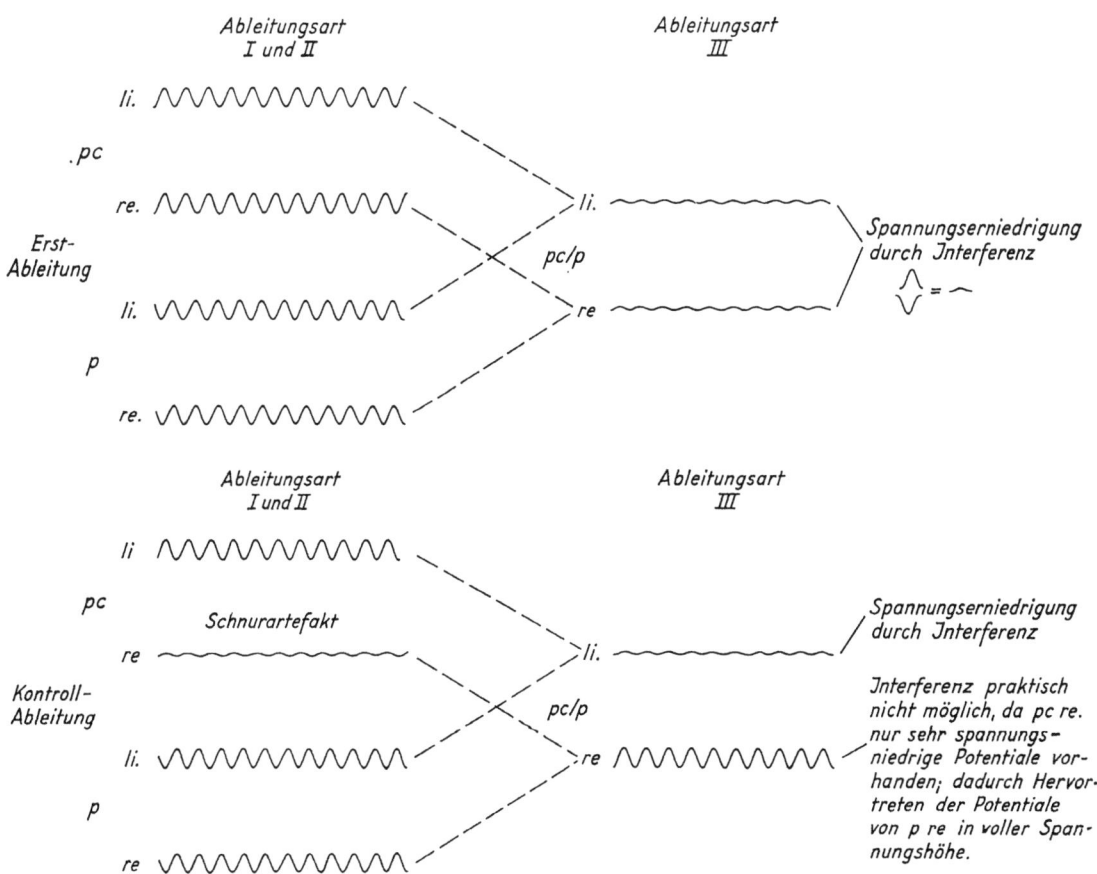

Abb. 263 Schematische Darstellung der Potentialverhältnisse sowohl der Erst- als auch Kontrollableitung der Patientin von Abb. 259

2. Grundaktivität
   a) Alphawellen
   b) Betawellen
3. Reduktionen bzw. Aktivierungen
4. Lokalisierte Theta- oder Deltawellen sowie Spitzenpotentiale
5. Diffuse bzw. generalisierte Theta- oder Deltawellen sowie Spitzenpotentiale
6. Besonderheiten, wie plötzlich auftretende spannungshohe Wellen oder Spitzenpotentiale, Veränderungen unter Provokation usw.

Die Begriffe: Alphareduktion, Alphaaktivierung, Betaaktivierung, Allgemeinveränderungen, Theta-, Delta- bzw. Theta-Delta-Mischfokus, Spitzenfokus, Wellenspitzenfokus, Paroxysmus, Eeg-Typ sowie die Komponenten der Grundaktivität werden im ersten Abschnitt nicht verwendet. Es ist hier lediglich das Auftreten der einzelnen Wellen sowie Spitzenpotentiale, die zu diesen Begriffen führen, ausführlich zu beschreiben. Die Anwendung von nomenklatorischen Begriffen, wie z. B. Alphawellen niedriger Spannungshöhe, oder die Anwendung von entsprechenden Direktmeßwerten, also Alphawellen um 30 μV, ist variabel und hängt weitgehend von dem abzufassenden Text ab.

Um dem Leser die Form der Beschreibung der Wellenbilder im **ersten Abschnitt** zu verdeutlichen, sei diese nochmals in Stichworten wiedergegeben.

1. *Allgemeine Spannungshöhe:* Angabe, ob es sich um ein sehr spannungshohes oder sehr spannungsniedriges Bild handelt. Bei einem im Normbereich liegenden allgemeinen Spannungsniveau kann eine solche Angabe entfallen

2. *Grundaktivität:*
   a) Bei Vorhandensein von Alphawellen Angaben über:
   Grad der Ausprägung
   Kontinuität oder Diskontinuität
   Grad der Frequenzstabilität
   vorliegende Frequenz in Direktmeßwerten mit evtl. Vorherrschen einer Frequenz
   Spannungshöhe, kleinste, größte und Mittelwert sowie Bezeichnung des Ortes der Messung
   Sitz des Alphafokus
   Form der Wellen.
   Sind Seitendifferenzen vorhanden, so wird hier nur die physiologische Seite beschrieben, die pathologische Seite siehe unter 3.
   b) Bei Vorhandensein von Betawellen:
   Angaben entsprechend den Alphawellen, jedoch außer Angabe der Direktmeßwerte noch Angabe des Verhältnisses der Spannungshöhe zu der der Alphawellen (falls vorhanden).
   Bei Kindern sind hier entsprechend den vorliegenden Aktivitäten dieselben in der oben angegebenen jeweils zutreffenden Differenzierung anzugeben.

3. *Reduktionen bzw. Aktivierungen:* Da Reduktionen und Aktivierungen immer die Alpha- und Betawellen betreffen, werden sie, falls vorhanden, sofort im Anschluß an die Grundaktivität beschrieben. Neben dem Ort der Reduktion oder Aktivierung müssen hier die vorhandene Verminderung der Frequenz, die Verminderung oder Verstärkung der Ausprägung sowie Spannungshöhe unter Verwendung der jeweiligen Gradeinstufungen genau aufgezeichnet werden.

4. *Lokalisierte Theta- oder Deltawellen sowie Spitzenpotentiale:* Angaben über den Ort (Maximum sowie Streuung) des lokalisierten Auftretens der Theta- oder Deltawellen sowie Spitzenpotentiale,
Ausprägung, Kontinuität oder Diskontinuität,
Grad der Frequenzstabilität,
vorliegende Frequenz in Direktmeßwerten, evtl. Vorherrschen einer Wellenart,
Spannungshöhe, kleinste, größte und Mittelwert,
bei Spitzenpotentialen Angabe der Art.

5. *Diffuse bzw. generalisierte Theta- oder Deltawellen sowie Spitzenpotentiale:* Neben Ausprägung, Kontinuität bzw. Diskontinuität, Frequenzstabilität, Frequenz und vorherrschender Frequenz sowie Spannungshöhe müssen hier auch Angaben über eine evtl. Bevorzugung oder Betonung gemacht werden.

6. *Besonderheiten,* wie plötzlich einschießende spannungshohe Wellen oder Spitzenpotentiale. Ähnlich den vorherigen Abschnitten werden diese eingeschossenen Potentiale nach den verschiedenen Kriterien beschrieben. Beschreibung der auftretenden Änderungen in der Hyperventilation.

7. *Artefakte:* Beschreibung von auftretenden Störungen.

Im **zweiten Abschnitt** wird, wie bereits gesagt, eine Zusammenfassung des ersten Abschnitts wiedergegeben. Zunächst wird der Eeg-Typ aufgezeichnet, sodann die Komponenten der Grundaktivität. Es folgen je nach Vorhandensein die Foci und die diffusen Veränderungen. Im einzelnen werden wir also im zweiten Abschnitt vorfinden:

1. Eeg-Typ (entfällt bei Kindern),
2. Komponenten der Grundaktivität,
3. Alphareduktion unter Angabe des Schweregrades sowie hierfür vorhandene Kriterien,
4. Alphaaktivierung unter Angabe des Schweregrades sowie hierfür vorhandene Kriterien,
5. Betaaktivierung unter Angabe des Schweregrades,
6. Thetawellenherd und Ort sowie Schweregrad,
7. Deltawellenherd und Ort sowie Schweregrad,
8. Theta-Delta-Mischfokus mit evtl. Vorherrschen einer Frequenz, Ort sowie Schweregrad,
9. Wellenspitzenfokus mit Ortsangabe,
10. Spitzenfokus mit Ortsangabe,
11. Allgemeinveränderungen mit Schweregrad und evtl. Betonung,
12. diffuse Spitzenpotentiale mit Schweregrad und evtl. Betonung,
13. Paroxysmen,
14. Besonderheiten.

Mit anderen Worten *informiert der zweite Abschnitt schlagwortartig den EEG-Auswerter über das vorliegende Kurvenbild.*

Im **dritten Abschnitt** werden die im Eeg gefundenen Zeichen nunmehr in Beziehung zu den klinisch-anamnestischen Daten gesetzt. Wichtig für diesen Abschnitt ist, daß wir hier *keinerlei nomenklatorische Begriffe hineinbringen, sondern uns Formulierungen bedienen, die dem Kliniker absolut verständlich sind.* Wir werden also z. B. auch nicht von einem leicht allgemeinveränderten Eeg, sondern von einer leichten allgemeinen Dysregulation der Hirnpotentialtätigkeit sprechen.

8.4. Befundbeispiele

Im folgenden werden wir einige Befundbeispiele aufzeichnen. Da sich die Beschreibung auf die gesamte Kurve bezieht, wurde auf eine Wiedergabe von Kurvenausschnitten verzichtet. Die klinisch-anamnestischen Daten wurden der Übersicht halber stark gekürzt.

Beispiel 1

M. Herbert, 52 Jahre

Anamnese: Seit 3 Monaten Kopfschmerzen, Schwindelanfälle, leichte Ermüdbarkeit.

Befund: Sowohl neurologisch als auch röntgenologisch kein sicherer pathologischer Befund zu erheben.

Diagnose: Kopfschmerzen unklarer Genese.

EEG-Befund

Das *Hirnpotentialbild* zeigte eine mäßig ausgeprägte, diskontinuierliche, stark frequenzinstabile Alphagrundaktivität von 8–12/sec. mit leichtem Vorherrschen der 9–11/sec.-Wellen; die okzipitale Spannungshöhe wechselte zwischen 30 und 100 µV; im Durchschnitt lag sie bei 60 µV; eine Spannungshöhenabnahme nach frontal war zu verzeichnen, wobei dort die Alphawellen noch mit 20–30 µV gemessen werden konnten; der Alphafokus lag an regelrechter Stelle; die Form der Alphawellen war als annähernd sinusförmig zu bezeichnen.

In das Potentialbild eingelagert fanden sich mit nach frontal zu abnehmender Spannungshöhe annähernd dreieckförmige Betawellen von 20–40/sec. bei Vorherrschen der 25/sec.-Wellen, die eine schwache Ausprägung zeigten und eine um ein Drittel niedrigere Spannungshöhe als die der Alphawellen aufwiesen; sie waren als deutlich diskontinuierlich und frequenzinstabil zu bezeichnen.

Sowohl in den uni- als auch bipolaren Ableitungsarten konnten mit leichter Betonung über den beiderseitigen vorderen und mittleren Hirnregionen diffus eingelagerte flache, vereinzelt auch mittelhohe diskontinuierliche, leicht frequenzinstabile Thetawellen einer Frequenz von 6 und 7/sec. sehr schwach ausgeprägt registriert werden.

Die über 3 Minuten durchgeführte Hyperventilation zeigte keine nennenswerten Veränderungen.

Z.: Eeg vom Alpha-Beta-Typ mit Vorherrschen der Alphawellen (62,5%); Grundaktivität: Alphakomponente 50%, Betakomponente 30%. Sehr leichte Allgemeinveränderungen: Betonung vordere und mittlere Hirnregionen. Keine Herd-, keine Spitzenpotentiale.

Korrelation zum klinischen Befund. Nach dem Eeg kann z. Z. der sichere Nachweis einer zerebralen Herd- oder Allgemeinstörung nicht erbracht werden. Es waren lediglich geringe Hinweise für das Vorliegen einer leichten zerebralen Vasolabilität vorhanden, über deren Genese jedoch vom Eeg her keine sicheren Aussagen gemacht werden können. (Zur Erklärung: Die zerebrale Vasolabilität wurde aufgrund der starken Frequenzinstabilität der Alphagrundaktivität diagnostiziert.)

Beispiel 2

S., Siegfried, 48 Jahre

Anamnese: Seit 2 Jahren langsam zunehmende Lähmung der linken Halbseite, beginnend im Fuß, übergreifend auf das Bein, später auch linker Arm; seit 1 Jahr Verschlechterung der Geruchsempfindung. Seit 3 Monaten Nachlassen der Sehkraft.

Befund: Komplette Halbseitenparese links. Ausfall des linken N. I. Zentrale Fazialisparese links. Visus: li. 4/5, rechts 5/10. Stp. bds. von 2 Dioptrien.

Röntgen: Im perkutanen Serienangiogramm frontozentral rechtsseitig parasagittal gelegener kinderfaustgroßer Tumor, wahrscheinlich Meningeom.

Diagnose: Zerebraler raumbeengender Prozeß rechts frontozentral parasagittal.

EEG-Befund

Das *Hirnpotentialbild* zeigte bei einer leicht über der Norm liegenden allgemeinen Spannungshöhe eine schwach ausgeprägte, diskontinuierliche, schwach frequenzinstabile Alphagrundaktivität von 8–10/sec. ohne sicheres Vorherrschen einer Frequenz; die okzipitale Spannungshöhe lag zwischen 40 und 120 µV, der Mittelwert betrug 80 µV; der Alphafokus lag okzipital. In allen Ableitungsarten konnte über dem rechtsseitigen frontozentralen Ableitungsbereich mit leichter Streuung nach rechts temporal sowie geringer Irradiation nach links frontozentral ein lokalisiertes, fast kontinuierliches Auftreten von stark frequenzinstabilen 2–6/sec.-Wellen mit Vorherrschen der 2- und 3/sec.-Wellen gefunden werden; die Spannungshöhe der Theta- und Deltawellen schwankte zwischen 100 und 180 µV. Die lokalisiert auftretenden Theta- und Deltawellen konnten bei den durch den Untersucher festgehaltenen Lidern gleichermaßen beobachtet werden. Weiterhin waren, schwach ausgeprägt, diffus in das Hirnpotentialbild ohne Bevorzugung einer Seite oder Hirnregion eingelagerte Thetawellen von 4–7/sec. ohne sicheres Vorherrschen einer Frequenz zu beobachten.

Z.: Eeg vom Alphatyp, Alphakomponente 30%. Theta-Delta-Mischfokus mit Vorherrschen von Deltawellen rechts frontozentral mit leichter Streuung nach rechts temporal und gering auch links frontozentral. Leichte Allgemeinveränderungen. Keine Spitzenpotentiale.

Korrelation zum klinischen Befund. Nach dem Eeg kann bei einer leichten allgemeinen Dysregulation der bioelektrischen Aktivität eine deutliche Herdstörung im rechten frontozentralen Hirnbereich mit leichter Ausdehnung nach rechts temporal und links frontozentral diagnostiziert werden. In Verbindung mit den klinisch-anamnestischen Angaben könnte es sich um einen Hirntumor handeln, der im rechten frontozentralen Hirnbereich mittelliniennah mit basaler Entwicklungstendenz gelegen sein müßte. Unter der Annahme eines zerebralen raumbeengenden Prozesses sind Zeichen vorhanden, daß es sich um einen langsam wachsenden Tumor handelt.

Beispiel 3

R., Alfred, 24 Jahre

Anamnese: Vor 1 Jahr Motorradunfall; kurze Zeit bewußtlos. 6 Wochen Bettruhe, dann wieder voll arbeitsfähig. Im letzten Vierteljahr zunehmend Kopfschmerzen und leichtes Schwindelgefühl, Konzentrationsschwäche; läßt in seinen Leistungen nach.

Befund: Sowohl neurologisch als auch röntgenologisch außer einer leichten Hyperreflexie und geringer rechtsseitiger Mundfazialisschwäche kein sicher pathologischer Befund zu erheben.

Diagnose: Zustand nach Commotio oder Contusio cerebri.

EEG-Befund

Das *Hirnpotentialbild* zeigte eine rechts okzipital stark ausgeprägte, fast kontinuierliche, stark frequenzinstabile Alphagrundaktivität von 8–12/sec. mit Vorherrschen der 10–12/sec.-Wellen; die Spannungshöhe der Alphawellen schwankte zwischen 50 und 100 µV, der Mittelwert lag bei 80 µV. Links okzipital zeigten die Alphawellen eine deutlich geringere Ausprägung, sie konnte nur als schwach bezeichnet werden; die Spannungshöhe lag im Mittelwert bei 40 µV; bei ebenfalls starker Frequenzinstabilität war jedoch hier eine Verlangsamung der Alphawellen zu verzeichnen, ein Vorherrschen der 8–10/sec.-Wellen war festzustellen. In allen Ableitungsarten, über allen Ableitungsbereichen waren diffus eingestreute 4–6/sec.-Thetawellen, schwach ausgeprägt, mit einer Spannungshöhe von 50–70 µV zu beobachten.

Hyperventilationseffekt ohne Besonderheiten.

Z.: Eeg vom Alphatyp, Alphakomponente 80%. Mäßig schwere Alphareduktion links okzipital (Verminderung der Ausprägung, Spannungshöhe und Frequenz). Leichte Allgemeinveränderungen, keine Spitzenpotentiale.

Korrelation zum klinischen Befund. Nach dem Eeg sind bei Vorliegen einer leichten allgemeinen Dysregulation der bioelektrischen Aktivität Zeichen vorhanden, daß es sich bei dem vor einem Jahr erlittenen Motorradunfall um eine Contusio cerebri gehandelt haben könnte, wobei jedoch von seiten des Hirnpotentialbildes keine Aussagen über den Ort der Schädigung gemacht werden können. Aufgrund der vorliegenden Wellenbilder ist außerdem an eine leichte allgemeine zerebrale Vasolabilität zu denken. (Zur Erklärung: Die allgemeine zerebrale Vasolabilität wurde aufgrund der leichten Allgemeinveränderungen und der starken Frequenzinstabilität der Alphawellen diagnostiziert.)

Beispiel 4

A., Sieglinde, 20 Jahre

Anamnese: Nach normaler frühkindlicher Entwicklung bis zum 12. Lebensjahr keine Besonderheiten. Seit dieser Zeit Auftreten von epileptischen Anfällen mit Krämpfen aller 4 Extremitäten, manchmal geringe Bevorzugung der linken Seite.

Befund: Sowohl neurologisch als auch röntgenologisch keine Besonderheiten.

Diagnose: Generalisiertes Krampfleiden (genuine Epilepsie?).

EEG-Befund

Das *Hirnpotentialbild* zeigte bei einer deutlich erhöhten allgemeinen Spannungsaktivität eine relativ frequenzstabile, schwach ausgeprägte diskontinuierliche Alphagrundaktivität von 9–11/sec. mit Vorherrschen der 10/sec.-Wellen bei einer Spannungshöhe von 60–80 µV; der Alphafokus lag okzipital. In allen Ableitungsarten über allen Ableitungsbereichen waren diffus eingestreute, mäßig ausgeprägte Thetawellen und schwach ausgeprägte Deltawellen zu beobachten; die Spannungshöhe konnte mit 60–120 µV gemessen werden. In dieses Theta-Delta-Mischbild eingelagert fanden sich reichlich generalisiert auftretende Spitzenpotentiale in Form von spike and wave-Komplexen sowie sharp and slow wave-Komplexen, die eine leichte inkonstante Betonung über den rechtsseitigen Ableitungsbereichen und hier wieder temporal zeigten.

Während der Hyperventilation deutliche Aktivierung der Spitzenpotentiale.

Z.: Eeg vom Alphatyp, Alphakomponente 30%. Mäßige Allgemeinveränderungen. Spitzenpotentiale (spike and wave- sowie sharp and slow wave-Komplexe, generalisiert mit leicht inkonstanter Betonung rechts temporal).

Korrelation zum klinischen Befund. Nach dem Eeg kann ein generalisiertes epileptisches Krampfleiden diagnostiziert werden, wobei eine leichte Betonung über der rechten Hemisphäre und hier wieder temporal zu verzeichnen war. Es fanden sich Zeichen, die darauf hinwiesen, daß das epileptische Geschehen durch einen frühkindlichen Hirnschaden ausgelöst sein könnte.

Beispiel 5

M., Manfred, 29 Jahre

Anamnese: Seit 1½ Jahren kurz anhaltende (wenige Minuten) Zustände von Übelkeit, Schwindel, Speichelfluß sowie schmatzende Mundbewegungen. Mitunter Geruchssensationen.

Befund: Außer einer angedeuteten zentralen Fazialisparese links sowie geringgradiger Verminderung der groben Kraft im linken Arm keine sicheren neurologischen Ausfälle.

Diagnose: Verdacht auf Temporallappenepilepsie.

EEG-Befund

Das *Hirnpotentialbild* zeigte eine mäßig ausgeprägte, leicht frequenzinstabile, diskontinuierliche, annähernd sinusförmige Alphagrundaktivität okzipital beiderseits von 8–11/sec. mit deutlichem Vorherrschen der 9/sec.-Wellen bei einer Spannungshöhe von 40–80 μV und einem Mittelwert von 60 μV. Besonders in der bipolaren temporalen Ableitungsart fanden sich über allen rechtsseitigen Ableitungsbereichen Thetawellen schwacher und Deltawellen mäßiger Ausprägung; die Frequenz der Thetawellen lag vorwiegend bei 4–6/sec., Spannungshöhe 80–100 μV; die Frequenz der Deltawellen konnte mit 2–3/sec., die Spannungshöhe mit 100–160 μV gemessen werden. Weiterhin waren über den rechtsseitigen temporalen Ableitungsbereichen ständig Einlagerungen von steilen Wellen vom Typ III festzustellen. In der unipolaren Ableitungsart zum rechten Ohr konnten die vorbeschriebenen Theta- und Deltawellen und steilen Wellen in annähernd gleicher Stärke über allen Ableitungsbereichen registriert werden. In allen Ableitungsarten waren außerdem diffuse Einstreuungen von Thetawellen einer Frequenz von 5–7/sec. und einer Spannungshöhe von 60–90 μV in schwacher Ausprägung vorhanden.

Hyperventilationseffekt normal.

Z.: Eeg vom Alphatyp, Alphakomponente 50%. Theta-Delta-Mischfokus mit Vorherrschen von Deltawellen sowie steile Wellen vom Typ III temporobasal rechts. Leichte Allgemeinveränderungen.

Korrelation zum klinischen Befund. Nach dem Eeg kann bei einer leichten allgemeinen Dysregulation der bioelektrischen Aktivität eine deutliche Herdstörung rechts temporobasal mit Krampfzeichen im Sinne einer Temporallappenepilepsie nachgewiesen werden. Aufgrund des Wellenbildes käme als auslösende Ursache der rechtsseitigen Temporallappenepilepsie ein zerebraler raumbeengender Prozeß in Frage, wobei unter der Annahme eines solchen Zeichen für ein langsames Wachstum vorhanden sind.

Das nach Anfertigung des Eeg vorgenommene Serienangiogramm zeigte deutliche Veränderungen eines rechts temporobasalen Tumors. Bei der Operation konnte ein Oligodendrogliom im rechten vorderen basomedianen Temporalbereich entfernt werden. (Zur Erklärung für den Leser: Die Basalität der temporalen Herdstörung wurde aus der starken Einstreuung der Potentiale in die rechte Ohrelektrode abgeleitet.)

Beispiel 6

L., Jochen, 8 Jahre

Anamnese: Seit einem 1/2 Jahr zunehmende Schwindelerscheinungen und ringförmige Kopfschmerzen sowie Nachlassen der Sehkraft. Manchmal bei Lagewechsel Erbrechen.

Befund: Starke Koordinationsstörungen, keine sicheren Hirnnervenausfälle, Stauungspapille 4 Dioptrien bds.

Diagnose: Verdacht auf Kleinhirntumor.

EEG-Befund

Das *Hirnpotentialbild* zeigte eine die altersphysiologische Grundaktivität weit übersteigende stark frequenzinstabile, diffuse Theta-Delta-Tätigkeit über allen Ableitungsbereichen mit okzipitotemporaler Betonung bds.; Ausprägung der Deltawellen: 70%, Thetawellen: 30%; die Spannungshöhe wechselte zwischen 60 und 180 μV bei einem Mittelwert von 120 μV. Keine Spitzenpotentiale.

Z.: Eeg mit mäßigen Allgemeinveränderungen, okzipitotemporal beiderseits betont.

Korrelation zum klinischen Befund. Nach dem Eeg kann eine mäßige allgemeine Dysregulation der bioelektrischen Aktivität nachgewiesen werden, wobei eine leichte Verstärkung in den beiderseitigen hinteren Hirnregionen unter Einbeziehung des Schläfenlappens zu beobachten ist. In Verbindung mit den klinisch-anamnestischen Angaben könnten die allgemeinen Dysregulationserscheinungen als Ausdruck eines erhöhten Schädelinnendrucks gewertet werden, wobei von seiten des Eeg dem Bereich der hinteren Schädelgrube besondere Beachtung geschenkt werden müßte (operativ konnte ein walnußgroßes Spongioblastom aus dem IV. Ventrikel entfernt werden).

Beispiel 7

R., Hans-Dieter, 13 Jahre

Anamnese: Seit 8 Wochen Kopfschmerzen in wechselnder Stärke. Ab und zu schwindelig.

Befund: Außer den Zeichen einer leichten Pubertas praecox keine als pathologisch anzusehenden neurologischen Ausfälle.

Diagnose: Kopfschmerzen unklarer Genese.

EEG-Befund

Das *Hirnpotentialbild* zeigte eine altersentsprechende, stark ausgeprägte, leicht diskontinuierliche Alphagrundaktivität einer Frequenz von 9–11/sec. mit Vorherrschen der 10/sec.-Wellen bei einer Spannungshöhe von 60–80 μV. Über allen Ableitungsbereichen, frontopräzentral beiderseits leicht betont, fanden sich Einlagerungen von spannungsniedrigen, sehr schwach ausgeprägten Thetawellen einer Frequenz von 4–7/sec. mit Vorherrschen der 5–6/sec.-Wellen.

Während der Hyperventilation gute Aktivierung des Spontan-Eeg mit regelrechtem Abklingen.

Z.: Eeg mit Alpha-Theta-Grundaktivität (Alphakomponente 80%, Thetakomponente 10%). Kein Herd oder Spitzenpotentiale.

Korrelation zum klinischen Befund. Nach dem Eeg konnte der sichere Nachweis einer zerebralen Herd- oder Allgemeinstörung nicht erbracht werden. Es sei jedoch darauf hingewiesen, daß ein einmalig negativer EEG-Befund eine hirnorganische Erkrankung nicht ausschließt.

Bemerkung

Abschließend sei noch erwähnt, daß die Abfassung des zweiten Abschnitts des Befundes hinsichtlich des Eeg-Typs und der jeweiligen Komponente der Grundaktivität für eine statistische Erfassung geringgradig erweitert werden kann. Es ist ohne weiteres möglich, telegrammstilartig die Frequenz der Grundaktivität mit zu erwähnen, man kann z. B. schreiben: Eeg vom Alphatyp (8–12/10; 40–60/50). Damit ist sowohl die langsamste, schnellste als auch vorherrschende Frequenz und die niedrigste, höchste und mittlere Spannungshöhe kurz mit aufgezeichnet. In der gleichen Weise kann man auch bei den Wellenherden verfahren. Zum Beispiel Theta-Delta-Mischfokus mit Vorherrschen Theta (3–7/4; 80–120/100; 90–160/100). Die erste Spannungshöhenangabe würde dann für die Theta-, die folgende für die Deltawellen verbindlich zeichnen.

9. Die Anwendungsgebiete des Eeg

R. WERNER, H.-G. NIEBELING, D. MÜLLER, A. HERBST, I. FLEMMING,
M. SCHÄDLICH und W.-E. GOLDHAHN

9.1. Eeg bei Epilepsien und anderen Anfallskrankheiten

R. WERNER

Die zerebralen Anfälle sind das Hauptanwendungsgebiet der Elektroenzephalographie, die bei keiner anderen Erkrankung gleich Wertvolles zu leisten vermag. Erst durch das Eeg war es möglich, die physiologischen Grundlagen der bei den zerebralen Anfällen oftmals vielgestaltigen und atypischen Krankheitssymptome aufzudecken. Seitdem wurden viele neue Erkenntnisse der Pathophysiologie der zerebralen Anfallsleiden, insbesondere der Epilepsien, durch klinische und experimentelle Forschung gewonnen. In der Diagnostik der Anfallserkrankungen ist das Eeg unentbehrlich geworden und hat vorrangige Bedeutung gegenüber allen anderen Untersuchungsmethoden. Die Elektroenzephalographie gibt zwar für die Epilepsie, auch im anfallfreien Intervall, spezifische Befunde, vermag dennoch die klinische Anfallbeobachtung nicht zu ersetzen. Der Leistungsfähigkeit des Eeg sind auch Grenzen gesetzt, und der hirnelektrische Befund kann nur unter Berücksichtigung der klinischen Daten gewertet werden. Die Klärung der Ätiologie erfordert häufig weitere Untersuchungen. Zunehmend hat das Eeg wesentliche Bedeutung in der Therapiekontrolle der zerebralen Anfallskrankheiten, insbesondere der Epilepsien, erlangt.

9.1.1. Die Epilepsien

9.1.1.1. Vorbemerkungen

Hans BERGERS geniale Entdeckung hat die ebenso geniale Ansicht JACKSONS, daß der epileptische Anfall durch eine synchronisierte Tätigkeit vieler oder aller Zellen der Hirnrinde ausgelöst wird, bestätigt. Anfangs hat man geglaubt, mit dem Nachweis der »Krampfpotentiale« die Ursache der Epilepsie ergründet zu haben. Bald mußte man aber erkennen, daß diese EEG-Zeichen nur eine Fassade sind, hinter die wir nicht – oder noch nicht – zu schauen vermögen.

Milliarden von Ganglienzellen des Gehirns produzieren ständig bioelektrische Energie. Im Gehirn ist also überall genügend Erregung und bei den zahlreichen synaptischen Verbindungen auch Ausbreitung vorhanden. Eine geordnete Tätigkeit des Zentralnervensystems wäre aber nicht möglich, wenn diese Energie nicht gesteuert und begrenzt wird. Es muß verhindert werden, daß die Neuronen exzessiv und gleichzeitig, synchron entladen. Hierbei sind im wesentlichen 2 Mechanismen wirksam, die als *Bremsung* und *Aktivierung* bezeichnet werden. Beide Vorgänge resultieren aus der Erregung, die sowohl aktivierende als auch bremsende Funktion haben kann. Im physiologischen Zustand des Gehirns besteht zwischen Bremsung und Aktivierung ein Gleichgewicht, ein sogenanntes *mittleres Aktivitätsniveau* (JUNG und TÖNNIES 1950). Bei Aktivierung kommt es zu einer Verstärkung komplexer Erregungsvorgänge, die sich ausbreiten und schließlich zu einer positiven Erfolgsreaktion führen. Hierbei wird das mittlere Aktivitätsniveau zeitweilig angehoben, ohne jedoch die gesamte potentielle Erregbarkeit zu erreichen. Auch bei plötzlicher Aktivitätsänderung, wie sie durch starke Sinnesreize, beim plötzlichen morgendlichen Aufwachen auftritt, kommt es beim gesunden Gehirn mit seinen intakten regulierenden Mechanismen nie zu einem Krampfanfall. Eine maximale Aktivierung ist unphysiologisch und führt zu einer Krampfentladung. Unter Bremsung verstehen wir eine Minderung und Begrenzung komplexer Erregungsvorgänge. Der Antagonismus zwischen Aktivierung und Bremsung hält das mittlere Erregungsniveau des Normalzustandes aufrecht. Dadurch wird verhindert, daß sich eine übermäßige Erregung entwickelt, die sich ungeordnet ausbreitet. Wenn in einzelnen Arealen verstärkte Entladungen auftreten, werden diese wieder gedrosselt, damit sie nicht ständig überwiegen. Verstärkt anhaltende Entladungen würden durch maximale Erregung zunächst benachbarte, dann entfernt gelegene Areale zur Hyperaktivität zwingen und schließlich unter Synchronisation der bioelektrischen Aktivität im gesamten Gehirn eine gleichzeitige exzessive Entladung auslösen.

Besteht im Gehirn ein mittleres Aktivitätsniveau, eine mittlere Aktionsbereitschaft, dann zeigen sich die »*Normalrhythmen*«. Weil diese abhängig sind von der Funktion der Mechanismen, welche die Erregung und deren Ausbreitung regulieren und synchrone exzessive Entladungsbereitschaft von größeren Neuroneneinheiten verhindern, sehen JUNG und TÖNNIES (1950) in den »Normalrhythmen« des Eeg eine Schutzwirkung gegen Krampfentladungen.

Wenn durch irgendwelche Einwirkungen die Bremsfunktion gestört wird und ausfällt, kann die Erregung maximal ansteigen und sich abnorm ausbreiten; es kommt zur Krampfentladung, die, einmal in Gang gesetzt, anhält, bis die Stoffwechselreserven erschöpft sind. Das Versagen der erforderlichen örtlichen und zeitlichen Erregungsbegrenzung zeigt sich im Eeg in abnorm steilen Potentialen während des Anfallgeschehens. Im anfallfreien Intervall auftretende, subklinisch verlaufende paroxysmale Veränderungen lassen rasch bremsende Gegenreaktionen vermuten. So sieht GIBBS (1949) in der Epilepsie nicht eine Krankheit, vielmehr eine Fehlregulation. Experimentelle Untersuchungen liegen vor allem über die Bedingungen bei elektrischer Reizung vor. Durch eine elektrische Reizung werden im Gehirn die verschiedensten Areale aktiviert, die normalerweise nie synchron tätig sind, vielmehr in einer differenzierten Wechselbeziehung zueinander stehen. Einzelreize und langsame Reizfrequenzen rufen vermutlich im Gehirn eine bremsende Gegenreaktion hervor, die bei schnelleren Reizfrequenzen ausbleibt und wobei es zur Krampfauslösung kommt. Elektrische Einzelreize zeigen auch eine Ausbreitung in entfernte Hirngebiete. Fernentladung und Primärentladung haben eine verschiedene Dauer der Bremswelle, die bei der Fernentladung wesentlich länger ist. Die maximale Reizausbreitung verläuft nicht nur in großen Verbindungsbahnen, sondern auch zwischen Hirnrinde und Stammganglien und umgekehrt. Die Krampfausbreitung zur kontralateralen Seite ist in den frontalen und präzentralen Rindengebieten stärker als in den okzipitalen. Obwohl auch die Einzelreize und niederfrequenten Reize sich stark ausbreiten, wird jedoch deren induzierte Erregung rasch wieder auf das mittlere Aktivitätsniveau eingeschränkt.

Die einzelnen Hirnregionen zeigen eine unterschiedliche Krampfbereitschaft. Ammonshorn und Isokortex sind am leichtesten zum Krampfen zu bringen. Die Krampfausbreitung auf den Isokortex gelingt am leichtesten vom Thalamus her.

Die potentielle Energie im großen *Krampfanfall* steigert sich um das 3–50fache gegenüber der normalen Aktivität, wobei Unterschiede bestehen zwischen den einzelnen Regionen. Während im tonischen Stadium die verschiedenen Hirnregionen ihren eigenen Krampfablauf aufweisen, sind die Entladungen im klonischen Stadium stärker synchronisiert, und es sinkt dabei die potentielle Energie ab.

Ableitungen von einzelnen Neuronen beim elektrischen Krampf hat zuerst ADRIAN (1932) und später MORUZZI (1950) durchgeführt. Es treten hochfrequente Entladungen von 500–1000/sec. auf (normale Entladungsfrequenz 10–50/sec.). Der große Krampfanfall hält etwa 30–50 Sekunden an. Er kann verlängert werden durch O_2-Zufuhr, besonders beim pharmakologisch ausgelösten Krampf. Sauerstoffmangel und angehäufte Stoffwechselendprodukte sowie CO_2 führen zum Abklingen des Krampfanfalls. Die »Krampfpotentiale« sind gegenüber Sauerstoffmangel instabiler als die normale Aktivität. Postkonvulsiv ist in allen Großhirnregionen eine nahezu gleiche bioelektrische Ruhe zu beobachten, in Kleinhirn, Pons und Medulla nicht. Die Erregungsausbreitung ist in der postkonvulsiven Phase bis zum Wiederauftreten der normalen Aktivität erhöht.

Für Isokortex, Thalamus und Striatum sind regelmäßig rhythmische Kloni typisch. Der Allokortex zeigt unregelmäßige Unterbrechungen der tonischen Entladungen. Im klonischen Krampfstadium besteht in den kortikalen und subkortikalen Strukturen eine abnorme Wechselbeziehung und Ausbreitung der Entladungen. Der schematische Ablauf des tonischklonischen Krampfes gibt zu erkennen, daß im Gehirn auch bei weitgehend ausgeschalteten Bremsmechanismen noch eine relative Ordnung gewahrt bleibt.

Über den neurophysiologischen Mechanismus des epileptischen Anfalls gibt es zahlreiche Hypothesen, davon sollen nur einige neuere angeführt werden. CASPERS (1959) konnte tierexperimentell nachweisen, daß Verschiebungen der kortikalen Gleichspannung (steady potential) nach der negativen Seite zu einer ansteigenden Krampfaktivität führen. Nach JASPER (1961) gehören exzitatorische und hemmende postsynaptische Potentiale zum festen Bestand des epileptischen Mechanismus in den zerebralen Neuronen. Er nimmt als Grundmechanismus epileptischer Entladungen eine sogenannte intrinsic-Instabilität der Nervenzellmembranen an, bedingt entweder durch eine mangelhafte Struktur oder sekundär durch metabolische Störungen der Zellen in ihrer Beziehung zur extrazellulären Umgebung. Die Instabilität entsteht vorwiegend durch exzessive und prolongierte Depolarisation mit einem Defekt im Erholungsprozeß nach der Exzitation. Vermehrte Entladungen an epileptogenen Neuronen kommen durch eine Potentialdifferenz zwischen Zellkörper und seinen Dendriten zustande. Eine schnelle Erholung des Zentralpotentials des Zellkörpers und eine ständige Depolarisierung des Dendritenpotentials bilden einen ständigen Potentialabfall (WARD jr. 1960). Nach der Hypothese von GLOOR (1962) kommt es dann zu einem epileptischen Anfallgeschehen, wenn in einer Gruppe miteinander positiv rückgekoppelter Neurone ein steiles Spannungsgefälle sich entwickelt, das zu relativer Elektronegativität zwischen somatoaxonalen Verbindungen und Dendriten führt. Gleichzeitig zeigen sich intensive neuronale Entladungen, vor allem in den Pyramidenzellen des Ammonshorns. Über rückläufige Axonkollaterale kommt es zu einer weiteren Ausbreitung der Erregungen auf benachbarte Neuronen, besonders auf die Basaldendriten. Synaptische Hemmung und katodische Inaktivierung und stoffwechselchemische Erschöpfung führen zum Sistieren des Anfallgeschehens.

Die Krampfaktivität kann auf umschriebene Neuronenareale begrenzt bleiben, aber auch noch benachbarte oder entfernte Neuronensysteme erfassen. Neben der synaptischen Fortleitung und der Fortleitung über die verschiedenen Projektionssysteme muß auch ein rein elektrophysikalischer Fortleitungsvorgang erwogen werden. Nach unseren heutigen Kenntnissen ist zu vermuten, daß die pathophysiologischen Vorgänge des epileptischen Mechanismus komplexer Natur sind.

Trotz der Vielzahl experimenteller und klinischer Untersuchungsergebnisse sind die tieferen Ursachen der epileptischen Vorgänge im Gehirn letztlich aber noch weitgehend ungeklärt, und vieles ist noch hypothetisch. Unsere heutigen Kenntnisse darüber, welche Faktoren einen Neuronenverband zur Auslösung eines epileptischen Anfalls bringen und diesen wieder abstoppen, sind immer noch nicht ausreichend genug.

Hans BERGER hat 1931 die ersten EEG-Kurven bei Epilepsiekranken aufgenommen und beschrieben. Die charakteristischen Wellenformen wurden zuerst von GIBBS, DAVIS und LENNOX (1935, 1943) analysiert; sie fanden auch Relationen zum klinischen Anfalltyp. Das typische Kurvenbild bei Epilepsien haben GIBBS und LENNOX (1938) als paroxysmale Dysrhythmie bezeichnet. JASPER und Mitarb. (1941) differenzierten die EEG-Befunde bei Epilepsien in fokale, bilateralsymmetrische und diffuse Veränderungen. Der Begriff »centrencephale Epilepsie« stammt von PENFIELD und JASPER (1954), sie vermuten aufgrund von Tierversuchen, daß die bilateralen Spitzen- und Wellenmuster in thalamischen Strukturen entstehen. Diese beiden großen Schulen haben in der Frühära der Elektroenzephalographie zu der Erforschung der Epilepsie bedeutend beigetragen.

9.1.1.2. Hirnelektrische Vorgänge und Potentialformen

Im gesunden Gehirn besteht ein Gleichgewicht zwischen Erregung und Hemmung, ein mittleres Aktivitätsniveau; im Eeg zeigen sich als Ausdruck einer stabilen Grundaktivität die »Normalrhythmen«. Wird dieses bioelektrische Gleichgewicht durch irgendwelche Einwirkungen oder Schädigungen gestört, kommt es zu einer Veränderung der »EEG-Rhythmen«. Wenn hierdurch ein epileptischer Mechanismus in Gang gesetzt wird, führt dies zu einer Auflösung der »Normalrhythmen«, und das Kurvenbild zeigt frequenz- und spannungsinstabile Potentialabläufe. Schon BERGER fand bei seinen ersten Untersuchungen (III. Mitteilung 1931), daß auffallend starke Schwankungen der »Spannung und der Wellenlänge« (Abb. 264) die charakteristischen EEG-Veränderungen sind.

Das Kurvenbild bei Epilepsien ist gekennzeichnet durch einen ständigen Wechsel zwischen raschen und langsamen Wellen, deren Spannungshöhe ständig variiert, bei einer meist langsamen Alphaaktivität mit verminderter Phasenbeziehung; eingelagert sind steilschenklige Potentiale und häufig auch Spitzenpotentiale. Immer wieder zeigt sich streckenweise eine Synchronisierung benachbarter oder aller Hirnregionen. Durch Hyperventilation und andere Provokationsmethoden wird dieses Wellenbild deutlich beeinflußt; dies ist Ausdruck der starken Instabilität dieser abnormen Hirnaktivität. Für dieses bei Epilepsien häufig zu beobachtende Kurvenbild wird oft noch der Begriff der »Dysrhythmie« angewandt. Dieser Terminus ist in letzter Zeit recht umstritten. »Die Anwendung dieses Begriffes ist schwierig, weil die einzelnen Autoren so unterschiedliche und abweichende Definitionen geben und keine Übereinstimmung erreicht werden kann« (aus Bericht der Terminologiekommission der Internationalen EEG-Föderation 1966). Relative Klarheit und Übereinstimmung besteht bei der leichter zu analysierenden und sicher abzugrenzenden »paroxysmalen Dysrhythmie« (GIBBS, GIBBS und LENNOX 1938). Aus einer normalen oder mehr oder weniger veränderten Grundaktivität treten abrupt kürzere und längere Paroxysmen von in Frequenz, Form und Spannungshöhe meist stark variierenden Wellen und Komplexen hervor. Der Begriff »Dysrhythmie« wird auch heute noch zu häufig angewandt, oft werden Kurvenbilder als »dysrhythmisch« gedeutet, bei denen die erforderlichen Kriterien fehlen. Hieraus sind immer wieder Kontroversen entstanden, zumal eine genügend exakte Definition der »Dysrhythmie« bisher noch nicht gegeben ist. Dies hat auch zu der durchaus begründeten Ansicht geführt, daß besser ganz auf den Begriff der »Dysrhythmie« verzichtet werden sollte. Im Interesse einer exakten Auswertung sollten deshalb diese Kurvenbilder den leichter und sicherer zu bestimmenden verschiedenen Graden der *Allgemeinveränderungen* zugeordnet werden.

Typisch für die Potentiale bei den Epilepsien sind schnelle Frequenz, große Spannungshöhe, abruptes Einsetzen, Rhythmizität und Synchronisierung. Diese Kriterien gemeinsam finden sich jedoch relativ selten im einzelnen Krankheitsfall. Deutlich treten diese Potentiale aus der Grundaktivität hervor. GIBBS, GIBBS und LENNOX (1943) haben diese Potentialabläufe als »seizure patterns« bezeichnet. In der deutschsprachigen Literatur gibt es keinen einheitlichen und durchgehend anwendbaren Terminus für die Potentiale

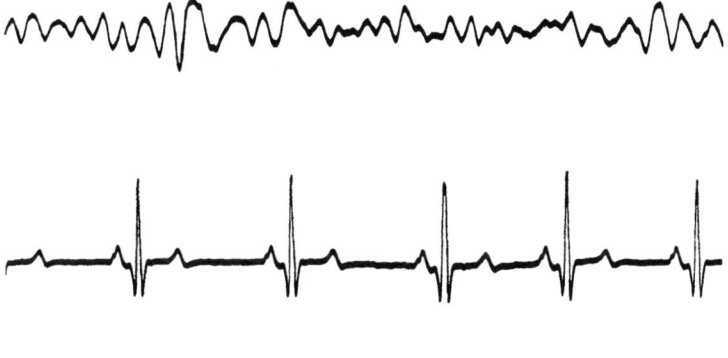

Abb. 264 22jährig. Mädchen mit genuiner Epilepsie. E. E. G. mit Nadelelektroden von der linken Stirn- und der rechten Hinterhauptshälfte; E.K.G. von beiden Armen abgeleitet. Zeit in $1/10$ Sek. (BERGERS Originaltext)

bei Epilepsien. Die frühere Bezeichnung »Krampfpotentiale« oder sogar »Krampfströme« ist nicht nur fragwürdig, sie hat auch viel Verwirrung und Verunsicherung in die Diagnostik der Epilepsien gebracht. Dies führte aber dazu, daß so vage Bezeichnungen wie »Erregbarkeitssteigerung« oder »pathologische Erregbarkeitssteigerung« aufkamen, die ebenso wenig zutreffend und aussagend sind wie die Bewertung dieser Potentiale als »Zeichen erhöhter Anfallbereitschaft«. Solange kein besserer Terminus gefunden wird, halten wir die Bezeichnung »*epileptische Aktivität*« für geeignet und hinreichend zutreffend und durchgängig umfassender als die Begriffe »Anfallpotentiale« oder »epileptische Potentiale«.

Die *epileptische Aktivität* zeigt in den meisten Fällen als wichtigstes Kriterium die *Spitzenpotentiale*. Diese Potentiale können sich bereits im Spontan-Eeg zeigen, häufig aber werden sie erst durch Aktivationsmethoden provoziert. Die Spitzenpotentiale sind rasche Frequenzen und charakterisiert durch einen raschen und damit steilen Anstieg und den unmittelbar danach sich anschließenden steilen Abfall. Es bestehen häufig fließende Übergänge zu hohen Beta- oder Alphawellen, auch zu hohen Theta- und Deltawellen. Dann kann die Abgrenzung schwierig, nicht selten sogar unmöglich sein. Übergangsformen sollten stets nur als suspekte Spitzenpotentiale bezeichnet werden. Die sichere Analyse eines Spitzenpotentials ist nur möglich, wenn keine pharmakologische Einwirkung auf die Hirnaktivität vorliegt. Durch eine Reihe Pharmaka werden die Spitzenpotentiale verformt und insbesondere durch die antiepileptischen Mittel auch weitgehend unterdrückt. Deshalb ist bei der klinischen Fragestellung nach epileptischen Anfällen ein medikamentenfreies Ausgangs-Eeg erforderlich. Wenn allerdings die klinische Anfallsymptomatik eindeutig ist, kann auf dieses medikamentenfreie Eeg durchaus verzichtet werden, weil häufig die Aussagekraft des Eeg hinsichtlich der Ätiologie des zerebralen Krankheitsgeschehens ausreichend ist. Auf das Absetzen der Medikamente muß dann verzichtet werden, wenn sich dadurch die Anfälle häufen, die Gefahr eines Status eintreten könnte. Bei ambulanten Untersuchungen sollten deshalb besser die antiepileptischen Medikamente immer beibelassen werden. Anzustreben wäre allerdings, daß vor jeder Einstellung auf antiepileptische Medikation ein Ausgangs-Eeg abgeleitet wird.

Für die Bewertung eines suspekten Spitzenpotentials sollte die Gesamtaktivität der Kurve, vor allem die Grundaktivität, ausschlaggebend sein. Eine nur gering gestörte, um so mehr eine normale Grundaktivität macht ein suspektes Spitzenpotential noch fragwürdiger, oft wird es sogar bedeutungslos. Kennzeichnend für ein Spitzenpotential ist auch, daß es häufig nicht völlig abrupt aus dem Kurvenbild hervortritt; unmittelbar voraus geht eine leichte Veränderung der Potentiale, und auch das Ausklingen in die Grundaktivität ist verzögert. Bei der Bestimmung von Spitzenpotentialen kann man nicht schablonenhaft verfahren. Sie können sehr vielgestaltig sein, in ihrer Morphologie erheblich variieren. Dies zeigt sich nicht nur bei den Spitzenpotentialkomplexen, sondern auch beim einfachen Spitzenpotential durch die vorangehenden und nachfolgenden Wellen, die in ihrem Ablauf das Spitzenpotential so polymorph gestalten können. Beim einzelnen Kranken hingegen ist die Morphologie der Spitzenpotentiale ziemlich konstant. Man könnte fast sagen, daß beinahe jeder Epilepsiekranke sein typisches Spitzenpotential aufweist.

Die epileptische Aktivität im Eeg unterscheidet sich hinsichtlich ihres zeitlichen Auftretens und ihrer Lokalisation. Bei *generalisiertem Auftreten* (Abb. 265) zeigen sich die Entladungen über allen Hirnregionen entweder ständig oder zeitweilig bilateral symmetrisch oder allgemein synchron. Die bilateral symmetrischen und synchronen Abläufe können ihren primären Ursprung in den zentrenzephalen Strukturen haben. Sie können aber auch sekundär bedingt sein durch einen kortikalen oder subkortikalen Herd, der den zentrenzephalen Arealen den Impuls gibt, die Hirnrinde zu solchen synchronen Entladungen zu bringen.

Die *fokale epileptische Aktivität* ist charakterisiert durch herdförmiges Auftreten von Potentialen wechselnder Frequenzen und Spannungen bei einer verlangsamten Grundaktivität, die sich häufig auch nur in einer Alphaaktivierung zeigen kann. Es können entweder spikes, sharp waves, sharp and slow waves oder auch seltener spike and wave-Komplexe eingelagert sein. Charakteristisch sind ein relativ stereotyper Ablauf und ein Spannungsmaximum gegenüber der Umgebung. Je rascher das Spitzenpotential (steiler Potentialgradient), um so geringer ist die regionale Ausbreitung. Der Fokus liegt dann in Nähe der Elektrode. Langsamere Spitzenpotentialabläufe (sharp waves) und positive Phasenrichtung weisen auf einen tiefergelegenen Herd. Der epileptogene Fokus kann durch eine primäre Läsion verursacht oder sekundär funktionell von entfernt gelegenen kortikalen oder subkortikalen Herden her induziert sein. Für *primäre Läsion* ist eine fokale Verlangsamung relativ spannungsniedriger und gleichförmiger Wellen typisch, für den *funktionellen Fokus* der starke Wechsel von Frequenz und Spannungshöhe sowie eine wechselnde Lokalisation und ein inkonstantes Auftreten. Eine sichere Abgrenzung zwischen primärem und funktionellem Fokus ist aber allein durch das Eeg nicht möglich. Im Kindesalter sind funktionelle Foci besonders häufig zu beobachten. Nicht selten zeigt sich auch bei Kindern eine »Fokuswanderung«, die von parietal nach okzipital und schließlich nach temporal verlaufen kann. Herde im vorderen Temporalgebiet sind meist durch primäre Läsionen bedingt, zentrale temporale Herde dagegen fast ausschließlich funktionell, sie sind induziert von dienzephalen Strukturen. Ein primärer epileptischer Fokus kann über die Kommissuren im korrespondierenden Areal der Gegenseite einen sekundären Fokus induzieren (Spiegelfokus). Der sekundäre funktionelle Fokus ist nicht so polymorph wie der primäre Fokus, und die Wellen treten mit einer geringen Verzögerung auf. Dagegen weisen

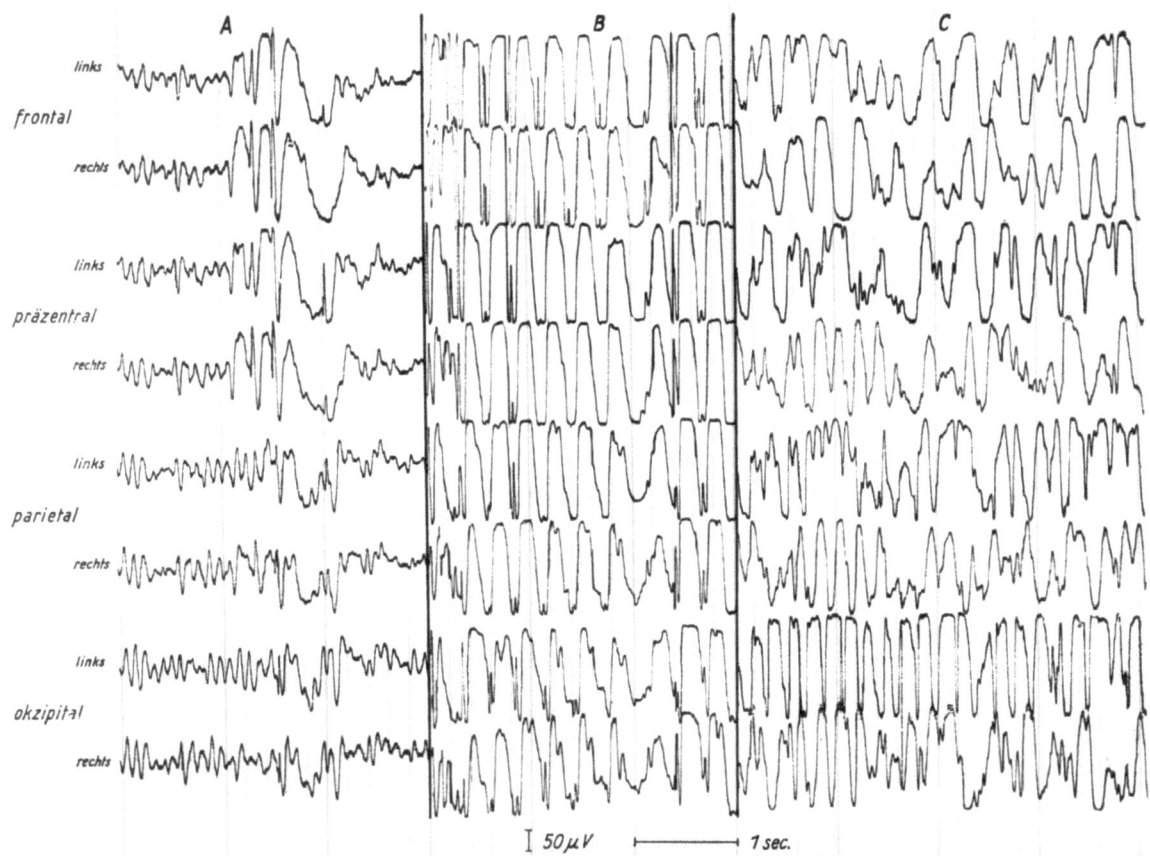

Abb. 265 Ableitungsart I (unipolare Schaltung zum linken Ohr)
Örtliche Verteilung und zeitliche Folge epileptischer Aktivität (A bilateral symmetrisch, B generalisiert, C diffus)

jedoch synchrone, symmetrische epileptische Herde über homologen Regionen meistens auf einen gemeinsamen Ursprung im Hirnstamm, sie sind somit funktionelle Herde.

Eine fokale epileptische Aktivität kann sich auf die benachbarten Regionen ausdehnen und sich auch in der homolateralen und in die kontralaterale Hemisphäre ausbreiten. Dies wird als diffuses Auftreten bezeichnet. Die fokale epileptische Aktivität kann auch zur Generalisierung führen. Frequenzinstabile und asymmetrische Entladungen sind sekundär bedingt und Ausdruck diffuser epileptischer Aktivität; dagegen sind frequenzstabile rhythmische Muster primären Ursprungs und Ausdruck einer Generalisation. Häufig zeigen sich zwischen beiden fließende Übergänge, so daß eine sichere Differenzierung kaum möglich ist. Die epileptische Aktivität kann nur kurzzeitig, jeweils für die Dauer von einigen oder mehreren Sekunden, also paroxysmal, hervortreten. Ein solcher *Paroxysmus* ist Ausdruck eines plötzlichen, anfallartigen Funktionswandels der Hirnaktivität, er kann sich generalisiert, fokal und diffus (asynchron) zeigen. Das verschiedenartige Auftreten epileptischer Entladungen zeigen die Abbildungen 265 und 266.

Die einzelnen Spitzenpotentiale unterscheiden sich durch Frequenz, Form und Polungsrichtung und einige durch ihre verschiedene Kombination mit anderen Wellen (Abb. 267 und 268). Das einfachste Spitzenpotential ist die *spike* (Dauer weniger als 80 msec.).

Es gibt kleine spikes (small spikes) und große spikes (big spikes), die biphasisch und negativ oder positiv monophasisch gerichtet auftreten können. Die spikes zeigen sich als *Einzelspike* und multi- bzw. polyspike. Die Polungsrichtung des Spitzenpotentials – nur in unipolarer Schaltung bestimmbar – gibt Hinweis auf die Tiefenlokalisation des Krampffokus. Negative Spitzen deuten auf oberflächliche und positive Spitzen auf tiefe Lokalisation. Häufig treten die Spitzen in Verbindung mit einer langsamen Welle auf, beide negativ gerichtet. Dieses kombinierte Graphoelement wird als *spike and wave* (s/w) bezeichnet. Die Frequenz schwankt zwischen 3 und 6/sec., die Spannung ist hoch (bis über 500 μV). Wir messen vom Anstieg der spike bis zum Endpunkt der wave. Dieser Komplex ist selten einzeln zu finden, vorwiegend in kürzeren und längeren bilateral synchronen und generalisierten Paroxysmen. Das Maximum liegt frontopräzentral. In einem Verband muß immer der erste oder einer der ersten Komplexe bestimmt werden, weil die Frequenz der spikes and waves sich im weiteren Ablauf verlangsamt. Am Ende einer längeren s/w-Aktivität kann die Frequenz bis zu 2,5/sec. absinken, manchmal noch tiefer, so daß die letzten Komplexe dann sharp and slow waves ähneln. Es lassen sich frequenzstabile, rhythmische von frequenzinstabilen s/w-Komplexen unterscheiden. Die *rhythmischen spikes and waves* treten in einem charakteristischen Muster von meist geschlossenen, generalisierten s/w-Komplexen auf. Sie setzen abrup

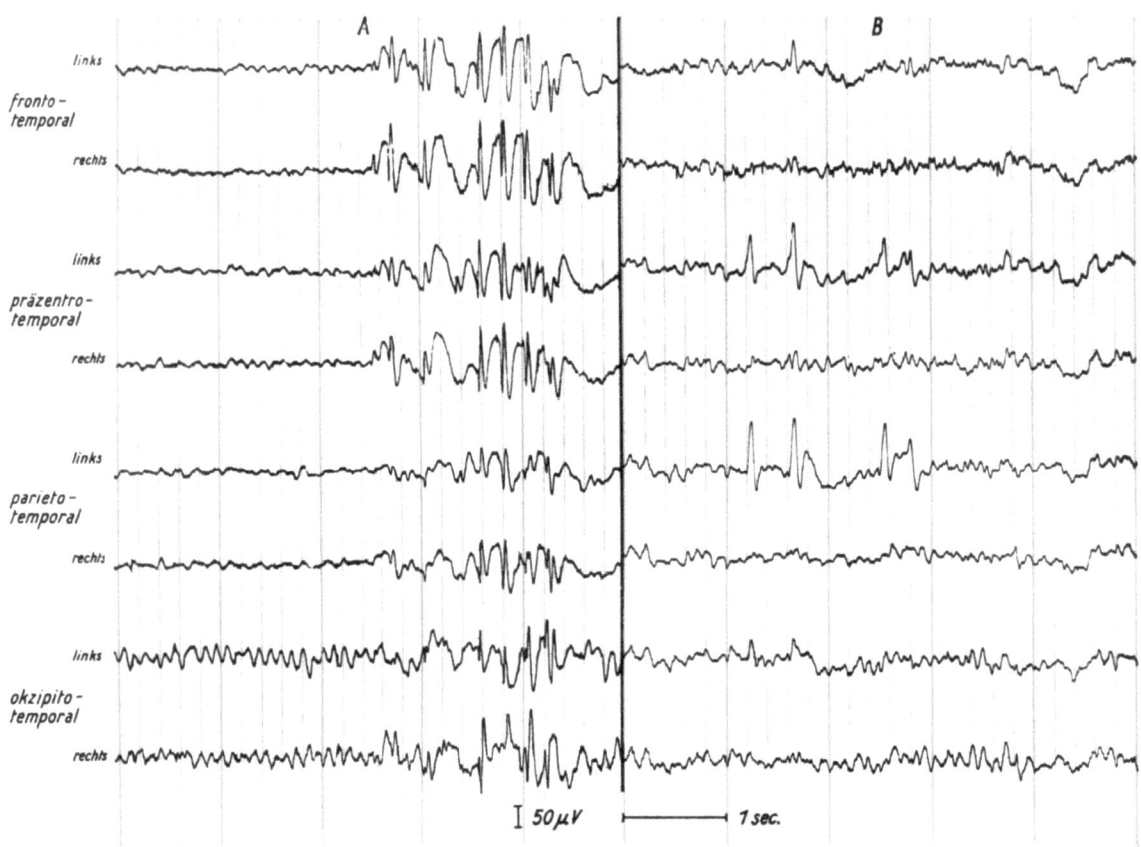

Abb. 266 Ableitungsart IV (bipolare temporale Schaltung)
Örtliche Verteilung und zeitliche Folge epileptischer Aktivität (A paroxysmal, B fokal)

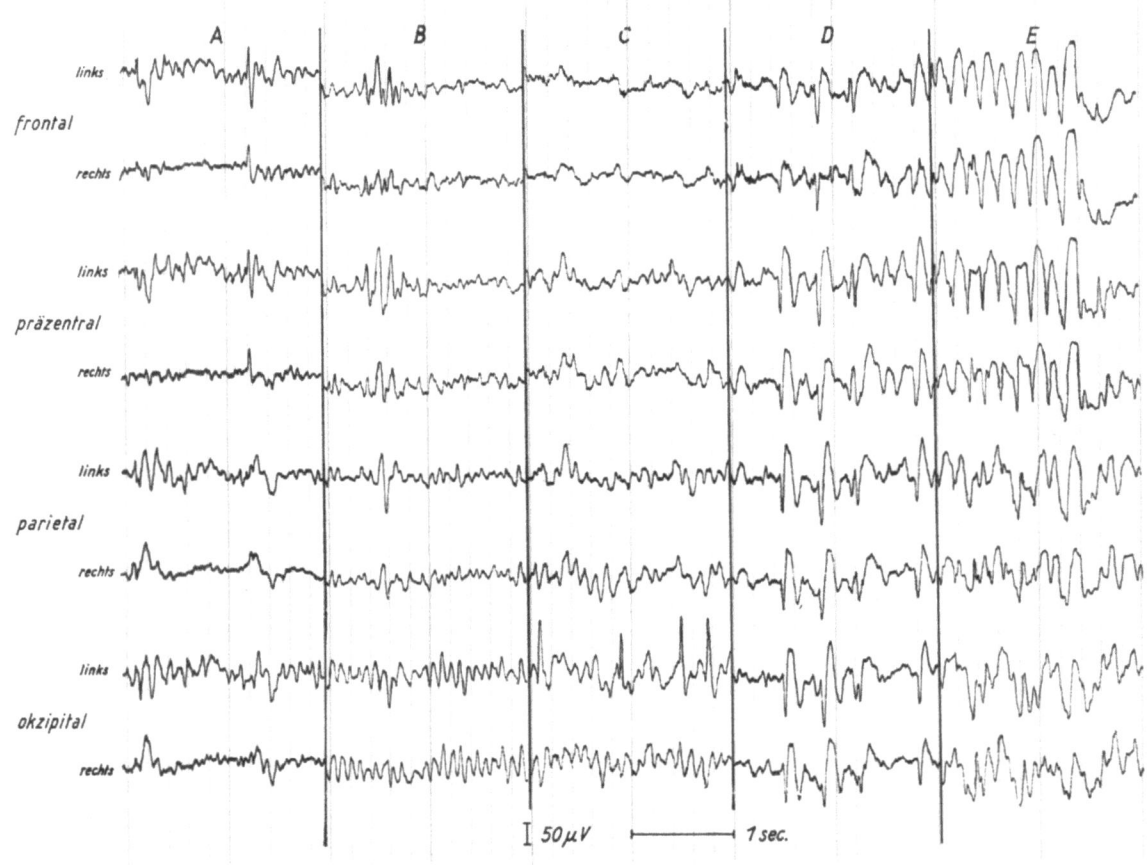

Abb. 267 Ableitungsart I (unipolare Schaltung zum linken Ohr)
Einfache Spitzenpotentiale.
A spike (frontopräzentral links), B biphasische steile Welle (parietal links), C negative steile Welle (okzipital links), D monophasische positive steile Welle mit träger Nachschwankung (sharp wave Typ III) synchron, E 6/sec. positive spikes (präzentral beiderseits)

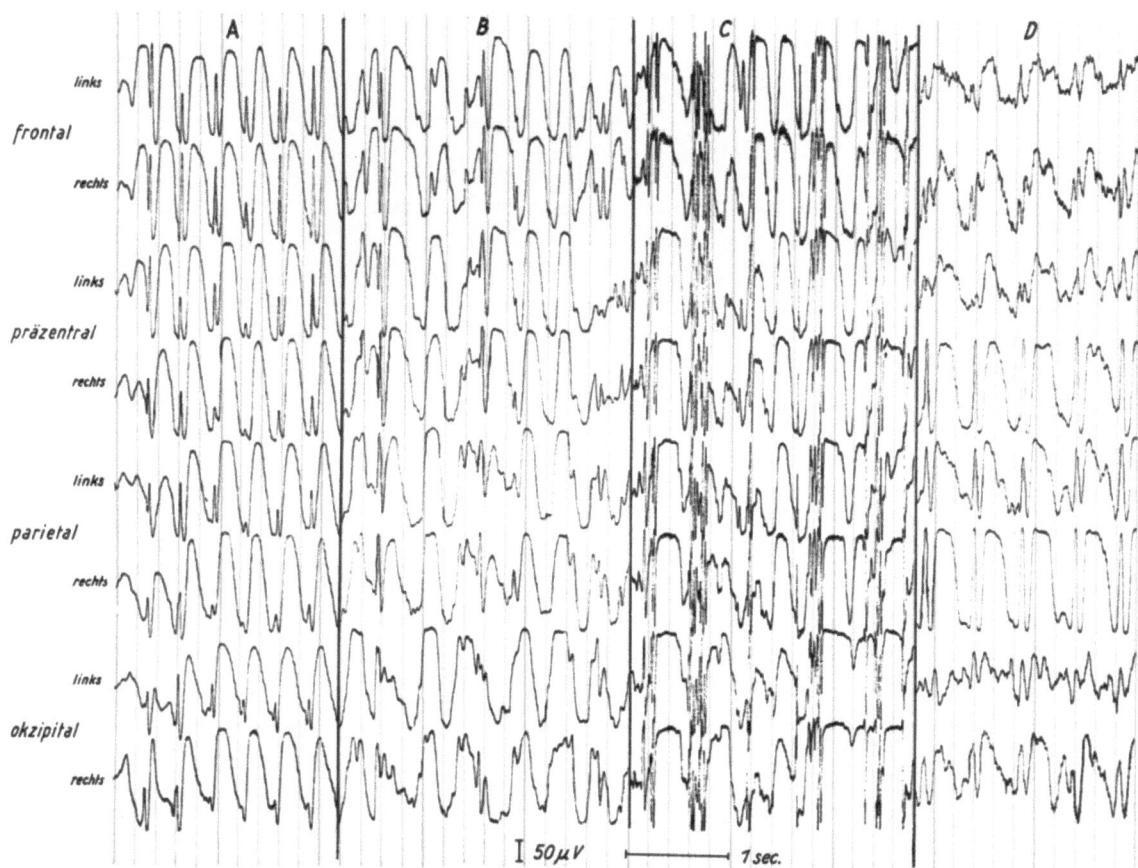

Abb. 268 Ableitungsart I (unipolare Schaltung zum linken Ohr)
Kombinierte Spitzenpotentiale.
A spikes and waves (generalisiert, frequenzstabil), B spikes and waves (generalisiert, frequenzinstabil), C polyspikes and waves (generalisiert), D sharp and slow waves (präzentroparietal rechts)

ein, zeigen einen nahezu uhrwerkartig regelmäßigen Ablauf und kommen plötzlich wieder zum Schwinden. Die frequenzinstabilen *spikes and waves* treten gewöhnlich in unterbrochener, diskontinuierlicher Folge auf und haben geringe Tendenz zur Generalisation.

Durch O_2 lassen sich spike and wave-Komplexe leicht provozieren. Hyperventilation wirkt stärker aktivierend als Photostimulation. Zufuhr von CO_2 unterdrückt die spikes and waves. Die s/w-Muster haben enge Beziehungen zu psychischen und motorischen Erscheinungen. Die spike ist an motorische und die wave an psychische Vorgänge gekoppelt. Je höher die spikes – und vor allem, wenn diese als multispikes auftreten –, um so stärker sind die motorischen Erscheinungen (Myoklonismen, Tonusverlust). Wenn die spike im Verhältnis zur wave klein ist, fehlen die motorischen Begleitsymptome. Sind in einem s/w-Paroxysmus die waves sehr hoch, kommt es zum Bewußtseinsverlust, dagegen nur zur Bewußtseinstrübung, wenn sie niedriger sind als 300 μV. Es besteht eine Bindung zum Anfalltyp, und zwar der spike and wave zum Retropulsiv-Petit mal und der polyspike and wave zum Impulsiv-Petit mal. Die typischen frequenzstabilen s/w-Entladungen sieht man am häufigsten bei Kindern, mit zunehmendem Alter – schon um die Pubertät – werden sie meist frequenzinstabiler und schneller. Häufiger als die frequenzstabilen, rhythmischen s/w-Komplexe sind die frequenzinstabil formierten s/w-Muster. So kann die Spitze am Anfang über einzelnen Regionen verdoppelt, sogar multipell sein oder auch ganz hinter der Welle zurücktreten. Die Welle ist die konstantere und stereotypere Komponente der s/w-Aktivität. Diese frequenzinstabilen Formationen und abortiven Muster zeigen sich besonders im Anfallintervall und unter antiepileptischer Therapie.

Über die *pathophysiologischen Grundlagen* des s/w-Komplexes ist viel diskutiert worden. Allgemein gilt heute, daß sie induzierte Veränderungen der kortikalen Aktivität sind bei zwischengeschalteten *zentrenzephalen Strukturen* als Schrittmacher. Eine primäre Schrittmacherrolle dieser zentralen Areale, wie PENFIELD und JASPER (1954) vermuteten, wird heute allgemein in Frage gestellt. Die Welle im s/w-Komplex besitzt nach JUNG (1953) eine *Bremsfunktion* und verhindert die Entwicklung eines Grand mal. Auch nach unseren Erfahrungen treten bei ausschließlicher s/w-Aktivität nie große Anfälle auf. Kranke mit kleinen und großen Anfällen zeigen immer im Kurvenbild außer s/w-Entladungen auch spikes oder polyspikes. Die früher vertretene Ansicht, daß die spike and wave typisch sei für eine idiopathische bzw. genuine Epilepsie, gilt nicht mehr als Regel. Wir können nämlich auch bei rein symptomatischen Epilepsien die s/w-Komplexe beobachten. Die spike and wave ist einfach Ausdruck der

Reaktionsform des kindlichen Gehirns zwischen dem 3.–9. Lebensjahr (JUNG 1953, 1957). Die s/w zeigt also eine starke Beziehung zum Alter. Sie tritt erst mit dem 2.–3. Lebensjahr auf und beschleunigt sich mit zunehmendem Alter von 3/sec. bis zu 5/sec., seltener auch bis 6/sec.

Der sharp and slow wave-Komplex dagegen tritt stets vor dem 2. und 3. Lebensjahr auf. Die zeitliche Bindung ist so fest, daß ihr entscheidende Bedeutung in der ätiologischen Abgrenzung einer epileptischen Anfallerkrankung zukommen kann. Die sharp and slow wave ist klinisch gebunden an den Propulsiv-Petit mal. Die Frequenz liegt bei 2/sec. (1,5–2,5/sec.). Die früher übliche Bezeichnung s/w-Variante war nicht mehr glücklich, denn sie charakterisierte nicht dieses kombinierte Spitzenpotential, bei dem in der Regel eine steile Welle und nicht eine spike der wave vorausgeht. Die sharp and slow waves treten einzeln, auch in kurzen Paroxysmen auf. Seltener sind längere Paroxysmen, in denen die sharp and slow waves in diskontinuierlicher Folge erscheinen, im Gegensatz zum s/w-Komplex. Die Spannungen erreichen gewöhnlich nicht die Höhe der spikes and waves, sie schwanken zwischen 200 und 400 μV. Die sharp and slow wave tritt meist fokal auf, auch homolateral, seltener bilateral und generalisiert. Im Kurvenbild mit sharp and slow waves finden sich neben dem Herd starke Verschiebungen der Grundaktivität nach der langsamen Seite, das Eeg zeigt mehr oder weniger starke Allgemeinveränderungen. Kontinuierliches, generalisiertes Auftreten relativ rhythmischer sharp and slow waves kann zu Bewußtseinstrübungen führen. Bei jüngeren Kleinkindern finden sich diese Komplexe im Kurvenbild der Hypsarrhythmie bei den Blitz-Nick-Salaam-Krämpfen.

Die sharp waves unterscheiden sich von den spikes durch eine niedrigere Frequenz (Dauer von 80 bis 200 msec.), der Anstieg ist meist rascher als der Abfall. Auch diese treten bi- und monophasisch auf. Der positiv gerichteten monophasischen sharp wave (sharp wave Typ III) kommt besondere Bedeutung zu. Sie zeigt sich am häufigsten und in klassischer Form in der Temporalregion und ist das typische Spitzenpotential der Temporallappenepilepsie. Wenn die Spannung der sharp wave (Typ III) nicht groß ist, kann sie schwer zu analysieren sein und leicht übersehen werden. In der typischen Form zeigt dieses Potential eine negative Vor- und Nachschwankung (s. Abb. 265). Die positive sharp wave weist auf einen in der Tiefe gelegenen Krampfherd.

Die von E. und F. GIBBS (1949, 1951) als »14 + 6/sec.-positive spikes« beschriebenen Potentiale, die in Gruppen rhythmisch mit einer Frequenz von 5–7/sec. oder 13–15/sec. hervortreten, zeigen sich vorwiegend über den temporalen, weniger über den parietalen und okzipitalen Regionen. Sie sind am deutlichsten in den unipolaren Ableitungsarten zu erkennen. Häufig kann man sie erst in der Ermüdung oder im leichten Schlaf finden. Über diese Potentiale wird in letzter Zeit viel diskutiert, die Ansichten sind recht unterschiedlich.

Nach GIBBS und GIBBS sollen sie von hypothalamischen oder thalamischen Strukturen ausgehen. Vorwiegend vermutet man Beziehungen zu psychischen Störungen und paroxysmalen Schmerzzuständen. Erstaunlich ist der hohe Prozentsatz von 14 + 6/sec.-positiven spikes, wie er von einigen Autoren bei Epilepsien und bei jugendlichen Asozialen, von anderen auch im Gesamtmaterial und sogar bei Gesunden angegeben wird. Wir können, wie auch viele andere Autoren, diese Potentiale nur seltener finden.

Die 14 + 6/sec.-positiven spikes nehmen eine Sonderstellung unter den Spitzenpotentialen ein, weil sie in der klinischen Wertung nicht den epileptischen Potentialen zuzuordnen sind.

9.1.1.3. Anfallstyp und EEG-Kurvenbild

9.1.1.3.1. Grand mal (großer epileptischer Anfall)

Die Registrierung eines großen Anfalls ist mit der üblichen Ableittechnik nicht möglich, weil zahllose Artefakte das Kurvenbild überlagern, meist auch die Elektroden sich verschieben und abgleiten. Klebeelektroden sitzen zwar sicherer, aber die starken Muskelpotentiale während der tonisch-klonischen Phase führen zu erheblichen Störungen, die weitgehend das Hirnpotentialbild überlagern. MEYER-MICKELEIT (1949) gelang es, verwertbare Untersuchungen über den Grand mal nach Cardiazol- und Elektroschock unter Curare durchzuführen. Unmittelbar vor Beginn des Anfalls kommt es flüchtig zu einer allgemeinen Spannungserniedrigung, darauf folgt eine starke Spannungszunahme langsamer Alphawellen. Wenn das *tonische Stadium* einsetzt, treten meist in der Präzentralregion spikes auf, die sich rasch (in 2–10 Sekunden) unter Spannungshöhenzunahme diffus ausbreiten und dabei keine Synchronisierung zeigen. Es sind kontinuierliche, ziemlich frequenzstabile große 8–10/sec. spikes, deren Frequenz sich bis 16/sec. beschleunigen kann. Die von GIBBS (1949) als Grand mal-Typ bezeichneten small spikes sind nur selten im großen Anfall zu beobachten, sie können leicht mit Muskelpotentialen verwechselt werden. Beim Übergang in die *klonische Phase* kommt es zu einer rhythmischen Gruppierung und schließlich Synchronisierung der großen spikes, in die sich zunehmend langsame Potentiale einlagern. Dieser Entladungsablauf ähnelt den polyspike and wave-Komplexen. Einsetzende periodische Pausen zwischen den rhythmischen Entladungen werden zunehmend länger und die einzelnen Entladungsserien immer kürzer und frequenzinstabiler. Plötzlich brechen sie ab und enden in einer völligen Depression, die ca. 25–35 Sekunden anhält. Hieraus treten im *postkonvulsiven Stadium* sehr hohe langsame Deltawellen auf, die sich mit zunehmender Bewußtseinsaufhellung beschleunigen und aus denen durch Einlagerung rascherer Potentiale mit unterschiedlicher Zeitspanne sich wieder das EEG-Bild der Ausgangslage formiert. Bei Kindern kann es mehrere Tage dauern, bis das Ausgangs-Eeg wieder erreicht wird. BERGER

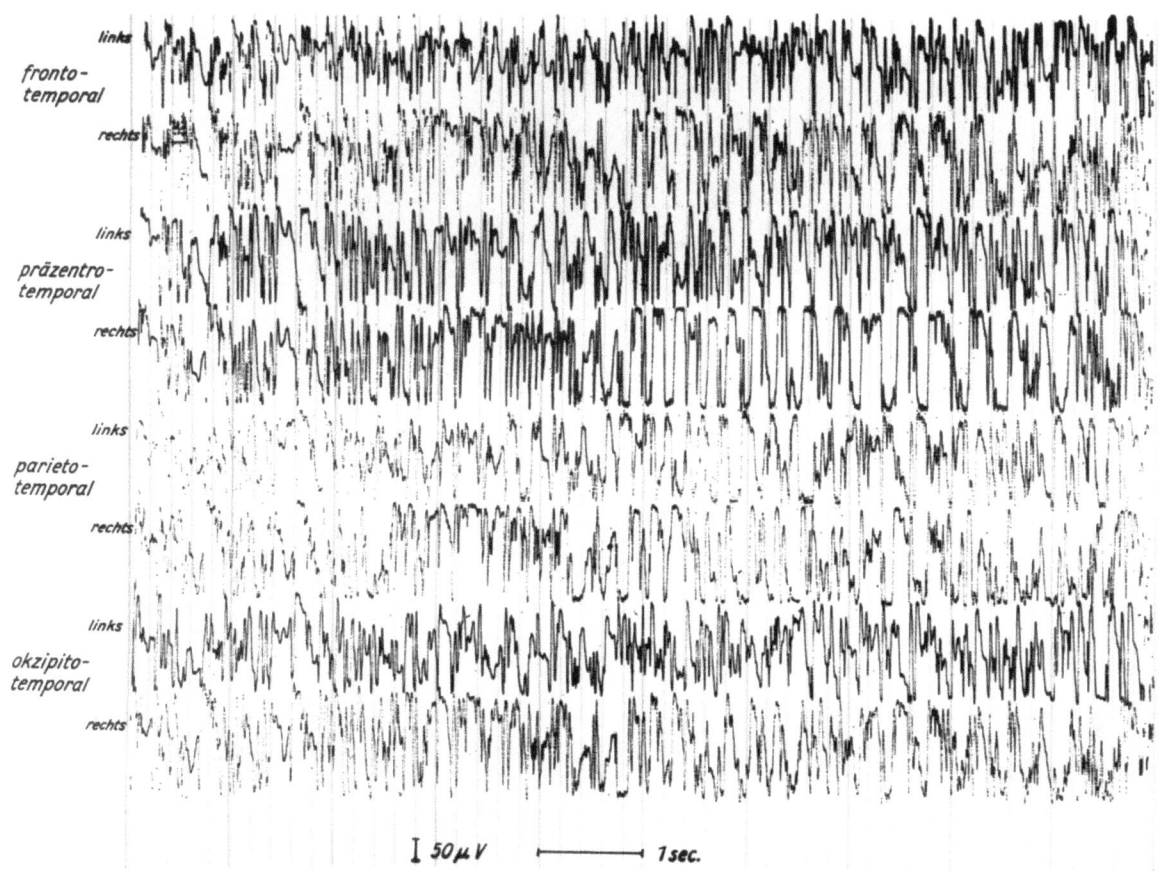

Abb. 269 Ableitungsart IV (bipolare temporale Schaltung)
Johannes H., 49 Jahre, 376/60. Abortives Grand mal.
Eeg: Kontinuierliche bilaterale und generalisierte spikes und 5–6/sec. spikes and waves

(1933) hat als erster EEG-Registrierungen in der postkonvulsiven Phase durchgeführt und die bioelektrischen und klinischen Korrelate erkannt und beschrieben. Die Grand mal-Aktivität kann auch abortiv ablaufen; dann zeigen sich bis zu mehreren Sekunden dauernde hohe spikes, die klinisch mit leichten Myoklonismen einhergehen, aber auch völlig stumm bleiben können (Abb. 269). Wenn nach einem Grand mal anhaltend eine hohe Theta-Delta-Aktivität bestehen bleibt, ist dies das Korrelat eines Dämmerzustandes.

Beim *Status epilepticus* fehlt die mehrere Sekunden anhaltende Periode elektrischer Stille. Zunehmend verkürzt sich die Anfalldauer, besonders die tonische Phase mit den hohen spikes. Bei einem länger anhaltenden Status zeigen sich schließlich nur noch hohe Deltawellen, vermutlich als Folge der eingetretenen Hypoxie und bioelektrischen Erschöpfung. Nach Abklingen des Status epilepticus bilden sich die Allgemeinveränderungen nur zögernd, meist erst nach 3–4 Wochen, zurück.

9.1.1.3.2. Petits maux (kleine epileptische Anfälle)

Das pyknoleptische Petit mal ist der häufigste und charakteristische Anfalltyp im Kindesalter. Die Anfallsymptome sind Störungen des Bewußtseins (Absenzen) und motorische Erscheinungen (Myokloni, Akinese, Tonusverlust). Bei der reinen Form der *Absenz* kommt es zu einer mehr oder weniger starken Bewußtseinseinschränkung ohne motorische Äußerungen. Im Eeg zeigen sich die typischen generalisierten 3–5/sec.-spike and wave-Komplexe (Petit mal-Typ nach GIBBS, DAVIS und LENNOX 1935). Stärkste Ausprägung und Spannungshöhenmaximum zeigen diese s/w-Komplexe frontopräzentral, dagegen sind sie okzipital und parietal meist kleiner und oft deformiert (Abb. 270). Sie treten gewöhnlich über 5–15 Sekunden oder auch länger auf und bilden das für die Absenz charakteristische s/w-Muster. Wenn die generalisierten s/w-Komplexe nur 2–3 Sekunden andauern, bleiben sie klinisch stumm, es kommt zu keiner faßbaren Bewußtseinseinschränkung. Die s/w-Muster laufen bilateral synchron ab, nur die Spannungen sind nicht immer symmetrisch. Es können auch geringe zeitliche Unterschiede zwischen links und rechts und zwischen den einzelnen Hirnregionen auftreten, die meist erst bei rascherer Papiergeschwindigkeit deutlich und meßbar sind. Bei sehr großer Synchronizität wird in der bipolaren Schaltung durch Interferenz die Kurve sehr flach. Die Frequenzen werden mit zunehmender Folge etwas langsamer, sinken oft bis auf 2,5/sec. ab. Die spike kann sich immer mehr verkleinern und in den letzten Komplexen fehlen. Die letzten waves sind meist spannungsniedriger, dies ist Ausdruck der einsetzenden Bewußtseinsaufhellung. Die s/w-Muster enden mit einer trägen Schwankung, die nicht selten sehr Artefakten ähnelt. Ein postkritisches Stadium fehlt immer,

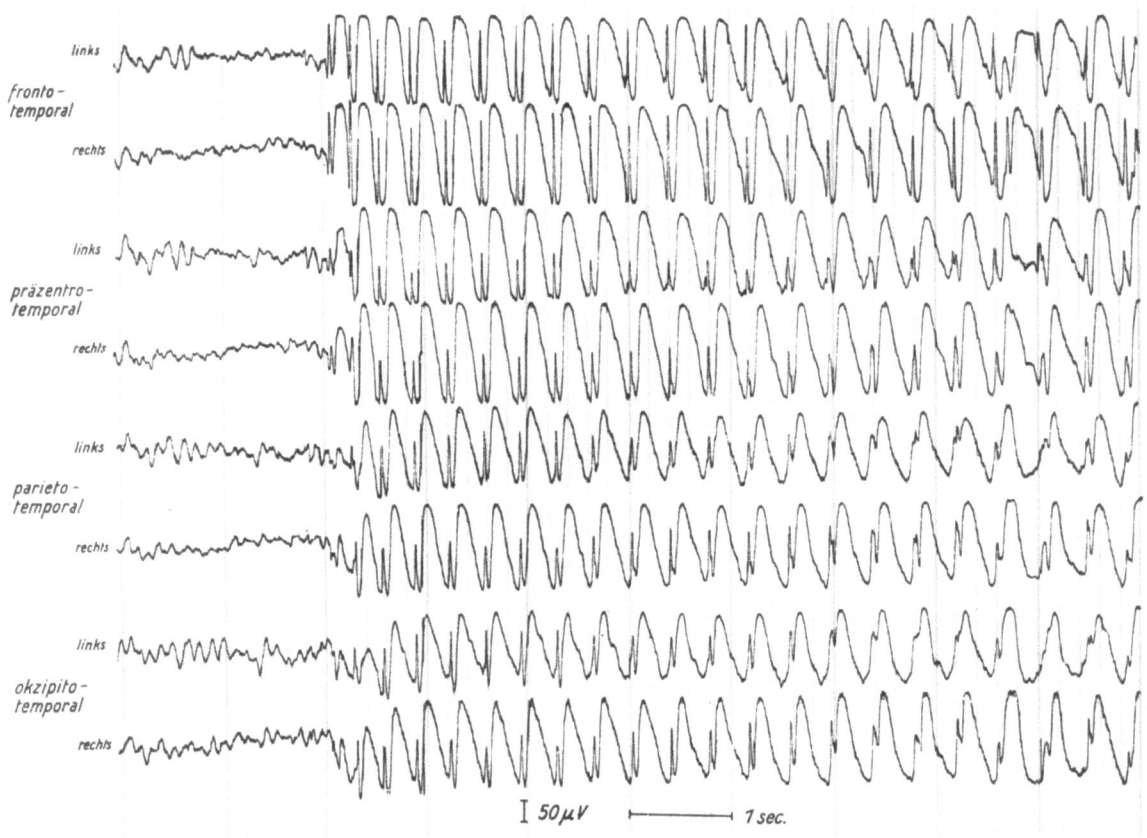

Abb. 270 Ableitungsart IV (bipolare temporale Schaltung)
Jörg M., 13 Jahre, 1074/63. Absenz ohne motorische Erscheinungen.
Eeg: Generalisierte spike and wave-Komplexe (spike kleiner als wave)

die Grundaktivität setzt danach sofort wieder ein. Leichte Absenzen mit kaum merklicher Bewußtseinstrübung zeigen kein völliges Generalisieren der s/w-Muster, in den okzipitalen Bereichen bleibt die Grundaktivität unverändert. Wenn in einem über mehrere Minuten oder länger anhaltenden Paroxysmus relativ spannungsniedrige s/w-Komplexe auftreten, zeigt sich klinisch ein Dämmerzustand mit relativ geordneten Handlungen und anschließender Amnesie für die Dauer des Anfalls. Dauert ein solcher Paroxysmus nur kurze Zeit, einige Sekunden, schildern die Kranken diesen Anfall als einfaches Gedankenabreißen. Durch Schmerzreize (JUNG 1939) und durch akustische Stimulation kann während der Absenz, allerdings erst nach einer Latenz von etwa 0,5–1 Sekunde, die s/w-Aktivität unterbrochen werden, die Kranken sind dann wieder ansprechbar. Das Einsetzen der Anfälle wird durch gespannte Aufmerksamkeit verhindert. Durch Hyperventilation und Photostimulation lassen sich diese pyknoleptischen Absenzen leicht provozieren.

Zeigen sich während der Absenz motorische Erscheinungen, wird der Anfall als Retropulsiv-Petit mal (JANZ 1955) bezeichnet. Bei diesem Anfalltyp bestehen Beziehungen zwischen der Stärke der spike-Aktivität und der Intensität der motorischen Erscheinungen. Wenn die spike die wave überwiegt, kommt es zum *Myoklonus*. Häufig zeigen sich auch einzelne polyspikes and waves (Abb. 271). Die Frequenz der s/w-Komplexe korrespondiert beim Retropulsiv-Petit mal mit dem Rhythmus der nystagmischen Augenbewegungen nach oben, dem ruckartigen Rückwärtsneigen des Kopfes und den Myoklonismen der Arme. Mit zunehmendem Alter kommt es häufig zu einer Beschleunigung der s/w-Frequenz bis auf 5–6/sec.

Der polyspike and wave-Komplex ist das pathognomische EEG-Muster beim *Impulsiv-Petit mal*. Im Anfall treten aus einer meist ungestörten Grundaktivität paroxysmal generalisierte polyspikes and waves hervor (Abb. 272). Die langsame Welle schwankt in Frequenz und Spannungshöhe. Die Zahl der spikes variiert sehr stark, schwankt zwischen 5–20 und korreliert mit der Intensität, nicht mit der Dauer des Anfalls. Die spikes sind meist sehr hoch (150–250 μV) bei einer Frequenz zwischen 12–16/sec. Die beim Impulsiv-Petit mal auftretenden beiderseitigen Myoklonismen entsprechen im Eeg den bilateral symmetrischen polyspikes and waves mit vorwiegend fronto-präzentralem Maximum. Abortiv verlaufende Anfälle zeigen nur wenige spikes, aber hohe Theta- und Deltawellen. Es können auch Myoklonismen ohne entsprechende Veränderungen im Eeg auftreten, dann laufen die Entladungen subkortikal ab. Durch Aktivationsverfahren läßt sich der Anteil spezifischer EEG-Befunde deutlich erhöhen. Der Hyperventilationseffekt ist beim Impulsiv-Petit mal geringer als bei den pyknoleptischen Petits maux. Ergiebiger ist hier die Photostimulation, aber die beste Provokationsmethode ist

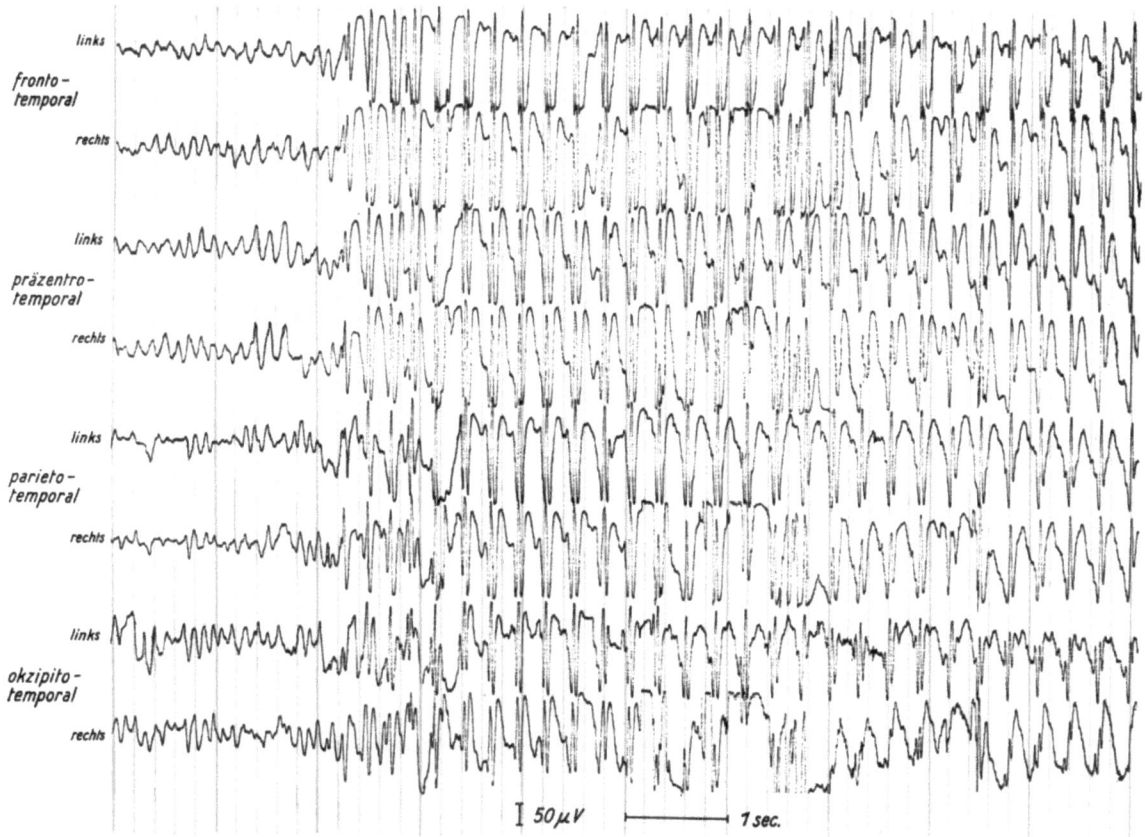

Abb. 271 Ableitungsart IV (bipolare temporale Schaltung)
Monika F., 16 Jahre, 242/65. Retropulsiv-Petit mal mit Myoklonismen.
Eeg: Generalisierte Doppelspike and wave-Komplexe (spike höher als wave)

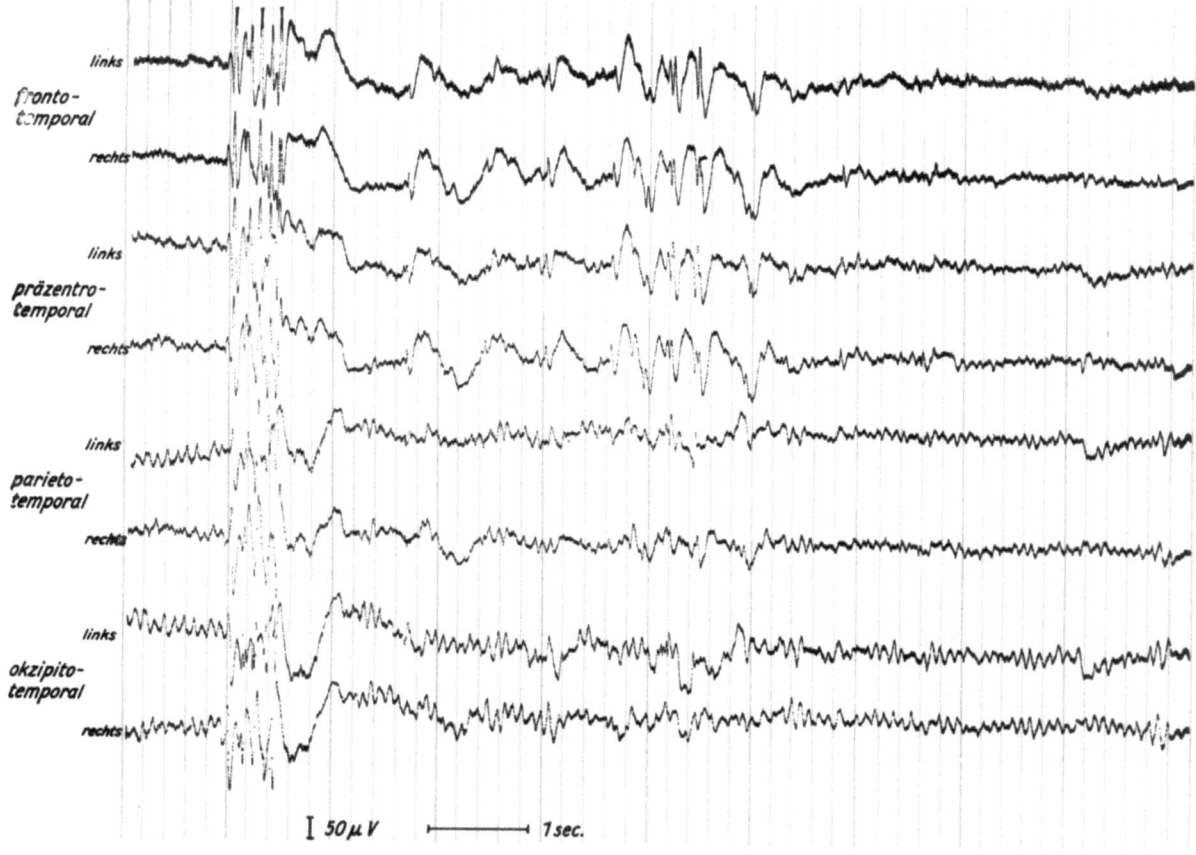

Abb. 272 Ableitungsart IV (bipolare temporale Schaltung)
Bärbel Sch., 23 Jahre, 704/62 Impulsiv-Petit mal.
Eeg: Paroxysmus generalisierter multispikes and waves mit nachfolgenden Deltawellen frontopräzentral bds., normale Grundaktivität

der Schlafentzug. Im Impulsiv-Petit mal-Status halten die Myoklonismen mit Unterbrechungen oft über mehrere Stunden an, das Bewußtsein der Kranken ist kaum beeinträchtigt. Die regellosen, unkoordinierten und teils ausfahrenden Zuckungen, die nicht selten demonstrativ anmuten, erwecken zunächst den Verdacht auf einen hysterischen Ausnahmezustand. Das Eeg zeigt während eines solchen Status paroxysmale oder kontinuierliche polyspike and wave-Aktivität.

Das *myoklonisch-astatische Petit mal* nimmt eine Mittelstellung ein zwischen pyknoleptischem Petit mal und Propulsiv-Petit mal, die auch im Eeg zum Ausdruck kommt. Aus einer verlangsamten Grundaktivität treten generalisierte sharp and slow waves auf, die am ausgeprägtesten über den okzipitalen oder parietookzipitalen Regionen sind. Typisch ist ein ständiger Frequenzwechsel der sharp and slow waves, der sich besonders bei den waves zeigt. Häufig kommen bisharp waves und Doppelspikes vor. Diese Spitzenpotentiale treten in kürzeren und längeren Serien auf und zeigen nicht wie die pyknoleptischen s/w-Komplexe eine zeitlich scharfe Begrenzung, Regelmäßigkeit und Gruppierung. Die myoklonisch-astatischen Anfälle (Beugemyoklonien der Arme, orale Automatismen und plötzliches Hinstürzen infolge postmyoklonischen Tonusverlustes) kommen meist im 3.–5. Lebensjahr vor.

In den ersten 3 Lebensjahren, meist im ersten Jahr, tritt das *Propulsiv-Petit mal* (Blitz-Nick-Salaam-Krämpfe, »West-Syndrom«) auf als früheste Form generalisierter kleiner Anfälle. Der Anfallablauf ist durch blitzartiges kurzes oder tonisch gedehntes Vorwärtsbeugen des Kopfes, Nackens und seltener auch Rumpfes charakterisiert. Im Eeg zeigt sich ein sehr gemischtes Wellenbild hoher langsamer Potentiale, in die unregelmäßige sharp and slow waves eingelagert sind, die parietookzipital meist stärker und zahlreicher hervortreten. Dieses in Frequenz und Spannungshöhe stark variierende Kurvenbild wurde von Gibbs (1952) als *Hypsarrhythmie* bezeichnet. Aus einer Hypsarrhythmie tritt ein Blitz- oder Nickkrampf hirnelektrisch in den meisten Fällen nicht deutlich hervor, manchmal jedoch können sich bilateral synchrone sharp and slow wave-Paroxysmen zeigen. Der Salaamkrampf äußert sich häufig im Eeg durch eine plötzliche Depression der Potentiale, eine allgemeine Abflachung des Wellenbildes (Dumermuth 1965). Die sharp and slow wave kann bei generalisiertem Auftreten bei Kindern typische klinische Absenzen hervorrufen (s. Abb. 293). Wenn solche Paroxysmen mehrere Minuten und länger anhalten, kommt es bei den Kindern zu psychischen Störungen, die einem Dämmerzustand ähnlich sind.

9.1.1.3.3. Dämmerzustände

Landolt (1955, 1960, 1963) hat sich um eine Klärung der verschiedenen Dämmerzustände bemüht und dabei eingehend deren »psychoelektroenzephalographische

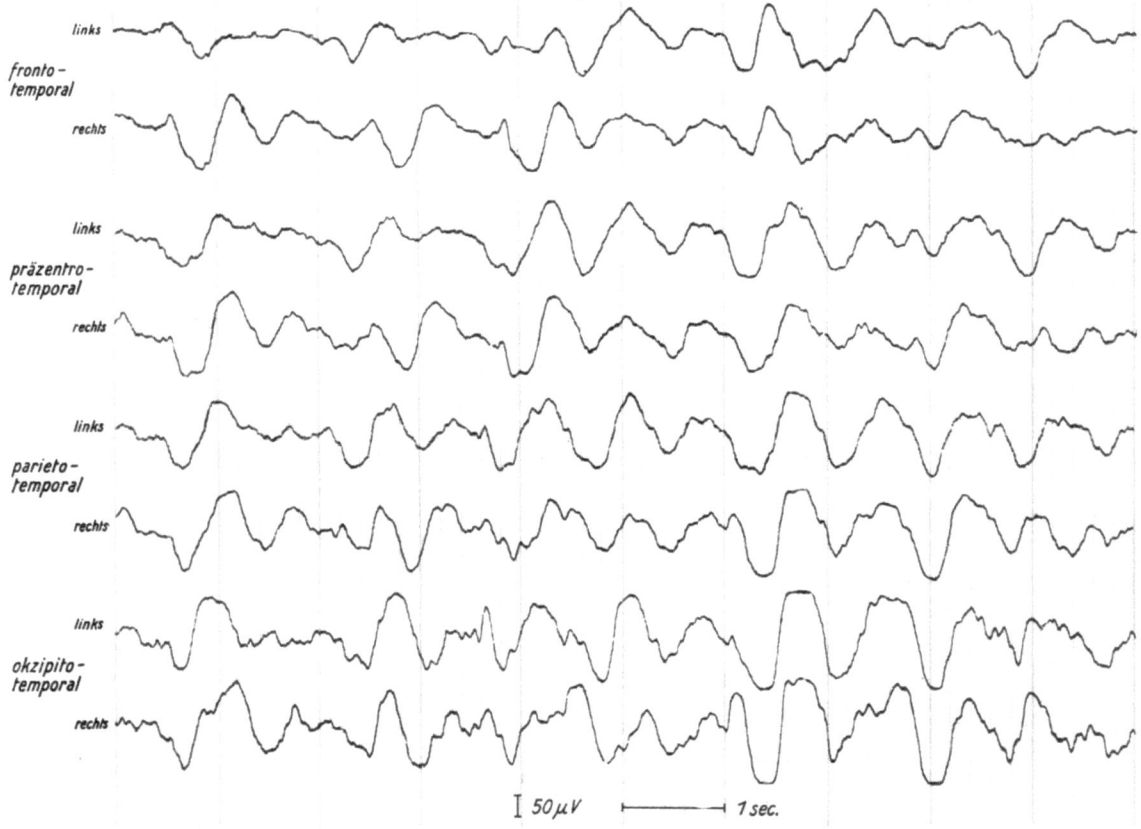

Abb. 273 Ableitungsart IV (bipolare temporale Schaltung) Erika F., 18 Jahre, 993/63. Postparoxysmaler Dämmerzustand. Eeg: Dominanz meist sehr hoher langsamer Deltawellen

Korrelationen« studiert. Er unterscheidet 4 Formen von Dämmerzuständen: 1. *postparoxysmale Dämmerzustände*, 2. *Petit mal-Status* (LENNOX), 3. *Dämmerzustände organischer Prägung*, »die in keinem direkten Zusammenhang mit dem eigentlichen epileptischen Vorgang oder dessen unmittelbaren Folgen stehen«, 4. *produktiv-psychotische epileptische Äquivalente* mit forcierter Normalisierung im Eeg (LANDOLT).

Beim *postparoxysmalen Dämmerzustand* ist das Kardinalsymptom, wie bei fast allen akuten exogenen Psychosen, die Bewußtseinstrübung. Die Kranken sind im Verhalten, in den Denkabläufen verlangsamt, ihre Wahrnehmungen eingeschränkt, sie zeigen überschießende Reaktionen, oft mit ängstlicher Furcht oder aggressiver Abwehr. Dieser eigentliche Dämmerzustand tritt meist nach Grand mal, aber auch nach psychomotorischen Anfällen auf. Seltener kommt es spontan zu sogenannten freischwebenden Dämmerzuständen. Die Dauer kann zwischen Stunden, Tagen und in seltenen Fällen auch Wochen schwanken. Nach dem Abklingen besteht eine vollständige oder zumindest partielle Amnesie.

Beim postparoxysmalen Dämmerzustand zeigen sich im Eeg in unregelmäßiger Folge teils recht spannungshohe, nahezu kontinuierliche und bilateral-synchrone Delta-Theta-Wellen über allen Regionen (Abb. 273), häufig mit frontalem Maximum. Seitendifferenzen sind nicht selten, und fokale Betonungen liegen dann vor, wenn im Ausgangs-Eeg ein Herdbefund bestand. Spitzenpotentiale können zeitweilig hervortreten, wir beobachten sie im allgemeinen jedoch selten. Lediglich bei Dämmerzuständen, die sich aus psychomotorischen Anfällen entwickeln, finden sich häufig in relativ regelmäßigen Abständen hervortretende Gruppen positiver sharp waves. Mit der Aufhellung des Bewußtseins verringern sich die Allgemeinveränderungen und gehen über ins Ausgangs-Eeg. Häufig aber können sie noch über mehrere Tage, sogar bis zu 2–3 Wochen fortbestehen. Dies ist Ausdruck der bei einem Dämmerzustand ablaufenden schweren zerebralen Funktionsstörungen, wie sie in ähnlicher Weise nach einem Status epilepticus bestehen.

Die zweite Form von Dämmerzuständen ist der *Petit mal-Status* (LENNOX 1945), der erst durch sein typisches hirnelektrisches Muster aufgedeckt und diagnostizierbar wurde. Es zeigen sich fortlaufende kürzere und längere Serien von generalisierten 3/sec.-s/w-Komplexen mit frontopräzentralem Maximum (Abb. 274); die Intervalle mit meist ungestörter Grundaktivität sind stets kürzer als die s/w-Serien. Klinische Erscheinungen des Petit mal-Status sind: Somnolenz, Desorientiertheit, Ratlosigkeit, sprachliche Perseverationen, stereotype Wiederholung sinnloser Handlungen und im Gegensatz zum postparoxysmalen Dämmerzustand nie aggressives Verhalten und nie vollständige Amnesie für die Dauer des Anfalls. Durch äußere Reize und erhöhte geistige Anspannung läßt sich manchmal ein Petit mal-Status klinisch wie hirnelektrisch für kurze Zeit unterbrechen (LANDOLT 1956, 1963). Selten klingt er schlagartig ab, wobei sich in die s/w-Serien zunehmend hohe Delta-Theta-Wellen einlagern. Auch können diese Serien sich relativ rasch zu Absenz-Mustern ordnen. Es kommt zum Grand mal, wenn die Bremsvorgänge versagen, die in den waves der s/w-Komplexe zum Ausdruck kommen (JUNG und TÖNNIES 1950). Schließlich kann ein Petit mal-Status durch einsetzenden Schlaf enden.

Die »*Dämmerzustände organischer Prägung*« (LANDOLT 1962, 1964) haben keine direkte Beziehung zum eigentlichen epileptischen Geschehen. Es sind vorwiegend Zustände, die durch eine medikamentöse Intoxikation mit Antiepileptika, vor allem Hydantoinen oder Barbituraten, ausgelöst werden. Das klinische Bild ist gekennzeichnet durch Ataxie, Nystagmus, Dysarthrie sowie leichte Somnolenz, verlangsamte Denkvorgänge, Reizbarkeit, Gedächtnisschwäche und Schläfrigkeit. Im Eeg zeigt sich ein stark frequenzinstabiles Kurvenbild mit zahlreichen, oft sogar vorherrschenden und spannungshohen Betawellen. Verlangsamung der Potentiale entspricht Schwere der Intoxikation. Diese medikamentös bedingten Eeg-Veränderungen klingen langsamer ab als die klinischen Symptome.

Die *produktiv-psychotischen epileptischen Äquivalente* mit forcierter Normalisierung im Eeg, auf die zuerst 1955 LANDOLT hingewiesen hat, sind keine eigentlichen Dämmerzustände. Diese sollten besser den epileptischen Psychosen zugeordnet werden, weil Bewußtseinstrübung und Amnesie fehlen und vordergründig wahnhafte Vorstellungen, akustische Halluzinationen und innere Erregung sind. Bei diesen über Tage und Wochen anhaltenden Zustandsbildern zeigt sich im Eeg eine weitgehend ungestörte oder sogar normale bioelektrische Aktivität, nachdem vorher in der psychisch unauffälligen Zeit stärkere Allgemeinveränderungen mit epileptischen Entladungen nachgewiesen werden konnten. Auf diesen so paradox anmutenden Wandel der bioelektrischen Aktivität, daß ein im Intervall stark pathologisch verändertes Eeg während des psychotischen Zustandes sich normalisiert, ist zuerst LANDOLT (1955) aufmerksam geworden. Die Normalisierung der hirnelektrischen Aktivität während der Zeit der epileptischen Psychose wird von LANDOLT als eine übermäßige Reaktion des gesamten Gehirns auf einen hirnphysiologisch krankhaften Zustand gedeutet, und er bezeichnet sie deshalb auch als *forcierte Normalisierung*.

Wir können nur dann das Bestehen einer forcierten Normalisierung diagnostizieren, wenn in dem Ausgangs-Eeg sich paroxysmale Veränderungen und epileptische Aktivität gezeigt haben.

Für psychogene Dämmerzustände gilt selbstverständlich, daß keine bioelektrischen Veränderungen nachweisbar sind.

9.1.1.3.4. Halbseitenanfälle

Zu dieser Anfallgruppe zählen die *Jackson-Anfälle*, die *Adversivkrämpfe*, die *Mastikationsanfälle* und die *Anfälle bei Epilepsia partialis continua*.

Jackson-Anfälle sind fokale kortikale Anfälle mi

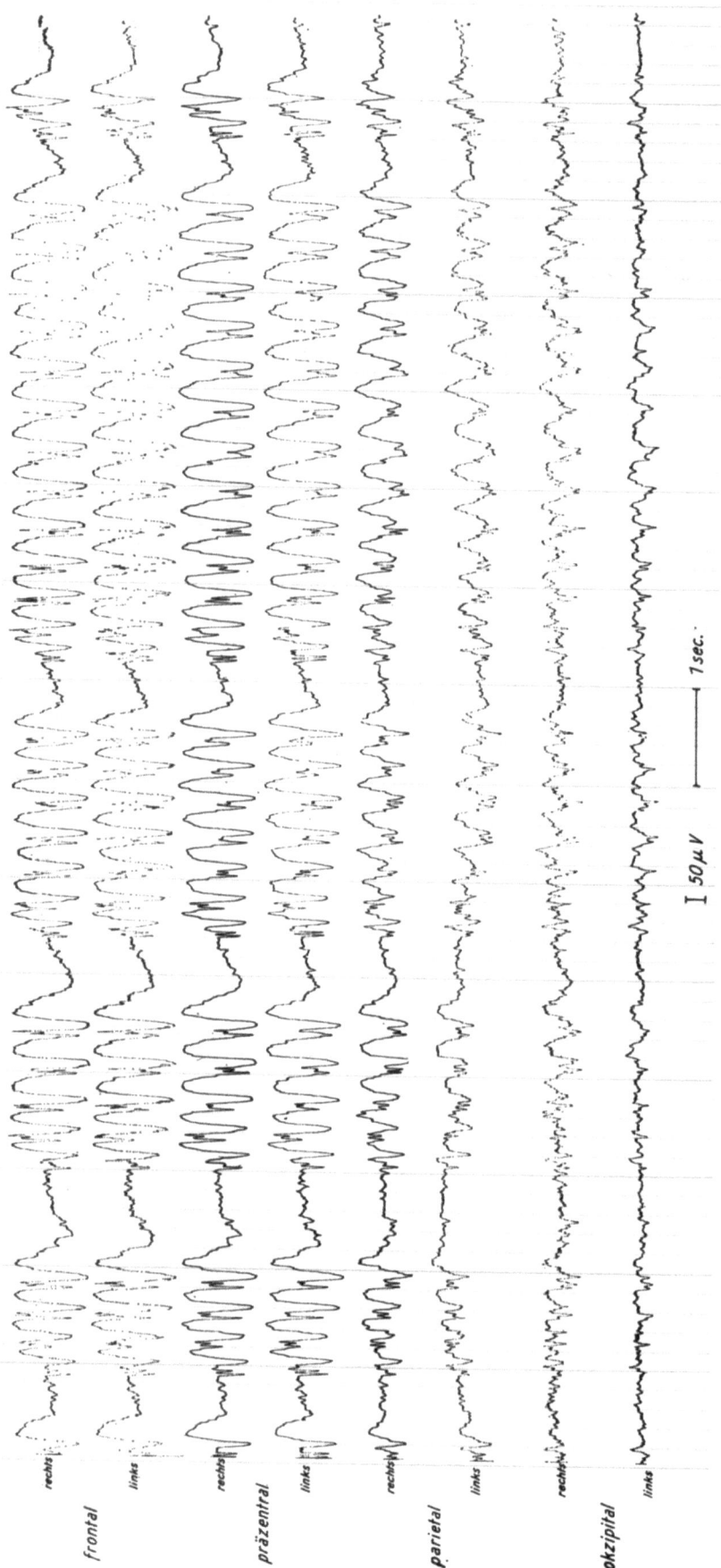

Abb. 274 Ableitungsart I (unipolare Schaltung zum linken Ohr)
Fritz O., 54 Jahre, 2274/63. Petit mal-Status. Patient verlangsamt, wirkt ratlos, geistig abwesend, unfähig auf Fragen zusammenhängend zu antworten, befolgt einfache Anweisungen. Eeg: Fortlaufende kürzere und längere Serien von generalisierten Doppelspike and wave-Komplexen mit frontopräzentralem Maximum; Intervalle mit Alpha-Beta-Aktivität stets von kürzerer Dauer als die s/w-Serien

tonischen bzw. klonischen Zuckungen (motorische JACKSON-Anfälle) oder mit Mißempfindungen (sensible JACKSON-Anfälle), die sich von einer Körperregion auf benachbarte Bereiche ausbreiten; sie können häufig auch im Gesicht beginnen und dann auf Arm und Hand überspringen. Das Bewußtsein bleibt erhalten, wenn der Anfall nicht in einen Grand mal übergeht. Durch starke sensible Reize in den befallenen Bereichen kann der JACKSON-Anfall klinisch und hirnelektrisch unterbrochen werden. Die hirnelektrischen Veränderungen setzen immer vor den klinischen Erscheinungen ein. Wenige Sekunden vor dem Anfall treten fokale Theta-Delta-Wellen in der betreffenden Post- bzw. Präzentralregion hervor, deren Spannungen sich zunehmend erhöhen. Mit Einsetzen der klonischen Zuckungen zeigt sich eine kontinuierliche Spikeaktivität, meist small spikes, die sich nach wenigen Sekunden in benachbarte Regionen und relativ schnell auf die ganze Hemisphäre ausbreiten. Die 18–20/sec.-spikes ordnen sich nicht selten gruppenförmig und werden im Verlauf des Anfalls langsamer und diskontinuierlicher; zunehmend lagern sich langsame Potentiale ein, und es kommt schließlich zum völligen Schwinden der spikes. Die anfangs hohen langsamen Wellen verlieren an Spannung und werden spärlicher, bis sich schließlich rasch wieder das Ausgangs-Eeg entwickelt hat. Manchmal kann der wiedereinsetzenden Grundaktivität eine elektrische Stille vorausgehen. Häufig wird die unilaterale Lokalisation der epileptischen Potentiale nicht beibehalten, und es kommt auf dem Höhepunkt des Anfallsgeschehens – wahrscheinlich im Zuge der Erregungsausbreitung über die Kommissurenfasern – zur Überleitung auf die kontralaterale Hemisphäre. Im Anfall ist das Kurvenbild meist durch die starken Muskelpotentiale überlagert, es besteht die Gefahr der Verwechslung zwischen EEG- und EMG-Potentialen. Häufig können wir während des Anfalls keine hirnelektrischen Veränderungen aufzeichnen. Dann liegen entweder die Elektroden nicht über dem Herdbereich, oder die epileptische Aktivität breitet sich in der Tiefe des Gyrus in tangentialer Richtung aus und wird nicht nach der Oberfläche fortgeleitet. Dann können während des ganzen Anfalls nur langsame Wellen oder eine Spannungsdepression als Ausdruck des veränderten perifokalen Stoffwechsels auftreten.

Die *Adversivanfälle* sind gekennzeichnet durch kurzzeitige nystagmusartige Seitwärtsbewegungen der Augen und tonische Drehung des Kopfes, selten auch des Rumpfes. Die *Mastikationsanfälle* verlaufen mit rhythmischen Kau-Leck- oder Schluckbewegungen. Das gemeinsame Kriterium dieser Anfallsgruppe ist die fehlende Bewußtseinsstörung. Während des Adversivkrampfes zeigen sich im Eeg, gleichzeitig über allen Hirnregionen beginnend, spannungshohe spike-Muster. Das Eeg während des Mastikationsanfalls entspricht dem hirnelektrischen Ablauf eines JACKSON-Anfalls.

Die *Epilepsia partialis continua* (KOSHEWNIKOW) zeigt mit den JACKSON-Anfällen gemeinsame Kriterien (Halbseitigkeit der klinischen Erscheinungen, klonische Zuckungen in vorwiegend distalen Abschnitten der Gliedmaßen und erhaltenes Bewußtsein). Die Myoklonismen bleiben auf einen bestimmten Körperbezirk (wie etwa Mundpartie und einzelne Finger) begrenzt (»partialis«), zeigen keinen »march of convulsion« (JACKSON) und können periodisch oder ununterbrochen über viele Stunden, Tage oder sogar Wochen ablaufen. Hirnelektrisch zeigt dieses fokale Anfallgeschehen eine eigene, charakteristische Prägung. Einseitig und fokal betont treten rhythmische spikes, polyspikes, sharp waves und spikes and waves auf (Abb. 275), die sich in Abständen von etwa $1/2$–1 Sekunde wiederholen. Die fokalen spikes and sharp waves können mit den Myoklonismen korrespondieren. Es ist zu vermuten, daß subkortikal die Rhythmik und Permanenz und kortikal die Topik der Zuckungen ausgelöst wird (SCHMALBACH und STEINMANN 1958). Während des Anfalls soll sich aber auch eine völlig ungestörte Hirnaktivität zeigen können (LENNOX 1960).

9.1.1.3.5. Psychomotorische Anfälle

Eine wichtige und häufige Anfallform sind die *psychomotorischen Anfälle*, deren so mannigfaltige Symptomatik auch in der Vielzahl der Bezeichnungen zum Ausdruck kommt: *uncinate fits* (JACKSON 1889), *psychomotor epilepsy* (GIBBS und Mitarb. 1938, 1948), *Temporallappenanfälle* (JASPER 1951), *Dämmerattacken* (MEYER-MICKELEIT 1950, 1953) und *Oral-Petit mal* (HALLEN 1954). Diesen vielgestaltigen klinischen Erscheinungsbildern steht hinsichtlich Topographie und mit Einschränkung auch Morphologie ein relativ einheitliches EEG-Bild gegenüber.

Es kann heute als gesichert gelten, daß bei den psychomotorischen Anfällen der Erwachsenen die epileptische Aktivität fast immer in der Temporalregion gelegen ist. Sie kann recht mannigfaltige Anfallsymptome auslösen, die oft nicht als epileptisch anmuten. Bestimmend für die Anfallerscheinungen kann die Lage des Herdes innerhalb der Temporalregion sein. So werden nach der Lokalisation Anfälle vom oberflächlichen, tiefen, vorderen und hinteren Temporallappentyp unterschieden. Am häufigsten ist der tiefe Temporallappentyp, der vorwiegend mit psychomotorischen Anfällen oder Dämmerattacken einhergeht. Während eines solchen Anfalls kommt es zu einer mehr oder minder starken Bewußtseinstrübung mit graduell unterschiedlichen motorischen und sensorischen Erscheinungen. Typisch für die Dämmerattacke ist die oft nicht vollständige Amnesie für die Dauer des Anfalls. Das Charakteristische dieser Anfälle ist weiterhin der stereotype Ablauf beim einzelnen Kranken; durch die Therapie können einzelne Phasen abortiv verlaufen oder sogar ausfallen.

Die bioelektrischen Anfallmuster setzen im Gegensatz zu den Anfällen der Petit mal-Trias im allgemeinen nicht plötzlich ein, vielmehr entwickeln sie sich langsam und meistens fokal. Die einseitige oder beiderseitige temporale Verlangsamung verstärkt sich zunehmend, und es treten positive sharp waves hervor; manchmal aber auch kann es zu einer Normalisierung des Eeg kommen (V. HEDENSTRÖM und SCHORSCH

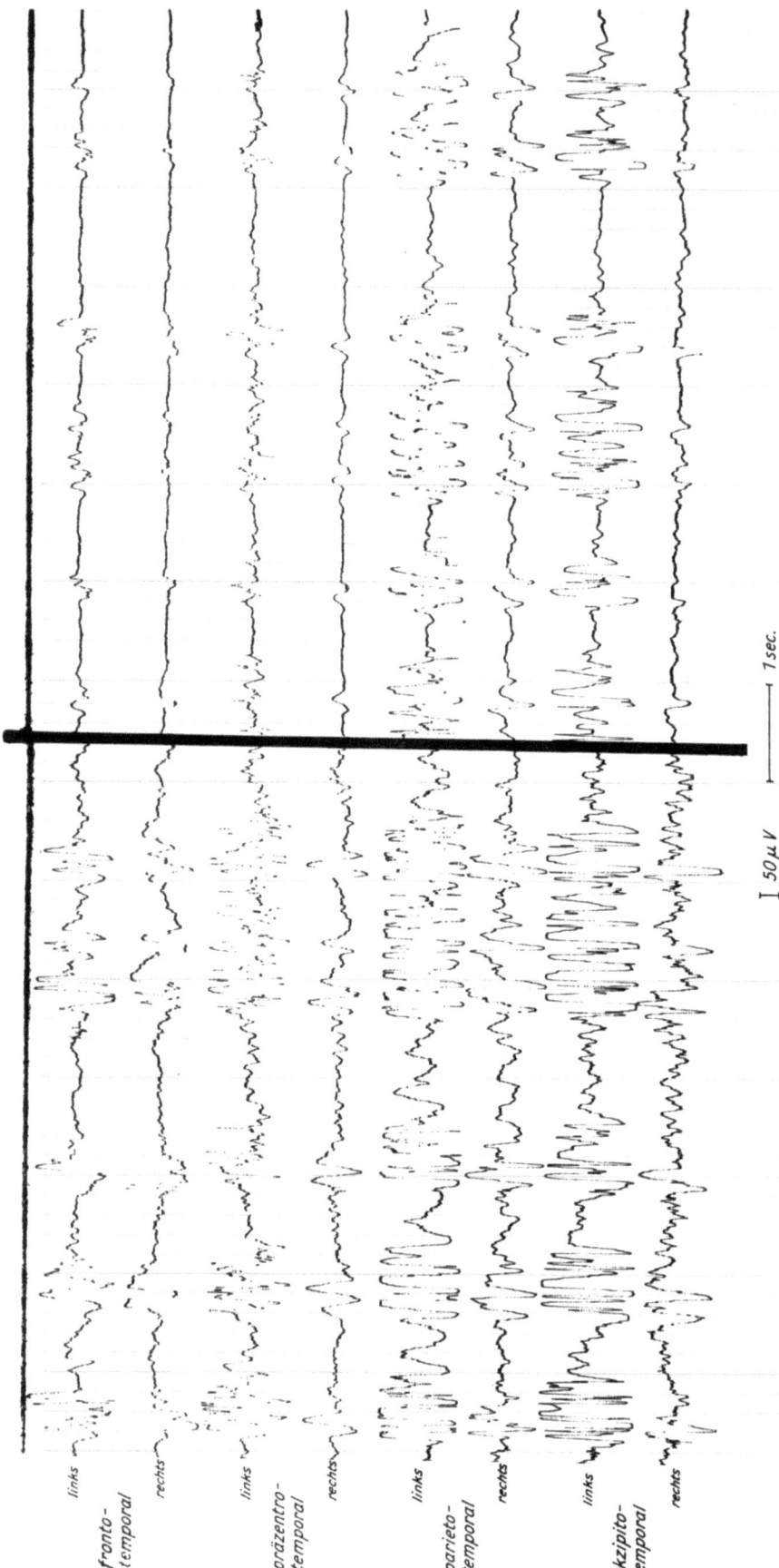

Abb. 275 Ableitungsart IV (bipolare temporale Schaltung)
Susanne K., 10 Jahre, 374/77. Epilepsia partialis continua Koshewnikow.
Eeg: Altersphysiologische Grundaktivität, linksseitig rhythmische spikes, polyspikes und s/w. Rechte Bildhälfte Verstärkung 0,3, rechtsseitig teils von der Gegenseite fortgeleitete pathologische Aktivität, dabei Muskel- und Bewegungsartefakte

1958). Mit Beginn des Anfalls tritt meist eine Spitzenpotentialaktivität in Form von positiven sharp waves oder spikes hervor, in die sich zunehmend hohe Thetawellen einlagern, die schließlich kontinuierlich hervortreten. Bis zu diesem Zeitpunkt sind die Kranken gewöhnlich noch voll ansprechbar. Wenn die regelmäßige Thetaaktivität in eine spannungshohe, relativ uniforme Deltaaktivität übergeht, setzt die Bewußtseinstrübung ein. Dabei ist bemerkenswert, daß über den anderen Regionen keine oder nur geringe Veränderungen bestehen. Die Deltawellen werden gegen Ende des Anfalls immer langsamer und spannungsniedriger, hieraus entwickelt sich allmählich wieder die Ausgangsaktivität. Kurze Dämmerattacken können klinisch als Absenz imponieren, sind aber streng von der Absenz des Petit mal-Typs abzugrenzen. Bei einfacher Bewußtseinstrübung während der Dämmerstrecke zeigen sich nur vereinzelte Spitzenpotentiale (Abb. 276).

Die psychomotorischen Anfälle lassen sich hirnelektrisch gewöhnlich gut verfolgen, wenn die motorische Unruhe des Kranken nicht zu groß ist. Treten bei den Anfällen gleichzeitig starke Schmatz- und Kaubewegungen auf – dieser Anfalltyp wird von HALLEN (1954) als Oral-Petit mal bezeichnet, ein nicht ganz glücklicher Begriff –, ist die epileptische Aktivität stark von Muskelpotentialen überlagert (Abb. 277). Es können Anfälle auftreten, bei denen die Bewußtseinstrübung weitgehend fehlt und psychosensorische Erscheinungen vorrangig sind (Uncinatusanfälle, menièreartige Zustände usw.). Im Eeg zeigen sich während des Anfalls diskontinuierliche positive sharp waves.

Wenn die Spannungshöhe der langsamen Wellen relativ niedrig ist, bleiben diese hirnelektrischen Anfallabläufe klinisch weitgehend stumm.

Bei Kindern finden wir im Gegensatz zu Erwachsenen kein einheitliches EEG-Bild, es treten vielmehr recht unterschiedliche Lokalisationen und Entladungsformen auf. Kleinkinder haben entweder eine generalisierte oder fokale Deltaaktivität, die fokale kann einseitig oder beiderseitig temporookzipital hervortreten mit einzelnen sharp and slow waves. Bei älteren Kindern zeigen sich meist asymmetrische 3/sec.-spike and wave-Entladungen oder einseitig temporale und temporookzipitale positive sharp waves. Im Kindesalter und sehr selten bei Erwachsenen können wir Anfälle beobachten, die ohne entsprechende hirnelektrische Veränderungen ablaufen. Die epileptische Aktivität wird dann nach basal oder in tangentialer Richtung fortgeleitet und erreicht nicht die temporale Elektrode. In der Literatur wird zwar mehrfach auf fehlende EEG-Veränderungen im psychomotorischen Anfall hingewiesen (GASTAUT 1954; v. HEDENSTRÖM und SCHORSCH 1958), wir konnten jedoch nie bei der EEG-Registrierung einen Anfall beobachten, der hirnelektrisch stumm blieb, wie auch CHRISTIAN (1968) mitgeteilt hat.

Psychomotorische Anfälle können auch mit gene-

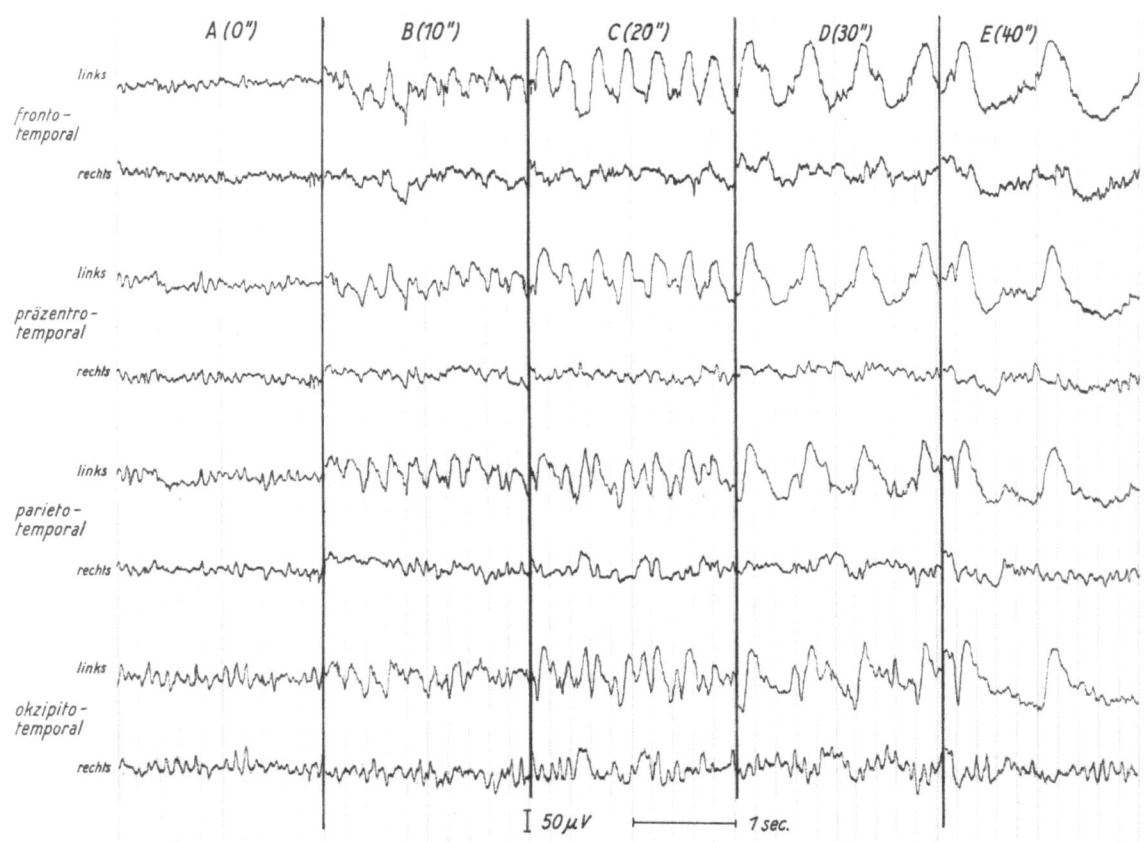

Abb. 276 Ableitungsart IV (bipolare temporale Schaltung)
Rudolf R., 56 Jahre, 1951/62. Kurze Dämmerattacke (ohne motorische Erscheinungen) bei psychomotorischer Epilepsie.
A vor dem Anfall, B Anfallsbeginn, C leicht bewußtseinsgetrübt, D stark umdämmert, E ausklingender Anfall

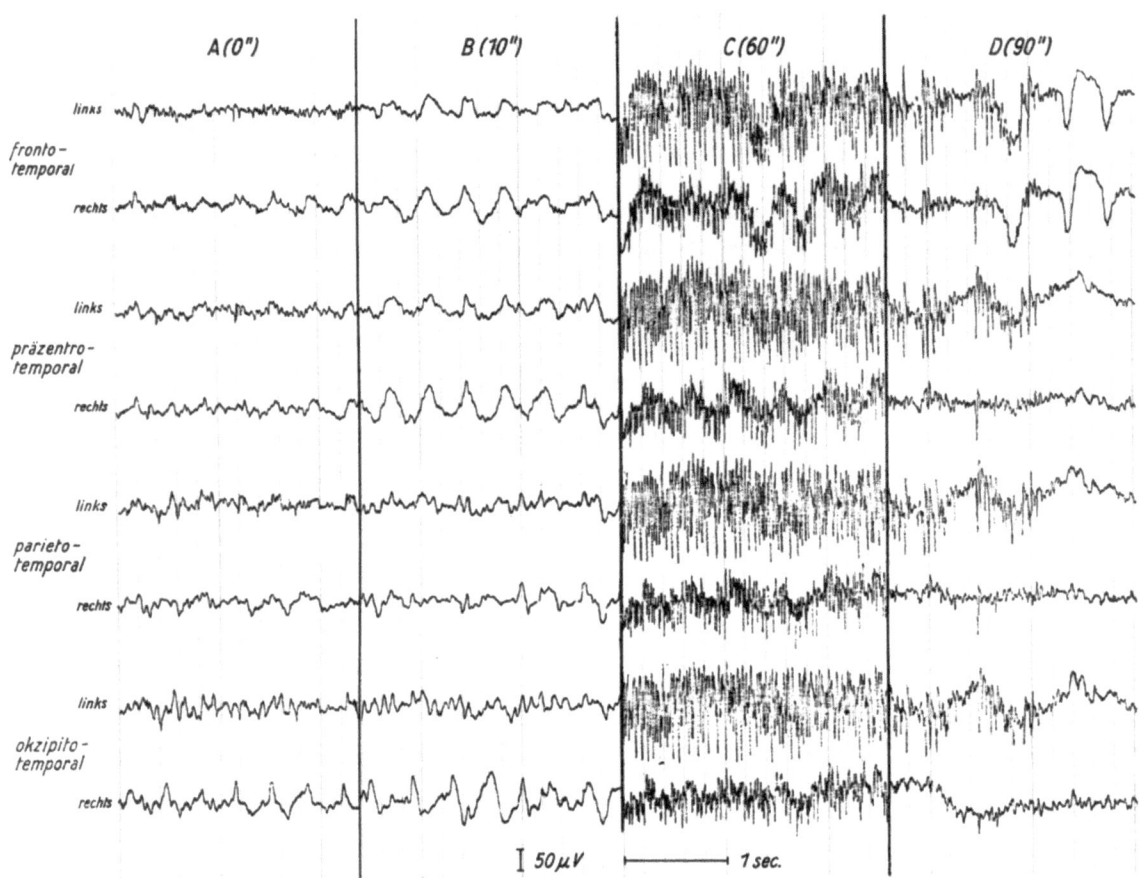

Abb. 277 Ableitungsart IV (bipolare temporale Schaltung)
Marie M., 43 Jahre, 293/63. Dämmerattacke mit einseitigen Gesichtsmyoklonismen bei psychomotorischer Epilepsie.
A Anfallsbeginn, B leicht umdämmert, C Myoklonismen linke Gesichtshälfte, D ausklingender Anfall mit Bewußtseinsaufhellung

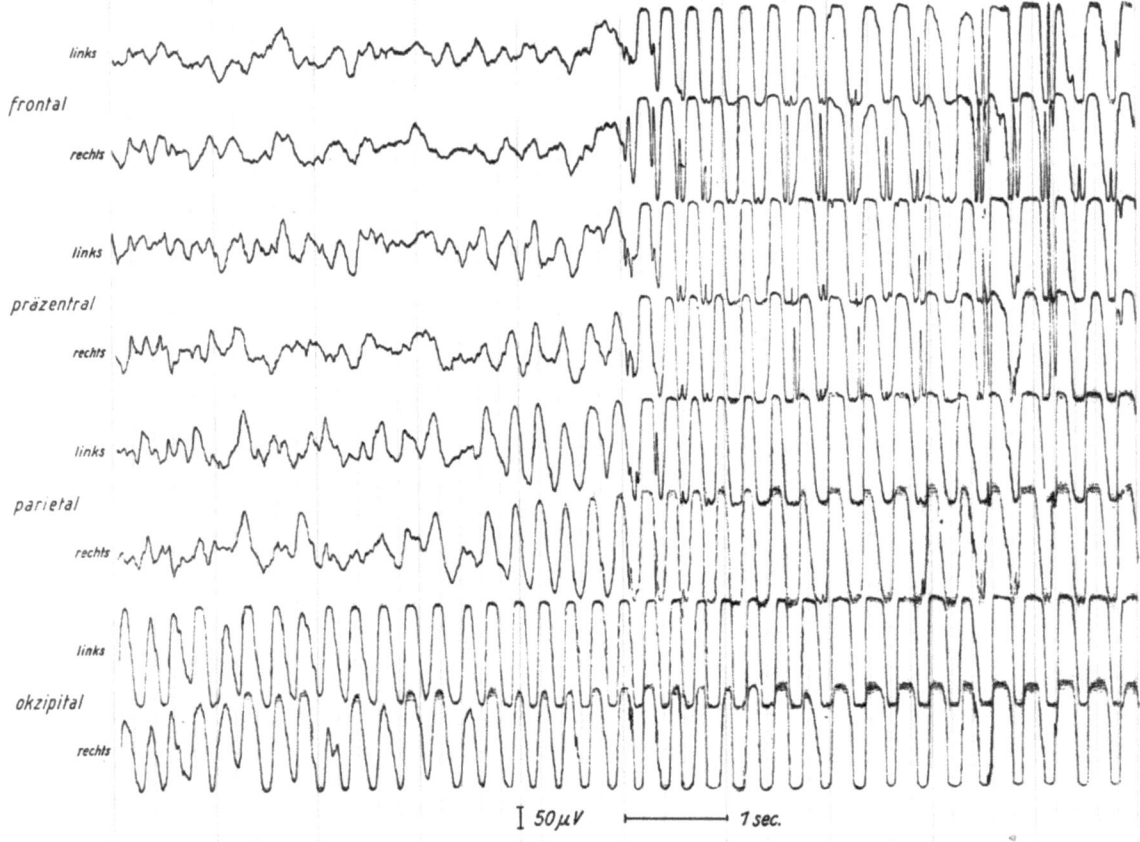

Abb. 278 Ableitungsart I (unipolare Schaltung zum linken Ohr)
Dieter Sch., 10 Jahre, 808/62. Absenzen bei Pyknolepsie.
Eeg: Serie sehr hoher, teils uniformer Thetawellen okzipital bilateral synchron, übergehend in generalisierte 4/sec. s/w-Komplexe

ralisierten 3/sec.-spike and wave-Komplexen korrespondieren (GARSCHE 1956; JUNG 1957; KUGLER 1966), wie auch wir in mehreren Fällen beobachtet haben. Das Erkrankungsalter liegt zwischen 7.–14. Lebensjahr. Es zeigen sich generalisierte 3-5/sec.-spike and wave-Paroxysmen, die mit okzipital bilateral synchronen, hohen uniformen Theta- oder Deltawellen an- und abklingen (Abb. 278). Nach wie vor ist ungeklärt, ob diese Fälle als Sondergruppe zur Pyknolepsie zu rechnen oder eine »kindliche Vorstufe der temporalen Epilepsie« (JUNG 1957) sind.

9.1.1.4. Intervall-Eeg

9.1.1.4.1. Grand mal-Epilepsien

Bei Grand mal-Epilepsien ist nicht die Häufigkeit der Anfälle, vielmehr die Verlaufsform bestimmend auf die Art und das Ausmaß der EEG-Veränderungen. JANZ (1953) hat die Bindung des idiopathisch bedingten Grand mal an die Schlaf-Wach-Periodik aufgeklärt. Hiernach unterscheidet er zwei Krankheitsformen: »Schlafepilepsien« mit Krampfanfällen im Schlaf und »Aufwachepilepsien« mit Anfällen bis zu zwei Stunden nach dem Erwachen (aus Nacht- oder Tagschlaf) und seltener am »Feierabend«, in der Situation des »Ausspannens«, also in der Regel am späten Nachmittag oder Abend. Dem steht eine dritte Form mit tageszeitlich regellosem Auftreten der Anfälle gegenüber, die vorwiegend symptomatischer Genese ist.

Im Eeg zeigen die beiden Verlaufsformen der idiopathisch bedingten Grand mal-Epilepsien zwei divergente Kurvenbilder, wie CHRISTIAN (1961) sowie GÄNSHIRT und VETTER (1961) durch systematische Untersuchungen bestätigt haben. Bei *Aufwachepilepsien* finden wir selten ein physiologisches Kurvenbild, vielmehr Allgemeinveränderungen, die durch Frequenz- und Spannungsinstabilität sowie häufig auch hervortretende spikes und s/w-Komplexe gekennzeichnet sind (Abb. 279). Der Wechsel der Intensität dieser bioelektrischen Veränderungen im Laufe des Tages ist ein auffälliges Kriterium, das sich bei Schlafepilepsien nicht zeigt. Wenn Kranke mit Aufwach-Grand mal bei wiederholten EEG-Untersuchungen stets eine normale Hirnaktivität aufweisen, dann treten nur in sehr großen Abständen Anfälle auf; dies ist Ausdruck einer niedrigen Anfallfrequenz.

In etwa 50% der Fälle zeigt das Eeg bei Aufwachepilepsie paroxysmale Veränderungen und 3-4/sec.-spike and wave-Komplexe, oft als kurze, klinisch stumme Muster. Die 3/sec.-s/w-Komplexe sind das typische Korrelat der pyknoleptischen Petit mal-Trias und die Pyknolepsie nach JANZ (1955) ein »Petit mal-Vorspiel« von Aufwachepilepsien. Hieraus läßt sich der starke Hyperventilationseffekt bei Aufwachepilepsien erklären. Die bioelektrische Aktivität ist vergleich-

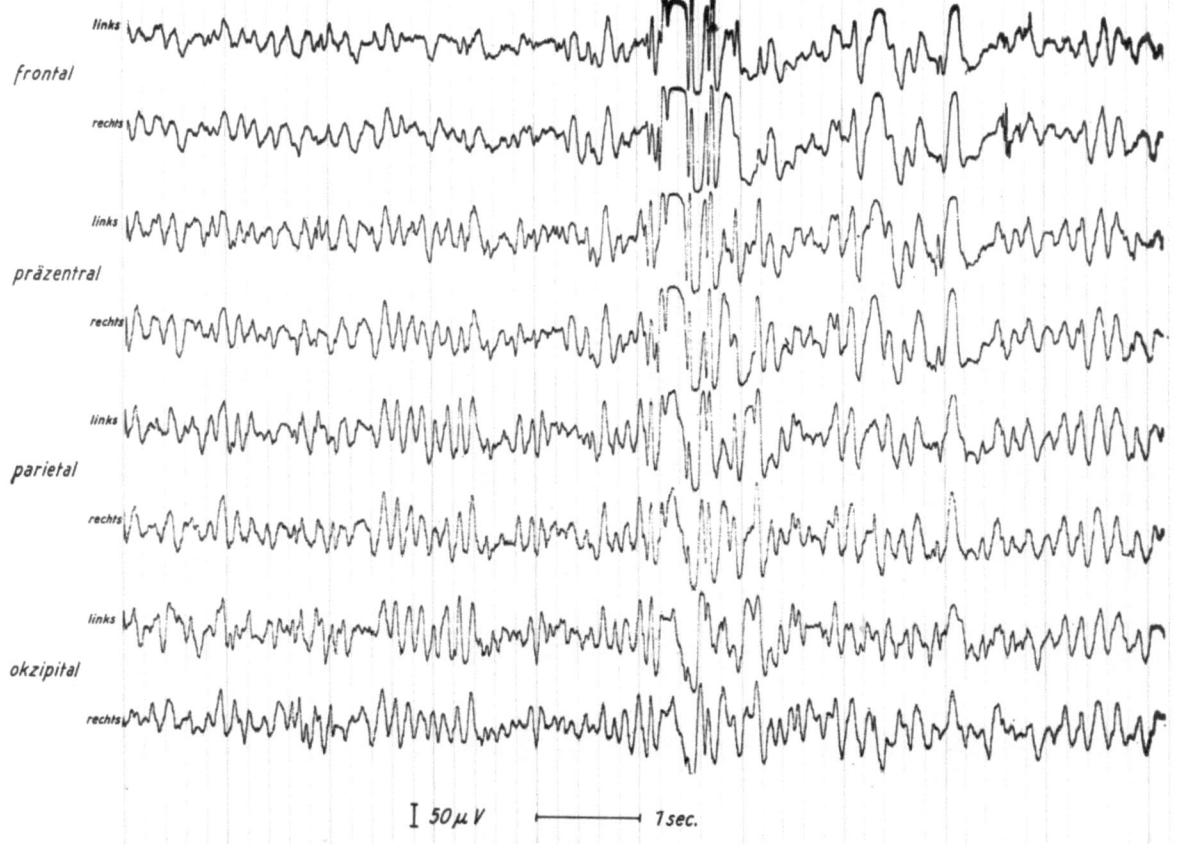

Abb. 279 Ableitungsart I (unipolare Schaltung zum linken Ohr)
Rosemarie B., 34 Jahre, 205/77. Aufwach-Grand-mal-Epilepsie.
Eeg: Mäßige Allgemeinveränderungen mit paroxysmalen generalisierten, frontopräzentral betonten spikes und 5/sec. s/w-Komplexen

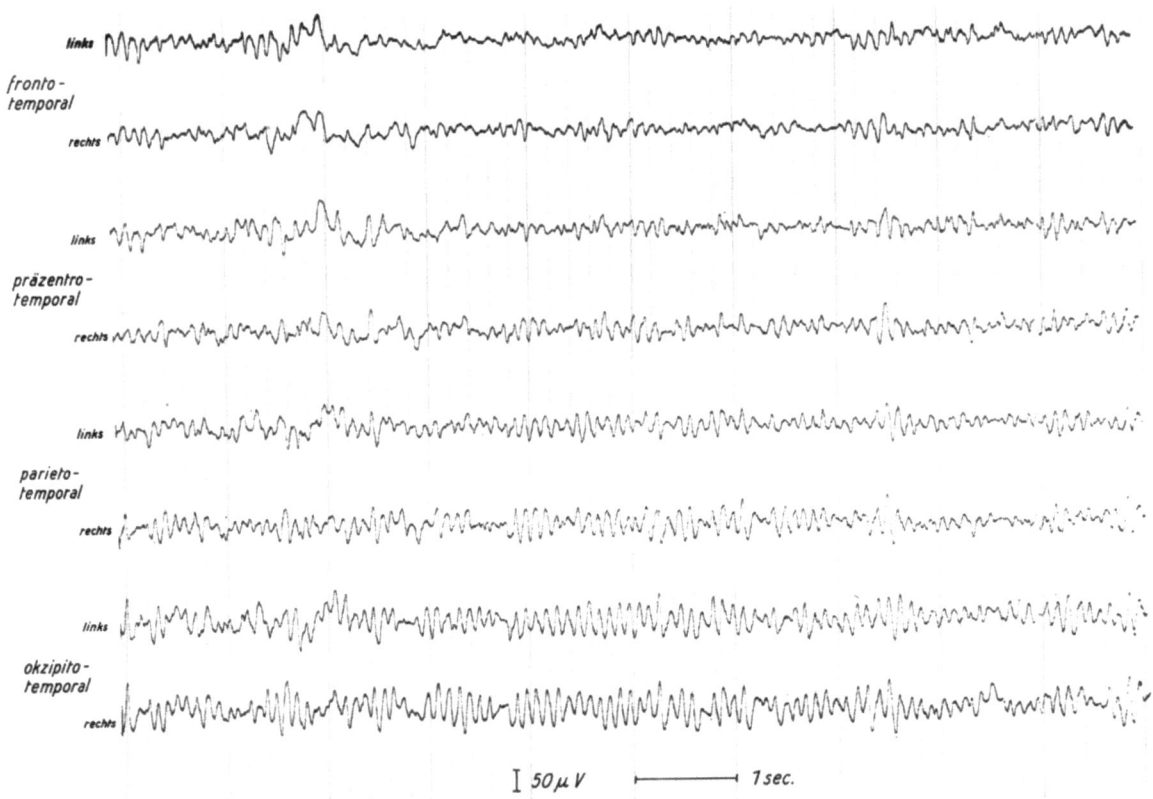

Abb. 280 Ableitungsart IV (bipolare temporale Schaltung)
Ernst B., 44 Jahre, 367/60. Idiopathische Schlafepilepsie.
Eeg: Etwas frequenzinstabile Alphaaktivität mit kurzer Serie frontopräzentral bilateral betonten relativ hohen langsamen Alpha- und Thetawellen

bar der spannungshohen, frequenzinstabilen und langsamen Hirnaktivität des kindlichen Eeg. Wenn eine Aufwach-Grand mal-Epilepsie ihren Typus später ändert und in eine vorwiegende Schlafepilepsie übergeht, kommt es zu keinem Wandel der bioelektrischen Aktivität, das ursprüngliche Kurvenbild bleibt bestehen.

Reine *Schlaf-Grand-mal-Epilepsien* haben meist (60–70%) ein physiologisches, frequenzstabiles Wach-Eeg (Abb. 280). Der Hyperventilationseffekt ist gering. Relativ selten zeigen sich Allgemeinveränderungen, kaum paroxysmale Veränderungen und fast nie Spitzenpotentiale in Form vom spike and wave-Typ. Im Gegensatz zu den Aufwachepilepsien treten öfter Herdbefunde auf.

Bei den *diffusen Epilepsien* ist der Grad der Allgemeinveränderungen und der Anteil an Spitzenpotentialen viel stärker vom Erkrankungsalter und von der Anfallfrequenz abhängig. Die Allgemeinveränderungen sind meist stärker als bei Schlafepilepsien, aber geringer als bei Aufwachepilepsien, auch hinsichtlich spikes, s/w-Komplexen und sharp waves. Herdbefunde zeigen sich in etwa gleicher Häufigkeit wie bei Schlafepilepsien. Die Hyperventilation kann um etwa 30% die spezifischen Befunde des Spontan-Eeg erhöhen. GÄNSHIRT und VETTER (1961) halten die Schlafpassivierung für die erfolgreichste Provokationsmethode, die in ca. 45% spezifische epileptische Entladungen aktiviert.

9.1.1.4.2. Petit mal-Epilepsien

Die Anfälle der altersgebundenen Petit mal-Trias (LENNOX 1945) bzw. des Petit mal-Quartetts (DOOSE 1964) unterscheiden sich von den altersunabhängigen psychomotorischen Anfällen dadurch, daß sie jeweils in einem bestimmten Lebensalter einsetzen. Propulsiv-Petit mal (Blitz-Nick-Salaam-Krämpfe) tritt in den ersten 3 Lebensjahren mit einem Häufigkeitsgipfel um den 6. Lebensmonat auf, myoklonisch-astatisches Petit mal im allgemeinen zwischen 3. und 5. Jahr, pyknoleptisches Petit mal zwischen 4.–14. Lebensjahr mit einem Gipfel zwischen 6 und 10 Jahren und das Impulsiv-Petit mal meist zwischen 12. und 20. Lebensjahr mit einem Häufigkeitsgipfel zwischen 14. und 17. Jahr.

Die *Propulsiv-Petit mal-Epilepsie* zeigt ein typisches Kurvenbild, das meist auch ohne Kenntnis der klinischen Befunde eine sichere Diagnose erlaubt. Dieses polymorphe und bizarre Eeg mit sehr hohen langsamen Wellen ständig wechselnder Frequenz und Spannungshöhe und diffus eingestreuten spikes, sharp and slow waves sowie sharp waves wurde von GIBBS (1952) als *Hypsarrhythmie* bezeichnet. Die wechselnde Lokalisation der Spitzenpotentiale halten HESS und NEUHAUS (1952) für das charakteristische Kriterium und sprechen von »diffusen gemischten Krampfpotentialen« und GASTAUT (1954) von einer »Dysrhythmie majeure«. Das für die Hypsarrhythmie typische Kurvenbild ist gekennzeichnet durch die regellose Aufeinanderfolge polymorpher Potentiale ohne Zeichen rhythmischer Aktivität und ohne bilateral synchron auftretende Spitzenpotentiale. Die Hypsarrhythmie ist zwar typisch für Propulsiv-Petit mal, sie kann aber auch mit allen anderen epileptischen Anfalltypen des ersten Lebensjahres verbunden sein. Bei Säuglingen sind Anfall- und Intervall-Eeg oft nicht zu unterscheiden, besonders bei Blick- und Nickkrämpfen. Diese unreife Form der Hypsarrhythmie bleibt bei schwer hirngeschädigten Kindern häufig bestehen. Im allgemeinen jedoch kommt es mit zunehmendem Alter zu einer allmählichen Gruppierung und Synchronisierung (Abb. 281 und 282). Ältere Kleinkinder und Schulkinder zeigen bilateral synchrone sharp and slow wave-Komplexe, teils als kürzere und längere Muster, die sich paroxysmal aus einer verlangsamten Grundaktivität abheben.

Zwischen Propulsiv-Petit mal und *myoklonisch-astatischem Petit mal* bestehen Beziehungen, und die Übergänge lassen sich hirnelektrisch nachweisen. Das Eeg zeigt paroxysmale synchrone Entladungsabläufe. Längere Serien und Strecken generalisierter sharp and slow wave-Komplexe meist stark variierender Frequenz treten gleichermaßen im Anfall und im anfallsfreien Intervall auf. Diese Muster unterscheiden sich deutlich von den frequenzstabilen und kontinuierlichen, zeitlich scharf begrenzten s/w-Mustern des pyknoleptischen Petit mal. Ein Übergang der sharp and slow wave in die spike and wave soll nicht eintreten, auch wir haben diesen Wandel nie beobachten können.

Bei dem pyknoleptischen Petit mal zeigen sich im anfallfreien Intervall die gleichen s/w-Muster wie im Anfall, jedoch von wesentlich kürzerer Dauer (Abb. 283). Durch diese Besonderheit unterscheidet sich die Pyknolepsie von der psychomotorischen Epilepsie. Die spike and wave-Entladungen treten einzeln oder 2–3 Komplexe hintereinander generalisiert oder auch nur bilateral synchron auf, meist bereits im Spontan-Eeg, zumindest aber während der Hyperventilation oder Photostimulation. Weitere Aktivierungsverfahren machen sich nicht notwendig, sie sind auch nicht ergiebiger. Die Grundaktivität ist nach unseren Erfahrungen gewöhnlich normal. CHRISTIAN (1968) jedoch beschreibt Allgemeinveränderungen. Diese haben wir immer dann beobachtet, wenn sich entweder die Anfälle therapeutisch nur ungenügend beeinflussen ließen oder im späteren Verlauf Grand mal auftrat. Eine spätere Grand mal-Epilepsie kann sich nach JANZ (1955) nicht selten dadurch ankündigen, daß die s/w-Komplexe frequenzinstabil und polymorph werden sowie isolierte spikes hervortreten.

Für das *Impulsiv-Petit mal* ist sowohl im Anfall als auch im Intervall der multispike and wave-Komplex

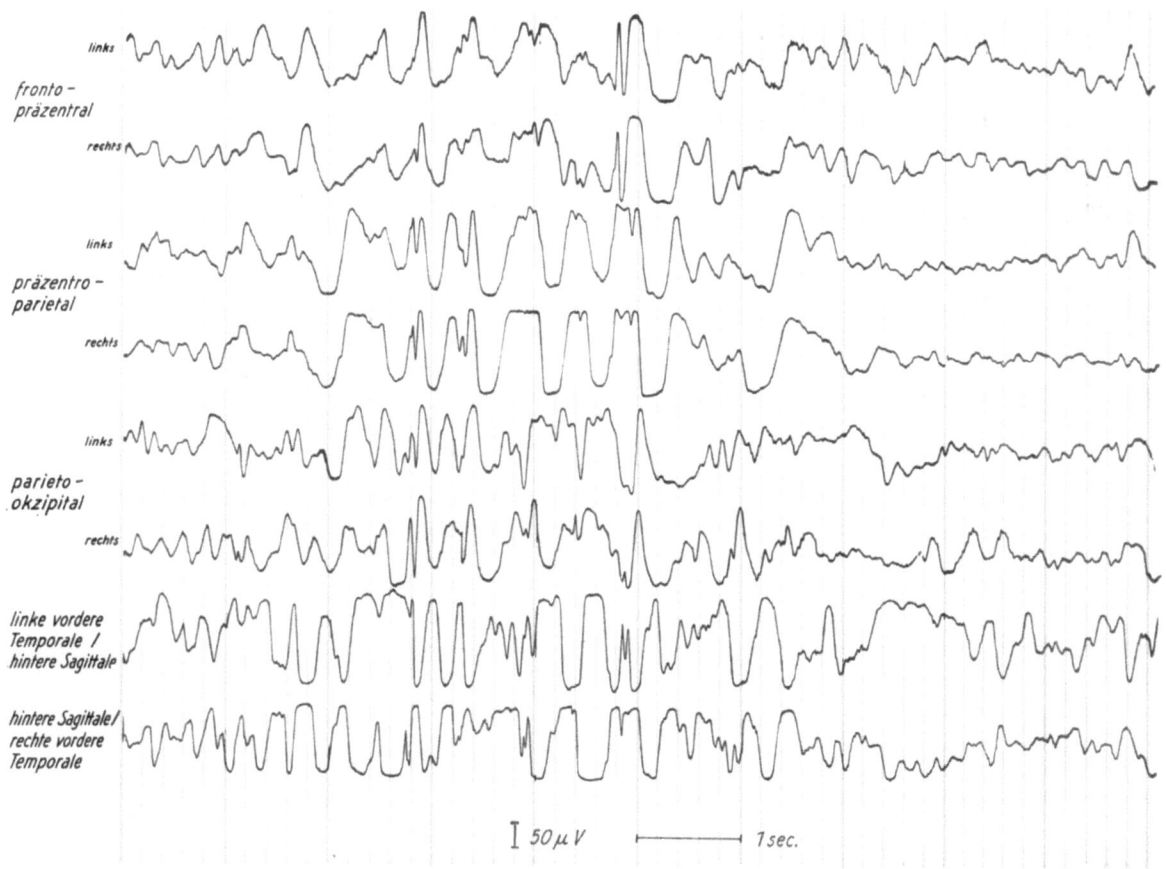

Abb. 281 Ableitungsart III (bipolare Längsschaltung)
Christoph H., 4 Jahre, 1706/72. Propulsiv-Petit mal.
Eeg: Diffuse, teils sehr hohe Delta-Theta-Wellen, spikes und sharp and slow waves wechselnder Lokalisation; Tendenz zu bilateraler Synchronisierung (reifere Hypsarrhythmie)

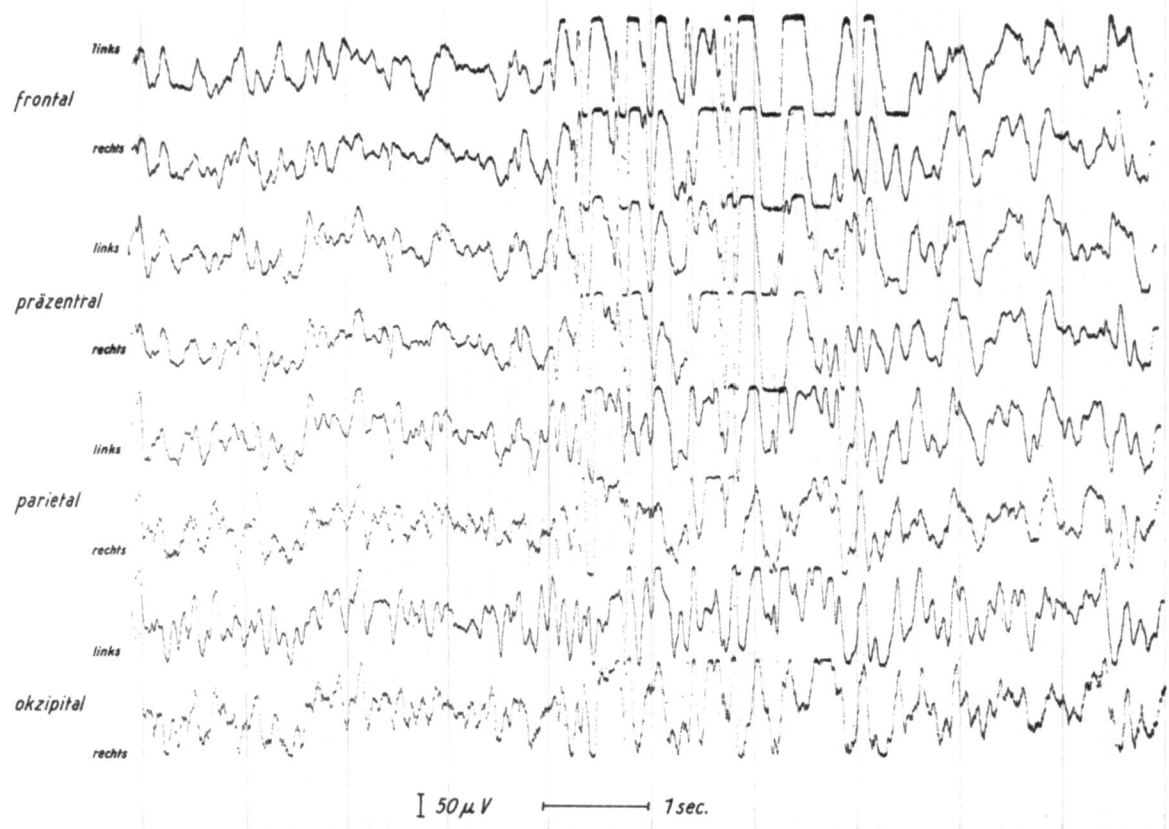

Abb. 282 Ableitungsart II (unipolare Schaltung zum rechten Ohr)
Christoph H., 9 Jahre, 41/77. Propulsiv-Petit mal.
Eeg: Leichte Allgemeinveränderungen und wiederholt Paroxysmen synchroner und asynchroner sharp and slow wave-Komplexe mit nachfolgenden hohen Deltawellen bei frontopräzentralem Maximum (Gruppierung und Synchronisation)

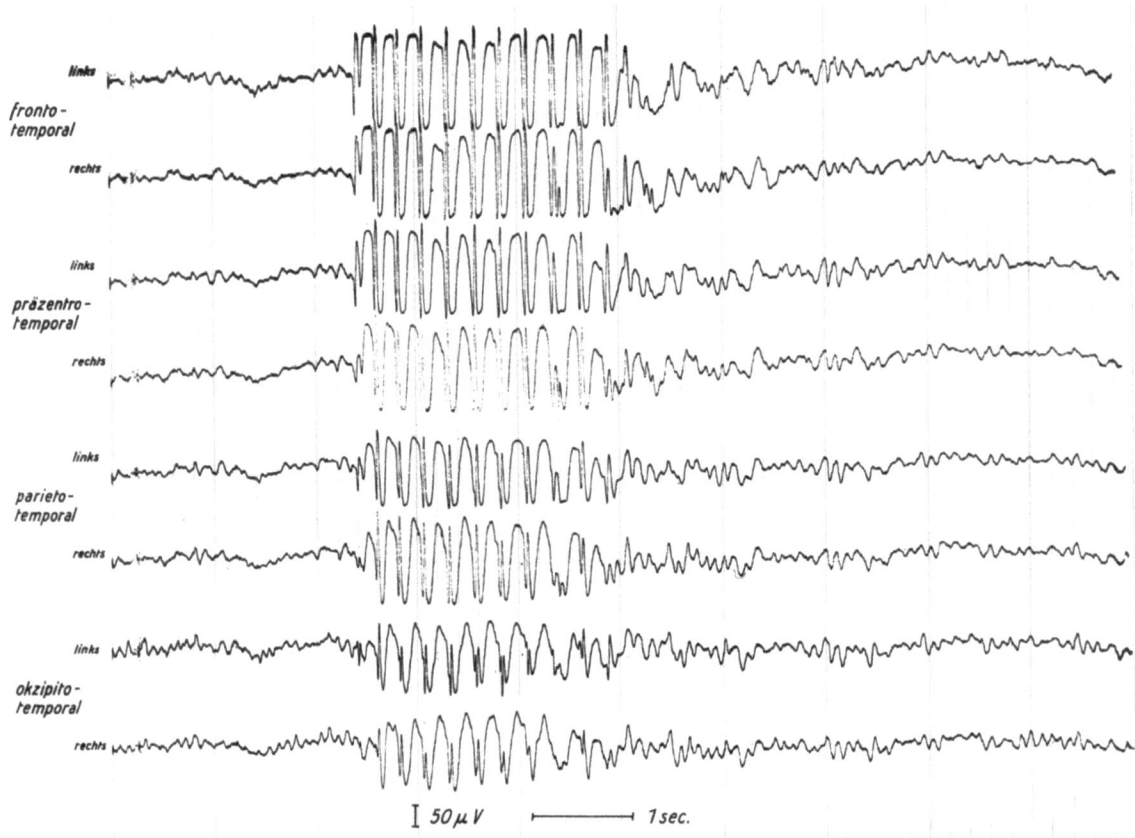

Abb. 283 Ableitungsart IV (bipolare temporale Schaltung)
Harald E., 14 Jahre, 272/65. Pyknolepsie (subklinische Absenzen).
Eeg: Kurzer Paroxysmus generalisierter 5/sec. s/w-Komplexe, normale Grundaktivität

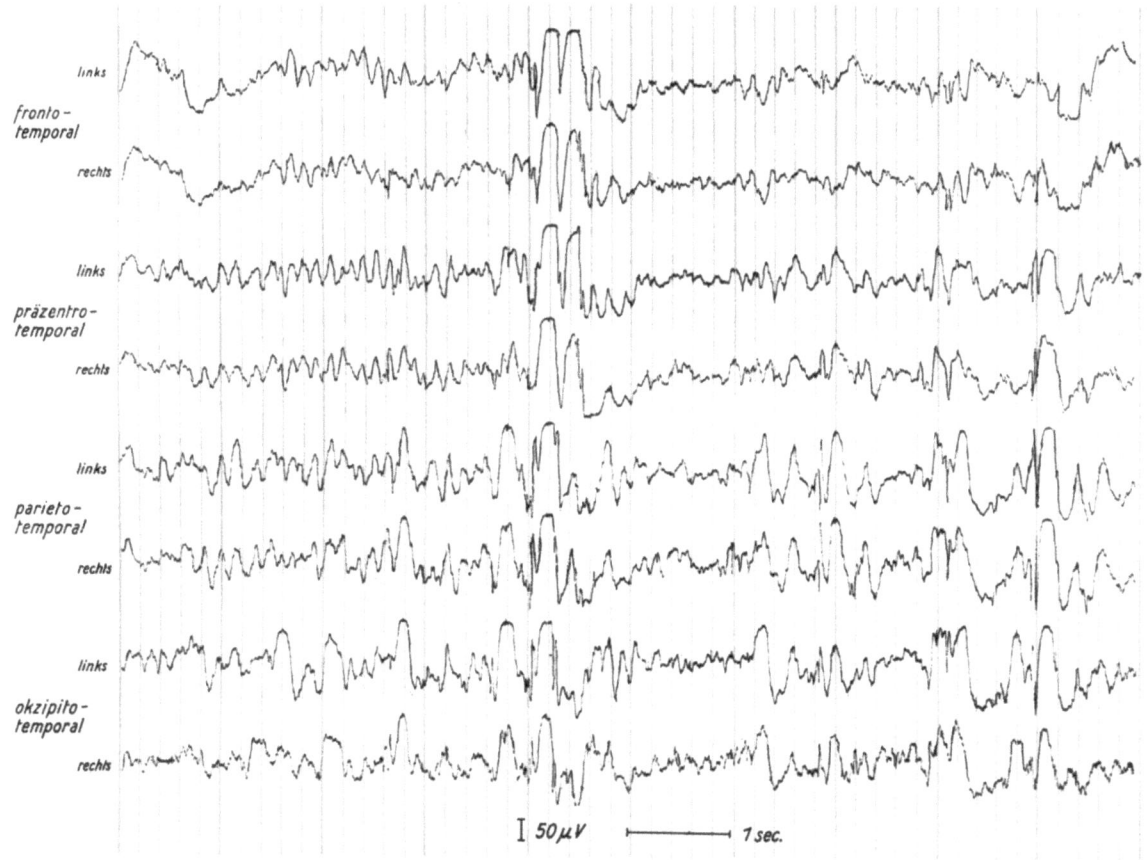

Abb. 284 Ableitungsart IV (bipolare temporale Schaltung)
Ursula G., 23 Jahre, 867/57. Progressive Myoklonusepilepsie.
Eeg: Mäßige Allgemeinveränderungen, Doppelspike and wave-Komplexe, vorwiegend bilateral

das weitgehend pathognomonische Spitzenpotential. Die subklinischen Muster zeigen nur wenige spikes, die bilateral symmetrisch meist nur über den vorderen Hirnregionen hervortreten.

Die echte *Myoklonusepilepsie* zeigt im Eeg Allgemeinveränderungen bei diffus hervortretenden multispikes and waves (Abb. 284).

9.1.1.4.3. Psychomotorische Epilepsie

Schon HIPPOKRATES hat bei Kranken über psychische Ausnahmezustände berichtet, die wir heute nach ihrem Erscheinungsbild der *psychomotorischen Epilepsie* zuordnen würden. Bei solchen anfallweisen, oft raptusartigen und vielgestaltigen psychischen Störungen wurde schon früher immer wieder eine epileptische Genese vermutet, da bei diesen Kranken gelegentlich auch große epileptische Anfälle auftraten. Erst durch das Eeg konnte die Zugehörigkeit dieser psychischen Ausnahmezustände zum epileptischen Formenkreis bewiesen werden. Die Mannigfaltigkeit der Anfallsymptome, insbesondere auch die oft atypischen Anfälle, die klinisch nicht als epileptisch bedingt anmuten, sind charakteristisch für eine Temporallappenepilepsie. Die Vielgestaltigkeit der Anfallserscheinungen macht die zahlreichen unterschiedlichen Bezeichnungen verständlich: Psychomotorische Anfälle, Dämmerattacken (MEYER-MICKELEIT), Temporallappenepilepsie, Dreamy states, Uncinatus fits (JACKSON). Diese Begriffe sind jedoch nicht synonym. Nicht alle temporal lokalisierten Epilepsien müssen mit psychomotorischen Anfällen einhergehen. Andererseits sind psychomotorische Anfälle im Kindesalter nicht immer auf einen epileptischen Herd im Temporalbereich zurückzuführen. Bei der Temporallappenepilepsie zeigen sich vorwiegend psychomotorische Anfälle, die auch als Dämmerattacken bezeichnet werden. Seltener sind psychosensorische Krisen, passagere Lähmungen, JACKSON-artige Anfälle, viszerale und vegetative Erscheinungen, Automatismen und andere Anfallbilder. Bei 60% dieser atypischen Anfallsymptome, die auch z. T. zu den epileptischen Äquivalenten gerechnet werden können, zeigt sich im Eeg eine temporale epileptische Aktivität. Solche atypischen Anfallsymptome wie z. B. auch Ohnmachtsanfälle, plötzliche kurzdauernde Angstzustände und Streckkrämpfe bei Kindern, können sich auch nur im Beginn einer Temporallappenepilepsie zeigen, bei der später psychomotorische Anfälle bestehen. Kurzdauernde Dämmerzustände, Absenzen und Petit mal-ähnliche Anfälle lassen sich oft klinisch nicht von Absenzen und Petit mal-Anfällen vom pyknoleptischen Typ unterscheiden. Die vor allem für die Therapie notwendige Abgrenzung zwischen pyknoleptischem und temporalem Typ ist in vielen Fällen nur durch das Eeg möglich.

Wenn aus einer kurzen Dämmerattacke oder den beschriebenen atypischen, teils abortiven Anfallzuständen sich ein Grand mal entwickelt, stellen sie dessen Aura dar. Nicht selten kann der klinische Krampfablauf einseitig stärker sein, sogar herdförmigen Charakter haben. Dabei können wir gelegentlich beobachten, daß bei einem einseitigen klinischen Krampfgeschehen das geschädigte Hirngebiet in der homolateralen Hemisphäre gelegen ist und erst durch das Eeg der vom pathologischen Herdgebiet induzierte kontralaterale Krampfherd aufgedeckt wird.

Die Diagnose einer psychomotorischen Epilepsie konnte früher nur selten gestellt werden; durch das Eeg ist sie jetzt eine relativ häufige Diagnose bei Epilepsie (etwa 25–30%). Der Prozentsatz spezifischer pathologischer EEG-Befunde wird mit etwa 50% angegeben, ist also im Verhältnis zu den anderen Epilepsien im Erwachsenenalter relativ hoch. Das häufigste und charakteristische Spitzenpotential bei der Temporallappenepilepsie ist die sharp wave (Typ III). Es finden sich ein- oder doppelseitige temporale epileptische Herde, die als typisch gelten für eine psychomotorische Epilepsie. Die fokalen temporalen Veränderungen können aber auch uncharakteristisch sein, wenn sich nur diskontinuierliche Theta- oder rasche Deltawellen sowie abortive fokale Paroxysmen zeigen. Die in der epileptischen Aktivität hervortretenden sharp waves weisen auf eine tiefe Lokalisation des Krampfherdes. Dieser ist häufig funktionell bedingt und induziert von zentralen Strukturen. Einseitige temporale Herde und asymmetrische beiderseitige Herde (Spiegelfokus) deuten auf eine symptomatische Genese (Abb. 285 und 286). Wie bei den anderen symptomatischen Epilepsien können wir auch bei der Temporallappenepilepsie bei ein- oder doppelseitigen Herden eine zeitweise Generalisierung beobachten (Abb. 287).

Die psychomotorische Epilepsie ist vorwiegend symptomatischer Genese. Häufig liegt eine traumatische Ätiologie vor, und auch die Residualepilepsie ist in einem hohen Prozentsatz eine temporale Epilepsie. Eine idiopathische Genese ist dann zu vermuten, wenn eine bilateral symmetrische epileptische Aktivität in beiden Temporalregionen besteht; häufig zeigen sich in solchen Kurvenbildern auch Allgemeinveränderungen. Die hirnelektrische Abgrenzung zum generalisierten Eeg-Typ der idiopathischen Epilepsie kann schwierig sein. In solchen Kurvenbildern muß man sehr darauf achten, ob tatsächlich eine temporal bilaterale Symmetrie der epileptischen Aktivität vorliegt, und man darf nicht – wenn auch nur leichte – Seitendifferenzen übersehen.

Das Intervall-Eeg kann hinsichtlich der Intensität einer primären oder sekundären epileptischen Aktivität stark von Eeg zu Eeg wechseln (Abb. 288). Diskrete EEG-Befunde lassen sich durch Hyperventilation verstärken, die Aktivierung ist allerdings häufig geringer als bei den anderen Epilepsieformen. Manchmal kann sich sogar unter den Bedingungen der Hyperventilation die epileptische Aktivität verringern. Die anderen Aktivationsmethoden sind meist weniger ergiebig.

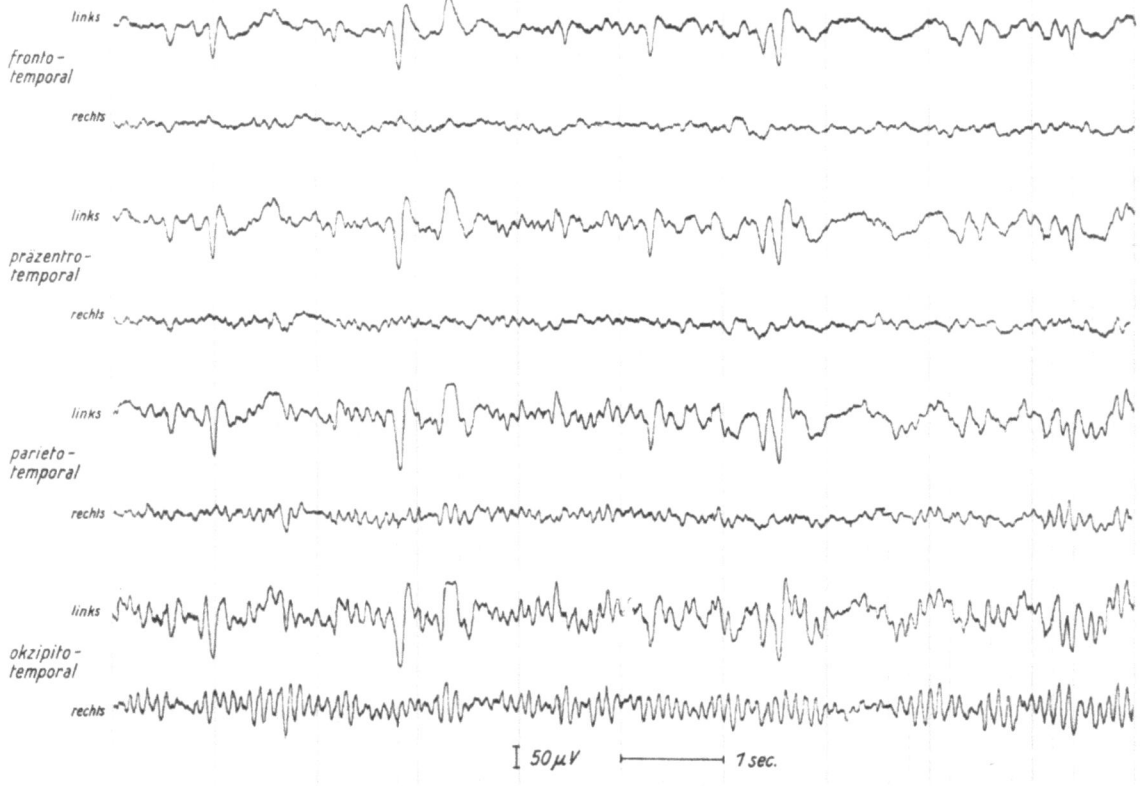

Abb. 285 Ableitungsart IV (bipolare temporale Schaltung)
Loni H., 28 Jahre, 2294/64. Psychomotorische Epilepsie.
Eeg: Diskontinuierlicher Theta-Delta-Fokus mit sharp waves (Typ III) temporal links

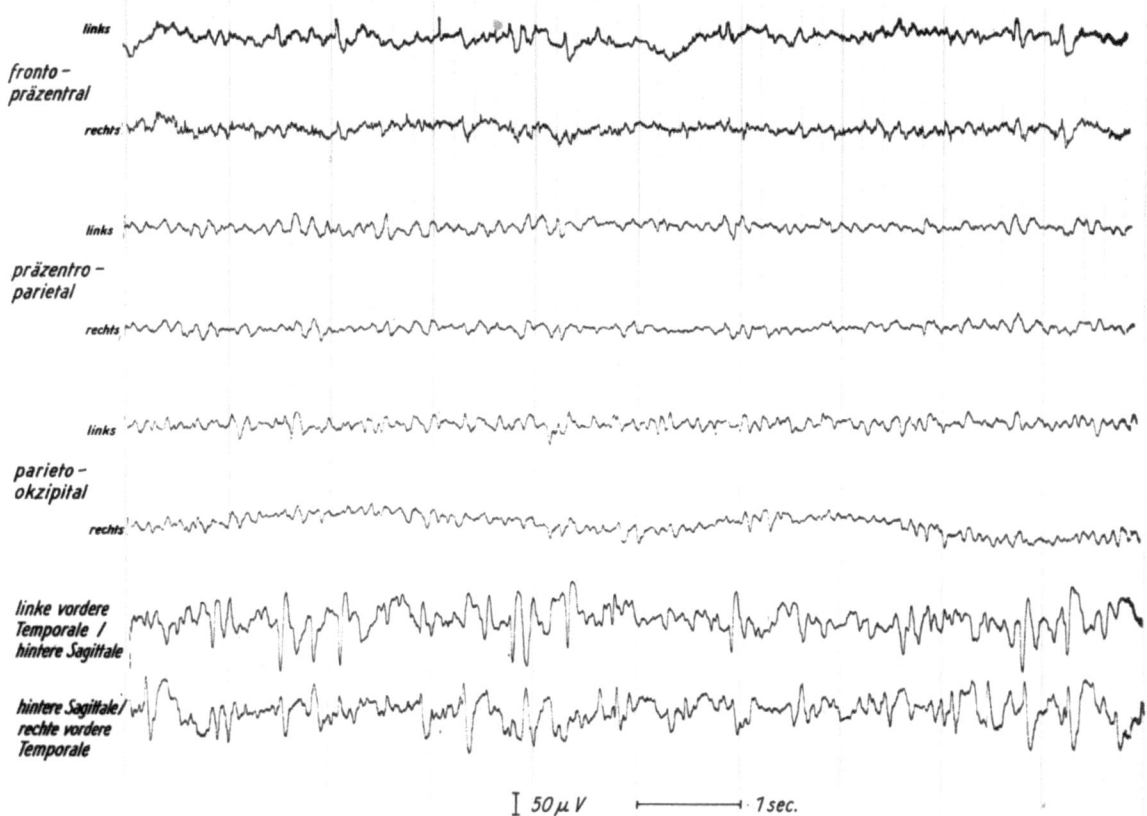

Abb. 286 Ableitungsart III (bipolare Längsschaltung)
Ernst B., 44 Jahre, 1462/62. Psychomotorische Epilepsie.
Eeg: Leichte Allgemeinveränderungen, sharp waves (Typ III) und diskontinuierliche hohe Thetawellen temporal bds.

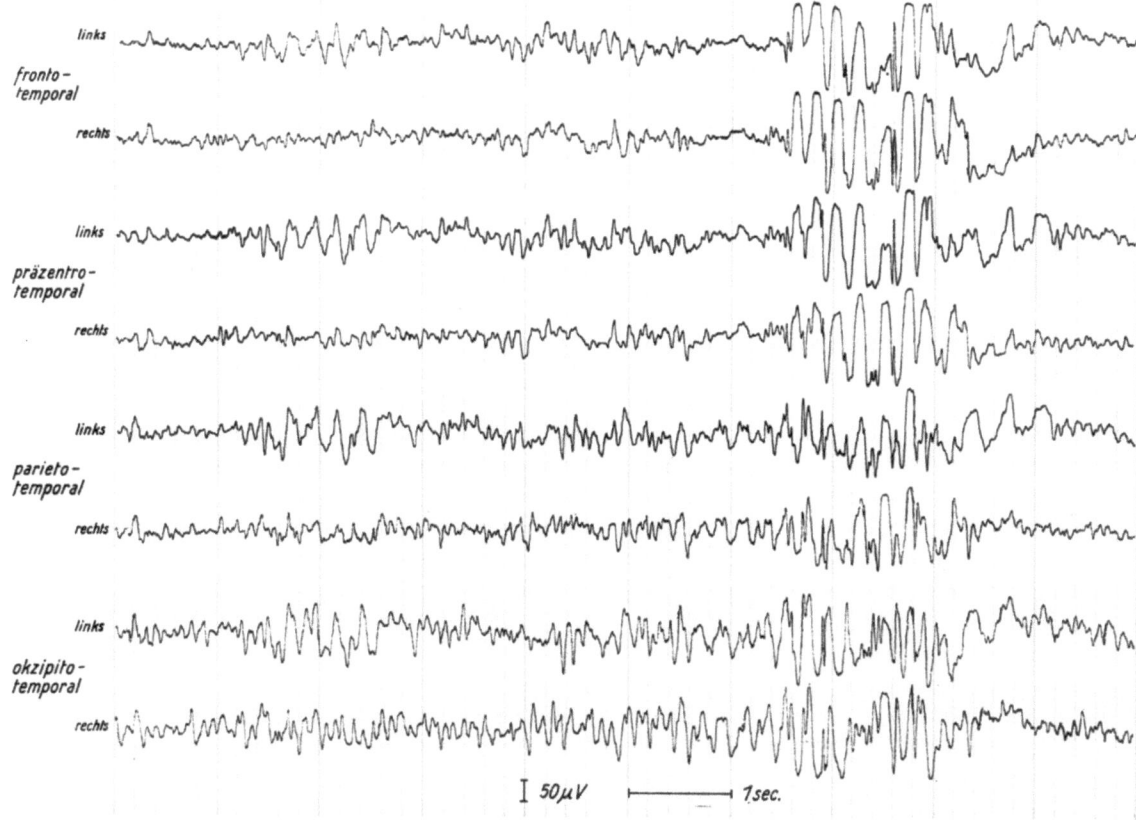

Abb. 287 Ableitungsart IV (bipolare temporale Schaltung)
Vera Sch., 29 Jahre, 1962/63. Psychomotorische Epilepsie (Absenzen).
Eeg: Paroxysmale Thetawellen mit suspekten sharp waves temporal links und kurzem Paroxysmus generalisierter 5/sec. s/w-Komplexe

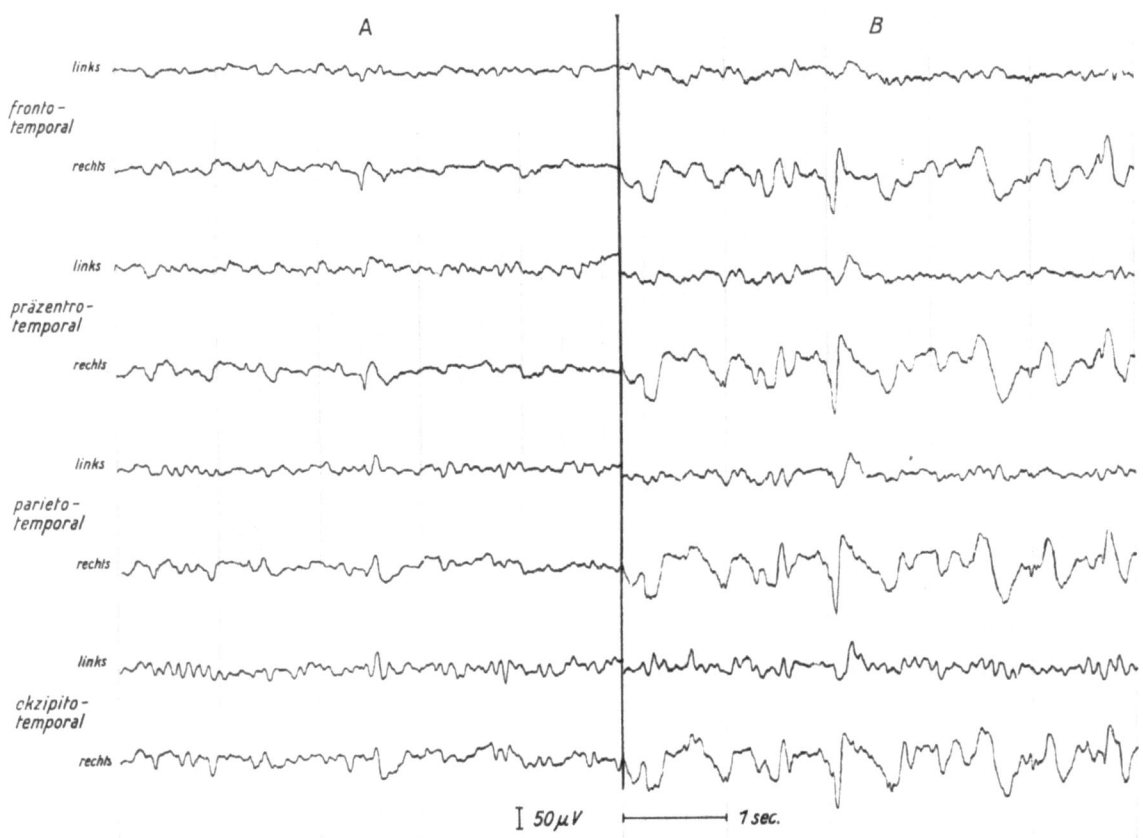

Abb. 288 Ableitungsart IV (bipolare temporale Schaltung)
Gerhard H., 32 Jahre, 1171/61 und 1182/61. Psychomotorische Epilepsie (Funktionswandel epileptischer Aktivität).
Eeg: A diskontinuierliche Thetaaktivität mit suspekten sharp waves temporal rechts, B (1 Tag später) kontinuierliche spannungshohe Theta-Delta-Wellen mit sharp waves (Typ III) temporal rechts

Die fokalen Störungen treten häufig in unipolarer Schaltung zum Ohr stärker hervor als in der bipolartemporalen Schaltung. Durch die häufig basalwärts erfolgende Ausbreitung der epileptischen Aktivität kann sie in diesen Fällen nur mit der Ohrelektrode aufgenommen werden. Manche Autoren empfehlen auch eine Ableitung mit einer Pharynxelektrode. Wenn sich die epileptische Aktivität nur basalwärts ausbreitet, zeigt sich im Eeg eine Diskrepanz zwischen unipolarer und bipolar-temporaler Ableitungsart, indem die Veränderungen stärker unipolar zum gleichen Ohr hervortreten; hierbei kann der Verdacht aufkommen, daß die nur unipolar registrierten sharp waves artifiziell bedingt sind. In solchen Kurvenbildern ist über der entsprechenden temporalen Elektrode nur eine uncharakteristische Theta-Delta-Aktivität mit verdächtigen, unsicheren Spitzenpotentialen (Abb. 289) zu beobachten. Wenn der Verdacht auf das Vorliegen einer Temporallappenepilepsie besteht, ist es ratsam, die Provokation nicht wie gewöhnlich in der bipolartemporalen Ableitungsart, sondern in der unipolaren zum entsprechenden Ohr durchzuführen. Bei einem tiefgelegenen epileptischen Fokus, der nur eine geringe Ausbreitungstendenz hat, zeigen sich im anfallfreien Intervall und manchmal sogar während eines Anfalls keine oder nur geringe EEG-Veränderungen.

Bei Kindern ist der Prozentsatz temporaler Herde gering, wenn nur eine einmalige EEG-Untersuchung durchgeführt wird. Sowohl mit der Zahl der EEG-Kontrollen als auch mit dem zunehmenden Alter der Kinder erhöht sich der Prozentsatz (bis zu 65%) pathologischer Befunde.

Bei Kindern zeigen sich nicht selten generalisierte 3–5/sec.-s/w-Paroxysmen, die mit okzipital-bilateralen hohen Theta-Delta-Wellen an- und ausklingen (s. Abb. 278). Diese Kurvenbilder haben Beziehungen zur temporalen Epilepsie, denn bei einigen Kindern bestehen schon psychomotorische Anfälle, obwohl sich im Intervall-Eeg generalisierte s/w-Komplexe zeigen. Andererseits treten bei Kindern mit solchen Kurvenbildern Petit mal-Anfälle und Absenzen auf, aber bisher keine psychomotorischen Anfälle. Hierbei kommt dem Eeg mit solchen okzipital-bilateralen Wellenabläufen prognostische Bedeutung zu, denn der EEG-Befund weist auf den sich noch wandelnden klinischen und hirnelektrischen Anfalltyp. Bei einer sich bereits in der Kindheit entwickelten psychomotorischen Epilepsie finden wir über den Temporalregionen die altersspezifischen s/w-Komplexe.

Wie bei jedem anderen epileptischen Anfallgeschehen muß besonders auch bei der psychomotorischen Epilepsie in ätiologischer Hinsicht das Vorliegen eines Hirntumors in Erwägung gezogen werden. Der Verdacht hierauf wird aufkommen, wenn die Anfälle trotz Medikation in ihrer Häufigkeit unbeeinflußt bleiben, wenn sich die Anfallsymptomatik im Verlaufe der

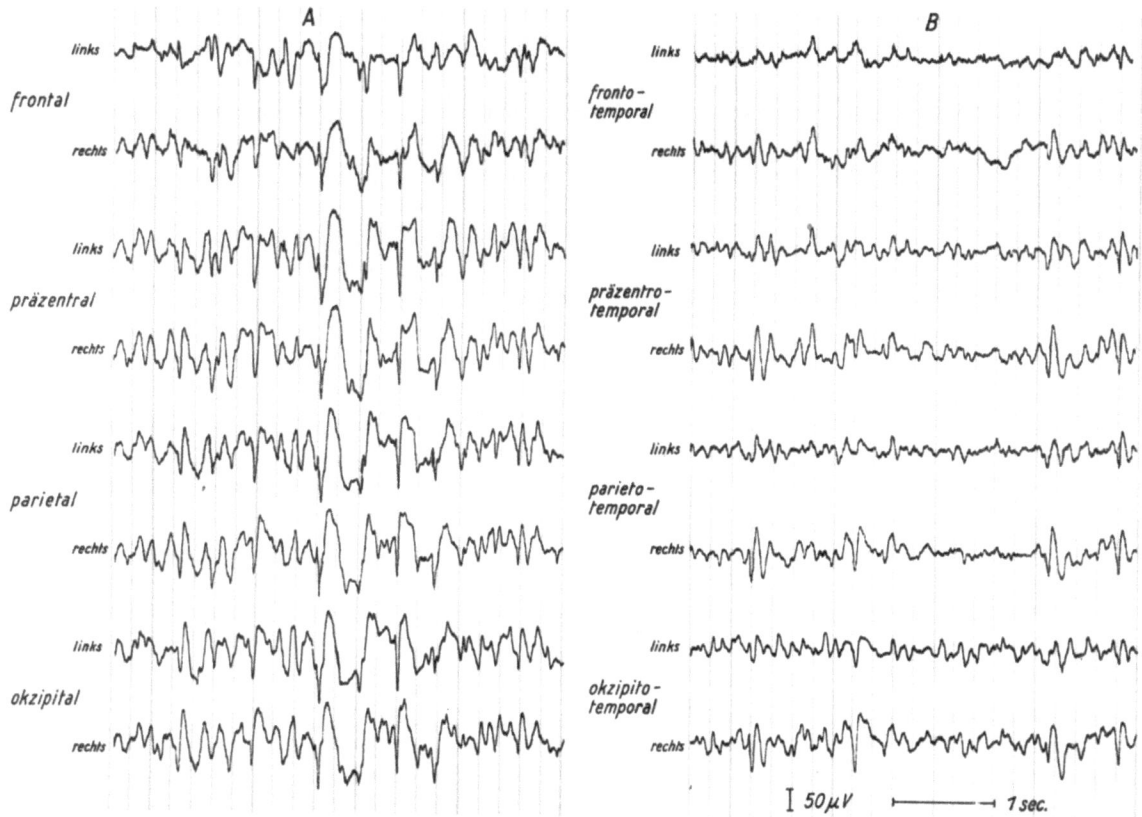

Abb. 289 Inge K., 39 Jahre, 638/62. Psychomotorische Epilepsie (temporobasaler epileptischer Fokus).
A Ableitungsart II (unipolare Schaltung zum rechten Ohr); Eeg: Paroxysmus hoher Theta-Delta-Wellen und zahlreicher sharp waves (Typ III) synchron über allen Ableitpunkten.
B Ableitungsart IV (bipolare temporale Schaltung); Eeg: Diskontinuierliche teils spannungshohe Thetawellen mit einzelnen sharp waves (Typ III) temporal rechts

Krankheit ändert, und besonders dann, wenn die fokale epileptische Aktivität zunehmend durch eine fokale Theta-Delta-Aktivität ersetzt wird.

9.1.1.5. Klinisch-ätiologische Anfallsgruppen und EEG-Befunde

Unser diagnostisches Bemühen ist darauf gerichtet, die Art und Ursache der Anfälle zu klären, um eine entsprechende Behandlung durchführen zu können. Bei zerebralen Anfallkrankheiten hat das Eeg größte Bedeutung und ist häufig vorrangig vor allen anderen Untersuchungsverfahren, die im allgemeinen nur sekundäre Aufschlüsse zu geben vermögen. Die Elektroenzephalographie ist die einzige Untersuchungsmethode, durch die epileptische Vorgänge im Gehirn aufgedeckt und aufgezeichnet werden können. Die neurologische Untersuchung und der röntgenologische Befund können zwar Hinweis geben auf die symptomatische Genese eines epileptischen Anfalleidens, den Herd der epileptischen Erregung jedoch kann nur das Eeg erfassen. Der Wert des Eeg liegt vor allem darin, daß auch in der anfallfreien Zeit in einem hohen Prozentsatz spezifische Befunde, besonders bei den idiopathischen bzw. genuinen Epilepsien und bei kindlichen und jugendlichen Anfallkranken, erhoben werden können. Dadurch verkürzt sich die Zeit der stationären Beobachtung eines Kranken, die zur Klärung seines Anfallsleidens notwendig ist.

Nicht jeder Epileptiker zeigt ein pathologisches Eeg. Pathologische EEG-Veränderungen finden wir in etwa 70%. In ca. $^2/_3$ der Fälle kann die Diagnose Epilepsie bereits klinischerseits hinreichend gestellt werden. Bei dem restlichen Drittel kommt dem Eeg ganz entscheidende Bedeutung zu, weil entweder atypische Anfälle vorliegen oder weil bei negativen klinischen Befunden erst durch das Hirnpotential ein pathologischer Hirnbefund aufgedeckt wird. Bei Kranken mit Dämmerzuständen, Äquivalenten und psychomotorischen Anfällen zeigen sich in etwa 50% pathologische EEG-Befunde. Bei Grand mal-Epilepsien ist der Prozentsatz normaler oder nur gering veränderter Eeg groß (60–70% im Wach-Eeg und 40–50% im Schlaf-Eeg). Ein normales Eeg zeigt sich häufig bei seltenen Anfällen, weist also auf eine geringe Anfallbereitschaft. Auch im höheren Alter und bei fehlender Wesensänderung der Kranken ist das Hirnpotentialbild meist normal. Dagegen ist bei starker Anfallhäufigkeit das Eeg in einem hohen Prozentsatz (75%) pathologisch als Ausdruck der großen Anfallbereitschaft. Bei Bestehen von großen und kleinen Anfällen, besonders bei Anfällen im Kindes- und Jugendalter, können wir die meisten pathologischen EEG-Veränderungen finden (in über 80%).

Kein mögliches Einteilungsprinzip der Epilepsien

kann voll befriedigen, jedes muß unvollkommen sein, und Überschneidungen sind nicht zu vermeiden. So ist weder eine Einteilung nach dem Anfalltyp, noch eine solche nach den ätiologischen Gruppen oder nach anderen Kriterien lückenlos und ohne willkürliche Zuordnung durchführbar. Für die klinische Diagnostik hat sich immer noch am brauchbarsten eine Einteilung nach ätiologischen Gruppen und EEG-Befund (JUNG 1953) erwiesen.

9.1.1.5.1. Idiopatische und genuine Epilepsien

Bei den idiopathischen und den genuinen Epilepsien sind die neurologischen und auch anderen Untersuchungsbefunde negativ. Im Eeg zeigt sich als Ausdruck der allgemeinen hohen Krampfbereitschaft meist ein pathologisch verändertes Hirnpotentialbild, und zwar *Allgemeinveränderungen* verschiedenen Schweregrades. Neben der allgemein verlangsamten und frequenzinstabilen Hirnaktivität mit starken Schwankungen der meist hohen Spannungen treten häufig bilaterale und auch synchrone Spitzenpotentiale hervor, die nicht selten wechselseitig betont sind. Wenn lokalisierte Spitzenpotentiale auftreten, dann kann der ständige regionale Wechsel typisch sein für genuine Epilepsie. Es zeigt sich meistens eine langsame (8–9/sec.) Alphaaktivität. Sie kann bei ausgeprägten Veränderungen fehlen, und es zeigen sich dann nur Theta-Delta-Wellen. Das Maximum der Veränderungen liegt über den frontotemporalen Regionen. Die bilaterale Synchronizität der epileptischen Entladungen wird wahrscheinlich von zentrenzephalen Strukturen gesteuert, die vermutlich aber primär von kortikalen Gebieten erregt werden. Nicht selten liegt das Maximum der spannungshohen langsamen Wellen und auch der Spitzenpotentiale bilateral temporal, dann können Verwechslungen aufkommen mit einer beiderseitigen Temporallappenepilepsie. Wenn die epileptische Aktivität vorwiegend in den temporalen Regionen bilateral symmetrisch auftritt und über den anderen Regionen die Hirnaktivität nur gering verändert oder ungestört ist, dann liegt wahrscheinlich eine idiopathisch oder genuin bedingte psychomotorische Epilepsie vor. Das nahezu typische Kurvenbild der genuinen Epilepsie (Abb. 290) ist nach GIBBS, GIBBS und LENNOX (1943) die »paroxysmale Dysrhythmie«. Hier zeigen sich aus einer relativ ungestörten Grundaktivität hervortretend anfallartig frequenzinstabile Abläufe recht hoher Theta-Delta-Wellen, in die bilateral mehr oder weniger symmetrisch steile Wellen, spikes und s/w-Komplexe eingelagert sein können, mit einer deutlichen Betonung frontotemporal; die Paroxysmen gehen meist rasch wieder in die Grundaktivität zurück.

Häufiger jedoch finden wir Kurvenbilder in Form der ziemlich kontinuierlich ablaufenden Allgemein-

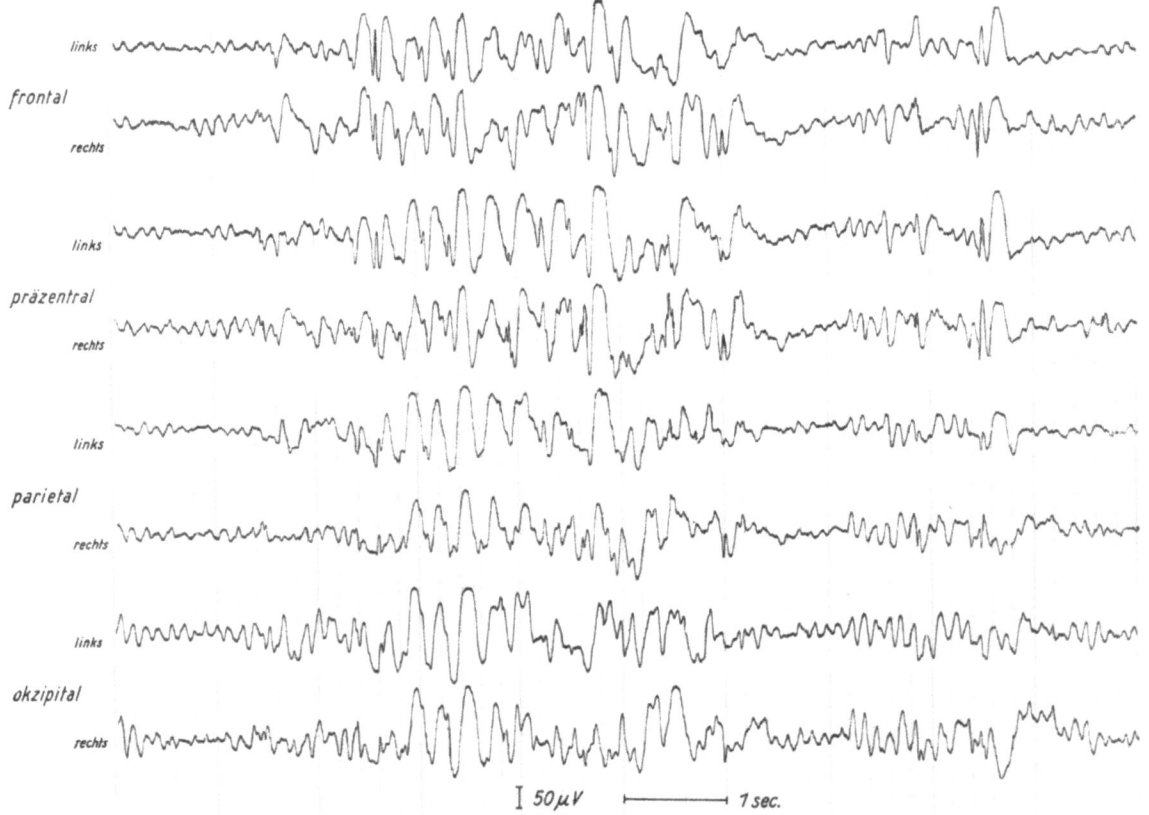

Abb. 290 Ableitungsart I (unipolare Schaltung zum linken Ohr)
Dietmar B., 18 Jahre, 1162/62. Genuine Epilepsie (Aufwachtyp).
Eeg: Leichte Allgemeinveränderungen mit kurzem Paroxysmus generalisierter hoher, teils steilschenkliger Theta-Delta-Wellen und frontopräzentral bilateral betonten 5/sec. s/w

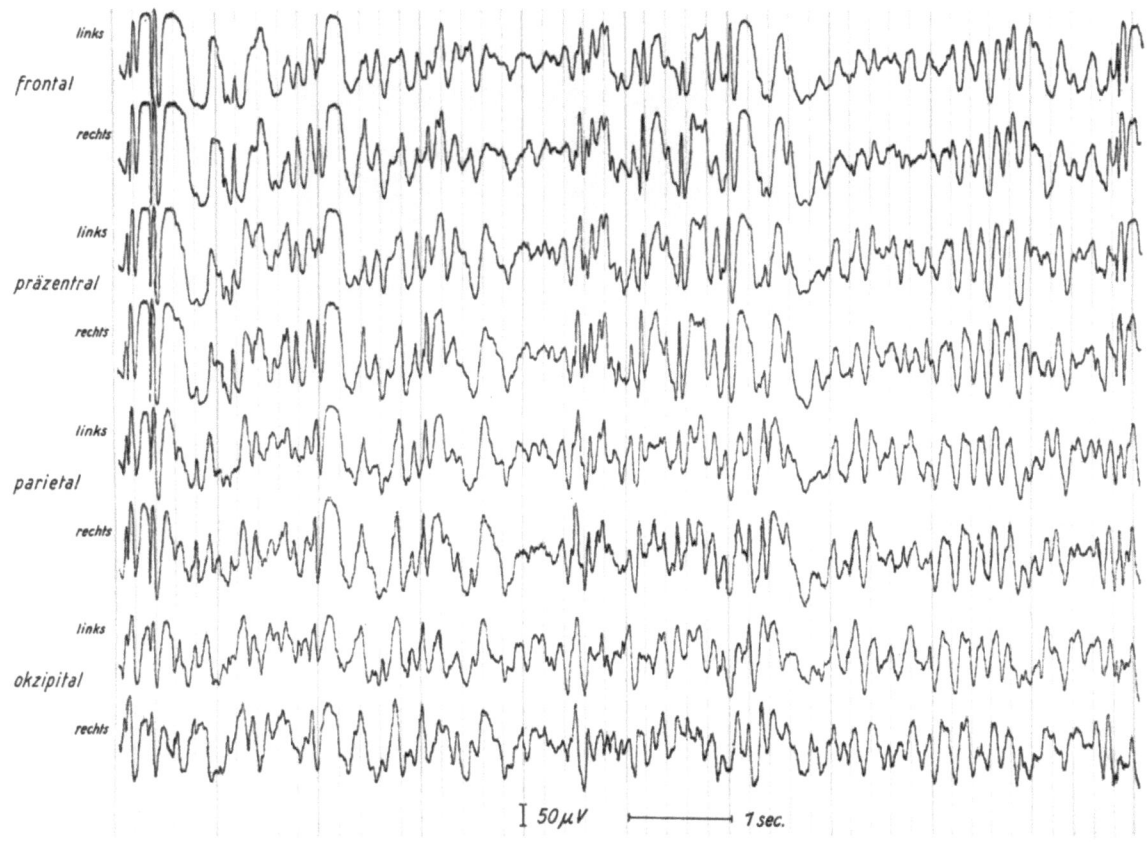

Abb. 291 Ableitungsart I (unipolare Schaltung zum linken Ohr)
Helga P., 25 Jahre, 1851/62. Idiopathische Epilepsie (Aufwachtyp).
Eeg: Mäßige Allgemeinveränderungen mit generalisierten frontopräzentral betonten steilen Wellen, spikes und 3/sec. s/w. Keine Seitendifferenz

veränderungen verschiedener Schweregrade, für die auch die frontotemporale Betonung kennzeichnend ist (Abb. 291). Seitendifferenzen und Herdbefunde lassen sich nicht nachweisen, abgesehen von streckenweisen leichten Asymmetrien. Eine langsame Alphagrundaktivität kann ein für die Bewertung und Zuordnung des Kurvenbildes bedeutungsvolles Kriterium sein.

Auffällig ist der Wechsel der Veränderungen, der starke Funktionswandel der Hirnaktivität. Hieraus erklären sich die unterschiedlichen Schweregrade der Veränderungen von Eeg zu Eeg. Diese starke Wandelbarkeit der epileptischen Aktivität in ihrer Intensität schon innerhalb kurzer Zeit ist auch eine Erklärung dafür, daß wir nicht immer ausreichend signifikant pathologische Befunde erheben können. Deshalb steigt auch mit der Zahl der Kontrolluntersuchungen der Prozentsatz pathologischer Kurvenbilder bei der Epilepsie. Bei nicht genügend ausgeprägter, uncharakteristischer epileptischer Aktivität läßt sich diese durch entsprechende Provokationsmaßnahmen (Hyperventilation, passiver und aktiver Schlaf) verdeutlichen.

Gewarnt sei aber davor, aus generalisierten Veränderungen, Fehlen eines Herdbefundes oder Seitendifferenzen allein aufgrund eines einzigen Kurvenbildes die Annahme einer idiopathischen bzw. genuinen Epilepsie abzuleiten. Der Funktionswandel der hirnelektrischen Abläufe bei Epilepsie kann Herdbefunde und Seitendifferenzen durch zeitweilig bestehende Generalisierung mit Auftreten von Allgemeinveränderungen überdecken, und erst in einem späteren Eeg tritt deutlich eine fokale epileptische Aktivität hervor. Deshalb sollte als Regel gelten: Allgemeinveränderungen bei Epilepsien sind allein kein Kriterium für das Bestehen einer genuinen bzw. idiopathischen Epilepsie, die auch für das Eeg eine Diagnose per exclusionem sein muß.

9.1.1.5.2. Pyknolepsie

Bei der Pyknolepsie treten gehäuft *Petits maux* und *Absenzen* auf, aber nie Grand mal-Anfälle. Sie ist das häufigste Anfalleiden im Kindesalter. Sie setzt erst ein nach dem 3.–5. Lebensjahr, meist mit dem Schulalter. Wenn die Pyknolepsie unbehandelt bleibt, kommt es bei $^1/_3$ spontan zum Schwinden der Anfälle um die Pubertätszeit, bei $^1/_3$ bleiben die Absenzen bestehen, und bei dem restlichen Drittel kommt es zusätzlich zu den kleinen Anfällen zur Entwicklung von großen Anfällen. Die Ursache der Pyknolepsie war früher umstritten. Aufgrund der hirnelektrischen Veränderungen ist sie aber heute eindeutig der Epilepsie zuzuordnen. Im Anfallintervall zeigen sich im Ruhe-Eeg gewöhnlich keine oder nur geringe Veränderungen. Es können kurze Paroxysmen von generalisierten frontopräzentral betonten 3–5/sec.-spike and wave-Komplexen, teils als Doppelspikes and waves, auftreten, die klinisch stumm bleiben, auch gelegentlich

Gruppen von recht hohen bilateralen Theta- und Deltawellen. Meist lassen sich unter Hyperventilation die typischen generalisierten s/w-Komplexe provozieren, die häufig so anhaltend sind, daß es zu klinischen Anfällen kommt, besonders zu Absenzen. Auch durch Photostimulation können die s/w-Komplexe aktiviert werden. Wenn die Grundaktivität verlangsamt ist, dann lassen sich die Anfälle meist therapeutisch nicht ausreichend beeinflussen, im Gegensatz zu Kindern mit ungestörter Grundaktivität. Wenn stärkere Grade der Verlangsamung bestehen, ist dies häufig ein Zeichen für die über die Pubertät hinaus manifest bleibenden Petits maux und sich entwickelnde Grand mal-Anfälle. Bei Kindern mit psychischen Veränderungen ist häufig die Grundaktivität gestört.

9.1.1.5.3. Symptomatische Epilepsien

Der EEG-Befund bei den symptomatischen Epilepsien zeigt *Herdveränderungen* oder *Seitendifferenzen*. Wenn diese konstant auftreten, können sie ein zuverlässiger Hinweis sein für eine symptomatische Epilepsie. Wir unterscheiden eine fokale *primäre epileptische Aktivität* von einer fokalen *sekundären epileptischen Aktivität*. Die primäre weist auf die morphologische Läsion im Gehirn. Das im Herdgebiet gestörte Hirngewebe ist elektrisch inaktiv, die epileptische Aktivität wird von den Randgebieten des Herdes produziert, die noch leidlich funktionstüchtige Ganglienzellen aufweisen. Die sekundäre epileptische Aktivität ist dagegen induziert von benachbarten oder entfernter gelegenen Herden. Zwischen primärer und sekundärer epileptischer Aktivität bestehen hirnelektrische Unterschiede, die jedoch nicht immer deutlich genug sind. Bei der primären epileptischen Aktivität zeigen sich meist kontinuierliche oder diskontinuierliche langsame Wellen. Für die funktionelle dagegen ist typisch eine raschere, frequenzinstabilere und spannungshöhere Aktivität. Freilich ist in vielen Fällen die primäre von der sekundären funktionellen epileptischen Aktivität nicht hinreichend zu differenzieren. Die fokale epileptische Aktivität kann sich zeitweilig in die Umgebung ausdehnen, indem sie die benachbarten Regionen zu ähnlicher Aktivität drängt. Wenn sich diese pathologischen Entladungen stark ausbreiten, können »einseitige« Allgemeinveränderungen auftreten und beim Übergreifen auf die kontralaterale Hemisphäre auch »beiderseitige« Allgemeinveränderungen, teils sogar mit bilateralen Entladungen. Es kann sich dann ein Kurvenbild zeigen, das dem der idiopathischen bzw. genuinen Epilepsie täuschend ähnelt. Besonders in diesen Fällen wird es zur Abgrenzung fokaler Veränderungen notwendig sein, Kontrolluntersuchungen durchzuführen. Die primäre epileptische Aktivität ist gewöhnlich die konstantere, sowohl im einzelnen Kurvenbild wie auch von Eeg zu Eeg. Die funktionelle Aktivität dagegen wechselt in ihrer Intensität, kann zeitweise weitgehend, sogar völlig, zum Schwinden kommen. Wenn sich ein epileptischer Fokus im Eeg fortlaufend verstärkt, muß dies ein verdächtiger Hinweis sein auf einen progredienten Krankheitsprozeß, insbesondere einen Hirntumor. Bei fokalen Anfällen werden die klinischen Anfallzeichen weitgehend bestimmt durch die Lokalisation der epileptischen Aktivität in der betreffenden Hirnregion und die Stärke und Art ihrer Erregungsausbreitung. Nicht selten können fokale epileptische Herde, wenn sie in bestimmten Regionen gelegen sind – dies trifft besonders für die subkortikalen Herde zu –, klinisch stumm verlaufen, aber auch abortiv mit eigenartigen psychosensiblen Erscheinungen im Anfall. Wenn die epileptische Entladung stark irradiierend auftritt, sich das Gehirn eine generalisierte epileptische Aktivität aufdrängen läßt, dann kann es von einem fokalen Herd her zur Grand mal-Entwicklung kommen. Nicht selten zeigt sich bei symptomatischen Epilepsien im Anfallintervall auch im Herdgebiet eine ungestörte Hirnaktivität, besonders bei der JACKSON-Epilepsie. Bei dieser Anfallform kann sich sogar während des Anfalls eine normale Hirnaktivität zeigen.

9.1.1.5.4. Residualepilepsie

Die Residualepilepsie ist eine der häufigsten Formen der symptomatischen Epilepsien und nimmt unter diesen eine Sonderstellung ein. Hierzu werden alle Epilepsien gerechnet, die ursächlich auf eine Hirnschädigung im Fetalstadium, bei der Geburt oder in der Kindheit (nach manchen Autoren bis zum 3. Lebensjahr) zurückzuführen sind; ausgenommen davon werden die symptomatischen Epilepsien bei prozeßhaften Geschehen oder während einer akuten Hirnerkrankung. Das Alter zur Zeit der Hirnläsion ist für die auftretenden Anfälle und die hirnelektrischen Veränderungen von größerem Einfluß als die Ätiologie. Durch das Eeg kann die Residualepilepsie wesentlich häufiger diagnostiziert werden als früher. Dies gilt in besonderem Maße für die Fälle, bei denen andere Untersuchungsmethoden (Pneumographie, Angiographie) im Stich lassen. Charakteristische EEG-Befunde können mitunter Anlaß geben zu gezielteren anamnestischen Erhebungen. Die Zuordnung eines Anfallgeschehens zur Residualepilepsie ist bei der Vielfalt der Anfallerscheinungen schwierig, vor allem wegen der nicht selten atypischen Anfallsymptome. Auch der Zeitpunkt der Manifestation der Anfälle kann irreführend sein, weil gelegentlich die Anfälle erst relativ spät einsetzen können. Anfangs sind die Anfälle häufig uncharakteristisch. Der typische kleine Anfall der Residualepilepsie ist der Propulsiv-Petit mal. Es können aber auch kleine Anfälle vom temporalen Typ auftreten, die sich klinisch nicht vom Petit mal der Pyknolepsie abgrenzen lassen. Die auch für die Therapie so wichtige Differenzierung ist nur durch das Eeg möglich.

Auffällig sind die häufigen pathologischen EEG-Befunde im Vergleich zu den übrigen symptomatischen Epilepsien. Das typische Kurvenbild sieht man vorwiegend bei Kindern. Es ist gekennzeichnet durch

Allgemeinveränderungen und einen Herdbefund, in den relativ häufig Spitzenpotentiale eingelagert sind. Wenn die Herdsymptome der Alphareduktion und der Alphaaktivierung mit berücksichtigt werden, finden sich in etwa 80% pathologische Kurvenbilder. Etwa ²/₃ der Herdbefunde weisen Spitzenpotentiale auf, davon sind über ein Drittel sharp and slow waves, weniger häufig finden sich sharp waves und seltener spikes and waves.

Das Alter zur Zeit der Hirnschädigung und der Zeitpunkt der Manifestation der Anfälle sind wesentliche Faktoren, die Einfluß nehmen auf das Hirnpotentialbild hinsichtlich Lokalisation und Form der Spitzenpotentiale. Wenn die Anfälle schon in den ersten Lebensmonaten auftreten, zeigen sich die stärksten Veränderungen vom Typ der Hypsarrhythmie. Bei späterem Einsetzen der Anfälle bis zum 6. Lebensjahr sind Veränderungen über einer ganzen Hemisphäre oder einseitig sowie beiderseitig parietookzipitale Foci häufiger, seltener parietookzipitotemporale Herde (Abb. 292). Beginnen die Anfälle zwischen 6.–10. Lebensjahr, nehmen die temporalen Foci zu, und es zeigen sich auch frontale Herde. Wenn die Anfälle später einsetzen, besonders nach dem 15. Lebensjahr, dann überwiegen immer mehr die temporalen Herde. Eine echte Fokuswanderung kommt zwar vor, ist jedoch selten. Die temporale Epilepsie ist also häufig auf eine frühkindliche Hirnschädigung zurückzuführen. Die Allgemeinveränderungen verringern sich mit zunehmendem Alter und sind nach dem 14. Lebensjahr nur noch in etwa 15–20% nachzuweisen.

Das Alter, in dem die Hirnschädigung erfolgte, ist von Einfluß auf die Häufigkeit von Spitzenpotentialbefunden. Diese Befunde sind um so häufiger, je früher die Noxe eingewirkt hat: 65% bei Schädigungen bis zum 2. Lebensjahr und nur noch 30% bei Schädigungen vom 10.–14. Lebensjahr. Dieser hohe Anteil von Spitzenpotentialen ist größer als bei den übrigen symptomatischen Anfalleiden. Das pathognomonische Spitzenpotential der Residualepilepsie ist die sharp and slow wave. Die Bindung der sharp and slow wave zum Propulsiv-Petit mal ist sehr fest und von so großer praktischer Bedeutung, daß man bei grober Diskrepanz zwischen EEG-Befund und vermuteter Anfallsymptomatik sich doch auf das Hirnpotentialbild verlassen sollte (Abb. 293). Das einmal entwickelte Spitzenpotential behält konstant seine Frequenz und verändert sich mit dem Lebensalter nicht, abgesehen von ganz seltenen Ausnahmen.

Das typische Hirnpotentialbild der Residualepilepsie nimmt gewissermaßen eine Mittelstellung ein zwischen dem Eeg der genuinen bzw. idiopathischen Epilepsien und dem Eeg der übrigen symptomatischen Epilepsien. Durch die so früh gesetzte Noxe ist die bioelektrische Ausreifung in vielen Fällen gestört, und es zeigen sich deshalb mehr oder weniger starke Allgemeinveränderungen. Gegenüber dem Kurvenbild bei idiopathischen

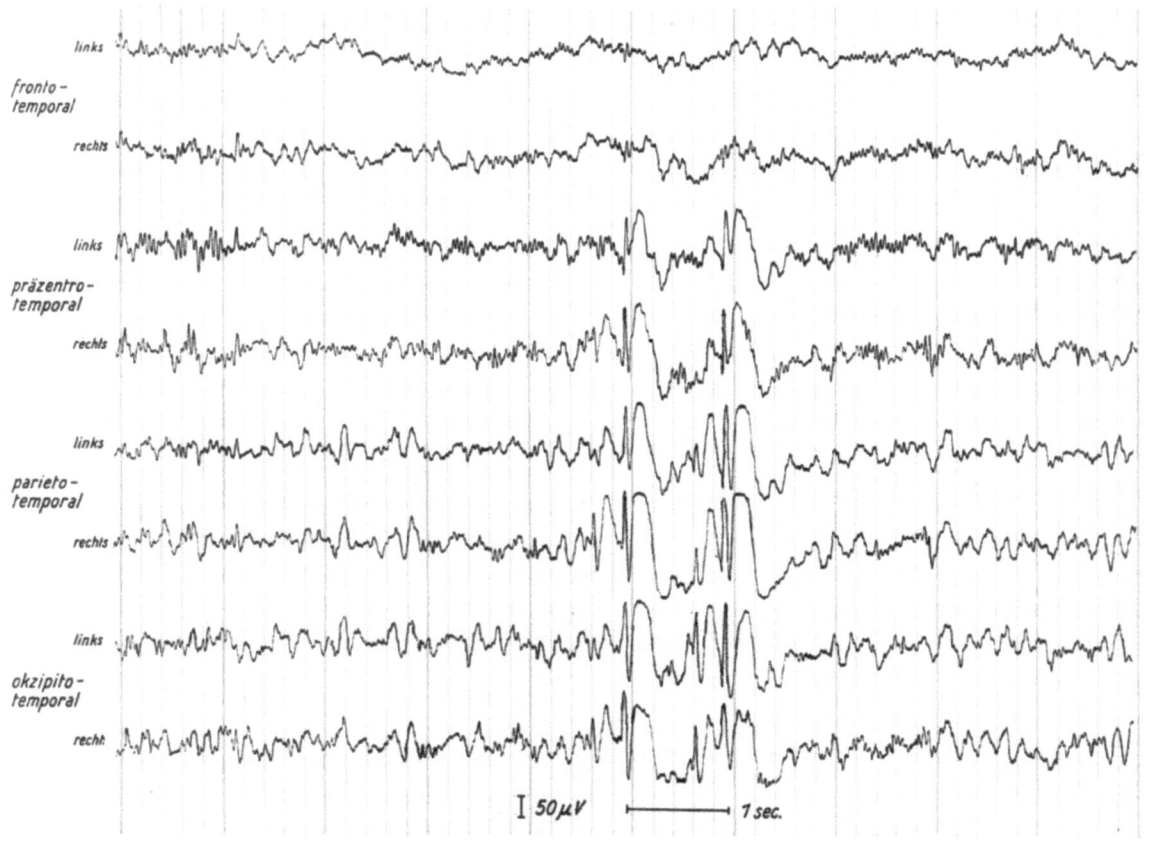

Abb. 292 Ableitungsart IV (bipolare temporale Schaltung)
Karin T., 10 Jahre, 229/54. Residualepilepsie.
Eeg: Mäßige Allgemeinveränderungen, erhöhte Betaaktivität präzentral bds., sharp and slow waves präzentroparietookzipital bilateral

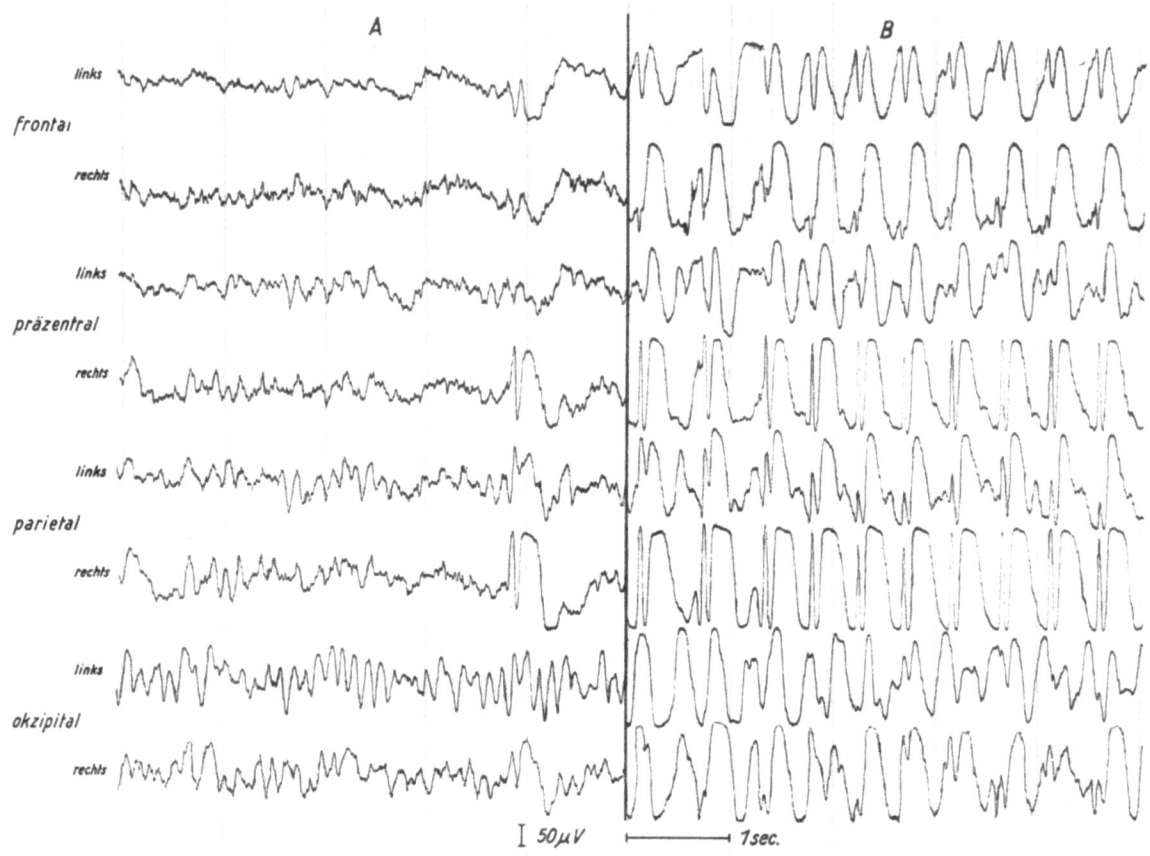

Abb. 293 Ableitungsart I (unipolare Schaltung zum linken Ohr)
André M., 6 Jahre, 1302/61. Residualepilepsie (Geburtstrauma).
Eeg: A mäßige Allgemeinveränderungen, sharp and slow waves präzentroparietal re. Alphareduktion okz. re., B generalisierende sharp and slow waves (klinische Absenz)

Epilepsien mit dem Schwerpunkt der hirnelektrischen Veränderungen über den vorderen Regionen zeigt das Eeg der Residualepilepsie meist stärkere Veränderungen über den parietookzipitotemporalen Regionen. Dieses Kriterium kann differentialdiagnostisch zur Deutung des Kurvenbildes beitragen.

9.1.1.5.5. Übrige symptomatische Epilepsien

Von der Residualepilepsie sind auch hirnelektrisch die übrigen symptomatischen Epilepsien abzugrenzen, deren schädigende Noxe später gesetzt wurde oder die auf ein prozeßhaftes Geschehen zurückzuführen sind. Hierzu rechnen vor allem die traumatische Epilepsie, Epilepsie nach entzündlichen Hirnerkrankungen, epileptische Anfälle bei Hirntumoren sowie anderen raumbeengenden Prozessen und bei Gefäßerkrankungen. Für diese ätiologische Gruppe sind charakteristisch *Herdbefunde* oder Seitendifferenzen bei *fehlenden* oder nur leichten *Allgemeinveränderungen*. Spitzenpotentiale werden seltener beobachtet, relativ häufig bei traumatischer Epilepsie und bei epileptischen Anfällen infolge Hirntumor.

Das Intervall-Eeg ist hinsichtlich einer epileptischen Aktivität häufig relativ symptomarm im Gegensatz zu den idiopathischen Epilepsien. Meist zeigt sich nur ein Herdbefund mit Theta- oder Deltaaktivität. Solche hirnelektrischen Befunde ohne spezifische epileptische Potentiale können trotzdem wertvoll sein. Wenn klinisch verifizierte epileptische Anfälle vorliegen, dann deuten bestehende Herdbefunde, Seitendifferenzen, Alphareduktion und Alphaaktivierung auf eine symptomatische Genese der Epilepsie.

Stärkere Herdveränderungen mit Spitzenpotentialaktivität treten oft erst kurze Zeit vor Einsetzen eines Anfalls auf. Nicht selten kann die Ausbreitung der fokalen epileptischen Aktivität so groß sein, daß der Herd nicht mehr deutlich ist, vor allem wenn die epileptische Aktivität eine Generalisierung zeigt. Eine diffuse Ausbreitung und eine Generalisierung können auch unter den Bedingungen der Hyperventilation auftreten. Die sich aus dem Herdgebiet entwickelnden diffusen Veränderungen sind durch kortikale Ausbreitung bedingt, die Generalisierung dagegen kann auch über zentrenzephale Strukturen erfolgen. Wenn die fokale epileptische Aktivität zum Generalisieren kommt, zeigen sich Kurvenbilder mit mehr oder weniger bilateralen und nicht selten sogar symmetrischen Entladungen, die zur Verwechslung mit einem Kurvenbild bei idiopathischen Epilepsien führen können. Wenn eine diffuse Ausbreitung oder sogar eine streckenweise Generalisierung vorliegt, dann ist der Krampfherd dort zu suchen, wo das erste Spitzenpotential hervortritt, das meist auch die raschere Frequenz und größere Spannung aufweist (Abb. 294).

Die *EEG-Herde* bei symptomatischen Epilepsien

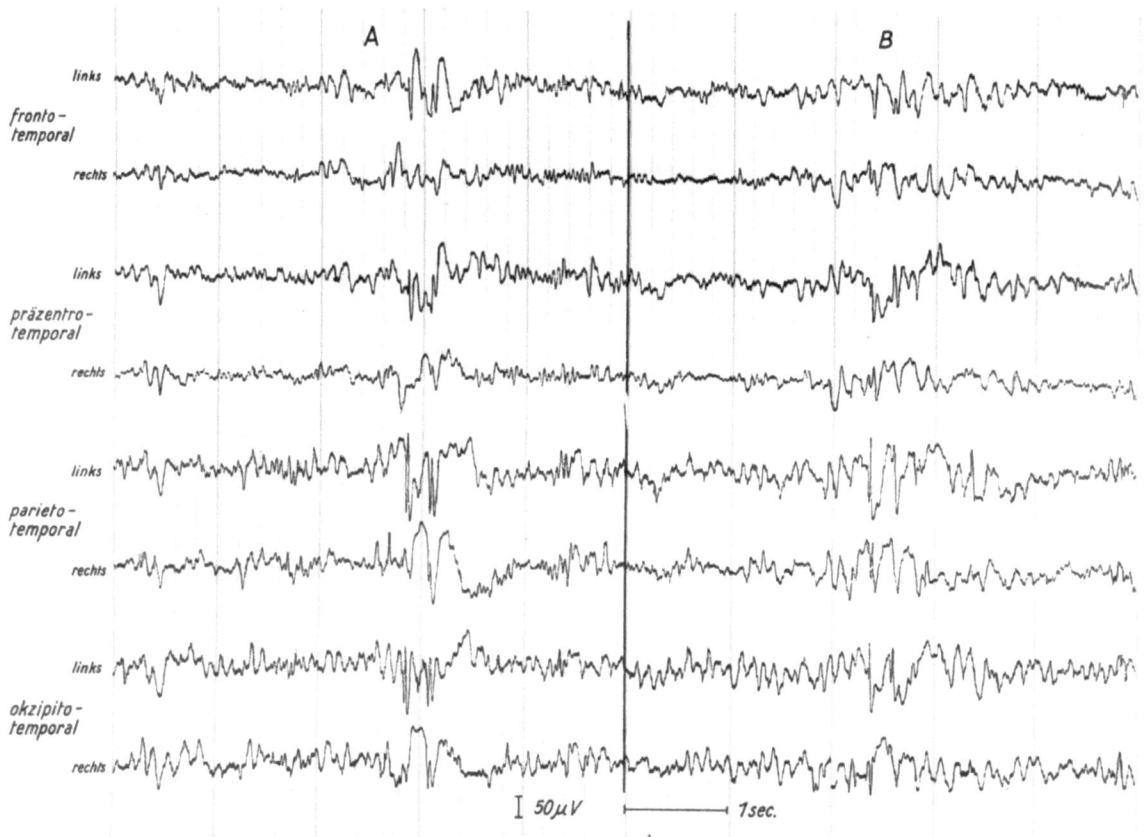

Abb. 294 Ableitungsart IV (bipolare temporale Schaltung)
Martin H., 24 Jahre, 1051/64. Symptomatische Epilepsie, nach Schädel-Hirn-Trauma.
Eeg: Spikes und polyspikes parietal links mit Ausbreitung nach temporal (A) und okzipital (B) links

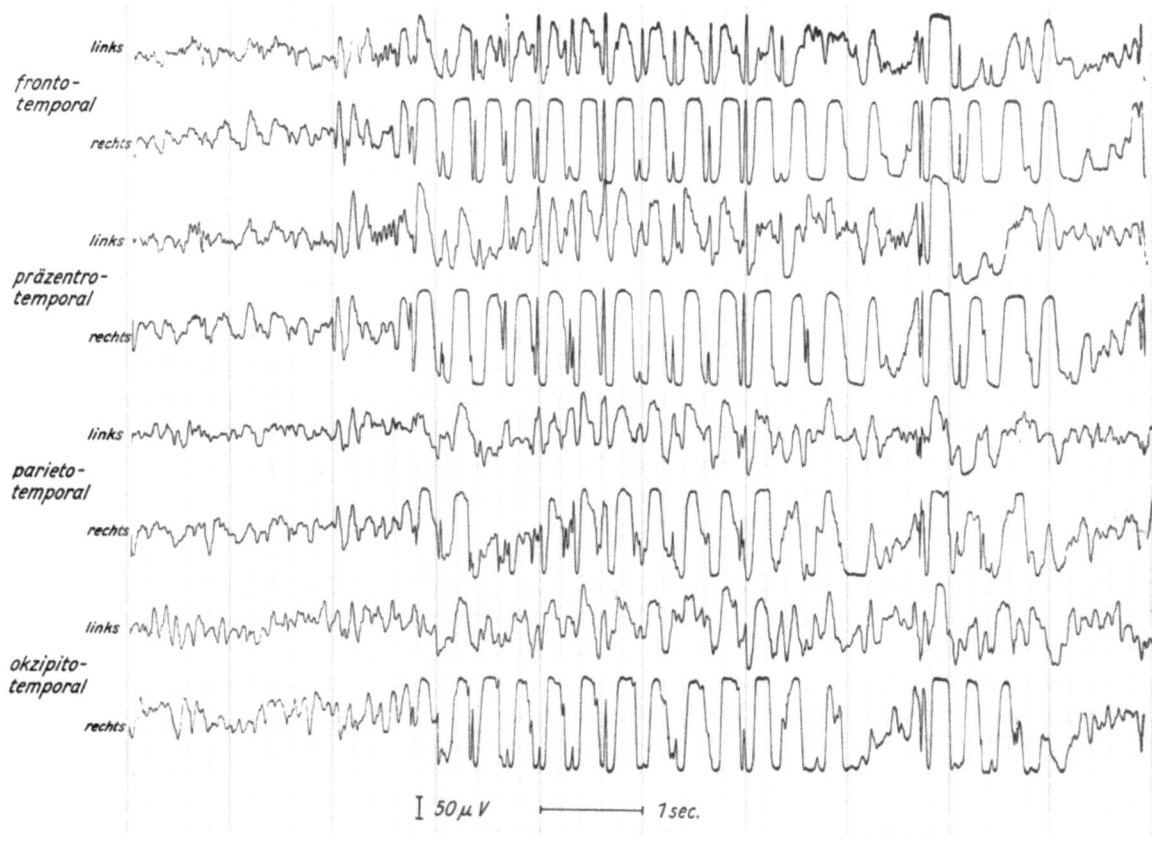

Abb. 295 Ableitungsart IV (bipolare temporale Schaltung)
Christine L., 12 Jahre, 406/77. Psychomotorische Epilepsie, symptomatisch (Schädel-Hirn-Trauma mit 9 Jahren).
Eeg: Serie rhythmischer 4/sec. spike and wave-Komplexe temporal rechts, zeitweise nach links temporal sich fortleitend

sind im Anfallintervall relativ *konstant*, und zwar dann, wenn sie dem Herd im geschädigten Hirngebiet entsprechen (Abb. 295). Ein geringer Funktionswandel von Eeg zu Eeg kann auftreten. Wenn sich die Schwere des Herdbefundes trotz Therapie zunehmend verstärkt, ist dies ein verdächtiger Hinweis vor allem auf einen Hirntumor.

Eine besondere Form der symptomatischen Epilepsie ist die JACKSON-Epilepsie, bei der sich im Anfallintervall gewöhnlich keine EEG-Veränderungen zeigen.

Die Faustregel, daß bei symptomatischen Epilepsien Herdbefunde oder Seitendifferenzen zu fordern sind, trifft nicht zu für epileptische Anfälle, die auf eine über den Blutweg erfolgte sekundäre diffuse Hirnschädigung zurückzuführen sind (z. B. endokrine Störungen, Intoxikationen). Hier zeigt sich entsprechend der allgemeinen Schädigung des Gehirns ein Eeg mit Allgemeinveränderungen; die Spitzenpotentiale sind diffus eingelagert, können aber auch bilateral und synchron auftreten, meist aber mit wechselnder Seitenbetonung und wechselnder Lokalisation. Solche Kurvenbilder können denen bei idiopathischen Epilepsien ähneln. Dies deutet auf die Notwendigkeit hin, daß der EEG-Befund nur in Korrelation zu den klinischen Untersuchungsergebnissen gewertet werden kann. Eine isolierte Betrachtung des Eeg kann also zu groben Fehldeutungen führen.

9.1.1.6. Hirnaktivität und Lebensalter

Klinischer Anfalltyp und hirnelektrische Veränderungen sind abhängig vom Lebensalter. Bei Kindern und jugendlichen Anfallkranken sind die typischen Spitzenpotentiale häufiger zu finden als bei Erwachsenen. Im frühen Kindesalter besteht eine starke Krampfneigung und damit Gefährdung zur Epilepsie. Bei Kindern können wir einige Besonderheiten der epileptischen Aktivität beobachten.

Im frühesten Säuglings- und Kleinkindalter treten die *Blitz-Nick-Salaam-Krämpfe* (infantile spasms von GIBBS, Flexionsspasmen von GASTAUT) auf. Das Hirnpotentialbild zeigt langsame hohe Wellen mit wechselnd lokalisierten Spitzenpotentialen verschiedenster Form (»diffus gemischte Krampfpotentiale« von HESS und NEUHAUS, Hypsarrhythmie von GIBBS). Für das Neugeborene und den jüngeren Säugling sind fokale bzw. partielle Anfälle typisch, die bei diesem unreifen Gehirn in ihrem klinischen und hirnelektrischen Ablauf noch wenig differenziert sind. Charakteristisch ist die Inkonstanz der Lokalisation der Spitzenpotentiale. Die Ausbreitungstendenz der epileptischen Aktivität nimmt mit fortschreitendem Lebensalter zu und erfaßt auch die kontralaterale Hemisphäre. Zunächst besteht aber noch keine bilaterale Synchronisation, die sich meist erst nach dem ersten Halbjahr entwickelt. Das Intervall-Eeg ist häufig normal oder zeigt unsichere Befunde. Konstante epileptische Herde sind selten. Das Krampfgeschehen liegt meist in der gesunden Hemisphäre. Die geschädigte Hemisphäre ist oft nicht fähig, eine exzessive epileptische Aktivität zu produzieren, und zeigt meist nur langsame Entladungen. Sie induziert aber die kontralaterale Hemisphäre zur Krampftätigkeit. Bemerkenswert ist auch, daß in dieser Altersstufe während der Anfälle sich häufig die Hirnaktivität nicht verändert. Die epileptische Aktivität läuft vermutlich bei den *Blitz-Nick-Salaam-Krämpfen* subkortikal ab und wird deshalb an den Oberflächenelektroden nicht sichtbar. Durch Photostimulation werden gelegentlich synchrone sehr hohe Theta- oder Deltawellen über den Okzipitalregionen ausgelöst. Im Säuglings- und Kleinkindalter ist der s/w-Komplex das charakteristische Spitzenpotential. Er tritt dann auf, wenn sich im geschädigten Gehirn eine epileptische Aktivität bis zum 2. oder 3. Lebensjahr entwickelt hat (Abb. 296).

Die häufigste Anfallform zwischen dem 3. und 10. Lebensjahr sind das Petit mal und die Absenz. Gehäuftes Auftreten dieser Anfälle finden wir bei der *Pyknolepsie*. Im Eeg zeigen sich 3–5/sec.-s/w-Komplexe, die durch O_2 weckbar und durch CO_2 unterdrückbar sind. In der anfallfreien Zeit ist bei der Pyknolepsie die Spontanaktivität häufig ungestört, oder es zeigen sich nur kurze abortive Paroxysmen von s/w-Komplexen. Durch Hyperventilation lassen sich die s/w-Paroxysmen leicht provozieren, auch klinische Absenzen. Verlangsamungen der Grundaktivität sind prognostisch als ungünstig zu werten (schlechte therapeutische Beeinflussung und Gefahr späterer Grand mal-Entwicklung). Die *Pyknolepsie* ist nicht immer – wie früher angenommen wurde – eine harmlose Erkrankung, denn es gibt auch ungünstige Verlaufsformen. Unbehandelt werden etwa $^1/_3$ der Kinder anfallfrei, $^1/_3$ behält weiter kleine Anfälle, und bei dem übrigen Drittel treten Grand mal-Anfälle, Dämmerzustände und epileptische Wesensänderungen auf. Die 3/sec.-s/w-Komplexe sind kein Zeichen für eine anlagebedingte genuine bzw. idiopathische Epilepsie. Sie sind vielmehr Ausdruck der bioelektrischen Reaktion des unreifen Gehirns auf schädigende Noxen verschiedenster Art. Auch die 3–5/sec. spikes and waves sind altersgebunden und in Kurvenbildern von Jugendlichen und Erwachsenen ein sicherer Hinweis dafür, daß die zerebrale Manifestation epileptischer Anfälle zwischen dem 3. und 10. Lebensjahr erfolgt ist (Abb. 297). Beim Erwachsenen sind die s/w-Muster häufig frequenzinstabil, es zeigen sich 4–6/sec.-s/w-Komplexe, die Absenzen sind kürzer als in der Kindheit.

Vermutlich ist das Persistieren der kombinierten Spitzenpotentiale (s/w-Komplex und 3–5/sec. spike and wave) auf einen bioelektrischen Reifungsstillstand des Gehirns zurückzuführen.

Nach der Pubertät nehmen deutlich die temporalen Herde zu. Aus generalisierten s/w-Komplexen entwickeln sich später meist fokale, besonders temporale s/w-Entladungen. Im Erwachsenenalter sind am häufigsten Grand mal-Anfälle, psychomotorische Anfälle und epileptische Äquivalente. Während eines Anfalls zeigen sich die entsprechenden typischen epileptischen Entladungen. Im anfallfreien Intervall sind Befunde mit

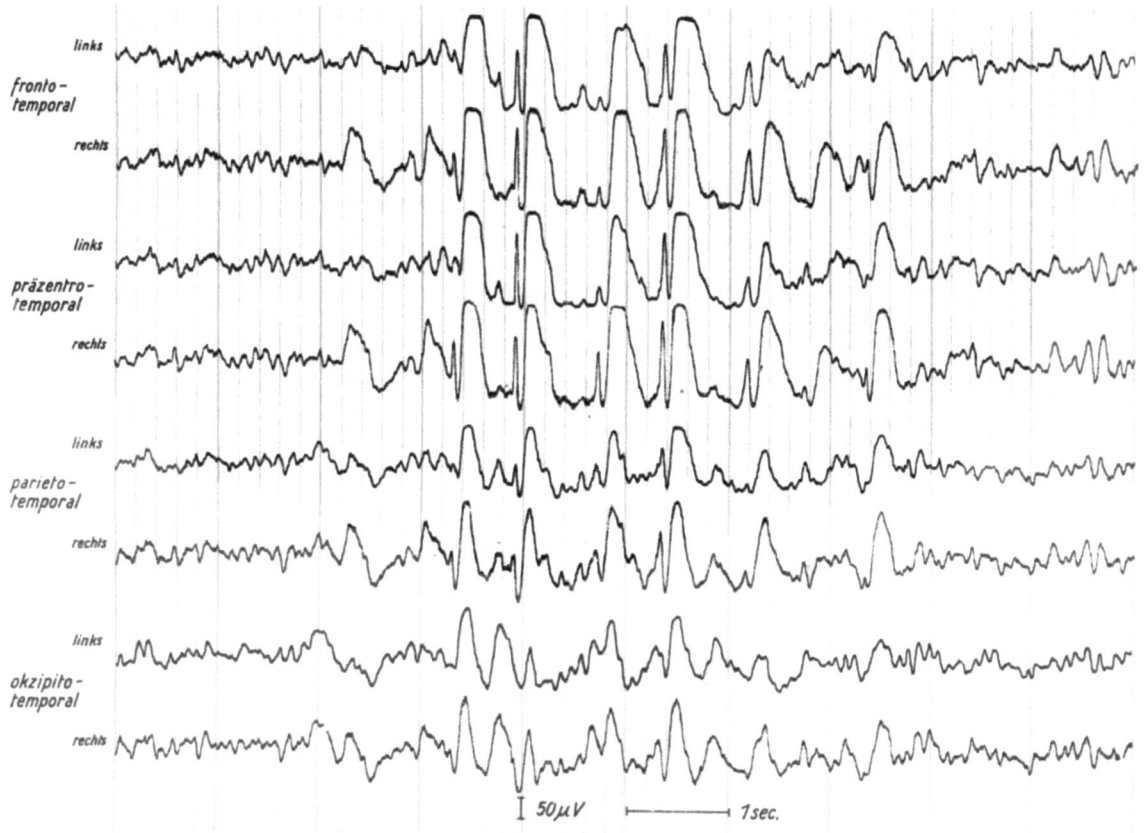

Abb. 296 Ableitungsart IV (bipolare temporale Schaltung)
Ingrid K., 18 Jahre, 1505/60. Residualepilepsie (Geburtstrauma), klinische Manifestation der Anfälle mit 16 Jahren.
Eeg: Mäßige Allgemeinveränderungen, Paroxysmus mit frontal bis parietal ausgeprägten, teils bilateral synchronen, rechtsseitig betonten sharp and slow waves

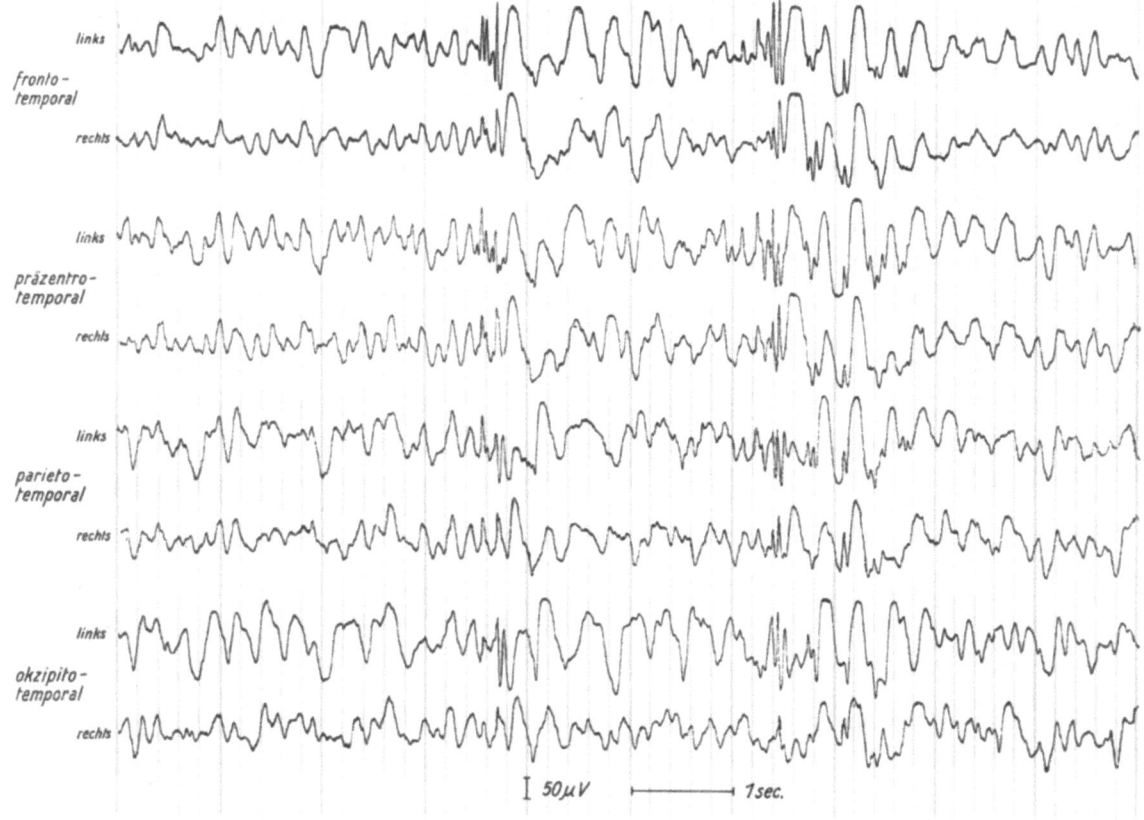

Abb. 297 Ableitungsart IV (bipolare temporale Schaltung)
Wolfgang O., 17 Jahre, 1507/61. Residualepilepsie (Schädeltrauma mit $3^{1}/_{2}$ Jahren), klinische Manifestation der Anfälle mit 8 Jahren (Absenzen, später Grand mal).
Eeg: Mäßig schwere Allgemeinveränderungen, linksseitig streckenweise stärker, spikes und polyspikes and waves frontopräzentrotemporal links mit Ausbreitung zur Gegenseite

epileptischer Aktivität seltener als bei Kindern und Jugendlichen.

Eine festgebundene *Schlafepilepsie* zeigt im Wach-Eeg in einem hohen Prozentsatz normale oder nur gering uncharakteristisch veränderte Hirnpotentialbilder. Erst durch Schlafprovokation tritt die epileptische Aktivität hervor.

Zwischen der Dauer einer Anfallkrankheit und der Schwere der EEG-Veränderungen bestehen keine Korrelationen. Kranke mit seltenen Anfällen haben oft ein normales, dagegen Kranke mit häufigen Anfällen meist ein pathologisches Eeg. Die epileptische Aktivität schwankt in ihrer Intensität, oft schon innerhalb kurzer Zeit (manchmal sogar während einer Ableitung). Weil das Hirnpotentialbild bei Epilepsie einen so starken Funktionswandel zeigt, steigt der Prozentsatz pathologischer Befunde mit der Zahl der Kontrolluntersuchungen. Die epileptische Aktivität verstärkt sich zunehmend vor Ausbruch eines Anfalls und tritt danach meistens nur sehr schwach hervor.

9.1.1.7. Epileptische Äquivalente

Alle krisenhaften Funktionsstörungen können epileptisch bedingt sein (vegetative Anfälle, Migräne, Menière, Schwindelzustände, Angina pectoris u. a.), auch anfallweise psychische Störungen (Depression, Angstzustände, Bewußtseinstrübungen, planloses Wandern, Pavor nocturnus). Diese so mannigfaltigen, häufig atypischen Anfallsymptome geben oft zunächst keinen Verdacht auf eine epileptische Genese, die erst durch das Eeg sich hinreichend sichern läßt. Solche Anfallzustände werden deshalb als Äquivalente bezeichnet (maskierte oder larvierte Epilepsie). Bei vielen Epileptikern sind Äquivalente häufiger als ein komplexes Anfallgeschehen. Manche Kranken haben im Beginn einer Epilepsie oft über Jahre nur Äquivalente, ehe sich ein komplexes Anfallgeschehen entwickelt, bei anderen bleiben sie das allein hervortretende Zeichen der zerebralen Anfallerkrankung.

Durch das Eeg hat sich der Kreis der epileptischen Äquivalente zunehmend vergrößert. Hierzu können natürlich nur die Anfallzustände gerechnet werden, bei denen sich im Hirnpotentialbild eine eindeutige epileptische Aktivität nachweisen läßt. Die EEG-Befunde können vom Typ der generalisierten oder der fokalen epileptischen Aktivität sein. Die Äquivalente sind am häufigsten bei der temporalen und residualen Epilepsie.

9.1.1.8. Latente Epilepsie

Wenn bei wiederholten EEG-Untersuchungen konstant eine epileptische Aktivität registriert wird, ohne daß bei den Patienten bisher klinische Anfallerscheinungen aufgetreten sind, wird häufig der Begriff latente Epilepsie angewandt.

Spitzenpotentiale und Spitzenpotentialparoxysmen ohne klinische Erscheinungen hat BUSHARD in 0,5% der EEG-Ableitungen aus einem Material von 14 000 EEG-Kurven gefunden. Er bezweifelt, daß die Patienten, bei denen zufällig Spitzenpotentiale entdeckt wurden, wirklich gesund seien, wie dies von GIBBS angenommen wird, der unter 1 000 Gesunden 0,9% mit Spitzenpotentialen im Eeg gefunden hat. KUGLER berichtet, daß er noch nie typische epileptische Aktivität im Ruhe-Eeg von Gesunden gesehen habe.

Häufig sind diese EEG-Veränderungen Folgezustände von Hirnaffektionen oder Hirnläsionen. Bei Kurvenbildern mit epileptischer Aktivität ist auf eine erhöhte Krampfbereitschaft zu schließen, welche früher oder später zur Manifestation von epileptischen Anfällen führen kann. Deshalb sind regelmäßige EEG-Kontrollen notwendig. Bei Erwachsenen ist eine konstant nachweisbare epileptische Aktivität schwerwiegender zu werten als bei Kindern und Jugendlichen. Bei diesen sollte man abwartend sein und den weiteren Verlauf beobachten. Häufig kommt es im fortschreitenden bioelektrischen Reifungsprozeß wieder zum Schwinden der epileptischen Aktivität. Wenn sich diese jedoch progredient zeigt, ist eine prophylaktische antiepileptische Therapie dringend zu erwägen. Bei Erwachsenen sollte man schon bei einer persistierenden epileptischen Aktivität eine entsprechende vorbeugende Behandlung in Betracht ziehen.

Umstrittener sind hinsichtlich therapeutischer Konsequenzen die synchronen Paroxysmen von Spitzenpotentialentladungen, die sich unter Photostimulation zeigen.

9.1.1.9. Provokationsmethoden

Bei der Epilepsie sind im anfallfreien Intervall im Ruhe-Eeg oft keine oder nur unspezifische Veränderungen zu beobachten. Häufig kommt es erst durch Provokationsmaßnahmen zum Auftreten einer epileptischen Aktivität, oder es werden zunächst nur uncharakteristische Veränderungen verdeutlicht.

Die einfachste Provokation ist manchmal durch den *Berger-* oder *on-and-off-Effekt* zu erreichen. Gelegentlich kann man bei Kranken als off-Effekt das Auftreten von Spitzenpotentialparoxysmen beobachten (Abb. 298).

Die im klinischen Routinebetrieb allgemein übliche und bewährte Provokationsmethode ist die *Hyperventilation*, die im Verhältnis zum Aufwand und der geringen Belastung für den Kranken am ergiebigsten ist. Bei Anfallkranken sollte nicht länger als 3 Minuten hyperventiliert werden, weil darüber hinaus auch bei Gesunden verdächtige und manchmal sogar echte epileptische Aktivität hervortreten kann, besonders bei Kindern und Jugendlichen. Das Abklingen des Hyperventilationseffekts muß ausreichend lange (etwa $1^1/_2$ Minuten, manchmal sogar länger) verfolgt werden, weil sich gelegentlich erst in dieser Phase die provozierte epileptische Aktivität zeigt und andererseits besonders das fokale Abklingen epileptischer Entladungen für die Lokalisation Aussagewert haben kann. Durch die Hyperventilation läßt sich der Prozentsatz pathologischer EEG-Befunde bei Epilepsie um

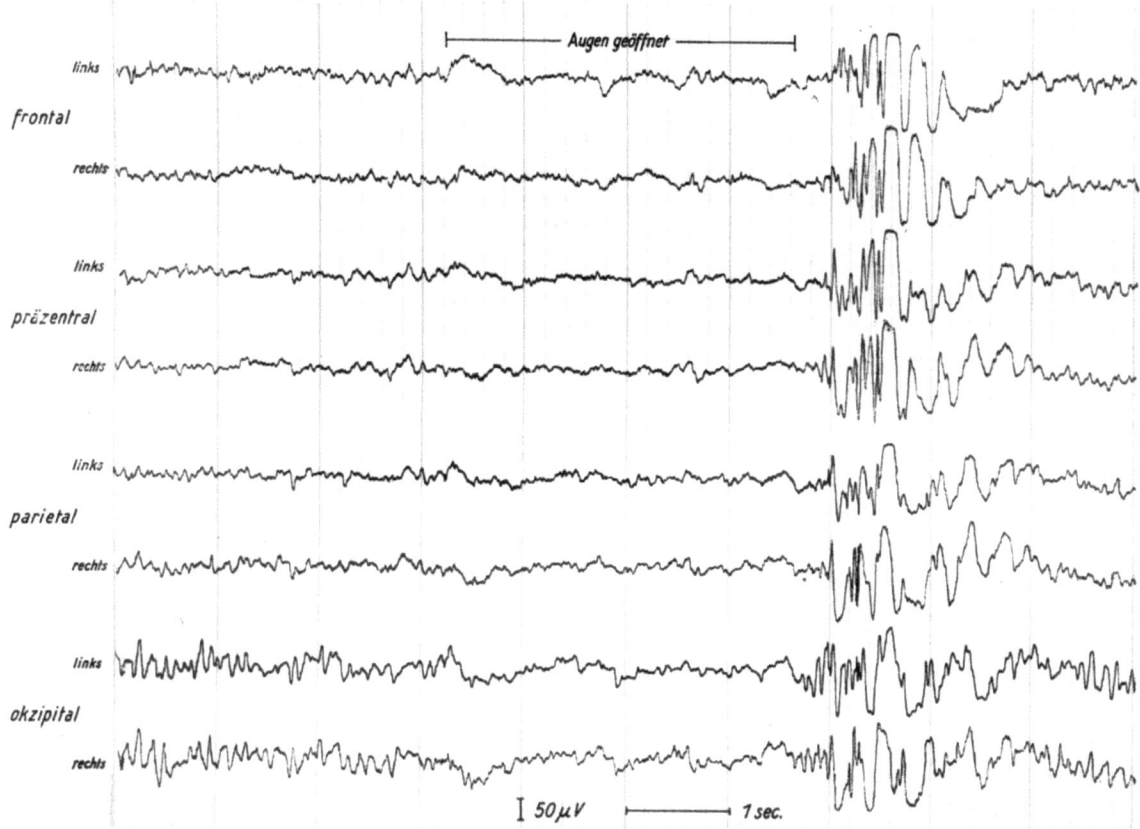

Abb. 298 Ableitungsart II (unipolare Schaltung zum rechten Ohr)
Ursula K., 19 Jahre, 1076/60. Migräne (epileptisches Äquivalent).
Eeg: BERGER-Effekt: Kurzer Paroxysmus generalisierter spikes und 4/sec. polyspikes and waves; übriges Kurvenbild keine Veränderungen, auch unter Hyperventilation keine epileptische Aktivität

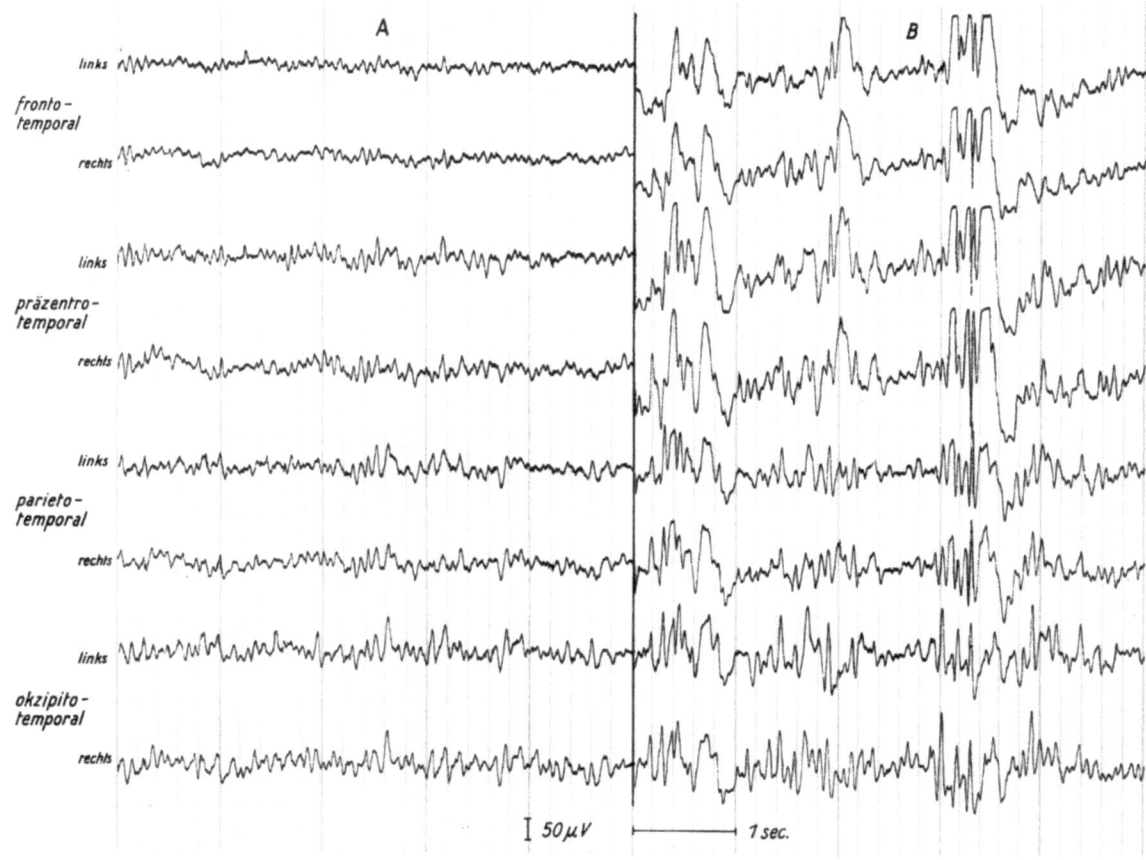

Abb. 299 Ableitungsart IV (bipolare temporale Schaltung)
Elfriede Sch., 24 Jahre, 479/67. Psychomotorische Epilepsie, symptomatisch.
Eeg: A Spontan-Eeg zeigt in geringer Ausprägung Thetawellen temporal bds., B nach 1^1/$_2$ min Hyperventilation zahlreiche sharp waves (Typ III), spikes und 4/sec. spikes und waves temporal bds. mit zeitweiser Generalisierung

etwa 30% erhöhen, um mehr noch bei der Pyknolepsie. Während der Hyperventilation werden auch Anfälle ausgelöst, besonders Absenzen bei Kindern und psychomotorische Anfälle bei Erwachsenen. Unter den Bedingungen der Hyperventilation können aus einem weitgehend ungestörten Ruhe-Eeg fokale, diffuse oder generalisierte Spitzenpotentiale provoziert werden, die dann beweiskräftig sind für das Vorliegen einer Epilepsie (Abb. 299). Man kann leicht dazu verleitet werden, aus einem abnorm starken, pathologisch überschießenden Hyperventilationseffekt mit Auftreten von sehr hohen, teils uniformen, langsamen Potentialen, die sich streckenweise bilateral und auch synchron zeigen können, auf eine epileptische Dysregularität zu schließen. Solche Hyperventilationsveränderungen ohne Auftreten von Spitzenpotentialen sind meist Ausdruck einer starken vasovegetativen Labilität und kein Hinweis für eine epileptische Störung des Gehirns (Abb. 300).

Wie bei anderen Erkrankungen kann vor allem bei der Epilepsie in der Bewertung von Hyperventilationsveränderungen das Spontan-Eeg mitbestimmend sein. Starke Hyperventilationsveränderungen mit verdächtigen Spitzenpotentialen können im Einklang mit dem klinischen Befund bedeutungsvoller sein, wenn das Ruhe-Eeg bereits abnorm ist, dagegen weniger bedeutend bei einem normalen Ausgangs-Eeg. Auch nach unseren Erfahrungen ist die bereits von HEPPENSTALL berichtete Traubenzuckerbelastung (30–50 ml 20%ige Dextrose i. v.) eine für die Differentialdiagnose brauchbare Methode, die bei vegetativ Labilen starke Hyperventilationsveränderungen zum Schwinden bringt, dagegen nicht beim Epileptiker.

Durch *Insulinbelastung* (5 Einheiten i. v.) lassen sich bei einigen Epileptikern spezifische Befunde registrieren. Diese Methode ist nicht verwendbar bei gestörtem Zuckerstoffwechsel.

Die medikamentöse Provokation mit *Cardiazol* (*Deumacard*) 100 mg i. v. war früher die Provokationsmethode der Wahl bei traumatischer Epilepsie. Da hierbei auch bei Gesunden Spitzenpotentiale ausgelöst werden, nicht selten sogar Krämpfe, ist die Cardiazolprovokation weitgehend verlassen worden. Auch protrahierte Injektionen haben ihren Wert nicht stichhaltig verbessern können.

Akustische Stimulation mit lauten Tönen und Geräuschen soll Spitzenpotentiale bei einigen Fällen der Temporallappenepilepsie wecken (musikogene Epilepsie).

Die *Flimmerlichtaktivierung* (FLA), auch als Flickerlicht, Flackerlicht oder Strobotest bezeichnet, soll in etwa 10% der Epilepsie Spitzenpotentiale provozieren können. Sie ist auch nach unserer Erfahrung der Hyperventilation nicht überlegen und lohnt sich in der Klinik eigentlich nur bei kindlichen und jugendlichen Epilepsien. Die nicht selten starke unspezifische

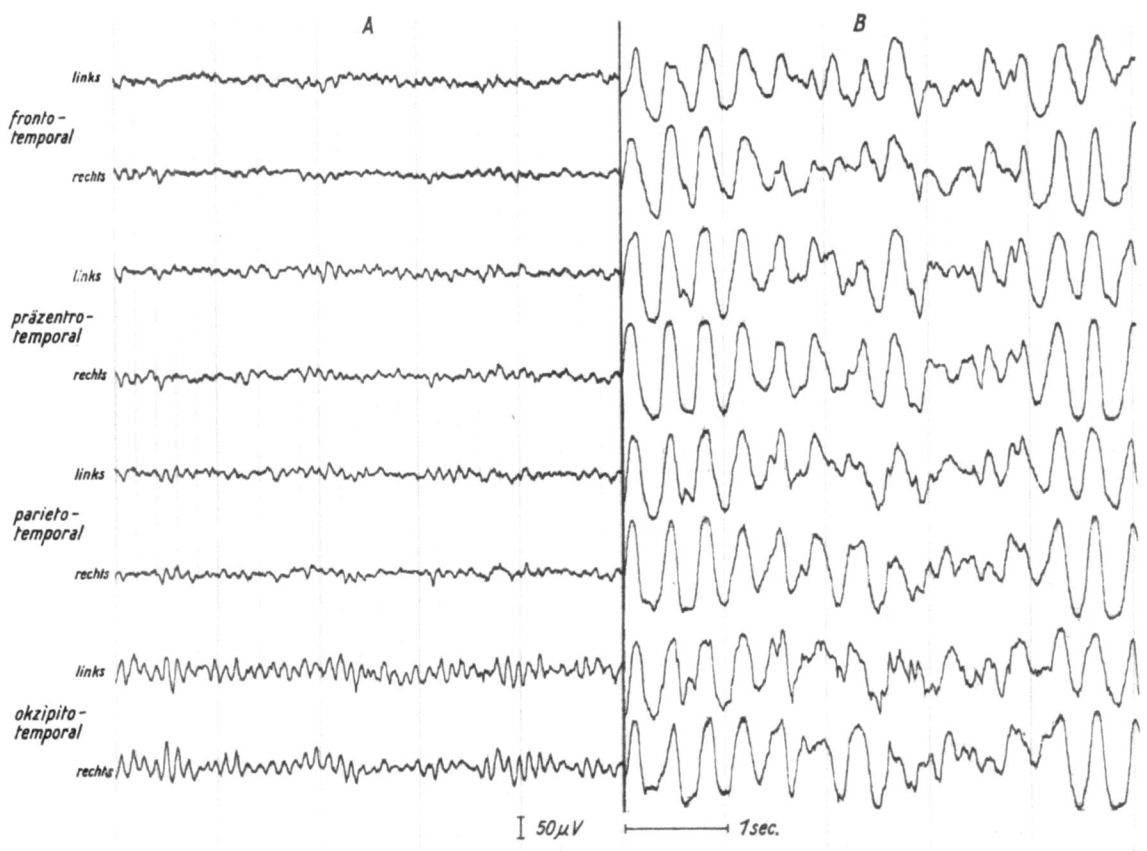

Abb. 300 Ableitungsart IV (bipolare temporale Schaltung)
Peter M., 22 Jahre, 1728/62. Vegetative Anfälle.
Eeg: A Spontan-Eeg zeigt frequenzstabile Alphaaktivität, B nach 2 min Hyperventilation abnorm hohe, häufig uniforme bilatera synchrone kontinuierliche Theta-Delta-Wellen. Keine Spitzenpotentiale

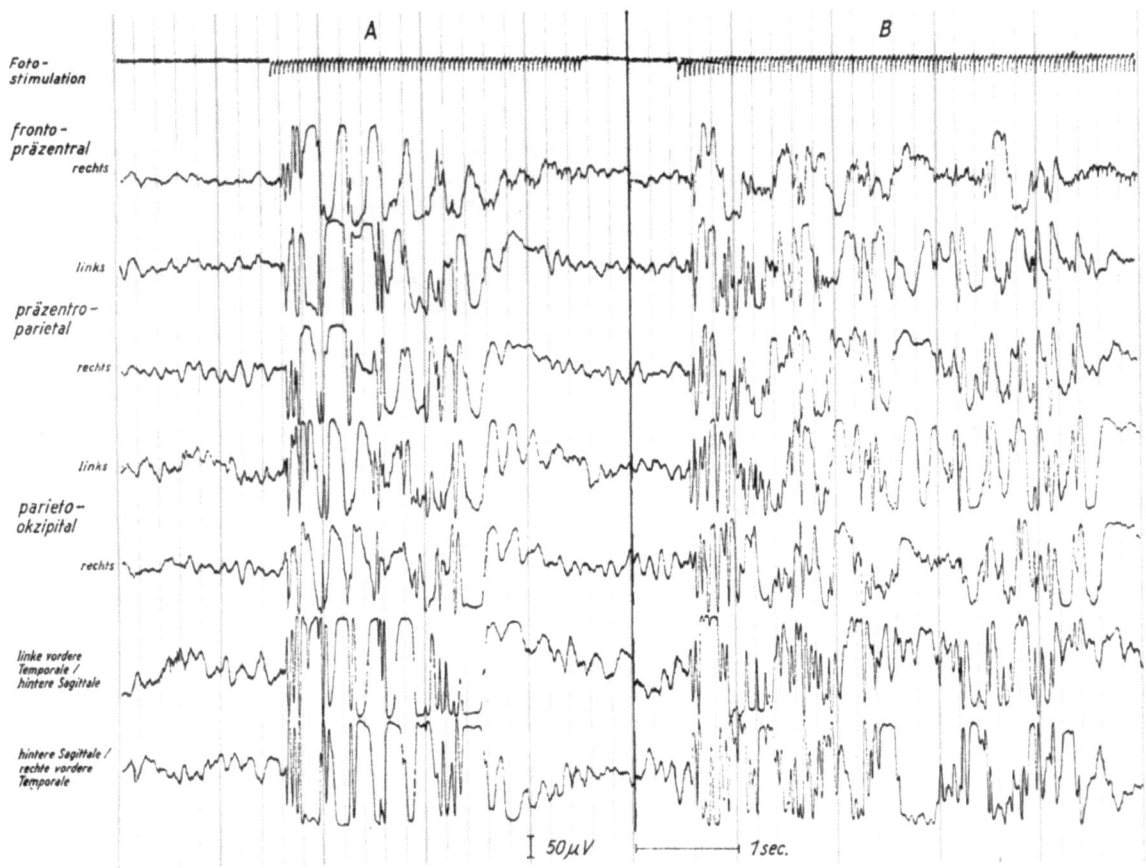

Abb. 301 Ableitungsart III (bipolare Längsschaltung)
Ulrike W., 6 Jahre, 782/66. Photosensible Epilepsie.
Eeg: Leichte Allgemeinveränderungen, Photostimulation mit kontinuierlichen Einzelblitzen.
A Helligkeitsstufe II: kurzer Paroxysmus mit spikes, polyspikes and waves, B Helligkeitsstufe III: Auslösung eines längeren Paroxysmus

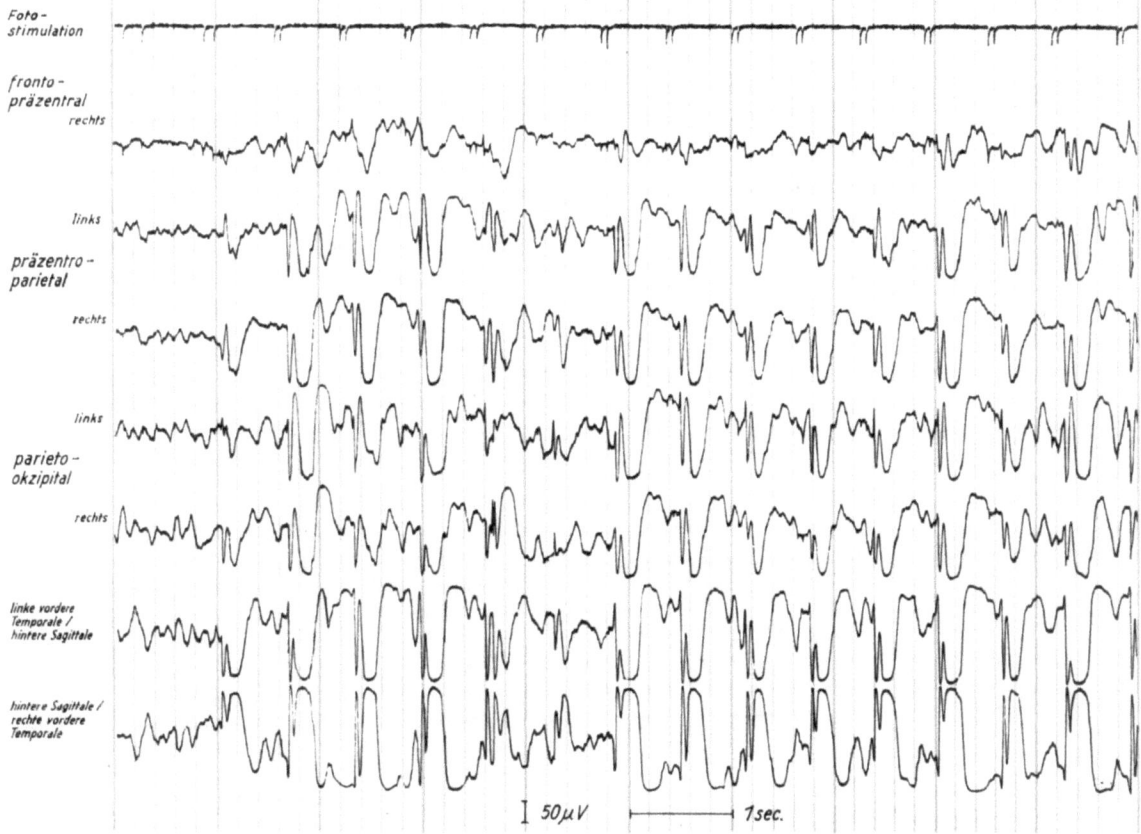

Abb. 302 Ableitungsart III (bipolare Längsschaltung)
Ulrike W., 6 Jahre, 782/66. Photosensible Epilepsie (Absenz).
Eeg: Photostimulation mit kontinuierlichen Doppelblitzen. Auftreten generalisierter spikes und polyspikes and waves, an Reizfrequenz gebunden

Aktivation kann leicht zu voreiligen Schlußfolgerungen führen. Für die photogene bzw. photosensible Epilepsie ist die Flimmerlichtprovokation die beste Methode (Abb. 301). Als Beweis einer photogenen Epilepsie wird nur das Auslösen einer klinischen Absenz angesehen (Abb. 302), provozierte abortive Paroxysmen sind für die Diagnose nicht ausreichend.

Die ergiebigste Aktivationsmethode ist fraglos die allerdings aufwendigere *Schlafprovokation* (aktiver und passiver Schlaf). Oft treten schon im Ermüdungsstadium und im Einschlafstadium epileptische Entladungen hervor, meist muß jedoch der Tiefschlaf erreicht werden. Häufig tritt auch die epileptische Aktivität in der Phase des Aufwachens auf. Durch die Schlafprovokation läßt sich der Prozentsatz pathologischer Eeg bei Epilepsie erheblich steigern, besonders natürlich bei den festen Schlafepilepsien, aber auch bei temporaler Epilepsie, Grand mal-Anfällen und der JACKSON-Epilepsie.

9.1.1.10. Epilepsietherapie und Eeg

In der Behandlung der Epilepsie hat das Eeg immer mehr an Bedeutung gewonnen. Freilich kann man die Therapie nicht allein auf das Eeg stützen, der klinische Verlauf sollte bestimmend sein. Das Hirnpotentialbild gibt jedoch in vielen Fällen entscheidende Hinweise, besonders auch für die Wahl des Antiepileptikums. Die Beurteilung der therapeutischen Wirksamkeit eines Medikaments wird durch das Eeg wesentlich erleichtert, wenn ein Kurvenbild vor der Behandlung vorliegt. Ziel der Therapie soll neben der Anfallfreiheit die Normalisierung des Hirnpotentialbildes sein. Bei der Normalisierungstendenz der Hirnaktivität beobachten wir unterschiedliche Verläufe, die ihre entsprechenden therapeutischen Konsequenzen erfordern. Wenn unter der Therapie keine Anfälle mehr auftreten und gleichzeitig das Eeg sich normalisiert hat, kann unter regelmäßiger Kontrolle des Kurvenbildes die Medikation allmählich reduziert und schließlich auch abgesetzt werden. Beobachten wir dagegen zwar Anfallfreiheit, jedoch weiterhin pathologische EEG-Veränderungen, dann sollte die Verringerung der Dosis von der weiteren günstigen therapeutischen Beeinflussung des Kurvenbildes abhängig gemacht werden. Würde man hier die Dosis der Medikation rasch vermindern, die Mittel vielleicht sogar absetzen, wäre die Gefahr erneuter Anfälle sehr groß. Durch Erhöhung der Dosis eine forcierte hirnelektrische Normalisierung zu erzwingen bedeutet, daß man dafür eine zunehmende Wesensänderung der Kranken eintauschen muß.

Bei unter Therapie anfallfreien Kranken kann eine völlige Normalisierung des EEG-Bildes in etwa $1/3$ erreicht werden, bei $2/3$ zeigen sich EEG-Veränderungen, die vom Bereich der Varianten bis zu eindeutigen pathologischen Veränderungen reichen. In etwa 75% geht die klinische Besserung des epileptischen Anfallleidens einer Rückbildung der pathologischen EEG-Veränderungen parallel, die Ätiologie der Epilepsie ist hierbei bedeutungslos. Ein gleichbleibend pathologisches Eeg zeigt sich bei ausbleibender klinischer Besserung infolge unzureichender Therapie und sollte Hinweis sein, entweder die Dosis zu erhöhen oder das Medikament zu wechseln. Bei einer Zunahme der Anfallhäufigkeit können wir in etwa 80% eine Zunahme der EEG-Veränderungen finden.

Das Eeg ist oftmals ausschlaggebend für die Wahl des Antiepileptikums. So können Schwierigkeiten bestehen in der therapeutischen Beeinflussung von Absenzen, weil solche vom temporalen Typ ein anderes Medikament erfordern als solche vom pyknoleptischen Typ. Bei der Pyknolepsie mit klinisch unbemerkten Absenzen hilft der hirnelektrische Befund, den Behandlungserfolg zu objektivieren. Schließlich kann in vielen Fällen aus einer vermehrten Betaaktivität zu erkennen sein, daß ein Anfallkranker regelmäßig seine Medikamente einnimmt. Nicht zu unterschätzen ist auch die psychologische Wirkung der EEG-Untersuchung in der Therapiekontrolle.

9.1.1.11. Andere Anfallserkrankungen

Die nichtepileptischen Anfälle haben mit den epileptischen Anfällen den plötzlichen Beginn und den passageren Verlauf gemeinsam.

Die *Gelegenheitskrämpfe* bei Kindern treten während einer akuten oder subakuten Erkrankung auf und kommen mit deren Abklingen wieder zum Schwinden. Ähnlich sind die im frühen Kindesalter auftretenden *Fieberkrämpfe*. Während dieser Anfälle kann das Eeg epileptischen Kurvenbildern gleichen. Im Intervall zeigen sich unspezifische Veränderungen. Herdbefunde weisen auf die Notwendigkeit weiterer diagnostischer Maßnahmen. Nach Abklingen der Erkrankung ist bei normalem Verlauf keine epileptische Aktivität mehr nachweisbar. Wenn sich allerdings weiter Spitzenpotentiale und s/w-Paroxysmen zeigen, ist dies als prognostisch ungünstig zu werten wegen der Gefahr eines sich manifestierenden Anfalleidens.

Bei Erwachsenen können bei akuter Enzephalitis und bei Intoxikationen sogenannte *akzidentielle Krämpfe* auftreten, die eine ähnliche Problematik zeigen wie die Gelegenheitskrämpfe und die Fieberkrämpfe im Kindesalter.

Bei den *synkopalen* und *vegetativen Anfällen* treten während des Anfalls hohe Thetawellen auf, die sich zunehmend verlangsamen und abflachen. Mit Abklingen des Anfalls entwickelt sich allmählich wieder das Ausgangs-Eeg. Das Hirnpotentialbild im Intervall ist ungestört. Häufig zeigen sich starke Hyperventilationsveränderungen, aber nie Spitzenpotentiale.

Bei der *Migräne* können im Anfall halbseitige Alphareduktionen oder Serien hoher Theta-Delta-Wellen auftreten. In der anfallfreien Zeit ist das Kurvenbild unauffällig. Herdbefunde bei Zephalgien machen weitere diagnostische Maßnahmen erforderlich. Das Hirnpotentialbild im *Meniereschen Anfall* ähnelt dem beim synkopalen Anfall.

Hypoglykämische Anfälle zeigen im Vorstadium Verlangsamungen der Hirnaktivität, im Höhepunkt des

Anfalls frequenzinstabile hohe Deltawellen, wie sie auch bei anderen komatösen Zuständen auftreten.

Bei der *Tetanie* wird häufig ein »frequenzlabiles« Eeg gefunden. Als Ausdruck einer unspezifischen Erregbarkeitssteigerung können sich eine gering diffus erhöhte Betaaktivität und unter Hyperventilation diffuse verdächtige Spitzenpotentiale zeigen. Im Anfall bleibt das Eeg unverändert. Die Blutkalziumwerte haben keinen direkten Einfluß auf das Kurvenbild.

Die *Eklampsie* nimmt eine Sonderstellung ein. Im Anfall zeigt das Eeg eine generalisierte epileptische Aktivität. Nach der Erkrankung normalisiert sich das Eeg innerhalb der nächsten Wochen. Eklampsiegefährdet sollen Schwangere mit einem konstitutionell »dysrhythmischen« Eeg sein.

Bei der *Narkolepsie* ist das Eeg zwischen den Anfällen unauffällig. Wenn Folgezustände nach abgelaufenen Hirnaffektionen vorliegen, können allgemeine Verlangsamungen und Herdzeichen bestehen. Während der Ableitung schwankt die Spannungshöhe und die Ausprägung der Alphaaktivität, die streckenweise in relativ flache, weitgehend kontinuierliche Thetawellen übergeht als Ausdruck der absinkenden Wachheit (*paroxysmale Schlafaktivität*). Bei Augenöffnen kommt es zu einer reaktiven Alphaaktivierung (paradoxer BERGER-Effekt, Abb. 303). Bei manchen Kranken besteht fast ständig eine Vigilanzschwankung. Das Hirnpotentialbild im Anfall gleicht dem Schlaf-Eeg des Gesunden, wobei gewöhnlich nur leichte bis mittlere Schlaftiefen erreicht werden. Es gelingt selten, während der EEG-Untersuchung einen narkoleptischen Anfall zu registrieren, aber fast immer können wir eine paroxysmale Schlafaktivität beobachten. Beweisend für eine Narkolepsie kann nach allgemeiner Ansicht nur die paroxysmale Schlafaktivität sein, die auch unter den Bedingungen der Hyperventilation hervortritt. Bei ermüdeten Kranken, die nicht an einer Narkolepsie leiden, kann im Spontan-Eeg bei Absinken der Wachheit eine paroxysmale Schlafaktivität hervortreten, der dann aber keine krankhafte Bedeutung zukommt, denn sie ist bei diesen unter der Hyperventilation nie zu beobachten. Die Narkoleptiker setzen während der auftretenden Schlafaktivität mit Hyperventilieren aus (Abb. 304). Auf paroxysmale Schlafaktivität sollte im Eeg sehr geachtet werden, weil die Narkolepsie viel häufiger vorkommt, als allgemein angenommen wird (ROTH). Häufig klagen die Patienten nur über uncharakteristische Beschwerden, z. B. kurzdauernden Schwindel, plötzliches Gedankenabreißen (*larvierte Narkolepsie*), dann kann nur durch das Eeg diese Störung in der Schlaf-Wach-Regulation aufgeklärt werden.

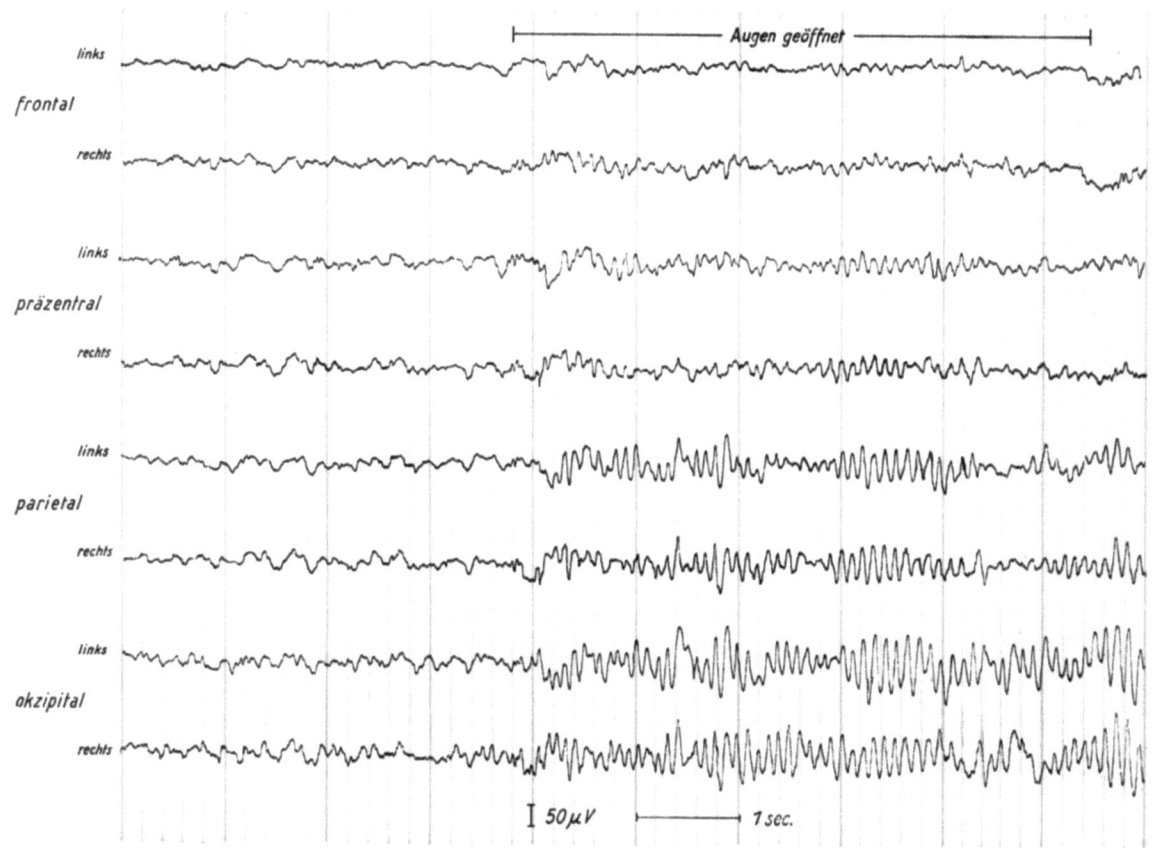

Abb. 303 Ableitungsart I (unipolare Schaltung zum linken Ohr)
Anneliese Sch., 21 Jahre, 1191/61. Narkolepsie (Schlafanfall).
Eeg: Die Aufforderung »Augen auf« unterbricht schlagartig die Schlafaktivität, es treten Alphawellen auf (paradoxer BERGER-Effekt bzw. paradoxe Aktivierung der Alphawellen)

Abb. 304 Ableitungsart IV (bipolare temporale Schaltung)
Horst P., 34 Jahre, 1398/60. Narkolepsie nach Listerioseenzephalitis (Schlafanfall während Hyperventilation).
Eeg: Nach etwa 2 min unterbricht der Patient die Hyperventilation, dabei wird plötzlich die stark ausgeprägte frequenzstabile Alphaaktivität unterbrochen, und es treten kontinuierliche Thetawellen auf, die nach etwa 8 Sekunden Dauer schlagartig wieder durch Alphawellen ersetzt werden (Patient beginnt wieder zu hyperventilieren)

9.2. Eeg bei intrakraniellen raumbeengenden Prozessen

H.-G. NIEBELING

9.2.1. Begriffsbestimmung

Für den Begriff Hirntumor werden in der Literatur die mannigfaltigsten Begriffe verwendet. Man spricht z. B. von zerebralen raumbeengenden, von raumersetzenden, aber auch von raumverdrängenden oder raumfordernden Prozessen. Will man einen Kleinhirntumor bezeichnen, so wird von einem zerebellaren Prozeß gesprochen, andererseits wird jedoch auch der Kleinhirntumor unter dem Begriff zerebraler raumbeengender Prozeß mit eingeschlossen. Allgemein üblich ist es, bei einem Kleinhirntumor auch von einem Tumor der hinteren Schädelgrube zu sprechen, obwohl anatomisch das Okzipitalhirn ebenfalls mit zur hinteren Schädelgrube gerechnet wird. Die Vielfalt dieser Bezeichnungen beruht einerseits auf der Lokalisation des Tumors und andererseits auf seiner Wachstumstendenz. Da sich alle Tumoren jedoch, von einigen Ausnahmen abgesehen, im Inneren der Schädelhöhle befinden, wenden wir den Begriff *intrakraniell* an und unterscheiden den *Großhirn- bzw. Kleinhirntumor* durch die Bezeichnung *supratentoriell bzw. infratentoriell*. Der Begriff raumbeengend wurde von uns gewählt, da sowohl die verdrängend als auch die infiltrierend wachsenden Hirngeschwülste letztlich eine Beengung des durch den knöchernen Schädel vorgegebenen Raumes darstellen.

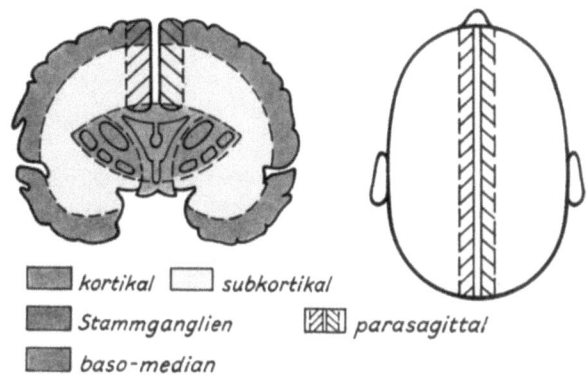

Abb. 305 Schematische Darstellung der verwendeten topographischen Einteilung bei den supratentoriellen intrakraniellen raumbeengenden Prozessen – Groblokalisation. Erklärung siehe Text

9.2.2. Topographische Einteilung

Die *topographische Einteilung* der Tumoren bereitet jedoch weitere Schwierigkeiten, da die Hirngeschwülste je nach ihrer Art zwar einen bestimmten Vorzugssitz aufweisen, jedoch sich im großen und ganzen nicht an die anatomischen Grenzen halten, sondern in benachbarte Regionen einwachsen. Weiterhin muß die Tatsache berücksichtigt werden, daß ein kortikaler Prozeß andere bioelektrische Veränderungen hervorruft als eine Geschwulst in tieferen Strukturen des Gehirns. Es sei deshalb erlaubt, an dieser Stelle die bei den später noch aufzuführenden eigenen statistischen Berechnungen vorgenommene topographische Einteilung kurz zu skizzieren.

Bei der topographischen Einteilung der *supratentoriellen raumbeengenden Prozesse* werden von uns 2 Lokalisationsarten unterschieden: 1. die *Grob-* und 2. die *Feinlokalisation*. Die *Groblokalisation* wird unterteilt in *kortikal, subkortikal, Stammganglien, basomedian* und *parasagittal* (Abb. 305). Die *Feinlokalisation* wird in die *Hauptgruppen* frontal, zentral, parietal, okzipital und temporal sowie in die *Untergruppen* frontobasal, frontozentral, frontotemporal, zentroparietal, zentrotemporal, parietookzipital, pa-

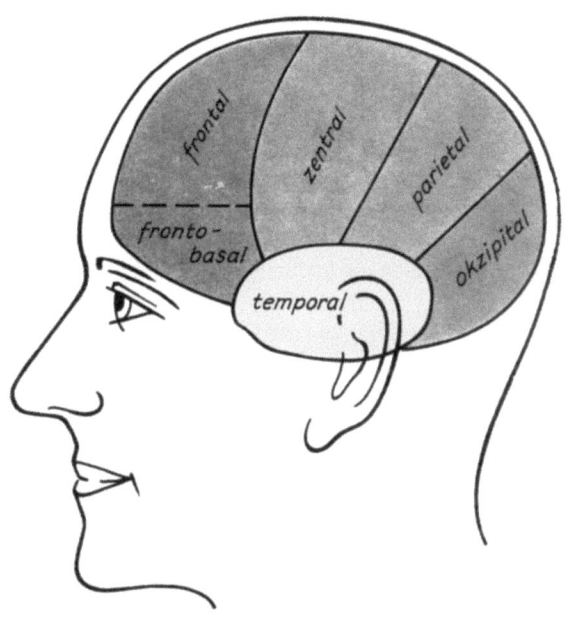

Abb. 306 Schematische Darstellung der verwendeten topographischen Einteilung bei den supratentoriellen intrakraniellen raumbeengenden Prozessen – Feinlokalisation. Erklärung siehe Text

rietotemporal, okzipitotemporal, 3. Ventrikel, Balken, Stammganglien und in die Gruppe der nicht fein lokalisierbaren Prozesse gegliedert (Abb. 306).

Zu diesem Einteilungsprinzip hier einige Erklärungen: Bei der Groblokalisation werden unter *kortikal* alle Tumoren eingruppiert, deren Hauptanteil im Kortex zu finden ist. Unter *subkortikal* werden dementsprechend alle Geschwülste eingeordnet, deren Hauptanteil im Subkortex liegt, außer den *Stammganglien-* und *basomedianen* Geschwülsten. Über die Bezeichnung Stammganglien bedarf es keiner weiteren Erklärung, jedoch muß der Begriff basomedian näher definiert werden. Unter *basomedian* werden Tumoren verstanden, die sich in einem Raum befinden, der folgendermaßen begrenzt wird:

Begrenzung nach oben: obere Fläche des Balkens

Begrenzung nach unten: Boden des 3. Ventrikels

Begrenzung nach vorn: Vorderrand der Sella turcica
Begrenzung nach hinten: Hinterwand des 3. Ventrikels einschließlich Glandula pinealis
Begrenzung nach den Seiten: mediane Fläche der Stammganglien.

Unter *parasagittal* werden zusätzlich zu den vorgenannten topographischen Einteilungen alle Prozesse eingeordnet, die die Falx cerebri sowohl von links als auch von rechts erreichen. Dies geschah, um evtl. spezielle Veränderungen der sogenannten parasagittalen Geschwülste herausfinden zu können.

Bei der Feinlokalisation muß zunächst zwischen Haupt- und Untergruppen unterschieden werden. Zu den Hauptgruppen zählen – wie bereits erwähnt – frontal, zentral, parietal, okzipital und temporal. Es wurde bei dieser Einteilung bewußt eine 5. Hirnregion, und zwar zentral, geschaffen; der Vorteil wird darin gesehen, daß sowohl der frontale als auch parietale Hirnlappen etwas verkleinert wird und dadurch die Größe dieser Hirnregionen in bezug auf ihre Oberfläche sich der Größe der anderen besser angleicht.

Zu den Untergruppen sei lediglich noch erklärend bemerkt, daß bei Geschwülsten, die in die Gruppen frontotemporal, frontozentral, zentrotemporal usw. eingegliedert werden, im Idealfall verlangt wird, daß der raumbeengende Prozeß sich je zur Hälfte in dem einen und anderen Gebiet ausbreitet. Gewisse Differenzen müssen dabei selbstverständlich unberücksichtigt bleiben.

Unter *Sella* werden alle Tumoren verstanden, die sich intrasellär befinden. Bei teilweise vorhandener Entwicklung nach para-, retro-, prä- und suprasellär werden die Tumoren ebenfalls in diese Gruppe eingeordnet.

Zu den *Balkentumoren* werden auch diejenigen des Septum pellucidum mit hinzugezählt, ebenso bilden in der Einteilung Tumoren des 3. Ventrikels und Tumoren der Glandula pinealis eine Gruppe. Unter *nicht feinlokalisierbar* kommen intrakranielle raumbeengende Prozesse zur Einordnung, die sich über 3 oder mehrere Regionen erstrecken.

Bei der *topographischen Einteilung der infratentoriellen Geschwülste* können sowohl die anatomischen als auch operationstechnischen Gegebenheiten gut aufeinander abgestimmt werden. Es wurde gegliedert in: Pons und Aquädukt, 4. Ventrikel, Oberwurm, Unterwurm, Kleinhirnbrückenwinkel sowie Kleinhirnhemisphären (Abb. 307 und 308).

Abschließend sei noch gesagt, daß durch die vorliegende lokalisatorische Einteilung versucht wurde, eine möglichst genaue topographische Erfassung aller intrakraniellen raumbeengenden Prozesse zu erreichen. Der Verfasser ist sich jedoch bewußt, daß bei kritischer Betrachtung auch bei diesem Einteilungsprinzip hier und da Lücken klaffen, jedoch dürfte das Maß der möglichen Fehler auf ein Minimum herabgedrückt worden sein.

Es muß jedoch noch erwähnt werden, daß durch

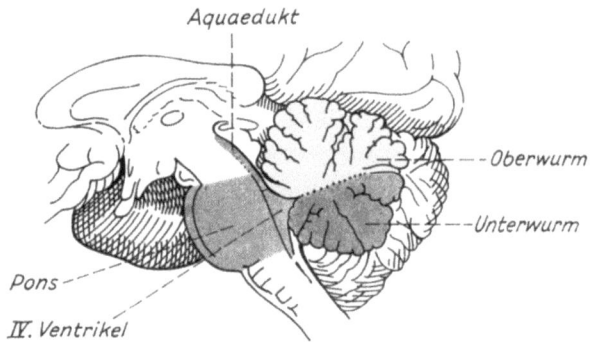

Abb. 307 Schematische Darstellung der verwendeten topographischen Einteilung bei den infratentoriellen intrakraniellen raumbeengenden Prozessen. Erklärung siehe Text

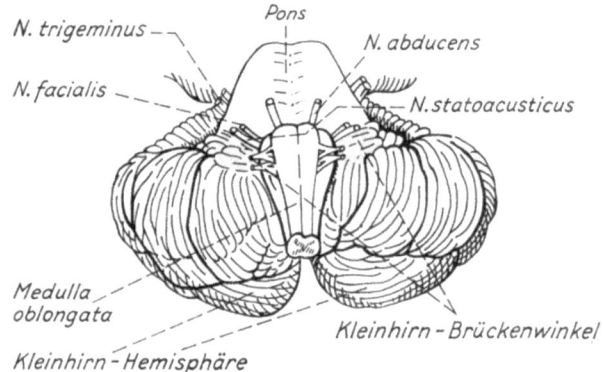

Abb. 308 Schematische Darstellung der verwendeten topographischen Einteilung bei den infratentoriellen intrakraniellen raumbeengenden Prozessen. Erklärung siehe Text

Raffung einzelner Gruppen es selbstverständlich auch möglich ist, Übersichtsgruppen zu bilden.

Im Hinblick auf die soeben behandelten topographischen Verhältnisse soll noch auf ein Problem eingegangen werden, welches vom rein neurologischen oder elektroenzephalographischen Standpunkt nicht selten übersehen wird. Wenn in der Neurochirurgie ein Patient mit einem frontalen rechtsseitigen Tumor eingeliefert wird, *so genügt die auf den ersten Blick hin sehr genau erscheinende Diagnose für die Operation jedoch nicht.* Vor einer Operation muß absolut sicher geklärt werden, ob der rechts frontal gelegene Prozeß mehr nach dem Stirnpol oder dem Zwischenhirn zu wächst; ob eine Entwicklung nach median evtl. sogar zur Gegenseite unter der Falx hindurch oder etwa nach lateral oder basolateral zu vorliegt; inwieweit Beziehungen zum Vorderrand des 3. Ventrikels oder zum Chiasma opticum bestehen, muß ebenfalls mit ins Kalkül gezogen werden. Aufgrund der hier aufgezählten Zusatzlokalisationen ist ersichtlich, *daß neurochirurgischerseits eine weitere lokaldiagnostische Arbeit zu leisten ist.* Wenn auch das Elektroenzephalogramm sicherlich hierzu keine allzu großen Beiträge leisten kann, so ist es jedoch mitunter in der Lage, durch gezielte Auswertung sowie durch Anwendung spezieller Ableittechniken einige diagnostische Bausteine zu liefern. Zweifellos werden diese z. T. speziell notwendigen Untersuchungen in den meisten Fällen von dem in der Neurochirurgie tätigen EEG-Arzt vorzunehmen sein, jedoch dürfte der kurze Hinweis auch manchem nicht mit dieser Problematik Vertrauten Anregung und Hilfe bieten.

9.2.3. Eeg und Tumordiagnostik

Wenn wir uns die Frage vorlegen, welche Rolle das Eeg bei der Diagnostik intrakranieller raumbeengender Prozesse spielt, so müssen wir uns zwangsläufig kurz mit der Diagnostik eines Hirntumors beschäftigen. Trotz aller modernen instrumentellen Hilfsmittel ist die *Erhebung der Anamnese* und vor allem die *neurologische Untersuchung* das *Fundament der Diagnostik*. Leider wird dieser Tatsache nicht immer voll Rechnung getragen. Durch die Zunahme der technisch-diagnostischen Hilfsmittel rückt die Neurologie, völlig zu Unrecht, nach und nach mehr in den Schatten dieser Methoden. Deshalb sollte eindeutig festgestellt werden, daß sowohl das subokzipital oder lumbal gefüllte Pneumenzephalogramm, die Ventrikulographie, die zerebrale Angiographie, die Szintigraphie, die übrigen radiologischen Untersuchungen und nicht zuletzt auch das Elektroenzephalogramm *nur ein diagnostisches Hilfsmittel* bleiben. Selbstverständlich ist es bestechend, z. B. im zerebralen Angiogramm eine Geschwulst als Kontrastmittelanschoppung wie einen Ball greifbar und lokalisatorisch exakt zu sehen; leider ist dies jedoch nur sehr selten der Fall.

Bei der Beurteilung des Wertes einer diagnostischen Methode wird mitunter der Fehler gemacht, dieselbe im Zusammenhang mit anderen Methoden bzw. mit der bereits vorliegenden Diagnose zu sehen. Insbesondere wenn man Vergleichsuntersuchungen zwischen verschiedenen diagnostischen Methoden anstrebt, sollte man nicht den Fehler begehen, die Arbeitsdiagnose oder vielleicht sogar die endgültige Diagnose als bekannt vorauszusetzen. Das Obengesagte sei an einem Beispiel verdeutlicht. Will ich den Wert des Angiogramms und des Elektroenzephalogramms bei den frontalen Prozessen feststellen, so wird durch die vorgegebene Diagnose das Augenmerk sowohl auf dem Röntgenbild als auch auf dem EEG-Kurvenbild auf diese Hirnregion gelenkt, und es wird zweifellos eine leicht subjektive Auswertung zugunsten des frontalen Bereichs entstehen. Weiß ich aber sowohl von dem Eeg als auch von dem Angiogramm nur, daß es sich um einen intrakraniellen raumbeengenden Prozeß handelt, und beurteile ich die beiden Untersuchungsmethoden dann noch getrennt, so daß ich also nicht weiß, ob sie von ein und demselben Fall stammen, so wird zwangsläufig die Beurteilung objektiver. Dies dürfte auch einer der Gründe sein, weshalb mitunter in der Literatur erhebliche Differenzen bei statistischen Auswertungen zutage treten. Um kein Mißverständnis aufkommen zu lassen, sei nochmals festgestellt, daß man sich einer solchen Methodik nur bei der Feststellung der Wertigkeit einer diagnostischen Untersuchungsform bedienen darf. Bei der klinischen Diagnostik muß selbstverständlich die eine mit der anderen Methode abgewogen und die Diagnose wie ein Mosaik aufgebaut werden.

Wenden wir uns nun der bereits gestellten Frage zu, was das Eeg bei der Diagnostik intrakranieller raumbeengender Prozesse aussagen, welche Hilfe es leisten kann.

Im wesentlichen sind es *drei Resultate*, die wir aus dem Eeg erwarten dürfen: 1. *lokalisatorische Angaben*, 2. *gewisse Hinweise auf die Art der Geschwulst* und 3. *Aussagen über den Kompensations- bzw. Dekompensationsgrad des Gehirns.*

Um die vorgenannten Aussagen treffen zu können, müssen wir uns zunächst mit den Graphoelementen beschäftigen, deren Auftreten diese Angaben ermöglichen.

Lokalisatorische Hinweise sind naturgemäß aufgrund von *Herdpotentialen* möglich. Hier wäre an erster Stelle der Wellenfokus, d. h. also der kontinuierliche oder diskontinuierliche Theta-, Delta- oder Theta-Delta-Mischfokus zu nennen; auch Alphareduktionen und Alphaaktivierungen können einen Herd anzeigen, wenngleich sie in der Wertskala der Herdzeichen deutlich hinter denen der Wellenfoci zurücktreten. Weiterhin gehören Spitzenfoci oder auch Kombinationen wie z. B. der Wellenspitzenfokus zu den Herdpotentialen.

Aussagen über die Art der Geschwulst sowie auch über den Kompensations- bzw. Dekompensationsgrad des Gehirns werden aufgrund des Auftretens von Allgemeinveränderungen vorgenommen, wobei sowohl die Schwere der Allgemeinveränderungen als auch uni- oder bilaterale Betonungen berücksichtigt werden müssen. Auf die Problematik der Betonung oder Bevorzugung der Allgemeinveränderungen wird später noch eingegangen werden.

Mitunter wird behauptet, daß bei der Diagnostik von intrakraniellen raumbeengenden Prozessen das Eeg meist nur dazu diene, die Lateralisation des Tumorprozesses zu verifizieren; eine genaue lokalisatorische Bestimmung sei den radiologischen Methoden vorbehalten; weiterhin soll die Möglichkeit der Artdiagnostik, d. h. die Bestimmung, ob es sich um einen schnell oder langsam wachsenden Prozeß handelt, nur bedingt möglich sein.

Aufgrund der von uns vorgenommenen statistischen EEG-Erhebungen bei 1706 durch Operation oder Sektion bestätigten intrakraniellen raumbeengenden Prozessen können wir diesen Einschränkungen, insbesondere hinsichtlich der Lokalisationsgüte, nicht zustimmen.

Bevor durch das statistische Material der Beweis anzutreten ist, sollen noch einige Ausführungen allgemeiner Natur gemacht werden.

Wir erwähnten bereits die drei möglichen Resultate, die aus einem Eeg bei Vorliegen eines intrakraniellen raumbeengenden Prozesses zu erhalten sind, und gaben eine kurze Aufzählung der dafür verantwortlichen Graphoelemente. Mit diesen Potentialen müssen wir uns zwangsläufig jetzt noch weiter beschäftigen.

Liegt ein massiver Delta- oder Theta-Delta-Mischfokus vor und sind die begleitenden Allgemeinveränderungen als leicht zu bezeichnen, so ist die lokalisatorische Bestimmung relativ einfach. Trotzdem müssen einige Besonderheiten beachtet werden, da der vorhandene Fokus sich meistens nicht auf einen Ableitungsbereich beschränkt, sondern sich in die benachbarten Hirnregionen ausdehnt. *Hier muß man sich an die Regel halten, daß der Ort, an dem die langsamsten Frequenzen zu finden sind, dem Ort des Maximums entspricht.* Die Ausdehnung des Herdes wird nun davon abhängig sein, ob vom Zentrum des Fokus ein schnelles oder langsames Abklingen zu beobachten ist, d. h., ob die Potentiale in den umgebenden Ableitungsbereichen rasch an Frequenz zu- und an Spannungshöhe abnehmen oder ob dies nicht der Fall ist.

Schwieriger wird die Diagnostik, wenn neben dem Fokus gleichzeitig nicht leichte, sondern z. B. schwere oder schwerste Allgemeinveränderungen vorliegen. Hier wird also ein Ineinanderlaufen der dem Fokus und den Allgemeinveränderungen zugehörigen Wellen erfolgen. Wie bereits beschrieben, dürfte es deshalb ratsam sein, den Schweregrad der Allgemeinveränderungen nach den Frequenzverhältnissen der kontralateralen Herdseite zu bestimmen. Je nach Stärke des Herdes und der Allgemeinveränderungen wird es in der Deutung zwei Möglichkeiten geben; einerseits wird man von einem Herd mit stärkerer Streuung oder Ausdehnung, andererseits von einer allgemeinen bioelektrischen Dysregulation mit Betonung einer oder mehrerer Hirnregionen sprechen müssen. Sichere Richtlinien, wann von der einen und wann von der anderen Form gesprochen werden soll, können nicht gegeben werden, hier muß die Erfahrung Hilfestellung leisten. Trotzdem soll gerade an dieser Stelle der Hinweis erfolgen, daß in diesen Fällen, neben Sonderschaltungen, dem *Auszählen der Frequenzen* besondere Bedeutung zukommt. Je genauer und vor allem je länger ausgezählt wird, desto besser wird das Resultat sein, was jedoch auch gleichzeitig ein Zeitproblem darstellt. Eine Hilfestellung und Zeiteinsparung gerade beim Auszählen der Frequenzen könnten uns die Frequenzanalysatoren geben; Voraussetzung hierfür wäre jedoch, daß die analytischen Verfahren so arbeiten und »zählen«, wie es in der täglichen Praxis aufgrund langjähriger Erfahrungen manuell üblich ist (s. 3.6.2.).

Nun noch ein Wort zu den anderen Herdzeichen. Für die Spitzenfoci sowie auch Wellenspitzenfoci trifft das Obengesagte in entsprechender Weise zu. Isolierte Alphareduktionen und auch -aktivierungen als Herdzeichen sind seltener, trotzdem sollte man ihr Auftreten nicht unterbewerten. Es muß ergänzend bemerkt werden, daß Kombinationen eines Wellenfokus mit einer homolateralen »Depression« der Alphagrundaktivität häufiger sind. In diesen Fällen wird jedoch hinsichtlich der Wertigkeit dem Wellenfokus die größere Aussagekraft zugeschrieben. – Alphaaktivierungen werden sowohl als Herd- als auch als Fernzeichen gesehen. Ihre Erkennung hängt weitgehend von einer subtilen Auswertung ab. Verfährt man nach den in Abschnitt 8.2. angegebenen Richtlinien, so dürften sie nicht übersehen werden. Sind die Alphawellen auf der Seite des Wellenfokus spannungshöher, so kann mit großer Wahrscheinlichkeit eine Alphaaktivierung vermutet werden, was durch die genaue Auszählung der Wellen sowohl hinsichtlich Frequenz als auch Ausprägung dann meist bestätigt wird. Wir haben Alphaaktivierungen besonders bei Rezidiven gesehen, wobei dann bei gleichzeitigem Vorliegen eines Wellenherdes der Tumor sich fast immer bis an das Gebiet der Alphaaktivierung ausdehnte.

Wichtig für die Bestimmung eines Herdes ist ferner noch – abgesehen von Spezialschaltungen – die *Beurteilung und Kombination der verschiedenen Routineableitungsarten.* Durch die sogenannten *unipolaren Ableitungsarten* bzw. Referenzschaltungen zum Ohr erhalten wir zunächst einen sehr guten Überblick über das allgemeine Potentialbild, insbesondere auch hinsichtlich der Polungsrichtung. Ferner können uns diese Schaltungen wertvolle Hilfe leisten bei der Diagnostizierung von basal gelegenen Prozessen vornehmlich der mittleren Schädelgrube. Durch mehr oder minder starke Einstreuung der Potentiale in die entsprechende Ohrelektrode – bei medianem Sitz unter Umständen auch in beide Ohrelektroden – können wichtige Schlüsse auf den Sitz der Geschwulst gezogen werden. Die sogenannte *bipolare Längs- bzw. Reihenschaltung* wiederum zeigt vornehmlich kortexnahe Tumoren an. Die bipolare temporale *Schaltung* ist besonders für die Bestimmung von Schläfenlappentumoren geeignet, während die *Querreihen* uns vornehmlich über die Beziehungen zur gegenseitigen Hemisphäre Auskunft geben.

Die *Allgemeinveränderungen* sind, wie es der Name schon sagt, Veränderungen diffuser Natur. Wir finden entsprechend der Nomenklatur ein diffuses Auftreten von Theta- oder Theta- und Deltawellen in verschiedener Ausprägung und teilen danach die Schweregrade ein. Nicht allzu selten kommt es vor, daß ein oder mehrere Ableitungsbereiche eine Verstärkung, d. h. eine bessere Ausprägung und eine Verlangsamung der Wellen aufweisen. Wir sprechen dann von einer *Betonung der Allgemeinveränderungen.* Wie oben bereits beschrieben, gibt es hierbei fließende Übergänge zu den sich ausdehnenden bzw. »streuenden« Wellenfoci. Durch dieses Phänomen wird selbstverständlich die Diagnostik erschwert. Eine EEG-Ableitung unter starker Dehydrierung ist in diesen Fällen angezeigt, und sehr oft kommt der »verdeckte« Herd »plastisch« zur Darstellung.

Wie kurz beschrieben, können aus dem Vorhandensein von Allgemeinveränderungen Schlüsse auf die Malignität bzw. Benignität des Tumors sowie auf den Kompensations- bzw. Dekompensationsgrad des Gehirns gezogen werden. Hierbei ergeben sich jedoch eine Reihe von Problemen und, wie es scheinen mag, auch eine Reihe von Widersprüchen. Wie kann man z. B. bei Vorliegen eines raumbeengenden Prozesses, der klinisch von einem starken Hirnödem begleitet wird und demzufolge schwere Allgemeinveränderungen zeigt, nach dem Eeg auf einen malignen Tumor schließen, obwohl ein starkes Hirnödem ja auch bei einem gutartigen Tumor zu finden ist. Weiterhin ist der *Zeitpunkt der Untersuchung von entscheidender Bedeutung*. Ein in der Frühphase befindlicher bösartiger Tumor wird sicherlich nur von einem leichten Hirnödem begleitet; nach dem Eeg würde demzufolge wegen der fehlenden oder nur leichten Allgemeinveränderungen dann irrtümlicherweise ein gutartiges Geschehen vermutet. Diese Zweifel und Widersprüche könnten weiter fortgesetzt werden. Versuchen wir, soweit möglich – trotz dieser vermeintlichen Abwertung –, die positiven Seiten des Auftretens von Allgemeinveränderungen aufzuzeigen.

Zunächst sei darauf hingewiesen, daß in den noch aufzuführenden statistischen Erhebungen auch auf die Bedeutung der Allgemeinveränderungen eingegangen wird.

Vergegenwärtigen wir uns vorerst, wie der Schweregrad der Allgemeinveränderungen bestimmt wird. Bis vor kurzer Zeit hatten wir nur drei Schweregrade: leicht, mäßig und schwer. In der Praxis zeigte sich jedoch, daß diese Unterteilung zu gering war, denn sehr häufig wurde von leichten bis mäßigen, von mäßigen bis schweren oder von sehr leichten bzw. sehr schweren Allgemeinveränderungen gesprochen. Aus diesem Grunde wurde auch in der jetzt vorliegenden Nomenklatur eine stärkere Aufgliederung der Allgemeinveränderungen vorgenommen.

Wie werden aber nun in praxi diese Schweregrade erkannt? Im allgemeinen werden die Auswerter nur selten die für die Eingruppierung notwendige frequenzmäßige Bestimmung der Ausprägungsgrade sowohl der Theta- als auch Deltawellen durch Auszählen bestimmter Streckenabschnitte vornehmen. Man verläßt sich auf den erfahrenen Blick und nimmt die Bestimmung des Schweregrades ohne Auszählen einer Frequenz vor. Wir glauben, daß hier ein wichtiges Problem angeschnitten wird. Selbstverständlich ist es nicht möglich, manuell alle Seiten einer Kurve hinsichtlich ihrer Frequenz auszuzählen; die Auszählung von wenigstens einer Seite (30 cm) dürfte jedoch tragbar erscheinen. Man wird dann erstaunt sein, daß die zunächst visuell vorgenommene Abschätzung sehr oft erheblich von der exakten Messung abweicht. Mit dieser zeitlich noch vertretbaren Auswertmethode ist der erste Schritt getan, um auch für statistische Untersuchungen eine einigermaßen objektive Grundlage zu erhalten. Weiterhin ist es wichtig, wie bereits mehrfach erwähnt, bei Vorliegen eines Herdes nicht die Herd-, sondern die kontralaterale Seite als Ausgangspunkt für die Bestimmung zu wählen. – Es sei gestattet, an dieser Stelle eine kleine Begebenheit einzuschalten, die die Wichtigkeit einer exakten Auswertung unterstreicht. Wir nahmen eine »Normal«-Kurve mit gut ausgeprägter Alphagrundaktivität und ließen sie von 5 EEG-Auswertern besonders hinsichtlich der Grundaktivität überprüfen. Alle Auswerter sowie auch Verfasser waren der Meinung, daß Spannungshöhenunterschiede – abgesehen von den normalen Schwankungen – zwischen der linksseitigen und rechtsseitigen okzipitalen Alphaaktivität nicht vorhanden waren. Auch die geringen Unterschiede der durch kurzstreckige Auszählungen vorgenommenen Frequenzmessungen bewegten sich im Rahmen des absolut Physiologischen. Eine daraufhin vorgenommene Auszählung der Alphawellen im linken und rechten okzipitalen Ableitungsbereich der Gesamtkurve erbrachte ein überraschendes Ergebnis. Unterschiede hinsichtlich der Frequenzverteilung konnten bis zu 30% festgestellt werden, d. h., daß z. B. auf der einen Seite 30% mehr 9/sec.-Wellen als auf der anderen Seite anzutreffen waren. Interessanterweise stimmten die gemessenen Werte hinsichtlich der Spannungshöhe mit den geschätzten bedeutend besser überein. Selbstverständlich kann aus dieser Einzelbeobachtung kein allgemeingültiger Schluß gezogen werden; vielleicht lag durch bestimmte Frequenzkombinationen ein visuell schlecht zu beurteilendes Bild vor; trotzdem sollte diese Untersuchung dazu angetan sein, der genauen Auszählung der Frequenz besondere Aufmerksamkeit zu schenken.

Wenden wir uns jetzt wieder den Problemen der Allgemeinveränderungen zu. Über die Möglichkeit, anhand des Schweregrades Aussagen über die Gutbzw. Bösartigkeit eines Tumors zu machen, werden wir am vorteilhaftesten bei den statistischen Erhebungen sprechen. Die *Beziehungen zwischen Kompensations- bzw. Dekompensationsgrad des Gehirns und Schwere der Allgemeinveränderungen* seien durch eine während der täglichen Praxis gemachte Beobachtung geschildert. Leider kommt es mitunter vor, daß ein Patient mit einem Konvexitätsmeningiom, welches angiographisch gesichert und sehr gut operabel ist, die Operation nicht überlebt. Man fragt sich, was die Todesursache ist. Der Sektionsbericht gibt in diesen Fällen meistens keine sichere Auskunft; die Operationsverhältnisse waren in Ordnung, eine Pneumonie lag nicht vor, die Diagnose lautet schließlich: Tod durch zentrale Dysregulation. Durch Zuhilfenahme der EEG-Befunde konnten die Todesfälle, wie wir glauben, zumindest in einem großen Teil geklärt werden. Die Untersuchungen ergaben folgendes: Liegt ein angiographisch gesichertes, gut operables Meningiom vor und zeigt das Eeg nur leichte Allgemeinveränderungen, so kann man mit einer großen Überlebenschance rechnen. Liegen dagegen im Eeg schwere, sehr schwere oder schwerste Allgemeinveränderungen vor, so kann mit großer Wahrscheinlichkeit trotz gutem präoperativem Befinden des Patienten ausgesagt werden, daß der Patient die Operation nicht überlebt. Operiert man diese Patienten zweizeitig, d. h., daß bei der ersten Operation lediglich der Knochendeckel über dem Tumorgebiet entfernt und die Dura soweit als möglich zirkulär um den Tumor eröffnet wird, so zeigte sich im Verlauf von 6–8 Tagen durch die getroffene Druckentlastung eine deutliche Minderung der Allgemeinveränderungen. Wird die zweite Operation, also die Entfernung des Tumors, nun zu einem Zeitpunkt durchgeführt, an dem die Allgemeinveränderungen ihr Minimum zeigen, so ist unter dieser Vorsichtsmaßnahme praktisch kein Patient gestorben. Bei zu langem Zuwarten nehmen selbstverständlich die Allgemeinveränderungen wieder zu und vermindern entsprechend der Zunahme die Überlebenschance.

Welche Schlußfolgerungen können aus diesen Beobachtungen gezogen werden? Wir glauben, daß bei den Fällen mit schweren Allgemeinveränderungen die Fähigkeit des Hirns, den immer stärker werdenden Druckzustand auszugleichen, zu kompensieren, erschöpft war und somit der operative Eingriff das Hirn in die Dekompensation geführt hat. Nach Durchführung der Entlastungsoperation und dadurch erzeugter Druckminderung wurde die zusätzliche Operationsbelastung abgefangen, kompensiert. Ob diese hypothetischen Vorstellungen richtig oder falsch sind, dürfte wissenschaftlich interessant sein. Praktisch ausschlaggebend ist jedoch, daß es mit Hilfe des Eeg und des beobachteten Schweregrades der Allgemeinveränderungen möglich war, eine prognostisch für den Patienten lebensrettende Aussage zu machen.

Vor der Wiedergabe der statistischen Erhebungen seien abschließend noch einige für die Auswertung eines Tumor-Eeg wissenswerte Tatsachen aufgezeigt.

Wie FÖRSTER und ALTENBURGER 1935 feststellen konnten, ist der Tumor selbst elektrisch inaktiv. Die *bei raumbeengenden Prozessen zu registrierenden Potentialänderungen müssen somit von dem den Tumor umgebenden Hirngewebe ausgehen.* Theoretisch und unter Ausschaltung der physikalischen Streuung der Hirnpotentiale müßten wir somit bei einem kortikalen Prozeß keine Potentiale erhalten, vorausgesetzt, daß die Elektroden sich innerhalb des Tumorgebiets befinden. Beim subkortikalen Prozeß hingegen liegt zwischen Ableitungspunkt und Geschwulst immer Hirngewebe, so daß hier entsprechende Potentiale abgeleitet werden können. Praktische Bedeutung erlangen diese Feststellungen insbesondere bei kortikographischen Tiefenableitungen, die während einer Operation zur genauen Lagebestimmung des Tumors mitunter durchgeführt werden. Weiterhin sollte man sich der Tatsache bei sehr ausgedehnten kortikalen Prozessen erinnern. In der täglichen Praxis werden diese Überlegungen jedoch durch die vorhandene physikalische Streuung meist nicht als so bedeutungsvoll angesehen, trotzdem sollte man sie bei der Auswertung niemals außer acht lassen.

Über die *Beschaffenheit intrakranieller raumbeengender Prozesse* fehlen in der Literatur genaue statistische Angaben. An einem Material von 417 durch Operation oder Sektion bestätigten Tumoren konnten wir feststellen, daß zystische Prozesse bzw. solide Tumoren mit zystischem Anteil in 31,4% vorhanden waren. Für den Patienten kann der Nachweis einer Zyste oder auch eines soliden Tumors mit zystischem Anteil mitunter lebensrettend sein, da durch Anlegen eines Bohrlochs und Absaugen der Zystenflüssigkeit eine plötzlich eintretende Hirndruckkrise sehr oft schlagartig gebessert werden kann. Fragen wir uns nun, ob das Eeg hier eine Hilfestellung geben kann. Aufgrund umfangreicher Untersuchungen konnten wir an einem Material von 271 Patienten folgende Feststellungen treffen: *Bei soliden Prozessen sind die Herdpotentiale in Form eines Theta-, Delta- oder Theta-Delta-Mischfokus zumeist durchgehend oder fast durchgehend vorhanden, während bei zystischen Prozessen eine wechselnde Intensität des Fokus zu beobachten ist.* Strecken mit sicherem Herdbefund lösen Kurvenbilder, die nicht selten als physiologisch anzusehen sind, ab. Dieses Phänomen wurde während einer Untersuchung beobachtet, wobei die Dauer der Untersuchung nicht verlängert wurde, sondern der Zeit der üblichen Routineuntersuchungen entsprach. Es kam jedoch auch vor, daß während einer Untersuchung der Herd durchgehend vorhanden war, während er in der nachfolgenden Kontrolluntersuchung nicht mehr beobachtet werden konnte, obwohl in der Zwischenzeit therapeutische Maßnahmen sowohl medikamentöser als auch operativer Art nicht vorgenommen worden waren. Dieser Intensitätswechsel konnte auch bei mehrfachen Kontrollableitungen beobachtet werden. Bei der statistischen Auswertung des Materials stellten wir den soliden Prozessen die zystischen bzw. soliden Prozesse mit zystischem Anteil gegenüber, wobei jedoch für beide Gruppen nur Elektroenzephalogramme mit einem Wellenherd verwertet wurden. Das Phänomen des »*intermittierenden Herdes*« fanden wir bei den soliden Prozessen in 21,5% und bei den zystischen Prozessen in 87,1%. Vergleichsuntersuchungen ergaben, daß die zerebrale Angiographie in 64%, das Pneumenzephalogramm nur in 3% einen zystischen Prozeß voraussagen konnte. Aufgrund dieser Untersuchungen kann somit das Eeg auch als wertvolle Hilfe bei der Differentialdiagnostik der Beschaffenheit des Tumors angesehen werden. Hinsichtlich der Entstehung des bioelektrischen Bildes ist eine Erklärung schwierig. Ein wechselnder Füllungszustand der Zyste wäre bei Auftreten des »intermittierenden Herdes« während zweier zeitlich auseinanderliegender Untersuchungen denkbar. Für das Auftreten des Phänomens innerhalb einer Untersuchung jedoch dürfte diese Annahme sehr fraglich erscheinen, da es nicht sehr wahrscheinlich ist, daß der Füllungszustand während einer Untersuchung sich mehrfach schlagartig ändert. Die Frage nach der Genese muß also noch offenbleiben.

Eine Beobachtung, die ebenfalls erhebliche klinische Bedeutung erlangen kann, soll angeschlossen werden. *Bei Vorliegen eines medianen Keilbeinflügelmeningioms* konnten wir in einer größeren Anzahl von Fällen *zwei Wellenherde* feststellen. In der bipolaren-temporalen Schaltung war im frontotemporalen und im okzipitotemporalen Ableitungsbereich das Maximum an langsamen Wellen zu erkennen; präzentrotemporal und parietotemporal war nur eine geringe Deltatätigkeit nachweisbar. Zunächst lag die Vermutung nahe, daß es sich um zwei getrennte Tumoren handelt; der Verdacht auf Metastasen wurde ausgeprochen. Bei der weiteren neurologischen sowie radiologischen Diagnostik wurde jedoch der Nachweis eines Keilbeinflügelmeningioms erbracht, der durch die anschließende Operation seine Bestätigung fand. Eine Erklärung für dieses Phämomen ist retrospektiv möglich. Durch Abklemmung der A. cerebri posterior, bedingt durch den medianen Sitz des Tumors, ist es zu einer Ischämie des Okzipitallappens gekommen und somit zum Auftreten eines zweiten Herdes. Eine Nachprüfung, ob dieses Phänomen auch bei intermediären bzw. lateralen Keilbeinflügelmeningiomen auftrat, verlief negativ.

Bei der Erkennung von Rezidivgeschwülsten sowie auch postoperativen Komplikationen kommt dem Eeg eine große Bedeutung zu. *Voraussetzung* hierfür sind jedoch relativ *kurzfristige Kontrolluntersuchungen* nach der Operation, die im späteren Verlauf zeitlich ausgedehnt werden können, jedoch nach Entlassung des Patienten mindestens aller 3 Monate vorgenommen werden sollten. Eine *weitere Voraussetzung* ist, daß ein *präoperatives Eeg* vorliegt. Aussagen bei Nichtvorliegen eines solchen Hirnpotentialbildes über ein Rezidivgeschehen oder über Komplikationen sind als sehr fragwürdig anzusehen. Die Vergleichsmöglichkeit ist unabdingbare Notwendigkeit für eine gezielte EEG-Diagnostik hinsichtlich der aufgeworfenen Fragestellungen. Auf die in Abschnitt 3.7. erwähnten Änderungen der Ableitschemata soll hier nochmals hingewiesen werden.

Das Abklingen der lokalisierten sowie auch nicht lokalisierten Veränderungen nach der Operation eines Hirntumors kann zeitlich gesehen verschieden sein. Im allgemeinen sind bei glattem, komplikationslosem postoperativem Verlauf die EEG-Veränderungen nach 14 Tagen bereits deutlich abgeklungen, nach 3 bis 4 Wochen haben wir meist eine weitgehende Normalisierung des Hirnpotentialbildes gefunden. Betaaktivität über der Operationsstelle kann zuweilen noch nachweisbar sein und sich sogar verstärken. Diese Aktivität kann durch Hirnduranarben hervorgerufen werden. Man sollte diese Betawellen nicht überbewerten, jedoch auch nicht als völlig harmlos ansehen, da sie mitunter die ersten Anzeichen einer sich entwickelnden Krampfaktivität sein können. Kommt es nach teilweisem oder völligem Abklingen der EEG-Veränderungen zum Wiederauftreten sowohl von Herdpotentialen als auch von Allgemeinveränderungen, so ist stets an eine Komplikation, z. B. in Form eines Hirnabszesses, oder bei länger zurückliegender Operation auch an ein Rezidiv zu denken. Kurzfristige Kontrollen müssen dann sofort einsetzen, um eine Bestätigung der zunehmenden Veränderungen zu erhalten. Es kommt vor, daß bereits nach ein oder zwei Tagen eine »Beruhigung« des Potentialbildes wieder eintritt. Hier handelt es sich meist um postoperative Zystenbildungen. Auch in einem solchen Fall sollte man sich nicht davon abbringen lassen, ständig weitere Kontrollableitungen vorzunehmen.

Es soll noch an die nach der Operation in einigen Fällen vorhandene *Knochenlücke durch Weglassen des Knochendeckels* erinnert werden. Auf die *richtige Bewertung* der in den Randgebieten mit erhöhter Spannung auftretenden Potentiale muß nachdrücklich hingewiesen werden. *Es sei nochmals wiederholt, daß eine Knochenlücke sich nur auf die Spannungshöhe, aber nicht auf die Frequenz der Wellen auswirkt. Finden wir also im bzw. um den Bereich der Knochenlücke langsamere Wellen gegenüber der Voruntersuchung, so sind dieselben als echt anzusehen und müssen dementsprechend diagnostisch verwertet werden.*

Hinsichtlich der *zerebralen Krampfanfälle bei intrakraniellen raumbeengenden Prozessen* seien zunächst einige statistische Zahlen wiedergegeben, die sich jedoch nur auf die klinisch-anamnestisch festgestellten Anfälle beziehen und somit noch nicht mit dem Eeg korreliert wurden. Über das Auftreten oder Fehlen generalisierter sowie auch lokalisierter epileptischer Anfälle bei intrakraniellen raumbeengenden Prozessen ist eine umfangreiche Literatur vorhanden. Dabei fehlt es nicht an stark unterschiedlichen Angaben. Nach SELBACH geben BIEMOND die Anfallquote bei den supratentoriellen Prozessen mit 80%, KIRSTEIN mit 50% und WALTER-BÜEL, der das Material der KRAYENBÜHLschen Klinik untersuchte, mit 15% an. Die eigenen statistischen Erhebungen, die auf über 500 Fällen von intrakraniellen raumbeengenden Prozessen basieren, brachten folgende Ergebnisse: Die Häufigkeit zerebraler Krampfanfälle bei supratentoriellen Prozessen konnte mit 34,1% festgestellt werden, wobei die generalisierten Anfälle über die lokalisierten dominieren.

Diese Feststellung dürfte etwa im Mittel der bisherigen Veröffentlichungen liegen. Bei der Aufgliederung, spezifiziert nach der Art des Prozesses, zeigten sich einige Besonderheiten. Das wohl hervorstechendste Merkmal waren die Ergebnisse in bezug auf das *Oligodendrogliom*. Wir fanden in 73% Fälle mit zerebralen Anfällen in der Anamnese, wobei der generalisierte Typ im Verhältnis 3 : 2 überwog. Weiterhin überraschte die relativ niedrige Anzahl von Patienten mit Anfällen bei den *Meningiomen*, nur 26%; hier dominierte ebenfalls mit zwei Dritteln die generalisierte Form. Besondere Beachtung mußte auch den *Aneurysmen* geschenkt werden, bei denen ebenfalls Anfälle beobachtet wurden. Dies dürfte deshalb als besonders interessant anzusehen sein, weil hier die Wahrscheinlichkeit der Auslösung der Anfälle durch vasale Dysregulationen als sehr hoch angesprochen werden muß. Schließlich sei noch erwähnt, daß in unserem Material die *Hypophysenadenome* und *subduralen Hämatome* mit einer Anfallhäufigkeit unter 5% zu beobachten waren. Die Eingruppierung der Fälle nach den eingangs erwähnten topographischen Verhältnissen (s. Abschn. 9.2.) erbrachte ebenfalls einige Überraschungen. Zusammenfassend kann man die bisherigen Literaturergebnisse und Erfahrungswerte so formulieren, daß *kortikale Tumoren häufiger Anfälle auslösen als subkortikale*; weiterhin soll das Zentralgebiet in bezug auf die einzelnen Hirnregionen eine gewisse Vorrangstellung einnehmen.

Was zeigen nun unsere Ergebnisse in dieser Hinsicht? Schon bei der Groblokalisation ergaben sich neue Erkenntnisse. Während die kortikalen Prozesse in rund einem Viertel aller Fälle mit Anfällen belastet sind, zeigten die subkortikalen Tumoren in annähernd der Hälfte der Fälle Anfälle. Die Stammganglientumoren glichen sich den subkortikalen Tumoren an, während die parasagittalen Geschwülste sich in der Mitte zwischen kortikal und subkortikal bewegten. Bemerkenswert erscheint in bezug auf die Gruppen der generalisierten bzw. lokalisierten Anfälle, daß die Fälle mit lokalisierten Anfällen bei den subkortikalen Prozessen höher lagen als bei den kortikalen Tumoren. Bei der Feinlokalisation zeigte, wie erwartet, die Zentralregion die größte Anfallhäufigkeit beim Vorliegen intrakranieller raumbeengender Prozesse. Erwähnt werden muß noch das okzipitale Gebiet, wo in keinem Fall eine Anfallanamnese eruiert werden konnte. Dieses Ergebnis darf nicht zu dem Fehlschluß führen, daß die okzipitale Hirnregion in jedem Fall frei von Anfällen ist. Mit Sicherheit kann jedoch festgestellt werden, daß dieses Hirngebiet nur selten als anfallauslösender Ort ermittelt werden konnte. Es sei noch die überraschende Tatsache vermerkt, daß die zentroparietalen und parietalen Prozesse hinsichtlich des Auftretens von lokalisierten Anfällen eine höhere Zahl als die für lokalisierte Anfälle prädestinierte Zentralregion zeigten. *Allgemein kann man eine fast kontinuierliche Zunahme von lokalisierten Anfällen von frontal nach parietal feststellen.* Abschließend sei noch erwähnt, daß auch bei den infratentoriellen Prozessen eine Anfallhäufigkeit von annähernd 6% festgestellt werden konnte.

Nach diesen klinischen Erhebungen sollen noch einige Betrachtungen über die elektroenzephalographischen Ergebnisse hinsichtlich des *Auftretens von Spitzenpotentialen bei Fällen mit Groß- bzw. Kleinhirntumoren* angeschlossen werden. Bei den supratentoriellen Prozessen fanden wir in 15%, bei den infratentoriellen Geschwülsten in 6% der Fälle Eeg. mit Spitzenpotentialen; beide Prozeßarten zusammen zeigten eine Häufigkeit von 13%. HESS fand in seinem Material 17%. Die Aufschlüsselung der Fälle in den generalisierten und lokalisierten Potentialtyp läßt erkennen, daß bei den supratentoriellen Prozessen die lokalisierten Spitzenpotentiale mit vier Fünfteln überwiegen. Bei einer Aufgliederung nach den Prozeßarten führt das Oligodendrogliom mit 29%, während bei den Meningiomen nur in 9% der Fälle Spitzenpotentiale gefunden werden konnten. Es zeigt sich hier eine deutliche Parallelität zu den oben aufgezeigten klinisch-anamnestischen Erhebungen. Diese Übereinstimmung ist auch bei der Groblokalisation zu finden. Hier konnten bei den kortikalen Prozessen nur in 8%, bei den subkortikalen Tumoren dagegen in 17% Spitzenpotentiale nachgewiesen werden. Schließlich sei noch die Feinlokalisation erwähnt, bei der die temporalen und zentralen Prozesse mit 19 bzw. 17% führen.

Zusammenfassend kann festgestellt werden, daß die *Einbeziehung der Spitzenpotentiale in die Auswertung, insbesondere wenn sie lokalisiert und konstant auftreten, einen wichtigen Hinweis für die topographische Bestimmung der Geschwulst geben kann.*

Wenden wir uns jetzt den sogenannten fortgeleiteten Wellen zu. Im allgemeinen werden unter diesem Begriff sinoidale, also relativ gleichförmige, in ihrer Frequenz meist stabile Delta-, manchmal auch Thetawellen verstanden, die gruppenförmig entweder ein- oder beidseitig auftreten und am häufigsten frontal lokalisiert sind. Über diesen Wellentyp wurde viel diskutiert, geschrieben, ja sogar ein europäisches Kolloquium abgehalten. Besonders COBB, LENNOX und BRODY; DUENSING sowie FISCHGOLD und auch HESS haben sich dieser monomorphen Wellen, »rhythmes à distance«, angenommen. *Einige von Hess aufgestellte Charakteristika* seien hier wiedergegeben: Am häufigsten werden diese fortgeleiteten »Deltarhythmen« bei Hemisphärentumoren gesehen; dies entspräche nach der von uns eingangs wiedergegebenen topographischen Einteilung den kortikalen sowie subkortikalen Tumoren, wobei wir den subkortikalen Tumoren den Vorzug geben möchten; weniger findet man sie bei den basomedianen und infratentoriellen Prozessen. Okzipitale Tumoren sollen in 70% der Fälle diese Wellenformen zeigen, wobei sie dann vornehmlich temporal auftreten. Bei parietotemporalen Geschwülsten sind sie meist frontal und bei parasagittalen Prozessen meist postzentral zu finden. Hinsichtlich der Lateralisation treten diese »Deltarhythmen« bei den Hemisphärentumoren meist homolateral, bei den basomedianen und infratentoriellen Neoplasmen vor allem bilateral auf; bei den letztgenannten Prozessen in weit über 50% der Fälle.

Versuchen wir nun die Frage nach dem *Wert des Eeg bei der Frühdiagnostik von Hirntumoren* zu beantworten. Nach KUGLER treten die EEG-Veränderungen bei schnell wachsenden Prozessen frühzeitig, sogar mitunter vor den klinisch-radiologischen Ausfällen, bei langsam wachsenden Tumoren erst längere Zeit – manchmal Jahre – nach Beschwerdebeginn und klinisch-radiologischen Ausfällen auf. Mit der Ansicht bei den schnell wachsenden Prozessen stimmen wir vollkommen überein, eine gewisse Divergenz besteht jedoch bei den langsam wachsenden Geschwülsten. Wir sind der Meinung, daß auch bei den meisten dieser Fälle das Eeg in der Lage ist, eine Frühdiagnose zu liefern oder zumindest den Verdacht auf ein prozeßhaftes Geschehen zu lenken. Die Beobachtung eines Falles im Jahre 1953 soll, stellvertretend für eine größere Anzahl, kurz aufgezeigt werden, wenngleich dieser Fall in seinem dramatischen Ablauf zu den Seltenheiten gehört. Ein 18jähriges Mädchen wurde in der Ambulanz unserer Klinik zum Ausschluß eines raumbeengenden Prozesses vorgestellt. Es litt seit 3 Jahren an psychomotorischen Anfällen. Eine eingehende neurologische Untersuchung, ein Pneumenzephalogramm sowie auch ein zerebrales Angiogramm wurden durchgeführt. Alle Untersuchungen verliefen negativ. Das angefertigte Eeg zeigte einen Theta-Delta-Mischfokus über dem linken temporalen Ableitungsbereich; Spitzenpotentiale waren nicht registrierbar. Nach diesem Befund wurde eine Herdstörung links temporal diagnostiziert. Da die klinisch-radiologischen Untersuchungen keinen Anhalt für einen raumbeengenden Prozeß ergaben, erfolgte keine stationäre Aufnahme. In kurzen Abständen wurden nach der Erstuntersuchung EEG-Kontrollen durchgeführt, und es zeigte sich eine kontinuierliche Verlangsamung der Herdfrequenzen. Aufgrund der ständigen Zunahme des EEG-Befundes wurde ein halbes Jahr später die Patientin stationär aufgenommen. Neurologisch war wiederum kein sicher pathologischer Befund zu erheben. Das zerebrale Angiogramm zeigte zwar eine geringfügige Anhebung der A. cerebri media, jedoch war dieser Mikrobefund als sicher pathologisches Kriterium nicht zu verwerten. Nach längeren harten Diskussionen wurde operiert. Die Inspektion des linken Schläfenlappens auch in seinen laterobasalen Anteilen zeigte kein tumorverdächtiges Gewebe. Die Operation wurde abgebrochen. Über die nach diesem Ereignis sich ergebende Meinung über den Wert des Eeg soll geschwiegen werden. Verfasser war trotz des negativen Operationsergebnisses auch weiterhin der Meinung, daß es sich um einen Tumor handele, weil ein so kontinuierlich sich verlangsamender Herd bei nur geringen Begleiterscheinungen mit an Sicherheit grenzender Wahrscheinlichkeit für ein Neoplasma spricht. 3 Jahre später erfolgte die Wiederaufnahme. Der temporale EEG-Herd zeigte jetzt langsame Delta- und Subdeltawellen. Neben neurologischen Ausfällen ergab der angiographische Befund eine deutliche Anhebung der A. cerebri media.

Die durchgeführte Retrepanation zeigte ein den linken Schläfenlappen durchsetzendes Oligodendrogliom, welches in toto entfernt werden konnte. Der Patientin geht es gut, sie hat geheiratet und ist Mutter von 2 gesunden Kindern, sie steht jetzt das 18. Jahr in Nachbeobachtung. Es sei der Vollständigkeit halber noch hinzugefügt, daß nach dieser Operation die Meinung über den Wert des Eeg nicht mehr verschwiegen werden mußte.

Ziehen wir das Resumé aus diesem Fall, so hat es sich mit Sicherheit um ein von der medianen Fläche des Schläfenlappens ausgehendes Oligodendrogliom gehandelt, welches langsam nach basal und lateral weitergewachsen ist. Wie langsam diese Geschwulst gewachsen sein muß, ergibt sich auch aus der Tatsache, daß sowohl vor als auch nach der Operation, bei der annähernd der gesamte linke Schläfenlappen entfernt wurde, keinerlei Sprachstörungen zu verzeichnen waren. Das Hirn hatte, wie ja bekannt, »umgelernt«.

Wenn auch dieser Fall mit Recht als Paradefall anzusehen ist, so zeigt er doch deutlich, daß das *Eeg in der Lage ist, auch bei der Frühdiagnostik langsam wachsender Tumoren eine wertvolle Hilfestellung zu geben.* Wir glauben, daß für die Frühdiagnostik intrakranieller raumbeengender Prozesse durch das Eeg als der entscheidende Faktor nicht so sehr die Wachstumsschnelligkeit anzusehen ist, sondern möchten eher meinen, daß die *Lokalisation des Prozesses das Primäre darstellt,* insbesondere Tumoren in den *sogenannten stummen Hirnregionen* machen ja bekanntlich erst relativ spät Ausfälle. Hier liegt unserer Meinung nach der besondere Wert für das Eeg. Tumoren der »klassischen« Regionen, wie z. B. der Zentralregion, zeigen ja in den meisten Fällen bereits bei geringer Tumorgröße schon neurologische Ausfälle. Hier wird dem Eeg in der Frühdiagnostik keine so große Chance eingeräumt werden können.

Abschließend seien noch zwei kurze Bemerkungen gestattet. Wohl in keiner anderen medizinischen Disziplin wird das *Eeg einer so harten Kontrolle,* insbesondere hinsichtlich der Lokaldiagnostik, *unterzogen wie in der Neurochirurgie.* Gerade deshalb möchten wir *warnen,* nach dem Eeg auch unter Hinzuziehung der anamnestisch-neurologischen Daten bei Vorliegen von Herdpotentialen *direkt auf einen raumbeengenden Prozeß zu schließen.* Wir können, abgesehen von einigen Ausnahmen (s. oben), mit Sicherheit, insbesondere bei Einzeluntersuchungen, nur eine bioelektrische Herdstörung diagnostizieren und erst daraufhin den *raumbeengenden Prozeß mit mehr oder weniger überzeugenden Worten vermuten.*

Letztlich noch der Hinweis, daß ein *infratentorieller Prozeß im Eeg nur indirekte Veränderungen* zeigen kann, da wir einerseits wegen der vorhandenen Nackenmuskulatur mit Oberflächenelektroden vom Zerebellum keine Ableitungen vornehmen können und andererseits durch das zwischen Groß- und Kleinhirn liegende Tentorium eine so feste Barriere geschaffen ist, daß direkte Druckwirkungen, von den sogenannten Zweihöhlentumoren abgesehen, praktisch nicht möglich sind.

9.2.4. Statistische Erhebungen

Für die bereits mehrfach erwähnten statistischen Erhebungen standen uns drei Materialsammlungen zur Verfügung. Die Materialsammlung I umfaßte 504 Fälle von intrakraniellen raumbeengenden Prozessen der Neurochirurgischen Universitätsklinik Leipzig der Jahre 1953–1959. Dieses Material wurde für eine Studie bearbeitet, die die Leistungsfähigkeit der Elektroenzephalographie bei der Diagnostik intrakranieller raumbeengender Prozesse unter besonderer Berücksichtigung der neurologisch-neurochirurgischen Untersuchungsmethoden zum Inhalt hatte. Dabei wurde jeder Fall nach mehr als 1000 Einzelsymptomen untergliedert, die sowohl die Klinik, Radiologie als auch die Elektroenzephalographie betrafen. Es mußten außer dem entsprechenden EEG-Kurvenmaterial 4500 Röntgenbilder ausgewertet sowie die Krankengeschichten der 504 Patienten auf jeweils 200 klinisch-anamnestische Einzelsymptome überprüft werden. Um eine Beeinflussung der Auswertung durch die Nennung der genauen Diagnose zu verhindern und dadurch eine möglichst große Objektivität zu erreichen, war bei der Auswertung des radiologischen sowie auch elektroenzephalographischen Materials nur die Diagnose »intrakranieller raumbeengender Prozeß«, nicht aber der Sitz der Geschwulst bekannt. Ein entsprechendes Ver- und Entschlüsselungssystem gestattete die Kombination aller Einzelsymptome, ohne daß jedoch die Individualität des Einzelfalles verlorenging.

Diese Studie erbrachte aufgrund des angewandten Auswertsystems eine sehr große Anzahl von Einzel- sowie auch Gesamtergebnissen. Die Wiedergabe aller dieser Erhebungen würde den Rahmen dieses Beitrags sprengen.

Um für die hier besonders interessierenden Fragen eine statistisch noch sicherere Aussage treffen zu können, stellten wir für einige Probleme 549 Fälle intrakranieller raumbeengender Prozesse der Jahre 1960–1966 unter den gleichen Kriterien, die bei der Materialsammlung I verwendet wurden, zusammen, korrelierten sie und erhielten somit bei der Materialsammlung II eine Ausgangsbasis von 1053 Fällen. Schließlich haben wir diese beiden Materialsammlungen durch eine III., die die Jahre 1967–1975 beinhaltet, ergänzt und können nunmehr unsere statistischen Aussagen auf 1706 Fälle beziehen.

In den Materialsammlungen wurden nur Fälle herangezogen, bei denen die Diagnose durch Operation oder Sektion bestätigt werden konnte; ausgesondert wurden die Fälle, die nur klinisch geklärt wurden, auch wenn neuroradiologische Untersuchungen wie zerebrales Angiogramm, Pneumenzephalogramm sowie Ventrikulogramm vorlagen, ferner Fälle, bei denen die Operationsdiagnose nicht sicher gestellt werden konnte. Weiterhin kamen Fälle nicht zur Bearbeitung, bei denen es sich um Rezidivgeschwülste bzw. Retrepanationen handelte, da hier veränderte bioelektrische Verhältnisse vorliegen. Waren die Elektroenzephalogramme wegen technischer Störungen nicht sicher verwertbar, so wurde ebenfalls eine Aussonderung vorgenommen.

Schließlich kamen Kinder unter 14 Jahren nicht zur Bearbeitung, da die kindlichen Hirnpotentialbilder in bezug auf ihre Veränderungen sehr variabel und altersabhängig sind und deshalb mit ganz anderen Maßstäben hätten gemessen werden müssen; eine Eingliederung hätte zur Folge gehabt, daß keine einheitliche Ausgangsbasis für die statistischen Erhebungen vorhanden gewesen wäre.

Um dem Leser einen Überblick über die *Zusammensetzung des Materials* zu geben, sollen zunächst die Fälle sowohl nach ihrer Art als auch Grob- sowie Feinlokalisation zahlenmäßig aufgeschlüsselt wiedergegeben werden. Notwendige Kurzkommentare werden sich jeweils anschließen. Im weiteren wollen wir so verfahren, daß, basierend auf den Materialsammlungen I–III, Betrachtungen angestellt werden über die Aufteilung in physiologische und pathologische Elektroenzephalogramme, die Lokalisationsgüte sowie über die Beziehungen des Schweregrades der Allgemeinveränderungen zu der Wachstumsschnelligkeit der Prozesse. Sodann sollen einige allgemein interessierende Ergebnisse der Materialsammlung I stichwortartig zusammengefaßt zur Darstellung gelangen, um dem Leser für diese oder jene Fragestellung einen Hinweis geben zu können. Abschließend sei noch hinzugefügt, daß statistische Erhebungen, so wertvoll sie in ihrer Gesamtheit sein mögen, im Einzelfall immer nur als gewisse Richtlinie angesehen werden können; entscheidend für die Diagnose sind und bleiben die Erfahrungen und Kenntnisse des Auswerters.

	Materialsammlung I	Materialsammlung II	Materialsammlung III	Materialsammlung I–III
	Übersicht			
Total	504	549	653	1706
Supratentorielle Prozesse	417	471	537	1425
Infratentorielle Prozesse	87	78	116	281
	Aufgliederung nach der Art des Prozesses – Supratentorielle Prozesse –			
Meningiom	93	91	119	303
Oligodendrogliom	70	66	59	195
Glioblastom	59	47	52	158
Hypophysenadenom	41	60	74	175
Astrozytom	34	33	46	113
Spongioblastom	18	16	11	45
Hirnabszeß	16	13	15	44
Subdurales Hämatom	15	23	7	45
Arachnoiditis optico-chiasmatica	13	6	11	30
Metastase	11	14	21	46
Aneurysma	10	28	34	72
Ependymom	7	17	13	37
	Aufgliederung nach der Art des Prozesses – Supratentorielle Prozesse –			
Zyste	7	5	8	20
Angiom	6	15	23	44
Sonstige Geschwülste	17	37	44	98

	Materialsammlung I	Materialsammlung II	Materialsammlung III	Materialsammlung I–III
– Infratentorielle Prozesse –				
Neurinom	31	33	50	114
Spongioblastom	14	12	27	53
Medulloblastom	10	6	5	21
Angioblastom	7	9	13	29
Ependymom	6	5	5	16
Meningiom	6	4	4	14
Sonstige Geschwülste	13	9	12	34
Aufgliederung nach der Groblokalisation – Supratentoriale Prozesse –				
Kortikal	98	112	127	337
Subkortikal	225	254	274	753
Stammganglien	11	9	5	25
Baso-median	83	96	131	310
Parasagittal[1]	103	114	128	345
nach der Feinlokalisation – Supratentorielle Prozesse –				
Frontal	37	42	45	124
Zentral	34	33	32	99
Parietal	21	27	32	80
Okzipital	8	11	7	26
Temporal	41	52	83	176
nach der Feinlokalisation – Supratentorielle Prozesse –				
Frontobasal	20	31	5	56
Frontozentral	30	28	32	90
Frontotemporal	36	31	55	122
Zentroparietal	20	24	38	82
Zentrotemporal	12	15	9	36
Parietookzipital	23	19	21	63
Parietotemporal	16	12	20	48
Okzipitotemporal	10	10	7	27
Sella	67	87	126	280
III. Ventrikel	9	11	4	24
Balken	7	4	1	12
Stammganglien	11	9	5	25
Nicht fein lokalisierbar	15	25	15	55
– Infratentorielle Prozesse –				
Pons und Aquädukt	6	4	3	13
IV. Ventrikel	14	14	32	60
Oberwurm	1	2	0	3
Unterwurm	12	9	4	25
Kleinhirnbrückenwinkel	38	37	61	136
Kleinhirnhemisphäre	16	12	16	44

1 Die parasagittale Gruppe darf bei der Zusammenzählung der Totalzahlen nicht mit berücksichtigt werden, da sie sich als Sondergruppe aus den anderen Gruppen rekrutiert.

Erklärend sei zur *Aufteilung der supratentoriellen Prozesse nach ihrer Artdiagnose* hinzugefügt, daß bei den Materialsammlungen die Kraniopharyngiome in die Gruppe der Hypophysenadenome mit eingegliedert wurden. – Die Hirnabszesse, subduralen Hämatome, Arachnoiditis optico-chiasmatica-Fälle, Aneurysmen und Zysten wurden im Sinne von Pseudotumoren mit verwertet, da die elektroenzephalographischen Veränderungen und die daraus zu ziehenden Schlußfolgerungen auch bei diesen Gruppen von Interesse sein dürften. In der Gruppe »Sonstige Geschwülste« wurden Epidermoide, Cholesteatome, Pinealome, Sarkome, Gangliozytome, Zylindrome sowie Gummen zusammengefaßt.

Bei der *Spezifizierung der infratentoriellen Prozesse nach ihrer Artdiagnose* fällt bei den Materialsammlungen zunächst die bedeutend geringere Gesamtzahl gegenüber den supratentoriellen Geschwülsten auf. Der Grund hierfür ist darin zu suchen, daß Kinder bis zu 14 Jahren nicht mit herangezogen wurden; besonders die leider relativ zahlreichen Medulloblastome sind ja ausgesprochene Tumoren des Kindesalters, weshalb in unseren Statistiken diese Geschwulstart z. B. gegenüber den Neurinomen des Kleinhirnbrückenwinkels relativ gering vertreten ist.

Hinsichtlich der topographischen Einteilung der raumbeengenden Prozesse verweisen wir auf Abschnitt 9.2.

Bei der *Groblokalisation der supratentoriellen Tumoren* sind die *subkortikalen Prozesse am weitaus häufigsten* vertreten. Sie sind mehr als doppelt so oft vorhanden wie die kortikalen Neoplasmen. Die relativ hohe Zahl der basomedianen Prozesse erklärt sich durch die unter basomedian verschlüsselten verhältnismäßig starken Gruppen der Hypophysenadenome und Arachnoiditis optico-chiasmatica-Fälle.

Stellt man die Hauptgruppen mit den jeweilig dazugehörigen Untergruppen der *Feinlokalisation der supratentoriellen Prozesse* zusammen, so ist eine deutliche *Häufung im frontozentrotemporalen Raum* zu beobachten.

Die Lokalisation der infratentoriellen Prozesse zeigt ein deutliches Überwiegen der Kleinhirnbrückenwinkeltumoren. Auch hier macht sich das Fehlen der kindlichen Medulloblastome, die ja meist im Bereich des IV. Ventrikels und des Unterwurms lokalisiert sind, bemerkbar.

Ausgehend von den Materialsammlungen I–III sollen nun die bereits genannten besonderen Fragestellungen beantwortet werden.

Zunächst sei das *Verhältnis der physiologischen zu den pathologischen Elektroenzephalogrammen* untersucht. Die Angaben über die physiologischen Befunde von Elektroenzephalogrammen schwanken in der Literatur beträchtlich. Die Gründe hierfür sind mannigfach. Verschiedene Materialzusammensetzung, unterschiedliche Auswertungskriterien, differenter Zeitpunkt der EEG-Untersuchung sind nur einige wenige Faktoren. HOEFER, SCHLESINGER, PERMES und COX fanden 25%, VIZIOLI 22%, KESSLER 15%, WATANABE 12%, DUENSING 7%, KRENKEL 6%, RUF und COHN nur 5% normale Befunde bei Hirntumoren. HESS berichtet in seinen »Elektroenzephalographischen Studien bei Hirntumoren« von 13% innerhalb der normalen Schwankungsbreite liegenden Eeg.

	Supratentorielle Prozesse	Infratentorielle Prozesse
Fälle mit physiologischen Eeg.	12,5%	26,5%
Fälle mit pathologischen Eeg.	87,5%	73,5%

Aus diesen Prozentzahlen kann man zunächst ableiten, daß bei den infratentoriellen Prozessen doppelt so oft physiologische Eeg. wie bei den supratentoriellen Geschwülsten registriert werden. Weiterhin kann man feststellen, daß das Hirnpotentialbild entsprechend den vorliegenden Zahlen für das physiologische Eeg keine diagnostische Aussage machen kann. Diesen Satz kann man allerdings nur bedingt aussprechen, da u. a. FISCHGOLD zeigen konnte, daß bei vorhandener Stauungspapille und physiologischem Eeg der Verdacht auf einen Kleinhirnbrückenwinkeltumor naheliegt.

Aus der Spezifizierung nach der Art des Prozesses seien anschließend die wichtigsten Werte genannt.

Tumoren	Physiologische Eeg. in %
Glioblastome	2
Oligodendrogliome	3
Metastasen	5
Astrozytome	9
Spongioblastome	10
Subdurale Hämatome	14
Meningiome	16
Angiome	36
Hypophysenadenome	47
Aneurysmen	52

Hierzu einige Literaturangaben. Es finden physiologische Eeg.:
WILCKE und STEINMANN bei den Meningiomen in 15,8%,
ROSENBERG bei den Angiomen in 31%,
SULLIVAN, ABBOT und SCHWAB 10%, GUIOT und ARFEL 17% bei den subduralen Hämatomen,
FISCHER-WILLIAMS, LAST, LYBERI und NORTHFIELD bei den Metastasen in 2%.

	Kortikal	subkortikal	Stammganglien	Basomedian	Parasagital
Fälle mit physiologischen Eeg.	13%	7%	2%	43%	11%
Fälle mit pathologischen Eeg.	87%	93%	58%	57%	89%

Bei der *Groblokalisation der supratentoriellen Prozesse* ergeben sich einige neue Erkenntnisse. – Unter Berücksichtigung der basomedianen Prozesse ist von den Stammganglientumoren, beginnend über die subkortikalen Geschwülste bis zu den kortikalen Neoplasmen, eine steigende Zahl von physiologischen Eeg. festzustellen. Anders formuliert: *Mit zunehmender Tiefe des Prozesses ist eine Abnahme der physiologischen Befunde zu beobachten. Eine Ausnahme machen die basomedianen Geschwülste* mit 43% physiologischen Eeg. Eliminiert man hier die Hypophysenadenome und Arachnoiditis optico-chiasmatica-Fälle, so ergeben sich für die Gruppe basomedian 23% physiologische Eeg.

Diese Ergebnisse stehen gerade diametral zu den Feststellungen von HESS, der folgendes Resultat aufzeigt: Normale Befunde kommen desto häufiger vor, je weiter von der Großhirnkonvexität entfernt der Tumor sitzt; bei Hemisphärentumoren zu 4%, bei subkortikalen Großhirntumoren zu 26%.

Die Gründe für diese Diskrepanzen liegen in der topographischen Einteilung. Unter Hemisphärentumoren faßt HESS die von uns getrennten Lokalisationen kortikal und subkortikal zusammen; die subkortikalen Geschwülste von HESS entsprechen unseren basomedianen Prozessen. Vergleicht man unter diesen Verhältnissen die Zahlen, so sind zwischen den subkortikalen Tumoren von HESS und unseren basomedianen Prozessen unter Abzug der intrasellären Hypophysenadenome sowie Arachnoiditis opticochiasmatica-Fällen, die von HESS nicht verwertet wurden, fast völlig gleichlautende Werte zu finden (HESS: 26%, Verfasser: 23%).

Setzt man den Hemisphärentumoren von HESS den Mittelwert unserer kortikalen und subkortikalen Prozesse entgegen, so findet sich auch hier eine Annäherung (HESS: 4%, Verfasser: 10%).

Bei den Ergebnissen der *Feinlokalisation der supratentoriellen Prozesse* haben wir die Untergruppen zu den Hauptgruppen hinzugerechnet und erhalten folgende Verteilung:

Lokalisation	Physiologische Eeg. in %
Frontal	9
Zentral	13
Parietal	5
Okzipital	3
Temporal	3

Hier finden wir eine sehr gute Übereinstimmung mit den Ergebnissen von HESS. Eine Häufung der physiologischen Eeg. ist im frontozentralen Raum zu beobachten.

Die Lokalisationsverteilung der infratentoriellen Prozesse ergibt folgende Prozentverhältnisse:

	Pons und Aquädukt	IV. Ventrikel	Oberwurm	Unterwurm	Kleinhirnbrückenwinkel	Kleinhirnhemisphäre
Fälle mit physiologischen Eeg.	10%	16%	4%	19%	42%	8%
Fälle mit pathologischen Eeg.	90%	84%	96%	81%	58%	92%

Durch die nicht mit erfaßten Kinder-Eeg. bis 14 Jahre ergibt sich wie bei der Spezifizierung nach der Art des Prozesses auch hier zwangsläufig eine Verschiebung zugunsten der Kleinhirnbrückenwinkelprozesse. Die dabei gefundenen Ergebnisse stimmten relativ gut mit den Berechnungen von WILCKE und STEINMANN (40%) und denen von HESS, der bei weniger als der Hälfte der Kleinhirnbrückenwinkeltumoren ein normales Eeg. fand, überein.

Kommen wir nun zu den statistischen Erhebungen hinsichtlich der *Lokalisationsgüte*, basierend auf den Berechnungen der Materialsammlungen I–III.

Zunächst einige Vorbemerkungen. Für die Bestimmung der Lokalisationsgüte von intrakraniellen raumbeengenden supratentoriellen Prozessen durch das Eeg unterscheiden wir *vier Gruppen*:
1. gute Lokalisation,
2. richtige Seitenlokalisation,
3. falsche Seitenlokalisation,
4. ohne Lokalisationsmöglichkeit.

Unter dem Begriff »gute Lokalisation« wird ein Hirnpotentialbild dann eingeordnet, wenn der Prozeß durch das Eeg topographisch so genau angegeben werden kann, daß bei Anlegung einer handtellergroßen osteoplastischen Trepanation (8 cm × 8 cm) der Tumor gut entfernbar ist, d. h., daß zumindest drei Viertel seiner Gesamtgröße in dem durch das Eeg diagnostizierten Gebiet liegen; ist dies nicht der Fall, so gruppieren wir die Geschwulst unter »richtige Seitenlokalisation« ein. Die Begriffe »falsche Seitenlokalisation« und »ohne Lokalisationsmöglichkeit« bedürfen keiner Erklärung. Es sei in diesem Zusammenhang darauf hingewiesen, daß bei Sichtung des Materials nur diejenigen Fälle mit herangezogen wurden, bei denen durch Operations- oder Sektionsbericht eine genaue Lagebestimmung der Geschwulst möglich war. Die in der Literatur sehr unterschiedlichen Ergebnisse für die gute Lokalisation – sie schwanken zwischen 25 und 86% – dürften auf der verschiedenen Materialzusammensetzung, verschiedenen Nomenklatur, aber auch auf der nur selten angegebenen genauen Begriffsbestimmung für die gute Lokalisation beruhen; die Mitteilung präziser Kriterien für die Einstufungen fehlt leider in einem großen Teil der Arbeiten. Es sei noch erwähnt, daß bei der Beurteilung der Eeg. auch hier dem Auswerter nicht der Sitz und die Art der Geschwulst bekannt waren, sondern lediglich feststand, daß es sich um einen raumbeengenden Prozeß handelte; erst nach Stellung der EEG-Diagnose wurde diese mit der tatsächlichen Lokalisation verglichen und entsprechend eingeordnet. Wie bereits gesagt, wurde diese Auswertmethode angewendet, um eine größtmögliche Objektivität zu erreichen.

Die nun mitzuteilenden Ergebnisse beruhen auf den Routineableitungsarten; die Sonderschaltungen wurden nicht mit verwertet, um möglichst ein Ergebnis zu erhalten, welches der täglichen Arbeitspraxis entspricht.

Wir fanden:
Eeg. mit guter Lokalisation in 64,3%
Eeg. mit richtiger Seitenlokalisation in 19,6%
Eeg. mit falscher Seitenlokalisation in 0,4%
Eeg. ohne Lokalisationsmöglichkeit in 15,7%.

Berücksichtigt man, daß in diesen Prozentzahlen auch die intrasellären Hypophysenadenome, Arachnoiditis optico-chiasmatica-Fälle und Aneurysmen enthalten sind, und stellt man die relativ scharf bemessenen Lokalisationskriterien in Rechnung, so kann das Resultat als zufriedenstellend angesehen werden.

Wir glauben, aufgrund dieser Ergebnisse mit Recht sagen zu können, daß dem Eeg in der topographischen Diagnostik der supratentoriellen raumbeengenden Prozesse eine sehr große Bedeutung zukommt. Werden die Spezialschaltungen, die jedoch leider nicht in allen Fällen durchgeführt wurden, in die Berechnung mit einbezogen, so dürfte sich das Ergebnis der »guten Lokalisation« auf 75–80% erhöhen lassen.

Betrachten wir nun die *wechselseitigen Beziehungen zwischen der Lokalisation des Herdzeichens und der Lokalisation des Prozesses*.

Zwei Kernfragen sollen beantwortet werden:
1. *In welchem Prozentsatz finden wir Herdzeichen im Tumorgebiet und können somit den Prozeß genau lokalisieren?*
2. *Mit welcher Zuverlässigkeit zeigt ein Herdzeichen den Tumorsitz an?*

Unter Herdzeichen werden sowohl die Wellenfoci als auch Alphareduktionen und Alphaaktivierungen verstanden. Bei einer Kombination zwischen Wellenfokus und Alphaaktivierung oder -reduktion wurde die durch den Wellenfokus diagnostizierte Lokalisation verwendet.

Es sei noch hinzugefügt, daß diese Ergebnisse unter Zugrundelegung der Materialsammlung I berechnet wurden.

Hier die Resultate:
Herdzeichen im Tumorgebiet liegen vor
bei den frontalen Prozessen in 61% (6% zentral, 1% parietal, 2% okzipital, 30% temporal),
bei den zentralen Prozessen in 23% (19% frontal, 17% parietal, 1% okzipital, 40% temporal),
bei den parietalen Prozessen in 45% (1% frontal, 8% zentral, 12% okzipital, 34% temporal),
bei den okzipitalen Prozessen in 43% (22% parietal, 35% temporal),
bei den temporalen Prozessen in 82% (7% frontal, 2% zentral, 5% parietal, 4% okzipital).

Aufgrund dieser statistischen Ergebnisse kann eine große Anzahl aufschlußreicher Feststellungen, insbesondere für die Diagnostik, getroffen werden.

Liegt ein temporaler Tumor vor, so werden wir ihn in 82% der Fälle genau lokalisieren können. Es folgen der frontale Prozeß mit 61%, der parietale mit 45% und der okzipitale mit 43%; am schlechtesten schneidet der zentrale Tumor ab, der nur in 23% der Fälle genau lokalisiert werden kann.

Interessant sind nun die in ( ) stehenden Prozentzahlen, von denen auf die diagnostisch irreführenden Herde geschlossen werden kann. Bei der Diagnostik von frontalen, zentralen, parietalen und okzipitalen Tumoren finden wir den EEG-Fokus in 30–40% der Fälle in der Temporalregion. Es kann daraus eine sehr starke Neigung des Schläfenlappens zur Bildung von Herdzeichen abgeleitet werden. Ob hierfür die von HESS angenommene schlechtere Vaskularisation des Schläfenlappens, welche ihn für allgemeine Schädigungen anfälliger macht, verantwortlich zu machen ist, oder ob die von STEINMANN und TÖNNIES vermuteten arteriellen und venösen Durchblutungsstörungen die Ursache sind, soll hier nicht weiter diskutiert werden. *Entscheidend für den Eeg-Auswerter ist, daß bei Auftreten eines temporalen Herdes immer daran gedacht werden muß, daß derselbe ein von einer anderen Hirnregion ausgelöster, irreführender Herd sein kann.*

Betrachtet man die anderen in ( ) stehenden Prozentzahlen, so sieht man, daß der EEG-Herd, wenn er sich nicht im Gebiet des Tumors befindet, dann meist in einer der direkt benachbarten Hirnregionen zu finden ist.

Kommen wir nun zur zweiten Frage: Mit welcher Zuverlässigkeit zeigt ein Herdzeichen den Tumorsitz an? Teilweise wurde diese Frage schon in den obigen Ausführungen mit behandelt.

Hier wieder die statistischen Erhebungen:
Bei Vorliegen eines frontalen Herdzeichens liegt der Prozeß in 70% frontal.
Bei Vorliegen eines zentralen Herdzeichens liegt der Prozeß in 54% zentral.
Bei Vorliegen eines parietalen Herdzeichens liegt der Prozeß in 53% parietal.
Bei Vorliegen eines okzipitalen Herdzeichens liegt der Prozeß in 46% okzipital.
Bei Vorliegen eines temporalen Herdzeichens liegt der Prozeß in 45% temporal.

Eindeutig geht aus dieser Zusammenstellung hervor, *daß das frontale Herdzeichen das sicherste, das temporale Herdzeichen das unsicherste* Lokalisationszeichen ist. Weiterhin kann eine fast kontinuierliche Abnahme der Zuverlässigkeit der Herdzeichen von frontal nach okzipital bzw. temporal ermittelt werden.

Wenden wir uns nun der Frage zu, ob durch das Vorhandensein von Allgemeinveränderungen bzw. deren Schweregrad Aussagen über die Wachstumsschnelligkeit der raumbeengenden Prozesse gemacht werden können.

Die Berechnungen basieren jetzt wieder auf den Materialsammlungen I–III, wobei wegen der Korrelierung mit den bereits von der Materialsammlung I vorliegenden Ergebnissen die Aufteilung der Allgemeinveränderungen in nur drei Schweregrade beibehalten wurde.

Problematisch war bei diesen Berechnungen, welcher Tumor als schnell und welcher als langsam wachsend angesehen werden sollte. Wir haben uns bei der Gliederung im wesentlichen an die von ZÜLCH erarbeiteten Richtlinien gehalten. Um eine möglichst große Objektivität zu erreichen, wurde die Auswahl in bezug auf die langsam und schnell wachsenden Prozesse sehr streng gehandhabt; dadurch befinden sich zwangsläufig relativ viel Tumorarten in der Spalte »nicht sicher lokalisierbar«.

Es sei an dieser Stelle nochmals darauf hingewiesen, daß bei der Auswertung eines Eeg der Zeitpunkt der Ableitung mit der Anamnesedauer zu korrelieren ist; weiterhin muß die Möglichkeit berücksichtigt werden, daß das Wachstumstempo von Tumoren ja nach Tumorart nicht immer kontinuierlich, sondern oft auch phasenhaft-progredient verläuft.

Supratentorielle Prozesse

Schnell wachsend	Langsam wachsend	Nicht sicher bestimmbar
Glioblastom	Meningiom	Astrozytom
Hirnabszeß	Oligodendro-	subdurales
Metastase	gliom	Hämatom
	Hypophysen-	Arachnoiditis
	adenom	optico-chiasma-
	Spongioblastom	tica
	Angiom	Aneurysma
		Ependymom
		Zyste
		sonstige
		Geschwülste

Infratentorielle Prozesse

Schnell wachsend	langsam wachsend	nicht sicher bestimmbar
Medulloblastom	Neurinom	Angioblastom
	Spongioblastom	Ependymom
	Meningiom	sonstige
		Geschwülste

Die wichtigsten Ergebnisse lauten:
Bei den langsam und schnell wachsenden supratentoriellen Prozessen ist in bezug auf die Fälle mit und ohne Allgemeinveränderungen kein sicherer Unterschied festzustellen.

Bei den infratentoriellen Prozessen zeigen die schnell wachsenden Tumoren in 2%, die langsam wachsenden Geschwülste in 10% der Fälle ein Eeg ohne Allgemeinveränderungen.

Bei den supratentoriellen Prozessen zeigen die langsam wachsenden Tumoren in 9%, die schnell wachsenden in 36% schwere Allgemeinveränderungen.

Bei den infratentoriellen Prozessen zeigen die langsam wachsenden Tumoren in 3%, die schnell wachsenden in 15% schwere Allgemeinveränderungen.

Zusätzlich seien noch folgende Resultate mitgeteilt:
Schnell wachsende Großhirnprozesse zeigen in 4%, langsam wachsende Geschwülste in 23% ein physiologisches Eeg.

Schnell wachsende Kleinhirnprozesse zeigen in 15%, langsam wachsende Geschwülste in 34% ein physiologisches Eeg.

Aufgrund der genannten Zahlenwerte läßt sich überzeugend aus den Allgemeinveränderungen kein bindender Schluß auf die Wachstumsschnelligkeit der raumbeengenden Prozesse ziehen, wenngleich einige Ergebnisse eine gewisse Prognose zulassen. Wir glauben deshalb wie folgt formulieren zu können:

Liegen *mäßige Allgemeinveränderungen* vor, so läßt das Eeg hinsichtlich der Wachstumsschnelligkeit zerebraler raumbeengender Prozesse *keine Aussage* zu.

Liegen *leichte Allgemeinveränderungen* und eine deutliche Herdstörung vor, so kann man aus dem Eeg mit größerer Wahrscheinlichkeit auf einen *langsam wachsenden Tumor* schließen.

Liegen *schwere Allgemeinveränderungen* vor, so kann unter besonderer Beachtung der klinisch-anamnestischen Daten die Vermutung auf einen *schnell wachsenden Prozeß* ausgesprochen werden.

Im folgenden seien abschließend noch einige für die Auswertung von raumbeengenden Prozessen nicht unwichtige Erhebungen, basierend auf der Materialsammlung I, wiedergegeben.

In 87% der Fälle, bezogen auf das Gesamtmaterial, fand sich eine mehr oder minder gut ausgeprägte Grundaktivität. Sichere Unterschiede zwischen den physiologischen und pathologischen Eeg waren nicht festzustellen.

Zwei Einzelergebnisse seien noch genannt: Die Spongioblastome weisen nur in 56% der Fälle, die Geschwülste des III. Ventrikels nur in 22% der Fälle Eeg. mit einer Grundaktivität aus.

Die *vorherrschende Frequenz der Grundaktivität* konnte mit *10/sec.* festgestellt werden. Eine Abhängigkeit der Frequenz zum Wachstumstempo des Prozesses bzw. zu toxisch-entzündlichen Begleiterscheinungen war zu beobachten, z. B. zeigten die Hirnabszesse eine deutliche Tendenz nach der frequenzlangsameren, die subduralen Hämatome nach der frequenzschnelleren Seite. Bei der Groblokalisation tendieren die kortikalen Prozesse zur frequenzschnelleren, die subkortikalen dagegen zur frequenzlangsameren Seite.

Eine deutliche *Abhängigkeit* der vorherrschenden *Frequenz* der Grundaktivität von der *Schwere der Allgemeinveränderungen* war zu beobachten. Mit Zunahme der Allgemeinveränderungen wird die Grundaktivität langsamer.

Die *Frequenzinstabilität* der Grundaktivität ergab *bei der Spezifizierung nach der Art des Prozesses nennenswerte Unterschiede*. Die Oligodendrogliome zeigten im Mittel eine Frequenzdifferenz um 2/sec., die Meningiome um 3/sec. und die Glioblastome um 4/sec. Hinsichtlich der Feinlokalisation konnten in dieser Beziehung ebenfalls interessante Beobachtungen gemacht werden. Die Frequenzdifferenzen lagen im Durchschnitt frontal bei 2/sec., zentral und parietal bei 3/sec., okzipital und temporal bei 4/sec. Man könnte daraus den Schluß ziehen: *Je weiter der Prozeß nach den hinteren Hirnregionen bzw. nach temporal zu*

284 Die Anwendungsgebiete des Eeg

gelegen ist, desto größer ist die Frequenzinstabilität der Grundaktivität.

Eine Alphafokusverlagerung bzw. -erweiterung konnte bei den physiologischen Eeg. der supratentoriellen raumbeengenden Prozesse in 15%, bei den pathologischen Eeg. in 9% festgestellt werden.

Mit zunehmender Schwere der Allgemeinveränderungen ist ein deutlicher Anstieg der Mortalität zu verzeichnen. Es starben von den Patienten mit Eeg ohne Allgemeinveränderungen 25%, mit leichten Allgemeinveränderungen 40%, mit mäßigen 49% und mit schweren 66%. Die *Allgemeinveränderungen* können somit als *wichtiges Kriterium beim Abwägen der Operationsindikation* angesehen werden. Weiterhin wurde festgestellt, daß der Tod um so eher eintritt, je schwerer die Allgemeinveränderungen sind. Vom Operationstag bis zum 7. Tag post operationem starben mit schweren Allgemeinveränderungen 90%, mit mäßigen 77% und mit leichten 67% der Fälle.

Die *Beziehungen zwischen Vorliegen bzw. Fehlen der Allgemeinveränderungen und Höhe der Stauungspapille* zeigen, daß die supratentoriellen Prozesse bei einer Stauungspapille von 4 Dioptrien und höher, die infratentoriellen bei einer solchen von 3 Dioptrien und höher keine Elektroenzephalogramme ohne Allgemeinveränderungen mehr aufweisen.

Signifikante Ergebnisse in bezug auf den Schweregrad der Allgemeinveränderungen zur Höhe der Stauungspapille sind nur bei den schweren Allgemeinveränderungen zu finden. Hier kann mit zunehmender Dioptrienzahl eine Häufung der Fälle mit schweren Allgemeinveränderungen beobachtet werden.

Bei den Berechnungen der *Herdzeichen der intrakraniellen raumbeengenden Prozesse* unterteilten wir in 3 Artgruppen: 1. Wellenfokus, 2. Alphareduktion, 3. Alphaaktivierung.

Im Gesamtmaterial fanden sich in 87% ein isolierter Wellenfokus, in 3% ein kombinierter Wellenfokus (Wellenfokus und Alphareduktion oder -aktivierung), in 9% Alphareduktionen und in 1% Alphaaktivierungen. – Bei der Untergliederung in supratentorielle und infratentorielle Prozesse dominieren bei den Großhirntumoren wiederum der Wellenfokus und kombinierte Wellenfokus mit 94%, in 5% waren Alphareduktionen, in 1% Alphaaktivierungen zu finden. Bei den Kleinhirnprozessen waren mit 60% die Eeg. mit Alphareduktionen führend.

Die Aufgliederung des *Wellenfokus* entsprechend der Nomenklatur ergab bei den supratentoriellen Prozessen folgende Reihenfolge:
1. diskontinuierlicher Deltawellenfokus 42%
2. Theta-Delta-Mischfokus mit Überwiegen der Deltafrequenzen 30%
3. Theta-Delta-Mischfokus mit Überwiegen der Thetafrequenzen 15%
4. diskontinuierlicher Thetawellenfokus 6%
5. kontinuierlicher Deltawellenfokus 7%
6. kontinuierlicher Thetawellenfokus und Theta-Delta-Mischfokus ohne Überwiegen einer Frequenz unter 1%.

Die vorherrschende Frequenz der Wellenfoci lag bei 2/sec.

Hinsichtlich der Frequenzstabilität der Deltawellen bei den Wellenfoci konnten folgende Unterschiede bei der Spezifizierung nach der Art des Prozesses festgestellt werden: Die Frequenzdifferenz bei den Astrozytomen lag im Durchschnitt um 1,5/sec., bei den Meningiomen um 2,0/sec. und bei den Glioblastomen um 2,5/sec. Hieraus ergibt sich die für die Diagnostik wichtige Feststellung: *Je stärker die Frequenzinstabilität des Wellenfokus, desto schneller wachsend der Prozeß.*

In den nun folgenden Bildbeispielen wurde versucht, aus der Fülle des Materials möglichst nur besonders instruktives Kurvenmaterial für die Abbildungen herauszusuchen. Da von den jeweils 60–80 geschriebenen Kurvenseiten eines Patienten nur ein oder zwei Blätter zur Reproduktion gelangen – zur Beurteilung eines Eeg jedoch immer die Gesamtkurve herangezogen wird –, können die hier abgebildeten Ausschnitte verständlicherweise nur einen bescheidenen Einblick in die Vielfalt der elektroenzephalographischen Kurvenbilder geben. Es sei noch bemerkt, daß nur operativ bestätigte Fälle verwendet wurden (Abb. 309–337).

Abb. 310 Ableitungsart II (unipolare Schaltung zum rechten Ohr)
Eeg eines 31jährigen Patienten mit einem relativ gut abgrenzbaren, das rechte Stirnhirn ausfüllenden Glioblastoma multiforme. Im rechten frontalen Ableitungsbereich sieht man einen kontinuierlichen Deltafokus, der sich auf die linke frontale Hirnregion ausdehnt. In der 6.–8. Sekunde sind langsame Wellen über allen Ableitungsbereichen zu registrieren, die auf eine Einstreuung von temporal her über das rechte Ohr hinweisen könnten; es ist somit eine basale, in temporaler Richtung gehende Entwicklung zu erwägen

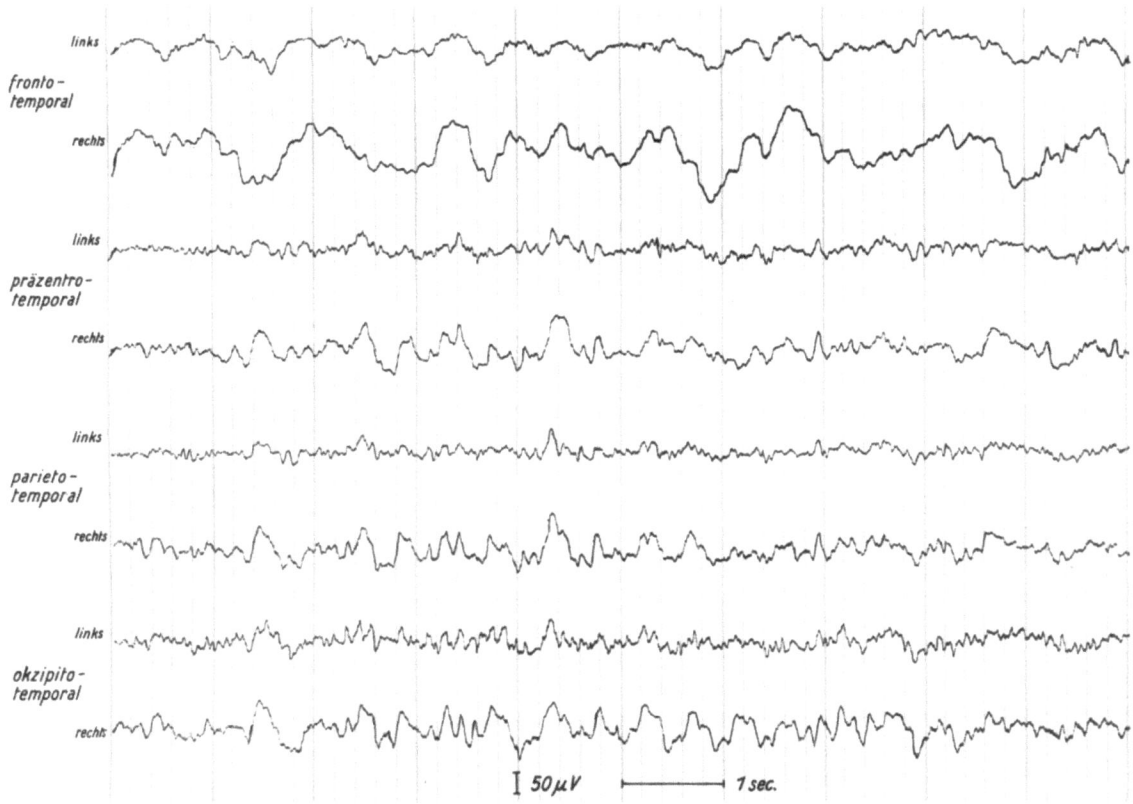

Abb. 309 Ableitungsart IV (bipolare temporale Schaltung)
Eeg eines 37jährigen Patienten mit einem apfelgroßen Hirnabszeß im rechten frontalen Marklager.
Im rechten frontotemporalen Ableitungsbereich kommt ein kontinuierlicher Delta-Subdelta-Fokus zur Darstellung, der in den linken frontotemporalen Ableitungsbereich, jedoch auch nach rechts präzentro-, parieto- und okzipitotemporal streut; Maximum des Herdes somit frontal rechts, geringe Streuung nach links frontal und rechts temporal. Die übrigen Hirnbereiche zeigen nur geringe Veränderungen, weshalb unter der Annahme eines Hirnabszesses eine relativ gute Kapselbildung zu erwarten ist

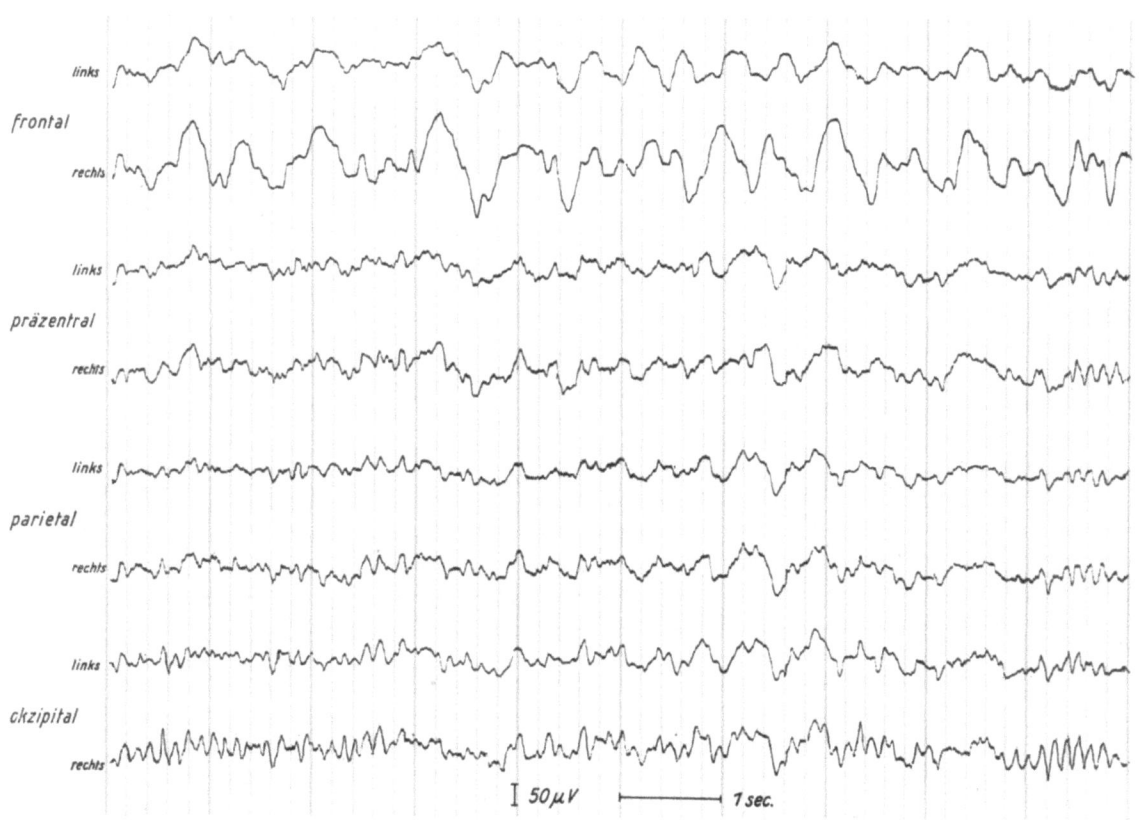

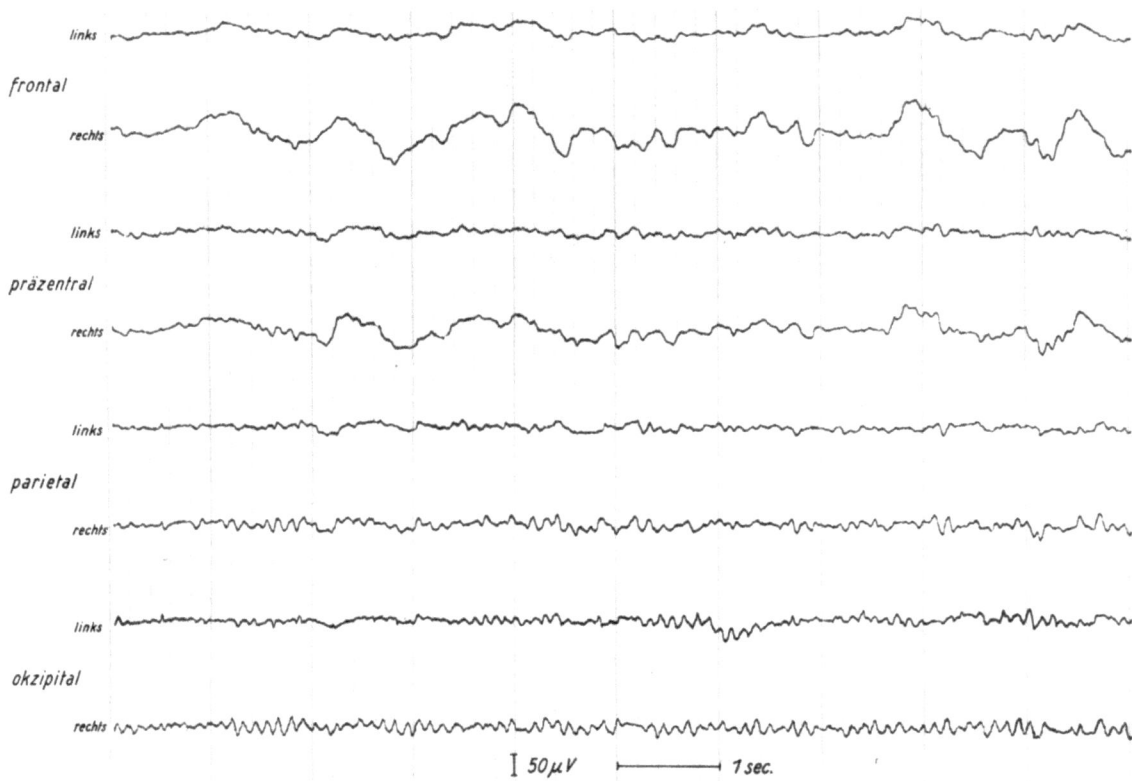

Abb. 311 Ableitungsart I (unipolare Schaltung zum linken Ohr)
Eeg einer 28jährigen Patientin mit einem rechtsseitigen frontalen, sich bis an die Zentralfurche ausdehnenden, relativ gut abgrenzbaren Oligodendrogliom.
Rechts frontal kann ein vornehmlich aus Subdeltawellen bestehender Fokus mit Streuung nach rechts präzentral registriert werden. Wegen der fehlenden allgemeinen Dysregulation kann unter der Annahme eines Hirntumors auf einen langsam wachsenden Prozeß geschlossen werden

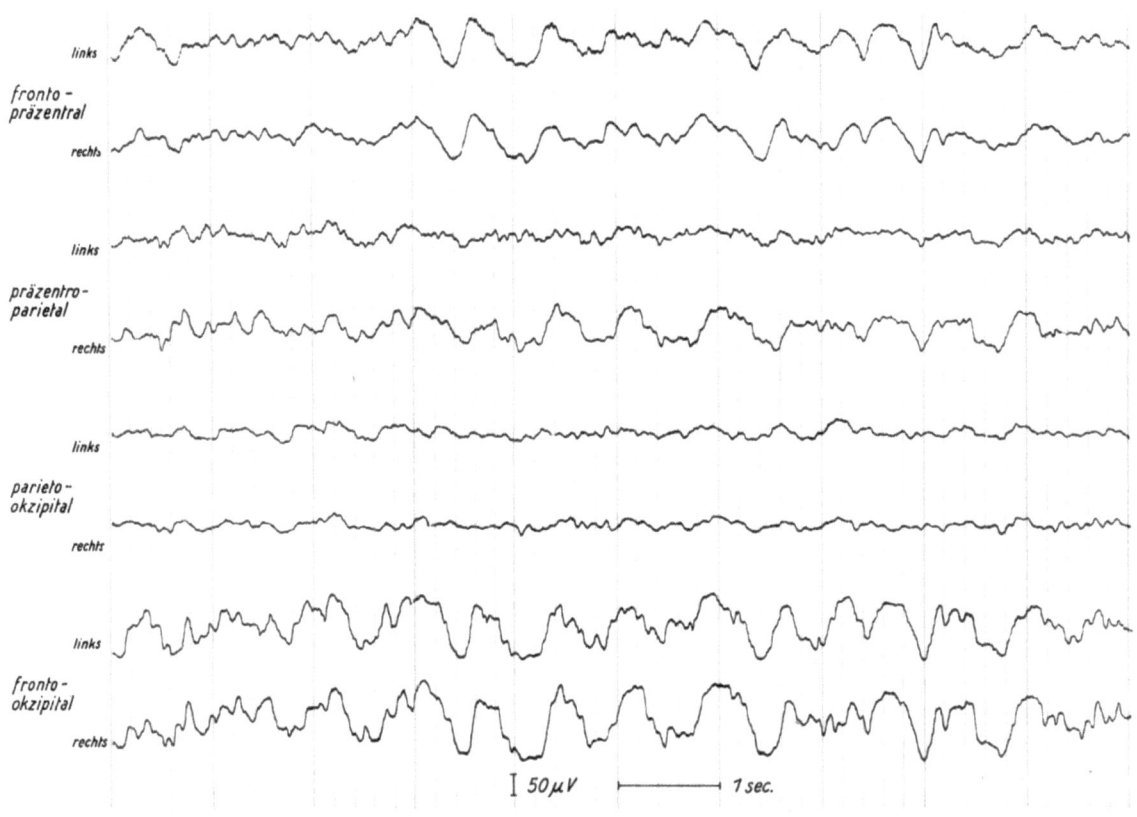

Abb. 312 Sonderableitungsart III

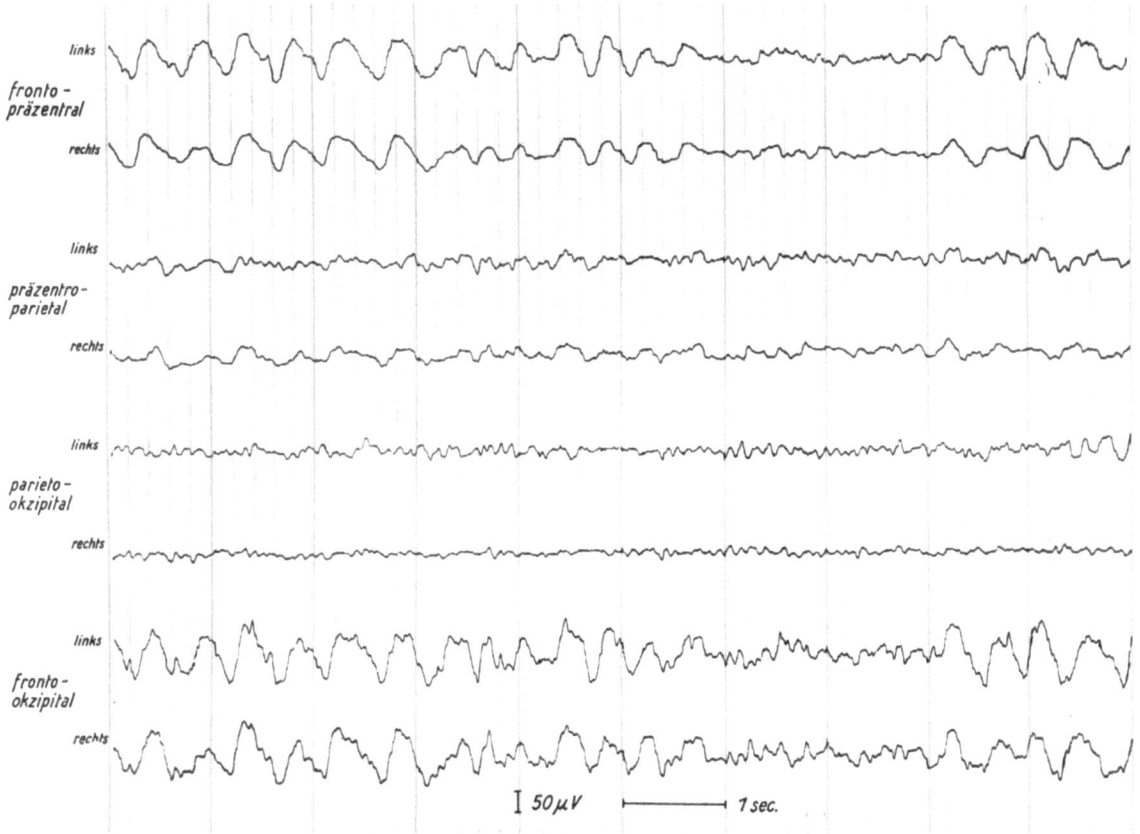

Abb. 313 Sonderableitungsart IIIa (bipolare Längsschaltung)
Eeg eines 34jährigen Patienten mit einem frontal beiderseitigen Glioblastoma multiforme (sogenanntes Schmetterlingsgliom), welches eine deutliche Ausdehnung nach rechts zentral erkennen läßt.
Von der Klinik her ein Parallelfall zu Abb. 312.
Im Kurvenbereich zeigen sich im frontozentralen Ableitungsbereich beiderseits relativ sinoidale, fast kontinuierliche Deltawellen, die mit geringerer Intensität auch im rechten präzentroparietalen Ableitungsbereich zu beobachten sind. Im rechten parietookzipitalen Ableitungsbereich ist eine »starke Depression« der Alphawellen zu erkennen; diese Reduktionserscheinungen sind wegen der hier vorliegenden Schaltungstechnik nicht sicher verwertbar. Nach dem Eeg konnte ein der klinischen Diagnose genau entsprechender lokalisatorischer Befund abgegeben werden

Abb. 312 Sonderableitungsart IIIa (bipolare Längsschaltung)
Eeg eines 41jährigen Patienten mit einem frontal beiderseitigen zystischen Glioblastoma multiforme (sogenanntes Schmetterlingsgliom), welches eine deutliche Ausdehnung nach rechts zentral erkennen läßt.
Sehr instruktives Eeg. Im linken sowie rechten frontozentralen Ableitungsbereich ist ein diskontinuierlicher Deltafokus zu erkennen. In fast unveränderter Stärke findet sich der Fokus auch im rechten präzentroparietalen Ableitungsbereich. Es mußte somit eine Herdstörung frontal beiderseits mit Ausdehnung nach rechts zentral diagnostiziert werden. Die bei einem so ausgedehnten Glioblastom zu erwartenden schweren oder schwersten Allgemeinveränderungen liegen nicht vor

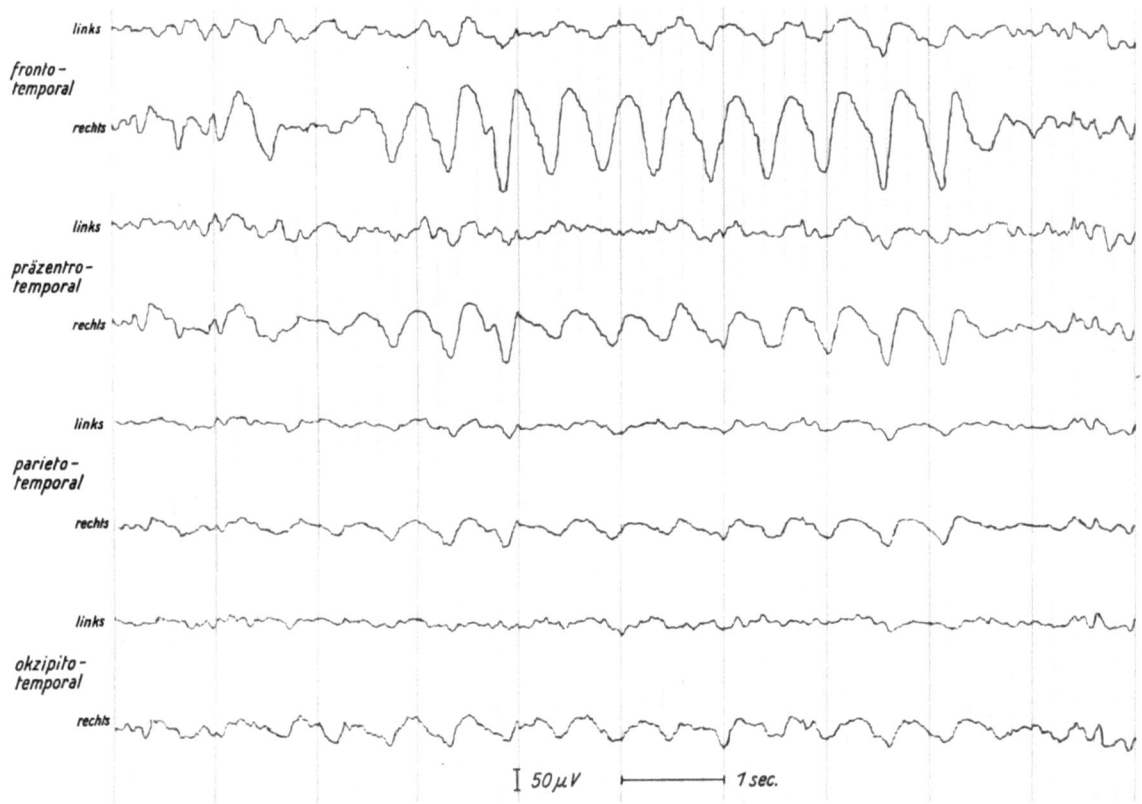

Abb. 314 Ableitungsart IV (bipolare temporale Schaltung)
Eeg eines 48jährigen Patienten mit einem knolligen, apfelgroßen lateralen Keilbeinflügelmeningeom rechts.
Es zeigen sich rechts frontotemporal sehr spannungshohe sinoidale langsame Deltawellen, die bis in den okzipitotemporalen Ableitungsbereich – jedoch spannungsgemindert – zu verfolgen sind. Ein leichtes »Überspringen« des Fokus nach links frontal ist zu beobachten. Nach dem Eeg mußte eine rechtsseitige frontale Herdstörung mit Ausdehnung nach temporal zu angenommen werden

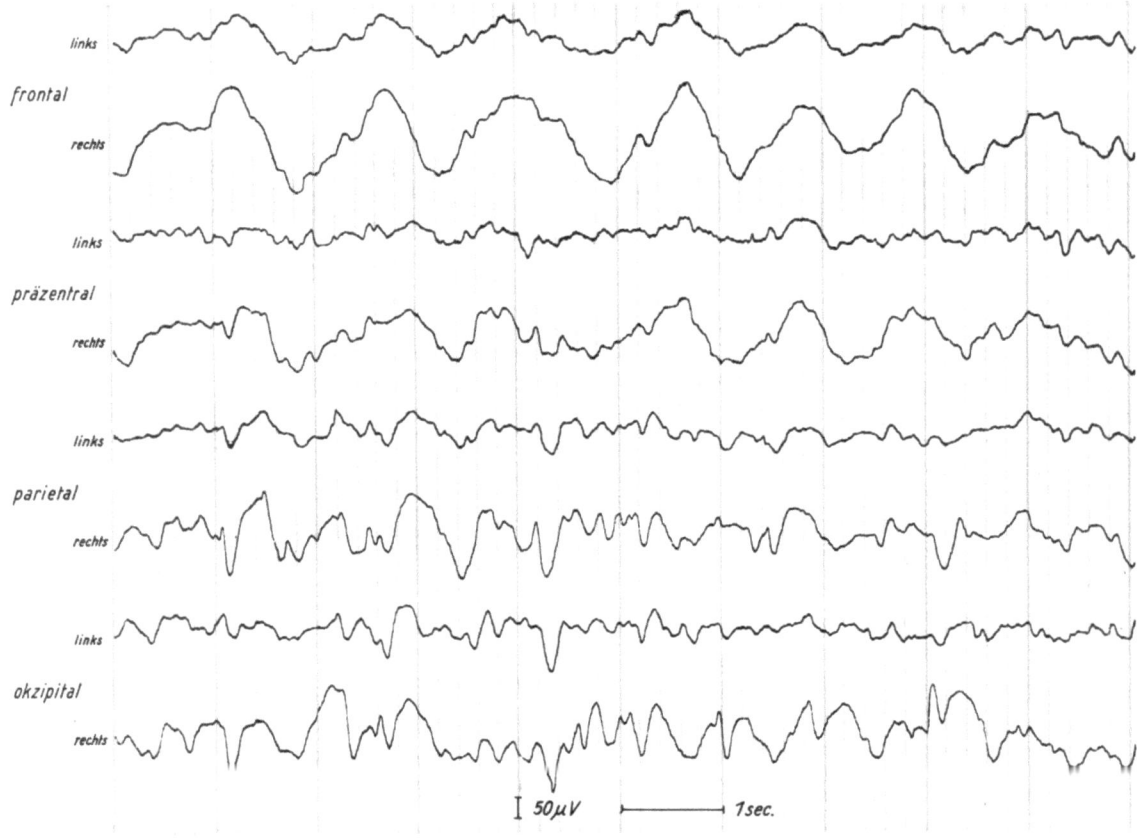

Abb. 315 Ableitungsart I

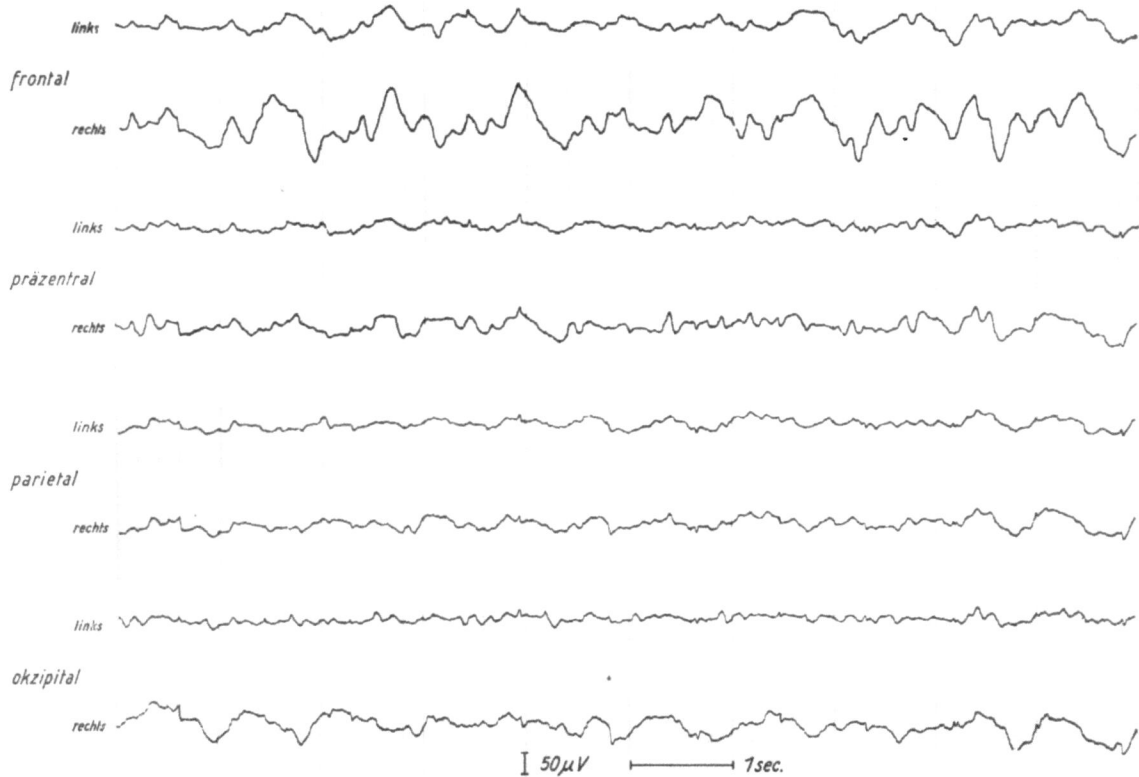

Abb. 316 Ableitungsart I (unipolare Schaltung zum linken Ohr)
Eeg eines 42jährigen Patienten mit einem medianen Keilbeinflügelmeningeom rechts.
Neben dem Delta-Subdelta-Fokus im rechten frontalen Ableitungsbereich ist rechts okzipital eine lokalisierte kontinuierliche Deltatätigkeit sichtbar. Es dürfte sich hierbei um einen zweiten Herd handeln, der durch Kompression der A. cerebri posterior und dadurch entstandener Ischämie bedingt ist

Abb. 315 Ableitungsart I (unipolare Schaltung zum linken Ohr)
Eeg eines 22jährigen Patienten mit einem mandarinengroßen Hirnabszeß rechts frontal.
Neben einer starken allgemeinen Beeinträchtigung fällt der rechtsseitige frontale Subdeltafokus sofort ins Auge. Die Diagnose einer schweren Herdstörung rechts frontal mit starker allgemeiner Dysregulation der bioelektrischen Aktivität ist nicht schwer. Unter der Annahme eines Hirnabszesses dürfte dieser noch keine sehr gute Abkapselung zeigen; die neben dem massiven Herd zu registrierenden Allgemeinveränderungen sprechen für eine starke entzündliche Mitbeteiligung der anderen Hirnregionen. Es sei vermerkt, daß die mitunter vertretene Ansicht, daß ein Subdeltafokus mit sehr großer Wahrscheinlichkeit für einen Hirnabszeß spricht, von uns nicht geteilt werden kann. Wir fanden ihn nur in einem geringen Anteil unseres Hirnabszeßmaterials

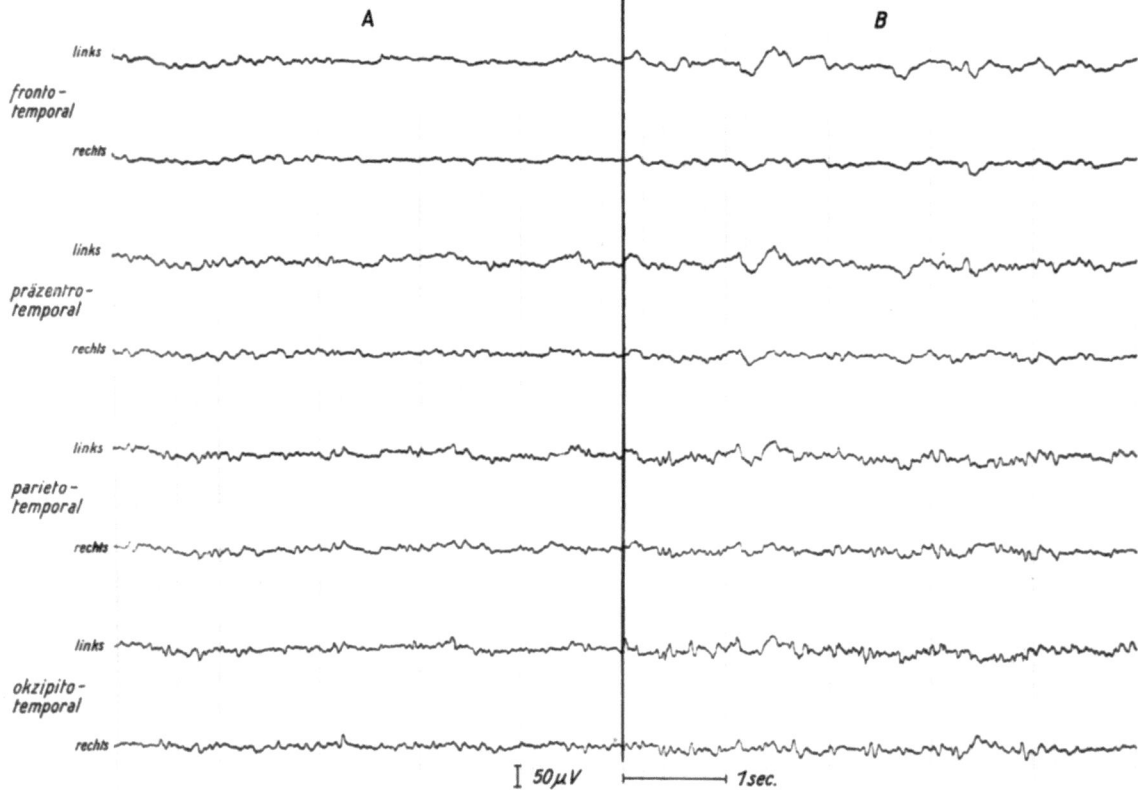

Abb. 317 Ableitungsart IV (bipolare temporale Schaltung)
Eeg eines 37jährigen Patienten mit einem Spongioblastom links frontobasal.
Im Kurvenabschnitt A (Spontanableitung) sind keine als sicher pathologisch anzusehenden Potentiale festzustellen.
Im Kurvenabschnitt B (während Hyperventilation, 2 Minuten) ist links frontotemporal deutlich – in den übrigen linksseitigen Hirnregionen nur angedeutet – eine zwar spannungsniedrige, doch sichere Deltaaktivität nachzuweisen. Wenn aufgrund dieser Potentiale nur ein Herdverdacht ausgesprochen wurde, so läßt sich doch der Wert der Hyperventilation ablesen. Es sei noch hinzugefügt, daß mit Absicht kein »Paradefall« zur Abbildung gelangte. Wichtig ist jedoch, daß bei Verdacht auf einen frontalen Prozeß stets die Lider festgehalten werden müssen, um mit Sicherheit Artefakte ausschließen zu können

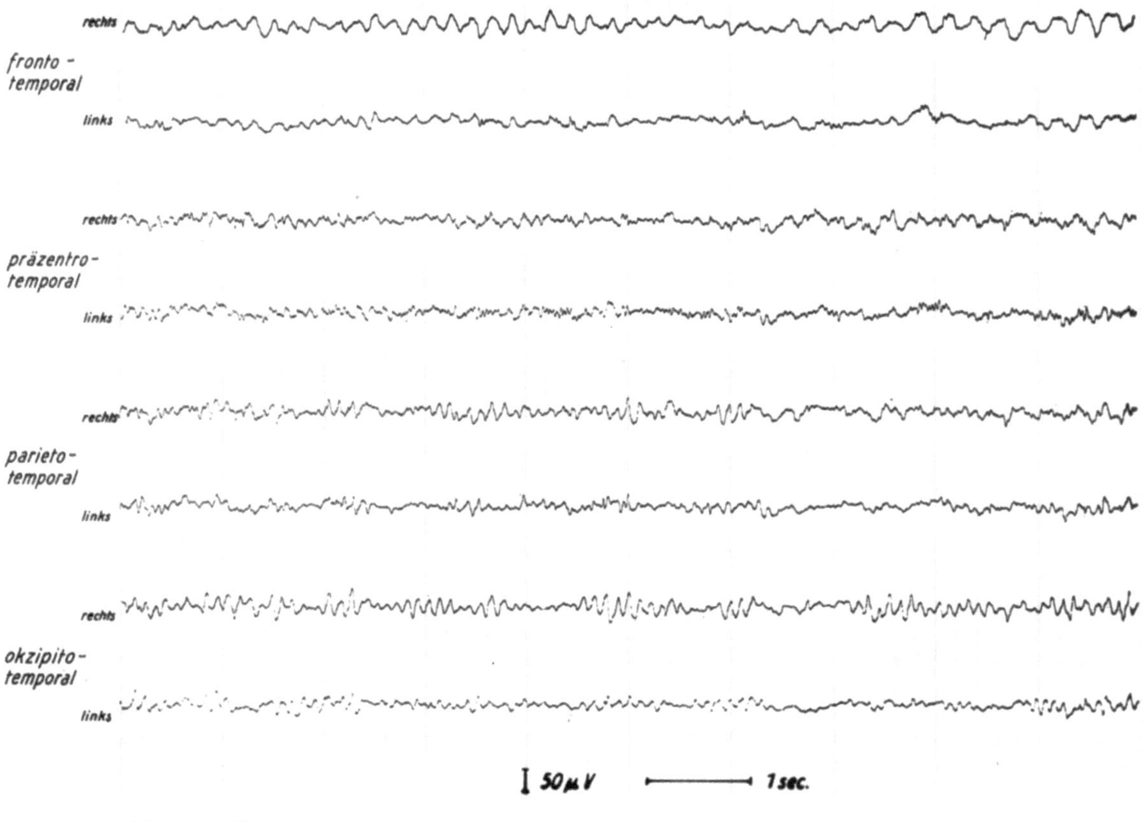

Abb. 318 Ableitungsart IV x

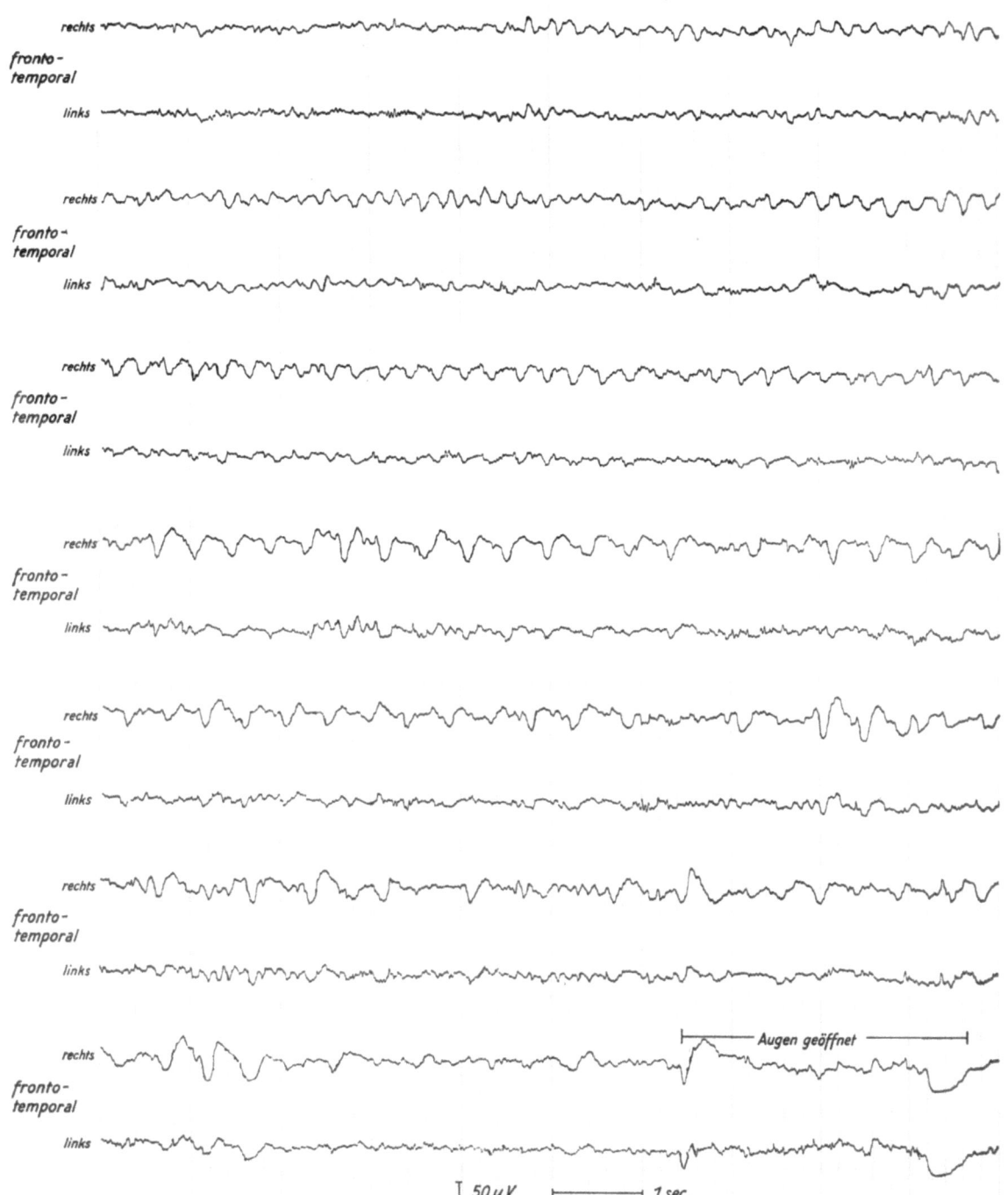

Abb. 319 Fortlaufende Ausschnitte der frontotemporalen Ableitungsbereiche der Ableitungsart IVx des Eeg der Patientin von Abb. 318

Abb. 318 Ableitungsart IV x (bipolare temporale Schaltung, gekreuzt)
Eeg einer 55jährigen Patientin mit einem zystischen Spongioblastom rechts frontozentral, parasagittal gelegen.
Die Kurve dürfte Seltenheitswert haben. Wir fanden bei einem sonst nur wenig veränderten Potentialbild in der gekreuzten spontanen Ableitungsart IV und in der in dieser Schaltung, jedoch ungekreuzt durchgeführten Hyperventilation, im rechten frontotemporalen Ableitungsbereich einen sich kontinuierlich verlangsamenden Fokus; beginnend mit 5- bzw. 6/sec.-Wellen verlangsamte sich der Herd bis zu 2,5/sec.-Potentialen, um dann relativ abrupt aufzuhören. Ein »Überspringen« auf den rechten präzentrotemporalen Ableitungsbereich war nur wenige Male zu beobachten.
Die Kurve wurde im Jahre 1955 geschrieben; sowohl vor als auch nach diesem Zeitpunkt haben wir eine solche Fokusform nicht wieder gesehen. Bei der Befundung dachten wir anfangs an lokalisierte vaskuläre Störungen, wurden jedoch durch die Operation, bei der ein etwa kirschgroßes Spongioblastom mit einer hühnereigroßen Zyste entfernt wurde, eines besseren belehrt.
Das phasenhafte Auftreten dieser lokalisierten Wellen ist in gewisser Weise mit dem von uns beobachteten »intermittierenden« Herd bei zystischen Prozessen (s. S. 274) in Einklang zu bringen

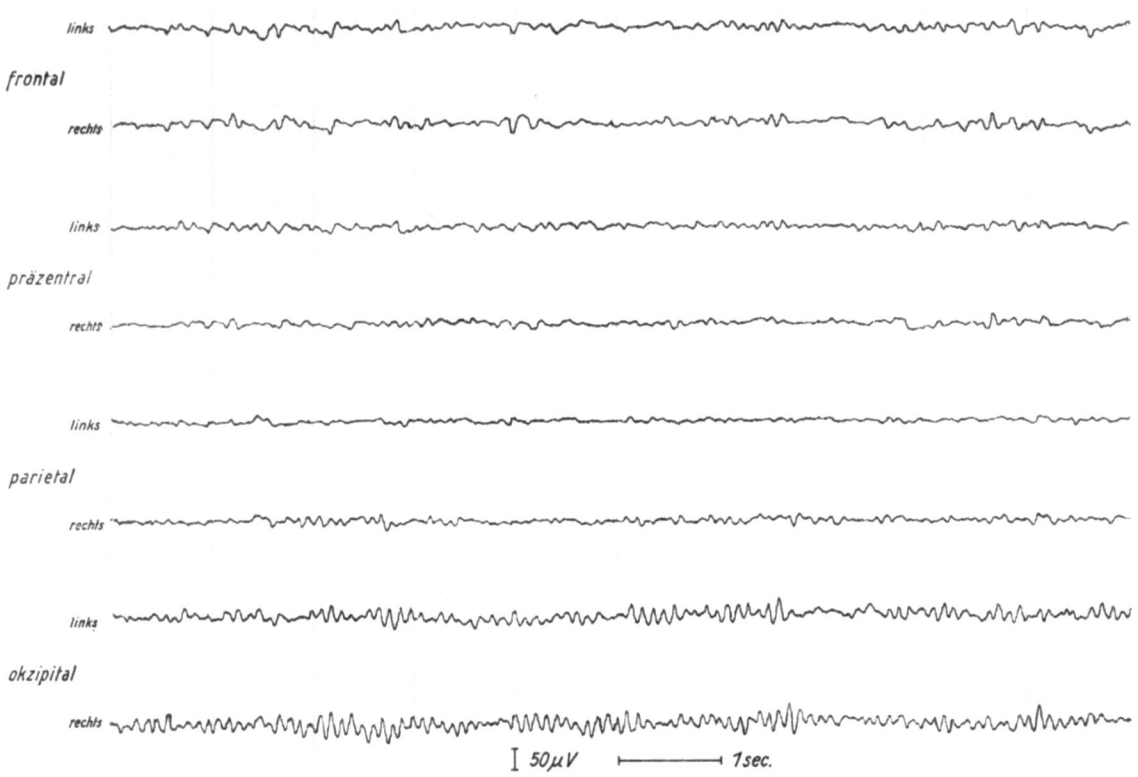

Abb. 320 Ableitungsart I (unipolare Schaltung zum linken Ohr)
Eeg eines 34jährigen Patienten mit einem intrasellären chromophoben Hypophysenadenom.
Bei einer gut ausgeprägten Alphagrundaktivität, die jedoch ein kontinuierliches Abklingen der Spannungshöhe nach frontal vermissen läßt, sieht man sowohl im linken und rechten frontalen als auch präzentralen Ableitungsbereich Einlagerungen von sehr spannungsniedrigen 5–6/sec. Thetawellen.
Dieser Befund ist ohne klinisch-anamnestische Daten nicht sicher zu verwerten. Unter der Verdachtsdiagnose eines Hypophysentumors jedoch geben diese Potentiale zumindest neein Hinweis auf einen derartigen Prozeß

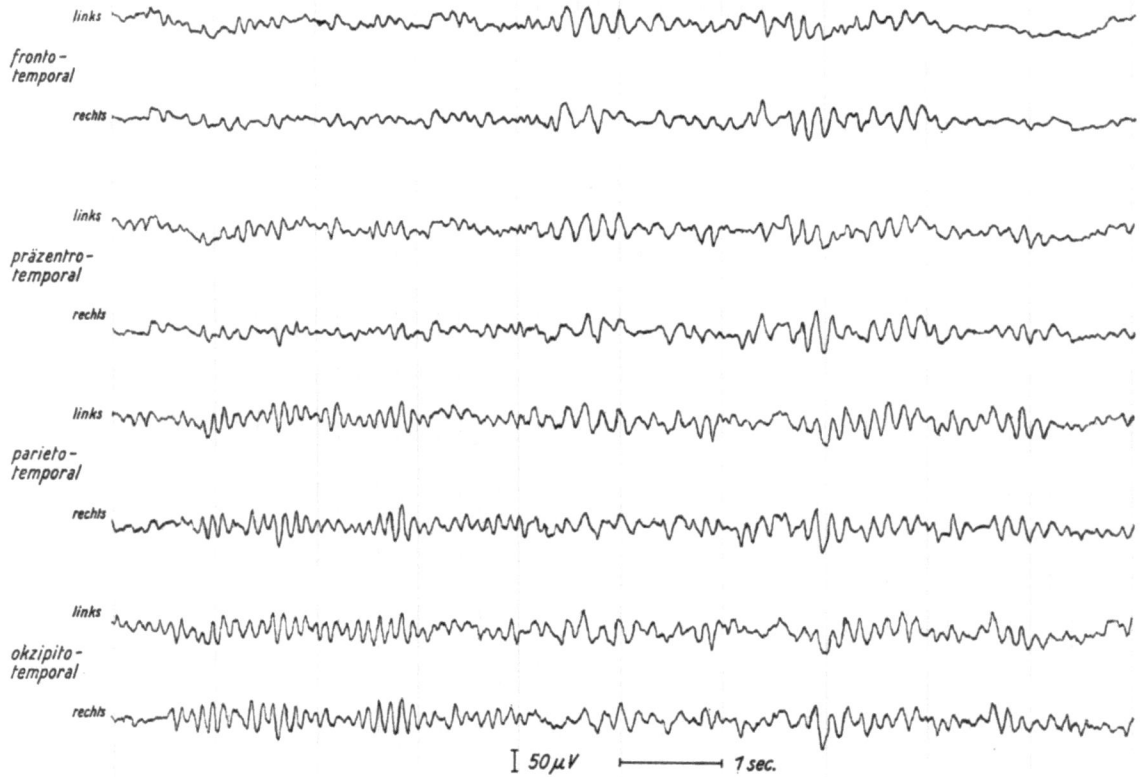

Abb. 321 Ableitungsart IV

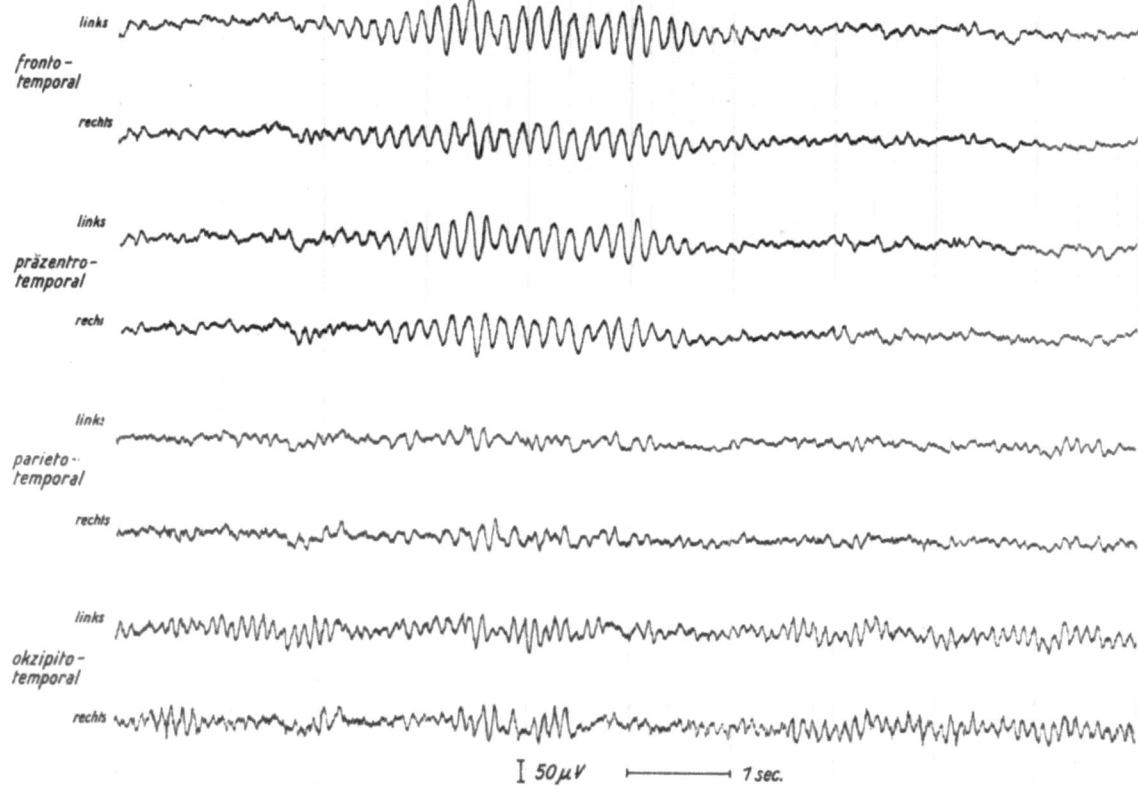

Abb. 322 Ableitungsart IV (bipolare temporale Schaltung)
Eeg eines 23jährigen Patienten mit einem intra- und suprasellär sich entwickelnden Hämangiom.
Wir finden hier die typische 6–7/sec.-Wellengruppe frontopräzentral beiderseits, wobei die Spannung frontal höher als präzentral ist. Diese Wellengruppen sprechen für eine Schädigung im suprasellären Raum bzw. Zwischenhirngebiet. Obwohl diese Deutung nicht allzuselten angezweifelt wird, sind wir doch der Meinung, daß man bei Auftreten solcher Frequenzen zumindest primär immer an eine solche Schädigung denken sollte, was nicht ausschließt, daß auch Prozesse anderer Lokalisationen zu einem ähnlichen Potentialbild führen können

Abb. 321 Ableitungsart IV (bipolare temporale Schaltung)
Eeg einer 40jährigen Patientin mit einem sich stark supra- und parasellär entwickelnden Hypophysenadenom.
In einem nur gering veränderten Eeg vom Alphatyp sind den Paroxysmen ähnliche Einstreuungen von 6-, vornehmlich jedoch 7/sec.-Wellen über allen Ableitungsbereichen zu registrieren; eine geringgradige Verlangsamung über den rechten Hirnregionen kann beobachtet werden. Die Einstreuung dieser 6- und 7/sec.-Potentiale muß über beide vordere temporale Elektroden erfolgen, weshalb als »Ursprungsort« am ehesten der frontozentrobasomediane Raum anzusehen ist. Unter der Verdachtsdiagnose eines Hypophysentumors schließen wir aus dem Auftreten dieser Wellen meist auf eine supra- bzw. paraselläre Entwicklung des Prozesses. Die für eine rein suprasselläre Schädigung sprechende Wellenlokalisation wird in Abb. 322 gezeigt

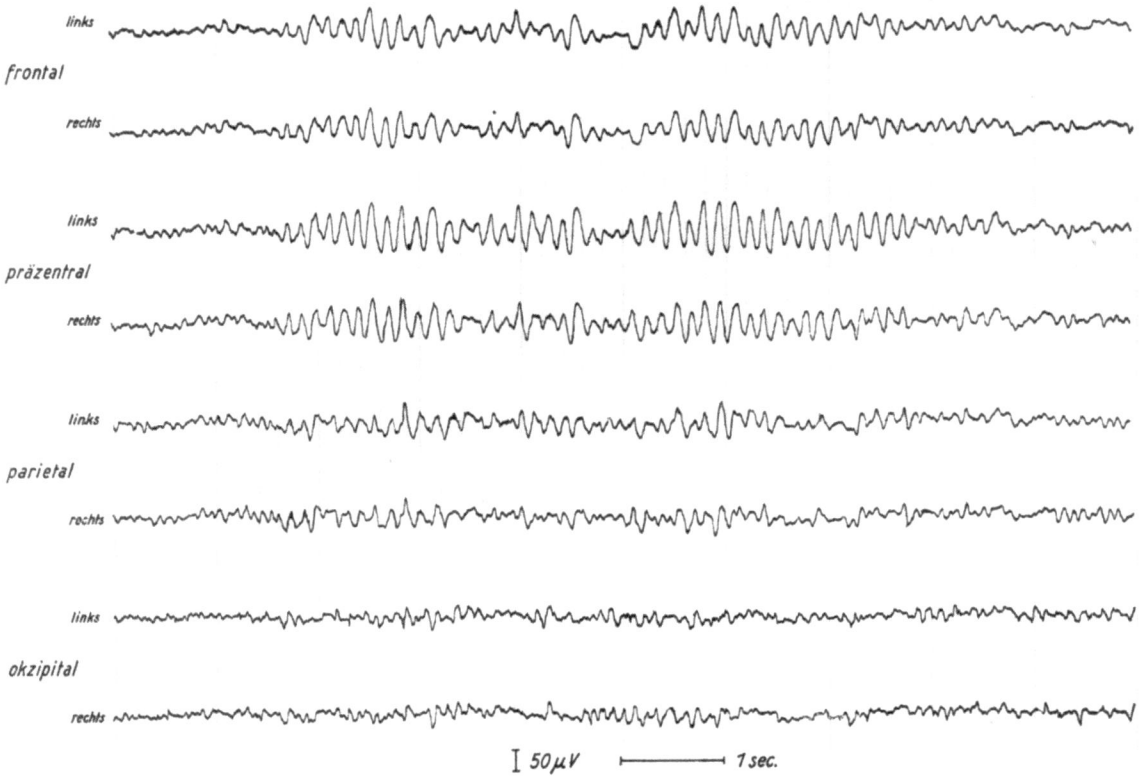

Abb. 323 Ableitungsart II (unipolare Schaltung zum rechten Ohr)
Eeg einer 32jährigen Patientin mit einem im suprasellären Raum zu lokalisierenden, vom vorderen Teil des III. Ventrikels ausgehenden Ependymom.
Ähnliches Potentialbild in Abb. 322, wobei hier jedoch die schnelleren Frequenzen gering vorherrschen. Die zeitliche Länge der Gruppen ist verschieden, bewegt sich jedoch im allgemeinen zwischen 4 und 6 Sekunden. Auch hier wurde von seiten des Eeg auf eine Irritation im suprasellären Raum geschlossen, wobei betont sei, daß nicht nur tumoröse, sondern auch andersgeartete Schädigungen solche Wellenbilder auslösen können. Mitunter wird für dieses Potentialbild auch der Ausdruck 7/sec.-Wellen-Fokus benutzt

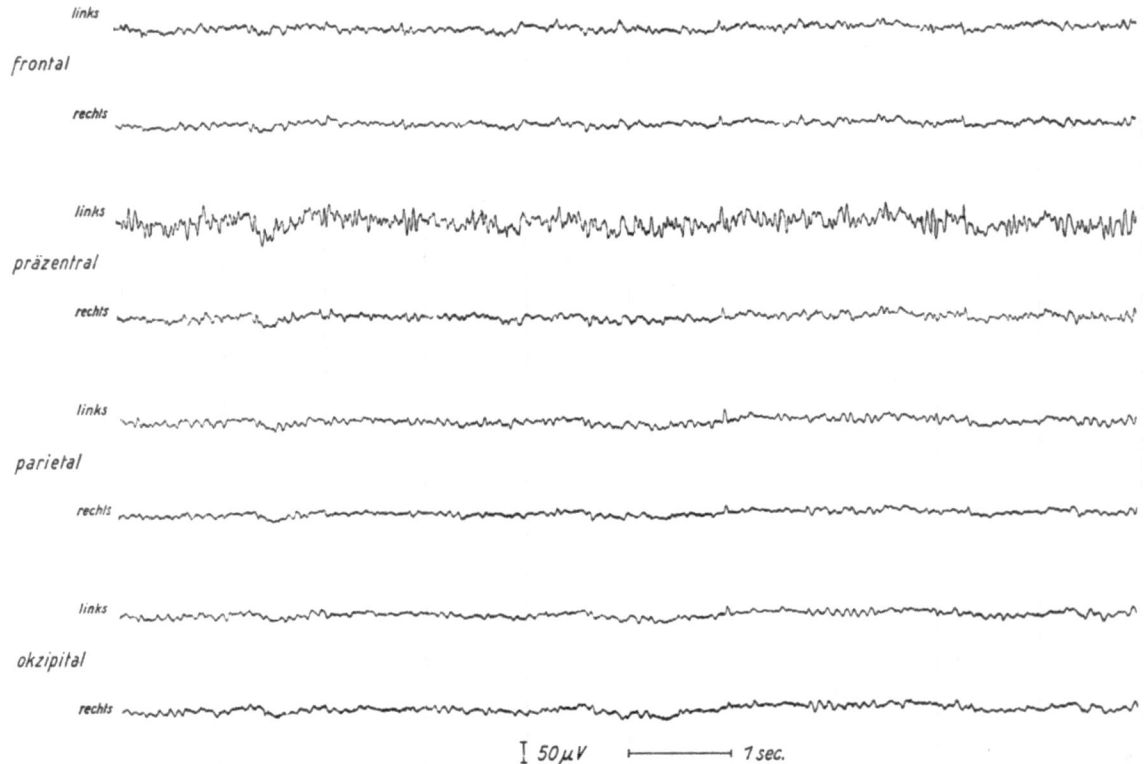

Abb. 324 Ableitungsart I

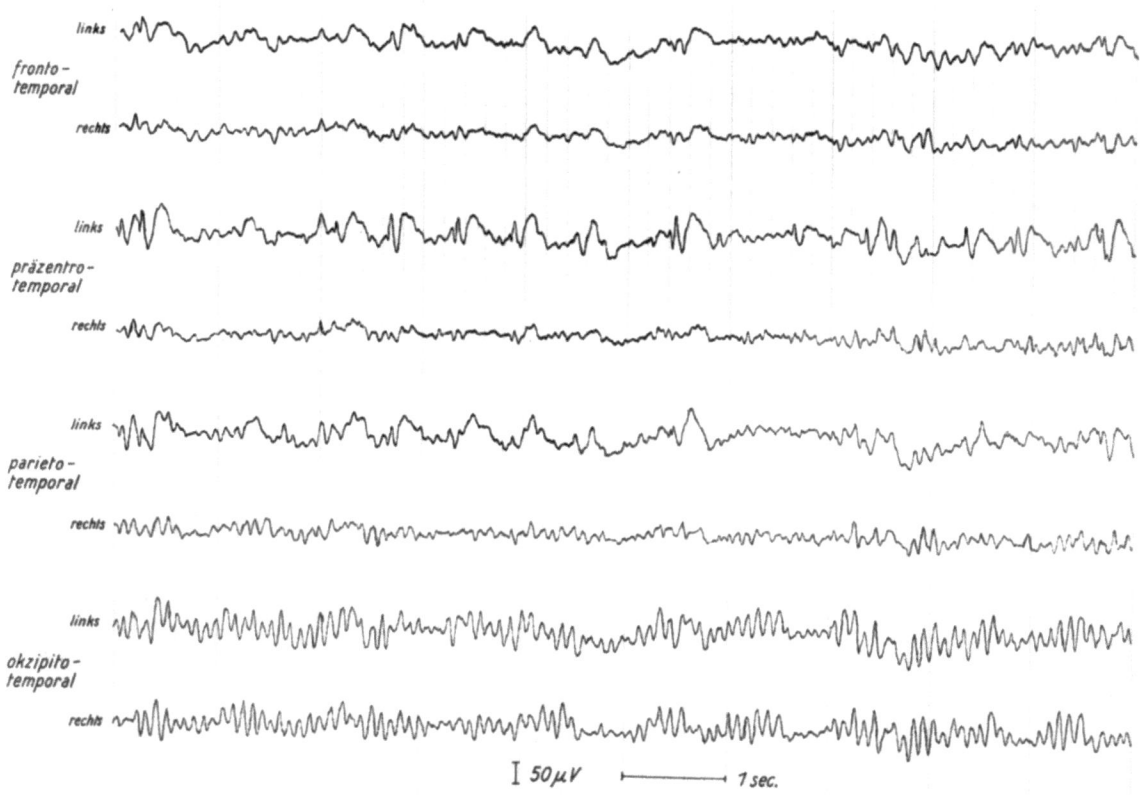

Abb. 325 Ableitungsart IV (bipolare temporale Schaltung)
Eeg eines 17jährigen Patienten mit einem linksseitigen zentrotemporalen Spongioblastom.
Bei einer sehr gut ausgeprägten Alphagrundaktivität kommt es über allen linksseitigen Ableitungsbereichen zum Auftreten diskontinuierlicher langsamer Wellen; im linken okzipitotemporalen Ableitungsbereich sind die langsamen Potentiale von Alphawellen so stark überlagert, daß sie kaum zu erkennen sind. Leitet man in solchen Fällen kurze Strecken mit geöffneten Augen ab, so ist meist durch Verschwinden der Alphawellen eine bedeutend bessere Darstellung der überdeckten Wellen möglich. Weiterhin finden sich im präzentrotemporalen Ableitungsbereich sichere Spitzenpotentiale (spike and wave-Komplexe). Die rechtsseitigen Ableitungsbereiche weisen nur geringe Veränderungen auf. Nach dem Eeg konnte ein diskontinuierlicher Deltafokus links temporal und ein Spitzenfokus links zentral diagnostiziert werden. Es wurde somit eine zentrotemporale Herdstörung mit Krampfaktivität im zentralen Herdbereich angenommen

Abb. 324 Ableitungsart I (unipolare Schaltung zum linken Ohr)
Eeg eines 53jährigen Patienten, der an einem linksseitigen frontozentralen Astrozytom operiert wurde; die Kurve wurde 12 Wochen post operationem geschrieben.
Die auf den linken präzentralen Ableitungsbereich streng lokalisierte Betaaktivität bei ansonsten relativ spannungsniedrigem Eeg fällt sofort ins Auge. Da osteoplastisch trepaniert wurde und somit die Elektrodenanordnung nicht verändert werden mußte, kommt die präzentrale Elektrode annähernd in der Mitte des Operationsgebiets zu liegen. Ein solches Potentialbild kann durch Hirn-Dura-Narben hervorgerufen werden, es kann jedoch auch der erste Hinweis auf ein sich entwickelndes postoperatives Krampfleiden sein

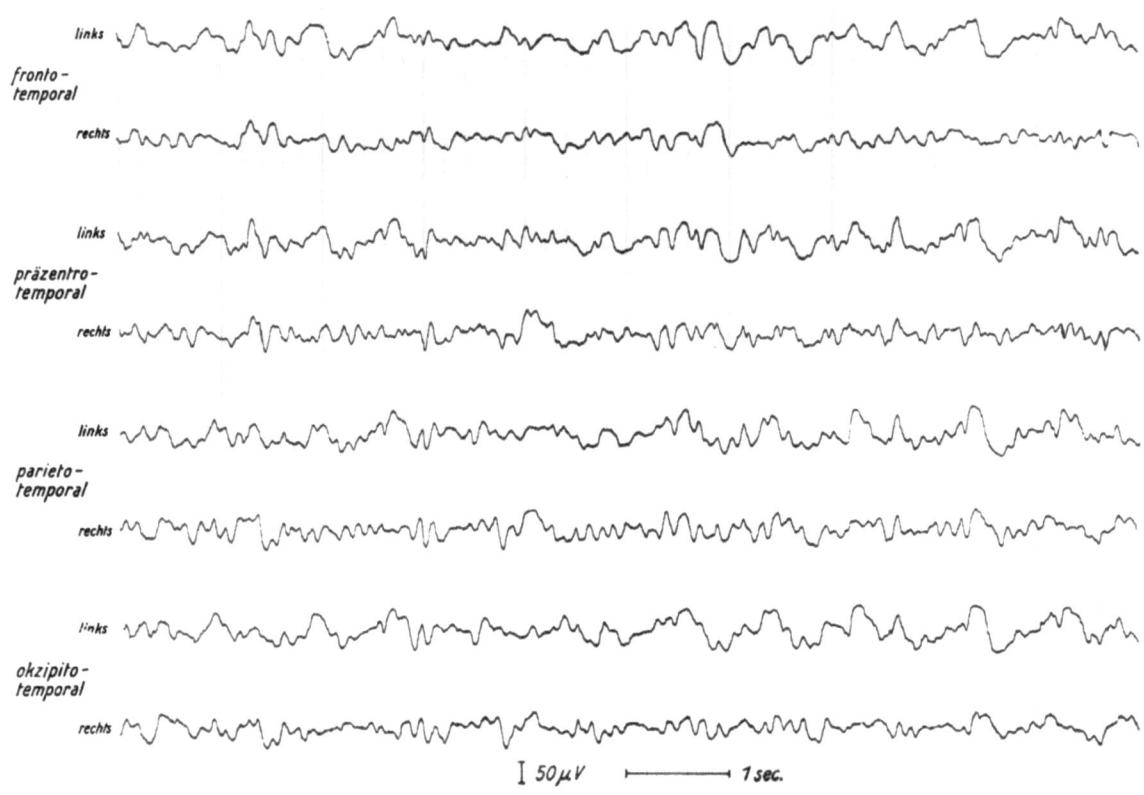

Abb. 326 Ableitungsart IV (bipolare temporale Schaltung)
Eeg eines 32jährigen Patienten mit einem ausgedehnten Oligodendrogliom des linken Schläfenlappens.
Man sieht auf den linksseitigen Ableitungsbereichen, die alle mit der temporalen Elektrode gekoppelt sind, einen typischen Theta-Delta-Mischfokus mit Überwiegen der Deltawellen; eine leichte Betonung der hinteren Hirnregionen ist zu erkennen. Es besteht eine mäßige allgemeine Dysregulation der bioelektrischen Aktivität

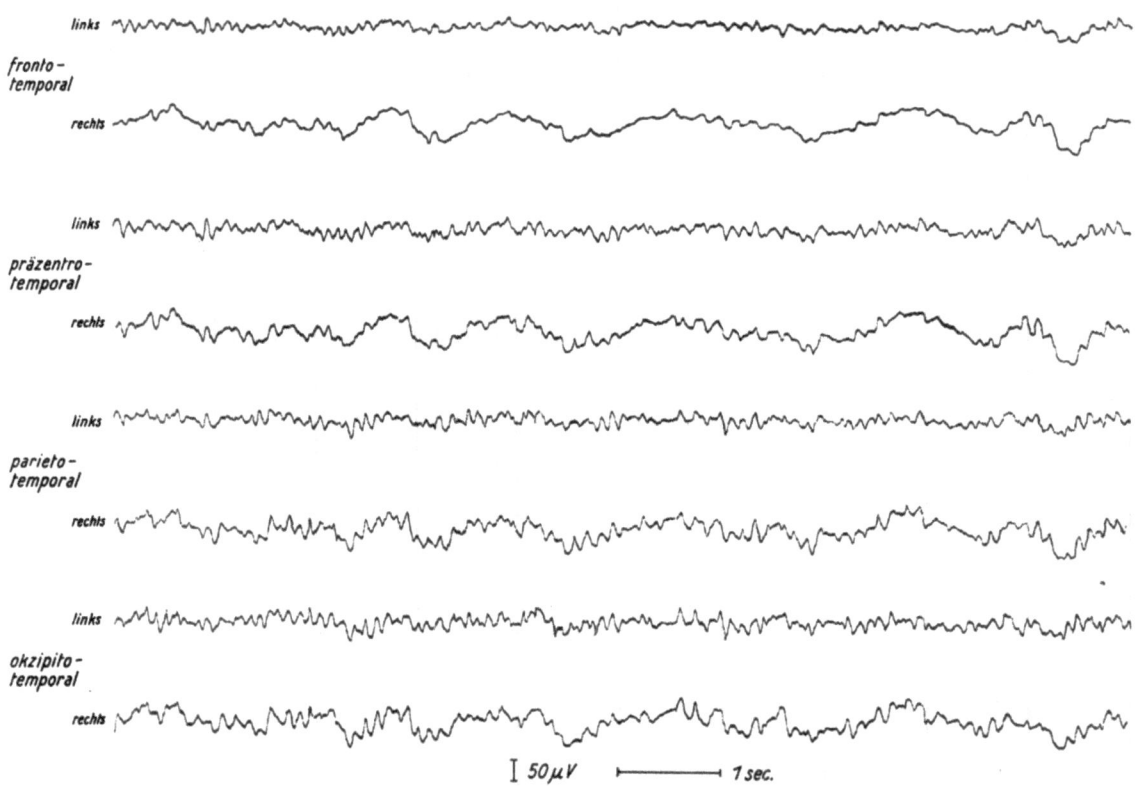

Abb. 327 Ableitungsart IV

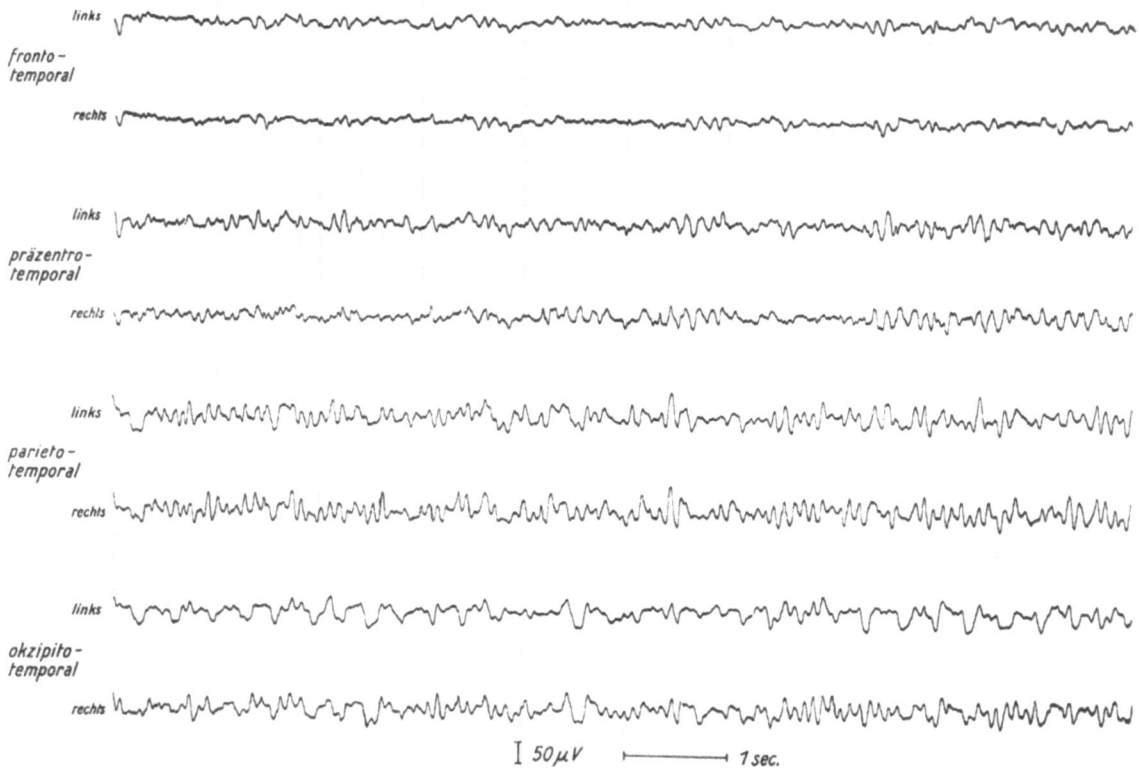

Abb. 328 Ableitungsart IV (bipolare temporale Schaltung)
Eeg einer 48jährigen Patientin mit einem apfelgroßen Meningeom im linken Falx-Tentorium-Winkel.
Der hier vorliegende Befund ist nicht sehr häufig anzutreffen. Im linken okzipitotemporalen Ableitungsbereich kommt ein kontinuierlich, vornehmlich aus 3- und 3,5/sec.-Wellen gebildeter schneller Deltafokus zur Darstellung, der sowohl zur Gegenseite als auch nach dem parietotemporalen Ableitungsbereich sich leicht ausdehnt. Die Diagnose einer Herdstörung links okzipital war leicht zu stellen. Die geringen Veränderungen der übrigen Hirnbereiche sprechen unter der Annahme eines raumbeengenden Prozesses für einen langsam wachsenden Tumor (die linksseitig okzipital 3–3,5/sec.-Aktivität darf nicht mit der 4–6/sec.-Grundrhythmus-Variante verwechselt werden)

Abb. 327 Ableitungsart IV (bipolare temporale Schaltung)
Eeg einer 38jährigen Patientin mit einem Aneurysma der A. cerebri media rechts; Zustand nach Blutung.
Die rechtsseitigen Ableitungsbereiche zeigen einen nicht sehr spannungshohen Delta-Subdelta-Fokus neben einer nur geringen Dysregulation der bioelektrischen Aktivität. Sehr demonstrabel ist in diesem Fall die von frontal nach okzipital zunehmende Überlagerung des Herdes mit Alphawellen; dazu kommt noch eine sehr ausgeprägte Synchronizität der langsamen Wellen, wodurch eine Abgrenzung gegenüber einem Artefakt (Wackelei der temporalen Elektrode) erschwert wird

298 Die Anwendungsgebiete des Eeg

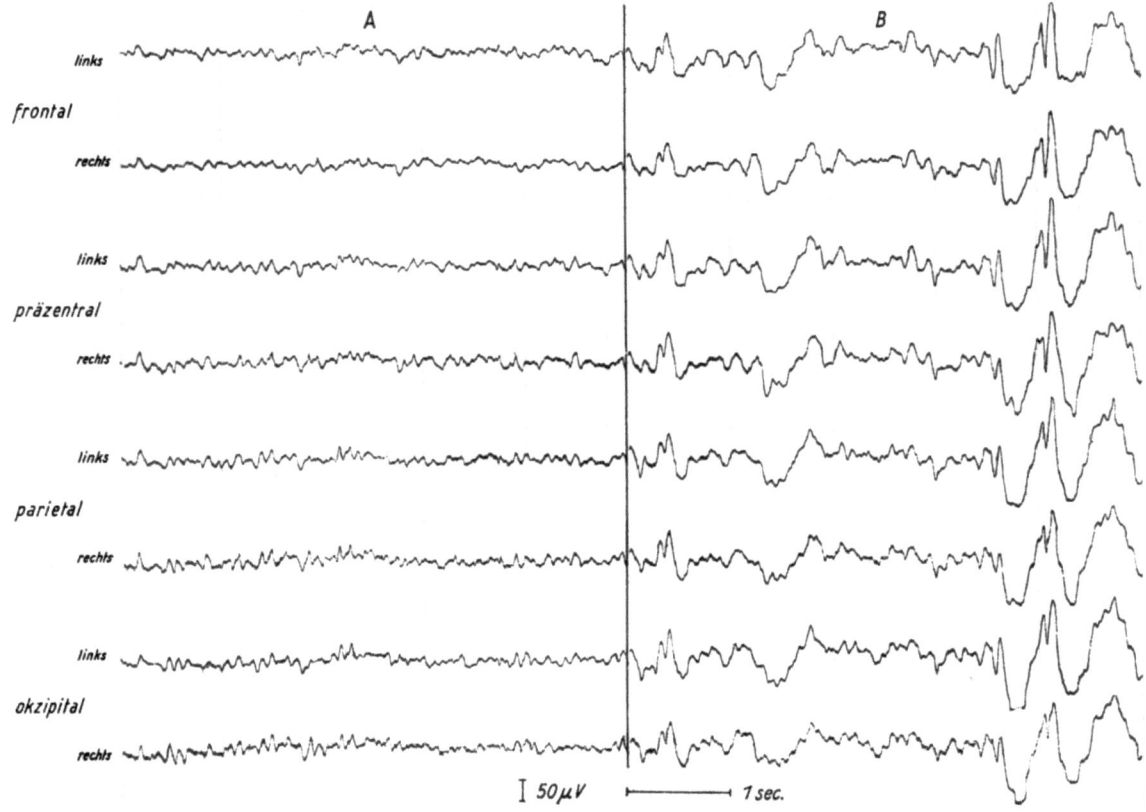

Abb. 329 Ableitungsart I und II

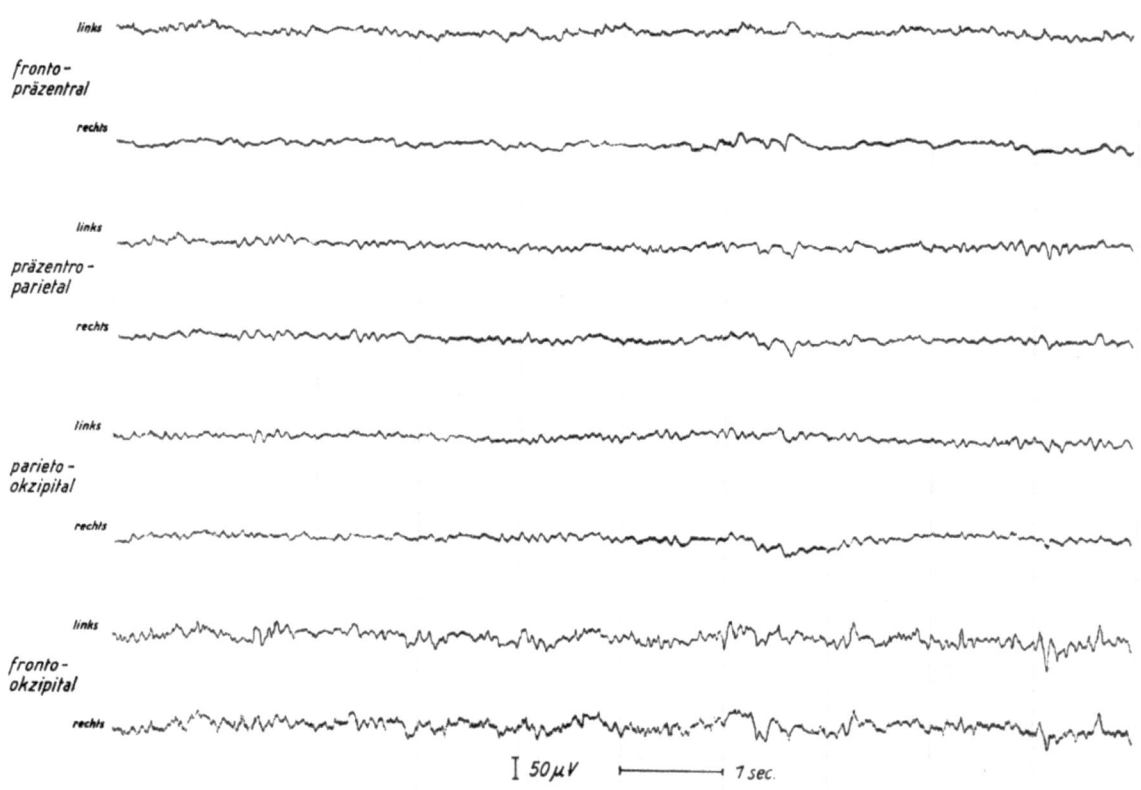

Abb. 330 Sonderableitungsart IIIa

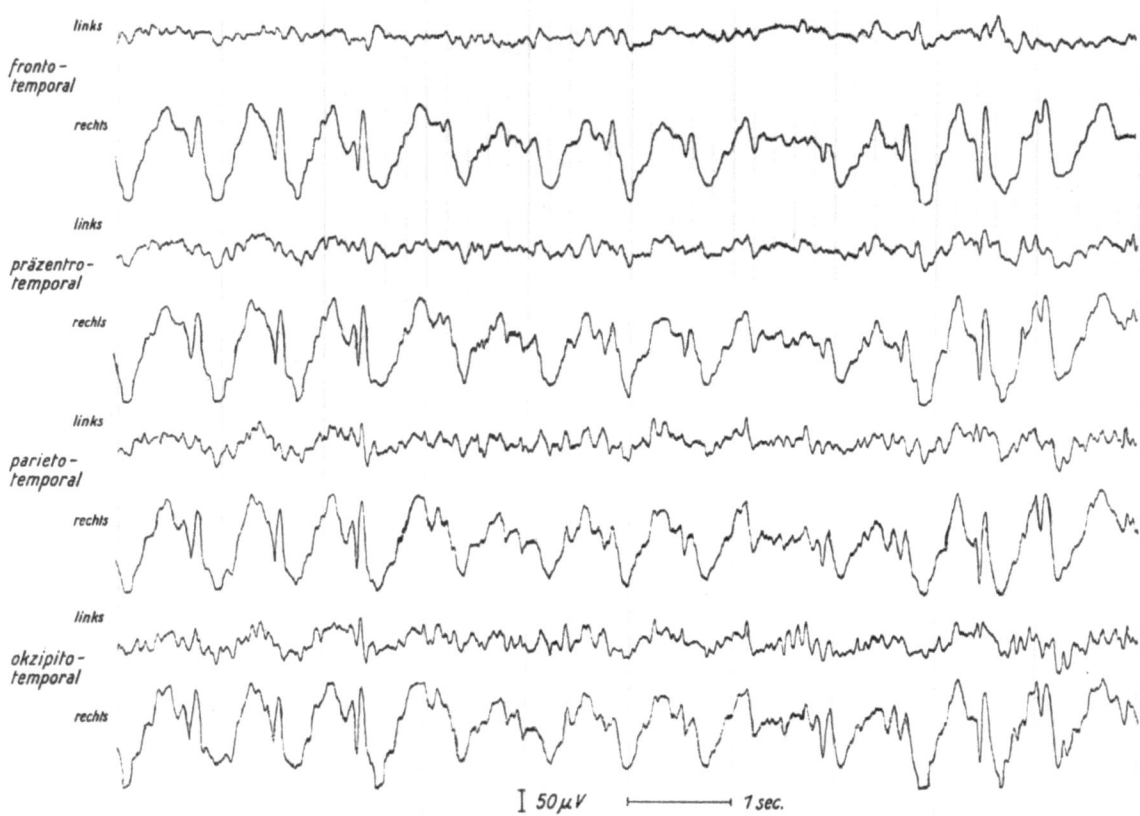

Abb. 331 Ableitungsart IV (bipolare temporale Schaltung)
Ausschnitt des Eeg der Patientin von Abb. 329.
In der bipolaren temporalen Ableitungsart kommt der massive Wellenspitzenfokus über allen rechtsseitigen Ableitungsbereichen deutlich zur Darstellung.
Die aufgrund des vorliegenden Eeg (Abb. 329-331) zu stellende Diagnose konnte sehr präzise formuliert werden: Massive Herdstörung mit Krampfaktivität im rechten basalen Temporalgebiet; unter der Annahme eines raumbeengenden Prozesses sind deutliche Zeichen, die für ein langsames Wachstum sprechen, vorhanden

Abb. 329 Ableitungsart I und II (unipolare Schaltung zum linken und rechten Ohr)
Eeg einer 16jährigen Patientin mit einem Oligodendrogliom rechts temporobasal.
Unter A sieht man einen Ausschnitt der unipolaren Schaltung zum linken Ohr. Es sind hier, außer einigen eingestreuten Thetawellen, keine sicher pathologischen Potentiale festzustellen. Die rechte Hälfte (B) der Abbildung zeigt einen Ausschnitt der unipolaren Schaltung zum rechten Ohr. Hier sieht man über allen Ableitungsbereichen synchrone langsame Wellen sowie Spitzenpotentiale. Wenn ein Artefakt, der ein solches Bild durchaus einmal vortäuschen kann, ausgeschlossen wird, so müssen diese Potentiale vom rechten Temporalgebiet in das Ohr eingestreut worden sein. Daraus wiederum kann ein basaler Sitz der Herdstörung abgeleitet werden

Abb. 330 Sonderableitungsart IIIa (bipolare Längsschaltung)
Ausschnitt des Eeg der Patientin von Abb. 329. In der bipolaren Längsschaltung ist fast ein normales Potentialbild zu verzeichnen, sieht man von vereinzelten langsamen Wellen ab, die besonders durch die frontookzipitale Kontrollschaltung sichtbar gemacht werden

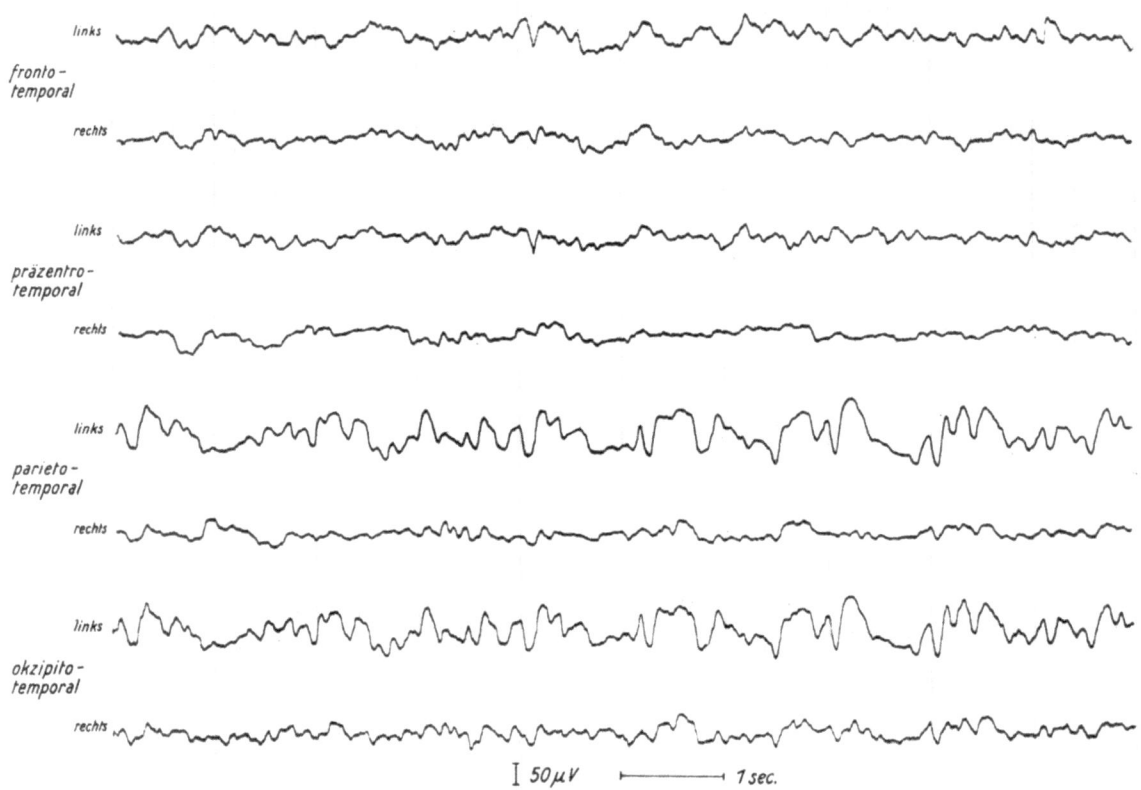

Abb. 332 Ableitungsart IV

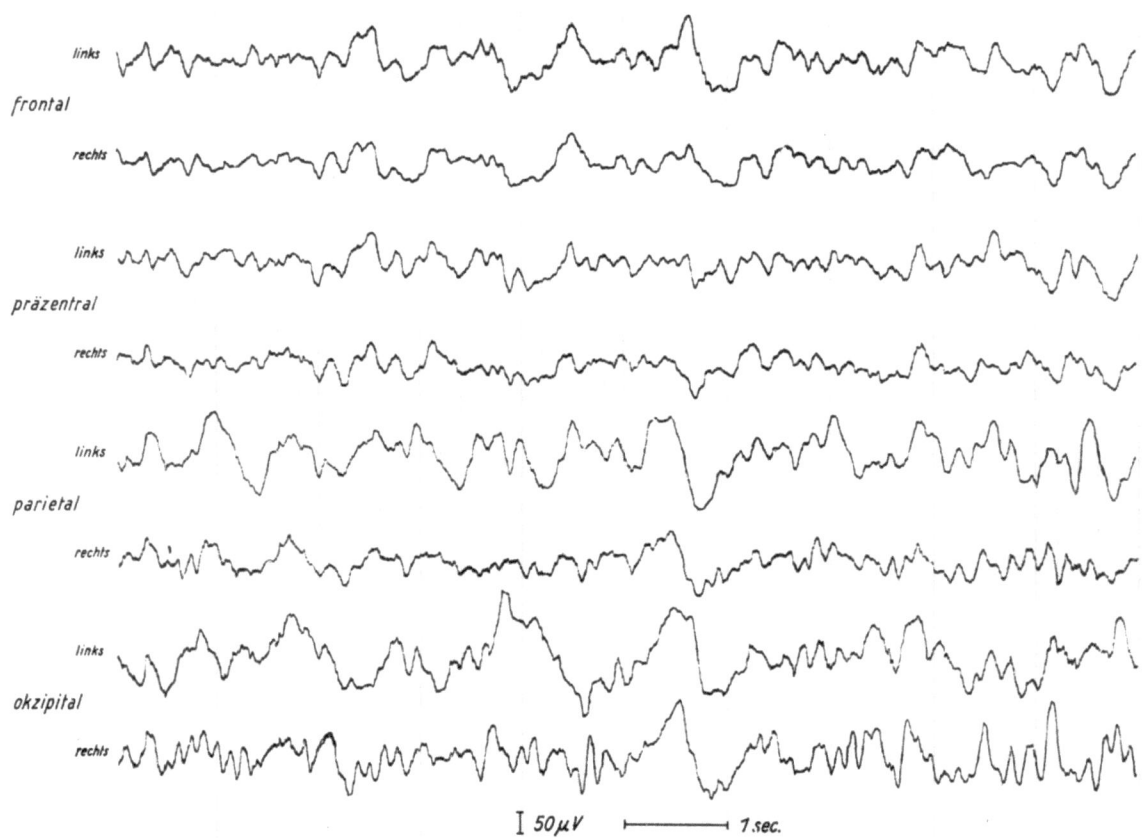

Abb. 333 Ableitungsart II

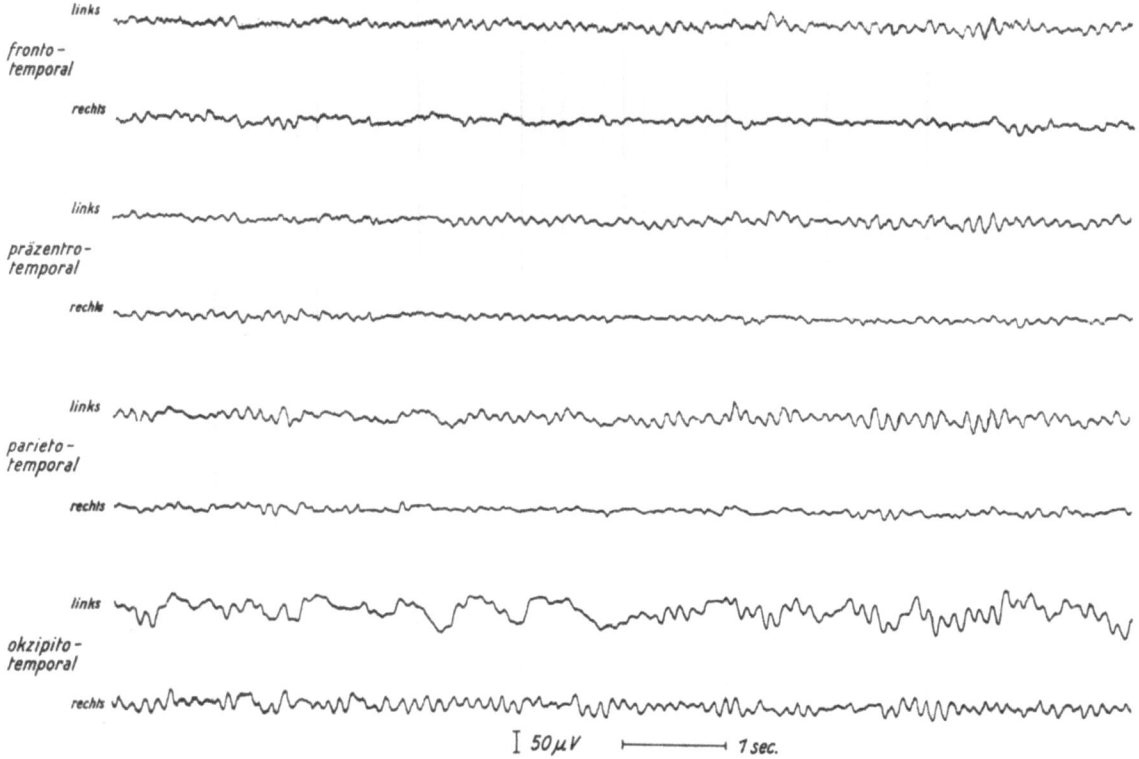

Abb. 334 Ableitungsart IV (bipolare temporale Schaltung)
Eeg eines 31 jährigen Patienten mit einem Rezidiv nach Operation eines Oligodendroglioms links okzipital; die Untersuchung wurde 2 Jahre nach der Erstoperation durchgeführt.
Im linken okzipitotemporalen Ableitungsbereich erkennt man einen Theta-Delta-Mischfokus mit starkem Vorherrschen der Deltawellen, wobei eine teilweise starke Überlagerung des Fokus mit Alphawellen (6.–10. Sekunde) auffällt. Aufgrund dieses Wellenbildes wäre an einer Herdstörung links okzipital nicht zu zweifeln. Interessanterweise zeigen nun alle übrigen linksseitigen – also herdseitigen – Ableitungsbereiche eine viel stärkere Ausprägung und höhere Spannung der Alphawellen als die der kontralateralen Seite. Findet man ein solches Potentialbild, so muß sofort an eine Alphaaktivierung gedacht werden (s. S. 84), die auch bei genauer Auswertung vorliegt; deshalb muß die eingangs gestellte Diagnose korrigiert werden, da es sich nunmehr um eine Herdstörung im linken okzipitotemporalen Hirnbereich handelt

Abb. 332 Ableitungsart IV (bipolare temporale Schaltung)
Eeg eines 34jährigen Patienten mit einem kinderfaustgroßen Spongioblastom links parietookzipital.
Der Theta-Delta-Mischfokus mit Überwiegen der Deltawellen im linken parieto- und okzipitotemporalen Ableitungsbereich hebt sich deutlich aus dem Gesamtbild heraus.
In diesem Fall bietet die Bestimmung der Allgemeinveränderungen keine großen Schwierigkeiten, da die Abgrenzung des Herdes sehr scharf ist, d. h., es ist sowohl auf der homo- als auch kontralateralen Seite keine Fortleitung von Herdfrequenzen zu erkennen. Trotzdem sollte man sich auch hier daran halten, den Schweregrad der Allgemeinveränderungen nach der Tumorgegenseite festzulegen

Abb. 333 Ableitungsart II (unipolare Schaltung zum rechten Ohr)
Eeg eines 5jährigen Kindes mit einem mandarinengroßen Ependymom, vom linken Trigonum ausgehend.
Trotz der Theta-Delta-Grundaktivität hebt sich der linksseitige parietookzipitale Delta-Subdelta-Fokus deutlich aus dem übrigen Kurvenbild heraus. Auch bei so eindrucksvollen Kurvenverläufen, wie sie hier dargestellt werden können, sollte man bei Kindern – wegen der starken Variabilität des Hirnpotentialbildes – zur Bestätigung der gestellten Diagnose unbedingt Kontrollableitungen durchführen. Die Bestimmung der Allgemeinveränderungen kann hier Schwierigkeiten bereiten

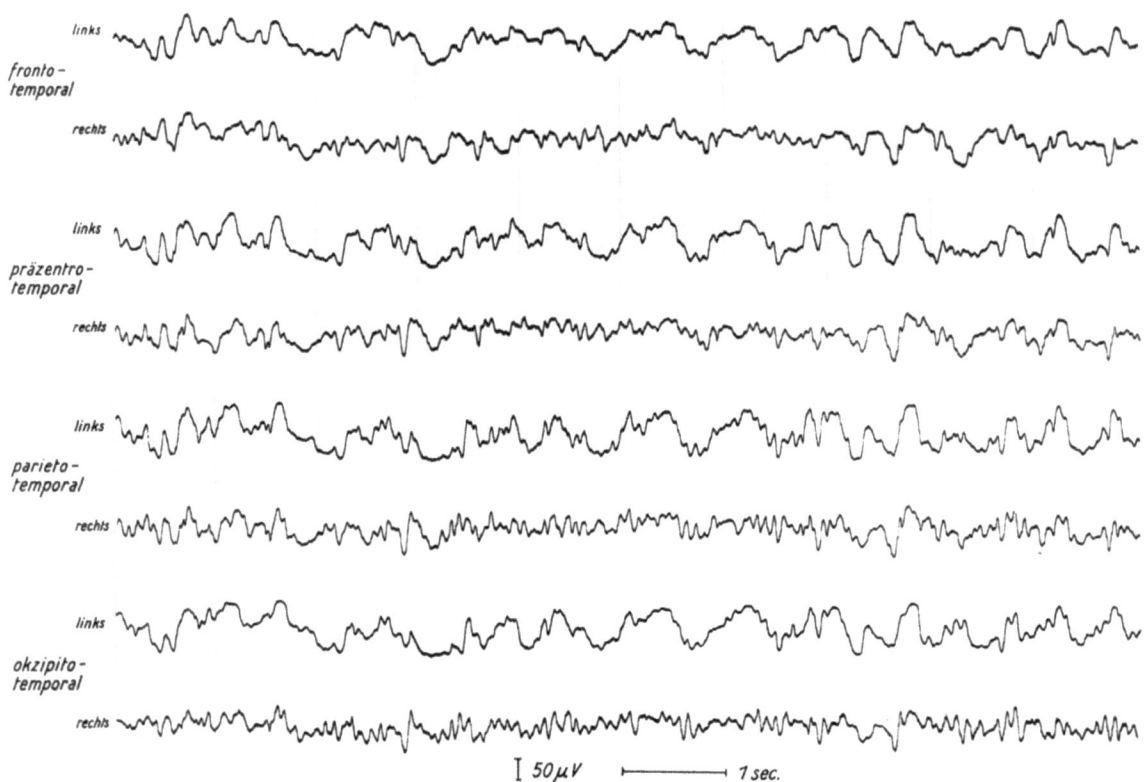

Abb. 335 Ableitungsart IV (bipolare temporale Schaltung)
Eeg einer 40jährigen Patientin mit einer solitären Zyste im linken Schläfenlappen.
Bei noch relativ gut ausgeprägter Alphagrundaktivität sieht man einen typischen Deltafokus über allen linksseitigen Ableitungsbereichen. Danach war die Diagnose einer Herdstörung links temporal leicht zu stellen, siehe aber auch Abb. 336

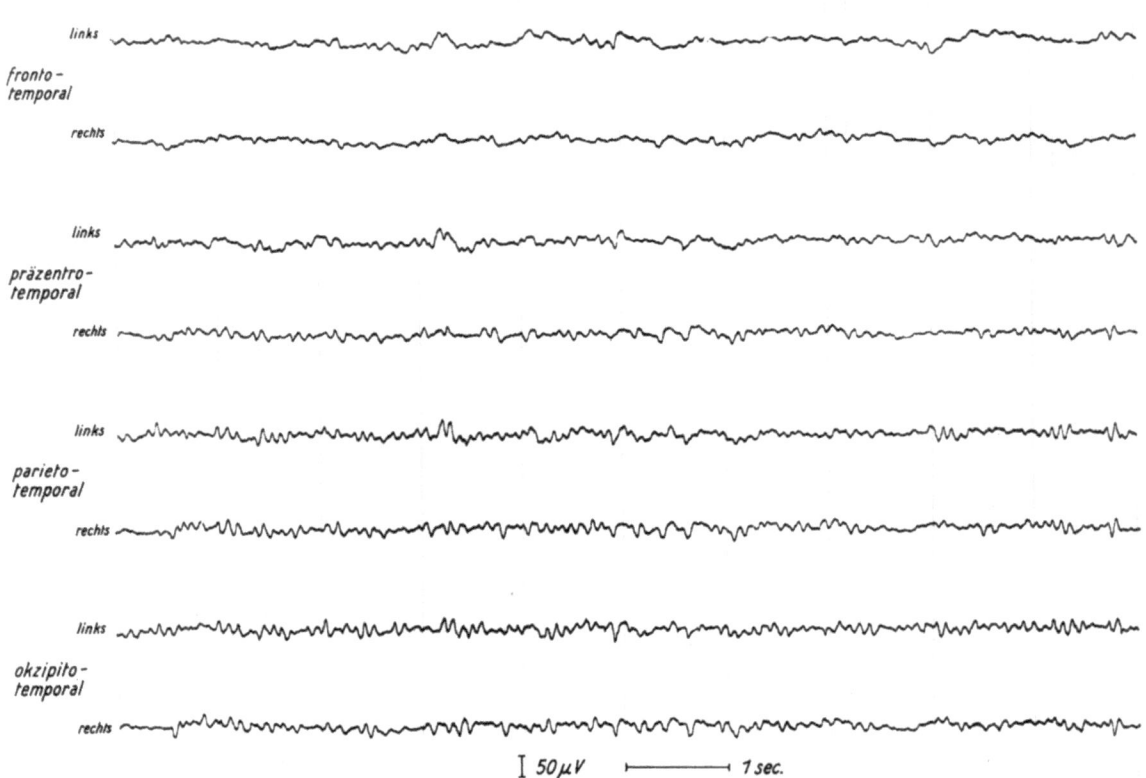

Abb. 336 Ableitungsart IV

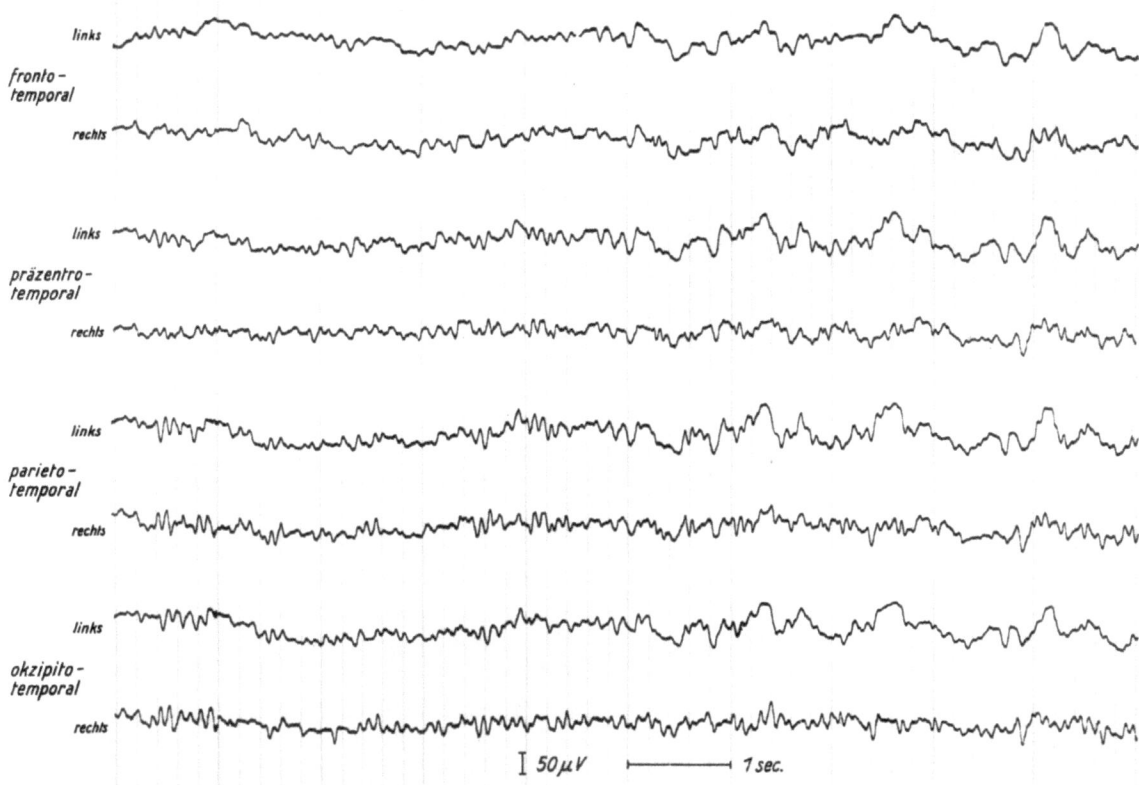

Abb. 337 Ableitungsart IV (bipolare temporale Schaltung)
Eeg eines 32jährigen Patienten mit einem zystischen Oligodendrogliom im linken Schläfenbereich.
Während in der linken Hälfte des Kurvenausschnittes das Hirnpotentialbild als »fast normal« anzusehen ist, findet sich in der rechten Hälfte ein sicherer Theta-Delta-Mischfokus mit Überwiegen der Deltafrequenzen auf allen linksseitigen Ableitungsbereichen. Entsprechend den Ausführungen bei Abb. 335 und 336 findet sich hier der »intermittierende Herd« nicht bei zwei getrennten Untersuchungen, sondern innerhalb einer Ableitung

Abb. 336 Ableitungsart IV (bipolare temporale Schaltung)
Eeg der Patientin von Abb. 335 14 Tage später, ohne daß in der Zwischenzeit eine medikamentöse oder operative Therapie durchgeführt wurde.
Das Hirnpotentialbild ergibt nur geringste Veränderungen. Diesen starken Intensitätswechsel findet man im Erwachsenenalter bei Zysten oder soliden Tumoren mit zystischem Anteil (über das Phänomen des »intermittierenden Herdes« s. S. 274)

9.3. Eeg bei Schädel-Hirn-Traumen

R. WERNER

Das Hirnpotentialbild leistet in der Frühphase der Schädelverletzungen einen entscheidenden Beitrag zur Differentialdiagnose Commotio oder Contusio cerebri. Es kann rechtzeitig eine sich entwickelnde Komplikation anzeigen und vermag auch andere prognostische Hinweise zu geben. Schließlich hilft das Eeg in der differentialdiagnostischen Abgrenzung traumatischer Epilepsien von nicht traumatisch bedingten Epilepsien.

9.3.1. Vorbemerkungen

Die Veränderungen der hirnelektrischen Aktivität bei experimenteller Gehirnerschütterung wurden zuerst von WILLIAMS und DENNY-BROWN (1941) an Katzen und Affen untersucht. Die Ergebnisse sind in den folgenden Jahren immer wieder nachgeprüft und erweitert worden. Im Moment der Gewalteinwirkung kommt es zu einem enorm starken Ausschlag der Schreibzeiger. Dies wurde früher von manchen Autoren als mechanischer Artefakt gedeutet, andere vermuteten eine exzessive neuronale Entladung. Dieser unmittelbar nach der Gewalteinwirkung auftretenden bioelektrischen Erscheinung galt in der Folgezeit besonderes Interesse. MEYER und DENNY-BROWN konnten bei gleichzeitiger Registrierung der Gleichspannungskomponente im Eeg nachweisen, daß durch die Gewalteinwirkung ein *Verletzungspotential* von ungefähr 3-9 mV entsteht, das die so starke Auslenkung der Schreibzeiger bewirkt. Bei erneuten Traumen tritt immer wieder ein Verletzungspotential auf, das sich sogar vergrößern kann. Durch diese Untersuchungen schien die frühere Ansicht widerlegt zu sein, daß die unmittelbar der Gewalteinwirkung folgende Erscheinung auf exzessive neuronale Entladungen zurückzuführen sei. Diesem negativen kortikalen Verletzungspotential folgt unmittelbar eine allgemeine Spannungserniedrigung, die maximal 80 Sekunden anhält; danach treten langsame Potentiale auf, bis sich nach spätestens 3 Minuten die Hirnaktivität wieder zu normalisieren beginnt.

Die experimentellen Untersuchungen lassen vermuten, daß bei einer *Commotio cerebri* die Funktion aller Hirnregionen gestört ist, wenngleich in unterschiedlicher Stärke. Bei ausgeprägten Initialsymptomen ist das Stammhirn stärker betroffen als die übrigen Hirngebiete. FOLTZ und SCHMIDT und auch spätere Autoren führen das *Kommotionssyndrom* auf eine kurz dauernde reversible Funktionsstörung der *Substantia reticularis* zurück, und auch neuere Erfahrungen deuten darauf hin, daß die Schädigung in diesem Bereich zu suchen ist. Nur so läßt sich auch erklären, warum in einem relativ hohen Prozentsatz sogar schwerer Schädel-Hirn-Traumen – dies gilt vor allem für die frontobasalen Verletzungen – ein Kommotionssyndrom vermißt wird.

Es können aber auch nur fokale und einseitige funktionelle Störungen im Bereich der Hirnrinde (*Commotio corticalis*) bestehen, die nicht Folge einer Hirnstammstörung sind. Dann fehlt ein Kommotionssyndrom oder ist nur angedeutet nachweisbar. Die kortikalen bioelektrischen Störungen stehen ganz im Vordergrund. Beim ausgeprägten und typischen Kommotionssyndrom steuert die Substantia reticularis die kortikalen Entladungen.

HENSELL und MÜLLER haben nachgewiesen, daß bei einer Kommotion durch zusätzliche mechanische Atembehinderung die Intensität und Dauer der traumatischen Folgezustände des Gehirns und somit auch die hirnelektrischen Veränderungen ungünstig beeinflußt werden.

Aus tierexperimentellen Untersuchungen ist weiter bekannt, daß nach einer Commotio cerebri für kurze Zeit die Reiz- und Krampfschwelle deutlich erhöht ist; vermutlich machen Depolarisationsvorgänge an den Zellen eine exzessive neuronale Entladung unmöglich.

Bei einer *Contusio cerebri* zeigen sich besonders in der Frühphase sehr vielgestaltige EEG-Befunde, die der Vielzahl der klinischen Erscheinungen entsprechen. Auch bei Kontusion wurden die hirnelektrischen Veränderungen experimentell eingehend studiert. Bei einer leichten, begrenzten kontusionellen Hirnschädigung kommt es unmittelbar nach dem Trauma zu einer fokalen Spannungserniedrigung, die der sich entwickelnden petechialen Blutung entspricht. Dann treten langsame Potentiale auf, vorwiegend begrenzt auf das geschädigte Hirngebiet. Die übrigen Regionen bleiben ungestört, und es zeigen sich keine Allgemeinveränderungen. Wenn der Kontusionsherd auf seine Umgebung einwirkt, eine Umgebungsreaktion verursacht, dann breiten sich die EEG-Veränderungen aus und sind über mehreren Arealen nachweisbar; manchmal können sie sogar die ganze Hemisphäre einnehmen. Ursache dieser sich ausbreitenden diffusen EEG-Veränderungen ist meist eine fokale fortschreitende Hypoxie. Hirnelektrische Störungen über beiden Hemisphären mit dem EEG-Bild der Allgemeinveränderungen sind dann nachweisbar, wenn sich bei der Contusio cerebri ein *Hirnödem* mit einer intrakraniellen Drucksteigerung entwickelt hat. Zusätzliche Atem- und Kreislaufstörungen haben wesentlichen Einfluß sowohl auf die Schwere der EEG-Veränderungen als auch auf die klinischen Erscheinungen in den ersten Stunden und Tagen nach dem Trauma. Die Schwere des klinischen Krankheitsbildes entspricht der Schwere des hirnelektrischen Befundes, der unterschiedliche Grade der Allgemeinveränderungen zeigt.

Im Tierexperiment ist ein über 2 Minuten dauernder Atemstillstand immer mit einem letalen Ausgang verbunden; in solchen Fällen wurde pathologischanatomisch eine Hirnstammläsion nachgewiesen.

In einem hohen Anteil (etwa 40% nach MEYER) entwickeln sich im Bereich des Kontusionsherdes schon nach kurzer Zeit (wenige Stunden) *Spitzenpotentiale*, die meist bedeutungslos sind, da sie im allgemeinen nach wenigen Tagen oder Wochen wieder verschwinden.

9.3.2. Gedeckte Schädel-Hirn-Traumen

9.3.2.1. Commotio cerebri

Klinische hirnelektrische Untersuchungen bei Commotio cerebri wurden zuerst in größerem Umfang von Dow und Mitarb. (1945) durchgeführt. Sie konnten bei Werftarbeitern das Eeg innerhalb der ersten halben Stunde nach dem Schädeltrauma registrieren. Bei den gedeckten Schädeltraumen mit einer Commotio cerebri fanden sie bei Verlaufsuntersuchungen, daß sich die EEG-Veränderungen in den meisten Fällen innerhalb von 30 Minuten zurückbildeten. Auch spätere Autoren, so GIBBS und DAWSON und Mitarb., STEINMANN und TÖNNIES, MEYER-MICKELEIT u. a. konnten nachweisen, daß bei einer Commotio cerebri schon wenige Stunden, spätestens innerhalb 3–5 Tagen nach dem Trauma das Hirnpotentialbild normalisiert ist. Ein Kurvenbild mit einer allgemeinen leichten Depression der Grundaktivität vom Typ des »flachen« Eeg, wie es gelegentlich bei Commotio cerebri beschrieben wurde, kann nicht als charakteristisch angesehen werden, da es ebenso häufig auch bei Gesunden gefunden wird (GÖTZE und WOLTER). Heute gilt als allgemein gesichert, daß bei einer Commotio cerebri nur für kurze Zeit nach dem Trauma hirnelektrische Veränderungen bestehen.

Bei 5–10% der Schädel-Hirn-Traumen, bei denen aufgrund des Unfallhergangs, der bestehenden Initialsymptome und der raschen Restitutio eine Commotio cerebri vermutet wird, lassen sich noch nach Wochen und Monaten hirnelektrische Veränderungen (Herdbefunde oder Allgemeinveränderungen) nachweisen. Diese Störungen der Hirnaktivität können nicht auf eine Commotio cerebri zurückgeführt werden; sie sind vielmehr Hinweis auf eine Contusio cerebri, sofern nicht eine frühere Hirnschädigung in Betracht gezogen werden muß.

Das Eeg kann somit in der Frühphase der Schädel-Hirn-Traumen entscheidend sein in der Abgrenzung zwischen *Commotio* und *Contusio cerebri*. Allerdings läßt sich durch ein auch in der Frühphase normales Eeg nicht immer eine kontusionelle Hirnschädigung ausschließen (kleine oder basal gelegene Kontusionsherde).

Im Kindesalter ist der Aussagewert des Eeg bei den Schädel-Hirn-Traumen eingeschränkt. Bei Kindern können die EEG-Veränderungen nach einer Commotio cerebri länger anhalten, oft über mehrere Wochen, manchmal sogar über Monate. Inwieweit solche anhaltenden pathologischen Befunde noch als Ausdruck einer Commotio cerebri angesehen werden können oder aber doch auf eine Contusio cerebri weisen, ist nach unseren bisherigen Kenntnissen noch nicht hinreichend geklärt.

Wenn bei einem leichten Schädeltrauma eine kurze Bewußtlosigkeit bestanden hat und abzuklären ist, ob diese durch eine Commotio cerebri verursacht wurde oder auf ein Anfallgeschehen zurückzuführen ist, dann kann das Eeg beim Nachweis einer epileptischen Aktivität differentialdiagnostisch bedeutungsvoll, nicht selten sogar entscheidend sein. Fokale Spitzenpotentiale jedoch können manchmal vorübergehend durch eine Commotio cerebri aktiviert werden.

Spitzenpotentiale sind in der Frühphase einer Commotio cerebri nie beobachtet worden, auch nicht im Tierexperiment.

Hirnelektrisch gilt für die Commotio cerebri: *Die unmittelbar nach dem Trauma aufgetretenen EEG-Veränderungen bilden sich schon in kurzer Zeit zurück; meist innerhalb von Stunden oder wenigen Tagen, spätestens nach 1 Woche hat sich die Hirnaktivität wieder normalisiert.* Ein Eeg mit persistierenden, sehr leichten Allgemeinveränderungen kann eine konstitutionelle Variante sein und darf nicht ohne weiteres mit dem Trauma in Zusammenhang gebracht werden.

9.3.2.2. Contusio cerebri

Die unmittelbar nach einer Contusio cerebri auftretenden hirnelektrischen Veränderungen können sehr vielgestaltig sein. In der akuten Phase steht die Schwere des Hirntraumas und der klinischen Symptomatik in enger Korrelation zur Schwere des EEG-Befundes.

BERGER hat als erster EEG-Kurven bei frischen Schädel-Hirn-Traumen aufgenommen und in seiner 3. Mitteilung (1931) im Archiv für Psychiatrie darüber berichtet. Bei einer 38jährigen Frau, die 3 Wochen vor der EEG-Untersuchung bei einem Motorradunfall eine Schädelfraktur mit Contusio cerebri erlitt, zeigt das Eeg langsame Potentiale (Abb. 338).

Bei der Contusio cerebri zeigt sich unmittelbar nach dem Trauma eine *allgemeine Spannungserniedrigung*.

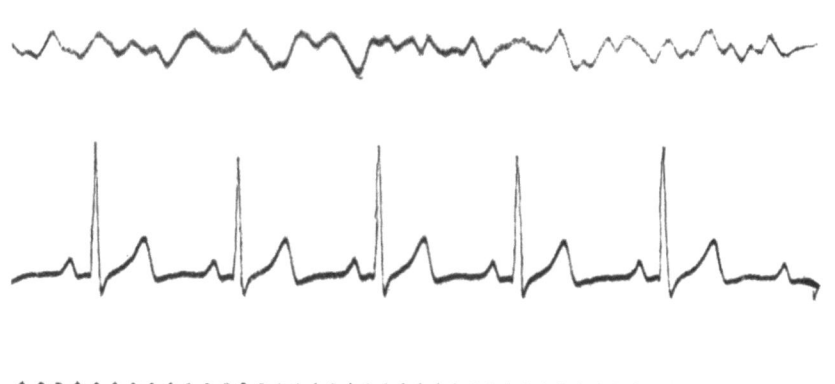

Abb. 338
38jährige Frau. Schädelbruch mit Contusio cerebri vor 3 Wochen. Doppelspulengalvanometer. Oben E.E.G. aufgenommen mit Nadelelektroden von der linken Stirn und der rechten Hinterhauptshälfte. In der Mitte E.K.G. von beiden Armen abgeleitet, zu unterst Zeit in $^1/_{10}$ Sekunden (Originaltext von BERGER)

Im Herdgebiet kommt es zu einer zunehmenden Verlangsamung durch Auftreten von Theta-Delta-Wellen. Die langsamen Potentiale können in Abhängigkeit von der Schwere der Gewalteinwirkung nur im Bereich des *Kontusionsherdes* bestehen oder in größerer Ausdehnung, diffuser, auftreten. Entwickelt sich ein *Hirnödem* mit intrakranialer Drucksteigerung, dann bilden sich zunehmend *Allgemeinveränderungen* aus.

Wenn die unmittelbar nach dem Trauma sonst nur flüchtig bestehende allgemeine Spannungsdepression anhält, ist dies ein prognostisch ungünstiges Zeichen, die Hirnverletzung führt dann schon nach kurzer Zeit zum tödlichen Ausgang. Bei den Hirnstammläsionen, die nicht unmittelbar letal verlaufen, zeigen sich im Eeg hochgradige Allgemeinveränderungen mit teilweise spannungsniedrigen, meist bilateral synchronen Deltawellen; es besteht ein Kurvenbild, wie es auch bei anderen komatösen Zuständen zu beobachten ist. Bei diesen tief bewußtlosen Kranken läßt sich der *Effekt psychosensorischer Reize* auf den Kortex hirnelektrisch nachweisen. Wenn durch taktile oder akustische Reize – meist ist ein leises Ansprechen wirksamer als laute Geräusche – eine *Aktivierung der Deltawellen* auftritt, gilt dies als ein prognostisch günstiges Zeichen, ein fehlender Effekt ist prognostisch ungünstig.

Die Schwere des EEG-Befundes in der ersten Woche ist abhängig von der Stärke der reaktiven Veränderungen (lokale vaskuläre Störungen, Hirnödem und begleitende entzündliche Vorgänge) und von der Tiefe der Bewußtseinstrübung. Je schwerer diese Veränderungen sind, um so mehr verlangsamt ist die Hirnaktivität. Die stärksten Allgemeinveränderungen zeigen sich bei einem Hirnödem. Die in den ersten Stunden und Tagen bestehenden Allgemeinveränderungen können Seitendifferenzen aufweisen, die häufig schon in diesem Stadium die Herdseite anzeigen, der Kontusionsherd bleibt jedoch verborgen. Die Allgemeinveränderungen können sich in den ersten Tagen infolge eines Hirnödems noch verstärken. Psychosensorische Reize provozieren die pathologische fokale Aktivität und lassen sie zeitweilig deutlich aus den Allgemeinveränderungen hervortreten. Ein völliges Fehlen der Reizantwort ist auch hier als prognostisch ungünstig zu werten.

Der schwerste Grad der Allgemeinveränderungen zeigt sich in einer allgemeinen Abflachung des Kurvenbildes, die nicht selten initial bei schweren mit psychotischer Symptomatik einhergehenden Hirnkontusionen auftreten kann.

Zuerst verringern sich die Allgemeinveränderungen, die bei normalem Verlauf spätestens nach 3 Monaten abgeklungen sind. Die Rückbildung kann, besonders bei *Kontusionspsychosen*, rasch erfolgen (Abb. 339 bis 341). Nach der ersten Woche zeigen sich starke Allgemeinveränderungen nur noch bei schweren Hirntraumen. Mit Abklingen der Allgemeinveränderungen wird im Eeg der *Kontusionsherd* durch Auftreten der fokalen Störungen (Theta-Delta-Fokus) sichtbar (Abb. 342 und 343). Die Allgemeinveränderungen verringern sich durch zunehmende Beschleunigung der Frequenzen und zunehmendes Auftreten von Alpha-

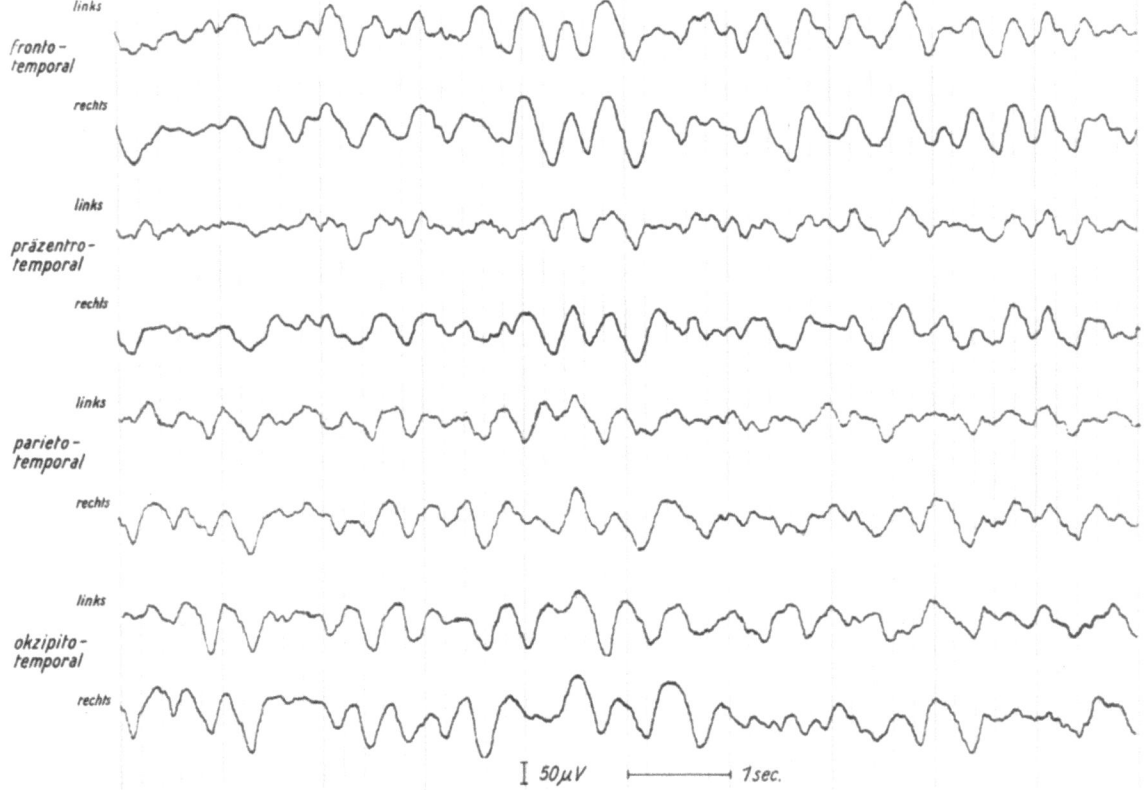

Abb. 339 Ableitungsart IV (bipolare temporale Schaltung)
Herbert R., 20 Jahre, 1218/61 Kontusionspsychose (Trauma vor 5 Tagen).
Eeg: Sehr schwere Allgemeinveränderungen

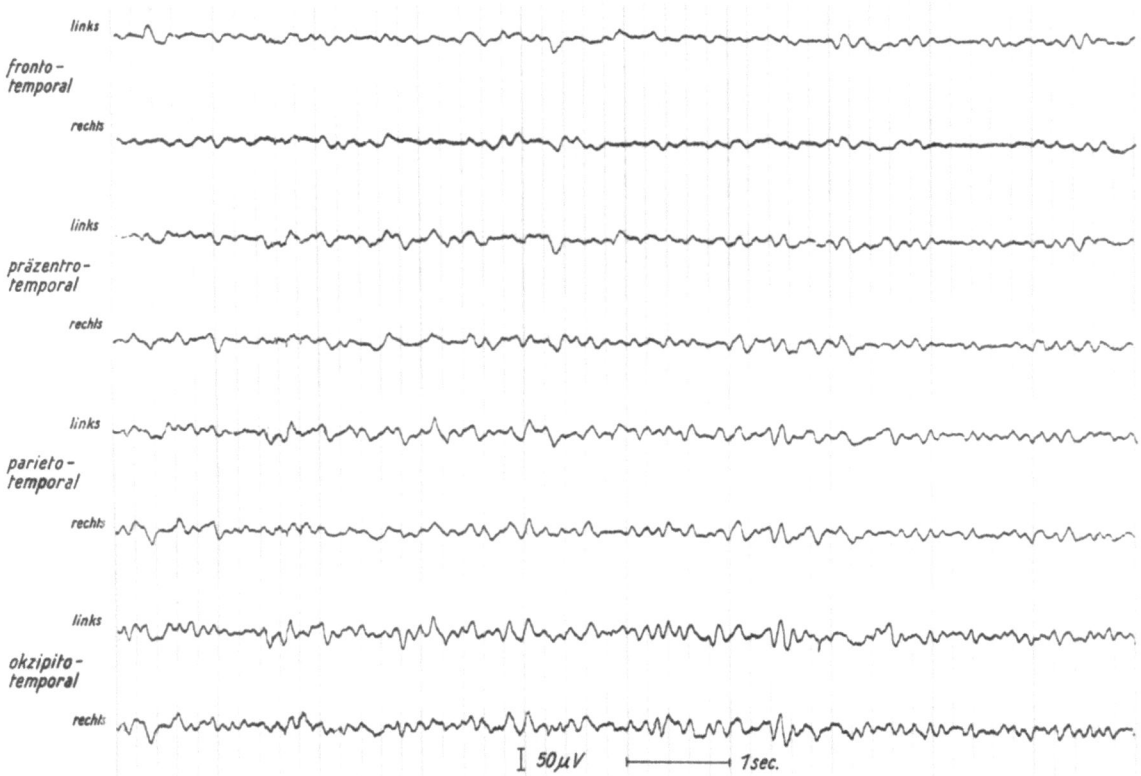

Abb. 340 Ableitungsart IV (bipolare temporale Schaltung)
Herbert R., 1397/6, gleicher Patient wie Abb. 339, 3 Wochen später, bewußtseinsklar.
Eeg: Mäßige Allgemeinveränderungen, links betont

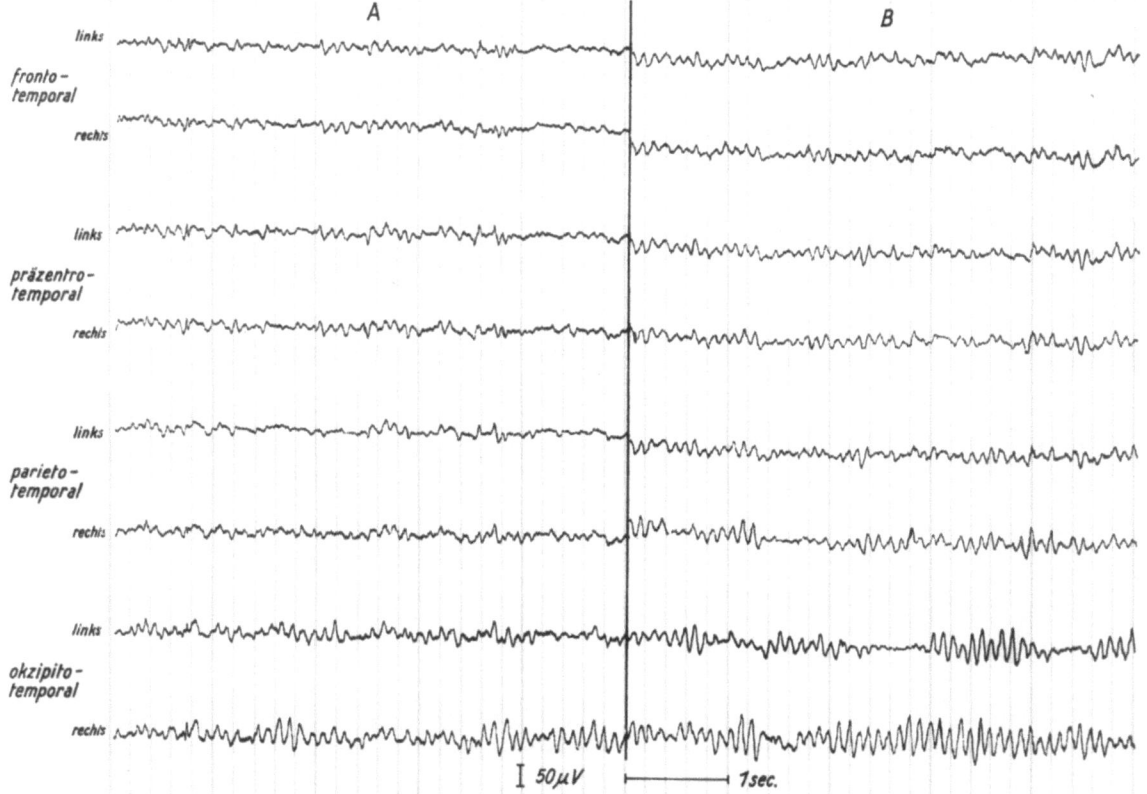

Abb. 341 Ableitungsart IV (bipolare temporale Schaltung)
Herbert R., 1504/61 und 1336/63, gleicher Patient wie Abb. 339.
Eeg: A: 6 Wochen später leichte Allgemeinveränderungen, Alphareduktion okzipital links (unter Hinzuziehung der unipolaren Schaltungen); B: 2 Jahre später Alpha-Eeg. Alphareduktion okzipital links (unter Hinzuziehung der unipolaren Schaltungen)

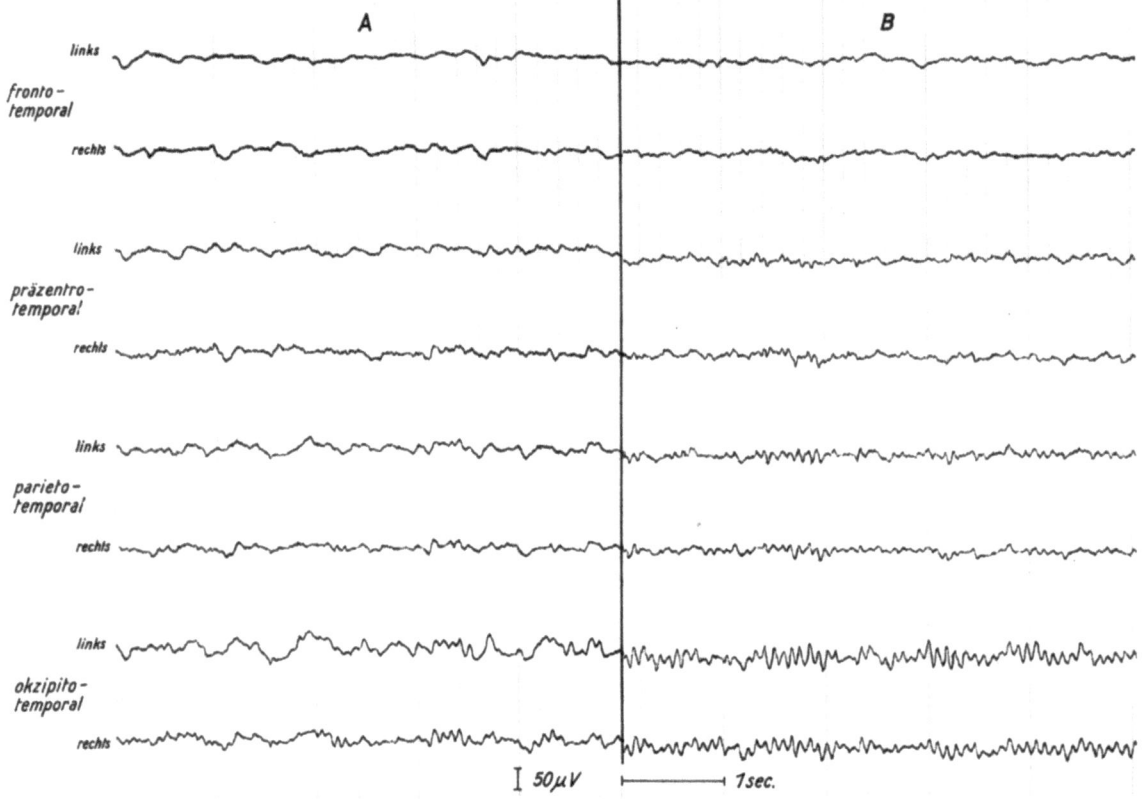

Abb. 342 Ableitungsart IV (bipolare temporale Schaltung)
Volker, L., 18 Jahre, 1465/61 und 1869/62, Contusio cerebri.
A: Trauma vor 2 Wochen, Eeg: Mäßig schwere Allgemeinveränderungen. Diskontinuierliche Theta-Delta-Wellen okzipital links.
B: 1 Jahr später, Eeg: Alphareduktion okzipital rechts (unter Hinzuziehung der unipolaren Schaltungen). Gering vermehrte Thetawellen temporal bds.

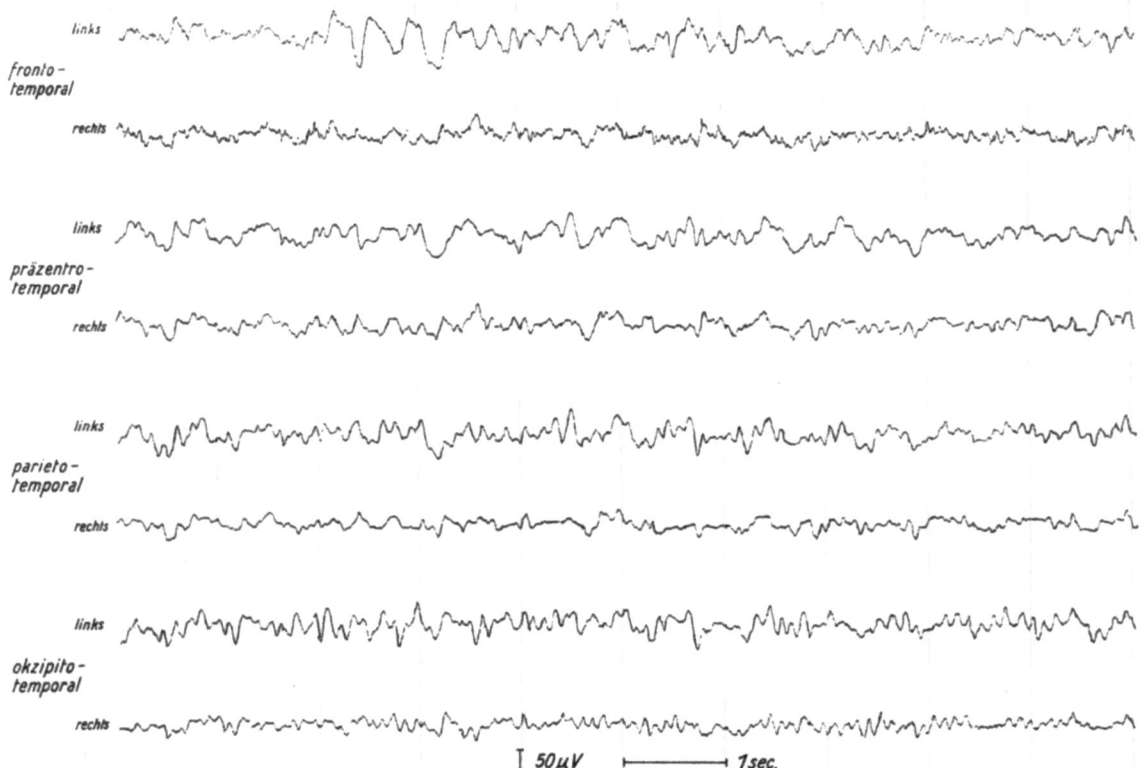

Abb. 343 Ableitungsart IV (bipolare temporale Schaltung)
Ernst Sch., 46 Jahre, 953/56 Contusio cerebri mit Hemiparese rechts bei Somnolenz (Trauma vor 2 Wochen).
Eeg: Mäßige Allgemeinveränderungen. Fokus teils sehr hoher Theta-Delta-Wellen frontopräzentral mit präzentraler Betonung links, sich nach temporal ausbreitend. Alphaaktivierung parietookzipital links (unter Hinzuziehung der unipolaren Schaltungen)

wellen; diese sind anfangs langsam (8/sec.) und werden in den folgenden Wochen rascher (9–10/sec.). MEYER-MICKELEIT hat weiter nachgewiesen, daß eine *Verlangsamung der Alphaaktivität* die einzige Veränderung nach einer Contusio cerebri sein kann, die sich aber meist nur durch Verlaufsuntersuchungen ermitteln läßt. In dieser gesetzmäßigen Rückbildung der allgemeinen und Herdveränderungen unterscheiden sich die gedeckten Schädel-Hirn-Traumen von den Enzephalitiden, bei denen Herdveränderungen vor den Allgemeinveränderungen abklingen.

Bei *Kindern* können die EEG-Veränderungen in den ersten Tagen infolge eines Hirnödems noch beträchtlich zunehmen. Die Allgemeinveränderungen zeigen ein Maximum über den okzipitotemporalen Regionen mit okzipitaler Betonung, und häufig treten *Subdeltawellen* hervor. Die bioelektrischen Störungen sind im Vergleich zum Erwachsenen stärker und diffuser, dabei ist die Rückbildung weit weniger gesetzmäßig (diese kann sowohl rascher als auch verzögerter sein) als beim Erwachsenen. Residualbefunde sind häufiger. Die Herdbefunde liegen vor allem okzipitotemporal und nicht temporal wie beim Erwachsenen.

In der *Frühphase* von Schädel-Hirn-Traumen können besonders bei Kindern und Jugendlichen neben Allgemeinveränderungen und Herdbefunden auch *Spitzenpotentiale* hervortreten ohne klinisches Korrelat. Solange die Spitzenpotentiale sich nur in der Frühphase (erstes Vierteljahr nach dem Trauma) zeigen, haben sie zunächst keine Bedeutung, denn sie kommen in einem hohen Prozentsatz ohne klinische Manifestation spontan zum Abklingen. Hieraus erklärt sich die Ansicht, daß ein in der Frühphase registriertes Spitzenpotential nicht zur Voraussage einer posttraumatischen Epilepsie berechtige, besonders nicht bei Kindern und Jugendlichen, die schon physiologisch eine höhere Bereitschaft zu exzessiven und synchronen Entladungen zeigen können und bei denen in der posttraumatischen Phase sich häufig ein sehr starker Hyperventilationseffekt mit Auftreten von fokalen steilen Abläufen, die generalisieren können, zeigt (RICHTER).

Schon in den ersten Wochen können sich bei einem Teil der mittelschweren Hirntraumen auch die *Herdstörungen* weitgehend zurückgebildet haben. In einigen Fällen sogar kann sich schon in der Frühphase die Hirnaktivität wieder weitgehend normalisieren. Im allgemeinen jedoch verringern sich die Herdbefunde langsamer, sind ein Jahr nach dem Trauma noch in etwa 30–40% nachweisbar. Die Herdveränderungen sind beim *Erwachsenen* am häufigsten im *Temporalbereich* (etwa 50%) lokalisiert (LECHNER). In anderen Gebieten dagegen zeigen sich Herdbefunde seltener. Basale Herde können meist nur in der Frühphase registriert werden, so lange noch reaktive Veränderungen in der Umgebung des Kontusionsherdes bestehen, die von der Elektrode aufgenommen werden können. Wenn die Umgebungsreaktion abgeklungen ist, bleiben die basalen Herde in einer Routineableitung stumm, es sei denn, sie geben sich sekundär im *Fernsymptom* einer Alphareduktion zu erkennen. Bei dominierender Betaaktivität kann sich in der Spätphase das seltene Symptom einer Betareduktion zeigen.

Bei *frontobasalen Hirnläsionen* klingen die Herdstörungen verhältnismäßig rasch ab, die Allgemeinveränderungen dagegen können über mehrere Monate bestehenbleiben. Die fokal verlangsamte Aktivität im Bereich des Kontusionsherdes kann – allerdings seltener – über Jahre und länger nachweisbar sein. Oft besteht gleichzeitig entfernt von der Hirnläsion, dem EEG-Herd, eine okzipitale, seltener parietale sowie temporale Alphareduktion. Häufiger jedoch tritt dieser EEG-Befund erst hervor, wenn sich die pathologische Aktivität im Herdgebiet verringert oder normalisiert hat (Abb. 342). Die Alphareduktion zeigt sich in etwa 12–20% vor allem in der Spätphase. Sie kann aber auch, wenngleich seltener, bereits in der Frühphase auftreten, wenn es zu einer verhältnismäßig raschen Rückbildung der akuten EEG-Veränderungen gekommen ist. Die Alphareduktion sollte nur in unipolarer Ableitungsart analysiert und bewertet werden, weil bipolar durch Interferenz Asymmetrien vorgetäuscht werden können, besonders dann, wenn die Elektroden nicht genau auf korrespondierenden Punkten liegen.

Dieses Herdzeichen hat bei den Schädel-Hirn-Traumen *keine lokalisatorische Bedeutung*, denn es entspricht nur in seltenen Fällen dem Gebiet der kontusionellen Hirnschädigung; es ist vielmehr vorwiegend ein Fernsymptom. Es ist dann auch nicht als Ausdruck einer fokalen Störung der Hirnfunktion anzusehen. Die Alphareduktion ist kein spezifisches Zeichen für eine kontusionelle Hirnschädigung – dies sollte vor allem im Spätstadium eines Schädel-Hirn-Traumas beachtet werden –, sie wird ebenso häufig auch bei Folgezuständen nach anderen Hirnerkrankungen beobachtet. Auch die Alphareduktion kann sich noch nach Monaten und manchmal auch nach Jahren weitgehend zurückbilden, die bestehende Asymmetrie der Alphaaktivität gleicht sich dann aus.

Der Prozentsatz pathologischer EEG-Befunde ist bei Hirntraumen mit gleichzeitiger Schädelfraktur nicht größer als bei Hirntraumen ohne Schädelfraktur.

Wenn sich die bioelektrische Aktivität nach einem Hirntrauma wieder normalisiert hat, kann gewöhnlich mit einer weiteren Besserung klinischer Ausfallserscheinungen nicht mehr gerechnet werden (GÖTZE). Die *Normalisierung der Hirnaktivität* ist gewissermaßen Ausdruck dafür, daß die *Restitutionsvorgänge* abgeschlossen sind. Dagegen weisen anhaltende Störungen der bioelektrischen Aktivität auf noch weitere Restitutionsmöglichkeiten, es kann dann mit einer Besserung des klinischen Befundes gerechnet werden. Die Rückbildung der EEG-Veränderungen erfolgt meist langsamer als die Verringerung der klinischen Ausfallserscheinungen.

Die Allgemeinveränderungen bilden sich bei normalem Verlauf spätestens nach 3 Monaten zurück. Wenn sie darüber hinaus anhalten oder nach eingetretener Verringerung sich wieder verstärken, muß dies als ein prognostisch ungünstiges Zeichen gewertet werden. Es besteht der dringende Verdacht auf sich entwickelnde Komplikationen (Meningitis, Subarachnoidalblutung, subdurales Hämatom, Abszeß, traumatische Epilepsie), und es ergibt sich die Indikation für weitere diagnostische Maßnahmen.

Herdveränderungen bilden sich nach Wochen bis einigen Monaten zurück, können aber, wenn auch seltener, über Jahre und länger bestehenbleiben. Dabei zeigt sich bei normalem Verlauf eine ständige Verringerung der Schwere des Herdbefundes durch fortschreitende Beschleunigung der langsamen Potentiale. Wenn dagegen Herdzeichen in ihrer Intensität anhaltend bestehenbleiben oder sich sogar verstärken durch Verlangsamung oder durch sich einlagernde Spitzenpotentiale (Abb. 343–348), ist dies verdächtig auf eine sich entwickelnde Komplikation (traumatische Epilepsie, Hirnabszeß, subdurales Hämatom). Die Zunahme der EEG-Veränderungen kann dem klinischen Befund vorauseilen.

Ein abnorm starker Hyperventilationseffekt mit paroxysmalen langsamen, meist recht hohen und synchronen Wellen wird von einigen Autoren als Zeichen einer Hirnstammläsion gedeutet.

Die Kenntnisse über die hirnelektrischen Vorgänge bei Kopftraumen wurden erweitert durch die EEG-Untersuchungen bei zentralen *Boxschäden* (PAMPUS und GROTE). Es bestehen Beziehungen zwischen der Häufigkeit pathologischer EEG-Befunde und der Anzahl sowie Frequenz der ausgetragenen Kämpfe. Bei den jugendlichen Boxern zeigen sich stärkere Veränderungen als bei älteren. Kampfwiederholungen bei noch nicht zurückgebildeten Störungen der Hirnaktivität können zu ausgeprägten EEG-Veränderungen führen.

Im »knock out«- (k. o.-) Zustand völliger Kampfunfähigkeit bestehen schwere EEG-Veränderungen, die sich nicht rasch wieder zurückbilden.

PAMPUS und GROTE folgern aus ihren Beobachtungen, daß sich die zahlreichen Traumen, denen das Gehirn des Boxers während der häufigen Kämpfe ausgesetzt ist, im Sinne einer Summation von leichten Hirnkontusionen bzw. -kommotionen auswirken.

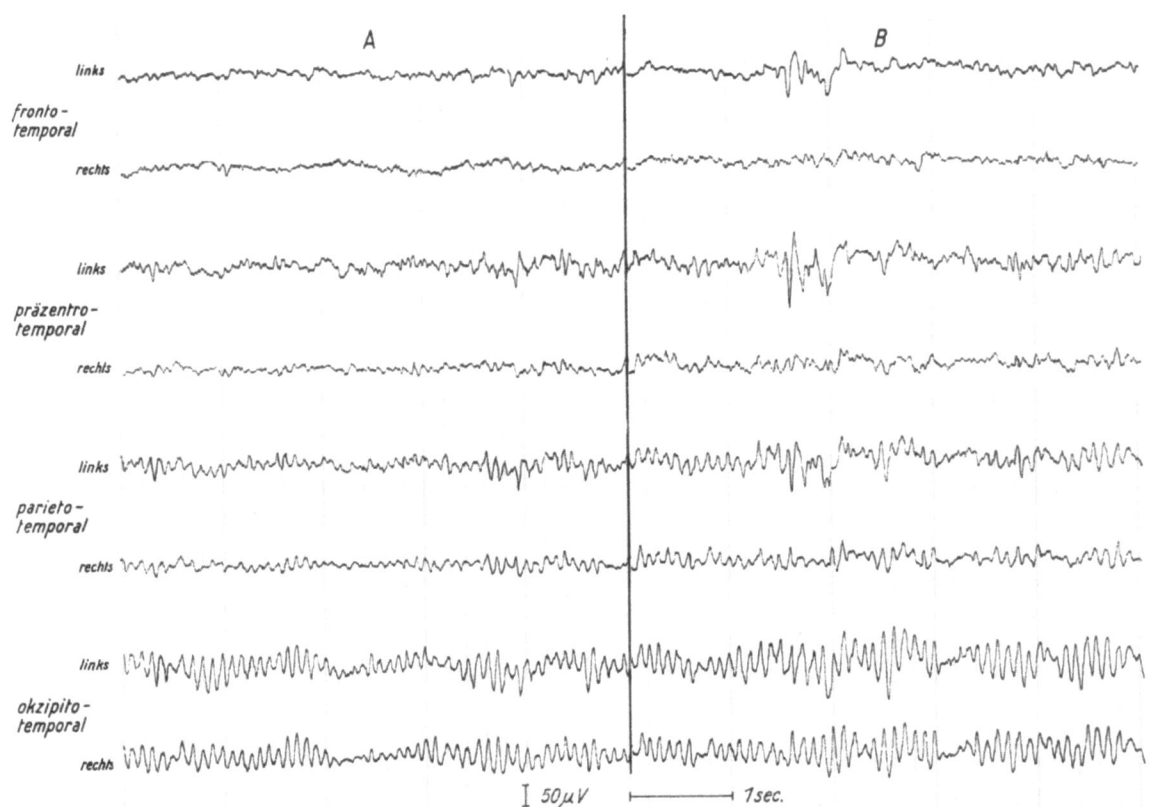

Abb. 344 Ableitungsart IV (bipolare temporale Schaltung)
Ernst Sch. 800/59 und 1244/61, gleicher Patient wie Abb. 343. Zustand nach Contusio cerebri mit Wesensänderung.
A: 3 Jahre später, Eeg: Alphaaktivierung präzentroparietal links (unter Hinzuziehung der unipolaren Schaltungen). Gering vermehrte Thetawellen frontal und präzentral links.
B: 5 Jahre später, Eeg: Alphaaktivierung frontopräzentroparietal links (unter Hinzuziehung der unipolaren Schaltungen) mit vermehrten Thetawellen, besonders präzentral. Positive spikes präzentral links, sich nach frontal und parietal ausbreitend

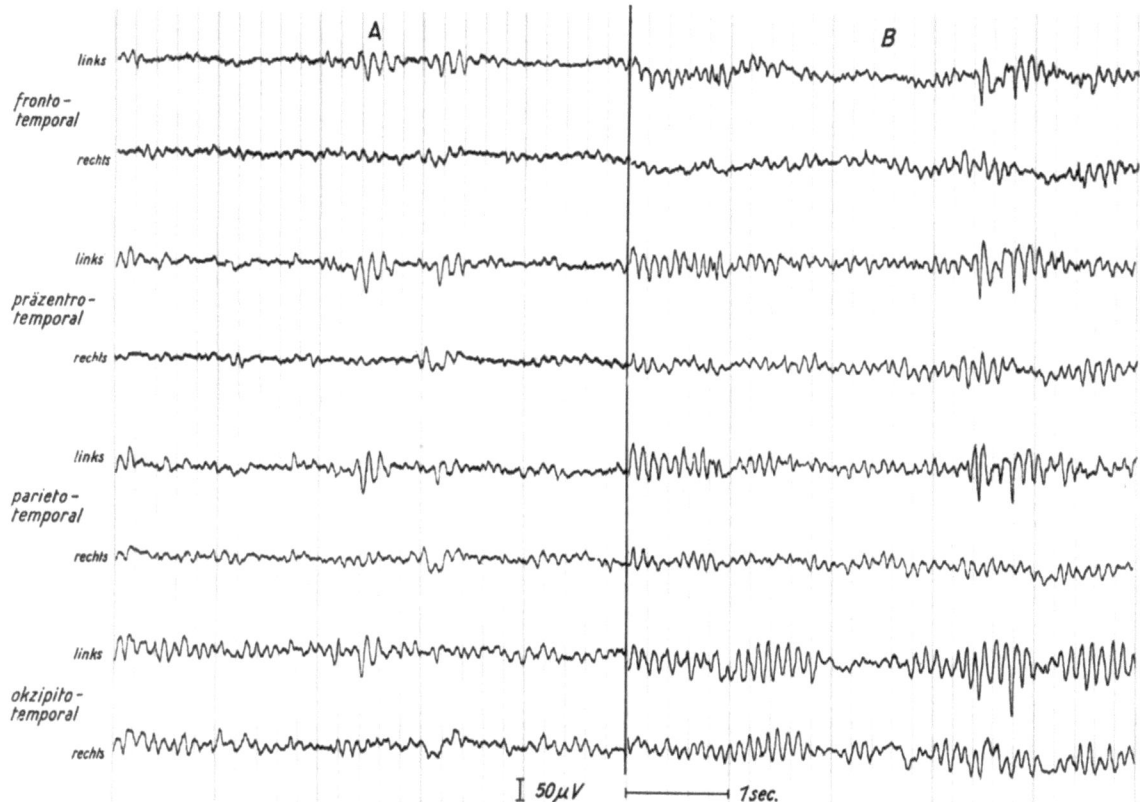

Abb. 345 Ableitungsart IV (bipolare temporale Schaltung)
Edgar F., 32 Jahre, 305/61 und 1232/63, Contusio cerebri.
A: Trauma vor $^1/_2$ Jahr, Eeg: Alpha-Eeg. Alphaaktivierung temporal links (unter Hinzuziehung der unipolaren Schaltungen).
B: $2^1/_2$ Jahre später, Eeg: Zunahme der Alphaaktivierung (unter Hinzuziehung der unipolaren Schaltungen)

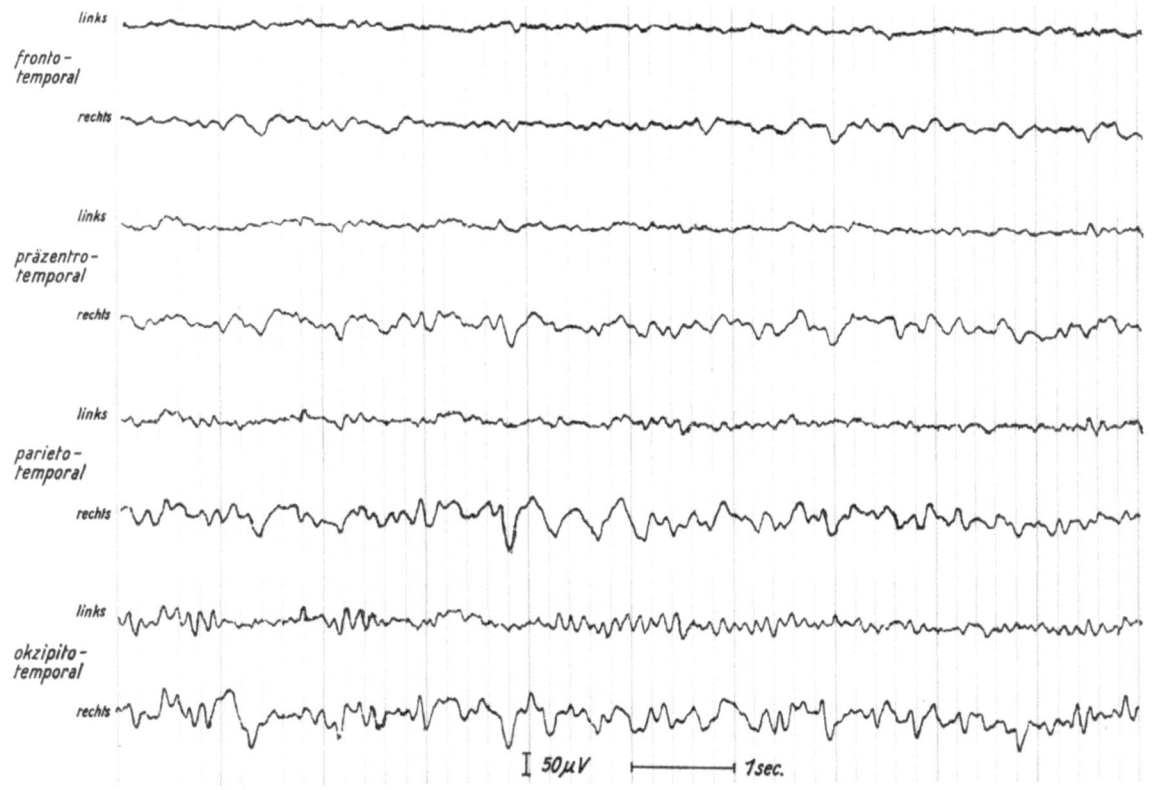

Abb. 346 Ableitungsart IV (bipolare temporale Schaltung)
Peter D., 22 Jahre, 1004/63 Contusio cerebri (Trauma vor 5 Wochen).
Eeg: Leichte Allgemeinveränderungen, diskontinuierlicher Theta-Delta-Fokus parietookzipital rechts mit Ausdehnung in die angrenzenden Hirnbereiche

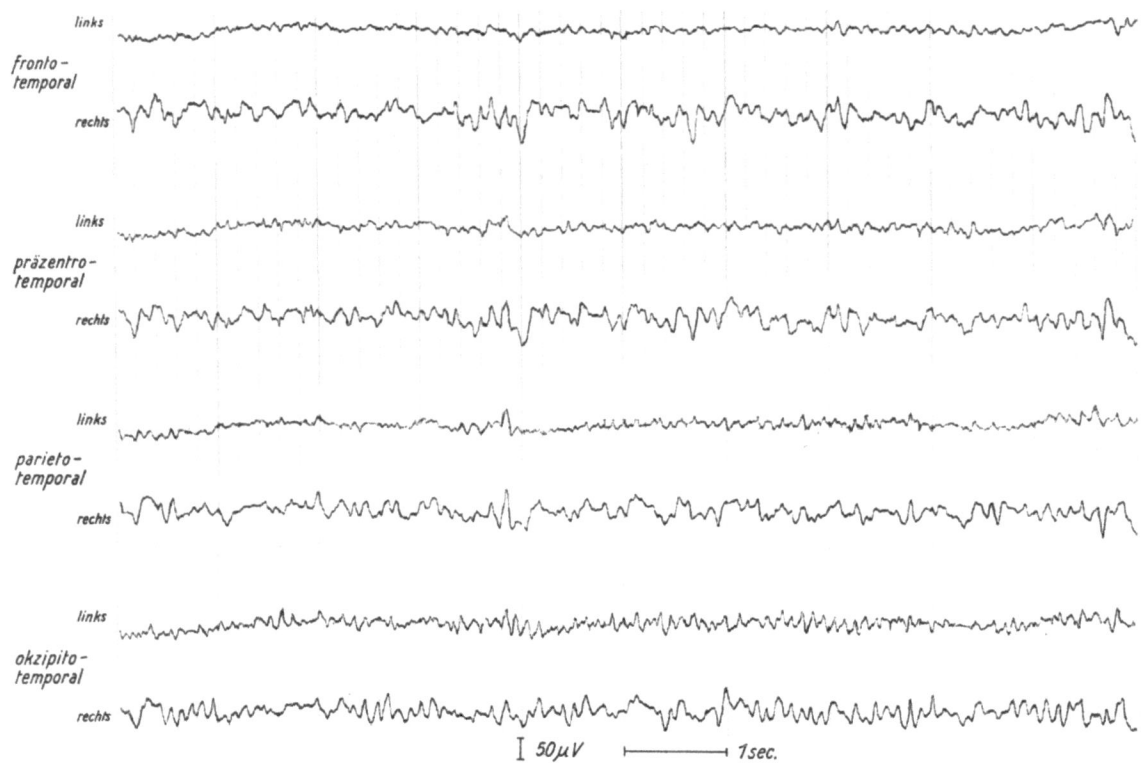

Abb. 347 Ableitungsart IV (bipolare temporale Schaltung)
Peter D., 1335/63, gleicher Patient wie Abb. 346, zwei Monate später.
Eeg: Rückbildung der Allgemein- und Herdveränderungen. Linksseitig weitgehend normale Aktivität. Diskontinuierlicher Theta-Delta-Fokus parietookzipitotemporal rechts mit eingelagerten positiven steilen Wellen temporal rechts

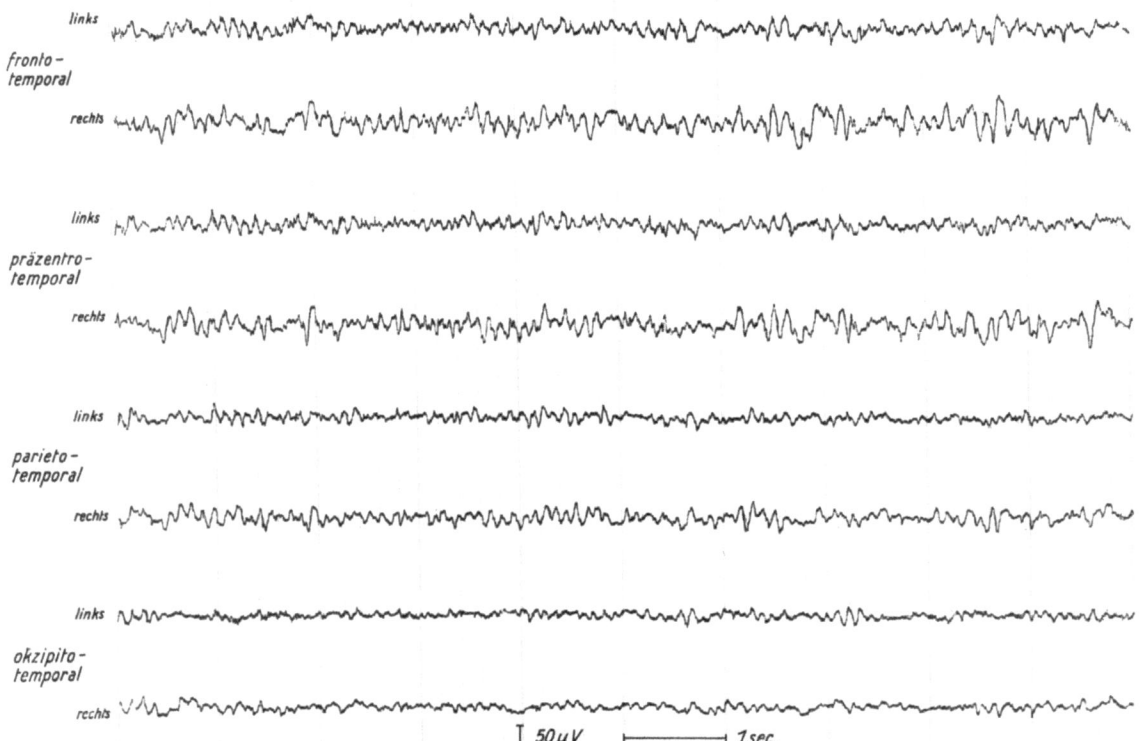

Abb. 348 Ableitungsart IV (bipolare temporale Schaltung)
Peter D., 49/65, gleicher Patient wie Abb. 346, 1½ Jahre später.
Eeg: leichte Allgemeinveränderungen. Gering vermehrte, teils spannungshohe Thetawellen frontopräzentral, geringer parietal rechts. Steile Wellen vom Typ III frontopräzentral rechts. Alphafokusverlagerung nach frontopräzentral. Alphareduktion okzipital rechts unter Hinzuziehung der unipolaren Schaltung

9.3.3. Offene Schädel-Hirn-Traumen

Die EEG-Veränderungen bei offenen Hirnläsionen gleichen im wesentlichen denen bei gedeckten Schädel-Hirn-Traumen. Manchmal entwickeln sich die Allgemeinveränderungen und Herdbefunde langsamer, erst nach mehreren Stunden. Die allgemeinen Störungen verringern sich verhältnismäßig rasch, während die Herdveränderungen länger andauern als bei den geschlossenen Hirntraumen.

Entwickelt sich in der Folgezeit ein Hirnabszeß, dann finden sich schwerste Allgemeinveränderungen, die nicht selten so hochgradig sind, daß sie den Herd völlig überdecken.

Der Anteil pathologischer EEG-Befunde ist bei offenen Hirnverletzungen in der Spätphase (etwa 50 bis 80% pathologische Eeg.) höher als bei gedeckten.

Zu beachten sind die *physikalisch* bedingten *Besonderheiten der Hirnaktivität* (höhere Spannungen, stärkere Betaaktivität) in der Nähe von Knochenlücken, die zu Fehlbeurteilungen führen können.

9.3.4. Subdurale, epidurale und intrazerebrale Hämatome

Die EEG-Veränderungen bei sub- und epiduraler Blutung sind sehr unterschiedlich und uncharakteristisch, deshalb ist die Diagnose nach dem Eeg schwierig. In etwa 50–60% ermöglicht der hirnelektrische Befund eine *Seitenlokalisation* durch einseitige Verlangsamungen und Spannungserniedrigungen, vor allem als Alphareduktion auf der Seite des Hämatoms.

Intrazerebrale Blutungen unterscheiden sich im Eeg kaum von einem ausgedehnten Kontusionsherd, und auch die Abgrenzung gegenüber einem Abszeß und einem Hirntrauma ist oft unmöglich. Eine Blutung kann hirnelektrisch vermutet werden, wenn ein relativ konstant gebliebener EEG-Befund sich nach mehreren Wochen progredient verstärkt. Differentialdiagnostisch ist hierbei aber auch eine zerebrale epileptische Manifestation zu erwägen.

9.3.5. Posttraumatische Epilepsie

Bei der traumatischen Epilepsie ist gegenüber allen anderen posttraumatischen Krankheitsbildern der *Prozentsatz positiver Eeg.* weitaus größer, besonders durch die typischen Veränderungen im Kurvenbild, die Spitzenpotentiale, die auch im anfallfreien Intervall auftreten (Abb. 349). Neben dieser fokalen oder diffus sich ausbreitenden epileptischen Aktivität zeigen sich häufig unspezifische Veränderungen. Zu diesen unspezifischen Befunden gehören die Herd- und Allgemeinveränderungen ohne Spitzenpotentiale, die bei der posttraumatischen Epilepsie viel häufiger sind als bei alten Hirntraumen ohne Komplikationen. Im anfallfreien Intervall können etwa 50–90% positive

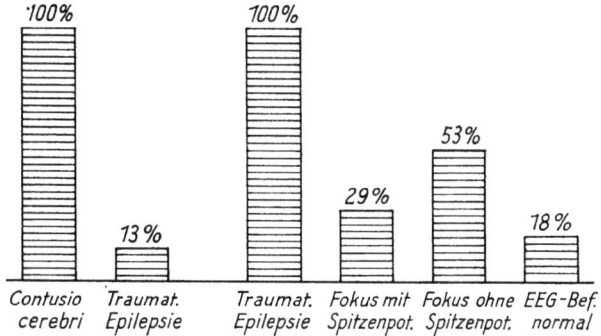

Abb. 349 Posttraumatische Epilepsie und Eeg-Befunde (Zusammenstellung aus dem Krankengut der Univ.-Nervenklinik Jena)

Befunde erhoben werden. Die typischen Spitzenpotentiale und Herdbefunde sind seltener zu registrieren bei geringer Anfallhäufigkeit und bei im späteren Alter erlittenen Hirntraumen. Auch ist die Anzahl positiver EEG-Befunde kleiner bei nur einmaliger Untersuchung, sie vergrößert sich bei mehrfachen Registrierungen. Häufig wird eine epileptische Aktivität (Krampfherd) im Temporal- und Frontalbereich beobachtet. Wenn das Schädeltrauma geringfügiger Art war und der klinisch neurologische Befund keine wesentlichen Abweichungen zeigt, kann die Entscheidung schwierig sein, ob der temporale Krampfherd mit dem Unfall in ursächlichem Zusammenhang steht. GASTAUT weist auf die vorwiegend traumatische Genese der psychomotorischen Epilepsie hin. Der hohe Prozentsatz temporaler Herde nach elektroenzephalographisch verfolgten Hirnverletzungen könnte diese Annahme stützen.

Die EEG-Veränderungen bei posttraumatischer Epilepsie zeigen nicht immer fokale Veränderungen. In manchen Fällen kann bei der ersten Untersuchung der Herd weitgehend von diffusen Veränderungen überdeckt sein, und erst bei späteren Kontrollen tritt die fokale pathologische Aktivität hervor. Dies zeigt, daß bei Epilepsien eine einmalige EEG-Untersuchung zu falscher Deutung führen kann und daß bei einem traumatisch bedingten epileptischen Anfalleiden oft voreilig die Diagnose genuine Epilepsie gestellt wird.

Altersspezifische Spitzenpotentiale weisen auf den Zeitpunkt der zerebralen Manifestation epileptischer Anfälle (Abb. 350).

Gelegentlich gilt es zu entscheiden, ob ein Hirntrauma durch ein bereits bestehendes Anfalleiden herbeigeführt wurde oder aber, ob ein Trauma die Anfälle ausgelöst hat. Das Eeg kann hier eine bedingt hinreichende Klärung bringen: Generalisierte Spitzenpotentiale machen eine traumatische Genese unwahrscheinlich. Klinischerseits ist bekannt, daß wenige Minuten bis Stunden nach einem Hirntrauma Krampfanfälle auftreten können – besonders bei Kindern und Jugendlichen –, die sich später nicht mehr wiederholen. Es wurde schon darauf hingewiesen, daß unmittelbar nach einem Hirntrauma vorübergehend Spitzenpotentiale hervortreten können ohne klinisches Korrelat;

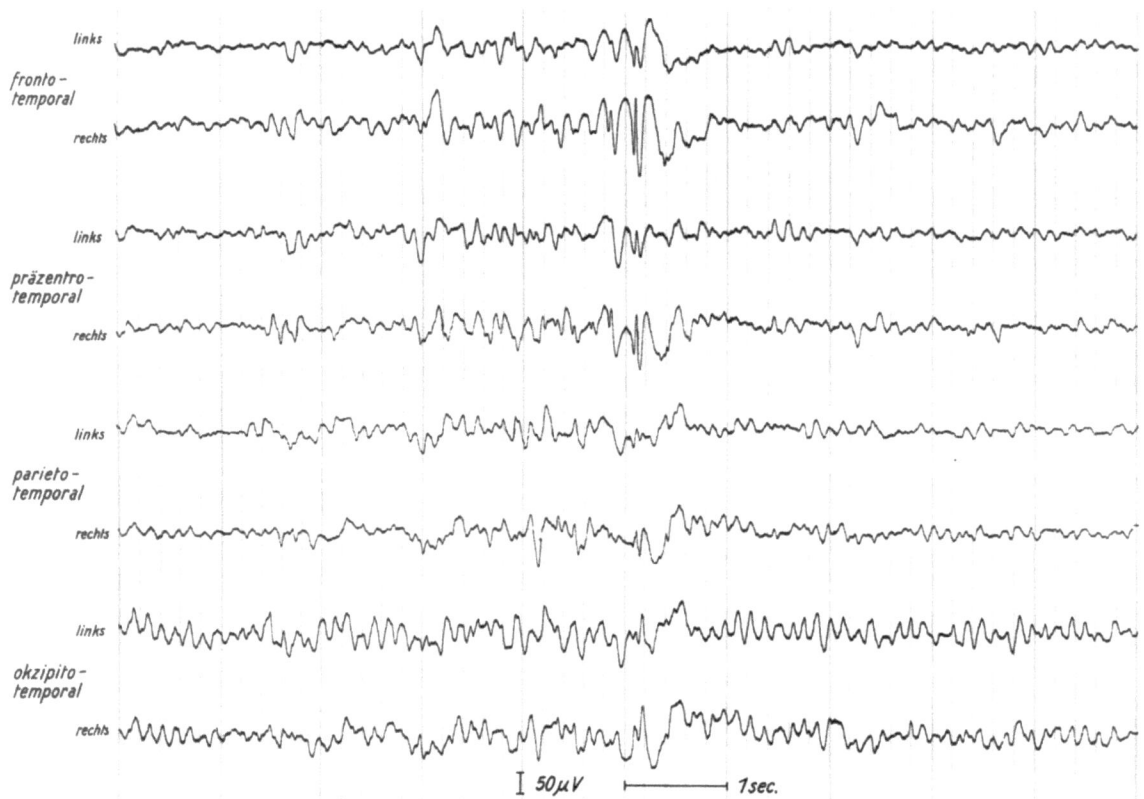

Abb. 350 Ableitungsart IV (bipolare temporale Schaltung)
Dietmar B., 18 Jahre, 1072/62, Contusio cerebri mit 9 Jahren, 1 Jahr später erster epileptischer Anfall.
Eeg: Mäßige Allgemeinveränderungen. Alphareduktion okzipital rechts (unter Hinzuziehung der unipolaren Schaltungen). Kurzer Paroxysmus mit s/w-Komplex frontal, geringer präzentral rechts

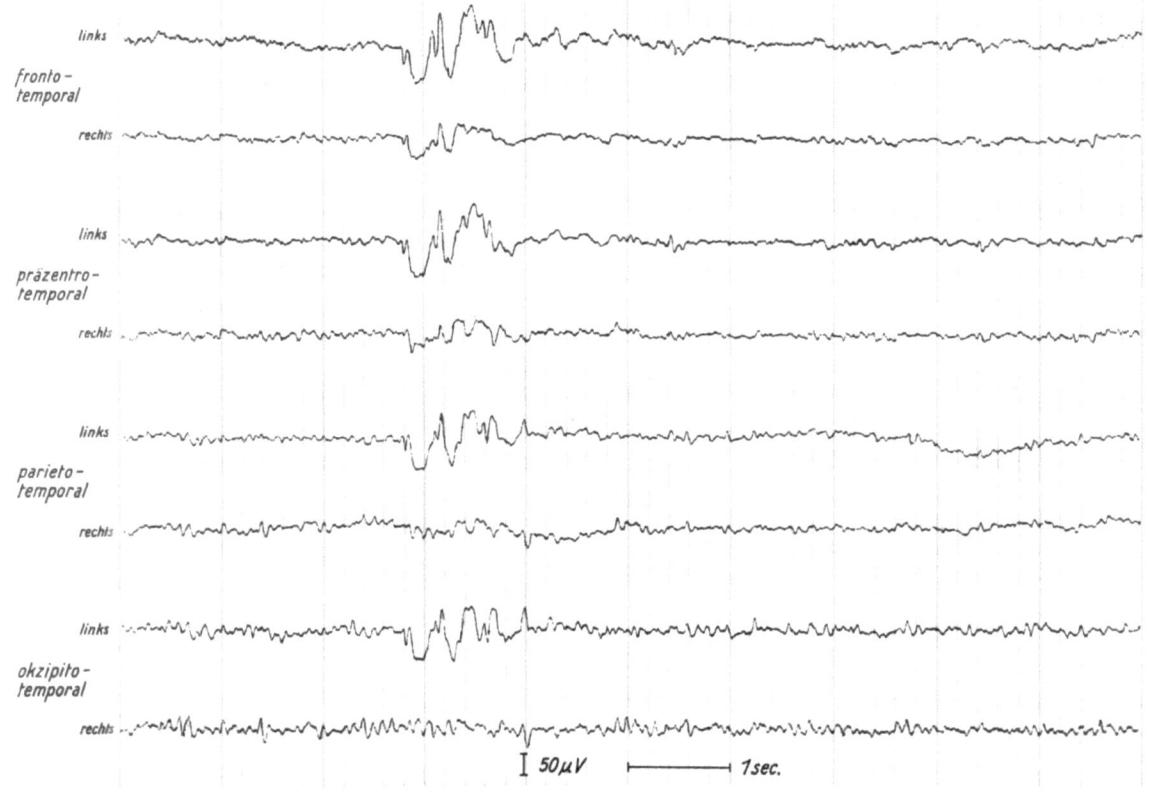

Abb. 351 Ableitungsart IV (bipolare temporale Schaltung)
Rudi S., 23 Jahre, 341/56, Contusio cerebri (Trauma vor 4 Jahren).
Eeg: Leichte Allgemeinveränderungen, Paroxysmus hoher Theta-Delta-Wellen mit biphasischer steiler Welle temporal mit fronto-präzentraler Betonung links

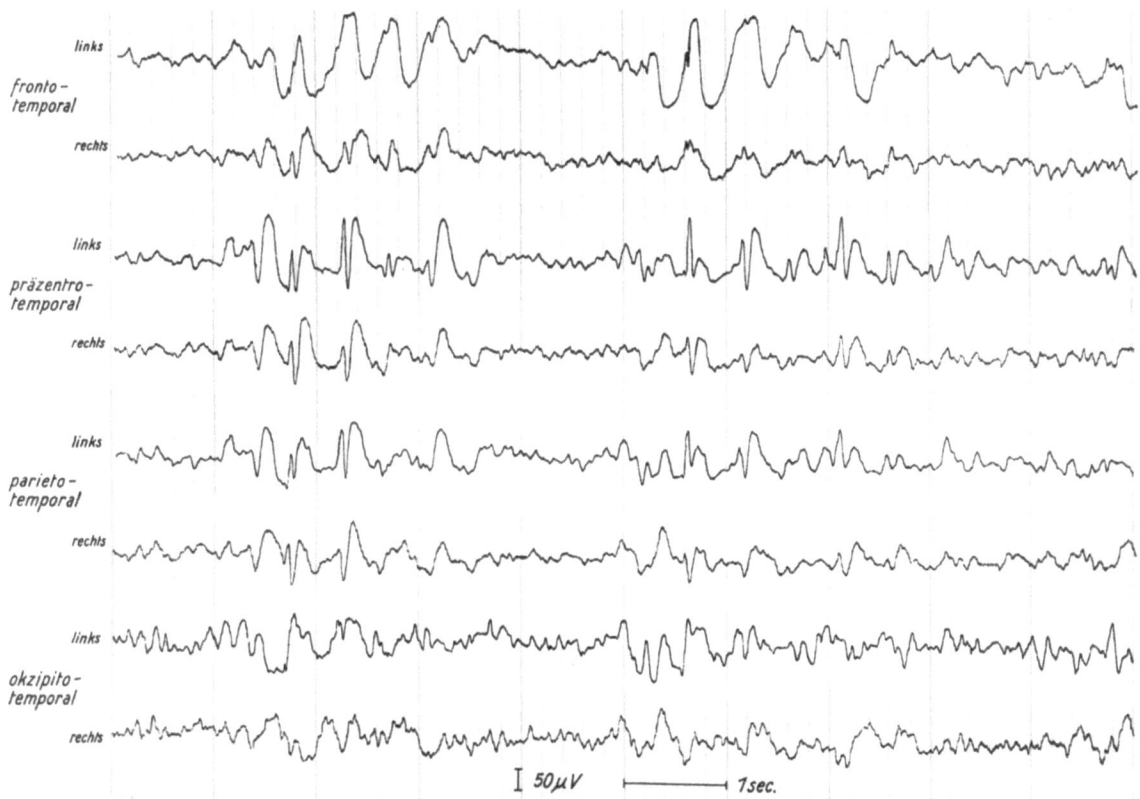

Abb. 352 Ableitungsart IV (bipolare temporale Schaltung)
Rudi S., 253/61, gleicher Patient wie Abb. 351, 5 Jahre später, Grand mal-Anfälle seit 1 Jahr.
Eeg: Mäßig schwere Allgemeinveränderungen. Paroxysmale hohe Theta-Delta-Wellen mit biphasischen und negativen steilen Wellen präzentral links mit Ausbreitung nach parietal, geringer frontotemporal links und homolog nach kontralateral. Induzierte hohe Theta-Delta-Wellen frontal links

der bioelektrische Ablauf dieser kontusionellen Hirnschädigung gleicht im übrigen denen ohne Spitzenpotentiale im Eeg. Wenn aber bei Längsschnittuntersuchungen in der Folgezeit über Wochen und Monate hinaus immer wieder Spitzenpotentiale im Eeg auftreten, dann ist der Verdacht berechtigt auf eine sich entwickelnde traumatische Epilepsie (Abb. 351 und 352).

Auf die Bedeutung dieser präepileptischen Zeichen, die bei Hirnverletzten mehrere Wochen und Monate nach dem Unfall ohne klinisches Korrelat auftreten, hat vor allem KORNMÜLLER hingewiesen. Auftretende Spitzenpotentiale im Eeg sollte man also auch bei Fehlen entsprechender klinischer Korrelate nicht unbeachtet lassen (»latente« Epilepsie). Hierbei wird ein in der Spätphase nach dem Trauma auftretendes Spitzenpotential erfahrungsgemäß schwerwiegender zu werten sein als ein solches in der Frühphase (WERNER).

Die *Differentialdiagnose* zwischen *posttraumatischer Epilepsie* und epileptischen Anfällen anderer Genese stützt sich auf den EEG-Befund unter Verwertung aller anamnestischen, klinischen und anderen diagnostischen Daten.

Allgemein gilt: bei posttraumatischer Epilepsie zeigen sich eher Herdbefunde, bei Anfällen anderer Ätiologie häufiger Allgemeinveränderungen. Eine generalisierte 3/sec.-spike and wave-Aktivität schließt nach Ansicht der meisten Autoren eine traumatische Genese der Anfälle aus.

9.3.6. Schlußbemerkungen

Der pathologische hirnelektrische Befund ist abhängig von der Art und Schwere des Schädel-Hirn-Traumas und dem zeitlichen Abstand vom Unfall. Es besteht eine feste Korrelation zwischen Klinik und Eeg im ersten Vierteljahr nach dem Trauma, dagegen nicht in der Spätphase. Zeigen sich im Eeg noch nach einer Woche und später konstant fokale und halbseitige Störungen, die nicht auf eine andere Hirnerkrankung zurückgeführt werden können, dann ist die klinische Diagnose Commotio cerebri, die nach dem Unfallhergang wegen fehlender Bewußtlosigkeit und fehlender neurologischer Symptome angenommen wurde, zu korrigieren. Basale Kontusionsherde können auch dem Eeg der Frühphase verborgen bleiben.

Bereits $1/4$ Jahr nach dem Unfall zeigt sich eine zunehmende Diskrepanz zwischen hirnelektrischem und klinischem Befund, und das Eeg verliert immer mehr an Aussagewert. Eine sichere Anerkennung eines subjektiven posttraumatischen Syndroms in der Spätphase kommt nur bei einem eindeutig pathologisch verwertbaren EEG-Befund in Betracht. Eine sichere Beurteilung ist nur bei vorliegenden EEG-Verlaufsuntersuchungen aus der Frühphase möglich.

Es sollte also bei den Schädel-Hirn-Traumen angestrebt werden, so früh wie möglich nach dem Unfall ein Eeg zu registrieren.

Wenn im Eeg nach einem Schädel-Hirn-Trauma

länger als ½ Jahr Allgemeinveränderungen bestehen oder diese, nachdem sie sich verringert haben, erneut verstärkt hervortreten, dann ist dies ein verdächtiges Zeichen für eine sich entwickelnde Spätkomplikation. Konstant anhaltende oder sich wieder verstärkende Herdbefunde sind ebenfalls als prognostisch ungünstig zu werten. Dagegen macht eine eingetretene Normalisierung der Hirnaktivität eine weitere Rückbildung klinischer Ausfallserscheinungen unwahrscheinlich.

Bei der Begutachtung von Schädel-Hirn-Traumen muß immer daran gedacht werden, daß ein EEG-Befund unspezifisch ist, also auch durch andere Hirnerkrankungen verursacht sein kann, und daß andererseits durch ein normales Eeg in der Spätphase das Vorliegen einer Contusio cerebri nicht auszuschließen ist. Letztlich kann das Eeg in der Diagnostik und Begutachtung von Schädel-Hirn-Traumen immer nur im Zusammenhang mit allen anderen klinischen Untersuchungsergebnissen gewertet werden.

9.4. Eeg bei zerebralen vaskulären Erkrankungen

D. MÜLLER

9.4.1. Vorbemerkung

Für die Erwartungen, welche hinsichtlich hirnelektrischer Erscheinungen bei zerebralen Gefäßstörungen gehegt werden können, und für die Beurteilung der hirnelektrischen Veränderungen sind zwei grundsätzliche Gesichtspunkte wesentlich, die bereits an anderer Stelle näher erörtert wurden. Abänderungen der hirnelektrischen Aktivität sind nicht durch pathologisch-anatomische Veränderungen direkt bedingt, sondern durch Veränderungen im Zustand und in der Funktion von Neuronenverbänden hervorgerufen, für welche die Stoffwechselsituation eine wesentliche Rolle spielt. Dabei ist u. a. auch die O_2-Aufnahme bedeutsam. Zum anderen hängt die Auswirkung entsprechender Änderungen im Zustand von Neuronenverbänden auf das Hirnpotentialbild im hohen Maße von der Wirksamkeit von Kompensationsvorgängen ab. Das bedeutet für die klinische Praxis, daß im Elektroenzephalogramm nicht anatomisch feststellbare Läsionen direkt erfaßt werden und daß das Auftreten bzw. die Rückbildung hirnelektrischer Störungen im Zusammenhang mit der Dynamik des zugrunde liegenden Geschehens steht.

9.4.2. Experimentelle Beobachtungen

Bei den *tierexperimentellen Untersuchungen* ist zu beachten, daß die Befunde je nach der angewandten Methode durch verschiedenartig bedingte Beeinträchtigungen der Gewebsatmung (Hypoxydose) des Gehirns hervorgerufen sind: Anoxie, Asphyxie oder Ischämie; aber auch im Tierversuch sind die genannten pathophysiologischen Zustände kaum rein zu erzielen. Es hat sich gezeigt, daß die elektrische Hirnaktivität ein wichtiger Indikator für die Lebensfähigkeit und Tätigkeit der Nervenzellen ist. Sie stellt beispielsweise bei Anoxieversuchen die exakteste Methodik zur Bestimmung der Überlebenszeit, Erholungslatenz und Erholungszeit dar, sofern man die einleitend angedeuteten Grenzen der Methodik berücksichtigt.

Es ließ sich hirnelektrisch die unterschiedliche Empfindlichkeit verschiedener Hirnregionen für Sauerstoffmangel nachweisen, wobei die regionalen Unterschiede bei partiellem O_2-Mangel größer sind als bei totalem O_2-Mangel. Bei totalem O_2-Mangel verschwindet die elektrische Hirnaktivität über verschiedene Zwischenstadien innerhalb 20–90 Sekunden, doch ist dies reversibel, wenn die Anoxie weniger als 2 Minuten dauert (GÄNSHIRT und Mitarb.).

Die hirnelektrischen Erscheinungen unter *experimenteller Hypoxie* beim Menschen hat schon BERGER beobachten können. Er fand eine Vergrößerung und Verlangsamung der Potentialschwankungen bis auf 2–3/sec. Systematische Untersuchungen wurden später im Zusammenhang mit der Prüfung der Höhenfestigkeit durchgeführt. Dabei ergaben sich bei der Sauerstoffmangelatmung oder in der Unterdruckkammer zunächst eine Aktivierung der Alphawellen hauptsächlich im Frontalbereich, sodann Thetawellen dort, die sich mit Frequenz um 6/sec. über alle Regionen ausbreiten und schließlich bei Auftreten von Bewußtseinsstörungen durch Deltawellen mit einer Frequenz von 3/sec. abgelöst werden. Zugleich hat sich feststellen lassen, daß die Hypoxieempfindlichkeit einer Versuchsperson erheblichen Schwankungen unterworfen sein kann. Weiterhin zeigte sich, daß eine gleichzeitige Hypokapnie auf dem Wege über eine Durchblutungsminderung den Hypoxieeffekt verstärkt. Die EEG-Veränderungen sind reversibel und bilden sich meist innerhalb 10 Sekunden entsprechend den skizzierten Stadien zurück; die Erholungszeit nimmt mit Häufigkeit und Dauer der O_2-Mangel-Zustände zu (KORNMÜLLER und Mitarb.).

9.4.3. Umschriebene Gefäßstörungen

9.4.3.1. Sub- und epidurale Blutungen

Extrazerebrale intrakranielle Hämatome können hirnelektrisch einerseits in einer Verminderung der Alphaaktivität, andererseits in einer Verlangsamung – meist in Form relativ regelmäßiger Deltawellen – in Erscheinung treten (Abb. 353). Dabei wird erörtert, ob entsprechend tierexperimentellen Befunden lediglich die erstgenannten bioelektrischen Störungen durch das Hämatom bedingt sind, deutlich ausgeprägte Verlangsamungen aber mit einer gleichzeitigen kontusionellen Hirnschädigung in Zusammenhang stehen. Eine genaue Lokalisation des Hämatoms ist bioelektrisch nicht möglich, und auch die Lateralisation gelingt nicht immer. Dabei ist zu bedenken, daß bei beid-

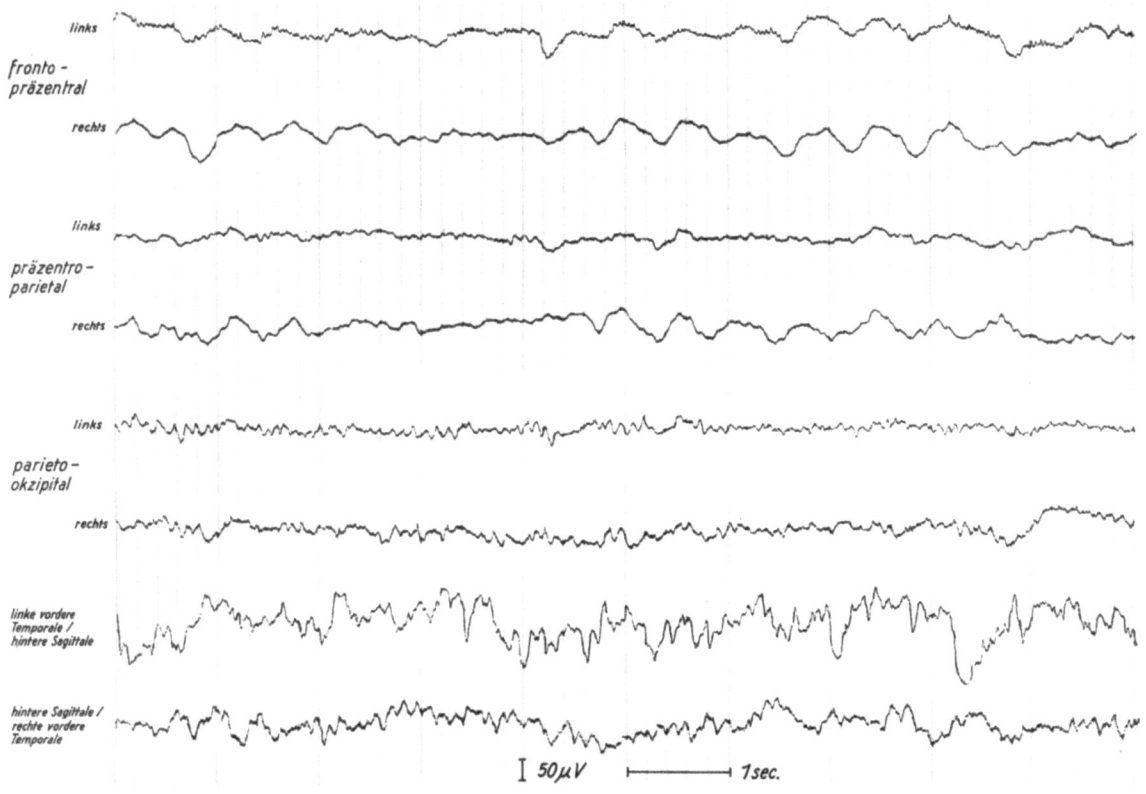

Abb. 353 Ableitungsart III (bipolare Längsschaltung)
Posttraumatisches subdurales Hämatom; klinische Symptomatik seit 2 Monaten.
Eeg: Deltaaktivität über den vorderen und mittleren Konvexitätsbereichen rechts; technisch bedingte Störung im Bereich der linken Temporalelektrode

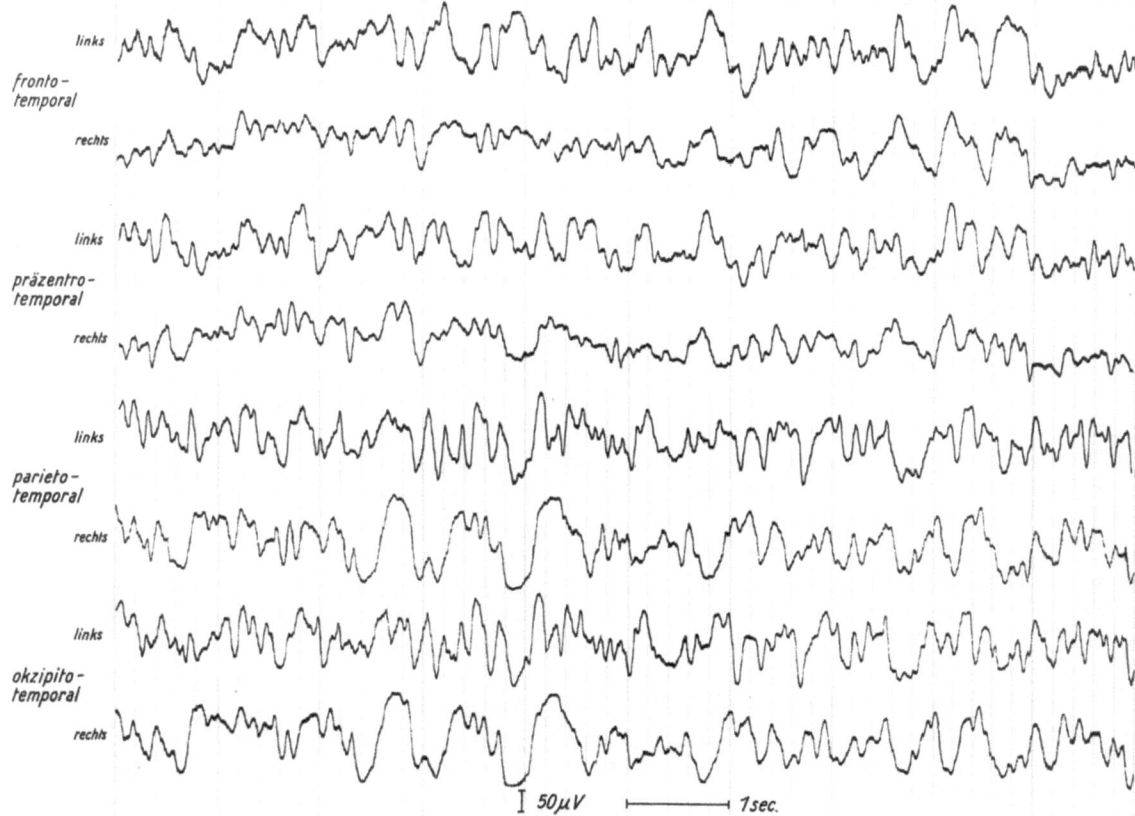

Abb. 354 Ableitungsart IV (bipolare temporale Schaltung)
Akute Pachymeningosis haemorrhagica interna; klinische Symptomatik seit 14 Tagen.
Eeg: Allgemeinveränderungen mit herdförmiger Betonung über den hinteren Hirnbereichen rechts

seitigen Hämatomen einseitig betonte EEG-Veränderungen und bei einseitigen Hämatomen gelegentlich bilaterale Störungen auftreten können. So ist auch eine Unterscheidung zwischen ein- und beidseitigen Hämatomen vom Eeg her nicht mit Sicherheit möglich. Immerhin sind aber gewisse Beziehungen zwischen der Größe des Hämatoms und Ausprägung der EEG-Veränderungen festzustellen, da große Hämatome meist entsprechende hirnelektrische Störungen aufweisen, während flache Hämatome mit geringen neurologischen Symptomen bzw. Hirndruckzeichen in der Regel keine oder nur geringe hirnelektrische Zeichen erkennen lassen. Es dürften auch Beziehungen zwischen dem Stadium der Erkrankung und den bioelektrischen Erscheinungen insofern bestehen, als im akuten Stadium vorwiegend langsame und z. T. fortgeleitete Aktivität (Abb. 354), im späteren Stadium vor allem flache Deltawellen und Depression der Grundaktivität zu erwarten ist (Abb. 353) (STEINMANN).

9.4.3.2. Subarachnoidalblutungen

Die rein subarachnoidalen Blutungen pflegen je nach ihrer Ausprägung mit mehr oder weniger schweren Allgemeinveränderungen im Eeg einherzugehen. Der Schweregrad der Allgemeinveränderung steht meist in Korrelation zum klinischen Zustandsbild. Die Veränderungen klingen entsprechend dem klinischen Verlauf innerhalb von Tagen bis Wochen ab (Abb. 355). Abgesehen von den Allgemeinveränderungen finden sich relativ oft eine Verlangsamung der Alphaaktivität, bilaterale monomorphe Wellengruppen oder lokalisierte polymorphe Verlangsamungen (ROHMER und Mitarb.; SCHWARZ). Bioelektrische Herdzeichen – meist in Form einer Deltaaktivität – weisen auf eine Komplikation im Sinne einer intrazerebralen Blutung hin. Bei aller Vielfalt der Beobachtungen, für welche die Zusammensetzung des Krankengutes und der Zeitpunkt der Untersuchungen von Bedeutung sind, besteht doch Übereinstimmung darüber, daß Herdveränderungen in der Regel die Lateralisation des zugrunde liegenden Prozesses ermöglichen, auch wenn neurologische Symptome nicht vorliegen. Dabei kommt hirnelektrischen Verlaufsuntersuchungen eine besondere Bedeutung zu. Man muß aber auch das Vorkommen von Fernherdbildungen infolge sekundärer Durchblutungsstörungen und Ödembildungen in Betracht ziehen (SCHWARZ). Andererseits ist es bei entsprechender Kompensationsfähigkeit des Gehirns möglich, daß komplizierte Blutungen keine oder nur geringe hirnelektrische Störungen aufweisen (VAN DER DRIFT und MAGNUS). Im übrigen kann naturgemäß vom Eeg nicht erwartet werden, daß es etwas über die Art der Blutungsquelle aussagt (OTTO und HEIDRICH).

9.4.3.3. Intrazerebrale Blutungen und Erweichungen

An dieser Stelle sollen die EEG-Veränderungen besprochen werden, welche bei intrazerebralen Blutungen, bei Erweichungen infolge zerebrovaskulärer Insuffizienz sowie durch Thrombosen und Embolien

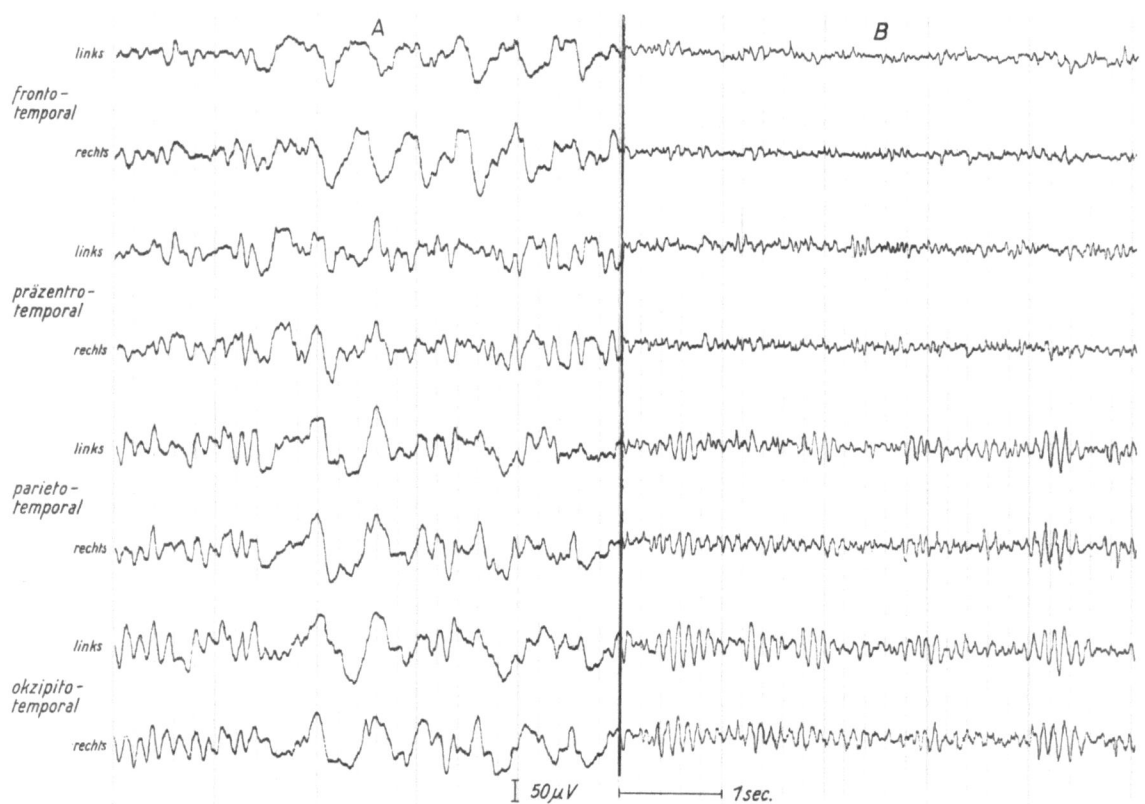

Abb. 355 Ableitungsart IV (bipolare temporale Schaltung)   Kryptogene Subarachnoidalblutung.
A Vor 10 Tagen. Eeg: Allgemeinveränderungen, Paroxysmen langsamer Wellen in den basalen Bereichen.
B 7 Wochen später. Eeg: Deutliche Normalisierung

der intrakraniellen Arterien auf dem Boden zerebraler Gefäßveränderungen zu beobachten sind. Es handelt sich also um jene Zustände, die klinisch hauptsächlich als »Schlaganfall« infolge einer zerebralen Gefäßkatastrophe in Erscheinung treten. Eine gewisse Überschneidung mit anderen Abschnitten dieses Beitrags ist nicht ganz zu vermeiden. Intrazerebrale Blutungen infolge von Traumen, Intoxikationen oder hämatologischen Erkrankungen werden nicht besonders berücksichtigt.

Im *akuten Stadium* zeigt sich in der Regel neben verschieden stark ausgeprägten, auch der Bewußtseinslage des Kranken entsprechenden Allgemeinveränderungen eine Herdstörung mit relativ spannungshohen und langsamen Deltawellen. Es besteht im allgemeinen eine gute Korrelation zwischen dem klinischen Zustand und dem EEG-Befund (SIMONOVA und Mitarb.; LADURNER und LECHNER; KRUPP). Vor allem sind die Allgemeinveränderungen ein Indikator für den zerebralen Dekompensationszustand (SCHMIDT). Die EEG-Veränderungen hängen vom Alter des Kranken und von der Lage, der Ausdehnung und dem Entwicklungsstadium der Läsion ab (KRUPP; VAN DER DRIFT). Sie finden sich relativ häufig bei Insulten während des akuten Stadiums in den ersten Tagen und bei deutlicher Bewußtseinsstörung, seltener dagegen bei flüchtigen Insulten, Affektionen des Kleinhirn-Hirnstamm-Gebiets und bei zerebrovaskulärer Insuffizienz ohne stärkere Symptomatik (SPUNDA; SCOLLO-LAVIZZARI).

Hinsichtlich der Beziehungen der EEG-Veränderungen zur *Lokalisation der Läsion* muß man sich der Tatsache erinnern, daß eine direkte Beeinflussung der kortikalen Aktivität in frequenzinstabilen, polymorphen Verlangsamungen, eine indirekte bioelektrische Störung der Hirnrinde von tiefen Strukturen her dagegen in »Rhythmenbildungen« zum Ausdruck kommt. Kleine, oberflächliche Herde können unter Umständen stärkere Veränderungen bewirken als größere Herde in der Tiefe. Ein normales Eeg bei massivem Halbseitensyndrom spricht für eine Affektion der inneren Kapsel oder des kaudalen Hirnstammes (SCOLLO-LAVIZZARI). Eine Alphareduktion soll besonders häufig bei parietalen, okzipitalen oder temporalen Läsionen subkortikaler Lokalisation vorkommen. Bei Insulten im Hirnstammbereich liegen – wie schon angedeutet – relativ häufig unauffällige Hirnpotentialbilder vor (Abb. 356). Es fanden sich in 58% Eeg. im Normbereich und bei 27% lokalisierte Störungen in Form von Alphareduktionen und Verlangsamungen temporobasal, wobei eine hohe Seitenübereinstimmung zwischen Insultlokalisation und EEG-Störung bestand. Ferner ließen sich 22% Grundaktivitätsverlangsamungen, 48% Synchronisierungen der Alphaaktivität nach präzentrotemporal, 28% spannungsniedrige Eeg. und 7% flache Eeg. ermitteln (KENDEL und KOUFEN). Auf die Verschiedenartigkeit der Befunde bei Läsionen in verschiedenen Gefäßgebieten (HUBACH und STRUCK; SCHWARZ; SCHMIDT; VAN DER DRIFT; KRUPP) können wir aber nicht im einzelnen eingehen.

Der *Verlauf* der bioelektrischen Störungen ist im wesentlichen ein ähnlicher wie nach Hirntraumen (JUNG); in der Regel bilden sich die Veränderungen innerhalb einiger Tage bis Wochen zurück. Sie können einer Alphareduktion, einer einseitigen Reduktion der Sigmaaktivität im Schlaf-Eeg oder einem normalen Eeg Platz machen. Ein etwa vorhandenes Übergreifen von Deltawellen zur Gegenseite verschwindet ebenfalls meist nach einigen Wochen. In mehr als der Hälfte der Fälle soll das Eeg innerhalb einiger Wochen unauffällig werden (Abb. 357 und 358). Immerhin ist bei 20% – besonders nach Blutungen – noch ein Herd mit mehr oder weniger flachen Deltawellen zu erwarten, der gelegentlich jahrelang bestehenbleibt (Abb. 359). Nicht immer bleibt die relativ gute klinisch-hirnelektrische Korrelation des akuten Stadiums im weiteren Verlauf erhalten (KRUPP).

Zur *Differenzierung der Insultursache* kann das Eeg nicht viel beitragen (CARMON und Mitarb.). Es gibt dafür keine entscheidenden Kriterien, da das Gehirn auf verschiedene Schädigungen mit ähnlichen Veränderungen reagieren kann (VAN DER DRIFT). Immerhin sollen bei Blutungen meist Deltaherde mit oft starken Veränderungen auch auf der Gegenseite, bei Erweichungen weniger massive Herdbildungen (Theta-Delta-Mischfokus) und geringere Allgemeinveränderungen vorliegen. Es wurde auch beobachtet, daß sich bei Blutungen das Eeg in Richtung des »Tumor-Eeg« mit frontalen Deltagruppen entwickeln kann, während die Erweichungen später häufiger in einer herdseitigen Abflachung zum Ausdruck kommen (JUNG; KUGLER). Bei der differentialdiagnostischen Abgrenzung gegenüber Tumoren sprechen für ein vaskuläres Geschehen: geringe EEG-Veränderungen bei beträchtlicher neurologischer Symptomatik, Konstanz oder Rückbildung der bioelektrischen Störungen bei Kontrolluntersuchungen, das Fehlen von bioelektrischen Fernzeichen und schließlich normale oder frequenzinstabile Grundaktivität der Gegenseite (KEINERT).

Hinsichtlich der *Prognose* erscheinen die folgenden Gesichtspunkte beachtenswert. Im allgemeinen liegen bei Blutungen wie Erweichungen in etwa 80% pathologische EEG-Veränderungen vor. Malazische Insulte mit tödlichem Ausgang oder kaum remittierendem Verlauf weisen aber nur in 3% normale Befunde auf (Abb. 359). Dagegen sind bei gut remittierenden ischämischen Insulten und bei kleinen Blutungen im Kleinhirn-Hirnstamm-Bereich 50% der Kurvenverläufe unauffällig (s. Abb. 356). Ausbreitungen der Herdbildungen waren häufig von Insultrezidiven oder Demenzerscheinungen bzw. nächtlichen Verwirrtheiten gefolgt. Geht ein schweres klinisches Bild mit periodischen Abflachungen und herdseitigen Thetawellengruppen frontotemporal sowie Alphareduktion einher, so kann die Prognose als infaust gelten (SPUNDA). Das Bestehen eines Deltafokus bei einer Gefäßläsion wird als Hinweis darauf gewertet, daß noch aktive Restitutionsvorgänge ablaufen, wohingegen eine Alphareduktion einem abgeschlossenen Geschehen entspricht. Aus der Geschwindigkeit der Herdrückbildung sollen aber keine prognostischen Schlüsse gezogen werden.

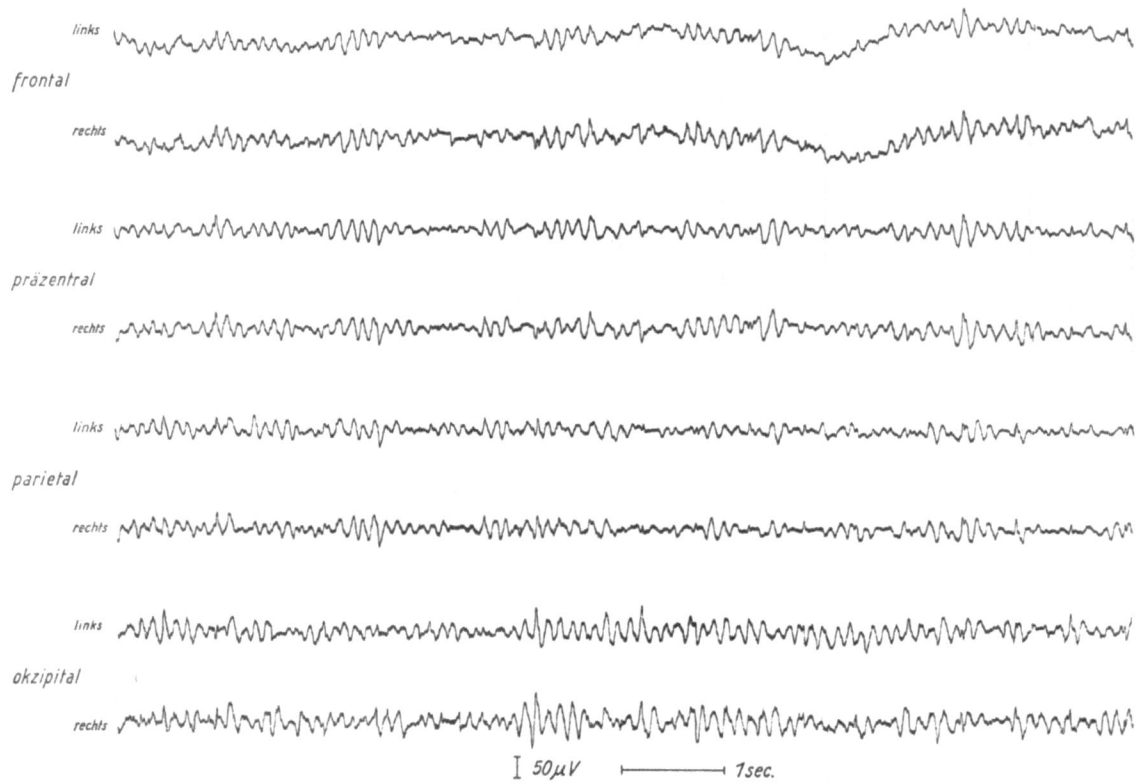

Abb. 356 Ableitungsart II (unipolare Schaltung zum rechten Ohr)
Kastaniengroße, mehrzeitige Angiomblutung im Brückenbereich links.
Eeg: Frequenzinstabiles Eeg vom Alphatyp

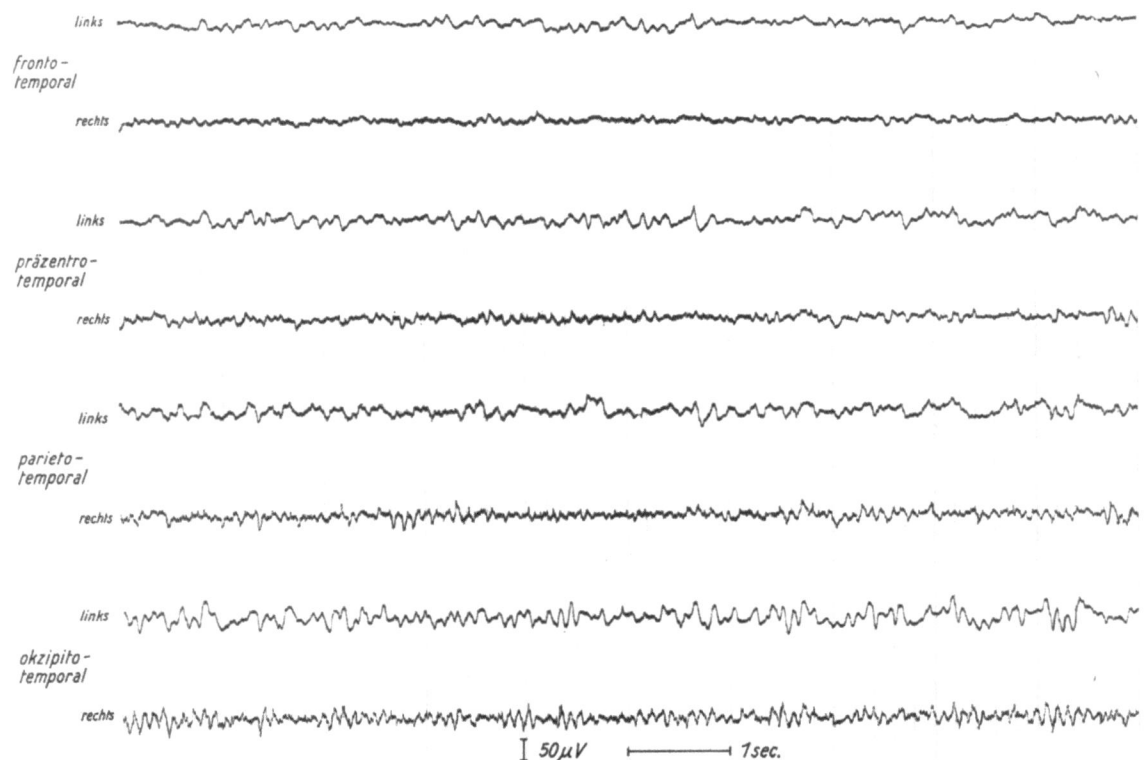

Abb. 357 Ableitungsart IV (bipolare temporale Schaltung)
Vor 3 Wochen Embolie mit geringer Halbseitensymptomatik rechts.
Eeg: Fast kontinuierlicher Thetafokus links temporal

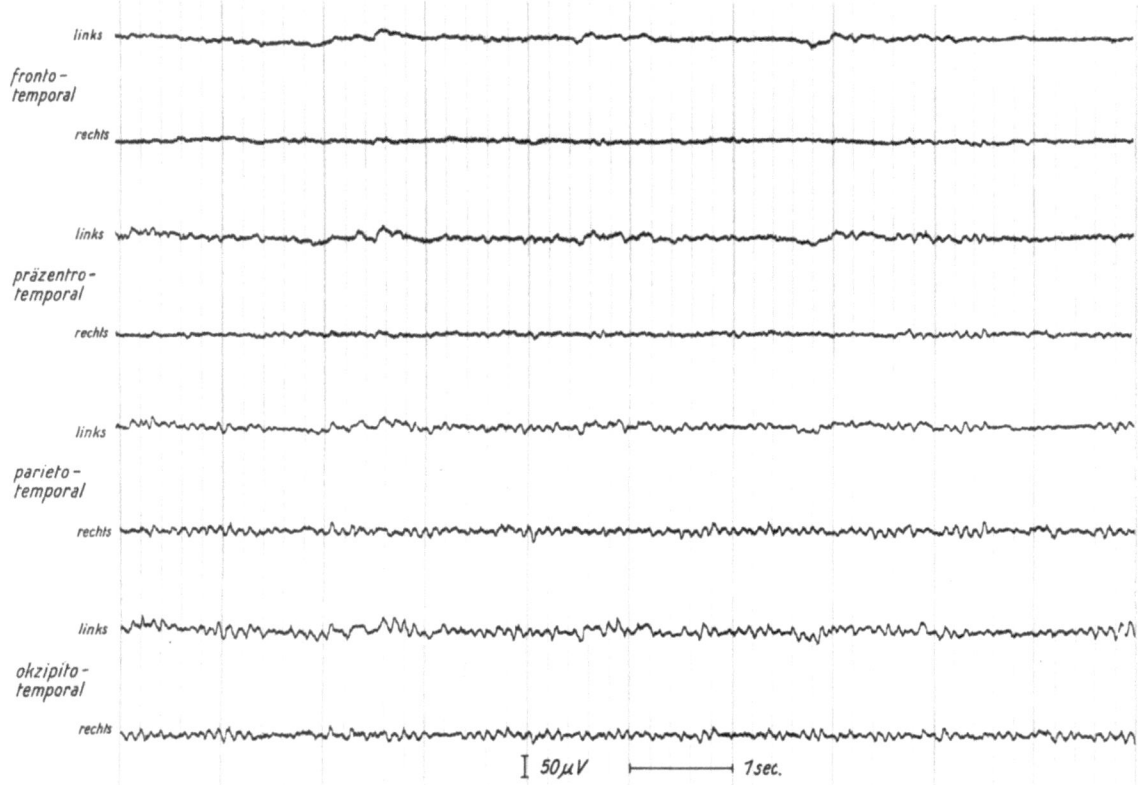

Abb. 358 Ableitungsart IV (bipolare temporale Schaltung)
Gleicher Patient wie Abb. 357; 5 Wochen später.
Eeg: Weitgehende Normalisierung

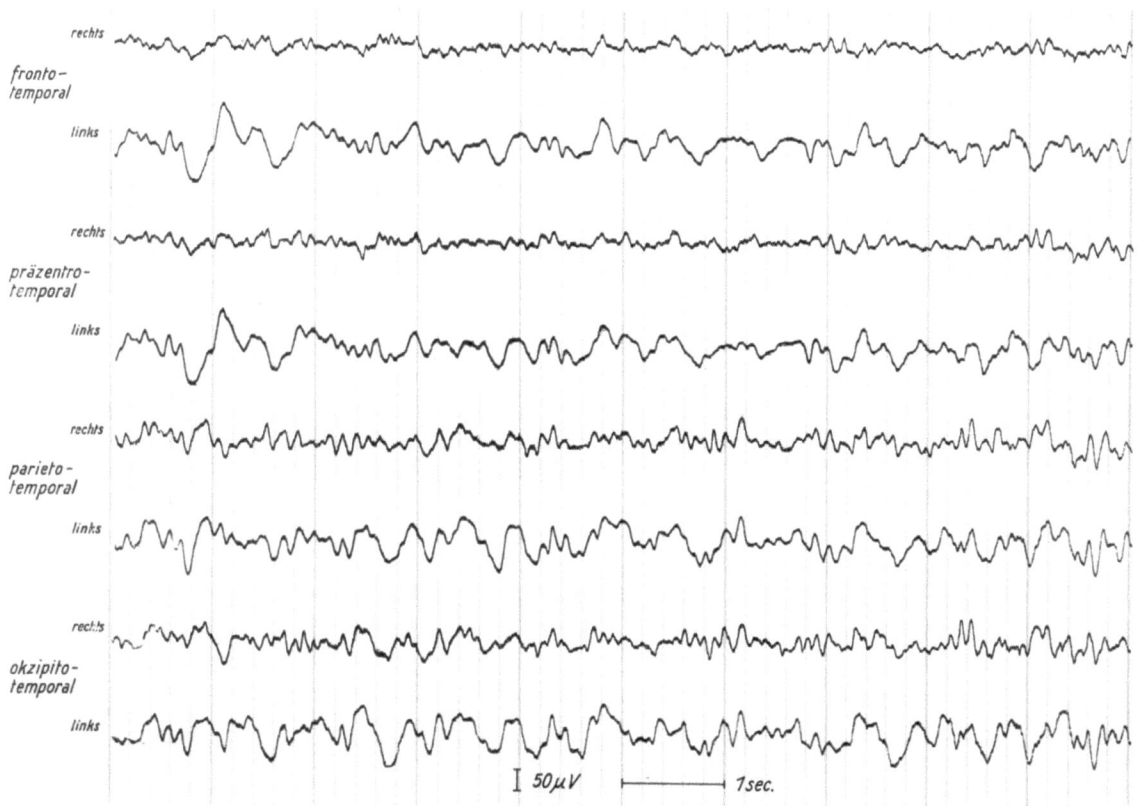

Abb. 359 Ableitungsart IV x (bipolare temporale Schaltung, gekreuzt)
Spastische Halbseitenlähmung rechts; Aphasie; symptomatische Epilepsie bei Zustand nach Hirnembolie vor 2 Jahren.
Eeg: Kontinuierlicher Theta-Delta-Mischfokus links temporal

Die hier gegebene Darstellung hat versucht, die Grundzüge des gegenwärtigen Erfahrungsstandes zu skizzieren. Es muß aber darauf hingewiesen werden, daß es für die zerebralen Gefäßkatastrophen und ihre Folgezustände besonders schwer ist, Regeln über die Beziehungen zwischen hirnelektrischen und klinischen Erscheinungen zu ermitteln. Bei der Vielfalt der klinischen Bilder und Verläufe ist dies nicht verwunderlich. So gibt es gewiß mancherlei Beobachtungen, welche den skizzierten Erfahrungen nicht entsprechen. Beispielsweise zeigte sich, daß der Krankenhausaufenthalt um so länger und die Restitution von Ausfällen um so geringer ist, je schwerer die EEG-Veränderungen sind. Das steht nicht ganz im Einklang mit der Auffassung, daß die Deltaaktivität ein Zeichen dafür sei, daß noch Restitutionsvorgänge ablaufen. Ferner ergaben sich auch Hinweise darauf, daß zwischen der Ausprägung der EEG-Veränderungen und den klinischen Ausfällen bezüglich der Wiederherstellung doch keine Parallelität besteht.

9.4.3.4. Karotisligatur und -thrombose

Wegen ihrer klinischen Bedeutung sollen die Verschlüsse der A. carotis besonders erwähnt werden. Sowohl nach Ligaturen als auch bei Thrombosen kommen relativ spannungshohe langsame Abläufe oder auch Spannungserniedrigungen bzw. Alphareduktionen mit oder ohne Frequenzverlangsamung vor. Nach *Karotisligaturen* können hirnelektrische und klinische Erscheinungen in verschiedener Weise kombiniert sein. Einmal können sowohl EEG-Veränderungen als auch neurologische Ausfälle fehlen, was auf eine gute Kompensation schließen läßt. Zum anderen kann der hirnelektrische Befund stumm bleiben, während sich neurologische Ausfälle einstellen, wobei man an das Eintreten einer Komplikation nach der Ligatur gedacht hat.

Schließlich wurden generalisierte oder fokale Verlangsamungen oder Verminderungen der bioelektrischen Hirnaktivität beobachtet, wobei zugleich neurologische Zeichen teils vorhanden waren, teils fehlten. Aus alledem wird deutlich, daß eine strenge Parallelität zwischen hirnelektrischen und klinischen Erscheinungen nicht zu erwarten ist und das Eeg keine direkte Aussage über anatomische Veränderungen erlaubt (WISE und Mitarb.).

An dieser Stelle seien die hirnelektrischen Erscheinungen nach *Strangulation* erwähnt. Es sind dabei je nach Ausmaß der zerebralen Schädigung und Zeitpunkt der EEG-Untersuchung ein Verschwinden jeglicher bioelektrischen Aktivität und diffuse Verlangsamungen mehr oder weniger intermittierender Art zu erwarten (NIEDERMEYER, LECHNER). In der Rückbildungsphase tritt eine Normalisierung ein, wobei die Übereinstimmung zwischen klinischem Bild und EEG-Befund geringer ist (KLEPEL und PARNITZKE). Wir haben hier ähnliche Verhältnisse wie bei zerebrovaskulären Insulten. Allerdings tritt die Normalisierung nach Strangulation meist bereits nach Stunden bis Tagen ein.

Bei *Karotisthrombosen* wurden am häufigsten allgemeine oder umschriebene Spannungserniedrigungen bzw. Alphareduktionen sowie Verlangsamungen im Temporalbereich der betroffenen Seite beobachtet (Abb. 360 und 361). Eine Unterscheidung der Karotisthrombose von Thrombosierungen ihrer Hauptäste oder derselben untereinander, wie sie versucht wurde, ist nicht hinreichend sicher möglich. Verschlüsse der A. cerebri media rufen aber meist deutlichere Veränderungen hervor als Thrombosierungen im Anterior- oder Posteriorgebiet. Ausmaß und Zeitraum der Rückbildung der bioelektrischen Störungen hängt in der Regel u. a. von der Vehemenz des klinischen Geschehens bzw. der Dynamik der Durchblutungsstörung ab.

9.4.3.5. Sinus- und Venenthrombosen

Das Hirnpotentialbild bei zerebralen Venenthrombosen und Thrombophlebitiden zeichnet sich oft durch die Schwere und Wechselhaftigkeit der Veränderungen aus und ähnelt damit demjenigen mancher Enzephalitiden. Der EEG-Befund ist abhängig von der Dynamik des Prozesses und dem Zeitpunkt der Untersuchung. Charakteristisch sind die meist schweren Allgemeinveränderungen bei weitgehendem Fehlen der Alphaaktivität und Auftreten wechselnd lokalisierter, nicht selten auch multipler Herdbildungen teils in Form umschriebener Betonungen der Verlangsamungen, teils als fokale Erregbarkeitssteigerungen (Abb. 362). Aber auch allgemein sehr flache Kurvenbilder kommen vor. Die hirnelektrische Verlaufsbeobachtung hat bei den Thrombophlebitiden besondere klinische Bedeutung, weil sie eine Möglichkeit bietet, klinisch sonst nicht rechtzeitig zu erkennende Abszeßbildungen zu erfassen (HUHN).

9.4.3.6. Aneurysmen und Angiome

Die EEG-Veränderungen bei *Aneurysmen* hängen von der Größe und Lokalisation derselben sowie davon ab, ob bereits eine Blutung stattgefunden hat. Aneurysmen der basalen Hirngefäße rufen kaum bioelektrische Störungen hervor (Abb. 363), es sei denn, daß sie sehr groß sind und die Funktion des Hirngewebes in Mitleidenschaft ziehen (Abb. 364). In anderen Gefäßabschnitten können sie aber leicht Herdstörungen in Form einer Alphareduktion oder einer Tendenz zum Thetafokus zeigen. Bei den *Angiomen* sind hirnelektrische Veränderungen häufiger und vielgestaltiger. Neben Alphareduktionen oder umschriebenen Verlangsamungen kommen Erregbarkeitssteigerungen in Form steiler Abläufe oder Spitzen und auch Allgemeinveränderungen verschiedenen Grades vor (Abb. 365). Es können aber auch ausgedehnte Gefäßmißbildungen ohne bioelektrisches Korrelat bleiben, vor allem wenn sie in der Tiefe liegen und die Funktion der Hirnrinde wenig beeinträchtigen bzw. wenn eine ausreichende Kompensation der Parenchymschäden und ihrer Folgezustände vorliegt. Jedoch ist nur bei 10% der Angiom-

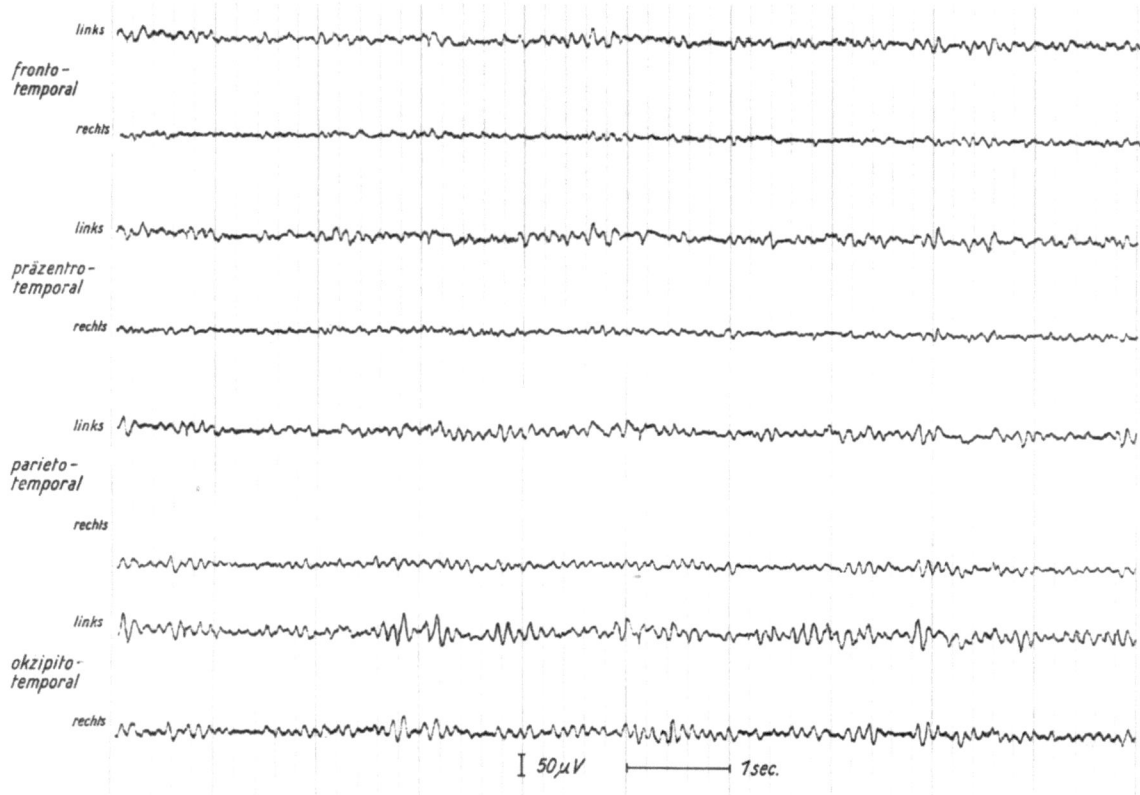

Abb. 360 Ableitungsart IV (bipolare temporale Schaltung)
Karotisthrombose links; klinische Symptomatik (Parese der rechten Hand) seit 7 Wochen.
Eeg: Alphaaktivierung mit Tendenz zum diskontinuierlichen Thetafokus links temporal

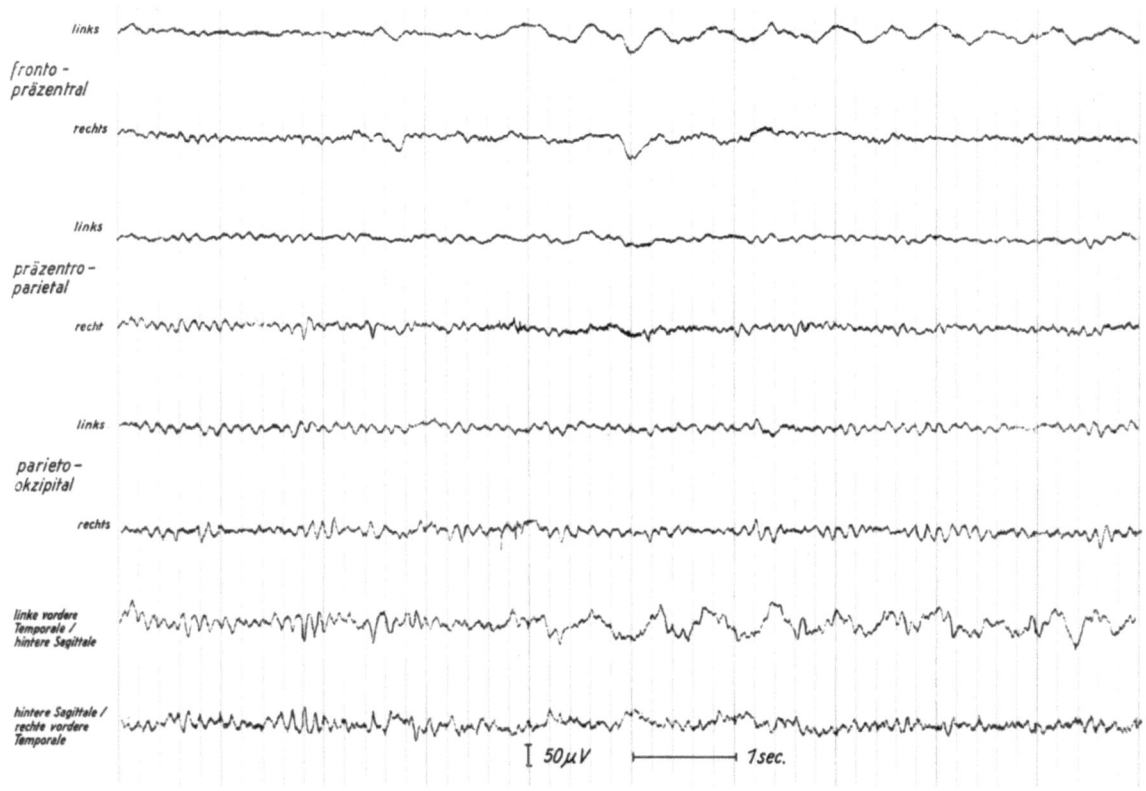

Abb. 361 Ableitungsart III (bipolare Längsschaltung)
Karotisthrombose links; klinische Symptomatik (Halbseitenlähmung rechts mit Aphasie) seit $^1/_2$ Jahr, allmählich progredient.
Eeg: Diskontinuierlicher Deltafokus links frontotemporal

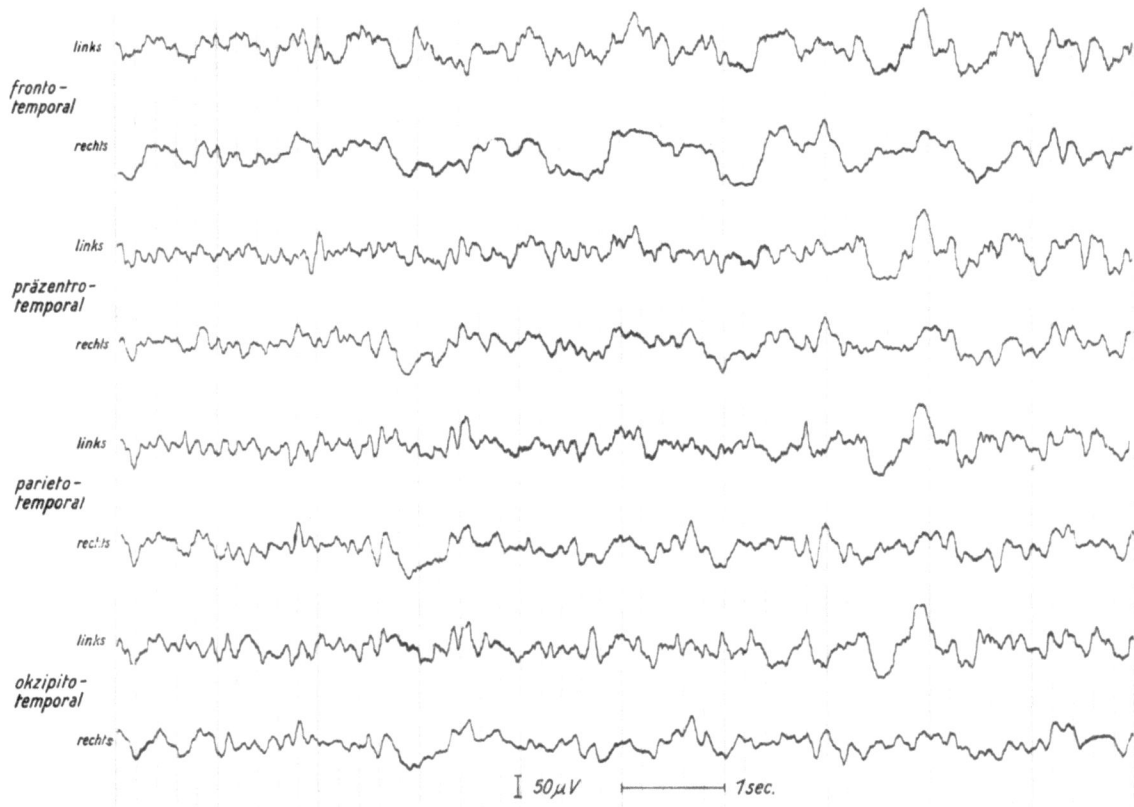

Abb. 362 Ableitungsart IV (bipolare temporale Schaltung)
Hirnvenenthrombose mit Halbseitensymptomatik links und Hirndruckzeichen.
Eeg: Allgemeinveränderungen mit besonders ausgeprägter wechselnder Betonung vornehmlich rechts frontal

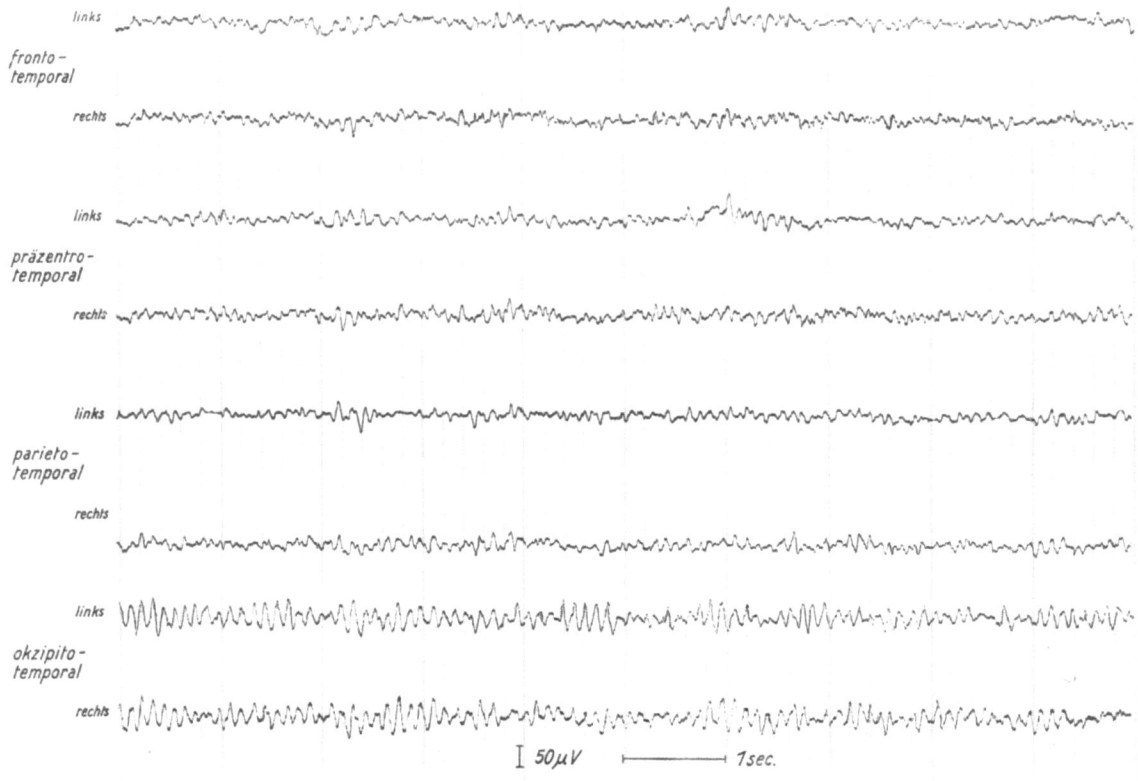

Abb. 363 Ableitungsart IV (bipolare temporale Schaltung)
Erbsgroßes Aneurysma der A. communicans posterior mit passagerer Okulomotoriusparese rechts.
Eeg: Alphagrundaktivität mit Tendenz zur Frequenzinstabilität

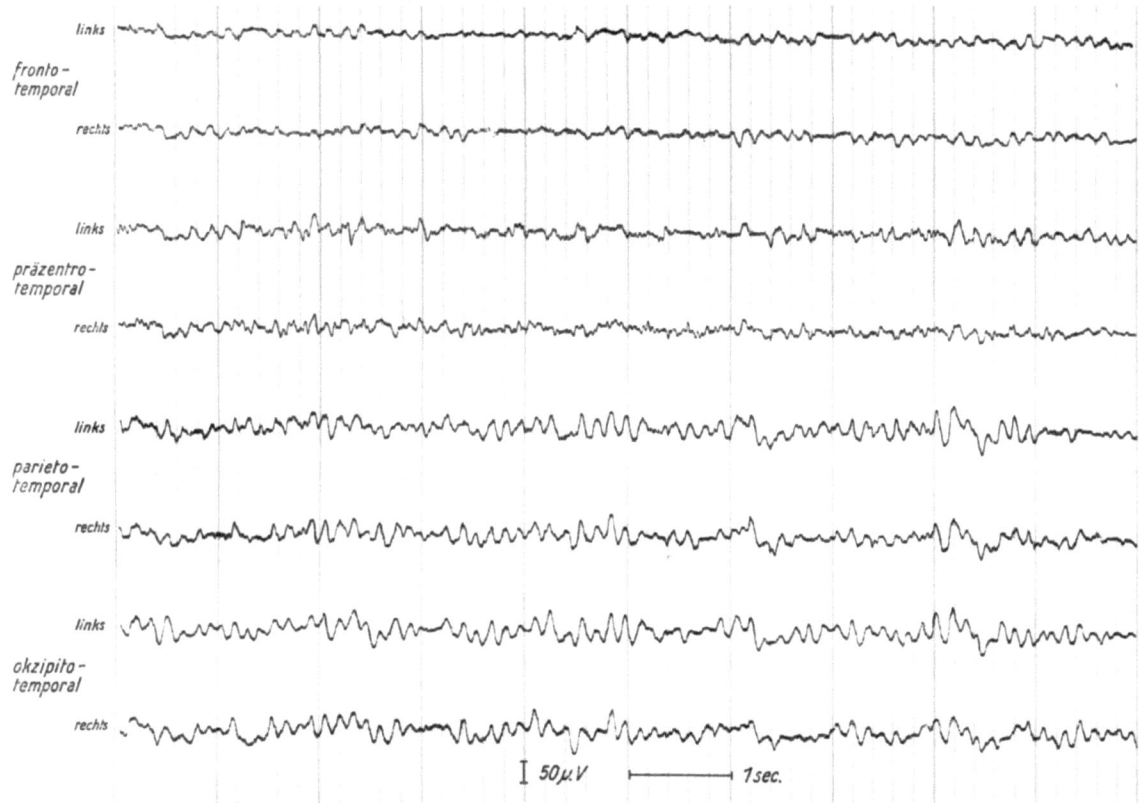

Abb. 364 Ableitungsart IV (bipolare temporale Schaltung)
Erbsgroßes Aneurysma der A. communicans posterior links; neurologisches Syndrom der Fissura orbitalis superior links.
Eeg: Grundaktivitätsverlangsamung und geringe Funktionsstörungen über den hinteren Bereichen

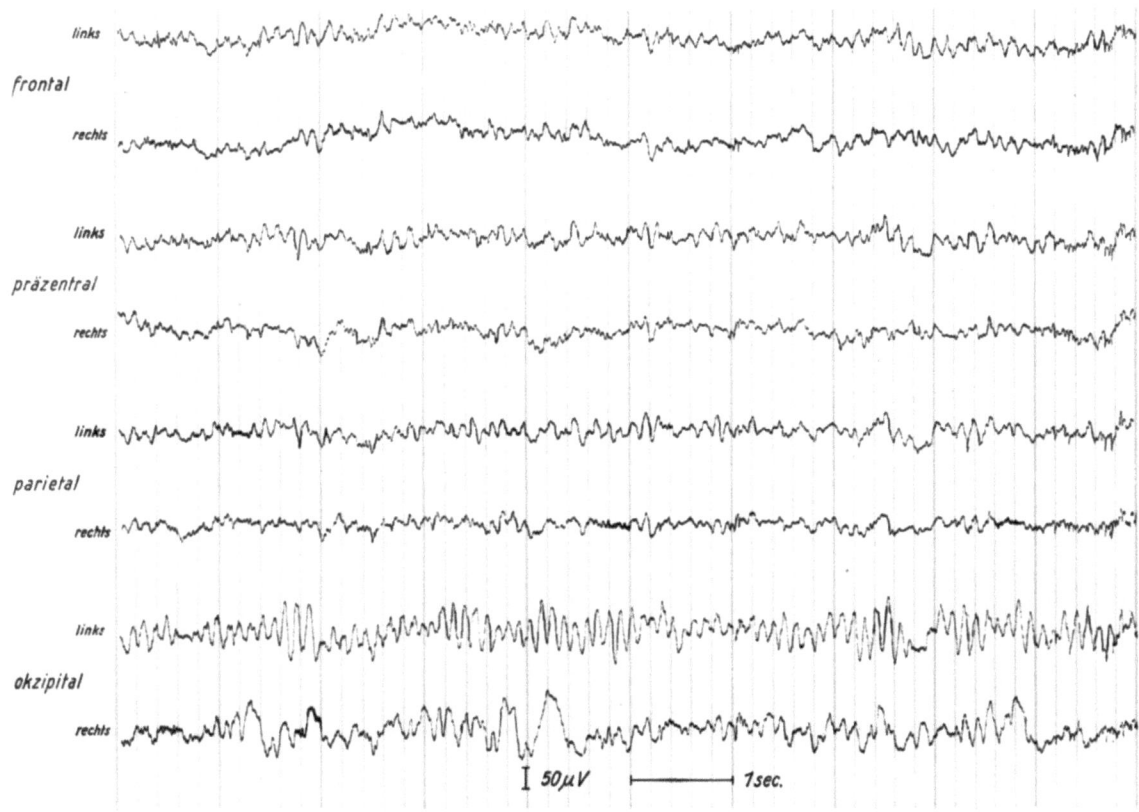

Abb. 365 Ableitungsart II (unipolare Schaltung zum rechten Ohr)
Fast kleinfaustgroßes Angiom rechts okzipital paramedian.
Eeg: Allgemeinveränderungen; Alphareduktion, diskontinuierlicher Theta-Delta-Mischfokus rechts okzipital

träger das Eeg unauffällig. Das häufigere Auftreten von EEG-Veränderungen steht natürlich auch im Zusammenhang mit dem oft vorliegenden epileptischen Anfallsleiden, das im bioelektrischen Bild zum Ausdruck kommen kann. Zum anderen kann durch die Anfälle sekundär eine weitere Hirnschädigung eintreten, die ihrerseits die hirnelektrischen Erscheinungen beeinflußt. Beim Vorliegen von JACKSON-Anfällen werden aber oft auch entsprechende bioelektrische Störungen vermißt, weil der Krampffokus zu klein ist (HUSBY und Mitarb.).

Die STURGE-WEBERsche Krankheit weist ebenfalls Alphareduktionen, fokale Verlangsamungen und Spitzenherde auf, welche aber nicht unbedingt der Lokalisation der intrazerebralen Gefäßveränderungen entsprechen. Die EEG-Veränderungen der HIPPEL-LINDAUschen Erkrankung sind von Wachstum und Größe der Zystenbildung abhängig.

9.4.4. Diffuse Gefäßstörungen

9.4.4.1. Diffuse Gefäßstörungen organischer Art

Unter diffusen Gefäßstörungen organischer Art wollen wir die mit anatomisch-pathologisch faßbaren Veränderungen der zerebralen Gefäße einhergehenden Erkrankungen verstehen, also die Arteriosclerosis cerebri, die hypertonische Gefäßerkrankung und die zerebralen Angitiden verschiedener Art. Es ist ihnen gemeinsam, daß sie zunächst oft ohne hirnelektrische Zeichen bleiben. Bei einem nicht unerheblichen Prozentsatz der Kranken, nämlich einem Drittel bis der Hälfte, zeigt sich aber eine ziemlich charakteristische, wenn auch nicht spezifische Besonderheit der bioelektrischen Aktivität im Sinne der Frequenzinstabilität (Abb. 366). Diese ist wohl bei labiler *Hypertonie* häufiger als bei den anderen Gefäßerkrankungen. Es kommen eine Tendenz zu abnormen Entladungen spannungshöherer Abläufe, weiterhin das Auftreten von Wellenparoxysmen und »rhythmisierter« Abläufe und schließlich eine allgemeine Verlangsamung hinzu (Abb. 367). Wenn auch bei Hypertonikern keine durchgehende Korrelation zu den subjektiven Beschwerden, zur Dauer der Erkrankung und zu klinischen Befunden (Höhe des Blutdrucks, Ekg, Orthodiagramm, Rest-N, Augenhintergrundsveränderungen und dergleichen) besteht, so können doch die EEG-Veränderungen als Hinweise auf sekundäre zerebrale Veränderungen gewertet werden. Dies kommt auch darin zum Ausdruck, daß bei der *Arteriosclerosis cerebri* psychotische Erscheinungen in der Regel mit Verlangsamungen der Hirnpotentiale einhergehen (Abb. 368). Auch die bei Menschen in höherem Lebensalter nicht selten zu beobachtende Verlangsamung der Grundaktivität in den langsamen Alpha- bzw. Alpha-Theta-Grenzbereichen findet sich vor allem bei gleichzeitigem Vorhandensein psychopathologischer Erscheinungen, insbesondere der Demenz. Weiterhin korrelieren diffuse Verlangsamungen im Sinne der Allgemeinveränderungen mit intellektuellem Abbau. Sie können zur Differenzierung organischer von nichtorganischen psychischen Störungen im Alter dienen und weisen auch Beziehungen zur Prognose

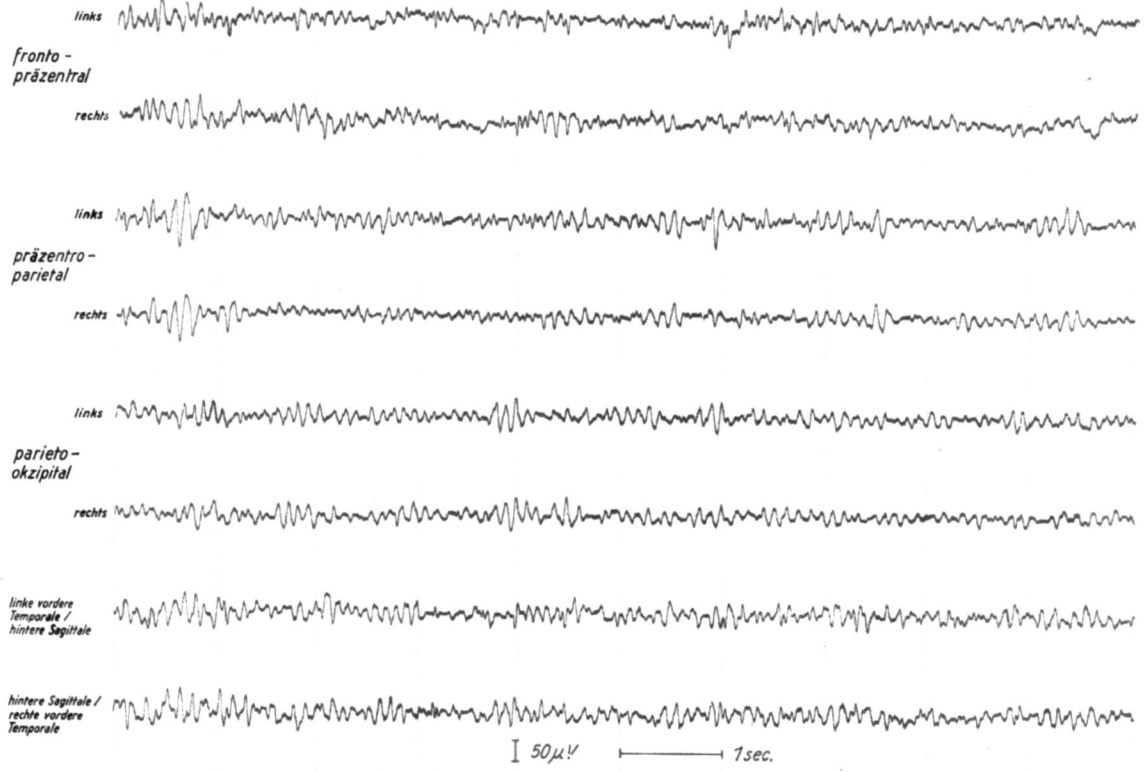

Abb. 366 Ableitungsart III (bipolare Längsschaltung) Labile Hypertonie.
Eeg: Frequenzinstabile Alpha-Beta-Grundaktivität (leicht spannungsinstabil)

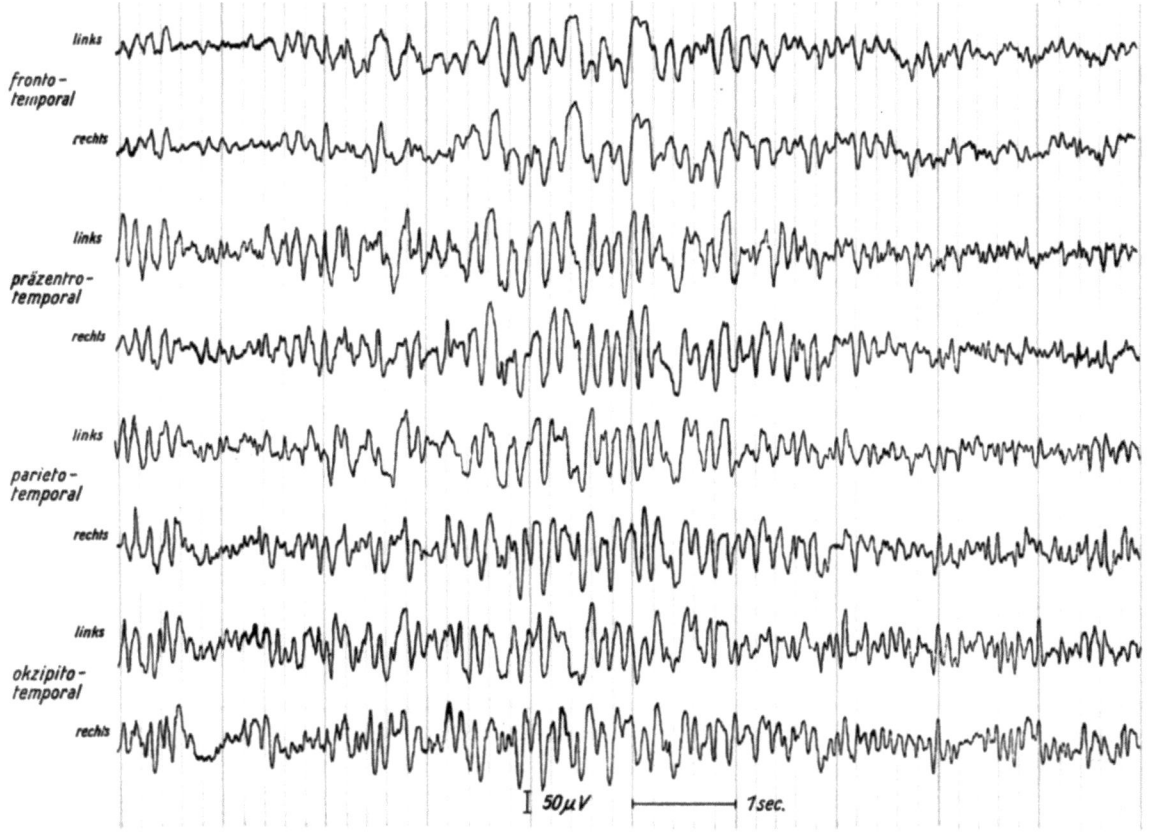

Abb. 367 Ableitungsart IV (bipolare temporale Schaltung)
Labile juvenile Hypertonie.
Eeg (kurz nach Ende der Hyperventilation: Paroxysmenähnliche Wellenabläufe bei allgemeiner Frequenz- und Spannungsinstabilität)

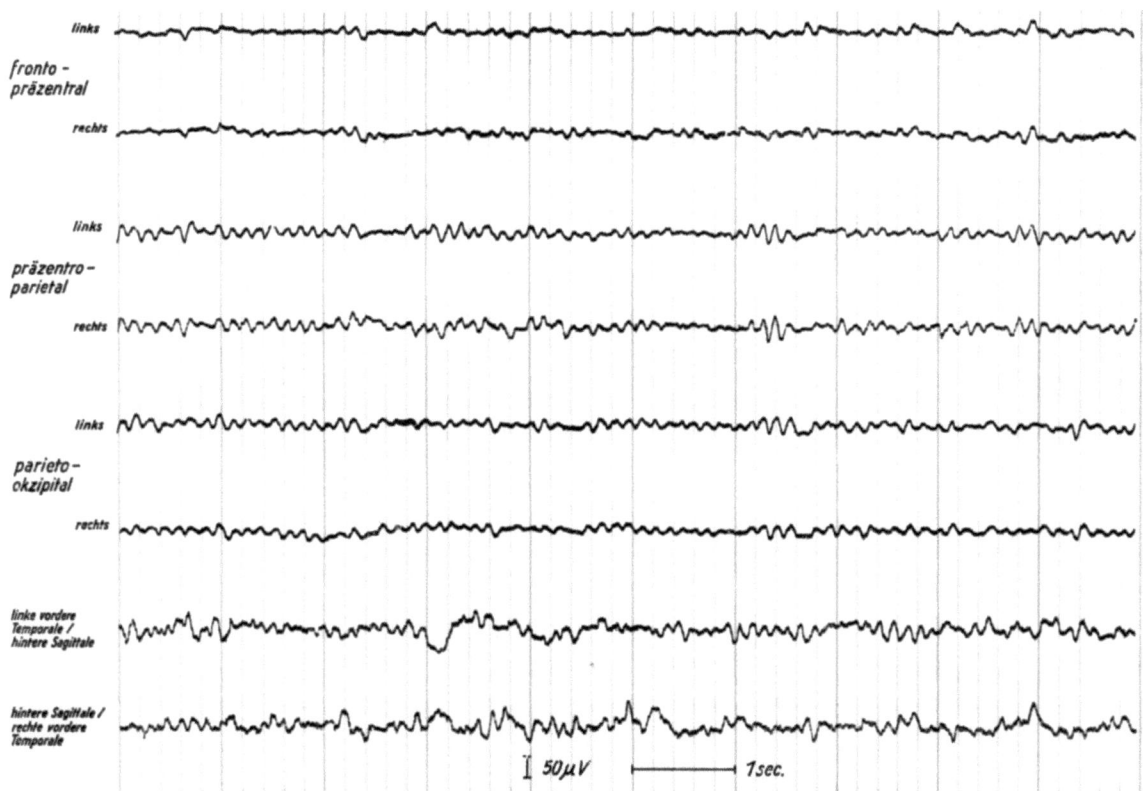

Abb. 368 Ableitungsart III (bipolare Längsschaltung)
Symptomatische Psychose bei Hirngefäßsklerose, 1 Woche vor EEG-Untersuchung abgeklungen.
Eeg: Verlangsamung der Alphagrundaktivität

auf (OBRIST und BUSSE). Die Auffassungen darüber, in welchem Umfang hypoxische Störungen bei alledem eine Rolle spielen, sind wohl noch nicht einheitlich. Jedenfalls aber dürfte der Zeitfaktor von Bedeutung sein. Dieser ist neben anderen Momenten – z. B. der Betonung der Gefäßstörungen in den Endstromgebieten – wesentlich für das Auftreten schwererer lokalisierter Störungen in Form einer Deltaaktivität bei diffusen Gefäßstörungen ohne pathologisch anatomisch faßbare Hirnläsionen.

An dieser Stelle seien auch die relativ häufigen klinischen Erscheinungen von Durchblutungsstörungen im Basilarisgebiet im Sinne der intermittierenden *vertebrobasilären Insuffizienz* erwähnt, bei der wir bioelektrisch in erster Linie Funktionsstörungen in den basalen Ableitungsbereichen oder herdförmige Störungen im Okzipitalbereich zu erwarten haben (Abb. 369). Die Erfahrungen sind aber auch in dieser Hinsicht teilweise uneinheitlich bis widersprüchlich. Für SCHLAGENHAUFF und MEGAHED schien eine Tendenz zur Einlagerung langsamer und steiler Wellen temporal das bedeutsamste Zeichen zu sein; sie beobachtete auch NIEDERMEYER relativ häufig. Dieser hielt aber vor allem flache Eeg. in Verbindung mit dem klinischen Bild für bedeutsam, deren Relevanz dagegen die erstgenannten Autoren nicht bestätigen konnten. Übereinstimmung besteht darin, daß diffuse Verlangsamungen im Sinne der Allgemeinveränderungen ebenso wie wohl auch die sogenannte okzipitale langsame Aktivität keine wesentliche Rolle spielen. Immerhin ergeben schwerere Veränderungen den Verdacht auf eine Komplikation im Sinne anatomisch faßbarer Parenchymschäden im mesodienzephalen Bereich oder den Verdacht auf das Vorliegen eines raumfordernden Prozesses.

Zusammenfassend ist festzustellen, daß die Veränderungen bei diffusen Hirngefäßprozessen weniger den Grad der Gefäßveränderung selbst als die damit einhergehenden Störungen des Hirnstoffwechsels und die Änderungen der Hirnfunktion in Abhängigkeit vom Zeitfaktor zeigen. Für die Beziehungen zwischen Hirnstoffwechsel und Veränderungen des Hirnpotentialbildes werden eine Erhöhung des Gefäßwiderstands und eine Verminderung der Hirndurchblutung verantwortlich gemacht. Dabei wird die Bedeutung des Ausbleibens eines kompensatorischen Blutdruckanstiegs für die Verlangsamung im Eeg erörtert (OBRIST). Man muß im Auge behalten, daß die bei diffusen Hirngefäßaffektionen festgestellten EEG-Besonderheiten auch bei klinisch gesunden alten Menschen vorkommen. Es handelt sich dabei um eine Verstärkung der Betaaktivität, deutliche Frequenzinstabilität der Grundaktivität (Eeg vom Alpha-Beta-Typ, frequenzlabiles Eeg nach JUNG), die langsame, frequenzstabile (»starre«) Alphaaktivität mit Tendenz zur Grundaktivitätsverlangsamung, einen unvollständigen Blockierungseffekt beim Augenöffnen und lokalisierte langsame Wellen im Temporalbereich links mehr als rechts mit gruppenweisem Auftreten ohne eigentlich herdförmige, d. h. diskontinuierliche oder gar kontinuierliche, Ausprägung (JUNG; SPUNDA; KUGLER; OBRIST und BUSSE; OBRIST; SCHMIDT; KRUPP).

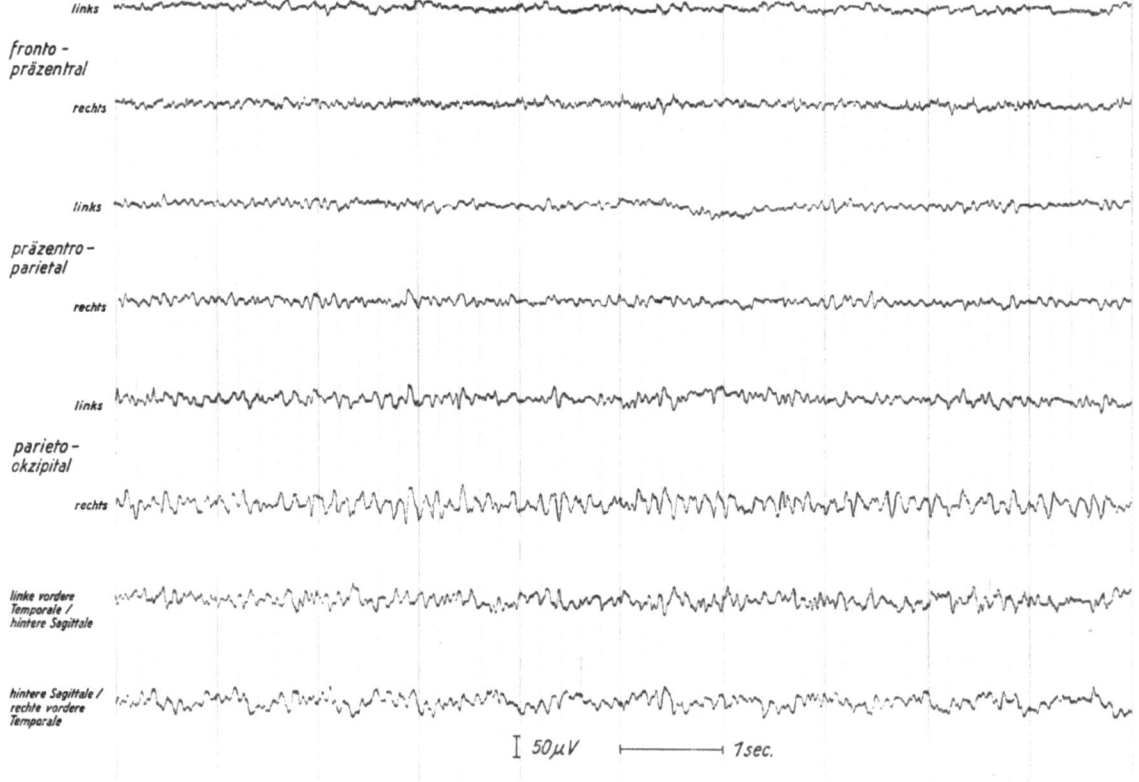

Abb. 369 Ableitungsart III (bipolare Längsschaltung)
Klinisch erhebliche intermittierende Basilarisinsuffizienz.
Eeg: Diskontinuierlicher Thetafokus rechts okzipital bei allgemeiner Frequenzinstabilität im Alpha- und Betabereich

Es wird angenommen, daß diese EEG-Besonderheiten auch bei klinisch Gesunden zumindest teilweise arteriosklerotisch bedingt sind (OBRIST).

9.4.4.2. Diffuse Gefäßstörungen funktioneller Art

Schließlich sind noch die zerebralen Gefäßstörungen funktioneller Art zu besprechen, die vor allem zu den wichtigen, weil relativ häufigen Beschwerdebildern der Migräne und vasomotorischen Cephalgie führen. Am Rande gehören auch die verschiedenen typischen und atypischen Neuralgien im Gesichtsbereich hierher, weil für deren Pathogenese zerebralen Gefäßstörungen eine Bedeutung zugesprochen wird. Bei den genannten Störungen findet sich relativ häufig eine Frequenzinstabilität (Abb. 370), aber es kommen auch leichte Allgemeinveränderungen als Grenzbefunde vor. Herdbefunde nach Operation bei Trigeminusneuralgie sind in der Regel als Operationsfolge anzusehen.

Von besonderer Bedeutung sind die EEG-Befunde bei *Migräne*. Oft finden sich normale Kurvenbilder oder die obengenannten Abnormitäten. Bei etwa der Hälfte der Kranken zeigen sich aber generalisierte Verlangsamungen in Form mehr oder weniger deutlicher Wellenparoxysmen vor allem unter Hyperventilation (GSCHWEND; BAROLIN). Über die Häufigkeit von lokalisierten Veränderungen oder Spitzenpotentialen liegen unterschiedliche Zahlen vor: für lokalisierte Veränderungen 8,3 – 15 – 18,2 bzw. 5% für Spitzenpotentiale 16,6 – 1,6 – 8,6 bzw. 4% (HEYCK, und HESS; GIEL und Mitarb.; GSCHWEND; BAROLIN).

Die Unterschiede dürften sich durch verschiedene Bewertungen der EEG-Phänomene sowie Unterschiede in Umfang und Zusammensetzung des Krankengutes erklären. Es sollen bei Migränekranken 3-4mal so häufig abnorme Befunde und 5mal so häufig Spitzenpotentiale wie bei Gesunden vorkommen, wobei intraindividuell ein erheblicher Wechsel der Befunde kennzeichnend sei (SMYTH und WINTER; BAROLIN). Zwischen Migräne und Spannungskopfschmerz konnte bezüglich der Häufigkeit und Art der EEG-Veränderungen kein deutlicher Unterschied festgestellt werden (GIEL und Mitarb.). Spitzenpotentiale besonders im Sinne der photoparoxysmalen Reaktion stellen nur einen Hinweis auf eine zerebrale Erregbarkeitssteigerung dar, ohne damit eine enge Verwandtschaft zwischen Kopfschmerz und Epilepsie zu beweisen, deren Beziehungen sehr kompliziert sind (HESS). Starke Hyperventilationsveränderungen mit Deltarhythmen bei Fehlen einer nachweisbaren hirnorganischen Affektion können als prognostisch günstig gelten. Ob zwischen gutem Therapieeffekt und EEG-Normalisierung (Abb. 371) ein enger Zusammenhang besteht, muß zunächst offenbleiben. Es ist auch noch nicht entschieden, ob der auffallende Hyperventilationseffekt als genetisch bestimmte Variante aufgefaßt werden kann (RIEGER und SEYFEDDINIPUR; BAROLIN). Jedenfalls gehen aber Herdbefunde über eine idiopathische bzw. essentielle Migräne hinaus und weisen auf eine symptomatische Migräne hin, nach deren Ursache zu fahnden ist (WISSFELD und NEU). Dabei ist jedoch zu beachten, daß lokalisierte Verlangsamungen bei kom-

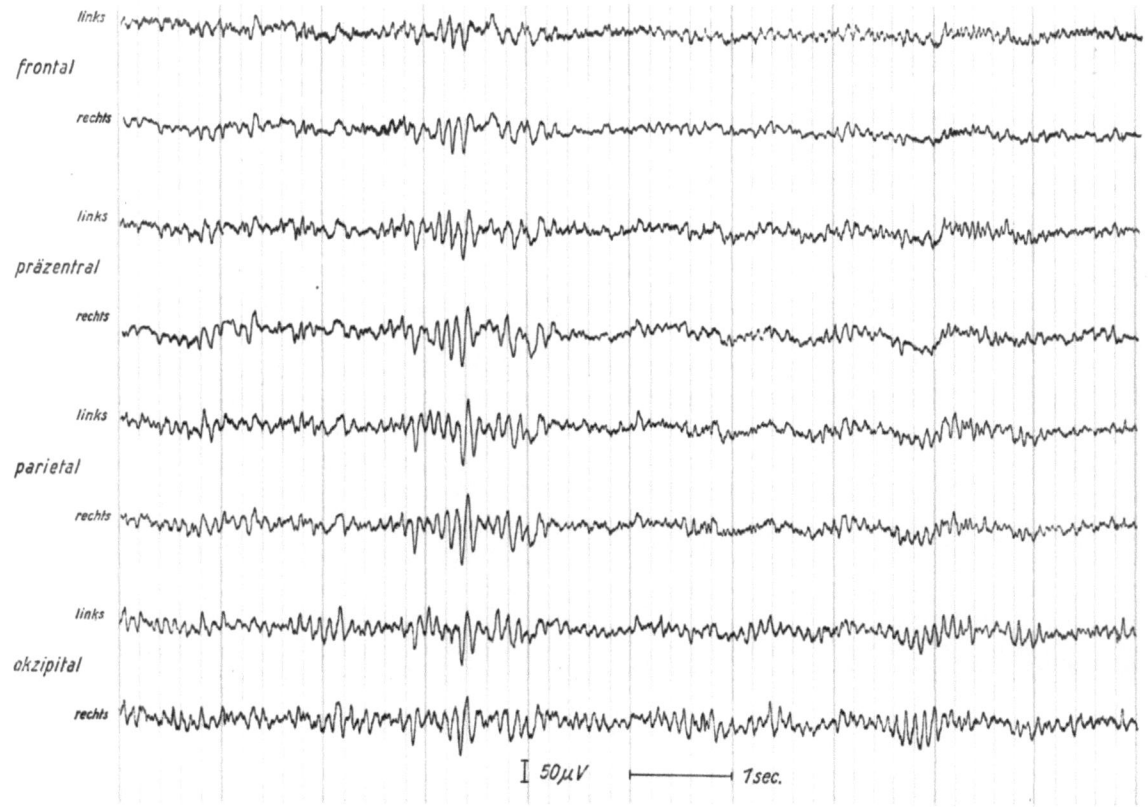

Abb. 370 Ableitungsart I (unipolare Schaltung zum linken Ohr)
Sympathalgia facialis.
Eeg: Frequenzinstabile Alpha-Beta-Aktivität mit Alphaparoxysmus

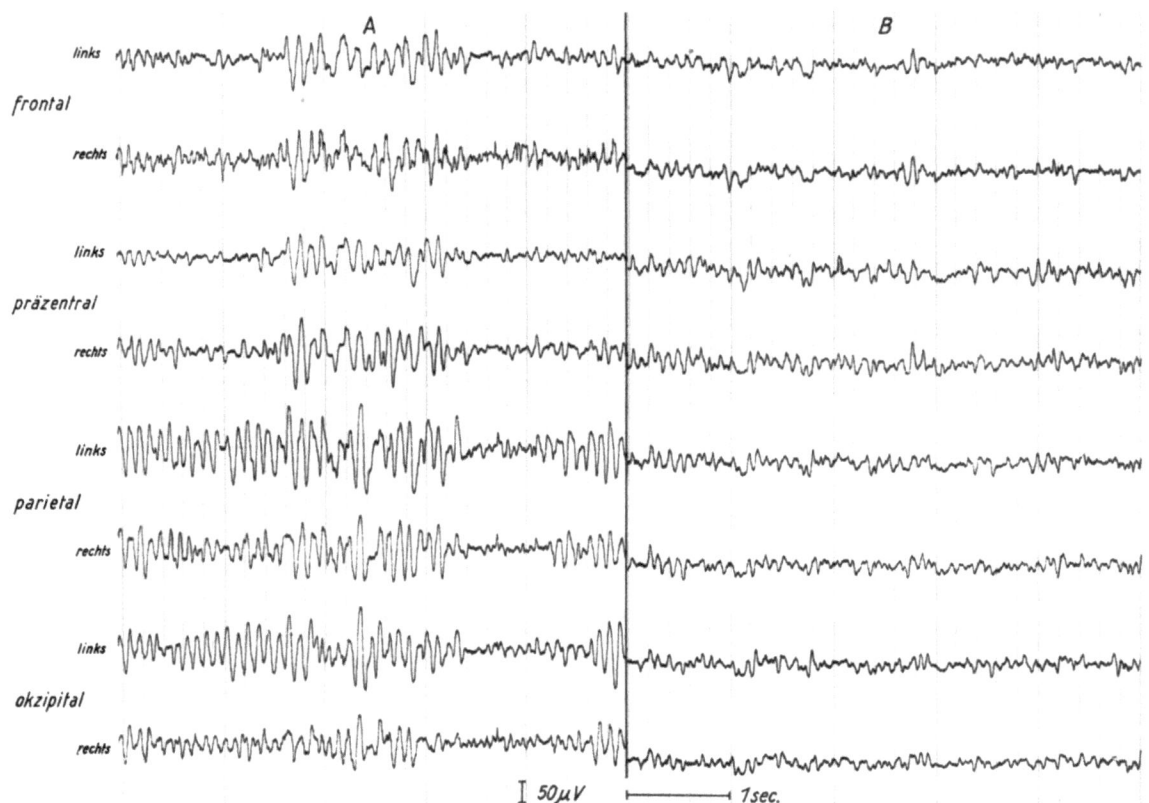

Abb. 371 Ableitungsart II (unipolare Schaltung zum rechten Ohr)
A Migräne und labile Hypertonie. Eeg: Spannungsinstabile Alpha-Beta-Aktivität mit Alpha-Theta-Paroxysmus.
B 15 Monate später, nach antikonvulsiver und antihypertonischer Behandlung Beschwerden gebessert, labile Hypertonie unverändert. Eeg: Weitgehendes Schwinden der Spannungsinstabilität

plizierter Migräne während der Attacke und diese mehr oder weniger lange überdauernd vorkommen können. Bei einfacher Migräne sollen während der Schmerzattacken halbseitige Alphareduktionen oder symmetrische Thetagruppen vorkommen (JUNG). Insgesamt hat das Eeg bei Migräne und vasomotorischen Kopfschmerzen seine Bedeutung für den Ausschluß organischer Hirnaffektionen und für das Verständnis der pathophysiologischen Grundlagen. Es kann aber entgegen früheren Auffassungen nicht wesentlich zur Differentialtherapie beitragen.

An dieser Stelle seien auch die bioelektrischen Erscheinungen bei verschiedenen Zuständen erwähnt, die zwar nicht als zerebral-vaskuläre Erkrankungen zu bezeichnen sind, aber doch die Sauerstoffversorgung und Durchblutung des Gehirns in Mitleidenschaft ziehen. Hierzu gehören die Auswirkungen von *Blutdruckerniedrigungen* auf die Hirnpotentiale. Bei chronischer Kreislaufhypotonie finden sich allenfalls geringe Veränderungen, die denen im Anfangsstadium der Hypertonie entsprechen. Blutdruckschwankungen bleiben in relativ weiten Grenzen ohne Einfluß auf das Hirnpotentialbild. Bei kontrollierter Hypotension treten nach Überschreitung der kritischen Grenze von etwa 6,6 kPa unter Umständen plötzliche EEG-Veränderungen in Form von Thetaparoxysmen auf. Dabei ist die Auswirkung der Hypotension auf das Eeg vom Ausgangswert und der Geschwindigkeit des Blutdruckabfalls abhängig. Auch bei synkopalen Anfällen und ADAM-STOKES-Zuständen treten allgemeine Verlangsamungen und schließlich Spannungserniedrigungen des Hirnpotentialbildes ein, wobei die Veränderungen beim ADAM-STOKES-Syndrom in Abhängigkeit von dessen Dauer meist schwerer und ihre Rückbildung langsamer und unvollständiger sind als bei orthostatischen bzw. vasovagalen Synkopen. Im übrigen ist bei *Herzkrankheiten* mit oder ohne Blausucht das Eeg zwar oft normal, doch zeigen verschiedene Berichte aus den letzten Jahren, daß bioelektrische Störungen zumindest am klinischen Krankengut häufiger sind, als man früher annahm. Immerhin weisen 50–60% der Kranken EEG-Veränderungen auf, und zwar häufiger bei klinisch schwereren Zuständen, jedoch gleichermaßen beim Vorhandensein wie Fehlen von Blausucht. Es sind hirnelektrisch hauptsächlich Allgemeinveränderungen, lokalisierte Störungen und paroxysmale Erscheinungen zu erwarten. Die bioelektrischen Störungen gehen am ehesten beim Cor pulmonale der Sauerstoffversorgung und Durchblutungsgröße des Gehirns parallel. Endlich ist darauf hinzuweisen, daß bei *Angiographien* und Angiokardiographien ebenfalls Verlangsamungen und Abflachungen vorkommen und als Dekompensationszeichen bei schon vorher gestörter Hirndurchblutung gewertet werden.

9.4.4.3. Spezielle Provokationsmaßnahmen

Abgesehen von der Bedeutung der Hyperventilation – insbesondere des verzögerten Abklingens des Hyperventilationseffekts – für den elektroenzephalographischen Nachweis einer Labilität der Hirndurchblutung sind zur Provokation durchblutungsbedingter EEG-Veränderungen zwei Methoden in Betracht zu ziehen: die Beatmung mit sauerstoffarmen Gasgemischen und Druckversuche verschiedener Art. Diese Verfahren haben gegenüber der Hyperventilation den Vorteil, daß ihre Anwendung von der Mitarbeit des Kranken unabhängig ist. Sie setzen aber die Anwesenheit des Arztes und teilweise eine spezielle Ausrüstung voraus.

Zur *Gasbeatmung* können CO_2-reiche Gemische (10–$15\% CO_2 + 85$–$90\% O_2$) oder reiner Stickstoff verwendet werden. Im ersten Fall wird eine Verbesserung der zerebralen Durchblutung bewirkt, welche eine Rückbildung allgemeiner oder herdförmiger Verlangsamungen im Eeg zur Folge hat. Dies kann allerdings auch – aber weniger häufig – bei nichtvaskulär bedingten Zuständen beobachtet werden. Bei der Stickstoffbeatmung ist ein rasch auftretendes Schwinden der Alphaaktivität und sodann das Auftreten von Gruppen bilateral-synchroner, hoher langsamer Abläufe mit frontaler Betonung zu erwarten. Die Verlangsamung ist oft auf der stärker geschädigten Seite betont. Im Verlauf der klinischen und elektroenzephalographischen Remission nach einem Insultgeschehen ist das Gleichbleiben oder die Minderung einer noch vorhandenen Seitendifferenz unter Sauerstoffmangelbeatmung ohne wesentliche Bedeutung. Dagegen weisen die Verstärkung der Seitendifferenz oder das Hervortreten stärkerer EEG-Veränderungen auf der Gegenseite auf eine Rezidivgefahr im Bereich der betreffenden Hemisphäre hin (SPUNDA).

Bezüglich der *Druckversuche* sind der Bulbusdruckversuch, der Karotisdruckversuch und der Preßdruckversuch (VALSALVA) zu nennen. Der Bulbusdruckversuch wird durch kräftigen manuellen Druck auf beide Augäpfel für 4–10 Sekunden durchgeführt und ist am ehesten bei Kindern geeignet, durch einen okulokardialen Reflex Synkopen zu provozieren (GASTAUT und Mitarb.). Freilich ist seine klinische Relevanz fragwürdig. Der Preßdruckversuch erfolgt durch möglichst langdauernde, pressende Exspiration bei geschlossener Glottis und ist naturgemäß am ehesten zur Provokation von Hustensynkopen (Ictus laryngique CHARCOT) und dergleichen geeignet. Über diese Tests sind nur wenige Arbeiten erschienen, und sie haben in der klinischen Elektroenzephalographie keine breite Anwendung gefunden. Im Gegensatz dazu ist der *Karotisdruckversuch* besonders auch im Zusammenhang mit EEG-Untersuchungen schon relativ lange und von vielen Bearbeitern angewendet worden (D. MÜLLER). Freilich hat es sich zunächst nur um relativ kleine Gruppen mit ausgewähltem Krankengut gehandelt, aber schließlich wurde doch über den routinemäßigen Einsatz berichtet. Dennoch ist die Anwendung auf wenige EEG-Abteilungen beschränkt geblieben, wie wir bereits in dem Beitrag über die Provokationsmethoden dargelegt haben. Als Gründe kommen dafür vor allem noch weitverbreitete Bedenken hinsichtlich etwaiger Gefahren dieser Provokationsmaßnahme und möglicherweise die erforderliche Mitwirkung des EEG-Arztes in Betracht. Im Hinblick auf die weitgehende Übereinstimmung über die Zweckmäßigkeit des Verfahrens sind wir mit anderen Untersuchern der Auffassung, daß eine breitere Anwendung empfohlen werden kann. Dies setzt Kenntnisse über Methodik, pathophysiologische Grundlagen, zu erwartende Reaktionen sowie Möglichkeiten und Grenzen der Aussage voraus. Deshalb soll hier kurz einführend darauf eingegangen, zugleich aber auf die ausführlichen Darstellungen (D. MÜLLER; KUGLER) verwiesen werden.

Methodik. Die A. carotis wird unterhalb des Kieferwinkels etwa in Höhe des Schildknorpels mit dem Mittelfinger kräftig gegen die Halswirbelsäule abgedrückt. Dabei kontrolliert der 4. Finger die Karotispulsation und damit die Fixierung des Gefäßes, während der 2. Finger das Fehlen der Pulsation oberhalb der Druckstelle prüft. Die Druckstelle soll so tief am Hals liegen, wie es die sichere Tastung des Gefäßes vor dem M. sternocleidomastoideus zuläßt. Eine Mitreizung des Karotissinus wird sich dennoch meist nicht vermeiden lassen. Der untersuchende Arzt muß sowohl den Untersuchten als auch die durchlaufende EEG-Kurve beobachten. Sofern nichts Besonderes zu erkennen ist, wird der Druck nach 30 Sekunden beendet. Dann wird der Test auf der anderen Seite durchgeführt. Der Druck beidseits gleichzeitig ist unzweckmäßig und bringt größere Gefahren mit sich.

Für die Position des Untersuchten gibt es keine zwingenden Gesichtspunkte. Wir führen die Untersuchungen im Sitzen durch – sofern der Kranke nicht bettlägerig ist – und nutzen damit den zusätzlich provozierenden orthostatischen Effekt. Das Eeg wird in Ableitungsart III (bipolare Längsschaltung) registriert und gleichzeitig im Bereich des 1. Kanals eine EKG-Registrierung vorgenommen. Die Technische EEG-Assistentin markiert und notiert Beginn und Ende des Druckes gemäß Angaben des EEG-Arztes. Sofern bei positiver Reaktion klinische Erscheinungen auftreten, werden diese nachträglich auf der Kurve vermerkt wie auch die vom Kranken erfragten subjektiven Symptome.

Falls eine Asystolie auftritt und 5 Sekunden überschreitet, wird der Druck beendet, weil bei noch länger dauernden Asystolien jedenfalls eine Synkope mit entsprechenden EEG-Veränderungen zu erwarten ist. Auch beim Auftreten einer EEG-Verlangsamung unabhängig von EKG-Veränderungen wird der Druck abgebrochen, ohne das Auftreten von klinischen Symptomen oder das spontane Abklingen der EEG-Veränderungen abzuwarten.

Pathophysiologie. Die Latenzzeit bis zum Auftreten der hirnelektrischen und gegebenenfalls klinischen Erscheinungen wie auch die Abklingzeit nach Beendigung des Druckes entsprechen der Erwartung, welche aus der Annahme einer transportativen Hypoxydose unter Berücksichtigung der bekannten zerebralen Zirkulationszeit folgt. Auch die Art und Verteilung der EEG-Veränderungen lassen annehmen, daß der ischämisch-hypoxische Faktor die Hauptrolle spielt. Bei der von uns empfohlenen Drucktechnik lassen sich die Mitreizung des Karotissinus und damit gegebenenfalls Reaktionen eines hypersensitiven Karotissinus nicht vermeiden. Wir meinen aber, daß diese für die positiven Reaktionen des Karotisdruckversuchs eine untergeordnete Rolle spielen, wie wir anderenorts näher ausgeführt haben.

Effekte. Die positive (pathologische) Reaktion beim Karotisdruck ist hirnelektrisch gekennzeichnet durch eine zum Druck gleichseitige bzw. gleichseitig betonte, im Temporalbereich am deutlichsten in Erscheinung tretende, aber in der Regel auch die Konvexitätsbereiche betreffende Verlangsamung der Hirnpotentialschwankungen (Abb. 372 und 373). Die Verlangsamung erreicht relativ schnell den Deltabereich. Sie tritt vorwiegend innerhalb 5–15 Sekunden nach Druckbeginn auf und klingt überwiegend innerhalb 10 Sekunden nach Druckende ab. Bei etwa einem Drittel der positiven Reaktion kommt es auch zu klinischen Erscheinungen im Sinne synkopaler Reaktionen bzw. ischämischer Krisen meist partieller Art. Die hirnelektrischen und klinischen Erscheinungen gehen zeitlich sehr weitgehend parallel und entsprechen sich auch in der Ausprägung insofern, als Verlangsamungen im langsamen Deltabereichanteil signifikant häufiger mit klinischen Erscheinungen einhergehen als weniger starke Verlangsamungen. Bei Beachtung der methodischen Hinweise sind über passagere klinische Reaktionen hinausgehende, etwa gar bleibende Erscheinungen im Sinne einer Komplikation nicht zu erwarten. Bei Untersuchungen von bisher mehr als 5000 Kranken haben wir ein solches Ereignis nur einmal erlebt. Epileptische Reaktionen werden durch den Karotisdruck nicht provoziert.

Klinische Korrelation. Bei klinisch gesunden und vor allem bei jungen Menschen ist keine positive Reaktion beim Karotisdruck zu erwarten. Positive Reaktionen finden bei Männern öfter als bei Frauen statt und treten bei beiden Geschlechtern mit zunehmendem Alter häufiger auf. Hinsichtlich verschiedener Diagnosegruppen zeigt sich eine deutliche Bevorzugung der Gefäßerkrankungen sowie auch der synkopalen Anfälle gegenüber den Epilepsien. Diese Ergebnisse konnten statistisch gesichert werden und lassen sich dahingehend deuten, daß die positive Reaktion beim Karotisdruck Ausdruck einer nicht recht kompensierten Hirndurchblutungsstörung ist, welche durch den Druck provoziert wurde. Ursächlich dürften in erster Linie arteriosklerotische Veränderungen in Betracht kommen. Auch von den meisten anderen Untersuchern wird der Karotisdruckversuch als Test der Hirnkreislaufsituation anerkannt. Die positive Reaktion gilt vor allem als Hinweis auf eine Insuffizienz, welche das Karotis- und Basilarisgebiet betrifft. Falls ausnahmsweise bei klinisch Gesunden eine positive Reak-

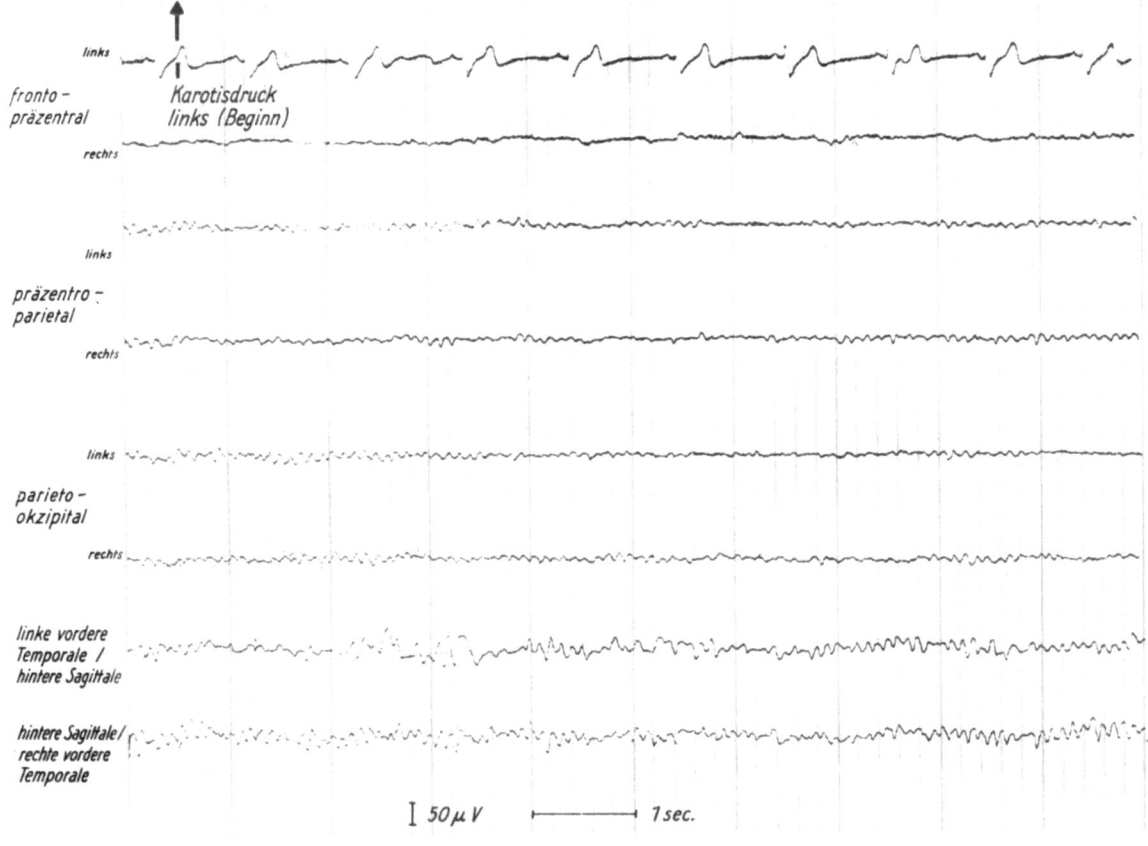

Abb. 372 Ableitungsart III (bipolare Längsschaltung)
Zerebrale Ischämie mit leichter Halbseitensymptomatik für wenige Tage vor 1³/₄ Jahren, nach Beschwerdefreiheit vor 4 Wochen Auftreten einer akuten homonymen Hemianopsie links.
Eeg: Alphatyp mit schwach ausgeprägter Thetaaktivität bei Tendenz zur Gruppenbildung temporal links, keine Allgemeinveränderungen

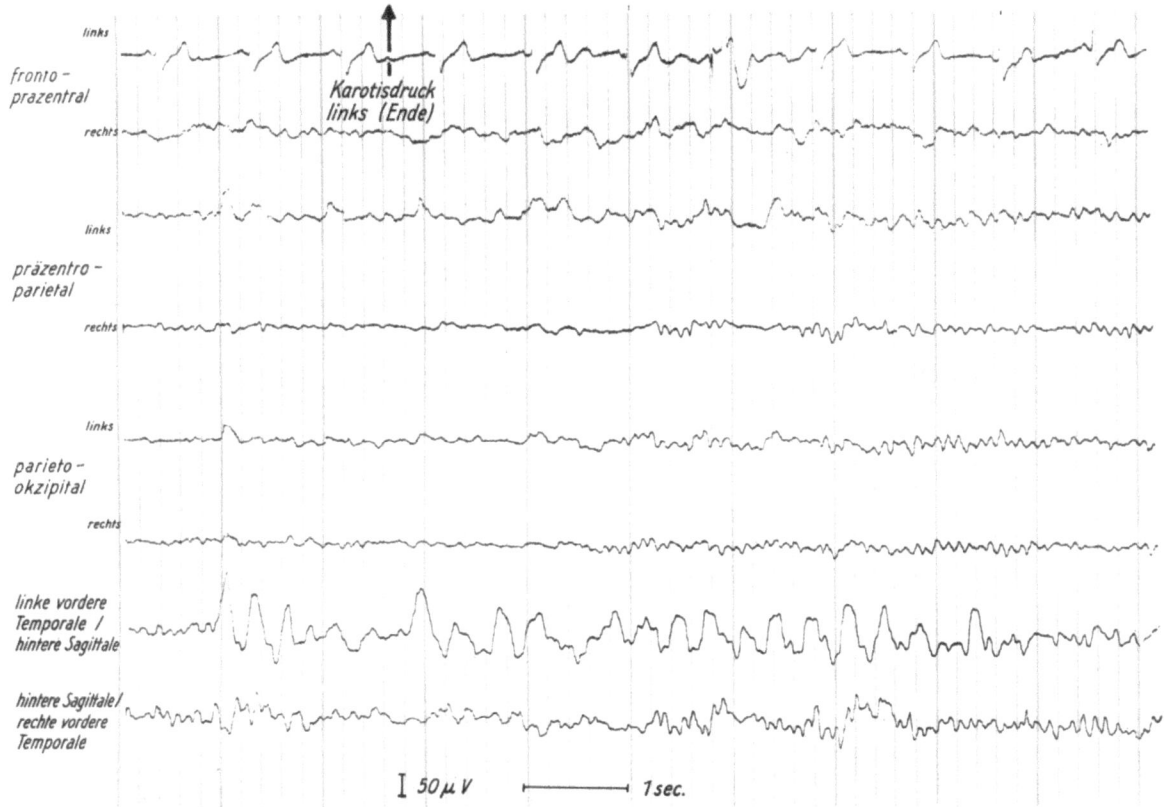

Abb. 373 Ableitungsart III (bipolare Längsschaltung) Fortsetzung von Abb. 372.
Eeg: Pathologische Reaktion beim Karotisdruck links

tion eintrat, wurde eine zerebrale Gefäßanomalie (z. B. Aplasie der A. communicans anterior) oder latente Gefäßinsuffizienz angenommen. Die einseitig positive Reaktion kontralateral zu einer Hirnaffektion weist auf eine Karotisinsuffizienz hin, deren Sonderfall die Karotisthrombose ist. Der Karotisdruckversuch hat sich auch als präoperative Maßnahme vor Gefäßligaturen eingebürgert, wenngleich der Nutzen widersprüchlich beurteilt wird. Nach positiven Einzelbeobachtungen wurde das Eeg als unzuverlässig angesehen. Nachdem sich der Test unter klinischen Gesichtspunkten durchgesetzt hat, ist auch die Brauchbarkeit der EEG-Untersuchung wieder hervorgehoben worden. Bei andersartigen Gefäßprozessen oder Tumoren kann die Reaktion teils einseitig, teils beidseits positiv sein. Bei Gefäßmißbildungen oder Tumoren kommt eine homolateral positive Reaktion häufiger vor. Naturgemäß ist der Test diagnostisch nicht absolut beweisend, und eine negative Reaktion schließt das Vorliegen einer Hirngefäßerkrankung nicht aus. Das Ergebnis des Karotisdruckversuchs muß also im klinischen Gesamtzusammenhang bewertet werden, wie dies für die EEG-Befunde ganz allgemein gilt.

Indikationen. Der Karotisdruckversuch hat seine Hauptbedeutung bei der Erkundung der Kollateralzirkulation (JANEWAY; KUGLER). Er erlaubt keine lokalisatorische Aussage (KRUPP; VAN DER DRIFT), aber eine zutreffende Seitenlokalisation in 75% (JANEWAY). Seine Indikation hat er hauptsächlich als Suchtest vor Karotisoperationen zur Gefäßrekonstruktion oder Ligatur bei Aneurysmen und als Funktions-

test nach solchen Operationen (GURDJIAN; TOOLE und JANEWAY; BAROLIN und Mitarb.). Prognostische Schlüsse sind aber dabei nicht möglich (KUGLER). Seine Hilfestellung zur Differenzierung unklarer Anfälle ist problematisch (KUGLER). Natürlich kann der Karotisdruckversuch auch über die gefäßchirurgische Fragestellung hinaus im Rahmen der Früherkennung (D. MÜLLER) und Prophylaxe (SPUNDA) zerebraler vaskulärer Erkrankungen für die diagnostische Hilfestellung seitens der Elektroenzephalographie recht nützlich sein. Als Kontraindikation sind erhebliche Herzrhythmusstörungen und Herzmuskelschäden – vor allem relativ frischer Herzinfarkt – sowie akute zerebrovaskuläre Insuffizienzen zu nennen.

Einige *methodologische Gesichtspunkte* sollen diese Darlegungen abschließen. Die erforderliche Anwesenheit des EEG-Arztes und einige zusätzliche technische Voraussetzungen schränken unseres Erachtens die Durchführbarkeit des Karotisdruckversuchs kaum ein. Die Belästigung des Kranken ist gering und nicht größer als bei den gebräuchlichen Provokationsmethoden, welche wir in dem entsprechenden Beitrag dieses Buches dargestellt haben. Seine Gefährdung wird von erfahrenen Untersuchern als unbedeutend angesehen: langdauernde oder bleibende Ausfälle traten bei 0,17% bzw. 0,02% der Kranken oder 0,02% bzw. 0,005% der Kompressionen auf (JANEWAY; D. MÜLLER). Als physiologisch kann die Methode nur in sehr begrenztem Maße gelten. Die gute Objektivität, d. h. die Eindeutigkeit der Effekte, ist dagegen ein besonderer Vorzug des Karotisdruckversuchs. Über die Zuverlässigkeit liegen noch keine eingehenden Untersuchungen vor; nach den bisherigen Erfahrungen ist sie aber wohl gut und denjenigen der gebräuchlichen Provokationsmethoden ebenbürtig. Die Gültigkeit des Verfahrens steht denjenigen der anderen Methoden nicht nach. Es ist ein großer Vorteil des Karotisdruckversuchs, daß sich seine Aussage auf eine bestimmte Krankheitsgruppe begrenzt. Seine Anwendung ist zumindest routinemäßig im engeren Sinne, d. h. speziell bei Kranken mit Verdacht auf zerebrale vaskuläre Erkrankungen, angezeigt. Eine Idealprovokationsmethode ohne Belastung oder Nachteile für den Kranken oder eine Universalprovokationsmethode mit guter Aussagefähigkeit für alle Krankheitsgruppen ist auch er natürlich nicht.

9.5. Eeg bei zerebralen entzündlichen Erkrankungen

A. HERBST

Bei der Besprechung und Interpretation der EEG-Veränderungen im Zusammenhang mit entzündlichen Erkrankungen des Gehirns (Abb. 374–400) sei zu Beginn betont, daß das ursprüngliche Ziel der EEG-Untersuchungen bei derartigen Krankheiten darin bestand, möglichst spezifische oder zumindest typische EEG-Veränderungen zu finden, die es möglich machen sollten, ätiopathogenetische Erkenntnisse oder diagnostische Zuordnungen in bezug auf die Grunderkrankung zu vermitteln oder wenigstens bestimmte Korrelationen zum Verlauf der entzündlichen Erkrankungen besonders hinsichtlich der Prognose zu ermöglichen. Es sei gleich vorangestellt, daß sich zwar die Erwartungen hinsichtlich einer möglichen spezifischen Diagnostik bzw. Ätiopathogenese nicht erfüllt haben, wohl aber korrelative und/oder prognostische Bezüge zum Krankheitsverlauf nachweisbar waren.

Wir werden keine spezifischen und nur in wenigen Fällen mehr oder weniger typische EEG-Veränderungen bei den verschiedenen Formen der entzündlichen Erkrankungen nachweisen können. Grundsätzlich ist festzustellen, daß, je geringfügiger das Krankheitsbild klinisch-symptomatologisch ausgeprägt ist – was mit dem jeweiligen Schädigungsgrad des ZNS weitgehend korrelieren wird –, desto weniger ausgeprägte bzw. nur flüchtig auftretende Veränderungen in dem von der Schädeloberfläche abgeleiteten Routine-Eeg auffindbar sein werden. Das trifft vor allem für die leichten *reinen* oder Begleitmeningitiden zu, die allerdings nur selten sind. In den allermeisten Fällen entzündlicher Erkrankungen der Hirnhäute kommt es zu einem Übergreifen auf das eigentliche Hirngewebe, so daß wir es vorwiegend mit Meningoenzephalitiden oder auch reinen Enzephalitiden zu tun haben, die ihrerseits wieder die Meningen mit einbeziehen können.

Hierin zeigt sich aber auch gleich ein gewisser Vorzug der rechtzeitigen und in differentialdiagnostisch weitestem Sinne vorgenommenen elektroenzephalographischen Exploration. Man kann in den meisten Fällen bei schwereren Veränderungen im Eeg schon sagen, daß es sich hier nicht um eine Entzündung der Menin-

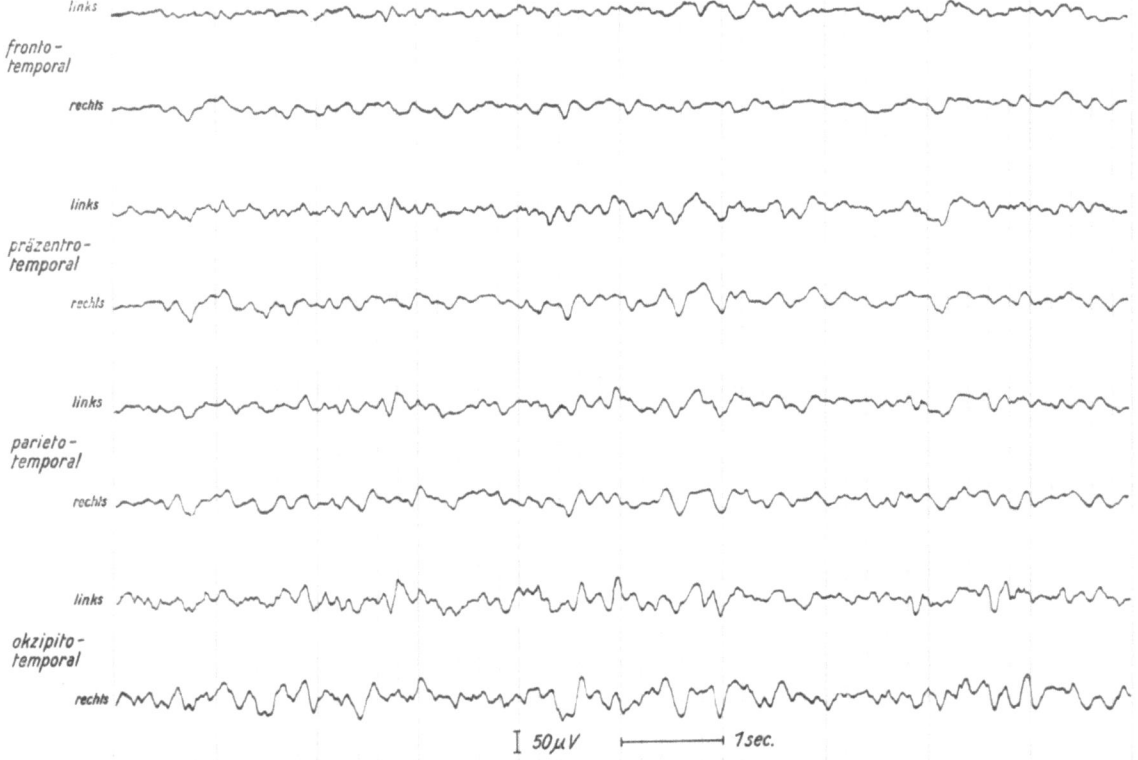

Abb. 374 Ableitungsart IV (bipolare temporale Schaltung)
Streptokokkenmeningitis nach Stirnbeinfraktur rechts frontal, 1278/3 Zellen. Patient bei Ableitung somnolent, Nackensteifigkeit.
Eeg: Mäßig schwere Allgemeinveränderungen

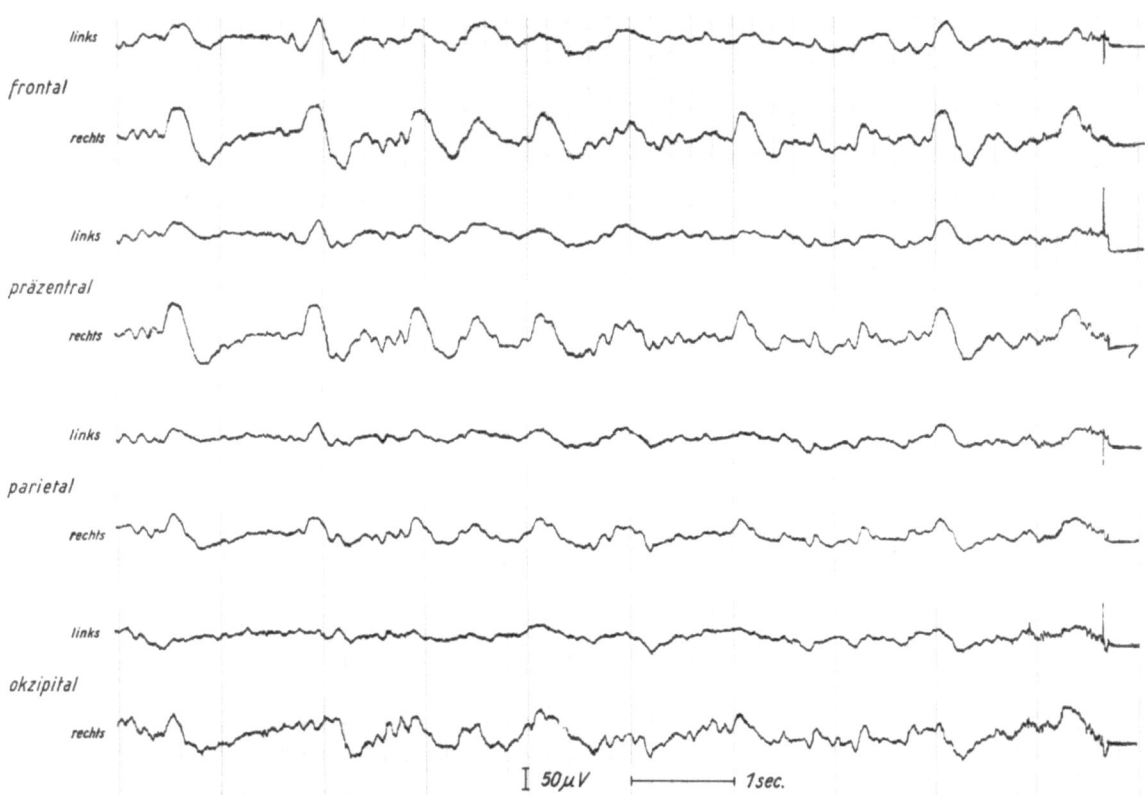

Abb. 375 Ableitungsart I (unipolare Schaltung zum linken Ohr)
Schwere eitrige Konvexitätsmeningitis rechts betont bei epipharyngealem Abszeß. Patient bei Ableitung nicht ansprechbar, starb 4 Tage später.
Eeg: Sehr schwere Allgemeinveränderung rechtsbetont

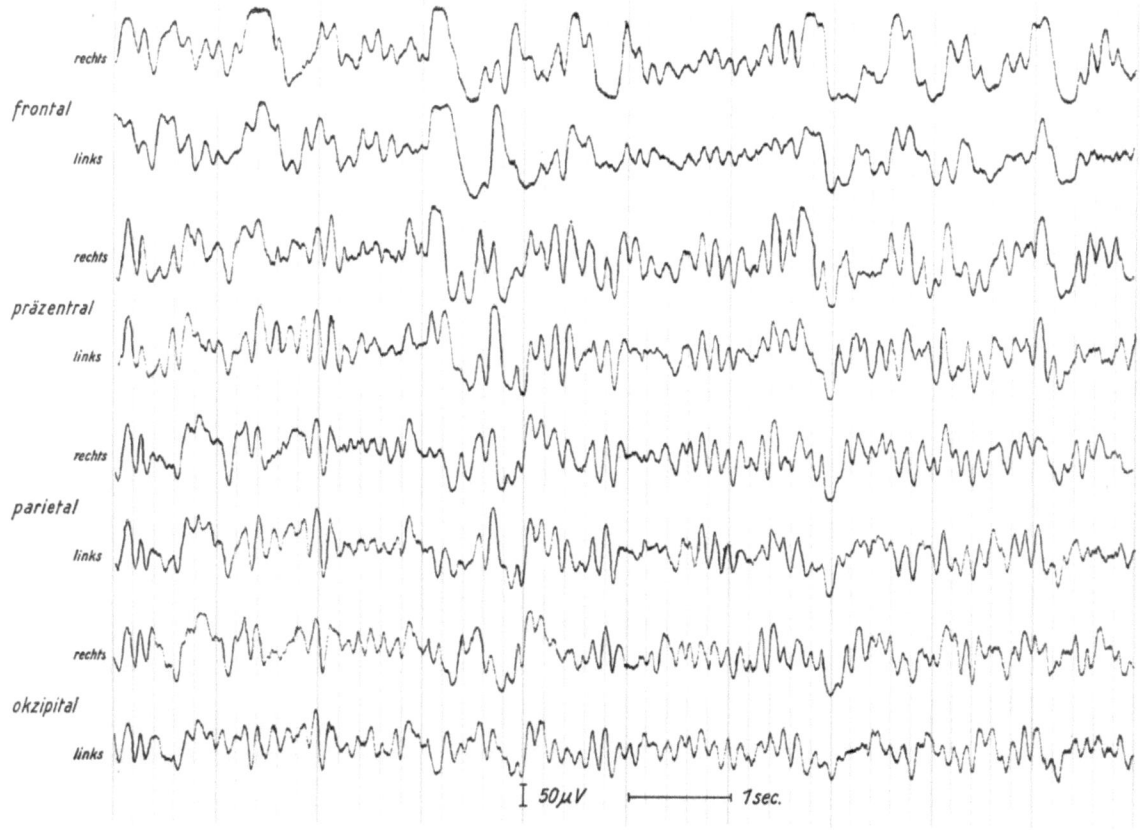

Abb. 376 Ableitungsart I x (unipolare Schaltung zum linken Ohr gekreuzt)
Zustand nach penetrierender Forkenstichverletzung supraorbital rechts. Bild einer exogenen Psychose. Streptokokkenmeningitis, 132/3 Zellen.
Eeg: Spannungshohe Theta-Delta-Wellen-Tätigkeit frontal betont

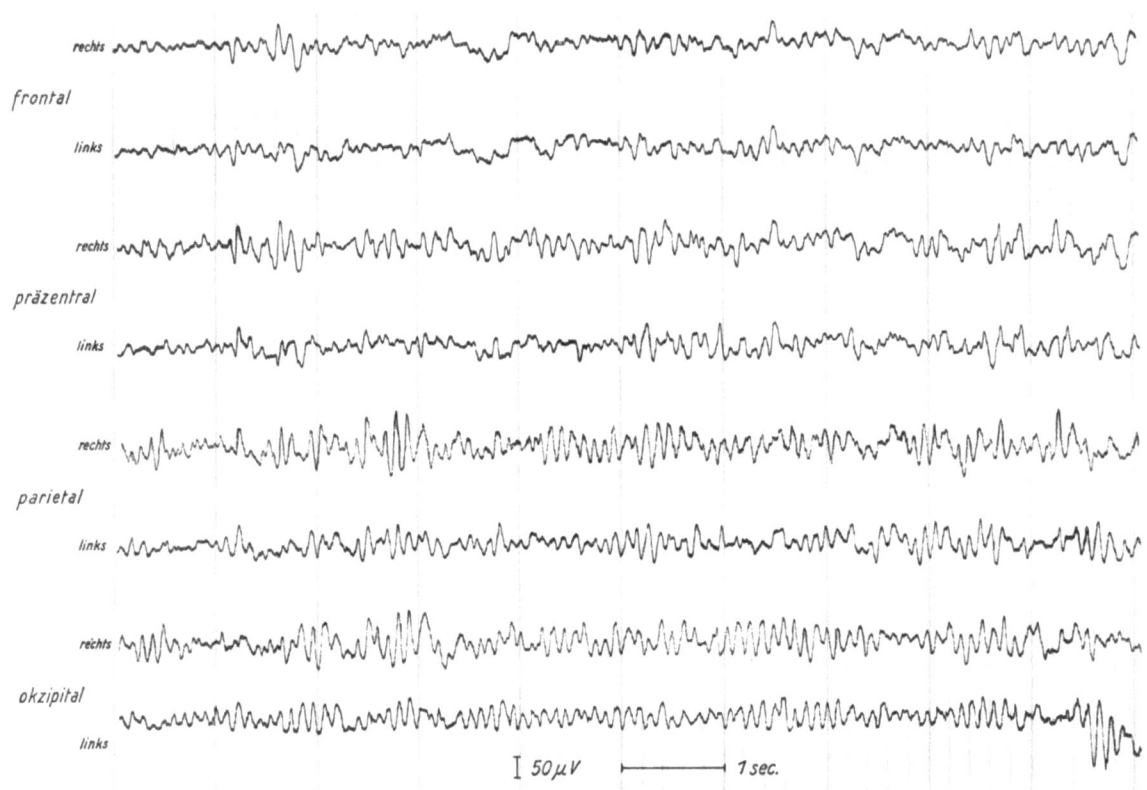

Abb. 377 Ableitungsart I x (unipolare Schaltung zum linken Ohr, gekreuzt)
Gleicher Patient wie Abb. 376. Kontrollableitung nach 3 Jahren. Patient klagt noch über anfallsweise Kopfschmerzen. Stirnhirnsyndrom (Defektheilung).
Eeg: Tendenz zur Normalisierung

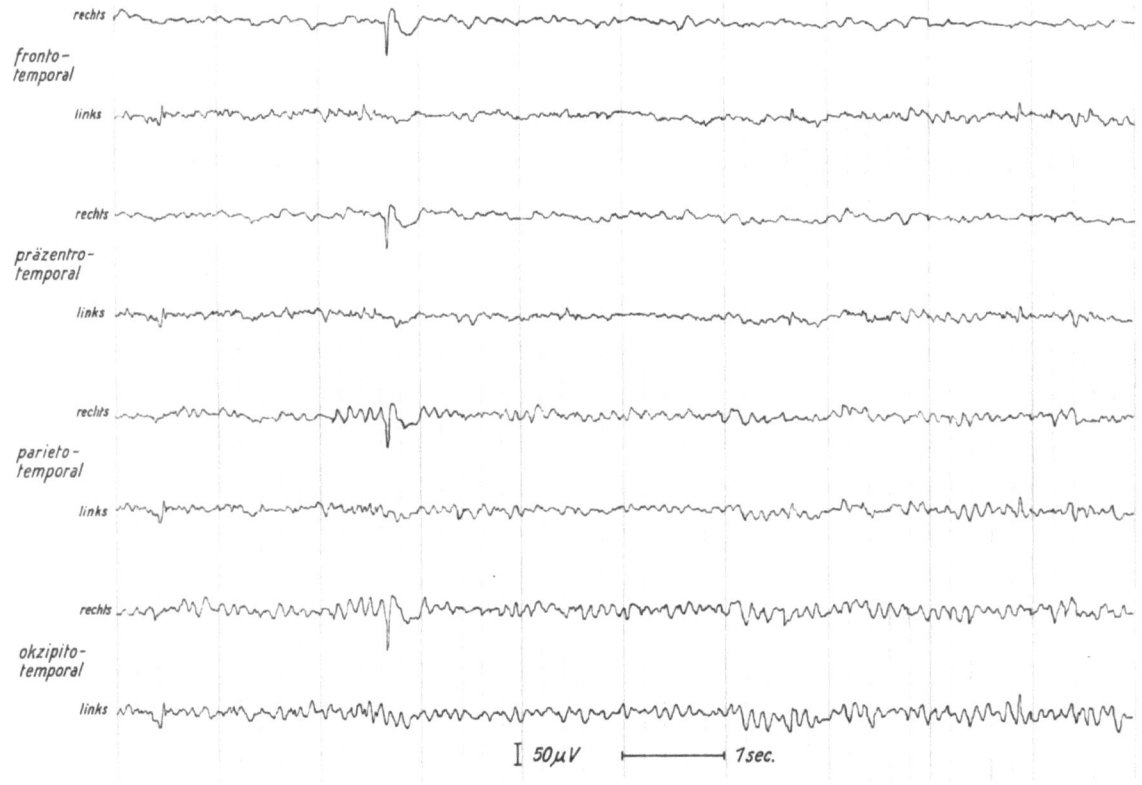

Abb. 378 Ableitungsart IV x (bipolare temporale Schaltung, gekreuzt)
Zustand nach Kopfschußverletzung rechts frontopräzentral mit seltenen psychomotorischen Anfällen.
Eeg: Bei weitgehend regelrechter Grundaktivität steile Wellen vom Typ III rechts temporal

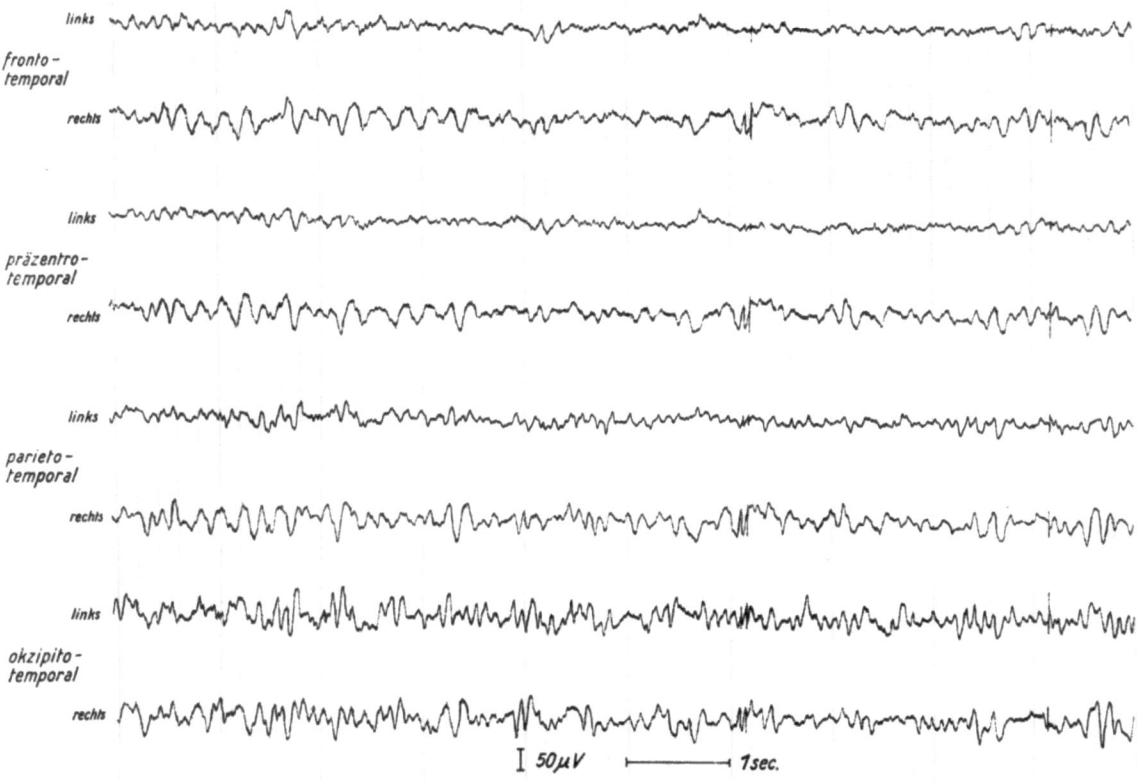

Abb. 379 Ableitungsart IV (bipolare temporale Schaltung)
Gleicher Patient wie Abb. 378. Ableitung 2 Jahre später mit operativ bestätigtem Verdacht eines Hirnabszesses rechts frontopräzentral.
Eeg: Spannungsniedriger, diskontinuierlicher Theta-Delta-Mischfokus rechts frontopräzentrotemporal

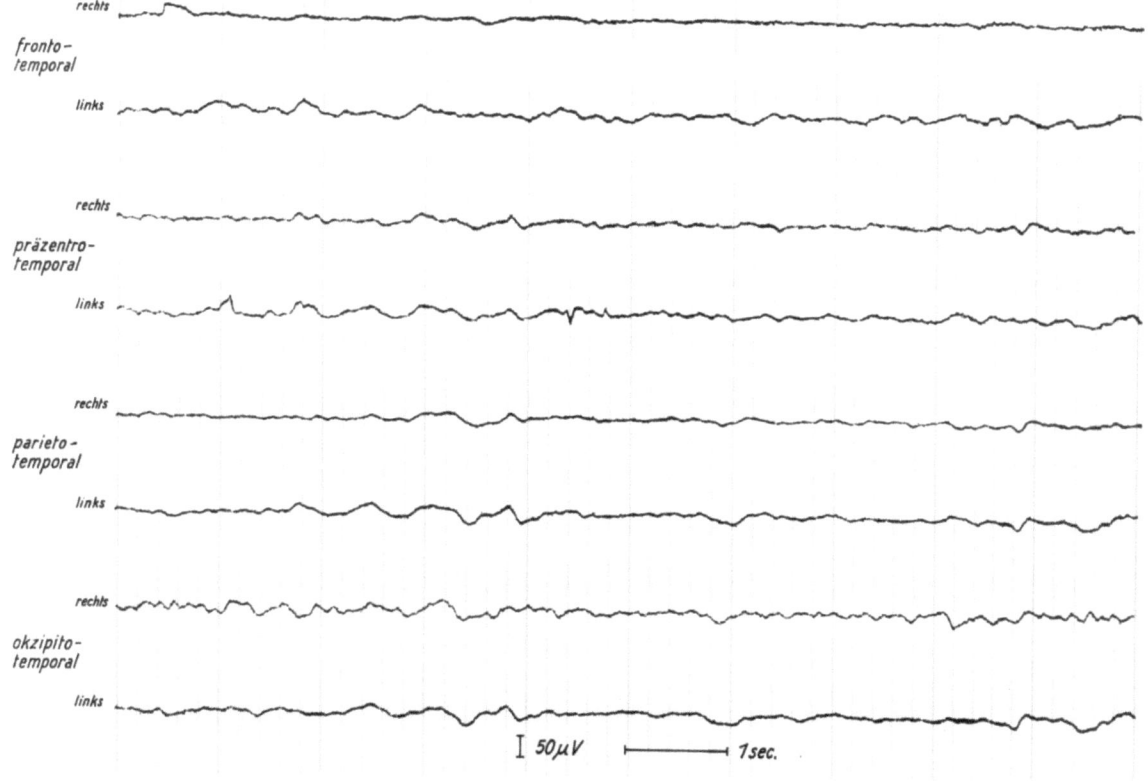

Abb. 380 Ableitungsart IV x (bipolare temporale Schaltung, gekreuzt)
Allgemeine Sepsis mit zahlreichen Mikrohirnembolien mit Schwerpunkt links parietookzipital. Patient starb 10 Tage später.
Eeg: Bei allgemeiner Spannungserniedrigung Verlangsamung links parietookzipitotemporal

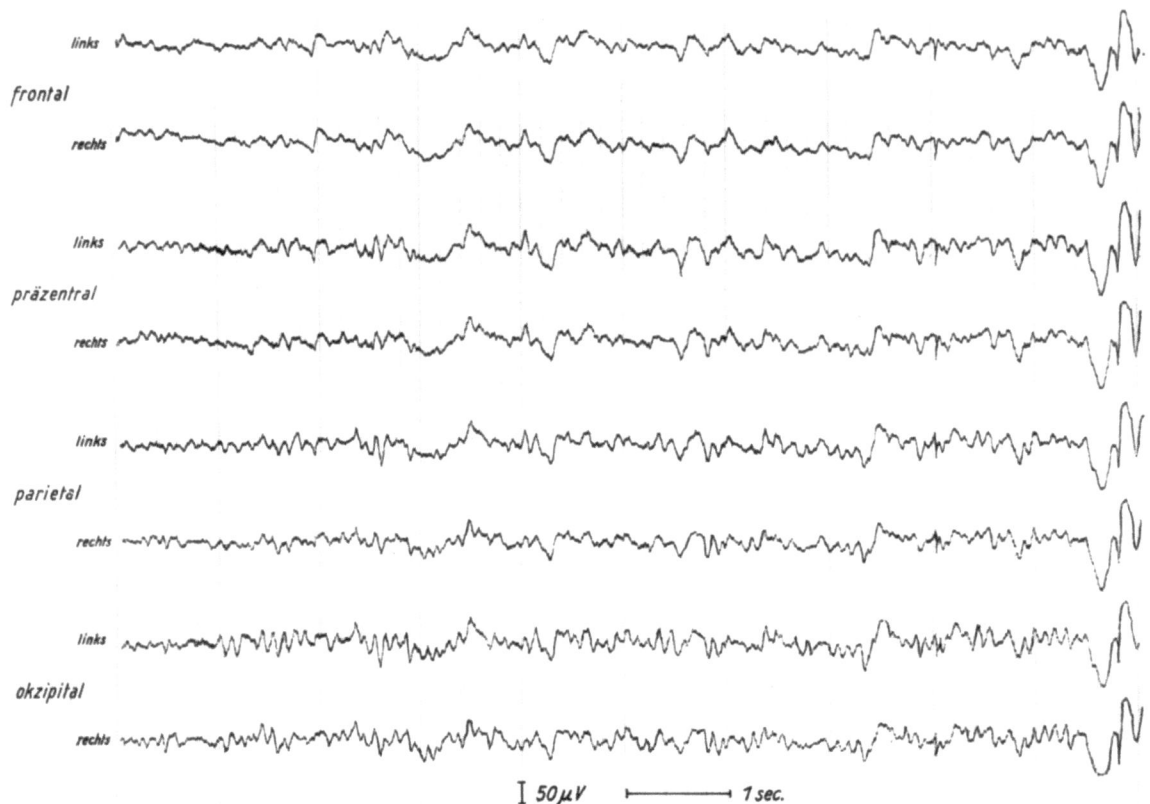

Abb. 381 Ableitungsart II (unipolare Schaltung zum rechten Ohr)
Zustand nach schwerer Leptomeningitis tuberculosa. Patient war bei Ableitung bewußtseinsgetrübt. Multiple Hirnnervenausfälle. Exitus letalis 10 Tage später.
Eeg: Im Gegensatz zum schweren klinischen Bild nur leichte Allgemeinveränderungen

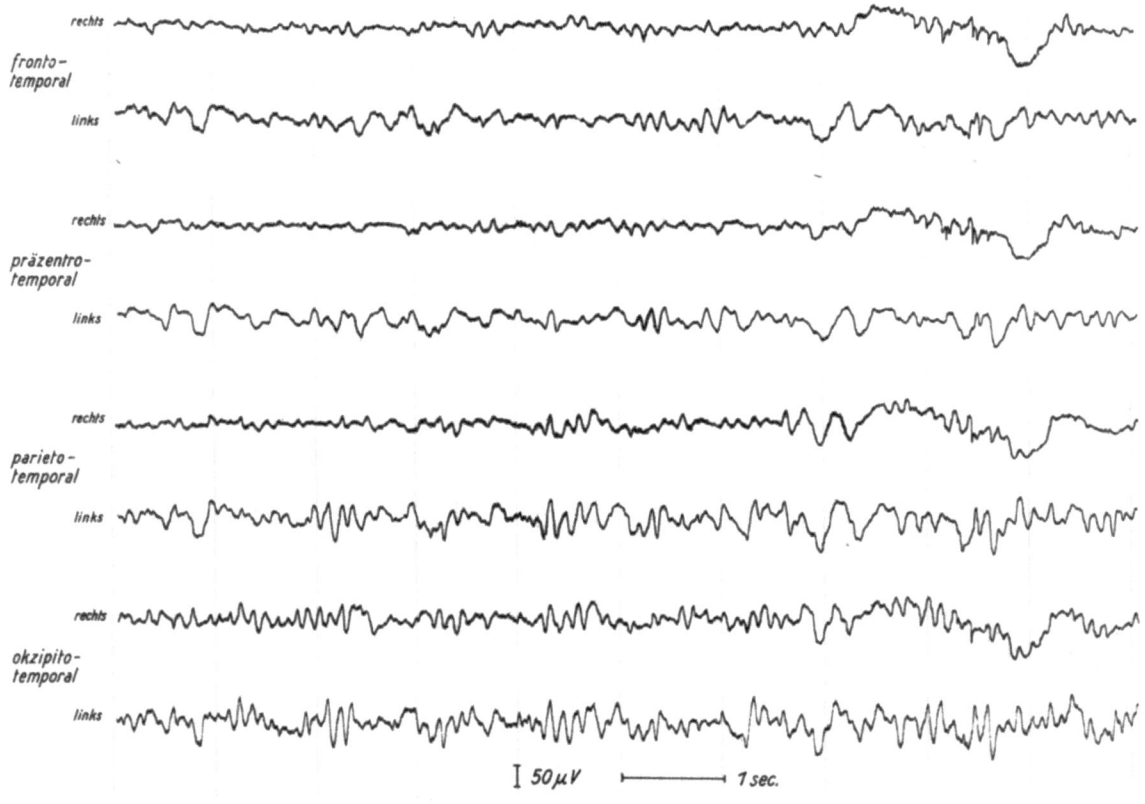

Abb. 382 Ableitungsart IV x (bipolare temporale Schaltung, gekreuzt)
33jährige Frau. Operativ gesichertes kleinapfelgroßes Tuberkulum links frontotemporal. JACKSON-Anfälle rechtsseitig.
Eeg: Mäßige Allgemeinveränderungen mit deutlichem linksseitigem frontopräzentralem diskontinuierlichem Theta-Delta-Mischfokus, der sich nach temporal ausdehnt

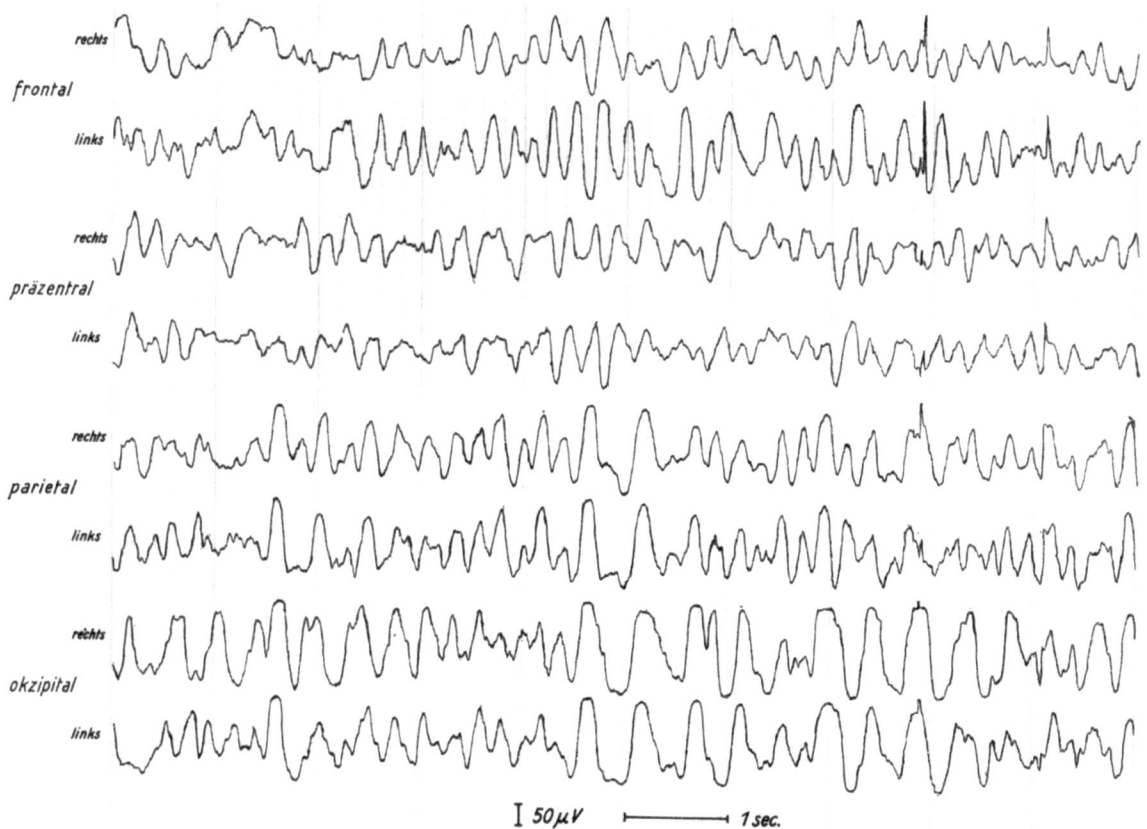

Abb. 383 Ableitungsart I x (unipolare Schaltung zum linken Ohr, gekreuzt)
Zustand nach kindlicher Meningitis tuberculosa (7. Lebensjahr). Schwere Allgemeinschädigung mit Demenz und ausgesprochener Pubertas praecox.
Eeg: Spannungshohe langsame Wellentätigkeit mit vereinzelt eingelagerten spike and wave-Komplexen

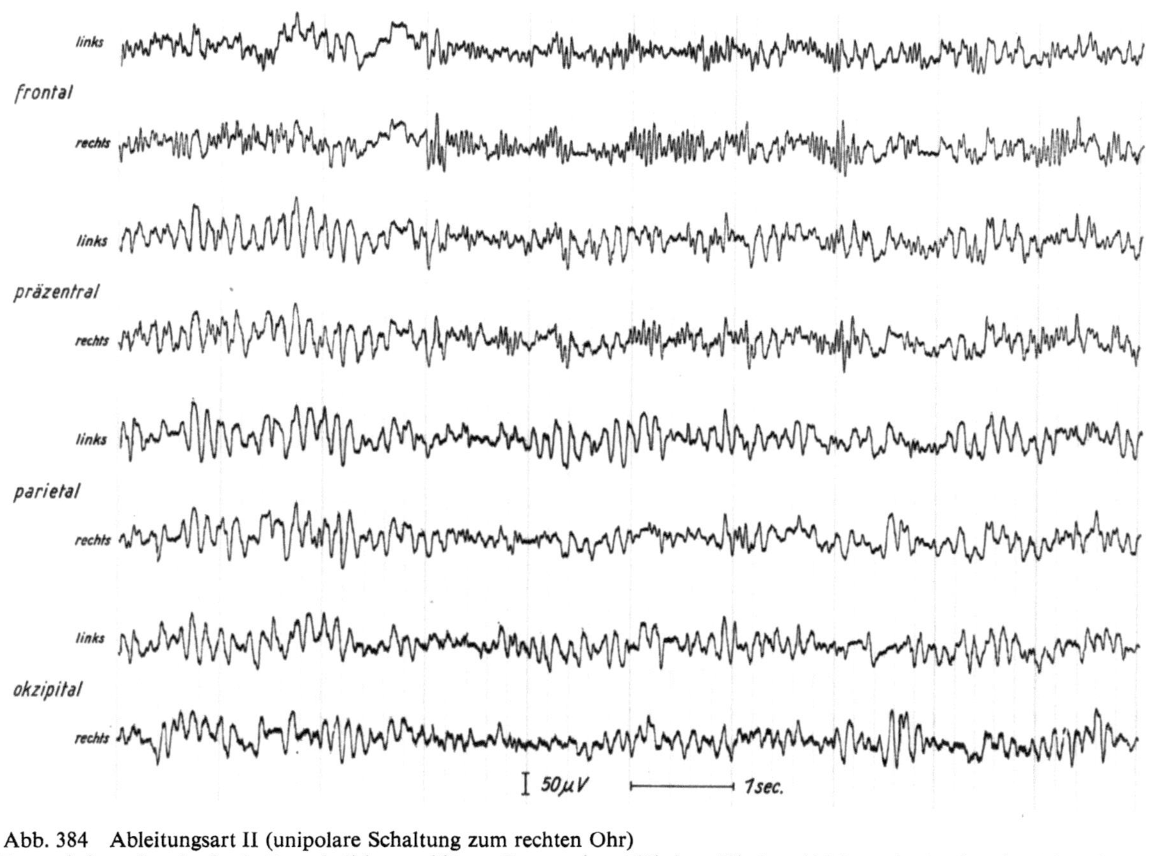

Abb. 384 Ableitungsart II (unipolare Schaltung zum rechten Ohr)
Intermittierend verlaufende Enzephalitis ungeklärter Genese eines 7jährigen Kindes. Ableitung im Beginn der Erkrankung.
Eeg: Etwa altersentsprechendes kindliches Hirnbild mit auffallend spannungshohen Betawellen frontopräzentral

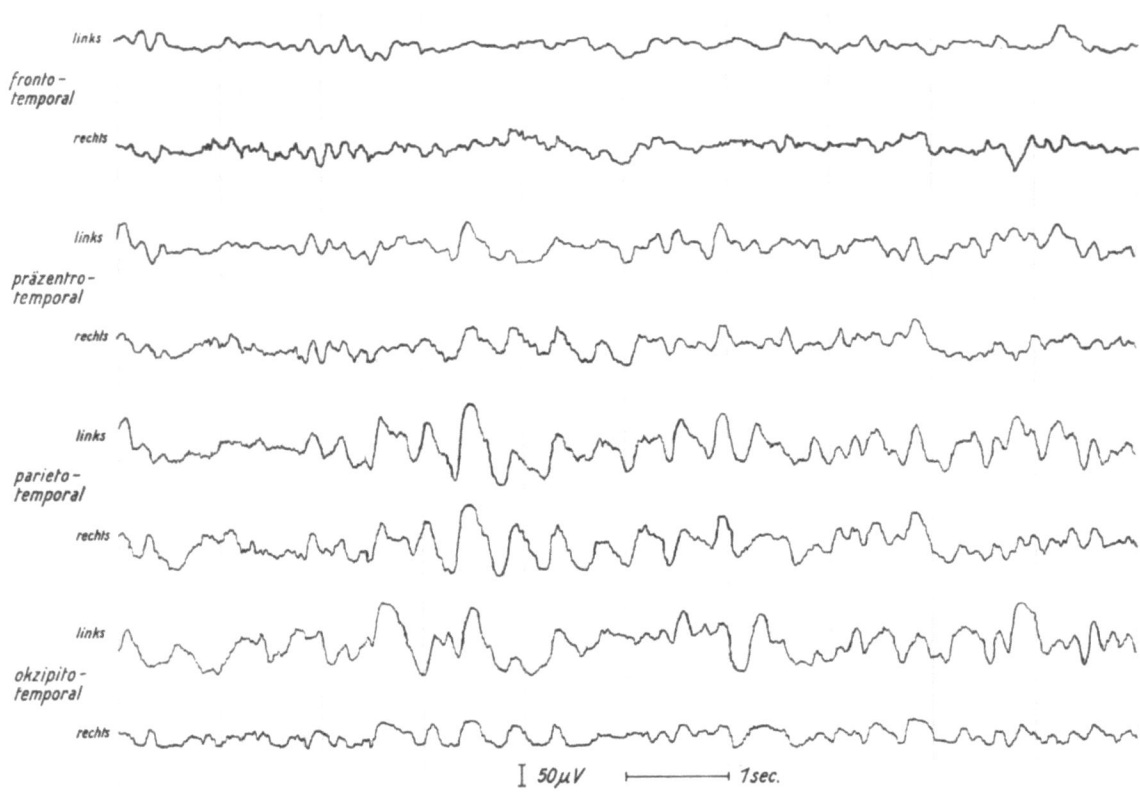

Abb. 385 Ableitungsart IV (bipolare temporale Schaltung)
Gleicher Patient wie in Abb. 384 auf dem Höhepunkt der Erkrankung 6 Monate später. Klinisch: Verdacht auf Kleinhirntumor rechts.
Eeg: Deutliche Tendenz zur Verlangsamung besonders über den hinteren Hirnabschnitten, leicht linksbetont

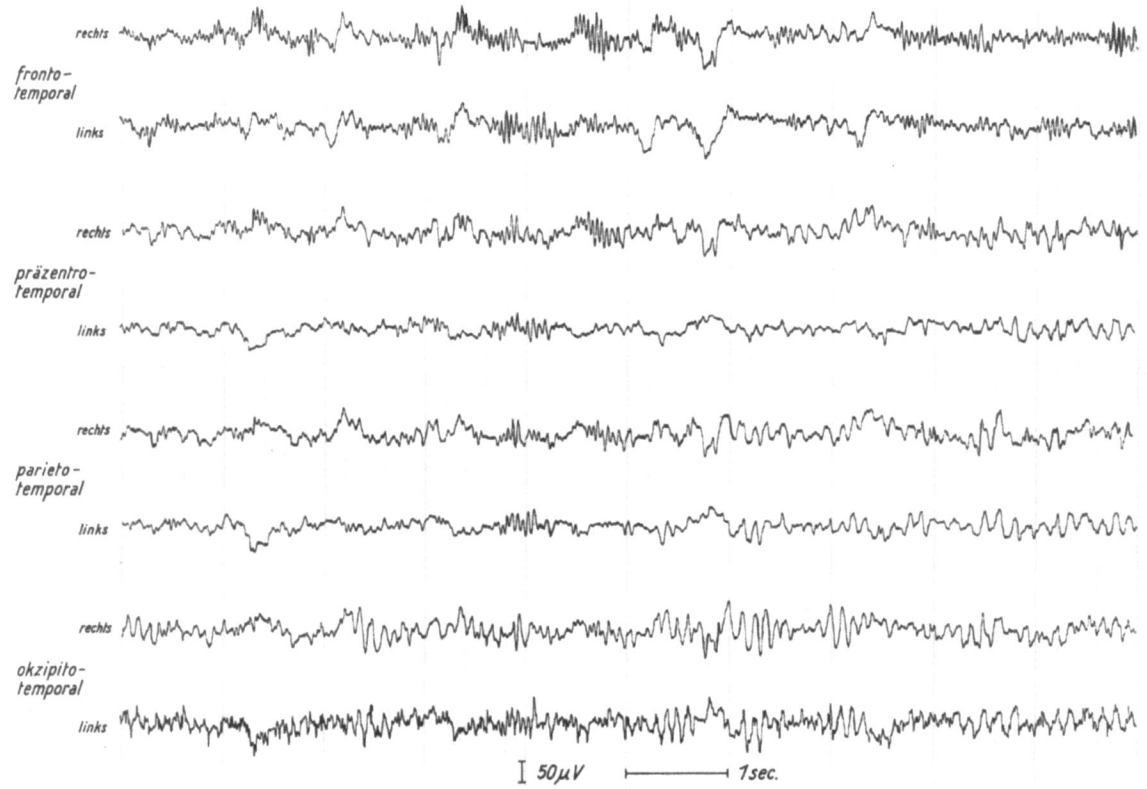

Abb. 386 Ableitungsart IV x (bipolare temporale Schaltung, gekreuzt)
Gleicher Patient wie Abb. 384, nach Abklingen der klinischen Erscheinungen 2 Monate später.
Eeg: Annähernd gleiche Potentialverhältnisse wie in Abb. 384

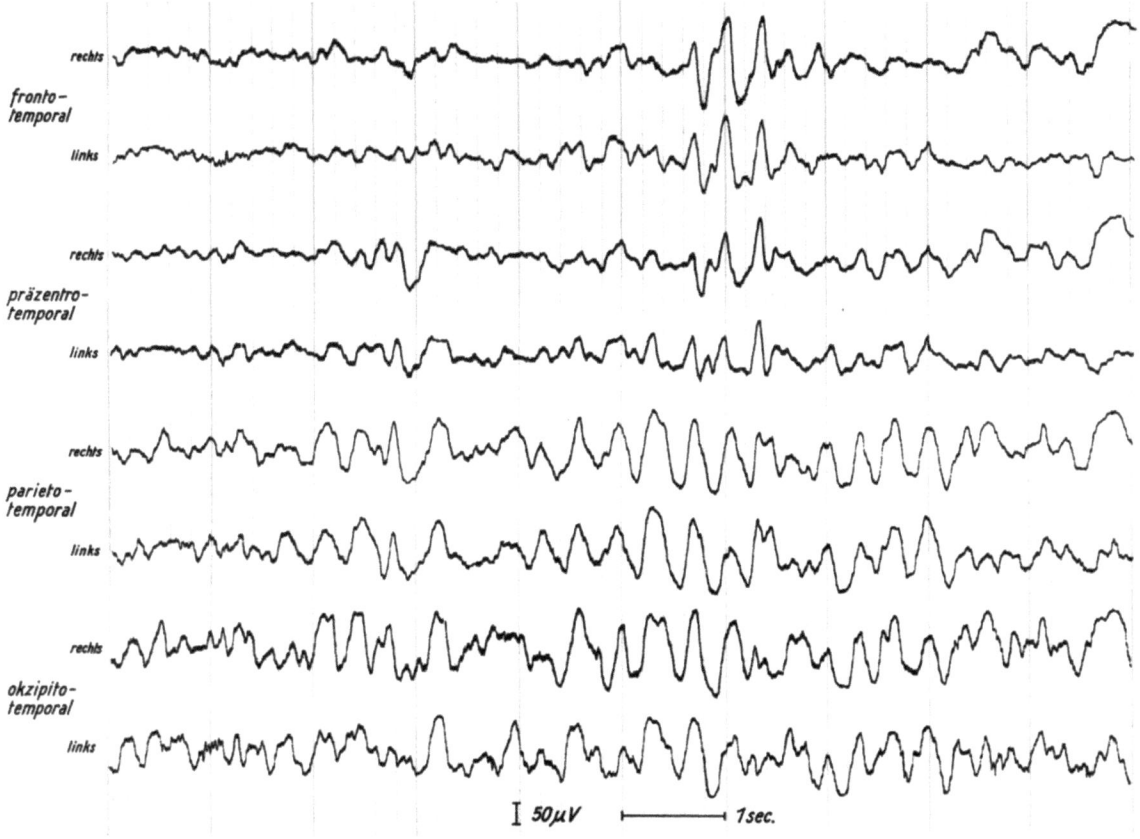

Abb. 387 Ableitungsart IV x (bipolare temporale Schaltung, gekreuzt)
3jähriges Mädchen. Frühere Diagnose genuine Epilepsie. Aufnahme wegen Verdachts auf Hirntumor. Aufgrund der klinischen Befunde Enzephalitis unklarer Genese.
Eeg: Mäßige Allgemeinveränderungen mit Betonung parietookzipital bds., in Form von sehr spannungshohen Deltawellen mit Synchronisierungstendenz

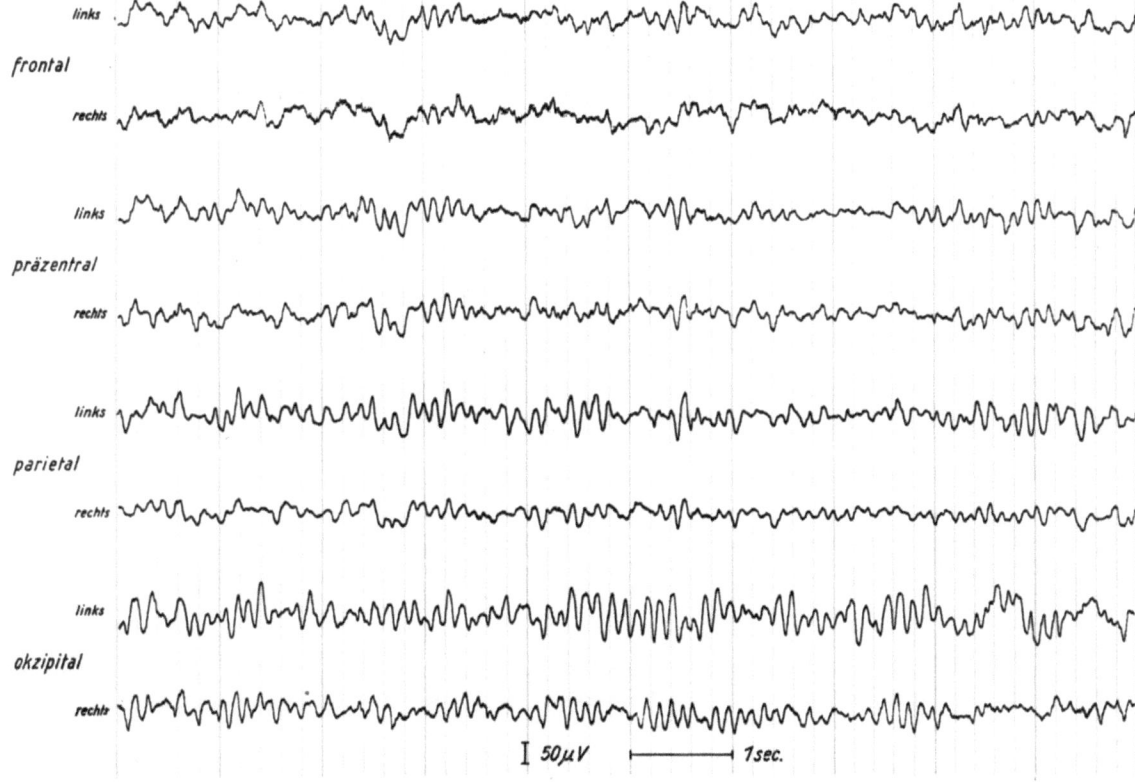

Abb. 388 Ableitungsart II (unipolare Schaltung zum rechten Ohr)
Gleiche Patientin wie Abb. 387 2 Jahre später. Patientin völlig beschwerdefrei. Klinisch normale Befunde bis auf leichte Wesensänderung.
Eeg: Tendenz zur Normalisierung

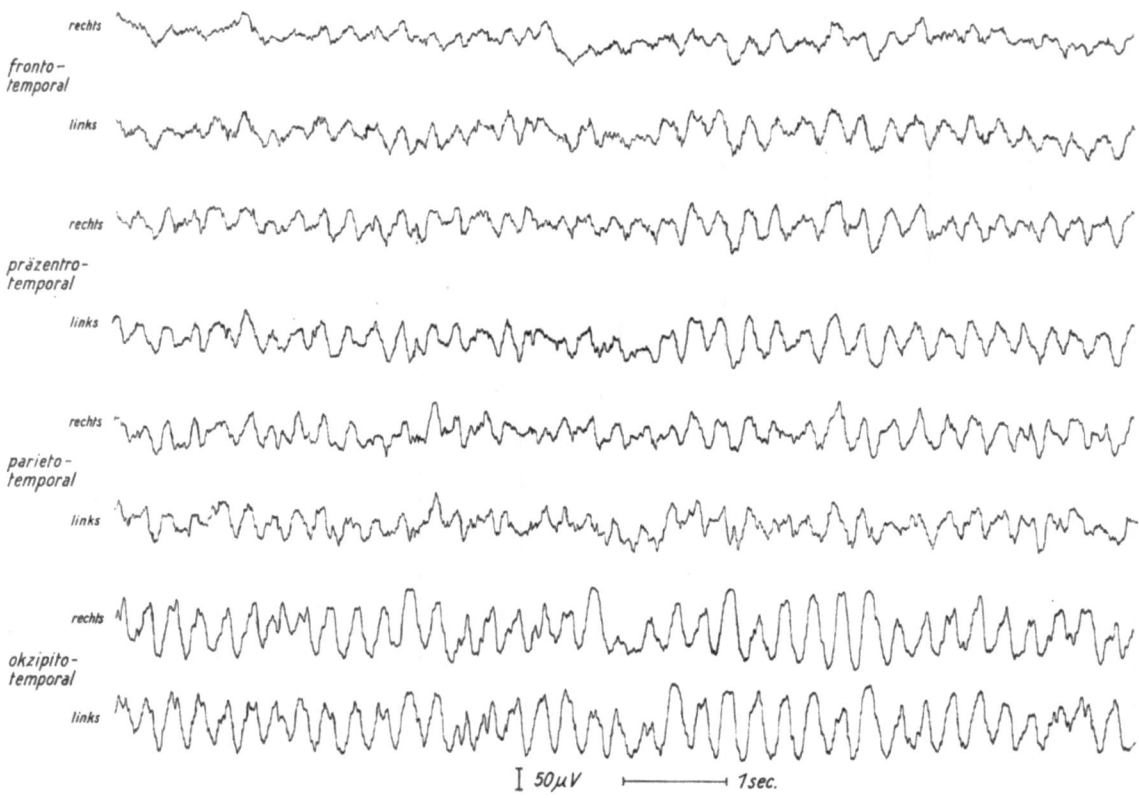

Abb. 389 Ableitungsart IV x (bipolare temporale Schaltung, gekreuzt)
Apoplektiform aufgetretene Halbseitenlähmung links. Zunächst Verdacht auf Blutung bzw. Hirntumor. Endgültige Diagnose: Enzephalitis mit apoplektiformem Beginn unklarer Genese.
Eeg: Schwere Allgemeinveränderung mit Synchronisationstendenz. Keine Herd- oder Seitenbetonung

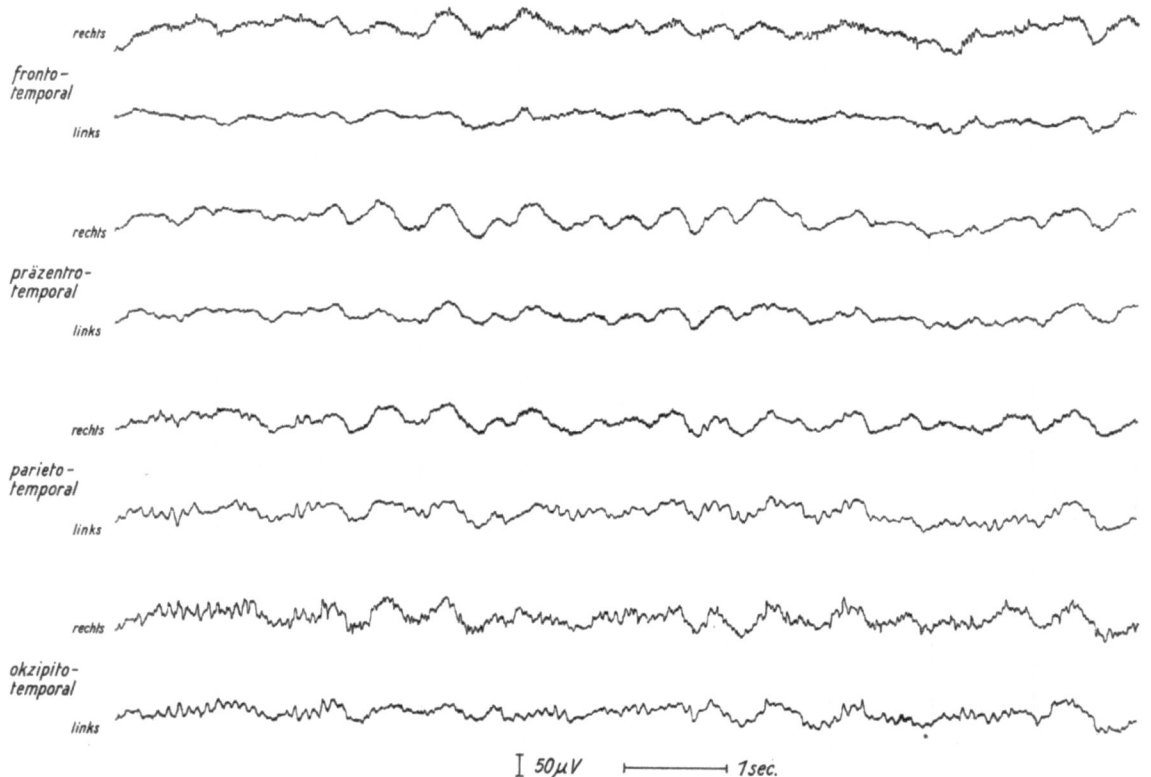

Abb. 390 Ableitungsart IV x (bipolare temporale Schaltung, gekreuzt)
19 jährige Patientin mit primären Zeichen einer Schizophrenie. Wirkt lediglich etwas schwer besinnlich. 173/3 Zellen. Neurologisch o. B.
Eeg: Deutliche, relativ spannungsniedrige, allgemeine starke Verlangsamung, in den hinteren Hirnbereichen durch Alphawellen überdeckt

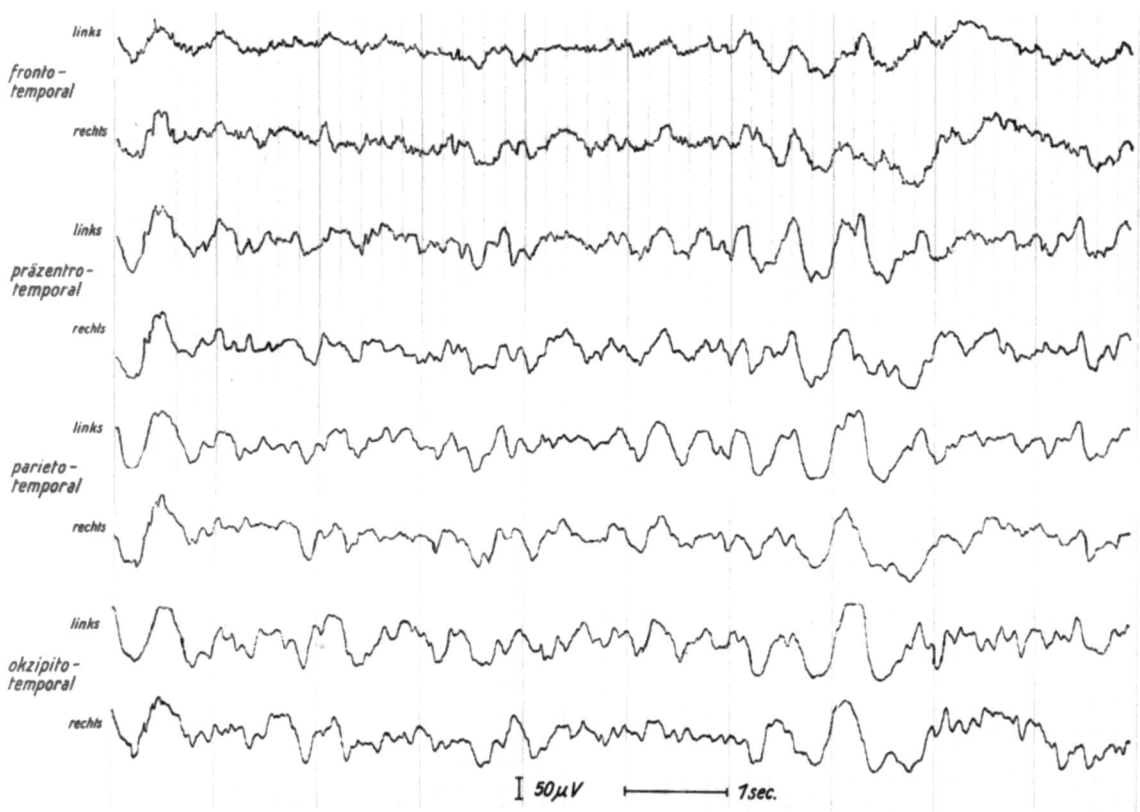

Abb. 391 Ableitungsart IV (bipolare temporale Schaltung)
29jähriger Patient. Aufnahme wegen zerebraler Krampfanfälle und Verdachts auf Dämmerzustände. 239/3 Zellen. Enzephalitis unklarer Genese.
Eeg: Schwere Allgemeinveränderungen parietookzipital bds. betont

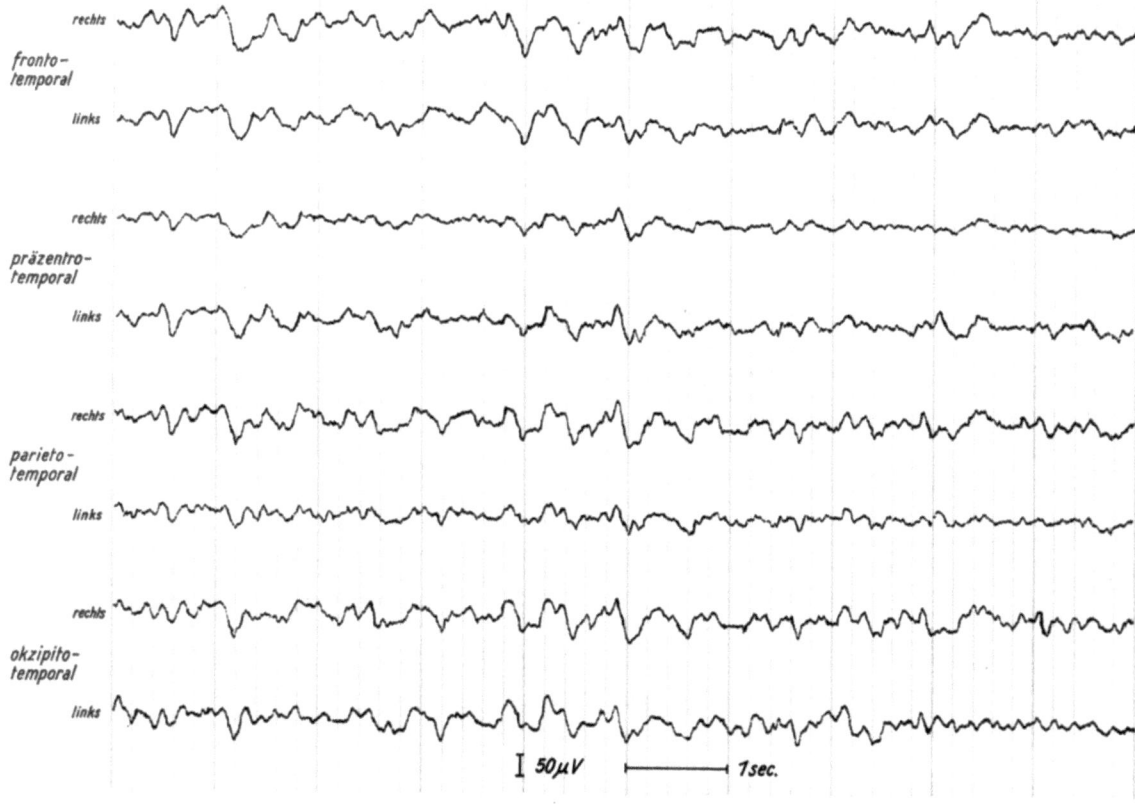

Abb. 392 Ableitungsart IV x (bipolare temporale Schaltung, gekreuzt)
Meningoenzephalitis nach Herpes zoster im Bereich des 1. Trigeminusastes rechts. 2456/3 Zellen.
Eeg: Schwere Allgemeinveränderungen

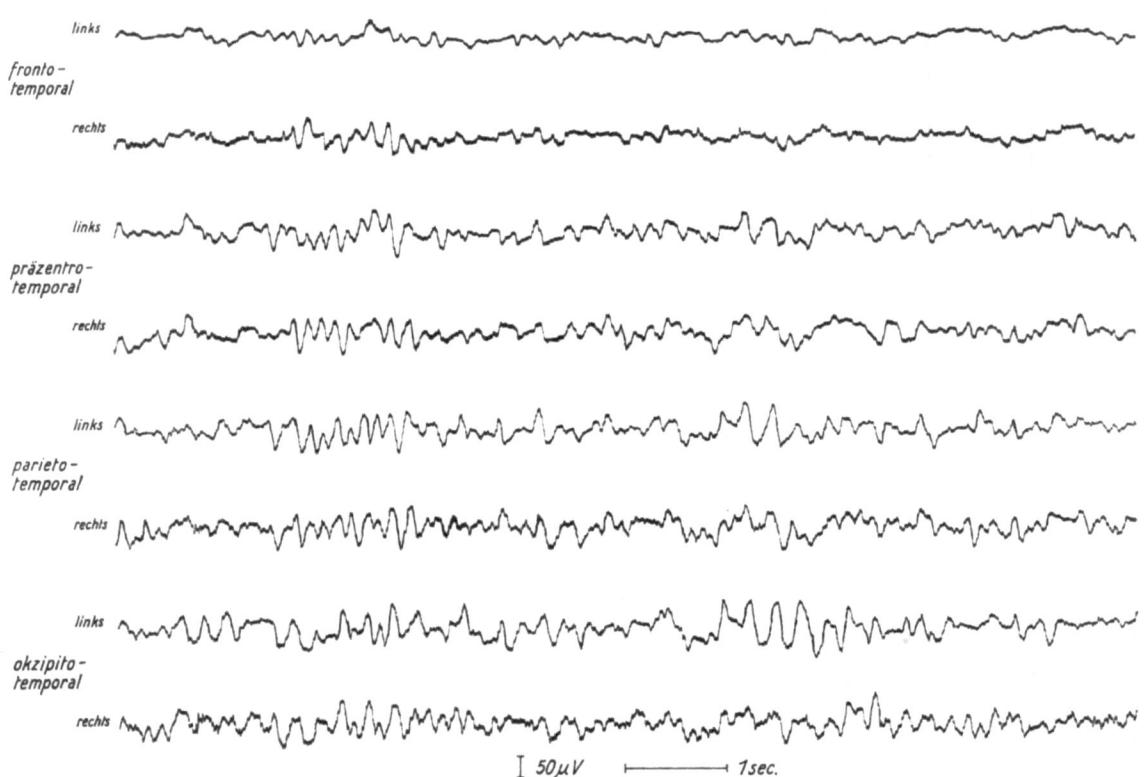

Abb. 393 Ableitungsart IV (bipolare temporale Schaltung)
7jähriges Kind mit konnataler Toxoplasmose.
Eeg: Allgemeine Verlangsamung mit Tendenz zur Gruppenbildung. Die langsamen Wellen sind leicht links parietookzipital betont

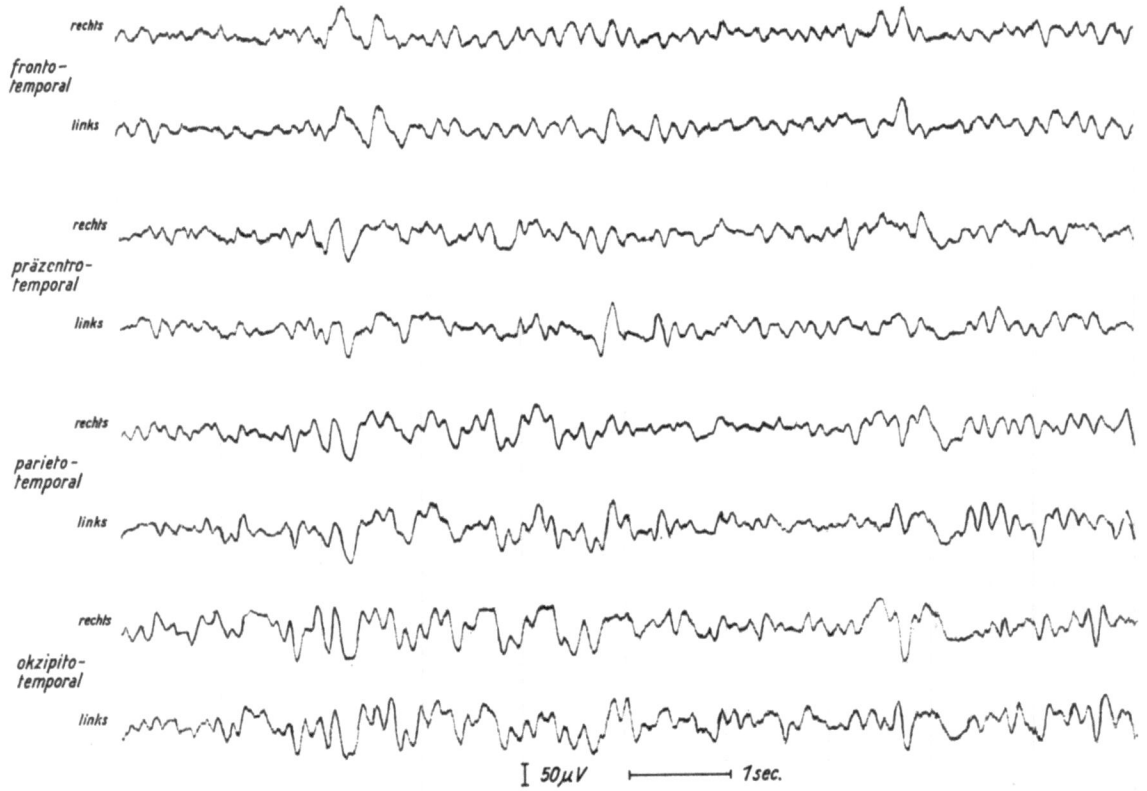

Abb. 394 Ableitungsart IV x (bipolare temporale Schaltung, gekreuzt)
24jähriger Patient. Morbus BOECK mit Beteiligung des Zwischenhirns und der Hypophyse. Endokriner Zwergwuchs. Konzentrisch eingeengtes, röhrenförmiges Gesichtsfeld.
Eeg: Allgemeine Verlangsamung mit Neigung zu Gruppenbildungen parietookzipital bds.

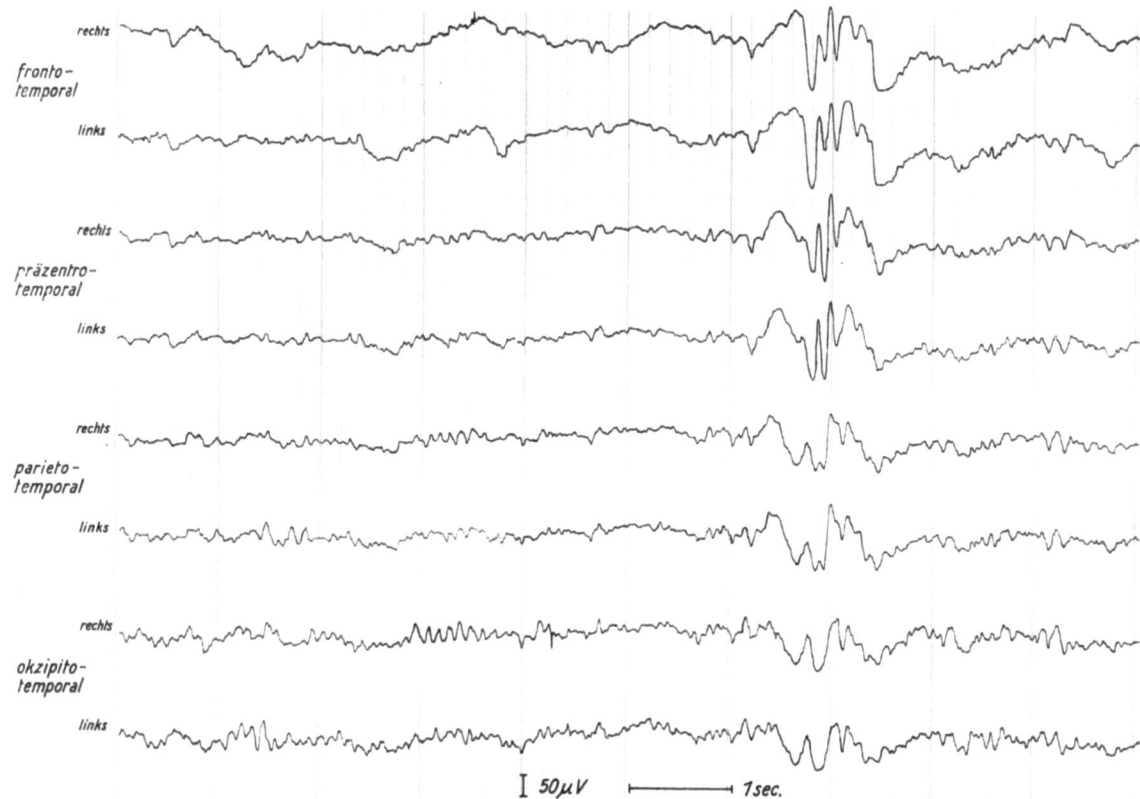

Abb. 395 Ableitungsart IV x (bipolare temporale Schaltung, gekreuzt)
16jähriger Patient. Beginn einer Leukenzephalitis.
Eeg: Bei einer gering ausgeprägten Alphagrundaktivität Paroxysmus mit steilen und langsamen Wellen

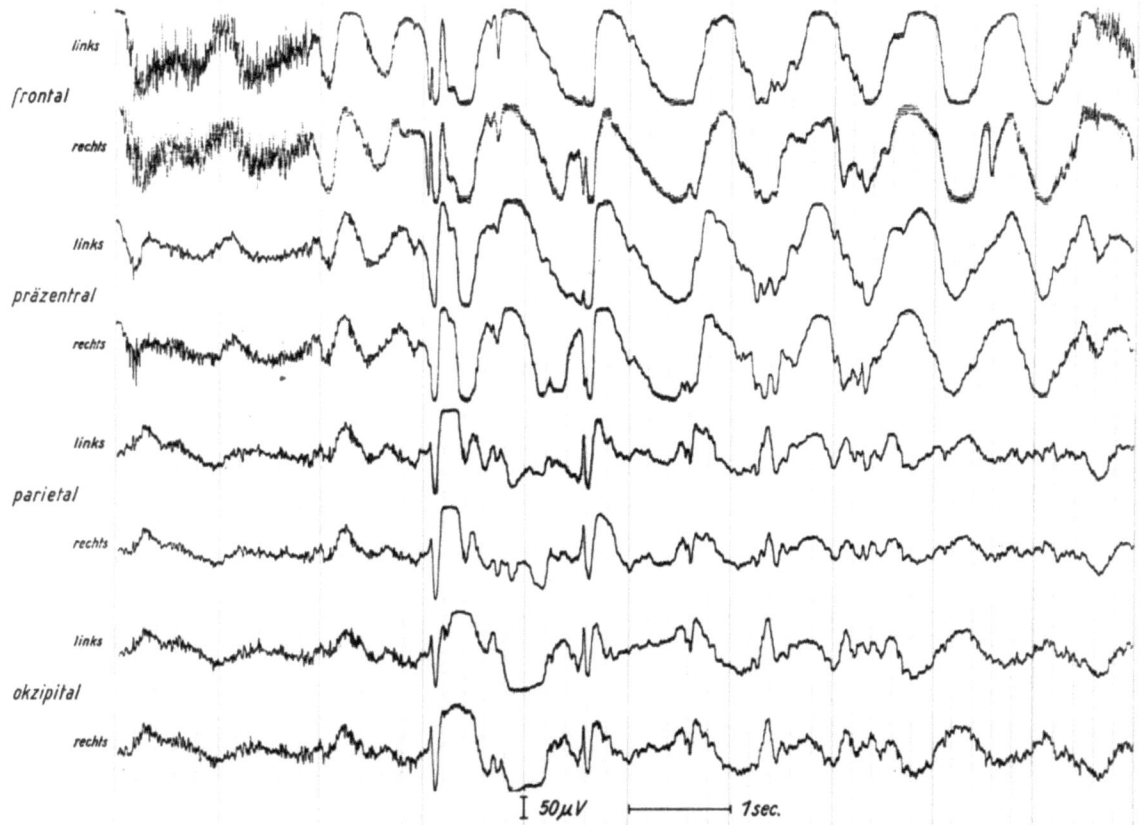

Abb. 396 Ableitungsart II (unipolare Schaltung zum rechten Ohr)
Gleicher Patient wie Abb. 395 3 Monate später während eines akuten, mit schweren klinischen Symptomen einhergehenden Schubes (Myoklonien, zerebrale Krampfanfälle).
Eeg: In Intervallen auftretende spike and wave-Tätigkeit, frontopräzentral bds. betont

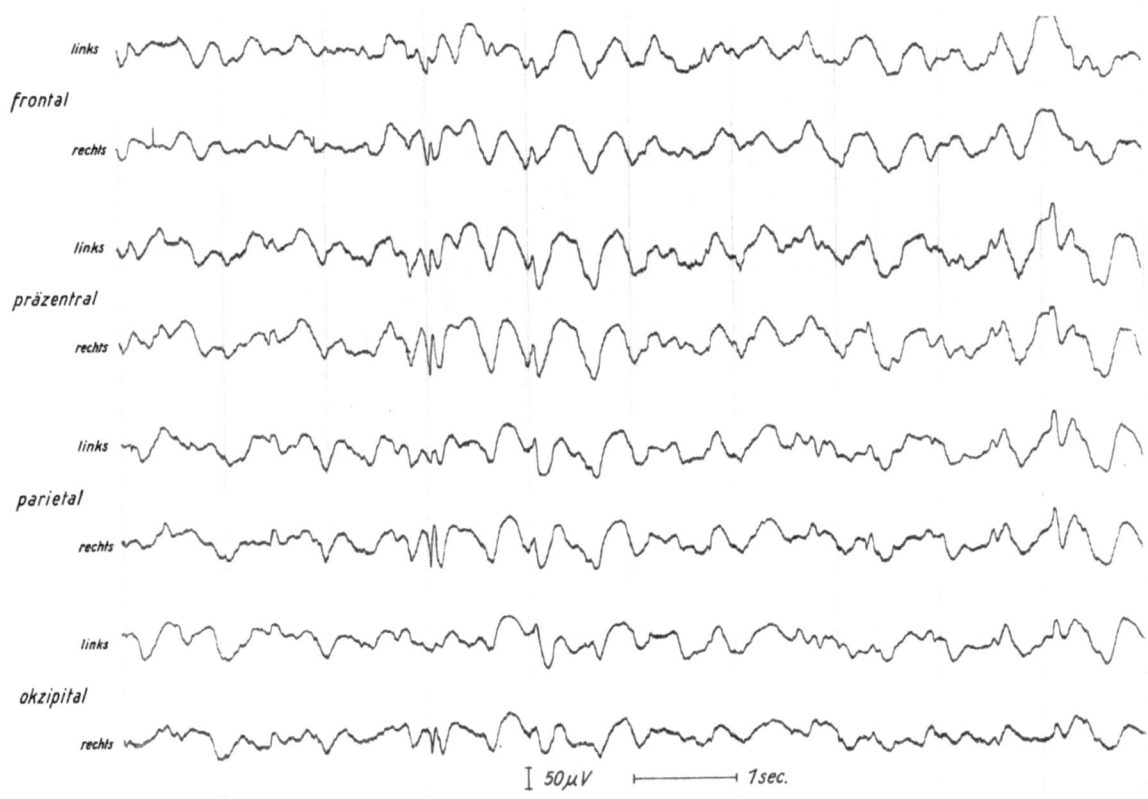

Abb. 397 Ableitungsart II (unipolare Schaltung zum rechten Ohr)
6jähriger Patient mit subakuter sklerosierender Leukenzephalitis. Ableitung auf dem Höhepunkt der Erkrankung, ständige Myoklonismen.
Eeg: Mäßig schwere Allgemeinveränderungen mit eingelagerten periodischen ssw/-Komplexen

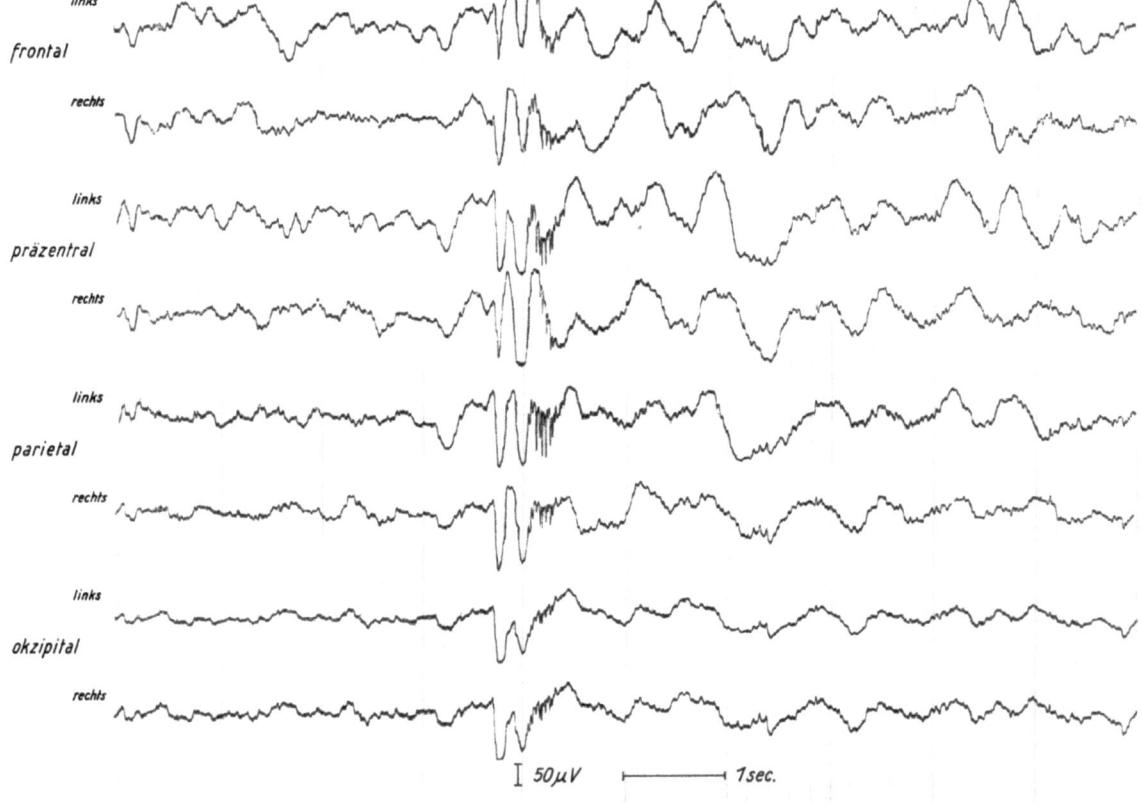

Abb. 398 Ableitungsart II (unipolare Schaltung zum rechten Ohr)
17jähriges Mädchen. Panenzephalitis (Pette-Döring). Anfangsdiagnose Chorea minor.
Eeg: Aus wenig gestörter Grundaktivität paroxysmal spannungshohe steile Wellen mit anschließenden langsamen Wellen

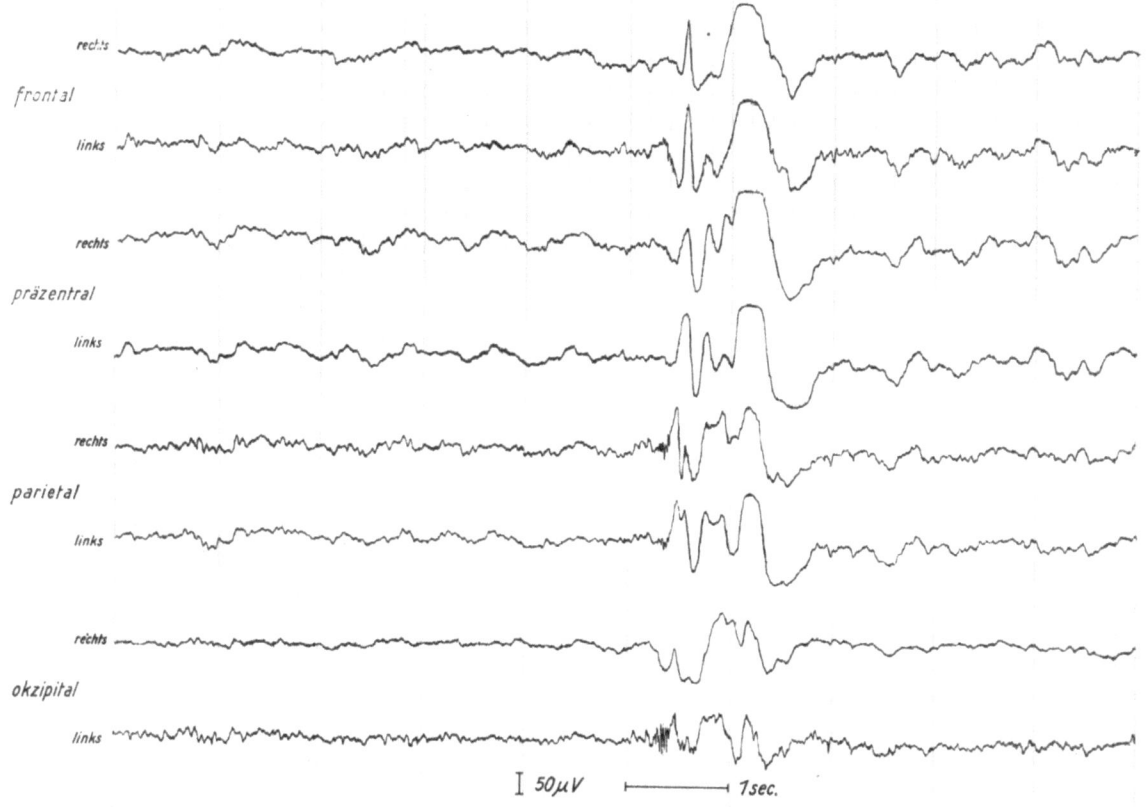

Abb. 399 Ableitungsart II x (unipolare Schaltung zum rechten Ohr, gekreuzt)
13jähriger Patient. Aufnahme wegen unklaren zerebralen Prozesses. Klinische Diagnose Verdacht auf SSLE (VAN BOGAERT).
Eeg: Paroxysmus mit angedeuteten s/w-Komplexen

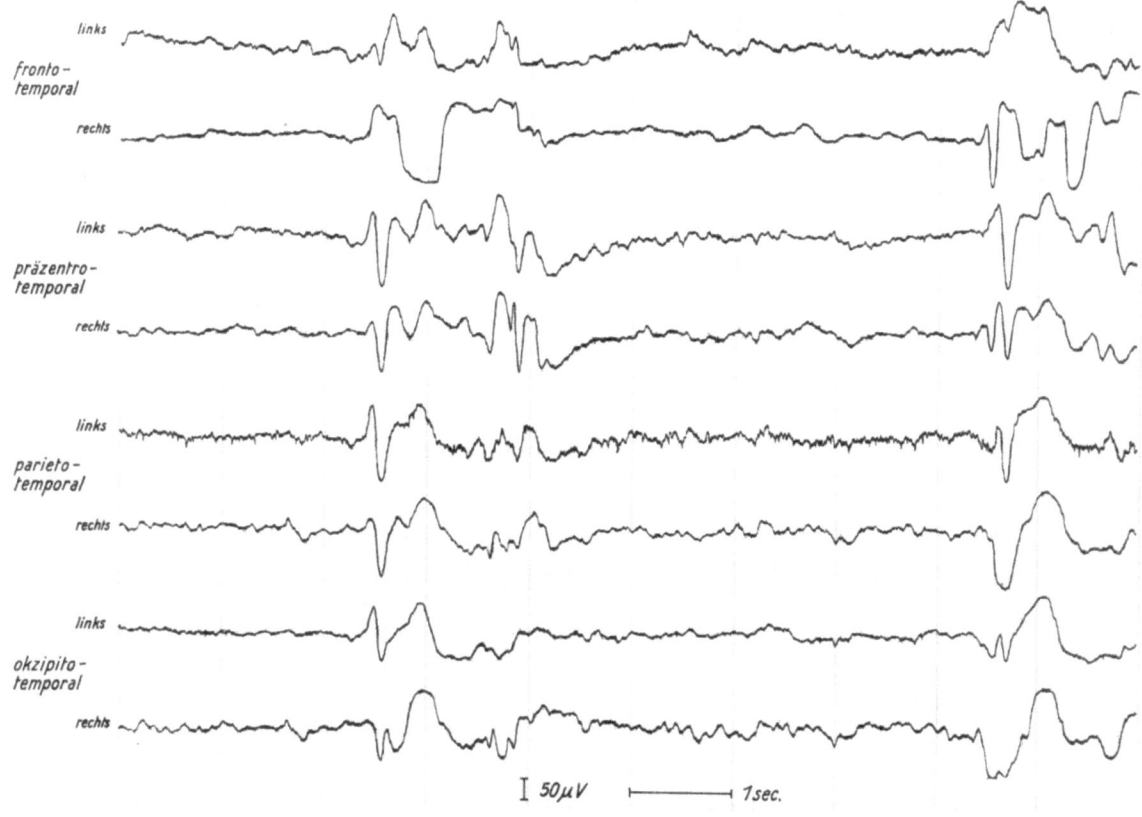

Abb. 400 Ableitungsart IV (bipolare temporale Schaltung)
Gleicher Patient wie Abb. 399 nach 2 Monaten. Progredienter Krankheitsverlauf, Myoklonie.
Eeg: In gleichen Zeitabständen (5 Sekunden) auftretende spike and wave-Tätigkeit

gen allein handelt, sondern daß auf jeden Fall bereits Hirnanteile mitbeteiligt sind, so daß also die Diagnose Meningitis auf Meningoenzephalitis zu erweitern ist, ohne daß man jedoch Genaueres über die eigentliche Pathogenese des laufenden Prozesses auszusagen vermag.

Andererseits würden nur sehr geringfügige und im Rahmen von mehrfachen Kontrollableitungen nur flüchtig auftretende, sich nicht wieder zeigende Veränderungen darauf hindeuten, daß es sich um einen nur leichten, vorwiegend im Bereich der Meningen ablaufenden Prozeß handelt, der im allgemeinen als prognostisch günstig angesehen werden kann. Hier liegen etwa die gleichen Verhältnisse vor, wie wir sie bei den Unterschieden zwischen leichten traumatischen Hirnschädigungen und EEG-Veränderungen einerseits und schweren traumatischen Hirnschädigungen und den entsprechenden EEG-Veränderungen andererseits zu sehen gewohnt sind.

Diese Gegebenheiten sollen uns nach MIRTSCHINK jedoch nicht daran hindern, vom rein klinischen Standpunkt aus gesehen je nach der führenden Symptomatik die Unterteilung in meningitische, meningoenzephalitische, enzephalitische und enzephalomeningitische Krankheitsformen bzw. -verläufe beizubehalten.

In jedem Falle stellt das rechtzeitig abgeleitete Hirnpotentialbild nicht nur eine willkommene, sondern auch notwendige Ergänzung zu anderen differentialdiagnostisch möglichen Untersuchungen am ZNS gerade bei diesen Erkrankungen dar. Ja, häufig gibt das Eeg eher und eindeutiger Hinweise auf eine zerebrale Beteiligung, als es die übrigen diagnostischen Methoden, einschließlich der Liquorexploration, zu leisten vermögen.

Hier sei besonders an die Begleitenzephalitiden bei virusbedingten Infektionskrankheiten, wie Röteln, Mumps, Masern u. a., gedacht, die oft klinisch weitgehend stumm bleiben und doch bei Röteln in 51%, bei Mumps in 31% (nach RAIMBAULT und Mitarb. 1971) unspezifische pathologische EEG-Veränderungen hervorrufen, deren Kenntnis bei der Zuordnung etwa später auftretender Komplikationen bzw. Verhaltensstörungen oder anderer psychischer Auffälligkeiten nicht ohne Belang ist. Das gleiche trifft auch bei möglichen Impfreaktionen zu.

In jedem Falle können wir bei den EEG-Untersuchungen immer wieder die großen Vorteile der Methode nützen, daß sie den Patienten in keiner Weise belästigt, beliebig oft wiederholbar ist und sich diese Untersuchungsmethode somit besonders dort anbietet, wo zunächst noch diagnostische Unsicherheit besteht. Auch kann der Befund des Hirnpotentialbildes eine Diagnose, die vom Klinischen her zunächst einmal als recht sicher angesehen wurde, in Frage stellen und die Verdachtsdiagnose in eine völlig andere Richtung lenken und damit zu weiteren, nunmehr gezielten diagnostischen Maßnahmen den Weg weisen.

In dem Zusammenwirken aller diagnostischen Methoden und unter Einbeziehung der EEG-Kontrolluntersuchungen im Quer- und Längsschnitt wird es doch in vielen Fällen möglich sein, die Diagnose weiter einzuengen bzw. endgültig zu bestimmen.

Was sich bei EEG-Ableitungen an pathologischen Veränderungen darstellt, ist in jedem Falle auf ein organisch geschädigtes Substrat zurückzuführen. Wir haben es also in allen Fällen, in denen das Eeg etwas Pathologisches aussagt, mit mehr oder weniger ausgeprägten organisch exogen oder endogen stoffwechselmäßig bzw. traumatisch bedingten Schädigungen der Hirnsubstanz zu tun. Es werden sich also vorwiegend EEG-Veränderungen im akuten Krankheitsgeschehen nachweisen lassen, die weitgehend synchron mit dem Verlauf der klinischen Erscheinungen mehr oder weniger stark ausgeprägt sind und schließlich ganz abklingen können. Dabei ist jedoch zu berücksichtigen, daß diese Synchronizität zwischen klinischem Befund und EEG-Veränderungen nicht in allen Fällen gegeben ist. Es empfiehlt sich, insgesamt und zur besseren Überschaubarkeit grundsätzlich nicht nur von akuten und chronischen Krankheitszuständen, sondern besser im Sinne von WIECK von reversiblen und irreversiblen Krankheitszuständen zu sprechen.

Bei vielen entzündlichen Prozessen wird man klinisch mehr oder weniger deutlich das von WIECK inaugurierte Durchgangssyndrom bzw. das Erscheinungsbild einer Funktionspsychose nachweisen können. Entweder kommt es danach zur vollen restitutio ad integrum oder zu einem hirnorganischen Psychosyndrom, einer Wesensänderung, einer Persönlichkeitsumwandlung und im ungünstigsten Falle zur Demenz. Bei den letztgenannten Begriffen handelt es sich um einen irreversiblen Zustand, der einem stationären Stadium, also einem Defektsyndrom, gleichzusetzen ist. Als dritte Form ist noch das Progressivsyndrom, das einem chronisch progredienten Krankheitsverlauf entspricht, zu nennen. Bei den reversiblen Prozessen handelt es sich um Zustände verschiedener Krankheitsstadien, wie Verwirrtheit, Dämmerzustand, Delir, Halluzinose, neurasthenisches Syndrom, einfache Benommenheit, Einengung des Bewußtseins bei noch erhaltener Orientiertheit, über Sopor bis zum Koma. Selbstverständlich können dabei auch die verschiedensten neurologischen Ausfälle oder Komplikationen anderer Art, wie Paresen, Werkzeugstörungen, zerebrale Krampfanfälle, hinzutreten und das irreversible Bild ebenso wie das reversible Bild komplizieren, letzteres allerdings meistens nur vorübergehend.

Die bisher zahlreich gefundenen und in der Literatur mitgeteilten Veränderungen im Hirnpotentialbild bei den verschiedensten entzündlichen Erkrankungen bestehen vorwiegend in Frequenzänderungen, d. h. zeitweiligem oder ständigem Wechsel der Wellenfrequenz, wobei die Tendenz zu langsameren, sehr frequenzinstabilen und gleichzeitig spannungsinstabilen Wellen vorherrscht. In zahlreichen Fällen gibt das Eeg rechtzeitig und oft noch vor der klinisch faßbaren Manifestation Hinweise auf herdförmige Störungen und das Hinzutreten verschiedener Komplikationen etwa im Sinne einer epileptischen Aktivität oder der Herausbildung eines entzündlich bedingten raumfordernden Prozesses.

Besonders hervorgehoben sei die Möglichkeit der Erkennung und Zuordnung eines Hirnabszesses im Eeg. Bei otogen bedingten entzündlichen zerebralen Komplikationen, aber auch im Verlauf bakteriell primär oder sekundär, z. B. durch eine hämatogene Streuung oder nach oft jahrelang zurückliegender offener infizierter Schädel-Hirn-Verletzung, kann es sowohl unabhängig oder im Gefolge einer akut aufflackernden Meningitis bzw. Meningoenzephalitis zu einer Abszeßbildung kommen. Es findet sich im Eeg neben den mehr oder weniger ausgeprägten und teilweise seitenbetonten Allgemeinveränderungen ein der Lokalisation des Abszesses weitgehend entsprechender umschriebener Herdbefund mit einem sehr spannungshohen langsamen Delta- bis Subdeltawellenfokus. Je nach Stärke und Ausbreitung der Allgemeinveränderungen über die erfaßbaren Hirnanteile ist auch ein Rückschluß auf die Stärke und den Umfang der Mitbeteiligung des entzündlichen Prozesses anderer Hirnteile möglich. Eine fehlende oder nur sehr geringe Ausbreitung von Allgemeinveränderungen im Bereich eines engumschriebenen Herdes mit spannungshohem Deltafokus spricht für einen gut abgekapselten Hirnabszeß und gibt damit auch entscheidende Hinweise für den günstigsten Zeitpunkt einer unbedingt notwendigen neurochirurgischen Intervention.

Weiterhin darf als Regel gelten, daß bei Allgemeinveränderungen eine extreme Verlangsamung der einzelnen Wellen bis in den Subdeltabereich unter 1 Sekunde bzw. 0,5 pro Sekunde bei gleichzeitiger Abflachung der Spannungshöhe prognostisch als ein bedrohliches Zeichen quoad vitam angesehen werden muß. Im umgekehrten Falle ist eine Normalisierungstendenz des anfänglich schwer pathologisch veränderten Hirnpotentialbildes noch vor Eintritt der klinischen Besserung als günstiges Zeichen für den Rückgang des akuten Krankheitsgeschehens anzusehen. Dabei kann es allerdings klinisch zu einer Defektheilung kommen, die sich im Hirnpotentialbild nicht immer deutlich dokumentieren muß. Es geschieht nicht selten, daß bei einem irreversiblen Zustand, z. B. im Falle einer Demenz oder bei herdförmigen Ausfällen bei irreversiblen Schädigungen, das Eeg – allerdings abhängig von der Lokalisation des Herdes – nur noch geringe oder gar keine verwertbaren Veränderungen mehr aufzeigt.

Als weitgehend charakteristisch darf also »das Bild in allen Variationen« der EEG-Veränderungen gelten, wobei keine strengen Regeln für den Gesamtablauf und das Auftreten einzelner Wellenformen aufgestellt werden können. So kommen neben den schweren Allgemeinveränderungen und den teilweise paroxysmal oder in Gruppen auftretenden Theta- und Deltawellen auch vereinzelt Spitzenpotentiale vor, ja, es kann sowohl bei Krankheitsbeginn wie auch bei Krankheitsende, jeweils abhängig von der Lokalisation der beteiligten Hirnstrukturen, auch eine spannungshohe, bis 100 µV und höher reichende, bisweilen spindelförmig gestaltete Betaaktivität vorherrschen, die streckenweise noch lange Zeit nach klinischer Heilung im Hirnpotentialbild nachweisbar ist.

Von GIBBS und GIBBS sowie RADERMECKER wurde eine Abgrenzung der Enzephalitiden in zwei Unterformen vorgenommen, und zwar

1. die sogenannten primären Enzephalitiden, bei denen es primär reaktiv zu einer Abwehrreaktion kommt, die gegen die Noxe gerichtet ist (echte Enzephalitiden im Sinne NISSENS, SPIELMEYERS und SPATZ'); zu diesen gehören: die Poliomyelitis, die Herpesenzephalitis und andere Virusenzephalitiden, die nekrotisierende Enzephalitis und die subakute Leukenzephalitis,

2. die sogenannten para- oder postinfektiösen Enzephalitiden, wo es erst sekundär symptomatisch zu einer Abwehrreaktion gegen die Noxe kommt; dazu gehören Enzephalitiden, die im Verlauf von grippalen Infekten, Mumps, Masern, Listeriose, Morbus BANG, Tuberkulose, Morbus BOECK, Röteln und Windpocken auftreten, und enzephalitische Impfreaktionen. Unabhängig von den beiden Unterformen findet sich im Eeg ein ziemlich einheitliches und relativ charakteristisches elektroklinisches Verlaufsprofil. Im Beginn eines hochakuten Krankheitsgeschehens findet sich eine diffuse Deltawellentätigkeit mit großer Spannungshöhe; unter laufender Therapie ordnet sich das Bild über eine Organisation in Gruppen bilateraler monomorpher Deltawellen vorwiegend im Bereich der mittleren bis vorderen Hirnabschnitte. Im weiteren Verlauf dominieren die Thetawellen, die aus einem 4- bis zu einem 6–7/sec.-Rhythmus übergehen, bis sich das Eeg über den langsamen Alphabereich bald wieder normalisiert. Aber nicht selten kommt es erst nach Wochen bis Monaten über eine oft lang anhaltende Alphaverlangsamung von 8/sec.-Wellen zu einer Normalisierung des Hirnpotentialbildes. Verlaufsbeobachtungen bei Meningitis und Enzephalitis durch MIRTSCHINK (1972) ergaben, daß von 50 Patienten mit Meningitis bzw. Meningoenzephalitis leichterer Verlaufsform 44 Patienten pathologische Veränderungen im Eeg aufwiesen, davon 30mal Allgemeinveränderungen, 2mal Herdbefunde und 12mal andere Veränderungen verschiedener Schweregrade, 7mal Herdbefunde und 18mal andere pathologische Veränderungen. Nach $^1/_2$ Jahr fanden sich in den Kontrollableitungen noch 11mal Allgemeinveränderungen, 5mal Herdbefunde und 22mal andere Veränderungen; 6 Kontrollkurven hatten sich normalisiert. Nach 1 Jahr zeigten die Kontrollableitungen noch 5mal Allgemeinveränderungen; 31 Hirnpotentialbilder hatten sich normalisiert. – Bei den 20 Patienten mit Enzephalitis hatten alle Patienten ein pathologisches Eeg. Bei der Kontrollableitung nach $^1/_2$ Jahr fanden sich 19mal Allgemeinveränderungen, 6mal Herdbefunde und 11mal andere Veränderungen; 1 Eeg hatte sich normalisiert. Nach 1 Jahr fanden sich noch 15 pathologische Hirnpotentialbilder, 11mal Allgemeinveränderungen und 5 normalisiert. Hieraus ergibt sich, daß bei ausgesprochen enzephalitischen Prozessen die pathologischen Ver-

änderungen häufiger und schwerer waren und länger anhielten als bei meningitischen bzw. meningoenzephalitischen Prozessen, was auch unseren eigenen Erfahrungen entspricht.

Je nach hinzutretenden Komplikationen können sich einseitige oder auf bestimmte Hirnteile lokalisierte herdförmige Theta- und Deltagruppen herausbilden bzw. einzelne lokalisierte oder generalisierte paroxysmale spannungshohe Spitzenpotentiale aller Erscheinungsformen sowie auch Gruppenbildungen langsamer Wellen besonders über den temporalen Hirnanteilen, die ebenfalls von eingestreuten Spitzenpotentialen der verschiedensten Formen überlagert sein können. Finden sich lediglich Allgemeinveränderungen verschiedener Schweregrade *ohne* eingelagerte Paroxysmen bzw. Wellengruppen der verschiedensten Art, hat man es vorwiegend mit einem kortikalen Befall der Hirnsubstanz zu tun, dagegen weist das Auftreten von Paroxysmen oder Wellengruppen von mehr oder weniger schneller oder langsamer Theta- und/oder Deltaaktivität sowie von spike and wave-Komplexen – herdförmig oder generalisiert – vorwiegend auf subkortikale Schädigungen oder Veränderungen in den basalen bzw. im Hirnstamm gelegenen Hirnanteilen hin.

Wie bereits oben gesagt, trifft es in den meisten Fällen zu, daß schwere entzündliche Hirnprozesse im Sinne einer Enzephalitis bzw. Meningoenzephalitis entsprechend schwere diffuse EEG-Veränderungen hervorrufen, jedoch gibt es von dieser Regel gelegentlich Ausnahmen. So finden sich z. B. bei den den Krankheitsprozeß begleitenden schweren Bewußtseinsveränderungen nicht immer die zu erwartenden entsprechenden EEG-Veränderungen. Ja, es kommen sogar komatöse Zustände vor, bei denen wir ein nahezu regelrechtes Hirnpotentialbild ableiten. Nach DUENSING sei dieses am ehesten damit zu erklären, daß die Ausprägung der EEG-Veränderungen jeweils vom Grad der Schädigung gewisser vegetativer Vorgänge in den Nervenzellverbänden selbst und von der Lokalisation der Läsionen abhängig ist. Besonders werden entsprechende EEG-Veränderungen dann vermißt, wenn ein weit kaudal im Hirnstamm gelegener Prozeß sich eng umschrieben in diesen Bereichen abspielt. Das dürfte allerdings nicht für die z. T. widersprüchlichen, sehr seltenen Befunde bei schweren ausgedehnten eitrigen Meningitiden mit sicherer zerebraler Beteiligung zutreffen, bei denen man gelegentlich erstaunlich geringe Veränderungen im Hirnpotentialbild findet, für die es z. Z. noch keine Erklärung gibt.

Trotzdem bleibt der Grundsatz bestehen, daß die jeweilige Akuität und die Prozeßaktivität entscheidend für die gleichzeitig aufzufindenden EEG-Veränderungen sind und daß nicht Hirnprozesse schlechthin oder Hirnprozesse an sich bereits in jedem Falle entsprechende Störungen im Elektroenzephalogramm hervorrufen müssen.

Im folgenden soll noch auf bestimmte enzephalitische Prozesse eingegangen werden, die einige Besonderheiten im Krankheitsverlauf, in der Pathogenese und in den jeweilig auffindbaren Veränderungen des Elektroenzephalogramms erkennen lassen.

Relativ gut untersucht ist das Krankheitsbild vorwiegend der kindlichen tuberkulösen Meningoenzephalitis, besonders seitdem man dieses früher infauste Krankheitsgeschehen durch eine gezielte Therapie zu bessern in der Lage ist. Gerade bei diesen Krankheitsprozessen besteht eine erstaunliche Parallelität zwischen den Veränderungen im Eeg und dem klinischen Verlauf, die es erlaubt, wichtige prognostische Rückschlüsse zu ziehen. Es wird von GARSCHE und anderen Autoren betont, daß eine Zunahme der Störungen im Hirnpotentialbild trotz klinisch gleichem oder gebessertem Befund immer darauf hindeutet, daß die Erkrankung weiterschreitet und prognostisch als ungünstig zu beurteilen ist und daß im umgekehrten Falle trotz Gleichbleibens oder Verschlechterung des klinischen Befundes ein deutliches Zurückgehen der pathologischen Veränderungen im Hirnpotentialbild prognostisch günstig zu werten ist.

Auch bei den von uns untersuchten Fällen trifft dies vornehmlich für die kindliche tuberkulöse Meningoenzephalitis zu, weniger jedoch für die des Erwachsenenalters, in dem sich ja auch der klinische Verlauf oft wesentlich von dem im kindlichen Alter unterscheidet. Die uns bekannt gewordenen Fälle tuberkulöser Meningoenzephalitis bei Erwachsenen zeigten im Eeg nur geringe Veränderungen, obwohl wir fast in allen Fällen trotz gezielter Therapie die Patienten verloren haben.

Bei den para- oder postinfektiösen Enzephalitiden, gleich, ob im Kindes- oder Erwachsenenalter, ist die Frage und auch die Art der Behandlung weitgehend davon abhängig, wie ausgeprägt und wie anhaltend die Veränderungen im Eeg nachweisbar sind. Gehen die Veränderungen im Eeg nicht mit dem Abklingen der klinischen Zeichen zurück oder überdauern sie sie um ein beträchtliches, so ist immer daran zu denken, daß es zu einer Dauerschädigung der Hirnsubstanz gekommen ist, auch wenn sich das Hirnpotentialbild nach Monaten weitgehend wieder normalisiert. Bei subtiler klinischer Untersuchung wird man auch hier wieder vor allem bei Kindern finden, daß sich doch gelegentlich weniger deutlich ausgeprägte hirnorganische Psychosyndrome bzw. Wesensänderungen und Verhaltensstörungen finden, die nicht immer richtig erkannt und zugeordnet werden, da besonders bei klinisch nur vorübergehenden und rasch abklingenden Krankheitssymptomen ohne die Ableitung eines Eeg die Zusammenhänge nicht erkannt werden.

Länger anhaltende, vor allem lokale oder sich nach längerem Intervall immer wieder zeigende Spitzenpotentiale sollten doch Anlaß sein, eine gezielte, wenigstens vorübergehende Therapie mit Antikonvulsiva zu beginnen, um einer späteren Manifestation eines zerebralen Anfallgeschehens vorzubeugen. Sollten solche und andere unspezifische Veränderungen im Eeg die übliche Zeit von 1–2 Monaten überdauern oder gar Restzustände auch geringfügige Dauerveränderungen im Eeg zurücklassen, so sollte man dies als ein Warnzeichen dafür ansehen, bei Impfungen gegen Pocken, Poliomyelitis und Mumps größte Zurückhaltung zu üben, und solche Patienten nur unter Berücksichtigung und Beachtung aller Vorsichtsmaßnahmen einer unumgänglich notwendig werdenden Impfung zuführen.

Es sei darauf hingewiesen, daß selbstverständlich auch die primär auftretenden Enzephalitiden nach Pockenschutzimpfung jeweils entsprechende leichte oder schwere EEG-Veränderungen unspezifischer Art, wie oben bereits beschrieben, mit sich bringen. Dies ist auch für die Früherkennung wichtig.

Bei der Poliomyelitis liegen nur wenige, untereinander schwer vergleichbare Untersuchungen vor, jedoch wird das Eeg als ein empfindlicher Indikator subklinischer zerebraler Beteiligung bei Poliomyelitis angesehen. Die häufigsten pathologischen Befunde finden sich bei bulbärparalytischen und enzephalitischen Formen. Es wird dabei an die Möglichkeit gedacht, daß verschiedene Virustypen auch zu unterschiedlichen EEG-Veränderungen führen können. Im übrigen sind die EEG-Veränderungen nicht verschieden von denen anderer Enzephalitisformen, lediglich sei betont, daß Herdbefunde und das Auftreten von Spitzenpotentialen relativ selten zu beobachten sind. Auch bei anderen Enzephalitisformen, wie der Rabies, Enzephalitis japonica B, Eastern-, Western- und St. Louis-Enzephalitis, liegen nicht allzu zahlreiche Befunde vor, die insgesamt ebenfalls keine Spezifität gegenüber anderen Enzephalitisformen aufweisen.

Das gleiche gilt auch für Befunde bei der zentraleuropäischen Zeckenenzephalitis, u. a. bei der sogenannten Roznavaenzephalitis.

Zahlreiche Untersuchungen wurden bei Herpes simplex-Enzephalitis, z. B. von HEURTEMATTE; TAMALET; CHIPPAUX-HYPPOLITS; GULLAMET und DROMARD (1968), durchgeführt.

Auch hier finden sich keine von den üblichen EEG-Befunden abweichenden spezifischen Veränderungen, lediglich treten periodisch paroxysmale Entladungen auf, die entfernt an die von RADERMECKER (1949) beschriebenen SSLE-Komplexe, auf die später näher eingegangen wird, erinnern. In Anbetracht der Häufigkeit der Herpesenzephalitis – etwa 10% der Virusenzephalitiden – und ihrer hohen Mortalität mit 84% und der jetzt bestehenden Behandlungsmöglichkeit mit Indoxuridin haben UPTON und GUMPERT (1970) auf die Bedeutung des Eeg in der Frühdiagnose noch einmal besonders hingewiesen. Infolge des charakteristischen Befalls der Temporallappen ist die Fehldiagnose eines Hirnabszesses gegeben und möglich. Nach UPTON und GUMPERT sind folgende Befunde charakteristisch: 1. »diffuse langsame Hintergrundaktivität«, 2. am zweiten bis fünfzehnten Tag der Krankheit Auftreten periodischer Wellen, 3. rasche Entwicklung der periodischen Wellen, die bald wieder verschwinden, ohne daß sich das klinische Bild bessert, 4. fokales Auftreten von Komplexen und langsamen Wellen über den Temporalregionen, so daß zeitweilig Verdacht auf einen Hirnabszeß besteht.

Etwas ausführlicher möchte ich auf die subakute sklerosierende Leukenzephalitis (SSLE) eingehen, die gegenüber den anderen Enzephalitiden sowohl klinisch als auch elektroenzephalographisch und in ihrem Gesamtverlauf einige Besonderheiten aufzuweisen hat.

Die subakute sklerosierende Leukenzephalitis VAN BOGAERT (SSLE), die subakute Einschlußkörperchenenzephalitis nach DAWSON und die subakute Panenzephalitis PETTE-DÖRING werden unter dem Begriff subakute Leukenzephalitis zusammengefaßt. Ihre Zusammengehörigkeit ist von verschiedenen Autoren immer wieder betont worden [PRILL und SPAAR (1965), KYRIAKIDOU (1967)]. Die folgenden Ausführungen beziehen sich mithin auf diese subakuten Leukenzephalitiden.

Die Krankheit bevorzugt Kinder und Jugendliche hauptsächlich im Alter von 4–15 Jahren, jedoch sind auch Frühformen und Erkrankungen im späteren Lebensalter durchaus bekannt, so beschrieben von LORAND und NAGY, TARISKA und anderen. Sie verläuft, wie ihr Name ja bereits ausdrückt, subakut, eigentlich aber doch mehr chronisch progredient im Sinne eines Progressivsyndroms. Die meisten Kranken sterben innerhalb eines Jahres, jedoch gibt es auch jahrelange Remissionen und entsprechend lang dauernde Verläufe. Bei Spätformen sind diese offenbar häufiger als bei jüngeren Kindern. Die Krankheit beginnt meist schleichend, manchmal akut nach Operationen, nach Infekten der verschiedensten Art und mit einem epileptischen Anfall im Initialstadium. Der klinische Verlauf läßt eine charakteristische Progression erkennen. Das Krankheitsbild beginnt mit psychischen Störungen, Reizbarkeit, Verhaltens- und Antriebsstörungen und undeutlicher werdender Sprache. Bei einem Teil der Kranken sind bereits in diesem Stadium Pigmentveränderungen in der Makulagegend nachzuweisen. Zum Teil treten halluzinatorische oder delirante vorübergehende psychotische Zustände auf. Epileptische Anfälle von absenzartigem Charakter, Adversivanfälle oder auch seltene Grand maux können in diesem und im späteren Stadium vorkommen. Oft ist auch ein statusähnlicher Zustand der Einweisungsgrund in die Klinik, ohne daß das Grundkrankheitsbild schon erkannt oder vermutet wäre. Am Ende der ersten Krankheitsphase entwickeln sich Werkzeugstörungen, die der späteren Demenz vorausgehen: so Schreib-Lese-Störungen, Apraxie, Agnosie, Anosognosie, Körperschemastörungen. Der Wortschatz wird immer dürftiger, die sprachlichen Äußerungen werden immer spärlicher. Am Ende sind die Patienten weitgehend mutistisch. Ein zweites Stadium ist zu unterscheiden, in dem hyperkinetische Zustände auftreten mit myoklonischen Zuckungen des Kopfes und der Extremitäten, choreiforme und athetotische, auch ballistische Bewegungsunruhe. Später können Ataxie, Rigor und Spastizität hinzutreten. Die oralen Reflexe sind enthemmt. Die regelmäßige Wiederkehr der myoklonischen Zuckungen ist charakteristisch. Die motorischen Störungen können zuerst auch in Form von Sturzanfällen auftreten, die unter Umständen mit myoklonisch astatischen Anfällen verwechselt werden. Im weiteren Verlauf nimmt der Muskeltonus zu, die Kranken geraten allmählich in einen komatösen Zustand. Häufig treten hierbei vegetative Störungen des Atemrhythmus, der Herzaktion, der Vasomotoren und der Schweißsekretion auf. Im Finalstadium schließlich nimmt der Muskeltonus wieder ab, die Myoklonien werden seltener, es entwickeln sich Kontrakturen mit Muskelatrophien und schwerem Marasmus. Kurz ante finem bietet der Patient ein Dezerebrationssyndrom. Im Liquor finden sich die Gammaglobuline vermehrt. Die Kolloidreaktionen zeigen eine sogenannte Paralysekurve, also Anfangszacke. Im Serum und Liquor finden sich vermehrt Antikörper gegen Masernvirus. Mit Hilfe von Immunofluoreszenzmethoden wurden Masernantigene in Nervenzellen nachgewiesen. Es wird angenommen, daß die subakute Leukenzephalitis eine persistierende Masernerkrankung ist.

Zu den bei dem Krankheitsbild resultierenden elektroenzephalographischen Befunden ist folgendes zu sagen: Aufgrund der ersten Beschreibungen von RADERMECKER (1949) sowie COBB und HILL (1950) sind zahlreiche Einzelbeobachtungen und Übersichten über die klinischen EEG-Befunde bei SSLE erschienen, so u. a. von ALBERTON (1958); AMOURETTI (1969); DONNER, HALONEN und HALBTIA (1969); HABERLAND (1970) und von vielen anderen. Das Elektroenzephalogramm ist durch Veränderungen der Grundaktivität und häufig auftretende Komplexe spannungshoher Aktivität ausgezeichnet. Außerdem treten häufig Spitzenpotentiale und Herdbefunde auf. Die Reaktivität des Eeg ist vermindert oder aufgehoben. Für die Veränderungen der Grundaktivität ist eine bereits früh beginnende progressive Verlangsamung und schließlich Desorganisation im Eeg charakteristisch. Im allgemeinen gehen die Veränderungen im Eeg dem klinischen Bild parallel. Klinischen Remissionen entspricht meist ein Rückgang der EEG-Veränderungen (SILVA und Mitarb. 1970). Jedoch gibt es auch von dieser Regel Ausnahmen, siehe bei COBB (1966), der über ein 9jähriges Kind berichtet, das im bewußtseinsklaren und responsiven Zustand eine spannungshohe 1/sec.-Aktivität neben den typischen SSLE-Komplexen aufwies und 4 Monate später im Komazustand eine normal aussehende 13/sec.-Aktivität ohne Komplexe entwickelte, die erst später wieder auftraten. Bei einem 20jährigen Mann bestand zunächst eine überwiegend langsame Aktivität, nach $2^1/_2$ monatigem Krankheitsverlauf 2 Wochen vor dem Tode waren Alpharhythmen nachzuweisen, die durch Augenöffnen blockiert wurden.

Entsprechend den Wandlungen der klinischen Symptome lassen auch die EEG-Befunde differente Phasen erkennen. Mit dem Auftreten psychischer Symptome und den späteren Werkzeugstörungen verlangsamt sich die Grundaktivität. Die Alphaaktivität wird durch meist spannungshohe Theta- und Deltawellen ersetzt. Die Reaktion der Grundaktivität auf extrazeptive Reize ist vermindert. Im fortgeschrittenen Stadium entwickelt sich eine polymorphe spannungshohe Deltaaktivität, vorübergehend kann eine spannungshohe relativ monomorphe und organisierte Deltatätigkeit vorherrschen. Im Endstadium schließlich nimmt die Spannungshöhe der langsamen Aktivität ständig ab. Präfinal findet sich eine scheinbare elektrische Stille (»flaches Eeg«) als Ausdruck eines irreversiblen Funktionsverlustes. Auch im fortgeschrittenen Stadium kommen Remissionen der Grundaktivität vor. Teilweise wird auch frequente Alphatätigkeit von 13/sec. beobachtet. Die SSLE-Komplexe für sich betrachtet müssen als weitgehend charakteristisch gelten, wenn auch nicht absolut spezifisch für die SSLE, da sie auch bei anderen Krankheitsprozessen, die von der Lokalisation her ähnlich gelagert sind, wie bereits oben erwähnt (z. B. Herpes zoster), gelegentlich auftreten können. Der erste Beschreiber dieser SSLE-Komponente ist RADERMECKER, der 1949 diese in fast allen Fällen von SSLE nachweisbaren repetierenden Komplexe beschrieb. Sie bestehen aus 2 oder mehr Wellen mit einer durchschnittlichen Frequenz von 0,5-2/sec. Die Dauer der auftretenden Komplexe überschreitet im allgemeinen 5 Sekunden nicht. Der Anfang ist besser erkennbar als das Ende.

Im allgemeinen beträgt die Spannungshöhe ca. 500 μV; kleinere Spannungshöhen, ca. 100 μV, und größere bis etwa 1 000 μV kommen vor. Die Komplexe bestehen vorwiegend aus einer biphasischen Komponente positiv – negativ, der schnelle oder langsame Formelemente überlagert sein können. Ihre Form unterscheidet sich von Patient zu Patient unter Umständen beträchtlich. Während des Krankheitsverlaufs sind intraindividuelle Variationen möglich. Im allgemeinen bleiben die Komplexe jedoch relativ gleichartig. In ein und derselben zeitlich hintereinander liegenden Ableitung ändern sie sich kaum. Unter Umständen können bei einem Patienten gleichzeitig zwei verschiedene Komplexe mit unterschiedlicher Form, unterschiedlicher Wiederholungsrate und unterschiedlicher Lokalisation auftreten. Die Wiederholungsfrequenz, der Abstand von Komplex zu Komplex, beträgt im allgemeinen 4–16 Sekunden und wiederholt sich in etwa gleichen Abständen. Falls gleichzeitig Myoklonien auftreten, verhalten sie sich zu den Komplexen wie 1 : 1. Sobald sich der Rhythmus der Komplexe stabilisiert hat, werden sie von den Außenreizen meist nicht mehr beeinflußt. Diese Komplexe treten z. T. bereits im frühen Krankheitsverlauf auf. Sie können jedoch noch während des gesamten Verlaufs erscheinen. Sie sind von der Grundaktivität unabhängig. Im allgemeinen unterliegen sie der gleichen Desorganisation im Verlauf der Krankheit wie die Grundaktivität. In manchen Fällen sind sie jedoch noch wenige Tage vor dem Tode nachweisbar. Während des Verlaufs können sie verschwinden, um später erneut aufzutreten.

Bei diesen Erkrankungen wurden auch Ableitungen während des Schlafes vorgenommen. Es zeigte sich, daß in Abhängigkeit vom Stadium der Krankheit die typischen Stadien des orthodoxen Schlafes zunehmend schlechter zu erkennen sind. Bei fortgeschrittener Krankheit ist eine elektroenzephalographische Differenzierung nicht mehr möglich. PETRE-QUADENS und Mitarb. (1968) heben die relative Dissoziation zwischen elektroenzephalographischen, elektrookulographischen und elektromyographischen Schlafparametern hervor. Im wesentlichen lassen sich zwei Phasen im Schlaf-Eeg erkennen: ein Stadium mit niedergespannter schneller Aktivität, teils mit, teils ohne Spindeln, und ein Stadium mit spannungshoher langsamer Aktivität. Die Spindeln sind nur im Beginn der Krankheit nachzuweisen. Im fortgeschrittenen Stadium fehlen K-Komplexe, Vertexwellen und Sigmaspindeln, so bei COBB; FENYÖ und HSZOS (1964); SCOLLO-LAVIZZARI (1968).

Der REM-Schlaf ist vermindert, die Augenbewegungen treten unabhängig vom EEG-Muster auf. Dauernd vermindert oder aufgehoben ist die Aktivität der submentalen Muskeln, deren Myogramm nicht mehr zur Beurteilung des REM-Schlafes herangezogen werden kann. Die sich wiederholenden Komplexe bleiben im orthodoxen und im REM-Schlaf erhalten. Im Schlaf mit langsamen spannungshohen Wellen werden die Intervalle zwischen den Komplexen kürzer, im Schlaf mit raschen spannungsniedrigen Wellen werden die Intervalle länger. SCOLLO-LAVIZZARI berichtete 1968 über Frequenzabnahme und Abnahme der Variation der Intervalle im Schlaf. Im tieferen Schlaf sistieren die Myoklonien unabhängig davon, ob die Komplexe bestehenbleiben. In dem Schlafstadium A, B und C nach LOOMIS kann das Eeg inkonstant und generalisiert aktiviert werden. Es treten z. T. langsame Wellen oder Spindeln rascher Aktivität hervor, besonders während und nach den Komplexen. Sigmaspindeln während der Komplexe wurden bereits von COBB (1966), PETRE-QUADENS und Mitarb. (1968) beobachtet. Herdbefunde in Form fokaler oder lateralisierter langsamer Aktivität kommen bei einem Teil der Kranken vor. Sie gehen nicht immer mit den entsprechenden neurologischen Symptomen einher. Über einen Fall mit elektroenzephalographischem Herdbefund und klinischer Tumorsymptomatologie ohne Auftreten sich wiederholender Komplexe berichtete CRISTI (1968). Spitzenpotentiale treten häufig auf, z. T. in zeitlichem Zusammenhang mit den sich ständig wiederholenden Komplexen, z. T. auch unabhängig davon.

Noch einige Worte in bezug auf den Entstehungsmechanismus der Komplexe, der noch umstritten ist. Mittels stereoenzephalographischer Ableitung wurden die Komplexe auch in subkortikalen Bereichen nachgewiesen (COBB 1968). RADERMECKER (1956) sieht die Komplexe als eine anatomische oder funktionelle Läsion des oberen Teils der Retikulärformation und ihre periodische Wiederkehr als die Autorhythmizität der thalamokortikalen Aktivität. Die langsamen Wellen der Komplexe sollen deformierten K-Komplexen oder der sekundären Antwort entsprechen. Diese Deutung wird von FENYÖ und HSZOS (1964) sowie von PASSOUANT und Mitarb. (1970) bezweifelt, von HEYE und WINTER (1972) jedoch bestätigt.

Zieht man aus den gesamten Erfahrungen die richtigen Schlüsse, beruht der Hauptwert des Elektroenzephalogramms bei den entzündlichen Erkrankungen des ZNS auf folgenden 5 wichtigen Grundtatsachen:

1. Es besteht die Möglichkeit aufgrund der erhobenen EEG-Befunde, Verbindliches über die Akuität des jeweiligen Krankheitszustandes auszusagen bzw. die Beteiligung des ZNS am Krankheitsgeschehen überhaupt zu sichern. – 2. Ausprägung und Verlauf der pathologischen EEG-Veränderungen bei kontinuierlichen Kontrolluntersuchungen geben wichtige Hinweise auf die Prognose des Krankheitsgeschehens, und zwar sowohl im positiven als auch im negativen Sinne. – 3. Rechtzeitige Erkennung von zugleich auftretenden und inzipienten Komplikationen während des Krankheitsverlaufs und daraus abzuleitenden therapeutischen Maßnahmen. – 4. Erkennung und Zuordnung von irreversiblen Restzuständen zerebraler Schädigungen und Inbeziehungsetzung zu evtl. noch vorhandenen neurologischen oder psychophysischen Ausfallserscheinungen. – 5. Unterscheidung von reversiblen (Funktionspsychose), irreversiblen (Defektsyndrom) und chronisch progredienten (Progressivsyndrom) neuropsychiatrischen Krankheitszuständen.

9.6. Eeg bei sonstigen Erkrankungen

9.6.1. Einleitung

Wenn in den vorhergehenden Kapiteln immer wieder mehr oder weniger typische, aber kaum je spezifische Veränderungen (ausgenommen die zerebralen Anfallsleiden) im Eeg zu bestimmten zerebralen Krankheitsbildern in Beziehung gesetzt worden sind, so gilt das in etwa gleichem Maße auch für eine Reihe von anderen Krankheiten bzw. Krankheitszuständen, die entweder direkt oder indirekt das Gehirn nur vorübergehend oder für dauernd schädigen. Insgesamt mag gelten, daß auch in diesen Fällen keine spezifischen Befunde im Eeg zu erwarten sind und im wesentlichen ebenfalls Akuität, Prozeßaktivität und Lokalisation des jeweiligen Krankheitsgeschehens die im Eeg sichtbaren Veränderungen und ihren positiven bzw. negativen Wandel bestimmen. Erstaunlich mag sein, daß in einigen Krankheitsfällen, bei denen es immerhin zu schwerwiegenden histopathologisch nachweisbaren Veränderungen in den verschiedenen Bereichen der Hirnsubstanz und/oder den Hirngefäßen kommt, kaum Veränderungen im Eeg nachweisbar sind oder sogar gänzlich fehlen. Um einen gewissen Übergang zu dem vorausgehenden Kapitel über die entzündlichen Erkrankungen herzustellen, sei zunächst über die syphilitischen Erkrankungen des ZNS berichtet.

9.6.2. Syphilitische Erkrankungen des Zentralnervensystems

Vor allem die frühzeitig auftretenden zerebralen Erkrankungen mit ihren außerordentlich mannigfaltig lokalisierten Angriffspunkten im Bereich der Hirnsubstanz selbst, ihrer Häute und/oder Gefäße lassen einige Verwandtschaft zu den meningoenzephalitischen Krankheitsprozessen erkennen. Entsprechende Veränderungen werden wir daher auch im Eeg zu erwarten haben. Besonders bei der Lues cerebrospinalis finden sich abhängig von Akuität, Krankheitsverlauf und Hauptangriffspunkt (Lokalisation) ähnliche Veränderungen im Eeg wie bei den primären und sekundären Enzephalitiden bzw. den Meningoenzephalitiden. Leichte bis schwere Allgemeinveränderungen, Herdlokalisationen bei Gefäßprozessen und Spitzenpotentiale weisen auf Art, Verlauf und mögliche Komplikationen des Prozesses hin. Entsprechend der Reversibilität der klinischen Symptome bei erfolgreich behandelten Krankheitszuständen ist ein weitgehend paralleler Rückgang der im Eeg ablesbaren Veränderungen zu verzeichnen. Gerade bei der frühsyphilitischen, sogenannten akuten syphilitischen Meningitis gibt es eine sehr gute Übereinstimmung über das rasche therapeutische Ansprechen auf eine antisyphilitische Behandlung und den Rückgang der oft sehr ausgeprägten vorwiegend frontopräzentral bis zentral gelegenen spannungshohen langsamen Theta- und Deltawellen im Eeg.

Sehr eingehend an einem großen Krankengut wurde die progressive Paralyse durch PENIN 1962 in bezug auf die EEG-Veränderungen bei dieser Erkrankung untersucht. Bei 80 Paralysen fand sich eine gute Übereinstimmung zwischen psychischem Zustand, Verlaufsbild und den Liquorveränderungen. Dabei wurde deutlich, daß die EEG-Veränderungen in starkem Maße von der psychischen Akuität des Krankheitsprozesses und den Liquorveränderungen abhängig sind. Im gesamten Krankheitsverlauf wurden von PENIN nach Beginn der spezifischen Therapie gewisse Gesetzmäßigkeiten gefunden. Es wurde abgeleitet, daß wie in so vielen Fällen auch hier die EEG-Veränderungen nichts Bestimmtes über die Art der vorliegenden zerebralen Störung aussagen und ihr Auftreten im Eeg nicht gleichbedeutend mit dem Vorhandensein irgendeines spezifischen psychopathologischen Syndroms, etwa im Sinne einer nosologischen Entität, sei. PENIN stellt fest, daß immer dann das Hirnpotentialbild mehr oder weniger schwer verändert ist, wenn sich die psychischen Auffälligkeiten, gleich bei welchem Krankheitsprozeß, in einer raschen zeitlichen Folge zu einem besonderen Schweregrad entwickeln. Die jeweilige Schwere der EEG-Veränderungen hängt nach PENIN weitgehend, wie auch in anderen Fällen, von der Akuität, dem Ausmaß und der Prozeßaktivität der progressiven Paralyse ab. Bei diesen Zuständen – die vorwiegend mit Verwirrtheit einhergehen – fand PENIN besonders spannungshohe paroxysmal aufschießende, langsame Theta- und Deltawellen in Gruppen, die sich vorwiegend im frontopräzentrozentralen Ableitbereich darstellen. Für das Zustandekommen dieser besonderen Wellenabläufe werden in Übereinstimmung mit anderen Autoren vor allem subkortikale Hirnstrukturen verantwortlich gemacht. Diese besonderen Wellenformationen wurden von PENIN als Parenrhythmie bezeichnet.

Im Gegensatz dazu fand er bei Dämmerzuständen und besonnenen Ausnahmezuständen vorwiegend eine andere Wellenformation, die er als Aidiorhythmie bezeichnete. Hier handelt es sich *nicht* um paroxysmal aufschießende langsame Veränderungen, sondern um kontinuierlich ablaufende lang anhaltende Theta- und Deltawellenstrecken oder -züge.

Entsprechend der Verlaufsdynamik der behandelten progressiven Paralysen fand PENIN eine gewisse Gesetzmäßigkeit zwischen der Rückbildung der psychischen Prozesse und den EEG-Veränderungen. Nach Abklingen der spannungshohen paroxysmalen frontopräzentralen Aktivität bei einer insgesamt verlangsamten vorwiegenden Thetaaktivität kommt es parallel mit dem Rückgang der entzündlichen Liquorveränderungen und dem psychischen Zustandsbild etwa innerhalb eines Jahres über eine spannungshohe diskontinuierliche Thetaaktivität zu einer flachen langsamen Alphagrundaktivität, die allmählich wieder spannungshöher und rascher wird.

Bei einem paralytischen Defektzustand (nach abgeschlossener Behandlung) findet man in etwa der Hälfte der Fälle eine Abflachung des Kurvenbildes, bei einem Drittel ein Beta-Eeg, das in der Regel ebenfalls relativ flach ist.

Als wichtiges weiteres Ergebnis sei hervorgehoben, daß nach PENIN bei bereits chronischer Paralyse schon vor Beginn einer Therapie in den meisten Fällen ein normales Eeg oder Grenzbefunde vorliegen. Das mag der Grund dafür sein, daß vielen Untersuchern keine Besonderheiten bei progressiver Paralyse im Eeg aufgefallen sind, da die Untersuchungsergebnisse im Eeg sehr abhängig von der Art des Verlaufsprozesses sind. Bei evtl. im Eeg auftretenden Herdveränderungen handelt es sich am wahrscheinlichsten um paralytische gefäßgebundene »Herdenzephalitiden« im Sinne von LISSAUER. Bei entsprechender Therapie kommt es relativ rasch zum Rückgang dieser Herdveränderungen, was für die Differentialdiagnose bei einem evtl. vermuteten Hirntumor von Bedeutung sein kann.

9.6.3. Multiple Sklerose

Bei den ätiopathogenetischen Fragen zur M. S. stehen heute neuroallergische und virusbedingte Konzeptionen im Vordergrund. Unter Einbeziehung der neuesten Erkenntnisse über den Auslösemechanismus bestimmter Immunprozesse wird die Kombination von exogen induzierten virusbedingten (slow virus) mit endogenantigenen autoimmunologischen Ursachefaktoren als das grundlegende und im einzelnen noch aufzuklärende Problem der M. S. angesehen. Insofern besteht doch noch eine, wenn auch entfernte Beziehung zu den entzündlichen Erkrankungen des ZNS.

Um so erstaunlicher ist es, daß auch bei floriden Krankheitsprozessen nur wenige und uncharakteristische EEG-Veränderungen auftreten. Es kommt im allgemeinen auch bei massiven neurologischen Ausfallserscheinungen nicht zu adäquaten EEG-Veränderungen, allenfalls überwiegen die sehr leichten Allgemeinveränderungen bzw. Grenzbefunde. Nach FUGLSANG-FREDERIKSEN, HITZSCHKE u. a. zeigen Fälle mit langer Krankheitsdauer und hoher Frequenz der akuten Schübe gehäufter pathologische Veränderungen unspezifischer Art im Eeg, wobei Verlangsamungstendenzen mit gelegentlich eingestreuten, oft frontozentral betonten Paroxysmen im Theta-Delta-Bereich, die auf eine subkortikale Schädigung hinweisen, am häufigsten zu beobachten sind. Auch bei den selten auftretenden fokalen oder seitenbetonten Veränderungen im Eeg ist nur in wenigen Fällen eine Übereinstimmung mit den neurologisch bzw. histopathologisch nachweisbaren hirnlokalisatorischen Schädigungen gegeben. Die häufigste Korrelation besteht noch bei klinisch auftretender totaler Hemiparese und den kontralateralen Seiten- bzw. Herdbefunden im Eeg.

RICHEY und Mitarb. berichten, daß sie bei der M. S. bei optischer Reizbeantwortung eine deutliche Verlängerung der Reizantwort besonders okzipital und zentral beidseits gefunden haben. Bei dem von ihnen untersuchten Krankengut fanden sich in einem Drittel der Fälle abnorme Reizantworten. Bei einer anderen von ihnen untersuchten Gruppe, bei der sich »ausschließlich« spinale Symptome nachweisen ließen, traten in der Hälfte der Fälle ebenfalls abnorme Reizantworten im Eeg auf. Gelegentlich kam es auch, besonders bei den zerebral bedingten Krankheitsprozessen, zu herdbetonten abnormen Reizantworten. Es bestand jedoch keine Korrelation zwischen lokalisierten abnormen EEG-Veränderungen und klinisch vermuteter Lokalisation der Schädigung. Immerhin hielten RICHEY und Mitarb. diese Methode für geeignet zum Nachweis klinisch nicht faßbarer zerebraler Herde. Charakteristische Veränderungen oder gar spezifische EEG-Veränderungen konnten bisher bei dieser Erkrankung jedoch mit keiner Methode nachgewiesen werden.

9.6.4. Stoffwechselerkrankungen einschließlicher komatöser Zustände

Bei den Stoffwechselstörungen sind einmal die primären Stoffwechselerkrankungen des Gehirns als endogen hereditäre Syndrome bei Lipoidosen, Phenylketonurie, Leukodystrophie, WILSONscher Erkrankung, amaurotischer Idiotie von den sekundären Syndromen, bei denen hepatische, urämische, diabetische und endokrin bedingte zentralnervale Störungen im Vordergrund stehen, zu trennen. Die Veränderungen bei den erstgenannten sind weitgehend abhängig von der Akuität des Prozesses, aber auch von dem Reifungsgrad des Gehirns. Charakteristische oder spezifische Veränderungen finden sich auch hier nicht. Vorwiegend bei klinisch stark ausgeprägten Krankheitsbildern finden wir die Tendenz zur Verlangsamung bis in den Deltabereich und das Auftreten spannungshoher paroxysmaler Theta- und Deltafrequenzen, die mit Spitzenpotentialen untermischt sein können.

HANSIOTA und Mitarb. berichten 1969, daß sie bei der WILSONschen Erkrankung keine Korrelation im Eeg mit klinisch-chemischen Laborwerten fanden. Lediglich unspezifische leichte Allgemeinveränderungen bis Verlangsamungen im Theta- bis Deltabereich wurden gesehen. Auch bei mehr oder weniger erfolgreicher Therapie mit BAL bzw. d-Penicillamin gab es keine Übereinstimmung zwischen klinischem Bild und EEG-Veränderungen. Nach STRAUSS und Mitarb. sowie anderen Untersuchern finden sich besonders im Frühstadium kaum pathologische Veränderungen, während die genannten Verlangsamungstendenzen etwa parallel mit der zunehmenden extrapyramidalen Symptomatik aufzutreten pflegen.

Auffallend wenig Veränderungen in allen Stadien der Erkrankung finden sich bei der amaurotischen Idiotie nach RADERMECKER im Bereich der Grundaktivität. Es wurden lediglich spannungshohe langsame Wellen mit spike and wave-Komplexen, gehäuft mit polyspike and wave als pathologisches Substrat gesehen. Evtl. auftretende Seitendifferenzen standen weitgehend in Einklang mit der neurologischen Symptomatik.

Bei den sogenannten metabolischen Erkrankungen (Endotoxikosen) finden wir klinisch vor allem mehr oder weniger stark ausgeprägte Bilder einer symptomatischen Psychose. Nach den eingehenden Untersuchungen von PENIN 1972 ergeben sich für die infolge von Stoffwechselstörungen hervorgerufenen sogenannten metabolischen Enzephalopathien ziemlich einheitliche und abhängig von dem klinischen Bild immer wiederkehrende klinisch-elektroenzephalographische Verlaufsschemata, die ebenfalls wieder abhängig sind von der Ausprägung der vorliegenden Störung und dem daraus resultierenden Krankheitszustand.

Nach PENIN kann man folgende Beziehungen zwischen psychopathologischem Verhalten und Eeg häufiger als rein zufällig treffen:

1. Der leichten Enzephalopathie läßt sich ein Eeg noch im Bereich der Norm oder ein Grenzbefund z. B. im Sinne von sehr leichten Allgemeinveränderungen bzw. einer Alphaverlangsamung zuordnen.

2. Der mittleren und schweren Enzephalopathie – objektivierbare organische Psychosyndrome unterschiedlicher Schweregrade mit veränderter Stimmungs- und Affektlage, Triebstörungen der verschiedensten Art sowie psychischem Leistungsabbau – entspricht das Eeg mit leichten bis mäßigen Allgemeinveränderungen, gekennzeichnet durch Theta-Delta-Gruppen und paroxysmale Ausbrüche, oder (nicht selten auch zusätzlich) es finden sich stärker ausgeprägte, basal betonte Allgemeinveränderungen der mittleren Grade (»basale Dysrhythmie«).

3. Im präkomatösen Zustand prävalieren die akuten Störsyndrome mit psychischem Leistungszerfall, nach ZEH häufig begleitet von der Trübung des Sensoriums. Im Eeg findet sich eine 1,5–3/sec.-Deltagruppenbildung

bei leichten bis mäßigen Allgemeinveränderungen. Erfolgt der Übergang zum Koma, läßt sich die Form der sonst herausragenden Deltagruppen und Paroxysmen (Parenrhythmie) nicht mehr von den schweren Allgemeinveränderungen trennen. Das Kurvenbild wird beherrscht von einem Gemisch spannungshoher rhythmischer, monomorpher und arrhythmischer polymorpher 1–2/sec.-Wellen. Wie schon unter dem Kapitel syphilitische Erkrankungen erwähnt, finden sich auch spannungshohe Allgemeinveränderungen (Aidiorhythmie) mit ziemlich frequenzstabilen spannungsgleichen Deltafrequenzen um 3–2,5/sec. und sogenannten rhythmisch auftretenden »triphasic waves«. Dieses Kurvenbild läßt sich mit einem organischen Ausnahmebzw. Dämmerzustand in Beziehung setzen, den man vor allem beim subakuten Verlaufstyp einer hepatischen oder urämischen Stoffwechselentgleisung beobachten kann. In diesem Zusammenhang betont PENIN, daß es ein für Leberkoma oder urämisches Koma spezifisches Wellenmuster im Eeg grundsätzlich nicht gibt und daß es sich auch bei den von BICKFORD und BUTT als typisch beschriebenen »triphasic waves« oder jener von SILVERMAN herausgestellten »pseudoparoxysmal activity« um völlig unspezifische EEG-Veränderungen handelt. Bei allen Stoffwechselerkrankungen mit zentraler Symptomatik könne man etwa entsprechend der Schwere des Krankheitszustandes die gleichen Veränderungen im Eeg beobachten.

In bezug auf die Enttäuschung, die das Eeg bei manchen – besonders internistisch orientierten – Ärzten im Zusammenhang mit dem Leberkoma und anderen komatösen Zuständen wegen der fehlenden Korrelation zwischen psychisch deutlich wesensveränderten Patienten bei unauffälligem Kurvenbild hervorgerufen hat, erbringt PENIN anhand der Beobachtung eines zweijährigen Verlaufs bei einem Leberkranken mit portokavaler E/S-Anastomose eine Erklärung für dieses Phänomen: Nur in den jeweils akuten Schüben mit schweren psychopathologischen Auffälligkeiten finden sich in die sonst nur leicht oder mäßig ausgeprägten Allgemeinveränderungen spannungshohe Deltagruppen bzw. Theta-Delta-Paroxysmen eingestreut. In den Zwischenzeiten, in denen eine klinische Remission eingetreten ist, entsprechen die EEG-Veränderungen etwa denen einer zerebralen irreversiblen Dauerschädigung, bei der ja auch bei anderen Erkrankungen des ZNS kaum oder nur angedeutet leichte Veränderungen im Hirnpotentialbild nachzuweisen sind. Immer ist nach PENIN die vorausgehende neuropsychiatrische Diagnose einer wie auch immer gearteten Enzephalopathie die conditio sine qua non für die richtige Interpretation des Hirnpotentialbildes.

Allgemein gültig dürfte sein, daß das Elektroenzephalogramm jeweils den Schweregrad der akuten Enzephalopathie, des präkomatösen bzw. des komatösen Zustandes bei Verlaufskontrollen und die Prognose einer Stoffwechselstörung relativ zuverlässig widerspiegelt. Ja man kann die Beteiligung bzw. das entscheidend Mitbetroffensein des Zentralnervensystems bei den verschiedensten Stoffwechselstörungen im akuten Prozeß auch bei wenig auffallender oder wegen fehlender Fachkenntnis nicht erkannter oder nicht richtig zugeordneter psychopathologischer Symptomatik aufgrund der EEG-Veränderungen zuverlässig erkennen und zuordnen. Bei den komatösen Zuständen insgesamt gilt es, daß, je flacher und langsamer die Frequenzen ablaufen, desto bedenklicher der Gesamtzustand quoad vitam ist. Eine weitere Verschlechterung der Prognose ist aus dem Auftreten von mehr oder weniger lang anhaltenden Strecken flacher bis sehr flacher, bei normaler Verstärkung als Nullinie (isoelektrische Linie) imponierenden Einblendungen in das Bild schwerster Allgemeinveränderungen abzuleiten, das nicht selten den bevorstehenden Exitus letalis ankündigt.

Komplikationen, wie z. B. das Auftreten von zerebralen generalisierten Krampfanfällen, besonders bei Urämie, werden häufig durch mehr oder weniger ausgeprägte, vorwiegend generalisierte Spitzenpotentiale bereits vorher angekündigt. Erwähnt sei noch, daß nach ZYSNO und Mitarb. sowie PRILL und Mitarb. zwischen Eeg und Elektrolytwerten im Serum, Harnstoff, Plasmakreatinin sowie der endogenen Kreatininclearance und den Blutdrucksteigerungen keine signifikante Beziehung besteht.

Das gleiche trifft auch zu bei den Fällen mit akuter intermittierender Porphyrie. Hier findet man schwere Allgemeinveränderungen, in die spannungshohe Theta-Delta-Gruppen eingestreut sein können. Nach REICHMÜLLER findet man im Eeg allerdings keine engeren Korrelationen zwischen neurologisch-psychiatrischer Symptomatik, die auf toxische und vaskuläre Einflüsse am ZNS zurückgeführt werden, und den biochemischen Befunden, etwa mit der Deltaaminolävulinsäure- und der Porphobilinogenausscheidung im Urin.

Es ist bekannt, daß zwischen Nervensystem und Endokrinium enge funktionelle Beziehungen bestehen. So lassen sich z. B. auch bei Hyper- bzw. Hypoglykämie bestimmte Veränderungen im Eeg feststellen, die jedoch bei der Hypoglykämie wesentlich ausgeprägter vorhanden sind als bei der Hyperglykämie. Bei ersterer hängen die Veränderungen weitgehend von den arteriellen Blutzuckerwerten ab. Beim Absinken unter 50 bzw. 30 mg% treten mittlere bzw. schwere Allgemeinveränderungen auf, im hypoglykämischen Koma finden wir die gleichen unspezifischen Veränderungen wie bereits vorher beschrieben. Auch hier ist eine differenzierte Abgrenzung gegenüber dem Koma anderer Genese vom Eeg her nicht möglich. Häufig kommt es durch mehrfache Insulinüberdosierung, wie wir es auch bei der früher üblichen Insulinschockbehandlung Schizophrener gesehen haben, zu Ganglienzelluntergängen, die je nach Ausprägungsgrad und Zahl schließlich auch im normoglykämischen Intervall pathologische EEG-Veränderungen mäßigen Grades hervorrufen können.

POIRÉ und ZUBER fanden bei experimentell erzeugter Hypoglykämie keinen zeitlichen Zusammenhang zwischen dem Auftreten von Myoklonien und EEG-Veränderungen.

Erstaunlicherweise findet man bei der Hyperglykämie wieder relativ selten Veränderungen im Eeg. Am ehesten treten Frequenzbeschleunigungen bei Zuckerwerten von 400–500 mg% neben leichten bis mäßigen Allgemeinveränderungen auf. Das Hirnpotentialbild kann allerdings, wenn auch selten, in mäßige Allgemeinveränderungen mit steilen Wellen, die unregelmäßig eingestreut sind, übergehen.

Bei Schilddrüsenerkrankungen finden sich sowohl bei Hyperthyreose als auch bei Hypothyreose Veränderungen im Eeg verschiedener Art. Auch hier sei gleich zu Anfang gesagt, daß sich charakteristische Veränderungen bzw. spezifische Veränderungen nicht finden lassen. Bei der angeborenen Hypothyreose bzw. der Ausbildung des Krankheitsbildes eines Myxödems fand TODT bei Kindern, die er klinisch und elektroenzephalographisch in einer Längsschnittuntersuchung beobachtete – vorwiegend bei erheblich retardierten Kindern –, langsame und steile Wellen mit eingestreuten Spitzenparoxysmen. Unter der Behandlung mit L-Trijodthyronin kam es teilweise sogar zur Aktivierung der paroxysmalen Entladungen, die von TODT jedoch nicht als Folge der Medikation aufgefaßt wurden. Vielmehr ist er der Meinung, daß es sich hier um die Demaskierung latent vorhandener organischer Hirnschäden, die vermutlich schon pränatal entstanden sind, handelt. Zu gleichen Ergebnissen kamen PENEVA und Mitarb.

SIMEONIDIS und Mitarb. fanden bei Hyperthyreose eine vorwiegende Grundaktivität von 10,8/sec.-Alphawellen. In diese Grundaktivität eingelagert fanden sich häufig spannungsniedrige langsame Alphawellen um 8–9/sec., bei 57,8% Theta- und selten Deltawellen. Paroxysmen mit steilen Abläufen waren in 71%, Betarhythmen spannungshoch und rasch in 96,8% und in der Hälfte der Fälle gleichzeitig Betaparoxysmen eingelagert. In 55% trugen die Veränderungen generalisierten Charakter, 13% bilateral synchrone und 15,5% fokale Veränderungen. Eine Zunahme aller Veränderungen unter der Hyperventilation konnte in 52% der Fälle gesehen werden.

Bei Hypothyreose fanden die gleichen Verfasser eine Grundaktivität von 8,4/sec.-Alphawellen und 30 μV bei gleichzeitig eingestreuter Thetatätigkeit. Unterschiedlich fanden sich Zeichen, die einmal für eine gesteigerte, zum anderen aber für eine herabgesetzte Erregbarkeit des Zentralnervensystems sprachen. Es wird darauf hingewiesen, daß die Ergebnisse verschiedenster Autoren außerordentlich differieren, daß bisher keine eindeutige Klarheit gefunden werden konnte und es bisher unbekannt ist, wie und wo die Schilddrüsenhormone im ZNS angreifen bzw. wirksam werden. KRUMP, VAGUE und Mitarb. fanden sehr eindrucksvolle Veränderungen bei der primären stark ausgeprägten Hyperthyreose entsprechend der Steigerung des oxydativen Zellstoffwechsels, und zwar neben einer Frequenzbeschleunigung bis in den langsamen Betawellenbereich gleichzeitige Überlagerung durch Thetawellen. Bei schwerer Thyreotoxikose dominieren frequenzinstabile spannungshohe Thetawellen im Eeg, und bei der thyreotoxischen Krise, dem sogenannten Coma basedowicum, verändert sich das Hirnpotentialbild nach SCHWARZ und SCRIBA entsprechend der Schwere des klinischen Zustandsbildes mit Auftreten von häufig eingestreuten spannungshohen Deltagruppen bei nur relativ leichten Allgemeinveränderungen. Vertieft sich das Koma weiterhin, findet man die gleichen Veränderungen, wie sie bereits bei anderen komatösen Zuständen geschildert wurden.

Nach NIEMANN sieht man bei der Hypothyreose bzw. dem Myxödem eine Verlangsamung der bioelektrischen Aktivität, wobei eine gute Parallelität zwischen Verlangsamung der Frequenzen im Eeg und der psychomotorischen Verlangsamung bestehen soll (Abb. 401). Im Coma myxoedematosum sei der Hirnstoffwechsel so gedrosselt, daß praktisch jede Hirnaktivität bei normaler Einstellung des EEG-Geräts aus dem Kurvenbild verschwindet. Lediglich einige flache Thetawellen mit Spannungshöhen um 10 μV seien gelegentlich noch sichtbar. Gerade bei diesem Koma ließe die schon frühzeitig erkennbare Tendenz zur Abflachung der Wellen auf 20–10 μV und darunter eine gute Differenzierung gegenüber Komata anderer Genese ableiten. Auch eine Unterscheidung eines primären Myxödems von einem hypophysiopriven sekundären Myxödem sei durchaus möglich, weil bei letzterem die Spannungsverminderung fehle.

Nach KRUMP zeigt das Eeg Veränderungen in Form von diskontinuierlichen generalisierten spannungshohen 3/sec.-Delta- bis 6/sec.-Thetawellen.

MORTARA und Mitarb. fanden bei juvenil endemisch bedingter Hyperthyreose in 96% pathologische Veränderungen im Eeg, vorwiegend im Sinne einer mäßig schweren Allgemeinveränderung. Bei einer akut entstehenden Hyperthyreose fanden sie fast immer Deltafrequenzen, gemischt mit steilen Wellen, die sie als Ausdruck einer dienzephal hypophysären Systemstörung auffaßten. Dabei überdauerten in diesen die Veränderungen im Eeg die klinischen Zeichen um ein beträchtliches.

Nach CHRISTIAN ist es im Eeg möglich, eine parathyreoprive Tetanie, gleich ob postoperativ oder idiopathisch entstanden, von einer normokalzämischen Tetanie zu unterscheiden. Bei der erstgenannten Form finden sich neben dem klinischen Bild deutliche Verlangsamungen im Eeg, die bei der normokalzämischen und der Hyperventilationstetanie *nicht* auftreten.

Beim Morbus ADDISON, wo ebenfalls eine Enzephalopathie im Sinne eines mehr oder weniger ausgeprägten Psychosyndroms auftreten kann, findet man relativ häufig ein entsprechendes Korrelat im Eeg. Neben leichten Allgemeinveränderungen treten unter kräftiger Hyperventilation frontopräzentral betonte steile Wellen und Deltagruppen sowie Paroxysmen auf (KRUMP 1956) (Abb. 402). In einer ADDISON-Krise verändert sich das Hirnpotentialbild entsprechend den präkomatösen und komatösen Zuständen anderer Genese, wobei es zu einer immer weiteren Abflachung der Wellen kommt. Eine schnelle

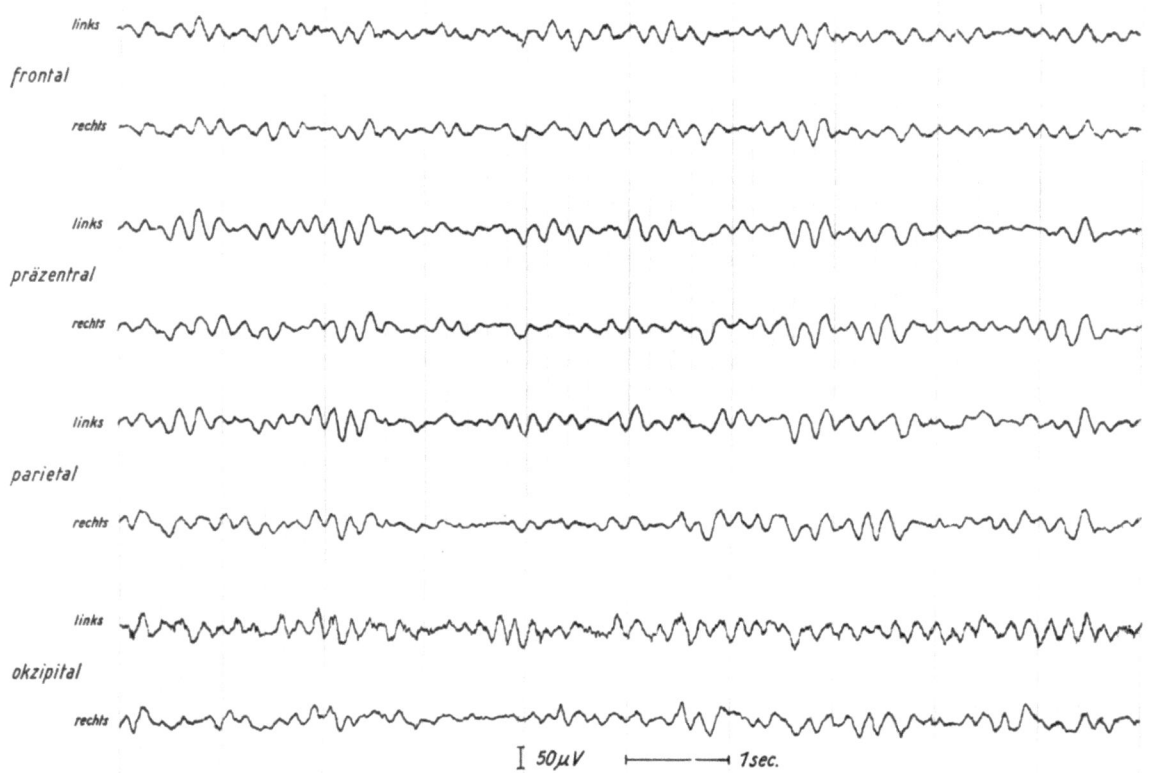

Abb. 401 Ableitungsart I (unipolare Schaltung zum linken Ohr)
Erika W., 21 Jahre, 1292/61, kongenitales Myxödem.
Eeg: Mäßig schwere Allgemeinveränderungen

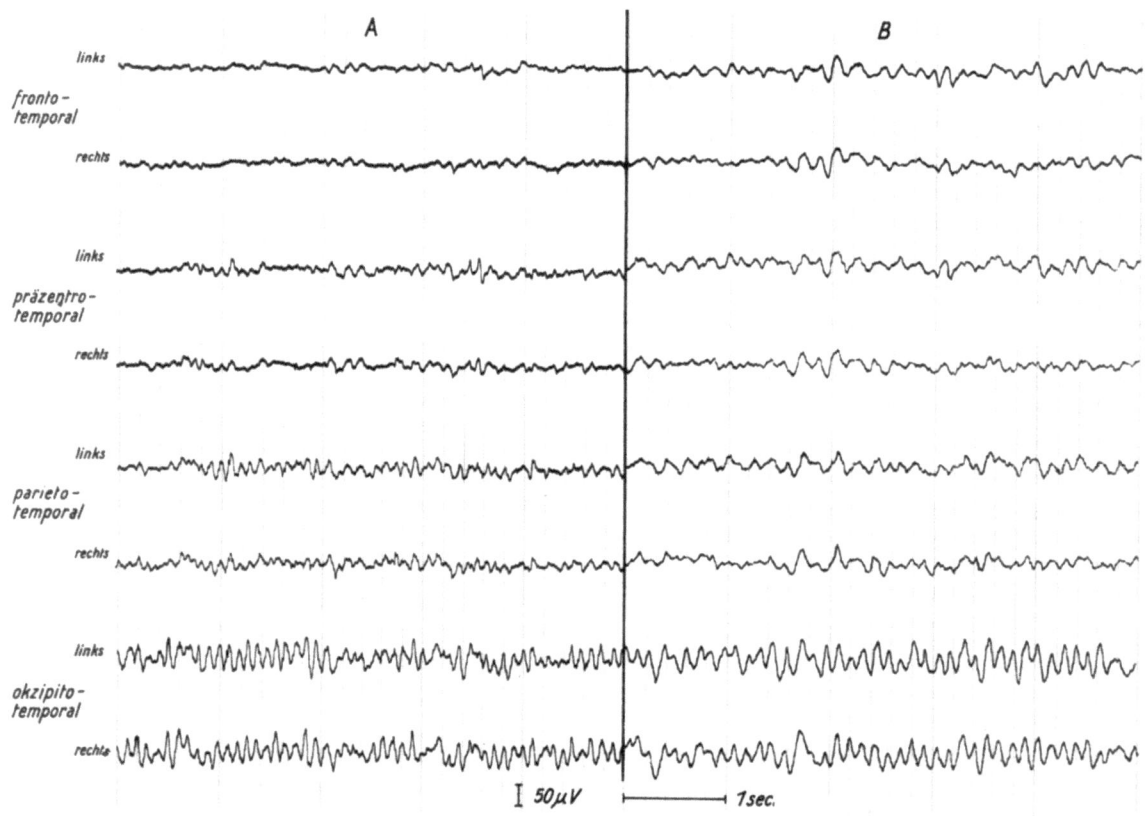

Abb. 402 Ableitungsart IV (bipolare temporale Schaltung)
Martha W., 39 Jahre, 905/60 und 492/62, Hypophysentumor.
A: vor Operation, Eeg: Sehr leichte Allgemeinveränderungen.
B: nach transethmoidaler Hypophysenektomie, abortives ADDISON-Syndrom, Eeg: mäßige Allgemeinveränderungen

Rückkehr zur Norm tritt sowohl im klinischen als auch im elektroenzephalographischen Bereich bei entsprechender Kortisonbehandlung ein.

9.6.5. Psychosen

Seit der Entdeckung BERGERS bis in die jüngste Vergangenheit ist immer wieder versucht worden, bestimmte Kriterien im Eeg zu finden, die den Erscheinungsbildern bei den sogenannten endogenen Psychosen, also den Schizophrenien bzw. den Zyklothymien (manisch-depressives Syndrom), wenn auch nicht als spezifisch, so doch weitgehend als typisch oder charakteristisch zugeordnet werden könnten.

Die gefundenen und mitgeteilten Ergebnisse sind außerordentlich unterschiedlich und z. T. widersprüchlich. So teilten DAVIS und SULZBACH 1940 mit, daß sie bei den Depressionen überwiegend eine Alphaaktivität, bei den Schizophrenen dagegen eine vorwiegende Betaaktivität gefunden hätten. Bei sogenannten episodischen schizophrenen Bildern hätten sich spike and wave-Komplexe und steile Wellen gefunden, bei katatonen Schüben dagegen vorwiegend rhythmische 6/sec.-Wellenabläufe von erheblicher Spannungshöhe.

WEIL und BRINEGAR gaben 1947 an, daß sie bei der depressiven Erkrankung sogar 80 % und bei Schizophrenen 65 % abnorme Elektroenzephalogramme gesehen hätten. SMALL und SMALL gaben die Zahl 1966 mit 55 % und SCHULZ und Mitarb. 1968 mit 60 % an. ISHIBASIE und Mitarb. (1963) sowie KIMURA (1967) fanden nur bei den sogenannten atypischen endogenen Psychosen stark ausgeprägte bioelektrische Veränderungen, sonst jedoch keine verwertbaren abnormen Veränderungen im Eeg.

Es seien hier einige Autoren genannt – man könnte noch mehr aufzählen –, die jeweils zu unterschiedlichen Ergebnissen gekommen sind, die sie z. T. in Abhängigkeit von der Akuität des jeweiligen Krankheitsprozesses gefunden haben. So meinten KAMMERER und Mitarb., daß die häufigsten Veränderungen bei katatonen Formen der Schizophrenie, KENNARD und LEVY dagegen, daß sie bei hebephrenen Verläufen am zahlreichsten vorkämen. TUCKER und Mitarb. COLONY und WILLIS, DE FIGUEIREDO sowie KENNARD und LEVY sind der Meinung, daß die Untersuchungen mit dem Eeg bei bestimmten psychopathologischen Querschnittsyndromen prozentual unterschiedliche, aber doch im Sinne einer gewissen Typisierung positive Korrelationen zwischen Eeg und Krankheitsbild zeigten. Sie sind der Ansicht, daß vorwiegend bei Patienten mit emotionalen Störungen, wie Angst, Aggressionstendenz, Reizbarkeit, und auch bei Kranken mit ausgeprägtem Verfolgungswahn und körperlich gestalteten Wahnvorstellungen mehr als gewöhnlich pathologische Eeg. zu beobachten seien. NOEL und LEROY sind der Meinung, daß bei akuten Schizophrenien eine größere Tendenz zu Allgemeinveränderungen und »paroxysmalen Dysrhythmien« bestünden als bei chronischen Verläufen. Gleiches findet sich bei FREY und wiederum bei KENNARD und LEVY, während BORENSTEIN und DABBAH 1957 keine derartigen Beziehungen zwischen Akuität und Eeg nachweisen konnten.

Ebenso entgegengesetzt waren die Befunde, die von LANDOLT und KIMURA erhoben wurden. Sie fanden bei schizophrenen bzw. atypischen endogenen Psychosen gerade im akuten Schub normale bzw. weitgehend normale Eeg. oder Grenzbefunde im Unterschied zum Intervall, wo sie vermehrt Störungen fanden. KENNARD und Mitarb. dagegen sprechen sich dafür aus, daß eine Korrelation zwischen klinischer Verschlechterung, d. h. akutem Schub, und pathologisch zu bewertendem Eeg eindeutig vorhanden sei. IGERT und LAIRY sowie SMALL und SMALL sind der Meinung, daß EEG-Befunde auch für eine Streckenprognose, also den weiteren Verlauf des Krankheitsprozesses, geeignet seien. Liege ein normales Ausgangs-Eeg vor, so bestünde grundsätzlich eine schlechte Prognose im Sinne eines kontinuierlich chronisch progredienten Verlaufs. Bei pathologischem Ausgangs-Eeg dagegen wäre eher an eine in Schüben ablaufende Krankheitsentwicklung mit teilweise längeren und guten Remissionen sowie Spontanheilungen zu denken. BENTE fand bei den von ihm als atypisch periodische Psychosen bezeichneten Syndromen eine um 31 % vermehrte Thetaaktivität gegenüber den Normalbefunden, während er bei den prognostisch günstigen, schubförmig rezidivierenden Verläufen der Schizophrenie nur eine Vermehrung der Thetawellen in 21 % und bei chronischen Schizophrenien von nur 7 % fand. Die gleiche Zahl (etwa 6 %) konnte er bei den endogenen Depressionen feststellen. Keine Korrelation zwischen Manifestation und Alter bzw. Dauer des laufenden schizophrenen Prozesses fanden BORENSTEIN und DABBAH sowie HESS, IGERT und LAIRY. NOEL und LEROY fanden ebenso wie KENNARD und LEVY abnorme Veränderungen im Eeg häufiger bei sehr frühem Krankheitsbeginn und langer Krankheitsdauer. ISERMANN teilte 1973 mit, daß er – ausgehend von den Bemühungen ALSENS, den Begriff der endogenen schizophrenen Prozeßpsychose durch den Nachweis belangvoller körperlicher Befunde aufzulösen – ebenfalls bestrebt war, bei eigenen Untersuchungen an Schizophrenen möglichst umfangreiche somatische Untersuchungen einschließlich Eeg, PEG und Liquordiagnostik durchzuführen. Bei seinen Untersuchungsergebnissen war er überrascht von dem hohen Anteil pathologischer und für das schizophrene Krankheitsbild sehr wahrscheinlich bedeutsamer körperlicher Befunde. Bei Patienten mit schizophrener Symptomatik ohne hirnorganische Krampfanfälle, Schwachsinn, Stoffwechselstörungen oder andere erkennbare gröbere organische Hirnschädigungen brachten zwei von ihm geführte Untersuchungsserien folgendes zusammengefaßtes Ergebnis, das er mit den Befunden von HUBER und PENIN bzw. HELMCHEN vergleicht. Von 248 bei solchen Patienten abgeleiteten Eeg. fand er 106mal = 43 % pathologische Eeg., davon 56 = 23 % mit paroxysmalen spannungshohen Theta- und Deltawellen. HUBER und PENIN fanden in ihrem Untersuchungsgut von 73 Patienten 34mal pathologische Eeg., davon 22mal paroxysmale spannungshohe Theta- und Deltawellenausbrüche. Bei den von HELMCHEN untersuchten 100 Patienten fanden sich letztere in 26 Fällen. ISERMANN kommt zu der Schlußfolgerung, daß die von ihm und anderen Autoren bei Schizophrenie gefundenen pathologischen Hirnpotentialbilder und insbesondere diejenigen mit Theta-Delta-Paroxysmen signifikant häufiger seien. Diese Befunde erlaubten es, solche Krankheitsbilder von der Kerngruppe der endogenen Prozeßschizophrenie abzutrennen und als schizophrenieähnlich, schizophreniform oder als schizoform zu bezeichnen. Bei dieser nicht unerheblichen Teilgruppe der Schizophrenien handelt es sich seiner Meinung nach nachweislich um hirnorganische Erkrankungen. Das Auftreten von Theta-Delta-Paroxysmen weise dabei mit großer Wahrscheinlichkeit auf eine hirnstammgebundene Funktions- und Regulationsstörung hin.

Wie groß die Streubreite der von verschiedenen Autoren erhobenen Befunde zwischen normal und pathologisch ist, geht aus einer Zusammenstellung von ELLINGSON hervor. Je nach Autor fanden sich bei gesunden, sogenannten Normalpersonen bei verschiedenen Ableitungen zwischen 5 und 20% abnorme Eeg. Bei Schizophrenen schwankt die Differenz in noch größerem Maßstab zwischen 9 und 70%. ELLINGSON selbst meint, statistisch gesichert zu haben, daß bei der Schizophrenie etwa 25-30% abnorme Eeg. vorkommen.

Besonders erwähnt werden sollen hier noch die Untersuchungen von HUBER und PENIN aus dem Jahre 1968. Bei ihren Untersuchungen gingen die Autoren von der Erfahrung der EEG-Befunde bei symptomatischen Psychosen aus. Sie führen an, daß bei diesen Psychosen im akuten Stadium ein pathologisch verändertes Eeg weitgehend die Regel sei, das sich – etwa parallel den Restitutionsvorgängen im klinischen und psychopathologischen Bereich – normalisiert, ja daß sich das Eeg sogar im klinisch ungünstigsten Falle, in dem sich als Residualsyndrom persistierende psychopathologische Symptome nachweisen lassen, trotzdem weitestgehend normalisiert. Postuliere man also, daß bei bestimmten Formen endogener Psychosen auch organisch zerebrale Grundlagen vorhanden sein können, so müßten sich grundsätzlich gleichartig klinisch-elektroenzephalographische Korrelationsuntersuchungen bei Schizophrenen anstellen lassen. Es wird betont, daß es sich bei den von ihm untersuchten Patienten nicht um Schizophrenien im allgemeinen Sinne oder etwa um die herkömmlichen Unterformen handele. Im PEG konnte HUBER nur bei Schizophreniearten mit ausgeprägten Zeichen einer reinen Potentialreduktion Normabweichungen nachweisen. Solche Normabweichungen, die sich besonders im Bereich des 3. Ventrikels, aber auch in anderen Bereichen des Ventrikelsystems nachweisen ließen, fanden sich dagegen *nicht* bei Verläufen, die entweder defektreich remittierten, oder bei voll reversiblen Formen oder auch bei solchen mit irreversibler fixierter Strukturverformung der Persönlichkeit. Es fanden sich bei ihren Untersuchungen Veränderungen im PEG und im Eeg, besonders bei den sogenannten Basissymptomen bzw. -syndromen, aus denen sich erst später und allmählich die spezifische schizophrene Endsymptomatik herauskristallisiere. Entscheidend sei der intellektuelle und affektive Überbau über die Grundsymptome und das Auftreten sogenannter substratnaher Basissymptome. Hier könnte man eine Analogie finden zu akuten symptomatischen zerebralen Erkrankungen. Bei so gelagerten Prozessen könne man von endogen-organischen Prozessen sprechen, die eine noch nicht völlig neurologische, aber auch eine nicht mehr rein psychisch-pathologische Übergangssymptomatik bieten. Die Auswertung und Zuordnung der EEG-Kurven durch PENIN und HUBER erfolgten ohne Kenntnis der klinischen Daten und korrelierten weitgehend mit den oben dargestellten besonderen Krankheitsformen, die unter den Kriterien der Prozeßaktivität zusammengefaßt wurden. Als auffälligste Veränderungen im Eeg fanden sich Allgemeinveränderungen und Herdstörungen in Form von lokalisatorisch auftretenden spannungshohen Wellengruppen und Paroxysmen im frontopräzentrozentralen Bereich, die von PENIN schon bei seinen Untersuchungen zur progressiven Paralyse als Parenrhythmien bezeichnet wurden, sowie langanhaltende Perioden von Verlangsamung einer bestimmten Wellenfrequenz, z. B. im Alpha- bzw. Thetaband über die ganze Strecke oder wenigstens große Teilstrecken des jeweils abgeleiteten Eeg. Diese Veränderungsform wurde von PENIN als Aidiorhythmie bezeichnet.

Untersuchungsergebnisse bei endogenen Psychosen teilten 1971 SCHULZ und MÜLLER mit. In methodisch und in bezug auf die Auswahlkriterien des Krankenguts sehr überlegten und sorgfältigen Untersuchungen gelang es ihnen nachzuweisen, daß es schon allein bei der Auswahl des Krankenguts darauf ankommt, die Vielfalt von Faktoren auszuschalten, die das Eeg bei endogenen Psychosen sekundär beeinflussen können und die mit dem psychotischen Geschehen an sich in keinem unmittelbaren Zusammenhang stehen. Es wurden deshalb nur Patienten im akuten Stadium während des ersten Krankheitsschubes am ersten Tag der stationären Aufnahme klinisch und elektroenzephalographisch untersucht. Diese sogenannten Ersterkrankten hatten weder Psychopharmaka erhalten, noch waren sie durch eine frühere Elektrokrampfbehandlung oder andere spezifische Behandlungsmethoden in irgendeiner Weise beeinflußt. Bei sorgfältiger Auswertung der abgeleiteten Hirnpotentialkurven von 59 Patienten mit primären endogenen Psychosen fanden sich vorwiegend Wellen zwischen 9 und 11/sec., weniger häufig Frequenzen um 12/sec. Seltener fand sich eine Grundaktivität im Alpha-Beta- bzw. reinen Betaband. Die Grundaktivität bei einer Kontrollgruppe, die 50 Normalpatienten umfaßte, ergab etwa eine gleiche Verteilung, ja es fanden sich hier noch eher Tendenzen zur Verlangsamung bis in den 8/sec.-Bereich bei einem Dominieren von 10/sec.-Alphawellen, die weitestgehend mit der Gruppe der Erkrankten identisch waren.

Bei der im Anschluß an die Leerableitung durchgeführten Pentamethylentetrazol- (Deumacard-) Provokation, die selbstverständlich nur bei den akut Erkrankten im Sinne einer Krampftherapie erfolgte, nicht aber bei der Kontrollgruppe durchgeführt wurde, fanden sich Veränderungen, die vorwiegend in einer paroxysmalen Aktivität aus dem Theta- bzw. Deltabereich, zum anderen auch in Spitzenpotentialparoxysmen bestanden.

EEG-Veränderungen, die in Form von generalisierten, auch paroxysmalen Aktivitäten des Theta- und Deltabereichs auftreten, wurde nach einschlägigen vorliegenden Erfahrungen keine sichere, etwa gar spezifische diagnostische Bedeutung in bezug auf die Endogenität eines Krankheitsgeschehens beigemessen. Das ergaben bereits Untersuchungen von JUNG (1953), BÄRTSCHI-ROCHAIX und Mitarb. (1951 und 1955) sowie SCHULZ und MÜLLER (1967). Es wird von SCHULZ und MÜLLER zusammengefaßt, daß ihre Untersuchungsergebnisse zeigen, daß eine konventionelle, routinemäßige EEG-Untersuchung, die vom passiven Bild des Ruhe-Eeg einschließlich Hyperventilation unbehandelter »Ersterkrankter« ausgeht, auch unter Pentamethylentetrazolprovokation keine Veränderungen zeigt, die zum pathogenetischen Aspekt endogener Psychosen einen sicheren Beitrag leisten könnten.

Auch WEBER (1955) betonte, daß das Eeg bei endogenen Psychosen lediglich unspezifische und daher diagnostisch nicht verwertbare Veränderungen ergeben habe. Es sei aber besonders darauf hingewiesen, so führen auch SCHULZ und MÜLLER mit Recht aus, daß neuere, insbesondere Schlafuntersuchungen und Computeranalysen, unter Umständen weitere Differenzierungsmöglichkeiten ergeben könnten, die zur Ätiopathogenese schließlich doch Wesentliches beisteuern könnten. Auch auf die Bedeutung des Eeg bei der Überwachung für die in der Psychiatrie angewandten somatischen Behandlungsmethoden wurde immer wieder mit Recht durch WEBER, CHANOIT und VALLEE-MOLLIER, SCHULZ und Mitarb. und viele andere hingewiesen, worauf im nächsten Abschnitt noch näher einzugehen sein wird.

Daß aber das konventionell abgeleitete Routine-Eeg für die Psychiatrie trotz der beschriebenen und gefundenen negativen Ergebnisse in bezug auf die endogenen Psychosen doch von durchaus wesentlicher Bedeutung sein kann, erweist sich aus seiner differentialdiagnostischen Wertigkeit bei der Abgrenzung vorwiegend hirnorganisch gegenüber »rein psychisch« oder »endogen« bedingten Krankheitszuständen, worauf CHANOIT (1963), CHANOIT und VALLEE-MOLLIER (1964) bereits aufmerksam machten (Abb. 403).

Gerade aus dieser Unterscheidungsmöglichkeit durch die EEG-Befunde dürften auch die oben zitierten Widersprüchlichkeiten bei der Zuordnung gefundener

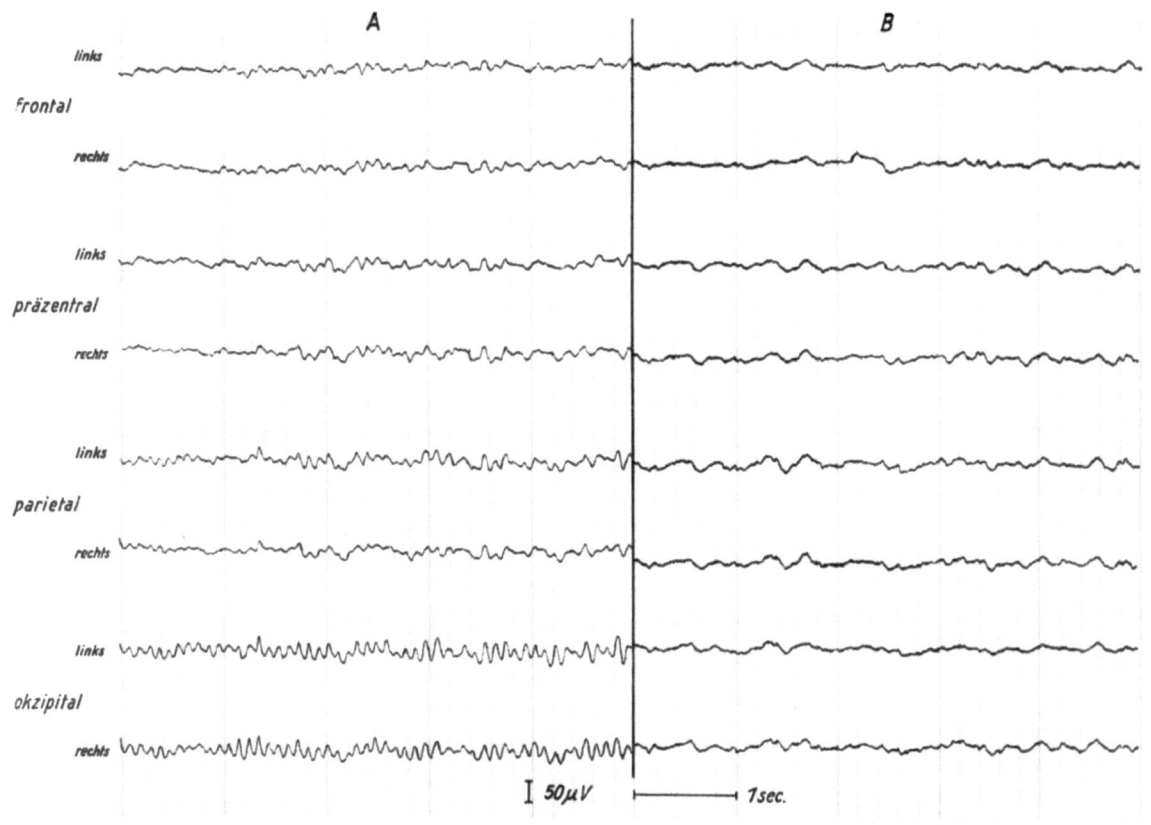

Abb. 403 Ableitungsart I (unipolare Schaltung zum linken Ohr)
Wilfriede St., 21 Jahre, 856/56 und 622/59, Chorea HUNTINGTON.
Eeg: A: Leichte Allgemeinveränderungen.
B: 3 Jahre später, Eeg: Schwinden der Alphaaktivität, starke allgemeine Verlangsamung zu mäßig starken Allgemeinveränderungen, allgemeine Abflachung des Kurvenbildes

362 Die Anwendungsgebiete des Eeg

EEG-Veränderungen durch die verschiedenen Autoren zu erklären sein, zumal eine große Anzahl von ihnen von atypischen endogenen Psychosen, »schizophrenieartigen«, »schizoformen« oder sogar »endogen-organischen« Krankheitsprozessen in Zusammenhang mit den von ihnen mitgeteilten Untersuchungsergebnissen sprechen.

In diesem Zusammenhang sei noch einmal kurz auf ein Grenzkapitel hingewiesen, und zwar auf die Psychosen, die im Verlauf von epileptischen Erkrankungen auftreten und deren Zusammenhang zumindest vom psychopathologischen Bild her mit den endogenen Psychosen, insbesondere der Schizophrenie, in letzter Zeit doch immer wieder diskutiert wurde.

BENTE sieht in der Epilepsie, wenn sie als eine reine Form der Neurologie oder der Psychiatrie betrachtet wird, ein jeweils nur schwer begehbares Grenzland. Sieht man aber, wie in der modernen Neuropsychiatrie, in der Analyse der zwischen zerebralem Grundprozeß, Hirnfunktionsstörung und klinischer Symptomatik spielenden Beziehungen ihre erklärte Aufgabe, so nähme die Epilepsie eine zentrale Stellung ein. BENTE meint weiterhin, daß die derzeitige neurophysiologisch orientierte Ordnung der Anfallsyndrome daher auch in theoretischer Hinsicht eine grundlegende Leistung der von BERGER inaugurierten klinisch-elektroenzephalographischen Forschung darstellt, die auf diese Weise der Neuropsychiatrie ein völlig neues Blickfeld erschlossen hat.

Als eine besondere Form wird von BENTE der Dämmerzustand als sogenannte Episode der Funktionspsychose im WIECKschen Sinne hervorgehoben. Als Modell verwendet BENTE den Petit mal-Status, bei dem sich elektroenzephalographisch ein prolongiertes spike and wave-Muster zeigt, das kontinuierlich über Stunden und Tage ablaufen kann. Es handele sich genaugenommen um den einzigen echten Status, dem wir bei der Epilepsie begegnen. Hier seien häufig geradezu uhrwerkartige Abläufe der spike and wave-Entladungen zu beobachten, die unabhängig davon, ob die Augen geschlossen sind, geöffnet werden oder sogar bewegt werden, weiter durchlaufen und ständig das gleiche Muster zeigen. Es wird von BENTE darauf hingewiesen, daß SCHORSCH und VON HEDENSTRÖM in ihrer Studie über die elektroenzephalographischen Befunde bei Dämmer- und Verstimmungszuständen in eindrucksvoller Weise gezeigt hätten, daß die funktionalen Bedingungen nicht nur von Fall zu Fall variieren, sondern mitunter auch innerhalb desselben klinischen Zustandsbildes, wobei man im Eeg verschiedenartigen Kombinationen und Sequenzen der von BENTE sogenannten paramorphen, dysmorphen und allomorphen EEG-Muster begegnen kann.

An mehreren Beispielen psychopathologischer Veränderungen im Dämmerzustand und den dazugehörigen EEG-Veränderungen demonstriert BENTE die Vielfältigkeit der Möglichkeiten psychopathologischer und weitgehend entsprechender EEG-Veränderungen

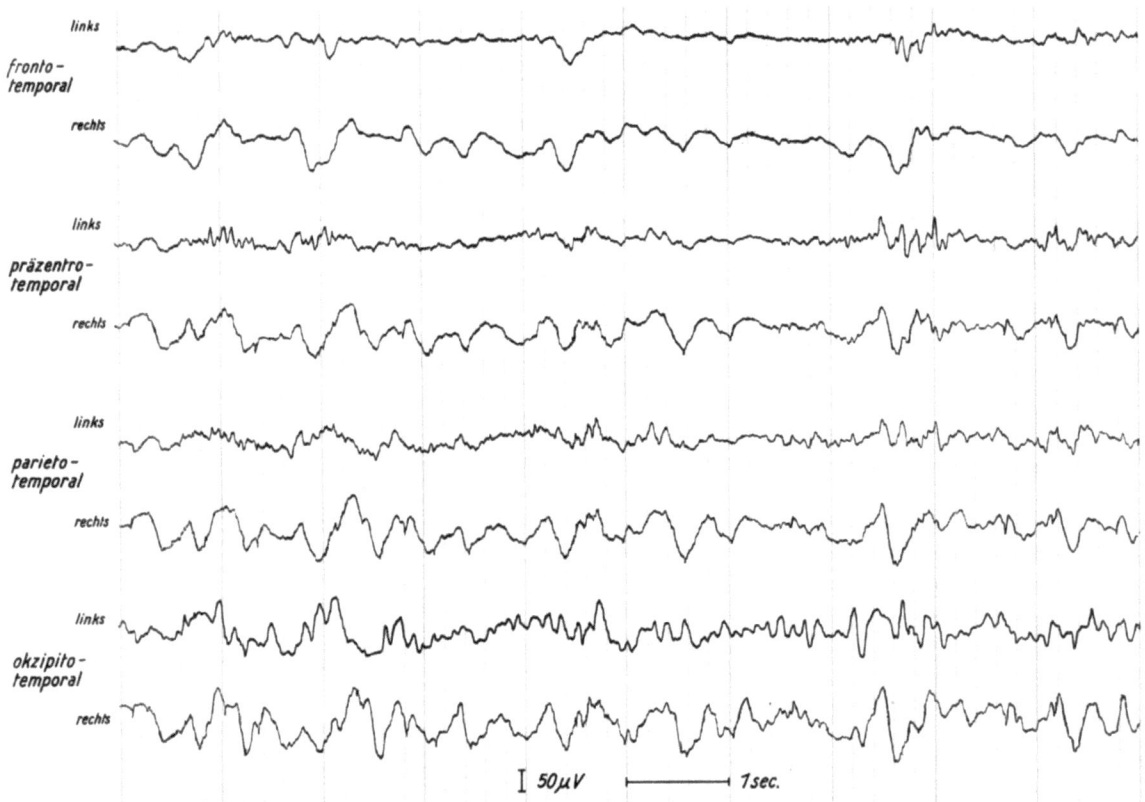

Abb. 404 Ableitungsart IV (bipolare temporale Schaltung)
Helga K., 19 Jahre, 108/60, schizophrenes Syndrom bei Temporallappenepilepsie. Akut psychotischer Zustand mit wechselnd ängstlichen Erregungszuständen und autistisch-stuporösem Verhalten. Optische Halluzinationen. Normaler neurologischer Befund. Unter antiepileptischer Therapie später nicht gröber auffällig; keine epileptischen Anfälle.
Eeg: Mäßige Allgemeinveränderungen. Rechts temporaler Theta-Delta-Fokus (starker Wechsel der Spannungen und Frequenzen)

Zusammenfassend interpretiert BENTE die von ihm erhobenen Befunde dahin, daß man ernsthaft erwägen müsse, ob nicht bei allen epileptischen Psychosen, d. h. sowohl bei den Dämmerzuständen aspontan desorientierter Prägung als auch bei den paranoidhalluzinatorischen (schizophrenieähnlichen) Episoden, paroxysmale Vorgänge pathophysiologisch von entscheidender Bedeutung seien.

Zu den Problemen der epileptischen Psychosen nimmt auch WAGNER Stellung, der bei 28 Kranken mit vielgestaltigen psychopathologischen Syndromen und unterschiedlichen früheren Diagnosen (z. T. dem endogen psychotischen Formenkreis zugeordnet) seine Untersuchungen durchführte. Aufgrund typischer epileptischer elektroenzephalographischer Befunde ordnet er sie den epileptischen Psychosen zu. Eine Gruppe von 11 Patienten hatte bereits früher paroxysmale epileptische Manifestationen mit Spitzenpotentialen im Eeg und auch klinisch entsprechende zerebrale Anfallmechanismen gezeigt. Eine Gruppe von 16 Patienten war bisher ohne klinisch bekanntes Anfallgeschehen. Ein gemeinsames Merkmal bei diesen Patienten war, daß die Symptomatik insgesamt vom Psychopathologischen her eher organisch determiniert war. Gegen eine endogene Schizophrenie sprachen die für die Krankheit untypische Distanziertheit außerhalb der akuten Psychose, weiter die Neigung zu elementaren, teilweise optischen Halluzinationen, dranghaften episodischen Zuständen und anderer mehr organisch anmutender Symptomatik. Die Problematik schizophrenieartiger Syndrome im Rahmen der Epilepsie wird anhand der einschlägigen Literatur von WAGNER ausgiebig besprochen. Es wird der Schluß gezogen, daß neben den häufigen oben beschriebenen Syndromen auch solche zu beobachten seien, die sich psychopathologisch von einer Schizophrenie kaum unterscheiden und deren Zugehörigkeit zur epileptischen Psychose sich ausschließlich durch die entsprechende Veränderung im Eeg beweisen lasse (Abb. 404).

BECHTHOLD und SCHOTTKY diskutierten ähnliche Zusammenhänge bei manischen Phasen zyklothymer Psychosen und gleichzeitig bestehender latenter Anfallbereitschaft. Beide Autoren nehmen an, daß durch Psychopharmaka zerebrale epileptische Anfälle mit entsprechenden EEG-Veränderungen ausgelöst werden.

Zieht man ein Resümee der hier mitgeteilten Ergebnisse, so wird deutlich, daß auch bei den vorwiegend psychotischen Erkrankungen oder besser gesagt von hauptsächlich psychopathologischer Symptomatik geprägten Krankheitsformen vom Eeg a priori keine verbindliche Aussage hinsichtlich der Diagnose oder der Ätiopathogenese zu erwarten ist. Der Hauptwert des EEG-Befundes liegt auch hier im Bereich des Ausschlusses bzw. der richtigen Zuordnung von Krankheitssyndromen in bezug auf eine primäre oder sekundäre hirnorganische Beteiligung am Krankheitsprozeß und nicht zuletzt auf dem Gebiet der weiteren pathopsychophysiologischen Forschung.

9.6.6. Arzneimitteleinwirkung und Intoxikationen

Bei der Interpretation der elektroenzephalographischen Veränderungen bei Arzneimitteleinwirkung und Intoxikationen gibt es ebenfalls keine spezifischen und im eigentlichen Sinne typischen, sondern allenfalls mehr oder weniger charakteristische Veränderungen. Die EEG-Veränderungen, die wir sehen, sind sowohl von der Art der eingenommenen Substanz als auch von der Dosis außerordentlich abhängig. Aber nicht selten ist es so, daß wir unter relativ *hohen* Arzneimitteldosen vergleichsweise *geringfügige* Veränderungen im Eeg feststellen können. Anderseits kommt es auch vor, daß bei einer durchaus erwünschten optimalen bzw. ausreichenden oder an der oberen Grenze liegenden Dosierung bereits erhebliche und deutliche, z. T. mehr oder weniger charakteristische Veränderungen im Hirnpotentialbild festgestellt werden können.

Die Bedeutung des Eeg liegt hier darin, einmal grundsätzlich festzustellen, ob Einwirkungen von bestimmten Substanzen, gleichgültig ob Pharmaka im engeren Sinne oder andere Stoffe, die nicht zu den eigentlichen Pharmaka zu rechnen sind, auf das ZNS als deutliche Änderung der bioelektrischen Aktivität erkennbar sind und wir aufgrund der im Eeg sichtbaren Veränderungen zunächst einmal lediglich den Hinweis oder den Verdacht haben, daß und ob eine Einwirkung primär oder sekundär wirksamer Substanzen vorliegen könnte. Um welche Substanzen es sich dann handelt und wie hoch der Blutspiegel bzw. die im ZNS vorhandenen Anteile dieser Substanzen sind, läßt sich nur schätzungsweise bzw. gar nicht oder nur mit anderen unterschiedlichen Labornachweismethoden feststellen.

Von nicht zu unterschätzender Bedeutung ist es, daß wir immer darauf achten müssen, welche Medikamente der Patient laufend in welcher Dosis verordnet bekommt und einnimmt, damit wir uns bei der Routineableitung nicht durch Veränderungen, die durch bestimmte Medikamente hervorgerufen werden, bei der Interpretation des Eeg irreführen lassen. Denn es gibt eine ganze Reihe von Medikamenten, die routinemäßig verordnet werden, unter deren Einwirkung die Patienten ständig stehen und die entsprechende Veränderungen hervorrufen können, so daß bei Nichtkenntnis der gegebenen Medikation unter Umständen eine falsche Beurteilung und damit Zuordnung der vorliegenden Veränderungen in der Hirnpotentialkurve erfolgt. So könnte es geschehen, daß auf diese Weise dem Kliniker im Grunde falsche Hinweise gegeben werden, die ihn auf einen Irrweg zu führen imstande sind.

Zu den Intoxikationen im engeren Sinne wäre zu sagen, daß hier zwar ebenso wie bei klinischen zerebralen Prozessen, etwa entzündlichen oder Stoffwechselstörungen, der Schweregrad der vorliegenden Intoxikation doch weitgehend mit der Schwere der im Hirnpotentialbild nachweisbaren Veränderungen korreliert. Der Hauptschwerpunkt dieser Veränderungen liegt in einer Verschiebung des Frequenzbandes. Bei leichter oder auch erwünschter Wirksamkeit der gegebenen Substanzen findet häufig eine Verschiebung aus dem Alphaband in das Beta- und/oder Thetaband statt. Es sei aber betont, daß nicht nur ausschließlich die Frequenz eine Rolle spielt, sondern auch bei der Betaaktivität die Spannungshöhe, wenn es sich um toxische bzw. an der Grenze des Toxischen liegende Wirkungsgrade handelt. Besonders in dieser Beziehung erscheint es wichtig, noch einmal darauf hinzuweisen, daß wir uns hier in einem Grenzbereich befinden, der uns zu besonders differenzierter Auswertung bzw. Interpretation zwingt, wobei die anamnestischen Angaben oft von ausschlaggebender Bedeutung sein können.

Bei den Arzneimitteleinwirkungen bis zur Intoxikation gibt es gewisse Übergänge. So können Arzneimittel schon EEG-Veränderungen hervorrufen, ohne daß klinisch subjektiv oder objektiv faßbare Veränderungen vorliegen. Auf der anderen Seite gibt es Medikamente, die zwar subjektiv und/oder objektiv faßbare Veränderungen hervorrufen, dafür aber im Eeg keine nachweisbaren Störungen oder Veränderungen sichtbar werden lassen. In diesem Zusammenhang ist besonders auch an die Genußmittel zu denken, die ja im Übermaß genossen oder bei Unverträglichkeit bzw. Überempfindlichkeit subjektiv und objektiv faßbare Veränderungen hervorrufen, aber häufig im Eeg keine nachweisbaren Veränderungen intendieren. Es sei denn, daß wir uns gelegentlich auch hier bei Auffindung von langsameren Frequenzen täuschen lassen, wenn wir evtl. vorliegende Vigilanzstörungen nicht ausreichend beachten bzw. daran denken, daß auch Genußgifte solche Vigilanzstörungen hervorrufen können, die nicht im engeren Sinne bereits eine Intoxikation des ZNS hervorrufen müssen. Neben der Betaaktivität können auch häufig langsamere Wellen bei einem stärkeren Einwirkungsgrad der Substanzen auftreten (Abb. 405 und 406). Bei verschiedenen medikamentösen Substanzen kommen neben der Verlangsamung im Theta-Delta-Wellenbereich, die periodisch oder kontinuierlich auftreten, auch oft spindelförmige Betafrequenzabläufe vor oder, was gar nicht so selten zu beobachten ist, sind den langsamen Frequenzen schnellere Betawellen auf- oder eingelagert. Diese EEG-Zeichen können darauf hinweisen, daß wir es mit einem Übergang in eine Intoxikationsphase zu tun haben, bei der es dann im weiteren Verlauf doch zum Auftreten überwiegend spannungshoher Theta- und Deltawellen kommt, wie auch andere Graphoelemente, z. B. Spitzenpotentiale oder herdförmige Veränderungen, gruppenförmiges Auftreten und paroxysmales Aufschießen langsamer und schneller steiler Wellen, durchaus nebeneinander vorkommen können.

In bezug auf die sogenannte Betaaktivierung unterscheiden GIBBS und GIBBS, GIBBS und Mitarb. drei Stadien: 1. die schnelle Aktivität (fast activity) mit

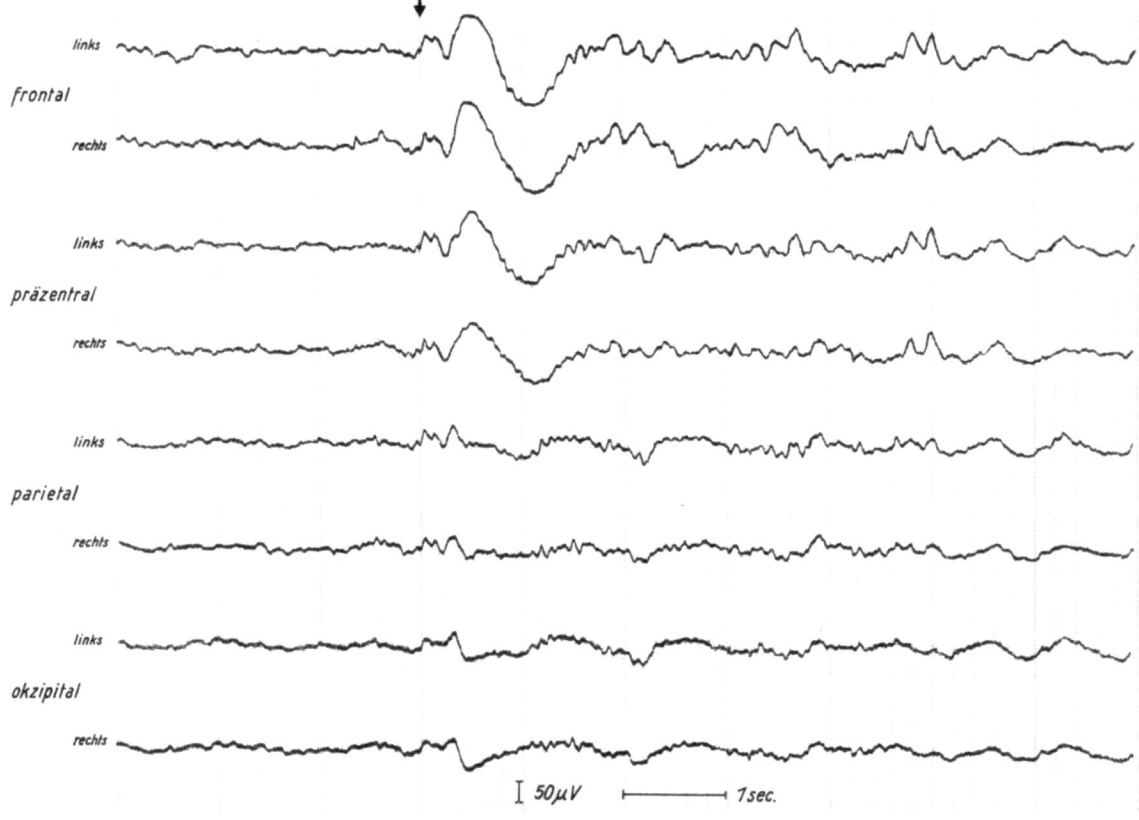

Abb. 405 Ableitungsart II (unipolare Schaltung zum rechten Ohr)
Jürgen N., 27 Jahre, 681/67, komatöser Zustand (Suizidversuch 2 Tage zuvor mit Leuchtgas und Barbituraten).
Eeg: Leichte Allgemeinveränderungen. Bei leisem Ansprechen, Reizantwort: Auftreten einer synchronen spannungshohen langsamen Deltaentladung frontopräzentral bei nachfolgender reaktiver Aktivierung der Alphawellen und Hervortreten spannungshöherer Theta-Delta-Wellen mit Maximum über den vorderen Regionen

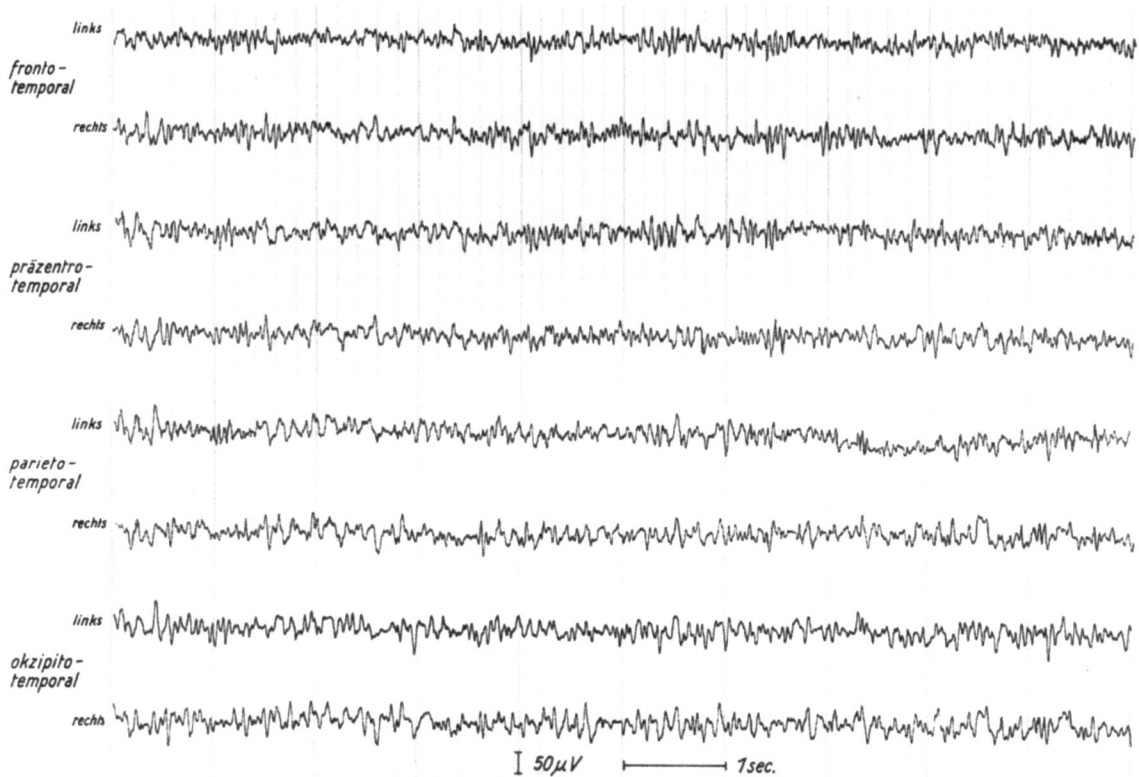

Abb. 406 Ableitungsart IV (bipolare temporale Schaltung)
Rosa E., 57 Jahre, 513/62, chronischer Barbituratabusus.
Eeg: Diffus erhöhte Betaaktivität mit Maximum frontopräzentral bei leichten Allgemeinveränderungen

Frequenzen von 15–20/sec., 2. die sehr schnelle Aktivität (very fast activity) mit Frequenzen um 20–30/sec., 3. die außerordentlich schnelle Aktivität (exceedingly fast activity) mit Frequenzen von 30 und mehr je sec. Bei vorliegendem Arzneimittelabusus, nicht beim schon süchtigen Mißbrauch, findet man im allgemeinen nicht so hochfrequente und spannungshohe Betawellen, die sich nach GIBBS vorwiegend im Frequenzband um 14 bis etwa 25/sec. bewegen. Die außerordentlich schnelle Aktivität wurde im Zusammenhang mit Arzneimittel- oder anderen Intoxikationen von GIBBS und GIBBS nicht gesehen. Neben der Schnelligkeit spielt auch noch die Spannungshöhe eine Rolle. Sie liegt etwa um ein Drittel höher als die sonst vorherrschende Grundaktivität oder übersteigt bei kontinuierlicher guter Ausprägung der Betawellen 50 µV.

Zu den Medikamenten bzw. Substanzen, die im Beginn der Behandlung und an der Grenze zur Intoxikation vorwiegend spannungshohe und rasche bis sehr rasche Betafrequenzen hervorrufen, gehören neben den Barbituraten auch das Chlorpromazin und die Medikamente aus der Diazepamreihe, so das Radepur (Chlordiazepoxyd), das Faustan (Diazepam), das Rudotel (Medazepam) und das Radedorm (Nitrazepam). DOLCE und KAEMMERER sahen bei Adumbran, einem Oxazepam, im Gegensatz zu den anderen Benzodiazepamderivaten keine so ausgeprägte Beschleunigung der Frequenzen. Bei Radepur beschrieben KAMMEL und Mitarb. eine initiale Phase mit diffus vermehrter Betaaktivität am ersten und zweiten Tag, am dritten und vierten Tag eine Periode leichter Verlangsamung bis zu mäßigen Allgemeinveränderungen einschließlich »paroxysmaler Dysrhythmien«. Bei schweren Intoxikationszuständen kommt es dann zu Verlangsamungen mit spannungshohen Theta- und Deltawellen.

Wie bereits oben gesagt, hängen die EEG-Veränderungen vor allem von der Schwere des Intoxikationszustandes ab und sind weitgehend unabhängig von der Art des eingenommenen Arzneimittels bzw. der Substanz und zeigen ein gewisses charakteristisches Verlaufsprofil, das von HAIDER und Mitarb. in einer breit angelegten Untersuchung über EEG-Veränderungen bei akuter Drogenvergiftung herausgearbeitet wurde. Das Untersuchungsgut erstreckte sich auf 127 Patienten, von denen 4 durch therapeutische Maßnahmen nicht mehr gerettet werden konnten. Die Verfasser nehmen nach dem Intoxikationsgrad, korreliert mit den Veränderungen im Hirnpotentialbild, eine Unterteilung in 7 Gruppen vor:

1. vorwiegend Alphawellen evtl. von Betawellen überlagert bzw. vorherrschend spannungshohe Betafrequenzen,
2. vorwiegend Thetawellen,
3. vorwiegend Deltawellen, gemischt mit Thetawellen,
4. generalisierte langsame Deltawellen ohne oder mit »isoelektrischen« Intervallen (sog. black out),
5. nur gelegentlich kurzdauernde 3–10/sec.-Abläufe bei sehr flachem Eeg,
6. nur isolierte spannungsniedrige 3–7/sec.-Wellen bei sehr spannungsflachem Eeg,

7. keine bioelektrische Aktivität (im Routine-Eeg) mehr nachweisbar.

Die klinischen Korrelationen dazu wurden folgendermaßen eingeteilt:

Gruppe 1 volles Bewußtsein,
Gruppe 2 leicht getrübtes Bewußtsein,
Gruppe 3 und 4 zusammengefaßt: komatös, reagieren aber noch auf Außenreize
Gruppe 5, 6 und 7 zusammengefaßt: tiefes reaktionsloses Koma.

Körpertemperatur unter 36,5 Grad liegt bei den Gruppen 4–7 vor.

Bei 16 von 19 Vergiftungen lag der geringste Grad bei Vergiftungen mit Radedorm vor, alle waren bei Bewußtsein. In 14 von 50 Fällen mit Barbituratintoxikationen fand sich Grad 4. 36 Fälle boten den Grad 3–7, 10 Intoxikationen mit trizyklischen Antidepressiva boten die Stadien 2–5. Die restlichen Intoxikationen infolge der verschiedensten eingenommenen Substanzen waren etwa gleichmäßig auf alle 7 Gruppen verteilt.

Ergänzend zu diesen Befunden wird noch mitgeteilt, daß einer klinischen Besserung des Gesamtzustandes ein Rückgang der Veränderungen im Eeg etwa parallel lief oder ihnen teilweise sogar vorausgeeilt war.

Eine ähnliche Einteilung unter den gleichen Gesichtspunkten bei Barbituratintoxikationen liegt von KUBICKI und Mitarb. vor. Auch diese Verfasser kommen zu dem Ergebnis, daß je nach Intensität der Vergiftung verschiedene Stadien durchlaufen werden können. Wenn auch fließende Übergänge zwischen den einzelnen Stadien möglich sind, lassen sich diese doch gut voneinander abgrenzen. Im klinischen Bereich wird man im Einzelfall jedoch nicht alle Stadien beobachten können, da die Dauer zwischen Vergiftungsbeginn und Krankenhauseinweisung verschieden lang sein kann. Die Kenntnis dieser EEG-Stadien ist aus folgenden Gründen wichtig:

1. Unmittelbare Darstellung der Schwere der Intoxikation und damit der evtl. vorliegenden Komatiefe,
2. zusätzliche EEG-Informationen für die Indikationsstellung zur Hämodialyse, da eine Korrelation zwischen den EEG-Veränderungen und der Schlafmittelkonzentration im Serum in vielen Fällen besteht,
3. prognostische Hinweise sind möglich. So ergibt sich beispielsweise bei den Stadien mit Einblendung von sogenannten »isoelektrischen Linien« (sehr flachen EEG-Strecken) und bei Vorliegen eines Deltamusters mit steilen Komponenten eine Mortalität von etwa 36,5%, während in dem Stadium, in dem lediglich Deltamuster mit superponierten schnellen Frequenzen vorkommen, eine Mortalität von 7,3% vorliegt.

VIEWEG und Mitarb. wiesen 1974 darauf hin, daß auch bei scheinbar völliger Elimination der toxischen Substanz aus dem Blutserum, wie z. B. bei Barbituratintoxikationen, doch schwere metabolische Schädigungen im Bereich der Hirnsubstanz bzw. der Gliazellen aufgetreten sein können, die im Eeg in sehr flachen, langsamen Wellen im Theta- und überwiegend Deltabereich liegen und nicht selten falsch interpretiert werden, weil auch in einem solchen EEG-Stadium superponierte schnelle Beta- bzw. Alphafrequenzen vorkommen können. Gerade solche Zustände lassen häufig erhebliche irreversible Schädigungen zurück und sind mit einer relativ hohen Mortalitätsquote belastet, insbesondere wenn der schwerwiegende Zustand aufgrund laborchemischer Untersuchungsmethoden im Blutserum oder Urin nicht richtig erkannt bzw. verkannt wird.

Eine Einteilung von Veränderungen im Eeg bei chronischen Alkoholikern nach langjährigem Alkoholmißbrauch nahm ARIKAWA vor. Er unterscheidet bei diesen chronischen Alkoholikern 5 Stadien:

1. normales Eeg,
2. verminderte Alphatätigkeit mit zunehmend beherrschender Thetatätigkeit,
3. langsame Alphatätigkeit um 8/sec. mit stärkerer Einstreuung irregulärer Wellen aus dem Theta- und teilweise Deltabereich und einzelnen Paroxysmen mit Spitzenpotentialen,
4. stärkere irreguläre Wellen im Sinne mittelschwerer bis schwerer Allgemeinveränderungen bei niedriger Spannungshöhe und eingestreuten Spitzenpotentialen und Paroxysmen,
5. ein fast völlig flaches Eeg mit langsamen spannungsniedrigen Deltafrequenzen um 2–4/sec.

Das alkoholische Delir tritt nur dann auf, wenn mindestens die Stadien 3–5 erreicht sind. Auch bei diesen Untersuchungen stellte sich heraus, daß die Intensität der hirnorganischen Symptome weitgehend und gut mit den EEG-Veränderungen korrelieren. Die vorhandenen Veränderungen waren insgesamt diffus und unspezifisch. Als Ursache für diese Veränderungen wurden vor allem subkortikale Störungen verantwortlich gemacht.

In der letzten Zeit liegen zahlreiche Untersuchungen über die Wirksamkeit und die nachweisbaren EEG-Veränderungen bei Psychopharmaka vor. So fanden SCHNEIDER und Mitarb. sowie andere Autoren, daß mit Fortschreiten der Dauermedikation von Psychopharmaka sich folgende 3 Arten elektroenzephalographisch erfaßbarer Veränderungen erkennen lassen:

1. Modifikation der Alphagrundaktivität,
2. Auftreten von langsameren Wellen und Spitzenparoxysmen,
3. Auftreten von kontinuierlichen Veränderungen langsamer oder schneller Frequenzen, gelegentlich Wechsel mit oder ohne rhythmische Tendenz, entweder diffus verteilt oder herdförmig angeordnet.

Abhängig seien diese Veränderungen sowohl von der Dauer der Einnahme als auch von der Höhe der Dosis. Nach längerer Anwendung von Psychopharmaka könnten sich durchaus wieder Normalisierungstendenzen erkennen lassen. In bezug auf die Behandlung mit Neuroleptika fanden HELMCHEN und KÜNKEL sowie SCHNEIDER und THOMASKE, daß bei Einsatz der Neuroleptika und einer Besserung der Krankheitssymptomatik – und zwar in Korrelation zur klinischen Besserung – vermehrt basale leichte Allgemeinveränderungen und Paroxysmen nachzuweisen waren. Es wird angenommen, daß es sich bei diesen Veränderungen um charakteristische Zeichen für die Wirksamkeit der angewandten Medikamente handelt. Es wird als gute Reagibilität des Hirnpotentialbildes auf die Wirksamkeit angesehen und geradezu als typische Reaktion gedeutet. Zeigten sich Herdveränderungen innerhalb der Allgemeinveränderungen, müsse angenommen werden, daß eine zusätzliche evtl. auch länger zurückliegende chronische Hirnschädigung vorliege, entweder auf vasaler Grundlage oder auf dem Boden einer frühkindlichen Hirnschädigung bzw. eines zurückliegenden Schädel-Hirn-Traumas, auch ein Zustand nach Enzephalitis käme in Frage. Selbstverständlich werden solche länger zurückliegenden Prozesse nicht immer zu verifizieren sein, und die eigentliche Genese bleibt unklar. Bei schlechterer Ansprechbarkeit durch die Therapie kommt es lediglich zu atypischen Modifikationen im Hirnpotentialbild, was in diesem Zusammenhang sagen will, daß bei nur leichten Veränderungen der Frequenz oder der Spannungshöhe im Eeg Zeichen eines gesenkten zerebralen Integrationsniveaus vorliegen und damit auch ausgesagt werden könne, daß die Wirksamkeit des Medikaments hier nicht so sicher ist bzw. der Erfolg überhaupt zweifelhaft bleibe. Dabei sei die Art des angewandten Psychopharmakons nicht entscheidend, also gäbe es praktisch keine medikamentenunterschiedlich spezifischen Befunde. Zwar sind SERAFETINIDES und Mitarb. der Ansicht, daß Neuroleptika mit anregender bzw. stimulierender Wirkung, so z. B. das Trisedyl (Triperidol) oder die Thymoanaleptika (Antidepressiva), weniger langsame Wellen im Eeg zeigen als mehr dämpfend sedativ wirkende Medikamente, wie z. B. das Frenolon und das Haloperidol. Allerdings wird von DASBERG und ROBINSON hervorgehoben, daß piperazinsubstituierte Phenothiazine häufiger und ausgeprägter zu Deltagruppenbildungen im Eeg führen als andere Neuroleptika.

Nach HELMCHEN und Mitarb. haben die bisherigen EEG-Analysen unter Psychopharmakotherapie zu verschiedenen theoretisch und klinisch bedeutsamen Erkenntnissen geführt:

1. Es bestehen Beziehungen zwischen bestimmten EEG-Mustern und der Anwendung von Psychopharmaka, und zwar unterschiedlich, je nach einmaliger oder chronischer Applikation sowie auch nach Art des Pharmakons (ITIL und FINK).

2. Es bestehen Beziehungen zwischen bestimmten EEG-Mustern und klinischen Merkmalen, wie psychopathologischer Symptomatik, therapeutischem Effekt und der Prognose (HELMCHEN; HELMCHEN und KÜNKEL).

3. Das Eeg erwies sich als wertvoll für die Analyse unerwünschter neurologischer und psychiatrischer Wirkungen der Psychopharmakotherapie (GIRKE und Mitarb.).

4. Das regelhafte Auftreten bestimmter EEG-Muster bestätigte den stammhirnnahen Wirkungsort der Psychopharmaka (KÜNKEL).

HELMCHEN und Mitarb. fanden bei ihren Untersuchungen, bei denen sie die Wirkungsweise von einem Neuroleptikum, in diesem Falle Perazin, im Vergleich zur Blutkonzentration der Substanz, der Entwicklung einzelner EEG-Muster und der Korrelationen zwischen EEG-Muster und klinischem Verlauf prüften, eine zunächst nicht erwartete geschlechtsabhängige Differenzierung. Sie weisen darauf hin, daß hinsichtlich der Korrelationen zwischen »paroxysmaler Dysrhythmie« und klinischer Besserung die jetzt gewonnenen Ergebnisse, die eine positive Korrelation zwischen Entwicklung der »paroxysmalen Dysrhythmie« und klinischer Besserung bei Frauen nachweisen lassen, gut mit eigenen früheren Untersuchungsergebnissen übereinstimmen. Bei Männern ließen sich diese Befunde hingegen nicht bestätigen. Aufgrund der Untersuchungsmodalitäten wird von den Verfassern angenommen, daß die erhaltenen Befunde vermuten lassen, daß die unterschiedlichen geschlechtsabhängigen Ergebnisse auf einer geschlechtsdifferenten biochemisch-neurophysiologischen Organisation des Zentralnervensystems beruhen könnten. Weiter wird ausgeführt, daß die vorerst nicht durchschaubare Komplexität der wechselseitigen Beziehungen zwischen Blutkonzentration und EEG-Veränderungen auf der einen sowie EEG-Veränderungen und psychopathologischen Befunden auf der anderen Seite sich am Beispiel der Herdbefunde und der gruppierten abnormen Rhythmisierung verdeutlichen ließe. Zwar war ein positiver Zusammenhang zwischen Blutkonzentration und EEG-Herdentwicklungen nachzuweisen, aber ein psychopathologisches Korrelat zur Entwicklung von EEG-Herden unter der Perazintherapie ließ sich nicht finden. Im Gegensatz hierzu zeigt die gruppierte abnorme Rhythmisierung einen deutlichen Zusammenhang mit der Veränderung psychopathologischer Merkmale, während sich keine signifikante Korrelation zur Perazinblutkonzentration ergab. Damit warnen die Verfasser mit Recht davor, zumindest elektroenzephalographische Ergebnisse klinisch-psychopharmakologischer Untersuchungen, die an geschlechtshomogenen Gruppen gewonnen werden, ohne weiteres zu verallgemeinern.

VOLAVKA und Mitarb. testeten verschiedene Neuroleptika bei 65 Patienten. Gleichzeitig wurden neben den Wirksamkeitsuntersuchungen im klinischen Bereich auch EEG-Ableitungen kontinuierlich durchgeführt. Die Auswertung erfolgte einmal visuell und zum anderen durch Breitbandfrequenzanalysator. Es fand sich eine statistisch signifikante Korrelation zwischen den gefundenen EEG-Veränderungen zum späteren Therapieeffekt. Bedeutung der prätherapeutischen Symptome für ein bestimmtes Medikament bestand nicht. Bei Aufstellung einer Koeffizientenreihe für jedes Präparat, die in jeder Koeffizienz zu einem Symptom gehört, korrelieren die berechneten Prognosen mit den tatsächlichen Erfolgen bei den klinischen Daten und der visuellen EEG-Auswertung zwischen 0,86 und 0,98 und bei der automatischen Frequenzanalyse zwischen 0,87 und 0,98. Danach scheint auf diesem Wege ein optimales Präparat für jeden Krankheitsfall berechenbar zu sein

Etwa im gleichen Sinne führte ITIL Untersuchungen durch, bei denen er fand, daß mit der Computeranalyse die früheren Ergebnisse der optisch auszählenden Methode zur Testung und Wirkweise von Psychopharmaka bestätigt werden konnten. Jedoch gelang eine noch bessere Präzision mit der Computeranalyse als mit der rein optisch auszählenden Methode. Weiterhin gelang es mit der Computeranalyse, die Wirkungsdosis und die optimale Dosis von Psychopharmaka für die jeweiligen Krankheitsbilder genau festzulegen. Ebenso konnte die toxische Dosis genau bestimmt werden. Außerdem mache diese Methode es möglich, eine Vorhersage für die evtl. neuroleptische Wirksamkeit einer neu zu testenden Substanz aus der Frequenzanalyse abzulesen, d. h., ob die getestete Substanz neuroleptisch wirksam ist oder nicht.

Zu diesen Untersuchungen sei noch nachzutragen, daß auch die Leerableitung im Vergleich mit kontinuierlichen Kontrollableitungen des Eeg unter der Behandlung mit antidepressiv wirksamen Psychopharmaka von Bedeutung sein kann. Liegen besonders bei älteren oder vorgeschädigten Patienten bereits in der Leerableitung EEG-Veränderungen, vor allem herdförmigen oder paroxysmalen Charakters mit eingestreuten Spitzenpotentialen, vor, so ist Vorsicht und Zurückhaltung in der Behandlung mit Antidepressiva in jedem Falle geboten. Es empfiehlt sich in diesen Fällen, langsam, niedrig dosiert, einschleichend die Behandlung zu beginnen, was für alle Thymoanaleptika einschließlich des Lithiums gilt. Bei den während der Behandlung abgeleiteten kontinuierlichen Kontrolluntersuchungen zeigen sich EEG-Veränderungen bereits vor Eintritt klinisch relevanter – auf die Medikamente zurückzuführender – psychischer Veränderungen im Sinne eines beginnenden Durchgangssyndroms bzw. einer Funktionspsychose nach WIECK. So finden wir vermehrt auftretende langsame spannungshohe Wellengruppen neben Paroxysmen und gegebenenfalls auch Spitzenpotentialen besonders über den temporalen Ableitungspunkten oder seltener generalisierte Spitzenpotentiale. Sie sind Anzeichen dafür, daß eine entsprechende Komplikation droht, und sollten den Therapeuten veranlassen, entweder die Behandlung vorläufig abzubrechen oder zumindest die Dosis erheblich zu reduzieren bzw. das Medikament zu wechseln. Auch bei Ableitungen während eines Durchgangssyndroms, also einer symptomatischen Psychose, finden sich mit dem Ausprägungsgrad der psychischen Veränderungen korrelierende schwerwiegende Veränderungen in Form von spannungshohen, langsamen Wellen und Wellengruppen sowie Paroxysmen, teilweise mit Spitzenpotentialen, die häufig frontopräzentral bis zentral betont sind, was wiederum auf eine Schädigung der subkortikalen Hirnanteile hinweist.

Es liegt auch bereits eine ganze Anzahl von Untersuchungen zur Wirkung von Psychopharmaka bei Gesunden und Kranken auf das Elektroenzephalogramm des Schlafes vor. So fanden JUS und JUS, daß z. B. die Gabe von Phenothiazinderivaten bei an Schizophrenie Erkrankten einen regulierenden Einfluß auf die bei den Patienten vor der Behandlung gestörten Zeitverhältnisse der Phasen des langsamen (tiefen) Schlafes ausübt, d. h., daß der Schlaf der Schizophrenen sich mehr dem physiologischen Bild nähert als ohne oder bevor Phenothiazinderivate angewandt wurden.

Bei Anwendung von Tegretol (Finlepsin) fand sich eine Zunahme der tieferen Schlafstadien bei gleichzeitiger Abnahme der Wachstrecken, doch keine wesentliche Verkürzung der REM-Schlafphasen. Außerdem übt Tegretol eine günstige Steigerung der motorischen Aktivität aus und konnte gleichzeitig als gutes »Euhypnotikum« bezeichnet werden. In bezug auf eine langdauernde Verabreichung von Tegretol im polygraphischen Schlaf-Eeg fand MAXION, daß die Wirkung von Tegretol bei Langzeitanwendung bei jüngeren oder älteren Patienten keine Adaptationszeichen und nach plötzlichem Entzug keine Entzugssyndrome bzw. Psychosen erkennen ließ. Das gilt für Tegretol ebenso wie für alle diejenigen Medikamente, die aufgrund der EEG-Untersuchungen die REM-Schlafphasen nicht oder nur geringfügig verändern. Weiter wurde von MAXION und SCHNEIDER der Einfluß von Chlormethiazol = Distraneurin auf das Schlaf-Eeg nach Alkoholdelir untersucht. Es zeigte sich nach abgelaufenem Delir im Eeg eine ähnliche Veränderung wie bei Schlaf nach Barbituraten. Polygraphische Registrierung von Eeg, Emg und Augenbewegungen ergab Verkürzung der Wach- und Einschlafzeiten entsprechend dem Stadium A und B nach LOOMIS, außerdem wurden die Schlafstadien D und E verlängert, die REM-Schlafphasen waren dagegen deutlich verkürzt.

BORENSTEIN und Mitarb. stellten polygraphische Untersuchungen des durch Natrium-Gamma-Hydroxybutyrat und durch Diazepam ausgelösten Schlafes an. Nach Natrium-Gamma-Hydroxybutyrat 30–40 mg/kg Körpergewicht bis 60 mg/kg Körpergewicht waren eine Grundaktivitätsverlangsamung und Vertexzacken in 4 EEG-Phasen zu registrieren. Ein REM-Schlafmuster trat nicht auf. Bei 10 mg Diazepam traten 5 REM-Phasen bei den behandelten Personen auf. Im Gegensatz zu der Gruppe, die mit Natrium-Gamma-Hydroxybutyrat behandelt war, konnte auch ein deutlicher Unterschied im Eeg beim Wachzustand erkannt werden. Letztere Substanz hat eine deutlich narkotische Wirkung und Nachwirkung, Diazepam dagegen nicht.

ITIL und Mitarb. testeten anhand von Wach-, Schlaf-Eeg. und der REM-Aktivität die zentrale Wirksamkeit von drei verschiedenen Dosierungen eines neuen Triazolobenzodiazepinderivats. Als Vergleich wurden Einzeldosen eines bekannten Kontrollpräparats (Flurazepam) und Plazebo bei normalen Versuchspersonen untersucht. Die erhaltenen Schlaf- und Wach-Eeg. wurden statistisch mittels eines Digitalcomputers ausgewertet. Die so erhaltenen »sleep prints« ergaben, daß

1. aufgrund der Wach-Eeg. das neue Medikament wohl vom Plazebo, nicht aber vom Kontrollpräparat unterschieden werden konnte.

2. Die mittels Computer klassifizierten Schlafstadien sind nicht sehr aufschlußreich für die Differenzierung der psychoaktiven Medikamente und des Plazebos (2 mg der experimentellen Substanz ausgenommen).

3. Die REM-Aktivität wurde durch alle Medikamente im Vergleich zu Plazebo signifikant herabgesetzt.

4. Die quantitativ analysierten EEG-Variablen während des Schlafes, insbesondere jedoch während der gesamten REM-Zeit, ermöglichten am genauesten eine Differenzierung der experimentellen Substanz sowohl von Plazebo als auch von der Kontrollsubstanz. Aufgrund der erhobenen Befunde konnte vorausgesagt werden, daß das Testpräparat in höheren Dosen als gutes Sedativum bzw. Hypnotikum wirken wird, während es in niederen Dosen einen langdauernden anxiolytischen Effekt entwickeln könnte. Aufgrund der Ergebnisse wurde die Schlußfolgerung gezogen, daß die quantitative Analyse von Wach-Eeg, Schlaf und REM-Variablen als ein wertvolles Instrument für die Klassifizierung, Beurteilung und Voraussage der klinischen Wirksamkeit neu zu entwickelnder Medikamente dienen könnte.

Einige instruktive kasuistische Mitteilungen finden sich bei speziellen Intoxikationen bei folgenden Autoren:

RUPPRECHT und TODT beschrieben eine seltene Glykosidintoxikation mit zentralnervalen Symptomen und Oligurie bei einem zweijährigen Mädchen, das insgesamt 4 mg Lanatosid C eingenommen hatte. Über eine akute Isoniazid (INH)-Intoxikation mit besonders eindrucksvoller Verlaufsschilderung berichten SCHNEIDER und Mitarb. Eine außerordentlich instruktive und Verallgemeinerungswert aufweisende Studie für einen Intoxikationsverlauf mit klinisch neuropsychiatrischer Symptomatik und zugeordneten EEG-Veränderungen bei einer durch ACTH induzierten Psychose veröffentlichten GLATZEL und PENIN. SCHMOIGL berichtete über eine akute Disulfiram (Antabus)-Vergiftung bei einem Kind von 3 Jahren und 7 Monaten. PRÜLL und ROMPEL teilten neurologisch-psychiatrische und hirnelektrische Störungen bei akuter Vergiftung mit Organo-Zinn-Verbindungen mit. Eine weitere interessante Mitteilung stammt von GÜNTHER über Intoxikation und Eeg bei einer CO-Vergiftung, die aufgrund des EEG-Befundes überhaupt erst richtig zugeordnet werden konnte, insbesondere weil es sich um eine chronische Intoxikation handelte.

Von BEST und KÖHLER findet sich eine Mitteilung über EEG-Veränderungen bei chronischem Trijod-Thyronin-Abusus. WEIMANN berichtet über eine Knollenblätterpilzvergiftung im Kindesalter; EEG-Veränderungen etwa wie bei akuter Schlafmittelintoxikation. Klinische und EEG-Befunde bei Haschisch (Marihuana)-Mißbrauch findet CHRISTOZOV, und über Veränderungen im Eeg bei einer Vitamin-B_{12}-Mangel-Neuropathie berichtet BANNER.

KAESER und SCOLLO-LAVIZZARI berichten über akute zerebrale Störungen nach hohen Dosen eines halogenierten Oxycholinderivats (Entero-Vioform), das wegen einer vorliegenden Diarrhoe eingenommen werden mußte, Gesamtdosis 30 Tabletten (über 1 500 mg). IZUMI und SATO machten eine Mitteilung über eine sogenannte »thinner«-Intoxikation; bei »thinner« handelt es sich um eine Gruppe von Lacklösungsmitteln.

Wie aus der Übersicht zu entnehmen sein dürfte, können das Eeg und seine Veränderungen unter Intoxikation und Arzneimitteleinwirkung bei richtiger Interpretation der vorhandenen Veränderungen einen wesentlichen Beitrag zur Diagnosefindung, zum Verlaufsgeschehen, zur Prognose und zur therapeutischen Indikationsstellung für gezielte Eingriffe liefern. Es besteht sogar die Möglichkeit, neue therapeutisch wirksame Psychopharmaka bzw. die Hirnfunktion beeinflussende Substanzen zu finden und zu testen. Darüber hinaus bietet sich mit der EEG-Verlaufskontrolle – auch im Tierexperiment – eine Methodik an, die mit zur Aufklärung bisher noch unbekannter neurophysiologischer und psychopathologischer Tatbestände und Zusammenhänge in Praxis und Theorie entscheidend beitragen kann.

9.7. Eeg in der Anästhesie und Reanimation

I. FLEMMING und M. SCHÄDLICH

9.7.1. Rolle der Elektroenzephalographie in der Anästhesie

Während der Einsatz der Elektroenzephalographie in der Intensivmedizin relativ jüngeren Datums ist, gehen erste Untersuchungen über die Veränderungen der elektrozerebralen Aktivität durch Anästhetika bereits auf BERGER zurück. Eine verbindliche, allgemeingültige Theorie der Narkose steht z. Z. noch aus. Es kommt unter der Einwirkung narkotischer Substanzen dosisabhängig zu einer progressiven, reversiblen Desintegration zwischen subkortikalen Steuersystemen und Hirnrinde (KUBICKI und ZADECK; KUGLER und Mitarb.). Die besondere Empfindlichkeit der polysynaptischen retikulären Strukturen des Hirnstamms gegenüber solchen Pharmaka scheint dafür ursächlich verantwortlich zu sein (SCHNEIDER und THOMALSKE; POECK). Neben wissenschaftlichen Aspekten zur Klärung der in Abhängigkeit von der Drogenstruktur möglichen, unterschiedlichen Hauptangriffspunkte und Wirkungsmechanismen (KUGLER und Mitarb.; CLARK und ROSNER) waren es praktische Bedürfnisse, die zur elektroenzephalographischen Anästhetikaklassifizierung anregten. Die Stadien der Äthernarkose – Analgesie, Exzitation, Toleranz und medulläre Lähmung – sind nicht ohne weiteres zur Beurteilung anderer Inhalations- oder intravenöser Narkotika brauchbar. Die Einführung der Muskelrelaxanzien mit Ausschaltung der Spontanatmung reduzierte die Zahl der zur Narkosetiefenbestimmung geeigneten Parameter weiter. Durch Korrelation der klinischen Zeichen entsprechender Anästhesietiefe oder der Blutkonzentration der verschiedenen Substanzen mit dem simultan aufgezeichneten Eeg versuchte man, diesem Mangel abzuhelfen. Heute sind für alle in der Humananästhesie eingesetzten Medikamente die elektroenzephalographischen Charakteristika bekannt. Im allgemeinen verschwinden mit zunehmender Anästhesietiefe individuelle, altersspezifische, regionale und innerhalb gewisser Grenzen auch substanztypische Unterschiede (FAULCONER und BICKFORD). Jedoch ist das aktuelle Hirnpotentialbild durch eine Vielzahl von Faktoren zu beeinflussen. Außer den pharmakologischen Besonderheiten der Mittel sind Applikationsart, Eliminationsrate und die Dosis-Zeit-Beziehungen für die Ausprägung der Muster von Bedeutung. Vor allem können sekundäre Veränderungen durch eine zusätzliche hypoxische Hypoxydose z. B. infolge eines starken negativ inotropen Effekts des Narkotikums auftreten. So erklären sich die variierenden Resultate, die Einzelautoren unter klinischen Bedingungen gewonnen haben. Prinzipiell führen die meisten Anästhetika bei bioelektrisch zunehmender Synchronisation initial zu einer verschieden stark ausgeprägten Irritation der Formatio reticularis des Hirnstamms, die sich als Betaaktivierung darstellt. Die dann einsetzende Blockierung dieser Strukturen führt zu einer progressiven Frequenzverlangsamung mit Spannungserhöhung. Bei Narkosevertiefung folgt eine Potentialabflachung bis hin zu »electrical blackouts«.

SCHNEIDER und THOMALSKE unterschieden für die *Barbituratnarkose*:

1. das *Induktionsstadium* mit frontopräzentral akzentuierter Betaaktivität (15–30/sec.-Wellen um 20–50 µV), dem klinisch als Ausdruck einer Reizschwellenerniedrigung die Exzitationsphase entspricht,

2. das *Einschlafstadium* mit »spindle bursts« in einer Frequenz von 14–6/sec., wobei während nozizeptiver Stimulation im Eeg noch eine typische Desynchronisation eintritt,

3. das *chirurgische Schlafstadium* mit polymorpher, spannungshoher 2–5/sec.-Aktivität und superponierten schnellen Komponenten,

4. das Stadium des *narkotischen Tiefschlafs* mit isoelektrischen Strecken, die in unregelmäßigen, größer werdenden Abständen von Potentialgruppen unterbrochen werden (Stadium der bursts suppressions).

KUBICKI fügte noch das Stadium des kompletten narkotischen Tiefschlafs hinzu, wobei spannungsniedrigere bursts höchstens aller 10 Sekunden die blackouts modifizieren. Während diese Stadien bei intravenöser Barbituratgabe gerafft sind, können wir unter Äther entsprechend seiner langsamen Anflutung mit klinisch lebhafter Exzitation ein zeitlich anderes Verhalten beobachten. Das Induktionsstadium mit schneller Betaaktivität (25–35/sec.) dauert länger, und noch während mittlerer Narkosetiefe findet man schnelle Frequenzen bei diskontinuierlicher, diffuser Thetawelleneinlagerung. Das Stadium des narkotischen Tiefschlafs ist durch spannungshohe 1–3/sec.-Deltawellen gekennzeichnet (SCHNEIDER und THOMALSKE).

Es ist klinisch von Bedeutung, daß gleiche bioelektrische Phänomene – durch verschiedene Mittel induziert – einer unterschiedlichen Wertung bedürfen. Gehören blackouts vor allem bei rascher Barbituratinjektion zum typischen Bild, bedeuten sie unter Ätheranwendung eine Überschreitung der zulässigen Toleranzbreite. Auch eine Halothananästhesie kann bei Spontanatmung nicht gefahrlos bis zum Auftreten von bursts supressions vertieft werden. Bei dem seit 1972 angebotenen halogenierten Methyläther Ethrane finden wir bei höheren Konzentrationen die isoelektrischen Abschnitte von Spitzenpotentialgruppen unterbrochen, deren Auftreten durch einen niedrigeren CO_2-Partialdruck begünstigt wird (SCHUH; GIES und Mitarb.). Sehr hohe Ethranekonzentration, vor allem bei gleichzeitiger Hyperventilation, sollten deshalb vermieden werden.

Von den genannten Stadien weichen die meisten gebräuchlichen Narkotika entsprechend ihren pharmakologischen und anästhesiologischen Eigenheiten nur mehr oder weniger ab. Gegenwärtig gibt es jedoch kein ideales Anästhetikum, welches allen chirurgischen Ansprüchen genügt und dazu absolute Sicherheit bietet. Es haftet der in unserer Zeit so selbstverständlichen Forderung nach Ausschaltung von Schmerzempfindung und Schmerzerlebnis ein mittel- und methodenabhängiges Risiko an, welches, wenn auch statistisch sehr gering, für den einzelnen tödliche Konsequenzen haben kann. Eine Minderung der Gefährdung ist durch Mittelkombinationen zu erreichen, bei denen die spezifischen Wirkungen der Einzelkomponenten eine komplette Analgesie und Muskelrelaxation bei nur flacher Hypnose gestatten. Außerdem haben sich neue Pharmaka in der Praxis bewährt, die nicht mehr über eine fortschreitende, simultane Abnahme von Bewußtseinshelligkeit und Schmerzperzeption, sondern durch selektive Beeinflussung zentralnervaler Strukturen wirken, wobei sich eher Änderungen der Bewußtseinsqualität ergeben. Entsprechend völlig abweichend sind die elektroenzephalographischen Muster.

Bei der *Neuroleptanalgesie* in Form der kombinierten Gabe von Dehydrobenzperidol und dem potenten Analgetikum Fentanyl könnte es sich nach KUBICKI und ZADECK um eine Isolierung des funktionell intakten Systems »Formatio reticularis ascendens – Cortex« infolge Deafferenzierung handeln. INGVAR und NILSSON sprachen von einer »pharmakologischen Hirnstammdissektion«, weil Schmerzfreiheit in Verbindung mit starker Atemdepression bei erhaltenem oder wenig gedämpftem Bewußtsein erzielt wird. Bis auf eine geringe Aktivierung der Alphawellen als Zeichen der Entspannung verändert sich unter Dehydrobenzperidol das Eeg gegenüber dem Wachzustand denn auch kaum. Bei Komplettierung mit Fentanyl kommt es temporär zur Frequenzverlangsamung bis in den Deltawellenbereich, was auf eine flüchtige hypnotische Wirkung der Substanz zurückgeführt wird. Dieser Effekt ist nur bei gleichzeitiger Dämpfung der Hirnstammstrukturen ausgeprägt vorhanden (NILSSON und INGVAR). Es folgt eine Phase frequenzstabiler, durch periphere Reize nicht modulierbarer Alphaaktivität, die bis zum Abklingen der Analgesie bestehenbleibt.

Auch das Phencyclidinderivat *Ketamine* entfaltet eine andersartige, eine dissoziative Wirkung. Die kortikale Depression geht dosisabhängig mit einer unterschiedlichen Beeinflussung subkortikaler Strukturen einher. Nach einer nur wenige Minuten dauernden Anflutung stellt sich anhaltend generalisierte, monomorphe Thetaaktivität mittlerer Spannungshöhe dar, die bei höheren Konzentrationen diskontinuierlich von bilateral synchronen, steilen Deltawellen unterbrochen wird (KUGLER und Mitarb.). Klinisch ist die komplette Analgesie bei erhaltenen Schutzreflexen mit einer veränderten Bewußtseinslage verbunden, wobei passager ein Zustand resultiert, wie wir ihn in etwa beim apallischen Syndrom beobachten können (Abb. 407).

Bei Kombination mehrerer Pharmaka ist das elektroenzephalographische Bild weitgehend unabhängig von dem der einzelnen Substanzen. Bei einer visuellen Frequenzanalyse im Stadium chirurgischer Toleranz fanden wir bei unterschiedlichen Mischungen von N_2O, Fentanyl, Faustan, Halothan, Hexobarbital und Muskelrelaxanzien in 95% der Fälle eine Verschiebung des präoperativen Wellenspektrums zum schnelleren Bereich. Maxima zeigten sich bei den 18–22/sec.-Wellen mit ausgesprochenen Gipfelbildungen oder auch mehr plateauartiger Verteilung im Alpha/Beta-Bereich. Ausgewertet wurden bei bipolarer Schaltung die Potentiale über der frontopräzentroparietalen Region bei 34 Kindern zwischen 6 und 13 Jahren sowie bei 20 Erwachsenen zwischen 38 und 59 Jahren. Altersspezifische Unterschiede und eindeutig pathologische Vorbefunde spiegelten sich im intraoperativen Elektroenzephalogramm nicht wider (Abb. 408).

Nur die Spannungshöhe war bei den Kindern durchschnittlich größer als bei den Erwachsenen (HAUSWALD und HAUSWALD).

Es liegt auf der Hand, daß eine elektroenzephalographische Narkosetiefenbestimmung mit evtl. davon gesteuerter, automatischer Nachdosierung für Monoanästhesien bereits schwierig und aufwendig, für die moderne Kombinationsnarkose aber nicht realisierbar ist. De facto begrenzt jedoch die relative Uniformität des normalen Mischmittelmusters die Anwendung der Methode bei der Überwachung risikoreicher Eingriffe nicht. Sie ist im Gegenteil die Voraussetzung für deren Einsatz. Alle Abweichungen vom typischen Bild spiegeln dann nämlich zwangsläufig pathologische, nicht narkosemittelbedingte zerebrale Störungen wider. Nur die Elektroenzephalographie ermöglicht gefahrlos und frühzeitig die Erkennung zerebraler Komplikationen bei einem anästhesierten, vollkurarisierten Patienten. Ganz abgesehen von plötzlichen Insulten,

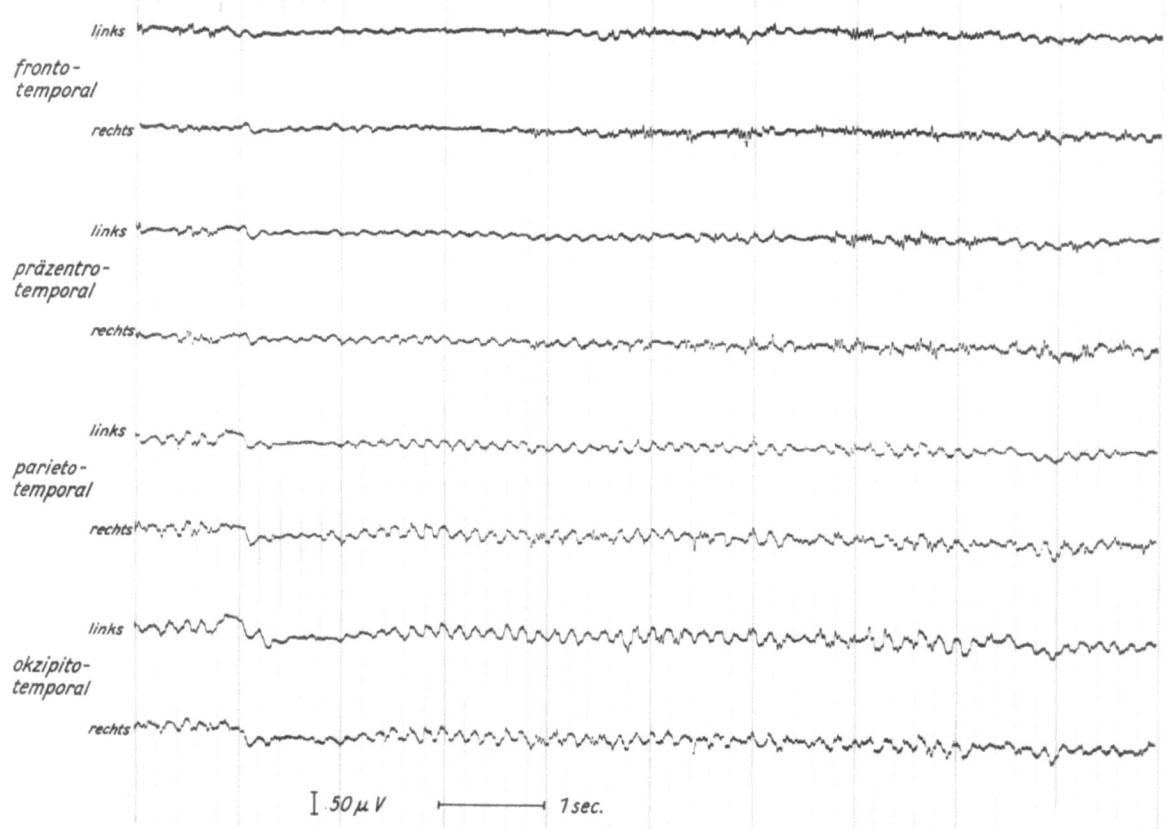

Abb. 407 Ableitungsart IV (bipolare temporale Schaltung)
Anneliese Z., 44 Jahre.
Eeg (Nr. 713/70) 9 Minuten nach intravenöser Narkoseeinleitung mit 240 mg Ketamine. Dominierende, monomorphe, meist 6–7/sec.-Thetaaktivität, meist um 30 μV

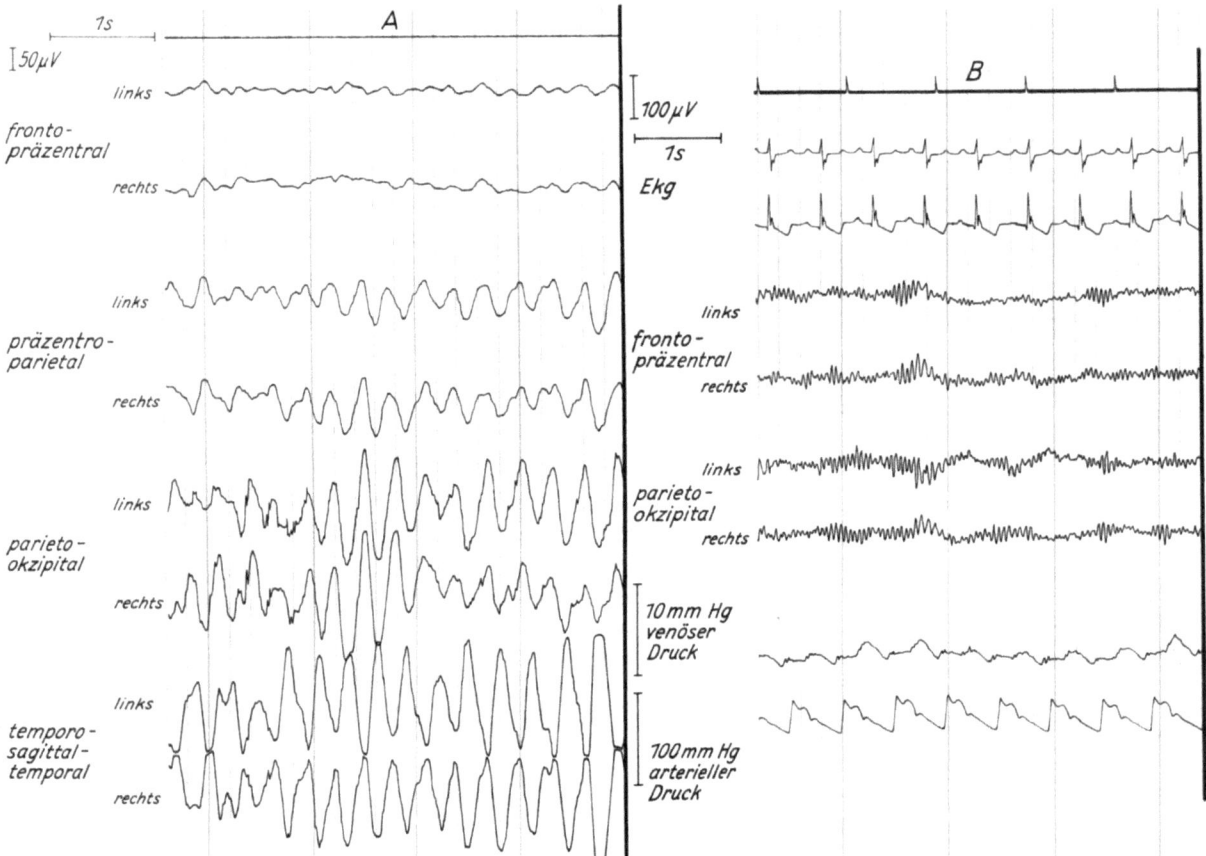

Abb. 408 Doris G., 9 Jahre. Atriumseptumdefekt bei deutlicher psychischer und physischer Unterentwicklung
A: Ableitungsart III (bipolare Längsschaltung). Pathologisches, präoperatives Eeg (83/74) mit hinten betonter, generalisierter 3,5–4/sec.-Aktivität.
B: Intraoperative Überwachung Nr. 37/74. Normales Narkosemischmittel-Eeg mit Betawellendominanz

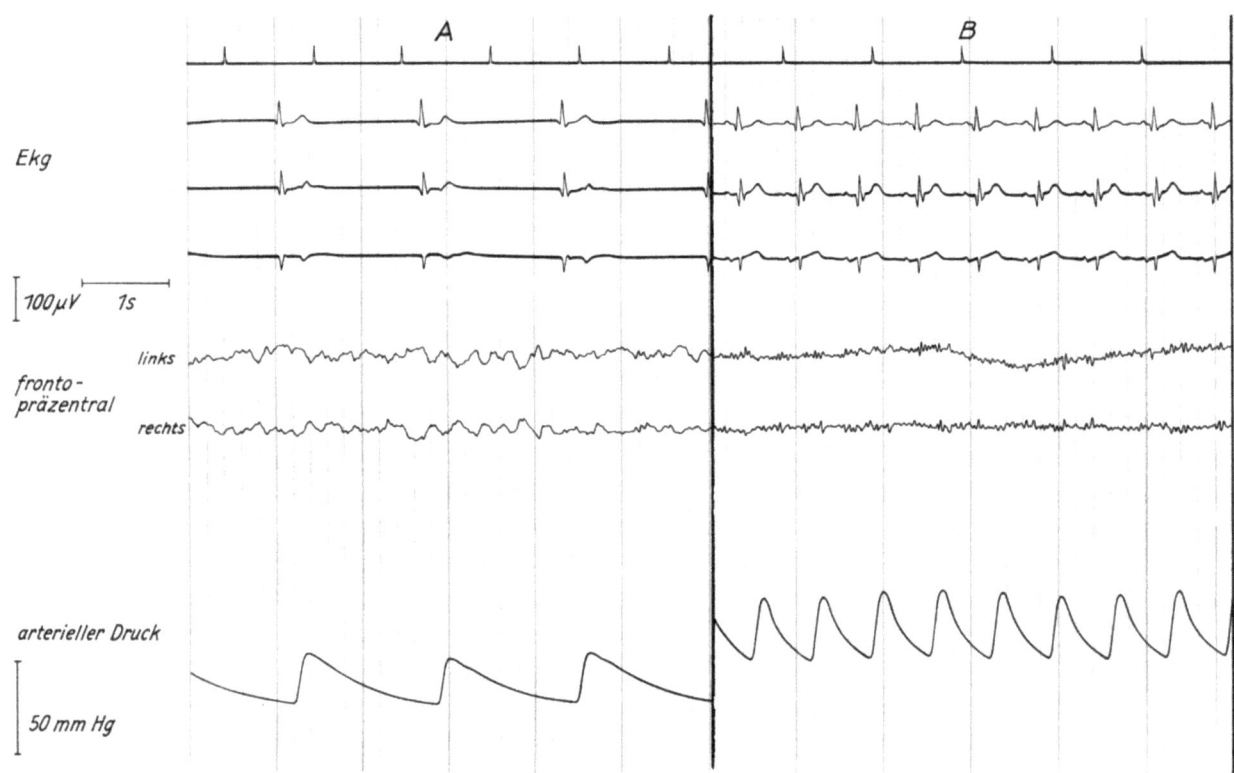

Abb. 409 Ralf H., 43 Jahre. Intraoperative Überwachung Nr. 284/71
Anlage eines aortokoronaren Bypass bei chronisch ischämischer Herzkrankheit.
A: Bradykardie und arterieller Druckabfall führen im Eeg zu einer Frequenzverlangsamung mit dominierender, langsamer Thetaaktivität;
B: nach Gabe von Alupent und Kalziumthiosulfat haben sich Herzfrequenz und Blutdruck normalisiert. Regelrechtes, etwas spannungsniedriges Narkosemischmittel-Eeg

die sich intraoperativ noch nicht klinisch neurologisch objektivieren lassen, ist die alleinige Erfassung hämodynamischer Größen überhaupt nicht optimal. Inwieweit z. B. Blutdruckschwankungen Veränderungen des zerebralen Kreislaufs mit Irritation der Hirnfunktion hervorrufen, kann bis auf bedrohliche Ausnahmezustände ohne Kontrolle der elektrozerebralen Aktivität nicht gesagt werden, da die Hirndurchblutung in weiten Grenzen unabhängig vom Systemdruck reguliert wird (Abb. 409).

Darüber hinaus können dem Anästhesisten auch außerhalb des Operationssaals durch die Elektroenzephalographie wertvolle Informationen vermittelt werden. So lassen sich aus den von DOENICKE und Mitarb. veröffentlichten Hypnogrammen exakt die mit bestimmten Narkotika zu erzielenden Schlaftiefen und Schlafzeiten ablesen. Besonders bei Substanzen mit echter Kurzwirkung (Propanidid, Etomidate) spielen die zeitlichen Abläufe eine große Rolle, da der geplante Eingriff die maximale Wirkungsdauer nicht überschreiten darf. In gleicher Weise werden die für die Beurteilung der Straßenfähigkeit so wichtigen postnarkotischen Vigilanzschwankungen erfaßt.

9.7.2. Eeg nach der Reanimation

Das sekundäre Überleben mit oder ohne bleibenden Hirnschaden bei primär gelungener Reanimation nach Atem- und/oder Herzstillstand hängt neben dem Grundleiden von dem Ausmaß der zerebralen Begleitstörung ab. Diese ist auch bei ursprünglich extrazerebraler Erkrankung als Folge der Hypoxie durch die unterschiedlich langen ischämischen Phasen stets vorhanden. Neuerliche hypoxische Insulte während der Erholungszeit des Gehirns oder zerebrale Vorschäden wirken sich ungünstig aus (BUSHART und RITTMEYER). Im Rahmen der Intensivtherapie Bewußtloser wird man täglich mit prognostischen Fragestellungen konfrontiert. Integriert in den gesamtklinisch neurologischen Befund erlauben elektroenzephalographische Verlaufskontrollen, Charakter, Schweregrad, Reversibilität oder Irreversibilität einer zerebralen Störung genauer einzuschätzen. Besonders in Phasen scheinbaren Stillstandes kann das Eeg früher auf eine Entwicklung in der einen oder anderen Richtung hinweisen (SPOEREL; ZETTLER und Mitarb.).

Stärke, Dauer und zeitliche Folge pathologischer Muster werden gewertet. Abweichungen drücken sich vorwiegend in Form von Spannungs- und Frequenzveränderungen – meist im Sinne einer Verlangsamung – aus. Die Prüfung der bioelektrischen Reaktivität auf Stimuli bringt wichtige Zusatzinformationen (PRIOR). Taktile und akustische Reize sind weniger wirksam als nozizeptive, die länger beantwortet werden. Neben der typischen Desynchronisation auf Weckreize – Spannungsabflachung und Frequenzbeschleunigung – kann es bei Bewußtseinsstörungen zu einer paradoxen Reaktion kommen, wodurch ähnliche Bilder wie bei der Beantwortung sensorischer Reize im leichten bis mittleren Schlaf entstehen. Spannungshohe, langsame, polymorphe Deltawellen treten während der Stimulation oder diese überdauernd auf. Jedoch kann auch 12–14/sec.-Aktivität bei leichteren Bewußtseinsstörungen provoziert werden (COURJON; STEINMANN). Der Verlust der Reaktivität und Spannungsdepressionen werden ungünstiger bewertet als Frequenzverlangsamungen. Treten nach Hypoxien in Verbindung mit extremen Abflachungen paroxysmal aperiodische Spitzenpotentialgruppen auf, beurteilen PAMPIGLIONE; BUTENUTH und KUBICKI; LEMMI u. a. den Zustand praktisch als infaust.

Eine sichere Korrelation zur Tiefe der Bewußtlosigkeit oder eine Höhenlokalisation der zerebralen Schädigung kann vom Eeg bis auf seltenere Extremsituationen nicht erwartet werden (LORRENZONI; LOEB). Isoelektrische Kurven weisen auf eine massive kortikale Störung hin. Relativ gute Grundaktivität aus dem Alphawellenbereich evtl. zusammen mit spannungsniedriger Betaaktivität und kaum oder gar nicht vorhandener Reaktivität bei klinisch tiefem Koma finden sich nach Läsionen in den kaudalen mesenzephalen oder pontomedullären Bezirken (NEUNDÖRFER und Mitarb.; PRIOR).

HOCKADAY und Mitarb.; PRIOR und VOLAVKA; KUBICKI; KURTZ u. a. klassifizierten die nach temporärer zerebraler Anoxie infolge Herz- und/oder Atemstillstandes beobachteten EEG-Muster und versuchten eine Wertung bezüglich der Überlebenschancen. Hier seien die von PRIOR 1973 modifizierten, bei visueller EEG-Beurteilung angegebenen Kategorien vorgestellt:

Grad 1: Alphawellendominanz; seltene Thetaaktivität.

Grad 2: Thetawellendominanz; seltene Alphaaktivität oder Deltawellendominanz mit reichlich vorhandener anderer Aktivität.

Grad 3: Kontinuierliche, dominierende Deltawellen mit wenig anderer Aktivität oder
kontinuierliche Spikeaktivität oder
Kurven mit intermittierenden Spannungsverminderungen oder
kompletten isoelektrischen Perioden von weniger als 1 Sekunde Dauer.

Grad 4: Isoelektrische Intervalle von einer oder mehr als 1 Sekunde Dauer, getrennt durch irgendeinen Typ von Aktivität, der nicht nur durch Stimuli provoziert wird, oder diskontinuierliche Deltaaktivität über einer Region mit flachen Strecken über anderen Arealen oder fast isoelektrischen Kurven.
Fehlende Reaktivität auf Stimulation.

Grad 5: Isoelektrische Kurven ohne erkennbare zerebrale Aktivität bei fehlender Reizbeantwortung.

Mit dieser Einteilung gelang bei 80–85% der Fälle eine zutreffende Trendbeurteilung. Die Grade 1 und 2 gestatten eine gute, 4 und 5 eine fast infauste Prognose zu stellen. Die Genauigkeit war bei den schwersten Graden am größten. Diese Patienten haben nahezu keine Überlebenschancen. Schwierigkeiten bereitet die Interpretation des 3. Grades, der eine Zwischenstufe darstellt und nur innerhalb von Verlaufsbeobachtungen Rückschlüsse gestattet. Es sei an dieser Stelle ausdrücklich betont, daß bei prognostischen Einschätzungen mittels elektroenzephalographischer Befunde deren Entwicklung in der Zeit von ausschlaggebender Bedeutung ist. Oft wird innerhalb weniger Stunden klar, daß sich beispielsweise aus einem zweiten eine Tendenz zum dritten/vierten Grad und damit in Richtung eines fatalen Ausgangs ergibt. Dabei kann das Eeg ein wertvoller Indikator sein, der bei zunächst noch unveränderten klinisch-neurologischen Befunden auch zusätzliche zerebrale Schädigungen infolge extrakranieller Faktoren (z. B. respiratorische, hämodynamische, metabolische) signalisiert. Schwerwiegende Fehlinterpretationen werden außerdem nur vermieden, wenn stets die ätiologischen Momente, die das vital bedrohliche Ereignis herbeiführten, berücksichtigt werden. EEG-Muster bei Intoxikationen – ein Schädel-Hirn-Verletzter kann auch infolge einer Vergiftung verunfallt sein – bedürfen einer gänzlich anderen Wertung (KUBICKI und Mitarb.). Bei Langzeitüberwachungen im Rahmen der Intensivtherapie nach Reanimation müssen daher die hochdosierten, zentraldämpfenden Medikamente sowie die aktuelle Körpertemperatur bei induzierter Hypothermie in die Gesamtbeurteilung einfließen. Nicht zuletzt schützen Serienableitungen bei artefaktüberlagerten oder zahlreichen schwierig einzuordnenden Kurven vor falschen Schlußfolgerungen (Abb. 410–413).

Seit dem vergangenen Jahrzehnt wird das EEG auch im Zusammenhang mit der Feststellung des Todeszeitpunkts diskutiert. Diesbezügliche Probleme tauchen bei bestimmten Mißerfolgen der Reanimation auf, wo die Wiederherstellung einer spontanen Herzaktion gelingt, jedoch infolge überschrittener Ischämietoleranz des Gehirns die sich postanoxisch entwickelnde Hirndrucksteigerung schließlich zum intrakraniellen Durchblutungsstop führt. Bis zum endgültigen Herzstillstand ist unter künstlicher Ventilation ein Stunden bis Tage währendes, begrenztes Überleben noch möglich. Unter 34 von KÄUFER beschriebenen Fällen überlebten 6 den zerebralen Tod länger als 48 Stunden, davon 2 Patienten 3 Tage. Es besteht heute jedoch weitgehend Einigkeit, daß die zweifelsfreie Diagnose des Hirntodes dem Individualtod gleichgesetzt werden darf und die Einstellung aller therapeutischen Bemühungen gestattet, was im Zusammenhang mit vorgesehenen Organentnahmen zu Transplantationszwecken praktische Bedeutung erlangt (PENIN und KÄUFER; KRÖSL und SCHERZER).

Bei der Mehrzahl der Patienten mit klinisch-neurologisch totalem Hirnfunktionsverlust – und nur diese sind hier gemeint – erlischt die bioelektrische Aktivität vor der Ausbildung des vollen klinischen Syndroms. Selten aber beweist ihr Vorhandensein die noch erhaltene Funktion kortikaler Strukturen. Sie schließt

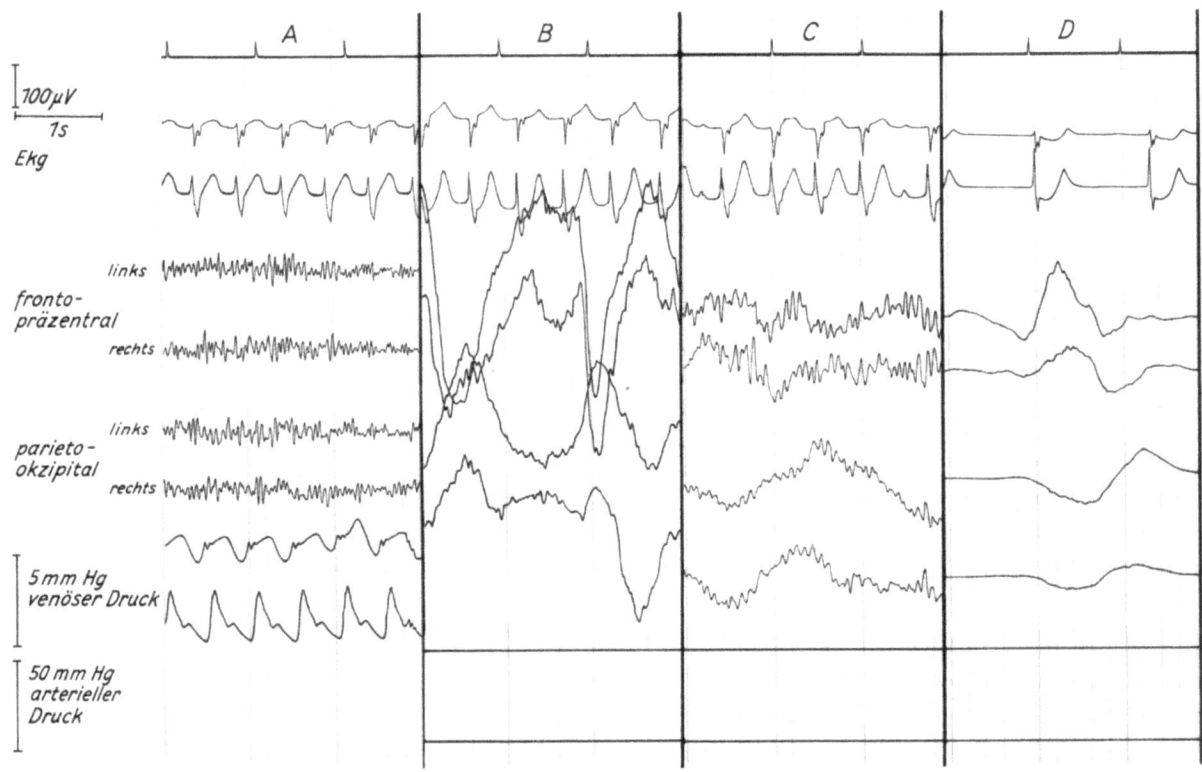

Abb. 410 Andreas B., 7 Jahre, Bedside-Überwachung Nr. 10/74
Zustand nach Operation in extrakorporaler Zirkulation wegen Morbus FALLOT.
A: Normales Narkosemischmittel-Eeg bei Operationsende. Dominierende Betaaktivität.
B: Herzstillstand 90 Minuten nach beendigter Korrekturoperation. Eeg 75 Minuten nach erfolgreicher extrathorakaler Herzmassage bei maschineller Beatmung. Über den vorderen Regionen betonte, spannungshohe Subdelta-Delta-Wellen mit geringer Überlagerung durch schnelle Frequenzen – Grad 3.
C: 15 Minuten später hat die superponierte Alpha-Beta-Aktivität deutlich zugenommen – Grad 2.
D: Im weiteren Verlauf trat ein nicht beherrschbares Lungenödem auf. Eeg 30 Minuten vor dem Tode. Isoelektrische Strecken von mehreren Sekunden Dauer werden in unregelmäßigen Abständen von Deltawellen unterbrochen – Grad 4

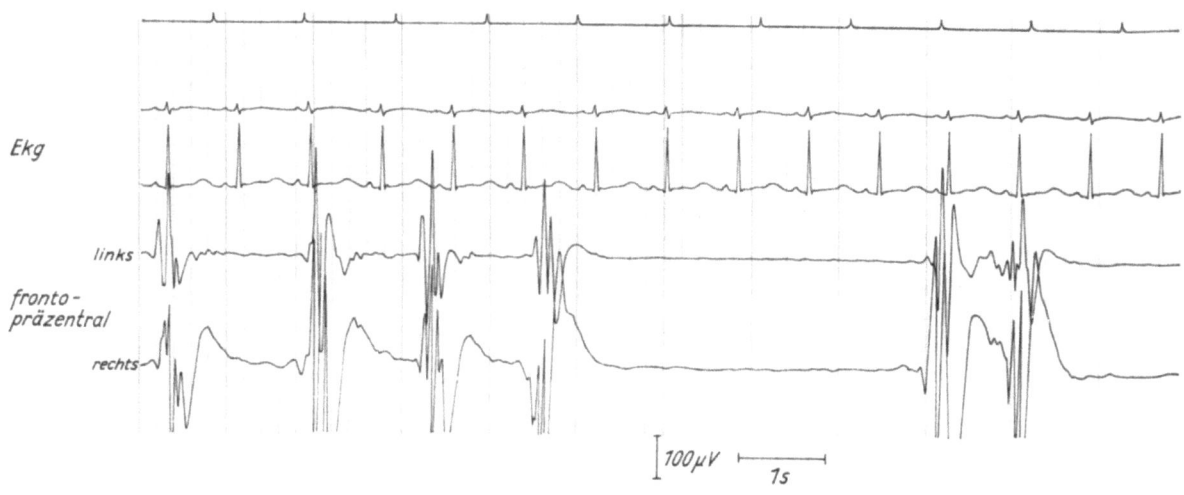

Abb. 411 Uwe W., 3 Jahre. Bedside-Überwachung Nr. 193/72
Zustand nach Herzstillstand infolge Aspiration 21 Stunden vor der Ableitung; 6 Stunden vor dem Tode. Bewußtseinslage komatös. Maschinelle Beatmung. Spannungshohe Polyspike-Gruppen werden durch mehrere Sekunden dauernde blackouts getrennt – Grad 4

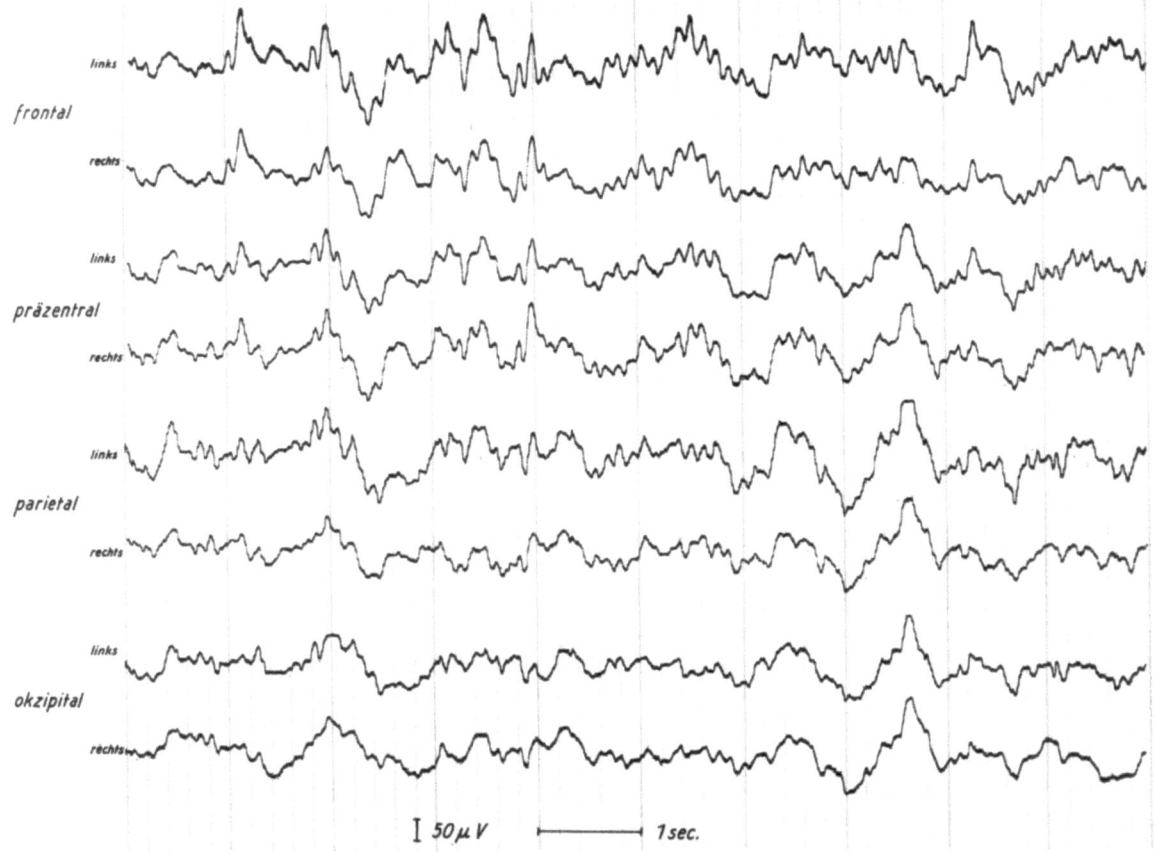

Abb. 412 Siegfried K., 17 Jahre. Bedside-Überwachung Nr. 432/74
Zustand nach intraoperativem Herzstillstand bei malignem Hyperpyrexiesyndrom 3 Stunden vor der Ableitung (Ableitungsart II, unipolare Schaltung zum rechten Ohr). Dominierende Deltaaktivität über allen Bereichen mit reichlicher Überlagerung durch Theta- und auch Alphawellen – Grad 2. Volle Restitution

zum gegebenen Zeitpunkt mit Sicherheit den Hirntod aus (INGVAR und BRUN; KUBICKI und SCHOPPENHORST; FLEMMING u. a.). Solche Patienten dürfen entsprechend der heute international gebräuchlichen Definition nicht für tot erklärt werden, da zur Diagnose der irreversible Funktionsverlust des Gesamtgehirns gefordert wird, was das Fehlen elektrozerebraler Aktivität einschließt.

Zum exakten Nachweis eines Null-Linien-Eeg müssen bestimmte ableittechnische Voraussetzungen erfüllt sein, da Artefakte Hirnpotentiale vortäuschen können, häufiger jedoch extrem abgeflachte Kurvenbilder mit echter Aktivität für isoelektrisch gehalten werden. Wir leiten mit Nadelelektroden auf einem 8-Kanal-Schreiber unter EKG-Zuschaltung bei einer Frequenz-

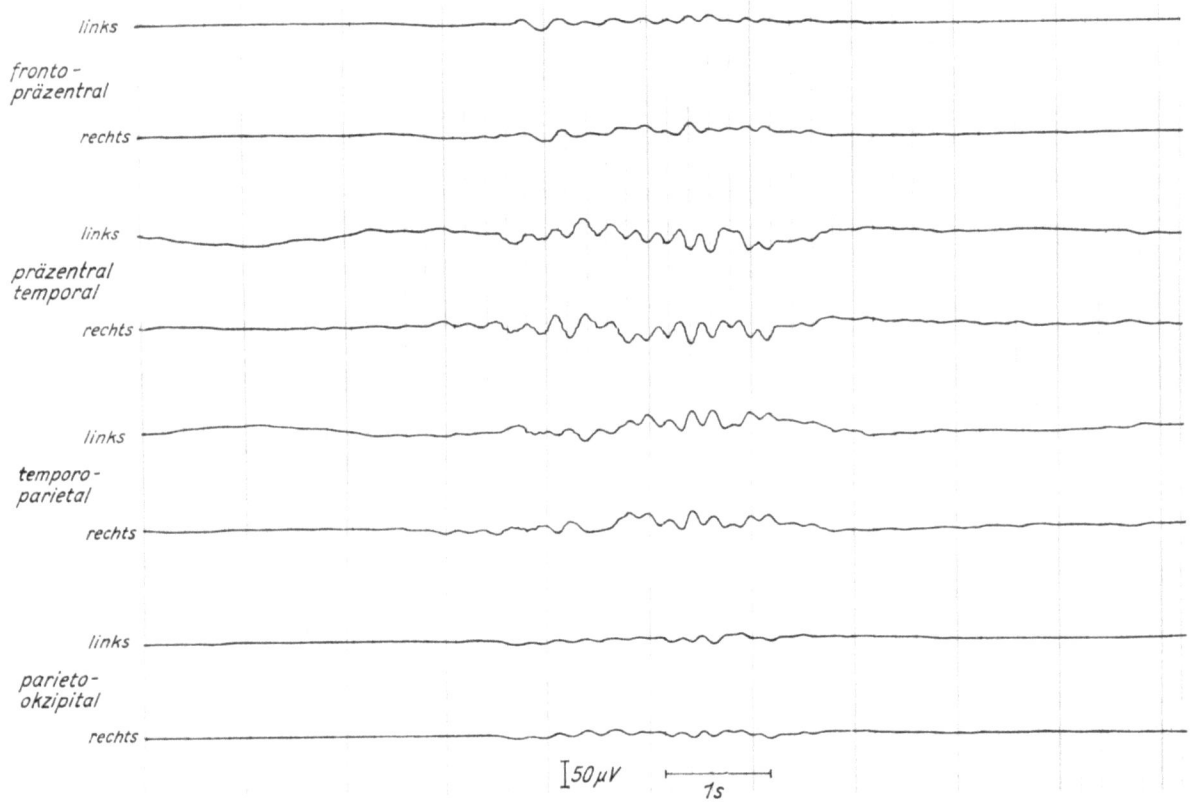

Abb. 413 Roswitha H., 32 Jahre. Bedside-Überwachung Nr. 141/74
Zustand nach Operation wegen Kleinhirnhemisphärentumors rechts und Atemstillstand 16 Stunden vor der Ableitung. Klinisch-neurologisch totaler Hirnfunktionsverlust. Im Eeg werden isoelektrische Strecken von mehreren Sekunden Dauer durch gruppierte Thetaaktivität unterbrochen – Grad 4. Tod infolge Herzstillstandes einen Tag später

blende von 70 Hz und einer Zeitkonstante von 0,3 sec. ab. Unter Anwesenheit des EEG-Arztes wird mindestens 30 Minuten geschrieben und streckenweise die Verstärkung von 6 mm = 50 μV auf 18 mm = 50 μV sowie die Zeitkonstante auf 1,5 sec. erhöht. Die Reaktivität auf Schmerzreize wird geprüft (s. a. HIRSCH und Mitarb.).

Es muß allerdings Klarheit darüber bestehen, daß das unter definierten Bedingungen einwandfrei abgeleitete isoelektrische Eeg sowohl das irreversible Erlöschen jeglicher kortikaler Aktivität als auch die Phase der Erholungslatenz mit der Möglichkeit partieller oder totaler Wiederherstellung bedeuten kann. Besonders bei Hypothermie und Drogenwirkung ist noch nach längerer Zeit eine Erholung der Funktion möglich. Weiterhin erlauben methodische Grenzen keine zuverlässigen Aussagen über den Zustand tieferer Hirnstrukturen.

Bei der angeschnittenen Problematik steht jedoch nicht die Beweiskraft des Null-Linien-Eeg zur Diskussion, sondern einzig und allein der Ausschluß noch vorhandener bioelektrischer Aktivität, die eine hemisphärielle Durchblutung voraussetzt und der Todesdiagnose entgegensteht. Soll der intrakranielle Zirkulationsstillstand durch eine zerebrale Panangiographie objektiviert werden, kann der Nachweis zerebraler Potentiale außerdem einem zu frühen Einsatz dieser Methode vorbeugen.

9.8. Eeg in der stereotaktischen Neurochirurgie

W.-E. GOLDHAHN

Der Beitrag bezweckt die Darstellung der prinzipiellen und der technischen Verbindungen zwischen der Elektroenzephalographie und der Stereotaxie. Es ist nicht beabsichtigt, eine umfassende Darstellung der elektroenzephalographischen Befunde, die bei stereotaktischen Hirnoperationen gewonnen werden können, zu geben. Dies begründet sich zum einen in der Tatsache der Abhängigkeit des Elektroenzephalogramms vom Grundleiden (Beispiel: Epilepsie), also der fehlenden Spezifität elektroenzephalographischer Veränderungen bei stereotaktischen Operationen, und zum anderen in der ausgesprochenen Spezialisierung und Spezifität von Ableitungen aus der Tiefe des Hirns, die wiederum nicht zum Aufgabenbereich dieses Buches gehören.

Stereotaktische Hirnoperationen sollen das operative Erreichen tiefliegender Hirnstrukturen mit einem Minimum an zusätzlichen Schäden ermöglichen. Im Bereich dieser tiefliegenden Strukturen werden dann physikalische oder chemische Ausschaltungen vorgenommen, um einzelne Symptome einer sonst nicht ausreichend behandelbaren neurologischen Erkrankung durch Wiederherstellung eines neuronalen Gleichgewichts zu kupieren. Bekanntestes Beispiel hierfür sind der Rigor und der Tremor, also die Plussymptome des PARKINSON-Syndroms.

Beim technischen Vorgehen bedient man sich schlanker Sonden, deren Eindringwinkel und Eindringtiefe auf mathematischem Wege vorausberechnet wird, um den tiefgelegenen Zielpunkt mit größtmöglicher Sicherheit zu erreichen. Die Sonden müssen daher mit Hilfe eines von außen an den Patientenkopf angebrachten Stereotaxiegeräts appliziert werden. Eine Reihe mehr oder weniger aufwendiger Geräte ist für diesen Zweck angegeben worden. Im allgemeinen sind die aufwendigeren Geräte auch die genaueren. In Anbetracht der kleinen räumlichen Ausdehnung der angepeilten tiefliegenden Hirnstrukturen (einige Substrate haben nur Reiskorngröße) empfiehlt sich die Verwendung komplizierterer und damit auch teurerer Geräte.

Bei dem an unserer Klinik eingesetzten Gerät nach RIECHERT-WOLFF-MUNDINGER wird am Kopf des Patienten ein Metallring mit Hilfe von vier in die Tabula externa eingeschraubten Dornen befestigt und mit negativen oder positiven Kontrastmitteln eine Füllung der Hirnventrikel I–III vorgenommen. Die nachfolgenden Röntgenaufnahmen in den beiden Ebenen zeigen dann das Ventrikelsystem in optischer Verbindung mit dem äußeren Metallring. Aufgrund genauer anatomischer Untersuchungen sind die räumlichen Verhältnisse der tiefgelegenen Hirnstrukturen im Verhältnis zu den Ventrikelstrukturen bekannt. Auf den Röntgenbildern können die Zielpunkte berechnet und in Beziehung zum gleichfalls dargestellten Metallring gebracht werden. Nach Ausschaltung aller verzerrenden und verzeichnenden Faktoren kann das stereotaktische Gerät eingerichtet werden; Sondenrichtung und Sondentiefe sind damit fixiert. Durch ein kleines Bohrloch wird die Sonde bis in die berechnete Struktur eingeschoben. Röntgenkontrollen sichern das Ergebnis. Die angeschlossene elektrophysiologische Reizkontrolle des Zielgebiets gibt jedoch erst die Sicherung, ob die erreichte Struktur beim jeweiligen Patienten auch der erwünschten Struktur entspricht. Die Effekte dieser niederfrequenten Schwachstromreize entscheiden, ob die Destruktion des Zielgebiets durchgeführt oder eine Korrektur der Lage der Sondenspitze notwendig wird. Die eigentliche Destruktion im Zielgebiet erfolgt heutzutage fast ausschließlich durch Temperaturverfahren: Elektrokoagulation oder Kryokoagulation. Diese Methoden lassen durch technische Maßnahmen eine genaue Temperaturregelung im Bereich der Sondenspitze zu, so daß für umliegende Strukturen (Beispiele: Gefäße, Sehnerv) kaum Gefährdungen bestehen. Eng umschriebene Nekrosen sind das gewünschte Ergebnis. Entsprechend dem kleinen Zugang ist der Wundverschluß nach Entfernung der Sonde rasch vorgenommen.

In den letzten Jahren sind immer wieder technische Verbesserungen an der Stereotaxietechnologie vorgenommen worden. Genannt sei etwa die Koppelung der Stereotaxie mit der elektronischen Datenverarbeitung, sowohl bei der Zielpunktbestimmung (z. T. Vermeiden der Kontrastdarstellung des Ventrikelsystems) als auch bei der Auswertung abgeleiteter elektrophysiologischer Parameter.

Aus dieser den Patienten wenig belastenden und nur gering gefährdenden Methodik der Stereotaxie (Letalität 1–2%, trotz des nicht selten fortgeschrittenen Alters der Kranken) ergibt sich die ausgedehnte Einsatzmöglichkeit des Verfahrens. Man schließt nur Kranke in extrem schlechtem Zustand und Kranke, die aller Wahrscheinlichkeit nach die erreichte Besserung ihres Zustands gar nicht mehr ausnützen können, von stereotaktischen Operationen aus. Auch wenn von sog. idealen Stereotaxieindikationen gesprochen wird (Beispiel: einseitiger postenzephalitischer Parkinsonismus bei jüngeren Patienten), sieht man in der Praxis diese Idealzustände ausgesprochen selten. Typisch sind vielmehr Kranke mit mehr oder weniger ausgeprägten Begleiterkrankungen und Komplikationen.

Als Indikationen für stereotaktische Hirnoperationen gelten derzeit:

1. PARKINSON-Syndrom mit ungenügender medikamentöser Beeinflußbarkeit,
2. Hyperkinesen mit ungenügender medikamentöser Beeinflußbarkeit (Athetosen, Choreoathetosen, essentieller Tremor, Tremor bei multipler Sklerose, Myoklonus, torsionsdystonisches Syndrom, Torticollis spasticus, ballistisches Syndrom, zerebralspastisches Syndrom, GILLES DE LA TOURETTE-Syndrom),
3. unstillbare Schmerzzustände benigner oder maligner Ursache,
4. ausgewählte Epilepsieformen,
5. ausgewählte psychische Erkrankungen (erethische Oligophrenie, bestimmte Psychosen und Neurosen, fehlgeprägtes Sexualverhalten, bestimmte Suchtformen),
6. Hypophysenausschaltungen und ausgewählte Hypophysentumorformen,
7. einzelne Formen von Aneurysmen und Angiomen sowie intrazerebralen Hämatomen,
8. bestimmte tiefgelegene und mittelliniennahe Hirntumoren,
9. seltene Indikationen sind: intrakranielle Fremdkörper, Morbus RAYNAUD, Drainagen von Zysten zum Ventrikelsystem, Mikromanipulationen im Glaskörper des Auges u. ä.

Diese Indikationstabelle unterlag und unterliegt im Laufe der Jahre einem gewissen Wandel. Dies beruht z. T. auf Fortschritten der medikamentösen Therapie bei bisher stereotaktisch behandelten Erkrankungen, z. T. auf technischen Verbesserungen des stereotaktischen Verfahrens (feinere Sonden, bessere Ableitmethoden, verbesserte Auswertung durch verstärkten Einsatz der elektronischen Datenverarbeitung, ständige Vergrößerung des Erfahrungsschatzes u. v. a. m.) und z. T. auch auf der zielgerichteten Übertragung experimenteller Forschungsergebnisse auf die praktische Anwendung beim Menschen. Es empfiehlt sich daher, die Indikation zum stereotaktischen Eingriff zunächst weit zu stellen und die endgültige Indikationsstellung dann dem stereotaktischen Zentrum zu überlassen.

Die Ergebnisse stereotaktischer Hirnoperationen sind sowohl hinsichtlich der speziellen Erkrankungen als auch in den einzelnen Behandlungszentren etwas unterschiedlich. Dies erklärt sich aus Differenzen in der Stellung der Operationsindikation ebenso wie aus Unterschieden in der technischen Ausrüstung. Deshalb sollten nur prozentuale Angaben großer Behandlungszentren miteinander verglichen werden, und dies auch nur hinsichtlich des Trends und nicht hinsichtlich der Kommastellen. Beim PARKINSON-Syndrom kann man z. B. mit 70–80%iger Kupierung oder wesentlicher Besserung des Rigors und 60–70%iger Besserung oder Beseitigung des Tremors rechnen. Schmerzzustände benigner Ursache pflegen in 15–50% innerhalb mehr oder weniger langer Zeiträume zu rezidivieren, sind dann aber nicht selten durch einen erneuten stereotaktischen Eingriff beeinflußbar. Beim ballistischen Syndrom lassen sich bei über 40% der Kranken ausgezeichnete Langzeitergebnisse erreichen, bei der Torsionsdystonie liegen die guten Langzeitergebnisse bei 50%. Eine Kupierung des Tremors bei ausgewählten Patienten mit multipler Sklerose kann in fast zwei Dritteln erreicht werden. Beim essentiellen Tremor kommen erfahrene Operateure auf 98% gute bis sehr gute Ergebnisse. Bei der Chorea HUNTINGTON dagegen sind die Primärergebnisse wenig befriedigend und die Rezidive häufig. Choreoathetosen sind insgesamt betrachtet günstiger zu beeinflussen als die reinen Athetosen. Eine sichere präoperative Voraussage, ob der jeweilige zu der nicht oder der ausgezeichnet ansprechenden Gruppe zählt, läßt sich aber nur bei den wenigsten Indikationen mit einer gewissen Wahrscheinlichkeit machen. Auch aus diesem Grund ist die Indikation eher weiter zu stellen, damit der Kranke auch eine kleine Chance nutzen kann.

Die Elektroenzephalographie ist in alle drei Phasen der stereotaktischen Hirnoperationen einbezogen:
1. Präoperativ,
2. intraoperativ,
3. postoperativ.

In der präoperativen Phase lassen sich mehrere Schwerpunkte herausstellen. Unabhängig von der Grunderkrankung erlaubt die Elektroenzephalographie gewisse Einblicke in den Zustand der zerebralen Kompensation, gibt also Hinweise zur Belastbarkeit des Patienten durch Pneumenzephalographie und eigentliche stereotaktische Operation. Hier bestehen keine prinzipiellen Unterschiede gegenüber dem Wert der präoperativen Elektroenzephalographie beim Hirntumor oder beim Hirngefäßaneurysma. Des weiteren spielt die Elektroenzephalographie eine wichtige Rolle bei der Auswahl geeigneter Patienten zur stereotaktischen Behandlung zerebraler Krampfleiden. Für HEPPNER (1973) ist das Elektroenzephalogramm einer der drei Hauptfaktoren zur Stellung der Operationsindikation bei Epilepsien:
1. Fehlende ausreichende Beeinflußbarkeit der Anfälle durch konservative Maßnahmen in einem Zeitraum von einem (bei Kindern) bis mehreren Jahren,
2. Korrekturnotwendigkeit der Wesensveränderungen,
3. EEG-Verlaufsuntersuchungen zur Einstufung der Paroxysmen als fokal oder generalisiert.

Die Ergänzung der konventionellen EEG-Ableitung durch verschiedene Formen der Provokation ist sehr aufschlußreich. Bevorzugt werden dabei das Schlaf- oder das Schlafentzugs-Eeg.

Daß eine gezielte neuroradiologische Diagnostik zum Ausschluß von Raumforderungen, Atrophien, Gefäßprozessen u. ä. hinzukommen muß, braucht lediglich erwähnt zu werden.

Auch bei den Indikationen zur Psychostereotaxie spielt die Elektroenzephalographie eine wichtige Rolle, vor allem in der Abgrenzung und Wertung begleitender epileptischer Komponenten.

Nicht unerwähnt darf bleiben, daß Hyperkinesen mit ausgeprägten Tremorformen erhebliche Schwierigkeiten bei der Herstellung eines technisch ausreichenden Elektroenzephalogramms bereiten können. Es gibt PARKINSON-Kranke, bei denen aus diesem Grunde die Ableitung eines Elektroenzephalogramms scheitert. Hier muß im Einzelfall entschieden werden, ob die Anfertigung eines Schlaf-Eeg angezeigt ist.

Während des stereotaktischen Eingriffs kommt die Elektroenzephalographie besonders stark zum Einsatz, und zwar sowohl in Form der konventionellen Oberflächenableitung als auch in Form der Tiefenableitung. Das technische Vorgehen der Stereotaxie bietet sich ja geradezu an, Tiefenableitungen vorzunehmen, und zwar nicht nur im eigentlichen Zielgebiet, sondern auf der ganzen Strecke, die die Sonde bis zum Zielpunkt zurücklegt. Bei optimalen Verhältnissen beginnt die Ableitung demnach als Kortikographie.

Zunächst zur Oberflächenableitung in der konventionellen Form. Sie wird zur Gewinnung allgemeiner Verlaufskontrollen sowie zur Aufzeichnung spezieller Antworten auf in den tiefen Hirnstrukturen gesetzte Reize verwendet. Die Befestigung der Oberflächenelektroden richtet sich nach den äußeren Bedingungen; erfolgt eine komplette Rasur des Schädels, so können Nadelelektroden verwendet werden, während die von uns bevorzugte knappe Rasur der Operationsstelle bei Plastabdeckung der umgebenden Haare nur die Anwendung der üblichen Z-Elektroden gestattet.

Tiefenelektroden werden entweder in Sonden- oder in Büschelform eingesetzt. Beide Arten haben ihr spezielles Einsatzgebiet. Büschelelektroden aus feinsten Drähten werden bei ausgedehnten und präoperativ schlechter abgrenzbaren epileptogenen Zonen sowie zur Ableitung über Monate und Jahre verwendet. Sondenelektroden kommen einzeln oder als Sondenbatterien zum Einsatz. Sie führen zu deutlichen Markierungen im Hirngewebe, so daß bei angeschlossener konventionell-chirurgischer Operation (Beispiel: Temporallappenepilepsie) eine genaue Abgrenzung des zu entfernenden Gewebsbezirks besteht.

Die Auswertung der Ableitungsergebnisse aus den verschiedenen Schichten des Hirns und von den unterschiedlichen Lokalisationen der Sondenspitzen erfordern zumeist den Einsatz der elektronischen Datenverarbeitung. Computeranalyse und weitere moderne Maßnahmen der automatischen Aufarbeitung der Unmengen erhaltener Informationen anläßlich von Dauerableitungen machen eine höhere Präzision der Aussage zum eigentlichen epileptogenen Fokus möglich. Die EDV-Technik ist auch nötig, um aus dem speziellen Kurvenbild einer bestimmten tiefen Struktur Hinweise über ihre normale Funktion zu erhalten. Diese Möglichkeit ergibt sich aus den oft klaren elektrophysiologischen Antworten stimulierter tiefer Strukturen, etwa in Thalamus, Subthalamus oder auch Kleinhirn. Diese elektrischen Reizungen sind zwar nicht mit dem Prädikat »physiologisch« zu versehen, sie geben aber mehr oder weniger zuverlässige Hinweise zur Lage und zum Ausmaß einer eventuellen Schädigung derartiger tiefer Hirnstrukturen.

Schließlich sei darauf hingewiesen, daß auch die Oberflächenableitungen gelegentlich, aber nicht regelmäßig, eine Antwort auf Stimulationen tiefliegender Strukturen zeigen können. Die Wertung derartiger Effekte, z. B. anläßlich operativer Eingriffe bei Hyperkinesen oder aber zur Abgrenzung der den thalamischen Zielgebieten unmittelbar benachbarten inneren Kapsel, bedarf der besonderen Erfahrung des EEG-Spezialisten.

In der postoperativen Phase gelten wiederum die Prinzipien des Elektroenzephalogramms nach Hirneingriffen. Das bedeutet Aussagen zur Kompensationslage des Hirns, Hinweise zum Auftauchen neuer oder zur Änderung vorher vorhandener Herdzeichen, Aussagen über den Effekt des stereotaktischen oder offenchirurgischen Eingriffs beim zerebralen Krampfleiden usw. Je nach dem Grundleiden sind daher nur einige wenige orientierende Nachkontrollen oder aber postoperative Langzeitkontrollserien erforderlich. Die Entscheidung hierüber ergibt sich nicht zuletzt aus dem aktuellen elektroenzephalographischen Befund. Für stereotaktisch operierte Epilepsien sind die Dauerkontrollen obligatorisch.

Bei der Auswertung postoperativer Elektroenzephalogramme der ersten 1–3 Tage ist stets zu berücksichtigen, daß allein schon die meist für den stereotaktischen Eingriff notwendige Ventrikelluftfüllung ausreicht, um deutliche EEG-Veränderungen hervorzurufen. Hieraus also etwa Hinweise für ein postoperatives intrakranielles Hämatom ableiten zu wollen bedarf großer Kritik. Außerdem sind derartige intrakranielle Hämatome nach stereotaktischen Eingriffen ausgesprochene Seltenheiten.

Zusammengefaßt kann man enge Verbindungen zwischen dem Spezialgebiet Elektroenzephalographie und dem Spezialgebiet Stereotaxie feststellen, und zwar prä-, intra- und postoperativ. Die Elektroenzephalographie erlaubt zusätzliche Hinweise im Rahmen des geplanten und des durchgeführten operativen Eingriffs, und die Stereotaxie ermöglicht es der Elektroenzephalographie, bekannte elektrophysiologische Ergebnisse von experimentellen Untersuchungen einer kritischen Kontrolle am kranken Menschen zu unterziehen. Dementsprechend eng ist die Zusammenarbeit der beiden Disziplinen innerhalb der Diagnostik und Therapie der Epilepsien, wobei derzeit noch enge Grenzen bestehen, sich jedoch nach den Erkenntnissen zur Entstehung und Formung zerebraler Krampfleiden sicher noch erhebliche Grenzerweiterungen ergeben werden.

10. Eeg in der Begutachtung

D. MÜLLER

10.1. Allgemeines

Es erscheint zweckmäßig, an dieser Stelle zunächst eine Besinnung auf das *Wesen der klinischen Elektroenzephalographie* voranzustellen, weil von diesen grundsätzlichen Gesichtspunkten her der Stellenwert des Eeg in der Begutachtung besser bestimmt werden kann. Die klinische Elektroenzephalographie ist ein vorwiegend empirisch bestimmtes Verfahren der angewandten Neurophysiologie. Für die Abänderungen des Hirnpotentialbildes unter pathologischen Bedingungen spielen Stoffwechselvorgänge und Funktionsstörungen mit Veränderungen der neuralen Permeabilitätscharakteristika, Störungen der intra- und extrazellulären Ionenverhältnisse, der Sauerstoffaufnahme und der zerebralen Glukoseverwertung eine Rolle. Dabei wird die Gestaltung der EEG-Veränderungen nicht nur durch Vorgänge am Ort der bioelektrischen Störung selbst, sondern auch durch deren Ausbreitungsmodus bestimmt. Die Aussagen vom Eeg her über Hirnfunktionsstörungen bzw. Krankheitszustände stützen sich auf mehr oder weniger gut begründete statistische Beziehungen zwischen EEG-Befunden und klinischen Zuständen. Die Korrelation ist zuweilen sehr eng, und damit sind die entsprechenden EEG-Befunde ziemlich charakteristisch, wenn auch kaum jemals spezifisch im eigentlichen Sinne. Oft ergeben sich aber uncharakteristische Befunde, die zunächst nur eine allgemeine Aussage erlauben. Dabei ist die Entscheidung besonders schwierig, ob die zur Darstellung gelangte hirnelektrische Störung mit den jeweiligen klinischen Erscheinungen im Zusammenhang steht. Endlich ist festzuhalten, daß das Fehlen von EEG-Veränderungen das Bestehen einer zerebralen Affektion nicht ausschließt. Dies entspricht der mangelhaften Beweiskraft negativer Befunde auf anderen Gebieten bzw. anderer Untersuchungsverfahren.

Für die Praxis folgt daraus für den *Stellenwert der klinischen Elektroenzephalographie*, daß sie eine Hilfsmethode ist, welche so gut wie stets keine Diagnose stellen, dieser aber nicht selten beschleunigend, stützend, differenzierend oder korrigierend fördern kann. Ihr Nutzen wird um so größer sein, je enger die Verbindung zwischen EEG-Arzt und Kliniker ist. Das bedeutet auch, daß der EEG-Arzt eine breite eigene klinische Erfahrungsgrundlage haben soll und andererseits der Kliniker über Grundkenntnisse hinsichtlich der Möglichkeiten und Grenzen der Elektroenzephalographie verfügen muß. Von namhaften EEG-Spezialisten ist immer wieder die Notwendigkeit der Einfügung der EEG-Tätigkeit in die Klinik betont und vor einer Loslösung der EEG-Arbeit aus den klinischen Beziehungen gewarnt worden (HESS; JUNG; KUGLER; GÄNSHIRT).

Dies gilt für die Elektroenzephalographie im Rahmen der Begutachtung in besonderem Maße. *Begutachtungssituationen sind Bewährungssituationen sowohl für die Klinik wie für die Elektroenzephalographie*. Infolge der besonders weitreichenden Konsequenzen für den einzelnen wie für die Gesellschaft kommt der Begutachtung eine erhöhte Verantwortlichkeit zu. Die Klinik ist bei der Begutachtung hinsichtlich der Stichhaltigkeit ihrer Begründungen, der Tragfähigkeit ihrer Entscheidungen und der Zweckmäßigkeit ihrer Maßnahmen in diagnostischer, therapeutischer und rehabilitativer Hinsicht in besonderer, betonter Weise gefordert. Ähnliches gilt für ihre Hilfsmethoden, zu denen die Elektroenzephalographie gehört. Die *Aussagemöglichkeit des Eeg bei Begutachtungen* hängt eng mit seiner Brauchbarkeit für die Beurteilung klinischer Zustandsbilder zusammen. Wie in den voranstehenden Beiträgen über das Eeg bei den verschiedenen Krankheitsgruppen deutlich wurde, erlaubt das Eeg keine direkte Aussage über anatomische oder psychologische bzw. pathologisch-anatomische oder psychopathologische Gegebenheiten. Ebenso kann man von ihm auch keine unmittelbare Äußerung zu gutachterlichen Fragestellungen verlangen. Über den Grad eines Körperschadens, das Ausmaß der Leistungsfähigkeit oder ihrer Minderung, das Vorliegen von Invalidität, die Tauglichkeit zum Führen von technischen Fortbewegungsmitteln aller Art, die strafrechtliche Verantwortlichkeit und die Geschäftsfähigkeit oder die Glaubwürdigkeit vermag das Eeg niemals direkt etwas auszusagen. Es kann aber durch Einbeziehung in die Gesamtbetrachtung nicht ganz selten auf dem Weg über die Stützung oder Differenzierung der Diagnose, über Anregungen und Kontrolle der Behandlung sowie durch gelegentliche Hinweise zur Prognose die Beurteilung indirekt beeinflussen oder mitbestimmen. Das setzt freilich die enge Zusammenarbeit zwischen dem klinischen Gutachter und dem EEG-Arzt voraus, sofern sich die Aufgabenbereiche nicht in einer Person vereinen. So muß man davon ausgehen, daß eine EEG-Untersuchung nur nach eingehender fachärztlicher Untersuchung aufgrund einer entsprechend ausführlichen Anmeldung erfolgt, damit Indikation, Fragestellung und sachgerechte Befundverwertung gewährleistet sind. Das sollte ohnehin für die Anwendung der klinischen Elektroenzephalographie selbstverständlich sein, hat aber zweifellos im Zusammenhang mit Begutachtungen eine besondere Bedeutung. Andererseits muß erwartet werden, daß der EEG-Arzt die Möglichkeiten und Grenzen des Untersuchungsverfahrens in besonderem Maße erkennt, bedenkt und wirksam werden läßt. Daraus ergeben sich dann die jedenfalls anzustrebende, bei Begutachtungen aber in betonter Weise erforderliche kritische Einstellung bei Beurteilung und Bewertung der Hirnpotentialbilder und die Zurückhaltung in der Formulierung bei Äußerungen zu den jeweiligen Fragestellungen.

10.2. Organisatorisches

Der formalen Ordnung einer entsprechend qualifizierten Tätigkeit auf dem Gebiet der klinischen Elektroenzephalographie und damit auch der EEG-Begutachtungstätigkeit dienen die im Gesetzblatt der DDR verkündeten *Anordnungen über die Anwendung der klinischen Elektroenzephalographie*. Sie regeln die Voraussetzungen für die Berechtigung zur selbständigen Ausübung der klinischen Elektroenzephalographie, die Voraussetzungen für die Erstattung von hirnelektrischen Zusatzgutachten und die Honorierung der EEG-Zusatzgutachten. Was letztere betrifft, so wurde die durch die besondere Situation der nebenberuflichen EEG-Arzttätigkeit vor allem in den Anfängen der klinischen Elektroenzephalographie in der DDR begründete Sonderregelung durch die Anordnung Nr. 2 der inzwischen erlassenen Anweisung über die Organisation des ärztlichen Begutachtungswesens angeglichen.

Für die Erstattung von hirnelektrischen Zusatzgutachten wird vorausgesetzt, daß der Arzt mindestens $1^{1}/_{2}$ Jahre ununterbrochene klinische EEG-Tätigkeit bei mindestens 100 EEG-Untersuchungen monatlich nachweisen kann. Bei der Erstattung von EEG-Obergutachten wird eine ebensolche Tätigkeit von mindestens 5 Jahren erwartet. Dies dürften unabdingbare Mindestforderungen sein, wenn man die Bedeutung des Erfahrungsschatzes für die Durchführung einer so ausgesprochen empirisch bestimmten Tätigkeit bedenkt. Selbstverständlich ist durch diese quantitativen Festlegungen die Qualität der EEG-Arbeit noch nicht garantiert. Diese wird von einer Reihe weiterer Faktoren mitbestimmt, von denen die Qualität der Ausbildung, die Zusammensetzung des Untersuchungsgutes, die Möglichkeiten der Weiterbildung und der Arbeitsstil des EEG-Arztes genannt seien.

Die wichtige Frage nach der *Form der EEG-Aussage in Begutachtungsfällen* läßt sich nicht in gleicher Weise allgemein verbindlich beantworten. Naturgemäß wird man davon ausgehen, daß in der Regel die EEG-Untersuchung im Zusammenhang mit einer Begutachtungsangelegenheit zur Erstattung eines EEG-Zusatzgutachtens führt. Darin kommt zum Ausdruck, daß der Elektroenzephalographie die Bedeutung einer wichtigen klinischen Hilfsmethode zukommt. Zugleich wird dem Umstand Rechnung getragen, daß der klinische Hauptgutachter in den meisten Fällen auf dem Gebiet der klinischen Elektroenzephalographie nicht sachkundig ist und deshalb auch die EEG-Bearbeitung nicht selbst übernimmt. In der Praxis ist nun allerdings der Umfang der Begutachtungstätigkeit in den verschiedenen Einrichtungen sehr unterschiedlich. Von daher können sich mancherorts zumindest zeitweilig Abweichungen von der oben genannten Regel notwendig machen. Man wird also die Entscheidung darüber, ob in jedem Fall ein EEG-Zusatzgutachten erstattet wird oder ob in manchen Fällen der einfache EEG-Befund wie in der Routinearbeit genügt, von den örtlichen Gegebenheiten abhängig machen. Die Würdigung der besonderen, aufwendigen Zusatzausbildung des EEG-Arztes und seiner speziellen Bemühungen sowie die Redlichkeit erfordern es, dies in jedem Fall mit ihm abzusprechen oder ihm zu überlassen.

Grundsätzlich wird man davon ausgehen, daß ein EEG-Zusatzgutachten, welches in freier Form erstattet werden soll, unerläßlich ist, sofern der EEG-Befund für die Beurteilung und gutachterliche Fragestellung besonders wesentlich oder sogar entscheidend ist, so daß auch in der Beurteilung des Hauptgutachtens auf ihn ausführlich eingegangen wird. Im Falle einer einfachen EEG-Befundabgabe zur Abrundung oder Absicherung ist eine Erörterung in der Beurteilung des Hauptgutachtens nicht am Platze, sondern lediglich eine Zitierung unter den klinischen Zusatzbefunden.

Für den *Aufbau des EEG-Zusatzgutachtens* empfiehlt sich, den allgemein üblichen Aufbau freier Gutachten sinngemäß anzuwenden und folgende Abschnitte vorzusehen:

1. *Grundlage der Begutachtung.* Hier werden eingangs der Auftraggeber und die Personalien des Begutachteten mit dem entsprechenden Aktenzeichen angeführt. Danach folgt die Fragestellung, und schließlich werden die Daten der EEG-Untersuchung und evtl. Hinweise auf anderweitige Unterlagen angeführt.
Beispiel:
Auf Veranlassung von ... wird im folgenden ein
       hirnelektrisches Zusatzgutachten
erstattet über
      Name, Vorname, Geburtstag,
      Wohnung,
      Aktenzeichen.

Das Zusatzgutachten soll sich darüber äußern, ob bei dem Begutachteten hirnelektrisch Zeichen einer organischen Hirnaffektion, eines epileptischen Geschehens oder einer Hirnfunktionsstörung unter Alkoholeinwirkung vorliegen. Es stützt sich auf die klinischen Angaben bei der Anmeldung zur EEG-Untersuchung, auf die Kenntnis des Hirnpotentialbildes der Voruntersuchung in ... am ... und auf die hirnelektrischen Untersuchungen in der hiesigen Klinik am ...

2. *Klinische Angaben.* In diesem Abschnitt sollen die auf der EEG-Anmeldung zu Vorgeschichte und Befund gegebenen Mitteilungen möglichst vollständig wiedergegeben werden. Dies erscheint zweckmäßig, damit am Ende erkennbar wird, zu welchen klinischen Informationen der EEG-Befund in Beziehung gesetzt wurde. Man muß auch damit rechnen, daß bei der EEG-Anmeldung noch nicht alle Sachverhalte bekannt

waren, welche später im Hauptgutachten angeführt werden.

3. *Vorläufige Diagnose.* Sie ist die Schlußfolgerung aus Vorgeschichte und Befunden und oft zunächst vorläufig, weil die EEG-Untersuchung relativ weit am Anfang des Untersuchungsgangs zu stehen pflegt. Es empfiehlt sich natürlich, daß klinischer Gutachter und EEG-Arzt im Verlauf des weiteren Begutachtungsvorgangs eine weitere Abstimmung vornehmen.

4. *Untersuchungsmethodik.* Hier sollen die technisch-methodischen Grundlagen der EEG-Untersuchung kurz dargestellt werden, bei welcher das Hirnpotentialbild gewonnen wurde, welches dem Zusatzgutachten zugrunde liegt. Dies ist erforderlich, damit bei Zweitbegutachtungen oder späteren Nachbegutachtungen anderenorts die möglichst weitgehende Vergleichbarkeit gewährleistet ist oder Besonderheiten berücksichtigt werden können, sofern von dem üblichen Untersuchungsverfahren abgewichen wurde.

Beispiel:

Die hirnelektrische Untersuchung erfolgte mittels Gummihaubentechnik sowohl in uni- als auch in bipolarer Ableitungsweise unter Registrierung im Durchschreibeverfahren durch einen 8-Kanal-Elektroenzephalographen vom Typ 8-EEG-111. Bei den unipolaren Ableitungsarten wurden die Ohrelektroden als Referenzelektroden benutzt, und bipolar wurden die Längsreihe mit *Schaltung* von temporal links über sagittal nach temporal rechts kombiniert, von den Konvexitätsbereichen zur jeweils gleichzeitigen Temporalelektrode geschaltet und schließlich die mittleren sowie die vordere und hintere Querreihenschaltungen durchgeführt. In jeder Ableitungsart wurden ein Kanalwechsel der Ableitungsbereiche vorgenommen und der Blockierungseffekt beim Augenöffnen geprüft. Als Provokationsmethoden wurden die Hyperventilation mittels etwa 30 tiefer Atemzüge pro Minute drei Minuten lang, die Photostimulation mittels rhythmischer Lichtreize von 1,2 Joule Intensität bei 15 cm Lampenabstand mit Frequenz von 3–20/sec. zunächst allmählich ansteigend und dann mit Einzel- und Doppelblitzserien verschiedener Frequenz bei jeweils 10 Sekunden Dauer sowie schließlich der Karotisdruckversuch rechts wie links für jeweils 30 Sekunden herangezogen. Außerdem wurden am ... eine Untersuchung nach Schlafentzug für eine Nacht und am ... eine Untersuchung nach Genuß von 1 l Vollbier und 40 ml Weinbrand vorgenommen.

5. *Hirnelektrischer Befund.* Es wird das Hirnpotentialbild so eingehend wie erforderlich und zugleich so knapp wie möglich beschrieben. Ein wesentlicher Unterschied im Vergleich zu dem Vorgehen, wie es im Kapitel über die Auswertung des Eeg dargestellt ist, ergibt sich nicht. Es ist aber zu beachten, daß die in den Routinebefunden zuweilen gebräuchlichen Telegrammstilformulierungen vermieden werden müssen. Im Interesse der leichten Lesbarkeit und eines möglichst unmißverständlichen Ausdrucks sollten vollständige Sätze gebildet werden, wie es auch sonst bei Gutachten in freier Form üblich ist.

6. *Zusammenfassung.* Im Unterschied zur Befundbeschreibung im voranstehenden Abschnitt wird unter Verwendung vollständiger Sätze nun das EEG-Bild mit entsprechenden Bezeichnungen, d. h. den nomenklatorischen Begriffen, zu einer Art EEG-Syndrom oder EEG-Diagnose zusammengefaßt, die man am besten als Beurteilung des Hirnpotentialbildes auffassen könnte.

7. *Stellungnahme zu den klinischen Angaben.* Wie auch bei Routinebefunden folgt nun die wichtigste Aussage, welche nicht nur die diagnostischen Gesichtspunkte, sondern natürlich besonders auch die gutachterliche Fragestellung zu berücksichtigen hat.

Es seien hier noch einige *Hinweise zur Untersuchungsmethodik* angeführt. Wir meinen, daß die enge Verwandtschaft des Aussagewerts des Eeg in der klinischen Routine einerseits und in der Begutachtung andererseits auch darin zum Ausdruck kommt, daß das Untersuchungsverfahren grundsätzlich das gleiche ist. Da die Elektroenzephalographie die Begutachtung durch Aussagen entsprechend der klinischen Brauchbarkeit des Verfahrens nutzt, ist zunächst kein Anlaß für ein abweichendes Vorgehen gegeben. So sehen wir im allgemeinen auch von der Begutachtungssituation her keine Indikation, zusätzliche Sonderschaltungen vorzunehmen. Indessen gilt auch in diesem Zusammenhang, daß die Elektroenzephalographie in der Begutachtungssituation in betonter Weise gefordert ist. Es geht hierbei darum, daß möglichst weiterführende und verbindliche Aussagen ohne Aufschub gemacht werden. In der klinischen Routinearbeit ist dagegen der Entscheidungsdruck oft nicht so groß, sondern es wird die Verlaufsbeobachtung einbezogen. Deshalb gilt es im Rahmen der Begutachtung mehr als bei der Routinediagnostik, die Aussagekraft des Eeg zu erhöhen und alle Möglichkeiten auszuschöpfen. Dies könnte zunächst durch Verlängerung der Registrierzeit oder Durchführung von Wiederholungsuntersuchungen angestrebt werden. Die Registrierzeit kann aber aus verschiedenen Gründen nicht beliebig verlängert werden. Mancherorts werden deshalb von vornherein kurzfristige Kontrolluntersuchungen vorgenommen. Wir halten es dagegen für zweckmäßiger, möglichst umfassend und gezielt Provokationsmethoden anzuwenden.

Die Anführung relativ vieler Provokationsmethoden in dem obigen Beispiel bedeutet nicht, daß bei Begutachtungen etwa alle verfügbaren Provokationsverfahren angewendet werden sollen. Abgesehen davon, daß wir einen Formulierungsvorschlag für die eventuelle Anführung dieser Provokationsmaßnahmen geben wollten, sollte aber doch zugleich ihr möglichst optimaler Einsatz angeregt werden. Das bedeutet, daß die Indikationsstellung für die verschiedenen Provokationsmethoden besonders bedacht wird. Man kann eine allgemeine Indikation mit routinemäßiger Anwendung im weiteren Sinne, d. h. bei allen Kranken, von einer speziellen Indikation mit routinemäßiger Anwendung im engeren Sinne, d. h. bei Kranken mit bestimmten Krankheitszuständen bzw. Verdacht auf bestimmte Erkrankungen, unterscheiden. Für die Hyperventilation und Photostimulation sehen wir eine allgemeine Indikation mit Betonung hinsichtlich der für die klinische Elektroenzephalographie im Vordergrund stehenden Anfallzustände, wobei die Photostimulation einen starken Akzent gerade bei den Fahrtauglichkeitsuntersuchungen hat. Schlafentzug bzw. Schlaf und Karotisdruckversuch weisen spezielle Indikationen einerseits für Anfallzustände, andererseits bezüglich zerebraler Durchblutungsstörungen auf. Im Rahmen forensischer Begutachtungen kommt unseres Erachtens mit ganz spezieller Indikation hinsichtlich der Frage abnormer Rauschzustände die Alkohol-EEG-Provokation hinzu. Im übrigen gilt für die Provokationsverfahren wie für die Elektroenzephalographie überhaupt, daß man ihre Bedeutung nur richtig beurteilen kann, wenn man ihre Möglichkeiten und Grenzen kennt und die Möglichkeiten innerhalb der Grenzen voll ausnutzt. Damit wird auch dem Anliegen entsprochen, der Elektroenzephalographie nicht ihre Harmlosigkeit zu nehmen (FISCHGOLD), sondern bei allem Eifer die Risiken zu bedenken und die Verantwortlichkeit zu klären.

10.3. Anwendungsgebiete

Abgesehen davon, daß die diagnostische Hilfestellung des Eeg für die Klinik in vielen Fällen indirekt für gutachtliche Fragestellungen bedeutsam werden kann, wird die Elektroenzephalographie besonders bei der Begutachtung von Folgezuständen nach Schädel-Hirn-Traumen, von Gewalttaten und der Kraftfahrtauglichkeit herangezogen. Dies spiegelt sich auch darin wider, daß sich spezielle Arbeiten über das Eeg in der Begutachtung vor allem mit diesen Sachverhalten befassen. Auch wenn man sich in EEG-Lehrbüchern umschaut, findet man das Eeg in der Begutachtung stets bei den Traumen besprochen und gelegentlich auch bei den psychischen Störungen im Hinblick auf kriminelles Handeln erwähnt.

Wenn wir hier die Anwendung der Elektroenzephalographie im Rahmen von Begutachtungen im engeren Sinne besprechen, sind wir uns zugleich bewußt, daß das Eeg darüber hinaus in einer Reihe von *Situationen mit mehr oder weniger ausgeprägtem Begutachtungscharakter* von Bedeutung ist. Dabei handelt es sich in erster Linie um Tauglichkeitsbeurteilungen hinsichtlich der *Wehrtauglichkeit* oder *Flugtauglichkeit*. Dabei steht für die EEG-Mitarbeit die Frage nach epileptischen Störungen im Vordergrund, was auch der besonderen Bedeutung epileptischer Erkrankungen bei der klinischen EEG-Diagnostik entspricht. Auch andere, vor allem durchblutungsbedingte Störungen, Anfallzustände und Belastungsfähigkeit spielen eine Rolle. In diesem Zusammenhang ist wieder an den Nutzen der Provokationsmethoden zu erinnern. Für die Flugtauglichkeitsbeurteilung halten wir die Photostimulation für unerläßlich und in entsprechenden Spezialuntersuchungsstellen die Hypoxiebelastung für angezeigt. Für die Wehrtauglichkeitsbeurteilung kommt der Bulbusdruckversuch in Betracht, weil er vielleicht geeignet ist, eine besondere vegetative Störbarkeit auch jenseits des Kindesalters aufzudecken. Freilich sind wohl Ansätze in dieser Richtung bisher kaum gemacht worden. Der Nutzen des Bulbusdruckversuchs wie auch des Karotisdruckversuchs für die Erfassung einer Bereitschaft zu synkopalen Anfällen ist ebenfalls zu bedenken, wenn auch die Hilfestellung bei der Differentialdiagnose zwischen klinisch manifesten epileptischen oder synkopalen Anfällen fragwürdig ist (SCHMALBACH und Mitarb.; KUGLER). Hinsichtlich weiterer begutachtungsähnlicher Fragestellungen, für welche das Eeg eine Rolle spielt, ist im Kindesalter die *Impffähigkeit* zu nennen. Hierbei ist das Eeg zur Erfassung organischer Hirnaffektionen, vor allem Hirnschädigungen nach früheren entzündlichen zerebralen Erkrankungen und epileptischen Erkrankungen, gefragt.

Kehren wir nun zu den *Begutachtungen im engeren Sinne* zurück und betrachten die Lage der Elektroenzephalographie im Hinblick auf Fragestellungen, Anwendungsschwerpunkte und Probleme.

10.3.1. Versicherungsbegutachtungen

Gutachtliche Fragestellungen. Die gutachtlichen Fragestellungen bei Versicherungsbegutachtungen richten ganz überwiegend auf die Höhe eines Körperschadens im Rahmen von Unfallbegutachtungen oder auf das Ausmaß einer Leistungsminderung (»Minderung der Erwerbsfähigkeit«) bzw. auf die Höhe des Leistungsrestes im Rahmen der Invaliditätsbegutachtung. Neben der Unfallbegutachtung spielt die Frage nach dem Körperschaden bei Begutachtungen von Folgezuständen nach medizinischen Untersuchungs- oder Behandlungsmaßnahmen im Rahmen von Entschädigungs- oder Haftpflichtbegutachtungen eine Rolle. Ein Sonderfall der Frage nach der Einschränkung bzw. nach dem verbliebenen Umfang der beruflichen Leistungsfähigkeit ist die Frage nach dem Vorliegen von Berufsunfähigkeit.

EEG-Fragestellungen. Die Fragestellungen an das Eeg, welche sich aus den gutachtlichen Fragestellungen ergeben, betreffen vor allem Hinweise auf das Vorliegen einer organischen Hirnaffektion sowie der Art, Ursache und Schwere derselben. Die diagnostische Hilfestellung, welche die Elektroenzephalographie für die Erfassung von Hirnschädigungen oder Hirnerkrankungen bietet, kann damit die Grundlage für gutachtliche Aussagen festigen. Ferner vermag das Eeg hauptsächlich bei epileptischen Anfalleiden Hinweise zur Therapieoptimierung zu geben. In anderen Fällen, z. B. nach Hirngefäßinsulten, kann es in begrenztem Umfang zur prognostischen Beurteilung beitragen. Auch dies kann für die gutachtliche Äußerung von Bedeutung sein.

Schwerpunkte. Für die Beurteilung des Körperschadens steht, wie bereits erwähnt wurde, die EEG-Untersuchung bei Schädel-Hirn-Traumen ganz im Vordergrund. Die EEG-Befunde sind von der Art und Schwere des Traumas und vom Zeitpunkt der Untersuchung abhängig. Die Dynamik der EEG-Veränderungen nach Schädel-Hirn-Traumen ist in dem Abschnitt über das Eeg bei Schädel-Hirn-Traumen dargestellt. Für das Eeg in der Begutachtungssituation folgt daraus die Betonung der Forderung nach Untersuchung in der Frühphase, des begrenzten Wertes einmaliger Untersuchungen und des sehr begrenzten Nutzens von Erstuntersuchungen im Rahmen von Begutachtungen in der Spätphase ein halbes Jahr oder gar mehr als 2 Jahre nach dem Trauma. In der Spätphase hat das Eeg vor allem Sinn bei der Suche nach einem Kontusionsherd bei fortbestehenden Beschwerden und unauffälligem neurologischem Befund, zur Erkennung unfallunabhängiger Erkrankungen und zur Überwachung von Komplikationen bzw. Erfassung von Spätkomplikationen (GÖTZE und WOLTER). Bedenkt man die Häufigkeit von Begutachtungen nach Schädel-Hirn-Traumen, die Schwierigkeiten der Differenzierung von Art und Schwere der Hirnverletzung aufgrund der klinischen Befunde in manchen Fällen und die häufige Insuffizienz der Unterlagen sowie anamnestischen Angaben, so wird man in der systematischen Durchführung hirnelektrischer Untersuchungen in der Frühphase nach jedem Schädel-Hirn-Trauma eine sehr wesentliche Möglichkeit zur Verbesserung der Begutachtungsleistung sehen. Dabei muß allerdings eingeräumt werden, daß der Verwirklichung die derzeitige Kapazitätsbegrenzung der EEG-Abteilungen entgegensteht; praktisch müßte dann jede chirurgische Klinik oder Abteilung eine EEG-Einheit besitzen.

Ein spezieller Schwerpunkt ist die Beurteilung posttraumatischer Anfälle, wobei daran erinnert werden muß, daß die traumatische Epilepsie oft keine Spitzenpotentiale im Eeg aufweist. Dies erschwert die Unterscheidung von synkopalen Anfällen, welche posttraumatisch doppelt so häufig wie epileptische Anfälle auftreten. Diese Differentialdiagnose hat aber auch prognostische Bedeutung, was für die Begutachtung wichtig ist. Wenn andererseits Spitzenpotentiale festzustellen sind, muß man berücksichtigen, ob sie in der Früh- oder Spätphase auftreten, was wiederum gutachtlich relevante prognostische Bedeutung hat. Weiterhin spielt die Art der Spitzenpotentiale eine Rolle, nicht zuletzt für die Frage des ursächlichen Zusammenhangs zwischen Anfällen und Trauma. Auf alle diese Gesichtspunkte können wir hier nicht im einzelnen eingehen und müssen auf den Abschnitt über das Eeg bei epileptischen und anderen Anfallerkrankungen hinweisen. Dort findet sich auch die Grundlage für den Beitrag, den das Eeg zur Begutachtung von Anfallkranken unter besonderer Berücksichtigung therapeutischer und prognostischer Hinweise leisten kann. Entsprechend dem besonderen Stellenwert der Elektroenzephalographie für die Epileptologie ist das Eeg auch bei der Begutachtung von Epilepsiekranken unentbehrlich und hat hier einen Schwerpunkt.

Einen dritten Schwerpunkt neben den Schädel-Hirn-Traumen und den Epilepsien sehen wir in den zerebralen vaskulären Erkrankungen. Dies gilt nun besonders für Invaliditäts- und Berufsunfähigkeitsbegutachtungen. Natürlich gestattet das Eeg auch dabei keine direkte Aussage, aber es kann doch mit Hinweisen auf das Bestehen einer zerebrovaskulären Insuffizienz oder einer diffusen organischen Gefäßerkrankung hilfreich sein. Beim Nachlassen der geistig-seelischen Leistungsfähigkeit im mittleren und höheren Lebensalter steht ja die Frage nach einer Hirngefäßaffektion mehr oder weniger vordergründig vor dem Gutachter, und im Sinne eines Beitrags zur Früherfassung kann das Eeg die Beurteilung unterstützen. Zum anderen hat das Eeg seinen Platz bei der Beurteilung von Folgezuständen nach akuten zerebralen Gefäßkatastrophen mit Insultcharakter. Dabei geht es um die prognostischen Erwartungen, doch steht das Eeg hier mehr im Hintergrund. Hinsichtlich Einzelheiten bezüglich der hirnelektrischen Sachverhalte, d. h. der EEG-Befunde und ihrer Bewertung, sei auf den Abschnitt über das Eeg bei den zerebralen vaskulären Erkrankungen verwiesen.

Probleme. Die Schwierigkeiten, welche sich in diesen Begutachtungssituationen für die Elektroenzephalographie ergeben, kommen vor allem aus zwei Richtungen. Einmal handelt es sich um das Problem des Zusammenhangs zwischen EEG-Befund und klinischem Zustand. Abgesehen davon, daß ein unauffälliger EEG-Befund niemals eine organische Hirnaffektion sicher ausschließt und allenfalls einen guten Kompensationsgrad anzeigt, beweist ein abnormer oder pathologischer EEG-Befund nicht, daß die annehmbare Hirnaffektion mit dem zu begutachtenden Sachverhalt in Beziehung steht. Das betrifft sowohl den Nachweis einer traumatischen Hirnschädigung als auch die organische Grundlage von Beschwerden oder Leistungsmängeln des Begutachteten. Ein interessantes Beispiel ist die Bewertung der okzipitalen langsamen Aktivität im Sinne der sogenannten Grundrhythmusvariante (D. MÜLLER). Es wurde zunächst vermutet, daß sie eine traumatische Genese hat, weil die entsprechenden Kranken relativ oft ein Schädel-Hirn-Trauma in der Vorgeschichte aufwiesen. Später hat sich ergeben, daß es sich um eine meist genetisch bedingte, konstitutionelle Variante handelt, welche mit psychischen Besonderheiten im Sinne einer emotionalen Instabilität korreliert ist. Personen mit diesem Merkmal kommen dann nach Schädel-Hirn-Traumen öfter zur EEG-Untersuchung. Zum anderen ergeben sich Schwierigkeiten vom Problem der Relevanz von Spitzenpotentialen her. Hier ist die Frage nach der Beweiskraft, besser Hinweiskraft, von Spitzenpotentialen für das Vorliegen bzw. Fortbestehen klinisch manifester Anfälle aufgeworfen (NIEDERMEYER; WERNER; LORENZONI). Dabei muß man sich besonders wieder der unterschiedlichen Wertigkeit verschiedenartiger Spitzenpotentiale erinnern.

Es würde zu weit führen, hier auf Einzelheiten einzugehen.

10.3.2. Gerichtsbegutachtungen

Gutachtliche Fragestellungen. In der forensischen Psychiatrie stehen Begutachtungen in Strafverfahren mit der Frage nach der Verantwortlichkeit im Vordergrund. Letztere ergibt sich aus der Urteils- und der Handlungsfähigkeit bzw. der Einsichtsbildung und Steuerungsfähigkeit. Eine andere relativ häufige Fragestellung in Strafsachen ist diejenige nach der Glaubwürdigkeit von kindlichen Aussagen. Im Zivilrecht werden Gutachten hauptsächlich zur Beurteilung der Arbeits- bzw. Leistungsfähigkeit im Scheidungsverfahren und zur Beurteilung der Geschäftsfähigkeit in Entmündigungsverfahren angefordert.

EEG-Fragestellungen. Da gerichtspsychiatrische Begutachtungen im wesentlichen auf die Feststellung psychischer Störungen angelegt sind, ergibt sich für das Eeg die Frage nach dem Vorliegen einer organischen Hirnaffektion mit psychischen Auswirkungen. Bei der Unspezifität der meisten EEG-Befunde und den nur äußerst indirekten Beziehungen zwischen EEG-Veränderungen und psychopathologischen Erscheinungen ist natürlich der Beitrag der Elektroenzephalographie zu diesem Begutachtungsgebiet recht bescheiden. Wenn man aber die Grenzen der EEG-Diagnostik in der klinischen Psychiatrie bedenkt, erweist sich der Stellenwert des Eeg in der forensisch-psychiatrischen Begutachtung doch als beachtenswert.

Schwerpunkte. Wie wir eingangs schon erwähnten, hat man sich neben dem Eeg bei der Begutachtung von Folgezuständen nach Schädel-Hirn-Traumen am ehesten noch mit dem Eeg bei Kriminellen, besonders Mördern, Gewaltverbrechern und Affekttätern, beschäftigt. Es hat sich bei den vor allem im amerikanischen Schrifttum niedergelegten Untersuchungen im wesentlichen ergeben, daß die Befunde weitgehend denjenigen bei sogenannten Psychopathen entsprechen. Es handelt sich um meist unspezifische, abnorme bzw. leicht pathologische Befunde im Sinne von Allgemeinveränderungen oder lokalisierter Einlagerung langsamer Wellen. Auch die okzipitale (bis temporale) langsame Aktivität sowie 14- und 6/sec.-positive-spikes sind von Interesse. Alle derartigen EEG-Besonderheiten kommen mehr oder weniger häufig auch bei Gesunden, jedoch bei abnormen Persönlichkeiten, Menschen mit emotionaler Instabilität oder episodischen Verhaltensstörungen sowie bestimmten Kriminellen gehäuft vor. Sie lassen eine reifungsbedingte, erworbene bzw. angeborene Abweichung der neurophysiologischen Aktivität annehmen (KNOTT) und sind ein Hinweis auf eine Abweichung vom durchschnittlich Gesunden. Damit geben sie Anlaß zur Fahndung nach einer organischen Hirnaffektion oder Anfallzuständen, haben aber für sich allein keine Bedeutung für die forensisch-psychiatrische Beurteilung (JUNG). Noch weniger unmittelbare Aussagefähigkeit wie die uneinheitlichen EEG-Befunde bei abnormen Persönlichkeiten und Kriminellen haben ähnliche Befunde bei verhaltensgestörten Kindern. Die hier gefundenen EEG-Besonderheiten gelten ebenfalls als Ausdruck einer Reifungsverzögerung oder einer frühkindlichen Hirnschädigung. Wie in anderen Bereichen der Elektroenzephalographie ist auch hier die Uneinheitlichkeit bis Widersprüchlichkeit der Ergebnisse durch Unterschiede in den EEG-Kriterien, in der Zusammensetzung des Untersuchungsguts und vielleicht auch des Untersuchungszeitpunkts zu erklären (CHRISTIANI und Mitarb.). Jedenfalls vermag das Eeg bei der Glaubwürdigkeitsbegutachtung von Kinderaussagen keinen nennenswerten Beitrag zu leisten.

Ein bisher kaum beachteter und nur wenig bearbeiteter, unserer Meinung nach aber sehr beachtenswerter Schwerpunkt für die EEG-Untersuchung bei Gerichtsbegutachtungen sind die unter Alkoholeinwirkung begangenen Straftaten. Es liegt zwar eine Reihe von Untersuchungen über die EEG-Veränderungen nach Alkoholgenuß und während des Alkoholrausches vor, über die Anwendung bei Begutachtungen gibt es dagegen nur ganz wenige Mitteilungen, welche infolge unterschiedlicher Methodik, Zusammensetzung des Untersuchungsguts und EEG-Auswertung kein klares Bild ergeben. Aufgrund sehr eingehender Beschäftigung mit der speziellen Literatur und eigener Erfahrungen mit mehr als 300 Alkohol-EEG-Provokationen sind wir der Auffassung, daß man mit der Alkoholzufuhr so verfahren soll, daß man während der EEG-Registrierung unterhalb des Blutalkoholwerts bleibt, von dem ab EEG-Veränderungen in jedem Falle wahrscheinlich ($1°/_{00}$) oder gar sicher ($1,5°/_{00}$) zu erwarten sind. Wir lassen 1 l Vollbier und 40 ml Weinbrand innerhalb von 15 Minuten trinken und führen dann die Standarduntersuchung so durch, daß alle fünf Minuten eine Minute lang registriert wird und nach einer halben Stunde die Hyperventilation die Untersuchung abschließt. Die Blutalkoholwerte liegen zu Beginn der Registrierung bei $0,2-0,3°/_{00}$, am Ende der EEG-Registrierung bei $0,5-0,7°/_{00}$. Veränderungen im Vergleich zum Ausgangs-Eeg ohne Alkoholeinwirkung bestehen hauptsächlich im Auftreten von Allgemeinveränderungen und bzw. oder subkortikalen Zeichen in Form gruppen- bis streckenweiser, frequenzstabiler (»rhythmisierter«) Thetaaktivität über den vorderen Ableitungsbereichen mit Generalisierungstendenz. Diese Veränderungen werden durch Hyperventilation aktiviert oder provoziert. Unter Berücksichtigung der Intensität der Mehratmung zeigt sich bei Wiederholung sowohl des Ausgangs-Eeg als auch der Untersuchung nach Alkoholgenuß, daß die skizzierte abnorme bzw. pathologische EEG-Reaktion sehr zuverlässig reproduzierbar ist. Die vorläufige Auswertung der Ergebnisse hat nun freilich von ihrer Gültigkeit nicht überzeugen lassen, was in Übereinstimmung mit den Erfahrungen anderer Bearbeiter an allerdings jeweils nur relativ kleinen Gruppen von 30–40 Untersuchungen steht. Man kann demnach z. Z. nur feststellen, daß das Auftreten von EEG-Veränderungen unter Blutalkoholwerten, bei welchen das Eeg erfahrungsgemäß unverändert bleiben sollte, als abnorm zu bewerten ist und als Hinweis auf eine Abnormität bzw. Beeinträchtigung der Hirnfunktion unter Alkoholeinwirkung gelten kann. Damit kann eine Bereitschaft auch zum Auftreten komplizierter, abnormer bzw. pathologischer Rauschzustände verbunden sein, was allerdings nur zu vermuten ist, aber nicht als erwiesen gelten kann. Unabhängig vom Ergebnis der Alkohol-EEG-Provokation ist aber das Eeg auch insofern für die Begutachtung nützlich, als ein sicher pathologischer EEG-Befund für das Vorliegen einer organischen Hirnaffektion spricht, auch wenn diese sonst nicht deutlich faßbar ist. Da bei organisch Hirngeschädigten abnorme Alkoholreaktionen häufiger vorkommen als in der Durchschnittsbevölkerung, ergibt sich bereits mit dem pathologischen EEG-Befund an sich zumindest ein indirekter Hinweis auf eine erhöhte Bereitschaft dazu.

Schließlich liegt der Schwerpunkt der EEG-Untersuchung bei der Frage nach der Geschäftsfähigkeit wohl wieder auf der Erfassung diffuser organischer Hirnaffektionen. Es ist dabei daran zu erinnern, daß sich bestimmte EEG-Veränderungen wie Grundaktivitätsverlangsamung, temporale Verlangsamungen oder Allgemeinveränderungen bei alten Menschen vorzugsweise dann finden, wenn auch psychopathologische Erscheinungen vorliegen, wobei das chronische hirnorganische Psychosyndrom im Vordergrund steht. Auf weitere Ausführungen sei im Abschnitt über das Eeg bei zerebralen vaskulären Erkrankungen verwiesen.

Probleme. Das Hauptproblem in diesem Zusammenhang ist mit der fraglichen klinischen Relevanz, d. h. der beschränkten Gültigkeit, auch charakteristischer EEG-Besonderheiten gegeben. Wir haben schon oben vermerkt, daß EEG-Merkmale, welche mit psychischen Besonderheiten korrelieren und hier von besonderem Interesse sind, eben auch bei Gesunden vorkommen. Der statistische Gruppenvergleich besagt naturgemäß nichts Verbindliches für das Individuum, sondern erlaubt nur mehr oder weniger gewichtige Wahrscheinlichkeitsaussagen. Es kommt aber hinzu, daß die Korrelation der hier besonders interessierenden EEG-Merkmale kaum im eigentlichen Sinne, d. h. mathematisch, statistisch bearbeitet worden ist. Andererseits liegen akute oder subakute Bewußtseinsstörungen, welche eine relativ enge Beziehung zu bestimmten EEG-Veränderungen in Form von Allgemeinveränderungen aufweisen, während der Durchführung von Gerichtsbegutachtungen praktisch nie vor und sind deshalb hierbei ohne Belang.

10.3.3. Fahrtauglichkeitsbegutachtungen

Gutachtliche Fragestellung. Im Unterschied zu den oben abgehandelten Anwendungsgebieten ist die Fragestellung nicht so vielfältig, sondern ziemlich einfach. Sie bezieht sich auf die Fahrtauglichkeit, wobei die Kraftfahrtauglichkeit ganz im Vordergrund steht.

EEG-Fragestellung. Für die EEG-Mitarbeit bei Fahrtauglichkeitsbegutachtungen handelt es sich um die diagnostische Hilfe bei der Erfassung von Anfallzuständen. Ganz im Vordergrund stehen naturgemäß die epileptischen Anfallsleiden. Weiter ist auch die Frage an das Eeg erwähnenswert, ob mit hirnelektrischen Zeichen starker Vigilanzschwankungen ein Hinweis auf ein narkoleptisches Syndrom gegeben ist. Diese Fragestellung ist allerdings relativ selten und die EEG-Aussage meist nicht sehr verbindlich.

Schwerpunkt. Ein besonderer Stellenwert kommt dem Eeg im Zusammenhang mit der Frage der Wiedergewährung der Fahrerlaubnis für die Gruppe C (Privatfahrer) bei behandelter oder möglicherweise geheilter Epilepsie zu. Die Richtlinien zur Tauglichkeitsverordnung fordern 5 Jahre lang jährliche nervenärztliche Kontrolluntersuchung einschließlich Eeg unter Anwendung von Provokationsmethoden (Hyperventilation und Photostimulation). Indessen hat das Eeg natürlich auch für die Differentialdiagnostik epileptischer und synkopaler Anfälle seine Bedeutung, wie sie bereits bei den Versicherungsbegutachtungen angeführt wurde. Bei den Hinweisen zur EEG-Untersuchungsmethodik im Rahmen von Begutachtungen haben wir bereits den Akzent für den Einsatz der Photostimulation bei Fahrtauglichkeitsbeurteilungen erwähnt. Man kann ohne weiteres eine EEG-Untersuchung ohne Photostimulation in diesem Zusammenhang als unzureichend bezeichnen (RABENDING und PARNITZKE), weil die intermittierende Lichtreizung eine der Fragestellung sehr angemessene Belastung darstellt und die hier vor allem bedeutsame photoparoxysmale Reaktion eine gute Objektivität aufweist. Die Photostimulation ist auch unabhängig vom Vorliegen spontaner Anfälle angezeigt.

Probleme. Wegen der Vordergründigkeit epileptischer Anfallsleiden bzw. der photoparoxysmalen Reaktion für die Fahrtauglichkeit sind die Probleme durch die Grenzen der Gültigkeit entsprechender Befunde gegeben. Das bezieht sich einmal auf die Hinweiskraft von Spitzenpotentialen, welche bereits im Zusammenhang mit den Versicherungsbegutachtungen erwähnt wurde, zum anderen auf die Bedeutung der photoparoxysmalen Reaktion. Letztere hat zwar für das Vorliegen einer klinisch manifesten Epilepsie nur eine begrenzte Hinweiskraft, schließt aber die Fahrtauglichkeit im allgemeinen aus. Wenn bei Vorliegen einer isolierten, streng auf die Reizexposition beschränkten, also keine Nachentladungen aufweisenden photoparoxysmalen Reaktion eine Sondergenehmigung unter bestimmten Bedingungen in Betracht gezogen wird, ist eine solche Entscheidung durch einen bei der zuständigen Gutachterkommission des Medizinischen Dienstes des Verkehrswesens der DDR tätigen Nervenfacharzt zu treffen.

11. Spezielle Ableitungsformen des Eeg

H.-G. NIEBELING, W. LEHNERT und W. THIEME

11.1. Elektrokortikographie

H.-G. NIEBELING

Die Entwicklung der *Elektrokortikographie* ist in ihren Grundzügen eng verknüpft mit der Entdeckung und Erforschung des Eeg durch BERGER, der bei seinen ersten Versuchen am Menschen Nadelelektroden in Trepanationslücken einführte, ehe er dazu überging, Hirnpotentiale von der intakten Schädeloberfläche abzuleiten.

Die Methode einer *kortikalen Ableitung* wurde jedoch zunächst nicht wesentlich weiter ausgebaut, da sie praktisch nur in Verbindung mit einer Schädeleröffnung anwendbar ist und daher nur diagnostischen Wert intra operationem besitzt. Die hier interessierenden Fragestellungen beziehen sich daher auf neurochirurgische Erkrankungen. Im Gegensatz zur technischen Durchführung haben sich die Anwendungsgebiete des Eeg nicht wesentlich erweitert.

Da die Registrierung eines Ecg erheblich aufwendiger ist als die Ableitung eines Eeg, gilt es, einige technische Besonderheiten zu beachten. Für die *apparative Ausrüstung* kommt ein Elektroenzephalograph in Frage, der möglichst leicht *transportabel* und daher räumlich nicht allzu groß dimensioniert sein soll, damit er in der Nähe des zu operierenden Patienten aufgestellt werden kann und für den ableitenden Arzt der Kontakt zum Operationsteam besteht. Eine andere Möglichkeit ist die *stationäre Unterbringung* der Apparatur in einem entsprechend abgeschirmten Raum, wobei jedoch dann dafür gesorgt sein muß, daß eine Sprech- und Sichtverbindung zum Operateur besteht. Weiterhin müssen die zu verlegenden Kabel abgeschirmt sein.

Die im Operationsfeld anzubringenden *ECG-Elektroden sollen bestimmten Bedingungen entsprechen*. Sie müssen *gut sterilisierbar* sein, was vorwiegend eine Frage des Materials hinsichtlich der Hitze- und Korrosionsbeständigkeit ist. Am besten geeignet sind hier Gold oder Platin. Die *Elektrodenhalterungen* müssen ebenfalls den aseptischen Anforderungen genügen. In der Literatur werden verschiedene technische Lösungen von Elektrodenhalterungen angegeben (CHATRIAN u. a.; GÖTZE und KOFES; HENRY; JASPER und PENFIELD; PAMPIGLIONE und COOPER; RAY u. a.; SCHOPMANS), wobei sich nach eigenen Erfahrungen die Technik von JUNG und RIECHERT am besten bewährt hat. Wesentlich ist, daß die angebrachten ECG-Elektroden *das Operationsfeld und die Handlungsfähigkeit des Operateurs nicht beeinträchtigen* und durch instrumentelle Manipulationen *nicht selbst in Mit-leidenschaft gezogen werden*. Sie müssen außerdem für den Operator *leicht versetzbar* sein und sich, falls notwendig, *rasch austauschen* lassen.

Artefakte im Ecg können neben den beim Eeg bekannten technisch-apparativen Störungen noch einige andere Ursachen haben. Insbesondere können *Verletzungspotentiale der Hirnrinde* störend einwirken und das Kurvenbild verfälschen. Daher ist es zu empfehlen, dem eigentlichen operativen Eingriff erst einmal eine Ableitung vor bzw. nach Eröffnung der Dura voranzustellen.

Da die meisten neurochirurgischen Operationsräume nicht ausreichend abgeschirmt sind und außerdem in ihnen mit elektrischen Geräten gearbeitet wird, sind *Einstreuungen von Wechselstrom* oft nicht zu vermeiden. Eine *Erdung des Geräts und des Patienten* wird aber immer möglich sein und vermag durchaus unerwünschte Störeinflüsse herabzumindern. Außerdem braucht die *Empfindlichkeit des Registriergeräts nicht so hoch* eingestellt zu werden wie beim Eeg, da der Überleitungswiderstand von Kopfhaut und Schädelknochen wegfällt und demzufolge ECG-Potentiale Spannungshöhenwerte zwischen 100 und 1 000 μV aufweisen. Die rascheren Frequenzen haben dabei allgemein die niedrigsten Spannungshöhen. Die Frequenzblende soll nicht unter 70 Hz eingestellt werden. Gelegentlich können Artefakte auch durch *elektrostatische Auflagerungen der Ableitschnüre* entstehen, weshalb für die Isolierung der Ableitekabel antistatisches Material von Vorteil ist.

KORNMÜLLER untersuchte bereits 1932 die Beziehungen der einzelnen bioelektrischen Aktivitäten zu den Großhirnrindenarealen. Sofern es sich dabei um physiologische Phänomene handelt, stehen die im Ecg registrierbaren Aktivitäten in Abhängigkeit zur untersuchten Hirnregion. Eine differenzierte Abgrenzung einzelner Areale läßt sich aufgrund individuell außerordentlich stark schwankender Verschiedenheiten im allgemeinen jedoch nicht treffen. JASPER und PENFIELD stellten ein *Maximum an Betaaktivität in den motorischen Feldern der Präzentralregion fest*. Durch Willkürbewegungen lassen sich diese Betawellen unterdrücken. Ähnlich wie beim Eeg tritt *nach parietookzipital zu* in steigendem Maße *Alphaaktivität* auf, wobei ein doppelseitiger kortikaler Alphafokus nachweisbar ist. *Deltawellen* treten in der Umgebung von Tumoren oder im Bereich von Rindenkontusionsherden auf. Im letzteren Falle liegen meist den langsamen Wellen Verletzungspotentiale zugrunde. *Spitzenpotentiale* verschiedener Polungsrichtung, Anstiegs- bzw. Abfallsteilheit und Spannungshöhe mit solitärem oder gruppenförmigem Auftreten finden sich im Bereich eines Krampffokus.

Die *Anwendungsgebiete des Ecg* umfassen in erster Linie *Operationen bei fokalen Epilepsien* zur genaueren Bestimmung des Herdes in der Rinde. Hier ist das Ecg dem Eeg überlegen, da auch makroskopisch nicht feststellbare Herde erfaßbar sind (BAILEY und GIBBS; DELGADO und HAMLIN; GREEN u. a.; GUILLAUME u. a.; JASPER u. a.; KROLL und WEINLAND; MEYERS u. a.; WALKER). Das Ecg bei *supratentoriellen Tumoren* (KLAPETEK; PETIT-DUTAILLIS u. a.; WALTER und DOVEY) zeigt langsame Frequenzen in der Umgebung des Tumors. Bei rindennah gelegenen Tumoren ist die Abgrenzung des Krankheitsherdes meist schon durch bloße Sicht möglich, so daß ein Ecg nur für besondere Fragestellungen, z. B. bei Auftreten von epileptischen Anfällen, Wert hat. Bei tiefer gelegenen Geschwülsten reicht zur Lokalisation die weniger aufwendige *Hirnrheometrie* (MERREM und NIEBELING; NIEBELING und THIEME; SCHWARZ) aus und ist oft aussagekräftiger als das Ecg.

Bei *Tumoren im Kleinhirnbereich* vermag das Ecg ebenfalls von Wert zu sein (FISCHER-WILLIAMS). MAJORTSCHIK und CHTYPOW leiteten das Ecg *während Rückenmarksoperationen* ab.

Eine geringe Bedeutung besitzt die Elektrokortikographie bei *intrakraniellen Blutungen*, da hier der Befund gewöhnlich intra operationem deutlich sichtbar wird.

An *Provokationsmethoden* kommen für das Ecg in erster Linie *elektrische Reize* am Ort des Elektrodensitzes in Frage (JASPER; WALKER). Dazu ist die Verwendung eines entsprechenden *Stimulators* erforderlich, der eine genau dosierte Reizung mit verschieden zu variierenden Impulsarten sowie veränderlicher Impulsdauer, -stärke und -folge erlaubt. Eine Reizung erzeugt im Ecg Nachentladungen (after discharges), aus denen je nach Auslösbarkeit und Konstanz der registrierbaren Kurvenformen auf die Existenz eines epileptischen Rindenfokus geschlossen werden kann. In diesem Zusammenhang ist zu erwähnen, daß bei Epilepsieoperationen eine *tiefe Narkose nicht zweckmäßig* ist, sondern der Eingriff besser in *Lokalanästhesie bei leichter Dämpfung des Patienten* vorgenommen wird. Dadurch wird der Kontakt zu dem Patienten aufrechterhalten. Bei Rindenreizung der geschädigten Area ist der Patient dann in der Lage, über subjektive Empfindungen nähere Auskünfte zu erteilen.

Wird als Provokationsmethode der *Barbituratschlaf* verwendet, so sind annähernd gleiche Verhältnisse wie bei der Schlafprovokation des Eeg zu erwarten. Es ist darauf zu achten, daß die Narkose möglichst tief gehalten wird, da nur in einem solchen Stadium eine sichere Beurteilung von Spitzenpotentialen möglich ist. Nach Durchführung der operativen Maßnahmen treten im Gebiet der Läsion die bereits beschriebenen Verletzungspotentiale auf.

Die *Subkortikographie* (V. BAUMGARTEN; DODGE u. a.; EPSTEIN; GASTAUT; HAYNE u. a.; JUNG und KORNMÜLLER; JUNG, RIECHERT und MEYER-MICKELEIT; SEM-JACOBSEN u. a.; STEINMANN) stellt eine wertvolle Hilfe bei der Klärung physiologischer und pathophysiologischer Vorgänge dar. In den letzten Jahren sind auch hier Fortschritte zu verzeichnen (DELGADO). In Verbindung mit stereotaktischen Eingriffen lassen sich bioelektrische Potentiale registrieren, aus denen Rückschlüsse über die Lokalisation subkortikaler Herdstörungen gezogen werden können (UMBACH). Die Beurteilung derartiger Kurvenverläufe ist recht kompliziert und bedarf neben einer eingehenderen Kenntnis neurophysiologischer Zusammenhänge der praktischen Erfahrung. Die Epilepsieforschung bedient sich in letzter Zeit der *implantierbaren Dauerelektroden* (BICKFORD), die mehrere Tage im Gehirn belassen werden. Durch Ableitung der bioelektrischen Ströme mit oder ohne vorangegangene elektrische Reizung über die implantierten Elektroden lassen sich Erkenntnisse über Sitz und Ausbreitungsmechanismus epileptogener Störungen gewinnen.

11.2. Elektroretinographie

W. LEHNERT und W. THIEME

11.2.1. Vorbemerkungen

Nicht selten wird der in der Elektroenzephalographie Tätige mit Grenzgebieten in Berührung kommen, die *spezielle Funktionsprüfungen der Augen* zum Inhalt haben. Parallelen zur Elektroenzephalographie bestehen vor allem auf ableittechnischem Gebiet. Der bekannteste Vertreter dieser Funktionsprüfungen ist zweifellos die Elektroretinographie. Sie geht auf die Entdeckung DU BOIS-REYMONDS im Jahre 1849 zurück, der zwischen Augapfelvorderfläche und -rückwand eine Potentialdifferenz von einigen Millivolt fand. Die Quelle dieser Spannungsschwankung wurde schon damals ganz richtig in der Netzhaut vermutet. Im Jahre 1869 konnte HOLMGREEN nachweisen, daß dieses Ruhepotential bei Belichtung eine charakteristische Veränderung erfährt und somit als *Aktionspotential der Netzhaut* anzusehen ist. Dieses Elektroretinogramm konnte 1877 von DEWAR auch von der menschlichen Netzhaut abgeleitet werden. Viele Jahrzehnte konnten diese Feststellungen nicht zu einer klinischen Untersuchungsmethode ausgebaut werden. Dies wurde erst möglich durch die Fortschritte der Elektronik und die Einführung der Haftschalenelektrode durch KARPE im Jahre 1945. Erst damit waren die Voraussetzungen für eine klinische Elektroretinographie gegeben, die sich seitdem sprunghaft weiterentwickelt hat. Heute ist die Elektroretinographie fester Bestandteil der klinischen Diagnostik und Erforschung von Erkrankungen der Netzhaut.

11.2.2. Normales Elektroretinogramm

Das Elektroretinogramm stellt eine *polyphasische Kurve* dar. Wir unterscheiden im wesentlichen nach ihrem zeitlichen Auftreten auf einen Lichtreiz eine a-, b-, c- und d-Welle. Nach einer sehr kurzen Latenzzeit von einigen Millisekunden beginnt das Elektroretinogramm mit einer *negativen* Schwankung, der *a-Welle*. Unter besonderen Bedingungen können in dieser a-Welle ein schnellerer (a_1) und ein etwas langsamerer Anteil (a_2) unterschieden werden. Diese beiden Anteile werden als Ausdruck eines unterschiedlichen Adaptationszustands der Netzhaut gedeutet, wobei a_1 die photopische (Helladaptation), a_2 die skotopische (Dunkeladaptation) Aktivität widerspiegeln soll. Unter Registrierbedingungen mit stärkeren Dehnungsmöglichkeiten sieht man nicht selten eine weitere kleine Potentialschwankung, die der a-Welle zeitlich noch vorausgeht. Diese kleine Vorschwankung wird wegen des engen Zusammenhangs ihres Auftretens mit der Intaktheit der Rezeptorenschicht der Netzhaut »Early Receptor Potential« (ERP) genannt. Viel deutlicher ist die der a-Welle folgende *positive b-Welle*. Diese b-Welle geht unter klinischen Bedingungen nicht selten in einen negativen Teil (b-minus) über, d. h., die b-Welle schwingt etwas unter die Grundlinie. Auch diese b-Welle zeigt oft eine Aufsplitterung in einen schnelleren Anteil, die sogenannte x-Welle, und in einen langsameren Anteil, die b-Welle. Auch hier wird, wie bei der a-Welle, der schnellere Anteil, die x-Welle, einer photopischen, und der langsamere Anteil, die b-Welle, einer skotopischen Aktivität zugeschrieben. Nicht selten sind in dem positiven Anteil der b-Welle weitere (bis zu 6) »Buckel« eingelagert, das sogenannte *Oszillatorische Potential*, dessen Sichtbarkeit aber ebenfalls meist spezielle Registrierbedingungen voraussetzt. Selten, und wenn, dann nur unter besonderen Verstärkerbedingungen, ist nach der b-Welle eine weitere positive Potentialschwankung sichtbar, die sogenannte c-Welle.

Der gesamte bisher geschilderte Komplex wird auch »*on-Effekt*« genannt, weil er mit dem Einsetzen des Lichtreizes verbunden ist. Beim Ausschalten des Lichtes erfolgt dann noch eine positive oder biphasische Nachschwankung, der »*off-Effekt*« oder die d-Welle (Abb. 414).

Unter klinischen Routinebedingungen sind die a- und b-Wellen meist eindeutig darstellbar und meßbar, die anderen Anteile erfordern sehr oft besondere Untersuchungs- und Ableitbedingungen. An Deutungsversuchen dieses polyphasischen Elektroretinogramms hat es in der Vergangenheit nicht gefehlt. Man neigt heute allgemein zu den Vorstellungen GRANITS, daß das Elektroretinogramm durch *Überlagerung dreier Teilprozesse* zustande kommt, die GRANIT P I, P II und P III nannte. Diese Bezeichnung P I–III ergab sich aus der Reihenfolge, in der diese einzelnen Prozesse bei allmählich vertiefter Narkose verschwanden. Danach beginnt auf einen Lichtreiz zuerst eine *negative Komponente (P III)*, die die a-Welle des Elektroretinogramms hervorbringt und bei Aussetzen des Lichtreizes zur Grundlinie zurückkehrt und dabei am Auftreten des off-Effekts, der d-Welle, beteiligt ist. Etwas später erscheint eine *positive Komponente (P II)*, die zusammen mit P III die b-Welle erzeugt und ebenfalls am off-Effekt teilhat. Die *Komponente P I* verschwindet in der Narkose zwar als erste, tritt aber als letzte nach dem Lichtreiz auf, ist positiv und sehr träge und läßt zusammen mit P II und P III die langsame c-Welle entstehen (Abb. 415). Die Komponente P III erweist sich somit als relativ resistent gegenüber dem Einfluß einer Äthernarkose. Dem entspricht die klinische Beobachtung, daß die a-Welle des Elektroretinogramms widerstandsfähiger gegenüber pharmakologischen Einwirkungen, mechanischen Insulten, Sauerstoffmangel u. a. ist.

Auch zur Ermittlung des genauen *Entstehungsorts des Elektroretinogramms* in der Netzhaut hat man viel Mühe aufgewandt. Genauere Erkenntnisse verdanken wir vor allem den Ergebnissen der Ableitung mit Mikroelektroden, von z. T. weniger als einem Mikrometer Durchmesser aus verschiedenen Tiefen der Netzhaut. Trotzdem bestehen in diesem Punkt noch Unklarheiten. Als gesichert kann heute die schon lange festgestellte Tatsache gelten, daß es sich um ein Retinogramm handelt. Darüber hinaus dürfen wir annehmen, daß die *Rezeptorenschicht* der Netzhaut und die *Schicht der bipolaren Ganglienzellen oder ihre Synapsen* das Elektroretinogramm hervorbringen.

Form und Ablauf des Elektroretinogramms sind ganz

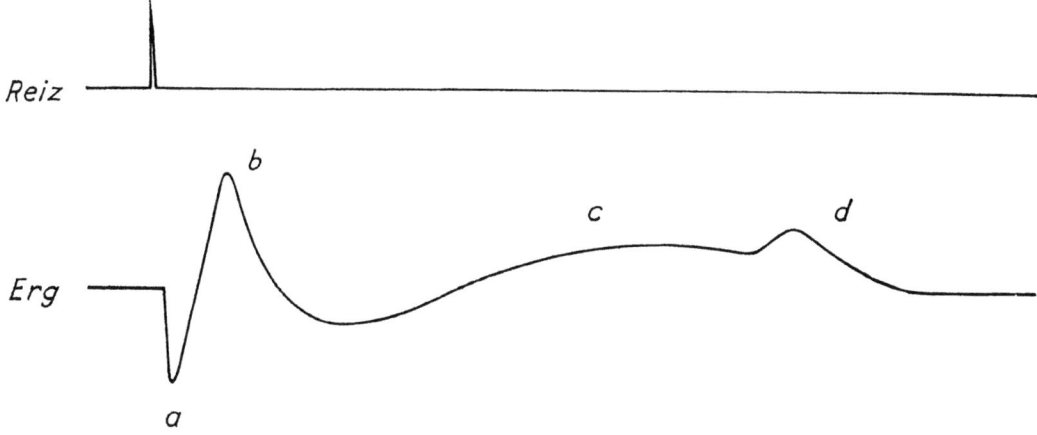

Abb. 414 Normales Elektroretinogramm (schematisch)

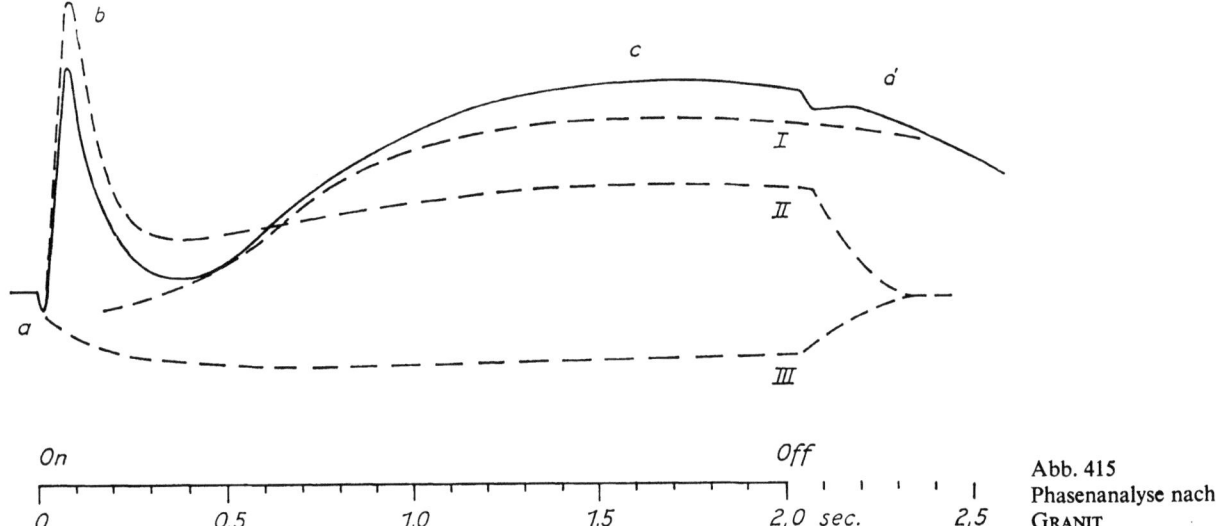

Abb. 415
Phasenanalyse nach
GRANIT

erheblich von einer Reihe von Faktoren abhängig, die z. T. den Patienten betreffen. Hier spielt vor allem der *Adaptationszustand der Netzhaut* eine entscheidende Rolle. Auf die Formveränderungen, die das Elektroretinogramm unter verschiedenen Adaptationszuständen erfahren kann, wurde oben schon hingewiesen. Danach treten unter den Bedingungen einer Helladaptation die photopischen (a_1- und x-Wellen), unter denen einer Dunkeladaptation die skotopischen Anteile (a_2- und b-Wellen) des Retinogramms deutlicher hervor. Eine möglichst exakte Bestimmung des Adaptationszustandes und eine Ableitung unter verschiedenen Adaptationsbedingungen ist für die Deutung von Elektroretinogrammbefunden deshalb unerläßlich. Auch die *Pupillenweite* bei der Untersuchung kann insofern von Bedeutung sein, als die Pupille den Lichteinfall in das Auge begrenzt. So wirken sich Pupillenverengungen wie Verminderungen der Lichtreizintensität aus. Deshalb wird das Elektroretinogramm wenn irgend möglich, unter künstlicher Pupillenerweiterung abgeleitet.

Weitere Faktoren von seiten des Patienten, wie Lebensalter, Geschlecht, Refraktionszustand, spielen unter klinischen Bedingungen nur eine untergeordnete Rolle.

11.2.3. Ableittechnik

11.2.3.1. Einleitung

Das Aussehen des registrierten Elektroretinogramms ist nicht nur vom Zustand der Netzhaut, sondern auch weitgehend von den verwendeten apparativen Bedingungen abhängig. Trotz Empfehlungen der ISCERG (International Society for Clinical Electroretinography) gibt es bis heute noch *keine einheitliche Standardableitungstechnik* wie in der Elektroenzephalographie. Vielmehr variiert die Untersuchungstechnik bei den einzelnen Untersuchern erheblich. Dies zwingt jeden, der sich mit der Elektroretinographie befaßt, einmal bei Publikationen zu genauer Beschreibung der verwendeten Methodik um Vergleiche seiner Ergebnisse mit denen anderer zu ermöglichen, zum anderen mit der eigenen Methodik Normalwerte zum Vergleich mit pathologischen Ergebnissen zu ermitteln.

11.2.3.2. Reizlicht

Besonders hohe Anforderungen müssen aus verständlichen Gründen an das verwendete Reizlicht gestellt werden. So können hier nur Lichtquellen benutzt werden, die *einheitliche, leicht reproduzierbare Lichtimpulse* liefern. Die Reizparameter »*Intensität, Dauer und spektrale Zusammensetzung*« müssen konstant bzw. in definierbaren Bereichen variabel sein. Außerdem müssen sich *Impulsfolgen* verschiedener Frequenz (5–80 Hz) erzeugen lassen. Während man bezüglich Dauer und spektraler Zusammensetzung des Lichtreizes meist konstante Bedingungen benötigt, wird bezüglich Intensität eine weitgehende Variabilität von der Lichtquelle gefordert. Die vor allem früher oft verwendete *Glühlampe* in Verbindung mit einem Photoverschluß erfüllt nur sehr unvollkommen diese Forderungen. Bei den üblichen Lampen mit einer Leistungsaufnahme von 25–40 W ist die Flächenhelligkeit meist nicht ausreichend, um ein vollständiges Elektroretinogramm verwertbarer Größe zu erhalten. Außerdem ist die spektrale Zusammensetzung des Lichtes sehr abhängig von der Höhe der Speisespannung der Lampe, und die Intensität sinkt mit steigender Brenndauer. Darüber hinaus erfordert die Erzeugung von Flackerlicht einen erheblichen zusätzlichen Aufwand, um exakte Untersuchungsbedingungen zu erhalten. Deshalb hat sich die Verwendung des sogenannten *Elektronenblitzes* in letzter Zeit durchgesetzt, der in einer speziellen Ausführung als Photoblitzer allgemein bekannt ist.

Er arbeitet nach folgendem Prinzip: An ein Entladungsgefäß, meist ein Glasrohr von verschiedener Länge und Form, gefüllt mit Xenon unter geringem Druck, ist ein großer Kondensator angeschlossen, der mit 500–1000 V aufgeladen ist. Durch eine Zündelektrode wird zum gewünschten Zeitpunkt das Gas in der Röhre ionisiert, so daß die gesamte Energie des geladenen Kondensators nunmehr über das Entladungsgefäß fließt. Die entstehende Leuchterscheinung ist sehr intensiv und von ähnlicher spektraler Zusammensetzung wie das Sonnenlicht. Die *Blitzdauer* bewegt sich je nach verwendeter Energie und Spannung zwischen 0,2 und 5 msec.

Durch die höhere Intensität des Lichtes gegenüber dem einer Glühlampe kann man auch die a-Welle des Elektroretinogramms bewerten. *Flimmerlicht* ist durch elektronische Steuerung einfach herzustellen, wobei Blitzdauer und Intensität von der Flimmerfrequenz unabhängig sind. Allerdings wird die Intensität eines Elektronenblitzes in der Regel in Wattsekunden (Ws), d. h. der elektrischen Energie, angegeben und nicht in der üblichen Einheit Lux. Für die klinische Routineableitung ist ein Intensitätsbereich von etwa 0,1 bis 200 Ws nötig, um ein komplettes Elektroretinogramm meßbarer Größe zu erhalten. Eine gewünschte *Intensitätsveränderung* ist auf zwei Wegen möglich. Einmal kann sie durch Energieänderung im Blitzgerät erreicht werden, womit allerdings Veränderungen der Reizdauer verbunden sind, die aber in der klinischen Routineableitung vernachlässigt werden dürfen. Zum anderen kann die Intensität durch Vorschalten von definierten neutralgrauen Filtern verändert werden. In der gleichen Weise können *farbige Lichtreize* der gewünschten spektralen Zusammensetzung erzeugt werden.

11.2.3.3. Elektroden und Ableitpunkte

Die *größte Spannungsdifferenz* besteht am uneröffneten Auge zwischen Hornhautoberfläche und Augapfelrückwand. Da in der klinischen Praxis die Rückwand des Augapfels unblutig nicht erreichbar ist, muß man mit einer Elektrode so nahe wie möglich an den positivsten Punkt, die Hornhaut, herankommen. Dafür gibt es in der klinischen Elektroretinographie *Haftschalenelektroden* verschiedener Ausführungen, die auf die Hornhautoberfläche aufgesetzt werden (Abb. 416). Die *Bezugselektrode* kann dann am temporalen Orbitarand angebracht werden. Es hat nicht an Versuchen gefehlt, ein verwertbares Elektroretinogramm, auch mit an anderen Stellen angebrachten Elektroden, unter Vermeidung der Haftschalen zu erhalten. So ergab der Versuch mit einer in den Bindehautsack eingelegten *Baumwolldochtelektrode* zwar ein Elektroretinogramm ausreichender Spannungshöhe, aber im Kurvenverlauf erhebliche Störungen. Ableitungen zwischen oberem oder unterem Orbitarand und temporal angelegten Elektroden zeigten keine ausreichenden Spannungshöhen. Lediglich mit einer *endonasal* an die Pharynxwand gelegten Elektrode war es möglich, die Haftschalenelektroden zu vermeiden. Diese Methode hat sich aber bisher nicht einbürgern können. Weitere Elektroden werden nicht selten am oberen und unteren Orbitarand angebracht, um damit die *Mitregistrierung von Lidbewegungen* zu ermöglichen.

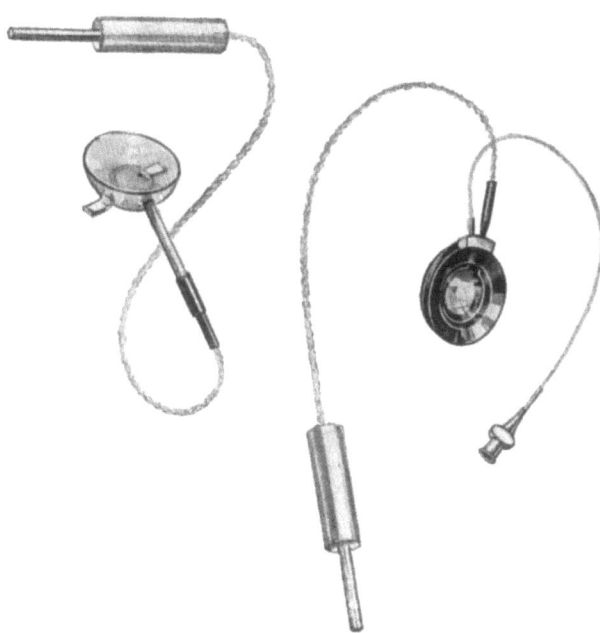

Abb. 416   Haftschalenelektroden

Je nach Art der Befestigung werden *Pilzelektroden oder runde Plättchenelektroden* mit einem Durchmesser von 6–10 mm verwendet. Das Material ist wie bei der Elektroenzephalographie Silber, Zinn, Stahl usw. Zur Befestigung dienen *Kinnstützen*, modifizierte *Kornmüller-Hauben* sowie *Klebepasten*. Zusätzliche Plastestreifen garantieren einen festen Sitz der Elektroden.

11.2.3.4. Verstärker

Zwar besteht die Möglichkeit, das Elektroretinogramm direkt mit Hilfe eines Galvanometers aufzuzeichnen, jedoch macht man aus verschiedenen Gründen, die schon bei der Besprechung der EEG-Verstärker erläutert wurden, davon keinen Gebrauch. Die *geringen Spannungen* des Elektroretinogramms erfordern, wie die Hirnpotentiale im Eeg, eine *erhebliche Verstärkung*, ehe sie irgendeinem Registriersystem zugeführt werden können. *Die üblichen EEG-Verstärker genügen dabei im wesentlichen allen Ansprüchen* der Elektroretinographie. Die Verstärkungshöhe ist ausreichend, Zeitkonstante und Frequenzblende lassen sich auf die notwendigen Werte einstellen, um einerseits die Potentialabläufe unverzerrt darzustellen und andererseits störende Frequenzen weitgehend zu unterdrücken. Schließlich bewirkt der Aufbau als *Differenzverstärker*, daß die Störung durch den Wechselstrom des Lichtnetzes sehr stark gedämpft wird und, wenn erforderlich, auch *bipolare Reihenschaltungen* angewendet werden können.

11.2.3.5. Registrierung

Auch zur Registrierung des Elektroretinogramms ist *der Elektroenzephalograph zweifellos verwertbar*. Allerdings ist der verhältnismäßig weitverbreitete *Tintenschreiber nur bedingt einsetzbar*, da vor allem für die genauere *Messung von Latenzzeiten* eine korrekte zeitliche Zuordnung der Registrierkanäle gewährleistet sein muß. Mit einer oberen Grenzfrequenz von über 150 Hz und einer maximalen Papiergeschwindigkeit von 200 mm/sec. erfüllen die in der DDR vorwiegend verwendeten Geräte mit *Durchschreibeverfahren* die wesentlichsten Forderungen. Allerdings wird man insbesondere für genaue Latenzzeitmessungen der schnellen Anteile des Elektroretinogramms zusätzlich noch auf *Katodenstrahloszillographen* zurückgreifen, da diese eine stärkere Dehnung des Kurvenbildes erlauben.

11.2.3.6. Datenverarbeitungsanlagen als Hilfsmittel

In steigendem Maße werden in letzter Zeit Datenverarbeitungsanlagen als Hilfsmittel auch in der Elektroretinographie eingesetzt. Wir erhalten damit die Möglichkeit, Elektroretinogramme gleicher Art in vielfacher Wiederholung zu speichern, *Mittelwerte* zu bilden und sie weitgehend von mitregistrierten *Störpotentialen* zu befreien. Ihre Bedeutung für die Registrierung und Auswertung in der Elektroretinographie ist sicher groß und im einzelnen noch nicht genau einschätzbar. Bedeutung hat dieses Hilfsmittel vor allem für den Nachweis und die Bewertung der VER (s. unten!), der *Hirnrindenantworten nach einem Lichtreiz*, erlangt. Aber auch in der klinischen Elektroretinographie finden *Computer* Verwendung, indem unter Umständen in direkt gewonnenen Kurven nicht nachweisbare retinale Potentialabläufe sichtbar werden.

11.2.3.7. Störungen

Die gleichen Störungen, die bei der Ableitung eines Elektroenzephalogramms auftreten können, sind auch bei der Registrierung eines Elektroretinogramms zu erwarten, da ja ähnliche, ableittechnische Bedingungen vorliegen. Auf einige *für die Elektroretinographie spezifische Störmöglichkeiten* sei hier kurz hingewiesen. So können *Artefakte durch Augenbewegungen und Lidschläge* entstehen, die einem echten Elektroretinogramm sehr ähnlich sehen können. Durch *Mitregistrierung von Augenbewegungen* auf getrennten Kanälen sucht man sich vor Fehldeutungen zu schützen. Weitere Störungen treten dann auf, wenn der Raum zwischen Haftschale und Hornhautoberfläche Luft enthält. Dieser Raum wird deshalb mit Kochsalzlösung aufgefüllt, wofür die meisten Haftschalenelektroden entsprechende Möglichkeiten bieten. Störend kann sich, vor allem bei höheren Reizintensitäten, ein lichtelektrischer Effekt, *der sogenannte Becquerel-Effekt*, bemerkbar machen, der retinale Antworten vortäuschen kann. Vielleicht ist manches angeblich nicht ganz ausgelöschte Elektroretinogramm darauf zurückzuführen. Die Beseitigung dieses Effekts erfordert *lichtabschirmende Maßnahmen*. Aus diesem Grunde sind die meisten Haftschalenelektroden dunkel gefärbt.

11.2.4. Ablauf einer elektroretinographischen Untersuchung

Aus der Vielzahl der Möglichkeiten sei hier das *eigene Verfahren* einer klinischen Routineableitung beschrieben: Zunächst werden die *Pupillen medikamentös erweitert*, vorausgesetzt, daß keine Kontraindikationen (z. B. Glaukom) vorliegen, und die *Pupillenweite* danach gemessen. Während einer Dunkeladaptation des Patienten von mindestens 20 Minuten wird der Elektroenzephalograph vorbereitet. Die Kanalzuordnung nehmen wir wie folgt vor: Auf dem ersten und dem letzten Kanal erfolgt die *Registrierung des Lichtblitzes*. Dies geschieht entweder über eine *Selenzelle* oder über einen *synchronen Spannungsstoß*, den Blitzgeräte verschiedener Ausführung zu diesem Zweck abgeben. Auf zwei weiteren Kanälen werden das Elektroretinogramm des rechten und des linken Auges registriert. Die weiteren Kanäle benutzen wir für den Nachweis von Lid- und Augenbewegungen. Die Zeitkonstante der Elektroretinogrammkanäle wird auf 0,3 sec., die Frequenzblende auf 70 Hz eingestellt. Geeicht wird mit 200 μV auf 6 mm Auslenkung. Die *Papiergeschwindigkeit* beträgt, je nach Notwendigkeit, 60 oder 200 mm/sec. Nunmehr wird der dunkeladaptierte Patient in den Ableitraum gebracht, der mit schwachem Rotlicht erhellt ist, um den Dunkeladaptationszustand nicht zu stören. Nach einer *Oberflächenanästhesie der Hornhaut* werden die Haftschalenelektroden eingesetzt, der Raum zwischen Haftschale und Hornhaut mit Kochsalz aufgefüllt und die temporalen und orbitalen Elektroden angebracht. Wir benutzen als Elektroden *Feinsilberplättchen von 9 mm Durchmesser*, die mit *Bentonitepaste als Kontaktmittel* aufgeklebt und durch Pflasterstreifen zusätzlich gesichert werden. Die Ableitung erfolgt in der Regel vom sitzenden, seltener vom liegenden Patienten.

Es werden *Lichtreize* von 0,5–200 Ws aus einer Entfernung von 80 cm vom Auge gesetzt, und zwar in jeder Intensitätsstufe mehrere, mit einem Intervall von etwa 30 Sekunden.

Bei besonderen Fragestellungen wird diese Standardableitung entsprechend ergänzt durch *farbige Lichtreize* mittels entsprechender Filter oder unter Helladaptationsbedingungen. Schließlich wird oft noch am Ende der Untersuchung durch Blitzfolgen verschiedener Frequenz die *Flimmerfusionsfrequenz (FFF)* bestimmt.

Die gesamte Untersuchungsdauer sollte 30–40 Minuten nicht überschreiten, da danach mit einem Nachlassen der Oberflächenanästhesie und *Reizerscheinungen* durch die Haftschalen zu rechnen ist.

11.2.5. Auswertung des Elektroretinogramms

Es wurde schon erwähnt, daß in der klinischen Elektroretinographie *besonders dem Verhalten der a- und b-Welle* Aufmerksamkeit geschenkt wird. Die Auswertung bezieht sich zunächst einmal auf eine Ermittlung der Spannungshöhen dieser Wellen. Dies gelingt mit Zirkel, Lineal, Meßlupe oder anderen Hilfsmitteln verhältnismäßig einfach. Individuelle Schwankungen der Spannungshöhen und große Streubreiten der Meßwerte sind nicht selten. Dadurch wird eine sichere Aussage immer etwas erschwert, vor allem dann, wenn die Abweichungen von den Normalwerten gering sind. Es empfiehlt sich deshalb prinzipiell, von einer Reizart immer mehrere Elektroretinogramme abzuleiten und Messungen nur dann vorzunehmen, wenn keine Störungen (Grundlinienschwankungen, Spikes usw.) vorliegen. Bei unruhigen Patienten, vor allem bei Kindern, wird häufig nur eine Beurteilung über das Vorhandensein oder Fehlen des Elektroretinogramms möglich sein. *Die Höhen der a- und b-Wellen* werden in Mikrovolt von der Grundlinie aus gemessen, d. h. »*a und b partiell*«. Viele Untersucher bewerten jedoch die Höhen der b-Wellen vom tiefsten Punkt der a-Wellen aus. Dieser »*b total*« genannte Meßwert ergibt sich auch bei Messungen von der Grundlinie durch Addition von »a und b partiell«. Die Angabe der Meßwerte in Mikrovolt setzt allerdings eine *exakte Eichung* voraus, die auch am besten mit Hilfe einer Meßlupe vorgenommen wird. Es hat sich bewährt, die Meßergebnisse der verschiedenen Reizarten *als Diagramm darzustellen*. Die Bewertung erscheint uns dadurch leichter.

Schwieriger und problematischer ist die Ermittlung der genauen *Latenz- und Kulminationszeiten* der a- und b-Wellen. Dabei versteht man unter Latenzzeit die Zeit von Reizbeginn bis zum Einsetzen, unter Kulminationszeit die bis zum Gipfelpunkt einer Welle. Auch hier entstehen hinsichtlich der b-Welle nomenklatorische Schwierigkeiten, je nachdem, ob man den Beginn der b-Welle in den tiefsten Punkt der a-Welle oder in die Grundlinie legt. Im ersten Fall wäre die Latenzzeit der b-Welle identisch mit der Kulminationszeit der a-Welle. Für die Ermittlung dieser Zeiten ist es wichtig, am oberen und unteren Rand der Kurve (erster und letzter Kanal) je ein Blitzsignal zu registrieren, da die Verbindungslinie beider Blitzsignale Grundlage für diese Messungen ist. Auch hier ist die Methode der Messung im allgemeinen gleichgültig, vorausgesetzt, daß sie ausreichende Genauigkeit gestattet. Auf die beschriebene Weise gelingt es fast immer, die Kulminationszeit der a-Welle sowie die Latenz- und Kulminationszeit der b-Welle für klinische Zwecke hinreichend genau zu bestimmen. Schwierigkeiten bereitet die Ermittlung der Latenzzeit der a-Welle, die bei einer Papiergeschwindigkeit von nur 60 mm/sec. überhaupt nicht genau und auch bei einer höheren Papiergeschwindigkeit (200 mm/sec.) nur ungenau bestimmt werden kann. Deshalb empfiehlt es sich, dazu *Hilfsmittel mit größeren Dehnungsmöglichkeiten*, z. B. einen Oszillographen, einzusetzen. Dies gilt auch, wenn man weitere Einzelheiten wie das ERP (early receptor potential) oder eine genauere Beurteilung der Oszillationspotentiale in die Bewertung einbeziehen will.

Die *Diagnostik pathologischer Formen* des Elektroretinogramms setzt im allgemeinen voraus, daß man Vergleichsmöglichkeiten mit einer normalen Kurve hat. Hier bietet sich am besten zweifellos das *Elektroretinogramm des gesunden Partnerauges* an. Da ein solcher Vergleich aus begreiflichen Gründen nicht immer möglich ist, muß jeder, der sich mit der Auswertung eines Elektroretinogramms befaßt, bestrebt sein, mit seiner eigenen Untersuchungsmethodik zunächst einmal Normalwerte unter den einzelnen gewählten Reizbedingungen zu ermitteln, um dann Vergleiche mit diesen Normalwerten anstellen zu können.

Da bei der Auswertung des Elektroretinogramms der Vergleich und das Ausmessen von einzelnen Kurvenzügen erforderlich ist, liegt es nahe, *durch Einsatz von Elektronenrechnern mehr Informationsgehalt* exakter zu verarbeiten. Jedoch dürfte der ökonomische Aufwand den Einsatz in der klinischen Routine begrenzen.

11.2.6. Pathologisches Elektroretinogramm

Unter pathologischen Bedingungen sind vor allem *Veränderungen der Spannungshöhen der a- und b-Wellen* auffällig. Sie bewirken charakteristische Formveränderungen des Elektroretinogramms. Einem Vorschlag von KARPE folgend wird danach *ein subnormales, ein supernormales, ein negatives* und *ein ausgelöschtes* Elektroretinogramm unterschieden. Obwohl diese Nomenklatur streng genommen nur für die KARPEsche Methodik gilt, haben sich diese Bezeichnungen allgemein eingebürgert (Abb. 417).

Das *subnormale Elektroretinogramm* ist gekennzeichnet durch eine auffällige Spannungserniedrigung, die beide Wellen, die a- und b-Welle, betrifft, für die b-Welle aber meist deutlicher sichtbar wird.

Wesentlich seltener wird ein *supernormales Elektroretinogramm* gefunden. Bei dieser Form besteht eine auffällige Spannungserhöhung der a- und b-Wellen, auch hier besonders der b-Wellen.

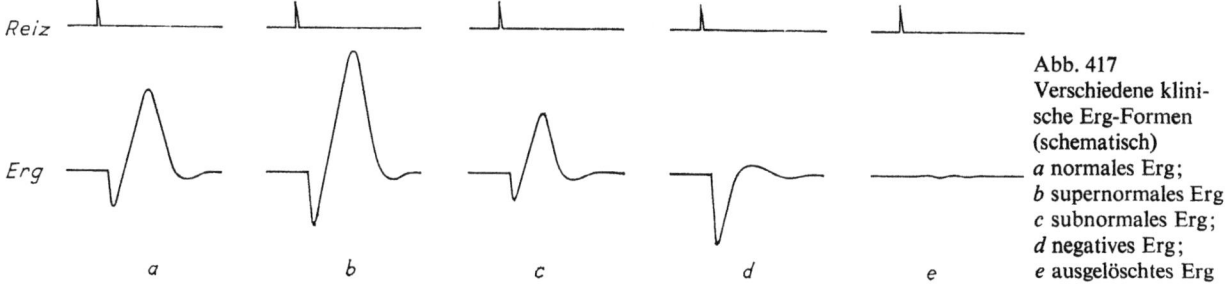

Abb. 417
Verschiedene klinische Erg-Formen (schematisch)
a normales Erg;
b supernormales Erg;
c subnormales Erg;
d negatives Erg;
e ausgelöschtes Erg

Beim *negativen Elektroretinogramm* kommt es zu einem Vorherrschen der negativen Anteile, der a-Wellen. Diese sind auffällig vergrößert, während die b-Welle überhaupt fehlt oder nur eine normale Höhe erreicht. Nach HENKES wird deshalb ein *negatives Minus-Elektroretinogramm* mit fehlender oder zumindest deutlich verminderter b-Welle und ein *negatives Plus-Elektroretinogramm* mit normaler b-Welle unterschieden.

Schließlich spricht man bei dem Fehlen jeglicher retinaler Antwort von einem *ausgelöschten Elektroretinogramm*. Allerdings ist bei solchen Beobachtungen zu berücksichtigen, daß dieser Befund *nicht gleichbedeutend mit fehlender retinaler Antwort* sein muß, da unter bestimmten Bedingungen, z. B. Reizenergiesteigerungen oder Flimmerlichtreizen, durchaus noch retinale Antwortpotentiale nachweisbar sein können. Es wurde deshalb der Vorschlag gemacht, diesen Befund besser durch die Bezeichnung »*nicht registrierbares Elektroretinogramm*« zu ersetzen.

Weitere Anhaltspunkte liefert die *Feststellung des zeitlichen Ablaufs* des Elektroretinogramms oder einzelner Wellen. So bewirken pathologische Veränderungen neben einer Spannungserniedrigung eine Verlangsamung des Ablaufs, also eine Zunahme der Latenz- und Kulminationszeiten.

Darüber hinaus können bestimmte Anteile des Elektroretinogramms, z. B. die skotopischen Anteile des Elektroretinogramms, besonders affiziert sein oder fehlen. Daraus resultiert ein Überwiegen oder das alleinige Vorhandensein der photopischen Anteile, der a_1- und x-Welle (s. oben), kenntlich an einem meist spannungsniedrigeren, schneller ablaufenden Elektroretinogramm.

Das ERP ist, wie oben bereits erwähnt, nur unter bestimmten Ableitbedingungen sichtbar zu machen. Die Verwendbarkeit von Befunden in diesem Elektroretinogrammanteil ist noch umstritten, es soll insbesondere dann Veränderungen aufweisen, wenn die Rezeptorenschicht der Netzhaut zerstört ist.

Auch für das »*Oszillatorische Potential*« gilt, daß sein Nachweis und eine Bewertung nur unter bestimmten Ableitbedingungen möglich ist. Pathologische Veränderungen sollen sich vor allem in dem Fehlen bzw. der verminderten Anzahl der einzelnen Oszillationen (normalerweise bis zu 6) äußern. Auch hierüber bestehen noch Unklarheiten.

11.2.7. Anwendungsgebiete

Die Anwendungsgebiete der klinischen Elektroretinographie sind außerordentlich mannigfaltig. Sie gilt heute als eine der wenigen Möglichkeiten, *Netzhautfunktionen auch objektiv zu erfassen*. Der Wert der Elektroretinographie wird unterstrichen durch die Tatsache, daß sie auch Befunde liefert, bei *Trübungen der brechenden Medien*, die eine direkte Beurteilung durch Ophthalmoskopie nicht erlauben. Allerdings müssen wir Intensitätsverluste des Reizlichts bei der Beurteilung in Rechnung stellen.

Einschränkungen der Anwendungsmöglichkeiten ergeben sich in erster Linie aus der Tatsache, daß wir mit dem Elektroretinogramm die *Funktionsfähigkeit nur eines Teils der Netzhaut* erfassen. Leider ist für die Bewertung des Elektroretinogramms die entscheidende *Frage nach seiner genauen Quelle*, trotz intensivster Bemühungen, bis heute nicht exakt geklärt. Es kann aber als sicher angenommen werden, daß das Elektroretinogramm in der Rezeptorenschicht oder den unmittelbar benachbarten Strukturen der Netzhaut entsteht. Daraus ergibt sich, daß nur Veränderungen in diesen Netzhautschichten pathologische Elektroretinogramme liefern. So erklärt sich, daß beispielsweise *Erkrankungen des Sehnervs und der Nervenfaserschicht im Elektroretinogramm stumm* bleiben, wenn es sich um eine *absteigende*, d. h. vom ZNS ausgehende Erkrankung handelt, dagegen werden *pathologische Befunde* erhoben, wenn die Ursache *aufsteigend*, d. h. von der Rezeptorenschicht oder Bipolarenschicht ausgeht oder diese Substrate sekundär in Mitleidenschaft zieht.

Des weiteren muß einschränkend berücksichtigt werden, daß das Elektroretinogramm unter klinischen Routinebedingungen die *Summe von zahllosen Einzelpotentialen* der gesamten Netzhaut darstellt. Wir können somit im Elektroretinogramm nur dann Veränderungen erfassen, wenn die Prozesse große Gebiete der Netzhaut betreffen. Deshalb sind *Rückschlüsse auf Sehfunktionen aus dem Elektroretinogramm nur sehr bedingt möglich*. So können einerseits auf das funktionell wichtige Netzhautzentrum beschränkte Veränderungen, die das Sehvermögen erheblich beeinträchtigen, im Elektroretinogramm keinerlei Veränderungen aufweisen, andererseits erhebliche generalisierte Netzhauterkrankungen deutliche Befunde zeigen, ohne daß eine auffällige oder entsprechend starke Einbuße des Sehvermögens feststellbar ist. Die Ursache dafür ist in erster Linie in dem *Streulicht* zu suchen, das unter unseren in der klinischen Praxis üblichen Reizlichtbedingungen unvermeidlich ist. Arbeiten wir doch in der klinischen Routine mit erheblich *überschwelligen Reizen*, die aber erforderlich sind, um ein auswertbares Elektroretinogramm zu erhalten. Diese Einschränkung der Anwendungsmöglichkeiten der Elektroretinographie wird von Ophthalmologen angesichts der überragenden funktionellen Bedeutung der Fovea centralis als besonders schmerzlich empfunden. In den letzten Jahren beginnt sich eine Möglichkeit anzudeuten, die mit dem Elektroretinogramm auch die Beurteilung kleiner, umschriebener Bezirke erlaubt. Dabei wählte man die Reizintensität so niedrig, daß das Streulicht unterschwellig wurde. Damit wurde allerdings auch das Elektroretinogramm so spannungsniedrig, daß es nur mit Hilfe eines Computers sichtbar und auswertbar zu machen war. Mit dieser Methode ist sicher eine wesentliche Erweiterung der Anwendungsmöglichkeiten der Elektroretinographie zu erwarten.

Aus dem Gesagten ergibt sich, daß mit dem Elektroretinogramm Aussagen über die *Lokalisation von Er-*

krankungen in den betreffenden Netzhautschichten möglich sind. Auch hinsichtlich des *Schweregrades der Erkrankungen* sind Auskünfte aus dem Elektroretinogramm zu erwarten. Dagegen vermag das Elektroretinogramm im allgemeinen über die Art der Netzhauterkrankung keine Aufschlüsse zu liefern. So sind z. B. bei einer *Netzhautablösung* (Abb. 418) und bei

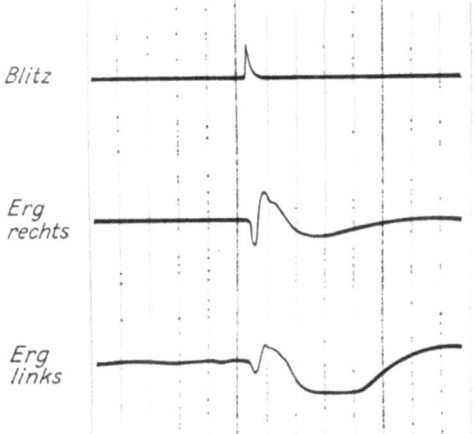

Abb. 418 Originalkurve eines subnormalen Erg bei einer Ablatio retinae links

Netzhautentzündungen, vorausgesetzt, daß sie den gleichen Umfang annehmen, ganz ähnliche Befunde im Elektroretinogramm zu finden. Auch die Beobachtung, daß sich bei *Durchblutungsstörungen der Netzhaut* die a-Welle als etwas weniger anfällig erwies als die b-Welle, ist nicht typisch. Deshalb sei hier auf die Schilderung von einzelnen Elektroretinogrammbefunden *bei verschiedensten Netzhauterkrankungen verzichtet*, zumal die Befunde bei den einzelnen Untersuchern nicht unwesentlich differieren. Der Interessent sei auf einschlägige Handbücher verwiesen.

11.2.8. Elektroretinogramm und Elektroenzephalogramm

Veränderungen im Elektroenzephalogramm auf einen Lichtreiz der Netzhaut haben in den letzten Jahren ein steigendes Interesse gefunden. Diese sind uns in verschiedenen Formen bekannt. So wurde bereits über die *Hemmung der Alphaaktivität* im Elektroenzephalogramm bei Öffnen der Augen berichtet. Es wurde jedoch bereits festgestellt, daß diese Hemmung auch durch andere Reize, die die Aufmerksamkeit anregen, provozierbar ist. Desgalb eignet sich dieser Befund nicht für die hier zur Debatte stehenden diagnostischen Fragen. Eher gilt dies für *okzipitale Antwortpotentiale auf intermittierende Lichtreize*. Auf Lichtreize bestimmter Frequenz lassen sich Potentialänderungen im okzipitalen Elektroenzephalogramm in gleicher Frequenz nachweisen. Dieses Phänomen nannte man »*photic driving*«. Von erheblichem diagnostischem Interesse ist allerdings lediglich bei gleichzeitiger Registrierung des Elektroretino- und -enzephalo-

gramms die *Überleitungszeit* zwischen dem Elektroretinogramm und dem Auftreten der Hirnrindenantwort. Auch dieses Verfahren hat keine größere Verbreitung in der Klinik gefunden, da die Okzipitalantwort nur in einem gewissen Prozentsatz der Fälle nachweisbar war. Praktikabler und von steigender Bedeutung ist dagegen die *spezifische lichtprovozierte, okzipital ableitbare, elektrische Antwort* (VER = visual evoked responses) auf einzelne Lichtreize, besonders bei Kopplung mit der Ableitung eines Elektroretinogramms. Dazu werden parasagittal ober- und unterhalb der Protuberantia occipitalis externa Elektroden angesetzt. Um diese Antworten in dem in diesem Falle störenden Eeg sichtbar zu machen, ist meist eine elektronische Datenverarbeitung nötig. Die dann sichtbaren VER bestehen aus einer polyphasischen Kurve, deren einzelne Anteile von den verschiedenen Untersuchern unterschiedlich bezeichnet werden. Diese VER erwiesen sich bei entsprechenden Untersuchungen wie das Elektroretinogramm weitgehend abhängig von den Qualitäten des Lichtreizes. Die klinische Bewertung beschränkt sich derzeit neben dem Nachweis der Hirnrindenantwort auf *seine zeitlichen Beziehungen zum Lichtreiz und dem Elektroretinogramm*. Nach MONNIER werden folgende Zeiten ermittelt: *Die retinale Zeit* als Zeit zwischen Reizbeginn und b-Welle im Elektroretinogramm; *die kortikale oder kortikookzipitale Zeit* zwischen Lichtreiz und dem Beginn der kortikalen Antwort. Sie beträgt nach MONNIER im Mittel 42,5 msec. Aus beiden Werten läßt sich *die Überleitungszeit oder retinokortikale Zeit* durch Subtraktion ermitteln. Diese Retinokortikalzeit erwies sich bei einigen Sehnerv- und Sehbahnerkrankungen als verlängert. Gerade auf diesem Gebiet sind in den kommenden Jahren weitere Fortschritte zu erwarten.

11.3. Elektrookulographie

W. LEHNERT und W. THIEME

11.3.1. Vorbemerkungen

Schon bei der Besprechung der Elektroretinographie wurde das von DU BOIS-REYMOND 1849 entdeckte *Ruhe- oder Bestandspotential der Netzhaut* erwähnt. Es entsteht im Bereich des *Pigmentepithels und der Rezeptorenschicht* der Netzhaut, wobei sich die *Netzhautinnenfläche (Nervenfaserschicht) elektropositiv zur Außenfläche (Rezeptorenschicht) verhält. Die Spannungshöhe* beträgt nur einige Millivolt und erwies sich als *abhängig vom Adaptationszustand* der Netzhaut. Diese Spannungsdifferenz kann auch vom intakten Augapfel an seiner Oberfläche abgenommen werden, wobei *das elektrische Feld in Richtung der optischen Achse* liegt. Die Registrierung dieses Ruhe- oder Bestandpotentials bei Augenbewegungen ist unter der Bezeichnung Elektrookulographie seit vielen Jahren bekannt. Während es ursprünglich lediglich als *Mittel zur Registrie-*

rung von Augenbewegungen benutzt wurde, konzentriert sich das Interesse in letzter Zeit in steigendem Maße auf seine *Veränderungen unter den verschiedenen Adaptationszuständen.* Insbesondere FRANCOIS und Mitarb. haben daraus eine *praktikable Netzhautfunktionsprobe* entwickelt (Elektrookulographie im engeren Sinne). Vor allem im Zusammenhang mit Befunden der Elektroretinographie gewinnen die Befunde der Elektrookulographie als Netzhautfunktionsprobe an Bedeutung, da das Elektrookulogramm nach unseren jetzigen Vorstellungen in distaleren Teilen der Netzhaut entsteht.

11.3.2. Untersuchungstechnik

Befestigt man am Orbitarand in der horizontalen Ebene je eine Elektrode links und rechts des Auges, so wird bei Blickrichtung geradeaus zwischen diesen Elektroden nur eine geringe, im Idealfall überhaupt keine Spannungsdifferenz bestehen. Beim Blick nach rechts kommt jedoch die rechte Elektrode näher dem positivsten Teil des Augapfels, der Kornea, während die linke Elektrode sich mehr dem negativsten Teil, der Hinterwand des Augapfels, nähert. Die nunmehr bestehende Spannungsdifferenz kann nach entsprechender Verstärkung aufgezeichnet werden. Würde sich das Auge rein vertikal bewegen, so käme es zu keiner Spannungsdifferenz, da beide Elektroden gleichermaßen auf ein niedrigeres Potential gelangen. Setzt man je eine Elektrode links und rechts des Auges sowie am oberen und unteren Orbitarand und schaltet die vertikalen und die horizontalen Elektroden auf je einen Registrierkanal, so können fast alle Augenbewegungen erfaßt werden. Bei einer rein horizontalen oder rein vertikalen Bewegung spricht nur jeweils ein Kanal an. Eine diagonale Bewegung ist dann daran zu erkennen, daß auf beiden Kanälen eine Auslenkung erfolgt (Abb. 419). *Dabei folgt die Spannungshöhe den Bewegungen ausreichend linear,* vorausgesetzt, daß sich der Adaptationszustand der Netzhaut während der Untersuchung nicht änderte. Lediglich *rotatorische Augenbewegungen* sind mit dieser Methode nicht erfaßbar.

Die Registrierung von sehr langsamen Augenbewegungen ist nur mit *Gleichspannungsverstärkern* möglich. In der klinischen Praxis haben jedoch die interessierenden Bewegungen so schnelle zeitliche Abläufe, daß auch eine Verstärkung mit *RC-gekoppelten Verstärkern,* wie sie im Elektroenzephalographen enthalten sind, vorgenommen werden kann. Allerdings muß dabei folgendes beachtet werden: Das Auge soll eine Bewegung von der Mittelstellung nach einer Seite ausgeführt haben und in dieser Stellung verharren. Bei Benutzung eines Gleichspannungsverstärkers würde in diesem Falle die Schreibfeder nach oben bzw. nach unten, dem Ausmaß der Bewegung entsprechend, ausschlagen und hier verbleiben. Anders bei einem RC-Verstärker. Auch hier erfolgt zunächst die entsprechende Auslenkung, dann aber kehrt, je nach verwendeter Zeitkonstante mehr oder weniger schnell, die Schreibfeder wieder in die Ausgangslage zurück. Wird jetzt das Auge zurückbewegt, erfolgt der gleiche Kurvenverlauf in entgegengesetzter Richtung.

Als *Elektroden* können, wie bei der Elektroretinographie, Pilz- oder besser Klebeelektroden Verwendung finden. Die Pilzelektroden werden mit einer modifizierten KORNMÜLLER-Haube befestigt oder federnd an einer der üblichen Kinnstützen angebracht. Klebeelektroden werden auch hier mit Bentonitepaste als Kontaktmittel durch Klebestreifen fixiert.

Da die *Spannung über dem Knochenrand der Orbita stark abfällt,* sind möglichst nahe am Auge gelegene Ableitpunkte zu wählen. Wie bei der Elektroenzephalographie sind die gewählten Ableitpunkte bei allen Untersuchungen möglichst genau einzuhalten, um die verschiedenen Ableitungen untereinander vergleichen zu können. Ein sicherer Vergleich ist allerdings nur mittels genau definierter Augenbewegungen möglich.

Die *Empfindlichkeit* des Registriergeräts wird je nach Elektrodendurchmesser und gewählten Ableitpunkten bei 200 µV für 6 mm Schreibhöhe liegen. Die *Zeitkonstante* muß auf den größtmöglichsten Wert eingestellt werden (1,0 bzw. 1,5 sec.), um auch langsame Bewegungsabläufe noch möglichst linear erfassen zu können. Einige Hersteller von Elektroenzephalographen liefern für die Ableitung von Elektrookulogrammen Spezialkanäle mit einer Zeitkonstante von

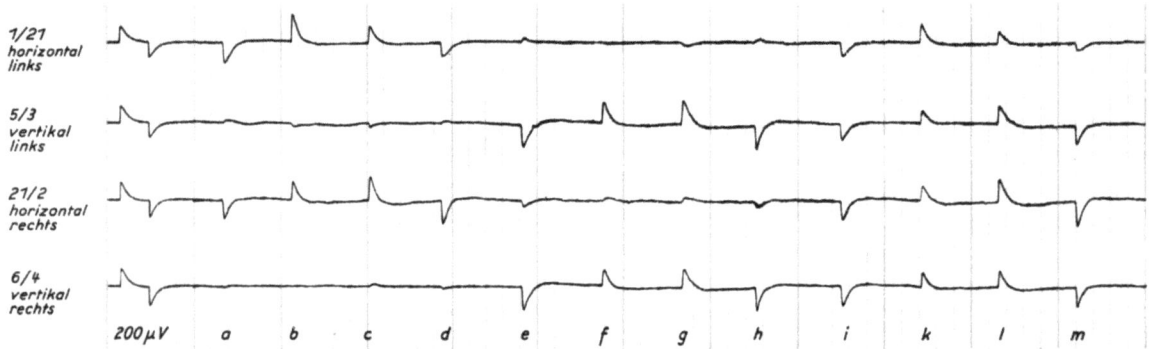

Abb. 419 Elektrookulogramm bei Blickbewegungen. Zeitkonstante 0,3 sec., Frequenzblende 70 Hz., Papiertransport 7,5 mm/sec.

a Blick nach links	*d* Blick geradeaus	*g* Blick nach unten	*k* Blick geradeaus
b Blick geradeaus	*e* Blick nach oben	*h* Blick geradeaus	*l* Blick nach rechts unten
c Blick nach rechts	*f* Blick geradeaus	*i* Blick nach links oben	*m* Blick geradeaus

Elektrookulographie

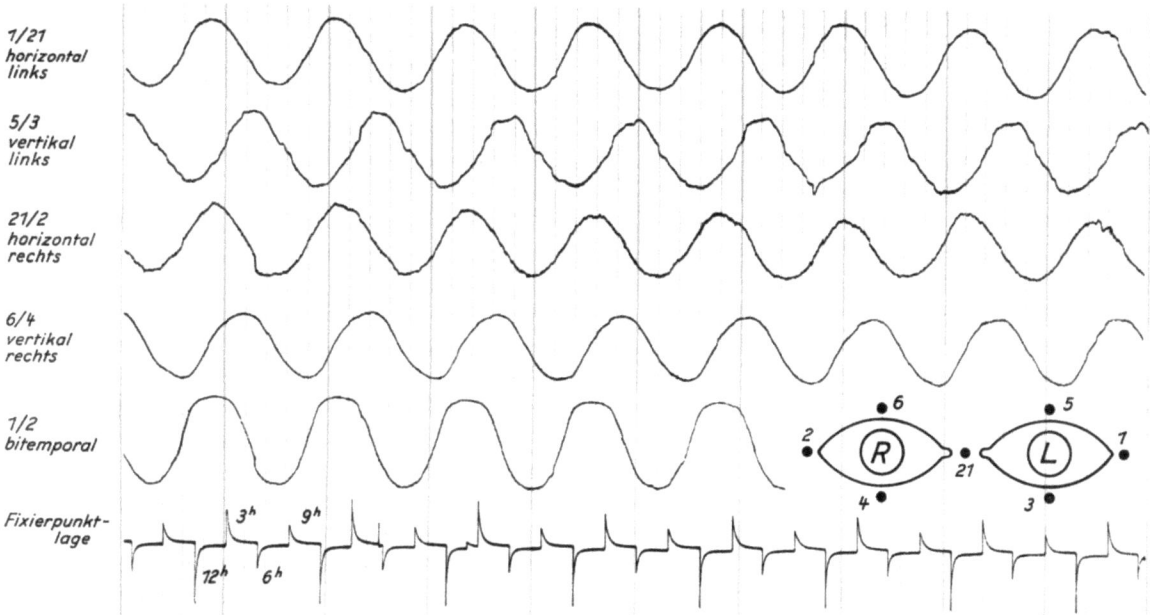

Abb. 420 Normales Elektrookulogramm bei Führungsbewegungen mit rotierendem Fixierpunkt

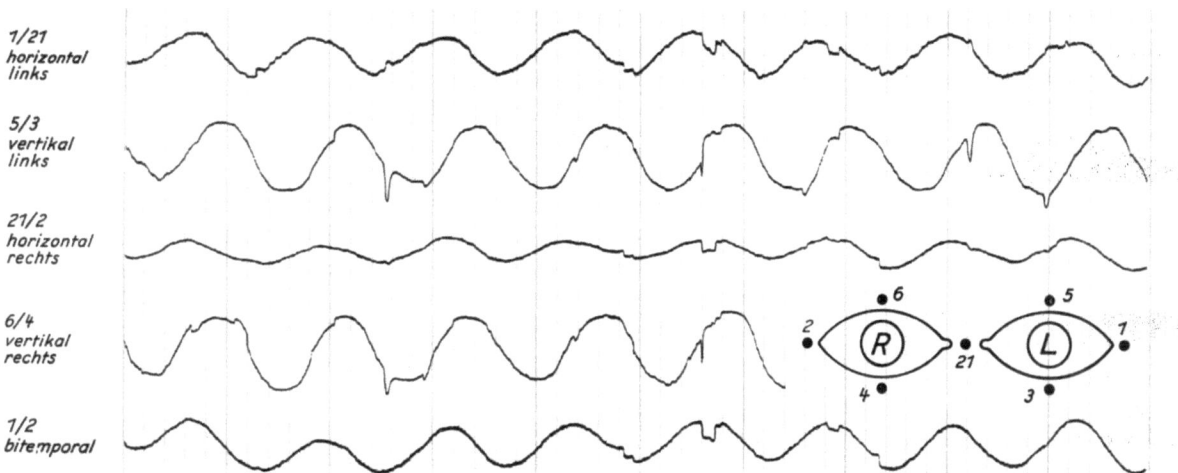

Abb. 421 Elektrookulogramm mit rotierendem Fixierpunkt bei einer Abduzensparese bds. (rechts mehr als links)

über 3 sec. Die *Frequenzblende* dämpft bei 70 Hz störende Muskelpotentiale. Die *Geschwindigkeit des Registrierpapiers* ist mit 7,5 bzw. 15 mm/sec. ausreichend.

Will man mit dieser Methode Augenbewegungen diagnostisch erfassen, so wählt man Fixierpunkte, die bezüglich Bewegungsrichtung und Bewegungsausmaß möglichst variabel sein sollen. Uns hat sich hier die *Verwendung eines rotierenden Fixierpunktes* bewährt, da damit alle Bewegungsrichtungen untersucht werden können (Abb. 420 und 421).

Bei Verwendung des Elektrookulogramms als Netzhautfunktionsprobe geht man etwa in folgender Weise vor: Der Patient erhält die Aufgabe, 2 Fixierpunkte im Abstand von 30° abwechselnd etwa ein bis zweimal in der Sekunde zu fixieren. Nach kurzer Zeit werden diese Bewegungen im Elektrookulogramm regelmäßig. Nun wird das Umgebungslicht gelöscht und während der folgenden Dunkeladaptation abgeleitet. Um den Adaptationszustand nicht zu stören, sind dabei die Fixierpunkte rot beleuchtet. Nach etwa 10–12 Minuten wird eine helle Umgebungsbeleuchtung eingeschaltet und das Elektrookulogramm unter diesen Helladaptationsbedingungen noch weitere 10 Minuten registriert.

11.3.3. Auswertung und klinische Anwendung

Benutzt man die Elektrookulographie zur *Analyse von Augenbewegungen*, so interessieren bei der Auswertung die Spannungshöhen der abgeleiteten Potentiale als Maß für den Umfang der Bewegungen. Dabei werden durch den Vergleich der Ergebnisse beider Augen auch Koordinationsstörungen erfaßt. Darüber hinaus kann man bei geradlinigen Bewegungen auch Auskünfte über die Geschwindigkeit einzelner Bewegungsabläufe erhalten.

Die Vorteile dieser Methode bei der Analyse von Augenbewegungen liegen auf der Hand. Abgesehen davon, daß eine *eindeutige dokumentarische Erfassung des Befundes* möglich ist, dessen Auswertung auch nachträglich vorgenommen werden kann, werden auch Feinheiten der Bewegungen, die wegen ihres schnellen Ablaufs oder zu geringen Ausmaßes schwer zu erfassen sind oder von gröberen Abläufen verdeckt werden, leicht sichtbar. Über die klinische Bedeutung hinaus ist die Elektrookulographie eine vielverwendete Methode in der Erforschung der Physiologie der Augenbewegungen. Will man das Elektrookulogramm als Netzhautfunktionsprobe benutzen, so interessieren derzeit ausschließlich die Spannungshöhen der Elektrookulogramme unter den verschiedenen Adaptationsbedingungen. Dazu wird zunächst die Spannungshöhe des Elektrookulogramms bei Beginn der Untersuchungen bestimmt, der *sogenannte Basiswert*. Unter dem Einfluß der Dunkeladaptation kommt es zu einer Spannungserniedrigung, die nach etwa 12 Minuten am stärksten ist. Dieses *Dunkelminimum oder Dunkeltal* interessiert besonders. Im weiteren Verlauf kommt es unter Einwirkung der Helladaptation zu einem Spannungsanstieg des Okulogramms, dessen Maximum nach etwa 10 Minuten erreicht wird. Auch dieser *Hellgipfel* (oder *Hellspitze*) ist von Bedeutung. Mit diesen gefundenen Meßdaten (Basiswert, Dunkeltal, Hellgipfel) werden von den einzelnen Untersuchern unterschiedliche rechnerische Manipulationen angestellt. Am gebräuchlichsten ist die *Bestimmung des sogenannten Arden-Quotienten*, der sich aus folgender Formel ergibt.

$$\frac{\text{Hellgipfel} \cdot 100}{\text{Dunkeltal}}.$$

Dabei gelten Werte über 185 als normal, unter 185 als pathologisch. Einzelne Untersucher bewerten darüber hinaus noch Vergleiche zwischen dem rechten und linken Auge und die Zeiten, die zum Erreichen der Hellspitze erforderlich sind. Manche beziehen auch den Basiswert noch in die Bewertung ein.

Die klinischen Anwendungsgebiete sind die gleichen wie bei der Elektroretinographie und werden meist auch zusammen mit Elektroretinogrammbefunden bewertet. Differierende Ergebnisse zwischen beiden Methoden werden durch die unterschiedlichen Quellen von Elektroretino- und -okulogramm in der Netzhaut erklärbar.

Obwohl die Methode insgesamt noch nicht so erforscht ist wie das Elektroretinogramm, läßt sich schon heute einschätzen, daß wertvolle Ergänzungen zu Elektroretinogrammbefunden zu erwarten sind.

11.4. Elektronystagmographie

W. LEHNERT und W. THIEME

11.4.1. Vorbemerkungen

Nicht zu trennen von der Elektrookulographie ist ein spezielles Anwendungsgebiet, die Elektronystagmographie. Auch hier handelt es sich um die Registrierung von Augenbewegungen, sogenannter Nystagmen. *Die Form dieser Bewegungsabläufe ist außerordentlich verschiedenartig, abhängig von dem auslösenden Geschehen.* Meist treten sie als *Rucknystagmen* auf, bei denen wir eine schnelle und eine langsame Phase unterscheiden, woraus ein *sägezahnförmiges Aussehen des Nystagmogramms* resultiert. Seltener sind *Spitzen-, Kipp- und Pendelnystagmen* mit arkaden- bzw. sinusähnlichem Verlauf.

11.4.2. Ableitungstechnik

Ableitungstechnisch bestehen keinerlei Unterschiede zum Vorgehen bei der Elektrookulographie, so daß auf diese Ausführungen verwiesen werden kann. Auch hier muß die Einstellung der Zeitkonstante und Frequenzblende eine verzerrungsfreie Registrierung der Nystagmen ermöglichen. Da die Anzahl der Abläufe meist im Bereich von 1–15/sec. liegt, ist, wie bei dem Elektrookulogramm, die Zeitkonstante mit einer Sekunde und die Frequenzblende mit 70 Hz ausreichend. Die Verstärkung muß dem Untersuchungsgut und den Ableitbedingungen angepaßt werden und variiert von 50 µV pro 6 mm bis 200 µV pro 6 mm.

In der Praxis wird zunächst mit offenen, weiterhin mit geschlossenen oder auch einseitig abgedeckten Augen registriert und nach *Spontannystagmen* gefahndet. Dann folgen weitere Ableitungen unter den *jeweils notwendigen Reizbedingungen, z. B. optokinetisch, kalorisch, Drehreiz usw.* Bindende *internationale Normungen* von Ableitpunkten, Ableitschemata, Eichungen oder technischer Parameter sind nicht bekannt. Es besteht lediglich die Empfehlung, so zu schalten, daß Augenbewegungen nach links im Elektronystagmogramm nach unten weisen, und bei Vertikalbewegungen nach oben sollen auch die Ausschläge in der Kurve nach oben gehen.

11.4.3. Auswertung und klinische Anwendung

Bei der Auswertung beurteilt man das *Auftreten von Nystagmen unter den verschiedenen Ableitbedingungen*, wobei *Form, Amplitude, Frequenz, Richtung und Winkelgeschwindigkeit* bewertet werden. Darüber hinaus spielen bei *provozierten Nystagmen die Latenzzeiten* und die Dauer der einzelnen auftretenden Phasen sowie eventuelle *Seitendifferenzen*, z. B. bei Rechts- und Linksdrehung, eine Rolle.

Bezüglich der klinischen Anwendung der Elektronystagmographie gelten die bei der Besprechung der Elektrookulographie erwähnten Vorteile in besonderem Maße. Handelt es sich doch bei Nystagmen um Bewegungsabläufe, die durch bloße Betrachtung nur sehr ungenau oder überhaupt nicht erfaßt werden können. So sind auch *verdeckte Feinheiten wie z. B. Überlagerungen des Nystagmus von rascheren Abläufen bzw. Einstreuungen* erkennbar (Abb. 422). Ein entscheidender Vorteil der Elektronystagmographie gegenüber anderen Registriermethoden, ist die Möglichkeit,

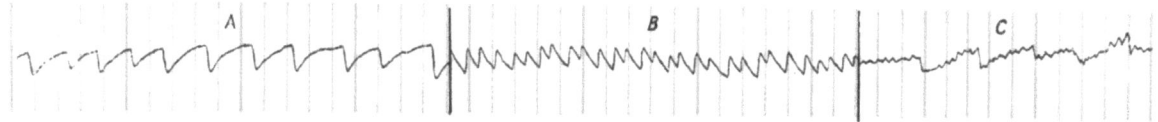

Abb. 422 Elektronystagmogramm unterschiedlicher Frequenz beim Blick nach rechts (A) und links (B). Überlagerung des Nystagmus durch raschere Abläufe bzw. Einstreuungen (C)

auch bei geschlossenen Augen oder mit der Frenzelbrille ableiten zu können. Hierdurch können Nystagmusformen festgestellt werden, die nur bei geschlossenen oder nur bei geöffneten Augen auftreten. Bei *labyrinthärem Nystagmus* kann so der Einfluß der Fixation ausgeschaltet werden.

Angesichts der außerordentlichen Vielgestaltigkeit der Aussagen, vor allem unter pathologischen Bedingungen, kann hier auf die klinische Bewertung nicht näher eingegangen werden. Es sei jedoch abschließend erwähnt, daß diese Methode unter entsprechenden Ableitbedingungen an den Patienten so geringe Anforderungen stellt, daß sie *auch bei schlechtem Allgemeinzustand* schnell durchführbar ist.

12. Andere der Elektroenzephalographie verwandte neuroelektrodiagnostische Methoden

G. RABENDING

12.1. Elektromyographie

12.1.1. Grundlagen

Unter Elektromyographie wird die extrazelluläre Ableitung, Verstärkung, Darstellung und Bewertung von Muskelaktionspotentialen und Innervationsmustern verstanden. Die Elektromyographie wird durch die Elektroneurographie und durch die Mikroneurographie ergänzt.

In der klinischen Elektromyographie wie in der elektromyographischen Forschung haben sich zwei Arbeitsgebiete mit unterschiedlicher Zielstellung herauskristallisiert. Die »klassische« Elektromyographie untersucht die Auswirkungen neurogener und myogener Störungen im Bereich motorischer Einheiten, die neuromuskuläre Impulsübertragung sowie mit der Elektroneurographie die Erregungsleitung in peripheren Nerven und ihre Störungen. Die von der Entwicklung her ältere Elektromyographie der zentralen Innervation der Motorik geht auf P. HOFFMANN zurück. Ihr Gegenstand sind die spinalen und supraspinalen Störungen der Motorik und der Reflexe im besonderen. Die theoretische Basis dieses Teilgebiets beruhte bisher überwiegend auf tierexperimentell gewonnenen Erkenntnissen. Mit der Mikroneurographie lassen sich nunmehr auch beim Menschen die Aktivitäten einzelner Nervenanteile differenziert erfassen und damit die elektromyographischen Befunde bei zentralen Störungen der Motorik fundierter deuten.

Die zunehmende klinische Anwendung der Elektromyographie hat die Geräteentwicklung sehr gefördert. Neuzeitliche EMG-Geräte zeichnen sich durch hohen Bedienungskomfort und durch technische Qualität aus. Elektronische Mittelwertbildner gehören zur Standardausrüstung. Unverkennbar ist die Tendenz zu Registriereinrichtungen, die das umständliche Entwickeln des Registrierpapiers umgehen.

In diesem Kapitel können lediglich die klinisch wichtigsten Fakten wiedergegeben werden. Auf eine nähere Darstellung der Elektromyographie der Augenmuskeln wird verzichtet, ebenso auf die Erörterung der urologischen Elektromyographie.

12.1.2. Gerätetechnische Voraussetzungen
(vgl. GULD und Mitarb. 1970)

12.1.2.1. Elektroden

Muskelaktionspotentiale werden extrazellulär mit Nadelelektroden, z. T. auch mit Oberflächenelektroden abgeleitet. Die Wahl der Elektrode im Einzelfall richtet sich nach der klinischen Fragestellung. Nadelelektroden erfassen die Aktivität eines begrenzten Teils des Muskelquerschnitts, Oberflächenelektroden global die Aktivität ganzer Muskeln oder größerer Teile von Muskeln.

In der Diagnostik neurogener oder myogener Störungen werden meist konzentrische Nadelelektroden (Koaxialelektroden, ADRIAN und BRONK 1929) verwendet. Sie bestehen aus Stahlkanülen von 0,3 bis 0,9 mm Durchmesser und 20–120 mm Länge als Außenleiter, in die ein mit Epoxidharz isolierter Platindraht (Innenleiter) eingelassen ist, mit einer wirksamen Oberfläche von 0,015–0,07 mm² an der Nadelspitze. Diese Oberfläche bildet die sogenannte aktive Elektrode, die Aktionspotentiale aus ihrer unmittelbaren Umgebung als Spannungsdifferenz zum Außenleiter erfaßt. Bipolare oder bifilare Elektroden enthalten 2 Innenleiter. Sie nehmen die Spannungsdifferenz zwischen den beiden Enden der Platindrähte an der Nadelspitze auf. Multielektroden, mit mehreren in definierten Abständen seitlich am Nadelschaft herausgeführten Platindrähten, dienen zumeist Untersuchungen über die Ausdehnung des Territoriums motorischer Einheiten (s. u.) bzw. der Ausbreitung von Spitzenpotentialen. Wegen des mit der Untersuchung verbundenen Aufwandes und wegen der Belästigung des Patienten werden sie im klinischen Gebrauch weniger verwendet.

Zur Registrierung von Spikes aus einzelnen Muskelfasern wurde von EKSTEDT (1964) eine Multielektrode mit Drahtdurchmessern von 25 μm und aktiven Oberflächen von 0,001 mm² entwickelt, die sich zur genauen Untersuchung der Komponenten des Aktionspotentials einzelner motorischer Einheiten (z. B. ihrer Entladungsfrequenz und von Fluktuationen in der Überleitungszeit) eignet.

Der Widerstand konzentrischer Nadelelektroden liegt in der Größenordnung von 20 kΩ für 100 Hz. Er nimmt mit steigender Frequenz ab. Konzentrische Nadelelektroden sind in bezug auf die Übergangswiderstände Außenleiter zu Gewebe und Innenleiter zu Gewebe stark unsymmetrisch.

Die Qualität des registrierten Elektromyogramms hängt von der Beschaffenheit der Elektrode ab, die von Zeit zu Zeit elektrolytisch behandelt werden muß, um den Übergangswiderstand zu verringern. Dadurch wird das an der Elektrodenoberfläche während der Untersuchung entstehende widerstandsabhängige Rauschen reduziert, und die frequenzgerechte Wiedergabe der Potentiale wird verbessert.

12.1.2.2. Verstärker

Elektromyographieverstärker sollen wegen des Umfangs der im Elektromyogramm auftretenden Frequenzanteile eine Bandbreite von 2–10000 Hz aufweisen (−3 dB bei 2 bzw. 10000 Hz). Durch Beschränkung des Frequenzumfangs werden Form und Amplitude der Potentiale verändert. Das muß bei Verwendung der an den meisten Geräten vorhandenen Filter beachtet werden, mit denen die obere und untere Grenzfrequenz eingeschränkt wird. Der Eingangswiderstand der Verstärker beträgt mindestens 100–200 MΩ parallel mit höchstens 40–50 pF. Moderne Verstärker haben noch größere Eingangswiderstände und geringere Eingangskapazitäten. EMG-Verstärker sind hochempfindliche Differentialverstärker mit einer Empfindlichkeit von maximal 5 μV/cm auf dem Registrierfilm. Wegen des Rauschens der Elektroden-Verstärkerkombination kann diese Empfindlichkeit im allgemeinen nicht ausgenutzt werden. Entsprechend den im Elektromyogramm auftretenden Spannungen muß die Empfindlichkeit in definierten Stufen regelbar sein bis zu einem Wert von 10 oder 25 mV/cm. Um gleichphasig einfallende Störpotentiale (z. B. Netzbrummen, Stimulationsartefakte) zu reduzieren, ist ein hohes Gleichtaktunterdrückungsverhältnis notwendig, das in hochwertigen Verstärkern mehr als 50 dB über den ganzen Frequenzbereich beträgt. Solche Geräte können meist in unabgeschirmten Räumen betrieben werden.

12.1.2.3. Registriereinrichtungen

Die niedrige obere Grenzfrequenz mechanischer Schreibsysteme läßt eine formgetreue direkte Aufzeichnung von Elektromyogrammen bzw. von Potentialen motorischer Einheiten nicht zu. Elektromyogramme werden meist mit Katodenstrahloszillographen auf photographischem Papier registriert. Um das elektromyographische Potentialmuster bei gestufter bis maximaler Innervation darzustellen, wird eine Zeitablenkung von 5 oder 20 cm/s durch Vorschub des Registrierpapiers realisiert. Um Potentiale einzelner motorischer Einheiten abzubilden, sind raschere Zeitablenkungen notwendig (z. B. 1 mm/ms), die aus ökonomischen Gründen durch die horizontale Ablenkung des Katodenstrahls bei unbewegtem oder langsam bewegtem Registrierfilm erzeugt werden. Auf ultraviolettempfindlichem Papier läßt sich das Elektromyogramm sofort und ohne Entwicklung abbilden und damit auswerten. Um die Registrierung für längere Zeit zu konservieren, ist aber meist noch eine spezielle Behandlung erforderlich. Bei Aufzeichnungen des Elektromyogramms auf metallisiertem Papier mittels Funkenschreiber erübrigen sich Entwicklung und Konservierung. Elektromyogramme können auch auf FM-Magnetbandspeichern aufgenommen und nachträglich visuell oder maschinell analysiert werden.

Die im Elektromyogramm auftretenden Frequenzanteile liegen im Hörbereich. Das Elektromyogramm wird deshalb oft während der Untersuchung über einen Lautsprecher wiedergegeben. Der akustische Eindruck trägt wesentlich zur Sofortauswertung bei.

Die genannten technischen Voraussetzungen für eine frequenz- und amplitudengetreue Wiedergabe des Elektromyogramms gelten nicht in diesem Umfang für Ableitungen mit Oberflächenelektroden, die im allgemeinen eingesetzt werden, wenn es auf den globalen Nachweis der Muskelaktivität ankommt.

12.1.2.4. Auswerthilfen

Moderne Gerätekombinationen enthalten eine Reihe von Auswerthilfen, die sich im praktischen Gebrauch bewährt haben, die Untersuchungszeit verkürzen, die quantitative Auswertung der Potentiale einzelner motorischer Einheiten erleichtern und Registrierfilm sparen. Mit Hilfe eines Amplitudendiskriminators kann z. B. die Zeitablenkung der Oszillographenröhren durch Potentiale motorischer Einheiten ausgelöst werden, sobald sie eine vorgewählte Amplitude erreicht haben. Nach elektronischer Verzögerung wird das Potential auf dem Bildschirm und auf dem Registrierfilm dann so plaziert, daß es vollständig dargestellt ist und leicht ausgemessen werden kann (NISSEN-PETERSEN und Mitarb. 1969). Damit ist es nicht mehr dem Zufall überlassen, ob das Potential vollständig, unvollständig oder überhaupt nicht auf dem Registrierfilm erscheint. In gleicher Weise kann das Potential nach Verzögerung auch auf einem Oszillographen mit Speicherröhre erfaßt und ausgemessen werden oder in einem digitalen Speicher (s. u.) festgehalten und auf einem Bildschirm beliebig lange dargestellt werden (Abb. 423).

Besonders die letztgenannte Methode erlaubt eine exakte und schnelle Beurteilung der Potentiale einzelner motorischer Einheiten. Damit wird ihre statistische Auswertung bereits während der Untersuchung möglich.

Das Potential einer motorischen Einheit kann bei Verwendung eines digitalen Speichers auch gemittelt werden (WAGNER und Mitarb. 1975; Averaging, s. Abschn. 12.1.2.6.). Dabei gehen die individuellen Parameter der einzelnen Potentiale, die sich während der Ableitung durch geringfügige Verschiebungen der Elektrode oder auch durch den sogenannten Jitter (s. u.) ändern können, zugunsten mittlerer Werte verloren. Das Verfahren setzt allerdings voraus, daß sich die Amplituden des untersuchten Potentials von denen evtl. vorhandener anderer Potentiale deutlich abheben, da der Amplitudendiskriminator bei Erreichen eines Schwellenwerts anspricht, die Potentiale im übrigen aber nicht unterscheidet.

Die automatische Analyse von Informationsanteilen des Elektromyogramms erleichtert seine quantitative Auswertung und erweitert in manchen Fällen die diagnostische Aussage. Eine der ersten Analysemethoden war die elektronische Mittelwertbildung aus dem mit Oberflächenelektroden abgeleiteten Elektromyogramm (Vollweggleichrichtung und elektronische Integration), da im gesunden Muskel eine lineare

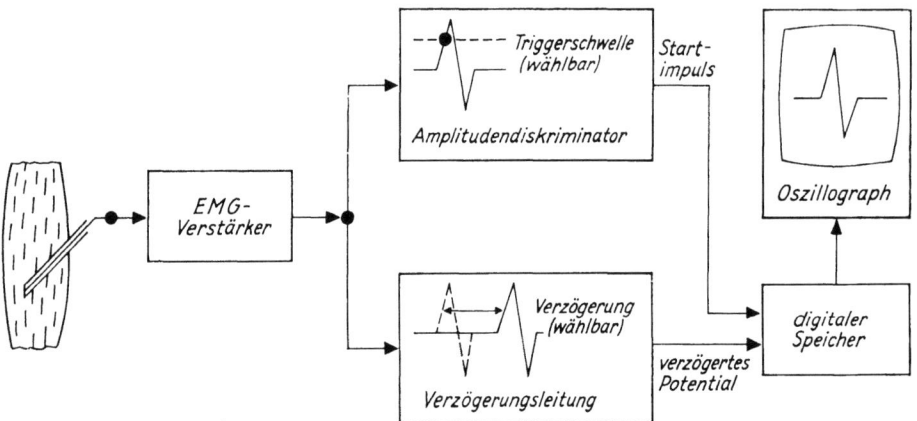

Abb. 423
Prinzipschema der Gerätekonfiguration zur vollständigen Darstellung und Speicherung von Potentialen einzelner motorischer Einheiten. Der Speichervorgang wird bei Erreichen einer wählbaren Amplitude des Potentials (Triggerschwelle) ausgelöst. Das verzögerte Potential kann im Speicher »eingefroren« und auf dem Oszillographenschirm beliebig lange abgebildet werden

Korrelation zwischen dem elektronischen Mittelwert des Elektromyogramms und der Kraftentwicklung bei isometrischer Kontraktion besteht (INMAN und Mitarb. 1952; LENMAN 1959; LIPPOLD 1952). Neuere Analyseverfahren messen automatisch die Parameter von Potentialen einzelner motorischer Einheiten oder quantifizieren Eigenschaften des elektromyographischen Musters bzw. des Entladungsverhaltens der Motoneurone (BERGMANS 1973; FITCH und WILLISON 1965; FREUND und WITA 1970; HEYDENREICH und RABENDING 1974; KOPEC und Mitarb. 1973; KUNZE 1971; LARSSON 1975; LEE und WHITE 1973; WIGAND und Mitarb. 1972).

12.1.2.5. Elektronische Reizgeräte

Die konventionelle Elektromyographie wird durch die Untersuchung der neuromuskulären Transmission und durch die Elektroneurographie (Bestimmung der Erregungsleitung in motorischen und sensiblen Nerven) ergänzt. Die dazu erforderlichen elektronischen Reizgeräte geben Rechteckimpulse von 0,05–1,0 ms Dauer und einer Spannung bis zu 500 V ab. Zur Verminderung des Stimulationsartefakts im Elektromyogramm wird ein doppelt geschirmter Ausgangstransformator verwendet, der z. T. durch Umschaltung der Sekundärwicklung an den Übergangswiderstand Reizelektroden zu Gewebe (z. B. Haut) angepaßt wird. Der während der Reizung fließende Strom beträgt maximal 90 mA. Er kann über einen Transformator gemessen werden, dessen Primärwicklung in den Patientenstromkreis geschaltet ist. Für die Untersuchung der neuromuskulären Erregungsübertragung ist es ferner notwendig, daß das Reizgerät Impulsfolgen wählbarer Frequenz abgibt.

12.1.2.6. Eingangstransformator und Mittelwertbildner

Die Bestimmung der Erregungsleitung in motorischen Nerven ist einfach, weil das der elektrischen Reizung des Nervs folgende Muskelaktionspotential als Indikator der Erregungsleitung verwendet wird. Zur einwandfreien Darstellung des Aktionspotentials in sensiblen Nerven unabhängig von den Ableitbedingungen sind besondere Maßnahmen erforderlich, weil es z. T. eine sehr geringe Spannung (1–2 μV) aufweist und von Störspannungen überlagert ist. Das Potential wird am besten mit Hilfe von bis auf die Spitze isolierten Nadelelektroden aus unmittelbarer Nähe des Nervs abgegriffen. Durch Verwendung eines Transformators vor dem Eingang des Verstärkers kann der Einfluß des Elektrodenrauschens verringert werden. In den meisten Fällen ist die Verwendung eines digitalen Mittelwertbildners (Averagers) unerläßlich, der nach dem folgenden Prinzip (Averaging) arbeitet. Das Elektroneurogramm wird – beginnend mit dem Zeitpunkt der elektrischen Reizung der sensiblen Nervenfasern – äquidistant elektronisch abgetastet (Sampling). Die zu jedem Zeitpunkt auftretenden Amplituden werden in digitale (numerische) Werte umgewandelt (Analog-Digital-Konversion) und in den – den Abtastzeitpunkten entsprechenden – Speicheradressen des Averagers gespeichert. Die sensiblen Nervenfasern werden wiederholt gereizt und die zu jedem Zeitpunkt gemessenen Amplituden des Elektroneurogramms in den jeweiligen Speicheradressen zu den bereits vorhandenen Amplitudenwerten aufaddiert.

Das auftretende Nervenaktionspotential ist (theoretisch) konstant und weist relativ zum elektrischen Reiz in gleichen zeitlichen Abständen die gleichen Amplituden auf. Das ist bei Muskelaktionspotentialen und anderen Störsignalen, die in bezug auf den elektrischen Reiz zufällig einfallen, nicht der Fall. Im Ergebnis wird der Abstand Nutzsignal zu Störsignal unter günstigen Voraussetzungen um den Faktor $\sqrt{N}$ verbessert (N = Zahl der Nervenreizungen bzw. Überlagerungen des Elektroneurogramms). Das gleiche Prinzip wird angewendet, wenn die sensible Erregungsleitung mittels kortikaler somatosensorischer evozierter Potentiale bestimmt werden soll, nur daß dann statt des Elektroneurogramms das Elektroenzephalogramm über der Postzentralregion abgeleitet und bei wiederholter Reizung gemittelt wird.

12.1.2.7. Mechanoelektrischer Wandler

Es ist manchmal erforderlich, Bewegungseffekte oder die bei isometrischer Muskelkontraktion entwickelte Kraft zu messen und mit dem Elektromyogramm darzustellen. Dazu werden mechanoelektrische Wandler verwendet (Drehwinkelpotentiometer, Dehnungsmeßstreifen, Transformatoren mit beweglichem Eisenkern), von denen über eine Hilfsspannung den mechanischen Ereignissen proportionale Spannungen bzw. Spannungsänderungen abgenommen werden können.

12.1.3. Die motorische Einheit und ihr Aktionspotential

Die motorische Einheit, die nach dem klassischen Konzept das kleinste Element der motorischen Endstrecke darstellt, umfaßt das motorische Axon vom Axonhügel bis zu seinen Endaufzweigungen und den davon innervierten Muskelfasern (SHERRINGTON 1925). Die Anzahl der von einer motorischen Ganglienzelle innervierten Muskelfasern (das Innervationsverhältnis) unterscheidet sich bei verschiedenen Muskeln beträchtlich. Im M. gastrocnemius innerviert eine motorische Vorderhornzelle 1730, im M. interosseus dorsalis 1 340 und im M. rectus lateralis (oculi) 13 Muskelfasern (BUCHTHAL 1961; FEINSTEIN und Mitarb. 1955). Das Innervationsverhältnis hängt mit der Gradation der Bewegung zusammen. Je feiner abgestufte Bewegungen ein Muskel ausführen muß, desto weniger Muskelfasern werden von einer Nervenzelle versorgt.

Die Muskelfasern mehrerer motorischer Einheiten liegen nebeneinander, so daß im Bereich eines Territoriums einer motorischen Einheit auch Fasern anderer motorischer Einheiten vorhanden sind. Damit ist der Querschnitt des Territoriums einer motorischen Einheit größer als die Summe der Querschnitte der zugehörigen Einzelfasern.

Die Fasern der motorischen Einheiten sind die Generatoren der Spikepotentiale, aus denen das Potential einer motorischen Einheit durch Summation entsteht. Aufgrund der zeitlichen Dispersion der einzelnen Komponenten und wegen ihrer Verformung, die von der Entfernung der aktiven Muskelfasern von der Elektrode abhängt, sind die Potentiale motorischer Einheiten länger als ein Spikepotential. Wenn das Potential einer motorischen Einheit einen Spike mit einer Amplitude über 50 μV und einer Dauer von höchstens 0,3–0,4 ms enthält, befindet sich eine erregte Faser der motorischen Einheit in einer Entfernung von höchstens 1 mm vor der aktiven Elektrode (BUCHTHAL und Mitarb. 1957). Das extrazelluläre Spikepotential verhält sich in der Form wie ein zweifach analog differenziertes intrazellulär abgeleitetes Aktionspotential einer Muskelfaser (ROSENFALCK 1969). Die extrazelluläre Ausbreitung des Potentials geschieht durch sogenannte Volumleitung, d. h. durch rein physikalische Fortleitung. Muskelgewebe leitet 8–10mal schlechter als physiologische Kochsalzlösung. Der Widerstand der Muskelfasern führt so zu einer raschen Abnahme der Amplituden von Aktionspotentialen in radialer Richtung. In 0,3–0,45 mm Entfernung von der Faseroberfläche ist die Amplitude des Spikepotentials bereits auf $^1/_{10}$ des Ausgangswertes reduziert. Wegen der geringen Ausbreitung des in Form und Anstieg charakteristischen Spikepotentials ist es möglich, die räumliche Ausdehnung des Territoriums motorischer Einheiten mit quer zur Faserrichtung eingeführten Multielektroden zu bestimmen. BUCHTHAL und Mitarb. (1959) fanden in Extremitätenmuskeln mittlere Durchmesser der motorischen Einheiten von 5–10 mm.

Die mit den üblichen konzentrischen Nadelelektroden abgeleiteten Potentiale motorischer Einheiten sind Stichproben des wahren Potentials, dessen Parameter (Dauer, Amplitude, Phasenzahl und Inflektionen ober- oder unterhalb der 0-Linie) hauptsächlich von den 2–3 der Elektrode am nächsten gelegenen Muskelfasern abhängen. Bereits geringfügige Verschiebungen der Nadelspitze innerhalb des Territoriums der gleichen motorischen Einheit können die Parameter des abgeleiteten Aktionspotentials erheblich verändern. Da die höheren Frequenzanteile des Elektromyogramms am stärksten gedämpft werden, erscheinen die Spitzen nadelferner Aktivität zunehmend verschliffen. Auch der Elektrodentyp beeinflußt Form und Amplitude des Potentials.

Die Parameter des erfaßten Potentials einer motorischen Einheit hängen weiter von der unterschiedlichen Länge und vom unterschiedlichen Durchmesser der terminalen Nervenaufzweigungen, von unterschiedlichen synaptischen Verzögerungen und von verschiedenen Leitgeschwindigkeiten der Erregung entlang den Muskelfasern, im wesentlichen aber wohl davon ab, daß die Endplatten über einen gewissen Bezirk des Muskels verstreut sind und daß die Erregung von den Endplatten bis zum Ableitort in verschiedenen Muskelfasern verschieden lange Wege zurückzulegen hat (BUCHTHAL und Mitarb. 1955, 1957b). Wegen dieser zufälligen Einflüsse, denen das jeweils registrierte Aktionspotential unterliegt, ist es notwendig, zur Gewinnung eines Durchschnittswerts von jedem untersuchten Muskel mindestens 20 Potentiale verschiedener motorischer Einheiten abzuleiten und die statistischen Maßzahlen der Dauer (Mittelwert und Standardabweichung) und die Häufigkeit polyphasischer Potentiale zu bestimmen.

12.2. Elektromyographische Untersuchung

12.2.1. Vorgehen bei der elektromyographischen Untersuchung

Die elektromyographische Untersuchung berücksichtigt der Reihe nach Spontanaktivität, Potentiale einzelner motorischer Einheiten und das Aktivitätsmuster während maximaler Willkürinnervation. Wegen der Notwendigkeit abgestufter Innervation ist die Untersuchung bei voll kooperativen Patienten am einfachsten. Das Elektromyogramm soll stets vom Arzt aufgenommen werden, weil sich der Plan des Vorgehens nach dem klinischen Befund und nach der klinischen Fragestellung richtet. Hin und wieder ist es auch notwendig, den Patienten neurologisch nachzuuntersuchen. Oft wird erst während der Aufnahme des Elektromyogramms entschieden, ob und wie die Untersuchung erweitert werden muß. Die visuellen und akustischen Eindrücke während der Aufnahme des Elektromyogramms beeinflussen den Befund und müssen sorgfältig protokolliert werden. Der EMG-Arzt kann seine Befunde nur unter Berücksichtigung der klinischen Daten abgeben und sollte deshalb erfahrener Kliniker sein.

12.2.2. Spontanaktivität im gesunden Muskel

Ohne Willkürinnervation werden Potentiale motorischer Einheiten in gesunden Muskeln im allgemeinen nicht registriert. Bei schlecht entspannten Patienten und bei zentralen motorischen Störungen, z. B. Parkinsonismus, kann eine dauernde Hintergrundaktivität auftreten, und schließlich werden selbst bei Gesunden manchmal Faszikulationspotentiale (s. Abschn. 12.5.1.2.) als Ausdruck spontaner Erregungsbildung beobachtet.

Beim Einstechen der Nadelelektroden tritt manchmal *Einstichaktivität* auf, die durch die mechanische Irritation der Muskelfasern durch die Elektrode hervorgerufen wird (KUGELBERG und PETERSEN 1949). Sie besteht aus hochfrequenten (100-200 Hz), etwa 0,5 s dauernden Ausbrüchen von Potentialen, die kürzer als Potentiale motorischer Einheiten, hingegen länger als Fibrillationen sind (s. Abschn. 12.5.1.1.). In der Nähe der Endplattenregion kann ein sogenanntes *Endplattenrauschen* aus kurzen, unregelmäßigen Schwankungen der Grundlinie registriert werden, das bei Insertion der Elektrode in der Endplattenregion selbst in di- oder monophasische, initial stets negative Endplattenpotentiale übergeht (Abb. 424). Die einzelnen Endplattenpotentiale dauern 0,5-5 ms, haben Amplituden von 100-500 µV und treten meist in hochfrequenten Ausbrüchen, z. T. in unregelmäßiger Folge auf. Ihre Quelle sind die sogenannten Miniaturplattenpotentiale (BUCHTHAL 1955; LILEY 1956; WIEDERHOLT 1970, vgl. auch KATZ 1966). Vereinzelt werden in gesunden Muskeln auch Fibrillationspotentiale gefunden, die vielleicht von fortgeleiteten Miniaturplattenpotentialen stammen (BUCHTHAL und ROSENFALCK 1966).

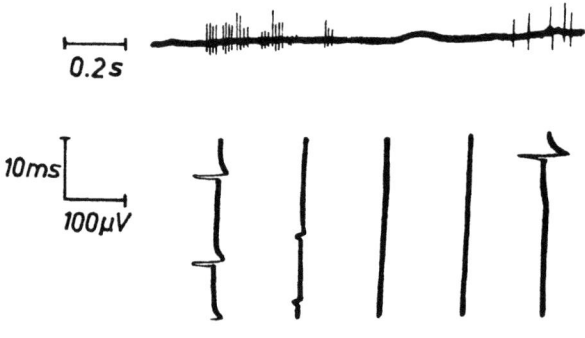

Abb. 424 Endplattengeräusch

12.2.3. Parameter der Potentiale einzelner motorischer Einheiten

Bei leichter Willkürinnervation erfassen in den Muskel eingestochene konzentrische Nadelelektroden Aktionspotentiale einzelner motorischer Einheiten. Sie werden nach ihren Parametern Dauer, Amplitude und Phasenzahl beschrieben. Die Zahl der Inflektionen oberhalb und unterhalb der Grundlinie bleibt dabei meist unberücksichtigt. Die *Potentialdauer* wird vom Verlassen der Grundlinie bis zur Rückkehr in ihr Niveau gemessen. Im Einzelfall kann ihre genaue Bestimmung schwierig sein. Da die Verstärkung und die Zeitbasis Einfluß auf die Festlegung der Meßpunkte haben können, sollte eine Standardmethode zur Bestimmung beibehalten werden. BUCHTHAL empfiehlt 10 bis 100 µV/mm Verstärkung bei einer Zeitbasis von 1 ms/mm. Bei diesen Verstärkungen werden spannungshohe Potentiale geklippt, *Amplitude* und Potentialdauer können dann nicht ohne weiteres am gleichen Potential ausgemessen werden. Diese Schwierigkeit wird durch digitale Speicherung des Elektromyogramms umgangen. Digital gespeicherte Potentiale können nachträglich entsprechend der Meßanforderung verstärkt oder abgeschwächt werden. Der gleiche Effekt wird erreicht, wenn die Elektrode über einen Doppelstecker mit zwei Verstärkerkanälen verbunden und das Elektromyogramm mit zwei verschiedenen Verstärkungen registriert wird. Die Nadellage beeinflußt die Amplituden der Potentiale motorischer Einheiten jedoch stark, so daß die maximalen bzw. die durchschnittlichen Amplituden der Potentiale motorischer Einheiten exakt nur mit Multielektroden bestimmt werden können.

Die durchschnittliche Potentialdauer im einzelnen Muskel hat Beziehung zur Größe der motorischen Einheiten. Die Potentiale motorischer Einheiten in den Gesichtsmuskeln und vor allem in den äußeren Augenmuskeln sind bedeutend kürzer als in den Extremitätenmuskeln (Tab. 2). Mit dem Alter nimmt die Dauer der Potentiale zu. WAGNER und Mitarb. (1975) fanden die deutlichste Zunahme der Potentialdauer hauptsächlich bis zum 20. und jenseits des 60. Lebensjahres. Die erste Zunahme wird mit dem Wachstum der Muskelfasern, den zunehmenden Wegen der Erregung von den Endplatten bis zum Ableitort und der dadurch bedingten größeren Desynchronisation der Erregung erklärt (BUCHTHAL und Mitarb. 1954). Im Alter soll der Verlust kleiner motorischer Einheiten (PETERSEN und KUGELBERG 1949) eine Rolle spielen bzw. die durch die Zunahme der Faserdichte bedingte größere Nähe der Fasern zu der aktiven Ableitelektrode, die zu größeren Amplituden auch der mehr nadelferneren Potentialanteile führt (SACCO und Mitarb. 1962). Die Mehrzahl der Aktionspotentiale motorischer Einheiten enthält 2-3 Phasen. Potentiale, die fünfmal und mehr die Grundlinie kreuzen, werden als polyphasisch bezeichnet. Man findet sie in gesunden Muskeln in 3% (BUCHTHAL 1958) bis 10% (LUDIN 1974).

Tabelle 2 Mittlere Potentialdauer der Potentiale motorischer Einheiten in verschiedenen Muskeln, registriert mit konzentrischen Nadelelektroden (aus HOPF-STRUPPLER, Elektromyographie 1974)

Alter in Jahren	M. deltoideus	M. biceps brachii	M. triceps brachii	M. extensor digitorum	M. abductor digiti minimi	M. biceps femoris, M. quadriceps femoris	M. gastrocnemius	M. tibialis anterior	M. peronaeus longus	M. extensor digitorum brevis	M. orbicularis oris superior, M. depressor anguli oris, Venter frontalis
0	8,8	7,1	8,1	6,6	5,8	8,0	7,1	8,9	6,5	7,0	4,2
3	9,0	7,3	8,3	6,8	6,3	8,2	7,3	9,2	6,7	7,2	4,3
5	9,2	7,5	8,5	6,9	7,0	8,4	7,5	9,4	6,8	7,4	4,4
8	9,4	7,7	8,6	7,1	7,5	8,6	7,7	9,6	6,9	7,6	4,5
10	9,6	7,8	8,7	7,2	7,9	8,7	7,8	9,7	7,0	7,7	4,6
13	9,9	8,0	9,0	7,4	8,5	9,0	8,0	10,0	7,2	7,9	4,7
15	10,1	8,2	9,2	7,5	9,4	9,2	8,2	10,2	7,4	8,1	4,8
18	10,4	8,5	9,6	7,8	9,4	9,5	8,5	10,5	7,6	8,4	5,0
20	10,7	8,7	9,9	8,1	9,4	9,8	8,7	10,8	7,8	8,6	5,1
25	11,4	9,2	10,4	8,5	9,4	10,3	9,2	11,5	8,3	9,1	5,4
30	12,2	9,9	11,2	9,2	9,4	11,1	9,9	12,3	8,9	9,8	5,8
35	13,0	10,6	12,0	9,8	9,4	11,8	10,6	13,2	9,5	10,5	6,2
40	13,4	10,9	12,4	10,1	9,4	12,2	10,9	13,6	9,8	10,8	6,4
45	13,8	11,2	12,7	10,3	9,4	12,5	11,2	13,9	10,1	11,1	6,6
50	14,3	11,6	13,2	10,7	9,5	13,0	11,6	14,4	10,5	11,5	6,8
55	14,8	12,0	13,6	11,1	9,5	13,4	12,0	14,9	10,8	11,9	7,0
60	15,1	12,3	13,9	11,3	9,5	13,7	12,3	15,2	11,0	12,2	7,1
65	15,3	12,5	14,1	11,5	9,5	14,0	12,5	15,5	11,2	12,4	7,3
70	15,5	12,6	14,3	11,6	9,5	14,1	12,6	15,7	11,4	12,5	7,4
75	15,7	12,8	14,4	11,8	9,5	14,3	12,8	15,9	11,5	12,7	7,5

Mit der bereits beschriebenen *Einzelfaserelektrode* (s. Abschn. 12.1.2.1.) werden die Aktionspotentiale einzelner motorischer Einheiten von den der aktiven Oberfläche der Elektrode am nächsten liegenden Muskelfasern als biphasische Spikes mit einer Dauer von meist unter 1 ms erfaßt. Eine Elektrode nimmt oft Spikes von zwei benachbarten Muskelfasern der gleichen motorischen Einheit auf. Der zeitliche Abstand zwischen den Spikes benachbarter Fasern der gleichen motorischen Einheit zeigt zufällige Variationen, die von EKSTEDT (1964) als *Jitter* bezeichnet wurden. Der Jitter geht auf unterschiedliche Überleitungszeiten in den Endplatten und auf Änderungen in der Erregungsfortleitung entlang den Muskel- und Nervenfasern zurück (Übersicht bei STALBERG 1974).

12.2.4. Willkürinnervation, Innervationsrate und Rekrutierung

Mit zunehmender Willkürinnervation wird die Entladungsfrequenz der einzelnen Motoneuronen größer (ADRIAN und BRONK 1929), es werden mehr motorische Einheiten rekrutiert (DENNY-BROWN 1929), und die maximalen Amplituden der Potentiale werden spannungshöher. Zur Beurteilung des Aktivitätsmusters wird das Elektromyogramm im allgemeinen mit einer Zeitbasis von 5 cm/s und einer Verstärkung von 1 mV/cm auf bewegtem Film dargestellt. Entsprechend dem Innervationseinsatz erscheinen auf dem Bildschirm zunehmend mehr Potentiale motorischer Einheiten. Schließlich werden so viele motorische Einheiten aktiviert, daß ihre Potentiale im Elektromyogramm nicht mehr unterschieden werden können: Interferenzmuster.

Die Entladungsfrequenz motorischer Neurone beträgt in Extremitätenmuskeln bei starker Innervation 20 Hz, ausnahmsweise bis 50 Hz, in den Larynxmuskeln 50 Hz und in den äußeren Augenmuskeln 200 Hz (BJÖRK und KUGELBERG 1953). Die Zunahme der Entladungsfrequenz mit der Intensität der Innervation ist eine Möglichkeit der Gradation der Muskelkontraktion, die wahrscheinlich mehr der dynamischen und feinen Anpassung dient (PERSON und KUDINA 1972). Die Entladungsfrequenz wird reflektorisch durch propriozeptive und exterozeptive Afferenzen und durch die RENSHAW-Hemmung kontrolliert. Jede Schwächung der Muskelkraft führt über die Verminderung der von den GOLGI-Sehnenorganen vermittelten autogenetischen Hemmung (GRANIT 1950) zu einer Erhöhung der Entladungsfrequenz in den motorischen Einheiten (SIMPSON 1966; PETAJAN 1975). Die motorischen Einheiten entladen nicht in ganz regelmäßigen Intervallen. Im M. rectus femoris fanden PERSON und KUDINA (1972) bei Entladungsfrequenzen unter 8–10 Hz eine (rechtsschiefe) Poissonverteilung der Intervalle, bei Entladungsfrequenzen oberhalb 10–13 Hz eine angenäherte Normalverteilung mit wesentlich geringerer Standardabweichung. Diese Stabilisierung des Entladungsrhythmus hängt wahrscheinlich mit dem Wirksamwerden reflektorischer Einflüsse zusammen. Am Beginn der Aktivierung einer motorischen Einheit werden oft auch Doppelentladungen beobachtet (ADRIAN und BRONK 1929). Im wesentlichen wird die Muskelkraft aber durch Rekrutierung weiterer motorischer Einheiten erhöht und angepaßt. Die gerade nicht aktiven Motoneurone bilden den unterschwelligen Saum der Erregung (Subliminal fringe – SHERRINGTON). Jedes Motoneuron hat eine Erregbarkeitsschwelle (ASHWORTH und Mitarb. 1967), die durch periphere und reflektorische Einflüsse sehr fein modifiziert werden kann. Die Reihenfolge der Rekrutierung aus dem unterschwelligen Saum hängt von der aktuellen Erregbarkeit der Motoneurone ab.

Um den Erregbarkeitszustand der motorischen Vorderhornzellen zu erfassen, wird ein spezieller Untersuchungsgang unter Verwendung von Oberflächenelektroden vorgeschlagen (JUSEVIC 1945): Ableitung der bioelektrischen Aktivität aus Flexor- und Extensorengruppen 1. bei maximaler Erschlaffung der Muskeln, 2. beim tiefen Ein- und Ausatmen, 3. beim Anspannen anderer, ableitungsferner Muskelgruppen (sogenannte Synergien) und 4. bei maximaler Kontraktion der untersuchten Muskeln. Die diagnostische Aussage ergibt sich aus Amplitude und Dichte des Entladungsmusters sowie aus dem Auftreten spannungshoher Einzeloszillationen (Faszikulationspotentiale). Verstärkte afferente Einflüsse, wie sie bei tiefen Atemzügen oder Kontraktion entfernt liegender Muskeln auftreten, sind für motorische Vorderhornzellen normalerweise unterschwellig. Bei Erkrankungen im Vorderhornbereich und bei zentralmotorischen Störungen kommt es zur Verschiebung der Erregbarkeitsschwelle mit charakteristischen Veränderungen der elektromyographischen Muster (JUSEVIC 1958, 1963, 1972; NOVIKOVA 1969; PERSON 1969; REICHEL und STAHL 1972).

12.3. Elektroneurographie

12.3.1. Motorische Erregungsleitung (Tab. 3)

Nach überschwelliger elektrischer Reizung eines Nervs, der somatomotorische Fasern enthält, kann im innervierten Muskel ein Aktionspotential abgeleitet werden. Die Zeit vom Beginn des elektrischen Reizes bis zum Beginn des Muskelaktionspotentials wird als Überleitungszeit bezeichnet. Sie setzt sich aus der Nutzzeit, aus der Zeit der terminalen Erregungsleitung sowie aus der synaptischen Überleitungszeit und aus der Zeit der Fortleitung der Erregung in den Muskelfasern selbst zusammen. Die Nutzzeit ist die Zeit, während der ein Strom fließen muß, um den Nerv zu erregen. Sie beträgt etwa 0,1 ms. Ihre Kenntnis hat Bedeutung für die Wahl der Dauer des Reizimpulses. Die eigentliche Leitungszeit ist die Zeit, die die Erregung braucht, um in den markhaltigen Fasern fortgeleitet zu werden. Die distale Latenzzeit (terminale Überleitungszeit) wird von dem am meisten distal gelegenen Punkt gemessen, von dem der Nerv elektrisch gereizt werden kann. Sie setzt sich aus den Leitungszeiten in der letzten Strecke markhaltiger Nervenfasern und im Bereich der marklosen Endaufzweigungen sowie der synaptischen Überleitung zusammen. Die Leitungszeiten in den Endaufzweigungen und die synaptische Verzögerung werden zusammen auch als residuale Latenz bezeichnet (HODES und Mitarb. 1948). Die reine motorische Erregungsleitung der am schnellsten leitenden Fasern (in m/s) im Bereich eines Nervenabschnitts ist durch Stimulation eines Nervs an wenigstens zwei Orten seines Verlaufs und Division der Entfernung der Reizkatoden (in mm) durch die Differenz der Überleitungszeiten von beiden Orten (in ms) zu berechnen. Um alle motorischen Fasern zu erregen, werden supramaximale Reize appliziert, deren Stromstärke um etwa die Hälfte größer ist als die Stromstärke, die eine maximale Antwort hervorruft. Bei zu starken Reizen ist der Reizort am Nerv wegen der Ausbreitung des Potentialfeldes unter Umständen nicht mehr genau definiert. Auch können benachbarte Nerven mit gereizt werden. Der Reiz sollte 0,1–0,2 ms Flußdauer nicht übersteigen, da sonst der Zeitpunkt der Erregung des Nervs nicht mehr präzise festgelegt werden kann. Meist werden Oberflächenelektroden zur Stimulation verwendet. Tiefliegende Nerven können auch mit Stahlnadelkatoden gereizt werden, die bis auf die Spitze isoliert sind.

Das Muskelaktionspotential wird mit Oberflächen-

Tabelle 3 Mittlere terminale Überleitungszeiten (in m/sec.) und mittlere motorische Erregungsleitung (in m/sec.) mit den Standardabweichungen

	N. ulnaris	N. medianus	N. radialis
Terminale Überleitungszeit	2,9 ± 0,39 ms[1] (M. abd. dig. V)	3,8 ± 0,5 ms[4] (M. abd. poll. brevis)	3,7 ± 0,42 ms[3] (M. ext. dig. comm. 9–14 cm)
Unterarm	56,4 ± 4,8[6]	57,2 ± 4,2[5]	
Oberarm	63,4 ± 5,3[6]	67,9 ± 7,7[6]	
	N. peronaeus superficialis	N. tibialis	N. femoralis
Terminale Überleitungszeit	4,3 ± 0,54 ms[7] (M. ext. dig. brevis, 9 cm)	3,9 ± 0,46 ms[7] (M. abd. hall. brevis, 10 cm)	3,7 ± 0,45[2] (M. quadr. fem., 14 cm)
Unterschenkel bzw. Oberschenkel	49,7 ± 7,1[5]	43,3 ± 4,9[5]	

[1] EBELING und Mitarb. (1960); [2] GASSEL (1960); [3] GASSEL und DIAMANTOPOULOS (1964); [4] THOMAS (1960);
[5] THOMAS und Mitarb. (1959); [6] TROJABORG (1964); [7] BEHSE und BUCHTHAL (1971)

oder Nadelelektroden abgeleitet (Abb. 425). Bei Verwendung von Oberflächenelektroden (eine Elektrode über der Endplattenregion, die andere entfernt davon, z. B. im Bereich der Sehne, sogenannte BELLY-TENDON-Position) gibt die maximale Amplitude (von der negativen zur positiven Spitze) des Aktionspotentials eine relative Schätzung der Zahl der erregten Muskelfasern (DE JONG und FREUND 1967). Das kann in der Diagnostik lokaler Engpaßsyndrome bei Reizung proximal und distal von der Läsion eine Rolle spielen. Bei Ableitung mit Nadelelektroden kann zwar die Amplitude des Aktionspotentials nicht bewertet werden, Beginn und Ende des Potentials sind aber oft besser zu erkennen, und der Ursprung des Potentials kann eindeutig definiert werden. Bei der Bestimmung der Erregungsleitung muß jedoch darauf geachtet werden, daß jedesmal das gleiche Aktionspotential zugrunde gelegt wird, da sich bei Nadelableitungen von Potentialen aus unterschiedlichen motorischen Einheiten beachtliche Leitzeitdifferenzen ergeben können.

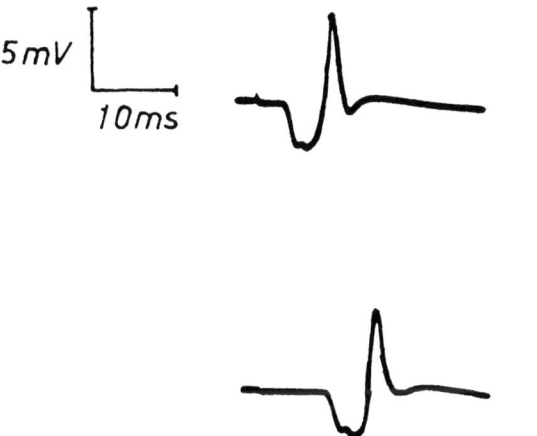

Abb. 425 Aktionspotential des M. abductor pollicis brevis (Ableitung mit Oberflächenelektroden) nach Reizung des N. medianus am Handgelenk (oberes Bild, Distanz 6 cm) und in der Ellenbeuge (unteres Bild, Distanz 32 cm)

Mit der üblichen Technik wird die Erregungsleitung in den am schnellsten leitenden (dicksten) Axonen des Nervs gemessen. HOPF (1962) hat eine Technik entwickelt, mit der die Streubreite der Erregungsleitung der motorischen Fasern eines Nervs bestimmt werden kann. Die Breite und die Form des Muskelaktionspotentials können ebenfalls Hinweise auf die Streuung der Leitungszeiten in den gereizten motorischen Fasern ergeben. Normalerweise bereits wirkt sich die Dispersion der Erregungsleitung in motorischen Fasern bei proximaler Reizung stärker aus, das Antwortpotential ist deshalb breiter als bei distaler Reizung. Im Falle einer pathologisch verzögerten Erregungsleitung kann eine verstärkte Desynchronisation durch repetitive Entladung der Nervenfasern auf einen Einzelreiz auch vorgetäuscht werden (SIMPSON 1956). Ebenso können durch Regeneration vergrößerte motorische Einheiten mit langdauernden Aktionspotentialen eine stärkere Desynchronisation der Erregungsleitung im Nerv vortäuschen. Schließlich werden durch sogenannte Axon-

reflexe polyphasische verlängerte Antworten hervorgerufen (FULLERTON und GILLIAT 1965).

Die Erregungsleitung wird von verschiedenen Faktoren beeinflußt. Sie ist proportional der Dicke der myelinisierten Fasern. In den proximalen Extremitätenabschnitten wird die Erregung im allgemeinen schneller geleitet als in den distalen (vgl. HOPF 1974; Lit.). Der Unterschied wird meist mit der distal geringeren Faserdicke erklärt. Auch die Temperaturunterschiede zwischen proximalen und distalen Extremitätenabschnitten sind zur Erklärung der Leitzeitdifferenzen herangezogen worden (WAGMANN und LESSE 1952). Bei Abnahme der Umgebungstemperatur des Nervs sinkt die Leitgeschwindigkeit um 2,4 m pro s und pro Grad C bzw. 2 m pro s und pro Grad C, gemessen mit intramuskulären nervennahen Thermosonden (HENRIKSEN 1956; BUCHTHAL und ROSENFALCK 1966). Praktisch bedeutsam sind die Beziehungen zwischen Hauttemperatur und Geschwindigkeit der Erregungsleitung. Bei Abnahme der Hauttemperatur um 1 °C nimmt die Geschwindigkeit der Erregungsleitung um 1,2 m/s ab (KATO 1960). Der Einfluß der Temperatur auf die Amplitude ist geringer. Für exakte Messungen ist es sinnvoll, die Extremitäten 5–10 Minuten in warmem Wasser anzuwärmen.

Mit zunehmendem Alter sinkt die Geschwindigkeit der Erregungsleitung, wahrscheinlich aufgrund von Veränderungen in der Myelinscheide (NORRIS und Mitarb. 1960). Andererseits nimmt die Geschwindigkeit der Erregungsleitung mit der Myelinisierung während der fetalen Entwicklung und in den ersten 2–3 Lebensjahren zu. Diese lineare statistische Beziehung ist zur Schätzung des Konzeptionsalters herangezogen worden (SCHULTE und Mitarb. 1967). Eine gestörte Erregungsleitung in peripheren Nerven läßt eine pathologische Myelinisierung z. B. bei der metachromatischen Leukodystrophie oder bei anderen Leukodystrophien frühzeitig erkennen (HAGBERG 1967; HOGAN und Mitarb. 1969).

Die durchschnittlichen Normwerte der Geschwindigkeiten der Erregungsleitung sind von verschiedenen Autoren zusammengefaßt worden. Für praktische Zwecke reicht es oft aus, die unteren Normgrenzen von 50 m/s für die Nn. ulnaris und medianus bzw. von 45 m/s für den N. peroneaus (HOPF 1974) zu beachten. Statistisch ermittelte Grenzwerte dieser Art erlauben eine Entscheidung mit einer gewissen Wahrscheinlichkeit, die jedoch einen Fehler 2. Art einschließt. Individuell bestimmte Werte in diesem Bereich müssen nicht in jedem Falle »normal« sein. HOPF und Mitarb. (1972) wiesen darauf hin, daß sich bei Nachuntersuchungen z. T. signifikante Erhöhungen der motorischen Erregungsleitung ergaben, so daß rückblickend angenommen werden mußte, daß Werte der Erregungsleitung im unteren Normbereich bei manchen Patienten doch als pathologisch anzusehen waren. Wenn ein Nerv nicht von zwei voneinander entfernten Punkten stimuliert werden kann, ist nur die Bestimmung der terminalen Überleitungszeit möglich, aus der keine Erregungsleitungsgeschwindigkeit errechnet werden darf. Leitungsverzögerungen können hier z. B. im Seitenvergleich erfaßt werden.

12.3.2. Sensible Erregungsleitung
(Abb. 426, Tab.4)

Seit dem Einsatz von elektronischen Mittelwertbildnern ist die Messung der sensiblen Erregungsleitung zu einem üblichen klinischen Untersuchungsverfahren geworden. Die Methode unterscheidet sich von der Bestimmung der motorischen Erregungsleitung, da das Aktionspotential sensibler Nervenfasern nach elektrischer Stimulation direkt abgeleitet wird, so daß nur Nutzzeit und Leitzeit eine Rolle spielen. Um zu vermeiden, daß motorische Fasern mitgereizt werden und daß das antidrom geleitete Aktionspotential motorischer Nervenfasern das sensible Aktionspotential überlagert, werden z. B. die sensiblen Fasern an den Fingern mit Ring- oder Bindenelektroden stimuliert, wobei zu beachten ist, daß die Katode proximal angelegt wird. Auch bei Untersuchungen an den unteren Extremitäten wird versucht, sensible Nervenfasern selektiv zu stimulieren. Das Nervenaktionspotential wird meist mit Stahlnadelektroden abgeleitet, die bis auf die Spitze isoliert sind. Die Elektroden werden an verschiedenen Stellen in unmittelbarer Nähe des Nervs eingestochen. Die Lage der »differenten« Ableitelektrode kann optimiert werden, indem durch sie als Katode der Nerv gereizt wird. Dabei wird die Position gesucht, in der mit dem geringsten Strom eine maximale motorische Reaktion auftritt. Bei diesem Vorgehen muß darauf geachtet werden, daß der Nerv durch die Elektrode nicht mechanisch geschädigt wird. Die Bezugselektrode soll ca. 3 cm von der differenten Elektrode eingestochen werden, nach Möglichkeit parallel zur differenten Elektrode, um EKG-Einstreuungen zu vermeiden. Diese sogenannte unipolare Ableitung eignet sich am besten zur genauen Darstellung des Aktionspotentials. Bei Verwendung von Oberflächenelektroden ist das Potential kleiner und bei Neuropathien oft nicht zu finden, vor allem an den proximalen Ableitorten.

Das normale Aktionspotential ist bei unipolarer Ableitung triphasisch. Ein Ausschlag nach unten auf dem Sichtgerät oder auf dem Registrierfilm entspricht der Positivität der »differenten« Elektrode. Die Leitzeit einschließlich der Nutzzeit wird vom Beginn des Stimulationsartefakts bis zur Spitze des initialen (positiven) Ausschlags des Aktionspotentials oder auch bis zum Beginn des Aktionspotentials bestimmt. Von der positiven zur negativen Spitze des Aktionspotentials wird die Amplitude gemessen. Sie hängt von der Zahl der erregten Nervenfasern ab, die an der Bildung des Aktionspotentials beteiligt sind, sowie von der Synchronie der Erregung in den sensiblen Nervenfasern unter der Ableitelektrode. Form und Dauer des Aktionspotentials geben Aufschluß über die Verteilung (Dispersion) der Erregungsleitung in den verschiedenen Fasern. Sofern ein Mittelwertbildner nicht zur Verfügung steht, kann die Bestimmung der distalen sensorischen Nervenleitgeschwindigkeit mit Hilfe des

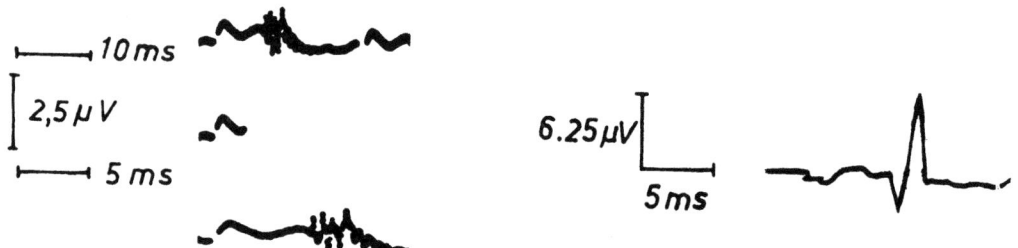

Abb. 426 Potentiale sensibler Nervenfasern. *N. peronaeus* (linkes Bild), Ableitung mit unterschiedlichen Zeitbasen. Reizung am Malleolus lateralis, Ableitung vom Capitulum fibulae. Distanz 34 cm (gesunde Vergleichsperson).
N. medianus (rechtes Bild), Reizung am Mittelfinger, Ableitung von der Ellenbeuge. Distanz 15,5 cm (diabetische Polyneuropathie)

Tabelle 4 Mittelwerte der sensiblen Erregungsleitung in m/sec. und Standardabweichungen. Die von BUCHTHAL und Mitarb. in verschiedenen Altersklassen gemessenen Werte wurden für diese Tabelle gemittelt. Die Leitgeschwindigkeiten der Beinnerven sind vom Stimulationsort bis zum Ableitort des Potentials bestimmt worden

	N. ulnaris orthodrom (BUCHTHAL und ROSENFALCK 1966)	N. medianus orthodrom (BUCHTHAL und ROSENFALCK 1966)	N. radialis antidrom (FEIBEL und FOCA 1974)
Distal	51,0 ± 4,56	47,2 ± 4,35	54,4 ± 0,8
Unterarm	59,3 ± 4,94	61,1 ± 4,83	
Oberarm	63,4 ± 8,34	66,7 ± 7,58	
	N. peronaeus superficialis orthodrom (nach BEHSE und BUCHTHAL 1971)	N. tibialis posterior orthodrom	
Distal	41,6 ± 5,18	45,3 ± 3,53	
Unterschenkel	54,4 ± 3,71	58,3 ± 3,92	

antidrom geleiteten Aktionspotentials (Stimulation des N. ulnaris bzw. medianus am Handgelenk, Ableitung mit Bindenelektroden von den Fingern) einen brauchbaren Ersatz für die Bestimmung der orthodromen distalen sensiblen Erregungsleitung geben (SEARS 1959; MAVOR und SHIOZAWA 1971). In manchen Fällen peripherer Neuropathien ist das Aktionspotential proximal von der Läsion nicht zu erhalten. In diesen Fällen kann über die Ableitung kortikaler somatosensorischer evozierter Potentiale noch eine Bestimmung versucht werden bei Reizung des Nervs an verschiedenen Orten (BALL und Mitarb. 1971; DESMEDT und NOEL 1973).

12.4. Myopathien

12.4.1. Spontanaktivität

In myopathisch geschädigten Muskeln sind häufig Fibrillationspotentiale (s. Abschn. 12.5.1.1.) zu finden. LAMBERT und Mitarb. (1950) beschrieben sie zuerst bei der Polymyositis. Da Fibrillationen früher als Ausdruck einer Denervation galten, wurde bei Muskelerkrankungen manchmal eine Neuromyositis oder Neuromyopathie angenommen, sobald Fibrillationspotentiale auftraten (RICHARDSON 1956). Bisher hat sich für eine Nervenbeteiligung am myopathischen Prozeß jedoch kein Beweis finden lassen. BUCHTHAL (1962) deutete die Fibrillationspotentiale bei Polymyositis als Folge einer erhöhten Erregbarkeit aufgrund veränderter Ionenverhältnisse, ließ jedoch die Möglichkeit der terminalen Nervenschädigung offen. Bei dystrophischen Myopathien sind Fibrillationspotentiale ebenfalls nicht ungewöhnlich, man findet sie vor allem bei der DUCHENNEschen Dystrophie. Bei hypokaliämischer Lähmung sind sie während des Anfalls ebenfalls beobachtet worden. Selbst positive steile Wellen (s. Abschn. 12.5.1.1.) kommen bei Myopathien vor.

Nicht selten finden sich bei verschiedenen Myopathien sogenannte bizarre hochfrequente Entladungen, die früher als pseudomyotone Entladungen bezeichnet wurden (Abb. 427). Es handelt sich um abrupt beginnende und abrupt endende, manchmal mehrere 10 Sekunden dauernde Ausbrüche von oft polyphasischen Potentialen ziemlich gleichförmiger Gestalt und nahezu gleichbleibender Frequenz im Bereich von 10–150 ms. Diese Entladungen müssen von den Entladungssalven unterschieden werden, die in myotonen Muskeln auftreten (s. Abschn. 12.4.5.).

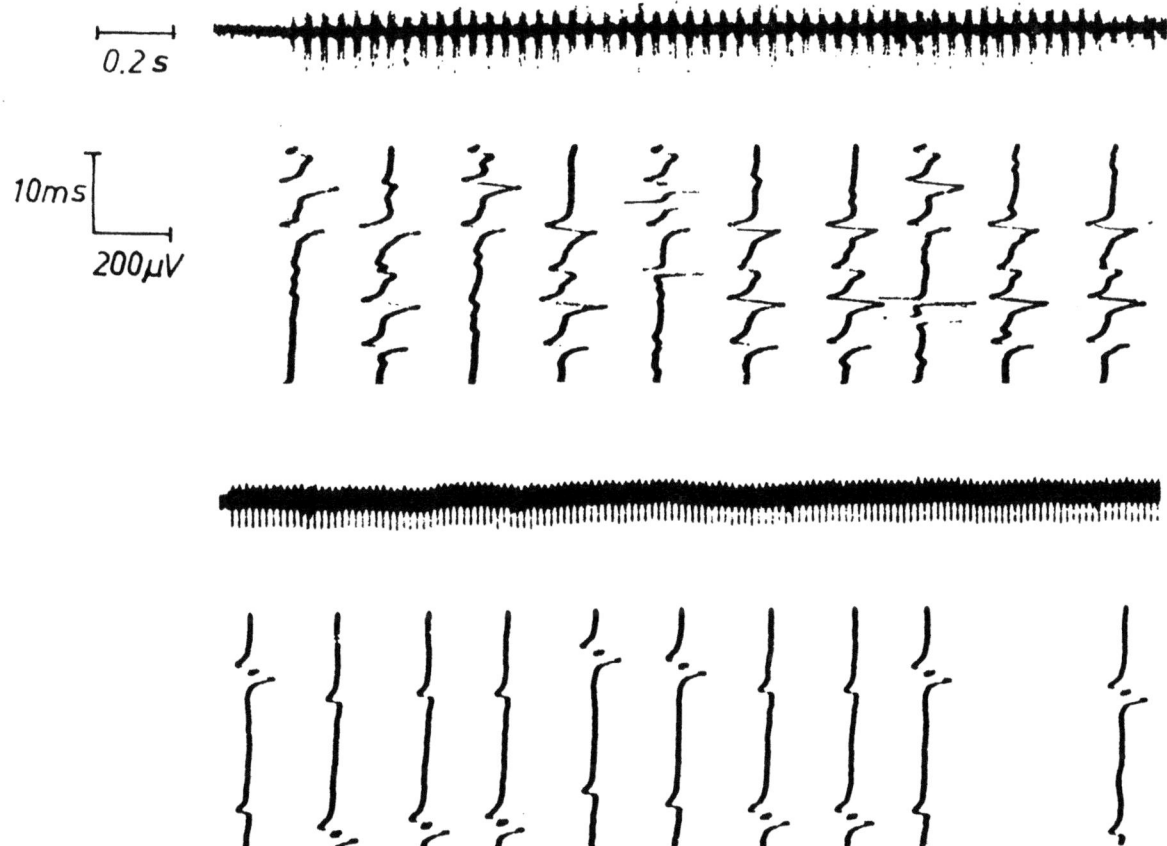

Abb. 427 Bizarre hochfrequente Entladungen bei einem Patienten mit progressiver Muskeldystrophie Typ DUCHENNE

12.4.2. Willkürinnervation (Abb. 428)

Die für die Deutung des Elektromyogramms wesentlichen Veränderungen im Muskel bestehen bei der Mehrzahl der Myopathien im Funktionsverlust bzw. Untergang von Muskelfasern unabhängig von ihrer Zugehörigkeit zu motorischen Einheiten. Im myopathischen Muskel ist nicht die Zahl der motorischen Einheiten, sondern die Zahl der funktionsfähigen Muskelfasern pro motorische Einheit bzw. im Muskel vermindert. Um eine bestimmte Kraft zu erreichen, müssen im Vergleich zum Gesunden mehr motorische Einheiten eingesetzt werden.

KUGELBERG (1947, 1949) beschrieb die charakteristischen Eigenschaften des Elektromyogramms bei Myopathien. Die Zahl der Potentiale mit kurzer Dauer und geringer Amplitude und der Anteil polyphasischer Potentiale nimmt zu. Im Gegensatz zu neurogenen Störungen ist die Anzahl der bei maximaler Anstrengung rekrutierungsfähigen motorischen Einheiten erhalten geblieben, die Kraftentwicklung ist jedoch reduziert. Die letzte Feststellung ist insoweit zu ergänzen, als in myopathischen Muskeln bereits bei geringer Kraftentwicklung ein Interferenzmuster gefunden werden kann.

Die Amplituden der Potentiale einzelner motorischer Einheiten sind um ca. 40% vermindert, und sie erreichen bei maximaler Innervation höchstens 2 mV. Die Verringerung der Amplituden beruht auf dem Verlust von Muskelfasern innerhalb motorischer Einheiten und auf der im Durchschnitt größeren Entfernung der Fasern von der Ableitelektrode. Die mittlere Potentialdauer ist meist verkürzt. Verkürzung wird dann angenommen, wenn die Potentialdauer mindestens 20% unterhalb der Durchschnittsnorm des untersuchten Muskels liegt. Die Verkürzung beruht auf dem Verlust von Muskelfasern. Wegen der verminderten Amplituden beeinflußt die Aktivität aus mehr nadelfernen Fasern der motorischen Einheit die Potentialdauer nicht mehr, die langsameren initialen und terminalen Abschnitte der Potentiale verschwinden.

Ein häufiges und diagnostisch oft entscheidendes Symptom bei Myopathien ist die pathologische Polyphasie, die dann vorliegt, wenn mehr als 12% der Potentiale eines Muskels polyphasisch sind. Der Verlust von Muskelfasern aus der unmittelbaren Nähe der Ableitelektrode (verminderte Faserdichte innerhalb der motorischen Einheit) führt dazu, daß das Potential von weniger unmittelbar benachbarten, erregten Muskelfasern gebildet wird. Infolge des Verlustes der Synchronie werden die einzelnen Komponenten des Potentials der motorischen Einheit erkennbar. Andererseits gibt es Hinweise, daß auch bei Myopathien terminale Nervenfasern aussprossen (COERS und WOOL 1959). Das führt ebenfalls zu einer vermehrten Dispersion der Erregung einzelner Muskelfasern. Das mit Multielektroden bestimmte Territorium motorischer Einheiten ist um 30% verkleinert (BUCHTHAL und Mitarb. 1960).

Als Folge der kompensatorischen Mehrinnervation motorischer Einheiten und ihrer gesteigerten Entladungsfrequenz tritt bereits bei geringer Willkürinnervation ein Interferenzmuster auf. Diese Diskrepanz läßt sich mittels elektronischer Integration des Elektromyogramms und Vergleich der mittleren elektrischen Aktivität mit der z. B. gleichzeitig über Dehnungsmeßstreifen bestimmten Kraftentwicklung bei isometrischer Muskelkontraktion quantitativ bestimmen. Als Folge der Aktivierung zahlreicher motorischer Einheiten und der gesteigerten Entladungsfrequenz ist die integrierte elektrische Aktivität, gemessen an der erreichten Kraft und verglichen mit Gesunden, zu hoch (LENMAN 1959).

12.4.3. Befunde bei verschiedenen Myopathien

Dystrophische und entzündliche Myopathien weisen dem Grunde nach gleichartige Befunde im Elektromyogramm auf. Bei Muskeldystrophien hängt die Ausprägung der myopathischen Merkmale im Elektromyogramm vom Typ der Dystrophie und vom klinischen Stadium ab. Die Ausprägung der Befunde bei dystrophischen Myopathien nimmt in folgender Reihe ab: Typ DUCHENNE und Typ BECKER-KIENER, Typ LANDOUZY-DEJERINE (fazioskapulo-humerale Form), Typ LEYDEN-MÖBIUS (Gliedergürtelform), Typ WELANDER (Myopathia distalis hereditaria tarda). Bei der

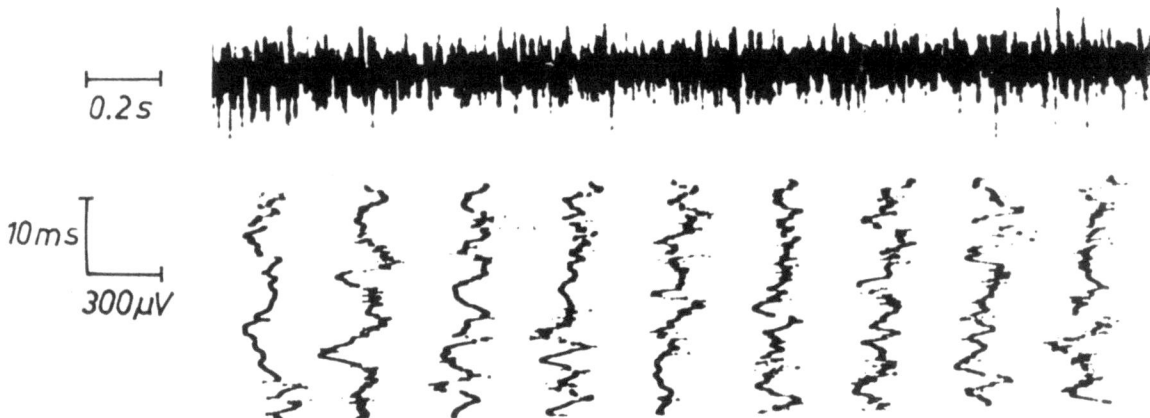

Abb. 428 Myopathisches Muster bei Sklerodermie

Dystrophia myotonica findet man neben den typisch myopathischen Veränderungen Zeichen der Myotonie (s. u.).

Die heterozygoten Konduktorrinnen der DUCHENNE-Dystrophie weisen neben gesunden Muskelfasern auch dystrophische Fasern auf, und es ist versucht worden, mit Hilfe des Elektromyogramms die Heterozygoteneigenschaft zu erkennen. Die bisherigen Ergebnisse sind nicht überzeugend (BARWICK 1963; CARUSO und BUCHTHAL 1965; s. jedoch GARDNER-MEDWIN 1968; WILLISON 1968). Erhebliche Bedeutung hat das Elektromyogramm bei der Diagnose der *Polymyositiden* in weitestem Sinne erlangt. Eine sichere Differentialdiagnose zwischen dystrophischen und entzündlichen Myopathien ist aus dem Elektromyogramm allein nicht möglich. Das gehäufte Vorkommen von Fibrillationen soll bei Erwachsenen eher für eine entzündliche als für eine dystrophische Myopathie sprechen. Bei Kollagenosen, bei endokrinen Erkrankungen, bei verschiedenen Karzinomen und bei den dyskaliämischen Lähmungen wurden ebenfalls myopathische Muskelveränderungen im Elektromyogramm beobachtet (vgl. SIMPSON 1973; Lit.).

12.4.4. Okuläre Myopathien

Die wesentlichen elektromyographischen Kriterien der okulären Myopathien sind die Diskrepanz zwischen dem dichten Potentialmuster und dem geringen Bewegungseffekt des Auges sowie die reduzierte Amplitude der Potentiale (ESSLEN und PAPST 1961; SCHULZE 1972).

12.4.5. Myotonien (Abb. 429)

Bei Myotonia congenita (THOMSEN) sowie bei der Myotonia dystrophica (CURSCHMANN-STEINERT) finden sich im Anschluß an willkürlich oder durch wiederholte elektrische Reize ausgelöste Muskelkontraktionen und nach mechanischen Reizen wie Perkussion des Muskels oder Bewegung der Nadelelektrode Schauer von Potentialen wechselnder Frequenz (90–150/sec.) und Amplitude. Die Potentiale sind entweder biphasisch (positiv-negativ), monophasisch-positiv oder auch polyphasisch mit Amplituden um 50–500 µV. Der echte myotone Potentialschauer ist von den bizarren hochfrequenten Entladungen (s. Abschn. 12.4.1.) zu unterscheiden, die eine nahezu konstante Amplitude und nur geringe Modulation der Frequenz aufweisen, plötzlich beginnen und plötzlich abbrechen. Im Lautsprecher erzeugen die myotonen Potentialausbrüche ein Heulgeräusch auf- und abschwellender Frequenz.

12.5. Befunde bei neurogenen Störungen

12.5.1. Spontanaktivität

12.5.1.1. Myogene Spontanaktivität
(Abb. 430 und 431)

Als myogene Spontanaktivität treten im denervierten Muskel Fibrillationspotentiale und positive steile Wellen (DENNY-BROWN und PENNY-BACKER 1938; JASPER und BALLEM 1949) sowie nicht selten auch bizarre hochfrequente Entladungen (s. Abschn. 12.4.1.) auf. Fibrillationspotentiale sind kurze, 1–5 msec. dauernde, repetierende Potentiale mit Amplituden um 100 µV (z. T. auch 4–5 mV), die im Lautsprecher an quasi rhythmischen, scharfen Knackgeräuschen zu erkennen sind. Fibrillationen erscheinen etwa ab 12.–21. Tag nach Beginn der Denervation. Voraussetzung für ihr Auftreten ist die Unterbrechung der Nervenleitung im Achsenzylinder. Bei bloßer funktioneller Blockierung (Neurapraxie) bzw. struktureller Demyelinisierung bei intaktem Achsenzylinder fehlen Fibrillationen. Fibrillationen sind durch Wärme und Neostigmin zu provozieren, ebenso durch den mechanischen Reiz des Aufsuchens mit der Nadelelektrode. Je vollständiger die Denervation ist, um so leichter

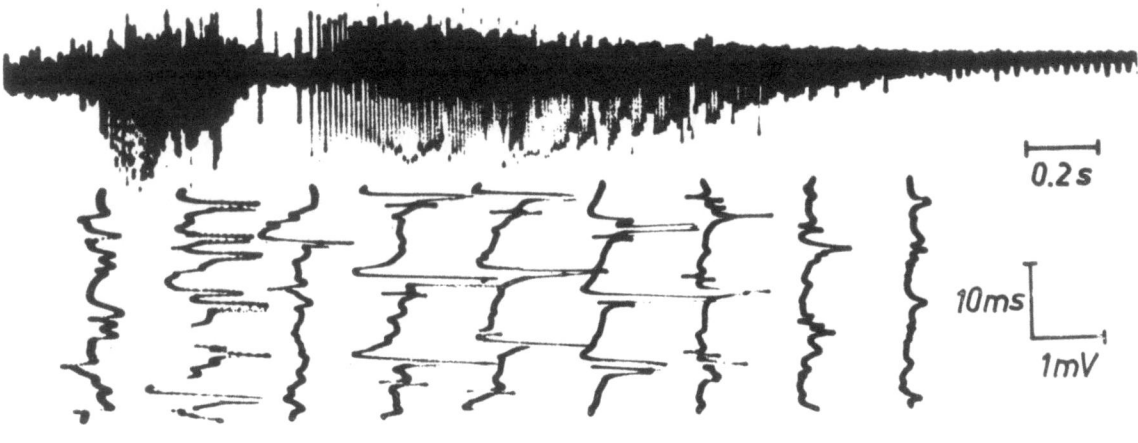

Abb. 429 Myotoner Potentialschauer bei dystrophischer Myotonie

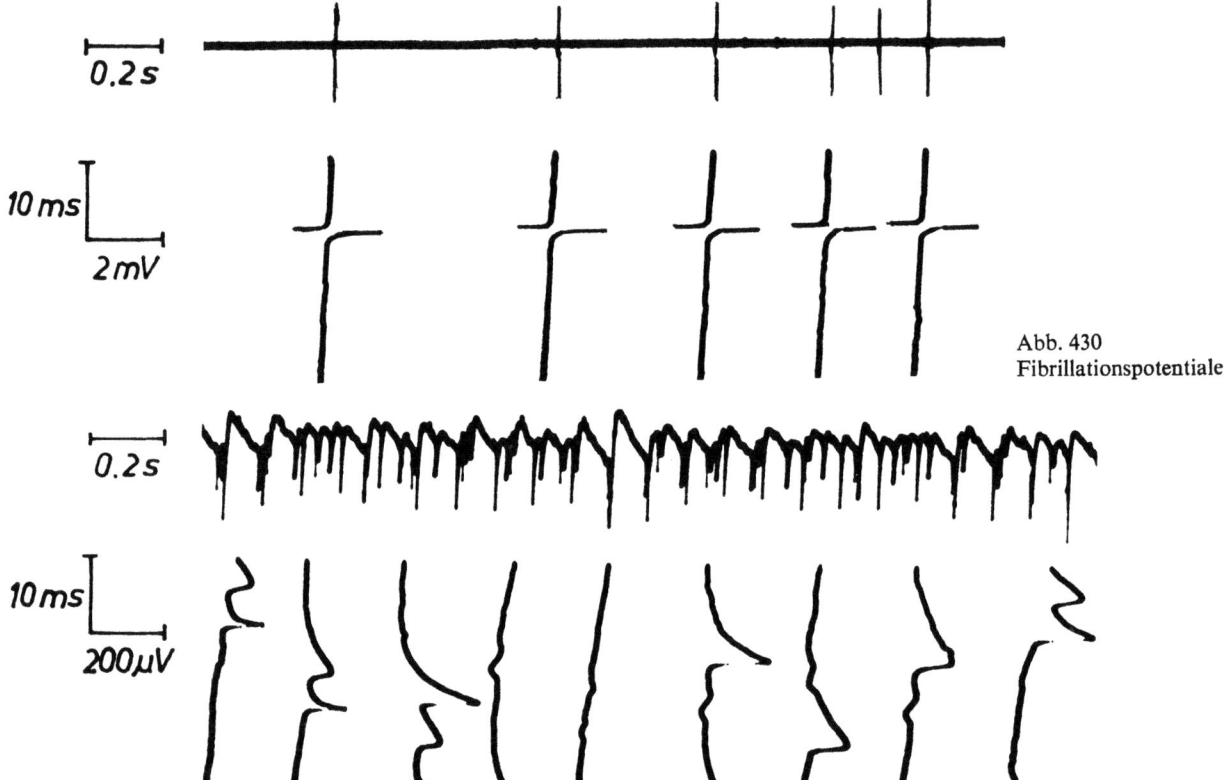

Abb. 430 Fibrillationspotentiale

Abb. 431 Positive steile Wellen

können sie aufgefunden werden. Bei chronischen degenerativen Prozessen sind sie weniger häufig. Im irreversibel denervierten Muskel verschwinden die Fibrillationen mit zunehmendem Untergang der denervierten Muskelfasern, ebenso verschwinden sie bei zunehmender Reinnervation. Der Nachweis von Fibrillationen kann für die topische Diagnose umschriebener Nervenläsionen in monosegmental innervierten Muskeln wesentlich sein.

Positive steile Wellen sind durch ihre Form eindrucksvolle Potentiale. Sie weisen eine positive Initialflanke mit steilem Anstieg auf und mit Amplituden um 100–200 µV (teilweise auch erheblich spannungshöher). Ihre Dauer beträgt ca. 5–10 msec., oft schwingen sie aber mit einer längerdauernden negativen, flachen Nachschwankung aus. Sie treten repetierend in regelmäßiger, z. T. auch unregelmäßiger Folge auf und lassen sich wie Fibrillationspotentiale durch den mechanischen Reiz der Nadelelektrode provozieren, sind aber schwerer zu finden, weil sie an sehr umschriebenen Orten entstehen. Positive steile Wellen sind bei neurogenen Störungen Ausdruck einer schweren Denervation. Ihr Entstehen wird von BUCHTHAL und ROSENFALCK (1966) auf lokale Schäden an Muskelfasern zurückgeführt. Positive steile Wellen treten am Ort der Schädigung als nicht fortgeleitete Potentiale (Blockpotentiale) auf.

12.5.1.2. Neurogene Spontanaktivität

Faszikulationspotentiale als neurogene Spontanaktivität sind das Ergebnis spontaner Erregungsbildung im Bereich der motorischen Vorderhornzelle oder des Axons. Sie gehen mit sichtbaren Bewegungseffekten an der Haut, im Bereich kleiner Muskeln oder auch an der Myographienadel einher. Die Aktionspotentiale entsprechen denen einzelner oder mehrerer motorischer Einheiten. Faszikulationen werden besonders bei Vorderhornzellerkrankungen beobachtet. Die manchmal behaupteten Unterschiede zwischen Faszikulationen bei Gesunden (z. B. in Lid- oder kleinen Handmuskeln, sogenannte benigne Faszikulationen) und Faszikulationen bei degenerativen Vorderhornzellerkrankungen sind unsicher.

Rhythmische Spontanentladungen einer oder mehrerer motorischer Einheiten können bei Engpaßsyndromen (s. u.) sowie als Fazialismyokymien bei Ponstumoren, beide Male als Ausdruck rhythmischer spontaner heterotoper Erregungsbildung, vorkommen, z. T. mit ephaptischer Erregungsausbreitung.

12.5.2. Willküraktivität (Abb. 432)

Bei vollständiger Unterbrechung der Nervenleitung ist in dem versorgten Muskel eine Willküraktivität nicht mehr möglich. Unvollständige Denervation führt je nach Umfang der Schädigung zum Ausfall von Potentialen motorischer Einheiten: reduziertes Interferenzmuster oder diskrete Aktivität bei maximaler Willkürinnervation. Die Entladungsfrequenz der verbliebenen motorischen Einheiten ist erhöht (s. Abschn. 12.2.4.). Voraussetzung für die Beurteilung des Aktivitätsmusters ist allerdings, daß der Patient in der Untersuchungssituation kooperiert. Um schmerzreflektorische Einflüsse der Nadelelektrode auf die Muskelaktivität zu reduzieren, werden möglichst dünne Koaxialelektroden verwendet.

Bei neurogenen Störungen sind die Parameter der Potentiale einzelner motorischer Einheiten ebenfalls verändert. Polyphasische Potentiale nehmen an Häufigkeit zu. Außerdem ist der Anteil von gesplitterten Aktionspotentialen mit mehrmaligem Richtungswechsel oberhalb oder unterhalb der Grundlinie erhöht. Die

wird verlängert. Die Amplituden werden infolge Zunahme der Faserdichte in den motorischen Einheiten größer (WOHLFART 1958; ERMINIO und Mitarb. 1959; KUGELBERG und Mitarb. 1970). Durch das Aussprossen der terminalen Nervenfasern und die zusätzliche Vergrößerung des Territoriums motorischer Einheiten entstehen die sogenannten Riesenheiten, die vor allem bei den chronischen nukleären Atrophien beobachtet werden. Sie weisen Amplituden von 20 mV und mehr bei Potentialdauern bis zu 30 msec. auf. Für die Entstehung der Rieseneinheiten ist außerdem eine Art Isolationsdefekt mit pathologischer Synchronisation zwischen Vorderhornzellen verantwortlich gemacht worden (BUCHTHAL und MADSEN 1950).

12.5.3. Befunde bei verschiedenen neurogenen Störungen

12.5.3.1. Nukleäre Störungen

Die chronischen nukleären Atrophien weisen im Elektromyogramm alle Zeichen der chronischen Denervation auf: Fibrillationspotentiale, seltener positive steile Wellen, Faszikulationspotentiale (deren Nachweis von der Lage der Nadelelektrode abhängt und die manchmal mit Oberflächenelektroden leichter erfaßt werden können) sowie eine Reduzierung der Zahl rekrutierbarer motorischer Einheiten bei maximaler Willkürinnervation. Oft finden sich spannungshohe, verlängerte Aktionspotentiale (sogenannte Rieseneinheiten). Die motorische Erregungsleitung ist normal oder gering vermindert (LAMBERT und MULDER 1957), die sensible Erregungsleitung bleibt ungestört. Für die malignen degenerativen nukleären Atrophien ist die frühe Nachweismöglichkeit der Denervationssymptome in scheinbar gesunden Muskeln charakteristisch. Besondere Bedeutung hat das EMG für die Frühdiagnose der WERDNIG-HOFFMANschen Erkrankung. Die relativ benigne progressive spinale Muskelatrophie vom Typ KUGELBERG-WELANDER kann mit Hilfe des Elektromyogramms leicht von den Beckengürtelformen der progressiven Muskeldystrophien abgegrenzt werden.

Die praktisch weniger bedeutsame Differentialdiagnose akute Poliomyelitis – akute Polyradikulitis bzw. Polyneuritis wird in den meisten Fällen mittels Bestimmung der Erregungsleitung entschieden, die bei Polyradikulitis häufig gestört ist. Das Elektromyogramm kann mit dem Nachweis umschriebener Denervation zur Höhendiagnose intraspinaler Tumoren beitragen, die das Vorderhornzellareal einbeziehen.

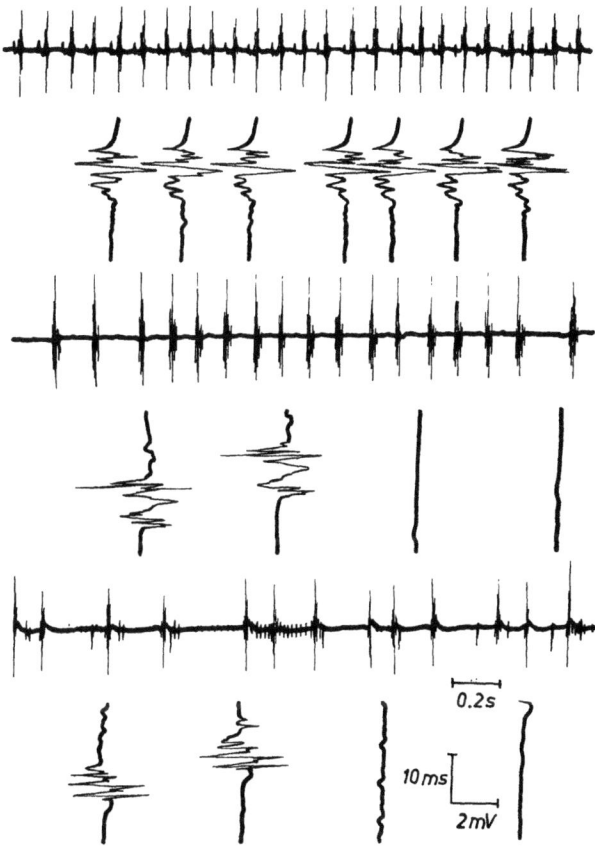

Abb. 432 Diskrete Muster polyphasischer Aktionspotentiale bei Denervationszuständen verschiedener Ätiologie *Oben* traumatische Armplexusparese, M. deltoideus, *Mitte* Radialisparese nach intranervaler Butazolidininjektion, M. extensor carpi radialis, *unten* neurale Muskelatrophie, M. tibialis anterior

vermehrte Polyphasie beruht einmal auf dem Ausfall einzelner Komponenten des Aktionspotentials infolge Untergangs von Muskelfasern oder durch Blockierung der terminalen Leitung. Aufgrund unterschiedlicher Erregungsleitung in den terminalen Nervenfasern oder in den Muskelfasern selbst kommt es ebenfalls zu einer verstärkten Desynchronisation des Aktionspotentials, die sich in vermehrter Polyphasie äußert.

Vor allem bei chronischen Denervationsprozessen entwickelt sich eine distale kollaterale Reinnervation. Denervierte Muskelfasern werden durch Aussprossen terminaler Nervenfasern an intakte benachbarte motorische Einheiten angeschlossen. Dadurch wird das Potential der betreffenden motorischen Einheiten zusätzlich desynchronisiert, und die Potentialdauer

12.5.3.2. Polyneuritiden und Polyneuropathien

Die Befunde bei Polyneuritiden und Polyneuropathien hängen wesentlich vom Ort der Schädigung, von ihrer Art und von ihrer Ausdehnung ab. Oft finden sich mehrere Schädigungsformen nebeneinander. Die elektroneurographischen Befunde sind in vielen Fällen ausgeprägter als die Befunde im Elektromyogramm.

Proximale (radikuläre) und im Verlauf des peripheren Nervs gelegene Schädigungen führen zum Ausfall von motorischen Einheiten. Terminale (distale) Polyneuropathien können einzelne Nervenfasern der gleichen motorischen Einheiten aussparen, so daß der Ausfall von Muskelfasern wenigstens vorübergehend mehr dem myopathischen Schädigungstyp entspricht, und auch im Elektromyogramm werden Potentialmuster und Potentialformen ähnlich wie bei Myopathien gefunden. In diesen Fällen läßt sich elektroneurographisch eine terminale Leitungsverzögerung motorischer Nerven nachweisen. Polyneuropathien und Polyneuritiden gehen entweder mit segmentaler Demyelinisierung bei intakten Achsenzylindern oder mit Demyelinisierung und Verlust von Achsenzylindern einher. Bei segmentaler Demyelinisierung ohne Degeneration der Achsenzylinder ist das elektromyographische Potentialmuster z. T. gering rarefiziert, Fibrillationen und positive steile Wellen fehlen jedoch. Die motorische und die sensible Erregungsleitung sind beachtlich verlangsamt, motorisches und sensibles Aktionspotential sind desynchronisiert, verlängert und evtl. polyphasisch bei verminderter Amplitude. Demyelinisierung mit Degeneration von Achsenzylindern führt zu einem stärker rarefizierten Potentialmuster, nach 12–21 Tagen treten Fibrillationspotentiale und evtl. positive steile Potentiale auf. Daneben finden sich Symptome der kollateralen Reinnervation. Die Erregungsleitung ist ebenfalls verzögert mit verlängertem polyphasischem Muskel- bzw. Nervenaktionspotential bei verringerter Amplitude.

Beim *Polyradikulitis-Syndrom* (GUILLAIN-BARRÉ) liegt eine entzündlich bedingte, vorwiegend proximale Demyelinisierung vor, z. T. auch mit Untergang der Achsenzylinder. Die elektromyographischen Befunde zeigen kein einheitliches Bild. Bei leichteren Verlaufsformen findet sich im Emg ein Ausfall motorischer Einheiten im Potentialmuster, bei schweren Verläufen entwickeln sich Symptome ausgeprägter Denervation. Manchmal treten auch Faszikulationspotentiale als Ausdruck der mehr proximal gelegenen Schädigungen motorischer Neurone auf. LAMBERT und MULDER (1963) fanden die motorischen Erregungsleitungen in den schnelleitenden Fasern in der Mehrzahl der Fälle stark vermindert, bei einem Teil der Patienten jedoch auch vorübergehend eine isolierte terminale Leitungsverzögerung. Leitungsverzögerungen wurden auch bevorzugt im Bereich der physiologischen Engen gefunden. Die sensible Erregungsleitung ist ebenfalls oft beeinträchtigt, z. T. jedoch normal. Das sensible Nervenaktionspotential kann auch fehlen (BANNISTER und SEARS 1962; EISEN und HUMPHREYS 1974). Bei schweren Verläufen normalisiert sich die elektroneurographisch feststellbare Leitungsverzögerung oft viel später als der klinische Befund. Diese Feststellung entspricht der Möglichkeit, subklinische Polyneuropathien im Elektroneurogramm zu diagnostizieren.

Die *diabetische Polyneuropathie* ist oft nur mittels Bestimmung der motorischen bzw. der sensiblen Erregungsleitung zu erfassen. Histologisch findet sich eine segmentale Demyelinisation als wesentliches, wenn nicht einziges Schädigungsmuster (DOLMAN 1963). Auch wenn ausgeprägte klinische Symptome fehlen, lassen sich bei Diabetikern signifikante Verminderungen der Erregungsleitung nachweisen, und es finden sich verlängerte und polyphasische motorische bzw. sensible Aktionspotentiale. Motorische und sensible Nervenfasern können unterschiedlich betroffen sein, so daß es zweckmäßig ist, die motorische und die sensible Erregungsleitung zu bestimmen (NOEL 1973).

In der Diagnose *toxischer Polyneuropathien* spielt die Bestimmung der motorischen und sensiblen Erregungsleitung ebenfalls eine wesentliche Rolle (vgl. KAESER 1970). Das gilt insbesondere auch für die Frühdiagnose im Rahmen arbeitsmedizinischer Dispensaireuntersuchungen bei besonders exponierten Personen (z. B. in Viskosebetrieben mit Schwefelkohlenstoffexposition). Bei Polyneuropathien mit axonaler Degeneration (z. B. chronischem Alkoholismus) sind elektromyographische Denervationssymptome nachzuweisen. Eine Übersicht über elektroneurographische Befunde bei toxischen und metabolischen Neuropathien gibt LE QUESNE (1971).

Störungen der Erregungsleitung finden sich meist sehr ausgeprägt bei einigen genetisch bedingten Neuropathien. Vor allem bei der hypertrophischen Neuropathie (DEJERINE-SOTTAS) sind z. T. extrem langsame Leitgeschwindigkeiten nachzuweisen (bis 3 m/sec., LAMBERT und DYCK 1968). Bei der Mehrzahl von Patienten mit CHARCOT-MARIE-TOOTH-Erkrankung sind die sensible und motorische Erregungsleitung erheblich verlangsamt, meist bereits bevor klinische Symptome bekannt werden und z. T. auch bei phänotypisch gesunden Merkmalsträgern (LAMBERT und DYCK 1968). Das Elektromyogramm zeigt entsprechend dem klinischen Zustand mehr oder weniger ausgeprägte Symptome der Denervation. Bei einer spinalen Form der gleichen Erkrankung sollen normale Werte der Erregungsleitung vorkommen. Die Diagnose der metachromatischen Leukodystrophie und der KRABBEschen Globoidzelldystrophie wird durch die Bestimmung der oft sehr verzögerten Erregungsleitung (FULLERTON 1964; DUNN und Mitarb. 1969; vgl. Abschn. 12.3.1.) erleichtert. Auch bei anderen genetisch bedingten Neuropathien oder bei mit Neuropathien einhergehenden genetisch bedingten Krankheiten spielt die Bestimmung der Nervenleitgeschwindigkeit eine wesentliche diagnostische Rolle (hereditäre sensorische Neuropathie, REFSUMsche Krankheit, familiäre Amyloidose).

12.5.3.3. Umschriebene Störungen an peripheren Nerven und Wurzeln

12.5.3.3.1. Mikrotraumen, Nervenkompression und Engpaßsyndrome

Akute Nervenkompressionen führen im leichteren Fall zu einer mehr oder weniger ausgeprägten rückbildungs-

fähigen Parese ohne Myatrophien. Im Elektromyogramm fehlen Denervationssymptome, das Potentialmuster ist reduziert. Die Erregungsleitung ist im Bereich der Läsion vollständig oder unvollständig blockiert. Schwere oder langdauernde Kompression führt zu WALLERscher Degeneration mit elektromyographisch nachweisbaren Denervationssymptomen im paretischen Muskel (TROJABORG 1970; FOWLER und Mitarb. 1972). Für die chronischen Engpaßsyndrome und Druckschädigungen an peripheren Nerven führte GILLIAT (1973) folgende Ursachen an:
1. Wiederholte Mikrotraumatisierung des Nervs (z. B. bei Läsion des R. profundus nervi ulnaris in der Hohlhand),
2. Kompression in einer physiologischen Enge (z. B. beim Karpaltunnelsyndrom),
3. Zusammentreffen mehrerer Ursachen wie Einengung des Nervs, wiederholte Mikrotraumatisierung und/oder Streckung des Nervs (z. B. beim Sulcusulnaris-Syndrom),
4. Abknickung und/oder Streckung des Nervs (z. B. bei der Halsrippe).

Daneben können Einengungen durch Kallusbildung nach Frakturen, durch Narbenstrikturen oder bei nicht regelrecht angelegten Gipsverbänden zu chronischen Druckschäden an peripheren Nerven führen. Funktionelle Blockierung, segmentale Demyelinisierung und WALLERsche Degeneration bestehen nebeneinander, je nach Art, Dauer und Intensität der Schädigung. Klinisch treten Myatrophien und Sensibilitätsstörungen auf. Im Elektromyogramm können Denervationszeichen registriert werden, im Elektroneurogramm Verzögerungen der motorischen und sensiblen Nervenleitung z. T. mit verlängerten und polyphasischen Muskel- und Nervenaktionspotentialen, deren Amplitude oft vermindert ist.

Das häufige *Karpaltunnelsyndrom* infolge Kompression des N. medianus im Bereich des Retinaculum flexorum wurde elektromyographisch zuerst von SIMPSON (1956) untersucht. Es ist elektroneurographisch in den meisten Fällen an der verzögerten distalen motorischen und sensiblen Erregungsleitung im N. medianus zu erkennen (Abb. 433). Der Grenzwert für die motorische Überleitungszeit des N. medianus (Reizung am Handgelenk, Nadelableitung vom M. abductor pollicis brevis) beträgt 4,7 msec. Die Nadelelektrode muß so liegen, daß die früheste Komponente des Aktionspotentials erfaßt wird. Die richtige Nadellage ist an der steilen initialen Flanke des Muskelaktionspotentials zu erkennen. Bei supramaximaler Reizung sollen jedoch bis zu 30% der motorischen Überleitungszeiten bei Patienten mit Karpaltunnelsyndrom innerhalb der angegebenen Normgrenze liegen. Mit Hilfe schwellennaher Stimulation hat PRESWICK (1963) auch in diesen Fällen noch in einzelnen motorischen Einheiten verlängerte Überleitungszeiten nachweisen können. Manchmal sind Muskelaktionspotentiale nicht mehr nachweisbar. Die sensible Leitung ist beim Karpaltunnelsyndrom fast immer verlängert. Als obere Grenzwerte werden 3,6 msec. (MANZ 1971), 3,5 m sec.

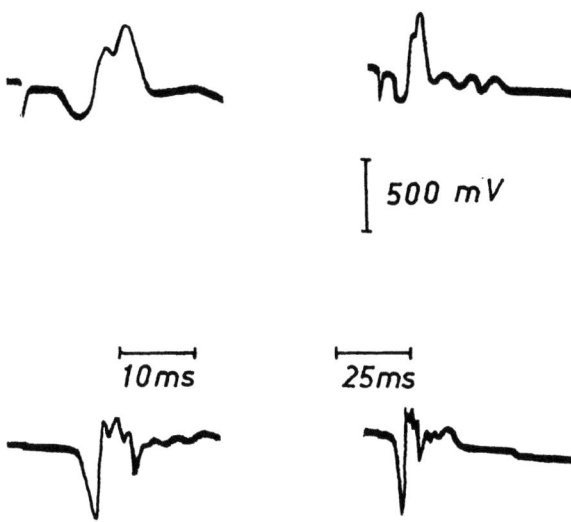

Abb. 433 Karpaltunnelsyndrom. Beispiel für Oberflächenableitung vom Thenar mit zwei verschiedenen Zeitbasen. Reizung des N. medianus am Handgelenk (*oben*, Distanz 5 cm) und in der Ellenbeuge (*unten*, Distanz 26 cm)

(THOMAS und Mitarb. 1967) bzw. 2,85 msec. (obere 95% Konfidenzgrenze des Mittelwerts, DUENSING und Mitarb. 1974) angegeben. Die Latenz wird vom Stimulationsartefakt bis zum ersten (positiven) Gipfel des Aktionspotentials gemessen. Der Reiz wird mittels Bindenelektroden am Zeigefinger appliziert, wobei die Reizkathode proximal am Fingergrundglied angelegt wird. Das Aktionspotential wird mit Nadelelektroden unipolar vom Handgelenk abgeleitet. Es ist oft polyphasisch, verlängert und in manchen Fällen nicht nachzuweisen.

Bei *Läsionen des R. profundus n. ulnaris* in der Hohlhand, durch wiederholte Mikrotraumatisierung (Arbeit mit Gartenwerkzeugen, Metallscheren, Maurerkellen) entwickeln sich Atrophien der Mm. adductor pollicis bzw. interossei. Entsprechend dem Ort der Schädigung bleibt die Hypothenarmuskulatur ausgespart, und Sensibilitätsstörungen fehlen. Die distale Erregungsleitung zum M. adductor pollicis ist verzögert, der Nachweis kann im Seitenvergleich geführt werden (vgl. EBELING und Mitarb. 1960; MUMENTHALER 1961). Das *Sulcus-ulnaris-Syndrom* ist durch den Nachweis der Leitungsverzögerung im Bereich des Ellenbogens zu diagnostizieren. Das seltenere *Tarsaltunnelsyndrom* tritt meistens nach Verletzungen des Unterschenkels bzw. des Sprunggelenks auf. Die Symptomatologie beruht auf der Kompression des N. tibialis bzw. seines R. plantaris medius oder lateralis. Als Grenzwert für die motorische Überleitungszeit vom N. tibialis posterior (perkutane Reizung hinter dem Malleolus medialis, Ableitung von M. abductor digiti quinti) werden 4,7 ± 1 msec. angegeben (GOODGOLD und Mitarb. 1965; vgl. EDWARDS und Mitarb. 1969; MOSIMANN und MUMENTHALER 1969).

12.5.3.3.2. Wurzelkompressionssyndrome

Die Elektromyographie kann zur Höhendiagnose von Wurzelkompressionssyndromen oft entscheidend beitragen. Mit einer richtigen Diagnose in 69% (Höhe und Ausmaß der Denervation in der Diagnostik lumbaler Bandscheibenschäden) war sie der Myelographie mit nicht resorbierbaren Kontrastmitteln überlegen (KROTT und Mitarb. 1969). Bei akuten Bandscheibenprolapsen versagt die Elektromyographie. Durch den Nachweis von Denervationszeichen in der von den Rr. dorsales der Spinalnerven versorgten autochthonen Rückenmuskulatur ist es ferner möglich, radikuläre von peripheren Störungen abzugrenzen.

Chronische Kompression einer oder mehrerer motorischer Wurzeln führt zu Denervationssymptomen (Fibrillationen und positive steile Wellen evtl. Veränderungen im Potentialmuster bei maximaler Willkürinnervation und an den Potentialen einzelner motorischer Einheiten) in den von den betroffenen Wurzeln innervierten Muskeln. In den Extremitätenmuskeln sind die Denervationszeichen später nachzuweisen als in der paravertebralen Muskulatur. Die Extremitätenmuskeln werden von mehreren motorischen Wurzeln versorgt, unisegmentale Versorgung ist die Ausnahme. Die Untersuchung der Extremitätenmuskeln erlaubt aber bereits den Schwerpunkt der Denervation zu erkennen, obwohl es schwierig sein kann, die denervierten Muskelfasern mit der Nadelelektrode aufzufinden. Die genaue Aussage über Höhenlokalisation und Anzahl der betroffenen Segmente wird durch den Nachweis der Denervation in den unisegmental versorgten autochthonen Rückenmuskeln möglich. Die wichtigsten unisegmental versorgten Kennmuskeln sind (RUPRECHT 1974):

Segment	Kennmuskeln
C 1	M. obliquus capitis superior
C 2	M. obliquus capitis inferior
C 3 bis Th 1	Mm. interspinales cervicis
Th 12 bis L 5	Mm. interspinales lumborum

Auch die Mm. intertransversarii laterales sind unisegmental innerviert und lassen sich verhältnismäßig leicht elektromyographisch untersuchen.

Die elektromyographische Untersuchung der Segmente C 1 und C 2 hat Bedeutung für die Diagnostik von Prozessen im Bereich des kraniozervikalen Übergangs. Bei zervikalen Bandscheibenvorfällen wird wegen des beinahe horizontalen Verlaufs der Wurzeln meist nur eine Wurzel - die untere - betroffen. Die zervikalen Bandscheibenvorfälle finden sich hauptsächlich zwischen CWK 6/7 (ca. 70%), zwischen CWK 5/6 (ca. 25%) und selten zwischen CWK 7/ThWK 1 (MARINACCI 1968). Lumbale Diskushernien treten am häufigsten zwischen LWK 4/5 (L 5) und LWK 5/Os sacrum (S 1) auf. Die Wurzeln benachbarter Segmente liegen hier eng benachbart und verlaufen fast senkrecht, so daß durch den Prolaps oft zwei Wurzeln betroffen werden mit stärkerer Schädigung der unteren. KAESER (1965) stellte aus Untersuchungen an 214 Patienten folgende segmentale Schwerpunktinnervation an den unteren Extremitäten fest:

L 1 - M. iliopsoas,

L 2 - M. iliopsoas, M. quadriceps femoris, Adduktoren,

L 3 - M. quadriceps femoris, Adduktoren (M. iliopsoas),

L 4 - M. quadriceps femoris, Adduktoren, M. tibialis anterior,

L 5 - M. extensor digitorum longus, M. extensor hallucis longus, M. extensor digitorum brevis, M. glutaeus medius (M. tibialis anterior, M. semitendineus, M. semimembranaceus),

S 1 - M. gastrocnemius, M. soleus (M. glutaeus maximus, M. biceps femoris, M. abductor hallucis),

S 2 - M. abductor digiti V, M. abductor hallucis, übrige Plantarmuskeln (M. gastrocnemius).

12.5.3.3.3. Fazialisparesen, -synkinesien, -dyskinesien

Die Beurteilung von idiopathischen Fazialisparesen hat unter prognostischen Gesichtspunkten und im Hinblick auf die Indikation zur operativen Dekompression des Nervs Bedeutung. Wenn die Nadelelektromyographie am Beginn der Lähmung noch eine Restinnervation nachweist, ist die Prognose von vornherein günstig. Der Befund muß kontrolliert werden, da eine Fazialisparese innerhalb der ersten Tage nach ihrem Beginn noch zunehmen kann. Bei der Untersuchung muß auch berücksichtigt werden, daß mittelliniennahe Gesichtsmuskeln vom gegenseitigen N. facialis mitinnerviert werden können. Um die Mitinnervation während der Untersuchung auszuschließen, wird die Pars infraorbitalis des M. orbicularis oculi elektromyographiert, die nur vom gleichseitigen N. facialis innerviert wird (JELASIC und LOEW 1973). Die mögliche kontralaterale Mitinnervation muß vor allem bei der Beurteilung von Endzuständen nach längerdauernder Denervation beachtet werden.

Die Prognose ist auch im Falle einer funktionellen Leitungsblockierung (Neurapraxie) günstig. Durch Nadelelektromyographie allein ist dieser Zustand innerhalb der ersten beiden Wochen meist nicht zu erkennen, da Denervationspotentiale nur im Ausnahmefall vor dem 14. Tag nach Beginn der Parese erscheinen. Bei kompletter und inkompletter Leitungsunterbrechung sind etwa ab 12.-14 Tag Fibrillationspotentiale zu erwarten. Ihr Auftreten spricht nicht gegen einen günstigen Verlauf, vor allem dann nicht, wenn noch Restinnervation vorhanden ist. Wenn nach 4-8 Wochen nur Fibrillationspotentiale und positive steile Wellen nachzuweisen sind, ohne Willkürinnervation, muß mit einer kompletten Leitungsunterbrechung (Axonotmesis) gerechnet werden. Die Prognose ist ungünstig. Wenn es zu einer Reinnervation kommt, bleiben Residuen der Parese gewöhnlich bestehen. Die echte Reinnervation nach kompletter Denervation wird oft erst gegen Ende des ersten Vierteljahres, manchmal auch später, erkennbar. Zur Indikation der operativen Dekompression des Nervs innerhalb der ersten 9-10 Tage kommt die Nadelelektromyographie zu spät. Um den Funktionszustand des N. facialis zu beurteilen, ist es notwendig, seine

Erregbarkeit bzw. die Erregungsleitung zu bestimmen (TAVERNER 1965; LAUMANS 1965; KROTT und Mitarb. 1969; STEIDL 1972). In der Verlaufsbeurteilung ist die Verbindung von Nadelmyographie und Messung der Erregungsleitung der alleinigen Nadelelektromyographie ebenfalls überlegen. Die Überleitungszeiten vom Tragus supramaximal (Reizung mit Oberflächenelektroden) zu den einzelnen Muskeln (Ableitung mit Nadelelektroden) betragen nach STEIDL (1972) bei Gesunden:

M. frontalis	4,26 ± 0,38 msec.
M. orbicularis oculi	2,85 ± 0,31 msec.
M. zygomaticus	2,63 ± 0,41 msec.
M. orbicularis oris	3,43 ± 0,47 msec.
M. depressor labii inferioris	3,02 ± 0,40 msec.

Interindividuelle Variationen werden durch Untersuchung im Seitenvergleich ausgeschlossen. Auch der trigeminofaziale Reflex ist zur Untersuchung der Fazialisfunktion herangezogen worden (s. Abschn. 3.6.1.). Bei günstiger Prognose und Heilung ohne Defekt bleibt die Erregbarkeit des N. facialis erhalten, die Überleitungszeit ist normal oder nur gering verlängert (im Bereich des Mittelwerts plus der doppelten Standardabweichung – STEIDL 1972). Willkürinnervation ist in diesen Fällen meist nachweisbar, sie kann aber auch fehlen. Bei kompletter Denervation nimmt die Erregbarkeit vom 2.–4. Tag nach Beginn der Parese rasch ab, bzw. die Überleitungszeit nimmt zu, z. T. wird der N. facialis unerregbar. In diesen Fällen ist mit unvollständiger Remission (Synkinesien, Kontrakturen, Residualparesen) zu rechnen.

Beim *Hemispasmus facialis* finden sich im Elektromyogramm in den Innervationsgebieten aller drei Äste nahezu synchrone, unwillkürlich auftretende Ausbrüche von Mehrfachentladungen. Die Aktionspotentiale weisen eine hohe Entladungsfrequenz auf (150 bis 250/sec.). Der Hemispasmus facialis wird auf Parabioseerscheinungen der Nervenfasern im Canalis facialis (Canalis FALOPPI) zurückgeführt (ESSLEN 1957). Klinisch treten rasche synchrone, wiederholte schmerzlose Zuckungen der gesamten Gesichtsmuskulatur einer Seite auf (Abb. 434 und 435).

Fazialismyokymien bestehen in einem halbseitigen dauernden oder intermittierenden unwillkürlichen

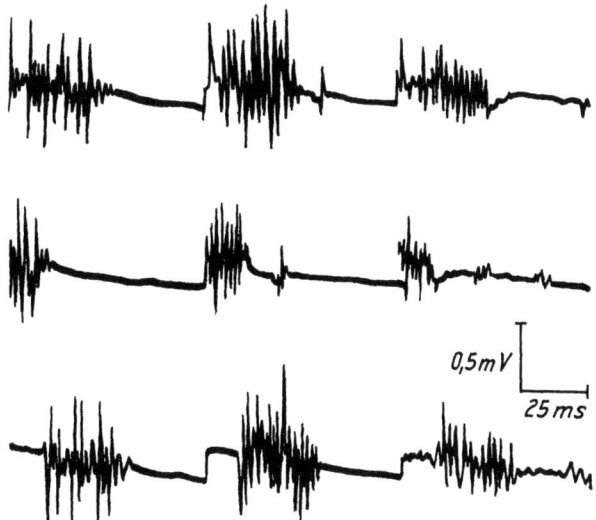

Abb. 435 Hemispasmus facialis. Gleiche Ableitung wie in Abb. 434, jedoch mit rascherer Zeitablenkung (Querkipp)

Wogen der Gesichtsmuskulatur, wobei nicht das gesamte Innervationsgebiet des N. facialis betroffen sein muß. Bereits klinisch fehlt der blitzartige Charakter und die Synchronie. Elektromyographisch werden regelmäßige oder unregelmäßige und intermittierende Entladungsfolgen einer oder mehrerer motorischer Einheiten ohne Synchronie zwischen den Innervationsgebieten des N. facialis beobachtet. Fazialismyokymien treten in Verbindung mit Fazialisparesen bei Ponstumoren auf (KAESER und Mitarb. 1963; HUGHES und MATTHES 1969; GUTMANN und Mitarb. 1969) (Abb. 436).

12.5.3.3.4. Traumatische Nervenläsionen, traumatische Armplexusparesen

Mit Hilfe der elektromyographischen und ggf. elektroneurographischen Untersuchung können Ort, Ausdehnung und Art (Neurapraxie bzw. totale oder partielle Denervierung) der Läsion festgestellt werden. Wiederholte Untersuchungen lassen den Verlauf verfolgen. Eine beginnende Reinnervation, z. B. bei stumpfen Traumen, ist am Verschwinden der De-

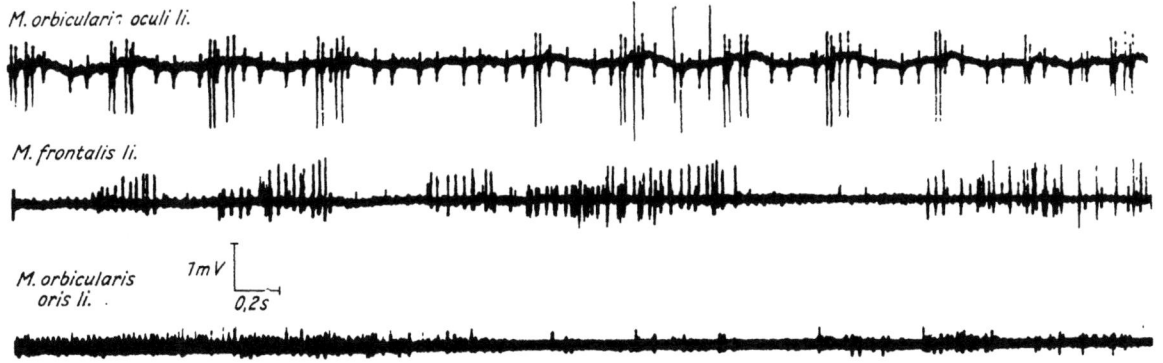

Abb. 434 Hemispasmus facialis. Synchrone unwillkürliche Muskelaktivität im M. frontalis, M. orbicularis oculi und M. orbicularis oris der gleichen Seite

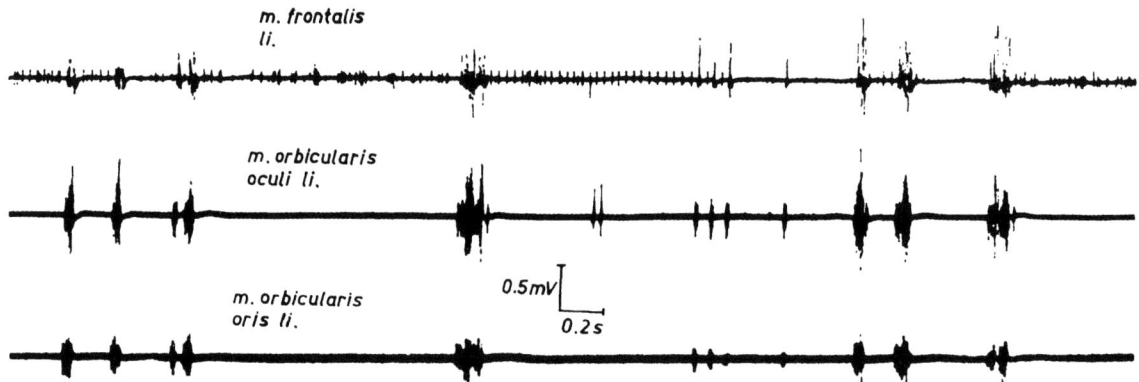

Abb. 436 Fazialismyokymie bei Ponstumor. Asynchrone Aktivität mit wechselnder Entladungsfrequenz der motorischen Einheiten

nervationssymptome und am Auftreten biphasischer und später polyphasischer Aktionspotentiale bei Willkürintention zu erkennen. Die Indikation zur operativen Revision bzw. zur Nervennaht ist bei stumpfen und scharfen Nervenverletzungen elektromyographisch besser festzulegen als durch den klinischen Befund allein. Das Ergebnis einer Nervennaht kann am Auftreten oder Ausbleiben einer Reinnervation elektromyographisch kontrolliert werden. Bei traumatischen Armplexuslähmungen kann die Lokalisation des Schadens (Primärfaszikel, Sekundärfaszikel) und die Ausdehnung elektromyographisch bestimmt werden. Ein Wurzelausriß als Traktionsschaden wird am Auftreten von Denervationszeichen in den von den Rr. dorsales der zervikalen Wurzeln innervierten Halsmuskeln innerhalb von 14–21 Tagen erkannt (z. B. Mm. semispinalis cervicis et capitis, Mm. rotatores cervicis, Mm. interspinales cervicis). Wegen des proximalen Abgangs des N. thoracicus longus aus den Wurzeln C 5–C 7 vor den Primärfaszikeln sprechen auch Denervationszeichen im M. serratus anterior für eine wurzelnahe Schädigung. Das Ausmaß der Schädigung – Neurapraxis oder Axonotmesis – läßt sich ebenso wie Funktionsreste durch die Nadelmyographie erkennen. Regelmäßige Untersuchungen lassen eine Reinnervation frühzeitig feststellen, die zuerst in den proximalen Muskeln zu erwarten ist. Falls kein Wurzelausriß vorliegt und keine spontane Reinnervation erfolgt, ist bei oberen Armplexusparesen nach 3–4 Monaten eine operative Revision angezeigt.

12.6. Myasthenische Syndrome

12.6.1. Myasthenia gravis pseudoparalytica
(Abb. 437)

Die Myasthenia gravis pseudoparalytica beruht auf einem präsynaptischen Azetylcholinmangel, der zu einer Störung der neuromuskulären Impulsübertragung führt. Die Transmitterquanten enthalten zu wenig Azetylcholin, wie ELMQUIST und Mitarb. (1964) an exzidierten Interkostalmuskeln von Myasthenikern feststellten. Möglicherweise ist auch die Azetylcholinresynthese gestört.

Bei maximaler Willkürinnervation eines myasthenischen Muskels oder mehrfach aufeinanderfolgender Innervation tritt klinisch die sogenannte Ermüdungslähmung auf. Im Nadelelektromyogramm führt die zunehmende Blockierung neuromuskulärer Synapsen zum Ausfall von Potentialen ganzer motorischer Ein-

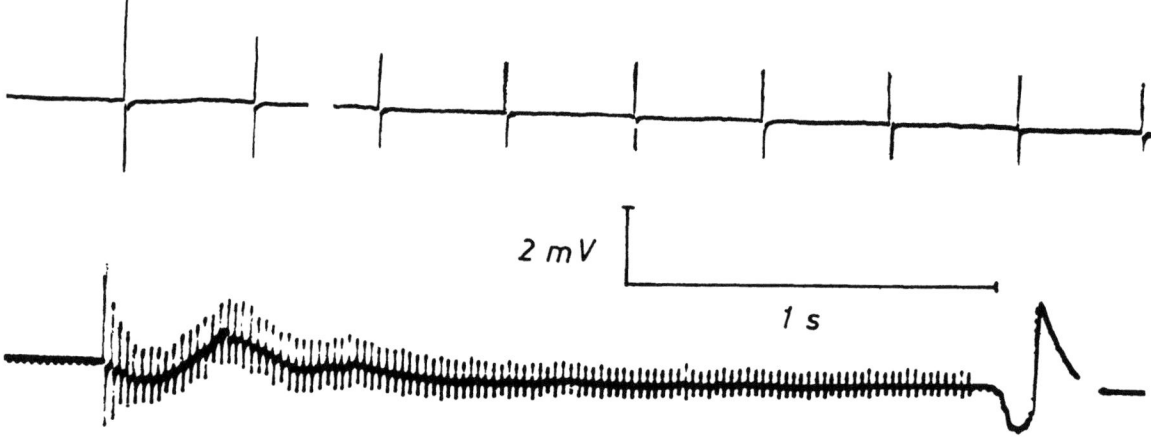

Abb. 437 Myasthenia gravis pseudoparalytica. Reizung des N. ulnaris am Handgelenk, Ableitung vom M. abductor digiti quinti mit Oberflächenelektroden (Registrierung von WAGNER, Neurologische Klinik der Karl-Marx-Universität Leipzig)

heiten. Mit zunehmender Dauer der Innervation lichtet sich das Potentialmuster, und die Amplituden nehmen ab. Die elektromyographische Untersuchung der Ermüdungslähmung ist besonders für okuläre Formen (Untersuchung der äußeren Augenmuskeln) geeignet. Meist wird die Diagnose der myasthenischen Störung durch Nachweis der Überleitungsstörung bei wiederholter elektrischer Reizung peripherer Nerven gestellt (HARVEY-MASLAND-Test 1941; DESMEDT und BORENSTEIN 1970; Lit.). In der Regel wird der N. ulnaris am Handgelenk supramaximal mit Oberflächen- oder besser Nadelelektroden gereizt, abgeleitet wird mit Oberflächenelektroden vom M. adductor digiti quinti bzw. vom M. adductor pollicis. Bei einer Reizfrequenz von 3/sec. nimmt die Amplitude des 2.-5. Muskelaktionspotentials im myasthenischen Muskel ab. Die Verminderung der Amplituden läßt sich durch Cholinesterasehemmer aufheben. Die myasthenische Reaktion hängt von der Reizfrequenz ab. 10-50 Reize/sec. führen zu einer raschen Amplitudendepression der Muskelaktionspotentiale, manchmal anschließend zu einer flüchtigen Bahnung (posttetanische Potenzierung). Serien elektrischer Reize von 30-50 Hz und darüber sowie maximale Willküraktivität reduzieren die neuromuskuläre Impulsübertragung für Minuten bis Stunden (posttetanische Erschöpfung). Durch Verbindung der elektromyographischen Untersuchung mit dem Tensilontest läßt sich die Dosierung von Cholinesterasehemmern überwachen. Wenn der Nachweis der myasthenischen Reaktion im Bereich der kleinen Handmuskeln nicht gelingt, kann die Untersuchung der Gesichts- und Schultergürtelmuskulatur noch positive diagnostische Ergebnisse bringen.

12.6.2. LAMBERT-EATON-Syndrom

Das LAMBERT-EATON-Syndrom (LAMBERT und Mitarb. 1956; EATON und LAMBERT 1957) wird vor allem bei Patienten mit kleinzelligem Bronchialkarzinom beobachtet, es kommt aber auch bei anderen malignen Tumoren vor. Klinisch besteht eine proximal betonte Muskelschwäche mit Ermüdungslähmung. Die Nadelelektromyographie deckt myopathische Veränderungen der Aktionspotentiale motorischer Einheiten und des Potentialmusters auf. Bei Willkürinnervation kann eine Bahnung der Amplitude der Muskelaktionspotentiale beobachtet werden. Die Amplituden von Muskelaktionspotentialen nach elektrischer Reizung bei Ableitung mit Oberflächenelektroden sind vermindert. Stimulation mit 1-3 Reizen pro sec. führt zu einem geringfügigen Abfall der Amplitude und bei Reizfrequenzen über 5 Hz nehmen die Amplituden der Aktionspotentiale zu. Tensilon ist unwirksam, Kalzium oder Guanidin heben die Störung der neuromuskulären Übertragung vorübergehend auf (vgl. VOGEL 1973).

12.7. Grundlagen der Elektromyographie der Reflexe und zentral bedingter Störungen der Motorik

12.7.1. Vorbemerkungen

Bei zentral bedingten Störungen der Motorik lassen sich elektromyographisch Veränderungen im Verhalten der Eigen- und Fremdreflexe, in der Koordination und in der Willkürmotorik sowie im Tonus und in der Fähigkeit zu willkürlicher Muskelentspannung feststellen. Die elektromyographische Untersuchung der Reflexe geht auf die Arbeiten von P. HOFFMANN (1910, 1934) zurück. Der Nachweis der Muskelaktivität dient als Indikator der Erregung motorischer Einheiten. Die Parameter der Aktionspotentiale motorischer Einheiten spielen dabei eine untergeordnete Rolle mit Ausnahme der Entladungsfrequenz bzw. bestimmter statistischer Eigenschaften des Entladungsmusters, die möglicherweise auch Bedeutung zur Charakterisierung zentraler Innervationsstörungen gewinnen können (FREUND und WITA 1971). Außer den Reflexaktionsströmen wird das Interferenzmuster in Agonisten und Antagonisten registriert, nach Möglichkeit auch das Entladungsverhalten einzelner motorischer Einheiten. Meist ist es erforderlich, das Mechanogramm mitzuschreiben, um Ausmaß, Geschwindigkeit und Kraft der Muskelkontraktion oder die Bewegung bei Dehnung oder Entdehnung des Muskels darzustellen.

Bisher war es nur indirekt möglich, aus reflexmyographischen Untersuchungen am Menschen auf die Funktion und auf die Aktivität der Rezeptoren in Muskel, Sehnen und Gelenken unter normalen und pathologischen Bedingungen zu schließen. Die mikroneurographische Methode (HAGBARTH und VALLBO 1967; VALLBO 1973) erlaubt nunmehr den direkten Nachweis von Aktivitäten einzelner Nervenfasergruppen, die sich der Erregung bestimmter Rezeptoren zuordnen lassen. Die Kenntnisse über die physiologische Basis der Elektromyographie der Reflexe und zentraler Störungen der Motorik beim Menschen werden damit bedeutend verbreitert. Eine Übersicht über die tierexperimentell gewonnenen Daten über die Funktion der Muskelrezeptoren, die für die Regulation der Motorik Bedeutung haben, findet sich bei MATTHEWS (1972).

12.7.2. Adäquat ausgelöste Eigenreflexe (propriozeptive Reflexe)

Eigenreflexe dienen der propriozeptiven Kontrolle der Motorik. Rasche Dehnung von Muskeln, z. B. durch Schlag eines Reflexhammers auf die Sehne, löst einen *phasischen Eigenreflex* aus (ERB 1875; WESTPHAL 1875; vgl. HOFFMANN 1934). Der (monosynaptische) Eigenreflexbogen beginnt in den Annulospiralendigungen der Muskelspindeln, die auf die Geschwindigkeit der

Längenänderung (Längenänderung des Muskels in der Zeiteinheit) ansprechen, und führt über die Ia-Afferenten zu den motorischen Vorderhornzellen, wo die Erregung auf die Alphamotoneurone umgeschaltet wird. Die Reflexzeit des Triceps-surae-Reflexes beträgt etwa 30–40 msec. Die Reflexzeiten der Eigenreflexe hängen im wesentlichen von den Faktoren ab, die auch in der Elektroneurographie eine Rolle spielen: Länge der Nervenfasern (hier der afferenten und der efferenten Fasern des Reflexbogens), von der Temperatur und unter pathologischen Bedingungen vom Zustand der Myelinscheiden, von Engpässen bzw. auch vom Ausfall schnelleitender motorischer oder sensibler Axone, ferner zusätzlich von der Zeit vom Schlag auf die Sehne bis zur Rezeptorerregung und von der Überleitung der Erregung auf die afferenten Fasern sowie von der zentralen Synapsenzeit. Der Reflexerfolg setzt eine gewisse Synchronisation der Erregung in den Ia-Afferenten voraus (Abb. 438).

Im Bereich der alphamotorischen Vorderhornzellen konvergieren Afferenzen aus Muskel-, Sehnen-, Gelenk-, Haut- und viszeralen Rezeptoren, deren Einstrom in das Rückenmark wiederum präsynaptisch gehemmt werden kann. Absteigende, supraspinale zentrale Impulse werden über Interneurone zugeschaltet und beeinflussen die Motoneuronerregbarkeit. Zum Teil wird die supraspinale motorische Innervation auch über die Gammaschleife wirksam. Die alphamotorischen Zellen modulieren schließlich mittels der RENSHAW-Hemmung ihre Entladungsfrequenz gewissermaßen selbst. Auch die RENSHAW-Hemmung wird supraspinal kontrolliert.

Phasische Eigenreflexe werden durch leichte Willkürkontraktion im gleichen Muskel über den JENDRASSIKschen Handgriff und durch andere Einflüsse (geistige Anstrengung, Photostimulation) gebahnt oder auch (z. B. Schlaf, verminderte Wachheit) gehemmt. Die Wirkungsweise des JENDRASSIKschen Handgriffs ist noch nicht völlig geklärt. Sein bahnender Einfluß auf adäquat ausgelöste Eigenreflexe läßt sich im wesentlichen damit erklären, daß die Muskelspindeln über die Gammaerregung empfindlicher gestellt werden (SOMMER 1940). Da aber auch submaximale H-Reflexe (s. u.) durch den JENDRASSIKschen Handgriff gebahnt werden (PAILLARD 1955a), ist es wahrscheinlich, daß die Erregbarkeit der Alphamotoneurone auch auf anderem Wege (zentral) gesteigert werden kann (LANDAU und CLARE 1964; GASSEL und DIAMANTOPOULOS 1964), ebenso wie es wahrscheinlich ist, daß außerdem die Aktivierung der Gammaschleife durch den JENDRASSIKschen Handgriff auf die Erregbarkeit der Motoneurone einwirkt. Der gesteigerte Einstrom von Ia-Afferenzen während des JENDRASSIKschen Handgriffs ist inzwischen auch mikroneurographisch (SZUMSKI und Mitarb. 1974) erwiesen.

Im Anschluß an einen phasischen Eigenreflex ist die Hintergrundaktivität im gleichen Muskel für etwa 100 msec. gehemmt. Diese *Innervationsstille* hat mehrere Ursachen: die autogenetische Hemmung, die von den GOLGIschen Sehnenspindeln ausgeht, die Entlastung der Muskelspindeln während der Kontraktion, die RENSHAW-Hemmung und die Subnormalphase der Motoneuronen (HUFSCHMIDT 1954; AGARWAL und GOTTLIEB 1972). Die Innervationsstille ist bei geringer Hintergrundaktivität am deutlichsten zu erkennen. Sie wird oft durch ein überschießendes Wiedereinsetzen der Hintergrundaktivität beendet (Rebound-SHERRINGTON). Innervationsstillen werden außerdem als Entlastungsreflex (s. u.) beobachtet, ferner nach elektrischer Reizung eines gemischten Nervs, die zu einer Muskelkontraktion führt im gleichen Muskel (MERTON 1951), jedoch auch in entfernten Muskeln nach kutaner Stimulation und Reizung rein sensibler Nerven (SHAHANI und YOUNG 1973).

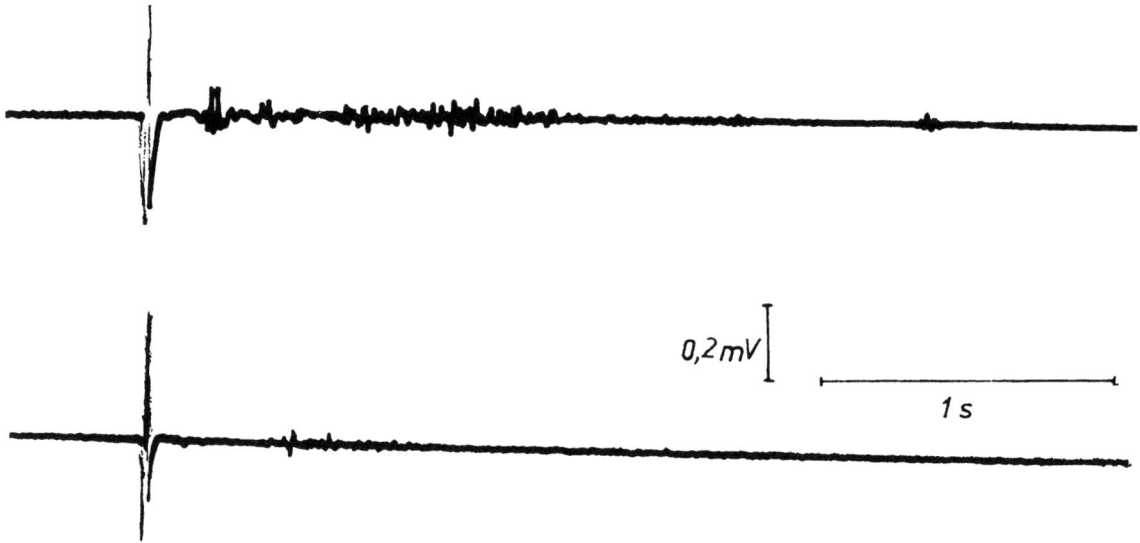

Abb. 438 Adäquat ausgelöste Eigenreflexe des M. quadriceps femoris (sitzende Position, Unterschenkel herabhängend, Ableitung mit Oberflächenelektroden). *Oben* gesunde Versuchsperson, *unten* Patient mit Chorea HUNTINGTON. Bei Chorea HUNTINGTON verkürzte Innervationsstille und verlängerter Rebound nach Art eines tonischen Dehnungsreflexes

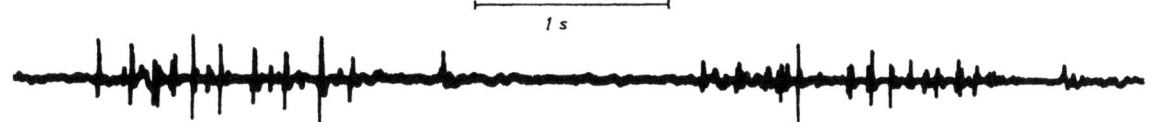

Abb. 439 Tonischer Dehnungsreflex im M. biceps brachii bei Parkinsonismus. Entdehnung ist schwarz markiert

Der *tonische Dehnungsreflex* besteht in einer Aktivitätszunahme während passiver Streckung eines Muskels. Zu seiner Auslösung ist eine Vorbahnung, z. B. durch posturale Hintergrundinnervation oder durch die Tonuserhöhung bei Rigor (Abb. 439) oder Spastizität, notwendig. Der physiologische Hintergrund dieses Reflexes ist noch nicht völlig geklärt. In spastischen Muskeln, deren Aktivität gegen die Schwerkraft gerichtet ist, führt der Reflex zu einer Tonussteigerung. Bei Erreichen einer kritischen Muskelspannung während der passiven Dehnung z. B. des M. quadriceps femoris bricht der Tonus jedoch manchmal plötzlich zusammen. Dieses Taschenmesserphänomen ist wahrscheinlich die Folge der autogenetischen Hemmung, die bei zunehmender Muskelspannung ins Spiel kommt. Wenn der gedehnte Muskel wieder verkürzt wird, stellt sich der ursprüngliche Tonus wieder ein (Releasephänomen).

Der *tonische Vibrationsreflex* läßt sich bei Vibration eines Muskels oder einer Sehne mit einer Frequenz von ca. 100 Hz und Exkursionen von ca. 0,5–1 mm nachweisen (HAGBARTH und EKLUND 1968). Einige Sekunden nach Beginn der Vibration entwickelt sich eine unregelmäßige tonische Aktivität, die auch nach Ende der Reizung noch andauert. Wahrscheinlich kommt der Reflex durch Reizung der primären Endigungen der Muskelspindeln zustande. Phasische Eigenreflexe sind während der Auslösung des Vibrationsreflexes gehemmt.

Der *Entlastungsreflex* tritt als Innervationsstille bei Entlastung eines gegen Widerstand kontrahierten Muskels auf. Im Antagonisten wird eine reflektorische Aktivität beobachtet. Durch den Wegfall des Widerstandes wird der Muskel verkürzt, und die primären Rezeptoren der Muskelspindeln entladen nicht mehr. Mit mikroneurographischer Technik führten STRUPPLER und ERBEL (1971) den direkten Nachweis, daß die dynamischen (phasischen) Spindelafferenzen während der Verkürzung des Muskels ausfallen (vgl. STRUPPLER und SCHENK 1958).

12.7.3. H-Reflexe und F-Wellen

(vgl. MAGLADERY 1955; PAILLARD 1955a, b)
Nach elektrischer Reizung des N. tibialis z. B. in der Kniekehle läßt sich aus dem M. soleus außer der durch Erregung der Motoneurone hervorgerufenen Muskelantwort (M-Potential, M-Antwort) ein Reflexaktionspotential mit einer Latenz von 30–35 msec. hervorrufen (P. HOFFMANN 1910) (Abb. 440). PAILLARD (1955a) bezeichnete dieses Potential als HOFFMANN-Reflex,

MAGLADERY und McDOUGAL (1950) nannten es H-Reflex. Die letzte Bezeichnung ist allgemein üblich. H-Reflexe sind am besten im M. soleus auszulösen; um sie in anderen Muskeln hervorzurufen, bedarf es meist einer Vorbahnung. H-Reflexe sind quasi inadäquat ausgelöste monosynaptische (myostatische) Reflexe, die durch elektrische Reizung der Ia-Afferenten zustande kommen. Neuere Untersuchungen lassen allerdings vermuten, daß auch die rekurrente Erregung von Motoneuronen (s. u.) an H-Reflexen beteiligt ist (TRONTELJ 1973).

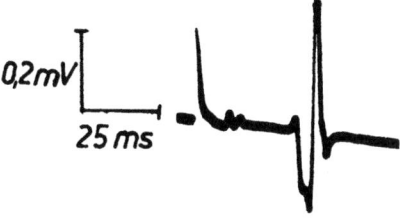

Abb. 440 Muskelantwort und H-Reflex im M. soleus nach elektrischer Reizung des N. tibialis in der Fossa poplitea (Ableitung mit Oberflächenelektroden)

Stimulation mit elektrischen Rechteckimpulsen von 1 msec. Dauer erregt bei niedriger Stromstärke zuerst die Ia-Afferenten, so daß zunächst das H-Reflexaktionspotential erscheint. Bei steigender Stromstärke des Stimulationsimpulses erscheint auch die M-Antwort, die bei weiterer Steigerung der Reizintensität größer wird und einen Maximalwert erreicht. Die H-Reflexe erreichen ebenfalls ein Maximum, jedoch mit geringerer Amplitude als die maximale M-Antwort, um bei weiterer Steigerung der Reizintensität wieder abzunehmen. Die Ursache dafür ist, daß die Erregung in den Motoneuronen auch antidrom geleitet wird, so daß ein Teil der Motoneurone für H-Reflexe unerregbar wird (Abb. 441). H-Reflexe unterscheiden sich von adäquat ausgelösten Eigenreflexen dadurch, daß die Muskelspindeln durch die Art der Reizung umgangen werden. Das bedeutet jedoch nicht, daß die Gammainnervation der Muskelspindeln keinen Einfluß auf den H-Reflex hat. Die Ia-Afferenten werden bei elektrischer Reizung synchron erregt, was bei adäquater Reflexauslösung nicht der Fall ist. Ein H-Reflex wird durch einen vorher ausgelösten H-Reflex beeinflußt (konditioniert), ebenso durch unterschwellige Reizung des N. tibialis (MAGLADERY und Mitarb. 1951; TABORIKOVA und SAX 1969). Die Konditionierungsphase dauert ca. 5–10 sec. oder sogar länger.

Zur Testung der aktuellen Motoneuronenerregbarkeit eignen sich H-Reflexe nur bedingt, da der Reflexerfolg auch von der präsynaptischen Hemmung der

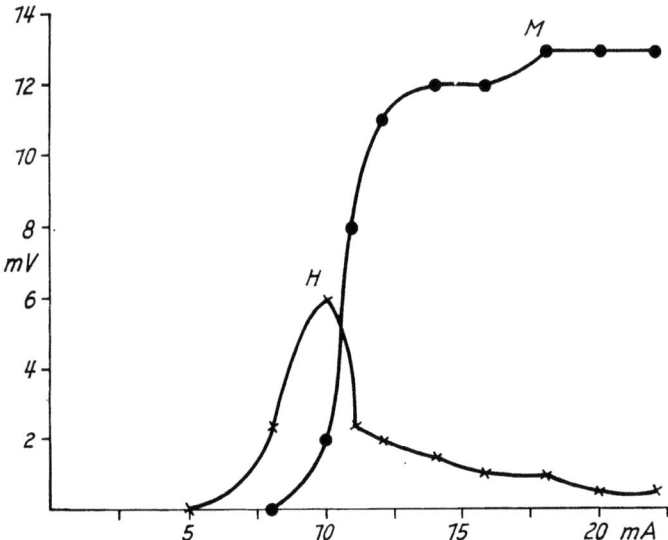

Abb. 441
Unterschiedliches Verhalten der Muskelantworten und der H-Reflexe bei zunehmender Reizstärke (Ableitung mit Oberflächenelektroden vom M. soleus, Reizung des N. tibialis in der Fossa poplitea)

Ia-Afferenten beeinflußt wird. Die präsynaptische Hemmung wird supraspinal kontrolliert, so daß keine Aussage über die an den motorischen Vorderhornzellen wirksame Afferenz möglich ist.

Um H-Reflexe reproduzierbar auszulösen, ist es zweckmäßig, eine einheitliche Methodik in der Reizung und Ableitung einzuhalten (RABENDING 1965; HUGON 1973). Empfohlen wird monopolare Stimulation in der Kniekehle mit Rechteckimpulsen nicht kürzer als 1 msec., um die Ia-Afferenten mit ihrer längeren Nutzzeit bei geringeren Reizintensitäten sicher zu erregen und zu vermeiden, daß die Motoneurone bevorzugt erregt werden. Zur Beurteilung der aktuellen H-Reflexerregbarkeit sollte wegen der konditionierenden Einflüsse des vorangegangenen Reflexes ein Reizabstand von 5–10 sec. nicht unterschritten werden. Änderungen der Reflexerregbarkeit können auch mit kürzerer Reizdistanz erfaßt werden (ca. 1/sec.). Die Reizintensitäten sollten so eingestellt werden, daß das Verhältnis H : M-Antwort etwa 3 : 1 beträgt und die Amplitude des zur Testung verwendeten H-Reflexes etwa die Hälfte seiner maximalen Amplitude. Das Reflexaktionspotential wird am besten bipolar über dem M. soleus erfaßt.

Die Amplitude der H-Reflexe hängt außer vom vorangegangenen H-Reflex und von exterozeptiven Reizen von einer Reihe weiterer Umstände ab. Leichte Willkürinnervation bahnt H-Reflexe ebenso wie passive Dehnung des Muskels. H-Reflexe unterliegen supraspinalen, absteigenden Einflüssen. In typischen Absenzen z. B. wird die Amplitude von H-Reflexen in Abhängigkeit von den klinischen Symptomen und von den Spike-wave-Ausbrüchen im Eeg verändert: Während myoklonischer Symptome und versiver Kopfbewegungen werden H-Reflexe gebahnt; sobald orale Automatismen auftreten, werden sie gehemmt (RABENDING 1965; RABENDING und PARNITZKE 1967) (Abb. 442). Die möglichen Wege der supraspinalen Beeinflussung von H-Reflexen (über die Gammaschleife, Beeinflussung der spinalen Interneurone, welche die Erregbarkeit der Alphamotoneurone modulieren, präsynaptische Hemmung) sind nicht bekannt. Bei Absenzen mit oralen Automatismen fand sich nach längerdauernder Hemmung der H-Reflexe oft ein

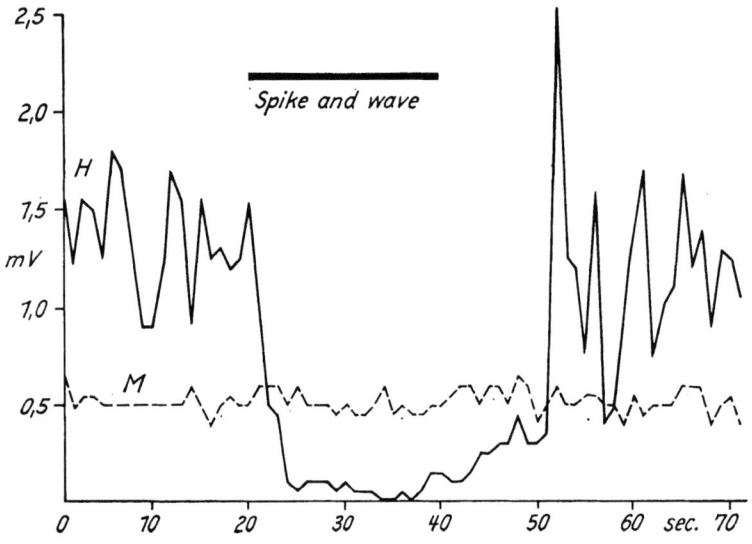

Abb. 442
H-Reflexe und M-Antworten während einer Absenz, die mit oralen Automatismen abläuft. Die H-Reflexe werden im Abstand von ca. 1 sec. ausgelöst. Während der spike-wave-Ausbrüche sind die H-Reflexe gehemmt, die Hemmung überdauert die spike-waves einige Sekunden und wird mit einem einzelnen überschießenden H-Reflex beendet

einzelner, überschießender H-Reflex. Die Amplituden der dann folgenden H-Reflexe lagen wieder im Niveau der Ausgangswerte vor der Absenz. Diese Beobachtung könnte dafür sprechen, daß hier der plötzliche Wegfall einer präsynaptischen Hemmung eine Rolle spielt. Auch im Schlaf und in hypersomnischen Zuständen bei Narkolepsie nimmt die Amplitude von H-Reflexen ab. Im REM-Schlaf können H-Reflexe ganz verschwinden (HISHIKAWA und Mitarb. 1965; RABENDING 1965).

Nach elektrischer Nervenreizung kann an kleinen Hand- und Fußmuskeln ein inkonstant auftretendes Potential registriert werden, dessen Latenz der des H-Reflexes entspricht (Abb. 443). Dieses Potential wird als *F-Welle* bezeichnet (MAGLADERY und MC-DOUGAL 1950). F-Wellen sieht man meist bei der Bestimmung der motorischen Nervenleitung an den Armnerven. Wie neuere Untersuchungen, z. T. mit Einzelfasermyographie (TRONTELJ 1973; TRONTELJ und TRONTELJ 1973), z. T. mit intranervaler Stimulation mit Semimikroelektroden (JAKOBI und KROTT 1974; SHAWNEY und KAYAN 1971) gezeigt haben, enthält die F-Welle mono- und polysynaptische reflektorische Komponenten, ein rekurrentes Potential und in der Gesichtsmuskulatur auch Axonreflexe. Die einzelnen Anteile lassen sich bei Anwendung geeigneter Techniken voneinander trennen.

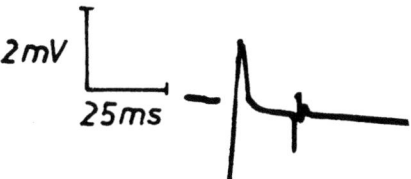

Abb. 443 Muskelantwort und F-Welle im M. opponens nach elektrischer Reizung des N. medianus (Nadelableitung)

Fremdreflexe dienen der nichtpropriozeptiven Kontrolle und Koordination der Motorik. Als protektive (nozizeptive) Reflexe entziehen sie gefährdete Körperteile schädigenden oder schmerzhaften Reizen. Anders als in Eigenreflexen treten z. T. komplizierte Bewegungsmuster auf. Außer der somatomotorischen Komponente enthalten Fremdreflexe oft vegetative Reaktionen, die hier unberücksichtigt bleiben sollen. Die auslösenden Afferenzen stammen aus Muskelspindeln und Sehnenorganen, von Gelenk- und Hautrezeptoren, von Chemo-, Baro- und anderen viszeralen Rezeptoren sowie aus Auge, Ohr und Nase. Nach der Art der Afferenz werden exterozeptive, interozeptive und telezeptive Reflexe unterschieden (YOUNG 1973).

12.7.4. Fremdreflexe

Fremdreflexe sind mindestens disynaptisch, meist polysynaptisch geschaltet. Im Bereich der Interneurone werden außer den Reflexafferenzen supraspinale und intersegmentale Einflüsse wirksam, so daß der Reflexerfolg das Ergebnis des Zusammenspiels mehrerer Faktoren ist, in dem auch noch die präsynaptische Hemmung der Afferenz und ihre supraspinale Kontrolle eine Rolle spielt. Die supraspinale Beeinflußbarkeit der Fremdreflexe wird bereits unter physiologischen Bedingungen bei Aufmerksamkeitsschwankungen oder im Schlaf erkennbar (LENZI und Mitarb. 1968; SHAHANI 1968; FERRARI und MESSINA 1971; KIMURA und HARADA 1972).

Die in Fremdreflexen auftretenden Bewegungsmuster sind z. T. spinal präformiert. Flexoren und Extensoren werden in der Regel reziprok innerviert. Spinal angelegte Reflexmuster können in Abhängigkeit vom Reiz, im Zusammenhang mit Lernvorgängen und bei supraspinalen Störungen durchbrochen werden.

Fremdreflexe enthalten meist zwei elektromyographisch unterscheidbare Antworten mit verschiedenen Latenzen. Der klinische Bewegungseffekt wird im wesentlichen durch die zweite Antwort hervorgerufen. Die unterschiedlichen Latenzen beider Antworten sind wahrscheinlich durch verschiedene Längen der Reflexbögen bedingt. Intensität und Art des Reizes, d. h. der afferente Einstrom, beeinflussen Latenz und Dauer der Antworten ebenfalls. Starke Reize bewirken eine Verkürzung der Latenz, die Antworten sind verlängert. Entsprechend dem protektiven Charakter der Fremdreflexe hängt das Innervationsmuster bei kutaner Auslösung davon ab, an welchem Ort der Hautreiz wirksam wird. Die Abhängigkeit des Innervations- und Bewegungsmusters in Fluchtreflexen der unteren Extremitäten vom Ort der Reizung (»local sign«) wurde von HAGBARTH (1952, 1960) untersucht. Bei der Reflexauslösung spielen schließlich zeitliche und räumliche Summationsvorgänge eine Rolle. Um zu vergleichbaren und reproduzierbaren Ergebnissen zu gelangen, ist es unerläßlich, eine standardisierte Technik der Reizapplikation und der Ausgangslage der Patienten einzuhalten.

Bei wiederholter einfacher Reizung sind Fremdreflexe zunehmend schwerer auslösbar, ein Phänomen, das als *Habituation* bezeichnet wird (RUSHWORTH 1962; DELWAJDE und Mitarb. 1971; DIMITRIJEVIC und NATHAN 1970; HAGBARTH und KUGELBERG 1958; SHAHANI und YOUNG 1971). Die Habituation findet auf spinaler Ebene statt und hängt außerdem von supraspinalen Einflüssen ab. Sie läßt sich sowohl beim vollständigen spinalen Querschnitt ohne supraspinale Verbindung nachweisen, ebenso aber auch bei den Hirnstammreflexen mit besonders intensiver kortikaler Kontrolle. Die Habituation entwickelt sich meist spezifisch gegenüber einer bestimmten Reizmodalität, gegenüber einer bestimmten Wiederholungsfrequenz des Reizes und einem bestimmten Applikationsort. Dishabituation tritt ein, wenn der Reiz vorübergehend gestoppt wird, wenn sich der Charakter des Reizes, die Körperhaltung des Patienten oder auch nur seine Erwartungseinstellung gegenüber dem Reiz ändert. Wenn wiederholt schmerzhafte Reize appliziert werden, nimmt die fremdreflektorische Erregbarkeit gegenüber nozizeptiven Reizen zu, das rezeptive Feld wird ausgeweitet, und der Reflex breitet sich aus. Dieser

Vorgang wurde von HAGBARTH und KUGELBERG (1958) als *Sensitivierung* bezeichnet.

Zu den am besten untersuchten Fremdreflexen gehören die *Plantarreflexe* unter normalen und pathologischen Bedingungen und die *Fluchtreflexe* der unteren Extremitäten (GRIMBY 1963a, b; HAGBARTH 1960; KUGELBERG 1962; NAKANISHI und Mitarb. 1974; SHAHANI und YOUNG 1971, 1973). Die Latenz der ersten Komponente des Plantarreflexes liegt bei 50 bis 100 msec., die der zweiten bei 150–200 msec. Im pathologischen Falle verschwindet die physiologische Flexordominanz (Flexorreflex) der Fußmuskeln zugunsten einer überwiegenden Extensoraktivität, der Plantarreflex wird von Arealen außerhalb der Fußsohle auslösbar, und er breitet sich aus. Zur Untersuchung des *Flexorreflexes* eignet sich der M. tibialis anterior (SHAHANI 1968; SHAHANI und YOUNG 1971, 1973). Um vergleichbare Ergebnisse zu erhalten, muß der Patient in bequeme Ruheposition gebracht werden. Die Reizung erfolgt mit Stahlnadeln, die bis auf die Spitze isoliert sind, auf der Höhe des Fußgewölbes, supramaximal mit Rechteckimpulsen (0,1 msec., Wiederholungsfrequenz 500 Hz) in Zügen von 20 msec. Dauer. Die erste Komponente der reflektorischen Aktivität erscheint mit einer Latenz von 50–60 msec., die zweite nach 110–400 msec. Die zweite Antwort entspricht dem Fluchtreflex. Die erste Antwort weist normalerweise eine niedrigere Reizschwelle auf. Bei Patienten mit chronischen spinalen Läsionen ist sie schwer auszulösen, ebenso bei Patienten mit umschriebenen zerebralen Läsionen, während sie bei Kranken mit Parkinsonismus eine besonders niedrige Schwelle aufweist. In chronischen spinalen Störungen tritt der gesteigerte Flexorreflex im M. tibialis anterior mit langer Latenz und relativ niedriger Reizschwelle auf (SHAHANI und YOUNG 1971). Die *Bauchhautreflexe* und der *Erector-spinae-Reflex* sind ebenfalls untersucht worden (KUGELBERG und HAGBARTH 1958a, b).

Mit der Möglichkeit ihrer elektromyographischen Untersuchung gewannen die Hirnstammreflexe zunehmendes klinisches Interesse. Der *Blinzelreflex* besteht in einer Kontraktion des M. orbicularis oculi nach einem Lichtblitz. Seine Latenz beträgt 30–90 msec. (RUSHWORTH 1962; vgl. auch HOPF und Mitarb. 1973). Gesteigerte Blinzelreflexe findet man als genetisch bedingte Variante der gesteigerten Photosensibilität, bei diffusen zerebralen Schädigungen und bei Depressionen (BICKFORD 1964; RABENDING und SCHMIDT 1963). Der *trigeminofaziale Reflex* (Abb. 444) besteht ebenfalls in einer Kontraktion des M. orbicularis oculi, die jedoch durch einen elektrischen Reiz des N. supraorbitalis ausgelöst wird. Die Latenz der ersten Komponente beträgt 10,6 ± 0,82 msec., die der zweiten Komponente 31,3 ± 3,33 msec. (KIMURA und Mitarb. 1969). Der Reflex erlaubt Leitungsverzögerungen bei Störungen im afferenten und im efferenten Schenkel des Reflexbogens zu erfassen. Bei peripherer Fazialisparese kann der N. facialis in seinem ganzen Verlauf reflektorisch erregt werden. Eine funktionelle Leitungsblockade oder eine Leitungsverzögerung werden an der Abwesenheit oder an der Verzögerung der ersten Komponente des Reflexes erkannt (KIMURA und Mitarb. 1969). Als kritischer Wert für die Prognose der Parese gilt eine Verzögerung von 8 msec. und mehr gegenüber der gesunden Seite (SCHENK und MANZ 1973). Die Prognose der Parese soll ebenfalls ungünstig sein, wenn die erste und die zweite Reflexkomponente innerhalb von 2–3 Wochen nach Beginn der Parese nicht nachweisbar werden (vgl. auch KUGELBERG 1952; GANDIGLIO und FRA 1967). Bei Polyneuropathien sind Leitungsverzögerungen im trigeminofazialen Reflex nachzuweisen (KIMURA 1971). Kranke mit Parkinsonismus zeigen eine fehlende Habituation der zweiten Komponente des Reflexes bei wiederholter Reizung (RUSHWORTH 1962; KIMURA 1973; PENDERS und DELWAIDE 1971).

Weitere Hirnstammreflexe, die elektromyographisch einfach dargestellt werden können, sind der *Corneomandibularreflex* (VON SÖLDER 1902), die *periorale Reflexe* (TOULOUSE und VURPAS 1903; EKBOM und Mitarb. 1951; KUGELBERG 1958), der *Cornealreflex* (MAGLADERY und TEASDALL 1961) und der *Zungenkieferreflex* (HOFFMANN und TOENNIES 1948). Der letztere hat z. B. in der Frühdiagnose des Tetanus Bedeutung erlangt. Normalerweise tritt ca. 15 msec. nach einem elektrischen Reiz im Bereich der Zunge oder Wange eine Innervationsstille im gleichseitigen, kurz darauf auch im gegenseitigen M. masseter auf. Beim Tetanus fällt diese Innervationsstille aus oder sie ist verkürzt (STRUPPLER und Mitarb. 1963). Der *Palmomentalreflex* (Abb. 445) ist elektromyographisch von REIS (1961) untersucht worden. Er tritt nach einem

Abb. 445 Palmomentalreflex nach elektrischer Reizung des Daumenballens mit einem Impulszug (U)

elektrischen Reiz (Impulszug) im Bereich des Thenar oder der Nn. ulnaris oder medianus als Kontraktion des gleichseitigen M. mentalis auf und wird als Fragment eines generalisierten nozizeptiven Hautreflexes aufgefaßt. Normalerweise habituiert er rasch, und bei Gesunden ist er oft nicht oder nur elektromyographisch nachzuweisen. Der Reflex ist bei Patienten mit diffusen zerebralen Störungen auch bei depressiven

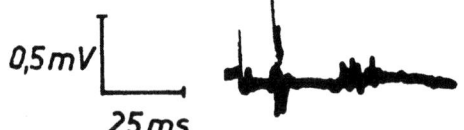

Abb. 444 Trigeminofazialer Reflex. Elektrische Reizung des M. supraorbitalis, Ableitung vom M. orbicularis oculi

Erkrankungen leicht und mit verminderter Habituation auszulösen.

Als *Mikroreflexe* (somatomotorische, sonomotorische und photomotorische Antwort) werden reflektorische Muskelinnervationen nach Sinnesreizen berechnet, die ohne Bewegungseffekt einhergehen (BICKFORD 1966). Mikroreflexe sind am besten durch elektronische Mittelung der Muskelaktivität nachzuweisen. Zu ihrer Auslösung bedarf es meist einer leichten Vorbahnung (Willkür- oder Haltungsaktivität). Am deutlichsten sind sie im Bereich der Gesichtsmuskulatur. Bei der Ableitung von evozierten Potentialen kann es zu Fehlinterpretation kommen, wenn Mikroreflexe mit dem Eeg interferieren. Mikroreflexe breiten sich von kranial nach kaudal mit einer Geschwindigkeit von ca. 20 m/sec. aus (MEIER-EWERT und Mitarb. 1971). Sie haben Beziehungen zum generalisierten Schreckreflexverhalten.

12.7.5. Elektromyographische Syndrome bei Spastizität und bei Parkinsonismus

Die elektromyographischen Befunde bei zentralen Störungen der Motorik sind bisher noch nicht genügend standardisiert und oft nicht unter vergleichbaren Bedingungen und mit gleicher Methodik erhoben worden. Quantitative Untersuchungsergebnisse sind oft nicht in dem möglichen Umfange verfügbar. Außerdem genügt es meist nicht, global definierte klinische Zustände (z. B. Spastizität) den elektromyographischen Befunden gegenüberzustellen; Ort und Dauer der Schädigung beeinflussen das Ergebnis der elektromyographischen Untersuchung. Auch über die Ausgestaltung und über den Umfang des elektromyographischen Untersuchungsgangs bei zentralen Störungen der Motorik bestehen noch keine einheitlichen Auffassungen. Eine praktikable, aber nicht alle diagnostischen Möglichkeiten ausschöpfende »Testbatterie« von 24 Einzeluntersuchungen, deren Ergebnisse quantifiziert erhoben werden, sollen die Differentialdiagnose von Spastizität und PARKINSON-Syndrom erlauben (BUIST und Mitarb. 1972).

Die wichtigsten elektromyographischen Symptome bei Spastizität und beim PARKINSON-Syndrom sind im folgenden als Anhalt für die Untersuchung zusammengestellt.

Sogenanntes spastisches Syndrom: Die phasischen Eigenreflexe sind gesteigert. Der Quadriceps-femoris-Reflex, ausgelöst mit JENDRASSIKschem Handgriff, weist eine Amplitude von im Mittel 4,6 mV (normal 2,3 mV) auf, der Quotient maximaler Triceps-surae-Reflex: maximale M-Antwort im M. triceps surae beträgt im Mittel 0,31 (normal 0,09), das mittlere H/M-Verhältnis im gleichen Muskel 0,50 (normal 0,18) (BUIST und Mitarb. 1972). Beim sogenannten spinalen Schock sind die Eigenreflexe manchmal adäquat nicht auszulösen, während H-Reflexe ein annähernd normales Verhalten zeigen. Im M. tibialis anterior finden sich bei Spastizität H-Reflexe, die in diesem Muskel sonst nur bei Kindern gefunden werden. Der Ruhetonus ist nicht erhöht. Tonische Dehnungsreflexe sind leicht auslösbar, bei Erreichen genügender Muskelspannung auch das Taschenmesserphänomen. Die zweiten Komponenten der Flexorreflexe treten mit längerer Latenz und längerer Dauer auf, die Schwelle der ersten Antwort ist erhöht.

Parkinson-Syndrom: Meist besteht spontane Ruheaktivität entsprechend dem Rigor. Der tonische Dehnungsreflex ist gesteigert. Es besteht ein Antagonistentremor in Ruhe mit einer Frequenz von 3,5–7/sec. sowie elektromyographischer Nachweis des verzögerten Bewegungsstarts. Die Schwelle für die Auslösung der ersten Komponente des Flexorreflexes ist reduziert, und die erste Komponente findet sich auch im Schlaf. Die normale reziproke Innervation antagonistischer Muskeln der unteren Extremitäten ist gestört, es kommt häufiger zu simultaner Kontraktion in antagonistischen Muskeln, z. B. nach elektrischen Hautreizen. Von der Haut ausgelöste Innervationsstillen sind abnorm kurz oder sie fehlen, während propriozeptiv ausgelöste Innervationsstillen normal oder eher verlängert sind. Die Habituation des Orbicularis-oculi-Fremdreflexes (z. B. als trigeminofazialer Reflex ausgelöst) und des Flexorreflexes der unteren Extremitäten ist wenig ausgeprägt (vgl. YOUNG 1973).

13. Begriffe und ihre Synonyma

H.-G. NIEBELING und H.-J. LAUX

Das nachstehende Fachwörterverzeichnis wurde als Anhang in das Buch eingegliedert, um die bisher bestehende unterschiedliche Deutung vieler Begriffe der EEG-Fachterminologie zumindest im deutschen Sprachgebrauch einer Vereinheitlichung zu nähern und um verschieden häufige und zumeist auch bedeutungsmäßig gleichrangig verwendete Synonymybegriffe unter einem Begriff definitionsgemäß zu vereinigen.

In vielen Fällen dürfte ein solches Vorhaben wegen oft feiner bedeutungsmäßiger Nuancen der Synonyma nicht immer befriedigend ausfallen, doch lohnt bereits der Versuch.

Die Zusammenstellung soll allen denjenigen eine Hilfe sein, die sich um eindeutige Formulierungen in der Begriffsbestimmung der EEG-Terminologie und deren Anwendung in der Praxis bemühen. Dem Leser bleibt es dabei selbstverständlich überlassen, zu beurteilen, ob der unternommene Versuch als geglückt und zu weiteren Schritten ermutigend angesehen werden kann.

Für ergänzende Hinweise zum Inhalt, Aufbau und zur Begriffsdefinition des Fachwörterverzeichnisses wären wir sehr dankbar, weil dadurch eine spätere Überarbeitung an Wert gewinnen würde.

Bei der Zuordnung der Begriffe und Synonyma im englischen Sprachgebrauch wurde die von dem internationalen Terminologiekomitee der Internationalen Föderation für Elektroenzephalographie und Klinische Neurophysiologie vorgeschlagene EEG-Fachterminologie verwendet. Es wurde versucht, den am ehesten sinnverwandten englischsprachigen Begriff dem deutschen Fachausdruck gegenüberzustellen. Die Definition wurde im Originaltext zitiert. Gleichzeitig wurden Synonyma, die nicht unbedingt mit dem englischen Originalbegriff voll identisch zu sein brauchen, ihn aber bedeutungsmäßig weitgehend berühren, mit angeführt. Dies betrifft auch Begriffe, für die in der Zusammenstellung des internationalen Terminologiekomitees keine Definitionen enthalten sind bzw. die in der Zusammenstellung nicht erwähnt wurden. Letztgenannte Begriffe wurden im Fachwörterverzeichnis auf der rechten Seite mit angeführt, wenn sie in der Literatur häufiger zu finden sind. Eine Definition wird jedoch nicht gegeben, da dieselbe je nach Autor verschieden ausfallen würde; hinsichtlich der genauen Definition gehen die Auffassungen der einzelnen Anwender der Fachbegriffe zu weit auseinander.

Begriff, Synonyma und Definition
im deutschen Sprachgebrauch

1 Abfolge s. zeitliche Folge (641)
2 Ablauf s. Graphoelement (268)
3 Ableitareal s. Ableitungsbereich (14)
4 Ableitbereich s. Ableitungsbereich (14)
5 **Ableithaube** (*Gummihaube, Haube, Kornmüller-Haube*): Vorrichtung zur Befestigung von Elektroden auf der Schädeloberfläche (mittels Gummibändern oder anderer Halterungen)
6 **Ableitkopf** (*Brause, Brausenkopf, Buchsenkopf, EEG-Anschlußfeld*): Teil des Elektroenzephalographen zum Anschließen der Elektrodenzuführungsverbindung [s. a. Leitungsverbindung (346)]
7 **Ableitprogramm** (*Ableitungsprogramm*): vereinbarte oder erforderliche Reihenfolge der im Verlauf einer EEG-Ableitung zu schaltenden Ableitungsarten
8 Ableitpunkt s. Ableitungspunkt (16)
9 Ableitpunkteschema s. Ableitungspunkteschema (17)
10 Ableitschema s. Ableitungsart (13)
11 Ableitschnur s. Ableitungsschnur u. Leitungsverbindung (18, 346)
12 Ableitung s. EEG-Ableitung u. Registrierung (152, 459)

Sinnverwandter Begriff, Synonyma und Definition
im englischen Sprachgebrauch

harness (*cap, head*): a combination of straps which are fitted over the head to hold pad electrodes in position

electrode panel

run: colloquialism. Use of term discouraged. Term suggested: montage

13 **Ableitungsart** (*Ableitschema, Quellenableitung, Referenzschaltung, Schaltung*): verschiedene feststehende Arten der Zusammenschaltungen von Ableitungsbereichen, meist über 8 Kanäle (z. B. uni- und bipolare Grundableitungsarten oder spezielle Schaltungsformen wie bipolare temporale Ableitungsart, Quellenableitung, Referenzschaltung etc.)

14 **Ableitungsbereich** (*Ableitareal, Ableitbereich, Bereich*): durch 2 Elektroden bei der bipolaren und durch 1 Elektrode bei der unipolaren Ableitungsart erfaßter Bereich unter Berücksichtigung der elektrophysiologischen Streuung der Hirnpotentiale

15 **Ableitungsprogramm** s. Ableitprogramm (7)

16 **Ableitungspunkt** (*Ableitpunkt, Elektrodenposition*): Ort, von welchem EEG-Potentiale über eine dort aufgesetzte Elektrode abgeleitet werden

17 **Ableitungspunkteschema** (*Ableitpunkteschema, Elektrodenableitpunkteschema, Elektrodenanordnung, Plazierungsschema der Elektroden*): Schema, nach welchem EEG-Elektroden auf der Schädeloberfläche plaziert sind; richtet sich nach den anatomischen Gegebenheiten

18 **Ableitungsschnur** (*Ableitschnur, Leitungsschnur, Zuführungskabel*): Kabel, das an der Elektrode angebracht wird und in Verbindung mit dem Registriergerät zur Ableitung der von der Elektrode aufgenommene Potentiale dient

19 **Abschnitt** s. EEG-Meßstrecke (176)

20 **Absenz**: zur Beschreibung einer EEG-Veränderung nicht zu verwenden, da klinischer Terminus

21 **Äquipotentiallinie** (*Potentialfeld*): gedachte Linie, welche alle Orte gleichen Potentials zu einem bestimmten Zeitpunkt miteinander verbindet

22 **äquipotentiell**: keine topographischen Spannungshöhenunterschiede aufweisend

23 **aktive Elektrode** (*differente Elektrode*): Elektrode, welche Potentiale aufnimmt

24 **Aktivität** (*EEG-Aktivität, Hirnpotentialtätigkeit*): Tätigkeit; im engeren Sinne Entladungstätigkeit des Hirns

25 **allgemein ausgebreitet** s. Generalisation, generalisiert (258)

26 **allgemeine Ausbreitung** s. Generalisation, generalisiert (258)

27 **Allgemeinveränderungen** (*AV, Theta-Delta-Aktivität*): diffuse Einlagerungen von Theta- und/oder Deltawellen in unterschiedlicher Ausprägung über allen Ableitungsbereichen in allen Ableitungsarten einer EEG-Ableitung (im Erwachsenen-Eeg Unterteilung in 7, im Kinder-Eeg in 3 Schweregrade)

28 **Alpha-Beta-Grundaktivität**: Grundaktivität, wel-

montage: the particular arrangement by which a number of derivations are displayed simultaneously in an EEG record

derivation: (1) the process of recording from a pair of electrodes in an EEG channel. (2) the EEG record obtained by this process

electrode position

array (*electrode arrangement, electrode position, interelectrode placement*): a regular arrangement of electrodes over the scalp or brain or within the brain substance

lead: strictly: wire connecting an electrode to the electroencephalograph. Loosely: synonym of electrode

absence: use of term discouraged when describing EEG patterns

equipotential line: imaginary line joining a series of points which are the same potential at a given instant in time

equipotential: applies to regions of the head or electrodes which are at the same potential at a given instant in time

exploring electrode (*active electrode, stigmatic electrode*): any electrode over the scalp or brain or within the brain substance, intended to detect EEG activity. Such an electrode is customarily connected to either the input terminal 1 or the input terminal 2 of an EEG amplifier in bipolar derivations and to the input terminal 1 of an EEG amplifier in referential derivations

activity, EEG: any EEG wave or sequence of waves

fast alpha variant rhythm: characteristic rhythm at

che sich aus einer Alpha- und Betakomponente zusammensetzt

29 **Alphaaktivierung:** einseitige, meist örtliche entweder einzeln oder kombiniert auftretende Verstärkung der Spannungshöhe, Verstärkung der Ausprägung, Verminderung der Frequenz der Alphawellen; des öfteren im Aktivierungsbereich begleitet von einem negativen bzw. unvollständigen BERGER-Effekt

30 **Alphaaktivität** (*Alphagrundaktivität*): Auftreten von Alphawellen

31 **Alphaband** (*Alphabereich, Bereich der Alphawellen*): Frequenzband von 8–12(13)/sec.

32 Alphabereich s. Alphaband (31)

33 **Alphafokus:** Ort der größten Spannungshöhe, Ausprägung und Frequenzstabilität der Alphawellen (unter Verwendung der unipolaren Schaltungen)

34 **Alphafokuserweiterung** (*erweiterter Alphafokus, erweiterter Fokus, Fokuserweiterung*): Auftreten des Alphafokus nicht über einer, sondern zwei Hirnregionen bei gleicher Spannungshöhe, Ausprägung und Frequenzstabilität

35 **Alphafokusverlagerung** (*Fokusverlagerung, verlagerter Alphafokus, wandernder Alphafokus*): Auftreten des Alphafokus nicht wie üblicherweise zu erwarten über der okzipitalen, sondern über einer anderen Hirnregion

36 **Alphagrundaktivität** (*Alphaaktivität, Alpharhythmus, Rhythmus im Alphabereich*): Grundaktivität, welche vorwiegend aus Alphawellen besteht

37 Alphagrundaktivitätsvariante s. 4/sec.-Grundaktivitätsvariante (613)

38 Alphagrundrhythmusvariante s. 4/sec.-Grundaktivitätsvariante (613)

39 **Alphakomponente der Grundaktivität:** Anteil der Alphawellen an der Grundaktivität

40 **Alphareduktion:** einseitige, meist örtliche, entweder einzeln oder kombiniert auftretende Verminderung der Spannungshöhe, Ausprägung, Frequenz der Alphawellen

41 Alpharhythmus s. Alphaaktivität u. Alphagrundaktivität (30, 36)

14–20 Hz, detected most prominently over the posterior regions of the head. May alternate or be intermixed with alpha rhythm. Blocked or attenuated by attention, especially visual, and mental effort

alpha rhthym: rhythm at 8–13 Hz occuring during wakefulness over the posterior regions of the head, generally with higher voltage over the occipital areas. Amplitude is variable but is mostly below 50 μV in the adult. Best seen with the eyes closed and under conditions of physical relaxation and relative mental inactivity. Blocked or attenuated by attention, especially visual, and mental effort. Comment: use of term alpha rhythm must be restricted to those rhythms which fulfill all these criteria. Activities in the alpha band which differ from the alpha rhythm as regards their topography and/or reactivity either have specific appellations (for instance, the mu rhythm) or should be referred to as *rhythms of alpha frequency*

alpha band: frequency band of 8–13 Hz. Greek letter: α

rhythm of alpha frequency: (1) in general, any rhythm in the alpha band. (2) specifically: term should be used to designate those activities in the alpha band which differ from the *alpha rhythm* as regards their topography and/or reactivity and do not have specific appellations (such as mu rhythm). Cf. alpha rhythm (30)

42 **Alphawelle** (*Welle im Alphaband, Welle im Alphabereich*): Welle einer Frequenz zwischen 8 und 12(13)/sec.
43 Amplitude s. Spannungshöhe (503)
44 Anbringen der Elektroden s. Setzen der Elektroden (492)
45 **Anfallsmuster im Eeg** (*Entladung, Epilepsiemuster, epileptiformes Muster*): zeitliche und räumliche Kombination von Spitzenpotentialen, welche kennzeichnend für ein bestimmtes Anfallgeschehen ist (z. B. sw-Muster für Absence)

46 Antwortpotential siehe evoziertes Potential (225)
47 **aperiodisch** (*intermittierend, transient, unregelmäßig*): unregelmäßig wiederkehrend (Verwendung des Begriffes nicht zu empfehlen, da ersetzbar durch andere Bezeichnung)
48 **arkadenförmige Alphaaktivität** (*Arkadenform der Alphawellen, μ-Rhythmus, Mü-Rhythmus*): Alphawellen von bogenförmigen Konturen über der zentroparietalen Hirnregion

49 Arkadenform der Alphawellen s. arkadenförmige Alphaaktivität (48)
50 arrhythmische Aktivität s. Frequenzinstabilität (248)
51 **Artefakt** (*extrazerebrales Potential, Hautpotential, Störpotential, Verformung*): jedes nicht zur EEG-Aktivität zählende Potential, das mitunter echten Potentialen sehr ähneln und Schwierigkeiten hinsichtlich der Differenzierung diesem gegenüber bieten kann

52 Asymmetrie s. Seitendifferenz (490)
53 **asynchron** (*desynchron, nicht synchron*): nicht zeitgleich auftretend
54 **Asynchronie**: nicht zeitgleiches Auftreten

55 Aufeinanderfolge s. zeitliche Folge (642)
56 Aufsetzen der Elektroden s. Setzen der Elektroden (492)
57 Aufzeichnung s. Registrierung (459)

alpha wave: wave with duration of $1/8$–$1/13$ sec.

seizure pattern, EEG (*epileptic pattern, epileptiform pattern*): phenomenon consisting of repetitive EEG discharges with relatively abrupt onset and termination and characteristic pattern of evolution, lasting at least several seconds. The component waves or complexes vary in form, frequency and topography. They are generally rhythmic and frequently display increasing amplitude and decreasing frequency during the same episode. When focal in onset, they tend to spread subsequently to other areas. Comment: EEG seizure patterns unaccompanied by clinical epileptic manifestations detected by the recordist and/or reported by the patient should be referred to as "subclinical"

aperiodic (*intermittend, irregular, transient*): applies to: (1) EEG waves or complexes occuring in a sequence at an irregular rate. (2) EEG waves or complexes occuring intermittently at irregular intervals

mu rhythm (*arceau rhythm, comb rhythm, wicket rhythm*): rhythm at 7–11 Hz, composed of arch-shaped waves occuring over the central or centro-parietal regions of the scalp during wakefulness. Amplitude varies but is mostly below 50 μV. Blocked or attenuated most clearly by contralateral movement, thought of movement, readiness to move or tactile stimulation. Greek letter: μ

extracerebral potential (*artefact, artifact, distortion*): any potential which does not originate in the brain, referred to as an artifact in EEG. May arise from: electrical interference external to the subject and recording system; the subject; the electrodes and their connections to the subject and the electroencephalograph; and the electroencephalograph itself. **Artifact**: (1) any potential difference due to an extracerebral source, recorded in EEG tracings. (2) any modification of the EEG caused by extracerebral factors such as alterations of the media surrounding the brain, instrumental distortion or malfunction, and operational errors

asynchronous, independent (temporally)

asynchrony: the non-simultaneous occurence of EEG activities over regions on the same or opposite sides of the head

58 **Ausbreitung** (*Ausdehnung, Potentialfeldausbreitung, räumliche Verteilung, spatiale Verteilung*): Auftreten von Hirnpotentialen (betont) über mehreren oder (diffus, generalisiert) über allen Hirnregionen

59 **Ausbruch** (*Burst, Paroxysmus*): sehr kurzzeitiger Paroxysmus

60 Ausdehnung s. Ausbreitung (58)

61 **Ausprägung** (*Wellenindex*): Dauer des Auftretens von Potentialen (einer bestimmten Art), angegeben in Prozent der Meßstrecke

62 Aussehen eines Einzelpotentialablaufs s. Form (233)

63 Auswerter s. EEG-Arzt (159)

64 Auswertung s. EEG-Auswertung (162)

65 AV s. Allgemeinveränderungen (27)

66 Band s. Frequenzband (245)

67 Bandbreite des EEG-Kanals bzw. Verstärkers s. Verstärkerbandbreite (608)

68 **basale Ringschaltung** (*basaler Ring, bipolare basale Ringschaltung, bipolarer Ring*): Ableitungsart, bei welcher die dazu verwendeten Elektroden zur Erfassung der basalen Strukturen möglichst tief, also in Schädelbasisnähe, gesetzt werden

69 **Basalelektrode** (*Nasopharyngealelektrode, Spezialelektrode, Sphenoidalelektrode*): spezielle Elektrode, die nach Möglichkeit im Bereich der Schädelbasis anzubringen ist

70 basaler Ring s. basale Ringschaltung (68)

71 **basomedian**: topographisch-anatomische Bezeichnung eines Hirnteils, der wie folgt begrenzt wird: oben: Oberfläche des Balkens; unten: Boden des 3. Ventrikels; vorn: Vorderrand der Sella turcica; hinten: Hinterwand des 3. Ventrikels; seitlich: mediane Fläche der Stammganglien

72 Befundabfassung s. EEG-Befundbericht (164)

73 Befundbericht s. EEG-Befundbericht (164)

74 beiderseits s. bilateral (101)

75 beidseits s. bilateral (101)

76 Bereich s. Ableitungsbereich u. Frequenzband (14, 245)

77 Bereich der Alphawellen s. Alphaband (31)

78 Bereich der Betawellen s. Betaband (36)

79 Bereich der Deltawellen s. Deltaband (130)

80 Bereich der EEG-Frequenzen s. EEG-Frequenzspektrum (168)

81 Bereich der Thetawellen s. Thetaband (566)

82 **Berger-Effekt** (*Lidschlußeffekt, on-and-off-Effekt*): Unterdrückung der vorherrschenden Grundaktivität durch kurzzeitiges Augenöffnen über 3–5 Sekunden; während dieser Zeit Auftreten sehr spannungsniedriger rascher Potentiale, nach Augenschluß schlagartiges Wiedereinsetzen der Grundaktivität. Dieser Ablauf wird als *positiver Berger-Effekt* bezeichnet. Bei Fehlen dieser Reaktion über einem oder mehreren Ableitungsbereichen liegt ein *negativer Berger-Effekt* vor, bei geminderter Reaktion ein *unvollständiger Berger-Effekt*; bei

spread (*spatial distribution*): propagation of EEG waves from one region of the scalp and/or brain to another

burst: a group of waves which appear and disappear abruptly and are distinguished from background activity by differences in frequency, form and/or amplitude. Comments: (1) term does not imply abnormality. (2) not a synonym of paroxysm

index (*abundance, quantity, relative time ratio*): percent time an EEG activity is present in an EEG sample. Example: alpha index

circumferential bipolar montage: a montage consisting of derivations from pairs of electrodes along circumferential arrays

basal electrode (*nasopharyngeal electrode, special electrode, sphenoidal electrode*): any electrode located in proximity to the base of the skull

baso median

on and off effect

seitendifferenter Reaktion Hinweiszeichen auf Alphaaktivierung
83 beta spike s. Betaspitze (92)
84 **Betaaktivierung**: stärkere Ausprägung, Spannungserhöhung und Verlangsamung der Betawellen über einem, mehreren oder allen Ableitungsbereichen
85 **Betaaktivität** (*Betarhythmus, Gammarhythmus*): Auftreten von Betawellen

beta rhythm: in general: any EEG rhythm over 13 Hz. Most characteristically: a rhythm from 13 to 35 Hz recorded over the fronto-central regions of the head during wakefulness. Amplitude of fronto-central beta rhythm is variable but is mostly below 30 μV. Blocking or attenuation by contralateral movement or tactile stimulation is especially obvious in electrocorticograms. Other beta rhythms are most prominent in other locations or are diffuse

86 **Betaband** (*Bereich der Betawellen, Betabereich*): Frequenzband von (13) 14–40/sec.

beta band: frequency band over 13 Hz. Greek letter: β. Comment: practically, most electroencephalographs using pen writers appreciably attenuate frequencies higher than 75 Hz. The customary use of relatively slow paper speeds further limits the electroencephalographers ability to resolve visually waves of frequencies higher than 35 Hz. However, this does not justify limiting unduly the high frequency response of the EEG channels, for EEG waves include transients such as spikes and sharp waves with components at frequencies above 50 Hz

87 Betabereich s. Betaband (86)
88 **Betafokus**: Ort der größten Spannungshöhe und Ausprägung der Betawellen (unter Verwendung der unipolaren Schaltungen)
89 **Betagrundaktivität** (*Betarhythmus, Rhythmus im Betabereich*): Grundaktivität, welche überwiegend aus Betawellen besteht

fast activity (*rhythm of beta frequency*): activity of frequency higher than alpha. i.e. beta activity

90 **Betakomponente der Grundaktivität**: Anteil der Betawellen an der Grundaktivität
91 Betarhythmus s. Betaaktivität u. Betagrundaktivität (85, 89)
92 **Betaspitze** (*beta spike, kleine Spitze, small spike, spannungsniedriges Spitzenpotential*): kleine Spitze innerhalb einer Betaaktivität auftretend

beta spike, small spike

93 **Betawelle** (*Welle im Betaband, Welle im Betabereich*): Welle einer Frequenz zwischen (13) 14 und 40/sec.

fast wave (*beta wave*): wave with duration shorter than alpha waves. i.e. under $1/13$ sec.

94 **Betawellengruppe** (*gruppenförmige Betaaktivität*): Auftreten von Betawellen in Form einer Gruppe
95 **betont**: bezeichnet bei Vorliegen einer diffusen oder generalisierten Potentialverteilung eine Verstärkung derselben über einem oder mehreren Hirnbereichen; Übergang zum Fokus nicht absolut sicher zu definieren
96 **Betonung**: besondere Art der räumlichen Verteilung von Potentialen, welche auf 2 oder mehr Hirnregionen ausgedehnt in gleicher Form auftreten
97 Beurteilung s. EEG-Auswertung (162)
98 Bewertung s. EEG-Auswertung (162)
99 **Bezugselektrode** (*inaktive Elektrode, Ohrelektrode, Referenzelektrode*): Elektrode, gegen die ein Potential einer anderen Elektrode abgeleitet wird, wobei der Bezug vom Auswerter in Verbindung

reference electrode: (1) in general: any electrode against which the potential variations of another electrode are measured. (2) specifically: a suitable reference electrode is any electrode customarily connected to the input

mit der Ableitungsart festgelegt wird; kann sowohl aktive als auch inaktive Elektrode sein (z. B. Ohrelektrode)

terminal 2 of an EEG amplifier and so placed as to minimize the likelihood of pickup of the same EEG activity recorded by an exploring electrode, usually connected to the input terminal 1 of the same amplifier, or of other activities. Comments: (1) whatever the location of the reference electrode, the possibility that it might be affected by appreciable EEG potentials should always be considered. (2) a reference electrode connected to the input terminal 2 of all or several EEG amplifiers is referred to as a *common reference electrode*

100 big spike s. große Spitze (269)
101 **bilateral** (*beiderseits, beidseits*): beide Seiten betreffend
102 bilateral symmetrisch s. symmetrisch (550)
103 **bilateral synchron** (*bilateral symmetrisch, bisynchron*): zeitgleiches Auftreten von Potentialen über meist einem, aber auch mehreren gleichnamigen Ableitungsbereichen beiderseits
104 Bild einer Welle s. Form u. Wellenform (233, 633)
105 bioelektrische Aktivität s. Hirnpotentialtätigkeit (296)
106 bioelektrische Inaktivität s. isoelektrisches Eeg (315)
107 **biologische Eichung** (*Eichung*): Einstellung aller Verstärkerkanäle des Elektroenzephalographen auf einen Ableitungsbereich mit 2 möglichst weit auseinanderliegenden Ableitungspunkten und Justieren auf gleichhohe Schreibzeigerausschläge
108 **biphasische Welle** (*diphasische Welle, polyphasische Welle*): doppelphasisches Potential, in dessen Verlauf die Polarität geändert wird
109 **bipolar**: Zusammenschalten von 2 aktiven Elektroden
110 **bipolare Ableitungsart** (*bipolare Reihenschaltung, bipolare Schaltung, bipolares Ableitprogramm, bipolares Ableitungsschema, Reihenschaltung*): Kombination von bipolaren Ableitungsbereichen

111 bipolare basale Ringschaltung s. basale Ringschaltung (68)
112 **bipolare Längsreihenschaltung** (*Längsreihenschaltung*): Kombination von bipolaren Ableitungsbereichen, vorwiegend in Richtung frontookzipital
113 **bipolare Querreihenschaltung** (*hintere Querreihenschaltung, Querreihenableitung, Querreihenschaltung, Transversalableitung, vordere Querreihenschaltung*): Kombination von bipolaren Ableitungsbereichen von der einen zur anderen Hirnhälfte, meist von links nach rechts
114 bipolare Reihenschaltung s. bipolare Ableitungsart (110)
115 bipolare Schaltung s. bipolare Ableitungsart (110)
116 **bipolare temporale Schaltung**: Kombination von bipolaren Ableitungsbereichen, welche im Temporalbereich einen gemeinsamen Ableitungspunkt aufweisen
117 bipolarer Ring s. basale Ringschaltung (68)

bilateral: involving both sides of the head

bisynchronous: abbreviation for: bilaterally synchronous (use discouraged)

common EEG input test: procedure in which the same pair of EEG electrodes is connected to the two input terminals of all channels of the electroencephalograph. Comment: used as adjunct to calibration procedure

diphasic wave (*biphasic wave*): wave consisting of two components developed on alternate sides of the baseline
bipolar derivation: recording from a pair of exploring electrodes
bipolar montage: multiple bipolar derivations, with no electrode being common to all derivations. In most instances, bipolar derivations are linked. i.e. adjacent derivations from electrodes along the same array have one electrode in common, connected to the input terminal 2 of one amplifier and to the input terminal 1 of the following amplifier

longitudinal bipolar montage: a montage consisting of derivations from pairs of electrodes along longitudinal, usually antero-posterior, arrays
transverse bipolar montage (*coronal bipolar montage*): a montage consisting of derivations from pairs of electrodes along coronal (transverse) arrays

118 bipolares Ableitprogramm s. bipolare Ableitungsart (110)
119 bipolares Ableitschema s. bipolare Ableitungsart (110)
120 bisynchron s. bilateral synchron (103)
121 Blockierung s. Verstärkerübersteuerung (611)
122 Brause s. Ableitkopf (6)
123 Brausenkopf s. Ableitkopf (6)
124 Buchsenkopf s. Ableitkopf (6)
125 Burst s. Ausbruch u. Paroxysmus (59, 407)
126 Chronologie s. zeitliche Folge (642)
127 chronologische Verteilung s. zeitliche Folge (642)
128 **Dauer** (*Intervall, Zeitabschnitt*): Zeit des Bestehens eines bestimmten Prozesses oder Zustandes

duration (*interval*): (1) the interval from beginning to end of an individual wave or complex. Comment: the duration of the cycle of individual components of a sequence of regulary repeating waves or complexes is referred to as the period of the wave or complex. (2) the time that sequence of waves or complexes or any other distinguishable feature lasts in an EEG record

129 **Deltaaktivität** (*Rhythmus im Deltabereich*): Auftreten von Deltawellen

delta rhythm: rhythm under 4 Hz

130 **Deltaband** (*Bereich der Deltawellen, Deltabereich*): Frequenzband von 0,2–3,5/sec.

delta band: frequency band under 4 Hz. Greek letter: δ. Comment: DC potential differences are not monitored in conventional EEGs

131 Deltabereich s. Deltaband (130)
132 **Deltafokus** (*Deltaherd, Deltawellenherd*): örtliches Auftreten von Deltawellen, wechselnder oder gleichbleibender Frequenz in kontinuierlicher oder diskontinuierlicher Folge

delta focus

133 Deltaherd s. Deltafokus (132)
134 **Deltawelle** (*Welle im Deltaband, Welle im Deltabereich*): Welle einer Frequenz zwischen 0,2 und 3,5/sec. (unter 1,0/sec. = *Subdeltawelle*)

delta wave: wave with duration over $1/4$ sec.

135 **Deltawellengruppe** (*gruppenförmige Deltaaktivität*): Auftreten von Deltawellen in Form einer Gruppe
136 Deltawellenherd s. Deltafokus (132)
137 desynchron s. asynchron (53)
138 differente Elektrode s. aktive Elektrode (23)
139 **Differentialverstärker** (*Differenzverstärker*): spezielle schaltungstechnische Ausführung eines Verstärkers, um die Möglichkeit zu gewährleisten, bipolare Ableitungen durchführen und Störspannungen unterdrücken zu können

differential amplifier (*differential balanced amplifier*): an amplifier whose output is proportional to the voltage difference between its two input terminals. Comment: electroencephalographs make use of differential amplifiers in their input stages

140 Differenzverstärker s. Differentialverstärker (139)
141 **diffus**: asynchrones Auftreten von Potentialen über allen Ableitungsbereichen, in seltenen Fällen über nur einer Hirnhemisphäre

diffuse (*generalized*): occuring over large areas of one or both sides of the head

142 diffuse gemischte Spitzenpotentiale s. Hypsarrhythmie (305)
143 diphasische Welle s. biphasische Welle u. polyphasische Welle (108, 428)
144 **diskontinuierlich** (*intermittierend, unregelmäßig, unterbrochen*): unterbrochenes, nicht fortlaufendes Auftreten einer Aktivitätsart

intermittend

145 Drei-pro-Sekunde (3/sec.) spike and slow wave-Komplex (511)
146 Dualtiefenelektrode s. Mehrfachtiefenelektrode (354)

147 Ecg s. Elektrokortikogramm u. Elektrokortikographie (215, 216)
148 echte Phasenumkehr s. Phasenumkehr (414)
149 echte Seitendifferenz s. Seitendifferenz (499)
150 Eeg s. EEG-Kurve u. Elektroenzephalogramm (172, 210)
151 EEG. s. Elektroenzephalographie (212)
152 **EEG-Ableitung** (*Ableitung, EEG-Aufzeichnung, EEG-Registrierung, elektroenzephalographische Untersuchung, Registrierung*): unter EEG-Ableitung ist die Gesamtuntersuchung zu verstehen

recording (*tracing*): (1) the process of obtaining an EEG record. Synonym: tracing. (2) the end product of the EEG recording process, most commonly traced paper. Synonyms: *record; tracing*

153 **EEG-Änderung:** Wechsel der EEG-Aktivität im Verlauf verschiedener Vigilanzzustände, unter dem Einfluß von Provokationsmethoden, Medikamenten oder im Verlauf der einzelnen Lebensalter (kindliches, juveniles und Erwachsenen-Eeg); abzugrenzen vom Begriff der EEG-Veränderung

EEG changing

154 EEG-Aktivierungsmaßnahme s. Provokationsmethode (443)
155 EEG-Aktivität s. Aktivität, Gehirnaktivität u. Hirnpotentialtätigkeit (24, 255, 296)
156 **EEG-Anmeldeformular** (*EEG-Anmeldung*): Vordruck für den Anmelder einer elektroenzephalographischen Untersuchung zum Eintragen der klinisch-anamnestischen Daten und anderer Fragestellungen über den Patienten zur Information des EEG-Auswerters und der Technischen EEG-Assistentin
157 EEG-Anmeldung s. EEG-Anmeldeformular (156)
158 EEG-Anschlußfeld s. Ableitkopf (6)
159 **EEG-Arzt** (*Auswerter, EEG-Auswerter, EEGist, Elektroenzephalographist*): Arzt, welcher für die elektroenzephalographische Diagnostik verantwortlich ist

electroencephalographer (*EEGer, interpreter, rater*)

160 EEG-Aufzeichnung s. EEG-Kurve u. Registrierung (172, 459)
161 EEG-Auswerter s. EEG-Arzt (159)
162 **EEG-Auswertung** (*Auswertung, Beurteilung, Bewertung, EEG-Befundung*): Vorgang des »Inbeziehungsetzens« der registrierten Kurve zur klinischen Fragestellung, setzt sich aus den folgenden Teilbereichen zusammen: 1) visuelle bzw. visuell-manuelle Erfassung bzw. Zählung der Graphoelemente und zeitliche sowie räumliche Zuordnung derselben. 2) Zuordnung zu den gegebenen feststehenden nomenklatorischen EEG-Begriffen, die ihrerseits mit den klinischen Angaben und Daten korreliert sind und 3) zu einem allgemeinverständlichen Befundbericht zusammengefaßt werden. Dadurch wird dem Anmelder eine Stellungnahme und somit Entscheidungshilfe in die Hand gegeben

interpretation (*description, evaluation*)

163 EEG-Befundabfassung s. EEG-Befundbericht (164)
164 **EEG-Befundbericht** (*Befundabfassung, Befundbericht, EEG-Befundabfassung, EEG-Protokoll*): Niederschrift über die EEG-Auswertung

verbal description of EEG (*protocol of EEG*)

165 EEG-Befundung s. EEG-Auswertung (162)
166 EEG-Bestandteil s. Graphoelement (268)
167 EEG-Elektrode s. Elektrode (197)

168 **EEG-Frequenzspektrum** (*Bereich der EEG-Frequenzen*): der im Hirnpotentialbild meßbare Frequenzbereich zwischen 0,2 und 40 Wellen/sec.

169 EEG-Gerät s. Elektroenzephalograph (211)

170 **EEG-Kanal** (*EEG-Verstärker, Kanal*): Funktionseinheit des Elektroenzephalographen zur Verstärkung der EEG-Signale zweier auf den Verstärkereingang zusammengeschalteten Elektroden

171 EEG-Klassifizierung s. Typisierung des EEG (583)

172 **EEG-Kurve** (*Eeg, EEG-Aufzeichnung, Elektroenzephalogramm, Hirnpotentialbild, Hirnpotentialkurve, Hirnstrombild, Hirnstromkurve, Kurve*): Aufzeichnungsergebnis der Hirnpotentialtätigkeit für die Zwecke der Bearbeitung, Dokumentation und Archivierung

173 EEG-Merkmal s. Graphoelement (268)

174 EEG-Meßabschnitt s. EEG-Meßstrecke (176)

175 EEG-Meßintervall s. EEG-Meßstrecke (176)

176 **EEG-Meßstrecke** (*Abschnitt, EEG-Meßabschnitt, EEG-Meßintervall, Meßabschnitt, Meßintervall, Meßstrecke*): Abschnitt innerhalb einer EEG-Kurve, der zur Auszählung bzw. visumanuellen Beurteilung ausgewählt und eingehender untersucht wird [oft verwechselt mit *Kurvenausschnitt* (337)]

177 **EEG-Nomenklatur** (*nomenklatorischer EEG-Begriff, Nomenklatur des Eeg*): Vokabular an Fachausdrücken, welche sich nur auf die Beschreibung hirnelektrischer Sachverhalte bezieht

178 EEG-Protokoll s. EEG-Befundbericht (164)

179 EEG-Registriergerät s. Elektroenzephalograph (211)

180 EEG-Registrierung s. Registrierung (459)

181 **EEG-Schlafstadien** (*Schlafstadien*): die durch Registrierung des Schlaf-Eeg (476) erhaltenen und nach Graden (LOOMIS u. Mitarb., DEMENT u. Mitarb., ROTH u. a.) eingeteilten Informationen über einen jeweils bestehenden Schlaf- bzw. Wachheitszustand

182 **EEG-Terminologie** (*Terminologie des Eeg*): Vokabular an Fachausdrücken, welches sich auf die Elektroenzephalographie und die damit zusammenhängenden Begriffe bezieht und sich nicht nur auf die EEG-Nomenklatur (177) beschränkt

183 Eeg-Typen s. Typisierung des Eeg (583)

184 EEG-Typeneinteilung s. Typisierung des Eeg (583)

185 EEG-Typisierung s. Typisierung des Eeg (583)

186 **EEG-Veränderungen**: als pathologisch zu wertende Abweichungen der EEG-Aktivität [vgl. EEG-Änderungen (153)]

187 EEG-Verstärker s. EEG-Kanal (170)

188 **EEG-Welle** (*Hirnwelle, Welle, Zyklus*): Einzelpotentialablauf im Eeg, welcher in seiner Kontur und in seinem Verhalten Ähnlichkeiten gegenüber der Halbwelle einer Sinusschwingung erkennen läßt ohne jedoch mit derselben identisch zu sein; entsteht durch Schwankung eines Gleichspannungspotentials und ist gekennzeichnet durch

frequency spectrum: range of frequencies composing the EEG. Divided into four bands termed delta, theta, alpha and beta

channel: complete system for the dedection, amplification and display of potential differences between a pair of electrodes. Comment: electroencephalographs generally consist of several EEG channels

record (*curve, trace, tracing*): the end product of the EEG recording process

epoch (*sample, segment length*): a period of time in an EEG record. Durating of epochs is determined arbitrarily. Example: a 10 sec. epoch

sleep stages: distinctive phases of sleep, best demonstrated by polygraphic recordings of the EEG and other variables, including at least eye movements and activity of certain voluntary muscles

terminology of EEG

changes in EEG

wave (*brain wave, cycle, EEG wave*): any change of the potential difference between pairs of electrodes in EEG recording. May arise in the brain (EEG wave) or outside it (extracerebral potential)

zwei Fußpunkte am Beginn und Ende und einen dazwischenliegenden Gipfelpunkt

189 EEGist s. EEG-Arzt (159)
190 **Eichung:** Einjustieren aller Verstärkerkanäle eines Elektroenzephalographen vor Beginn und nach Ende einer EEG-Ableitung auf gleichhohen Schreibzeigerausschlag [s. *biologische Eichung* (107), *physikalische Eichung* (417) u. *technische Eichung* (558)]

calibration: (1) procedure of testing and recording the responses of EEG channels to voltage differences applied to the input terminals of their respective amplifiers. Comment: DC (usually) or AC voltages of magnitude comparable to the amplitudes of EEG waves are used in this procedure. (2) the procedure of testing the accuracy of paper speed by means of a time marker. Comment: some electroencephalographs provide time marks throughout recording. Cf. *common EEG input test*

191 **einphasische Welle** s. monophasisches Potential (361)
192 **einphasisches Potential** s. monophasisches Potential (361)
193 **einseitig** (*halbseitig, unilateral*): auf eine Halbseite (Hemisphäre) des Schädels bezogen
194 **einzeln auftretend** (*isoliert, solitär, vereinzelt*): solitäres Auftreten einer Welle, eines Spitzenpotentials oder eines Komplexes
195 **Einzelpotentialablauf** (*Graphoelement, Potential*): EEG-Welle oder Spitzenpotential, bestehend aus: Fußpunkt – Gipfelpunkt – Fußpunkt
196 **elektrisch aktive Zone:** Ort, wo echte Hirnpotentiale abgenommen werden können
197 **Elektrode** (*EEG-Elektrode*): Kontaktvorrichtung, welche zur Aufnahme bioelektrischer Potentiale dient
198 Elektrode vom durchschnittlichen Bezugspotentialniveau siehe gemeinsame Bezugselektrode (256)
199 Elektrodenableitpunkteschema s. Ableitungspunkteschema (17)
200 **Elektrodenabstand:** Abstand zwischen 2 Elektroden

unilateral (*lateralized*): confined to one side of the head. Comments: (1) unilateral EEG activities may be focal or diffuse. (2) they are said to be lateralized to the right or left side of the head
isolated: occuring singly
potential: (1) strictly: voltage. (2) loosely: synonym of wave

electrode: strictly: a conducting device applied over or inserted into a region of the scalp or brain. Loosely: synonym of *lead*

inter-electrode distance (*inter-electrode placement*): spacing between pairs of electrodes. Comment: distances between adjacent electrodes placed according to the standard 10–20 system or more closely spaced electrodes are frequently referred to as short or small inter-electrode distances. Larger distances such as the double or triple distance between standard electrode placements are often termed long or large inter-electrode distances

201 Elektrodenanbringen s. Setzen der Elektroden (492)
202 Elektrodenanordnung s. Ableitungspunkteschema (17)
203 Elektrodenapplikation s. Setzen der Elektroden (492)
204 Elektrodenposition s. Ableitungspunkt (16)
205 **Elektrodenübergangswiderstand** (*Elektrodenüberleitwiderstand, Gleichstromübergangswiderstand, Übergangswiderstand, Wechselstromübergangswiderstand*): 1) Wechselstromwiderstand (Impedanz), welcher am Übergang zwischen Kopfhaut und Elektrode wirksam wird, gemessen in Ohm; 2) Gleichstromwiderstand (Effektivwiderstand), welcher am Übergang zwischen Kopfhaut und Elektrode wirksam wird, gemessen in Ohm; be-

electrode impedance: opposition to the flow of an A.C. current through the interface between an electrode and the scalp or brain. Measured between pairs of electrodes or, in some electroencephalographs, between each individual electrode and all the other electrodes connected in parallel. Expressed in ohms (generally kilohms, $k\Omega$). Comments: (1) over the EEG frequency range, because the capacitance factor is small, electrode impedance is usually numerically equal to electrode

vorzugt wird die Messung des Wechselstromwiderstandes

206 **Elektrodenübergangswiderstandsmeßgerät** (*Impedanzmesser, Ohmmeter, Übergangswiderstandsmeßgerät*): Gerät zum Messen der Übergangswiderstände zwischen Kopfhaut und Elektrode (Messung mittels Wechsel- oder Gleichspannung)
207 Elektrodenüberleitwiderstand s. Elektrodenübergangswiderstand (205)
208 **Elektrodenwahlschalter**: Schaltvorrichtung am Elektroenzephalographen, welche wahlweise das Zusammenschalten von 2 Elektroden auf je einen EEG-Kanal ermöglicht
209 Elektrodenzuführungsverbindung s. Leitungsverbindung (346)
210 **Elektroenzephalogramm** (*Eeg, EEG-Kurve, hirnelektrischer Sachverhalt, Hirnpotentialbild, Hirnstrombild*): ist identisch mit der EEG-Kurve (172)
211 **Elektroenzaphalograph** (*EEG-Gerät, EEG-Registriergerät, Registriergerät*): Gerät zur Aufzeichnung der Hirnpotentialtätigkeit
212 **Elektroenzaphalographie** (*EEG*): Teil der medizinischen Wissenschaft, welcher sich mit der Darstellung, Untersuchung sowie Interpretation der Hirnpotentialtätigkeit befaßt
213 **elektroenzephalographische Untersuchung**: Gesamtvorgang des Ableitens und Auswertens des Elektroenzephalogramms
214 Elektroenzephalographist s. EEG-Arzt (159)
215 **Elektrokortikogramm** (*Ecg, Kortikogramm*): Aufzeichnung der Potentialtätigkeit von der Hirnrinde während einer bestimmten Zeit und nach operativer Freilegung (epidural oder direkt kortikal) abgenommen
216 **Elektrokortikographie** (*Ecg, Kortikographie*): Teilgebiet der Elektroenzephalographie, welches sich mit einer speziellen Ableitungsform (epidural, kortikal bzw. intrazerebral) der Hirnpotentialtätigkeit beschäftigt
217 elektrozerebrale Inaktivität s. isoelektrisches Eeg (15)
218 Entladung s. Anfallmuster im Eeg, paroxysmale Aktivität und Paroxysmus (45, 406, 407)
219 **Epiduralelektrode**: Elektrode, welche nach operativer Freilegung auf die Dura mater aufgesetzt wird und zur Aufnahme der am Ableitungspunkt vorhandenen Hirnpotentialtätigkeit dient
220 Epilepsiemuster s. Anfallmuster im Eeg (45)
221 epileptiformes Muster s. Anfallmuster im Eeg (45)
222 Ereignisdichte s. Frequenz (244)

resistance. (2) not a synonym of input impedance of EEG amplifier
electrode resistance: opposition to the flow of a D.C. current through the interface between an EEG electrode and the scalp or brain. Measured between pairs of electrodes or, in some electroencephalographs, between each individual electrode and all the other electrodes connected in parallel. Expressed in ohms (generally kiloohms, kΩ). Comment: measurement of electrode resistance with DC currents results in varying degrees of electrode polarization
impedance meter: an instrument used to measure impedance
ohmmeter: an instrument used to measure resistance

electrode selection switch

electroencephalogram (*electrogram, EEG*): record of electrical activity of the brain taken by means of electrodes placed on the surface of the head, unless otherwise specified
electroencephalograph (*EEG machine*): instrument employed to record electroencephalograms
electroencephalography (*EEG*): (1) the science relating to the electrical activity of the brain. (2) the technique of recording electroencephalograms

electrocorticogram (*cortical electroencephalogram, cortical electrogram, ECoG*): record of EEG activity obtained by means of electrodes applied directly over or inserted in the cerebral cortex

electrocorticography (*cortical electroencephalography, cortical electrography, ECoG*): technique of recording electrical activity of the brain by means of electrodes applied over or implanted in the cerebral cortex

epidural electrode: electrode located over the dural covering of the cerebrum

438 Begriffe und ihre Synonyma

223 erweiterter Alphafokus s. Alphafokuserweiterung (34)
224 erweiterter Fokus siehe Alphafokuserweiterung (34)
225 **evoziertes Potential** (*Antwortpotential, Reizantwortpotential*): Antwortpotential im Eeg, das auf einen Sinnesreiz nach einer gewissen Latenzzeit nachweisbar ist und einen zerebralen Ursprung hat

evoked potential (*evoked response*): wave or complex elicited by and timelocked to a physiological or other stimulus, for instance an electrical stimulus, delivered to a sensory receptor or nerve, or applied directly to a discrete area of the brain. Comment: computer summation techniques are especially suited for the detection of these and other event-related potentials from the surface of the head
extracerebral potential (51)

226 **extrazerebrales Potential** (*Artefakt, Störpotential*): jedes in einer EEG-Kurve mitregistrierte Störpotential, dessen Herkunft eindeutig als nicht vom Hirn ausgehend erkannt wird
227 flaches Eeg s. spannungsniedriges Eeg (550)
228 Flimmerlichtaktivator s. Photostimulator (243)
229 Fokus s. Herd (285)
230 Fokuserweiterung s. Alphafokuserweiterung (34)
231 Fokusverlagerung s. Alphafokusverlagerung (36)
232 Folge s. zeitliche Folge (642)
233 **Form** (*Aussehen eines Einzelpotentialablaufs, Bild einer Welle, Form einer Welle, Gestalt, Kontur, Morphe, Morphologie, Wellenform*): äußeres Aussehen der Graphoelemente

form (*contour, morphology, wave form*): shape of a wave
morphology: (1) the study of the form of EEG waves. (2) the form of EEG waves
waveform: the shape of an EEG wave

234 Form einer Welle s. Form (233)
235 fortgeleitete Aktivität s. Streuung (541)
236 fortgeleitete Herdstörung s. Streuung (541)
237 fortgeleitete Muster s. Streuung (541)
238 fortgeleitete Wellen s. Streuung (541)
239 fortlaufend s. kontinuierlich (326)
240 **fotomyogene Reaktion** (*fotomyoklonische Reaktion*): Reaktion auf Fotostimulation; Reizantwort auf intermittierende Lichtblitze während der Dauer der Reizung, bestehend aus sich wiederholenden Muskelpotentialen

photo-myogenic response (*photo-myoclonic response*): a response to intermittent photic stimulation characterized by the appearance in the record of brief, repetitive muscular spikes over the anterior regions of the head. These often increase gradually in amplitude as stimuli are continued and cease promptly when the stimulus is withdrawn. Comment: this response is associated frequently with flutter of the eyelids and vertical oscillations of the eyeballs and sometimes with discrete jerking mostly involving the musculature of the face and head. Preferred to synonym: photo-myoclonic response

241 fotomyoklonische Reaktion s. fotomyogene Reaktion (240)
242 **Fotostimulation**: Provokationsverfahren, durchgeführt zum Hervorrufen bestimmter zerebraler Reaktionen auf intermittierende Lichtreize verschiedener Dauer, Intensität und Frequenz

photic stimulation: delivery of intermittent flashes of light to the eyes of a subject. Used as EEG activation procedure

243 **Fotostimulator** (*Flimmerlichtaktivator, Lichtblitzgerät, Stroboskop*): Gerät zum Erzeugen von Lichtblitzen wählbarer Frequenz, Dauer und Intensität für die Durchführung einer Fotostimulation

photic stimulator: Device for delivering intermittent flashes of light. Synonym: *stroboscope*

244 **Frequenz** (*Ereignisdichte, Häufigkeit*): Anzahl der Schwingungsvorgänge je Zeiteinheit; bezogen auf das Eeg bedeutet Frequenz die Häufigkeit der Gleichspannungsschwankungen der Biopotentiale

frequency (*density, events per time unit*): number of complete cycles of repetitive waves or complexes in one second. Measured in hertz (Hz), a unit preferred to its equivalent, cycles per second (c/sec.)

während einer Sekunde, angegeben in »Wellen pro Sekunde«. Nach Möglichkeit wird die Einheit »Hertz« vermieden, da es sich nicht um Wechselstromschwingungen handelt

245 **Frequenzband** (*Band, Bereich, Frequenzbereich, Frequenzspektrum*): Ausschnitt aus dem gesamten EEG-Frequenzspektrum, gekennzeichnet durch eine untere und obere Grenzfrequenz; bezieht sich für das Eeg auf verschiedene Frequenzbereiche (z. B. Alpha-, Betaband etc.)

frequency band [*frequency spectrum* (168)]

246 Frequenzbereich s. Frequenzband (245)
247 Frequenzgang s. Verstärkerbandbreite (608)
248 **Frequenzinstabilität, frequenzinstabil** (*arrhythmische Aktivität, Frequenzlabilität, Nicht-Stationarität*): mäßig bis stark wechselnde Frequenzen bei mehrfacher Bestimmung über eine bestimmte Zeit, die in Abhängigkeit von der vorliegenden Frequenz zu stehen hat

arrhythmic activity (*nonstationarity*): a sequence of waves of inconstant period

249 Frequenzlabilität s. Frequenzinstabilität (248)
250 Frequenzspektrum s. EEG-Frequenzspektrum u. Frequenzband (168, 245)
251 **Frequenzstabilität, frequenzstabil** (*monorhythmisch, Stationarität*): gleiche Frequenzen oder nur geringer Frequenzwechsel bei mehrfacher Bestimmung über eine bestimmte Zeitdauer, die in Abhängigkeit von der vorliegenden Frequenz zu stehen hat

monorhythmic (*frequency stability, stationarity*): use of term discouraged when describing EEG patterns

252 **frontal**: topographisch-anatomische Bezeichnung, welche die Stirnregion des Großhirns mit Ausnahme der vorderen Zentralregion betrifft und auf die darüberliegenden Schädelabschnitte projiziert wird

frontal

253 **Fußpunkt**: Spannungsminimum am Beginn bzw. Ende eines Einzelpotentialablaufs
254 Gammarhythmus s. Betaaktivität (85)
255 Gehirnaktivität s. Hirnpotentialtätigkeit (296)
256 **gemeinsame Bezugselektrode** (*Elektrode vom durchschnittlichen Bezugspotentialniveau, gemeinsame Referenzelektrode, inaktive Elektrode, neutrale Elektrode*): Elektrode, gegen welche die Potentiale mehrerer anderer Elektroden abgeleitet werden [s. a. Bezugselektrode u. Referenzschaltung (99, 456)]

common reference electrode: a reference electrode connected to the input terminal 2 of several or all EEG amplifiers

257 gemeinsame Referenzelektrode s. gemeinsame Bezugselektrode (256)
258 **Generalisation, generalisiert** (*allgemein ausgebreitet, allgemeine Ausbreitung, Ausbreitung, Generalisierung, verallgemeinerte Ausbreitung*): annähernd gleichzeitiges (synchrones) Auftreten von Potentialen über allen Hirnregionen; mitunter auch Beschränkung auf nur eine Hemisphäre

generalization: propagation of EEG activity from limited areas to all regions of the head
generalized: occuring over all regions of the head

259 Generalisierung s. Generalisation (258)
260 gepolsterte Elektrode s. Oberflächenelektrode u. Standardelektrode (389, 527)
261 Gestalt s. Form (233)
262 **Gipfelpunkt**: Spannungsmaximum bzw. Höhepunkt eines Einzelpotentialablaufs

peak: point of maximum amplitude of a wave

263 Gleichstromübergangswiderstand s. Elektrodenübergangswiderstand (205)
264 gleichzeitig s. simultan (497)
265 Gleichzeitigkeit s. Synchronität (553)
266 GOLDMAN-OFFNER-Referenzschaltung s. Referenzschaltung (456)

267 **Grand mal:** zur Beschreibung einer EEG-Veränderung nicht zu verwenden, da klinischer Terminus

268 **Graphoelement** (*Ablauf, EEG-Bestandteil, EEG-Merkmal, Einzelpotentialablauf, Merkmal, Potential*): Potentialablauf in Form einer Welle, eines Spitzenpotentials oder einer Kombination von beiden, welcher nomenklatorisch definiert ist

269 **große Spitze** (*big spike, spannungshohes Spitzenpotential*): meist negatives bzw. biphasisches, seltener positiv gerichtetes Spitzenpotential; Spannungshöhe beträgt im allgemeinen das Doppelte bis Mehrfache der der Alphawellen im gleichen Bereich

270 **Grundaktivität** (*Grundrhythmus*): altersphysiologische EEG-Aktivität Gesunder (Erwachsene u. Kinder) im passiven Wachzustand bei geschlossenen Augen; üblicherweise durch Augenöffnen blockierbar [s. BERGER-Effekt (82)]

271 **Grundlinie** (*Nullinie*): gedachte Bezugslinie für die Festlegung der Polungsrichtung sowie der Spannungshöhe von Potentialabläufen. Trennlinie für den negativen und positiven Polaritätsbereich

272 **Grundlinienschwankung:** Veränderungen des Niveaus der Grundlinie

273 Grundrhythmus s. Grundaktivität (270)

274 **Gruppe** (*Wellengruppe*): Auftreten mehrerer vorwiegend frequenzstabiler, sich aus dem vorliegenden Spannungsniveau mehr oder weniger deutlich heraushebender und hinsichtlich der Dauer des Auftretens von ihrer Frequenz abhängiger Wellen

275 gruppenförmige Betaaktivität s. Betawellengruppe (94)

276 gruppenförmige Deltaaktivität s. Deltawellengruppe (135)

277 gruppenförmige Thetaaktivität s. Thetawellengruppe (571)

278 GRV s. 4/sec.-Grundaktivitätsvariante (613)

279 Gummihaube s. Ableithaube (5)

280 Häufigkeit s. Frequenz (244)

281 halbseitig s. einseitig (193)

282 Haube s. Ableithaube (5)

283 Hautartefakt s. Hautpotential (284)

284 **Hautpotential** (*Artefakt, Hautartefakt, Schwitzpotential*): sehr frequenzniedriges Potential, welches durch transpirative Tätigkeit der Hautdrüsen verursacht, von den Oberflächenelektroden mitregistriert wird; im allgemeinen leicht als Artefakt zu erkennen; kann der EEG-Aktivität unterlagert sein

285 **Herd** (*Fokus, Spitzenpotentialfokus, Spitzenpotentialherd, Wellenfokus, Wellenherd*): lokalisierte Häufung bestimmter Graphoelemente physiologischen oder pathologischen Charakters in einer EEG-Kurve

286 Herdstreuung s. Streuung (541)

grand mal: use of term discouraged when describing EEG pattern

cycle (*event, grapho element, potential, sign, sign of EEG*): the complete sequence of potential changes undergone by individual components of a sequence of regulary repeated EEG waves or complexes

big spike

baseline (*zero cross line*): strictly: (1) line obtained when an identical voltage is applied to the two input terminals of an EEG amplifier or when the instrument is in the calibrate position but no calibration signal is applied. (2) loosely: imaginary line corresponding to the approximate mean values of the EEG activity assessed visually in an EEG derivation over a period of time

group

skin potential

focus: a limited region of the scalp, cerebral cortex or depth of the brain displaying a given EEG activity, whether normal or abnormal

287 hintere Querreihenableitung s. hintere Querreihenschaltung (288)
288 **hintere Querreihenschaltung** (*hintere Querreihenableitung*): Kombination von bipolaren Ableitungsbereichen unter Einbeziehung der hinteren Temporal- und Okzipitalelektroden von der einen zur anderen Hirnhälfte, meist von links nach rechts geschaltet [s. bipolare Querreihenschaltung (113)]
289 **Hintergrundaktivität**: Oberbegriff für Grundaktivität und Allgemeinveränderungen

coronal bipolar montage [*transverse bipolar montage* (113)]
inter-hemispheric derivation: recording between a pair of electrodes located on opposites sides of the head

background activity: any EEG activity representing the setting in which a given normal or abnormal pattern appears and from which such pattern is distinguished. Comment: not a synonym of any individual rhythm such as the alpha rhythm

290 Hirnaktivität s. Hirnpotentialtätigkeit (296)
291 hirnelektrische Inaktivität s. isoelektrisches Eeg (315)
292 hirnelektrische Stille s. isoelektrisches Eeg (315)
293 **hirnelektrischer Sachverhalt**: Gesamtbild der Hirnpotentialtätigkeit, welche im Verlauf einer elektroenzephalographischen Untersuchung registriert wird [s. a. Elektroenzephalogramm (210)]
294 Hirnpotentialbild s. EEG-Kurve u. Elektroenzephalogramm (172, 210)
295 Hirnpotentialkurve s. EEG-Kurve (172)
296 **Hirnpotentialtätigkeit** (*Aktivität, EEG-Aktivität, bioelektrische Aktivität, Gehirnaktivität, Hirnaktivität*): Äußerung eines elektrobiologischen Prozesses des Gehirns
297 Hirnstrombild s. EEG-Kurve und Elektroenzephalogramm (172, 210)
298 Hirnstromkurve s. EEG-Kurve (172)
299 Hirnwelle s. EEG-Welle (188)
300 Hochfrequenzfilter s. Störblende (539)
301 Hochpaßfilter s. Zeitkonstante (641)
302 Höhe der Potentiale s. Spannungshöhe (503)
303 HV s. Hyperventilation (304)
304 **Hyperventilation** (*HV, Mehratmung, Überatmung*): Provokationsverfahren in Form einer schnelleren und tieferen Atmung zum Hervorrufen bestimmter zerebraler Reaktionen; Dauer üblicherweise 3 Minuten mit anschließender Beobachtungszeit von 2 Minuten
305 **Hypsarrhythmie** (*diffuse gemischte Spitzenpotentiale*): Einlagerung von Spitzenpotentialen in ein Bild frequenzinstabiler und spannungshoher Wellen
306 Impedanzmesser s. Elektrodenübergangswiderstandsmeßgerät (206)
307 **inaktive Elektrode** (*Bezugselektrode, gemeinsame Bezugselektrode, indifferente Elektrode, neutrale Elektrode, Ohrelektrode, Referenzelektrode*): Elektrode, von der anzunehmen ist, daß sie keine zerebralen Potentiale aufnimmt; üblicherweise soll diese Elektrode dort angebracht sein, wo Hirnpotentiale nicht erwartet werden. In der Praxis ist ein solcher Punkt nicht immer neutral gegenüber zerebralen Potentialeinstreuungen
308 indifferente Elektrode s. inaktive Elektrode u. Ohrelektrode (307, 393)

activity, EEG (24)

hyperventilation (*activation, overbreathing*): deep and regular respiration performed for a period of several minutes. Used as activation procedure

hypsarrhythmia: pattern consisting of high voltage arrhythmic slow waves interspersed with spike discharges, without consistent synchrony between the two sides of the head or different areas on the same side

inactive electrode: use of term discouraged. Cf. *reference electrode* (not a synonym) (99)

309 **Interferenz:** Verfälschung eines Signals bzw. EEG-Kurvenzugs durch Überlagerung zweier phasenverschobener Signale, dadurch mögliche Beeinträchtigung der Spannungshöhe und Frequenz des Originalsignals und Vortäuschen echter Potentialverhältnisse [s. a. vorgetäuschte Seitendifferenz (490)]

interference

310 **intermittierend** (*aperiodisch, diskontinuierlich, unregelmäßig*): in regelmäßigen oder unregelmäßigen (gleichen oder ungleichen) Abständen wiederkehrend

intermittend

311 **intermittierende rhythmische Deltaaktivität:** meist okzipital, in der Regel bilateral synchrone Deltawellengruppen, welche auf Augenöffnen eine ähnliche Reaktivität zeigen wie die über den hinteren Hirnregionen feststellbare Grundaktivität

occipital intermittend rhythmic delta activity: fairly regular or approximately sinusoidal waves, mostly occurring in bursts at 2–3 Hz over the occipital areas of one or both sides of the head. Frequently blocked o attenuated by opening the eyes

312 **Intervall** (*Dauer, Periode, Segment*): Zeitabschnitt zwischen zwei Ereignissen

period (*interval, segment*): duration of complete cycle of individual component of a sequence of regularly repeated EEG waves or complexes. Comment: the period of the individual components of an EEG rhythm is the reciprocal of the frequency of the rhythm

313 irregulär s. unregelmäßig (596)

314 **isoelektrisch:** kein Nachweis von Potentialen möglich

isoelectric: (1) the record obtained from a pair of equipotential electrodes. (2) use of term discouraged when describing record of electrocerebral inactivity

315 **isoelektrisches Eeg** (*bioelektrische Inaktivität, elektrozerebrale Inaktivität, hirnelektrische Inaktivität, hirnelektrische Stille*): Fehlen bzw. Ausbleiben der Hirnpotentialtätigkeit (auch bei maximaler Verstärkung und Anwendung von Provokationsmethoden); meist irreversibel als Zeichen des eingetretenen Hirntodes

inactivity; record of electrocerebral (*silence; record of electrocerebral*): absence over all regions of the head of identifiable electrical activity of cerebral origin, whether spontaneous or induced by physiological stimuli and pharmacological agents. Comment: determination of electrocerebral inactivity requires advanced instrumentation and stringent technical precautions. Tracings of electrocerebral inactivity should be held in clear contradistinction to low voltage EEGs and records displaying delta activity of low amplitude

316 isoliert s. einzeln auftretend (194)

317 **K-Komplex:** während des Schlafes spontan oder als Reaktion auf sensorische Reize auftretende spannungshohe langsame Wellen, auf die häufig eine 14/sec.-Aktivität folgt

K complex: a burst of somewhat variable appearance, consisting most commonly of a high voltage diphasic slow wave frequently associated with a sleep spindle. Amplitude is generally maximal in proximity of the vertex. K complexes occur during sleep, apparently spontaneously or in response to sudden sensory stimuli, and are not specific for any individual sensory modality

318 Kanal s. EEG-Kanal (170)
319 Klassifikation s. Typisierung des Eeg (583)
320 Klassifizierung s. Typisierung des Eeg (583)
321 **Klebeelektrode** (*Kopfhautelektrode, Oberflächenelektrode, Plättchenelektrode*): Oberflächenelektrode, üblicherweise Plättchen- oder Scheibenelektrode, welche durch ein elektrisch leitendes Kontaktmittel (z. B. Bentonitepaste) mit der Hautoberfläche verbunden ist

disk electrode (*scalp electrode, stick-on-electrode*): metal disk attached to the scalp with an adhesive such as collodion, a paste or wax

322 **kleine Spitze** (*Beta spike, Betaspitze, small spike, spannungsniedriges Spitzenpotential*): meist negativ, biphasisch oder seltener positiv gerichtetes Spitzenpotential; Spannungshöhe ist wie die der vorhandenen Betawellen, aber nicht wesentlich

beta spike, small spike

größer als die der Alphawellen im gleichen Bereich

323 Klippen s. Schreibsystemübersteuerung, Verformung und Verstärkerübersteuerung (458, 606, 611)

324 **Komplex**: zusammenhängende Folge von Einzelpotentialabläufen, die wegen ihres äußeren Erscheinungsbildes auffällt und nomenklatorisch zu einer Begriffseinheit zusammengefaßt werden kann (z. B. sw-Komplex, K-Komplex etc.)

complex: a sequence of two or more waves having a characteristic form or recurring with a fairly consistent form, distinguished from background activity

325 **Komponente**: prozentualer Anteil eines bestimmten Frequenzbandes an der nachweisbaren Grundaktivität

component

326 **kontinuierlich** (*fortlaufend, ununterbrochen*): ununterbrochenes fortlaufendes Auftreten einer Aktivitätsart

continuous

327 Kontur s. Form (233)
328 Kopfhaut-Eeg s. Oberflächenelektroenzephalogramm (390)
329 Kopfhautelektrode s. Klebeelektrode, Oberflächenelektrode u. Plättchenelektrode (321, 389, 418)
330 Kopfhautelektroenzephalogramm s. Oberflächenelektroenzephalogramm (390)
331 Kopfhautelektroenzephalographie s. Oberflächenelektroenzephalographie (391)
332 KORNMÜLLER-Haube s. Ableithaube (5)
333 **Kortexelektrode** (*Subduralelektrode*): Elektrode, welche nach operativer Freilegung auf die Hirnrinde aufgesetzt wird und zur Aufnahme der am Ableitungspunkt vorhandenen Hirnpotentialtätigkeit dient

cortical electrode: electrode applied directly upon or inserted in the cerebral cortex
subdural electrode: electrode inserted under the dural covering of the cerebrum

334 Kortikogramm s. Elektrokortikogramm (215)
335 Kortikographie s. Elektrokortikographie (216)
336 Kurve s. EEG-Kurve (172)
337 **Kurvenausschnitt**: Teil einer EEG-Kurve unterschiedlicher Länge, welcher willkürlich für Untersuchungs- oder Demonstrationszwecke ausgewählt wird [s. a. EEG-Meßstrecke (176)]

epoch (176)

338 Längsreihenschaltung s. bipolare Längsreihenschaltung (112)
339 **Lambdawelle** (*positive spikeähnliche Schlafwellen*): spitzenpotentialähnlicher positiv gerichteter Ablauf in Abhängigkeit zu raschen Augenbewegungen während visueller Fixation mit einer durchschnittlichen Spannungshöhe von 50 μV registrierbar

lambda wave (*positive occipital spike-like wave of sleep*): sharp transient occurring over the occipital regions of the head of waking subjects during visual exploration. Mainly positive relative to other areas. Time-locked to saccadic eye movement. Amplitude varies but is generally below 50 μV. Greek letter: λ

340 Lambdoidwellen s. okzipitale positive steile Schlafwellen (395)
341 **langsame Aktivität**: die im unteren Bereich eines Frequenzbandes liegende Aktivität (z. B. Alpha-, Beta-, Theta- oder Deltaaktivität)
342 **langsame Welle**: Welle einer Frequenz, welche im unteren Bereich eines Frequenzbandes liegt
343 langsame Welle im Deltaband s. Subdeltawelle (543)
344 langsame Welle im Deltabereich s. Subdeltawelle (543)
345 Leitungsschnur s. Ableitungsschnur u. Leitungsverbindung (18, 346)
346 **Leitungsverbindung** (*Ableitkopf, Ableitschnur, Ab-*

linkage (*derivation, electrode connection, lead*): the

444 Begriffe und ihre Synonyma

leitungsschnur, Elektrodenzuführungsverbindung, Leitungsschnur, Zuführungskabel): Kabelverbindung von der Elektrode zum Ableitkopf

347 Lichtblitzgerät s. Fotostimulator (243)
348 Lidschlußeffekt s. BERGER-Effekt (82)
349 **Lokalisation, lokalisiert** (*Ortsbestimmung, Topik, Topographie*): besondere Art der räumlichen Verteilung von Potentialen, welche sich auf eine Hirnregion begrenzt
350 µ-Rhythmus s. arkadenförmige Alphaaktivität (48)
351 Mehratmung s. Hyperventilation (304)
352 Mehrfachelektrode s. Mehrfachtiefenelektrode (354)
353 **Mehrfachherde** (*multiple Herde*): mehrere in einer Kurve auftretende und voneinander unabhängig erscheinende Wellen- oder Spitzenpotentialherde unterschiedlicher Lokalisation
354 **Mehrfachtiefenelektrode** (*Dualtiefenelektrode, Mehrfachelektrode, Multitiefenelektrode, Tiefenelektrode*): stabförmige Elektrode mit mindestens 2, jedoch sehr oft mehreren Kontaktstellen je nach Ausführung, intra- bzw. subkortikale Verwendung nach operativer Freilegung oder durch stereotaktisches Vorgehen; gleichzeitig verwendet zur Reizung von Hirnstrukturen
355 Merkmal s. Graphoelement (286)
356 Meßabschnitt s. EEG-Meßstrecke (176)
357 Meßintervall s. EEG-Meßstrecke (176)
358 Meßstrecke s. EEG-Meßstrecke (176)
359 **monomorph**: Potentiale gleicher Form

360 monophasische Welle s. monophasisches Potential (361)
361 **monophasisches Potential** (*einphasische Welle, einphasisches Potential, monophasische Welle*): Einzelpotentialablauf, der nur nach einer Polungsrichtung (negativ oder positiv) von der Grundlinie aus gerichtet ist
362 monopolar s. unipolar (291)
363 monorhythmisch s. Frequenzstabilität, frequenzstabil (251)
364 Morphe s. Form (233)
365 Morphologie s. Form (233)
366 Mü-Rhythmus s. arkadenförmige Alphaaktivität (48)
367 multiple Herde s. Mehrfachherde (353)
368 **Multispike-Komplex** (*Multispike, Polyspike, Polyspike-Komplex*): kontinuierliche Folge von mehrfach hintereinander auftretenden Spikes
369 Multispike s. Multispike-Komplex (368)
370 **Multispike and wave-Komplex** (*Polyspike and wave-Komplex*): spike and wave-Komplex, der durch eine Folge von Multispikes eingeleitet wird

371 Multitiefenelektrode s. Mehrfachtiefenelektrode (354)
372 **Nachentladung**: Auftreten einer Reizantwort nach einer Latenzzeit

connection of a pair of electrodes to the two respective input terminals of a differential EEG amplifier

topography (*field distribution, localization, located*): amplitude distribution of EEG activities at the surface of the head, cerebral cortex or in the depth of the brain

multiple foci: two or more spatially separated foci

depth electrode (*bipolar depth electrode, intracerebral electrode, multi electrode, multiple depth electrode, multiple electrode*): electrode implanted within the brain substance

monomorphic: use of term discouraged when describing EEG patterns

monophasic wave: wave developed on one side of the baseline

multiple spike complex (*multispike, multispike complex, polyspike, polyspike complex*): a sequence of two or more spikes. Preferred to synonym: polyspike complex

multiple spike-and-slow-wave-complex (*multispike and slow wave-complex, polyspike and slow wave-complex*): a sequence of two or more spikes associated with one or more slow waves. Preferred to synonym: polyspike-and-slow-wave-complex

after discharge: (1) EEG seizure pattern following repetitive electrical stimulation of a discrete area of

Begriffe und ihre Synonyma 445

373 **Nadelelektrode**: spezielle Elektrode, welche in die Haut eingestochen wird und zur Aufnahme bioelektrischer Potentiale dient

374 **Nasopharyngealelektrode** (*Basalelektrode*): spezielle Elektrode, die durch die Nase eingeführt, auf der hinteren Schlundwand aufgesetzt wird und zur Aufnahme von bioelektrischen Potentialen dient, welche vorwiegend von den basalen Hirnabschnitten ausgehen

375 negativer BERGER-Effekt s. BERGER-Effekt (82)
376 negativer Lidschlußeffekt s. BERGER-Effekt (82)
377 negativer on and off-Effekt s. BERGER-Effekt (82)
378 neutrale Elektrode s. gemeinsame Bezugselektrode u. inaktive Elektrode (256, 307)
379 nicht synchron s. asynchron (53)
380 Nicht-Stationarität s. Frequenzinstabilität (248)
381 Niederfrequenzfilter s. Zeitkonstante (641)
382 Niederspannungs-Eeg s. spannungsniedriges Eeg (505)
383 Niedervoltage-Eeg s. spannungsniedriges Eeg (505)
384 nomenklatorischer Begriff s. nomenklatorischer EEG-Begriff (385)
385 **nomenklatorischer EEG-Begriff** (*EEG-Nomenklatur, nomenklatorischer Begriff*): verbaler Ausdruck, der für die Beschreibung von Details hirnelektrischer Sachverhalte verwendet wird. Die EEG-Nomenklatur ist ein Teil der EEG-Fachterminologie und bezieht sich nur auf Begriffe der Beschreibung eines Eeg [s. a. (177)]
386 Nomenklatur des Eeg s. EEG-Nomenklatur (177)
387 Nullinie s. Grundlinie (271)
388 Oberflächen-Eeg s. Oberflächenelektroenzephalogramm u. Standardelektroenzephalogramm (390, 529)
389 **Oberflächenelektrode** (*gepolsterte Elektrode, Klebeelektrode, Kopfhautelektrode, Plättchenelektrode, Standardelektrode*): Elektrode, die auf der Schädeloberfläche angebracht, die am Ableitungspunkt vorhandenen Potentiale aufnimmt

390 **Oberflächenelektroenzephalogramm** (*Kopfhaut-Eeg, Kopfhautelektroenzephalogramm, Oberflächen-Eeg, Standard-Eeg, Standardelektroenzephalogramm*): von der Schädeloberfläche abgeleitetes Elektroenzephalogramm

391 **Oberflächenelektroenzephalographie** (*Kopfhautelektroenzephalographie*): elektroenzephalographische Untersuchung unter ausschließlicher Verwendung von Oberflächenelektroden

the brain via cortical or intracerebral electrodes. (2) burst of rhythmic activity following a transient such as an evoked potential or a spike
needle electrode: small needle inserted into the subdermal layer of the scalp

nasopharyngeal electrode (*basal electrode*): rod electrode introduced through the nose and placed against the nasopharyngeal wall with its tip lying near the body of the sphenoid bone

term of EEG

pad electrode: metal electrode covered with a cotton or felt and gauze pad, held in position by a head cap or harness
scalp electrode (*disk electrode, standard electrode, stick-on electrode*): electrode held against, attached to or inserted into the scalp
scalp electroencephalogram (*SEEG, standard electroencephalogram*): record of electrical activity of the brain by means of electrodes placed on the surface of the head. Abbreviation: SEEG. Comment: term and abbreviations should be used only distinguish between scalp and other electroencephalograms such as depth electroencephalograms. In all other instances, a scalp electroencephalogram should be referred to simply as an electroencephalogram (EEG)
scalp electroencephalography (*SEEG*): technique of recording scalp electroencephalograms. Abbreviation: SEEG. Comment: term and abbreviation should be used only to distinguish between this and other recording techniques such as depth electroencephalography. In all other instances scalp electroencephalo-

392 Ohmmeter s. Elektrodenübergangswiderstandsmeßgerät (206)

393 **Ohrelektrode** (*Bezugselektrode, inaktive Elektrode, indifferente Elektrode, Referenzelektrode*): als indifferente Elektrode (nicht ganz zutreffend) anzusehende Clipelektrode, die am Ohr befestigt wird und bei den unipolaren Ableitungsarten als Bezugselektrode dient

394 **okzipital:** topographisch-anatomische Bezeichnung, welche die Hinterhauptregion des Großhirns betrifft und auf die darüberliegenden Schädelabschnitte projiziert wird

395 **okzipitale positive steile Schlafwellen** (*Lambdoidwellen*): positiv gerichtete Abläufe, die steilen Wellen einer Frequenz zwischen 3 und 7/sec. ähneln und besonders bei Kleinkindern mit geöffneten Augen zu registrieren sind; Lokalisation vorwiegend parietookzipital

396 on and off-Effekt s. BERGER-Effekt (82)

397 Ortsbestimmung s. Lokalisation (349)

398 **Papierdurchlaufgeschwindigkeit** (*Papiergeschwindigkeit, Papierlaufgeschwindigkeit, Papiervorschub*): Geschwindigkeit des Papiervorschubs durch das Schreibsystem des Elektroenzephalographen, angegeben in mm/sec.; Standardgeschwindigkeit 30 mm/sec.

399 Papiergeschwindigkeit s. Papierdurchlaufgeschwindigkeit (398)

400 Papierlaufgeschwindigkeit s. Papierdurchlaufgeschwindigkeit (398)

401 Papiervorschub s. Papierdurchlaufgeschwindigkeit (398)

402 **paradoxer BERGER-Effekt** (*paradoxer Lidschlußeffekt, paradoxer on and off-Effekt*): reaktive Alphaaktivierung bei Augenöffnen für 3–5 Sekunden im Wach-Eeg (auch bei Narkolepsie und im Einschlafstadium zu beobachten)

403 paradoxer Lidschlußeffekt s. paradoxer BERGER-Effekt (402)

404 paradoxer on and off-Effekt s. paradoxer BERGER-Effekt (402)

405 **parietal:** topographisch-anatomische Bezeichnung, welche die Scheitelregion des Großhirns mit Ausnahme der hinteren Zentralregion betrifft und auf die darüberliegenden Schädelabschnitte projiziert wird

406 **paroxysmale Aktivität** (*Entladung, Paroxysmus, Spitzenparoxysmus, Wellenparoxysmus, Wellenspitzenparoxysmus*): Oberbegriff für die verschiedenen Arten von Paroxysmen (z. B. Spitzenparoxysmus, Wellenparoxysmus usw.)

407 **Paroxysmus** (*Ausbruch, Burst, Entladung, paroxysmale Aktivität, Spitzenparoxysmus, Transient, Wellen-Spitzen-Paroxysmus, Wellenparoxysmus*): plötzlich einsetzendes entweder generalisiertes oder lokalisiertes, meist einige Sekunden dauerndes Auftreten und ebenso plötzliches Abklingen frequenzinstabiler Delta-, Theta-, Alpha- oder

graphy should be referred to simply as electroencephalography (EEG)

ear electrode (*inactive electrode, indifferent electrode, reference electrode*) (307, 99)

occipital

positive occipital sharp transient of sleep (*lambdoid wave*): sharp transient maximal over the occipital regions, positive relative to other areas, occurring apparently spontaneously during sleep. May be single or repetitive. Amplitude varies but is generally below 50 μV

paper speed: velocity of movement of EEG paper. Expressed in centimeters per second (cm/sec.)

parietal

discharge (*epileptiform pattern, paroxysmal activity, seizure pattern*): interpretive term commonly used to designate such paroxysmal pattern as epileptiform patterns and seizure patterns

paroxysm (*burst, epileptiform pattern, seizure pattern, transient*): phenomenon with abrupt onset, rapid attainment of a maximum and sudden termination, distinguished from background activity. Comment: commonly used to refer to epileptiform patterns and seizure patterns

Betawellen sowie Spitzenpotentialen in verschiedenen Kombinationen, in jedem Falle das jeweilig vorherrschende allgemeine Spannungsniveau überschreitend. Ein sehr kurzfristiger Paroxysmus wird auch als *Ausbruch* bezeichnet

408 Periode s. Intervall (312)

409 **periodisch** (*regelmäßig*): regelmäßig wiederkehrend; sich in gleichen Zeitabständen (Intervallen) wiederholend

periodic: applies to: (1) EEG waves or complexes occurring in a sequence at an approximately regular rate. (2) EEG waves or complexes occurring intermittently at approximately regular intervals, generally of 1 to several seconds

410 **Petit mal:** zur Beschreibung einer EEG-Veränderung nicht zu verwenden, da klinischer Terminus

petit mal: use of term discouraged when describing EEG patterns

411 **Petit mal-Variante:** zur Beschreibung einer EEG-Veränderung nicht zu verwenden, da klinischer Terminus

petit mal variant: use of term discouraged when describing EEG patterns

412 **Phase:** wählbarer Zeitpunkt innerhalb eines Potentialverlaufs, bezogen auf den Beginn des jeweiligen Einzelpotentials. Der Begriff »Phase« wird sehr oft mit »Polarität« bzw. »Polungsrichtung« gleichgesetzt. Hierbei muß die Nullinie in Beziehung gesetzt werden, wobei dann der obere (negative) oder untere (positive) Polaritätsbereich bestimmt wird

phase: (1) time or polarity relationships between a point on a wave displayed in a derivation and the identical point on the same wave recorded simultaneously in another derivation. (2) time or angular relationships between a point on a wave and the onset of the cycle of the same wave. Usually expressed in degrees or radians

413 Phasendifferenz s. Phasenverschiebung (415)

414 **Phasenumkehr** (*echte Phasenumkehr, schaltungsbedingte Phasenumkehr*): Auftreten von Potentialen entgegengerichteter Polarität über mindestens 2 Ableitungsbereichen, kann schaltungsbedingt oder echt sein, nicht zu verwechseln mit Phasenverschiebungen entgegengerichteter Polarität

instrumental phase reversal: simultaneous pen deflections in opposite directions caused by a wave in two bipolar derivations. This inversion is purely instrumental in nature, i.e., due to the same signal being simultaneously applied to the input terminal 2 of one differential amplifier and to the input terminal 1 of the other amplifier. Comment: when observed in two linked bipolar derivations, phase reversal indicates that the potential field is maximal or, less frequently, minimal at or near the electrode common to such derivations. Hence, this phenomenon is used to localize EEG activities, whether normal or abnormal

true phase reversal: simultaneous pen deflections in opposite directions occurring in two referential derivations using a suitable common reference electrode and displaying the same wave. Comments: (1) this phenomenon is rarely observed in scalp EEGs. (2) when demonstrated beyond doubt in appropriate recording conditions, it indicates a 180° change in phase of an EEG wave between adjacent areas of the brain, on either side of a zero isopotential axis

phase difference

415 **Phasenverschiebung** (*Phasendifferenz*): Zeitverschiebung des Beginns zweier Potentiale gegeneinander, angegeben in Millisekunden

416 **Photic driving:** Anpassung der Grundaktivität bei Lichtblitzreizung an die Reizfrequenz

photic driving: physiologic response consisting of rhythmic activity elicited over the posterior regions of the head by repetitive photic stimulation at frequencies of about 5–30 Hz. Comments: (1) term should be limited to activity time-locked to the stimulus and of frequency identical or harmonically related to the stimulus frequency. (2) photic driving should be held in contradistinction to the visual evoked potentials elicited by isolated flashes of light or flashes repeated at very low frequencies

417 **physikalische Eichung** (*Eichung*): Abgleich aller

calibration (190)

Verstärkerkanäle auf einen gleichhohen Schreibzeigerausschlag nach Eingabe von exakt definierten Eichimpulsen (für Standardableitungen: 0,3 sec. Zeitkonstante und 50 μV Spannungshöhe entsprechend 6 mm Schreibzeigerausschlag)

418 **Plättchenelektrode** (*Klebeelektrode, Kopfhautelektrode, Oberflächenelektrode, Scheibenelektrode, Standardelektrode*): Oberflächenelektrode, meist aus Silberblech in Form eines flachen Scheibchens oder Plättchens, an welches das Elektrodenkabel angelötet wird, Befestigung durch leitende Klebemittel oder durch Gummihalterungen

disk electrode (321)

419 Plazierungsschema der Elektroden s. Ableitungspunkteschema (17)

420 **Polarität** (*Polaritätsbereich, Polung, Polungsrichtung*): Richtung des Schreibzeigerausschlags [s. a. Polaritätsübereinkunft (422)]

polarity, EEG wave: sign of potential difference existing at a given instant in time between an electrode affected by a given potential change and another electrode not appreciably, or less, affected by the same change

421 Polaritätsbereich s. Polarität (420)
422 **Polaritätsübereinkunft**: internationale Abmachung, daß ein nach unten gerichteter Schreibzeigerausschlag als »positive« und ein nach oben gerichteter als »negative« Polungsrichtung des entsprechenden elektrophysiologischen Potentials bezeichnet wird

polarity convention: international agreement whereby differential EEG amplifiers are constructed so that negativity at the input terminal 1 relative to the input terminal 2 of the same amplifier produces an upward pen deflection. Comment: this convention is contrary to that prevailing in some other biological and non-biological fields

423 Polung s. Polarität (420)
424 Polungsrichtung s. Polarität (420)
425 **polygraphische Ableitung**: Registrierung verschiedener anderer physiologischer bzw. elektrophysiologischer Größen gleichzeitig mit dem Eeg

polygraphic recording: simultaneous monitoring of multiple physiological measures such as the EEG, respiration, electrocardiogram, electromyogram, eye movement, galvanic skin resistance, blood pressure etc.

426 polymorphe Aktivität s. polymorphe Wellen (427)
427 **polymorphe Wellen** (*polymorphe Aktivität*): Potentiale unterschiedlicher Form

polymorphic activity: use of term discouraged when describing EEG pattern

428 **polyphasische Welle** (*biphasische Welle, diphasische Welle, triphasische Welle*): Einzelpotentialablauf mit mindestens zweimaligem Wechsel der Polungsrichtung

polyphasic wave (*biphasic wave, diphasic wave, triphasic wave*): wave consisting of two or more components developed on alternating sides of the baseline

429 Polyspike s. Multispike-Komplex (368)
430 Polyspike-Komplex s. Multispike-Komplex (368)
431 Polyspike and wave-Komplex s. Multispike and wave-Komplex (370)
432 positive spikeähnliche Schlafwellen s. Lambdawelle (339)
433 positiver BERGER-Effekt s. BERGER-Effekt (82)
434 positiver Lidschlußeffekt s. BERGER-Effekt (82)
435 positiver on and off-Effekt s. BERGER-Effekt (82)
436 **Potential** (*Einzelpotentialablauf, Graphoelement, Potentialablauf*): ortsabhängige Größe (im engeren Sinne Welle oder Spitze) als Ausdruck der elektrophysiologischen Tätigkeit des Hirns [s. a. (195)]

potential (195) (*descriptor, event, graphoelement*)

437 Potentialablauf s. Potential (436)
438 Potentialfeld s. Äquipotentiallinie (21)
439 Potentialfeldausbreitung s. Ausbreitung (58)
440 Potentialität s. Spannungshöhe (503)
441 präzentral s. zentral (643)

442 Provokation s. Provokationsmethode (443)

443 **Provokationsmethode** (*EEG-Aktivierungsmaßnahme, Provokation, Provokationsverfahren*): physiologisches, physikalisches oder medikamentöses Verfahren zum Hervorrufen bestimmter zerebraler Reaktionen, die sich im Eeg äußern sollen

activation (*provocation procedure*): (1) any procedure designed to enhance or elicit normal or abnormal EEG activity, especially paroxysmal activity. Examples: hyperventilation; photic stimulation; sleep; injection of convulsant drugs. (2) EEG pattern consisting of a low voltage record which becomes apparent upon blocking of EEG rhythm by physiological or other stimuli such as electrical stimulation of the brain (use discouraged)

444 Provokationsverfahren s. Provokationsmethode (443)

445 **Quellenableitung** (*Ableitprogramm, Ableitungsart*): Ableitverfahren unter Verwendung von Operationsverstärkern, mit deren Hilfe es möglich ist, an der Schädeloberfläche die tatsächlich am Ableitungspunkt auftretenden Aktivitäten zu erfassen (dabei keine Verfälschung der Biosignale durch Elektrodenzusammenschaltung)

source derivation (*Hjorth derivation*)

446 Querreihenableitung s. bipolare Querreihenschaltung (113)

447 Querreihenschaltung s. bipolare Querreihenschaltung (113)

448 räumliche Verteilung s. Ausbreitung (58)

449 rasche Aktivität s. schnelle Aktivität (480)

450 rasche Welle s. schnelle Welle (481)

451 Rauschen s. Verstärkerrauschen (610)

452 **Reaktivität** (*Respondabilität*): Eigenschaft der Hirnpotentialtätigkeit, auf physiologische, physikalische oder medikamentöse Stimuli mit einer Veränderung zu reagieren

reactivity: susceptibility of individual rhythms or the EEG as a whole to change following sensory stimulation or other physiologic actions

453 Referenzableitung s. Referenzschaltung (456)

454 Referenzableitungsart s. Referenzschaltung (456)

455 Referenzelektrode s. Bezugselektrode, inaktive Elektrode u. Ohrelektrode (99, 307, 393)

456 **Referenzschaltung** (*Ableitungsart, Goldman-Offner-Referenzschaltung, Referenzableitung, Referenzableitungsart, Schaltung gegen gemeinsames Durchschnittspotential*): Ableitverfahren, bei dem jeweils eine Elektrode gegen das Durchschnittspotential (Durchschnittsreferenz) aller übrigen Elektroden geschaltet wird. Die Anzahl der somit erfaßten Ableitungspunkte pro Ableitungsart richtet sich nach der Anzahl der verfügbaren EEG-Kanäle des Elektroenzephalographen. Strenggenommen müßte von einer Referenzableitungsart gesprochen werden, da dies jedoch eine sprachlich nicht absolut glückliche Wortzusammenstellung darstellt, verwenden wir hier das Synonym »Schaltung«

average potential reference (*common reference montage, common referential derivation, Goldman-Offner reference*): average of the potentials of all or many EEG electrodes used as a reference

457 **regelmäßig**: in gleichem Zeitabstand immer wiederkehrend [s. a. (409)]

regular (*periodic*): applies to waves or complexes of approximately constant period and relatively uniform appearance

458 Registriergerät s. Elektroenzephalograph (211)

459 **Registrierung** (*Ableitung, Aufzeichnung, EEG-Ableitung, EEG-Aufzeichnung, EEG-Registrierung*): Aufzeichnungsvorgang der Hirnpotentialtätigkeit

recording (152) (*record, trace, tracing*)

460 Reihenschaltung s. bipolare Ableitungsart (110)

461 **reiner Theta-Delta-Mischfokus**: Fokus, der aus einem Verhältnis von Theta- zu Deltawellen-

ausprägung von annähernd 1:1 der beiden Frequenzkomponenten besteht (s. a. 563)

462 **reines Alpha-Beta-Eeg:** Elektroenzephalogramm mit Alpha-Beta-Grundaktivität, bei dem die Ausprägung der beiden Frequenzkomponenten ein Verhältnis von etwa 1:1 aufweist

463 Reizantwortpotential s. evoziertes Potential (225)

464 Respondabilität s. Reaktivität (452)

465 **Rhythmus:** gleichförmiges Auftreten. Begriff sollte nach Möglichkeit durch das Wort »*Aktivität*« ersetzt werden, da ein absolut gleichförmiges Auftreten z. B. von Wellen nur in seltenen Fällen im Eeg vorkommt; auch elektrophysiologisch ist dieser Begriff für die EEG-Tätigkeit nicht zutreffend [s. a. (24)]

rhythm: EEG activity consisting of waves of approximately constant period

466 Rhythmus im Alphabereich s. Alphagrundaktivität (36)

467 Rhythmus im Betabereich s. Betagrundaktivität (89)

468 Rhythmus im Deltabereich s. Deltaaktivität (129)

469 Rhythmus im Thetabereich s. Thetaaktivität (565)

470 Schaltung s. Ableitungsart (13)

471 Schaltung gegen gemeinsames Durchschnittspotential s. Referenzschaltung (465)

472 schaltungsbedingte Phasenumkehr s. Phasenumkehr (414)

473 scharfe Welle s. sharp wave (494)

474 scharfer Vertextransient s. steile Vertexwelle (533)

475 Scheibenelektrode s. Plättchenelektrode (418)

476 **Schlaf-Eeg** (*Schlafentzugs-Eeg*): Ableitung bei einer Untersuchungsperson während eines natürlichen oder provozierten (medikamentös oder durch Schlafentzug herbeigeführten) Schlafes

477 Schlafentzugs-Eeg s. Schlaf-Eeg (476)

478 Schlafspindeln s. Sigmawellen (496)

479 Schlafstadien s. EEG-Schlafstadien (181)

480 **schnelle Aktivität** (*rasche Aktivität*): die im oberen Bereich eines Frequenzbandes liegende Aktivität (z. B. schnelle Beta-, Alpha-, Theta- oder Deltaaktivität)

481 **schnelle Welle** (*rasche Welle*): Welle einer Frequenz, welche im oberen Bereich eines Frequenzbandes liegt

482 Schreiber s. Schreibzeiger (487)

483 Schreibereinheit s. Schreibsystem (484)

484 **Schreibsystem** (*Schreibereinheit*): Funktionseinheit des Elektroenzephalographen, welche die Aufzeichnung der Potentiale auf Papier erzeugt (umfaßt Papiertransporteinrichtung, Schreibzeiger usw.)

writer: system for direct write-out of the output of an EEG channel. Most writers use ink delivered by a pen. In certain instruments, the ink is sprayed as a jet stream. In other recorders the pen writer uses carbon paper instead of ink

485 **Schreibsystemübersteuerung** (*Übersteuerung, Weglaufen der Schreiber*): Beeinträchtigung des Schreibsystems durch Ausgangssignale, die über die Dimensionierung und Toleranzen des Schreibsystems hinausgehen und eine Verformung (606) der zu registrierenden Potentiale bzw. ein zeitweiliges Aussetzen der Schreibzeigerausschläge auf einem oder mehreren Kanälen bewirken

overload: condition resulting from the application to the input terminals of an EEG amplifier of voltage differences larger than the channel is designed or set to handle. Causes clipping of EEG waves and/or blocking of the amplifier, depending on its magnitude

486 **Schreibverfahren:** in Abhängigkeit vom Schreibsystem angewandte Methode des graphischen Sichtbarmachens der Hirnpotentiale

writer (484)

487 **Schreibzeiger** (*Schreiber*): Teil des verwendeten Schreibsystems zur Erzeugung eines Schriftzuges auf dem Registrierpapier

488 Schwitzpotential s. Hautpotential (284)

489 Segment s. Intervall (312)

490 **Seitendifferenz** (*Asymmetrie, echte Seitendifferenz, vorgetäuschte Seitendifferenz*): Seitenunterschiede bestehender Aktivität bezogen auf gleichnamige Ableitungsbereiche, z. B. hinsichtlich Frequenz, Spannungshöhe, Form, Ausprägung, zeitlicher Folge und Frequenzstabilität. Vorgetäuschte Seitendifferenz: Entstehung durch Interferenzerscheinungen bzw. technische Fehler

491 Sequenz s. zeitliche Folge (462)

492 **Setzen der Elektroden** (*Anbringen der Elektroden, Aufsetzen der Elektroden, Elektrodenanbringen, Elektrodenapplikation*): Anbringen der Elektroden an den Ableitungspunkten, entweder nach vorgegebenem Schema oder den jeweiligen Erfordernissen entsprechend

493 **sharp and slow wave-Komplex** (*ssw-Komplex*): negativ gerichteter großer, zuweilen auch kleiner spikeähnlicher Ablauf mit nachfolgender sehr spannungshoher, bis etwa 300 µV betragender langsamer Welle; Frequenz: 2,5/sec. und langsamer

494 **sharp wave** (*scharfe Welle, steile Welle*): biphasisch und negativ mit leicht abgerundetem Scheitelpunkt und steil abfallendem Schenkel sowie monophasisch positiv, annähernd dreieckförmig mit meist langsamer negativer Nachschwankung vorwiegend temporal auftretendes Potential, Spannungshöhe größer als die der Alphawellen im gleichen Bereich; um eine einfachere Differenzierung der steilen Welle zu erreichen, wäre denkbar, wenn man von der biphasischen steilen Welle vom Typ I, von der negativen vom Typ II und von der positiven vom Typ III sprechen würde

495 Sigmarhythmus s. Sigmawellen (496)

496 **Sigmawellen** (*Schlafspindeln, Sigmarhythmus, Spindeln*): spindelförmige, in Gruppen auftretende Wellen von (11) 12-14 (15)/sec.; Spannungshöhe etwa 50-100 µV

497 **simultan** (*gleichzeitig, synchron*): gleichzeitige Registrierung von mehreren Aktivitäten bzw. Größen (z. B. EKG, Atmung, Augenbewegungen)

498 **sinusförmige Welle** (*sinusoidale Welle*): Welle, die der Halbschwingung einer echten Sinuswelle ähnelt

499 sinusoidale Welle s. sinusförmige Welle (498)

500 **Sinuswelle**: Schwingungsverlauf, der einer Halbschwingung einer echten Sinuswelle entspricht

501 small spike s. Betaspitze (92)

pen writer (*pen galvanometer, pen motor*): a writer using ink delivered by a pen

asymmetry: (1) unequal amplitude and/or form and frequency of EEG activities over homologous areas on opposite sides of the head. (2) unequal development of EEG waves about the baseline

application, electrode: the process of establishing connection between an electrode and the subject's scalp or brain

sharp-and-slow-wave-complex: a sequence of a sharp wave and a slow wave. Comment: hyphenation facilitates use of term in plural form: sharp-and-slow-waves of sharp-and-slow-wave-complexes

sharp wave (*triphasic wave*): a transient, clearly distinguished from background activity, with pointed peak at conventional paper speeds and duration of 70 to 200 msec., i.e. over $1/14-1/5$ sec. approximately. Main component is generally negative relative to other areas. Amplitude is variable. Comments: (1) term does not apply to (a) distinctive physiologic events such as vertex sharp transients, lambda waves and positive occipital sharp transients of sleep, (b) sharp transients poorly distinguished from background activity and sharp-appearing individual waves of EEG rhythms. (2) sharp waves should be differentiated from spikes, i.e. transients having similar characteristics but shorter duration. However, it is well to keep in mind that this distinction is largely arbitrary and serves primarily descriptive purposes. Practically, in inkwritten EEG records taken at 3 cm/sec., sharp waves occupy more than 2 mm of paper width and spikes 2 mm or less

sleep spindle (*sigma rhythm, sigma waves, spindle*): burst at 11-15 Hz, but mostly at 12-14 Hz, generally diffuse but of higher voltage over the central regions of the head, occurring during sleep. Amplitude is variable but is mostly below 50 µV in the adult.

simultaneous (*independent temporally, synchronous*): occurring at the same time

sinusoidal wave: term applies to EEG waves resembling sine waves

sine wave: wave having the form of a sine curve

502 solitär s. einzeln auftretend (194)
503 **Spannungshöhe** (*Amplitude, Höhe der Potentiale, Potentialität, Voltage*): Gipfelhöhe eines Einzelpotentialablaufs bzw. einer Aktivität (meist durchschnittliche Angabe)

amplitude (*potential, potentiality, voltage*): voltage of EEG waves. Generally expressed in microvolts (μV). Measured peak-to-peak. Comment: amplitude of EEG waves recorded from the surface of the head is influenced to a major degree by extracerebral factors including the impedances of the meninges, cerberospinal fluid, skull, scalp and electrodes

504 spannungshohes Spitzenpotential s. große Spitze (296)
505 **spannungsniedriges Eeg** (*flaches Eeg, Niederspannungs-Eeg, Niedervoltage-Eeg*): Eeg mit durchschnittlichen Spannungshöhenwerten unter 20 μV, gewöhnlich zwischen 10 und 20 μV liegend

low voltage EEG (*flat EEG; inactivity record of electrocerebral*): a waking record characterized by activity of amplitude not greater than 20 μV over all head regions. With appropriate instrumental sensitivities this activity can be shown to be composed primarily of beta, theta and, to a lesser degree, delta waves, with or without alpha activity over the posterior areas. Comments: (1) low voltage EEGs are susceptible to change under the influence of certain physiological stimuli, sleep, pharmacological agents and pathological processes. (2) They should be held in clear contradistinction to the tracings of electrocerebral inactivity, records which consist primarily of delta waves of relatively low voltage, and tracing which display low voltages over limited regions of the head

506 spannungsniedriges Spitzenpotential s. Betaspitze (92)
507 spatiale Verteilung s. Ausbreitung (58)
508 **Spezialelektrode**: Elektrode mit bestimmter, von den Standardableitungspunkten abweichender Lokalisation

special electrode: any electrode other than standard scalp electrode

509 Sphenoidalelektrode s. Basalelektrode (69)
510 **Spike** (*Spitze, Spitzenpotential*): Potential mit mehr oder weniger schnell und damit steil erscheinendem Anstieg mit mehr oder weniger schnell folgendem geradlinigem Abfall, meist negativ gerichtet, Spannungshöhe schwankend (im allgemeinen etwas mehr bis das Doppelte bzw. Mehrfache der Alphawellen betragend)

spike (*sharp wave, transient*): a transient, clearly distinguished from background activity, with pointed peak at conventional paper speeds and a duration from 20 to under 70 msec., i.e. $^1/_{50}$ to $^1/_{14}$ sec., approximately. Main component is generally negative relative to other areas. Amplitude is variable. Comments: (1) EEG spikes should be differentiated from sharp waves, i.e. transients having similar characteristics but longer durations. However, it is well to keep in mind that this distinction is largely arbitrary and serves primarily descriptive purposes. Practically, in inkwritten EEG records taken at 3 cm/sec., spikes occupy 2 mm or less of paper width and sharp waves more than 2 mm. (2) EEG spikes should be held in clear contradistinction to the brief unit spikes recorded from single cells with micro-electrode techniques

511 **spike and wave-Komplex** [*Drei-pro-Sekunde (3/sec.) spike and slow wave-Komplex, spike and slow wave-Rhythmus, SW-Komplex*]: negativ gerichtete große, zuweilen auch kleine Spitze mit nachfolgender sehr spannungshoher, bis etwa 500 μV betragender langsamer Welle; Frequenz: 3–6/sec.

spike-and-slow-wave-complex (*spike-and-dome-complex*): a pattern consisting of a spike followed by a slow wave. Comment: hyphenation facilitates use of term in plural form: spike-and-slow-wave complexes or spike-and-slow-waves

512 **spike and wave-Muster** (*sw-Muster*): Auftreten von generalisierten Spitzenpotentialen in Form von kontinuierlichen spike and wave-Komplexen über einige Sekunden oder länger anhaltend

atypical repetitive spike-and-slow-waves (*spike-and-slow-wave-rhythm, 3 Hz spike-and-slow-waves*): term refers to paroxysms consisting of a sequence of spike-and-slow-wave complexes which occur bilaterally synchronously but do not meet one or more of the criteria of 3 Hz spike-and-slow-waves

513 spike and slow wave-Rhythmus s. spike and wave-Komplex (511)
514 Spikes s. Spitzenpotentiale (520)
515 Spindeln s. Sigmawellen (496)
516 Spitze s. Spike (510)
517 **Spitzenparoxysmus** (*paroxysmale Aktivität, Paroxysmus*): plötzlich einsetzendes, entweder generalisiertes oder lokalisiertes, meist einige Sekunden dauerndes Auftreten und ebenso plötzliches Abklingen von Spitzenpotentialen in verschiedener Kombination, in jedem Fall das jeweilig vorherrschende allgemeine Spannungsniveau überschreitend

paroxysm (407) (*paroxysmal activity, transient*)

518 Spitzenpotential s. Spike u. Spitzenpotentiale (510, 520)
519 **spitzenpotentialähnliche Abläufe**: Übergangsformen von Spitzenpotentialen, die sich nicht eindeutig einem genau definierten Spitzenpotentialablauf zuordnen lassen

spike like potentials

520 **Spitzenpotentiale** (*Spikes, Transienten*): Oberbegriff für verschiedene Formen von Einzelpotentialabläufen, deren gemeinsame Merkmale ein mehr oder weniger rasch und damit steil erscheinender Anstieg mit langsamer oder schneller folgendem geradlinigem Abfall sind

transient, EEG: any isolated wave or complex, distinguished from background activity

521 **Spitzenpotentialfokus** (*Spitzenpotentialherd*): örtliches Auftreten von Spitzenpotentialen gleicher Art in regelmäßigen oder unregelmäßigen Abständen

focal transients

522 Spitzenpotentialherd s. Spitzenpotentialfokus (521)
523 ssw-Komplex s. sharp and slow wave-Komplex (493)
524 Standard-Eeg s. Standardelektroenzephalogramm (529)
525 Standardableitungsanordnung s. Standardableitungspunkteschema (526)
526 **Standardableitungspunkteschema** (*Standardableitungsanordnung, Standardelektrodenanordnung, Standardposition der Elektroden*): durch Übereinkunft nach anatomischen Gegegebenheiten festgelegtes Ableitungspunkteschema

standard electrode placement: scalp electrode location(s) determined by the ten-twenty system

527 **Standardelektrode** (*gepolsterte Elektrode, Oberflächenelektrode, Plättchenelektrode*): Oberflächenelektrode mit Stoff überzogen oder als Klebeelektrode angewandt

standard electrode (*disk electrode, pad electrode*): conventional scalp electrode

528 Standardelektrodenanordnung s. Standardableitungspunkteschema (526)
529 **Standardelektroenzephalogramm** (*Oberflächen-Eeg, Oberflächenelektroenzephalogramm, Standard-Eeg:*) Elektroenzephalogramm nach vorgegebenem allgemeinüblichem Ableitungspunkteschema in 6 verschiedenen uni- und bipolaren Ableitungsarten unter Anwendung der Hyperventilation von 3 Minuten Dauer und 2 Minuten Nachbeobachtung (wenn für HV keine Kontraindikation besteht)

standard electroencephalogram

530 Standardposition der Elektrode s. Standardableitungspunkteschema (526)

531 Stationarität s. Frequenzstabilität, frequenzstabil (251)

532 **Status epilepticus:** klinischer, schwer pathologischer Zustand eines Anfalleidens. Begriff für die Beschreibung eines Eeg nicht geeignet, da klinischer Terminus

status epilepticus, EEG: the occurrence of virtualy continuous seizure activity in an EEG

533 **steile Vertexwelle** (*scharfer Vertextransient, V-Transient, V-Welle*): steile negativ gerichtete Welle, die zentroparietal median (Vertex) ihre maximale Spannungshöhe (bis annähernd 300 µV) hat und bei schlafenden Kindern beobachtet wird

vertex sharp transient (*biparietal hump, V wave, vertex sharp wave*): sharp potential, maximal at the vertex, negative relative to other areas, occurring apparently spontaneously during sleep or in response to a sensory stimulus during sleep or wakefulness. May be single or repetitive. Amplitude varies but rarely exceeds 250 µV

534 steile Welle s. sharp wave (494)

535 STEPHENSON-GIBBS-Elektrode s. sternospinale Bezugselektrode (538)

536 stereotaktisches Tiefenelektroenzephalogramm s. Tiefenelektroenzephalogramm (574)

537 stereotaktische Tiefenelektroenzephalographie s. Tiefenelektroenzephalographie (575)

538 **sternospinale Bezugselektrode** (*Stephenson-Gibbs-Elektrode*): 2 indifferente Elektroden, von denen eine über dem rechten Sternoklavikulargelenk und die andere über dem Dornfortsatz des 7. Halswirbels angebracht ist

sterno spinal reference (*Stephenson-Gibbs reference*)

539 **Störblende** (*Hochfrequenzfilter, Tiefpaßfilter*): Funktionsteil im Elektroenzephalographen; bewirkt eine Begrenzung des Frequenzganges eines Verstärkersystems durch eine wählbare obere Begrenzungsfrequenz; durch entsprechende Schalter wahlweise auf verschiedene Stufen einstellbar, angegeben in Hertz (Hz)

high frequency filter (*low pass filter*): a circuit which reduces the sensitivity of the EEG channel to relatively high frequencies. For each position of the high frequency filter control, this attenuation is expressed as percent reduction in output pen deflection at a given frequency, relative to frequencies unaffected by the filter, i.e., in the mid-frequency band of the channel. Comment: at present, high frequency filter designations and their significance are not standardized for instruments of different manufacture. For instance, for a given instrument, a position of the high frequency filter control designated as 35 Hz may indicate a 30% (3 dB), or other stated percent, reduction in sensitivity at 35 Hz, compared to the sensitivity, for example, at 10 Hz

540 Störpotential s. Artefakt u. extrazerebrales Potential (51, 226)

541 **Streuung** (*fortgeleitete Herdstörung, fortgeleitete Muster, fortgeleitete Wellen, Herdstreuung*): Ausbreitung der EEG-Aktivität von einem Ursprungsort in benachbarte Regionen

projected patterns (*spread*): abnormal EEG activities believed to result from a disturbance at a site remote from the recording electrodes. Description of specific EEG patterns preferred

542 Stroboskop s. Fotostimulator (243)

543 **Subdeltawelle** (*langsame Welle im Deltaband, langsame Welle im Deltabereich*): Welle einer Frequenz unter 1/sec.

fast delta wave

544 **Subdeltawellenfokus** (*Subdeltawellenherd*): örtliches Auftreten von Subdeltawellen wechselnder oder gleicher Frequenz in kontinuierlicher oder diskontinuierlicher Folge

fast delta wave focus

545 Subdeltawellenherd s. Subdeltawellenfokus (544)

546 Subduralelektrode s. Kortexelektrode (333)

547 sw-Komplex s. spike and wave-Komplex (511)

548 sw-Muster s. spike and wave-Muster (512)

549 **Symmetrie:** Gleichseitigkeit bestehender Aktivität, bezogen auf gleichnamige Ableitungsbereiche hin-

symmetry: (1) approximately equal amplitude, frequency and form of EEG activities over homologous

sichtlich z. B. Frequenz, Spannungshöhe, Form, Ausprägung, zeitliche Folge und Frequenzstabilität

550 **symmetrisch** (*bilateral symmetrisch, bilateral synchron*): beidseits gleichzeitig (spiegelbildlich) auftretend
551 **synchron** (*simultan*): zeitgleich auftretend
552 Synchronie s. Synchronität (553)
553 **Synchronität** (*Gleichzeitigkeit, Synchronie, Synchronizität*): zeitgleiches Auftreten von Graphoelementen

554 Synchronizität s. Synchronität (553)
555 TC s. Zeitkonstante (641)
556 TEA s. Technische EEG-Assistentin (557)
557 **Technische EEG-Assistentin** (*TEA*): Mitarbeiterin mit spezieller Berufsausbildung, für die technische und organisatorische Durchführung der EEG-Untersuchung verantwortlich
558 **technische Eichung** (*Eichung*): Einjustieren der Kanäle des Elektroenzephalographen untereinander auf eine gleiche Frequenzcharakteristik (bezieht sich nicht auf das Einjustieren auf gleichhohen Schreibzeigerausschlag wie bei der sogenannten physikalischen Eichung)
559 **temporal:** topographisch-anatomische Bezeichnung, welche die Schläfenregion des Großhirns betrifft und auf die darüberliegenden Schädelabschnitte projiziert wird
560 **Ten-Twenty-System** (*10/20-System*): ein vom Terminologie-Komitee der International Federation of Societies for Electroencephalography and Clinical Neurophysiology vorgeschlagenes, jedoch nicht überall angewendetes Ableitungspunkteschema, das sich mit Ausnahme der frontalen und okzipitalen Ableitungspunkte annähernd gleicher Elektrodenabstände bedient; wird bei uns nur gelegentlich angewandt, da ein anderes einheitliches Ableitungspunkteschema bevorzugt wird
561 Terminologie des Eeg s. EEG-Terminologie (182)
562 Theta-Delta-Aktivität s. Allgemeinveränderungen (27)
563 **Theta-Delta-Mischfokus:** örtliches Auftreten von Theta- und Deltawellen wechselnder Frequenz und verschiedener Ausprägungsanteile der Komponenten (reiner Theta-Delta-Mischfokus: Anteile der Ausprägung der Komponenten annähernd 1:1, Theta-Delta-Mischfokus mit Vorherrschen der Theta- bzw. Deltakomponente: Ausprägungsanteile vom Verhältnis 1:1 abweichend)
564 Thetarhythmus s. Thetaaktivität (565)
565 **Thetaaktivität** (*Rhythmus im Thetabereich, Thetarhythmus, Zwischenwellenaktivität, Zwischenwellenrhythmus*): Auftreten von Thetawellen
566 **Thetaband** (*Bereich der Thetawellen, Thetabereich, Zwischenwellenband, Zwischenwellenbereich*): Frequenzband von 4–7/sec.

areas on opposite sides of the head. (2) approximately equal distribution of potentials of unlike polarity on either side of a zero isopotential axis. Cf. *true phase reversal*. (3) approximately equal distribution of EEG waves about the baseline
bilaterally synchronous (103)

synchronous (*simultaneous*)

synchrony (*inter-channel synchrony*): the simultaneous occurrence of EEG waves over regions on the same or opposite sides of the head. Comment: term *simultaneous* only implies lack of delay measurable with ink writers at customary paper speeds

EEG technologist

calibration (190)

temporal

ten-twenty system: system of standardized scalp electrode placement recommended by the International Federation of Societies for Electroencephalography and Clinical Neurophysiology. According to this system, electrode placements are determined by measuring the head from external landmarks and taking 10% or 20% of such measurements. Comment: the use of additional scalp electrodes, such as true anterior temporal electrodes, is indicated in various circumstances

theta rhythm (*rhythm of theta frequency, theta activity*): rhythm with a frequency of 4 to under 8 Hz

theta band: frequency band from 4 to under 8 Hz. Greek letter: ϑ

456   Begriffe und ihre Synonyma

567 Thetabereich s. Thetaband (566)
568 **Thetafokus** (*Thetaherd, Thetawellenherd, Zwischenwellenfokus, Zwischenwellenherd*): örtliches Auftreten von Thetawellen wechselnder oder gleichbleibender Frequenz in kontinuierlicher oder diskontinuierlicher Folge

theta focus

569 Thetaherd s. Thetafokus (568)
570 **Thetawelle** (*Welle im Thetaband, Welle im Thetabereich, Zwischenwelle*): Welle einer Frequenz zwischen 4 und 7/sec.

theta wave: wave with duration of $^1/_4$ to over $^1/_8$ sec.

571 **Thetawellengruppe** (*gruppenförmige Thetaaktivität, Zwischenwellengruppe*): Auftreten von Thetawellen in Gruppen
572 Thetawellenherd s. Thetafokus (568)
573 Tiefenelektrode siehe Mehrfachtiefenelektrode (354)
574 **Tiefenelektroenzephalogramm** (*stereotaktisches Tiefenelektroenzephalogramm*): Registrierung intrazerebraler Potentiale von verschiedenen Hirnstrukturen, abgeleitet über operativ oder stereotaktisch eingeführte, zuweilen auch implantierte Mehrfachtiefenelektroden (354)

stereotactic (stereotaxic) depth electroencephalogram (*SDEEG*): recording of electrical activity of the brain by means of electrodes implanted within the brain substance according to stereotactic (stereotaxic) measurements
depth electroencephalogram (*DEEG, intracerebral electroencephalogram*): record of electrical activity of the brain by means of electrodes implanted within the brain substance itselfs

575 **Tiefenelektroenzephalographie** (*stereotaktische Tiefenelektroenzephalographie*): Beschäftigung mit der elektrobiologischen Tätigkeit der unter der Hirnrinde gelegenen zerebralen Strukturen, der Registrierung der Potentiale sowie ihrer pathophysiologischen Deutung und Bedeutung für die klinische Diagnostik (durchgeführt entweder nach operativer Freilegung des Gehirns oder durch stereotaktische Methoden)

stereotactic (stereotaxic) depth electroencephalography (*SDEEG*): technique of recording stereotactic (stereotaxic) depth electroencephalograms
depth electroencephalography (*DEEG, intracerebral electroencephalography*): technique of recording depth electroencephalograms

576 Tiefpaßfilter s. Störblende (539)
577 Topik s. Lokalisation (349)
578 Topographie s. Lokalisation (349)
579 transient s. unregelmäßig (596)
580 Transienten s. Paroxysmus u. Spitzenpotentiale (467, 520)
581 Transversalableitung s. bipolare Querreihenschaltung (113)
582 triphasische Welle s. polyphasische Welle (482)
583 **Typisierung des Eeg** (*EEG-Klassifizierung, Eeg-Typen, EEG-Typeneinteilung, EEG-Typisierung, Klassifikation, Klassifizierung des Eeg*): Einteilung des Eeg in verschiedene Kategorien; gliedert sich nach den festgestellten Grundaktivitätsverhältnissen. Der Eeg-Typ sagt etwas über die für eine Person spezifische Grundaktivität aus

classification of EEG

584 Überatmung s. Hyperventilation (304)
585 Übergangswiderstand s. Elektrodenübergangswiderstand (205)
586 Übergangswiderstandsmeßgerät s. Elektrodenübergangswiderstandsmeßgerät (206)
587 **überlagerte Welle(n)** (*Überlagerungswellen*): Welle bzw. Wellen, die einer wesentlich langsameren Welle überlagert sind und dadurch deren Kontur verformen

superimposed wave

588 Überlagerungswellen s. überlagerte Welle(n) (587)

589 Übersteuerung s. Schreibsystemübersteuerung u. Verstärkerübersteuerung (485, 611)
590 unilateral s. einseitig (193)
591 **unipolar** (*monopolar*): Zusammenschaltung einer aktiven mit einer inaktiven Elektrode

referential derivation (*monopolar, unipolar*): recording from a pair of electrodes consisting of an exploring electrode generally connected to the input terminal 1 and a reference electrode usually connected to the input terminal 2 of an EEG amplifier

592 **unipolare Ableitungsart** (*unipolare Schaltung, unipolares Ableitprogramm, unipolares Ableitschema*): Kombination von unipolaren Ableitungsbereichen

referential montage (*monopolar montage, unipolar montage*): a montage consisting of referential derivations. Comment: a referential montage in which the reference electrode is common to multiple derivations is referred to as a common reference montage (456)

593 unipolare Schaltung s. unipolare Ableitungsart (592)
594 unipolares Ableitprogramm s. unipolare Ableitungsart (592)
595 unipolares Ableitschema s. unipolare Ableitungsart (592)
596 **unregelmäßig** (*aperiodisch, diskontinuierlich, intermittierend, irregular, transient, unterbrochen*): in Zeitabschnitten von nicht regelmäßiger Dauer auftretend

irregular (*aperiodic, intermittend, transient*): applies to EEG waves and complexes of inconstant period and/or uneven contour

597 unterbrochen s. diskontinuierlich u. unregelmäßig (144, 596)
598 ununterbrochen s. kontinuierlich (326)
599 unvollständiger Lidschlußeffekt s. BERGER-Effekt (82)
600 unvollständiger BERGER-Effekt s. BERGER-Effekt (82)
601 unvollständiger on and off-Effekt s. BERGER-Effekt (82)
602 V-Transient s. steile Vertexwelle (533)
603 V-Welle s. steile Vertexwelle (533)
604 verallgemeinerte Ausbreitung s. Generalisation, generalisiert (258)
605 vereinzelt s. einzeln auftretend (194)
606 **Verformung** (*Artefakt, Klippen*): Änderung der Form der Potentialabläufe durch gerätebedingte Einflüsse (z. B. bogenförmige Schreibzeigerausschläge beim Tintenschreiber oder durch Schreibsystem- bzw. Verstärkerübersteuerung)

distortion (*artefact*): an instrumental alteration in wave from

clipping: distortion of EEG waves which makes them appear flat-topped in the write-out. Caused by overload

607 verlagerter Alphafokus s. Alphafokusverlagerung (35)
608 **Verstärkerbandbreite** (*Bandbreite des EEG-Kanals bzw. Verstärkers, Frequenzgang*): Frequenzbereich begrenzt durch eine untere und eine obere Grenzfrequenz, in dem ein Verstärker die zu verstärkenden Signale unverfälscht wiedergibt

bandwidth, EEG channel: range of frequencies between which the response of an EEG channel is within stated limits. Determined by the frequency response of the amplifier-writer combination and the frequency filters used. Comment: the manner in which the EEG channel bandwidth is specified by different manufacturers is not standardized at present. For instance, in a given instrument, a bandwidth of 0,5–50 Hz may indicate that frequencies of 0,5 and 50 Hz are attenuated 30% (3 dB), or another stated percent, with intermediate frequencies being attenuated less

frequency response curve: a graph depicting the relationships between output pen deflection or amplifier output and input frequency in an EEG channel, for a particular setting of low and high frequency filters

458 Begriffe und ihre Synonyma

609 Verstärkerblockierung s. Verstärkerübersteuerung (611)

610 **Verstärkerrauschen** (*Rauschen*): durch thermische Elektronenbewegungen und/oder kleine statistische Stromschwankungen in elektronischen Bauelementen hervorgerufene physikalische Erscheinung eines Frequenzgemisches (enthält Komponenten jeder Frequenz) von bestimmtem Störpegel (Spannungshöhe), der spannungsniedrige echte Signale überdecken kann

611 **Verstärkerübersteuerung** (*Blockierung, Klippen, Übersteuerung, Verstärkerblockierung*): Beeinträchtigung des Verstärkersystems durch Eingangssignale, die über seine Dimensionierung und Toleranzen hinausgehen und zeitweilig das Aussetzen des Verstärkereffekts bewirken [s. a. Schreibsystemübersteuerung (485)]

612 **Verstärkungsgrad**: Verhältnis zwischen unverstärktem Eingangs- und verstärktem Ausgangssignal eines Verstärkers

613 **Vier-pro-Sekunde (4/sec.)-Grundaktivitätsvariante** (*Alphagrundaktivitätsvariante, GRV, 4/sec.-EEG-grundrhythmusvariante, 4/sec.-Grundrhythmusvariante*): Auftreten von 4/sec., mitunter auch 4–5/sec.-Wellen anstatt der üblicherweise zu erwartenden Grundaktivität (physiologisch)

614 4/sec.-EEG-Grundrhythmusvariante s. 4/sec.-Grundaktivitätsvariante (613)
615 4/sec.-Grundrhythmusvariante s. 4/sec.-Grundaktivitätsvariante (613)
616 Voltage s. Spannungshöhe (503)
617 vordere Querreihenschaltung s. bipolare Querreihenschaltung (113)
618 vorgetäuschte Seitendifferenz s. Seitendifferenz (490)
619 wandernder Alphafokus s. Alphafokusverlagerung (35)
620 Wechselstromübergangswiderstand s. Elektrodenübergangswiderstand (205)
621 Weglaufen der Schreiber s. Schreibsystemübersteuerung (485)
622 Welle s. EEG-Welle (188)
623 Welle im Alphaband s. Alphawelle (42)
624 Welle im Alphabereich s. Alphawelle (42)
625 Welle im Betaband s. Betawelle (93)
626 Welle im Betabereich s. Betawelle (93)
627 Welle im Deltaband s. Deltawelle (134)
628 Welle im Deltabereich s. Deltawelle (134)

noise, EEG channel: small fluctuating output of an EEG channel recorded, when high sensitivities are used, even if there is no input signal. Measured in microvolts (μV), referenced to the input

blocking (*clipping, overload*): (1) apparent, temporary obliteration of EEG rhythms in response to physiological or other stimuli such as electrical stimulation of the brain. (2) a condition of temporary unresponsiveness of the EEG amplifier, caused by major overload. Manifested initially by extreme, flat-topped pen excursion(s) lasting up to a few seconds

gain: ratio of output signal voltage to input signal voltage of an EEG channel. Example:

$$\text{Gain} = \frac{\text{output voltage}}{\text{input voltage}} = \frac{10 \text{ volts}}{10 \text{ microvolts}} = 1.000.000$$

Often expressed in decibels (dB), a logarithmic unit. Example: a voltage gain of 10 = 20 dB, of 1.000 = 60 dB, of 1.000.000 = 120 dB

slow alpha variant rhythms (*4 c/sec. rhythm*): characteristic rhythms at 3,5–6 Hz but mostly at 4–5 Hz, recorded most prominently over the posterior regions of the head. Generally alternate, or are intermixed with alpha rhythm to which they often are harmonically related. Amplitude is variable but is frequently close to 50 μV. Blocked or attenuated by attention, especially visual, and mental effort. Comment: slow alpha variant rhythms should be held in contradistinction to posterior slow waves characteristic of children and adolescents and occasionally seen in young adults

629 Welle im Thetaband s. Thetawelle (570)
630 Welle im Thetabereich s. Thetawelle (570)
631 **Wellen-Spitzen-Paroxysmus** (*Paroxysmus*): kombiniertes Auftreten eines Wellen- und Spitzenparoxysmus   **paroxysm** (407) (*paroxysmal activity, transient*)
632 Wellenfokus s. Herd (285)
633 **Wellenform** (*Bild einer Welle, Form, Form einer Welle, Wellenkontur*): äußeres Erscheinungsbild einer Welle   **wave form** (233)
634 Wellengruppe s. Gruppe (274)
635 Wellenherd s. Herd (285)
636 Wellenindex s. Ausprägung (61)
637 Wellenkontur s. Wellenform (633)
638 **Wellenparoxysmus** (*Paroxysmus*): plötzlich einsetzendes entweder generalisiertes oder lokalisiertes, meist einige Sekunden dauerndes Auftreten und ebenso plötzliches Abklingen vorwiegend frequenzinstabiler Delta-, Theta-, Alpha- oder Betawellen in verschiedenen Kombinationen, in jedem Fall das jeweilig vorherrschende allgemeine Spannungsniveau überschreitend; in der Mehrzahl der Fälle werden Wellenparoxysmen vornehmlich aus Theta- und Deltawellen gebildet   **paroxysm** (407) (*paroxysmal activity, transient*)
639 10/20-System s. Ten-Twenty-System (560)
640 Zeitabschnitt s. Dauer (128)
641 **Zeitkonstante** (*Hochpaßfilter, Niederfrequenzfilter, TC*): Funktionsteil im Elektroenzephalographen, bewirkt eine Begrenzung des Frequenzganges eines Verstärkersystems durch eine wählbare untere Begrenzungsfrequenz; durch entsprechende Schalter wahlweise einstellbar, angegeben in sec.   **time constant, EEG channel** (*high pass filter, low frequency filter*): the product of the values of the resistance (in megohms, $M\Omega$) and the capacitance (in microfarads, μF) which make up the time constant control of an EEG channel. This product represents the time required for the pen to fall to 37% of the deflection initially produced when a D.C. voltage difference is applied to the input terminals of the amplifier. Expressed in seconds (sec.). Abbreviation: TC. Comment: for a simple R–C coupling network, the TC is related to the percent reduction in sensitivity of the channel at a given stated low frequency by the equation $TC = {}^1/_2 \pi f$, where f is the frequency at which a 30% (3 dB) attenuation occurs. For instance, for a TC of 0,3 sec., an attenuation of 30% (3 dB) occurs at 0,5 Hz. Thus, either the time constant or the percent attenuation at a given stated low frequency can be used to designate the same position of the low frequency filter of the EEG channel chronology, sequence

642 **zeitliche Folge** (*Abfolge, Aufeinanderfolge, Chronologie, chronologische Verteilung, Folge, Sequenz*): fortlaufendes oder unterbrochenes Auftreten von Wellen
643 **zentral** (*präzentral*): topographisch-anatomische Bezeichnung, welche die Zentralregion des Großhirns betrifft (umfaßt den Sulcus centralis sowie die vordere Parietal- und hintere Frontalregion) und auf die darüberliegenden Schädelabschnitte projiziert wird   central, precentral
644 Zuführungskabel s. Ableitungsschnur u. Leitungsverbindung (18, 346)

645 Zwischenwelle s. Thetawelle (570)
646 Zwischenwellenrhythmus s. Thetaaktivität (565)
647 Zwischenwellenaktivität s. Thetaaktivität (565)
648 Zwischenwellenband s. Thetaband (568)
649 Zwischenwellenbereich s. Thetaband (566)
650 Zwischenwellenfokus s. Thetafokus (568)
651 Zwischenwellengruppe s. Thetawellengruppe (571)
652 Zwischenwellenherd s. Thetafokus (568)
653 Zyklus s. EEG-Welle (188)

14. Stichwortverzeichnis der Begriffe und Synonyma im englischen Sprachgebrauch

Absence 20
abundance 61
activation 304, 443
active electrode 23
activity, EEG 24
after discharge 372
alpha band 31
- rhythm 30, 36
- wave 42
amplitude 503
aperiodic 47, 596
application, electrode 492
arceau rhythm 48
array 17
arrhythmic activity 248
artefact 51, 606
artifact 51
asymmetry 490
asynchronous 53
asynchrony 54
atypical repetitive spike-and-slow-waves 512
average potential reference 456

Background activity 289
bandwidth, EEG channel 608
basal electrode 69, 374
baseline 271
basomedian 71
beta band 86
- rhythm 85
- spike 92, 322
- wave 93
big spike 269
bilateral 101
bilaterally synchronous 103, 550
biparietal hump 533
biphasic wave 108, 428
bipolar depht electrode 354
- derivation 109
- montage 110
bisynchronous 103, 550
blocking 611
brain wave 188
burst 59, 407

Calibration 190, 558
cap 5
central 643
changes in EEG 186
channel 170
chronology 642
circumferential bipolar montage 68
classification of EEG 583
clipping 606, 611
comb rhythm 48
common EEG input test 107, 190
- reference electrode 99, 256
- - montage 456
- referential derivation 456
complex 324

component 325
continuous 326
contour 233
coronal bipolar montage 113, 288
cortical electrode 333
- electroencephalogram 215
- electroencephalography 216
- electrogram 215
- electrography 216
curve 172
cycle 188, 268

DEEG 574, 575
delta band 130
- focus 132
- rhythm 129
- wave 134
density 244
depth electrode 354
- electroencephalogram 574
- electroencephalography 575
derivation 14, 346
description 162
descriptor 436
differential amplifier 139
- balanced amplifier 139
diffuse 141
diphasic wave 108, 428
discharge 406
disk electrode 321, 389, 418, 527
distortion 51, 606
duration 128

Ear electrode 393
ECoG 215, 216
EEG 210, 212
- changing 153
- machine 211
- technologist 557
- wave 188
- er 159
electrocorticogram 215
electrocorticography 216
electrode 197
- arrangement 17
- connection 346
- impedance 205
- panel 6
- position 16, 17
- resistance 205
- selection switch 208
electroencephalogram 210
electroencephalograph 211
electroencephalographer 159
electroencephalography 212
electrogram 210
epidural electrode 219
epileptic pattern 45
epileptiform pattern 45, 406, 407
epoch 176
equipotential 22

equipotential line 21
evaluation 162
event 268, 436
events per time unit 244
evoked potential 225
- response 225
exploring electrode 23
extracerebral potential 51

Fast activity 89
- alpha variante rhythm 28
- delta wave 543
- - - focus 544
- wave 93
field distribution 349
flat EEG 505
focal transients 521
focus 285
form 233
four (4c/ sec.) cycles per second rhythm 613
frequency 244
- band 245
- response curve 608
- spectrum 168
- stability 251
frontal 252

Gain 612
generalization 258
generalized 141, 258
GOLDMAN-OFFNER reference 456
grand mal 267
grapho element 268, 436
group 274

Harness 5
head 5
high frequency filter 539
- pass filter 641
HJORTH derivation 445
hyperventilation 304
hypsarrhythmia 305

Impedance meter 206
inactive electrode 307, 393
inactivity, record of electrocerebral 315, 505
independent (temporally) 53, 497
index 61
indifferent electrode 393
instrumental phase reversal 414
inter-channel synchrony 553
inter-electrode distance 200
- - - placement 17, 200
interference 309
inter-hemispheric derivation 288
intermittend 47, 144, 310, 596
interpretation 162

interpreter 159
interval 128, 312
intracerebral electrode 354
– electroencephalogram 574
– electroencephalography 575
irregular 47, 596
isoelectric 314
isolated 194

K-complex 317

Lambda wave 339
lambdoid wave 395
lateralized 193
lead 18, 197, 346
linkage 346
localization 349
located 349
longitudinal bipolar montage 112
low frequency filter 641
– pass filter 539
– voltage EEG 505

Monomorphic 359
monophasic wave 361
monopolar 591
– montage 592
monorhythmic 251
montage 13
morphology 233
mu rhythm 48
multi electrode 354
multiple depth electrode 354
– electrode 354
– foci 353
– spike complex 368
– spike-and-slow-wave complex 370
multispike 368
– complex 368
multispike-and slow-wave complex 370

Nasopharyngeal electrode 69, 374
needle electrode 373
noise, EEG channel 610
nonstationarity 248

Occipital 394
– intermittend rhythmic delta activity 311
ohm meter 206
on and off effect 82
overbreathing 304
overload 485, 611

Pad electrode 389, 527
paper speed 398
parietal 405
paroxysm 407, 517, 631, 638
paroxysmal activity 406, 517, 631, 638
peak 262
pen galvanometer 487
– motor 487
– writer 487
period 312
periodic 409, 457
petit mal 410

petit mal variant 411
phase 412
– difference 415
photic driving 416
– stimulation 242
– stimulator 243
photo-myoclonic response 240
photo-myogenic response 240
polarity convention 422
–, EEG wave 420
polygraphic recording 425
polymorphic activity 427
polyphasic wave 428
polyspike 368
– complex 368
polyspike-and-slow wave complex 370
positive occipital sharp transient of sleep 395
– – spike-like wave of sleep 339
potential 195, 268, 436, 503
potentiality 503
precentral 643
projected patterns 541
protocol of EEG 164
provocation procedure 443

Quantity 61

Rater 159
reactivity 452
record 152, 172, 459
recording 152, 459
reference electrode 99, 393
– derivation 591
– montage 592
regular 457
relative time ratio 61
rhythm(s) 465
– of alpha frequency 30, 36
– of beta frequency 89
– of theta frequency 565
run 7

Sample 176
scalp electrode 321, 389
– electroencephalogram 390
– electroencephalography 391
SDEEG 574, 575
SEEG 390, 391
segment 312
– length 176
seizure pattern, EEG 45, 406, 407
sequence 642
sharp and slow wave complex 493
– wave 494, 510
sigma rhythm 496
– waves 496
sign 268
– of EEG 268
silence, record of electrocerebral 315
simultaneous 497, 551, 553
sine wave 500
sinusoidal wave 498
skin potential 284
sleep spindle 496
– stages 181
slow alpha variant rhythms 613
small spike 92, 322
source derivation 445

spatial distribution 58
special electrode 69, 508
spike 510
spike and dome complex 511
– – slow wave complex 511
– – – – rhythm 512
spike-like potentials 519
spindle 496
sphenoidal electrode 69
spread 58, 541
standard electrode 389, 527
– electrode placement 526
– electroencephalogram 390, 529
stationarity 251
status epilepticus, EEG 532
STEPHENSON-GIBBS reference 538
stereotactic (stereotaxic) depth electroencephalogram 574
– – – electroencephalography 575
sterno-spinal reference 538
stick-on-electrode 312, 389
stigmatic electrode 23
stroboscope 243
subdural electrode 333
superimposed wave 587
symmetry 549
synchronous 497, 551
synchrony 553

Temporal 559
ten twenty system 560
term of EEG 385
terminology of EEG 182
theta activity 565
– band 566
– focus 568
– rhythm 565
– wave 570
three hertz (3 Hz) spike and slow waves 512
time constant, EEG channel 641
topography 349
trace 172, 459
tracing 152, 172, 459
transient 47, 407, 510, 517, 596, 631, 638
transient EEG 520
transverse bipolar montage 113, 288
triphasic wave 428, 494
true phase reversal 414, 549

Unilateral 193
unipolar 591
– montage 592

V wave 533
verbal description of EEG 164
vertex sharp transient 533
– sharp wave 533
voltage 503

Wave 188
– form, waveform 233
wicket rhythm 48
writer 484, 486

Zero cross line 271

Literatur

Das Schrifttumsverzeichnis beinhaltet alle in den einzelnen Kapiteln zitierten Arbeiten unter Hinzuziehung weiterer in- und ausländischer Angaben. Wegen der unübersehbaren Anzahl von Veröffentlichungen auf dem Gebiet der Elektroenzephalographie und ihrer Grenzgebiete machte sich eine Auswahl erforderlich, die auch hinsichtlich wichtiger Arbeiten keinen Anspruch auf Vollständigkeit erhebt.

1. Geschichtlicher Überblick (ergänzt durch Allgemeindarstellungen und Monographien)

Abbott, J. A., Electroencephalography. N. England J. Med. *252* (1955) 20–26 u. 59–64

Abd el Naby, S., Electro-Encephalography. Its scope and future in neurosurgery. J. Egypt. Med. Ass. *35* (1952) 545–553

Adrian, E. D., Electrical activity of the nervous system. Arch. Neurol. Psychiatr., Chicago *32* (1934) 1125–1136

–, und *B. H. C. Matthews*, The Berger rhythm. Potential changes from the occipital lobes in man. Brain, London *57* (1934) 356–385

–, und *K. Yamagiwa*, The origin of the Berger rhythm. Brain, London *58* (1935) 323–351

Barnes, T. C., Synopsis of electroencephalography or guide to brain waves. Hafner, New York 1968

Beck, A., Die Ströme der Nervenzentren. Zbl. Physiol. (Wien) *4* (1890) 572–573

–, und *N. Cybulski*, Weitere Untersuchungen über die elektrischen Erscheinungen in der Hirnrinde der Affen und Hunde. Zbl. Physiol. (Wien) *6* (1892) 1–6

Bennet, D. R., J. R. Hughes, J. Korein, J. K. Merlis und *C. Suter*, Atlas of electroencephalography in coma and cerebral death. Raven Press New York 1976

Berger, H., Über das Elektrenkephalogramm des Menschen I. Arch. Psychiatr. *87* (1929) 527–570

–, Über das Elektrenkephalogramm des Menschen II. J. Psychol. *40* (1930) 160–179

–, Über das Elektrenkephalogramm des Menschen III. Arch. Psychiatr. *94* (1931) 16–60

–, Über das Elektrenkephalogramm des Menschen IV. Arch. Psychiatr. *97* (1932) 6–26

–, Über das Elektrenkephalogramm des Menschen V. Arch. Psychiatr. *98* (1932) 231–254

–, Über das Elektrenkephalogramm des Menschen VI. Arch. Psychiatr. *99* (1933) 555–574

–, Über das Elektrenkephalogramm des Menschen VII. Arch. Psychiatr. *100* (1933) 301–321

–, Über das Elektrenkephalogramm des Menschen VIII. Arch. Psychiatr. *101* (1933) 452–469

–, Über das Elektrenkephalogramm des Menschen IX. Arch. Psychiatr. *102* (1934) 538–558

–, Über das Elektrenkephalogramm des Menschen X. Arch. Psychiatr. *103* (1935) 444–454

–, Über das Elektrenkephalogramm des Menschen XI. Arch. Psychiatr. *104* (1936) 678–689

–, Über das Elektrenkephalogramm des Menschen XII. Arch. Psychiatr. *106* (1937) 165–187

–, Über das Elektrenkephalogramm des Menschen XIII. Arch. Psychiatr. *106* (1937) 577–584

–, Über das Elektrenkephalogramm des Menschen XIV. Arch. Psychiatr. *108* (1938) 407–431

–, Das Elektrenkephalogramm des Menschen. Nova Acta Leopoldina N. F. (Halle) *6* (1938) 173–309

Berger, H., Über das Elektrenkephalogramm des Menschen. Allg. Zschr. Psychiatr., Berlin *108* (1938) 254–273

–, Über das Elektrenkephalogramm des Menschen. Naturwiss. *23* (1935) 121–124

–, Über die Entstehung der Erscheinungen des großen epileptischen Anfalls. Klin. Wschr. *14* (1935) 217–219

–, Das Elektrenkephalogramm des Menschen und seine Bedeutung für die Psychophysiologie. Zschr. Psychol., Leipzig *126* (1932) 1

–, Das Elektrenkephalogramm des Menschen und seine psychophysiologische Deutung. XI. Congr. internat. de Psychol. Paris *1* (1938) 220–226

Bickford, R. G., J. L. Jacobsen and *D. Langworthy*. (Eds.), A KWIC Index of EEG Literature and Society Proceedings, Elsevier Publishing Company, Amsterdam, London, New York 1965

Bodechtel, G., Differentialdiagnose neurologischer Krankheitsbilder. 3. Aufl. Georg Thieme, Stuttgart 1974

Brazier, M. A. B., Bibliography of electroencephalography 1875 bis 1948. Internat. Fed. EEG and clin. Neurophysiol. 1950. Electroenceph. clin. Neurophysiol. Suppl. *1* (1950)

–, Rise of the neurophysiology in the ninteenth century. J. Neurophysiol., Springfield *20* (1957) 212–226

–, The historical development of neurophysiology. In: Hb. of Physiol., Neurophysiol. I, 1–38, Am. Physiol. Soc., Washington, D. C. 1959

–, The electrical activity of the nervous system. A textbook for students. London: Pitman Med. Publ. Co. 1960 2. edt.

Bremer, F., Some problems in neurophysiology. Univ. Press, London 1953

Brown, B. B. B., and *J. W. Klug.* (Eds.), The alpha syllabus. A handbook of human EEG alpha activity. Charles C. Thomas, Springfield 1974

Brücke, F. T., Einige Bemerkungen zur Electroencephalographie und ihrer Geschichte. Subsidia med. (Wien) *10* (1958) 3–7

Brunn, W. L. v., Das Elektrencephalogramm (EEG) 1939–1946. Zbl. ges. Neurol. Psychiat. *112* (1951) 305–314

Caton, R., The electric currents of the brain. Brit. Med. J. *2* (1875) 278

Christian, W., Klinische Elektroenzephalographie – Lehrbuch und Atlas. 2. Aufl. Georg Thieme, Stuttgart 1975

Cobb, W. A., G. P. Greville, M. E. Heppenstall, D. Hill, W. G. Walter and *D. Whitteridge*, Electroencephalography. A symposium on its various aspects. Macdonald & Co., London 1950

Cohn, R., Clinical Electroencephalography. New York-London-Toronto: McGraw Hill Book Co. Inc. 1949

Cooper, R., J. W. Osselton und *C. Shaw*, Elektroenzephalographie. Technik und Methoden. Gustav Fischer, Stuttgart. 2. deutschspr. Aufl. 1978

Danielczyk, W., Das EEG und seine allgemeinen medizinischen Aufgaben. Wien. med. Wschr. *115* (1965) 389–392

Danilewsky, B., Zur Frage über die elektromotorischen Vorgänge im Gehirn als Ausdruck seines Tätigkeitszustandes. Zbl. Physiol. (Wien) *5* (1891) 1–4

Davidoff, L., and *C. G. Dyke*, The demonstration of normal cerebral structures by means of electroencephalography. Bull. Neurol. Inst. N. Y. *2* (1933) 75; *3* (1933) 138; *4* (1934) 418

Davis, H., Interpretation of the electrical activity of the brain. Amer. J. Psychiatr. *94* (1938) 825–834

Davis, P. A., Effects of acoustic stimuli on the waking human brain. J. Neurophysiol., Springfield *2* (1939) 494–499

Davis, H., and *P. A. Davis*, The electrical activity of the brain; its relation to physiological states of impaired consciousness. Res. Publ. Ass. Nerv. Ment. Dis., N. Y. *19* (1939) 50–80

Delay, J., et *G. Verdeaux*, Electroencéphalographie clinique. Masson & Cie., Paris 1966

Denny Brown, D., Disability arising from closed head injury. J. Amer. Med. Ass. *127* (1945) 429–436

Doose, H., EEG in der Neuropädiatrie. Z. EEG-EMG *7* (1976) 55–62

Dow, R. S., G. Ulett and *J. Raaf*, Electroencephalographic studies immediately following head injury. Amer. J. Psychiatr. *101* (1944) 174–183

– – –, Electroencephalographic studies in head injuries. J. Neurosurg., Springfield *2* (1945) 154–169

Du Bois-Reymond, E., Untersuchungen über Thiersche Electricität. G. Reimer, Berlin 1848/49 2 Bde.

Duensing, F., Das Electroencephalogramm bei Störungen der Bewußtseinslage. Befunde bie Meningitiden und Hirntumoren mit Bemerkungen zur Pathophysiologie und Pathopsychologie der Bewußtseinsstörungen. Arch. Psychiatr. *183* (1949) 71–115

Dumermuth, G., Elektroenzephalographie im Kindesalter. Einführung und Atlas. 3. Aufl. Georg Thieme, Stuttgart 1976

Duplay, J., Elektrencephalographie. Springer, Berlin 1950

Finckh, R., Elektroencephalographie, ihre Anwendungsbereiche und Grenzen. Med. Klin. *60* (1965) 389–392

Fischer, M. H., Elektrobiologische Erscheinungen an der Hirnrinde. I. Pflügers Arch. Physiol. *230* (1932) 161–178

–, Elektrobiologische Erscheinungen an der Hirnrinde bei Belichtung eines Auges. II. Pflügers Arch. Physiol. *233* (1934) 738–753

Fischgold, H., et *A. Baudouin*, Electroencéphalographie clinique. Paris: L'expansion scientifique francaise 1946

–, und *H. Gastaut*, Conditionnement et réactivité en Electroencéphalographie. Electroenceph. clin. Neurophysiol. Suppl. 6 Masson & Cie., Paris 1957

–, und *C. Dreyfus-Brisac*, Das Elektroenzephalogramm. Georg Thieme, Stuttgart 1968

Fleischl von Marxow, E., Mittheilung betreffend die Physiologie der Hirnrinde. Zbl. Physiol. (Wien) *4* (1890) 537–540

Foerster, O., und *H. Altenburger*, Elektrobiologische Vorgänge an der menschlichen Hirnrinde. Dtsch. Zschr. Nervenhk. *135* (1935) 277–288

Frey, T. S., Routine electroencephalography and psychiatry. Electroenceph. clin. Neurophysiol. *13* (1961) 481

Gänshirt, H., Die Bedeutung der Elektroenzephalographie in der klinischen Neurologie. Nervenarzt, Berlin *30* (1959) 111–115

–, Klinische Elektroenzephalographie. Materia med., Nordmark 1963

Garsche, R., Elektroencephalographie. In: J. Brock, Biologische Daten für den Kinderarzt, Bd. II. S. 856–918; Springer-Verlag, Berlin-Göttingen-Heidelberg 1954, 2. Aufl.

Garvin, J. S., Combined value of electroencephalogram and brain scan. Clin. Electroencephalogr. *2* (1971) 40–43

–, Round-table discussion "The Practical Value of EEG for solving difficult clinical problems". Clin. Electroencephalogr. *2* (1971) 118–129

Gastaut, H., Vom Berger-Rhythmus zum Alpha-Kult und zur Alpha-Kultur. Z. EEG-EMG *5* (1974) 189–199

Gazenko, O. G., V. S. Gurfinkel and *V. B. Malkin*, (Electroencephalographic study in space medicine.) Probl. Kosmich. Biol., (Moskva) *6* (1967) 83–92 (russisch)

Gibbs, F. A., and *E. L. Gibbs*, Atlas of electroencephalography. Vol. I: Methodology and Controls. 2. Aufl. Vol. II. Epilepsy. Addison-Wesley Press. Inc., Cambridge 1950, 1952. Aufl. Vol. III: Neurol. and Psychiatric Disorders Reading-Palo Alto-London, Addison Wesley Publ. Comp. 1964

– –, Medical electroencephalography. Addison Wesley, Reading, Mass. 1967

– – Elektroenzephalographie. VEB Gustav Fischer, Jena 1971

–, and *H. Davis*, Changes in the human electroencephalogram associated with loss of consciousness. Amer. J. Physiol. *113* (1935) 49–50

Gibbs, F. A., and *W. G. Lennox*, The practical and theoretical significance of the electroencephalogram in epilepsy. J. Nerv. Ment. Dis. *85* (1937) 463–467

–, *H. Davis* and *W. G. Lennox*, The electroencephalogram in epilepsy and conditions of impaired consciousness. Arch. Neurol. Psychiatr., Chicago *34* (1935) 1133–1148

–, *E. L. Gibbs* and *W. G. Lennox*, Epilepsy; a paroxysmal cerebral dysrhythmia. Brain, London *60* (1937) 377–388

– – –, Cerebral dysrhythmias of epilepsy. Arch. Neurol. Psychiatr., Chicago *39* (1938) 298–314

–, *W. R. Wegner* and *E. L. Gibbs*, The electroencephalogram in posttraumatic epilepsy. Amer. J. Psychiatr. *100* (1944) 738–749

Gloor, P., Hans Berger on Electroencephalography. Amer. J. Technol. *9* (1969) 1–9

Götze, W., Bioelektrische Nachuntersuchungen an Hirnverletzten. Zbl. Neurochir. *7* (1942) 67–73

–, Einführung in die Elektroencephalographie. Röntgen-Laborat.praxis, Stuttgart *6* (1953) 238–244

–, Klinische EEG-Diagnostik. Zschr. ärztl. Fortbild. (Berlin) *56* (1967) 724–740

Gotch, F., und *V. Horsley*, Über den Gebrauch der Electricität für die Localisierung der Erregungserscheinungen im Centralnervensystem. Zbl. Physiol. (Wien) *4* (1890) 649–651

Gozzano, M., e *S. Colombati*, Elettroencefalografia clinica. Rosenberg & Sellier, Torino 1951

Heines, K. D., Der gegenwärtige Leistungsstand der Electrencephalographie. Fortschr. Neurol. *21* (1953) 101–149

Hess, R., EEG-Fibel. Sandoz-Monographie 1963

Hill, J. D. N., and *G. Parr*, Electroencephalography. A symposium on its various aspects. Macdonald & Co., London 1963 2. Aufl.

Hopf, H. C. Elektroenzephalogramm. In: Spezielle neurologische Untersuchungsmethoden. Hrsg. G. v. Schaltenbrand. Georg Thieme, Stuttgart 1968

Husson, A., Electro-encéphalographie. Maloine, Paris 1957

Ingvar, D. H., und *N. A. Larssen*, Hirndurchblutung und Hirnstoffwechsel. Triangel *9/7* (1970) 234

Janzen, R., Klinische und hirnbioelektrische Epilepsiestudien. Erg. inn. Med. *61* (1942) 262–307

–, Das Werk Alois E. Kornmüllers. Z. EEG-EMG *3* (1972) 57–62

–, (ed.), Klinische Elektroencephalographie. Springer, Berlin-Göttingen-Heidelberg 1961

–, und *G. Behnsen*, Beitrag zur Pathophysiologie des Anfallsgeschehens, insbesondere des kataplektischen Anfalles beim Narkolepsiesyndrom: Klinische und hirnbioelektrische Untersuchung. Arch. Psychiatr. *111* (1940) 178–189

–, und *W. Fuhrmann*, Grundlagen und Grenzen der klinischen Elektrencephalographie. Klin. Wschr. *29* (1951) 45–46 u. 762–766

–, und *A. E. Kornmüller*, Hirnbioelektrische Untersuchungen an Kranken mit symptomatischer Epilepsie. Dtsch. Zschr. Nervenhk. *150* (1940) 283–295

Jasper, H. H., Electrical signs of cortical activity. Psychol. Bull. *34* (1937) 411–481

–, and *W. A. Hawke*, Electro-encephalography VI. Localization of seizure waves in epilepsy. Arch. Neurol. Psychiatr., Chicago *39* (1938) 885–901

–, and *I. C. Nichols*, Electrical of cortical function in epilepsy and allied disorders. Amer. J. Psychiatr. *94* (1938) 835–850

–, and *W. Penfield*, Electroencephalograms in post-traumatic epilepsy, preoperative and postoperative studies. Amer. J. Psychiatr. *100* (1943) 365–377

–, and *D. G. Smirnow*, (Eds.), The Moscow colloquium on electroencephalography of higher nervous activity. Moscow. Oct. 6.–11. 1955. Electroenceph. clin. Neurophysiol. Suppl. *13* (1960)

–, *S. L. J. Kershman* and *A. Elvidge*, Electroencephalography in head injury. Res. Publ. Assoc. Nerv. Ment. Dis., N. Y. *24* (1945) 388–420

Jegorova, I. S., Elektroenzefalografija (Elektroenzephalographie). Izd. Medizina Moskwa 1973

Jung, R., Neurophysiologische Untersuchungsmethoden II. Das Elektrencephalogramm (EEG). In: Hb. d. Inneren Med. 4. Aufl. Bd. V/1, 1216–1325, Springer-Verlag, Berlin-Göttingen-Heidelberg 1953

–, Das Elektroencephalogramm und seine klinische Anwendung. I. Methodik der Ableitung, Registrierung und Deutung des EEG. Nervenarzt, Berlin *12* (1939) 569

–, Das Elektroencephalogramm und seine klinische Anwendung. II. Das EEG des Gesunden, seine Variationen und Veränderungen und deren Bedeutung für das pathologische EEG. Nervenarzt, Berlin *14* (1941) 57, 104

–, Allgemeine Neurophysiologie. In: Hb. d. Inneren Med. 4. Aufl. Bd. V/1, 1–181, Springer-Verlag, Berlin-Göttingen-Heidelberg 1953

–, Hans Berger und die Entdeckung des EEG nach seinen Tagebüchern und Protokollen. In: Jenenser EEG-Symposion – 30 Jahre Elektroenzephalographie, VEB Verlag Volk und Gesundheit, Berlin 1963

Karbowski, K., Aussagewert der klinischen Elektroenzephalographie. Praxis *57* (1968) 1438–1445

Kaufmann, P. I., Elektrische Erscheinungen in der Großhirnrinde. Obozr. psichiatr., nevrol. (St. Petersburg) *17* (1912) 403–514

Kellaway, P., and *I. Petersén*, (Eds.), Neurological and electroencephalographic studies in infancy. Grune & Stratton, New York 1964

–, und *I. Petersén* (Eds.), Quantitative analytic studies in epilepsy. Raven Press New York 1976

Ketz, E., Wert und Grenzen des EEG in der Neurochirurgie. Schweiz. Arch. Neurol. *111* (1972) 299–311

Kiloh, L., and *J. Osselton*, Clinical Electroencephalography. Butterworths, London 1961

Klass, D. W., and *J. Reiher*, Extracerebral uses for electrocephalography. Med. Clin. Amer. *52* (1968) 941–948

Kolle, K., 40 Jahre EEG. Münch. med. Wschr. *112* (1970) 712–713

Kornmüller, A. E., Die bioelektrischen Erscheinungen der Hirnrindenfelder. Georg Thieme, Leipzig 1937

–, Die klinische Bewertung der Elektrenkephalographie. Arch. Psychiatr. *116* (1943) 608–647

–, Klinische Elektrenkephalographie. J. F. Lehmann, München-Berlin 1944

–, Elektrenkephalographie. Klin. Wschr. *31* (1953) 228–233

–, und *R. Janzen*, Über lokalisierte hirnbioelektrische Erscheinungen bei Kranken, insbesondere bei Epileptikern. Zschr. Neurol., Berlin *165* (1939) 372–374

Kubicki, St., Tagungsbericht der Deutschen EEG-Gesellschaft, Bonn 15.–17. 5. 1969. Z. EEG-EMG *1* (1970) 39–52

–, Tagungsbericht der Deutschen EEG-Gesellschaft, Berlin 1. bis 3. 5. 1970. Z. EEG-EMG *1* (1970) 205–212

–, Tagungsbericht der Deutschen EEG-Gesellschaft und der Société d'Electroencéphalographie et de Neurophysiologie Cliniqué de Langue Française, München 6.–7. 10. 1970. Z. EEG-EMG *2* (1971) 98–100

–, Tagungsbericht über die 17. Jahrestagung der Deutschen EEG-Gesellschaft, Kiel 11.–13. 6. 1971. Z. EEG-EMG *2* (1971) 139–150

–, 18. Jahrestagung der Deutschen EEG-Gesellschaft, München 27.–30. 9. 1972. Z. EEG-EMG *3* (1972) 193–208

Künkel, H., und *G. Dolce*, Quantitative Methoden in der EEG-Analyse. Gustav Fischer Verlag, Stuttgart 1974

Kugler, J., Elektroencephalographie in Klinik und Praxis. Georg Thieme-Verlag, Stuttgart 1966 2. Aufl.

–, Herbsttagung der Bayerischen EEG-Arbeitsgemeinschaft 1973, München 1. 12. 1973. Z. EEG-EMG *5* (1974) 135–137

Lůhoda, F., Neurophysiologische Diagnostik in Klinik und Praxis. Münch. med. Wschr. *113* (1971) 660

Laidlaw, J., and *J. B. Stanton*, The EEG in clinical practice. Livingstone Book, Edinburgh 1966

Larionow, V. E., Über die corticalen Hörzentren. Schriften der Klinik für Nerven- und Geisteskrankheiten, St. Petersburg 1899

Leibovic, K. N. (Ed.), Information processing in the nervous system. Springer, New York 1969

Lennox, W. G., The physiological pathogenesis of epilepsy. Brain, London *59* (1936) 113–131

Liberson, W. T., Recherches sur les électroencéphalogrammes transcraniens de l'homme. Travail hum., Paris *5* (1937) 431–463

Lindsley, D. B., Electroencephalography. Vol. II Ronald Press. Co., New York 1944

Lloyd-Smith, D. L., The electroencephalogram as a diagnostic aid in neurosurgery – a review. Clin. Neurosurg. *16* (1968) 251–267

Margerison, J. H., *P. S. John-Loe* and *C. D. Binnie*, Electroencephalography. In: A manual of psychophysiological methods. Herausgeg. v. P. H. Venables and I. Martin. North-Holland Publ. Co., Amsterdam 1967, 351–402

Martin, F., Tagungsbericht der Schweizerischen Vereinigung für Elektroenzephalographie und klinische Neurophysiologie, Luzern 5. 6. 1971. Z. EEG-EMG *2* (1971) 188–189

Maulsby, R. L., *M. L. Proler*, *J. D. Frost* and *J. W. Crawley*, Electroencephalography. Progr. Neurol. Psychiatr., N. Y. *19* (1964) 371–387

Moruzzi, G. (Ed.), Brain Mechanisms and Conscience. S. 21. Blackwell, Oxford 1954

Müller-Hegemann, D. (Ed.), Aktuelle Probleme der Elektroenzephalographie. S. Hirzel, Leipzig 1967

Newman, S. E., Comparative utilization of EEG and computerized tomography: the effect of computerized tomography scanning on EEG usage. Clin. Electroenceph. (Chicago) *8* (1977) 70–76

Penfield, W., and *T. C. Erickson*, Epilepsy and cerebral localization. S. 380–454. Ch. C. Thomas, Springfield 1941

–, und *H. H. Jasper*, Electroencephalography in focal epilepsy. Transact. Amer. Neurol. Ass. *66* (1940) 209–211

Petsche, H., EEG und bioelektrische Hirntätigkeit. Z. EEG-EMG *1* (1970) 125–133

Prawdicz Neminski, V. V., Zur Kenntnis der elektrischen und der Innervationsvorgänge in den funktionellen Elementen und Geweben des tierischen Organismus. Electrocerebrogramm der Säugetiere. Pflügers Arch. Physiol. *209* (1925) 362

Proler, M. L, *J. D. Frost*, *R. L. Maulsby* and *J. W. Crawley*, Electroencephalography. Progr. Neurol. Psychiatr., N. Y. *21* (1966) 330–357

– – – –, Electroencephalography. Progr. Neurol. Psychiatr., N. Y. *22* (1967) 260–294

Rémond, A. (Ed.), Handbook of Electroencephalography and Clinical Neurophysiology. Elsevier Publishing Company, Amsterdam 1972

Rohracher, H., Die elektrischen Vorgänge im menschlichen Gehirn. 2. Aufl. Johann Ambrosius Barth, Leipzig 1942

Ruf, H., Das Elektrencephalogramm bei der lymphozytären Meningitis. Arch. Psychiatr. *183* (1949) 146–162

Schaeder, J. A., Nachruf auf Jan Friedrich Tönnies. Z. EEG-EMG *3* (1972) 2–5

Schear, H. E., Use of electroencephalogram in emergency clinical situations. Clin. Electroenceph. (Chicago) *8* (1977) 100–108

Scharfetter, Ch., Was dürfen wir vom Elektroencephalogramm erwarten? Dtsch. med. Wschr. *91* (1966) 223–228

Schenk, G. K. (Ed.), Beiträge zum Symposium »Die Quantifizierung des Elektroencephalogramms«. Jongny sur Vevey, 2.–6. 5. 73, Konstanz 1973, Ausgabe 1273

Scherzer, E., Tagungsbericht der Österreichischen EEG-Gesellschaft und Bayrischen EEG-Arbeitsgemeinschaft, Salzburg 25. 4. 1970. Z. EEG-EMG *1* (1970) 164–167

–, Tagungsbericht der Österreichischen Gesellschaft für Elektroenzephalographie und der Ungarischen EEG-Gesellschaft, Wien 23.–25. 10. 1970 Teil I: Z. EEG-EMG *2* (1971) 43–48, Teil II: Z. EEG-EMG *2* (1971) 100–102

–, Jahrestagung der Österreichischen EEG-Gesellschaft, Wien, 24. 4. 71, Z. EEG-EMG *2* (1971) 185–187

–, Jahrestagung der Österreichischen EEG-Gesellschaft, Wien, 24. 11. 73, Z. EEG-EMG *5* (1974) 133–135

Schmidt, R. M., Hans Berger und das Elektroencephalogramm. Wiss. Zschr. Univ. Halle Math.-Nat. Reihe *10* (1961) 673–678

Schrenk, M., Hans Bergers Idee von der psychischen Energie. Nervenarzt, Berlin *41* (1970) 263–273

Schütz, E., 25 Jahre Deutsche EEG-Gesellschaft. Z. EEG-EMG *7* (1976) 1–7

Schulte, W., Hans Berger: Ein Lebensbild des Entdeckers des Elektroencephalogramms. Münch. med. Wschr. *101* (1959) 977–980

Schwab, R. S., Electroencephalography in clinical practice. W. B. Saunders Comp., Philadelphia-London 1951

Schwarzer, F., Ein Elektrencephalograph mit hohen Frequenzeigenschaften und geraden Koordinaten; mit einigen Bemerkungen zur Einrichtung von EEG-Apparaten. Arch. Psychiatr. *183* (1949) 257–275

Serra, C., e *L. Ambrosio,* L'elettroencefalogramma in medicina del lavoro. Quad. Acta.neurol. (Napoli) XXI 1961

Silverman, D., W. S. Masland and *E. A. Rodin,* Electroencephalography. Progr. Neurol. Psychiatr., N. Y. *23* (1968) 303–337

Steinmann, H. W., Klinische Electroencephalographie. In: Hb. d. Neurochirurgie Bd. I/1, S. 446–530, Springer-Verlag, Berlin-Göttingen-Heidelberg 1959

Stewart, L. F., Introduction to the principles of electroencephalography. Ch. C. Thomas, Springfield 1961

Tönnies, J. F., Der Neurograph, ein Apparat zur unmittelbar sichtbaren Registrierung bioelektrischer Erscheinungen. Dtsch. Zschr. Nervenhk. *130* (1933) 60–67

–, Die unipolare Ableitung elektrischer Spannungen vom menschlichen Gehirn. Naturwiss. *22* (1934) 411–414

–, Differential amplifier. Rev. Sci. Instr. (Lancaster) *9* (1938) 95–97

–, Einige technische Hilfsmittel für die Elektrencephalographie, Grundrhythmusmessung, Nachleuchtbildbeobachtung, automatisch regulierter Gleichstromverstärker. Arch. Psychiatr. *183* (1949) 245–256

Tönnis, W., und *H. W. Steinmann,* Das EEG in der Frühdiagnostik intrakranieller Prozesse. Zbl. Neurochir. *12* (1952) 193–200

Triwus, S. A., Die negativen Stromschwankungen in der Hemisphärenrinde des Gehirns. Med. Diss. St. Petersburg 1900

Tschirjew, S., Propriétés électromotorices du cerveau et du coeu. J. physiol. path. gén., Paris *6* (1904) 671–682

Walter, D. O., and *M. A. B. Brazier* (Eds.), Advances in EEG-analysis. Proceedings of a workshop. Los Angeles 1967. Electroenceph. clin. Neurophysiol. Suppl. *27* (1969) 1–78

Walter, P. L. (Ed.), A KWIC index to electroencephalography and allied literature 1966–1969. Electroenceph. Clin. Neurophysiol. Suppl. 29, Elsevier, Amsterdam 1970

Walter, W. G., The localisation of cerebral tumours by electroencephalography. Lancet, London *2* (1936) 305–312

–, Recent progress in psychiatry: Electroencephalography. J. ment. Sc., London *90* (1944) 64

Werner, R. (Ed.), Jenenser EEG-Symposium 17.–19. Oktober 1959; 30 Jahre Elektroenzephalographie. VEB Verlag Volk und Gesundheit, Berlin 1963

Williams, D. J., The abnormal cortical potentials associated with high intracranial pressure. Brain, London *62* (1939) 321–334

–, The electroencephalogram in acute head injuries. J. Neurol., London *4* (1941) 107–130

–, The electroencephalogram in chronic posttraumatic states. J. Neurol., London *4* (1941) 131–146

–, The electroencephalogramm in traumatic epilepsy. J. Neurol., London *7* (1944) 103–111

–, and *D. Denny-Brown,* Cerebral electrical changes in experimental concussion. Brain, London *64* (1941) 223–238

–, and *F. A. Gibbs,* Electroencephalography in clinical neurology. Its value in routine diagnosis. Arch. Neurol. Psychiatr., Chicago *41* (1939) 519–534

–, and *J. Reynell,* Abnormal suppression of cortical frequencies. Brain, London *68* (1945) 123–161

Wulfsohn, N. L., and *A. J. R. Sances* (Eds.), The nervous system and electric currents. Proceedings of the third annual national conference of the Neuro-Electric Society, Las Vegas, March 1970. Plenum Press, New York 1970

2. Die physiologischen Grundlagen des Elektroenzephalogramms

Adrian, E. D., and *B. H. C. Matthews,* The Berger rhythm, potential changes from the occipital lobes in man. Brain, London *57* (1934) 355–385

Andersen, P., and *T. A. Sears,* The role of inhibition in the phasing of spontaneous thalamo-cortical discharge. J. Physiol. (London), *173* (1964) 459–480

–, *S. A. Andersson* and *T. Lomo,* Some factors involved in the thalamic control of spontaneous barbiturate spindles. J. Physiol (London) *192* (1967) 257–281

– –, In A Towe (Ed.), Physiological basis of the alpha rhythm. Appleton-Century-Crofts, New York (1968) 235

Andersson, S. A., and *J. R. Manson,* Rhythmic activity in the thalamus of the unanaesthetized decorticate cat. Electroenceph. clin. Neurophysiol. *31* (1971), 21–34

Berger, H., Über das Elektrenkephalogramm des Menschen. III. Arch. Psychiatr. *94* (1931) 16–60

–, Das Elektrenkephalogramm des Menschen. Nova Acta Leopoldina N. F. (Halle) *6* (1938)

Creutzfeldt, O., J. M. Fuster, H. D. Lux and *A. Nacimiento,* Experimenteller Nachweis zwischen EEG-Wellen und Aktivität corticaler Nervenzellen. Naturwiss. *51* (1964) 166–167

–, *S. Watanabe* and *H. D. Lux,* Relations between EEG-phenomena and potentials of single cortical cells. II. Spontaneous and convulsoid activity. Electroenceph. clin. Neurophysiol. *20* (1966) 19–37

Dempsey, E. W., and *R. S. Morison,* The production of rhythmically recurrent cortical potentials after localized thalamic stimulation. Amer. J. Physiol. *135* (1942) 293–300

Eccles, J. C., Interpretation of action potentials evoked in the cerebral cortex. Electroenceph. clin. Neurophysiol. *3* (1951) 449–464

Elul, R., Brain waves: intracellular recording and statistical analysis help clarify their physiological significance. In: Data acquisition and processing in biology and medicine, Vol. 5, Pergamon Press, Oxford, New York (1968)

–, The genesis of the EEG. Int. Rev. of Neurobiol. *15* (1972) 227–272

Jasper, H., and *C. Stefanis,* Intracellular oscillatory rhythms in pyramidal tract neurones in the cat. Electroenceph. clin. Neurophysiol. *18* (1965) 541–553

Kristiansen, K., and *G. Courtois,* Rhythmic electrical activity from isolated cerebral cortex. Electroenceph. clin. Neurophysiol. *1* (1949) 265–272

Li, C. L., and *H. Jasper,* Microelectrode studies of the electrical activity of the cerebral cortex in the cat. J. Physiol. (London) *121* (1953) 117–140

Lippold, O. C. L., The origin of the alpha rhythm. Nature *226* (1970) 459–460

Lopes Da Silva, F. J. W. Storm van Leeuwen and *A. van Rotterdam,* The sources and spread of the alpha rhythm of the cortex of dog. Electroenceph. clin. Neurophysiol. *43* (1977) 568

Morison, R. S., and *E. W. Dempsey,* Mechanism of thalamocortical augmentation and repetition. Amer. J. Physiol. *138* (1943) 297–308

Purpura, D. P., Nature of electrocortical potentials and synaptic organizationsin cerebral and cerebellar cortex. Internat. Rev. Neurobiol. *1* (1959) 47–163

Scheibel, M. E., and *A. B. Scheibel,* Patterns of organization in specific and nonspecific thalamic fields. In: D. P. Purpura and M. D. Yahr (Eds.), The thalamus. Columbia Univ. Press, New York (1966) 13–46

Spencer, W. A., and *J. M. Brookhardt* A study of spontaneous spindle waves in sensorimotor cortex of cat. J. Neurophysiol., Springfield *24* (1961) 50–65

3. Technisch-methodischer Überblick
3.1.–3.7. (»Einführung« bis »Technischer Ablauf einer elektroenzephalographischen Untersuchung«)

Acroyd, M. H., Instantaneous and time-varying spectra – an introduction. Radio and Electronic Engineer *39* (1970) 145 bis 152
–, Short time spectra and time frequency energy distributions. J. Acoust. Soc. Am. *50* (1971) 1229–1231
Adams, A. E., Frequenzanalyse des flachen EEG. Dtsch. Zschr. Nervenhk. *193* (1968) 57–72
Adey, W. R., Computer analysis in neurophysiology. In: Stacy, R. W., and B. Waxman (Eds.), Computers in Biomedical Research Vol. I Chap. 10 Academie Press. New York-London 1965, 223–263
–, D. O. *Walter* and C. E. *Hendrix*, Computer techniques in correlation and spectral analysis of cerebral slow waves during discriminative behavior. Exp. Neurol. (New York) *3* (1961) 501–524
–, E. T. *Kado* and D. O. *Walter*, Computer analysis of EEG data from Gemini Flight GT-7. Aerospace Med. *38* (1967) 345–359
Adrian, E. D., and K. *Yamagiwa*, The origin of the Berger rhythm. Brain, London *58* (1935) 323–351
Ahlin, K., and L. H. *Zetterberg*, An analogue simulator of EEG signals based on spectral components. Technical Report No. 63 March 1973 Telecommunication Theory, Royal Institute of Technology, Stockholm
– –, Correlator system for data reduction of EEG signals. Technical Report No. 71 March 1974, Telecommunication Theory, Royal Institute of Technology, Stockholm
Aird, R. B., and J. L. *Adams*, The localizing value and significance of minor differences of homologous tracing as shown in serial electroencephalographic studies. Electroenceph. clin. Neurophysiol. Suppl. *1* (1952) 45–60
Aird, R. B., and S. C. *Bowditch*, Cortical localization by electroencephalography. J. Neurosurg., Springfield *3* (1946) 407–420
Allen, B., R. *Hoffman*, J. *Tulane*, R. G. *Bickford*, C. *Bloor*, A. *Guernsey*, F. *Antonio*, J. *Casler* and F. *White*, An inexpensive 16-channel EEG tape recorder for storage of live clinical records. Proc. San Diego Biomed. Symposium Vol. *13* (1974) 167–173
Andersen, P., and S. A. *Andersson*, Physiological basis of the alpha rhythm. Appleton-Century-Crofts, New York 1968
Anderson, T. W., The statistical analysis of time series. John Wiley & Sons. Inc. New York 1971
Arellano, Z. A. P., A tympanic lead. Electroenceph. clin. Neurophysiol. *1* (1949) 112–113
–, and P. D. *Mac Lean*, The use of bilateral nasopharyngeal, tympanic and ear leads in recording the basal electroencephalogram. Electroenceph. clin. Neurophysiol. *1* (1949) 251–252
Arfel, G., C. *Casanova* et M. *Coulmance*, Aspects dynamiques de l'electroencéphalogramme humain. Premiers results d'une étude radiotelemetrique. Electroenceph. clin. Neurophysiol. *27* (1969) 225–237
Aschoff, J. C., Die Bedeutung des EEG für die Flugmedizin mit besonderer Berücksichtigung telemetrischer inflight-Ableitungen. Biolemetrisches Symposium Nov. 1968 Erlangen. Georg Thieme, Stuttgart 1970
Bach-y-Rita, G., J. *Lion*, J. *Reynolds* and F. R. *Ervin*, An improved nasopharyngeal lead. Electroenceph. clin. Neurophysiol. *26* (1969) 220–221
Bachmann, K., Die telephonische Übermittlung biologischer Meßdaten. In: Biotelemetrie, herausg. von Demling, L., und K. Bachmann, Georg Thieme Stuttgart 1970, 220–224
Bagchi, B. K., and R. C. *Bassett*, Some additional electroencephalographic techniques for the localization of intracranial lesions. J. Neurosurg. Springfield *4* (1947) 348–369
– –, The role of instrumental and genuine phase reversal in EEG localization. Electroenceph. clin. Neurophysiol. *1* (1949) 518

Baillon, J. F., F. *Findji*, B. *Renault* and A. *Rémond*, Theory of electroencephalographic objects: basis for an automatic transposition from visual analysis. Electroenceph. clin. Neurophysiol. *34* (1973) 723
Baldock, G. R., and W. G. *Walter*, A new electronic analyser. Electronic Eng. *18* (1946) 339–344
Barbeyrac, J. de, and P. *Etévenon*, On the relationship between two methods of EEG signal analysis: the integrative method and power spectrum analysis. Agressologie (Paris) *10* (1969) 573–578
Barlow, J. S., Autocorrelation and crosscorrelation analysis in electroencephalography. IRE Trans. Med. Electron. ME-6 (1959) 179–183
–, Computer analysis of clinical electroencephalographic ink tracings with the aid of a high speed automatic curve reader. IEEE Trans. Biomed. Engin. *15* (1968) 54–61
–, Autocorrelation and crosscorrelation analysis. In: Handbook Electroencephalogr. clin. Neurophysiol. (Ed. by A. Rémond) Vol. 5A 79–99, Elsevier Amsterdam 1973
–, Some programs for the processing of EEG data on a small generalpurpose digital computer. In: Dolce, G., and H. Künkel (Eds.), CEAN – Computerized EEG analysis; Symposium of Merck'sche Ges. f. Kunst u. Wiss. Kronberg/Taunus, April 8.–10. 1974, Gustav Fischer Verlag, Stuttgart 1975, 172–179
–, A 16-channel cassette tape recorder system for clinical EEGs. Electroenceph. clin. Neurophysiol. *38* (1975) 183–186
–, and M. *Brazier*, A note on a correlator for electroencephalographic work. Electroenceph. clin. Neurophysiol. *6* (1954) 321–325
–, and T. *Estrin*, Comparative phase characteristics of induced and intrinsic alpha activity. Electroenceph. clin. Neurophysiol. *30* (1971) 1–9
–, and R. A. *di Perna*, A continuous multichannel automatic curve reader. IEEE Trans. Biomed. Engin. *15* (1968) 46–53
Barnett, T. P., L. C. *Johnson*, P. *Naitoh*, P. *Hicks* and C. *Nute*, Bispectrum analysis of electroencephalogram signals during waking and sleeping. Science *172* (1971) 401–402
Batchelor, B. G., A hybrid classifier for computer input. In: Proc. of Conference on Computer Science and Technology, Manchester. IEEE Conference Publications *55* (1969) 141
Bates, J. A. V., and J. D. *Cooper*, A simple technique for making the EEG audible. Electroenceph. clin. Neurophysiol. *7* (1955) 137–139
Baumann, U., Psychologische Taxometrie. Huber, Bern 1971
Becker, D., Hirnstromanalyse affektiver Verläufe. Hogrefe, Göttingen 1972
Becker-Carus, C., und U. *Heinemann*, Hemisphärische Dominanz, Synchronisation und individuelle Frequenzklassenbevorzugung bei wiederholten Testaufgaben (RFT) und die Frage der Reliabilität. In: Schenk, G. K. (Ed.), Die Quantifizierung des Elektrocephalogramms, Beiträge zum Symposium der Arbeitsgemeinschaft für Methodik in der Elektroencephalographie, Jongny sur Vevey, 2.–6. 5. 1973, Konstanz 1973, Ausgabe 1273, 619–630
Bendat, J. S., Probability functions for random responses: prediction of peaks. Fatigue damage and catastrophic failures. NASA Contractor Report, Contract No. NAS-5-4590, Washington, D. C. 1964
–, and A. G. *Piersol*, Measurement and analysis of random data. John Wiley & Sons, New York 1966, 407pp
Benetato, G., R. *Vrâncianu* şi V. *Ionescu*, Metode bioradiotelemetrice în medicinã. Editura Academiei Republici Socialiste Romania, Bucureşti 1971
Bengulescu, D., J. *Haulica* und V. *Neskanu*, Transistorgerät zur Fernsteuerung einer elektroenzephalographischen Ableitung. Fiziologia normalã şi patologica (Bucureşti) *10* (1964) 45
Benignus, V. A., Estimation of coherence spectrum and its confidence interval, using the fast Fourier Transform. IEEE Transact. on Audio and Electroac. *AU-17* (1965) 145–150
–, Estimation of coherence spectrum of non-Gaussian time series populations. IEEE Trans. Aud. Electroac. *AU-17* (1969) 198–201

Benignus, V. A., Correction to "Estimation of coherence spectrum and its confidence intervals using the fast Fourier Transform". IEEE Transact. on Audio and Electroac. *AU-18* (1970) 320

Benoit, J. P., J. F. Baillon, F. Findji, B. Renault et *A. Rémond*, Une méthode informatique de traitment de l'electroéncéphalogramme visant a reconnaitre et a quantifier les differents parametres des grapho-elements usuels des electroencéphalographistes. In: Schenk, G. K. (Ed.), Die Quantifizierung des Elektroencephalogramms, Beiträge zum Symposium der Arbeitsgemeinschaft für Methodik in der Elektroencephalographie, Jongny sur Vevey, 2.–6. 5. 1973, Konstanz 1973, Ausgabe 1273, 281–291

Bente, D., Vorwort zu »Die Quantifizierung des Elektroencephalogramms« – Beiträge zum Symposium der Arbeitsgemeinschaft für Methodik in der Elektroenzephalographie, Jongny sur Vevey, 2.–6. 5. 1973, herausgeg. von Schenk, G. K., Konstanz 1973, Ausgabe 1273, 3–8

–, und *U. Ferner*, Die digitale Intervall-Amplitudenanalyse des Elektroenzephalogramms. Nervenarzt, Berlin *40* (1969) 129 bis 133

– –, und *K. Siegordner*, Methoden und Anwendungsbeispiele der digitalen EEG-Analyse, Elekromed.-Med.Elektronik, Sonderausgabe Sept. 1969

Bergland, G., A radix-eight fast Fourier transform subroutine for real valued series. IEEE Transact. on Audio Electroac. *AU-17* (1969) 138–144

Berglund, K., und *B. Hjorth*, Normierte Steilheits-Beschreibungsparameter und deren physikalischer Sinn hinsichtlich der EEG-Deutung. In: *Schenk, G. K.* (Ed.), Die Quantifizierung des Elektroencephalogramms, Beiträge zum Symposium der Arbeitsgemeinscha t für Methodik in der Elektroencephalographie, Jongny sur Vevey, 2.–6. 5. 1973, Konstanz 1973, Ausgabe 1273, 249–257

Bernstein, N. A., K analizu neperiodiceskih kolebatelnih summ po metodu vzvjesennyh resetok. Biofizika (Moskva) *7* (1962) 377

Bickford, R. G., As quoted in the condensed EEG opens a new era. Medical World News *11* (1971) 15–16

–, *N. I. Flemming* and *T. W. Billinger*, Compression of EEG data by isometric power spectral plots. Electroenceph. clin. Neurophysiol. *31* (1971) 632

–, *J. Brimm, L. Berger* and *M. Aung*, Application of compressed spectral array in clinical EEG. In: Kellaway, P., and I. Petersen (Eds.), Automation of Clinical Electroencephalography. Raven Press Publ. New York 1973, 55–64

–, *L. Berger, J. Brimm, B. Allen* and *E. Gose*, Compressed spectral array (CSA). A pictorial EEG for clinical application. In: Electroenceph. clin. Neurophysiol. Extra Number *34* (1973) 750

Binnie, C. D., P A. Ward and *J. Heywood*, EEG contour mapping. I. Theory and practice. Proc. electro-physiol. Technol. Ass. *18* (1971) 12–21

Bishop, A. O., W. P. Wilson and *L. Wilcox*, The use of Haar function to automatic EEG analysis. Electroenceph. clin. Neurophysiol. *27* (1969) 682

Blackman, R. B., and *J. W. Tukey*, The measurement of power spectra from the point of view of communication engineering. Dover, New York 1958

Blanc, C., H. Gravier et *S. Geier*, Enregistrement radiotelemetriques de l'E.E.G. des pilotes au cours de vols de longee duree. Rev. neurol., Paris *117* (1967) 222–225

–, *E. Lafontaine* and *M. Medvedeff*, Radiotelemetric recordings of the electroencephalograms of civil aviation pilots during flight. Aerospace Med. *37* (1966) 1060–1065

Bochnik, H. J., Klinische Elektrophysiologie des Zentralnervensystems. In: Klinik der Gegenwart (Hb. d. prakt. Medizin) Bd V; Urban & Schwarzenberg, München-Berlin 1957

–, Zur Technik der Elektroencephalographie. Elektromedizin *4* (1959) 94–97

–, *St. Mentzos* und *W. Rasch*, Lochkarten als Mittel klinischer Forschung. I. Elektroencephalographie. Med. Dokum. *4* (1960) 80–85

Börnert, D, Leitfaden der Biotelemetrie. VEB Gustav Fischer, Jena 1974

Bohlin, T., Analysis of stationary EEG-signals by the maximum likelihood and generalized least-squares methods. IBM Nordic Laboratory, Sweden, Technical Paper TP 18.200, 15. March 1971

–, Analysis of EEG-signals with changing spectra. IBM Nordic Laboratory, Technical Paper TP 18.212, 15. Oct. 1971

Bostem, F., A comparative topographical study of slow cerebral potentials, observing during centrencephalic epileptic discharge and anoxia. In: Electroenceph. clin. Neurophysiol. Extra Number Sept. 1973, Vol. *34*, 755

–, A system of acquiring and treating neurophysiological information for synaptic representation. In: Dolce, G., and H. Künkel (Eds.), CEAN – Computerized EEG analysis Symposium of Merck'sche Ges. f. Kunst und Wiss., Kronberg/Taunus, April 8.–10 1974, Gustav Fischer Verlag Stuttgart, 1975, 403–423

Bower, E. K., S. J. Dwyer and *G. V. Lago*, A comparison of two digital methods of EEG simulation. Simulation *9* (1967) 257–262

Box, G. E. P., and *G. M. Jenkins*, Time series analysis: Forecasting and control. San Francisco (1970) 353 pp.

Brazier, M. A. B., A study of the electricul fields at the surface of the head. Electroenceph. clin. Neurophysiol. Suppl. *2* (1949) 38–52

–, (Ed.), Computer techniques in EEG analysis. Electroenceph. clin. Neurophysiol. Suppl. *20* (1961)

–, and *J. S. Barlow*, Some applications of correlation analysis to clinical problems in electroencephalography. Electroenceph. clin. Neurophysiol. *8* (1956) 325–331

Breaksell, C. C., and *C. S. Parker*, Radio transmission of the human electroencephalogram and other electrophysiological data. Electroenceph. clin. Neurophysiol. *2* (1949) 243

Brebbia, D. R., J. O. P. Morrison and *K. Z. Altsuhler*, A modified method for construction of an inexpensive electrode for use in recording surface biopotentials. Amer. J. EEG Technol. *7* (1967) 76–77

Brown, M. W., G. M. Edge and *C. Horn*, A miniature transmitter suitable for telemetry of a wide range of biopotentials. Electroenceph. clin. Neurophysiol. *31* (1971) 274–276

Bruck, M. A., A method to determine average voltage in the EEG. Electroenceph clin. Neurophysiol. *12* (1960) 528–530

Buchthal, F., and *E. Kaiser*, On clinical application of electroencephalography; with description of a new electroencephalograph. Acta psychiat. neurol. scand. *18* (1943) 389–409

Buckley, J. K., B. Saltzberg and *R. G. Heath*, Decision criteria and detection circuitry for multiple channel EEG correlation. IEEE Region III Convention Record, New Orleans (1968) 26. 3.1.–26. 3. 4

Burch, N. R., Automatic analysis of the electroencephalogram. A review and classification of systems. Electroenceph. clin. Neurophysiol. *11* (1959) 827–834

–, and *H. E. Childers*, Physiological data acquisition. In: Flaherty, B. E. (Ed.), Psychophysiological aspects of space flight. Columbia University Press (1961) 195–214

–, and *M. Fink*, Comparative study of period analysis and frequency analysis of the EEG. Electroenceph. clin. Neurophysiol. *17* (1964) 454

–, *W. H. Nettleton, J. Sweeney* and *R. J. Edwards*, Period analysis of the electroencephalogram on a general-purpose digital computer. Ann. N. Y. Acad. Sc. *115* (1964) 827–843

Byford, G. H., Signal variance and its application to continuous measurement of EEG activity. Proc. R. Soc., London, Biol. Sc. *161* (1965) 421–437

Caceres, C. A. (Ed.), Biomedical Telemetry. Acad Press. New York 1965

Caille, E. J., Classification automatique des spectres E.E.G. Étude 22/70 C.E.R.P.A. Toulon 1970

–, and *O. L. Bassano*, Values and limits of sleep statistical analysis. In: Dolce, G., and H. Künkel (Eds.), CEAN – Computerized EEG analysis; Symposium of Merck'sche Ges. f. Kunst u. Wiss. Kronberg/Taunus, April 8.–10. 1974, Gustav Fischer Verlag Stuttgart 1975, 227–235

Caille, E. J., et *B. Weber,* Analyse automatique du signal electrobiologique. Toulon 16.–21. Juin 1969 Comtes rendus. Agressologie (Paris) *10* (1969) 507–658

–, *J. C. Levy* et *A. Naigeon,* Analyse temporelle et analyse fréquentielle. Intérêt des prédicteurs de HJORTH. In: Schenk, K. G. (Ed.), Die Quantifizierung des Elektroencephalogramms, Beiträge zum Symposium der Arbeitsgemeinschaft Methodik in der Elektroencephalographie, Jongny sur Vevey, 2.–6. 5. 1973, Ausgabe 1273, 555–571

Calloud, J. M., D. Samson-Dollfus, P. Goldberg et *F. Grémy,* Classification automatique des spectres EEG. Application: Description d'un tracé EEG. Ann. Phys. Biol. Méd. *3* (1972) 111–131

Cammann, H., B. Gurath, H. Schulz and *K. Buchmüller,* Results of the automatical EEG analysis. Digest of X. ICMBE Dresden 1973, Vol. I, 25

Campbell, D. T., Pattern matching as essential in distal knowing. In: Hammond, K. R. The psychology of Egon Brunswick, New York (Holt, Rinckart & Winston), 1966

Campbell, J., E. Brower, S. J. Dwyer and *G. V. Lago,* On the sufficiency of autocorrelation functions as EEG descriptors. IEEE Transact. Bio-Medical Engineering *BME-14* (1967) 49–52

Carmeliet, J., J. Debecker and *P. Demaret,* A convenient stimulus and situation coding system for the tape recording of event-related potentials. Electroenceph. clin. Neurophysiol. *37* (1974) 516–517

Carrie J. R. G., A technique for analysing transient EEG abnormalities. Electroenceph. clin. Neurophysiol. *32* (1972) 199–201

–, EEG sharp transient detector. Electroenceph. clin. Neurophysiol. *33* (1972) 336–338

– An hybrid computer system for detecting and quantifying spike and wave EEG patterns. Electroenceph. clin. Neurophysiol. *33* (1972) 339–341

–, The detection and quantification of transient and paroxysmal EEG abnormalities. In: Kellaway, P., and I. Petersén (Eds.), Automation of clinical electroencephalography. Raven Press Publ. New York 1973, 217–226

–, Computer-assisted diagnosis: the shape of things to come. Amer. J. EEG Technol. *12* (1974) 179–184

–, and *J. D. Frost* jr., A small computer system for EEG wavelength-amplitude profile analysis. Biomedical Computing *2* (1971) 251–263

– –, Wavelength-amplitude profile analysis in Clinical EEG. In: Kellaway, P., and I. Petersén (Eds.), Automation of clinical electroencephalography. Raven Press Publ. New York 1973, 65–74

Cavazza, B., F. Ferillo, G. Rosadini and *W. Sannita,* A computer analysis of human interictal epileptic spikes. In: Harris, P., and C. Mawdsley (Eds.), Epilepsy. Churchill-Livingstone, Edinburgh 1974

Childers, D. G., and *M. T. Pao,* Complex demodulation for transient wavelength detection and extraction. IEEE Trans. Audio Electroacoust. *AU-20* (1972) 295–308

Chow, J. C., On estimating the orders of an autoregressive moving average process with uncertain observations. IEEE Trans. Aut. Control. *AC-17* (1972) 707–709

Clusin, W., D. Giannitrapani and *P. Roccaforte,* A numerical approach to matching amplification for the spectral analysis of recorded EEG. Electroenceph. clin. Neurophysiol. *28* (1970) 639–641

Cobb, W. A., Discussion on unipolar recording. Electroenceph. clin. Neurophysiol. *10* (1958) 354

Cohn, R., H. S. Leader, A. L. Weihrer and *A. A. Caceres,* Computer mensuration and interpretation of the human electroencephalogram (EEG). Digest 7th ICMBE, Stockholm 1961 p. 265

Colombati, S., e *G. Follicaldi,* Realizzazione di un amplificatore per elettroencefalografia a penna scrivente con alimentazione totale dalla rete stradale e con particolare tipo di accensione. Riv. neurol. *18* (1948) 1–7

Cooley, J. W., and *J. W. Tukey,* An algorithm for the machine calculation of complex Fourier series. Math. Comput. *19* (1965) 297–301

Cooley, J. W., P. A. W. Lewis and *P. D. Welch,* The application of the fast Fourier transform algorithm to the estimation of spectra and cross spectra. J. of Sound Vibration *12* (1970) 339–352

Cooper, R., An ambiguity of bipolar recording. Electroenceph. clin. Neurophysiol. *30* (1971) 423–436

–, Measurement of time and phase relationships of the EEG. In: Dolce, G., and H. Künkel (Eds.), CEAN – Computerized EEG analysis; Symposium of Merck'sche Ges. f. Kunst u. Wiss. Kronberg/Taunus, April 8.–10. 1974. Gustav Fischer Verlag Stuttgart 1975, 85–97

–, and *A. C. Mundy-Castle,* Spatial and temporal characteristics of the alpha rhythm. A toposcopic analysis. Electroenceph. clin. Neurophysiol. *12* (1960) 153–165

–, and *V. J. Walter,* Suction cup electrodes. Electroenceph. clin. Neurophysiol. *9* (1957) 733–734

–, *J. W. Osselton* and *J. C. Shaw,* EEG technology. Butterworths London 2nd Edition 1974 (Elektroenzephalographie – Technik und Methoden, Gustav Fischer Verlag Stuttgart 1978)

–, *J. D. Frost,* jr., and *D. O. Walter* (Eds.), Digital processing of bioelectrical phenomena. In: Handbook Electroencephalogr. clin. Neurophysiol. (Ed. by A. Rémond), Vol. 4 B 1–64, Elsevier Amsterdam 1973

Cooper, J. K., and *C. A. Caceres,* Telemetry by telephon. In: Caceres, C. A. (Ed.), Biomedical Telemetry. London, Academic Press 1965

Corbin, H. P. F., and *R. G. Bickford,* Studies of the electroencephalogram of normal children: comparison of visual and automatic frequency analysis. Electroenceph. clin. Neurophysiol. *7* (1955) 15–28

Cornee, J., et *D. J. Walter,* Sur l'application de l'analyse discriminative aux données electroencéphalographiques. Compt. rend. Acad. sc., Paris (A), *270* (1970) 1019–1023

Corriol, M. H. J., Méthodes EEG. d'enregistrement unipolaire et biopolaire. Rev. neurol., Paris *84* (1951) 39–40 u. 580–584

Csaki, P. and *J. I. Szekely,* Comparison of certain mathematical methods applied in EEG-analysis. Acta physiol. Acad. Sc. Hung. (Budapest) *33* (1968) 141–152

Daube, J. R., and *M. Lake,* System for computer-generation of threedimensional display of electroencephalogram. Proc. San Diego, Biomed. Symposium 1972 Vol. II 301–309

Davis, P. A., Technique and evaluation of the electroencephalogram. J. Neurophysiol., Springfield *4* (1941) 92–114

Davis, H., and *P. A. Davis,* Action potentials of the brain. Arch. Neurol. Psychiatr., Chicago *36* (1936) 1214–1224

Dawson, G. D., and *W. G. Walter,* Recommendations for the design and performance of electroencephalographic apparatus. J. Neurol., London *8* (1945) 61–64

Defayolle, M., et *J. P. Dinand,* Application de l'analyse factorielle à l'étude de la structure de l'E.E.G. Electroencephclin. Neurophysiol. *36* (1974) 319–322

Deisenhammer, F., EEG und Hirnszintigraphie bei der Frühdiagnose intrazerebraler Erkrankungen. Nervenarzt, Berlin *45* (1974) 164

Demetrescu, M., M. Dina si *G. N. Valeanu,* Aspecte electroencefalografice als proceșuli de obseala la mecanicii de tren. Stud. cercet. fiziol., București *11* (1966) 452–466 (rumänisch)

Demling, M., und *K. Bachmann* (Hrsg.), Biotelemetrie. Georg Thieme, Stuttgart 1970

Denoth, F., Some general remarks an HJORTH's parameters used in EEG analysis. In: Dolce, G., and H. Künkel (Eds.), CEAN – Computerized EEG analysis; Symposium of Mercksche Ges. f. Kunst u. Wiss. Kronberg/Taunus, April 8.–10. 1974, Gustav Fischer Verlag Stuttgart 1975, 10–18

Depoortere, H., M. Matějček and *D. M. Loew,* Visual and computer assisted analysis of the electroencephalogram of the rat during the sleep/wakefulness cycle: a sensitive procedure for assessing drug induced changes. In: Schenk, G. K. (Hrsg.), Die Quantifizierung des Elektroencephalogramms, Beiträge zum Symposium der Arbeitsgemeinschaft für Methodik in der Elektroencephalographie, Jongny sur Vevey, 2.–6. 5. 1973 Konstanz 1973, Ausgabe 1273, 53–66

Dewan, E. M., Nonlinear cross-spectral analysis and pattern recognition. Physical and Mathematical Sciences Research Papers No. 367 AFCRI-69-0026 Office of Aerospace Research USAF 1969

Dick, D. E., and *A. O. Vaughn*, Mathematical description and computer detection of alpha waves. Math. Biosci. *7* (1970) 81–95

Dietsch, G., Fourier-analyse von Elektrenkephalogrammen des Menschen. Pflüg. Arch. Physiol. *230* (1932) 106–112

Dijk, W. A., Schatten van de dynamische eigenschappen van hat EEG met behulp van lineaire modellen. Afstudeerverslag, Techn. Univ. Delft, Netherlands, 1973

Disbrey, G. W., Analogue tape recorder techniques. In: Schenk, G. K. (Hrsg.), Die Quantifizierung des Elektroencephalogramms, Beiträge zum Symposium der Arbeitsgemeinschaft für Methodik in der Elektroencephalographie, Jongny sur Vevey, 2.-6. 5. 1973 Konstanz 1973, Ausgabe 1273, 77–85

Dixon, W. J. (Ed.), BMD-Biomedical Computer Programs, X-series. Supplement. Univ. of Calif. Press, Berkeley, Los Angeles, London 1970

Dolce, G., und *H. Decker*, Statistische Analyse der Spektralwerte des EEG. In: Schenk, G. K. (Hrsg.), Die Quantifizierung des Elektroencephalogramms, Beiträge zum Symposium der Arbeitsgemeinschaft für Methodik in der Elektroencephalographie, Jongny sur Vevey, 2.-6. 5. 1973, Konstanz 1973, Ausgabe 1273, 521–533

– – Application of multivariate statistical methods in analysis of spectral values of the EEG. In: Dolce, G., and H. Künkel (Eds.), CEAN – Computerized EEG analysis; Symposium of Merck'sche Ges. f. Kunst u. Wiss. Kronberg/Taunus, April 8.-10. 1974, Gustav Fischer Verlag Stuttgart 1975, 157–171

–, and *H. Künkel* (Eds.), CEAN – Computerized EEG analysis; Symposium of Merck'sche Ges. f. Kunst u. Wiss. Kronberg/Taunus, April 8.-10. 1974, Gustav Fischer Verlag Stuttgart 1975

–, and *H. Waldeier*, Spectral and multivariate analysis of EEG changes during mental activity in man. Electroenceph. clin. Neurophysiol. *36* (1974) 577–584

Drescher, D., *H. Hinrichs* *H. Ipsen*, *H. Jacob*, *R. Kalocay*, *P. de Kryuff* und *H. Künkel*, Qualitätskontrolle von EEG-Daten. In: Schenk, G. K. (Hrsg.), Die Quantifizierung des Elektroencephalogramms, Beiträge zum Symposium der Arbeitsmeinschaft für Methodik in der Elektroencephalographie, Jongny sur Vevey, 2.-6. 5. 1973, Konstanz 1973, Ausgabe 1273, 105–120

Droesler, J., Der Einzelfall und die Statistik. In: Duhm, E. (Hrsg.), Praxis d. Klin. Psychol. *1* (1969)

Drohocki, Z., L'analiseur statistique d'amplitudes de l'E.E.G. Rev. neurol., Paris *117* (1967) 482–484

–, Les nouveaux dispositifs electroniques de l'electroencéphalographie quantitative. Rev. neurol. (Paris) *121* (1969) 357–361

Duensing, F., Über die unipolare Ableitung mit wechselnder indifferenter Elektrode im EEG. Arch. Psychiat. Nervenkr. *187* (1951) 87–96

Dumermuth, G., Variance spectra of EEG's in twins. A contribution to the problem of quantification of EEG background activity in childhood. In: Kellaway, P., and I. Petersén (Eds.), Clinical Electroencephalography of Children, Almqvist and Wiksells, Stockholm 1968, 119–154

–, Die Anwendung von Varianzspectra für einen quantitativen Vergleich von EEG bei Zwillingen. Helv. paediatr. acta *24* (1969) 45–54

–, Electronic data processing in pediatric EEG research. Neuropädiatrie *4* (1971) 349–374

–, Numerical spectral analysis of the electroencephalogram. In: Handbook of Electroenceph. clin. Neurophysiol. (ed. by A. Rémond) Vol. 5A 33–60, Section II, Matoušek, M. (Ed.) Elsevier, Amsterdam 1973

–, and *H. Flühler*, Some modern aspects in numerical spectrum analysis of multichannel electroencephalographic data. Med. Biol. Eng. *5* (1967) 319–331

–, and *E. Keller*, EEG spectral analysis by means of Fast Fourier Transform. In: Kellaway, P., and I. Petersén (Eds.), Automation of clinical electroencephalography. Raven Press Publ. NewYork 1973 145–159

Dumermuth, G., *T. Gasser* and *B. Lange*, Aspects of EEG analysis in the frequency domain. In: Dolce, G., and H. Künkel (Eds.), CEAN – Compouterized EEG analysis; Symposium of Merck'sche Ges. f. Kunst u. Wiss. Kronberg/Taunus, April 8.-10. 1974, Gustav Fischer Verlag Stuttgart 1975, 429–457

–, *W. Walz*, *G. Scollo-Lavizzari* and *B. Kleiner*, Spectral analysis of EEG activity in different sleep stages in normal adults. European Neurology *7* (1972) 265–296

–, *P. J. Huber*, *B. Kleiner* and *T. Gasser*, Numerical analysis of electroencephalographic data. IEEE Trans. Aud. Electroac. *AU-18* (1970) 404–411

– – – –, Analysis of the interrelations between frequency bands of the EEG by means of the bispectrum (A preliminary study). Electroenceph. clin. Neurophysiol. *31* (1971) 137–148

d'Elia, G., and *C. Perris*, Cerebral function dominance and depression. Acta psychiat. neurol. scand. *49* (1973) 191–197

Elmgren, J., and *P. Löwenhard*, A factor analysis of the human EEG. Reports from the Psychological Laboratory University of Göteborg 1970

Elul, R., Gaussian behavior of the electroencephalogram: changes during performance of mental tasks. Science *164* (1969) 328–331

–, The genesis of the EEG. Internat. Rev. Neurobiol. *15* (1972) 237–272

–, Randomness and synchrony in the generation of the electroencephalogram. In: Petsche, H., and M. A. B. Brazier (Eds.), Synchronization of EEG activity in Epilepsies. Springer Verlag Wien-New York 1972 59–77

Enslein, K. (Ed.), Data acquisition in biology and medicine, Vol. 5 Pergamon Press Oxford 1968

Estrin, T., and *R. Uzgalis*, Computerized display of spatiotemporal EEG patterns. IEEE Trans. Biomed. Engin. *BME-16* (1969) 192–196

Etévenon, P., et *E. J. Caille*, »Validiteé des méthodes d'analyse du signal électrobiologique« extrait de »Analyse statistique du signal électrobiologique«. In: Agressologie No. special *10* (1969)

Farley, B. G., Recognition of pattern in the EEG. Electroenceph. clin. Neurophysiol. Suppl. *20* (1961) 49–55

Fenwick, P. B. C., *P. Mitchie*, *J. Dollimore* and *G. W. Fenton*, Application of the autoregressive model to EEG analysis. Agressologie *10*, numero special (1969) 553–564

– – – –, Mathematical simulation of the electroencephalogram using an autoregressive series. Biomedical Computing *2* (1971) 281

Ferder, W. (Ed.), Bioelectrodes. Papers resulting from a conference held by the N. Y. Acad. Sci., June 1966, Ann. N. Y. Acad. Sc. *148* (1968) 1–287

Fernandez, H., *R. Robinson* and *R. R. Taylor*, A visual indicator of EEG electrode derivations. Amer. J. EEG Technol. *7* (1967) 79–81

Ferillo, F., *B. Cavazza*, *G. Rosadini* e *W. Sannita*, Sull'impiego di una tecnica di averaging nello studio dei potenziali EEG epilettici dell'uomo. Riv. neurol. *42* (1972) 312

Ferro-Milone, F., *F. Denoth*, *P. Vivian* e *A. Lorizio*, Un metodo statistico die analisi automatica dell'elettroencefalogramma. Riv. neurol. *39* (1969) 72–81

Findji, F., *B. Renault*, *J. F. Baillon* et *A. Rémond*, Premiers résultats d'une nouvelle méthode d'étude statistique originaledu signal EEG, considéré comme une succession de demi-ondes. Rev. EEG Neurophysiol. *3* (1973) 304–309

– – – –, Contribution to studies on a data processing aids to EEG diagnosis. Electroenceph. clin. Neurophysiol. *34* (1973) 723

Fink, M., *T. M. Itil* and *D. Shapiro*, Digital computer analysis of the human EEG in psychiatric research. Compr. Psychiat. *8* (1967) 521–538

–, *D. M. Shapiro*, *D. Bridger* and *T. M. Itil*, Digital computer analysis of EEG using an IBM 1710 system. (Abstract) Electroenceph. clin. Neurophysiol. *17* (1964) 712

Fischgold, H., et *M. B. Dell*, Utilité des montages dits »monopolaires« dans la localisation des tumeurs intracraniennes. Rev. neurol., Paris *84* (1951) 588–592

Flühler, H., Statistische Analyse von Zufallsprozessen mit spezieller Anwendung auf das Elektroencephalogramm. Diss. No. 4001 ETH Zürich 1967

Franz, G. N., and *F. A. Spelman*, An interval-to-frequency converter for neurophysiological use. Electroenceph. clin. Neurophysiol. *25* (1968) 582–584

French, J. D., W. R. Adey and *D. O. Walter*, Computer analysis of EEG data for a normative library. NASA Rep. Contract NAS-9-1970 April 1966, Brain Research Institute, Los Angeles

Frost J. D., jr., Wave-length analysis of EEG – the alpha profile. Electroenceph. clin. Neurophysiol. *27* (1969) 702–703

–, A sleep analysis system as a model of automation of clinical electroencephalography. In: Kellaway, P., and I. Petersén (Eds.), Automation of clinical electroencephalography. Raven Press Publ. New York 1973, 31–44

Fujimori, B., T. Yokota, Y. Ishibashi and *T. Takei*, Analysis of the electroencephalogram of children by histogram method. Electroenceph. clin. Neurophysiol. *10* (1958) 241–252

Fujita, M., Digital read-write device for analog tape. IEEE Trans. Biomed. Engin. *BME-16* (1969) 98–99

Gasser, T., Spectrum identification, polyspectra and related functions. Diss. No. 4869 ETH Zürich 1972

–, *G. Dumermuth* and *B. Lange*, Higher order spectral analysis of certain EEG patterns. Electroenceph. clin. Neurophysiol. *34* (1973) 747

Gastaut, H., J. Paillas et *Y. Gastaut*, L'exploration EEG par les dérivations bipolaires à grande distance interélectrodes. Rev. neurol. *81* (1949) 525–528

Gavrilova, N. A., and *A. S. Aslanov*, Application of electronic computing techniques to the analysis of clinical electroencephaloscopic data. In: Livanov, M., and V. S. Rusinov (Eds.), Mathematical Analysis of the Electrical Activity of the Brain. Harvard Univ. Press Cambridge 1968, 53–64

Gersch, W., Spectral analysis of EEG's by autoregressive decompensation of time series. Math. Biosci. *7* (1970) 205–222

Gerster, F., G. Dirlich und *H. Legewie*, Problemsprachen zur Biosignalverarbeitung und Versuchssteuerung mit Digitalrechnern. In: Schenk, G. K. (Hrsg.), Die Quantifizierung des Elektroencephalogramms, Beiträge zum Symposium der Arbeitsgemeinschaft für Methodik in der Elektroencephalographie, Jongny sur Vevey, 2.–6. 5. 1973, Konstanz 1973, Ausgabe 1273, 67–75

Gerstmann, W., und *L. Klimpel*, Arbeitsschutzanordnung bei der Verwendung elektromedizinischer Geräte. Dtsch. Ges.wesen *24* (1969) 1758–1760

Gethöfer, H., Sequency analysis using correlation and concolution. IEEE Trans. Electromagn. compat. EMC-13 (1971) 118–123

Giannitrapani, D., Phase analysis differences in left-, mixed- and right-preferent groups. Electroenceph. clin. Neurophysiol. *24* (1968) 281

–, EEG average frequency and intelligence. Electroenceph. clin. Neurophysiol. *27* (1969) 480–486

–, EEG changes under differing auditory stimulations. Arch. gen. Psychiatr., Chicago *23* (1970) 445–452

– Scanning mechanisms and the EEG. Electroenceph. clin. Neurophysiol. *30* (1971) 139–146

–, Brain areas dominance determined by EEG phase-angle and coherence spectra. Excerpta Med. *291* (1973) 141

–, Intelligence and EEG spectra. Electroenceph. clin. Neurophysiol. *34* (1973) 733–734

–, Spectral analysis of the EEG. In Dolce, G., and H. Künkel (Eds.), CEAN – Computerized EEG analysis; Symposium of Merck'sche Ges. f. Kunst u. Wiss. Kronberg/Taunus, April 8.–10. 1974, Gustav Fischer Verlag Stuttgart 1975, 384–402

–, and *L. Kayton*, Schizophrenia and EEG spectral analysis. Electroenceph. clin. Neurophysiol. *36* (1974) 377–386

–, *V. T. Rast* and *B. J. Shulhafer*, Multiple channel direct digital recording of EEG data. Behav. Sci. *16* (1971) 239–243

Gibbs, E. L., and *T. Gibbs*, The facsimile transmission of electroencephalograms. Clin. Electroencephalogr. *1* (1970) 171–175

Gibbs, F. A., and *E. L. Gibbs*, Atlas of electroencephalography. Vol. I: Methodology and Controls. 2. Aufl. Addison-Wesley Press. Inc. Cambridge 950

Glockmann, H. P., Magnetband-Speicherung von Biosignalen in PCM-Technik. In: Schenk, G. K. (Hrsg.) Die Quantifizierung des Elektroencephalogramms, Beiträge zum Symposium der Arbeitsgemeinschaft für Methodik in der Elektroencephalographie, Jongny sur Vevey, 2.–6. 5. 1973, Konstanz 1973, Ausgabe 1273, 121–131

Gold, B., and *C. M. Rader*, Digital Processing of signals. McGraw-Hill, New York 1969

Goldberg, P., et *P. Etévenon*, Analyse spectrale statistique du signal EEG. Calcul de nouvelles données spectrales caractéristiques. Rev. Inform. Méd. *4* (1973) 23–30

–, and *D. Samson-Dollfus*, A time domain analysis method applied to the recognition of EEG rhythms. In: Dolce, G., and H. Künkel (Eds.), CEAN – Computerized EEG analysis; Symposium of Merck'sche Ges. f. Kunst u. Wiss. Kronberg/Taunus, April 8.–10. 1974, Gustav Fischer Verlag Stuttgart 1975, 19–26

–, *F. Grémy* et *D. Samson-Dollfus*, Essai de reconnaissance automatique de figures paroxystiques en EEG. Agressologie (Paris) *10* (1969) 565–569

–, *D. Samson-Dollfus, F. Bacherich* et *F. Grémy*, Algorithmes pour une analyse automatique d'une dérivation. E.E.G. Ann. Phys. Biol. Méd. *5* (1971) 33–43

Goldman, D., The clinical use of "average" reference electrode in monopolar recording. Electroenceph. clin. Neurophysiol. *2* (1950) 211–214

Goldstein, L., Time domain analysis of the EEG. The integrative method. In: Dolce, G., and H. Künkel (Eds.), CEAN – Computerized EEG analysis; Symposium of Merck'sche Ges. f. Kunst u. Wiss. Kronberg/Taunus, April 8.–10. 1974, Gustav Fischer Verlag Stuttgart 1975, 251–270

–, and *R. A. Beck*, Amplitude analysis of the electroencephalogram. Review of the information obtained with the integrative method. Internat. Rev. Neurobiol. *8* (1967) 265–312

–, *N. W. Stoltzfus* and *J. F. Gardocki*, Changes in interhemispheric amplitude relationship in the EEG during sleep Physiol. Behav. *8* (1972) 811–815

Gonzales, D., G. Wetzel, R. Stölzel und *W. Götze*, Telemetrische EEG-Untersuchungen über das öffentliche Telephonnetz. Z. EEG-EMG *4* (1973) 30–34

Goodman, N. R., On the joint estimation of the spectral cospectrum and quadrature spectrum of a two-dimensional stationary Gaussian process. Scientific paper Nr. 10 (1957) Eng. Statistics Lab. College of Engin. New York Univ.

Gotman, J., P. Gloor and *W. F. Ray*, A quantitative comparison of traditional reading of the EEG and interpretation of computer-extracted feature in patients with supratentorial brain lesion. Electroenceph clin. Neurophysiol. *38* (1975) 623–639

–, *D. R. Skuce, C. J. Thompson, P. Gloor, J. R. Ives* and *W. F. Ray*, Clinical applications of spectral analysis and extraction of features from electroencephalograms with slow waves in adult patients. Electroenceph. clin. Neurophysiol. *35* (1973) 225–235

Gottschaldt, M., und *W. Kuhlo*, Die Langzeitdarstellung der Schlafperiodik mit der automatischen EEG-Intervall-Spektrum-Analyse (EISA). Agressologie, Paris *10* (1969) 625–629

Gottschalk, L. A., A nasopharyngeal lead of new design. Electroenceph. clin. Neurophysiol. *3* (1951) 511–512

Grabow, J. D., Nasopharyngeal electrode placement. Electroenceph. clin. Neurophysiol. *19* (1965) 406–407

–, Value of roentgenology in electrode placement techniques in electroencephalography. Acta radiol. N. S. diagn., Stockholm *9* (1969) 54–57

Granger, C. W. J., and *M. Hatanaka*, Spectral analysis of economic time series. Princeton. Univ. Press 1964, 299

Grass, A. M., Manual for the Grass electroencephalograph. Quincy (Mass.) 1949

–, and *F. A. Gibbs*, A Fourier transform of the electroencephalogram. J. Neurophysiol., Springfield *1* (1938) 521–526

Grass, A. M. and *F. A. Gibbs*, Frequency analysis of EEG. Science *105* (1947) 132-134

Grémy, F., P. Goldberg and *D. Samson-Dollfus*, Attempt at automation of conventional EEG analysis. Electroenceph. clin. Neurophysiol. *29* (1970) 102

Grenander, U., and *M. Rosenblatt*, Statistical analysis of stationary time series. John Wiley & Sons Inc , New Xork 1957

Griffin, D. R., The potential for telemetry in studies of animal orientation. In: Slater, L. E. (Ed.), Bio-Telemetry, Oxford Pergamon Press 1963

Griesser, G., Ärztliche Tätigkeit und elektronische Datenverarbeitung. In: Computer – Werkzeug der Medizin. Colloquium 1968 Esbach, Springer Verlag Berlin-Heidelberg-New York 1970

Grinker, R. R., and *H. M. Serota*, Studies on corticohypothalamic relations in the cat and man. J. Neurophysiol., Springfield *1* (1938) 573-589

Grünewald, G , O. Simonova und *O. D. Creutzfeld*, Differentielle EEG-Veränderungen bei visumotorisch und kongnitiven Tätigkeiten. Arch. Psychiatr. *212* (1968) 46-69

–, *C. Wita, E. Grünewald-Zuberbier* und *H. Kapp*, Amplituden-Kovariation der EEG-Rhythmen unter verschiedenen funktionellen Bedingungen. Arch. Psychiatr. *216* (1972) 31-43

Gurath, B., H. Cammann and *K. Buchmüller*, Automatic EEG-analysis for the clinical routine. Digest of X. ICMBE, Aug. 13.-17 1973, Dresden, Vol. I, 124

Guzman-Flores, C., Computadores el analisis de las series de tiempo actividad electrica cerebral. Excerpta med. int. Congr. Ser. *185* (1969) 149-163

Habermehl, A., Biosignal-Analyse. Teil 1: Eigenschaften von Biosignalen, Ziel ihrer Analyse. VDI-Z. *116* (1974) 1131 bis 1140; Teil 2: Methoden der Analyse. VDI-Z. *117* (1975) 27-36

Hafes, M. An interactive graphic system for on-line computer analysis of the EEG. M. Tech. Thesis in Computer Scienc (med.) Brunel Univers. Uxbridge 1974

Hagne, I., J. Persson, R. Magnusson and *I. Petersén*, Spectral analysis via Fast Fourier Transform of waking EEG in normal. infants. In: Kellaway, P., and I. Petersén (Eds.), Automation of clinical electroencephalography. Raven Press Publ. New York 1973

Hanley, J., J. R. Zweizig, R. T. Kado, W. R. Adey and *L. D. Rovner*, Combined telephone and radiotelemetry of the EEG. Electroenceph. clin. Neurophysiol. *26* (1969) 323-324

–, *W. R. Adey, J. R. Zweizig* and *R. T. Kado*, EEG electrode amplifier harness. Electroenceph. clin. Neurophysiol. *30* (1971) 147-150

Hannan, E. J., Time series analysis. Methuen, London 1960

–, Modern Factor Analysis. Chicago, Univ. of Chicago Press 1960

Harmuth, H. F., Transmission of information by orthogonal functions. Springer, Berlin-Heidelberg-New York, 2nd. ed. 1972, 393

Harner, R. N., Sequential analysis and quantification of the electroencephalogram. Electroenceph. clin. Neurophysiol. *34* (1973) 791

–, Computers in EEG. Am. J. EEG Technol. *13* (1973) 139-142

–, Computer analysis and clinical EEG interpretation – perspective and application. In: Dolce, G., and H. Künkel (Eds.), CEAN – Computerized EEG analysis; Symposium of Merck'sche Ges. f. Kunst u. Wiss. Kronberg/Taunus, April 8.-10. 1974, Gustav Fischer Verlag Stuttgart 1975, 337-343

Hector, M. L., Technique de l'enregistrement electroencéphalographique. Masson, Paris 1968

Heimann, H , und *A. M Schmocker*, Zur Korrelation frequenzanalytischer und psycholgoischer Meßwerte. In: Schenk, G. K. (Hrsg.), Die Quantifizierung des Elektroencephalogramms, Beiträge zum Symposium der Arbeitsgemeinschaft für Methodik in der Elektroenzephalographie, Jongny sur Vevey, 2.-6. 5. 1973, Konstanz 1973, Ausgabe 1273, 631-643

Herolf, M., Detection of pulse-shaped signals in EEG. Technical Report No. 41, 1971, Telecommunication Theory, Royal Institute of Technology, Stockholm

Herzmann, C. F., Rasche periodische Intervallanalyse. In: Schenk, G. K. (Hrsg.), Die Quantifizierung des Elektroencephalogramms, Beiträge zum Symposium der Arbeitsgemeinschaft für Methodik in der Elektroenzephalographie, Jongny sur Vevey, 2.-6. 5. 1973, Konstanz 1973, Ausgabe 1273, 87-103

Hess, R., Die Elektroencephalographie. In: Documenta Geigy, Wissenschaftliche Tabellen (1957) 380-395

Hjorth, B., EEG-analysis based on time domain properties. Electroenceph. clin. Neurophysiol. *29* (1970) 306-310

–, Normalized slope descriptors and their physical significance with reference to EEG interpretation. Electroenceph. clin. Neurophysiol. *34* (1973) 691

–, The physical significance of time domain descriptors in EEG analysis. Electroenceph. clin. Neurophysiol. *34* (1973) 321 bis 325

–, Time domain descriptors and their relation to a particular model for generation of EEG activity. In: Dolce, G., and H. Künkel (Eds.), CEAN – Computerized EEG analysis; Symposium of Merck'sche Ges. f. Kunst u. Wiss. Kronberg/Taunus, April 8.-10. 1974, Gustav Fischer Verlag Stuttgart 1975, 3-8

–, und *K. Berglund*, Quellenableitung – eine neue EEG-Ableitungsmethode. 21. Jahrestag. Dtsch. EEG-Ges. Bremen, 22.-25. 9. 76. Z. EEG-EMG *7* (1976) 209

Homma, I., M. Ebe, Y. Ishiyama, T. Suzuki, T. Ogawa, H. Shiono, T. Nakamura and *Z. Abe*, Automatic analyzer of clinical EEG in 12 channels-recording. Digest of X. ICMBE, Aug. 13.-17. 1973, Dresden Vol. I, 121

Hoovey, Z. B., U. Heinemann and *O. D. Creutzfeld*, Interhemispheric "synchrony" of alpha waves. Electroenceph. clin. Neurophysiol. *32* (1972) 337-347

Hord, D., L. C. Johnson, A. Lubin and *M. T. Austin*, Resolution and stability in the autospectra of EEG. Electroenceph. clin. Neurophysiol. *19* (1965) 305-308

Huber, P. J., B. Kleiner, T. Gasser and *G. Dumermuth*, Statistical methods for investigating phase relations in stationary stochastic processes. IEEE Trans. Audio. Electroacoust. *AU-19* (1971) 78-86

Hüllemann, K.-D., und *H. Mayer*, EEG-Telemetrie, Technik und praktische Anwendung. Münch. med. Wschr. *113* (1971) 19

Hughes, J. R., and *D. E. Hendrix*, Telemetered EEG from a football player in action. Electroenceph. clin. Neurophysiol. *24* (19 8) 183-186

Hutten, H., Biotelemetrie, Angewandte biomedizinische Technik. Springer, Berlin-Heidelberg-New York 1973

Imbriano, A. E., y *J. J. Ravella*, Nociones fisicas de la elettroencefalografia humana. Sem. méd. (B. Aires) 1952, 575-582

Isaksson, A., The operating system for computer analysis at the Karolinska Hospital Stockholm, Technical Report No. 85, Sept. 1974, Telecommunication Theory, Royal Institute of Technology, Stockholm

–, and *A. Wennberg*, Visual evaluation and computer analysis of the EEG – a comparison. Electroenceph. clin. Neurophysiol. *38* (1975) 79-86

– –, and *L. H. Zetterberg*, Spectral parameter analysis (SPA) of EEG – the operating system. Electroenceph. clin. Neurophysiol. *38* (1975) 210

Itil, T. M., Digital computer period analyzed EEG in psychiatry and psychopharmacology. In: Dolce, G., and H. Künkel (Eds.), CEAN – Computerized EEG analysis; Symposium of Merck'sche Ges. f. Kunst u. Wiss. Kronberg/Taunus, April 8.-10. 1974, Gustav Fischer Verlag Stuttgart 1975

–, Digital computer analysis of the electroencephalogram during rapid eye movement sleep state in man. J. Nerv. Ment. Dis. *150* (1970) 201-207

–, and *D. Shapiro*, Computer classification of allnight sleep EEG (sleep print). In: Gastaut, H., E. Lugaresi, G. Berti Cerone and G. Coccagna (Eds.), The abnormalities of sleep in man. Aulo Gaggi, Bologna 1968 45-53

– –, *M. Fink* and *D. Kassebaum*, Digital computer classification of EEG sleep stages. Electroenceph. clin. Neurophysiol. *27* (1969) 76-83

Itil, T. M., S. Rudman, D. Shapiro, W. Hsu, R. Marcus, R. Thoroughman and *J. Marasa*, Computer EEG data processing for psychiatric and psychopharmacological research. In: Schenk, G. K. (Hrsg.), Die Quantifizierung des Elektroencephalogramms, Beiträge zum Symposium der Arbeitsgemeinschaft für Methodik in der Elektroencephalographie, Jongny sur Vevey, 2.–6. 5. 1973, Konstanz 1973, Ausgabe 1273, 21–52

Ivanov-Muromskij, K. A., i *S. J. Zaslavskij*, Primenenija EVM dlja analiza elektrogramm mozga (Die Anwendung der EDV für die Analyse des Elektrogramms des Gehirns.) Izd. Naukova dumka, Kijev 1968, 23–26 (russ.)

Jährig, K., und *G. Rabending* (Hrsg.), Glossar der Internationalen EEG-Nomenklatur mit Erläuterung und deutscher Übertragung [nach: Electroenceph. clin. Neurophysiol. 37 (1974) 538–553], Greifswald 1975

Jami, L., A. Fourment, J. Calvet et *M. Thieffry*, Étude sur modele des methodes de detection EEG. Electroenceph. clin. Neurophysiol. 24 (1968) 130–145

Janzen, R. (Ed.), Klinische Elektroencephalographie. Springer-Verlag, Berlin-Göttingen-Heidelberg 1961

Jasper, H. H., The ten-twenty electrode system of international federation. Electroenceph. clin. Neurophysiol. 10 (1958) 371–375

–, and *H. L. Andrews*, Human brain rhythms: I. Recording techniques and preliminary results. J. Gen. Psychol., Worcester 14 (1936) 98–126

Jenkins, G. M., and *D. G. Watts*, Spectral analysis and its applications. Holden-Day, San Francisco 1968, 525

Jenkner, F. L., A new electrode material for multipurpose biomedical application. Electroenceph. clin. Neurophysiol. 23 (1967) 570–571

Johnson, L., A. Lubin, P. Naitoh, C. Nute and *M. T. Austin*, Spectral analysis of the EEG of dominant and non-dominant alpha subjects during waking and sleeping. Electroenceph. clin. Neurophysiol. 26 (1969) 361–370

–, *P. Naitoh C. Nute, A. Lubin, B. Martin* and *S. Vigilione* EEG coherence during sleep. Ass. for the Psycholog. Stud. of Sleep. Santa Fé (New Mexico), March 1970

Johnson, S. C., Hierarchical clustering schemes. Psychometrica 32 (1967) 241–254

Jones, P. D., Recording of the basal electroencephalogram with sphenoidal needle electrodes. Electroenceph. clin. Neurophysiol. 3 (1951) 100

Jones, R. H., Prediction of multivariate time series. J. Appl. Meteorol. 3 (1964) 285

–, A reappraisal of the periodogram in spectral analysis. Technometrics 7 (1965) 531–542

Joseph, J. P., A. Rémond, H. Rieger and *N. Lesévre*, The alpha average. II. Quantitative study and the proposition of a theoretical model. Electroenceph. clin. Neurophysiol. 26 (1969) 350–360

–, *H. Rieger, N. Lesévre* and *A. Rémond*, Mathematical simulations of alpha rhythms recorded on the scalp. In: Petsche, H., and M. A. B. Brazier (Eds.), Synchronization of EEG activity in Epilepsies. Springer-Verlag Wien-New York 1972

Joy, R. M., A. J. Hance und *K. F. Killam*, Spektralanalyse langer EEG-Abschnitte für vergleichende Zwecke. Neuropharmacology 10 (1971) 471–481

Jung, R., Ein Apparat zur mehrfachen Registrierung von Tätigkeit und Funktionen des animalen und vegetativen Nervensystems. Zschr. Neurol., Berlin 165 (1939) 374–397

–, Neurophysiologische Untersuchungsmethoden. II: Das Elektrencephalogramm (EEG). In: Hb. d. Inneren Med. 4. Aufl., Bd. V/1, 1219–1228. Springer-Verlag, Berlin-Göttingen-Heidelberg 1953

Jus, A., Synchronic uni- and bipolar clinical electroencephalographic examination. Neurol., Neurochir., Psychiat. pol. 4 (1956) 549–552

Kaiser, E, and *C. W. Sem-Jacobsen*, "Yes – No" data reduction in E.E.G. automatic pattern recognition. Electroenceph. clin. Neurophysiol. 14 (1962) 953–956 ans 15 (1963) 145–160

–, and *I. Petersén*, Automatic analysis in EEG. Acta neurol. scand. 1966 Suppl. 22 1–38

Kaiser, E., R. Magnusson and *I. Petersén*, A sixteen-channel wave-pattern digitizer. Proc. of the 1st Nordic Meeting on Medical and Biological Engineering 1970 Helsingfors 128–130

– – –, Reverse correlation. In: Handbook Electroenceph. clin. Neurophysiol. Vol. 5A, 100–108 (Ed. by A. Rémond), Elsevier Amsterdam 1973

–, *I. Petersén* and *R. Magnusson*, A method in automatic pattern recognition in EEG. In: Kellaway, P., und I. Petersén (Eds.), Automation of clinical electroencephalography. Raven Press Publ. New York 1973 234–244

– –, and *R. Sörbye*, Reverse correlation analysis of slow posterior rhythms in adults. In: Kellaway, P., and I. Petersén (Eds.), Automation of clinical electroencephalography. Raven Press Publ. New York 1973 203–216

– –, *U. Selldén* and *N. Kagawa*, EEG data representation in broadband frequency analysis. Electroenceph. clin. Neurophysiol. 17 (1964) 76–80

Kamp, A., Eight-channel EEG telemetry. Electroenceph. clin. Neurophysiol. 15 (1963) 164

Kardel, T., and *B. Stigsby*, Period-amplitude analysis of the electroencephalogram correlated with liver function in patients with cirrhosis of the liver. Electroenceph. clin. Neurophysiol. 38 (1975) 605–609

Kartasheva, N. N., Verfahren zur Messung der Asymmetrie der Alphawellen im EEG. Ž. Vysok. Nerv. Dejat. Pavlov 18 (1968) 163–167 (russ.)

Kavanagh, R. N., Localization of sources of human evoked responses. Diss. Calif. Inst. of Technology, Pasadena, Calif. 1972

Kawabata, N., A nonstationary analysis of the electroencephalogram. IEEE Trans. Biomed. Eng. BME-20 (1973) 444–452

Kawada, Y., and *Z. Ota*, A small 12-channel EEG device. VI. Ann. Meet. Jap. EEG Soc.,(1957) 3–4

Kellaway, P., Automation of clinical electroencephalography: the nature and scope of the problem. In: Kellaway, P, and I. Petersén (Eds.), Automation of clinical electroencephalography. Raven Press. Publ. New York 1973 1–24

–, and *I. Petersén* (Eds.), Automation of clinical electroencephalography. Raven Press. Publ. New York 1973

Kemerath, R. C., and *D. G. Childers*, Signal detection and extraction by spectrum techniques. IEEE Trans. Inform. Theory IT-18 (1972) 745–752

Kendall, M. G., and *A. Stuart*, The advanced theory of statistics. Vol. I. 3rd ed. Ch. Griffin & Co., London 1969, 390–392

Kendel, K., Polygraphische Nachtschlaf-EEG-Ableitungen: Schlafstadien-Sequenzanalysen, EISA-Verfahren. In: Schenk, G. K. (Hrsg.), Die Quantifizierung des Elektroencephalogramms, Beiträge zum Symposium der Arbeitsgemeinschaft für Methodik in der Elektroencephalographie, Jongny sur Vevey 2.–6. 5. 1973, Konstanz 1973, Ausgabe 1273, 137–146

Kharchenko, V. M., und *V. V. Korneev*, Erfahrungen bei der Entwicklung und dem Einsatz einer Reihe von Verfahren zur magnetischen Aufzeichnung und Eingabe von Elektroenzephalogrammen in einen Elektronenrechner. Fiziol. Ž. (Kiev) 14 (1968) 121–126 (russ.)

Killus, K., Die elektronische Datenverarbeitung in Beziehung zu Objektivierungsproblemen der Diagnostik klinischer Elektroenzephalogramme. Ein Beitrag zum Problem der statistischen Organisation im EEG. In: Meßwerterfassung und Meßwertverarbeitung in der Medizin. Erg. Exper. Med. Band 6 (1971) 86–90, VEB Verlag Volk und Gesundheit, Berlin

–, Klinische Auswertung von Elektroenzephalogrammen und deren Musterstrukturen unter dem Aspekt der automatischen Analyse. Diss. B TH Ilmenau 1974

–, Automatic E.E.G. analysis and pattern separation in connection with the problems of evaluating subsequent phases. Digest. of X. ICMBE Dresden 1973, Vol. I, 122

–, und *G. Grosche*, Über ein praktisches Verfahren der medizinisch wertenden Informationsverdichtung mit einem Analogrechner, erläutert am Beispiel der automatischen Auswertung klinischer Elektroenzephalogramme. Wiss. Z. Karl-Marx-Univ. Leipzig, Math.-Naturwiss R. 22 (1973) 1, 83–90

Killus, K., und *H.-G. Niebeling*, Results of technical and statistical analysis of electroencephalograms with regard to objectivity in clinical diagnosis. Medical and Biological Engng. (1976) *3* 205-208

Kita, K., Developing new approach to EEG analysis. Digest of X. ICMBE Dresden 1973, Vol. I, 367

Kleiner, B., H. Flühler, P. J. Huber and *G. Dumermuth*, Spectrum analysis of the electroencephalogram. Comp. Progr. Biomed. *1* (1970) 183-197

Knoll, O., E.-J. Speckmann und *H. Caspers*, Ein Verfahren zur Korrelierung verschiedener bioelektrischer Vorgänge mit definierten Potentialmustern im EEG. Z. EEG-EMG *5* (1974) 199-205

Knott, J. R., Automatic frequency analysis. Electroenceph. clin. Neurophysiol. Suppl. *4* (1953) 17

-, and *F. A. Gibbs*, A Fourier analysis of the electroencephalogram from one to eighteen years. Psychol. Bull. *36* (1939) 512

- -, and *C. E. Henry*, Fourier transforms of the electroencephalogram during sleep. J. Exper. Psychol. *31* (1942) 465

Kofes, A., Bemerkungen zur Reichweite von Telemetrieverbindungen. Medizinal-Markt *18* (1970) 26-27

Koller, S., Nutzen des Computers für das Krankenhaus. Therapiewoche, Karlsruhe *20* (1970) 32-85

Koopman, L. J., Analyse des EEGs. Zschr. Neurol., Berlin *162* (1938) 273-288

Korein, J., Computer processing of narrative medical data. Data Acq. and Prov. in Biol. and Med. Vol. *5* (1966) 157-161

Kornmüller, A. E., Einige Voraussetzungen der hirnbiologischen Untersuchung des Menschen. Dtsch. med. Wschr. *65* (1939) 1601-1605

-, und *R. Janzen*, Die Methodik der lokalisierten Ableitungen hirnbioelektrischer Erscheinungen von der Kopfschwarte des Menschen; ihre Begründung und Begrenzung. Zschr. Neurol., Berlin *166* (1939) 287-308

Kozevnikov, V. A., Some results of automatic measurements of the electroencephalogram. Electroenceph. clin. Neurophysiol. *10* (1958) 269-278

Kratin, J. G. (Ed.), Die Technik und die Methoden der Elektroenzephalographie. Moskau und Leningrad: Verlag d. Akad. d. Wiss. d. UdSSR (1963) (russ.)

-, *A. I. Zavorotnyi, J. N. Petrov* und *A. N. Soloven* (Ein einfacher automatischer Frequenz-Spannungshöhen-Analysator.) Fiziol. Ž. SSSR Sechenov *55* (1969) 1163-1166 (russ.)

Kreukule, I., and *D. Walker*, Simple on-line-method for the detection of the dependence between the unit activity and amplitude of macropotentials. Electroenceph. clin. Neurophysiol. *30* (1971) 565-567

Krönig, D., H. Künkel und *W. Thiel*, Programmsystem zur Vielkanal-EEG-Analyse in Echtzeit. Datenverarbeitung Telefunken *5* (1973) 47-51

Kugler, J., Elektroenzephalographie in Klinik und Praxis, 2. Aufl. Georg-Thieme-Verlag Stuttgart 1966

Künkel, H., Die Spektraldarstellung des EEG. Z. EEG-EMG *3* (1972) 15-24

-, Grundsätzliche Probleme der quantitativen Analyse von Elektroencephalogrammen. Fortschr. Med. *88* (1970) 284-287

-, Simultane Vielkanal-on-line-EEG-Analyse in Echtzeit. Z. EEG-EMG *3* (1972) 30-38

-, and EEG Project Group, Hybrid computing system for EEG analysis. In: Dolce, G., and H. Künkel (Eds.), CEAN - Computerized EEG analysis: Symposium of Merck'sche Ges. f. Kunst u. Wiss. Kronberg/Taunus, April 8.-10. 1974, Gustav Fischer Verlag Stuttgart 1975, 365-383

-, *H. F. Schweitzer, M. Sternberg* and *P. Sternberg*, Power spectral analysis of higher central nervous rhythms in the human EEG. Electroenceph. clin. Neurophysiol. *27* (1969) 677

Kurp, F., Einige Möglichkeiten automatischer Beurteilung von Elektroenzephalgrammen zu klinischen Zwecken. 2. Nat. Kongr. d. Ges. f. Neuro-Elektrodiagnostik d. DDR. Weimar, 21.-24. 5. 1973, Kurzreferateband S. 39

Kuznecova, G. D., Nekotorije rezultati analiza modelej u realnyh elektroenzefalogramm po metodu N. A. Bernsteina. Matematiceskij analiz elektriceskih javljenij golovnogo mozga. Izd. Nauka Moskva 1965, 5-14

Lairy, G. C., A. Rémond, H. Rieger and *N. Lesévre*, The alpha average. III. Clinical application in children. Electroenceph. clin. Neurophysiol. *26* (1969) 453-467

Lange, H.-J., Grundlagen einer Diagnostikhilfe durch Computer. Langenbeck's Arch. klin. Chir. *327* (1970) 1145-1155

Lange, H., Signalmengen – Sequenzen In: Schenk, G. K. (Hrsg.), Die Quantifizierung des Elektroencephalogramms, Beiträge zum Symposium der Arbeitsgemeinschaft für Methodik in der Elektroencephalographie, Jongny sur Vevey, 2.-6. 5. 1973, Konstanz 1973, Ausgabe 1273, 501-511

-, Statistischer Vergleich von 24-Stunden-EEG-Intervallhistogrammen bei einem Zwillingspaar. In: The Nature of Sleep (Ed. by U. J. Jovanovič), Gustav Fischer Verlag, Stuttgart 1973

Lanner, G., F. Heppner und *H. Rodler*, Telemetrische Messungen des Schädelinnendruckes. Herbsttag. Österreich. EEG-Ges. Salzburg, 29. 11. 75, Z. EEG-EMG *8* (1977) 53

Laragoiti, R. J., A new method for the application of the electrodes in electroencephalography. Electroenceph. clin. Neurophysiol. *2* (1950) 220

Larsen, L. E., An analysis of the intercorrelations among spectral amplitudes in the EEG: A generator study. IEEE Trans. Biomed. Eng. *BME-16* (1969) 23-26

-, and *D. O. Walter*, On automatic methods of sleep staging by EEG. Electroenceph. clin. Neurophysiol. *28* (1970) 459

-, *E. H. Ruspini, J. J. McNew, D. O. Walter* and *W. R. Adey*, Classification and discrimination of the EEG during sleep. In: Kellaway, P., and I. Petersén (Eds.), Automation of clinical electroencephalography. Raven Press Publ. New York 1973 243-268

Laux, H.-J., G. Zäpernick, S. Döring, H.-G. Niebeling, K. Killus und *M. Müller*, Ein Modell der maschinellen Diagnostik für die Ermittlung von Hirntumoren – erste Erfahrungen einer »Computerdiagnostik«. In: Meßwerterfassung und Meßwertverarbeitung in der Medizin. Erg. Exper. Med. Band *6* (1971) 101-112, VEB Verlag Volk und Gesundheit Berlin

-, *H.-G. Niebeling, M. Müller* und *K. Killus*, Das Telefon-EEG. 5. Mitteilung: Ergebnisse telefonischer EEG-Übertragungen aus Einrichtungen des Gesundheitswesens im Bezirk Leipzig. Dtsch. Ges.wesen *27* (1972) 2463-2466

Lazarus, H., J. Schröder und *W. Müller*, Bestimmung der Orientierungsreaktion (OR) im Elektroencephalogramm (EEG) und die Habituation der OR. In: Schenk, G. K. (Hrsg.), Die Quantifizierung des Elektroencephalogramms, Beiträge zum Symposium der Arbeitsgemeinschaft für Methodik in der Elektroencephalographie, Jongny sur Vevey, 2.-6. 5. 1973, Konstanz 1973, Ausgabe 1273, 583-606

Leader, H. S., R. Cohn, A. L. Weihrer and *C. A. Caceres*, Pattern reading of the clinical electroencephalogram with a digital computer. Electroenceph. clin. Neurophysiol. *23* (1967) 566-570

Legewie, H., and *W. Probst*, On-line analysis of EEG with a small computer (period-amplitude analysis). Electroenceph. clin. Neurophysiol. *27* (1969) 533-535

- -, Computereinsatz in der Neuropsychologie. In: Haider, M. (Hrsg.), Neuropsychologie, Bern 1971, 66

-, *O. Simonova* und *O. D. Creutzfeldt*, Telemetrische Untersuchungen in Leistungssituationen. Biotelemetrisches Symposium Nov. 1968, Erlangen, Georg Thieme, Stuttgart 1970

Lehmann, D., Multichannel topography of human alpha EEG fields. Electroenceph. clin. Neurophysiol. *31* (1971) 439-449

-, Topological assessment of the EEG. Electroenceph. clin. Neurophysiol. *32* (1972) 713

-, Human scalp EEG fields: Evoked alpha, sleep and spike-waves patterns. In: Petsche, H., and M. A. B. Brazier (Eds.), Synchronization of EEG activity in Epilepsies. Springer Verlag Wien-New York 1972, 307-326

-, Multikanal-EEG-Felduntersuchungen: Phasendifferenzen konventioneller EEG-Wellen. In: Schenk, G. K. (Hrsg.), Die Quantifizierung des Elektroencephalogramms, Beiträge zum Symposium der Arbeitsgemeinschaft für Methodik in der Elektroencephalographie, Jongny sur Vevey, 2.-6. 5. 1973, Konstanz 1973, Ausgabe 1273, 157-165

Lehmann, D., EEG phase differences and their physiological significance in scalp field studies. In: Dolce, G., and H. Künkel (Eds.) CEAN – Computerized EEG analysis; Symposium of Mercksche Ges. f. Kunst u. Wiss. Kronberg/Taunus, April 8.–10. 1974, Gustav Fischer Verlag Stuttgart 1975, 102–110

–, and *D. H. Fender*, Multichannel analysis of electrical fields of averaged evoked potentials. Electroenceph. clin. Neurophysiol. *27* (1969) 671

Leiser, R., and *D. English*, The use of tripod leads in electroencephalography. Electroenceph. clin. Neurophysiol. *6* (1954) 155–156

Lenard, H. G., and *E. F. Bell*, Bioelectric brain development in hypothyreoidism. A quantitative analysis with EEG power spectra. Electroenceph. clin. Neurophysiol. *35* (1973) 545–549

Lienert, G. A., Testaufbau und Testanalyse. Verlag Julius Beltz, Weinheim 1967

Lindsey, J. F., and *J. C. Townsend* (Eds.), Biomedical Research and Computer. Application in Manned Space Flight. NASA SP-5078, Washington, D. C., Report 1971 141–162

Lion, K. S., and *D. F. Winter*, A method for the discrimination between signal and random noise of electrobiological potentials. Electroenceph. clin. Neurophysiol. *5* (1953) 109–111

– –, and *E. Levin*, Electrical activity of the brain measured in the frequency range above 200 Hz. Electroenceph. clin. Neurophysiol. *2* (1950) 205–208

Lippold, O., Bilateral separation in alpha rhythm recording. Nature (London) *226* (1970) 459–460

Livanov, M. N., The analysis of bioelectric oscillation in the cortex of the rabbit. Ž. nevropat. psichiatr. Moskva *3* (1934) 11–12, 98–115

–, Analiz bioelektriceskih kolebanij v kopje golovnogo mozga mlekopitajuscih. Trudy in: ta mozga 3 IV (1938) 487

–, and *V. S. Rusinov*, Mathematical analysis of the electrical activity of the brain. Science Publishing House, Moscow 1965, also Cambridge, Mass.: Harvard University Press 1968

Lloyd, D. S. L., *C. W. Binnie* and *W. A. Ward*, EEG contour mapping. II. Automation. Proc. electro-physiol. Technol. Ass. *18* (1971) 21–24

Loewenhard, P., Beiträge zur Filteranalyse des menschlichen Encephalogramms. Göteborg Universitet, Psygologiska Instiutionen Bangatan 33 (1970) 41464 Göteborg

Londsdale, M. E., Development of a statistical analyzer for random waveforms. State University of Iowa. Doctoral Dissertation Series 4/84

Loovin, A. L., *E. N. Harvey* and *G. A. Hobert*, Electrical potentials of the human brain. J. Exper. Psychol. *19* (1938) 249–279

Lopes da Silva, F. H., *A. Hoeks* and *H. Smits*, Model of brain activity. Progress Report 3, 1972, Inst. Med. Phys. TNO 97–104

– – –, and *L. H. Zetterberg*, Model of brain rhythmic activity; the alpha rhythm of the thalamus. Kybernetik *15* (1974) 27–37

– –, *T. H. M. T. van Lierop*, *C. F. Schrijer* and *W. Storm van Leeuwen* Confidence limits of spectra and coherence functions – their relevance for quantifying thalamo-cortical relationships of alpha rhythms. In: Schenk, G. K. (Hrsg.), Die Quantifizierung des Elektroencephalogramms, Beiträge zum Symposium der Arbeitsgemeinschaft für Methodik in der Elektroencephalographie, Jongny sur Vevey, 2.–6. 5. 1973, Konstanz 1973, Ausgabe 1273, 437–449

–, *A. Dijk* and *H. Smits*, Detection of nonstationarities in EEGs using the autoregressive model – an application to EEGs of epileptics. In: Dolce, G., and H. Künkel (Eds.), CEAN – Computerized EEG analysis; Symposium of Merck'sche Ges. f. Kunst u. Wiss. Kronberg/Taunus, April 8.–10. 1974, Gustav Fischer Verlag Stuttgart 1975, 180–199

– – –, and *L. H. Zetterberg*, Automatic detection and pattern recognition of epileptic spikes from surface and depth recordings in man. In: Schenk, G. K. (Hrsg.), Die Quantifizierung des Elektroencephalogramms, Beiträge zum Symposium der Arbeitsgemeinschaft für Methodik in der Elektroencephalographie, Jongny sur Vevey, 2.–6. 5. 1973, Konstanz 1973, Ausgabe 1273, 425–436

Lowenberg, E. C., Signal theory applied to the analysis of electroencephalograms. IRE Transact. on Bio-Med. Electronics (1961) 7–12

Luban-Plozza, B., e *M. Giovannucci*, L'olfattoelettroencefalografia come metod di documentazione obiettiva delle anosmie in varie affezioni neurologiche. Schweiz. Arch. Neurol. *99* (1967) 270–274

Lubin, A., *L. C. Johnson* and *M. T. Austin*, Discrimination among states of consciousness using EEG spectra. Psychophysiologie *6* (1969) 122–131

Lütcke, A., und *L. Mertins* (u. A. Masuch), Die Darstellung von Grundaktivität, Herd- und Verlaufsbefunden sowie von paroxysmalen Ereignissen mit Hilfe der von HJORTH angegebenen normierten Steilheitsparameter (vorläufige Mitteilung). In: Schenk, G. K. (Hrsg.), Die Quantifizierung des Elektroencephalogramms, Beiträge zum Symposium der Arbeitsgemeinschaft für Methodik in der Elektroencephalographie, Jongny sur Vevey, 2.–6. 5. 1973, Konstanz 1973, Ausgabe 1273, 259–280

MacAvoy, M., and *S. C. Little*, Technical observation on the use of independent ear electrodes. Dis. Nerv. Syst. *10* (1949) 207–210

MacGillivray, B. B, Clinical electroencephalography and computing. In: Nicholson, J. P. (Ed.), Interdisciplinary investigation of the brain. Plenum Press London 1972, 109–118

–, and *D. G. Wadbrook*, A system for extracting a diagnosis from the clinical EEG. In: Dolce, G., and H. Künkel (Eds.), CEAN – Computerized EEG analysis; Symposium of Mercksche Ges. f. Kunst u. Wiss. Kronberg/Taunus, April 8.–10. 1974, Gustav Fischer Verlag Stuttgart 1975, 344–364

MacIntyre, W. J., Electroencephalographic data: reduction by wave-width analysis. Science *144* (1964) 1357–1358

MacKay, R. S., and *B. Jacobson* (Eds.), Bio-Telemetry. J. Wiley & Sons Inc. New York 1968

MacLean, P. D., A new nasopharyngeal lead. Electroenceph. clin. Neurophysiol. *1* (1949) 110–112

Majkowski, J., Le valeur de l'électrode naso-pharyngée dans les examens E.E.G. Neurol., Neurochir., Psychiat. pol. *11* (1961) 199–206

Marko, H., und *H. Petsche*, Ein Gerät zur gleichzeitigen Frequenz- und Amplitudenanalyse von EEG-Kurven bei freier Wählbasis. Arch. Psychiatr. *196* (1957) 191–195

Marshall, D. A., and *G. Celebi*, A tunable subminiature biotelemetry transmitter. Physiol. Behav. *5* (1970) 709–712

Martin, W. B., *S. S. Vigilione*, *L. C. Johnson* and *P. Naitoh*, Pattern recognition of EEG to determine level of alertness. Electroenceph. clin. Neurophysiol. *30* (1971) 163

Martinius, J. W., and *Z. B. Hoovey*, Bilateral synchron of alpha waves, oculomotor activity and "attention" in children. Electroenceph. clin. Neurophysiol. *32* (1972) 349–356

Matějček, M., and *G. K. Schenk*, Quantitative analysis of the EEG by iterative interval analysis. Electroenceph. clin. Neurophysiol. *34* (1973) 775

– –, Die iterative Intervallanalyse. Ein methodischer Beitrag zur quantitativen Beschreibung des Elektroencephalogramms im Zeitbereich. In: Schenk, G. K. (Hrsg.), Die Quantifizierung des Elektroencephalogramms, Beiträge zum Symposium der Arbeitsgemeinschaft für Methodik in der Elektroencephalographie, Jongny sur Vevey, 2.–6. 5. 1973, Konstanz 1973, Ausgabe 1273, 293–306

–, und *K. Siegordner*, Frequenzanalyse nach N. A. Bernstein und ihre Anwendung in der Elektroencephalographie. In: Schenk, G. K. (Hrsg.), Die Quantifizierung des Elektroencephalogramms, Beiträge zum Symposium der Arbeitsgemeinschaft für Methodik in der Elektroencephalographie, Jongny sur Vevey, 2.–6. 5. 1973, Konstanz 1973, Ausgabe 1273, 473–481

Matoušek, M., Automatic analysis in clinical electroencephalography. Res. Rep. No. 9 Psychiatric Research Inst. Prague 1967 240p.

–, Frequency analysis in routine electroencephalography. Electroenceph. clin. Neurophysiol. *24* (1968) 365–373

–, Frequency analysis: processing of output data. In: Handbook Electroencephalogr. clin. Neurophysiol. (Ed. by A. Rémond), Vol. 5A 61–66, Elsevier Amsterdam 1973

Matoušek, M., Frequency and correlation analysis. In: Handbook Elektroencephalogr. clin. Neurophysiol. (Ed. by A. Rémond), Vol. 5A 136pp., Elsevier Amsterdam 1973

-, and *I. Petersén*, Automatic evaluation of EEG background activity by means of age-dependent EEG quotients. Electroenceph. clin. Neurophysiol. 35 (1973) 603-612

- -, Frequency analysis of the EEG in normal children (1 to 15 years) and in normal adolescents (16-21 years). In: Kellaway, P., and I. Petersén (Eds.) Automation of clinical electroencephalography. Raven Press Publ. New York 1973, 75-102

-, and *J. Volavka*, Variability - an important dimension of EEG. Comm. 6th. Int. Congr. EEG and EMG, Vienna 1965, 559-562

-, *S. Friberg* und *I. Petersén*, Verbesserte Methode zur weiteren Bearbeitung von Resultaten der EEG-Spektralanalyse. In: Schenk, G. K. (Hrsg.), Die Quantifizierung des Elektroencephalogramms, Beiträge zum Symposium der Arbeitsgemeinschaft für Methodik in der Elektroencephalographie, Jongny sur Vevey, 2.-6. 5. 1973, Konstanz 1973, Ausgabe 1273, 513-519

Matsuo, F., J. F. Peters and *E. L. Reilly*, Electrical phenomena associated with movements of the eyelid. Electroenceph. clin. Neurophysiol. 38 (1975) 507-511

Matthews, B. H. C., A special purpose amplifier. J. Physiol. 81 (1934) 28-29

Maulsby, R. L., J. D. Frost, jr., and *M. H. Graham*, A simple electronic method for graphing EEG sleep patterns. Electroenceph. clin. Neurophysiol. 21 (1966) 501

-, *B. Saltzberg* and *L. S. Lustick*, Toward an EEG screening test: a simple system for analysis and display of clinical EEG data. In: Kellaway, P., and I. Petersén (Eds.), Automation of clinical electroencephalography, Raven Press Publ. New York 1973, 45-54

Maxwell, A. E., Multivariate statistical methods and classification problems. Brit. J. Psychiatr. 119 (1971) 121

Maynard, D. E., Separation of the sinusoidal components of the human electroencephalogram. Nature 236 (1972) 228-230

Merrem, G., und *H.-G. Niebeling*, Fernableitungen menschlicher Hirnströme. Forschungen und Fortschritte (Berlin) 39 (1965) 321-325

Michal, E. K., A solid-state switch for the sequential presentation of eight data channels. Med. Biol. Eng. 7 (1969) 245-246

Mittenecker, E., Planung und statistische Auswertung von Experimenten. Verlag Franz Deuticke, Wien 1970, 5. Aufl.

Moiseeva, N. I., Problemy machinov diagnosa w nevrologii. Probleme der maschinellen Diagnose in der Neurologie. Isdat. Medizina, Leningrad 1967 (russ.)

Monachov, K. K., G. L. Epstein, A. I. Nikiforov und *V. K. Bočkarev* Formal-mathematische Untersuchungsmethoden der Korrelation zwischen elektrischer Hirnaktivität und psychischen Phänomenen. Ž. Vys. Nerv. Dejat. Pavlov 24 (1974) 202-207 (russ.)

Monroe, L. J., Inter-rater reliability and the role of experience in scoring EEG sleep records: Phase I. Psychophysiologie 5 (1969) 376

Morander, K.-E., R. Magnusson and *I. Petersén*, A system for transmitting multichannel EEG over public telephone network. In: Kellaway, P., and I. Petersén (Eds.), Automation of clinical electroencephalography. Raven Press Publ. New York 1973, 301-314

Morgan, P., Recording the temporal region spike. Amer. J. EEG Technol. 8 (1968) 7-22

Motokawa, K. Die Analyse der Perioden im normalen Elektroencephalogramm des Menschen. Tohoku, J. Exper. Med. 42 (1942) 9-20 (jap.)

Müller, M., H.-G. Niebeling, K. Killus und *H.-J. Laux*, Das Telefon-EEG. 4. Mitteilung. Dtsch. Ges.wesen 27 (1972) 2443-2445

Müller, R., De valeur de la dérivation à référence lobulaire dans certains tracés électroencéphalographiques, Encéphale, Paris 43 (1954) 231-245

Mulholland, T. B., Occipital alpha revisited. Psychol. Bull. 78 (1972) 176-182

Murari, B., ECG and EEG reamplifiers. World. med. Electron. 5 (1967) 264-268

-, Preamplificateur pour electroradiographie et electroencéphalographie. Electrol. méd., Paris 42 (1967) 137-141

Naitoh, P., and *D. O. Walter*, Simple manual plotting of contours as a method of EEG analysis. Electroenceph. clin. Neurophysiol. 26 (1969) 424-428

Nakamura, N., Y. Shimazono, K. Yamamoto, M. Miyasaka and *H. Fukuzana*, A computer analysis system for automatic EEG diagnosis. Electroenceph. clin. Neurophysiol. 34 (1973) 738

Nencini, R., e *E. Pasquali*, Analisi sequenziale di ampiezza dell' elettroencefalogramma. Arch. psicol. neurol. 27 (1966) 130-166

Neumann, J. von, R. H. Kent, H. B. Bellinson and *B. I. Hart*, The mean square succesive difference. Ann. Math. Statist. 12 (1941) 153-162

Niebeling, H. G., Grundlagen und Hauptanwendungsgebiete der Elektroencephalographie. Dtsch. Ges.wesen 9 (1954) 1245 bis 1254

-, Die Entwicklung und Organisation der Elektroenzephalographie in der DDR. In: Aktuelle Probleme der Elektroenzephalographie. Hrsg. v. D. Müller-Hegemann, S. Hirzel, Leipzig 1967, 1-5

-, und *H. van Gogh*, Das Telefon-EEG. Dtsch. Ges.wesen 18 (1963) 1365-1367

-, Das Telefon-EEG. 2. Mitteilung. Beitr. Neurochir. (Leipzig) 13 (1966) 122-126

-, *H.-J. Laux, W. Thieme* und *K. Killus*, Das Telefon-EEG. 3. Mitteilung. Die praktische Anwendung der drahtgebundenen Übertragung von Hirnströmen. Dtsch. Ges.wesen 22 (1967) 1133-1139

-, *K. H. Sommer* und *H.-J. Laux*, Anwendung der drahtlosen Übertragung von Elektroenzephalogrammen im Verkehrswesen. Verk.-Med. 14 (1967) 149-156

Nikiforov, A. I., und *W. K. Bočkarev* Primäre Analyse des menschlichen EEG mit kleinem Digitalrechner Ž. nevropat. psichiatr., Moskva 74 (1974) 228-290 (russ.)

Ninomija, S., K. Kajiyama, A. Orihata, H. Miyamoto, J. Atarashi, H. Iwasa, J. Kitajima and *N. Ichihara*, On the drawing contour map of cerebral frequency response. Digest of X. ICMBE, Dresden 1973, Vol I, 366

Nitschkoff, St., und *N. Grabow*, EDV-Einsatz in der medizinischen Forschung und Praxis. VEB Verlag Volk und Gesundheit, Berlin 1974

Nowikowa, L. A., und *W. S. Rusinow*, Basal-radiale Untersuchungsmethode der elektrischen Hirnpotentiale bei intracerebralen Tumoren. Nejropat. i. t. d. 20/4 (1951) 51-54

Obrist, W. D., E. W. Busse, C. Eisdorfer and *R. W. Kleemeier*, Relation of the electroencephalogram to intellectual function senescence. J. Geront. 17 (1962) 197-206

Offner, F. F., The EEG as potential mapping: The value of the average monopolar reference. Electroenceph. clin. Neurophysiol. 2 (1950) 215-216

Oldenbürger, H. A., und *D. Becker*, Multidimensionale Verfahren zur Parametrisierung und Klassifizierung des EEG. In: Schenk, G. K. (Hrsg.), Die Quantifizierung des Elektroencephalogramms, Beiträge zum Symposium der Arbeitsgemeinschaft für Methodik in der Elektroencephalographie, Jongny sur Vevey, 2.-6. 5. 1973, Konstanz 1973, Ausgabe 1273, 231-247

Osselton, J. W., Techniques for data compression in the recording and analysis of prolonged EEG and other electrophysiological signals. Amer. J. EEG Technol. 10 (1970) 97-115

-, and *K. Davison*, Economy of data channels in overnight electrophysiological recording. In: Sleep: Physiology, Biochemistry, Psychology, Pharmacology, Clinical Implication. 1st Europ. Congr. Sleep Res. Basel 1972, Karger, Basel 1973, 250-253

Otnes, R. K, and *L. Enochson*, Digital time series analysis. John Wiley & Sons, New York 1972

Pampiglione, G., and *J. Kerridge*, EEG abnormalities from the temporal lobe studied with sphenoidal electrodes. J. Neurol., London 19 (1956) 117-129

Papakustopulos, D., R. Cooper and *W. G. Walter*, A technique for the measurement of the phase relations of the EEG. Electroenceph. clin. Neurophysiol. 30 (1971) 562–564

Parmelee, A. H., Y. Akiyama, M. A. Schulz, W. H. Wenner and *F. J. Schulte*, Analysis of the electroencephalogram of sleeping infants. Activitas nervosa superior (Praha) 11 (1969) 111–115

Pechstein, J., Konstanz des Theta-Alpha-Medianwertes (TAM-Wertes) im kindlichen EEG-Frequenzspektrum bei geöffneten und geschlossenen Augen. Z. EEG-EMG 1 (1970) 107–110

–, Entwicklung der Grundaktivität im kindlichen EEG. Der TAM-Wert als brauchbare Maßzahl der Dominanz im Wach-EEG der ersten beiden Lebensjahre. Fortschr. Med. 88 (1970) 1170–1176

–, und *J. Dolansky*, Zur Methodik der visuellen Frequenzanalyse des Wach-EEG im frühen Kindesalter. Z. EEG-EMG 1 (1970) 35–39

–, *S. Pöppl* und *M. Fischer*, Über die Möglichkeit der analogen Bandspeicherung von EEG-Signalen und anderen physiologischen Parametern mit handelsüblichen Tonbandgeräten. Münch. med. Wschr. 111 (1969) 1669–1672

Penin, H., H. Helmchen, K. Jacobitz, S. Kanowski, H. Künkel und *K. Zenker*, Anwendung einer EEG-Befund-Dokumentation auf wissenschaftliche Fragestellungen. Z. EEG-EMG 3 (1972) 6–15

Persson, J., P. Magnusson and *I. Petersén*, Spectral analysis via Fast Fourier Transform of waking EEG in normal infants. In: Kellaway, P., and I. Petersén (Eds.), Automation of clinical electroencephalography. Raven Press Publ. New York 1973, 103–144

Petersén, I., und *M. Matoušek*, EEG – Breitbandfrequenzanalyse bei normalen Kindern und Jugendlichen. Z. EEG-EMG 2 (1973) 134–138

– –, and *S. Friberg*, Automatic evaluation of EEG background activity by means of spectral analysis. Digest of X. ICMBE, Dresden 1973, Vol. I, 118

–, *E. Kaiser* and *R. Magnuson*, Need and implementation of centers for automatic analysis and automatic interpretation of clinical EEG. In: Kellaway, P., and I. Petersén (Eds.), Automation of clinical electroencephalography. Raven Press Publ. New York 1973, 25–30

Petsche, H., Die Erfassung von Form und Verhalten der Potentialfelder an der Hirnoberfläche durch eine kombinierte EEG-toposkopische Methode. Wien. Zschr. Nervenhk. 25 (1967) 373–387

–, Quantitative analysis of EEG. Progr. Brain Res. 33 (1970) 63–68

–, EEG und bioelektrische Hirnaktivität. Z. EEG-EMG 3 (1970) 125–133

–, and *J. Sterc*, The significance of the cortex for the travelling phenomenon of brain waves. Electroenceph. clin. Neurophysiol. 25 (1968) 11–22

–, and *P. Rappelsberger*, Influence of cortical incisions on synchronization pattern and travelling waves. Electroenceph. clin. Neurophysiol. 28 (1970) 592–600

–, and *M. A. B. Brazier* (Eds.), Synchronization of EEG activity in epilepsies. Springer-Verlag Wien-New York 1972

–, and *J. Shaw*, EEG topography. In: Handbook Electroencephalogr. clin. Neurophysiol. (Ed. by A. Rémond), Vol. 5 B 1–84, Elsevier Amsterdam 1972

–, *T. Nagypal, O. Prohaska, P. Rappelsberger* and *R. Vollmer*, Approaches to the spatio-temporal analysis of seizure patterns. In: Dolce, G., and H. Künkel (Eds.), CEAN – Computerized EEG analysis; Symposium of Merck'sche Ges. f. Kunst u. Wiss. Kronberg/Taunus, April 8.–10. 1974, Gustav Fischer Verlag Stuttgart 1975, 111–127

Pfurtscheller, G., Physiological reality of EEG spectral estimates. In: Dolce, G., and H. Künkel (Eds.), CEAN – Computerized EEG-analysis; Symposium of Merck'sche Ges. f. Kunst u. Wiss. Kronberg/Taunus, April 8.–10. 1974, Gustav Fischer Verlag Stuttgart 1975, 98–101

–, and *G. Haring*, The use of an EEG autoregressive model for the time-saving calculation of spectral power density distributions with a digital computer. Electroenceph. clin. Neurophysiol. 33 (1972) 113–115

Pfurtscheller, G., and *R. Cooper*, Frequency dependence of the transmission of the EEG from cortex to scalp. Electroenceph. clin. Neurophysiol. 38 (1975) 93–96

Pirtkien, R., Klinische Voraussetzungen für eine computergestützte Diagnostik. Langenbecks Arch. klin. Chir. 327 (1970) 1156–1175

–, Möglichkeiten einer Unterstützung der Diagnostik durch Computer. Hippokrates, Stuttgart 42 (1971) 3–24

Pitman, J. R., and *T. C. D. Whiteside*, A clip-on electrode for recording action-potentials from the scalp. Electroenceph. clin. Neurophysiol. 7 (1955) 653–654

Popper, K. R., The logic of scientific discovery. Harper & Row, New York 1959

Pöppl, S. O., Testing computer allocation rules for automatic EEG classification. Electroenceph. clin. Neurophysiol. 34 (1973) 799

–, Abbildungsstrategien und informationstheoretische Reliabilitätsmaße im Hinblick auf die Klassifizierung von EEG-Variablen. In: Schenk, G. K. (Hrsg.), Die Quantifizierung des Elektroencephalo ramms, Beiträge zum Symposium der Arbeitsgemeinschaft für Methodik in der Elektroencephalographie, Jongny sur Vevey, 2.–6. 5. 1973, Konstanz 1973, Ausgabe 1273, 551

–, Kurvenunabhängige Verfahren zur Klassifikation von EKG, EEG, EMG und GHR. In: Computerunterstützte ärztliche Diagnostik. F. K. Schattauer Verlag, Stuttgart-New York 1973, 379–401

–, Computer allocation rules for automatic EEG classification. In: Dolce, G., and H. Künkel (Eds.), CEAN – Computerized EEG analysis; Symposium of Merck'sche Ges. f. Kunst u. Wiss. Kronberg/Taunus, April 8.–10. 1974, Gustav Fischer Verlag Stuttgart 1975, 202–215

–, *E. Müllner* und *O. D. Creutzfeldt*, Eine digitale Mehrkanal-on-line-Analyse (nichtparametrisches Verfahren). Vortrag auf der Tagung der Deutschen EEG-Gesellschaft Berlin 1970

–, *W. Tirsch, E. Müllner* and *P. Brugger*, Testing computer allocation rules for automatic EEG-Classification. 8 th Internat. Congr. of Electroencephalogr. and Clin. Neurophysiol. Marseille, France, Sept. 1.–7. 1973

Prechtl, H. F. R., und *J. E. Vos*, Verlaufsmuster der Frequenzspektren und Kohärenzen bei schlafenden normalen und neurologisch abnormalen Neugeborenen. In: Schenk, G. K. (Hrsg.), Die Quantifizierung des Elektroencephalogramms, Beiträge zum Symposium der Arbeitsgemeinschaft für Methodik in der Elektroencephalographie, Jongny sur Vevey, 2.–6. 5. 1973, Konstanz 1973, Ausgabe 1273, 167–188

Prior, P. F., D. Maynard and *D. F. Scott*, A new device for continuous monitoring of cerebral activity: its use following cerebral anoxia. Electroenceph. clin. Neurophysiol. 28 (1970) 423–424

Probst, W., H. Schulz, G. Dirlich, H. Schuh and *C. Friedrich-Freska*, On-line classification of sleep stages with a lab computer. In: Jovanovič, U. J. (Ed.), The nature of sleep. Gustav Fischer Verlag Stuttgart, 1973

Prochazka, V. J., B. Conrad and *F. Sindermann*, A neuroelectric signal recognition system. Electroenceph. clin. Neurophysiol. 32 (1972) 95–97

Proctor, L. D., Analysis of electroencephalographic data from orbit by three different computer-orientated methods. In: Biomedical Research and Computer Application in Manned space Flight. Ed. by Lindsey, J. F., and J. C. Townsend, NASA SP-5078, Washington, D. C., Rept. (1971) 141–162

Prüll, G., Die Bedeutung der EEG-Intervallklassen-Profilanalyse für die Prognose cerebraler Gefäßverschlüsse. In: Herrschaft, H. (Hrsg.), Diagnostik und Therapie der cerebralen Gefäßverschlüsse. Georg Thieme Verlag Stuttgart 1971

–, Methoden intervallspezifischer Quantifizierung und deskriptivstatistischer Weiterverarbeitung von Elektroencephalogrammen. In: Schenk, G. K. (Hrsg.), Die Quantifizierung des Elektroencephalogramms, Beiträge zum Symposium der Arbeitsgemeinschaft für Methodik in der Elektroencephalographie, Jongny sur Vevey, 2.–6. 5. 1973, Konstanz 1973, Ausgabe 1273, 535–549

Prüll, G., Elektroencephalographische Diagnostik und Überwachung auf Intensiv-Station. In: Erbslöh, F. (Hrsg.), Neurologische Intensivmedizin, Steinkopff Verlag Darmstadt 1973

Rabending, G., D. Krell und *U. Abraham,* Amplitudenverteilungen von Elektroencephalogrammen. 2. Nat. Kongr. d. Ges. f. Neuro-Elektrodiagnostik d. DDR, Weimar, 21.–24. 5. 1973, Kurzreferateband S. 50

Rabiner, L. R., and *C. M. Rader* (Eds.), Digital signal processing. IEEE Press, New York 1972

Racotta, R., Eine einfache Kurvenbildquantifizierung in der experimentellen Elektroenzephalographie. Acta biol. med. Germ. *21* (1968) 245–248

Rappelsberger, P., und *H. Petsche,* EEG-Integrator für Langzeitanalysen. Z. EEG-EMG *2* (1971) 181–185

– –, Berechnung von EEG-Spektren mittels autoregressiver Zerlegung von Zeitreihen; Anwendung auf epi- und intrakortikale Ableitungen bei Kaninchen. In: Schenk, G. K. (Hrsg.), Die Quantifizierung des Elektroencephalogramms, Beiträge zum Symposium der Arbeitsgemeinschaft für Methodik in der Elektroencephalographie, Jongny sur Vevey, 2.–6. 5. 1973, Konstanz 1973, Ausgabe 1273, 409–424

– –, Spectral analysis of the EEG by means of autoregression. In: Dolce, G., and H. Künkel (Eds.), CEAN – Computerized EEG analysis; Symposium of Merck'sche Ges. f. Kunst u. Wiss. Kronberg/Taunus, April 8.–10. 1974, Gustav Fischer Verlag, Stuttgart 1975, 27–40

Rechtschaffen, A., and *A. Kales* (Eds.), A manual of standardized terminology, techniques and scoring system for sleep stages of human subjects. U. S. Department of Health, Education and Welfare, Public Health Services – National Institute of Health Bethesda, Maryland 20014 (1968), NIH Publication Nr. 204 US Gov. Print. Off. 1968

Reetz, H., Zur technischen Methodik der EEG-Analyse. Elektromed. Elektronik, Sonderausgabe September 1969

–, EEG-Analyse mit digitaler Intervall- und Amplitudenklassierung. Z. EEG-EMG *2* (1971) 32–36

Reiman, V., M. Korth and *W. D. Keidel,* Correlation analysis of EEG and eye movements in man. Vision res. *14* (1974) 959–963

Rémond, A., An integrating topograph. Electroenceph. clin. Neurophysiol. *8* (1956) 719–720

–, Orientantions et tendances des méthodes topographiques. Rev. neurol. *93* (1955) 399–432

–, Intégration temporelle et spatiale à l'aide d'un même appareil. Rev. neurol., Paris *95* (1956) 585–586

–, The importance of topographic data in EEG-phenomena, and an electrical model to reproduce them. Electroenceph. clin. Neurophysiol. Suppl. *27* (1968) 29–49

–, Comprehensive pattern recognition and quantification of EEG. Electroenceph. clin. Neurophysiol. *34* (1973) 791

–, Handbook of Electroencephalography and Clinical Neurophysiology. (Ed. by A. Rémond.) Elsevier Publishing Company, Amsterdam 1972

–, An EEGer's approach to automatic data processing. In: Dolce, G., and H. Künkel (Eds.), CEAN – Computerized EEG analysis; Symposium of Merck'sche Ges. f. Kunst u. Wiss. Kronberg/Taunus, April 8.–10. 1974, Gustav Fischer Verlag Stuttgart 1975, 128–136

–, et *B. Renault,* La théorie des objects électrographiques. Rev. EEG Neurophysiol. *2* (1972) 241–256

–, *N. Lesévre, J. P. Joseph, H. Rieger* and *G. C. Lairy,* The alpha average. I. Methodology and description. Electroenceph. clin. Neurophysiol. *26* (1969) 245–265

Renault, B., J. F. Baillon, F. Findji and *A. Rémond,* Data processing study of EEG half-waves. Electroenceph. clin. Neurophysiol. *34* (1973) 724

–, *F. Findji, J. F. Baillon* et *A. Rémond,* Perspectives offertes par l'etude statistique du temps occupé par les demi-ondes du signal EEG, pour la qualification et la quantification des états physiologiques et pathologiques. Rev. EEG Neurophysiol. *3* (1973) 310–315

Richter, H. R., Möglichkeiten und Grenzen für den Einsatz von Computern in die Elektroencephalographie. In: Schenk, G. K. (Hrsg.), Die Quantifizierung des Elektroencephalogramms, Beiträge zum Symposium der Arbeitsgemeinschaft für Methodik in der Elektroencephalographie, Jongny sur Vevey, 2.–6. 5. 1973, Konstanz 1973, Ausgabe 1273, 15–17

*Rieger, H.,*und *J. Krieglstein,* Über eine einfache Analysemethode des EEG. Z. EEG-EMG *5* (1974) 123–129

Rivano, C., F. Ferillo, F. M. Puca e *G. Rosadini,* Spettro di potenza dell'EEG durante il sonne nell'uomo. Boll. Soc. ital. biol. sper. *44* (1967) 707–708

Robinson, E. A., Multichannel time series analysis with digital computer programs. Holden-Day, San Francisco 1967

Rodin, E., A system of coding EEG reports for use by electronic computers. Electroenceph. clin. Neurophysiol. *13* (1961) 795

–, *S. Wasson, E. Triana* und *M. Rodin,* Hochfrequenzableitungen: Wert und Grenzen der Methoden. Z. EEG-EMG *4* (1973) 9–16

Roessler, R., F. Collins and *R. Ostman,* A period analysis classification of sleep stages. Electroenceph. clin. Neurophysiol. *29* (1970) 358

Rohracher, H., Über die Kurvenform cerebraler Potentialschwankungen. Pflügers Arch. Physiol. *238* (1937) 535–545

–, Weitere Untersuchungen über die Kurvenform cerebraler Potentialschwankungen. Pflügers Arch. Physiol. *240* (1938) 191–196

Romain, L. F., An electroencephalographic study of flying personnel utilizing nasopharyngeal electrodes. Aerospace Med. *40* (1969) 1385–1387

Romanov, V. D. Eine einfache Anordnung zur automatischen Analyse des Elektroenzephalogramms. Fiziol. Ž. Sechenov, SSSR *54* (1968) 1237–1238 (russ.)

Rosadini, G., Computerized EEG analysis in clinical neurophysiology. In: Dolce, G., and H. Künkel (Eds.), CEAN – Computerized EEG analysis; Symposium of Merck'sche Ges. f. Kunst u. Wiss. Kronberg/Taunus, April 8.–10. 1974, Gustav Fischer Verlag, Stuttgart 1975, 309–323

–, and *F. Ferillo,* Automatic analysis of spontaneous EEG activity in the functional exploration of the human brain. In: Somjen, G. G. (Ed.), Neurophysiology studied in Man. Excerpta Medica, Amsterdam 1972, 453–460

–, *G. F. Rossi* and *G. Turella,* On the organization of electroencephalographic "rhythmus" in the sleeping man. Acta neurol. Lat. Amer. *14* (1968) 200–217

–, *B. Cavazza, F. Ferillo* and *A. Siccardi,* Simultaneous averaging of epileptic discharges in 14 channels: a computer technique. Electroenceph. clin. Neurophysiol. *36* (1974) 541–544

Rosenblith, W. A. (Ed.), Processing neuroelectric data. M. I. T. Press 1962 p. 127, Cambridge, Massachusetts

Roth, J. G., C. H. MacPherson and *V. Milstein,* The use of carbon electrodes for chronic cortical recording. Electroenceph. clin. Neurophysiol. *21* (1966) 611–615

Rovit, R. R., and *P. Gloor,* Temporal lobe epilepsy. A study using multiple basal electrodes. II. Clinical EEG findings. Neurochirurgia (Stuttgart) *3* (1960) 19–34

– –, and *L. R. Henderson,* Temporal lobe epilepsy. A study using multiple basal electrodes. I. Description of method. Neurochirurgia (Stuttgart) *3* (1960) 6–19

Rush, S., and *D. A. Driscoll,* EEG electrode sensitivity – an application of reciprocity. IEEE Trans. Biomed. Engin. BME-16 (1969) 15–22

Ruspini, E. H., A new approach to clustering. Information Control *15* (1969) 22–32

–, Numerical methods for fuzzy clustering. Information Sciences *2* (1970) 319–350

Saier, J., and *H. Regis,* Apport des méthodes d'analyse automatique de l'E. E. G. à l'etude du sommeil de l'enfant. Rev. EEG Neurophysiol. *2* (1972) 427–434

Saltzberg, B., and *N. R. Burch,* A new approach to signal analysis in electroencephalography. Proc. National Electronics Conference *12* (1956) 1027

– –, Period analysis estimates of moments of the power spectrum: a simplified EEG time domain procedure. Electroenceph. clin. Neurophysiol. *30* (1971) 568–570

Saltzberg, B., N. R. Burch, M. A. McLennan and *E. G. Correl,* An new approach to signal analysis in electroencephalography. IRE Trans. Med. Electron. *8* (1957) 24

Samson-Dolfus, D., J. M. Calloud, P. Goldberg et *F. Grémy,* Analyse multidimensionelle des spectres EEG chez des sujets normaux et pathologiques. Rev. EEG Neurophysiol. *2* (1972) 195–197

Sato, K., On general probability function of square amplitudes in electroencephalogram. Folia psychiatr. Jap. *3* (1949) 227–233

–, On the basis of new stochastical approach for quantification of EEG data. Folia psychiatr. Jap. *5* (1952) 198–212

–, On the relationship between the simple practical method for determining the amplitude of the EEG. Tracing and the frequency analysis. Folia psychiatr. Jap. *8* (1954) 232–236

–, A new practical method for obtaining the number of the components in the electroencephalogram. Folia psychiatr. Jap. *9* (1955) 309–313

–, On the linear model of the brain activity in the electroencephalographic potential. Folia Psychiatr. Jap. *17* (1963) 156–166

–, and *K. Nakane,* Note on the general probability function of the alpha wave amplitudes in electroencephalography. Folia psychiatr. Jap. *2* (1948) 44–57

–, *K. Mimura, H. Sata, N. Ochi* and *T. Ishino,* On random fluctuations in EEG and evoked potentials. Jap. J. Physiol. *21* (1970) 167–185

Saunders, M. G., Amplitude probability density studies on alpha-like patterns. Electroenceph. clin. Neurophysiol. *15* (1963) 761–767

Schaeder, J. A., Einfache Prüfmethoden für die Schreibeigenschaften von Elektroencephalographen. Arch. Psychiatr. *183* (1949) 276–292

Schaefer, H., und *W. Trautwein,* Quantitatives zur Theorie lokaler Potentialbegriffe beim Elektroencephalogramm (EEG). Arch. Psychiatr. *183* (1949) 175–188

Scheffé, H., The analysis of variance. John Wiley & Sons. New York 1967

Scheffner, D., Eine einfache Methode zur quantitativen Bestimmung langsamer Frequenzen im EEG von Kindern. Arch. Kinderhk., Stuttgart *177* (1968) 41–48

Schenk, G. K., Iterative Zeitbereichsanalysen biologischer Analogdaten. In: Statistische Methoden in der Medizin. Bericht Nr. 1737/05.17, Technische Akademie Esslingen 1972

–, Vektorielle Zero-crossing-Technik. Z. EEG-EMG *3* (1972) 198

–, (Hrsg.), Die Quantifizierung des Elektroencephalogramms, Beiträge zum Symposium der Arbeitsgemeinschaft für Methodik in der Elektroencephalographie, Jongny sur Vevey 2.–6. 5. 1973, Konstanz 1973, Ausgabe 1273

–, The quantification of EEG by vectorial iteration technique, a simulation method of visual EEG analysis. Electroenceph. clin. Neurophysiol. *34* (1973) 704

–, Die Quantifizierung des EEG mittels vektorieller Iterationstechnik, einer Simulationsmethode der visuellen Analyse. In: Schenk, G. K. (Hrsg.), Die Quantifizierung des Elektroencephalogramms, Beiträge zum Symposium der Arbeitsgemeinschaft für Methodik in der Elektroencephalographie, Jongny sur Vevey, 2.–6. 5. 1973, Konstanz 1973, Ausgabe 1273, 307–343

–, *W. J. J. Houtzager, J. Gutmann, T. Hesse* and *T. Ruegg,* An EDP application concept using a vectorial iteration technique for multichannel EEG analysis. Electroenceph. clin. Neurophysiol. *34* (1973) 708

–, *G. Bomben, J. v. Gathen, J. Gutmann, T. Hesse, W. J. J. Houtzager* und *T. Ruegg,* EDV-Applikationskonzepte zur mehrkanaligen EEG-Analyse mittels vektorieller Iterationstechnik. In: Schenk, G. K. (Hrsg.), Die Quantifizierung des Elektroencephalogramms, Beiträge zum Symposium der Arbeitsgemeinschaft für Methodik in der Elektroencephalographie, Jongny sur Vevey, 2.–6. 5. 1973, Konstanz 1973, Ausgabe 1273, 345–392

Schleich, H., and *O. Simonova,* Parameters of alpha activity during the performance of motor tasks. Electroenceph. clin. Neurophysiol. *31* (1971) 357–363

Schmid, J., Die Bestimmung von Konstitutionstyp und Charakter mit dem Computer. Datenjournal (Vaduz) Folge *19* (1974) 1–22

–, und *G. Campbell,* Mathematik der medizinischen Diagnose. Impuls *5* (1967) 381–392

Schuh, H., und *W. Probst,* Erfassung polygraphischer Daten und deren Reduktion auf einige relevante Parameter (Schlafstudie). In: Schenk, G. K. (Hrsg.), Die Quantifizierung des Elektroencephalogramms, Beiträge zum Symposium der Arbeitsgemeinschaft für Methodik in der Elektroencephalographie, Jongny sur Vevey 2.–6. 5. 1973, Konstanz 1973, Ausgabe 1273, 147–156

Schulte, F. J., and *E. F. Bell,* Bioelectrical development. An atlas of EEG power spectra in infants and young children. Neuropädiatrie *4* (1973) 30–45

Schuy, S., and *G. Palz,* Electroencephalogram frequency analyzer. I.E.S.A. Information *6–7* (1969) 31–43

Schwarzer, F., Elektroencephalographie. Technische Grundlagen des EEG-Gerätes und Verstärker. Archiv für Technisches Messen. R. Oldenbourg, München *258* (1957) 147–150

–, Ein Elektroencephalograph mit hohen Frequenzeigenschaften und geraden Koordinaten; mit einigen Bemerkungen zur Einrichtung von EEG-Apparaturen. Arch. Psychiatr. *183* (1949) 257–275

–, und *H. Reetz,* Technische Auswerthilfen für das EEG. Zbl. ges. Neurol. *180* (1965) 10

– –, Machines for EEG analysis. Electroenceph. clin. Neurophysiol. *20* (1966) 278

Schweisheimer, W., Können elektronische Maschinen die ärztliche Diagnostik erleichtern und verbessern? Hippokrates, Stuttgart *33* (1962) 162–167

Serafini, M., A pattern recognition method applied to EEG analysis. Comput. Biomed. Res. *6* (1973) 187–195

Sergejev, G. A., P. L. Pavlova und *F. A. Romanenko,* Statistische Untersuchungsmethoden des menschlichen Elektroenzephalogramms. Izd. Nauka, Leningrad 1968 (russ.) 12–14

Sferlazzo, R., e *F. Fabiani,* Un porta-elettrodi mobile par derivazoni elettroencefalografiche nel coniglio. Rass. stud. psichiatr., Siena *45* (1956) 1034–1035

Shapiro, D. M., and *M. Fink,* Quantitative analysis of the electroencephalogram by digital computer methods. Psychiatric Research Foundation of Missouri Publication 666-1-, (1966)

Shaw, J. C., On the application of correlation theory to signal analysis. Med. Biol. Eng. *5* (1967) 407–409

–, A method for continuously recording characteristic of EEG topography. Electroenceph. clin. Neurophysiol. *29* (1970) 592–601

–, and *C. Ongley,* The measurement of synchronization In: Petsche, H., and M. A. B. Brazier (Eds.), Synchronization of EEG activity in Epilepsies. Springer Verlag Wien-New York 1972, 204–215

Shore, J. E., On the applications of Haar functions. IEEE Trans. Communic. COM- *21* (1973) 209–216

Siccardi, A., B. Caazvza, T. Ferrillo, B. Gasparetto, G. Rosadini and *W. Sannita,* A computer technique for multichannel analysis of epileptic spikes. In: Schenk, G. K. (Hrsg.), Die Quantifizierung des Elektroencephalogramms, Beiträge zum Symposium der Arbeitsgemeinschaft für Methodik in der Elektroencephalographie, Jongny sur Vevey, 2.–6. 5. 1973, Konstanz 1973, Ausgabe 1273, 393–406

Siebert, W. M., The description of random processes. In: Rosenblith, W. A. (Ed.), Processing neuroelectric data. M.I.T. Press 1962 Cambridge, Massachusetts 66–87

–, Methodik in der Elektroencephalographie, Jongny sur Vevey, 2.–6. 5. 1973, Konstanz 1973, Ausgabe 1273, 483–497

Stephenson, W. A., and *F. A. Gibbs,* A balanced non cephalic reference electrode. Electroenceph. clin. Neurophysiol. *3* (1951) 237–240

Stevens, J. R., B. L. Lonsbury and *S. L. Goel,* Seizure occurence and interspike interval. Telemetred electroencephalogram studies. Arch. Neurol. (Chicago) *26* (1972) 409–419

Stevens, W. L., Distribution of groups in a sequence of alternative. Ann. Eugen. *9* (1939) 10–17

Stigsby, B., T. *Kardel* und *P. Zander-Olsen,* Datenmaschinelle Intervall-Amplituden-Analyse des EEG. Methodik und einige Verwendungen in der klinischen Forschung. 2. Nat. Kongr. d. Ges. f. Neuro-Elektrodiagnostik d. DDR, Weimar 21.–24. 5. 1973, Kurzreferateband S. 37

–, *W. D. Obrist* and *I. A. Sulg,* Automatic data acquisition and period-amplitude analysis of the electroencephalogram. Comput. Programs Biomed *3* (1973) 93–104

Storm van Leeuwen, W., A convenient electrode arrangement for electroencephalographic recording. Electroenceph. clin. Neurophysiol. *3* (1951) 510

–, Remarks on unipolar versus bipolar recording. Electroenceph. clin. Neurophysiol. *10* (1958) 354–355

–, and *A. Kamp,* Radio telemetry of EEG and other biological variables in man and dog. Proc. Roy. Soc., London Med. *62* (1969) 451–453

– –, *M. L. Kok, F. de Quartel* et *A. M. Tielen,* Relations entre les activités électriques cérébrales du chien, son comportement et sa direction d'attention. Actual. neurophysiol. 7ème série (1967) 167–186

Strehl-Marquardt, E., Die Amplitudenverteilung des spontanen Wach-Elektroencephalogramms. Diss. Univ. Zürich 1972

Strian, F., und *G. Dirlich,* Datenerfassung und Versuchssteuerung im Habituationsexperiment. In: Schenk, G. K. (Hrsg.), Die Quantifizierung des Elektroencephalogramms, Beiträge zum Symposium für Methodik der Arbeitsgemeinschaft für Elektroencephalographie, Jongny sur Vevey, 2.–6. 5. 1973, Konstanz 1973, Ausgabe 1273, 393–406

Silverman, A. J., N. R. Burch and *T. H. Greiner,* Clinical and experimental application of a new method of automatic analysis of the EEG. Electroenceph. clin. Neurophysiol. *8* (1956) 157

Silverman, D., T. Sannit, S. Ainspac, R. Bernard and *M. Mellies,* The anterior temporal electrode and the ten-twenty-system. Electroenceph. clin. Neurophysiol. *12* (1960) 735–737

Sklar, B., J. Hanley and *W. W. Simmons,* A computer analysis of EEG spectral signatures from normal and dyslexic children. IEEE Trans. Biomed. Eng. *BME-20* (1973) 20–26

Slepyan, L., (Die Frequenzanalyse von Biopotentialen), Trans. Beritashrili Inst. Physiol. Tbilissi *6* (1945) 403–422 (russ.)

Smith, J., A statistical classification method of the spectral components of the electroencephalogram – applied on the developmental EEG of chick embryos. In: Schenk, G. K. (Hrsg.), Die Quantifizierung des Elektroencephalogramms, Beiträge zum Symposium der Arbeitsmeinschaft für Methodik in der Elektroencephalographie, Jongny sur Vevey, 2.–6. 5. 1973, Konstanz 1973, Ausgabe 1273, 451–471

–, *W. Probst* and *H. Schuh,* A computer analysis of the aperiodic amplitude-interval parameters of the electroencephalogram. EDV in Medizin u. Biologie *1* (1973) 8

Sorel, J., Les montages verticaux en electroencephalographie. Bull. Acad. méd. Belgique *9* (1969) 587–632

Spehr, W., Hjorth's »Quellenableitung« – Klinische Erfahrungen mit einer neuen Ableitetechnik des EEG. 21. Jahrestag. Dtsch. EEG-Ges. Bremen, 22.–25. 9. 76, Z. EEG-EMG *7* (1976) 209–210

Spilberg, E. J., Die harmonische Analyse des menschlichen Elektroenzephalogramms, Fiziol. Ž. SSSR Sechenov *30* (1941) 539–545 (russ.)

Spitzer, R. L., and *J. Endicott,* Can the computer assist clinicals in psychiatric diagnosis? Amer. J. Psychiatr. *131* (1974) 523–530

Spreng, M., In Helligkeitsmodulation gleichzeitig über mehrere Zeitabschnitte dargestellte FFT-EEG-Spektrogramme als Gesamtmuster zur lichtgriffelgestützten Klassifizierung evozierter Potentiale. In: Schenk, G. K. (Hrsg.), Die Quantifizierung des Elektroencephalogramms, Beiträge zum Symposium der Arbeitsgemeinschaft für Methodik in der Elektrtoencephalographie, Jongny sur Vevey, 2.–6. 5. 1973, Konstanz 1973, Ausgabe 1273, 607–617

Sugerman, A. A., L. Goldstein, G. Marjerrison and *N. W. Stoltzfus,* Recent research in EEG amplitude analysis. Dis. Nerv. Syst. *34* (1973) 162–166

Sulg, I. Z., The quantitated EEG as a measure of brain dysfunction. Scand. J. Clin. Lab. Investig. Suppl. 109: *23* (1969)

Tecce, J. J., and *A. F. Mirsky,* A system for off-line computer analysis of EEG-amplitude and frequency. IEEE Trans. Biomed. Engin. *BME-14* (1967) 202–203

Thompson, N. P., and *R. B. Yarbrough,* The shielding of electroencephalographic laboratories. Psychophysiology *4* (1967) 244–248

Timsit-Berthier, M., N. Koninchx, M. Timsit und *M. Mangier,* Die Anwendung elektronischer Rechner in der psychiatrischen Elektroenzephalographie. Z. EEG-EMG *2* (1971) 114–120

Tönnies, J. F., Die unipolare Ableitung elektrischer Spannungen vom menschlichen Gehirn. Naturwiss. *22* (1934) 411–414

–, Die Ableitung bioelektrischer Effekte vom uneröffneten Schädel. Physikalische Behandlung des Problems. J. Psychol., Leipzig *45* (1933) 154–171

–, Differential amplifier. Rev. Sci. Instr., Lancaster *9* (1938) 95–97

–, Automatische EEG-Intervall-Spektralanalyse (EISA) zur Langzeitdarstellung der Schlafperiodik und Narkose. Arch. Psychiatr. *212* (1969) 423–445

–, Die physikalischen Grundlagen des EEG. III. Die Kurvenanalyse des EEG. In: Janzen, R. (Hrsg.), Klinische Elektroenzephalographie. 7. Kongreß der Deutsch. EEG-Gesellschaft, Bad Nauheim 2.–4. Okt. 1958, Springer Verlag Berlin-Göttingen-Heidelberg 1961

–, Recording the EEG spectrum. Electroenceph. clin. Neurophysiol. *23* (1967) 385

Torres, F., An averaging method for determination of temporal relationship between epileptogenic foci. Electroenceph. clin. Neurophysiol. *22* (1967) 270

Torstendahl, S., A computer program for EEG analysis. Technical Report No. 28 Oct. 1969 Telecommunication Theory, Royal Institute of Technology, Stockholm

Trappl, R., Die näherungsweise graphische Darstellung von Isopotentiallinien aus EEG-Mehrkanalregistrierungen mittels EDV-Anlage. Experientia, Basel *26* (1970) 329–331

Ulett, G. A., S. Apkinar and *T. M. Itil,* Quantitative EEG analysis during hypnosis. Electroenceph. clin. Neurophysiol. *33* (1972) 361–368

Ullmann, R., 8 EEG-1. Der neue Achtkanal-Elektroenzephalograf vom VEB Meßgerätewerk Zwönitz, Medizintechnik *5* (1965) 24–27

Umlauf, C. W., A simplified basal electrode for routine EEG use. Science *107* (1948) 121–123

Victor, N., G. Siegerstetter und *Wenninger,* Interaktive Statistikprogramme für einige nicht parametrische Tests. EDV in Medizin und Biologie *2* (1972) 60–62

Vigilione, S. S., Comments on pattern recognition. In: Kellaway, P., and I. Petersén (Eds.), Automation of clinical electroencephalography. Raven Press Publ. New York 1973, 287–294

–, and *W. B. Martin,* Automatic analysis of the EEG for sleep staging. In: Kellaway, P., and I. Petersén (Eds.), Automation of clinical electroencephalography. Raven Press Publ. New York 1973, 269–286

Villoz, J. P., Computeranwendung in der Hirnforschung. Mehrzweckcomputer für »on-line«-Datenanalyse und Prozeßsteuerung. Neue Zürcher Zeitung *211* (1968) 11–12

Voitinsky, E. A., and *V. N. Bondarev,* Study of cerebral electrical activity and oxygen tension in rabbits with experimental encephalitis. Electroenceph. clin. Neurophysiol. *32* (1972) 365–372

Volavka, J., M. Matoušek, St. Feldstein, J. Roubiček, P. Prior, D. F. Scott, V. Březinová und *V. Synek,* Die Zuverlässigkeit der EEG-Beurteilung. Z. EEG-EMG *4* (1973) 123–130

Vos, J. E., EEG spectra and coherence as a function of frequency and time in a 3 D plot. Digest if X. ICMBE, Aug. 13.–17. 1973, Dresden, Vol. I, 364

–, Representation in the frequency domain of non-stationary EEGs. In: Dolce, G., and H. Künkel (Eds.), CEAN – Computerized EEG analysis; Symposium of Merck'sche Ges. f. Kunst u. Wiss. Kronberg/Taunus, April 8.–10. 1974, Gustav Fischer Verlag, Stuttgart 1975, 41–50

Vranceanu, R., Analog computing system for displaying the EEG frequency/voltage ratio. Digest of X. ICMBE, Aug. 13.–17. 1973, Dresden, Vol. I, 120

Vreeland, R. W., C. L. Yeager and *J. Henderson*, A compact six-channel integrated circuit EEG-Telemeter. Electroenceph. clin. Neurophysiol. 30 (1971) 240–245

Walker, A. M., On the estimation of a harmonic component in a time series with stationary dependent residuals. Techn. Report. No. 50, Nov. 1970, Stanford Univ. Calif. Biometrika 58 (1971) 21

Wallis, W. A., and *G. H. Morre*, A significance test for time series analysis. J. Amer. Statist. Assoc. 36 (1941) 401–409

Walter, D. O., Spectral analysis for electroencephalogram: mathematical determination of neurophysiological relationship from records of limited duration. Exp. Neurol., New York 8 (1963) 155–181

–, The method of complex demodulation. Electroenceph. clin. Neurophysiol. Suppl. 27 (1968) 53–57

–, On units and dimensions for reporting spectral intensities. Electroenceph. clin. Neurophysiol. 24 (1968) 486–487

–, Digital processing of bioelectrical phenomena. In: Handbook Electroencephalogr. clin. Neurophysiol. (Ed. by A. Rémond) Vol. 4B, Elsevier, Amsterdam 1972

–, Two classes of feature-extracting processes. In: Kellaway, P., and I. Petersén (Eds.), Automation of clinical electroencephalography. Raven Press Publ. New York 1973, 295–300

–, Semi-automatic quantification of sharpness of EEG phenomena. IEEE Trans. Biomed. Eng. BME-20/1 (1973)

–, Statistical evaluation of background activity. Electroenceph. clin. Neurophysiol. 38 (1975) 558–559

–, Two methods of fitting spectra for Rosadinis comparisons. In: Dolce, G., and H. Künkel (Eds.), CEAN – Computerized EEG analysis; Symposium of Merck'sche Ges. f. Kunst u. Wiss. Kronberg/Taunus, April 8.–10. 1974, Gustav Fischer Verlag, Stuttgart 1975, 324–326

–, and *W. R. Adey*, Analysis of brain-wave generators as multiple statistical time series. IEEE Trans. Biomed. Eng. BME-12 (1965) 8–13

– –, Linear and nonlinear mechanisms of brain wave generation. Ann. N. Y. Acad. Sc. 128 (1966) 481–501 and 772–780

–, and *M. A. B. Brazier* (Eds.), Advances in EEG analysis. Electroenceph. clin. Neurophysiol. Suppl. 27 (1968)

–, *H. F. Müller* and *R. M. Jell*, Semiautomatic quantification of sharpness of EEG phenomena. IEEE Trans. Biomed. Eng. BME-20 (1973) 53–55

–, *J. M. Rhodes* and *W. R. Adey*, Discriminating among states of consciousness by EEG measurements. A study of four subjects. Electroenceph. clin. Neurophysiol. 22 (1967) 22–29

– –, *D. Brown* and *W. R. Adey*, Comprehensive spectral analysis of human EEG generators in posterior cerebral regions. Electroenceph. clin. Neurophysiol. 20 (1966) 224–237

–, *R. T. Kado, J. M. Rhodes* and *W. R. Adey*, EEG baselines in astronaut candidates estimated by computation and pattern recognition techniques. Aerospace Med. 38 (19 7) 371–379

Walter, R. D., and *C. L. Yeager*, Visual imagery and electroencephalographic changes. Electroenceph. clin. Neurophysiol. 8 (1956) 193–199

Walter, W. G., The technique and application of electroencephalography. J. Neurol., London 1 (1938) 359–385

–, An automatic low frequency analyser. Electronic Engng. 14 (1943) 236–241

–, Normal rhythms – their development, distribution and significance in electroencephalography. – Technique – Interpretation. In: Hill, D., and G. Parr (Eds.), Electroencephalography, MacDonald, London 1950, 2nd ed. 1963, 65–98

–, Telemetry of electrophysiological data in human subjects. Proc. Roy. Soc. Med., London 62 (1969) 449–450

Weber, E., Grundriß der biologischen Statistik. VEB Gustav Fischer Verlag Jena, 5. Aufl. 1964

Weinberg, H., and *R. Cooper*, The use of correlation analysis for pattern recognition. Nature 238 (1972) 292

Weinberg, H., and *R. Cooper*, The recognition index: a pattern recognition technique for noising signals. Electroenceph. clin. Neurophysiol. 33 (1972) 608–613

Weinland, W. L., Eine neue Kopfhaube zur Ableitung des Elektrencephalogramms. Arch. Psychiatr. 182 (1949) 450–451

Weiss, S. M., Non-Gaussian properties of the EEG during sleep. Electroenceph. clin. Neurophysiol. 34 (1973) 200–202

Welch, P. D., The use of fast Fourier transform for the estimation of power spectra: a method based on time averaging over short, modified periodograms. IEEE Trans. Aud. Electroac. AU-15 (1967) 70–73

Wennberg, A., and *A. Isaksson*, Spectral parameter analysis (SPA) of EEG – the method and its clinical application. Electroenceph. clin. Neurophysiol. 38 (1975) 210

–, and *L. H. Zetterberg*, Application of a computer-based model for EEG analysis. Electroenceph. clin. Neurophysiol. 31 (1971) 457–468

Werner, J., and *R. Jahn*, Computer analysis of bioelectrica activity. Biomed. Comput. 5 (1974) 87–105

Westbrook, R. M., and *J. J. Zuccard*, EEG sensing and transmitting system contained in a flight helmet. Aerospace Med. 40 (1969) 392–396

Whittle, P., The simultaneous estimation of a time series, harmonic components and covariance structure. Trab. Estad. 3 (1952) 43–57

Wiener, N., The extrapolation, interpolation and smoothing of stationary time series with engineering applications. John Wiley & Sons, New York 1949

–, Discussion in EEG techniques. Electroenceph. clin. Neurophysiol. 4 (1953) 41–44

–, Brain waves. In: Cybernetics Cambridge, Mass.: M.I.T. Press 1961, 181–203

Wiesendanger, M., Computeranwendung in der Hirnforschung. Spezialcomputer im »on-line«-Einsatz für einfache Mittelungsverfahren. Neue Zürcher Zeitung 211 (1968) 9–10

Wilcock, A. H., and *R. L. G. Kirsner*, A digital filter for biological data. Med. Biol. Eng. 7 (1969) 653–660

Wilhelmy, H. J., Telemetrie. Elektronika (München) 2 (1973) 37–40

Wilkins, B. R., and *B. G. Batchelor*, Proceedings of I.F.A.C. Conference on Technical and Biological Problems of Control. Instrument Society of America 1970

Winiker, M., Statistik in der Medizin (6 Beiträge). medicamentum (Berlin) 14 (1973) 218–220, 251–253, 279–282, 313–316, 340–343, 378–381

Wirth, D., B. Kasprzak, D. Seege, B. Jarumsbeck, H. Haase, F. Korn, G. Pönisch und *K. Killus*, Beitrag zur Nutzung imitierter Höhen in der Luftfahrtmedizin. Verk. Med. 22 (1975) 63–95

Wyke, B. D., Studies in neurosurgical electroencephalography. I. Standard electrode placement. J. Neurosurg., Springfield 8 (1951) 289–294

Zablow, L., and *E. S. Goldensohn*, A comparison between scalp and needle electrodes for the EEG. Electroenceph. clin. Neurophysiol. 26 (1969) 530–533

Zempleni, F., and *B. Hajdu*, Method and system for quasi-objective EEG examinations. Digest of X. ICMBE, Dresden 1973, Vol. I, 123

Zetterberg, L. H., Analysis of a large sample procedure for estimating parameters in a linear difference equation. Technical Report. No. 26, Aug. 1969, Telecommunication Theory, Royal Institute of Technology, Stockholm

–, Means and methods for processing of physiological signals with emphasis on EEG analysis. Technical Report No. 84, September 1974, Telecommunication Theory, Royal Institute of Technology, Stockholm

–, Estimation of parameters for linear difference equation with application to EEG analysis. Math. Biosci. 5 (1969) 227–275

–, Experience with analysis and simulation of EEG signals with parametric description of spectra. In: Kellaway, P., and I. Petersén (Eds.), Automation of clinical electroencephalography. Raven Press Publ. New York 1973, 161–201

Zetterberg, L. H., Spike detection by computer and by analog equipment. In: Kellaway, P., and I. Petersén (Eds.), Automation of clinical electroencephalography. Raven Press Publ. New York 1973, 227–234

–, and *K. Ahlin*, Engineering aspects of EEG computer analysis. Technical Report No. 49 March 1972, Telecommunication Theory, Royal Institute of Technology, Stockholm

– –, An analogue simulator of EEG signals based on spectral components. Technical Report No. 63 1973, Telecommunication Theory, Royal Institute of Technology, Stockholm

Zhirmunskaya, E. A., and *V. K. Maslov*, Some non-standard methods of mathematical analysis of human EEG. Electroenceph. clin. Neurophysiol. 34 (1973) 738

Zwetzig, J. R., R. T. Kado, J. Hanley and *W. R. Adey*, The design and use of an FM/AM radiotelemetry system for multichannel recording of biological data. IEEE Trans. Biomed. Eng. BME-14 (1967) 230–238

3.8 Probleme der Befunddokumentation

Bochnik, H. J., St. Mentzos und *W. Rasch*, Lochkarten als Mittel klinischer Forschung. I. Elektroenzephalographie. Med. Dokum. 4 (1960) 80–85

– –, Direktverschlüsselung von EEG-Befunden für maschinelle Datenverarbeitung. Method. Inform. Med. 3 (1964) 64–67

Bock, H. E., Diagnostik-Informationssystem. Springer-Verlag, Berlin, Heidelberg, New York (1970)

Bormann, J., Ch. Pflug und *A. Pflug*, Elektronische Datenverarbeitung, Teil 3. Verlag Die Wirtschaft, Berlin 1971

Buchmüller, K., Automatische Meßwertverarbeitung in der Medizin. Rechentechnik/Datenverarbeitung, 1. Beiheft (1971) 42–53

Bürger, E., und *G. Wittmar*, Was ist – was soll Datenverarbeitung? Urania-Verlag, Leipzig-Jena-Berlin 1969

Daute, K.-H., und *E. Klust*, Dokumentation mit hierarchisch gegliederten Sichtlochkarten am Beispiel des EEG. Pädiatrie 9 (1970) 283–293

Doose, H., und *D. Scheffner*, Maschinelle Dokumentation von klinischen und Verlaufsbeobachtungen in einer Anfallsambulanz. Method. Inform. Med. 1 (1962) 62–64

–, *H. Helmchen, K. Ketz, H. Künkel, A. Mattes, G. Oberhoffer, H. Penin, F. Rabe* und *D. Scheffner*, Befunddokumentation bei der klinischen Prüfung von Antiepileptika mit optischen Markierungslese-Verfahren. Arzneimittel-Forsch., Aulendorf 17 (1967) 85–93

Ehlers, C. T., Direkte maschinelle Erfassung von Krankenblattdaten. Method. Inform. Med. 6 (1967) 108–119

Elsner, J., G. Heidel, P. Helth, G. Penzel, W. Schmincke, N. Schulz, R. Straube, D. Tölle und *J. Volke*, EDV in der Gesundheitseinrichtung. Verlag Theodor Steinkopf, Dresden 1974

Fuchs, G., Medizinische Dokumentation und elektronische Datenverarbeitung in einem Universitätsklinikum (Planungen – Erfahrungen – Vorschläge). 1. Mitteilung: Grundsätzliches zur EDV-Einsatzplanung, Method. Inform. Med. 9 (1970) 81–87

Grabner, H., und *H. Neumann*, Die Anwendung von Markierungsleserbelegen zur Dokumentation medizinischer Sachverhalte mittels universeller Verarbeitungsprogramme. Method. Inform. Med. 8 (1969) 141–148

Griesser, G., Ärztliche Tätigkeit und elektronische Datenverarbeitung. In: Computer: Werkzeug der Medizin, Kolloquium (1968) Esbach, Springer Verlag Berlin, Heidelberg, New York (1970)

Grosser, V., Die prognostische Bedeutung der elektronischen Datenverarbeitung für das Gesundheitswesen der DDR. Dtsch. Ges.wesen 23 (1968) 845

Haas, R., und *G. Landschützer*, Das Power-Spektrum als eine Methode der EEG-Dokumentation und raschen Information für den Kliniker. Herbsttag. Österreich. EEG-Ges. Salzburg, 29. 11. 75, Z. EEG-EMG 8 (1977) 53

Handlochkartentechnik. Informationsschrift des VEB Kombinat Robotron – Organisationsmittelverlag, Berlin 1969

Hansen, G., und *H. Vetterlein*, Ärztliches Handeln – Rechtliche Pflichten in der Deutschen Demokratischen Republik. VEB Georg Thieme Verlag Leipzig 5. Aufl. (1973)

Heiss, W. D., K. Gloning, P. Prosenz und *H. Tschabitscher*, Dokumentation und Auswertungsmöglichkeiten des neurologischen Status durch ein elektronisches Datenverarbeitungssystem. Wien. klin. Wschr. 80 (1968) 842–846

Helmchen, H., H. Künkel, G. Oberhoffer und *H. Penin*, EEG-Befund-Dokumentation mit optischem Markierungsleser, Nervenarzt, Berlin 39 (1968) 408–413

Hendrickson, L., and *J. Meyers*, Some sources and potential consequences of errors in medical data recording. Method. Inform. Med. 12 (1973) 38–45

Herrmann, G., und *H. Seidel*, Integrierte Systeme der automatischen Informationsverarbeitung, Rechentechnik/Datenverarbeitung 6 (1969) H. 8 6–13

Integrierte Systeme der elektronischen Datenverarbeitung im Krankenhauswesen. Informationsbericht über den III. EDV-Lehrgang an der Medizinischen Akademie »Carl Gustav Carus« Dresden, Dresden 1970

Keune, H. G., Rechtliche Regelungen zur Aufbewahrung medizinischer Dokumentation. Zschr. ärztl. Fortbild. 61 (1967) 1198–1203

–, Beantwortung einer Frage zur Aufbewahrungsfrist von Krankendokumenten. Dtsch. Ges.wesen 24 (1969) 525–526

Köhler, W., Über einige Wege medizinischer Befunddokumentation. Dtsch. Ges.wesen 19 (1964) 527–535

Köhler, M., und *P. Seifert*, Nebenbeiaufbereitung von Informationsträgern für EDV-Systeme – ein aktuelles Datenerfassungsproblem, Rechentechnik/Datenverarbeitung 4 (1967) 36–41

Koller, S., Dokumentation im Krankenhaus. Krk.hs.arzt Wiss. Rechf. Wirtsch. 42 (1969) 220–221

Kühlewind, S., und *K. Schwedler*, Fachkunde für Datenarbeiter: Datenträger. 4. Aufl., Verlag Die Wirtschaft, Berlin 1968

Martini, P., G. Oberhoffer und *E. Welte*, Methodenlehre der therapeutisch-klinischen Forschung. Springer-Verlag, Berlin, Heidelberg, New York 1968

Michel, J., und *K. Buchmüller*, Automatische Meßwertverarbeitung in der Medizin. Rechentechnik/Datenverarbeitung 1. Beiheft 1971, S. 42–53

Migai, M. A., Punched cards for EEG records. Ž. nevropat. psichiatr., Moskva 67 (1967) 849–852 (russ.)

Niethardt, P., P. Pocklington und *F. Strauch*, EEG-Befunddokumentation für Sichtgeräteeingabe. 20. Jahrestag. Dtsch. EEG-Ges. Münster, 29. 9.–3. 10. 75, Z. EEG-EMG 6 (1975) 204

Nitschkoff, St., und *M. Grabow*, EDV-Einsatz in der medizinischen Forschung und Praxis. VEB Verlag Volk und Gesundheit, Berlin 1974

Oberhoffer, G., Prinzipien und Methoden der klinischen Befunddokumentation unter besonderer Berücksichtigung des Markierungslese-Verfahrens. Elektromed.-Med. Elektronik 12 (1967) 165–170

Penin, H., H. Helmchen, K. Jacobitz, S. Kanowski, H. Künkel und *K. Zenker*, Anwendung einer EEG-Befund-Dokumentation auf wissenschaftliche Fragestellungen. Z. EEG-EMG 3 (1972) 6–15

Penzel, G., und *R. Straube*, Probleme und Aspekte der Gestaltung integrierter Systeme der EDV in Gesundheitseinrichtungen. Rechentechnik/Datenverarbeitung 1. Beiheft 1971, S. 10–16

Pirtkien, R., Computereinsatz in der Medizin. Georg Thieme Verlag, Stuttgart 1971

Reinecke, P., und *H. Trenkel*, Automatische Zeichenerkennung – Technische Grundlagen. Reihe Automatisierungstechnik Bd. 104, VEB Verlag Technik, Berlin 1970

Reissmann, H. C., Bedeutung und Methoden der datenverarbeitungsgerechten Erfassung und Aufbereitung meßbarer biomedizinischer Funktionsgrößen. Dtsch. Ges.wesen 27 (1972) 152–157

Reissner, J., Einführung in die medizinische Dokumentation. Akademie-Verlagsgesellschaft, Frankfurt/M. 1967

Literatur

Scharfetter, G., Das AMP-System. Manual zur Dokumentation psychiatrischer Befunde. Hrsg. v. der Arbeitsgemeinschaft für Methodik und Dokumentation in der Psychiatrie (AMP), Springer-Verlag, Berlin, Heidelberg, New York, 2. Aufl. 1972

Schmidt, K., Medizinische Dokumentation und elektronische Datenverarbeitung in einem Universitätsklinikum (Planungen – Erfahrungen – Vorschläge). 2. Mitteilung: Die elektronische Verarbeitung ausgewählter medizinisch-relevanter Patientendaten (Basisdokumentation). Method. Inform. Med. *9* (1970) 161–166

Schneider, W., Zu einigen Problemen der Entwicklung der Medizinalstatistik in der DDR unter Berücksichtigung der Erfahrungen der Hauptstadt der DDR. Berlin, Dtsch. Ges.-wesen *20* (1965) 1252–1257

–, Probleme und Aspekte der Anwendung der elektronischen Datenverarbeitung in der Medizin und im Gesundheitswesen für die nächsten Jahre. Rechentechnik/Datenverarbeitung 1. Beiheft 1971, S. 2–9

Thurmayr, R., und *H. Ulrich,* Formatierung und Standardisierung des Operationsberichtes. EDV in Medizin u. Biologie *4* (1972) 108–115

Tölle, D., und *N. Schulz,* Medizinische Befunddokumentation und Dateisysteme, Rechentechnik/Datenverarbeitung 1. Beiheft 1971, S. 23–28

Trzopek, H.-G., Probleme und Tendenzen der EEG-Befunddokumentation. Dtsch. Ges.wesen *29* (1974) 417–423

–, *H. Kammel, H.-G. Kunze, H.-J. Laux, D. Müller, G. Sack, G. Schmidt* und *I. Schütze,* EDV-gerechte Formulare für die EEG-Anmeldung und den EEG-Befund. Dtsch. Ges.wesen *30* (1975) 1477–1485

Wersig, G., Medizinische Dokumentation und elektronische Datenverarbeitung in einem Universitätsklinikum (Planungen – Erfahrungen – Vorschläge). 3. Mitteilung: Informationsfluß und Formularwesen. Method. Inform. Med. *9* (1970) 166–171

Wick, D. P., Die Dokumentation von Krankengeschichten unter Verwendung elektronischer Datenverarbeitungsanlagen. Elektromed.-Med. Elektronik *12* (1967) 224–232

Wunderlich, P., und *S. Barthel,* Gestaltung medizinischer Belege unter dem Gesichtspunkt der rationellen Bearbeitung. Rechentechnik/Datenverarbeitung, 1. Beiheft 1971, S. 16–23

4. Die Graphoelemente im Eeg und ihre Nomenklatur

Aird, R. B., and *M. Shimizu,* Neuropathological correlates of low-voltage EEG foci. Arch. Neurol. Psychiatr., Chicago *22* (1970) 75–80

Amler, G., Zur Frage des pathologischen Beta-Rhythmus. Psychiat. et Neurol. (Basel) *139* (1960) 397–405

Anonym, Alpha rhythm of the encephalogram. An editorial. Lancet, London *1* (1970) 982–984

Andersen, P., and *S. A. Andersson,* Physiological basis of the alpha rhythm. Appleton-Century-Crofts, New York 1968

Arfel, G., und *G. Larette,* Steile Wellen über der hinteren Schädelregion (PPM) im Schlaf und Lambda-Wellen. Z. EEG-EMG *3* (1972) 126–134

Barlow, J. S., and *T. Estrin,* Comparative phase characteristics of induced and intrinsic alpha activity. Electroenceph. clin. Neurophysiol. *30* (1971) 1–9

Bauer, G., Über periodische Komplexe im EEG. Jahrestagung der Österreichischen EEG-Ges. Wien, 24. 11. 73. Z. EEG-EMG *5* (1974) 134

–, und *R. Pieper,* Über periodische Komplexe im EEG. Z. EEG-EMG *5* (1974) 75–86

Baumann, R., Ergebnisse über die Größenordnung schneller Abläufe elektrobiologischer Hirnpotentiale im »passiven« und »aktiven« EEG mit einem Präzisions-Elektrodenstrahloszillographen. Acta biol. med. Germ. *2* (1959) 534–553

Beek, H., Age and the central rhythm "en arceau". Electroenceph. clin. Neurophysiol. *10* (1958) 356

Benoit, J. P., J. F. Baillon, F. Findji, B. Renault et *A. Rémond,* Une méthode informatique de traitement de l'electroencephalogramme visant à reconnaitre et à quantifier les différents paramètres des graphoéléments usuels des électroencéphalographistes. In: Schenk, G. K. (Hrsg.), Beiträge zum Symposium »Die Quantifizierung des Elektroencephalogramms«. Jongny sur Vevey 2.-6. 5. 73, Konstanz 1973, Ausgabe 1273, 281–291

Blum, R. H., A note on the rentability of electroencephalographic judgments. Neurology (Minneapolis) *4* (1954) 413–416

Bochnik, H. S., S. Mentzos und *W. Rasch,* Langsame und schnelle Alphawellen im klinischen EEG. In: Jenenser EEG-Symposium 17.–19. Oktober 1959: 30 Jahre Elektroenzephalographie. Hrsg. v. R. Werner, S. 215–222. VEB Verlag Volk und Gesundheit, Berlin 1963

Brazier, M. A. B., W. A. Cobb, H. Fischgold, P. Gloor, R. Hess, H. H. Jasper, C. Loeb, O. Magnus, G. Pampligione, A. Rémond, W. Storm van Leeuwen and *W. G. Walter,* Preliminary proposal for an EEG terminology by the terminology committee of the International Federation for Electroencephalography and Clinical Neurophysiology. Electroenceph. clin. Neurophysiol. *13* (1961) 646–650

Brücke, F. T., Über die Natur des sogenannten Theta-Rhythmus im Hippocampus. Arzneimittel-Forsch., Aulendorf *10* (1960) 327–330

Bushart, W., Spitzenpotentiale und Spitzen-Wellengruppen ohne klinisch bekannte epileptische Reaktionen. Zbl. ges. Neurol. *161* (1961) 14–15

Castellotti, V., A. Cernibori e *E. Pittaluga,* Osservazzioni sul quadro elettrocefalografico delle punte positive a 6–14c/sec. Sistema nerv. *18* (1966) 82–99

Childers, D. G., and *N. W. Perry,* Alpha-like activity in vision. Brain Res. *25* (1971) 1–20

Cigánek, L., Zur Frage der Nomenklatur und physiologischen Bedeutung der elektrischen Aktivität des Zentralgebietes. In: Jenenser EEG-Symposion 17.–19. Oktober 1959: 30 Jahre Elektroenzephalographie. Hrsg. v. R. Werner. S. 113–121. VEB Verlag Volk und Gesundheit, Berlin 1963

Clark, E. C., and *J. R. Knott,* Paroxysmal wave and spike activity and diagnostic subclassification. Electroenceph. clin. Neurophysiol. *7* (1955) 161–164

Cobb, W. A., The significance of rhythmic slow activity. Adv. Course of EEG, Marseille 1961

–, Rhythmic slow discharges in the electroencephalogram. J. Neurol., London *8* (1945) 65–78

–, and *G. Müller,* Parietal focal theta rhythm. Electroenceph. clin. Neurophysiol. *6* (1954) 455–460

–, *N. Gordon, C. Matthews* and *E. A. Nieman,* The occipital delta rhythm in petit mal. Electroenceph. clin. Neurophysiol. *13* (1961) 142–143

Cohn, R., Spike dome complex in the human electroencephalogram. Arch. Neurol. Psychiatr., Chicago *71* (1954) 699–706

–, Recordings of paroxysmal disorders in man. Electroenceph. clin. Neurophysiol. *17* (1964) 17–24

Cooper, R., und *A. C. Mundy-Castle,* Spatial and temporal characteristics of the alpha rhythm: A toposcopic analysis. Electroenceph. clin. Neurophysiol. *12* (1960) 135–165

Cordeau, J. P., Monorhythmic frontal delta activity in the human electroencephalogram: A study of 100 cases. Electroenceph. clin. Neurophysiol. *11* (1959) 733–746

Daute, K. H., Über das Vorkommen von Beta-Wellen im EEG des Kindes. In: Jenenser EEG-Symposion 17.–19. Oktober 1959; 30 Jahre Elektroenzephalographie. Hrsg. v. R. Werner, S. 209–214. VEB Verlag Volk und Gesundheit, Berlin 1963

Dewan, E. M., Occipital alpha rhythm, eye position and lens accomodation. Nature *214* (1967) 975–977

Dondey, M., EEG terminology and semantics. Electroenceph. clin. Neurophysiol. *13* (1961) 612–619

–, et *J. Gaches,* Remarques à propos de la terminologie EEG. Rev. neurol., Paris *102* (1960) 359

Duensing, F., Die Alphawellenaktivierung als Herdsymptom im Elektrencephalogramm. Nervenarzt, Berlin *19* (1948) 544–552

Dumermuth, G., P. J. Huber, B. Kleiner und *T. Gasser,* Analysis of the interrelations between frequency bands of the EEG by means of the bispectrum. A preliminary study. Electroenceph. clin. Neurophysiol. *31* (1971) 137–148

Ebbecke, U., Spontane Erregungsschwankungen des Sehfeldes und elektrophysiologische Schwankungen (Alpha-Wellen). Pflügers Arch. Physiol. *250* (1948) 421–430

Evans, C. C., Spontaneous excitation of the visual cortex and association areas. Lambda waves. Electroenceph. clin. Neurophysiol. *5* (1953) 69–74

Faure, J., et P. Loiseau, Une corrélation clinique particuliére des pointes-ondes rolandiques sans signification focale. Rev. neurol., Paris *102* (1960) 399–406

Fenwick, P. C. B., and S. Walker, The effect of eye position on the alpha rhythm. In: Attention in Neurophysiology, ed. by C. R. Evans and T. B. Mulholland, Butterworths, London 1969, 128–141

Friedlander, W. J., Clinical evaluation of focal depression of voltage in electroencephalography. Neurology (Minneapolis) *4* (1954) 752–761

Garneski, T. M., and J. R. Green, Recording the fourteen and six per second spike phenomenon. Electroenceph. clin. Neurophysiol. *8* (1956) 501–505

Garvin, J. S., and E. L. Gibbs, Focal frontal slow activity with physiological reversal of electrical sign in the occipital areas. Clin. Electroencephalogr. *2* (1971) 218–223

Gastaut, H., H. Terzian et Y. Gastaut, Étude d'une activité électroencéphalographique méconnue: »le rhythme rolandique en arceau«. Marseille méd. *6* (1952) 1–16

Gavrilova, N. A., Vergleich der räumlichen Synchronisation der Hirnpotentiale bei Gesunden und Schizophrenen. Ž. nevropat. psichiatr., Moskva *70* (1970) 1198–1207 (russ.)

Gerken, H., H. Doose, G. Koenig und E. Völzke, Okzipitale Delta-Rhythmen im kindlichen EEG und ihre Beziehungen zur 4/sec. Grundrhythmus-Variante des Erwachsenen. 21. Jahrest. Dtsch. EEG-Ges. Bremen, 22.–25. 9. 76, Z. EEG-EMG *7* (1976) 205

Gibbs, F. A., Elektrencephalogramm und Klinik. Der gegenwärtige Stand der klinischen Elektrencephalographie. Arch. Psychiat. Nervenkr. *183* (1949) 2–11

–, and E. L. Gibbs, Fourteen and six per second positive spikes. Electroenceph. clin. Neurophysiol. *15* (1963) 553–558

Goldstein, S., Phase-coherence of the alpha rhythm during photic blocking. Electroenceph. clin. Neurophysiol. *29* (1970) 127–136

Grünewald, G., C. Wita, E. Grünewald-Zuberbier und H. Knapp, Amplituden-Kovariation der EEG-Rhythmen unter verschiedenen funktionellen Bedingungen. Arch. Psychiatr. *216* (1972) 31–43

Grünthal, E., und M. Remy, Zur Frage nach dem Wesen und der Bedeutung des menschlichen Alpha-Rhythmus im EEG. Mschr. Psychiatr. *122* (1951) 319–324

Gutman, A., und V. Miliukas, Delta-wave as the sum of extracellular potentials of pyramidal neurones. Theoretical estimation of amplitude. Ž. Vysok. Nerv. Dejat. Pavlov *19* (1969) 671–679 (russ.)

Haas, J., Probleme der Erkennung von epileptischen Mustern im Schlaf-EEG. 20. Jahrestag. Dtsch. EEG-Ges. Münster, 29. 9. bis 3. 10. 75. Z. EEG-EMG *6* (1975) 199

Heintel, H., Fokale ß-Verminderung. Z. EEG-EMG *5* (1974) 230–232

–, Die 4/sec.-Grundrhythmusvariante. Z. EEG-EMG *6* (1975) 82–87

Hippius, H. A., L. Rosenkötter und H. Selbach, Untersuchungen zur Verlaufsdynamik corticaler Krampfpotentiale. Arch. Psychiatr. *196* (1957) 379–401

Hughes, J. R., M. J. Curtin and V. P. Brown, The 14 and 7 per second positive spikes, a reappraisal following a frequency count. Electroenceph. clin. Neurophysiol. *12* (1960) 495–496

–, D. Gianturco and W. Stein, Electro-clinical correlations in the positive spike phenomenon. Electroenceph. clin. Neurophysiol. *13* (1961) 599–605

Inanaga, K., and H. Sugano, An idea on alpha-rhythm. Kyushu Mem. Med. Sci. *3* (1953) 199–200

Jaffe, R., and A. H. Weiss, The significance on unilateral alpha-range bursts in the EEG. Acta psychiat. neurol. scand. *42* (1966) 257–267

Jaffe, R., and L. Jacobs, The beta focus: it's nature and significance. Acta psychiat. neurol. scand. *48* (1972) 191–203

Janzen, R. (Ed.), Klinische Elektroencephalographie. Springer-Verlag, Berlin-Göttingen-Heidelberg 1961

Jasper, H. H., and C. Shagass, Conscious time judgments related to conditioned time intervals and voluntary control of the alpha rhythm. J. Exper. Psychol. *28* (1941) 503–508

Johnson, S. C., Hierarchical clustering schemas. Psychometrika *32* (1967) 241–254

Jung, R., Die praktische Anwendung des Elektrencephalogramms in Neurologie und Psychiatrie Ein Überblick über 12 Jahre EEG und Klinik. Med. Klin. *45* (1950) 257–266 und 289–295

–, Neurophysiologische Untersuchungsmethoden. II. Das Elektrencephalogramm (EEG). In: Hb. d. Inneren Med., 4. Aufl., Bd. V/1, 1228–1231. Springer-Verlag, Berlin-Göttingen-Heidelberg 1953

Kamp, A., C. F. M. Schrijer and W. Storm van Leeuwen, Occurence of "beta bursts" in human frontal cortex related to psychological parameters. Electroenceph. clin. Neurophysiol. *33* (1972) 257–267

Kennedy, J. L., R. M. Gottsdanker, J. C. Armington and F. E. Gray, The kappa rhythm and problem solving behavior. Electroenceph. clin. Neurophysiol. *1* (1949) 516

Kibbler, G. O., J. L. Boreham and D. Richter, Relation of the alpha rhythm of the brain to psychomotor phenomena. Nature *164* (1949) 371

Kocher, R., und G. Scollo-Lavizzari, Miniatur-Spike-Wave: Elektroenzephalographisches Korrelat in der Abstinenzphase bei Medikamentenabhängigkeit? Gemeins. Herbsttagung Österreich. und Schweiz. EEG-Ges., Salzburg 18.–19. 10. 75, Z. EEG-EMG *7* (1976) 51

Kornmüller, A. E., Die Grundphänomene des EEG's, ihre Analyse und ihre Bewertung. In: Klinische Physiologie, herausgegeben von W. A. Müller, Bd. 1, S. 27–43, Georg Thieme Verlag, Stuttgart 1960

Kugler, J., Indexwerte bestimmter Grapho-Elemente im Hypnogramm. In: Schenk, G. K. (Hrsg.), Beiträge zum Symposium »Die Quantifizierung des Elektroencephalogramms«. Jongny sur Vevey, 2.–6. 5. 73, Konstanz 1973, Ausgabe 1273, 135–136

–, Lambda-Wellen und Rho-Wellen des EEG. 19. Jahrest. Dtsch. EEG-Ges. Göttingen, 4.–6. 9. 74. Z. EEG-EMG *6* (1975) 47

Kuhlo, W., H. Heintel and F. Vogel, The 4–5 c/sec. rhythm. Electroenceph. clin. Neurophysiol. *26* (1969) 613–618

Lehmann, D., Multichannel topography of human alpha EEG fields. Electroenceph. clin. Neurophysiol. *31* (1971) 439–449

–, Multikanal-EEG-Felduntersuchungen: Phasendifferenzen konventioneller EEG-Wellen. In: Schenk, G. K. (Hrsg.), Beiträge zum Symposium »Die Quantifizierung des Elektroencephalogramms«. Jongny sur Vevey, 2.–6. 5. 73, Konstanz 1973, Ausgabe 1273, 157–165

Lehtonen, B., and I. Lehtinen, Alpha rhythm and uniform visual field in man. Electroenceph. clin. Neurophysiol. *32* (1972) 139–147

Leissner, P., L.-E. Lindholm und I. Petersén, Alpha amplitude dependence on skull thickness as measured by ultrasound technique. Electroenceph. clin. Neurophysiol. *29* (1970) 392–399

Lemere, F., The significance of individual differences in the Berger rhythm. Brain *59* (1936) 366–375

–, Berger's alpha-rhythm in organic lesions of the brain. Brain, London *60* (1937) 118–125

Lennox, M. A., and B. S. Brody, Paroxysmal slow waves in the electroencephalograms of patients with epilepsy and with subcortical lesions. J. Nerv. Ment. Dis. *104* (1946) 237–248

Levy, J. C., Model explicatif des ondes électro-encéphalographiques du type alpha et theta. Compt. rend. Acad. sc., Paris *270* (1970) 859–861

Lindsley, D. B., Electrical potentials of the brain in children and adults. J. Gen. Psychol., Worcester *19* (1938) 285–306

Lippold, O., Origin of the alpha rhythm. Nature *226* (1970) 616–618

Literatur

Long, M. T., and *C. Johnson*, Fourteen and six-per-second positive spikes in a nonclinical male population. Neurology (Minneapolis) 18 (1968) 714–716

Lütcke, A., *L. Mertins* und *A. Masuch*, Die Darstellung von Grundaktivität, Herd- und Verlaufsbefunden sowie von paroxysmalen Ereignissen mit Hilfe der von HJORTH angegebenen normierten Steilheitsparameter (vorläufige Mitteilung). In: Schenk, G. K. (Hrsg.), Beiträge zum Symposium »Die Quantifizierung des Elektroencephalogramms«. Jongny sur Vevey, 2.-6. 5. 73, Konstanz 1973, Ausgabe 1273, 259–280

Maddocks, J. A., *R. Sessions, R. Hodge* und *J. Rex*, Observations on the occurence of precentral activity at alpha frequencies. Electroenceph. clin. Neurophysiol. 3 (1951) 370

Markand, O. N., and *D. D. Daly*, Pseudoperiodic lateralized paroxysmal discharges in electroencephalogram. Neurology (Minneapolis) 21 (1971) 975–981

Milstern, V., and *J. G. Small*, Psychological correlates of 14 and 6 positive spikes, 6/s spike-wave and small sharp spike transients. Clin. Elecetroncephalogr. 2 (1971) 206–212

Mokráň, V., *L. Cigánek* and *Z. Kabátnik*, Electroencephalographic theta discharge in the midline. Europ. Neurol. (Basel) 5 (1971) 288–293

Motokawa, K., Brain waves and the localisation of cerebral function. Tohoku J. Exper. Med. 51 (1949) 109–118

Müller, D., Über okzipitale langsame Aktivität im EEG des Erwachsenen. In: Aktuelle Probleme der Elektroenzephalographie. Hrsg. v. D. Müller-Hegemann, S. 50–57, S. Hirzel, Leipzig 1967

Müllner, E., *O. Simon* und *U. Heinemann*, Frequenz, Amplitude und Phasenbeziehung im EEG von Epileptikern. XIV. Alpines EEG-Meeting Zürs/Österreich, 27. 1.-2. 2. 74, Z. EEG-EMG 6 (1975) 160–161

Mulholland, T. B., Occipital alpha revisited. Psychol. Bull. 78 (1972) 176–182

Mundy-Castle, A. C., Theta and beta rhythm in the electroencephalograms of normal adults. Electroenceph. clin. Neurophysiol. 3 (1951) 477–486

Neundörfer, B., Über die 4-5/sec.-EEG-Grundrhythmusvariante. Nervenarzt, Berlin 41 (1970) 321–326

– Die 4-6/sec.-EEG-Grundrhythmusvariante. 19. Jahrestag. Dtsch. EEG-Ges. Göttingen, 4.-6. 9. 74, Z. EEG-EMG 6 (1975) 47

Niebeling, H.-G., Die Entwicklung und Organisation der Elektroenzephalographie in der DDR. In: Aktuelle Probleme der Elektroenzephalographie. Hrsg. v. D. Müller-Hegemann, S. 1 bis 5, S. Hirzel, Leipzig 1967

–, und *H.-J. Laux*, Über die Probleme der Informationsgewinnung und Verarbeitung von Daten in der Elektroenzephalographie. Zschr. ärztl. Fortbild. (Jena) 61 (1967) 372–375

Niedermeyer, E., Spitzen über der Zentralregion und μ-Rhythmus. Gedanken zum Problem der »funktionellen« Spitzen. Z. EEG-EMG 1 (1970) 133–141

–, und *J. R. Knott*, Über die Bedeutung der 14 und 6/sec.-positiven Spitzen im EEG. Arch. Psychiatr. 202 (1961) 266–280

–, *A. E. Walker* and *C. Burton*, The slow spike-wave-complex as a correlate of frontal and fronto-temporal post-traumatic epilepsy. Europ. Neurol. (Basel) 3 (1970) 330–346

Niedermeyer, E., und *Y. Koshino*, My-Rhythmus: Vorkommen und klinische Bedeutung. Z. EEG-EMG 6 (1975) 69–78

Oldenbürger, H. A., und *D. Becker*, Multidimensionale Verfahren zur Parametrisierung und Klassifizierung des EEG. In: Schenk, G. K. (Hrsg.), Beiträge zum Symposium Die Quantifizierung des Elektroencephalogramms. Jongny sur Vevey, 2.-6. 5. 73, Konstanz 1973, Ausgabe 1272, 231–247

O'Leary, J. L., and *S. Goldring*, Slow cortical potentials, their origin and contribution to seizure discharge. Epilepsia (Amsterdam) 1 (1960) 561–574

Olson, S. I., *G. Arbit* and *J. R. Hughes*, Psychological testing in patients with the 6 c/sec spike-and-wave-complex. A controlled study. Clin. Electroencephalogr. 2 (1971) 202–205

Peper, E., Feedback regulation of the alpha electroencephalogram activity through control of the internal and external parameters. Kybernetik 7 (1970) 107–122

Petsche, H., *O. Prohaska, P. Rappelsberger* und *R. Vollme*, Zur zeitlichen Analyse der Synchronisierung im Anfall. Sommertagung der Österreich. EEG-Ges. Wien, 26. 6. 75, Z. EEG-EMG 7 (1976) 49

Plischke, K. H., Die Frequenz-Amplituden-Beziehungen der schnellen Schwankungen des Elektroencephalogramms. Arch. Psychiatr. 197 (1958) 10–14

Praetorius, H. M., und *G. Bodenstein*, Mustererkennung des EEG durch adaptive Segmentierung. 20. Jahrestag. Dtsch. EEG-Ges. Münster, 29. 9.-3. 10. 75, Z. EEG-EMG 6 (1975) 204

Prawdicz-Neminskij, V. V., Zur Frage nach den Wellen zweiter Ordnung im Elektrocerebrogramm des Menschen. Doklady vsesojuz. akad. nauk. Lenina URSS 74 (1950) 635–637

Radermecker, R., Los grafoelementos EEG significativos en los traumatismos craneocerebrales. Rev. españ. oto-neuro-oftalm. 27 (1971) 121–136

Refsum, S., *J. Presthus, A. Skulstad* and *S. Østensjø*, Clinical correlates of the 14 and 6 per second positive spikes. An electroencephalographic and clinical study. Acta psychiat. neurol. scand. 35 (1960) 330–344

Rémond, A., The importance of topographic data in EEG phenomena and an electrical model to reproduce them. Electroenceph. clin. Neurophysiol. Suppl. 27 (1968) 29–49

–, *N. Lesévre, N. Joseph, J. P. Rieger* und *G. C. Lairy*, The alpha average. I. Methodology and description. Electroenceph. clin. Neurophysiol. 26 (1969) 245–265

–, und *B. Renault*, La théorie des objets électrographiques. Rev. EEG. Neurophysiol. 2 (1972) 241–256

Remy, M., Über den Beta-Rhythmus im menschlichen EEG. Mschr. Psychiatr. 129 (1955) 207–215

Roth, M., and *H. Green*, The lambda wave as a normal physiological phenomena in the human electroencephalogram. Nature 172 (1953) 864

–, *J. Shaw* und *H. Green*, The form, voltage, distribution and physiological significance of the K-complex. Electroenceph. clin. Neurophysiol. 8 (1956) 385–402

Rumpl, E., und *G. Bauer*, 2/sec sharp and slow waves im Erwachsenenalter. Herbsttagung Österreich. EEG-Ges. Salzburg, 29. 11. 75, Z. EEG-EMG 8 (1977) 52

Salldén, L. E., Psychotechnical performance related to paroxysmal discharges in EEG. Clin. Electroencephalogr. 2 (1971) 18–27

Schmettau, A., Zwei elektroenzephalographische Mehrkanalsverbände und ihre psychologischen Korrelate. Z. EEG-EMG 1 (1970) 169–182

Schirmunskaja, E. A., Die Varianten des menschlichen Elektroenzephalogramms und die Standardisierung der Registrierung. In: Jenenser EEG-Symposion 17.-19. Oktober 1959; 30 Jahre Elektroenzephalographie. Hrsg. v. R. Werner, S. 122–124. VEB Verlag Volk und Gesundheit, Berlin 1963

Schoppenhorst, M., *F. Brauer* und *G. Freund*, Identifizierung von μ-Waves durch Spektralanalyse und Kohärenzfunktion. 21. Jahrestag. Dtsch. EEG-Ges. Bremen, 22.-25. 9. 76, Z. EEG-EMG 7 (1976) 210

–, *H. J. Sack, H. Klaes* und *St. Kubicki*, Post-traumatischer μ-Wave-Fokus: Der Einfluß von Schlaf, Pharmaka und motorischer Aktivität. Jahrestagung Österreich. EEG-Ges. Wien, 24. 11. 73, Z. EEG-EMG 5 (1974) 133

Simpson, H. M., *A. Pavio* and *T. B. Rogers*, Occipital alpha activity of high and low imagers during problem solving. Psychonom. Sci. 8 (1967) 49–50

Singh, B., and *J. Chandy*, Electroencephalographic study of delta-waves. Neurology (Bombay) 3 (1955) 5–9

Sinz, R., Neurophysiologische Untersuchungen zur biologischen Bedeutung des Thetarhythmus. Wiss. Z. KMU Leipzig, Math.-nat. Reihe 19 (1970) 283–294

Stein, J., The origin of delta waves in EEG. Čsl. neurol. 20 (1957) 164–187

Steinmann, H. W., Experimentelle Studie zur Entstehung der Doppelspike. Dtsch. Zschr. Nervenhk. 171 (1953) 72–78

Storm van Leeuwen, W., *R. G. Bickford, M. A. Brazier, W. A. Cobb, M. Dondey, H. Gastaut, P. Gloor, C. E. Henry, R. Hess, J. R. Knott, J. Kugler, G. C. Lairy, C. Loeb, O. Magnus,*

L. Oller Daurella, H. Petsche, R. Schwab, W. G. Walter and L. Widén, Proposal for an EEG terminology by the terminology committee of the International Federation for Electroencephalography and Clinical Neurophysiology. Electroenceph. clin. Neurophysiol. 20 (1966) 306–310

Struve, F. A., Z. S. Feigenbaum and C. D. Farnum, Prediction of 14 and 6/sec. positive spikes in EEG of psychiatric patients. Clin. Electroencephalogr. 3 (1972) 60–64

Surwillo, W. W., Die Beziehung des Kurzgedächtnisses zur EEG-Synchronie der beiden Hirnhälften. Cortex (Varese) 7 (1971) 246–253

Takahashi, T., and M. Yun Lin, Lateralized appearance of fourteen and six per second positive spikes. Folia psychiatr. Jap. 24 (1970) 175–179

Thiry, S., et M. Farina, Une nouvelle méthode d'enregistrement monpolaire en électroencéphalographie: la »détection push-pull«. Rev. neurol., Paris 84 (1951) 584–595

– –, A propos de pointes-ondes positives an électroencéphalographie. Rev. neurol., Paris 84 (1951) 632–635

Thomas, E., and D. W. Klass, Six-per-second spike-and-wave pattern in the electroencephalogram. A reappraisal of its clinical significance. Neurology (Minneapolis) 18 (1968) 587–593

Timo-Iaria, C., and W. C. Pereira, Mechanisms of electrical cerebral waves. Arqu. neuro-psiquiatr. S. Paulo 29 (1971) 131–145

Vatter, O., und B. Rischmaui, Langsame Riesenwellen im Electroencephalogramm. Naturwiss. 56 (1969) 91

Vetter, K., und W. Böker, Zur Funktion des K-Komplexes im Schlaf-Elektroencephalogramm. Nervenarzt, Berlin 33 (1962) 390

Vogel, F., Zur genetischen Frage fronto-präzentraler Betawellen-Gruppen im EEG des Menschen. Humangenetik 2 (1966) 227–237

–, Zur genetischen Grundlage okzipitaler langsamer Beta-Wellen im EEG des Menschen. Humangenetik 2 (1966) 238–245

–, und W. Götze, Statistische Betrachtungen über die Beta-Wellen im EEG des Menschen. Dtsch. Zschr. Nervenhk. 184 (1962) 112–136

Walsa, R., Über die diagnostische Bedeutung des hypsarrhythmischen Elektroencephalogramms. Gyermekgyógyászat (Budapest) 11 (1960) 321–328 (ungarisch)

Walter, D. O., J. M. Rhodes, D. Brown and W. R. Adey, Comprehensive spectral analysis of human EEG generators in posterior cerebral regions. Electroenceph. clin. Neurophysiol. 20 (1966) 224–237

Walter, W. G., The twenty-fourth Maudsley lecture: the functions of electrical rhythmus in the brain. J. ment. Sc., London 96 (1950) 1–36

Walter, R. D., E. G. Colbert, R. R. Koegler, J. O. Palmer and P. M. Bond, A controlled study of the fourteen-and-six-per-second EEG pattern. Arch. gen. Psychiat., Chicago 2 (1960) 559–566

Wegner, I. T., and F. A. Struve, Incidence of the 14 and 6 per second positive spike pattern in an adult clinical population: an empirical note. J. Nerv. Ment. Dis. 164 (1977) 340–345

Weinmann, H.-M., Das EEG. III. Die pathologischen Graphoelemente. Fortschr. Med. 87 (1969) 1442–1444

Wiener, N., Brain waves. In: Wiener, Cybernetics. Cambridge Mass. MIT. Press 1961, 181–203

Yürüker, N., und W. Menzi, 14 und 6/s positive-Spikes im Schlaf nach akustischen Reizen. Z. EEG-EMG 2 (1971) 121

5. Verschiedene Arten des Eeg
5.1.–5.3. (»Das passive und aktive Elektroenzephalogramm« bis »Das pathologische Elektroenzephalogramm und seine Veränderungen«)

Abbott, J. A., Comparison of epileptic patients with normal and abnormal electroencephalograms. J. Nerv. Ment. Dis. 105 (1947) 535–540

Adams, A., Studies on the flat electroencephalogram in man. Electroenceph. clin. Neurophysiol. 11 (1959) 35–42

Adrian, E. D., Brain mechanisms and consciousness. 2. Aufl. Blackwell, Oxford 1956

Aird, R. B., and Y. Gastaut, Occipital and posterior electroencephalographic rhythms. Electroenceph. clin. Neurophysiol. 11 (1959) 637–656

Alexanow, N. S., Contribution au problème des modifications du rhythme-alpha sur l'éléctroencéphalogramme dans les lesions de foyers cérébrales. Ž. nevropat. psichiatr., Moskva 59 (1959) 465–470 (russ.)

Arndt, T., H. Losse und G. Hütwohl, Vegetative Tonuslage und Hirnstrombild. Med. Welt (Stuttgart) 16 (1956) 622–627

Arfel, G., und H. Fischgold, Die Bedeutung der elektrischen Stille des Gehirns. Zbl. ges. Neurol. 161 (1961) 5

–, H. Fischgold et J. Weiss, Le silence cérébral. In: Fischgold, H., C. Dreyfus-Brisac et P. Pruvot, Problèmes de base en électroencéphalographie. Masson & Cie., Paris 1963

Artemjewa, E. Ju., und E. D. Homskaja, Changes of assymmetry of EEG waves in different functionel states. Neuropsychologia (Oxford) 4 (1966) 243–251

Bancaud, J., G. C. Lairy et M. Rebufat, A propos des pertubations EEG laissant suspecter une affection d'ordre neurochirurgical chez les malades mentaux. Rev. neurol., Paris 102 (1960) 371

Baudoin, A., H. Fischgold et J. Lerique, L'électroencéphalogramme multiple de l'homme normal. Bull. Acad. méd., Paris 121 (1939) 89–100

Bauer, G., und R. Pieber, Über periodische Komplexe im EEG. Z. EEG-EM 5 (1974) 75–86

Bente, D., K. Frick, W. Scheuler und G. Zeller, Psychophysiologische Studien zum Verhalten der hirnelektrischen Wachaktivität bei definierter Vigilanzbeanspruchung. 1. Mitteilung: d2-Aufmerksamkeits-Belastungs-Test und EEG-Verhalten. Z. EEG-EMG 7 (1976) 163–170. 2. Mitteilung: Das hirnelektrische Verhalten bei visumotorischen Regelaufgaben steigenden Schwierigkeitsgrades. Z. EEG-EMG 7 (1976) 171–176

Bertrand, I., J. Delay et J. Guillain, L'électroencéphalogramme normal et pathologique. Masson & Cie., Paris 1939

Betz, E., Energieversorgung und elektrische Aktivität des Gehirns. In: Der Hirntod, hrsg. von H. Penin und Ch. Käufer, Georg Thieme, Stuttgart 1969

Borissowa, T. P., und W. A. Talawrinow, Synchronisation spatiale de l'activité alpha dans l'ecorce cérébrale des malades atteints de forme catatono-onirioide de chizophrénie. Ž. nevropat. psichiatr., Moskva 64 (1964) 420–427 (russ.)

Brazier, M. A. B., and J. E. Finesinger, A study of the occipital potentials in 500 normal adults. J. Clin. Invest. 23 (1944) 303–311

Busse, E. W., R. H. Barnes, E. L. Friedman and E. J. Kelly, Psychological functioning of aged individuals with normal and abnormal electroencephalograms. J. Nerv. Ment. Dis. 124 (1956) 135–141

Cohn, R., Influence of emotion on human electroencephalogram. J. Nerv. Ment. Dis. 104 (1946) 135–141

–, The occipital alpha rhythm; a study of phase variations. J. Neurophysiol., Springfield 11 (1948) 31–37

–, A correlation of symbol organization with brain function (EEG). Amer. J. Psychiat. 116 (1960) 1001–1008

–, and J. E. Nardini, The correlation of bilateral occipitals slow activity in the human EEG with certain disorders of behavior. Amer. J. Psychiat. 115 (1958) 44–54

Cornil, L., et H. Gastaut, Données EEG sur la dominance hemisphérique. Rev. neurol., Paris 79 (1949) 207

Crawley, J., P. Kellaway, R. Maulsby and D. D. Winter, Electroencephalography. Progr. Neurol. Psychiatr., N. Y. 17 (1962) 260–289

Davis, H., and P. A. Davis, Action potentials of the brain in normal states of cerebral activity. Arch. Neurol. Psychiatr., Chicago 36 (1936) 1214

Denier van der Gon, J. O., and N. van Hinte, The relation between the frequency of the alpha-rhythm and the speed of writing. Electroenceph. clin. Neurophysiol. 11 (1959) 669–674

Dongier, S., R. de Tournade, R. Naquet and *H. Gastaut*, A psychological study of 34 subjects presenting a posterior 40/sec rhythm. Ref.: Electroenceph. clin. Neurophysiol. *18* (1965) 722

Drechsler, B., J. Lesný and *L. Poláček*, The significance of diffuse fast activity in the human electroencephalogram. Neurol. psychiatr., Čsl. *18* (1965) 434–442 (tschechisch)

Duensing, F., Das normale Elektrencephalogramm. Psychol. Rdsch., Göttingen *3* (1952) 173–190

Dusser de Barenne, D., and *F. A. Gibbs*, Variations in the electroencephalogram during the menstrual cycle. Amer. J. Obstetr. Gynec. *44* (1942) 687–690

Engel, G. L., J. Romano and *E. B. Ferris*, Variations in the normal electroencephalogram during a 5-year period. Science *105* (1947) 600–601

Erfon, R., The effect of handedness on the perception of simultaneity and temporal order. Brain, London *86* (1963) 261–284

Faure, J., et *P. Loiseau*, Electroencéphalogramme et troubles menstruels. Rev. neurol., Paris *95* (1956) 525–530

Fessard, A., Corrélations électroencéphalographiques dans le domaine de la modricité. Rev. neurol., Paris *101* (1959) 366–369

Fraisse, P., Vitesse de perception visuelle, frequence de l'alpha et données électroencéphalographiques. Rev. neurol., Paris *101* (1959) 361–365

Franek, B., und *R. Thren*, Hirnelektrische Befunde bei gestuften aktiven Hypnoseübungen. Arch. Psychiatr. *181* (1948) 360–369

Friedlander, W. J., Electroencephalographic alpha rate in adults as a function of age. Geriatrics, Minneapolis *13* (1958) 29–31

Gallais, P., J. Bert, J. Corriol et *G. Miletto*, Les rhythmes électroencéphalographiques des noirs d'Afrique (étude des 100 premiers tracés de sujets normaux). Rev. neurol., Paris *83* (1950) 622–624

Gastaut, H., P. Laboreur, P. Navranne et *C. Jest*, Relations existant entre l'électroencéphalographie et la psychologie au sujet de 800 observations de candidats pilotes de l'aeronatique navale. Rev. neurol., Paris *101* (1957) 397

Gestring, G. F., »Vektor«-Elektroenzephalographie. Sommertagung Österreich. EEG-Ges. Wien, 26. 6. 75, Z. EEG-EMG *7* (1976) 50

Gilman, I. M., A. S. Philipovich, M. A. Ravikovich und *A. N. Sovetov*, Compensatory possibilities of symmetrical areas of the human dominant and subdominant hemispheres. Ž. Vysok. Nerv. Dejat. Pavlov *27* (1977) 88–97 (russ.)

Gibbs, F. A., Cortical frequency spectra of health adults. J. Nerv. Ment. Dis. *95* (1942) 417–426

–, and *E. L. Gibbs*, Electroencephalographic changes with age in adolescent and adult control subjects. Transact. Amer. Neurol. Ass. *70* (1944) 154–157

– –, Clinical and pharmacological correlates of fast activity in electroencephalography. J. Neuropsychiat., Chicago 3, Süppl. *1* (1962) 73–78

Gibbs, E. L., F. M. Lorimer und *F. A. Gibbs*, Clinical correlates of exceedingly fast activity in the electroencephalogram. Dis. Nerv. Syst. *11* (1950) 323–326

Harvald, B., EEG in old age. Acta psychiat. neurol. scand. *33* (1958) 193–196

Helmchen, H., S. Kanowski und *H. Künkel*, Die Altersabhängigkeit der Lokalisation von EEG-Herden. Arch. Psychiatr. *209* (1967) 474–483

Henry, C. E., Electroencephalographic individual differences and their constancy; II. During waking. J. Exper. Psychol. *29* (1941) 236–241

Hirano, H., Studies on electroencephalogram in old people. Proc. VI. Ann. Met. Jap. EEG Soc (1957) 126–127

Hoff, H., et *K. Pateisky*, L'électroencéphalogramme et la pathologie cérébral. Rev. neurol., Paris *93* (1957) 191–197

Imbriano, A. E., Interpretación funcional de los ritmos electroencefalograficos en la entidad humana. Sem. méd., B. Aires *61/104* (1954) 43–63

Ingvar, D. H., Psychische Aktivität, Hirndurchblutung und EEG. 20. Jahrestag. Dtsch. EEG-Ges. Münster, 29. 9.–3. 10. 75, Z. EEG-EMG *6* (1975) 206–207

Jankowski, K., Rhythme fondamental relaxé et syndromes d'engourdissement de l'esprit de l'âge avancé. Neurol. Neurochir. Psychiat. pol. *11* (1961) 505–512 (polnisch)

Janzen, R., und *A. E. Kornmüller*, Hirnbioelektrische Erscheinungen bei Änderungen der Bewußtseinslage. Dtsch. Zschr. Nervenhk. *149* (1939) 74–92

Jung, R., Das Electrencephalogramm und seine klinische Anwendung. II. Das EEG des Gesunden, seine Variationen und Veränderungen und deren Bedeutung für das pathologische EEG. Nervenarzt, Berlin *14* (1941) 57–117

Karbowski, K., Fokale periodische Spitzenpotentiale bei extraterritorialer zerebraler Ischämie. Z. EEG-EMG *6* (1975) 27–33

Kasamatsu, A., and *Y. Shimazono*, Clinical concept and neurophysiological basis of the disturbance of consciousness. Psychiatr. Neurol. Jap. *59* (1957) 969–999

Kendel, K., Zur diagnostischen Bedeutung der EEG-Amplitude. Herbsttagung der Bayr. EEG-Arbeitsgem. München, 1. 12. 73, Z. EEG-EMG *5* (1974) 135–136

Kennard, M. A., Factors affecting the electroencephalogram in children and adolescents. J. Nerv. Ment. Dis. *108* (1948) 442–448

Kennedy, J. L., R. M. Gottsdanker, J. C. Armington and *F. E. Gray*, A new EEG associated with thinking. Science *108* (1948) 527–529

Knott, J. R., E. B. Platt, M. C. Ashby and *J. S. Gottlieb*, A familial evaluation of the electroencephalogram of patients with primary behavior disorder and psychopathic personality. Electroenceph. clin. Neurophysiol. *5* (1953) 363–370

Kocher, R., G. Scollo-Lavizzari und *D. Ladewig*, Miniatur Spike-wave: ein elektroenzephalographisches Korrelat in der Abstinenzphase bei Medikamentenabhängigkeit? Z. EEG-EMG *6* (1975) 78–82

Kornmüller, A. E., Weitere Ergebnisse über die normalen hirnbioelektrischen Erscheinungen des Menschen durch die Kopfschwarte. Einblicke in den Mechanismus der corticalen Erregungsabläufe und in die regionale Gliederung der Hirnrinde. Zschr. Neurol. *168* (1940) 248–268

–, Neuere Ergebnisse der hirnbioelektrischen Untersuchungen an gesunden Menschen. Zbl. ges. Neurol. *102* (1942) 192

Kubicki, St., und *M. Münter*, EEG-Befunde und epileptische Anfälle nach Operationen an Ganglion Gasseri. Z. EEG-EMG *7* (1976) 72–80

Lairy, G. C., Organisation de l'électroencéphalogramme normal et pathologique. Aspect clinique. Rev. neurol., Paris *94* (1956) 749–801

Lee, M. C., Aptitudes et personnalité et patterns électroencéphalographiques multivariés: une analyse non linéaire. Rev. neurol., Paris *100* (1959) 370–375

Lehmann, D., Bedeuten EEG-Phasendifferenzen ein Wandern des Fokus? Herbsttag. der Bayr. EEG-Arbeitsgem. München, 1. 12. 73, Z. EEG-EMG *5* (1974) 136

Lelord, G., et *C. Popov*, Conditionnement électroencéphalographique. II. La notion de dominance. Interêt théorique applications pratiques. Rev. neuropsychiat. infant. *8* (1960) 1–7

Lennox, W. G., E. L. Gibbs and *F. A. Gibbs*, The brain wave pattern, an hereditary trait. Evidence from 74 "normal" pairs of twins. J. Hered. *36* (1945) 233–243

Loomis, A. L., E. N. Harvey and *G. A. Hobart*, Electrical potentials of the human brain. J. Exper. Psychol. *19* (1936) 249–279

– – –, Brain potentials during hypnosis. Science *83* (1936) 239–241

Lücking, C. H., M. L. Biel, J. Hoffmann und *K. Meier-Ewert*, Abnorme Grundrhythmusvariante. Herbsttag. der Bayr. EEG-Arbeitsgem. München, 1. 12. 73, Z. EEG-EMG *5* (1974) 136

Ma, K. M., G. G. Celesia and *W. P. Birkemeier*, Nonlinear boundaries for differentiation between epileptic transients and background activities in EEG. IEEE Trans. Biomed. Enging. BME-24 (1977) 288–290

Martinius, J., H. Backmund und *H. M. Weinmann*, Fokale hypersynchrone Aktivität im EEG und Angiographiebefunde im Kindesalter. Z. EEG-EMG *6* (1975) 120–124

Mc Leod, S. S., and *L. J. Peacock*, Task-related EEG asymmetry: effects of age and ability. Psychophysiology 14 (1977) 308–311

Melin, K. A., »Exploration EEG des fonctions psychiques«. The influence of emotions on the EEG. Schweiz. Arch. Neurol. 71 (1953) 227–229

Merill, G. G., and *E. E. Cook*, The electroencephalogram in the negro. A comparison of electrical activity of the brain in white and negro patients. Electroenceph. clin. Neurophysiol. 9 (1957) 531

Meurice, E., Etudes des variations spontanées de la réactivité EEG. Rev. neurol., Paris 101 (1959) 396–397

Michalewskaja, M. B., Über spontane Alpharhythmus-Blockaden. Ž. Vysok. Nerv. Dejat. Pavlov 16 (1966) 902–907 (russ.)

Mitschke, H., Zur Frage einer Alters- und Geschlechtsdisposition bei einigen Grundaktivitätsformen des menschlichen Elektroenzephalogramms (Untersuchungen an einem internistischen Krankengut). Dtsch. Ges.wesen 19 (1964) 1985–1989

Motokawa, A., Electroencephalograms of man in the generalization and differentiation of conditioned reflexes. Tohoku. J. Exper. Med. 50 (1949) 225–234

Mundy-Castle, A. C., B. L. Mekiever and *T. Prinsloo*, A comparative study of the electroencephalograms of normal Africans and Europeans of Southern Africa. Electroenceph. clin. Neurophysiol. 5 (1953) 533–543

Müsch, H. J., Über elektroencephalographische Veränderungen bei Tetanie. Nervenarzt, Berlin 16 (1943) 130–133

–, Über elektrencephalographische Veränderungen bei vegetativen Krisen, ihre klinische und pathophysiologische Bedeutung. Arch. Psychiatr. 181 (1948) 256–274

Nágypal, T., H. Petsche, O. Prohaska, P. Rappelsberger und *R. Vollmer*, Eine Methode zur quantitativen Erfassung des Begriffes »Synchronisierung« im EEG. Jahrestag. Österreich. EEG-Ges. Wien, 24. 11. 73, Z. EEG-EMG 5 (1974) 134

Neundörfer, B., L. Meyer-Wahl und *J. G. Meyer*, Alpha-EEG und Bewußtlosigkeit. Ein kasuistischer Beitrag zur lokaldiagnostischen Bedeutung des Alpha-EEG beim bewußtlosen Patienten. Z. EEG-EMG 5 (1974) 106–114

Obrist, W. D., The electroencephalogram of normal aged adults. Electroenceph. clin. Neurophysiol. 6 (1954) 235–244

O'Connell, D. N., und *M. T. Orne*, Bioelectric correlates of hypnosis: a experimental reevacuation. J. psychiat. Res. 1 (1962) 201–213

Otomo, E., und *T. Tsubaki*, Electroencephalography in subjects sixty years and over. Electroenceph. clin. Neurophysiol. 20 (1966) 77–82

Petersén, I., and *R. Sörbye*, Slow posterior rhythm in adults. Electroenceph. clin. Neurophysiol. 14 (1962) 161–170

Petsche, H., Topographie bioelektrisch-kortikaler Aktivität. 20. Jahrestag. Dtsch. EEG-Ges. Münster, 29. 9.–3. 10. 75, Z. EEG-EMG 6 (1975) 199

Pfurtscheller, G., Die Bedeutung modalitätsspezifischer Aktivitätsänderungen in verschiedenen Hirnregionen und ihre Objektivierung über das EEG. Z. EEG-EMG 6 (1975) 194–199

Pitot, M., and *H. Gastaut*, EEG changes during the menstrual cycle. Electroenceph. clin. Neurophysiol. 6 (1954) 162

Porta, V., e *T. Gualtierotti*, Contributo allo studio dell'ellettroencefalogramma in condizioni patologiche. Arch. psicol. neurol., Milano 2 (1941) 666–693

Posteli, T., e *S. Colombati*, L'elettroencefalogramma nei tumori cerebrali in altrenlatti e organiche de cervello. Riv. otoneuroftal. 17 (1940) 28–36

Raney, E. T., Brain potentials and lateral dominance in identical twins. J. Exper. Psychol. 24 (1939) 21–39

Rasche, A., G. Grünewald und *E. Grünewald-Zuberbier*, Alpha-Phase und einfache Reaktionszeit. 19. Jahrestag. Dtsch. EEG-Ges. Göttingen, 4.–6. 9. 74, Z. EEG-EMG 6 (1975) 42

Richter, K., EEG-Untersuchungen von Angehörigen genuiner Epileptiker. Arch. Psychiatr. 194 (1956) 443–455

Rieger, H., und *U. Dörflinger*, Topographische Untersuchungen zur Amplituden- und Frequenzverteilung im normalen und pathologischen EEG. 20. Jahrestag. Dtsch. EEG-Ges. Münster, 29. 9.–3. 10. 75, Z. EEG-EMG 6 (1975) 205

Rodin, E. A., and *J. L. Whelan*, Familial occurence of focal temporal electroencephalographic abnormalities. Neurology (Minneapolis) 10 (1960) 542–545

Rossen, E., E. Simson and *J. Baker*, Electroencephalograms during hypoxia in healthy man. Response characteristic for normal aging. Arch. Neurol. Psychiatr., Chicago 5 (1961) 648–654

Roth, G., Das persistierende juvenile EEG. Mschr. Psychiatr. 136 (1958) 195–203

Sanabra, F. R., El electroencefalogramma normal. Estudio estadistico. Arch. Neurobiol., Madrid 25 (1962) 56–73

Schütz, E., und *H. W. Müller*, Über ein neues Zeichen zentralnervöser Erregbarkeitssteigerung im Elektroencephalogramm. Klin. Wschr. 29 (1951) 22–23

Silvermann, A. O., E. W. Busse and *R. H. Barnes*, Studies in the process of aging: Electroencephalographic findings in 400 elderly subjects. Electroenceph. clin. Neurophysiol. 7 (1955) 67–74

Smith, S. M., Discrimination between electro-encephalograph recordings of normal females and normal males. Ann. Eugen. 18 (1954) 344–350

Sogni, A., Sul profilo elettroencefalografico della vecchiaia normale e patologica. Nevrasse 9 (1960) 83–103

Sternbach, R. A., Two independent indices of activation. Electroenceph. clin. Neurophysiol. 12 (1960) 609–611

Sulg, I. A., und *D. H. Ingvar*, Korrelationen zwischen regionaler cerebraler Durchblutung (rCBF) und EEG-Frequenz-Spektren. Zbl. ges. Neurol. 194 (1969) 214

Surwillo, W. W., On the relation of latency of alpha attenuation to alpha rhythm frequency and the influence of age. Electroenceph. clin. Neurophysiol. 20 (1966) 129–132

Taistra, R., H. Gerken, H. Doose und *J. Willebrand*, Frequenzanalytische Untersuchungen zur abnormen Theta-Rhythmisierung. 19. Jahrestag. Dtsch. EEG-Ges. Göttingen, 4.–6. 9. 74, Z. EEG-EMG 6 (1975) 47

Turton, E. C., and *P. K. G. Warren*, Dementia; a clinical and EEG study of 274 patients over the age of 60. J. Ment. Sc., London 106 (1960) 1493–1500

Verdeaux, G., J. Verdeaux et *J. Turmel*, Etude statistique de la fréquence et de la réactivité des électroencéphalogrammes chez les sujets âgés. Canad. psychiat. Ass. J. 6 (1961) 28–36

Vogel, F., Elektroencephalographische Untersuchungen an gesunden Zwillingen. Acta genet. statist. med. (Basel) 7 (1957) 234–237

–, Über Erblichkeit des normalen Elektroencephalogramms. Vergleichende Untersuchungen an ein- und zweieiigen Zwillingen. Georg Thieme Verlag, Stuttgart 1968

–, Untersuchungen zur Genetik des Beta-Wellen-EEG beim Menschen. Dtsch. Zschr. Nervenhk. 184 (1962) 137–173

–, Ergänzende Untersuchungen zur Genetik des menschlichen Niederspannungs-EEG. Dtsch. Zschr. Nervenhk. 184 (1962) 105–111

–, und *W. Götze*, Familienuntersuchungen zur Genetik des normalen Elektroencephalogramms. Dtsch. Zschr. Nervenhk. 178 (1959) 668–700

Walsa, R., On the clinical significance of the "low voltage" electroencephalogram. Electroenceph. clin. Neurophysiol. 15 (1962) 342

Walter, W. G., Normal rhythms - their development, distribution and significance. In: J. D. N. Hill and G. Parr, Electroencephalography. Macdonald & Co., London 1950

Werre, P. F., The relationship between electroencephalographic and psychological data in normal adult. Martinus Nijhoff Publ., Den Haag 1957

Williams, D. J., The significance of an abnormal electroencephalogram. J. Neurol., London 4 (1941) 257–268

5.4 Schlaf-Elektroenzephalogramm des Erwachsenen

Aserinsky, E., and *N. Kleitmann*, Two type of ocular motility occuring in sleep. J. Appl. Physiol. 8 (1955) 1–10

Bancaud, J., V. Bloch et *J. Paillard*, Contribution EEG à l'étude des potentiels évoquées chez l'homme au niveau du vertex. Rev neurol., Paris 89 (1953) 399–418

Barolin, G. S., Hirnelektrische Korrelate in hypnoiden Zuständen. Fortschr. Neurol. *36* (1968) 227

Berger, H., Über das Elektrenkephalogramm des Menschen. III. Mitteilung. Arch. Psychiatr. *94* (1931) 16–60

Blake, H., R. W. Gerard and *N. Kleitman,* Factors influencing brain potentials during sleep. J. Neurophysiol., Springfield *2* (1939) 48–60

Brazier, M. A. B. The electrical fields at the surface of the head during sleep. Electroenceph. clin. Neurophysiol. *1* (1949) 195–204

Brooks, D. C., Effect of bilateral optic nerve section on visual system monophasic wave activity in the cat. Electroenceph. clin. Neurophysiol. *23* (1967) 134–141

Dement, W., and *Ch. Fisher,* Experimental interference with the sleep cycle (Symposium) Canad. psychiat. Ass. J. *8* (1963) 400

–, and *N. Kleitman,* Cyclic variations in EEG during sleep and their relation to eye movements, body motility and dreaming. Electroenceph. clin. Neurophysiol. *9* (1957) 673–690

Gibbs, F. A., and *E. L. Gibbs,* Atlas of electroencephalography 2d. Vol. I. Cambridge, Mass. 1950

Hauri, P., und *D. R. Hawkins,* Alpha-Delta-Schlaf. Electroenceph. clin. Neurophysiol. *34* (1973) 233–237

Heinemann, L. H., EEG-Untersuchungen am Menschen bei ununterbrochenem Schlafentzug von mehreren Tagen. 6th Int. congress EEG/EMG-clin. Neurophysiol., S. 163–165, Wien 1965

Hess, R., The electroencephalogram in sleep. Electroenceph. clin. Neurophysiol *16* (1964) 44–45

Hughes J. R., and *J. A. Mazurowski,* Studies on the supracallosal medial cortex of unanesthetized, conscious mammals. II. Monkey. D. Vertex sharp waves and epileptiform activity. Electroenceph. clin. Neurophysiol. *16* (1964) 561–574

Jung, R., Hirnelektrische Untersuchungen über den Elektrokrampf. Die Erregungsabläufe in cortikalen und subcortikalen Hirnregionen bei Katze und Hund. Arch. Psychiatr. *185* (1949) 206–244

–, Neurophysiologie und Psychiatrie. In: Psychiatrie der Gegenwart Bd. I/1A, S. 647–712. Springer-Verlag, Berlin-Heidelberg-New York 1967

–, and *W. Kuhlo,* Neurophysiological studies of abnormal night sleep and the Pickwickian Syndrome. In: Sleep mechanisms. Progr. Brain Res. *18* (1965) 140–159

Jovanović, U. J., Der Schlaf. Johann Ambrosius Barth Verlag, München 1969

Jouvet, M., Paradoxical sleep – a study of its nature and mechanisms. In: Sleep mechanisms, (Akert, K., C. Bally und J. P. Schade, Eds.) Elsevier Publ. Comp., Amsterdam, London, New York 1965

Kellaway, P., and *B. J. Fox,* Electroencephalographic diagnosis of cerebral pathology in infants during sleep. J. Pediat., St. Louis *41* (1952) 262–287

Kendel, K., U. Beck und *H. Kruschke-Dubois,* Die chronisch-neurasthenische Schlafstörung. Untersuchungen des Nachtschlafes mit polygraphischer EEG-Ableitung und Selbstbeurteilung des Schlaferlebens. Arch. Psychiatr. *216* (1972) 201–218

Kleitman, N. Sleep and wakefulness. 2. Aufl. Univ. of Chicago Press, Chicago 1963

Kuhlo, W. und *D. Lehmann,* Das Einschlaferleben und seine neurophysiologischen Korrelate. Arch. Psychiatr. *205* (1964) 687

Lehmann, D., und *M. Koukkou,* Das EEG des Menschen beim Lernen von neuem und bekanntem Material. Arch. Psychiatr. *215* (1971) 22–32

Loomis, A. L., E. N. Harvey and *G. A. Hobart,* Potential rhythms of the cerebral cortex during sleep. Science *81* (1935) 597–598

Moruzzi, G., and *H. D. Magoun,* Brain stem reticular formation and activation of the EEG. Electroenceph. clin Neurophysiol. *1* (1949) 455–473

Otto, E., Das Elektroenzephalogramm beim Einschlafen. Psychiat. Neurol. med. Psychol., Leipzig *15* (1963) 356–366

Passouant, P., J. Cadilhac, M. Delange, M. Callamand et *M. El Kasabgui,* Age et sommeil de nuit. Variations électrocliniques de la naissance à l'extrême vieillesse. In: Le sommeil du nuit normal et patholoque, S. 87–115, Paris 1965

Piper, E., und *J. Kugler,* Learning during sleep. Electroenceph. clin. Neurophysiol. *21* (1966) 205

Rechtschaffen, A., und *A. Kales,* A manual of standardized terminology, techniques and scoring system for sleep stages of human subjects. U. S. Department of Health, Education and Welfare, Public Health Services – National Institute of Health Bethesda, Maryland 20014 (1968), NIH Publication Nr. 204 US Gov. Print. Off. 1968

Roth, B., Narkolepsie und Hypersomnie vom Standpunkt der Physiologie des Schlafes. VEB Verlag Volk und Gesundheit, Berlin 1962

Roth, M., and *J. Green,* The lambda wave as a normal physiological phenomenon in the human EEG. Nature *172* (1953) 864–866

–, *J. Shaw* and *O. Green,* The form, voltage, distribution and physiological significance of the K-complex. Electroenceph. clin. Neurophysiol. *8* (1956) 385–402

Scollo-Lavizzari, G., R. Hess und *P. Guggenheim,* Hirnelektrische Reizantworten im Schlaf. Schweiz. Arch. Neurol. *98* (1966) 47–55

Verzeano, M., and *K. Negishi,* Neuronal activity in wakefulness and in sleep. In: The nature of sleep. S. 108–130. Hrsg. v. G. E. W. Wolstenholme und M. O. Connor (Eds.), CIBA Foundation Symposium; Little, Brown and Comp., Boston 1961

Vetter, K., und *W. Böker,* Die Analyse von Einschlaf- und Schlaf-Elektroencephalogrammen. Psychiat. et Neurol. (Basel) *147* (1964) 30–43

–, und *W. Böker,* Zur Funktion des K-Komplexes im Schlaf-Elektroenzephalogramm. Nervenarzt, Berlin *33* (1962) 390–394

Werner, J., Eine Methode zur weckreizfreien und fortlaufenden Schlaftiefenmessung beim Menschen mit Hilfe von Elektroencephalo-, Elektrooculo- und Elektrocardiographie (EEG, EOG, EKG). Zschr. exper. Med. *134* (1961) 187–209

Werner, R., Bioelektrische Korrelate des Schlafes und des Traumes. In: Der Schlaf. Hrsg. v. H. Schwarz, S. 19–27, VEB Gustav Fischer Verlag, Jena 1972

Williams, H. L., H. C. Morlock and *J. V. Morlock,* Instrumental behaviour during sleep. Psychophysiology *2* (1966) 208–216

5.5 Elektroenzephalogramm im Kindesalter

Aresin, L., Beitrag zur embryonalen Elektroencephalographie. Confin. neurol. *22* (1962) 121–127

–, Hirnstrombilder des menschlichen Embryos. Med. Bild *6* (1963) 184

Berger, H., Über das Elektrenkephalogramm des Menschen. V. Arch. Psychiatr. *98* (1932) 231–254

Bernhard, C. G., and *C. R. Skoglund,* On the alpha frequency of human brain potentiales as function of age. Skand. Arch. Physiol. *82* (1939) 178–184

Bernstine, R. L., and *W. J. Borkowski,* Foetal electroencephalography. Amer. J. Obstetr. Gynec. *63* (1956) 275

Blake, H., R. W. Gerard and *N. Kleitman,* Factors influencing brain potentials during sleep. J. Neurophysiol., Springfield *2* (1939) 48–60

Borkowski, W. J., and *R. L. Bernstine,* Electroencephalography of the fetus. Neurology (Minneapolis) *5* (1955) 362–365

Brandt, S., and *H. Brandt,* The electroencephalographic pattern in young healthy children from 0 to five years of age. Acta psychiat. neurol. scand. *30* (1955) 77–89

Brazier, M A. B., The electrical fields at the surface of the head during sleep. Electroenceph. clin. Neurophysiol. *1* (1949) 195–204

Brill, N. Q., and *H. Seidemann,* The electroencephalogram of normal children. Amer. J. Psychiatr. *98* (1941) 250–256

Daute, K.-H., J. Frenzel und *E. Klust,* Über den unspezifischen Hyperventilationseffekt im EEG des gesunden Kindes. I. Stärkegrad. Zschr. Kinderhk. *104* (1968) 197–207

Daute, K.-H.,, E. Klust und *J. Frenzel,* Über den unspezifischen Hyperventilationseffekt im EEG des gesunden Kindes. II. Strukturbesonderheiten, Schlußfolgerungen. Zschr. Kinderhk. *104* (1968) 208–217

Davis, H., P. A. Davis, A. L. Loomis, E. N. Harvey and *G. Hobart,* Human brain potentials during the onset of sleep. J. Neurophysiol., Springfield *1* (1938) 24–38

Dement, W., and *N. Kleitman,* Cyclic variations in EEG during sleep and their relation to eye movements, body motility and dreaming. Electroenceph. clin. Neurophysiol. *9* (1957) 673–690

Di Gruttola, G., G Tamiele und *V. Buffa,* 24 Zwillingspaare, elektroencephalographische Untersuchungen. Pediatr. med. prax. *6* (1961) 733

Doose, H., EEG-Befunde bei Spasmophilie. Mschr. Kinderhk. *107* (1959) 209

Dreyfus-Brisac, C., D. Samson-Dollfus et *H. Fischgold,* L'activité électrique cérébrale du prématuré et du nouveau-né. Sem. hôp., Paris *31* (1955) 135–142

–, – –, Die hirnelektrische Aktivität des Frühgeborenen und des Neugeborenen. Sem. hôp., Paris *31* (1955) 1783–1790

–, – –, Technique de l'enregistrement EEG du prématuré et du nouveau-né. Electroenceph. clin. Neurophysiol. *7* (1955) 429–432

–, et *C. Blanc,* Électro-encéphalogramme et maturation cérébral. Encéphale, Paris *45* (1956) 205–245

–, Activité électrique cérébrale du foetus et du très jeune prématuré. IVe Congr. Internat. d'EEG et de Neurophysiol. Clinique. Rapports. Acta med. belg. (1957) 163–171

–, *J. Fleischer* et *E. Plassart,* L'électroencéphalogramme: Critère d'âge conceptionel du nouveau-né à terme et prématuré. Biol. Neonat. (Basel) *4* (1962) 154–173

–, The electroencephalogramm of the premature infant. World Neurol. *3* (1962) 5–15

Dumermuth, G., Elektroencephalographie im Kindesalter. Einführung und Atlas. Georg Thieme Verlag, Stuttgart 1965

–, Die Anwendung von Varianzspektra für einen quantitativen Vergleich von EEG bei Zwillingen. Helv. paediatr. acta *24* (1969) 45

Ellingson, R. J., Electroencephalograms of normal, full-term new borns immediately after birth with observations on arousal and visual evoked responses. Electroenceph. clin. Neurophysiol. *10* (1958) 31–50

–, Studies of the electrical activity of the developing human brain. In: Himwich, W. A., H. E. Himwich (Eds.), The developing brain, Progr. Brain Res. *9* (1964) 26–53

Engel, R., Evaluation of electroencephalographic tracings of newborns. Lancet, London *81* (1961) 523–532

–, and *B. V. Butler,* Appraisal of conceptual age of newborn infants by electroencephalographic methods. J. Pediatr., St. Louis *63* (1963) 386

Fichsel, H., Die Bedeutung des Elektroenzephalogramms für die Bestimmung des Konzeptionsalters Früh- und Neugeborener. Kinderärztl. Praxis, Leipzig *34* (1966) 29

Flexner, L. B., Studies on the development of the cortex of the brain. Science *110* (1949) 551

Fois, A., L'elettroencefalogramma del bambino normale. Institutio di Ricerche V. Baldacci Editore, Pisa 1957

Garcia-Austt, E., Ontogenetic evolution of the EEG in human and animals. IVe Congr. Internat. d'EEG et de Neurophysiologie Clinique. Rapports. Acta med. belg. (1957) 173

Garsche, R., Grundzüge des normalen Elektroencephalogramms im Kindesalter. Klin. Wschr. *31* (1953) 118–123

–, Elektroencephalographic. In: Brock, J., Biologische Daten für den Kinderarzt, Bd. II, Springer, Berlin 1954

Gibbs, F. A., D. Williams and *E. L. Gibbs,* Modification of the cortical frequency spectrum by changes in CO_2, blood sugar and O_2. J. Neurophysiol., Springfield *3* (1940) 49–58

Gibbs, E. L., F. A. Gibbs and *W. G. Lennox,* Electroencephalographic response to overventilation and its relation to age. J. Pediatr., St. Louis *23* (1943) 497–505

Gibbs, F. A., and *J. R. Knott,* Growth of the electrical activity of the cortex. Electroenceph. clin. Neurophysiol. *1* (1949) 223–229

Gibbs, F. A., and *E. L. Gibbs,* Atlas of electroencephalography. Vol. I: Methodology and Controls, 2nd ed., Addison-Wesley Press. Inc., Cambridge 1950

Gibbs, E. L., and *F. A. Gibbs,* Extrem Spindles: Correlation of Electroencephalographic Sleep Pattern with Mental Retardation. Science *138* (1962) 1106

Hagne, I., Development of the EEG in normal infants during the first year of life. Acta paediatr. Scand. Suppl. *232* (1972) 25–53

Heik, M., M. Schädlich und *H. Warnke,* Das Elektroenzephalogramm des diabetischen Kindes. Zschr. inn. Med., Leipzig *14* (1962) 616

Henry, C. E., Electroencephalograms of normal children. Monographie, Soc. Res., Child Developm., Baltimore *9* (1944) (zit. Ellingson)

Hopp, H., Fetale Elektroenzephalographie und Kardiographie (Vorläufige Ergebnisse). Geburtsh. u. Frauenhk. *32* (1972) 629

–, *R. Beier, G. Seidenschnur* und *J. Heinrich,* Die Bedeutung der fetalen Elektroenzephalographie für die fetale Zustandsdiagnostik. Zbl. Gynäk. *98* (1976) 982

Hughes, J. G., B. Eheman and *U. A. Brown,* Electroencephalography of the newborn. I. Studies on normal, fullterm and sleeping infants. Amer. J. Dis. Child. *76* (1948) 503–512

–, *B. Eheman* and *F. S. Hill,* Electroencephalography of the newborn. II. Studies on normal, full-term infants while awake and while drowsy. Amer. J. Dis. Child. *77* (1949) 310–314

Janzen, Schroeder und *Heckel,* Hirnbioelektrische Befunde bei Neugeborenen. Mschr. Kinderhk. *100* (1952) 216–218

Joppich, G., und *F. J. Schulte,* Neurologie des Neugeborenen. Springer-Verlag Berlin-Heidelberg-New York 1968

Kellaway, P., and *B. J. Fox,* Electroencephalographic diagnosis of cerebral pathology in infants during sleep. I. Rationale, technique, and the characteristics of normal sleep in infants. J. Pediatr., St. Louis *41* (1952) 262–287

–, Ontogenic evolution of the electrical activity of the brain in man and in animals. IVe Congr. Internat. d'EEG et de Neurophysiol. Clinique. Rapports. Acta med. belg. (1957) 141

–, Borderlines of normality of the EEG in late childhood. Adv. Course in Electroencephalography, Marseille 1961

–, und *I. Petersén* (Eds.), Neurological and electroencephalographic correlative studies in infancy. Grune and Stratton, New York 1964

Kennedy, J., Effect of extracorporeal liver perfusion on the electroencephalogram of patients in coma due to acute liver failure. The Quarterly J. Med. *42* (1973) 549

Kiene, S., und *J. Külz,* Das Schädel-Hirntrauma im Kindesalter. Klinische und elektroenzephalographische Aspekte. Johann Ambrosius Barth Verlag, Leipzig 1968

Kindsley, D. B., Brain potentials in children and adults. Science *84* (1936) 354

Kirchhoff, H. W., und *B. Fröhlich,* Elektroencephalographische Untersuchungen über den Schlaf des Säuglings. Arch. Psychiatr. *189* (1952) 341–354

Külz, J., Das Schädel-Hirntrauma im Kindesalter und die Probleme seiner elektroenzephalographischen Beurteilung in der Früh- und Spätphase. Habilitationsschrift, Rostock 1965

Lesný, I., Elektroenzephalographie im Kindesalter. VEB Verlag Volk und Gesundheit, Berlin 1962

Lindsley, D. B., Brain potentials in children and adults. Science *84* (1936) 354

–, Electrical potentials in the brain of children and adults. J. Gen. Psychol., Worcester *19* (1938) 285–306

–, A longitudinal study of the occipital alpha rhythm in normal children. Frequency and amplitude standards. J. Genet. Psychol., Worcester *55* (1939) 197–213

–, Heart and brain potentials of human fetuses in utero. Amer. J. Psychol. *55* (1942) 412–416

Loomis, A. L., E. N. Harvey and *G. A. Hobart,* Further observations on potential rhythms of cerebral cortex during sleep. Science *82* (1935) 198–200

– – –, Potential rhythms of the cerebral cortex during sleep. Science *81* (1935) 597–598

Loomis, A. L., E. N. Harvey, and G. A. Hobart, Cerebral states during sleep, as studied by human brain potentials. J. Exper. Psychol. 21 (1937) 127–144
– – –, Distribution of disturbance pattern in the human electroencephalogram with special reference to sleep. J. Neurophysiol., Springfield 1 (1938) 413–430
Lorenz, K., und G. Schmidt, Klinische und elektroencephalographische Beobachtungen bei und nach Chorea minor. Dtsch. Ges.wesen 35 (1962) 1499
Mai, H., E. Schütz und H. W. Müller, Über das Elektroencephalogramm von Frühgeburten. Z. Kinderhk. 69 (1951) 251–261
–, und G. Schaper, Elektroencephalographische Untersuchungen an Frühgeborenen. Ann. paediatr., Basel 180 (1953) 345–365
Meyer, J. S., and F. Gotoh, Metabolic and electroencephalographic effects of hyperventilation. Arch. Neurol. Psychiatr., Chicago 3 (1960) 539–552
Metcalf, D. R. The effect of extrauterine experience on the ontogenesis of EEG sleep spindles. Psychosomat. Med. (N. Y.) 31 (1969) 393
–, EEG sleep spindle ontogenesis. Neuropädiatrie 1 (1970) 428
Monod, N., N. Npajopt and S. Sguidasci, The neonatal EEG: Statistical studies and prognostic value in full-term and preterm babies. Electroenceph. clin. Neurophysiol. 32 (1972) 529–544
Müller, K., Das Hirnstrombild unter Mehratmung bei Kindern. S. Hirzel Verlag, Leipzig 1971
Nekhorocheff, I., L'électroencéphalogramme du sommeil chez l'enfant. Rev. neurol., Paris 82 (1950) 487–495
Olofsson, O., I. Petersén and U. Selldén, The development of the electroencephalogram normal children from the age of 1 through 15 years paroxysmal activity. Neuropädiatrie 2 (1971) 375
Pampiglione, G., Brain development and the EEG of normal children of various ethnical groups. Brit. Med. J. (1965) 573
Parmelee, A. H., Y. Akiyama, W. H Wenner and M. A. Schultz, Electroencephalographic determination of conceptional age. Pediat. Res. 1 (1967) 225
–, Maturation of EEG activity during sleep in premature infants. Electroenceph. clin. Neurophysiol. 24 (1968) 319
Penuel, H., F. Corbin and R. G. Bickford, Studies of the electroencephalogram of normal children: Comparison of visual and automatic frequency analysis. Electroenceph. clin. Neurophysiol. 7 (1955) 15–28
Petermann, H. D., Neurologische und elektroenzephalographische Befunde bei der Hepatitis epidemica im Kindesalter. Pädiatrie 6 (1967) 129
Robertson, N. R. C., Effect of acute hypoxia on blood pressure and electroencephalogram of newborn babies. Arch. Dis. Childh. 44 (1969) 719
Rohmann, E., und J. Külz, 5-jährige Erfahrungen mit der EEG-Diagnostik und Therapiekontrolle bei Intoxikationen im Kindesalter. Dtsch. Ges.wesen 26 (1971) 2366
Rosen, M. G., and R. Satran, Neonatal electroencephalography. II. The EEG of the high risk infant. Amer. J. Obstetr. Gynec. 92 (1965) 247
– –, The neonatal electroencephalogram. Clinical applications. Amer. J Dis. Child. 111 (1966) 133
–, and J. J. Scibetta, The human fetal electroencephalogram. II. Characterizing the EEG during labor. Neuropädiatrie 2 (1970) 17
– –, and Ch. J. Hochberg, Human fetal electroencephalogram. III. Pattern changes in presence of fetal heart rate alterations and after use of maternal medications. Obstetr. and Gynec. 36 (1970) 132
Roth, B., Die chronische Insuffizienz des Vigilitätszustandes und ihre klinische und neurophysiologische Bedeutung (EEG-Studie). Psychiat. Neurol. med. Psychol., Leipzig 14 (1962) 293–300
Samson-Dollfus, D., L'électroencéphalogramme du prématuré jusqu'à l'âge de trois mois et du nouveau-né à terme. Dissertation, Paris 1955

Samson-Dollfus, D., J. Forthomme and E. Capron, EEG of the human infant during sleep and wakefulness during the first year of life. In: P. Kellaway and I. Petersén (Eds.), Neurological and electroencephalographic correlative studies in infancy. Grune and Stratton, New York 1964
Simková, D., Der Einfluß der Hyperventilation auf das EEG von 30 gesunden Kindern im Alter von 7–10 Jahren. Psychiat. Neurol. med. Psychol., Leipzig 17 (1965) 13
Smith, J. R., The electroencephalogram during infancy and childhood. Proc. Soc. Exper. Biol. Med., N. Y. 36 (1937) 384–386
–, The electroencephalogram during normal infancy and childhood. I. Rhythmic activities present in the neonate and their subsequent development. J. Genet. Psychol., Worcester 53 (1938) 431–453
–, The electroencephalogram during normal infancy and childhood. II. The nature of the growth of the alpha wawe. J. Genet. Psychol., Worcester 53 (1938) 455–469
–, The electroencephalogram during normal infancy and childhood. III. Preliminary observations on the pattern sequence during sleep. J. Genet. Psychol., Worcester 53 (1938) 471–482
–, The "occipital" and "pre-central" alpha rhythmus during the first two years. J. Psychol. 7 (1939) 223–226
–, The frequency growth of the human alpha rhythms during normal infancy and childhood. J. Psychol. 11 (1941) 177–198
Schaper, G., Das Hirnpotentialbild des schlafenden Säuglings im 2. Trimenon. Mschr. Kinderhk. 101 (1953) 258–262
Schmidt, G. und K. Lorenz, Gehirnbeteiligung beim rheumatischen Fieber. Klinische und elektroenzephalographische Untersuchungen. Dtsch. Ges.wesen 18 (1963) 1471–1477
Schulte, F. J., Bioelektrische Reaktionen des peripheren Nervensystems bei Hypocalcämie, Spasmophilie, Tetanie. Zschr. Kinderhk. 90 (1964) 150
–, und B. Hermann, Elektroenzephalographie beim Neugeborenen. Zuordnung zu anatomischen Befunden und prognostische Bedeutung. Zschr. Kinderhk. 113 (1965) 457
–, Neonatal convulsions and their relation to epilepsy in early childhood. Developm. med. Child. Neurol. 8 (1966) 381
–, Die Bedeutung von Gestationsalter und Geburtsgewicht für die neurologische Entwicklung Früh- und Neugeborener. Klin. Wschr. 45 (1967) 1259
–, Y. Akiyama and A. H. Parmelee, Auditory evoked responses during sleep in premature and fullterm newborn infants. Electroenceph. clin. Neurophysiol. 23 (1967) 97
–, Gestation, Wachstum und Hirnentwicklung. Fortschritte der Paidologie, Bd. 2, Berlin-Heidelberg-New York, Springer Verlag 1968
Schütz, E., H. W. Müller und H. Schönenberg, Über die Entwicklung zentralnervöser Rhythmen im Elektroencephalogramm des Kindes. Zschr. exp. Med. 117 (1951) 157–170
Todt, H., EEG-Verlaufsbeobachtungen bei Kindern mit angeborener Hypothyreose. Kinderärztl. Praxis, Leipzig 40 (1972) 5
Wässer, St., R. Degen, G. Lässker und D. Schöne, Das Hirnstrombild bei Mukoviszidose. Dtsch. Ges.wesen 27 (1972) 1987
Weinmann, H.-M., H.-P. Burkhart und F. Staudt, Normative Daten des kindlichen Elektroencephalogramms in den Altersgruppen von 3–8 Jahren. Klin. Wschr. 51 (1973) 55
Williams, R. L., H. W. Agnew and W. B. Webb, Sleep patterns in young adults: an EEG study. Electroenceph. clin. Neurophysiol. 17 (1964) 376–381

6. Die Provokationsmethoden im Eeg

Barolin, G. S., und H. Scholz, Diagnostischer Aussagewert von EEG mit Karotisdruckversuch in der klinischen Praxis. Frühjahrstag. Österreichische EEG-Ges. Wien, 14. 6. 75, Z. EEG-EMG 8 (1977) 51
Bärtschi-Rochaix, W., und F. Bärtschi-Rochaix, Das aktivierte Elektro-Encephalogramm (EEG). Ein Beitrag zur Diagnostik der cerebralen Anfallskrankheiten. Schweiz. med. Wschr. 82 (1952) 48 ff. und 78 ff.

Bärtschi-Rochaix, W., und *F. Bärtschi-Rochaix,* Die kombinierte Cardiazol-Barbitur-Aktivierung des EEG in der neurologischen Diagnostik (= »Triplex«-Aktivierung). Nervenarzt, Berlin 26 (1955) 316

Bechinger, D., J. Kriebel und *M. Schlager,* Das Schlafentzugs-EEG, ein wichtiges diagnostisches Hilfsmittel bei cerebralen Anfällen. Zschr. Neurol., Berlin 205 (1973) 193

Bickford, R. C., G. W. Jacobsen, P. T. White and *D. Daly,* Some observations on the mechanism of photic and photo-metrazol activation. Electroenceph. clin. Neurophysiol. 4 (1952) 275

Bostem, F., Hyperventilation. In: Handbook of Electroencephalography and Clinical Neurophysiology (Ed. by A. Rémond), Vol. 3, Part D, pp. 74–88, Elsevier Scient. Publ. Co., Amsterdam 1976

Broeker, H., G. Sack, D. Müller und *J. Müller,* Schlaf-EEG-Untersuchungen bei unklaren Anfallszuständen und episodischen Verhaltensstörungen. Psychiat. Neurol. med. Psychol., Leipzig 25 (1973) 656

Cincă, I., C. Cristian, I. Stamatoiu et *B. Popesco,* La valeur clinique des méthodes d'activation EEG dans l'épilepsie. Congr. national Neurol. 19 (1971) 27

Daute, K.-H., J. Frenzel und *E. Klust,* Über den unspezifischen Hyperventilationseffekt im EEG des gesunden Kindes. I. Stärkegrad. Zschr. Kinderhk. 104 (1968) 197

–, *E. Klust* und *J. Frenzel,* Über den unspezifischen Hyperventilationseffekt im EEG des gesunden Kindes. II. Strukturbesonderheiten, Schlußfolgerungen. Zschr. Kinderhk. 104 (1968) 208

Degen, R., Die diagnostische Bedeutung des Schlafes nach Schlafentzug unter antiepileptischer Therapie. Nervenarzt, Berlin 48 (1977) 314

Domzal, T., und *S. Zalejski,* EEG-Provokation durch Schlafentzug bei der Auswahl von Kandidaten für spezielle Berufe. Z. EEG-EMG 4 (1973) 201

Doose, H., und *H. Gerken,* Photosensibilität. Genetische Grundlagen und klinische Korrelationen. Z. EEG-EMG 4 (1973) 182

Fischgold, H., Zèle, risique et responsabilité en électroencéphalographie. Presse méd., Paris 72 (1964) 2061

Flügel, K. A., Morphologische Variabilität des Hirnstrombildes unter Hyperventilation. Fortschr. Neurol. 34 (1966) 296

Fünfgeld, E. W., Zur Frage der Megaphenprovokation bei der Elektrencephalographie. Arch Psychiatr. 194 (1956) 571

Gänshirt, H., Die Bedeutung der Elektroencephalographie in der klinischen Neurologie. Nervenarzt, Berlin 30 (1959) 111

–, und *K. Vetter,* Schlafelektroencephalogramm und Schlaf-Wach-Periodik bei Epilepsien. Nervenarzt, Berlin 32 (1961) 275

Gastaut, H., L'activité électrique cérébrale en relation avec les grands problèmes psychologiques. Année psychol., Paris 51 (1951) 61

–, *C. Trevisan* and *R. Naquet,* Diagnostic value of electroencephalographic abnormalities provoked by intermittent photic stimulation. Electroenceph. clin. Neurophysiol. 10 (1957) 194

– – –, Diagnostischer Wert der durch Flimmerlichtaktivierung ausgelösten EEG-Veränderungen. Tagung Österreichische EEG-Ges. und Bayr. Arbeitsgemeinschaft Salzburg 12. 10. 1957

Geikler, M., und *H.-G. Niebeling,* Zur Problematik der Hyperventilation in der EEG-Diagnostik. (Ein Beitrag zur Effektivität der Provokation durch Hyperventilation im EEG bei Hirntumorkranken.) In: Aus der klinischen Neurochirurgie und ihren Grenzgebieten, hrsg. von H.-G. Niebeling, Beitr. Neurochir. H. 15, J. A. Barth, Leipzig 1968, S. 92–96

Gibbs, E. L., and *F. A. Gibbs,* Diagnostic and localizing value of electroencephalographic studies in sleep. Res. Publ. Ass. Nerv. Ment. Dis., N. Y. 26 (1947) 366

Gibbs, F. A., and *E. L. Gibbs,* How much do sleep recordings contribute to the detection of seizure activity? Clin. Electroencephalogr. 2 (1971) 169

Götze, W., Über Belastungselektroencephalogramme. Habil.-Schrift Berlin 1953

Guggenheim, P., G. Scollo-Lavizzari und *R. Hess,* Die diagnostische Bedeutung der gesteigerten hirnelektrischen Reaktion auf Flackerlicht. Fortschr. Neurol. 36 (1968) 342

Hajnšek, F., und *B. Faber,* Erfahrungen mit Propanidid bei der Provokation im EEG. Z. EEG-EMG 6 (1975) 88–91

Hausmanowa-Petrusewiczowa, I., i *J. Majkowski,* Fizykalne metody aktywacji zapisu elektroencefalograficznego. Neurol. neurochir. psychiat. pol. 9 (1959) 1

– –, Chemiczne metody aktywacji zapisu elektroencefalograficznego. Neurol. Neurochir. Psychiat. pol. 9 (1959) 205

Jovanović, U. J., Die diagnostische Bedeutung des Schlaf-Elektroenzephalogramms. Dtsch. med. J. 17 (1966) 121

Klapetek, J., Provokationsmethoden in der Elektroenzephalographie. Münch. med. Wschr. 109 (1967) 1124

Klass, W. D., and *M. Fischer-Williams,* Sensory stimulation. Sleep and sleep deprivation. In: Handbook of Electroencephalography and Clinical Neurophysiology (Ed. by A. Rémond), Vol. 3, Part D, pp. 5–73 Elsevier Scient. Publ. Co., Amsterdam 1976

Klust, E., und *K.-H. Daute,* Die Altersdynamik der Schlafentzugszeit beim Schlafentzugs-Kurzschlaf-Eeg. 2. Symposion über »Elektroenzephalographie im Kindesalter«, Leipzig 9./10. 5. 1974

Kähler, G.-K., H. Penin, G. Oberhoffer, B. Krankenhagen und *U. Voigt,* Klinisches EEG mit kontrollierter Hyperventilation. Fortschr. Neurol. 39 (1971) 420

Kooi, K. A., A. M. Güvener, C. J. Tuppner und *B. K. Bagchi,* Electroencephalographic patterns of the temporal region in normal adults. Neurology (Minneapolis) 14 (1964) 1029

–, *M. H. Thomas* and *F. N. Mortenson,* Photoconvulsive and photomyoclonic responses in adults: An appraisal of their clinical significance. Neurology (Minneapolis) 10 (1960) 1051

Landolt, H., M. Lorgé und *A. Schmid,* Über die diagnostische Bedeutung des Elektroenzephalogramms bei offenen Augen. Dtsch. med. Wschr. 91 (1966) 539

Liberson, W. T., Functional electroencephalography in mental disorders. Dis. Nerv. Syst. 5 (1945) 1

Müller, D., Der Karotisdruckversuch als Provokationsmethode in der klinischen Elektroenzephalographie. Sammlg. zwangl. Abhandlg. a. d. Geb. d. Psychiat. Neurol., H. 42, VEB Georg Thieme Verlag, Jena 1972

Müller, K., Das Hirnstrombild unter Mehratmung bei Kindern. Beiheft 16 zu Psychiat. Neurol. med. Psychol., S. Hirzel Verlag, Leipzig 1971

Mundy-Castle, A. C., The clinical significance of photic stimulation. Electroenceph. clin. Neurophysiol. 5 (1953) 187

Naquet, R. (Ed.), Activation and Provocation Methods in Clinical Neurophysiology. In: Handbook of Electroencephalography and Clinical Neurophysiology (Ed. by A. Rémond), Vol. 3, Part D, Elsevier Scient. Publ Co., Amsterdam 1976

Pateisky, K., Das Flackerlicht als elektroencephalographische Provokationsmethode. Wien. Zschr. Nervenhk. 9 (1954) 191

Rabending, G., und *H. Klepel,* Fotokonvulsivreaktion und Fotomyoklonus: Altersabhängige, genetisch determinierte Varianten der gesteigerten Fotosensibilität Neuropädiatrie 2 (1970) 164

– –, Die Fotostimulation als Aktivierungsmethode in der Elektroenzephalographie. VEB Gustav Fischer Verlag, Jena 1978

Reilly, E. L., and *J. F. Peters,* Relationship of some varieties of electroencephalographic photosensitivity to clinical convulsive disorders. Neurology (Minneapolis) 23 (1973) 1050

Ritter, B., A Becker und *F. Duensing,* Zum diagnostischen Wert des EEG nach Schlafentzug. 21. Jahrestag. Dtsch. EEG-Ges. Bremen, 22.–25. 9. 76. Z. EEG-EMG 7 (1976) 208

Ritter, G., A. Becker und *F. Duensing,* Zum diagnostischen Wert des EEGs nach Schlafentzug. Nervenarzt, Berlin 48 (1977) 65

Samii, K., Bemerkungen zur Ableitungstechnik und Registrierdauer von Schlafentzugs-Schlaf-EEG. 21. Jahrestag. Dtsch. EEG-Ges. Bremen 22.–25. 9. 76, Z. EEG-EMG 7 (1976) 208

Scheffner, D., EEG-Veränderungen unter Hyperventilation. Z. EEG-EMG 4 (1973) 168

Schmalbach K., E. Müller, M. Salazar-Muños und *W. Bushart*, Synkopen und andere nicht epileptische Anfälle (Wert und Unwert von Provokationsmaßnahmen). Dtsch. med Wschr. 87 (1962) 2027

Schulz, H., und *B. Knebel*, Das Schlaf-EEG bei zerebralen Anfallserkrankungen. Zschr. ärztl. Fortbild. 69 (1975) 523

Schulze, B., Zur klinischen Relevanz der Fotosensibilität in der psychiatrischen EEG-Diagnostik. Nervenarzt 45 (1974) 207

Schwab, R. S., Aktivationsmethoden des Elektroencephalogramms. In: J. Kugler: Elektroencephalographie in Klinik und Praxis, Georg Thieme Verlag, Stuttgart 19 3, S. 54–59

Scollo-Lavizzari, G., und *W. Pralle*, Schlaf und Schlafentzug als Provokationsmethode in der Epilepsiediagnostik. Z. EEG-EMG 4 (1973) 188

– –, and *N. de la Cruz*, Activation effects of sleep deprivation and sleep in seizure patients. Europ. Neurol. (Basel) 13 (1975) 1

– –, and *E. W. Radue*, Comparative study of efficacy of waking and sleep recordings following sleep deprivation as an activation method in the diagnosis of epilepsy. Europ. Neurol. (Basel) 15 (1977) 121

Simonová, O., C. H. Lücking und *E. Krebs-Roubicek*, Differentialdiagnostischer Wert der EEG-Ableitung mit offenen Augen bei intrakraniellen Prozessen. Arch. Psychiatr. 212 (1969) 271

Speckmann, E.-J., und *H. Caspers*, Neurophysiologische Grundlagen der Provokationsmethoden in der Elektroenzephalographie. Z. EEG-EMG 4 (1973) 157

Tieber, E., Anfallsmuster bei Augenschluß. Neuropädiatrie 3 (1972) 305

Wagner, G., Methodische Probleme bei ärztlichen Reihenuntersuchungen. Med. Welt 1967: 10

Walter, V. J., und *W. G. Walter*, The central effects of rhythmic sensory stimulation. Electroenceph. clin. Neurophysiol. 1 (1949) 57

– –, The effect of physical stimuli on the EEG. Electroenceph. clin. Neurophysiol. 2 (1950) 60

Walter, W. G., V. J. Dovey and *H. W. Shipton*, Analysis of the electrical response of the human cortex to photic stimulation. Nature 158 (1946) 540

Wittenbecher, H., und *St. Kubicki*, Statistische Auswertung von 719 Kurzschlafableitungen nach Schlafentzug. 21. Jahrestag. Dtsch. EEG-Ges. Bremen, 22.–25. 9. 76, Z. EEG-EMG 7 (1976) 208

7. Störungen im Eeg

Bornhofen, J. A., Two devices for detecting artifact in the electroencephalograms of infants. Electroenceph. clin. Neurophysiol. 13 (1961) 296–297

Brittenham, D., Recognition and reduction of physiological artifacts. Amer. J. EEG Technol. 14 (1974) 158–165

Darrow, C. W., R. C. Wilcott, A. Siegel, M. Stroup and *L. Aarons*, Instrumental evaluation of EEG phase relationships. Electroenceph. clin. Neurophysiol. 8 (1956) 333–336

De Lucchi, M. R. B. Garoutte and *R. B. Aird*, The scalp as an electroencephalographic averager. Electroenceph. clin. Neurophysiol. 14 (1962) 191–196

Dunn, A. T., Identification of artifact in EEG recording. Amer. J. EEG Technol. 7 (1967) 61–71

Gerard, R. W., and *B. Libet*, The control of normal and "convulsive" brain potentials. Amer. J. Psychiatr. 96 (1940) 1125–1153

Giannitrapani, D., A. I. Sorkin and *J. Enenstein*, Laterality preference of children and adults as related to interhemispheric EEG phase activity. J. neurol. Sci. 3 (1966) 139–150

Goldman, S., W. E. Santelmann, E. W. Vivian and *D. Goldman*, Travelling waves in the brain. Science 109 (1949) 524

Hillyard, S. A., and *R. Galambos*, Eye movement artifact in the CNV. Electroenceph. clin. Neurophysiol. 28 (1970) 173–182

Kennard, M. A., The influence of amplification on the interpretation of EEG phenomena. Electroenceph. clin. Neurophysiol. 6 (1954) 513–516

Larsson, L. E., Can the non-spezific EEG response be an artefact caused by scalp movement? Electroenceph. clin. Neurophysiol. 12 (1960) 502–504

Levinson, J. P., E. L. Gibbs, M. L. Stillerman and *M. A. Perlstein*, Electroencephalogram and eye disorders. Pediatrics 7 (1951) 422–427

Lippold, O. C. J., Are alpha waves artefactual? New Scientist (London) 45 (1970) 506–507

–, and *G. E. K. Novotny*, Is alpha rhythm an artefact? Lancet 1 (1970) 976–979

Meles, H. P., und *D. Lehmann*, Computermethode zur Eichung und Fehlererkennung von EEG-Meßwerten. 20. Jahrestag. Dtsch. EEG-Ges. Münster, 29. 9.–3. 10. 75, Z. EEG-EMG 6 (1975) 204–205

Miller, H. L., Alpha waves-artifacts. Psychol. Bull. 69 (1968) 279–280

Milnarich, R. F., G. Tourney and *P. G. S. Beckett*, Electroencephalographic artifact arising from dental restorations. Electroenceph. clin. Neurophysiol. 9 (1957) 337–339

Motokawa, K., und *K. Iwama*, Über die Impedanz des Kopfes und ihre Bedeutung fôr die Auswertung des EEG. Tohoku J. Exper. Med. 49 (1947) 89–98

Pateisky, K., O. Presslich und *P. Wessely*, Registrierung von Lidschlagartefakt und Pupillenabdeckungszeit (»Blindzeit«) in der Polygraphie. Z. EEG-EMG 5 (1974) 130–133

Picton, T. W., and *S. A. Hillyard*, Cephalic skin potentials in electroencephalography. Electroenceph. clin. Neurophysiol. 33 (1972) 419–424

Redding, F. K., V. Wandel and *C. Nasser*, Intravenous infusion drop artifacts. Electroenceph. clin. Neurophysiol. 26 (1969) 318–320

Rohracher, H., Fehlerquellen und Kontrollmethoden bei gehirnelektrischen Untersuchungen. Pflügers Arch. Physiol. 242 (1939) 389–402

Schwab, R. S., and *Y. C. Chok*, A circuit of checking both electrode continuity and resistance during EEG recording. Electroenceph. clin. Neurophysiol. 5 (1953) 447–449

Vatter, O., J. Müller and *B. Rischmaui*, Das DC-Potential des Schädels und seine Beziehungen zum EEG. Elektromedizin 13 (1968) 89–98

Vetter, K., und *H. F. Stupp*, Die diagnostische Bedeutung von Muskelaktionspotentialen im Elektrencephalogramm. Nervenarzt, Berlin 32 (1961) 110–114

Weinmann, H. M., Artefakte im Elektroenzephalogramm. Z. EEG-EMG 5 (1974) 1–13

8. Die Auswertung des Eeg

Aird, R. B., and *D. S. Zealer*, The localizing value of asymmetrical electroencephalographic tracings obtained simultaneously by homologous recording. Electroenceph. clin. Neurophysiol. 3 (1951) 487–495

Albert, H.-H. v., Automatisierte Auswertung von Langzeit-EEG-Untersuchungen bei Anfallkranken. Erste Erfahrungen mit einem neuartigen teilautomatisierten Auswertverfahren. Z. EEG-EMG 8 (1977) 105–111

–, Ein neues automatisiertes Auswertverfahren. 20. Jahrestag. Dtsch. EEG-Ges. Münster, 29. 9.–3. 10. 75, Z. EEG-EMG 6 (1975) 204

–, Weitere Erfahrungen mit der automatisierten Auswertung von Langzeit-EEG-Untersuchungen bei Anfallskranken. 21. Jahrestagung Dtsch. EEG-Ges. Bremen, 22.–25. 9. 76, Z. EEG-EMG 7 (1976) 209

Bauer, G., Der Wert von EEG-Kontrollen möglichst bald nach einem epileptischen Anfall. Z. EEG-EMG 6 (1975) 125–130

Beaumanoir, A., M. Jekiel und *G. Varfis*, Anwendung der kontinuierlichen radiotele-enzephalographischen Registrierung bei der Epilepsie des Kindes. Gemeins. Herbsttag. d. Österreich. und Schweiz. EEG-Ges. Salzburg, 18.–19. 10. 75, Z. EEG-EMG 7 (1976) 50–51

Bente, D., und *U. Ferner,* Die digitale Intervall-Amplitudenanalyse des Elektroencephalogramms. Nervenarzt, Berlin 40 (1969) 129–133

Benoit, J. P., J. F. Baillon, F. Findji, B. Renault et *A. Rémond,* Une méthode informatique de traitement de l'electroencéphalogramme visant à reconnaitre et à quantifier le différents paramétres des graphoéléments usuels des électroencéphalographistes. In: Schenk, G. K. (Hrsg.), Beiträge zum Symposium, Die Quantifizierung des Elektroencephalogramms. Jongny sur Vevey, 2.–6. 5. 73, Konstanz 1973, Ausgabe 1273, 281–291

Berglund, K., und *B. Hjorth,* Normierte Steilheits-Beschreibungsparameter und deren physikalischer Sinn hinsichtlich der EEG-Deutung. In: Schenk, G. K. (Hrsg.), Beiträge zum Symposium Die Quantifizieiung des Elektroencephalogramms. Jongny sur Vevey, 2.–6. 5. 73, Konstanz 1973, Ausgabe 1273, 249–257

Bochnik, H. J., S. Mentzos und *W. Rasch,* Frequenzlabilität und Amplituden des Alpha-Rhythmus. Dtsch. EEG-Ges. 9. Jahresvers. 8.–10. 9. 1960, Düsseldorf. Ref.: Zbl. ges. Neurol. 161 (1961) 6

Cohn, R., A visual analysis and a study of latency of the photically driven EEG. Electroenceph. clin. Neurophysiol. 4 (1952) 297–302

Desi, I., I. Farkas und *B. Hajtman,* Die Wertung von Elektroenzephalogrammen mittels elektronisch-mathematischer Analysen. Psychiat. Neurol. med. Psychol., Leipzig 21 (1969) 20–27

Drescher, D., und *H. Hinrichs,* Bestimmung der normierten Steilheits-Beschreibungsparameter im Zeit- und Frequenzbereich. Z. EEG-EMG 8 (1977) 96–104

Ellis, N. W., and *S. L. Last,* Analysis of the normal electroencephalogram. Lancet 264 (1953) 112–114

Engeset, A., and *E. Skraastad,* Methods of measurement in electroencephalography. Neurology (Minneapolis) 14 (1964) 381

Ferner, J., Weiterverarbeitung mittels Zeitbereichs-Analyse gewonnener Parameter. XIV. Alpines EEG-Meeting, Zürs/Österreich, 27. 1.–2. 2. 74, Z. EEG-EMG 6 (1975) 160

Fischgold, H., et *C. Dreyfus-Brisac,* Savoir interpréter un électroencéphalogramme. Editions de Visscher, Bruxelles 1957

Götze, W., Zur Bestimmung der unteren Grenzfrequenz in der klinischen EEG-Diagnostik. Elektromedizin 2 (1957) 207–211

Gurath, B., und *H. Camman,* Die Ermittlung von klinischen EEG-Befunden mit Hilfe von Computern. 2. Nationaler Kongreß d. Ges. f. Neuro-Elektrodiagnostik d. DDR, Weimar 1973, Kurzreferateband 58

Heimann, H., und *A.-M. Schmocker,* Zur Korrelation frequenzanalytischer und psychologischer Meßwerte. In: Schenk, G. K. (Hrsg.), Beiträge zum Symposium Die Quantifizierung des Elektroencephalogramms. Jongny sur Vevey, 2.–6. 5. 73, Konstanz 1973, Ausgabe 1273, 631–647

Heintel, H., H. Künkel und *P. Niethardt,* Spektralanalyse von EEG-Grundrhythmusvarianten. 19. Jahrestag. Dtsch. EEG-Ges. Göttingen, 4.–6. 9. 74, Z. EEG-EMG 6 (1975) 104

Helmchen, H., und *H. Künkel,* Möglichkeiten quantitativer Auswertung elektroencephalographischer Verlaufsuntersuchungen bei neuroleptischer Behandlung. Med. exp. (Basel) 2 (1960) 95–102

Hoagland, H., D. E. Cameron and *M. A. Rubin,* The "delta index" of the electroencephalogram in relation to insulin treatments of schizophrenia. Psychol. Rec., Bloomington 1 (1937) 196–202

Höchel, G., Der Wellenindex, eine Methode zur zahlenmäßigen Auswertung des menschlichen Elektrenkephalogramms. Zschr. Neurol., Berlin 174 (1942) 281–294

Hugger, H., Zur objektiven Auswertung des Elektrenkephalogramms unter Berücksichtigung der gleitenden Koordination. Pflügers Arch. Physiol. 244 (1941) 309–336

Hughes, J. R., Bilateral EEG abnormalities on corresponding areas. Epilepsia (Amsterdam) Ser. 4 7 (1966) 44–52

Isaksson, A., and *A. Wennberg,* Visual evaluation and computer analysis of the EEG – A comparison. Electroenceph. clin. Neurophysiol. 38 (1975) 79–86

Jasper, H. H., and *H. L. Andrews,* Electroencephalography. III. Normaldifferentiation between occipital and precentral regions in man. Arch. Neurol. Psychiatr., Chicago 39 (1938) 96–115

Jimenéz Espinosa, L., Nociones de electroencefalografia practica. I. Cómo interpretar un encefalograma. Valor del EEG. Med. españ. 47 (1962) 231–236

Jung, R., Neurophysiologische Untersuchungsmethoden. II. Das Elektrencephalogramm (EEG). In: Hb. d. Inneren Med. 4. Aufl. Bd. V/1, 1246–1259, Springer-Verlag, Berlin-Göttingen-Heidelberg 1953

Killus, K., und *H.-G. Niebeling,* Die Darstellung der Frequenzstabilität und der zeitlichen Folge von Wellen durch die automatische EEG-Analyse. 2. Nationaler Kongreß d. Ges. f. Neuro-Elektrodiagnostik d. DDR, Weimar 1973, Kurzreferateband 51

Knoll, O., E.-J. Speckmann und *H. Caspers,* Ein Verfahren zur Korrelierung verschiedener bioelektrischer Vorgänge mit definierten Potentialmustern im EEG. Z. EEG-EMG 5 (1974) 199–205

Kopystecki, E., B. Polocki und *J. Łebkowski,* Die Analyse des EEG der Kranken nach neurochirurgischen Operationen – Methodologische und technische Aspekte. 2. Nationaler Kongreß d. Ges. f. Neuro-Elektrodiagnostik d. DDR, Weimar 1973, Kurzreferateband 49

Krakau, C. E. T., An optical method for EEG frequency analysis. Acta physiol. scand. 28 (1953) 115–139

Lazarus, H., J. Schröder und *W. Müller,* Bestimmung der Orientierungsreaktion (OR) im Elektroencephalogramm (EEG) und die Habituation der OR. In: Schenk, G. K. (Hrsg.), Beiträge zum Symposium Die Quantifizierung des Elektroencephalogramms. Jongny sur Vevey, 2.–6. 5. 73, Konstanz 1973, Ausgabe 1273, 583–606

Lennox, M., and *J. A. Epstein,* Experimental evaluation of recording to alternate ears as an aid in localization. Electroenceph. clin. Neurophysiol. 2 (1950) 333–337

Lensing, J., und *L. Sasse,* Ein EEG-on-line-Frequenz-Analysator mit geringem Aufwand. 20. Jahrestag. Dtsch. EEG-Ges. Münster, 29. 9.–30.10. 75, Z. EEG-EMG 6 (1975) 204

Lindsley, D. B., Foci of activity of the alpha rhythm in the human electro-encephalogram. J. Exper. Psychol. 23 (1938) 159–171

Lucioni, R., und *G. Penati,* Sulla frequenza e sul significato in psichiatria dei tracciati cosidetti piatti. Riv. neurol. 36 (1966) 200–208

Machek, J., Die Lokalisation der hirnelektrischen Herderscheinungen in Abhängigkeit vom Funktionszustand des Zentralnervensystems. In: Jenenser EEG-Symposium 17.–19. Oktober 1959; 30 Jahre Elektroencephalographie. Hrsg. v. R. Werner, S. 138–142, VEB Verlag Volk und Gesundheit, Berlin 1963

Mamo, H., et *J. Israel,* Notions pratiques su l'électroencéphalogramme de l'adulte. Presse méd., Paris 65 (1957) 477–480 und 671–673

Matějček, M., und *G. K. Schenk,* Quantitative EEG-Auswertung in der Psychopharmakologie – eine neue Variante der Intervallanalyse. Z. EEG-EMG 3 (1972) 198

Maětjček, J., und *J. Roubiček,* Einige Verfahren der quantitativen Elektroenzephalographie in ihrer Anwendung. XIV. Alpines EEG-Meeting Zürs/Österreich, 27. 1.–2. 2. 74, Z. EEG-EMG 6 (1975) 160

Matoušek, M., J. Volavka, J. Roubiček and *Z. Roth,* EEG frequency analysis related to age in normal adults. Electroenceph. clin. Neurophysiol. 23 (1967) 162–167

Milnarich, R. F., A manual for EEG technicians. Little, Brown & Co., Boston/Mass. 1958

Miyake, H., S. Manaka, M. Yasui and *K. Sano,* Clinical measurement of the stationary potentials of the brain and its evaluation. Digest of X. ICMBE Dresden 1973, Vol. I, 365

Motokawa, K., und *K. Tuziguti,* Die Phasendifferenzen der Alphawellen und Lokalunterschiede der elektrischen Aktivität der Großhirnrinde des Menschen. Jap. J. Med. Sc. 10 (1944) 23–38

Niedermeyer, E., Clinical correlates of flat or low voltage records. Electroenceph. clin. Neurophysiol. *15* (1963) 148

O'Leary, J. L., and *J. R. Knott*, Some minimum essentials for clinical electroencephalographers. Electroenceph. clin. Neurophysiol. *7* (1955) 293–298

Otto, E., H. Frauendorf und *H. Bräuer*, Intraindividuelle Variabilität der 4/s ... 40/s-Wellen im Elektroenzephalogramm 20–24jähriger Versuchspersonen. Psychiat. Neurol. med. Psychol., Leipzig *23* (1971) 138–148

– – –, Variabilität der Graphoelemente im EEG gesunder Erwachsener in Beziehung zur Zuverlässigkeit und Objektivität des Auswertungsverfahrens. Psychiat. Neurol. med. Psychol., Leipzig *23* (1971) 205–215

Petersén, I., M. Matoušek and *S. Friberg*, Automatic evaluation of EEG background activity by means of spectral analysis. Digest of X. ICMBE Dresden 1973, Vol. I, 118

Petsche, H., und *E. Frühmann*, Die Analyse von lokalen EEG-Veränderungen durch gleichzeitige uni- und bipolare Ableitungen. Arch. Psychiatr. *208* (1966) 447–461

Reiher, J., and *D. W. Klass*, Two common EEG patterns of doubtfull clinical significance. Med. Clin. North America *52* (1968) 933–940

Remy, M., La lecture de l'électro-encéphalogramme. Schweiz. med. Wschr. *77* (1947) 1363–1366

Rieger, H., und *J. Krieglstein*, Über eine einfache Analysemethode des EEG. Z. EEG-EMG *5* (1974) 123–129

Rohracher, H., Zur Deutung des normalen Elektrencephalogramms und seiner Veränderungen. Über sogenannte indifferente Ableitstellen beim Elektrencephalogramm. Arch. Psychiatr. *183* (1949) 189–191

–, Ein einfacher Index zur Auswertung der Alpha-Wellen des Elektrencephalogrammes. Arch. Psychiatr. *184* (1950) 487–492

Sato, K., T. Ozaki, K. Mimura, S. Masuya, N. Honda, T. Nishikama and *T. Sonoda*, On the physiological significance of the average- and frequency-pattern of the electroencephalogram. Electroenceph. clin. Neurophysiol. *13* (1961) 208

Scheffner, D., Eine einfache Methode zur quantitativen Bestimmung langsamer Frequenzen im EEG von Kindern. Arch. Kinderhk., Stuttgart *177* (1968) 41–48

Schenk, G. K., The quantification of EEG by vectorial iteration technique, simulation method of visual EEG analysis. Electroenceph. clin. Neurophysiol. *34* (1973) 704

Schlack, H.-G., E. Buchheim, B. Ostertag und *H. Penner*, Quantifizierung des kindlichen EEG bei visueller Auswertung (Anwendung des Optimalitätsprinzips), 20. Jahrestag. Dtsch. EEG-Ges. Münster, 29. 9.–3. 10. 75, Z. EEG-EMG *6* (1975) 201

–, *E. Buchheim, B. Ostertag* und *H. Penner*, Quantifizierung der visuellen Auswertung des kindlichen Wach-EEG. Z. EEG-EMG *7* (1976) 38–42

Schoppenhorst, M., F. Brauer und *St. Kubicki*, Vergleichende Spektralanalyse und Kohärenzfunktionen bei μ-wave und μ-wave-foci. 20. Jahrestag. Dtsch. EEG-Ges. Münster, 29. 9 bis 3. 10. 75, Z. EEG-EMG *6* (1975) 204

–, und *G. Freund*, Spektralanalyse und Kohärenzfunktion bei einem der Computer-Tomographie zugeführten Patientengut. 21. Jahrestag. Dtsch. EEG-Ges. Bremen, 22.–15. 9. 76, Z. EEG-EMG *7* (1976) 213

Schüssler, H. W. (Ed.), Digitale Systeme zur Signalverarbeitung. Springer Verlag, Berlin 1973

Shirmounskaja, E. A., Les variantes de l'électroencéphalogramme de l'homme et la standardisation des moyens de leur definition. Ž. nevropat. psichiatr., Moskva *62* (1962) 641–647

Spehr, W., W. Pascher, K. Berglund, B. Hjorth, A. Giffhorn, J. Hansen und *H.-P. Knipp*, Experimentalpsychologische Methoden im klinischen EEG-Labor: EEG-Analyse im Frequenz- und Zeitbereich bei mentaler Aktivität. 19. Jahrestag. Dtsch. EEG-Ges. Göttingen, 4.–6. 9. 74, Z. EEG-EMG *6* (1975) 41

Strauss, H., M. Ostow and *L. Greenstein*, Diagnostic electroencephalography. Grune & Stratton, New York 1952

Strobos, R. J., Significance of amplitude asymmetry in the electroencephalogram. Neurology (Minneapolis) *10* (1960) 799–803

Such, G., Z. Hidvégi und *F. Obál*, EEG-Analyse elementarer Integrationsprozesse. Z. EEG-EMG *6* (1975) 149–154

Suhura, K., N. Furuta, H. Suzuki and *M. Sameshima*, An attempt of tridimensional display concerning the correlation among multichannel EEG. Digest of X. ICMBE Dresden 1973, Vol. I, 363

Sulg, I. A., Manual EEG analysis. Acta neurol. Scand. *45* (1969) 431–458

Trzopek, H.-G., Einsatzmöglichkeiten des elektromechanischen Zählgerätes »Leuconor 2« bei der Auswertung von EEG-Kurven. Dtsch. Ges.wesen *27* (1972) 71–73

Turner, M., Proyecto para un glosario castellano de los principales terminos utilizados en electroencefalografia. Acta neurol. Lat. Amer. *12* (1966) 56–60

Volavka, J., M. Matoušek, St. Feldstein, J. Roubiček, P. Prior, D. F. Scott, V. Březinová und *V. Synek*, Die Zuverlässigkeit der EEG-Beurteilung. Z. EEG-EMG *4* (1973) 123–130

Walter, W. G., et *L. Shipton*, La présentation et l'identification des composantes des rythmes alpha. Electroenceph. clin. Neurophysiol. Suppl. *6* (1957) 177–184

Weber, R., Diagnostische Rückschlüsse aus dem Elektroencephalogramm des Menschen. Ärztl. Forschg., Wörishofen *10* (1956) 189–200

Wehmeyer, W., und *R. Dreyer*, Praktische Nutzbarkeit einer Fernseh-EEG-Abteilung für Forschung und Klinik. Z. EEG-EMG *7* (1976) 34–37

Weigeldt, H. D., Von der visuellen Auswertung des EEG zur elektronischen Datensammlung und -verarbeitung elektroenzephalographischer Polygraphie. 20. Jahrestag. Dtsch. EEG-Ges. Münster, 20. 9.–3. 10. 75, Z. EEG-EMG *6* (1975) 210

9. Die Anwendungsgebiete des Eeg
9.1. Eeg bei Epilepsie und anderen Anfallkrankheiten

Adrian, E. D., The mechanism of nervous action. Electrical studies of the neurone. H. Milford, Oxford University Press, London 1932

Aird, R. B., and *B. Garoutte*, Propagation of epileptic discharge, as revealed by activated electroencephalography. Epilepsia (Amsterdam) *1* (1960) 337–350

Alajouanine, Th., Bases physiologiques et aspects cliniques de l'épilepsie. In: Actualités neurophysiologiques Masson & Cie., Paris 1958

Bamberger, Ph., und *A. Matthes*, Anfälle im Kindesalter. S. Karger, Basel 1959

Barolin, G., Zur Frage eines Zusammenhangs zwischen Migräne und Epilepsie. Hippokrates, Stuttgart *34* (1963) 859

–, und *J. Kugler*, Anfallsmuster ohne typische Krisen. Dtsch. EEG-Ges. 9. Jahresvers. 8.–10. 9. 1960 Düsseldorf. Ref.: Zbl. ges. Neurol. *161* (1961) 15

Bärtschi-Rochaix, W., Migräne und Epilepsie. Schweiz. med. Wschr. *84* (1954) 1139–1156

–, Grundlagen und Kriterien der Epilepsie-Diagnose. Schweiz. Arch. Neurol. *76* (1955) 321–338

Baudouin, A., et *H. Fischgold*, Règles pratiques de l'examen électroencéphalographique des épileptiques. Bull. Acad. med., Paris *124* (1941) 13–14

Berger, H., Über das Elektrenkephalogramm des Menschen. III. Mitteilung. Arch. Psychiatr. *94* (1931) 16–60

Bertha, H., und *H. Lechner*, Das Krankheitsbild der photogenen Epilepsie. Wien. klin. Wschr. *68* (1956) 954–962

Biedermann, J., Neues Weckverfahren bei der Narkolepsie. Z. inn. Med., Leipzig *15* (1960) 632–636

Bülow, K., and *D. H. Ingvar*, Respiration and electroencephalography in narcolepsy. Neurology (Minneapolis) *13* (1963) 321–326

Bushart, W., Spitzenpotentiale und Spitzen-Wellengruppen ohne klinisch bekannte epileptische Reaktionen. Zbl. ges. Neurol. *161* (1961) 14–15

Caracas, G., und *I. Stoica*, Betrachtungen über die Ätiologie und Prognose der Kinderkrämpfe. Stud. cercet. neurol. *3* (1958) 313–327

Caspers, H., Über die Beziehungen zwischen Dendritenpotential und Gleichspannung an der Hirnrinde. Pflügers Arch. Physiol. *269* (1959) 157–181

Christian, W., Bioelektrische Charakteristik tagesperiodisch gebundener Verlaufsformen epileptischer Erkrankungen. Dtsch. Zschr. Nervenhk. *181* (1960) 413–444

–, Schlaf-Wach-Periodik bei Schlaf- und Aufwachepilepsien. Nervenarzt, Berlin *32* (1961) 266–275

–, EEG-Veränderungen bei der psychomotorischen Epilepsie. Dtsch. Zschr. Nervenhk. *183* (1962) 218–244

–, Klinische Elektroenzephalographie. Lehrbuch und Atlas, S. 88–195; Thieme-Verlag, Stuttgart 1975. 2. Aufl.

–, Leistungsfähigkeit und Grenzen des EEG in Diagnostik und Therapie der Erwachsenen-Epilepsien. Akt. neurol. *3* (1976) 137–145

Creutzfeld, O. D., Die Krampfausbreitung im Temporallappen der Katze. Schweiz. Arch. Neurol. *77* (1956) 163–194

Daly, D. D., and *R. E. Yoss,* Electroencephalogram in narcolepsy. Electroenceph. clin. Neurophysiol. *9* (1957) 109

Degen, R., Klinische und elektroencephalographische Befunde bei Blitz-, Nick- und Salaamkrämpfen. Psychiat. Neurol. med. Psychol., Leipzig *14* (1962) 326–333

–, und *K. Goller,* Die sogenannten Fieberkrämpfe des Kindesalters und ihre Beziehung zur Epilepsie. Nervenarzt, Berlin *38* (1967) 55–61

Doose, H., Gelegenheitskrämpfe. Mschr. Kinderhk. *110* (1962)

–, Die Altersgebundenheit pathologischer EEG-Potentiale am Beispiel des kindlichen Petit mal. Nervenarzt, Berlin *35* (1964) 72–79

–, Das akinetische Petit mal. I. Das klinische und elektrencephalographische Bild der akinetischen Anfälle. Arch. Psychiatr. *205* (1964) 625

–, *E. Völzke* und *D. Scheffner,* Verlaufsformen kindlicher Epilepsien mit Spike-wave-Absencen. Arch. Psychiatr. *207* (1965) 394–415

– –, *C. E. Petersen* und *E. Herzberger,* Fieberkrämpfe und Epilepsie. II. Elektrencephalographische Verlaufsuntersuchungen bei sogenannten Fieber- oder Infektkrämpfen. Arch. Psychiatr. *208* (1966) 413

Dreyer, R., Stand der klinischen Elektrencephalographie in Diagnostik und Therapie der Epilepsie. Fortschr. Neurol. *24* (1956) 457–470

–, Die Differentialtypologie des kleinen epileptischen Anfalls. Fortschr. Neurol. *30* (1962) 289–303

–, Therapie der Epilepsie. Psychiat. Neurol. Neurochir. (Amsterdam) *66* (1963) 223–239

–, Zur Frage des Status epilepticus mit psychomotorischen Anfällen. Nervenarzt, Berlin *36* (1965) 221

Dumermuth, G., Elektroenzephalographie im Kindesalter. Einführung und Atlas, S. 108–153, 161–207. Thieme-Verlag, Stuttgart 1965

Fischer, H., Symptomatische Epilepsie bei cerebralen Gefäßprozessen. Arch. Psychiatr. *199* (1959) 296–310

Foerster, O., Zur Pathogenese des epileptischen Krampfanfalles. Zbl. ges. Neurol. *94* (1926) 15–53

Fünfgeld, E. W., Elektrencephalographische Verlaufsuntersuchungen bei antiepileptischer Medikation. Dtsch. med. J. *8* (1957) 256–258

Ganglberger, J. A., und *H. Strotzka,* Über atypische epileptische Manifestationen. Wien. klin. Wschr. *62* (1950) 445–448

Gänshirt, H., Das Elektrencephalogramm in Diagnose und Behandlung der Epilepsie. Nervenarzt, Berlin *32* (1961) 262–265

–, *K. Poeck, H. Schliep, K. Vetter* und *L. Gänshirt,* Durchblutung und Sauerstoffversorgung des Gehirns im Elektrokrampf bei Katze und Hund. Arch. Psychiatr. *198* (1959) 601

–, und *K. Vetter,* Schlafelektrencephalogramm und Schlaf-Wach-Periodik bei Epilepsien. Nervenarzt, Berlin *32* (1961) 275–279

Garsche, R., Elektroencephalographie. In: Biologische Daten für den Kinderarzt. Bd. II. Hrsg. von Brock, Springer-Verlag, Berlin-Göttingen-Heidelberg 1954. 2. Aufl. 856–918

–, Das Elektroencephalogramm bei den psychomotorischen Anfällen im Kindesalter. Arch. Kinderhk. *153* (1956) 27

Gastaut, H., The epilepsies. Electro-clinical correlations. Ch. O. Thomas, Springfield 1954

–, Bases électroencéphalographiques et cliniques du traitment des épilepsies. Rev. neurol., Paris *110* (1964) 191–195

–, Clinical and electroencephalographical classification of epileptic seizures. Epilepsia (Amsterdam) 10. Suppl. (1969) 14

–, und *J. Hunter,* An experimental study of the mechanism of photic activation in idiopathic epilepsy. Electroenceph. clin. Neurophysiol. *2* (1950) 263–287

–, *C. Trevisan* und *R. Naquet,* Diagnostischer Wert der durch Flimmerlichtaktivierung ausgelösten EEG-Veränderungen. Vortr. Tag. Österr. EEG-Ges. u. Bayer. EEG-Arbeitsgemein., Salzburg, 12. 10. 1957

–, *H. Regis* et *G. Chevallier,* A propos du Petit Mal »akinethique« de Lennox. Rev. neurol., Paris *103* (1960) 593–598

– –, *F. Bostem* and *M. Beaussart,* EEG study of 35 individuals presenting attacks during a television show. Electroenceph. clin. Neurophysiol. *12* (1960) 943

–, und Mitarb., A proposed international classification of epileptic seizures. Epilepsia (Boston) *5* (1964) 297

Gibbs, E. L., and *F. A. Gibbs,* Electroencephalographic evidence of thalamic and hypothalamic epilepsy. Neurology (Minneapolis) *1* (1951) 136–144

–, and *F. A. Gibbs,* Good prognosis of mild-temporal epilepsy. Epilepsia (Amsterdam) *1* (1960) 448–453

–, *H. W. Gillen* and *F. A. Gibbs,* Disappearance and migration of epileptic foci in childhood. Amer. J. Dis. Child. *88* (1954) 596–603

Gibbs, F. A., Der gegenwärtige Stand der klinischen Elektrencephalographie. Arch. Psychiatr. *183* (1949) 2

–, Atlas of Electroencephalography. Vol. II. Epilepsy. Addison-Wesley Press. Inc., Cambridge, Mass. 1952. 2. Aufl.

–, *H. Davis* and *W. G. Lennox,* The electroencephalogram in epilepsy and in conditions of impaired consciouness. Arch. Neurol. Psychiatr., Chicago *34* (1935) 1133–1148

– –, Changes in epileptic foci with age. Electroenceph. clin. Neurophysiol. *4* (1954) 233–234

– –, Fourteen and six per second positive spikes. Electroenceph. clin. Neurophysiol. *15* (1963) 553–558

– –, and *W. G. Lennox,* Cerebral dysrhythmia of epilepsy: measures for their control. Arch. Neurol. Psychiatr., Chicago *39* (1938) 298–314

–, und *W. G. Lennox,* Electroencephalographic classification of epileptic patients and control subjects. Arch. Neurol. Psychiatr. Chicago *50* (1943) 111–128

–, *W. G. Lennox* and *E. L. Gibbs,* The electroencephalogram in diagnosis and in localization of epileptic seizures. Arch. Neurol. Psychiatr., Chicago *36* (1936) 1225–1235

Gloor, P., Der neurophysiologische Mechanismus des epileptischen Anfalls. Bull. Schweiz. Akad. med. Wiss. *18* (1962) 167–188

–, *C. Tsai* and *F. Haddad,* An assessment of the value of sleep electroencephalography for the diagnosis of temporal lobe epilepsy. Electroenceph. clin. Neurophysiol. *10* (1958) 633–648

Gund, A., und *J. Kugler,* Klinische und elektrographische Beobachtungen bei Reflexepilepsie. Zbl. Neurochir. *14* (1954) 150–160

Hedenström, I. von, und *G. Schorsch,* Klinische und hirnelektrische Befunde bei 120 anfallsfrei gewordenen Epileptikern. Arch. Psychiatr. *198* (1958) 17–38

–, und *G. Schorsch,* Atypische Hirnstrombilder bei epileptischen Anfällen. Arch. Psychiatr. *196* (1958) 627

–, und *G. Schorsch,* EEG-Befunde bei epileptischen Dämmer- und Verstimmungszuständen. Arch. Psychiatr. *199* (1959) 311–329

Herbst, A., Ein Beitrag zur familiären progressiven Myoklonusepilepsie. In: Aktuelle Probleme der Elektroenzephalographie, S. 18–39. Hrsg. von D. Müller-Hegemann, S. Hirzel, Leipzig 1967

Hess, R., Die differentialdiagnostische Abgrenzung der Epilepsie im Elektroencephalogramm. Dtsch. Zschr. Nervenhk. *176* (1957) 304–320

Hess, R., Verlaufsuntersuchungen über Anfälle und EEG bei kindlichen Epilepsien. Arch. Psychiatr. *197* (1958) 568–593
–, Die Narkolepsie. Med. Klin. *54* (1959) 985–993
–, Narkolepsie und Epilepsie. Praxis *54* (1965) 96–102
–, und *Th. Neuhaus*, Das Elektroencephalogramm bei Blitz-, Nick- und Salaamkrämpfen und bei anderen Anfallsformen des Kindesalters. Arch. Psychiatr. *189* (1952) 37–58
Heyck, H., und *R. Hess*, Zur Narkolepsiefrage, Klinik und Elektroenzephalogramm. Fortschr. Neurol. *22* (1954) 531
–, und *R. Hess*, Vasomotorische Kopfschmerzen als Symptom larvierter Epilepsien. Schweiz. med. Wschr. *85* (1955) 573
Janz, D., »Nacht«- oder »Schlaf«-Epilepsien als Ausdruck einer Verlaufsform epileptischer Erkrankungen. Nervenarzt, Berlin *24* (1953) 361
–, »Aufwach«-Epilepsien (als Ausdruck einer den »Nacht«- oder »Schlaf«-Epilepsien gegenüberzustellenden Verlaufsform epileptischer Erkrankungen). Arch. Psychiatr. *191* (1953) 73
–, »Diffuse« Epilepsien, als Ausdruck einer Verlaufsform vorwiegend symptomatischer Epilepsien im Vergleich zu »Nacht«- u. »Aufwach«-Epilepsien. Dtsch. Z. Nervenheilk. *170* (1953) 486
–, Die klinische Stellung der Pyknolepsie. Dtsch. med. Wschr. *80* (1955) 1392
–, und *R. Akos*, Über die Rolle praenataler Faktoren bei der Ätiologie der Propulsiv-Petit-mal-Epilepsie (West-Syndrom). J. neurol. Sci. (Amsterdam) *4* (1967) 401
–, und *A. Matthes*, Die Propulsiv-Petit-mal-Epilepsie. Klinik und Verlauf der sogenannten Blitz-, Nick- und Salaamkrämpfe. Karger, Basel 1955
Janzen, R., Die Bedeutung der tierexperimentellen Forschung für klinische Epilepsie-Probleme. Dtsch. med. Wschr. *92* (1967) 185–191
–, *C. Schroeder* und *H. Heckel*, Die Eklampsie im Lichte hirnelektrischer Untersuchungen. Klin. Wschr. (1952) 1073–1079
Jasper, H., General summary of "Basic mechanisms of the epileptic discharge". Epilepsia (Amsterdam) *2* (1961) 91–99
–, und *J. Kershman*, Electroencephalographic classification of the epilepsies. Arch. Neurol. Psychiatr., Chicago *45* (1941) 903
Jovanovič, U. J., Das Schlafverhalten der Epileptiker. I. Schlafdauer, Schlaftiefe und Besonderheiten der Schlafperiodik. Dtsch. Zschr. Nervenhk. *190* (1967) 159
–, Das Schlafverhalten der Epileptiker. II. Elemente des EEG, Vegetativum und Motorik. Dtsch. Zschr. Nervenhk. *191* (1967) 257
Jung, R., Über vegetative Reaktionen und Hemmungswirkung von Sinnesreizen im kleinen epileptischen Anfall. Nervenarzt, Berlin *12* (1939) 169–185
–, Hirnelektrische Untersuchungen über den Elektrokrampf. Die Erregungsabläufe in corticalen und subcorticalen Hirnregionen bei Katze und Hund. Arch. Psychiatr. *183* (1949) 206
–, Neurophysiologische Untersuchungsmethoden. In: Hb. d. Inneren Med. Bd. V/1, 1–181 und 1266–1280. Springer-Verlag, Berlin-Göttingen-Heidelberg 1953. 4. Aufl.
–, Bedingungen der Krampfentstehung bei der experimentellen Epilepsie. Zbl. ges. Neurol. *140* (1957) 12
–, und *J. F. Tönnies*, Hirnelektrische Untersuchungen über Entstehung und Erhaltung von Krampfentladungen. Die Vorgänge am Reizort und die Bremsfähigkeit des Gehirns. Arch. Psychiatr. *185* (1950) 701
–, und *G. Baumgartner*, Hemmungsmechanismen und bremsende Stabilisierung an einzelnen Neuronen des optischen Cortex. Ein Beitrag zur Koordination corticaler Erregungsvorgänge. Pflügers Arch. Physiol. *261* (1955) 434
Karbowski, K., *F. Vassella* und *H. Schneider*, Elektroencephalographische Gesichtspunkte beim Lennox-Syndrom. Europ. Neurol. (Basel) *4* (1970) 301–311
Kornmüller, A. A., Zum Wesen der Epilepsie auf Grund einer Analyse des EEG. Fortschr. Neurol. *26* (1958) 470–482
–, und *W. Noell*, Über den Einfluß der Kohlensäurespannung auf bioelektrische Hirnrindenphänomene. Pflügers Arch. Physiol. *247* (1944) 660

Krayenbühl, H., Die psychomotorische Epilepsie. Dtsch. med. Wschr. *77* (1952) 1177–1181
Kugler, J., Elektroencephalographie in Klinik und Praxis. Thieme-Verlag, Stuttgart 1966. 2. Aufl.
–, und *H. Gastaut*, Die Entwicklung kryptogener Temporallappenherde bei mehrjähriger Beobachtung. Nervenarzt, Berlin *26* (1955) 39
Landolt, H., Über Verstimmungen, Dämmerzustände und schizophrene Zustandsbilder bei Epilepsie. Schweiz. Arch. Neurol. *76* (1955) 313–321
–, Die Bedeutung der Elektroencephalographie für die Behandlung der Epilepsie. Nervenarzt, Berlin *28* (1957) 170–176
–, Die Temporallappenepilepsie und ihre Psychopathologie. Ein Beitrag zur Kenntnis psychophysischer Korrelationen bei Epilepsie und Hirnläsionen. Bibl. Psychiat. et Neurol. Edit. Klaesi, J., Fasc. 112: S. Karger, Basel-New York 1960
–, Die Behandlung der Epilepsie am Beispiel des Petit mal. Helv. med. acta *30* (1963) 347–352
–, Die Dämmer- und Verstimmungszustände bei Epilepsie und ihre Elektrencephalographie. Dtsch. Zschr. Nervenhk. *185* (1963) 411–430
Lässker, G., Die Bedeutung der Art und Lokalisation von elektroenzephalographischen Herdbefunden bei Kindern mit Epilepsie. Psychiat. Neurol. med. Psychol., Leipzig *24* (1972) 572–580
Ledermair, O., und *E. Niedermeyer*, Posteklamptische Epilepsie. Geburtsh. Frauenhk. *16* (1956) 679–685
Lennox, W. G., The treatment of epilepsy. Med. Clin. North America *29* (1945) 114 (b)
–, Epilepsy and related disorders. Little, Brown, Boston 1960
–, and *J. P. Davis*, Clinical correlates of the fast and the slow spike-wave electroencephalogram. Pediatrics *5* (1950) 626
Lenz, H., und *M. Lenz*, Häufige Fehldiagnosen beim psychomotorischen Anfallsgeschehen. Wien. med. Wschr. *112* (1962) 490–492
Lesný, I., Elektroenzephalographie im Kindesalter. VEB Verlag Volk und Gesundheit, Berlin 1962
Martinius, J., Leistungsfähigkeit und Grenzen der Elektroenzephalographie in Diagnostik und Therapie kindlicher Epilepsien. Akt. neurol. *3* (1976) 147–154
Matthes, A., »Maskierte« und latente Epilepsie im Kindesalter. Dtsch. Zschr. Nervenhk. *178* (1958) 506
–, und *E. Mallmann-Mühlberger*, Die Propulsiv-Petit-Mal-Epilepsie und ihre Behandlung mit Hormonen. Dtsch. med. Wschr. *88* (1963) 426
–, und *H. Weber*, Klinische und elektroenzephalographische Familienuntersuchungen bei Pyknolepsien. Dtsch. med. Wschr. *93* (1968) 429
Meyer-Mickeleit, R., Das Elektroencephalogramm beim Elektrokrampf des Menschen. Arch. Psychiatr. *183* (1949) 12–33
–, Über die sogenannten psychomotorischen Anfälle, die Dämmerattacken der Epileptiker. Arch. Psychiatr. *184* (1950) 271–272
–, Über atypische Krampfanfälle und epileptische Äquivalente im EEG. Verh. Dtsch. Ges. inn. Med. *56* (1950) 95
–, Die Dämmerattacken als charakteristischer Anfallstyp der temporalen Epilepsie (psychomotorischer Anfälle, Äquivalente, Automatismen). Nervenarzt, Berlin *24* (1953) 331–346
–, und *E. Schneider*, Das EEG bei der Residualepilepsie nach Hirnschäden bei der Geburt und im Kindesalter. Sitzungsberichte d. Dtsch. EEG-Gesellschaft, Eigenreferat Zbl. ges. Neurol. *155* (1960) 236–237
Morrel, F., *W. Bradley* and *M. Ptashne*, Effect of drugs on discharge characteristics of chronic epileptogenic lesions. Neurology (Minneapolis) *9* (1959) 492–498
Moruzzi, G., L epilepsie experimentale. Hermann. Paris 1950
–, and *H. W. Magoun*, Brain stem reticular formation and activation of the EEG. Electroenceph. clin. Neurophysiol. *1* (1949) 455
Niedermeyer, E., Zur Frage der psychomotorischen Epilepsie des Kindesalters. Acta neurochir., Wien *5* (1957) 385–390

Niedermeyer, E., Ein Fall von Status epilepticus durch Tracheotomie und Sauerstoffbeatmung geheilt. Elektroenzephalographische und pathophysiologische Erwägungen. Wien. klin. Wschr. *71* (1959) 530–533

–, Gedanken zum Problem der Krampfpotentiale ohne Anfallssymptomatik. Fortschr. Neurol. *28* (1960) 162–178

–, und *J. R. Knott,* Über die Bedeutung der 14 und 6/sec. positiven Spitzen im EEG. Arch. Psychiatr. *202* (1961) 266–280

Nittner, K., und *H. W. Steinmann,* Klinik und Therapie symptomatischer Anfallsleiden. Arbeit u. Gesundheit. Hrsg. v. M. Bauer u. a. N. F. H. 69, S. 1–79, Thieme-Verlag, Stuttgart 1959

Paal, G., Katamnestische Untersuchungen und EEG bei Pyknolepsie. Arch. Psychiatr. *196* (1957) 48–62

Pateisky, K., Die elektroencephalographische Aktivierung bei Epilepsie unter Berücksichtigung von Mechanismen des Erregungsumfanges. Wien klin. Wschr. *69* (1957) 713–715

Penfield, W., and *H. Jasper,* Epilepsy and the functional anatomy of the human brain. Churchill Ltd., London 1954

Petsche, H., Zum Begriff der Hypersynchronie im epileptischen Anfall. Wien. klin. Wschr. *69* (1957) 715–717

–, Pathophysiologie und Klinik des Petit mal. Toposkopische Untersuchungen zur Phänomenologie des Spike-Wave-Musters. Wien. Zschr. Nervenhk. *19* (1962) 345–442

–, Die spatio-temporale Analyse der epileptischen Anfallstätigkeit. Ideggyóg. Szle. *22* (1969) 4–61

–, *G. Foitl* und *H. Tschabitscher,* Zur Neurophysiologie der Reflexepilepsie. Wien. Zschr. Nervenhk. *17* (1960) 337–354

–, *A. Marko* und *H. Kugler,* Die Ausbreitung der Spikes und Waves an der Schädeloberfläche. Wien. Zschr. Nervenhk. *8* (1954) 294–323

Popella, E., und *R. Werner,* Klinische und elektroencephalographische Untersuchungen bei Residualepilepsie. Dtsch. Zschr. Nervenhk. *184* (1963) 561–571

Prüll, G., EEG-Langzeituntersuchungen mit der Intervallanalyse zur gestörten polaren Bewußtseinsdynamik von Narkoleptikern. Nervenarzt, Berlin *35* (1964) 101–112

Rabe, F., Zum Wechsel des Anfallscharakters kleiner epileptischer Anfälle während des Krankheitsverlaufs. Dtsch. Zschr. Nervenhk. *182* (1961) 201–230

Rabending, G., und *K. H. Parnitzke,* Dämmerzustand nach intermittierender Lichtreizung. Dtsch. Zschr. Nervenhk. *184* (1962) 44–52

Richter, K., EEG-Untersuchungen von Angehörigen genuiner Epileptiker. Arch. Psychiatr. *194* (1956) 443

Robinson, L. J., and *R. C. Osterhald,* The electroencephalogram in epileptic patients aged 5–80 years. J. Nerv. Ment. Dis. *106* (1947) 464

Rodin, E. A., Über die Aussagekraft des EEG's in bezug auf die Prognose der Epilepsie. Z. EEG-EMG *1* (1970) 65–71

Roth, B., Narkolepsie und Hypersomnie vom Standpunkt der Physiologie des Schlafes. VEB Verlag Volk und Gesundheit, Berlin 1962

–, Beiträge zum Studium der Narkolepsie. Analyse eines persönlichen Beobachtungsgutes von 155 Kranken. Schweiz. Arch. Neurol. *84* (1959) 180–210

–, Über das Elektrencephalogramm bei der Narkolepsie-Kataplexie. Arch. Psychiatr. *203* (1962) 371–384

–, Die chronische Insuffizienz des Vigilitäts-Zustandes und ihre klinische und neurophysiologische Bedeutung (EEG-Studie). Psychiat. Neurol. med. Psychol., Leipzig *14* (1962) 293–300

–, Pathophysiologische Mechanismen der Narkolepsie und der Hypersomnie. Z. EEG-EMG *2* (1971) 153–162

Rupprecht, A., und *Ch. Spunda,* Über die Myoklonus-Epilepsie. Wien. Zschr. Nervenhk. *12* (1955) 359–372

Schmalbach, K., und *H. W. Steinmann,* Experimentelle Untersuchungen zur Kojewnikow-Epilepsie. Acta neurochir., Wien *6* (1958) 175–185

Schulz, H., Neurophysiologische Grundlagen und Klinik der epileptischen Reaktionen. VEB Thieme, Leipzig 1972

–, und *J. Stein,* Elektroencephalographische Befunde bei einem Fall von Kojewnikow-Epilepsie traumatischer Genese. Psychiat. Neurol. med. Psychol., Leipzig *17* (1965) 53

Schwab, R. S., A case of status epilepticus in petit mal. Electroenceph. clin. Neurophysiol. *5* (1953) 441–442

Soulas, B., Les formes électro-cliniques de l'épilepsie de l'enfant. Méd. inf., Paris *71* (1964) 613–642

Spunda, Ch., EEG-Befunde bei seltenen epileptischen Manifestationen. Wien. Zschr. Nervenhk. *15* (1958) 298–306

Walter, V. J., and *W. G. Walter,* The effects of rhythmic sensory stimulation. Electroenceph. clin. Neurophysiol. *1* (1949) 57

Walter, W. G., Elektrophysiologische Aspekte epileptischer Aktivität. Psychiat. Neurol. Neurochir. (Amsterdam) *74* (1971) 193–198

Ward, A. A., jr., The epileptic spike. Epilepsia (Amsterdam) *1* (1960) 600–606

Weber, R., Musikogene Epilepsie. Nervenarzt, Berlin *27* (1956) 337–340

Werner, R., HV-Effekt während der Hyperglykämie bei Epilepsie und vegetativer Dystonie. Verh. Dtsch. Ges. exper. Med. *15* (1967) 116–119

Williams, D., The thalamus and epilepsy. Brain *88* (1965) 539–556

9.2. Eeg bei intrakraniellen raumbeengenden Prozessen

Achslogh, J., J. Brihaye, A. Dereymacker, G. Hoffmann et *S. Thiry,* Etude électroencéphalographique des angiomes supratentoriels. Rev. neurol., Paris *96* (1957) 553

Adams, A. E., Das frühzeitige EEG bei Hirntumoren. Med. Klin. *63* (1968) 2003–2007

Alvisi, C., A. Borromei, L. Frank et *G. Valentin,* Ematomi subdurali cranici-post-traumatici – rielievi neuropsichici, elettroencefalografici ed ecoencefalografici a lunga distanza dall' intervento. Minerva med. (Torino) *60* (1969) 5222–5243

Arnold, H., und *P. Voigtsberger,* Zur Kombination von Echoenzephalographie und EEG in der Hirntumordiagnostik. Zbl. Neurochir. *32* (1971) 140–154

Arseni, C., L. Horvath, M. Maretsis, L. Roman, C. Cristian si *D. Tudor,* Modificarile electroencefalografice in tumorile corpuli callosum. Stud. cercet. neurol. *12* (1967) 73–78

– – –, *C. Cristian, I. Roman* et *A. Solmonovici,* Aspects électroencéphalographiques dans le syndrome de l'hypertension intracranienne. Considerations portant sur 818 cas des processus expansifs intracraniens. Rev. roum. neurol. *4* (1967) 139–145

–, *M. Maretsis, C. Cristian* si *I. Roman,* Corelatii electroanatomo-clinice in tumorile de ventricul lateral. Stud. cercet. neurol. *13* (1968) 109–114

– –, *C. Cristian, I. Roman* si *A. Terezi,* Corelatii electro-anatomo-clinic in tumorile de lob temporal. Stud. cercet. neurol. *12* (1967) 359–369

– – –, *A. Terezi, I. Roman* si *D. Tudor,* Studiu electroencefalografic in tumorale hipofizare. Stud. cercet. endocr. *18* (1967) 79–89

–, *I. Roman, C. Cristian, D. Tudor* si *A. Terezi,* Contributii la studial EEG in tumorile de trunci cerebral. Stud. cercet. neurol. *12* (1967) 127–141

Bacia, T., C. Fryze i *J. Wocjan,* Zmiany EEG w przypadkach guzów tylnej jamy czaszkowej u dzieci. Neurol. Neurochir. Psychiat. pol. *2* (1968) 617–623

Bagchi, B. K., R. L. Lam, K. A. Kooi and *R. C. Bassett,* EEG findings in posterior fossa tumors. Electroenceph. clin. Neurophysiol. *4* (1952) 23–40

Balmer, F., und *K. Karbowski,* Das EEG bei der Früherfassung von Großhirnhemisphärentumoren und Tumorrezidiven. Praxis *58* (1969) 401–408

Barros-Ferreira, M. de, J. P. Chodkiewicz, G. C. Lairy and *P. Sazarulo,* Disorganized relations of tonic and phasic events of REM sleep in a case of brain stem tumour. Electroenceph. clin. Neurophysiol. *38* (1975) 203–207

Bassett, R. C., J. H. Murpgym, H. P. Velten and *B. K. Bagchi,* Correlative EEG and mercury scan findings in 142 cases of clinically suspected brain tumor. Clin. Electrencephalogr. *1* (1970) 141–142

Baudouin, A., et *H. Fischgold,* Localisation des tumeurs cérébrales des hémisphéres par l'électroencéphalogramme. Etat actuel-possibilités. Arch. Psychiatr. *183* (1949) 116–131

Beatty, R. A., and *A. E. Richardson,* The value of electroencephalography in the management of multiple intracranial aneuryms. J. Neurosurg., Springfield *30* (1969) 150–153

Bechterewa, N. P., Biopotentials of cerebral hemispheres in brain tumors. The Internat. Behavioral Sciences Ser. Edit. Joseph Wortis; Consultans Bureau New York 1962 (Authoriz. transl. from the Russian by Basil Haigh)

Bingas, B., und *M. Wolter,* Das Kraniopharyngiom. Fortschr. Neurol. *36* (1968) 117–195

Binnie, C. P., J. H. Margerison and *I. R. MacCaul,* Electroencephalographic localization of ruptured intracranial aneurysms. Brain, London *92* (1969) 679–690

Broglia, S., et *A. Postir,* Aspetti elettroencefalografici die 100 tumori della fossa posteriora e 40 del terzo ventricolo. Riv. neurol. *26* (1956) 29–50

Buchthal, F., and *E. Busch,* Localization of intracranial tumours by electroencephalography. Acta psychiat. neurol. scand. *22* (1947) 9–16

Cabrini, G., F. Marossereo e *R. Villani,* EEG e scintigrafia nella diagnostica dei tumori endocrinic. Riv. neurol. *38* (1968) 100–112

Carvalho, P., Rhythmes électroencéphalographiques et lésions anatomiques dans vingt cas de tumeurs temporales. Rev. neurol., Paris *80* (1948) 645–647

Cazullo, C. L., A. Guareschi et *A. Beduschi,* Osservazioni elettroencefalografiche sui meningiomi della base cranica. Chirurgia (Milano) *7* (1952) 75–98

Chmelkine, D. T., Les troubles de l'activité bioélectrique dans les tumeurs vasculaires des hémisphéres cérébralès. Ž. nevropat. psichiatr., Moskva *63* (1963) 203–206

Clein, L. J., and *C. F. Bolton,* Interhemispheric subdural hematoma: a case report. J. Neurol., London *32* (1969) 389–392

Cobb, W. A., The electro-encephalographic localization of intracranial neoplasms. J. Neurol., London *7* (1944) 96

–, Electroencephalographic abnormalities as signs of localized pathology. EEG abnormalities at a distance from the lesion. Electroenceph. clin. Neurophysiol. Suppl. *7* (1957) 205

–, Intracranial tumors. In: Hill, J. D. N., and G. Parr: Electroencephalography. A symposium on its various aspects. S. 273 bis 301, Macdonald & Co., London 1963, 2. Aufl.

Cohn, R., The localization and interpretation of cortical dysfunction by electroencephalography. Med. Ann. District of Columbia *7* (1942) 261–263

Cornil, L., J. F. Paillas, H. Gastaut et *J. Tamalet,* L'EEG des tumeurs temporales. Rev. neurol., Paris *80* (1948) 616–617

Corridori, F., et *L. Pacini,* L'elettroencefalogramma nei tumori dei ventricoli laterali. Sistema nerv. *12* (1960) 485–494

Courjon, J., et *J. Corriol,* L'EEG dans les abcés du cerveau. Rev. neurol., Paris *81* (1949) 542

Cuneo, H. M., and *C. W. Rand,* Brain tumors of childhood. Ch. C. Thomas, Springfield 1952

Daly, D. D., The effect of sleep upon the electroencephalogram in patients with brain tumors. Electroenceph. clin. Neurophysiol. *25* (1968) 521–529

–, and *J. E. Thomas,* Sequential alterations in the electroencephalograms of patients with brain tumors. Electroenceph. clin. Neurophysiol. *10* (1958) 395–404

–, *J. L. Whelan, R. G. Bickford* and *C. S. MacCarty,* The electroencephalogram in cases of tumors of the posterior fossa and third ventricle. Electroenceph. clin. Neurophysiol. *5* (1953) 203–216

David, M., H. Fischgold, D. C. Lairy-Bounes et *J. Talairach,* Diagnostic des gliomes par l'EEG et l'angiographie conjugées. Presse méd., Paris *60* (1952) 81–84

Davost, H. P., et *J. P. Robin,* Contribution à l'étude électroencéphalographique des méningiomes intracraniens. Rev. neurol., Paris *103* (1960) 235–236

Deisenhammer, E., und *B. Gattringer,* Postoperative EEG-Verläufe bei Meningiomen. Frühjahrstag. Österreich. EEG-Ges. Wien, 14. 6. 75, Z. EEG-EMG *8* (1977) 52

Delay, J., G. Verdeaux et *R. Marty,* L'électroencéphalographie dans les tumeurs cérébrales à symptomatologie psychique. Encéphale, Paris *41* (1952) 217–233

Dow, R. S., Electroencephalographic findings in cerebellar tumors. A review of current and old concepts. Electroenceph. clin. Neurophysiol. *8* (1956) 165

Drechsler, F., Somatosensorische und visuelle evozierte Potentiale bei Hirntumoren. 20. Jahrestag. Dtsch. EEG-Ges., Münster 29. 9.–3. 10. 75, Z. EEG-EMG *6* (1975) 201

Drohocki, Z., Les applications pratiques de l'electroencéphalographie quantitative – modifications de la variabilite spontanee de l'EEG. Provoquees par la tumeur du cerveau. Rev. neurol., Paris *117* (1967) 199–204

Dubikaitis, V. V., An analysis of EEG changes with the aid of the fields of the average velocities of biopotential changes in tumors of the cerebellum. Ž. nevropat. psichiatr., Moskva *69* (1969) 180–188 (russ.)

Duensing, F., Das Elektroencephalogramm beim Hirntumor. Arch. Psychiatr. *183* (1949) 51–96

–, Über periodische pathologische Potentiale subkortikaler Herkunft bei Hirngeschwülsten. Arch. Psychiatr. *185* (1950) 539–570

Dumermuth, G., EEG-Befunde bei Hirntumoren im Kindesalter. Arch. Psychiatr. *197* (1958) 594–618

Farbrot, Ö., Remarks on electroencephalography in cerebral abscess. Acta psychiat. neurol. scand. *25* (1950) 167–178

Faure, J., J. Drooglever-Fortuyn, H. Gastaut, L. Larramendi, P. Martin, P. Passouant, A. Rémond, J. Titéca et *W. G. Walter,* De la genèse et de la signification des rhythmes recueillis à distance dans les cas de tumeurs cérébrales. Electroenceph. clin. Neurophysiol. *3* (1951) 429

Filippitcheva, N. A., und *T. O. Faller,* Charakteristik des funktionellen Zustandes des Hirns bei Gliomen der medianen Strukturen der Hemisphären. Ž. nevropat. psichiat., Moskva *70* (1970) 646–654 (russ.)

Fischer-Williams, M., S. L. Last, G. Lyberi and *D. W. C. Northfield,* Clinico-EEG study of 128 gliomas and 50 intracranial metastatic tumours. Brain *85* (1962) 1–46

Fischgold, H., Quelques causes d'erreur la localisation des tumeurs des hémisphères. Sem. hôp., Paris *26* (1950) 2631 bis 2633

–, et *G. Arfel-Capdevielle,* Dépistage de l'épilepsie tumorale par L-EEG. Nervenarzt, Berlin *23* (1952) 272

–, *C. Dreyfus-Brisac* et *S. Scarpalezos,* Activité électrique détectée loin des tumeurs cérébrales (hémispheres). Electroenceph. clin. Neurophysiol. *2* (1950) 106

–, und *J. Buisson-Ferey,* Das Elektroenzephalogramm in der Frühphase der Hemisphärentumoren. Beitr. Neurochir. *14* (1967) 61–69

Foerster, O., und *H. Altenburger,* Elektrobiologische Vorgänge an der menschlichen Hirnrinde. Dtsch. Zschr. Nervenhk. *135* (1935) 277–288

Freund, G., und *M. Schoppenhorst,* Elektro-klinische Korrelationen im Vergleich mit Befunden der Computer-Tomographie. 21. Jahrestag. Dtsch. EEG-Ges. Bremen, 22.–25. 9. 76, Z. EEG-EMG *7* (1976) 213

Friedlander, W. J., The electroencephalographic findings in 39 surgically proven subdural hematomas. Electroenceph. clin. Neurophysiol. *3* (1951) 59–62

Gaches, J., V. Supino-Viterbo and *J. M. Oughourlian,* Unusual electroencephalographic and clinical evaluation of a case of meningeoma of the left temporo-occipital convexity. Europ. Neurol. (Basel) *5* (1971) 155–164

Gassel, M. M., and *E. Diamantopulos,* EEG in supratentorial meningiomas falsely localized on clinical grounds. Acta neurol. scand. *37* (1961) 41–49

Gastaut, H., et *J. Tamalet,* Caractéres électrographiques directs et indirects des tumeurs hémispheriques souscorticales. Rev. neur., Paris *81* (1949) 411–416

Geikler, M., und *H.-G. Niebeling,* Zur Problematik der Hyperventilation in der EEG-Diagnostik. Ein Beitrag zur Effektivität der Provokation durch Hyperventilation im EEG bei Hirntumorkranken. Beitr. Neurochir. *15* (1968) 92–96

Gelderen, C. van, Hirntumor und Elektrenkephalogramm. Ned. Zschr. geneesk. *85* (1941) 3605–3608

Gerlach, G., und *H. W. Steinmann,* Hirnelektrische Befunde bei 59 Schläfenlappengeschwülsten. Zbl. Neurochir. *12* (1952) 358–365

Gonsette, R., G. André-Balisaux et *J. Colle,* Contribution de l'EEG au diagnostic des lesions de la fosse cérébrale postérieure (revue des 131 cas vèrifiés). Rev. neurol., Paris *95* (1956) 530–537

Götze, W., und *S. Kubicki,* Zur Artdiagnose der Hirngeschwülste. Acta neurochir., Wien *5* (1957) 512–528

Greenstein, L., and *H. Strauss,* Correlations between the electroencephalogram and the histological structure of gliogenous and metastatic brain tumors. J. Mount Sinai Hosp. N. Y. *12* (1955) 874–877

Gsell, S., Die Röntgen-Nativaufnahme des Schädels als Ergänzung zum EEG. 21. Jahrestag. Dtsch. EEG-Ges. Bremen, 22.–25. 9. 76, Z. EEG-EMG *7* (1976) 213

Guiot, G., und *G. Arfel,* Das Hirnstrombild bei chronischen subduralen Hämatomen. Čsl. neurol. *25* (1962) 348–353

Guiterrez-Luque, A. G., C. S. MacCarty and *D. W. Klass,* Head injury with suspected subdural hematoma. Effect on EEG. Arch. Neurol. Psychiatr., Chicago *15* (1966) 437–443

Haas, R., und *W. Laubichler,* EEG-Befunde bei Ventrikeltumoren. Nervenarzt, Berlin *39* (1968) 31–33

Hakansson, C. H., M. Lindgren and *I. A. Sulg,* EEG effects on postoperative irradiation treatment of brain tumours. Acta radiol. N. S. ther. Stockholm *8* (1969) 301–310

Helmchen, H., S. Kanowski und *H. Künkel,* Die Altersabhängigkeit der Lokalisation von EEG'herden. Arch. Psychiatr. *209* (1967) 474–483

Hess, R., Elektroencephalographische Studien bei Hirntumoren. Georg Thieme-Verlag, Stuttgart 1958

–, Die bioelektrischen Zeichen der Massenverschiebung bei Hirntumoren. Schweiz. med. Wschr. *92* (1962) 1537–1542

–, Das EEG im Anfangsstadium raumfordernder zerebraler Prozesse. EEG-Untersuchungen. Beitr. Neurochir. *14* (1967) 36–47

–, Die epileptogenen Hirntumoren. Mod. Probl. Pharmakopsychiat. *4* (1970) 200–231

– (Ed.), Brain tumors and other space occupying processes. In: Handbook of Electroencephalography and Clinical Neurophysiology ed. by A. Rémond, Vol. 14, Part. C 72 pp, Elsevier, Amsterdam 1975

Hill, D., Etude électroencéphalographique des tumeurs cérébrals. Marseille méd. *84* (1947) 215

Hoefer, P. F. A., E. B. Schlesinger and *H. H. Pennes,* Clinical and electrical findings in a large series of verified brain tumors. Transact. Amer. Neurol. Ass. *71* (1946) 52–57

Höncke, P., and *R. Malmos,* Electroencephalographic examination of patients with brain tumors. Nord. med. *35* (1947) 1762

Huber, A., Augensymptome bei Hirntumoren. Mediz. Verl. Hans Huber, Bern und Stuttgart 1956

Jasper, H. H., L'électroencéphalographie dans les tumeurs cérébrales et l'épilepsie. J. Hôtel-Dieu Montréal *10* (1941) 286–294

Jechova, D., a *D. Fiedlerova,* Pouziti strojove diagnostiky v elektroencefalografii mozkovych nadoru a supratentorialnich cevnich mozkovych prihod. Čsl. neurol. *32* (1969) 85–90

Jung, R., Die Bedeutung des Elektroencephalogramms für die Diagnostik der Hirntumoren. Regensb. Jb. ärztl. Fortb. *6* (1957/58)

Kaim, S. C., The EEG findings in cerebral abscess. Electroenceph. clin. Neurophysiol. *10* (1958) 201

Kalbermatten, J. A. de, Die EEG-Veränderungen bei Stammganglien – resp. tiefsitzenden subcorticalen Großhirntumoren. Psychiat. et Neurol. (Basel) *139* (1960) 249–284

Kanigowski, Z., i *Z. Rzeznicka-Glinka,* O wływie mocznik na elektroencefalogram chorych z guzami mozgu. Neurol. Neurochir. Psychiat. pol. *1* (1967) 661–665

Kaplan, H. A., W. Huber and *J. Browder,* Electroencephalogram in subdural hematoma. A consideration of its pathophysiology. J. Neuropath., Baltimore *15* (1956) 65

Kawaguchi, S. Posterior fossa tumors and brain waves. Clin. Electroenceph. (Rinsho Noha) *8* (1966) 58–70 (japanisch)

–, *T. Furukohri, Y. Yamahana* and *Y. Fukushima,* Brain abscess an the findings. Brain nerve (Tokyo) *20* (1968) 1033–1037 (japanisch)

Kershman, J., A. Conde and *W. C. Gibson,* Electroencephalography in differential diagnosis of supratentorial tumors. Arch. Neurol. Psychiatr., Chicago *62* (1949) 255–268

Kessler, K. H., Das Hirnstrombild bei intrakraniellen Prozessen, besonders nach Hypophysenkoagulation. Langenbeck's Arch. klin. Chir. *288* (1954) 43–54

Kirstein, L., The occurrence of sharp waves, spikes and fast activity in supratentorial tumours. Electroenceph. clin. Neurophysiol. *5* (1953) 33–40

Klapetek, J., Hirnelektrische Befunde bei verifizierten intracraniellen Tumoren. Acta Univ. Palackianae Olomucensis *5* (1955) 45–49

Koch, R. D., K. H. Parnitzke, G. Rabending, A. Morczek und *I. Boost,* Aussage und Kombinationswert der Gammaenzephalographie, Elektroenzephalographie, Echo-Enzephalographie, Arteriographie und Pneumenzephalographie bei Hirntumoren. Beitr. Neurochir. *15* (1968) 141–146

Kornmüller, A. E., Einige weitere Erfahrungen über die Lokalisation von Tumoren und anderen herdförmigen Erkrankungen des Gehirns mittels der hirnbioelektrischen Lokalisationsmethodik. Zbl. Neurochir. *5* (1940) 75–84

Kreindler, A., C. Arseni et *M. Steriade,* Les modifications électroencéphalographiques dans les tumeurs du tronc cérébral. Rev. neurol., Paris *94* (1956) 728–731

Krenkel, W., Die diagnostische Bedeutung des EEG bei Großhirntumoren ohne Stauungspapille. Ref.: Zbl. ges. Neurol. *140* (1957) 2–3

–, Das EEG im Anfangsstadium raumfordernder zerebraler Prozesse. Klinische Beobachtungen. Beitr. Neurochir. *14* (1967) 48–59

Kubicki, S., Über EEG und cerebralen Kompensationsgrad bei Hirntumorkranken. Dtsch. Zschr. Nervenhk. *174* (1955) 42–50

–, Die Entwicklung des Elektroencephalogramms nach Meningiomoperationen sowie beim Auftreten von Rezidiven. Acta neurochir., Wien *7* (1959) 274

–, EEG-Diagnostik bei Koinzidenz zweier intracranieller Herdprozesse. Acta neurochir., Wien *9* (1961) 215–233

Külz, J., und *J. Dittmer,* Zur Differentialdiagnose von Kleinhirnabszessen im Kindesalter. Zschr. Kinderhk. *99* (1967) 79–90

Kugler, J., und *F. Kreuzbauer,* EEG-Befunde bei Glioblastomen. Nervenarzt, Berlin *27* (1956) 388–393

Kunze, H.-G., und *H. Wegner,* Verschiebung der Grundaktivität des Hirnstrombildes (EEG) bei Patienten mit Hypophysenadenomen in Beziehung zum endokrinologischen Befund. Beitr. Neurochir. *15* (1968) 186–191

Lairy-Bounes, G. C., et *C. Dreyfus-Brisac,* EEG des tumeurs hémisphériques intra et sous ventriculaires. Rev. neurol., Paris *83* (1950) 613–618

–, et *H. Fischgold,* L'électroencéphalographie dans une série de trente-huit tumeurs de la fosse postérieure. Sem. hôp., Paris *26* (1950) 2633–2635

Laitinen, L., und *E. Toivakka,* Die Lokalisation von Hirntumoren durch EEG-Tiefenableitungen. Confin. neurol. (Basel) *34* (1972) 101–105

Landau-Ferey, J., und *J. Duhurt,* Das EEG beim chronischen subduralen Hämatom. Concours méd., Paris *91* (1969) 2005–2014

Laufer, M. W., Some electroencephalographic findings in subcortical and hypothalamic lesions. J. Nerv. Ment. Dis. *106* (1947) 527–536

Lennox, M. A., and *B. Brody,* Paroxysmal slow waves in the EEG's of patients with epilepsy and with subcortical lesions. J. Nerv. Ment. Dis. *104* (1946) 137–248

Leonovitch, A. L., I. A. Skljut, I. I. Kardash, S. M. Kastrizkaya i *N. J. Krasilnikova,* Zur Differentialdiagnostik der progressiven Leukenzephalitiden und der zerebralen Gliome. Ž. nevropat. psichiatr. Moskva *70* (1970) 673–679 (russ.)

Lipinski, Ch., H.-M. Lorenz und *D. Scheffner*, EEG-Veränderungen während der Therapie von Tumoren der hinteren Schädelgrube im Kindesalter. Z. EEG-EMG 6 (1975) 188–194

Loeb, C., und *G. F. Poggio*, Type and distribution of electrical cerebral activity in 100 cases of supratentorial tumors. Electroenceph. clin. Neurophysiol. Suppl. 3 (1964) 34

–, *L. Perria* e *U. Sacchi*, La localizzazione EEG in 30 casi di tumore endocranico in relazione alla localizzazione angiografica, ventriculografica e al controllo chirurgico. Arch. Internaz. Studi Neurol. 1 (1952) 501–511

Londoño, R. L., The electroencephalogram in pituitary adenomas and craniophayngeomas. Acta neurochir., Wien 5 (1957) 529–537

Lücking, C. H., EEG-Veränderungen bei Prozessen der hinteren Schädelgrube. Z. EEG-EMG 6 (1975) 47–48

Lundervold, A., and *L. Stang*, Diagnostic value of electroencephalography in intracranial tumors. Nord. med. 59 (1955) 664–668

MacDonald, C. A., and *M. Korb*, Brain tumor with normal brain potentials. Rhode Isl. Med. J. 23 (1940) 111–113

Madsen, J. A., and *P. F. Bray*, The coincidence of diffuse electroencephalographic spike-wave paroxysms and brain tumors. Neurology (Minneapolis) 16 (1966) 546–555

Magnus, O., and *J. A. van der Drift*, The significance of the EEG for the diagnosis and localization of cerebral tumours. Fol. psychiatr. Neerl. 60 (1957) 118–125

–, *W. Storm van Leeuwen* and *W. A. Cobb*, Elektroencephalography and cerebral tumours. Electroenceph. clin. Neurophysiol. Suppl. 19, Elsevier Publ. Inc., Amsterdam-London-New York-Princetown 1961

Maleci, O., L'elettroencefalografia nei tumori cerebrali. Cedam, Padova 1952

Mannironi, G., und *L. Inghirami*, Correlazioni tra quadro EEG ed imagine arteriografica nei tumori molto vascolarizzati. Rass. stud. psychiatr., Siena 45 (1956) 1067–1069

Margerison, J. H., C. D. Binnie and *I. R. MacCaul*, Electroencephalographic signs employed in the location of ruptured intracranial arterial aneurysms. Electroenceph. clin. Neurophysiol. 28 (1970) 296–306

Martin, P., F. A. Martin et *H. Gastaut*, Signes EEG des tumeurs de la fosse postérieure. Electroenceph. clin. Neurophysiol. 2 (1950) 346

Martinius, J., Das EEG bei Tumoren der hinteren Schädelgrube im Kindesalter. 19. Jahrestag. Dtsch. EEG-Ges. Göttingen, 4.–6. 9. 74, Z. EEG-EMG 6 (1975) 48

–, *A. Matthes* and *C. T. Lombroso*, Electroencephalographic features in posterior fossa tumors in children. Electroenceph. clin. Neurophysiol. 25 (1968) 128–139

Menšikova, Z., Diagnosis and differential diagnosis of tumours and abscesses of the brain. Čsl. neurol. 23 (1960) 289–300 (tschechisch)

Meyer-Mickeleit, R., Lokalisation von Hirntumoren im EEG. Nervenarzt, Berlin 23 (1952) 272

Movsisiants, S. A., Synchronization of biopotentials of the brain in basilar arachniitis. Tr. Inst. Exper. Med. AMN SSSR 9 (1967), 66–70 (russ.)

Müke, R. und *F. Weickmann*, Hirnabszeßprognose in Abhängigkeit von Diagnostik und Operationsverfahren. Dtsch. Ges.-wesen 19 (1964) 1245–1250

Murphy, J. T., P. Gloor, Y. L. Yamamoto and *W. Feindel*, A comparsion of electroencephalography and brain scan in supratentorial tumors. N. England J. Med. 276 (1967) 309–313

Negrin, P., Il problema dell' »area silente«. Considerazioni a proposito di 40 casi di hematoma sottodurale verificati chirurgicamente. Giorn. psichiatr., Ferrara 97 (1969) 405–413

–, *A. Semerano* e *L. de Zanche*, L'indagine EEgrafica negli ematomi sottodorali. Giorn. psichiatr., Ferrera 97 (1969) 415–448

Niebeling, H.-G., Die Leistungsfähigkeit der Elektroenzephalographie bei der Diagnostik intrakranieller raumbeengender Prozese unter besonderer Berücksichtigung der neurologisch-neurochirurgischen Untersuchungsmethoden. Leipzig KMU, Med. Fak. Habil. 1961

Niebeling, H.-G., Der diagnostische Wert der Elektroenzephalographie bei zystischen intrakraniellen raumbeengenden Prozessen. Neurochirurgia 9 (1966) 195–202

Notermans, S. L. H., und *H. Wolfs-Simons*, Diagnostische und prognostische Bewertung der EEG-Befunde beim Hirnabszeß. Z. EEG-EMG 6 (1975) 136–141

Obrador, A. S., Reflexiones sobre una estadistica operatoria de 150 meningiomas intracraneales. Rev. clin. españ. 77 (1960) 99–107

Olivier, L., J. Buisson-Ferey et *H. Fischgold*, Tracés EEG normaux dans les formations expansives intracraniennes. Presse méd., Paris 69 (1961) 895–897

Oltmann, A. H., D. Stoewsand und *B. Voelker*, Korrelation elektroenzephalographischer und morphologischer Daten bei infratentoriellen Hirntumoren. Arch. Psychiatr. 212 (1968) 1–7

Ott, P. T., et *H. de Tribolet*, A propos de cinq tumeurs du troisieme ventricule. Correlations electrocliniques et anatomopathologiques. Schweizer Arch. Neurol. 109 (1971) 279–291

Paal, G., und *M. Boehler*, Zerebrale Metastasen aus klinischer Sicht. Fortschr. Neurol. 37 (1969) 113–162

Paillas, J. E., et *J. Tamalet*, Étude statistique de 70 tumeurs temporales. Rev. neurol., Paris 81 (1949) 888–889

–, et *R. Naquet*, Corrélations électroanatomocliniques au cours des hématoms sous-duraux. Rev. neurol., Paris 83 (1952) 602–608

–, *H. Gastaut, J. Tamalet* et *Verspick*, Valeur de l'électroencéphalographie pour le diagnostic des tumeurs cérébrales. Presse méd., Paris 56 (1948) 851–853

–, *R. Soulayrol, A. Combalbert, M. Vigouroux, G. Salamon* et *J. Lavieille*, Etude sur les metastases cerebrales solitaires des cancers viscereaux. Neurochirurgie, (Paris) 12 (1966) 337–360

Pampiglione, G., L'indagine elettroencefalografico nei tumori intracranici. Riv. oto-neuro-oftalm. 23 (1948) 353–370

Parat, J., Valeur localisatrice de l'EEG dans les tumeurs de la fosse antérieure. Rev. neurol., Paris 80 (1948) 627–628

Pastorino, P., G. Moretti e *G. Massazza*, Correlazioni cliniche, neurochirurgiche ed elettroencefalografiche in casi di tumore cerebrale primitivo emisferico con tracciato EEG normale. Riv. neurobiol. 12 (1966) 824–837

Pateisky, K., Die elektroencephalographische Diagnostik bei Gehirntumoren. Wien. Zschr. Nervenhk. 3 (1951) 493–497

Pfeiffer, J., Das EEG bei Hirntumoren in seiner Beziehung zum autoptischen und histologischen Befund. Arch. Psychiatr. 190 (1953) 26–48

Petrilowitsch, N., Probleme der elektroenzephalographischen Hirntumor-Diagnostik. Med. Welt 1966 222–229

Pine, I., T. H. Atoynatan and *G. Margolis*, The EEG findings in eigtheen patients with brain abscess: Case reports and a review of the literature. Electroenceph. clin. Neurophysiol. 4 (1952) 165–179

Polak-Szulc, M., Niektóre cechy zapisu EEG wdanamiotowych glejakach śródczaskowych. II. Ogólnopolskie Sympozjum Neurochirurgów, Augustów, 4.–6. 9. 1970, Materialy Naukowe, Białystok 1970, 121–124

Prior, P. F., Electroencephalographic studies in patients after removal of intracranial meningioma. Acta neurol. Scand. 44 (1968) 107–123

Probst, C., Kasuistischer Beitrag zum Problem des normalen Elektroenzephalogramms bei großen subduralen Hämatomen oder Hygromen. Z. EEG-EMG 6 (1975) 33–36

Przyszmont, M., H. Tomczyk, H. Dudek und *B. Polocki*, Korelacja wyników badań gammaencefalograficznych z wynikami badań EEG i PEG u chorych na padaczke. II. Ogólnopolskie Sympozjum Neurochirurgów, Augustów, 4.–6. 9. 1970, Materialy Naukowe, Białystok 1970, 201–204

Puech, P., H. Fischgold, G. C. Lairy-Bounes et *C. Dreyfus-Brisac*, Signes électro-encéphalographiques des néoformations des hémisphéres. Sem. hôp., Paris 26 (1950) 2612–2622

Pupo, P. P., A. M. Pimenta e *O. Barini*, A electroencefalografia no diagnostico e prognostico dos abscessos cerebrais. Arq. neuro-psiquiatr., S. Paulo 15 (1957) 125–147

Pupo, P. P., A. M. Pimenta, R. H. Longo and *A. Alves*, The electroencephalogram in metastatic brain tumors. Arq. neuropsiquiatr., S. Paulo *25* (1967) 269–280

Purachin, Yu. N., EEG changes in limited gliomas of large hemispheres seated in the cerebral cortex and subcortical white matter. Vopr. nejrochir., Moskva *29*/6 (1965) 19–23

Rapoport, M. Y., Electroencephalography in the use to the diagnostic of the tumours of the great hemispheres. Vopr. nejrochir., Moskva *21*/5 (1957) 38–45

Reichel, J., und *J. van der Bruck*, Das EEG bei raumfordernden intrakraniellen Prozessen. Zbl. Neurochir. *30* (1969) 265–272

Rheinberger, M. B., and *L. M. Davidoff*, Posterior fossa tumors and electroencephalogram. J. Mount Sinai Hosp. N. Y. *9* (1942) 734–754

Rodin, E. A., R. G. Bickford and *H. J. Svien*, Electroencephalographic findings associated with subdural hematoma. Arch. Neurol. Psychiatr., Chicago *69* (1953) 743–755

Roman, I., C. Cristian, A. Constantinescu and *D. Tudor*, Electroencephalographic aspects in pseudotumorous raised intracranial pressure in child. Stud. cercet. neurol. *14* (1969) 35–47 (rumänisch)

Rosenberg, D. P., Electroencephalographic studies in cerebral angiomas. J. Neurol., London *15* (1952) 260–263

Rouvray, R., et *A. Rémond*, L'EEG dans 37 cas méningiomes intracraniennes. Rev. neurol., Paris *94* (1956) 860–865

Ruf, H., Das Elektrencephalogramm beim Hirntumor. Dtsch. Zschr. Nervenhk. *162* (1950) 60–66

Sarkisow, S. A., and *A. S. Penzik*, The electroencephalogram in cases of cerebral tumours. Acta med. URSS *2* (1939) 185–190

Scannabisi, E., und *G. Negri*, Rilievi elettroencefalografici nei tumori sottotentoriali del bambino. Clin. pediatr. (Bologna) *51* (1969) 530–537

Scherzer, E., Chronische Subduralhämatome bei vaskulären Mißbildungen des Schädelinnenraumes. Wien. Zschr. Nervenhk. *25* (1967) 57–67

–, Kombination von Elektroenzephalographie und Echoenzephalographie bei traumatischen intrakraniellen Hämatomen. Herbsttag. Österreich. EEG-Ges. Salzburg, 29. 11. 75, Z. EEG-EMG *8* (1977) 54

Schiersmann, O., Einführungen in die Elektroencephalographie. Georg Thieme, Leipzig 1942

Schmoigl, S., Ungewöhnliches Hirnstrombild bei einem subduralen Hämatom eines Kleinkindes. Mschr. Kinderhk. *118* (1970) 461–463

Schünke, W., Ergänzung des EEG durch röntgenologische Befunde des Schädels. 21. Jahrestag. Dtsch. EEG-Ges. Bremen, 22.–25. 9. 76, Z. EEG-EMG *7* (1976) 212

Schwarz, H. J., EEG und Prognose der Großhirntumoren. Neurochirurgia (Stuttgart) *3* (1960) 84–92

–, Über kontralaterale EEG-Veränderungen postzentral gelegener Hirntumoren. Psychiat. Neurol. med. Psychol., Leipzig *16* (1964) 446–451

–, Über den bioelektrischen Grundrhythmus bei intrakraniellbasalen arteriellen Aneurysmen. Psychiat. Neurol. med. Psychol., Leipzig *17* (1965) 261–265

–, Über rhythmische uniforme Hirnstromwellen bei intrakraniell-basalen Aneurysmen. Psychiat. Neurol. med. Psychol., Leipzig *18* (1966) 76–79

–, Zur Interpretation von EEG-Herden bei intrakraniell-basalen Aneurysmen. Verh. Dtsch. Ges. exp. Med. *15* (1966) 217–221

–, Über den diagnostischen Wert von EEG-Herden bei Aneurysmen der Hirnarterien. Neurochirurgia (Stuttgart) *11* (1968) 200–209

–, EEG-Beurteilungen als Ursache verzögerter Hirntumor-Diagnostik. Psychiat. Neurol. med. Psychol., Leipzig *20* (1968) 416–420

–, Zur ‚biologischen' Pathogenese von EEG-Herden bei Aneurysmen der Hirnarterien. Psychiat. Neurol. med. Psychol., Leipzig *21* (1969) 345–349

Scollo-Lavizzari, G. S., und *H. E. Kaeser*, Ganznacht-Schlafuntersuchungen bei Patienten mit Postumoren. Z. EEG-EMG *2* (1971) 64–69

Segelov, J. N., and *R. Davis*, Towards earlier diagnosis of brain tumours. Med. J. Australia *48* II (1961) 1–6

Selbach, H., Die cerebralen Anfallsleiden: Genuine Epilepsie, symptomatische Hirnkrämpfe und die Narkolepsie. In: Hb. d. Inneren Med. 4. Aufl. Bd. V/3, S. 1082, Springer-Verlag, Berlin-Göttingen-Heidelberg 1953

Šimek, J., et *J. Stein*, L'electroencéphalogramme dans les processes expansifs intracraniens. Confin. neurol. (Basel) *23* (1963) 37–48

Simionescu, M. D., Metastatic tumors of the brain. A follow-up study of 195 patients with neurosurgical considerations. J. Neurosurg., Springfield *17* (1960) 361–373

Simonova, O., C. H. Luecking und *E. Krebs-Roubiček*, Differentialdiagnostischer Wert der EEG-Ableitung mit offenen Augen bei intrakraniellen Prozessen. Verhalten der physiologischen und pathologischen Aktivität. Arch. Psychiatr. *212* (1969) 271–278

Smith, J. R., C. W. P. Walter und *R. W. Laidlaw*, The electroencephalogram in cases of neoplasms of the posterior fossa. Arch. Neurol. Psychiatr., Chicago *43* (1940) 472–487

Specht, F., Ponstumoren und Bewußtseinszustand. Arch. Psychiatr. *206* (1964) 323

Steinmann, H. W., und *W. Tönnis*, Das EEG bei intrakraniellen raumbeengenden Prozessen. Zbl. Neurochir. *13* (1953) 129–146

–, *B. Russien* und *M. L. Biel*, Elektrenkephalographische Befunde bei infratentoriellen Hirngeschwülsten. Zbl. Neurochir. *19* (1959) 90

Strang, R., and *C. A. Marsan*, Brain metastases. Pathological electroencephalographic study. Arch. Neurol. (Chicago) *4* (1961) 8–20

Strauss, H., Intracranial neoplasms masked as depressions and diagnosed with aid of electroencephalography. J. Nerv. Ment. Dis. *122* (1955) 185–189

Streifler, M., und *S. Feldman*, On the value of electroencephalography in the localisation of intra-cranial space-occupying lesions. Mschr. Psychiatr. *124* (1952) 161–169

Sullivan, J. F., J. A. Abbott and *R. S. Schwab*, The electroencephalogram in cases of subdural hematoma and hydroma. Electroenceph. clin. Neurophysiol. *3* (1951) 131–139

Takeda, M., Electroencephalographic investigation of papilloma. Clin. Electroenceph. (Osaka) *10* (1968) 29–37 (japanisch)

Thomalske, G., und *M. Böhmer*, Das EEG bei raumfordernden Prozessen der Schädelgrube im Erwachsenenalter. Z. EEG-EMG *6* (1975) 48

Tinant, M., et *S. Thiry*, Considérations sur l'électroencéphalogramme pré et postopératoire dans les tumeurs cérébrales. Rev. neurol., Paris *99* (1958) 230–232

Tomka, I., Elektroenzephalographische Daten von Hirntumoren. Fortschr. Neurol. *32* (1964) 345–359

–, *H. Sakardi* und *S. Zettner*, Electrophysiological studies in experimental brain tumors. Idegyóg. Szle. *23* (1970) 4–10 (ungarisch)

Tönnis, W., und *H. W. Steinmann*, Das EEG in der Frühdiagnostik intrakranieller Prozesse. Zbl. Neurochir. *12* (1952) 193–200

– –, und *W. Krenkel*, Elektroencephalographische Befunde bei 44 Tumoren der Sellagegend. Acta neurovegetat., Wien *5* (1953) 291–305

Trabka, J., Cerebral tumours of central region in EEG. Neurol. Neurochir. Psychiat. pol. *12* (1962) 325–333 (polnisch)

Velasco, M., and *G. Zenteno-Alaniz*, Significance of EEG signs in the diagnosis of 136 intracranial neoplasms verfied histologically. Clin. Electroencephalogr. *2* (1971) 65–77

Vizioli, R., Rilievi statistici sulla localizzazione elettroencefalografica di 100 casi di tumore cerebrale. Riv. neurol. *23* (1953) 478–481

Vlieger, M. de, S. A. de Lange and *E. Gersie*, Diagnosis of cerebral tumours. Acta neurochir., Wien *21* (1969) 1–10

Wajsbort, J., S. Lavy, A. Sahar and *A. Carmon*, The value of EEG in the diagnosis and localization of meningioma. Confin. neurol. (Basel) *28* (1966) 375–384

Walkenhorst, A., Basale mittelliniennah gelegene und infratentorielle Prozesse im Hirnstrombild. Nervenarzt, Berlin *27* (1956) 278–282

Walker, A. E., Early diagnosis of brain tumors. Illinois Med. J. 80 (1941) 286–292

Walter, W. G., The electroencephalogram in cases of cerebral tumour. Proc. Roy. Soc. Med., London 30 (1937) 579–598

–, Electroencephalography in the diagnosis of cerebral tumour and abscess. Pract. oto-rhino-laryng. (Basel) 3 (1940) 17–26

Walter, W. G., and *V. J. Dovey*, Electroencephalography in cases of sub-cortical tumour. J. Neurol., London 7 (1944) 57–65

Watanabe, I., Electroencephalographic observations of brain tumours. J. Exper. Med. 52 (1950) 325–333

Werner, R., Das EEG bei Hypophysentumoren. Zschr. Laryng. 46 (1967) 781–787

Wilcke, O., und *H. W. Steinmann*, EEG-Befunde bei Meningiomen. Dtsch. Zschr. Nervenhk. 175 (1956) 378–391

Wocjan, J., *T. Bacia* und *C. Fryze*, Zaburezenia elektroencefalograficzne nadnamiotowych guzach linii srodkowey u dzieci. Neurol. Neurochir. pol. 30 (1969) 481–488

Ziegler, D. K., and *P. F. A. Hoefer*, Electroencephalographic and clinical findings in twenty-eight verified cases of brain abscess. Electroenceph. clin. Neurophysiol. 4 (1952) 41–44

Zülch, K. J., Die Hirngeschwülste in biologischer und morphologischer Darstellung. J. A. Barth, Leipzig 1958, 3. Aufl.

–, *H. Fischgold* und *E. Scherzer* (eds.), Elektroenzephalographie und Tumor. Beitr. Neurochir. 14 (1967)

9.3. Eeg bei Schädel-Hirn-Traumen

Aleksandrova, L. J., und *L. G. Makarova*, Die Dynamik der neurologischen Symptome und des bioelektrischen Verhaltens des Gehirns bei Patienten mit Elektrotraumen. Ž. nevropat. psichiatr., Moskva 19 (1950) 17–22 (russ.)

Arnold, H., und *J. Reichel*, Wert und Grenzen des EEG bei der Beurteilung des Zusammenhanges zwischen Schädelhirntrauma und Epilepsie. Psychiat. Neurol. med. Psychol., Leipzig 22 (1970) 461–466

Berger, H., Über das Elektrenkephalogramm des Menschen. III. Arch. Psychiatr. 94 (1931) 66–70

Chatrian, G. E., *L. E. White* jr. and *D. Daly*, Electroencephalographic patterns resembling those of sleep in certain comatose states after injuries to the head. Electroenceph. clin. Neurophysiol. 15 (1963) 272–280

Courjon, J., Das EEG beim frischen Schädeltrauma. In: Beitr. Neurochir. 14, J. A. Barth, Leipzig 1967

Dawson, R. E., *J. E. Webster* and *E. S. Gurdjian*, Serial electroencephalography in acute head injuries. J. Neurosurg., Springfield 8 (1951) 613–630

Duensing, F., Erfahrungen mit der Elektroenzephalographie bei Schädelschußverletzungen. Dtsch. Zschr. Nervenhk. 159 (1948) 514–536

Dumermuth, G., Elektroenzephalographie im Kindesalter. Einführung und Atlas. S. 262–266; Thieme-Verlag, Stuttgart 1965

Eiden, H. F., Zur EEG-Diagnose der traumatischen Epilepsie nach gedeckten Schädeltraumen. Nervenarzt, Berlin 23 (1952) 271

Fuhrmann, W., und *K. G. Ahrens*, Das Electrencephalogramm in der Spätphase nach gedeckten und offenen Schädelhirnverletzungen. Dtsch. Zschr. Nervenhk. 177 (1957) 92–102

Fünfgeld, E. W., *R. Rabache*, *C. Rabache* und *H. Gastaut*, Vergleichende hirnelektrische und klinische Untersuchungen bei Schädeltraumen. Zbl. Neurochir. 17 (1957) 326–342

Gastaut, H., et *Y. Gastaut*, Étude électroclinique des syncopes posttraumatiques. Rev. neurol., Paris 96 (1957) 423–425

Gerlach, G., und *H. W. Steinmann*, Hirnelektrische Befunde bei subduralen Hämatomen. Zbl. Neurochir. 13 (1953) 107–113

Gibbs, F. A., *W. R. Wegner* and *E. L. Gibbs*, The electroencephalogram in posttraumatic epilepsy. Amer. J. Psychiatr. 100 (1944) 738–749

Gianelli, A., e *E. Borgna*, L'elletroencefalografia nei traumi cranio-cerebrali chiusi non recenti. Rev. oto-neuro-oftalm., B. Aires 32 (1957) 539–551

Götze, W., Bioelektrische Nachuntersuchungen an Hirnverletzten. Zbl. Neurochir. 7 (1942) 67–73

–, Das EEG nach offenen Schädel-Hirn-Verletzungen. Nervenarzt, Berlin 24 (1953) 477

–, Das Hirnstrombild bei offenen Hirnverletzungen. Mschr. Unfallhk. 56 (1953) 297–305

–, und *M. Wolter*, Grenzen der Hirnstromuntersuchung bei der Begutachtung von Hirntraumafolgen. Med. Sachverständiger 53 (1957) 104–109

Hensell, V., und *N. Müller*, Elektroenzephalographische Befunde bei experimenteller Gehirnerschütterung mit zusätzlicher mechanischer Atembehinderung. Dtsch. Zschr. Nervenhk. 79 (1959) 575–588

Hess, R., Posttraumatische Epilepsie. Schweiz. med. Wschr. 86 (1956) 828–836

–, Das Elektroenzephalogramm bei Schädeltraumen. Wien. klin. Wschr. 75 (1963) 556–558

Janzen, R., Grenzen und Möglichkeiten der hirnelektrischen Untersuchung bei der Beurteilung Kopfverletzter. Hefte Unfallhk., Berlin H. 52 (1956) 135–143

–, und *E. Müller*, Über Indikation, Möglichkeiten und Grenzen der hirnelektrischen Untersuchungen beim gedeckten Schädel-Hirn-Trauma. Mschr. Unfallhk. 58 (1955) 225–237

Jasper, H. H., und *W. Penfield*, Electroencephalograms in posttraumatic epilepsy. Amer. J. Psychiatr. 100 (1943) 365–377

Jung, R., Neurophysiologische Untersuchungsmethoden. In: Hb. d. inneren Medizin V/1, S. 1286–1293, Springer-Verlag, Berlin-Göttingen-Heidelberg 1953

Kornmüller, A. E., und *J. Gremmler*, Präpileptische Zeichen in Elektroenzephalogrammen von Kopfverletzten. Klin. Wschr. 23 (1944) 22–23

Kugler, O., Elektroencephalographie in Klinik und Praxis. Thieme-Verlag, Stuttgart 1966; 2. Aufl.

Lechner, H., Elektroencephalographische Längsschnittuntersuchungen bei frischen Schädelhirntraumen unter den verschiedenen Therapieformen. Zbl. Neurochir. 16 (1956) 19–28

–, Elektroencephalographische Untersuchungen bei frischen geschlossenen Schädelhirntraumen. Zbl. Neurochir. 17 (1957) 65–80

–, Zur Objektivierbarkeit der Commotio cerebri. Wien. klin. Wschr. 69 (1957) 749–755

–, Zur Deutung der Symptomatologie der temporalen Kontusionen. Wien. klin. Wschr. 70 (1958) 365–370

–, und *F. L. Jenkner*, Beitrag zur Differentialdiagnose von Commotio und Contusio cerebri. Confin. neurol. (Basel) 14 (1954) 219–232

Lésny, I., Elektroenzephalographie im Kindesalter. S. 55–67, VEB Verlag Volk und Gesundheit, Berlin 1962

Leube, H., Über die Bedeutung der elektrencephalographischen Früherfassung von Schädelunfällen unter besonderer Berücksichtigung der Gutachtertätigkeit. Mschr. Unfallhk. 60 (1957) 289–293

Lorenzoni, E., und *S. Enge*, Das EEG nach frontalen und frontobasalen Schädel-Hirn-Traumen. J. Neurol. 21 (1976) 275–288

Melnitchiouk, P. V., L'application du stimulant lumineux rythmique pour l'étude de l'activité cérebrale chez les enfants à la période aigue de la traume crânienne fermée. Ž. nevropat. psichiatr., Moskva 58 (1958) 823–829

Menšiková, Z., Posttraumatic epilepsy and its electroencephalogram. Acta univ. carol. Med. 7 (1961) 365–384

–, and *J. Vrbík*, The electroencephalogram in acute head injuries. Acta univ. carol. Med. 7 (1959) 385–407

Meyer, J. S., and *D. Denny-Brown*, Studies of cerebral circulation in brain injury. II. Cerebral circulation in brain injury. Electroenceph. clin. Neurophysiol. 7 (1955) 529–544

Meyer-Mickeleit, R., Das EEG nach gedeckten Kopfverletzungen. Ein Beitrag zur Differentialdiagnose der Commotio und Contusio cerebri. Dtsch. med. Wschr. 78 (1955) 480–484

–, Das EEG nach geschlossenen Kopftraumen. Nervenarzt, Berlin 24 (1953) 476

Müller, E., Die hirnelektrische Untersuchung bei Kopftrauma. Elektromedizin 2 (1957) 38–42

Müller, H., Tierexperimentelle Untersuchungen zum geringgradigen, wiederholt und gehäuft geringgradigen Kopftrauma. Dtsch. Zschr. Nervenhk. *186* (1964) 336–366

Müller, N., und *M. Rommelspacher*, Elektroenzephalographische Untersuchungen bei traumatischen Anfallsleiden. Arch. Psychiatr. *187* (1952) 547–554

Müller, R., Vergleichende klinische und hirnelektrische Untersuchungen bei gedeckten traumatischen Hirnschädigungen. Nervenarzt, Berlin *25* (1954) 186–191

–, Ungewöhnliche EEG-Befunde bei älteren gedeckten Hirntraumen. Dtsch. Zschr. Nervenhk. *173* (1955) 194–204

–, Corrélations électroencéphalographiques et cliniques dans les anciens traumatismes crânio-cérébraux fermés avec foyer de contusion corticale an EEG. Electroenceph. clin. Neurophysiol. 7 (1955) 75–84

Niebeling, H.-G., Die Hirnschußverletzung im Elektroencephalogramm. Psychiat. Neurol. med. Psychol., Leipzig *8* (1956) 363–365

Özek, M., und *R. Meyer-Mickeleit*, Das EEG bei Hirntraumen im Kindesalter. Nervenarzt, Berlin *27* (1956) 372

Paillas, J. E., B. Courson, R. Naquet et *N. Paillas*, Epilepsie post-traumatique. Considerations sur une serie de observations. Sem. hôp., Paris *38* (1962) 1191–1199

Pampus, F., Elektroencephalographische Befunde bei wiederholten Kopfverletzungen. Hefte Unfallhk., Berlin H. *52* (1956) 144–149

–, Früh- und Spätmanifestationen gedeckter Schädel-Hirn-Verletzungen im Elektroencephalogramm. Chirurg *29* (1958) 484–487

–, und *W. Grote*, Elektroencephalographische und klinische Befunde bei Boxern und ihre Bedeutung für die Pathophysiologie der traumatischen Hirnschädigung. Arch. Psychiatr. *194* (1956) 152–178

–, und *I. Seidenfaden*, Die posttraumatische Epilepsie. Fortschr. Neurol. 7 (1974) 329–384

Pannain, B., e *C. Serra*, Considerazioni medico-legali sui reperti elettroencefalografici di tremila craniotraumatizzati. Riforma med., Napoli *74* (1961) 1150–1153

Prill, A., und *P. Rudzki*, Untersuchungen zur Frage der posttraumatischen Epilepsie. Dtsch. Zschr. Nervenhk. *195* (1969) 301–332

Richter, K., EEG-Befunde nach Schädeltraumen bei Kindern. Arch. Psychiatr. *194* (1956) 432–442

Rimensberger, K. E., Über die klinische und unfallmedizinische Bedeutung des Elektroencephalogramms bei Schädel-Hirn-Verletzungen. Ergebnisse bei 320 elektroencephalographisch untersuchten Schädel-Hirn-Verletzten. Zschr. Unfallmed., Zürich *47* (1954) 10–59 und 109–115

Serra, C., e *M. Lambiase*, Significato dei reperti elettroencefalografici nei traumatizzati cranici. Acta neurol., Napoli *13* (1958) 479–484

Scherzer, E., Wert der Elektroencephalographie beim Schädeltrauma. Wien. klin. Wschr. *77* (1965) 543–547

Steinmann, H. W., EEG und Hirntrauma. In: Arbeit und Gesundheit. Neue Folge H. 69, S. 80–175; Thieme-Verlag, Stuttgart 1959

–, Klinische Elektroencephalographie. In: Hb. d. Neurochirurgie, Bd. I/1, S. 463–474; Springer-Verlag, Berlin-Göttingen-Heidelberg 1959

–, und *W. Tönnis*, Elektroencephalographische »Längsschnittuntersuchungen« bei frischen gedeckten Hirnschädigungen. Zbl. Neurochir. *11* (1951) 65

– –, Das EEG bei frischen gedeckten Hirnschädigungen. Dtsch. Zschr. Nervenhk. *165* (1951) 22

Tokarz, F., und *Z. Huber*, Zur Charakteristik der EEG-Veränderungen bei Hirnstammverletzungen. In: Jenenser EEG-Symposion 17.–19. Oktober 1959; 30 Jahre Elektroenzephalographie; hrsg. von R. Werner, S. 184–190; VEB Verlag Volk und Gesundheit, Berlin 1963

Vogel, F., W. Götze und *St. Kubicki*, Der Wert von Familienuntersuchungen für die Beurteilung des Niederspannungs-EEG nach geschlossenem Schädeltrauma. Dtsch. Zschr. Nervenhk. *182* (1961) 337–354

Walkenhorst, A., Ausgeprägte Herdveränderungen im Hirnstrombild nach leichten Schädeltraumen bei Kindern. Nervenarzt, Berlin *26* (1955) 250–251

Werner, R., Die Wertung von Krampfzeichen im EEG bei Hirntraumatikern ohne klinische Anfallsymptomatik. Dtsch. Zschr. Nervenhk. *186* (1964) 5–11

–, Die Bedeutung des EEG in der Diagnostik und Begutachtung der Schädel-Hirn-Traumen. Psychiat. Neurol. med. Psychol., Leipzig *17* (1965) 303–308

–, und *K. Fendel*, Elektroenzephalographische und klinische Untersuchungen bei frontobasalen Schädeltraumen. In: Aktuelle Probleme der Elektroenzephalographie, hrsg. von D. Müller-Hegemann, S. 43–49; S. Hirzel-Verlag, Leipzig 1967

Williams, D., and *D. Denny-Brown*, Cerebral electrical changes in experimental concussion. Brain *64* (1941) 223–238

Wolter, M., W. Götze und *H. Lange-Cosack*, EEG-Untersuchungen an hirnverletzten Kindern. Zbl. Neurochir. *19* (1959) 193–198

9.4. Eeg bei zerebralen vaskulären Erkrankungen

Barolin, G. S., Das Elektroenzephalogramm beim Kopfschmerz. Z. EEG-EMG *5* (1974) 67

–, *H. Scholz* und *M. Meixner*, Erweiterung der EEG-Aussagekraft durch den Karotis-Druckversuch in der klinischen Praxis. Geriatrie 7 (1977) 9

Berger, H., Über das Elektrenkephalogramm des Menschen. IX. Arch. Psychiatr. *102* (1934) 538

Burkhardt, S., und *F. Regli*, EEG-Veränderungen bei 27 Fällen von zerebraler Thrombophlebitis. Schweiz. Arch. Neurol. *94* (1964) 1

Carmon, A., S. Lavy and *A. Schwartz*, Correlation between electroencephalography and angiography in cerebrovascular accidents. Electroenceph. clin. Neurophysiol. *21* (1966) 71

Cohn, R., G. N. Raines, D. W. Mulder and *M. A. Neumann*, Cerebral vascular lesions. Electroencephalographic and neuropathologic correlations. Arch. Neurol. Psychiatr., Chicago *60* (1948) 165

Enge, S., Das Elektroenzephalogramm bei zerebrovaskulärer Insuffizienz. Wien. med. Wschr. *125* (1975) 370

Epstein, A. J., M. A. Lennox and *O. Noto*, Electroencephalographic studies of experimental cerebro-vascular occlusion. Electroenceph. clin. Neurophysiol. *1* (1949) 491

Fünfgeld, E. W., Die EEG-Diagnostik bei zerebralen Durchblutungsstörungen. Med. Welt 1965: 2098

Gänshirt, H., L. Dransfeld and *W. Vylka*, Das Hirnpotentialbild und der Erholungsrückstand am Warmblütergehirn nach kompletter Ischämie. Arch. Psychiatr. *189* (1952) 109

Gastaut, H., M. Fischer-Williams, W. Gibson and *S. El Ouahchi*, Clinico-electro-encephalographic study of reflex vaso-vagal syncope provoked by ocular compression. In: H. Gastaut und J. S. Meyer (Eds.), Cerebral Anoxia and the Electroencephalogram, pp. 535–553, Ch. C. Thomas, Springfield/Ill. 1961

Gibbs, F. A., and *E. L. Gibbs*, Atlas of Electroencephalography. Vol. III, pp. 319–336. Addison-Wesley Publ. Comp., Reading-Palo Alto-London 1964

Giel, R., M. de Vlieger und *A. G. M. van Vliet*, Headache and the EEG. Electroenceph. clin. Neurophysiol. *21* (1966) 492

Gschwend, J., EEG-Befunde und ihre Interpretation bei einfacher Migräne. Zschr. Neurol., Berlin *201* (1972) 279

Hahn, T., Die Elektroenzephalographie bei zerebralen Thrombophlebitiden und Thrombosen. Schweiz. Arch. Neurol. *73* (1954) 57

Hass, W. K., and *E. S. Goldensohn*, Clinical and electroencephalographic considerations in the diagnosis of carotid artery occlusion. Neurology (Minneapolis) *9* (1959) 575

Heidrich, R., Die subarachnoidale Blutung, VEB Georg Thieme Verlag, Leipzig 1970, S. 286–289

Hess, R., Epilepsie und Kopfschmerzen. Z. EEG-EMG *8* (1977) 125

Hubach, H., und *G. Struck*, Zur Korrelation von EEG und pathomorphologischen Befunden cerebraler Gefäßprozesse. Arch. Psychiatr. *206* (1965) 641

Huhn, A., Die Thrombosen der intrakraniellen Venen und Sinus. Thrombos. Diathes. haemorrh. (Stuttgart) Suppl. *18* (1965) 138

Húsby, J., *G. Norlén* and *I. Petersén*, Electroencephalographic findings in intracranial arterial and arteriovenous aneurysms and subarachnoid haemorrhages. Acta psychiat. neurol. scand. *28* (1953) 387

Janeway, R., The carotid compression test: Arteriographic correlations and observations on carotid sinus sensitivity. In: J. F. Toole, R. G. Siekert and J. P. Whisnant (Eds.), Cerebral Vascular Diseases, pp. 220–227, Grune and Stratton, London-New York 1968

Jechová, D., Elektroenzephalographische Befunde bei supratentoriellen Gefäßprozessen und ihre Differentialdiagnose zu supratentoriellen Tumoren. Psychiat. Neurol. med. Psychol., Leipzig *15* (1963) 401

Jung, R., Hirnelektrische Befunde bei Kreislaufstörungen und Hypoxieschäden des Gehirns. Verh. Dtsch. Ges. Kreislaufforsch. *19* (1953) 170 und 210

Keinert, F., Das Elektroenzephalogramm bei gestörter Hirndurchblutung. In: J. Quandt (Hrsg.): Die zerebralen Durchblutungsstörungen des Erwachsenalters, S. 258–288, VEB Verlag Volk und Gesundheit, Berlin 1959

Kendel, K., und *H. Koufen*, EEG-Veränderungen bei cerebralen Gefäßinsulten des Hirnstamms. Dtsch. Zschr. Nervenhk. *197* (1970) 42

Ketz, E., Die Vertebro-Basilaris-Thrombose im konventionellen EEG. Z. EEG-EMG *2* (1971) 36

Klepel, H., und *Ch. Parnitzke*, Elektroencephalographische Untersuchungen nach Strangulation. Psychiat. Neurol. med. Psychol., Leipzig *27* (1975) 147

Krump, J. E., Elektroenzephalographische Untersuchungen bei essentieller Hypertonie. Verh. Dtsch. Ges. Kreislaufforsch. *19* (1953) 200

–, Die Lebenswandlung des Elektroenzephalogramms bei Herz- und Kreislaufkranken. Verh. Dtsch. Ges. Kreislaufforsch. *24* (1958) 258

Krupp, P., Hirndurchblutung und Elektroenzephalographie. In: H. Gänshirt (Hrsg.), Der Hirnkreislauf, S. 441–464, Georg Thieme Verlag, Stuttgart 1972

Kugler, J., Elektroencephalographie in Klinik und Praxis. Georg Thieme Verlag, Stuttgart 1963

–, Zerebrale ischämische Krisen – Von der aktivierten partiellen Krise zur spontanen Synkope. Z. EEG-EMG *3* (1972) 109

–, Physical activation and provocation methods in clinical neurophysiology. In: Handbook of Electroencephalography and Clinical Neurophysiology (ed. by A. Rémond), Vol. 3, Part D, pp. 89–104, Elsevier Scientific Publ. Co., Amsterdam 1972

Ladurner, G., und *H. Lechner*, EEG-Veränderungen bei Verschlüssen im Strömungsgebiet der Arteria carotis und ihre klinische Wertung. Wien. Zschr. Nervenhk. *29* (1971) 295

Lechner, H., Das EEG im vaskulären Geschehen. Wien. klin. Wschr. *70* (1958) 90

Lerner, E. N., Die Bedeutung der Elektroenzephalographie für die Differentialdiagnose der hämorrhagischen und thrombotischen Insulte. Ž. nevropat. psichiatr., Moskva *63* (1963) 503 (russ.)

Marquardsen, J., und *B. Harvald*, The electroencephalogram in acute cerebrovascular lesions. Neurology (Minneapolis) *14* (1964) 275

Meyer, J. S., The value of electroencephalography in diagnosis of cerebrovascular disease. In: W. S. Field (Ed.), Pathogenesis and Treatment of Cerebrovascular Disease, pp. 182–191, Ch. C. Thomas, Springfield/Ill.

–, und *H. Gastaut* (Eds.), Cerebral Anoxia and the Electroencephalogram. Ch. C. Thomas Publ., Springfield 1961

Mirtschink, M., und *P. Behn*, Über EEG-Veränderungen bei Herz- und Lungenerkrankungen. Dtsch. Ges.wesen *22* (1967) 577

Müller, D., Étude sur la valeur de la compression carotidienne en tant que methode de provocation l'électroencéphalographie clinique – un rapport statistique preliminaire. Rev. neurol., Paris *117* (1967) 97

–, Der Karotisdruckversuch als Provokationsmethode in der klinischen Elektroenzephalographie. In: Sammlg. zwangl. Abhandlg. a. d. Geb. d. Psychiat. Neurol., H. 42, VEB Georg Thieme Verlag, Leipzig 1972

–, Zur Frage der Wertigkeit des EEG bei der Frühdiagnose zerebrovaskulärer Krankheiten. Kongreßbericht V. Kongreß der Gesellschaft für Altersforschung der DDR, Berlin 9. bis 12. 4. 1975 (in Vorbereitung)

Niedermeyer, E., EEG-Untersuchungen bei suicidalem Erhängen. Wien. klin. Wschr. *68* (1956) 555

–, EEG und Basilarinsuffizienz. Psychiat. et Neurol. (Basel) *144* (1962) 212

Obrist, W. D., The electroencephalogram of normal aged adults. Electroenceph. clin. Neurophysiol. *6* (1954) 235

–, Cerebral ischemia and the senescent electroencephalogram. In: E. Simonson and Th. H. McGavack (Eds.), Cerebral Ischemia, pp. 71–98, Ch. C. Thomas, Springfield/Ill. 1964

– and *E. W. Busse*, The electroencephalogram in old age. In: W. P. Wilson (Ed.) Application of Electroencephalography in Psychiatry pp. 185–205 Duke Univ. Press Durham/NC 1965

Otto, G., und *R. Heidrich*, Elektroencephalographische Untersuchungen nach Subarachnoidalblutungen. Dtsch. Ges.wesen *20* (1967) 933

Paddison, R. M., and *G. S. Ferris*, The electroencephalogram in cerebral vascular disease. Electroenceph. clin. Neurophysiol. *13* (1961) 99

Pilipowska T., i *J. Majkowski*, Wartość badań EEG w schorzeniach naczyniowych mózgu. Neurol. Neurochir. psychiat. pol. *11* (1960) 613

Rieger, H., und *N. Seyfeddinipur*, Katamnestische Untersuchungen bei Kopfschmerz-Patienten mit pathologischem EEG. Münch. med. Wschr. *117* (1975) 1505

Rohmer, F., *Y. Gastaut* et *M. B. Dell*, L'EEG dans la pathologie vasculaire du cerveau. Rev. neurol. Paris *87* (1952) 93

Roseman, E., *B. M. Bloor* and *R. P. Schmidt*, The electroencephalogram in intracranial aneurysms. Neurology (Minneapolis) *1* (1951) 25

–, *R. P. Schmidt* and *E. L. Foltz*, Serial electroencephalography in vascular lesions of the brain. Neurology (Minneapolis) *2* (1952) 311

Schlagenhauff, R. E. and *S. M. Megahed*, Electro-clinical correlation in the syndrome of vertebrobasilar artery insufficiency. Clin. Electroencephalogr. *1* (1970) 63

Schmidt, R. M., Das Elektroenzephalogramm bei gestörter Hirndurchblutung. In: J. Quandt (Hrsg.), Die zerebralen Durchblutungsstörungen des Erwachsenenalters. 2. Aufl. S. 231–267, VEB Verlag Volk und Gesundheit, Berlin 1969

Schwab, R. S., Electroencephalographic studies and their significance in cerebral vascular disease. In: J. S. Wright (Ed.), Cerebral vascular Disease. pp. 123–132 Grune & Stratton, New York 1955

Schwarz, H. J., Über EEG-Veränderungen bei hypoxidotischen Störungen des Gehirns. Arch. Psychiatr. *203* (1962) 137

–, Über den bioelektrischen Grundrhythmus bei intrakraniellbasalen arteriellen Aneurysmen. Psychiat. Neurol. med. Psychol., Leipzig *17* (1965) 261

–, Über rhythmische uniforme Hirnstromwellen bei intrakraniellbasalen Aneurysmen. Psychiat. Neurol. med. Psychol. Leipzig *1v* (1966) 76

–, Über den diagnostischen Wert von EEG-Herden bei Aneurysmen der Hirnarterien. Neurochirurgia (Stuttgart) *11* (1968) 200

–, Zur »biologischen« Pathogenese von EEG-Herden bei Aneurysmen der Hirnarterien. Psychiat. Neurol. med. Psychol. Leipzig *21* (1969) 345

Scollo-Lavizzari, G., Das EEG bei Zirkulationsstörungen des Gehirns. Schweiz. Med. Rdsch. *62* (1973) 132

Scollo-Lavizzari, G., Das Elektroenzephalogramm bei der Migräne. Schweiz. Rdsch. Med. *64* (1975) 234

Silverman, A. J., E. W. Busse and *R. H. Barnes,* Studies in the process of aging: EEG findings in 400 elderly subjects. Electroenceph. clin. Neurophysiol. *7* (1955) 67

Simonová, O., E. Krebs-Roubiček, H. Backmund und *S. Pöppl,* EEG-Befunde bei angiographisch gesicherten Veränderungen der Arteria carotis interna. Arch. Psychiatr. *214* (1971) 228

Smyth, V. O. G., and *A. L. Winter,* The EEG in migraine. Electroenceph. clin. Neurophysiol. *16* (1964) 194

Spunda Ch., Über den Effekt der Beatmung mit verschiedenen Gasgemischen auf das normale und abnorme EEG. Wien. klin. Wschr. *71* (1959) 513

–, Methods and results of gas activation in various types of cerebro-vascular diseases. In: H. Gastaut und J. S. Meyer (Eds.), Cerebral Anoxia and the Electroencephalogram, pp. 268–278 Ch. C. Thomas Springfield/Ill. 1961

–, Das EEG bei den Gefäßerkrankungen des Gehirns. Acta neurochir. (Stuttgart) Suppl. VII (1961) 180

–, Das EEG bei zerebralen Insulten. Wien. klin. Wschr. *75* (1963) 13

Steinmann, H. W., EEG und Hirntrauma. In: Arbeit und Gesundheit. Neue Folge H. 69 S. 80–175, Georg Thieme Verlag, Stuttgart 1959

Strauss, H., and *L. Greenstein,* The electroencephalogram in cerebrovascular disease. Arch. Neurol. Psychiatr., Chicago *59* (1948) 395

Sugar, O., und *R. W. Gerard,* Anoxia and brain potentials. J. Neurophysiol., Springfield *1* (1938) 558

Toole, J. F., and *R. Janeway,* Diagnostic tests in cerebrovascular disorders. In: P. J. Vinken and G. W. Bruyn (Eds.) Handbook of Clinical Neurology, Vol. 11, Chapt. 10, pp. 208–266, North-Holland Publ. Co. Amsterdam 1972

Van der Drift, J. H. A., and *O. Magnus,* Intracranial haemorrhage. In: O. Magnus, W. Storm van Leeuwen und W. A. Cobb (Eds.), Electroencephalography and Cerebral Tumours. Electroenceph. clin. Neurophysiol. Suppl. *19,* Elsevier Publ. Inc., Amsterdam-London-New York-Princetown 1961

– –, The value of the EEG in the differential diagnosis of cases with cerebral lesions. In: O. Magnus, W. Storm van Leeuwen und W. A. Cobb (Eds.), Electroencephalography and Cerebral Tumours, pp. 183–196, Elsevier Publ. Co., Amsterdam-London-New York-Princetown 1961

–, The EEG in cerebrovascular disease. In: J. P. Vinken and G. W. Bruyn (Eds.), Handbook of Clinical Neurology, Vol. 11, Chapt. 11, pp. 267–291, North-Holland Publ. Co., Amsterdam 1972

Wise, B. L., E. Boldrey and *R. B. Aird,* The value of electroencephalography in studying the effects of ligation of the carotid arteries. Electroenceph. clin. Neurophysiol. *6* (1954) 261

Wissfeld, E., und *O. Neu,* Über die EEG-Veränderungen bei Migräne und die Bedeutung occipitaler Delta-Wellen im EEG. Nervenarzt, Berlin *31* (1960) 418

9.5. Eeg bei zerebralen entzündlichen Erkrankungen

Alajouanine, Th., J. Nick J. Lafebvre et *J. Scharrer,* Sur une encephalomyelite amyotrophiante à pussées sucessives. Données cliniques électroencephalographiques et électromyographiques. Presse méd., Paris *60* (1952) 1021–1023

Alberton, G., Osservazione elettroencefalografiche su un caso di leucoencefalite sclerosante subacuta. Rass. stud. psichiatr., Siena *47* (1958) 49–56

Alema, G., R. Vizioli e *G. C. Reda,* Eccezionale reperto di attività continua pseudoritmica in due casi di encefalopatia subacuta. Riv. neurol. *29* Suppl. Nr. 6 (1959) 822–834

Alliot, B., and *M. Milhaud,* Subacute sclerosing leucoencephalitis (a clinicopathologic account). Concours méd., Paris *90* (1968) 3367–3373

Amoureiti, M., Subacute sclerosing leucoencephalitis. France méd. *32* (1969) 339–346

Barret, F. F., M. D. Yow and *C. A. Phillips,* St. Louis encephalitis in children during the 1964 epidemic. J. Amer. Med. Ass. *193* (1965) 381–385

Beaussart, M., et *R. Walbaum,* Altérations E.E.G. au cours des maladies infectieuses de l'enfant sans signes cliniques d'encéphalite. Rev. neurol., Paris *103* (1960) 250–252

Behrend, R. Ch., und *Fr.-J. M. Winzenried,* Hirnorganische psychische Veränderungen im Gefolge der Heine-Medinschen Krankheit. Nervenarzt, Berlin *25* (1954) 367–373

Bennett, D. R., G. M. Zurheim and *T. S. Roberts,* Acute necrotizing encephalitis. A diagnostic problem in temporal lobe disease: report of three cases. Arch. Neurol. (Chicago) *6* (1962) 96–113

Bergel, N. A., The electro-encephalogram in cerebral complications of infectious mononucleosis. Report of a case. J. Nerv. Ment. Dis. *107* (1948) 537–544

Berger, H., Das Elektroenzephalogramm des Menschen. Nova acta Leopoldina N. F. *6* (1938) 173–309

Berlucchi, C., On the haemorrhagic form of acute necrotizing encephalitis. In: Encephalitides L. van Bogaert, J. Radermecker, J. Hozay, A. Lowenthal (Eds.) Elsevier Amsterdam 1961, 218–226

Bert, I. I. Collomb and *H. Gastaut,* Study of night sleep in human african sleep-sickness. In: H. Fischgold (Ed.), Le sommeil de nuit normal et pathologique etudes electrencephalographiques. Masson, Paris 1965, 334–352

Blattner, R. J., Subacute sclerosing encephalitis. J. Pediatr. S. Louis (1967) 910–913

Bogacz, J., C. Castells, J. San Julian and *C. Avellanal,* Non-epidemic progressive subacute encephalitis (Type van Bogaert). II. Serial EEG abnormatities and deep electrography. Acta neurol. Lat. Amer. *5* (1959) 158–183

Bogaert, L. van J. Rademecker and *I. Devos,* On a case of acute necrotizing encephalitis with fatale course with respect to arthropod borne encephalitis and Herpes simplex encephalitis. Rev. neurol., Paris *92* (1955) 329–356

–, *J. Rademecker* et *S. Thiry,* Maladie de Schilder et leucoencéphalitis sclérosante subaigue. Rev. neurol., Paris *95* (1956) 185–206

Bogdan, F., A. Codrea and *Z. Kadar,* A case of subacute sclerosing leucoencephalitis in an eleven year old child. Pediatria (Bucureşti) *17* (1968) 249–257

Bourrat, C. and *A. Borlle,* Subacute sclerosing panencephalitis. J. méd. Lyon *51* (1970) 261–274

Broughton, R. C. Cera, K. Meier-Ewert, M. Ebe and *F. Andermann,* Reflex studies and the effects of i. v. diazepam (Valium) in subacute sclerosing leucoencephalitis. Electroenceph. clin. Neurophysiol. *24* (1968) 288

Canali, G., e *A. Schiavini,* Contributo casistico allo studio elettroencefalografico nella meningite tubercolare. Minerva med. (Torino) *45* (1954) 1046–1059

Canger, R., G. Penati and *S. Caneschi,* A long term electroencephalographic study of a case of subacute sclerosing leucoencephalitis. Riv. neurol. *39* (1969) 529–552

Carmon, A., A. Behar and *A. Beller,* Acute necrotizing haemorrhagic encephalitis presenting clinically as a space-occupying lesion. A clinico-pathological study of six cases. J. neurol. Sci. *3* (1965) 328–348

Caruso, P. F. Cuzetta and *C. Materra,* Electroencephalography in Heine-Medin's diseases. Aggiorn. pediatr., Roma *10* (1959) 251–264

Castellotti, V. and *E. Pittaluga,* Study of typical Electroencephalographic pattern changes during spontaneous sleep in a case of subacute sclerosing leucoencephalitis. Riv. pat. nerv. *86* (1965) 766–784

Chavani, J. A., et *R. Messimy,* L'hémiplégie récidivante in situ dans la sclérose en plaques. Aspect pseudo-focal de la maladie. Vérifications histologiques aprés intervention explorative. Presse méd., Paris *66* (1958) 531–534

Christozov, C., Contribution to the study of subacute sclerotic leucoencephalitis in Morocco. Rev. neuropsychiat. infant. *14* (1966) 805–815

Chun R. W., W. H. Thomson, I. D. Grabow and *C. G. Matthews,* California arbovirus encephalitis in children. Neurology (Minneapolis) *18* (1968) 369–375

Cobb, W., Depth recording in subacute sclerosing leucoencephalitis. In: P. Kellaway (Ed.), Clinical Electroencephalography of children. Grune and Stratton, New York 1968, 275–286

–, The periodic events of subacute sclerosing leucoencephalitis. Electroenceph. clin. Neurophysiol. *21* (1966) 278–294

–, and *D. Hill,* Elektroencephalogram in subacute progressive encephalitis. Brain *73* (1950) 392–404

Coulonjou, R., L. Nicolet et *J. Menez,* Aspect clinique et electroencéphalographique d'une encéphalite subaigue et d'un syndrome catatonique, complications de la grippe A 57 virologiquement confirmée. Rev. neurol., Paris *98* (1958) 219–222

Cramblett, H. G., H. Stegmiller and *A. Spencer,* California encephalitis virus infections in children. Clinical and laboratory studies. J. Amer. Med. Ass. *135* (1966) 108–112

Cristi, G., A case of subacute sclerosing leucoencephalitis with symptoms suggestive of a cerebral tumor. Bull. sc. méd., Paris *140* (1968) 363–366

D'Arrigo and *B. Paolozzi,* At pic couse of subacute sclerosing leucoencephalitis. Rass. neuropsichiatr., Salerno *17* (1963) 252–266

Dayan, A. D., Subacute sclerosing panencephalitis – measles encephalitis of temperate evolution. Postgrad. Med. J., London *45* (1969) 401–407

Delamonica, E. A., E. C. Gonzalez Toledo and *G. F. Poch,* Subacute Sclerosing Leucoencephalitis of von Bogaert. Prensa méd. argent. *55* (1968) 965–968

De Vries, E., Borderline cases of Dawson-Van-Bogaert encephalitis. Psychiat. Neurol. Neurochir. (Amsterdam) *66* (1963) 459–467

Donner, M., H. Halonen and *M. Haltia,* Subacute sclerosing panencephalitis. Duodecim, Helsinki *85* (1969) 541–553

Duenas, D. A., and *H. Lemmi,* Dawson's encephalitis. South Med. J. *61* (1968) 226–229

Duensing, F., Electroencephalogramm und Klinik. Das Electrencephalogramm bei Störungen der Bewußtseinslage. Befunde bei Meningitiden und Hirntumoren mit Bemerkungen zur Pathophysiologie und Pathopsychologie der Bewußtseinsstörung. Arch. Psychiatr. *183* (1949) 71–115

–, und *R. Kirstein,* Hirnelektrische Befunde bei otogenen endokraniellen Komplikationen. Nervenarzt, Berlin *20* (1949) 20–26

Dureux, J. B., and *J. Schmitt,* Acute diffuse Zoster-Encephalitis. Encéphale, Paris *48* (1959) 46–65

Duven, H. E., und *H. W. Kolirack,* Außergewöhnliche Form einer Beta-Aktivität bei Leukodystrophie. Mschr. Kinderhk. *117* (1969) 544–546

Ekkelund, H., und *K.-E. Hagbarth,* Herpes simplex-Encephalitis mit schweren EEG-Veränderungen bei Kindern. Svenska läkartidn. *61* (1964) 2383–2391

Farrell, D. S., The EEG in progressive multifocal leukoencephalopathie. Electroenceph. clin. Neurophysiol. *26* (1969) 200–205

Fenyö, E., and *T. Hszos,* Periodic EEG complexes in subacute panencephalitis: reactivity, response to drugs and respiratory relationships. Electroenceph. clin. Neurophysiol. *16* (1964) 446–458

Finey, K. H., L. H. Fitzgerald, R. W. Richter, N. Riggs and *J. Z. Shelton,* Western encephalitis and cerebral ontogenesis. Arch. Neurol. (Chicago) *16* (1967) 140–164

Fischgold, H., La conscience et ses modifications. Systemes de références en E. E. G. clinique. I. Congr. Internat. Sci. Neurol. Nr. 2 (1957) 181–213

–, et *P. Mathis,* Obnubilations, comas et stupeurs. Études électroencéphalographiques. Electroenceph. Suppl. *II* (1959)

Fornadi, E. L., Szegedy and *I. Huszar,* A contribution to clinical and pathological aspects of subacute progressive panencephalitis. Psychiat. et Neurol. (Basel) *147* (1964) 90–117

Franken, L., R. Parmentier, F. Kleyntjens and *L. van Bogaert,* Acute necrotizing encephalitis without inclusions. In: Encephalitides, L. van Bogaert, J. Radermecker, J. Hozay, A. Lowenthal (Eds.), Elsevier, Amsterdam 1961, 243–252

Freeman, I. M., The clinical spectrum and early diagnosis of Dawson's encephalitis. J. Pediatr., S. Louis *75* (1969) 590–603

Fuglsang-Frederiksen, V., and *P. Thygesen,* The electroencephalogram in multiple sclerosis. Analysis of a series submitted to continuous examinations and discussion. Arch. Neurol. (Chicago) *66* (1951) 504–517

–, Electroencephalography in multiple sclerosis. Acta psychiatr. scand. Suppl. *74* (1951) 74–75

–, Seizures and psychopathology in multiple sclerosis. An electroencephalographic study. Discussion of pathogenesis. Acta psychiatr. scand. *27* (1952) 17–41

Gallais, P., H. Gastaut, G. Cardaire, L. Planques, A. Prouvast and *G. Miletto,* EEG study of human african trypanosomiasis. Rev. neurol., Paris *85* (1951) 95–104

Garda, A., M. Devic and *J. M. Muller,* Subacute encephalitis in children. Lyon méd. *199* (1958) 197–228

Garsche, R., Über die hirnelektrischen Veränderungen bei der kindlichen Poliomyelitis. Eine klinische und electroencephalographische Studie der Epidemie des Jahres 1950. Arch. Psychiatr. *187* (1951) 363–380

–, Das EEG bei akut entzündlichen cerebralen Erkrankungen und deren Folgezuständen im Kindesalter. Mschr. Kinderhk. *100* (1952) 205–214

–, Das Electroencephalogramm bei der Meningitis tuberculosa im Kindesalter. Untersuchungen bei 103 Erkrankungsfällen. Beitr. Klin. Tbk. *III* (1954) 353–376

–, Das Elektroencephalogramm bei der Meningitis tuberculosa im Kindesalter nach Beendigung der Behandlung. Zschr. Kinderhk. *75* (1955) 613–633

–, Die β-Aktivität im EEG des Kindes. II. Mitt. Erscheinungsformen bei cerebralen Erkrankungen. Zschr. Kinderhk. *78* (1950) 458–479

–, und *G. Dlugosch,* Über Veränderungen der Hirnstromkurve bei Meningitis tuberculosa vor und unter Streptomycinbehandlung im Kindesalter. Zschr. Kinderhk. *69* (1951) 387–411

–, Über Veränderungen der Hirnstromkurve bei der Meningitis tuberculosa unter Streptomycin-Behandlung (2. Mitt.: Chronische Verlaufsformen). Zschr. Kinderhk. *70* (1952) 354–380

Gastaut, H., and *G. Miletto,* Physiopathogenetic interpretation of Rabies. Rev. neurol., Paris *92* (1955) 1–25

–, et *M. Vigouroux,* Etude électroencéphalographique et clinique des complications cérébro-spinales de la grippe. A propos de 15 cas survenus pendant la récente épidémie. Rev. neurol., Paris *97* (1957) 495–501

Gibbs, F. A., and *E. L. Gibbs,* The electroencephalogram in encephalitis. Arch. Neurol. (Chicago) *58* (1947) 184–192

–, –, *H. W. Spies* and *P. R. Carpenter,* Common types of childhood encephalitis. Electroencephalographic and clinical relationships. Arch. Neurol. (Chicago) *10* (1964) 1–11

Gmysek, D., G. Eckoldt und *K. Müller,* Elektrencephalographische und Liquoruntersuchungen bei unkomplizierten Masern. Ein Beitrag zum Problem der subklinischen Masernencephalitis. Zschr. Kinderhk. *93* (1965) 197–222

Goldbloom, A., H. Jasper and *N. F. Brickman,* Electroencephalographic studies in poliomyelitis. J. Amer. Med. Ass. *137* (1948) 690–696

Gombi, R., I. Ováry, S. Gödeny, P. Sorszégi, I. Klapetek and *K. Bennkö,* Further studies in panencephalitis, Ideggyóg. Szle. *22* (1969) 388–394

Grabow, J. D., C. G. Matthews, R. W. Chun and *W. H. Thompson,* The electroencephalogram and clinical sequeler of california arbovirus encephalitis. Neurology (Minneapolis) *19* (1969) 394–404

Grant, G., and *W. H. McMenemey,* A case of necrotizing encephalitis. In: Encephalitides, L. van Bogaert, J. Radermecker, J. Hoznay, A. Lowenthal (Eds.), Elsevier, Amsterdam 1961, 227–229

Grossman, H. J., E. L. Gibbs and *H. W. Spies,* Electroencephalographic studies on children having measles with no clinical evidence of involvement of the central nervous system. Pediatrics *18* (1956) 556–560

Grossman, H. J., Electroencephalographic studies of patients having poliomyelitis with no clinical evidence of encephalitic involvement. Pediatrics 22 (1958) 1148–1152

Gutewa, J., and *E. Osetowska*, A chronic form of subacute sclerosing encephalitis (A case with a history of five years). Clinical and pathological study. In: Encephalitides, L. van Bogaert, J. Radermecker, J. Hozay, A. Lowenthal (Eds.), Elsevier, Amsterdam 1961, 386–404

Haberland, C., Subacute sclerosing panencephalitis in Down Syndrome. J. Ment. defic. Res. 14 (1970) 106–110

Hanzal, F., Biochemical and electroencephalographical aspects of tick encephalitis. In: Encephalitides, L. van Bogaert, J. Radermecker, J. Hozay, A. Lowenthal (Eds.), Elsevier, Amsterdam 1961, 661–670

Hamden, A. M., *H. Herngreen*, *W. S. Storm van Leeuwen* and *O. Magnus*, Progressive subacute encephalitis. Clinical and electroencephalographic verifications in 23 cases. Rev. neurol. Paris 94 (1956) 109–119

Hasaerts, E., and *E. van Gaertruyden*, Character and development of psychic disturbances in subacute sclerosing leucoencephalitis. Schweiz. med. Wschr. 88 (1958) 679–683

Henner, K., and *F. Hanzal*, Tickborne-Encephalitis in Czechoslovakia and so-called Roznava-Encephalitis. Psychiat. Neurol. mde. Psychol., Leipzig 12 (1960) 161–169

Heurtematte, J., *J. Tamalet*, *C. Chippaux-Hyppolits*, *P. Gullamet* and *J. M. Dromard*, Herpes encephalitis in an infant. Maroc. méd. 48 (1968) 4343–4348

Heye, D., und *M. Winter*, Zur Frage der Spezifität rhythmischer EEG-Entladungsmuster bei der subakuten sklerosierenden Leukoenzephalitis. Arch. Kinderhk., Stuttgart 181 (1970) 107–118

Hitzschke, B., Das Hirnstrombild bei der Encephalomyelitis disseminata unter Berücksichtigung klinischer Symptomatologie. Rostock, Med. Diss. 1963

Holmgren, B., *J. Lindahl*, *G. Zeipel* and *A. Svedmyr*, Tick-borne meningoencephalomyelitis in Sweden. Acta med. Scand. 164 (1959) 107–522

Horstmann, W., and *J. Martinius*, Electroencephalogram in patients with poliomyelitis. Zschr. Kinderhk. 94 (1965) 246–257

Hubach, H., Über electroencephalographische Befunde bei Encephalitis unter Berücksichtigung klinischer Gesichtspunkte. Dtsch. Zschr. Nervenhk. 180 (1959) 94–124

Ince, L., Subacute Sclerosing Leucoencephalitiste EEG nin onemie ve birk Vak-anin takdimi. Sağvlik dergisi (Istanbul) 41 (1967) 24–33

Isler, W., and *F. Martin*, Complementary studies in subacute sclerosing leucoencephalitis. Schweiz. Arch. Neurol. 79 (1957) 331–354

Jabbour, J. T., *J. H. Carcia*, *H. Lemmi*, *J. Ragland*, *D. A. Duenas* and *J. L. Sever*, Subacute sclerosing panencephalitis. A multidiscipoplinary study of eight cases. J. Amer. Med. Ass. 207 (1969) 2248–2254

Jacob, H., und *A. Lütcke*, Subakute sklerosierende Leukoencephalitis unter dem Initialbild einer akuten epidemischen Encephalitis (akute parkinsonistische Encephalitis) mit ausgeprägter Entwicklung von Maulbeerzellen und Russell-Körperchen. J. neurol. Sci. 12 (1971) 137–153

Janda, V., und *A. H. Kroo*, Meningitis purulenta – eine electroencephalographische Studie. Psychiat. Neurol. med. Psychol. Leipzig 16 (1964) 468–472

Johnson, R. T., Subacute sclerosing panencephalitis. J. Infect. Dis., Chicago 121 (1970) 227–230

Jung, R., Neurophysiologische Untersuchungsmethoden. In: G. v. Bergmann und W. Frey: Hdb. inn. Med. Bd. V, Neurologie, Teil I, 1206–1420. Berlin-Göttingen-Heidelberg, Springer 1953, 4. Aufl.

–, Elektroencephalographische Korrelate von Bewußtseinsveränderungen. I. Tierexperimentelle Grundlagen und EEG-Untersuchungen bei Bewußtseinsveränderungen des Menschen ohne neurologische Erkrankungen. I. Congr. Internat. Sci. Neurol. Nr. 2 (1957) 148–179

Kahlmeter, O., Serous meningitis. III. Clinical aspects. Nord. med. 55 (1956) 862–865

Kertesz, A., *O. P. Veidlinger* and *J. Furesz*, Subacute sclerosing panencephalitis: studies of two cases treated with 5-bromo-2-deoxyridine. Canad. Med. Ass. J. 102 (1970) 1264–1299

Klapetek, J., An early stage of a brain abscess discovered and correctly located by electroencephalographic examination. Electroenceph. clin. Neurophysiol. 12 (1960) 506–507

Klioutchikov, V. N., and *L. M. Dykman*, Clinical characteristics and physiology of hyperkinetic chronic tickborne encephalitis. Ž. nevropat. psichiatr., Moskva 64 (1964) 351–359 (russ.)

Kolar, O., and *J. Klapetek*, Remarks on the diagnostic importance and the dynamics of the EEG picture in subacute sclerosing leucoencephalitis. Čsl. neurol. 27 (1964) 184–189

Kratochvil, L., Subacute sclerosing leucoencephalitis van Bogaert with intermittent course. Čsl. neurol. 27 (1964) 349–351

Künkel, H., Die Periodik der paroxysmalen Dysrhythmie im Elektroencephalogramm. Thieme, Stuttgart, 1969

Kugler, J., Elektroencephalographie in Klinik und Praxis. Thieme, Stuttgart 1963

Kunst, H., und *H. Quenzer*, Echoenzephalographische Untersuchungen bei Meningitiden. Fortschr. Neurol. 40 (1972) 31–40

Kyriakidou, V., Clinical Considerations, EEG, and EMG studies in subacute Sclerosing Leucoencephalitis. Acta paediatr. Scand. Suppl. 172 (1967) 128–133

Lässker, G., *E. Klust*, *R. Degen* und *K.-H. Daute*, Indikation und Befunde elektroenzephalographischer Untersuchungen von Kindern zur Klärung der Impffähigkeit gegen Pocken. Kinderärztl. Praxis, Leipzig 40 (1972) 300–307

Landau, W., and *S. Luse*, Relapsing inclusion encephalitis (Dawson-type) of eight years duration. Neurology (Minneapolis) 8 (1958) 669–676

Lanzinger, G., und *H. Mayer*, Fortlaufende telemetrische EEG-Überwachung einer nach Strangulation komatösen Patientin unter Verwendung einer einfachen Intervall-Spektralanalyse (EISA). Med. Welt, N. F. 24 (1973) 635–639

Lemmi, H., The EEG in subacute sclerosing panencephalitis (SSPE). Electroenceph. clin. Neurophysiol. 27 (1969) 550

Lidsky, M. D., *D. W. Klass*, *B. F. McKenzie* and *N. P. Goldstein*, Herpes zoster (zona) encephalitis. Case report with electroencephalographic and cerebrospinal fluid studies. Ann. Int. Med. 56 (1962) 779–784

Lombroso, C., Remarks in the EEG and movement disorder in SSPE. Neurology (Minneapolis) 18 (1968) 69–75

Lorand, B., *T. Nagy* and *S. Tariska*, Subacute, progressive Panencephalitis. World Neurol. 3 (1962) 276–394

Lorenzoni, E., *V. Dostal* und *H. Lechner*, Zur Objektivierung cerebraler Reaktionen nach Pockenimpfung von Erwachsenen. Schweiz. med. Wschr. 100 (1970) 1421–1425

Macchi, G., Subacute sporadic encephalitis. Riv. neurobiol. 4 (1958) 381–440

Macken, J., *E. Hasaerts-van Geertruyden*, *R. De Smedt* and *T. Barsy*, Longitudinal study of mental, electroencephalographic, and Biological Development in a Chronic Atypical form of Subacute Sclerosing Leucoencephalitis. Encéphale, Paris 56 (1967) 138–150

Martin, F., *I. Macken* and *R. Hess*, Subacute encephalitis and the characters of sclerosant inclusion body leucoencephalitis. Schweiz. Arch. Neurol. 66 (1950) 257–260

Maspes, P. W., *C. A. Pagny* and *E. Wildi*, A clinical, electroencephalographical and pathological study of a case of subacute sclerosing leucoencephalitis. In: Encephalitides, L. van Bogaert, J. Rademecker, J. Hozay, A. Lowenthal (Eds.), Elsevier, Amsterdam 1961

McKee, A. P., *I. D. Hudson*, *J. Kimura* and *W. F. McCormecki*, Herpes simplex Encephalitis. South. Med. J. 61 (1968) 217–225

Millar, J. H. D., and *A. Coey*, The EEG in necrotizing encephalitis. Electroenceph. clin. Neurophysiol. 11 (1959) 582–585

Mirtschink, M., EEG-Verlaufsbeobachtungen bei Meningitis und Enzephalitis. Zschr. inn. Med., Leipzig 27 (1972) 573–578

Möller, C., Die subakute sklerosierende Leukoenzephalitis; ein seltenes Krankheitsbild? Kinderärztl. Praxis, Leipzig 38 (1970) 397–405

Monnier, M., et F. Bamatter, Le syndrome électro-encéphalographiques des embryopathies par toxoplasmose et rubéole. Ann. paediatr., Basel 33 (1971) 69–92

Mortara, M., L. Pacini, R. Rubino, A. Tafuri and E. Musso, Electroencephalogram in juvenile endemic goiter and in acute goiter. Confin. neurol. (Basel) 33 (1971) 69–92

Moya, G., R. Alberca, J. Campos, P. Barreiro and C. Benito, Study of sclerosing leucoencephalitis van Bogaert-type. Arch. neurobiol., Madrid 29 (1966) 89–118

Myermann, R., D. Müller, V. ter Meulen, M. Katz, M. Y. Käckell und H. Koprowski, Subakute sklerosierende Panencephalitis, Übertragung des Virus auf Tiere. 17. Wissenschaftliche Jahrestagung der Vereinigung Deutscher Neuropathologen und Neuroanatomen, 17.–19. 9. 1972, Freiburg i. B.

Pacella, B. L., C. W. Jungeblut, N. Kopeloff and L. M. Kopeloff, The electroencephalogram in poliomyelitis. Arch. Neurol. Psychiatr. (Chicao) 58 (1947) 447–451

Paclozzi, C., and F. M. Puca, Anatomical and EEG correlations in a case of subacute sclerosing leucoencephalitis, pseudotumoral variety. Acta Neurol. 21 (1966) 469–487

Pampiglione, G. A., A. D. Piesowicz, J. V. T. Dayan, Gostling and M. A. Woodhouse, Clinical EEG, virological and electron-microscopic studies of an infant with subacute sclerosing encephalitis. Electroenceph. clin. Neurophysiol. 24 (1968) 595

Passouant, P., M. Baldy-Mailinier and M. Levy, Night sleep in three cases of subacute sclerosing leucoencephalitis. Electroenceph. clin. Neurophysiol. 29 (1970) 57–66

Penin, H., EEG-Befunde bei intern bedingten zentralnervösen Störungen mit besonderer Berücksichtigung der Coma-Zustände. Wien. Zschr. Nervenhk. 29 (1971) 123–141

–, Das EEG der symptomatischen Psychosen. Nervenarzt, Berlin 42 (1972) 270–272

Perier, O., R. Parmentier, J. Brihaye and J. Flament-Durand, A case of inclusion-body necrotizing encephalitis. In: Encephalitides, L. van Bogaert, J. Radermecker, J. Hozay, A. Lowenthal (Eds.), Elsevier, Amsterdam 1961, 232–242

Peters, G., Subacute sclerosing leucoencephalitis van Bogaert. In: Encephalitides, L. van Bogaert, J. Radermecker, J. Hozay, A. Lowenthal (Eds.), Elsevier, Amsterdam 1961, 405–409

Petre-Quadens, O., Z. Sfaello, L. van Bogaert and G. Moya, Sleep study in SSPE. Neurology (Minneapolis) 2 (1968) 60–68

Petsche, H., H. Schinko and F. Seitelberger, Neuropathological studies on van Bogaerts subacute Sclerosing leucoencephalitis. In: Encephalitides, L. van Bogaert, J. Radermecker, J. Hozay and A. Lowenthal (Eds.), Elsevier, Amsterdam 1961, 351–385

Poenaru, S., V. Steneco, L. Poenaru et D. Stoian, Etude EEG dans le syndrome de Turner. Acta neurol. psychiatr. Belg. 70 (1970) 509–522

Poole, E. W., Periodic EEG – Discharge in subacute encephalitis with reference to respiratory and cardiac cycles. Electroenceph. clin. Neurophysiol. 12 (1960) 759

–, The interrelationship of respiration and the EEG complexes of subacute encephalitis. Electroenceph. clin. Neurophysiol. 14 (1962) 294

Prill, A., and Fr. W. Spaar, Clinical symptoms and anatomy of Pette-Doering's Panencephalitis. Dtsch. Zschr. Nervenhk. 187 (1965) 507–515

Rabending, G., und K. H. Parnitzke, Meningocerebrale Form der Boeckschen Erkrankung. Klinik und Elektroencephalogramm. Psychiat. Neurol. med. Psychol., Leipzig 148 (1964) 84–92

Radermecker, J., Aspects électroencéphalographiques dans trois d'encéphalite subaigue. Acta neurol. psychiatr. Belg. 49 (1949) 222–232

–, Lues aspects électro-encéphalographiques dans les encéphalites de l'enfance. Bull. Soc. clin. Charleroi 2 (1951) 137–150

–, L'électroencéphalogramme dans les encéphalites et les déterminations cérébrales d'aspect encéphalitique. (Corrélations électro-anatomocliniques.) Ref. neurol., Paris 93 (1955) 369–398

Radermecker, J., Electro-clinical correlations in human trypanosomasis and in trypanosomiasis used as therapy for several psychiatric conditions. Acta neurol. psychiatr. Belg. 55 (1955) 179–218

–, Systematique et Electroencephalographic des Encephalites et Encephalopathies. Masson et Cie., Paris 1956, 243

–, Diagnostic clinique et électroencéphalographique de l'encéphalite nécrosante aigue. Son intéret somme détermination inflammatoire sur les formations rhinencéphaliques. Rev. neurol., Paris 95 (1956) 576–584

–, Le démembrement des scléroses diffuses. Acta neurol. psychiatr. Belg. 57 (1957) 498–522

–, Das Elektroencephalogramm der subakuten sklerosierenden Leukencephalitis und seine Variationsbreite. Wien. Zschr. Nervenhk. 13 (1957) 204–223

–, Electroencephalogram in encephalitides and encephalopathies in childhood. Nervenarzt, Berlin 12 (1960) 529–540

–, und L. van Bogaert, Über eine nichtklassifizierbare Encephalitis mit tödlichem Ausgang. Wien. Zschr. Nervenhk. 12 (1956) 245–259

–, J. Flament, G. C. Guazzi and C. Troch, Acute necrotizing encephalitis without serious neuropsychiatric sequelae. Rev. neurol., Paris 106 (1962) 368–380

–, M. C. Gautier, G. C. Guazzi et F. Lens, L'encephalitie nérosante aigue. A propos des difficultés du diagnostic. Acta neurol. psychiatr. Belg. 62 (1962) 339–358

–, et J. Macken, Aspects électroencéphalographiques et cliniques de la leucoencéphalite sclérosante subaigue. Leur valeur au point de vue du diagnostic différential avec d'autres encéphalopathies subaigues et certaines tumeurs de l'enfance. Rev. neurol., Paris 85 (1951) 341–370

–, and Ch. M. Poser, The significance of repetitive paroxysmal electroencephalographic patterns. Their specificity in subacute sclerosing leucoencephalitis. World Neurol. 1 (1960) 422–433

Raimbault, J., A. Minvielle, V. Drouhet et J. Celers, L'électroencéphalographic au cours des oreillons non compliquéset de la vaccination anto-ourlienne. Année. pédiatr., Paris 47 (1971) 299–305

Resnick, J. S., W. King Engel and I. L. Sever, Subacute sclerosing panencephalitis. N. England J. Med. 279 (1968) 126–129

Richey, E. T., K. A. Kooi and W. W. Tourtellotte, Visually evoked responses in multiple sclerosis. J. Neurol., London 34 (1971) 275–280

Riggs, St., D. L. Smith and C. A. Phillips, St. Louis encephalitis in adults during the 1964 Houston epidimic. J. Amer. Med. Ass. 193 (1965) 284–288

Ruf, H., Elektroencephalogramm und Klinik. Das Elektrencephalogramm bei der lymphozytären Meningitis. Arch. Psychiatr. 183 (1949) 146–162

Schachter, M., Syndromes neurologiques et neurasthéniformes consécutifs aux méningites lymphocytaires dites bénignes. Neuropsichiatr. N. S. 14 (1958) 279–287

Schmidt, R. P., E. Roseman und A. J. Steigman, Cranial nerve paralysis in herpes zoster encephalitis of childhood. Clinical and electroencephalographic observations. J. Pediatr., S. Louis 46 (1955) 215–218

Schwartz, B. A., and C. Escande, Sleeping sickness, sleep study of a case. Electroenceph. clin. Neurophysiol. 29 (1970) 83–87

Scollo-Lavizzari, G., Continuous EEG and EMG recordings during night sleep in a case of subacute sclerosing leucoencephalitis. Electroenceph. clin. Neurophysiol. 25 (1968) 170–174

Seggiaro, J. A., H. Bibas Bonet and A. Monti, A nonfatal case of van Bogaert's type of subacute encephalitis with survival for more than eight years. Neurochirurgia 27 (1969) 205–211

Silva, P., O. Castello and J. Neves, EEG-Untersuchungen bei subakuter Panencephalitis. Med. Welt 112 (1970) 1415–1424

Simeonidis, I., D. Kokkini and Aci. Siamouli, EEG findings in hyper- and hypothyroidism. Acta neurol. psychiat. hellen. 10 (1971) 17–27

Storm van Leeuwen, Electroencephalographical and neurophysiological aspects of subacute sclerosing leucoencephalitis. Psychiat. Neurol. Neurochir. (Amsterdam) 67 (1964) 312–322

Takeshita, K., The Electroencephalogram in Japanese Encephalitis. Advances Neurol. Sci. *11* (1967) 293–299

Tejral, J., D. Jechová and *K. Honegr,* EEG studies in subjects in oculated against czechoslovak tick-borne encephalitis. Čsl. neurol. *34* (1971) 147–152

Ter Meulen, V., D. Muller, G. Enders-Ruckle, V. Neuhoff, M. Y. Käckell and *G. Joppich,* Subacute progressive panencephalitis – a disease caused by measles infection? Dtsch. med. Wschr. *93* (1968) 1303–1308

Timm, H., und *N. Wolter,* Elektroenzephalographische Untersuchungen im Verlauf von Tollwutschutzimpfungen nach Hempt. Dtsch. med. Wschr. *95* (1970) 2108–2115

Timsit-Berthier, M., et *M. Timsit,* L'électroencéphalographie fonctionelle on psychiatrie. Bilance et perspectives. Evolut. psychiatr., Paris *37* (1972) 567–584

Toga, M., and *P. Martin,* A case of subacute sclerosing leucoencephalitis following smallpox vaccination. In: Encephalitides, L. van Bogaert, J. Radermecker, J. Hozay, A. Lowenthal (Eds.), Elsevier, Amsterdam 1961, 537–540

Turrel, R. C., and *E. Roseman,* Electroencephalographic studies of the encephalopathies. IV. Serial studies in meningococcic meningitis. Arch. Neurol. (Chicago) *73* (1955) 141–148

–, *W. Shaw, R. P. Schmidt, L. L. Levy* and *E. Roseman,* Electroencephalographic studies of the encephalopathies. II. Serial studies in tuberculous meningitis. Electroenceph. clin. Neurophysiol. *5* (1953) 53–63

Upton, A., and *J. Gumpert,* Electroencephalography in diagnosis of herpes-simplex-encephalitis. Lancet 1970, I. 650–652

Voitinsky, E. Ya., M. A. Dadiomova, V. A. Orlow and *S. I. Shlenchak,* Comperative characteristics of the EEG in patients with primary and secundary encephalitis. Ž. nevropat. psichiatr., Moskva *71* (1971) 1015–1021 (russ.)

Weinmann, H.-W., EEG-Veränderungen im Rahmen einer akuten Knollenblätterpilz-Vergiftung im Kleinkindalter. Z. EEG-EMG *2* (1971) 173–176

Wiek, H. H., Die Lehre von den Funktionspsychosen. Med. Welt *20* (1969) 836–941

Wintgens, M., M. Reznik and *J. Bonnal,* An observation of an necrotizing encephalitis with survival. Acta neurol. belg. *67* (1967) 214–231

Yamauchi, I., The effects of psychotropic drugs upon the photocally driven theta response of EEG. Psychiatr. neurol. Jap. *73* (1971) 266–286

Young, G. F., D. L. Knox and *P. R. Dodge,* Necrotizing encephalitis and chorioretinitis in a young infant. Report of a case with rising herpes simplex antibody titers. Arch. Neurol. (Chicago) *13* (1965) 15–24

Zander Olsen, P., M. Støler, K. Siersbaeck'Nielsen, J. Mølholm Hansen, M. Schiøler and *M. Kristensen,* Electroencephalographic findings in hyperthyroidism. Electroenceph. clin. Neurophysiol. *32* (1972) 171–177

Zappella, M. M., and *F. Maccagnani,* Subacute Sclerosing Encephalitis of exceptionally early onset. Riv. neurol. *36* (1966) 668–676

Zeifert, M., W. Pennell, K. Finley and *N. Riggs,* The electroencephalogram following Western and St. Louis encephalitis. Neurology *12* (1962) 311–319

Zeman, W., and *I. L. Sever,* Measles virus and subacute sclerosing panencephalitis. Science *159* (1968) 451–452

9.6. Eeg bei sonstigen Erkrankungen

Alsen, V., Schizophreniforme Psychose mit belangvollem körperlichen Befund. Fortschr. Neurol. *37* (1969) 448

Arikawa, K., An electrophysiological on the alcohol withdrawal in chronic alcoholics. Psychiat. neurol. Jap. *72* (1970) 596

Assael, M., und *H. Z. Winnik,* EEG findings in affective psychosis. Diss. Nerv. Syst. *31* (1970) 295

Avar, P., Mit Hilfe des EEG diagnostizierte subakute Kohlentetrachlorid-Vergiftung. Ideggyóg. Szle *23* (1970) 183

Banner, H. G., Die B-Vitamine aus neurologischer Sicht. Zschr. Neurol., Berlin *202* (1972) 165

Barros-Ferreira, M. de, L. Goldsteinas and *G. C. Lairy,* REM sleep deprivation in chronic schizophrenies: effects on the dynamics of fast sleep. Electroenceph. clin. Neurophysiol. *34* (1973) 561

Bärtschi-Rochaix, F., W. Bärtschi-Rochaix und *D. Rauch,* Das Elektroencephalogramm bei kombinierter Cardiazol- und Lichtstimulation am Gesunden. Helvet. physiol. Pharmacol. acta *9* (1951) 53

Bärtschi-Rochaix, W., und *F. Bärtschi-Rochaix,* Die kombinierte Cardiazol-Barbitur-Aktivierung des EEG in der neurologischen Diagnostik. Nervenarzt, Berlin *26* (1955) 316–319

Bechthold, H.-G., und *A. Schottky,* Phasische Verstimmung und Epilepsie. Zwei polare Fälle. Nervenarzt, Berlin *42* (1971) 539

Bente, D., Das EEG bei endogenen Psychosen. Zbl. ges. Neurol. *17* (1963) 3

–, Episodische Psychosen im Rahmen der Epilepsie. Ärztl. Gespr. *43* (1972) 33

Berger, H., Über das Elektroencephalogramm des Menschen. III. Arch. Psychiatr. *94* (1931) 16–60

Best, K., und *G.-K. Köhler,* Psychopathologische und hirnelektrische Befunde bei chronischem Trijod-Thyronin-Abusus. Ein Beitrag zur Differentialdiagnose des Phantastika-Mißbrauchs. Pharmakopsychiat. Neuropsychopharmakol. *4* (1971) 253

Bickford, R., and *H. R. Butt,* Hepatic coma: the electroencephalographic pattern. J. Clin. Invest. *34* (1955) 790–799

Borenstein, P., et *Ph. Cujo,* Electroencephalographic clinique et substances psychotropes. Sem. hôp., Paris *20*, 20. April 1969

–, et *M. Dabbah,* L'électroencéphalogramme dans les syndromes schizophreniques. Ann. med.-psychol., Paris *115* (1957) 477

Chanoit, P., L'électroencéphalographie en psychiatrie. Rev. neurol., Paris *108* (1963) 148

–, et *A. Vallee-Mollier,* L'electroencéphalographie en psychiatrie. Ann. med.-psychol., Paris *122*, 1 (1964) 221

Christian, W., Klinische Elektroenzephalographie. Thieme, Stuttgart 1968

Christozov, Ch., The EEG in hashish psychoses. Nevrol. Psihiat. Nevrochir. *10* (1971) 127

Cohn, R., and *J. Sode,* The EEG in hypercalcemia. Neurology (Minneapolis) *21* (1971) 154

Colony, A. S., and *S. Willis,* Electroencephalographic studies of 1000 schizophrenic patients. Amer. J. Psychiatr. *113* (1956) 163–169

Dasberg, H., and *S. Robinson,* EEG-Veränderungen unter antipsychotischer Pharmakotherapie. Diagnostische und prognostische Bedeutung. Dis. Nerv. Syst. *32* (1971) 472

Davis, P. A., and *W. Sulzbach,* Changes in the electroencephalogram during metrazol therapy. Arch. Neurol. Psychiatr. (Chicago) *43* (1940) 341–353

Dolce, G., und *E. Kaemmerer,* Neurophysiologische Untersuchungen mit 7-chlor-1,3-dihydro-3-hydroxy-5-phenyl-2H-1,4-benzodiazepam-2-on im Tierexperiment. Arzneimittel-Forsch., Aulendorf *17* (1967) 1057

Ellingson, R. J., The incidence of EEG abnormality among patients with mental disorders of apparently nonorganic origin. A critical review. Amer. J. Psychiatr. *111* (1954) 263–275

Figueiredo, V. F. de, Beitrag zur strukturellen Analyse der schizophrenen Psychosen durch elektroklinische Methode. Encéphale, Paris *52* (1963) 506

Fink, M., and *T. Itil,* EEG and Human Psychopharmacology IV: Clinical Antidepressants ibid. (1969) 671

Frey, T. S., Routine-EEG und Psychiatrie. Nord. psykiat. T. *15* (1961) 213

Frühauf, A., K. Graupner, E. Kálmán und *U. Wilde,* Die Flimmerverschmelzungsfrequenz unter dem Einfluß verschiedener Pharmaka. I. Coffein und Meprobamat (einschließlich eingehender Beschreibung der Untersuchungstechnik). Psychopharmakologie *21* (1971) 382

Fuglsang-Frederiksen, V., und *P. Thygesen,* The electroencephalogram in multiple sclerosis. Analysis of a series submitted to continuous examinations and discussion. Arch. Neurol. (Chicago) *66* (1951) 504–517

Gibbs, E. L., F. M. Lorimer and *F. A. Gibbs,* Clinical correlates of exceedingly fast activity in the electroencephalogram. Dis. Nerv. Syst. *11* (1950) 323–326

Gibbs, F. A., and *A. M. Gibbs,* Frequency analysis of the EEG. Science *105* (1947) 132–137

–, and *E. L. Gibbs,* Atlas of electroencephalography. Vol. 3. Neurological and Psychiatric Disorders. Addison-Wesley Publishing Co., Reading, Mass. 1964

Girke, W., S. Kanowski und *W. Mauruschat,* Kombination von amentiellen und aphasischen Störungen unter Psychopharmakotherapie. Arch. Psychiatr. *214* (1971) 249

Glatzel, J., und *H. Penin,* Klinisch-elektroenzephalographische Verlaufsuntersuchungen einer Psychose nach hochdosierter ACTH-Medikation. Arch. Psychiatr. *206* (1967) 360

Günther, K. D., Lange verkannte CO-Vergiftungen mit schweren neurologischen Symptomen. Psychiat. Neurol. med. Psychol., Leipzig *23* (1971) 368

Haider, I., H. Mathew und *I. Oswald,* EEG changes in acute drug poisoning. Electroenceph. clin. Neurophysiol. *30* (1971) 23

Hajnsek, F., D. Kocijan and *I. Sisek,* Nonepileptic psychotic states and dysrhythmia. Neuropsihijatrija (Zagreb) *19* (1971) 213

Hansiota, X., R. Harris and *J. Kennedy,* EEG Changes in Wilson Disease. Electroenceph. clin. Neurophysiol. *27* (1969) 523

Heinemann, L. G., and *T. M. Itil,* Quantitative EEG changes during high and low closage fluphenazine hydrochloride treatment. Int. Pharmakopsychiat. *4* (1970) 43

Helmchen, H., Psychiatrische Komplikationen der Psychopharmakotherapie. Med. Welt N. F. *18* (1967) 564

–, und *S. Kanowski,* Ergebnisse elektroenzephalographischer Untersuchungen zur Lithiumwirkung. Int. Pharmakopsychiat. *5* (1971) 149

–, EEG-Veränderungen unter Lithium-Therapie. Nervenarzt, Berlin *42* (1970) 144

–, und *L. Rosenberg,* Multidimensionale pharmakopsychiatrische Untersuchungen mit dem Neuroleptikum Perazin. 4. Mitteilung: Beziehungen zwischen EEG-Veränderungen, Perazin-Konzentration im Blut und anderen klinischen Variablen. Int. Pharmakopsychiat. *7* (1974) 31

–, und *H. Künkel,* Der Einfluß von EEG-Verlaufsuntersuchungen unter psychiatrischer Pharmakotherapie auf die Prognostik von Psychosen. Arch. Psychiatr. Nervenkr. *205* (1964) 1

Hess, R., Elektrische Hirnaktivität und Psychopathologie. Schweiz. med. Wschr. *93* (1963) 449–462

Hinkel, D. K., und *B. Munde,* Cerebrale Restschäden nach akuter Dichloräthanvergiftung bei Kindern. Kinderärztl. Praxis, Leipzig *37* (1969) 343

Hitzschke, B., Das Hirnstrombild bei der Encephalomyelitis disseminata unter Berücksichtigung klinischer Symptomatologie. Med. Diss., Rostock 1963

Huber, G., und *H. Penin,* Klinisch-elektroenzephalographische Korrelationsuntersuchungen bei Schizophrenen. Fortschr. Neurol. *36* (1968) 641

Igert, C., und *G. C. Lairy,* Der prognostische Wert des EEG in der Entwicklung von Schizophrenien. Electroenceph. clin. Neurophysiol. *14* (1962) 183

Isermann, H., Über die Bedeutung des EEG bei Schizophrenien. Dtsch. med. Wschr. *98* (1973) 1074

Ishibashi, T., T. Sato, H. Asano und *H. Hiraga,* Klinisch-elektroenzephalographisches Studium der atypischen endogenen Psychosen. Fol. psychiatr. Jap. *16* (1963) 330

Itil, T. M., Elektroenzephalographische Befunde zur Klassifikation neuro- und thymoleptischer Medikamente. Med. exp. (Basel) *5* (1961) 347

–, Quantitative Pharmako-Electroencephalographie in der Entdeckung einer neuen Gruppe von Psychopharmaka. Dis. Nerv. Syst. *33* (1972) 557

–, und *M. Fink,* Electroencephalographic effects of Trifluperidol. Dis. Nerv. Syst. *30* (1969) 524

–, *F. Guven, R. Cora, W. Hsu, N. Polvan, A. Ucok, A. Sanseigne* and *G. A. Ullet,* Quantitative pharmaco-electroencephalography using frequency analyser and digital computer methods. In: Drugs, Development and Brain Fundicus (Smith, W. L., Ed.), Springfield, Ill., C. C. Thomas 1971

–, *A. Keskiner, H. Han, W. Hsu* and *G. Ullet,* EEG changes after fluphenazine enanthate and decanoate based on analog power spectra and digital computer period analysis. Psychopharmacologie *20* (1971) 230

Izumi, T., and *S. Sato,* Eine neurophysiologische Studie über die «thinner»- Intoxikation. Psychiatr. neurol. Jap., *73* (1971) 99

Jung, R., Neurophysiologische Untersuchungsmethoden. In: G. v. Bergmann und W. Frey, Hdb. inn. Med. Bd. V, Neurologie, Teil I, 1206. Springer, Berlin-Göttingen-Heidelberg 1953, 4. Aufl.

Jus, A., and *K. Jus,* Some remarks on the relevance and usefulness of polygraphic sleep studies in psychiatry. Wien. Zschr. Nervenhk. *25* (1967) 250

Kaemmerer, E., Zur Therapie der Angstneurosen in der Praxis. Lorózepam (Tavor). Münch. med. Wschr. *114* (1972) 1296

Kaeser, H. E., und *G. Scollo-Lavizzari,* Akute cerebrale Störungen nach hohen Dosen eines Oxycholinderivates. Dtsch. med. Wschr. *95* (1970) 394

Kales, A., J. D. Kales, M. B. Scharf and *T.-L. Tan,* Hypnotics and altered sleep-dreams patterns. II. Allnight EEG studies of chloral hydrate, flurazepam, and methaqualone. Arch. gen. Psychiat. *23* (1970) 219

–, *T. A. Preston, T.-L. Tan* and *C. Allen,* Hypnotics and altered sleep-dream patterns. I. All-night EEG studies of glutethimide, methyprylon, and pentobarbital. Arch. gen. Psychiat., Chicago *23* (1970) 211

Kammel, H., D. Müller, G. Lobeck und *H. Barth,* Zur quantitativen und qualitativen Dynamik der EEG-Veränderungen bei Chlordiazepoxyd (Radepur)-Überdosierung. Zugleich ein kasuistischer Beitrag zum klinischen Bild der Radepurintoxikation. Dtsch. Ges.wesen *26* (1971) 1267

Kammerer, T., L. Israel, J. Nevers et *P. Geismann,* Étude de quelques corrélations entre certains traits de personalité révélés par le test de Rorschach et l'EEG chez 150 schizophrénes. Rev. neurol., Paris *101* (1959) 453

–, *F. Rohmer, L. Israel* et *A. Wackenheim,* L'électroencéphalogramme des schizophrénes. Cahiers Psychiat. *115* (1955) 20

Kennard, M. A., and *S. Levy,* The meaning of the abnormal electroencephalogram in schizophrenia. J. Nerv. Ment. Dis. *116* (1952) 413–423

Kimura, B., Längsschnittuntersuchungen über Korrelation von EEG-Befunden mit klinischen Bildern atypischer endogener Psychosen. Psychiatr. neurol. Jap. (1.) *69*, 11 (1967) 1236

Krump, J. E., Die klinische Bedeutung des Elektroencephalogramms bei Vergiftungen, Endotoxikosen und Endokrinopathien. Dtsch. Int. Tagg. Leipzig, 3.–5. 11. 1955, VEB Verlag Volk und Gesundheit, Berlin 1956, 133

Kubicki, St., H. Rieger, G. Busse und *D. Barckow,* Elektroenzephalographische Befunde bei schweren Schlafmittelvergiftungen. Z. EEG-EMG *1* (1970) 80

Kunugi, H., All-night sleep EEG in chronic schizophrenics. Psychiat. neurol. Jap. *72* (1970) 202

Landolt, H., Electroencephalographische Untersuchungen bei nicht katatonen Schizophrenen. Schweiz. Zschr. Psychol. *16* (1957) 26

–, Die Dämmer- und Verstimmungszustände bei Epilepsie und ihre Electroencephalographie. Dtsch. Zschr. Nervenhk. *185* (1963) 411

Liebner, K., Das EEG bei Psychopathen. Psychiat. Neurol. med. Psychol., Leipzig *21* (1969) 373

Loomis, A. L., E. N. Harvey and *G. A. Hobart,* Cerebral states during sleep, as studied bei human brain potentials. J. Exper. Psychol. *21* (1937) 127–144

Marjerrison, G., and *R. P. Keogh,* Integrates EEG variability: drug effects in acute schizophrenics. Canad. psychiat. Ass. J. *14* (1969) 403

Martin, F., Considérations sur les indications et l'utilité de l'électroencéphalographie. Schweiz. med. Wschr. *99* (1969) 1393

Maxion, H., Erfahrungen mit Tegretol im polygraphischen Schlaf-EEG. Nervenarzt, Berlin *39* (1968) 547

–, Erfahrungen bei langdauernder Verabreichung von Tegretol im polygraphischen Schlaf-EEG II. Nervenarzt, Berlin *40* (1969) 588

Maxion, H., und *E. Schneider,* Der Einfluß von Chlormethiazol (Distraneurin) auf das Schlaf-Elektroenzephalogramm nach Alkoholdelir. Pharmakopsychiat. Neuropsychopharmakol. *3* (1970) 233

Meldrum, B. S., and *R. Naquet,* Effects of psilocybin, dimethyltryptamine, mescaline and various lysergic acid derivatives on the EEG and on photocally induced epilepsy in the baboon (Papio papio). Electroenceph. clin. Neurophysiol. *31* (1971) 563

Mortara, M., L. Pacini, R. Rubino, A. Tafuri and *E. Musso* Electroencephalogram in juvenile endemic goiter and in acute goiter. Confin. neurol., Basel *33* (1971) 69

Müller, J., und *D. Müller,* Hirnelektrische Korrelate bei Überdosierung von antikonvulsiven Medikamenten. Nervenarzt, Berlin *43* (1972) 270

Nieman, E. A., The electroencephalogram in Myxoedema coma Clinical and electroencephalographic study of three cases Brit. Med. J. *1* (1959) 1204–1208

Noel, P., et *C. Leroy,* L'EEG des schizophrénes. Rev. neurol., Paris *101* (1959) 445

Peneva, L., G. Vladimirova, R. Slavova and *R. Arnaudova,* Electroencephalographic changes during treatment of children with primary hypothyroidism. Pediatrija (Moskva) *11* Nr. 1, (1972) 12

Penin, H., Das EEG der symptomatischen Psychosen. Nervenarzt, Berlin *42* (1971) 242

–, EEG-Befunde bei intern bedingten zentralnervösen Störungen mit besonderer Berücksichtigung der Komazustände. Wien. Zschr. Nervenhk. *29* (1971) 123

Poiré, R., und *M. P. Zuber,* EEG und myoklonische Manifestationen während provozierter Hypoglykämie. Z. EEG-EMG *2* (1971) 68

Prill, A., E. Volles, F. Scheller und *E. Quellhorst,* Verlaufsbeobachtungen neurologischer und hirnelektrischer Befunde bei chronischer Niereninsuffizienz und Dialysebehandlung. Verh. Dtsch. Ges. inn. Med. *72* (1966) 609

Prüll, G., und *K. Rompe,* Neurologische und hirnelektrische Störungen bei akuter Vergiftung mit Organo-Zinnverbindungen. Nervenarzt, Berlin *41* (1970) 516

Radermecker, J., Electroencephalogram in encephalitides and encephalopathies in childhood. Nervenarzt *31* (1960) 529–541

Richard, P., Elektroenzephalographisch gekennzeichnete Psychosen. Ein Diskussionsbeitrag. Schweiz. Arch. Neurol. *109* (1971) 409

Richay, E. T., K. A. Kooi and *W. W. Tourterotte,* Visually evoked responses in multiple sclerosis. J. Neurol., London *34* (1971) 275

Rohmann, E., D. Zinn und *J. Külz,* Elektroencephalographische Beobachtungen. Kinderärztl. Praxis, Leipzig *37* (1969) 209

Rupprecht, R., und *H. Todt,* Glykosidintoxikation mit zentralnervösen Symptomen und Oligurie. Dtsch. Ges.wesen *25* (1970) 354

Schiefer, I., G. Bähr, I. Boiselle und *B. Kiefer,* EEG-Veränderungen von 9 Kindern mit einer LSD-Vergiftung. Klin. Pädiat. *184* (1972) 307

Schmoigl, S., Akute Disulfiramvergiftung bei einem Kleinkind. Nervenarzt, Berlin *41* (1970) 89

Schneider, E., H. Jungblut und *F. Oppermann,* Die akute Isoniazid (INH)-Intoxikation. Eine neurologische, elektroenzephalographische und toxikologische Verlaufsuntersuchung. Klin. Wschr. *49* (1971) 904

Schneider, J., G. Thomalske, J. Perrin und *A. Siffermann,* Die Modifikationen des EEG unter der Behandlung mit Psychopharmaka. Langzeituntersuchungen an Geisteskranken. Nervenarzt, Berlin *34* (1963) 521

Schorsch, G., und *I. v. Hedenström,* Die Schwankungsbreite hirnelektrischer Erregbarkeit in ihrer Beziehung zu epileptischen Anfällen und Verstimmungszuständen. Arch. Psychiatr. *195* (1957) 393

Schulz, H., und *G. Mainusch,* Beitrag der klinischen Elektroencephalographie zur forensischen Begutachtung. Psychiat. Neurol. med. Psychol., Leipzig *21* (1969) 266

Schulz, H., und *J. Müller,* EEG-Untersuchungen bei »Ersterkrankungen« endogener Psychosen. Wien. Zschr. Nervenhk. *29* (1971) 210

Schulze, B., Zur Frage medikamentös induzierter cerebraler Reaktionen. Ein Fall von myoklonischem Status unter Behandlung mit trizyklischen Antidepressiva. Nervenarzt, Berlin *43* (1972) 332

Schwarz, K., und *P. C. Scriba,* Endokrin bedingte Encephalopathien. Verh. Dtsch. Ges. inn. Med. *72* (1966) 238

Serafetinides, E. A., D. Willis and *M. L. Clark,* The EEG effects chemically and clinically dissimilar antipsychotics Molindone vs. chlorpromazine. Int. Pharmacopsychiat. *6* (1971) 77

Silverman, D., Some observations on the EEG in hepatic coma. Electroenceph. clin. Neurophysiol. *13* (1961) 495

Simeonidis, I., D. Kokkini and *Aci. Siamouli,* EEG findings in hyper- and hypothyroidism. Acta neurol. psychiat. hellen. *10* (1971) 17

Slotlow, M., Temporal lobe "spike-focus" associated with confusion, complete amnesia fugues in a paranoid schizophrenic. Psychiatr. Quart. *42* (1968) 738

Small, J. G., and *I. F. Small,* Is EEG before electroshock treatment worthwhile? J. Nerv. Ment. Dis. *142*/1 (1966) 72

Strauss, H., M. Ostow and *L. Greenstein,* Diagnostic electroencephalography. p. 88, Grune & Stratton Inc., New York 1952

Todt, H., EEG-Verlaufsbeobachtungen bei Kindern mit angeborener Hypothyreose. Kinderärztl. Praxis, Leipzig *40* (1972) 5

Tucker, G. J., T. H. Detre, M. Harrow and *G. H. Glaser,* Behavior and symptoms of psychiatric patients and the EEG. Arch. gen. Psychiat. Vol. *12* (1965) 278

Vague, J., H. Gastaut, J. L. Codaccioni et *A. Roger,* L'électroencéphalographie de maladies thyroidiennes. Ann. endocr., Paris *18* (1957) 996

Vieweg, Ch., H. Schulz und *G. Grünewald,* Ausgewählte Encephalogramme bei der Intensivtherapie von Vergiftungen. Beitrag 7. Arbeits- und Weiterbildungstagung der Gesellschaft für Neuroelektrodiagnostik der DDR, 28. 11. 1974 Schwerin

Volavka, J., M. Matoušek and *J. Roubiček,* EEG frequency analysis in schizophrenia. Acta psychiatr. neurol. scand. *42* (1966) 237

Wagner, D., Elektroencephalographisch gekennzeichnete Psychosen. Schweiz. Arch. Neurol. *103* (1969) 377

Weber, R., Das Elektroencephalogramm in der Psychiatrie: Beitrag im Lehrbuch »Psychiatrie« von K. Kolle, Urban-Schwarzenberg, München-Wien 1955

Weil, A. A., and *W. C. Brinegar,* Electroencephalographic studies following electric shock therapy. Observations in 51 patients treated with unidirectional currents. Arch. Neurol. (Chicago) *57* (1947) 719–729

Weimann, H.-W., EEG-Veränderungen im Rahmen einer akuten Knollenblätterpilz-Vergiftung im Kleinkindalter. Z. EEG-EMG *2* (1971) 173

Welbel, L., and *K. Zalewski,* EEG-picture in the course of treatment of schizophrenia with phenothiazine derivatives. Psychiat. pol. *5* (1971) 49

Yamauchi, I., Clinical significance of photocally driven theta waves in Schizophrenie. Psychiatr. neurol. Jap. *70* (1968) 1049 und 1083

Zeh, W., Progressive Paralyse. Verlaufs- und Korrelationsstudien. Thieme, Stuttgart 1964

Zysno, E., F. Dürr, H. E. Reichenmiller und *H. Nieth,* EEG-Untersuchungen bei urämischen Enzephalopathien unter intermittierender Peritonealdialyse. Verh. Dtsch. Ges. inn. Med. *72* (1966) 227

9.7. Eeg in der Anästhesie und Reanimation

Berger, H., Über das Elektrenkephalogramm des Menschen. 3. Mitteilung. Arch. Psychiatr. *94* (1931) 16–60

–, Über das Elektrenkephalogramm des Menschen. 8. Mitteilung. Arch. Psychiatr. *101* (1934) 452–469

Bushart, W., und *P. Rittmeyer*, Über die prognostische Bedeutung des EEG-Befundes nach Wiederbelebung des Herzens. Anaesth. Wiederbel. *15* (1966) 22–28

Butenuth, J., und *St. Kubicki*, Über die prognostische Bedeutung bestimmter Formen der Myoklonien und korrespondierender EEG-Muster nach Hypoxien. Z. EEG-EMG *2* (1971) 78–83

Buthenuth, J., und *St. Kubicki*, Klinisch-elektroenzephalographische Schlafbeobachtungen im apallischen Syndrom. Z. EEG-EMG *6* (1975) 185–188

Clark, D. L., and *B. S. Rosner*, Neurophysiologic effects of general anesthetics. Anesthesiology (Philadelphia) *38* (1973) 564–582

Courjon, J., Das EEG beim frischen Schädelhirntrauma. Beitr. Neurochir. *14* (1967) 108–122

Courjon, J., Traumatic disorders. Handbook of Electroenceph. clin. Neurophysiol. Vol. 14 (Ed. by A. Rémond), Part B, Elsevier, Amsterdam 1972

Doenicke, A., *J. Kugler, A. Schellenberger* and *Th. Gürtner*, The use of electroencephalography to measure recovery time after intravenous anaesthesia. Brit. J. Anaesth. *38* (1966) 580–590

Doenicke, A., *J. Kugler, G. Penzel, M. Laub, L. Kalmar, J. Killian* und *H. Bezecny*, Hirnfunktion und Toleranzbreite nach Etomitade, einem neuen barbituratfreien i. v. applizierbaren Hypnoticum. Anaesthesist *22* (1973) 357–366

Faulconer, A., and *R. G. Bickford*, Electroencephalography in anaesthesiology. Ch. Thomas Publ., Springfield, Ill., USA, 1960

Flemming, I., Anaesthesiologische Aspekte bei der Toterklärung. Zbl. Chir. *100* (1975) 403–411

Gerstenbrand, F., Die klinische Symptomatik des irreversiblen Ausfalls der Hirnfunktion. In: Die Bestimmung des Todeszeitpunktes. Hrsg. von W. Krösl und E. Scherzer, Maudrich, Wien 1973, S. 33–40

Gies, B., *P. Gerking* und *K. L. Scholler*, Das EEG bei Probandennarkosen und kontinuierliche EEG-Frequenzanalyse (EISA) während Operationen unter Ethrane. Zschr. prakt. Anästh. *9* (1974) 109–115

Hauswald, P., und *R. Hauswald*, Die Wirkungen verschiedener Mischmittel-Kombinationsnarkosen auf das menschliche Elektroenzephalogramm. Dipl.-Arb., Berlin 1975

Hirsch, H., *St. Kubicki, J. Kugler* und *H. Penin*, Empfehlungen der Deutschen EEG-Gesellschaft zur Todeszeitpunktbestimmung. Z. EEG-EMG *1* (1970) 53–54

Hockaday, J. M., *F. Potts, E. Epstein, A. Bonazzi* and *R. Schwab*, EEG changes in acute cerebral anoxia from cardiac or respiratory arrest. Electroenceph. clin. Neurophysiol. *18* (1965) 575–586

Ingvar, D., and *E. Nilsson*, Central nervous effects of Neuroleptanalgesia as induced by Haloperidol and Phenoperidine. Acta anaesth. Scand. *5* (1961) 85–88

–, und *A. Brun*, Das komplette apallische Syndrom. Arch. Psychiatr. *215* (1972) 219–239

Käufer, C., Die Bestimmung des Todes bei irreversiblem Verlust der Hirnfunktion. Dr. A. Hüthig, Heidelberg, 1971

Krösl, W., und *E. Scherzer* (Hrsg.), Die Bestimmung des Todeszeitpunktes. W. Maudrich, Wien, 1973

Kubicki, St., und *P. Zadeck*, EEG-Veränderungen durch Neuroleptanalgesie. Anaesth. Wiederbel. *9* (1966) 44–49

–, EEG-Veränderungen durch Neuroleptanalgesie. Anaesth. Wiederbel. *15* (1966) 37–42

–, Die Aufgaben der Elektroenzephalographie im Bereich der Reanimation. Zbl. ges. Neurol. *194* (1969) 216–217

–, *H. Rieger*, *G. Busse* und *D. Barckow*, Elektroenzephalographische Befunde bei schweren Schlafmittelvergiftungen. E. EEG-EMG *1* (1970) 80–93

–, und *M. Schoppenhorst*, in: Krösl, W., und E. Scherzer (Hrsg.), Die Bestimmung des Todeszeitpunktes. W. Maudrich, Wien, 1973

Kugler, J., Elektroenzephalographie in Klinik und Praxis. G. Thieme, Stuttgart, 1963

–, *A. Doenicke, M. Laub* und *H. Kleinert*, Elektroenzephalographische Untersuchungen bei Ketamine und Methohexital. Anaesth. Wiederbel. Bd. *18* (1969) 101–109

Kugler, J., *A. Doenicke* und *M. Laub*, EEG und motorische Aktivitätsformen bei Narkosen. V. Symposium anaesthesiologiae internationale, Dresden; Hrsg. Danzmann, E., Bd. *1* (1973) 38–55

Kurtz, D., *M. Cornette, J. D. Tempe* and *I. M. Mantz*, Prognostic value of the EEG following reversible cardiac arrest. Electroenceph. clin. Neurophysiol. *29* (1970) 530–531

Lemmi, H., *Ch. Hubbert* and *A. A. Faris*, Electroencephalogram after resuscitation of cardio-circulatory arrest. J. Neurol., London *36* (1973) 997–1002

Loeb, C., Electroencephalograms during coma. Acta neurochir., Wien *12* (1965) 270–281

Lorrenzoni, E., EEG-Untersuchungen im komatösen Zustand nach Schädelhirntrauma. Z. EEG-EMG *2* (1971) 44

Neundörfer, B., *L. Meyer-Wahl* und *J. G. Meyer*, α-EEG und Bewußtlosigkeit. Ein kasuistischer Beitrag zur lokaldiagnostischen Bedeutung des α-EEG beim bewußtlosen Patienten. Z. EEG-EMG *5* (1974) 106–114

Nilsson, E., and *D. Ingvar*, EEG findings in neuroleptanalgesia. Acta anaesth. Scand. *11* (1967) 121–127

Pampiglione, G., Some EEG observations during unconsciousness, soon after resuscitation. Acta neurochir., Wien *12* (1965) 282–288

Penin, H., und *C. Käufer*, Der Hirntod. Thieme, Stuttgart 1969

Poeck, K., Die Formatio reticularis des Hirnstammes. Nervenarzt, Berlin *30* (1959) 289–298

Prior, P. F., and *J. Volavka*, An attempt to assess the prognostic value of the EEG after cardiac arrest. Electroenceph. clin. Neurophysiol. *24* (1968) 593

–, The EEG in acute cerebral anoxia. Excerpta Medica, Amsterdam, 1973

Prüll, G., Elektroenzephalographische Diagnostik und Überwachung auf Intensivstationen. Z. EEG-EMG *7* (1976) 122–132

Richter, H. R., Terminale Angiographie oder EEG bei der Hirntoddiagnose. XIV. Alpines EEG-Meeting Zürs/Österreich, 27. 1.–2. 2. 74, Z. EEG-EMG *6* (1975) 161

Scherzer, E., Verifizierung des eingetretenen Hirntodes vor Organentnahme. XIV. Alpines EEG-Meeting Zürs/Österreich, 27. 1.–2. 2. 74, Z. EEG-EMG *6* (1975) 161

Schneider, H., Überlebens- und Wiederbelebenszeit von Gehirn, Herz, Leber, Niere nach Ischämie und Anoxie. Westdeutscher Verlag Köln, 1965

–, Der Hirntod. Begriffsgeschichte und Pathogenese. Nervenarzt, Berlin *41* (1970) 381

Schneider, J., und *G. Thomalske*, Betrachtungen über den Narkosemechanismus unter besonderer Berücksichtigung des Hirnstammes. Zbl. Neurochir. *16* (1956) 185–202

Schuh, F. T., Enfluran (Ethrane) – Pharmakologie und klinische Aspekte eines neuen Inhalationsnarkotikums. Anaesthesist *23* (1974) 273

Spann, W., *J. Kugler* und *E. Liebhardt*, Tod und elektrische »Stille im EEG«. Münch. med. Wschr. *109* (1967) 2161

Spoerel, W. E., Das EEG nach akutem Herzstillstand. Anaesthesist *10* (1961) 353–358

Steinmann, H. W., Klinische, pathologisch-anatomische und elektroenzephalographische Korrelationen in der akuten posttraumatischen Phase. Beitr. Neurochir. *14* (1967) 101–108

Zettler, H., *I. Flemming* und *E. Sachs*, Klinische und elektroenzephalographische Verlaufsbeobachtungen bei Bewußtseinsstörungen. Beihefte zur Zschr. Psychiat. Neurol. med. Psychol. im Druck

9.8. Eeg in der stereotaktischen Neurochirurgie

Gillingham, F. J., *E. R. Hitchcock* and *P. Nádvornik*, Stereotactic treatment of epilepsy, Suppl. 23 von Acta Neurochirurgica, Springer-Verlag, Wien-New York 1976

Goldhahn, W.-E., Stereotaktische Neurochirurgie, Indikationen – Technik – Ergebnisse. J. A. Barth, Leipzig 1977

Heppner, F., Limbisches System und Epilepsie, H. Huber, Bern 1973

Mundinger, F., Stereotaktische Operationen am Gehirn, Hippokrates, Stuttgart 1975

Nádvornik, P., Stereotaktická neurochirurgia, Martin roku, Vydavatel'stvo Osveta 1977

Schaltenbrand, G., und *P. Bailey,* Einführung in die stereotaktischen Operationen mit einem Atlas des menschlichen Gehirns. G. Thieme, Stuttgart 1959

Talairach, J., M. David, P. Tournoux, H. Corredor et T. Kvasina, Atlas d'anatomie stéréotaxique. Repérage radiologique indirect des noyaux gris centraux des régions mésencéphalo-sous-optique et hypothalamique de l'homme. Masson Cie., Paris 1957

10. Eeg in der Begutachtung

Anordnung über die Anwendung der klinischen Elektroenzephalographie vom 11. 3. 1960, Gesetzbl. DDR I 23/1960, 230

Anordnung Nr. 2 über die Anwendung der klinischen Elektroenzephalographie vom 1. 10. 1968, Gesetzbl. DDR II 109/1968, 856

Arnold, H., und *J. Reichel,* Wert und Grenzen des EEG bei der Beurteilung des Zusammenhanges zwischen Schädel-Hirn-Trauma und Epilepsie. Psychiat. Neurol. med. Psychol., Leipzig *22* (1970) 461

Christiani, K., R. Siebert und *B. Völker,* Elektroencephalographische Untersuchungen bei Verhaltensstörungen im Kindes- und Jugendalter. Fortschr. Neurol. *45* (1977) 321

Claes, C., Medico-legal value of electroencephalography in the subjective sequelae of closed cerebral injuries. EEG Clin. Neurophysiol. *13* (1961) 818

–, La valeur médico-légale de l'électroencéphalographie dans les sequelles des traumatismes cérébraux fermés. Acta neurol. psychiat. Belg. *61* (1961) 426–445

Desclaux, P., A. Rémond et A. Soules, Valeur et limité de l'électroencéphalogramme en médicine légale. Ann. méd.-lég. *5* (1949) 215–228

Duensing, F., Die Elektroenzephalographie, insbesondere ihre Bedeutung für den Nachweis des traumatischen Hirnschadens. In: Rehwald (Hrsg.), Das Hirntrauma, Beiträge zur Behandlung, Begutachtung und Betreuung Hirnverletzter. Arbeit und Gesundheit, Neue Folge, Heft 59, S. 324–334, Georg Thieme Verlag, Stuttgart 1956

Fischgold, H., et Zèle, Risque et responsabilité en électroencéphalographie. Presse méd., Paris *72* (1964) 2061

Gänshirt, H., Elektrenzephalographie. Wiss. Beiblatt Nr. 48 zu Materie Medica Nordmark, 2. Aufl., Hamburg 1964

Gibbs, F. A., Medicolegal aspects of electroencephalography. J. Clin. Psychopath. *8* (1946) 58–81

–, and *E. L. Gibbs,* Atlas of Electroencephalography, Vol. III, Neurologic and Psychiatric Disorders, pp. 492–493. Addison-Wesley Publ. Co., Reading-Palo Alto-London 1964

Götze, W., und *M. Wolter,* Grenzen der Hirnstromuntersuchung bei der Begutachtung von Hirntraumafolgen. Med. Sachverständiger *53* (1957) 104–108

Hess, R., Die Anwendung der Elektroencephalographie in der Neurologie. Schweiz. med. Wschr. *81* (1951) 180–186

Jung, R., Die praktische Bedeutung des Elektroencephalogramms für die klinische Diagnostik. Wien. med. Wschr. *109* (1959) 291

–, Neurophysiologie und Psychiatrie. In: H. W. Gruhle, R. Jung, W. Mayer-Gross und M. Müller (Hrsg.), Psychiatrie der Gegenwart, Bd. I/1 A, S. 325–928, Springer-Verlag, Berlin-Heidelberg-New York 1967

Knott, J. R., Electroencephalograms in psychopathic personality and in murderers. In: W. P. Wilson (Ed.), Applications of Electroencephalography in Psychiatry, pp. 19–29, Duke Univ. Press, Durham/NC 1965

Kugler, J., Elektroenzephalographie in Klinik und Praxis. 2. Aufl. Georg Thieme Verlag, Stuttgart 1966

–, Physical Activation and Provocation Methods in Clinical Neurophysiology. In: Handbook of Electroencephalography and Clin. Neurophysiol. (Ed. by A. Rémond), Vol. 3, Part D, pp. 89–104, Elsevier Publ. Co., Amsterdam 1972

–, und *H. Rieger,* Abhängigkeit der Traumafolgen von verschiedenen Vorbedingungen. Wien med. Wschr. *117* (1967) 120

Leube, H., Über die Bedeutung der elektroencephalographischen Früherfassung von Schädelunfällen unter besonderer Berücksichtigung der Gutachtertätigkeit. Mschr. Unfallhk. *60* (1957) 289–293

Lorenzoni, E., Die Bewertung von Krampfpotentialen im EEG nach frischen, geschlossenen Schädelhirntraumen. Wien. klin. Wschr. *77* (1965) 237

Müller, D., EEG-Diagnostik. In: Moderne neurologisch-psychiatrische Diagnostik, Beiheft 1/2 zu Psychiat. Neurol. med. Psychol., S. 198–210, S. Hirzel Verlag, Leipzig 1963

–, Über okzipitale langsame Aktivität im EEG des Erwachsenen. In: Aktuelle Probleme der Elektroenzephalographie, Beiheft 6 zu Psychiat. Neurol. med. Psychol. S. 50–57, S. Hirzel Verlag, Leipzig 1967

Müller, E., und *J. Klapetek,* EEG- und Rentenbegutachtung cerebraler Anfallsleiden und anderer Hirnkrankheiten. Med. Sachverständiger *72* (1976) 2

Niedermeyer, E., Gedanken zum Problem der Krampfpotentiale ohne Anfallsymptomatik. Fortschr. Neurol. *28* (1960) 162–178

Puech, P., A. Lerique-Koechlin et J. Lerique, L'électroencéphalogramme dans les traumatismes cranio-cérébraux. La valeur diagnostique et pronostique médicolégale. Rev. neurol. Paris *75* (1943) 169–183

Rabending, G., und *K. H. Parnitzke,* Bemerkungen zur Beurteilung der Fahrtauglichkeit von Epileptiker in der Tauvo (K). Dtsch. Ges.wesen *20* (1965) 1672

Radermecker, J., The medico-legal value of electroencephalography in the subjective sequelae of closed cranio-cerebral injuries. Synthesis and conclusions. Electroenceph. clin. Neurophysiol. *13* (1961) 819

–, La valeur médico-légale de l'E.E.G. dans les sequelles subjectives des traumes cérébraux fermés. Introduction et synthése. Acta neurol. belg. *61* (1961) 403–404 und 468–476

–, Das EEG bei gedeckten Hirnschäden und seine Beziehung zu den subjektiven Beschwerden. Münch. med. Wschr. *106* (1964) 1315

Richtlinien für die ärztliche und psychologische Untersuchung und Beurteilung von Kraftfahrzeugführern vom 10. 8. 1973, Verfüg. und Mitteilg. des Min. f. Ges.wesen der DDR 18/1973, 165

Sachse, J., Die Stellung des EEG in der Spätphase stumpfer gedeckter Schädeltraumen aus der Sicht des Gutachters. Dtsch. Ges.wesen *21* (1966) 1804

Schmalbach, K., E. Müller, M. Salazar-Muños und *W. Bushart,* Synkopen und andere nicht epileptische Anfälle (Wert und Unwert von Provokationsmaßnahmen). Dtsch. med. Wschr. *87* (1962) 2027–2030

Schulz, H., und *G. Mainusch,* Beitrag der klinischen Elektroencephalographie zur forensischen Begutachtung. Psychiat. Neurol. med. Psychol., Leipzig *21* (1969) 266

Steinmann, H. W., EEG und Hirntrauma. Arbeit und Gesundheit, Neue Folge, Heft 69, S. 81–175, Georg Thieme Verlag, Stuttgart 1959

Stolze, R., Hirnelektrische Untersuchung. In: G. E. Störring und W. Schellworth (Hrsg.), Einführung in die Unfall- und Rentenbegutachtung, 4. Aufl. S. 142–164, Gustav Fischer Verlag, Stuttgart 1958

Verdeaux, G., et J. Verdeaux, Utilisation de l'électroencéphalographie dans l'expertise médico-légale. Ann. méd.-psychol., Paris *112* (1954) 184–187

Werner, R., Die Wertung von Krampfzeichen im EEG bei Hirntraumatikern ohne klinische Anfallsymptomatik. Dtsch. Zschr. Nervenhk. *186* (1964) 5–11

–, Die Bedeutung des EEG in der Diagnostik und Begutachtung der Schädel-Hirn-Traumen. Psychiat. Neurol. med. Psychol., Leipzig *17* (1965) 303–308

11. Spezielle Ableitungsformen des Eeg
11.1. Elektrokortikographie

Arseni, S., I. Cincă, C. Cristian, M. Simionescu und *N. Necula,* Die Elektrocorticographie bei der neurochirurgischen Behandlung der Epilepsie. Methode, Anwendung und Beurteilung. Neurologia (București) *8* (1963) 409–428

Baumgarten, R. v., A new multilead electrode for intracerebral electrography in man. Electroenceph. clin. Neurophysiol. *5* (1953) 107–108

Bailey, P., and *F. A. Gibbs,* The surgical treatment of psychomotor epilepsy. J. Amer. Med. Ass. *145* (1951) 363–370

Beecher, H. K., and *F. K. McDonough,* Cortical action potentials during anesthesia. J. Neurophysiol. *2* (1938) 289–307

Bickford, R. G., Depth recording from the human brain. Electroenceph. clin. Neurophysiol., Springfield *16* (1964) 73–79

Bogacz, J., A. Vanzulli, R. Arana-Iniguez and *E. Garcia-Austt,* Complex structures of temporal epileptiform foci. Acta neurol. Lat. Amer. *7* (1961) 310–317

Bond, H. W., und *P. Ho,* Solid miniature silver-silver chloride electrodes for chronic implantation. Electroenceph. clin. Neurophysiol. *28* (1970) 206–208

Brazier, M. A. B., H. Schroeder, W. P. Chapman, C. Geyer, C. Fager, J. L. Poppen, H. C. Solomon and *P. I. Yakovlev,* Electroencephalographic recordings from depth electrodes implanted in the amygdaloid region in man. Electroenceph. clin. Neurophysiol. *6* (1954) 702

Chatrian, G. E., H. W. Dodge, M. C. Petersen and *R. G. Bickford,* A multielectrode lead for intracerebral recordings. Electroenceph. clin. Neurophysiol. *11* (1959) 165–169

Christman, R., Subarachnoidal haemorrhage with unusual ECG tracings. Case report. Pol. Tyg. lek. *17* (1962) 1837–1839 (polnisch)

Delgado, J. M. R., Use of intracerebral electrodes in human patients. Electroenceph. clin. Neurophysiol. *8* (1956) 528–529

–, and *H. Hamlin,* Direct recording of spontaneous and evoked seizures in epileptics. Electroenceph. clin. Neurophysiol. *10* (1958) 463–486

– –, Depth electrography. Confin. neurol. (Basel) *22* (1962) 228–235

De Vet, A. C., et *H. Ponssen,* Méningiomes intracraniens et épilepsie. Neuro-chirurgie (Paris) *8* (1962) 363–369

Dodge, H. W., R. G. Bickford, A. A. Bailey, C. B. Holman, M. C. Petersen and *C. W. Sem-Jacobsen,* Technics and potentialities of intracranial electrography. Post-Grad. Med. J., London *15* (1954) 291–300

Dreyfus-Brisac, C., B. Pertuiset, H. Fischgold and *D. Petit-Dutaillis,* L'électrocorticographie. Technique et interprétation. Sem. hôp., Paris *29* (1953) 3852–3863

Dusser de Barenne, J. G., und *W. S. McCulloch,* Kritisches und Experimentelles zur Deutung der Potentialschwankungen des Elektrocorticogramms. Zschr. Neurol., Berlin *162* (1938) 815–824

Epstein, J. A., A simple multilead needle electrode for intracerebral electroencephalographic recording. Electroenceph. clin. Neurophysiol. *1* (1949) 241–242

Fischer-Williams, M., Cerebellar corticogramm in extracerebellar astrocytoma. Electroenceph. clin. Neurophysiol. *13* (1961) 627–630

–, und *R. A. Cooper,* Depth recording from the human brain in epilepsy. Electroenceph. clin. Neurophysiol. *15* (1963) 568–587

Fischgold, H., L'électrocorticographie (ECG), Acta neurochir. (Wien). Suppl. *3* (1954) 288–290

Gastaut, H., Enregistrement sous-cortical de l'activité électrique spontanée et provoquée du lobe occipital humain. Electroenceph. clin. Neurophysiol. *1* (1949) 205–221

Genua, E., T. Marossero e *A. Migliore,* Indicazione e limiti della corticografia. Minerva neurochir. (Torino) *10* (1966) 317–322

Götze, W., und *A. Kofes,* Elektrodenhalter zur Corticographie. Zbl. Neurochir. *15* (1955) 90–93

Green, J. R., R. E. H. Duisburg and *W. B. McGrath,* Electrocorticography in psychomotor epilepsy. Electroenceph. clin. Neurophysiol. *3* (1951) 293–299

Guillaume, J., G. Mazars et *Y. Mazars,* Repérage corticographique peropératoire des foyers épileptogènes et contrôle de l'étendue de l'excision nécessaire. Rev. neurol., Paris *82* (1950) 497–501

Harner, R. N., Electrocorticography and frequency analysis in mice: circadian periodicity in energy and abnormality. Electroenceph. clin. Neurophysiol. *13* (1961) 822

–, Electrocorticography and frequency analysis in mice: circadian periodicity in electrocerebral activity. Electroenceph. clin. Neurophysiol. *13* (1961) 752–761

Hayne, R. A., L. Belinson and *F. A. Gibbs,* Electrical activity of subcortical areas in epilepsy. Electroenceph. clin. Neurophysiol. *1* (1949) 437–445

Henry, C. E., A "postage stamp" electrode for subdural electrocorticography. Dig. Neurol. Psychiatr., Hartford *17* (1949) 670–680

Jasper, H., General summary of "Basic mechanisms of the epileptic discharge". Epilepsia (Amsterdam) *2* (1961) 91–99

–, and *W. Penfield,* Electrocorticograms in man: Effects of voluntary movement upon the electrical activity of the precentral gyrus. Arch. Psychiatr. Nervenkr. *183* (1949) 163–174

Jasper, H. H., B. Pertuiset and *H. Flanigin,* EEG and cortical electrograms in patients with temporal lobe seizures. Arch. Neurol. (Chicago) *65* (1951) 272–290

–, *G. Arfel-Capdevielle* und *T. Rasmussen,* Evaluation of EEG and cortical electrographic studies for prognosis of seizures following surgical excision epileptogenic lesions. Epilepsia (Amsterdam) *2* (1961) 130–137

John, P. R., and *P. P. Morgades,* A technique for the chronic implantation of multiple movable microelectrodes. Electroenceph. clin. Neurophysiol. *27* (1969) 205–208

Jung, R., und *A. E. Kornmüller,* Eine Methode der Ableitung lokalisierter Potentialschwankungen aus subcorticalen Hirngebieten. Arch. Psychiatr. *109* (1938) 1–30

–, und *T. Riechert,* Eine neue Methodik der operativen Elektrocorticographie und subcorticalen Elektrographie. Acta neurochir. (Wien) *2* (1952) 164–180

– –, und *K. D. Heines,* Zur Technik und Bedeutung der operativen Elektrocorticographie und subcorticalen Hirnpotentialableitung. Nervenarzt, Berlin *22* (1951) 433–436

– –, und *R. W. Meyer-Mickeleit,* Über intracerebrale Hirnpotentialableitungen bei hirnchirurgischen Eingriffen. Dtsch. Zschr. Nervenhk. *162* (1950) 52–60

Kellaway, P., Depth recording in focal epilepsy. Electroenceph. clin. Neurophysiol. *8* (1956) 527–528

Klapetek, J., Die Elektrocorticographie. Acta Univ. Palackiane Olomucensis *21* (1960) 93–112

–, Die Elektrokortikographie. Münch. med. Wschr. *110* (1968) 573–579

Kolupajew, A. A., Materialien für Tiefenelektroden in der Neurochirurgie und Neurophysiologie. Zbl. Neurochir. *27* (1966) 107–114

Kornmüller, A. E., Bioelektrische Charakteristiken architektonischer Felder der Großhirnrinde. Psychiat.-neurol. Wschr., Halle *3* (1932) 34

Kroll, F. W., und *W. L. Weinland,* Die Bedeutung der Corticographie für die operative Spätbehandlung der traumatischen Epilepsie. Med. Klin. *47* (1952) 6–9

Last, S. L., Electrocorticography in man. J. Roy. Col. Physicians (London) *1* (1967) 109–117

Llewellyn, R. C., and *R. G. Heath,* A surgical technique for chronic electrode implantation in humans. Confin. neurol. (Basel) *22* (1962) 223–227

Lopes da Silva, F. H., A. Dijk, H. Smits and *L. H. Zetterberg,* Automatic detection on pattern recognition of epileptic spikes from surface and depth recordings in man. In: Schenk, G. K. (Ed.), Beiträge zum Symposium: Die Quantifizierung des Elektroencephalogramms, Jongny sur Vevey, 2.–6. 5. 73, Konstanz 1973, Ausgabe 1273, 425–437

Majortschik, V. E., und *V. S. Chtypow*, Registration of human electrocortical reactions during operations on the spinal cord. Vopr. nejrochir., Moskva 25/1 (1961) 44–49

Merrem, G., und *H.-G. Niebeling*, Ergebnisse der Hirngewebswiderstandsmessung. Zbl. Neurochir. *13* (1953) 193–206

Meyers, R., *J. R. Knott*, *R. A. Hayne* and *D. B. Sweeney*, The surgery of epilepsy. Limitations of the concept of the corticoelectrographic "spike" as an index of the epileptogenic focus. J. Neurosurg., Springfield *7* (1950) 337–346

Niebeling, H.-G., und *W. Thieme*, Technik der Hirngewebswiderstandsmessung. Zbl. Neurochir. *13* (1953) 206–211

Niedermeyer, E., and *V. Rocca*, The diagnosis significance of sleep electroencephalograms in temporal lobe epilepsy. A comparison of scalp and depth tracings. Europ. Neurol. (Basel) *7* (1972) 119–129

Pampiglione, G., and *R. Cooper*, An electrode holder for direct encephalography with own sterilizing cabinet. J. Neurol., London *18* (1955) 310–311

Okuma, T., *Y. Shimazone* and *H. Narabayashi*, Cortical and subcortical electrograms in anaesthesia and anoxia in man. Electroenceph. clin. Neurophysiol. *9* (1957) 609–622

Perez-Borja, C., and *M. H. Rivers*, Some scalp and depth electrographic observations on the action of intracarotid sodium amytal injection on epileptic discharges in man. Electroenceph. clin. Neurophysiol. *15* (1963) 588–598

Petit-Dutaillis, D., *H. Fischgold*, *H. Hondart* et *G. Lairy-Bounes*, Electrocorticographie (ECG) de 5 cas de tumeur cérébrale. Rev. neurol., Paris *82* (1950) 501–507

Petsche, H., *H. Pockberger*, *P. Rappelsberger*, *O. Prohaska* und *R. Vollmer*, Zur intrakortikalen Elektrogenese: Spontantätigkeit, Schlaf und epileptischer Anfall. Z. EEG-EMG *7* (1976) 107–121

Ray, C. D., *R. G. Bickford*, *L. C. Clark*, *R. E. Johnston*, *T. M. Richards*, *D. Rogers* and *W. E. Russert*, A new multicontact, multipurpose, brain depth electrode: Details of construction. Mayo Clin. Proc. *40* (1965) 771–780

Rayport, M., and *H. J. Walter*, Technique and results of microelectrode recording in human epileptogenic foci. Electroenceph. clin. Neurophysiol. Suppl. *25* (1967) 143–151

Rémond, A., Discussion sur la corticographie. Rev. neurol., Paris *82* (1950) 507–513

Ribstein, M., Exploration du cerveau par électrodes profondes. Electroenceph. clin. Neurophysiol. Suppl. *16*, Masson & Cie., Paris 1960

Riechert, T., und *R. Schwarz*, Erfahrungen mit kortikalen und intrazerebralen Ableitungen der Hirnströme. Dtsch. med. Wschr. *77* (1952) 1175–1177

Schmidt, R. P., Discussion of "Basic mechanisms of the epileptic discharge". Epilepsia (Amsterdam) *2* (1961) 89–90

Schopmans, A., Über eine Elektrode zur Elektrocorticographie. Acta neurochir. (Wien) Suppl. *3* (1956) 369

Sem-Jacobsen, C. W., *M. C. Petersén*, *H. W. Dodge*, *J. A. Lazarte* and *C. B. Holman*, Electroencephalographic rhythms from the depths of the parietal, occipital and temporal lobes in man. Electroenceph. clin. Neurophysiol. *8* (1956) 263–278

Shirmunskaya, E. A., *E. I. Kandel* und *Z. A. Porovskaya*, Analyse der Elektrokortikogramme während stereotaktischer Operationen an den Basalganglien. Ž. nevropat. Psichiatr., Moskva *71* (1971) 1771–1775 (russ.)

Sindou, M., *F. Peronnet*, *G. Fischer*, *G. Gervin* et *L. Mansuy*, Exploration du cortex, chez l'homme, par les méthodes transcorticographique et straticocorticographique. Neuro-chirurgie (Paris) *18* (1972) 213–234

Smirnow, W. M., Emotionelle Reaktionen bei Kranken mit intracerebral für längere Zeit fixierten Elektroden. Vopr. psichol. (Moskva) *10* (1966) H. 3, 85–95 (russ.)

Umbach, W., Vegetative Reaktionen bei elektrischer Reizung und Ausschaltung in subcorticalen Hirnstrukturen des Menschen. Acta neuroveget., Wien *23* (1961) 225–245

Vlajkovitch, S., The technique and preliminary results of intraventricular EEG recording (brain-stem EEG). Electroenceph. clin. Neurophysiol. *28* (1970) 513–517

Walker, A. E., Posttraumatic epilepsy. Ch. C. Thomas, Springfield 1949

–, and *C. Marshall*, The contribution of depth recording to clinical medicine. Electroenceph. clin. Neurophysiol. *16* (1964) 88–89

Walter, W. G., and *V. J. Dovey*, Delimitation of subcortical tumours by direct electrography. Lancet, London *2* (1946) 5–7

Williams, D., and *G. Parson-Smith*, The spontaneous electrical activity of the human thalamus. Brain *72* (1949) 450–482

Woods, J. W., A heat sterilizable permanent non toxic insulation for brain electrodes. Electroenceph. clin. Neurophysiol. *13* (1961) 461

Wüllenweber, R., und *I. Tomka*, Hirndurchblutung und Elektrokortikogramm bei intrazerebralen Hämatomen. Acta neurochir. (Wien) *17* (1967) 239–253

11.2.–11.4. »Elektroretinographie« bis »Elektronystagmographie«

Adams, A., Elektronystagmographische Untersuchungen über die optisch-vestibuläre Integration von Bewegung und Wahrnehmung. Pflügers Arch. Physiol. *269* (1959) 344–360

–, Zur Frage der optokinetischen Erregungsnachdauer. Albrecht von Graefes Arch. Ophth. *161* (1959) 334–340

–, Nystagmographische Untersuchungen über den Lidnystagmus und die physiologische Koordination von Lidschlag und rascher Nystagmusphase. Arch. Nas.-, Ohr.- u. Kehlk.-hk. *170* (1957) 543–558

–, und *C. Staewen*, Das Elektronystagmogramm (ENG) bei Krankheiten des Zentralnervensystems und Hirntraumen. Mit besonderen Hinweisen auf Normvarianten und topische Diagnostik. Dtsch. Zschr. Nervenhk. *181* (1960) 71–92

Adrian, E. D., Rod and cone components in the electric response of the retina. J. Physiol. (London) *105* (1946) 24–37

Alfieri, R., et *P. Sole*, Electrétinogramme chez l'homme: organicité des ondés e ou potentiels oscillatoires: leur rapport avec le systeme photopique. Compt. rend. Soc. biol., Paris *159* (1965) 1554–1560

–, Adapto-Electroretinogramm (AERG) in monochromatic light in man. The clinical value of electroretinography. ISCERG Symp. Gent 1966. Karger, Basel/New York 1968, pp. 215 to 220

Algvere, P., Studies on the oscillatory potentials of the clinical electroretinogram. Acta ophthal. (Copenhagen): Suppl. 96 (1968)

Aoki, T., Rhythmic electrical activity of human electro-retinogram. Acta Soc. Ophthal. Jap. *64* (1960) 2116–2120

Arden, G. B., and *A. Barrada*, Analysis of the electrooculograms of a series of normal subjects. Brit. J. Ophthal. *46* (1962) 468–482

–, *C. D. B. Bridges*, *H. Ikeda* and *I. M. Siegel*, Mode of generation of the early receptor potential. Vision Res. *8* (1968) 3–24

–, *W. M. Barnard* and *A. S. Mushin*, Visually evoked responses in amblyopia. In: Third Cambridge Ophthalmological Symposium, Strabismus. Brit. J. Ophthal. *58* (1974) 183–192

Armington, J. C., Amplitude of response and relative spectral sensitivity of the human electroretinogram. J. opt. Soc. Amer. *45* (1955) 1058–1064

–, *E. P. Johnson* and *L. A. Riggs*, The scotopic a-wave in the electrical response of the human retina. J. Physiol. (London) *118* (1952) 289–298

Asher, H., Comparison of the amplitudes of the a- and b-waves of the human ERG with subjective brightness sensation. Intern. Symp. ERG. Luhacovice ČSSR (1959)

Ashworth, B., The electro-oculogram in disorders of the retinal circulation. Amer. J. Ophthal. *61* (1966) 505–508

Auerbach, E., and *H. M. Burian*, Studies on the photopic-scotopic relationship in the human electroretinogram. Amer. J. Ophthal. *40* (1955) 42–60

Autrum, H., Elektrobiologie des Auges. Klin. Wschr. *31* (1953) 241–245

Babel, J., N. Stangos, S. Korol and *M. Spiritus*, Ocular Electrophysiology. A Clinical and Experimental Study of Electroretinogram, Electro-oculogram, Visual Evoked Response; Georg Thieme Publishers Stuttgart (1977)

Baravelli, P., G. P. van Berger e *G. Motta*, Richerche elettronistagmografiche sue fenomeni di interferenza provokati da stimoli ottico-cinetici in sogetti con nistagmo congenito. Riv. oto-neuro-oftalm. *37* (1962) 137–174

Bergamini, L., and *B. Bergamasco*, Cortical evoked potentials in man. Charles C. Thomas, Springfield (Ill.) (1967)

Blank, M. H., Sinnesphysiologische, elektroencephalographische und elektronystagmographische Untersuchungen bei optokinetischer Reizung unter besonderer Berücksichtigung des subjektiven Bewegungsgefühles. Univ. Göttingen, Med. Fak. Diss. 1960

Bornschein, H., Der Einfluß von Adaptationszustand und Reizintensität auf die Komponenten des menschlichen Elektroretinogramms. Zschr. Biol. *105* (1953) 454–463

–, and *G. Goodman*, Studies on the a-wave in the human electroretinogram. Arch. Ophthal. (Chicago) *58* (1957) 431–437

– –, and *R. D. Gunkel*, Temporal aspects of the human electroretinogram. Arch. Ophthal. (Chicago) *57* (1957) 386–392

– –, Studies of the a-wave in the human electroretinogram. Arch. Ophthal. (Chicago) *58* (1957) 431

Brown, K. T., and *M. Murakami*, A new receptor potential of the monkey retina with no detectable latency. Nature (London) *201* (1964) 626–628

Brunette, J.-R., Double a-waves and their relationships to the oscillatory potentials. Invest. Ophthal. *11* (1972) 199–210

Buckser, S., Analysis of the multiple peaks in the ERG b-wave. The clinical value of electroretinography. ISCERG Symposium Gent. Karger, Basle/New York (1968), pp. 183–193

Burian, H. M., Electroretinography and its clinical application. Arch. Ophthal. (Chicago) *49* (1953) 241

Cavonius, C. R., Evoked response of human visual cortex: spectral sensitivity. Psychon. Sci. *2* (1965) 185–186

Childers, D. G., and *N. W. Perry*, Analysis of simultaneously recorded visual evoked retinal (ERG) and cortical potentials (VER). In: Advances in electrophysiology and pathology of the visual system. 6th ISCERG Symp. Thieme, Leipzig (1968) pp. 139–149

Cobb, W. A., and *H. B. Morton*, The human retinogram in response to high intensity flashes. Electroenceph. clin. Neurophysiol. *4* (1952) 547–556

Davis, J. R., and *B. Shackel*, Changes in the electrooculogram potential level. Brit. J. Ophthal. *44* (1960) 606–618

Dewar, J., The physiological action of light. Nature (London) *15* (1877) 433

Dodt, E., und *K. H. Jessen*, Change of threshold during light and dark adaptation following exposures to spectral light of equal scotopic and equal photopic efficiencies. J. opt. Soc. Amer. *51* (1961) 1269–1274

Doeschate Ten, G., and *J. Doeschate Ten*, The influence of the state of adaptation on the resting potential of the human eye (2nd communication). Ophthalmologica (Basle) *134* (1957) 183–193

Dorne, P. A., and *J. F. Espiard*, L'electro-oculogramme. Principe et technique; son interet dans l'étude des maculopathies. Arch. opht. (Paris) *31* (1971) 217–224

Dowling, J. E., Organization of vertebrate retinas. Invest. Ophthal. *9* (1970) 655–680

Du Bois-Reymond, E., Untersuchungen über Thierische Electricität. I/II. G. Reimer, Berlin 1848/49

Farkashidy, J., Electronystagmography: its clinical application. Canad. med. Ass. J. *94* (1966) 368–372

Francois, J., L'électroretinographie dans les degenerescenses tapeto-retiniennes péripheriques et centrales. Ann. Oculist. (Paris) *185* (1952) 842

–, L'électroretinographie dans les uveitis. Bull. Soc. Ophthal. Paris (1952) 418

Francois, J., et *A. de Rouck*, L'électroretinographie dans la retinopathie diabetique et dans la retinopathie hypertensive. Acta ophthal. (Copenhagen) *32* (1954) 391–404

–, and *A. de Rouck*, Compared EOG and ERG in some retinal diseases affecting the posterior pole. In: Advances in electrophysiology and -pathology of the visual system, ed. by Schmöger, VEB Georg Thieme, Leipzig 1968, pp. 69–76

Gabersek, V., et *F. Jobert*, L'épruve galvanique en électronystagmographie. Rev. neurol., Paris *112* (1965) 266–270

Gastaut, H., and *H. Regis*, Visually-evoked potentials recorded transcranially in man. In: The analysis of central nervous system and cardiovascular data using computer methods. Ed. by L. D. Proctor, W. R. Adey. NASA, Washington (1965)

Genest, A. A., Oscillatory potentials in the electroretinogram of the normal human eye. Vision Res. *4* (1964) 595–604

Gliem, H., Das Elektroretinogramm. Ein Erfahrungsbericht. Abhandlungen aus dem Gebiet der Augenheilkunde. Sammlung von Monographien. Bd. 40, VEB Georg Thieme, Leipzig 1971

Görke, W., Die F-Wellen im Kindesalter. Z. EEG-EMG *5* (1974) 159–164

Gouras, P., Electroretinography: Some basic principles. Invest. Ophthal. *9* (1970) 557–569

–, Relationships of electro-oculogram to the electro-retinogram. Clinical value of electroretinography Symp., Gent, 1966, ed. by J. Francois. Karger, Basle 1968, pp. 66–73

Granit, R., Isolation of components in the retinal action potentials of the decerebrate dark adapted cat. J. Physiol. (London) *76* (1932) 1

–, Sensory mechanismus of the retina. London-New York-Toronto, Oxford Univ. Press. Inc. 1947

Greiner, G. F., C. Conraux, P. Picard et *D. Hamadouche*, Investigations électronystagmographiques et stimulation pendulaire »les tracés déserts«. Confin. neurol. (Basel) *25* (1965) 224–226

Heck, J., Das Elektroretinogramm bei Verschluß der Arteria centralis retinae. Albrecht v. Graefes Arch. Ophthal. *158* (1956) 17–28

Henkes, H. E., Electroretinography in circulatory disturbances of the retina. I. The electroretinogram in cases of occlusion of central vein or of one of its branches. Arch. Ophthal. (Chicago) *49* (1953) 190

–, Electroretinography in circulatory disturbances of the retina. II. The electroretinogram in cases of occlusion of the central retinal artery or of one of its branches. Arch. Ophthal. (Chicago) *51* (1954) 42–53

–, Electroretinography in circulatory disturbances of the retina. III. The electroretinogram in cases of senile degeneration of the macular area. Arch. Ophthal. (Chicago) *51* (1954) 54–66

–, Electroretinography in circulatory disturbances of the retina. IV. The electroretinogram in cases of retinal and choroidal hypertension and arteriosclerosis. Arch. Ophthal. (Chicago) *52* (1954) 30–41

–, and *P. B. Rottier*, Maximum response of the human retina on stimulation with monochromatic light of varios wavelengths. Ophthalmologica (Basel) *125* (1953) 32–42

–, und *J. P. von der Kam*, Electroretinographie studies in general arterial hypertension and in arteriosclerosis. Angiology (Baltimore) *5* (1954) 49–58

Hinchcliffe, R., und *R. J. Voots*, An electronystagmographic technic for the examination of vestibular function. Neurology (Minneapolis) *12* (1962) 686–697

Holmgren, F., Method att objectivera offecten av ljnsinstryck pa retina. Uppsala Läkaref. förh. *1* (1865) 177

Imaizumi, K., The clinical application of electrooculography. Proc. 3rd ISCERG Symp., 1964. In: Clinical Electroretinography, ed. by H. M. Burian, T. H. Jacobson. Pergamon, Oxford (1966), pp. 311–326

Jacobson, J. H., Clinical electroretinography. Ch. C. Thomas, Springfield (1961)

Jacobsen, J, H., T. *Hirose* and *A. B. Popkin,* Independence of oscillatory potential, photopic and scotopic b-waves of the human electroretinogram. The clinical value of electroretinography. ISCERG Symposium Gent, 1966. Karger, Basle/ New York (1968) pp. 8–20

–, *G. Stephens* and *T. Suzuki,* Computer analysis of the ERG. Acta ophthal. (Copenhagen) *40* (1962) 313–319

–, *H. Tatsuo* and *S. Takashia,* Simultaneous ERG and VER in lesions of the optic pathway. Invest. Ophthal. *7* (1968) 279–292

Jayle, G. E., R. L. Boyer et *J. B. Saracco,* L'électrorétinographie. Masson, Paris 1965

Johnson, E., The character of the b-wave in the human ERG. Arch. Ophthal. (Chicago) *60* (1958) 565

–, und *N. Bartlett,* Effect of stimulus duration on electrical responses of the human retina. J. opt. Soc. Amer. *46* (1956) 167

Kahn, R. H., und *A. Löwenstein,* Das Elektroretinogramm. Albrecht v. Graefes Arch. Ophthal. *114* (1924) 304

Karpe, G., Basis of clinical electroretinography. Acta ophthal. (Copenhagen) Suppl. *24* (1945) 118

–, and *M. Germanis,* The prognostic value of the electroretinogram in thrombosis of the retinal veins. Acta ophthal. (Copenhagen) Suppl. *70* (1961) 202–229

–, and *B. Vainio-Mattila,* The clinical electroretinogram. III. The electroretinogram in cataract. Acta ophthal. (Copenhagen) *29* (1951) 113

–, and *A. Uchermann,* The clinical electroretinogram. IV. The electroretinogram in circulatory disturbance of the retina. Acta ophthal. (Copenhagen) *33* (1955) 493–516

–, and *I. Rendahl,* The clinical electroretinogram. VI. The electroretinogram in detachment of the retina. Acta ophthal. (Copenhagen) *36* (1952) 508–511

–, *T. Kornerup* and *B. Wulkng,* The clinical electroretinogram. VIII. The electroretinogram in diabetic retinopathy. Acta ophthal. (Copenhagen) *36* (1958) 281–291

Knave, B., A. Møller and *H. Persson,* A component analysis of the electroretinogram. Vision Res. *12* (1972) 1669–1684

Kolder, H., Spontane und experimentelle Änderungen des Bestandpotentials des menschlichen Auges. Pflügers Arch. Physiol. *268* (1959) 258–272

Korol, S., The A.V.E.R. in ophthalmology. Docum. Ophthal. (The Hague) (Proceedings Series), 11th ISCERG Symposium 1974, S. 345–351

Kornhuber, H. H., Nystagmographie als Ergänzungsmethode des EEG. 21. Jahrestag. Dtsch. EEG-Ges. Bremen, 22.–25. 9. 76, Z. EEG-EMG *7* (1976) 203

Lehnert, W., Die a-Welle im klinischen Elektroretinogramm. Habil. Schrift, Leipzig (1966)

–, Elektronenblitze als Reizlicht in der klinischen Elektroretinographie. Albrecht v. Graefes Arch. Ophthal. *165* (1962) 195

– –, Der Einfluß des BECQUEREL-Effektes auf das Elektroretinogramm. Berichte ü. d. 63. Zusammenkunft d. Dtsch. Ophthalmolog. Gesellschaft, Heidelberg (1966) 326–330

–, und *W. Thieme,* Das Elektroretinogramm bei Stauungspapille. Albrecht v. Graefes Arch. Ophthal. *163* (1961) 303–308

Lith, G. H. M. van, and *H. E. Henkes,* The relation between ERG and VER. Ophthal. Res. *1* (1970) 40–47

– –, The local electric response of the central retinal area. In: Advances in electrophysiology and -pathology of the visual system. Ed. by E. Schmöger. VEB Georg Thieme, Leipzig (1968), pp. 163–170

–, and *J. Balik,* Variability of the electro-oculogram. Acta ophthal. (Copenhagen) *48* (1970) 1091–1096

Meyers, I. L., Electronystagmography: A graphic study of the action currents in nystagmus. Arch. Neurol. (Chicago) *21* (1929) 901–918

Mifka, P., und *E. Scherzer,* Klinik und elektronystagmographische Diagnostik traumatischer Hirnstammläsionen. Wien. med. Wschr. *112* (1962) 871–873

Monnier, M., L'électrorétinogramme de l'homme. Electroenceph. clin. Neurophysiol. *1* (1949) 87–108

Monnier, M., Die räumliche und zeitliche Struktur der elektrischen Antwort des kortikalen Sehzentrums auf Lichtreize beim Menschen einschließlich der Messung der retino-kortikalen Zeit. In: Elektroretinographie, Hamburger Symposium 1956, Bibl. Ophthal. 48, 15

–, und *H. J. Hufschmied,* Das Elektro-Oculogramm (EOG) und Elektronystagmogramm (ENG) beim Menschen. Helv. physiol. pharmacol. Acta *9* (1951) 336–348

Montandon, A., Diagnostic vestibulométrique des traumatismes craniens. Confin. neurol. (Basel) *23* (1963) 179–180

Müller, W., und *E. Haase,* Inter- und intraindividuelle Streuung im EOG. Albrecht v. Graefes Arch. Klin. Exp. Ophthal. *181* (1970) 71–78

Müller-Limmroth, W., Elektrophysiologie des Gesichtssinnes. Springer-Verlag, Berlin-Göttingen-Heidelberg 1959

Noell, W. K., and *A. O. Ruedemann* jr., The a-wave ERG in animals and patients. In: Clinical electroretinography, ed. by H. M. Burian, T. H. Jacobson. Pergamon, Oxford (1966), pp. 143–175

Ottoson, D., und *G. Svaetichin,* Electrophysiological investigation of the origin of the ERG of the frog retina. Acta physiol. scand. *29* (1953) 538–564

Perry, N. W., and *D. G. Childers,* The human visual evoked response: method and theory. Charles C. Thomas, Springfield (Ill.) (1969)

Potts, A. M., J. Inone, D. Buffum and *K. J. Freitz,* The morphology of the human ERG. In: Symposium on electroretinography, ed. by Wirth. Pacini, Pisa (1972), pp. 170–180

Reser, F., G. W. Weinstein, K. B. Feiock and *R. S. Oser,* Electrooculography as a test of retinal function. Amer. J. Ophthal. *70* (1970) 505–514

Rendahl, I., The scotopic a-wave of the human electroretinogram. Clinical recording with electronic flash as light stimulus. Acta ophthal. (Copenhagen) *36* (1958) 329–344

–, The clinical electroretinogram in detachment of the retina. Arch. Ophth. (Chicago) *57* (1957) 566–576

Richter, H. R., Analyse électronique de tracés photo-électronystagmographiques (P.E.N.G.). Confin. neurol. (Basel) *21* (1961) 189–195

Riggs, L. A., Continuous and reproducible records of the activity of the human retina. Proc. Soc. Exper. Biol. Med. N. Y. *48* (1941) 204

–, *R. N. Berry* and *M. Wayner,* A comparison of electrical psychophysical determinations of the spectral sensitivity of the human eye. J. opt. Soc. Amer. *39* (1949) 427

Schader, H. E., Elektronystagmographische Untersuchungen zum Problem der zentralen Nystagmusbereitschaft bei Schädeltraumatikern. Nervenarzt, Berlin *31* (1960) 321–322

Scherzer, E., Nystagmographische Befunde nach Schädeltraumen. Wien. med. Wschr. *116* (1966) 614–616

Schmöger, E., Die Bedeutung der a-Welle im klinischen Elektroretinogramm. Intern. Symp. ERG. Luhacovice ČSSR 1959, S. 337

–, Klinische Elektroretinographie: Möglichkeiten, Grenzen und Fehlerquellen. In: Jenenser EEG-Symposion 17.–19. Oktober 1959; 30 Jahre Elektroenzephalographie. Hrsg. v. R. Werner, S. 131–137. VEB Verlag Volk und Gesundheit Berlin 1963

–, Elektroretinographie bei Siderosis und Chalkosis. Klin. Mbl. Augenhk., Stuttgart *128* (1956) 158–166

–, Der variable Lichtreiz in der klinischen Elektroretinographie. Bibl. ophthalm., Basel *48* (1957) 48–65

–, Die prognostische Bedeutung des Elektroretinogramms bei Ablatio retinae. Klin. Mbl. Augenhk., Stuttgart *131* (1957) 335–342

–, Klinische Elektroretinographie. In: Handbuch K. Velhagen, »Der Augenarzt«, Bd. II. S. 571. VEB Georg Thieme, Leipzig 1972

–, und *W. Thieme,* Das klinische Elektroretinogramm (ERG). Dtsch. Ges.wesen *10* (1955) 1159–1167

Schneider, J., Le potentiel évoqué visuel du sujet normal. Aspects morphologiques, topographiques et neurophysiologiques. Rev. oto-neuro-opht., Paris *41* (1969) 32–39

Stangos, N., P. Rey, J. J. Meyer and *B. Thorens*, Averaged ERG responses in normal human subjects and ophthalmological patients. In: Symposium on electroretinography, ed. by Wirth. Pacini, Pisa (1972), pp. 277–304

Straub, W., Das Elektroretinogramm. Experimentelle und klinische Beobachtungen. Bücherei d. Augenarztes, B. 36, Ferd. Enke, Stuttgart (1961)

–, Einige Erkrankungen des Sehnerven in elektroretinographischer Sicht. Vision, Res. *1* (1961) 220–227

Svertak, J., L. Steinhartova and *J. Peregerin*, The importance of ERG examination in intraocular foreign bodies. Čsl. Oftal. *17* (1961) 352–357 (tschechisch)

Tassy, A. F., G. E. Jayle and *J. Graveline*, Computer technics in clinical ERG (Averaging). The clinical value of electroretinography. ISCERG Symposium Gent. Karger, Basle/New York (1968), pp. 32–45

Vaugham, H. G., The relationship of brain activity to scalp recording of event-related potentials. In: Averaged evoked potentials, ed. by E. Donchin, D. B. Lindsley, NASA, Sp. 91, Washington, D. C. (1969)

Visser, S. L., Some aspects of evaluating electronystagmographic examination in clinical neurology. Psychiat. Neurol. Neurochir. (Amsterdam) *66* (1963) 24–44

Wald, G., The retinal basis of human vision. Proc. 4th ISCERG Symp. Jap. J. Ophthal. *10*, Suppl. (1966) 1–11

Wulfing, B., Clinical electroretino-dynamography. A diagnostic aid in occlusive carotid artery disease. Acta ophthal. (Copenhagen) Suppl. *73* (1963)

Yonemura, D., T. Aoki und *K. Tsuzuki*, Electroretinogram in diabetic retinopathy. Arch. Ophthal. (Chicago) *68* (1962) 19–24

–, Rhythmic electrical activity of the human ERG. J. clin. Ophthal. Jap. *15* (1961) 168–173, Summary in News Letter ISCERG *2* (1961) 8

–, The oscillatory potential of the ERG. Acta Soc. Ophthal. Jap. *66* (1962) 1566–1584, Summary in News Letter ISCERG *3* (1962) 10–13

Zetterström, B., Some experience of clinical flicker electroretinography in various eye diseases. Acta ophthal. (Copenhagen) *42* (1964) 144–164

12. Andere der Elektroenzephalographie verwandte neuroelektrodiagnostische Methoden
12.1. Elektromyographie

Adrian, E. D., and *D. W. Bronk*, The discharge of impulses in motor nerve fibers. The frequency of discharge in reflex and voluntary contractions. J. Physiol. (London) *67* (1929) 119

Agarwal, G. C., and *G. L. Gottlieb*, The muscle silent period and reciprocal inhibition in man. J. Neurol. (London) *35* (1972) 72

Ashworth, B., L. Grimby and *E. Kugelberg*, Comparison of voluntary and reflex activation of motor units. J. Neurol. (London) *30* (1967) 91

Ball, G. J., M. G. Saunders and *J. Schnabl*, Determination of peripheral sensory nerve conduction in man from stimulus response delays of the cortical evoked potentials. Electroenceph. clin. Neurophysiol. *30* (1971) 409

Bannister, R. G., and *T. A. Sears*, The changes in nerve conduction in acute idiopathic polyneuritis. J. Neurol. (London) *25* (1962) 321

Barwick, D. D., Investigations of the carrier state in the Duchenne type dystrophy. In: Research in muscular dystrophy. Proceedings of the second symposium. Pitman medical, London 1963

Behse, F., and *F. Buchthal*, Normal sensory conduction in the nerves of the leg in man. J. Neurol. (London) *34* (1971) 404

Bergmans, J., Computer-assisted measurement of the parameters of single motor unit potentials in human electromyography. In: Desmedt, J. E. (Ed.), New Developments in Electromyography and clinical Neurophysiology, Vol. 2, 482–488, Karger, Basel 1973

Bickford, R. G., Properties of the photomotor response system. Electroenceph. clin. Neurophysiol. *17* (1964) 456

Bickford. R. G., Human "microreflexes" revealed by computeranalysis. Neurology (Minneapolis) *16* (1966) 302

Björk, A., and *E. Kugelberg*, Motor unit activity in the human extra-ocular muscles. Electroenceph. clin. Neurophysiol. *5* (1953) 271

Buchthal, F., Muskelpotentialuntersuchungen am gesunden und kranken Muskel. Dtsch. Zschr. Nervenhk. *173* (1955) 448

–, Einführung in die Elektromyographie. Urban und Schwarzenberg, München 1958

–, The general concept of the motor unit. Res. Publ. Ass. Nerv. Ment. Dis. *38* (1961) 3

–, The electromyogram. World Neurol. *3* (1962) 16

–, *F. Erminio* und *P. Rosenfalck*, Motor unit territory in human muscles. Acta physiol. Scand. *45* (1959) 72

–, *C. Guld* and *P. Rosenfalck*, Innervation zone and propagation velocity in human muscle. Acta physiol. Scand. *35* (1955) 174

– – –, Volume conduction of the spike of the motor unit potential investigated with a new type of multielectrode. Acta physiol. Scand. *38* (1957) 331

– – –, Action potential parameters in normal human muscle and their dependence on physical variables. Acta physiol. Scand. *32* (1954) 200

– – –, Multielectrode study of the territory of a motor unit. Acta physiol. Scand. *39* (1957b) 83

–, and *Madsen*, Synchronous activity in normal and atrophic muscle. Electroenceph. clin. Neurophysiol. *2* (1950) 425

–, *P. Rosenfalck* and *F. Erminio*, Motor unit territory and fiber density in myopathies. Neurology (Minneapolis) *10* (1960) 398

– –, Evoked action potentials and conduction velocity in human sensory nerves. Brain Res. *3* (1966) 1

– –, Spontaneous electrical activity of human muscle. Electroenceph. clin. Neurophysiol. *20* (1966) 321

Buist, W. G., S. L. Visser und *I. F. Folkerts*, Evaluation of EMG methods used in the diagnosis of central motor disturbances. Europ. Neurol. (Basel) *8* (1972) 270

Burg, D., A. Struppler und *Velho*, Zit. n. Struppler, Elektromyographie der zentralen Innervationsstörungen. Reflexuntersuchungen. In: Hopf-Struppler: Elektromyographie, Thieme, Stuttgart 1974

Caruso, G., and *F. Buchthal*, Refractory period of muscle and electromyographic findings in relatives of patients with muscular dystrophy. Brain *88* (1965) 29

Coers, C., and *A. L. Woolf*, The innervation of muscle. Blackwell, Oxford 1959

De Jong, R. H., and *F. G. Freund*, Relation between electromyogram and isometric twitch tensions. Arch. Physic. Med., Chicago *48* (1967) 643

Delwaide, P. J., R. S. Schwab and *R. R. Young*, Polysynaptic spinal reflexes in Parkinson's diseases: effects of L-dopa treatment. Neurology (Minneapolis) *21* (1971) 407

Denny-Brown, D., On the nature of postural reflexes. Proc. Roy. Soc. Biol. Sc., London *104* (1929) 252

–, and *J. B. Pennybacker*, Fibrillation and fasciculation in voluntary muscle. Brain *61* (1938) 311

Desmedt, J. E., und *S. Borenstein*, The testing of neuromuscular transmission. In: Vinken-Bruyn, Handbook of Clinical Neurology, Vol. 7, North Holland, Amsterdam, S. 104–115, 1974

–, und *P. Noel*, Average cerebral evoked potentials in the evaluation of lesions of the sensory nerves and of the central somatosensory pathway. In: Desmedt, J. E. (Ed.), New Developments in Electromyography and Clinical Neurophysiology, Vol. 2, 352–371, Karger, Basel 1973

Dimitrijevic, M. R., and *P. W. Nathan*, Studies of spasticity in man. 4. Changes in flexion reflex with repetitive cutaneous stimulation in spinal man. Brain *93* (1970) 743

Dolman, C. L., The morbid anatomy of diabetic neuropathy. Neurology (Minneapolis) *13* (1963) 135

Donald, J., and *M. D. Reis*, The Palmomental Reflex. Arch. Neurol. (Chicago) *4* (1961) 486

Duensing, F., K. Lowitzsch, V. Thorwirth und *P. Vogel*, Neurophysiologische Befunde beim Karpaltunnelsyndrom. Zschr. Neurol., Berlin *206* (1974) 267

Dunn, J. G., B. D. Lake, C. L. Dolmann and I. Wilson, The neuropathy of Krabbe's infantile cerebral sclerosis (globoid cell leukodystrophy). Brain 92 (1969) 329

Eaton, E. M., and E. H. Lambert, Electromyography and electric stimulation of nerves in diseases of motor unit: Observations in myasthenic syndrome anocrated with malignant tumors. J. Amer. Med. Ass. 163 (1957) 1117

Ebeling, P., R. W. Gilliat and P. K. Thomas, A clinical and electrical study of ulnar nerve lesions of the hand. J. Neurol., London 23 (1960) 1

Edwards, W. G., R. Lincoln, F. H. Basset and J. L. Goldner, The tarsal tunnel syndrome. J. Amer. Med. Ass. 207 (1969) 716

Eisen, A., and P. Humphreys, The Guillain-Barré-Syndrome, Arch. Neurol. (Chicago) 30 (1974) 438

Ekstedt, I., Human single fibre action potentials. Acta physiol. Scand. 61, Suppl. 226 (1964) 1–96

Elmquist, D., W. W. Hofmann, J. T. Kugelberg and D. M. J. Quastel, An electrophysiological investigation of neuromuscular transmission in myasthenia gravis. J. Physiol. 174 (1964) 417

Erb, W., Über Sehnenreflexe bei Gesunden und Rückenmarkskranken. Arch. Psychiatr. 5 (1875) 792

Erminio, F., F. Buchthal and P. Rosenfalck, Motor unit territory and muscle fiber concentration in pareses due to peripheral nerve injury and anterior horn cell involvement. Neurology (Minneapolis) 9 (1959) 657

Esslen, E., Der Spasmus-facialis – eine Parabioseerscheinung. Dtsch. Zschr. Nervenhk. 176 (1957) 149

–, und W. Papst, Die Bedeutung der Elektromyographie für die Analyse von Motilitätsstörungen der Augen. Bibl. ophthalm., Basel 57 (1961)

Feibel, A., and F. J. Foca, Sensory conduction of radial nerve. Arch. Phys. Med. Rehabil. (Chicago) 55 (1974) 314

Feinstein, B., B. Lindegard, E. Nyman and G. Wohlfahrt, Morphologic studies of motor units in normal human muscles. Acta anat., Basel 23 (1955) 127

Ferrari, E., and C. Messina, Blink reflexes during sleep and wakefulness in man. Electroenceph. clin. Neurophysiol. 32 (1972) 55–62

Fitch, P., and R. G. Willison, Automatic measurement of the human electromyogram. J. Physiol. 178 (1965) 178

Fowler, T. I., G. Danta and R. W. Gilliat, Recovery of nerve conduction after an pneumatic tourniquet – Observations on the hind-limb of the baboon. J. Neurol., London 35 (1972) 638

Freund, H. J., und C. W. Wita, Computeranalyse des Intervallmusters einzelner motorischer Einheiten bei Gesunden und Patienten mit supraspinalen motorischen Störungen. Arch. Psychiatr. 214 (1971) 56

Fullerton, P. M., Peripheral nerve conduction in meta duomatic leucodystrophy (sulphatide lipidosis). J. Neurol., London 27 (1964) 100

–, und R. W. Gilliat, Axon reflexes in human motor fibers. J. Neurol., London 28 (1965) 1

Gandiglio, G., and L. Fra, Further observations on facial reflexes. J. neurol. Sci. 5 (1967) 273

Gardner-Medwin, D., Some problems encountered in the use of electromyography in carrier detection. In: Research in muscular dystrophy. Proceedings of the fourth symposium. Pitman Medical, London 1968

Gassel, M. M., A study of femoral nerve conduction time. Arch. Neurol. (Chicago) 9 (1963) 607

–, and E. Diamantopoulos, The Jendrassik maneuver. II. Analysis of the mechanism. Neurology (Minneapolis) 14 (1964) 640

– –, Pattern of conduction times in the distribution of the radial nerve. Neurology (Minneapolis) 14 (1964) 222

Gilliat, R. W., Electromyography and conduction studies in nerve compression and entropment. VIII. Int. Congr. of Electroenceph. and Clin. Neurophysiol. 1973

Goodgold, I., H. P. Kopell and N. I. Spielholz, The tarsaltunnel syndrome. N. England J. Med. 273 (1965) 742

Granit, R., Reflex self regulation of the muscle contraction and autogenetic inhibition. J. Neurophysiol., Springfield 13 (1950) 351

Guld, C., A. Rosenfalck and R. G. Willison, Report of the Committee on EMG instrumentation. Electroenceph. clin. Neurophysiol. 28 (1970) 399

Guttmann, L., Transient facial myokymia. J. Amer. Med. Ass. 209 (1969) 389

Hagbarth, K.-E., Excitatory and inhibitory skin areas for flexor and extensor motoneurones. Acta physiol. Scand. 26 (1952) Suppl. 94

–, and E. Kugelberg, Plasticity of the human abdominal skin reflex. Brain 81 (1958) 305

–, and A. B. Vallbo, Mechanoreceptor activity recorded percutaneously with semi-microelectrodes in human peripheral nerves. Acta physiol. Scand. 69 (1967) 121

Hagberg, B., Sulfatid-Lipidosen im Kindesalter. Zschr. Kinderhk. 115 (1967) 250

Harvey, A. M., and R. L. Masland, A method for the study of neuromuscular transmission in human subjects. Johns Hopkins Hosp. Bull. 68 (1941) 81

Heinriksen, J. D., Conduction velocity of motor nerves in normal subjects and in patients with neuromuscular disorders. Thesis. University of Minnesota, 1956

Heydenreich, F., und G. Rabending, Statistische Eigenschaften des Elektromyogramms. Psychiat. Neurol. med. Psychol., Leipzig 26 (1974) 400

Hishikawa, Y., N. Sumitsuji, K. Matsumoto and Z. Kaneko, H-Reflex and EMG of the mental and lipoid muscles during sleep, with special reference to narcolepsy. Electroenceph. clin. Neurophysiol. 18 (1965) 487

Hodes, R., M. G. Larrabee and W. German, The human electromyogram in response to nerve stimulation and the conduction velocity of motor axons. Arch. Neurol. (Chicago) 60 (1948) 340

Hoffmann, P., Beiträge zur Kenntnis der menschlichen Reflexe mit besonderer Berücksichtigung der elektrischen Erscheinungen. Arch. Z. Anat. und Physiol. (1910) 223

–, Die physiologischen Eigenschaften der Eigenreflexe. In: Asher-Spiro, Ergebnisse der Physiologie und experimentellen Pharmakologie 37 (1934) 15

–, und J. F. Toennies, Nachweis des völlig konstanten Vorkommens des Zungenkieferreflexes beim Menschen. Pflügers Arch. Physiol. 250 (1948) 103

Hogan, G. R., L. Gutmann and S. M. Chlou, The peripheral neuropathy of Krabbe's (Globoid) leukodystrophy. Neurology (Minneapolis) 19 (1969) 1049

Hopf, H. C., Untersuchungen über die Unterschiede in der Leitgeschwindigkeit motorischer Nervenfasern beim Menschen. Dtsch. Zschr. Nervenhk. 183 (1962) 579

–, Impulsleitung in peripheren Nerven. In: Hopf-Struppler (Hrsg.), Elektromyographie. Thieme, Stuttgart 1974

–, R. Löser, R. Becker, A. Prill und E. Volles, Elektrophysiologische Verlaufskontrollen zum Nachweis von Leitfunktionsstörungen peripherer Nerven bei Polyneuropathien im »Normbereich«. Zbl. ges. Neurol. 202 (1972) 281

–, und A. Struppler, Elektromyographie. Thieme, Stuttgart 1974

Hufschmidt, H. J., Die autogene Hemmung (R. Granit) als Bestandteil der silent period (P. Hoffmann). Zschr. Biol. 106 (1954) 21

Hughes, R. C., and W. B. Matthes, Pseudo-myotonica and myokymia. J. Neurol., London 32 (1969) 11

Hugon, M., Methodology of the Hoffmann-reflex in man. In: Desmedt, J. E. (Ed.), New developments in electromyography and clinical neurophysiology. Vol. 3, 277–293, Karger, Basel 1973

Inman, V. I., H. J. Ralston, I. B. Saundes, B. Feinstein and E. W. Wright, Relation of human electromyography to muscular tension. Electroenceph. clin. Neurophysiol. 4 (1952) 187

Jakobi, H. M., und H. M. Krott, Reflexmyographische Untersuchungen der Plantarmuskeln: Drei Komponenten der F-Welle. Arch. Psychiatr. 219 (1974) 313

Jasper, H., and C. Ballem, Unipolar electromyograms of normal and denervated human muscle. J. Neurophysiol., Springfield 12 (1949) 231

Jelasic, F., und *F. Loew,* Über die autonome Zone des N. facialis. Nervenarzt, Berlin 44 (1973) 652

Jusevic, J. S., Zur Frage der Klassifikation der muskulären bioelektrischen Aktivität des Menschen. Kongreßbericht, Leningrad (1945)

-, Elektromyographie in der Nervenklinik. Medicina, Moskau 1957 (russ.)

-, Grundlagen der klinischen Elektromyographie. Medicina, Moskau 1972 (russ.)

Kaeser, H. E., Elektromyographische Untersuchungen bei lumbalen Diskushernien. Dtsch. Zschr. Nervenhk. 187 (1965) 285

-, Nerve conduction velocity measurements. In: Vinken-Gruyn, Handbook of clinical neurology, Vol. 7, 116–1966, 1970, New York

-, *H. R. Richter* et *R. Wüthrich,* Les dyskinésies faciales. Rev. neurol., Paris 115 (1963) 538

Kato, M., The conduction velocity of the ulnar nerve and the spinal reflex time measured by means of the H-wave in average adults and athletes. Tohoku J. Exp. Med. 73 (1960) 74

Katz, B., Nerve, muscle and synapse. Mc Graw-Hill, Book Company, New York 1966

Kimura, J., An evaluation of the facial and trigeminal nerves in polyneuropathy: Electrodiagnostic study in Charcot-Marie-Tooth disease, Guillain-Barré syndrome and diabetic neuropathy. Neurology (Minneapolis) 21 (1971) 7

-, Disorders of Interneurons in Parkinsonism – The orbicularis oculi reflex to paired stimuli. Brain 68 (1973) 87

-, and *O. Harada,* Excitability of the orbicularis oculi reflex in all night sleep: its suppression in non-rapid eye movement and recovery in rapid eye movement sleep. Electroenceph. clin. Neurophysiol. 33 (1972) 369

-, *J. M. Powers* and *M. W. Van Allen,* Reflex response of orbicularis oculi muscle to supraorbital nerve stimulation. Arch. Neurol. (Chicago) 21 (1969) 193

Kopec, J., I. Hausmanova-Petrusewicz, M. Rawski and *M. Wolynski,* Automatic analysis in electromyography. In: Desmedt (Ed.), New Developments in Electromyography and Clinical Neurophysiol., Vol. 2, 477–481, Karger, Basel 1973

Krott, H. M., J. M. Busse, M. B. Poremba und *H. M. Jacobi,* Vergleichende elektromyographische und myelographische Untersuchungen bei lumbalen Bandscheibenoperationen. Dtsch. Zschr. Nervenhk. 196 (1969) 300

-, *M. Poremba* und *M. Busse,* Latenzmessungen am N. facialis beim Acusticusneurinom. Dtsch. Zschr. Nervenhk. 195 (1969) 344

Kugelberg, E., Electromyograms in muscular disorders. J. Neurol. London 10 (1947) 122

-, Electromyography in muscular dystrophies. Differentiation between dystrophies and chronic lower motor neurone disease. J. Neurol., London 12 (1949) 129

-, Facial reflexes. Brain 75 (1952) 385

-, *L. Edström* and *M. Abbruzzese,* Mapping of motor units in experimentally reinnervated rat muscle. J. Neurol., London 33 (1970) 319

-, und *I. Petersén,* "Insertion activity" in electromyography. J. Neurol., London 12 (1949) 268

Kunze, K., Die automatische Analyse in der klinischen Elektromyographie. Nervenarzt, Berlin 42 (1971) 275

Lambert, E. H., S. Beckett, C. J. Chen and *L. M. Eaton,* Unipolar electromyograms of patients with dermatomyositis. Fed. Proc. 9 (1950) 73

-, und *P. I. Dyck,* Compound action potential of human sural nerve biopsies. Electroenceph. clin. Neurophysiol. 25 (1968) 786

-, *L. M. Eaton* and *R. D. Rooke,* Defect of neuromuscular conduction associated with malignant neoplasm. Amer. J. Physiol. 187 (1956) 612

-, and *D. W. Mulder,* Electromyographic studies in amyotrophic lateral sclerosis. Mayo Clin. Proc. 32 (1957) 441

- -, Nerve conduction in the Guillain-Barré-syndrom, Abstract International EMG Meeting, p. 16, Copenhagen 1963

Laumans, E. P. J., Nerve excitability tests in facial paralysis. Arch. Otol. 81 (1965) 478

Landau, W. M., and *M. H. Clare,* Fusimotor function. IV. Reinforcement of the H-Reflex in normal subjects. Arch. Neurol. (Chicago) 10 (1964) 117

Larsson, L. E., On the relation between the EMG frequency spectrum and the duration of symptoms in lesions of the peripheral motor neuron. Electroenceph. clin. Neurophysiol. 38 (1975) 69

Lee, R. G., und *D. G. White,* Computer analysis of motor unit action potentials in routine clinical electromyography. In: Desmedt (Ed.), New Developments in Electromyography and Clinical Neurophysiol., Vol. 2, 454–461, Karger, Basel 1973

Lenman, J. A. R., Quantitative electromyographic changes associated with muscular weakness. J. Neurol., London 22 (1959) 306

Lenzi, G. L., O. Pompeiano and *B. Rabin,* Supraspinal control of transmission in the polysynaptic reflex pathway to motoneurones during sleep. Pflügers Arch. Physiol. 301 (1968) 311

Le Quesne, P., Nerve conduction study. In: Licht, S. (Ed.), Electrodiagnosis and Electromyography, Waverly Press Baltimore, Med. 1971

Liley, A. W., An investigation of spontaneous activity at the neuromuscular junction of the rat. J. Physiol. (London) 132 (1956) 650

Lippold, O. C. J., The relation between integrated action potentials in a human muscle and its isometric tension. J. Physiol. (London) 117 (1952) 492

Ludin, H. P., Das normale Elektromyogramm. In: Hopf-Struppler, Elektromyographie, Thieme, Stuttgart 1974

Magladery, J. W., Some observations on spinal reflexes in man. Pflügers Arch. Physiol. 261 (1955) 302

-, and *D. B. Mc Dougal,* Electrophysiological studies of nerve and reflex activity in normal man. I. Identification of certain reflexes in the electromyogram and the conductions velocity of peripheral nerve fibres, Bull. Johns Hopkins Hosp. 86 (1950) 265

-, and *R. D. Teasdall,* Corneal reflexes. Arch. Neurol. 5 (1961) 269

- -, *A. M. Park* and *W. E. Porter,* Electrophysiological studies of nerve and reflex activity in normal man. V. Excitation and inhibition of two neurone reflexes by afferent impulses in the same nerve trunk. Johns Hopkins Hosp. Bull. 88 (1951) 520

Manz, F., Bestimmung der distalen Nervenleitungszeit und Nadelelektromyographie beim Carpaltunnelsyndrom. Dtsch. med. Wschr. 95 (1970) 1124

Marinacci, A. A., Applied Electromyography. Lea and Febiger, Philadelphia 1968

Matthews, P., Mammalian muscle receptors and their central actions. Arnold, London 1972

Mavor, H., and *R. Shiozawa,* Antidromic digital and palmar nerve action potentials. Electroenceph. clin. Neurophysiol. 30 (1971) 210

Meier-Ewert, K., J. Dahm und *E. Niedermeyer,* Optisch und elektrisch ausgelöste Mikroreflexe des Menschen. Zbl. ges. Neurol. 199 (1971) 167

Merton, P. A., The silent period in a muscle of the human hand. J. Physiol. (London) 114 (1951) 183

Mosimann, W., und *M. Mumenthaler,* Das posttraumatische Tarsaltunnelsyndrom. Helvet. chir. Acta 6 (1969) 547

Mumenthaler, M., Die Ulnarisparese. Thieme, Stuttgart 1961

Nissen-Petersen, H., C. Guld and *F. Buchthal,* A delay line to record random action potentials. Electroenceph. clin. Neurophysiol. 26 (1969) 100

Noel, P., Sensory nerve conduction in the upper limbs at various stages of diabetic neuropathy. J. Neurol., London 36 (1973) 786

Norri, A. H., N. W. Shock and *I. H. Wagman,* Age changes in the maximum conduction velocity of motor fibers of human ulnar nerves. J. Appl. Physiol., Washington 5 (1953) 589

Novikova, V. P., Das Verhältnis segmentaler und supraspinaler motorischer Störungen bei ALS. Ž. nevropat. psichatr., Moskva 69 (1969) 3 (russ.)

Paillard, J., Réflexes et régulations d'origine proprioceptive chez l'homme. Etude neurophysiologique et neuropsychologique. Arnette, Paris 1955

Paillard, J., Analyse électrophysiologique et comparaison, chez l'homme du réflexe des Hoffmann et du réflexe myostatique. Pflügers Arch. Physiol. *260* (1955) 448

Penders, C. A., and *P. J. Delwaide*, Blinkreflex studies in patients with Parkinsonism before and during therapy. J. Neurol., London *34* (1971) 674

Person, R. S., Elektromyographie, Nauka, Moskau 1969 (russ.)

–, and *L. P. Kudina*, Discharge frequency and discharge pattern of human motor units during voluntary contraction of muscle. Electroenceph. clin. Neurophysiol. *32* (1972) 471

Petersén, J. E., and *E. Kugelberg*, Duration and form of action potential in the normal human muscle. J. Neurol., London *12* (1949) 124

Preswick, G., The effect of stimulus intensity on motor latency in the carpal tunnel syndrome. J. Neurol., London *26* (1963) 398

Rabending, G., Studie zur Klinik und Pathophysiologie epileptischer Anfälle. Habilitationsschrift, Magdeburg 1965

Rabending, G., und *K. H. Parnitzke*, Eigenreflexveränderungen und ihre klinische Korrelation bei Absencen. Dtsch. Zschr. Nervenhk. *190* (1967) 55

–, und *G. Schmidt*, Fotomyoklonus. Dtsch. Ges.wesen *18* (1963) 1772

Reichel, G., und *J. Stahl*, Zur Wertigkeit der lokalen und globalen Elektromyographie bei neuromuskulären Erkrankungen. Psychiat. Neurol. med. Psychol., Leipzig *24* (1972) 403

Richardson, A. T., Clinical and electromyographic aspects of polymyositis. Proc. Roy. Soc. Med., London *49* (1956) 111

Rosenfalck, P., Intra- and extracellular potential fields of active nervs and muscle fibres. A physico-mathematical analysis of different models. Acta physiol. Scand. *321* (1969) 1

Ruprecht, E. O., Befunde der Neuropathien. In: Hopf-Struppler, Elektromyographie, Thieme, Stuttgart 1974

Rusworth, G., Observations on blink reflexes. J. Neurol., London *25* (1962) 93

Sacco, G., F. Buchthal und *P. Rosenfalck*, Motor unit potentials at different ages. Arch. Neurol. (Chicago) *6* (1962) 366

Schrappe, O., G. Kleu und *B. Drechsler*, Der Palmomentalreflex bei Kranken mit depressiven Verstimmungen. Arch. Psychiatr. *211* (1968) 209

Schulte, F. J., R. Michaelis, J. Linke and *R. Nolte*, Motor nerve conduction velocity in term, preterm and small-for-dates newborn infants. Pediatrics *42* (1968) 17

Schulze, F., Die Ophthalmo-Elektromyographie. VEB Georg Thieme, Leipzig 1972

Sears, T. A., Action potentials evoked in digital nerves by stimulation of mechanoreceptors in the human finger. J. Physiol. *148* (1959) 30

Shahani, B., Effects of sleep on human reflexes with a double component. J. Neurol., London *31* (1968) 574

–, and *R. R. Young*, Human flexor reflexes. J. Neurol., London *34* (1971) 616

– –, Studies of the normal human silent period. In: Desmedt, J. E. (Ed.), New Developments in Electromyography and Clinical Neurophysiology, Vol. 3, 589–602, Karger, Basel 1973

Shawney, B. B., and *A. Kayan*, A study of the F-wave the facial muscles. Electroenceph. clin. Neurophysiol. *30* (1971) 261

Sherrington, C. S., Remarks on some aspects of reflex inhibition. Proc. Roy. Soc. Biol. Sc., London *97* (1925) 519

Simpson, J. A., Electrical signs in the carpaltunnel syndrome. J. Neurol., London *19* (1956) 275

–, Electrical signs in the diagnosis of carpaltunnel and related syndromes. J. Neurol., London *19* (1956) 275

–, Neuromuscular diseases. In: Handbook of Electroencephalography and Clinical Neurophysiol. Vol. 16, Part B, Elsevier, Amsterdam 1973

–, Control of muscle in health and disease. In: B. L. Andrew (Ed.), Control and innervation of sceletal muscle. Livingstone, Edinburgh and London 1966

Sommer, J., Periphere Bahnung von Muskeleigenreflexen als Wesen des Jendrassikschen Phänomens. Dtsch. Zschr. Nervenhk. *150* (1940) 249

Sölder, F. v., Der Corneomandibularreflex. Neurol. Zbl. *21* (1902) 111

Stalberg, E., Single fiber electromyography. Disa, Copenhagen 1974

Steidl, L., Prognosis and course of Bell's palsy II. Electromyographic study. Arch. Psychiatr. *216* (1972) 323

Struppler, A., E. Struppler and *R. D. Adams*, Local tetanus in man. Arch. Neurol. (Chicago) *8* (1963) 162

–, and *F. Erbel*, Analysis of proprioceptive excitability with special reference to the unloading reflex. In: Neurophysiology studied in man. Excerpta Medica Congress series *253* (1971) 298

–, und *E. Schenk*, Der sogenannte Entlastungsreflex bei zerebellaren und anderen Ataxien. Fortschr. Neurol. *26* (1958) 421

Szumski, A. J., D. Burg, A. Struppler and *F. Velho*, Activity of muscle spindles during muscle twitch and clonus in normal and spastic human subjects. Electroenceph. clin. Neurophysiol. *37* (1974) 589

Táboriková, H., and *D. S. Sax*, Conditioning of H-reflex by a preceding sub-threshold H-reflex stimulus. Brain *92* (1969) 203

Taverner, D., Electrodiagnosis in facial-palsy. Arch. Otolaryng. *81* (1965) 489

Thomas, P. K., Motor nerve conduction in the carpaltunnel syndrome. Neurology (Minneapolis) *10* (1960) 1045

–, *E. H. Lambert* and *K. A. Czeuz*, Electrodiagnostic aspects of the carpaltunnel syndrome. Arch. Neurol. (Chicago) *16* (1967) 635

–, *T. A. Sears* and *R. W. Gilliat*, The range of conduction velocity in normal nerve fibres to the small muscles of the hand and foot. J. Neurol., London *22* (1959) 175

Toulouse, E. D., et *C. L. Vurpas*, Le réflex buccale. Compt. rend. Soc. biol., Paris *55* (1903) 952

Trojaborg, W., Motor nerve conduction velocities in normal subjects with particular reference to the conduction in proximal and distal segments of median and ulnar nerve. Electroenceph. clin. Neurophysiol. *17* (1964) 314

–, Rate of recovery in motor and sensory fibres of the radial nerve: clinical and electrophysiological aspects. J. Neurol., London *33* (1970) 625

Trontelj, J. V., A study of the F-response by single fibre electromyography. In: Desmedt, J. E. (Ed.), New Developments in Electromyography and Clinical Neurophysiology, Vol. 3, 318–322, Karger, Basel 1973

–, and *M. Trontelj*, F-responses of human facial muscles. A single motoneurone study. J. neurol. Sci. *20* (1973) 211

Vallbo, A. B., Muscle spindle afferent discharge from resting and contracting muscles in normal human subjects. In: Desmedt, J. E. (Ed.), New Developments in Electromyography and Clinical Neurophysiology, Vol. 3, 251–262, Karger, Basel 1973

Vogel, P., Zur Pathophysiologie und Klinik des Lambert-Eaton-Syndroms. Zbl. ges. Neurol. *204* (1973) 209

Wagmann, J. H., and *H. Lesse*, Maximum conduction velocities of motor fibres of ulnar nerve in human subjects of various ages and sizes. J. Neurophysiol., Springfield *15* (1952) 235

Wagner, A., F. Heydenreich und *G. Rabending*, Parameter digital gemittelter Potentiale einzelner motorischer Einheiten. Psychiat. Neurol. med. Psychol., Leipzig *27* (1975) 292

Wiederholt, W. C., "End-plate-noise" in electromyography. Neurology (Minneapolis) *20* (1970) 214

Wigand, M. E., M. Spreng, P. Bumm and *R. Mederer*, Electronic evaluation of electromyograms in facial nerve paralysis. Arch. Otolaryng., Chicago *95* (1972) 324

Willison, R. G., The problems of detection carriers of Duchenne muscular dystrophy by quantitative electromyography. In: Research in muscular dystrophy. Proceedings of the fourth symposium, Pitman Medical, London 1968

Westphal, C., Über einige Bewegungserscheinungen an gelähmten Gliedern. Arch. Psychiatr. *5* (1875) 803

Wohlfart, G., Collateral regeneration in partially denervated muscles. Neurology (Minneapolis) *8* (1958) 175

Young, R. R., The clinical significance of exteroceptive reflexes. In: Desmedt, J. E. (Ed.), New Developments in Electromyography and Clinical Neurophysiology, Vol. 3, 697–712, Karger, Basel 1973

Sachverzeichnis

(zusammengestellt von H.-J. LAUX)

Die im Sachverzeichnis mit einem * versehenen Zahlenangaben beziehen sich nicht auf Seitenzahlen, sondern auf die im Kapitel 13 angegebene fortlaufende Numerierung der Begriffe und Synonyma

A – partiell, Erg 393
A-Stadium, Schläfrigkeit beim Kind *158*
– des Schlafes 141
a-Welle im Erg 389
A. cerebri anterior 322
– – media, Verschluß 322
– communicans anterior 333
– – posterior 322
Abfall bei Potentialen 113
Abflachung, herdseitige 319
– des Kurvenbildes, allgemeine 306
Abflachungen, periodische 319
– als Dekompensationszeichen 330
Abfolge (*641*)
Abhängigkeit der Frequenz von der Schwere der Allgemeinveränderungen 283
– des Eeg vom Lebensalter *260*
Ablauf (*268*)
–, zeitlicher beim Erg 394
– des Erg 389
– einer elektrokortikographischen Untersuchung 392
Abläufe, »rhythmisierte« 326
–, spitzenpotentialähnliche 116, 213
Ableitareal (3), (*14*)
Ableitbereich (4), (*14*)
–, frontopräzentraler 354
Ableithaube (5)
–, Setzen bei Kindern 147
Ableitkopf (6)
Ableitprogramm (7)
Ableitpunkt (8), (*16*)
Ableitpunkteschema (9), (*17*)
– für Eog 396
Ableitschema (10), (*13*)
–, Änderungen 275
– für Erg 398
Ableitschnüre, elektrostatische Aufladungen 387
Ableitschnur (11), (*18*), (*346*)
Ableittechnik des Erg 389
ableittechnische Voraussetzungen 375
Ableitung (12), (*152*), (*459*)
–, Begriffsbestimmung 206
–, intrazelluläre 202
–, kortikale 387
–, stereoenzephalographische 353
Ableitungen aus der Tiefe des Hirns 376
Ableitungsart (*13*)
–, Begriffsbestimmung 206
–, bipolare 16, *33*
–, unipolare 16, *33*
Ableitungsarten I–IV 60
–, gekreuzt 34
–, gewechselt 34
–, unipolare 272
– bei Frühgeborenen 36
– – kleinen Säuglingen 36
– – Mikrozephalen 36
Ableitungsbereich (*14*)
–, Begriffsbestimmung 206

Ableitungsbereiche, basale 328
Ableitungsergebnisse bei Tiefenableitungen 378
Ableitungsformen des Eeg, spezielle 387
Ableitungsmodus 67
Ableitungsprogramm (7), (*15*)
Ableitungspunkt (*16*)
–, Begriffsbestimmung 206
Ableitungspunkte 72
–, Zahl und Lage 29
– für Erg 391
– für Eng 398
Ableitungspunkteschema (*17*), 29, 33
–, in der DDR verwendetes 30
– für Erwachsene 30
– für Kinder 30
– für Neugeborene 30
– von JASPER 29
Ableitungsraum 68, 69
–, Ausstattung 69
–, Inneneinrichtung 69
–, Raumgestaltung 69
Ableitungsschemata *33*, 70, 72
– für Routineableitungen bei Kindern 148
Ableitungsschnur *18**
Ableitungsstuhl 69
Ableitungstechnik, bipolare 16, *29*
–, unipolare 29
– des Eog 398
– im Kindesalter 147
Ablochbeleg 65
abnorm rhythmisches Eeg des Neugeborenen 151
– starker Hyperventilationseffekt 310
abnorme Alkoholreaktion 386
– Eeg 360
– Muster 116
– Rauschzustände 383
– Reizantwort, herdbetonte 355
– Rhythmisierung, gruppierte 367
abnormer Lidschlußeffekt 172
– Übergangswiderstand 188
Abnormitäten bei Schlafprovokation 12
abortiv verlaufende Anfälle 236
abortive fokale Paroxysmen 250
– Paroxysmen, provozierte 266
Abrundung der Eichimpulse 208
abruptes Einsetzen von Potentialen bei Epilepsie 229
Abschätzung, visuell vorgenommene 273
Abschnitt *19**, *176**
Abschnitte des Befundberichts 221
Absenz *20**, 243, 260
Absenz(en) *20**, 185, *235*, 243, 255, 260
–, pyknoleptisch auftretende 177
–, pyknoleptische 236
– mit oralen Automatismen 422
Absenzmuster 239
Absolutwerte, Angabe 102
Abstand, zeitlicher, zum Unfall beim Schädel-Hirn-Trauma 315
– der Lampe bei Fotostimulation 178

Abstand vom Nutzsignal zum Störsignal 402
Abstände der Maxima und Minima bei EEG-Wellen 53
Abszeß siehe auch Gehirnabszeß und Hirnabszeß
–, Lokalisation 349
Abszeßbildung 322, *349*
Abtastung, elektronische (Sampling) 402
Achsenzylinder, Degeneration 414
–, Untergang 414
ACTH-induzierte Psychose 363
»activated sleep« 145
ADAMS-STOKES-Zustände 330
Adaptationszustand der Netzhaut 390
– – –, unterschiedlicher 389
ADDISON-Krise 357
Adhäsivanfälle *241*, 351
Adumbran (Oxazepam) 365
Äquipotentiallinie *21**
äquipotentiell *22**
Äquivalente s. epileptische Äquivalente
–, epileptische 249, 253, *260*, 262
Äthernarkose 370, 389
Äußerung, gutachtliche 383
Affektion der inneren Kapsel 319
– des kaudalen Hirnstammes 319
– – des Kleinhirn-Hirnstamm-Gebiets 319
Affektlage, veränderte 355
affektiver Überbau 360
Affekttäter 385
Afferenten, I-a 420, 421
Afferenzen, proprioceptive und exterozeptive 405
after discharges 388
Aggressionstendenz 459
Agnosie 351
Agonisten, Interferenzmuster im Eeg 419
Aidiorhythmie *354*, 356, 360
Akinese 235
Aktionspotential, antidromgeleitetes *408*, 409
–, initialer positiver Ausschlag beim Emg 408
–, normales beim Emg 408
–, sensibles 408
–, triphasisches beim Emg 408
– der motorischen Einheit 403
Aktionspotentiale 22
–, gesplitterte 413
–, zelluläre 22
– der Netzhaut 388
Aktivation 169
aktive Elektrode *23**
– – für Emg 400
aktiver Schlaf 266
aktives Alpha-Beta-Eeg 134
– Eeg *132*, 135
Aktivierung(en) *169*, 222, 227
– der Alphawellen im Frontalbereich bei O_2-Mangel 316

Aktivierung bei Deltawellen 306
– von Spitzenpotentialen bei Schlafprovokation 184
Aktivierungen, Beschreibung 222
Aktivität *24**
Aktivität (HJORTH-Parameter) 51
–, altersphysiologische 116, *209*, 210, 211
–, altersphysiologische Gesunder 116
–, epileptische s. a. epileptische Aktivität
–, epileptische 230
–, –, bilateral symmetrische 250
–, –, temporale 249
–, Fehlen elektrozerebraler 375
–, fokale epileptische *230*, 231, 253
–, – pathologische bei traumatischer Epilepsie 313
–, fortgeleitete 318
–, langsame okzipitale 384, 385
–, temporale 385
–, niedergespannte schnelle 353
–, okzipitale langsame 328
–, paroxysmale 22
–, – des Deltabereichs 361
–, – des Thetabereichs 361
–, primäre epileptische 256
–, sekundäre epileptische 256
–, spannungshohe langsame 353
–, thalamokortikale, Autorhythmizität 353
Aktivitätsmuster im Emg während maximaler Willkürinnervation 403
Aktivitätsniveau, mittleres 227
Aktivitätsparameter 51
Akuität 350, *353*, 354, 355, 359
– der progressiven Paralyse 354
– des Krankheitsprozesses 359
– des Prozesses 355
akustische Ankopplung an das Telefon 45
– Halluzinationen 239
– Reize 373
– – im Schlaf *143*, 145
– Stimulation 264
akute Bewußtseinsstörungen 386
– Drogenvergiftung 365
– Enzephalitis 266
– Enzephalopathie, Schweregrad 356
– Hirndruckkrisen 185
– intermittierende Porphyrie 356
– Krankheitszustände 348
– Nervenkompression 414
– Psychose 363
– Schlafmittelintoxikation 369
– syphilitische Meningitis 354
– zerebrale Gefäßkatastrophen mit Insultcharakter 384
– zerebrovaskuläre Insuffizienz 333
akuter Bandscheibenprolaps 416
akutes Stadium von intrazerebralen Blutungen und Erweichungen 319
akzidentelle Krämpfe 266
Alarmanlage im Ableitraum 69
Alkalose 173
Alkohol 170
Alkohol-EEG-Provokation 383, *385*, 386
Alkoholeinwirkung und Straftaten, EEG-Begutachtung 385
Alkoholiker, chronische 366
Alkoholkranke 181
alkoholisches Delir 366
Alkoholismus, chronischer 414
Alkoholreaktion, abnorme 386
»allgemein«, Begriffsbestimmung 206
allgemein ausgebreitet *25**, *258**

allgemeine Ausbreitung 25, 26*, *258**
– Abflachung des Kurvenbildes 306
– Betaaktivierung *102*, 212
– Regeln für die Einrichtung einer EEG-Abteilung 68
– Spannungserniedrigung bei Contusio cerebri 305
– Spannungshöhe 222
– –, Beschreibung 222
»allgemeine« Veränderungen 138
allgemeine Verlangsamung 326
allgemeines Spannungsniveau 209
Allgemeinveränderungen *27**, *120*, 138, 174, 214, 234, 245, 246, 254, 257, 260, 271, 272, 282, 304, 306, 309, 313, 322, 326, 330, 349, 360, 385, 386
–, Angaben von Schweregrad und Betonung 222
–, basal betonte 355
–, Bedeutung 273
–, beiderseitige 256
–, Bestimmung 56
–, Betonung 272
–, Beziehungen 222
–, einseitige 256
–, Graduierung 120
–, leichte *120*, 357
–, mäßige *120*, 357
–, schwere *120*, 356
–, Schweregrad *120*, 272, 273, 283, 284
–, Schweregradeinteilung *120*, 214
–, schwerste *120*, 313, 356
–, sehr leichte *120*, 355
– als Indikator für zerebralen Dekompensationsgrad 319
– – Kriterium für Operationsindikation 284
– bei intrazerebralen Blutungen und Erweichungen 319
– bei Lues cerebrospinalis 354
– – Subarachnoidalblutungen 318
– im kindlichen Eeg, Schweregradeinteilung 168
– und Fokus, Ineinanderlaufen 272
– verschiedener Schweregrade *255*, 350
Allokortexregionen 145
allomorphe EEG-Muster 362
Alpha-Beta-Eeg *117*, 135, 137
– – –, reines 117
– – – mit Überwiegen der Alphawellen 135
– – – mit Überwiegen der Betawellen 135
– – – ohne Überwiegen einer Wellenart 135
Alpha-Beta-Grundaktivität *28**
Alpha-Beta-Mischformen 210
Alpha-Beta-Mischtypen 135
Alpha-Beta-Typ *117*, 328
Alpha-Delta-Schlaf 147
Alpha-Eeg 100, *132*, 137
–, langsames 132
–, reines 117
Alpha-Grundaktivitätsverlagerung 132
Alpha-Theta-Grenzbereich 326
Alpha-Theta-Grundaktivität beim Kind 211
Alphaaktivierung *29**, *84*, 85, 139, 172, 211, 272
–, Beurteilung 211
–, Bezeichnung 222
–, Kombination mit Wellenfokus 282
–, reaktive 267

Alphaaktivierung, Unterscheidung zur Alphareduktion 177
– als Herdzeichen 282, *284*
– bei Rezidiven 272
– bei Tumoren 278
Alphaaktivität *30**
–, Asymmetrie beim Schädel-Hirn-Trauma 309
–, Hemmung 395
–, langsame 254
–, starre 328
–, Verlangsamung 309, 318
Alphaband *31**
Alphabereich *31**, *32**
–, langsamer *326*, 349
Alphablockierung auf psychosensorielle Reize bei Ermüdung und Schläfrigkeit 141
– des arousal-Eeg 146
Alphafokus *33**, 77, 100, 222
–, Bestimmung 209
–, okzipitaler 77
–, parietaler 77
–, temporaler 78
–, verlagerter 209
–, von okzipital nach parietal wandernd 78
Alphafokuserweiterung *34**, 284
Alphafokusverlagerung *35**, 284
Alphafrequenzen, superponierte schnelle 366
Alphagrundaktivität *36**, 76
–, Depression 272
–, flache langsame 354
–, langsame 255
– bei Ecg 387
Alphagrundaktivitätsvariante *37**, *613**
Alphagrundrhythmusvariante *38**, *613**
Alphakomponente der Grundaktivität *39**, 116, *117*, 210
Alphamotoneuronen 420
alphamotorische Vorderhornzellen 420
Alphareduktion *40**, *78*, 139, 211, 212, 319, 322, 326
–, artefaktbedingte 177
–, Bewertung 212
–, Bezeichnung 222
–, Fernsymptom bei Schädel-Hirn-Trauma 212, 309
–, halbseitige 266, 330
–, inhibierte 177
–, Kombination mit Wellenfokus 282
–, okzipitale 139, 309
–, parietale 309
–, temporale 309
–, Unterscheidung zur Alphaaktivierung 177
– als Fernsymptom 212
– als Herdzeichen 282, *284*
– als Restzustand bei Contusio cerebri 212
– bei Insulten 319
– bei intrazerebraler Blutung oder Erweichung 319
– bei Tumoren 271
– bei okzipitalen Prozessen 212
Alpharhythmus 24, *30**, *36**, *41**
–, Synchronisation 24
Alphatyp 100, *117*, 132
Alphaverlangsamung 349, 355
Alphawelle *42**
Alphawellen 16, *42**, *73*
–, Ausprägung 211

Sachverzeichnis

Alphawellen, Verminderung der Ausprägung 78
–, – – Frequenz *78*, 84
–, – – Spannungshöhe 78
–, Verstärkung der Ausprägung 84
–, – – Spannungshöhe 84
–, Verwechslung mit Spitzenpotentialen 74
–, zeitliche Folge 75
Alphawellendominanz 373
als pathologisch anzusehende Deltawellen 137
– – – Potentiale 137
– – – Spitzenpotentiale 137
– – – Thetawellen 137
– Reizantwort auftretende Potentiale im Schlaf 140
alte Menschen, Eeg 386
altersgebundene Petit mal-Trias 246
altersphysiologische Aktivität 209, 210
– – Gesunder 116
– – im Kindesalter 211
altersspezifische Spitzenpotentiale 313
amaurotische Idiotie 355
Ammonshorn 145, *228*
Amnesie 239
Amobarbital 170
Amplitude 22, 43*, 503*, 73, *206*
Amplitude als Parameter von EMG-Potentialen 403
– – – von Potentialen einzelner motorischer Einheiten 404, 410
– der H-Reflexe 422
– des Nystagmus 498
Amplituden 22
Amplitudendepression im Emg 419
Amplitudendiskriminator 402
Amplitudengang von Schreibsystemen 40
Amplitudenmodulation 44
Amplitudenspektrum 50
Amplitudenvarianz 51
Amyloidose, familiäre 414
Anästhesie 369
Anästhesie für Erg 392
Anästhetikklassifikation, elektroenzephalographische 369
Analeptika 170
Analgesie für Muskelrelaxation 370
Analog-Digital-Konversion 402
Analyse, automatische 47, *61*
–, iterative nach SCHENK 53
–, visuelle 48
– des Emg 401
– im Zeitbereich 47
– nach HJORTH 51
– von Augenbewegungen durch Eog 397
Analyseergebnisse, Umwandlung in nomenklatorische Begriffe 54
Analysemethoden 47
Analyseverfahren 41
analytische Verfahren 272
Anamnese 208
Anamneseerhebung 256, 271
anamnestische Angaben *135*, 364
– Erhebungen 256
anatomische Veränderungen 322
Anbringen der Elektroden 44*, *492**
Aneurysmen 275, *322*
– der basalen Hirngefäße 322
Anfälle, abortiv verlaufende 236
–, atypische 253
–, epileptische 386
–, – bei Gefäßerkrankungen 258
–, – bei Hirntumoren 258

Anfälle, epileptische, von absenceartigem Charakter 351
–, fokale kortikale 239
–, – partielle bei Neugeborenen und jungen Säuglingen 260
–, Grand mal 266
–, hypoglykämische 266
–, jacksonartige 249
–, kleine epileptische 235
–, klinisch manifeste, Fortbestehen 384
–, lokalisierte 276
–, manifeste klinische, Fortbestehen 384
–, myoklonisch astatische 352
–, nichtepileptische 266
–, posttraumatische, Beurteilung 384
–, psychomotorische 185, *253*
–, psychosomatische *241*, 249, 260
–, synkopale 266, 330, *332*, 384, 386
–, tetanische 185
–, tonisch-klonische 185
–, vegetative *262*, 266
–, zerebrale 227
– und Trauma, ursächlicher Zusammenhang 384
Anfall, epileptischer 227
–, großer 234
–, ménièrescher 266
Anfallbereitschaft, latente 363
Anfallkranke, Begutachtung 384
Anfalleiden, epileptische *383*, 326, 386
Anfallintervall 233, *255*
Anfallpotentiale 230
anfallfreies Intervall 213, *228*
Anfallgeschehen, komplexes 262
–, zerebrales, Manifestation 350
Anfallsleiden, epileptisches 326
– im Kindesalter 18
Anfallsmuster im Eeg 45*
Anfallssymptome, atypische 249, 256, 262
Anfallssyndrome, neurophysiologisch orientierte Ordnung 362
Anfallstyp und EEG-Kurvenbild 234
anfallsweise psychische Störungen 262
Anfallszustände *383*, 385, 386
–, Erfassung 386
Anforderer 62
Angabe der Absolutwerte 102
– – Allgemeinveränderungen im Befundbericht 222
– – Alphaaktivierung im Befundbericht 222
– – Alphareduktion im Befundbericht 222
– – Betaaktivierung im Befundbericht 222
– – diffusen Spitzenpotentiale im Befundbericht 222
– – Komponenten der Grundaktivität im Befundbericht 222
– – Paroxysmen im Befundbericht 222
– des Deltawellenherdes im Befundbericht 222
– – EEG-Typs im Befundbericht 210, *222*
– – Theta-Delta-Mischfokus im Befundbericht 222
– – Thetawellenherdes im Befundbericht 222
– – Wellenspitzenfokus im Befundbericht 222
– von Besonderheiten im Befundbericht 222
– von Medikamenten, Dauer und Dosierung 58

Angaben, anamnestische *135*, 364
–, klinische für EEG-Begutachtung 381
–, lokalisatorische 271
angeborene Hyperthyreose 357
– Stoffwechselanomalien mit zerebraler Beteiligung im Kindesalter 168
angenäherte Normalverteilung 405
Angina pectoris 262
Angiographie 18, *256*, 330
Angiokardiographie 330
Angiome 322
Angitiden, zerebrale 326
Angst 359
Angstzustände 262
Ankopplung an Telefon, akustische 45
– – –, galvanische 45
– – –, induktive 45
anlagebedingte genuine Epilepsie 260
– idiopathische Epilepsie 260
Anlegen der Kopfhaube 59
Anmeldebogen, EDV-gerechter 170
Anmeldeformular *57*, 148, 208
– für Kinder 148
Anmeldung zum Eeg, ausführliche 380
Annulospiralendigungen 419
Anodenwiderstand 39
Anosognosie 351
Anoxie 316, 373
–, temporäre zerebrale 373
Anregungen der Behandlung durch das Eeg 380
Anschlußschnur für Elektroden 47
Anschlußschnüre 27
Anstieg bei Potentialen 113
Antabus-Vergiftung 369
Antagonisten, Interferenzmuster im Emg 419
Antagonistentremor 425
Anteil pathologischer EEG-Befunde bei offenen Hirnverletzungen 313
Antidepressiva 366, 367
–, trizyklische 366
antidrom geleitetes Aktionspotential motorischer Nervenfasern *408*, 409
Antiepileptika 239
Antiepileptikum, Wahl für Therapie 266
Antiepileptika, Medikation 230, 239
–, Therapie 233, 262, 266
– –, prophylaktische 262
Antikonvulsiva, Therapie 350
Antriebsstörungen 351
Antwort, photomotorische 425
–, somatomotorische 425
–, sonomotorische 425
Antworten, elektrophysiologische, bei stimulierten tiefen Strukturen 379
Antwortpotential 46*, 225*
Antwortpotentiale, okzipitale, auf intermittierende Lichtreize 395
Anwendung, klinische, des Eng 398
–, – des Eog 397
– der klinischen Elektroenzephalographie 381
– nomenklatorischer Begriffe 222
– von Direktmeßwerten 222
Anwendungsgebiete, klinische, des Eog 397
– der drahtlosen Telemetrie 42
– – EEG-Begutachtung 383
– des Ecg 388
Anwesenheit des EEG-Arztes 376
Anzahl der Elektroden 29
– – Verstärkerkanäle 29
– – Wellen pro Sekunde 206

apallisches Syndrom 371
aperiodisch 47*
aperiodische Spitzenpotentialgruppen, paroxysmale 373
Aplasie der A. communicans anterior 333
Apraxie 351
Aquädukttumoren 270
Arachnoiditis optico-chiasmatica 280
Arbeitsdiagnose 271
Arbeitsfähigkeit, Beurteilung 385
Arbeitsleistung, tägliche, im Eeg 70
arbeitsmedizinische Dispensaireuntersuchung 414
Arbeitsorganisation für die Elektroenzephalographie 67
Archivierung 70
Archivräume 68, 70
ARDEN-Quotient beim Eog, Bestimmung 398
Arkadenform der Alphawellen 48*, 49*, 74
arkadenförmige Alphaaktivität 48*
arkadenförmiger Verlauf des Nystagmogramms 398
Armplexusparesen, traumatische im Emg 417
arousal-Eeg 146
arrhythmische Aktivität 50*, 248*
Art der Elektroden 25
– – Geschwulst, Hinweise 271
– – Modulation bei drahtloser Telemetrie 44
– – Spitzenpotentiale 384
– und Schwere des Schädel-Hirn-Traumas 315
Artdiagnose s. a. Tumorart
– infratentorieller Prozesse 279
Artdiagnostik, Möglichkeiten 271
Artefakt 51*
artefaktbedingte Alphareduktion 177
Artefakte 56
–, Beschreibung 222
– durch Aufeinanderbeißen der Zähne 188
– – Augenbewegungen und Lidschläge beim Erg 392
– – Bewegungen der Gesichtsmuskulatur 188
– – Bulbusunruhe 188
– – elektrostatische Aufladungen der Ableitschnüre 387
– – Erschütterungen des Geräts 189
– – fehlende Erdung 189
– – Gähnen 188
– – Kabelbruch 188
– – Lachen 188
– – Lidschläge beim Erg 392
– – Mikrofonieeffekt 189
– – Photoeffekt 189
– – Röhrendefekte 189
– – Röhrenrauschen 189
– – Schalterstörungen 189
– – Schlucken 188
– – Schroteffekt 189
– – Sekundäremission 189
– – thermische Veränderungen 189
– – verkrampftes Verhalten 188
– – Wechselstromeinstreuungen 189
– – zu fest geschlossenen Mund 188
– – zu starkes Zusammenkneifen der Lider 188
– im Ecg 387
– – Eeg 187
– – Patientenstromkreis 187

Artefakterkennung 187
Artefaktpotentiale 135
Arten des Eeg 132
Arterien, intrakranielle 319
Arterio-sclerosis cerebri 326
arteriosklerotische Veränderungen 332
Arzneimittelabusus 365
Arzneimitteleinwirkungen 363, 364
Arzneimittelintoxikation 365
Arztzimmer 70
Asphyxie 316
Asymmetrie 255
– der Alphaaktivität bei Schädel-Hirn-Trauma 309
Asymmetrien, vorgetäuscht 309
asynchron 53*, 207, 231
Asynchronie 54*
Asystolie 331
Ataxie 351
Atembehinderung, mechanische 304
Atemintensität bei Hyperventilation, Beurteilung 164
Atemrhythmus, Störungen 352
Atemstillstand 304
Athetose, reine 377, 378
athetotische Bewegungsunruhe 351
Atrophie, chronische nukleäre 413
– der Mm. interossei 415
– des M. aductor pollicis 415
atrophisierende Hirnprozesse 181
atypisch periodische Psychosen 359
atypische Anfälle 253
– Anfallssymptome 249, 256, 262
Aufarbeitung, automatische, von Informationen 379
Aufbau des EEG-Zusatzgutachtens 381
Aufbewahrung von EEG-Kurven, Frist 61
Aufbewahrungsfrist von EEG-Kurven 61
Aufeinanderbeißen der Zähne 188
Aufeinanderfolge 55*, 642*
Auffangort der »Hirnpotentiale« 25
aufgelagerte schnelle Betawellen 364
Aufladungen, elektrostatische 387
– der Ableitschnüre, elektrostatische 387
Aufsatzpunkt einer Elektrode 206
Aufsetzen der Elektroden 56*, 492*
– – –, Richtlinien 31
– – Elektrodenkopfhaube 59
– – Haube 59
– – Kopfhaube 189
Aufstellung des Elektroenzephalographen 68
Auftreten in Prozent der Meßstrecke 108
– von Nystagmen 398
– – Spitzenpotentialen bei Hirntumoren 276
Aufwach-Grand mal 245
Aufwach-Epilepsie 182, 184, 245
Aufwachvorgang im Eeg 162
Aufwachwellen 162
Aufwand für Analyse des Eeg, ökonomischer 56
– – – – –, personeller 56
– – – – –, zeitlicher 56
Aufzeichnung 57*, 459*
– der Hirnpotentialkurve 61
– in rechtwinkeligen Koordinaten 40
Augenbefund 58
Augenbewegungen, Analyse durch Eog 397
–, diagonale 396
–, horizontale 396
–, mit Registrierung beim Erg 392

Augenbewegungen, rasche nystagmiforme im REM-Schlaf 145
–, Registrierung s. Eng und Eog 395
–, rotatorische, im Eog 396
–, sehr langsame, Registrierung im Eog 396
–, vertikale, im Eog 396
– beim Erg als Artefakte 392
Augendeviationen im Schlaf 140
Augenhintergrundsveränderungen 326
Augenöffnen 170
Aura 250
Ausbildung, koordinierte, der EEG-Ärzte und Technischen EEG-Assistentinnen 72
Ausbildungskurse für Ärzte und Assistentinnen 17, 71
Ausbreitung 25, 26*, 58*, 139, 258*
Ausbreitungsmodus von EEG-Veränderungen 380
Ausbreitungstendenz der epileptischen Aktivität 260
Ausbruch 59*
Ausbrüche, paroxysmale 355
Ausdehnung 58*, 60
–, Herd mit stärkerer 272
Ausdruck abklingender Hirndruckerscheinungen 134
Ausfälle, neurologische 322, 348
Ausfallserscheinungen, Rückbildung, klinische 316
ausführliche Anmeldung zum Eeg für Begutachtung 380
Ausfüllung des Anmeldeformulars 57
Ausgangs-Eeg 239, 266, 385
– –, medikamentenfreies 230
– –, normales 359
– –, pathologisches 359
Ausgangssignalspannung bei Differenzverstärker 38
Ausgangstransformator 402
ausgelöschtes Erg 394
ausgeruhter Erwachsener 132
Auslenkung bei ERG-Registrierung 392
Auslöschen der Spannungshöhe durch Phasenverschiebungen 218
Ausmaß der progressiven Paralyse 354
Ausnahmezustände, bedrohliche, bei Narkose 371
–, besonnene 354
Ausprägung 61*, 55, 74
– der Alphawellen 74, 211
– – –, Feststellung 209
– – –, Verminderung 78
– – –, Verstärkung 84
– – Betawellen 98
– – Betawellen, Messung 210
– – Deltawellen 108
– – Grundaktivität 209
– – Grundaktivitätskomponenten 116, 210
– – Thetawellen 102
– – Thetawellen, Bestimmung 211
– – Thetawelleneinlagerungen 137
Ausreifung, Störung der bioelektrischen 257
Ausreifungserscheinungen des Hirnpotentialbildes 148
Ausrüstung für Ecg, apparative 387
Aussage, prognostische 274
Aussage des Eeg 380
Aussagefähigkeit der Provokationsmethoden 170

Sachverzeichnis

Aussagekraft der Hyperventilation 185
Aussagemöglichkeit des Eeg bei Begutachtung 280
Aussagen, kindliche, in Strafsachen, Glaubwürdigkeit 385
– über Kompensations- und Dekompensationsgrad des Gehirns 271
Aussehen des Nystagmus, sägezahnförmiges 398
– eines Einzelpotentialablaufs 62*, 223*
Aussprossen terminaler Nervenfasern 413
Ausstattung des Ableitungsraumes 69
Austauschbarkeiten von ECG-Elektroden 387
Auswahl der geeigneten Kurvenstücken 209
Auswechseln der Elektrodenschnur 188
Auswerter 63*, 159*
–, Erfahrungen und Kenntnisse 279
Auswerthilfen, technische 41
– für Elektromyographie 401
Auswertleistung pro Tag 208
Auswertschablone 208
Auswertung 64*, 162*, 71
–, automatische 48
–, statistische 68
–, subtile 272
–, visuelle 42, 56, 367
–, visumanuelle 61
–, wissenschaftliche 71
– der Ableitungsergebnisse bei Tiefenableitungen 378
– des Eeg 48, 206
– – Emg 404
– – Eng 398
– – Eog 397
– – Erg 392
– – Hirnpotentialbildes 67
– einer Kurve 209
– eines Eeg 187, 208
– von schwierigem Kurvenmaterial 71
Auswertungserfahrung 208
Auswertungskriterien, einheitliche 72
Auswertungsmethodik, visumanuelle 56
Auswertungsraum 68, 70
Auswertungssystem, genormtes, für Schlafuntersuchungen 141
Auswertungszeit 71
Auswertvorgang 61
Auswirken von organischen Hirnaffektionen auf die Psyche 385
Auszählen bestimmter Streckenabschnitte 273
– der Frequenzen s. a. der Wellen 272
– – Wellen 76
Auszählung 214
– der Frequenzen 99
– des Eeg 209
auszuwählender Kurvenabschnitt für Auszählung 77
außerordentlich schnelle Betaaktivität 365
autogenetische Hemmung 405, 420
Autokorrelation 49
Autokorrelationsfunktion 49, 50
automatisch-maschinelles Erkennen der Parameter 61
automatische Analyse 47, 61
– – des Elektromyogramms 401
– – und klinischer Routinebetrieb 47
– – Aufarbeitung von Informationen 379
– – Auswertung 48
automatisches Informationssystem, integriertes 63

Autorhythmizität der thalamokortikalen Aktivität 353
Automatismen 249
AV s. a. Allgemeinveränderungen 27*, 65
Averager 402
averaging 179, 402
Axon, motorisches 403
axonale Degeneration 414
Axonhügel 403
Axonotmeses 416, 418
Axonreflexe 407
Azetylcholinmangel, präsynaptischer 418
Azetylcholinsynthese 418

B-partiell im Erg 393
B-Stadium des Schlafes 141, 145
–, Einschlafphase beim Kind 159
b-total im Erg 393
b-Welle im Erg 389
BAL-Therapie 355
Balkenlokalisation 269
Balkentumoren 270
ballistische Bewegungsunruhe 351
ballistisches Syndrom 377
Band 66*, 245*
Bandbreite des EEG-Kanals 67*, 608*
Bandscheibenprolaps, akuter 416
Bandscheibenschäden, lumbale 416
Bandscheibenvorfälle, zervikale 416
Barbituratanwendung für Provokation 170
Barbiturate 365
Barbituratintoxikation s. a. Schlafmittelintoxikation 366
Barbituratnarkose 181, 370
Barbituratprovokation 170
Barbituratschlaf als Provokationsmethode für Ecg 388
Barorezeptoren 423
basal betonte Allgemeinveränderungen 355
basale Ableitungsbereiche 328
– Dysrhythmie 355
– Elektroden 32
– Herde bei Schädel-Hirn-Trauma 309
– Hirngefäße, Aneurysmen 322
– Kontusionsherde 315
– Ringschaltung 68*, 36
Basalelektrode 69*
basaler Ring 68*, 70*, 33
Basalität von Prozessen, Rückschlüsse 216
basilares Gebiet, Durchblutungsstörungen 328
Basissymptome, substratnahe 360
Basissyndrome 360
Basiswert der Spannungshöhe, Eog 398
basomedian 71*
basomediane Lokalisation 269
basomedianer Raum, Begrenzung 269
batteriegespeiste Miniatureingangsstufen für Verstärker 42
Bauchhautreflex 424
Baumwollelektroden für Erg 391
Bausteinprinzip 40
Bearbeitung, statistische 62
BECKER-KIENER-Myopathie 410
BECQUEREL-Effekt 179, 392
Bedeutung der Allgemeinveränderungen 273
– des Eog, klinische 398
– – Erg als klinische Hilfsmethode 381
bedingter Schlaf 182

bedrohliche Ausnahmezustände bei Narkose 371
Beeinflussung des Kortex im Schlaf 143
Befall der Hirnsubstanz, kortikaler 350
Befestigung der Elektroden 25
Befestigungsmethoden der Elektroden 25
Befund, Diktat 71
–, hirnelektrischer, für EEG-Begutachtung 382
–, – – Klinik 62
–, röntgenologischer 253
Befundabfassung 72*, 164*, 221, 222
Befundbericht 73*, 164*, 221
Befunddokumentation 61
–, medizinische 68
Befunddokumentationsbogen, EDV-gerechter 170
Befunde, elektroenzephalographische bei Dämmer- und Verstimmungszuständen 362
–, elektromyographische bei zentraler Störung der Motorik 425
–, klinisch-neurologische 374
– bei verhaltensgestörten Kindern 385
Befundformulare, EDV-gerechte 67
Befundkartei 62
Befundregistratur 62
Befundverwertung, sachgerechte, für EEG-Begutachtung 380
begleitende epileptische Komponenten, Abgrenzung und Wertung 378
Begleitenzephalitiden bei virusbedingten Infektionskrankheiten 348
Begleitmeningitiden 334
Begleitzettel zur hirnelektrischen Untersuchung 61
Begrenzung des basomedianen Raumes 269
Begriffe, nomenklatorische 215, 222, 382
Begriffsbestimmung, standardisierte 72
– der EEG-Terminologie 426
Begriffserklärung für Grundaktivität 211
Begutachtung 386
–, Fragestellung 381
–, Grundlage 381
– der Kraftfahrtauglichkeit 383
– von Anfallsleiden 384
– von Folgezuständen nach Schädel-Hirn-Traumen 383, 385
– – Gewalttaten 383
– – psychischen Störungen 383
– – Schädel-Hirn-Traumen 316
Begutachtungen, Aussagemöglichkeit des Eeg 380
–, forensische 383
– in der Spätphase von Schädel-Hirn-Traumen 384
– – Strafverfahren 385
– von Folgezuständen nach medizinischen Maßnahmen 383
Begutachtungscharakter, Situation 383
behandelte Epilepsie, Wiedergewährung der Fahrerlaubnis 386
Behandlung, Anregungen und Kontrolle durch Eeg 380
»beiderseitige« Allgemeinveränderungen 256
beiderseitige Herdzeichen 214
– parietookzipitale Foci 257
beiderseits 74*, 101*
beidseitige Hämatome 318
beidseits 75*, 101*
Belästigung des Untersuchten durch Hyperventilation, geringe 185
– – – – Photostimulation 185

527

Belastbarkeit des Patienten 378
Beleuchtung des Ableitungsraums 69
BELLY-TENDON-Position, Elektroneurographie 407
Beningnität von Tumoren 272
Benommenheit 348
Bentonite-Paste 25, 46, 392, 396
Beobachtungszeit des Abklingens der Hyperventilation 60
Benzodiazepamderivate 365
Berechnung des Leistungsspektrums 50
Berechtigung zur selbständigen Ausübung der klinischen Elektroenzephalographie 381
Bereich 14*, 76*, 245*
- der Alphawellen 31*, 77*
- - Betawellen 36*, 78*
- - Deltawellen 79*, 130*
- - EEG-Frequenzen 80*, 168*
- - Norm 355
- - Thetawellen 81*, 566*
BERGER-Effekt 82*, 59, 60, 116, 135, 170, 172, 262
-, Eintragung in Kurve 215
-, negativer 84, 85, 172
-, paradoxer 267
-, positiver 172
-, unvollständiger 84, 85, 172
»BERGER-Rhythmen« 21
»BERGER-Wellen« 132
BERGERsche Standardwerke 20
Berücksichtigung des Gesamtpotentialbildes 79, 84
Berufsunfähigkeitsbegutachtung 384
beschränkte Gültigkeit 386
Beschreibung der allgemeinen Spannungshöhe 222
- - Grundaktivität 222
- - Wellenbilder 222
- des Ausprägungsgrades der Wellenkomponente im kindlichen Eeg 116
- diffuser Deltawellen 222
- - Thetawellen 222
- generalisierter Deltawellen 222
- - - Thetawellen 222
- von Aktivierungen 222
- - Artefakten im Befundbericht 222
- - Besonderheiten 222
- - lokalisierten Deltawellen 222
- - - Thetawellen 222
- - Spitzenpotentialen 222
Beschreibungsvokabular (Nomenklatur) 55
Besonderheiten, Angabe im Befundbericht 222
-, Beschreibung 222
- der Hirnaktivität in der Nähe von Knochenlücken 313
besonders interessante Kurven 71
besonnene Ausnahmezustände 354
Bestandspotential der Netzhaut 395
Bestimmung der Allgemeinveränderungen 56
- - Diskontinuität 209
- - Erregungsleitung im motorischen Nerven 402
- - Form der Alphawellen 209
- - Frequenzstabilität 211
- - Geschwulst, topographische 276
- - Grundaktivität 209, 210
- - Kontinuität 209
- - Schlafstadien 140
- - Thetawellen 106
- - Überleitungszeit des N. facialis 417

Bestimmung des Alphafokus 209
- - ARDEN-Quotienten beim Eog 398
- - Konzeptionsalters durch das Eeg 150
- eines Herdes 272
beta spike 83*, 92*
Beta-Eeg 137
-, reines 117
Beta-spikes 113, 212
Betaaktivierung 84*, 102, 138, 212, 364, 370
-, Bezeichnung 222
-, exceedingly fast activity 364
-, fast activity 364
-, örtliche 139
-, very fast activity 365
- nach Hirnoperationen 212
Betaaktivität 85*
-, dominierende 309
-, gering diffus erhöhte 267
-, spindelförmig gestaltete 349
-, Verstärkung 328
- beim Ecg, Maximum 387
- über der Operationsstelle 275
Betaband 86*
Betabereich 86*, 87
Betafokus 88*, 99, 210
Betafrequenzabläufe, spindelförmige 364
Betafrequenzen, superponierte schnelle 366
Betagrundaktivität 89*
Betakomponente der Grundaktivität 90*, 116, 117, 210
Betareduktion beim Schädel-Hirn-Trauma 309
Betarhythmus 85*, 89*, 91*
Betaspitze 92*
Betaspitzen s. a. Betaspikes 113
Betatyp 117
-, reiner 100
Betawelle 93*
Betawellen 16, 73, 97
-, aufgelagerte schnelle 364
-, Ausprägung 98
-, eingelagerte schnelle 364
-, Feststellung der Diskontinuität 210
-, - - Kontinuität 210
-, Form 98
-, Frequenz 97
-, Frequenzstabilität 98
-, gruppenweises Auftreten 102
-, langsame 97
-, Neigung zur Frequenzstabilität 102
-, Spannungshöhe 97
-, -, Abnahme von vorn nach hinten 100
-, spannungshohe 239
-, zeitliche Folge 98
Betawellengruppe 94*
Beteiligung, hirnorganische primäre, am Krankheitsprozeß 363
-, - sekundäre am Krankheitsprozeß 363
betont 95*, 207
betonte Allgemeinveränderungen, Abgrenzung gegenüber Herd 138
Betonung 96*, 215
- der Allgemeinveränderungen 214, 272
- - bilateralen Allgemeinveränderungen bei Tumoren 271
- - unilateralen Allgemeinveränderungen bei Tumoren 271
Beurteilung 97*, 162*
-, prognostische 383
- der Alphaaktivierung 211
- - Alphareduktion 211

Beurteilung der Arbeitsfähigkeit 385
- - Atemintensität bei Hyperventilation 164
- - Geschäftsfähigkeit 385
- - Impffähigkeit 383
- - Leistungsfähigkeit 385
- - Oszillationspotentiale, Erg 393
- - Straßenfähigkeit nach Narkose 373
- - verschiedenen Routineableitungsarten 272
- des Körperschadens 383
- - Potentialbildes 275
- - posttraumatischer Anfälle 384
- von Kinder-Eeg 148
- - Provokationsverfahren im Kindesalter 149
- - Schlaf-Eeg im Kindesalter 149
Bewegung, Gradation 403
Bewegungen der Gesichtsmuskulatur als Artefaktursache 188
Bewegungsartefakte bei Kindern 148
Bewegungsstart, verzögerter 425
Bewegungsunruhe, athetotische 351
-, ballistische 351
-, choreiforme 351
Beweiskraft negativer Befunde, mangelhafte 380
Bewertung 98*, 162*, 206
- der Hyperventilationsveränderungen 164
- - VER beim Erg 392
- des Erg 394
- von Innervationsmustern 400
- - Muskelaktionspotentialen 400
Bewußtlosigkeit, tiefe 373
Bewußtseinseinengung bei erhaltener Orientiertheit 348
Bewußtseinsstörungen, akute 386
-, subakute 386
-, Tiefe 306
Bewußtseinstrübung 239, 262
Bewußtseinsveränderungen, schwere 350
Bewußtseinsverlust 233
Bezeichnung des Ortes der Messung von EEG-Potentialen 222
Beziehungen zwischen Eeg und Elektrolytwerten 356
- - Fehlen von Allgemeinveränderungen und Höhe der Stauungspapille 284
- - Größe von Hämatomen und Ausprägung der EEG-Veränderungen 318
- - Lokalisation des Herdzeichens und des Prozesses 282
- - Nervensystem und Endokrinium, funktionelle 356
- - Vorliegen von Allgemeinveränderungen und Höhe der Stauungspapille 284
Bezugselektrode 99*
-, Emg 408
-, Erg 391
Bezugspunkt, neutraler 37
-, spannungsfreier 37
»Bibliography of Electroencephalography« (BRAZIER) 16
bifilare Elektroden, Emg 400
bigspike 100*, 269*, 113, 213, 231
bilateral 101*
- symmetrisch 102*, 550*
- symmetrische Deltawellen 108
- - Entladungen 258
- - epileptische Aktivität 250
- - polyspike and waves 236

Sachverzeichnis

bilateral symmetrische Spitzenpotentiale 230
– – Thetawellen 102
– synchron *103**
– synchrone Deltawellen 306
– – – im Schlaf 145
– – hohe langsame Abläufe, Gruppen 331
– – sharp and slow wave-Komplexe 247
– – sharp and slow wave-Paroxysmen 238
– – Theta-Delta-Wellen, Weckreaktion 184
bilaterale Betonungen der Allgemeinveränderungen bei Tumoren 271
– monomorphe Deltawellen 349
– – Wellengruppen 318
– sharp and slow wave
– Störungen bei einseitigen Hämatomen 318
– Synchronisation 260
– Synchronizität 254
Bild einer Welle *104**, *233**, *633**
– in allen Varianten der EEG-Veränderungen 349
Bildvarianten 48
Bindung der Spitzenpotentiale zum Anfalltyp 233
bioelektrische Aktivität *105**, *296**
– –, Änderung 363
– Ausreifung, Störung 257
– Herdzeichen 318
– Inaktivität *106**, *315**
– Reaktivität auf Stimuli 373
– Ruhe s. elektrische Stille
– Störung der Hirnrinde, indirekte 319
bioelektrisches Gleichgewicht 229
biologische Eichung *107**, 59, 208
–, Kontrolle 60
biparietal humps *142*, 159
biphasische Spikes 231
– steile Welle, Typ I 113
– Welle *108**
bipolar *109**
bipolare Ableitungsart *110**, 16, *33*
– Ableitungstechnik 16, 29
– basale Ringschaltung *68**, *111**
– Elektroden, Emg 400
– Ganglienzellen der Netzhaut 389
– Längsreihe III 34
– Längsreihenschaltung *112**
– Längsschaltung 272
– Querreihenschaltung *113**
– Querreihenschaltungen V und VI 34
– Reihenschaltung *110**, *114**, 33, 272, 391
– Schaltung *110**, 115
– temporale Ableitungsart IV 34, 272
– – Schaltung *68**, *116**, 272
bipolarer Ring *68**, *117**
bipolares Ableitprogramm *110**, 118
– Ableitschema *110**, *119**
bisharp waves 238
bisynchron *103**, 120
blackout 365
Blausucht 330
Blinzelreflex 424
–, enthemmter 180
Blitz-Nick-Salaamkrämpfe *234*, 238, 246, 260
Blitzdauer beim Erg 391
Blitzintensität bei Photostimulation 178
Blockierung *121**, *611**

Blockierung, funktionelle (Neurapraxie) *411*, 415
– der Betawellen durch den BERGER-Effekt 100
Blockierungseffekt, unvollständiger, bei Augenöffnen 328
Blockpotentiale 412
Blutalkoholwert und EEG-Veränderungen 385
Blutdruckanstieg, kompensatorischer 328
Blutdruckerniedrigung 330
Blutdruckschwankungen 330
Blutung s. a. Hämatom und intrakranielles Hämatom
–, epidurale 313, *316*
Blutungen, intrakranielle, und Ecg 388
–, intrazerebrale 313, *318*
–, –, nach hämatologischen Erkrankungen 319
–, –, nach Intoxikationen 319
–, –, nach Traumen 319
–, subarachnoidale 318
–, subdurale s. a. subdurales Hämatom 313, *316*
– im Kleinhirn-Hirnstamm-Bereich 319
Bösartigkeit von Tumoren 273
bogenförmige Deltawellen 110
– Thetawellen 102
– Verzerrung beim Tintenschreiber 40
Bogenschrift beim Tintenschreibsystem 40
Boxschäden 310
Brauchbarkeitsprüfung für Provokationsmethoden 170
Brause *6**, *122**
Brausenkopf *6**, *123**
brechende Medien, Trübung 394
Breitbandfrequenzanalysator 367
Breitenspektrum der Wellen innerhalb eines Frequenzbandes 76
Bremsfunktion 233
Bremsung 227
Bremswelle 228
Bronchialkarzinom, klinisches 419
Buchsenkopf *6**, *124**, 27
Büschelform bei Tiefenelektroden 378
build-up 164
bulbärparalytische Form 351
Bulbusbewegungen als Artefakte 188
Bulbusdruckversuch 331, *383*
Burst *59**, *125**, *407**
burst supressions 370

C-Stadium des Schlafes 142
–, leichter Schlaf beim Kind 159
c-Welle im Erg 389
canalis facialis (FALOPPI) 417
Cardiazolprovokation 264
Cardiazolschock 234
Carotis s. Karotis
centrencephale Epilepsie s. zentrenzephale Epilepsie 229
central sharp wave transiens 159
cephalgia vasomotorica 329
cerebral s. zerebral
Charakter zerebraler Störungen 373
Charakteristik des slow wave-Komplexes 115
– – spike and wave-Komplexes 115
– von steilen Wellen 113
CHARCOT-MARIE-TOOTH-Erkrankung 414
chemische Inhibitionsverfahren 170
– Provokationsmethoden 170

Chemorezeptoren 423
Chiasma opticorum 270
chirurgisches Schlafstadium bei Barbituratnarkose 370
Chlordiazepoxyd 365
chlorierte Silbernadeln 19
Chlormethiazol (Distraneurin) 368
Chlorpromazin 365
Cholesteatome 279
Cholinesterasehemmer 419
Chorea HUNTINGTON 378
choreiforme Bewegungsunruhe 351
Choreoathetose *377*, 378
Chromosomenaberrationen 168
chronische Alkoholiker 366
– Denervationsprozesse 413
– Druckschäden an peripheren Nerven 415
– Hirnschädigung 367
– Kompression von Wurzeln 416
– Krankheitszustände 470
– Kreislaufhypertonie 330
– nukleäre Atrophien 413
– Schizophrenie 359
chronischer Alkoholismus 414
chronisches hirnorganisches Psychosyndrom 386
Chronologie *126**, *642**
chronologische Verteilung *127**, *642**
Coma basedovicum 357
Coma myxoedematosum 357
Commotio cerebri s. a. Gehirnerschütterung und Kommotio 304, *305*, 315
– corticalis 304
Computer für Erg 392, 394
Computeranalyse *361*, 368, 374
Computerklassifikation der Schlafstadien 369
Contusio cerebri s. a. Kontusio 138, 304, *305*
–, Restzeichen 135, *212*
Cor pulmonale 330
Cornealreflex 424
Corneomandibularreflex 424
Curare 234

D-Penicillin-Therapie 355
D-Stadium des Schlafes 141, *143*
–, mitteltiefer Schlaf beim Kind 161
d-Welle im Erg 389
Dämmerattacken 241, *249*
Dämmerzustand *236*, 348, 362
–, Korrelat 235
Dämmerzustände *238*, 253, 260, 354, 356
–, elektroenzephalographische Befunde 365
– aspontan desorientierter Prägung 363
– organischer Prägung 239
Daten, klinisch-anamnestische 283
–, nicht numerische 66
Datenschutz 68
Datenträger 62
–, maschinenlesbare 62
–, nicht maschinenlesbare 62
Datenverarbeitung 42
Datenverarbeitungsanlagen als Hilfsmittel für Erg 391
Datenverarbeitungssysteme 41, 45
Dauer *128**
– als Parameter von Potentialen einzelner motorischer Einheiten 404
– – – – EMG-Potentialen 403

Sachverzeichnis

Dauer der Hyperventilation 60
– des Abklingens des Hyperventilationseffektes 173
– – BERGER-Effekts 60
– einer Ableitung nach Schlafentzug beim Kind 167
– – Anfallkrankheit und Schwere der EEG-Veränderungen 262
Dauerableitungen, stereotaktische 379
Dauerelektroden, implantierbare 388
Dauermedikation von Psychopharmaka 366
Dauerschädigung, zerebrale irreversible 356
– der Hirnsubstanz 350
Deaktivierungstest 170
Deckblatt der EEG-Kurve 167
Defektheilung beim Hirnabszeß 349
Defektsyndrom *348*, 353
Defektzustand, paralytischer 354
Definition des Elektroenzephalogramms 47
deformierte K-Komplexe 353
Degeneration, axonale 414
–, WALLERsche 415
– von Achsenzylindern 414
degenerative nukleäre Atrophien, maligne 413
Dehnungsmeßstreifen *402*, 410
Dehnungsmöglichkeiten für Erg 393
Dehnungsreflex, tonischer 421
Dehydratation 170
Dehydrierung 272
Dehydrobenzperidol 370
DEJERINE-SOTTAS-Neuropathie 414
Dekompensation 274
Dekompensationsgrad, zerebraler, und Allgemeinveränderungen als Indikator 319
Dekompensationsgrad des Gehirns 272
– – –, Aussagen des Eeg 272
Dekompensationszeichen, Verlangsamungen und Abflachungen 330
Dekompression des Fazialis, operative, Indikation 416
Delir 348
–, alkoholisches 366
delirante psychotische Zustände 351
Deltaaktivität *129**
–, polymorphe spannungshohe 352
– als Herdbefund 258
– im Säuglingsalter 151
Deltaaminolävulinsäureausscheidung 356
Deltaband *130**
Deltabereich *130**, *131**
–, paroxysmale Aktivitäten 361
Deltafokus, Deltafocus, Deltawellenfokus, Deltaherd *132**, 16, *111*, 138, 274
–, diskontinuierlicher 113
–, kontinuierlicher *111*, 212
–, reiner 212
– bei Gefäßläsion 319
– bei Tumoren 271
Deltafrequenzen, spannungshohe paroxysmale 355
Deltagrundaktivität beim Kind 211
Deltagruppen *110*, 357
–, frontale 319
–, herdförmige 350
–, spannungshohe 356
– unter Hyperventilation 177
Deltagruppenbildung 355
Deltaherd s. Deltafokus *132**, *133**
Deltaherde bei Blutungen 319

Deltawelle *134**
Deltawellen 73, *107*, 234
–, Aktivierung 306
–, als pathologisch anzusehende 137
–, Ausprägung 108
–, bilateral monomorphe 349
–, bilateral symmetrische 108
–, – synchrone 306
–, – – im Schlaf 145
–, bogenförmige 110
–, diskontinuierliche 108
–, Einteilung 111
–, Form 108
–, Frequenz 107
–, Frequenzinstabilität 111
–, frequenzstabile 110
–, Frequenzstabilität 111
–, – bei Wellenfoci 284
–, gruppenweise 108
–, in Gruppen auftretende 349
–, kontinuierliche 108
–, langsame 107
–, – bei zerebralen Blutungen und Erweichungen 319
–, lokalisierte 108
–, paroxysmale spannungshohe 359
–, schnelle 107
–, sehr langsame 107
–, sinoidale 276
–, Spannungshöhe 107
–, spannungshohe langsame 354
–, synchrone, im Schlaf 143
–, zeitliche Folge 108
– im Ecg 387
– – – bei Rindenkontusionsherden 387
– – – in der Umgebung von Tumoren 387
– in Gruppen, langsame paroxysmal aufschießende 354
Deltawellenausbrüche, paroxysmale spannungshohe 360
Deltawellendominanz 373
Deltawellenfokus s. Deltafokus
–, diskontinuierlicher *215*, 284
–, kontinuierlicher 284
– bei Abszessen 349
Deltawellengruppe *135**
Deltawellenherd *132**, *136**
–, Bezeichnung 222
Deltawellenschlaf (E-Stadium) 147
Deltawellenstrecken, langanhaltende, kontinuierlich ablaufende 354
Deltawellentätigkeit, diffuse 349
Demenz *326*, 348, 349, 351
Demenzerscheinungen 319
Demodulation 45
Demyelinisierung 414
–, segmentale 415
–, strukturelle 411
Denervation, chronische 413
–, totale oder partielle 417
– der Extremitätenmuskeln 416
Denervationsprozesse, chronische 413
Depolarisationsvorgänge 22, *304*
Depression *262*, 359
– der Alphaaktivität 141
– – Alphagrundaktivität 272
– – Grundaktivität *305*, 318
depressive Erkrankungen 424
– Syndrome 181
Desintegration, reversible, zwischen Hirnrinde und subkortikalen Strukturen 369
– im Eeg 352

Desorientiertheit 239
desynchron *53**, *137**, *207*
desynchroner Schlaf 139
Desynchronisation, kortikale 145
– auf Weckreize 373
– auf der Erregungsleitung 407
Deumacard-Provokation 361
Deutung des EEG-Bildes 221
Dezerebrationssyndrom 342
Diabetes mellitus 168
diabetische Polyneuropathie 414
– zentrale nervale Störung 355
Diagnose, endgültige 271
–, Stützung der Differenzierung durch das Eeg 380
–, vorläufige, für EEG-Begutachtungen 382
Diagnosenkartei 71
Diagnostik, neuroradiologische 378
– lumbaler Bandscheibenschäden 416
– pathologischer Formen des Erg 393
diagnostisch stummes Hirnpotentialbild 169
diagnostische Elektroenzephalographie 169
– Hilfestellung durch das Ecg 383
– Untersuchungsform, Wertigkeit 271
diagnostisches Hilfsmittel (Eeg bei Tumoren) 271
diagonale Augenbewegungen 396
Dialyseproblematik 168
Diazepam 170, *365*, 368
dienzephale hypophysäre Systemstörung 357
»differente« Ableitelektrode für Emg 408
differente Elektrode *23**, *138**
– –, Positivität (Elektroneurographie) 408
differentes Wiedereinschleichen der Alphawellen 172
Differentialdiagnose zwischen akuter Poliomyelitis, Polyradikulitis und Polyneuritis 413
– – Contusio cerebri und Commotio cerebri 304
– – posttraumatischer Epilepsie und epileptischen Anfällen anderer Genese 315
Differentialverstärker *139**, 16
– für Elektromyographie 401
Differentialwiderstand 39
Differenzierung der Diagnose durch das Eeg 380
– – Grundaktivität 116
– von Insultursachen 319
Differenzverstärker s. a. Differentialverstärker *139**, *140**, 37, 341
–, Eigenschaften 39
–, Eingangsspannung 37
–, Signalspannung 37
diffus *141**, 206
– eingelagerte Spitzenpotentiale 260
– gemischte Spitzenpotentiale 260
diffuse Deltawellen, Beschreibung 222
– Deltawellentätigkeit 349
– EEG-Veränderungen 304
– Einlagerungen langsamer Abläufe bei Fotostimulation 179
– Epilepsie *184*, 246
– Gefäßstörungen *326*, 328
– funktioneller Art 329
– organischer Art 326
– gemischte »Krampfpotentiale« 246

Sachverzeichnis

diffuse gemischte Spitzenpotentiale 142*, *305**
- Hirngefäßaffektionen 328
- Hirngefäßprozesse 328
- langsame Hintergrundaktivität 351
- organische Gefäßerkrankung 384
- Potentialverteilung 207
- Spitzenpotentiale, Angabe von Schweregrad und Betonung 222
- -, Bezeichnung 222
- -, provozierte 264
- Thetawellenbeschreibung 222
- Veränderungen 138, *313*
- Verlangsamungen 322
Digitalcomputer 368
digitale Speicherung des Emg 404
- Werte, Umwandlung beim Emg 402
digitaler Speicher 402
- Mittelwertbildner (Averager) 402
Diktieren des Befundberichts 71
diphasische Welle *108*, *143*, *428**
- Endplattenpotentiale 404
direkte Dokumentation 61
Direktmeßwerte 222
Direktschreibverfahren 40
Diktat des EEG-Befundes 66, *71*
Dishabituation 423
diskontinuierlich *144**, 207
diskontinuierliche Alphawellen 75
- Betawellen 98
- Deltawellen 108
- positive sharp waves 243
- Thetaaktivität 354
- Thetawellen 102
diskontinuierlicher Deltawellenfokus *113*, 215, 264
- Fokus 128
- Thetawellenfokus *106*, 215, 284
Diskontinuität, Bestimmung 209
- der Alphawellen 222
- - Betawellen 210
- des Theta-Delta-Fokus 128
Diskriminationsfaktor bei Differenzverstärkern 38
Diskushernien, lumbale 416
Dispensaireuntersuchungen, arbeitsmedizinische 414
Dispersion, zeitliche, im Emg 403
- der Erregungsleitung bei Elektroneurographie 407, 408
Dissiziation zwischen elektroenzephalographischen, elektrookulographischen und elektromyographischen Schlafparametern 353
dissoziierter Schlaf 139
distale kollaterale Reinnervation 413
- Latenzzeit bei Elektroneurographie 406
- sensible Erregungsleitung, orthodrome bei Elektroneurographie 409
Distraneurin 368
Disulfiram (Antabus)-Vergiftung 369
disynaptische Fremdreflexe 423
dokumentarische Erfassung des EOG-Befundes 397
Dokumentation, direkte 61
- medizinischer Untersuchungsbefunde 61
Dokumentationsbeleg 61
Dominanz der Thetaaktivität beim Klein- und Vorschulkind 152
dominierende Betaaktivität 399
dominierender Alpharhythmus beim Kind 153
Doppelblitzreizung bei Fotostimulation 178

Doppelentladungen 406
Doppelspikes 238
Doppelspulengalvanometer 16
doppelte Frequenzmodulation 45
Dosis-Zeit-Beziehungen von Narkotika 370
dranghafte episodische Zustände 363
drahtgebundene Telemetrie 41
drahtlose Telemetrie 42
Drainage von Zysten 377
dreamy states 249
Drehwinkelpotentiometer 402
Drehreiznystagmus 398
Drei pro Sekunde (3/s) spike and slow wave-Komplex 145*, *511**
Dreieckform von Wellen 51
- steiler Wellen 113
driving, Fotostimulation 179
Drogenvergiftung, akute 365
Druckschäden, chronische, an peripheren Nerven 415
Drucksteigerung, intrakranielle 304, *306*
Druckversuche 331
Dualtiefenelektrode *146**, *354**
DUCHENNESChe Dystrophie *409*, 411
DUCHENNESChe Myographie 410
Düsenschreiber 37
Dunkeladaption 389, 397
Dunkeladaption des Patienten für Erg 392
Dunkelminimum der Spannungshöhe beim Eog 398
Dunkeltal der Spannungshöhe beim Eog 398
Durchblättern der Kurve 208
Durchblutungsstop, intrakranieller 374
Durchblutungsstörungen, sekundäre 318
-, zentrale 383
- der Netzhaut 395
- im Basilarisgebiet 328
Durchführbarkeit der Hyperventilation 185
- - Fotostimulation 185
- - Provokationsverfahren 185
- - Schlafprovokation 186
Durchführung der Mehratmung 173
- von Wiederholungsuntersuchungen 382
Durchgangssyndrom *348*, 368
Durchlaufen der Alphawellen beim BERGER-Effekt *85*; 172
durchschnittliche Spannungshöhe 37, *209*
Durchschnittswert der Spannungshöhe, Feststellung 209
Durchschreibeverfahren 391
Durchstreichen auf der Kurve 60
Dynamik der EEG-Veränderungen bei Schädel-Hirn-Traumen 384
dynamische (phasische) Spindelafferenzen 421
dynamisches Eeg 41
dyskaliämische Lähmung 411
dysmorphe EEG-Muster 362
Dysregularität, epileptische 264
- der Hirnpotentialtätigkeit 223
»Dysrhythmie« 229
-, basale 223
- beim Kind s. a. kindliche Dysrhythmie
»Dysrhythmie majeure« 246
dysrhythmisches Eeg, konstitutionelles 267
Dystrophia myotonica 411
Dystrophie, Typ 410
dystrophische Myopathie *409*, 410

E-Stadium, Tiefschlaf beim Kind 161
- des Schlafes 141, *143*
Early Receptor Potential (ERP) 389, *393*
Eastern-Enzephalitis 351
Ecg s. a. Elektrokortikographie und Kortikographie *147**, *215**, *216**
ECG-Elektroden 387
ECG-Potentiale, Spannungshöhenwerte 387
ECG-Provokationsmethoden 388
Ecg bei intrakraniellen Blutungen 388
- - supratentoriellen Tumoren 388
- - Tumoren im Kleinhirnbereich 388
- während Rückenmarksoperationen 388
Echoenzephalographie 18
echte Enzephalitiden 349
- Phasenumkehr *148**, *414**
- Seitendifferenz *149**, *499**
EDV, schrittweise Einführung 63
- in der Medizin, Organisationsstruktur der Gesundheitseinrichtungen 45
EDV-gerechte Befundformulare 67
- EEG-Anmeldebögen 170
- Einrichtungsnummern 67
- Erfassung der EEG-Befunde 68
- Formulare für die EEG-Untersuchung 65
EDV-gerechter Befunddokumentationsbogen 170
EDV-Technik 379
Eeg s. a. Elektroenzephalogramm *150**, *172**, *210**
EEG s. a. Elektroenzephalographie *151**, *212**
-, Arbeitsorganisation 67
EEG-Ableitung *152**
EEG-Abteilung, personelle Besetzung 68, 70
EEG-Änderung *153**
EEG-Analyse 48
EEG-Aktivierungsmaßnahme *154**, *443**
EEG-Aktivität *24**, *155**, *255**, *296**
EEG-Anmeldeformular *156**, 67, 208
EEG-Anmeldung *156**, *157**, 67
- (Formular) 61
EEG-Anschlußfeld *6**, *158**
EEG-Arbeit, Qualität 381
EEG-Arzt 39, 51, 71, 72, *159**, 189, 215, 331, 333, 376, 380
EEG-Aufzeichnung *160**, *172**, *459**
EEG-Aussage in Begutachtungsfällen, Form 381
EEG-Assistentin 62, 167
EEG-Auswerter *159**, *161**, 61
EEG-Auswertung *162**
-, klinische 51
EEG-Befund, Schwere 306
- und klinischer Zustand, Zusammenhang 384
EEG-Befundabfassung *163**, *164**
EEG-Befundbericht *164**, 62
-, Diktat 66
EEG-Befunddokumentation 61
-, Entwicklungstendenzen 67
-, konventionelle 61
EEG-Befunde, EDV-gerechte Erfassung 68
EEG-Befundung *162**, 165
EEG-Begriffe, nomenklatorische 66
EEG-Begutachtung, Fragestellung 380
-, Indikation 380
- von Straftaten unter Alkoholeinwirkung 385
EEG-Bestandteil *166**, *268**

EEG-Bewertung, visuelle 373
EEG-Diagnose 382
EEG-Diagnosenkartei 62, 71
EEG-Diagnostik, Grenzen in der klinischen Psychiatrie 385
EEG-Elektrode 167*, 197*
EEG-Elemente, pathologische 211
EEG-Fachterminologie 426
EEG-Fragestellungen bei Fahrtauglichkeitsbegutachtungen 386
– – Gerichtsbegutachtung 566
– – Versicherungsbegutachtung 383
EEG-Frequenzspektrum 168*
EEG-Funktion, Transformation 47
EEG-Gerät 169*, 211*
– als Störquelle 189
EEG-Herde bei symptomatischer Epilepsie 258
EEG-Kanal 170*
EEG-Klassifizierung 171*, 583*
EEG-Kontrollen, regelmäßige 262
EEG-Kontrolluntersuchungen im Quer- und Längsschnitt 348
EEG-Kurve 172*
–, innere Struktur 55
EEG-Merkmal 173*, 268*
EEG-Meßabschnitt 174*, 176*
EEG-Meßintervall 175*, 176*
EEG-Meßstrecke 176*
EEG-Mitarbeit bei der Begutachtung 383
EEG-Muster, allomorphe 362
–, monomorphe 362
EEG-Nomenklatur 177*
EEG-Normalisierung 329
EEG-Obergutachten 381
EEG-Parameter 65
EEG-Praxis, Umsetzung von Analyseergebnissen 51
EEG-Protokoll 164*, 178*
EEG-Provokation, Alkohol 386
EEG-Provokationsmethoden, Übersicht 169
EEG-Registriergerät 179, 211*
EEG-Registrierung 180*, 459*
– bei Hyperventilation 173
EEG-Rhythmen 229
EEG-Schlafstadien 181*
EEG-Signalpegel 37
EEG-Signalspannung 40
EEG-Stadien bei Intoxikation 366
EEG-Standardtyp 137
EEG-Syndrom 382
EEG-Terminologie 182*, 426
EEG-Terminologiekomitee der International Federation of Societies for Electroencephalography and Clinical Neurophysiology 33, 72
EEG-Typ 225
–, Bezeichnung 222
–, Festlegung 210
EEG-Typen 183*, 583*, 116
–, reine 135
EEG-Typeneinteilung 184*, 583*
EEG-Typisierung 185*, 583*
EEG-Untersuchung, Harmlosigkeit 383
–, konventionelle routinemäßige 361
–, technischer Ablauf 57
– bei Schlafstörungen 139
EEG-Variable, quantitativ klassifizierte 369
EEG-Veränderungen 153*, 186*, 380
– und Blutalkoholwert 385
–, Ausbreitungsmodus 380

EEG-Veränderungen, Bild in allen Variationen 349
–, Differenzen 304
–, einseitig betonte bei beidseitigen Hämatomen 318
– bei Psychopharmaka 366
– in hypnotischen Zuständen 147
EEG-Verlaufskontrollen 173
EEG-Verstärker 170*, 187*, 391
EEG-Welle 188*
EEG-Wellen, Abstände der Maxima und Minima 53
EEG-Zusatzgutachten 381
–, Aufbau 381
–, Honorierung 381
– in freier Form 381
Eeg, abnorme 360
Eeg, flaches, bei Commotio cerebri 305
–, negatives 177
–, normales 354
–, normalisiertes 349
–, pathologisches 357
–, 1. undifferenziertes des Neugeborenen 151
– als diagnostisches Dokument 39
– – Hüllkurve von Aktionspotentialen 22
– bei Affekttätern 385
– – Anfallskrankheiten 277
– – alten Menschen 386
– – chronischen Alkoholikern 366
– – Epilepsien 277
– – Gewaltverbrechern 385
– – Glaubwürdigkeitsbegutachtungen von Kinderaussagen 385
– – Herzkrankheiten 330
– – intrakraniellen raumbeengenden Prozessen 269
– – Kriminellen 385
– – Mördern 385
– – Psychopathen 385
– – Schädel-Hirn-Traumen 304
– – sonstigen Erkrankungen 353
– – zerebralen entzündlichen Erkrankungen 334
– – zerebralen vaskulären Erkrankungen 316
– des geschädigten Neugeborenen 151
– – Klein- und Vorschulkindes 152
– – Neugeborenen 150
– – Schulkindes 157
– im Kindesalter 147
– – physiologisch-pathologischen Grenzbereich 135
– – Säuglingsalter 151
– in der Anästhesie 369
– – – Begutachtung 380
– – – Intensivmedizin 369
– – – Reanimation 364
– – – stereotaktischen Neurochirurgie 376
– mit Spitzenpotentialserien des Neugeborenen 151
– – Vorherrschen der Alphawellen 117
– – – – Betawellen 117
– nach Reanimation 373
– und Elektrolytwerte, Beziehungen 356
– – Tumordiagnostik 271
– vom Alpha-Beta-Typ 117, 328
– – Alphatyp 100, 117, 132
– – Betatyp 117
– – reinen Betatyp 100, 134, 135
Effekt, BECQUEREL- 392
–, lichtelektrischer 392

Effekt, negativ inotroper 370
– auf psychosensorielle Reize 142
– – psychosensorische Reize 306
– der Mehratmung 174
Effekte bei Fotostimulation 179
– der Schlafprovokation 182
– des Karotisdrucks 332
Eichimpulse, Abrundung 208
Eichung 73
–, biologische 59
–, –, Kontrolle 60
–, physikalische 59
–, –, Kontrolle 60
– für ENG-Registrierung 398
– – ERG-Registrierung 392
Eigenreflexbogen, monosynaptischer 419
Eigenreflexe 425
–, adäquat ausgelöste 419
–, EMG-Veränderung 419
–, physiologische 419
–, Reflexzeiten 420
Eigenschaften des Differenzverstärkers 39
eigentliche Leitungszeit (Elektroneurographie) 406
Einbeziehung von Spitzenpotentialen in die Auswertung 276
eindeutige dokumentarische Erfassung des EOG-Befundes 397
Einengung des Bewußtseins bei erhaltener Orientiertheit 348
Einengungen durch Kallusbildung 415
– von Nerven durch nicht regelrecht angelegte Gipsverbände 415
einfache Benommenheit 348
– Migräne 330
Einführung der EDV 67
Eingangsspannung des Differenzverstärkers 37
Eingangstransformator für Elektromyographie 402
eingelagerte schnelle Betawellen 364
– Spitzenpotentiale 215
eingeleiteter Schlaf 182
eingestreute Spitzenpotentiale 350
Eingrenzung von herdförmigen Störungen 33
Eingriffe, stereotaktische 388
Eingruppierung der Grundaktivität 211
Einheit, funktionelle synaptische 22
Einheiten, motorische 400, 402
–, –, Entladungsverhalten 419
–, –, Rekrutierung 406
einheitliche Auswertungskriterien 72
– Nomenklatur 72
– Standardisierung der elektroenzephalographischen Kriterien 72
Einlagerungen von Thetawellen 137
einphasische Welle 191*, 361*
Einrichtung der EEG-Abteilung 68
Einsatz von Elektronenrechnern für Erg 393
Einschlafen, B-Stadium 141
–, Reaktivierung der Alphawellen 141
Einschlafphase 142
–, beim Kind, B-Stadium 159
Einschlafstadien 266
– bei Barbituratnarkose 370
Einschlafwellen 158
Einschlußkörperchenenzephalitis, subakute (DAWSON) 351
einseitig 193*
– betonte EEG-Veränderungen bei beidseitigen Hämatomen 318

Sachverzeichnis

einseitig parietookzipitale Foci 257
- positive Reaktion bei Karotisdruckversuch 333
einseitige Allgemeinveränderungen 256
- Hämatome 318
- Reduktion der Sigmaaktivität 319
- Spannungserniedrigung 313
- Spannungsminderung 60
- Verlangsamung 313
Einsetzen, abruptes, von Potentialen bei Epilepsie 229
- der Elektroden 59
Einstelldaten, Änderung der technischen 215
Einstellung der Frequenzblende beim Emg 398
- - Zeitkonstante 108
- - - für Eng 398
Einstellungsfehler der Störblende 208
Einstichaktivität (Emg) 404
einstreuender Wechselstrom 37
Einstreuung der Potentiale in die Ohrelektrode 78, 272
- von EKG-Potentialen 187
Einstreuungen von Artefakten in das Eng 398
- - Wechselstrom bei Ecg 387
Einteilung, lokalisatorische, von Tumoren 270
- der Deltawellen 111
- von Störungen 187
Einteilungskriterien der Hyperventilationsveränderungen des Kinder-Eeg 163
Eintragungen in die Kurve 215
- von Änderungen auf der Kurve 215
Einwirkung äußerer Reize 132
Einzeichnung von Knochendefekten 208
- - Narben 208
Einzelfaserelektrode 405
einzeln auftretend 194*
Einzelkomponente der Grundaktivität, Verhältnis zur Meßstrecke 210
Einzelpotentialablauf 195*
Einzelpotentiale der Netzhaut 394
Einzelreize, elektrische 228
Einzelspike 231
Einzelverstärkung 38
EISA-Analyse 52
EISA-Gramm 52
eitrige Meningitiden 350
Ekg, Elektrokardiogramm 140, 326
EKG-Einstreuungen bei Elektroneurographie 408
EKG-Störpotentiale 188
Eklampsie 267
»electrical blackouts« 370
»Elektrenkephalogramm«, Entdeckung 16
elektrisch aktive Zone 196*
elektrische Einzelreize 228
- Hirnaktivität s. hirnelektrische Aktivität und bioelektrische Aktivität
- Inaktivität beim Hirntumor 16
- - der Ohrelektrode 216
- - von Herdgebieten 256
- - von Tumoren 274
- Provokation 170
- Reize als Provokationsmethode für Ecg 388
- Stille s. a. bioelektrische Ruhe 241
- -, scheinbare 352
»Elektrocerebrogramm« 15
Elektrode 197*

Elektrode, aktive, für Emg 400
-, »differente« positive, für Emg 408
-, endonasale, für Erg 391
- über Arterie als Artefaktursache 187
- von durchschnittlichem Bezugpotentialniveau 198*, 256*
Elektroden, Anzahl 29
-, Aufbewahrung 70
-, basale 32
-, Befestigungsmethoden 25
-, Bezifferung im Ableitpunkteschema 30
-, bifilare, für Emg 400
-, bipolare, für Emg 400
-, Form und Art 25
-, frontale 31
-, Konvexitäts- 31
-, Ohr- 31
-, okzipitale 31
-, Reinigung 61
-, sagittale 31
-, sterilisierbare 387
-, temporale 31
-, Tonstiefel 15
-, trockene 188
-, ungenügend angefeuchtete 188
-, verkantete 188
-, wackelnde 188
-, zu lose sitzende 188
- für Ecg 387
- - Emg 400
- - -, bifilare 400
- - -, bipolare 400
- - Eog 396
- - Erg 391
Elektrodenableitpunkteschema 17*, 199*
Elektrodenabstand 200*, 32
Elektrodenanbringen 201*, 492*
Elektrodenanordnung 17*, 202*, 29
Elektrodenapplikation 203*, 492*
Elektrodenartefakte 188, 218
- bei Kindern 148
Elektrodenarten 25
Elektrodenbefestigung für Eog 396
Elektrodenhalterungen für Ecg 387
Elektrodenkopfhaube, Aufsetzen 59
Elektrodenpasten 46
Elektrodenposition 16*, 204*, 46
-, quere 30
-, sagittale 30
-, seitliche 30
Elektrodenschnüre, Aufbewahrung 70
Elektrodensetzen bei Frühgeborenen 32
- -Mikrozephalen 32
- - Säuglingen 32
Elektrodensitz, ordnungsgemäßer, Überprüfung 59
Elektrodentechnik bei Telemetrie 46
Elektrodenübergangswiderstand 205*, 41
Elektrodenübergangswiderstände 46
Elektrodenübergangswiderstandsmeßgerät 206*
Elektrodenüberleitwiderstand 205*, 207*
Elektrodenwahlschalter 208*
Elektrodenzuführungsverbindung 209*, 346*
Elektrodermatogramm (Edg) 140
Elektroenzephalogramm, Eeg 172*, 210*
-, Definition 47
-, physiologisches 132
- als Zufallsfunktion 47
- bei Frühgeborenen 150
Elektroenzephalograph 211*

Elektroenzephalograph, 8-EEG-111 382
-, Aufstellung 68
-, Typ 8-EEG-111 382
Elektroenzephalographie 212*
-, absolute Ungefährlichkeit 25
-, Berechtigung zur Ausübung 381
- als Hilfsmittel der Diagnostik 380
- in der DDR 17
- - - -, Entwicklung 72
- und Geburtshilfe 149
-, klinische, Anwendung 381
elektroenzephalographische Abteilung, Raumfrage 68
- -, Einrichtung 68
- -, personelle Besetzung 68
- Anästhetikaklassifikation 365
- Arbeit 68
- Befunde bei Dämmer- und Verstimmungszuständen 362
- Exploration 334
- Narkosetiefebestimmung 371
- Remission nach Insult 331
- Standardisierung nach einheitlichen Kriterien 72
- Untersuchung 213*
- Veränderungen bei Arzneimitteleinwirkungen 363
- - - Intoxikationen 363
- Verlaufskontrollen 373
Elektroenzephalographist 159*, 214*
Elektrogenese, kortikale 22
Elektrokoagulation 377
Elektrokortikogramm 215*
Elektrokortikographie s. a. Ecg und Kortikographie 216*, 387
Elektrokrampfbehandlung 360
Elektrolytwerte und Eeg, Beziehungen 356
elektromagnetisches Störfeld 69
Elektromyogramm, Emg 140, 400, 403
Elektromyographie s. a. Emg 400
-, klinische 400
-, konventionelle 402
- der Reflexe, physiologische Basis 419
Elektromyographieverstärker 401
elektromyographische Befunde bei zentralen Störungen der Motorik 425
- Forschung 400
- Untersuchung 403
elektromyographischer Untersuchungsgang, Umfang 425
elektromyographisches Muster, quantifizierte Eigenschaften 402
- -, Veränderungen 406
- Potentialmuster 401
- Syndrom bei Parkinsonismus 425
- - - Spastizität 425
Elektronenblitzer für Erg 390
Elektronenrechner, Einsatz für Erg 393
Elektroneurographie 406
elektronisch gesteuerte Geburt 149
elektronische Abtastung (sampling) 402
- Datenverarbeitung 62, 72, 395
-, Koppelung mit Stereotaxie 377
- Geburtsüberwachung 147
- Integration des Emg 410
- Mittelwertbildner für Emg 400, 408
- Mittelwertbildung für Emg 402
- Technologie 42
- Reizgeräte für Emg 402
Elektronystagmographie s. Eng
Elektrookulographie s. Eog 395
Elektrophallogramm 140

elektrophysiologische Antworten stimulierter tiefer Strukturen 379
- Reizkontrolle 377
Elektroretinogramm s. Erg *388*, 389
-, Ableittechnik 389
-, normales 388
-, pathologisches 393
-, polyphasisches 389
- des gesunden Partnerauges 393
- und Elektroenzephalogramm 395
Elektroretinographie 388
-, klinische Anwendungsgebiete 394
elektroretinographische Untersuchung, Ablauf 392
Elektroschock s. Schocktherapie und Elektrokrampfbehandlung 234
elektrostatisch aufgeladene Verbindungsschnüre 188
elektrostatische Auflaldungen der Ableitschnüre 387
elektrozerebrale Aktivität, Fehlen 375
- Inaktivität *15**, 217*
Elemente des Eeg 73
Eliminationsrate von Narkotika 370
Embolien der intrakraniellen Arterien 318
Emg s. a. Elektromyogramm 400
- bei myasthenischem Syndrom 418
- - zentralbedingten Störungen der Motorik 419
EMG-Arzt 404
EMG-Befunde bei Myographien 410
- - neurogenen Störungen 411, *413*
EMG-Elektroden 400
EMG-Geräte 400
EMG-Veränderungen der Fähigkeit zur willkürlichen Muskelentspannung 419
- - Eigenreflexe 419
- - Fremdreflexe 419
- - Willkürinnervation 419
- des Tonus 419
EMG-Verstärker s. a. Elektromyographieverstärker 401
emotionale Instabilität 385
- Störungen 359
Emotionen 169
Empfindlichkeit der Schreiber 215
- des Registriergeräts beim Ecg 387
- - - für EOG-Aufzeichnung 396
empirische Prinzipien der klinischen EEG-Auswertung 51
Encephalitis s. Enzephalitis
endgültige Diagnose 271
endogen-organische Krankheitsprozesse 362
- -Prozesse 360
- hereditäre Syndrome 355
endogene Prozeßschizophrenie 360
- Psychosen *359*, 360
- -, atypische 359
- schizophrene Prozeßpsychose 359
- Schizophrenie 363
endokrin bedingte zentralnervale Störungen 355
endokrine Erkrankungen 411
- Störungen 260
Endokrinium und Nervensystem, funktionelle Beziehungen 356
endonasale Elektroden für Erg 391
Endotoxikose 395
Endplattenrauschen beim Emg 404
Endplattenregion 407
Endplattenpotentiale 404

Eng s. a. Elektronystagmogramm 398
Engpaßsyndrome 415
Entero-Vioform 369
enterozeptive Reize im Schlaf 140, *143*
enthemmter Blinzelreflex 180
Entladung *45**, 218*, 406*, 407*
-, neuronale exzessive 304
-, repetitive von Nervenfasern 407
Entladungen, bilateral symmetrische 258
-, periodisch-paroxysmale 351
-, pseudomyotone (Emg) 409
Entladungsfrequenz einzelner Motoneurone 405
Entladungsmuster, periodische, im Schlaf 145
Entladungssalven 409
Entladungsverhalten der Motoneurone 402
- einzelner motorischer Einheiten 419
Entlastung des medizinischen Personals 62
Entlastungsreflex 420, 421
Entmündigungsverfahren, Gutachten 385
Entschädigungsbegutachtungen 383
Entspannung 132
Entstehung der Hirnpotentiale 72
Entstehungsart des Erg 389
Entwicklungstendenzen der EEG-Befunddokumentation 67
entzündliche Erkrankungen des Gehirns 334
- -, zerebrale 334
- Hirnerkrankungen, Epilepsie 258
- Myopathien 410
- zerebrale Erkrankungen *334*, 383
- - Komplikationen, otogene 349
- - Prozesse 363
Enzephalitiden 334
-, echte 349
-, nekrotisierende 349
-, parainfektiöse 349, *350*
-, postinfektiöse 349, *350*
-, primär auftretende nach Pockenschutzimpfung 351
- im Kindesalter 168
Enzephalitis 309
-, akute 266
-, primäre 349
-, Restfolge 134
-, Zustand nach 367
- japonica B 351
enzephalitische Formen 351
- Impfreaktionen 349
- Krankheitsformen 348
- Prozesse 349, *350*
Enzephalitisformen 351
enzephalomeningitische Krankheitsformen 348
Enzephalopathie, akute, Schweregrade 356
-, metabolische 355
-, spongiose 181
Eog s. a. Elektrookulogramm 395
- als Netzhautfunktionsprobe 396
ephaptische Erregungsleitung 412
Epidermoide 279
epidurale Blutungen 313, *316*
- Hämatome 313
Epiduralelektrode 219
Epilepsia partialis continua (KOSHEWNIKOW) 241
Epilepsie 138, 139, 177, *227*, 332, 362
-, anlagebedingte genuine 260
-, - idiopathische 260

Epilepsie, behandelte, Wiedergewährung der Fahrerlaubnis 386
-, diffuse 246
-, generalisierte 171
-, genuine 233, *254*
-, idiopathische 233, 250, *254*
-, JACKSON- 266
-, larvierte 262
-, latente *262*, 315
-, maskierte 262
-, musikogene 264
-, residuale s. Residualepilepsie
-, photogene *181*, 266
-, photosensible 181
-, posttraumatische s. a. traumatische Epilepsie 313
-, psychomotorische 249, *254*
-, - traumatische 313
-, Schlaf 266
-, symptomatische 233, *256*, 258
-, - bei prozeßhaften Geschehen 256
-, temporale s. a. Temporallappenepilepsie 250, *266*
-, traumatische 258, 264, *313*, 384
- nach entzündlichen Hirnerkrankungen 258
Epilepsiemuster *45**, 220*
Epilepsiepatienten, medikamentös eingestellte 58
Epilepsietherapie s. a. antiepileptische Therapie 266
epileptiformes Muster *45**, 221*
epileptische Äquivalente 239, 249, 260, *262*
- Aktivität 230
- -, Ausbreitungstendenzen 260
- -, bilateral symmetrische 250
- -, fokale 253
- -, primäre 256
- -, sekundäre 256
- -, subkortikale 260
- -, temporale 249
epileptische Anfälle 227
- -, kleine 235
- - bei Gefäßerkrankungen 258
- - - Hirntumoren 258
- - von absenzartigem Charakter 351
- Anfallsleiden *326*, 383, 386
- Dysregularität 264
- Erkrankungen 383
- Herde 256
- -, konstante 260
- Komponenten, begleitende, Abgrenzung und Wertung 378
- Manifestation, zerebrale 313
- »Potentiale« 230
- Psychosen *239*, 363
- Störungen, Begutachtung 363
- Wesensänderung 260
epileptischer Fokus 256
- Formenkreis 249
- Rindenfokus 388
epileptogener Fokus 230
Epileptologie, Stellenwert der Elektroenzephalographie 384
Episode (Dämmerzustand) der Funktionspsychose 362
Episoden, paranoid-halluzinatorische, schizophrenieähnliche 363
episodisch-schizophrene Bilder 359
episodische Verhaltensstörungen 385

Sachverzeichnis

Erdisolierung des FARADAY-Käfigs 69
Erdung 37
- des Geräts bei Elektrokortikographie 387
- - Patienten 37
- - - bei Ecg 387
Erdungsschnur 188
Erector-spinae-Reflex (Emg) 424
Ereignisdichte 222*, 244*
erethische Oligophrenie 377
Erfahrung des EEG-Arztes 57
Erfahrungen und Kenntnisse des Auswerters 279
Erfassung, topographische, von Tumoren 270
- des Befundes (Eog) 397
- von Anfallszuständen 386
- - Hirnerkrankungen 383
- - Hirnschädigungen 383
- - Spitzenpotentialen bei Schädel-Hirn-Traumen 384
Erfordernisse der klinisch-diagnostischen Routine 54
Erg s. a. Elektroretinogramm
-, Entstehungsart 389
- als Summe von Einzelpotentialen der Netzhaut 394
- unter klinischen Routinebedingungen 394
ERG-Hilfsmittel 393
Ergebnisse stereotaktischer Hirnoperationen 378
ergotrope Beeinflussung des Kortex im Schlaf 143
Erhebung der Anamnese 271
Erhebungen, anamnestische 256, 271
-, statistische 273
erhöhte geistige Tätigkeit 132
- Krampfbereitschaft 262
- zerebrale Krampfneigung 212
erhöhter Schädelinnendruck 58
Erhöhung des Gefäßwiderstandes 328
Erkennen der Parameter 61
- -Traumphasen 140
Erkennung eines Hirnabszesses 349
- von Artefakten 187
- -postoperativen Komplikationen 275
- - Rezidivgeschwülsten 275
- unfallabhängiger Erkrankungen 384
Erkrankungen, endokrine 411
-, entzündliche, des Gehirns 334
-, depressive 424
-, epileptische 383
-, hämatologische 319
-, metabolische (Endotoxikosen) 355
-, neurochirurgische 387
-, sonstige 353
-, syphilitische, des ZNS 353
-, unfallunabhängige, Erkennung 384
-, zerebrale entzündliche 334, 383
-, zerebrale vaskuläre 316
-, - -, Begutachtung 384
- der Nervenfaserschicht (Erg) 394
- - Netzhaut 388
- - -, Lokalisation 394
- des Sehnervs 394
Erkundung der Kollateralzirkulation 333
Ermittlung der Kulminationszeit im Erg 393
- - Latenzzeit im Erg 393
Ermüdung 141
- des Patienten 137
Ermüdungslähmung 419

Ermüdungsphänomen 58
Ermüdungsphase 146
Ermüdungsstadium 266
Ermüdungszustand, Angaben über 208
ERP (early receptor potential) 389, 393
Erregbarkeitsschwelle, Verschiebung (Emg) 406
- von Motoneuronen 406
Erregbarkeitssteigerung 230, 322
-, fokale 322
-, spezifische 267
-, zerebrale 329
Erregung, Leitgeschwindigkeit (Emg) 403
-, rekurrente, von Motoneuronen 421
-, Synchronie (Emg) 408
Erregungsausbreitung 228
Erregungsbegrenzung, zeitliche und örtliche 227
Erregungsleitung, heterotope 412
-, motorische 406, 413
-, orthodrome distale sensible (Elektroneurographie) 409
-, sensible 408, 413
-, Struktur (Elektroneurographie) 407
-, Verteilung 408
- in Elektroneurographie, Dispersion 407, 408
- - motorischen Nerven 402
- - peripheren Nerven, gestörte 407
Erregungsniveau, mittleres 227
Erscheinungen, hirnelektrische, bei zerebralen Gefäßstörungen 316
-, motorische 235
-, paroxysmale 330
-, psychosensible, im Anfall 256
Erschütterungen des Geräts als Artefaktquelle 189
Erstattung von EEG-Zusatzgutachten 381
- - hirnelektrischen Zusatzgutachten, Voraussetzungen 381
Erwachen 162
Erwachsene, Herdveränderungen im Temporalbereich bei Schädel-Hirn-Trauma 309
Erwachsenen-Eeg, Grundaktivität 116
- im Wachzustand 137
Erwachsenenalter 260
Erwartungsspannung 135
Erweichungen, intrazerebrale 318
erweiterter Alphafokus 34*, 223*
- Fokus 34*, 224*
Erzeugung von Flackerlicht für Erg 389
essentielle Migräne 329
essentieller Tremor 377
Ethrane 370
Etomidate 373
evozierte Potentiale 22
- -, kortikale somatosensorische 402, 409
evoziertes Potential 225*, 179
exakte Ausfüllung des Anmeldeformulars 58
exceedingly fast activity 365
experimentelle Gehirnerschütterung 304
- Hypoxie 316
Exploration, elektroenzephalographische 334
Extensoren 423
Extensorengruppe 406
exterozeptive Afferenzen 405
- Reflexe 423
- Reize 352
extrapyramidale Symptomatik 355
extrazelluläre Mikroelektroden 22

extrazelluläres Spitzenpotential (Emg) 403
extrazerebrale intrakranielle Hämatome 316
extrazerebrales Potential 226*
Extremitätenmuskeln, Denervation 410
exzessive neuronale Entladung 364
exzitatorische postsynaptische Potentiale 22, 228
- Synapsen 22

F-Welle im Emg 421, 423
Fachsprache zwischen EEG-Ärzten 116
Fachwörterverzeichnis 426
Fahrerlaubnis, Wiedergewährung bei behandelter Epilepsie 386
Fahrtauglichkeitsbegutachtung 386
Fahrtauglichkeitsuntersuchung 383
Faktor, ischämisch-hypoxisch 332
»falsche« Seitenlokalisation 281
Falx cerebri 270
familiäre Amyloidose 414
Familienuntersuchungen, genetische 168
FARADAY-Käfig 37, 46, 69, 150
-, Erdisolierung 69
farbige Lichtreize für Erg 391
Fasern, somatomotorische 406
- der motorischen Einheit 403
fast activity 364
- wave sleep 139
Faszikulationspotentiale 404, 406, 411, 412, 413
Faustan (Diazepam) 365
fazioskapulo-humerale Form der Myopathie (LANDOUZY-DEJERINE) 410
Fazialisdystynesien 416
Fazialisfunktion, Untersuchung 417
Fazialismyokymie 417
Fazialisparese 416
-, idiopathische 416
-, Indikation zur operativen Dekompression 416
-, periphere 424
-, Prognose 416, 424
- bei Ponstumoren 417
Fazialissynkinesie 416
Fehlbeurteilung des EEG durch Schlaffehler 184
Fehlen elektrozerebraler Aktivität 375
fehlende Habituation 424
Fehlen neurologischer Symptome bei Subarachnoidalblutung 318
- von Alphaaktivität bei Thrombophlebitis 322
fehlende Erdung als Artefaktquelle 189
- Reaktivität auf Stimulation 373
fehlgeprägtes Sexualverhalten 377
Fehlinterpretation 374
Fehler der Elektroencephalographie 56
Fehlerquellen 16
Feinlokalisation 276
- supratentorieller Prozesse 269, 281
Felderanordnung für Maschinenlochkarte 65
Felderfestlegung für Maschinenlochkarte 65
Fentanyl 370
Fernentladung 228
Fernherdbildungen 318
Fernsymptome 212
- bei Schädel-Hirn-Traumen 309
Festhalten der Lider 58, 59, 172, 188
Festlegung des EEG-Typs 210

Festlegung der Frequenzstabilität 76
- des Todeszeitpunktes 374
- - zeitlichen Ablaufs beim Erg 394
Feststellung psychischer Störungen 385
Fetalalter 150
Fetalstadium, Hirnschädigung 256
Feten, menschliche Untersuchung 150
FFF (Flimmerfusionsfrequenz) 392
FFT (fast FOURIER transform) 51
Fibrillationen *404*, 414
Fibrillationspotentiale 409, *411*, 413
Fieberkrämpfe 266
Filter 45
- für Elektromyographieverstärker 401
Filteranalyse des EEG 47
Filterbereich beim Elektroencephalographen 56
Finlepsin 368
Fixpunkt, rotierender, für EOG-Untersuchung 397
FLA (Flimmerlichtaktivierung) 264
flache langsame Alphagrundaktivität 354
- Thetawellen 137, 211
flaches EEG 227*, *550**, 135, 352
- - bei Commotio cerebri 305
- - bei Insulten 319
- Schlaf-EEG 145
Flackerlicht s. a. Fotostimulation 264
- für Erg-Untersuchung 389
Flackerlichtreizung 178
Flexionsspasmen 260
Flexordominanz der Fußmuskeln, physiologische 424
Flexoren 423
Flexorgruppen 406
Flexorreflexe der Fußmuskeln 424
- - unteren Extremitäten 425
Flickerlicht s. a. Fotostimulation 264
Flickerlichtreizung 178
Flimmerlicht für ERG-Untersuchung 390
Flimmerfusionsfrequenz (FFF) 392
Flimmerlichtaktivator 228*, *243**
Flimmerlichtaktivierung (FLA) s. a. Fotostimulation 264
Flimmerlichtprovokation s. Flimmerlichtreizung und Fotostimulation
Flimmerlichtreizung 178
Fluchtreflexe 424
Flugtauglichkeit, Begutachtung 383
Flugtauglichkeitsbeurteilung 383
Flurazepam 368
Flußdauer bei Elektroneurographie 406
FM-Magnetbandspeicher 401
FM/FM-Modulation 45
Foci 116, *128*, 215
-, beidseitig parietookzipitale 257
-, einseitig parietookzipitale 257
Fokal- s. a. Herd-
fokale Epilepsieoperation 388
- epileptische Aktivität *230*, 231, 253
- - Herde 256
- Erregbarkeitssteigerung 322
- Hypoxie, fortschreitende 304
- kortikale Anfälle 239
- Paroxysmen, abortive 250
- sharp and slow wave 234
- sharp waves 184
- partielle Anfälle bei Neugeborenen und jungen Säuglingen 260
- pathologische Aktivität bei traumatischer Epilepsie 313

fokale Spitzenpotentiale 305
- -, provozierte 264
- Störungen 306
- temporale s/w-Entladungen 260
- Theta-Delta-Aktivität 253
- Verlangsamungen *177*, 230, 326
Fokus, Focus, Foci s. a. Herd- 229*, 285*, 207
-, epileptischer 256
-, epileptogener 230
-, funktioneller 230
-, primärer epileptischer 230
-, sekundärer epileptischer 230
-, sekundärer funktioneller 230
-, stark streuender mit Übergang zu betonten Allgemeinveränderungen 139
- und Allgemeinveränderungen, Ineinanderlaufen 272
Fokuserweiterung *34**, 230*
Fokusverlagerung *36**, 231*, 77
»Fokuswanderung« 230, 257
Fokuswechsel 78
Folge *232**, 642*
Folgezustände medizinischer Maßnahmen, Begutachtung 383
- nach Schädel-Hirn-Traumen, Begutachtung 383, *385*
- zerebraler Gefäßkatastrophen 322
Folienelektroden 16
following, Photostimulation 179
forcierte hirnelektrische Normalisierung 239, 266
forensische Begutachtungen 383
- Psychiatrie 385
Form *233**
-, bulbärparalytische 351
-, freie, des EEG-Zusatzgutachtens 381
- der EEG-Aussage in Begutachtungsfällen 381
- als Kriterium 73
- der Alphawellen 74
- - -, Bestimmung 209
- - Beschreibung der Wellenbilder 222
- - Betawellen 98
- - Deltawellen 108
- - Elektroden 25
- - Grundaktivität 221
- - Potentiale 33, *73*
- - Sigmawellen 113
- - Thetawellen 102
- - -, Bestimmung 211
- - Wellen 222
- des Befundberichts 221
- einer Welle *233**, 234
Formatio reticularis 370
Formänderungen von Wellen (Komplexitätsparameter) 94
Formen, encephalitische 351
-, pathologische, des ERG 393
- des EEG 73, 138
- - ECG 116
- - ERG 389
- - Nystagmus 398
Formenkreis, epileptischer 249
-, narkoleptischer 177
Formularvordrucke für EEG 61
Formveränderungen des ERG 390, 393
Forschung, elektromyographische 400
-, klinisch elektroencephalographisch orientierte 362
Fortbestehen klinisch manifester Anfälle 384

Fortbewegungsmittel, technische Tauglichkeitsbeurteilung zum Führen 380
fortgeleitete Aktivität 235*, *541**, 308
- Deltarhythmen bei Hemisphärentumoren 276
- Herdstörung 236*, *541**
- Miniaturplattenpotentiale 404
- Muster 237*, *541**
- Wellen 238*, *541**, 276
fortlaufend 239*, *326**
fortlaufende Numerierung 70
fortlaufendes Register 62
fortschreitende fokale Hypoxie 304
Foto- s. a. Photo-
fotomyogene Reaktion *240**
fotomyoklonische Reaktion *240**, *241**
Fotostimulation s. a. Flimmerlicht-, Flickerlicht-, Flackerlicht-Provokation und Strobotest 178, *242**
Fotostimulator *243**
FOURIER-Transformation, wechselseitige 50
FOURIER-Analyse, rasche 47
Fovea centralis 394
Fragestellungen, gutachterliche 380
-, - bei Fahrtauglichkeitsbeurteilung 386
-, - - Gerichtsbegutachtungen 385
-, - - für Versicherungsbegutachtung 383
Fragestellung für Begutachtung 381
freie Form des EEG-Zusatzgutachtens 381
freischwebende Dämmerzustände 239
Fremdkörper, intrakranielle 377
Fremdreflex, orbicularis-oculi, Habituation 425
Fremdreflexe, EMG-Veränderungen 419, *423*
Frenolon 367
FRENZEL-Brille 399
Frequenz *244**, 206
-, Vorherrschen 209
- der Alphawellen 370
- - -, Verminderung 78, *84*
- - Betawellen 97
- - Deltawellen 107
- - Potentiale 73
- - Sigmawellen 113
- - Thetawellen 102
- des Kriteriums 73
- - Nystagmus 398
Frequenzanalysatoren 272
frequenzanalytische Verfahren 149
Frequenzband *245**
-, Breitenspektrum 76
-, Verschiebungen 363
- für Telefonübertragung 45
Frequenzbereich *245**, 246
Frequenzbestimmung 209
- der Thetawellen 211
- - Wellen 76
Frequenzblende beim EMG 398
- für EOG-Registrierung 397
- - ERG-Registrierung 392
Frequenzgang 247*, *608**
- von Schreibsystemen 40
frequenzinstabile Alphawellen 76
- Betawellen 98
- Deltawellen 111
- Grundaktivität der Gegenseite 319
- Hirnaktivität 254
- polymorphe Verlangsamungen 319
- spikes and waves 233
- s/w-Komplexe 231

frequenzinstabile s/w-Muster 260
- Thetawellen 106
Frequenzinstabilität *248**, 76, 326, 329
- der Grundaktivität 283, 328
- - Thetawellen 106
Frequenzinstabilität des Wellenfokus 284
»frequenzlabiles« EEG 137, 267, 328
Frequenzlabilität *248**, *249**
Frequenzmodulation 44
Frequenzmultiplex 44
Frequenzspektrum *168**, *245**, *250**
frequenzstabile Alphawellen 76
- Betawellen 98
- Deltawellen 110, 111
- gruppenweise »rhythmisierte« Thetaaktivität mit Generalisierungstendenz 385
- streckenweise »rhythmisierte« Thetaaktivität mit Generalisierungstendenz 385
- s/w-Komplexe 231
- Thetawellen 106
- Wellen 76
Frequenzstabilität *251**, 56
-, Bestimmung 211
-, Festlegung 76
- der Alphawellen 76
- - -, Bestimmung 300
- - Betawellen 98
- - -, Messung 210
- der Deltawellen 111
- - - bei Wellenfoci 284
- - Grundaktivität 209
- - Thetawellen 106
- - -, Bestimmung 211
- - -, relative 102
Frequenzumfang von Elektromyographieverstärkern 401
Frequenzverlangsamungen 322
Frequenzwechsel 56, 76
Frist für Aufbewahrung von Originaldokumenten 61
frontal *252**
frontale Deltagruppen 319
- Elektroden 31
- Lokalisation 269
frontales Herdzeichen 282
frontobasale Hirnläsionen 309
- Lokalisation 369
frontopräzentral betonte steile Wellen 357
frontopräzentraler Ableitbereich 354
frontotemporale Lokalisation 269
- Thetawellengruppen, herdseitige 319
frontozentrale Lokalisation 269
Frühdiagnose des Tetanus 424
Frühdiagnostik langsam wachsender Tumoren 277
- von Hirntumoren, Wert des EEG 276
Frühgeborene 150
Frühgeborenen-EEG 150
Frühgeburten, Ableitungsarten 36
-, Elektrodenabstände 32
frühkindliche Hirnschädigung *177*, 367, 385
Frühphase von Schädel-Hirn-Traumen 305
- - - bei Kindern und Jugendlichen 309
fundamentale Reizantwort bei Fotostimulation 179
Funkenschreiber für EMG-Aufzeichnungen 401
funktionelle Blockierung im EMG 411, 415
- Elektroencephalographie 169

funktionelle Beziehungen zwischen Nervensystem und Endokrinium 356
- Leitungsblockierung (Neurapraxie) 416
- Störung 176
- synaptische Einheit 22
funktioneller Fokus 230
Funktionsänderung, örtliche 212
Funktionspsychose 348, 353, 368
-, Dämmerzustand als Episode 362
Funktionsstörungen, krisenhafte 262
- in den basalen Ableitungsbereichen 328
Funktionsverlust von Muskelfasern 410
Funktionswandel 260
- der Hirnaktivität 255
Fußmuskeln, Flexorreflex 424
Fußpunkt *253**, 209

Gähnen als Artefaktursache 188
galvanische Ankopplung an das Telefon 45
Gammaerregung 420
Gammainnervation 421
Gammarhythmus *85**, *254**
Gammaschleife 420
Ganglienzellen der Netzhaut, bipolare 389
-, Synchronisationsgrad 22
Gangliozytome 279
Ganznachtschlafuntersuchungen 181
Gasbeatmung 331
gebräuchlichste Ableitungspunkteschemata 29
Geburt, elektronisch kontrollierte 149
Geburtsüberwachung, elektronische 147
gedachte Nullinie 53
Gedankenabreißen 236
-, plötzliches 267
gedeckte Schädel-Hirn-Traumen *305*, 309
geeignetes Kurvenstück aus Gesamtableitung 209
Gefäßanomalie, zerebrale 333
Gefäßerkrankungen 177, 332
-, diffuse organische 384
-, epileptische Anfälle 258
-, hypertonische 326
Gefäßinsuffizienz, latente 333
Gefäßkatastrophen, akute zerebrale mit Insultcharakter 384
-, zerebrale 322
Gefäßläsion, Deltafokus 319
Gefäßleiden s. a. zerebrovaskuläre Erkrankungen 202
Gefäßligaturen 333
Gefäßmißbildungen 322, *333*
Gefäßprozesse im Kindesalter 168
-, klinische, Herdlokalisation 354
Gefäßstörungen, diffuse 328
-, - funktioneller Art 329
-, - organischer Art 326
-, umschriebene 316
-, zerebrale 316
-, - funktioneller Art 329
Gefäßveränderungen 319
Gefäßwiderstand, Erhöhung 328
Gegenkopplung im Differenzverstärker 39
Gegenseite, Vergleich 139
Gegensprechanlage im Ableitraum 42
Gehirn- s. a. Hirn-
-, Kompensationsfähigkeit 318
-, Reifungsgrad 355
Gehirnaktivität *255**, *296**
Gehirnerschütterung s. a. Commotio cerebri

Gehirnerschütterung, experimentelle 304
Gehirnoberfläche 25
geistig-seelische Leistungsfähigkeit, Nachlassen 384
geistige Anstrengung 420
gekreuzte Ableitungsarten 34
Gelegenheitskrämpfe bei Kindern 266
gemeinsame Bezugselektrode *99**, *256**, *456**
- Merkmale der Spitzenpotentiale 113
- Referenzelektrode *256**, *257**
genaue Auszählung der Frequenzen 99
Generalisation, generalisiert *258**, *206*, 214
generalisierte 3/s spike and wave-Aktivität 315
- - - - -Komplexe 245
- 3-5/s spike and wave-Komplexe 235
- Deltawellen, Beschreibung 222
- Epilepsie 177, *181*
- Krampfanfälle, zerebrale 356
- paroxysmale spannungshohe Spitzenpotentiale 350
- Potentialverteilung 207
- sharp and slow waves 234, *238*
- Spitzenpotentiale 138, *222*, 313
- -, Beschreibung 222
- - -, provozierte 264
-, spike and wave-Komplexe 231, 256, *260*
-, Thetawellen, Beschreibung 222
-, Veränderungen 138
generalisierter nozizeptiver Hautreflex 424
generalisiertes Auftreten von Spitzenpotentialen 230
- Schreckreflexverhalten 425
Generalisierung *258**, *259**, 258
Generalisierungstendenz gruppenweiser frequenzstabiler rhythmisierter Thetaaktivität 385
- streckenweiser frequenzstabiler rhythmisierter Thetaaktivität 385
Generator der Wellenaktivitäten 22
Generatoren, neuronale 23
- der Spitzenpotentiale (Emg) 403
genetisch bedingte Neuropathien 414
genetische Familienuntersuchungen 168
genormtes Auswertungssystem für Schlafstadien 141
genuin bedingte psychomotorische Epilepsie 254
genuine Epilepsie 233, *254*
- -, anlagebedingte 260
Genußgifte 364
Genußmittel 364
gepolsterte Elektrode *260**, *389**, *527**
gerätetechnische Einstelldaten am Elektroenzephalographen 73
Geräteerdung bei Elektrokortikographie 387
Gerichtsbegutachtungen 385
gering diffus erhöhte Betaaktivität 267
Gesamtaktivität der Kurve 230
Gesamtbild, Auswahl geeigneter Kurvenstücke 209
Gesamtpotentialbild, Berücksichtigung *79*, 84
Gesamtpotentialverhältnisse, Übersicht 34
Gesamtuntersuchung 206
Gesamtverlagerung der Verteilungen für die Bestimmung von Allgemeinveränderungen 56

Gesamtverstärkung 38
- als Produkt der Einzelverstärkung 38
Geschäftsfähigkeit, Beurteilung 380, *385*, 386
geschlossene Augen, EEG-Ableitung 132
Geschwindigkeit des Registrierpapiers für EOG-Registrierung 397
Geschwülste s. a. Hirntumoren und intrakranielle Prozesse
-, parasagittale 276
-, topographische Bestimmung 276
Gesellschaft für Neuro-Elektrodiagnostik der DDR 17, *164*, 170
gesetzliche Bestimmungen für EEG-Tätigkeit 381
Gesichtsmuskulatur, elektromyographische Untersuchung 419
gesplitterte Aktionspotentiale 413
Gestalt *233**, *261**
gesteigerte Fotosensibilität 424
gestörte Erregungsleitung im peripheren Nerven 407
- Hirndurchblutung 330
gesundes Partnerauge, ERG-Untersuchung 393
Gesundheitseinrichtungen, Organisationsstrukturen für EDV in der Medizin 45
Gewalttaten, Begutachtung 383
Gewaltverbrecher 385
gewechselte Ableitungsarten 34
Gipfelpunkt *262**
- einer Welle im Erg 393
GILLES de la TOURETTE-Syndrom 377
Girlandenform der Alphawellen 74
Gittervorspannung von Röhren 39
Glandula pinealis 270
Glaubwürdigkeit bei Begutachtungen 380
- kindlicher Aussagen 385
Glaubwürdigkeitsbegutachtungen von Kinderaussagen 385
Gleichgewicht, bioelektrisches 229
gleichmäßige Wahrscheinlichkeit 48
Gleichspannungsmessung von Elektrodenübergangswiderständen 46
Gleichspannungsverstärker für EOG 396
Gleichstromübergangswiderstand *205**, *263**
Gleichtaktunterdrückungsverhältnis 401
gleichzeitig *264**, *497**
gleichzeitige Übertragung mehrerer Meßgrößen 43
Gleichzeitigkeit *265**, *553**
Gliedergürtelform der Myopathie 410
Glioblastome 283
Globoidzellendystrophie (KRABBE) 414
Glühlampe für Reizlichterzeugung beim Erg 389
Glykosidintoxikation 369
GOLDMAN-OFFNER-Referenzschaltung *266**, *456**
GOLGI-Sehnenorgane 405
GOLGI-Sehnenspindeln 420
Grad der Allgemeinveränderungen *120*, 306
- - Ausprägung von Alphawellen 222
- - Frequenzstabilität der Grundaktivität 222
- eines Körperschadens, gutachterliche Feststellung 380
Gradation der Bewegung 403
Graduierung der Allgemeinveränderungen 120
Grand mal *267**, *233*, *234*, 351

Grand mal-Aktivität, abortive 235
- --Anfälle *260*, 266
- --Epilepsie 182, *245*
- - -, idiopathisch bedingte 245
Graphoelement *268**
Graphoelemente *72*, 149, 169, 271
-, kombinierte 231
Grenzbefunde 71, *354*, 355
Grenzbereich, Alpha-Theta 326
-, physiologisch-pathologischer *132*, 135, 137, 138, 211
- zwischen Alpha- und Betawellen 74
- - physiologischen und pathologischen Hirnpotentialbildern 132
Grenze zwischen Herd und betonten Allgemeinveränderungen 138
Grenzen der EEG-Diagnostik in der klinischen Psychiatrie 385
- - Hyperventilationsprovokation 177
Grenzfrequenz für Elektroenzephalographieverstärker 401
Grenzgebiet zwischen Medizin, Technik und Mathematik 47
grippale Infekte 349
Groblokalisation der supratentoriellen Tumoren 280
- supratentorieller Prozesse 269, *280*
Größe der Archivräume 70
- - Potentiale 33
- - Räume einer EEG-Abteilung 68
- des Hämatoms, Beziehungen zur Ausprägung der EEG-Veränderungen 318
große spikes 231
- Spitze *269**, 113
- Spitzen 138, 213
großer Anfall 234
- epileptischer Anfall 234
- generalisierter Anfall, Sicherheitsvorkehrungen 58
- Krampfanfall 228
Großhirnabszesse im Kindesalter 168
Großhirntumor s. a. Hemisphärentumor und supratentorieller intrakranieller Prozeß 269
Großhirntumoren, Auftreten von Spitzenpotentialen 276
Grundableitungsart 206
Grundaktivität *270**, *116*, 117, 210, 222, 229, 230, 283
-, Alphakomponente 116
-, Ausprägung 209
-, Begriffserklärung 211
-, Bestimmung 209, 210
-, Betakomponente *116*, 210
-, Depression 305, 318
-, Eingruppierung 211
-, Form 209
-, Frequenzinstabilität 283, 328
-, Frequenzstabilität 209
-, Reaktion auf extrazeptive Reize 352
-, spezifische 210
-, verlangsamte 256
-, Verlangsamung 283, 260
-, zeitliche Folge 209
- beim Kind 211
- der Gegenseite, frequenzinstabile 319
- des Erwachsenen-Eeg 116
- - kindlichen Eeg 116
- im Alpha-Beta-Band 360
- - reinen Betaband 360
Grundaktivitätskomponenten, Ausprägung 210

Grundaktivitätsverlangsamung *328*, 360, 386
- bei Gefäßinsulten 319
Grundlage der Begutachtung 381
Grundlinie *271**
Grundlinienschwankung *272**, 108
Grundrhythmus *270**, *273**, 116
Grundrhythmusvariante, 4/s *613**, *615**
-, 4-6/s 134
-, 4/s EEG *613**, *614**
-, sogenannte 384
Gruppe *274**
Gruppen bilateral synchroner hoher langsamer Abläufe 331
Gruppenbildungen langsamer Wellen 350
gruppenförmige Betaaktivität *94**, *275**
- Deltaaktivität *135**, *276**
- Spitzenpotentiale im Ecg 387
- Thetaaktivität *277**, *571**
gruppenweise Deltawellen 108
- frequenzstabile rhythmisierte Thetaaktivität mit Generalisierungstendenz 385
- lokalisierte langsame Wellen im Temporalbereich 328
- Thetaaktivität 177
- Thetawellen 102
gruppenweises Auftreten von Betawellen 102
- - - Thetawellen 102
gruppierte abnorme Rhythmisierung 367
- Thetawellen 143
GRV (Grundrhythmusvariante) 278*, *613**
Guanidin-Test für Emg 419
Gültigkeit (Validität) 170
-, beschränkte, von EEG-Besonderheiten 386
- der Hyperventilation 185
- - Photostimulation 186
- - Provokationsverfahren 185
- - Schlafprovokation 186
GUILLAIN-BARRE-Syndrom 414
Gummen 279
Gummibandhaube 27
- bei Kindern 147
Gummihaube *5**, *279**
Gummikeil 70
Gutachten im Entmündigungsverfahren 385
- - Scheidungsverfahren 383
gutachterliche Äußerung 383
- Fragestellungen 380
- - für Fahrtauglichkeitsbegutachtungen 386
- - - Gerichtsbegutachtungen 385
- - - Versicherungsbegutachtungen 383
Gutartigkeit von Tumoren 273
»gute« Lokalisation 281

H-Reflex 425
- im Emg 421
- - REM-Schlaf 423
Habituation *423*, 425
-, fehlende 424
Haftpflichtbegutachtungen 383
Haftschalenelektroden für Erg 388, *391*
Halbseitenanfälle 239
Halbseitensyndrom, massives und normales Eeg 319
halbseitig *193**, *281**

halbseitige Alphareduktion 330, 266
Halluzinationen, akustische 239
-, hypnagoge 142
-, optische 363
halluzinatorische psychotische Zustände 351
Halluzinose 348
halogenierte Methyläther (Etrane) 370
Haloperidol 367
Halothananästhesie 370
Halsrippe 415
Handzettel zum Stricheln der Frequenzen 208
hämatologische Erkrankungen 319
Hämatom, intrazerebrales, s. a. intrazerebrale Blutung
-, subdurales, s. a. subdurale Blutung
Hämatome, beidseitige 318
-, einseitige 318
-, epidurale 313
-, extrazerebrale, intrakranielle 316
-, intrazerebrale 313
-, subdurale 275, *313*
Hämodialyse, Indikationsstellung 366
Harmlosigkeit der EEG-Untersuchung 383
harmonische Reizantworten bei Photostimulation 179
harte Definition für EDV 72
Haschisch-Mißbrauch 369
Häufigkeit *244*, 280**
- pyknoleptischer Potentiale 403
Haube *5*, 282**
Hauben, Aufbewahrung 70
hauptamtliche Besetzung einer EEG-Abteilung 71
Hauptparameter des idealen Schreibsystems 40
Hautartefakt *283*, 284**
Hauptpotential *284**, 108, *187*
Hautreflex, generalisierter nozizeptiver 424
hebephrene Verläufe 359
Helladaptation 389
Hellgipfel der Spannungshöhe im Eog 398
Hellspitze der Spannungshöhe im Eog 398
Hemispasmus facialis 417
Hemisphärektomie 216
Hemisphärentumoren s. Großhirntumoren und supratentorielle raumbeengende Prozesse
hemmende postsynaptische Potentiale 228
Hemmung, autogenetische 405, 420
-, synaptische 228
- der Alphaaktivität 395
hepatische Stoffwechselentgleisung 356
- zentralnervale Störungen 355
Herd *285**
-, Abgrenzung gegenüber betonten Allgemeinveränderungen 138
-, Begriffsbestimmung 207
-, Bestimmung 272
-, kortikaler 230
-, subkortikaler 230
-, temporaler 282
-, verdeckter 272
- mit stärkerer Ausdehnung 272
- - Streuung 272
Herdbefund mit Deltaaktivität 258
- - Thetaaktivität 258
Herdbefunde 246, 255, *258*, 309, 313, 352
- bei posttraumatischer Epilepsie 313
- - Zephalgien 266
- - nach Operationen wegen Trigeminusneuralgie 329

herdbetonte abnorme Reizantwort 355
Herdbildungen, multiple 322
-, wechselnd lokalisierte 322
Herde, basale, bei Schädel-Hirn-Trauma 309
-, epileptische Konstante 260
-, fokale epileptische 256
-, »intermittierende« 274
-, parietookzipitotemporale 257
-, subkortikale 256
-, temporale 260
»Herdenzephalitiden«, paralytische gefäßgebundene 354
herdförmig, Begriffsbestimmung 207
herdförmige Deltagruppen 350
- Störungen, Eingrenzung 33
- Thetagruppen 350
Herdgebiet, elektrische Inaktivität 256
Herdlokalisation luischer Gefäßprozesse 354
Herdpotentiale 271, *274*
Herdschemata 208
herdseitige Abflachung 319
- Thetawellengruppen frontotemporal 319
Herdstörung bei intrazerebralen Blutungen und Erweichungen 319
Herdstörungen *309*, 366
Herdstreuung *286*, 451**
Herdsymptome der Alphaaktivierung 257
- - Alphareduktion 257
Herdveränderungen *116*, 256
- durch Hyperventilation 175
- im Temporalbereich bei Erwachsenen mit Schädel-Hirn-Trauma 309
- mit Spitzenpotentialaktivität 258
Herdzeichen 282
-, bioelektrische 318
-, - beiderseitige 214
-, frontales 282
-, temporales 282
-, Wertskala 271
- bei intrakraniellen raumbeengenden Prozessen 284
hereditäre sensorische Neuropathie 414
heredodegenerative Erkrankungen im Kindesalter 168
Herpes simplex-Enzephalitis 351
Herpesenzephalitis 349
Hertz (Hz) als Maßeinheit der Frequenz 73, 206
Herzaktion, Störungen 352
Herzfehler, zyanotische, beim Kind 168
Herzkrankheiten 330
Herzstillstand 374
heterotope Erregungsbildung 412
Hilfestellung, diagnostische, durch das Eeg 383
Hilfsmethode, Eeg 380
-, klinische 381
Hilfsmittel, diagnostisches, Eeg 271
-, technisch-diagnostisches 271
Hilfszettel für Auswertung 77, *209*, 211
hintere Querreihenableitung *287*, 288**
- Querreihenschaltung *288**
hinterer Temporallappenanfallstyp 241
Hintergrundaktivität *289**, 116
-, »diffuse langsame« 351
- beim Emg 404, 420
Hintergrundinnervation, postdurale 421
Hinweise, lokalisatorische 271
- auf die Art von Hirntumoren 271
- zur Prognose 380
- - Untersuchungsmethodik für die EEG-Begutachtung 382

hippocampal rhythmic waves 145
HIPPEL-LINDAUsche Erkrankung (Angioblastom) 326
Hirn-, s. a. Gehirn- und zerebral-
Hirnabszeß 313, 275, *349*
-, abgekapselter 349
-, Erkennung und Zuordnung *349*
-, irreversibler Zustand 349
Hirnaffektionen, organische 385
-, - mit psychischen Auswirkungen 385
Hirnaktivität s. a. bioelektrische Aktivität und hirnelektrische Aktivität *290*, 296**
-, frequenzinstabile 254
-, Normalisierung 316
-, - beim Schädel-Hirn-Trauma 309
-, Normalisierungstendenz 266
- und Lebensalter 260
Hirnblutungen im Kindesalter 168
Hirndruckerscheinungen 138
Hirndruckkrisen, akute 185
Hirndrucksteigerung, postanoxische 374
- durch Hyperventilation 185
Hirnduranarben 275
Hirndurchblutung, gestörte 330
-, Veränderung 328
hirnelektrische Aktivität s. bioelektrische Aktivität
- Erscheinungen nach Strangulation 322
- Inaktivität *291*, 315**
- Normalisierung, forcierte 266
- Stille *292*, 315**
- Verlaufsbeobachtung 322
- Verlaufsuntersuchung 318
- Zusatzgutachten, Voraussetzung für die Erstattung 381
hirnelektrischer Befund 62
- für EEG-Begutachtung 382
- Sachverhalt *210*, 293**, 384
Hirnerkrankungen, Erfassung 383
Hirnfunktionsstörungen 380
Hirnfunktionsverlust, totaler klinisch-neurologischer 374
Hirngefäßaffektionen 384
-, diffuse 328
Hirngefäßinsulte 383
Hirngefäßprozesse, diffuse, s. a. zerebrale vaskuläre Erkrankungen
Hirngeschwülste s. a. Tumoren und intrakranielle raumbeengende Prozesse
-, Lokaldiagnostik 18
Hirnkontusion s. Contusio cerebri
Hirnläsionen, frontobasale 309
-, offene 313
Hirnödem 272, 304, *306*
Hirnoperationen, Restzustand 212
-, stereotaktische 376
hirnorganische Beteiligung am Krankheitsprozeß, primäre 363
- - -, sekundäre 363
- Erkrankungen 138
hirnorganisches Psychosyndrom 348, 350, 386
- -, chronisches 386
Hirnpotentialbild *172*, 210*, 294**, 266
-, Grenzbereich zwischen physiologisch und pathologisch 132
-, Interpretation 356
-, Normalisierung 349
-, physiologisches 132
-, Provokation 60
- im Intervall 266
- in der Pubertät 157

Hirnpotentialbilder, pathologische 360
Hirnpotentiale s. a. Hirnstrompotentiale, Hirnwellen und Potentiale
–, Elektroden als Auffangort 25
–, physikalische Streuung 200
–, subkortikale 145
Hirnpotentialkurve *172**, *295**, 139
–, Aufzeichnung 61
Hirnpotentialsachverhalt 61
Hirnpotentialschwankungen, Verlangsamungen beim Karotisdruck 332
Hirnpotentialtätigkeit 296*
–, Dysregulation 223
Hirnprozesse, atrophisierende 181
Hirnrheometrie 388
Hirnrinde 369
Hirnrindenantwort nach Lichtreiz 392
Hirnschädigung 326
–, chronische 367
–, frühkindliche *177*, 367, 385
–, kontusionelle, s. a. Contusio cerebri 315
–, organische 383
– bei der Geburt 256
– im Fetalstadium 256
– in der Kindheit 256
Hirnschädigungen, Erfassung 383
Hirnstamm, kaudaler 319
–, Insulte 319
Hirnstammdisektion, pharmakologische 370
Hirnstammfunktionslabilität 176
Hirnstammläsion 304
Hirnstammstörung, traumatische 304
Hirnstrombild *172**, *210**, 297
– des Schlafenden 140
Hirnstromkurve *172**, *298**
Hirnstrompotentiale s. Hirnpotentiale
Hirnsubstanz, Dauerschädigung 350
–, kortikaler Befall 350
Hirntod 374
Hirntrauma s. a. Schädel-Hirn-Trauma
Hirntraumen mit gleichzeitiger Schädelfraktur 309
Hirntumor 256, 260, 269
–, elektrische Inaktivität 16
–, epileptische Anfälle 258
– im Kindesalter 168
Hirnverletzung s. Hirntrauma
Hirnwelle *188**, *299**
Histogramm (Verteilungshäufigkeit) 53
HJORTH-Analyse 51
Hochfrequenzfilter *300**, *539**
Hochpaßfilter *301**, *641**
Höhe der a-Welle im Erg 393
– – b-Welle im Erg 393
– – Potentiale *302**, *503**
– – Stauungspapille, Beziehungen zu Allgemeinveränderungen 284
– des Blutdrucks 58, 326
– – Leistungsrestes, Beurteilung bei Invaliditätsbegutachtung 383
– eines Körperschadens, Beurteilung bei Begutachtung 383
Höhendiagnose intraspinaler Tumoren 413
– von Wirbelkompressionssyndromen 415
Höhenfestigkeit, Prüfung 316
höheres Lebensalter, Verlangsamung der Grundaktivität 326
HOFFMANN-Reflex 421
hohe langsame bilateralsynchrone Abläufe, Gruppen 331
homolateral positive Reaktion bei Karotisdruckversuch 333

homolaterale sharp and slow waves 234
Honorierung von EEG-Zusatzgutachten 381
horizontale Augenbewegungen 396
– Pendeldeviationen der Augen im Schlaf 142
Hospitantur 71
Hustenreflexe 421
HV s. a. Hyperventilation *303**, *304**
Hydratation 170
Hyperglykämie 356, 494
Hyperkinesen *377*, 378
hyperkinetische Zustände 351
Hyperpolarisation der Dendriten 23
Hyperpolarisationsvorgänge 22
hypersomnische Zustände bei Narkolepsie 423
»hypersynchron« 73, *207*
Hypertension, kontrollierte 330
Hypertonie, labile 326
hypertonische Gefäßerkrankung 326
Hyperthyreose 357
hypertrophische Neuropathie (DEJERINE-SOTTAS) 414
Hyperventilation *304**, 58, 59, 60, 169, *172*, 256, 262, 329, 331, 385, 386
–, Aussagekraft 185
–, Belästigung des Untersuchten 185
–, Dauer 60
–, Durchführbarkeit 185
–, Durchführung 173
–, Gefährdung 185
–, Gültigkeit 185
–, Indikation 178
–, Kontraindikation 178
–, Objektivität 185
–, Pathophysiologie 174
–, Sonderstellung 186
– bei Kindern 163
– im Kindesalter 176
Hyperventilationsanfang, Eintragung in die Kurve 215
Hyperventilationseffekt 174, *236*, 309, 329
–, Abklingen 173, *262*
–, abnorm starker 310
–, An- und Abklingzeit 176
–, klinische Korrelation 176
–, pathologisch überschießender 264
–, unspezifischer 175
– bei Aufwachepilepsien 245
– – Erwachsener 175
– im Kindesalter 175
Hyperventilationsende, Eintragung in die Kurve 215
Hyperventilationsprovokation, Grenzen 177
Hyperventilationsreaktion gesunder Personen 175
Hyperventilationsveränderungen 329
–, Bewertung 164
– des Kinder-Eeg, Schweregradeinteilung 163, *164*
hypnagoge Halluzinationen 142
Hypnogramm 373
Hypnose *147*, 370
Hypnotika 170
hypnotische Zustände, EEG-Veränderungen 147
Hypoglykämie 356
hypoglykämische Anfälle 266
– Lähmung 409
hypoglykämisches Koma 356

Hypokapnie *173*, 316
hypokapnisch bedingte Vasokonstriktion 163
Hypophysenadenom 275
Hypophysenausschaltungen 377
Hypophysentumoren 377
Hypothenarmuskulatur 415
Hypothermie, induzierte 374
Hypothyreose 457
Hypoxie 170, *174*, 316, 371
–, experimentelle 316
–, fortschreitende fokale 304
Hypoxiebelastung 383
Hypoxieeffekt 316
Hypoxieempfindlichkeit 316
hypoxische Hypoxydose 370
– Insulte 373
– Störungen 328
Hypoxydose 316, 331
–, hypoxische 370
–, transportative 331
Hypsarrhythmie *305**, 234, *238*, 246, 257, 260

Ideales Schreibsystem, Hauptparameter 40
Idealprovokationsmethode 334
idiopathisch bedingte Grand mal-Epilepsie 245
– – psychomotorische Epilepsie 254
idiopathische Epilepsie 233, 250, *254*, 260
– –, anlagebedingte 260
– Fazialisparese 416
– Migräne 329
im Eeg registrierte Potentiale 73
Impedanzmesser *206**, *306**
Impffähigkeit, Beurteilung 383
Impfreaktion 348
–, enzephalitische 349
Impfungen 351
implantierbare Dauerelektroden 388
Impulsiv Petit mal 233, *236*, 246, 247
– – –Status 238
Impulsfolgen beim Reizlicht für Erg 389
Impulsübertragung, neuromuskuläre 400
in Gruppen auftretende Deltawellen 349
– – – Thetawellen 349
inaktive Elektrode *307**
Inaktivierung, katotische 228
Inaktivität, elektrische, der Ohrelektrode 215, 216
indifferente Elektrode *307**, *308**, *393**
Indikation für Karotisdruckversuch 333
– – Schlafprovokation 184
– – stereotaktische Hirnoperation 377
– zur EEG-Begutachtung 380
– – hirnelektrischen Untersuchung 168
– – Hyperventilation 178
– – Nervennaht 418
– – operativen Dekompression des N. facialis 416
– – Photostimulation 181
– – Psychostereotaxie 378
Indikationsbreite von Provokationsverfahren 185
Indikationsstellung für Provokationsmethoden 382
– zur Hämodialyse 366
– – operativen Revision bei traumatischen Nervenläsionen 418
indirekte bioelektrische Störung der Hirnrinde 319

indirekte Provokationsmethoden 170
– Veränderungen im Eeg 277
Individualtod 374
Indoxuridin 351
Induktionsstadium der Barbituratnarkose 370
induktive Ankopplung an Telefon 45
induzierte Hypothermie 374
– Veränderungen der kortikalen Aktivität 233
induzierter Schlaf 182
Ineinanderlaufen von Fokus und Allgemeinveränderungen 272
infantile spasms 260
Infekte, grippale 349
Infektionskrankheiten, virusbedingte Begleitenzephalitiden 348
Infektionen als Parameter vom EMG-Potentialen 403
infiltrierend wachsende Hirngeschwülste 269
Informationen, automatische Aufarbeitung 379
Informationsbedarf für Dokumentation 61
–, Aktualität 68
Informationssystem, automatisiertes integriertes 63
infratentoriell, Begriffsbestimmung 269
infratentorielle Geschwülste, topographische Einteilung 270
– Prozesse 212, 277, 283
– –, Artdiagnose 279
Ingestionen 167, 168
INH-Intoxikation 369
Inhalationsnarkotika 369
»inhibierte« Alphareduktion 177
Inhibitionsverfahren 170
inhibitorische postsynaptische Potentiale 22
– Synapsen 22
initialer positiver Ausschlag des Aktionspotentials (Emg) 408
Initialflanke, positive (Emg) 412
inkonstante Fokusverlagerung 77
Inkonstanz der Lokalisation von Spitzenpotentialen 260
Inneneinrichtung des Ableitraumes 69
innere Erregung 239
– Kapsel 319
– Struktur der EEG-Kurve 55
Innervation, abgestufte 403
–, supraspinale motorische 420
– der Motorik, zentrale 400
Innervationsmuster 423
–, Bewertung 400
Innervationsstille 420
Innervationsverhältnisse 403
Instabilität, emotionale 385
Instruktion des Patienten über EEG-Untersuchung 189
Instrumentarium im Ableitungsraum 70
Insuffizienz, intermittierende vertebrobasiläre 328
–, vaskuläre 177
–, zerebrovaskuläre 319, 333, 384
–, – akute 333
Insulinbelastung 264
Insulinschockbehandlung 356
Insulinüberdosierung 356
Insultcharakter akuter zerebraler Gefäßstörungen 384
Insulte, hypoxische 373

Insulte, malazische 319
–, zerebrovaskuläre *319*, 322
– im Hirnstammbereich 319
Insultlokalisation und EEG-Störung 319
Insultursachen, Differenzierung 319
Insultrezidive 319
Integration des Elektromyogramms, elektronische 410
integriertes automatisches Informationssystem 63
intellektueller Überbau 360
Intensität des Reizlichtes beim Erg 389
Intensitätswechsel bei Herden 274
Intensivmedizin 63
Interferenz *309**, *490**, 235, 309
Interferenzerscheinungen 77, 101, 209, 211, 215, 216, 221
Interferenzmuster im Emg 410
– –, reduziertes 405, 412
– in den Antagonistenmuskeln (Emg) 419
intermittierend *310**
»intermittierende« Herde 274
intermittierende Lichtreize und okzipitale Antwortpotentiale 395
– Lichtreizung 386
– Porphyrie, akute 356
– rhythmische Deltaaktivität *311**
– Spannungsverminderung 373
– vertebrobasiläre Insuffizienz 328
International Federation of Societies for Electroencephalography and Clinical Neurophysiology 17, *29*, 33, 72, 229, 141, 426
International Society for Clinical Electroretinography 389
internationales Ableitungspunkteschema 30
Internationales EEG-Terminologie-Komitee 113, 116, 426
Interneurone 24, 420
interozeptive Reflexe 423
Interpretation der EEG-Veränderungen bei entzündlichen Erkrankungen des Gehirns 334
– des Eeg 363
– – Hirnpotentialbildes 356
Intervall *312**, 266
–, anfallsfreies 213, 228
Intervallanalyseverfahren 52
Intervall-Eeg *245*, 258, 260
Intervalle, isoelektrische 365, 373
Intervallstruktur 54
Intoxikationen 168, 212, 260, 266, 319, *363*, 365
–, EEG-Stadien 366
–, spezielle 369
Intoxikationsgrad, Einteilung 365
Intoxikationszustände, schwere 365
intraindividuelle Konstanz 157
intrakraniell, Begriffsbestimmung 269
intrakranielle Arterien 319
– Blutungen, Ecg 388
– Drucksteigerung 304, *306*
– Durchblutungsstörungen 374
– Fremdkörper 377
– Hämatome, extrazerebrale 316
– raumbeengende Prozesse s. a. Hirntumoren und Tumoren 60, 269
– – –, Diagnostik 271
– – –, Herdzeichen 284
intrakranieller Zirkulationsstillstand 376

intraoperatives Eeg bei stereotaktischen Hirnoperationen 378
intraselläre Lokalisation 270
intraspinale Tumoren, Höhendiagnose 413
intrathalamische Synchronisation 24
intravenöse Narkotika 369
intrazelluläre Ableitung 22
intrazerebrale Blutungen s. a. intrazerebrale Hämatome 313, *318*
– – nach hämatologischen Erkrankungen 319
– – – Intoxikationen 319
– – – Traumen 319
– Erweichungen 318
– Hämatome 313
intrinsic-instabilität 228
Invalidität 380
Invaliditätsbegutachtung *383*, 384
inzipiente Komplikationen 353
irregulär *313**, *596**
Irreversibilität zerebraler Störungen 373
irreversible Dauerschädigung, zerebrale 356
– Krankheitszustände 348
– Schädigung 349
irreversibler Zustand bei Hirnabszeß 349
Irritation der Formatio reticularis 370
ISCERG (International Society for Clinical Electroretinography) 389
Ischämie 316
ischämisch-hypoxischer Faktor 332
ischämische Krisen 332
isoelektrisch *314**
isoelektrische Intervalle 365, 373
– Kurven 373
– Linie 356, 366
– Perioden, komplette 373
– Strecken 370
isoelektrisches Eeg *315**
Isokortex 145, 228
Isolationsdefekt 413
isoliert *316**, *194**
isolierte Nadelelektroden 402
– spikes 247
– terminale Leitungsverzögerung im Emg 414
isolierter Lidschlag 188
Isoniazid (INH)-Intoxikation 369
isometrische Kontraktion, Kraftentwicklung 402
– Muskelkontraktion 410
Iterationsverfahren der Analyse 47
iterative Analyse nach SCHENK 53
– Intervallanalyse 53

JACKSON-Anfälle 326
JACKSON-artige Anfälle 249
JACKSON-Epilepsie 260, *266*
JENDRASSIKSCHER Handgriff 420, 425
Jitter 402
Jugendliche, Frühphase von Schädel-Hirn-Traumen 309
junge Säuglinge, fokale partielle Anfälle 260

K-Komplex *317**, 140, *143*, 145, 146, 162, 184
K-Komplexe, deformierte 353
–, fehlende 353
Kabelbruch als Artefaktquelle 188

542   Sachverzeichnis

Kabeln der Verbindungsschnüre 59
Kabeltelemetrie 41
Kallusbildung 415
kalorischer Nystagmus 398
Kalziumtest für Emg 419
Kanal 318*, 170*
Kanalkreuzung 221
Kanalzuordnung für Erg 392
Kapillarelektrometer 15
Karotisdruck, Effekte 332
–, klinische Korrelation 332
–, Pathophysiologie 331
Karotisdruckversuch 170, 186, *331*, 383
–, Indikation 333
–, Kontraindikation 333
–, methodologische Gesichtspunkte 333
–, präoperativer 333
Karotisinsuffizienz 333
Karotisligatur 322
Karotissinus 331
Karotisthrombose *322*, 333
Karpaltunnelsyndrom 415
Kartei für Eeg 71
–, wissenschaftliche 71
– mit klinischen Angaben 62
Karteiführung 62
Karteisystem 71
katatone Schübe 359
Katodenstrahloszillograph 391, *401*
katodische Inaktivierung 228
Katodenwiderstand 38
kaudale mesenzephale Bezirke 373
kaudaler Hirnstamm 319
Karzinom 411
Keilbeinflügelmeningiom, medianes 274
Kenngrößen der EEG-Analyse, spektrale 48
–, statistische 48
–, zeitliche 48
Kenntnis von Grunddaten bei Kindern 148
Kerblochkarte 62, *63*
Ketamine 371
Kinder-Eeg s. a. kindliches Eeg 147
–, Beurteilung von Schlaf-Eeg 149
Kinderaussagen, Glaubwürdigkeitsbegutachtung und Eeg 385
Kinder, Frühphase von Schädel-Hirn-Traumen 309
Kinderneuropsychiatrie 147
kinderneuropsychiatrische Fragestellungen 168
Kindesalter, Ableitungstechnik 147
–, altersphysiologische Aktivität 211
–, Beurteilung von Provokationskurven 149
kindliche Aussagen in Strafsachen, Glaubwürdigkeit 385
– tuberkulöse Meningoenzephalitis 350
kindliches Eeg 132
– –, Grundaktivität 116
Kippnystagmus 398
Kinnstützen für ERG-Untersuchungen 391
Klarschriftbelege, maschinenlesbare 62, *67*
»klassische Elektromyographie« 400
Klassifikation 319*, 583*
Klassifizierung 320*, 583*
Klebeelektrode *321*, 25, 29, 56, 115, 234
Klebeelektroden bei Kindern 147
– für Eog 396
Klebepasten für Erg 391
kleine epileptische Anfälle 235

kleine Säuglinge, Ableitungsarten 36
– spikes 231
– Spitze *322**, 113, 138, *213*
kleiner Anfall s. Petit mal
Kleinhirn 374
Kleinhirnabszesse im Kindesalter 168
Kleinhirnbrückenwinkelprozesse 281
Kleinhirnbrückenwinkeltumoren 270
Kleinhirnhemisphärentumoren 270
Kleinhirn-Hirnstamm-Bereich, Blutungen 319
Kleinhirn-Hirnstamm-Gebiet 319
Kleinhirntumoren s. a. infratentorielle raumbeengende Prozesse 269
–, Auftreten von Spitzenpotentialen 276
kleinzelliges Bronchialkarzinom 419
Kleinkind-Eeg 152
Klimaanlage im Ableitraum 69
klinisch vermutete Lokalisation 58
klinisch-anamnestische Daten *221*, 222, 283
– Untersuchungsergebnisse 58
klinisch-diagnostische Routine, Erfordernisse 54
klinisch-elektroenzephalographische Forschung 362
– Korrelationsuntersuchung 360
klinisch-neurologisch totaler Hirnfunktionsverlust 374
– Befunde 374
klinische Angaben für EEG-Begutachtung 381
– Anwendung des Eng 398
– – – Eog 398
– Bedeutung des Eog 398
– Diagnose 208
– EEG-Auswertung 51
– Elektroenzephalographie, Stellenwert 380
– –, Berechtigung zur selbständigen Ausübung 381
– Elektromyographie 400
– Elektroretinographie, Anwendungsgebiete 394
– Erscheinungen des Petit mal-Status 239
– Hilfsmethoden, Eeg 381
– Korrelation bei Karotisdruckversuch 332
– – des Hyperventilationseffektes 176
– – der Photostimulation 181
– – – Schlafprovokation 184
– Psychiatrie, Grenzen der EEG-Diagnostik 385
– Remission 356
– – nach Insult 331
– Routinebedingungen für Erg 389
– Symptome, Reversibilität 354
– Untersuchungsergebnisse 260
klinischer Befund 208
– Gutachter, Zusammenarbeit mit dem EEG-Arzt 380
– Routinebetrieb und automatische EEG-Analyse 48
– Zustand und EEG-Befund, Korrelation bei intrazerebralen Blutungen und Erweichungen 319
– – – –, Zusammenhang 384
klinisches Zustandsbild, Korrelation 318
Klippenelektrode 26
Klippen 323*, 458*, 606*, 611*
klonische Phase des Anfalls 234
– Zuckung 241

Knochenlücken 58, 313
– durch Weglassen des Knochendeckels bei Operation 275
»knock out«-Zustand 310
Knollenblätterpilzvergiftung 369
Koaxialelektroden für Emg *400*, 413
Kochsalzlösung, physiologische *25*, 59, 70
Körperbewegungen im Schlaf, spontane 140
Körperschaden, Beurteilung 383
–, Festlegungen zum Grad bei Begutachtungen 380
Körperschemastörungen 351
Körpertemperatur, aktuelle bei induzierter Hypothermie 374
Kohle- und Registrierpapier 60
Kohleschreiber 37
Kollagenosen 411
kollaterale Reinnervation, distale 413
Kollateralzirkulation, Erkundung 333
Koma, hepatisches 356
–, hypoglykämisches 356
–, myxödematöses 357
–, urämisches 356
– bei Morbus BASEDOW 357
komatöse Zustände 306, 350, 352, *355*, 356
Kombination der Elemente *116*, 138
– – Kriterien der Alphaaktivierung 84
– – – – Alphareduktion 78
– – – – verschiedenen Routineableitungsarten 272
– mehrerer Pharmaka 371
– zwischen Wellenfokus und Alphaaktivierung oder -reduktion 282
Kombinationsnarkose 371
kombinierte Graphoelemente 231
– Messung mehrerer Parameter 42
– Spitzenpotentiale 260
Kommotio- s. a. Commotio-
Kommotionssyndrom 304
Kompensation, zerebrale, Bewertung 378
Kompensationsfähigkeit des Gehirns 318
Kompensationsgrad des Gehirns 272
– –, Aussagen des Eeg 271
kompensatorischer Blutdruckanstieg 328
komplette isoelektrische Perioden 373
– Leitungsunterbrechung (Axonotmesis) 416
kompletter narkotischer Tiefschlaf 370
Komplex *324**
Komplexe, repetierende 352
komplexes Anfallsgeschehen 262
Komplexität (HJORTH-Parameter) 51
Komplexitätsparameter 51
Komplikationen, inzipiente 353
–, postoperative 275
–, zerebrale entzündliche otogene 349
– bei entzündlichen zerebralen Erkrankungen 348
– nach Schädel-Hirn-Trauma 310
komplizierte Migräne 330
Komponente *325**
– P I im Erg 389
Komponenten der Grundaktivität *116*, 222, 225
– – –, Bezeichnung 222
Kompression des N. medianus 415
– – N. tibialis 415
– von Nerven 415
Konkretisierung von EEG-Daten für EDV 72

Sachverzeichnis

konstante epileptische Herde 260
- Fokusverlagerung 77
Konstanz, intraindividuelle 157
- bioelektrischer Störungen 319
konstitutionell »dysrhythmisches« Eeg 267
- neuropathische Menschen 176
Kontaktmittel 46
Kontaktverbindung der Erdungsschnur 188
kontinuierlich 326*, 207
- ablaufende langanhaltende Thetawellenstrecken 354
- - - Deltawellenstrecken 354
kontinuierliche Alphawellen 75
- Betawellen 98
- Deltawellen 108
- Spikeaktivität 241, 373
- Thetawellen 102
- Verlangsamungen im Theta-Delta-Wellen-Bereich 364
kontinuierlicher Deltafokus 111, 212
- Deltawellenfokus 284
- Fokus 128
- Thetafokus 106, 212
- Thetawellenfokus 284
Kontinuität, Bestimmung 209
- der Alphawellen 76, 222
- - Betawellen 210
- - Wellen 76
- des Theta-Delta-Fokus 128
Kontraindikationen beim Karotisdruckversuch 333
- zur Hyperventilation 178
- - Photostimulation 181
Kontraktion, isometrische, Kraftentwicklung 402
-, simultane, in antagonistischen Muskeln 425
Kontrakturen im Versorgungsgebiet des N. facialis 417
- mit Muskelatrophie 352
kontralaterale Mitinnervation des N. facialis 416
kontralateraler Krampfherd 250
Kontravarianz 49
Kontrollableitungen 62, 348
Kontroll-Eeg 70
Kontrolle der Behandlung durch das Eeg 380
- - biologischen und physikalischen Eichung 60
- - Koordination, nichtpropriozeptive 423
- - Motorik 423
Kontrollen, postoperative 60
Kontrolleichung 208
kontrollierte Hypotension 330
Kontrolluntersuchung, nervenärztliche 386
Kontrolluntersuchungen 256, 353
-, kurzfristige 275
-, Zahl 255
- bei Insulten 319
Kontur 327*, 233*
Kontusio- s. a. Contusio-
kontusionelle Hirnschädigung 315
Kontusionsherd 304, 306
Kontusionsherde (multiple) 306
-, basale 315
Kontusionspsychose 306
konventionell abgeleitetes Routine-Eeg 361
konventionelle EEG-Befunddokumentation 61

konventionelle EEG-Untersuchung 361
- Elektromyographie 402
- Oberflächenableitung 378
konventioneller Schlaf 139
Konvexitätselektroden 31
konzentrische Nadelelektroden, Widerstand 400
- - für Emg 400
Konzeptionsalter, Bestimmung 150
-, Schätzung 407
Koordination, EMG-Veränderungen 419
-, nichtpropriozeptive Kontrolle 423
Koordinationsstörungen 397
koordinierte Ausbildung von EEG-Ärzten und Technischen Assistentinnen 72
Kopfbewegungen, versive 422
Kopfhaut-Eeg 328*, 390*
Kopfhautelektrode 321*, 329*, 389*, 418*
Kopfhautelektroenzephalogramm 330*, 390*
Kopfhautelektroenzephalographie 331*, 391*
Kopfschmerz und Epilepsie, Verwandtschaft 329
Kopfschmerzen, vasomotorische 330
Kopfwäsche vor EEG-Untersuchung 58, 187
Koppelung der Stereotaxie mit der EDV 377
KORNMÜLLER-Haube 5*, 32*, 391
-, modifizierte, für Eog 396
KORNMÜLLER-Kopfhaube 27, 28
Korrelat des Dämmerzustandes 235
Korrelation, Begriff 49
- zu klinischen Untersuchungsergebnissen 260
- zum klinischen Befund 221
- - - Zustandsbild 318
- zur Tiefe der Bewußtlosigkeit 373
- zwischen Eeg und Krankheitsbild 359
- - klinisch-anamnestischen Untersuchungsergebnissen und Veränderungen im Eeg 58
- - klinischen Zustand und EEG-Befund bei intrakraniellen Blutungen und Erweichungen 319
Korrelations- und Leistungsspektrumstechnik 47
Korrelationsfaktor 49
Korrelationsfunktion 54
Korrelationsuntersuchungen, klinisch-elektroenzephalographische 360
Kortexelektrode 333*
kortikale Ableitung 387
- Aktivität, induzierte Veränderungen 233
- Desynchronisation 145
- Elektrogenese 22, 23
- Gleichspannung, Verschiebungen 228
- Lokalisation 269
- Prozesse 274
- somatosensorische evozierte Potentiale 402, 409
- Strukturen 228
- Zeit 395
kortikaler Befall der Hirnsubstanz 350
- Herd 230
Kortikogramm 215*, 334*
Kortikographie s. a. Ecg und Elektrokortikographie 216*, 335*, 378
kortikographische Untersuchungen 99
kortikookzipitale Zeit 395
Kovarianz 49

KRABBESCHE Globoidzelldystrophie 414
Krämpfe, akzidentielle 266
Kraftentwicklung bei isometrischer Kontraktion 402
- des Muskels 410
Kraftfahrtauglichkeit 386
-, Begutachtung 383
»Krampfaktivität« 275
Krampfanfall, großer 228
Krampfanfälle, zerebrale, bei entzündlichen Erkrankungen 348
-, - - intrakraniellen raumbeengenden Prozessen 275
-, - generalisierte 356
- nach Hirntraumen 313
Krampfausbreitung zur kontralateralen Seite 228
Krampfbereitschaft, erhöhte 262
Krampfentladungen 227
Krampffokus s. a. Krampfherd 326
-, Tiefenlokalisation 231
Krampfherd, kontralateraler 250
- bei posttraumatischer Epilepsie 313
Krampfleiden, sich anbahnende 214
Krampfneigung, erhöhte zerebrale 212
»Krampfpotentiale« 227, 230
-, diffuse gemischte 246
»Krampfströme« 230
Krampftherapie 361
»krampfwellenähnliche Komplexe« 178
Krankheitsbilder, schizoforme 360
-, schizophrenieähnliche 360
-, schizophrenieforme 360
Krankheitsformen, enzephalitische 348
-, enzephalomeningitische 348
-, meningitische 348
-, meningoenzephalitische 348
Krankheitsgeschehen, Lokalisation 353
-, Prognose 353
Krankheitsprozeß, Akuität 359
-, Beteiligung, hirnorganische primäre 363
-, -, - sekundäre 363
Krankheitsprozesse, »endogen-organische« 362
-, schizoforme 362
-, schizophrenieforme 362
Krankheitsverlauf der Lues cerebrospinalis 354
Krankheitszustände 380
-, akute zerebrale entzündliche 348
-, chronische entzündliche 348
-, irreversible zerebrale entzündliche 348
-, reversible zerebrale entzündliche 348
Kreislaufhypertonie, chronische 330
Kreuzen der Kanäle 60, 188
Kreuzkorrelation 49
Kreuzkorrelationsfunktion 22, 49
Kriminelle, Eeg 385
Krisen, ischämische 332
-, psychosensorische 249
-, thyreotoxische 357
krisenhafte Funktionsstörungen 262
Kriterien, polygraphische, des Schlafes 139
- der Alphaaktivierung 84
- - Alphareduktion 78
- - Potentiale 73
- für EEG-Provokation 185
Kryokoagulation 377
künstliche Pupillenerweiterung 389
KUGELBERG-WELANDER-Muskelatrophie, progressive spinale 413

Kulminationszeiten beim Erg 394
Kurve *172**, *336**
Kurven, besonders interessante, Vermerke 71
–, isoelektrische 373
Kurvenabschnitt, für Zählung auszuwählender 77
– für Auswertung 207
Kurvenaufbewahrung 70
Kurvenausschnitt *176**, *337**
Kurvenbild, allgemeine Abflachung 306
– bei Epilepsien 229
Kurvenbilder, sehr flache 322
Kurvenmaterial, Qualitätsprobleme 56
kurzfristige Kontrolluntersuchungen 255
Kurzschlafuntersuchung nach Schlafentzug 181

Labile Hypertonie 326
Labilität, vasovegetative 264
Lachen als Artefaktursache 188
Lacklösungsmittel 369
Lähmungen, dyskaliämische 411
–, hypokaliämische 409
–, passagere 249
Länge der einzelnen Ableitungsarten 60
– – Meßstrecke 76
Längsreihe, bipolare 34
Längsreihenschaltung *112**, *338**
Längsschaltung, bipolare 272
Längsschnitt-Kontrolluntersuchung 348
Längsschnittuntersuchungen 315
Läsion des R. profundus des N. ulnaris 415
Läsionen, Lokalisation 319
– in den kaudalen mesencephalen Bezirken 373
– – – pontomedullären Bezirken 373
Lagebestimmung von Tumoren s. Lokalisation
Lage der Ableitpunkte 29
Lambdawelle *339**
Lambdoidwellen *340**, *395**
LAMBERT-EATON-Syndrom 419
Lampenabstand bei Fotostimulation 178
LANDOUZY-DEJERINE-Myopathie 410
langanhaltende Deltawellenstrecken, kontinuierlich ablaufende 354
– Thetawellenstrecken, kontinuierlich ablaufende 354
langsam wachsende infratentorielle Prozesse 283
– – supratentorielle Prozesse 283
– – Tumoren 283
langsame Abläufe, diffuse Einlagerungen bei Fotostimulation 179
– Aktivität *341**
–, –, okzipitale 328, 385
–, –, spannungshohe 353
– Alphaaktivität 254
– Alphagrundaktivität 255
–, –, flache 354
– Alphawellen 309
– Betawellen 97
– Deltawellen 107
–, –, spannungshohe 354
– – bei cerebralen Blutungen und Erweichungen 319
– – im Schlaf 139
– – in Gruppen, paroxysmal aufschießend 354

langsame frequenzstabile Alphaaktivität 328
– negative Nachschwankung 113
– okzipitale Aktivität 385
– spannungshohe Wellengruppen 368
– temporale Aktivität 385
– Thetawellen 102
– – in Gruppen, paroxysmal aufschießend 354
– –, spannungshohe 354
– steile Wellen mit eingestreuten Spitzenparoxysmen 357
– Welle *342**
– – im Deltaband *343**, *543**
– – im Deltabereich *344**, *543**
– Wellen, Gruppenbildungen 350
–, lokalisierte Einlagerungen 385
–, spannungshohe, mit spike and wave-Komplexen 355
– – im Temporalbereich, gruppenweise lokalisierte 328
langsamer Alphabereich *326*, 349
– posteriorer Rhythmus 134
– Schlaf 182, 184
langsames Alpha-Eeg 132
Langzeitanwendung von Tegritol 368
Langzeitüberwachungen 374
Langzeituntersuchungen, polygraphische, im Neugeborenenalter 148
larvierte Epilepsie 262
– Narkolepsie 267
Larynxmuskeln 405
latente Anfallsbereitschaft 363
– Epilepsie *262*, 315
– Gefäßinsuffizienz 333
Latenz, resituale (Elektromyographie) 406
Latenzzeit, distale (Elektroneurographie) 406
Latenzzeiten beim Erg, Zunahme 394
– provozierter Nystagmen 398
Lateralisation des Tumorprozesses 271
– von Prozessen 318
Lautsprecher, Nachweis myotoner Potentialschauer 411
–, – repetierender Potentiale im Emg 411
Lebensalter, Abhängigkeit des EEG 260
Lebererkrankungen 168
Leberkoma 356
leichte Allgemeinveränderungen *120*, 283, 329, 357
– – beim Kinder-Eeg 168
– metabolische Encephalopathien 355
leichter Schlaf, C-Stadium 141, *142*
–, – beim Kind 159
leichtes Schädeltrauma 395
Leistungsabbau, psychischer 355
Leistungseinheiten für EEG-Arbeit 67
Leistungsfähigkeit, Beurteilung bei Begutachtungen 385
–, Nachlassen der geistig-seelischen 384
Leistungsinhalt 51
Leistungsminderung, Begutachtung 383
Leistungsnachweis der EEG-Abteilung 62
Leistungsspektrum 49, *50*
–, Berechnung 50
Leistungsspektrumsfunktion 54
Leistungsverstärker *37*, 39
Leiter der EEG-Abteilung 68
Leitgeschwindigkeit der Erregung von Nerven 403
Leitungsblockierung, funktionelle 416
Leitungsschnur *18**, *345**, *346**

Leitungsunterbrechung, komplette (Axonotmesis) 416
Leitungsverbindung *346**
Leitungsverzögerung 424
–, isolierte Terminale 414
– im trigeminofazialen Reflex 424
Leitungszeit, eigentliche (Elektroneurographie) 406, 408
Leitzeitdifferenzen bei Elektroneurographie 407
Leukenzephalitis, subakute 349
Leukodystrophie 355, 407
–, metachromatische 407, 414
Leukose 168
LEYDEN-MÖBIUS-Myopathie 410
lichtabschirmende Maßnahmen für Erg 392
Lichtblitzgerät s. a. Stropotest 178
Lichtblitzdauer bei Fotostimulation *234**, *347**
Lichtblitzprovokation s. Fotostimulation
lichtelektrischer Effekt 392
Lichtreize, Hirnrindenantwort 392
–, farbige, für Erg 391, 392
–, intermittierende und okzipitale Antwortpotentiale 395
–, Parameter für Erg 392
Lichtreizung, intermittierende 386
Lidschlagartefakte 58, 188
Lidschläge 16
– bei Erg als Artefakte 392
Lidschlußeffekt *82**, *348**
–, abnormer 172
–, pathologischer 172
Ligatur der A. carotis s. a. Karotisligatur 322
Lineal für EEG-Auswertung 207
– – ERG-Auswertung 393
Linearität des Verstärkungsgrades beim Elektroenzephalograph 56
Linie, isoelektrische 356, 366
Links-Rechts-Vergleich der Potentiale 29
Links-Rechts-Wechselprinzip 33
Lipoidosen 355
–, zerebrale 181
Liquordiagnostik 359
Liquorexploration 348
Liste besonderer Fälle oder Kurven des EEG 62
Listeriose 349
Lithium 368
»local sign« 423
Lochkarte, Kerb- 62
–, Schlitz- 62
–, Sicht- 62
Lochstreifen 62, *64*
Lokalanästhesie 388
Lokaldiagnostik von Hirngeschwülsten 18
Lokalisation, »gute« 281
–, klinisch vermutete 58
–, lokalisiert *349**, 207
–, subkortikale 319
– der Lues cerebrospinalis 354
– – Abszesses 349
– – Herdzeichens, Beziehungen zur Lokalisation des Prozesses 282
– –Krankheitsgeschehens 353
– –Prozesses 277
– – –, Beziehungen zur Lokalisation des Herdzeichens 282
– im 3. Ventrikel 269

Sachverzeichnis
545

Lokalisation subkortikaler Herdstörungen durch Subkortikographie 388
- von Läsionen 319
- von Spitzenpotentialen 260
- von Tumoren 269
Lokalisationen von Erkrankungen der Netzhaut 394
Lokalisationsarten supratentorieller raumbeengender Prozesse 269
Lokalisationsgüte 271, 281
lokalisatorisch auftretende spannungshohe Paroxysmen und Wellengruppen 360
lokalisatorische Angaben 271
- Einteilung von Tumoren 270
- Hinweise 271
lokalisierte Anfälle 276
- Deltawellen 222
- Einlagerung langsamer Wellen 385
- Folge von Spitzenpotentialen 128
- langsame Wellen im Temporalbereich, gruppenweise 328
- paroxysmale spannungshohe Spitzenpotentiale 350
- Paroxysmen 214
- polymorphe Verlangsamungen 318
- Spitzenpotentiale, Einbeziehung in die Auswertung 276
- Störungen 330
- Thetawellen *102*, 222
- Veränderungen 138
Longitudinaluntersuchungen 250
Lues cerebrospinalis 354
lumbale Bandscheibenschäden, Diagnostik 416
- Diskushernie 416

M. abductor pollicis brevis 415
M. adductor digiti quinti 419
M. gastrocnemius 403
M. interosseus dorsalis 403
M. masseter 424
M. mentalis 424
M. orbicularis oculi 424
M. rectus lateralis oculi 403
M. serratus anterior 418
M. soleus 421, 422
M. tibialis anterior 424, 425
Mm. interspinales cervicis 418
Mm. rotatores cervicis 418
Mm. semispinales cervicis et capitis 418
M-Antwort im EMG 421
M-Potential im EMG 421
mäßig schwere Allgemeinveränderungen 120
mäßige Allgemeinveränderungen *120*, 283, 257
Magnetbandspeicher 62, 401
Magnetkontokarte 62
Magnetplattenspeicher 62
Magnetspeicher 62
Makulagegend, Pigmentveränderungen 351
malazische Insulte 319
maligne degenerative nukleäre Atrophien 413
- Tumoren 419
Malignität von Tumoren 272
Multielektroden für EMG 403
mangelhafte Beweiskraft negativer Befunde 380
Mehrfachtiefenelektrode 354*

Membrandepolarisation 22
Membranpotential 22, 23
MÉNIÈRE 262
MÉNIÈRE-artige Zustände 243
MÉNIÈREscher Anfall 266
Meningiome 275, 283
- der Konvexität s. Konvexitätsmeningiom
- des Keilbeinflügels s. Keilbeinflügelmeningiom
Meningitiden 334
Meningitiden, akute syphilitische 354
-, eitrige 350
- im Kindesalter 168
Meningitis nach Schädel-Hirn-Trauma 310
meningitische Krankheitsformen 348
Meningoencephalitiden 334
Meningoencephalitis, kindliche tuberkulöse 350
-, tuberkulöse, bei Erwachsenen 350
meningoencephalitische Krankheitsformen 348
Merkmal *286**, 355*, 64
meßencephale Bezirke, kaudale 373
mesodienzephaler Bereich 328
Messung der Ausprägung der Betawellen 210
- - Elektrodenwiderstände 60
- - Frequenzstabilität der Betawellen 210
- des Eeg 209
Meßabschnitt *176**, 356*
Meßintervall *176**, 357*
Meßlupe für Erg-Auswertung 393
Meßschablone für EEG-Auswertung 61, 77, *208*
Meßstrecke *176**, 358**, 210
-, Prozentangabe *98*, 102, 108
Manifestation, cerebrale epileptische 313
- der Anfälle 256
- - -, Zeitpunkt 257
- eines cerebralen Anfallgeschehens 350
- epileptischer Anfälle 262
manisch-depressives Syndrom 355
manische Phasen zyklothymer Psychosen 363
Marasmus 352
»march of convulsion« 241
Marihuanamißbrauch 369
Markierungsleserbeleg 62, *66*
Markierungslesertechnik 66
MARKOFFsche Kette 54
- - 1. Ordnung 56
- - höherer Ordnung 55
- Prozesse 48
maschinell lesbare Klarschriftbelege 67
maschinelle Analyse des Emg 401
maschinenlesbare Datenträger 62
- Klarschriftbelege 62
- Verbunddatenträger 66
Maschinenlochkarten 62, *64*
Masern 349
-, Begleitencephalitis 348
Masernerkrankung, persistierende 532
maskierte Epilepsie 262
massive kortikale Störung 373
Mastikativanfälle 241
Maßnahmen für Erg, lichtabschirmende 392
Materialien für Auswertung 270
mathematische Aspekte der EEG-Auswertung 48
- Transformation 49

maximale Willkürinnervation, Aktivitätsmuster 403
Maximum an Betaaktivität beim Ecg 387
mechanische Atembehinderung 304
- Schreibsysteme, Grenzfrequenz 401
mechanoelektrische Wandler für Emg 402
Mechanogramm 419
Medazepam 365
mediane Keilbeinflügelmeningiome 274
Medianität von Prozessen, Rückschlüsse 216
Medikamente, Dauer und Dosierung 58, 230
- für EEG-Ableitraum 70
medikamentenfreies Ausgangs-Eeg 230
Medikamentenschränkchen im EEG-Ableitraum 70
Medikamentenentzugsphase 181
medikamentös ausgelöster Schlaf *147*, 182, 386
- eingestellte Epilepsiepatienten 58
medikamentöse Intoxikation mit Antiepileptika 239
- Provokation 264
- Pupillenerweiterung 392
medikamentöser Schlaf 167
Medikation, antiepileptische 230
Medizinischer Dienst des Verkehrswesens der DDR 386
medizinische Befunddokumentation 68
- Untersuchungsbefunde, Dokumentation 61
Mehratmung *304**, 351**, 173
-, Pathophysiologie 174
mehrere Meßgrößen, gleichzeitige Übertragung 43
- Parameter, kombinierte Messung 42
Mehrfachelektrode 352*, *354**
Mehrfachherde *353**
Meningitis, akute syphilitische 354
metabolische Enzephalopathien 355
- Erkrankungen (Endotoxikosen) 355
- Neuropathien 414
metachromatische Leukodystrophie 407, 414
metallisiertes Papier für EMG-Aufzeichnung 401
Methaqualon-Schlaf 182
Methodik der Schlaf-EEG-Provokation 181
- des Karotisdruckversuchs 331
methodologische Gesichtspunkte beim Karotisdruckversuch 333
Migräne 176, 181, 262, 266, *329*
-, einfache 330
-, essentielle 329
-, idiopathische 329
-, komplizierte 330
-, symptomatische 329
Mikroableitungen im Schlaf 145
Mikroelektroden, extrazelluläre 22
Mikrofonieeffekt als Artefaktursache 189
Mikroneurographie 400
mikroneurographische Methode 419
Mikroreflexe 425
Mikrotraumen von Nerven 415
Mikrotraumatisierung des N. ulnaris 415
Mikrovolt als Maßeinheit für Spannungshöhe 206
Mikrozephale, Ableitungspunkte 36
-, Elektrodenabstände 48
»Minderung der Erwerbsfähigkeit«, Beurteilung 383

Miniaturplattenpotentiale, fortgeleitete 404
Mischfokus, Theta-Delta- *128*, 215, 222, 284
-, - -, reiner 128
Mischmittelmuster bei Anästhesie 371
Mischtypen des EEG 135
Mitregistrierung von Lidbewegungen im Erg 391
- - Augenbewegungen im Erg 392
Mißbildungen im Kindesalter 168
mittelhohe Thetawellen 137, *211*
mittelschwere Allgemeinveränderungen im Kinder-EEG 168
mitteltiefer Schlaf, D-Stadium 141, *143*
- -, - beim Kind 161
Mittelwertbildner, digitaler 402
-, elektronischer 400, 408
- für Elektromyographie 402
Mittelwertbildung, elektronische, für Emg 402
-, - - Erg 392
mittlere metabolische Enzephalopathie 355
- potentiale Dauer im Emg 410
mittleres Aktivitätsniveau 227
- Erregungsniveau 227
Mobilität (HJORTH-Parameter) 51
Mobilitätsparameter 51
modifizierte KORNMÜLLER-Haube für Erg 396
Modulationsverfahren bei drahtloser Telemetrie 44
Möglichkeit der Artdiagnostik 271
Mörder, EEG-Beurteilung 385
Monoanästhesie 371
Monomorph *359**
monomorphe Wellen 276
- Deltawellen, bilaterale 349
- Wellengruppen, bilaterale 318
monophasische Endplattenpotentiale 404
monophasische spikes 231
monophasische Welle *360**, *361**
monophasisches Potential *361**
Monopolar *291**, *362**
monopolare Stimulation für Emg 422
monorhythmisch *251**, *363**
monosynaptische myostatische Reflexe 421
monosynaptischer Eigenreflexbogen 412
Morbus Addison 357
Morbus BANG 349
- BOECK 349
- PARKINSON 424
- RAYNAUD 377
Morphe *233**, *364**
Morphologie *233**, *365**
- der Spitzenpotentiale 230
Mortalität 284
Motoneurone, Entladungsfrequenz 405
-, Entladungsverhalten 402
-, Erregbarkeitsschwelle 406
-, rekurrente Erregung 421
-, Subnormalphase 420
Motoneuron-Erregbarkeit 420, 421
Motorik, elektromyographische Befunde bei zentralen Störungen 425
-, nicht propriozeptive, Kontrolle 423
-, spinale Störungen 400
-, supraspinale Störungen 400
-, zentrale Innervation 400
- zentralbedingter Störungen 419
motorische Einheiten, Aktionspotential 403

Motorik, Amplituden der Potentiale 410
- -, Entladungsverhalten 419
- -, Rekrutierung 408
- -, rekrutierungsfähige 410
- Erregungsleitung *406*, 413
- Erscheinungen 235
- JACKSON-Anfälle 241
- Innervation, supraspinale 420
- Neurone, Entladungsfrequenz 405
- Rieseneinheiten 413
- Vorderhornzellen 403, 420
motorischer Nerv, Bestimmung der Erregungsleitung 402
motorisches Axon 403
Mü-Rhythmus *48**, *366**, 172
Mukoviszidose 168
Multielektroden 24
- für Emg *400*, 404, 410
multiple Herde *353**, *367**
- Herdbildungen 322
- Sklerose *354*, 377
Multispike *369**, 113, 231
- and wave-Komplex *370**, 115, 247
Multispike-Komplex *368**
Multitiefenelektrode *354**, *371**
Multiplexverfahren 44
Mumps 349
-, Begleitenzephalitis 348
Mundsperrer 70
musikogene Epilepsie 264
Muskel, gesunder, Spontanaktivität 404
-, myopathischer 410
Muskelaktionspotentiale 400
-, Bewertung 400
Muskelatrophien, Kontrakturen 352
Muskelentspannung, willkürliche 419
Muskelfasern, Funktionsverlust 410
Muskelkontraktion, isometrische 410
Muskeln, antagonistische, simultane Kontraktion 425
-, myopathisch geschädigte 409
-, myotone 410
Muskelpotentiale 97, 188, 234
Muskelpotentialüberlagerungen 135
Muskelrelaxantien 370
Muskulatur, paravertebrale 416
Muster, Veränderungen elektromyographischer 406
Musteranalyse des EEG 47, *53*
Musterbeschreibung 56
Musterung 56
mutistische Patienten 351
Myasthenia gravis Pseudoparalytika 418
myasthenische Reaktion 419
- Syndrome 418
Myatrophien 415
Myelinscheide, Veränderungen 407
Myelinisierung, pathologische 407
myogene Spontanaktivität bei neurogenen Störungen 411
- Störung 400
myoklonieähnliche Zuckungen im Schlaf 145
Myoklonien *180*, 352
myoklonisch-astatische Anfälle 352
myoklonisch-astatisches Petit-mal *238*, 247
myoklonische Symptome 422
- Zuckungen 351
Myoklonismen 233, 238, 241
Myoklonie 235
Myoklonus *236*, 377

Myoklonus-Epilepsie 249
Myopathia distalis hereditaria tarda 410
Myopathien 409
-, dystrophische 409, 410
-, entzündliche 410
myopathisch geschädigte Muskeln 409
myopathischer Muskel 410
myostatische Reflexe, monosynaptische 421
myotone Muskeln 410
- Potentialausbrüche im Lautsprecher 411
myotoner Potentialschauer im Emg 411
Myotonia congenita (THOMSEN) 411
- dystrophica (CURSCHMANN-STEINERT) 411
Myotonie 411
Myxödem 357

N. facialis 424
- -, Beurteilung des Funktionszustandes 416
N. medianus 407, 424
- -, Kompression 415
N. peronaeus 407
N. supraorbitalis 424
N. thoracicus 418
N. tibialis 415, 421
N. ulnaris 407, 419, 424
-, Läsion 415
Nachlassen der geistig seelischen Leistungsfähigkeit 384
Nachentladung *372**
Nachtschlaf 137
-, normaler 140
Nachtschlafuntersuchung 181
Nachweis von Lidbewegungen im ERG 392
- - Augenbewegungen im ERG 392
nächtliche Verwirrtheit 319
Nadelelektrode *373**, 16, *25*, 150, 375, 378, 387
Nadelelektroden, isolierte 402
- für EMG 400
Nadelmyographie 418
Namenskartei 71
Narben, Veränderungen im EEG 58
Narbenveränderungen 212
Narkolepsie 139, 267, 423
-, larvierte 267
narkoleptischer Formenkreis 177
narkoleptisches Syndrom 386
Narkosemischmittel 371
Narkosetiefenbestimmung, elektroenzephalographische 371
Narkotika 170, 369, 370
narkotischer Tiefschlaf bei Barbituratnarkose 370
Nasenelektroden 520
Nasopharyngealelektrode *69**, *374**
Natrium-Gamma-Hydroxybutyrat 368
natürlicher Schlaf 145
- - nach Schlafentzug 167
- - ohne Schlafentzug 167
negativ gerichtete Spikes 231
- inotroper Effekt 370
negative Befunde, mangelnde Beweiskraft 380
- Endplattenpotentiale 404
- Komponente im Erg (P III) 389
- Spitzen 231
- steile Wellen, Typ II 113

Sachverzeichnis 547

negativer BERGER-Effekt *82**, 375*, 84, 85, 172, 211
- Lidschlußeffekt *82**, 376*
- on and off-Effekt *82**, 377*
negatives EEG 177
- ERG 394
- Hirnpotentialbild 169
- kortikales Verletzungspotential 304
- Minus-Erg 394
- Plus-Erg 394
nekrotisierende Enzephalitis 349
Neostigmin-Provokation für EMG 411
Nerv, motorischer, Bestimmung der Erregungsleitung 402
Nerven, periphere Erregungsleitung 400
-, - gestörte Erregungsleitung 407
nervenärztliche Kontrolluntersuchung 386
Nervenaktionspotentiale 402, 408
Nervenfasern, terminale, Aussprossen 413
Nervenfaserschicht, ERG 394
- der Netzhaut 395
Nervenkompression 414, 415
Nervenläsion, traumatische (EMG) 417
Nervennaht, Indikation 418
Nervensystem und Endokrinium, funktionelle Beziehungen 356
Nervenverletzungen, scharfe und stumpfe 418
Nervenschädigungen, terminale 409
Netzhaut s. a. Retina
-, Adaptationszustand 390
-, Aktionspotential 388
-, Erkrankungen 388
-, Rezeptorenschicht 389
-, Ruhe- oder Bestandpotential 395
-, unterschiedlicher Adaptationszustand 389
Netzhautablösung 395
Netzhautentzündung 395
Netzhauterkrankungen, Schweregrade und ERG 395
Netzhautfunktion, objektive, Erfassung mit ERG 394
Netzhautfunktionsprobe, EOG 397
Neugeborene, EEG bei Geschädigten 151
-, fokale partielle Anfälle 260
-, Todeszeitbestimmung 151
-, undifferenzierte Mischaktivität 151
-, WHO-Definition 150
Neugeborenenalter, polygraphische Langzeituntersuchungen 148
-, Spezialuntersuchungen 148
Neuralgien im Gesichtsbereich 329
Neurapraxie 411, 416, 417, 418
Neurastheniker 177
neurasthenische Menschen 176
neurasthenisches Syndrom 348
Neurochirurgie, EEG 270
neurochirurgische Erkrankungen 387
neurogene Spontanaktivität im EMG 412
- Störungen 400, 411, 413
Neuroleptanalgesie 370
Neuroleptika 367
neurologische Ausfälle 322, 348
- Symptome, Fehlen bei Subarachnoidalblutung 318
- Untersuchung 253, 271
- Untersuchungsbefunde 254
neuromuskuläre Impulsübertragung 400
- Transmission 402
Neuromyopathie 409
Neuromyositis 409

neuronale Entladung, exzessive 304
- Generatoren 23
Neuronenverbände 316
Neuropädiatrie 147
neuropädiatrische Fragestellung 168
Neuropathie, hereditäre sensorische 414
-, genetisch bedingte 414
-, - - (DEJERINE-SOTTAS) 414
-, metabolische 414
-, periphere 409
neurophysiologisch orientierte Ordnung der Anfallssyndrome 362
Neuropsychiatrie 362
neuroradiologische Diagnostik 378
Neurosen 139
neurotisch bedingte Schlafstörung 143
neutrale Elektrode *256**, *307**, *378**
neutraler Bezugspunkt 37
Nicht-Stationarität *248**, *380**
nicht fortgeleitete Potentiale im EMG 412
- lokalisierte Veränderungen 138
- machinenlesbare Datenträger 62
- numerische Daten 66
- synchron *53**, *379**
- feinlokalisierbare Prozesse 269
nichtepileptische Anfälle 266
nichtorganische psychische Störungen 326
»nichtregistrierbares« ERG 394
nichtpropriozeptive Kontrolle der Koordination 423
- - - Motorik 423
Niederfrequenzfilter *381**, *641**
niedergespannte schnelle Aktivität 353
Niederspannungs-Eeg *382**, *505**
Niedervoltage-Eeg *382**, *505**
niedrige Thetawellen 211
- - im Schlaf 145
Nitrazepam 365
»Noch physiologische Thetawellen« 211
nomenklatorische Begriffe 215, 382
- -, Anwendung 222
- -, Umwandlung von Analyseergebnissen 54
- Schwierigkeiten für Erg 393
nomenklatorischer Begriff *384**, *385**
- EEG-Begriff *177**, *385**, 66
Nomenklatur als Beschreibungsvokabular 55
- als Ergebnis von Gemeinschaftsarbeit 72
- der Allgemeinveränderungen 120
- des EEG *177**, *386**, 67, 72, 134, 135
-, einheitliche 72
Normabweichungen des Ventrikelsystems 360
»Normal«-Kurve 273
normale Muster 116
normaler Nachtschlaf 140
normales Aktionspotential (Elektroneurographie) 408
- Ausgangs-Eeg 359
- Eeg s. a. physiologisches Eeg 319, 354
- - bei massiven Halbseitensyndromen 319
- Elektroretinogramm 388
- Wach-Eeg 139
normalisiertes Eeg 349
Normalisierung, forcierte 239
- der Hirnaktivität 309, 316
- des Hirnpotentialbildes 349
- - - bei Commotio cerebri 305
- nach Strangulation 322

Normalisierungstendenz der Hirnaktivität 266
Normalpersonen, Eeg 360
»Normalrhythmen« 227, 229
Normalverteilung, angenäherte 405
normokalzämische Tetanie 357
Normung für Erg 398
nozizeptive protektive Reflexe 423
- Reize 373
NREM-Schlaf 184
nukleäre Atrophien, chronische 413
- -, maligne degenerative 413
- Störungen 413
Nulldurchgänge 53
Nullinie *271**, *387**
-, gedachte 53
Nullinien-Eeg 375
- des Neugeborenen 151
Nullphase des Schlafes 157
Nullpunktabweichung beim Elektroenzephalographen 56
numerische Schlüsselsysteme 122
- Werte, Umwandlung beim Emg 402
Nummer der Eeg-Kurve 70
Nutzsignal 402
Nutzsignalspannung bei Differenzverstärkern 38
Nutzzeit, Elektroneurographie 406
Nystagmen, Auftreten 398
-, provozierte, Dauer der Phase 398
-, -, Latenzzeiten 398
Nystagmogramm s. Elektronystagmogramm und Emg
Nystagmus 188, *398*
-, Amplitude 398
-, Drehreiz- 398
-, Form 398
-, Frequenz 398
-, klonischer 398
-, optokinetischer 398
-, Richtung 398
-, Spontan- 398
-, Winkelgeschwindigkeit 398

O_2-Mangel, partieller 316
-, totaler 316
O_2-Mangelzustände 316
obere Grenzfrequenz für Elektromyographieverstärker 401
oberste Spannungshöhe 209
oberflächenpositive Wellen im Eeg 23
Oberflächen-Eeg *388**, *390**, *529**, 22
Oberflächenableitung, konventionelle 378
Oberflächenableitungen 379
Oberflächenanästhesie der Hornhaut für Erg 392
Oberflächenelektrode *389**
Oberflächenelektroden 25
- für Elektroneurographie 407
- für Emg 400
Oberflächenelektroenzephalogramm *390**
Oberflächenelektroenzephalographie *391**
oberflächlicher Temporallappen-Anfallstyp 241
Obergutachten, EEG- 381
Oberwurmtumoren 270
objektive Erfassung der Netzhautfunktionen mit Erg 394
Objektivierung der Allgemeinveränderungen 120
- - Ergebnisse 56

548   Sachverzeichnis

Objektivierung im Eeg 72
Objektivität 170
- der Hyperventilation 185
- - Photostimulation 186
- - Schlafprovokation 186
- von Provokationsverfahren 185
Ödembildungen 318
Öffnen der Augen, Eintragung in die EEG-Kurve 215
ökonomischer Aufwand für EEG-Analyse 56
örtliche Betaaktivierung 102, *139*, 212
- Erregungsbegrenzung 227
- Funktionsänderung 212
off-Effekt s. BERGER-Effekt
»off-Effekt« im Erg 576
offene Hirnläsion 313
- Schädel-Hirn-Traumen 313
Ohmmeter *206**, *392**, 59, 60, 188, 218
Ohnmachtsanfälle 249
Ohrelektrode *393**, 252
-, Einstreuung von Potentialen 78, 272
-, elektrische Inaktivität 216
-, Inaktivität 215
-, Potentialeinstreuung 216
Ohrelektroden 31
okuläre Myopathien 411
okzipital-bilaterale Wellenabläufe 252
okzipitale Alphareduktion *139*, 309
- - als Fernsymptom eines zerebellaren Prozesses 139
- - - Restsymptom nach Contusio cerebri 139
- Antwort auf intermittierende Lichtreize 395
- Elektroden 31
- langsame Aktivität 328, 384, 385
- Lokalisation 269
- positive steile Schlafwellen *395**, 184
okzipitaler Alphafokus 77
okzipitales Maximum des dominierenden Alpharhythmus beim Kind 153
okzipitotemporale Lokalisation 269
Oligodendrogliome *275*, 283
on and off-Effekt s. a. BERGER-Effekt *82**, *396**, 60, 262
»on-Effekt« im Erg 389
Operationen bei fokalen Epilepsien 388
Operationsindikation und Eeg 284
Operationsstelle, Betaaktivität 275
operative Dekompression des Fazialis, Indikation 416
- Revision von Nervenverletzungen 418
Ophthalmoskopie 394
optische Halluzinationen 363
- Reizbeantwortung 355
optokinetischer Nystagmus 398
Oral Petit-mal 241, *243*
orale Reflexe 351
orbicularis-oculi-Fremdreflex, Habituation 425
organische Hirnaffektionen 385
- - mit psychischen Auswirkungen 385
Ordnung der Anfallssyndrome, neurophysiologisch orientierte 362
ordnungsgemäßer Elektrodensitz, Überprüfung 59
Organentnahme zu Transplantationszwecken 374
Organisationsstruktur der Gesundheitseinrichtungen für die EDV in der Medizin 45

organische Gefäßerkrankung, diffuse 384
- Hirnschädigungen 383
Organo-Zinn-Vergiftung 369
Orientierung nach Leistungseinheiten in der EEG-Arbeit 67
Originaldokument, EEG-Kurve 61
Ort der Messung, Bezeichnung 222
- des Auftretens von Thetawelleneinlagerungen 137
- -Maximums langsamer Wellen 272
Orthodiagramm 326
orthodoxer Schlaf (NREM) *139*, 182, 184, 353
orthodrome distale sensible Erregungsleitung (Elektroneurographie) 409
Orthostase 169
orthostatische Synkopen 330
Ortsbestimmung *349**, *397**
- der Ableitungspunkte 32
Ortsveränderung eines Alphafokus (Fokusverlagerung) 77
Oszillationspotentiale des Erg, Beurteilung 393
oszillatorisches Potential 389
- - im Erg 394
Oszillograph 16
Oszillographen als Hilfsmittel für ERG-Untersuchung 393
Oszillographenröhre 404
otogene entzündliche zerebrale Komplikationen 349
Oxazepam 365

P I im Erg 389
P II im Erg 389
P III im Erg 389
Palmomentalreflex 424
Panangiographie, zerebrale 376
Panenzephalitis, subakute (PETTE-DÖRING) 351
Papier, metallisiertes, für Emg-Aufzeichnungen 401
Papierdurchlaufgeschwindigkeit *398**, 73, 98, 215
-, Verdoppelung 97
Papiergeschwindigkeit *398**, *399**
- für EOG-Registrierung 397
- für ERG-Registrierung 392
Papierlaufgeschwindigkeit *398**, *400**
Papiervorschub *398**, *401**
Parabioseerscheinungen der Nervenfasern 417
paradoxe Phase, Schlaf *142*, 146
- Schlafphase 141, *145*
- - (O-Phase) beim Kind 157, *161*
- Weckreaktion 141
paradoxer BERGER-Effekt *402**, *141*, 267
- Lidschlußeffekt *402**, *403**
- on and off-Effekt *402**, *404**
- Schlaf 139
paradoxes Schlafstadium 145
parainfektiöse Enzephalitiden 349, 350
Paralyse, progressive *354*, 360
Paralysekurve 352
paralytische gefäßgebundene »Herdenzephalitiden« 354
paralytischer Defektzustand 354
Parameter, Erkennen 61
-, technische, für Elektronystagmographie 398

Parameter der Potentiale einzelner motorischer Einheiten 404
- des Emg-Potentials 403
paraphorme EEG-Muster 362
Paranoid-halluzinatorische schizophrenieähnliche Episoden 363
parasagittale Geschwülste 276
- Lokalisation 269
paraselläre Lokalisation 270
parathyrioprive Tetanie 357
paravertebrale Muskulatur 416
Parenchymschäden im mesodienzephalen Bereich 328
Parenrhythmie *354*, 356, 360
Paresen 348
parietal *405**
parietale Alphareduktion 309
- Lokalisation 269
parietaler Alphafokus 77
parietookzipitale Focie, beiderseitige 257
- -, einseitige 257
- Lokalisation 269
parieto-okzipito-temporale Herde 257
- Veränderungen bei Residualepilepsie 258
parietotemporale Lokalisation 269
PARKINSON-Kranke 378
PARKINSON-Syndrom 245, 377
Parkinsonismus 404, 424
-, elektromyographische Syndrome 425
-, postenzephalitischer 377
paroxysmal *406**, 207
- aperiodische Spitzenpotentialgruppen 373
- aufschießende langsame Deltawellen in Gruppen 354
- - - Thetawellen in Gruppen 354
- generalisierte Polyspikes 236
paroxysmale Aktivität *406**, 22
- - des Deltabereichs 361
- - - Thetabereichs 361
- Ausbrüche 355
- Deltafrequenzen, spannungshohe 355
- »Dysrhythmie« 229, 254, 359, 365, 367
- Entladungen, periodische 351
- Erscheinungen 330
- langsame synchrone hohe Wellen 310
- Schlafaktivität 267
- spannungshohe Deltawellen 359
- - Deltawellenausbrüche 360
- - Spitzenpotentiale, generalisierte 350
- - -, lokalisierte 350
- - Thetawellen 359
- - Thetawellenausbrüche 360
- Thetafrequenzen, spannungshohe 355
- Veränderungen 246
paroxysmales Auftreten 207
Paroxysmen 102, 116, *124*, 138, 214, 234, 350, 357, 368
-, Bezeichnung 222
-, bilateral synchrone mit sharp and slow wave 238
-, fokale abortive 250
-, provozierte abortive 266
-, spannungshohe lokalisatorisch auftretende 360
- mit Spitzenpotentialen s. Spitzenparoxysmen und Spitzenpotential-Paroxysmen
Paroxysmus *407**, 207, 215, 231, 236
partielle Amnesie 239
- Denervierung 417

Sachverzeichnis

partieller O₂-Mangel 316
Partnerauge, gesundes, Erg-Untersuchung [393
passagere Lähmungen 249
passiver Schlaf 266
passives Beta-Eeg 134
– Eeg 132
pathologisch überschießender Hyperventilationseffekt 264
pathologische Betabilder 100
– EEG-Elemente 211
– »Erregbarkeitssteigerung« 230
– Hirnpotentialbilder 360
– Kurvenbilder, Prozentsatz 255
– Formen des Erg, Diagnostik 393
– Myelinisierung 407
– Polyphasie im Emg 410
– Rauschzustände 386
pathologischer Lidschlußeffekt 172
pathologisches Ausgangs-Eeg 359
– Eeg 135, 137
– Erg 359, 393
Pathophysiologie der Mehratmung 174
– – Fotostimulation 179
– – Schlafprovokation 182
– des Karotisdruckversuchs 331
pathophysiologische Grundlagen des s/w-Komplexes 233
Patienten, mutistische 351
Patientenerdung beim Ecg 387
Patientenmaterial, Zusammensetzung 72
Patientenstromkreis, Artefakte 187
Pavor nocturnus 262
PEG (Pneumencephalogramm) 359, 360
Pendeldeviation der Augen, horizontale im Schlaf 142
Pendelnystagmus 398
Pentamethylentetrazol- (Deumacard-) Provokation 361
Pentodenröhre 39
Perazin 367
Periode 312*, 408*
Perioden, komplette isoelektrische 373
periodisch 409*
periodische Abflachungen 319
– Entladungsmuster im Schlaf 145
– paroxysmale Entladungen 351
– Psychosen, atypische 359
– Verlangsamung im Theta-Delta-Wellenbereich 364
– Wellen 351
periorale Reflexe 424
periphere Facialisparese 424
– Nerven, chronische Druckschäden 415
– –, Erregungsleitung 400
– –, gestörte Erregungsleitung 407
– Neuropathien 409
Perkussion des Muskels 411
persistierende Masernerkrankung 352
Persönlichkeitsumwandlung 348
Personalien des Patienten 58
personelle Besetzung einer EEG-Abteilung 41, 68, 70
personeller Aufwand für EEG-Analyse 56
Petit mal 410*, 235, 246, 255, 260
Petit mal-Epilepsie 246
– –, Quartett 246
– –, Status 239, 362
– –, Trias 241, 245
– – –, altersgebundene 246
– – –Variante 411*
– – –, Vorspiel bei Aufwachepilepsien 245
– – –, myoklonisch-astatische 238

pharmakologische Hirnstammdissektion 370
pharmakotoxische Zustände 138
Pharynxelektrode 252
Phase 412*
–, klonische 234
– des Erwachens 162
Phasen, Dauer bei provoziertem Nystagmus 398
–, manische, bei zyklothymen Psychosen 363
Phasenbeziehungen 22
Phasendifferenz 413*, 415*
phasengetreue Wechselspannungskomponente bei Differentialverstärkern 38
Phasenkorrelation 22
Phasenumkehr 414*
Phasenverschiebung 415*
Phasenverschiebungen 218, 221
Phasenzahl als Parameter von EMG-Potentialen 403
– – – – Potentialen einzelner motorischer Einheiten 404
phasische Spindelafferenzen, dynamische 421
phasischer Eigenreflex 419
Phenothiazinderivate 368
Phenycyclin (Ketamine) 370
Phenylketonurie 355
photic driving 416*, 179, 395
– following 179
Photoblitzer für Erg 390
Photoeffekt als Artefaktquelle 189
Photoentrainment 179
»photogene« Epilepsie 181, 266
Photokonvulsivreaktion 180
photoparoxysmale Reaktion 180, 329, 386
photopische Aktivität im Erg 389
photomotorische Antwort 425
photomyogene Reaktion 180
Photomyoklonusreaktion 180
photosensible Epilepsie 181
Photosensibilität 179, 180
–, gesteigerte 424
Photostimulation s. a. Fotostimulation 170, 178, 236, 256, 383, 386, 420
–, Belästigung des Untersuchten 185
–, Durchführbarkeit 185
–, Effekte 179
–, Gültigkeit 186
–, Indikation 181
–, klinische Korrelation 180
–, Kontraindikation 181
–, Objektivität 186
–, Pathophysiologie 178
–, Zuverlässigkeit 186
– bei Kindern 163
Photostimulationsgerät 178
physikalisch bedingte Besonderheiten der Hirnaktivität in Nähe von Knochenlücken 313
physikalische Eichung 417*, 59, 60, 208
– Inhibitionsverfahren 170
physikalische Provokationsmethoden 169
– Streuung der Hirnpotentiale 206
physiologisch-pathologischer Grenzbereich 132, 135, 137, 138, 202, 211
physiologische Betaaktivität 100
– Betabilder 100
– Flexordominanz der Fußmuskeln 424
– Grundlagen des EEG 22
– Inhibitionsverfahren 170

physiologische Kochsalzlösung 25, 59, 70
– Provokationsmethoden 169
– Schlafphänomene 140
– Schwankungsbreite 209
– Thetawellen 211
– Thetawelleneinlagerungen 211
– Variante durch unvollständigen BERGER-Effekt 85
physiologisches Eeg 132, 135, 137, 283
– – des Erwachsenen 132
– – – Kindes 132
– Hirnpotentialbild 132
Pigmentepithel der Netzhaut 395
Pigmentveränderungen in der Makulagegend 351
Pilot- oder Synchronsignal beim Zeitmultiplexverfahren 45
Pilzelektroden für Eog 396
– –Erg 391
Pinealome 279
Pinselelektroden 16
Piperazinsubstituierte Phenothiazine 367
Plättchenelektrode 418*
– für Erg 391
Plantarreflexe 424
Plazierungsschema der Elektroden 17*, 419*
Plussymptome des PARKINSON-Syndroms 377
Pneumenzephalogramm (PEG) 271, 359, 360
Pneumenzephalographie 378
pneumenzephalographische Provokation 170
Pneumographie 256
Pockenschutzimpfung 351
Poissonverteilung 405
Polarität 420*, 422*
Polaritätsbereich 420*, 421*
Polaritätsübereinkunft 422*
Poliomyelitis 349, 351
–, akute 413
Polung 420*, 423*
Polungsrichtung 420*, 424*, 231
– bei großen Spitzen 113
– – kleinen Spitzen 113
– – spike and wave-Komplexen 115
– der Potentiale 33
– – Spitzenpotentiale 231
– – steilen Wellen 113
– des sharp and slow wave-Komplexes 115
polygraphische Ableitung 425*
– Kriterien des Schlafes 139
– Langzeituntersuchungen im Neugeborenenalter 148
– Registrierungen des Schlafes 140
– Untersuchungen des Schlafes 145
polygraphisches Schlaf-Eeg 368
polymorphe Aktivität 426*, 427*
– spannungshohe Deltaaktivität 352
– Verlangsamung, frequenzinstabile 319
– Wellen 427*
Polymyositis 409, 411
Polyneuritis 413
Polyneuropathie 413
–, diabetische 414
–, subklinische 414
–, toxische 414
– mit axonaler Degeneration 414
Polyphasie, pathologische im Emg 410
polyphasische Kurve des Erg 388
– Potentiale 413

36 Niebeling, EEG

polyphasische Potentiale, Häufigkeit 403
– – beim Emg 404
– Welle *428**
polyphasisches Elektroretinogramm 389
Polyradikulitis, akute 413
Polyradikulitis-Syndrom (GUILLAIN-BARRÉ) 414
Polyspike *368**, *429**, 113, 231, *233*
Polyspike and wave 355
– – wave-Komplex *370**, *431**, 115, 234, 236
Polyspike-Komplex *368**, 430
Polyspikes 184
–, paroxysmale generalisierte 236
Polyspikes and waves 184
– – –, bilateral-symmetrische 236
polysynaptische Fremdreflexe 423
Ponstumoren 270
–, Fazialismyokymie 412
–, Fazialisparese 417
pontomedulläre Bezirke 373
Porphobilinogenausschaltung 356
Porphyrie, akute intermittierende 356
positiv gerichtete spikes 231
positive Initialflanke im Emg 412
– Komponente im Erg (P II) 389
– pathologische Reaktion beim Karotisdruckversuch 322
– sharp waves *234*, 241
– small spikes 213
– spikeähnliche Schlafwellen *339**, *432**
– spikes, 14 und 6/s 182, *234*, 385
– Spitzen 231
– steile Welle Typ III 113
– – Wellen im Emg 409, 411, *414*, 416
positiver BERGER-Effekt *82**, *433**, 134, *172*
– initialer Ausschlag des Aktionspotentials (Elektroneurographie) 408
– Lidschlußeffekt *82**, *434**
– on and off-Effekt *82**, *435**
Positivität der differenten Elektrode, Elektroneurographie 408
postalische Bestimmungen für Telemetrie 43
postanoxische Hirndrucksteigerung 374
postenzephalitischer Parkinsonismus 377
postinfektiöse Enzephalitiden 349, 350
postkritisches Stadium 235
postkonvulsive Phase 228
postkonvulsives Stadium 234
postnarkotische Vigilanzschwankungen 373
postoperative Komplikationen 275
– Kontrollen des Eeg 60
postoperatives Eeg bei stereotaktischen Hirnoperationen 378
postparoxysmale Dämmerzustände 239
postsynaptische Potentiale 228
– –, exzitatorische 22
– –, inhibitorische 22
posttetanische Erschöpfung 419
posttraumatisch s. traumatisch
posttraumatische Anfälle, Beurteilung 384
– Epilepsie 313
– –, Voraussagen 309
posturale Hintergrundinnervation 421
Potential *436**
–, evoziertes 179
–, oszillatorisches beim Erg 389, *394*
–, rekurrentes 423
– des Emg, Parameter 403

Potentialablauf *436**, *437**
Potentialbild, Beruhigung 275
–, spannungsniedriges 135
Potentialbilder im Schlaf 138
Potentialdauer, mittlere, beim Emg 404, 410
Potentiale, als pathologisch anzusehende 137
–, evozierte 22
–, –, kortikale somatosensorische 402, 409
–, exzitatorische postsynaptische 228
–, Form 33
–, Größe 33
–, hemmende postsynaptische 228
–, Links-Rechts-Vergleich 29
–, nicht fortgeleitete im Emg 412
–, Polungsrichtung 33
–, polyphasische, im Emg *404*, 413
–, – – –, Häufigkeit 403
–, postsynaptische 22
–, repetierende, im Lautsprecher (Emg) 411
–, spannungshohe synchrone 73
–, steilschenklige 229
– bei Epilepsien 229
– direkt von der Gehirnoberfläche 25
– im Schlaf, als Reizantworten auftretend 140
– motorischer Einheiten 402
Potentialeinstreuung in die Ohrelektrode 216
Potentialfeld *21**, *438**
Potentialfeldausbreitung *58**, *439**
potentialfreier Bezugspunkt 37
Potentialgradient 230
Potentialität *440**, *503**
Potentialmuster, elektromyographische 401
Potentialquellen des Eeg 22
Potentialschauer, myotoner, im Emg 411
Potentialschwankungen 22
Potentialverteilung, diffuse 207
–, generalisierte 207
präepileptische Zeichen 315
präkomatöser Zustand 355, 356
pränatale Überwachung 149
präoperativer Karotisdruckversuch 333
präoperatives Eeg bei stereotaktischen Hirnoperationen 378
präselläre Lokalisation 270
präsynaptischer Azetylcholinmangel 418
präzentral *441**, *643**
Präzentralregion s. Zentralregion
Preßdruckversuch 331
primär auftretende Enzephalitiden nach Pockenschutzimpfung 351
primäre Enzephalitiden 349
– epileptische Aktivität 256
– hirnorganische Beteiligung am Krankheitsprozeß 363
– Läsion 230
Primärentladung 228
primärer epileptischer Fokus 230
Primärfaszikel 418
Pro-sec.-Welle, Begriffsbestimmung 206
Probleme der Eeg-Gerichtsbegutachtung 386
– – Fahrtauglichkeitsbeurteilung 316
produktiv-psychotische epileptische Äquivalente 239
Prognose bei Herz- und Atemstillstand 373
– der Fazialisparese *416*, 424
– des Krankheitsgeschehens 353
– von Insulten 319

prognostische Aussage 274
– Beurteilung 383
– Einschätzungen durch das Eeg bei Herz- und Atemstillstand 374
progressive Paralyse 354, *360*
– spinale Muskelatrophie (KUGELBERG-WELANDER) 413
Progressivsyndrom 348, *351*, 353
prolongierte spike and wave-Muster 362
Propulsiv-Petit-mal 234, 238, *246*, 256, 257
Propulsiv-Petit-mal-Epilepsie 246
Propanidid 373
prophylaktische antiepileptische Therapie 262
proprioceptive Afferenzen 405
– Reflexe 419
protektive nozizeptive Reflexe 423
Provokation *442**, *443**, 169
–, Alkohol-Eeg 385
–, medikamentöse 264
– von Herdveränderungen 178
Provokationsmaßnahmen, spezielle 330
– im anfallsfreien Intervall 262
Provokationsmethode *443**, 70, 386
Provokationsmethoden, Brauchbarkeitsprüfung 170
–, chemische 170
–, Indikationsstellung 382
–, indirekte 170
–, physikalische 170
–, physiologische 170
– beim Kinder-Eeg 163
– des Hirnpotentialbildes 60
– für Ecg 388
– für Eeg 169
– im anfallsfreien Intervall 262
Provokationsverfahren *443**, *444**
provozierte abortive Paroxysmen 266
– Spitzenpotentiale 264
– Nystagmen, Latenzzeit 398
Prozent der Meßstrecke *55*, 74, *98*, 102, 108
Prozentsatz pathologischer Kurvenbilder 255
– temporaler Herde 252
Prozesse, endogen-organische 360
–, entzündliche 363
–, enzephalitische 349, *350*
–, infratentorielle 279, 283
–, intrakranielle raumbeengende, s. a. Tumoren 60
–, kortikale 274
–, Lateralisation 318
–, nicht feinlokalisierbare 269
–, supratentorielle 283
–, zerebellare 363
Prozeß, infratentorieller 212, *277*
– Lokalisation 277
–, raumbeengender supratentorieller 212
–, raumfordernder 328
–, zerebraler raumbeengender 269
–, – raumersetzender 269
–, – raumfordernder 269
–, – raumverdrängender 269
Prozeßaktivität 350, 353
– der Progressiven Paralyse 354
Prozeßberechnungen 66
prozeßhaftes Geschehen bei symptomatischer Epilepsie 256
Prozeßpsychose, endogene schizophrene 359
Prozeßschizophrenie, endogene 360

Sachverzeichnis 551

proximale Nervenschädigungen 414
Prüfung der Höhenfestigkeit 316
pseudomyotone Entladungen im Emg 409
»pseudoparoxysmal activity« 356
Psychiatrie, forensische 385
–, klinische, Grenzen der Eeg-Diagnostik 385
psychische Auswirkungen von organischen Hirnaffektionen 385
– Störungen 351
– –, anfallsartige 262
– –, Begutachtung 383
– –, Feststellung 385
– –, nichtorganische 326
psychischer Leistungsabbau 355
»psychoelektroenzephalographische Korrelation« 239
psychologische Wirkung der Eeg-Untersuchung bei Therapiekontrolle 266
psychomotor variant-Aktivität 182
– epilepsy 241
psychomotorische Anfälle 185, *241*, 249, 253, 260
– Epilepsie 182, *249*, 254
– –, traumatische 313
Psychopathie 385
psychopathologische Symptome 360
psychopathologisches Querschnittssyndrom 359
Psychopharmaka *170*, 363
–, Eeg-Veränderungen 366
Psychose, ACTH-induzierte 369
–, symptomatische 355
Psychosen 139, *359*, 362
–, akute 363
–, atypisch periodische 359
–, endogene 360
–, epileptische 239, *363*
–, zyklotyme, manische Phasen 363
psychosensible Erscheinungen im Anfall 256
psychosensorielle Reize 306
– – im Schlaf 142, 143
psychosensorische Erscheinungen 243
– Krisen 249
– Reize, Effekte 306
Psychostereotaxie, Indikation 378
Psychosyndrom 357
–, hirnorganisches 348, *350*
–, – chronisches 386
psychotische Zustände, delirante 351
– –, halluzinatorische 351
puberaler Umsturz 157
Pubertät, Hirnpotentialbild 157
Pupillenerweiterung, künstliche 389
–, medikamentöse 392
Pupillenweite 389, 392
Pyknolepsie 245, *255*, 260, 264, 266
pyknoleptisch auftretende Absenz 177
pyknoleptische Absenzen 236
– Petitmal-Trias 245
pyknoleptisches Petit mal 235, *246*, 247

Quadriceps-femoris-Reflex 425
Qualität der EEG-Arbeit 381
– – Telefonleitung bei telefongebundener Telemetrie 46
– – Übertragung bei telefongebundener Telemetrie 46
– des registrierten Elektromyogramms 400

Qualitätsprobleme des Kurvenmaterials 56
quantifizierte Eigenschaften des elektromyographischen Musters 402
Quantifizierung des Eeg 52
quantitativ analysierte EEG-Variable 369
Quelle des Erg 394
Quellenableitung *445**
quere Elektrodenposition 29
Querreihen 272
Querreihenableitung *113**, *446**
Querreihenschaltung *113**, *447**
Querreihenschaltungen, bipolare 34
Querschnitt-Kontrolluntersuchungen 348
Querschnittssyndrom, psychopathologisches 359

Rr. dorsales der zervikalen Wurzeln 418
Rabies 351
Radedorm (Nitrazepam) 365
Radepur (Chlordiazepoxyd) 365
radikuläre Störungen 416
– Nervenschädigungen 414
»radiotracking« 42
räumliche Verteilung *58**, *448**
– – der Thetawellen 211
rapid eye movements s. a. REM *139*, 141, 146
Ratlosigkeit 239
rasche Aktivität *449**, *480**
– Augenbewegungen 140, 145
– – im Schlaf s. a. REM 139
– nystagmiforme Augenbewegungen im Schlaf (REM) 145
– FOURIER-Analyse (FFT) 47
– Welle *450**, *481**
raumbeengende Prozesse s. intrakranielle raumbeengende Prozesse
– –, intrakranielle 60
raumbeengender Prozeß, supratentorieller 212
– –, zerebraler 269
raumersetzende Prozesse s. intrakranielle raumbeengende Prozesse
raumersetzender Prozeß, zerebraler 269
Raumfahrt und Eeg 42
raumfordernde Prozesse s. intrakranielle raumbeengende Prozesse
raumfordernder Prozeß 328
– – zerebraler 269
Raumfrage bei EEG-Abteilung 68
Raumgestaltung des Ableitungsraumes 69
raumverdrängende Prozesse s. intrakranielle raumbeengende Prozesse
Raumverhältnisse in EEG-Abteilung 68
Rauschen *451**, *610**, 42
– der Elektroden-Verstärkerkombination 401
Rauschzustände, abnorme 381
–, pathologische 386
RC-gekoppelte Verstärker 396
Reaktion, homolateral positive, beim Karotisdruckversuch 339
–, myasthenische 419
–, photoparoxysmale 329, *386*
–, positive (pathologische) beim Karotisdruckversuch 332
–, synkopale 332
– der Grundaktivität auf exterozeptive Reize 352
reaktive Alphaaktivierung 267
– Veränderungen 306

Reaktivierung der Alphawellen beim Einschlafen 141
Reaktivität *452**, 175
–, bioelektrische, auf Stimuli 373
–, Verlust 373
– auf Schmerzreize 376
Reanimation 369, *373*
– nach Atemstillstand 373
– – Herzstillstand 373
Rebound (SHERRINGTON) 420
Rechenautomaten, Einsatz 51
Rechenzentren, Inanspruchnahme 68
Rechteckimpulse 424
– für Stimulation im Emg 421
rechtwinklige Koordinaten, Aufzeichnung 40
recruiting response 24
Reduktionen, Beschreibung 222
reduziertes Interferenzmuster 412
Referenzableitung *453**, *456**, 33
Referenzableitungsart *454**, *456**
Referenzelektrode *99**, *307**, *393**, 455*
Referenzschaltung *456**, 33
Referenzschaltungen zum Ohr 272
Reflex, Bauchhaut- 424
–, Blinzel- 424
–, Corneal- 424
–, Corneomandibular- 424
–, Erector-spinae- 424
–, Flexor- 424
–, –, der unteren Extremitäten 425
–, Flucht- 424
–, Mikro- 425
–, Palmomental- 424
–, Plantar- 424
–, Quadriceps-femoris- 425
–, trigeminofazialer 417, 424, 425
–, Triceps-surae- 420, 425
–, Zungen-Kiefer- 424
Reflexaktionsströme 419
Reflexe, exterozeptive 423
–, Hirnstamm- 424
Reflexe, interozeptive 423
–, interozeptive 423
–, monosynaptische myostatische 421
–, nozizeptive 423
–, orale 351
–, periorale 424
–, physiologische Basis der Elektromyographie 419
–, propriozeptive 419
–, protektive nozizeptive 423
–, spinale Störungen 400
–, supraspinale Störungen 400
–, telezeptive 423
–, trigeminofaziale 424
Reflexmuster, spinal angelegte 423
Reflexzeiten der Eigenreflexe 420
REFSUMsche Krankheit 414
regelmäßig *409**, *457**
regelmäßige EEG-Kontrollen 262
Regeltransformator 60, 69
Register, alphabetisches 62
–, fortlaufendes 62
Registratur 71
Registriereinrichtungen für Elektromyographie 401
Registriergerät *211**, *458**, 61
–, Empfindlichkeit für ECG-Ableitung 387
Registriersystem 37, 39
Registrierung *459**
– des Eeg, technischer Aufwand 25

Registrierung des Erg 391
- sehr langsamer Augenbewegungen 396
-- von Augenbewegungen s. a. Eog 395
Registrierungen, polygraphische, Schlaf- 140
Registrierzeit, Verlängerungen 382
Reifungsgrad des Gehirns 355
Reifungsverzögerung 385
Reifungsvorgänge der bioelektrischen Aktivität bei Kindern 149
Reihenfolge der zu beschreibenden Potentiale 221
Reihenschaltung *110**, *460**, 33
-, bipolare *33*, 272, 391
reine Athetose 378
- EEG-Typen 135
- Enzephalitiden 334
- Meningitiden 334
reiner Deltafokus 212
- Theta-Delta-Mischfokus *461**, *128*, 212
- Thetawellenfokus 212
reines Alpha-Eeg 117
- Alpha-Beta-Eeg *462**, 117
- Beta-Eeg *117*, 210
Reinnervation, distale kollaterale 413
Reinigen der Elektroden 61
-- Kopfhaut 187
Reiz bei Elektromyographie 406
Reizantwort, herdbetonte abnorme 355
- bei Photostimulation 179
Reizantwortpotential *225**, *463**
Reizbarkeit 351, 359
Reizbeantwortung, optische 355
Reizbedingungen für Nystagmus 398
Reize, Abschirmung 152
-, akustische 373
-, - im Schlaf *143*, 145
-, elektrische als Provokationsmethode für Ecg 388
-, enterozeptive 140
-, - im Schlaf 143
-, extrazeptive 352
-, nozizeptive 373
-, psychosensorielle im Schlaf 143
-, psychosensorische 306
-, taktile 373
-, - im Schlaf 143
-, überschwellige (Erg) 394
Reizerscheinungen durch Haftschalen 392
Reizfrequenz bei Photostimulation 178
Reizgeräte, elektrische für Elektroneurographie und Emg 402
Reizkathoden 406
Reizkontrolle, elektrophysiologische 377
Reizlicht beim Erg 389
Reizparameter für Licht beim Erg 389
Reizschlaf nach Zwischenhirnstimulation 145
Reizung, supramaximale (Emg) 415
Rejektionsfaktor beim Differenzverstärker 38
Rekrutierung motorischer Einheiten 406
rekrutierungsfähige motorische Einheiten 410
rekurrente Erregung von Motoneuronen 421
rekurrentes Potential 423
relative Frequenzstabilität der Thetawellen 102
- Schlaftiefe 141
Reliabilität 170
Releasephänomen 421

Relevanz von Spitzenpotentialen 384
REM (rapid eye movements) 139, *146*
REM-Schlaf *145*, 353, 423
- beim Kind 162
REM-Schlafphasen 368
REM-sleep 139
Remission, klinische 356
- nach Insult, klinische und elektroenzephalographische 331
RENSHAW-Hemmung *405*, 420
repetierende Komplexe 352
- Entladung von Nervenfasern 407
- Potentiale im Lautsprecher (Emg) 411
Residualbefunde bei Contusio cerebri 309
residuale Latenz (Elektroneurographie) 406
Residualepilepsie 250, *256*, 257
-, pathognomonisches Spitzenpotential 257
-, parietookzipitotemporale Region 258
Residualparese des N. facialis 417
Residualsyndrom 360
Respondabilität *452**, 464
Rest-N 326
Restfolgen von Enzephalitiden 134
restitutio ad integrum 348
Restitutionsmöglichkeit bei Schädel-Hirn-Traumen 309
Restitutionsvorgänge 360
- bei Insulten 319
-- Schädel-Hirn-Traumen 309
- im Schlaf 145
Restzeichen bei Contusio cerebri 212
Retikulärformation 353
Retina s. Netzhaut
Retinaculum flexorum (b. Karpaltunnelsyndrom) 415
retinale Zeit 395
Retinogramm s. Elektroretinogramm (Erg)
retinokortikale Zeit 395
Retrepanation 279
Retropulsiv-Petit mal 233, *236*
retroselläre Lokalisation 270
reversible Desintegration zwischen subkortikalen Strukturen und Hirnrinde 369
- Krankheitszustände 348
Reversibilität klinischer Symptome 354
- zerebraler Störungen 373
Rezeptoren, Baro- 423
-, Chemo- 423
-, viszerale 423
Rezeptorenschicht der Netzhaut 389, 395
Rezidiv 275
Rezidive, Alphaaktivierung 272
Rezidivgeschwülste 275, 279
rheumatisches Fieber 168
rhythm en arceau 172
»Rhythmenbildungen« 319
rhythmes a distance s. fortgeleitete Wellen 276
»rhythmic midtemporal discharges« 182
rhythmische 6/s-Wellenabläufe 359
- s/w-Komplexe 231
- spikes and waves 231
- temporale Wellenausbrüche 182
»rhythmisierte« Abläufe 326
»rhythmisierte« gruppenweise frequenzstabile Thetaaktivität mit Generalisierungstendenz 385
»rhythmisierte« streckenweise frequenzstabile Thetaaktivität mit Generalisierungstendenz 385
rhythmisierte Wellenparoxysmen 175
Rhythmisierung, abnorme gruppierte 367

Rhythmizität der Potentiale bei Epilepsie 229
Rhythmus *24**, *465**
-, 4/s 349
-, 6-7/s 349
- im Alphabereich *36**, *466**
-- Betabereich *89**, *467**
-- -Deltabereich *129**, *468**
-- - Thetabereich *469**, *565**
-, μ-Rhythmus *48**, 350
»richtige« Seitenlokalisation 281
Richtlinien für das Aufsetzen der Elektroden 31
Richtwerte für Untersuchungsaufwand beim Eeg 148
Rieseneinheiten, motorische 413
»Risikogeburt« 149
»Risikokind« 149
»Risikoschwangerschaft« 149
Rigor 351, 377
-, Tonuserhöhung 421
Rindenfokus, epileptischer 38
Rindenkontusionsherde, Deltawellen im Ecg 387
Röhre, Gittervorspannung 39
-, Pentode 39
-, Triode 39
Röhren, Arbeitspunkt 39
Röhrendefekte als Artefaktquelle 189
Röhrenrauschen als Artefaktquelle 189
Röhrenverstärker 16
röntgenologischer Befund 253
Röteln 349
-, Begleitenzephalitis 348
ROLANDI-Rhythmus 172
rotatorische Augenbewegungen im Eog 396
rotierende Fixpunkte für EOG-Registrierung 397
Roznavaenzephalitis 351
Routine, klinisch-diagnostische Erfordernisse 54
Routineableitungsarten 33, 272
Routinebedingungen, klinische für Erg 389, 394
Routinebetrieb, klinischer, und automatische Analyse 47
Routine-Eeg 334
-, konventionell abgeleitetes 361
Routine-EEG-Diagnostik 169
routinemäßige EEG-Untersuchung 361
Routineuntersuchung 70
Rucknystagmus 398
Rudotel (Medazepam) 365
Rückbildung bioelektrischer Störungen 319
- klinischer Ausfallserscheinungen 316
Rückbildungsvorgänge 210
Rückenmarkstumoren, Ecg 388
Rückmeldung von Daten beim EDV-Einsatz 68
Rückschlüsse auf Medianität bzw. Basalität von Prozessen 216
- auf die Sehfunktion aus dem Erg 394
Ruhepotential der Netzhaut 395
runde Plättchenelektroden für Erg 391

Sachgerechte Befundverwertung für EEG-Begutachtung 380
Sachverhalt, hirnelektrischer 384
sägezahnförmiges Aussehen des Nystagmogramms 398
»Sägezahnwellen« 145

Sachverzeichnis

Säuglinge, Elektrodenabstände 32
Säuglingsalter 151
sagittale Elektroden 31
– Elektrodenposition 29
Salaamkrampf s. unter BNS-Krämpfe
Sampling 402
Sarkome 279
Sauerstoffmangel, unterschiedliche Empfindlichkeit der Hirnregionen 316
Sauerstoffmangelatmung s. a. O_2-Atmung 360
Saugelektrode 26
Schädel-Hirn-Trauma 304, 367
–, Art und Schwere 315
–, Begutachtung 316
–, – von Folgezuständen 385
–, Dynamik der EEG-Veränderungen 384
–, Erfassung von Spätkomplikationen 384
–, Frühphase 305
–, gedeckte 305, 309
–, offene 313
–, Versicherungsbegutachtung 384
– im Kindesalter 168
Schädelfraktur und Hirn-Trauma 309
Schädeloberfläche 25
Schädeltrauma s. Schädel-Hirn-Trauma
–, leichtes 305
Schädigung, irreversible 349
–, subkortikale 350
– der subkortikalen Hirnanteile 368
Schätzung des Konzeptionsalters 407
Schalterstörungen als Artefaktquelle 189
Schaltfehler als Ursache für Fehlbeurteilung 189
Schaltung 13*, 470*, 206
– gegen gemeinsames Durchschnittspotential 465*, 471*
schaltungsbedingte Phasenumkehr 414*, 472
scharfe Nervenverletzungen 418
– Vertexpotentiale 159
– Welle 473*, 494*
scharfer Vertextransient 474*, 533*
Scheibenelektrode 418*, 475*
Scheidungsverfahren, EEG-Gutachten 385
scheinbare elektrische Stille 352
Schicht der bipolaren Ganglienzellen der Netzhaut 38
Schilddrüsenerkrankungen 357
Schilddrüsenhormone 357
schizoforme Krankheitsbilder 360
– Krankheitsprozesse 362
schizophrene Bilder, episodische 359
– Prozeßpsychose, endogene 359
– Symptomatik ohne hirnorganische Krampfanfälle 359
– – – Schwachsinn 359
– – – Stoffwechselstörung 359
Schizophrenie, chronische 359
–, endogene 363
–, schubförmig rezidivierende Verläufe 359
–, Vermehrung von Thetawellen 359
schizophrenieähnliche Krankheitsbilder 360
schizophrenieartige Krankheitsprozesse 362
– Syndrome 363
Schizophrenien 359, 360
schizophrenieforme Krankheitsbilder 360
Schläfenlappen s. Temporallappen
Schläfrigkeit, A-Stadium 141
–, – beim Kind 158
Schlaf 139, 383, 420, 423
–, aktiver und passiver 266

Schlaf, bedingter 182
–, eingeleiteter 182
–, induzierter 182
–, medikamentös ausgelöster 147, 182, 368
–, Mikroableitungen 145
–, natürlicher 145
–, orthodoxer 353
–, REM- 353
–, spontaner 147
Schlafableitungen 70
Schlafaktivität 141
–, paroxysmale 267
Schläf-Eeg 476*, 139, 170, 353, 378
–, flaches 145
–, polygraphisches 368
– des Erwachsenen 139
– im Kindesalter 157
– in verschiedenen Altersstufen 139
Schlafentzug 383
Schlaf-Grand-mal-Epilepsie 184, 246
Schlaf-Wach-Periodik 245
Schlaf-Wach-System 182
–, Wirkung bei Kindern 184
– beim Kind 167
Schlafentzugs-Eeg 467*, 477*, 378
Schlafentzugsprovokation 169, 181, 238
Schlafepilepsie 162, 182, 184, 245, 262, 266
Schlafmittelintoxikation 138
–, akute 369
Schlafmittelvergiftung 212
Schlafmuster 147, 353
Schlafparameter, elektromyographische 353
–, elektrookulographische 353
–, Dissoziation 353
Schlafphänomene, physiologische 140
Schlafphase, paradoxe 141, 145
Schlafprovokation 12, 169, 181, 266
–, Durchführbarkeit 186
–, Gültigkeit 186
–, Indikation 184
–, klinische Korrelation 184
–, Objektivität 186
–, Pathophysiologie 182
–, Zuverlässigkeit 186
– bei Kindern 163
– im Kindesalter 167
Schlafspindeln 478*, 496*, 113, 143, 161
Schlafstadien 181*, 479*, 140, 141, 145
–, Computerklassifizierung 369
–, genormte Technik 141
–, genormtes Auswertungssystem 141
–, standardisierte Terminologie 141
– beim Säugling 158
Schlafstadium A (nach LOOMIS) 353
– B 353
– C 353
– im Kindesalter 157
Schlafstörungen 139
–, neurotisch bedingte 143
Schlaftiefe 139, 140
–, relative 141
Schlafuntersuchungen 361
Schlafverhalten 140
Schlafvorgänge bei Epilepsie 139
– – Narkolepsie 139
– – Neurosen 139
– – Psychosen 139
Schlafwellen, okzipitale positive Steile 184
Schlafzyklen 145
»Schlaganfall« 319
schlechte Steckerverbindung als Artefaktquelle 188

Schlitzlochkarte 62
Schlüsse auf die Benignität oder Malignität von Tumoren 272
Schlüsselsysteme, numerische 66
Schlucken als Artefaktursache 188
Schluß auf die Wachstumsschnelligkeit raumbeengender Prozesse 283
Schmatz- und Kaubewegungen 243
Schmerzreize, Reaktivität 376
Schmerzzustände, unstillbare 377
Schnarchen 140
Schnellauswertung 208
Schnelldiagnose 208
schnelle Aktivität 480*
–, niedergespannte 353
– Alphafrequenzen, superponierte 366
– Betaaktivität 364
– Betafrequenzen, superponierte 366
– Betawellen 97
– –, eingelagerte 364
– Deltawellen 107
– Fouriertransformation (FFT) 51
– Thetawellen 102
– Welle 481*
schnellere Papierdurchlaufgeschwindigkeit 98
schnellwachsende infratentorielle Prozesse 283
– supratentorielle Prozesse 283
schnellwachsender Prozeß 283
Schnurartefakte 218
Schock, spinaler 425
Spannungshöhe, absolute 102, 108
Schreckreflexverhalten, generalisiertes 425
Schreib-Lese-Störungen 351
Schreiber 482*, 487*
Schreibereinheit 483*, 484*
Schreibsystem 484*
Schreibsysteme 40
–, Amplitudengang 40
–, Frequenzgang 40
Schreibsystemübersteuerung 485*, 666*
Schreibverfahren 486*
Schreibzeiger 487*, 40
Schreibzimmer 65
Schrittmacher des Eeg 24
schrittweise Einführung der EDV 63
Schroteffekt als Artefaktquelle 184
schubförmig rezidivierende Verläufe bei Schizophrenie 359
Schulkind, Eeg 157
Schultergürtelmuskulatur, elektromyographische Untersuchung 119
Schutzwirkung gegen Krampfentladungen 227
Schwankungsbreite, physiologische 209
– des physiologischen Eeg 132
Schweißsekretion, Störungen 352
schwer pathologisches Eeg 132
schwere Allgemeinveränderungen 120, 273, 283, 322, 349, 356
– – beim Kinder-Eeg 168
– – Bewußtseinsveränderungen 350
– – Intoxikationszustände 365
– – metabolische Enzephalopathie 355
Schwere der Allgemeinveränderungen 284
– – – bei Tumoren 271
– – EEG-Veränderungen und Dauer von Anfallsleiden 262
– – des EEG-Befundes 306
Schweregrad der akuten Enzephalopathien 356

554 Sachverzeichnis

Schweregrad der Allgemeinveränderungen 138, 272, 273
– – – bei Subarachnoidalblutungen 318
– zerebraler Störungen 373
Schweregrade von Netzhauterkrankungen im Erg 395
Schweregradeinteilung der Allgemeinveränderungen *120*, 214
– – Hyperventilationsveränderungen im Kinder-Eeg 163
– von Allgemeinveränderungen im kindlichen Eeg 168
Schwerpunkt bei Fahrtauglichkeitsbegutachtungen 386
– – Gerichtsbegutachtungen 385
– – Versicherungsbegutachtungen 383
schwerste Allgemeinveränderungen *120*, 313, 356
schwerster Grad der Allgemeinveränderungen 306
Schwindelzustände 262
Schwitzen 187
Schwitzpotential *284**, *488**
Sedativa 170
Segment *312**, *489**
segmentale Demyelinisierung 415
Sehfunktion, Rückschlüsse aus dem Erg 394
Sehnerv, Erkrankungen 394
sehr flache Kurvenbilder 322
– – Deltawellen 107
– leichte Allgemeinveränderungen *181*, 211, 355
– schnelle Betaaktivität 365
– schwere Allgemeinveränderungen 120
seitendifferentes EEG des Neugeborenen 151
Seitendifferenzen *255*, 256, 258, 306
–, vorgetäuschte 211
– im Eng 398
– – Schlaf-Eeg 181
Seitengalvanometer nach EDELMANN 15
Seitenlokalisation 313
–, falsche 281
–, richtige 281
Seitenübereinstimmung, Insultlokalisation und EEG-Störung 319
seitliche Elektrodenposition 30
»seizure patterns« 229
Sekretariat der EEG-Abteilung 68, 70
sekundäre hirnorganische Beteiligung am Krankheitsprozeß 363
– Durchblutungsstörungen 318
– epileptische Aktivität 256
– zerebrale Veränderungen 326
sekundärer epileptischer Fokus 230
– funktioneller Fokus 230
Sekundäremission als Artefaktquelle 184
Sekundärfaszikel 418
selbständige Ausübung der klinischen Elektroenzephalographie, Berechtigung 381
Sellalokalisation 270
Semimikroelektrode 423
Sensorim, Trübung 355
sensible Erregungsleitung, orthodrome distale (Emg) 409
– – *408*, 413
– JACKSON-Anfälle 241
– Reize 169
sensibles Aktionspotential 408
Sensibilitätsstörungen 415
Sensivierung 424
sensorische Neuropathie, hereditäre 414

Septum-Pellucidum-Tumor 270
Sequenz *462**, 491, 362
Serien hoher Theta-Delta-Wellen 266
Setzen der Ableithaube bei Kindern 147
– – der Elektroden *492**
– – –, zeitlicher Aufwand 47
Sexualverhalten, fehlgeprägtes 377
Sharp and slow wave 234, 257
– – – wave-Komplex *493**, 115, 138, 213, 234
– – – wave-Komplexe, bilateral synchrone 247
– – – waves 116, 184, 230, 231, 257
– – – –, generalisierte 238
Sharp wave *494**, 113
– – Typ III 234, *250*
Sharp waves 234, 230, 257
– –, fokale 184
Shunt-Effekt 187
sicherheitstechnische Fragen für EEG-Abteilung 42
Sicherheitsvorkehrungen für große generalisierte Anfälle 58
Sichtkontrolle der Kurve 56
Sichtlochkarten 62, *64*
Sigmaaktivität 145, 182, *184*
–, einseitige Reduktion 319
– des Schlaf-Eeg 143
Sigmarhythmus *495**, *496**
Sigmaspindeln 353
Sigmastadium 147
Sigmawellen *496**, 73, *113*, 143, 169
–, 14–16/s 143
Sigmawellenaktivität 161
Signalfaktor bei Differenzverstärkern 38
Signalkenngrößen 50
Signalspannung des Differenzverstärkers 37
Signaltheorie der Nachrichtentechnik 47
Signalweg bei Telemetrie 42
Silber-Silberchlorid-Elektroden 47
Silbernadeln, chlorierte 19
simultan *497**
simultane Kontraktion antagonistischer Muskeln 425
sinoidale Deltawellen 276
– Thetawellen 276
Sinusform 51
sinusförmige Alphawellen 74
– Welle *498**
sinusförmiger Verlauf des Nystagmus 398
sinusoidale Welle *498**, *499**
Sinusthrombose 322
Sinuswelle *500**
Situation für Begutachtungen 383
Sklerose s. multiple Sklerose
Sleep prints 368
Slow wave sleep 139
Small sharp 182
– spikes *92**, *501**, 113, 213, 231
solide Tumoren mit zystischem Anteil 274
solitär *194**, *502**
solitäre Spitzenpotentiale im Ecg 387
somatomotorische Antwort (Emg) 425
– Fasern 406
somatosensorische evozierte Potentiale, kortikale 409
– Potentiale, kortikale evozierte 402, 409
Somnolenz 239
Sondenbatterien 378
Sondenelektroden 378
Sondenform von Tiefenelektroden 378

Sonderableitungsarten 33
Sonderform des s/w-Musters 215
Sonderschaltung *70*, 272
Sonderstellung der Hyperventilation 186
Spätkomplikationen beim Schädel-Hirn-Trauma 384
Spannungsdepression 373
Spannungserniedrigung 322
–, allgemeine, bei Contusio cerebri 305
–, – starke 135
– durch Phasenverschiebung 218
–, einseitige 313
–, intermittierende 373
Spannungshöhe 73
–, absolute 102
–, allgemeine 222
–, Begriffsbestimmung 206
–, durchschnittliche *37*, 209
–, Feststellen des Durchschnittswertes 209
–, oberste 209
–, unterste 209
– als Kriterium 73
– bei großen Spitzen 113
– bei kleinen Spitzen 113
– beim Eog 395, *398*
– der Alphawellen 74
– – –, Verminderung *78*, 84
– – Betawellen 97
– – –, Gruppierung 98
– – –, Vergleich mit den Alpha- und Thetawellen 97
– – Deltawellen 108
– – ERG-Wellen 392
– – Potentiale 73
– – Sigmawellen 113
– – Thetawellen 102
– – –, Bestimmung 211
– im Erg, Veränderungen 393
– steiler Wellen 113
– von Thetawelleneinlagerungen 137
Spannungshöhenabnahme der Betawellen von vorn nach hinten 100
– – Alphawellen von okzipital nach frontal 77
Spannungshöhenwerte bei ECG-Potential 387
spannungshohe Betawellen 239
– Deltagruppen 356
– Deltawellen, paroxysmale 360
– langsame Aktivität 353
– langsame Deltawellen 354
– langsame Thetawellen 354
– langsame Wellen mit Spike and wave-Komplexen 355
– paroxysmale Deltafrequenzen 355
– – Thetafrequenzen 355
– Paroxysmen, lokalisatorisch auftretende 360
– Spitzenpotentiale, paroxysmale generalisierte 350
– –, – lokalisierte 350
– synchrone Potentiale 73
– Thetawellen, paroxysmale 359, 360
– Wellengruppen, lokalisatorisch auftretende 360
spannungshohes Spitzenpotential *296**, 504
Spannungskopfschmerz 329
Spannungsminderung, einseitige 60
spannungsniedriges Eeg *505**, 135, 319
– – bei Insulten 319
– Potentialbild 135
– Spitzenpotential *92**, *506**

Sachverzeichnis   555

Spannungsniveau, allgemeines 209
Spannungsverstärker 37
Spannungsverstärkung des Eeg 37
Spasmophilie 168
spastisches Syndrom 425
Spastizität 421, 351
- elektromyographischer Syndrome 425
spatiale Verteilung 58*, 507*
Speicher, digitale 402
Speicheradressen des Averagers 402
Speicherung des Emg, digitale 404
Spezialelektrode 508*, 25
Spezialschaltung s. a. Sonderableitungsart 70
Spezialuntersuchungen im Neugeborenenalter 148
spezielle Ableitungsformen 68, 387
- Intoxikationen 369
- Provokationsmaßnahmen 330
spezifische Grundaktivität 210
- lichtprovozierte okzipitale Antwort 395
- Störungen beim Erg 392
Sphenoidalelektrode 69*, 509*
Spiegelfokus 230, 250
Spike 510*, 231
Spike and wave (s/w) 231
- - wave-Aktivität, 3/s, generalisierte 315
- - wave-Komplex 511*, 115, 213, 230, 350, 355, 359
- - wave-Komplexe, 3/s, generalisierte 245
- - wave-Muster 512*, 124
- - -, prolongiertes 362
- - slow wave-Rhythmus 511*, 513
Spikeaktivität, kontinuierliche 241, 273
Spikes 520*, 514*, 230, 233
-, isolierte 247
- and waves 115, 257
- - -, 3/s 184
- - -, 3-5 s 260
- - -, 6/s 182
- im Emg 405
spinalangelegte Reflexmuster 423
spinale Störungen der Motorik 400
- - - Reflexe 400
spinaler Schock 425
Spindelafferenzen, dynamische phasische 421
Spindelaktivität 145, 161
spindelförmig gestaltete Betaaktivität 349
spindelförmige Betafrequenzabläufe 463
Spindeln 496*, 515*, 353
»spindle burst« 370
»spindles« 143
Spitze 510*, 516
Spitzen s. a. Spitzenpotentiale 322
-, kleine, s. Small Spike
-, negative 231
-, positive 231
Spitzenfoci bei Tumoren 271
Spitzenfokus 128, 139, 215
Spitzenherde 326
Spitzennystagmus 398
Spitzenparoxysmen 517*
Spitzenparoxysmus 124, 215
Spitzenpotential 137, 510*, 518*, 520*
spitzenpotentialähnliche Abläufe 519*, 116, 213
Spitzenpotentialaktivität als Herdbefund 258
Spitzenpotentiale 520*, 73, 113, 116, 137, 177, 213, 229, 230, 258, 262, 266, 304, 309, 329, 349, 350, 352, 355, 368

Spitzenpotentiale, als pathologisch anzusehende 137
-, Aktivierung 184
-, altersspezifische 313
-, Art 384
-, Beschreibung 222
-, diffus eingelagerte 260
-, eingestreute 350
-, fokale 305
-, gemeinsame Merkmale 113
-, generalisierte 313
-, -, paroxysmale spannungshohe 350
-, gruppenförmige im Ecg 387
-, lokalisierte paroxysmale spannungshohe 350
-, Inkonstanz der Lokalisation 260
-, kombinierte 260
-, Morphologie 230
-, Relevanz 384
-, solitäre im Ecg 387
-, suspekte 230
- bei posttraumatischer Epilepsie 313
- bei Schlaf-Eeg-Provokation 182
- des Emg 403
- durch Hyperventilation 175
- im Ecg bei Krampffokus 387
- unter Hyperventilation 177
Spitzenpotentialfokus 521*
Spitzenpotentialgruppen, paroxysmale aperiodische 373
Spitzenpotentialherd 521*, 522*
Spitzenpotentialkomplexe 430
Spitzenpotentialparoxysmen 262, 361
spitzenpotentialverdächtige Abläufe 159
Spongioblastome 283
spongiose Enzephalopathie 181
Spontan-Eeg 230
Spontanaktivität 409
-, myogene 411
-, neurogene im Emg 412
-, im Emg 403
-, im gesunden Muskel 404
-, während neurogener Störungen 411
spontane Körperbewegungen im Schlaf 140
Spontannystagmus 398
spontaner Schlaf 147
sprachliche Perseverationen 239
SSLE (subakute sklerosierende Leukenzephalitis) 351
- Komplexe 352
ssw-Aktivität 116
ssw-Komplex 493*, 523*, 116
St. Louis-Enzephalitis 351
Stadium, akutes, bei intrazerebralen Blutungen und Erweichungen 319
-, postkonvulsives 234
-, postkritisches 235
-, tonisches 234
- des Schlafes 139
ständiger Wechsel der Wellenfrequenz 348
Stahlnadelelektroden für Emg 406, 408
Stammganglienlokalisation 269
Stammganglientumoren 276
Standard-Eeg 524*, 529*
-, Ableitung bei Erg 392
-, Ableitungsanordnung 525*, 526*
-, Ableitungsarten 33
-, Ableitungspunkteschema 526*
Standardelektrode 527*
Standardelektrodenanordnung 526*, 528*
Standardelektroenzephalogramm 529*
standardisierte Begriffsbestimmung 72

standardisierte Technik für Schlaf-Eeg 141
- Terminologie für Schlafstadien 141
Standardisierung, einheitliche, für elektroenzephalographische Kriterien 72
Standardposition der Elektrode 526*, 530*
Standardschema 29
stark streuender Fokus, Übergang zu betonten Allgemeinveränderungen 139
starke allgemeine Spannungserniedrigung 135
»starre« Alphaaktivität 328
Stationarität 251*, 531*
statistisch-mathematische Verfahren 62
statistische Auswertung 68
- Bearbeitung 62
- Erhebungen 85, 273
- Kenngrößen der EEG-Analyse 48
»statisches EEG« 41
Status epilepticus 532*, 230, 235, 239
-, Beziehung zu Allgemeinveränderungen 284
Stauungspapille 58
steady potential 228
steile Abläufe 322
- Schlafwellen, okzipitale positive 184
- Vertexwelle 533*, 184
- Welle 499*, 534, 113, 142, 357, 359
- Wellen, frontopräzentral betonte 357
- -, Typ I 138, 213
- -, Typ II 138, 213
- -, Typ III 138, 213
steiler Abfall 230
- Anstieg 230
- Potentialgradient 230
Steilheit der Schenkel 74, 213
- - Wellenschenkel 74
steilschenklige Potentiale 229
Stellenwert der Elektroenzephalographie für die Epileptologie 384
- - klinischen Elektroenzephalographie 380
Stellungnahme zu den klinischen Angaben für EEG-Begutachtung 382
- zum klinischen Befund 221
Stempel für Besonderheiten auf Titelblatt 58
STEPHENSON-GIBBS-Elektrode 535*, 538*
stereoenzephalographische Ableitung 353
stereotaktische Eingriffe 388
- Hirnoperationen 376
-, Indikationen 377
-, - bei Epilepsien 378
- Tiefenelektroenzephalographie 537*, 575*
stereotaktisches Tiefenelektroenzephalogramm 536*, 574*
Stereotaxie 376
Stereotaxiegerät 377
Stereotaxieindikation 377
sterilisierbare Elektroden 387
sternospinale Bezugselektrode 538*
Stickstoffbeatmung 331
Stille, elektrische, s. a. bioelektrische Ruhe 241
Stimulation, akustische 264
-, monopolare für Emg 422
- mit elektrischen Rechteckimpulsen (Emg) 421
- tiefliegender Strukturen 379
Stimulationsartefakte im Emg 402, 409
Stimulator für Ecg 388

556 Sachverzeichnis

stimulierte tiefe Strukturen, elektrophysiologische Antworten 379
Stimmungslage, veränderte 355
Stirn-Haar-Grenze 31
Störblende *539**, 73, 215
-, Einstellungsfehler 208
Störfelder, elektromagnetische 69
- von Hochfrequenzgeräten 41
- von Starkstromanlagen 41
- - Transformatoren 41
Störpotential *51**, *226**, *540**
- im Erg 392
Störpotentiale 187
Störquellen im Patientenstromkreis 189
Störsignal 402
Störung, funktionelle 176
-, massive kortikale 373
-, bilaterale, bei einseitigen Hämatomen 318
-, bioelektrische, Rückbildung 319
-, Einteilung 187
-, emotionale 359
-, epileptische, Begutachtung 383
-, fokale 306
-, indirekte bioelektrische der Hirnrinde 319
-, konstante bioelektrische 319
Störungen, hypoxische 328
-, lokalisierte 330
-, neurogene 400, 411, 413
-, nukleare 413
-, myogene 400
-, psychische 351
-, - anfallsweise 262
-, -, Begutachtung 383
-, -, Feststellungen, nichtorganische 325
-, radikuläre 416
-, spezifische, im Erg 392
-, vaskuläre 306
-, zerebrale, Charakter 373
-, zerebrale, Irreversibilität 373
-, -, Reversibilität 373
-, -, Schweregrad 373
- an peripheren Nerven und Wurzeln 414
- der Herzaktion 352
- - Motorik, spinale 400
- - - supraspinale 400
- - - zentralbedingte 419
- - - -, trale 425
- - Reflexe, spinale 400
- - -, supraspinale 400
- - Schweißsekretion 352
- - Vasomotoren 352
- des Atemrhythmus 352
- - Bewußtseins 235
- - EEG-Geräts 189
- durch den Patienten 188
- im Eeg, s. a. Artefakte 187
- - Eeg-Signal 42
- - Erg 392
- seitens des Geräts 187
- - - Patienten 187
- vom Bereich der Kopfhaut 187
Stoffwechselanomalien, angeborene 168
Stoffwechselentgleisung, hepatische 356
-, urämische 356
Stoffwechselerkrankungen 355
- mit zentraler Symptomatik 356
Stoffwechselsituation 316
Stoffwechselstörungen 355, 356, 363
strafrechtliche Verantwortlichkeit, Begutachtung 380

Strafverfahren, Eeg-Begutachtung 385
Strangulation, hirnelektrische Erscheinungen 322
Strahlschreibverfahren 40
Straßenfähigkeit nach Narkose, Beurteilung 373
Streckenmessung 209
streckenweise frequenzstabile »rhythmisierte« Thetaaktivität mit Generalisierungstendenz 385
Streubreite der Erregungsleitung (Elektroneurographie) 407
Strecken, isoelektrische 370
Streckenprognose bei Eeg-Kontrollen 359
streuende Wellenfoci 272
Streuung *541**, 139, *207*
-, Herde mit stärkerer 272
- der Verteilungskurven zur Bestimmung von Allgemeinveränderungen 56
- des Herdes 208
Striatum 228
Stroboskop *243**, *542**
Strobotest s. a. Fotostimulation 264
Stromversorgung aus Batterien 43
strukturelle Demyelinisierung 411
Strukturen, kortikale 228
-, subkortikale 228, 354
-, tiefliegende, Stimulation 379
-, zentrenzephale 230, *233*, 254
Streckkrämpfe bei Kindern 249
Stützung der Diagnose durch das EEG 380
stumpfe Nervenlähmungen 418
STURGE-WEBERsche Krankheit 326
Sturzanfälle 351
subakute Bewußtseinsstörungen 386
- Leukenzephalitis (SSLE) 349, *351*
- Einschlußkörperchenenzephalitis DAWSON 351
- Panenzephalitis PETTE-DÖRING 351
Subarachnoidalblutung 318
- nach Schädel-Hirn-Trauma 310
Subdeltabereich 349
Subdeltawelle *543**
Subdeltawellen 107, *111*, 309
Subdeltawellenfokus 213
- bei Abszessen 349
Subdeltawellenherd *544**, *545**
subdurale Blutung s. a. subdurales Hämatom 313, 316
- Hämatome 275, *313*
- -, nach Schädel-Hirn-Trauma 310
Subduralelektrode *333**, 546
subharmonische Reizantwort bei Fotostimulation 179
subklinische Polyneuropathien 414
subkortikale epileptische Aktivität 260
- Herde 256
- Hirnanteile, Schädigung 368
- Hirnpotentiale 145
supratentorielle raumbeengende Prozesse 212
- - -, topographische Einteilung 269
- Tumoren, Ecg 388
- -, Groblokalisation 280
suspekte Spitzenpotentiale 230
s/w, s. a. Spike and wave
s/w-Aktivität 115
s/w-Entladungen, fokale temporale 260
s/w-Komplex *511**, *547**, 115, 260
s/w-Komplex, pathophysiologische Grundlagen 233

s/w-Komplexe 231
-, 3/s 245
-, 3-5/s 260
-, 4-6/s 260
-, generalisierte 256, 260
s/w-Muster *512**, *548**, 124
s/w-Muster, frequenzinstabile 260
s/w-Paroxysmen 233, *266*
s/w-Variante 234
Symmetrie *549**
-, temporale bilaterale der epileptischen Aktivität 250
- der Elektrodenanordnung 29
symmetrisch *550**
symmetrische Thetagruppen 330
Symptomatik, extrapyramidale 355
-, schizophrene 350
symptomatische Epilepsie 233, 256, *258*
- - bei prozeßhaften Geschehen 256
- - mit EEG-Herden 258
- Genese der psychomotorischen Epilepsie 250
- Migräne 329
- Psychose 355
subkortikale Lokalisation 269, 319
- Schädigungen 350
- Strukturen 228, 354
subkortikaler Herd 230
subkortikales Steuersystem 369
Subkortikographie 388
Subliminal fringe - SHERRINGTON 406
submaximale H-Reflexe 420
subnormales Erg 393
Subnormalphase der Motoneuronen 420
Substantia reticularis 304
substratnahe Basissymptome 360
Subthalamus 379
subtile Auswertung 272
- - der Kurve 208
Suchtformen 377
Sulcus-Ulnaris-Syndrom 415
Summation von leichten Hirnkommotionen und Hirnkontusionen 310
supernormales Erg 393
superponierte schnelle Alphafrequenzen 366
- - Betafrequenzen 366
Superposition 22
supramaximale Reizung im Emg 415
suprasellare Lokalisation von Tumoren 270
supraspinale motorische Innervation 420
- Störungen der Motorik 400
- der Reflexe 400
supratentoriell, Begriffsbestimmung 460
supratentorielle Prozesse 283
-, -, Feinlokalisation 281
-, -, Groblokalisation 280
Symptome, klinische Reversibilität 354
-, myoklonische 422
-, psychopathologische 360
Synapsen, exzitatorische 22
-, inhibitorische 22
- der bipolaren Ganglienzellen der Retina 389
Synapsenverband 22
synaptische Hemmung 228
- Überleitungszeit (Elektroneurographie) 406
- Verzögerung (Elektroneurographie) 403, *406*
synchron *551**, *207*

Sachverzeichnis

synchrone Deltawellen im Schlaf 143
- Spitzenpotentiale 230
Synchronie 552*, 553*, 417
-, Verlust (Emg) 410
- der Erregung (Elektroneurographie) 408
Synchronisation, bilaterale 260
-, intrathalamische 24
- des Alpharhythmus 24
Synchronisationsgrad der Ganglienzellen 22
Synchronisationszustände 22
Synchronisierung 229
- der Alphaaktivität bei Insulten 319
- - Potentiale bei Epilepsie 229
Synchronisierungseffekt bei Fotostimulation 179
Synchronität 553*, 207
Synchronizität 553*, 554*, 235
-, bilaterale 254
- zwischen klinischem Befund und Eeg-Veränderungen 348
Synchronsignal beim Zeitmultiplexverfahren 45
Syndrom, apallisches 371
-, ballistisches 377
-, manisch-depressives 359
-, narkoleptisches 386
-, neurasthenisches 348
-, spastisches 425
-, torsionsdystonisches 377
-, zerebralspastisches 377
Syndrome, elektromyographische bei PARKINSON 425
-, - bei Spastizität 425
-, endogene hereditäre 355
-, myasthenische 418
-, schizophrenieartige 363
Synkinesien des N. facialis 417
synkopale Anfälle 266, 330, 332, 384, 386
- Reaktion 332
Synkopen, orthostatische und vasovakale 330
syphilitische Erkrankungen des ZNS 353
- Meningitis, akute 354
System, 10/20, 560*, 639*
Systemstörung, dieenzephal-hypophysäre 357
Szintigraphie 271

Tägliche Arbeitsleistung in EEG-Abteilung 70
taktile Reize 373
- - im Schlaf 143
Taschenmesserphänomen 421, 425
Tarsaltunnelsyndrom 415
Tauglichkeitsbeurteilung zum Führen technischer Fortbewegungsmittel 380
Tauglichkeitsbeurteilungen 383
Tauglichkeitsverordnung 386
TC 555*, 641*
TEA 556*, 557*
Technik für Schlaf-Eeg, standardisierte 141
technisch-diagnostische Hilfsmittel 271
Technische Assistentin 58, 60, 71, 72, 187
technische Auswerthilfen 41
Technische EEG-Assistentin 557*, 42, 147, 150, 164, 172, 173, 218, 331
- -, Zusammenarbeit mit Arzt 213
technische Eichung 558*
- Einstelldaten, Änderung 215
- - des Geräts 73

technische Fortbewegungsmittel, Tauglichkeitsbeurteilung zum Führen 380
- Parameter für Erg 398
technischer Ablauf einer EEG-Untersuchung 57
- Aufbau von Telemetrieanlagen 43
- Aufwand für EEG-Registrierung 25
Technologie, elektronische 42
Tegretol (Finlepsin) 368
Telefon, Ankopplung des Eeg 45
telefongebundene Telemetrie 41, 45
Telefonübertragung 45
-, Frequenzband 45
Telemetrie 41, 43, 44
- in der Raumfahrt 42
- über größere Distanzen 41
- - kürzere Distanzen 41
Telemetrieanlagen, technischer Aufbau 43
telemetrische Übertragungsmethoden 41
telezeptive Reflexe 423
temporäre zerebrale Anoxie 473
temporal 559*
temporale Alphareduktion 309
- bilaterale Symmetrie der epileptischen Aktivität 250
- Deltagruppen unter Hyperventilation 177
- Elektroden 31
- Epilepsie s. a. Temporallappenepilepsie 250, 266
- epileptische Aktivität 249
- Herde 260
- -, Prozentsatz 252
- langsame Aktivität 385
- Lokalisation 269
- Theta-Delta-Gruppen unter Hyperventilation 177
- Thetagruppen unter Hyperventilation 177
- Verlangsamungen 386
temporaler Alphafokus 78
- Herd 282
temporales Herdzeichen 282
Temporallappenanfälle s. a. psychomotorische Anfälle 241
Temporallappenepilepsie s. a. temporale Epilepsie 234, 249, 378
temporobasale Verlangsamungen 319
ten-twenty-system 29, 560*
Tendenz zum Thetafokus 322
- zur Verlangsamung 355
Tensilontest für Emg 419
Tentorium 277
terminale (distale) Polyneuropathie 414
- Leitungsverzögerung, isolierte im Emg 414
- Nervenfasern, Aussprossen 413
- Nervenschädigungen 409
- Überleitungszeit (Elektroneurographie) 406
Terminologie des Eeg 182*, 561*
- für Schlafstörungen, standardisierte 141
Terminologiekomitee der Internationalen EEG-Föderation 426
Territorium einer motorischen Einheit 403
Tetanie 267
-, normokalzämische 357
-, parathyreoprive 357
tetanische Anfälle 185
- Manifestation 172
Tetanus, Frühdiagnose 424
thalamokortikale Aktivität, Autorhythmizität 353

Thalamus 228, 379
Thenar 424
Therapie, antiepileptische, s. a. Epilepsietherapie 233
-, prophylaktische antiepileptische 262
- mit Antikonvulsiva 350
Therapieeffekt 367
Therapiekontrolle, psychologische Wirkung der EEG-Untersuchung 266
- durch Eeg 168
Therapieoptimierung 383
Therapieüberwachung 184
thermische Provokation 170
- Veränderungen als Artefaktquelle 189
Thermosonden für Elektroneurographie 407
Theta-Delta-Aktivität 27*, 562*
-, fokale 253
Theta-Delta-Fokus, Diskontinuität 128
-, Kontinuität 128
- bei Contusio cerebri 306
Theta-Delta-Grundaktivität beim Kind 211
Theta-Delta-Gruppen 355
- unter Hyperventilation 177
Theta-Delta-Mischfokus 128, 138, 212, 215, 279, 319
-, Bezeichnung 222
-, reiner 212
- bei Tumoren 271
- mit Überwiegen der Deltafrequenzen 284
- - - - Thetafrequenzen 284
- - - Vorherrschen der Deltawellen 128
- - - - Thetawellen 128
- ohne Überwiegen einer Frequenz 284
Theta-Delta-Paroxysmen 356, 360
Theta-Delta-Wellen, hohe, Serien 266
Theta-Delta-Wellenbereich, kontinuierliche Verlangsamungen 364
-, periodische Verlangsamungen 364
Thetaaktivität 565*
-, diskontinuierliche 354
-, Dominanz beim Klein- und Vorschulkind 152
- als Herdbefund 258
Thetaband 566*
Thetabereich 566*, 567
-, paroxysmale Aktivitäten 361
Thetafokus 568*, 106, 138, 212, 274
-, diskontinuierlicher 106
-, kontinuierlicher 106, 212
- bei Tumoren 271
Thetagrundaktivität beim Kind 211
Thetafrequenzen, spannungshohe paroxysmale 355
Thetagruppen, herdförmige 350
-, symmetrische 330
- unter Hyperventilation 177
Thetaherd s. a. Thetafokus 568*, 569*
Thetaparoxysmen 330
Thetarhythmus 564*, 565*
Thetawelle 570*
Thetawellen 73, 102, 349
-, als pathologisch anzusehende 137
-, Ausprägung 102
-, Bestimmung der Ausprägung 211
-, - - Form 211
-, - - Frequenzstabilität 106, 211
-, - - räumlichen Verteilung 211
-, - - Spannungshöhe 211
-, - - zeitlichen Folge 211
-, bilateral-symmetrische 102
-, bogenförmige 102

Thetawellen, diskontinuierliche 102
-, eingelagerte, Ausprägung 137
-, Einlagerungen 137
-, flache 137, 211
-, Form 102
-, Frequenz 102
-, Frequenzbestimmung 211
-, Frequenzstabilität 106
-, gruppenweises Auftreten 102
-, gruppierte 143
-, in Gruppen auftretende 349
-, kontinuierliche 102
-, lokalisierte 102
-, mittelhohe 137, *211*
-, niedrige 211
-, niedrige, im Schlaf 145
-, paroxysmale spannungshohe 359
-, physiologische 211
-, sinoidale 276
-, Spannungshöhe 102
-, spannungshohe langsame 354
-, Vermehrung bei Schizophrenie 359
-, zeitliche Folge 102
-, zunehmende Frequenzverlangsamung im Schlaf 143
-, - Spannungserhöhung im Schlaf 143
- in Gruppen, langsame paroxysmal aufschießende 354
Thetawellenausbrüche, paroxysmale spannungshohe 360
Thetawellendominanz 373
Thetawelleneinlagerung 137
-, Ort des Auftretens 137
-, physiologische 211
Thetawellenfokus s. Thetafokus
-, diskontinuierlicher 215, *284*
-, kontinuierlicher 284
-, reiner 212
Thetawellengruppe *571**
Thetawellengruppen 102
-, frontotemporale herdseitige bei Insulten 319
Thetawellenherd *568**, *572**
-, Bezeichnung 222
Thetawellenstrecken, lang anhaltende kontinuierlich ablaufende 354
»thinner«-Intoxikation 369
Thrombophlebitis 322
Thrombose der A. carotis s. a. Karotisthrombose 322
- -intrakraniellen Arterien 319
Thrombosierung im Anteriorgebiet 322
Thymoanaleptika *367*, 368
Thyreotoxikose 357
thyreotoxische Krise 357
Tiefe der Bewußtlosigkeit, Korrelation zum Eeg 373
- - Bewußtseinsstörung 306
tiefe Strukturen 379
Tiefenableitung 378
Tiefenableitungen, stereotaktische 376
Tiefenelektrode *354**, *573**
Tiefenelektroden 378
Tiefenelektroenzephalogramm *574**
Tiefenelektroenzephalographie *575**
Tiefenlokalisation des Krampffokus 231
tiefer Schlaf, E-Stadium 141, *143*
- Temporallappenanfallstyp 241
tiefliegende Strukturen 379
Tiefpaßfilter *539**, *576**
Tiefschlaf 266
-, kompletter narkotischer 370

Tiefschlaf beim Kind, E-Stadium 161
tierexperimentelle Ergebnisse 22
- Untersuchungen 316
Tintenschreiber 37
Tintenschreibgerät 16
Tintenschreibsystem mit Bogenschrift 40
Tischschränkchen im Ableitraum 70
Titelblatt der Kurve 58
Todeszeitpunkt, Feststellung 374
Todeszeitbestimmung bei sterbenden Neugeborenen 151
tonisch-klonische Anfälle 185
- Phase 234
tonischer Dehnungsreflex 421
tonisches Stadium 234
Tonstiefelelektroden 15
Tonus, EMG-Veränderungen 419
Tonuserhöhung bei Rigor 421
Tonusverlust 233, *235*
Topik *349**, *577**
Topographie *349**, *578**
topographische Bestimmung der Geschwulst 276
- Diagnostik s. Lokalisation
- Einteilung der infratentoriellen Geschwülste 270
- - - supratentoriellen raumbeengenden Prozesse 269
- - - Tumoren 269
- Erfassung von Tumoren 270
- Verhältnisse 275
Torsionsdystonie 378
torsionsdystonisches Syndrom 377
Torticollis spasticus 377
totale Denervierung 417
totaler O$_2$-Mangel 316
toxische Polyneuropathie 623
Transformation, mathematische 49
- der EEG-Funktion 47
Transformatoren mit beweglichen Eisenkernen für Emg 403
transient *579**, *596**
Transienten *467**, *520**, *580**
Transistor 42
Transmission, neuromuskuläre für Emg 402
Transmitterquanten 418
Transplantation, Organentnahme 374
transportative Hypoxidose 331
Transversalableitung *113**, *581**
Traubenzuckerbelastung 264
Trauma s. Schädel-Hirn-Trauma
traumatische Armplexuslähmung 418
- Armplexusparesen 417
- Epilepsie 264, 258, *313*, 384
- - nach Schädel-Hirn-Trauma 310
- Hirnstammstörung 304
- Nervenläsion (Emg) 417
Traumerleben 146
traumloser Schlaf 139
Traumphasen *140*, 145
Traumstadium 140
Traumvorgänge 139
Tremor 377
-, essentieller 377
- bei multipler Sklerose 377
Trepanationslücken 387
Triceps-surae-Reflex 420, 425
Triebstörungen 355
trigeminofazialer Reflex 417, *424*, 425
Trigeminusneuralgie 329
Trijod-Thyrnin-Abusus 369

Triodenröhre 39
Triperidol 367
»triphasic waves« 356
triphasische Welle *482**, *582**
triphasisches Aktionspotential (Elektroneurographie) 408
Trisedyl (Triperidol) 367
trizyklische Antidepressiva 366
trockene Elektrode als Artefaktursache 188
Trommelfellelektroden 26
trophotrope Beeinflussung des Kortex im Schlaf 143
Trübungen der brechenden Medien des Auges 394
- des Sensoriums 355
tuberkulöse Meningitis, kindliche 350
- - bei Erwachsenen 350
Tuberkulose 349
»Tumor-Eeg« 319
Tumoren s. a. Hirntumoren und intrakranielle raumbeengende Prozesse 333
-, elektrische Inaktivität 274
-, intraspinale, Höhendiagnose 413
-, langsam wachsende 283
-, - -, Frühdiagnostik 277
-, maligne 419
-, supratentorielle s. supratentorielle raumbeengende Prozesse
-, topographische Einteilung 269
-, Umgebung, Deltawellen im Ecg 387
- der Glandula pinealis 270
- - hinteren Schädelgrube 269
- des 3. Ventrikels 270
- - 4. Ventrikels 270
- im Kleinhirnbereich, Ecg 388
- mit zystischem Anteil 274
Tumoroperation, Abklingen der Veränderungen 275
Tumorprozeß, Lateralisation 271
Typ der Dystrophie 410
Typen des Neugeborenen-Eeg 151
- steiler Wellen (I–III) 113
Typisierung *583**
- des Eeg *116*, 210

Überatmung *304**, *584**
Überbau, affektiver 360
-, intellektueller 360
»Überblättern« der EEG-Kurve 208
Übergang vom Physiologischen zum Pathologischen 138
Übergangsformen bei spitzenpotentialähnlichen Abläufen 116
Übergangswiderstand *205**, *585**, 37
-, abnormer 188
Übergangswiderstände 400
Übergangswiderstandsmeßgerät *206**, *386**
Übergreifen von Deltawellen zur Gegenseite 319
überlagerte Wellen *587**
überlagerter Wechselstrom 56
Überlagerung durch Thetawellen 357
Überlagerungen des Nystagmus 398
Überlagerungswellen *587**, *588**
Überlebenschancen bei Atemstillstand 373
- - Herzstillstand 373
Überleitungszeit 395
-, terminale, bei der Elektroneurographie 406
- bei der Elektroneurographie 406
- beim Erg 395

Sachverzeichnis

Überleitungszeiten des N. facialis, Bestimmung 417
Überprüfung des ordnungsgemäßen Elektrodensitzes 59
überschießender H-Reflex 423
überschwellige Reize im Erg 394
Übersicht über die Gesamtpotentialverhältnisse 34
Übersichtsgruppen der Tumorlokalisation 270
Übersteuerung *485**, *589**, 611
Überwachung, pränatale 149
überzogene Elektroden 59
UKW-Bereich 43
Umfang des elektromyographischen Untersuchungsganges 425
Umgebung von Tumoren, Deltawellen im Ecg 387
Umkehr des Effektes von Sinnesreizen 141
umschriebene Gefäßstörungen 316
Umsetzung der Ergebnisse der Analyse in die EEG-Praxis 51
Umwandlung in digitale numerische Werte, EMG-Resultate 402
– von Analyseergebnissen in nomenklatorische Begriffe 54
– – Intervallwerten in proportionale Amplitudenwerte bei der EISA-Analyse 52
uncinate fits 241, 249
Uncinatusanfälle 243
undifferenzierte Muskelaktivität bei Neugeborenen 151
Unfallbegutachtungen 383
unfallunabhängige Erkrankungen, Erkennung bei Begutachtungen 384
Ungefährlichkeit der Elektroenzephalographie 25
– – Methoden des Eeg 59
ungenügend angefeuchtete Elektroden als Artefaktquelle 188
unilateral *193**, 590*
unilaterale Betonungen von Allgemeinveränderungen bei Tumoren 271
unipolar *591**
unipolare Ableitung (Emg) 408
– Ableitungsart *592**, 16, *33*
– Ableitungsarten 101, 272
– Ableitungstechnik 29, 132
– Schaltung *592**, 593*
– – zum Ohr 78
unipolares Ableitprogramm *592**, 594
– Ableitschema *592**, 595
Universalprovokationsmethode 334
»unregelmäßiges« Eeg 137
unsichere Spitzenpotentiale, verdächtige 252
unspezifische Erregbarkeitssteigerung 267
unspezifischer Hyperventilationseffekt 175
unstillbare Schmerzzustände 377
unterbrochen *144**, *596**, 597*
Unterdruckkammer 316
Untergang von Achsenzylindern (Emg) 414
– – Muskelfasern 410
untere Grenzfrequenz für Elektromyographieverstärker 401
Untergruppen der Feinlokalisation supratentorieller raumbeengender Prozesse 269
Unterscheidung von Alphareduktion und Alphaaktivierung 177

Unterschiede zwischen physiologischem und pathologischem Eeg 283
unterschiedliche Empfindlichkeit verschiedener Hirnregionen für Sauerstoffmangel 316
unterschiedlicher Adaptationszustand der Netzhaut 389
unterste Spannungshöhe, Messung 209
Untersuchung, elektroenzephalographische 59
–, elektrokortikographische 392
–, elektromyographische 403
–, neurologische 253, 271
–, Zeitpunkt 273, 318
– der Fazialisfunktion 417
– – Gesichts- und der Schultergürtelmuskulatur 419
– – Spontanaktivität im Emg 403
– in der Frühphase von Schädel-Hirn-Traumen 384
– menschlicher Feten 150
– von Potentialen einzelner motorischer Einheiten 403
–, polygraphische, beim Schlaf 146
–, tierexperimentelle 316
– von Aktivitätsmustern maximaler Willkürinnervation (Emg) 403
Untersuchungsbefunde, Dokumentation medizinischer 61
–, neurologische 254
Untersuchungsergebnisse, klinisch-anamnestische 58
Untersuchungsform, diagnostische, Wertigkeit 271
Untersuchungsgang, elektromyographischer, Umfang 425
Untersuchungsgut, Zusammensetzung 385
Untersuchungsmethodik für EEG-Begutachtung 382
– – –, Hinweise 382
Untersuchungstechnik des Eog 396
Untersuchungszeit für Eeg 71
Unterteilung der Allgemeinveränderungen s. a. Schweregradeinteilung 214
Unterträgerfrequenz 44
Unterwurmtumoren s. a. Tumoren des Kleinhirn-Unterwurms 270
ununterbrochen *326**, 598*
unvollständiger BERGER-Effekt *82**, 600*, 84, *85*, 172, 211
– – als physiologische Variante 85
– Blockierungseffekt beim Augenöffnen 328
– Lidschlußeffekt *82**, 599*
– on and off-Effekt *82**, 601*
ursächlicher Zusammenhang zwischen Anfällen und Trauma 384
Urämie 181, *356*
urämische Stoffwechselentgleisung 356
– zentralnervale Störungen 355
urämisches Koma 356

V-Transient *533**, 602*
V-Welle *533**, 603*
Validität 170
vasale Störungen, zerebrale 134
vaskuläre Erkrankungen, zerebrale, Begutachtung 384
– Insuffizienz 177
– Störungen 306
Vasokonstriktionen, hypokapnisch bedingte 163

Vasomotoren, Störungen 352
vasomotorische Cephalgie 329
– Kopfschmerzen 330
vasovegetative Labilität 264
– Synkopen 330
Variationen des Schlaf-Eeg in verschiedenen Altersstufen 139
Variationsbreite, spitzenpotentialähnliche Abläufe 116
vegetative Anfälle 262, *266*
– Erscheinungen 249
Venenthrombose 322
Ventrikel, 3., Lokalisation 269
–, 4., Lokalisation 270
–, Normabweichungen 360
Ventrikelsystem, Normabweichungen 360
Ventrikulographie 271
VER, Bewertung im ERG 392
VER (visual evoked responses) 395
veränderte Affektlage 355
– Stimmungslage 355
Veränderung der Adaptationszustände im EOG 396
–, Abklingen nach Tumoroperationen 275
–, allgemeine 138
–, anatomische 322
–, arteriosklerotische 332
–, diffuse 313, *183*
–, elektroenzephalographische, bei Arzneimitteleinwirkung 363
–, – – Intoxikation 363
–, generalisierte 138
–, indirekte, im EEG 272
–, lokalisierte 138
–, nichtlokalisierte 138
–, paroxysmale 246
–, reaktive 306
–, sekundäre cerebrale 326
– – der elektromyographischen Muster 406
– – Frequenz von Wellen (Mobilitätsparameter) 51
– – Spannungshöhe der a-Welle im ERG 393
– – – b-Welle im ERG 393
– – – im ERG 393
– in der Myelinscheide 407
verallgemeinerte Ausbreitung *258**, 604*
Verantwortlichkeit, strafrechtliche 380
verbale Befundfixierung 62
verbalvisuelle lesbare Verbunddatenträger 66
Verbindungsschnüre 59
–, elektrostatisch aufgeladene 188
–, wackelnde 188
Verbunddatenträger 62, 66
verdächtige Spitzenpotentiale s. a. spitzenpotentialverdächtige Abläufe 252
– unsichere Spitzenpotentiale 252
verdeckter Herd 272
Verdoppelung der Papierdurchlaufgeschwindigkeit 97
Verdunkelungsanlage im Ableitungsraum 69
vereinzelt *194**, 605*
Verfälschungen durch Interferenzerscheinungen 101
Verfahren, analytische 272
Verfolgungswahn 359
Verformung *606**
– der EEG-Wellen 42
Verhältnis der Einzelkomponenten der Grundaktivität zur Meßstrecke 210
– – Komponenten der Grundaktivität 116
– H: M-Antwort 422

Verhältnisse, topographische 275
verhaltensgestörte Kinder, Befunde 385
Verhaltensstörungen 351
-, episodische 385
Vergleich mit der Gegenseite 139
Vergleichsmöglichkeit 60
verkantete Elektrode als Artefaktursache 188
verkrampftes Verhalten als Artefaktursache 188
Verlängerung der Hyperventilation 60
- - Registrierzeit 382
Verläufe, hebephrene 359
-, schubförmig rezidivierende bei Schizophrenie 359
verlagerter Alphafokus 35*, 607*, 209
Verlagerung des Alphafokus 221
verlangsamte Alphawellen 309
- Grundaktivität 256
Verlangsamung 331
-, allgemeine 326
-, fokale 230
-, Tendenz 355
- der Alphaaktivität 309, 318
- -Alphafrequenz bei Ermüdung 141
- - Grundaktivität 283, 360
- - im höheren Lebensalter 326
- - der Hirnpotentialschwankungen beim Karotisdruckversuch 332
- der Thetawellen im leichten Schlaf 142
Verlangsamungen, diffuse 322
-, eitrige 313
-, fokale 177, 326
-, frequenzinstabile polymorphe 319
-, temporale 386
-, temporobasale 319
- als Dekompensationszeichen 330
- der Grundaktivität 260
- im Theta-Delta-Wellenbereich, kontinuierliche 364
- - -, periodische 364
Verlauf der bioelektrischen Störung bei Insulten 319
- des Nystagmus, arkadenförmiger 398
- - -, sinusförmiger 398
Verlaufsbeobachtung 382
-, hirnelektrische 322
Verlaufskontrolle durch Eeg 168, 356
Verlaufskontrollen, elektroenzephalographische 373
-, - von Stoffwechselentgleisungen 168
Verlaufsuntersuchungen 120, 210, 309
-, hirnelektrische 120
Verletzungepotential 304
Verletzungspotentiale der Hirnrinde 387
Verlust der Reaktivität 373
- - Synchronie (Emg) 410
- von Muskelfasern 410
Vermehrung von Thetawellen bei Schizophrenie 359
verminderte Schläfrigkeit 142
- Wachheit 420
Verminderung der Ausprägung 211
- - - der Alphawellen 78, 84, 211
- - Hirndurchblutung 328
- - Spannungshöhe 211
- - - - Alphawellen 78
Verschieblichkeit der Elektroden 29
Verschiebung der Erregbarkeitsschwelle 406
- - Grundaktivität nach der langsamen Seite 234
- des Frequenzbandes 363

Verschiebungen der kortikalen Gleichspannung 228
verschiedene Arten des Eeg 132
Verschlüsse der A. carotis 322
- - A. cerebri media 322
Verschwinden jeglicher bioelektrischer Aktivität 322
Versetzbarkeit von ECG-Elektroden 387
Versicherungsbegutachtungen 383
versive Kopfbewegungen 422
Verstärker für Elektromyographen 401
- - ERG-Aufzeichnung 391
Verstärkerbandbreite 608*
Verstärkerblockierung 609*, 611*
Verstärkerkanäle, Anzahl 29
- des Elektroenzephalographen 38
Verstärkerrauschen 610*
Verstärkerübersteuerung 485*, 611*
Verstärkung der Ausprägung der Alphawellen 84
- - Betaaktivität 328
- - Spannungshöhe der Alphawellen 84
- für EMG-Ableitungen 404
- und Registrierung von Hirnpotentialen 37
Verstärkungsabweichungen beim Elektroenzephalographen 56
Verstärkungsgrad 612*
Verstimmungszustände, elektroenzephalographische Befunde 362
Vertebralisdrosselungsversuch 170
vertebrobasiläre Insuffizienz, intermittierende 328
Verteilerneurone 24
Verteilung der Erregungsleitung (Elektroneurographie) 408
Verteilungshäufigkeiten (Histogramm) 53
vertex sharp waves 140, 142, 143, 146, 159
Vertexwellen, Fehlen 353
-, steile 184
»Vertexzacken« 142
vertikale Augenbewegungen 396
Verwandtschaft zwischen Kopfschmerz und Epilepsie 329
Verwechslungen der Betawellen mit Muskelpotentialen 97
- - - - Wechselstromeinstreuungen 97
- zwischen EEG- und EMG-Potentialen 241
Verwirrtheit 348, 354
-, nächtliche 319
Verwendung rotierender Fixpunkte für EO-Registrierung 397
very fast activity 365
verzögerter Bewegungsstart 425
verzögertes Abklingen des Hyperventilationseffektes 176
Verzögerungen, synaptische 403
-, - (Elektroneurographie) 406
vestibuläre Reize 169
Vibrationsreflex, tonischer 421
Vier-pro-Sekunde (4/s)-Grundaktivitätsvariante 613*
Vigilanzschwankungen 176, 386
-, postnarkotische 373
Vigilanzstörungen 364
virusbedingte Infektionskrankheiten, Begleitenzephalitiden 348
Virusenzephalitis 349
visual evoked responses 395
visuell vorgenommene Abschätzung des Eeg 273

visuelle Analyse 48
- - des Emg 401
- - Auswertung 42, 56, 367
- EEG-Beurteilung 373
visuelles Analyseergebnis 51
visumanuelle Auswertung 61
- Auswertungsmethodik 56
viszerale Erscheinungen 249
- Rezeptoren 423
Vitamin-B_{12}-Mangel-Neuropathie 369
vollständige Amnesie 239
Voltage 503*, 616*
Volumleitung 403
Vorbereitung der Haut für das Elektrodensetzen 46
- des Patienten zur EEG-Untersuchung 59
Vorbestellkalender für EEG-Abteilung 61
vordere Querreihenschaltung 113*, 617*
vorderer Temporallappen-Anfallstyp 241
Vorderhornzellen, alphamotorische 420
-, motorische 403
Vorderhornzellerkrankungen 412
Vordrucke für den EEG-Befund 67
- - die EEG-Anmeldung 67
vorgetäuschte Asymmetrie 309
- Seitendifferenzen 490*, 618*, 211
Vorherrschen der Alphawellen 117
- - Betawellen 117
- - Deltawellen beim Theta-Delta-Mischfokus 128
- - Thetawellen beim Theta-Delta-Mischfokus 128
- - Grundaktivität 283
- einer Frequenz 77, 209, 222
- von Wellen 76
Vorläufer der Allgemeinveränderungen 134
vorläufige Diagnose für EEG-Begutachtung 382
Vorliegen von Berufsunfähigkeit 383
Vorschäden, zerebrale 373
Vorschulkind, Eeg 152
Vorteile der Nystagmographie 399

Wach-Eeg 139, 140, 262
Wachheit, verminderte 267, 420
Wachheitsgrad 179
Wachstumsschnelligkeit raumbeengender Prozesse 483
Wachstumstendenz von Tumoren 269
Wachzustand 132, 137
Wackelkontakte 16
wackelnde Elektroden als Artefaktquelle 188
- Verbindungsschnüre als Artefaktquelle 188
Wahl des Antiepileptikums bei Therapie 266
Wahnvorstellungen 259
wahnhafte Vorstellungen 239
Wahrscheinlichkeit, gleichmäßige 48
-, ungleichmäßige 48
Wahrscheinlichkeitsrechnung 48
WALLERsche Degeneration 415
wandernder Alphafokus 35*, 619*, 78
Wandler, mechanoelektrischer 402
Warteraum in Eeg-Abteilung 68, 70
Wasserstoß 170
Wechsel der Wellenfrequenz 348
wechselnd lokalisierte Herdbildungen 322
Wechselstromübergangswiderstand 205*, 620*
Wechselstromüberlagerung 135

Sachverzeichnis

wechselnde Intensität des Fokus bei zystischen Prozessen 274
wechselnder Füllungszustand von Zysten 274
wechselseitige Fouriertransformation 50
Wechselspannung 37
- bei Differenzverstärkern 38
Wechselspannungskomponente, phasengetreue, bei Differenzverstärkern 38
Wechselspannungsmessung von Elektrodenübergangswiderständen 46
Wechselstrom, einstreuender 37
-, überlagerter 56
Wechselstromeinstreuungen 97, 187
- bei Ecg 387
- durch Störgeräte 198
Weckreaktion 184
Weckreize, Desynchronisation 373
Weckschwelle 142
Weglassen des Knochendeckels nach Trepanation 275
Weglaufen der Schreiber 485*, 621*, 108
Wehrtauglichkeit, Begutachtung 383
Wehrtauglichkeitsbeurteilung 383
WELANDER-Myopathie 410
Welle 188*, 622*
- im Alphaband 42*, 623*
- - Alphabereich 42*, 624*
- - Betaband 93*, 625*
- - Betabereich 93*, 626*
- - Deltaband 134*, 627*
- - Deltabereich 134*, 628*
- - Thetaband 570*, 629*
- - Thetabereich 570*, 630*
Wellen, fortgeleitete 276
-, frequenzinstabile 76
-, frequenzstabile 76
-, langsame, Gruppenbildungen 350
-, -, lokalisierte Einlagerungen 385
-, monomorphe 276
-, oberflächlich positive 23
-, paroxysmale langsame spannungshohe 310
-, periodische 251
- erster Ordnung 15
- zweiter Ordnung 15
Wellenabläufe, okzipitale bilaterale 252
-, 6/s, rhythmisierte 359
Wellenaktivitäten 22
Wellenausbrüche, rhythmische temporale 182
Wellenfokus 285*, 632*, 284
-, Frequenzinstabilität 284
- bei Tumoren 271
Wellenform 633*
Wellenfoci, Frequenzstabilität der Deltawellen 284
-, »streuende« 272
Wellenfrequenz, Wechsel 348
Wellengruppe 274*, 634*, 207
Wellengruppen 116, 215, 350
-, bilaterale monomorphe 318
-, langsame spannungshohe 368
-, spannungshohe lokalisatorisch auftretende 360
Wellenherd s. a. Wellenfokus 285*, 635*
Wellenherde 274
Wellenindex 61*, 636*
Wellenkombination 55
Wellenkontur 633*, 637*
Wellenparoxysmen 56, 174, 175, 326, 329
-, rhythmisierte 175

Wellenparoxysmus 638*, 124, 138
Wellenspitzenfokus 128, 139, 215, 222
- bei Tumoren 271
Wellenspitzenparoxysmus 631*, 124
WERDNIG-HOFFMANNsche Erkrankung 413
Werkzeugstörungen 348, 351
Wert der präoperativen Elektroenzephalographie 378
- des EEG für die Pädiatrie 167
- - - in der Frühdiagnostik von Hirntumoren 276
Werte, Umwandlung in digitale (EMG) 402
Wertigkeit einer diagnostischen Untersuchungsform 271
Wertskala der Herdzeichen 271
Wesensänderung bei Epileptikern 348, 350
- der Kranken 266
»West-Syndrom« 238
Western-Enzephalitis 351
WHEATSTONEsche Brücke 188
WHO-Definition für »Neugeborene« 150
Widerstand, konzentrischer Nadelelektroden 400
Wiedereinschleichen der Alphawellen, differentes 172
Wiedergewährung der Fahrerlaubnis bei behandelter Epilepsie 386
Wiederholung des EEG, beliebig unbegrenzte Möglichkeit 25
Wiederholungsuntersuchungen, Durchführung 382
- beim Kind 168
WIENER-CHINTSCHIN-Theorem 50
Willküraktivität 412
Willkürinnervation 404, 410
-, maximale, Aktivitätsmuster 403
Willkürmotorik, EMG-Veränderungen 419
WILSONsche Erkrankung 355
Windpocken 349
Winkelgeschwindigkeit des Nystagmus 398
Wirkungsmechanismen 369
wissenschaftliche Auswertung 62, 71
- Kartei 71
Wurzelausriß als Traktionsschaden 418
Wurzelkompressionssyndrome 415
-, Höhendiagnose 415

x-Welle im Erg 389

Z-Elektroden 378
Zahl der Ableitpunkte 29
- - auszuwertenden Kurven pro Tag 208
- - Kontrolluntersuchungen 255
Zeckenenzephalitis, zentraleuropäische 351
Zeichen, präepileptische 315
»Zeichen erhöhter Anfallsbereitschaft« 230
Zeit, kortikale im Erg 395
-, kortikookzipitale 395
-, retinale, im Erg 395
-, retinokortikale, im Erg 395
- der Fortleitung der Erregung in den Muskelfasern 406
- - terminalen Erregungsleitung (Elektroneurographie) 406
Zeitabschnitt 128*, 640*
Zeitbasis für Emg-Ableitung 404
Zeitbereich bei Eeg-Analyse 47
Zeitfonds für Ableitung bei Kindern 148
Zeitkonstante 641*, 73, 108, 145
- für Emg-Registrierung 398

Zeitkonstante für Eog-Registrierung 396
- - Erg-Kanäle 392
Zeitkonstanten 22
zeitliche Dispersion im Emg 403
- Erregungsbegrenzung 227
- Folge 642*, 56, 102
- - der Alphawellen 75
- - - Betawellen 98
- - - Deltawellen 108
- - - Grundaktivität 209
- - - Sigmawellen 113
- - - Thetawellen 102
- - - -, Bestimmung 211
- - Kenngrößen der Eeg-Analyse 48
- - und örtliche Erregungsbegrenzung 227
- - - räumlichen Kombination als Kriterium 73
- - der Potentiale 73
zeitlicher Ablauf beim Erg 394
- Abstand vom Unfall beim Schädel-Hirn-Trauma 315
- Aufwand für Eeg-Analyse 56
- - - Setzen der Elektroden 47
Zeitmultiplexverfahren 47
Zeitpunkt der Manifestation von Anfällen 257
- - Untersuchung 273, 318
zeitweiliger Wechsel der Wellenfrequenz 348
zelluläre Aktionspotentiale 22
zentral 643*
zentralbedingte Störungen der Motorik 419
zentrale Innervation der Motorik 400
- Lokalisation 269
- Synapsenzeit 420
zentraleuropäische Zeckenenzephalitis 351
zentralnervale Störungen, diabetische 350
- -, endokrin bedingte 355
- -, hepatische 355
- -, urämische 355
Zentralnervensystem, syphilitische Erkrankungen 353
zentrenzephale Strukturen 230, 233, 254, 258
zentroparietale Lokalisation 269
zentrotemporale Lokalisation 269
Zentrum der Störung 138
Zephalgien 266
zerebellarer Prozeß 269
Zerebellum s. Kleinhirn
zerebrale Angiographie 271
- Angitiden 326
- Anfälle 227
- Anoxie, temporäre 373
- Durchblutungsstörungen 383
- entzündliche Erkrankungen 334
- - Komplikationen, otogene 349
- - Prozesse 363
- epileptische Manifestation 313
- Erregbarkeitssteigerung 329
- Gefäßanomalien 333
- Gefäßkatastrophen 322
- -, akute, mit Insultcharakter 384
- Gefäßstörungen s. zerebrale vasale Störungen 316
- - funktioneller Art 329
- - organischer Art 329
- Gefäßveränderungen 319
- generalisierte Krampfanfälle 356
- irreversible Dauerschädigung 356
- Kompensation, Beurteilung 378
- Komplikationen, entzündliche otogene 349

zerebrale Krampfanfälle bei entzündlichen Erkrankungen 348
- - - intrakraniellen raumbeengenden Prozessen 275
- Lipoidosen 181
- Panangiographie 376
- Prozesse 363
- Störungen, Charakter 373
- -, Irreversibilität 372
- -, Reversibilität 373
- -, Schweregrad 373
- vasale Störungen 134
- vaskuläre Erkrankungen 316
- - -, Begutachtung 384
- Veränderungen, sekundäre 326
- Vorschäden 373
zerebraler Dekompensationsgrad, Allgemeinveränderungen als Indikator 319
- raumbeengender Prozeß 269
- raumersetzender Prozeß 269
- raumfordernder Prozeß 269
- raumverdrängender Prozeß 269
zerebrales Anfallsgeschehen, Manifestation 350
Zerebralparesen im Kindesalter 168
Zerebralsklerose s. Arteriosklerosis cerebri
zerebralspastisches Syndrom 377
zerebrovaskuläre Insuffizienz *318*, 319, 384
- -, akute 333
- -, Insulte 319, *322*
zervikale Bandscheibenvorfälle 416
Zielpunktbestimmung für Stereotaxie 377
Zirkel für die Auswertung 207
- - Erg-Auswertung 393
Zirkulationsstillstand, intrakranieller 376
Zuckungen, myoklonieähnliche, im Schlaf 145
-, myoklonische 351
zufallsbestimmte Bildvarianten von EEG-Mustern 48

Zufallsfunktion *47*, 54
- höherer Ordnung 54
Zuführungskabel *18**, *346**, 644*
Zunahme der Kulminationszeiten beim Erg 394
- - Latenzzeiten beim Erg 394
Zungenkieferreflex 424
Zungenzange als Zubehör im Ableitraum 70
zunehmende Frequenzverlangsamung und Spannungserhöhung der Thetawellen 124
Zuordnung eines Hirnabszesses 349
Zusammenarbeit für EEG-Begutachtungen 382
- naturwissenschaftlicher Kräfte bei der EEG-Analyse 51
- - klinischem Gutachter und EEG-Arzt 380
- zwischen Arzt und technischer EEG-Assistentin 187
- - Medizinern, Juristen und EDV-Spezialisten 68
Zusammenhang, ursächlicher, zwischen Anfällen und Trauma 384
- zwischen EEG-Befund und klinischem Zustand 384
Zusammensetzung des Patientenmaterials 72
- - Untersuchungsgutes 385
Zusatzgutachten, hirnelektrische, Voraussetzung für die Erstattung 381
Zusatzmethoden in der Elektroenzephalographie *41*, 68
Zustände, ADAMS-STOKES- 330
-, dranghafte episodische 363
-, hyperkynetische 351
-, hypersomnische, bei Narkolepsie 432
-, komatöse 306, 350, *355*
-, ménièreartige 243
-, pharmakotoxische 138
-, psychotische delirante 351

Zustände, psychotische halluzinatorische 351
Zustand, irreversibler beim Hirnabszeß 349
-, klinischer, und EEG-Befund, Zusammenhang 384
-, komatöser 352
-, präkomatöser 355, 356
- nach Enzephalitis 367
Zustandsbild, klinisches, Korrelation 318
Zuverlässigkeit (Reliabilität) 170
- der Angaben auf dem EEG-Anmeldeformular 61
- - Fotostimulation 186
- - Schlafprovokation 186
- von Provokationsverfahren 185
zwei Wellenherde 274
Zweihöhlentumor 277
Zwillingsuntersuchungen 168
Zwischenhirnstimulation 145
Zwischenwelle s. a. Thetawelle *570**, 645*
Zwischenwellenaktivität *565**, 647*
Zwischenwellenband *566**, 648*, 652*
Zwischenwellenbereich *566**, 649*
Zwischenwellenfokus *568**, 650*
Zwischenwellengruppe *571**, 651*
Zwischenwellenrhythmus *565**, 646*
zyanotische Herzfehler beim Kind 168
zyklothyme Psychosen, manische Phasen 363
Zyklothymien 359
Zyklus *188**, 653*
Zylindrome 279*
Zysten, Drainage 377
-, wechselnder Füllungszustand 274
Zystenbildung bei HIPPEL-LINDAUscher Erkrankung 326
zystische Anteile bei soliden Tumoren 274
- Prozesse, wechselnde Intensität des Fokus 274

If you have any concerns about our products,
you can contact us on
ProductSafety@springernature.com

In case Publisher is established outside the EU,
the EU authorized representative is:
**Springer Nature Customer Service Center GmbH
Europaplatz 3, 69115 Heidelberg, Germany**

Printed by Libri Plureos GmbH
in Hamburg, Germany